Periodic Table of the Elements

Period 1

H 1
hydrogen
1.0080
$1s^1$

Period	Group 1	2	3	4	5	6	7	8	9
2	**Li** 3 lithium **6.94** $2s^1$	**Be** 4 beryllium **9.01** $2s^2$							
3	**Na** 11 sodium **22.99** $3s^1$	**Mg** 12 magnesium **24.31** $3s^2$							
4	**K** 19 potassium **39.10** $4s^1$	**Ca** 20 calcium **40.08** $4s^2$	**Sc** 21 scandium **44.96** $3d^1 4s^2$	**Ti** 22 titanium **47.87** $3d^2 4s^2$	**V** 23 vanadium **50.94** $3d^3 4s^2$	**Cr** 24 chromium **52.00** $3d^5 4s^1$	**Mn** 25 manganese **54.94** $3d^5 4s^2$	**Fe** 26 iron **55.84** $3d^6 4s^2$	**Co** 27 cobalt **58.93** $3d^7 4s^2$
5	**Rb** 37 rubidium **85.47** $5s^1$	**Sr** 38 strontium **87.62** $5s^2$	**Y** 39 yttrium **88.91** $4d^1 5s^2$	**Zr** 40 zirconium **91.22** $4d^2 5s^2$	**Nb** 41 niobium **92.91** $4d^4 5s^1$	**Mo** 42 molybdenum **95.95** $4d^5 5s^1$	**Tc** 43 technetium **(98)** $4d^5 5s^2$	**Ru** 44 ruthenium **101.07** $4d^7 5s^1$	**Rh** 45 rhodium **102.91** $4d^8 5s^1$
6	**Cs** 55 cesium **132.91** $6s^1$	**Ba** 56 barium **137.33** $6s^2$	**La** 57 lanthanum **138.91** $5d^1 6s^2$	**Hf** 72 hafnium **178.49** $5d^2 6s^2$	**Ta** 73 tantalum **180.95** $5d^3 6s^2$	**W** 74 tungsten **183.84** $5d^4 6s^2$	**Re** 75 rhenium **186.21** $5d^5 6s^2$	**Os** 76 osmium **190.23** $5d^6 6s^2$	**Ir** 77 iridium **192.22** $5d^7 6s^2$
7	**Fr** 87 francium **(223)** $7s^1$	**Ra** 88 radium **(226)** $7s^2$	**Ac** 89 actinium **(227)** $6d^1 7s^2$	**Rf** 104 rutherfordium **(265)** $6d^2 7s^2$	**Db** 105 dubnium **(268)** $6d^3 7s^2$	**Sg** 106 seaborgium **(271)** $6d^4 7s^2$	**Bh** 107 bohrium **(272)** $6d^5 7s^2$	**Hs** 108 hassium **(270)** $6d^6 7s^2$	**Mt** 109 meitnerium **(276)** $6d^7 7s^2$

	Period					
Lanthanoids (lanthanides)	6	**Ce** 58 cerium **140.12** $4f^1 5d^1 6s^2$	**Pr** 59 praseodymium **140.91** $4f^3 6s^2$	**Nd** 60 neodymium **144.24** $4f^4 6s^2$	**Pm** 61 promethium **(145)** $4f^5 6s^2$	**Sm** 62 samarium **150.36** $4f^6 6s^2$
Actinoids (actinides)	7	**Th** 90 thorium **232.04** $6d^2 7s^2$	**Pa** 91 protactinium **231.04** $5f^2 6d^1 7s^2$	**U** 92 uranium **238.03** $5f^3 6d^1 7s^2$	**Np** 93 neptunium **(237)** $5f^4 6d^1 7s^2$	**Pu** 94 plutonium **(244)** $5f^6 7s^2$

Molar masses (atomic weights) quoted to the number of significant figures given here can be regarded as typical of most naturally occurring samples.

- Metal
- Metalloid
- Nonmetal

10	11	12	13	14	15	16	17	18
								He 2 helium 4.00 $1s^2$
			B 5 boron 10.81 $2s^2 2p^1$	C 6 carbon 12.01 $2s^2 2p^2$	N 7 nitrogen 14.01 $2s^2 2p^3$	O 8 oxygen 16.00 $2s^2 2p^4$	F 9 fluorine 19.00 $2s^2 2p^5$	Ne 10 neon 20.18 $2s^2 2p^6$
			Al 13 aluminum 26.98 $3s^2 3p^1$	Si 14 silicon 28.09 $3s^2 3p^2$	P 15 phosphorus 30.97 $3s^2 3p^3$	S 16 sulfur 32.06 $3s^2 3p^4$	Cl 17 chlorine 35.45 $3s^2 3p^5$	Ar 18 argon 39.95 $3s^2 3p^6$
Ni 28 nickel 58.69 $3d^8 4s^2$	Cu 29 copper 63.55 $3d^{10} 4s^1$	Zn 30 zinc 65.38 $3d^{10} 4s^2$	Ga 31 gallium 69.72 $4s^2 4p^1$	Ge 32 germanium 72.63 $4s^2 4p^2$	As 33 arsenic 74.92 $4s^2 4p^3$	Se 34 selenium 78.97 $4s^2 4p^4$	Br 35 bromine 79.90 $4s^2 4p^5$	Kr 36 krypton 83.80 $4s^2 4p^6$
Pd 46 palladium 106.42 $4d^{10}$	Ag 47 silver 107.87 $4d^{10} 5s^1$	Cd 48 cadmium 112.41 $4d^{10} 5s^2$	In 49 indium 114.82 $5s^2 5p^1$	Sn 50 tin 118.71 $5s^2 5p^2$	Sb 51 antimony 121.76 $5s^2 5p^3$	Te 52 tellurium 127.60 $5s^2 5p^4$	I 53 iodine 126.90 $5s^2 5p^5$	Xe 54 xenon 131.29 $5s^2 5p^6$
Pt 78 platinum 195.08 $5d^9 6s^1$	Au 79 gold 196.97 $5d^{10} 6s^1$	Hg 80 mercury 200.59 $5d^{10} 6s^2$	Tl 81 thallium 204.38 $6s^2 6p^1$	Pb 82 lead 207.2 $6s^2 6p^2$	Bi 83 bismuth 208.98 $6s^2 6p^3$	Po 84 polonium (209) $6s^2 6p^4$	At 85 astatine (210) $6s^2 6p^5$	Rn 86 radon (222) $6s^2 6p^6$
Ds 110 darmstadtium (281) $6d^9 7s^1$	Rg 111 roentgenium (280) $6d^{10} 7s^1$	Cn 112 copernicium (285) $6d^{10} 7s^2$	Nh 113 nihonium (286) $7s^2 7p^1$	Fl 114 flerovium (289) $7s^2 7p^2$	Mc 115 moscovium (290) $7s^2 7p^3$	Lv 116 livermorium (293) $7s^2 7p^4$	Ts 117 tennessine (294) $7s^2 7p^5$	Og 118 oganesson (294) $7s^2 7p^6$

Eu 63 europium 151.96 $4f^7 6s^2$	Gd 64 gadolinium 157.25 $4f^7 5d^1 6s^2$	Tb 65 terbium 158.93 $4f^9 6s^2$	Dy 66 dysprosium 162.50 $4f^{10} 6s^2$	Ho 67 holmium 164.93 $4f^{11} 6s^2$	Er 68 erbium 167.26 $4f^{12} 6s^2$	Tm 69 thulium 168.93 $4f^{13} 6s^2$	Yb 70 ytterbium 173.05 $4f^{14} 6s^2$	Lu 71 lutetium 174.97 $5d^1 6s^2$
Am 95 americium (243) $5f^7 7s^2$	Cm 96 curium (247) $5f^7 6d^1 7s^2$	Bk 97 berkelium (247) $5f^9 7s^2$	Cf 98 californium (251) $5f^{10} 7s^2$	Es 99 einsteinium (252) $5f^{11} 7s^2$	Fm 100 fermium (257) $5f^{12} 7s^2$	Md 101 mendelevium (258) $5f^{13} 7s^2$	No 102 nobelium (259) $5f^{14} 7s^2$	Lr 103 lawrencium (262) $6d^1 7s^2$

THE ELEMENTS

Element	Symbol	Atomic number, Z	Molar mass,* $M/(g \cdot mol^{-1})$	Element	Symbol	Atomic number, Z	Molar mass,* $M/(g \cdot mol^{-1})$
Actinium	Ac	89	(227)	Mendelevium	Md	101	(258)
Aluminum	Al	13	26.98	Mercury	Hg	80	200.59
Americium	Am	95	(243)	Molybdenum	Mo	42	95.95
Antimony	Sb	51	121.76	Moscovium	Mc	115	290
Argon	Ar	18	39.95	Neodymium	Nd	60	144.24
Arsenic	As	33	74.92	Neon	Ne	10	20.18
Astatine	At	85	(210)	Neptunium	Np	93	(237)
Barium	Ba	56	137.33	Nickel	Ni	28	58.69
Berkelium	Bk	97	(247)	Nihonium	Nh	113	(286)
Beryllium	Be	4	9.01	Niobium	Nb	41	92.91
Bismuth	Bi	83	208.98	Nitrogen	N	7	14.01
Bohrium	Bh	107	(272)	Nobelium	No	102	(259)
Boron	B	5	10.81	Oganesson	Og	118	(294)
Bromine	Br	35	79.90	Osmium	Os	76	190.23
Cadmium	Cd	48	112.41	Oxygen	O	8	16.00
Calcium	Ca	20	40.08	Palladium	Pd	46	106.42
Californium	Cf	98	(251)	Phosphorus	P	15	30.97
Carbon	C	6	12.01	Platinum	Pt	78	195.08
Cerium	Ce	58	140.12	Plutonium	Pu	94	(244)
Cesium	Cs	55	132.91	Polonium	Po	84	(209)
Chlorine	Cl	17	35.45	Potassium	K	19	39.10
Chromium	Cr	24	52.00	Praseodymium	Pr	59	140.91
Cobalt	Co	27	58.93	Promethium	Pm	61	(145)
Copernicium	Cn	112	(285)	Protactinium	Pa	91	231.04
Copper	Cu	29	63.55	Radium	Ra	88	(226)
Curium	Cm	96	(247)	Radon	Rn	86	(222)
Darmstadtium	Ds	110	(281)	Rhenium	Re	75	186.21
Dubnium	Db	105	(268)	Rhodium	Rh	45	102.91
Dysprosium	Dy	66	162.50	Roentgenium	Rg	111	(280)
Einsteinium	Es	99	(252)	Rubidium	Rb	37	85.47
Erbium	Er	68	167.26	Ruthenium	Ru	44	101.07
Europium	Eu	63	151.96	Rutherfordium	Rf	104	(265)
Fermium	Fm	100	(257)	Samarium	Sm	62	150.36
Flerovium	Fl	114	(289)	Scandium	Sc	21	44.96
Fluorine	F	9	19.00	Seaborgium	Sg	106	(266)
Francium	Fr	87	(223)	Selenium	Se	34	78.97
Gadolinium	Gd	64	157.25	Silicon	Si	14	28.09
Gallium	Ga	31	69.72	Silver	Ag	47	107.87
Germanium	Ge	32	72.63	Sodium	Na	11	22.99
Gold	Au	79	196.97	Strontium	Sr	38	87.62
Hafnium	Hf	72	178.49	Sulfur	S	16	32.06
Hassium	Hs	108	(270)	Tantalum	Ta	73	180.95
Helium	He	2	4.00	Technetium	Tc	43	(98)
Holmium	Ho	67	164.93	Tellurium	Te	52	127.60
Hydrogen	H	1	1.0080	Tennessine	Ts	117	(294)
Indium	In	49	114.82	Terbium	Tb	65	158.93
Iodine	I	53	126.90	Thallium	Tl	81	204.38
Iridium	Ir	77	192.22	Thorium	Th	90	232.04
Iron	Fe	26	55.84	Thulium	Tm	69	168.93
Krypton	Kr	36	83.80	Tin	Sn	50	118.71
Lanthanum	La	57	138.91	Titanium	Ti	22	47.87
Lawrencium	Lr	103	(262)	Tungsten	W	74	183.84
Lead	Pb	82	207.2	Uranium	U	92	238.03
Lithium	Li	3	6.94	Vanadium	V	23	50.94
Livermorium	Lv	116	(293)	Xenon	Xe	54	131.29
Lutetium	Lu	71	174.97	Ytterbium	Yb	70	173.05
Magnesium	Mg	12	24.31	Yttrium	Y	39	88.91
Manganese	Mn	25	54.94	Zinc	Zn	30	65.38
Meitnerium	Mt	109	(276)	Zirconium	Zr	40	91.22

*Parentheses around molar mass indicate the most stable isotope of a radioactive element.

THE QUEST FOR INSIGHT

CHEMICAL PRINCIPLES

Atkins • Jones • Laverman • Patterson • Young

제8판

화학의 원리

설지웅·이동환·이 연·정두수 옮김

자유아카데미

역자 서문

이 교재는 Atkins, Jones, Laverman, Patterson, Young의 공저서인 『Chemical Principles: The Quest for Insight』 8판을 번역한 것으로, 저자들은 여러 번의 개정을 거치며 화학의 기초를 효과적으로 이해할 수 있도록 집필하였다. 책의 가장 앞부분에는 독특하게 화학의 기본 개념들을 정리하여 '기초 지식'이라는 하나의 장으로 묶어 요약하였는데, 현재의 고등학교 교육과정에서 다양한 배경을 가진 학생들이 앞으로 배울 화학에 대한 기초를 먼저 살펴볼 수 있어 큰 도움이 될 것이다. 이후 본문은 원자를 다루는 Focus 1부터 유기화학을 소개하는 Focus 10까지로 이루어져 있다.

각 Focus에서는 시작 전에 무엇을 배울지를 요약하고 배우는 이유를 제시하며, 다양한 실제 상황과 연결되는 예제를 제시하여 학습 의욕을 높이고 방향을 점검한다. 또한 '이 방정식의 의미는 무엇인가?', '생각해 보기', '유의 사항', '보충 설명' 등과 같은 요소들을 통해 학생들이 쉽게 이해할 수 있도록 구성하였다. 이러한 특징들을 통해 이 책은 적절한 난이도를 유지하면서도 흥미를 잃지 않게 하며, 원제목과 같이 화학에 대한 통찰력(Insight)을 얻게 하기에 아주 좋은 교재라 할 수 있다.

다만 전판까지는 홈페이지를 통해 접근할 수 있었던 교재 내의 여러 학습 도구들이, 8판부터는 원출판사에서 운영하는 별도의 온라인 학습 프로그램(Achieve)에 포함되는 것으로 변경되었다. 이에 따라 해당 도구들을 사용하는 일부 연습문제들 역시 번역 환경에서는 활용이 어려워 불가피하게 본문에서 생략으로 표기하였으니 양해를 바란다.

이 교재는 단순한 번역에서 그치지 않고, 원서의 본문 오류를 수정하고 애매한 부분들은 보다 명확히 하기 위해 의역하였기에 원문의 내용과 정확하게 일치하지 않는 부분들도 있다. 특히, '4J.4 온도의 영향'은 크게 수정되었는데, 이에 대해서는 저자의 확인을 거쳤음을 밝힌다. 학술 용어는 대한화학회의 화학술어집과 유기 및 무기 화합물 명명법을 따랐으며, 중요한 개념과 요약문은 고딕체나 이탤릭체로 강조하였고, 이름과 같은 고유 명사들은 원어 그대로 사용하였다. 좋은 번역서가 되도록 이렇게 노력했음에도 때로 용어상의 혼동이나 오역이 있을 수 있으리라 생각된다. 이러한 부분은 앞으로도 꾸준히 수정 보완할 것을 약속드리며, 출간 후 수정 사항이 있을 경우에는 자유아카데미 홈페이지(www.freeaca.com) 자료실에 제공할 예정이니 참고하기를 바란다.

이 교재가 학생들에게 보다 유용하고 즐거운 화학을 전하게 되기를 기대한다. 끝으로 수고하신 교수님들과 자유아카데미 관계자들에게 감사드린다.

2025년 1월
역자 일동

차례

FOCUS 4

열역학 249

FOCUS 5

평형 369

부록

본문 중 자습 B에 해당하는 문제와 홀수 번호의 연습 문제에 대해서는 자유아카데미 홈페이지(www.freecaca.com) 자료실에 제공하고 있으니 참고하기를 바랍니다.

기초 지식

화학의 세계에 오신 것을 환영합니다! 이제 곧 여러분은 과학의 중심으로 신나는 여행을 떠날 것입니다. 물리학 방면으로는 화학의 원리가 원자와 분자의 거동에 어떻게 기반하고 있는지 알게 될 것입니다. 생물학 방면으로는 가장 경이로운 특성인 생명을 이해하는 데 화학이 어떤 역할을 하는지 알게 될 것입니다. 결국, 여러분은 일상에서 사물을 자세히 들여다보고, 원자 관점에서 그 구성 성분을 떠올리며, 그 성분이 사물의 성질에 어떤 영향을 미치는지를 이해하게 될 것입니다.

서론과 오리엔테이션

화학(chemistry)은 물질과 물질의 변화를 다루는 과학이다. 따라서, 발밑의 돌, 식품, 우리의 몸, 컴퓨터 내부의 규소 등 우리가 주변에서 만나는 모든 물질이 화학 세상이다. 생명이 있든 없든, 식물이든 광물이든, 지구에서든 머나먼 별에서든, 화학 세상의 바깥에 있는 것은 아무것도 없다.

화학과 사회

석기 시대에서 청동기와 철기 시대로 넘어가는 문명의 초기, 사람들은 (지금은 **광석**(mineral)이라고 부르는) 돌을 금속으로 바꾸는 것이 바로 화학이라는 것을 알지 못했다(**그림 1**). 금속을 소유하게 되면서 사람들은 환경에 대한 새로운 지배력을 얻었고, 따라서 위험하기만 했던 자연의 잔혹함은 줄어들었다. 물질 변환 기술이 발전함에 따라 문명이 생겨났다. 즉, 유리, 보석, 동전, 도자기, 무기 등이 점점 다양해지고 효과적으로 변모했다. 예술, 농업, 전쟁은 점점 정교해져 갔다. 이 모든 것이 화학 없이 일어날 수 없었다.

그림 1 구리는 광석에서 쉽게 추출할 수 있기 때문에, 도구와 무기로 가공된 최초의 금속 중 하나이다. 구리에 주석을 조금 첨가하면 금속이 더 단단하고 강해진다는 것을 발견하면서부터 청동기 시대가 도래하였다. 청동으로 만들어진 이 허리띠 버클과 고리는 후기 청동기 시대의 것으로 추정되며, 체코의 Prague 시립 박물관에 전시되어 있다. (Zde / CC BY-SA 4.0 / *Wikimedia Commons*)

철강이 발전하면서 화학이 사회에 미치는 영향이 훨씬 더 가속되었다. 양질의 강철로 인해 인력이 증기로 대체되었고, 거대한 사업을 구상할 수 있었기에 산업 혁명이 일어났다. 교통수단의 발전과 공장 생산량 증가로 인해, 교역이 더 활발해졌으며 세상은 더 좁아지고 더 바빠졌다. 이 모든 것이 화학 없이 일어날 수 없었다.

20세기와 21세기에 이르러 화학 산업은 엄청난 진전을 이루었다. 화학은 농업을 변혁시켰다. 합성 비료를 이용하여 전 세계의 엄청난 인구를 먹여 살릴 수 있게 되었다. 화학은 교통과 통신을 변혁시켰다. 오늘날 화학은 섬유용 고분자, 컴퓨터용 초순도 규소, 광섬유용 유리와 같은 첨단 소재를 제공한다. 화학은 또한, 비행기와 우주 여행에 필요한 재생 가능한 고효율 연료, 강하면서도 가벼운 합금도 제공한다. 화학은 의학을 변혁시켜 기대 수명을 크게 높였으며 유전 공학의 기초를 마련하였다. 현대 과학의 가장 활기찬 분야인 분자 생물학을 통해 생명에 대한 이해도 깊어지고 있다. 이러한 진보는 화학 없이 일어날 수 없었다.

그러나 이런 모든 혜택을 얻은 대가는 컸다. 예를 들어, 산업과 농업의 급속한 성장은 지구에 부담을 주고 후대에 물려줄 환경을 훼손했다. 화학을 활용하여 지금까지 이룬 성과를 더욱 발전시키면서도 우리의 지구를 보존하는 것은 우리 모두의 책임이다. 20세기에 반도체가 사회를 변혁시킨 것처럼, 어쩌면 여러분은 새로운 물질을 기반으로 새로운 문명의 장을 열 수

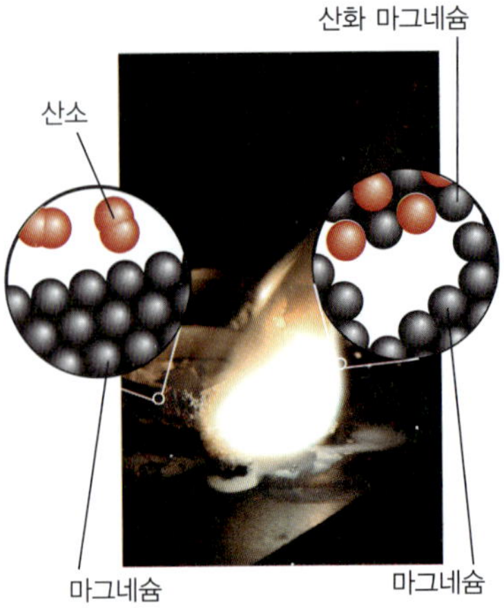

그림 2 화학 반응이 일어나면 원자는 짝을 바꾼다. 예를 들어 마그네슘이 산소와 연소하면 마그네슘과 산소 원자는 산화 마그네슘이 되면서, 두 물질(왼쪽)이 다른 형태의 물질(오른쪽)로 변한다. 화학 반응에서 원자가 생성되거나 소멸되지는 않는다. *(Capt. John Yossarian / CC BY–SA 3.0 / Wikimedia Commons)*

있을지도 모른다. 혹은 문명이 환경에 미치는 영향을 줄일 수 있을지도 모른다. 그러려면 화학을 공부해야 한다.

화학의 세 가지 수준

화학은 세 가지 수준으로 이해할 수 있다. 1차 수준은 물질과 그 변화에 관한 것이다. 이 수준에서는 단풍이 들거나, 마그네슘이 밝게 타는 것 등의 변화를 관찰할 수 있다. 이를 **거시적 수준(macroscopic level)**이라고 하며, 눈에 보일 정도로 큰 물체의 성질을 다룬다. 그러나 이러한 변화에는 눈으로 직접 보지 못하는 변화의 세계가 있다. 이를 **미시적 수준(microscopic level)**이라고 하며, 화학자들은 이들 현상을 원자의 재배열로 해석한다(**그림 2**). 세 번째 수준은 **기호적 수준(symbolic level)**으로, 화학 현상을 화학 기호와 수학적 방정식으로 표현하는 것이다.

화학자는 미시적 수준에서 생각하고, 거시적 수준에서 실험하며, 이들을 기호로 나타낸다. 이 세 가지 측면을 삼각형에 표시할 수 있다(**그림 3**). 이 책을 읽다 보면 주제와 설명마다 각각 어느 한 꼭짓점에 가깝다는 것을 알게 될 것이다. 세 꼭짓점 간의 연관성은 화학을 이해하는 데 도움이 되므로, 이 책에서는 식에 관한 그래픽과 분자 수준의 그림을 많이 삽입하였다. 화학에 관한 이해가 깊어지면 이 삼각형 안에서 자유롭게 이동할 수 있다. 예를 들면 실험적인 관찰 사항을 기호로 정리하거나 원자와 분자 그림으로 떠올릴 수 있게 된다.

과학은 어떻게 하는가

과학적 방법(scientific method)은 과학자들이 아이디어를 탐구하는 방법으로, 명확하게 정의할 수는 없지만 효과적인 방법이다. 좋은 아이디어가 노벨상이나 논문으로 이어지는 데에 엄격한 규칙이 있는 것은 아니다. 꼼꼼하며 신중한 과학자도 있고, 매우 창의적인 과학자도 있다. 신중함과 창의성을 겸비한 과학자가 이상적인 과학자일 것이다. 다양한 과학적 방법이 있

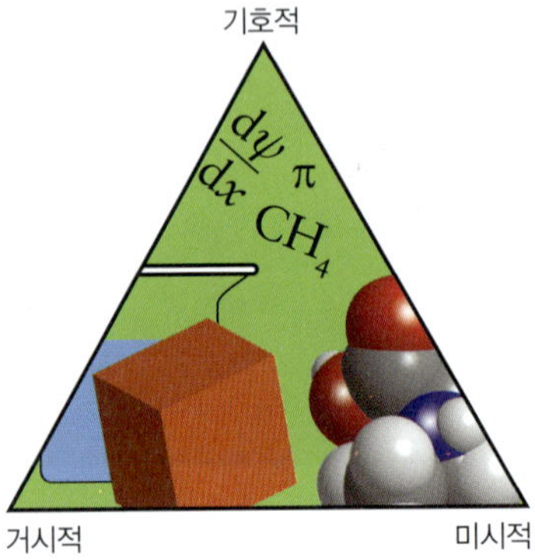

그림 3 화학에서 쓰는 세 가지 과학적 탐구(미시적, 거시적, 기호적)를 삼각형으로 나타냈다. 한쪽 꼭짓점으로 치우친 연구를 할 때도 있지만, 삼각형 안에서 이동할 수 있는 능력은 중요하다.

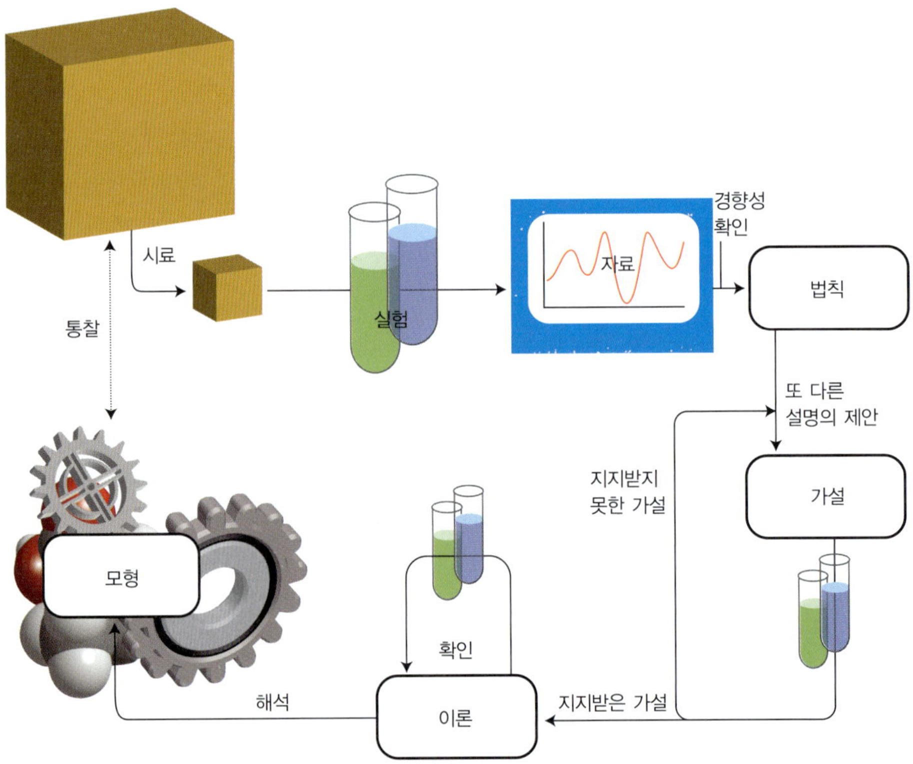

그림 4 과학적 방법의 주요 활동. 모든 단계마다 아이디어를 검증해야하며, 수정이 필요할 수 있다.

지만 일반적으로는 몇 가지 단계를 거치게 된다(**그림 4**). 첫 단계는 관찰 사항과 측정값을 기록한 **데이터**(**data**)를 수집하는 것이다. 보통 **시료**(**sample**)를 이용하여 측정하는데, 시료는 연구하고자 하는 물질을 대표한다.

과학자들은 항상 경향성을 찾기 위해 노력한다. 데이터가 경향성을 보이면 이를 과학 **법칙**(**law**)으로 정리하여 다양한 관찰 결과를 간결하게 요약할 수 있다. 예를 들어, 출처나 양과 관계없이 물에는 수소 질량의 8배만큼의 산소가 있다. 이러한 관찰 결과를 **일정 성분비 법칙**(**law of constant composition**)이라는 화학 법칙으로 요약할 수 있는데, 같은 화합물은 시료의 출처와는 무관하게 조성이 동일하다는 법칙이다.

법칙을 만드는 것은 데이터를 요약하는 하나의 방법일 뿐이다. 물질의 특성 중에는 예를 들어 초전도성(고체가 저온에서 저항 없이 전기를 전도하는 능력)처럼 현대 연구의 최전선에 있는 것들이 많지만, 수백 가지 다양한 화합물을 포괄하는 대단한 '법칙'으로 설명되지 않는 것들도 있다. 현재 주요 과제 중 하나는 단백질의 모양을 결정하는 것은 무엇인가 하는 문제로, 미래에는 적절한 법칙을 찾거나 정밀한 계산을 통해 해결될 수도 있다. 단백질의 모양은 Alzheimer 병, Parkinson 병, 암과 같은 심각한 질병을 포함하여 거의 모든 생명 활동을 좌우한다.

과학자들은 경향성을 발견하고 나서 **가설**(**hypothesis**)을 세우는데, 가설을 통해 법칙이나 관찰 결과를 좀 더 근본적인 개념으로 설명할 수 있다. 관찰에는 세부적인 부분까지 살펴보는 주의력이 필요하지만, 가설을 세우는 데는 통찰력, 상상력, 창의력이 필요하다. 1807년 John Dalton은 실험 결과를 바탕으로 모든 물질은 원자로 이루어져 있다는 **원자 가설**(**atomic hypothesis**)을 제안하였다. 개별 원자를 볼 수 없었지만 Dalton은 원자들을 상상하여 가설을 세울 수 있었다. Dalton의 가설은 사람들이 세상을 새로운 방식으로 이해할 수 있도록 해준 획기적인 통찰이었다. 과학적 발견 과정은 계속되므로, 여러분도 이 책을 읽으면서 통찰력을 얻을 수 있을 것이며 언젠가 여러분 스스로 획기적이고 의미 있는 가설을 세울 수 있게 될 것이다.

가설을 세운 다음에는 그 가설을 검증하기 위하여 정밀하게 통제된 추가 **실험**(**experiment**)을 설계한다. 좋은 실험을 설계하고 수행하는 데는 독창성이 요구되며 때로는 운도 필요하다. 여러 실험실, 같은 분야의 동료들이 수행한 반복 실험이 가설을 뒷받침한다면 **이론**(**theory**)을 정립할 수 있다. 이론이란 법칙에 대한 체계적인 설명으로, 수학적으로 나타내는 경우가 매우 많다. 말이나 그림으로 표현한 개념, 즉 **정성적인**(**qualitative**) 개념으로 구상한 이론을 **정량적인**(**quantitative**) 형태로 변환하여 수학적으로 나타낸다. 개념을 정량적으로 표현하고 나면 수치적인 예측을 할 수 있고 엄격한 실험적 검증을 받을 수도 있다. 이 책을 공부하면서 화학의 정량적 측면에 대해 많은 연습을 하게 될 것이다.

과학자는 보통 이론을 해석하는 데 **모형**(**model**)을 이용하는데, 모형이란 연구 대상을 단순화시킨 것으로서 결과를 예측하는 데 사용된다. 가설과 마찬가지로 이론과 모형은 실험을 통해 검증되어야 하며, 실험 결과와 맞지 않으면 수정되어야 한다. 예를 들어 현대의 원자 모형은, 더 이상 쪼갤 수 없는 단단한 공으로 나타냈던 Dalton 버전으로부터 현대의 훨씬 더 정교한 모형(Focus 1에서 다룸)에 이르기까지 많은 수정과 재정립을 거쳤다. 이 책의 목표 중 하나는 화학자들이 모형을 구축하는 방법, 검증 가능한 형태로 바꾸는 방법, 추가 증거에 따라 모형을 다듬는 방법 등을 보여주는 것이다. 계속해서 새로운 발견이 나올 때마다 모형을 끊임없이 다듬어야 한다.

화학의 분야

시험관과 비커로 하는 실험만이 화학은 아니다. 지난 50여 년간 새로운 기술들이 화학을 극적

표 1. 화학의 응용을 강조하기 위해 사용한 아이콘

아이콘	응용
	분석 화학, 법과학
	천문학
	생물학, 의학
	공학
	녹색 화학, 환경 화학
	기술
	화학 계산

으로 변화시켰고 새로운 연구 분야들이 등장하기도 하였다. 전통적으로 화학 분야는 세 가지로 주요 분야로 나뉜다. 탄소 화합물을 연구하는 **유기 화학(organic chemistry)**, 그 외의 다른 모든 원소와 그 화합물을 연구하는 **무기 화학(inorganic chemistry)**, 화학의 원리를 연구하는 **물리 화학(physical chemistry)**이 그것이다.

특화된 분야에 정보가 축적되거나 독특한 기술을 사용하면서, 생화학, 분석 화학, 이론 화학, 계산 화학, 화학 공학, 의약 화학, 생물 화학 등 새로운 분야가 발전했다. 또한 화학에 기초한 다양한 학제 간 학문 분야도 생겨났다: 화학과 물리를 기반으로 생물학적 기능과 다양성을 연구하는 **분자 생물학(molecular biology)**, 물질의 화학적 구조와 조성을 연구하는 **재료 과학(material science)**, 나노미터 수준에서 물질을 연구하는 **나노기술(nanotechnology)** 등이다.

화학에서 새롭게 관심받는 분야는 **지속 가능한 개발(sustainable development)**로, 자원의 경제적 이용과 재사용을 유해 폐기물 감축 및 환경 보호와 결합한 분야이다. 우리의 환경과 지구에 관한 이러한 접근법을 **녹색 화학(green chemistry)**이라고도 한다. 이 책에서는 이 분야를 다음과 같은 아이콘으로 나타낼 것이다.

모든 과학, 의학, 많은 상업적 활동들은 화학에 기초한다. 어떤 화학이 이들에 응용되는지는 표 1에 나타낸 아이콘으로 표시할 것이다. 여러분이 과학이나 기술 분야 중 어떤 분야를 선택하든지 이 책에서 공부한 개념을 사용하게 되리라고 확신한다. 화학은 진정으로 과학의 중심 학문이 틀림없다.

화학 정복하기

화학의 기초가 튼튼한 학생들도 있을 것이다. 이 서론 부분에서는 여러 기본 개념과 기법들을 복습한다. 여러분의 교수님이 본문의 주제별로 이 서론 부분을 어떻게 활용할지 조언해 주실 것이다.

화학에 대한 경험이 부족한 학생들 역시 이 서론을 활용하면 된다. 각 주제를 공부하기 전에 반드시 알아야 할 화학의 기본 개념과 계산을 간략하면서도 체계적으로 요약해 두었으므로 필요할 때마다 찾아볼 수 있다. 대수학이나 로그 함수 등 화학에 필요한 수학을 복습하고 싶다면 부록 1에 주요 과정을 간략하게 정리해 두었으니 참고하자.

A. 물질과 에너지

우리가 무언가를 만지거나 붓거나 무게를 재는 것 모두가 물질을 다루는 행동이다. 화학은 물질의 성질과, 물질이 다른 형태로 변화하는 현상을 다룬다. 그런데 물질이란 무엇인가? 사실, 소립자 물리학의 고급 개념을 이용하지 않고서 물질을 정의하기란 어렵다. 그렇지만 간단하게 정의하면 **물질(matter)**이란 질량을 갖고 공간을 차지하는 모든 것이다. 따라서 금, 물, 우리의 살 등은 물질이고, 빛을 포함한 전자기 복사나 자비(慈悲) 같은 개념은 물질이 아니다.

과학에서 일상 언어에서 사용하는 단어를 많이 사용하지만 그 단어에는 명확한 의미가 담겨있다. 일상 언어에서 '물질(substance)'이란 물질(matter)의 다른 표현에 불과하지만, 화학에서 **순물질(substance)**은 물질의 순수한 형태라는 뜻이다. 따라서 금이나 물은 분명히 순물질이다. 우리의 살은 많은 순물질의 혼합물이기 때문에, 화학에서 쓰는 기술적인 의미로는 순물질이 아니다. 공기는 물질이지만 여러 기체의 혼합물이므로 과학적인 관점에서는 순물질이 아니다.

순물질과 물질은 보통 여러 가지 다른 형태로 존재하며, 이를 **물질의 상태(state of matter)**라고 한다. 가장 일반적인 물질의 상태는 고체, 액체, 기체이다.

고체(solid)는 모양이 일정하며 흐르지 않는 물질의 상태이다.
액체(liquid)는 물질의 유체 형태로 표면이 명확하며, 액체를 담아둔 용기 일부의 모양을 따른다.
기체(gas)는 물질의 유체 형태로, 담긴 용기를 가득 채운다.

증기(vapor)라는 용어는 일반적으로 고체나 액체로 존재하는 순물질의 기체 형태를 가리킨다. 예를 들어 물은 고체(얼음), 액체, 증기(수증기)로 존재한다.

그림 A.1에 물질의 세 가지 상태에 따라 원자나 분자의 배열과 이동성이 어떻게 다른지를 나타냈다. 금속 구리 같은 고체에서 원자들은 서로 촘촘하게 쌓여있다. 고체가 단단한 이유는 원자들이 서로 지나쳐 움직일 수 없기 때문이다. 그러나 고체의 원자들이 아예 움직이지 않는 것은 아닌데, 각 원자의 평균 위치를 중심으로 진동하며 이 진동은 온도가 높을수록 더 활발하다. 액체의 원자와 분자는 고체처럼 서로 촘촘히 쌓여있기는 하지만, 서로를 지나쳐 움직일 수 있을 정도의 에너지를 갖고 있다. 따라서 물이나 용융 구리 같은 액체는 중력 같은 힘이 가해지면 흐른다. 공기(대부분 질소와 산소 분자)나 수증기 같은 기체의 분자는 서로 간에 거의 완전히 자유롭기 때문에, 분자들은 음속에 가까운 속도로 빈 공간을 날아다니다가 서로 만나면 충돌하여 즉시 다른 방향으로 날아간다.

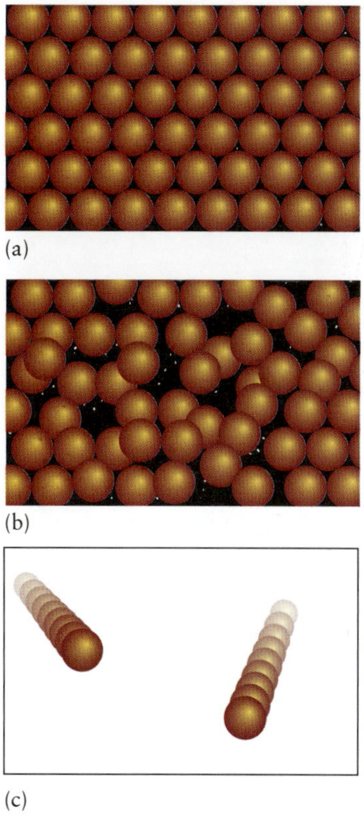

그림 A.1 물질의 세 가지 상태를 나타내는 분자적 표현. 구는 원자, 분자, 이온 같은 입자를 나타낸다. (a) 고체에서 입자는 촘촘히 쌓여있고 위치가 고정되어 있지만 끊임없이 진동한다. (b) 액체에서 입자들은 서로 접촉해 있지만 서로 지나갈 수 있을 정도의 에너지를 갖고 있다. (c) 기체에서 서로 멀리 떨어진 입자들이 거의 완전히 자유롭게 움직이며, 끊임없이 무작위로 운동한다.

A.1 기호와 단위

화학은 물질의 두드러진 특징, 즉 **성질(property)**을 다룬다. 순물질의 **물리적 성질(physical property)**은 물질의 본질을 바꾸지 않으면서 관찰하거나 측정할 수 있는 특징이다. 예를 들어 물 시료의 질량과 온도 등은 물리적 성질이다. 녹는점(고체가 액체로 변하는 온도), 경도, 색, 물질의 상태(고체, 액체, 기체), 밀도 역시 물리적 성질이다. 순물질에 **물리적 변화(physical change)**가 일어나더라도 그 본질은 변하지 않으며, 오로지 물리적인 성질만 달라진다. 예를 들어 화학식 H_2O인 물이 얼어 얼음이 되어도 여전히 H_2O이다. **화학적 성질(chemical property)**은 한 순물질이 다른 순물질로 변화하는 능력을 가리킨다. 예를 들어 수소 기체(H_2)가 산소(O_2)와 반응(연소)하여 물(H_2O)이 되는 것은 수소의 화학적 성질이다. 순물질에 **화학적 변화(chemical change)**가 일어나면 하나 이상의 다른 순물질로 변화한다.

물리량은 이탤릭체, 즉 기울인 글자로 나타낸다. 예를 들어 질량은 m이 아니라 *m*으로 나타낸다. 측정 결과, 즉 물리적 성질의 '값'은 어떤 **단위(unit)**의 배수로서 기록한다. 예를 들어 질량을 15킬로그램으로 적었다면 '1킬로그램' 단위의 15배라는 뜻이다. 과학자들은 측정 결과를 나타낼 때 국제적으로 합의한 단위를 사용하기로 하였고, 따라서 과학자들의 측정 결과는 세계 어디에서나 안심하고 사용할 수 있으며 또 검증할 수 있다. 부록 1에는 이 책에서 사용한 기호 대부분을 그 단위와 함께 수록하였다.

유의 사항

모든 단위는 (기울이지 않은) 로마자로 표기(예를 들어 미터는 m으로, 초는 s로 표기)한다. 따라서 단위 표기법은 물리적 성질을 나타내는 이탤릭체 기호(예를 들어 길이는 *l*로, 시간은 *t*로 표기)와는 다르다.

국제 단위(Systeme International, SI) 체계는 미터법을 확장시켜 국제적으로 합의한 단위체계이다. **기본 단위(base unit)** 7개를 정의하고, 이를 이용하여 모든 물리량을 나타낸다. 지금은 다음만 알아두면 된다.

길이의 단위: **미터(meter)**, m
질량의 단위: **킬로그램(kilogram)**, kg
시간의 단위: **초(second)**, s

단위는 10배씩을 나타내는 접두사를 이용하여 변형할 수 있다. 자주 사용하는 것들을 다음 표에 정리하였고, 자세한 사항은 부록 1B를 참고하라.

접두사	기호	인자	예
킬로-	k	10^3(1000)	1 km = 10^3 m(1킬로미터)
센티-	c	10^{-2}(1/100, 0.01)	1 cm = 10^{-2} m(1센티미터)
밀리-	m	10^{-3}(1/1000, 0.001)	1 ms = 10^{-3} s(1밀리초)
마이크로-	μ	10^{-6}(1/1 000 000, 0.000 001)	1 μg = 10^{-6} g(1마이크로그램)
나노-	n	10^{-9}(1/1 000 000 000, 0.000 000 001)	1 nm = 10^{-9} m(1 나노미터)

질량, 길이, 시간보다 더 복잡한 성질을 나타낼 때는 단위들을 결합하여 **유도 단위(derived unit)**를 이용한다. 예를 들어 물질이 차지하는 공간, 즉 **부피(volume,** *V***)**는 세 길이의 곱이므로, 부피의 유도 단위는 m^3으로 쓴다. 1 m^3은 '일 세제곱미터', 3 m^3은 '삼 세제곱미터'로 읽는다. 화학에서 자주 사용하는 리터(L)라는 단위는 1 dm^3(10^{-3} m^3)이다. 마찬가지로 시료의 질량을 부피로 나눈 값인 **밀도(density)**는 기본 단위들을 조합하여 kg/m^3 또는 kg·m^{-3}으로 쓰며 '킬로그램 퍼 세제곱미터'라고 읽는다.

유의 사항

3 cm^3처럼 거듭제곱꼴로 나타낸 SI 단위는 기본 단위와 접두사를 모두 포함하여 거듭제곱한다. 즉, cm^3은 $c(m)^3 = 10^{-2}\ m^3$이 아니라 $(cm)^3 = 10^{-6}\ m^3$이다.

SI 체계 이외의 단위를 SI 체계로, 혹은 그 반대로 변환해야 하는 경우가 많다. 예를 들어 인치(in.) 단위로 측정한 길이를 센티미터(cm)로 환산할 때는 1 in. = 2.54 cm라는 **변환 인자(conversion factor)**를 써야 한다. 부록 1B의 표 5에 흔히 사용하는 단위 간의 관계를 수록하였다. 이 관계를 다음과 같은 변환 인자로 사용한다.

$$\text{변환 인자} = \frac{\text{필요한 단위}}{\text{주어진 단위}}$$

이어서 다음 관계를 이용한다.

$$\text{필요한 정보} = \text{주어진 정보} \times \text{변환 인자}$$

변환 인자를 사용할 때는 단위를 대수량과 똑같이 취급하면 된다. 즉 숫자와 같은 방식으로 곱하거나 나누면 된다.

예제 A.1 단위 변환

유럽이나 캐나다에서는 페인트를 L 단위로만 판매한다. 페인트 1.7 qt는 몇 L인가?

예상 부록 1B의 표 5를 보면 1 L가 1 qt보다 약간 더 크므로, 1.7 L보다 약간 더 작은 부피가 나올 것이다.

계획 부록 1B의 표 5에서 두 단위의 관계를 확인한다.

$$1\ \text{qt} = 0.946\ 3525\ \text{L}$$

다음으로 주어진 단위 qt와 필요한 단위 L 간의 변환 인자를 구한다.

풀이

변환 인자는 (필요한 단위)/(주어진 단위) 이므로,

$$\text{변환 인자} = \frac{0.946\ 3525\ \text{L}}{1\ \text{qt}}$$

측정값을 필요한 단위로 변환한다.

$$\text{부피 (L)} = (1.7\ \text{qt}) \times \frac{0.946\ 3525\ \text{L}}{1\ \text{qt}} = 1.6\ \text{L}$$

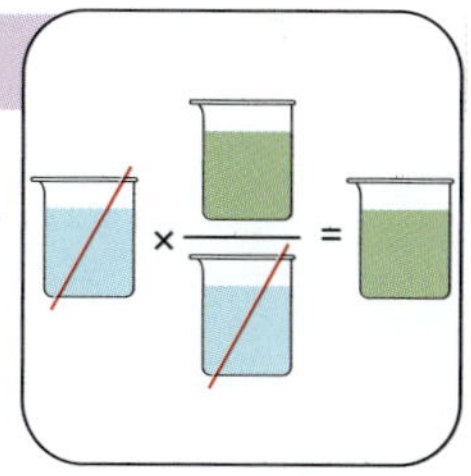

평가 예상대로 1.7 L보다 약간 작은 값이 나왔다. A.2절과 부록 1C를 참고하여 소수점 둘째 자리에서 반올림하여 답을 구했다.

자습 A.1A 키 6.00 ft를 cm로 나타내시오.

[답: 183 cm]

자습 A.1B 아침 식사용 시리얼 250. g을 온스(oz) 단위로 나타내시오.

관련 연습 문제 A.13, A.14, A.31, A.32

보충 설명

자습 문제 B의 답은 홈페이지(www.freeaca.com)의 자료실에서 제공한다.

거듭제곱꼴(음의 지수 포함)로 표현한 단위를 변환하는 경우도 많은데, 이때는 변환 인자도 똑같이 거듭제곱하면 된다. 예를 들어 밀도 $d = 11\ 700\ \text{kg·m}^{-3}$을 g·cm^{-3}으로 변환할 때는 다음 관계를 이용한다.

$$1\ \text{kg} = 10^3\ \text{g} \quad \text{그리고} \quad 1\ \text{cm} = 10^{-2}\ \text{m}$$

이어서,

$$d = (11\,700\ \text{kg}\cdot\text{m}^{-3}) \times \frac{10^3\ \text{g}}{1\ \text{kg}} \times \left(\frac{1\ \text{cm}}{10^{-2}\ \text{m}}\right)^{-3}$$
$$= (11\,700\ \text{kg}\cdot\text{m}^{-3}) \times \frac{10^3\ \text{g}}{1\ \text{kg}} \times \left(\frac{10^{-6}\ \text{m}^3}{1\ \text{cm}^3}\right)$$
$$= 11.7\ \frac{\text{g}}{\text{cm}^3} = 11.7\ \text{g}\cdot\text{cm}^{-3}$$

자습 A.2A 밀도 6.5 $\text{g}\cdot\text{cm}^{-3}$을 $\mu\text{g/nm}^3$으로 환산하시오.

[**답**: $6.5 \times 10^{-12}\ \mu\text{g/nm}^3$ cm]

자습 A.2B 가속도 9.81 $\text{m}\cdot\text{s}^{-2}$를 km/h^2로 환산하시오.

위에서 언급하였듯이 단위는 대수량과 같이 취급하여 숫자처럼 곱하거나 나누면 된다. 따라서 m=5 kg은 양변을 kg으로 나누어 m/kg=5로 쓸 수 있다. 마찬가지로 답의 밀도 역시 $d/(\text{g}\cdot\text{cm}^{-3})=11.7$로 쓸 수 있다.

정량적인 물리량은 시료의 크기와 관계에 따라 다음과 같이 분류한다.

크기 성질(extensive property)은 시료의 크기(양)에 따라 달라지는 성질이다.
세기 성질(intensive property)은 시료의 크기와 무관하다.

시료를 여러 조각으로 나누었을 때, 시료 전체의 성질이 조각 성질의 합과 같으면 크기 성질, 같지 않으면 세기 성질로 분류한다. 예를 들어 시료를 여러 조각으로 나눈다면 전체 부피는 각 조각 부피의 전체 합과 같으므로 부피는 크기 성질이다. 원래 시료의 온도와 시료 조각의 온도는 같기 때문에(**그림 A.2**), 시료의 온도는 시료 조각의 온도 합과 같지 않으므로 온도는 세기 성질이다. 우리가 여러 물질을 식별할 때 그 세기 성질을 이용하기 때문에 이 구분은 중요하다. 즉, 밀도가 1.00 $\text{g}\cdot\text{cm}^{-3}$, 녹는점이 0 °C, 끓는점이 100 °C인 물질은 물이라고 볼 수 있다.

두 가지 크기 성질의 비율로 나타내는 세기 성질도 있다. 예를 들어 밀도, 더 정확히 표현하면 질량 밀도는 질량 m을 부피 V로 나눈 비율이다.

$$\text{밀도} = \frac{\text{질량}}{\text{부피}} \quad \text{즉} \quad d = \frac{m}{V} \tag{1}$$

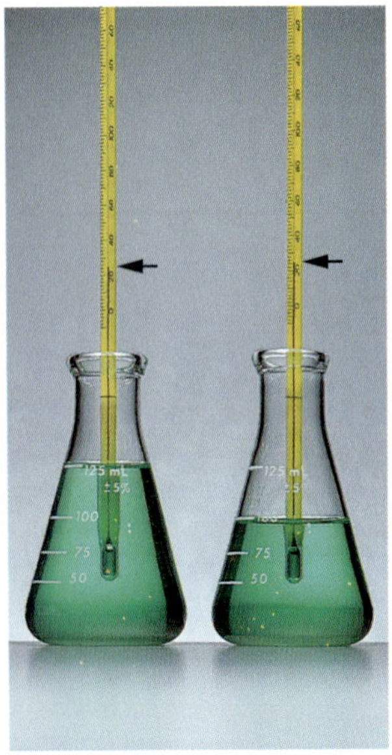

그림 A.2 질량과 부피는 크기 성질이지만 온도는 세기 성질이다. 그림의 두 시료는 황화 철(II) 용액인데, 두 용액의 질량은 다르지만 온도는 같다. (*Copyright Macmillan Learning, photo by Ken Karp.*)

질량이 두 배이면 부피도 두 배이기 때문에 밀도는 시료의 크기와 무관하다. 따라서 밀도는 세기 성질이고, 물질을 판별할 때 밀도를 사용할 수 있다.

물질의 성질 대부분은 그 물질의 상태와 및 온도나 압력 같은 조건에 따라 다르다. 예를 들어 물의 밀도는 0 °C에서 1.000 $\text{g}\cdot\text{cm}^{-3}$이지만 100 °C에서는 0.958 $\text{g}\cdot\text{cm}^{-3}$이다. 0 °C에서 얼음의 밀도는 0.917 $\text{g}\cdot\text{cm}^{-3}$이지만 100 °C, 대기압에서 수증기의 밀도는 0.597 $\text{g}\cdot\text{L}^{-1}$로 2000배나 작다. 부록 1B에는 물리적 성질과 온도 척도의 단위를 수록하였다.

생각해 보기

일정한 압력에서 기체를 가열하면 팽창한다. 이때 기체의 밀도는 증가할까 감소할까 그대로일까?

자습 A.3A 셀레늄의 질량 밀도는 4.79 g·cm^{-3}이다. 셀레늄 6.5 cm^{3}의 질량은 얼마인가?

[답: 31 g]

자습 A.3B 0 °C, 1 atm에서 헬륨의 질량 밀도는 0.176 85 g·L^{-1}이다. 이 조건에서 헬륨 10.0 g을 채운 풍선의 부피는 얼마인가?

화학적 변화는 물질의 본질을 변화시키지만 물리적 변화는 그렇지 않다. 크기 성질은 시료의 크기에 따라 다르지만 세기 성질은 그렇지 않다.

A.2 정확도와 정밀도

모든 측정량에는 불확실성이 따른다. 과학에서는 값 자체뿐만 아니라 값을 이용한 계산 결과가 얼마나 확실한지를 전달하는 것도 중요하다. 예제 A.1에서, 1.7에 0.946 3525를 곱한 값을 1.608 799 25라고 쓰지 않고 1.6이라고 썼던 것을 떠올리자. 계산기로 얻은 모든 숫자를 전부 적는 것이 아니라, 데이터의 자릿수를 따라 계산 결과의 자릿수를 맞춰야 한다.

유효 숫자(significant figure, sf)의 개수는 데이터에서 믿을 수 있는 값의 자릿수이다.

곱셈이나 나눗셈의 결과를 제시할 때는, 정밀도가 가장 낮은 값의 자릿수를 따라 답의 자릿수를 맞춰야 한다.

즉, 1.7 qt의 유효 숫자는 2개(2 sf)이고 0.946 3525의 유효 숫자는 7개(7 sf)이므로 예제 A.1의 결과값은 2 sf이어야 한다.

덧셈이나 뺄셈의 결과를 제시할 때는, 소숫점 아래 자릿수가 가장 작은 값을 따라 답의 자릿수를 맞춰야 한다.

예를 들어, 두 길이를 매우 정확하게 측정하여 55.845 mm와 15.99 mm를 얻었다면, 전체 길이는 다음과 같이 써야 한다.

$$55.845\ \text{mm} + 15.99\ \text{mm} = 71.83\ \text{mm}$$

빨간색으로 강조했듯이, 답의 정밀도는 데이터의 자릿수에 따라 정해진다. 유효 숫자 개수를 세는 방법, 계산 결과의 유효 숫자 개수를 맞추는 방법, 반올림 규칙에 관한 자세한 내용을 부록 1C에 수록하였다.

0으로 끝나는 정수는 유효 숫자의 개수가 자릿수보다 적을 수도 있다. 예를 들어 400은 4×10^2(1 sf), 4.0×10^2(2 sf), 4.00×10^2(3 sf) 중 어느 것을 의미하는가? 이런 모호함을 없애기 위해 이 책에서는 0으로 끝나는 수의 모든 숫자가 유효 숫자인 경우, 그 수의 마지막에 소수점을 붙인다. 즉, 400. 이라고 쓰면 3 sf인 것이다. 일상생활에서는 거의 쓰지 않지만 이 방법은 매우 유용하다.

데이터를 확실히 하기 위해 과학자들은 보통 여러 번 반복 측정 후에 평균값을 제시하고, 측정의 정밀도와 정확도를 검토한다.

정밀도(precision)은 반복 측정값이 서로 얼마나 비슷한지를 나타낸다.
정확도(accuracy)는 평균값이 참값에 얼마나 가까운지를 나타낸다.

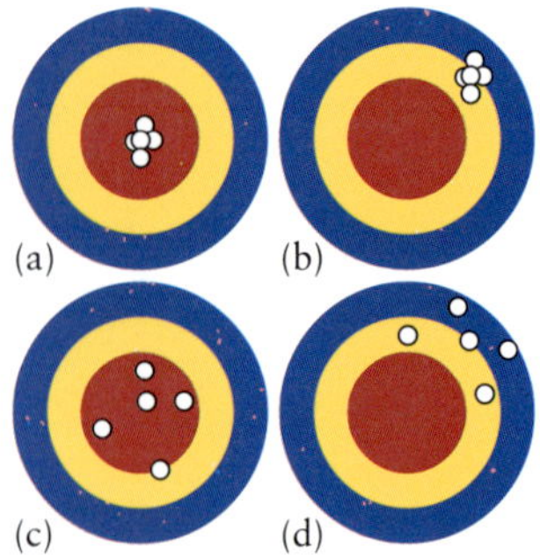

그림 A.3 과녁의 구멍은 측정값을 나타낸다. (a) 정확하고 정밀하다. (b) 부정확하지만 정밀하다. (c) 평균적으로 정확하지만 정밀하지 않다. (d) 정확하지도 정밀하지도 않다.

그림 A.3에 정밀도와 정확도를 구별하여 나타냈다. 정밀한 측정이라도 부정확한 값일 수 있다(그림 A.3b).

측정에는 일반적으로 두 종류의 오차가 수반된다. **계통 오차(systematic error)**는 반복 측정값 전부에 존재하는 오차이다. 계통 오차는 항상 부호와 크기가 같다. 예를 들어 실험실 저울이 정확하게 보정되지 않았다면 모든 질량이 높거나 혹은 낮게 측정될 것이다. 이 저울로 은 시료의 질량을 잰다면, 5.0450 g처럼 유효 숫자 다섯 자리로 정밀하게 측정했더라도 시료의 질량을 정확하게 측정한 것은 아니다. 계통 오차를 발견하고 교정하는 것이 이론적으로는 가능하지만, 실제로는 알아채지 못하거나 확인하기 어려울 수도 있다. **우연 오차(random error)**는 측정값마다 부호와 크기가 다르며 반복 측정을 통해 평균을 내면 0으로 수렴한다. 예를 들어 열린 창문으로 들어오는 바람이 저울의 접시를 위나 아래로 약간 움직여 측정값을 높이거나 낮출 수 있다. 과학자들은 여러 번 측정하고 평균값을 내어 우연 오차를 최소화한다.

생각해 보기
과학자들이 계통 오차를 찾아내어 없애는 데 사용할 수 있는 방법에는 어떤 것들이 있을까?

측정값의 정밀도는 반복 측정값이 서로 얼마나 유사한지를 나타내며, 정확도는 측정값이 참값에 얼마나 가까운지를 나타낸다.

A.3 힘

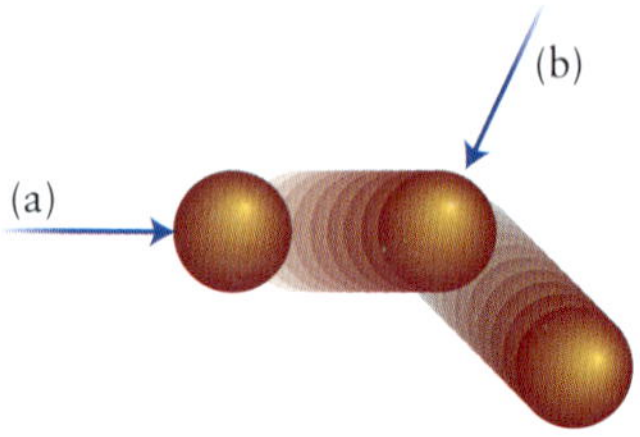

그림 A.4 (a) 운동 방향을 따라 힘을 가하면 속력(속도의 크기)이 변하지만 운동 방향은 그대로이다. (b) 적절한 방향의 힘을 가하면 속력 변화 없이 운동 방향만 바꿀 수 있다. 두 속도 변화 모두 가속이다.

속력(speed, v)은 물체의 위치 변화율이며, SI 단위는 $m \cdot s^{-1}$이다. **속도(velocity)**는 속력과 밀접한 연관이 있지만 운동 방향까지 고려해야 한다. 따라서 일정한 속력으로 원운동을 하는 입자의 속도는 일정하게 변한다. **가속도(acceleration, a)**는 속도의 변화율이다. 등속 직선 운동을 하는 입자는 속력과 방향이 변하지 않으므로 가속도가 0이다. 그러나 등속 곡선 운동을 하는 입자는 속력은 일정하지만 속도는 변한다(그림 A.4). 가속도의 SI 단위는 $m \cdot s^{-2}$이다.

힘(force, F)은 물체의 운동 상태를 변화시킨다. 예를 들어 힘을 가해 문을 열고, 야구 방망이로 힘을 가해 공을 친다. **Newton 제2 운동 법칙(Newton's second law of motion)**에 따라 물체에 힘을 가하면 그 힘에 비례하여 가속된다. 식으로는 $a=F/m$으로 표현할 수 있고, 이때 m은 물체의 질량이다. 따라서, 힘이 동일하다면 질량이 클수록 가속도가 작다. Newton의 제2 운동 법칙은 다음과 같다.

$$\text{힘} = \text{질량} \times \text{가속도} \qquad \text{즉, } F = ma \tag{2}$$

이 관계식에 따라 질량(kg)과 가속도($m \cdot s^{-2}$)를 이용하여 힘의 SI 단위를 구하면 $1\ kg \cdot m \cdot s^{-2}$이다. 이 유도 단위를 매우 자주 사용하기 때문에 특별히 1 newton이라는 이름을 붙였으며, 1 N으로 쓴다. 즉, $1\ N = 1\ kg \cdot m \cdot s^{-2}$이다. 힘 1 N은 나무에 열린 작은 사과(약 100 g)를 중력이 끌어당기는 힘과 거의 같다.

가속도는 속도의 변화율이며, 가해진 힘에 비례한다.

A.4 에너지

일(work)은 물체가 힘을 거스르며 움직이는 과정으로, 그 크기는 힘의 세기와 물체가 움직인 거리의 곱이다.

$$\text{한 일} = \text{거스른 힘} \times \text{거리}$$

힘은 N이고 거리는 m이므로 일의 SI 단위는 1 N·m, 즉 1 $kg·m^2·s^{-2}$이다. 화학에서 이 단위는 N보다 훨씬 자주 사용된다. 따라서 이 단위를 1 joule이라 하며, 1 J로 쓴다. 즉, 1 J=1 $kg·m^2·s^{-2}$이다. 인간의 심장 박동은 회당 대략 1 J의 일을 한다.

에너지(energy)는 일을 할 수 있는 능력이다. 따라서 물체를 들어 올리거나, 회로에 전류가 흐르게 하려면 모두 에너지가 필요하다. 물체의 에너지가 클수록 일을 할 수 있는 능력도 크다. 질량이 약 2.0 kg인 화학책을 바닥에서부터 0.97 m 높이의 탁자에 올려놓는 데는 약 19 J이 필요하다(그림 A.5). 화학 반응에서 에너지 변화는 수천 J 정도의 크기이므로, 화학에서는 kJ(1 kJ$=10^3$ J)을 더 자주 사용한다.

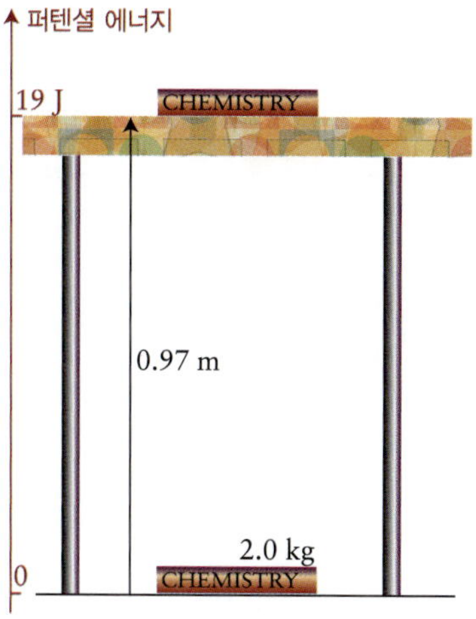

그림 A.5 여러분이 지금 읽고 있는 책을 바닥에서부터 탁자 위로 올리는 데 필요한 에너지는 약 19 J이다. 책이 바닥으로 떨어질 때는 같은 에너지를 방출한다.

유의 사항

사람 이름에서 따온 단위의 이름은 항상 소문자, 약자는 항상 대문자로 쓴다(예시: J=joule).

화학에서는 다음 세 가지 에너지가 중요하다. 운동 에너지, 퍼텐셜 에너지, 전자기 에너지. **운동 에너지(kinetic energy, E_k)**는 운동하는 물체가 갖는 에너지이다. 속력 v로 운동하는 질량 m인 물체의 운동 에너지는 다음과 같다.

$$E_k = \tfrac{1}{2}mv^2 \qquad (3)$$

빠르게 움직이는 무거운 물체의 운동 에너지는 크다. 정지한 물체($v=0$)은 운동 에너지가 없다.

예제 A.2 운동 에너지 계산하기

운동선수는 달리는 동안뿐만 아니라 달리기 시작하는 과정에서도 많은 에너지를 소모한다. 여러분이 싸이클 종목의 에너지학을 연구하는 운동 생리학자라고 하면, 경주의 단계마다 소모되는 에너지를 알아야 할 것이다. 총 질량이 75 kg인 사람과 자전거를 정지 상태로부터 속도 8.9 m/s까지 가속하는 데 필요한 에너지는 얼마인가? 바닥과의 마찰과 바람의 저항은 무시한다.

계획 정지 상태의 운동 에너지는 0이다. 최종 속도로 운동하는 자전거와 사람의 운동 에너지에 도달하려면 얼마나 많은 에너지가 필요한지 구해야 한다.

풀이

$E_k = \tfrac{1}{2}mv^2$으로부터,

$$\begin{aligned} E_k &= \tfrac{1}{2}\times(75\ \text{kg})\times(8.9\ \text{m·s}^{-1})^2 \\ &= \underbrace{3.0\times10^3}_{\text{k}}\ \underbrace{\text{kg·m}^2\text{·s}^{-2}}_{\text{J}} = 3.0\ \text{kJ} \end{aligned}$$

평가 최소한 3.0 kJ이 필요하다. 마찰과 바람을 고려하면 더 많은 에너지가 필요하다.

자습 A.4A 25 $m·s^{-1}$로 이동하는 질량 0.050 kg인 풍선의 운동 에너지를 계산하시오.

[답: 16 J]

자습 A.4B 질량 1.5 kg인 책이 책상에서 떨어져 발에 부딪히기 직전의 속도가 3.0 $m·s^{-1}$이다. 이 책의 운동 에너지를 계산하라.

관련 연습 문제 A.36, A.36

퍼텐셜 에너지(potential energy, E_p)는 힘의 장에 놓여있는 물체가 위치에 따라서 갖게 되는 에너지이다. 장(場, field)이란 힘이 작용하는 영역을 뜻한다. 물체가 받는 힘이 무엇이냐에 따

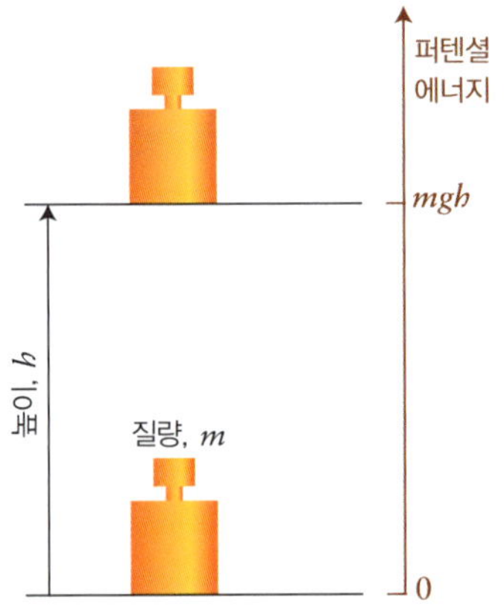

그림 A.6 중력장에서 질량 m인 물체의 퍼텐셜 에너지는 기준점(여기서는 지표면, 퍼텐셜 에너지가 0이다)으로부터 높이 h에 비례한다.

라 퍼텐셜 에너지가 다르므로, 퍼텐셜 에너지를 한 종류의 식으로 표현할 수는 없다. 화학에서는 중력에 의한 퍼텐셜 에너지(중력장 내의 입자), Coulomb 퍼텐셜 에너지(정전기장 내의 대전 입자)가 중요하다.

지표에서 높이 h 위치에 있는 질량 m인 물체는 (지표면에 있는 물체에 비해) 다음과 같은 중력 퍼텐셜 에너지를 갖는다(**그림 A.6**).

$$E_p = mgh \quad (4)$$

g는 **자유 낙하 가속도(acceleration of free fall)**이며, 흔히 중력 가속도라고 하기도 한다. g 값은 위치에 따라 다르지만, 지표면의 주거 지역 대부분에서는 '표준값'인 9.81 $m \cdot s^{-2}$에 가까우므로 이 책에서는 모든 계산에 이 값을 이용한다. 식 4에서 알 수 있듯이 물체의 높이가 높을수록 중력 퍼텐셜 에너지가 크다. 예를 들어 탁자에 있는 책의 중력 퍼텐셜 에너지가 바닥의 책보다 크다.

유의 사항

운동 에너지를 KE로, 퍼텐셜 에너지를 PE로 쓰기도 한다. 하지만 최근에는 모든 물리량을 한 글자(이탤릭체)로 나타내는 것(필요하면 첨자도 씀)이 관례이다. 이에 따라 운동 에너지를 E_k, 퍼텐셜 에너지를 E_p로 쓴다. 퍼텐셜 에너지를 V로 쓰는 경우도 종종 있으니 부피와 혼동하지 말자.

예제 A.3 중력 퍼텐셜 에너지 계산하기

질량 65 kg인 스키선수가 리프트를 타고 출발점으로부터 1164 m 높이까지 올라갔다. 이 선수의 퍼텐셜 에너지 변화는 얼마인가?

예상 지표면에서 1 kg짜리 물체를 1 m 들어 올리면 이 물체는 대략 퍼텐셜 에너지 10 J을 얻는다. 65 kg이 1000 m 이상 올라갔으므로 얻은 퍼텐셜 에너지는 650 kJ보다 클 것이라 예상해야 한다.

계획 리프트 출발점의 퍼텐셜 에너지를 0으로 놓고, 정상에서 퍼텐셜 에너지를 계산하여 그 변화를 계산한다.

풀이 정상에서 이 선수의 퍼텐셜 에너지는 출발점에 비해 다음과 같다.

$E_p = mgh$로부터

$$E_p = (65\ \text{kg}) \times (9.81\ \text{m}\cdot\text{s}^{-2}) \times (1164\ \text{m})$$
$$= 7.4 \times 10^5 \underbrace{\text{kg}\cdot\text{m}^2\cdot\text{s}^{-2}}_{\text{J}} \times \frac{\text{kJ}}{1000\ \text{J}} = +740\ \text{kJ}$$

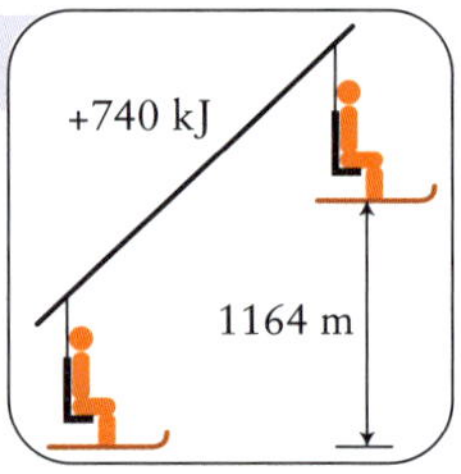

평가 예상한 대로 퍼텐셜 에너지 차이는 650 kJ보다 크다.

자습 A.5A 질량 2.0 kg인 교재가 바닥으로부터 높이 0.82 m인 책상 위에 놓여 있다. 바닥에서의 퍼텐셜 에너지에 비해 책상에서 퍼텐셜 에너지는 얼마인가?

[답: 16 J]

자습 A.5B 질량 0.350 kg인 탄산음료 한 캔을 Chicago의 Willis 탑(높이 443 m) 꼭대기까지 올리는 데 필요한 에너지는 얼마인가?

관련 연습 문제 A.37~A.39

화학에서 다루는 전자, 원자핵, 이온은 모두 전하를 띤다. 따라서 전하 사이의 인력과 반발력에 의한 에너지는 화학에서 매우 중요하다. 전하 Q_2로부터 거리 r만큼 떨어진 전하 Q_1의 **Coulomb 퍼텐셜 에너지(Coulomb potential energy)**는 두 전하의 크기에 비례하고 거리에 반비례한다.

$$E_p = \frac{Q_1Q_2}{4\pi\varepsilon_0 r} \quad (5)$$

이 식은 진공에서 떨어져 있는 두 전하에 적용하는 식이다. ε_0(epsilon zero라고 읽음)는 **전기 상수**(electric constant)라고 하는 기본 상수로, **진공 유전율**(vacuum permittivity)이라고도 하며 값은 $8.854 \times 10^{-12}\ J^{-1}\cdot C^2\cdot m^{-1}$이다. C(coulomb, 전하의 SI 단위) 단위의 전하량과 m 단위의 거리를 이용하면 Coulomb 퍼텐셜 에너지를 J 단위로 얻을 수 있다. 전자의 전하량은 $-e$이다. e는 **기본 전하량**(fundamental charge)으로, 값은 1.602×10^{-19} C이다.

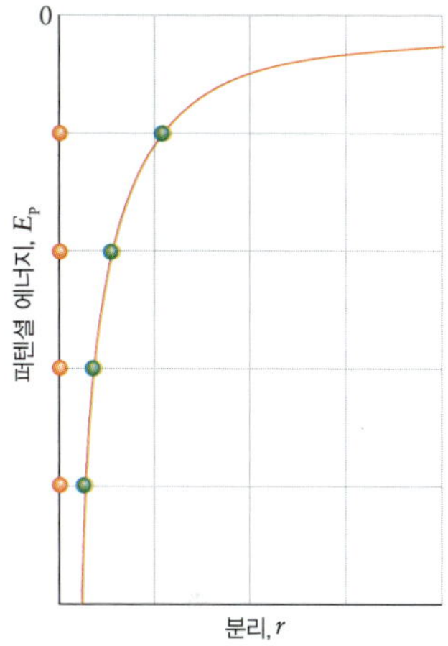

그림 A.7 반대 전하 사이의 거리에 따른 Coulomb 퍼텐셜 에너지. 빨간색과 초록색으로 두 전하를 표시하였다. 거리가 가까울수록 퍼텐셜 에너지가 낮다는 점에 유의하자.

이 방정식의 의미는 무엇인가?

두 입자 간 거리가 무한대로 멀어지면 Coulomb 퍼텐셜 에너지는 0에 가까워진다. 두 입자가 같은 전하를 띠면(예를 들어 전자들) 분자 Q_1Q_2가 양수이므로 E_p도 양수이다. 따라서 입자 간 거리가 가까울수록 퍼텐셜 에너지는 크다(더 큰 양수이다). 두 입자가 반대 전하를 띠면(예를 들어 음전하인 전자와 양전하인 원자핵) 분자가 음수이므로 E_p도 음수이다. 따라서 입자 간 거리가 가까울수록 퍼텐셜 에너지는 낮다(더 큰 음수이다). **그림 A.7**을 참고하자.

이 절의 도입부에 언급한 전자기 에너지는 **전자기장(electromagnetic field)**의 에너지로, 라디오파, 빛, X선 등에 의해 운반되는 에너지이다. 전자기장은 전하를 띤 입자의 가속에 의해 생기며, 진동하는 **전기장(electric field)**과 **자기장(magnetic field)**으로 이루어져 있다(**그림 A.8**). 전기장은 전하가 움직이건 정지해있건 영향을 미치지만, 자기장은 움직이는 전하에만 영향을 미친다. 전자기장은 Topic 1A에서 더 자세히 다룬다.

물체의 **전체 에너지(total energy, E)**는 운동 에너지와 퍼텐셜 에너지의 합이다.

$$\text{전체 에너지} = \text{운동 에너지} + \text{퍼텐셜 에너지, 즉 } E = E_k + E_p$$

외부의 개입이 없다면 한 물체의 전체 에너지는 일정하다. 이것을 **"에너지는 보존된다"**라고 한다. 행성처럼 큰 물체든 원자처럼 작은 물체든, 어떤 물체의 운동 에너지와 퍼텐셜 에너지는 상호 전환될 수 있지만 그 합은 일정하다. 예를 들어 공을 공중으로 던지면 처음에는 운동 에너지가 크고 중력 퍼텐셜 에너지는 0이다. 최고점에서는 운동 에너지가 0이고 중력 퍼텐셜 에너지가 크다. 다시 낙하하면서 운동 에너지는 증가하고 퍼텐셜 에너지는 다시 0에 가까워진다. 각 단계에서 전체 에너지는 공을 던진 순간과 동일하다(**그림 A.9**). 공이 지구와 충돌할 때는 공은 더 이상 고립된 상태가 아니다. 공의 에너지는 원자나 분자의 무질서하고 랜덤한 운동, 즉 **열적 운동(thermal motion)**으로 소산된다. 원자나 분자의 운동 에너지와 퍼텐셜 에너지를 모두 더해보면, 공이 잃어버린 에너지와 정확히 동일한 양만큼 지구 전체의 에너지가 증가한다는 것을 알 수 있다. 에너지는 생겨나거나 없어지지 않는다는 **에너지 보존 법칙(law of conservation of energy)**의 예외는 지금까지 한 번도 관찰되지 않았다. 우주 어딘가가 에너지를 잃었다면 다른 어딘가는 반드시 그 에너지를 얻어야만 한다.

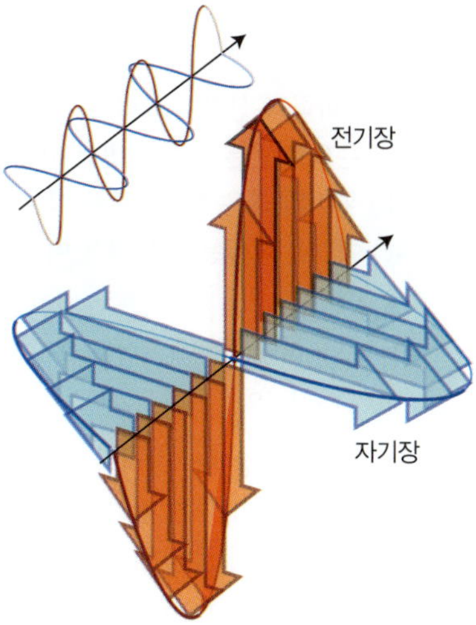

그림 A.8 전자기장은 시공간에서 진동한다. 전기장(빨간색)과 자기장(파란색)은 서로 수직이다. 화살표의 길이는 해당 지점에서 장의 세기를 나타내며, 화살표의 방향은 장의 방향을 나타낸다. 두 장 모두 복사선의 진행 방향과 수직이다.

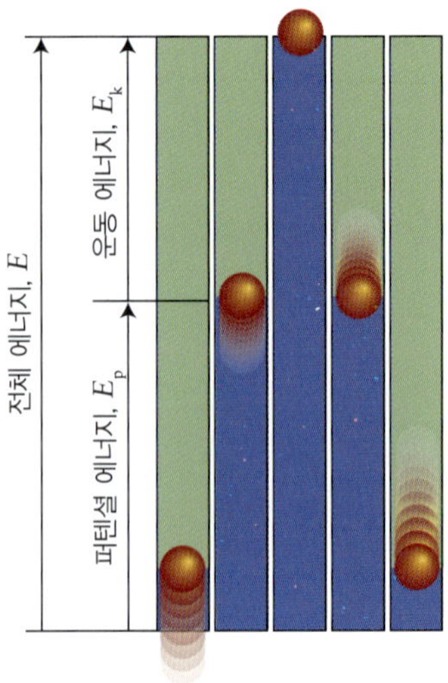

그림 A.9 운동 에너지(초록색 막대의 길이)와 퍼텐셜 에너지(파란색 막대의 길이)는 상호 전환할 수 있지만, 공기 저항 같은 외부의 영향이 없다면 그 합은 일정(전체 막대의 길이)하다. 바닥에서 출발한 공은 운동 에너지를 잃으면서 느려지지만 퍼텐셜 에너지는 증가하고, 낙하할 때는 반대이다.

화학자들은 보통 두 가지 다른 에너지를 더 언급한다. **화학 에너지(chemical energy)**는 연료가 연소하는 것처럼 화학 반응이 일어날 때 변화하는 에너지를 가리킨다. 화학 에너지는 에너지의 특별한 형태는 아니고, 반응에 참여하는 물질(전자 포함)들의 퍼텐셜 에너지와 운동 에너지의 합을 간단히 표현한 용어이다. **열에너지(thermal energy)**는 원자, 이온, 분자의 열 운동에 의해 발생하는 퍼텐셜 에너지와 운동 에너지를 간단히 표현한 용어이다.

일은 힘을 거슬러 운동하는 것이다. 에너지는 일을 할 수 있는 능력이다. 운동 에너지는 운동에서, 퍼텐셜 에너지는 위치에서 비롯된다. 전자기장은 공간을 통해 에너지를 운반한다.

기초 지식 A에서 배운 것은 무엇인가?

측정값을 사용하고 보고하는 방법, 단위를 변환하는 방법, 계산 결과를 올바른 유효 숫자로 보고하는 방법을 공부했다. 또한 힘과 에너지를 간략히 알아보았고, 운동 에너지와 퍼텐셜 에너지를 구분하는 방법도 배웠다.

개념과 식의 적용

☐ 물리적 성질과 화학적 성질, 크기 성질과 세기 성질을 구분한다.
☐ 단위를 변환한다(예제 A.1).
☐ 물체의 운동 에너지를 계산한다(예제 A.2).
☐ 물체의 중력 퍼텐셜 에너지를 계산한다(예제 A.3).
☐ Coulomb 퍼텐셜 에너지와 전하량의 관계를 설명한다.

기초 지식 A 연습 문제

A.1 서론과 오리엔테이션에서 법칙과 가설을 구별하였다. 다음 중 법칙으로 가장 적절한 것은 무엇인가?
(a) 일정한 압력에서 기체를 가열하면 부피가 증가한다.
(b) 소듐이 염소와 반응하면 염화 소듐이 된다.
(c) 우주는 무한하다.
(d) 지구상 모든 동물은 생존하는 데 물이 필요하다.
(e) 석탄 연소는 지구 온난화를 야기한다.

A.2 연습 문제 A.1에서 가설로 가장 적절한 것은 무엇인가?

A.3 화학적 성질과 물리적 성질을 구별하시오.
(a) 은으로 만든 물체는 변색된다.
(b) 루비의 붉은색은 크로뮴 이온이 존재하기 때문이다.
(c) 에탄올의 끓는점은 78 °C이다.

A.4 한 화학자가 미네랄 테레빈유의 한 성분인 헥세인의 투명도, 끓는점, 가연성을 조사하였다. 이 중에서 물리적 성질과 화학적 성질은 어느 것인가?

A.5 다음 문장에서 물리적 성질과 물리적 변화를 모두 찾으시오. '캠프 간호사가 다친 참가자의 체온을 측정하고 프로페인 버너를 점화시켰다. 물이 끓기 시작하자 차가운 창문에 수증기가 맺혔다.'

A.6 다음 문장에서 화학적 성질과 화학적 변화를 모두 찾으시오. '구리는 적갈색의 원소로 황화 구리 광석을 공기 중에서 가열하면 산화 구리가 된다. 산화 구리를 탄소와 함께 가열하면 불순물을 함유한 구리를 얻을 수 있는데, 이를 전기 분해로 정제한다.'

A.7 파란색 공과 초록색 공은 각기 다른 원소를 나타낸다. 다음 변화가 물리적 변화인지 화학적 변화인지 말하시오.

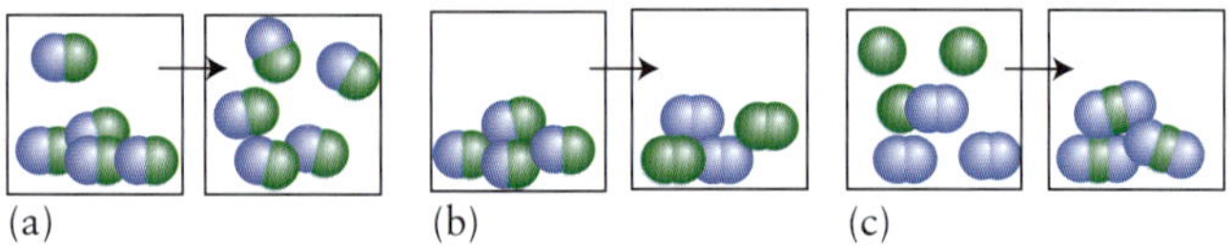

A.8 연습 문제 A.7에서 기체인 물질은 어느 것일까?

A.9 다음은 크기 성질인가, 세기 성질인가?
(a) 물의 끓는점 (b) 구리의 경도 (c) 대기의 습도 (d) 발광하는 인이 방출하는 빛의 세기

A.10 다음은 크기 성질인가, 세기 성질인가?
(a) 휘발유를 연소하면 열이 발생한다. (b) 휘발유의 부피 (c) 휘발유의 가격 (d) 타이어의 공기압

A.11 다음 단위는 이상해 보이지만 고대에 실제로 쓰였던 단위이다. 이 단위를 SI 단위로 채택했다고 가정하자. 다음 값들을 적절한 접두사를 써서 표현하시오.

(a) 1000 grain (b) 0.01 batman (c) 1×10^6 mutchkin.

A.12 다음 단위는 이상해 보이지만 로마 시대에 실제로 쓰였던 단위이다. 이 단위를 SI 단위로 채택했다고 가정하자. 다음 값들을 적절한 접두사를 써서 표현하시오.
(a) 1×10^{-12} stadium (b) 1×10^2 pertica (c) 1×10^{-1} gradus

A.13 2 cup = 1 pt, 2 pt = 1 qt를 이용하여 우유 시료 1.00 cup의 부피를 mL로 변환하시오.

A.14 Å(옹스트롬) 단위는 원자나 분자의 크기를 언급할 때 자주 쓰인다(1 Å $= 10^{-10}$ m). 다음 데이터를 Å으로 나타내시오.
(a) 소듐 원자의 반지름 180 pm(2 sf)
(b) 노란색 빛의 파장 550 nm(2 sf)
(c) Å과 nm의 변환 인자를 쓰시오.

A.15 실험실에서 파장을 측정하였다. 계산기를 쓰지 말고 더 긴 파장을 찾으시오.
(a) 5.4×10^2 μm (b) 1.3×10^9 pm

A.16 실험실에서 두 물질의 밀도를 측정하였다. 계산기를 쓰지 말고 밀도가 더 큰 것을 찾으시오.
(a) 2.4 g·cm^{-2} (b) 2.4 kg·m^{-3}

A.17 반응성이 없는 금속 조각 11.23 g을 눈금 실린더에 담긴 물 2.34 mL에 넣었더니 2.93 mL가 되었다. 이 금속의 밀도는 몇 g·cm^{-3}인가? 이 금속 조각은 물에 완전히 잠겼다.

A.18 반응성이 없는 금속 조각 18.23 g을 눈금 실린더에 담긴 물 3.24 mL에 넣었더니 4.98 mL가 되었다. 이 금속의 밀도는 몇 g·cm^{-3}인가? 이 금속 조각은 물에 완전히 잠겼다.

A.19 다이아몬드의 밀도는 3.51 g·cm^{-3}이다. 다이아몬드의 무게를 나타내는 국제적 단위는 캐럿(ct, 1 carat 200 mg)이다(SI 단위는 아님). 다이아몬드 0.750 ct의 부피는 얼마인가?

A.20 부록 2D의 자료를 이용하여 금 1 oz의 부피를 계산하시오.

A.21 빈 플라스크의 무게가 43.50 g이고 물을 가득 채웠을 때 105.50 g이다. 같은 플라스크에 어떤 액체를 가득 채웠더니 96.75 g이었다. 이 액체의 밀도는 얼마인가?

A.22 레드우드(밀도 0.38 g·cm^{-3}) 251 cm^{3}과 질량이 같은 납(밀도 11.3 g·cm^{-3})의 부피는 몇 cm^{3}인가?

A.23 우주선은 방사선 차폐를 위해 보통 알루미늄으로 덮여있다. 적절한 차폐를 위해서는 1 cm^{2}당 알루미늄 20. g를 덮어야 한다. 부록 2D의 자료를 이용하여 알루미늄의 두께를 구하시오.

A.24 어떤 원자 전체의 질량이 핵에 집중되어 있고, 이 핵이 반지름 1.5×10^{-5} pm인 구라고 가정하자. (a) 탄소 원자의 질량이 2.0×10^{-23} g을 이용하여 핵의 밀도를 계산하시오. (b) 지구가 탄소 핵의 밀도와 동일한 밀도로 압축된다면 반지름은 얼마인가? 지구 평균 반지름은 6.4×10^3 km이며 평균 밀도는 5.5 g·cm^{-3}이다.

A.25 유효 숫자를 고려하여 다음 계산값을 쓰시오.

$$\frac{51.875 \times 1.700}{50.4 + 207.2}$$

A.26 유효 숫자를 고려하여 다음 계산값을 쓰시오.

$$\frac{64\,500 \times 0.001\,962}{3.02 - 1.007}$$

A.27 유효 숫자를 고려하여 다음 계산값을 쓰시오.

$$\frac{0.082\,06 \times (27.015 + 1.2)}{3.25 \times 7.006}$$

A.28 유효 숫자를 고려하여 다음 계산값을 쓰시오.

$$\frac{(604.01 + 0.53) \times 321.81 \times 0.001\,80}{3.530 \times 10^{-3}}$$

A.29 부록 1B와 뒤표지 안쪽의 변환 인자를 이용하여 다음 측정값을 나타내시오.
(a) 4.82 nm를 pm로
(b) 1.83 mL·min^{-1}을 mm^3·s^{-1}로
(c) 1.88 ng을 kg으로
(d) 2.66 g·cm^{-3}을 kg·m^{-3}으로
(e) 0.044 g·L^{-1}을 mg·cm^{-3}으로

A.30 부록 1B와 뒤표지 안쪽의 변환 인자를 이용하여 다음 측정값을 나타내시오.
(a) 36 L를 m^{3}으로
(b) 45 g·L^{-1}을 mg·mL^{-1}로
(c) 1.54 mm·s^{-1}을 nm·μs^{-1}로
(d) 7.01 cm·s^{-1}을 km·h^{-1}로
(e) \$3.50/gal을 peso/L로(\$1 ≈ 20.0 peso)

A.31 어떤 금속의 밀도를 두 가지 방법으로 측정하였다. 밀도를 각각 구하고, 어떤 측정법이 더 정밀한지 말하시오.
(a) 1.10 cm × 0.531 cm × 0.212 cm인 조각의 질량이 0.213 g이다.
(b) 물 19.65 mL이 담긴 플라스크 질량이 39.753 g이었다. 금속 조각을 물에 완전히 담갔더니 20.37 mL가 되었고 질량은 41.003 g이었다.

A.32 한 과학자는 금속 마그네슘의 밀도를 4회 측정하여 1.68 g·cm^{-3}, 1.67 g·cm^{-3}, 1.69 g·cm^{-3}, 1.69 g·cm^{-3}을 얻었다. 다른 과학자는 1.72 g·cm^{-3}, 1.63 g·cm^{-3}, 1.74 g·cm^{-3}, 1.86 g·cm^{-3}을 얻었다. 마그네슘 금속의 밀도는 1.74 g·cm^{-3}이다. 두 과학자가 얻은 자료의 정확도와 정밀도를 비교하시오.

A.33 물의 어는점과 끓는점을 각각 50.°X과 250.°X으로 잡고 새로운 온도 단위 체계를 만들었다. (a) 섭씨 온도를 이 온도 체계로 변환하는 식을 세우시오. (b) 쾌적한 실내 온도 22 °C를 이 온도 단위로 바꾸면 몇 °X인가?

A.34 Anders Cesius가 처음으로 제안한 척도에서는 어는점을 100, 끓는점을 0으로 잡았다. 이 척도에 따르면 (a) 25 °C는 몇 도인가? (b) 98.6 °F는 몇 도인가?

A.35 닭이 최대로 낼 수 있는 속력은 14 kg·m^{-1}이다. 질량 4.2 kg인 닭이 이 속도로 길을 건너고 있다. 운동 에너지를 계산하시오.

A.36 화성이 태양을 공전하는 속력은 25 km·s^{-1}이다. 우주선이 화

성에 착륙하려면 이 속력을 맞춰야 한다. 질량 3.5×10^5 kg인 우주선이 화성의 공전 속력과 같아졌을 때 운동 에너지는 얼마인가?

A.37 질량 2.8 t인 자동차가 도시에 진입할 때 100. $km \cdot h^{-1}$에서 50. $km \cdot h^{-1}$로 감속했다. 발생하는 열을 무시한다면 회수할 수 있는 에너지는 얼마인가? 마찰이나 다른 에너지 손실을 무시한다면 이 에너지는 이 자동차를 몇 m 높이까지 들어 올릴 수 있는가?

A.38 축구 선수가 질량 0.51 kg인 축구공을 차서 높이 3.0 m인 골대를 넘기는 데 최소 에너지는 얼마인가?

A.39 사람들은 가끔 숟가락질이 유일한 운동이라고 농담 삼아 말한다. 음식이 담긴 숟가락 40.0 g을 높이 0.50 m만큼 들어 올린다고 가정하자. 식사 한 번에 숟가락질을 30회 한다고 가정하고 소모하는 에너지를 J과 Cal(1 Cal = 1 cal)로 계산하시오.

A.40 전자가 양성자에 다가온다. 무한대 거리에서부터 53 pm(이것은 수소 원자에서 전자를 발견할 확률이 가장 높은 거리이기도 하다)까지 다가올 때 방출하는 에너지를 계산하시오. 수소 원자핵과 전자의 실제 상황에서는 이 값이 13.6 eV(1 eV = 1.602×10^{-19} J)이다. 여러분의 계산 결과와 실제값에 차이점이 있다면 설명하시오

A.41 $E_p = mgh$라는 식은 지표면에 가까운 물체에만 적용할 수 있다. 질량 m_E인 지구의 중심으로부터 거리 R만큼 떨어진 질량 m인 물체의 퍼텐셜 에너지는 $E_p = -Gm_Em/R$이다. $R = R_E$(지구 반지름)$+h$를 이용하여 완전한 식을 쓰고, 이 식이 우리가 공부한 식 $E_p = mgh$와 일치함을 보이시오. $x \ll 1$이면 $(1+x)^{-1} \approx 1-x$를 이용하시오.

A.42 Coulomb 퍼텐셜 식은 연습 문제 A.41에 나온 중력 퍼텐셜 에너지 식과 상당히 유사하다. 양성자로부터 멀리 떨어진 전자가, 짧은 거리 h를 낙하 또는 상승할 때 퍼텐셜 에너지 변화를 $E_p = mgh$와 비슷한 식으로 표현할 수 있는가? $E_p = egh$ 형태의 식이 나오는지 확인하고, g에 관한 적절한 식을 찾으시오. 연습 문제 A.41의 과정을 참고하시오.

B. 원소와 원자

과학은 단순함을 추구한다. 세상은 끝없이 복잡해 보이지만, 이 복잡성은 과학이 추구하는 근본적인 단순함에서 비롯한 것이다. 화학은 산, 나무, 인간, 컴퓨터, 뇌, 콘크리트, 바다 등 우리 주위의 모든 것이 실제로는 단순한 실체들로 이루어져 있음을 보여 준다. 고대 그리스인도 비슷한 생각을 했다. 그들은 흙, 공기, 불, 물이 적절한 비율로 결합하면 다른 모든 물질을 만들 수 있다고 믿었다. 이들의 원소 개념은 현대적인 관점과 유사하지만, 실험을 통해 현재는 100개 이상의 원소가 알려져 있다. 이 원소들은 다양한 조합을 이루어 지구상 모든 물질을 구성한다(그림 B.1).

그림 B.1 홑원소 물질 시료. 왼쪽 위부터 시계 방향으로 액체 브로민, 액체 수은, 고체 아이오딘, 카드뮴, 붉은 인, 구리. (*Copyright Macmillan Learning, photo by Ken Karp.*)

B.1 원자

그리스인들은 물질을 점점 더 작은 조각으로 나누면 어떻게 될지 궁금해했다. 원래의 성질을 잃어버리기 때문에 멈추게 되는 순간이 있을까, 아니면 영원히 나눌 수 있을까? 쪼개기를 멈춰야만 하는 순간이 있다는 것을 이제는 알고 있다. 즉, 물질은 단순히 쪼개는 것만으로는 더 이상 나눌 수 없는, 상상하기 어려울 정도로 작은 입자로 구성되어 있다. 원소의 가장 작은 입자를 **원자(atom)**라고 한다. 현대 원자 모형의 발전사는 과학적 모형이 발전하는 방식을 잘 보여 주며, 이 이야기는 Focus 1에서 다룬다.

보충 설명
원자(atom)라는 이름은 그리스어로 '쪼갤 수 없는'이라는 의미에서 유래하였다.

1807년 영국의 교사이자 화학자인 John Dalton(그림 B.2)은 추측보다는 실험에 기반하여 원자에 관한 설득력 있는 주장을 한 최초의 인물이다. 그는 (현재는 '화합물'이라고 부르는) 많은 물질을 이루고 있는 원소들의 질량 비율을 측정하였고, 그 비율이 일정한 경향을 보인다는 것을 알아냈다. 예를 들어 모든 물 시료에는 수소 1 g당 산소 8 g이 있으며, 또 다른 화합물 과

산화 수소는 수소 1 g당 산소 16 g이 있다는 것을 발견하였다. 이러한 데이터로부터 Dalton은 원자 가설을 세웠다.

1. 한 원소의 모든 원자는 동일하다.
2. 다른 원소의 원자들은 질량이 다르다.
3. 화합물은 둘 이상의 원소의 원자들이 특정한 비율로 결합해 있다.
4. 화학 반응에서 원자는 생겨나거나 없어지지 않으며, 짝을 바꾸어 새로운 물질을 만든다.

보충 설명

Dalton의 최초 가설은 후에 수정해야만 했는데, 한 원소의 원자들이 모두 완전히 똑같지는 않고, 질량이 조금씩 다를 수 있다는 것이 밝혀졌기 때문이다(B.3절).

그림 B.2 John Dalton(1766~1844)은 영국의 교사로, 실험적 측정을 통해 물질이 개별 입자로 구성되어있다고 주장하였으며, 이 입자를 원소라 이름 붙였다.*(Public Domain / Wikimedia Commons)*

최신 장비를 이용하면 Dalton 시대보다 훨씬 더 직접적인 원자의 증거를 얻을 수 있다. 예를 들면 주사 터널링 현미경(scanning tunneling microscopy, STM, 화학 이야기 3G.1 참조)을 이용하면 고체 표면의 돌기처럼 보이는 개별 원자를 관찰할 수 있다. 따라서 이제는 원자가 존재하고, 그 원자가 원소를 구성하는 단위라는 것에 의심의 여지가 없다. 사실 이제 화학자들은 원자가 존재한다는 것을 기정사실로 하고 원소를 정의한다. **원소(element)**는 한 종류의 원자로 이루어진 물질이다. 2022년까지 118개의 원자가 발견되었거나 합성되었는데, 일부는 극소량만 존재한다. 예를 들어 110번 원소는 단 2개의 원자만이 만들어졌으며, 이조차도 1밀리초 이내에 붕괴되었다. 부록 2D에는 원소의 이름과 화학 기호를 정리하였으며, 이름의 유래도 수록하였다.

모든 물질은 화학 원소라고 하는 단순한 형태의 물질들이 다양하게 조합되어 이루어진 것이다. 원소란 한 종류의 원자로 이루어진 물질이다.

B.2 핵 모형

원자를 설명하는 **핵 모형(nuclear model)**에 따르면, 원자는 양전하를 띠는 작은 **핵(nucleus)**과 이를 둘러싼 음전하를 띠는 **전자(electron, e^-로 표기)**로 구성된다. 핵은 양전하를 띠는 **양성자(proton, p로 표기)**와 전기적으로 중성인 **중성자(neutron, n으로 표기)**로 구성된다. 표 B.1에 이 입자들의 성질을 정리했다. 지름이 약 10^{-14} m인 핵의 크기에 비하면 전자가 차지하는 공간은 지름이 약 10^{-9} m 정도로 10만 배가량 크다. 핵을 야구장에 날아다니는 파리라고 생각하면 전자가 차지하는 공간은 야구장 전체 크기라고 볼 수 있다(그림 B.3). 그러나 양성자의 질량은 전자보다 거의 2000배 무겁기 때문에, 핵은 원자 질량의 거의 대부분을 차지한다.

전자의 음전하는 중심에 있는 핵의 양전하를 정확하게 상쇄한다. 따라서 원자는 전기적으로 중성이다. 전자 각각은 단일 음전하이기 때문에, 원자핵에는 주변 전자 하나당 양전하를 띤 입자 하나씩이 들어있다고 볼 수 있다.

그림 B.3 원자를 야구장 크기로 키운다면, 경기장 중앙의 파리 한 마리 크기가 원자핵의 상대적인 크기이다. *(© Nicholas Courtney / Shutterstock)*

표 B.1 아원자 입자의 성질

아원자 입자의 성질	기호	기호	질량/kg
전자	e^-	−1	9.109×10^{-31}
양성자	p	+1	1.673×10^{-27}
중성자	n	0	1.675×10^{-27}

* 전하량은 기본 전하의 배수로 나타냈다. 기본 전하의 SI 단위는 e = 1.602 × 10−19 C이다(부록 1B 참고).

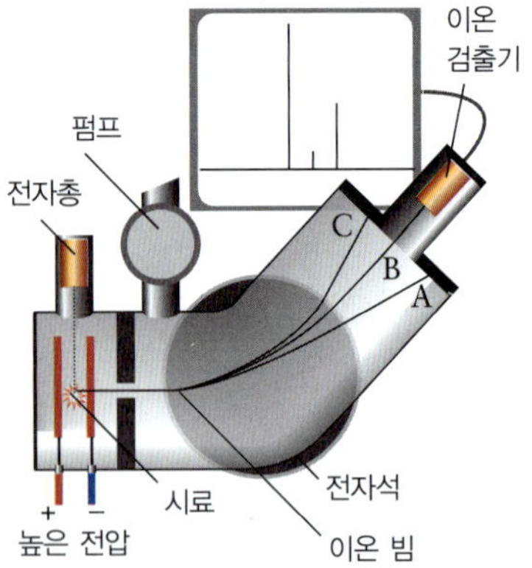

그림 B.4 질량 분석기는 원자 질량을 측정하는 데 사용된다. 전자총에서 나온 전자들이 전위차에 의해 가속된 다음 자기장을 통과한다. 자기장의 세기를 조절하면 가속된 이온의 경로가 A에서 C로 바뀐다. 경로가 B일 때 이온 검출기는 신호를 기록 장치에 보낸다. 이온의 질량은 검출기에 도달할 수 있는 위치로 빔을 이동시키는 데 필요한 자기장의 세기에 비례한다.

원소의 **원자 번호**(**atomic number**, Z)는 그 원소의 원자 하나에 들어있는 양성자의 개수이다. 수소 원자의 핵은 양성자가 하나이므로 원자 번호는 $Z=1$이고, 헬륨 원자의 핵은 양성자가 2개이므로 $Z=2$이다. 영국의 젊은 과학자 Henry Moseley는 (제1차 세계대전에서 전사하기 직전에) 최초로 원자 번호를 명확하게 결정하였다. Moseley는 원소에 고속으로 움직이는 전자를 충돌시키면 X선을 방출한다는 것을 알았다. 많은 원소들이 방출하는 X선의 진동수를 분석하면 그 원소의 Z값을 구할 수 있다는 것을 알아냈다. 이후 과학자들은 알려진 모든 원소의 원자 번호를 구할 수 있었다(원소들의 목록은 부록 2D를 참고).

20세기 초 전자공학 기술의 발달로 인해 원자 하나의 질량을 측정할 수 있는 장치인 **질량 분석기**(**mass spectrometer**)가 개발되었다(그림 B.4). 모든 원소의 원자 질량을 질량 분석기로 결정하였다. 예를 들어 수소 원자의 질량은 1.67×10^{-27} kg이고 탄소 원자는 1.99×10^{-26} kg이다. 개별 원자의 질량을 구하고 나면, 원소 시료에 원자 몇 개가 들어있는지 간단히 알 수 있다(시료의 질량을 원자 하나의 질량으로 나눈다).

원자의 핵 모형에서, 양전하를 띤 작은 핵에 질량 대부분이 집중되어 있으며, 음전하를 띤 전자는 주위 공간 대부분을 차지한다. 원자 번호는 핵에 들어있는 양성자의 개수이다.

예제 B.1 시료의 원자 개수 계산하기

유기 분자들을 전기 회로의 구성 요소로 이용하는 분자 전자공학 연구에 쓰일 기질로서 탄소 시료를 준비하였다. 시료에 원자 몇 개가 들어 있는지 알아야 한다. 질량이 10.0 g인 탄소 덩어리에 들어있는 원자는 몇 개인가?

예상 원자는 매우 작기 때문에 아주 큰 수가 나올 것이다.

계획 시료의 질량을 원자 하나의 질량으로 나눈다.

풀이 탄소 원자 하나의 질량은 본문에 나온대로 1.99×10^{-26} kg이다.

N=(시료의 질량)/(원자 하나의 질량)으로부터

$$N = \frac{\overbrace{1.00\times10^{-2}\ \text{kg}}^{10.0\ \text{g}}}{1.99\times10^{-26}\ \text{kg}} = 5.03\times10^{23}$$

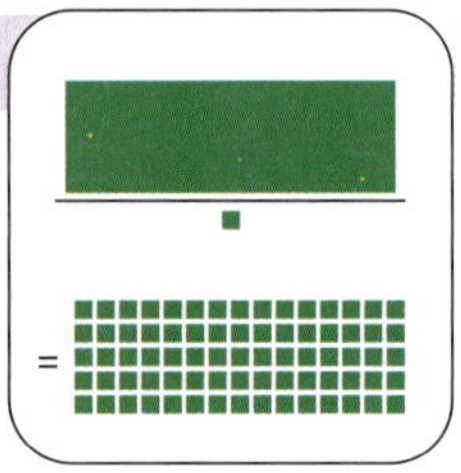

평가 예상대로 원자의 개수는 매우 큰 수, 5.03×10^{23}이다.

유의 사항

시료 질량의 단위 g을 kg으로 변환한 것에 주목하자. 수치 계산을 할 때는 모든 단위를 SI 단위로 바꾸는 것이 편리한 경우가 많다.

자습 B.1A 철 원자 하나의 질량이 9.29×10^{-26} kg이다. 철제 자석 25.0 g에 들어있는 철 원자는 몇 개인가?

[답: 16 J]

자습 B.1B Alaska의 개울에서 한 광부가 사금을 걸러 금가루 12.3 g을 채취하였다. 금 원자 하나의 질량은 3.27×10^{-25} kg이다. 이 광부가 채취한 금 원자는 몇 개인가?

관련 연습 문제 B.1~B.2

B.3 동위 원소

새롭고 더 정밀한 측정 기술이 중요한 발견으로 이어지는 것은 과학에서 자주 일어나는 일이다. 과학자들이 질량 분석기를 처음으로 사용했을 때, 한 원소의 모든 원자가 질량이 똑같지는 않다는, 즉 Dalton의 모형이 완전히 옳은 것이 아니라는 것을 발견하고 매우 놀랐다. 예를 들어, 완전히 순수한 네온 시료에서 원자 대부분의 질량은 수소 원자의 약 20배인 3.32×10^{-26} kg이다. 그러나 수소 원자 질량의 약 22배인 네온 원자도, 21배인 네온 원자도 있다(그림 B.5). 이 원자 3종류는 모두 원자 번호가 같기에 네온 원자임이 틀림없지만, Dalton의 주장과는 달리 완전히 동일하지는 않다.

한 원소의 원자가 서로 다른 질량을 가질 수 있다는 발견은 과학자들이 핵 모형을 개선하는 데 도움이 되었다. 원자핵이 원자핵보다 더 작은 입자인 **아원자 입자(subatomic particle)**로 이루어져 있어야만 한다는 것을 깨달았다. 양성자 이외의 아원자 입자는 원자 질량에는 영향을 미치지만 원자 번호에는 영향을 주지 않는다. 과학자들은 원자핵에는 전기적으로 중성인 중성자(n으로 표기) 역시 존재한다고 제안하였다. 중성자는 전하가 없기 때문에 핵의 전하량이나 전자의 개수에는 영향을 미치지 않는다. 그러나 중성자는 양성자와 질량이 거의 같으므로 원자 질량에는 크게 영향을 준다. 따라서 한 원소의 원자들이라 할지로도 핵 내부의 중성자 개수가 다르면 원자의 질량이 다른 것이다. 전하를 제외하면 중성자와 양성자는 매우 비슷하며(표 B.1) 이들을 통칭하여 **핵자(nucleon)**라고 한다.

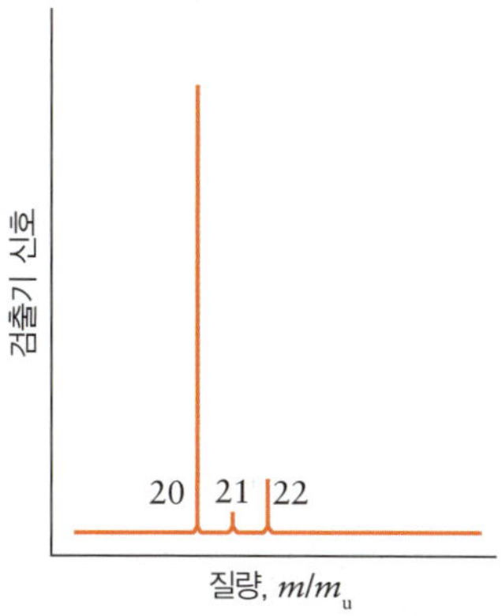

그림 B.5 네온의 질량 스펙트럼. 피크의 위치(x축)를 보면 어떤 원자의 질량이 원자 질량 상수 m_u의 몇 배인지 알 수 있다. 또, 피크의 세기(y축)를 보면 서로 다른 질량을 갖는 원자들의 개수비가 얼마인지 알 수 있다.

원자핵의 양성자와 중성자 개수의 합을 그 **원자의 질량수(mass number,** A)라고 한다. 질량수 A인 핵은 수소 원자(핵이 양성자 하나만으로 이루어짐)에 비해 약 A배 무겁다. 질량수는 다른 말로 **핵자수**(nucleon number)라고 해도 좋을 것이다. 따라서 어떤 원자가 수소 원자에 비해 몇 배 무겁다는 것을 알고 있다면 그 원자의 질량수를 추측할 수 있다. 예를 들어 질량 분석법으로 네온 원자 3종이 각각 수소 원자보다 20, 21, 22배 무겁다는 것을 알아냈으며, 이는 이들의 질량수가 20, 21, 22라는 뜻이다. 네온 원자의 $Z=10$이므로, 이들 네온 원자 3종에 들어있는 중성자는 각각 10, 11, 12개이다(그림 B.6).

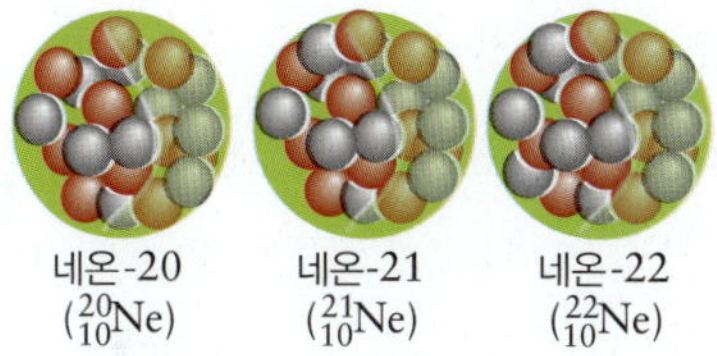

그림 B.6 한 원소의 동위 원소들은 양성자 개수는 같지만 중성자 개수는 다르다. 이 그림은 네온 동위 원소 3종의 원자핵으로, 이 비율대로라면 원자 자체의 지름은 약 1 km가 된다. 이 그림은 핵 안에 양성자와 중성자가 배열된 방식을 보여주는 그림은 아니다.

특정한 원자 번호와 질량수를 갖는 원자를 **핵종(nuclide)**이라고 한다. 산소-16($Z=8$, $A=16$)와 네온-20($Z=10$, $A=20$)은 각각 핵종이다. 원자 번호가 같지만(즉, 같은 원소의 원자이지만) 질량수가 다른 원자를 그 원소의 **동위 원소(isotope)**라고 한다. isotope이라는 용어는 그리스어로 '같은 위치'라는 의미에서 유래했다. 한 원소의 모든 동위 원소는 원자 번호가 완전히 같으므로 서로 간에 양성자와 전자 개수는 같지만 중성자 개수는 다르다. 네온-20, 네온-21, 네온-22처럼 동위 원소를 표기할 때는 원소의 이름 뒤에 질량수를 쓴다. ^{20}Ne, ^{21}Ne, ^{22}Ne처럼 기호로 쓸 때는 원소의 화학 기호 왼쪽에 위 첨자로 질량수를 쓴다. 그림 B.6에서 쓴 $^{20}_{10}Ne$처럼 원자 번호를 왼쪽에 아래 첨자로 쓰는 경우도 있다.

보충 설명

핵종(nuclide)이라는 용어를 처음 도입했을 때는 전자를 제외하고 핵만(bare nucleus)을 가리켰으나, 현재는 완전한 원자(entire atom)를 가리킨다.

한 원소의 동위 원소들은 서로 양성자와 전자의 개수가 같기 때문에 본질적으로 화학적인 성질이 같다. 그러나 수소의 동위 원소들은 그 질량 차이가 원자 자체의 질량과 비슷한 수준이기 때문에, 물리적 성질이 상당히 다르고 화학적 성질도 조금씩 차이가 난다. 수소의 동위 원소는 3종이다(표 B.2). 핵에 중성자가 없고 양성자 하나뿐인 ^{1}H가 가장 많다. 나머지 둘은 흔하지 않지만 화학이나 핵물리학에서 매우 중요하기 때문에, 이들을 가리키는 특별한 이름과 기호가 있다. 중성자가 하나인 동위 원소 ^{2}H를 **중수소**(deuterium, D), 중성자가 두 개인 동

표 B.2 몇 가지 원소들의 동위 원소

원소	기호	원자 번호, Z	질량 수, A	존재비/%
수소	^{1}H	1	1	99.985
중수소	^{2}H 또는 D	1	2	0.015
삼중수소	^{3}H 또는 T	1	3	—*
탄소-12	^{12}C	6	12	98.90
탄소-13	^{13}C	6	13	1.10
산소-16	^{16}O	8	16	99.76

* 방사성 동위 원소, 수명이 짧다.

위 원소 ^{3}H를 **삼중수소**(tritium, T)라고 한다.

자습 B.2A 주어진 원자의 양성자, 중성자, 전자의 개수를 구하시오. (a) 질소-15, (b) 철-56

[답: (a) 7, 8, 7, (b) 26, 30, 26]

자습 B.2B 주어진 원자의 양성자, 중성자, 전자의 개수를 구하시오. (a) 산소-16, (b) 우라늄-236

한 원소의 동위 원소들은 원자 번호가 같지만 질량수는 다르다. 동위 원소의 핵은 양성자 수가 같지만 중성자 수는 다르다.

B.4 원소의 구성

각 원소에는 이름이 있고, 한두 글자로 이루어진 고유의 화학 기호가 있다. 많은 기호는 원소 이름 처음의 한두 글자를 따오거나, 첫 글자와 뒤의 글자를 따서 만들었다.

탄소(carbon) C	질소(nitrogen) N	알루미늄(aluminum) Al
니켈(nickel) Ni	마그네슘(magnesium) Mg	염소(chlorine) Cl
아연(zinc) Zn	플루토늄(plutonium) Pu	

항상 첫 글자는 대문자, 두 번째 글자는 소문자임에 유의하자. 예를 들어 HE가 아니라 He이다. 라틴어, 독일어, 그리스어의 이름으로부터 만든 기호도 있다. 예를 들어 철의 원소 기호는 Fe로, 라틴어 이름 *ferrum*에서 유래했다. 텅스텐은 W로, 독일어 이름 *wolfram*에서 유래했다. 부록 2D에는 모든 원소의 이름과 화학 기호, 그리고 그 이름의 유래를 수록하였다.

자습 B.3A (a) 레늄과 (b) 붕소의 원소 기호를 말하시오. (c) Hg와 (d) Zr의 이름을 말하시오.

[답: (a) Re, (b) B, (c) 수은, (d) 지르코늄]

자습 B.3B (a) 주석과 (b) 소듐의 원소 기호를 말하시오. (c) I와 (d) Y의 이름을 말하시오.

2022년 기준 118개의 원소가 알려져 있으며, 이중 지구상에 풍부하게 존재하는 88개 원소를 천연 원소로 간주한다. 처음에는 이들의 특성을 공부하는 것이 아주 막막하게 느껴질 수 있다. 하지만 화학사에서 아주 중요한 발견 하나로 이것을 훨씬 쉽고 재미있게 접근할 수 있다. Topic 1F에서 자세히 설명하겠지만, 원소들을 원자 번호순으로 나열한 다음 일정한 길이의 행으로 배열하면, 그 성질에 규칙적인 경향을 보이는 '가족'을 이룬다는 것을 알아냈다. 원소들의 가족 관계를 보여주는 배열이 바로 **주기율표**(**periodic table**)이다(그림 B.7).

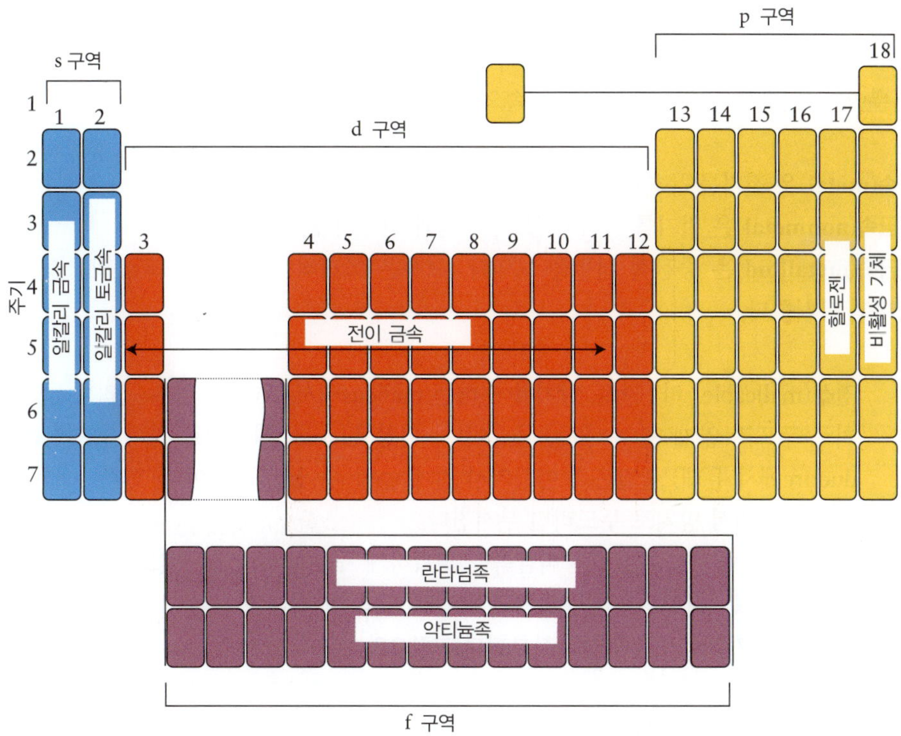

그림 B.7 주기율표에 족과 구역의 이름을 나타냈다. 족은 세로 열로 1부터 18까지 번호를 매긴다. 주기는 가로 행으로 1부터 7까지 번호를 매긴다. 1주기는 수소와 헬륨이 있는 맨 위의 행이다. 주족 원소는 수소를 포함하여 s와 p 구역의 원소들이다. 1족과 2족은 s 구역, 3~12족은 d 구역, 13–18족은 p 구역이다.

주기율표의 세로 열을 **족(group)**이라고 한다. 원소들의 주요 가족을 나타내는 이 18개 족은 왼쪽에서 오른쪽으로 번호를 매긴다. 1족, 2족, 13~18족은 상대적으로 긴데, 이들을 주족(main group)이라고 한다. 가로 행은 **주기(period)**라고 하고 위에서 아래로 번호를 매긴다. 주기율표를 직사각 영역 넷으로 나눈 각각을 **구역(block)**이라고 하며, Topic 1D에서 배울 원자 구조와 관련하여 s, p, d, f라고 이름 붙인다. d 구역 원소 중 12족(아연 족)을 제외한 나머지를 **전이 금속(transition metal)**이라고 한다. 문자 그대로 이들은 활발하게 반응하는 s 구역의 금속과 반응성이 덜한 p 구역의 금속 사이의 '전이적' 성질을 띤다. f 구역 원소들은 **내부 전이 금속(inner transition metal)**으로서 주기율표 아래쪽에 따로 그려 공간을 절약한다. 이 구역의 윗줄은 6주기의 란타넘(57번 원소) 다음에 이어지는데, 이를 **란타넘족(lantanoids,** lanthanides라고도 함)이라고 한다. 아랫줄은 7주기의 악티늄(89번 원소) 다음에 이어지는데 이를 **악티늄족(actinoids**, actinides라고도 함)이라고 한다. 란타넘족이 란타넘(57번), 악티늄족이 악티늄(89번)에서 시작하는 주기율표도 있다.

보충 설명

비활성 기체를 VIII족 또는 VIIIA족으로 나타내는 등 족의 이름이 다른 주기율표도 있다.

특별한 이름을 붙인 주족들이 있다.

1족: **알칼리 금속(alkali metal)**

2족: (정확히는 칼슘, 스트론튬, 바륨): **알칼리 토금속(alkaline earth metal)**

17족: **할로젠(halogen)**

18족: **비활성 기체(noble gas)**

주기율표 맨 위에는 수소가 단독으로 놓여 있다. 수소를 1족 또는 17족에, 아니면 둘 다에 배치한 주기율표도 있다. 이 책에서는 수소를 아주 특수한 원소로 취급하여 어느 족에도 소속시키지 않는다.

원소 대부분은 고체 금속이다. 상온에서 액체인 것은 수은과 브로민 둘뿐이며 기체인 것은 11개뿐이다. 원소를 금속, 비금속, 준금속으로 분류한다.

금속(metal)은 전기를 통하며, 광택을 띠고, 전성과 연성이 있다.
비금속(nonmetal)은 전기를 통하지 않고, 전성과 연성이 없다.
준금속(metalloid)은 중간적 성질을 보인다. 보통은 물리적 성질은 금속과, 화학적 성질은 비금속과 유사하다.

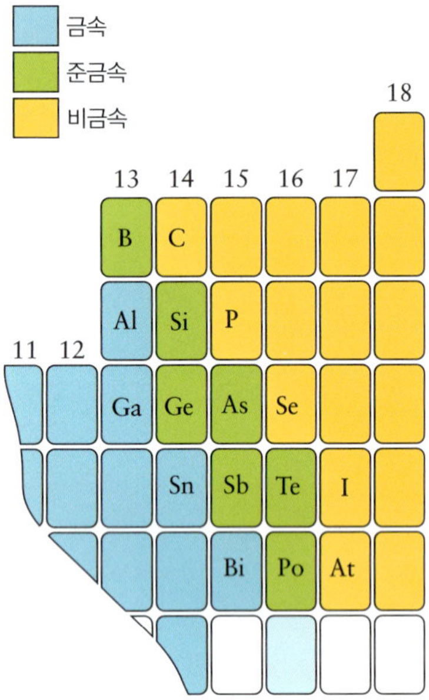

그림 B.8 일반적으로 준금속으로 간주하는 원소 7종. 이 원소들은 금속과 비금속의 중간 성질을 보인다. 베릴륨이나 비스무트 등 다른 원소들을 준금속에 포함시키기도 한다. 붕소(B)는 겉으로 보기에는 금속처럼 보이지 않지만 화학적으로는 규소(Si)와 유사하기 때문에 준금속으로 분류한다. 새로 만들어진 7주기의 원소들은 원자 몇 개 수준으로 만들어졌기 때문에 분류하지 않는다.

전성(malleable, 라틴어로 망치를 뜻하는 malleus에서 유래) 물질은 구리나 금처럼 망치로 두드려 얇게 펼 수 있는 물질이다. **연성**(ductile, 라틴어로 잡아 늘인다는 뜻의 ductire에서 유래) 물질은 잡아당겨서 길게 늘일 수 있는 물질이다. 많은 비금속은 부서지기 쉬워서 망치로 두드리면 부서진다.

금속과 준금속, 준금속과 비금속을 명확하게 구분할 수 있는 것도, 항상 구분할 수 있는 것도 아니다. 하지만 보통은 금속과 비금속 사이에 대각선으로 놓인 원소 7종을 준금속으로 분류한다(그림 B.8).

원자 번호순으로 원소를 배열한 주기율표는 원소들의 가족 관계를 반영한다. 같은 족 원소끼리는 일반적으로 그 성질들이 일정한 경향을 나타낸다.

기초 지식 B에서 배운 것은 무엇인가?

원자핵의 구조와 그 발견 과정을 공부했다. 시료의 질량을 이용하여 원자 개수를 구하는 방법도 공부했다. 원자를 주기율표로 정리하면 반복적인 경향성을 보이는 성질들이 있다는 것도 알아보았다.

개념과 식의 적용

- ☐ 원자의 구조를 설명한다.
- ☐ 주어진 질량의 원소 시료에 들어 있는 원자 개수를 구한다(예제 B.1).
- ☐ 핵종의 중성자, 양성자, 전자 개수를 구한다(자습 B.2).
- ☐ 원소 기호를 쓴다(자습 B.3).
- ☐ 주기율표의 구조와 구역별 원소들의 성질을 설명한다.

기초 지식 B 연습 문제

A.1 베릴륨 원자의 질량은 1.50×10^{-26} kg이다. X선 튜브에 사용되는 베릴륨 필름 0.210 g에 들어있는 원자는 몇 개인가?

B.2 플루오린 원자의 질량은 3.16×10^{-26} kg이다. 부피 0.970 L인 플루오린 가스통에 담긴 플루오린 원자는 몇 개인가? 플루오린 가스의 밀도는 0.777 $g \cdot L^{-1}$이다.

B.3 다음 원자의 양성자, 중성자, 전자의 개수를 구하시오.
(a) 붕소-11 (b) ^{10}B (c) 인-31 (d) ^{238}U

B.4 다음 원자의 양성자, 중성자, 전자의 개수를 구하시오.
(a) 40K (b) 58Co (c) 탄탈럼-180 (d) ^{210}At

B.5 다음 핵종이 무엇인지 말하시오.
(a) 중성자 117개, 양성자 77개, 전자 77개
(b) 중성자 12개, 양성자 10개, 전자 10개
(c) 중성자 28개, 양성자 23개, 전자 23개

B.6 다음 핵종이 무엇인지 말하시오.

(a) 중성자 44개, 양성자 42개, 전자 42개

(b) 중성자 40개, 양성자 32개, 전자 32개

(c) 중성자 101개, 양성자 70개, 중성자 70개

B.7 다음 표를 완성하시오.

원소	기호	양성자	중성자	전자	원자 번호
	^{36}Cl				
		30			65
			20	20	
란타넘			80		

B.8 다음 표를 완성하시오.

원소	기호	양성자	중성자	전자	원자 번호
오스뮴					190
	^{120}Sn				
		74			184
			30	25	

B.9 (a) 아르곤-40, 포타슘-40, 칼슘-40 원자의 공통 성질은 무엇인가? (b) 서로 다른 성질은 무엇인가? (아원자 입자의 종류와 개수를 고려하시오.)

B.10 (a) 망가니즈-50, 철-56, 니켈-58 원자의 공통 성질은 무엇인가? (b) 서로 다른 성질은 무엇인가? (아원자 입자의 종류와 개수를 고려하시오.)

B.11 ^{56}Fe 원자에서 (a) 중성자, (b) 양성자, (c) 전자가 차지하는 질량 분율을 구하시오. (d) 질량이 1 t인 어떤 자동차가 모두 ^{56}Fe로 이루어져 있다고 가정하자. 중성자의 질량은 모두 얼마인가? 주의: 자유 양성자나 중성자의 질량은 원자 내부 양성자나 중성자 질량보다 약간 크기 때문에, 여러분이 구한 답은 근삿값이다.

B.12 (a) 오염화 인(PCl_5) 분자 하나에 들어있는 양성자, 중성자, 전자의 개수를 구하시오. (b) PCl_5 분자 하나에 들어있는 양성자, 중성자, 전자의 전체 질량은 각각 얼마씩인가? 주의: 자유 양성자나 중성자의 질량은 원자 내부 양성자나 중성자 질량보다 약간 크기 때문에, 여러분이 구한 답은 근삿값이다.

B.13 ^{48}Ti 원자에서 (a) 중성자, (b) 양성자, (c) 전자가 차지하는 질량 분율을 구하시오. (d) 질량이 30. kg인 어떤 자동차가 모두 ^{48}Ti로 이루어져 있다고 가정하자. 양성자의 질량은 모두 얼마인가? 주의: 자유 양성자나 중성자의 질량은 원자 내부 양성자나 중성자 질량보다 약간 크기 때문에, 여러분이 구한 답은 근삿값이다.

B.14 (a) 물(H_2O) 분자 하나에 들어있는 양성자, 중성자, 전자의 전체 개수를 구하시오. 가장 흔한 동위 원소인 ^{1}H와 ^{16}O만 존재한다고 가정하자. (b) 이 물 분자에서 양성자, 중성자, 전자의 전체 질량은 각각 얼마씩인가? (c) 우리의 몸이 이 물 분자로만 이루어져 있다고 가정하고, 우리 몸에 들어있는 전자만의 질량 비율을 구하시오. 주의: 자유 양성자나 중성자의 질량은 원자 내부 양성자나 중성자 질량보다 약간 크기 때문에, 여러분이 구한 답은 근삿값이다.

B.15 다음 원소의 이름은 무엇이고, 몇 족인지, 금속, 비금속, 준금속 중 어디에 속하는지 말하시오.

(a) Sc (b) Sr (c) S (d) Sb

B.16 다음 원소의 이름은 무엇이고, 몇 족인지, 금속, 비금속, 준금속 중 어디에 속하는지 말하시오.

(a) Tc (b) Te (c) Ti (d) Tm

B.17 다음 원소의 기호를 쓰고, 금속, 비금속, 준금속으로 분류하시오.

(a) 스트론튬 (b) 제논 (c) 실리콘

B.18 다음 원소의 기호를 쓰고, 금속, 비금속, 준금속으로 분류하시오.

(a) 이트륨 (b) 망가니즈 (c) 셀레늄

B.19 세륨, 구리, 루비듐, 라돈, 브로민, 바륨 중 (a) 알칼리 금속, (b) 전이 금속, (c) 란타넘족을 찾으시오.

B.20 세륨, 구리, 루비듐, 라돈, 브로민, 바륨 중 (a) 할로젠, (b) 알칼리 토금속, (c) 비활성 기체를 찾으시오.

B.21 다음 원소가 주기율표의 어느 구역에 속하는지 말하시오.

(a) 지르코늄 (b) As (c) Ta (d) 바륨 (e) Si (f) 코발트

B.22 다음 원소가 주기율표의 어느 구역에 속하는지 말하시오.

(a) 인 (b) No (c) Po (d) Mo (e) 오스뮴 (f) 크립톤

B.23 다음 원소의 원소 기호, 족과 주기를 쓰고, 금속, 비금속, 준금속으로 분류하시오.

(a) 질량수가 200이고 중성자가 118개인 원소

(b) 질량수가 133이고 중성자가 78개인 원소

B.24 다음 원소의 원소 기호, 족과 주기를 쓰고, 금속, 비금속, 준금속으로 분류하시오.

(a) 질량수가 116이고 중성자가 67개인 원소

(b) 질량수가 40이고 중성자가 22개인 원소

C. 화합물

세상을 구성하는 원자들은 그다지 많은 수는 아니지만 서로 결합하여 만들 수 있는 물질의 종류는 거의 무한하다. 식물, 동물, 풍경, 의복, 건축 재료 등 주변을 바라보기만 해도 물질 세계의 다양성을 감상할 수 있다. **분석(analysis)**은 화학의 한 분야로, 물질을 구성하는 원자를 찾

아내는 것이다. **합성(synthesis)** 역시 화학의 한 분야로, 원소로부터 화합물을 만들거나 한 화합물을 다른 화합물로 바꾸는 과정이다. 원소를 화학의 알파벳에 비유한다면, 화합물은 희극, 시, 소설을 이루는 단어에 해당한다.

C.1 원소의 조합

화합물(compound)이란 둘 이상의 서로 다른 원소로 구성된 중성 물질로서, 구성 원자들 간에 명확한 비율이 있다. **이성분 화합물(binary compound)**은 두 원소로만 구성된 화합물이다. 예를 들어 물(H_2O)은 수소와 산소의 이성분 화합물로서, 물의 출처와 관계없이 수소 원자 두 개와 산소 원자 하나로 이루어져 있다. 과산화 수소(H_2O_2) 역시 수소와 산소의 이성분 화합물로서, 수소 원자 두 개와 산소 원자 두 개로 이루어져 있다. 과산화 수소는 물과 구성 원소는 동일하지만 원자의 수와 배열 방식이 다르기 때문에 서로 다른 물질이다.

화합물은 유기 화합물과 무기 화합물로 분류할 수 있다. **유기 화합물(organic compound)**은 탄소 원소를 포함하며, 보통 수소 원소도 같이 들어있습니다. 메테인, 프로페인 등의 연료, 포도당과 설탕 등의 당류, 대부분의 약물 등 유기 화합물은 무수히 많다. 이 화합물이 '유기'라고 불렸던 이유는 생명체만이 이 화합물을 만들 수 있다고 생각했기 때문이다(이제는 사실이 아니다). **무기 화합물(inorganic compound)**은 유기 화합물을 제외한 다른 모든 화합물로, 물, 황산 칼슘, 암모니아, 실리카, 염산 등 무수히 많다. 아주 간단한 탄소 화합물, 특히 이산화 탄소와 탄산염(탄산 칼슘이나 탄산 소듐에 들어 있음)은 무기 화합물로 취급한다.

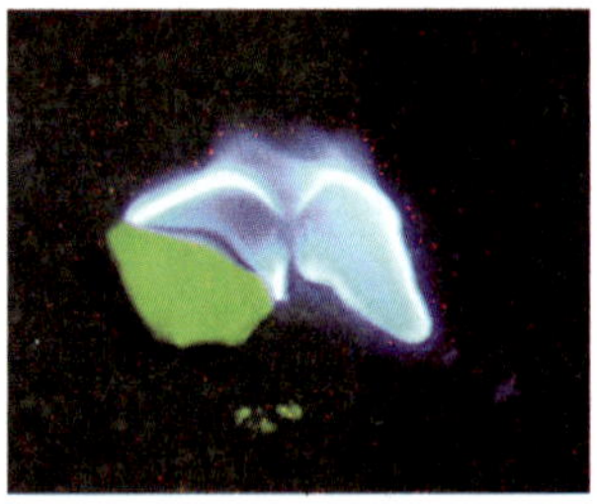

그림 C.1 원소 황을 공기 중에서 연소시키면 푸른 불꽃을 내면서 공기보다 무거운 이산화 황 기체를 형성한다.(*Johannes Hemmerlein / CC BY-SA 2.5 / Wikimedia Commons*)

화합물의 원소들은 단순히 섞여있는 것은 아니다. 이 원자들은 화학적 과정을 거쳐 특정한 방법으로 연결, 즉 **결합(bond)**되어 있다. 그 결과 화합물의 물리적, 화학적 성질은 그 구성 원소들과는 다르다. 예를 들어 황을 공기 중에서 연소시키면 황이 공기의 산소와 결합하여 이산화 황이라는 화합물을 형성한다. 노란색 고체인 황과 무취의 산소 기체가 반응하여 무색의 자극적인 독성 기체를 만든다(**그림 C.1**)

화학자들은 원자가 서로 결합하여 분자나 이온을 만든다는 것을 알아냈다.

분자(molecule)는 원자들이 특정 배열로 서로 결합하여 이루어진 개별 단위이다.

이온(ion)은 양전하 또는 음전하를 띤 원자나 분자이다.

양전하를 띤 이온은 중성 원자보다 전자가 더 적고, **양이온(cation)**이라고 한다. 음전하를 띤 이온은 중성 원자보다 전자가 더 많고, **음이온(anion)**이라고 한다. 예를 들어 양전하를 띤 소듐 원자는 양이온인 '소듐 이온'이며 Na^+로 표기한다. 음전하를 띤 염소 원자는 음이온인 '염화 이온'이며, Cl^-로 표기한다. 둘 이상의 원자로 이루어진 이온을 **다원자 이온(polyatomic ion)**이라고 한다. 예를 들어 암모늄 이온 NH_4^+은 다원자 양이온이고, 탄산 이온 CO_3^{2-}은 다원자 음이온이다(음전하 두 개임에 유의하라). 이온 결합 화합물(ionic compound)은 (전체적으로 전기적 중성을 이루는 비율의) 이온들로 구성된 화합물이다. **분자 화합물(molecular compound)**은 전기적으로 중성인 분자로 구성된 화합물이다.

> **보충 설명**
> 접두사 cat-과 an-은 'down'과 'up'을 뜻하는 그리스어에서 유래했다. 반대 전하의 이온은 전기장에서 반대 방향으로 이동한다.

두 비금속 원소로 이루어진 이성분 화합물은 일반적으로 분자 화합물이지만, 금속과 비금속 원소로 이루어진 이성분 화합물은 이온 결합 화합물이다. 예를 들어 물(H_2O)은 이성분 분자 화합물, 염화 소듐(NaCl)은 이성분 이온 결합 화합물이다. 두 종류의 화합물은 각기 독특한 성질을 나타내므로, 여러분이 연구하는 화합물의 종류를 알면 성질을 예측할 수 있다.

화합물이란 서로 다른 원소의 원자들이 특정하고 일정한 비율로 결합된 물질이다. 분자로 구성된 화합물은 분자 화합물, 이온으로 구성된 화합물은 이온 결합 화합물로 분류한다.

C.2 분자와 분자 화합물

화학식(chemical formula)은 화합물의 조성을 화학 기호로 나타낸 것이다. 화합물을 나타낼 수 있는 가장 작은 화학식 단위에 들어있는 각 원소의 원자 개수를 아래 첨자로 나타낸다. 분자 화합물은 보통 **분자식(molecular formula)**으로 나타내는데, 이것은 화합물 분자 하나에 들어있는 각 원소의 원자들이 몇 개씩인지를 알려준다. 예를 들어 물의 분자식 H_2O는 한 분자에 수소 원자 2개와 산소 원자 1개가 있다는 것을 뜻한다. 여성 호르몬인 에스트론의 분자식 $C_{18}H_{22}O_2$는 에스트론 분자 하나가 C 원자 18개, H 원자 22개, O 원자 2개로 구성된다는 것을 뜻한다. 남성 호르몬인 테스토스테론의 분자식은 $C_{19}H_{28}O_2$로, 원자 몇 개만이 다를 뿐이다. 그런데도 이러한 차이가 생기다니 놀랍지 않은가? 일산화 탄소(NO)처럼 원자 두 개로 이루어진 분자를 **이원자 분자(diatomic molecule)**, 암모니아(NH_3)나 과산화 수소(H_2O_2)처럼 셋 이상의 원자로 이루어진 분자를 **다원자 분자(polyatomic molecule)**라고 한다.

분자 형태로 존재하는 원소도 있다. 비활성 기체를 제외하면, 상온에서 기체인 모든 원소는 이원자 분자(원자 2개)이며, 소수는 **삼원자 분자(triatomic molecule**, 원자 3개)이다. 예를 들어 기체 수소는 수소 원자 2개가 서로 결합하여 이루어진 분자로, H_2로 표기한다. 산소의 가장 일반적인 형태는 이원자 분자 O_2(형식적인 이름은 이산소(dioxygen))이고, 소수는 오존(O_3)으로 존재하기도 한다. 고체 황은 S_8 분자, 고체 인은 P_4 분자로 존재한다. 질소와 할로젠은 모두 이원자 분자 N_2, F_2, Cl_2, Br_2, I_2로 존재한다.

구조식(structural formula)은 원자가 어떻게 연결되어 있는지를 나타낸다(이것은 분자의 실제 모습, 즉 3차원 공간적 배열을 나타내는 것은 아님). 예를 들어 메탄올(목정)의 분자식은 CH_4O이고, 그 구조식은 (**1**)과 같다. 여기서 원소 기호는 원자, 두 원자를 잇는 선은 각각 화학 결합을 뜻한다. 구조식은 화학식보다 더 많은 정보를 담고 있지만, 그리기 번거롭기 때문에 화학자들은 보통 이를 축약해서 나타낸다. 예를 들어 메탄올의 구조를 나타낼 때 CH_3OH로 줄여서 쓴다. 이 '축약(condensed)' 구조식은 원자들을 그룹별로 묶어서 전체 구조식을 요약한 것이다. 대부분의 구조식에서, 아래 첨자가 붙은 원소 기호는 그 앞에 나오는 원자에 연결된 원자를 의미한다. 다른 원자에 붙어 있는 원자 그룹은 괄호로 묶는다. 예를 들어 메틸프로페인(**2**)은 메틸기(methyl group, $-CH_3$)가 중심 원자에 붙어 있으므로, 축약 구조식을 쓰면 $CH_3CH(CH_3)CH_3$ 또는 $HC(CH_3)_3$가 된다.

탄소 원자는 거의 항상 4개의 결합을 하지만, 이들이 만들 수 있는 사슬이나 고리 형태는 무수히 많다. 또한 탄소 원자들은 서로 간에 단일 결합(C−C처럼 선 1개로 표현), 이중 결합(C=C처럼 선 2개로 표현), 삼중 결합(C≡C처럼 선 3개로 표현)을 할 수 있다. 탄소 원자 하나는 단일 결합 4개, 이중 결합 2개, 단일 결합 1개와 삼중 결합 1개처럼 결합 개수의 총합이 4인 어떠한 결합도 할 수 있다.

유기 화학자들은 C와 H 원자를 생략함으로써 복잡한 분자 구조를 단순하게 그리는 방법을 고안하였다. **선 구조식(line structure)**은 탄소 원자의 사슬을 지그재그 선으로 나타내는 방식으로, 각 선은 결합, 꼭짓점은 탄소 원자를 나타낸다. C와 H 이외의 원자는 원소 기호로 표시한다. 유기 화합물에서 탄소는 거의 모든 경우에 4개의 결합을 하기 때문에, C−H 결합을 굳이 보여줄 필요가 없다. 수소는 마음속으로 생각하면 된다. 2-클로로뷰테인($CH_3CHClCH_2CH_3$)의 선 구조식(**3a**)을 (**3b**)와 비교해보자. 구조식은 테스토스테론(**4**)처럼

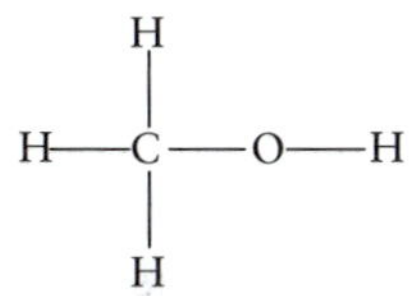

1 메탄올, CH_3OH

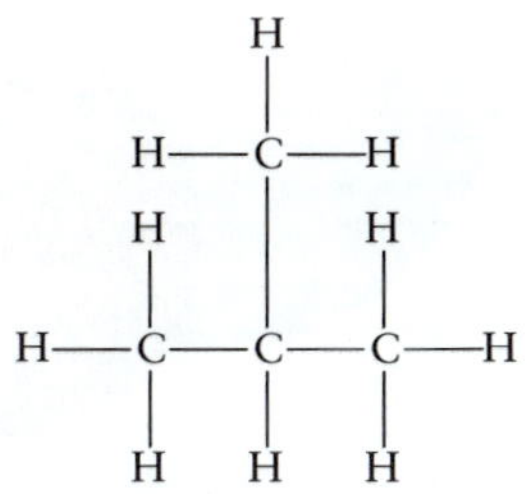

2 메틸프로페인, $CH_3CH(CH_3)CH_3$

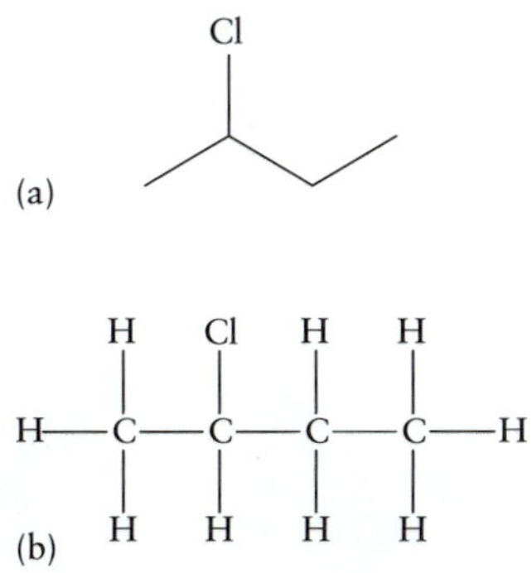

3 2-클로로뷰테인, $CH_3CHClCH_2CH_3$

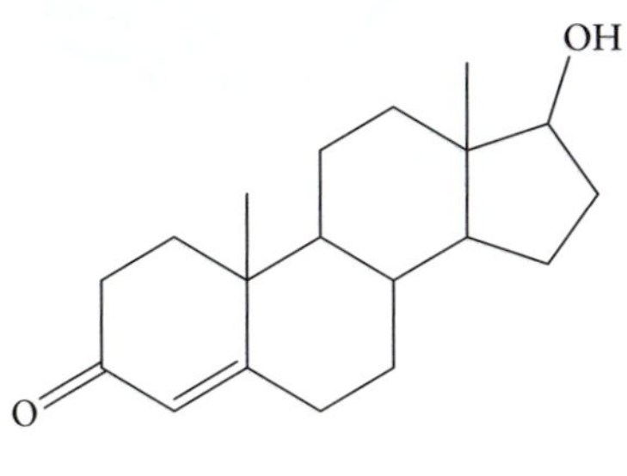

4 테스토스테론, $C_{19}H_{28}O_2$

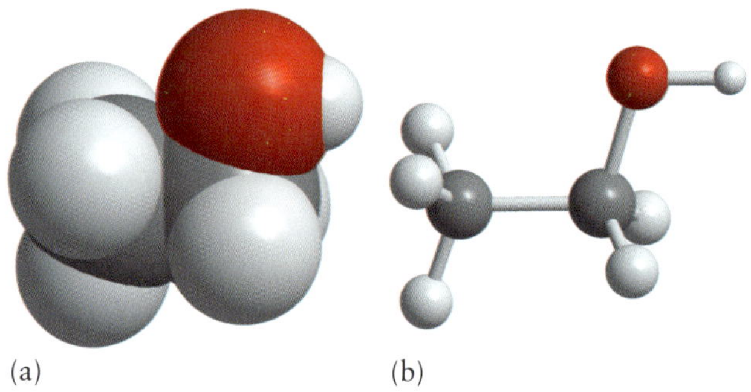

그림 C.2 에탄올 분자를 나타내는 두 가지 방법. (a) 공간 채움 모형, (b) 공-막대 모형

복잡한 분자를 나타낼 때 특히 유용하다.

분자 화합물의 모양 역시 중요하다. 분자의 모양을 그림으로 가장 정확하게 나타내는 방법은, 계산이나 소프트웨어를 이용하여 원자들을 다양한 크기의 구체로써 나타내는 것이다. 그림 C.2a는 에탄올의 **공간 채움 모형(space-filling model)**이다. 원자를 색칠한 구로 나타내어 이어 붙였다. 여기서 색깔은 원소를 구별하기 위한 관례적인 표시일 뿐 그 원자의 실제 색깔은 아니다. 같은 분자를 그림 C.2b처럼 **공-막대 모형(ball-and-stick model)**으로 나타낼 수도 있다. 공은 원자의 위치, 막대는 결합을 나타낸다. 이 모형은 공간 채움 모형에 비해서 분자의 실제 모양을 잘 나타내지는 못하지만, 결합 길이나 결합각을 훨씬 명확하게 보여준다. 또한 공간 채움 모형보다 그리기 쉽고, 해석하기에도 용이하다.

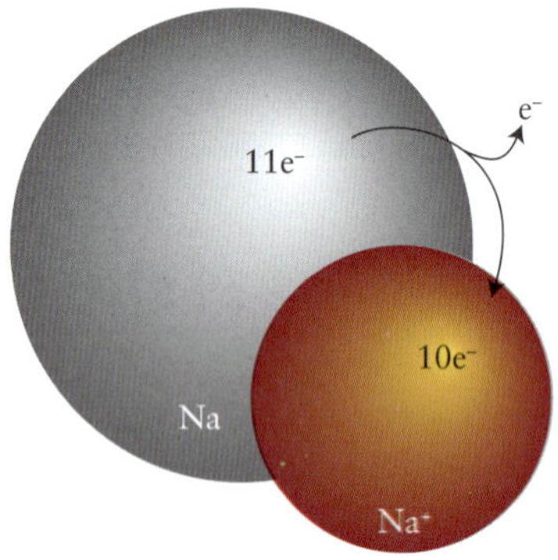

그림 C.3 중성 소듐 원자(왼쪽)에는 양성자가 11개인 핵과 그 주위의 전자 11개가 있다. 전자 1개를 잃으면 남은 전자 10개가 양성자의 전하 중 10만을 상쇄한다. 따라서 이온(오른쪽)은 1만큼의 양전하를 띤다. 양이온이 중성 원자보다 크기가 작다는 점을 주목하자.

생각해 보기

(a) 결합 길이, (b) 분자의 부피를 연구하는 데 어떤 분자 모형이 더 유용한가?

분자식은 그 분자에 들어있는 각 원소의 원자수를 나타냄으로써 분자의 조성을 알려준다. 분자를 표현하는 다양한 방식을 이용하여 분자들의 서로 다른 특성을 강조할 수 있다.

C.3 이온

원자의 핵 모형(기초 지식 B)을 이용하면 **일원자 이온(monatomic ion**, 원자 1개)을 쉽게 설명할 수 있다. 중성 원자의 전자 하나를 제거하면, 남은 전자들은 핵의 양전하를 완전히 상쇄시킬 수 없다(그림 C.3). 전자 하나는 음전하 하나이므로, 중성 원자에서 전자를 하나씩 제거할 때마다 양이온의 양전하는 1씩 올라간다. 예를 들어 소듐 양이온 Na^+는 소듐 원자가 전자를 하나 잃은 것이다. 칼슘 원자가 전자를 두 개 잃으면 양전하가 2인 칼슘 이온 Ca^{2+}가 된다.

원자가 전자를 하나씩 얻을 때마다 음전하는 1씩 올라간다(그림 C.4).

$$F + e^- \rightarrow F^-$$

$$O + 2\,e^- \rightarrow O^{2-}$$

$$N + 3\,e^- \rightarrow N^{3-}$$

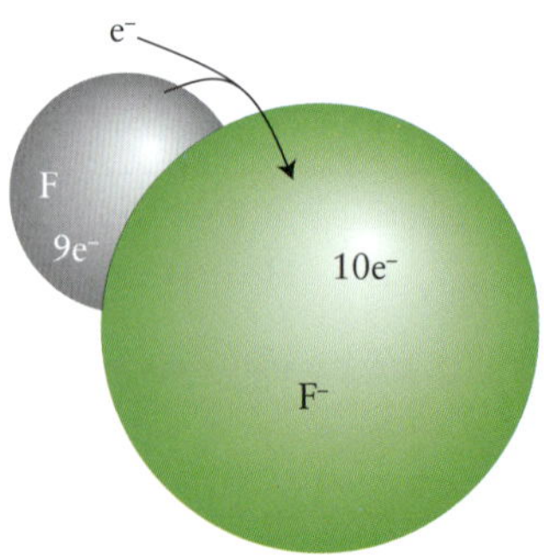

그림 C.4 중성 플루오린 원자(왼쪽)에는 양성자가 9개인 핵과 그 주위의 전자 9개가 있다. 전자 1개를 얻으면, 양성자의 전하 9가 모두 상쇄되고 전자의 전하 10 중 1이 남는다. 따라서 이온(오른쪽)은 1만큼의 음전하를 띤다. 이온은 원자보다 전자가 많기 때문에 반발력이 더 강하고, 따라서 음이온은 중성 원자보다 크기가 더 크다.

세 이온을 각각 플루오린화(fluoride), 산화(oxide), 질소화(nitride) 이온이라고 한다.

주기율표를 이용하면 어떤 원소가 어떤 이온이 될지, 그리고 그 전하가 얼마일지를 알 수 있다. 일반적으로 다음과 같은 중요한 경향이 있다. 금속 원소(주기율표의 왼쪽)는 전자를 잃고 양이온이 되려는 경향, 비금속 원소(주기율표의 오른쪽)는 전자를 얻고 음이온이 되려는 경향. 따라서 알칼리 금속은 양이온, 할로젠은 음이온이 된다.

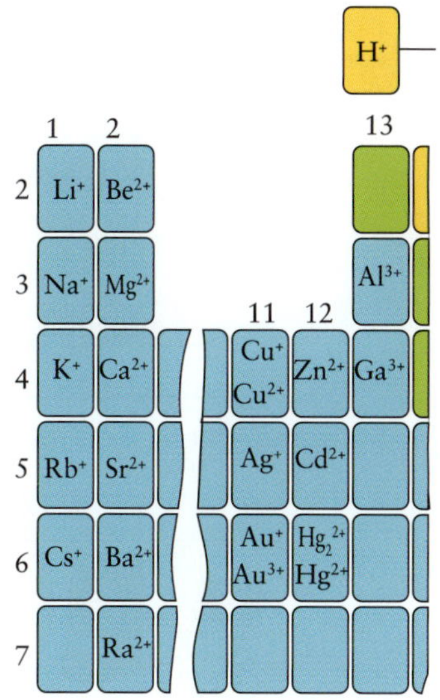

그림 C.5 일부 원소들의 전형적인 양이온. 전이 금속(3~11족)은 다양한 양이온을 형성하며, 일부만을 나타냈다.

그림 C.5에 일원자 양이온의 전하 패턴을 나타냈다. 예를 들어 1족과 2족의 원소는 이온의 전하가 족 번호와 같다. 즉, 1족의 세슘은 Cs^+ 이온이, 2족의 바륨은 Ba^{2+}가 된다. d 구역 원소들은 전하가 서로 다른 양이온을 형성할 수 있다. 예를 들어 철 원자는 전자 2개를 잃고 Fe^{2+}가 되거나 3개를 잃고 Fe^{3+}가 된다. 구리는 전자 1개를 잃고 Cu^+가 되거나 2개를 잃고 Cu^{2+}가 된다. 13족과 14족의 일부 무거운 금속들도 전하가 서로 다른 양이온을 형성할 수 있다.

일반적인 음이온을 **그림 C.6**에 나타냈다. 주기율표의 오른쪽 주족 원소들은, 자신의 오른쪽에 있는 비활성 기체 원소와의 차이만큼 음전하를 띠는 음이온이 된다는 중요한 경향을 알 수 있다. 산소는 비활성 기체로부터 2칸 떨어져 있으므로 산화 이온 O^{2-}를, 인은 3칸 떨어져 있으므로 인화(phosphide) 이온 P^{3-}을 형성한다. 일반적으로 주족 원소의 족 번호를 N(1부터 18까지)이라고 하면 음이온의 전하는 $N-18$이다.

주족 원소의 이온 형성 패턴은 하나의 법칙으로 요약할 수 있다. 주기율표의 왼쪽이나 오른쪽에 있는 원소들은 원자가 전자를 잃거나 얻어서, 그에 가장 가까운 비활성 기체 원자의 전자 개수와 같아진다. 즉,

- 1, 2, 3족 원소들은 전자를 잃어, 앞 주기의 끝에 있는 비활성 원자와 전자 개수가 같아진다.
- 14–17족 원소들은 전자를 얻어, 그 주기의 끝에 있는 비활성 원자와 전자 개수가 같아진다.

따라서, 마그네슘 원자는 전자를 2개 잃어 네온과 전자 개수가 같은 Mg^{2+}가 된다. 셀레늄 원자는 전자를 2개 얻어서 크립톤과 전자 개수가 같은 Se^{2-}가 된다.

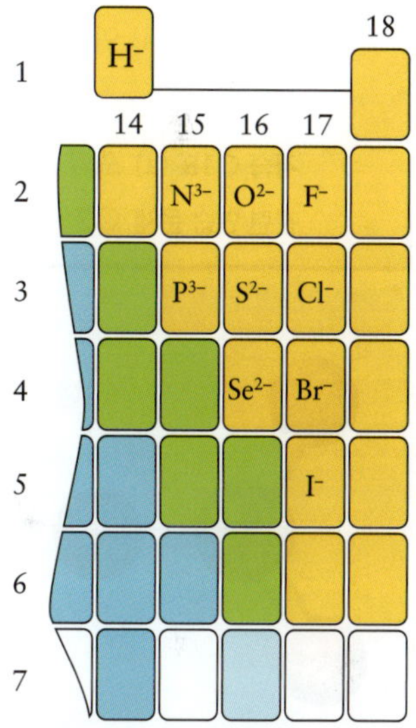

그림 C.6 일부 원소들의 전형적인 일원자 음이온. 각 이온의 전하량이 족과 어떠한 관계가 있는지 주목하자. 일반적인 조건에서 일원자 음이온을 형성하는 것은 비금속 원소들뿐이다. 7주기의 새로 합성된 원소는 성질이 알려져 있지 않으므로 비워 두었다.

예제 C.1 일원자 이온의 전하 예상하기

만약 여러분이 재료 과학 분야에서 일하게 된다면, 새로운 이온성 세라믹 화합물을 만드는 데 필요한 원소를 연구해야 할 수도 있다. 이럴 때는 이 원소가 어떤 이온을 형성할지를 알아야 한다. (a) 질소와 (b) 칼슘이 형성할 것으로 예상하는 이온은 무엇인가?

예상 질소는 비금속이므로 음이온, 칼슘은 금속이므로 양이온을 예상해야 한다.

계획 각 원소가 몇 족 원소인지를 확인하고, 인접한 비활성 기체와 전자 개수가 같아지려면 전자를 얻어야 할지 잃어야 할지를 판단한다. 족 번호를 N으로 놓으면, 일반적으로 비금속은 음이온의 전하가 $N-18$, 양이온은 양이온의 전하가 N이 된다.

풀이

(a) 질소(N)는 15족이고 비금속이다.

$N=15$, 따라서 $N-18=15-18=-3$, 질소는 N^{3-}을 만든다.

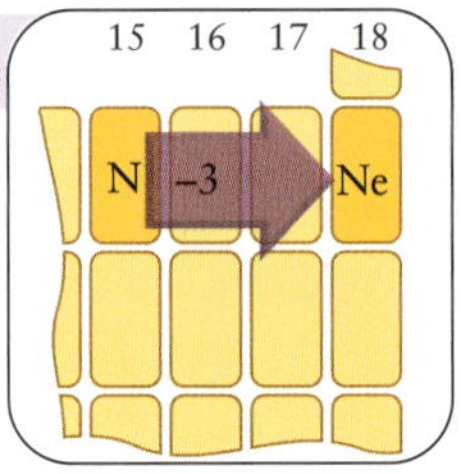

(b) 칼슘(Ca)은 2족이고 금속이다.

$N=2$, 따라서 칼슘은 Ca^{2+}를 만든다.

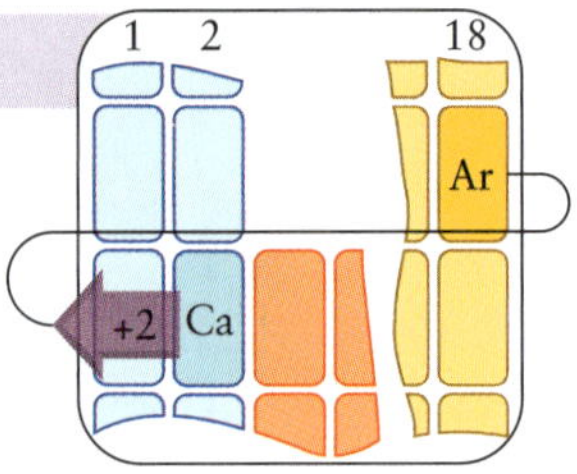

자습 C.1A (a) 아이오딘과 (b) 알루미늄은 어떤 이온을 형성할까?

[답: (a) I^-, (b) Al^{3+}]

자습 C.1B (a) 포타슘과 (b) 황은 어떤 이온을 형성할까?

관련 연습 문제 C.7~C.8

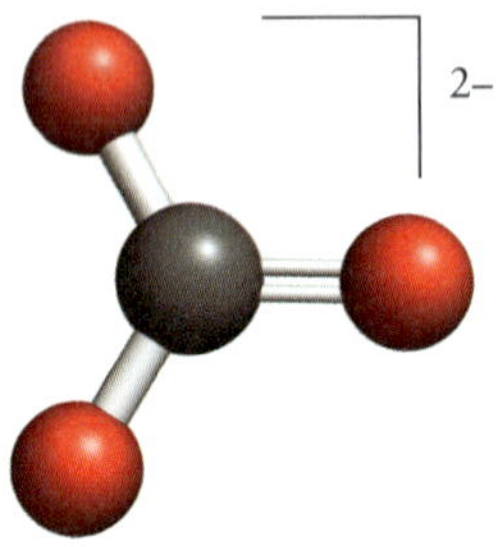

5 탄산 이온, CO_3^{2-}

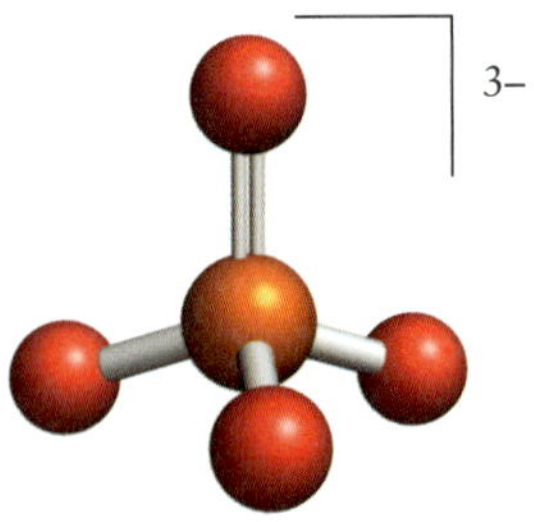

6 인산 이온, PO_4^{3-}

이원자 이온과 다원자 이온은 전체적으로 양전하 또는 음전하를 띤다. 예를 들어 사이안화 이온(CN^-)은 이원자, 암모늄 이온(NH^{4+})은 다원자이다. 가장 흔한 다원자 음이온은 산소 원자를 포함한 다원자 음이온인 **산소산 음이온**(**oxoanion**)이다. 예를 들어 탄산 이온(CO_3^{2-}(**5**)), 질산 이온(NO_3^-), 인산 이온(PO_4^{3-}(**6**)), 황산 이온(SO_4^{2-}) 등이다.

일반적으로 금속 원소는 양이온을, 비금속 원소는 음이온을 형성한다. 주족 원소의 일원자 이온 전하량은 그 원소가 몇 족인지와 연관된다.

C.4 이온 결합 화합물

이온들이 특정한 비율로 결합하면 **이온 결합 화합물**(**ionic compound**)이 된다. 이온 결합 화합물이 어떤 모습일지 상상해보자. 수많은 양이온과 음이온이 규칙적인 3차원 배열로 쌓여 있으며, 반대 전하 사이의 인력에 의해 고정되어 있다. 예를 들어 염화 소듐 결정은 수많은 Na^+와 Cl^- 이온이 교대로, 그리고 규칙적으로 배열되어 이루어진다(**그림 C.7**). 소금을 한 줌 집었을 때 소금 결정 하나하나에 들어있는 이온의 개수는 관측 가능한 우주에 존재하는 별보다도 많다.

이온 결합 화합물의 화학식은 분자 화합물의 화학식과 의미가 다르다. 염화 소듐은 결정마다 양이온과 음이온의 전체 개수가 다를 수 있다. 따라서 이온 결합 화합물의 화학식을 이온의 개수로 나타낸다면, 아래 첨자가 엄청나게 큰 숫자가 될 뿐만 아니라 결정마다 화학식이 다 다를 것이다. 하지만, 양이온 개수와 음이온 개수의 **비율**(**ratio**)은 모든 결정이 동일하며, 화학식은 이 비율을 보여준다. 염화 소듐에는 Cl^- 이온 하나당 Na^+ 이온 하나가 있으므로 화학식은 NaCl이다. 염화 소듐은 두 가지 원소의 이온으로 이루어진 **이성분 이온 결합 화합물**(**binary ionic compound**)이다. $CaCl_2$ 역시 이성분 이온 결합 화합물로서, Ca^{2+}와 Cl^- 이온

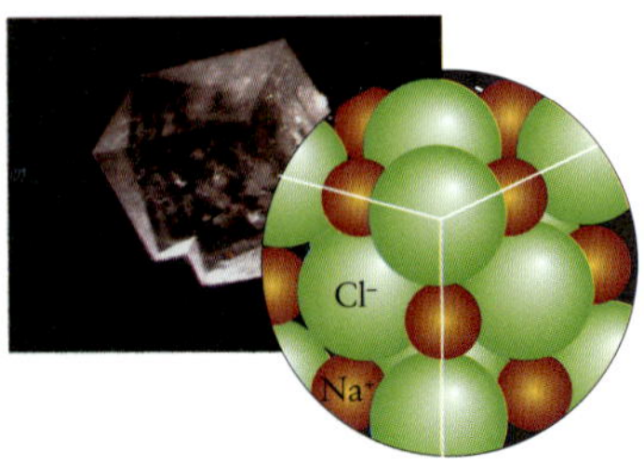

그림 C.7 이온성 고체에는 양이온과 음이온이 함께 배열되어 있다. 염화 소듐(소금) 결정 내부의 소듐 양이온(Na^+)와 염소 음이온(Cl^-)의 배열을 그림으로 나타냈다. 결정의 면은 이온 배열이 끝나는 부분이다.(*Juan José Castaño / CC BY-SA 4.0 / Wikimedia Commons*)

의 비율은 전기적으로 중성을 이루는 비율인 1:2이다.

보충 설명

기체 상태나 진한 수용액에서는 Na^+Cl^- 같은 이온의 덩어리(cluster)로 존재할 수 있다. 이들을 가리킬 때 **분자**(molecule)보다는 **이온쌍**(ion pair)이라는 용어를 더 많이 사용한다.

다원자 이온을 포함한 화합물의 화학식도 비슷한 규칙을 따른다. 탄산 소듐에는 탄산 이온(CO_3^{2-}) 하나당 소듐 이온(Na^+) 2개가 있으므로 화학식은 Na_2CO_3이다. 다원자 이온에 첨자를 쓸 때는 이온을 괄호로 묶는다. 황산 암모늄의 화학식 $(NH_4)_2SO_4$에서 $(NH_4)_2$는 황산 이온(SO_4^{2-}) 하나당 암모늄 이온(NH_4^+) 2개가 있다는 뜻이다. 이온이 결합하면서 양전하와 음전하는 항상 상쇄된다. 즉, **모든 화합물은 전체적으로 전기적 중성이다.**

화학식에 나타난 원자 개수만큼의 이온들로 이루어진 덩어리를 **화학식 단위(formula unit)**라고 한다. 예를 들어 염화 소듐(NaCl)의 화학식 단위는 Na^+ 이온 1개와 Cl^- 이온 1개로 구성된 NaCl이다. 황산 암모늄의 화학식 단위는 NH_4^+ 이온 2개와 SO_4^{2-} 이온 1개로 구성된 $(NH_4)_2SO_4$이다.

어떤 물질이 이온 결합 화합물인지 분자 화합물인지를 판별할 때는 보통 화학식을 살펴보면 된다. 물이 수소와 산소로 구성된 것처럼, 이성분 분자 화합물은 일반적으로 비금속 2종으로 이루어져 있다. 황산 포타슘 K_2SO_4가 포타슘과 황, 산소로 구성된 것처럼, 이온 결합 화합물은 일반적으로 금속 원소와 비금속 원소의 조합으로 이루어져 있다. 이온 결합 화합물은 대부분 금속 원소를 포함한다. 질산 암모늄처럼 다원자 양이온인 암모늄 이온을 포함하는 화합물은 대표적인 예외로서, 이온 결합 화합물이지만 모든 원소가 비금속이다.

예제 C.2 이성분 이온성 화합물의 화학식 예상하기

마그네슘과 인으로 이루어진 이성분 이온 결합 화합물은 가연성이며, 이때 발생한 화염은 진화하기가 어렵다. 소방관 훈련 자료를 준비할 때 이 가연성 화합물의 화학식을 리스트에 올려야 한다고 하자. 이 화합물의 화학식을 쓰시오.예상 마그네슘은 금속이고 주기율표의 왼쪽에 있으므로, Mg는 쉽게 전자를 잃고 양이온이 된다는 것을 예상해야 한다. 화합물은 전기적으로 중성이어야 하므로 인은 음이온이 될 것이라고 예상해야 한다.

계획 양이온과 음이온의 전하를 구하고, 전체 전하가 0이 되도록 각각의 개수를 정한다.

풀이

주기율표로 양이온의 전하를 구한다.

Mg는 2족이므로 전하량이 +2인 이온이 된다.

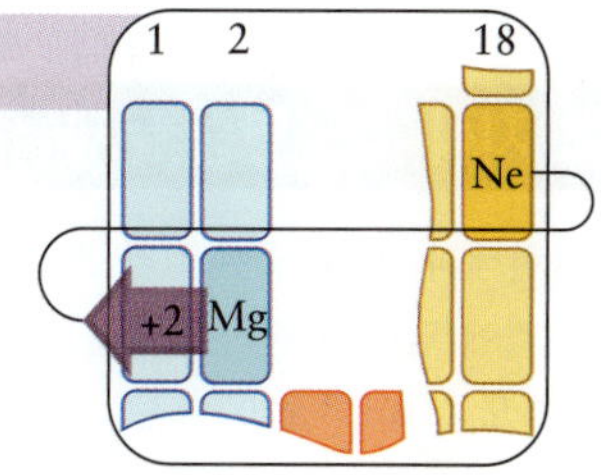

주기율표로 음이온의 전하를 구한다.

P는 15족이므로 전하량이 15−18=−3인 이온이 된다.

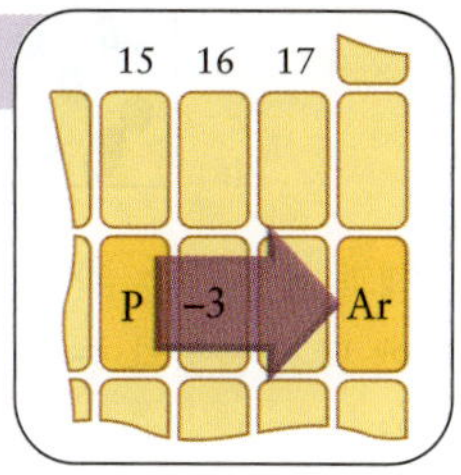

전하가 상쇄되도록 이온을 조합한다.

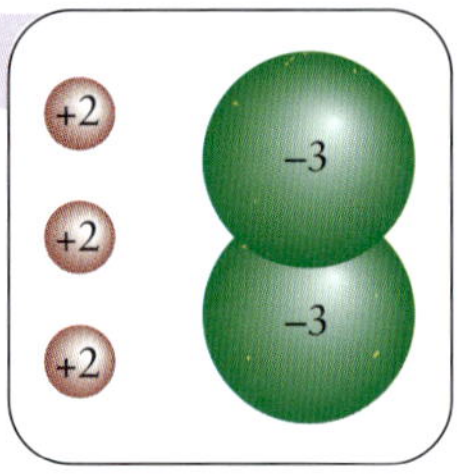

3 Mg^{2+}의 전하는 +6이다.
2 P^{3-}의 전하는 −6이다.
화학식은 Mg_3P_2이다.

평가 예상대로 마그네슘은 Mg^{2+} 양이온, 인은 P^{3-} 음이온이 되었다.

자습 C.2A (a) 바륨과 브로민, (b) 알루미늄과 산소로 이루어진 이성분 이온 결합 화합물의 화학식을 쓰시오.

[답: (a) $BaBr_2$, (b) Al_2O_3]

자습 C.2B (a) 리튬과 질소, (b) 스트론튬과 브로민으로 이루어진 이성분 이온 결합 화합물의 화학식을 쓰시오.

관련 연습 문제 C.13, C.14

이온 결합 화합물의 화학식은 화학식 단위 하나에 들어있는 각 원소의 원자 개수 비를 나타낸다. 이온 결합 화합물의 화학식 단위란 화학식에 나타난 원자 개수만큼의 이온으로 이루어진 덩어리이다.

기초 지식 C에서 배운 것은 무엇인가?

서로 다른 원소의 원자들이 결합하면 분자 화합물이나 이온 결합 화합물이 된다는 것을 공부했다. 일원자 이온의 전하량을 예측하는 방법, 화학식을 해석하는 방법, 이온 결합 화합물의 화학식을 예측하는 방법도 공부했다.

개념과 식의 적용

- ☐ 원자, 분자, 이온을 구별한다.
- ☐ 유기/무기 화합물, 분자/이온 결합 화합물을 구별한다.
- ☐ 여러 가지 방법으로 분자를 표현한다.
- ☐ 주족 원소가 주로 형성하는 양이온이나 음이온을 예상한다(예제 C.1).
- ☐ 화학식을 구성 원자의 종류와 개수로 해석한다.
- ☐ 이성분 이온 결합 화합물의 화학식을 예측한다(예제 C.2).

기초 지식 C 연습 문제

C.1 파란색과 녹색 구는 각각 서로 다른 원소의 원자를 나타낸다. 다음 용기에 담긴 물질의 종류를 혼합물, 단일 화합물, 단일 원소로 구별하시오.

(a) 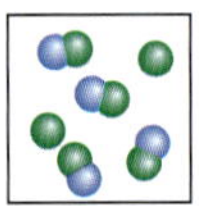 (b) 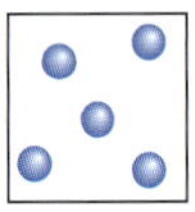

C.2 파란색과 녹색 구는 각각 서로 다른 원소의 원자를 나타낸다. 다음 용기에 담긴 물질의 종류를 혼합물, 단일 화합물, 단일 원소로 구별하시오.

(a) 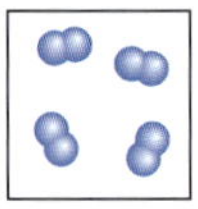 (b) 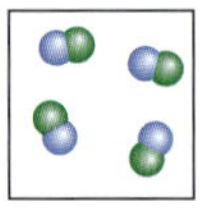

C.3 잔토필(xanthopyll)이라는 노란색 화합물은 달걀노른자, 녹색 잎사귀, 새의 깃털, 꽃 등에서 발견된다. 루테인(lutein)이라고도 하는 이 화합물은 좋은 시력을 유지하는 데 중요하다고 여겨진다. 잔토필은 탄소, 수소, 산소 원자 비율이 20:28:1이며, 분자 하나에는 산소 원자가 2개 들어있다. 잔토필의 분자식을 쓰시오.

C.4 카시미로에딘(casimiroedine)은 멕시코 원산의 흰 자포테라는

식물의 씨앗에서 추출된 알칼로이드이다. 기니피그의 혈압을 낮추는 것이 발견되어 의료 연구자들의 연구 대상인 물질이기도 하다. 카사로미에딘은 탄소, 수소, 질소, 산소 원자 비율이 7:9:1:2이며, 분자 하나에 산소 원자가 6개 들어있다. 카시미로에딘의 분자식을 쓰시오.

C.5 다음 공–막대 분자 구조에서 진회색은 탄소, 빨간색은 산소, 흰색은 수소, 파란색은 질소, 초록색은 염소이다. 각 구조의 화학식을 쓰시오.

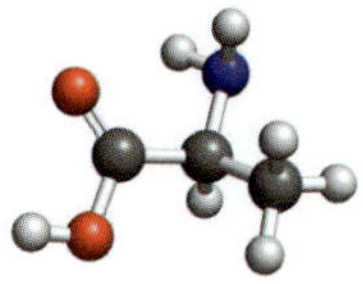
(a)

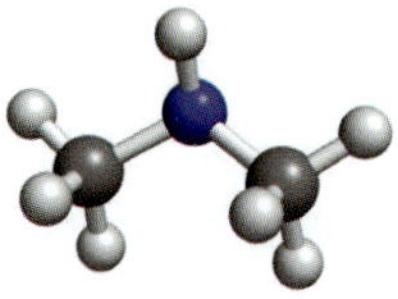
(b)

C.6 다음 공–막대 구조의 화학식을 쓰시오. 색상 코드는 예제 C.5와 같다.

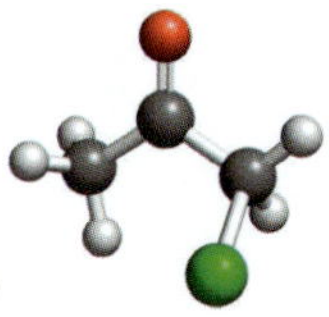
(a)

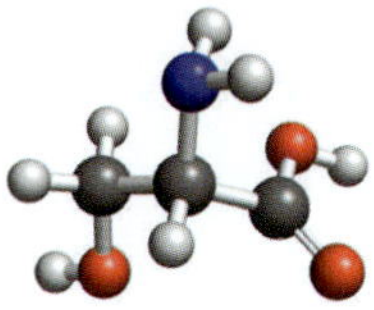
(b)

C.7 다음 원소들이 양이온을 형성할지 음이온을 형성할지 말하고, 주로 형성하는 이온의 화학식을 쓰시오.
(a) 세슘 (b) 아이오딘 (c) 셀레늄 (d) 칼슘

C.8 다음 원소들이 양이온을 형성할지 음이온을 형성할지 말하고, 주로 형성하는 이온의 화학식을 쓰시오.
(a) 질소 (b) 비스무트 (c) 황 (d) 마그네슘

C.9 다음 이온에 들어있는 양성자, 중성자, 전자는 각각 몇 개인가?
(a) $^{10}Be^{2+}$ (b) $^{17}O^{2-}$ (c) $^{80}Br^-$ (d) $^{75}As^{3-}$

C.10 다음 이온에 들어있는 양성자, 중성자, 전자는 각각 몇 개인가?
(a) $^{66}Zn^{2+}$ (b) $^{150}Sm^{3+}$ (c) $^{133}Cs^+$ (d) $^{12}7I^-$

C.11 다음 이온을 기호로 나타내시오.
(a) 양성자 9개, 중성자 10개, 전자 10개
(b) 양성자 12개, 중성자 12개, 전자 10개
(c) 양성자 52개, 중성자 76개, 전자 54개
(d) 양성자 37개, 중성자 49개, 전자 36개

C.12 다음 이온을 기호로 나타내시오.
(a) 양성자 11개, 중성자 13개, 전자 10개
(b) 양성자 13개, 중성자 14개, 전자 10개
(c) 양성자 34개, 중성자 45개, 전자 36개
(d) 양성자 24개, 중성자 28개, 전자 22개

C.13 다음 원소들의 이온이 결합하여 만드는 화합물의 화학식을 쓰시오.
(a) Al과 Te (b) Mg와 O (c) Na와 S (d) Rb와 I

C.14 다음 원소들의 이온이 결합하여 만드는 화합물의 화학식을 쓰시오.
(a) Ca와 C (b) Al과 O (c) Li와 N (d) Sr과 S

C.15 3주기의 어떤 원소 E가 이온 결합 화합물 EBr_3와 E_2O_3를 형성한다. (a) E는 몇 족 원소인가? (b) E의 원소 기호와 이름을 쓰시오.

C.16 4주기의 어떤 원소 E가 분자 화합물 H_2E 또는 이온 결합 화합물 Na_2E를 형성한다. (a) E는 몇 족 원소인가? (b) E의 원소 기호와 이름을 쓰시오.

C.17 다음 화합물은 다원자 이온을 포함한다. (a) 소듐 이온과 아인산수소 이온(hydrogen phosphite, HPO_3^{2-})으로 이루어진 화합물의 화학식을 쓰시오. (b) 암모늄 이온(NH_4^+)과 탄산 이온(CO_3^{2-})으로 이루어진 탄산 암모늄의 화학식을 쓰시오. (c) 황산 마그네슘의 화학식은 $MgSO_4$이다. $CuSO_4$에서 양이온의 전하는 얼마인가? (d) 인산 포타슘의 화학식은 K_3PO_4이다. $Sn_3(PO_4)_2$에서 양이온의 전하는 얼마인가?

C.18 다음 화합물은 다원자 이온을 포함한다. (a) 소듐 이온과 크로뮴산(CrO_4^{2-})로 이루어진 화합물의 화학식을 쓰시오. (b) 암모늄 이온(NH_4^+)과 아황산 이온(SO_3^{2-})으로 이루어진 화합물의 화학식을 쓰시오. (c) 황산 망가니즈(II)의 화학식은 $MnSO_4$이다. $Co_2(SO_4)_3$에서 양이온의 전하는 얼마인가? (d) 인산수소 포타슘의 화학식은 K_2HPO_4이다. $Pb_3(PO_4)_4$에서 양이온의 전하는 얼마인가?

C.19 다음 물질을 원소, 분자 화합물, 이온 결합 화합물로 분류하시오. (a) HCl (b) S_8 (c) CoS (d) Ar (e) CS_2 (f) $SrBr_2$

C.20 다음 물질을 원소, 분자 화합물, 이온 결합 화합물로 분류하시오. (a) F_2 (b) BF_3 (c) BaF_2 (d) NO (e) Ca (f) CaO

D. 명명법

많은 화합물은 그 조성이 알려지기 전에 사용하던 **관용명(common name)**을 갖고 있다. 물, 소금, 설탕, 암모니아, 등 관용명은 그 화합물의 화학적 구성 요소나 구조를 나타내지 않으며, 언어마다 다르다. **계통명(systematic name)**은 어떤 원소가 들어 있는지를 나타내며, 때에 따라서는 원자의 배열까지 나타내는 경우도 있다. 계통명은 언어와는 무관하며, 원칙적으로는 누구나 해석할 수 있다. 화합물에 계통명을 붙이는 방법을 **화학 명명법(chemical nomenclature)**이라고 하며, 다음 간단한 규칙을 따른다.

D.1 양이온의 이름

일원자 양이온의 이름은 어미 원소의 이름에 '이온'이라는 단어를 붙인다. 예를 들어 Na^+는 '소듐 이온'이라고 한다. 한 원소가 여러 종류의 양이온을 형성할 수 있는 경우에는 '산화수'로 구별한다. **산화수(oxidation number)**란 양이온의 전하이다. 산화수를 원소 이름 바로 다음에 로마 숫자로 쓰고 괄호를 친다. 예를 들어 Cu^+는 구리(I) 이온, Cu^{2+}는 구리(II) 이온이다. 마찬가지로 Fe^{2+} 는 철(II) 이온, Fe^{3+}는 철(III) 이온이다. 그림 C.5에 나타낸 것처럼 d 구역 원소 대부분은 여러 종류의 이온을 형성하므로, 다른 정보가 주어지지 않는 한 화합물의 이름에 산화수를 써 주어야 한다.

옛날에 쓰던 명명법을 그대로 쓰는 경우도 간혹 있다. 예를 들어 일부 양이온은 전하가 낮은 것을 **제일-**(-ous), 높은 것을 **제이-**(-ic)라고 부르기도 한다. 원소의 라틴어 이름에 이러한 접미사를 붙이는 경우도 있어 더 복잡하다. 즉, 철(II) 이온을 제일철 이온(ferrous ion), 철(III) 이온을 제이철 이온(ferrous ion)이라고 불렀다(부록 3C 참고). 이 책에서는 이 방식을 쓰지 않지만 가끔 접하게 되므로 알고는 있어야 한다.

일원자 양이온의 이름은 원소의 이름에 "이온"을 붙인다. 양이온이 여러 종류인 원소는 전하를 나타내는 산화수를 로마 숫자로 적는다.

D.2 음이온의 이름

염화 소듐의 Cl^- 이온이나 **생석회**(quicklime, 산화 칼슘, CaO)의 O^{2-} 이온과 같은 일원자 음이온은 그 원소 이름의 첫 부분, 즉 **어근**(stem)에 접미사 **-화**(-ide)를 붙인다(표 D.1). 즉, S^{2-}는 황화(sulfide) 이온, O^{2-}는 산화(oxide) 이온이다. 일원자 음이온을 형성하는 원소는 대부분 한 종류의 이온만 형성하기 때문에 전하를 표기할 필요는 없다. 할로젠 원소의 이온을 총칭하여 **할로젠화**(hallide) 이온이라고 하며, 개별적으로는 플루오린화 이온(F^-), 염화 이온(Cl^-), 브로민화 이온(Br^-), 아이오딘화 이온(I^-)이라고 한다.

산소를 포함하는 이온인 **산소산 음이온**(oxoanion)은 다원자 이온(기초 지식 C 참고)이다(표

표 D.1 음이온과 어미 산의 이름

음이온	어미 산	음이온	어미 산
플루오린화 이온, F^-	플루오린화 수소산,* HF (플루오린화 수소)	아질산 이온, NO_2^-	아질산, HNO_2
		질산 이온, NO_3^-	질산, HNO_3
염화 이온, Cl^-	염산,* HCl (염화 수소)	인산 이온, PO_4^{3-} 인산수소 이온, HPO_4^{2-} 인산이수소 이온, $H_2PO_4^-$	인산, H_3PO_4
브로민화 이온, Br^-	브로민화 수소산,* HBr (브로민화 수소)	아황산 이온, SO_3^{2-} 아황산수소 이온, HSO_3^-	아황산, H_2SO_3
아이오딘화 이온, I^-	아이오딘화 수소산,* HI (아이오딘화 수소)	황산 이온, SO_4^{2-} 황산수소 이온, HSO_4^-	황산, H_2SO_4
산화 이온, O^{2-} 수산화 이온, OH^-	물, H_2O	하이포염소산 이온, ClO^-	하이포염소산, HClO
황화 이온, S^{2-} 황화 수소 이온, HS^-	황화 수소산,* H_2S (황화 수소)	아염소산 이온, ClO_2^-	아염소산, $HClO_2$
사이안화 이온, CN^-	사이안화 수소산,* HCN (사이안화 수소)	염소산 이온, ClO_3^- 과염소산 이온, ClO_4^-	염소산, $HClO_3$ 과염소산, $HClO_4$
아세트산 이온, $CH_3CO_2^-$	아세트산, CH_3COOH		
탄산 이온, CO_3^{2-} 탄산수소(중탄산) 이온, HCO_3^-	탄산, H_2CO_3		

* 화합물 수용액의 이름. 화합물 자체의 이름은 괄호로 표기

D.1). 어떤 원소의 산소산 음이온이 하나뿐이면, 원소 이름의 어근에 접미사 **-산**(-ate)을 붙인다. 즉, CO_3^{2-} 이온의 이름은 탄산(carbonate) 이온이다. 산소 원자 개수가 서로 다른 산소산 음이온 두 종류를 형성하는 원소들은 이름을 달리할 필요가 있다. 예를 들어 질소는 NO_2^-와 NO_3^-를 형성한다. 이때는,

- 산소 원자가 많은 이온은 접미사 **-산**(-ate)을 붙인다.
- 산소 원자가 적은 이온은 **아-산**(-ite)이라고 한다.

즉, NO_3^-는 질산(nitrate) 이온, NO_2^-는 아질산(nitrite) 이온이다.

세 종류 이상의 산소산을 형성하는 원소도 있으며, 특히 할로젠이 여기에 해당한다. 예를 들어 염소의 산소산 음이온은 4종이다(표 D.1)

- 산소 원자가 가장 적은 산소산은 **하이포-**(hypo-)와 **-산**(-ite)을 붙인다. 즉 ClO^-는 하이포염소산(hypochlorite) 이온이다.
- 산소 원자가 가장 많은 산소산은 **과-**(per-)와 **-산**(-ate)을 붙인다. 즉 ClO_4^-는 과염소산(perchlorate) 이온이다.

F를 제외한 할로젠 원소는 모두 둘 이상의 산소산 음이온을 형성한다. 다원자 이온의 이름을 붙이는 규칙은 부록 3A에 정리하였으며, 많이 접하는 이온을 표 D.1에 수록하였다.

보충 설명

하이포(hypo)는 그리스어로 '아래(under)'를 뜻한다. 과(per)는 라틴어로 '모두(all over)'라는 뜻으로, 해당 원소가 산소와 최대한으로 결합했다는 뜻이다.

수소를 포함하는 음이온으로 HS^-와 HCO_3^-를 알아보자. 이들 음이온에는 '수소'가 들어간다(영문명에는 'hydrogen'이 앞에 붙는다). HS^-는 황화수소(hydrogen sulfide) 이온, HCO_3^-는 탄산수소(hydrogen carbonate) 이온이다. (영문명으로, 최근에는 hydrogencarbonate처럼 붙여서 쓰기도 한다.) 수소를 포함한 음이온을 가리켜 예전에는 접두사 **중-**(bi-)을 붙였다. 이에 따르면 HCO_3^-는 중탄산(bicarbonate) 이온이라고 부르며, 이 이름 역시 아직 널리 쓰이고 있다. 음이온 하나에 수소 원자 두 개가 있는 이온을 이수소 음이온(dihydrogen anion)이라고 하며, 이에 따라 $H_2PO_4^-$는 인산이수소(dihydrogen phosphate) 이온이라고 부른다.

자습 D.1A (a) IO^- 이온의 이름을 쓰시오. (b) 아황산 수소 이온의 화학식을 쓰시오.

[**답**: (a) 하이포아이오딘산 이온, (b) HSO_3^-]

자습 D.1B (a) 비소(As)는 산소 원자가 3개 또는 4개인 산소산 음이온을 형성한다. $H_2AsO_4^-$ 이온의 이름을 쓰시오. (b) 염소산 이온의 화학식을 쓰시오.

일원자 음이온의 이름은 끝에 -화(-ide)로 끝난다. 산소산 음이온은 산소를 포함하는 음이온이다. 동일 계열의 산소산 음이온 중에서, -산(-ate)으로 끝나는 이온은 아-산(-ite)보다 산소 원자가 더 많다. 3개 이상의 산소산 음이온이 존재하는 경우에, 과-(per-)는 산소 개수가 최대인 것, 하이포-(hypo-)는 산소 개수가 가장 적은 것을 가리킨다.

D.3 이온 결합 화합물의 이름

이온 결합 화합물은 음이온 이름을 먼저 쓰고 양이온 이름을 뒤에 쓰며, 이때 '이온'이라는 표

표 D.2 화합물의 이름에 쓰이는 접두사

접두사	의미	접두사	의미
일(mono-)	1	칠(hepta-)	7
이(di-)	2	팔(octa-)	8
삼(tri-)	3	구(nona-)	9
사(tetra-)	4	십(deca-)	10
오(penta-)	5	십일(undeca-)	11
육(hexa-)	6	십이(dodeca-)	12

그림 D.1 오수화 황산 구리(II)($CuSO_4·5H_2O$)의 파란색 결정은 150°C 이상에서 물을 잃고 흰색의 무수화물 가루($CuSO_4$)가 된다. 물을 첨가하면 다시 파랗게 변한다. 무수 황산 구리(II)(anhydrous coppor(II) sulfate)는 이처럼 물을 강하게 끌어당기기 때문에 공기 중에 놔두면 수분과 반응하여 연한 푸른빛을 띤다. *(Copyright Macmillan Learning, photo by Ken Karp.)*

현은 쓰지 않는다. 영어 명칭은 양이온을 먼저, 음이온을 뒤에 쓴다. 양이온의 가능한 산화수가 여러 개일 때는 산화수를 같이 쓴다. 하지만 한 가지 전하 상태로만 존재하는 양이온(그림 C.5 참고)은 산화수를 쓰지 않는다. K^+와 Cl^- 이온으로 이루어진 이온 결합 화합물 염화 포타슘(KCl, 영문명: potassium chloride)이나, NH_4^+와 NO_3^- 이온으로 이루어진 질산 암모늄(NH_4NO_3, 영문명: ammonium nitrate)이 대표적인 예이다. 염화 코발트 중에서 Co^{2+} 이온으로 이루어진 $CoCl_2$는 염화 코발트(II)[cobalt(II) chloride]라고 하며, Co^{3+} 이온으로 이루어진 $CoCl_3$는 염화 코발트(III)[cobalt(III) chloride]라고 한다. 모든 화합물은 전기적으로 중성이므로 염화 이온(chloride ion)은 전하 균형을 맞추는 데 필요한 개수만큼 들어있다고 생각하면 된다.

이온 결합 화합물 중에는 화합물 자체의 이온뿐만 아니라 물 분자를 일정 비율 함유하는 결정을 형성하는 경우도 있는데, 이들을 가리켜 **수화물(hydrate)**이라고 한다. 예를 들어 그림 D.1처럼, 황화 구리(II)[coppor(II) sulfate]는 보통 푸른색 결정으로 존재하며, 그 화학식은 $CuSO_4·5H_2O$이다. '수화된 물'을 나머지 화학식과 구별하기 위해 점을 찍는데, H_2O 앞의 숫자는 각 화학식 단위에 결합된 물 분자가 몇 개인지를 나타낸다. 수화물은 화합물의 이름을 먼저 쓴 다음, 물 분자의 개수를 나타내는 접두사(표 D.2)를 −수화물(−hydrate, −하이드레이트) 앞에 붙여 다음에 쓴다. 예를 들어, $CuSO_4·5H_2O$는 황산 구리(II) 오수화물[coppor(II) sulfate pentahydrate]이고, 이 화합물의 무수화물(anhydrous, 물 분자를 함유하지 않음)은 단순히 황산 구리(II)라고 하면 된다. 이온 결합 화합물의 이름을 붙이는 과정을 도구상자 D.1에 나타냈다.

도구상자 D.1 이온 결합 화합물의 명명

기본 개념

화합물에는 간결하고 명확한 이름을 붙여야 한다. 이온 결합성 화합물과 분자 화합물의 명명법이 서로 다르므로 화합물의 종류를 먼저 판별해야 한다. 이 도구상자에서는 이온 결합 화합물을 다룬다. 분자 화합물은 도구상자 D.2를 참고하자.

과정

화학식을 알고 있는 이온 결합 화합물은 이온의 이름을 연결하면 된다. 산소 원자가 들어있는 산소산 음이온은 이름이 조금 복잡할 수 있으니 이 상자의 마지막 부분을 참고하자.

1단계 표 D.1이나 부록 3A를 참고하여 양이온과 음이온을 찾는다. 음이온의 전체 전하를 상쇄하는 데 필요한 양이온의 전하를 구한다.

2단계 양이온의 이름을 붙인다. 양이온의 전하량이 여럿이면(d 구역 원소와 12~15족의 금속 일부) 산화수를 로마 숫자로 쓰고 괄호 안에 넣는다.

3단계 음이온의 이름을 붙인다. 일원자 음이온은 원소 이름 뒷부분을 -화(-ide)로 바꾼다. 음이온 이름을 먼저, 양이온 이름을 나중에 쓴다(영문명은 순서 반대).

4단계 화학식에 물 분자가 있는 화합물은 수화물이다. −하이드레이트(−hydrate) 앞에 물 분자의 개수를 나타내는 접두사를 붙인다.

산소산 음이온:

산소산 음이온의 계통명을 붙일 때는 본문과 이 상자에 정리한 규칙에 따라 XO_n^{m-}(수소 원자도 포함할 수 있음)의 이름을 붙인다.

(a) 원소 2종으로 이루어진 산소산 음이온(보통 14~16족 원소의 산소산 음이온)에는, 산소 원자가 많은 것에 -산(-ate)을 붙이고 적은 것에 아-산(-ite)을 붙인다.

(b) 산소산 음이온이 4종인 원소에는, 산소 원자가 가장 적은 것에 하이포-산(hypo-ite), 가장 많은 것에 과-산(per-ate)을 붙인다.

다른 다원자 음이온의 이름은 표 D.1이나 부록 3A에서 찾는다. 음이온에 수소가 들어 있으면 '수소(hydrogen)', 수소 원자 두 개가 들어 있으면 '이수소(dihydrogen)'을 붙인다.

예제 D.1에서 이 규칙을 응용해보자.

예제 D.1 이온 결합 화합물의 이름

과학에 종사하는 사람들은 화합물의 화학식과 이름을 모두 알아야 한다. 다음 화합물의 이름을 쓰시오. (a) 유기 화합물을 합성할 때 쓰이는 녹색 고체 $CrCl_3 \cdot 6H_2O$, (b) 불꽃놀이에서 초록색을 내는 $Ba(ClO4)_2$.

계획 도구상자 D.1의 규칙을 이용한다.

풀이

1단계 양이온과 음이온을 찾는다.

(a) $CrCl_3 \cdot 6H_2O$: Cr^{3+}, Cl^- **(b) $Ba(ClO_4)_2$**: Ba^{2+}, ClO_4^-

2단계 양이온의 이름을 쓰고, d 금속 양이온의 전하를 로마 숫자로 괄호 안에 쓴다. (a)에서 Cl^- 이온이 3개이므로 Cr의 전하는 +3이다. Ba는 Ba^{2+} 이온만 형성하므로 전하를 쓸 필요가 없다.

크로뮴(III) 바륨

3단계 음이온의 이름을 쓴 다음 양이온 이름을 이어서 쓴다(영문명은 양이온 먼저, 음이온이 나중이다). 염소의 산소산 음이온은 4종이므로, (b)의 산소산 음이온에는 **과-산**(per-ate)을 붙인다.

염화 크로뮴(III)[chromium(III) chloride] 과염소산 바륨(barium perchlorate)

4단계 H_2O를 함유한 경우에는 **수화물**(hydrate)을 붙이고, 앞에 H_2O 개수를 가리키는 접두사를 붙인다.

염화 크로뮴(III) 육수화물[chromium(III) chloride hexahydrate]

자습 D.2A 다음 화합물의 이름을 쓰시오. (a) $NiCl_2 \cdot 2H_2O$, (b) AlF_3, (c) $Mn(IO_2)_2$.

[답: (a) 염화 니켈(II) 이수화물[nickel(II) chloride dihydrate], (b) 플루오린화 알루미늄(aluminum fluoride), (c) 아이오딘산 망가니즈(II)[manganese(II) iodite]]

자습 D.2B 다음 화합물의 이름을 쓰시오 (a) $AuCl_3$, (b) CaS, (c) Mn_2O_3.

관련 연습 문제 D.7, D.8

이온 결합 화합물의 이름은 음이온 이름을 먼저 쓰고 양이온 이름을 쓴다(영문명은 양이온 먼저). 둘 이상의 전하가 가능한 양이온은 그 산화수를 같이 써준다. 수화물은 그 화학식 단위에 포함된 물 분자의 개수를 나타내는 접두사와 함께 -수화물(-hydrate)를 붙인다.

표 D.3 분자 화합물의 관용명

화학식	관용명
NH_3	암모니아(ammonia)
N_2H_4	하이드라진(hydrazine)
NH_2OH	하이드록실아민(hydroxylamine)
PH_3	포스핀(phosphine)
NO	산화 질소(nitric oxide)
N_2O	아산화 질소(nitrous oxide)
C_2H_4	에틸렌(ethylene)
C_2H_2	아세틸렌(acetylene)

* 전통적으로 14족과 15족의 이성분 수소 화합물의 화학식을 쓸 때는 14족과 15족 원소를 먼저 쓴다.

D.4 무기 분자 화합물의 이름

많은 무기 분자 화합물이 서로 다른 원소 2종 또는 3종만으로 이루어져 있고, 이때는 표 D.2에 정리한 접두사를 이용하여 각 원자의 개수를 나타낸다(원소의 이름이 영어일 때는 영어 접두사를 그대로 음차하여 접두사를 붙인다). 원자 개수가 1개인 원소 앞에는 보통 접두사를 붙이지 않는다. 예를 들어 NO_2는 이산화 질소(nitrogen dioxide), NO는 산화 질소(nitrogen oxide)이다. CO는 대표적인 예외로서, 일산화 탄소(carbon monoxide)라고 한다. 이성분 분자 화합물(원소 2종으로 구성된 화합물)의 이름을 붙일 때는 주기율표에서 더 오른쪽에 위치한 원소 이름이 앞에 오는데(영문명은 반대 순서), 이때 어미를 **−화**(−*ide*)로 바꾼다.

PCl_3: 삼염화 인(phosphorous trichloride)
N_2O: 산화 이질소(dinitrogen oxide)
SF_6: 헥사플루오린화 황(sulfur hexafluoride)
N_2O_5: 오산화 이질소(dinitrogen pentoxide)

인의 산화물처럼 예외도 있다. 인의 산화물을 명명할 때는 인의 산화수로 구별하며, 이것은 산소가 O^{2-}로 존재한다고 보고, 인은 금속으로 간주한다고 생각하면 된다. 따라서 P_4O_6는 $(P^{3+})_4(O^{2-})_6$로 간주하고 산화 인(III)[phosphorous(III) oxide]으로 명명한다. P_4O_{10}은 $(P^{5+})_4(O^{2-})_{10}$으로 간주하고 산화 인(V)[phosphorous(V) oxide]으로 명명한다. 이름은 이렇게 붙이지만 이 화합물들은 모두 분자 화합물이다. NH_3(암모니아)와 H_2O(물)은 각각 아제인(azane)과 옥시데인(oxidane)이라는 체계명이 있기는 하지만, 거의 항상 관용명을 쓴다(표 D.3).

16족 또는 17족의 비금속 원소와 수소로 구성된 화합물의 분자식에는 수소를 먼저, 이름에는 수소를 나중에 쓴다(영문 이름은 수소가 먼저이다). 예를 들어 염화 수소(hydrogen chloride)의 화학식은 HCl이고, 황화 수소(hydrogen sulfide)의 화학식은 H_2S이며, 둘 다 일상적인 조건에서 기체인 분자 화합물이다. 하지만 이 화합물이 물에 용해되면, 대부분은 산으로 작용하고 그에 따른 이름이 붙는다. 물 속의 이성분 산은 화합물 이름 마지막에 −산을 붙인다(영문명으로는 접두사 hydro-(16, 17족 원소 이름 어근)-ic acid로 명명한다). 예를 들어 물 속의 HCl은 염화 수소산(관용적으로 염산이라고 함, 영문명: hydrochloric acid), H_2S는 황화 수소산(영문명: hydrosulfuric acid)이라 부른다. **수용액**(**aqueous solution**)은 용매가 물인 용액으로, 화학식 뒤에 (aq)를 써서 나타낸다. 따라서 HCl 화합물 그 자체는 염화 수소(hydrogen chloride)이고 HCl(aq)는 수용액이므로 염화 수소산(염산, hydrochloric acid)이다.

산소산(**oxoacid**)은 산소를 포함한 산성을 띠는 분자 화합물이다. 산소산 분자에서 하나 이상의 수소 이온을 떼어내면 산소산 음이온이 되므로, 산소산은 산소산 음이온의 어미 산이라 할 수 있다(표 D.1). 일반적으로 **-산**(-ic acid)이 붙은 산소산은 **-산**(-ate)이 붙은 산소산 음이온의 어미 산이고, **아-산**(-ous acid)이 붙은 산소산은 **아-산**(-ite)이 붙은 산소산 음이온의 어미 산이다. 예를 들어 H_2SO_4의 이름은 황산(sulfuric acid)으로, SO_4^{2-}, 즉 황산(sulfate) 이온의 어미 산이다. 마찬가지로 SO_3^{2-}, 아황산(sulfite) 이온의 어미 산은 분자 화합물인 H_2SO_3이고, 아황산(sulfurous acid)이라 명명한다. 간단한 무기 분자 화합물의 이름을 붙이는 과정을 도구상자 D.2에 정리하였다.

도구상자 D.2 무기 분자 화합물의 이름

기본 개념
화합물의 이름은 가능한 간결하고 명확해야 한다. 분자 화합물의 계통명은 보통 구성 원소의 종류와 원자 개수를 반영한다.

과정
화합물의 종류를 찾아 해당 규칙을 적용한다.

산이 아닌 이성분 분자 화합물
화학식이 H로 시작하지 않으면 일반적으로 산이 아니다.

1단계 화학식의 둘째 원소 이름을 먼저, 첫째 원소 이름을 나중에 쓴다(영문명은 반대 순서). 둘째 원소 이름의 어미를 **-화**(-ide)로 바꾼다.

2단계 각 원소의 원자 개수를 나타내는 접두사를 붙인다. **일**-(mono-)은 보통 생략한다.

예외로서 인의 산화물은 이온 결합 화합물로 간주하고 이름을 붙인다.

산
무기산은 화학식이 보통 H로 시작하며, 산소산은 H로 시작해서 O로 끝난다. 이성분 수소화물 HX은 이름에 산을 붙이지 않고, 수용액 상태 HX(aq)에는 산을 붙인다.

이성분 수소산 용액은 '-화 수소산'으로 명명한다(영문명은 hydro-(원소의 어근)-ic acid로 명명한다).

예제 D.2(c)를 참고하자.

화합물이 산소산이면, 그 산소산이 형성하는 다원자 이온의 이름(도구상자 D.1)을 따라 산소산의 이름을 붙인다. 일반적으로,

-산(-ic acid)은 **-산**(-ate) 이온을 형성한다.
아-산(-ous acid)은 **아-산**(-ite) 이온을 형성한다.

접두사 **과**-(per-)와 **하이포**-(hypo-)는 그대로 둔다. 산소산을 명명하는 체계적인 방법은 부록 3A를 참고할 수 있다.

예제 D.2(d)를 참고하자.

예제 D.2 무기 분자 화합물의 이름

다음 물질의 계통명을 쓰시오. (a) N_2O_4: 과거 로켓 연료로 연구된 물질, (b) ClO_2: 물을 소독할 때 사용하는 약제, (c) HI(aq): 메스암페타민을 합성할 때 쓰는 물질, (d) HNO_2: 번개가 칠 때 대기에서 생성되는 물질.

계획 도구상자 D.2의 규칙을 이용한다.

풀이

화합물 (a)와 (b)는 산이 아니다.
1단계 둘째 원소의 이름을 먼저, 첫째 원소의 이름을 나중에 쓴다(영어명은 반대). 둘째 원소의 어미를 –화(–ide)로로 바꾼다.

(a) 산화 질소(nitrogen oxide) (b) 산화 염소(chlorine oxide)

2단계 각 원소의 원자가 몇 개인지를 나타내는 접두사를 쓴다. 일–(mono–)은 보통 생략한다.
(a) N_2O_4 분자에는 질소 원자 2개, 산소 원자 4개가 있다.

사산화 이질소(dinitrogen tetraoxide)

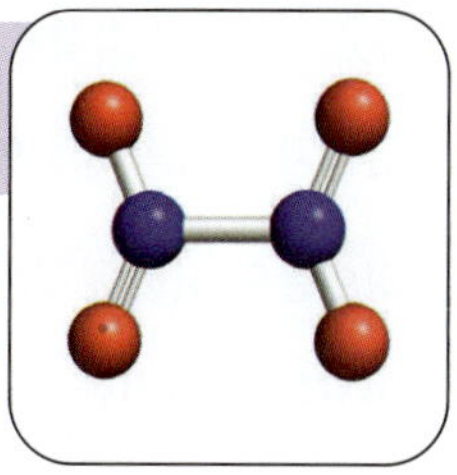

(b) ClO_2 분자에는 염소 원자 1개, 산소 원자 2개가 있다.

이산화 염소(chlorine dioxide)

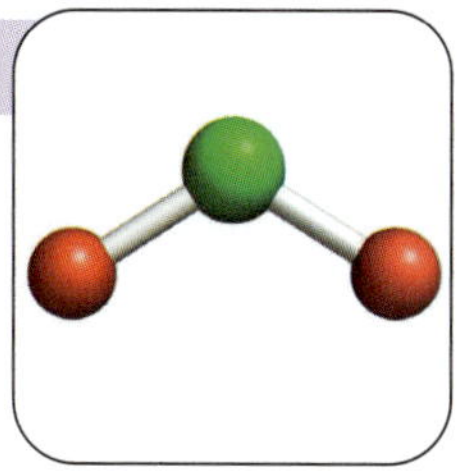

화합물 (c)와 (d)는 산이다.
(c) 어떤 화합물이 용액 상태의 이성분 산이면, 원소 이름의 어근에 '–화 수소산(hydro...ic acid)'을 붙인다. HI(aq)는 아이오딘화 수소가 물에 용해된 이성분 산이다.

아이오딘화 수소산(hydroioidic acid) (참고: 분자 화합물 HI는 아이오딘화 수소(hydrogen iodide)이다.)

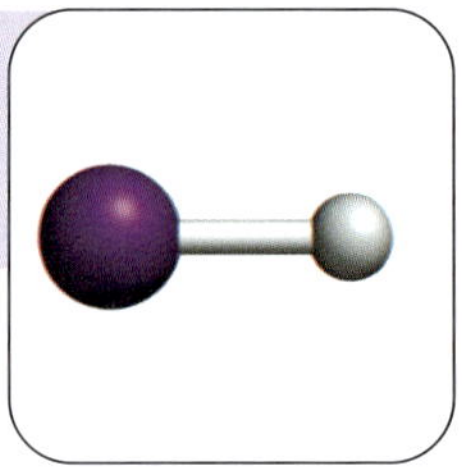

(d) 어떤 화합물이 산소산이면, 이 산이 형성하는 다원자 이온의 이름(도구상자 D.1 참고)을 따라 산의 이름을 붙인다.
HNO_2은 산소산이고, 아질산(nitrite) 이온 NO_2^-의 어미 산이다.

아질산(nitrous acid)

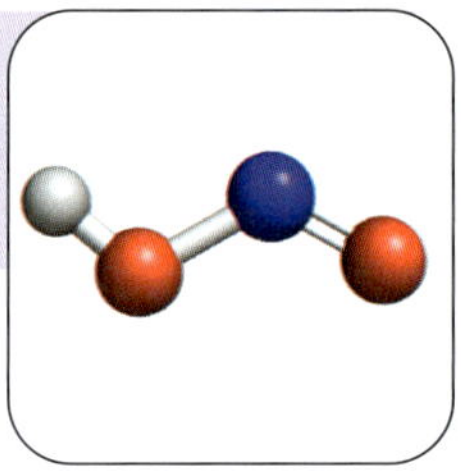

자습 D.3A 다음 화합물의 이름을 쓰시오. (a) HCN(aq), (b) BCl_3, (c) IF_5

[답: (a) 사이안화 수소산(hydrocyanic acid), (b) 삼염화 붕소(boron trichloride), (c) 펜타플루오린화 아이오딘(iodine pentafluoride)]

자습 D.3B 다음 화합물의 이름을 쓰시오. (a) PCl_3, (b) SO_3, (c) HBr(aq)

관련 연습 문제 D.9~D.12

예제 D.3 이성분 화합물의 이름으로부터 화학식 쓰기

다음 화합물의 화학식을 쓰시오. (a) 염화 코발트(II) 육수화물[cobalt(II) chloride hexahydrate]: 습도를 나타낼 때 쓰이는 분홍색 화합물, (b) 삼황화 이붕소[diboron trisulfide]: 일부 리튬 이온 배터리에 쓰이는 물질.

계획 먼저 이온 결합 화합물인지 분자 화합물인지 확인한다. 금속을 함유한 화합물 대다수는 이온 결합 화합물이다. 금속 원소의 기호를 먼저, 비금속을 나중에 쓴다. 이온의 전하를 구하는 방법은 예제 C.1과 C.2를 참고한다. 적절한 아래 첨자를 써서 전하 균형을 맞춘다. 비금속 2종으로 이루어진 화합물은 보통 분자성 화합물이다. 이름에 나온 순서와 반대로 (영문명은 순서 동일) 원소 기호를 쓴 다음, 접두사에 맞는 아래 첨자를 쓴다.

풀이

(a) 이온 결합 화합물인지 분자 화합물인지 판별한다.

금속과 비금속으로 이루어진 이온 결합 화합물이다.

양이온의 전하를 구한다.

코발트(II)의 II는 +2 전하를 뜻하므로 Co^{2+}이다.

음이온의 전하를 구한다

Cl은 17족이므로 전하는 $17-18=-1$, 즉 Cl^-이다.

전하 균형을 맞춘다.

Co^{2+} 이온 하나당 2 Cl^- 이온이 필요하므로, $CoCl_2$이다.

수화된 물을 쓴다.

육수화물(hexahydrate)은 물 분자 6개가 붙어있다는 뜻이다. $CoCl_2 \cdot 6H_2O$

(b) 이온 결합 화합물인지 분자 화합물인지 판별한다.

비금속 원자 둘로 이루어진 분자 화합물이다.

접두사를 아래 첨자로 쓴다.

이(di)=2, 삼(tri)=3이므로 B_2S_3.

자습 D.4A 화학식을 쓰시오. (a) 산화 바나듐(V)[vanadium(V) oxide], (b) 탄화 마그네슘(magnesium carbide), (c) 테트라플루오린화 저마늄(germanium tetrafluoride), (d) 삼산화 이질소(dinitrogen trioxide).

[답: (a) V_2O_5, (b) Mg_2C, (c) GeF_4, (d) N_2O_3]

자습 D.4B 화학식을 쓰시오. (a) 황화 세슘 사수화물(cesium sulfide tetrahydrate), (b) 산화 망가니즈(VII)[manganese(VII) oxide], (c) 사이안화 수소(hydrogen cyanide, 독성 기체임), (d) 이염화 이황(disulfur dichloride).

관련 연습 문제 D.3, D.4, D.15, D.16

이성분 분자 화합물의 접두사는 각 원소의 원자 개수를 나타낸다. 화학식의 둘째 원소의 어미를 -화(-ide)로 바꾼 다음 이름의 앞(영문명은 뒤)에 쓴다.

D.5 유기 화합물의 이름

무수히 많은 유기 화합물 중 대다수는 매우 복잡한 분자이며, 계통명 역시 매우 복잡하다. 하지만 이 책을 공부하는 데는 간단한 유기 화합물 몇 종류만 알면 되고, 이 절에서는 그 일부를 다룬다.

수소와 탄소로 이루어진 화합물을 **탄화수소(hydrocarbon)**라고 한다. 예를 들어 메테인(methane) CH_4(**1**), 에테인(ethane) C_2H_6(**2**), 벤젠(benzene) C_6H_6(**3**) 등이 있다. 탄소와 탄소 사이에 다중 결합이 없는 탄화수소를 **알케인(alkane)**이라고 한다. 따라서 메테인과 에테인은 모두 알케인이다. 표 D.4에는 가지가 없는 알케인을 탄소 12개까지 나열하였다. 탄소가 5개 이상인 알케인에는 숫자를 나타내는 그리스어 접두사(표 D.2 참고)를 사용한다. 이중 결합이 있는 탄화수소를 **알켄(alkene)**이라고 한다. 에텐(ethene) $CH_2{=}CH_2$는 가장 단순한 알켄으로, 과거에는 에틸렌이라고 불렀다. 벤젠은 이중 결합이 있는 탄화수소이지만 성질이 아주 독특하기 때문에, **방향족 화합물(aromatic compound)**라고 하는 별개 분류군의 어미 탄화수소로 간주한다. 벤젠의 육각 고리는 화학적 공격에 극도로 안정하며, 주요 화합물에서 많이 발견된다. $-CH_3$(메틸, methyl)이나 $-CH_2CH^3$(에틸, ethyl)처럼 탄화수소에서 유래된 원자단들은

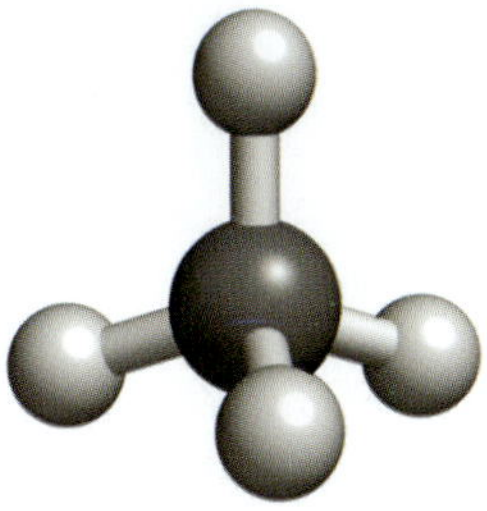

1 메테인, CH_4

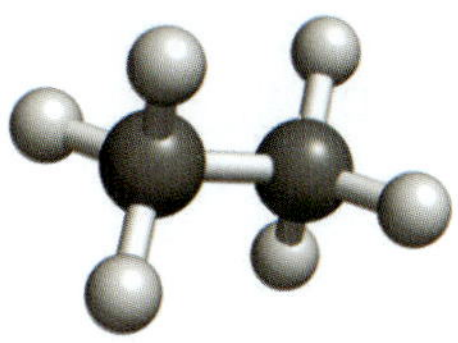

2 에테인, C_2H_6

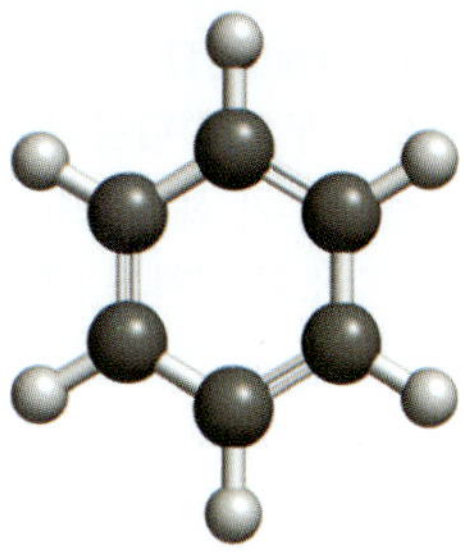

3 벤젠, C_6H_6

더 큰 분자의 일부를 구성하기도 한다. 이들의 이름은 어미 탄화수소 이름의 어미를 −일(−yl)로 바꾸면 된다(예를 들어 메테인, 에테인을 메틸, 에틸로 바꾼다).

탄화수소는 모든 유기 화합물의 기본 골격이 되며, 하나 이상의 수소 원자가 다른 원자나 원자단으로 치환되어 다양한 유기 화합물을 이룬다. 여기서는 알코올, 카복실산, 할로알케인 세 종류의 화합물만 알아두면 된다.

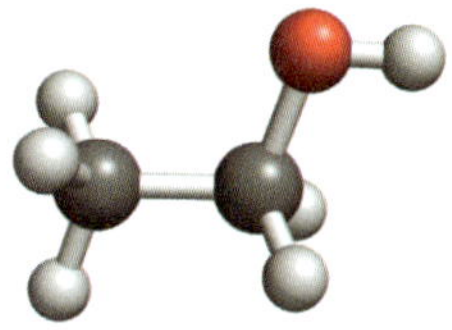

4 에탄올, CH_3CH_2OH

−OH 기를 갖는 유기 화합물의 한 종류를 **알코올(alcohol)**이라 한다.

에탄올(ethanol, CH_3CH_2OH, **4**)은 맥주나 와인에 들어있는 알코올로, 에테인 분자의 H 원자 하나가 −OH 기로 치환된 것이다. CH_3OH는 메탄올(methanol) 또는 목정이라고 하는 매우 유독한 알코올이다.

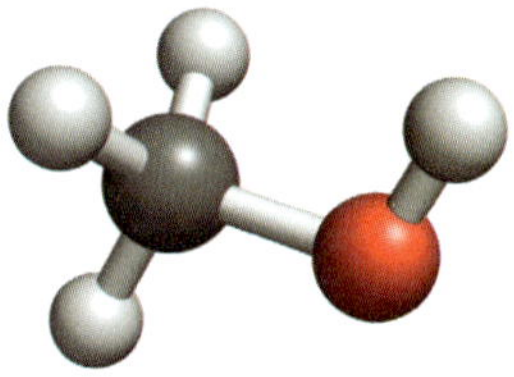

5 메탄올, CH_3OH

카복실기(−COOH)를 갖는 화합물을 **카복실산(carboxylic acid)**이라 한다.

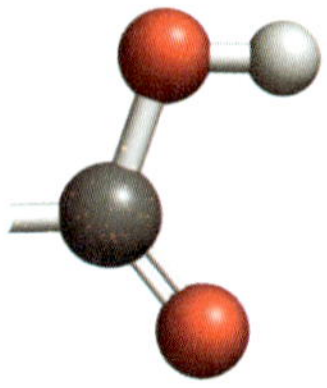

6 카복실기, —COOH

가장 흔한 예로서 식초의 톡 쏘는 맛을 내는 산인 CH_3COOH(**7**), 즉 아세트산(acetic acid, 계통명은 에탄산)를 들 수 있다. 개미의 독에 들어있는 산 HCOOH(**8**)은 폼산(formic acid, 계통명은 메탄산)이다.

하나 이상의 H 원자가 할로젠 원자로 치환된 알케인을 **할로알케인(haloalkane)**이라 한다.

CH_3Cl(**9**), 클로로메테인과 $CHCl_3$(**10**), 트라이클로로메테인 등이 할로알케인에 속한다. $CHCl_3$의 관용명은 클로로폼(chloroform)으로, 과거에는 마취제로 쓰였다. 할로젠 원소의 이름을 플루오로-(fluoro-), 클로로−(chloro-), 브로모-(bromo-), 아이오도-(iodo-)로 줄인 다음, 그 개수를 나타내는 그리스 접두사를 붙인다는 점에 유의하자.

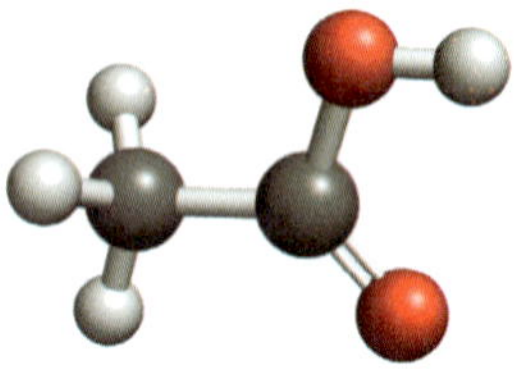

7 아세트산, CH_3COOH

> **자습 D.5A** (a) CH_3BrCl의 이름을 쓰시오. (b) $CH_3CH(OH)CH_3$는 어떤 종류의 화합물인가?
>
> [**답**: (a) 브로모클로로메테인, (b) 알코올.]
>
> **자습 D.5B** (a) $CH_3CH_2CH_2CH_2CH_3$의 이름을 쓰시오. (b) CH_3CH_2COOH는 어떤 종류의 화합물인가?

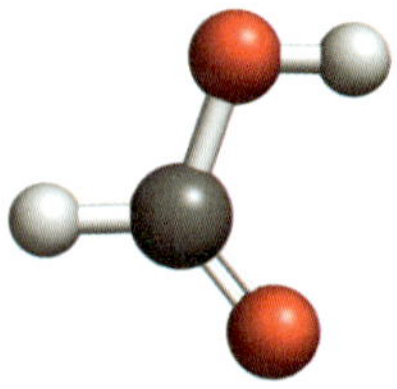

8 폼산, HCOOH

유기 화합물의 이름은 어미 탄화수소의 이름을 기반으로 한다. 알코올은 −OH기, 카복실산은 −COOH기, 할로알케인은 할로젠 원자를 포함한다.

기초 지식 D에서 배운 것은 무엇인가?

화학식을 보고 그 이름을 말하는 방법과 역으로 이름을 보고 화학식을 쓰는 방법을 공부했다. 간단한 유기 화합물도 알아보았다.

9 클로로메테인, CH_3Cl

개념과 식의 적용

☐ 이온과 이온 결합 화합물(일반적인 다원자 이온 포함), 수화물을 명명한다(자습 D.1, 도구상자 D.1, 예제 D.1).
☐ 이성분 무기 화합물과 산소산을 명명한다(도구상자 D.2, 예제 D.2).
☐ 이성분 무기 화합물의 이름을 보고 화학식을 쓴다(예제 D.3).
☐ 탄화수소와 치환된 메테인을 명명한다(D.5절).

10 트라이클로로메테인, $CHCl_3$

기초 지식 D 연습 문제

D.1 (a) BrO_2^- 이온의 이름을 쓰시오. (b) 아황산 수소(hydrogen sulfite) 이온의 화학식을 쓰시오.

D.2 (a) CN^- 이온의 이름을 쓰시오. (b) 과아이오딘산(periodate) 이온의 화학식을 쓰시오.

D.3 다음 물질의 화학식을 쓰시오.
(a) 염화 망가니즈(II)[manganese(II) chloride]
(b) 인산 칼슘(calcium phosphate)
(c) 아황산 알루미늄(aluminium sulfite)
(d) 질소화 마그네슘(magnesium nitride)

D.4 다음 물질의 화학식을 쓰시오.
(a) 수산화 바륨(barium hydroxide)
(b) 아인산 코발트(II)[cobalt(II) phosphite]
(c) 브로민화 망가니즈(II)[manganese(II) bromide]
(d) 황화 크로뮴(III)[chromium(III) sulfide]

D.5 다음 화합물의 이름을 쓰시오. (a) PF_5 (b) IF_5 (c) OF_2 (d) B_2Cl_4 (e) $CoSO_4{\cdot}7H_2O$ (f) $HgBr_2$ (g) $Fe_2(HPO_4)_3$ (h) W_2O_5 (i) $OsBr_3$

D.6 다음 화합물의 이름을 쓰시오. (a) P_2S_5 (b) SO_3 (c) SiO_2 (d) S_2F_4 (e) $Co_3(PO_4)_2{\cdot}8H_2O$ (f) Cr_2O_3 (g) $Ir(HCO_3)_3$ (h) $Sr(BrO)_2$ (i) $MoBr_4$

D.7 다음 이온 결합 화합물의 이름을 쓰시오. 예전 이름이 있다면 같이 쓰시오.
(a) $Ca_3(PO_4)_2$, 뼈를 구성하는 주요 무기 성분
(b) SnS_2
(c) V_2O_5
(d) Cu_2O

D.8 다음 이온 결합 화합물은 실험실에서 흔히 볼 수 있다. 이름을 쓰시오.
(a) $NaHCO_3$(베이킹소다)
(b) Hg_2Cl_2(칼로멜, calomel)
(c) NaOH(잿물, lye)
(d) ZnO(칼라민, calamine)

D.9 다음 이성분 분자 화합물의 이름을 쓰시오. (a) SF_6 (b) N_2O_5 (c) NI_3 (d) XeF_4 (e) $AsBr_3$ (f) ClO_2

D.10 다음 화합물은 실험실에서 흔히 볼 수 있다. 이름을 쓰시오. (a) SiO_2(실리카, silica) (b) SiC(카보런덤, caborundum) (c) N_2O(전신 마취제의 일종) (d) P_4O_{10}(유기 용매 건조제) (e) CS_2(용매의 일종) (f) SO_2(탈색제의 일종) (g) NH_3(반응물)

D.11 다음 수용액은 실험실에서 흔히 볼 수 있는 산이다. 이름을 쓰시오. (a) HCl(aq) (b) H_2SO_4(aq) (c) HNO_3(aq) (d) CH_3COOH(aq) (e) H_2SO_3(aq) (f) H_3PO_4(aq)

D.12 다음 산의 이름을 쓰시오. (a) H_2SeO_4(aq) (b) $HClO_2$(aq) (c) HIO_4(aq) (d) H_3PO_3(aq) (e) HBrO(aq) (f) H_2S(aq)

D.13 다음 화합물의 화학식을 쓰시오. (a) 과염소산(perchloric acid) (b) 하이포아염소산(hypochlorous acid) (c) 하이포아아이오딘산(hypoiodous acid) (d) 과아이오딘산(periodic acid)

D.14 다음 화합물의 화학식을 쓰시오. (a) 아질산(nitrous acid) (b) 탄산(carbonic acid) (c) 셀레늄화 수소산(hydroselenic acid) (d) 아브로민산(bromous acid) (e) 아이오딘산(iodic acid) (f) 텔루륨산(telluric acid)

D.15 다음 화합물의 화학식을 쓰시오. (a) 이산화 타이타늄(titanium dioxide) (b) 사염화 규소(silicon tetrachloride) (c) 이황화 탄소(carbon disulfide) (d) 테트라플루오린화 황(sulfur tetrafluoride) (e) 황화 리튬(lithium sulfide) (f) 펜타플루오린화 안티모니(antimony pentafluoride) (g) 오산화 이질소(dinitrogen pentoxide) (h) 헵타플루오린화 아이오딘(iodine heptafluoride)

D.16 다음 화합물의 화학식을 쓰시오. (a) 오산화 이질소(dinitrogen pentoxide) (b) 아이오딘화 수소(hydrogen iodide) (c) 다이플루오린화 산소(oxygen difluoride) (d) 사염화 인(phosphorous trichloride) (e) 삼산화 황(sulfur trioxide) (f) 테트라브로민화 탄소(cabon tetrabromide) (g) 트라이플루오린화 브로민(bromine trifluoride)

D.17 다음 이온들로 구성된 화합물의 화학식을 쓰시오. (a) 아연과 플루오린 이온 (b) 바륨과 질산 이온 (c) 은과 아이오딘화 이온 (d) 리튬과 질소화 이온 (e) 크로뮴(III)와 황화 이온

D.18 다음 이온들로 구성된 화합물의 화학식을 쓰시오. (a) 칼슘과 브로민화 이온 (b) 암모늄과 아인산 이온 (c) 세슘과 산화 이온 (d) 갈륨과 황화 이온 (e) 리튬과 질소화 이온

D.19 (a) 주기율표의 6주기, 2족 원소와 3주기, 17족 원소로 구성된 화합물의 화학식과 이름을 쓰시오. (b) 이 화합물은 분자 화합물인가 이온 결합 화합물인가?

D.20 (a) 주기율표의 3주기, 13족 원소와 2주기, 16족 원소로 구성된 화합물의 화학식과 이름을 쓰시오. (b) 이 화합물은 분자 화합물인가 이온 결합 화합물인가?

D.21 다음 화합물의 이름을 쓰시오. (a) Na_2SO_3 (b) Fe_2O_3 (c) FeO (d) $Mg(OH)_2$ (e) $NiSO_4{\cdot}6H_2O$ (f) PCl_5 (g) $Cr(H_2PO_4)_3$ (h) As_2O_3 (i) $RuCl_2$

D.22 다음 화합물의 이름을 쓰시오.
(a) $CrBr_2{\cdot}6H_2O$ (b) $Co(NO_3)_3{\cdot}6H_2O$ (c) $InCl_3$ (d) BrF (e) CrO_3 (f) $Cd(NO_2)_2$ (g) $Ca(ClO_3)_2$ (h) $Ni(ClO_2)_2$ (i) V_2O_5

D.23 다음 화합물의 이름은 잘못되었다. 올바른 이름으로 고치시오. (a) $CuCO_3$, 탄산 구리(I) (b) K_2SO_3, 황산 포타슘 (c) LiCl, 염소 리튬

D.24 다음 화합물의 화학식은 잘못되었다. 올바르게 고치시오.
(a) 황산 소듐(sodium sulfate), $NaSO_4$
(b) 아염소산 마그네슘(magnesium chlorite), $Mg(ClO)_2$
(c) 산화 인(V)[phosphorous(V) oxide], P_2O10

D.25 다음 유기 화합물의 이름을 쓰시오.
(a) $CH_3CH_2CH_2CH_2CH_2CH_2CH_3$ (b) $CH_3CH_2CH_3$

(c) $CH_3CH_2CH_2CH_2CH_3$ (d) $CH_3CH_2CH_2CH_3$

D.26 다음 유기 화합물의 이름을 쓰시오. (a) CH_4 (b) CH_3F (c) CH_3Br (d) CH_3I

D.27 저장고에 오래된 병을 살펴보니 (a) 산화 제이코발트 일수화물(cobaltic oxide monohydrate) (b) 수산화 제일코발트 라는 라벨이 붙어있었다. 부록 3C를 이용하여 현대 이름과 화학식을 쓰시오.

D.28 전자 부품에 쓰이는 한 화합물의 체계명이 타이타늄산(IV) 바륨[barium titanate(IV)]이고, 이 물질에서 타이타늄의 산화수는 +4이다. 화학식을 쓰시오. 같은 방법으로 산소산 음이온을 명명할 때, H_2SO_4의 체계명은 무엇인지 쓰시오.

D.29 3주기의 어떤 주족 원소 E는 분자 화합물 EH_4와 이온 결합 화합물 Na_4E를 형성할 수 있다. 원소 E가 무엇인지, 그리고 위 화합물의 이름을 쓰시오.

D.30 5주기의 어떤 주족 원소 E는 이온 결합 화합물 EBr_2와 EO를 형성할 수 있다. 원소 E가 무엇인지, 그리고 위 화합물의 이름을 쓰시오.

D.31 수소 화합물 일부는 통상적인 명명법을 따르지 않는다. 다음 화합물의 이름을 찾고, 이온 결합 화합물인지 분자 화합물인지 판별하시오. (a) $LiAlH_4$ (b) NaH

D.32 산소 화합물 일부는 통상적인 명명법을 따르지 않는다. 다음 화합물의 이름을 찾고, 이온 결합 화합물인지 분자 화합물인지 판별하시오. (a) KO_2 (b) Na_2O_2 (c) CsO_3

D.33 인과 황의 화합물을 명명하는 규칙을 이용하여 다음 화합물의 이름을 쓰시오. (a) H_2SeO_4 (b) Na_3AsO_4 (c) $CaTeO_3$ (d) $Ba_3(AsO_4)_2$ (e) H_3SbO_4 (f) $Ni_2(SeO_4)_3$

D.34 인과 황의 화합물을 명명하는 규칙을 이용하여 다음 화합물의 이름을 쓰시오. (a) AsH_3 (b) H_2Se (c) Cu_2TeO_4 (d) $Ca_3(AsO_3)_2$ (e) NaH_2SbO_4 (f) $BaSeO_3$

D.35 다음 유기 화합물을 분류하시오.
(a) $CH_3CH_2CH_2OH$ (b) $CH_3CH_2CH_2CH_2COOH$ (c) CH_3F

D.36 다음 유기 화합물의 분류하시오.
(a) $CH_3CH_2CH_3$ (b) CH_3CH_2Br (c) CH_3CH_2COOH

E. 몰과 몰질량

아주 작은 시료에도 천문학적 숫자의 분자가 들어있다. 예를 들어 물 1 mL에는 H_2O 분자 3×10^{22} 개가 들어있는데, 이것은 관측 가능한 우주에 있는 별의 개수보다도 큰 수이다. 이렇게 큰 수를 어떻게 알아낼까? 그리고 간단명료하게 적는 방법은 없을까? 도매점에서 물건을 다스(dozen)로 세지 않고 하나씩 세면 불편하듯이, 3×10^{22} 처럼 큰 숫자는 상상하기도, 표기하기도 어렵다. 시료에 들어있는 엄청난 수의 원자, 이온, 분자를 다루려면 효율적인 방식이 필요하다.

E.1 몰

화학자는 원자, 이온, 분자의 개수를 **몰**(mole)이라고 하는 방식으로 나타낸다. **몰**(**mole**, 기호는 mol)은 원래 정확히 12 g의 탄소-12 시료에 들어있는 원자의 개수로 정의했으나, 이 정의는 최근 좀 더 직접적인 정의로 바뀌었다.

> 1 mol은 정확하게 6.022 140 76 × 10^{23}개의 개체를 가리키며, 개체란 원자, 분자, 물질을 의미한다.

그림 E.1 Quarengna와 Cerreto의 백작, Lorenzo Romano Amedeo Carlo Avogadro(1776~1856). (*Public Domain / Wikimedia Commons*)

이 숫자를 Avogadro 수라고 하며, 이것은 원자의 존재를 확립하는 데 기여한 19세기 이탈리아 과학자 Amedeo Avogadro(그림 E.1)의 이름을 딴 것이다. **Avogadro 상수**(**Avogadro's constant**, N_A)는 1몰에 들어있는 개체의 개수로 정의하며, 즉 $N_A = 6.022\ 140\ 76 \times 10^{23}\ mol^{-1}$이다. 이것은 정확수(exact number)이지만, 이 책에서는 대부분 근삿값인 $N_A = 6.0221 \times 10^{23}\ mol^{-1}$을 사용한다.

보충 설명

mole이라는 말은 '거대한 더미'를 뜻하는 라틴어에서 유래했다. 우연히도, 같은 이름을 가진 동물(두더지)은 잔디밭에 거대한 흙더미를 만든다.

1 g이나 1 m이 물리적 성질의 단위인 것처럼 1 mol 역시 단위이다. mol은 기호 n으로 쓰는 물리적 성질의 단위로, 공식적으로 **물질량(amount of substance)**이라고 한다. 하지만 화학자들은 이 명칭을 별로 선호하지 않으며, 구어체로 '몰수'라고 한다. 차차 인정을 받고 있는 타협안으로서, n을 시료에 들어있는 물질의 '화학량' 또는 간단히 '양'이라고 하기도 한다. 즉, 수소 원자 1.0000 mol(수소 원자 6.0221×10^{23}개)는 시료에 들어있는 수소 원자의 화학량이며, 1.0000 mol H로 쓴다. 여느 SI 단위와 마찬가지로 mol에도 접두사를 붙일 수 있다. 예를 들어 1 mmol $= 10^{-3}$ mol이고 1 μmol $= 10^{-6}$ mol이다. 희귀하거나 비싼 천연물이나 의약품을 다룰 때 이런 작은 양을 접하게 된다.

Avogadro 상수는 화학량(몰수)을 원자, 이온, 분자의 개수로 환산할 때 사용한다.

$$\begin{aligned}\text{입자의 개수} &= \text{몰수} \times \text{몰 당 입자의 개수} \\ &= \text{몰수} \times \text{Avogadro 상수}\end{aligned}$$

몰당 입자수를 N_A으로, 물질량을 몰 단위로 n이라 하면 관계는 다음과 같다.

$$N = nN_A \qquad \textbf{(1)}$$

mol을 사용할 때는 어떤 입자를 가리키는지(즉, 어떤 원자, 분자, 화학식 단위, 이온인지) 명확히 해야 혼동을 피할 수 있다. 예를 들어 수소는 자연 상태에서 원자 두 개가 하나의 분자를 이루는 기체이므로 H_2로 나타낸다. 수소 원자를 가리킬 때는 1 mol H, 수소 분자를 가리킬 때는 1 mol H_2로 써야 하며, '1 mol 수소'라고만 쓰면 모호하다. 1 mol H_2는 2 mol H에 해당한다는 점에 유의하자. 그림 E.2에는 다양한 원소들의 원자 1 mol이 어느 정도 양인지 그 질량과 함께 나타내었다.

그림 E.2 원자 1 mol로 이루어진 원소 시료들. 왼쪽 위부터 아연, 탄소, 마그네슘, 구리, 황, 규소, 납, 주석. (*photo by Mark Ott, CC BY-SA 4.0, Chemistry 2e by OpenStax, UCalgary*)

예제 E.1 원자의 개수를 몰수로 환산하기

나노 기술 연구자들은 많은 양의 수소를 저장할 수 있는 수소 저장 매체를 개발해 왔다. 친환경(green) 자동차에서 수소를 안전하고 경제적인 방법으로 저장하는 방법을 개발하는 데 이러한 연구는 매우 중요하다. 만약 여러분이 수소 원자 1.29×10^{24}개를 저장할 수 있는 수소 저장 매체를 개발했다고 하자. 이 수소 원자의 화학량은 mol 단위로 얼마인가?

예상 시료의 원자 개수가 6×10^{23}보다 크므로 수소 원자는 1 mol보다 많아야 한다.

계획 식 1을 $n=N/N_A$로 바꾸고 자료를 대입한다.

풀이

$n=N/N_A$로부터,

$$n=\frac{1.29\times10^{24}\ \text{H}}{6.0221\times10^{23}\ \text{mol}^{-1}}=2.14\ \text{mol H}$$

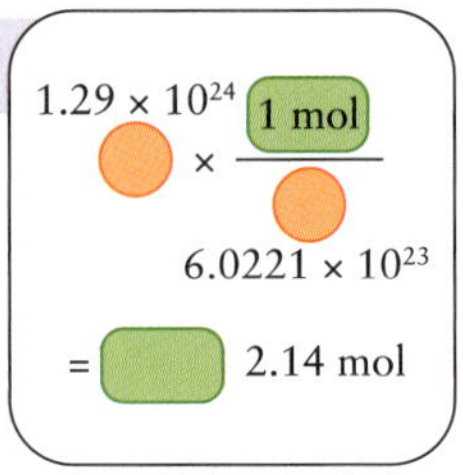

평가 이 장치에 들어있는 수소 원자는 예상대로 1 mol보다 많다.

자습 E.1A 페루의 Achuar Jivaro족이 곰팡이 감염을 치료할 때 쓰는 한 과일에서 추출한 약물 시료에 산소 원자 2.58×10^{24}개가 들어 있다. 이 시료의 산소 원자는 몇 mol인가?

[**답**: 4.28 mol O]

자습 E.1B 에스프레소 더블샷에는 3.14 mol H_2O가 들어있다. 이 에스프레소에 들어있는 수소 원자의 개수는 얼마인가?

관련 연습 문제 E.7, E.8, E.18

원자, 이온, 분자의 양은 mol 단위로 나타낸다. Avogadro 상수 N_A는 이 입자들의 개수와 몰수를 변환할 때 사용한다.

E.2 몰질량

원자를 직접 세지 못하면서 원자의 개수를 어떻게 구할 수 있을까? 입자 1 mol의 질량인 **몰질량(molar mass,** M**)**과 시료의 질량을 알면 물질량을 구할 수 있다.

원소의 몰질량은 **원자** 1 mol의 질량이다.
분자 화합물의 몰질량은 **분자** 1 mol의 질량이다.
이온 결합 화합물의 몰질량은 **화학식 단위** 1 mol의 질량이다.

몰질량의 단위는 $\text{g}\cdot\text{mol}^{-1}$이다. 시료의 질량은 몰수에 몰질량을 곱한 값이다.

$$\text{시료의 질량}=\text{몰수}\times\text{몰질량}$$

시료의 질량을 m이라 하면

$$m=nM \tag{2}$$

따라서 $n=m/M$이다. 즉, 몰수 n을 구하려면 시료의 질량 m을 화학종의 몰질량 M으로 나누면 된다.

예제 E.2 시료의 원자 개수 구하기

플루오린 기체는 반응성이 아주 커서 다른 원소 대부분과 폭발적으로 반응한다. 여러분이 플루오린을 이용한 정량 연구를 한다면, 여러분이 가진 물질의 양이 얼마인지 알고 있어야 한다. F_2 22.5 g에 들어있는 (a) F_2의 몰수와 (b) F 원자의 개수를 계산하시오. 플루오린 분자의 몰질량은 38.00 g·mol^{-1}이다(좀 더 구체적으로 38.00 g·(mol F_2)$^{-1}$).

예상 플루오린 시료의 질량이 F_2 1 mol의 질량보다 작으므로, 1 mol F_2보다 적은 값이 나올 것이다.

계획 몰수를 구하려면 시료의 질량을 몰질량을 나눈다. 시료의 원자 개수 N을 계산하려면 몰수에 Avogadro 상수를 곱한다.

풀이

(a) $n=m/M$으로부터,

$$n(F_2)=\frac{22.5\ g}{38.00\ g\cdot(mol\ F_2)^{-1}}=\frac{22.5}{38.00}\ mol\ F_2=0.592\ mol\ F_2$$

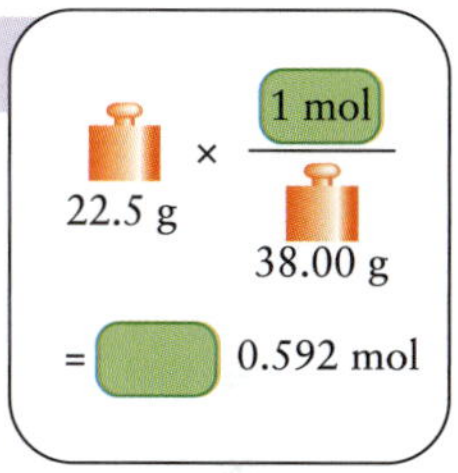

평가 예상대로 1 mol F_2보다 적다.

유의 사항
단위에 어떤 입자를 가리키는지(여기서는 F_2 분자인지 F 원자인지) 명확히 해야 혼동을 피할 수 있다.

(b) $N=nN_A$로부터,

$$N(F_2)=(0.592\ mol)\times(6.0221\times10^{23}\ mol^{-1})=3.57\times10^{23}$$

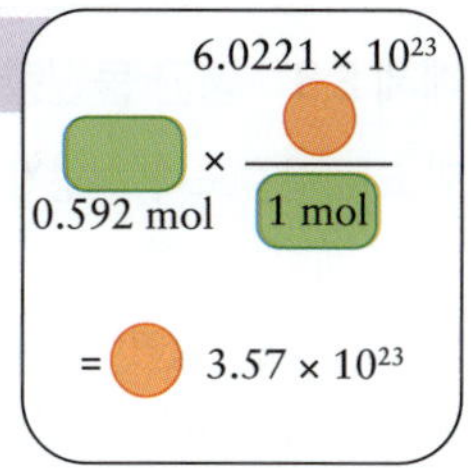

F_2 분자 하나는 F 원자 2개이므로,

$$N(F)=2N(F_2)=2\times3.57\times10^{23}=7.13\times10^{23}$$

즉, 이 시료에는 플루오린 원자 7.13×10^{23}개가 있다.

평가 이 장치에 들어있는 수소 원자는 예상대로 1 mol보다 많다.

자습 E.2A 어떤 동전의 질량이 3.20 g이고, 이 동전이 순수한 구리라고 가정하자. Cu의 몰질량은 63.55 g·mol^{-1}이다. (a) 이 동전에 들어있는 Cu 원자는 몇 mol인가? (b) 구리 원자의 개수는 얼마인가?

[**답**: 4.28 mol O]

자습 E.2B 재활용 쓰레기통에 알루미늄 5.4 kg이 모였다. Al의 몰질량은 26.98 g·mol^{-1}이다. (a) 이 쓰레기통에 모인 Al 원자는 몇 mol인가? (b) Al 원자의 개수는 얼마인가?

관련 연습 문제 E.9, E.10, E.17

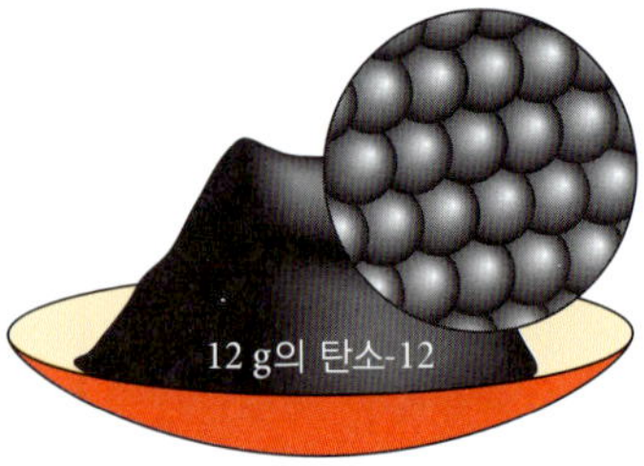

그림 E.3 탄소-12의 원자 하나 질량은 1.992 646 547×10^{-23} g이다. 탄소-12 원자 1 mol(6.0221×10^{23})의 전체 질량은 12.00 g이다. 따라서 ^{12}C의 몰질량은 12.00 g·mol^{-1}이다.

원소의 몰질량은 질량 분석기로 개별 원자의 질량을 측정하여 구할 수 있다. 원자 1 mol의 질량은 개별 원자의 질량 $m_{원자}$에 Avogadro 상수를 곱한 값이다.

$$M = m_{원자}N_A \tag{3a}$$

탄소-12를 예로 들어 이 관계를 **그림 E.3**에 나타냈다. 개별 원자의 질량이 클수록 물질의 몰질량이 크다. 하지만 대부분의 원소는 동위 원소의 혼합물로 존재한다. 기초 지식 B에서 설명하였듯이, 예를 들어 네온의 동위 원소는 3종이고 질량이 각기 다르다. 화학에서는 거의 모든 경우에 자연적으로 존재하는 원소 시료들을 다루는데, 이들은 동위 원소의 **자연 존재비(natural abundance)**를 갖고 있다. 자연 존재비란 동위 원소 질량의 자연적인 분포를 뜻한다. 평균 원자 질량은 가중 평균으로, 동위 원소 각각의 질량 $m_{동위\ 원소}$에 자연 시료의 동위 원소 분율 $f_{동위\ 원소}$을 곱한 다음 합하여 구한다.

$$m_{원자,\ 평균} = \overbrace{\sum_{동위\ 원소} f_{동위\ 원소}m_{동위\ 원소}}^{\Sigma는\ '다음의\ 합'을\ 의미한다.} \tag{3b}$$

이제 평균 몰질량은 다음과 같다.

$$M = m_{원자,\ 평균}N_A \tag{3c}$$

이 책에 사용한 모든 몰질량은 평균값이며, 부록 2D에 수록하였다. 앞표지 안쪽의 주기율표와 뒤표지 안쪽의 원소 목록에도 값이 나와 있다.

예제 E.3 평균 몰질량 구하기

염소는 상수도나 수영장을 소독하는 데 사용하며, 두 가지 자연 동위 원소 염소-35와 염소-37로 존재한다. 염소-35 원자 하나의 질량은 5.807×10^{-2}3 g, 염소-37 원자 하나의 질량은 6.139×10^{-23} g이다. 염소의 자연 시료에는 염소-35가 75.55%, 염소-37이 24.23% 들어있다. 염소 원자 시료의 몰질량은 얼마인가?

예상 염소-35가 더 많으므로 시료의 몰질량은 35 g·mol^{-1}보다 아주 조금 더 클 것이다.

계획 먼저 동위 원소 각각의 질량에 존재비를 나타내는 분율을 곱한 다음 더하여 평균 원자 질량을 계산한다. 평균 원자 질량과 Avogadro 상수를 곱하여 원자의 몰질량, 즉 원자 1 mol의 질량을 구한다.

풀이

식 3b $m_{원자,\ 평균} = f_{염소\text{-}35}\ m_{염소\text{-}35} + f_{염소\text{-}37}\ m_{염소\text{-}37}$으로부터,

$$\begin{aligned} m_{원자,\ 평균} &= 0.7577\times(5.807\times10^{-23}\ \text{g}) + 0.2423\times(6.139\times10^{-23}\ \text{g}) \\ &= 5.887\times10^{-23}\ \text{g} \end{aligned}$$

이어서 식 3c를 이용하여 염소 원자 시료의 몰질량을 구한다.

$M = m_{원자,\ 평균}N_A$로부터,

$$\begin{aligned} M &= (5.887\times10^{-23}\ \text{g})\times(6.0221\times10^{23}\ \text{mol}^{-1}) \\ &= 35.45\ \text{g}\cdot\text{mol}^{-1} \end{aligned}$$

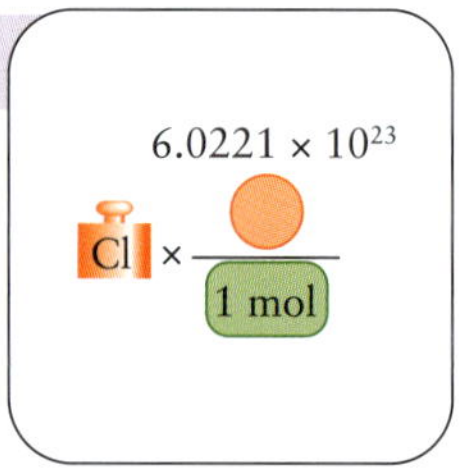

평가 예상대로 몰질량은 35 g·mol^{-1}을 조금 넘는다.

자습 E.3A 마그네슘 일반 시료에는 마그네슘-24(원자 질량 3.983×10^{-23} g) 78.99%, 마그네슘-25(4.149×10^{-23} g) 10.00%, 마그네슘-26(4.315×10^{-23} g) 11.01%가 들어 있다. 괄호 안의 원자 질량을 이용하여 마그네슘 일반 시료의 몰질량을 계산하시오.

[답: 24.31 g·mol^{-1}]

자습 E.3B 구리의 자연 시료에는 몰질량 62.94 g·mol^{-1}인 구리-63이 69.17%, 몰질량 64.93 g·mol^{-1}인 구리-65가 30.83% 들어 있다. 구리의 몰질량을 계산하시오. (동위 원소의 몰질량은 원자 질량에 비례하므로, 예제 E.3의 과정을 따르면 된다. 마지막에 원자 질량을 몰질량으로 변환하는 과정은 거치지 않아도 된다.)

관련 연습 문제 E.11, E.12, E.14

화합물의 몰질량을 계산할 때는 원소의 몰질량을 이용한다. **화합물의 몰질량은 분자나 화학식 단위를 구성하는 원소들의 몰질량의 가중합이다.** 분자식이나 이온 결합 화합물의 화학식 단위에 들어있는 원자나 이온이 몇 개인지 알아야 한다. 예를 들어 이온 결합 화합물 $Al_2(SO_4)_3$ 1 mol에는 Al 2 mol, S 3 mol, O 12 mol이 있다. 따라서 $Al_2(SO_4)_3$의 몰질량은 다음과 같다.

$$\begin{aligned} M(\mathrm{Al_2(SO_4)_3}) &= 2M(\mathrm{Al})+3M(\mathrm{S})+12M(\mathrm{O}) \\ &= 2(26.98\ \mathrm{g\cdot mol^{-1}})+3(32.06\ \mathrm{g\cdot mol^{-1}})+12(16.00\ \mathrm{g\cdot mol^{-1}}) \\ &= 342.14\ \mathrm{g\cdot mol^{-1}} \end{aligned}$$

자습 E.4A 다음 화합물의 몰질량을 계산하시오. (a) 에탄올(C_2H_5OH), (b) 황산 구리(II) 오수화물.

[답: (a) 46.07 g·mol^{-1}, (b) 249.69 g·mol^{-1}]

자습 E.4B 다음 화합물의 몰질량을 계산하시오. (a) 페놀(C_6H_5OH), (b) 탄산 소듐 십수화물.

화학 문헌에서 **원자량**과 **분자량**이라는 용어를 자주 사용한다.

원자량(atomic weight)은 원소의 몰질량을 g·mol^{-1} 단위로 썼을 때의 값이다.

분자량(molecular weight)은 분자 화합물의, **화학식량(formula weight)**은 이온 결합 화합물의 몰질량을 g·mol^{-1} 단위로 썼을 때의 값이다.

예를 들어 수소(몰질량 1.0080 g·mol^{-1})의 원자량은 1.0080이고, 물(몰질량 18.02 g·mol^{-1})의 분자량은 18.02이며, 염화 소듐(몰질량 58.44 g·mol^{-1})의 화학식량은 58.44이다. 이 숫자들은 '무게(weight)'가 아니지만, 이들 세 용어는 화학 용어로 깊이 자리 잡고 있다. 물체의 질량은 그 물체가 담고 있는 **물질의 양**(quantity of matter)을 나타내는 척도이고, 물체의 무게는 그 물체에 미치는 **중력**(gravitational pull)을 나타내는 척도이다. 질량과 무게는 서로 비례하지만 동일한 개념은 아니다. 지구에서나 화성에서나 우주인의 질량은 같지만(들어 있는 물질의 양은 같지만) 무게는 다르다.

보충 설명

원자량에 대한 가장 권위있는 최신 자료는 IUPAC의 주기율표를 참고하자(https://iupac.org/what-we-do/periodic-table-of-elements).

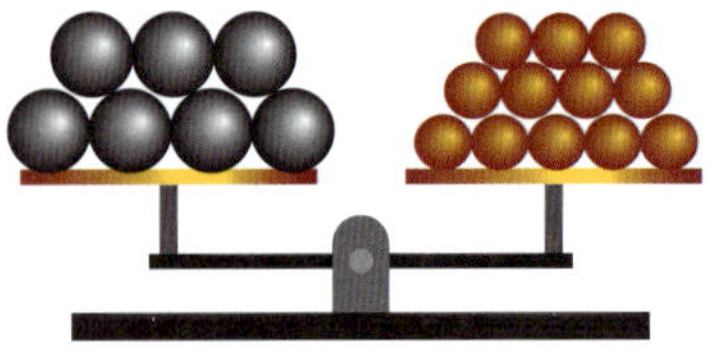

(a) 같은 질량

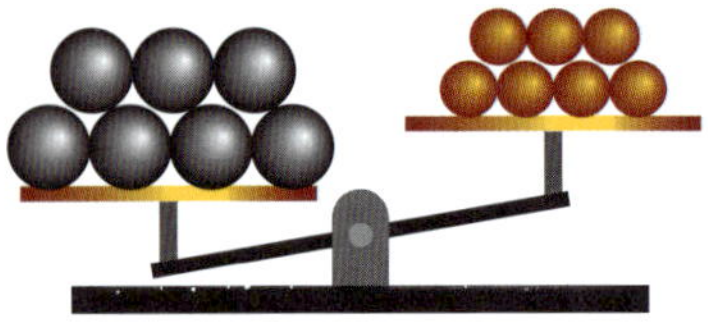

(b) 같은 양

그림 E.4 (a) 두 시료는 질량이 같지만, 오른쪽 원자가 왼쪽 원자보다 가벼우므로 오른쪽 원자 개수가 더 많다. (b) 시료는 원자 개수가 같지만, 오른쪽 원자가 왼쪽 원자보다 가벼우므로 오른쪽이 더 가볍다. 원자의 몰수가 같다고 해서 질량이 같은 것은 아니다.

화합물의 몰질량을 알면, 원소에 적용했던 방법을 그대로 이용하여 시료에 들어있는 분자나 화학식 단위가 몇 몰인지 구할 수 있다.

자습 E.5A 요소 2.3×10^5 g 에 들어있는 요소 분자의 몰수를 계산하시오. 요소의 화학식은 $OC(NH_2)_2$이며, 페이셜 크림, 농업 비료 등으로 쓰이는 물질이다.

[**답**: 3.8×10^3 mol]

자습 E.5B 소석회(수산화 칼슘) 1.00 kg에 들어 있는 $Ca(OH)_2$ 화학식 단위의 몰수를 계산하시오. 이 물질은 토양의 산성도를 조절하는 데 쓰인다.

시료에 들어있는 원자의 개수를 구해야 할 때 몰질량은 중요하다. 6×10^{23} 정도나 되는 원자를 세는 것은 불가능하지만 몰질량 수준(g)의 질량을 측정하는 것은 쉽다. 그림 E.2에 나타낸 시료들은 이처럼 질량을 측정하여 준비한 것이다. 모든 시료에는 원자 6.022×10^{23}개가 들어있지만, 원자의 질량이 각기 다르므로 시료의 질량도 다르다(**그림 E.4**).

화합물에도 같은 원리가 적용된다. 염화 소듐의 몰질량은 58.44 $g \cdot mol^{-1}$이므로, 염화 소듐 시료 58.44 g에는 NaCl 화학식 단위가 1.000 mol 들어있는 것이다.

화학자들이 실제 연구를 할 때는 보통 필요한 물질의 목표 질량이 정해져 있다. 이때는 시료의 질량을 정밀하게 측정하고, 이것을 식 2($n = m/M$)을 이용하여 몰수로 환산하여 사용한다.

생각해 보기

화학자들이 용액을 만들 때 정해진 질량을 아주 정확하게 측정하지 않는 이유는 무엇인가?

예제 E.4 주어진 몰수에 해당하는 시료의 질량 계산하기

과망가니즈산 포타슘($KMnO_4$)은 반응성이 매우 크며, 영화 스튜디오에서 새로운 소품들을 오래된 것처럼 보이도록 착색하는 데 사용된다. 여러분이 스튜디오 기술자로서 이 화합물의 농도에 따라 어떤 다른 효과가 나타나는지를 조사하고 있다고 가정하자. 어떤 용액을 만드는 데 $KMnO_4$ 0.10 mol이 필요하다. 질량은 g 단위로 얼마인가?

예상 0.1 mol만 필요하므로, $KMnO_4$의 질량은 몇 g 수준일 것으로 예상한다.

계획 몰수와 화합물의 몰질량을 곱하면 화합물의 질량을 구할 수 있다.

풀이 $KMnO_4$의 몰질량이 158.04 $g \cdot mol^{-1}$이므로 $KMnO_4$ 0.10 mol의 질량은 다음과 같다.

$m = nM$으로부터,

$$m = (0.10\ \text{mol}) \times (158.04\ \text{g} \cdot \text{mol}^{-1}) = 16\ \text{g}$$

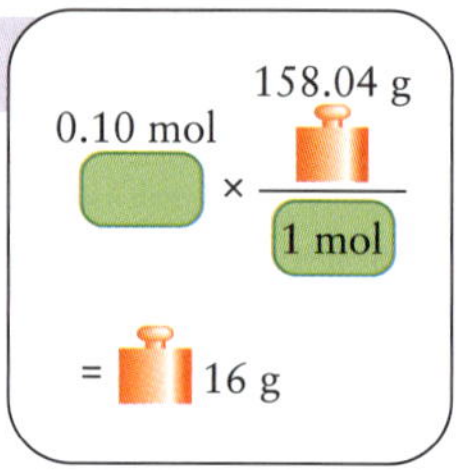

따라서 $KMnO_4$ 16 g을 측정하면 된다.

평가 예상대로 질량은 작다. 시료의 질량을 잴 때 만약 실제 질량 14.87 g이 측정되었다면 여기에 들어있는 $KMnO_4$의 실제 몰수는 다음과 같다.

$n = m/M$으로부터

$$n(\mathrm{KMnO_4}) = \frac{14.87\ \mathrm{g}}{158.04\ \mathrm{g \cdot (mol\ KMnO_4)^{-1}}}$$
$$= 0.094\,09\ \mathrm{mol\ KMnO_4}$$

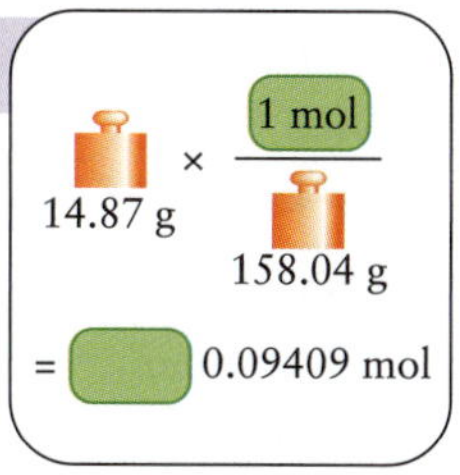

자습 E.6A $NaHSO_4$ 약 0.20 mol을 준비하려면 몇 g의 황산수소 소듐 무수물이 필요한가?

[**답**: 약 24 g]

자습 E.6B CH_3COOH 1.5 mol을 준비하려면 몇 g의 아세트산이 필요한가?

관련 연습 문제 E.25, E.26

화합물의 몰질량은 구성 분자 또는 화학식 단위 1 mol의 질량으로, 시료의 질량과 분자 또는 화학식 단위의 몰수를 변환하는 데 쓴다.

기초 지식 E에서 배운 것은 무엇인가?

화학량 개념, 1 mol이라는 단위의 의미, Avogadro 상수, 몰질량을 이용하여 g 단위의 질량과 몰수를 상호 변환하는 방법을 공부했다. 원자량은 자연 동위 원소 조성을 고려한 시료 1 mol의 평균 원자 질량으로, 단위가 없다. 분자량과 화학식량도 마찬가지로 접근한다.

개념과 식의 적용

- ☐ Avogadro 상수를 이용하여 몰수와 원자, 분자, 이온의 개수를 상호 변환한다(예제 E.1과 E.2).
- ☐ 동위 원소 조성을 고려하여 원소의 몰질량을 계산한다(예제 E.3).
- ☐ 화학식을 고려하여 화합물의 몰질량을 계산한다.
- ☐ 몰질량을 이용하여 질량과 몰수를 상호 변환한다(예제 E.4).

기초 지식 E 연습 문제

E.1 나노기술 분야는 원자 하나 너비의 섬유를 만드는 등 놀라운 가능성을 보여준다. Ag 원자(반지름 144 pm) 1.00 mol을 한 줄로 연결하여 탄소 나노튜브로 감싼다고 가정하자. 이 섬유의 길이는 얼마인가?

E.2 만약 여러분이 태어난 날 복권에 당첨되어 달러 1 mol을 받았다고 하자. 1초에 10억 달러씩 90세까지 사용한다면, 당첨금의 몇 %가 남아있을지 계산하시오.

E.3 여러분이 나노 기술 실험실에서 개별 원자를 조작한다고 가정하자. 왼쪽은 갈륨 원자(몰질량 70 $g \cdot mol^{-1}$)이고 오른쪽은 아스타틴 원자(몰질량 210 $g \cdot mol^{-1}$)이다. 저울의 균형을 맞추려면 아스타틴 원자 몇 개를 올려야 하는가?

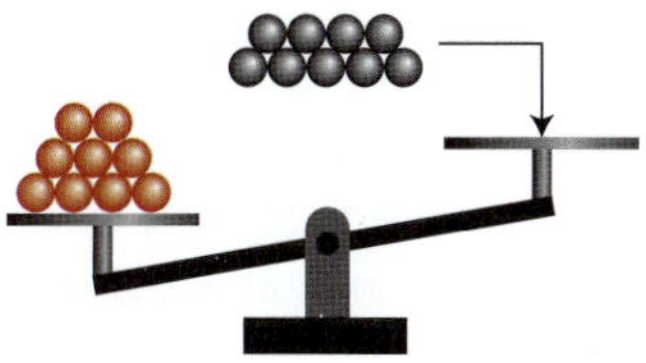

E.4 여러분이 나노 기술 실험실에서 개별 원자를 조작한다고 가정하자. 왼쪽은 실리콘 원자(몰질량 28 $g \cdot mol^{-1}$)이고 오른쪽은 리튬 원자(몰질량 7 $g \cdot mol^{-1}$)이다. 저울의 균형을 맞추려면 리튬 원자 몇 개를 올려야 하는가?

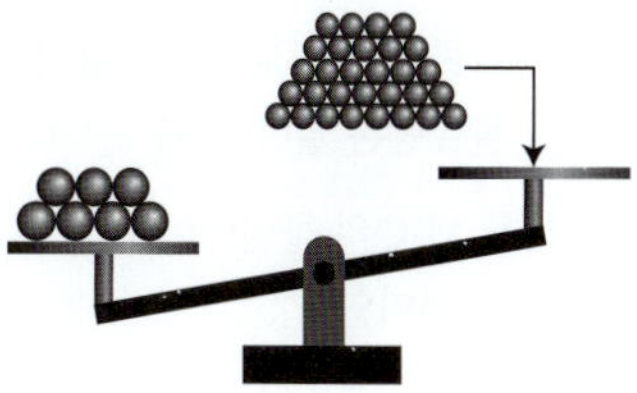

E.5 (a) 전 세계 인구는 약 80억 명이다. 이것은 사람 몇 mol인가? (b) 모든 사람이 완두콩을 딴다고 하자. 1초에 완두콩 1개씩, 24시간, 연중무휴로 완두콩을 따면 1 mol을 따기까지 걸리는 시간은 얼마인가?

E.6 (a) 모래 1000 t(1 t = 10^3 kg)에는 약 1조(10^{12}) 개의 모래 알갱이

가 들어있다. 모래 알갱이 1 mol을 얻으려면 모래 몇 t이 필요한가? (b) 모래 알갱이 하나의 부피를 1.0 mm^3로 잡고, 모래 1 mol을 국토 면적 9.3×10^6 km^2인 미국 땅에 덮는다면 모래의 깊이는 얼마인가?

E.7 인간 DNA 분자 하나에는 탄소 원자 2.1×10^9개가 있다. 이 탄소 원자의 화학량을 mol 단위로 계산하시오.

E.8 거름종이 위에 TiO_2 필름을 증착시켜 TiO_2의 얇은 판을 만든다. 이후 거름종이를 제거하면 TiO_2 판에 거름종이 표면의 질감이 자국으로 남게 되며, 일종의 '인공 화석'이 된다. TiO_2 화학식 단위 2.4×10^{21}개를 증착시켰다. TiO_2의 화학량을 mol 단위로 계산하시오.

E.9 엡솜(Epsom) 소금은 황산 마그네슘 칠수화물이다. 화학식을 쓰시오. (a) 엡솜 소금 5.15 g에 들어있는 산소 원자는 몇 개인가? (b) 엡솜 소금 5.15 g에 들어있는 화학식 단위는 몇 개인가? (c) 엡솜 소금 5.15 g에 들어 있는 물 분자는 몇 mol인가?

E.10 황산 구리(II) 수용액을 전기 분해하여 금속 구리를 추출한다. 황산 구리(II) 오수화물($CuSO_4 \cdot 5H_2O$) 45.20 g을 물 100 mL에 용해시킨 다음, 모든 구리를 전기도금으로 얻어낸다고 하면 얻을 수 있는 구리의 질량은 얼마인가?

E.11 원자력 산업에서는 천연 리튬으로부터 ^7Li이 아닌 ^6Li만을 추출하여 사용한다. 그 결과 상업용 리튬 시료의 몰질량이 늘어나고 있다. ^6Li과 ^7Li 동위 원소의 현재 존재비는 각각 7.42%, 92.58%이고, 원자의 질량은 각각 9.988×10^{-24} kg, 1.165×10^{-23} kg이다. (a) 현재 리튬 자연 시료의 몰질량은 얼마인가? (b) ^6Li의 존재비가 5.67%로 낮아진다면 몰질량은 얼마인가?

E.12 ^{32}S(몰질량 31.97 $g \cdot mol^{-1}$) 97.0%, ^{33}S(몰질량 32.97 $g \cdot mol^{-1}$) 1.2%, ^{34}S(몰질량 22.97 $g \cdot mol^{-1}$) 5.8%로 구성된 황 시료의 몰질량을 계산하시오.

E.13 붕소 자연 시료의 몰질량은 10.81 $g \cdot mol^{-1}$이다. 붕소 자연 시료가 ^{10}B(몰질량 32.97 $g \cdot mol^{-1}$)과 ^{11}B(몰질량 11.093 $g \cdot mol^{-1}$)로 구성되어 있다면, 두 동위 원소의 존재비는 각각 몇 %인가?

E.14 비활성 기체 크립톤(Kr)의 천연 시료에는 ^{78}Kr(몰질량 77.92 $g \cdot mol^{-1}$) 0.3%, ^{80}Kr(몰질량 79.91 $g \cdot mol^{-1}$) 2.3%, ^{82}Kr(몰질량 81.91 $g \cdot mol^{-1}$) 11.6%, ^{83}Kr(몰질량 82.92 $g \cdot mol^{-1}$) 11.5%, ^{84}Kr(몰질량 83.91 $g \cdot mol^{-1}$) 56.9%, ^{86}Kr(몰질량 85.91 $g \cdot mol^{-1}$)이 들어있다. 몰질량을 계산하시오.

E.15 어떤 금속의 수산화물 $M(OH)_2$의 몰질량이 74.10 $g \cdot mol^{-1}$이다. 이 금속의 황화물의 몰질량은 얼마인가?

E.16 어떤 금속의 산화물 M_2O의 몰질량이 231.74 $g \cdot mol^{-1}$이다. 이 금속의 염화물의 몰질량은 얼마인가?

E.17 다음 시료 중에서 원자의 몰수가 더 큰 것은 어느 것인가?
(a) 인듐 75 g 또는 텔루륨 80 g
(b) P 15.0 g 또는 S 15.0 g
(c) Ru 원자 7.36×10^{27}개 또는 Fe 원자 7.36×10^{27}개

E.18 다음 시료의 질량을 마이크로그램(μg) 단위로 계산하시오.
(a) Hg 원자 3.27×10^{16}개 (b) Hf 원자 963 nmol (c) Gd 원자 5.50 μmol (d) Sb 원자 6.02×10^{25}개

E.19 한 보고서에 따르면 캐나다 Sudbury에 있는 Sudbury 중성미자 관측소는 중성미자를 탐지하기 위해 지름 12.0 m의 구형 물탱크에 중수(D_2O) 1.00×10^3 t(1 t$=10^3$ kg)을 채워 사용한다고 한다. 물탱크와 동일한 온도에서 일반 물(H_2O)의 밀도는 1.00 $g \cdot cm^{-3}$이다. (a) 중수소의 몰질량 2.014 $g \cdot mol^{-1}$을 이용하여 D_2O의 몰질량을 계산하시오. (b) D_2O 분자 하나가 차지하는 부피가 H_2O 분자 하나가 차지하는 부피와 동일하다고 가정하고, 중수의 밀도를 계산하시오. (c) 여러분이 계산한 밀도와 주어진 중수의 질량을 이용하여 탱크의 부피를 세제곱미터(m^3)으로 계산하시오. 이 계산 결과를 보고서에 나온 구형 탱크의 부피와 비교하시오. (d) 보고된 중수의 질량은 정확한가? (e) 문제 (b)의 가정은 합리적인지 근거를 들어 설명하시오 (반지름 r인 구의 부피는 $4/3\ \pi r^3$ 이다).

E.20 어떤 화학자가 한 동위 원소 회사에서 D_2O 1.000 kg을 주문하였다. 이 회사는 자신의 제품이 순도 98%라고 주장하였다(즉, H_2O가 질량 비율로 2%를 넘지 않는다). 이 주장을 검증하기 위해 화학자는 D_2O 제품의 밀도를 측정하여 1.10 $g \cdot cm^{-3}$을 얻었다. 같은 온도에서 일반 물(H_2O)의 밀도는 1.00 $g \cdot cm^{-3}$이었다. 이 D_2O 제품의 순도는 믿을만한가? (중수소의 몰질량은 2.014 $g \cdot mol^{-1}$이다.) 연습문제 E.19(b)와 동일한 가정을 사용하시오.

E.21 다음 분자나 화학식 단위, 또는 원자의 개수와 몰수를 계산하시오.
(a) 알루미나 Al_2O_3 10.0 g (b) 플루오린화 수소 25.92 mg (c) 과산화 수소 1.55 mg (d) 포도당 $C_6H1_2O_6$ 1.25 kg (e) 질소 원자 5.37 g과 N_2 분자 4.37 g

E.22 다음 분자나 화학식 단위, 또는 원자의 개수와 몰수를 계산하시오.
(a) H_2O 3.60 kg (b) 벤젠 C_6H_6 91 kg (c) P 원자 350.0 g과 P_4 분자 350.0 g (d) CO_2 1.2 g (e) NO_2 0.37 g

E.23 몰수를 계산하시오.
(a) $CuBr_2$ 3.00 g에 들어있는 Cu^{2+} 이온 (b) SO_3 7.00×10^2 mg에 들어있는 SO_3 분자 (c) UF_6 25.2 kg에 들어있는 F^- 이온 (d) $Na_2CO_3 \cdot 10H_2O$ 2.00 g에 들어있는 H_2O 분자

E.24 몰수를 계산하시오.
(a) NaCN 4.00 g에 들어있는 CN^- 이온 (b) H_2O 4.00×10^2 ng에 들어있는 O 원자 (c) $CaSO_4$ 4.00 kg에 들어있는 $CaSO_4$ 화학식 단위 (d) $Al_2(SO_4)_3 \cdot 8H_2O$ 4.00 mg에 들어있는 H_2O 분자

E.25 (a) KNO_3 0.750 mol에 들어있는 KNO_3 화학식 단위의 개수를 구하시오. (b) Ag_2SO_3 화학식 단위 2.39×10^{20}개의 질량은 몇 mg인가? (c) $NaHCO_2$ 3.429 g에 들어있는 $NaHCO_2$ 화학식 단위는 몇 개인가? $NaHCO_2$는 폼산 소듐으로, 옷감을 염색하거나 무늬를 새길 때 쓴다.

E.26 (a) CaH_2 6.177 g에 들어있는 CaH_2 화학식 단위는 몇 개인가? (b) 테트라플루오린화 붕산 소듐 $NaBF_4$ 화학식 단위 8.75×10^{21}개의 질량을 구하시오. (c) 밝은 노란색을 띠며 수용성 고체인 아이오딘화

세륨(III) CeI_3 화학식 단위 8.15×10^{20}개의 몰수를 계산하시오.

E.27 (a) 물 분자 하나의 질량을 g 단위로 계산하시오. (b) 물 1.00 kg에 들어있는 H_2O 분자의 개수를 구하시오.

E.28 옥테인 C_8H_{18}은 휘발유에 많이 들어있다. (a) 옥테인 분자 하나의 질량을 계산하시오. (b) 옥테인 1 mL(질량은 0.82 g)에 들어있는 C_8H_{18} 분자의 개수를 구하시오.

F. 조성 구하기

과학자들은 신약을 개발하기 위해, 천연물로부터 생물학적 활성이 있는 화합물을 추출한다(**그림 F.1**). 그리고 그 화합물의 분자 구조를 규명하여 약효를 개선하거나 대량 생산을 할 수 있도록 한다. 분자 구조를 알아내는 첫 단계는 화합물의 '실험식'과 '분자식'을 찾는 것이다.

어떤 화합물을 구성하는 원자들의 **상대적인**(relative) 개수를 가장 작은 정수들로 나타낸 화학식을 **실험식**(**empirical formula**)이라고 한다. 예를 들어 포도당의 실험식은 CH_2O인데, 이것은 탄소, 수소, 산소 원자가 1:2:1 비율로 존재한다는 뜻이다. 시료가 많든 적든 원소들의 비율은 동일하다. **분자식**(**molecular formula**)에는 한 분자를 구성하는 원자들의 실제 개수를 나타낸다. 포도당의 분자식은 $C_6H_{12}O_6$로, 포도당 분자 하나가 탄소 원자 6개, 수소 원자 12개, 산소 원자 6개로 구성된다는 뜻이다(**1**). 실험식은 구성 원자들의 **비율**(ratio)만을 나타내므로, 분자식이 다른 화합물이라도 실험식이 같을 수 있다. 예를 들어 포르말린 용액의 방부제 성분인 폼알데하이드 CH_2O(**2**), 식초의 산인 아세트산 $C_2H_4O_2$, 상한 우유에 들어있는 젖산 $C_3H_6O_3$는 모두 실험식이 CH_2O로 포도당과 동일하다. 하지만 이들은 모두 분자식과 성질이 서로 다른 화합물이다.

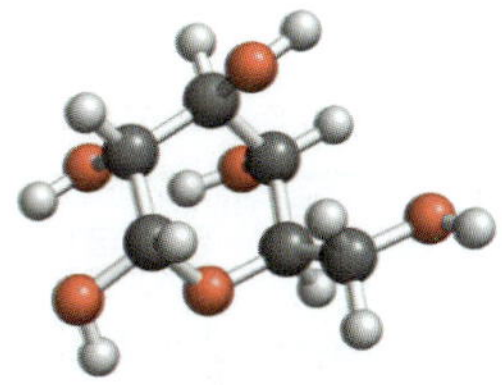

1 α-D-글루코스, $C_6H_{12}O_6$

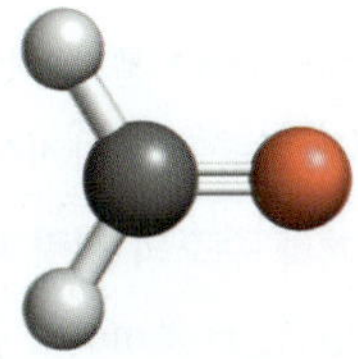

2 폼알데하이드, CH_2O

F.1 질량 백분율 조성

화합물의 실험식을 구하려면 시료에 들어있는 원소 각각의 질량을 측정해야 한다. 그 결과는 일반적으로 **질량 백분율 조성**(**mass percentage composition**)으로 기록하는데, 이것은 원소 각각의 질량을 전체 질량에 대한 백분율로 나타내는 방식이다.

$$\text{원소의 질량 백분율} = \frac{\text{시료에 들어있는 원소의 질량}}{\text{시료의 전체 질량}} \times 100\%$$

질량 백분율 조성은 시료의 크기와 무관하기 때문에, 어떤 시료를 측정해도 조성은 동일하다(기초 지식 A에서 배운 용어로 말하자면 세기 성질이다). 미지 유기 화합물의 질량 백분율 조성을 구하는 주된 기법은 **연소 분석**(combustion analysis)으로, 기초 지식 M에서 자세히 설명한다.

그림 F.1 해양 동물학자가 의학적 가치를 지닌 화합물을 함유할 가능성이 있는 해면 동물(sea sponge)을 조사하고 있다. 항진균 또는 항바이러스 특성을 지닌 화합물이 발견되면, 본문에서 설명한 분석 단계를 거친다.(© *Mike Workman / Shutterstock*)

자습 F.1A 호주 원주민들은 유칼립투스 나뭇잎을 이용해서 목 통증이나 다른 통증을 완화시킨다. 주요 활성 성분에 유칼립톨(eucalyptol)이라는 이름을 붙였다. 전체 질량 3.16 g인 유칼립톨 시료를 분석한 결과 탄소 2.46 g, 수소 0.373 g, 산소 0.329 g으로 구성되어 있었다. 유칼립톨의 탄소, 수소, 산소의 질량 백분율을 구하시오

[답: 77.8% C, 11.8% H, 10.4% O]

자습 F.1B 피논 소나무의 수지에서 발견된 천연 방부제인 α-피넨이라는 화합물은 Zuni족 치료사들에 의해 고대부터 사용되었다. α-피넨 시료 7.50 g에는 탄소 6.61 g과 수소 0.89 g이 들어있다. 탄소와 산소의 질량 백분율은 얼마인가?

화합물의 화학식을 이미 알고 있다면 화학식으로부터 질량 백분율 조성을 구할 수 있다.

예제 F.1 화합물의 원소별 질량 백분율 계산하기

여러분이 태양광 전지를 설계한다고 가정하자. 이 태양광 전지를 이용하여 경제적인 방법으로 물을 전기 분해하려고 한다. 예비 단계로서, 일정 질량의 물로부터 얼마나 많은 수소를 생산할 수 있는지 알아야 한다. 물에서 수소의 질량 백분율은 얼마인가?

예상 H_2O 분자에는 수소 원자가 두 개 있지만, 수소 원자는 산소 원자보다 훨씬 가벼우므로 분자 질량에서 차지하는 비율은 작을 것이다.

계획 수소의 질량 백분율을 계산하려면 H_2O 1 mol에는 H 2 mol이 들어있다는 점에 유의해야 한다. H 2 mol의 질량을 H_2O 1 mol의 질량으로 나눈 다음 100%를 곱한다.

풀이

$$\text{H의 질량 백분율} = \frac{\text{H 원자의 질량}}{\text{H}_2\text{O 분자의 질량}} \times 100\%\text{이므로}$$

$$\text{H의 질량 백분율} = \frac{(2\text{ mol}) \times (1.0080\text{ g}\cdot\text{mol}^{-1})}{(1\text{ mol}) \times (18.02\text{ g}\cdot\text{mol}^{-1})} \times 100\% = 11.19\%$$

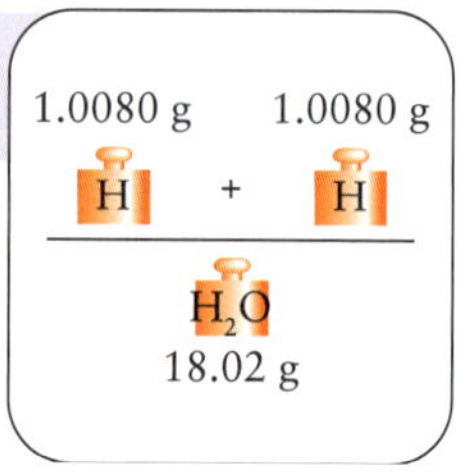

평가 물에서 수소가 차지하는 질량 백분율은 11.19%로, 예상대로 작은 값이다.

자습 F.2A NaCl에서 Cl의 질량 백분율을 계산하시오.

[답: 60.66%]

자습 F.2B $AgNO_3$에서 Ag의 질량 백분율을 계산하시오.

관련 연습 문제 F.1, F.2, F.5, F.6, F.23

질량 백분율 조성은 화합물을 구성하는 각 원소들이 전체 질량에서 차지하는 분율을 계산한 다음 백분율로 나타낸 것이다.

F.2 실험식 구하기

화합물의 질량 백분율 조성으로부터 실험식을 구하려면, 원소별 질량 백분율을 그 원자의 상대적인 개수로 변환한다. 시료의 질량을 정확히 100 g이라고 가정하는 것이 한 가지 방법인데, 이렇게 하면 각 원소의 질량 백분율 조성이 g으로 바로 변환된다. 원소 각각의 질량을 몰

질량을 이용하여 몰수로 바꾼 다음 원자들의 상대적인 몰수를 구하면 된다.

예제 F.2 질량 백분율 조성으로부터 실험식 결정하기

어떤 화합물이 예상 생성물인지를 확인해보아야 할 때가 있다. 첫 단계는 실험식을 구하는 것이다. 여러분이 어떤 실험실에 비타민 C라고 예상하는 미지 화합물 시료의 연소 분석을 의뢰했다고 가정하자. 이 실험실에서는 이 물질의 조성이 탄소 40.9%, 수소 4.58%, 산소 54.5%라고 밝혔다. 이 물질이 비타민 C일 가능성이 있는가? 비타민 C의 분자식은 $C_6H_8O_6$이다.

예상 비타민 C의 분자식을 고려하면, 시료가 비타민 C가 맞다면 실험식 $C_3H_4O_3$가 나올 것이다.

계획 질량 백분율은 정확히 100 g의 화합물에 들어있는 각 원소의 질량과 같다. 원소별 질량 백분율을 몰질량으로 나누어 몰수로 바꾼 다음, 이들 중 가장 작은 값으로 나누어 상대적인 몰수를 구한다. 만약 분수 결과가 나온다면 적절한 인자를 곱하여 가장 작은 정수가 되도록 한다. 물질 J의 양을 n(J)로 표기한다.

풀이

정확히 100 g의 화합물에 들어있는 원소 X의 질량을 m(X)라고 하면, 이것은 질량 백분율 값에 g을 붙인 것과 같다.

$$m(\mathrm{C}) = 40.9\ \mathrm{g}$$
$$m(\mathrm{H}) = 4.58\ \mathrm{g}$$
$$m(\mathrm{O}) = 54.5\ \mathrm{g}$$

각 원소의 몰질량 M(J)을 이용하여 질량을 몰수 n(J)로 바꾼다. $n(\mathrm{J}) = m(\mathrm{J})/M(\mathrm{J})$이다.

$$n(\mathrm{C}) = \frac{40.9\ \mathrm{g}}{12.01\ \mathrm{g}\cdot(\mathrm{mol\ C})^{-1}} = 3.41\ \mathrm{mol\ C}$$
$$n(\mathrm{H}) = \frac{4.58\ \mathrm{g}}{1.0080\ \mathrm{g}\cdot(\mathrm{mol\ H})^{-1}} = 4.54\ \mathrm{mol\ H}$$
$$n(\mathrm{O}) = \frac{54.5\ \mathrm{g}}{16.00\ \mathrm{g}\cdot(\mathrm{mol\ O})^{-1}} = 3.41\ \mathrm{mol\ O}$$

결과를 가장 작은 값 3.41 mol로 나눈다.

$$\text{탄소:}\ \frac{3.41\ \mathrm{mol}}{3.41\ \mathrm{mol}} = 1.00$$
$$\text{수소:}\ \frac{4.54\ \mathrm{mol}}{3.41\ \mathrm{mol}} = 1.33$$
$$\text{산소:}\ \frac{3.41\ \mathrm{mol}}{3.41\ \mathrm{mol}} = 1.00$$

화합물은 정수 개의 원자들로 이루어져 있으므로, 각 원소의 개수를 정수로 만들 수 있는 가장 작은 인자를 곱한다.

1.33은 $\frac{4}{3}$이므로 모든 값에 3을 곱하면 3.00:3.99:3.00, 즉 근사적으로 3:4:3이 된다. 실험식은 $C_3H_4O_3$이다.

평가 결과의 수치값이 비타민 C의 실험식과 일치하므로 여러분의 시료가 비타민 C일 가능성이 있다. 하지만 실험식이 같은 다른 화합물도 있으므로, 비타민 C가 맞는지 확신하려면 추가 실험이 필요하다.

자습 F.3A 자습 F.1A에서 계산한 유칼립톨의 질량 백분율 조성을 이용하여 실험식을 구하시오.

[답: $C_{10}H_{18}O$]

자습 F.3B 다이플루오린화 싸이오닐(thionyl difluoride)의 질량 백분율은 O 18.59%, S 37.25%, F 44.16%이다. 실험식을 구하시오.

관련 연습 문제 F.9~F.12, F.15, F.16

화합물의 실험식은 구성 원소들의 질량 백분율 조성과 몰질량을 이용하여 구한다.

F.3 분자식 구하기

실험식이 같은 화합물은 많다. 실험식을 알고 있는 화합물을 특정하려면 분자식을 알아야 한다. 화합물의 몰질량을 알면 분자식에 실험식 단위가 몇 개 들어있는지 알 수 있다. 실험식 단위 N개가 있다면 분자식은 실험식의 N배라는 뜻이다.

예제 F.3 실험식으로부터 분자식 구하기

여러분은 예제 F.2에서 비타민 C라고 예상했던 화합물에 대한 연구를 계속하고 있다. 질량 분석기 실험실로부터 받은 결과에 따르면 이 시료의 몰질량은 176.12 g·mol⁻¹이다. 실험식 C3H4O3을 고려하여 이 화합물의 분자식을 구하시오. 이 물질은 비타민 C가 맞는가?

예상 실험식은 탄소 원자 3개, 수소 원자 4개, 산소 원자 3개이므로 실험식 단위의 질량은 $(3\times12)+(4\times1)+(3\times16)=88\ \text{g·mol}^{-1}$이다. 이것은 이 화합물의 몰질량의 절반이므로, 분자식은 각 원자 개수의 2배이다.

풀이

$C_3H_4O_3$ 화학식 단위의 몰질량은 다음과 같다.

$$\begin{aligned}C_3H_4O_3\text{의 몰질량} &= 3\times(12.01\ \text{g·mol}^{-1})\\ &\quad +4\times(1.008\ \text{g·mol}^{-1})\\ &\quad +3\times(16.00\ \text{g·mol}^{-1})\\ &= 88.06\ \text{g·mol}^{-1}\end{aligned}$$

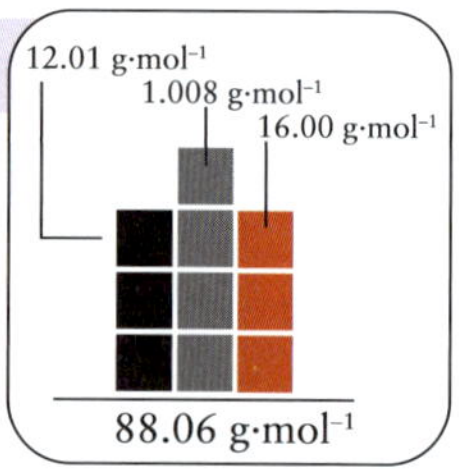

실험식의 몰질량을 화합물의 몰질량으로 나누면,

$$\frac{\text{화합물의 몰질량}}{\text{실험식 단위의 몰질량}}=\frac{176.14\ \text{g·mol}^{-1}}{88.06\ \text{g·mol}^{-1}}=2.000$$

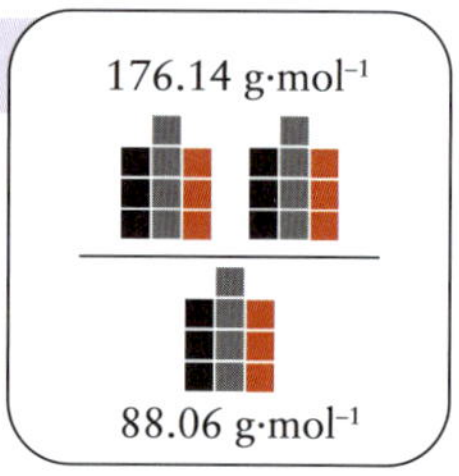

실험식에 2를 곱하면 분자식이 된다.

$$2\times(C_3H_4O_3),\ \text{즉}\ C_6H_8O_6$$

평가 분자식이 비타민 C와 같다. 분자식이 동일하지만 원자 배열이 다른 화합물이 있을 수 있으므로 확신할 수는 없지만, 비타민 C로 추정하는 것은 어느 정도 합리적이다.

자습 F.4A 플라스틱의 일종인 폴리스타이렌(polystyrene)을 합성하는 데 쓰이는 스타이렌(styrene)의 몰질량은 104 g·mol^{-1}이고, 실험식은 CH이다. 분자식을 구하시오.

[답: C_8H_8]

자습 F.4B 루바브(rhubarb) 풀에 들어있는 옥살산(oxalic acid)의 몰질량은 90.0 g·mol^{-1}이고, 실험식은 CHO_2이다. 분자식을 구하시오.

관련 연습 문제 F.17~F.22

화합물의 측정된 몰질량에 실험식 단위가 몇 개 들어있는지 구하면 그 화합물의 분자식을 알 수 있다.

기초 지식 F에서 배운 것은 무엇인가?

화합물의 질량 백분율 조성으로부터 실험식과 분자식을 구하는 방법을 공부했다.

개념과 식의 적용

- ☐ 화학식으로부터 각 원소의 질량 백분율을 계산한다(예제 F.1).
- ☐ 질량 백분율 조성을 이용하여 실험식을 계산한다(예제 F.2).
- ☐ 실험식과 몰질량을 이용하여 화합물의 분자식을 구한다(예제 F.3).

기초 지식 F 연습 문제

F.1 시트랄은 레몬 오일의 향기 성분으로 향수에도 쓰인다. 분자 구조는 다음과 같다(진회색 = C, 흰색 = H, 빨간색 = 산소). (a) 시트랄의 분자식을 쓰시오. (b) 질량 백분율 조성을 계산하시오.

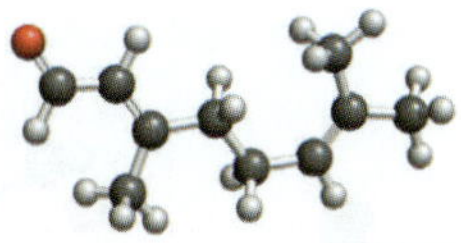

F.2 사향노루의 사향의 주성분은 무스콘으로, 분자 구조는 다음과 같다(진회색 = C, 흰색 = H, 빨간색 = 산소). (a) 무스콘의 분자식을 쓰시오. (b) 질량 백분율 조성을 계산하시오.

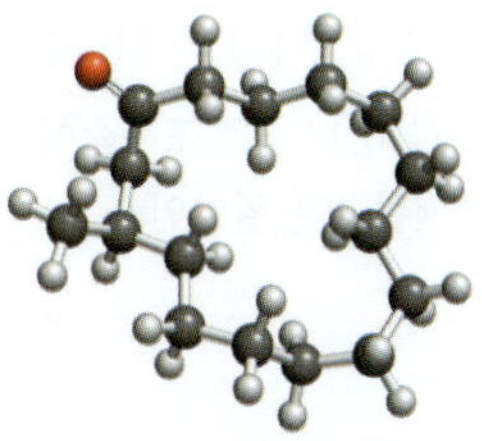

F.3 (a) 질산의 화학식을 쓰시오. (b) 계산을 하지 말고, 질량 백분율이 가장 큰 원소를 쓰시오.

F.4 (a) 황화 리튬의 화학식을 쓰시오. (b) 계산을 하지 말고, 질량 백분율이 가장 큰 원소를 쓰시오.

F.5 L-카르니틴(carnitine)은 근육 피로를 줄여주는 식이 보충제로 쓰이는 화합물로, 화학식은 $C_7H_{15}NO_3$이다. 질량 백분율 조성을 구하시오.

F.6 테스토스테론의 화학식은 $C_{19}H_{28}O_2$이다. 질량 백분율 조성을 구하시오.

F.7 어떤 금속 M은 산화물 M_2O를 형성하는데, 금속의 질량 백분율이 88.8%이다. (a) 이 금속의 몰질량은 얼마인가? (b) 이 화합물의 이름을 쓰시오.

F.8 어떤 금속 M은 산화물 M_2O_3를 형성하는데, 금속의 질량 백분율이 69.9%이다. (a) 이 금속은 무엇인가? (b) 이 화합물의 이름을 쓰시오.

F.9 바닐린은 멕시코 난초에서 추출한 바닐라에 들어있는 화합물이다. 바닐린을 분석한 한 보고서에 따르면 질량 백분율 조성이 C 63.15%, H 5.30%, O 31.55%이다. 바닐린에 들어있는 원소의 원자 개수 비율을 구하시오.

F.10 카다베린은 살코기가 부패할 때 생성되는 화합물이다. 카다베린을 분석한 한 보고서에 따르면 질량 백분율 조성이 C 58.77%, H 13.81%, N 27.42%이다. 카다베린에 들어있는 원소의 원자 개수 비율을 구하시오.

F.11 다음 분석 결과를 이용하여 실험식을 구하시오.

(a) 알루미늄 생산에 사용되는 화합물인 크라이올라이트의 질량 백분율 조성은 Na 32.79%, Al 13.02%, F 54.19%이다.

(b) 실험실에서 O_2 기체를 얻는 데 쓰는 어떤 화합물이 K 31.91%, Cl 28.93%, 나머지 O로 이루어져 있다.

(c) 어떤 비료의 질량 백분율 조성이 N 12.2%, H 5.26%, P 26.9%, O 55.6%이다.

F.12 다음 데이터를 이용하여 실험식을 구하시오.
(a) 화장품용 파우더에 쓰이는 활석의 질량 백분율 조성은 Mg 19.2%, Si 29.6%, O 42.2%, H 9.0%이다.
(b) 감미료인 사카린의 질량 백분율 조성은 C 45.89%, H 2.75%, N 7.65%, O 26.20%, S 17.50%이다.
(c) 아스피린 합성에 쓰이는 살리실산의 질량 백분율 조성은 C 60.87%, H 4.38%, O 34.75%이다.

F.13 인 4.14 g을 염소와 결합하여 흰색 고체 화합물 27.8 g이 되었다. (a) 이 화합물의 실험식은 무엇인가? (b) 분자식이 실험식과 동일하다면, 이 화합물의 이름은 무엇인가?

F.14 어떤 화학자가 황 4.69 g을 플루오린과 반응시켜 기체 15.81 g을 얻었다. (a) 이 화합물의 실험식은 무엇인가? (b) 분자식이 실험식과 동일하다면, 이 화합물의 이름은 무엇인가?

F.15 다이아제팜은 불안 장애를 치료하는 약물의 일종으로, 질량 백분율 조성은 C 67.49%, H 4.60%, Cl 12.45%, N 9.84%, O 5.62%이다. 실험식은 무엇인가?

F.16 항우울제 Prozac은 플루옥세틴이라는 화합물을 HCl과 결합시킨 것이다. 플루옥세틴의 질량 백분율 조성은 C 66.01%, H 5.87%, F 18.43% N 4.53%이다. 실험식은 무엇인가?

F.17 오스뮴은 질량 백분율 조성이 C 15.89%, O 21.18%, Os 62.93%인 분자 화합물을 만든다. (a) 이 화합물의 실험식은 무엇인가? (b) 질량 분석 결과 이 화합물의 몰질량이 907 $g \cdot mol^{-1}$이었다. 분자식은 무엇인가?

F.18 태평양 주목나무 *Taxus brefifolia*에서 추출한 파클리탁셀은 난소암과 유방암에 대한 항암 효과가 있으며, Taxol이라는 상표명으로 판매된다. 분석 결과 질량 백분율 조성이 C 66.11%, H 6.02%, N 1.64%, 나머지는 O이다. (a) 파클리탁셀의 실험식은 무엇인가? (b) 몰질량이 853.91 $g \cdot mol^{-1}$이다. 분자식은 무엇인가?

F.19 커피와 차에 들어있는 흥분제인 카페인의 몰질량은 194.19 $g \cdot mol^{-1}$이고, 질량 백분율 조성은 C 49.48%, H 5.19%, N 28.85%, O 16.48%이다. 분자식은 무엇인가?

F.20 스컹크 분비물로부터 악취 화합물 시료 2.00 mg을 채취하였다. 분석 결과 C 1.09 mg, H 0.183 mg, S 0.727 mg이었다. 이 화합물의 몰질량은 88.17 $g \cdot mol^{-1}$이다. 분자식은 무엇인가?

F.21 1978년 과학자들은 카리브해의 해양 동물들로부터 항종양 및 항바이러스 효과가 있는 화합물을 추출하였다. 디뎀닌-A라는 화합물 1.78 mg을 분석하였더니 C 1.11 mg, H 0.148 mg, N 0.159 mg, O 0.363 mg이었고, 몰질량은 942 $g \cdot mol^{-1}$이었다. 분자식은 무엇인가?

F.22 에토미데이트는 당일 수술에 쓰이는 마취제의 일종이다. 에토미데이트 시료 5.80 mg은 C 3.99 mg, H 0.383 mg, N 0.665 mg, O 0.760 mg으로 구성되어 있고, 몰질량은 244.29 $g \cdot mol^{-1}$이다. 분자식은 무엇인가?

F.23 탄화수소의 연소로 생성된 CO_2는 기후 변화에 영향을 미친다. 탄소의 질량 백분율이 작은 것부터 나열하시오. (a) 에텐(C_2H_4) (b) 프로판올(C_3H_7OH) (c) 헵테인(C_7H_{16})

F.24 돌로마이트는 칼슘과 마그네슘의 혼합 탄산염이다. 칼륨과 마그네슘의 탄산염은 모두 가열하면 금속 산화물(MgO와 CaO)과 이산화 탄소(CO_2)로 분해된다. 돌로마이트 10.04 g을 가열하여 완전히 분해시켰더니 MgO와 CaO가 5.12 g 남아있었다. 원래 시료에 들어있던 $MgCO_3$의 질량 백분율은 얼마인가?

F.25 다음 공-막대 분자 구조에서 진회색은 탄소, 흰색은 수소, 파란색은 질소, 초록색은 염소이다. 각 구조의 실험식과 분자식을 쓰시오. **힌트**: 분자식을 먼저 쓰는 것이 쉬울 것이다.

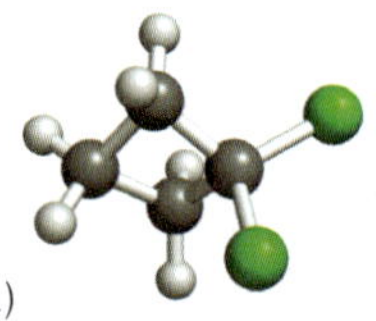
(a)

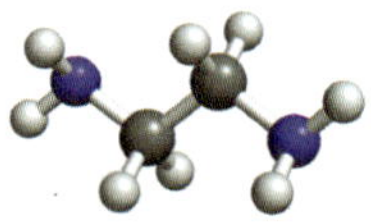
(b)

F.26 다음 공-막대 분자 구조의 실험식과 분자식을 쓰시오. 진회색은 탄소, 흰색은 수소, 빨간색은 산소, 초록색은 염소이다. **힌트**: 분자식을 먼저 쓰는 것이 쉬울 것이다.

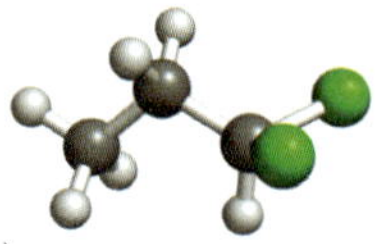
(a)

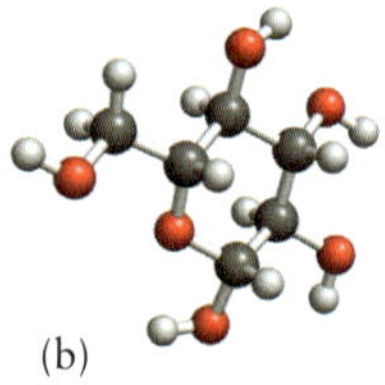
(b)

F.27 $NaNO_3$와 Na_2SO_4의 혼합물 5.37 g에 소듐이 1.61 g 들어있다. 이 혼합물에서 $NaNO_3$의 질량 백분율은 얼마인가?

F.28 KBr과 K_2S의 혼합물 6.14 g에 포타슘이 2.50 g 들어있다. 이 혼합물에서 KBr의 질량 백분율은 얼마인가?

G. 혼합물과 용액

물질 대부분은 순수한 원소나 순수한 화합물이 아니므로, 순물질(기초 지식 A 참고)이 아니고 순물질이 서로 섞인 **혼합물(mixture)**이다. 예를 들어 공기, 혈액, 바닷물 등은 혼합물이다. 코프 시럽 같은 의약품 역시 종합적인 생물학적 효과를 나타내도록 다양한 성분을 혼합하여 조제하는 경우가 많다. 향수도 마찬가지이다.

표 G.1 혼합물과 화합물의 차이

혼합물과 화합물의 차이	화합물
물리적 기법으로 성분을 분리할 수 있음 조성이 다양함 구성 성분의 성질이 유지됨	물리적 기법으로 성분을 분리할 수 없음 조성이 일정함 구성 성분의 성질이 남아있지 않음

G.1 혼합물의 분류

화합물은 조성이 일정하지만 혼합물은 다양한 조성을 가질 수 있다. 물이라는 화합물 시료에는 항상 산소 원자 1개당 수소 원자 2개가 들어있지만, 설탕과 모래는 어떠한 비율로도 섞을 수 있다. 혼합물의 구성 성분들은 섞여있을 뿐이므로 개별 성질들을 그대로 갖고 있다. 반면에 화합물의 성질은 그 구성 원소의 성질과 다르다. 혼합물을 만드는 것은 **물리적**(**physical**) 변화이지만 화합물을 만드는 것은 **화학적**(**chemical**) 변화이다. 혼합물과 화합물의 차이를 **표 G.1**에 정리하였다.

광학 현미경이나 육안으로 볼 수 있을 정도로 구성 입자가 아주 큰 혼합물도 있다(**그림 G.1**). 이렇게 서로 다른 물질의 조각들이 모인 것을 **불균일 혼합물**(**heterogeneous mixture**)이라고 한다. 암석은 서로 다른 광물의 결정들이 혼합된 불균일 혼합물이다.

그림 G.1 화강암 조각은 여러 물질들이 혼합된 불균일 혼합물이다.(© *Krittiya Changboon / Shutterstock*)

구성 성분의 분자나 이온들이 아주 잘 섞여서, 시료가 아무리 작더라도 전체적으로 조성이 동일한 혼합물도 있으며, 이러한 혼합물을 **균일 혼합물**(**homogeneous mixture**) 또는 **용액**(**solution**)이라고 한다(**그림 G.2**). 용액에서 보통 양이 가장 많은 물질을 **용매**(**solvent**), 다른 물질(들)을 **용질**(**solute**)이라고 한다. 여과된 바닷물은 소금(염화 소듐)을 비롯한 많은 물질이 물에 녹아 있는 용액이다. 용매가 고체인 용액, **고용체**(**solid solution**)도 있다. 예를 들어 황동은 아연이 구리에 녹아 있는 용액으로 볼 수 있다. 용액은 하나의 성분처럼 보이지만, 용액을 이루는 구성 성분들은 자신의 성질을 띠고 있다. 용액이 되는 과정은 화학적인 변화가 아니라 물리적인 변화이다. 기체 혼합물도 용액이지만 보통 용액이라고 하지는 않는다.

결정화(**crystalization**)는 용액을 **증발**(**evaporate**)시킬 때처럼 용액에서 용질이 결정을 이루면서 서서히 석출되는 과정이다. 예를 들어 미국 Utah주의 Great Salt호는 물이 증발하면서 생긴 소금 결정이 해안을 덮고 있다. **침전**(**precipitation**)은 용액에서 용질이 빠르게 석출되는 과정이다. 용질이 큰 결정을 이룰만한 시간이 없고, 미세한 가루 형태(매우 작은 결정들의 집합)로 석출되며, 이것을 **침전물**(**precipitate**)이라고 한다. 침전은 거의 순간적으로 일어나는 경우가 많아, 용액이 섞이자마자 일어난다(**그림 G.3**).

그림 G.3 불용성 물질이 형성되면 침전된다. 그림은 질산 납(II), $Pb(NO_3)_2$ 용액과 아이오딘화 포타슘, KI 용액을 혼합하여 노란색 불용성 고체인 아이오딘화 납(II), PbI_2가 침전되는 모습이다. (© *Natalielme / Shutterstock*)

용매가 물인 용액을 **수용액**(**aqueous solution**)이라고 하며, 음료수나 바닷물이 이에 해당한다. 수용액은 일상생활에서나 화학 실험실에서 매우 흔히 접하기 때문에, 이 책에서 다루는 용액 대부분은 수용액이다. **비수용액**(**nonaqueous solution**)은 용매가 물이 아닌 용액이다. 수

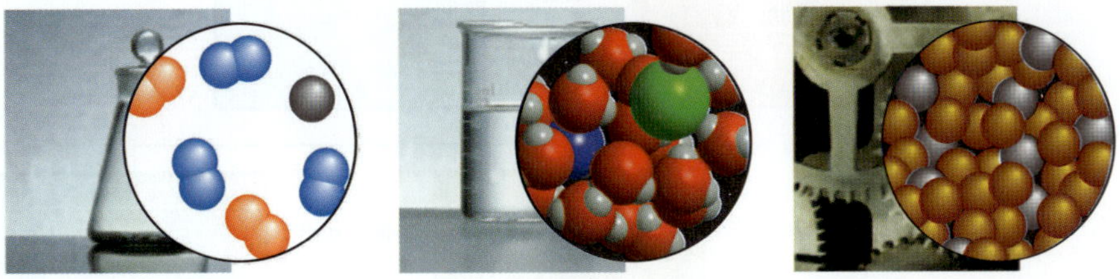

(a) (b) (c)

그림 G.2 균일 혼합물의 예. (a) 공기는 질소, 산소, 아르곤 등 여러 기체의 균일 혼합물이다. (b) 소금을 물에 녹이면 물 분자들 사이에 소듐 이온과 염화 이온이 존재한다. (c) 합금은 둘 이상의 금속이 균일하게 혼합된 고체 혼합물이다. 용액의 혼합은 분자 수준에서 균일하다는 것을 삽입 그림으로 나타내었다. (*Copyright Macmillan Learning, photo by Ken Karp.*)

용액보다 흔하지는 않지만 비수용액 역시 중요한 쓰임새가 있다. 예를 들어 '드라이클리닝'은 옷감에 묻은 기름때나 먼지를 테트라클로로에텐(tetrachloroethene, C_2Cl_4) 같은 비수용성 액체 용매에 녹여내는 세탁법이다.

혼합물에서 구성 성분의 성질은 유지된다. 혼합물은 화합물과 다르다 (표 G.1). 혼합물은 균일 혼합물과 불균일 혼합물로 분류할 수 있으며, 용액은 둘 이상의 순물질로 이루어진 균일 혼합물이다.

G.2 분리 기법

혼합물로 예상되는 시료의 조성을 분석하려면 먼저 물리적인 방법으로 구성 성분을 분리한 후 개별 물질을 파악해야 한다(그림 G.4). 일반적인 물리적 분리 기법에는 따르기, 거르기, 크로마토그래피, 증류 등이 있다.

따르기(**decanting**)는 밀도의 차이를 이용한다. 액체 위에 떠 있는 액체나 고체가 가라앉아있는 액체를 따라낸다. **거르기**(**filtration**)는 한 용매에 용해되는 정도가 다른 물질을 분리하는 기법이다. 시료를 액체와 섞고 저어준 다음 고운 그물망 필터에 따라 붓는다. 액체에 용해된 성분은 거름종이를 통과하지만 용해되지 않은 고체 성분은 필터에 남는다. 예를 들어 설탕은 물에 녹지만 모래는 녹지 않으므로 모래로부터 설탕을 분리할 수 있다. 연관된 기법으로 **크로마토그래피**(**chromatography**)는 가장 섬세한 분리 기법이다. 크로마토그래피는 물질이 표면에 **흡착**(**absorb**)되는 정도, 즉 달라붙는 정도의 차이를 이용하는 기법이다(그림 G.5). 지지체를 건조하면 분리된 혼합물의 성분이 보이는데, 이것을 **크로마토그램**(**chromatogram**)이라고 한다.

증류(**distillation**)는 끓는점 차이를 이용하여 혼합물을 분리하는 방법이다. 용액을 증류하면 성분별로 서로 다른 온도에서 끓어 나오며, **응축기**(condenser)라고 하는 냉각 튜브에서 응축된다(그림 G.6). 예를 들어 소금물에서 물을 증류할 수 있으며, 물이 증발하면 고체 소금이 남는다.

보충 설명
최초의 증류 장치로 알려진 것은 중동의 유대인 연금술사 Mary가 서기 1세기에 만들었다고 한다.

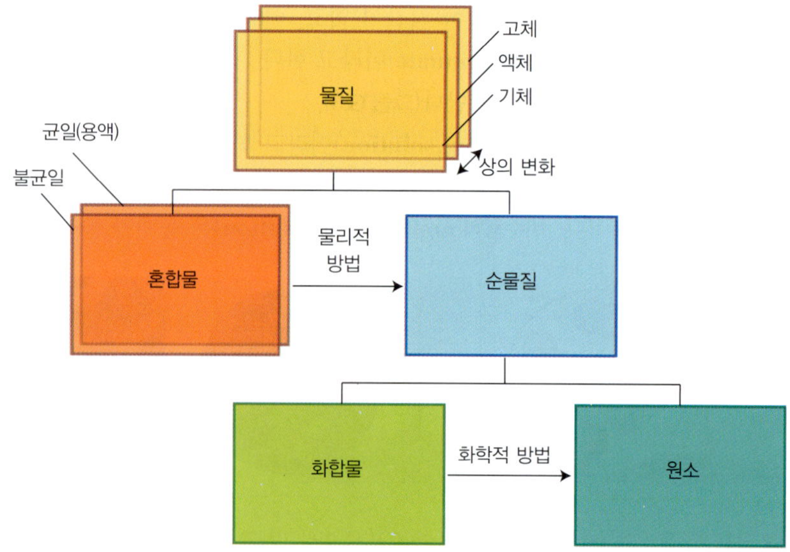

그림 G.4 물질의 계통도. 모든 물질은 고체, 액체, 기체를 통틀어 혼합물과 순물질로 분류할 수 있다. 순물질은 화합물과 원소로 분류할 수 있다. 물리적 기법을 이용하여 혼합물을 순물질로 분리한다. 화학적 기법을 이용하여 화합물을 원소로 분리한다.

그림 G.5 종이 크로마토그래피에서는 혼합물의 구성 성분들이 용매와 함께 지지체인 종이를 따라 씻겨 나가면서 분리된다. 사진은 간단한 크로마토그래피이다. 왼쪽: 녹색 식용 색소 한방울을 건조된 거름종이에 떨어뜨렸다. 가운데: 거름종이의 중앙에 용매를 적신다. 녹색을 이루고 있던 청색과 황색 염료가 용매와 함께 이동하면서 분리되기 시작한다. 오른쪽: 거름종이의 가장자리까지 용매가 퍼져나간 다음 건조시켰다. 용매가 퍼지면서 두 염료가 이동한 거리가 다르다. (*Copyright Macmillan Learning, photo by Ken Karp.*)

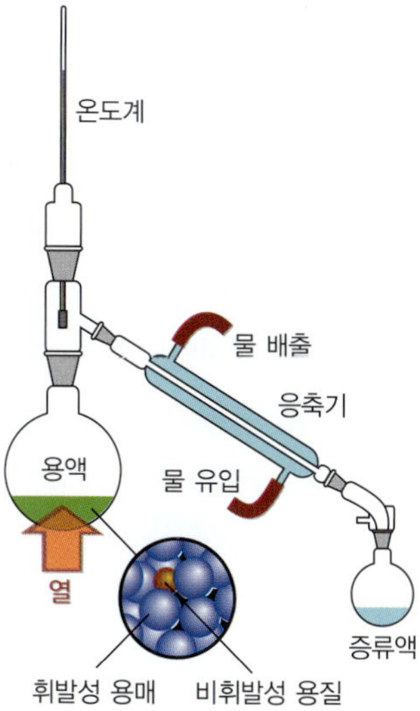

그림 G.6 증류는 끓는점이 높은 액체나 용해된 고체로부터 끓는점이 낮은 액체를 분리하는 기술이다. 용액을 가열하면 끓는점이 낮은 액체가 끓어올라 물재킷이 달린 튜브(응축기)에서 응축되어 증류액으로 모인다.

구성 성분의 물리적 성질 차이를 이용하여 혼합물을 분리할 수 있다. 일반적인 기법으로는 따르기, 거르기, 크로마토그래피, 증류가 있다.

G.3 농도

혼합물이나 용액의 조성을 나타내는 방법으로 **질량 백분율(mass percentage)**, 즉 혼합물 100 g에 들어있는 각 성분의 질량을 이용할 수 있다. 예를 들어 NaCl 15 g이 물 60. g에 녹아 전체 질량이 75 g이라면, 이 용액에서 NaCl의 질량 백분율은 (15 g/75 g)×100%=20.% NaCl이다. 이 용액에서 30. g을 채취하더라도 질량 백분율 조성은 20.% NaCl로 동일하므로, 이 시료에는 NaCl 6.0 g이 들어있는 것이다. 물질의 농도를 **ppm(parts per million)** 또는 ppb(parts per billion)로 나타내는 방법도 있는데, 특히 환경 연구에서 많이 쓰인다. 예를 들어 수용액 분자 100만 개 중에서 오염물질 분자가 25개라면 이를 25 ppm이라고 표기한다. 농도를 ppm으로 나타낼 때는 농도를 계산할 때 어떤 단위를 썼는지를 나타내야 한다. 부피 기준으로 ppm은 보통 ppmv 또는 ppm(v/v)로 표기하며, 용액 1 L에 용질이 몇 μL 들어있는지를 나타낸다. 질량 기준으로 ppm은 ppm(m/m)으로 표기하며, 용액 1 kg에 용질이 몇 mg 들어있는지, 또는 용액 1 g에 용질이 몇 μg 들어있는지를 나타낸다.

화학에서는 일정 부피의 용액에 들어있는 용질의 양을 알아야 할 때가 많다. 용질의 **몰농도(molar concentration** 또는 molarity, *c*)는 용질 분자 또는 화학식 단위의 양(mol 단위)을 용액의 부피(L 단위)로 나눈 농도이다.

$$\text{몰농도} = \text{용질의 양(mol)} / \text{용액의 부피(L)},\ \text{즉} = \frac{\overbrace{n}^{\text{mol}}}{\underbrace{V}_{\text{L}}} \quad (1)$$

몰농도의 단위는 mol·L^{-1}이며, 보통 M으로 쓴다.

$$1\ \text{M} = 1\ \text{mol·L}^{-1}$$

M은 보통 "몰(영어로는 molar)"이라고 읽는데, SI 단위는 아니다. 용질의 농도가 매우 낮은 용액의 농도를 나타낼 때는 몰농도 mmol·L^{-1}이나 $\mu\text{mol·L}^{-1}$을 쓰기도 한다.

유의 사항

몰농도의 공식적인 이름은 '물질량 농도(amount of substance concentration)'이다.

예제 G.1 용질의 몰농도 계산하기

레모네이드를 만들기 위해 사탕수수 10.0 g을 충분한 물에 녹여 용액 200. mL를 만들었다. 사탕수수는 설탕 ($C_{12}H_{22}O_{11}$)으로 몰질량은 342 $g \cdot mol^{-1}$이다. 이 용액에 들어있는 설탕의 몰농도는 얼마인가?

예상 물에 녹인 설탕이 분자 1 mol 질량의 약 3%에 불과하므로, 용액의 부피가 0.200 L 밖에 되지 않지만 몰농도는 1 $mol \cdot L^{-1}$보다 작을 것이다.

계획 몰농도의 정의는 $c=n/V$이다. 먼저 $n=m/M$을 이용하여 용질의 질량을 몰수로 바꾼 다음 c를 구하는 식에 대입한다.

풀이

$c=n/V$이고 $n=m/M$이므로,

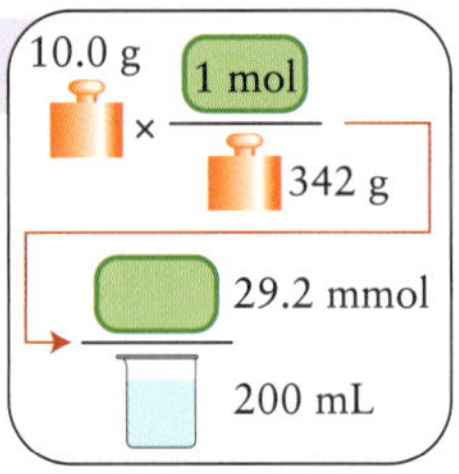

$$c = \frac{\overbrace{(10.0\ g)/(342\ g \cdot mol^{-1})}^{n=m/M}}{\underbrace{0.200\ L}_{V}}$$

$$= \frac{10.0\ g}{(342\ g \cdot mol^{-1}) \times (0.200\ L)} = 0.146\ mol \cdot L^{-1}$$

평가 몰농도는 0.146 M $C_{12}H_{22}O_{11}(aq)$로, 예상대로 1 $mol \cdot L^{-1}$보다 작은 값이다.

자습 G.1A 사탕수수 10.0 g이 아니라 20.0 g을 녹였고 용액의 부피는 동일하다면 용액에 들어있는 설탕의 몰농도는 얼마인가?

[답: 0.292 M $C_{12}H_{22}O_{11}aq$]

자습 G.1B 황산 소듐 15.5 g을 충분한 물에 녹여 용액 350. mL를 만들었다. 황산 소듐의 몰농도는 얼마인가?

관련 연습 문제 G.5, G.6

몰농도는 용매의 부피가 아니라 **용액의 부피** 기준이므로, 용질을 녹인 다음 부피를 측정해야 한다. 보통 특정 부피를 정확하게 측정할 수 있는 **부피 플라스크(volumetric flask)**를 사용한다(**그림 G.7**). 고체 물질 수용액을 만들 때는 주어진 몰농도를 만드는 데 필요한 고체의 질량을 계산한 다음 부피 플라스크에 담는다.

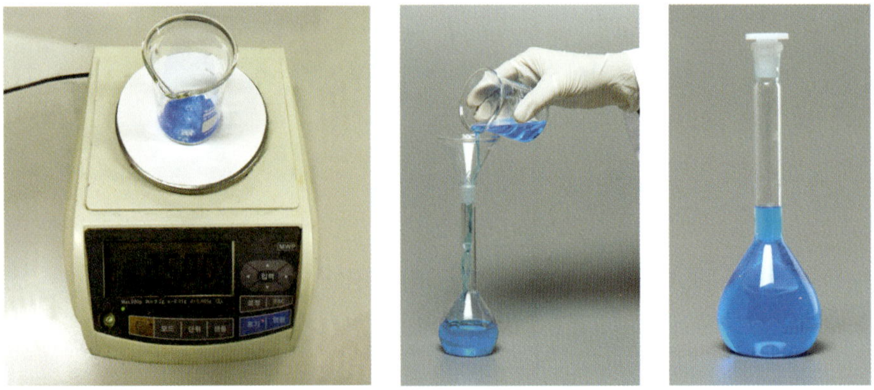

(a) (b) (c)

그림 G.7 주어진 몰농도의 용액을 만드는 방법. (a) 필요한 고체의 질량을 측정하여 부피 플라스크에 넣는다. (b) 물을 적당량 넣고 용해시킨다. (c) 플라스크 기둥의 표시선까지 물을 채운다. 용액의 메니스커스(액체 맨 위 표면의 곡면) 아랫면을 표시선에 맞춰야 한다. (© 상상아카데미)

용액의 부피를 알고 있을 때, 용질의 몰농도를 이용하여 용질의 몰수를 계산할 수 있다.

$$\overbrace{n}^{\text{mol}} = \overbrace{c}^{\text{mol·L}^{-1}} \times \overbrace{V}^{\text{L}} \qquad \textbf{(2a)}$$

c는 몰농도, V는 부피, n은 용질의 양이다. 농도와 부피가 주어진 용액을 만들는 데 필요한 용질의 질량을 구할 때도 이 식을 이용한다. 용질의 몰수를 구한 다음 몰질량을 이용하여 질량을 계산한다. $n = m/M$이므로 식 2a는 $m/M = cV$가 된다. 양변에 M을 곱하면,

$$m = cMV \qquad \textbf{(2b)}$$

예제 G.2 농도로부터 필요한 용질의 질량 구하기

어항에서 조류의 성장을 억제하기 위해 아주 묽은 황산 구리(II) 용액을 사용한다. 조류의 성장은 억제하지만 물고기에게는 유독하지 않은 최적 농도를 조사한다고 가정하자. 고체 황산 구리(II) 오수화물($CuSO_4·5H_2O$)을 이용하여 0.0380 M $CuSO_4$(aq) 250. mL를 만들고자 한다. 필요한 고체의 질량은 얼마인가?

예상 용액이 묽기 때문에, 필요한 용액의 부피가 조금 크기는 하지만 고체는 몇 g 정도만 필요할 것이다.

계획 식 2b를 이용하여 주어진 부피와 몰농도에 해당하는 질량을 구한다.

풀이 용액 250. mL(0.250 L)에 필요한 $CuSO_4$의 몰수를 알아야 한다. $CuSO_4·5H_2O$ 1 mol에는 $CuSO_4$ 1 mol이 들어있으므로, 필요한 $CuSO_4$의 몰수와 동일한 몰수의 $CuSO_4·5H_2O$를 준비하면 된다.

$$n(CuSO_4·5H_2O) = n(CuSO_4)$$

황산 구리(II) 오수화물의 몰질량은 249.6 g·mol^{-1}이므로, 필요한 오수화물의 질량을 다음과 같이 계산한다.

$m = cMV$이므로

$$\begin{aligned} m(CuSO_4·5H_2O) &= (0.0380\ \text{mol·L}^{-1}) \times (249.6\ \text{g·mol}^{-1}) \times (0.250\ \text{L}) \\ &= 2.37\ \text{g} \end{aligned}$$

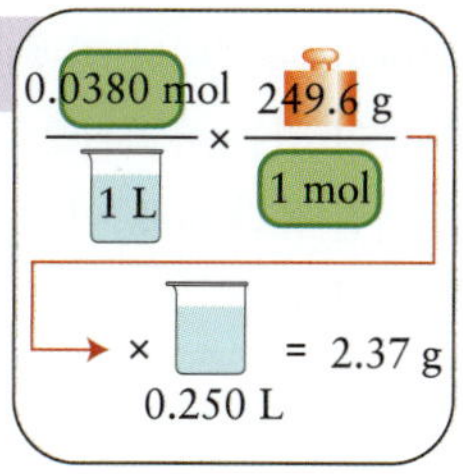

황산 구리(II) 오수화물 2.37 g이 필요하다.

평가 예상대로 필요한 질량은 작은 값이다.

유의 사항

실제 실험에서는 필요한 용질의 양을 대략 취하여 정확하게 무게를 재서 용액을 만든다. 용질의 질량과 용액의 최종 부피로부터 실제 농도를 계산한다. 예를 들어, 여러분이 측정한 용질의 질량이 2.403 g이라면, 몰농도는 0.0385 M $CuSO_4$(aq)가 되는 것이다.

자습 G.2A $C_6H_{12}O_6$(aq) 0.442 M 용액 150. mL를 만드는 데 필요한 포도당의 질량을 계산하시오.

[답: 11.9 g]

자습 G.2B $C_2H_2O_4$(aq) 0.125 M 용액 50.00 mL를 만드는 데 필요한 옥살산의 질량을 계산하시오.

관련 연습 문제 G.7~G.10

용질의 몰수를 알고 있을 때, 몰농도를 이용하여 용액의 부피 V를 구할 수도 있다. 식 2a를 다시 정리하면,

$$\overbrace{V}^{\text{L}} = \frac{\overbrace{n}^{\text{mol}}}{\underbrace{c}_{\text{mol}\cdot\text{L}^{-1}}} \qquad (3)$$

이 식에 자료값을 대입하면 된다.

예제 G.3 용질의 몰수로부터 용액의 부피 계산하기

화학 실험실의 많은 시약은 수용액 상태이다. 여러분이 어떤 실험을 하기 위해 아세트산 CH_3COOH 0.760 mmol이 필요하다고 가정하자(아세트산은 식초에 들어있는 산이며 실험실에서도 자주 사용하는 물질이다). 실험실에는 0.0560 M CH_3COOH(aq)가 구비되어 있다. 필요한 용액의 부피는 얼마인가?

예상 필요한 아세트산이 아주 적으므로, 용액이 묽기는 하지만 몇 mL 정도만 필요할 것이다.

계획 $c=n/V$를 $V=n/c$로 바꾼다. 단위를 혼동하지 않도록 mmol 단위의 값을 1000으로 나누어 mol 단위로 바꾸는 것이 좋다.

풀이

$V=n/c$이므로,

$$V = \frac{0.760\times10^{-3}\ \text{mol}}{0.0560\ \text{mol}\cdot\text{L}^{-1}} = 0.0136\ \text{L}$$

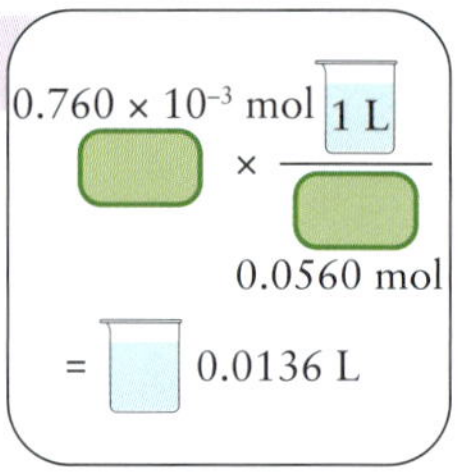

따라서, 뷰렛이나 피펫을 이용하여 아세트산 용액 13.6 mL를 플라스크에 따르면 된다. 뷰렛은 눈금이 있는 유리관으로 아래쪽에 잠금 꼭지(stopcock)이 달려 있다(**그림 G.8**). 피펫은 부피가 정해진 공간(bulb)이 있는 가느다란 관이다. 이제 이 플라스크에는 CH_3COOH 0.760 mmol이 들어있다.

평가 예상대로 필요한 용액의 부피는 작은 값이다.

자습 G.3A 포도당 분자 1.44 μmol이 들어있는 1.25×10^{-3} M $C_6H_{12}O_6$(aq)의 부피는 얼마인가?

[답: 1.15 mL]

자습 G.3B HCl 2.55 mmol이 들어있는 0.358 M HCl(aq) 용액의 부피는 얼마인가?

관련 연습 문제 G.11, G.12

그림 G.8 뷰렛에는 눈금이 있어서 따라낸 액체의 부피를 정확하게 측정할 수 있다. (© *Noiel / Shutterstock*)

용액에서 용질의 몰농도는 용질의 양(mol 단위)을 용액의 부피(L 단위)로 나눈 것이다.

G.4 희석

화학에서는 용액을 보관할 때 공간을 절약하기 위해 **저장 용액(stock solution)**이라고 하는 농축된 형태로 보관해 두었다가 **희석(dilute)**해서 쓴다. 희석은 필요한 농도에 맞게 용매를 첨가하여 용질의 농도를 낮추는 과정이다. 화학자들은 다루는 물질의 양을 정밀하게 조절해야 할 때, 특히 아주 소량의 물질을 다룰 때 희석 같은 기법을 사용한다. 예를 들어 1.50×10^{-3} NaOH(aq) 용액 25.0 mL를 피펫으로 덜어내면 NaOH 37.5 μmol, 즉 1.50 mg을 옮기는 것이다. 이렇게 작은 양을 실량으로 정확하게 측정하는 것은 어렵지만, 부피를 정확하게 덜어내는 것은 쉽다.

저장 용액을 원하는 농도로 희석할 때, 먼저 피펫을 이용하여 알맞은 부피의 저장 용액을 덜어 부피 플라스크에 옮긴다. 그 다음 용매를 넣어 최종 용액의 부피를 맞춘다. 주어진 부피의 희석 용액을 만드는 데 필요한 저장 용액의 부피를 계산하는 방법을 도구상자 G.1에 나타냈다.

도구상자 G.1 희석 용액에 필요한 저장 용액의 부피를 계산하는 방법

기본 개념

이 과정에 필요한 아이디어는 간단하다: 주어진 용액의 부피까지 용매를 첨가하더라도, 농도만 바뀔 뿐 용질의 몰수는 바뀌지 않는다(그림 G.9). 희석 후에는 같은 몰수의 용질이 더 큰 부피를 차지하는 것일 뿐이다.

과정

두 단계를 거친다.

1단계 희석 용액의 최종 부피 $V_{최종}$에 들어있는 용질의 몰수 n을 계산한다(이것이 부피 플라스크에 옮겨야 할 용질의 양이다).

$$n = c_{최종}V_{최종}$$

2단계 몰농도가 c처음인 저장 용액의 처음 부피 $V_{처음}$을 계산한다(이 부피의 저장 용액에는 1단계에서 계산한 양만큼의 용질이 들어있다).

$$V_{초기} = \frac{n}{c_{초기}}$$

이 과정은 예제 G.4에서 설명한다.

두 식에서 용질의 몰수 n은 같으므로 식을 정리하면 다음과 같다.

그림 G.9 용액을 희석하면 동일한 개수의 용질 분자가 더 큰 부피를 차지하게 된다. 따라서 같은 부피(정육면체로 표시)에는 농축 용액보다 용질 분자가 더 적게 들어 있다.

$$V_{초기} = \frac{c_{최종}V_{최종}}{c_{초기}}$$

기억하기 쉬운 식으로 다시 정리하면 다음과 같다.

$$c_{초기}V_{초기} = c_{최종}V_{최종} \tag{4}$$

식 4는 최종 용액에 들어있는 용질의 양(우변)이 처음 용액에 들어있던 용질의 양(좌변)과 같다는 것을 의미한다($n_{최종} = n_{초기}$).

예제 G.4 희석해야 할 저장 용액의 부피 계산하기

수산화 소듐 용액은 신문지를 재활용하는 데 쓰인다. 수산화 소듐 용액은 종이 섬유를 팽창시켜 잉크를 제거할 수 있게 한다. 여러분이 신문 인쇄 회사의 실험실에서 셀룰로스 섬유가 수산화 소듐 용액의 농도에 어떤 영향을 받는지를 연구한다고 가정하자. 0.0270 M NaOH(aq) 저장 용액을 이용하여 1.25×10^{-3} M NaOH(aq) 250. mL를 만들어야 한다. 필요한 저장 용액의 부피는 얼마인가?

예상 저장 용액이 희석 용액에 비해 22배 더 농축되어 있으므로, 250 mL의 약 1/22, 즉 12 mL 정도를 사용해야 한다.

계획 도구상자 G.1의 과정을 따른다.

풀이

1단계 희석된 용액의 최종 부피 $V_{최종}$에 들어있는 용질의 몰수 n을 계산한다.
$n = c_{최종}V_{최종}$이므로

$$n = (1.25 \times 10^{-3}\ \mathrm{mol \cdot L^{-1}}) \times (0.250\ \mathrm{L})$$
$$= 0.312\ldots\ \mathrm{mmol}$$

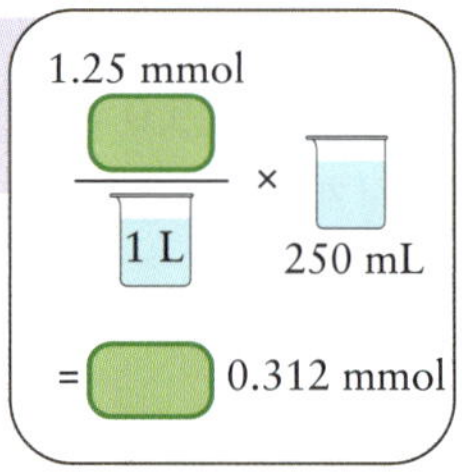

2단계 이만큼의 용질이 들어있는, 몰농도 $c_{초기}$인 처음 저장 용액의 부피 $V_{초기}$를 계산한다.
$V_{초기} = n/c_{초기}$이므로,

$$V_{최종} = \frac{0.312\ldots\ \mathrm{mmol}}{0.0270\ \mathrm{mol \cdot L^{-1}}} = 1.16 \times 10^{-2}\ \mathrm{L}$$

즉 11.6 mL

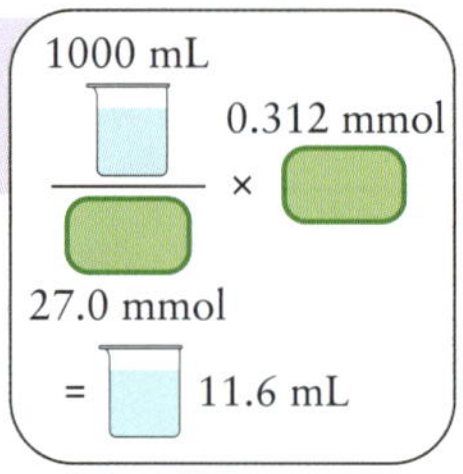

평가 필요한 저장 용액의 부피는 11.6 mL로 예상값과 비슷하다. 이만큼의 저장 용액을 뷰렛을 이용하여 250. mL 들이 부피 플라스크에 넣은 다음, 물을 눈금까지 더 채운다(**그림 G.10**).

유의 사항

반올림 오차를 줄이기 위해 한 번에 계산해야 한다. 하지만 예제에서는 계산 과정을 설명하기 위해 중간 결과를 반올림하지 않은 형태 $n.nnn$.... 형태로 남겨두었다.

자습 G.4A 5.25×10^{-4} M HCl(aq) 100. mL를 만드는 데 필요한 0.0155 M HCl(aq)의 부피를 계산하시오.

[**답**: 3.37 mL]

자습 G.4B 1.59×10^{-5} M $C_6H_{12}O_6$(aq) 25.00 mL를 만드는 데 필요한 0.152 M $C_6H_{12}O_6$(aq)의 부피를 계산하시오.

관련 연습 문제 G.15, G.16, G.18, G.27

용액을 더 큰 부피로 희석하면, 용액에 들어있는 용질의 총량은 변하지 않지만 용질의 농도는 낮아진다.

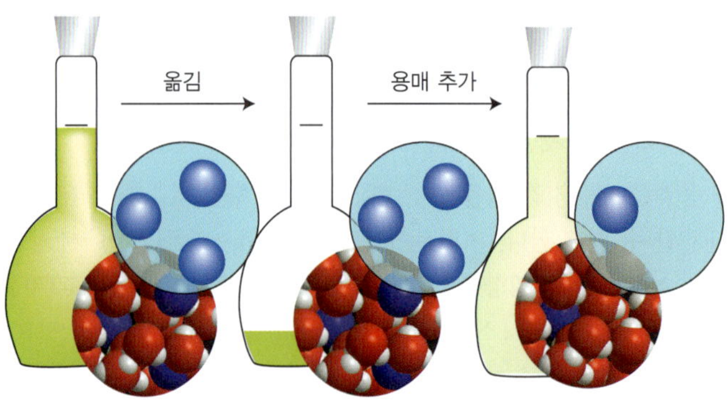

그림 G.10 희석 과정. 원래 용액의 일부를 부피 플라스크에 담고, 용매를 더 넣어 눈금을 맞춘다. 용액의 미세한 부피에 들어있는 용질을 삽입 그림에 나타냈다(맨 위 레이어에는 용질 입자만 나타냈다.)

기초 지식 G에서 배운 것은 무엇인가?

혼합물을 분류하는 방법을 공부했다. 또, 필요한 농도의 용액을 만들고, 희석하고, 활용하는 방법도 공부했다.

개념과 식의 적용

□ 불균일 혼합물과 균일 혼합물을 구별하고 분리 방법을 설명한다(G.1절과 G.2절).
□ 용질의 몰농도, 용액의 부피, 용질의 질량 중 두 가지를 이용하여 나머지 하나를 계산한다(예제 G.1~G.3).
□ 원하는 몰농도의 희석 용액을 만드는 데 필요한 저장 용액의 부피를 구한다(도구상자 G.1과 예제 G.4).

기초 지식 G 연습 문제

G.1 참, 거짓을 판별하고, 거짓이라면 잘못된 부분을 설명하시오.
(a) 화합물의 구성 성분은 물리적인 방법으로 분리할 수 있다.
(b) 용액의 조성은 바꿀 수 있다.
(c) 화합물의 성질은 구성 원소들의 성질과 같다.

G.2 참, 거짓을 판별하고 거짓이라면 잘못된 부분을 설명하시오.
(a) 비수용액은 용매가 물인 용액이다.
(b) 따르기는 각 성분의 끓는점 차이를 이용하여 혼합물을 분리한다.
(c) 크로마토그래피는 각 성분이 표면에 흡착되는 정도 차이를 이용하여 분리한다.

G.3 균일 혼합물인지 불균일 혼합물인지 판별하고, 성분별로 분리할 수 있는 기법을 제안하시오.
(a) 기름과 식초 (b) 분필 가루와 소금 (c) 소금물

G.4 균일 혼합물인지 불균일 혼합물인지 판별하고, 성분별로 분리할 수 있는 기법을 제안하시오.
(a) 레모네이드 (b) 샐러드 오일과 식초 (c) 소금과 간 후추

G.5 어떤 학생이 Na_2CO_3 2.111 g을 250.0 mL 부피 플라스크에 넣고 물을 표시선까지 채워 탄산 소듐 수용액을 만들었다. 이제 뷰렛을 이용하여 용액을 옮겨 담을 것이다. 다음을 얻기 위해 이 학생이 뷰렛에서 따라내야 할 용액의 부피는 얼마인가?
(a) 2.15 mmol Na^+ (b) 4.98 mmol CO_3^{2-} (c) 50.0 mg Na_2CO_3

G.6 (a) 어떤 화학자가 $NaNO_3$ 1.734 g을 충분한 물에 녹여 용액 250.0 mL를 만들었다. 라벨에 질산 소듐 용액의 몰농도를 얼마로 적어야 하는가? (b) 만약 이 화학자가 실수로 250.0 mL 플라스크 대신 500.0 mL 플라스크를 사용했다면, 실제로 만들어진 질산 소듐의 몰농도는 얼마인가?

G.7 KNO_3가 질량 비율로 5.45% 들어있는 수용액 510. g을 만들어야 한다. 용액을 만드는 방법을 각 성분의 질량과 함께 설명하시오.

G.8 $CuSO_4$의 질량 비율이 5.16%인 용액을 일부 덜어내어 $CuSO_4$ 0.453 g이 들어 있는 시료를 준비해야 한다. 덜어내야 하는 용액의 질량은 얼마인가?

G.9 사진용 감광제의 성질을 연구하는 한 화학자가 0.179 M $AgNO_3$(aq) 500.0 mL를 만들었다. 500.0 mL 부피 플라스크에 넣어야 하는 질산 은의 질량은 얼마인가?

G.10 다음 용액을 만드는 데 필요한 무수물 고체의 질량은 몇 g인가?
(a) 0.125 M K_2SO_4(aq) 1.00 L
(b) 0.015 M NaF(aq) 375 mL
(c) 0.35 M $C_{12}H_{22}O_{11}$ 500. mL

G.11 정맥 주사 용액의 특성을 조사하는 연구자가 0.278 M $C_6H_{12}O_6$ (포도당) 용액을 만들었다. 포도당 4.50 mmol이 들어 있는 용액의 부피는 얼마인가?

G.12 어떤 학생이 탄산 이온을 함유한 용액의 성질을 조사하고 있다. Na_2CO_3 8.124 g을 250.0 mL 플라스크에 넣고 용액을 만들었다. 이제 뷰렛을 이용하여 용액을 일부 덜어낸다. 다음을 얻기 위해 뷰렛에서 따라내야 할 용액의 부피는 얼마인가?
(a) 5.124 mmol Na_2CO_3 (b) 8.726 mmol Na^+

G.13 어떤 플로리스트가 비료 용액을 만들기 위해 0.20 M NH_4NO_3(aq) 1.0 L에 물 3.0 L를 더해 희석시켰다. 그런 다음 화분마다 이 희석 용액 100. mL씩을 뿌렸다. 각 화분이 공급받은 질소 원자는 몇 mol인가? 계산기 없이 풀어보자.

G.14 어떤 간호사가 영양액을 만들기 위해 0.30 M $C_6H_{12}O_6$(aq) 1.0 L에 물 4.0 L를 더해 희석시켰다. 그런 다음 정맥(IV) 수액백마다 이 희석 용액 100. mL씩 주입했다. 이 IV 수액백 하나에 들어있는 탄소 원자는 몇 mol인가? 계산기 없이 풀어보자.

G.15 (a) 물을 이용하여 150.0 mL로 희석했을 때 0.0234 M Na_2CO_3(aq)를 만드는 데 사용해야 하는 0.778 M Na_2CO_3(aq)의 부피는 얼마인가? (b) 어떤 실험에서 0.50 M NaOH(aq) 60.0 mL가 필요하다. 실험 조교가 저장고에서 2.5 M NaOH(aq) 밖에 찾지 못했다. 0.50 M NaOH(aq)를 만드는 방법을 말하시오.

G.16 어떤 화학자가 $CuSO_4 \cdot 5H_2O$ 0.033 g을 물에 녹인 다음 250.0 mL 부피 플라스크에 넣고 눈금까지 희석하였다. 이 용액에서 2.00 mL를 덜어 다른 250.0 mL 부피 플라스크에 넣고 물을 채워 눈금까지

희석시켰다. (a) 최종 용액에서 $CuSO_4$의 몰농도는 얼마인가? (b) 최종 용액 250.0 mL를 한 번에 만들고자 할 때 필요한 $CuSO_4 \cdot 5H_2O$의 질량은 얼마인가?

G.17 (a) 0.20 M CuSO4(aq) 250 mL를 만드는 데 필요한 무수 황산구리(II)의 질량을 구하시오. (b) 0.20 M CuSO4(aq) 250 mL를 만드는 데 필요한 $CuSO_4 \cdot 5H_2O$의 질량을 구하시오.

G.18 몰농도 15.0 $mol \cdot L^{-1}$인 암모니아 용액을 구매하여 저장고에 보관한다. (a) 0.720 M NH_3(aq) 250. mL를 만들기 위해 희석시켜야 할 15.0 M NH_3(aq)의 부피를 구하시오. (b) 어떤 실험에 0.050 M NH_3(aq)가 필요하다. 저장고 관리자는 이 용액 8.10 L가 필요하다고 추정하였다. 필요한 15.0 M NH_3(aq)의 부피는 얼마인가?

G.19 (a) 1.345 M K_2SO_3(aq) 12.56 mL를 희석하여 250.0 mL로 만들었다. 이 희석 용액의 K_2SO_4 몰농도는 얼마인가? (b) 시약병으로부터 0.366 M HCl(aq) 25.00 mL를 피펫으로 채취하였다. 이 시료를 125.00 mL 들이 플라스크에 옮기고 물을 채워 눈금까지 희석하였다. 이 희석된 염산 용액의 몰농도는 얼마인가?

G.20 매우 묽은 용액을 만들 때, 저장 시약(농도가 높은 시약)의 아주 작은 질량이나 부피를 측정하기보다는, 먼저 기준 용액을 만든 다음 연속적으로 희석하는 것이 더 바람직하다. $K_2Cr_2O_7$ 0.611 g을 250.0 mL 부피 플라스크에 넣고 물을 눈금까지 채웠다. 이 용액에서 1.000 mL를 덜어내어 500.0 mL 부피 플라스크에 넣고 눈금까지 물을 채웠다. 다음으로 이 희석 용액 10.0 mL를 덜어내어 250.0 mL 들이 부피 플라스크에 넣고 눈금까지 물을 채웠다. (a) $K_2Cr_2O_7$의 최종 농도는 얼마인가? (b) 최종 용액에 들어있는 $K_2Cr_2O_7$의 질량은 얼마인가? (이 문제의 답은 용액을 한 번에 만든다고 가정할 때 측정해야 하는 고체의 질량이라는 점을 주목하자.)

G.21 KCl 0.500 g, K_2S 0.500 g, K_3PO_4 0.500 g을 물에 녹여 500. mL로 만들었다. 이 용액에서 (a) 포타슘 이온과 (b) 황화 이온의 농도는 얼마인가?

G.22 제시된 부피의 부피 플라스크, 무수물 용질, 물을 이용하여 다음 용액을 만드는 방법을 설명하시오.

(a) 5.0 M NaOH(aq) 75.0 mL (b) 0.21 M $BaCl_2$ 5.0 L (c) 0.0340 M $AgNO_3$ 300. mL

G.23 의학에서는 특정 이온 농도의 용액을 만들어야 할 경우가 있다. 어떤 실험자가 포도당 및 다른 당류과 함께 NaCl 0.50 g, KCl 0.30 g이 들어있는 용액 100.0 mL를 만들었다. 이 용액에서 염화 이온의 농도는 얼마인가?

G.24 철광석 조각 2.016 g을 염산 50.0 mL에 넣으면 철이 산에 용해되어 $FeCl_3$ 용액이 된다. 이 $FeCl_3$ 용액을 희석하여 100.0 mL로 만든 다음 분광법으로 분석하였더니 Fe^{3+} 농도가 0.145 $mol \cdot L^{-1}$이었다. 이 철광석에 들어있던 철의 질량 백분율은 얼마인가?

G.25 동종 요법(homeopathy)이라고 하는 대체 의학의 한 분야에서는 매우 묽은 약물 용액도 효과가 있다고 주장한다. 이 주장이 타당할까? 어떤 활성 물질 X의 몰농도가 0.10 $mol \cdot L^{-1}$인 용액을 만들었다고 하자. 이 용액 10. mL를 부피 2배로 희석하고, 다시 2배로 희석하는 과정을 총 90회 반복한다. 최종 용액 10. mL에는 X 분자가 몇 개 들어있는가? 이 용액이 건강에 도움이 될지 논하시오.

G.26 연습 문제 G.25에 이어서, 처음 용액 10 mL를 10배씩 연속적으로 희석한다고 가정하자. 몇 번 희석하면 X 분자 1개가 남는가?

G.27 진한 염산은 HCl의 질량 비율이 37.50%이고 밀도가 1.205 g cm^{-3}이다. 0.7436 M HCl(aq) 10.0 L를 만드는 데 필요한 진한 염산의 부피는 몇 mL인가?

G.28 0.10 M $AgNO_3$(aq) 500. mL가 필요하다. 여러분은 현재 0.30 M $AgNO_3$(aq) 100. mL, 0.050 M $AgNO_3$(aq) 1.00 L, 충분한 증류수를 구비하고 있다. 원하는 용액을 만드는 방법을 용액의 부피와 함께 설명하시오.

G.29 환경 독성 물질의 농도는 ppm 또는 ppb로 측정하는 경우가 많다. 용질의 농도가 질량 기준으로 3 ppb라는 뜻은 용액 100만 g(1000 t)당 용질 3 g이 들어있다는 뜻이다. 세계 보건기구 WHO는 음용수에서 납의 허용 기준치를 10 ppb로 정했다. 만약 여러분이 수돗물의 납 농도를 분석해야 하는데, 여러분이 갖고 있는 장비가 납 농도를 1×10^{-8} $mol \cdot L^{-1}$까지 밖에 검출하지 못한다고 하자. 이 장비는 납 농도를 분석하기에 충분한지 근거와 함께 설명하시오. 이 정도 수준으로 묽은 용액의 밀도는 1.00 $g \cdot cm^{-3}$으로 가정할 수 있다.

G.30 연습 문제 G.29에 이어서, 1992년 미국 Chicago주의 가정 1/3에 공급되는 수돗물에서 질량 기준으로 약 10 ppb의 납이 검출되었다. 이 가정 중 한 집에서 매일 수돗물 2 L를 마셨다면, 1년 동안 섭취하는 납의 총 질량은 얼마인가?

H. 화학 반응식

어린이가 자라나는 것이나, 석유로부터 고분자를 만드는 것이나, 음식을 소화시키는 것 모두가 **화학 반응(chemical reaction)**의 결과이다. 화학 반응은 하나 이상의 순물질이 하나 이상의 다른 순물질로 변환되는 과정으로, 화학적 변화(기초 지식 A)에 해당한다. 시작 물질을 **반응물(reactant)**, 생성된 물질을 **생성물(product)**이라고 한다. 실험실에서 일반적으로 사용하는 화학 물질을 **시약(reagent)**이라고 한다. 즉, 반응에 참여하는 시약이 반응물이다. 기초 지식 H에서는 화학의 기본 언어로써, 화학 반응을 기호로 나타내는 방법을 알아본다.

H.1 화학 반응식 쓰기

화학 반응은 다음과 같이 화살표로 나타낸다.

$$\text{반응물} \rightarrow \text{생성물}$$

예를 들어 금속 소듐 조각을 물통에 넣으면, 소듐과 물이 서로 반응하여 기체 수소(용액에서 기포로 빠져나옴)와 수산화 소듐(용액에 용해된 상태)이 생성된다(**그림 H.1**). 이 반응을 단어로 표현하면 다음과 같다.

$$\text{소듐} + \text{물} \rightarrow \text{수산화 소듐} + \text{수소}$$

화학식을 사용하면 다음과 같다.

$$Na + H_2O \rightarrow NaOH + H_2$$

이것은 반응의 기본 요소, 즉 반응물과 생성물이 무엇인지를 화학식으로 나타낸 것으로, **골격 반응식(skeletal equation)**이라고 한다. 골격 반응식은 그 화학 반응식을 **정성적**(*qualitative*)으로 나타낸 것이다.

화학 반응을 정량적으로 나타내려면 먼저, 원자는 화학 반응을 통해 생성되거나 없어지지 않고, 단지 짝을 바꿀 뿐이라는 것을 유념해야 한다. 밀폐된 반응기에서 반응이 일어날 때 전체 질량이 변하지 않는다는 것이 그 중요한 증거이다. 화학 반응식에서 전체 질량이 변하지 않는다는 것을 **질량 보존의 법칙(law of conversion of mass)**이라고 한다. 원자는 생성되거나 없어지지 않으므로, 골격 반응식의 화학식에 적절한 인자를 곱해서 화살표 양쪽의 원소별 원자 개수가 같도록 맞춰주어야 한다. 예를 들어, 위 골격 반응식 좌변에는 H 원자가 2개이지만 우변에는 3개이므로 균형이 맞지 않는다. 균형 화학 반응식은 다음과 같다.

$$2\,Na + 2\,H_2O \rightarrow 2\,NaOH + H_2$$

이제 양변 모두 H 원자 4개, Na 원자 2개, O 원자 2개이므로 질량 보존의 법칙에 부합한다. 화학 반응식에서 화학식 전체에 곱해준 숫자를 **화학량론적 계수**(stoichiometric coefficient)라고 한다(예를 들어 H_2O에 2를 곱함). H_2 앞에 1을 쓰지 않은 것처럼 계수 1은 쓰지 않는다.

유의 사항

계수와 아래첨자를 정확히 구별하자. 화학식 내부의 첨자는 분자나 화학식 단위 하나에 들어있는 각 원소의 원자가 몇 개인가를 나타내는 것이다. 계수는 반응에 참여하는 분자나 화학식 단위가 몇 개인가를 나타내는 것이다.

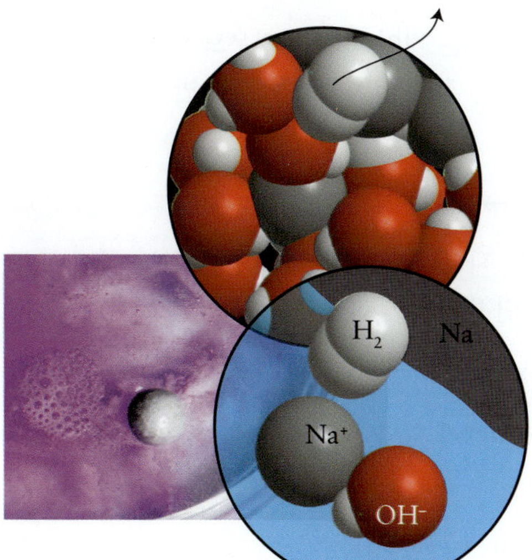

그림 H.1 금속 소듐 조각을 물에 넣으면 격렬한 반응이 일어난다. 기체 수소와 수산화 소듐이 형성되며, 소듐을 녹일 정도의 열이 발생하여 소듐 금속이 구형으로 뭉친다. 용액이 핑크색인 것은 수산화 이온에 의해 색깔이 바뀌는 염료를 넣었기 때문이다. 아래쪽 삽입 그림에는 반응하지 않은 물 분자를 생략하였다. (*Photo: Turtle Rock Scientific / Science Source.*)

생각해 보기

화학량론(stoichiometry)이라는 말이 생소할 수 있는데, 그리스어로 '원소'와 '측정'을 뜻하는 단어에서 유래한 말이다.

또한 화학 반응식에는 일반적으로 각 반응물과 생성물의 상태를 **상태 기호**(**state symbol**)로 나타낸다.

(s): 고체 (l): 액체 (g): 기체 (aq): 수용액

따라서 고체 소듐과 액체 물의 반응의 균형 반응식을 완성하면 다음과 같다.

$$2\,Na(s) + 2\,H_2O(l) \rightarrow 2\,NaOH(aq) + H_2(g)$$

화학 반응식이 담고 있는 중요한 의미는 다음과 같다. 먼저 소듐과 물에 대한 위 반응식은 다음과 같은 뜻이다.

- 소듐 원자 2개와 물 분자 2개와 반응하면 NaOH 화학식 단위 2개와 수소 분자 1개가 생긴다.

이제 몰당 개수 6.022×10^{23}(기초 지식 E)를 곱하면 다음과 같은 결론을 얻는다.

- 소듐 원자. 2몰과 H_2O 분자 **2몰**이 반응하면 NaOH 화학식 단위 **2몰**과 H_2 분자 **1몰**이 생긴다.

다시 말해, 균형 화학 반응식에서 화학식 앞에 곱한 화학량론적 계수는, 반응을 통해 반응하거나 생성된 각 물질들의 상대적인 몰수를 나타낸다는 뜻이다.

높은 온도가 필요한 반응에는 화살표 위에 그리스 문자 Δ(델타)를 쓴다. 예를 들어 석회석이 소석회로 변하는 반응은 약 800 °C에서 일어난다.

$$CaCO_3(s) \xrightarrow{\Delta} CaO(s) + CO_2(g)$$

촉매(**catalyst**)가 필요한 반응도 있다. 촉매는 자신이 반응을 통해 소모되지는 않지만 반응 속도를 높여주는 물질이다(Topic 7E). 예를 들어, 황산을 공업적으로 생산하는 과정 중 첫 번째 단계에 오산화 바나듐 V_2O_5가 촉매로 쓰인다. 촉매의 화학식을 화살표 위에 쓴다.

$$2\,SO_2(g) + O_2(g) \xrightarrow{V_2O_5} 2\,SO_3(g)$$

균형 화학 반응식은 화학 반응을 통해 일어난 정성적, 정량적 변화 모두를 기호로 나타낸 것이다. 화학량론적 계수는 반응에 참여하는 반응물과 생성물의 상대적인 몰수를 뜻한다.

H.2 균형 화학 반응식

적절한 화학량론적 계수를 써서 반응식의 균형을 맞추는 것이 간단한 경우도 있다. 예를 들어 수소와 산소 기체가 결합하여 물이 되는 반응을 보자. 정성적인 정보를 골격 반응식으로 쓰면 다음과 같다.

$$H_2 + O_2 \rightarrow H_2O \qquad ⚠$$

이 책에서는 균형이 맞지 않은 반응식이라는 점을 나타내기 위해 '경고'를 뜻하는 국제 도로 표지 ⚠를 쓴다. 수소와 산소 원자의 균형을 맞추면 반응식이 다음과 같다.

$$2\,H_2 + O_2 \rightarrow 2\,H_2O$$

화살표 양 변에는 각각 수소 원자 4개와 산소 원자 2개가 있다. 마지막으로, 화학식 옆에 상태 기호를 쓰면 다음과 같다.

$$2\,H_2(g) + O_2(g) \rightarrow 2\,H_2O(l) \qquad \textbf{(A)}$$

그림 H.2는 이 반응을 분자 수준에서 나타낸 그림이다.

반응식의 균형을 맞추기 위해 화학식의 첨자를 바꾸면 절대로 안 된다. 계수를 바꾸는 것은 반응에 참여하는 물질 자체를 바꾸는 것이다. 예를 들어 골격 반응식에서 H_2O를 H_2O_2로 바꾸면, 균형 반응식이 되기는 한다.

$$H_2 + O_2 \rightarrow H_2O_2$$

그러나 이것은 수소와 산소가 반응하여 물(H_2O)이 아니라 과산화 수소(H_2O_2)가 형성되는, 다른 반응을 뜻하는 반응식이다. 마찬가지로 다음과 같이 써서도 안 된다.

$$H_2 + O \rightarrow H_2O$$

이 반응식의 균형은 맞지만, 수소 분자와 산소 원자 간의 반응을 뜻하므로 시작 물질이 다르다. 마찬가지로, 아무것도 결합하지 않는 원자를 균형 반응식에 쓰는 것도 안 된다.

$$H_2 + O_2 \rightarrow H_2O + O$$

이렇게 쓰면 물과 함께 자유 산소 원자가 생성된다는 뜻인데, 이런 반응은 일어나지 않는다. 균형 화학 반응식은 실제로 일어나는 반응을 반영해야 한다.

수소와 산소의 반응식 A와 같이, 균형 화학 반응식의 계수는 보통 가장 작은 정수이다. 하지만 화학 반응식에 어떠한 인자를 곱해도 된다. 분수 계수가 편리한 경우도 있다. 예를 들어 반응식 A에 ½를 곱하면 다음과 같다.

$$H_2(g) + \frac{1}{2}O_2(g) \rightarrow H_2O(l)$$

H_2 1 mol이 소모되는 반응이나 H_2O가 1 mol 생성되는 반응을 나타내고자 할 때 위와 같이 쓸 수 있다.

더 복잡한 반응식은 원소별로 하나씩 균형을 맞추는 것이 편리하다. 화학식에 가장 적게 쓰인 원소부터 균형을 맞추고, 결합하지 않은 원소를 마지막에 맞춘다. 예를 들어 메테인이 연소하는 반응의 균형을 맞춘다고 하자. **연소(combustion)**란 공기 중에서 타는 것을 뜻하며, 특히 산소 분자와 반응하는 것을 가리킨다. 이 반응의 생성물은 이산화 탄소와 물이다(그림 H.3). 먼저 골격 반응식을 쓴다.

$$CH_4 + O_2 \rightarrow CO_2 + H_2O$$ ⚠

탄소와 수소의 균형을 먼저 맞추고 산소는 나중에 맞추는 것이 쉽다. 균형을 맞춘 다음에는 상태를 적는다. 실험 조건에서 물이 증기 상태로 생성된다면 반응식을 다음과 같이 적을 수 있다.

$$CH_4(g) + 2O_2(g) \rightarrow CO_2(g) + 2H_2O(g)$$

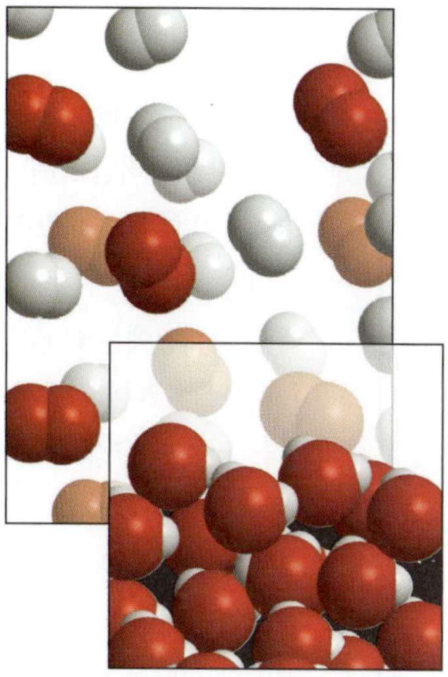

그림 H.2 수소와 산소가 반응하여 물이 된다. 생성되거나 파괴된 원자는 없고, 짝을 바꿀 뿐이다. 수소 분자 2개가 반응할 때마다 산소 분자(빨간색) 1개가 소모되며(뒤쪽 그림) 물 분자 2개가 생성된다(앞쪽 그림).

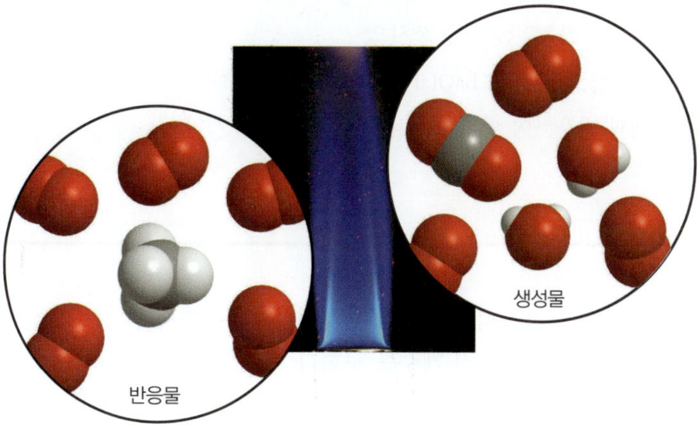

그림 H.3 메테인이 연소하면 이산화 탄소와 물이 생성된다. 메테인 분자 1개가 소모되면 이산화 탄소 분자 1개와 물 분자 2개가 생성된다는 점에 유의하자. 한 물 분자 내의 수소 원자 2개는 동일한 메테인 분자에서 온 것이 아닐 수도 있다. 그림은 메테인 분자 1개가 반응한 결과를 나타낸 것이 아니라, 전체 결과의 일부를 보여주는 것이다. 과잉 산소는 반응하지 않은 채로 남아있다.(© *ggw / Shutterstock*)

예제 H.1 균형 화학 반응식 쓰기

화석 연료에 대한 우려가 증가함에 따라, 화학자들은 더 효과적인 새로운 연료를 탐색한다. 여러분이 이러한 연구를 한다고 가정하면 연소 반응에 대해 알아야 할 것이다. 액체 헥세인(hexane) C_6H_{14}가 연소하여 기체 이산화 탄소와 기체 물을 형성하는 반응식을 쓰고 균형을 맞추시오.

예상 헥세인에는 C 6개와 H 14개가 있으므로, 헥세인 분자 1개는 CO_2 분자 6개와 H_2O 분자 7개를 생성할 것이라고 예상할 수 있다. 따라서 균형 반응식은 $C_6H_{14} + ?O_2 \rightarrow 6\ CO_2 + 7\ H_2O$ 또는 이의 배수가 될 것이다.

계획 골격 반응식을 먼저 쓴다. 필요하면 기초 지식 D에서 배운 화학식을 쓰는 규칙을 참고한다. 화학식에 가장 적게 쓰인 원소의 균형을 먼저, 원소의 균형은 나중에 맞춘다. 화학량론적 계수가 분수로 나온다면, 적절한 인자를 곱해 정수 계수로 맞추는 것이 보통이지만, 반드시 그래야할 필요는 없다. 마지막으로 각 반응물과 생성물의 물리적 상태를 적는다.

풀이

균형 반응식을 쓴다.

$$C_6H_{14} + O_2 \rightarrow CO_2 + H_2O$$

탄소와 수소의 균형을 맞춘다.

$$C_6H_{14} + O_2 \rightarrow 6\ CO_2 + 7\ H_2O$$

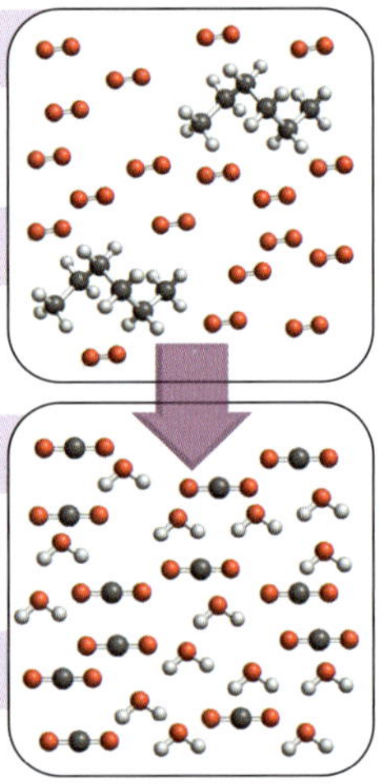

산소의 균형을 맞춘다. 화학량론적 계수가 분수이다.

$$C_6H_{14} + \tfrac{19}{2}\ O_2 \rightarrow 6\ O_2 + 7\ H_2O$$

반응식의 균형은 맞았다. 하지만 2를 곱하면 가장 작은 정수 계수들로 맞출 수 있다.

$$2\ C_6H_{14} + 19\ O_2 \rightarrow 12\ CO_2 + 14\ H_2O$$

마지막으로, 물리적 상태를 적는다.

$$2\ C_6H_{14}(l) + 19\ O_2(g) \rightarrow 12\ CO_2(g) + 14\ H_2O(g)$$

평가 균형 반응식은 $2\ C_6H_{14}(l) + 19\ O_2(g) \rightarrow 12\ CO_2(g) + 14\ H_2O(g)$이고, 이것은 예상했던 반응식 $C_6H_{14}(l) + \tfrac{19}{2}\ O_2(g) \rightarrow 6\ CO_2(g) + 7\ H_2O(g)$에 2를 곱한 것이다.

자습 H.1A 용융 알루미늄을 고체 산화 바륨과 함께 가열하면, 격렬하게 반응하여 용융 바륨과 고체 산화 알루미늄이 형성된다. 이 반응의 균형 화학 반응식을 쓰시오.

[답: $2\ Al(l) + 3\ BaO(s) \xrightarrow{\Delta} Al_2O_3(s) + 3\ Ba(l)$]

자습 H.1B 고체 질소화 마그네슘이 황산 수용액과 반응하여 황산 마그네슘 수용액과 황산 암모늄 수용액을 생성하는 균형 화학 반응식을 쓰시오.

관련 연습 문제 H.7, H.8, H.13~H.21

화학 반응식은 화학 반응을 화학식으로 나타낸 것이다. 반응에서 원자는 생성되거나 파괴되지 않는다는 원칙에 따라 화학량론적 계수를 구한다.

기초 지식 H에서 배운 것은 무엇인가?

화학 반응을 기호로 표현하는 방법, 그리고 반응식의 균형을 맞추는 방법을 공부했다. 균형 반응식의 화학량론적 계수를 해석하는 방법도 배웠다.

개념과 식의 적용

☐ 화학량론적 계수의 역할을 설명한다(H.1절).
☐ 언어적 정보를 이용하여 화학 반응식을 쓰고, 균형을 맞추고, 상태를 쓴다(예제 H.1).

기초 지식 H 연습 문제

H.1 화학 반응식 $Cu+SO_2 \rightarrow CuO+S$의 균형을 맞출 때, 생성물 쪽에 O 원자를 추가하여 $Cu+SO_2 \rightarrow CuO+S+O$로 만들면 쉽다. (a) 이러한 과정은 왜 틀린가? (b) 올바르게 균형을 맞추시오.

H.2 화학 반응식에서 보존되는 것을 고르시오.
(a) 질량 (b) 원자의 개수 (c) 분자의 개수 (d) 전자의 개수

H.3 첫 번째 그림은 어떤 화학 반응의 반응물, 두 번째 그림은 모든 반응물 분자가 반응했을 때 생성물이다. 균형 화학 반응식을 쓰시오. ●: 산소, ○: 수소, □: 규소이며, 서로 접한 원자는 결합한 원자를 뜻한다.

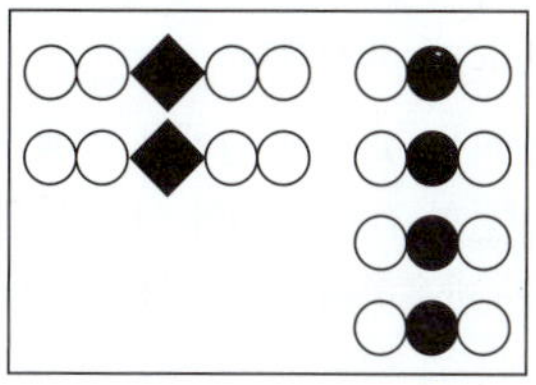
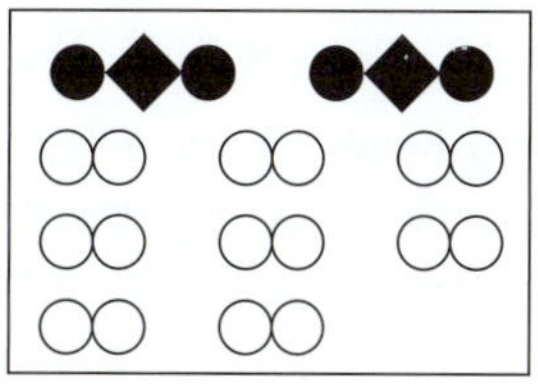

H.4 첫 번째 그림은 어떤 화학 반응의 반응물, 두 번째 그림은 모든 반응물 분자가 반응했을 때 생성물이다. 가장 작은 정수 계수를 이용하여 균형 화학 반응식을 쓰시오. ●: 산소, ○: 수소, □: 질소이며, 서로 접한 원자는 결합한 원자를 뜻한다.

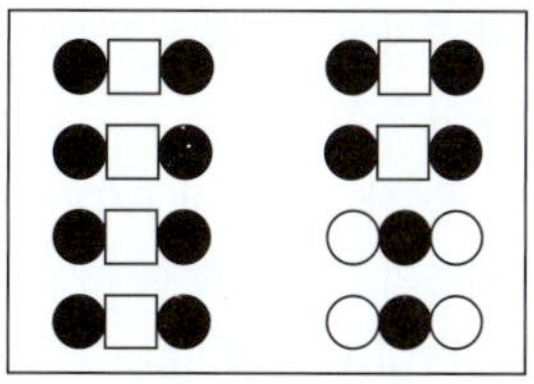
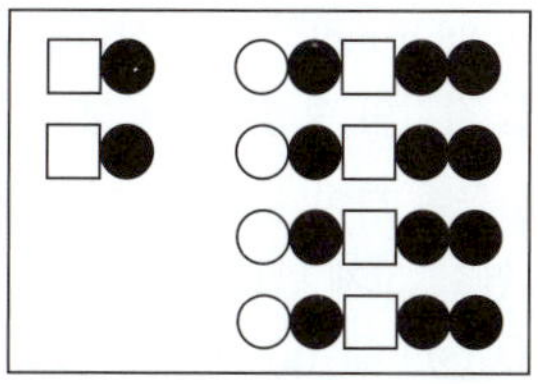

H.5 다음 골격 반응식의 균형을 맞추시오.
(a) $NaBH_4(s)+H_2O(l) \rightarrow NaBO_2(aq)+H_2(g)$
(b) $Mg(N_3)_2(s)+H_2O(l) \rightarrow Mg(OH)_2(aq)+HN_3(aq)$
(c) $NaCl(aq)+SO_3(g)+H_2O(l) \rightarrow Na_2SO_4(aq)+HCl(aq)$
(d) $Fe_2P(s)+S(s) \rightarrow P_4S_{10}(s)+FeS(s)$

H.6 다음 골격 반응식의 균형을 맞추시오.
(a) $KClO_3(s) \xrightarrow{\Delta} KCl(s)+O_2(g)$
(b) $KClO_3(l) \xrightarrow{\Delta} KCl(s)+KClO_4(g)$
(c) $N_2H_4(aq)+I_2(aq) \rightarrow HI(aq)+N_2(g)$
(d) $P_4O_{10}(s)+H_2O(l) \rightarrow H_3PO_4(l)$

H.7 다음 반응의 균형 화학 반응식을 쓰시오.
(a) 금속 칼슘이 물과 반응하여 수소 기체와 수산화 칼슘 수용액을 생성한다.
(b) 고체 산화 소듐(Na_2O)이 물과 반응하여 수산화 소듐 수용액을 생성한다.
(c) 뜨거운 고체 마그네슘 금속이 질소 기체와 반응하여 고체 질소화 마그네슘(Mg_3N_2)이 생성된다.
(d) 기체 암모니아가 기체 산소와 고온에서 구리 금속 촉매를 통해 반응하여 기체 물과 기체 이산화 질소를 생성한다.

H.8 다음 반응의 균형 화학 반응식을 쓰시오.
(a) $CuFeS_2$를 함유한 광석에서 금속 구리을 추출하는 첫 번째 단계는 광석을 공기 중에서 가열하는 것이다. 이 '로스팅' 과정에서 $CuFeS_2$가 산소 분자와 반응하여 고체 황화 구리(II), 고체 산화 철(II), 기체 이산화 황을 생성한다.
(b) 탄화 규소 SiC는 다이아몬드와 유사한 연마재이다. 고체 이산화 규소를 탄소 원소와 2000°C에서 반응시키면 고체 탄화 규소와 기체 일산화 탄소가 생성된다.
(c) 상업적으로 암모니아 기체를 생산하는 Haber 공정에서는 기체 수소와 기체 질소를 반응시킨다.
(d) 산성 조건에서 기체 산소가 브로민화 수소산 수용액과 반응하여 액체 물과 액체 브로민을 형성한다.

H.9 다원자 이온이 그대로 유지되는 반응의 균형을 맞출 때는 다원자 이온을 원소처럼 취급하면 쉽다. 다음 반응의 균형을 맞추시오.
(a) $Pb(NO_3)_2(aq)+Na_3PO_4(aq) \rightarrow Pb_3(PO_4)_2(s)+NaNO_3(aq)$
(b) $Ag_2CO_3(s)+NaBr(aq) \rightarrow AgBr(s)+Na_2CO_3(aq)$

H.10 다원자 이온이 그대로 유지되는 반응의 균형을 맞출 때는 다원자 이온을 원소처럼 취급하면 쉽다. 다음 반응의 균형을 맞추시오.
(a) $H_3PO_4(aq)+Ca(OH)_2(aq) \rightarrow Ca_3(PO_4)_2(s)+H_2O(l)$
(b) $Cr_2(SO_4)_3(aq)+HClO_2(aq) \rightarrow Cr(ClO_2)_3(aq)+H_2SO_4(aq)$

H.11 용광로에서 금속 철을 상업적으로 생산하는 과정 중 첫째 단계에서, 산화 철(III) Fe_2O_3가 일산화 탄소와 반응하여 고체 Fe_3O_4와 기체 이산화 탄소를 형성한다. 둘째 단계에는 Fe_3O_4가 일산화 탄소와 추가로 반응하여 고체 철과 기체 이산화 탄소를 생성한다. 각 단계의 균형 반응식을 쓰시오.

H.12 박테리아를 촉매로 사용하여 폐수에서 암모니아를 산화시키는 과정은 두 단계로 이루어진다. 첫 번째 단계에서는 암모니아 수용

액이 기체 산소와 반응하여 아질산 수용액과 물을 형성한다. 두 번째 단계에서는 아질산 수용액이 산소와 추가로 반응하여 질산 수용액을 형성한다. 각 단계의 균형 반응식을 쓰시오.

H.13 자동차 엔진의 뜨거운 배기구에서 질소와 산소 기체가 반응하여 일산화 질소(NO) 기체가 형성된다. 이 일산화 질소가 다른 배기 가스와 함께 대기로 배출되면, 일산화 질소가 산소와 반응하여 이산화 질소 기체를 생성하는데, 이는 산성비의 원인이기도 하다. 이산화 질소가 형성되는 두 단계 반응의 균형 반응식을 쓰시오.

H.14 트라이플루오린화 붕소 $BF_3(g)$는 수소화 붕소 소듐 $NaBH_4(s)$와 반응하여 테트라플루오린화 붕산 소듐 $NaBF_4(s)$과 다이보레인 $B_2H_6(g)$를 형성한다. 다이보레인이 공기의 산소와 반응하면 산화 붕소, $B_2O_3(s)$와 물을 형성한다. 산화 붕소가 형성되는 두 단계 반응의 균형 반응식을 쓰시오.

H.15 플루오린화 수소산은 유리를 구성하는 실리카 $SiO_2(s)$와 반응하기 때문에 유리를 식각(etching)하는 데 쓰인다. 이 반응의 생성물은 테트라플루오린화 실리콘 수용액과 물이다. 이 반응의 균형 화학 반응식을 쓰시오.

H.16 한때 로켓 연료로서 연구되었던 펜타보레인 B_5H_9은 휘발성 액체이다. 이 물질은 연소하면서 고온의 밝은 녹색 화염을 내기 때문에 '녹색 용(green dragon)'으로 알려지기도 했다. (a) 제트 엔진에서 펜타보레인은 산소 기체와 반응하여 $B_2O_3(s)$와 액체 물을 생성한다. 균형 반응식을 쓰시오. (b) 펜타보레인은 매우 불안정하고 유독하기 때문에 오래 사용되지 못했다. Alabama 주의 Redston Arsenal에 저장되어 있던 펜타보레인은 '용 사냥꾼(dragonslayer)' 공정을 거쳐 안전하게 분해되었다. 이 공정에서 펜타보레인은 액체 물과 반응하여 수소 기체와 붕소산(H_3BO_3) 수용액을 생성한다. 용 사냥꾼 반응의 균형 반응식을 쓰시오.

H.17 액체 헵테인(C_7H_{16})이 완전 연소하여 기체 이산화 탄소와 수증기가 되는 반응의 균형 반응식을 쓰시오. 헵테인은 휘발유에 들어 있는 성분 중 하나이다.

H.18 액체 헵테인(C_7H_{16})이 불완전 연소하여 기체 일산화 탄소와 수증기가 되는 반응의 균형 반응식을 쓰시오.

H.19 아스파탐($C_{14}H_{18}N_2O_5$)은 인공 감미료로 사용되는 고체 물질이다. 아스파탐이 연소하여 기체 이산화 탄소, 액체 물, 기체 질소가 되는 반응의 균형 반응식을 쓰시오.

H.20 다이메타잔($C_{11}H_{17}N_5O_2$)은 항우울제로 사용되는 고체 물질이다. 다이메타잔이 연소하여 기체 이산화탄소, 액체 물, 기체 질소가 되는 반응의 균형 반응식을 쓰시오.

H.21 '스피드'라고 알려진 향정신성 약물 메스암페타민($C_{10}H_{15}N$)은 고체이며 Desoxyn이라는 이름으로 처방된다. 이 물질은 체내에서 일련의 과정을 거쳐 반응하는데, 전체 반응은 고체 메스암페타민이 기체 산소에 의해 산화되어 기체 이산화 탄소, 액체 물, 요소(CH_4N_2O) 수용액을 생성하는 것으로 요약할 수 있다. 이 전체 반응의 균형 반응식을 쓰시오.

H.22 '엑스터시'라고 알려진 향정신성 약물은 MDMA라는 이름으로 판매된다. MDMA($C_{11}H_{15}NO_2$)는 체내에서 일련의 과정을 거쳐 반응하는데, 전체 반응은 MDMA 수용액이 기체 산소에 의해 산화되어 기체 이산화탄소, 액체 물, 요소(CH_4N_2O) 수용액을 생성하는 것으로 요약할 수 있다. 이 전체 반응의 균형 반응식을 쓰시오.

H.23 싸이오황산 소듐은 오수화물 형태로 존재하며($Na_2S_2O_3 \cdot 5H_2O$) 커다란 흰색 결정을 이루는데, '사진가의 하이포(hypo)'라고 불린다. 이 물질은 소듐 폴리설파이드(Na_2S_5)의 알코올 용액에 산소를 불어 넣고 물을 첨가하여 제조할 수 있으며, 부산물로 기체 이산화 황이 형성된다. 소듐 폴리설파이드는 기체 황화 수소를 황화 소듐(Na_2S)의 알코올 용액과 반응시켜 제조한다. 황화 소듐은 기체 황화 수소(H_2S)를 고체 수산화 소듐과 반응시켜 제조한다. 황화 수소와 수산화 소듐으로부터 '하이포'를 제조하는 세 단계의 화학 반응식을 쓰시오. 알코올에 용해된 물질은 (alc)로 표시한다.

H.24 Ostwald 공정으로 질산을 생산하는 첫 번째 단계는 기체 암모니아를 기체 산소와 반응시켜 기체 일산화 질소(NO)와 액체 물을 생산하는 것이다. 일산화 질소는 산소와 반응하여 기체 이산화 질소를 생성하는데, 이것이 물에 용해되면 질산과 일산화 질소를 생성한다. 질산을 생산하는 세 단계의 균형 화학 반응식을 쓰시오.

H.25 인과 산소가 반응하면 산화 인 2종이 형성되는데, 하나는 인의 질량 백분율이 43.64%, 다른 하나는 56.34%이다. (a) 산화 인 각각의 실험식을 쓰시오. (b) 전자의 몰질량은 283.33 $g \cdot mol^{-1}$이고 후자는 219.88 $g \cdot mol^{-1}$이다. 산화물 각각의 분자식과 이름을 쓰시오. (c) 산화물 각각이 형성되는 균형 화학 반응식을 쓰시오.

H.26 금속 타이타늄을 정제하는 과정 중 한 단계에서 $FeTiO_3(s)$가 기체 염소, 고체 탄소와 반응한다. 이 반응의 균형을 맞추시오.

$FeTiO_3(s) + Cl_2(g) + C(s) \rightarrow TiCl_4(l) + FeCl_3(s) + CO(g)$.

I. 침전 반응

두 용액을 섞으면 각 용액의 용질들을 모두 포함한 새로운 용액이 될 수도 있다. 하지만 용질들이 서로 반응하여 색깔이 변하거나 미세한 고체가 생기는 경우도 있으며 이것은 매우 흥미로운 현상이다. 예를 들어 투명한 노란색인 크로뮴산 포타슘 수용액을 무색의 질산 은 수용액과 섞으면, **그림 I.1**처럼 붉은색 가루가 형성되는데, 이것은 화학 반응이 일어났다는 뜻이다.

I.1 전해질

가용성 물질(soluble substance)이란 용해되는 물질을 뜻한다. 용매를 지정하지 않은 채로 용해도를 언급한다면 보통은 '물에 녹는다'는 것을 의미한다. **불용성 물질(insoluble substance)**이란 특정 용매에 용해되지 않는 물질을 뜻한다. 일반적으로 약 1 $mol{\cdot}L^{-1}$ 이상의 농도로 용해되는 물질을 용해성 물질, 약 0.1 $mol{\cdot}L^{-1}$ 이하로 용해되는 물질을 불용성 물질로 간주한다. 이 수치들은 가이드일 뿐이므로 문자 그대로 받아들이지는 말자. 용매를 특별히 명시하지 않는 한 이 책에서는 **불용성**이라는 용어를 물에 녹지 않는다는 의미로 쓸 것이다. 예를 들어 석회암과 분필을 구성하는 탄산 칼슘 $CaCO_3$는 0.01 $g{\cdot}L^{-1}$(1×10^{-4} $mol{\cdot}L^{-1}$에 해당) 밖에 용해되지 않기 때문에 불용성으로 간주한다. 탄산 칼슘의 불용성은 경관과 중요한 관계가 있다. 석회암 언덕이나 석회암 빌딩은 자연 빗물에 씻겨 내려가지 않는다.

그림 I.1 무색의 $AgNO_3$ 용액에 노란색 K_2CrO_4 용액을 첨가하면 붉은색 침전물 크로뮴산 은(Ag_2CrO_4)이 형성된다.(© *Edward R. Degginger / Alamy*)

용질은 분자나 이온 상태로 존재한다. **전해질(electrolyte)**이란 이온이 이동하면서 전기를 전도하는 물질을 말한다. 이온 결합 고체가 용해되면 이온이 자유롭게 움직일 수 있으므로(**그림 I.2**) 이온 결합 고체의 용액은 전해질이다. 전해질의 매질이 용액임을 강조할 때는 보통 **전해질 용액(electrolyte solution)**이라는 용어를 쓴다. 순수한 물에는 이온의 농도가 너무나도 작으므로(약 10^{-7} $mol{\cdot}L^{-1}$) 순수한 물은 전기가 거의 통하지 않는다. 용해되기 전에는 이온으로 존재하지 않지만, 용해되면 이온을 형성하여 전해질 용액이 되는 화합물도 있다. 산과 같은 물질이 그 대표적인 예이다. 기체 염화 수소는 HCl 분자이지만, 물에 용해되면 물과 반응하여 염산이 된다. 용액에는 수소 이온 H^+와 염화 이온 Cl^-가 들어 있다. (수용액에서 수소 이온은 H_3O^+ 이온으로 존재하는데, 이는 **기초 지식** J에서 다룬다.)

비전해질(nonelectrolyte)이란 용액이 되더라도 전기를 전도하지 않는 물질을 말한다. 비전해질 용액(nonelectrolyte solution)에는 이온이 없기 때문에 전기가 통하지 않는다. 아세톤(1)이나 당류의 일종인 리보스(2)의 수용액은 비전해질 용액이다. 유기 산이나 유기 염기를 제외하면, 물에 용해되는 유기 화합물 대부분은 비전해질 용액이 된다. 만약 비전해질 용액의 분자 각각을 볼 수 있다면, 용질 분자가 원형 그대로 용매 분자들 사이에 퍼져있는 것을 볼 수 있을 것이다(**그림 I.3**).

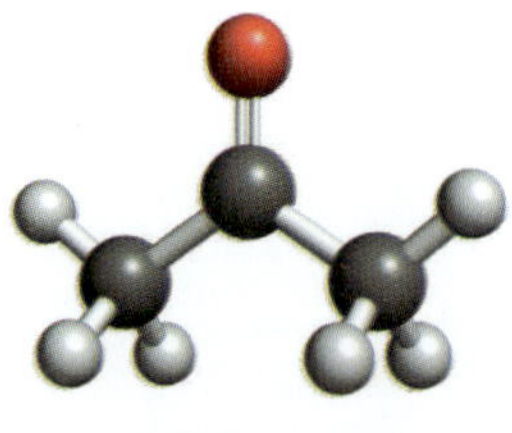

1 아세톤, C_3H_6O

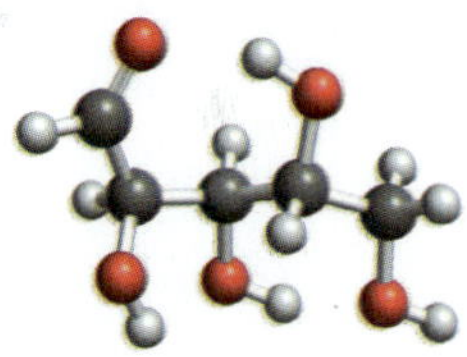

2 D-리보스

강전해질(strong electrolyte)이란 용액에서 거의 완전히 이온으로 존재하는 물질을 말한다. 강전해질에는 세 가지 종류, 즉 강산과 강염기, 가용성 이온 결합 화합물이 있다. 강산과 강염기는 **기초 지식** J에서 자세히 다룬다. 염산은 강전해질이고, 수산화 소듐과 염화 소듐도 강전

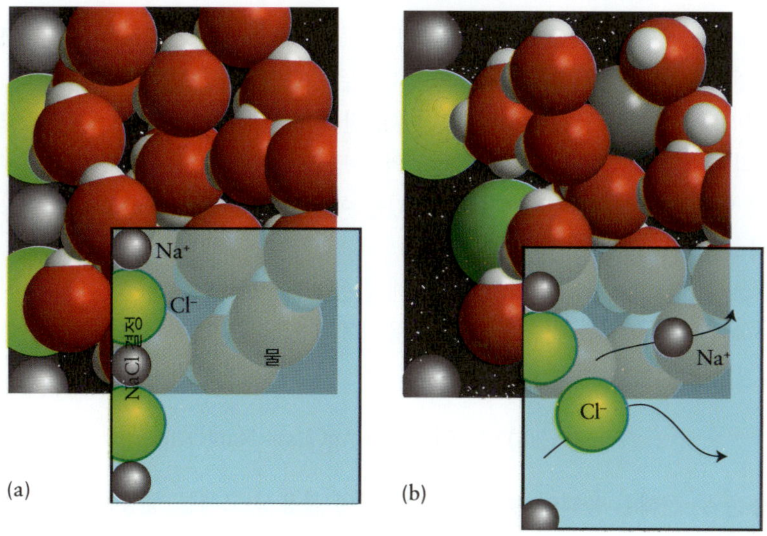

그림 I.2 염화 소듐은 소듐 이온과 염화 이온으로 구성된 이온 결합 고체이다. 염화 소듐이 물에 닿으면(왼쪽), 물 분자에 의해 이온이 분리되어 용매 전체에 퍼진다(오른쪽). 용액에는 물, 소듐 이온, 염화 이온이 들어 있다. 삽입 그림에서는 물을 파란 배경색으로 나타냈다.

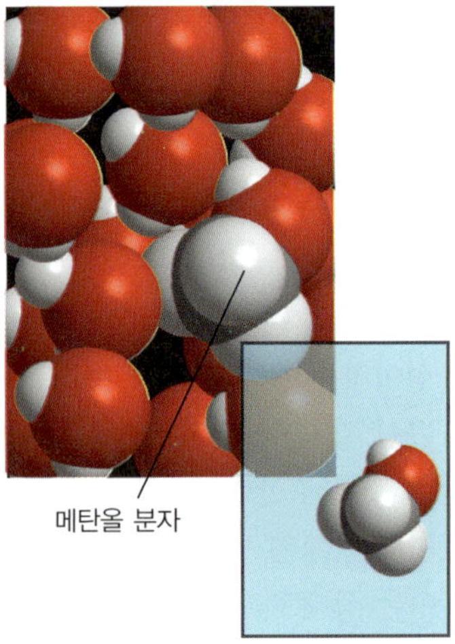

그림 I.3 비전해질 용액에서는 용매 분자가 이온으로 분리되지 않고 원형 그대로 존재한다. 메탄올(CH_3OH)은 비전해질이며 물에 용해되어도 분자 그대로 존재한다. 삽입 그림은 메탄올 분자만 나타냈고, 파란색 배경이 물이다.

해질이다. **약전해질(weak electrolyte)**이란 용액에서 완전히 이온화되지 않는 물질이며, 다시 말해 분자 대부분이 원형 그대로 존재한다. 아세트산은 약전해질이다. 일반적인 농도의 수용액에서 CH_3COOH 분자는 일부만이 수소 이온 H^+와 아세트산 이온 CH_3COO^-로 분리된다. 용액이 전기를 통하는 정도를 측정함으로써 강전해질과 약전해질을 구별할 수 있다. 용질의 몰 농도가 같을 때, 강전해질 용액은 약전해질 용액보다 더 우수한 전도체이다.

자습 I.1A 전해질인지 비전해질인지 판별하고, 물에 녹았을 때 전기가 통하는 물질을 예상하시오. (a) NaOH, (b) Br_2.

[**답**: (a) 이온 결합 화합물이므로 강전해질이고, 용액은 전기를 전도한다.
(b) 분자 화합물이고 산이 아니므로 비전해질이고, 용액은 전기를 전도하지 않는다.]

자습 I.1B 전해질인지 비전해질인지 판별하고, 물에 녹았을 때 전기가 통하는 물질을 예상하시오. (a) 에탄올 CH_3CH_2OH, (b) $Pb(NO3)_2$.

강전해질 수용액의 용질은 이온으로 존재하여 용액에 전기가 통한다. 비전해질 용액의 용질은 분자로 존재한다. 약전해질 용액의 용질 분자는 일부만이 이온으로 존재한다.

I.2 침전물

염화 소듐 용액에는 양이온 Na^+와 음이온 Cl^-가 들어있다. 마찬가지로, 질산 은($AgNO^3$) 용액에는 양이온 Ag^+와 음이온 NO_3^-가 들어있다. 두 수용액을 섞으면 그 즉시 흰색 침전물, 즉 미세한 고체 앙금 가루가 생긴다(**그림 I.4**). 이 침전물을 분석해보면 흰색 불용성 고체인 염화 은(AgCl)이라는 것을 알 수 있다. 침전물 위의 투명한 용액에는 양이온 Na^+와 음이온 NO_3^-가 용해되어 있다. 이 이온들이 용액에 남아있는 이유는 질산 소듐($NaNO_3$)가 가용성 물질이기 때문이다.

침전 반응(precipitation reaction)은 두 전해질 용액을 섞을 때 불용성 물질이 침전물로 생성되는 반응을 말한다. 침전 반응의 화학 반응식에서는, 다음 반응식과 같이 물에 용해된 물질은 (aq), 침전된 고체는 (s)로 표시한다.

$$AgNO_3(aq) + NaCl(aq) \rightarrow AgCl(s) + NaNO_3(aq)$$

침전 반응은 두 전해질 용액이 섞이면서 반응하여 불용성 고체를 형성하는 반응이다.

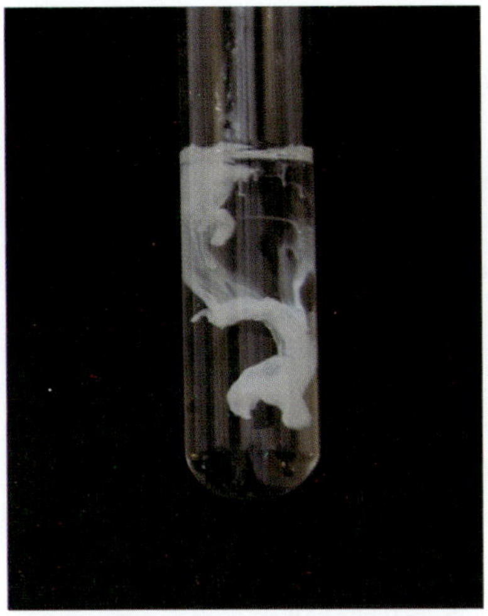

(a)

(b)

그림 I.4 (a) 질산 은 용액에 염화 소듐 용액에 첨가하는 즉시 염화 은이 침전된다. (b) 완전 이온 반응식(위쪽)에서 구경꾼 이온을 빼고 생각하면, 알짜 이온 반응식(아래)을 얻는다.((a) *Luisbrudna / CC BY-SA 4.0 / Wikimedia Commons*)

I.3 이온 반응식과 알짜 이온 반응식

침전 반응의 **완전 이온 반응식(complete ionic equation)**은 용액에 실제로 존재하는 모든 화학종을 나타낸다. 용해된 이온 결합 화합물은 수용액에서 이온으로 분리되어 존재하므로 이온들을 따로따로 쓴다. 예를 들어 염화 은의 침전 반응을 완전 이온 반응식으로 쓰면 다음과 같다.

$$Ag^+(aq) + NO_3^-(aq) + Na^+(aq) + Cl^-(aq) \rightarrow AgCl(s) + Na^+(aq) + NO_3^-(aq)$$

Na^+ 이온과 NO_3^- 이온은 반응물과 생성물 모두에 있으므로, 반응에 직접적인 역할을 하지 않는다. 이들을 **구경꾼 이온(spectator ion)**이라고 하며, 반응이 일어나는 동안 존재하기는 하지만 반응에 참여하지는 않는, 마치 스포츠 경기의 관중 같은 이온을 말한다. 구경꾼 이온은 변하지 않으므로 화살표의 양변에서 상쇄하여 이온 반응식을 단순화시킬 수 있다.

$$Ag^+(aq) + \cancel{NO_3^-(aq)} + \cancel{Na^+(aq)} + Cl^-(aq) \rightarrow AgCl(s) + \cancel{Na^+(aq)} + \cancel{NO_3^-(aq)}$$

구경꾼 이온을 상쇄하면 그 반응의 **알짜 이온 반응식(net ionic reaction)**이 되는데, 이것은 반응에서 일어나는 알짜 변화만을 나타낸 화학 반응식이다.

$$Ag^+(aq) + Cl^-(aq) \rightarrow AgCl(s)$$

알짜 이온 반응식은 Ag^+ 이온이 Cl^- 이온과 결합하여, 고체 염화 은 AgCl로 침전하는 것을 보여 준다(그림 I.4). 다른 화학 반응식과 마찬가지로, 알짜 이온 반응식도 균형이 맞아야 한다.

예제 I.1 알짜 이온 반응식 쓰기

여러분이 물을 정화하는 일을 하는데, 물 시료에 바륨이 얼마나 들어있는지 알아야 한다고 가정하자. 바륨 이온(Ba^{2+})을 분리하기 위해 다른 물질을 첨가하여 침전하도록 설계할 수 있다. 진한 아이오딘산 암모늄 용액 $NH_4IO_3(aq)$를 질산 바륨 수용액 ($Ba(NO_3)_2(aq)$에 첨가하면, 불용성 아이오딘산 바륨 $Ba(IO_3)_2(s)$가 생성된다. 이 침전 반응의 화학 반응식은 다음과 같다.

$$Ba(NO_3)_2(aq) + 2\,NH_4IO_3(aq) \rightarrow Ba(IO_3)_2(s) + 2\,NH_4NO_3(aq)$$

이 반응의 알짜 이온 반응식을 쓰시오.

계획 먼저 용해된 모든 이온을 각각 나타낸 완전 이온 반응식을 쓰고 균형을 맞춘다. 불용성 고체는 완전한 화합물로 나타낸다. 그 다음, 화살표 양변의 구경꾼 이온을 지운다.

풀이

완전 이온 반응식에는 다음과 같이 용해된 이온 모두를 나타낸다.

$$Ba^{2+}(aq) + 2\,NO_3^-(aq) + 2\,NH_4^+(aq) + 2\,IO_3^-(aq) \rightarrow Ba(IO_3)_2(s) + 2\,NH_4^+(aq) + 2\,NO_3^-(aq)$$

이제 구경꾼 이온 NH_4^+와 NO_3^-를 지운다.

$$Ba^{2+}(aq) + \cancel{2\,NO_3^-(aq)} + \cancel{2\,NH_4^+(aq)} + 2\,IO_3^-(aq) \rightarrow Ba(IO_3)_2(s) + \cancel{2\,NH_4^+(aq)} + \cancel{2\,NO_3^-(aq)}$$

알짜 이온 반응식은 다음과 같다.

$$Ba^{2+}(aq) + 2\,IO_3^-(aq) \rightarrow Ba(IO_3)_2(s)$$

자습 I.2A 그림 I.1의 반응은 무색의 질산 은 수용액과 노란색 크로뮴산 포타슘 수용액이 반응하여 붉은색 크로뮴산 은이 침전하는 반응이다. 알짜 이온 반응식으로 쓰시오.

[답: $2\,Ag^+(aq) + CrO_4^{2-}(aq) \rightarrow Ag_2CrO_4(s)$]

자습 I.2B 수은(I) 이온은 Hg^+ 이온 2개가 서로 결합한 Hg_2^{2+}로 존재한다. 무색의 질산 수은(I) $Hg_2(NO_3)_2$ 수용액이 인산 포타슘 K_3PO_4 수용액과 반응하여 흰색 인산 수은(I) 침전물을 형성하는 반응의 알짜 이온 반응식을 쓰시오.

관련 연습 문제 I.5, I.6, I.15, I.16

완전 이온 반응식은 용액에 존재하는 모든 이온의 반응을 나타낸다. 알짜 이온 반응식은 구경꾼 이온을 제외한 물질들의 화학 반응식이다.

I.4 침전 반응의 활용

침전 반응은 여러 방면으로 응용할 수 있다. 어떤 화합물을 만들 때 침전 반응을 이용할 수 있다. 두 용액을 혼합하여 원하는 불용성 화합물을 침전시킨 다음 여과하여 다른 반응물들로부터 분리해낸다. 침전 반응은 또한 화학 분석에도 이용할 수 있다. **정성 분석(qulitative analysis)**은 시료에 들어있는 물질이 무엇인지 알아내는 분석법으로, 특정 이온이 존재하는지 확인하기 위해 침전 반응을 이용할 수 있다. **정량 분석(quantitative analysis)**은 시료에 존재하는 원소나 화합물의 양을 알아내는 분석법이다. 특히, 환경 모니터링 등에 이용하는 **무게 분석(gravimetric analysis)**은 질량을 측정함으로써 물질의 양을 결정한다(**기초 지식** L). 여기에도 침전 반응을 이용할 수 있는데, 불용성 화합물을 침전시킨 다음 여과, 건조하여 질량을 측정하면 원래 용액에 들어있던 물질의 양을 계산할 수 있다(**그림 I.5**).

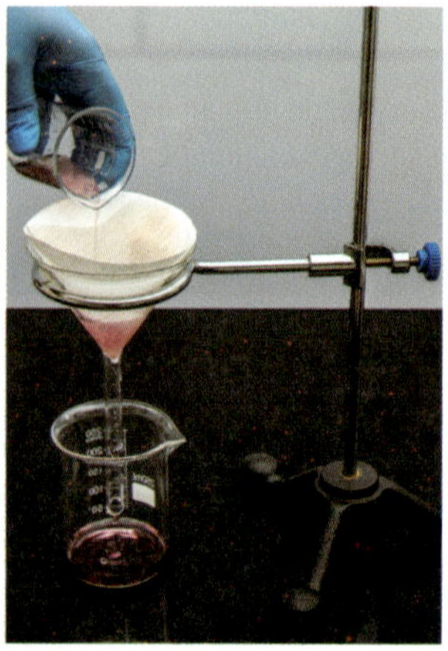

그림 I.5 무게 분석의 한 단계. 용액에 특정 이온이 얼마나 들어있는지 알아내기 위해, 이온을 염으로 침전시킨 다음 여과한다. 거름종이를 건조시킨 다음 질량을 재면 침전물의 질량을 알 수 있다(거름종이 자체의 질량은 알고 있다).(© *Mehmet Cetin, Shutterstock*)

일반적인 이온 결합 화합물의 물에 대한 용해도 경향을 **표 I.1**에 요약하였다. 모든 질산염과 1족 금속 화합물의 대부분은 가용성이라는 점에 주목하자. 따라서 이들은 침전 반응의 시작 용액으로써 유용하다. 다른 물질과 반응하지 않고 용액에 남아있는 것이라면 어떠한 구경꾼 이온을 사용해도 된다. 예를 들어 표 I.1에 따르면 아이오딘화 수은(I) Hg_2I_2는 불용성이다. Hg_2^{2+} 이온과 I^- 이온이 들어있는 용액을 섞으면 이 물질이 침전된다.

$$Hg_2^{2+}(aq) + 2\,I^-(aq) \rightarrow Hg_2I_2(s)$$

구경꾼 이온을 반응에 나타내지 않았으므로, 어떠한 가용성 수은(I) 화합물 용액을 어떠한 가용성 아이오딘 화합물 용액과 혼합하더라도 알짜 이온 반응식은 동일하다(예를 들어

표 I.1 무기 화합물의 용해도 규칙

가용성 화합물	불용성 화합물
1족 원소의 화합물 대부분	1족 원소(드물게 예외가 있음)와 NH_4^+를 **제외한** 탄산염(CO_3^{2-}), 크로뮴산염(CrO_4^{2-}), 옥살산염($C_2O_4^{2-}$), 인산염(PO_4^{3-})
암모늄(NH_4^+) 화합물	1족 원소, 2족 원소, NH_4^+를 **제외한** 황화물(S^{2-})‡
Ag^+, Hg_2^{2+}, Pb^{2+}*를 **제외한** 염화물(Cl^-), 브로민화물(Br^-), 아이오딘화물(I^-)	2주기 이후의 1족 원소와 2족 원소§를 **제외한** 수산화물(OH^-), 산화물(O^{2-})
질산염 (NO_3^-), 아세트산염 ($CH_3CO_2^-$), 염소산염(ClO_3^-), 과염소산염(ClO_4^-)	
Ca^{2+}, Sr^{2+}, Ba^{2+}, Pb^{2+}, Hg_2^{2+}, Ag^+†를 **제외한** 황산염(SO_4^{2-})	

*$PbCl_2$는 약간 용해됨.

†Ag_2SO_4는 약간 용해됨.

‡2족 원소의 황화물은 물과 반응하여 수산화물과 H_2S를 형성함.

§$Ca(OH)_2$와 $Sr(OH)_2$는 약간 용해됨, $Mg(OH)_2$는 아주 약간 용해됨.

$Hg_2(NO_3)_2$ 용액과 NaI 용액의 혼합).

예제 I.2 침전 반응의 결과 예상하기

여러분이 침전 반응으로 새로운 화합물을 만들고자 한다면, 반응의 생성물 중 불용성 고체로 침전되는 것이 있는지 예측할 수 있어야 한다. 인산 소듐 수용액과 질산 납(II) 수용액을 섞을 때 침전물이 생긴다면 어떤 침전물이 생길지 예측하시오. 또 이 반응의 알짜 이온 반응식을 쓰시오.

계획 혼합 용액에 어떤 이온이 존재하는지 적은 다음 가능한 모든 조합을 고려한다. 표 I.1의 용해도 규칙을 이용하여 불용성 화합물에 해당하는 조합이 있는지 확인하고, 그에 맞는 알짜 이온 반응식을 쓴다.

풀이

혼합 용액에는 Na^+, PO_4^{3-}, Pb^{2+}, NO_3^- 이온이 들어있다. 모든 질산염과 1족 금속의 화합물은 가용성이지만, 1족 금속이 아닌 다른 원소의 인산염은 불용성이다.

따라서, Pb_2^+와 PO_4^{3-} 이온은 불용성 화합물 인산 납(II) $Pb_3(PO_4)_2$를 형성하여 침전될 것이다.

이제 알짜 이온 반응식을 쓴다. Na^+와 NO_3^- 이온은 반응하지 않는 구경꾼 이온이므로 생략한다.

$$3\,Pb^{2+}(aq) + 2\,PO_4^{3-}(aq) \rightarrow Pb_3(PO_4)_2(s)$$

자습 I.3A 황화 암모늄 수용액과 황산 구리(II) 수용액을 섞을 때 침전물이 생긴다면 무엇일지 예상하고, 알짜 이온 반응식을 쓰시오.

[**답**: 황산 구리(II), $Cu^{2+}(aq) + S^{2-}(aq) \rightarrow CuS(s)$]

자습 I.3B 황산 스트론튬을 제조하기 위해 어떤 두 용액을 섞으면 좋을지 제시하고, 알짜 이온 반응식을 쓰시오.

관련 연습 문제 I.11~I.14

침전 반응의 결과를 예상할 때 표 I.1의 용해도 규칙을 이용할 수 있다.

기초 지식 I에서 배운 것은 무엇인가?

두 용액을 섞을 때 불용성 고체의 침전물이 형성되는 침전 반응을 공부했다. 전해질과 비전해질의 차이도 공부했다. 알짜 이온 반응식을 쓰는 방법도 공부했다.

개념과 식의 적용

- ☐ 용질의 화학식을 보고 전해질과 비전해질을 판별한다(자습 I.1).
- ☐ 이온 반응의 완전 이온 반응식과 알짜 이온 반응식을 쓰고 균형을 맞춘다(예제 I.1).
- ☐ 용해도 규칙을 이용하여 원하는 침전물을 만들기 위한 적절한 용액을 선정한다(I.4절).
- ☐ 두 용액을 섞을 때 침전물이 생기는지, 어떤 침전물이 생기는지 알아낸다(예제 I.2).

기초 지식 I 연습 문제

I.1 왼쪽은 0.50 M $CaCl_2(aq)$, 오른쪽은 0.50 M $Na_2SO_4(aq)$를 나타낸 그림이다. 두 용액을 섞은 후 생성물을 그림으로 나타내시오.

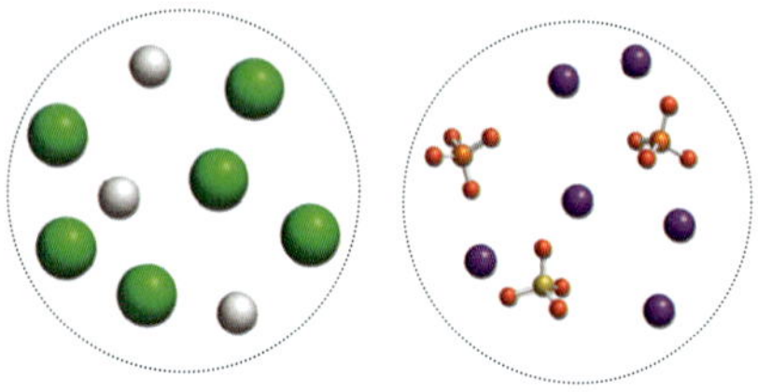

I.2 왼쪽은 0.50 M $Hg_2(NO_3)_2(aq)$, 오른쪽은 0.50 M $K_3PO_4(aq)$를 나타낸 그림이다. 두 용액을 섞은 후 생성물을 그림으로 나타내시오.

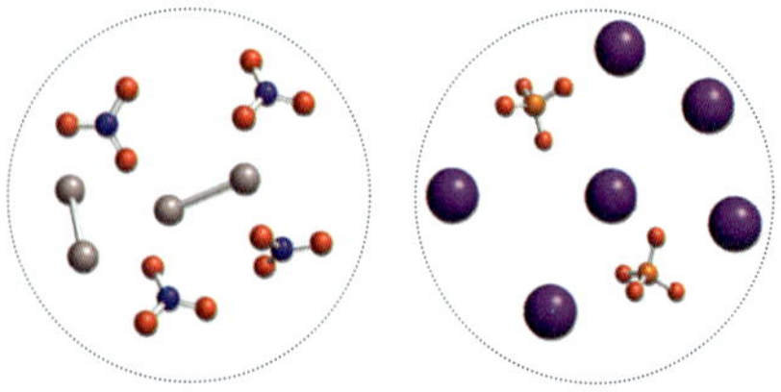

I.3 다음을 강전해질 또는 비전해질로 분류하시오.
(a) CH_3OH (b) $BaCl_2$ (c) KF

I.4 다음을 강전해질, 약전해질, 비전해질로 분류하시오.
(a) H_2SO_4 (b) KOH (c) $CH_3CH_2CH_2COOH$

I.5 전체 반응의 균형을 맞추고, 완전 이온 반응식과 알짜 이온 반응식을 쓰시오.
(a) $BaBr_2(aq)+Li_3PO_4(aq) \rightarrow Ba_3(PO_4)_2(s)+LiBr(aq)$
(b) $NH_4Cl(aq)+Hg_2(NO_3)_2(aq) \rightarrow NH_4NO_3(aq)+Hg_2Cl_2(s)$
(c) $Co(NO_3)_3(aq)+Ca(OH)_2(aq) \rightarrow Co(OH)_3(s)+Ca(NO_3)_2(aq)$

I.6 전체 반응의 균형을 맞추고, 완전 이온 반응식과 알짜 이온 반응식을 쓰시오.
(a) $MgBr_2(aq)+Na_3PO_4(aq) \rightarrow Mg_3(PO_4)_2(s)+NaBr(aq)$
(b) $CsI(aq)+Hg_2(HSO_3)_2(aq) \rightarrow Hg_2I_2(s)+CsHSO_3(aq)$
(c) $K_2C_2O_4(aq)+Co(NO_3)_3(aq) \rightarrow Co_2(C_2O_4)_3(s)+KNO_3(aq)$

I.7 표 I.1의 정보를 이용하여 다음 이온 결합 화합물이 물에 가용성인지 불용성인지 쓰시오.
(a) 인산 포타슘, K_3PO_4 (b) 염화 납(II), $PbCl_2$ (c) 황화 카드뮴, CdS (d) 황산 바륨, $BaSO_4$

I.8 표 I.1의 정보를 이용하여 다음 이온 결합 화합물이 물에 가용성인지 불용성인지 쓰시오. (a) 질산 카드뮴, $Cd(NO_3)_2$ (b) 아세트산 구리(II), $Cu(CH_3CO_2)_2$ (c) 수산화 코발트(III), $Co(OH)_3$ (d) 브로민화 은, AgBr

I.9 다음 물질이 수용액에서 어떤 화학종으로 존재하는가?
(a) NaI (b) Ag_2CO_3 (c) $(NH_4)_3PO_4$ (d) $FeSO_4$

I.10 다음 물질이 수용액에서 어떤 화학종으로 존재하는가?
(a) $CoCO_3$ (b) $LiNO_3$ (c) K_2CrO_4 (d) $HgCl_2$

I.11 (a) 황산 철(III) 수용액과 수산화 소듐 수용액을 섞었더니 침전물이 생겼다. 침전물의 화학식을 쓰시오. (b) 질산 은 $AgNO_3$ 수용액과 탄산 포타슘 수용액을 섞으면 침전물이 생기는가? 그렇다면 그 침전물의 화학식을 쓰시오. (c) 질산 납(II) 수용액과 아세트산 소듐 수용액을 섞으면 침전물이 생기는가? 그렇다면 그 침전물의 화학식을 쓰시오.

I.12 (a) 고체 질산 칼슘과 고체 탄산 소듐을 섞은 다음 물에 넣고 잘 저었다. 무엇이 관찰될까? 침전물이 생긴다면 그 화학식을 쓰시오. (b) 고체 황산 니켈(II)와 고체 염화 구리(II)를 물에 넣고 잘 저었다. 침전물이 생기는가? 그렇다면 그 침전물의 화학식을 쓰시오. (c) 인산 소듐 수용액과 염화 바륨 수용액을 섞었다. 무엇이 관찰되는가? 침전물이 생긴다면 그 화학식을 쓰시오.

I.13 다음 표에서 비커 1의 용액을 비커 2의 용액과 섞으면 침전물이 생긴다. 침전물이 형성되는 반응을 알짜 이온 반응식으로 쓰고 구경꾼 이온을 쓰시오.

	비커 1	비커 2
(a)	$FeCl_2(aq)$	$Na_2S(aq)$
(b)	$Pb(NO_3)_2(aq)$	$KI(aq)$
(c)	$Ca(NO_3)_2(aq)$	$K_2SO_4(aq)$
(d)	$Na_2CrO_4(aq)$	$Pb(NO_3)_2(aq)$
(e)	$Hg_2(NO_3)_2(aq)$	$K_2SO_4(aq)$

I.14 다음 표에서 비커 1의 용액을 비커 2의 용액과 섞으면 침전물이 생긴다. 침전물이 형성되는 반응을 알짜 이온 반응식으로 쓰고 구경꾼 이온을 쓰시오.

비커 1	비커 2
(a) $K_2SO_4(aq)$	$AgNO_3(aq)$
(b) $H_3PO_4(aq)$	$SrBr_2(aq)$
(c) $Na_2S(aq)$	$NH_4NO_3(aq)$
(d) $CdSO_4(aq)$	$(NH_4)_2CO_3(aq)$
(e) $H_2SO_4(aq)$	$Hg_2Cl_2(aq)$

I.15 침전물을 생성하는 다음 각 과정에 대해, 전체 반응식, 완전 이온 반응식, 알짜 이온 반응식을 쓰고 구경꾼 이온을 쓰시오.

(a) $(NH_4)_2CrO_4(aq)$를 $BaCl_2(aq)$와 섞는다.

(b) $CuSO_4(aq)$를 $Na_2S(aq)$와 섞는다.

(c) $FeCl_2(aq)$를 $(NH_4)_3PO_4$와 섞는다.

(d) 옥살산 포타슘 $K_2C_2O_4(aq)$를 $Ca(NO_3)_2(aq)$와 섞는다.

(e) $NiSO_4(aq)$를 $Ba(NO_3)_2(aq)$와 섞는다.

I.16 침전물을 생성하는 다음 각 과정에 대해, 전체 반응식, 완전 이온 반응식, 알짜 이온 반응식을 쓰고 구경꾼 이온을 쓰시오.

(a) $AgNO_3(aq)$를 $Na_3PO_4(aq)$와 섞는다.

(b) $Hg_2(NO_3)_2(aq)$를 $NH_4I(aq)$와 섞는다.

(c) $BaCl_2(aq)$를 $Na_2SO_4(aq)$와 섞는다.

(d) $K_2S(aq)$를 $Bi(NO_3)_3(aq)$와 섞는다.

(e) 아세트산 바륨 $Ba(CH_3CO_2)_2(aq)$를 $Li_2CO_3(aq)$와 섞는다.

I.17 다음은 알짜 이온 반응식이다. 물에 섞을 때 다음 반응을 얻을 수 있는 두 가지 이온 결합 화합물을 제시하시오.

(a) $2\,Ag^+(aq) + CrO_4^{2-}(aq) \rightarrow Ag_2CrO_4(s)$

(b) $Ca^{2+}(aq) + CO_3^{2-}(aq) \rightarrow CaCO_3(s)$ 석회암 언덕이나 성게의 가시를 만드는 반응

(c) $Cd^{2+}(aq) + S^{2-}(aq) \rightarrow CdS(s)$ 색유리의 노란색 물질

I.18 다음은 알짜 이온 반응식이다. 물에 섞을 때 다음 반응을 얻을 수 있는 두 가지 이온 결합 화합물을 제시하시오.

(a) $2\,Ag^+(aq) + CO_3^{2-}(aq) \rightarrow Ag_2CO_3(s)$

(b) $Mg^{2+}(aq) + 2\,OH^-(aq) \rightarrow Mg(OH)_2(s)$ 마그네시아 유제에 들어있는 현탁액

(c) $3\,Ca^{3+}(aq) + 2\,PO_4^{3-}(aq) \rightarrow Ca_3(PO_4)_2(s)$ 콘크리트의 성분인 석고

I.19 표 I.1의 용해도 규칙을 이용하여 다음 이온들을 분리하는 방법을 제시하시오. 어떤 시약을 넣어야 할지 말하고 침전 반응의 알짜 이온 반응식을 쓰시오.

(a) 납(II) 이온과 구리(II) 이온

(b) 암모늄 이온과 마그네슘 이온

I.20 표 I.1의 용해도 규칙을 이용하여 다음 이온들을 분리하는 방법을 제시하시오. 어떤 시약을 넣어야 할지 말하고 침전 반응의 알짜 이온 반응식을 쓰시오.

(a) 세슘 이온과 아연 이온

(b) 니켈(II) 이온과 바륨 이온

I.21 수용액에서 다음 불용성 화합물이 형성되는 알짜 이온 반응식을 쓰시오.

(a) 황산 은, Ag_2SO_4

(b) 일부 일차 전지의 전해질로 쓰이는 황화 수은(II), HgS

(c) 뼈와 치아의 성분인 인산 칼슘, $Ca_3(PO_4)_2$

(d) 어떤 가용성 이온 결합 화합물의 용액을 섞으면 (a), (b), (c)의 불용성 화합물을 형성할 수 있는지 예시를 제시하고, 구경꾼 이온을 쓰시오.

I.22 수용액에서 다음 불용성 화합물이 형성되는 알짜 이온 반응식을 쓰시오.

(a) 몇 세기 전부터 유성 페인트의 노란색 안료로 사용된 크로뮴산 납(II), $PbCrO_4$

(b) 시멘트나 제산제에 쓰이는 인산 알루미늄, $AlPO_4$

(c) 수산화 철(II), $Fe(OH)_2$

(d) 어떤 가용성 이온 결합 화합물의 용액을 섞으면 (a), (b), (c)의 불용성 화합물을 형성할 수 있는지 예시를 제시하고, 구경꾼 이온을 쓰시오.

I.23 어떤 용액에 양이온 Ag^+, Ca^{2+}, Zn^{2+}이 들어있는지 아닌지를 분석하려 한다. 염산을 넣었더니 흰색 침전물이 생겼다. 이 고체를 여과한 다음 남은 용액에 황산을 넣었지만 아무런 변화가 없었다. 이 용액에 황화 수소를 넣었더니 흰색 침전물이 생겼다. 미지 용액에 존재하는 이온은 무엇이었을까?

I.24 어떤 용액에 양이온 Ag^+, Ca^{2+}, Hg^{2+}이 들어있는지 아닌지를 분석해야 한다. 염산을 넣었지만 아무런 변화가 없었다. 다음으로 묽은 황산을 넣었더니 흰색 침전물이 생겼다. 이 고체를 여과한 다음 남은 용액에 황화 수소를 넣었더니 검은색 침전물이 생겼다. 미지 용액에 존재하는 이온은 무엇이었을까?

I.25 0.100 M NaOH(aq) 40.0 mL에 0.200 M $Cu(NO_3)_2(aq)$를 섞었다. (a) 침전 반응의 화학식, 완전 이온 반응식, 알짜 이온 반응식을 각각 쓰시오. (b) 최종 용액의 Na^+ 이온 농도는 몇 $mol \cdot L^{-1}$인가?

I.26 0.125 M $CaCl_2(aq)$ 50.0 mL에 고체 $(NH_4)_3PO_4$ 2.5 g을 넣었다. (a) 침전 반응의 화학식과 알짜 이온 반응식을 각각 쓰시오. (b) 반응이 끝난 뒤에 구경꾼 이온의 농도는 각각 몇 $mol \cdot L^{-1}$인가? 최종 부피는 50.0 mL라고 가정하자.

J. 산과 염기

옛날 화학자들은 톡 쏘거나 신 맛이 나는 물질을 **산**(acid)이라고 불렀다. 예를 들어 식초에는 아세트산(CH_3COOH)이 들어있다. 비누 같은 느낌이 나는 수용액을 만드는 물질들을 **염기**(base) 또는 **알칼리(alkali)**라고 불렀다. 다행히도 산과 염기를 구별하는 덜 위험한 방법들이

있다. 예를 들어 산과 염기는 **지시약(indicator)**이라고 하는 특정 염료의 색을 변화시킨다(그림 J.1). 가장 잘 알려진 지시약은 리트머스로, 이끼에서 얻은 식물성 염료이다. 산의 수용액은 리트머스를 빨갛게, 염기의 수용액은 리트머스를 파랗게 변화시킨다. 수용액의 pH를 측정하여 산인지 염기인지 구별할 수도 있으며, 이것은 Topic 6B에서 자세히 공부한다.

산성 용액(acidic solution)은 pH가 7보다 **낮다**(pH < 7).
염기성 용액(basic solution)은 pH가 7보다 **높다**(pH > 7).

J.1 수용액에서 산과 염기

산과 염기의 정의가 세밀하게 확립되기 전, 화학자들은 산과 염기의 개념을 두고 논쟁을 벌였다. 1884년, 스웨덴의 화학자 Svante Arrhenius는 유용한 정의를 제안하였다. 그는 수소를 포함하며 물과 반응하여 수소 이온을 생성하는 화합물을 '산', 물에서 수산화 이온을 생성하는 화합물을 '염기'라고 정의하였다. 이 정의에 부합하는 화합물을 **Arrhenius 산과 염기(Arrhenius acids and bases)**라고 한다. 예를 들어 HCl은 물에 용해되면 수소 이온, H^+(양성자)를 방출하므로 Arrhenius 산이다. CH_4는 물에서 수소 이온을 방출하지 않으므로 Arrhenius 산이 아니다. 수산화 소듐은 용해되면 용액으로 OH^-가 나오므로 Arrhenius 염기이다. 암모니아는 다음과 같이 물과 반응하여 OH^-를 생성하므로 Arrhenius 염기이다.

$$NH_3(aq) + H_2O(l) \rightarrow NH_4^+(aq) + OH^-(aq) \qquad \textbf{(A)}$$

금속 소듐은 물과 반응하면 OH^- 이온을 생성하지만, 화합물이 아니라 원소이기 때문에 정의에 따라 Arrhenius 염기가 아니다.

Arrhenius 정의의 문제점은 물이라는 특정 용매에만 국한된다는 것이다. 액체 암모니아와 같은 비수용성 용매를 연구한 화학자들은 많은 물질이 동일한 경향의 산-염기 거동을 보인다는 것을 알아냈다. 산과 염기가 무엇을 의미하는지 이해하는 데 있어 커다란 진보가 있었던 것은 1923년이다. 독립적으로 연구하던 두 화학자, 덴마크의 Johannes Brønsted와 영국의 Thomas Lowry는 동일한 아이디어를 떠올렸다. 그들은 산과 염기의 성질을 결정짓는 과정은 바로 양성자(즉 수소 이온)가 한 물질로부터 다른 물질로 이동하는 것이라는 것을 알아냈다. **Brønsted-Lowry 정의(Brønsted-Lowry definition)**에 따르면 산과 염기는 다음과 같다.

- **산(acid)**은 양성자 주개이다.
- **염기(base)**는 양성자 받개이다.

그림 J.1 적양배추의 추출물을 지시약으로 사용하여 가정용품의 산성도를 알아보았다. 빨간색은 산성 용액, 파란색은 염기성 용액을 가리킨다. 왼쪽부터 오른쪽으로, 위산, 레몬즙, 식초, 수돗물, 베이킹소다, 제산제, 암모니아수, 비눗물, 잿물 용액이다. 잿물 용액에서 나타난 노란색은 잿물의 염기성이 너무 강해 염료의 일부를 파괴했다는 뜻이다. (*Indikator-Blaukraut / CC BY-SA 3.0 / Wikimedia Commons*)

이런 물질을 'Brønsted 산과 염기'라고 한다. 단순히 '산과 염기'라고도 하는데, 이는 Brønsted–Lowry 정의가 현재 일반적으로 받아들여진 정의이기 때문이다. 이 책에서도 이 정의를 사용한다.

산 분자 하나가 물에 용해되면 수소 이온 H^+를 물 분자 하나에 주며, 이 물 분자는 **하이드로늄 이온(hydronium ion**, H_3O^+)(**1**)이 된다. 예를 들어 염화 수소 HCl이 물에 용해되면 수소 이온을 물에 방출하여, 용액에는 하이드로늄 이온과 염화 이온이 존재하게 된다.

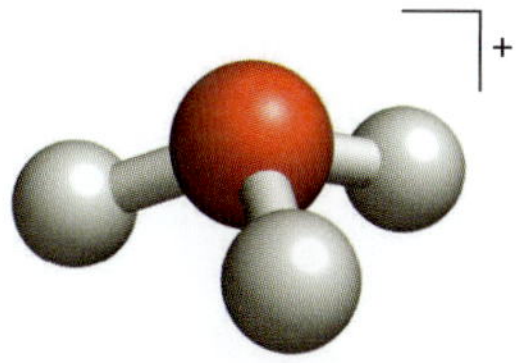

1 하이드로늄 이온, H_3O^+

$$HCl(aq) + H_2O(l) \rightarrow H_3O^+(aq) + Cl^-(aq) \quad \textbf{(B)}$$

H_2O가 수소 이온을 받아 H_3O^+가 되었으므로, 물이 Brønsted 염기로 작용한다는 점에 주목하자.

화학식으로 산을 판별하는 방법은 무엇일까? Brønsted 산은 **산성 수소 원자(acidic hydrogen atom)**, 즉 양성자로 방출될 수 있는 수소 원자를 갖고 있다. 무기산의 분자식에는 보통 산성 수소 원자를 맨 앞에 쓴다. 예를 들어, 염화 수소(HCl)와 질산(HNO_3)은 Brønsted 산이다. 두 화합물의 분자에는 모두 다른 물질에 양성자를 줄 수 있는 수소 원자가 있다. 이와는 달리 유기산의 화학식에는 산성 수소 원자를 카복실기 –COOH(**2**)의 일부로서 맨 뒤에 쓴다. –COOH를 명확히 씀으로써 이 작용기의 H 원자가 산성 수소 원자라는 점을 쉽게 떠올리도록 한다. 아세트산 CH_3COOH는 카복실기의 수소 원자에서 수소 이온 **1개**를 물 또는 다른 Brønsted base로 방출한다. 카복실기가 양성자를 잃으면 **카복실산 이온(carboxylate ion)**이 된다. 아세트산이 생성하는 음이온은 아세트산 이온 $CH_3CO_2^-$이다. 메테인 CH_4와 암모니아 NH_3는 Brønsted 산이 아니다. 수소가 있기는 하지만 다른 물질에 수소를 내주지 않기 때문이다.

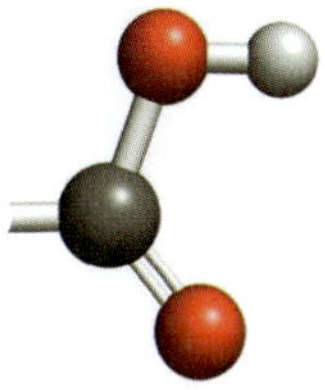

2 카복실기, –COOH

HCl과 HNO_3처럼 아세트산도 **일양성자 산(monoprotic acid)**, 즉 분자 1개에서 양성자 1개만을 내주는 산이다. 황산 H_2SO_4는 수소 원자 2개가 모두 이온으로 방출될 수 있기 때문에(참고로 첫 번째 수소가 두 번째보다 훨씬 방출되기 쉽다) **다양성자 산(polyprotic acid)**, 즉 분자 1개에서 양성자 2개 이상을 줄 수 있는 산이다.

이러한 가이드라인을 이용하면 HCl, H_2CO_3(탄산), H_2SO_4(황산), HSO_4^-(황산수소 이온)은 물에서 산이지만 CH_4, NH_3(암모니아), $CH_3CO_2^-$(아세트산 이온)은 염기라는 것을 알 수 있다. 산소 원자가 들어있는 산인 산소산은 **기초 지식** D에서 소개하였으며 표 D.1에 정리되어 있다.

수산화 이온은 산으로부터 양성자를 받아들여 물 분자가 되므로 염기이다.

$$OH^-(aq) + CH_3COOH(aq) \rightarrow H_2O(l) + CH_3CO_2^-(aq)$$

암모니아는 반응식 A과 같은 반응을 통해 물로부터 양성자를 받아들여 NH_4^+ 이온이 되므로 염기이다. 이 반응에서 물은 수소 이온을 제공해주므로 Brønsted 산으로 작용한다는 것에 주목하자. 물은 염기가 있을 때는 산으로 작용하고, 산이 있을 때는 염기로 작용하므로(반응식 B), 산–염기 화학에서 특별한 물질이다.

유의 사항

수산화 소듐은 Arrhenius 정의에 따르면 염기이지만, Brønsted 관점에서 보면 염기인 OH^-를 제공하는 물질일 뿐이다. 화학자들은 Arrhenius 정의로 자연스럽게 넘어온다.

자습 J.1A 다음 물질이 물에서 Brønsted 산인지 염기인지 쓰시오. (a) HNO_3, (b) C_6H_6, (c) KOH, (d) C_3H_5COOH.

자습 J.1B 다음 물질이 물에서 Brønsted 산인지 염기인지 쓰시오. (a) KCl, (b) HClO, (c) HF, (d) $Ca(OH)_2$.

산은 양성자를 내주는 분자나 이온, 염기는 양성자를 받아들이는 분자나 이온을 말한다.

J.2 강산/강염기와 약산/약염기

용액에서 이온으로 존재하는 정도에 따라 강전해질과 약전해질로 분류한다는 것을 기초 지식 I에서 공부했다. 산과 염기도 비슷한 방법으로 분류한다. 산은 양성자를 잃는 **양성자 이탈**(**deprotonation**) 정도에 따라, 염기는 양성자를 얻는 **양성자 첨가**(**protonation**) 정도에 따라 분류한다.

강산(**strong acid**)은 용액에서 완전하게 양성자 이탈된다.
약산(**weak acid**)은 용액에서 불완전하게 양성자 이탈된다.
강염기(**strong base**)는 용액에서 완전하게 양성자 첨가된다.
약염기(**weak base**)는 용액에서 불완전하게 양성자 첨가된다.

'완전한 양성자 이탈'이란 거의 **모든** 산 분자나 이온이 산성 수소 원자를 잃는 것을 뜻하며, 그 수소 이온(양성자)은 용매 분자에 전달된다. 마찬가지로, '완전한 양성자 첨가'는 거의 모든 염기 분자나 이온이 양성자를 받는 것을 뜻한다. '불완전한 양성자 이탈'은 산 분자나 이온의 일부만이(일반적으로 극히 일부만이) 산성 수소 원자를 잃는다. '불완전한 양성자 첨가'는 염기 분자나 이온의 극히 일부만이 양성자를 받는다.

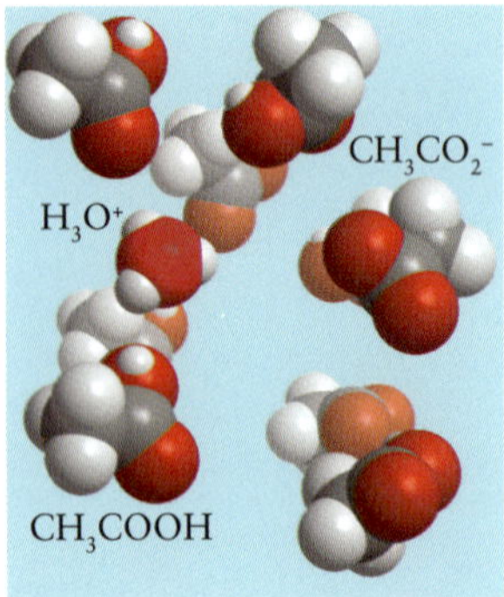

그림 J.2 아세트산은 물에서 약산이며, 이것은 다른 모든 카복실산도 마찬가지이다. 아세트산이 용해되면 아세트산 분자의 대부분은 CH_3COOH 분자로 남아있다. 일부 분자들은 물 분자에 수소 이온을 내주고 아세트산 이온 $CH_3CO_2^-$와 하이드로늄 이온 H_3O^+를 형성한다.

유의 사항

이온화(ionization)나 **해리**(dissociation)라는 용어를 자주 접할 것이다. 이 용어들은 이온이 형성되는 과정이나 입자가 분리되는 과정을 가리킬 때 쓴다. **양성자 첨가**(protonation)와 **양성자 이탈**(deprotonation)이라는 용어는 산과 염기 이론에서 양성자의 역할을 강조할 때 쓴다.

강산과 약산을 구별하여 이해하기 위해 염산과 아세트산을 비교해보자. 염화 수소는 물에 녹아 강산인 염산이 된다. 이 용액에는 하이드로늄 이온, 염화 이온이 들어있지만 HCl 분자는 사실상 거의 없다. 다음과 같은 양성자 전달 반응은 완결된다.

$$HCl(g) + H_2O(l) \rightarrow H_3O^+(aq) + Cl^-(aq)$$

반면 아세트산은 물에서 약산이다. 아세트산 분자의 극히 일부에서만 다음과 같은 반응을 통해 양성자 이탈이 일어난다.

$$CH_3COOH(aq) + H_2O(l) \rightarrow H_3O^+(aq) + CH_3CO_2^-(aq)$$

따라서 용질은 대부분 CH_3COOH 분자이다(**그림 J.2**). 실제로 0.1 M $CH_3COOH(aq)$에는 아세트산 분자 약 100개당 $CH_3CO_2^-$ 이온이 1개꼴로 존재한다. '강산'과 '약산'은 '진한 커피'처

표 J.1 일반적인 수용성 강산과 강염기

강산	강염기
브로민화 수소산, HBr(aq)	1족 수산화물들
염산, HCl(aq)	알칼리 토금속 수산화물들*
아이오딘화 수소산, HI(aq)	1족과 2족의 산화물들
질산, HNO_3	
과염소산, $HClO_4$	
염소산, $HClO_3$	
황산, H_2SO_4(HSO_4^-를 형성함)	

*$Ca(OH)_2$, $Sr(OH)_2$, $Ba(OH)_2$

럼 농도에 따른 용어가 아니라, 양성자 이탈 정도에 따른 용어라는 것을 반드시 기억해야 한다.

표 J.1에는 물에서 강산으로 작용하는 일반적인 물질들을 모두 나열하였다. 여기에는 실험실에서 흔히 찾아볼 수 있는 염산, 질산, 황산도 있다. 황산은 H_2SO_4 분자 1개에서 양성자 1개를 잃는 반응을 가리킨다. 다른 산은 대부분 물에서 약산이다. 예를 들어 카복실산은 모두 물에서 약산이다.

산화 이온과 수산화 이온은 일반적으로 강염기이며, 알칼리 금속이나 알칼리 토금속의 산화물과 수산화물이 여기에 해당한다(표 J.1 참고). 산화 칼슘이 그 예이다. 산화물이 물에 용해되면 산화 이온, 즉 O_2^-는 양성자를 받아 수산화 이온이 된다.

$$O^{2-}(aq) + H_2O(l) \rightarrow 2\ OH^-(aq)$$

수산화 소듐이나 수산화 칼슘 등에서 나오는 수산화 이온 역시 물에서 강염기이다.

$$H_2O(l) + OH^-(aq) \rightarrow OH^-(aq) + H_2O(l)$$

다른 일반적인 염기들은 모두 물에서 약염기이다. 예를 들어 암모니아(**3**)가 물에서 약염기로 작용하는 반응은 다음과 같다.

$$NH_3(aq) + H_2O(l) \rightarrow NH_4^+(aq) + OH^-(aq)$$

이 반응에서 생성되는 OH^- 이온은 아주 작은 양에 불과하다. 즉, 암모니아 수용액에서 암모니아는 거의 대부분 NH_3 분자로 존재하며, 극히 일부(통상적인 농도에서는 분자 100개당 1개 이하의 비율)만이 NH_4^+ 양이온과 OH^- 음이온으로 존재한다. 다른 일반적인 약염기는 아민으로, 암모니아에서 하나 이상의 수소 원자가 다른 유기 작용기로 치환된 암모니아의 유도체로서, 자극적인 냄새가 난다. 예를 들어, NH_3의 수소 원자 하나가 메틸기 $-CH_3$(**4**)로 치환된 화합물 CH_3NH_2(**5**)를 메틸아민(methylamine)이라고 한다. NH_3의 수소 원자 세 개가 모두 메틸기로 치환된 화합물 $(CH_3)3N$(**6**)은 트라이메틸아민(trimethylamine)이라고 하며, 부패한 생선과 씻지 않은 개에서 발견되는 화합물이다. 아민이 양성자를 받으면 치환된 암모늄 양이온이 된다. 예를 들어 메틸아민은 양성자를 받아 메틸암모늄 이온 $CH_3NH_3^+$(**7**)가 된다.

3 암모니아, NH_3

4 메틸기, $-CH_3$

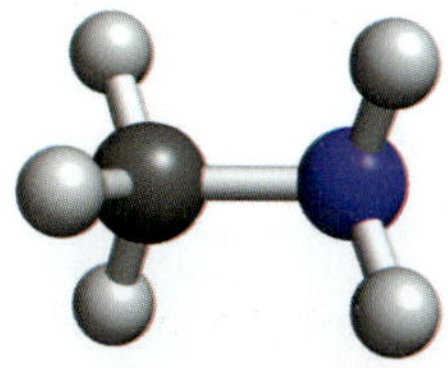

5 메틸아민, CH_3NH_2

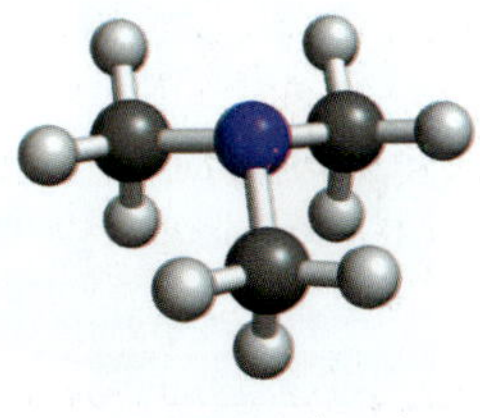

6 트라이메틸아민, $(CH_3)_3N$

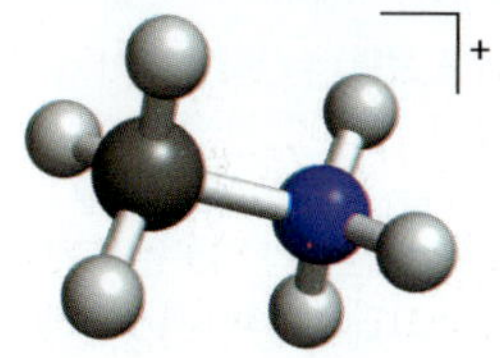

7 메틸암모늄 이온, $CH_3NH_3^+$

표 J.1에 나열한 강산은 용액에서 완전하게 양성자 이탈되지만, 약산(그 외의 다른 산 대부분)은 그렇지 않다. 표 J.1에 나열한 강염기는 용액에서 완전하게 양성자 첨가된다. 약염기(암모니아와 암모니아의 유기 유도체인 아민)는 용액에서 일부만이 양성자 첨가된다.

J.3 중화 반응

산과 염기 간의 반응을 **중화 반응(neutralization reaction)**이라고 하며, 이를 통해 생기는 이온 결합 화합물을 **염(salt)**이라고 한다. 물에서 강산과 금속 수산화물(강염기인 수산화 이온을 낸다) 간의 중화 반응은 일반적으로 다음과 같다.

$$\text{산} + \text{금속 수산화물} \rightarrow \text{염} + \text{물}$$

염(salt)이라는 이름은 식용 소금, 즉 염화 소듐에서 따온 것이다. 수산화 소듐은 염산과 수산화 소듐 간의 반응으로 생기는 이온 결합 화합물이다.

$$HCl(aq) + NaOH(aq) \rightarrow NaCl(aq) + H_2O(l)$$

산과 금속 수산화물 간의 중화 반응에서, 염의 양이온은 금속 수산화물에서 나오며 음이온은 산에서 나온다. 예를 들어 Na^+는 NaOH에서, Cl^-는 HCl에서 나온다. 다른 예시로서 질산과 수산화 바륨의 반응을 보자.

$$2\,HNO_3(aq) + Ba(OH)_2(aq) \rightarrow Ba(NO_3)_2(aq) + 2\,H_2O(l)$$

질산 바륨은 용액에서 $Ba_2{}^+$와 $NO_3{}^-$ 이온으로 존재한다.

알짜 이온 반응식(**기초 지식** I 참고)을 작성하여 중화 반응의 알짜 변화를 알아보자. 예를 들어 질산과 수산화 바륨의 수용액 반응을 완전 이온 반응식으로 쓰면 다음과 같다.

$$2\,H^+(aq) + 2\,NO_3{}^-(aq) + Ba^{2+}(aq) + 2\,OH^-(aq) \rightarrow Ba^{2+}(aq) + 2\,NO_3{}^-(aq) + 2\,H_2O(l)$$

양변에 공통으로 존재하는 이온을 지우면,

$$2\,H^+(aq) + \cancel{2\,NO_3{}^-(aq)} + \cancel{Ba^{2+}(aq)} + 2\,OH^-(aq) \rightarrow \cancel{Ba^{2+}(aq)} + \cancel{2\,NO_3{}^-(aq)} + 2\,H_2O(l)$$

따라서 알짜 이온 반응식은 다음과 같다.

$$2\,H^+(aq) + 2\,OH^-(aq) \rightarrow 2\,H_2O(l)$$

간단하게 다음과 같이 쓸 수 있다.

$$H^+(aq) + OH^-(aq) \rightarrow H_2O(l)$$

물에서 일어나는 강산과 금속 수산화물 간의 중화 반응은 모두 알짜 변화가 동일하다. 수소 이온과 수산화 이온이 반응하여 물이 생성된다. 구경꾼 이온은 용액에 남아있다.

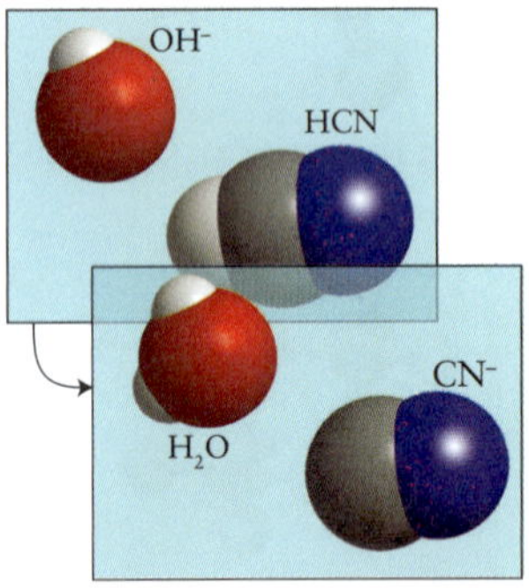

그림 J.3 약산 HCN과 강염기 NaOH의 중화 반응의 알짜 이온 반응식을 보면, 수산화 이온이 산 분자로부터 수소 이온을 뜯어 간다는 것을 알 수 있다. 생성물은 H_2O 분자와 CN^- 이온이다. Na^+는 구경꾼 이온이며 그림에 나타내지 않았다.

유의 사항

수용액에서 수소 이온은 항상 물 분자에 붙어서 하이드로늄 이온 $H_3O^+(aq)$ 형태로 존재한다. 하지만 반응식을 간략하게 표현하기 위해 간단히 $H^+(aq)$로 쓰는 것이 편리할 때가 있다.

약산과 약염기의 중화 반응을 알짜 이온 반응식으로 쓸 때는, 약산이나 약염기의 분자 형태를 화학식으로 써야 한다. 용액에 존재하는 화학종 대부분은 산이나 염기 분자의 원형 그대로이기 때문이다. 예를 들어, 약산 HCN과 강염기 NaOH의 수용액 반응(**그림 J.3**)을 알짜 이온 반응식으로 쓰면 다음과 같다.

$$HCN(aq) + OH^-(aq) \rightarrow H_2O(l) + CN^-(aq)$$

마찬가지로, 약염기 암모니아와 강산 HCl의 수용액 반응을 알짜 이온 반응식으로 쓰면 다음과 같다.

$$NH_3(aq) + H^+(aq) \rightarrow NH_4{}^+(aq)$$

자습 J.2A 질산 루비듐을 제조하기 위해 어떤 산과 염기의 수용액을 이용할 수 있을까? 중화 반응의 화학식을 쓰시오.

[**답**: $HNO_3(aq) + RbOH(aq) \rightarrow RbNO_3(aq) + H_2O(l)$]

자습 J.2B 인산 칼슘이 생성되는 중화 반응의 반응식을 쓰시오.

물에서 중화 반응이 일어나면, 산은 염기와 반응하여 염이 생성된다 (강염기이면 물도 생성된다). 강산과 금속 수산화물의 수용액 반응의 알짜 변화는 수소 이온과 수산화 이온으로부터 물이 생성되는 것이다.

기초 지식 J에서 배운 것은 무엇인가?

Brønsted 정의에 따르면 산과 염기는 각각 양성자를 주거나 받는 능력이 있는 물질이라는 것을 공부했다. 강산과 약산, 강염기와 약염기를 구별하는 방법도 공부했다.

개념과 식의 적용

- ☐ 산과 염기의 화학적 성질을 설명한다(J.1절).
- ☐ 산과 염기 화합물을 분류한다(자습 J.1).
- ☐ 일반적인 강산과 강염기를 판별한다(표 J.1).
- ☐ 강산과 약산, 강염기와 약염기를 구분한다(J.2, J.3절).
- ☐ 중화 반응의 결과를 예상하고 화학 반응식을 쓴다(자습 J.2).

기초 지식 J 연습 문제

J.1 Brønsted 산 또는 염기로 분류하시오.
(a) NH_3 (b) HBr (c) KOH (d) H_2SO_3 (e) $Ca(OH)_2$

J.2 Brønsted 산 또는 염기로 분류하시오.
(a) H_2SeO_4 (b) $CH_3CH_2NH_2$, 암모니아의 유도체 중 하나
(c) HCOOH (d) CsOH (e) HIO_4

J.3 어떤 실험실에서 다음과 같은 다섯 화합물을 연구한다. HCl, KOH, 포도당($C_6H_{12}O_6$, 당류의 일종), CH_3COOH, NH_3. 한 연구자가 이 물질 중 하나의 수용액을 만들었는데 라벨을 붙이지 않고 퇴근했다. 여러분은 이 용액이 무엇인지 알아내기 위해 리트머스지와 전류계를 이용하였다. 이 용액은 리트머스지를 분홍색으로 변화시켰으며, NaCl 표준 용액에 비하면 전류가 조금밖에 흐르지 않았다. 이 용액에 들어있는 화합물은 무엇인가?

J.4 어떤 실험실에서 다음과 같은 다섯 화합물을 연구한다: HNO_3, NaOH, 메탄올(CH_3OH, 알코올의 일종), HCOOH, CH_3NH_3. 한 연구자가 이 물질 중 하나의 수용액을 만들었는데 라벨을 붙이지 않고 퇴근했다. 여러분은 이 용액이 무엇인지 알아내기 위해 리트머스지와 전류계를 이용하였다. 이 용액은 리트머스지를 파랗게 변화시켰고, NaCl 표준 용액과 비슷한 수준으로 전류가 흘렀다. 이 용액에 들어있는 화합물은 무엇인가?

J.5 다음 중화 반응의 전체 반응식을 완성하고, 완전 이온 반응식과 알짜 이온 반응식을 쓰시오. 약산이나 약염기는 반응식에 분자 형태 그대로 쓰시오.
(a) $HF(aq) + NaOH(aq) \rightarrow$
(b) $(CH_3)_3N(aq) + HNO_3(aq) \rightarrow$
(c) $LiOH(aq) + HI(aq) \rightarrow$

J.6 다음 중화 반응의 전체 반응식을 완성하고, 완전 이온 반응식과 알짜 이온 반응식을 쓰시오. 약산이나 약염기는 반응식에 분자 형태 그대로 쓰시오.
(a) $H_3AsO_4(aq) + NaOH(aq) \rightarrow$
(H_3AsO_4는 비소산으로 삼양성자 산이다. NaOH와 완전히 반응하는 반응식을 쓰시오.)
(b) $Sr(OH)_2(aq) + HClO_4(aq) \rightarrow$
(c) $Ca(OH)_2(s) + HBrO(aq) \rightarrow$

J.7 다음 물질을 생성하는 중화 반응의 산과 염기를 찾고, 균형 반응식을 쓰시오.
(a) 브로민화 포타슘 (b) 질산 아연 (c) 사이안화 칼슘, $Ca(CN)_2$
(d) 인산 포타슘

J.8 다음 물질을 생성하는 중화 반응의 산과 염기를 찾고, 균형 반응식을 쓰시오.
(a) 아이오딘화 납(II) (b) 황화 카드뮴 (c) 아황산 마그네슘 (d) 하이포염소산 철(II)

J.9 다음 산-염기 중화 반응을 통해 생성되는 염을 말하고, 완전 이온 반응식을 쓰시오.
(a) 수산화 포타슘과 아세트산 CH_3COOH
(b) 암모니아와 인산
(c) 수산화 칼슘과 아브로민산
(d) 수산화 소듐과 황화 수소산 H_2S(두 수소가 모두 반응함)

J.10 다음 중화 반응을 통해 생성되는 염을 말하고, 완전 이온 반응식을 쓰시오.
(a) 수산화 소듐과 프로판산 CH_3CH_2COOH
(b) 암모니아와 아질산
(c) 수산화 코발트(III)와 황화 수소산 H_2S(두 수소가 모두 반응함)
(d) 수산화 바륨과 염소산

J.11 염산은 강산이다. 염산 용액을 가장 잘 나타낸 그림은 어느 것인가? 초록색은 염소, 흰색은 수소이다.

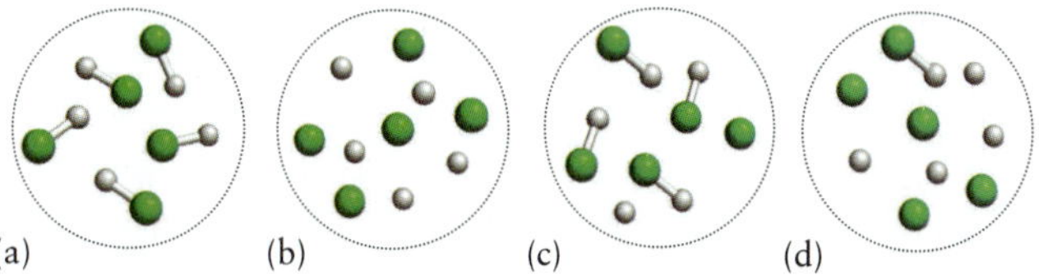

(a) (b) (c) (d)

J.12 플루오린화 수소산은 약산이다. 플루오린화 수소산 용액을 가장 잘 나타낸 그림은 어느 것인가? 파란색은 플루오린, 흰색은 수소이다.

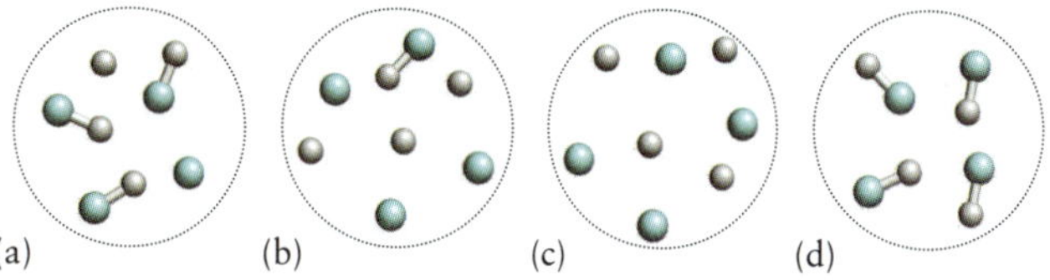

(a) (b) (c) (d)

J.13 다음 각 반응에서 산과 염기를 찾으시오.

(a) $CH_3NH_2(aq)+H_3O^+(aq) \rightarrow CH_3NH_3^+(aq)+H_2O(l)$
(b) $CH_3NH_2(aq)+CH_3COOH(aq) \rightarrow CH_3NH_3^+(aq)+CH_3CO_2^-(aq)$
(c) $2\,HI(aq)+CaO(s) \rightarrow CaI_2(aq)+H_2O(l)$

J.14 다음 각 반응에서 산과 염기를 찾으시오.
(a) $HBrO_3(aq)+NaHCO_3(aq) \rightarrow H_2CO_3(aq)+NaBrO_3(aq)$
(b) $(CH_3)_3N(aq)+HCl(aq) \rightarrow (CH_3)_3NH^+(aq)+Cl^-(aq)$
(c) $O^{2-}(aq)+H_2O(l) \rightarrow 2\,OH^-(aq)$

J.15 여러분은 세관 검사관에게 압수된 식물에서 추출한 화합물 X를 분석하라는 요청을 받았다. 여러분은 여러 실험을 수행하여 다음과 같은 데이터를 얻었다. 화합물 X는 흰색 결정질 고체이다. X의 수용액은 리트머스를 빨갛게 변화시킨다. 충분한 농도에서도 전기가 잘 통하지 않는다. 용액에 수산화 소듐을 넣었더니 반응이 일어났고, 반응의 생성물 용액은 전기가 잘 통한다. X의 원소 분석 결과 질량 백분율은 C 26.68%, H 2.239%, 나머지는 산소였다. X의 질량 스펙트럼 결과 몰질량은 90.0 $g\cdot mol^{-1}$이다. (a) X의 실험식을 쓰시오. (b) X의 분자식을 쓰시오. (c) X가 수산화 소듐과 반응하는 균형 화학 반응식과 알짜 이온 반응식을 쓰시오(X는 산성 수소 원자가 2개이다).

J.16 (a) P_4 분자로 이루어진 흰 인이 공기에서 연소하여 화합물 A를 형성하였다. A의 질량 중 43.64%는 인이고 나머지는 산소이다. A의 질량 스펙트럼 결과 몰질량은 283.9 $g\cdot mol^{-1}$이었다. 화합물 A의 분자식을 쓰시오. (b) A가 물과 반응하여 생성된 화합물 B는 리트머스를 빨갛게 변화시킨다. 질량 백분율은 H 3.087%, P 31.60%, 나머지는 산소이다. 질량 스펙트럼 결과 화합물 B의 몰질량은 97.99 $g\cdot mol^{-1}$이었다. B의 분자식을 쓰시오. (c) 화합물 B가 수산화 칼슘 수용액과 반응하여 생성된 화합물 C는 흰색 침전물이다. (a), (b), (c)에서 일어나는 반응의 균형 화학 반응식을 쓰시오.

J.17 다음 염은 물에서 양이온이 약산으로, 또는 음이온이 약염기로 작용한다. 양이온이나 음이온이 물과 반응하여 일어나는 양성자 전달 반응의 화학 반응식을 쓰시오.
(a) NaC_6H_5O (b) $KClO$ (c) C_5H_5NHCl (d) NH_4Br

J.18 다음 염은 물에서 양이온이 약산으로, 또는 음이온이 약염기로 작용한다. 양이온이나 음이온이 물과 반응하여 일어나는 양성자 전달 반응의 화학 반응식을 쓰시오.
(a) $NaCH_2ClCO_2$ (b) C_2H_5NHBr (c) $KBrO_2$ (d) $(CH_3)_2NH_2Cl$

J.19 화합물 $C_6H_5NH_3Cl$은 어떤 산성 양이온의 염화물이다. (a) $C_6H_5NH_3Cl$ 40.0 g을 물에 녹여 용액 210.0 mL를 만들었다. 양이온의 초기 몰농도는 몇 $mol\cdot L^{-1}$인가? (b) 이 양이온과 물 사이의 양성자 전달 반응의 화학 반응식을 쓰고, 산과 염기를 구별하시오.

J.20 식품 보존제인 벤조산 소듐 $NaC_6H_4CO_2$는 어떤 염기성 음이온의 염이다. (a) 벤조산 소듐 25.0 g을 물에 녹여 용액 150.0 mL를 만들었다. 음이온의 초기 몰농도는 몇 $mol\cdot L^{-1}$인가? (b) 이 음이온과 물 사이의 양성자 전달 반응의 화학 반응식을 쓰고, 산과 염기를 구별하시오.

J.21 Na_3AsO_4의 음이온은 약염기이며 양성자를 3개 받을 수 있다. (a) 이 음이온이 물과 반응하여 일어나는 순차적인 양성자 전달 반응의 화학 반응식을 쓰시오. 각 반응에서 산과 염기를 구별하시오. (b) Na_3AsO_4 35.0 g을 물에 녹여 용액 250.0 mL를 만들었다. 이 용액에서 소듐 양이온은 몇 mol인가?

J.22 아황산 포타슘 K_2SO_3의 음이온은 약염기이며 양성자를 2개 받을 수 있다. (a) 이 음이온이 물과 반응하여 일어나는 순차적인 양성자 전달 반응의 화학 반응식을 쓰시오. 각 반응에서 산과 염기를 구별하시오. (b) K_2SO_3 0.054 g을 물에 녹여 용액 200.0 mL를 만들었다. 이 용액에서 포타슘 양이온은 몇 mol인가?

J.23 비금속 원소의 산화물은 물에 녹으면 산성 용액을 형성하므로 산성 산화물이라고 한다. 다음 비금속 산화물은 물과 반응하여 산소산을 형성한다. 생성되는 산의 이름을 말하고 균형 화학 반응식을 쓰시오. 산화물과 H_2O의 화학량론 계수는 모두 1로 한다.
(a) CO_2 (b) SO_3

J.24 금속 원소의 산화물은 물에 녹으면 염기성 용액을 형성하므로 염기성 산화물이라고 한다. 다음 금속 산화물이 물과 반응하여 금속 수산화물을 형성하는 균형 화학 반응식을 쓰시오. 금속 산화물과 물의 화학량론 계수는 모두 1로 한다.
(a) BaO (b) Li_2O

K. 산화–환원 반응

연소, 부식, 광합성, 음식의 대사 과정, 광석에서 금속을 추출하는 반응 등 많은 반응은 서로 완전히 다른 반응인 것처럼 보인다. 하지만 화학자의 관점에서 분자 수준의 변화를 고려하면, 모두 '전자의 전달'이라는 한 가지 과정의 예시들이라는 것을 알게 될 것이다.

K.1 산화와 환원

마그네슘과 산소가 반응하여 산화 마그네슘을 생성하는 반응을 생각해보자(**그림 K.1**). 이 반응은 불꽃놀이에서 밝은 백색 불꽃을 내는 데 쓰인다. 추적 탄환이나 소이 장치에 쓰이기도 한다. 이 반응은 **산화 반응**(oxidation reaction)이라는 용어의 원래 의미인 '산소와의 반응'에 잘 부합하는 예시이다. 반응 과정에서 고체 마그네슘의 Mg 원자는 전자를 잃고 Mg_2^+ 이온이, 분자 산소의 O 원자는 전자를 얻어 O^{2-} 이온이 된다.

$$2\,Mg(s) + O_2(g) \rightarrow 2\,Mg^{2+}(s) + 2\,O^{2-}(s),\ 2\,MgO(s)\text{로 존재}$$

마그네슘이 염소와 반응하여 염화 마그네슘이 생성될 때도 비슷한 반응이 일어난다.

$$Mg(s) + Cl_2(g) \rightarrow Mg^{2+}(s) + 2\,Cl^-(s),\ MgCl_2(s)\text{로 존재}$$

반응의 양상이 동일하기 때문에, 두 번째 반응에 역시 마그네슘의 '산화'로 간주한다. 반응에 산소가 참여하지 않더라도, 마그네슘이 잃은 전자가 다른 반응물로 이동한다는 공통점이 있다. 한 물질이 다른 물질에 의해 전자를 잃는 과정은 산화의 필수적인 과정이다. 현대 화학자들은 어떤 물질이 전자를 가져가든지 관계없이, 한 물질이 전자를 잃는 과정을 **산화**(**oxidation**)라고 정의한다.

전자의 손실 여부를 판단하려면 화합물의 전하가 증가했는지를 살펴보면 된다. 이 규칙은 음이온에도 적용할 수 있다. 예를 들어 어떤 반응을 통해 브로민 이온(전하: −1)이 산화되면 분자 브로민(전하: 0)이 된다. 이것은 브로민을 상업적으로 생산하는 데 쓰이는 반응이기도 하다(**그림 K.2**).

$$2\,NaBr(s) + Cl_2(g) \rightarrow 2\,NaCl(s) + Br_2(l)$$

이 반응에서 브로민 이온(브로민화 소듐에 존재)이 염소 기체에 의해 산화되어 브로민이 되었다.

환원(reduction)이라는 말은 원래, 금속 산화물을 수소, 탄소, 일산화 탄소 등과 반응시켜 금속을 추출하는 과정을 의미했다. 예를 들어 강철 제조 공정에서는 일산화 탄소를 이용하여 산화 철(III)을 고온에서 환원시킨다.

$$Fe_2O_3(s) + 3\,CO(g) \xrightarrow{\Delta} 2\,Fe(l) + 3\,CO_2(g)$$

이 산화 철(III)의 환원 반응에서는, Fe_2O_3에 존재하는 Fe^{3+} 이온이 전자를 얻어 양전하를 중화시켜 전하를 띠지 않는 Fe 원자(용융 금속 형태로 존재)로 바뀐다. 모든 **환원**(**reduction**) 반응은 이처럼 한 물질이 다른 반응물로부터 전자를 얻는다는 공통적인 패턴이 있다. 음전하를 띤 물질도 같은 규칙이 적용된다. 예를 들어 염소가 염소 이온으로 바뀌는 다음 반응을 보자.

$$2\,NaBr(s) + Cl_2(g) \rightarrow 2\,NaCl(s) + Br_2(l)$$

전하가 $0(Cl_2)$에서 $-1(Cl^-)$로 감소하였으므로, 이 반응에서 염소는 환원되었다고 결론지을 수 있다.

자습 K.1A 다음 반응에서 산화된 물질과 환원된 물질을 찾으시오.

$3\,Ag^+(aq) + Al(s) \rightarrow 3\,Ag(s) + Al^{3+}(aq)$

[답: Al(s)는 산화, $Ag^+(aq)$는 환원되었다.]

자습 K.1B 다음 반응에서 산화된 물질과 환원된 물질을 찾으시오.

$2\,Cu^+(aq) + I_2(s) \rightarrow 2\,Cu^{2+}(aq) + 2\,I^-(aq)$

전자는 실제 입자이므로 '사라지기만' 할 수는 없다. 따라서, **어떤 물질이 산화되면 다른 물**

그림 K.1 산화 반응의 예시: 마그네슘이 공기 중에서 밝게 타오른다. 마그네슘은 물이나 이산화 탄소에서도 밝게 타오를 정도로 쉽게 산화된다. 따라서 마그네슘 화재는 진화하기가 매우 어렵다. *(Copyright Macmillan Learning, photo by Ken Karp.)*

그림 K.2 브로민 이온이 들어있는 용액에 염소 기체를 불어넣으면, 염소가 브로민 이온을 브로민으로 산화시켜, 용액이 브로민의 색인 적갈색이 된다.(© *sciencephotos / Alamy*)

질은 반드시 환원된다. 산화 또는 환원만이 일어나는 것은 한 손으로 박수치기와 마찬가지이며, 반응이 일어나려면 한 과정이 다른 과정과 같이 일어나야 한다. 예를 들어 브로민화 소듐과 염소의 반응에서, 브로민화 이온은 산화되었고 분자 염소는 환원되었다. 산화는 항상 환원과 함께 일어나기 때문에, 화학자들은 단순히 산화 반응이나 환원 반응이라고 하지 않고 **산화–환원 반응**(**redox reaction**, reduction–oxidation reaction)이라고 한다.

산화는 전자를 잃는, 환원은 전자를 얻는 반응이다. 산화와 환원은 산화–환원 반응으로서 함께 일어난다.

K.2 산화수

단원자 이온이 전자를 잃었는지 얻었는지는 전하를 보면 간단히 알 수 있다. Br^- 이온이 브로민 원자로 바뀌면서 Br_2를 형성할 때, Br^- 이온은 전자 하나를 잃었으므로 산화된 것이다. O_2가 산화 이온 O^{2-}가 될 때 각 산소 원자는 전자 두 개를 얻었으므로 환원된 것이다. 전자는 결합 형성에 매우 밀접하게 관여하기 때문에, 전자가 이동하면서 한 반응물 분자에서 다른 반응물 분자로 원자까지 끌려가는 경우도 많다. 이런 경우에는 산화–환원 반응을 판별하기가 어려울 수 있다. 예를 들어 기체 염소 Cl_2가 하이포염소산 이온 ClO^-로 바뀔 때 산화되는가, 환원되는가? 산소와 결합하였으므로 산화된 것인가? 아니면 음의 부호는 전자가 추가로 붙었다는 뜻이므로 환원된 것인가?

화학자들은 각 원소에 '산화수(N_{OX})'를 할당하여 전자를 추적하는 방법을 고안하였다(**기초 지식** D).

- 산화는 산화수의 증가를 의미한다.
- 환원은 산화수의 감소를 의미한다.

따라서, 산화–환원 반응이란 하나 이상의 원소에서 산화수의 변화가 일어나는 반응을 말한다.

단원자 이온으로 존재하는 원소의 산화수는 그 전하와 같다. 예를 들어 마그네슘이 Mg^{2+} 이온으로 존재하면 산화수가 +2이고, 염소가 Cl^- 이온으로 존재하면 산화수가 −1이다. 원소 형태로 존재하는 원소의 산화수는 0이다. 따라서 마그네슘이 금속 마그네슘으로 존재하면 산화수가 0이고, 염소가 Cl_2 분자로 존재하면 산화수가 0이다. 마그네슘이 염소와 결합하면 다음과 같이 산화수가 변한다.

$$\overset{0}{Mg}(s) + \overset{2(0)}{Cl_2}(g) \rightarrow \overset{+2\ 2(-1)}{MgCl_2}(s)$$

따라서 마그네슘은 산화, 염소는 환원되었다. 브로민화 소듐과 염소의 반응도 마찬가지로,

$$\overset{2(+1-1)}{2\,NaBr}(s) + \overset{2(0)}{Cl_2}(g) \rightarrow \overset{2(+1-1)}{2\,NaCl}(s) + \overset{2(0)}{Br_2}(l)$$

브로민은 산화, 염소는 환원되었다. 소듐 이온 Na^+는 변화가 없다.

화학자들은 산화수와 산화 상태라는 말을 모두 사용한다. **산화수**(**oxidation number**)란 **도구상자 K.1**의 규칙에 따라 할당된 숫자이다. **산화 상태**(**oxidation state**)란 특정 산화수를 갖고 있는 물질의 실제 상태를 뜻한다. 따라서 어떤 원소가 특정 산화수를 '갖고 있다'라고 표현하고, 그 산화수에 해당하는 산화 상태에 '놓여 있다'라고 표현해야 한다. 예를 들어 Mg^{2+}는 마그네슘의 +2 산화 상태이며, 그 상태에서 마그네슘은 산화수 +2를 갖는다. 하지만 실제로 화학자들은 이 용어들을 혼용해서 사용하곤 한다.

도구상자 K.1 산화수를 구하는 방법

기본 개념

산화수를 구할 때는 분자, 화학식 단위, 다원자 이온의 각 원자가 (실제로 어떻게 존재하는지와는 상관없이) 이온 형태로 존재한다고 가정한다. 산화수는 이들 '(가상의) 이온'의 전하라고 볼 수 있다. 산소처럼 주기율표의 오른쪽에 놓인 원소들이 주로 '음이온'이 된다. 이제 이 '음이온'과 전하의 균형이 맞도록 다른 원자에 전하를 할당한다. 방법 1에는 이 접근법을 소개한다. 전기 음성도 개념(Topic 1F에서 소개한다)을 잘 알고 있는 학생은 방법 2가 더 편할 수도 있다.

방법 1

어떤 원소 E의 산화수 $N_{OX}(E)$를 할당하는 규칙

1. 다른 원소와 결합하지 않은 원소의 산화수는 0이다.
2. 한 이온이나 분자 내 모든 원자의 산화수의 합은 그 이온이나 분자의 전체 전하와 같다.

이 두 규칙과 함께 다음과 같은 세부적인 값들을 이용하여 산화수를 할당한다. 이 책에서 다루는 화합물 대부분은 이 방법으로 산화수를 매긴다.

- 비금속과 결합한 수소의 산화수는 +1, 금속과 결합한 수소의 산화수는 −1이다.
- 1족과 2족 원소의 산화수는 족 번호와 같다.
- 산소 또는 자신보다 더 위에 있는 할로젠과 결합하지 않은 할로젠의 산화수는 항상 −1이다. 어떤 화합물이든 플루오린의 산화수는 −1이다.
- 산소 화합물에서 산소의 산화수는 대부분 −2이다. 예외로는 플루오린이 결합된 화합물(이 경우는 바로 위의 규칙이 우선적으로 적용된다), 과산화물(O_2^{2-}), 초과산화물(O_2^-), 오존화물(O_3^-) 등이 있다.

이 방법을 예제 K.1에 적용해보자.

방법 2

전기 음성도를 이미 알고 있다면(그림 1F.12 참고), 다음과 같은 보다 일반적인 규칙을 처음 두 규칙과 함께 쓰면 된다.

3. 더 전기 음성인 원자가 그 원소의 일반적인 이온으로 존재한다고 가정(예를 들어 O는 O^{2-}로 존재한다고 가정)했을 때, 그 이온의 전하가 그 원소의 산화수이다.

이 방법을 예제 K.2에 적용해보자.

예제 K.1 산화수 구하기 I

이산화 황 SO_2를 황산 이온 SO_4^{2-}로 전환시키는 반응은 산업적으로 아주 중요한 반응이다. 여러분은 초기 화합물이 산화되는지 환원되는지 알아야 한다. SO_2를 SO_4^{2-}로 전환시키는 반응은 산화인가 환원인가?

예상 생성물이 되면서 음전하를 얻었으므로 환원이라고 생각할 수 있지만, O 원자 2개를 얻었기도 했으므로 전체 과정은 산화일 것으로 예상한다.

계획 SO_2와 SO_4^{2-}에서 황에 산화수를 구한 다음 서로 비교한다. 황의 산화수가 증가한다면 산화, 감소한다면 환원이다. 황의 산화수를 $N_{OX}(S)$로 놓고 도구상자 K.1의 규칙을 이용하여 값을 구한다. 두 화합물 모두 산소의 산화수는 −1이다.

풀이

SO_2: 규칙 2에 따라, 분자 내 모든 원자의 산화수 합은 전체 전하 0이다.
즉 $N_{OX}(S)+2N_{OX}(O)=0$.

$$\underbrace{N_{ox}(S)}_{S}+\underbrace{[2(-2)]}_{2O}=\underbrace{0}_{\text{중성 분자의 전하는 0}}$$

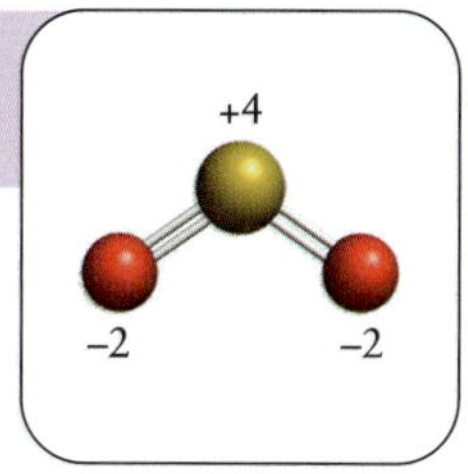

SO_4^{2-}: 규칙 2에 따라, 모든 원자의 산화수 합은 −2이다. 즉 $N_{OX}(S)+4N_{OX}(O)=-2$.

$$\underset{S}{N_{ox}(S)}+[\underset{4O}{4(-2)}]=\underset{\text{이온의 전체 전하}}{-2}$$

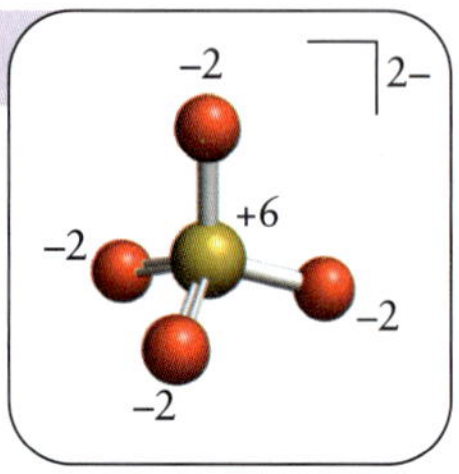

따라서, SO_4^{2-}에서 황의 산화수는 +6이다.

평가 황산 이온의 황은 이산화 황의 황보다 더 많이 산화된 상태이다. 예상대로 SO_2를 SO_4^{2-}로 전환하는 반응은 산화이다.

자습 K.2A (a) H_2S에서 황, (b) P_4O_6에서 인의 산화수를 구하시오.

[답: (a) −2, (b) +3]

자습 K.2B (a) SO_3^{2-}에서 황, (b) NO_2^-에서 질소, (c) $HClO_3$에서 염소의 산화수를 구하시오.

관련 연습 문제 K.1, K.2

예제 K.2 산화수 구하기 II

주기율표에서 한 원소의 위치를 보면, 그 원소가 어떤 이온을 형성하는지 뿐만 아니라 화합물에서 어떤 산화수를 갖는지도 알 수 있다. (a) SF_6에서 황, (b) N_2O_4에서 질소의 산화수를 구하시오.

예상 주기율표의 오른쪽에 있는 원소들(F와 O)은 음의 산화수, S와 N은 양의 산화수를 가질 것이다.

계획 도구상자 K.1의 방법 2를 이용한다. 그림 1F.12의 전기 음성도를 참고한다.

풀이

(a) SF_6: 규칙 2에 따라, 중성 분자 내 모든 원자의 산화수 합은 0이다.

$$N_{ox}(S)+6N_{ox}(F)=0$$

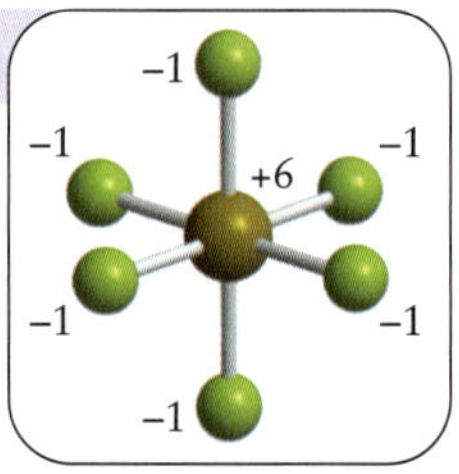

S와 F의 전기 음성도가 각각 2.6과 4.0임을 고려하여 규칙 3을 적용한다.

F가 S보다 더 전기 음성이므로, F의 산화수는 F의 일반적인 이온, 즉 F^- 이온의 전하인 −1이다.

플루오린 원자가 6개이고 산화수가 각각 −1이므로 S 원자의 산화수는 다음과 같다.

$$N_{ox}(S)=-6N_{ox}(F)=-6(-1)=+6$$

(b) N_2O_4: 규칙 2에 따라 이온 내 모든 원자의 산화수 합은 다음과 같다.

$$2N_{ox}(N)+4N_{ox}(O)=0$$

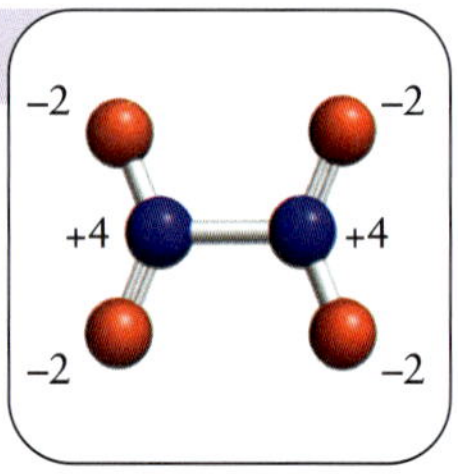

N과 O의 전기 음성도가 각각 3.0과 3.4임을 고려하여 규칙 3을 적용한다. 산소 원자는 O^{2-}로 존재한다고 가정할 수 있으므로 산소의 산화수는 −2이다. 또한 $2N_{OX}(N)+4N_{OX}(O)=0$이므로,

$$N_{ox}(\mathrm{N}) = \frac{-4N_{ox}(\mathrm{O})}{2} = \frac{-4(-2)}{2} = +4$$

평가 예상대로 F와 O의 산화수는 음수이다.

자습 K.3A (a) N_2O_4에서 질소, (b) ClO^-에서 염소의 산화수를 구하시오.

[**답**: (a) +4, (b) +1]

자습 K.3B (a) N_2S_4에서 질소, (b) BrO_3^-에서 브로민의 산화수를 구하시오.

관련 연습 문제 K.3, K.4

어떤 원소의 산화수가 증가하는 것을 산화, 감소하는 것을 환원이라고 한다. 도구상자 K.1에 소개한 규칙을 이용하여 산화수를 구한다.

K.3 산화제와 환원제

산화를 **일으키는** 물질을 산화제라고 한다. 산화제는 산화되는 물질이 방출한 전자를 받는다. 다시 말해, 산화제에는 산화수가 **감소한** 원소가 포함되어 있다(**그림 K.3**). 즉,

- **산화제**(**oxidizing agent** 또는 **oxidant**)는 산화–환원 반응에서 산화를 일으키는 물질이며, 그 과정에서 자신은 환원된다.

예를 들어, 산소는 마그네슘으로부터 전자를 제거하고 그 전자를 받는다. 산소의 산화수는 0에서 −2로 감소(환원)하였으므로, 이 반응에서 산소는 산화제이다. 원소, 이온, 화합물 어느 것이든 산화제가 될 수 있다.

환원을 일으키는 물질을 **환원제**라고 한다. 환원제는 전자를 공급하여 다른 물질을 환원시키고 자신의 전자를 잃는다. 다시 말해, 환원제에는 산화수가 증가한 원소가 포함되어 있다(**그림 K.4**). 즉,

- **환원제**(**reducing agent** 또는 **reductant**)는 산화–환원 반응에서 환원을 일으키는 물질이며, 그 과정에서 자신은 산화된다.

예를 들어, 금속 마그네슘이 산소에 전자를 제공하면 산소는 환원되고 마그네슘 원자는 전자를 잃는다. 마그네슘의 산화수는 0에서 +2로 증가(산화)하였으므로, 이 반응에서 마그네슘은 환원제이다.

산화–환원 반응에서 산화제와 환원제를 찾으려면, 반응 전후의 산화수를 비교하여 어떤 것이 변했는지 확인해야 한다. 환원된 원소가 있는 반응물이 산화제, 산화된 원소가 있는 반응물이 환원제이다. 예를 들어 구리(II) 용액에 금속 아연 조각을 넣으면 다음 반응이 일어난다.

$$\overset{0}{\mathrm{Mg}}(s) + \overset{2(0)}{\mathrm{Cl_2}}(g) \rightarrow \overset{+2\ 2(-1)}{\mathrm{MgCl_2}}(s)$$

아연의 산화수는 0에서 +2로 증가(산화), 구리의 산화수는 +2에서 0으로 감소(환원)했다. 이 반응에서 산화된 아연이 환원제이다. 반면 구리는 환원되었으므로 구리(II) 이온이 산화제이다.

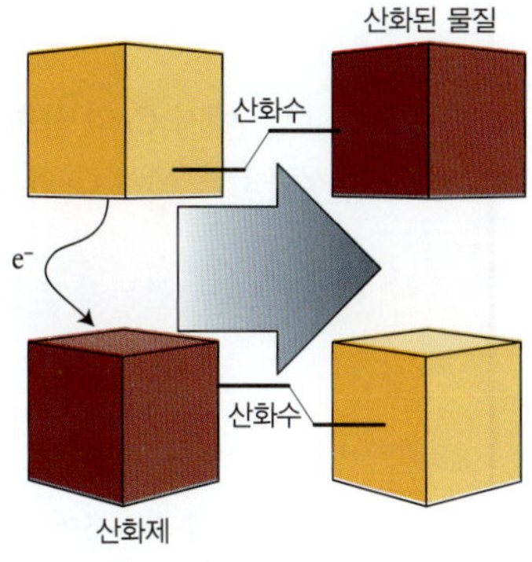

그림 K.3 산화제(왼쪽 아래)는 산화수가 감소한 원소를 포함한다. 산화된 물질(오른쪽 위)은 산화수가 증가한 원소를 포함한다.

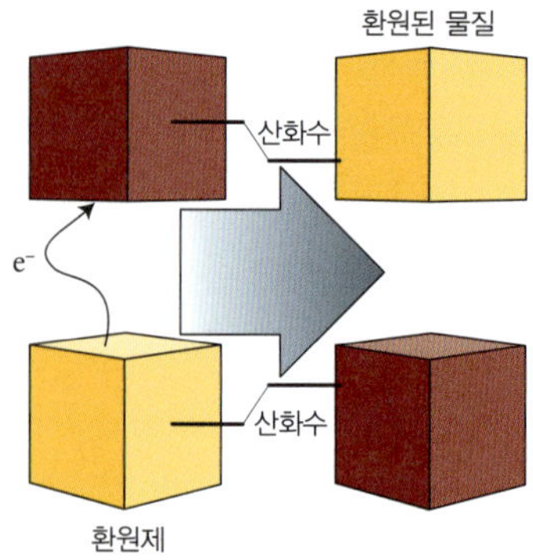

그림 K.4 환원제(왼쪽 아래)는 산화수가 증가한 원소를 포함한다. 환원된 물질(오른쪽 위)은 산화수가 감소한 원소를 포함한다.

그림 K.5 Cu^{2+} 이온이 들어있는 용액에 아연 조각을 담그면, 용액의 푸른색이 점점 없어지면서 아연 위에 금속 구리가 석출된다. 이 산화–환원 반응에서 금속 아연이 Cu^{2+} 이온을 금속 구리로 환원하고, Cu^{2+} 이온이 금속 아연을 Zn^{2+} 이온으로 산화시키는 것을 삽입 그림에 나타냈다. (*Copyright Macmillan Learning, photo by Ken Karp.*)

예제 K.3 산화제와 환원제 찾기

어떤 환경 화학자가 녹슨 공장에서 흘러나온 오염수 시료에서 Fe^{2+} 이온의 양을 측정해야 한다. 이 시료는 다이크로뮴산 소듐($Na_2Cr_2O_7$) 용액을 이용하여 분석할 수 있다. 다음 반응에서 산화제와 환원제를 찾으시오.

$$Cr_2O_7^{2-}(aq) + 6\,Fe^{2+}(aq) + 14\,H^+(aq) \rightarrow 6\,Fe^{3+}(aq) + 2\,Cr^{2+}(aq) + 7\,H_2O(l)$$

예상 산소 원자가 많은 물질이 산화제로 작용할 것으로 예상할 수 있으므로, 다이크로뮴산 이온($Cr_2O_7^{2-}$)이 산화제일 것이다.

계획 H와 O의 산화수는 변하지 않았으므로 Cr과 Fe만 살펴보자.

풀이

크로뮴의 산화수를 구한다.

반응물 $Cr_2O_7^{2-}$에서 Cr의 산화수를 $N_{OX}(Cr)$이라 하면,

$$\underbrace{2N_{ox}(Cr)}_{Cr_2O_7^{2-}} + \underbrace{[7\times(-2)]}_{Cr_2O_7^{2-}} = \underbrace{-2}_{Cr_2O_7^{2-}}\text{, or } 2N_{ox}(Cr) - 14 = -2$$

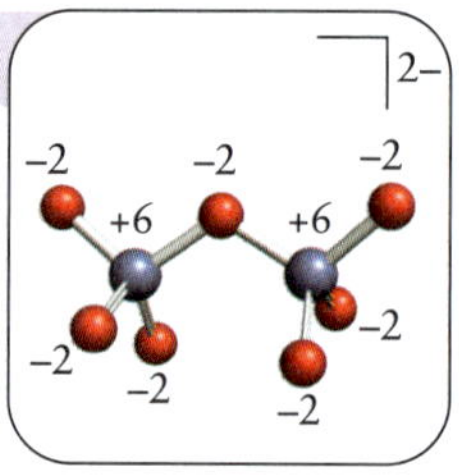

$Cr_2O_7^{2-}$에서 Cr의 산화수는 +6이다.
생성물 Cr^{3+}에서 Cr의 산화수는 +3이다.

Cr이 산화되었는지 환원되었는지 결정한다.

$$\overset{+6}{Cr}{}_2O_7^{2-} \rightarrow 2\,\overset{+3}{Cr}{}^{3+}$$

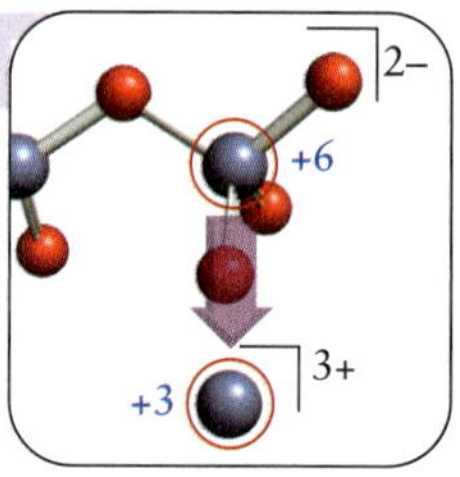

Cr의 산화수가 +6에서 +3으로 감소했으므로, Cr은 환원되었고 다이크로뮴산 이온은 산화제이다.

철의 산화수를 구한다.

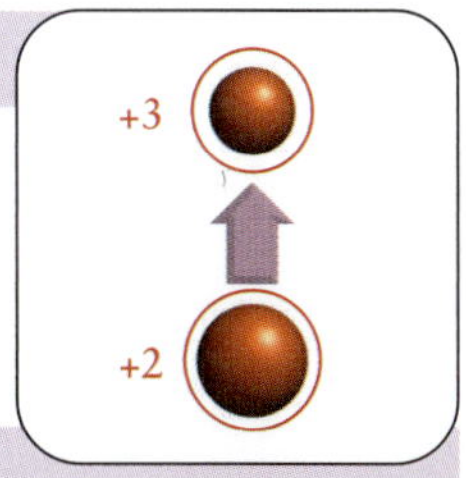

반응물 Fe^{2+}에서 철의 산화수는 +2이다.
생성물 Fe^{3+}에서 철의 산화수는 +3이다.

Fe가 산화되었는지 환원되었는지 결정한다.

Fe의 산화수는 +2에서 +3으로 증가했으므로, Fe는 산화되었고 Fe^{2+} 이온은 환원제이다.

평가 예상대로 다이크로뮴산 이온이 산화제이다. 산성 용액에서 다이크로뮴산 이온은 실험실에서 산화제로 흔히 쓰인다.

자습 K.4A Claus 공정은 천연가스와 석유에서 황을 회수하는 공정으로, 황화 수소가 이산화황과 반응하여 원소 황과 물을 형성한다.

$$2\,H_2S(g) + SO_2 \rightarrow 3\,S(s) + 2\,H_2O(l)$$

산화제와 환원제를 찾으시오.

[**답**: SO_2는 산화제, H_2S는 환원제]

자습 K.4B 황산이 아이오딘화 소듐과 반응하면 아이오딘산 소듐과 이산화 황이 생성된다. 산화제와 환원제를 찾으시오.

관련 연습 문제 K.7~K.10, K.15

산화를 일으키는 물질, 산화제에는 환원되는 원소가 들어있다. 환원을 일으키는 물질, 환원제에는 산화되는 원소가 들어있다.

K.4 간단한 산화-환원 반응 균형 맞추기

화학 반응을 통해 전자가 없어지거나 생성되지 않는다. 따라서 산화되는 물질이 잃어버린 전자는 모두 환원되는 물질로 전달되어야만 한다. 전자는 전하이므로, 반응물의 전체 전하는 생성물의 전체 전하와 같아야 한다. 따라서, 산화–환원 반응식의 균형을 맞출 때는 원자뿐만 아니라 전하의 균형도 맞춰야 한다.

예를 들어, 은 이온에 의해 금속 구리가 산화되어 구리(II) 이온이 되는 반응(**그림 K.6**)의 알짜 이온 반응식을 보자.

$$Cu(s) + Ag^{+}(aq) \rightarrow Cu^{2+}(aq) + Ag(s)$$

얼핏 보기에는 양변의 각 원자 수가 동일하기 때문에 균형이 맞은 것처럼 보인다. 하지만 반응물과 생성물의 전체 전하가 다르다. 구리 원자 하나는 전자 2개를 잃지만, 은 원자 하나는 전자 1개를 얻는다. 전하의 균형을 맞춰야 전자의 균형이 맞는다. 따라서, 다음과 같이 써야 한다.

그림 K.6 질산 은 용액은 원래 무색이지만,구리선을 넣고 시간이 지나면 구리(II) 이온에 의해 용액이 푸르게 변한다. 동시에 구리선 표면에 금속 은 결정이 형성된다.(© *ggw / Shutterstock*)

$$Cu(s) + 2\ Ag^{+}(aq) \rightarrow Cu^{2+}(aq) + 2\ Ag(s)$$

일부 산화–환원 반응, 특히 산소산 음이온이 포함된 반응은 반응식이 복잡하여 균형을 맞추려면 특별한 방법을 써야 한다. 이러한 예시와 방법은 Topic 6K에서 다룬다.

산화–환원 반응식의 균형을 맞출 때는 양변의 전체 전하 균형을 맞춰야 한다.

기초 지식 K에서 배운 것은 무엇인가?

산화–환원 반응은 한 물질에서 다른 물질로 전자가 전달(원자 이동이 수반되기도 함)되는 반응이라는 것을 공부했다. 원소의 산화수를 구하여 산화제와 환원제를 찾는 방법도 공부했다.

개념과 식의 적용

☐ 원소의 산화수를 구한다(도구상자 K.1, 예제 K.1과 K.2).
☐ 산화제와 환원제를 찾는다(예제 K.3).
☐ 간단한 산화–환원 반응식을 쓰고 균형을 맞춘다(자습 K.5).

기초 지식 K 연습 문제

K.1 다음 이온에서 이탤릭체로 쓴 원소의 산화수를 구하시오.
(a) $\mathit{Zn}(OH)_4^{2-}$ (b) $\mathit{Pd}Cl_4^{2-}$ (c) $\mathit{U}O_2^{2+}$ (d) $\mathit{Si}F_6^{2-}$ (e) $\mathit{I}O^{-}$

K.2 다음 화합물에서 이탤릭체로 쓴 원소의 산화수를 구하시오.
(a) $\mathit{Cl}FO_3$ (b) $\mathit{S}OF_2$ (c) N_2O_5 (d) P_4S_3 (e) $H\mathit{As}O_3$ (f) P_4

K.3 다음 화합물에서 이탤릭체로 쓴 원소의 산화수를 구하시오.
(a) $H_4\mathit{Si}O_4$ (b) $\mathit{Sn}O_2$ (c) N_2H_4 (d) P_4O_{10} (e) S_2Cl_2 (f) P_4

K.4 다음 이온에서 이탤릭체로 쓴 원소의 산화수를 구하시오.
(a) $\mathit{B}F_4^{-}$ (b) $\mathit{N}O_2^{-}$ (c) $\mathit{S}_2O_8^{2-}$ (d) $\mathit{V}O^{2+}$ (e) $\mathit{Br}F^{2+}$

K.5 $CuCl_2(aq)$에 니켈을 넣으면 Ni^{2+} 이온과 구리가 형성된다. $NiCl_2(aq)$에 철을 넣으면 Fe^{2+} 이온과 니켈이 형성된다. $CuCl_2(aq)$에 철을 넣으면 어떤 반응이 일어날지 설명하시오.

K.6 AgCl(aq)에 납을 넣으면 Pb^{2+} 이온과 은이 형성된다. $PbCl_2(aq)$에 아연을 넣으면 Zn^{2+} 이온과 납이 형성된다. $ZnCl_2(aq)$에 은을 넣으면 어떤 반응이 일어날지 설명하시오.

K.7 다음 산화–환원 반응에서, 산화수의 변화를 이용하여 산화된 물질과 환원된 물질을 찾으시오.
(a) $CH_3OH(aq) + O_2(g) \rightarrow HCOOH(aq) + H_2O(l)$
(b) $2\ MoCl_5(s) + 5\ Na_2S(s) \rightarrow 2\ MoS_2(s) + 10\ NaCl(s) + S(s)$
(c) $3\ Tl^{+}(aq) \rightarrow 2\ Tl(s) + Tl^{3+}(aq)$

K.8 다음 각 경우에서 산화수를 이용하여 산화된 물질과 환원된 물질을 찾으시오.
(a) 바닷물에서 아이오딘을 생산하는 반응:
$Cl_2(g) + 2\ I^{-}(aq) \rightarrow I_2(aq) + 2\ Cl^{-}(aq)$
(b) 표백제를 제조하는 반응:
$Cl_2(g) + 2\ NaOH(aq) \rightarrow NaCl(aq) + NaOCl(aq) + H_2O(l)$
(c) 성층권에서 오존이 파괴되는 반응:
$NO(g) + O_3(g) \rightarrow NO_2(g) + O_2(g)$

K.9 다음 각 반응에서 산화제와 환원제를 찾으시오.
(a) $Zn(s) + 2\ HCl(aq) \rightarrow ZnCl_2(aq) + H_2(g)$, 실험실에서 H_2를 제조하는 간편한 방법
(b) $2\ H_2S(g) + SO_2(g) \rightarrow 3\ S(s) + 2\ H_2O(l)$, 천연가스에 들어있는 '사워 가스(sour gas)', 황화 수소로부터 황을 생산하는 반응
(c) $B_2O_3(s) + 3\ Mg(s) \rightarrow 2\ B(s) + 3\ MgO(s)$, 원소 붕소를 제조하는 반응

K.10 다음 각 반응에서 산화제와 환원제를 찾으시오.
(a) $2\ Al(l) + Cr_2O_3(s) \xrightarrow{\Delta} Al_2O_3(s) + 2\ Cr(l)$, 금속 광석으로부터 금속을 얻을 때 쓰는 테르밋(thermite) 반응의 예시
(b) $6\ Li(s) + N_2(g) \rightarrow 2\ Li_3N(s)$, 리튬과 마그네슘의 유사성을 보여주는 반응
(c) $2\ Ca_3(PO_4)_2(s) + 6\ SiO_2(s) + 10\ C(s) \rightarrow P_4(g) + 6\ CaSiO_3(s) + 10\ CO(g)$, 원소 인을 제조하는 반응

K.11 Sabatier 공정은 잠수함이나 우주선 등의 인공 대기에서 CO_2를 제거하는 데 쓰인다. 이 공정의 장점은 연료로 사용할 수 있는 메테인(CH_4)과 재사용할 수 있는 물을 생성한다는 점이다. 이 반응의 균형을 맞추고, 반응의 종류를 쓰시오. $CO_2(g) + H_2(g) \rightarrow CH_4(g) + H_2O(l)$.

K.12 용융 염화 소듐을 전기 분해하는 Downs 공정은 금속 소듐과 염소 기체를 산업적으로 생산하는 데 쓰인다. 용융 염화 소듐으로부터 두 원소를 생산하는 반응의 균형 반응식을 쓰시오. 산화에 의해 생성된 원소, 환원에 의해 생성된 원소를 찾으시오.

K.13 다음 골격 반응식의 균형을 맞추시오.

(a) $NO_2(g)+O_3(g) \rightarrow N_2O_5(g)+O_2(g)$
(b) $S_8(s)+Na(s) \rightarrow Na_2S(s)$
(c) $Cr^{2+}(aq)+Sn^{4+}(aq) \rightarrow Cr^{3+}(aq)+Sn^{2+}(aq)$
(d) $As(s)+Cl_2(g) \rightarrow AsCl_3(l)$

K.14 다음 골격 반응식의 균형을 맞추시오.

(a) $Sb_2S_3(s)+Fe(s) \rightarrow Sb(s)+FeS(s)$
(b) $BrO^-(aq) \rightarrow BrO_3^-(aq)+Br^-(aq)$
(c) $Cr_2O_3(s)+C(s) \rightarrow Cr_3C_2(s)+CO(g)$
(d) $PbS(s)+O_2(g) \rightarrow PbO(s)+SO_2(g)$

K.15 다음 각 반응에서 산화제와 환원제를 찾으시오.

(a) 텅스텐 산화물로부터 금속 텅스텐을 생산하는 반응
$WO_3(s)+3\,H_2(g) \rightarrow W(s)+3\,H_2O(l)$
(b) 실험실에서 기체 수소를 얻는 반응
$Mg(s)+2\,HCl(aq) \rightarrow H_2(g)+MgCl_2(aq)$
(c) 산화 주석(IV)으로부터 금속 주석을 생산하는 반응
$SnO_2(s)+2\,C(s) \xrightarrow{\Delta} Sn(l)+2\,CO(g)$
(d) 로켓을 추진시키는 반응
$2\,N_2H_4(g)+N_2O_4(g) \rightarrow 3\,N_2(g)+4\,H_2O(g)$

K.16 다음 각 반응에서 산화제와 환원제를 찾으시오.

(a) 폐수에서 질산 이온을 제거하는 반응
$5\,CH_3OH(aq)+6\,NO_3^-(aq)+6H^+(aq) \rightarrow 5\,CO_2(g)+3\,N_2(g)+13\,H_2O(l)$
(b) 천연가스로 수소를 생산하는 반응
$CH_4(g)+H_2O(g) \rightarrow CO(g)+3\,H_2(g)$
(c) 폭죽을 터뜨리는 데 쓰는 반응
$4\,KNO_3(s) \rightarrow 2\,K_2O(s)+2\,N_2(g)+5\,O_2(g)$

K.17 다음 반응의 균형을 맞추고 산화제와 환원제를 찾으시오.

(a) $Cl_2(g)+H_2O(l) \rightarrow HClO(aq)+HCl(aq)$
(b) $NaClO_3(aq)+SO_2(g)+H_2SO_4(aq,$ 묽은$) \rightarrow NaHSO_4(aq)+ClO_2(g)$
(c) $CuI(aq) \rightarrow Cu(s)+I_2(s)$

K.18 다음 반응의 균형을 맞추고 산화제와 환원제를 찾으시오.

(a) $CO(g)+H_2O(g) \rightarrow CO_2(g)+H_2(g)$
(b) $ClO_2(g)+O_3(g) \rightarrow Cl_2O_6(l)+O_2(g)$
(c) $Cl_2(g)+F_2(g) \rightarrow ClF_3(g)$

K.19 다음 산화–환원 반응의 균형 반응식을 쓰시오.

(a) 금속 마그네슘을 이용하여 용액의 Cu(II) 이온을 석출시키는 반응
$Mg\,(s)+Cu^{2+}(aq) \rightarrow Mg^{2+}(aq)+Cu(s)$
(b) 철(III)을 생성하는 반응
$Fe^{2+}(aq)+Ce^{4+}(aq) \rightarrow Fe^{3+}(aq)+Ce^{3+}(aq)$
(c) 수소와 염소를 이용하여 염화 수소를 합성하는 반응
$H_2(g)+Cl_2(g) \rightarrow HCl(g)$
(d) 녹이 생성되는 반응(단순화시킴)
$Fe(s)+O_2(g) \rightarrow Fe_2O_3(s)$

K.20 다음 산화–환원 반응은 빨간색으로 표시한 원소를 정제하는 데 중요하다. 반응식의 균형을 맞추시오. 각 원소의 원료가 되는 화합물(굵게 표시한 화합물)의 이름을 말하고, 빨간색으로 표시한 원소의 산화 상태를 구하시오.

(a) $\mathbf{SiCl_4}(l)+H_2(g) \rightarrow Si(s)+HCl(g)$
(b) $\mathbf{SnO_2}(s)+C(s) \xrightarrow{1200°C} Sn(l)+CO_2(g)$
(c) $\mathbf{V_2O_5}(s)+Ca(l) \xrightarrow{\Delta} V(s)+CaO(s)$
(d) $\mathbf{B_2O_3}(s)+Mg(s) \rightarrow B(s)+MgO(s)$

K.21 수소와 산소의 화합물 중에는 일반적인 산화수, 즉 H의 산화수가 +1, O의 산화수가 −2가 아닌 것들이 있다. 금속 원소가 자신의 가장 일반적인 이온의 산화수를 갖는다고 가정하고, H와 O의 산화수를 구하시오.

(a) KO_2 (b) $LiAlH_4$ (c) Na_2O_2 (d) NaH (e) KO_3

K.22 우주선 내부 공기의 질소는 서서히 유출될 수 있으므로 보충해 주어야 한다. 하이드라진 $N_2H_4(l)$ 형태로 질소를 저장하는 방법이 있으며, 가열하면 쉽게 질소를 얻을 수 있다. 이 과정에서 암모니아가 생성되는데, 추가 과정을 통해 암모니아로부터 질소를 더 얻어낼 수 있다. $N_2H_4(l) \rightarrow NH_3(g)+N_2(g)$. (a) 반응식의 균형을 맞추시오. (b) 각 화합물에서 질소의 산화수를 구하시오. (c) 산화제와 환원제를 찾으시오. (d) 상온, 상압에서 질소 28 g이 차지하는 부피는 24 L이다. 하이드라진 1.0 L로부터 얻을 수 있는 기체 질소의 부피는 얼마인가? 상온에서 하이드라진의 밀도는 $1.004\ g{\cdot}cm^{-3}$이다.

K.23 다음 반응식은 완성되지 않았다. 반응을 일으키려면 산화제가 필요한가 환원제가 필요한가?

(a) $ClO_4^-(aq) \rightarrow ClO_2(g)$
(b) $SO_4^{2-}(aq) \rightarrow SO_2(g)$

K.24 다음 반응식은 완성되지 않았다. 반응을 일으키려면 산화제가 필요한가 환원제가 필요한가?

(a) $H_3PO_3(aq) \rightarrow P_4O_{10}(s)$
(b) CH_3CH_2OH(에탄올) $\rightarrow CH_3CH_2COOH$(아세트산)

K.25 다음 반응을 침전 반응, 산–염기 중화 반응, 산화–환원 반응으로 분류하시오. 침전 반응은 알짜 이온 반응식을 쓰시오. 중화 반응은 산과 염기를 찾으시오. 산화–환원 반응은 산화제와 환원제를 찾으시오.

(a) 가스관에서 일산화 탄소의 농도를 측정하는 반응
$5\,CO(g)+I_2O_5(s) \rightarrow I_2(s)+5\,CO_2(g)$
(b) 시료 내 아이오딘 양을 측정하는 반응
$I_2(aq)+2\,S_2O_3^{2-}(aq) \rightarrow 2\,I^-(aq)+S_4O_6^{2-}(aq)$
(c) 용액에서 브로민화 이온을 검출하는 반응
$AgNO_3(aq)+Br^-(aq) \rightarrow AgBr(s)+NO_3^-(aq)$
(d) 금속 우라늄을 정제하는 과정 중 테트라플루오린화 우라늄을 마그네슘과 함께 가열하는 반응
$UF_4(g)+2\,Mg(s) \rightarrow U(s)+2\,MgF_2(s)$

K.26 다음 반응을 침전 반응, 산–염기 중화 반응, 산화–환원 반응으로 분류하시오. 침전 반응은 알짜 이온 반응식을 쓰시오. 중화 반응은 산과 염기를 찾으시오. 산화–환원 반응은 산화제와 환원제를 찾으시오.

(a) 공기 중에서 암모니아를 연소시키는 반응
$4\,NH_3(g)+3O_2(g) \rightarrow 2N_2(g)+6\,H_2O(g)$

(b) 산화 은을 생성하는 수용액 반응
$2\ AgNO_3(aq) + Br_2(aq) \rightarrow Ag_2O(s) + 2\ NaNO_3(aq) + H_2O(l)$
(c) 실험실에서 기체 수소를 얻는 반응
$Mg(s) + 2\ HCl(aq) \rightarrow H_2(g) + MgCl_2(aq)$

(d) 삼산화 황과 수증기의 반응
$SO_3(g) + 2\ H_2O(g) \rightarrow H_2SO_4(aq)$

L. 반응 화학량론

어떤 반응을 통해 생성물을 얼마나 얻을 수 있을지, 또는 생성물을 원하는 만큼 얻기 위해서 반응물이 얼마나 필요할지를 알아야 할 때가 있다. 이러한 계산을 하려면 **반응 화학량론(reaction stoichiometry)**라고 하는 정량적인 관점, 즉 균형 화학 반응식의 화학량론적 계수를 이용하여 반응물이나 생성물의 상대적인 양을 해석하는 방법을 알아야 한다. 예를 들어 다음 반응을 보자.

$$N_2(g) + 3\,H_2(g) \rightarrow 2\,NH_3(g)$$

N_2 1 mol이 반응하면 H_2 3 mol이 소모되고 NH_3 2 mol이 생성될 것이다. 어떤 화학 반응에 참여하는 반응물과 생성물의 상대적인 양적 관계를 **화학량론적 관계(stoichiometric relation)**이라고 한다.

$$1\ \text{mol}\ N_2 \simeq 3\ \text{mol}\ H_2 \quad 1\ \text{mol}\ N_2 \simeq 2\ \text{mol}\ NH_3$$

기호 ≏는 "화학적으로 동등하다(chemically equibalent)"는 뜻이다. 일반적으로 반응이 다르면 화학량론적 관계도 다르다.

L.1 몰수-몰수 예측

화학량론은 중요한 쓰임새가 있다. 예를 들어 주어진 양의 반응물로부터 생성물이 얼마나 생성될지 예측할 수 있다. 연료 전지 내부에서는 산소가 수소와 반응하여 물이 되면서 전기를 만들어낸다. 국제 우주 정거장에서는 이 방법으로 만든 물을 생명 유지에 이용한다(그림 L.1).

그림 L.1 연구자들이 국제 우주 정거장에서 사용하는 가볍고 효율적인 수소–산소 연료 전지를 연구하고 있다. 우주 정거장의 연료 전지는 생명 유지용 전력과 식수를 제공한다. 연료 전지에는 가동 부품이 없기 때문에 수명이 길다.(*NASA / Glenn Benson*)

O_2 0.25 mol이 수소와 반응하여 생성되는 물의 양을 알아야할 때 우주 정거장 엔지니어들이 해야 하는 계산을 알아보자.

이 반응의 화학식은 다음과 같다.

$$2\,H_2(g)+O_2(g) \rightarrow 2\,H_2O(l)$$

O_2 1 mol이 반응하여 H_2O 2 mol이 생성된다는 정보를 산소(주어진 물질)와 물(구해야 할 물질)의 화학량론 관계로 쓰면 다음과 같다.

$$1\text{ mol }O_2 \simeq 2\text{ mol }H_2O$$

다음으로 이 화학량론 관계를 이용하여 주어진 물질과 구해야 할 물질을 연관 짓는 변환 인자를 구한다.

$$\frac{\text{구해야 할 물질}}{\text{주어진 물질}} = \frac{2\text{ mol }H_2O}{1\text{ mol }O_2}$$

화학량론적 계수는 정확한 수이다. 따라서 화학량론 계산에서 유효 숫자를 화학량론 계수에 맞추면 안 된다(부록 1C 참고).

이 비율을 보통 반응의 **몰수비**(**mole ratio**)라고 하며, 소모된 O_2 분자의 몰수와 생성된 H_2O 분자의 몰수를 연결시킨다. **기초 지식** A의 단위 변환에서 사용한 변환 인자와 같은 방법으로 활용하면 된다.

$$\text{생성된 }H_2O\text{의 몰수} = (0.25\text{ mol }O_2) \times \frac{2\text{ mol }H_2O}{1\text{ mol }O_2}$$
$$= 0.50\text{ mol }H_2O$$

단위 mol과 물질의 종류(여기서는 O_2)가 상쇄된다는 점에 주목하자. 이러한 계산의 일반적인 과정을 (**1**)에 도식화하였다.

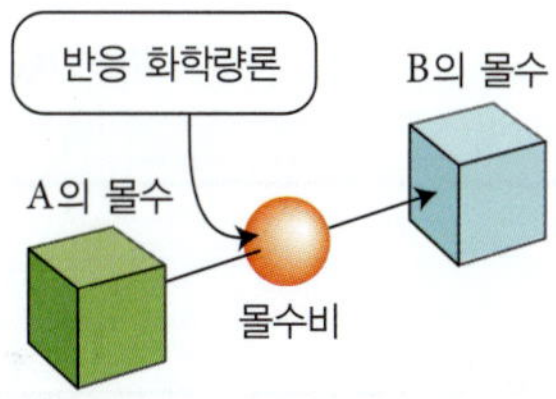

1

자습 L.1A 반응 $N_2(g) + 3\,H_2(g) \rightarrow 2\,NH_3(g)$를 통해 H_2 2 mol과 과량의 N_2를 반응시킬 때 생성되는 NH_3는 몇 mol인가?

[**답**: NH_3 1.3 mol]

자습 L.1B Fe_2O_3 25 mol에서 추출할 수 있는 Fe 원자는 최대 몇 mol인가?

어떤 반응의 균형 화학 반응식으로부터 몰수비를 구할 수 있다. 몰수비는 한 물질의 몰수로부터 다른 물질의 몰수를 구할 때 쓰는 변환 계수이다.

L.2 질량-질량 예측

한 반응의 화학량론적 관계는 반응물과 생성물의 상대적인 **몰수**(amount)를 나타내지만, 상대적인 **질량**(mass)을 직접 드러내지는 않는다. 질량을 알고 있는 반응물이 생성할 수 있는 생성물의 질량을 구하려면, 반응물의 몰질량을 이용하여 질량(g 단위)을 몰수로 변환한다. 다음으로 균형 반응식의 몰수비를 이용하여 생성물의 몰수를 구한다. 마지막으로 생성물의 몰질량을 이용하여 몰수를 질량(g 단위)로 변환한다. 이 과정을 **도구상자 L.1**에 정리하였다.

$$\text{반응물의 질량} \xrightarrow{\text{몰질량}} \text{반응물의 몰수} \xrightarrow{\text{몰수비}} \text{생성물의 몰수} \xrightarrow{\text{몰질량}} \text{생성물의 질량}$$

도구상자 L.1 질량–질량 관계를 계산하는 방법

기본 개념

화학 반응식은 반응물과 생성물의 몰수 관계를 나타낸다. 몰질량을 변환 인자로 쓰면 질량 관계를 알 수 있다.

방법 1

칙질량–질량 관계를 계산하는 일반적인 과정을 도표(**2**)에 정리하였다. 먼저 반응의 균형 화학 반응식을 쓰고, 다음 계산을 수행하면 된다.

1단계 한 물질(A) 시료의 질량을 몰질량으로 나누어 몰수로 변환한다.

$$n_A = \frac{m_A}{M_A}$$

질량의 단위를 먼저 g으로 바꾸고 시작해야 할 때도 있다.

2단계 균형 화학 반응식의 화학량론적 계수로부터 구한 몰수비를 이용하여 물질 A의 몰수를 다른 물질 B의 몰수로 변환한다.

a A $\longrightarrow$ b B 또는 a A + b B $\longrightarrow$ c C 등의 반응에서

$$n_B = n_A \times \frac{b \text{ mol B}}{a \text{ mol A}}$$

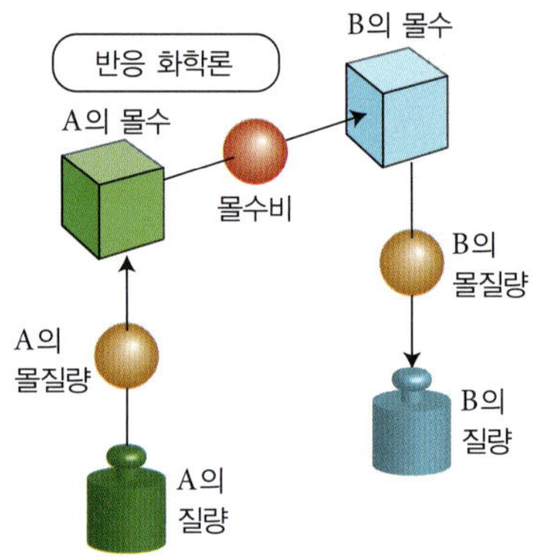

2

3단계 물질 B의 몰질량을 이용하여 몰수를 질량으로 변환한다.

$$m_B = n_B M_B$$

이 방법을 예제 L.1에 적용해 보자.

예제 L.1 일정 질량의 반응물이 생성할 수 있는 생성물의 질량 계산하기

여러분은 제철소 설계자의 일원으로, 제철소의 환경적 영향을 고려하려고 한다. 제철소에 공급되는 철광석에서 추출할 수 있는 철의 양뿐만 아니라, 추출 과정에서 발생하는 이산화 탄소의 양까지 알아야 한다. 여러분은 철광석에 들어있는 산화 철(III)가 일산화 탄소에 의해 환원되어 금속 철과 기체 이산화 탄소를 형성하는 공정을 조사하고자 실험을 하기로 하였다. (a) 이 공정으로 철 10.0 g을 생산하는 데 필요한 산화 철(III)의 질량은 얼마인가? (b) 철 10.0 g을 생산하면서 방출되는 이산화 탄소의 질량은 얼마인가?

예상 Fe_2O_3가 전부 철은 아니므로, 철 10.0 g을 얻으려면 철광석은 10.0 g보다 더 많이 필요하다. (b)의 답을 구하는 지름길은 없다. 계산을 해야만 한다.

계획 도구상자 L.1의 단계를 따른다.

풀이 균형 화학 반응식은 다음과 같다.

$$Fe_2O_3(s) + 3\,CO(g) \rightarrow 2\,Fe(s) + 3\,CO_2(g)$$

이로부터 다음 관계를 얻는다.

$$\text{Fe 2 mol} \simeq Fe_2O_3 \text{ 1 mol, 그리고 Fe 2 mol} \simeq CO_2 \text{ 3 mol}$$

(a) 철의 몰질량은 55.85 $g\cdot mol^{-1}$이고, 산화 철(III)의 몰질량은 159.69 $g\cdot mol^{-1}$이다.

1단계 철의 몰질량을 이용하여 철의 질량을 Fe 원자의 몰수로 변환한다($n=m/M$).

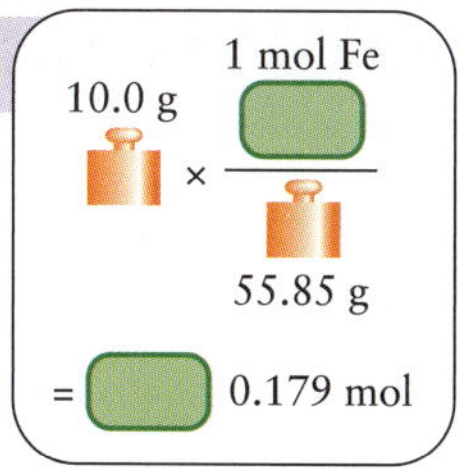

$$\text{Fe의 몰수(mol)} = \frac{10.0\ \text{g}}{55.85\ \text{g}\cdot(\text{mol Fe})^{-1}} = \frac{10}{55.85}\ \text{mol Fe} = 0.179\ldots\ \text{mol Fe}$$

2단계 몰수비를 이용하여 철 원자의 몰수를 산화 철(III) 화학식 단위의 몰수로 변환한다.

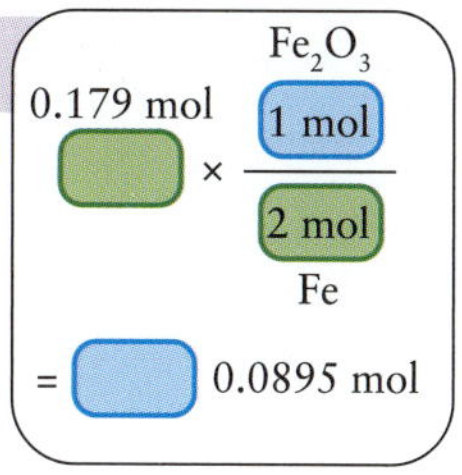

$$Fe_2O_3\text{의 몰수(mol)} = \frac{10}{55.85}\ \text{mol Fe} \times \frac{1\ \text{mol}\ Fe_2O_3}{2\ \text{mol Fe}} = \frac{10}{55.85\times 2}\ \text{mol}\ Fe_2O_3 = 0.0895\ldots\ \text{mol}\ Fe_2O_3$$

3단계 Fe_2O_3의 몰질량을 이용하여 산화 철(III)의 질량을 몰수로 변환한다($M=nM$).

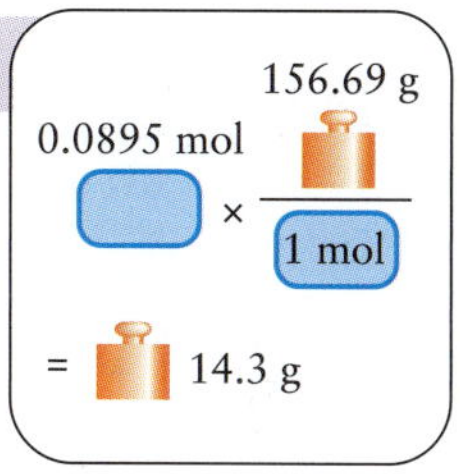

$$\text{Fe2O3의 질량(g)} = \frac{10}{55.85\times 2}\ \text{mol}\ Fe_2O_3 \times 159.69\ \text{g}\cdot(\text{mol}\ Fe_2O_3)^{-1} = 14.3\ \text{g}$$

(b) 이산화 탄소의 몰질량은 44.01 $\text{g}\cdot\text{mol}^{-1}$이다.

1단계 위와 마찬가지로 철의 몰질량을 이용하여 철의 질량을 Fe 원자의 몰수로 변환한다($n=m/M$).

$$\text{Fe의 몰수(mol)} = \frac{10.0\ \text{g}}{55.85\ \text{g}\cdot(\text{mol Fe})^{-1}} = \frac{10}{55.85}\ \text{mol Fe} = 0.179\ldots\ \text{mol Fe}$$

2단계 몰수비를 이용하여 철 원자의 몰수를 이산화 탄소의 몰수로 변환한다.

$$CO_2\text{의 몰수(mol)} = 0.179\ldots\ \text{mol Fe} \times \frac{3\ \text{mol}\ CO_2}{2\ \text{mol Fe}} = 0.179\ldots \times \tfrac{3}{2}\ \text{mol}\ CO_2$$

3단계 이산화 탄소의 몰질량을 이용하여 이산화 탄소의 몰수를 질량으로 변환한다($m=nM$).

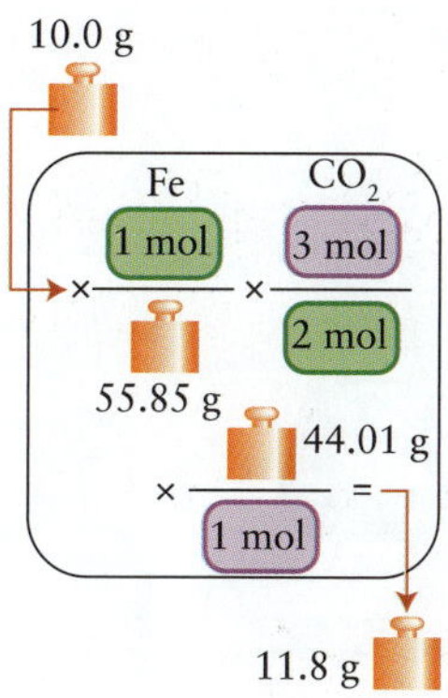

$$CO_2\text{의 질량(g)} = 0.179\ldots \times \tfrac{3}{2}\ \text{mol}\ CO_2 \times 44.01\ \text{g}\cdot(\text{mol}\ CO_2)^{-1} = 11.8\ \text{g}$$

평가 (a)에서 예측했듯이, 철 10 g을 얻는 데 필요한 철광석은 10 g보다 더 많다.

유의 사항

수치는 마지막 단계에서 한 번만 반올림한다. 단위는 반올림 오차와 관계가 없으므로 단계마다 단위를 소거하자.

자습 L.2A 금속 포타슘과 기체 수소를 반응시켜 고체 수소화 포타슘 KH를 만드는 반응에서, 기체 수소 0.450 g과 반응하는 금속 포타슘의 질량을 계산하시오.

[답: 17.5 g]

자습 L.2B 발전소 배기가스에서 이산화 탄소를 제거하는 데 규산 칼슘의 수용액 슬러리를 이용할 수 있다.

관련 연습 문제 L.3~L.8, L.11, L.12

질량-질량 계산에서는 먼저 주어진 물질의 질량을 몰수로 변환한 다음, 몰-몰 변환 인자를 적용하여 필요한 물질의 몰수를 구한 후, 마지막으로 몰수를 질량으로 변환한다.

L.3 부피 분석

실험실에서 용질의 농도를 구할 때 일반적으로 사용하는 기법은 **적정**(**titration**)이다(그림 L.2). 적정에는 산과 염기가 반응하는 **산-염기 적정**(**acid-base titration**)과 산화제와 환원제가 반응하는 **산화-환원 적정**(**redox titration**)이 있다. 적정은 수질 및 혈액 성분 모니터링, 식품 산업에서 품질 관리 등 다양한 분야에 이용된다.

적정에서는 한 용액을 다른 용액에 반응이 완결될 때까지 서서히 첨가한다. 분석할 용액을 **분석물**(**analyte**)이라고 하며, 부피를 측정하여 플라스크에 담는다. 농도를 알고 있는 다른 반응물 용액을 뷰렛에 채운 다음, 모든 분석물이 반응할 때까지 플라스크에 넣는다. 뷰렛에 채운 용액을 **적정 시약**(**titrant**)이라고 하는데, 뷰렛의 초기와 최종 눈금을 읽어 플라스크로 들어간 적정 시약의 부피를 측정한다. 이렇게 부피를 측정하여 농도나 몰수를 구하는 방법을 **부피 분석**(**volumetric analysis**)이라고 한다.

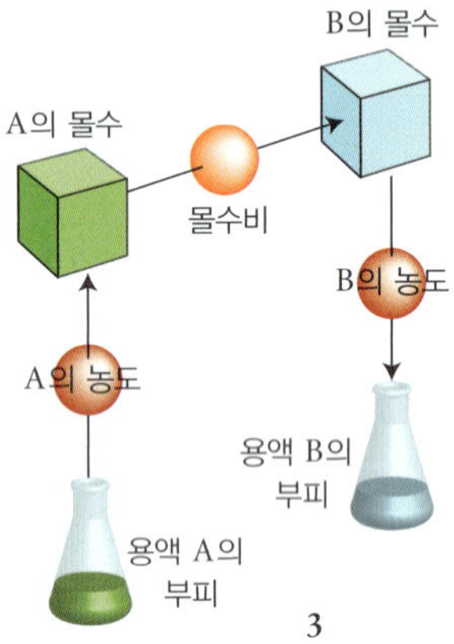

3

산-염기 적정에서 분석물이 염기 용액이면 적정 시약은 산 용액이어야 하며, 반대도 마찬가지이다. 수용성 염료인 지시약(**기초 지식** J 참고)을 이용하여 **화학량론점**(**stoichiometric point**)을 찾는다. 화학량론점까지 적정 시약을 주입하면 분석물과 적정 시약 간의 화학량론적 관계가 정확하게 맞아떨어진다(화학량론점을 당량점(equivalence point)이라고도 한다). 예를 들어 페놀프탈레인 지시약을 몇 방울 넣은 염산 용액을 적정한다고 하자. 초기 용액의 색깔은 무색이다. 화학량론점을 넘어가면, 플라스크에 담긴 용액에는 염기가 과량으로 존재하여 염기성을 띠기 때문에 지시약이 분홍색으로 바뀐다. 지시약의 색 변화는 급격하게 일어나므로 화학량론점을 찾는 것은 어렵지 않다(그림 L.3). 적정을 해석하는 방법을 도구상자 L.2에 정리하였다. 부피 분석을 도표 **3**에 요약하였으며, A는 적정 시약의 용질, B는 분석물의 용질이다.

유의 사항

적정에서는 물질을 정확히 추적해야 하므로, 1.0 (mol HCl)·L^{-1}이나 1.0 M HCl(aq)처럼 물질과 농도 단위를 정확하게 표기하자.

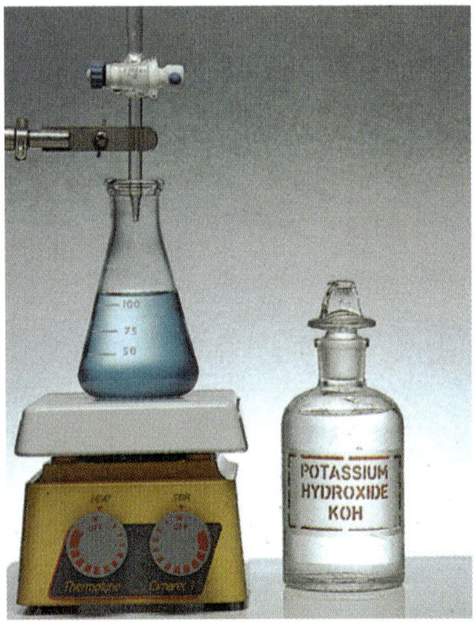

그림 L.2 일반적인 적정 장치: 자석 교반기, 분석물이 들어있는 플라스크, 클램프, 적정 시약이 들어있는 뷰렛(여기서는 수산화 포타슘이 적정시약이다).(*Copyright Macmillan Learning, photo by Ken Karp.*)

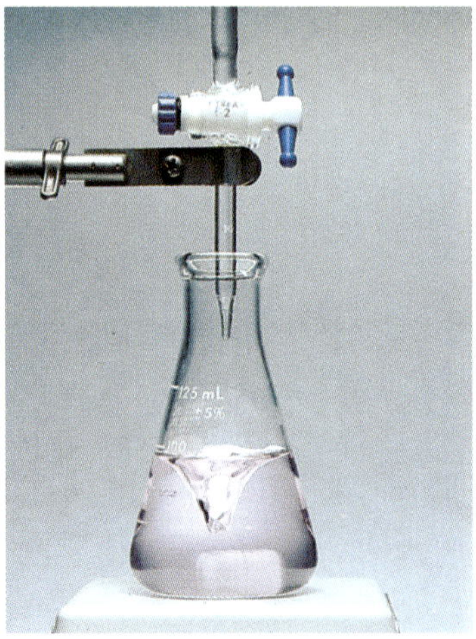

그림 L.3 산-염기 적정의 화학량론점. 페놀프탈레인을 지시약으로 사용했다.(*Copyright Macmillan Learning, photo by Ken Karp.*)

도구상자 L.2 적정을 해석하는 방법

기본 개념

적정 실험의 목적은 분석물에 들어있는 반응물의 농도나 질량을 구하는 것이다. 한 반응물(적정 시약)을 다른 반응물의 용액(분석물)에 반응이 완결될 때까지 첨가한다.

방법 1

1단계 첨가한 적정 시약의 부피($V_{적정\ 시약}$)와 몰농도($c_{적정\ 시약}$)을 이용하여 적정 시약에 들어있는 물질의 몰수($n_{적정\ 시약}$)를 계산한다.

$$\overbrace{n_{적정\ 시약}}^{\text{mol 적정 시약}} = \overbrace{c_{적정\ 시약}}^{(\text{mol 적정 시약})\cdot L^{-1}} \times \overbrace{V_{적정\ 시약}}^{L}$$

2단계 분석물의 몰수를 다음과 같이 계산한다. (a) 반응의 화학 반응식을 쓴다. (b) 적정 시약 물질과 분석 물질의 몰수비를 구한다. (c) 적정 시약의 몰수를 이용하여 분석물의 몰수($n_{분석물}$)를 구한다.

$$n_{분석물} = n_{적정\ 시약} \times 몰수비$$

3단계 분석물의 몰수를 분석물의 초기 부피($V_{분석물}$)로 나누어 분석물의 초기 몰농도($c_{분석물}$)을 구한다.

$$\overbrace{c_{분석물}}^{(\text{mol 분석물})\cdot L^{-1}} = \frac{\overbrace{n_{분석물}}^{\text{mol 분석물}}}{V_{분석물}}$$

이 방법을 예제 L.2에 적용해 보자.

분석물의 질량을 구해야 한다면, 3단계 대신에 분석물의 질량을 이용하여 몰수를 g으로 바꾸는 단계를 거치면 된다.

이 방법을 예제 L.3에 적용해 보자.

예제 L.2 적정으로 산의 몰농도 구하기

옥살산($H_2C_2O_4$)은 루바브나 시금치 같은 자연 식품에 들어있는 물질로 신장 결석의 원인이 되기도 한다. 여러분이 식품 연구소에서 일하고 있고, 식품 추출물에서 옥살산의 농도를 측정해야 한다고 하자. 옥살산(**4**)은 이양성자 산으로, 옥살산 용액 25.00 mL를 0.100 M NaOH(aq)로 적정한다. 염기 용액을 38.00 mL 주입하였을 때 두 양성자 모두의 화학량론점에 도달하였다. 이 옥살산 용액의 몰농도를 구하시오.

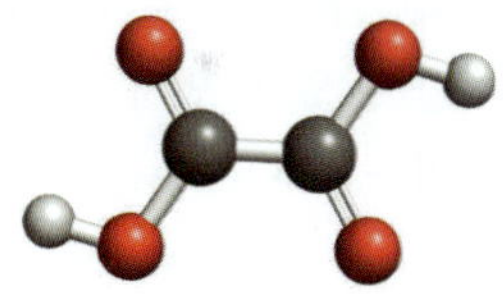

4 옥살산, $(COOH)_2$

예상 일양성자 산이라면, 중화시키는 데 산 부피의 약 1.5배 부피의 알칼리가 들어갔으므로 산의 몰농도는 염기의 몰농도보다 높을 것이다. 하지만 이양성자 산인 옥살산 분자 하나에는 산성 수소가 두 개 존재하므로, 몰농도는 일양성자 산으로 가정할 때의 절반일 것이다. 즉, 몰농도는 $\frac{1}{2} \times 1.5 \times 0.1\ \text{M} = 0.08\ \text{M}$ 정도로 예상한다.

계획 도구상자 L.2의 방법을 따른다.

풀이 균형 화학 반응식은 다음과 같다.

1단계 적정 시약의 부피($V_{적정\ 시약}$)와 몰농도($c_{적정\ 시약}$)을 이용하여 NaOH의 몰수($n_{적정\ 시약}$)를 계산한다.

$$\begin{aligned} n_{NaOH} &= (38.0 \times 10^{-3}\ L) \times 0.100\ (\text{mol NaOH})\cdot L^{-1} \\ &= 0.0038\ldots \text{mol NaOH} \end{aligned}$$

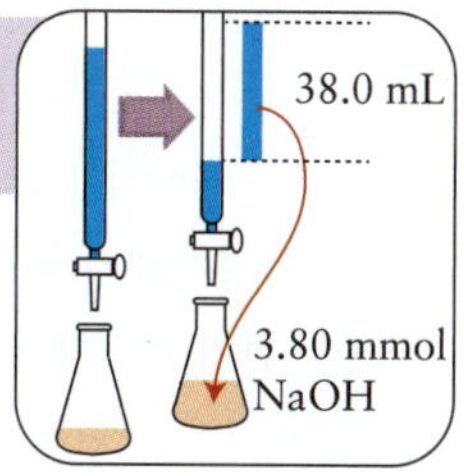

2단계 (a) 화학 반응식을 쓴다. (b) 몰수비를 구한다. (c) 산의 몰수를 계산한다.

(a) $H_2C_2O_4(aq) + 2\ NaOH(aq) \rightarrow Na_2C_2O_4(aq) + 2\ H_2O(l)$

(b) $2\ \text{mol NaOH} \simeq 1\ \text{mol}\ H_2C_2O_4$

(c) $$\begin{aligned} n(H_2C_2O_4) &= (0.0038\ldots \text{mol NaOH}) \times \frac{1\ \text{mol}\ H_2C_2O_4}{2\ \text{mol NaOH}} \\ &= 0.0019\ldots \text{mol}\ H_2C_2O_4 \end{aligned}$$

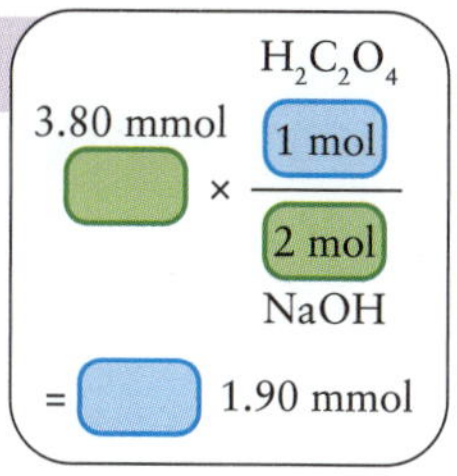

3단계 분석물의 몰수를 분석물의 초기 부피로 나누어 분석물의 초기 몰농도, $c(H_2C_2O_4)$를 계산한다.

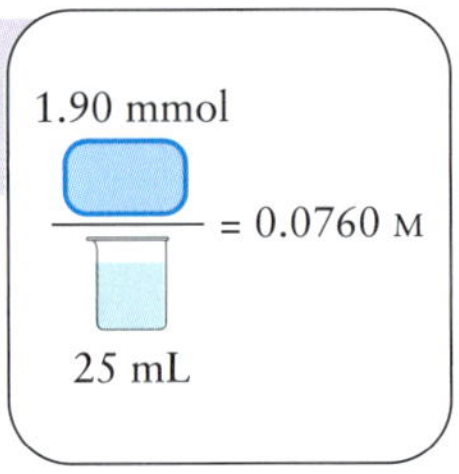

$$c(H_2C_2O_4) = \frac{0.0019\ldots \text{ mol } H_2C_2O_4}{25.00 \times 10^{-3} \text{ L}}$$
$$= 0.0760 \text{ (mol } H_2C_2O_4) \cdot L^{-1}$$

평가 용액은 0.0760 M $H_2C_2O_4$(aq)이다. 산의 농도는 염기의 농도보다 낮으며 몰농도는 0.08 M 근방으로, 예상과 일치한다.

자습 L.3A 어떤 학생이 용액 500 mL에 HCl 0.020 mol이 들어있는 염산 용액을 이용하여 수산화 칼슘 용액 25.0 mL를 적정하였다. 산을 15.1 mL 주입하였을 때 화학량론점에 도달하였다. 이 수산화 칼슘 용액의 몰농도는 얼마인가?

[답: 17.5 g]

자습 L.3B 폐광은 인근 지역 사회에 산성 광산 하수 문제를 유발한다. 황철석(FeS2) 같은 특정 광물은 공기에 노출되면 분해되어 황산 용액을 형성한다. 이 산성 광산수는 호수나 개울에 흘러들어 물고기를 비롯한 동물들을 죽인다. Colorado의 한 광산에서 채취한 광산수 시료 16.45 mL를 완전히 중화시키는 데 0.255 M KOH(aq) 25.00 mL가 들어갔다. 이 광산수의 H_2SO_4 몰농도는 얼마인가?

관련 연습 문제 L.13~L.16

예제 L.3 산화-환원 적정으로 시료의 순도 구하기

과망가니즈산 포타슘($KMnO_4$) 용액으로 적정하면 철광석 샘플에 들어있는 Fe_2O_3의 비율을 구할 수 있다. 먼저 철광석을 염산에 용해시키면, 철이 화학적으로 환원되어 철(II) 이온이 된다. 이는 MnO_4^- 이온과 다음과 같이 반응한다.

$$5\,Fe^{2+}(aq) + MnO_4^-(aq) + 8\,H^+(aq) \rightarrow 5\,Fe^{3+}(aq) + Mn^{2+}(aq) + 4\,H_2O(l)$$

화학량론점은 모든 Fe^{2+}가 반응하는 지점으로, 이 지점에 도달하면 과망가니즈산의 보라색이 관찰된다. 이 방법은 철광석 시료에 과망가니즈산 이온과 반응할 수 있는 다른 반응물, 즉 불순물이 없다는 것을 전제로 한다. 철광석 0.202 g을 염산에 용해시켜 철을 Fe(II)로 환원시켰다. 이 용액을 중화시켜 화학량론점에 도달하는 데 0.0108 M $KMnO_4$(aq) 16.7 mL가 들어갔다. (a) 이 광석에 들어있는 철(II) 이온의 질량은 얼마인가? (b) 이 철광석 시료에서 철의 질량 백분율은 얼마인가?

예상 시료에 들어있는 철의 질량은 적정에 사용한 철광석의 질량보다 작아야 한다. 또한, 철광석에서 철의 질량 백분율은 순수한 Fe_2O_3의 값 70%를 넘을 수 없다.

계획 (a) 도구상자 L.2의 처음 두 단계를 거쳐 분석물에서 철(II)의 몰수를 구한다. 다음으로 Fe^{2+}의 몰질량을 이용하여 몰수를 구한다. 전자의 질량은 아주 작으므로 철(II) 이온의 몰질량은 원소 철의 몰질량과 같다. (b) 철의 질량을 철광석 샘플의 질량으로 나누고 100%를 곱하여 질량 백분율을 구한다.

풀이 (a) 시료에 들어있는 철의 질량을 구한다.

1단계 적정 시약의 부피와 농도를 이용하여 MnO_4의 몰수를 계산한다. $n = cV$이므로,

$$n(MnO_4^-) = \overbrace{\frac{0.0108 \text{ mol } MnO_4^-}{1 \text{ L}}}^{\text{농도}} \times \overbrace{0.0167 \text{ L}}^{\text{부피}}$$
$$= 0.180\ldots \text{ mmol } MnO_4^-$$

주의: 식 위쪽에 달아놓은 주석이 분수 전체를 가리키는 경우는 파란색으로 표시하였다.

2단계 화학 반응식으로부터 적정 시약과 분석물의 몰수비를 구한다.

$$5\ \text{mol Fe}^{2+} \simeq 1\ \text{mol MnO}_4^-$$

이를 이용하여 적정 시약의 몰수를 분석물의 몰수로 변환한다.

$$n(\text{Fe}^{2+}) = \overbrace{0.180\ldots\ \text{mmol MnO}_4^-}^{\text{MnO}_4^-\text{의 양}} \times \overbrace{\frac{5\ \text{mmol Fe}^{2+}}{1\ \text{mmol MnO}_4^-}}^{\text{몰수비}} = 0.902\ldots\ \text{mmol Fe}^{2+}$$

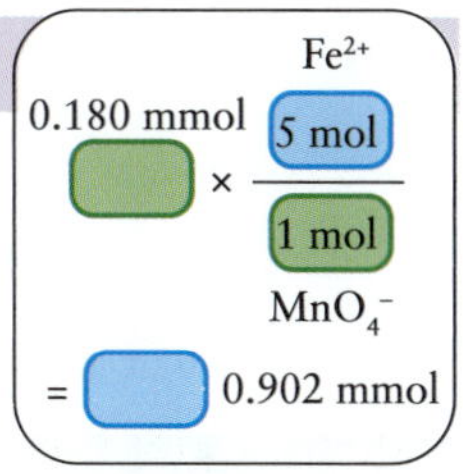

$m=nM$을 이용하여 철의 질량을 구한다.

$$m(\text{Fe}^{2+}) = \overbrace{0.902\ldots\ \text{mmol Fe}^{2+}}^{\text{Fe}^{2+}\text{의 양}} \times \overbrace{\frac{55.85\ \text{mg}}{\text{mmol Fe}^{2+}}}^{\text{몰질량}} = 50.4\ \text{mg}$$

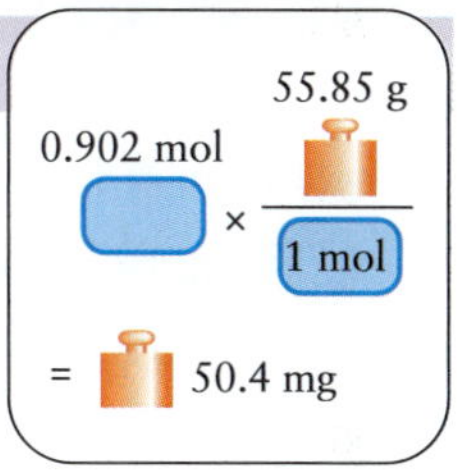

(b) 질량 백분율 = {(철의 질량)/(샘플의 질량)} × 100%를 이용하여 철의 질량 백분율을 계산한다.

$$\text{철의 질량 백분율} = \frac{0.0504\ \text{g}}{0.202\ \text{g}} \times 100\% = 25.0\%$$

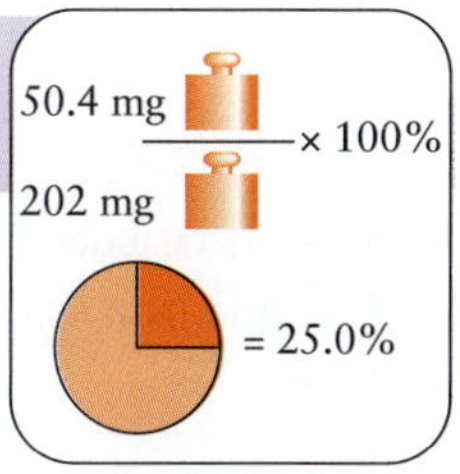

평가 이 철광석 시료에는 철 0.0504 g이 들어있다. 전체 철광석의 질량보다 작아야 한다는 예상과 일치한다. 철의 질량 백분율은 25.0%로, 순수한 Fe_2O_3의 값 70.0%보다 작다.

자습 L.4A 도자기 제작용 점토 시료 20.750 g에서 철의 함량을 분석하고자 한다. 점토를 염산으로 처리하여 철을 철(II) 이온으로 용해시킨 다음, 황산 세륨(IV) 용액으로 적정하면 다음과 같은 반응이 일어난다.

$$\text{Fe}^{2+}(aq) + \text{Ce}^{4+}(aq) \rightarrow \text{Fe}^{3+}(aq) + \text{Ce}^{3+}(aq)$$

화학량론점에 도달하기까지 1.340 M $Ce(SO_4)_2$(aq) 13.45 mL가 들어갔다. 이 점토 시료에서 철의 질량 백분율은 얼마인가?

[답: 4.85%]

자습 L.4B 어떤 광물에 들어있는 산화 비소(III)의 양을 구하기 위해 이 광물을 산에 녹인 다음 과망가니즈산 포타슘으로 적정하였다.

$$24\ \text{H}^+(aq) + 5\ \text{As}_4\text{O}_6(s) + 8\ \text{MnO}_4^-(aq) + 18\ \text{H}_2\text{O}(l) \rightarrow 8\ \text{Mn}^{2+}(aq) + 20\ \text{H}_3\text{AsO}_4(aq)$$

0.0100 M $KMnO_4$를 이용하여 어떤 산업 폐기물 시료에 들어있는 산화 비소(III)의 양을 분석하였다. 화학량론점에 도달하기까지 적정 시약 28.15 mL가 들어갔다. 이 시료에 들어있는 산화 비소(III)의 질량은 얼마인가?

관련 연습 문제 L.25, L.26

적정에서는 분석물과 적정 시약의 화학량론적 관계, 적정 시약의 몰농도를 이용하여 분석물의 몰농도를 구한다.

기초 지식 L에서 배운 것은 무엇인가?

균형 화학 반응식의 화학량론 계수를 이용하여 반응의 양적 결과(반응물와 생성물의 몰수 또는 질량)를 예측하는 방법을 공부했다.

개념과 식의 적용

□ 화학 반응에 참여하는 두 물질을 화학량론적으로 계산한다(도구상자 L.1과 예제 L.1).
□ 적정 자료를 보고 용질의 몰농도를 계산한다(도구상자 L.2와 예제 L.2).
□ 적정 자료를 보고 용질의 질량을 계산한다(도구상자 L.2와 예제 L.3).

기초 지식 L 연습 문제

L.1 계산기를 쓰지 말고, 다음 반응을 통해 ClO_2 0.30 mol이 반응할 때 얻을 수 있는 Br_2의 몰수를 구하시오.

$$6\ ClO_2(g) + 2\ BrF_3(l) \rightarrow 6\ ClO_2F(s) + Br_2(l)$$

L.2 계산기를 쓰지 말고, 다음 반응을 통해 N_2H_4 0.75 mol이 반응할 때 얻을 수 있는 Cl_2의 몰수를 구하시오.

$$3\ N_2H_4(g) + 4\ ClF_3(g) \rightarrow 12\ HF(g) + 3\ N_2(g) + 2\ Cl_2(g)$$

L.3 자동차용 수소 저장 화합물에 관한 연구가 활발히 이루어지고 있다. 반응 $Li_3N(s) + 2\ H_2(g) \rightarrow LiNH_2(s) + 2\ LiH(s)$을 수소 저장용 반응으로 연구한다. (a) Li_3N 1.5 mg과 반응하는 데 필요한 H_2의 몰수는 얼마인가? (b) LiH 0.650 mol을 생산하는 데 필요한 Li_3N의 질량을 계산하시오.

L.4 초전도체를 합성하기 위해 반응 $Tl_2O_3(l) + 2\ BaO(s) + 3\ CaO(s) + 4\ CuO(s) \rightarrow Tl_2Ba_2Ca_3Cu_4O_{12}(s)$를 연구한다. (a) CaO 5.0 g과 반응하는 데 필요한 BaO의 몰수는 얼마인가? (b) 생성물 0.24 mol을 얻기 위해 필요한 CuO의 질량을 계산하시오.

L.5 우주 왕복선에서는 과염소산 암모늄과 알루미늄 분말의 혼합물을 추진 단계의 고체 연료로 이용한다. 연료를 점화하면 다음과 같은 반응이 일어난다. $6\ NH_4ClO_4(s) + 10\ Al(s) \rightarrow 5\ Al_2O_3(s) + 3N_2(g) + 6\ HCl(g) + 9\ H_2O(g)$. (a) NH_4ClO_4 1.325 kg과 혼합해야 하는 알루미늄의 질량은 얼마인가? (b) Al_2O_3는 알루미나라고 하며, 미세한 흰색 분말이 생성되어 흰 연기처럼 피어오른다. 알루미늄 3.500×10^3 kg이 반응하여 생성되는 Al_2O_3의 질량을 구하시오.

L.6 다이보레인(B_2H_6)는 한 때 로켓 연료로 고려된 적이 있다. 연소 반응은 다음과 같다. $B_2H_6(g) + 3\ O_2(l) \rightarrow 2\ HBO_2(g) + 2\ H_2O(l)$. 다이보레인 연료 연구가 중단된 이유는, 상당히 안정한 B_2O_3가 생성되는 것이 아니라, 반응성이 큰 화합물 HBO_2가 생성되기 때문이다. (a) B_2H_6 257 g을 연소시키는 데 필요한 액체 산소의 질량은 얼마인가? (b) B_2H_6 106 g이 연소하여 생성되는 HBO_2의 질량을 구하시오.

L.7 낙타는 혹에 트라이스테아린($C_{57}H_{110}O_6$)이라는 지방을 저장한다. 지방은 에너지원이면서 동시에 물의 공급원이기도 하다. 지방이 사용될 때 다음과 같은 반응이 일어난다. $2\ C_{57}H_{110}O_6(s) + 163\ O_2(g) \rightarrow 114\ CO_2(g) + 110\ H_2O(l)$. (a) 이 지방 454 g으로부터 얻을 수 있는 물의 질량은 얼마인가? (b) 이 지방 454 g을 산화시키는 데 필요한 산소의 질량은 얼마인가?

L.8 밀폐 호흡 장치에 사용되는 과산화 포타슘 KO_2는 날숨의 이산화 탄소와 수분을 제거한다. 다음과 같은 반응으로 물을 제거하면서 산소를 생산한다. $4\ KO_2(s) + 2\ H_2O(l) \rightarrow 3\ O_2(g) + 4\ KOH(s)$. 또한 다음과 같은 반응으로 이산화 탄소를 제거한다. $KOH(s) + CO_2(g) \rightarrow KHCO_3(s)$ (a) O_2 63.0 g을 생산하는 데 필요한 과산화 포타슘의 질량은 얼마인가? (b) KO_2 75.0 g이 제거할 수 있는 CO_2의 질량은 얼마인가?

L.9 탄화수소가 연소하면 물과 이산화 탄소가 생성된다. 휘발유의 밀도는 0.79 $g \cdot mL^{-1}$이다. 휘발유를 옥테인(C_8H_{18})이라고 가정하면 연소 반응은 다음과 같다. $2\ C_8H_{18}(l) + 25\ O_2(g) \rightarrow 16\ CO_2(g) + 18\ H_2O(l)$. 휘발유 3.8 L가 연소하여 생성되는 물의 질량을 계산하시오.

L.10 Sabatier 반응은 우주 정거장에서 수소를 이용하여 이산화 탄소에서 물을 얻는 데 쓰인다. $CO_2(g) + 4\ H_2(g) \rightarrow CH_4(g) + 2\ H_2O(l)$. 수소는 밀도가 0.070 $g \cdot cm^{-3}$인 액체 상태로 저장한다. $H_2(l)$ 2.0 L를 반응시켜 얻을 수 있는 물의 질량은 얼마인가?

L.11 위는 위산을 이용하여 음식을 소화시킨다. 하지만 위산 과다는 문제를 일으키기 때문에 $Mg(OH)_2$ 같은 염기를 함유한 제산제를 복용하여 중화시켜야 한다. $CaCO_3$ 같은 탄산염도 염기로 작용하기 때문에 제산제 역할을 할 수 있다. $CaCO_3(s) + 2\ HCl(aq) \rightarrow CaCl_2(aq) + CO_2(g) + H_2O(l)$. 어떤 제산제 알약에 $CaCO_3$ 400. mg과 $Mg(OH)_2$ 150. mg이 들어 있다. 중화시킬 수 있는 HCl의 질량은 얼마인가?

L.12 집에 제산제가 모두 떨어져서, 탄산수소 소듐을 제산제로 쓰기로 했다. 탄산수소 소듐은 염기로 작용한다. $NaHCO_3(s) + HCl(aq) \rightarrow NaCl(aq) + H_2O(l) + CO_2(g)$. 연습 문제 L.11의 제산제가 중화시킨 것과 동일한 질량의 위산을 중화시키는 데 필요한 $NaHCO_3$의 질량은 얼마인가?

L.13 $Ca(OH)_2$ 용액 25.00 mL를 0.144 M $HNO_3(aq)$로 적정하여 12.15 mL에서 화학량론점에 도달했다. $Ca(OH)_2$의 초기 농도는 얼마인가?

L.14 HCl 용액 10.00 mL를 0.0152 M KOH(aq)로 적정하여 13.35 mL에서 화학량론점에 도달했다. HCl의 초기 농도는 얼마인가?

L.15 수산화 소듐 용액 15.00 mL를 0.234 M HCl(aq)로 적정하여 17.40 mL에서 화학량론점에 도달하였다. (a) NaOH의 초기 농도는

몇 $mol \cdot L^{-1}$인가? (b) 처음 용액에서 NaOH의 질량을 구하시오.

L.16 옥살산($H_2C_2O_4$, 산성 수소가 두 개) 25.17 mL를 0.327 M NaOH(aq)로 적정하여 26.72 mL에서 화학량론점에 도달하였다. (a) 옥살산 용액의 초기 몰농도는 얼마인가? (b) 처음 용액에서 옥살산의 질량을 구하시오.

L.17 수산화 바륨 9.670 g을 녹이고 250.0 mL 부피 플라스크의 눈금까지 희석하였다. 질산 용액 25.0 mL를 화학량론점까지 적정하는데 이 용액 11.56 mL가 들어갔다. (a) HNO_3 용액의 몰농도를 계산하시오. (b) 처음 용액에서 HNO_3의 질량은 얼마인가?

L.18 3.0 M KOH(aq) 10.0 mL를 250.0 mL 부피 플라스크에 담고 눈금까지 희석하였다. 인산 용액 10.0 mL를 화학량론점까지 중화시키는 데 이 희석 용액 38.5 mL이 들어갔다. 반응은 3 KOH(aq) + H_3PO_4(aq) → K_3PO_4(aq) + $3H_2O$(l)이다. (a) H_3PO_4 용액의 농도를 $mol \cdot L^{-1}$ 단위로 계산하시오. (b) 처음 용액에서 H_3PO_4의 질량은 얼마인가?

L.19 어떤 적정 실험에서 산 HX 3.25 g이 완전히 반응하는 데 0.750 M NaOH(aq) 68.8 mL가 들어갔다. 이 산의 몰질량은 얼마인가?

L.20 미지의 산 HX 0.2037 g을 적정하는 데 0.115 M NaOH(aq) 14.56 mL가 들어갔다. 이 산의 몰질량은 얼마인가?

L.21 $AgNO_3$ 수용액 50.0 mL에 NaI를 과량 첨가하였더니 AgI 1.76 g이 침전되었다. 처음 용액의 $AgNO_3$ 몰농도는 얼마인가?

L.22 4.2 M K_2CrO_4(aq) 30.1 mL와 과량의 $AgNO_3$가 반응하여 침전물을 형성하였다. 이 침전물은 무엇이며, 질량은 얼마인가?

L.23 진한 염산 10.00 mL를 1.000 L 부피 플라스크에 넣고 눈금까지 물을 채워 염산 용액을 만들었다. 또, 무수 탄산 소듐 0.832 g을 100.0 mL 부피 플라스크에 넣고 눈금까지 물을 채워 용액을 만들었다. 탄산 용액 25.00 mL를 피펫으로 재어 플라스크에 넣은 뒤 산으로 적정하였더니, 산을 31.25 mL 넣었을 때 화학량론점에 도달하였다. (a) HCl(aq)와 Na_2CO_3(aq)의 균형 반응식을 쓰시오. (b) 처음 진한 염산의 몰농도는 얼마인가?

L.24 비타민 제조사가 주장한 비타민 함량 1.0 g이 맞는지 확인하기 위해 비타민 C 알약을 분석하였다. 알약 하나를 물에 녹여 100.00 mL 용액을 만든 다음, 이 용액 10.0 mL를 아이오딘(트라이아이오딘화 포타슘)으로 적정하였다. 화학량론점에 도달하기까지 0.0521 M I_3^-(aq) 10.1 mL가 들어갔다. I_3^- 1 mol은 비타민 C 1 mol과 반응한다. 이 제조사의 주장은 맞는가? 비타민 C의 몰질량은 176 $g \cdot mol^{-1}$이다.

L.25 고온 초전도체의 구리 함량을 구하고자 한다. 초전도체 시료를 묽은 산에 용해시킨 다음 아이오딘화 이온으로 적정하면, 구리에 의해 아이오딘화 이온이 트라이아이오딘화 이온으로 산화된다.

$$6\,Cu^{2+}(aq) + 15\,I^-(aq) \rightarrow 6\,CuI(aq) + 3\,I_3^-(aq)$$

이후 싸이오황산 이온을 반응시켜 트라이아이오딘화 이온의 양을 알 수 있다. 어떤 초전도체 1.10 g을 0.0010 M I^-(aq) 24.4 mL와 반응시켜 화학량론점에 도달하였다. 이 초전도체의 구리 질량 백분율은 얼마인가?

L.26 우라늄 광석의 우라늄 함량을 구하고자 한다. 광석을 산에 용해시켜 모든 우라늄을 U^{4+}이온으로 만든 다음, 산성 용액에서 과망가니즈산 포타슘으로 적정하여 모든 U^{4+} 이온이 반응하도록 한다. 화학량론점에 도달하면 과망가니즈산 이온의 보라색이 나타난다.

$$5\,U^{4+}(aq) + 2\,MnO_4^-(aq) + 2\,H_2O(aq) \rightarrow 5\,UO_2^{2+}(aq) + 2\,Mn^{2+}(aq) + 4\,H^+(aq)$$

어떤 우라늄 광석 11.020 g을 산에 녹여 우라늄을 U^{4+}로 만들었다. 이 용액의 화학량론점에 도달하기까지 0.538 M $KMnO_4$(aq) 25.8 mL가 들어갔다. 이 광석의 우라늄 질량 백분율은 얼마인가?

L.27 아이오딘은 산화제로 흔히 쓰이는데, 보통 트라이아이오딘화 이온 I_3^- 형태로 이용한다. HCl(aq) 용액에서, 주석과 염화 이온의 어떤 이온 결합 화합물이 19.0 $g \cdot L^{-1}$ 농도로 들어있는 어떤 용액 30.00 mL이 0.120 M 트라이아이오딘화 용액 25.00 mL와 완전히 반응하였다. 생성물은 아이오딘화 이온, 주석과 염소의 또다른 화합물이다. 반응물에서 주석은 질량 비율로 62.6%이다. 이 반응의 균형 반응식을 쓰시오.

L.28 어떤 법과학 실험실에서 염화 칼슘 이수화물($CaCl_2 \cdot 2H_2O$)와 염화 포타슘(KCl) 두 고체의 혼합물을 분석한다. 이 혼합물을 가열하여 수화된 물을 제거하였다.

$$CaCl_2 \cdot 2H_2O(s) \xrightarrow{\Delta} CaCl_2(s) + 2\,H_2O(g)$$

가열하기 전 혼합물의 질량은 2.543 g, 가열한 후 무수 $CaCl_2$와 KCl의 질량은 2.312 g이었다. 처음 시료에서 각 화합물의 질량 백분율을 계산하시오.

L.29 싸이오 황산 이온($S_2O_3^{2-}$)은 산성 용액에서 '불균등화(disproportionate)' 반응을 통해 고체 황(S)과 아황산 수소(HSO_3^-) 수용액을 형성한다.

$$2\,S_2O_3^{2-}(aq) + 2\,H_3O^+(aq) \rightarrow 2\,HSO_3^-(aq) + 2\,H_2O(l) + 2\,S(s)$$

불균등화 반응은 산화–원 반응의 일종이다. (a) 산화된 물질과 환원된 물질은 무엇인가? (b) 이 반응을 통해 HSO_3^- 55.0%(질량 비율) 용액 10.1 mL를 얻었다면, 처음에 들어있던 $S_2O_3^{2-}$의 질량은 얼마인가? 반응은 완료되었다고 가정하고, HSO_3^- 용액의 밀도는 1.45 $g \cdot cm^{-3}$이다.

L.30 어떤 $AgNO_3$(aq) 15.0 mL가 0.50 M K_2CrO_4(aq) 25.0 mL와 완전히 반응하였다. 같은 $AgNO_3$(aq) 45.0 mL와 완전히 반응하는 데 필요한 NaCl의 질량은 얼마인가?

L.31 XCl_4와 NH_3를 반응시켜 화합물 $XCl_2(NH_3)_2$를 생성하였다. XCl_4 3.571 g을 과량의 NH_3와 반응시켜 $XCl_2(NH_3)_2$ 3.108 g과 Cl_2를 얻었다. X는 어떤 원소인가?

L.32 용광로에서 산화 철(III)을 금속 철로 환원시키는 과정에서 이산화 탄소가 배출된다. 환원은 다음 두 단계 반응으로 일어난다.

$$2\,C(s) + O_2(g) \rightarrow 2\,CO(g)$$
$$Fe_2O_3(s) + 3\,CO(g) \rightarrow 2\,Fe(l) + 3\,CO_2(g)$$

1단계에서 생성된 CO가 2단계에서 모두 반응한다고 가정하자. (a) Fe_2O_3 화학식 단위 600개와 반응하는 데 필요한 C 원자는 몇 개인가? (b) 철 1.0 t(1 t = 10^3 kg)을 만들면서 생성되는 이산화 탄소의 부피는 얼마인가? 이산화 탄소의 밀도는 1.25 $g \cdot L^{-1}$이다. (c) 철의 수율이 67.9%라면, 철 1.0 t을 만들면서 대기에 방출되는 이산화 탄소의 부피는 얼마인가? (d) Fe 5.00 kg을 생산하는 데 필요한 O_2는 몇 kg인가?

L.33 브로민화 바륨 $BaBr_x$를 염소와 반응시키면 $BaCl_2$을 반들 수 있다. 과량의 염소를 이용하여 BaBrx 3.25 g을 완전히 반응시켜 $BaCl_2$ 2.27 g을 얻었다. x 값을 구하고 BaBrx로부터 $BaCl_2$를 생산하는 균형 화학 반응식을 쓰시오.

L.34 석탄과 석유 연료에 들어있는 황 불순물은 문제를 일으킬 수 있다. 연료를 산소와 연소시킨 다음, 생성된 SO_3를 물에 녹여 황산 수용액을 만드는 방법을 통해 연료의 황 질량 백분율을 구할 수 있다. 어떤 실험에서 연료 8.54 g을 태워 얻은 황산을 0.100 M NaOH(aq)로 적정하였더니 화학량론점까지 17.54 mL가 들어갔다. (a) 생성된 H_2SO_4의 몰수를 구하시오. (b) 이 연료에서 황의 질량 백분율은 얼마인가?

L.35 사진 필름에 사용되는 AgBr을 생산하는 데 브로민화 소듐 NaBr을 이용한다. NaBr은 다음과 같은 방법으로 제조할 수 있다.

$$Fe + Br_2 \rightarrow FeBr_2$$
$$FeBr_2 + Br_2 \rightarrow Fe_3Br_8$$
$$Fe_3Br_8 + Na_2CO_3 \rightarrow NaBr + CO_2 + Fe_3O_4$$

NaBr 2.50 t을 생산하는 데 필요한 철의 질량은 몇 kg인가? (먼저 반응식의 균형을 맞추어라.)

L.36 염화 이온을 정량 분석하는 데 자주 쓰이는 질산 은은 비싼 시약이다. 어떤 학생이 실험을 하기 위해 0.0750 M $AgNO_3$(aq) 100.0 mL가 필요하지만, 0.0500 M $AgNO_3$(aq) 60 mL 밖에 구비되어 있지 않았다. 이 학생은 0.0750 M $AgNO_3$(aq)를 새로 만드는 대신, 구비된 시약 50.0 mL를 100.0 mL 플라스크에 담은 다음 순수한 고체 $AgNO_3$와 물을 더 넣어 필요한 시약을 만들기로 하였다. 추가로 넣어야 하는 고체 $AgNO_3$의 질량은 얼마인가?

L.37 (a) 진한 HNO_3(aq)(농도는 16 M)을 이용하여 0.50 M HNO_3(aq) 1.00 L를 어떻게 만드는가? (b) 이 희석 용액 100. mL로 중화시킬 수 있는 0.20 M NaOH(aq)는 몇 mL인가?

L.38 미지의 이양성자 시료를 분석하고 있다. (a) 시료 10.0 g을 분석했더니 수소 0.224 g, 탄소 2.67 g, 나머지는 산소였다. 이 산의 실험식을 구하시오. (b) 이 산 0.0900 g을 물 30.0 mL에 녹인 다음 0.040 M NaOH(aq)로 적정하니 화학량론점까지 50.0 mL가 들어갔다. 이 산의 분자식은 무엇인가? (c) 이 산과 NaOH(aq)의 중화 반응을 균형 화학 반응식으로 쓰시오.

L.39 질량이 26.45 g인 도가니에 금속 주석 시료 1.50 g을 넣고 가열하여 공기 중의 산소와 반응시켰다. 생성된 산화물과 도가니의 질량을 측정하니 28.35 g이었다. (a) 이 산화물의 실험식은 무엇인가? (b) 이 산화물의 이름을 쓰시오.

L.40 질량이 26.32 g인 도가니에 금속 구리 시료 1.27 g을 넣고 가열하여 공기 중의 산소와 반응시켰다. 생성된 산화물과 도가니의 질량을 측정하니 27.75 g이었다. (a) 이 산화물의 실험식은 무엇인가? (b) 이 산화물의 이름을 쓰시오.

L.41 어떤 화학자가 농도를 모르는 KOH 용액을 0.0101 M HCl(aq)로 적정한다. 적정 중에 여러 가지 사건이 발생할 수 있다. 다음 중 어떤 사건이 농도 측정에 영향을 미치는가? 영향이 있다면, KOH 농도가 실제보다 더 높게 측정될지 낮게 측정될지 말하시오.

(a) KOH 용액을 담을 플라스크를 제대로 건조하지 않아 증류수가 소량 들어갔다.

(b) HCl 용액을 담을 뷰렛을 제대로 건조하지 않아 증류수가 소량 들어갔다.

(c) 뷰렛의 벽이 약간 오염되어 용액 방울 일부가 벽에 맺힌 채 수위가 내려갔다.

(d) 이 화학자가 HCl 농도를 0.00101 M로 잘못 읽었다.

L.42 어떤 화학자가 연습 문제 L.3의 방법을 이용하여 철광석 시료에서 철의 질량 백분율을 구하려고 한다. 철광석을 염산에 용해시켰지만 고체 일부는 용해되지 않았다. 이 화학자가 철의 질량 백분율을 구하기 위해 추가로 알아야 할 정보는 무엇인가?

(a) 녹지 않은 고체의 질량

(b) 녹지 않은 고체의 색깔

(c) 녹지 않은 고체에는 철이 들어있지 않다는 사실

(d) 추가 정보가 필요하지 않다.

M. 한계 반응물

반응에서 생성되는 생성물의 양을 화학량론적으로 계산하는 것은 이상적인 경우를 가정한 것이다. 즉, 모든 반응물이 충분히 존재하며, 그 모든 반응물이 화학 반응식에 적힌 그대로 정확하게 반응한다는 것을 가정한 것이다. 하지만 실제로는 그렇지 않을 가능성이 높다. 시작 물질 중 일부는 **경쟁 반응(competing reaction)**을 통해 소모될 수도 있다. 경쟁 반응이란 우리가 관심을 갖는 반응과 동시에 일어나면서 같은 반응물을 소모하는 반응을 말한다. 또는 우리가 측정할 때 반응이 아직 덜 끝난 상태일 수도 있다. 세 번째 이유로는 많은 반응은 완료되지 않는다는 것을 들 수 있다. 이런 반응은 반응물이 일정 비율 소모되고 나면 끝난 것처럼 보인다. 따라서, 실제 생성물의 양은 반응 화학량론을 써서 계산한 값보다 적을 수 있다.

M.1 반응 수득량

반응의 **이론 수득량(theoretical yield)**이란 주어진 양의 반응물로부터 얻을 수 있는 생성물의 몰수, 질량, 또는 부피 등의 최댓값을 뜻한다. **수득량 백분율(percentage yield)**은 실제로 생산된 양의 이론 수득량에 대한 비율을 퍼센트로 나타낸 것이다.

$$\text{수득량 백분율} = \frac{\text{실제 수득량}}{\text{이론 수득량}} \times 100\%$$

예제 M.1 생성물의 수득량 백분율 계산하기

제대로 정비하지 않은 엔진에서 일어나는 불완전 연소는 이산화 탄소와 물 이외에도 독성이 있는 일산화 탄소를 생성한다. 여러분이 엔진 생산 업체의 연구원으로서 이산화 탄소의 수득량 백분율을 측정하여 오프로드 모터사이클 엔진의 효율을 평가해야 한다고 가정하자. 한 테스트에서 어떤 엔진이 옥테인 1.00 L(질량은 702 g)을 연소시켜 이산화 탄소 1.84 kg을 발생시켰다. 이산화 탄소의 수득량 백분율은 얼마인가? 옥테인은 C_8H_{18}이다.

예상 수득량 백분율이 100%를 넘을 수 없다는 것은 알지만 실제 값을 예상할 수는 없다.

계획 화학 반응식을 먼저 써야 한다. 도구상자 L.1의 방법을 이용하여 생성물의 이론 수득량을 g 단위로 계산한다. 반올림 오차를 줄이려면 중간 결과값은 반올림하지 않고, 계산 마지막에 한번에 처리한다. 실제 생성된 질량을 이론 질량으로 나눈 다음 100%를 곱하여 수득량 백분율을 얻는다.

풀이 화학 반응식은 다음과 같다.

$$2\,C_8H_{18}(l) + 25\,O_2(g) \rightarrow 16\,CO_2(g) + 18\,H_2O(l)$$

1단계 옥테인의 몰질량을 이용하여 질량을 몰수로 변환한다($n = m/M$). C_8H_{18}의 몰질량은 114.2 g·mol^{-1}이다.

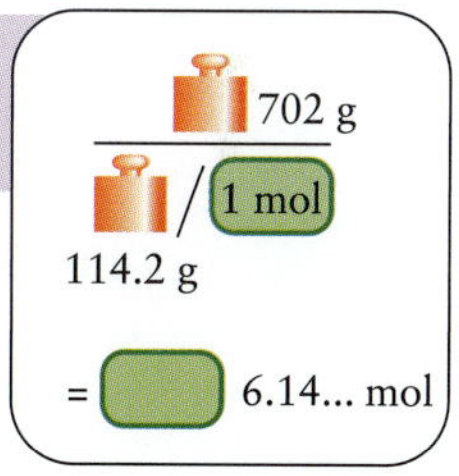

$$n(C_8H_{18}) = \frac{702\text{ g}}{114.2\text{ g}\cdot(\text{mol }C_8H_{18})^{-1}} = \frac{702}{114.2}\text{ mol }C_8H_{18}$$
$$= 6.14\ldots\text{ mol }C_8H_{18}$$

2단계 균형 반응식의 화학량론 계수를 이용하여 몰수비를 구한 다음(C_8H_{18} 2 mol·CO_2 16 mol), 이를 이용하여 CO_2의 몰수를 구한다.

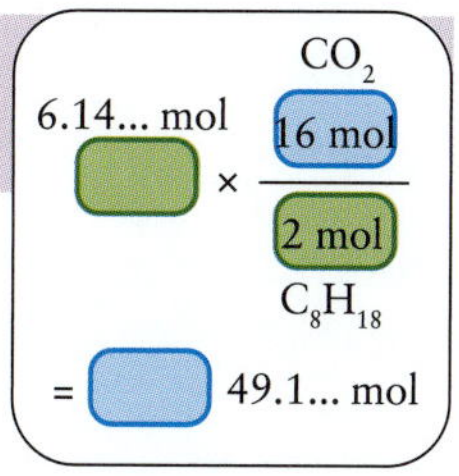

$$n(CO_2) = (6.14\ldots\text{ mol }C_8H_{18}) \times \frac{16\text{ mol }CO_2}{2\text{ mol }C_8H_{18}} = 49.1\ldots\text{ mol }CO_2$$

3단계 CO_2의 몰질량 44.01 g·mol^{-1}을 이용하여 몰수를 질량으로 변환한다($m = nM$).

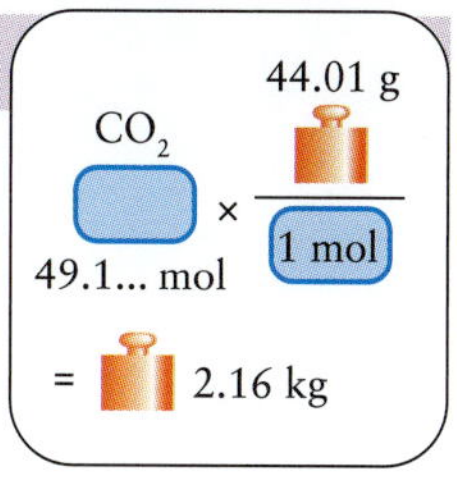

$$m(CO_2) = (49.1\ldots\text{ mol }CO_2) \times 44.01\text{ g}\cdot(\text{mol }CO_2)^{-1}$$
$$= 49.1\ldots \times 44.01\text{ g} = \underbrace{2.16 \times 10^3\text{ g}}_{2.16\text{ kg}}$$

마지막으로 2.16 kg이 아니라 1.84 kg만 생성되었다는 정보를 이용하여 이산화 탄소의 수득량 백분율을 계산한다.

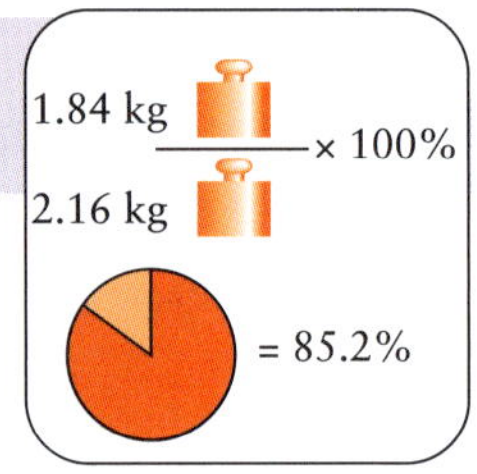

$$CO_2\text{의 수득량 백분율} = \frac{1.84\text{ kg}}{2.16\text{ kg}} \times 100\% = 85.2\%$$

평가 이론 수득량 2.16 kg은 연료 1갤런(약 3.8 L)당 CO_2 약 8 kg을 배출한다는 뜻이다. 대기 중 CO_2의 농도 상승 문제와는 관계없이, 이 경우처럼 수득량 백분율이 85.2%인 것은 바람직하지 않다. 연료가 비효율적으로 사용되고 있으며, 그만큼 CO가 많이 발생한다는 뜻이기 때문이다. 또한, 이 엔진은 환경에 해로운 휘발성 유기 화합물(volatile organic compounds, VOCs)을 배출할 것으로 예상된다.

자습 M.1A 질산 포타슘 24.0 g을 납과 함께 가열했더니 아질산 포타슘 13.8 g이 생성되었다. 아질산 포타슘의 수득량 백분율을 계산하시오. 반응은 다음과 같다.

$$Pb(s) + KNO_3(s) \rightarrow PbO(s) + KNO_2(s)$$

[**답**: 68.3%]

자습 M.1B 용광로에서 철(III) 산화물 15 kg을 환원시켜 철 8.8 kg을 생산하였다. 철의 수득량 백분율은 얼마인가? 반응은 다음과 같다.

$$Fe_2O_3(s) + 3CO(g) \rightarrow 2\,Fe(s) + 3\,CO_2(g)$$

관련 연습 문제 M.1~M.4

이론 수득량은 화학 반응식의 화학량론을 통해 예상할 수 있는 생성물의 최대량이다. 수득량 백분율은 실제로 얻은 수득량의 이론 수득량에 대한 백분율이다.

M.2 반응 한계

어떤 반응의 **한계 반응물(limiting reactant)**이란 생성물의 최대 수득량을 결정하는 반응물이다. 한계 반응물은 오토바이 공장에서 부족한 부품에 비유할 수 있다. 예를 들어 바퀴 8개와 오토바이 프레임 7개가 있다고 가정하자. 프레임마다 바퀴 두 개가 필요하므로 바퀴 8개로는 오토바이 4대밖에 만들지 못한다. 이때 바퀴가 한계 반응물이라고 할 수 있다. 모든 바퀴를 사용하면 프레임 3개가 남으므로 프레임은 과량으로 존재한다.

계산을 해야만 한계 반응물을 알아낼 수 있는 경우도 있다. 예를 들어 다음 반응에서 어떤 반응물이 한계 반응물인지 알아보자.

$$N_2(g) + 3\,H_2(g) \rightarrow 2\,NH_3(g)$$

이 반응에서 N_2 1 mol ≏ H_2 3 mol이다. 이 경우에는 공급된 반응물의 몰수를 화학량론적 계수와 비교해야 한다. N_2는 1 mol이 있지만 H_2가 2 mol밖에 없는 경우를 가정하면, 수소가 화학량론적 관계에서 필요한 양보다 적다. 따라서 수소의 양이 질소보다 많지만 수소가 한계 반응물이고, N_2의 일부가 남게 된다. 한계 반응물을 판별하고 다음에는 생성되는 생성물의 양을 계산할 수 있다. 반응이 끝나고 남는 과량 반응물의 양도 계산할 수 있다. 이 과정을 **도구상자 M.1**에 정리하였다.

도구상자 M.1 한계 반응물을 판별하는 방법

기본 개념

한계 반응물은 반응이 완결된다고 가정할 때 완전히 소모되는 반응물이다. 다른 반응물은 모두 과량이다. 한계 반응물은 생성될 수 있는 생성물의 양을 제한하기 때문에, 이론 수득량은 한계 반응물의 양을 기준으로 계산한다.

방법

한계 반응물을 판별하는 방법은 두 가지이다.

방법 1

이 접근법에서는 화학 반응의 몰수비를 이용하여 한 반응물이 다른 반응물과 반응하기에 충분한지 확인한다.

1단계 몰질량을 이용하여 반응물의 질량을 몰수로 변환한다.

2단계 반응물을 하나 선택하고, 화학량론적 관계를 이용하여 이 반응물과 완전히 반응하는 데 필요한 다른 반응물의 이론 몰수를 계산한다.

3단계 다른 반응물의 실제 몰수가 2단계에서 계산한 이론 몰수보다 크다면, 이 반응물은 과량이다. 이 때는 선택한 반응물이 한계 반응물이다. 다른 반응물의 실제 몰수가 계산값보다 작다면, 이 반응물은 모두 반응할 것이다. 따라서 이 반응물이 한계 반응물이고, 처음 선택한 반응물이 과량이다.

이 방법을 예제 M.2에 적용해 보자.

방법 2

도구상자 L.1의 방법을 이용하여, 각 반응물 별로 생성물 한 종류의 이론 수득량을 계산한다. 생성물을 가장 적게 생성할 수 있는 반응물이 한계 반응물이다.

1단계 몰질량을 이용하여 한응물의 양을 몰수로 변환한다.

2단계 각 반응물이 생성할 수 있는 생성물의 몰수를 각각 계산한다.

3단계 생성물을 가장 적게 생성하는 반응물이 한계 반응물이다.

이 방법을 예제 M.3에 적용해 보자.

예제 M.2 한계 반응물 판별하기

탄화 칼슘(CaC_2)는 물과 반응하여 수산화 칼슘과 가연성 기체 에타인(아세틸렌)을 생성하며, 반응식은 $CaC_2(s) + 2\ H_2O(l) \longrightarrow Ca(OH)_2(aq) + C_2H_2(g)$이다. 이 반응은 자전거나 광부의 헬멧에 달린 램프에 사용되었다. 반응물을 운반하기 편하고 아세틸렌이 밝은 불꽃을 내면서 연소하기 때문이다(연소할 때 생기는 탄소 입자가 매우 밝은 불꽃을 낸다). (a) 물 100. g과 탄화 칼슘 100. g이 반응할 때 한계 반응물은 무엇인가? (b) 이때 생성되는 에타인의 질량은 얼마인가? (c) 반응이 완결된 다음 남아있는 과량 반응물의 질량은 얼마인가? 반응물은 순수하며 반응이 완결된다고 가정하자.

예상 CaC_2의 몰질량이 H_2O보다 훨씬 크기 때문에 몰수가 적은 CaC_2가 한계 반응물이라고 생각할 수 있다. 하지만 이 반응의 몰수비를 보면 CaC_2 몰수의 두 배에 해당하는 H_2O가 필요하므로, 신중하게 예측해야 할 것이다.

계획 도구상자 M.1의 방법 1을 따른다. 몰질량은 주기율표 또는 부록 2D에서 원소의 원자량을 찾아 계산한다.

풀이

(a) **1단계** 몰질량을 이용하여 각 반응물의 질량을 몰수로 변환한다.
CaC_2는 $64.10\ g{\cdot}mol^{-1}$, H_2O는 $18.02\ g{\cdot}mol^{-1}$이다.

$$n(CaC_2) = \frac{100.\ g}{64.10\ g{\cdot}(mol\ CaC_2)^{-1}} = \frac{100.}{64.10}\ mol\ CaC_2 = 1.56\ldots\ mol\ CaC_2$$

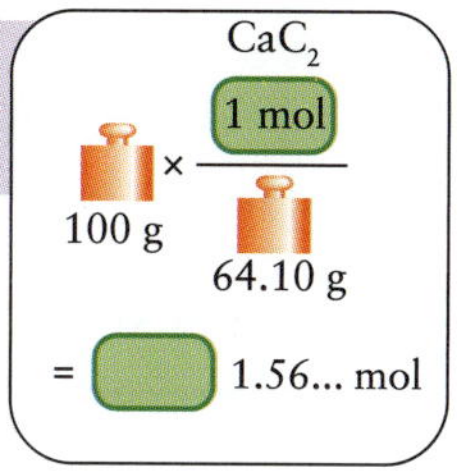

$$n(H_2O) = \frac{100.\ g}{18.02\ g\cdot(mol\ H_2O)^{-1}}$$
$$= \frac{100.}{18.02} mol\ H_2O = 5.55\ldots mol\ H_2O$$

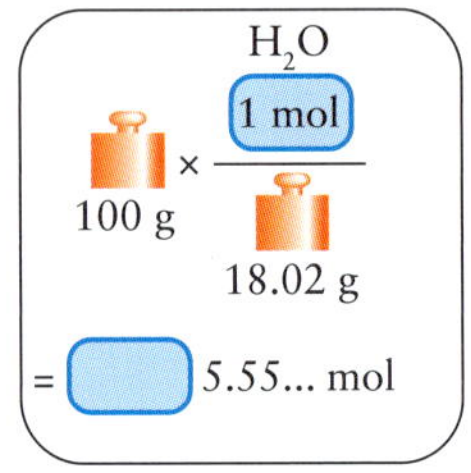

2단계 CaC_2를 선택하고 화학량론 관계인 CaC_2 1 mol ≏ H_2O 2 mol을 이용하여, CaC_2와 반응이 완결되는 데 필요한 H_2O의 이론 몰수를 계산한다.

$$n(H_2O) = (1.56\ldots mol\ CaC_2) \times \frac{2\ mol\ H_2O}{1\ mol\ CaC_2}$$
$$= 1.56\ldots \times 2\ mol\ H_2O = 3.12\ mol\ H_2O$$

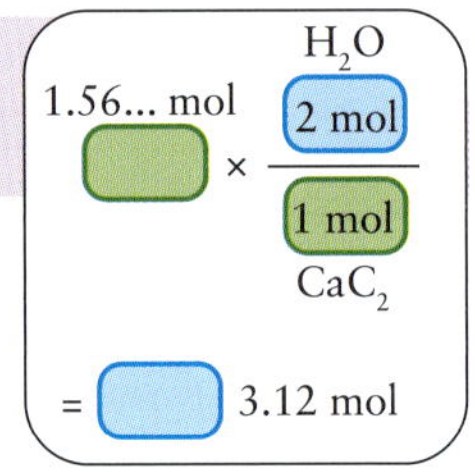

3단계 어떤 반응물이 한계 반응물인지 결정한다.

H_2O 3.12 mol이 필요한데 5.55 mol이 공급되었으므로, 모든 탄화 칼슘이 반응할 수 있다. 따라서 탄화 칼슘이 한계 반응물이고 물이 과량 반응물이다.

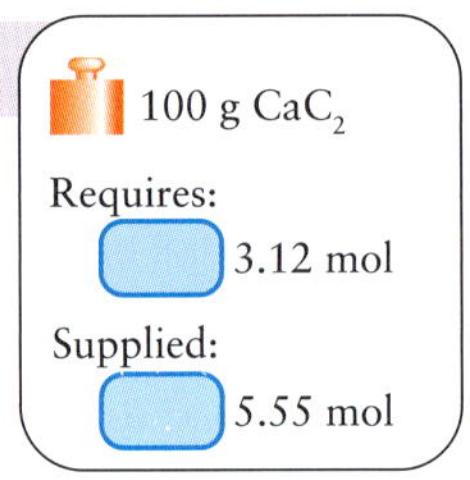

(b) CaC_2가 한계 반응물이고 CaC_2 1 mol ≏ $C2H_2$ 1 mol이므로, 생성되는 에타인(몰질량이 26.04 $g\cdot mol^{-1}$)의 질량은

$$m(CaC_2) = (1.56\ldots mol\ CaC_2) \times \frac{1\ mol\ C_2H_4}{1\ mol\ CaC_2} \times 26.04\ g\cdot(mol\ C_2H_4)^{-1}$$
$$= 40.6\ g$$

(c) 과량 반응물은 물이다. H_2O 5.55 mol이 공급되고 3.12 mol이 소모되므로, 남아있는 H_2O는 5.55 − 3.12 mol=2.43 mol이다. 따라서 반응 마지막까지 남아있는 과량 반응물의 질량은

남아있는 H_2O의 질량=2.43 mol×18.02 $g\cdot mol^{-1}$=43.8 g

평가 예상대로 CaC_2가 한계 반응물이다.

자습 M.2A (a) 소듐 5.52 g과 Al_2O_3 5.12 g을 가열하여 반응 6 Na(l)+Al_2O_3(s) −delta → 2 Al(l)+3 Na_2O(s)을 일으킬 때 한계 반응물을 구하시오. (b) 생성되는 알루미늄의 질량은 얼마인가? (c) 반응 마지막에 남아있는 과량 반응물의 질량은 얼마인가?

[답: (a) 소듐, (b) Al 2.16 g, (c) Al_2O_3 1.02 g]

자습 M.2B (a) 암모니아 14.5 kg을 이산화 탄소 22.1 kg과 반응시켜 요소를 제조하는 반응 2 NH_3(g)+CO_2(g) → $OC(NH_2)_2$(s)+H_2O(l)을 일으킬 때 한계 반응물은 무엇인가? (b) 생성될 수 있는 요소의 질량은 얼마인가? (c) 반응 마지막에 남아있는 과량 반응물의 질량은 얼마인가?

관련 연습 문제 M.7, M.8 M.11 M.12

예제 M.3 한계 반응물을 이용하여 수득량 백분율 계산하기

플루오린화 암모늄, 알루민산 소듐, 수산화 소듐의 수용액 반응을 통해 크라이올라이트(Na_3AlF_6)를 생산하는 과정은 알루미늄 제련 공정에서 중요한 단계이다.

$$6\,NH_4F(aq)+NaAl(OH)_4(aq)+2\,NaOH(aq) \rightarrow Na_3AlF_6(s)+6\,NH_3(aq)+6\,H_2O(l)$$

하지만 부산물이 생성되면 수득량이 줄어든다. 여러분이 이 과정의 효율을 조사한다고 가정하자. NH_4F 100.0 g, $NaAl(OH)_4$ 82.6 g, NaOH 80.0 g을 섞어 반응시킨 다음 Na_3AlF_6 75.0 g을 얻었다. 이 반응의 수득량 백분율은 얼마인가?

예상 수득량 백분율이 100%을 넘을 수 없다는 점만 알고 있을 뿐 실제값을 예상할 수는 없다.

계획 먼저 도구상자 M.1의 방법 2를 이용하여 한계 반응물을 찾는다. 이 한계 반응물이 반응의 이론 수득량을 결정하므로, 한계 반응물을 이용하여 생성물의 이론 몰수를 계산한다. 수득량 백분율은 실제 생성된 질량과 이론 질량의 비에 100%을 곱한 값이다.

풀이

1단계 몰질량을 이용하여 각 반응물의 질량을 몰수로 변환한다. NH_4F는 37.04 $g{\cdot}mol^{-1}$, NaOH는 40.00 $g{\cdot}mol^{-1}$, $NaAl(OH)_4$는 118.00 $g{\cdot}mol^{-1}$, Na_3AlF_6는 209.95 $g{\cdot}mol^{-1}$이다. $n=m/M$을 이용한다.

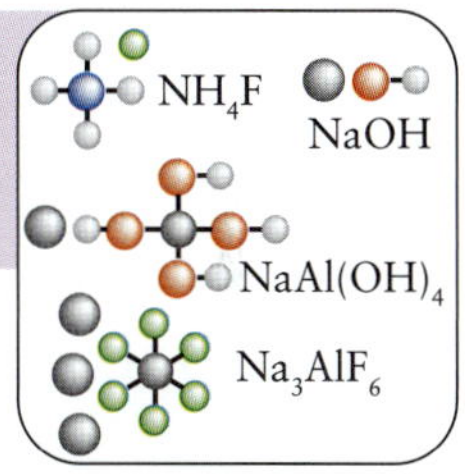

$$n(NH_4F)=\frac{100.0\text{ g}}{37.04\text{ g}{\cdot}(\text{mol }NH_4F)^{-1}}=2.700\text{ mol }NH_4F$$

$$n(NaAl(OH)_4)=\frac{82.6\text{ g}}{118.00\text{ g}{\cdot}(NaAl(OH)_4)^{-1}}=0.700\text{ mol }NaAl(OH)_4$$

$$n(NaOH)=\frac{80.0\text{ g}}{40.00\text{ g}{\cdot}(\text{mol }NaOH)^{-1}}=2.00\text{ mol }NaOH$$

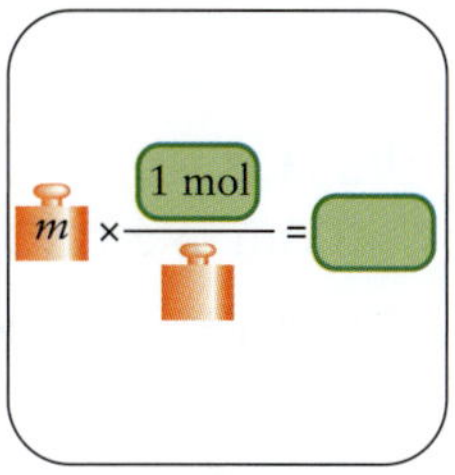

2단계 각 반응물이 생성할 수 있는 생성물 Na_3AlF_6의 몰수를 각각 계산한다. 다음 몰수비를 이용한다.

$$6\text{ mol }NH_4F \simeq 1\text{ mol }Na_3AlF_6$$
$$1\text{ mol }NaAl(OH)_4 \simeq 1\text{ mol }Na_3AlF_6$$
$$2\text{ mol }NaOH \simeq 1\text{ mol }Na_3AlF_6$$

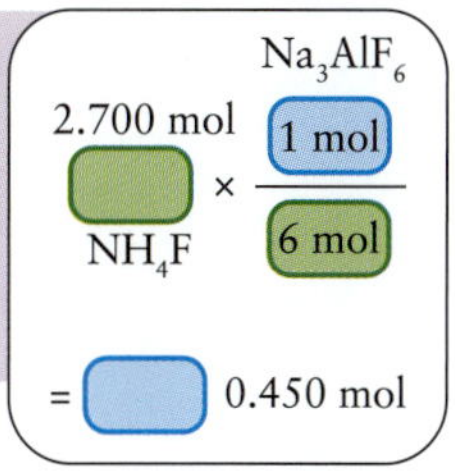

NH_4F는,

$$n(Na_3AlF_6)=2.700\text{ mol }NH_4F\times\frac{1\text{ mol }Na_3AlF_6}{6\text{ mol }NH_4F}$$
$$=0.450\text{ mol }Na_3AlF_6$$

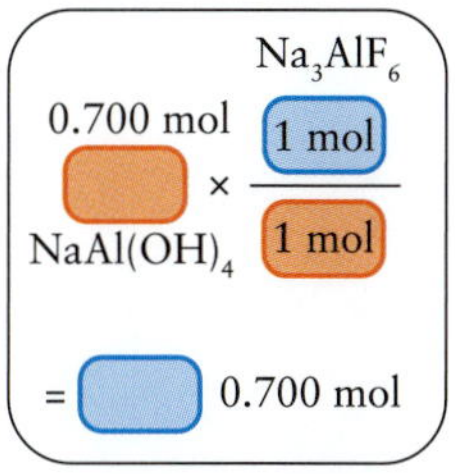

$NaAl(OH)_4$는

$$n(Na_3AlF_6)=0.700\text{ mol }NaAl(OH)_4\times\frac{1\text{ mol }Na_3AlF_6}{1\text{ mol }NaAl(OH)_4}$$
$$=0.700\text{ mol }Na_3AlF_6$$

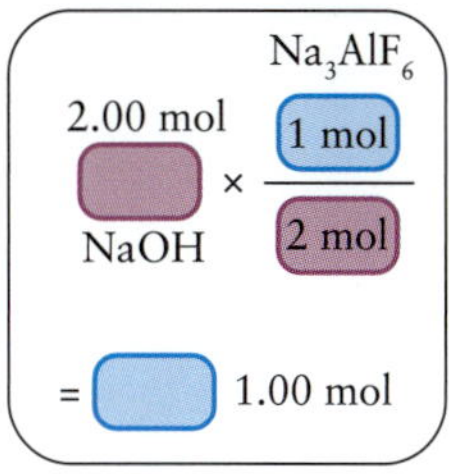

NaOH는,

$$n(Na_3AlF_6)=2.00\text{ mol }NaOH\times\frac{1\text{ mol }Na_3AlF_6}{2\text{ mol }NaOH}$$
$$=1.00\text{ mol }Na_3AlF_6$$

NH_4F가 생성할 수 있는 Na_3AlF_6는 0.450 mol이며 이것은 다른 반응물이 생성할 수 있는 양보다 적다. 따라서 NH_4F가 한계 반응물이다.

$m=nM$을 이용하여 이론 수득량을 Na_3AlF_6의 질량으로 구한다.

$$m(Na_3AlF_6) = 0.450\ \text{mol} \times 209.95\ \text{g}\cdot\text{mol}^{-1} = 94.5\ \text{g}$$

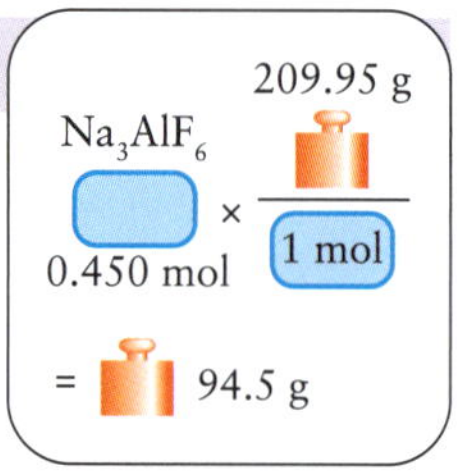

식 1을 이용하여 수득량 백분율을 계산한다.

$$Na_3AlF_6\text{의 수득량 백분율} = \frac{75.0\ \text{g}}{94.5\ \text{g}} \times 100\% = 79.4\%$$

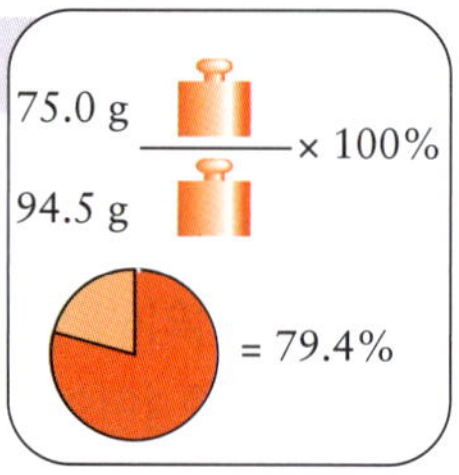

평가 예상대로 수득량 백분율 79.4%은 100%보다 작고, 부산물이 생성되었다는 것을 뜻한다.

자습 M.3A 수소 100. kg과 질소 800. kg을 반응시켜 암모니아를 합성하는 반응 $N_2(g)+3\ H_2(g) \rightarrow 2\ NH_3(g)$을 통해 암모니아 400. kg을 생산하였다. 암모니아의 수득량 백분율은 얼마인가?

[답: 71.0%]

자습 M.3B NO_2 28 g과 물 18 g을 반응시켜 질산과 일산화 질소를 생성하는 반응 $3\ NO_2(g) + H_2O(l) \rightarrow 2\ HNO_3(aq) + NO(g)$를 일으켰다. 생성된 질산이 22 g이라면 수득량 백분율은 얼마인가?

관련 연습 문제 M.15, M.17 M.18 M.24

어떤 반응의 한계 반응물이란 반응물 간의 화학량론적 관계보다 더 적은 몰수로 공급된 반응물을 말한다.

M.3 연소 분석

연소 분석은 현대의 화학 실험실에서 유기 화합물의 실험식(**기초 지식** F 참고)을 구하는 데 사용하는 기법이다. 충분한 산소를 통과시키면서 시료를 점화하여 연소시킨다(**그림 M.1**). 과량의 산소를 넣는 것은 시료가 한계 반응물이 되도록 하기 위함이다. 화합물에 들어있는 수소는 모두 물로, 탄소는 모두 이산화 탄소로 전환된다. 현대식 기법에서는 생성된 기체를 크로마토그래피로 분리한 다음, 열전도도(열을 전달하는 능력)를 측정하여 성분별로 상대적인 양을 결정한다.

산소가 과량으로 존재하면 화합물에 들어있던 탄소 원자 하나는 이산화 탄소 분자 하나로 변한다. 따라서

$$\text{시료의 C 1 mol} \simeq \text{생성물 } CO_2 \text{ 1 mol}$$

간략하게 C 1 mol ≏ CO_2 1 mol로 쓸 수 있다. 따라서 생성된 이산화 탄소의 질량을 측정한 다음 이산화 탄소의 몰수로 변환하면, 원래 시료에 들어있던 C 원자의 몰수를 구할 수 있다.

마찬가지로, 산소가 과량으로 존재하면 화합물에 들어있던 수소 원자 하나는 연소하여 물 분자 하나로 바뀐다.

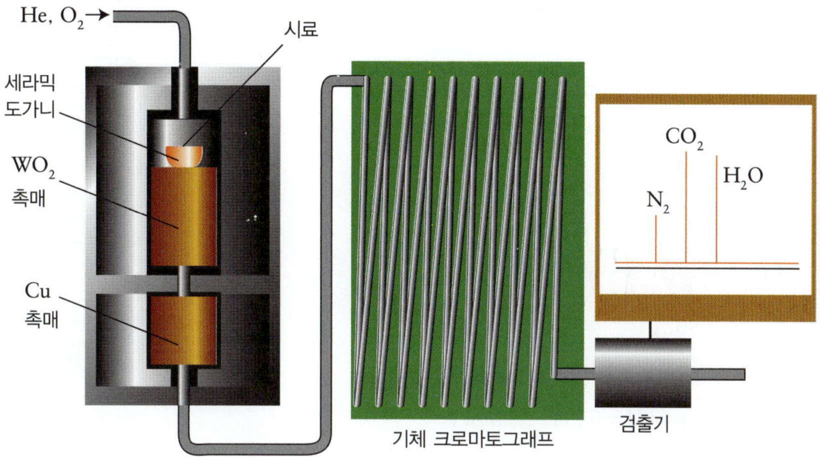

그림 M.1 연소 분석에 사용하는 장치. 산소–헬륨 혼합 기체가 시료가 담긴 세라믹 도가니 위를 통과하면 시료가 산화된다. 생성된 기체는 두 가지 촉매를 통과한다. WO_3 촉매는 생성된 CO를 CO_2로 산화시키고, Cu는 과량 산소를 제거한다. 생성된 기체를 분리하고 열전도도를 측정하여 생성된 질소, 이산화 탄소, 물의 질량을 알아낸다.

$$\text{시료의 H 2 mol} \simeq \text{생성물 } H_2O \text{ 1 mol}$$

간략하게 H 2 mol ≏ H_2O 1 mol로 쓸 수 있다. 따라서 화합물을 충분한 산소와 연소시켜 생성된 물의 질량으로부터 원래 시료에 들어있던 H 원자의 몰수를 구할 수 있다.

많은 유기 화합물에는 산소도 들어있다. 화합물에 탄소, 수소, 산소만이 들어있다면, 처음 시료의 질량에서 탄소와 수소의 질량을 빼서 산소의 질량을 구하면 된다. 다음으로 산소 원자의 몰질량 16.00 $g \cdot mol^{-1}$을 이용하여 질량을 몰수로 변환한다.

예제 M.4 연소 분석으로 실험식 구하기

만약 여러분이 유기 화학자가 된다면 연소 분석을 사용할 것이 거의 틀림없다. 여러분이 새로 합성한 어떤 화합물이 C, H, O로만 이루어져 있다는 것을 알았다. 시료 1.621 g을 연소 분석하였더니 생성된 물과 이산화 탄소의 질량이 각각 1.902 g, 3.095 g이었다. 이 화합물의 실험식은 무엇인가?

예상 특정한 화합물을 염두에 두고 합성한 것이 아니라면, 이 정보만으로 실험식을 예상할 수는 없다.

계획 앞서 공부한 화학량론적 관계를 이용하여 시료 내 탄소와 수소의 몰수를 구한 다음 이를 질량으로 변환한다. 시료에 들어있는 산소의 질량은 시료의 전체 질량에서 탄소와 수소의 질량을 빼면 알 수 있다. 이 질량을 O 원자의 몰수로 변환한다. 마지막으로 원자의 개수비를 실험식으로 나타낸다.

풀이 필요한 몰질량은 다음과 같다.

C: 12.01 $g \cdot mol^{-1}$ CO_2: 44.01 $g \cdot mol^{-1}$ H: 1.008 $g \cdot mol^{-1}$ H_2O: 18.02 $g \cdot mol^{-1}$

CO_2와 연관된 몰수비는 C 1 mol ≏ CO_2 1 mol, H_2O와 연관된 몰수비는 H_2O 1 mol ≏ H 2 mol이다.

생성된 CO_2의 질량을 이용하여 처음 시료의 C 몰수를 구한다.

$$n(\text{C}) = \frac{3.095 \text{ g}}{44.01 \text{ g} \cdot (\text{mol } CO_2)^{-1}} \times \frac{1 \text{ mol C}}{1 \text{ mol } CO_2} = \frac{3.095}{44.01} \text{ mol C}$$
$$= 0.070\ldots \text{ mol C}$$

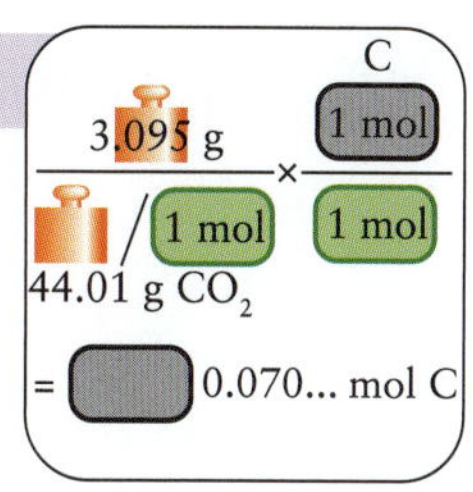

$m=nM$을 이용하여 시료에 들어있는 탄소의 질량을 계산한다.

$$m(\text{C})=\left(\frac{3.095}{44.01}\text{ mol C}\right)\times 12.01\text{ g}\cdot(\text{mol C})^{-1}=0.8446\ldots\text{ g}$$

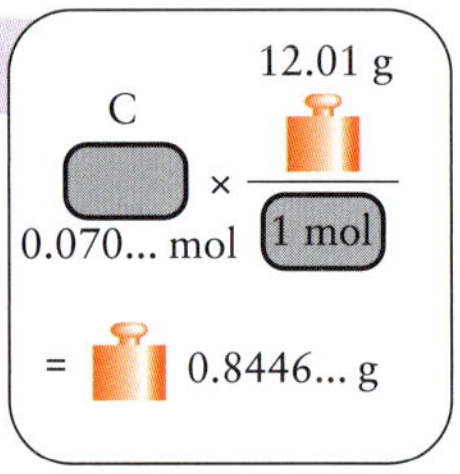

생성된 H_2O의 질량을 이용하여 처음 시료의 H 몰수를 구한다.

$$m(\text{H})=\frac{1.902\text{ g}}{18.02\text{ g}\cdot(\text{mol H}_2\text{O})^{-1}}\times\frac{2\text{ mol H}}{1\text{ mol H}_2\text{O}}$$
$$=\frac{1.902\times 2}{18.02}\text{ mol H}=0.2111\ldots\text{ mol H}$$

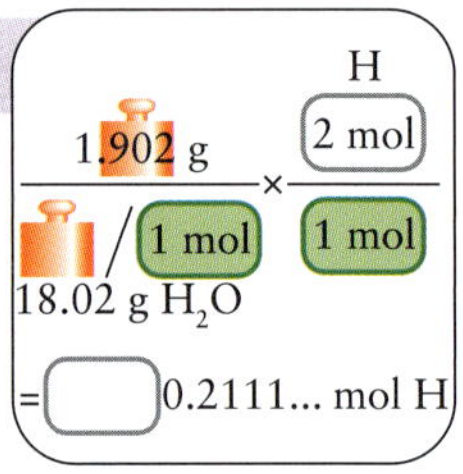

시료에 들어있는 수소의 질량을 계산한다.

$$m(\text{H})=(0.2111\ldots\text{ mol H})\times 1.008\text{ g}\cdot(\text{mol H})^{-1}=0.2128\text{ g}$$

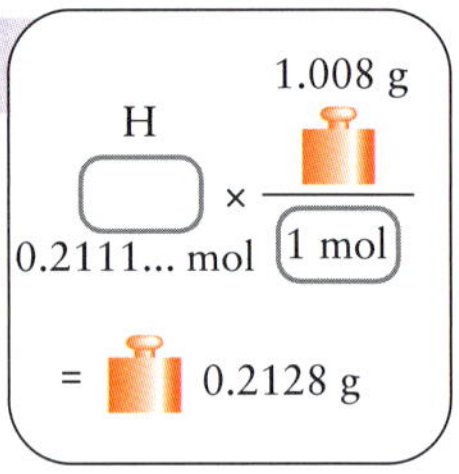

C와 H의 전체 질량을 구한다.

$$0.8446\text{ g}+0.2128\text{ g}=1.0574\text{ g}$$

시료 질량과 C, H의 질량 차이가 시료에 들어있는 산소의 질량이다.

$$m(\text{O})=1.621\text{ g}-1.0574\text{ g}=0.564\text{ g}$$

산소의 질량을 O 원자의 몰수로 변환한다.

$$n(\text{O})=\frac{0.564\text{ g}}{16.00\text{ g}\cdot(\text{mol O})^{-1}}=0.0352\text{ mol O}$$

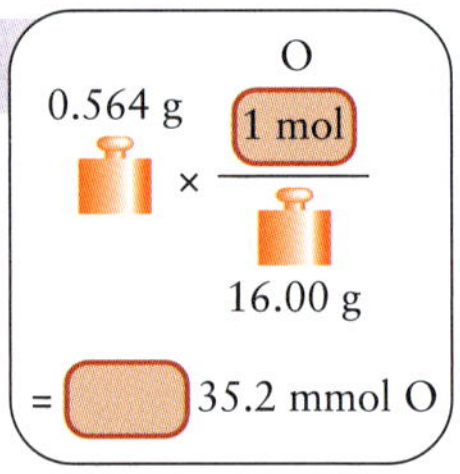

원소의 몰수비를 쓴다. 이 비율은 원자의 개수비와 같다.

$$\text{C:H:O}=0.070\,32:0.2111:0.0352$$

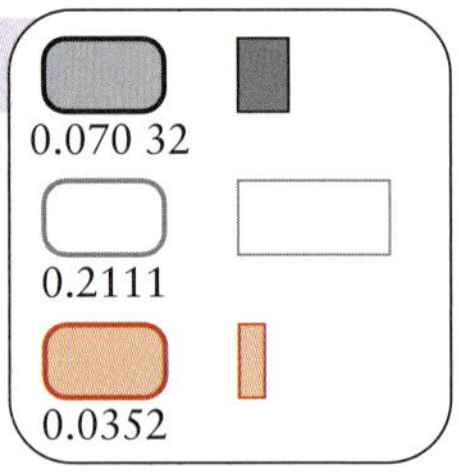

가장 작은 숫자(0.0352)로 나눈다.

$$\text{C:H:O}=\frac{0.070\,32}{0.0352}:\frac{0.2111}{0.0352}:\frac{0.0352}{0.0352}$$
$$=2.00:6.00:1.00$$

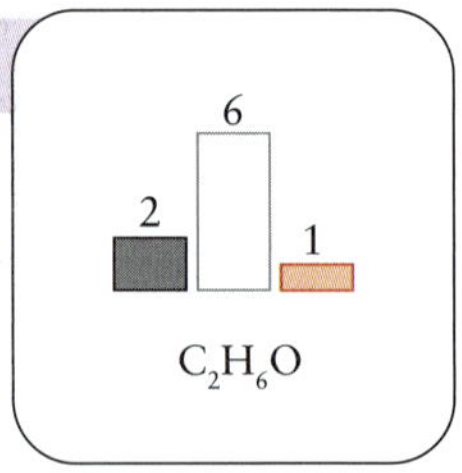

평가 새로 합성한 화합물의 실험식은 C_2H_6O라는 것을 알았다. 실험식이 C_2H_6O인 분자는 매우 많으므로, 화합물을 완벽하게 식별하려면 추가 실험이 필요하다.

자습 M.4A 설탕은 탄소, 수소, 산소로만 이루어져 있으며, 설탕 0.528 g을 연소시켰더니 물 0.306 g과 이산화 탄소 0.815 g이 형성되었다. 설탕의 실험식을 구하시오.

[답: $C_{12}H_{22}O_{11}$]

자습 M.4B 아스피린은 탄소, 수소, 산소로만 이루어져 있으며, 아스피린 0.236 g을 연소시켰더니 이산화 탄소 0.519 g과 물 0.0945 g이 생성되었다. 아스피린의 실험식을 구하시오.

관련 연습 문제 M.19~M.22

연소 분석에서는, 미지 화합물이 과량의 산소와 연소하여 생성된 이산화 탄소와 물의 질량을 이용하여 이 화합물 시료에 들어있는 C, H, O의 몰수, 즉 실험식을 구한다.

기초 지식 M에서 배운 것은 무엇인가?

화학 반응의 화학량론적 관계를 이용하면 이론 수득량을 예측할 수 있지만, 모든 반응이 이 이론적 최댓값에 도달하는 것은 아니라는 것을 공부했다. 또한 한 반응물이 생성물의 양을 제한하는 경우도 있다는 것을 알았다. 연소 분석을 통해 화합물의 실험식을 구하는 과정에서 이론 수득량 개념을 어떻게 활용하는지도 배웠다.

개념과 식의 적용

- ☐ 생성물의 이론 수득량과 수득량 백분율을 계산한다(예제 M.1).
- ☐ 한계 반응물을 찾는다.
- ☐ 한계 반응물을 이용하여 생성물의 수득량, 반응이 완결된 이후 남아있는 과량 반응물의 양을 계산한다(도구상자 M.1, 예제 M.2와 M.3).
- ☐ 연소 분석으로 탄소, 수소, 산소로 이루어진 유기 화합물의 실험식을 구한다(예제 M.4).

기초 지식 M 연습 문제

M.1 하이드라진(N_2H_4)은 로켓 연료로 사용되는 유성 액체이다. 하이드라진은 암모니아를 물 속에서 하이포염소산 이온으로 산화시켜 제조할 수 있다. $2\ NH_3(g) + ClO^-(aq) \rightarrow N_2H_4(aq) + Cl^-(aq) + H_2O(l)$. 암모니아 35.0 g을 과량의 하이포염소산 이온과 반응시켜 하이드라진 25.2 g을 생성하였다. 하이드라진의 수득량 백분율은 얼마인가?

M.2 바나듐 산화물을 칼슘과 함께 가열하면 금속 바나듐을 추출할 수 있다. $V_2O_5(s) + 5\ Ca(l) \xrightarrow{\Delta} 2\ V(s) + 5\ CaO(s)$. V_2O_5 150.0 kg을 칼슘과 함께 가열하여 바나듐 36.7 kg을 생성하였다. 바나듐의 수득량 백분율은 얼마인가?

M.3 석회암은 주로 $CaCO_3$이며, 가열하면 이산화 탄소와 생성회(CaO)로 분해된다. $CaCO_3(s) \xrightarrow{\Delta} CaO(s) + CO_2(g)$. $CaCO_3$ 42.73 g을 열분해시켜 CO2 17.5 g이 생성하였다면, 이 반응의 수득량 백분율은 얼마인가?

M.4 삼염화 인(PCl_3)은 백린(P_4)을 염소와 반응시켜 얻는다. $P_4(s) + 6\ Cl_2(g) \rightarrow 4\ PCl_3(g)$. P_4 49.91 g을 과량의 염소와 반응시켜 PCl_3 180.5 g을 얻었다. 이 반응의 수득량 백분율은 얼마인가?

M.5 이 문제는 계산기 없이 풀어보자. ClO_2 12 mol과 BrF_3 5 mol을 이용하여 반응 $6\ ClO_3(g) + 2\ BrF_3(l) \rightarrow 6\ ClO_2F(s) + Br_2(l)$을 일으켰다. (a) 과량 반응물을 찾으시오. (b) 생성물이 각각 몇 mol씩 생성될지, 그리고 과량 반응물이 몇 mol 남아 있을지 예측하시오.

M.6 이 문제는 계산기 없이 풀어보자. N_2H_4 12 mol과 ClF_3 12 mol을 이용하여 반응 $3\ N_2H_4(g) + 4\ ClF3(g) \rightarrow 12\ HF(g) + 3\ N_2(g) + 2\ Cl_2(g)$를 일으켰다. (a) 과량 반응물을 찾으시오. (b) 생성물이 각각 몇 mol씩 생성될지, 그리고 과량 반응물이 몇 mol 남아있을지 예측하시오.

M.7 고체 산화 붕소와 금속 마그네슘을 고온에서 반응시키면 고체 붕소를 추출할 수 있다. 다른 생성물로 고체 산화 마그네슘도 생성된다. (a) 이 반응의 균형 반응식을 쓰시오. (b) 산화 붕소 125 kg을 마그네슘 125 kg과 함께 가열하여 생산할 수 있는 붕소의 질량은 얼마인가?

M.8 데오도란트로 사용되는 염화 알루미늄은 고체 산화 알루미늄, 고체 탄소, 기체 염소를 반응시켜 만든다. 반응을 통해 일산화 탄소도 생성된다. (a) 이 반응의 균형 반응식을 쓰시오. (b) 산화 알루미늄 185 kg을 탄소 25 kg, 염소 100. kg과 함께 가열하여 생산할 수 있는 염화 알루미늄의 질량은 얼마인가?

M.9 질산 구리(II)는 수산화 소듐과 반응하여 밝은 청색의 수산화 구리(II)를 생성한다. (a) 이 반응의 알짜 이온 반응식을 쓰시오. (b) 0.500 M $Cu(NO_3)_2(aq)$ 80.0 mL에 수산화 소듐 2.00 g을 넣을 때 생성되는 수산화 구리(II)의 최대 질량을 계산하시오.

M.10 질산 코발트(III)는 황화 소듐과 반응하여 고체 황화 코발트(III)를 형성한다. (a) 이 반응의 알짜 이온 반응식을 쓰시오. (b) 0.620 M $Co(NO_3)_3(aq)$에 황화 소듐 3.00 g을 넣을 때 생성되는 황화 코발트(III)의 최대 질량을 계산하시오.

M.11 어떤 반응기에 백린 5.77 g과 산소 5.77 g이 들어있다. 첫 번째 반응이 일어나 산화 인(III) P_4O_6가 생성되었다. $P_4(s)+3\ O_2(g) \rightarrow P_4O_6(s)$. 산소가 충분히 있다면, 이 산화물은 산소와 더 반응하여 산화 인(V) P_4O_{10}이 된다. $P_4O_6+2\ O_2(g) \rightarrow P_4O_{10}(s)$. (a) P_4O_{10}을 형성하는 데 한계 반응물은 무엇인가? (b) 생성되는 P_4O_{10}의 질량은 얼마인가? (c) 반응기에 남아있는 과량 반응물은 몇 g인가?

M.12 도가니에 담긴 산화 철(II) 12.375 g과 금속 알루미늄 6.144 g의 혼합물이 오븐에서 고온으로 가열되어 산화물의 환원이 일어났다. $3\ FeO(s)+2\ Al(l) \rightarrow 3\ Fe(l)+Al_2O_3(s)$. (a) 한계 반응물은 무엇인가? (b) 생성되는 철의 최대 몰수를 구하시오. (c) 도가니에 남아있는 과량 반응물의 질량을 계산하시오.

M.13 폴리염화 바이페닐(PCBs)은 한때 널리 사용된 산업 물질이었지만, 건강과 환경에 위험을 초래하는 것으로 밝혀졌다. PCBs는 탄소, 수소, 염소만으로 이루어져 있다. PCB 중 하나는 Aroclor 1254는 몰질량이 360.88 $g \cdot mol^{-1}$이며 상표명은 Aroclor 1254이다. Aroclor 1254 1.52 g을 연소시켰더니 CO_2 2.224 g, 2.53 g을 연소시켰더니 H_2O 0.2530 g이 생성되었다. Aroclor 1254 분자 하나에 들어있는 염소 원자는 몇 개인가?

M.14 다음과 같이 기체 수소와 기체 산소가 반응하여 수증기를 생성하는 반응에서, 한계 반응물은 무엇인가? 생성되는 수증기의 최대량은 얼마인가? 괄호 안의 단위로 답을 쓰시오.

(a) 기체 수소 1.0 g과 $O_2(g)$ 1.0 mol (H_2O의 몰수)

(b) H_2 분자 100개와 O_2 분자 30개 (H_2O 분자의 개수)

M.15 금속 알루미늄은 기체 염소와 반응하여 염화 알루미늄을 생성한다. 염소 기체 535 g이 들어있는 용기에 알루미늄 255 g을 넣었더니 염화 알루미늄 300. g이 생성되었다. (a) 이 반응의 균형 반응식을 쓰시오. (b) 이 반응으로 생성될 수 있는 염화 알루미늄의 질량은 얼마인가? (c) 염화 알루미늄의 수득량 백분율은 얼마인가?

M.16 포스핀(PH_3)을 85.0% 함유한 어떤 기체 4.94 g과 $CuSO_4 \cdot 5H_2O$(몰질량 249.68 $g \cdot mol^{-1}$) 0.110 kg의 혼합물이 반응기에 담겨 있다. (a) 일어나는 반응의 골격 반응식은 $CuSO_4 \cdot 5H_2O(s)+PH_3(g) \rightarrow Cu_3P_2(s)+H_2SO_4(aq)+H_2O(l)$이다. 균형을 맞추시오. (b) 반응물과 생성물의 이름을 쓰시오. (c) 한계 반응물을 찾으시오. (d) 수득량 백분율 6.31%를 고려하여 생성되는 Cu_3P_2(몰질량 252.56 $g \cdot mol^{-1}$)의 질량을 g으로 계산하시오.

M.17 몰질량이 231 $g \cdot mol^{-1}$인 산 HA가 있다(A는 미지의 원자단이다). HA는 염기 XOH(몰질량 125 $g \cdot mol^{-1}$)과 반응하여 H_2O와 염 XA를 생성한다. 어떤 실험에서 HA 2.45 g이 XOH 1.50 g과 반응하여 XA 2.91 g을 형성하였다. 이 반응의 수득량 백분율은 얼마인가?

M.18 몰질량이 168 $g \cdot mol^{-1}$인 산 H_2A가 있다(A는 미지의 원자단이다). H_2A는 염기 XOH(몰질량 125 $g \cdot mol^{-1}$)와 반응하여 H_2O와 염 X_2A를 생성한다. 어떤 실험에서 H_2A 1.20 g이 XOH 1.00 g과 반응하여 X_2A 0.985 g을 형성하였다. 이 반응의 수득량 백분율은 얼마인가?

M.19 카페인은 커피와 차에 들어있는 각성제이며 몰질량은 194 $g \cdot mol^{-1}$이다. 카페인 0.376 g을 연소시켰더니 이산화 탄소 0.682 g, 물 0.174 g, 질소 0.110 g이 생성되었다. 카페인의 실험식과 분자식을 구하고, 연소 반응식을 쓰시오.

M.20 니코틴은 담배의 각성제 성분으로, 우리 몸에서 매우 복잡한 생리적 효과를 일으킨다. 니코틴의 몰질량은 162 $g \cdot mol^{-1}$이다. 시료 0.385 g을 연소시켰더니 이산화 탄소 1.072 g, 물 0.307 g, 질소 0.068 g이 생성되었다. 니코틴의 실험식과 분자식은 무엇인가? 연소 반응의 화학식을 쓰시오.

M.21 인간의 세포핵에서 발견된 어떤 화합물이 탄소, 수소, 산소, 질소로 이루어져 있다. 이 화합물 1.35 g을 연소 분석하였더니 CO_2 2.20 g과 H_2O 0.901 g이 생성되었다. 다른 시료 0.500 g으로 질소를 분석하였더니 N_2 0.130 g이 생성되었다. 이 화합물의 실험식은 무엇인가?

M.22 어떤 폴리머를 산업적으로 합성하는 과정에서 부산물로 생성된 한 화합물이 탄소, 수소, 아이오딘으로 이루어져 있다. 이 화합물 1.70 g을 연소 분석하였더니 CO_2 1.32 g과 H_2O 0.631 g이 생성되었다. 아이오딘의 질량 백분율을 구하기 위해, 이 화합물 시료 0.850 g에 들어있는 아이오딘을 반응시켜 아이오딘화 납(II) 1.15 g을 얻었다. 이 화합물의 실험식은 무엇인가? 이 화합물에 산소가 들어있을 가능성이 있는가? 이유를 설명하시오.

M.23 질산 칼슘 수용액과 인산을 섞었더니 흰색 고체가 침전되었다. (a) 이 고체의 화학식은 무엇인가? (b) 질산 칼슘 206 g과 인산 150. g으로부터 생성될 수 있는 고체의 질량은 몇 g인가?

M.24 실험실에서 염소 기체가 소량 필요할 때, 이산화 망가니즈(IV)를 염산과 반응시키면 다음 반응을 통해 염소 기체를 얻을 수 있다. $4\ HCl(aq)+MnO_2(s) \rightarrow 2H_2O(l)+MnCl_2(s)+Cl_2(g)$. (a) MnO_2 42.7 g을 과량의 HCl(aq)와 반응시켜 얻을 수 있는 Cl_2의 질량은 얼마인가? (b) 0.100 M HCl(aq)와 과량의 MnO_2를 반응시켜 생성되는 기체 염소(밀도는 3.17 $g \cdot L^{-1}$)의 부피는 얼마인가? (c) (b)의 반응 결과 염소 150. mL가 생성되었다면, 이 반응의 수득량 백분율은 얼마인가?

M.25 미지 화합물의 원소 조성을 구할 때뿐만 아니라, 알려진 화합물의 순도를 구할 때도 연소 분석을 활용할 수 있다. 합성 고무에 첨

가할 항산화제를 제조하는 데 쓰이는 2-나프톨($C_{10}H_7OH$) 시료에 LiBr이 소량 섞여 있다는 것을 알았다. 이 시료를 연소 분석한 결과 질량비로 C 77.48%와 H 5.20%를 얻었다. 이 시료에는 2-나프톨과 LiBr만 들어있다고 가정하고, 이 시료의 질량 순도 백분율을 계산하시오.

M.26 1,1,2,2-테트라클로로에테인($C_2H_2Cl_2$)을 이용하여 화학식이 $C_{14}H_{20}O_2N$인 어떤 유기 화합물을 재결정하였다. 이 화합물을 연소 분석하여 질량비로 C 68.50%, H 8.18%라는 결과를 얻었다. 이 결과는 순수한 $C_{14}H_{20}O_2N$의 예상값과 크게 다른 데이터였기에, 시료를 검사하였더니 시료에 1,1,2,2-테트라클로로에테인이 포함되어 있다는 사실을 알았다. 이 두 화합물만 존재한다고 가정하면 $C_{14}H_{20}O_2N$의 질량 순도 백분율은 얼마인가?

M.27 투진피라는 뿌리껍질은 중국 전통 의학에서 무좀을 치료하는 데 사용되었다. 슈도라르산 A는 투진피의 활성 성분 중 하나로, 탄소, 수소, 산소로 이루어져 있다. 어떤 화학자가 슈도라르산 A의 분자식을 구하고자 화합물 1.000 g을 연소 분석하였더니 CO_2 2.429 g과 H_2O 0.6495 g이 생성되었다. (a) 이 화합물의 실험식을 구하시오. (b) 몰질량이 388.46 $g \cdot mol^{-1}$임을 알았다. 슈도라르산 A의 분자식은 무엇인가?

M.28 어떤 산업 부산물이 C, H, O, Cl로 이루어져 있다. 이 화합물 0.100 g을 연소 분석한 결과, CO_2 0.0682 g과 H_2O 0.0140 g이 생성되었다. 이 화합물의 Cl 질량 백분율은 55.0 %이다. 이 화합물의 실험식과 분자식은 무엇인가?

FOCUS 1

원자

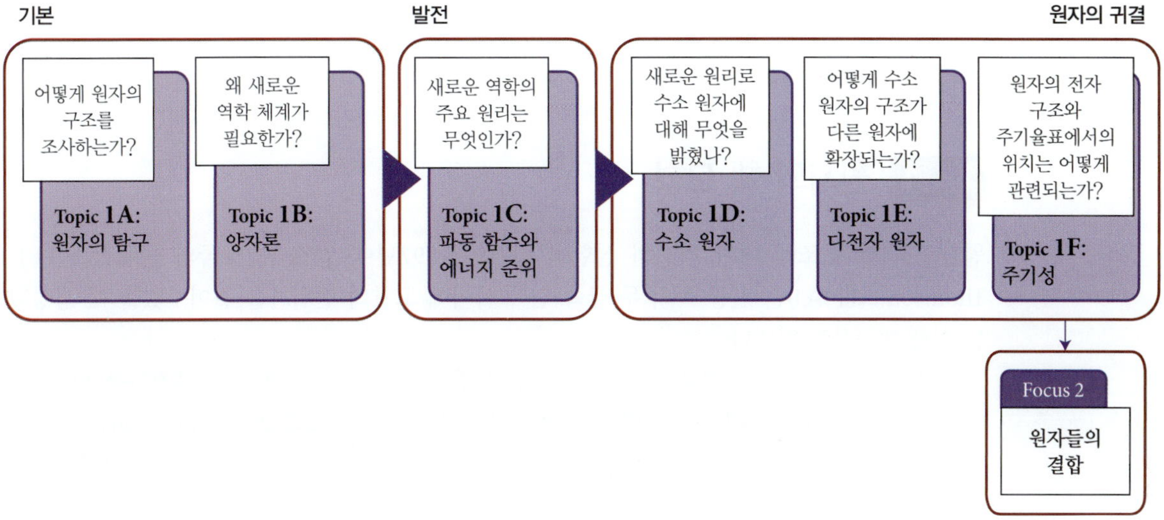

원자는 화학의 화폐이다. 분자와 물질, 화학 반응이 어떻게 일어나는지 이해하기 위해서는, 원자의 기본적 성질과 내부 구조에 대해 잘 아는 것이 필수적이다.

Topic 1A에서는 전자가 작은 핵 주위를 둘러싼 현재의 원자의 모형을 정립하게 한 실험 결과들을 검토한다. 이 모형은 전자 배치에 대한 질문을 하게 한다. **Topic 1B**에서는 이러한 질문에 답을 주는 실험들을 다루고, 고전 역학이 자연을 전혀 새롭게 기술하는 양자 역학으로 대체되어야 하는 이유를 설명한다. **Topic 1C**에서는 양자 역학의 중요한 개념과 원리들, 특히 파동 함수를 소개한다. **Topic 1D**에서는 이러한 새 체계를 가장 간단한 원자인 수소 원자에 먼저 적용한다. 이 과정에서 화학 전반에서 사용되고 모든 원소의 원자들을 논의할 때 기초가 되는 개념과 용어들을 소개하고, 그러한 원자들을 **Topic 1E**에서 다룬다. 마지막으로, **Topic 1F**에서는 이러한 개념들이 화학을 공부하고 체계화하는 데 중심이 되는 주기율표의 구조를 어떻게 설명하는지 보여 준다.

Topic 1A 원자의 탐구

이 Topic을 왜 배우는가? 원자의 구조를 이해하는 것은 물질들의 물리적 화학적 성질의 차이를 이해하는 데 필수적이다. 따라서 원자 안에서 무슨 일이 일어나는지와 원자의 구조를 어떻게 조사하는지 아는 것이 중요하다.

무엇을 알고 있어야 하는가? 작고 양전하를 띤 핵 주위를 음전하를 띤 전자가 둘러싸고 있는 원자의 핵 모형에 대해 알고 있어야 한다(기초 지식 B).

John Dalton은 원자를 당구공과 같이 특별한 내부 구조가 없는 공으로 생각했다. 지금은 원자의 내부 구조가 더 작은 아원자 입자(subatomic particle)로 이루어졌다는 것을 알고 있다. 세 가지 중요한 아원자 입자인 전자, 양성자, 중성자에 대한 이해를 바탕으로 원자 내부 배치의 차이가 어떻게 물리적 화학적 성질의 차이를 가져오는지 알아보자.

1A.1 원자의 핵 모형

원자의 내부 구조에 대한 최초의 실험적 증거는 1897년에 얻었다. 영국의 물리학자 J. J. Thomson(그림 1A.1)은 진공 속의 두 금속 전극 사이에 고압의 전위차를 걸어주었을 때 생성되는 선을 연구하고 있었다.

생성된 선은 형광 스크린을 때릴 때 생기는 밝은 점으로 알 수 있었다. 음전하를 띤 '음극(cathode)'에서 나오는 것으로 보였기에 '음극선'이라고 불렀다(그림 1A.2). Thomson은 걸어준 전기장에 의해 음극선이 굴절되는 것을 관찰하였고 '선'은 음전하를 띤 입자들로 구성되었다고 결론지었다. 이 입자들은 **전자(electron)**라고 명명되었다. 전자가 음극으로 사용한 금속의 종류에 무관하다는 것도 발견하였고 Thomson은 전자가 모든 원자를 구성하는 성분이라고 결론지었다.

Thomson은 전자의 전하 크기 e와 전자의 질량 m_e의 비인 e/m_e 값을 측정할 수 있었다. 이

그림 1A.1 전자의 발견에 사용한 장치 옆의 Joseph John Thomson (1856~1940). *(CC BY-SA 2.0 / PIXEL17 / Flickr)*

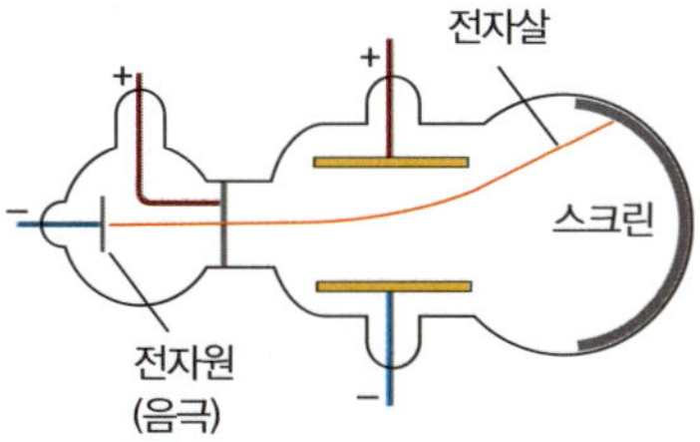

그림 1A.2 Thomson이 전자의 성질을 연구하기 위해 사용했던 장치. 수직의 두 회색 판 사이에 걸린 전기장으로 전자살이 생성된다. 이 전자들은 수평의 두 노란색 판 사이에 걸린 전기장에 의해 휘어진다.

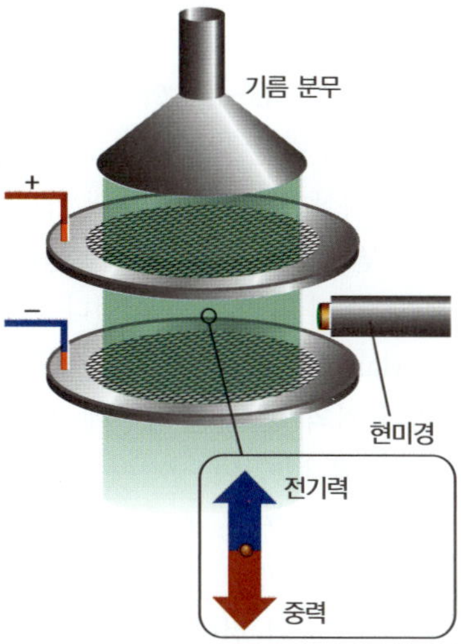

그림 1A.3 Millikan의 기름 방울 실험 개략도. 전하를 띤 기체가 들어 있는 용기에 기름이 미세한 안개 형태로 뿌려지고, 현미경으로 기름 방울의 위치를 조사한다. 전하를 띤 입자(이온)들은 기체에 X-선을 쪼여서 만든다. 전하를 띤 방울들은 전기장을 걸어서 떨어지지 않게 한다.

후 미국의 물리학자 Robert Millikan은 전자의 전하 e 자체의 값을 구할 수 있는 실험을 수행하였다. 이를 위해 Millikan은 전하를 띤 작은 기름 방울들을 관찰할 수 있는 독창적인 실험 기구를 사용하였다(그림 1A.3). 그는 중력에 의한 낙하를 극복하는 데 필요한 전기장의 세기로부터 기름 방울들의 전하를 계산하였다. 각 기름 방울은 한 개 이상의 전자를 품었을 것이므로, 기름 방울들 전하 사이의 최소 차이를 전자 한 개의 전하라고 추정하였다. 훨씬 더 정교한 방법으로 측정한 현대의 값은 $e = 1.602 \times 10^{-19}$ C이다. C는 전하를 나타내는 coulomb의 약자이다(기초 지식 A). 이 $-e$ 값은 음전하의 '최소 단위'이며, e 값은 **기본 전하(fundamental charge)**라고 하며, 양전하의 '최소 단위'이다. 전자의 질량은 Thomson에 의해 측정된 e/m_e 값과 전자 전하로부터 계산할 수 있는데, 현대의 값은 9.109×10^{-31} kg이다.

전자는 음전하를 가지고 있지만, 원자는 중성이다. 따라서 원자에는 전자의 음전하를 상쇄시키는 데 충분한 양전하가 있어야 한다. 하지만 양전하는 어디에 있는 것인가? Thomson은 푸딩에 박혀 있는 건포도처럼 전자들이 양전하를 띤 젤리 같은 물질 속에 떠 있는 원자의 모형(자두 푸딩 모형, plum pudding model)을 제안하였다. 그러나 이 모형은 1908년의 다른 실험적 관찰에 의해 폐기되었다. Ernest Rutherford(그림 1A.4)는 라돈을 포함한 몇몇 원소의 시료들이 양전하를 띤 **알파 입자(α particle)**를 방출하는 것을 알고 있었다. 그는 두 명의 학생 Hans Geiger와 Ernest Marsden에게 단지 몇 원자층 정도로 얇은 백금 박막에 알파 입자를 쪼여 보도록 지시하였다(그림 1A.5). 만약 원자가 양전하를 띤 젤리 방울 같다면 대부분의 알파

그림 1A.4 Ernest Rutherford (1871~1937)는 원자와 핵의 구조에 대해 많은 발견을 하였다. (*Public domain / Wikimedia commons*)

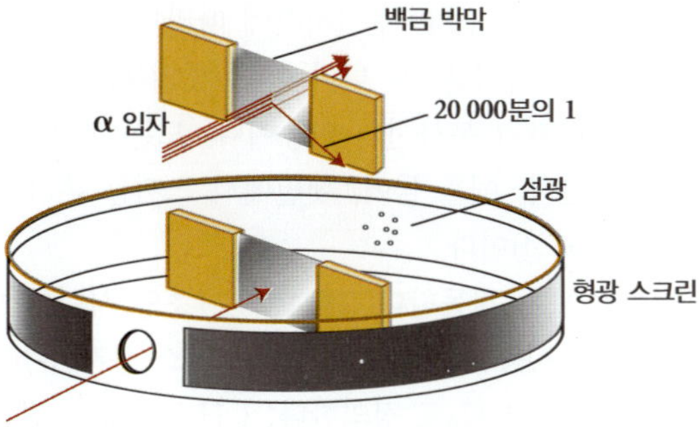

그림 1A.5 Geiger와 Marsden이 사용했던 실험 장치의 일부. 방사성 라돈 기체 시료에서 α 입자가 나온다. α 입자들은 구멍을 통해 안쪽에 황화 아연이 칠해진 원통형 용기로 입사시켰다. α 입자는 용기 안에 장착된 백금 박막을 때리고, α 입자가 용기 안쪽의 스크린을 때릴 때 나오는 섬광으로 그 굴절 정도를 측정하였다. α 입자 20 000개 중 한 개 정도가 매우 큰 각도로 굴절되었고, 대부분은 거의 굴절되지 않고 박막을 통과하였다. 나중 실험에서는 금 박막을 사용하였다.

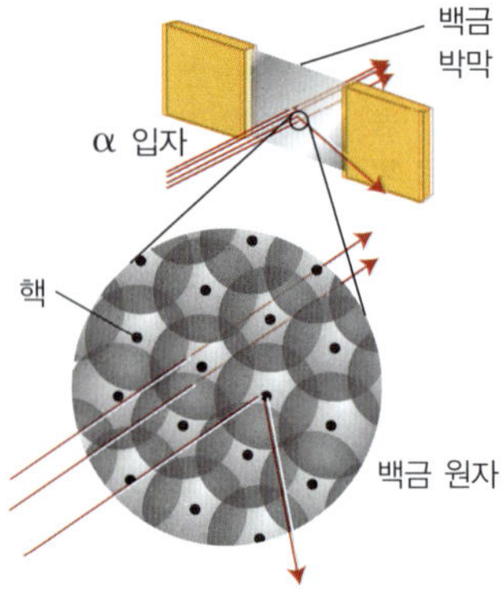

그림 1A.6 Rutherford의 원자 모형은 왜 대부분의 α 입자들이 거의 똑바로 백금 박막을 지나쳐 가고, 극히 일부(핵에 정통으로 부딪친 것들)가 매우 큰 각도로 굴절되었는지 설명한다. 원자의 대부분은 전자가 매우 희박하게 분포하는 거의 비어 있는 공간이다. 핵들은 그림의 비율보다 훨씬 작다.

입자들은 박편에 산재해 있는 양전하 사이를 쉽게 통과하게 되고, 가끔만 진행 방향이 약간 휘게 될 것이었다.

그러나 Geiger와 Marsden의 관찰은 모든 사람, 특히 Rutherford를 놀라게 하였다. 대부분의 알파 입자들이 박막을 통과하고 아주 조금만 휘었지만, 약 20,000분의 1에 해당하는 알파 입자들은 90° 이상 휘었고, 몇 개의 알파 입자들은 왔던 방향으로 튕겨 돌아갔다. Rutherford의 말에 의하면 "이 현상은 얇은 종잇조각에 15인치 포탄을 발사했는데, 그 포탄이 반사되어 돌아온 것만큼이나 놀라운 일"이었다.

Geiger–Marsden 실험의 결과, 양전하가 중심점에 밀집되어 고밀도의 **핵(nucleus)**을 이루고, 주위의 거의 빈 넓은 공간에 전자가 존재하는 **핵 모형(nuclear model)**이 제시되었다. Rutherford는 테니스공이 정지해 있는 포탄과 충돌하면 튀어나오는 것처럼, 양전하를 띤 알파 입자가 작지만 무거운 백금 원자의 핵에 정면으로 충돌하면 핵의 양전하에 의해 강하게 밀쳐져서 큰 각도로 휘게 된다고 생각하였다(그림 1A.6). 그 후의 핵물리학자들의 연구를 통해 원자의 핵은 각각 $+e$의 전하를 띠는 **양성자(proton)**들과 질량은 양성자와 거의 같지만 전하를 띠지 않는 **중성자(neutron)**들로 이루어졌다는 것이 밝혀졌다. 양성자와 중성자의 질량은 거의 같고 전자의 질량은 매우 작기 때문에(기초 지식 B) 원자의 질량은 거의 전적으로 핵에 의한 것이다. 원소마다 핵에 들어 있는 양성자의 수는 고유한 값을 갖는데, 이것을 원소의 **원자 번호(atomic number**, Z)라고 한다. 원자 번호 Z인 핵의 전하는 $+Ze$이고, 원자는 전기적으로 중성이므로 핵 주위에 존재하는 Z개의 전자가 모두 $-Ze$의 전하를 제공한다. 예를 들어, 알루미늄(원자 번호 13) 원자는 핵에 13개의 양성자(13 단위의 양전하)가 있으므로 13개의 전자(13 단위의 음전하)가 핵 주위에 있어 원자는 전체적으로 중성이다.

원자의 핵 모형에서는 양전하 전부와 질량의 대부분이 작은 핵에 밀집되어 있고, 음전하를 띤 전자가 핵 주위에 위치한다. 원자 번호는 핵에 있는 양성자의 수이다.

1A.2 전자기 복사선

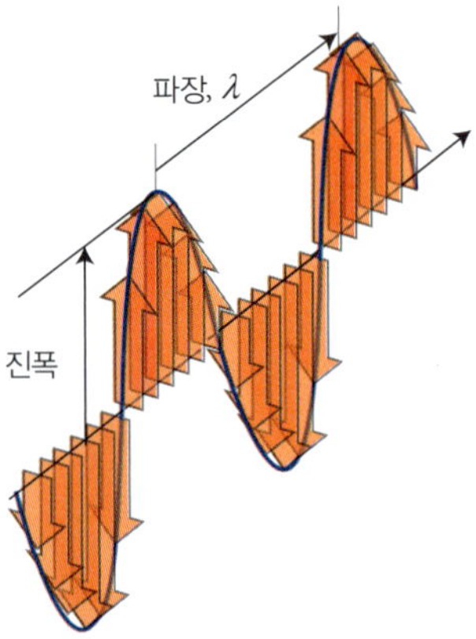

그림 1A.7 전자기 복사선의 전기장은 공간과 시간에 따라 진동한다. 이 그림은 어떤 주어진 순간에 전자기파를 찍은 '사진'으로 볼 수 있다. 임의의 점에서의 화살표의 길이는 그 지점에 있는 전하 입자에 가하는 장의 세기를 나타낸다. 봉우리 사이의 거리는 복사선의 파장이고, 중앙선 위의 높이는 진폭이다.

과학자들이 오랫동안 씨름했던 문제는 'Z개의 전자가 핵 주위에 어떻게 배치되어 있는지'였다. 내부 배치를 알아보기 위해서는 가열이나 방전에 의해 자극된 원자들이 방출하는 빛의 성질을 조사할 수 있다. 물질에 의해 방출 또는 흡수된 빛을 해석하는 것을 **분광학(spectroscopy)**이라고 한다. 빛이 어떻게 원자와 물질의 구조를 보여주는지 이해하려면, 빛의 몇 가지 성질을 알아야 한다.

빛은 **전자기 복사선(electromagnetic radiation)**의 일종으로 3×10^8 m·s^{-1} 또는 10억 8천만 km·h^{-1}의 속력으로 빈 공간을 통해 전파되는 (시간에 따라) 진동하는 전기장 및 자기장으로 구성되어 있다(기초 지식 A). 이 속력을 c로 나타내고, '빛의 속력'이라고 한다. 가시광선, 라디오파, 마이크로파, X-선은 전자기 복사선의 일종이다. 모든 복사선은 공간의 한 지점에서 다른 지점으로 에너지를 운반한다. 예를 들어, 햇볕에서 느끼는 온기도 우주 공간을 통해 전달되는 전자기 복사선(특히 적외선)이다.

빛의 전기장은 방향과 세기 모두 진동한다(그림 1A.7). 1초당 사이클(방향과 세기가 처음 값들로 다시 돌아오는 것)의 수를 **진동수(frequency)**, ν(그리스 문자 뉴)라고 한다. 진동수의 단위 헤르츠(Hz)는 1초당 1사이클을 1 Hz로 정의한다: 1 Hz = 1 s^{-1}. 전자와 같은 전하를 띤 입자를 지나는 진동수가 1 Hz인 전자기 복사선은 1초마다 입자를 한 방향으로 밀고 그러고 나서 그 반대 방향으로 민 다음, 다시 원래의 방향으로 미는 것을 반복한다. 우리 눈에 보이는 가시광선에 해당하는 전자기 복사선의 진동수는 10^{15} Hz 정도이므로, 어떤 지점을 지날 때 전

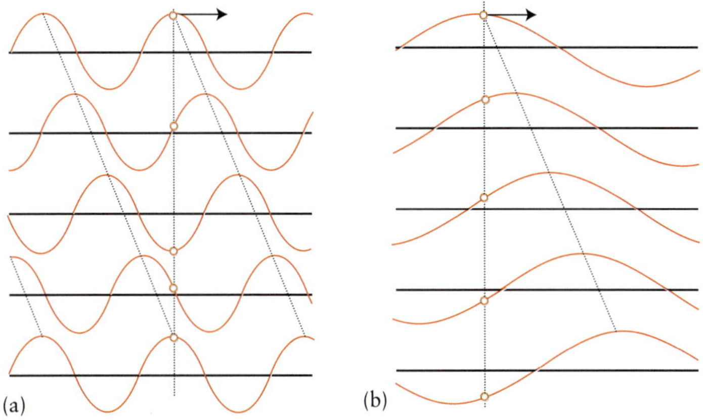

그림 1A.8 (a) 단파장 복사선. 수직선은 전기장이 다섯 순간에서 급격히 변함을 보여 주고 있다. (b) 같은 다섯 순간에 장파장 복사선의 전기장은 훨씬 덜 변한다. 두 그림의 맨 위에 있는 수평 화살표들은 파동이 두 경우에 같은 거리만큼 이동했음을 나타낸다. 단파장 복사선은 진동수가 높고, 장파장 복사선은 진동수가 낮다.

기장이 1초당 약 1,000조(10^{15})번 진동한다.

공간에 퍼져 있는 전자기 복사선 파동의 순간 사진을 찍는다면 그림 1A.7처럼 보일 것이다. 파동의 특성은 진폭과 파장으로 결정된다.

- **진폭(amplitude)**이란 파동의 중앙선으로부터의 높이이다.
- 복사선의 **세기(intensity)** 또는 밝기는 진폭의 제곱으로 결정된다.
- **파장(wavelength**, λ, 그리스 문자 람다)은 봉우리 사이의 거리이다.

이제 그림 1A.7의 파동이 광속 c로 진행하고 있다고 상상해 보자. 빛의 파장이 아주 짧으면 1초 동안에 특정 지점을 지나는 진동들이 아주 많이 일어난다(그림 1A.8a). 파장이 길면 빛은 역시 속력 c로 이동하지만, 1초 동안에 특정 지점을 지나는 진동들이 적게 일어난다(그림 1A.8b). 따라서 파장이 짧으면 높은 진동수 복사선에, 파장이 길면 낮은 진동수 복사선에 해당하는데, 정확한 관계식은 다음과 같다.

$$\overbrace{\lambda}^{\text{파장}} \times \overbrace{\nu}^{\text{진동수}} = \overbrace{c}^{\text{빛의 속력}} \qquad (1)$$

예제 1A.1 알려진 진동수에 대한 빛의 파장 계산

무지개는 여러 파장의 햇빛이 물방울을 지날 때 다른 각도로 굴절되어 생긴다. 빛의 파장이 짧을수록 빛의 경로가 큰 각으로 꺾인다. 진동수가 4.3×10^{14} Hz인 빨간색 빛과 진동수가 6.4×10^{14} Hz인 파란색 빛 중에서 파장이 더 짧은 것은 어느 것인가? 파장을 나노미터(nm) 단위로 구하시오.

예상 장파장의 빛은 특정 지점을 지날 때 진동 횟수가 적을 것이므로, 진동수가 작은 빛이 파장이 길 것이다. 따라서 빨간색이 파란색보다 진동수가 작으므로, 파장은 더 길 것으로 예상된다.

계획 식 1을 이용하여 진동수를 파장으로 변환한다.

풀이

빨간색 빛: $\lambda\nu = c$로부터 $\lambda = c/\nu$이므로

$$\lambda = \frac{\overbrace{2.998\times10^{8}\,\text{m}\cdot\text{s}^{-1}}^{c}}{4.3\times10^{14}\,\underbrace{\text{s}^{-1}}_{\text{Hz}}} = \frac{2.998\times10^{8}}{4.3\times10^{14}}\,\text{m} = 7.0\times10^{-7}\,\text{m}$$

(또는 700 nm, 2 sf)

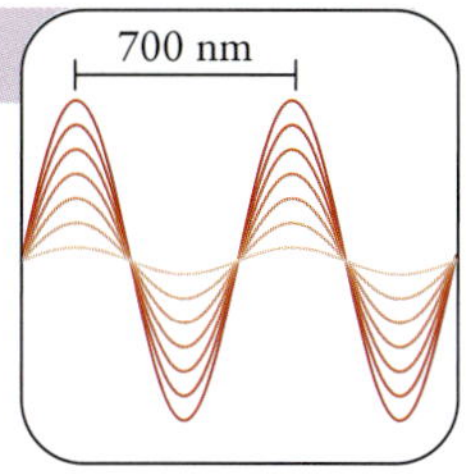

파란색 빛: $\lambda\nu = c$로부터 $\lambda = c/\nu$이므로

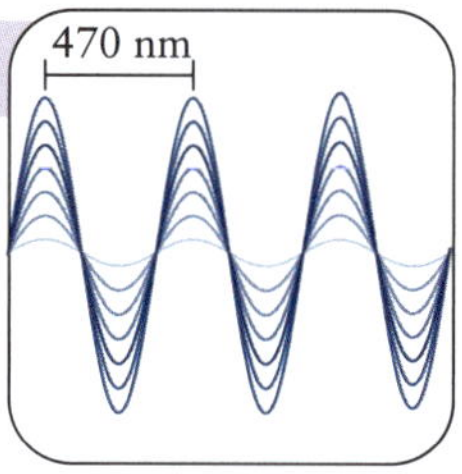

$$\lambda = \frac{\overbrace{2.998\times10^{8}\,\mathrm{m\cdot s^{-1}}}^{c}}{6.4\times10^{14}\,\underbrace{\mathrm{s^{-1}}}_{\mathrm{Hz}}} = \frac{2.998\times10^{8}}{6.4\times10^{14}}\,\mathrm{m} = 4.7\times10^{-7}\,\mathrm{m}$$

(또는 470 nm, 2 sf)

평가 예상한 대로 빨간색 빛의 파장(700 nm)이 파란색 빛의 파장(470 nm)보다 길다.

자습 1A.1A 교통 신호등이 바뀌면서 나오는 빛의 파장을 계산하시오. 각 색깔에 해당하는 빛의 파장은 다음과 같다고 가정한다. 초록 5.75×10^{14} Hz, 노랑 5.15×10^{14} Hz, 빨강 4.27×10^{14} Hz.

[**답**: 초록 521 nm, 노랑 582 nm, 빨강 702 nm]

자습 1A.1B 어떤 방송국이 송출하는 98.4 MHz 전파의 파장은 얼마인가?

관련 연습 문제 1A.7~1A.10

전자기 복사선은 스펙트럼 중 어느 영역에 속하느냐에 따라 파장이 다르다(**표 1A.1**). 사람의 눈은 700 nm(빨간색 빛)에서 400 nm(보라색 빛) 범위의 파장을 가진 전자기 복사선을 감지할 수 있다. 이 범위의 복사선을 **가시광선(visible light)**이라고 하는데, 진동수에 따라 색이 결정된다. 비록 500 nm는 1 mm의 2000분의 1에 불과하지만(여러분은 빛의 파장에 대해 감이 잡혔을 것이다), 보통 0.2 nm 정도인 원자의 지름에 비해서는 훨씬 더 길다.

생각해 보기

빛의 파장은 빛이 통과하는 매체의 영향을 받지만, 진동수는 변하지 않는다. 이 점을 고려하면, 매체의 영향을 받는 빛의 특성은 또 어떤 것이 있겠는가?

백색광은 빨간색 빛에서 보라색 빛까지의 모든 파장의 가시광선이 섞여 있는 것이다. **자외선(ultraviolet radiation)**은 진동수가 보라색 빛보다 진동수가 큰 복사선으로, 파장은 약 400 nm보다 더 짧다. 자외선은 태양광 중 햇빛 화상을 일으키고, 피부를 그을리게 하는 성분으로, 오존층에 의해 흡수되어 대부분이 지구 표면에 도달하지 않는다. 그렇지 않다면, 지구상의 모든 생물은 죽었을 것이다. **적외선(infrared radiation)**은 열로 감지되는데, 빨간색 빛보다

표 1A.1 전자기 복사선의 색, 진동수, 파장*

복사선의 형태	진동수/(10^{14} Hz)	파장†/nm
x-선 및 γ-선	$\geq 10^{3}$	≤ 3
자외선	8.6	350
가시광선		
보라	7.1	420
파랑	6.4	470
초록	5.7	530
노랑	5.2	580
주황	4.8	620
빨강	4.3	700
적외선	3.0	1000
마이크로파 및 라디오파	$\leq 10^{-3}$	$\geq 3\times10^{6}$

* 열거된 값들은 각 영역의 범위 안에서 대표적인 값들이다.

† 유효 숫자 2개까지 표시

진동수가 작고 파장은 길다(파장 약 800 nm 이상). 레이더나 전자레인지에 사용되는 마이크로파는 파장이 더 길어서, 수 밀리미터에서 수 센티미터 정도이다. 그림 1A.9는 여러 영역 복사선들의 파장을 보여준다. 전자기 복사선의 파장에 하한이 있는지는 알려져 있지 않다.

보충 설명
현대 이론에 따르면 공간 개념은 10^{-34} m 정도가 하한선이다. 따라서 이것을 전자기 복사선 파장의 하한으로 볼 수도 있다.

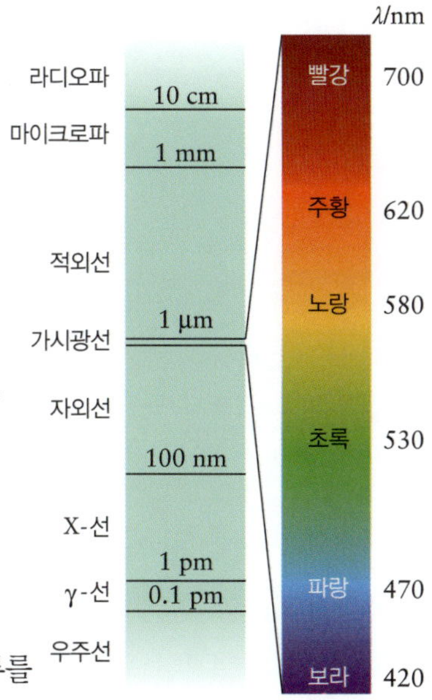

그림 1A.9 전자기 스펙트럼과 각 영역의 이름. '가시광선' 영역은 전 파장 범위 중 극히 작은 부분에 지나지 않는다. 각 영역이 실제 크기대로 그려져 있지는 않다.

빛의 색은 파장과 진동수에 의해 결정된다. 장파장의 복사선은 단파장의 복사선보다 작은 진동수를 가진다.

1A.3 원자 스펙트럼

저압의 수소 기체 시료에 전류가 흐르면 빨간색 빛이 발생한다. 수소 기체 자체로는 전류를 흘리지 않지만, 강한 전기장은 H_2 분자에서 전자를 떼어낸다. 그 결과 H^+ 이온과 전자의 '플라스마(plasma, 전자와 이온화된 원자들의 기체)'를 형성하여 전류가 흐르게 된다. 자유 전자들은 즉시 H^+ 이온과 재결합하여 들뜬 수소 원자를 만든다. 이렇게 들뜬 원자들은 매우 빠르게 과잉 에너지를 전자기 복사선의 형태로 방출하고 다시 결합하여 H_2 분자가 된다. 전류가 흐르는 한, 이 과정이 반복되어 빨간색 빛이 계속된다.

프리즘에 백색광을 통과시키면 빛의 연속 스펙트럼이 나타난다(그림 1A.10a). 그러나 들뜬 수소 원자들이 방출하는 빛을 프리즘에 통과시키면 복사선들은 여러 개의 성분, 즉 **스펙트럼 선**(**spectral line**)들로 구성되어 있음을 알 수 있다(그림 1A.10b). 가장 밝은 선(656 nm)은 빨간색이고, 기체의 들뜬 원자들은 이 빨간색을 내며 발광한다. 들뜬 수소 원자들은 자외선과 적외선도 방출하는데, 이것들은 눈에 보이지는 않으나, 전자 장비를 쓰거나 사진을 찍어 검출할 수 있다.

보충 설명
진동수 또는 파장이 다른 구성 성분들은 선이라고 부른다. 이는 초기의 분광학 실험에서 시료에서 나오는 복사선들을 슬릿과 프리즘을 통과시킨 후 슬릿의 상의 초점을 사진 건판에 맞추었는데, 이때 상이 선으로 나타났기 때문이다.

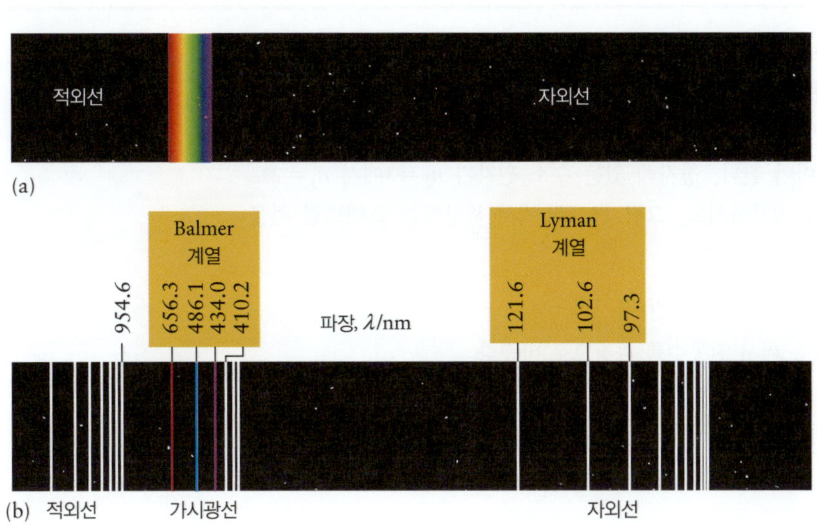

그림 1A.10 (a) 적외선, 가시광선, 자외선 스펙트럼. (b) 수소 원자의 전체 스펙트럼. 스펙트럼 선들은 여러 계열들에 배정되는데, 그림에는 그중 두 개에 이름을 붙여 표시해 놓았다.

당시의 과학자들에게 스펙트럼 선의 관찰은 수수께끼였고, 이를 설명하기 위한 여러 이론을 개발하려고 했다. 과학에서 자주 그렇듯이, 이론을 정립하기 위한 첫 번째 과정은 관찰 결과에서 경향을 찾는 것이다. 가시광선 영역의 스펙트럼 선 사이의 규칙을 처음으로 알아낸 사람은 스위스의 교사 Johann Balmer였다. 그는 1885년에 당시 알려져 있던 모든 선의 파장을 다음 식으로 나타낼 수 있음을 알았다.

$$\lambda \propto \frac{n^2}{n^2-4} \quad n=3, 4, \ldots$$

파장이 정수 n으로 표시되는 오른쪽 항에 비례(기호 ∝는 비례함을 의미)한다는 것이다. 당시에는 n에 물리적 의미를 부여하지는 않았고, 그 의미는 또 다른 수수께끼로 남았다. 얼마 되지 않아, 스웨덴의 분광학자 Johannes Rydberg는 다음과 같은 훨씬 더 유용한 형태로 표현할 것을 제안하였다.

$$\frac{1}{\lambda} \propto \frac{1}{2^2} - \frac{1}{n^2} \quad n=3, 4, \ldots$$

이 표현은 연이어 발견된 다른 일련의 선들에도 2^2을 3^2, 4^2 등으로 바꿔주기만 하면 쉽게 적용할 수 있었다. 보다 일반적인 현대적 표현은 진동수 $\nu = c/\lambda$를 이용하면 다음과 같다.

$$\nu = \mathcal{R}\left\{\frac{1}{n_1^2} - \frac{1}{n_2^2}\right\} \quad n_1 = 1, 2, \ldots; \quad n_2 = n_1+1, n_1+2, \ldots \tag{2}$$

여기서 $\mathcal{R}$은 경험(실험으로 결정한) 상수로, 오늘날에는 **Rydberg 상수(Rydberg constant)**라고 하며, 그 값은 3.29×10^{15} Hz이다. 선들은 n_1 값에 따라 여러 개의 군으로 분류된다. '계열'이라고 불리는 첫 두 개의 군은 다음과 같다.

- **Lyman 계열(Lyman series)**은 $n_1 = 1$ ($n_2 = 2, 3, \ldots$)인 자외선 영역의 선들이다.
- **Balmer 계열(Balmer series)**은 $n_1 = 2$ ($n_2 = 3, 4, \ldots$)인 가시광선 영역의 선들이다.

일단 과학자들이 무엇을 찾아야 하는지 알게 되자, $n_1 > 2$인 적외선 영역의 계열들도 발견되었다. Rydberg 공식은 수소 원자에만 적용됨에 유념하자. 다른 원자들도 스펙트럼 선을 생성하지만 그 양상이 매우 복잡하다.

예제 1A.2 수소 스펙트럼의 선 찾아내기

광원이 관찰자에게 멀어질 때 파장이 길어지는 '적색 이동(red shift)'을 관측하면 먼 은하계가 어느 방향으로 얼마나 빨리 움직이고 있는지를 계산할 수 있다. 이를 위해서는 들뜬 수소 원자가 방출하는 빛의 파장을 정확히 알아야 한다. 정지해 있는 수소 원자가 $n_2 = 3$에서 $n_1 = 2$로 전이될 때 방출하는 복사선의 파장을 계산하시오. 그림 1A.10b에서 해당하는 스펙트럼 선을 찾아내시오.

예상 $n_1 = 2$이므로 Balmer 계열 중의 하나와 일치해야 할 것이다.

계획 진동수는 식 2로 주어진다. 식 1을 써서 진동수를 파장으로 바꾼다.

풀이

식 2에 $n_1 = 2$와 $n_2 = 3$을 대입하면

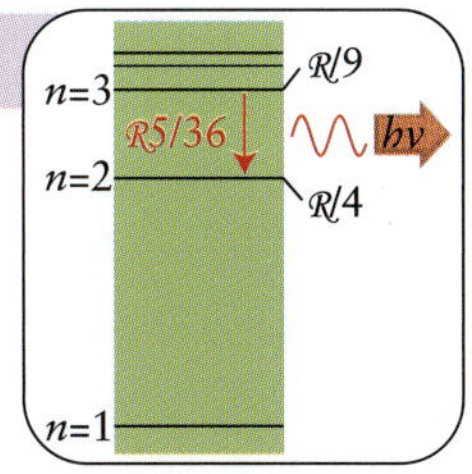

$$\nu = \mathcal{R}\left\{\frac{1}{2^2} - \frac{1}{3^2}\right\} = \frac{5}{36}\mathcal{R}$$

$\lambda\nu = c$로부터

$$\lambda = \frac{c}{\nu} = \frac{c}{5\mathcal{R}/36} = \frac{36c}{5\mathcal{R}}$$

여기에 c와 $\mathcal{R}$의 값을 대입하면

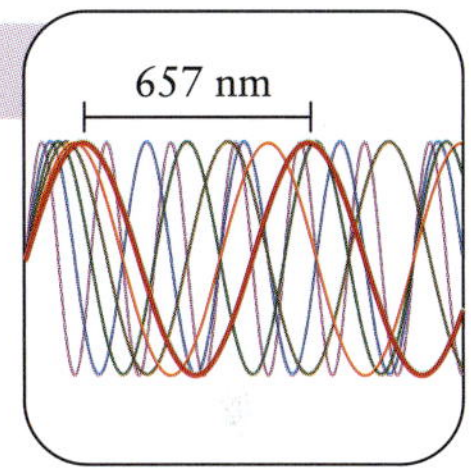

$$\lambda = \frac{36 \times \overbrace{(2.998 \times 10^8\,\text{m}\cdot\text{s}^{-1})}^{c}}{5 \times (3.29 \times 10^{15}\,\text{s}^{-1})} = 6.57 \times 10^{-7}\,\text{m} = 657\,\text{nm}$$

평가 예상대로 이 파장 657 nm는 스펙트럼 중 Balmer 계열의 빨간색 선에 해당한다. 만약 먼 은하계에서 같은 전이 과정에 의한 빛의 파장이 더 긴 것으로 관측된다면, 천문학자는 그 은하계가 우리에서 멀어지고 있다는 것을 알게 된다.

자습 1A.2A $n_1 = 2$와 $n_2 = 4$인 경우에 대해 같은 계산을 되풀이하고, 그림 1A.10b에서 해당 스펙트럼 선을 찾으시오.

[**답**: 486 nm, 파란색 선]

자습 1A.2B $n_1 = 2$와 $n_2 = 5$인 경우에 대해 같은 계산을 되풀이하고, 그림 1A.10b에서 해당 스펙트럼 선을 찾으시오.

관련 연습 문제 1A.13~1A.16

수소 원자들로 쪼개진 수소 기체에 백색광을 통과시키면 연속 스펙트럼 상에 일련의 검은 선들, 즉 **흡수 스펙트럼(absorption spectrum)**을 볼 수 있다(**그림 1A.11**). 한 원소의 흡수선들은 방출 스펙트럼에 있는 선들과 동일한 진동수를 가지며, 이로부터 원자는 방출 복사선과 같은 진동수의 복사선만 (**absorb**)할 수 있다고 추정할 수 있다. 각 원소는 특성적인 흡수(혹은 발광) 스펙트럼을 가지므로, 천문학자들은 별들의 외곽 층에 존재하는 원소들을 찾아낼 때 흡수 스펙트럼을 이용한다.

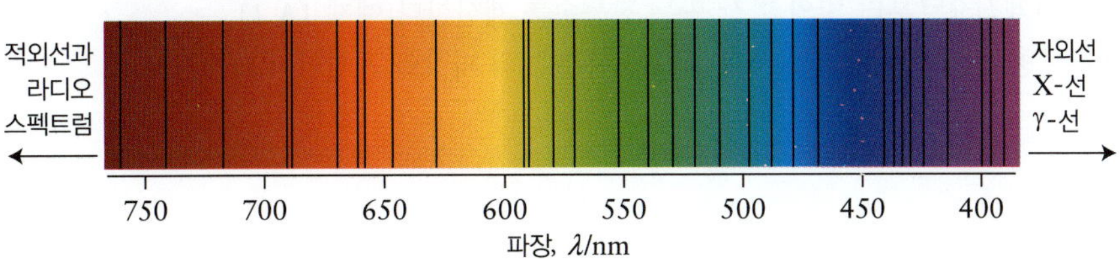

그림 1A.11 백색광이 원자의 증기에 쪼여지면 원자의 들뜸 에너지에 해당하는 진동수의 복사선이 흡수된다. 태양 스펙트럼의 일부로, 태양 내부의 백열 현상으로 방출되는 복사선들이 태양 외층의 원자들에 의해 흡수되는 것을 보여 준다. 많은 선들이 수소에 의한 것이어서 상대적으로 온도가 낮은 태양의 외층에 수소가 존재하는 것을 보여 준다.

보충 설명

과학자들은 물질의 원소 조성을 알아보기 위해 원자 흡광 분광학과 원자 발광 분광학 기법으로 스펙트럼 선을 조사한다.

Rydberg 방정식은 경험적(관찰 기반) 방정식으로, 관찰된 스펙트럼 선의 패턴과 일치하지만 패턴이 존재하는 이유를 설명하지 않는다. 따라서 과학자들이 직면한 다음 수수께끼는 원자의 물리적 특성 측면에서 흡수 스펙트럼과 방출 스펙트럼에서 불연속적인 선의 존재를 설명하는 것이었다. 수수께끼를 푸는 열쇠는 빛이 에너지의 한 형태라는 것을 인식하는 것이다. 들뜬 수소 원자가 빛을 방출하면 에너지를 잃어야만 한다. 마찬가지로, 수소 원자가 빛을 흡수한다면 에너지를 얻어야 한다. 모든 원자에는 전자가 있다는 Thomson의 결론에 기반하여, 과학자들은 빛이 방출되거나 흡수됨에 따라 수소 원자에 있는 전자의 에너지가 변한다는 것을 제안하게 되었다.

불연속 스펙트럼 선의 관찰은 전자가 원자의 일부일 때 **에너지 준위(energy level)**라고 불리는 불연속 값의 에너지로만 존재할 수 있음을 강력하게 시사한다. 따라서 스펙트럼 선은 허용된 두 에너지 준위 사이의 **전이(transition)** 또는 상태 변화로 인해 발생한다. 원자 발광에서 두 준위의 에너지 차이는 원자에서 방출되는 전자기 복사선의 에너지로 바뀐다. 전자는 높은 에너지 준위에서 낮은 에너지 준위로 떨어지면서 그 과정에서 빛을 방출한다. 반대로, 빛이 흡수되면 전자는 낮은 에너지 준위에서 높은 에너지 준위로 올라간다. 이러한 해석을 염두에 두면, Rydberg의 공식은 허용된 수준의 에너지가 $\mathcal{R}/n^2$에 비례한다는 것을 의미하게 된다. 여기서 n은 허용된 에너지 수준을 표시한다. 따라서 두 준위 사이의 에너지 차이는 Rydberg 공식(식 2)의 우변과 유사한 식으로 주어진다. 그런데 왜 방출된 방사선의 진동수가 그 에너지 차이에 비례해야 하는가? 또한 Rydberg 상수가 관찰되는 값을 갖는 이유는 무엇인가? 그리고 왜 이 공식은 수소 원자에만 적용되고 다른 원자에는 적용되지 않는가? 이러한 중요 질문들은 Topic 1B에서 다룬다.

관찰된 불연속적인 스펙트럼 선들은 원자의 전자들이 특정한 에너지 값만을 가진다는 것을 의미한다.

이 Topic에서 배운 것은 무엇인가?

산란 실험을 통해, 원자 번호가 Z인 원소의 원자에서는 작고 무거운 핵을 Z개의 전자들이 둘러싸고 있다는 것을 알게 되었다. 전자기 복사선은 특정 진동수와 파장을 가진 파동으로, 공간에서 속력 c로 이동한다. 원자 분광학은 원자에서 방출되거나 원자가 흡수하는 빛의 진동수를 분석하는 것이다. 관찰된 스펙트럼 선들은 원자가 특정한 에너지 값만을 가질 수 있다는 것을 강력히 추정케 한다.

개념과 식의 적용

- ☐ 원자의 핵 모형을 형성하게 한 실험들을 기술한다(1A.1절).
- ☐ $\lambda\nu = c$ 관계식으로부터 빛의 파장 또는 진동수를 계산한다(예제 1A.1).
- ☐ Rydberg 공식을 써서 수소 원자의 전이에 따른 빛의 파장을 계산한다(예제 1A.2)

Topic 1A 연습 문제

1A.1 J. J. Thomson이 음극선 실험을 하던 당시에는 전자가 무엇인지에 대한 논쟁이 있었다. 어떤 사람은 전자를 빛과 같은 복사선의 형태라고 생각했고, 일부에서는 입자라고 생각했다. 음극선으로 수행한 관찰은 이 두 가지 관점을 뒷받침해 주는 데 사용되었다. 음극선의 다음과 같은 성질이 어떻게 전자의 복사선 모형을 뒷받침하는지 또는 입자 모형을 뒷받침하는지 설명하시오.

(a) 음극선은 금속 박막을 통과한다.
(b) 음극선은 빛보다 느린 속력으로 진행한다.
(c) 음극선을 물체로 막으면 그림자가 생성된다.
(d) 음극선이 전하를 띤 판 사이를 통과하면 경로가 굴절된다.

1A.2 J. J. Thomson은 그의 기기(그림 1A.2)에서 생성된 광선을 처음에는 '양극선'이라고 불렀다. 양극선은 자석의 두 극 사이에서 굴절되어 인광 화면을 때리게 된다. 양극선을 만드는 입자의 Q/m 비율(Q는 전하, m은 질량)은 2.410×10^{7} C·kg^{-1}임이 관찰되었다. 기기의 음극과 양극은 리튬으로 이루어져 있고, 관 안에는 헬륨이 들어 있다. 뒤표지 안쪽에 있는 정보를 이용하여 양극선을 만드는 입자와 전하가 무엇일지 알아내시오. 여러분의 추론을 설명하시오.

1A.3 다음 중 전자기 복사선의 진동수가 줄어들 때 일어나는 현상은 어느 것인가? 이유를 설명하시오.

(a) 복사선의 속력이 줄어든다.
(b) 복사선의 파장이 짧아진다.
(c) 주어진 지점에서 전기장의 변화 정도가 줄어든다.
(d) 복사선의 에너지가 늘어난다.

1A.4 다음 중 전자기 복사선에 대한 설명으로 맞는 것은? 이유를 설명하시오.

(a) X-선은 적외선보다 에너지가 커서 더 빨리 이동한다.
(b) 가시광선 색이 파랑에서 초록으로 변함에 따라 파장이 짧아진다.
(c) 파장이 1.0×10^{3} nm인 적외선의 진동수는 파장이 1.0×10^{6} nm인 라디오파 진동수의 절반이다.
(d) 파장이 1.0×10^{3} nm인 적외선의 진동수는 파장이 1.0×10^{6} nm인 라디오파 진동수의 두 배이다.

1A.5 다음 전자기 복사선 광자들을 에너지가 증가하는 순서대로 나열하시오.

γ-선, 가시광선, 자외선, 마이크로파, X-선.

1A.6 다음 전자기 복사선 광자들을 진동수가 증가하는 순서대로 나열하시오.

가시광선, 라디오파, 자외선, 적외선.

1A.7 (a) 보라색 빛의 진동수는 7.1×10^{14} Hz이다. 보라색 빛의 파장은 몇 nm인가? (b) 전자살이 구리 덩어리를 때렸을 때, 진동수가 2.0×10^{18} Hz인 X-선이 방출되었다. 이 X-선의 파장은 몇 피코미터(pm)인가?

1A.8 (a) "FM 다이얼 99.3의 록 99" 방송국에서 99.3 MHz의 FM 라디오파가 생성되었다. 이 라디오파의 파장은 얼마인가? (b) 라디오 천문학자가 수소 원자로 이루어진 성운을 관찰하기 위해 1420. MHz의 파를 사용한다. 이 복사선의 파장은 얼마인가?

1A.9 한 대학생이 매우 바쁜 하루를 보냈다. 그날의 활동(독서, 치과 X-선 진단, 전자레인지로 팝콘 만들기, 일광욕)은 전자기 스펙트럼의 여러 부분의 복사선들이 관련되어 있다. 다음의 표를 채우고, 복사선의 종류와 활동 내역을 연관 지으시오.

진동수	파장	스펙트럼 영역	활동
8.7×10^{14} Hz			
		가시광선	
3.0 GHz			
	2.5 nm		

1A.10 한 대학생이 식당에 점심을 먹으러 갈 때 다음과 같은 여러 종류의 전자기 복사선을 접하였다.
푸른 신호등 보기, 차의 라디오 듣기, 식당에 들어갈 때 우주에서 날아온 감마선 맞기, 탁자에서 적외선 등으로 데워진 음식 먹기.
다음의 표를 채우고, 복사선의 종류와 활동 내역을 연관 지으시오.

진동수	파장	스펙트럼 영역	활동
		라디오파	
	999 nm		
5×10^{19} Hz			
	155 cm		

1A.11 수소 원자 스펙트럼에서는 여러 선들이 어떤 계열(예를 들어 그림 1A.10의 Balmer 계열, Lyman 계열, Paschen 계열)에 함께 속하는 것으로 분류한다. 이렇게 이 선들을 한 계열로 묶는 것을 타당하게 하는 공통점은 무엇인가?

1A.12 다음 수소 원자의 전이 중에서 어느 것이 에너지가 가장 크겠는가? 이유를 설명하시오.

(a) $n=6$에서 $n=5$ (b) $n=4$에서 $n=3$ (c) $n=2$에서 $n=1$

1A.13 (a) 수소 원자에 대한 Rydberg 식을 써서 $n=2 \rightarrow n=1$ 전이에 대한 파장을 계산하시오. (b) 이 전이가 속하는 스펙트럼 계열의 이름은 무엇인가? (c) 표 1A.1을 이용하여 이 전이가 일어나는 스펙트럼 영역을 밝히시오.

1A.14 (a) 수소 원자에 대한 Rydberg 식을 써서 $n=3 \rightarrow n=1$ 전이에 대한 파장을 계산하시오. (b) 이 전이가 속하는 스펙트럼 계열의 이름은 무엇인가? (c) 표 1A.1을 이용하여 이 전이가 일어나는 스펙트럼 영역을 밝히시오.

1A.15 수소 원자의 자외선 스펙트럼에서 102.6 nm의 선이 관찰된다. 이 스펙트럼 선이 생기게 하는 전이 과정에서, 전자의 최초 및 최종 에너지 준위를 결정하시오.

1A.16 수소 원자 스펙트럼에서는 보라색 선이 434 nm에서 관찰된다. 이 스펙트럼 선이 생기게 하는 전이 과정에서, 전자의 최초 및 최종 에너지 준위를 결정하시오.

Topic 1B 양자론

이 Topic을 왜 배우는가? 모든 화학의 근간인 원자와 분자의 전자의 성질은 양자 역학으로만 이해할 수 있다.

무엇을 알고 있어야 하는가? 운동 에너지(기초 지식 A)와 파장과 진동수 사이의 관계와 같은 전자기 복사선의 성질에 대해 익숙해야 한다(Topic 1A).

19세기 말까지 전자기 복사선의 성질에 관한 정보가 늘어나면서, 고전 역학으로 설명할 수 없는 성질을 발견한 과학자들은 점점 곤혹스러워졌다. 특히, 수소의 스펙트럼 선들은 어려운 수수께끼였다. 1900년부터 상상력이 만들어 낸 일련의 제안들이 나오기 시작했고, 1927년까지 기존의 수수께끼들은 풀렸지만, 더욱 어려운 새 수수께끼들이 튀어나왔다.

1B.1 복사선, 양자, 광자

전자기 복사선의 본성에 대한 중요한 단서는 가열된 물체를 관찰함으로써 얻었다. 물체를 고온으로 가열하면 밝게 빛나는 **백열 현상**(**incandescence**)이 일어난다. 온도가 높아질수록 물체는 더욱 밝게 빛나며, 물체가 내는 빛의 색깔은 빨강에서 주황과 노랑을 거쳐 희게 변한다. 이것은 **정성적인**(qualitative) 관찰이다. 이러한 색깔 변화의 의미를 이해하기 위해서 과학자들은 이 현상을 **정량적으로**(quantitatively) 연구해야 했었다. 각 파장에서 복사선의 세기를 측정하고, 또 이와 같은 측정을 여러 온도에서 되풀이하였다. 이러한 실험들은 과학에서 일어났던 가장 큰 혁명 중의 하나인 양자 역학의 창안을 촉발시켰다.

그림 1B.1은 이 실험들의 결과를 보여 준다. 여기서 '뜨거운 물체'를 **흑체**(**black body,** 비록 백열 상태에 있더라도)라고 하며, 흑체라는 이름은 빛을 방출 또는 흡수할 때 어느 파장의 빛이나 차별을 두지 않는다는 뜻이다. 따로 떨어져 있는 기체 원자와 같은 개별 원자의 스펙트럼에서 관찰되는 불연속적인 전이와는 대조적으로, 뜨거운 물체의 원자와 전자는 집합적으로 행동하며 수많은 전이의 에너지가 중첩된다. 그림 1B.1의 곡선들은 일련의 온도에서 **흑체 복사**(**black-body radiation**)의 강도를 보여준다. 온도가 상승함에 따라 방출된 복사선의 최대 강도는 더 짧은 파장으로 이동한다. 방출 강도도 모든 파장에서 증가한다. 즉, 물체는 뜨거워질수록 더 밝게 빛난다.

생각해 보기
금속을 가열하면 처음에는 빨갛게 달아오르다가 점점 하얗게 달아오르는 이유는 무엇인가?

흑체 복사에 관한 중요한 실험 정보가 19세기 후반에 확인되었다. 1893년에 Wilhelm Wien은 온도가 증가함에 따라 흑체 복사의 색상이 변화하는 것을 조사하였다. 그는 복

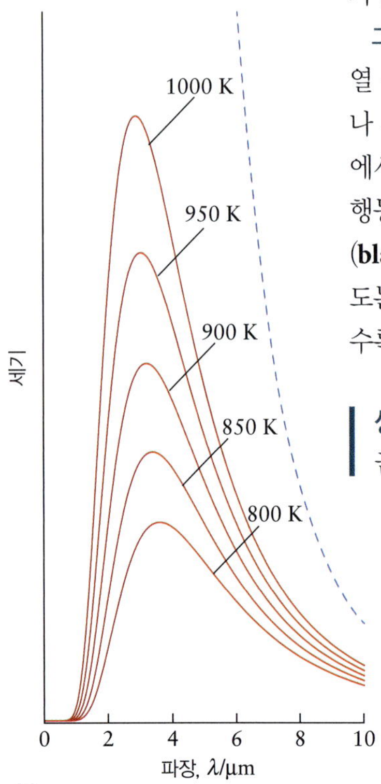

그림 1B.1 가열한 흑체에서 방출된 복사선의 세기를 파장의 함수로 나타낸 것. 온도가 높아질수록 방출된 총 에너지(곡선 밑의 면적)는 급격히 증가하고, 최대 세기에 해당하는 파장은 짧아진다. 파란색 점선은 800 K의 흑체에 대한 고전적 예측이다.

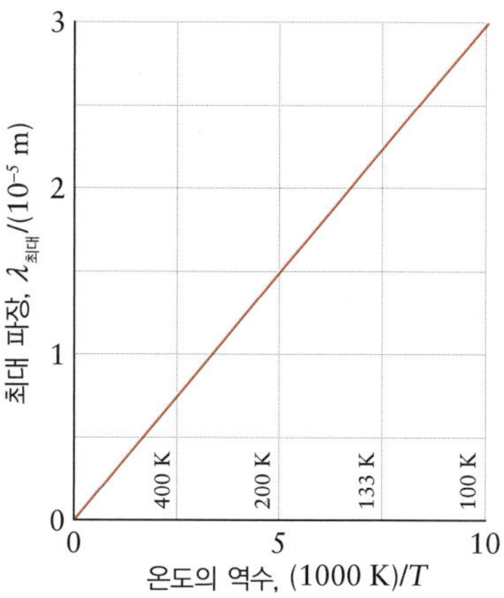

그림 1B.2 온도가 올라감(1/T 감소)에 따라 최대 방출에 해당하는 파장은 짧아진다.

사 세기가 최대인 파장 $\lambda_{최대}$가 절대 온도에 반비례한다는 것을 발견하였다. 수학적으로 표시하면, $\lambda_{최대} \propto 1/T$(즉 온도가 올라감에 따라 최대 세기의 파장은 줄어든다) 혹은 $\lambda_{최대} \times T$가 상수임을 발견하였다(**그림 1B.2**). 이 결과를 **Wien 법칙**(**Wien's law**)이라 하며, 보통 다음과 같이 쓴다.

$$T\lambda_{최대} = 상수 \tag{1}$$

이 상수의 실험값은 2.9 mm·K이다.

예제 1B.1 흑체 복사를 이용한 온도 결정

천문학자들은 별(태양 포함)의 온도에 대해 매우 관심이 많다. 이는 별의 온도로부터 별의 크기, 조성, 나이 등을 알 수 있기 때문이다. 태양 복사선의 최대 세기는 490. nm에 해당한다. 태양을 흑체로 가정한다면 태양의 표면 온도는 얼마인가?

예상 수천 도로 뜨거운 물체는 백색으로 빛난다.

계획 Wien 법칙 $T = 상수/\lambda_{최대}$를 이용한다.

풀이

$T = 상수/\lambda_{최대}$로부터

$$T = \frac{\overbrace{2.9 \times 10^{-3}\ \text{m·K}}^{2.9\,\text{mm·K}}}{\underbrace{4.90 \times 10^{-7}\ \text{m}}_{490\,\text{mm}}} = \frac{2.9 \times 10^{-3}}{4.90 \times 10^{-7}}\,\text{K} = 5.9 \times 10^{3}\ \text{K}$$

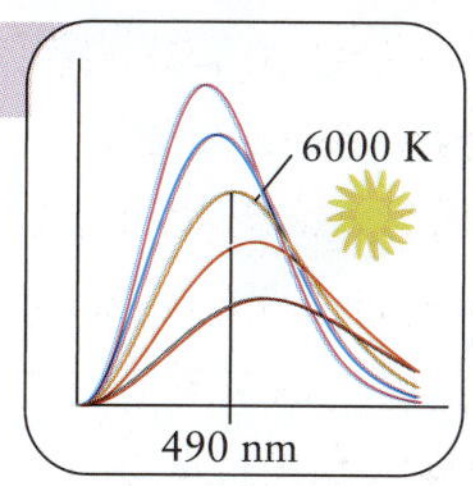

평가 예상한 대로 태양의 표면 온도는 약 5900 K이다.

자습 1B.1A 1965년에 최대 세기가 1.05 mm(마이크로파 영역)인 전자기 복사선이 우주 공간에 퍼져 있음이 발견되었다. 우주 빈 공간의 온도는 몇 도인가?

[**답**: 2.76 K]

자습 1B.1B 적색 거성은 별의 진화 과정 중 후기 단계이다. 평균 최대 세기 파장이 700. nm임은 적색 거성이 죽어 감에 따라 냉각됨을 의미한다. 적색 거성의 표면 온도는 몇 도인가?

관련 연습 문제 1B.11~1B.14

19세기 과학자들에게 흑체 복사 법칙들을 설명하는 유일한 방법은 이백년 전에 Newton이 창시하여 매우 성공적이었던 운동 이론인, 고전 물리학을 적용하여 그 특성을 유도하는 것이었다. 그러나 매우 실망스럽게도 이론적으로 유도된 특성들은 그림 1B.1과 1B.2의 관찰 결과와 맞지 않았다. 그중에서도 더욱 문제가 된 것은 이른바 **자외선 파탄(ultraviolet catastrophe)** 이었다. 고전 물리학은 뜨거운 흑체는 어느 것이든지 강렬한 자외선, 심지어는 X-선과 γ-선을 방출하리라고 예측하였다! 고전 물리학에 따르면 뜨거운 물체는 고진동수 복사선으로 시골을 황폐화하고, 심지어 37 °C인 인체도 어둠 속에서 발광하리라는 것이다. 다시 말하자면 어둠이라는 것이 없을 것이라는 결론에 도달한다. 확실히 새 이론이 필요하였다.

1900년에 독일의 물리학자인 Max Planck는 물질과 복사선 사이의 에너지 교환은 에너지의 **양자(quantum)**, 즉 에너지의 뭉치 단위로 이루어진다고 제안하였다. Planck는 흑체를 이루는 뜨겁고 빠르게 진동하는 전자와 원자들에 초점을 맞추었다. 그의 중심 개념은 진동수 ν로 진동하고 있는 전하는 단지

$$E = h\nu \tag{2}$$

만큼의 개별적 뭉치씩만 전자기 복사선을 생성하고 흡수하여 주위와 에너지를 교환한다는 것이다. 상수 h는 현재 **Planck 상수(Planck's constant)**라고 하며, 그 값은 6.626×10^{-34} J·s이다. 만일 진동하고 있는 원자가 주위에 에너지 E를 방출하면 진동수가 $\nu = E/h$인 복사선이 감지될 것이다.

유의 사항

속력을 나타내는 기호 v(velocity의 첫 글자)와 진동수의 기호 ν(그리스 글자 nu)를 혼동하지 않도록 주의해야 한다.

보충 설명

양자라는 말은 양, 즉 '얼마만큼?'이라는 라틴어에서 온 것이다.

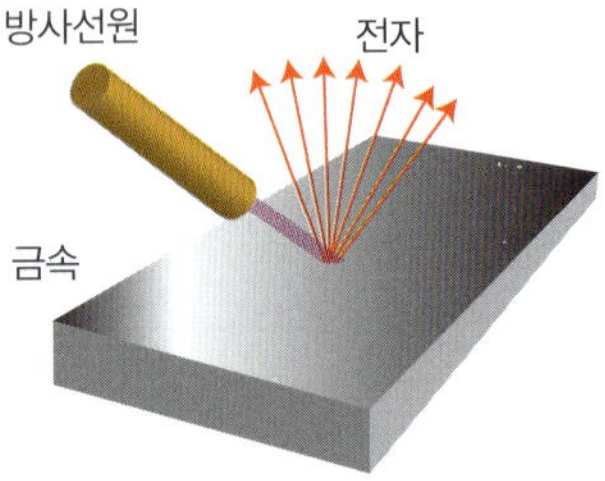

그림 1B.3 금속에 진동수가 해당 금속에 고유한 문턱 진동수 이상인 자외선을 쪼일 때 전자가 방출된다.

Planck의 제안에 따르면, 저온에서는 고진동수의 진동을 일으키는 데 필요한 에너지가 충분하지 않으므로 물체가 고진동수 복사선, 즉 자외선을 발생시키지 못한다. 따라서 고진동수(단파장)에서는 그림 1B.1의 세기 곡선들이 감소되어 없어지므로 자외선 파탄이 생기지 않는다. Planck의 가설에 근거한 **정성적인**(qualitative) 설명은 실험적 관찰 결과와 잘 맞았다. 뿐만 아니라, Planck의 가설을 이용하면 Wien의 법칙도 유도할 수 있어서 **정량적으로도**(quantitatively) 성공적이었다. 더욱 놀라운 것은, 파장에 따른 세기의 변화도 계산할 수 있었고, 실험 곡선을 거의 정확하게 이론적으로 재현한 것이었다.

Planck의 가설은 흑체 복사 현상을 설명했지만, 에너지는 뭉치 단위로만 전달된다는 혁명적인 가설에 근거하였다. 이러한 극적인 혁명이 정당화되려면 더 많은 증거가 필요한데, 그 증거는 **광전 효과(photoelectric effect)**로부터 나왔다. 광전 효과란 금속 표면에 자외선을 쪼이면 전자가 튀어나오는 것으로(그림 1B.3), 실험 결과들을 요약하면 다음과 같다.

1. 복사선의 진동수가 각 금속의 고유한 최솟값보다 작으면 전자는 방출되지 않는다.
2. 복사선의 세기가 아무리 작아도 전자는 즉시 방출된다.
3. 방출된 전자의 운동 에너지는 쪼여 준 복사선의 진동수와 선형 관계로 증가한다.

유의 사항

y가 'x에 대해 선형적으로 변한다'는 것은 $y = b + mx$(b, m는 상수)의 관계가 있다는 뜻이다. b가 0일 때, 즉 $y = mx$일 때는 y가 'x에 비례'한다고 한다.

표 1B.1 광자 에너지*

복사선의 형태	광자 에너지/(10^{-9} J)	광자의 몰당 에너지/($kJ \cdot mol^{-1}$)	광자 에너지/eV
X-선 및 γ-선	$\geq 1.0 \times 10^3$	$\geq 6.0 \times 10^4$	$\geq 6.2 \times 10^2$
자외선	5.7	340	3.6
가시광선			
보라	4.7	280	2.9
파랑	4.2	250	2.6
초록	3.8	230	2.4
노랑	3.4	200	2.1
주황	3.2	190	2.0
빨강	2.8	170	1.8
적외선	2.0	120	1.3
마이크로파 및 라디오파	$\leq 2.0 \times 10^{-3}$	≤ 0.12	$\leq 1.3 \times 10^{-3}$

* 유효 숫자 2개까지 표시

Albert Einstein은 이러한 관찰 내용들을 설명할 수 있는 방법을 찾았는데, 그 과정에서 빛과 전자기 복사선 전반에 대한 개념을 획기적으로 변화시켰다. 그는 전자기 복사선이 후에 Gilbert Lewis에 의해 **광자(photon)**라고 명명된 입자들로 이루어져 있다고 제안하였다. 각 광자는 에너지 뭉치로 간주할 수 있고, 광자 한 개의 에너지는 복사선의 진동수와 식 2($E = h\nu$)의 관계를 가진다. 예를 들어, 자외선 광자들은 진동수가 작은 가시광선 광자들보다 에너지가 더 많다. 전자기 복사선에 관한 이 광자 모형에 따르면 빨강 빛살은 특정 에너지를 지닌 광자들의 흐름이고, 노랑 빛살은 이보다 더 큰 에너지를 지닌 광자들의 흐름이며, 초록 빛살은 더욱 큰 에너지를 지닌 광자들의 흐름이라고 할 수 있다. **표 1B.1**에 전자기 복사선 스펙트럼 여러 영역의 광자들의 에너지를 요약되어 있다. 여기서 주의할 점은 복사선의 **세기**(intensity)는 광자들의 수를 나타내는 반면에, $E = h\nu$는 개개 광자의 **에너지**(energy) 척도라는 것이다.

생각해 보기

자외선이 적외선보다 살아있는 조직에 훨씬 더 나쁜 이유는 무엇인가?

예제 1B.2 광자의 에너지 계산

탄수화물을 만드는 광합성, 햇볕의 자외선 성분에 의한 피부 태우기 등 많은 화학 반응은 빛에 의해 일어난다. 이러한 현상을 이해하기 위해 화학자들은 광자 1개가 분자와 충돌하였을 때 에너지가 얼마나 이전되는지 알아야 한다. (a) 진동수가 6.4×10^{14} Hz인 파란색 빛 광자 한 개의 에너지는 몇 joule인가? (b) 같은 진동수를 가진 광자의 몰당 에너지는 몇 joule인가?

예상 표 1B.1에서 파란색 빛 광자의 에너지는 약 4×10^{-19} J이고 몰당 에너지는 약 250 $kJ \cdot mol^{-1}$임을 알 수 있다.

계획 (a) 식 2를 이용하여 주어진 진동수의 광자 에너지를 계산한다. (b) 광자 1개의 에너지에 몰당 광자의 수, 즉 Avogadro 상수(기초 지식 E)를 곱한다.

풀이

(a) E(광자 1개) $= h\nu$로부터

$$E(\text{광자 1개}) = (6.626 \times 10^{-34}\ \text{J} \cdot \text{s}) \times (6.4 \times 10^{14}\ \text{Hz}) = 4.2 \times 10^{-19}\ \text{J}$$

(b) E(광자 1몰) $= N_A E$(광자 1개)로부터

$$E(\text{광자 1몰}) = (6.022 \times 10^{23}\ \text{mol}^{-1}) \times (4.2 \times 10^{-19}\ \text{J})$$
$$= 2.5 \times 10^5\ \text{J} \cdot \text{mol}^{-1} \text{ 또는 } 250\ \text{kJ} \cdot \text{mol}^{-1}$$

(a)에서 에너지를 구하기 위해 1 Hz = 1 s^{-1}, 1 J·s × 1 Hz = 1 J·s × s^{-1} = 1 J인 관계를 이용하였다.

평가 에너지는 표 1B.1으로부터 예상한 값과 일치한다.

자습 1B.2A 진동수가 5.2×10^{14} Hz인 노란색 빛 광자 한 개의 에너지는 얼마인가?

[**답**: 3.4×10^{-19} J]

자습 1B.2B 진동수가 4.8×10^{14} Hz인 주황색 빛 광자 한 개의 에너지는 얼마인가?

관련 연습 문제 1B.5~1B.8

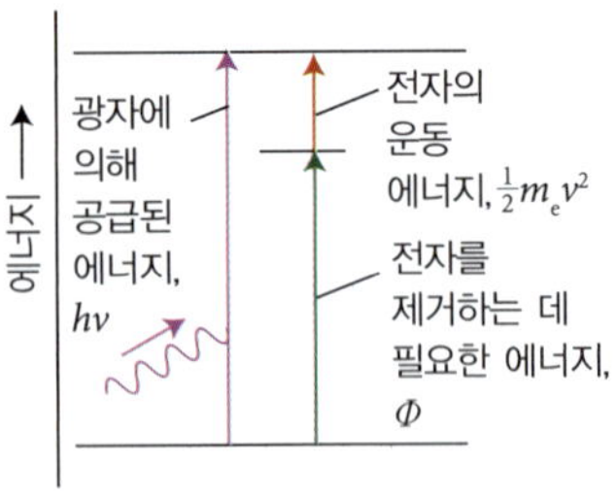

그림 1B.4 광전 효과에서는 에너지가 $h\nu$인 광자가 금속 표면을 때리고, 그 에너지는 전자가 흡수한다. 만일 광자의 에너지가 일함수 Φ보다 크면 전자는 충분한 에너지를 흡수하여 금속에서 튀어나온다. 방출된 전자의 운동 에너지는 광자의 에너지와 일함수의 차이이다: $\frac{1}{2}m_e v^2 = h\nu - \Phi$

전자기 복사선을 광자들의 흐름으로 간주하면 광전 효과를 쉽게 설명할 수 있다. 입사광의 진동수가 ν이면 이 빛은 에너지가 $h\nu$인 광자들이다. 이 광자들이 금속의 전자와 충돌하면, 전자는 광자 에너지의 일부를 흡수한다. 금속 표면에서 전자를 방출하는 데 필요한 에너지를 그 금속의 **일함수(work function)**라고 하며, Φ(그리스 대문자 파이)로 나타낸다. 일함수는 에너지이므로 joule 단위를 가지지만, 널리 사용되는 또 다른 단위인 '전자 볼트(electronvolt, eV)'로 표현하는 것이 일반적이다. eV는 전자가 1 V(1볼트)의 전위차를 통해 가속될 때 얻는 운동 에너지로 정의된다: 1 eV = 1.602×10^{-19} J. 만일 광자의 에너지가 금속의 일함수 Φ보다 작으면 복사선의 세기(시간당 표면에 도달하는 광자의 수)가 커도 전자가 튀어나오지 않을 것이다. 그러나 광자의 에너지 $h\nu$가 Φ보다 크면 전자가 튀어나오고, 그 운동 에너지 $E_k = \frac{1}{2}m_e v^2$은 입사 광자의 에너지와 일함수의 차가 된다: $E_k = h\nu - \Phi$(그림 1B.4). 즉, 다음과 같다.

$$\underbrace{\tfrac{1}{2}m_e v^2}_{\text{방출된 전자의 운동 에너지}} = \underbrace{h\nu}_{\text{광자가 공급한 에너지}} - \underbrace{\Phi}_{\text{전자를 방출하는 데 필요한 에너지(일함수)}} \qquad (3)$$

이 방정식의 의미는 무엇인가?

방출된 전자의 운동 에너지는 진동수에 대해 선형적으로 변하므로, 방출 전자의 운동 에너지와 복사선의 진동수를 그래프로 그리면 그림 1B.5와 같이 기울기가 h이고, 수직 절편이 $-\Phi$인 직선이 그려진다. 이때 기울기 h는 모든 금속에 대해 동일하고, 절편 $-\Phi$는 금속마다 다르다. 각 경우, 수평 절편(방출된 전자의 운동 에너지가 0에 해당)은 Φ/h이다.

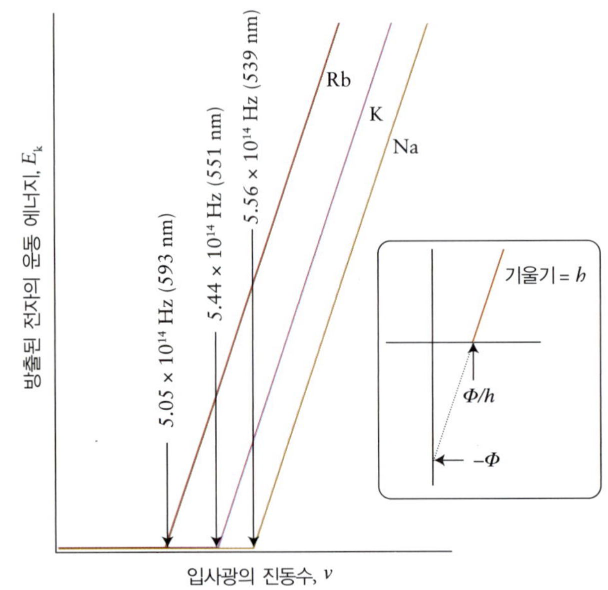

그림 1B.5 광자가 금속을 때려도 입사광의 진동수가 금속마다 고유한 진동수 이상이 되지 않는 한 전자가 방출되지는 않는다. 방출된 전자의 운동 에너지는 입사광의 진동수에 대해 선형 관계로 변한다. 네모 안의 그림은 기울기 및 두 개의 절편과 식 3의 매개 변수들 사이의 관계를 나타내고 있다.

Einstein의 이론을 쓰면 광전 효과 실험 결과들을 다음과 같이 설명할 수 있다.

1. 적어도 일함수 Φ 이상의 에너지를 가진 광자가 금속에 충돌할 때만 전자가 방출될 수 있다. 따라서 전자가 방출되려면 복사선의 진동수는 어떤 최솟값 이상이어야만 한다. 이 최소 진동수는 금속의 일함수에 따라 정해진다(그림 1B.5).
2. 광자가 충분한 에너지를 가지면 충돌 즉시 전자가 방출된다.
3. 금속으로부터 방출된 전자의 운동 에너지는 식 3에 따라 입사광의 진동수에 선형 관계로 증가한다.

예제 1B.3 광전 효과의 해석

우주선에서 사용할 방사선 측정기를 개발한다고 하자. 금속 포타슘의 박막을 이용하여 전자기 복사선의 특정 영역을 검출하기로 하였다. 관련된 물리적 성질을 조사할 필요가 있다. 광자에 의해 포타슘 시료의 표면에서 방출된 전자의 속력은 668 km·s^{-1}이다. (a) 방출된 전자의 운동 에너지는 얼마인가? (b) 포타슘의 일함수는 2.29 eV, 즉 3.67×10^{-19} J이다. 전자를 방출하게 한 복사선의 파장은 얼마인가? (c) 포타슘에서 전자를 방출시킬 수 있는 전자기 복사선의 최장 파장은 얼마인가?

예상 (b)에서 사용한 복사선의 파장은 (c)에서 구한 포타슘에서 전자를 방출하기 위한 최장 파장보다 짧거나 같아야 한다. 최장 파장은 광전 효과를 내는 데 필요한 광자의 최소 에너지에 해당한다.

계획 (a) $E_k = \frac{1}{2}m_e v^2$으로부터 방출된 전자의 운동 에너지를 알아낸다. SI 기본 단위(종종 계산을 현명하게 하도록 한다)를 사용하기 위해 속력을 m·s^{-1} 단위로 변환한다. (b) 방출된 전자의 에너지는 입사 복사선의 에너지와 일함수의 차이와 같다(식 3). 광자는 표면에서 전자를 방출하기에 충분한 에너지(일함수를 넘기 위해)와 668 km·s^{-1}로 움직이게 할 에너지를 공급해야 한다. 일함수의 값을 joule 단위로 변환하고 식 2를 이용하여 광자의 $h\nu$ 값을 구한다. 그다음에는 $\lambda\nu = c$를 이용하여 에너지를 파장으로 변환한다. 기본 상수와 변환 인자들은 이 책의 뒤표지 안쪽에 있다. (c) 한 물질에서 전자를 방출시킬 수 있는 복사선의 가장 긴 파장은 방출된 전자의 운동 에너지가 0인 경우이다.

풀이

(a) $E_k = \frac{1}{2}m_e v^2$에서

$$E_k = \tfrac{1}{2} \times \overbrace{(9.109 \times 10^{-31}\ \text{kg})}^{m_e} \times \overbrace{(6.68 \times 10^5\ \text{m·s}^{-1})}^{v}{}^2$$
$$= 2.03\ldots \times 10^{-19}\ \overbrace{\text{kg·m}^2\text{·s}^{-2}}^{\text{J}}$$

(b) $\frac{1}{2}m_e v^2 = h\nu - \Phi, \quad h\nu = \Phi + \frac{1}{2}m_e v^2 = \Phi + E_k$에서

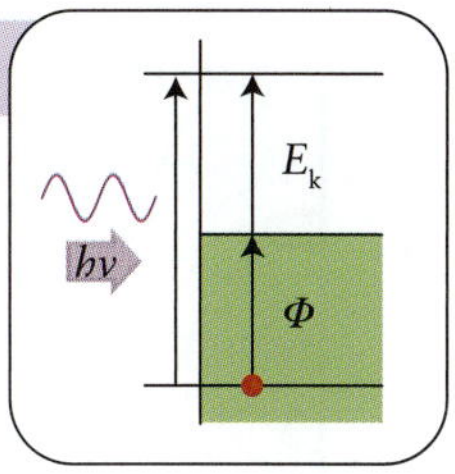

$$h\nu = \overbrace{3.67 \times 10^{-19}\ \text{J}}^{\Phi} + \overbrace{2.03\ldots \times 10^{-19}\ \text{J}}^{E_k}$$
$$= 5.70\ldots \times 10^{-19}\ \text{J}$$

따라서

$$\nu = \frac{5.70\ldots \times 10^{-19}\ \text{J}}{h}$$
$$= \frac{5.70\ldots \times 10^{-19}\ \text{J}}{6.626 \times 10^{-34}\ \text{J·s}} = \frac{5.70\ldots \times 10^{-19}}{6.626 \times 10^{-34}}\ \text{s}^{-1}$$
$$= 8.60\ldots \times 10^{14}\ \text{s}^{-1}$$

$\lambda = c/\nu$를 이용하면,

$$\lambda = \frac{2.998 \times 10^8 \text{ m·s}^{-1}}{\underbrace{8.60\ldots \times 10^{14} \text{ s}^{-1}}_{\nu}}$$
$$= 3.48 \times 10^{-7} \text{ m (또는 348 nm)}$$

(c) 전자를 방출할 수 있는 최장 파장의 복사선을 찾기 위해 식 3에 $E_k = 0$을 대입하여 $h\nu = \Phi$를 얻은 뒤, $\lambda = ch/\Phi$를 이용한다.

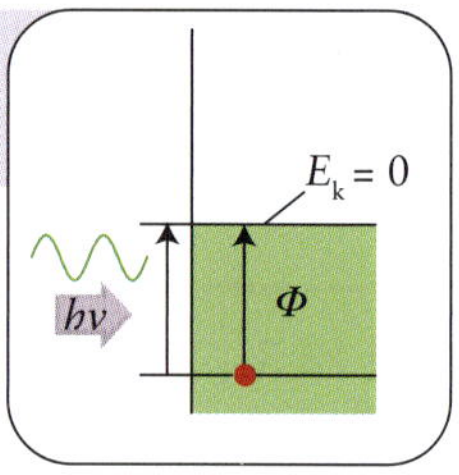

$$\lambda = \frac{(2.998 \times 10^8 \text{ m·s}^{-1}) \times (6.626 \times 10^{-34} \text{ J·s})}{3.67 \times 10^{-19} \text{ J}}$$
$$= \frac{(2.998 \times 10^8) \times (6.626 \times 10^{-34})}{3.67 \times 10^{-19}} \text{ m}$$
$$= 5.41 \times 10^{-7} \text{ m (또는 541 nm)}$$

평가 예상대로 (b)에서의 파장이 (c)의 포타슘에서 전자를 방출시킬 수 있는 최장 파장보다 짧다.

자습 1B.3A 아연의 일함수는 3.63 eV이다. 아연에서 전자를 방출시킬 수 있는 전자기 복사선의 최장 파장은 얼마인가?

[**답**: 342 nm]

자습 1B.3B 광자에 의해 아연 시료의 표면에서 방출된 전자의 속력은 785 km·s^{-1}이다. (a) 방출된 전자의 운동 에너지는 얼마인가? (b) 아연의 일함수는 3.63 eV($=5.82 \times 10^{-16}$ J)이다. 전자를 방출하게 한 복사선의 파장은 얼마인가?

관련 연습 문제 1B.15, 1B.16

흑체 복사에 관한 연구는 Planck의 전자기 복사선의 양자화 가설을 이끌어냈다. 광전 효과는 전자기 복사선의 입자성에 대한 증거를 제공하였다.

1B.2 파동–입자 이중성

광전 효과의 관찰과 설명은 전자기 복사선이 마치 입자처럼 행동하는 광자들로 이루어져 있다는 관점을 강력히 지지한다. 그러나 전자기 복사선이 파동처럼 행동함을 보이는 증거들도 아주 많다! 실제로, Einstein의 연구 이전에는 모든 사람은 전자기 복사선이 파동이라고 생각했다. 가장 설득력 있는 증거는 빛의 진행 경로상에 놓여 있는 물체에 의해 생기는 밝고 어두운 무늬, 즉 **회절(diffraction)** 현상이 관찰된다는 것이다(그림 1B.6). 한 파동의 마루와 골이 다른 경로로 진행하는 파동의 마루 및 골과 간섭을 일으키면 **회절 무늬(diffraction pattern)**가 생긴다. 마루들이 일치하면 파동의 진폭이 커지는데, 이를 **보강 간섭(constructive interference**, 그림 1B.7a)이라 하고, 한 파동의 마루가 다른 파동의 골과 일치하면 파동의 진폭이 감소하는데, 이를 **상쇄 간섭(destructive interference**, 그림 1B.7b)이라 한다.

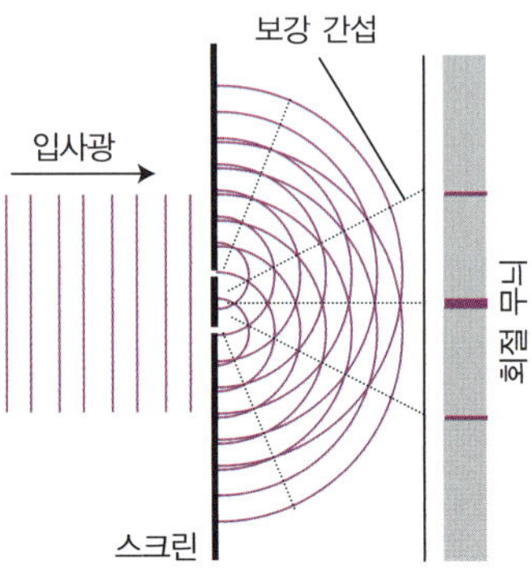

그림 1B.6 전자기 복사선 파동들의 봉우리들은 색선으로 나타내었다. 왼쪽으로부터 진행해 오는 복사선(수직선들)이 근접한 두 슬릿을 통과하면 각 슬릿에서 원형파가 생성되는데, 이 파동들은 서로 간섭한다. 보강 간섭이 일어나면(점선으로 표시) 슬릿 뒤의 스크린에 밝은 선이 나타나며, 상쇄 간섭이 일어나면 어둡게 된다.

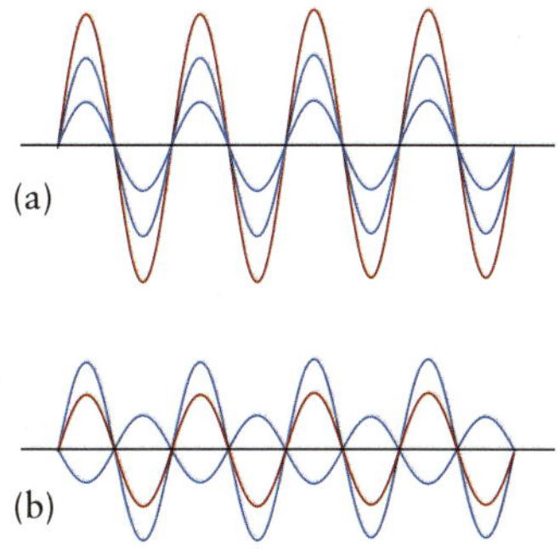

그림 1B.7 (a) 진폭이 다른 두 파동의 보강 간섭. 두 파동(파란색)은 '위상이 같다'. 즉, 마루와 골들이 일치한다. 이때 생성되는 새 파동(진한 푸른색)의 진폭은 두 파동의 진폭의 합이다. 간섭이 일어나면 복사선의 파장은 변하지 않고, 단지 진폭만 변한다. (b) 진폭이 다른 두 파동의 상쇄 간섭. 두 파동은 '위상이 다르다'. 즉, 한 파동의 골들이 다른 파동의 마루와 일치한다. 새 파동의 진폭은 원래 파동 중 진폭이 큰 것보다 훨씬 작다.

이제 여러분은 과학자들이 고민했던 이유를 알게 되었을 것이다! 어떤 실험들(광전 효과)의 결과는 전자기 복사선을 입자로 생각하도록 하는데, 다른 실험들(회절)의 결과는 전자기 복사선이 파동이라는 관점을 가질 수밖에 없게 한다. 결국 우리는 현대 물리학의 핵심에 도달하였다. 실험 결과들에 따르면 우리는 전자기 복사선의 **파동–입자 이중성(wave-particle duality)**, 즉 파동성과 입자성이 혼재한다는 사실을 받아들일 수밖에 없다.

- 파동 모형에서는 복사선의 세기가 파동 진폭의 제곱에 비례한다.
- 입자 모형에서 세기는 매 순간 존재하는 광자들의 수에 비례한다.

이제 재미있는 생각을 할 수 있다. 만일 오랫동안 파동으로 간주되어 왔던 전자기 복사선이 이중성을 가지고 있다면 Dalton의 시대로부터 입자로 구성되어 있다고 간주되어 왔던 물질 역시 파동성을 지닐 수 있지 않을까? 1924년 프랑스의 과학자 Louis de Broglie는 입자들도 모두 파동성을 가진다고 간주해야만 한다고 제안하였다. 더 나아가서 '물질파(matter wave)'의 파장은 다음 식과 같이 입자의 질량 m과 속력 v에 반비례할 것이라고 제안하였다.

$$\lambda = \frac{h}{mv} \qquad \textbf{(4a)}$$

여기서 질량과 속력의 곱은 입자의 **선운동량(linear momentum)** p이므로 이 식은 다음과 같이 더 간단하게 쓸 수 있으며, 이것을 **de Broglie 관계식(de Broglie relation)**이라고 한다.

$$\lambda = \frac{h}{p} \qquad \textbf{(4b)}$$

예제 1B.4 입자의 파장 계산

여러분이 de Broglie라고 가정하고, 이제 막 자신의 공식을 만들었다고 하자. 친구는 세상은 확실히 파동이 아니라고 지적한다. 내가 만든 공식이 일상의 물건들에 대해 걱정스러운 결론을 주는지 알아봐야 할 것이다. $1\ \text{m·s}^{-1}$로 이동하는 질량 1 g인 입자의 파장을 계산하시오.

예상 이 입자는 아원자 입자보다 매우 무거우므로, 아주 짧은 파장이 예상된다.

계획 식 4a를 이용하여 질량이 알려진 입자의 파장을 계산한다.

풀이

$\lambda = h/mv$로부터

$$\lambda = \frac{\overbrace{6.626\times10^{-34}\ \overset{\text{kg·m}^2\text{·s}^{-2}}{\text{J}}\ \text{·s}}^{h}}{\underbrace{(1\times10^{-3}\ \text{kg})}_{m}\times\underbrace{(1\ \text{m·s}^{-1})}_{v}} = \frac{6.626\times10^{-34}}{1\times10^{-3}}\ \frac{\text{kg·m}^2\text{·s}^{-2}\text{·s}}{\text{kg·m·s}^{-1}}$$

$$= 7\times10^{-31}\ \text{m}$$

평가 예상한 대로 이 파장은 너무 짧아서 감지할 수 없다. 보통 정도의 속력으로 움직이는 보통 크기의 물체들은 다 마찬가지이다.

유의 사항
계산할 때, 모든 단위를 별도로 모아 일반 숫자처럼 곱하기와 나누기를 한다. 위 계산에서 파장의 단위가 미터일 것이라고 단순히 '추정'하지 않았다. 이렇게 하면, 실수를 찾을 수 있고 최종 답의 단위를 올바르게 구할 수 있다.

자습 1B.4A 광속의 1/1000로 움직이고 있는 전자의 파장을 계산하시오(전자의 질량은 책 뒤표지 안쪽 참조).

[**답**: 2.43 nm]

자습 1B.4B 음속의 두 배로 날아가고 있는 질량 5.0 g인 소총탄의 파장을 계산하시오(해수면에서 음속은 331 $m \cdot s^{-1}$이다).

관련 연습 문제 1B.21~1B.24

생각해 보기
당신이 완전히 가만히 있을 때의 파장은 얼마이겠는가? 이상하지 않은가?

그림 1B.8 Clinton Davisson과 Lester Germer는 전자들이 결정으로부터 반사될 때 회절 무늬를 생성함을 보여 주었다. G. P. Thomson은 스코틀랜드의 Aberdeen에서 연구하면서 전자들이 금의 박막을 통과할 때도 역시 회절 무늬를 생성함을 보여 주었다. 그림은 후자의 결과이다. G. P. Thomson은 전자를 발견한 J. J. Thomson의 아들이다(1B.1절). J. J.는 전자가 입자임을, G. P.는 전자가 파동임을 밝힘으로써 둘 다 노벨상을 받았다. (*Imperial College of Science & Technology / Science Museum Group*)

전자의 파동성은 전자들이 회절될 수 있음을 보임으로써 입증되었다. 이 실험은 1925년 두 명의 미국 과학자 Clinton Davisson과 Lester Germer가 최초로 수행하였는데, 그들은 고속 전자살을 단결정의 니켈에 쪼였다. 결정 내에 250 pm 간격으로 규칙적으로 배열된 원자들이 파동을 회절시키는 격자 역할을 하여 회절 무늬가 얻어졌다(그림 1B.8). 그 후로 분자들과 같이 더 무거운 입자들의 회절도 관찰되었고, 입자의 파동성은 의심의 여지가 없게 되었다. 오늘날 전자 회절은 분자의 구조와 고체 표면의 구조를 결정하는 중요한 기법이다.

전자(그리고 일반적으로 모든 물질)는 파동성과 입자성을 모두 가지고 있다.

1B.3 불확정성 원리

파동–입자 이중성의 발견은 전자기 복사선과 물질에 관한 과학자들의 이해를 바꾸었을 뿐만 아니라 고전 물리학의 기초를 흔들어 버렸다. 고전 역학에서 입자는 매 순간 입자의 위치와 선운동량이 규정되는 일정한 **궤적(trajectory)**을 가진다. 공의 궤적을 생각해 보자. 원론적으로 공이 날아가는 순간마다 그 위치와 운동량을 규정할 수 있다. 그러나 만일 입자가 파동처럼 행동한다면 우리는 입자의 정확한 위치를 규정할 수 없다. 예를 들어, 기타 줄의 파동을 생각해 보자. 파동은 줄 전체에 퍼져 있지 정확히 어느 한 지점에 고정되어 있지 않다. 정확한 선운동량 값을 가지고 있는 입자는 정확한 파장을 갖지만, 파동의 위치를 얘기한다는 것 자체가 무의미하기 때문에 정확한 선운동량 값을 가지는 입자의 위치를 정확히 규정할 수는 없다. 물질의 파동–입자 이중성은 수소 원자의 전자가 핵 주위를 정확한 궤도로 돌고 있는 것으로 기술할 수 없게 한다. 핵 주위를 돌고 있는 전자라는 널리 알려진 설명은 분명히 틀린 것이다.

선운동량을 알고 있으면 파동–입자 이중성에 따라 위치를 규정할 가능성이 없어지며, 입자의 궤적도 규정할 수 없게 된다. 무거운 입자들의 불확정성은 무시할 수 있을 정도로 작지만, 아원자 입자들의 경우에는 매우 클 수 있다. 어느 한 순간에 어느 아원자 입자가 여기에 있다는 것을 알아도 다음 순간에 그 입자가 어디에 있을지는 알 수 없다! 선운동량 값을 정확히 알 때 위치를 정확히 알 수 없다는 것은 위치와 선운동량 사이의 **상보성(complementarity)**의 한 단면이다. 즉, 한 성질을 알면 다른 성질을 동시에 알 수는 없다. 독일의 과학자 Werner Heisenberg가 1927년에 수식화한 **Heisenberg 불확정성 원리(Heisenberg uncertainty principle)**는 이 상보성을 정량적으로 나타낸다. 이에 따르면 입자의 위치가 불확정성 Δx 이내로 알려져 있을 때 x축 방향 선운동량 p는 불확정성 Δp 이내로만 알 수 있고, 둘 사이에는 다음의 관계가 성립한다.

$$\overbrace{\Delta p}^{\text{운동량의 불확정성}} \times \overbrace{\Delta x}^{\text{위치의 불확정성}} \geq \tfrac{1}{2}\hbar \qquad (5)$$

기호 $\hbar$는 'h bar'라고 읽는데, $h/2\pi$라는 뜻으로, 양자 역학에서 널리 사용된다. 값은 1.054×10^{-34} J·s이다.

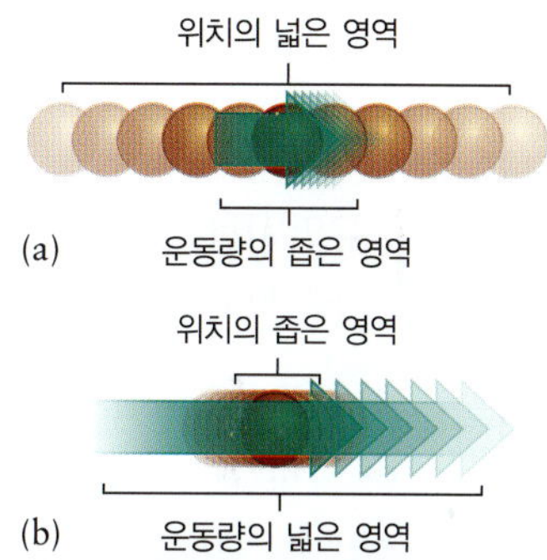

그림 1B.9 불확정성 원리의 개요. (a) 입자의 위치는 불확실하지만, 입자의 운동량(화살표로 표시)은 비교적 정확하게 규정할 수 있다. (b) 입자의 위치가 비교적 정확하지만, 운동량은 정확히 규정할 수 없다.

이 방정식의 의미는 무엇인가?

동시에 측정된 두 양의 불확정성의 곱은 특정한 상수 값보다 작아질 수 없다. 그러므로 위치의 불확정성이 아주 작으면(Δx가 아주 작으면) 선운동량의 불확정성은 아주 커야 한다. 그 역도 성립한다(그림 1B.9).

보충 설명

X라는 성질의 '불확정성' ΔX는 무엇을 의미하는가? 정식으로는 $\Delta X = \sqrt{\langle X^2\rangle - \langle X\rangle^2}$ 로 정의되는 X의 '표준 편차(standard deviation)'를 의미한다. 각진 괄호는 평균값을 의미한다.

불확정성 원리는 거시 물체들에 대해서는 실질적으로 별 의미가 없지만, 원자 안 전자들의 위치 및 운동량과 같이 아원자 입자와 관련된 성질에서는 아주 중요하다.

예제 1B.5 불확정성 원리의 활용

보이는 물건의 성질을 규정할 수 있는 능력에 Heisenberg 불확정성 원리가 얼마나 영향을 미치겠는가? 물건의 위치를 신뢰할 수 있는가? (a) 속력이 ± 1.0 mm·s^{-1} 이내로 알려진 질량 1.0 g인 구슬의 위치의 최소 불확정성은 얼마인가? (b) 전형적인 원자의 지름 200. pm 이내에 존재하는 전자 속력의 최소 불확정성은 얼마인가?

예상 구슬처럼 무거운 물체의 위치 불확정성은 아주 작겠지만, 아주 가볍고 또 좁은 영역 내에 존재하는 전자의 속력 불확정성은 아주 클 것이다.

계획 (a) 선운동량 불확정성 Δp는 $m\Delta v$와 같다(Δv는 속력의 불확정성이다). 식 5를 사용하여 구슬의 운동 방향에 따른 위치의 최소 불확정성 Δx를 $\Delta p\Delta x = \frac{1}{2}\hbar$ (불확정성의 곱의 최솟값)으로부터 계산한다. (b) Δx를 원자의 지름으로 가정하고 식 5를 사용하여 Δp를 추정한다. 뒤표지 안쪽에서 전자의 질량 값을 참조하여 속력의 불확정성 Δv는 $\Delta p = m\Delta v$로부터 구한다.

풀이

(a) 우선 질량과 속력을 SI 기본 단위들로 바꾼다. 질량 m은 1.0×10^{-3} kg이고, 속력의 불확정성 Δv는 $2\times(1.0\times 10^{-3}\ \text{m·s}^{-1})$이다. 최소 위치 불확정성 Δx는

$\Delta p\Delta x = \frac{1}{2}\hbar$와 $\Delta p = m\Delta v$로부터

$$m\Delta v\Delta x = \tfrac{1}{2}\hbar \text{이고 따라서} \quad \Delta x = \frac{\hbar}{2m\Delta v}$$

$\Delta x = \hbar/2m\Delta v$로부터

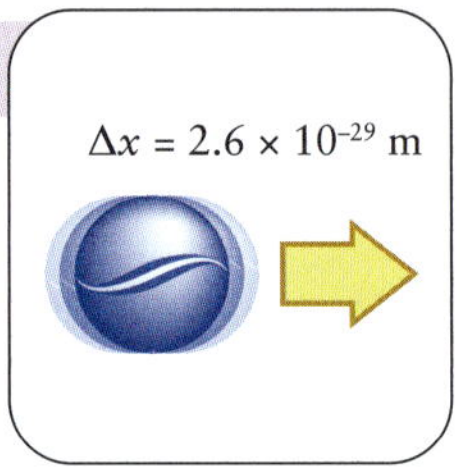

$$\Delta x = \frac{\overbrace{1.054\times10^{-34}\ \text{J}\cdot\text{s}}^{\hbar}}{2\times\underbrace{(1.0\times10^{-3}\ \text{kg})}_{1.0\,\text{g}}\times\underbrace{(2.0\times10^{-3}\ \text{m}\cdot\text{s}^{-1})}_{2.0\,\text{mm}\cdot\text{s}^{-1}}}$$

$$= \frac{1.054\times10^{-34}}{2\times(1.0\times10^{-3})\times(2.0\times10^{-3})}\ \frac{\overbrace{\text{J}}^{\text{kg}\cdot\text{m}^2\cdot\text{s}^{-2}}\cdot\text{s}}{\text{kg}\cdot\text{m}\cdot\text{s}^{-1}}$$

$$= 2.6\times10^{-29}\ \frac{\text{kg}\cdot\text{m}^2\cdot\text{s}^{-2}\cdot\text{s}}{\text{kg}\cdot\text{m}\cdot\text{s}^{-1}} = 2.6\times10^{-29}\ \text{m}$$

평가 예상한 대로 불확정성은 매우 작다. 움직이는 구슬의 위치는 신뢰성 있게 측정할 수 있다.

유의 사항

유도 단위(이 경우에는 J)를 기본 단위로 바꾸어 계산하였다.

(b) 뒤표지 안쪽에 주어진 전자의 질량을 이용한다. 원자의 지름은 $200.\times10^{-12}$ m, 즉 2.00×10^{-10} m이다. 속력의 불확정성 Δv는 $\Delta p/m$와 같다.

$\Delta p\Delta x = \frac{1}{2}\hbar$와 $\Delta p = m\Delta v$로부터

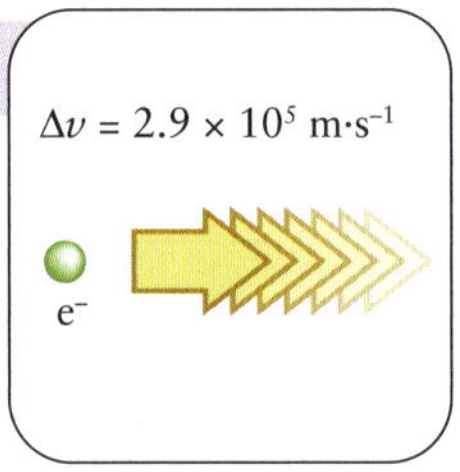

$$\Delta v = \frac{\overbrace{\Delta p}^{\hbar/2\Delta x}}{m} = \frac{\hbar}{2m\Delta x}$$

$$= \frac{\overbrace{1.054\times10^{-34}\,\text{J}\cdot\text{s}}^{\hbar}}{2\times\underbrace{(9.109\times10^{-31}\,\text{kg})}_{m_e}\times\underbrace{(2.00\times10^{-10}\,\text{m})}_{\Delta x}}$$

$$= \frac{1.054\times10^{-34}}{2\times(9.109\times10^{-31})\times(2.00\times10^{-10})}\ \frac{\overbrace{\text{J}}^{\text{kg}\cdot\text{m}^2\cdot\text{s}^{-2}}\cdot\text{s}}{\text{kg}\cdot\text{m}}$$

$$= 2.89\times10^{5}\ \frac{\text{kg}\cdot\text{m}^2\cdot\text{s}^{-2}\cdot\text{s}}{\text{kg}\cdot\text{m}} = 2.89\times10^{5}\ \text{m}\cdot\text{s}^{-1}$$

평가 예상한 대로 전자 속력의 불확정성은 거의 300 $\text{km}\cdot\text{s}^{-1}$로 매우 크다.

자습 1B.5A 사이클로트론에서 고속으로 가속한 양성자의 속력의 불확정성은 3.0×10^{2} $\text{km}\cdot\text{s}^{-1}$이다. 위치의 최소 불확정성은 얼마인가?

[답: 0.11 pm]

자습 1B.5B 경찰이 고속도로에서 질량이 2.0 t(1 t = 10^3 kg)인 자동차를 감시하고 있는데, 자동차의 위치는 1 m 이내로 파악하고 있다. 이 차에 대한 속력의 최소 불확정성은 얼마인가? 과속 단속을 할 때 불확정성 원리에 의해 경찰이 자동차의 속력을 정확히 측정할 수 없다고 주장할 수 있는가?

관련 연습 문제 1B.25~1B.28

입자의 위치와 운동량은 상보적이다. 즉, 위치와 운동량을 동시에 임의의 정밀도로 알 수는 없다. 두 측정값의 불확정성 사이의 정량적 관계는 Heisenberg 불확정성 원리로 주어진다.

이 Topic에서 배운 것은 무엇인가?

아원자 입자에는 고전적 개념이 모두 적용되지는 않으며, 파동과 입자가 서로 얽혀 있는 개념이라는 것을 알았다. 이러한 얽힘으로 인해, 입자의 궤적을 임의의 정밀도로 규정하는 것은 불가능하다는 것도 배웠다.

개념과 식의 적용

- □ Wien 법칙을 써서 뜨거운 온도를 계산한다(예제 1B.1).
- □ $E=h\nu$의 관계식으로부터 광자의 에너지, 진동수, 또는 광원에서 방출된 수를 계산한다(예제 1B.2).
- □ 금속의 일함수를 이용하여 광전 효과를 해석한다(예제 1B.3).
- □ 선운동량이 알려진 입자의 파장을 추정한다(예제 1B.4).
- □ 불확정성 원리를 이용하여 입자의 위치 또는 속력의 불확정성을 추정한다(예제 1B.5).

Topic 1B 연습 문제

1B.1 전자기 복사선에 대한 다음 내용들이 옳은지 옳지 않은지를 판정하시오. 옳지 않다면 옳게 고치시오.
(a) 흑체의 온도가 증가할수록 최대 세기에 해당하는 파장은 감소한다. (b) 라디오파 복사선 광자의 에너지는 자외선 광자의 에너지보다 크다.

1B.2 전자기 복사선에 대한 다음 내용들이 옳은지 옳지 않은지를 판정하시오. 옳지 않다면 옳게 고치시오.
(a) 자외선 광자는 적외선 광자보다 에너지가 작다.
(b) 금속에 자외선을 쪼였을 때 금속 표면에서 튀어나온 전자의 운동 에너지는 쪼여 준 빛의 진동수와 무관하다.
(c) 광자의 에너지는 복사선의 파장에 반비례한다.

1B.3 다음의 관찰에서 전자기 복사선이 입자의 성질을 지녔다는 것을 보여주는 것은 어느 것인가? 이유도 설명하시오.
(a) 흑체 복사
(b) 전자 굴절
(c) 원자 스펙트럼
(d) 광전 효과

1B.4 다음의 관찰에서 전자기 복사선이 파동의 성질을 지녔다는 것을 보여주는 것은 어느 것인가? 이유도 설명하시오.
(a) 금 박막에 의한 α 입자의 산란
(b) 전자 굴절
(c) 음극선
(d) 광전 효과

1B.5 방사능 치료 약품에 쓰이는 테크네튬-99의 핵 붕괴에서 방출되는 γ-선 광자의 에너지는 140.511 keV이다(1 keV $=10^3$ eV). 이 γ-선의 파장을 계산하시오.

1B.6 노란색의 빛을 내는 네온 등은 파장 865 nm의 복사선을 내보낸다. 이 파장의 광자 1.00 mol을 방출할 때 생기는 에너지 변화를 joule 단위로 계산하시오.

1B.7 공공장소의 조명에 쓰이는 소듐 증기등은 파장이 589 nm인 노란색 빛을 방출한다. 다음 각 경우에 방출되는 에너지는 몇 joule인가?
(a) 들뜬 소듐 원자 한 개가 한 개의 광자를 방출
(b) 소듐 원자 5.00 mg이 이 파장의 빛을 방출
(c) 소듐 원자 1.00 mol이 이 파장의 빛을 방출

1B.8 전자살이 구리 덩어리를 때리면 진동수가 1.2×10^{17} Hz인 X-선이 방출된다. 다음 각 경우에 이 파장에서 방출되는 에너지는 얼마인가?
(a) 들뜬 구리 원자 한 개가 한 개의 X-선 광자를 방출
(b) 들뜬 구리 원자 2.00 mol
(c) 구리 원자 2.00 g

1B.9 32 W(1 W $=$ 1 J$\cdot$s^{-1})의 전구에서 420 nm의 보라색 빛이 나온다. 전구에서 2.0 s 동안 몇 개의 보라색 광자가 만들어지는가? 그 시간 동안 나온 광자는 몇 몰인가?

1B.10 40. W(1 W $=$ 1 J$\cdot$s^{-1})의 전구에서 470 nm의 파란색 빛이 나온다. 전구에서 2.0 s 동안 몇 개의 파란색 광자가 만들어지는가? 그 시간 동안 나온 광자는 몇 몰인가?

1B.11 안타레스 별이 내는 최대 세기가 빛은 파장이 850 nm이다. 이 별 표면의 온도는 얼마인가?

1B.12 아주 뜨거운 별 스피카의 표면 온도는 23 kK(1 kK $=10^3$ K)이다. 스피카는 어느 파장에서 가장 센 빛을 내겠는가?

1B.13 용융된 철의 온도는 Wien 법칙을 사용하여 추산할 수 있다. 철의 녹는점이 1540 °C이면 쇳조각이 녹을 때 방출되는 빛의 최대 세기에 해당하는 파장(단위 nm)은 얼마이겠는가? 이 빛은 전자기 스펙트럼에서 어느 영역에 속하는가?

1B.14 어떤 천문학자가 새 적성을 발견하고 이 별이 내는 빛의 최대 세기가 632 nm에 있음을 알았다. 이 별 표면의 온도는 얼마인가?

1B.15 광자에 의해 금속 표면에서 방출된 전자의 속력이 3.6×10^3

$km \cdot s^{-1}$이다.

(a) 방출된 전자의 파장은 얼마인가?

(b) 빛의 진동수가 2.50×10^{16} Hz에 이르기 전까지는 금속 표면에서 전자가 방출되지 않는다. 금속 표면에서 전자를 방출하는 데는 에너지가 얼마나 필요한가?

(c) 전자를 방출시키는 빛의 파장은 얼마인가?

(d) 이때 사용된 전자기 복사선의 종류는 무엇인가?

1B.16 크로뮴 금속의 일함수는 4.37 eV이다. 속력이 1.5×10^3 $km \cdot s^{-1}$인 전자를 방출시키려면 어떤 파장의 빛을 써야만 하는가?

1B.17 체중이 60 kg인 사람과 80 kg인 사람이 같은 속력으로 뛰고 있을 때 누구의 파장이 더 짧겠는가? 이유를 설명하시오.

1B.18 (a) 10. $m \cdot s^{-1}$로 이동하는 전자의 파장을 계산하시오. (b) 원자가 가속될 때와 감속될 때 중에서 원자의 파장이 줄어드는 경우는 어느 때인가? 이유를 설명하시오.

1B.19 양성자와 중성자의 질량은 거의 같다. 파장은 얼마나 다르겠는가? 입자 가속기에서 각 입자가 2.75×10^5 $m \cdot s^{-1}$로 움직일 때의 파장을 계산하고 중성자의 파장이 몇 퍼센트 다른지 보고하시오.

1B.20 1초에 파장만큼 움직이는 전자의 파장은 얼마인가?

1B.21 야구공의 무게는 5.00~5.25온스(1온스 = 28.3 g)이어야 한다. 시속 92마일(1마일 = 1.609 km)로 던진 5.15온스짜리 야구공의 파장은 얼마인가?

1B.22 무게가 1531 kg인 자동차가 독일 고속도로를 175 $km \cdot h^{-1}$로 달리고 있다. 이 자동차의 파장은 얼마인가?

1B.23 파장이 100. pm인 중성자의 속력은 얼마인가?

1B.24 25 °C에서 헬륨 원자의 평균 속력은 1.23×10^3 $m \cdot s^{-1}$이다. 이 온도에서 헬륨 원자의 평균 파장은 얼마인가?

1B.25 납 원자의 지름(350. pm) 안에 갇혀 있는 전자의 속력 불확정성의 최솟값은 얼마인가? 원자는 실제 원자의 지름과 같은 길이의 일차원 상자라고 생각하시오.

1B.26 입자 가속기 안의 수소 원자의 속력을 10 $m \cdot s^{-1}$ 이내의 불확정성으로 알 수 있다면 그 수소 원자의 위치 불확정성의 최솟값은 얼마인가?

1B.27 8.00 kg의 볼링공이 5.00 ± 5.0 $m \cdot s^{-1}$의 속력으로 볼링장을 굴러가고 있다. 이 공의 위치 불확정성의 최솟값은 얼마인가?

1B.28 거시적(보통 크기의) 물체에 대해서는 불확정성의 원리의 영향을 무시할 수 있다. 그러나 수–수백 나노미터의 크기를 갖는 나노입자의 성질은 큰 입자들과 다를 수 있다.

(a) 지름 2.00×10^2 nm의 나노입자에 갇혀 있는 전자의 속력의 최소 불확정성을 계산하시오.

(b) 같은 크기의 나노 입자 안에 갇혀 있는 Li^+ 이온의 속력의 최소 불확정성을 계산하시오.

(c) 나노입자 안에 있는 전자와 Li^+ 이온의 속력 중에서 어느 것이 더 정밀하게 규정될 수 있는가?

Topic 1C 파동 함수와 에너지 준위

이 Topic을 왜 배우는가? 양자 역학을 다룰 때는 언제나 파동 함수의 성질과 파동 함수가 지닌 정보를 고려해야 한다.

무엇을 알고 있어야 하는가? 이 Topic은 사인(sin *x*) 함수를 사용한다. 이중성에 대해 잘 알고 있고, 운동량과 파장 사이의 de Broglie 관계식을 알고 있어야 한다(Topic 1B).

입자가 파동의 성질을 가지고 복사선이 입자의 성질을 가진다(Topic 1B)는 파동–입자의 이중성 개념은 한때 혁명적이었다. 전자의 행동은 화학 전반의 기초가 되며, 전자가 이중성을 가진다는 것은 화학에 대한 현대의 설명과 이해를 변화시켰다. 이중성의 결과는 이 책 전반에 걸쳐 볼 수 있다.

1C.1 파동 함수와 해석

고전 역학에서 입자는 각 지점에서 정밀한 경로를 따라 움직이는 '점'과 같이 처리된다. 그러나 전자의 파동성이 관찰되는 것은 전자의 운동을 고전 역학으로 설명할 수 없다는 것을 의미한다. '파동'은 공간을 통해 퍼져나가며 잘 정의된 위치가 없다. 1927년에 오스트리아 과학자 Erwin Schrödinger(그림 1C.1)는 획기적으로 이중성을 고려한 새로운 접근법을 고안하였다. Schrödinger는 입자의 궤적을 위치에 따라 값이 주어지는 수학적 함수인 **파동 함수(wavefunction)**, ψ(그리스 문자 프사이)로 대체하였다. 파동을 sin x를 이용하여 기술하는 것에 익숙할 텐데, 파동 함수는 이러한 함수보다 복잡한 형태이다(곧 알게 되겠지만, sin x 자체도 가능한 파동 함수의 일종이다).

그림 1C.1 Erwin Schrödinger (1887∼1961). (*Public Domain/ Wikimeda Commons*)

보충 설명
양자 역학을 좀 더 공부하면 파동 함수가 $i=\sqrt{-1}$을 포함하는 복소수로도 나타낼 수 있음을 알게 된다. 여기서는 이런 가능성을 무시하고 실수로 다룬다.

독일의 물리학자 Max Born은 파동 함수의 물리적 의미를 제안하였다. **Born 해석(Born interpretation)**에 따르면 어떤 영역에서 입자를 발견할 확률은 ψ^2의 값에 비례한다(그림 1C.2).

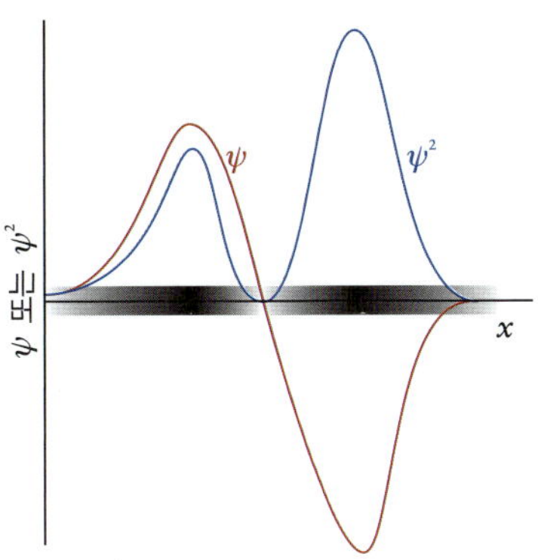

그림 1C.2 파동 함수의 Born 해석. 확률 밀도(파란색 선)는 파동 함수(빨간색 선)의 제곱이고, 선 아래 띠에 확률이 농담의 차이로 표현되어 있다. 마디에서는 확률 밀도가 0임을 유의하자. 마디란 파동 함수가 단순히 0에 접근하는 것이 아니라 0을 지나는 지점을 말한다.

정확히 얘기하면 ψ^2은 **확률 밀도(probability density)**, 즉 어떤 좁은 영역 내에서 입자를 발견할 확률을 해당 영역의 부피로 나눈 것이다. ψ^2이 큰 곳에서는 입자의 확률 밀도가 높고, ψ^2이 작으면 입자의 확률 밀도가 낮다. 주어진 영역 안에서 입자를 발견할 확률을 구하려면 확률 밀도에 영역의 부피를 곱하면 된다.

유의 사항

확률과 **확률 밀도**는 구별되어야 한다. 전자는 0(확실히 존재하지 않음)에서 1(확실히 존재함)까지의 단위가 없는 값을 가지나, 후자는 1/부피의 차원을 가진다.

모든 파동의 높이와 마찬가지로 ψ 값은 양수(중심선 위로 상승) 또는 음수(중심선 아래로 감소)일 수 있다. 이러한 변화는 파동 함수들의 보강 또는 상쇄 간섭을 초래하기 때문에 중요하다. 그러나 모든 함수의 제곱은 결코 음수가 아니기 때문에 공간의 일부 영역에서 ψ가 음수 값을 갖는 것(sin x와 같은 함수처럼)에 대해 걱정할 필요가 없다. ψ의 양수 값이 크거나 음수 값이 큰 곳은 확률 밀도가 높은 곳, 즉 입자가 발견될 가능성이 높은 곳이다. 그러나 $\psi = 0$인 위치, 즉, ψ^2도 0인 경우, 입자의 확률 밀도가 0이므로 해당 위치에서는 입자가 발견되지 않는다. ψ가 0을 통과하는(그냥 0에 도달하는 것이 아님) 위치를 **마디(node)**라고 한다. 파동 함수에 마디가 있는 경우 입자의 확률 밀도는 0이다.

Schrödinger의 위대한 공헌인 **Schrödinger 방정식(Schrödinger equation)**은 원자와 분자 안에 갇힌 전자를 포함하여 임의의 공간 영역에 갇힌 임의의 입자의 파동 함수를 계산하는 데 사용된다. 우리는 이 방정식을 직접 이용하지는 않을 것이지만, 일부 해의 모양은 알아야 한다(해당 해를 찾는 방법까지는 알 필요가 없다). 퍼텐셜 에너지가 $V(x)$인 일차원 영역에서 움직이는 질량 m인 입자의 경우 방정식은 다음과 같다.

$$\overbrace{-\frac{\hbar^2}{2m}\frac{d^2\psi}{dx^2}}^{\text{운동 에너지}} + \overbrace{V(x)\psi}^{\text{퍼텐셜 에너지}} = \overbrace{E\psi}^{\text{전체 에너지}} \tag{1a}$$

$d^2\psi/dx^2$ 항은 파동 함수가 얼마나 급격히 공간적으로 휘는가를 나타내는데, 가파르게 휘는 파동 함수는 운동 에너지가 큰 입자의 특성이다. Schrödinger 방정식의 좌변은 흔히 $H\psi$로 쓰며, H를 계의 **해밀토니안(hamiltonian)**이라고 한다. 해밀토니안은 '연산자(operator)'로 파동 함수 ψ에 대해 다양한 수학적 연산을 수행한다.

$$\overbrace{-\frac{\hbar^2}{2m}\frac{d^2\psi}{dx^2} + V(x)\psi}^{H\psi} = E\psi$$

H를 사용하면 방정식이 아주 간단해진다.

$$H\psi = E\psi \tag{1b}$$

해밀토니안 연산자는 파동 함수에 적용하기 때문에(즉, 파동 함수에 대한 일련의 수학적 연산을 수행), 방정식의 양쪽에서 ψ를 간단히 약분할 수는 없다. 만약 약분한다면 H는 연산을 수행할 대상이 없어진다.

보충 설명

Schrödinger 방정식은 '미분 방정식'인데, 미분 방정식에서는 각 점에서 어떤 함수의 미분(이 경우에서는 ψ의 2차 미분 $d^2\psi/dx^2$)을 그 함수의 값과 연관시킨다. 미분에 관해서는 부록 1F의 내용을 참고하시오.

Schrödinger 방정식으로부터 파동 함수 ψ와 해당 에너지 E를 계산할 수 있다. 이것을 이해하기 위해, 가장 간단한 시스템 중 하나인 질량 m의 입자 한 개가 L만큼 떨어져 있는 두 개의 뚫을 수 없는 벽 사이의 일차원 '상자'에 갇혀 있는 경우를 생각해 보자. 이는 **상자 속 입자(particle-in-a-box)** 모형으로 알려져 있다(그림 1C.3). 이 모형과 물리적으로 유사한 경우는 거리 L만큼 떨어진 두 벽 사이에 있는 단단한 막대를 따라 자유롭게 미끄러지는 구슬이다. 고전 역학에 따르면 입자(구슬)는 벽 사이를 앞뒤로 튕겨 나갈 때 상자 내부의 어느 막대 지점에서나 발견될 확률이 동일하다. 입자(구슬)는 임의의 속도로 움직일 수 있으므로 임의의 운동 에너지를 가질 수 있다. 그러나 양자 역학적 결과는 상당히 다르다.

첫 번째 주목해야 할 점은 입자가 상자 내부에 있어야 하며 벽으로 둘러싸인 영역 외부에 있을 수 없다는 것이다. 이 제한은 파동 함수에 '경계 조건'을 요구한다. **경계 조건(boundary condition)**은 파동 함수가 특정 위치에서 가져야 하는 값을 의미한다. 확률 밀도(즉, 파동 함수)는 한 값에서 다른 값으로 갑자기 변할 수 없고, 매끄럽고 연속적으로 변한다. 이 경우 벽으로 둘러싸인 영역 외부에서는 입자를 찾을 수 없기 때문에 벽 바로 안쪽에서도 파동 함수가 0이어야 한다. 즉, 상자 속 입자에 대한 경계 조건은 상자의 각 끝, $x=0$ 및 $x=L$에서 파동 함수가 0이어야 한다는 것이다.

두 번째로 염두에 두어야 할 점은 입자가 상자의 양쪽 끝에서 진폭이 0인 파동처럼 작용하기 때문에 상자에는 특정 파장의 파동 함수만 존재할 수 있다는 것이다. 두 가지 경계 조건을 만족하는 파동 함수는 그림 1C.3에 표시된 것과 같은 모양을 가져야만 한다. 이와 같이 허용된 파동 함수의 수학적 형태는 다음과 같다.

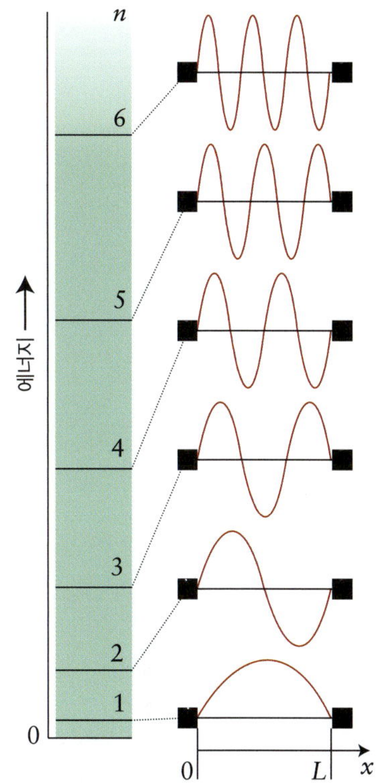

그림 1C.3 '상자 속 입자'. 질량이 m인 입자가 거리 L만큼 떨어져 있는 관통 불가능한 두 벽 사이의 일차원 공간에 갇혀 있다. 처음 여섯 개의 파동 함수와 에너지들을 그려 놓았는데, 왼쪽의 숫자들은 양자수 n의 값들이다.

$$\psi_n(x) = \left(\frac{2}{L}\right)^{1/2} \sin\left(\frac{n\pi x}{L}\right) \quad n = 1, 2, \ldots \tag{2}$$

파동 함수에 정수 n이 표지되어 있는데, 이것을 **양자수(quantum number)**라고 한다. 일반적으로 파동 함수를 표지하는 양자수는 정수(때로는 Topic 1D의 경우처럼 $\frac{1}{2}$과 같은 반정수)로서 파동 함수의 상태를 규정하며, 에너지와 같은 계의 성질을 계산하는 데 사용할 수 있다.

한 지점에서 입자의 확률 밀도는 그 지점에서 파동 함수의 제곱에 비례한다. 파동 함수가 0을 통과하는 곳을 마디라고 부르는데, 마디에서는 입자가 발견되지 않는다. 파동 함수는 입자의 경계 조건을 만족하도록 Schrödinger 방정식을 풀어서 구한다.

1C.2 에너지의 양자화

다음 과제는 Schrödinger 방정식을 사용하여 상자 속 입자의 허용 에너지를 추론하는 것이다. 입자가 상자 안에 머무르면 퍼텐셜 에너지는 0이므로 에너지는 전적으로 운동 에너지이다. 이 경우 de Broglie 관계식을 활용하면 미분 방정식을 풀 필요가 없는 더 간단한 해법을 얻을 수 있다.

어떻게 다루는가?

질량이 m이고, 속력이 v인 입자의 운동 에너지는 $E_k = \frac{1}{2}mv^2$이다. 선운동량이 $p = mv$인 것과 de Broglie 관계식(Topic 1B의 식 4b)를 사용하면 입자의 운동 에너지와 입자의 파장을 관련지을 수 있다.

$$E_k = \frac{1}{2}mv^2 = \frac{(\overbrace{mv}^{p})^2}{2m} = \frac{(\overbrace{p}^{h/\lambda})^2}{2m} = \frac{(h/\lambda)^2}{2m} = \frac{h^2}{2m\lambda^2}$$

상자 속 어디에서든 퍼텐셜 에너지는 0이므로, 전체 에너지 E는 운동 에너지 E_k만으로 주어진다.

여기서, 반파장의 정수배만큼만 상자에 채워질 수 있다는 점에 유의하자(그림 1C.3, 파동은 반 파장짜리 한 중배, 두 중배, 세 중배 등으로 이루어진다). 즉, 길이가 L인 상자에서 입자가 가질 수 있는 파장은 다음의 조건을 만족해야 한다. $\lambda = 1/2L$, L, $2/3L$, ... 다르게 표현하면, 허용되는 파장은

$$\lambda = \frac{2L}{n}, \quad n = 1, 2, \ldots$$

이고, 이것을 에너지 식에 대입하면 다음과 같이 얻어진다.

$$E_n = \frac{h^2}{2m\lambda^2} = \frac{h^2}{2m(2L/n)^2} = \frac{n^2h^2}{8mL^2}$$

에너지가 n 값에 의존한다는 것을 보이기 위해 E에 아래첨자 n을 추가하였다.

상자 속 입자와 같은 어떤 계에 허용된 에너지들을 **에너지 준위**(**energy level**)라고 한다. 길이가 L인 일차원 상자 속에 있는 질량 m인 입자의 에너지 준위는 다음과 같다.

$$E_n = \frac{n^2h^2}{8mL^2} \quad n = 1, 2, \ldots \tag{3}$$

이 방정식의 의미는 무엇인가?

주어진 길이의 상자에 갇혀 있는 입자의 경우, 입자의 질량 m이 에너지 준위의 분모에 들어간다. 이는 가벼운 입자보다 무거운 입자의 에너지 준위가 더 낮고 서로 더 가깝다는 것을 의미한다. 상자의 길이도 분모에 들어간다. 이는 벽이 더 좁아질수록(L이 작아질수록) 에너지 준위가 올라가고 간격이 더 넓어진다는 것을 의미한다. 반대로, 벽이 넓어질수록(L이 커질수록) 준위는 떨어지고 서로 가까워진다(그림 1C.4).

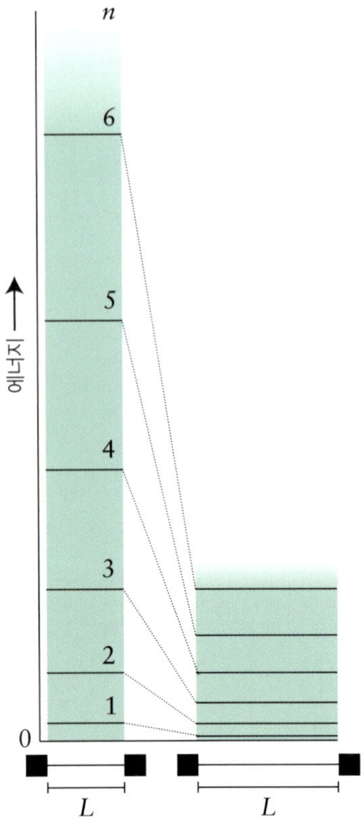

그림 1C.4 상자의 길이 L이 길어지면 (좌우 양쪽의 상자를 비교해 보자) 에너지 준위들이 낮아지고, 간격이 더 좁혀진다.

식 3의 놀라운 의미는 n이 정숫값만 취할 수 있기 때문에 입자의 에너지가 **양자화**(**quantization**)되어 있다는 것, 즉 에너지가 일련의 불연속적인 값들로만 한정된다는 것이다. 이미 언급했듯이 고전 역학에 의하면 물체의 전체 에너지는 어떤 값(높건, 낮건 또는 그 중간이건)이라도 가질 수 있다. 그러나 양자 역학에 따르면 특정 파장만 상자에 들어가고 각 파장은 서로 다른 에너지에 해당하므로 에너지가 양자화된다. 고전 역학과 양자 역학의 에너지 개념의 차이는 거시적 관점의 물과 분자적 관점의 물의 차이와 비슷하다. 양동이에서 물을 부으면 물은 아무리 작더라도 양과 관계없이 부을 수 있는 연속적인 유체처럼 보인다. 그러나 부을 수 있는 물의 최소량은 H_2O 분자 하나, 즉 물의 '양자' 한 개다.

식 3을 유도하면서 보았던 바와 같이 양자화는 파동 함수가 만족해야 하는 경계 조건들에서 유래한다. 비슷한 결과가 원자에도 적용되는데, 전자는 이제 삼차원의 특정 경계 조건을 충족해야 한다. 수소 원자의 전자의 불연속적 에너지 준위가 Topic 1A에 요약된 바와 같이 초기 분광학자들이 관찰했던 현상들을 설명한다는 것을 곧 알게 될 것이다.

식 4를 이용하면 양자수가 n과 $n+1$인 두 인접 준위들 사이의 에너지 간격을 계산할 수 있다.

$$E_{n+1} - E_n = \frac{\overbrace{(n+1)^2h^2}^{n+1\text{ 준위의 에너지}}}{8mL^2} - \frac{\overbrace{n^2h^2}^{n\text{ 준위의 에너지}}}{8mL^2}$$

$$= \{(n+1)^2 - n^2\}\frac{h^2}{8mL^2} = (2n+1)\frac{h^2}{8mL^2} \tag{4}$$

L(상자 길이) 또는 m(입자 질량)이 증가하면 인접한 에너지 준위들 사이의 간격은 감소한다(그림 1C.4). 이것이 바로 수소 원자의 전자처럼 아주 작은 계를 조사하기 전에는 아무도 에너지가 양자화되어 있음을 눈치채지 못했던 이유이다. 일상적인 크기의 용기에 들어 있는 일상적인 입자들에 대해서는 준위들 사이의 간격이 너무 좁아서 전혀 감지할 수 없다. 실제로 보통의 플라스크 속에 들어 있는 기체 원자의 운동에 대해서는 양자화를 무시할 수 있다. 그러나 원자나 심지어는 나노입자와 같이 아주 작은 계에서는 양자화가 중요하다(**화학 이야기 1C.1**).

에너지가 양자화되어 있다는 사실을 깨닫는 것이 수소의 원자 스펙트럼을 이해하는 열쇠이다(Topic 1A). 수소 원자는 삼차원이고 물리적인 벽이 없지만 핵의 인력에 의해 전자가 효과적으로 작은 영역에 갇히게 되므로 에너지가 양자화된다. 이러한 양자화를 염두에 두면, 스펙

화학 이야기 1C.1 나노결정

지름이 1~100 nm이고 일부 반도체 물질로 구성된 나노 크기 입자의 전자는 **양자 가둠**(quantum confined)되었다고 하며, 상자 속 입자처럼 거동한다. 가시광선을 흡수하여 들뜬 전자는 이 입자 안에 갇혀 있다. 전자가 낮은 에너지의 상태로 돌아오면 나노입자의 크기에 따라 달라지는 에너지를 가진 광자가 방출된다. 일차원 상자에 갇힌 전자의 에너지는 상자의 크기가 커질수록 감소한다. 이 모형을 삼차원으로 확장하면 유사한 결과가 나온다. 즉, 큰 나노입자의 전자는 낮은 에너지의 광자를 방출한다.

양자 가둠 현상을 보이는 반도체 물질을 **양자점**(quantum dot) 혹은 **나노결정**(nanocrystal)이라 부르며, 현재 주목을 받는 **나노기술**(nanotechnology)의 근간이 된다. ZnS의 껍질로 코팅된 CdSe의 나노결정을 고분자로 둘러싸고 여러 가지 항체들을 공유결합하면 양자점-항체의 접합체가 된다(첫 번째 그림). 이 접합물질을 세포와 함께 배양하면, 항체가 세포 안의 관심 대상인 단백질이나 거대 분자에 위치한 특정 항원과 강하게 결합한다. 이 접합체의 위치로부터 특정 항원의 세포 속 위치를 정확히 알 수 있다. 방출되는 색은 양자점의 크기에 의존하므로, 여러 가지 항체에 다른 크기의 양자점을 붙여서 여러 가지 세포 성분을 보여 주는 다색 현미경 사진을 얻을 수 있다. 두 번째 그림은 HeLa 세포의 형광 현미경 사진이다. HeLa 세포주는 1951년 Henrietta Lacks에서 연구용으로 배양한 불사의 인간 자궁 경부암 세포에서 얻은 것이다. 이 세포들은 현재의 의학 연구에서 계속 사용되고 있으며, 소아마비 백신을 개발하는 데 중요하게 사용되었다.

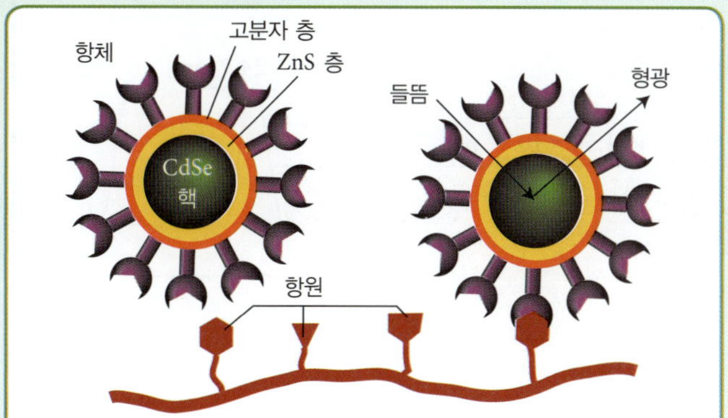

ZnS 껍질과 고분자로 둘러싸인 CdSe 양자점이 항체와 연결되어 있다. 항체는 세포 안의 특정 항원과 결합한다.

추가 문헌

HeLa 세포에 대한 역사와 의학에의 기여, 윤리적 문제는 "Henrietta Lacks's 'Immortal Cells'", Smithonian.com, January 22, 2010, http://www.smithonianmag.com/science-nature/Herietta-Lacks-Immortal-Cells.html을 참조하시오. 양자점에 대해서는 https://www.nanowerk.com/what_are_quantum_dots.php이나 https://www.wired.com/2015/01/primer-quantum-dot을 참조하시오.

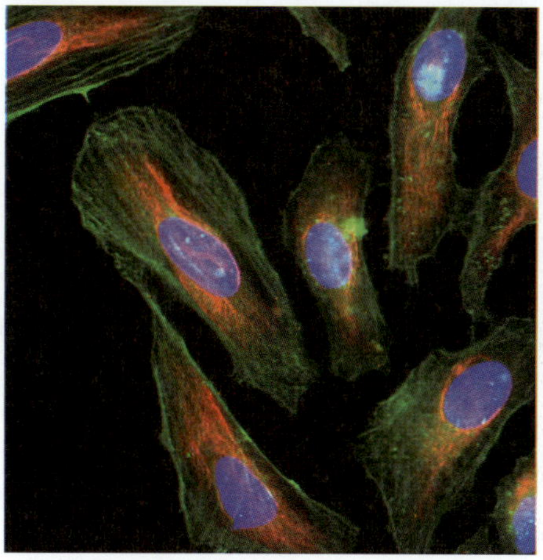

세포핵(자주색)과 세포 골격(노란색과 녹색)을 보여주는 HeLa 세포의 다색 형광 현미경 사진(*GerryShaw/CC BY-SA 3.0/Wikimedia Commons*)

트럼 선은 허용된 에너지 준위 사이의 전자 전이에서 에너지 차이에 해당하는 광자가 방출되는 것으로 묘사될 수 있다. 방출된 광자의 에너지 $h\nu$는 준위 사이의 에너지 차이와 같다.

$$h\nu = E_{\text{높은}} - E_{\text{낮은}} = \Delta E \qquad (5)$$

이 관계식을 **Bohr 진동수 조건(Bohr frequency condition)**이라고 한다. 같은 식으로 광자의 방출과 흡수를 기술한다.

예제 1C.1 상자 속 입자의 에너지 계산

과학자들은 논의가 올바른 방향으로 가고 있는지 확인하기 위해, 자세한 계산 없이 매우 간단한 계산만으로도 특정 성질의 크기를 자릿수까지만 따져본다. 이것을 '봉투 뒤(back of the envelope)' 계산이라고 한다. 수소 원자를 전자가 들어 있는 길이가 150. pm(원자의 대략적인 지름)인 일차원 상자로 취급하여 전자가 두 번째 준위에서 가장 낮은 에너지 준위로 떨어질 때 방출되는 빛의 파장을 추정하시오.

예상 Topic 1A에 의하면 수소 원자의 전이에 따른 파장은 자릿수가 100 nm 정도이므로 비슷한 값을 얻어야 한다.

계획 식 3에 의하면 가장 낮은 준위는 $n=1$이므로, 식 4에 $n=1$과 $m=m_e$(전자의 질량)를 대입한다. 에너지 차는 복사선의 광자로 방출되므로 에너지 차를 $h\nu$와 같게 놓고 ν를 Topic 1A의 식 1($\lambda = c/\nu$)을 이용하여 파장으로 바꾼다. 전자의 질량은 뒤표지 안쪽에서 찾는다.

풀이

식 4에 $n=1$, $2n+1=3$을 대입하면 에너지 차이는,

$$E_2 - E_1 = \frac{3h^2}{8m_eL^2}$$

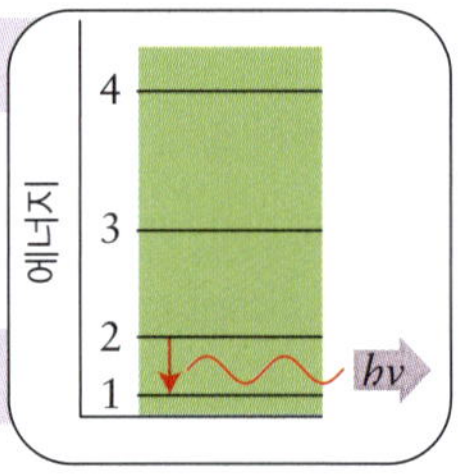

$E_2 - E_1 = h\nu$이므로 방출된 광자의 에너지는

$$h\nu = \frac{3h^2}{8m_eL^2}, \quad \nu = \frac{3h}{8m_eL^2}$$

$\lambda = c/\nu$을 이용하여 파장을 추정하면,

$$\lambda = \frac{c}{3h/8m_eL^2} = \frac{8m_ecL^2}{3h}$$

$\Delta x = \hbar/2m\Delta v$로부터

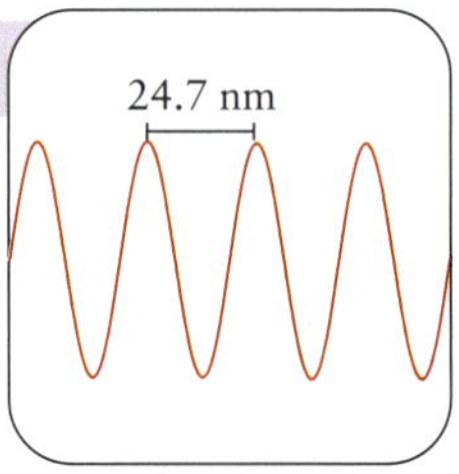

$$\lambda = \frac{8 \times \overbrace{(9.109\times10^{-31}\ \text{kg})}^{m_e} \times \overbrace{(2.998\times10^{8}\ \text{m·s}^{-1})}^{c} \times \overbrace{(1.50\times10^{-10}\ \text{m})^2}^{L=150\ \text{pm}}}{3\times\underbrace{(6.626\times10^{-34})\ \underbrace{\text{J}}_{\text{kg·m}^2\text{·s}^{-2}}\ \text{·s})}_{h}}$$

$$= 2.47\times10^{-8}\ \text{m (또는 24.7 nm)}$$

유의 사항

다시 한번, 복잡한 여러 단위를 어떻게 다루는지 유의해야 한다. 답에 해당하는 정확한 단위가 나오면 식을 제대로 구성했다는 증거이다. 가능한 한 끝까지 수식으로 처리하다가 마지막 단계에서 수치를 대입하는 것이 좋다.

평가 이렇게 구한 파장은 24.7 nm로 수소 원자에 대한 실험값 122 nm(Topic 1A)보다 짧다. 이렇게 간단한 추정이 실험값과 자릿수가 거의 같은 결과를 주는 것으로 보아, Topic 1A의 스펙트럼 선들은 원자의 허용된 에너지 준위들 사이의 전이에 의한 것으로 보인다. 삼차원의 원자는 Topic 1D에서 다루는데, 관찰 결과와 아주 잘 맞는다.

자습 1C.1A 헬륨에 대해서도 같은 모형을 적용하여 동일한 전이의 파장을 추정하시오. 다만 헬륨은 더 작으므로 상자의 길이는 100. pm로 가정하시오.

[**답**: 11.0 nm]

자습 1C.1B 수소에 대해 같은 모형을 적용하여 $n=3$인 에너지 준위에서 $n=2$ 준위로의 전이에 대한 파장을 추정하시오.

관련 연습 문제 1C.1, 1C.2

식 3이 가지는 또 하나의 놀랄 만한 의미는 **용기 속 입자의 에너지가 0이 될 수 없다**는 것이다. n의 최솟값이 1이므로(반 파장이 상자에 꼭 들어맞는 파동 함수에 해당) 최소 에너지는 $E_1=h^2/8mL^2$이다. 이 최소 에너지를 **영점 에너지(zero-point energy)**라고 한다. 양자 역학에 따르면 영점 에너지가 있다는 것은 두 벽 사이에 갇혀 있는 입자는 완벽히 정지할 수 없다는 뜻이다. 즉, 입자는 항상 최소한 $h^2/8mL^2$만큼의 에너지(이 경우에는 운동 에너지)를 가져야 한다. 이는 불확정성 원리에 부합된다. 입자가 두 벽 사이에 갇혀 있으면 위치의 불확정성이 두 벽 사이의 거리보다 클 수는 없다. 즉, 입자의 위치가 완전히 불확정적이지는 않기 때문에 선운동량도 불확정적이어야 하고, 따라서 입자가 완전히 정지하고 있을 수 없으므로 입자는 운동 에너지를 가져야 한다. 영점 에너지는 순전히 양자 역학적 현상으로 거시계에서는 아주 작다. 예를 들어, 당구대 위의 당구공은 영점 에너지가 약 10^{-67} J로, 이는 완전히 무시된다.

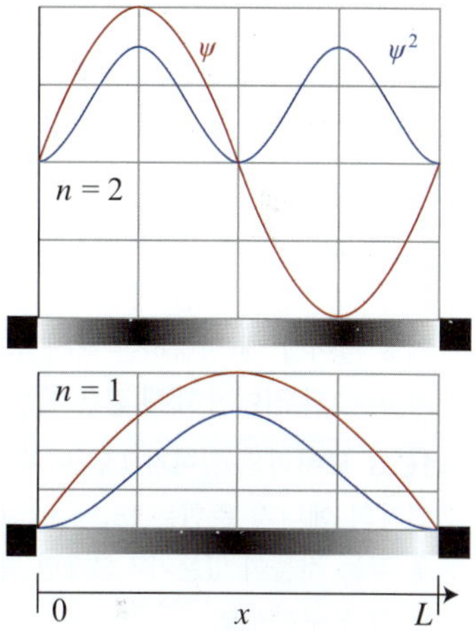

그림 1C.5 상자 속 입자에 대한 가장 낮은 두 에너지 파동 함수(ψ, 빨간색)와 그에 해당하는 확률 밀도(ψ^2, 파란색). 확률 밀도는 각 파동 함수 밑에 띠의 명암 차이로도 나타내었다.

생각해 보기

상자 속 입자에 대해 $n=0$이 유효한 해가 아닌 이유는 무엇인가? 파동 함수에 대한 Born 해석을 바탕으로 설명해 보시오.

끝으로 상자 속 입자의 파동 함수들의 모양도 흥미로운 정보를 제공한다. 가장 낮은 두 에너지를 갖는 $n=1$ 및 $n=2$에 해당하는 파동 함수를 보자. **그림 1C.5**는 명암을 달리함으로써 입자를 발견할 확률(보다 정확히는 확률 밀도)을 보여 주고 있다. 입자가 파동 함수 $\psi_1(E_1=h^2/8mL^2)$으로 기술될 때 입자는 상자의 가운데에서 발견될 확률이 가장 크다. 반면에 입자가 파동 함수 $\psi_2(E_2=h^2/2mL^2)$로 기술될 때는 입자가 상자의 중앙과 벽들 사이의 영역에서 발견될 확률이 가장 크고, 상자의 중앙에서는 발견되지 않을 것이다. 파동 함수 자체는 직접적인 물리적 의미가 없음에 유의해야 한다. 입자를 발견할 확률로 해석하려면 먼저 ψ를 제곱해야 한다. 앞으로 더 보게 되겠지만, 전자와 같은 양자 역학적 입자의 가장 가능성 있는 위치는 양자 상태에 따라 달라진다.

상자 속 입자에 대한 Schrödinger 방정식을 적절한 경계 조건을 만족시키도록 해를 구하면, 입자는 불연속적인 에너지만을 가지게 된다.

이 Topic에서 배운 것은 무엇인가?

입자의 위치는 파동 함수로부터 알 수 있다는 것을 배웠다. 파동 함수의 제곱은 입자가 공간의 한 영역에서 발견될 확률(확률 밀도)을 나타낸다. 또한 파동 함수는 Schrödinger 방정식을 풀어서 구할 수 있으며, 파동 함수가 주어진 영역의 공간 안에 들어가야만 한다는 것은, 공간 안의 입자가 특정한 불연속의 에너지 준위에 속하는 에너지만 가질 수 있다는 것을 의미한다는 것도 알게 되었다.

개념과 식의 적용

☐ 상자 속 입자의 파동 함수의 근거와 모양을 설명한다.
☐ 상자 속 입자의 에너지를 계산하고(예제 1C.1), 상자의 길이와 입자의 질량에 어떻게 의존하는지 설명한다.
☐ 영점 에너지와 그 근거를 설명한다.

Topic 1C 연습 문제

표시가 있는 연습 문제는 미적분을 사용해야 한다.

1C.1 (a) 수소 원자를 길이가 150. pm인 일차원 상자의 원자에 전자가 갇혀 있는 모형을 사용하여 전자가 $n=5$인 준위에서 $n=4$인 준위로 떨어질 때 방출하는 복사선의 파장을 예측하시오. (b) $n=4$에서 $n=3$의 전이에 대해 같은 계산을 반복하시오.

1C.2 (a) 헬륨 원자를 길이가 150. pm인 일차원 상자의 원자에 전자가 갇혀 있는 모형을 사용하여 전자가 $n=4$인 준위에서 $n=1$인 준위로 떨어질 때 방출하는 복사선의 파장을 예측하시오. (b) $n=4$에서 $n=2$의 전이에 대해 같은 계산을 반복하시오.

1C.3 모서리의 길이가 L인 이차원 정사각형 상자 내의 질량이 m인 입자의 에너지 준위는 $(n_1^2+n_2^2)h^2/8mL^2$이다. 이 준위 중 같은 값을 갖는 것들이 있는가? 있다면 처음 세 경우에 대해 양자수 n_1과 n_2의 값을 구하시오.

1C.4 연습 문제 1C.3을 참조하시오. 상자의 한 모서리의 길이가 다른 모서리의 길이의 두 배($L_2=2L_1$) 이면 에너지 준위는 $(n_1^2/L_1^2+n_2^2/L_2^2)\times h^2/8m$이다. 이 준위 중 같은 값을 갖는 것들이 있는가? 있다면 가장 에너지가 낮은 경우에 대해 양자수 n_1과 n_2의 값을 구하시오.

1C.5 일차원 상자에 있는 전자를 $n=1$ 에너지 준위에서 $n=3$ 에너지 준위로 들뜨게 하려면 파장 7655 nm의 전자기 복사선이 필요하다. 상자의 길이는 얼마인가?

1C.6 10 nm 길이의 일차원 상자에 있는 전자를 바닥 상태의 $n=1$ 에너지 준위에서 $n=4$ 에너지 준위로 들뜨게 하는 데 필요한 전자기 복사선의 파장은 얼마인가?

1C.7 (Achieve 활용 문제로 생략함)

1C.8 (Achieve 활용 문제로 생략함)

1C.9 일차원 상자 속 입자의 파동 함수는 식 2와 같다. 상자의 왼쪽 절반에서 입자를 발견할 확률은 n 값과 관계없이 $\frac{1}{2}$임을 보이시오.

1C.10 일차원 상자 속 입자의 파동 함수는 식 2와 같다. 상자의 왼쪽 1/3에서 입자를 발견할 확률은 n 값과 관계있는가? 그렇다면 확률을 계산하시오. **힌트:** $\sin^2 ax$의 부정 적분은 $\frac{1}{2}x-(1/4a)\sin(2ax)$ + 상수.

Topic 1D 수소 원자

이 Topic을 왜 배우는가? 수소 원자는 가장 간단한 원자이며, 모든 원자의 구조를 설명할 때 사용된다. 따라서 많은 화학적 설명의 중심이 된다.

무엇을 알고 있어야 하는가? 수소 원자 스펙트럼의 특징을 알고 있어야 한다(Topic 1A). 또한 양자 역학의 파동 함수 및 에너지 준위의 개념에 대해 알고 있어야 한다(Topic 1C).

Topic 1A에서는 수수께끼들이 나왔다. 첫 번째 수수께끼는 수소 원자 스펙트럼의 진동수가 Rydberg가 제안한 식으로 요약된다는 것이다.

$$\nu = \mathcal{R}\left\{\frac{1}{n_1^2} - \frac{1}{n_2^2}\right\} \qquad n_1 = 1, 2, \ldots, \qquad n_2 = n_1 + 1, n_1 + 2, \ldots \tag{1}$$

두 번째 수수께끼는 Rydberg 상수 값, $\mathcal{R} = 3.29 \times 10^{15}$ Hz이다. 왜 그런 식이 성립하고, $\mathcal{R}$이 왜 그런 값을 가지고 있는가? 단서는 예제 1C.1에 있는데, 수소 원자의 간단한 모형은 들뜬 전자가 더 높은 에너지 준위에서 더 낮은 에너지 준위로 떨어질 때 방출되는 복사선 파장의 크기에 대해 올바른 자릿수를 제공한다. 이러한 대략적인 일치는 수소 원자의 스펙트럼 선이 원자의 허용된 에너지 준위 사이의 전이에 기인하고 에너지의 차이는 에너지 $h\nu$의 광자로 변한다는 것을 암시한다.

이 Topic에서는 수소 원자의 양자 역학적 모형이 전자가 파동의 특성을 갖고 있고, 파동 함수로 설명되며, 에너지 준위를 양자화한다는 것을 공부한다. 모형의 검증은 식 1과 $\mathcal{R}$의 값이 원자의 허용 에너지 준위와 일치하는지에 달려 있다.

1D.1 에너지 준위

원자의 전자는 원자에 갇혀 있다는 점에서 상자 속 입자와 유사하지만, 상자의 벽이 아닌 핵의 인력에 의해 갇혀 있다. 따라서 전자의 파동 함수도 일차원 상자의 벽 사이에 파동을 맞춰 넣을 때 생겼던 경계 조건들처럼 어떤 경계 조건들을 만족시켜야 하리라고 예상할 수 있다. 상자 속 입자에서 보았듯이 이런 제약들이 있으면 에너지가 양자화되고, 불연속 에너지 준위들이 존재하게 된다.

생각해 보기
상자 속 입자의 상태는 하나의 양자수로 정의된다. 수소 원자 내 전자의 파동 함수를 기술하기 위해서는 몇 개의 양자수가 필요하겠는가?

수소 원자 내 전자의 파동 함수와 에너지 준위들을 구하려면 적절한 Schrödinger 방정식을 풀어야 한다. 삼차원에서 움직임을 허용하는 방정식을 만들어야 한다. 또한, 기초 지식 A에서 다루었듯이, 음전하 $-e$의 전자와 양전하 $+e$의 핵이 거리 r만큼 떨어져 있을 때의 Coulomb 퍼텐셜 에너지를 고려해야 한다.

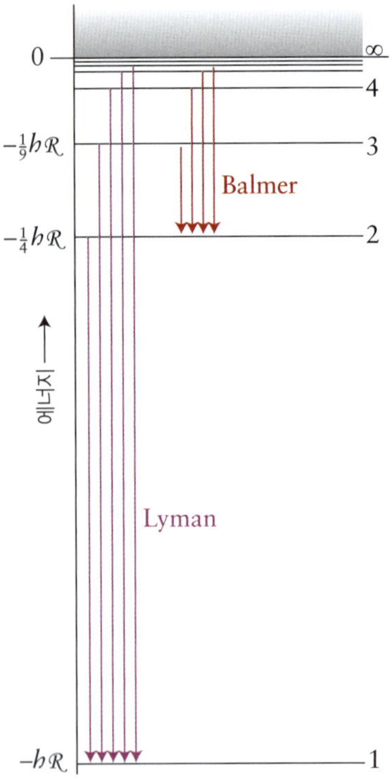

그림 1D.1 식 3a로 계산한 수소 원자 내 전자의 에너지 준위. 모든 에너지는 0으로 설정된 정지된 자유 전자의 에너지를 기준으로 측정되므로 음수이다. 수소의 Balmer 및 Lyman 계열의 분광선의 기원도 표시되어 있다. 오른쪽의 숫자는 처음 4개의 주요 양자수(및 무한대)이다.

$$V(r) = \frac{\overbrace{(-e)}^{\text{전자의 전하}} \times \overbrace{(+e)}^{\text{양성자의 전하}}}{4\pi\varepsilon_0 \underbrace{r}_{\text{양성자로부터 전자의 거리}}} = -\frac{e^2}{4\pi\varepsilon_0 r} \qquad (2)$$

ε_0는 기본 상수인 **전기 상수**(electric constant)로 뒤표지 안쪽에 값이 나와 있다. 이 퍼텐셜 에너지를 가진 입자에 대한 Schrödinger 방정식은 Schrödinger 자신이 풀었다. 그는 수소 원자의 전자에 허용된 에너지 준위들이

$$E_n = -\frac{h\mathcal{R}}{n^2} \qquad \mathcal{R} = \frac{m_e e^4}{8h^3\varepsilon_0^2} \qquad n = 1,\ 2,\ \ldots \qquad (3a)$$

임을 알아내었다. h는 Planck 상수, m_e는 전자의 질량이다. 여러 n 값에 따라 이 식으로 예측된 허용 에너지 준위들이 **그림 1D.1**에 도시되어 있다.

이 방정식의 의미는 무엇인가?

먼저, 모든 에너지는 음수이다. 즉, 전자가 핵에서 무한히 떨어져 있을 때보다 원자 안에 있을 때 에너지가 더 낮다는 것으로, 원자에서 전자를 제거하려면 에너지가 필요하다. 다음으로, 상자 속 입자의 경우와 마찬가지로 n은 양자수라는 점에 유의하라. n이 정숫값만 가질 수 있다는 것은 에너지가 불연속적인 값만 가진다는 것이다. 그리고 n이 분모에 있으므로 n이 커질수록 에너지는 증가하고(덜 음의 값이 되어), 전자가 원자에서 탈출하는 경우인 0에 가까워진다.

일단 Schrödinger가 식 3a를 유도한 후에는, 원자가 에너지 ΔE만큼 다른 준위 사이를 전이할 때 그 차이는 진동수 ν, 에너지 $h\nu = \Delta E$의 광자가 가져간다는 Bohr 진동수 조건을 쉽게 사용할 수 있었다. 수소 원자의 경우 전자가 양자수 n_2 준위에서 양자수 n_1 준위로 떨어지면 식 3a에 따라 다음을 구할 수 있다.

$$h\nu = \Delta E = \overbrace{\left(-\frac{h\mathcal{R}}{n_2^2}\right)}^{\text{처음(높은) 에너지}} - \overbrace{\left(-\frac{h\mathcal{R}}{n_1^2}\right)}^{\text{나중(낮은) 에너지}} = h\mathcal{R}\left\{\frac{1}{n_1^2} - \frac{1}{n_2^2}\right\} \quad n_1 = 1, 2, \ldots, \quad n_2 = n_1 + 1, n_1 + 2, \ldots$$

양변에서 h를 상쇄하면, 이 식은 식 1과 같아진다. 이제 예를 들어 Balmer 계열이 $n_1 = 3,\ 4,\ 5,\ \ldots$인 준위에서 $n_1 = 2$의 준위로 전이되는 경우라는 것을 알 수 있다(그림 1D.1). 마찬가지로, 다른 계열은 각각 같은 준위로 내려오는 전이의 경우이다(예를 들어, Lyman 계열은 모두 $n_1 = 1$ 준위로 내려옴). 더욱이, 식 3a는 Rydberg 상수 $\mathcal{R}$이 여러 기본 상수와 어떻게 연관되는지 보여 준다. 기본 상수들의 값을 대입하면 실험 값과 동일한 $\mathcal{R} = 3.29 \times 10^{15}$ Hz임을 알 수 있다. 이렇게 꼭 맞는 것은 Schrödinger의 이론과 양자 역학이 이룬 성과로, 그가 얼마나 감격했을지 쉽게 짐작이 간다.

Schrödinger는 식 3a를 다른 일전자 이온들, 예컨대 He^+ 및 심지어 C^{5+}에 대해서도 핵 전하를 바꿔서 일반화하였다. 그는 핵전하가 Ze인 원자 번호 Z인 핵의 경우, 에너지 준위는 다음과 같다는 것을 발견하였다.

$$E_n = -\frac{Z^2 h\mathcal{R}}{n^2} \quad n = 1,\ 2,\ \ldots \qquad (3b)$$

Z가 식 3b의 분자에 들어가므로 핵의 전하가 커질수록 전자의 에너지가 더 낮아져서(더 음의 값) 전자가 핵에 더 단단히 붙들려 있게 된다는 것에 유의하자. 식 3b는 일전자 이온에만 적용

된다. 다전자 원자와 이온은 Topic 1E에서 다룬다.

정수 $n=1, 2, \ldots$를 **주양자수(principal quantum number)**라고 한다(곧 다른 양자수도 필요하다는 것을 알게 될 것이다). 수소 원자에서 전자의 가능한 가장 낮은 에너지는, 즉 가장 큰 음수인 경우는, $n=1$일 때, $E_1=-h\mathcal{R}$이다. 이 가장 낮은 에너지 상태를 원자의 **바닥 상태(ground state)**라고 한다. 바닥 상태에 있는 전자가 광자를 흡수하거나 다른 입자와 충돌하여 들뜨게 되면 큰 값의 n을 가지는 높은 에너지 준위로 올라간다. 충돌이 매우 강한 경우 n은 $E_n=0$에 해당하는 무한대에 도달할 수 있다. 이 경우, 전자는 원자에서 사실상 떨어져 나가는데, 이 과정을 **이온화(ionization)**라고 한다. **이온화 에너지(ionization energy)**는 바닥 상태의 원자를 이온화하는 데 필요한 최소 에너지이며, 수소 원자의 경우 $h\mathcal{R}$이다. 수소 원자의 이온화 에너지 값은 2.18×10^{-17} J(또는 13.6 eV)이다. 이온화 에너지보다 많은 에너지를 주면 나머지는 단순히 떨어져 나간 전자의 운동 에너지에 더해진다.

수소 원자의 에너지 준위들은 주양자수($n=1, 2, \ldots$)로 결정되며, 그림 1D.1에 나타낸 바와 같이 수렴하는 사다리를 이룬다. 스펙트럼 선들은 준위들 사이의 전이에서 기인한다.

1D.2 원자 오비탈

원자 내 전자들의 파동 함수들을 **원자 오비탈(atomic orbital)**이라고 하는데, 이 명칭은 핵 주위를 도는 전자의 '궤도(orbit)'보다는 덜 확정적이면서, 전자의 파동성도 감안하기 위하여 선택한 것이다. 파동 함수의 제곱이 각 점에서 전자의 확률 밀도라는 것을 잊어서도 안 된다. 수소 원자의 확률 밀도를 이해하기 위하여 핵에 중심을 둔 구름을 상상해 보자. 각 점에서 구름의 밀도가 그곳에서 전자를 발견할 확률을 나타낸다. 구름이 가장 짙은 곳이 바로 전자를 발견할 확률이 가장 큰 곳이다.

원자 오비탈의 모양을 기술하려면, 핵 주위의 각 지점의 위치를 나타내는 법을 써서 각 지점에서의 파동 함수 값을 표시하면 된다. 원자는 구형이므로, 각 점을 세 좌표, r, θ, ϕ로 표시하는 **구형 극좌표계(spherical polar coordinate)**가 가장 편리하다.

- r은 **반지름**(radius)으로, 핵으로부터의 거리이다.
- θ(세타)는 **여위도**(colatitude)로, 양의 z축('북극')으로부터의 각도인데 지리학적 '위도' 역할을 하는 것으로 간주할 수 있다.
- ϕ(파이)는 **방위각**(azimuth)으로, z축 주위로의 각도인데 지리학적 '경도'에 해당한다.

그림 1D.2가 이 좌표들을 보여준다.

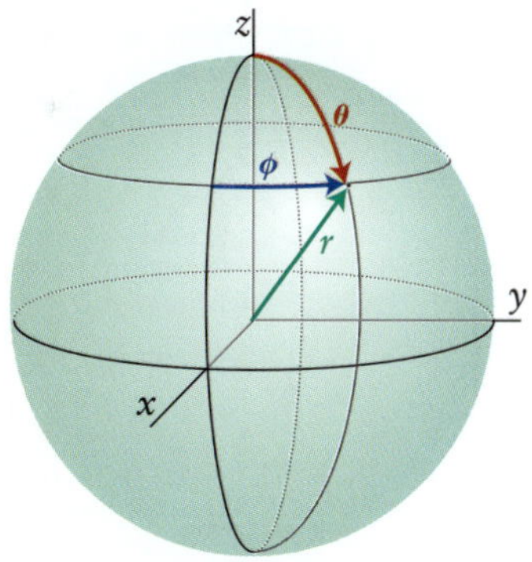

그림 1D.2 구형 극좌표. r은 반지름, θ는 z축으로부터의 각도인 여위도, 그리고 ϕ는 방위각으로, x축으로부터의 각도이다.

보충 설명
지리적 위도는 극에서부터가 아니라 적도에서부터 측정한다.

각 파동 함수는 지점에 따라 그 값이 변하며, $\psi(r, \theta, \phi)$로 쓸 수 있다. 그런데 모든 파동 함수들은 r에만 의존하는 함수와 각도 θ와 ϕ에만 의존하는 함수의 곱으로 쓸 수 있음이 알려졌다. 즉,

$$\psi(r,\theta,\phi) = \overbrace{R(r)}^{\text{방사 방향 파동 함수}} \times \overbrace{Y(\theta,\phi)}^{\text{각 파동 함수}} \quad (4)$$

함수 $R(r)$을 **방사 방향 파동 함수(radial wavefunction)**라고 하는데, 핵으로부터의 거리에 따른

파동 함수의 변화를 나타낸다. $Y(\theta, \phi)$는 **각 파동 함수(angular wavefunction)**라고 하며, 각도 θ와 ϕ에 따른 변화를 나타낸다. 화학자들은 흔히 전자가 어떤 오비탈에 '있다'고 하는데, 이는 전자의 분포가 그 원자 오비탈의 파동 함수로 주어진다는 것을 간략하게 말하는 것이다.

여러 원자 오비탈들을 표 1D.1a(R) 및 표 1D.1b(Y)에 실어 놓았다. 얼핏 보기에 파동 함수의 상세한 식은 끔찍스러워 보이지만, 자세히 외울 필요는 없으며, 복잡하지 않은 것도 있다. 예를 들어, 바닥 상태($n=1$) 수소 원자의 파동 함수는 다음과 같다.

$$\psi(r,\theta,\phi)=\left(\frac{1}{\pi a_0{}^3}\right)^{1/2} \mathrm{e}^{-r/a_0}$$

여기서 a_0는 **Bohr 반지름(Bohr radius)**이라 하며, 값은 52.9 pm이다. 이 파동 함수는 **구대칭(spherically symmetric)**으로, 주어진 반지름에 대해 각도 θ와 ϕ에 상관없이 모든 방향에서

표 1D.1 수소꼴 파동 함수(원자 오비탈)*, $\psi = RY$

(a) 방사방향 파동 함수

n	l	$R_{nl}(r)$ †
1	0	$2\left(\frac{Z}{a_0}\right)^{3/2} \mathrm{e}^{-Zr/a_0}$
2	0	$\frac{1}{2\sqrt{2}}\left(\frac{Z}{a_0}\right)^{3/2}\left(2-\frac{Zr}{a_0}\right)\mathrm{e}^{-Zr/2a_0}$
2	1	$\frac{1}{2\sqrt{6}}\left(\frac{Z}{a_0}\right)^{3/2}\left(\frac{Zr}{a_0}\right)\mathrm{e}^{-Zr/2a_0}$
3	0	$\frac{2}{9\sqrt{3}}\left(\frac{Z}{a_0}\right)^{3/2}\left(3-\frac{2Zr}{a_0}+\frac{2Z^2r^2}{9a_0{}^2}\right)\mathrm{e}^{-Zr/3a_0}$
3	1	$\frac{4}{9\sqrt{6}}\left(\frac{Z}{a_0}\right)^{3/2}\left(\frac{Zr}{3a_0}\right)\left(2-\frac{Zr}{3a_0}\right)\mathrm{e}^{-Zr/3a_0}$
3	2	$\frac{4}{81\sqrt{30}}\left(\frac{Z}{a_0}\right)^{3/2}\left(\frac{Zr}{a_0}\right)^2 \mathrm{e}^{-Zr/3a_0}$

(b) 각파동 함수

l	"m_l"‡	$Y_{lm_l}(\theta,\phi)$
0	0	$\left(\frac{1}{4\pi}\right)^{1/2}$
1	x	$\left(\frac{3}{4\pi}\right)^{1/2}\sin\theta\cos\phi$
1	y	$\left(\frac{3}{4\pi}\right)^{1/2}\sin\theta\cos\phi$
1	z	$\left(\frac{3}{4\pi}\right)^{1/2}\cos\theta$
2	xy	$\left(\frac{15}{16\pi}\right)^{1/2}\sin^2\theta\sin 2\phi$
2	yz	$\left(\frac{15}{4\pi}\right)^{1/2}\cos\theta\sin\theta\sin\phi$
2	zx	$\left(\frac{15}{4\pi}\right)^{1/2}\cos\theta\sin\theta\cos\phi$
2	x^2-y^2	$\left(\frac{15}{16\pi}\right)^{1/2}\sin^2\theta\cos 2\phi$
2	z^2	$\left(\frac{5}{16\pi}\right)^{1/2}\left(3\cos^2\theta-1\right)$

* 예를 들어, 수소($Z=1$)의 $2\mathrm{p}_x$−오비탈($n=2$, $l=1$, "m_l"$=x$)은

$$\psi(r,\theta,\phi)=R_{2,1}(r)Y_{1,x}(\theta,\phi)=\frac{1}{2\sqrt{6}}\left(\frac{1}{a_0}\right)^{3/2}\frac{r}{a_0}\mathrm{e}^{-r/2a_0}\times\left(\frac{3}{4\pi}\right)^{1/2}\sin\theta\cos\phi$$
$$=\frac{1}{(32\pi a_0{}^5)^{1/2}}r\mathrm{e}^{-r/2a_0}\sin\theta\cos\phi$$

이며 $1/(32\pi a_0{}^5)^{1/2}=4.9\times10^{-6}\ \mathrm{pm}^{-5/2}$이다.

† 각 경우, $a_0=4\pi\varepsilon_0\hbar^2/m_e e^2$이며 값은 거의 52.9 pm이다. 수소는 $Z=1$.

‡ $m_l=0$인 경우를 제외한 오비탈들은 x, y 등으로 표지하였다. 이는 크기는 같지만 부호가 반대인 m_l(+1과 −1처럼)의 오비탈들을 더하거나 빼서(선형 조합해서) 만든 것들이다.

같은 값을 가진다. 이 파동 함수는 r이 증가함에 따라 지수 함수적으로 0에 접근하며, 이는 핵 근처($r = 0$에서 $e^0 = 1$)에서 전자 밀도가 가장 높은 것을 의미한다. 상자 속 입자와 달리, 원자에는 제한하는 딱딱한 벽이 없고 핵의 인력은 거리에 따라 약해진다.

> **보충 설명**
> Bohr 반지름은 1913년에 Bohr가 제안했던, 가장 낮은 에너지를 가진 수소 원자에 대한 Bohr 모형에서 유래한다. 이 모형에서는 전자가 핵 주위의 반지름이 a_0인 원 궤도에서 움직이는 것으로 간주되었다.

원자 내 전자의 분포는 원자 오비탈이라 부르는 파동 함수로 주어진다.

1D.3 양자수, 껍질, 부껍질

삼차원의 원자에 대해 Schrödinger 방정식을 풀면, 파동 함수는 세 개의 양자수가 필요하게 된다. 세 양자수는 n, l, m_l로 나타낸다.

- n은 오비탈의 크기와 에너지와 관련되어 있다.
- l은 모양과 관련되어 있다.
- m_l은 공간상의 배향과 관련되어 있다.

주양자수 n은 이미 일전자 원자의 오비탈의 에너지를 규정하는 식 3에 나왔었다. 수소 원자와 같은 일전자 원자에서 n 값이 같은 오비탈들은 모두 에너지가 같은데, 이들은 원자의 같은 **껍질(shell)**에 속한다고 한다. 이 이름은 확률 밀도의 값이 가장 큰 영역이 마치 n이 커짐에 따라 반지름이 커지는 속이 빈 공 껍데기 모양이라는 사실에서 유래한다.

오비탈을 규정하는 두 번째 양자수는 l로 **오비탈 각운동량 양자수(orbital angular momentum quantum number)**라고 한다. 이 양자수는

$$l = 0, 1, 2, \ldots, n-1$$

과 같은 값들을 가질 수 있다. 즉, $n = 3$이면 l은 0, 1, 2 중 한 값을 가질 수 있다. 따라서 주양자수가 n인 껍질의 오비탈들은 l 값에 따라 **부껍질(subshell)**이라고 하는 군들로 나누어진다. $n = 1$ 준위에는 부껍질이 한 개($l = 0$)뿐이지만, $n = 2$ 준위에는 두 개($l = 0$, 1), $n = 3$ 준위에는 세 개($l = 0$, 1, 2) 등이 된다. $l = 0$인 오비탈들은 **s-오비탈(s-orbital)**이라 하고, $l = 1$인 것들은 **p-오비탈(p-orbital)**, $l = 2$인 것들은 **d-오비탈(d-orbital)**, $l = 3$인 것들은 **f-오비탈(f-orbital)**이라고 한다.

l 값	0	1	2	3
오비탈 종류	s	p	d	f

더 높은 l 값들도 가능하지만 (g-, h-, ... 오비탈) 화학자들에게 실질적으로 필요한 것은 l이 작은 것(0, 1, 2, 3)들이다.

> **보충 설명**
> 오비탈 종류의 명칭은 예전에 분광학 선들을 sharp, principal, diffuse, fundamental로 분류했기 때문이다.

n 값으로 전자의 에너지를 계산할 수 있듯이, l의 값으로 다른 물리적 성질을 계산할 수 있

다. l은 그 이름이 의미하듯 전자의 **오비탈 각운동량(orbital angular momentum)**, 즉 (고전 역학의 개념으로) 전자가 핵 주위를 도는 회전 속력의 척도를 결정해 준다.

$$\text{오비탈 각운동량} = \sqrt{l(l+1)}\ \overbrace{\hbar}^{h/2\pi} \tag{5}$$

$l=0$인 s-오비탈의 전자('s-전자')는 오비탈 각운동량이 0이다. 이것은 s-전자는 핵 주위를 돌고 있는 것이 아니라 단순히 핵 주위에 고르게 분포되어 있는 것으로 생각해야 한다는 뜻이다. p-오비탈($l=1$)의 전자는 오비탈 각운동량이 0이 아니므로(크기 $\sqrt{2}\hbar$), 이 전자는, s-전자와는 달리 핵 주위를 돌고 있다고 생각할 수 있다. d-오비탈($l=2$)의 전자는 오비탈 각운동량이 더 크고($\sqrt{6}\hbar$), f-오비탈($l=3$)의 전자는 오비탈 각운동량이 더욱더 크다($\sqrt{12}\hbar$).

수소 원자의 주요한 특징 한 가지는 특정 껍질(즉, 같은 n 값)의 오비탈은 오비탈 각운동량의 값에 관계없이 에너지가 다 같다는 것이다. 식 3의 수소 원자 에너지 식에 l이 들어가지 않는다. 수소 원자의 같은 껍질에 속하는 오비탈들은 **축퇴(degenerate)**되었다고 얘기하는데, 이것은 에너지가 모두 같다는 뜻이다. 이렇게 n 값은 같지만 l이 다른 오비탈들의 축퇴 현상은 수소 원자 및 일전자 이온들(예를 들어, He^+, C^{5+})에서만 성립한다.

오비탈을 규정하는 데 필요한 세 번째 양자수는 m_l로 **자기 양자수(magnetic quantum number)**라고 하며, 같은 부껍질에 속하는 여러 오비탈을 구분해 준다. 이 양자수는

$$m_l = l,\ l-1,\ \ldots,\ -l$$

와 같은 양과 음의 정숫값을 가진다. 예를 들어, $l=1$이면, $m_l=+1,\ 0,\ -1$이다. 따라서 한 껍질 내에는 p-오비탈이 세 개 있다. 다전자 원자에서도 같은 l 값의 부껍질에 속하는 오비탈들은 축퇴되어 있다. 따라서 한 부껍질에 속한 3개의 p-오비탈은 수소 원자뿐 아니라 다른 원자에서도 축퇴되어 있다.

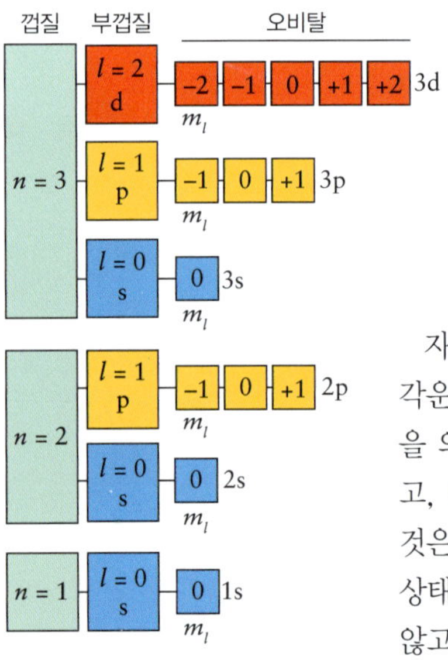

그림 1D.3 원자 내의 껍질, 부껍질, 오비탈들의 배열 및 해당 양자수들의 요약.

유의 사항

자기 양자수는 양과 음의 값을 모두 가질 수 있으므로, m_l의 값이 양이면 항상 + 부호를 붙인다. 즉 $m_l=1$이라고 쓰지 않고 $m_l=+1$이라고 쓴다.

생각해 보기

양자수 n에는 몇 개의 부껍질이 있는가?

자기 양자수는 전자의 궤도 운동의 방향을 알려준다. 구체적으로 임의의 축 방향의 오비탈 각운동량은 $m_l\hbar$와 같고, 오비탈 각운동량의 나머지(총량은 $\{l(l+1)\}^{1/2}\hbar$)는 다른 축들 방향임을 의미한다. 예를 들어, $m_l=+1$이면 그 임의의 축 주위의 전자의 오비탈 각운동량은 $+\hbar$이고, 반면에 $m_l=-1$이면 같은 축 주위의 전자의 오비탈 각운동량은 $-\hbar$이다. 부호가 반대인 것은 단지 운동의 방향이 반대라는 뜻이다. 즉, 한 상태에 있는 전자는 시계 방향으로, 다른 상태에 있는 전자는 반시계 방향으로 돈다는 것이다. $m_l=0$이면 전자는 해당 축 주위로 돌지 않고 그 축 주위에 균등하게 분포되어 있다. 껍질과 부껍질은 그림 1D.3과 같이 정리된다.

원자 오비탈은 양자수 n, l, m_l로 나타낼 수 있으며, 껍질과 부껍질로 이루어져 있다.

1D.4 오비탈의 모양

양자수 세 개의 가능한 조합마다 한 개의 오비탈이 규정된다. 이것은 마치 파동 함수로 주어지는 확률 분포에 '살고 있는' 전자의 '주소'와 같다. 예를 들어, 수소 원자의 바닥 상태에 있는

전자는 $n = 1$, $l = 0$, $m_l = 0$으로 규정된다. $l = 0$이기 때문에 바닥 상태 파동 함수는 s-오비탈이고, 1s로 나타낸다. 각 껍질에는 s-오비탈이 한 개씩 있고, 양자수가 n인 껍질의 s-오비탈은 **ns-오비탈**(***n*s-orbital**)이라고 한다. n 값이 커짐에 따라 2s, 3s 등으로 나타낸다.

모든 s-오비탈들은 각도 θ 및 ϕ와 무관하므로, 구대칭(spherically symmetrical)이다(그림 1D.4). 전자가 1s-오비탈에 있을 때 점 (r, θ, ϕ)에서 전자를 발견할 확률 밀도는 해당 파동 함수(앞에서 다루었다)를 제곱하여 다음과 같이 구할 수 있다.

$$\psi^2(r,\theta,\phi) = \frac{1}{\pi a_0^{\ 3}} e^{-2r/a_0} \qquad \textbf{(6)}$$

원론적으로, r의 값이 아무리 커져도 확률 밀도를 나타내는 전자 구름은 정확히 0이 되지는 않는다. 따라서 원자 하나가 지구보다 더 크다고 생각할 수도 있다! 그러나 핵으로부터 약 250 pm 이상 떨어진 곳에서 전자를 발견할 확률은 사실상 없으므로 실질적으로 원자들은 아주 작다. 그림 1D.4에서 보듯이 핵 자체에서의 전자 구름의 밀도가 크다는 사실에서 s-오비탈의 전자는 핵에서 발견될 확률이 0이 아님을 알 수 있다. $l = 0$이기 때문에 전자가 핵으로부터 튀어나갈 오비탈 각운동량도 없다.

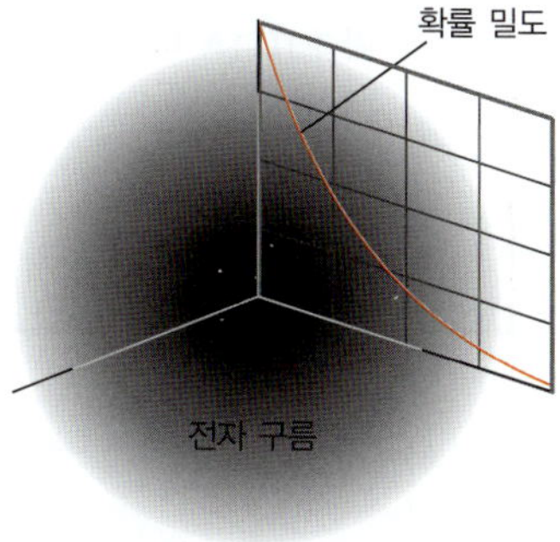

그림 1D.4 수소의 1s-오비탈 전자에 해당하는 삼차원 전자 구름. 농담의 차가 전자를 발견할 확률을 나타낸다. 겹쳐 놓은 그래프는 핵으로부터 방사 방향으로 거리가 멀어짐에 따라 확률 밀도가 어떻게 변화하는지 보여 준다.

생각해 보기

He^+의 $1s^-$오비탈은 H와 어떻게 다른가?

예제 1D.1 특정 위치에서 전자를 발견할 확률 계산

분광학의 한 종류인 핵자기 공명은 MRI(자기 공명 영상)라는 의료 영상 기술의 기초이다. 영상 해석의 일부분은 수소 핵 주변의 전자 밀도를 아는 것에 달려 있다. 수소 원자의 1s-오비탈에 있는 전자를 생각해 보자. 전자를 핵에서 a_0만큼 떨어진 작은 영역에서 발견할 확률과 전자를 바로 핵에서 같은 부피의 영역에서 발견할 확률을 비교해 보시오.

예상 파동 함수는 핵에서 멀어짐에 따라 지수 함수적으로 감소하므로 확률은 낮을 것이다.

계획 두 영역에서의 확률 밀도를 비교하기 위해 두 지점에서 파동 함수의 제곱의 비를 계산한다. $l = 0$일 때 확률 밀도는 각도에 무관하므로, 파동 함수를 복잡하게 $\psi(r,\theta,\phi)$로 쓰지 않고 간단히 $\psi(r)$로 쓴다.

풀이

핵과 $r = a_0$일 때의 전자 발견 확률의 비는 다음과 같다.

$$\frac{r = a_0\text{에서의 확률 밀도}}{r = 0\text{에서의 확률 밀도}} = \frac{\psi^2(a_0)}{\psi^2(0)}$$

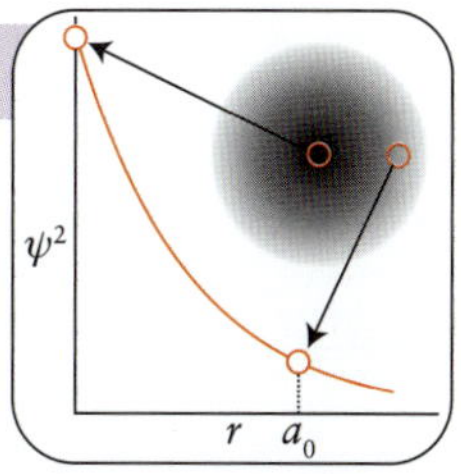

$\psi^2(r) = (1/\pi a_0^{\ 3})e^{-2r/a_0}$이므로, $(1/\pi a_0^{\ 3})$은 상쇄되고 다음과 같이 구해진다.

$$\frac{\psi^2(a_0)}{\psi^2(0)} = \frac{\overbrace{e^{-2a_0/a_0}}^{e^{-2}}}{\underbrace{e^0}_{1}} = e^{-2} = 0.14$$

평가 예상한 대로 핵에서 a_0만큼 떨어진 곳의 작은 영역에서 전자를 발견할 확률은 핵에서 같은 부피의 작은 영역에서 발견할 확률보다 작다. 핵에서 발견될 확률의 14%에 지나지 않는다.

자습 1D.1A 더 먼 곳 $r = 2a_0$, 즉 핵에서 두 배 더 떨어진 곳에서 같은 비율을 계산하시오.

[답: 0.018]

자습 1D.1B 핵에서 $3a_0$ 되는 지점에서 같은 비율을 계산하시오.

관련 연습 문제 1D.3, 1D.4

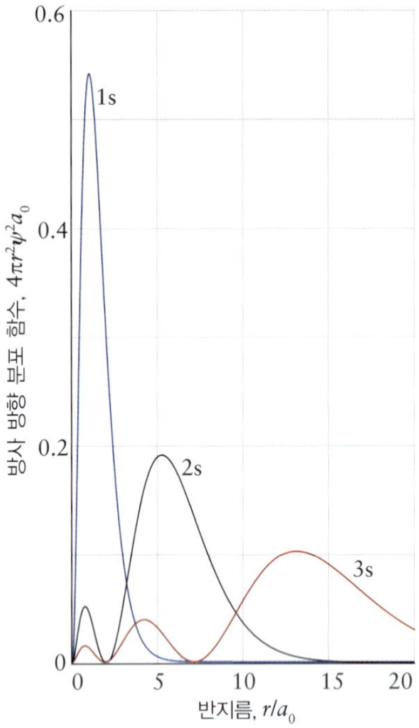

그림 1D.5 방사 방향 분포 함수는 특정 거리의 모든 방향에서 전자를 발견할 확률 밀도이다. 그래프는 수소의 1s, 2s, 3s-오비탈에 대한 방사 방향 분포 함수를 나타낸다. n이 커질수록 가장 확률이 큰 거리(최댓값에 해당)도 멀어짐에 유의하자.

ψ^2의 값은 핵에서 r만큼 떨어진 주어진 지점에서 전자를 발견할 확률을 예측하게 해 준다. 그러나 우리가 알고 싶은 것은 거리 r의 모든 방향에서 전자를 발견할 전체 확률이라고 하자. 이 확률을 계산하기 위해서는 **방사 방향 분포 함수(radial distribution function)**, $P(r)$을 사용한다. 구체적으로는, 전자가 반지름이 r이고, 두께가 δr인 얇은 껍질 내에서 발견될 확률은 $P(r)\delta r$(그림 1D.5)로 주어지는데, P는 다음과 같다.

$$P(r) = r^2R^2(r) \tag{7a}$$

s-오비탈에 대해서는 $\psi = RY = R/2\pi^{1/2}$이므로, $R^2 = 4\pi\psi^2$이다. 따라서

$$P(r) = 4\pi r^2\psi^2(r) \tag{7b}$$

식 7a는 모든 오비탈에 적용되는 반면에 식 7b는 s-오비탈에만 적용된다.

방사 방향 분포 함수와 파동 함수 및 그 제곱, 즉 확률 밀도를 잘 구별하는 것이 중요하다.

- 파동 함수는 전자를 특정 위치 $(r,\ \theta,\ \phi)$ 주변의 작은 부피 δV 안에서 발견할 확률 $\psi^2(r,\ \theta,\ \phi)\delta V$를 알려 준다.
- 방사 방향 분포 함수는 거리 r에서 $r + \delta r$까지의 구형 껍질 안에서 전자를 발견할 확률 $P(r)\delta r$을 알려 준다.

예를 들어, 지구의 인구에 대한 방사 방향 분포 함수는 지구 중심으로부터 약 6400 km까지는 0이다가 급격히 증가한 후 다시 거의 (산에서 살거나 비행 중인 사람들을 감안할 때) 0으로 떨어진다.

핵에서는 s-오비탈뿐만 아니라 모든 오비탈에 대해 P가 0임에 유의해야 하는데, 이는 전자를 찾아보려고 하는 껍질 자체의 크기가 0으로 줄어들기 때문이다. (s-오비탈에 대한 확률 밀도 자체는 핵에서 0이 아니지만, 방사 방향 분포에서는 $r = 0$인 핵에서 0이 되어 버리는 부피 $4\pi r^2\delta r$을 곱한다.) r이 커질수록 $4\pi r^2$의 값은 증가하지만(껍질의 크기가 커짐), 1s-오비탈의 경우, 파동 함수의 제곱 $\psi^2(r)$이 0으로 수렴한다. 따라서 $4\pi r^2$과 ψ^2의 곱은 0에서 시작하여 최댓값을 지나 다시 0으로 감소한다. P의 값은 a_0, 즉 Bohr 반지름에서 최대이다. 그러므로 Bohr 반지름은 1s-오비탈의 전자가 발견될 확률이 가장 큰 반지름에 해당한다.

생각해 보기

He^+ 전자의 방사 방향 분포 함수는 H의 경우와 어떻게 다를까?

화학자들은 s-오비탈을 구름으로 그리는 대신, 구름의 대부분을 내포하는 **경계면(boundary surface)**을 그린다. 그러나 경계면은 그리기는 쉬워도 원자를 가장 잘 표현하지는 못한다. 즉, 원자는 그 가장자리가 퍼져 있지 경계면이 암시하듯 매끈하지 않다. 이러한 단점에도 불구하고 경계면이 유용한 것은 전자가 오비탈의 경계면 안에서 주로 발견되기 때문이다. 경계면 안

에서 확률 밀도가 균일하지 않다는 것을 잊지 말아야 한다. s-오비탈은 전자 구름이 공 모양이기 때문에 공 모양의 경계면을 가진다(그림 1D.6). 더 높은 에너지를 가진 s-오비탈들은 지름이 더 큰 구형 경계면을 가지며, 거리에 따른 변화와 내부에 마디가 있는 등 더 복잡한데 파동 함수를 조사해 보면 알 수 있다(그림 1D.7).

오비탈의 경계면은 파동 함수의 부호가 반대인 로브(lobe, 귓불) 두 개를 가지고 있으며(그림 1D.8), 두 영역에서 파동 함수의 부호가 다른 것을 +와 − 부호로 표시한다. 한 예로, 앞에서 다룬 $2p_z$-오비탈은 cos θ에 비례하는데, 원자의 '극'에서 '극'을 따라 θ가 0에서 π까지 증가할 때, cos θ는 +1($\theta = 0$, '북극')에서 시작하여 0($\theta = \pi/2$, '적도')을 거쳐 −1($\theta = \pi$, '남극')이 된다. 즉, 그림 1D.8의 경계면처럼 한 반구는 양수이고, 나머지 반구는 음수가 된다. p-오비탈의 부호가 반대인 두 로브는 **마디 평면(nodal plane)**이라고 하는 평면에 의해 분리되어 있다. 마디 평면은 핵을 지나며, 마디 평면에서는 파동 함수 $\psi = 0$이다. 파동 함수는 이 마디 평면을 지날 때 부호가 바뀐다. 각 파동 함수가 0을 지나기 때문에, 마디 평면을 **각 마디(angular node)**라고도 한다. 핵에서는 p-오비탈의 파동 함수가 0이므로 **p-전자(p-electron**, p-오비탈의 전자)는 핵에서 발견되지 않는다. 이렇게 p-오비탈이 s-오비탈과 다른 양상을 보이는 것은 근본적으로 p-오비탈의 전자는 오비탈 각운동량이 0이 아니어서 핵으로부터 멀어지려 하기 때문이다.

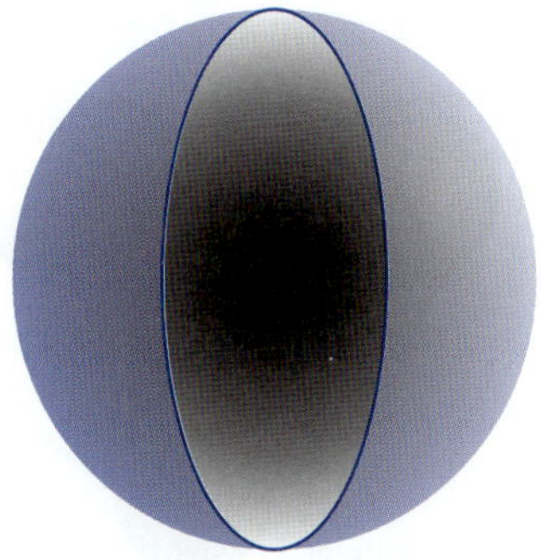

그림 1D.6 1s-오비탈. 원자 오비탈을 그리는 가장 단순한 방법은 경계면(푸른 구의 외면)으로 나타내는 것이다. 경계면은 그 안에서 전자를 발견할 확률이 높은(보통 90%) 영역을 나타낸다. s-오비탈은 식별을 돕기 위해 파란색을 써서 나타내기로 한다.

생각해 보기

2p-오비탈에 방사형 마디가 있겠는가? **힌트**: 마디의 정의를 잘 생각해 보시오.

$l = 1$인 부껍질에는 세 개의 p-오비탈들이 있는데, 이들은 각각 자기 양자수 $m_l = +1, 0, -1$에 해당한다. 그러나 화학자들은 일반적으로 이 오비탈들을 선형 조합하여 로브들이 축 방향으로 위치한 p_x-, p_y-, p_z-오비탈을 사용한다(그림 1D.9). p_z-오비탈은 $m_l = 0$인 오비탈이다. p_x-와 p_y-오비탈은 $m_l = \pm 1$인 파동들을 조합하여 만든 '정류파(standing wave)'이다.

$l = 2$인 부껍질에는 다섯 개의 d-오비탈이 있다. 각 d-오비탈은, 모양이 더 복잡한 d_{z^2}으로

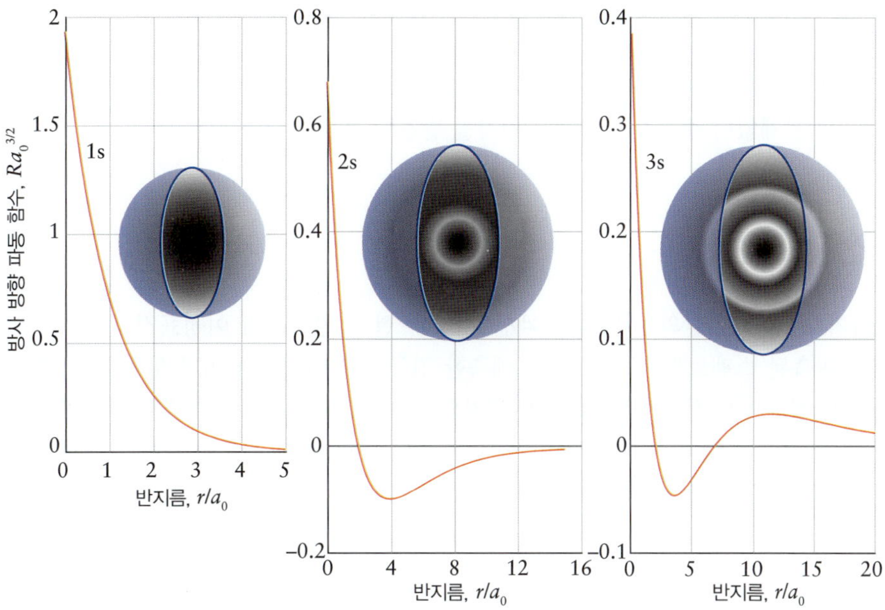

그림 1D.7 수소 원자의 처음 세 s-오비탈의 방사 방향 파동 함수. n이 커짐에 따라 방사 방향 마디의 수($n-1$)는 핵과 전자 사이의 평균 거리와 마찬가지로 증가함을 유의하자(그림 1D.5와 비교).

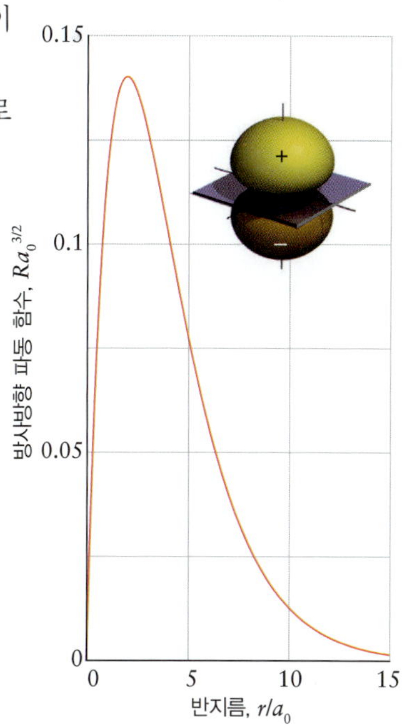

그림 1D.8 z-축(수직) 방향 2p-오비탈의 경계면과 방사 방향 거리에 따른 변화. 모든 p-오비탈은 마디 평면 한 개를 포함하여 같은 모양의 경계면을 가진다. 파동 함수는 경계면 양쪽에서 부호(색의 농담으로 표시)가 다름에 유의하자.

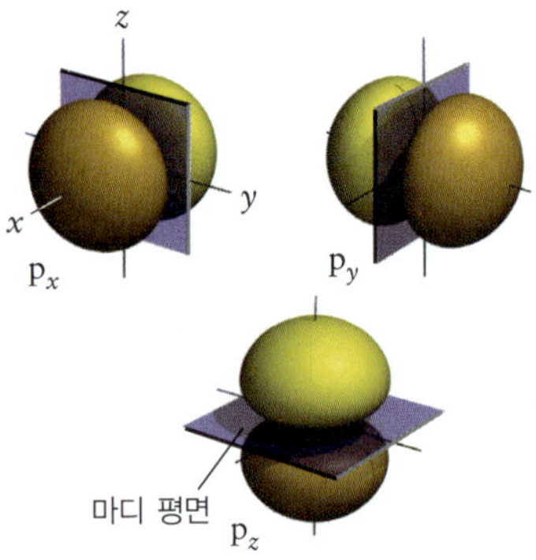

그림 1D.9 한 껍질에는 세 개의 p-오비탈이 직교축 방향으로 놓여 있다. p-오비탈들은 노란색으로, 파동 함수의 서로 다른 부호는 농담의 차이로 나타내었다.

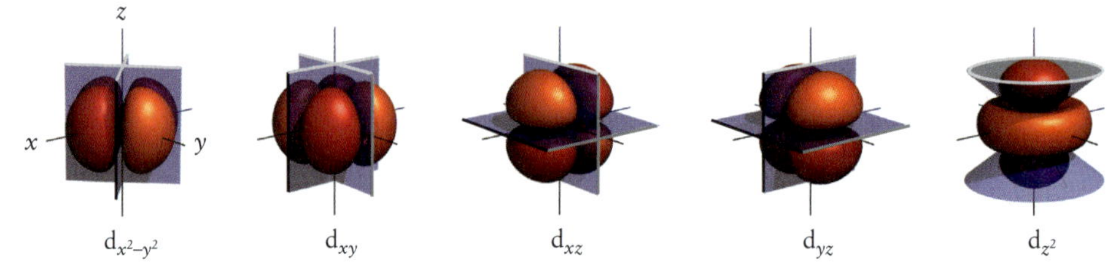

그림 1D.10 d-오비탈의 경계면은 s- 또는 p-오비탈의 경계면보다 더 복잡하다. 동일한 에너지를 갖는 d-오비탈들은 다섯 개인데, 이들 중 네 개는 각각 로브를 네 개씩 가지고 있고, 나머지 한 개는 형태가 조금 다르다. d-오비탈은 오렌지색으로 나타내고, 색의 농담으로 파동 함수의 부호를 표시한다. 푸른 면은 마디 평면이다.

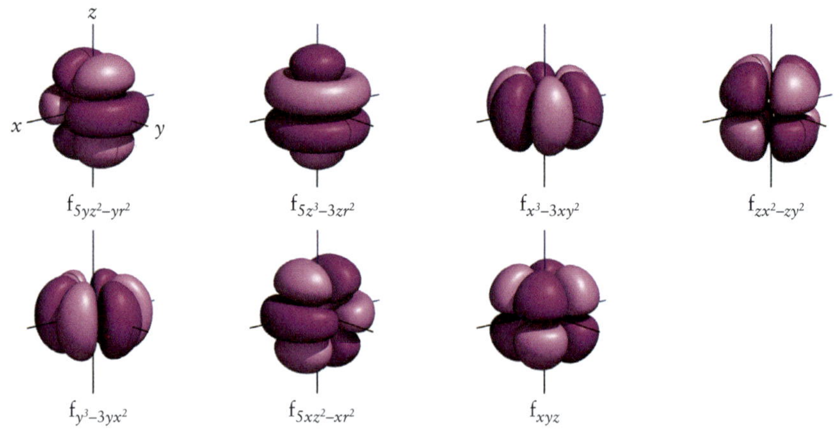

그림 1D.11 한 껍질에 속하는 $l=3$인 f-오비탈 일곱 개의 모양은 아주 복잡하다. 이 책에서는 이것들의 자세한 형태를 더 이상 사용하지 않을 것이다. 그러나 이 오비탈들의 존재는 주기율표, 란타넘족과 악티늄족의 존재 및 그 뒤쪽 d-구역 원소들의 성질 등을 이해하는 데 중요하다. 색의 농담은 파동 함수의 부호를 나타낸다.

표시한 오비탈을 제외하고는 모두 네 개의 로브들을 가지고 있다(그림 1D.10). $l=3$인 부껍질은 훨씬 더 복잡한 모양을 가진 일곱 개의 f-오비탈들로 이루어져 있다(그림 1D.11).

Topic 1C에서 다루었듯이(그림 1C.3과 연습 문제 1C.7), 상자 속 입자의 n 값이 증가하면 파동 함수 마디의 숫자도 증가한다. 각 파동 함수는 $n-1$개의 마디가 있다.* 원자 오비탈도 마찬가지로 $n-1$개의 마디가 있다. 차이점은 마디에 두 가지 종류가 있다는 것이다. 양자수가 n, l인 오비탈에는 l개의 마디 평면(각 마디)과 $n-l-1$개의 방사 방향 마디가 있다.

원자 오비탈의 모양은 양자수에 따라 달라지며 경계면으로 표시할 수 있다. 방사 방향 분포 함수는 방위와 관계없이 주어진 반경에서 전자를 발견할 확률을 나타낸다.

1D.5 전자 스핀

Schrödinger가 수소 오비탈의 에너지를 계산한 것은 현대 원자론의 이정표적인 업적이었다. 그렇지만 관측된 스펙트럼 선들은 그가 예측한 진동수와 미세한 차이가 있었다. 1925년 (Schrödinger가 계산하기 전이지만, Bohr가 원자의 초기 모형은 이미 개발했었다) 네덜란드 태생의 미국 과학자들인 Samuel Goudsmit와 George Uhlenbeck가 관측된 차이에 대한 설명을 제안하였다. 그들은 전자들은 회전하는 공처럼(마치 자체의 축을 중심으로 자전하는 행성같이) 행동한다고 제안하였다. 이 성질을 **스핀(spin)**이라고 한다. Schrödinger의 이론으로는 스핀을 설명할 수 없었지만, 1928년 영국의 물리학자 Paul Dirac이 Einstein의 상대성 이론과 Schrödinger의 접근법을 결합하는 방법을 찾아내자 자연스럽게 설명되었다.

양자 역학에 따르면 전자는 두 가지 스핀 상태를 가지는데, 이들을 화살표 ↑(up) 및 ↓

(down), 또는 그리스 문자 α(알파) 및 β(베타)로 나타낸다. 우리는 전자가 어떤 속도로 반시계 방향으로 돌거나(↑ 상태) 또는 같은 속도로 시계 방향으로 도는 것으로(↓ 상태) 생각할 수 있다. 이 두 스핀 상태를 나타내는 데는 네 번째 양자수인 **스핀 자기 양자수(spin magnetic quantum number,** m_s)를 사용하며, 전자의 경우 이 양자수는 두 가지 값만을 가질 수 있다: ↑ 전자의 +1/2, ↓ 전자의 −1/2(그림 1D.12). 화학 이야기 1D.1에 전자 스핀의 이런 성질들을 확인한 실험이 소개되어 있다.

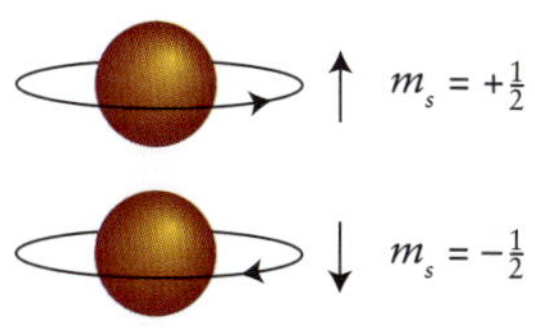

그림 1D.12 전자의 두 스핀 상태들은 전자를 관통하는 축 주위로 전자가 시계 방향 또는 반시계 방향으로 자전하는 것으로 나타낼 수 있다. 두 상태는 양자수 m_s로 구분하며, 오른쪽에 그려 놓은 화살표와 같이 나타낸다.

전자는 스핀 성질을 지니며, 스핀은 양자수 m_s를 사용하여 나타낸다. $m_s = \pm\frac{1}{2}$

화학 이야기 1D.1 전자가 스핀을 가지고 있음을 어떻게 알까?

전자 스핀은 1922년 두 명의 독일 과학자 Otto Stern과 Walter Gerlach에 의해 실험적으로 처음 발견되었다. 그들의 실험(그림 참조)에서 Stern과 Gerlach는 용기에서 공기를 모두 제거하고 수직 방향으로 매우 불균일한 자기장을 걸었다. 그런 다음, 자석 사이로 은 원자의 좁은 흐름(원자살)을 수집기를 향해 쏘았다. 처음에는 넓게 퍼진 원자들이 수집기에서 관찰되었다. 하지만 원자살 속에서 원자들이 충돌하고, 자기장에 의해 한 방향으로 끌려가도 다른 원자와 충돌해 엉뚱한 방향으로 튈 수도 있으므로 넓은 띠의 원인이 불확실했다. 훨씬 희박한 원자살을 사용하여 원자끼리의 충돌을 줄여서 이 문제를 극복하였다. 이미지가 나타날 때까지 기다리자 수수께끼 같은 일이 발생했다. 판에는 두 개의 흐릿한 원자 띠가 수집되었는데, 직선으로 날아가다가 하나는 위로 올라갔고 다른 하나는 아래로 내려갔다.

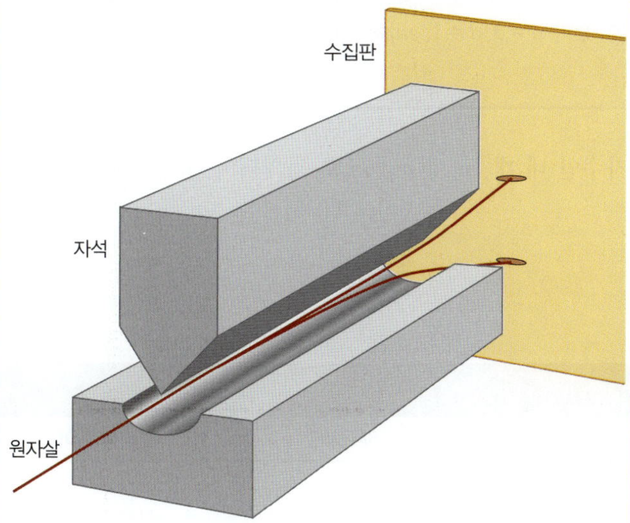

Stern과 Gerlach가 사용한 장치의 개략도. 이 실험에서 은 원자들의 흐름은 불균일한 자기장을 만드는 자석의 두 극 사이를 지나면서 두 줄로 갈라진다. 한쪽 줄의 원자들은 ↑ 홀전자를, 다른 쪽 줄 원자들은 ↓ 홀전자를 가진다.

그들은 다음과 같은 설명을 제안하였다. 은 원자의 전자들은 각각 시계 방향이나 반시계 방향으로 회전할 수 있다고 가정했다. 회전하는 하전 입자는 작은 막대자석처럼 행동하므로 각 전자는 자기장에서 두 방향 중 하나로 정렬된 막대자석과 같았다. 은 원자에는 홀수 개의 전자(47개)가 있으므로, 46개의 전자가 쌍이 되어 방향성이 상쇄되고, 하나의 전자만 자석의 자기장과 상호 작용할 것으로 추정했다. 이 모형에 따르면, 원자는 무거운 덩치에 올라타서 회전하는 홀전자처럼 행동한다. 회전하는 전자의 막대자석은 자기장을 통과하면서 두 방향 중 하나로 밀려나서 관찰한 것과 같은 두 개의 띠를 만든다.

이 해석은 은 원자에 적용되었지만, 전자가 스핀을 가지며 두 방향 중 하나로 회전할 수 있다는 것을 확인하는 다른 많은 증거가 있다. 예를 들어, Schrödinger 방정식은 수소 원자의 에너지가 단일 전자의 스핀 상태와 무관하다고 결론짓지만, 이는 사실이 아니다. 분광학 실험은 식 3a의 에너지와 작은 편차를 보여준다. 이는 전자 스핀의 존재를 고려하여 설명할 수 있다. 실제로 전자 스핀의 존재를 기반으로 하는 주요 실험 기법인 **전자 상자기성 공명**(electron paramagnetic resonance, EPR)이 있다. 더욱이, Focus 2에서 다루겠지만, 화학 결합의 존재와 그에 따른 물질의 구조에 대한 설명은 전자 스핀의 특성에 근거한다. 스핀에 대한 든든한 이론적 기반도 있다. 1928년 Dirac이 처음으로 달성한 것처럼, 상대성 이론이 양자 역학과 결합할 때 스핀의 존재가 방정식에서 나타나기 때문이다.

추가 문헌

"Stern and Gerlach: How a Bad Cigar Helped Reorient Atomic Physics", Physics Today, December 2003, p. 53. Online at: https://physicstoday.scitation.org/doi/10.1063/1.1650229.

1D.6 수소의 전자 구조: 요약

수소 원자에 있는 전자의 상태는 전자가 차지하는 오비탈의 양자수(n, l, m_l)와 스핀을 나타내는 양자수(m_s)를 이용하여 완벽하게 규정된다(표 1D.2). 바닥 상태에 있는 전자는 에너지가 가장 낮은 $n=1$, $l=0$, $m_l=0$, $m_s=\pm\frac{1}{2}$(이 경우, 스핀의 방향은 에너지에 영향을 주지 않으므로 어느 값이든 상관없다) 상태에 있다. 이 상태에 있는 전자를 스핀 상태와 함께 '1s-전자'라고 표기한다.

원자가 충분한 에너지를 얻어서(예를 들어, 복사선 광자를 흡수하여) 전자가 $n=2$인 껍질에 도달하면 이 껍질의 오비탈 네 개 중 어느 것이든지 점유할 수 있다. 이 껍질에는 2s-오비탈 한 개와 2p-오비탈 세 개가 있는데, 수소에서는 이것들의 에너지가 모두 같다. 전자가 이 파동 함수 중 어느 하나로 기술될 때 우리는 그 전자가 2s-오비탈 또는 2p-오비탈 중의 하나를 '**점유한다(occupy)**'라고 하거나, 그 전자를 '2s-전자 또는 2p-전자'라고 한다. 전자가 $n=2$인 껍질의 오비탈 중 어느 것을 점유하더라도 전자와 핵 사이의 평균 거리는 $n=1$인 경우보다 더 멀다. 따라서 원자의 에너지가 들뜨면 원자가 부풀어 오르는 것으로 생각할 수 있다. 모든 오비탈에서 전자는 두 스핀 상태 중 어느 것이나 가질 수 있으며, 대부분의 경우 미세한 에너지 차이는 무시할 수 있다.

원자가 더 많은 에너지를 얻으면 전자는 $n=3$인 껍질로 들어가며 원자도 더 커진다. 이 껍질에서 전자는 아홉 개의 오비탈(3s-오비탈 한 개, 3p-오비탈 세 개, 3d-오비탈 다섯 개) 중 하나를 점유할 수 있으며, 두 스핀 상태 중 하나를 취할 수 있다. 에너지가 추가되면 전자는 핵에서 더 멀어져 $n=4$인 껍질로 이동하며, 이 껍질에는 16개의 오비탈(4s-오비탈 한 개, 4p-오비탈 세 개, 4d-오비탈 다섯 개, 4f-오비탈 일곱 개; 그림 1D.13)이 있다. 에너지가 더 많이 주어지면, 결국에는 핵의 인력을 뿌리치고 원자에서 분리된다.

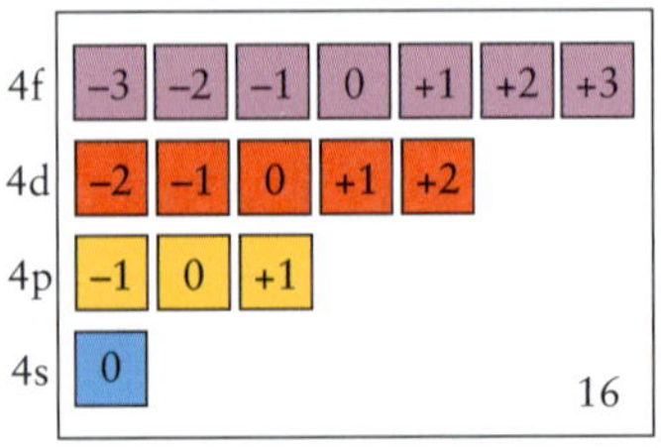

그림 1D.13 $n=4$인 껍질에는 오비탈이 16개 있다: 1개의 s-오비탈, 3개의 p-오비탈, 5개의 d-오비탈, 7개의 f-오비탈.

> **자습 1D.2A** 수소 원자의 전자가 세 양자수가 $n=4$, $l=2$, $m_l=-1$인 상태에 있다. 이 전자가 점유하는 오비탈은 무엇인가?
>
> [답: 4d]
>
> **자습 1D.2B** 수소 원자의 전자가 세 양자수가 $n=3$, $l=1$, $m_l=-1$인 상태에 있다. 이 전자가 점유하는 오비탈은 무엇인가?

수소 원자 내 전자의 상태는 양자수인 네 개, n, l, m_l, m_s로 정의되며, n이 커질수록 원자의 크기도 커진다.

표 1D.2 원자 내 전자들의 양자수

이름	기호	값	해당사항	물리적 의미
주양자수	n	1, 2, …	껍질	크기
오비탈 각운동량 양자수*	l	0, 1, … , $n-1$	부껍질 l = 0, 1, 2, 3, … s, p, d, f, …	모양
자기 양자수	m_l	$l, l-1, \ldots, -l$	부껍질 내 오비탈	방향
스핀 자기 양자수	m_s	$+\frac{1}{2}, -\frac{1}{2}, \ldots$	스핀 상태	스핀 방향

* 방위 양자수라고도 한다.

이 Topic에서 배운 것은 무엇인가?

수소 원자의 전자가 원자 오비탈이라고 불리는 파동 함수로 기술되고 각 오비탈은 n, l, m_l의 세 가지 양자수로 지정된다는 것을 배웠다. 오비탈의 모양과 에너지는 핵에 끌리는 전자에 대한 Schrödinger 방정식을 풀어서 얻는다는 것과 허용된 에너지 준위 사이의 전이가 관측된 스펙트럼 선의 양상을 설명한다는 것도 배웠다. 또한 '전자 스핀'의 특성을 접했고 전자 스핀이 두 가지 방향 중 하나를 가진다는 것을 배웠다.

개념과 식의 적용

- □ 전자가 원자핵으로부터 특정한 거리만큼 떨어져 있을 상대적 확률을 계산한다(예제 1D.1).
- □ 네 가지 양자수의 이름을 말하고, 각 양자수와 원자 오비탈의 성질 및 상대적인 에너지와의 관계를 설명한다(1D.1~1D.4절).
- □ 전자 스핀의 성질을 설명한다(1D.5절).
- □ 수소 원자의 바닥 상태와 들뜬 상태를 설명한다(1D.6절).

Topic 1D 연습 문제

$\int$ C dx 표시가 있는 연습 문제는 미적분을 사용해야 한다.

1D.1 수소 원자의 전자가 1s-오비탈에서 2p-오비탈로 전이할 때, 다음 중 증가하는 것은 무엇인가?
(a) 전자의 에너지 (b) n 값 (c) l 값

1D.2 수소 원자의 전자가 2s-오비탈에서 2p-오비탈로 전이할 때, 다음 중 증가하는 것은 무엇인가?
(a) 전자의 에너지 (b) n 값 (c) l 값

1D.3 수소의 1s-오비탈에서 핵으로부터 $0.55a_0$ 떨어진 작은 영역과 핵 자체에 위치한 동일한 작은 영역에서 전자를 발견할 확률의 비를 계산하시오.

1D.4 수소의 1s-오비탈에서 핵으로부터 $0.83a_0$ 떨어진 작은 영역과 핵 자체에 위치한 동일한 작은 영역에서 전자를 발견할 확률의 비를 계산하시오.

$\int$ C dx **1D.5** 수소 원자의 바닥 상태에서 반지름이 (a) a_0, (b) $2a_0$인 공 안의 임의의 위치에서 전자를 발견할 확률은 얼마인가?

$\int$ C dx **1D.6** 수소 원자에서 전자가 (a) 3d-오비탈, (b) 3s-오비탈을 점유할 때 전자가 발견될 확률이 가장 큰 곳은 핵에서 얼마만큼 떨어진 곳인가?

1D.7 (a) 1s-, 2p-, 3d-오비탈에 해당하는 경계면의 모양을 그리시오. (b) 마디란 무엇인가? (c) 각 오비탈은 몇 개의 방사 방향 마디와 각 마디 평면을 가지는가? (d) 4f-오비탈에서 예상되는 **마디 평면**의 수를 예측하시오.

1D.8 d_{xy}- 및 $d_{x^2-y^2}$-오비탈에 대한 배향의 차이점을 직각 좌표계와 연계하여 설명하시오.

1D.9 l 값이 (a) 0, (b) 2, (c) 1, (d) 3인 부껍질에는 오비탈이 몇 개나 있는가?

1D.10 (a) 주양자수 $n = 6$에는 몇 개의 부껍질이 있는가? (b) 부껍질들을 6s, 6p 등으로 표시하시오. (c) $n = 6$인 껍질에는 오비탈이 몇 개 있는가?

1D.11 (a) $n = 7$이면 양자수 l은 몇 개의 값이 가능한가? (b) 6d-부껍질의 전자에는 m_l 값이 몇 개 허용되는가? (c) 3p-부껍질의 전자에는 m_l 값이 몇 개 허용되는가? (d) $n = 4$인 껍질에는 부껍질이 몇 개 있는가?

1D.12 (a) $n = 6$이면 양자수 l은 몇 개의 값이 가능한가? (b) 5f-부껍질의 전자에 대해서는 m_l 값이 몇 개 허용되는가? (c) 2s-부껍질의 전자에는 m_l 값이 몇 개 허용되는가? (d) $n = 3$인 껍질에는 부껍질이 몇 개 있는가?

1D.13 다음 각 오비탈의 주양자수와 각운동량 양자수를 구하시오.
(a) 6p (b) 3d (c) 2p (d) 5f

1D.14 다음 각 오비탈의 주양자수와 각운동량 양자수를 구하시오.
(a) 3s (b) 4p (c) 5d (d) 6f

1D.15 연습 문제 1D.13에 열거한 오비탈에 가능한 자기 양자수 값을 쓰시오.

1D.16 연습 문제 1D.14에 열거한 오비탈에 가능한 자기 양자수 값을 쓰시오.

1D.17 다음 부껍질에는 오비탈이 몇 개나 있는가?
(a) 4p-부껍질 (b) 3d-부껍질 (c) 1s-부껍질 (d) 4f-부껍질

1D.18 l 값이 (a) 0, (b) 1, (c) 2, (d) 3인 부껍질에는 오비탈이 몇 개나 있는가?

1D.19 다음 양자수들을 가지는 부껍질의 기호(예를 들어, 3d)와 오비탈의 수를 쓰시오.
(a) $n = 5$, $l = 2$ (b) $n = 1$, $l = 0$ (c) $n = 6$, $l = 3$ (d) $n = 2$, $l = 1$

1D.20 하나의 오비탈에는 전자가 두 개까지 채워질 수 있다고 가정하자. 다음 양자수들을 가지는 부껍질의 기호(예를 들어, 3d)와 해당 부껍질의 오비탈의 수를 쓰시오.

(a) $n = 4$, $l = 1$ (b) $n = 5$, $l = 0$ (c) $n = 6$, $l = 2$ (d) $n = 7$, $l = 3$

1D.21 원자에서 다음 양자수들을 가지는 오비탈은 몇 개인가?
(a) $n = 2$, $l = 1$ (b) $n = 4$, $l = 2$, $m_l = -2$ (c) $n = 2$ (d) $n = 3$, $l = 2$, $m_l = +1$

1D.22 원자에서 다음 양자수들을 가지는 오비탈은 몇 개인가?
(a) $n = 3$, $l = 1$ (b) $n = 5$, $l = 3$, $m_l = -1$ (c) $n = 2$, $l = 1$, $m_l = 0$ (d) $n = 7$

1D.23 원자에서 존재할 수 없는 부껍질은 어느 것인가?
(a) 2d (b) 4d (c) 4g (d) 6f

1D.24 원자에서 존재할 수 없는 부껍질은 어느 것인가?
(a) 1p (b) 5f (c) 5g (d) 6g

Topic 1E 다전자 원자

이 Topic을 왜 배우는가? 다전자 원자의 전자 구조로 화학에서 가장 중요한 주기율표를 설명할 수 있다.

무엇을 알고 있어야 하는가? 수소의 원자 오비탈의 묘사(Topic 1D), 특히 방사 방향과 각에 대한 의존 관계, 그리고 전자는 스핀이라는 성질도 가진다는 것(Topic 1D)을 알아야 한다. 주기율표의 전반적 모양을 알아야 한다(기초 지식 B).

수소를 제외한 모든 중성 원자들은 전자를 두 개 이상 가지고 있어 **다전자 원자**(many-electron atom 혹은 polyelectron atom)로 분류된다. Topic 1D에서 수소 원자에 대해 배운 것을 기초로 하여 전자가 여러 개 있을 때 원자 오비탈의 에너지가 어떻게 영향을 받는지, 어떻게 점유되는지 알아본다. 이렇게 해서 얻은 전자 구조는 원소들의 주기성 및 원자들의 화학 결합력을 이해하는 데 관건이다.

1E.1 오비탈 에너지

다전자 원자의 전자도 수소 원자의 전자처럼 오비탈을 점유한다. 그러나 두 가지 이유로 이 오비탈의 에너지는 수소 원자의 경우와 같지 않다. 첫째는, 다전자 원자의 핵은 수소의 핵보다 전하가 더 많고, 이 증가된 핵전하는 전자를 더 세게 끌어당겨서 전자의 에너지를 낮춘다. 둘째는, 전자들은 서로 반발하고, 이 반발력은 핵의 인력에 대항하여 오비탈들의 에너지를 높인다. 예를 들어, 전자가 두 개인 헬륨 원자에서 핵전하는 $+2e$이고, 전체 퍼텐셜 에너지는 다음의 세 항으로 구성된다.

$$V \propto \overbrace{-\frac{2e^2}{r_1}}^{\text{전자 1과 핵 사이의 인력}} \quad \overbrace{-\frac{2e^2}{r_2}}^{\text{전자 2와 핵 사이의 인력}} \quad \overbrace{+\frac{e^2}{r_{12}}}^{\text{두 전자 사이의 반발력}} \tag{1}$$

이 식에서 r_1은 전자 1과 핵 사이의 거리, r_2는 전자 2와 핵 사이의 거리, r_{12}는 두 전자 사이의 거리이다. 음의 부호가 붙은(전자가 핵에 가까워질수록 r_1 또는 r_2가 감소하여 퍼텐셜 에너지가 **낮아짐**을 의미) 두 항은 핵과 두 전자 사이의 인력을 나타낸다. 양의 부호가 붙은(두 전자가 서로 접근하여 r_{12}가 감소할수록 퍼텐셜 에너지가 **증가함**을 의미) 항은 두 전자 사이의 반발력을 나타낸다. 이 퍼텐셜 에너지를 넣고 Schrödinger 방정식을 정확히 풀기는 불가능하지만, 컴퓨터를 이용하면 고도로 정확한 수치 해를 구할 수 있다.

보충 설명

암호 해독, 일기 예보 및 분자 생물학과 함께 화학은 컴퓨터를 가장 많이 사용하는 분야 중의 하나이다. 화학자들은 컴퓨터를 써서 원자 및 분자의 자세한 전자 구조를 계산한다.

전자가 한 개뿐인 수소 원자에는 전자−전자 반발이 없고, 수소 원자의 특정 껍질에 속하는 오비탈들은 모두 축퇴(에너지가 같음)되어 있다. 예를 들어, 2s-오비탈과 2p-오비탈은 에너지

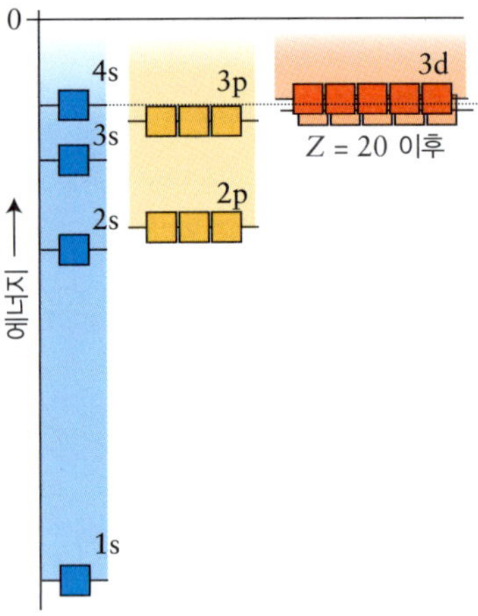

그림 1E.1 다전자 원자의 껍질, 부껍질 및 오비탈의 상대적 에너지 순서. 각 상자에는 전자가 최대 두 개까지 들어갈 수 있다. 4s-오비탈은 $Z=20$까지 3d-오비탈보다 낮은 에너지를 가지며, 그 이후에는 3d-오비탈의 에너지가 4s-오비탈의 에너지 아래로 떨어진다.

가 같다(Topic 1D). 그러나 다전자 원자에서는 분광학 실험과 이론 계산 결과에서 전자–전자 반발 때문에 2p-오비탈의 에너지가 2s-오비탈의 에너지보다 높음을 알 수 있다. 마찬가지로 $n=3$인 껍질에서는 세 개의 3p-오비탈이 3s-오비탈보다 높고, 다섯 개의 3d-오비탈들은 3p-오비탈보다 더 높다(**그림 1E.1**). 이와 같은 에너지 차이를 어떻게 설명할 수 있을까?

다전자 원자의 전자는 핵에 끌릴 뿐만 아니라 원자의 다른 전자들에 의해 밀쳐진다. 따라서 전자는 다른 전자들이 없을 때에 비해 핵에 약하게 붙들려 있다. 이런 현상을 우리는 전자가 원자의 다른 전자들에 의해 핵의 총 인력으로부터 **가려져 있다(shielded)**고 표현한다. 즉, 가려진 전자에 미치는 핵의 인력을 감소시킨다. 따라서 전자가 느끼는 **유효 핵전하(effective nuclear charge)**, $Z_{eff}e$는 전자–전자 반발력이 핵의 인력에 대항해 작용하기 때문에, 항상 실제 핵전하 Ze보다 작다. 다전자 원자의 전자의 에너지를 근사적으로 대략 나타내려면 Topic 1D의 식 3b($E_n=-Z^2hR/n^2$)의 실제 원자 번호 Z를 유효 원자 번호 Z_{eff}로 바꾸면 된다.

$$E_n = -\frac{Z_{eff}^2 h\mathcal{R}}{n^2} \tag{2}$$

다른 전자들이 핵의 영향을 실제로 '차단'하는 것이 아님을 유의해야 한다. 다른 전자들은 단순히 핵의 인력을 부분적으로 상쇄시키는 추가적인 Coulomb 반발 작용을 제공할 뿐이다. 예를 들어, 헬륨 원자에서 전자에 미치는 핵의 인력은 핵의 전하 $+2e$가 미칠 영향보다는 작고, 다른 전자가 핵의 양전하 한 개를 정확히 상쇄하고 남았을 때의 핵전하 $+e$가 미칠 영향보다는 클 것이다.

가려진 정도는 전자가 발견될 가능성이 있는 위치에 의존하므로 오비탈의 모양에 따라 달라진다. s-전자는 어느 껍질에 있든지 핵에 아주 가까운 곳에서 발견될 수 있으므로(s-오비탈의 ψ^2은 핵에서 0이 아님을 기억하라), 우리는 이 전자가 내부 껍질들을 통과해 **침투**

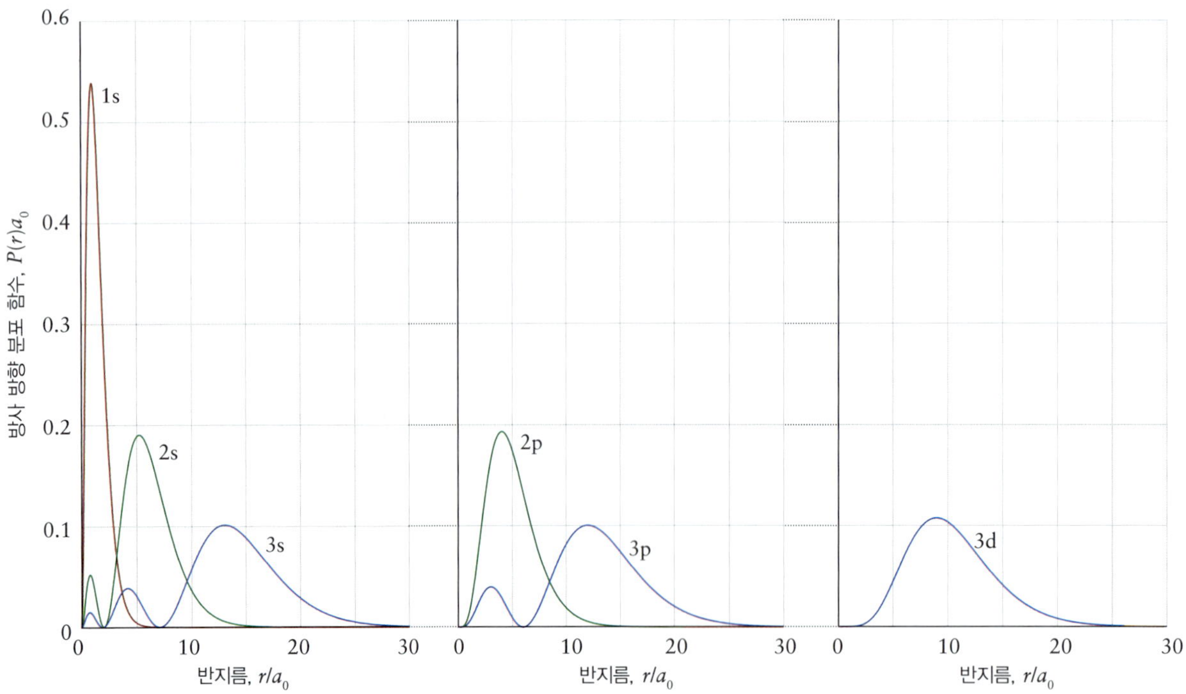

그림 1E.2 수소 원자의 처음 세 껍질의 s-, p-, d- 오비탈들의 방사 방향 분포 함수. 같은 껍질의 오비탈들의 확률 분포의 최댓값들은 서로 근접해 있지만 *n*s-오비탈에 있는 전자는 *n*p- 또는 *n*d-오비탈에 있는 전자보다 핵에 가까운 곳에서 발견될 확률이 더 큼에 유의하자.

(**penetration**)할 수 있다고 얘기한다. p-전자는 오비탈 각운동량 때문에 핵에 가까이 접근할 수 없어서 훨씬 덜 침투한다(그림 1E.2). Topic 1D에서 p-전자의 파동 함수는 핵에서 0이므로 핵에서 p-전자를 발견할 확률 밀도가 0임은 이미 다루었다. p-전자는 s-전자보다 원자의 내부 껍질에 덜 침투하므로, p-전자는 핵으로부터 더 효과적으로 가려져 있고, 따라서 p-전자가 느끼는 유효 핵전하는 s-전자보다 작다. 바꾸어 말하면 s-전자는 p-전자보다 더 세게 붙들려 있고, s-전자의 에너지는 약간 더 낮다(음의 값이 더 크다). d-전자는 오비탈 각운동량이 더 크기 때문에 핵에 가까이 접근하기가 더 어렵고, 따라서 같은 껍질의 p-전자보다 약하게 붙들려 있다. 즉, d-전자는 같은 껍질의 p-전자보다 에너지가 높고, p-전자는 다시 같은 껍질의 s-전자보다 에너지가 높다.

침투 효과 및 가림 효과는 매우 클 수도 있어서 일반적으로 4s-전자는 4p- 또는 4d-전자보다 에너지가 훨씬 낮다. 심지어 같은 원자의 3d-전자보다 에너지가 낮을 수도 있다(그림 1E.1). 다음 절에서는 오비탈들의 정확한 에너지 순서는 원자의 전자 수와 유효 핵전하에 따라 달라지는 것을 알아본다.

다전자 원자에서는 침투 효과와 가림 효과 때문에 같은 껍질에 속하는 오비탈들의 에너지 순서는 $s < p < d < f$이다.

1E.2 쌓음 원리

원자의 전자 구조가 원자의 화학적 성질을 결정하므로 전자 구조를 기술할 줄 알아야 한다. 그러기 위해서 원자의 **전자 배치**(**electron configuration**, 점유된 오비탈 및 각 오비탈에 들어 있는 전자 수의 목록)를 사용한다. 다전자 원자의 바닥 상태에서 전자는 원자의 총 에너지(각 전자의 운동 에너지, 핵에 대한 각 전자의 인력, 모든 전자 사이의 반발력의 합)가 최소가 되는 방식으로 원자 오비탈을 점유한다. 쉽게 생각하면, 원자는 전자들이 모두 가장 낮은 에너지 오비탈(1s-오비탈)에 있을 때 최소 에너지를 가지리라고 생각할 수 있다. 그러나, 전자가 두 개를 넘지 않는 수소와 헬륨을 제외하고는 절대로 그렇게 되지 않는다. 1925년 오스트리아 과학자 Wolfgang Pauli는 **Pauli 배타 원리**(**Pauli exclusion principle**)라고 하는 전자 및 오비탈에 관한 보편적이고, 아주 기본적인 규칙을 발견하였다.

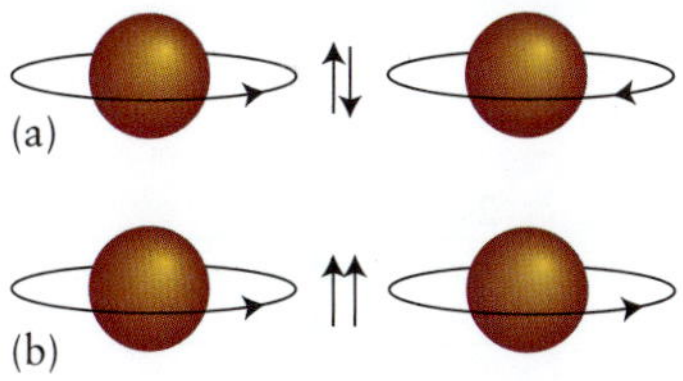

그림 1E.3 (a) 두 전자가 반대 스핀을 가지면(하나는 시계 방향, 다른 하나는 반시계 방향) 이 두 전자는 짝지었다고 한다. (b) 두 전자의 스핀이 같은 방향이면 평행 스핀을 가졌다고 한다.

한 오비탈에 전자가 두 개를 초과하여 들어갈 수 없고, 전자 두 개가 한 오비탈을 점유할 때 그들의 스핀은 짝지어져야 한다.

한 전자의 스핀은 ↑이고 다른 전자의 스핀은 ↓이면, 이때 두 전자의 스핀은 **짝지었다**(**paired**)고 한다(그림 1E.3). 짝진 스핀들은 ↑↓로 나타내며, 짝진 스핀을 가진 전자들의 스핀 자기 양자수는 부호가 서로 반대이다. 원자 오비탈은 양자수 세 개(n, l, m_l)로, 두 스핀 상태는 네 번째 양자수 m_s로 규정되므로 원자에 대한 Pauli 배타 원리를 다른 말로 표현하면 다음과 같다.

한 원자 내 전자 중 어느 두 개도 양자수 네 개가 모두 같을 수는 없다.

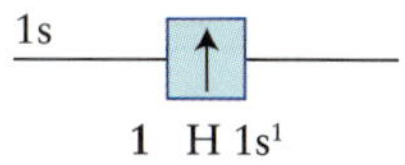

바닥 상태 수소 원자는 1s-오비탈에 전자 한 개를 가지고 있다. 이 구조는 '상자 그림'[각 오비탈을 전자를 최대 두 개까지 수용할 수 있는 상자로 표시(그림 1E.1의 일부를 다시 보인 **1** 참조)]의 1s-오비탈에 화살표 한 개를 그려 넣어 나타내고, 이 전자 배치를 $1s^1$("일 에스 일")이라고 표기한다. 바닥 상태 헬륨(He) 원자($Z = 2$)의 전자 두 개는 모두 1s-오비탈에 있고,

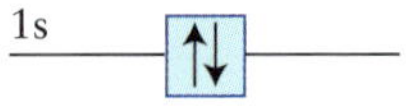

2 He $1s^2$

$1s^2$(“일 에스 이”)라고 표기한다. **2**를 보면 두 전자는 짝지어 있다. 이렇게 되면 1s-오비탈 및 $n = 1$인 껍질은 다 차게 되는데, 바닥 상태의 헬륨 원자는 **닫힌 껍질(closed shell)**–배타 원리가 허용하는 최대 전자 수를 가진 껍질–을 가졌다고 얘기한다.

유의 사항

오비탈에 전자가 한 개 있을 때, 1s라고 쓰지 않고 $1s^1$이라고 표기한다.

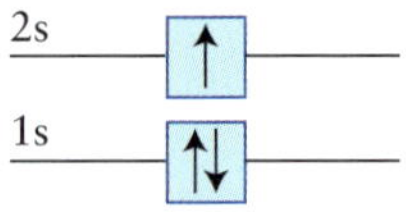

3 Li $1s^22s^1$, [He]$2s^1$

리튬($Z = 3$) 원자에는 전자가 세 개 있다. 두 개는 1s-오비탈을 점유하여 $n = 1$인 껍질을 완성시킨다. 세 번째 전자는 에너지 준위 사다리에서 다음으로 높은 오비탈, 즉 2s-오비탈을 점유해야 한다(그림 1E.1). 따라서 리튬(Li)의 바닥 상태는 $1s^22s^1$(“일 에스 이, 이 에스 일”)(**3**)이다. 이 원자는 내부 닫힌 껍질로 이루어진 **핵심부(core)**와 최외각 껍질의 전자인 **원자가 전자(valence electron)**로 둘러싸였다고 생각할 수 있다. 리튬의 핵심부는 [He]로 표시하는 헬륨 꼴의 내부 닫힌 껍질, 즉 $1s^2$ 핵심부로 되어 있다. 핵심부는 에너지가 더 높은 2s-전자가 들어 있는 외각 껍질로 둘러싸여 있다. 따라서 리튬의 전자 배치는 [He]$2s^1$이라고 쓴다. 일반적으로 원자가 전자만이 화학 반응에 관여하는데, 그 이유는 핵심부 전자가 에너지가 낮은 오비탈에 있고 너무 단단히 결합되어 있기 때문이다. 따라서 리튬이 화합물을 형성할 때는 전자를 한 개만 잃는다. 즉, 리튬은 Li^{2+}나 Li^{3+} 이온이 아니라 Li^+ 이온을 생성한다. 더 큰 양전하를 지닌 리튬 이온이 형성될 수는 있지만, 일반적으로 화학 반응에 관여하는 것보다 훨씬 더 많은 에너지가 필요하다.

보충 설명

화합 결합을 만들 때는 최외각 전자들이 사용된다(Topic 2A). 결합 형성 이론 중에 **원자가 결합** 이론(valence-bond theory)이 있는데, **원자가 전자**라는 이름은 여기서 나온 것이다.

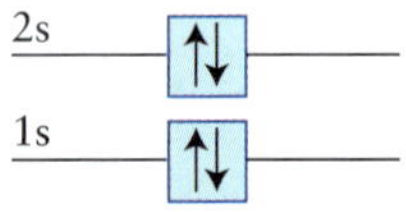

4 Be $1s^22s^2$, [He]$2s^2$

$Z = 4$인 원소는 베릴륨(Be)으로, 전자를 네 개 가지고 있다. 처음 세 전자는 리튬처럼 $1s^22s^1$ 배치를 이루고 네 번째 전자는 2s-전자와 짝을 지어 $1s^22s^2$ 배치, 더 간단히 나타내면 [He]$2s^2$(**4**) 배치를 이룬다. 따라서 베릴륨 원자는 짝진 전자 두 개로 이루어진 원자가 껍질이 헬륨 꼴 핵심부를 둘러싸고 있다. 리튬과 마찬가지로 Be 원자는 화학 반응에서 원자가 전자만을 잃는다. 따라서 2s-전자 두 개를 잃고 Be^{2+} 이온이 된다.

붕소($Z = 5$)는 전자 다섯 개를 가지고 있다. 이들 중 두 개는 1s-오비탈로 들어가 $n = 1$ 껍질을 완성한다. 두 개는 2s-오비탈로 들어가 부껍질을 채운다. 다섯 번째 전자는 다음으로 이용 가능한 부껍질의 오비탈인 2p-오비탈로 들어간다(그림 1E.1). 이 전자 배치는 $1s^22s^22p^1$ 또는 [He]$2s^22p^1$(**5**)라고 표기하며, 붕소는 헬륨 꼴 핵심부 주위에 원자가 전자가 3개 있다.

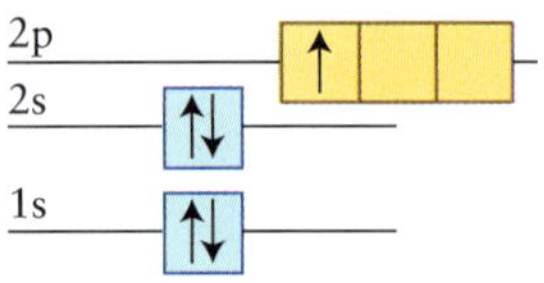

5 B $1s^22s^22p^1$, [He]$2s^22p^1$

탄소($Z = 6$)에 이르면 또 다른 결정을 해야 한다. 즉, 여섯 번째 전자는 이미 전자가 들어 있는 2p-오비탈로 들어갈까 또는 다른 2p-오비탈로 들어갈까? (부껍질에는 에너지가 같은 p-오비탈이 세 개 있음을 기억하자.) 이 물음에 답하려면 전자들은 동일한 오비탈을 점유할 때보다는 다른 p-오비탈들을 점유할 때 서로 더 멀리 떨어져 있게 되어 서로의 반발력이 감소한다는 점에 유의하면 된다. 그러므로 여섯 번째 전자는 빈 2p-오비탈로 들어가고, 탄소의 바닥 상태는 $1s^22s^22p_x{}^12p_y{}^1$(**6**)이 된다. 전자들이 동일한 부껍질의 서로 다른 오비탈을 점유한다는 것을 강조할 필요가 있을 때만 이처럼 각각의 오비탈을 따로 쓰고, 대부분의 경우에는 더 짧은 형태, 예를 들어 [He]$2s^22p^2$라고 쓴다. 오비탈 도표에 2p-전자 두 개를 **평행 스핀(parallel spin, ↑↑)**으로, 즉 전자들이 동일한 스핀 자기 양자수를 가졌음을 나타내게 그렸음에 유의하자. 양자 역학에 의하면 두 전자의 스핀이 서로 평행할 때 두 전자가 덜 겹치며, 서로가 짝지어 있을 때보다 에너지가 약간 낮다. 그러나 이런 평행 스핀 배치는 전자들이 서로 다른 오비탈들을 점유할 때만 허용된다. 그 이유는 두 전자에 대해 적어도 하나의 양자수(이 경우 m_l)가

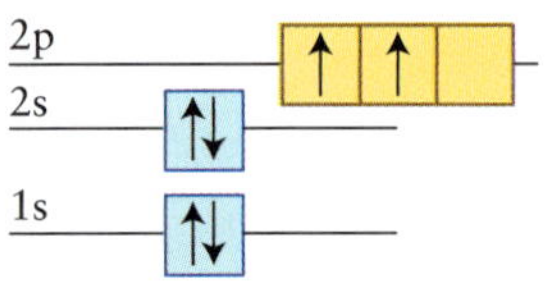

6 C $1s^22s^22p^2$, [He]$2s^22p^2$

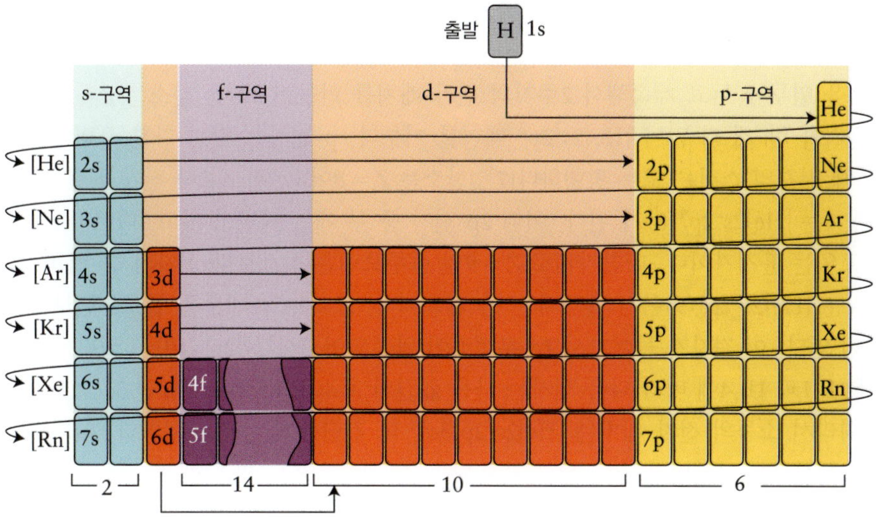

그림 1E.4 나선형 화살표는 바닥 상태 원자의 전자가 원자 오비탈을 점유하는 순서를 나타낸다. 주기율표의 구역 이름은 마지막으로 채워진 부껍질을 나타낸다. 쌓음 원리에 따라 각 부껍질이 수용할 수 있는 전자의 수는 표 하단에 숫자로 표시하였다. 구역의 색상은 해당 오비탈에 사용된 색상에 맞추었다.

다르기 때문이다.

지금까지의 절차를 **쌓음 원리(building-up principle)**라고 하는데, 다음 두 규칙으로 요약할 수 있다. Z개의 전자를 가진 원자 번호가 Z인 원소의 바닥 상태 전자 배치는 다음과 같이 예측할 수 있다.

1. 전자 Z개를 **그림 1E.4**에 나타낸 순서에 따라 오비탈들에 차례대로 넣는다. 이때 한 오비탈에는 전자를 두 개까지만 넣어야 한다.
2. 부껍질에 오비탈들이 여러 개 있으면 한 오비탈에 전자를 짝지어 두 개씩 넣기보다는 가능한 한 서로 다른 오비탈에 전자를 스핀이 평행하게 하나씩 넣는다.

첫 번째 규칙은 Pauli 배타 원리를 감안한 것이고, 두 번째 규칙은 이 규칙을 처음 제안한 독일의 분광학자 Friedrich Hund의 이름을 따서 **Hund 규칙(Hund's rule)**이라고 한다. 이 절차에 따르면 전자들과 핵 사이의 인력을 최대화하고 전자끼리의 반발력을 최소화하여 전체 에너지가 최소가 되는 원자의 바닥 상태 전자 배치를 얻게 된다. 전자들이 쌓음 원리로 예측되는 것보다 더 높은 에너지 상태에 존재하는 원자는 **들뜬 상태(excited state)**에 있다고 한다. 예를 들어, 전자 배치 [He]$2s^1 2p^3$은 들뜬 상태의 탄소 원자를 나타낸다. 들뜬 상태는 불안정해서 광자를 방출하면서 전자는 낮은 에너지의 오비탈로 되돌아간다.

보충 설명
쌓음 원리는 흔히 Aufbau 원리라고도 하는데, 독일어로 '쌓음'이라는 뜻이다.

일반적으로 원자는 영족 기체 꼴의 핵심부를 원자가 껍질의 전자들이 둘러싸고 있는 것으로 간주할 수 있다. **원자가 껍질(valence shell)**은 전자가 채워진 껍질 중 n이 최대인 것이다.

이제 기초 지식 B에서 설명한 주기율표의 바탕 원리가 나타나기 시작한다. 기초 지식 B에서 세로 열을 족이라고 하고 1, 2, 13~18족을 주족이라 명명하였다. 표의 가로 행을 주기라고 한다. 한 주기에 속하는 주족 원소들의 원자들은 모두 주기 번호와 동일한 주양자수의 원자가 껍질을 갖는다. 예를 들어, 2주기 원소(리튬에서 네온까지)들의 원자가 껍질은 $n = 2$인 껍질이다. 따라서 특정 주기에 속하는 원자들은 모두 같은 핵심부와 같은 주양자수의 원자가 전자를 가지고 있다. 즉, 2주기 원소의 원자들은 모두 헬륨 꼴 $1s^2$ 핵심부 [He]를, 3주기 원소의 원자들은 네온 꼴 $1s^2 2s^2 2p^6$ 핵심부 [Ne]를 갖는다. 특정 족(특히 주족)에 속하는 원자들은 모두 n 값만 다를 뿐 동일한 원자가 전자 배치를 가진다. 예를 들어, 1족 원소들은 모두 ns^1 원자가

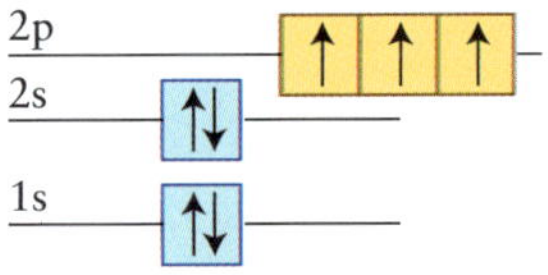

7 N $1s^22s^22p^3$, $[He]2s^22p^3$

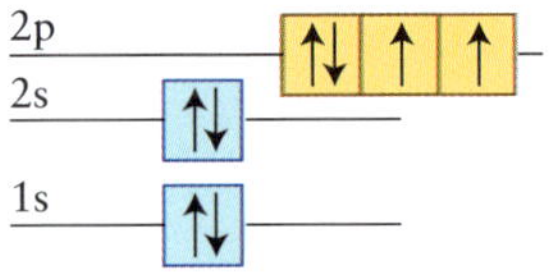

8 O $1s^22s^22p^4$, $[He]2s^22p^4$

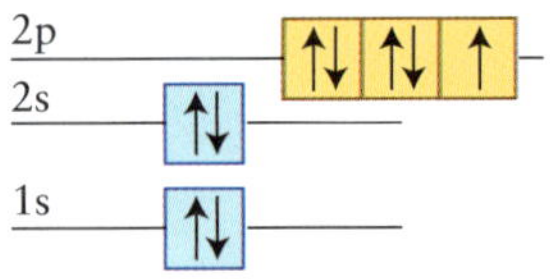

9 F $1s^22s^22p^5$, $[He]2s^22p^5$

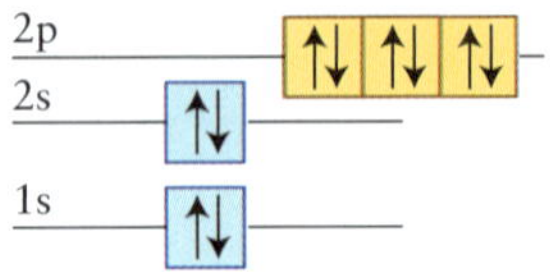

10 Ne $1s^22s^22p^6$, $[He]2s^22p^6$

전자 배치를, 14족 원소들은 모두 ns^2np^2 원자가 전자 배치를 갖는다. 기초 지식 B에서 본 바와 같이, 같은 족에 속한 원소들의 화학적 성질이 비슷한 것은 전자 배치가 비슷하기 때문이다.

이 점을 염두에 두고 계속해서 2주기의 전자 배치를 만들어 보자. 질소는 $Z = 7$이고, 탄소보다 전자가 한 개 더 많아 $[He]2s^22p^3$ 배치를 이룬다. p-전자는 각각 다른 오비탈을 점유하며, 이 세 전자의 스핀은 모두 평행하다(**7**). 산소는 $Z = 8$이고, 질소보다 전자가 한 개 더 많아 전자 배치는 $[He]2s^22p^4$(**8**)가 된다. 이때 2p-전자 중 두 개는 짝짓고 있고, 나머지 2개는 짝짓지 않고 있는 홀전자이다. 마찬가지로 $Z = 9$인 플루오린은 산소보다 전자가 한 개 더 많고 전자 배치는 $[He]2s^22p^5$(**9**)여서 홀전자는 한 개뿐이다. $Z = 10$인 네온은 플루오린보다 전자가 한 개 더 많다. 이 전자가 들어가서 2p-부껍질이 완성되어 $[He]2s^22p^6$(**10**)이 된다.

그림 1E.1과 1E.4에 따라 다음 전자는 다음 껍질의 최소 에너지 오비탈인 3s-오비탈로 들어간다. 따라서 소듐의 전자 배치는 $[He]2s^22p^63s^1$, 더 간단하게는 $[Ne]3s^1$이다. 여기서 [Ne]는 네온 꼴 핵심부를 나타낸다.

자습 1E.1A 마그네슘 원자의 바닥 상태 전자 배치를 예측하시오.

[**답**: $1s^22s^22p^63s^2$ 또는 $[Ne]3s^2$]

자습 1E.1B 알루미늄 원자의 바닥 상태 전자 배치를 예측하시오.

아르곤에 이르면 $n = 3$인 껍질의 s- 및 p-오비탈들이 $[Ne]3s^23p^6$과 같이 다 채워지는데, 아르곤은 네온을 닮은 무색, 무취이고, 반응성이 없는 기체이다. 아르곤에서 3주기가 끝난다. 그림 1E.1을 보면 4s-오비탈의 에너지가 3d-오비탈의 에너지보다 약간 낮다. 이에 따라 4주기는 전자들이 3d-오비탈이 아니라 4s-오비탈을 먼저 채우면서 시작한다(그림 1E.1 참조). 그러므로 다음 전자 두 개의 배치는 포타슘 $[Ar]4s^1$과 칼슘 $[Ar]4s^2$이다. 여기서 [Ar]은 아르곤 꼴 핵심부 $1s^22s^22p^63s^23p^6$이다. 이 다음부터는 3d-오비탈들이 채워지기 시작하며, 주기율표의 흐름이 바뀌게 된다.

오비탈의 에너지 증가 순서(그림 1E.1 참조)에 의하면 다음 전자 열 개($Z = 21$인 스칸듐부터 $Z = 30$인 아연까지)는 3d-오비탈에 들어간다. 예를 들어, 스칸듐의 바닥 상태 전자 배치는 $[Ar]3d^14s^2$, 그다음 타이타늄은 $[Ar]3d^24s^2$이다. 스칸듐부터 4s-전자를 3d-전자 뒤에 씀을 유의하자. 일단 전자가 채워지면 3d-오비탈은 4s-오비탈보다 에너지가 낮다(그림 1E.1 참조). 다음 주기들에서도 nd-와 $(n + 1)$s-오비탈 사이에 같은 관계가 성립한다. 이러한 복잡한 에너지 변화는 전자–전자 반발에 기인한다. Z가 커짐에 따라 추가되는 전자들도 d-오비탈에 들어가는데, 예외가 두 군데 있다. 실험으로 구한 크로뮴의 전자 배치는 $[Ar]3d^44s^2$가 아니라 $[Ar]3d^54s^1$이고, 구리는 $[Ar]3d^94s^2$가 아니라 $[Ar]3d^{10}4s^1$이다. 이 명백한 예외는, 부껍질이 절반 채워진 d^5 배치와 부껍질이 다 채워진 d^{10} 배치는 지금까지의 단순한 이론이 예측하는 것보다 양자 역학적 에너지가 낮기 때문이다. 그 결과, 전자가 예상한 대로 4s-오비탈에 들어가기보다 오히려 3d–오비탈에 들어감으로써 부껍질의 절반 또는 완전히 채워지는 배치를 이루면서 전체 에너지가 더 낮아질 수도 있다. 쌓음 원리에 대한 또 다른 예외들은 부록 2C의 전자 배치표 및 앞표지 안쪽의 주기율표에서 찾아볼 수 있다. 쌓음 원리는 원자의 전자 구조에 대한 단순한 모형이며 모든 모형에는 한계가 있다는 점을 명심해야 한다. '예외'는 실제로 이 책의 범위를 벗어나는 더 복잡한 규칙의 결과이다.

유의 사항

전자 배치는 채워지는 순서가 아닌 에너지가 증가하는 순서로 표기한다. 예를 들어, 스칸듐은 $[Ar]4s^23d^1$이 아닌 $[Ar]3d^14s^2$로 표기한다.

주기율표의 구조에서 예상하듯이(그림 1E.4 참조), 3d-오비탈이 다 차면 전자들은 4p-오비탈을 점유한다. 예를 들어, 저마늄의 전자 배치 $[Ar]3d^{10}4s^24p^2$는 다 채워진 3d-부껍질 밖의 4p-오비탈에 전자를 두 개 더한 것이다. 비소는 전자가 한 개 더 있고, 전자 배치는 $[Ar]3d^{10}4s^24p^3$이다. 주기율표의 4주기에는 4s-와 4p-오비탈이 전자 여덟 개를, 그리고 3d-오비탈이 전자 열 개를 수용할 수 있기 때문에 원소 18개가 소속된다. 4주기는 주기율표에서 첫 번째 **장주기(long period)**이다.

생각해 보기

g-오비탈들을 채워 나감에 따른 '초장주기'는 원자 번호 대략 얼마에서 시작되겠는가? 그리고 얼마나 얼마나 길겠는가?

5주기에서 먼저 점유되는 것은 5s-오비탈이고, 다음은 4d-오비탈들이다. 4주기와 마찬가지로 5s-오비탈에 전자 두 개가 수용된 다음에는 4d-오비탈의 에너지가 5s-오비탈의 에너지보다 낮아진다. 6주기에서도 마찬가지 효과가 관찰되지만, 또 다른 내부 오비탈, 즉 4f-오비탈이 점유되기 시작한다. 예를 들어, 세륨의 전자 배치는 $[Xe]4f^15d^16s^2$이다. 14개의 전자들이 계속 7개의 4f-오비탈에 들어가서 이터븀 $[Xe]4f^{14}6s^2$에서 4f-부껍질이 다 채워진다. 그다음에는 5d-오비탈들이 채워진다. 수은에서 6s-, 4f- 및 5d-오비탈이 다 채워진 후에야 비로소 6p-오비탈이 채워진다. 예를 들어, 탈륨의 전자 배치는 $[Xe]4f^{14}5d^{10}6s^26p^1$이다. 부록 2C에 보면 4f-오비탈을 채워 나가는 과정에서 변동이 많이 생기는 것을 알 수 있다. 이런 명백한 예외들은 4f-와 5d-오비탈의 에너지가 매우 비슷하기 때문에 생긴다. 실제로, 비슷한 에너지 준위 때문에 약 25%의 원소들의 단순한 전자 배치에서 예외가 나타난다. 그러나 대부분의 원소(특히, 여러분이 일상적으로 다루게 될 대부분의 원소)에 대해서 위의 규칙들은 유용한 지침이 되며, 또한 모든 원소에 있어서 시작점이 된다. **도구상자 1E.1**에 무거운 원소의 전자 배치를 표기하는 절차를 요약해 놓았다.

도구상자 1E.1 원자의 바닥 상태 전자 배치 예측하기

기본 개념

전자들은 Pauli 배타 원리 및 Hund 규칙에 따라 인력을 최대화하고 반발력을 최소화함으로써 원자의 전체 에너지를 최소화하는 방식으로 오비탈을 점유한다.

과정

원자 번호가 Z인 원소의 바닥 상태 전자 배치를 알아내려면 쌓음 원리의 다음 규칙을 이용한다.

1 원소가 주기율표의 어느 주기와 족에 속하는지 찾는다. 핵심부 전자 배치는 바로 직전의 영족 기체의 닫힌 껍질과 다 채워진 d-나 f- 부껍질로 되어 있다. 주기는 원자가 껍질의 주양자수이며, 족 번호는 원자가 전자의 수를 찾는 데 이용한다.

2 Z개의 전자들은 그림 1E.1과 1E.4에 나타낸 순서에 따라 오비탈에 넣는다. 다만 한 오비탈에는 전자를 두 개까지만 넣어야 한다(Pauli 배타 원리).

3 부껍질에 오비탈이 여러 개 있을 때는 한 오비탈에 전자 두 개를 짝지어 넣기 전에 우선 부껍질의 서로 다른 오비탈에 따로따로 넣는다(Hund 규칙).

4 오비탈을 나타내는 기호를 에너지가 증가하는 순서대로 쓰고, 해당 오비탈에 들어 있는 전자의 수는 위 첨자로 나타낸다. 다 채워져서 닫힌 껍질의 전자 배치는 그 전자 배치를 갖는 영족 기체 기호로 나타낸다. 예를 들어, $1s^2$: [He].

대부분의 경우, 이 절차에 따르면 원자의 바닥 상태 전자 배치가 된다. 이와 다른 배치는 원자의 들뜬 상태에 해당한다. 주기율표의 각 구역에서 어떤 오비탈이 채워지는지 알면 주기율표의 구조에서 대부분 원소들의 전자 배치를 예측할 수 있다(그림 1E.4 참조).

이 규칙들이 어떻게 적용되는지는 예제 1E.1에서 볼 수 있다.

예제 1E.1 무거운 원자의 바닥 상태 전자 배치 예측

무기화학자들은 흥미로운 신물질을 개발하려 할 때, 먼저 원소의 주기율표에서의 위치와 원자가 전자 배치의 확인부터 시작하곤 한다. 산업 공정에서 사용할 촉매를 개발하는 실험실에서 일한다고 가정하자. (a) 바나듐 원자, (b) 납 원자의 바닥 상태 전자 배치를 예측하시오.

예상 바나듐은 d-구역에 속하므로, d-오비탈의 일부만 채워져 있을 것이다. 납은 탄소와 같은 족에 속하므로, 탄소의 원자가 전자(ns^2np^2)와 비슷한 전자 배치를 가질 것이다.

계획 도구상자 1E.1의 방법을 따른다.

풀이

(a) **1단계** 원자가 껍질의 주양자수를 알려주는 주기 번호와 원자가 전자의 수를 알려 주는 족 번호를 찾는다.

바나듐은 4주기 5족이므로, 아르곤 꼴 핵심부와 5개의 원자가 전자로 이루어져 있다.

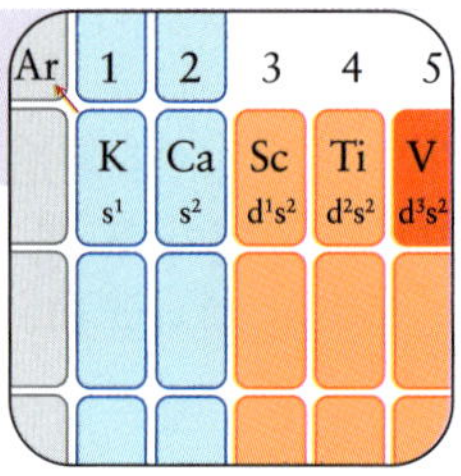

2단계 Z개의 전자들은 그림 1E.1과 1E.4에 나타낸 순서에 따라 오비탈에 넣는다. 한 오비탈에는 전자를 두 개까지만 넣는다.
3단계 두 개의 전자가 4s-오비탈에 채우고, 나머지 세 개의 전자들은 각각 다른 3d-오비탈에 채운다.
4단계 에너지가 증가하는 순서대로 오비탈을 나타내는 기호를 쓴다.

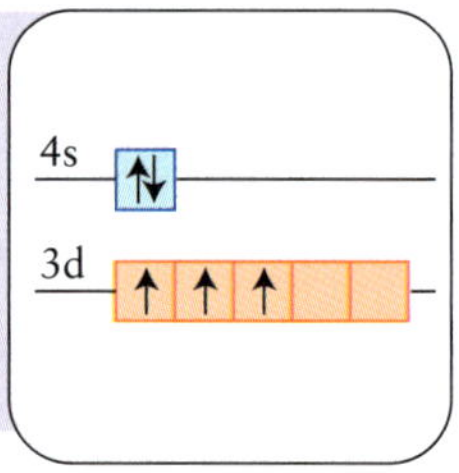

$$[Ar]3d^3 4s^2$$

(b) **1단계** 앞과 같이 주기와 족 번호를 찾는다.

납은 6주기 14족에 속한다. 따라서 제논 꼴 핵심부와 다 채워진 5d- 및 4f-부껍질을 가지고 있고, 4개의 원자가 전자를 가지고 있다.

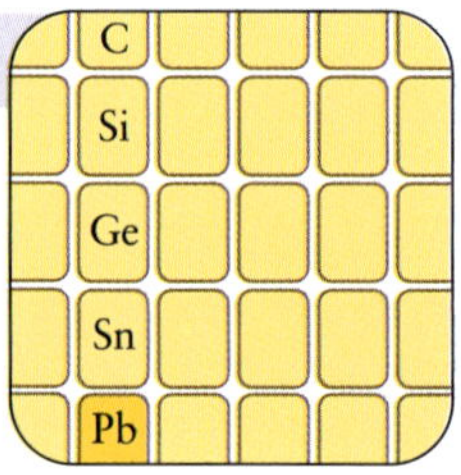

2단계 Z개의 전자들은 그림 1E.1과 1E.4에 나타낸 순서에 따라 오비탈에 넣는다. 한 오비탈에는 전자를 두 개까지만 넣는다.
3단계 납에서 원자가 껍질의 전자는 네 개이고, 이들 중 두 개는 6s-오비탈에, 나머지 두 개는 서로 다른 6p-오비탈에 들어간다.
4단계 에너지가 증가하는 순서대로 오비탈을 나타내는 기호를 쓴다.

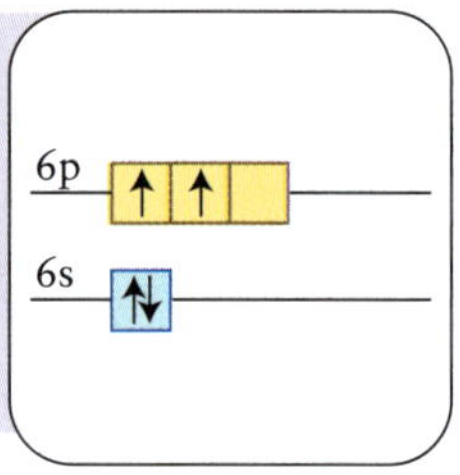

$$[He]4f^{14}5d^{10}6s^2 6p^2$$

평가 예상한 대로 바나듐은 d-오비탈의 일부만이 채워졌고, 납의 원자가 껍질 배치는 탄소와 비슷하다.

자습 1E.2A 비스무트 원자의 바닥 상태 전자 배치를 쓰시오.

[**답**: $[Xe]4f^{14}5d^{10}6s^2 6p^3$]

자습 1E.2B 비소 원자의 바닥 상태 전자 배치를 쓰시오.

관련 연습 문제 1E.11~1E.14

원자의 바닥 상태 전자 배치는 그림 1E.1과 결합된 쌓음 원리, Pauli 배타 원리, Hund 규칙을 이용하여 구한다.

이 Topic에서 배운 것은 무엇인가?

다전자 원자의 구조는 침투와 가림 효과 그리고 Pauli 배타 원리에 따른 순서대로 오비탈에 전자를 체계적으로 채워서 설명할 수 있다. 쌓음 원리는 주기율표의 전반적인 구조에 반영되어 있을 뿐 아니라 그 의미를 설명하기도 한다.

개념과 식의 적용

- ☐ 다전자 원자에서 전자의 에너지에 영향을 미치는 요인들을 설명한다(1E.1절).
- ☐ 원소의 바닥 상태 전자 배치를 쓰시오(도구상자 1E.1 및 예제 1E.1).

Topic 1E 연습 문제

1E.1 리튬 원자의 전자가 1s-오비탈에서 2p-오비탈로 전이할 때, 다음 중 증가하는 것은 무엇인가? (a) 전자의 에너지, (b) n 값, (c) l 값, (d) 원자의 반지름, 수소 원자의 경우 달라지는 답은 어느 것이며, 어떻게 달라지는가?

1E.2 리튬 원자의 전자가 2s-오비탈에서 2p-오비탈로 전이할 때, 다음 중 증가하는 것은 무엇인가? (a) 전자의 에너지, (b) n 값, (c) l 값, (d) 원자의 반지름, 수소 원자의 경우 달라지는 답은 어느 것이며, 어떻게 달라지는가?

1E.3 (a) 리튬 원자에 대해 전체 Coulomb 퍼텐셜 에너지 식을 쓰시오. (b) 각 항은 무엇을 나타내는가?

1E.4 (a) 베릴륨 원자에 대해 전체 Coulomb 퍼텐셜 에너지 식을 쓰시오. (b) 원자의 전자 수를 Z라 할 때 전체 Coulomb 퍼텐셜 에너지 식에 들어 있는 항들의 총수를 나타내는 일반식을 쓰시오.

1E.5 다전자 원자에 대한 다음 설명 중에서 옳은 것은 어느 것인가? 틀리다면 그 이유를 설명하시오.

(a) 유효 핵전하 $Z_{eff}e$는 원자에 존재하는 전자 수와 무관하다.

(b) s-오비탈의 전자는 핵 쪽으로 침투할 수 있기 때문에 s-오비탈의 전자는 다른 오비탈의 전자보다 다른 전자들을 핵전하로부터 가리는 데 더 효과적이다.

(c) $l=2$인 전자는 $l=1$인 전자보다 가림 효과가 더 크다.

(d) p-오비탈 전자에 대한 $Z_{eff}e$는 같은 껍질의 s-오비탈 전자에 대한 $Z_{eff}e$보다 더 작다.

1E.6 바닥 상태에 있는 탄소 원자의 전자에 대한 다음 설명 중 어느 것이 옳은지 밝히시오. 틀리다면 그 이유를 설명하시오.

(a) 1s-오비탈 전자의 $Z_{eff}e$는 2s-오비탈 전자의 $Z_{eff}e$와 같다.

(b) 2s-오비탈 전자의 $Z_{eff}e$는 2p-오비탈 전자의 $Z_{eff}e$와 같다.

(c) 2s-오비탈 전자의 에너지는 2p−오비탈 전자의 에너지와 같다.

(d) 2p-오비탈의 전자들은 부호가 반대인 스핀 자기 양자수 m_s를 가진다.

(e) 2s-오비탈의 전자들은 양자수 m_s가 같다.

1E.7 다음 각 전자 배치가 해당 원자의 바닥 상태인지 들뜬 상태인지 결정하시오.

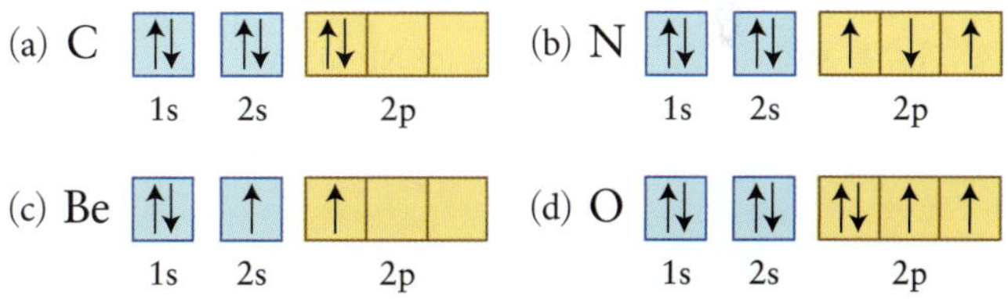

1E.8 어떤 원소의 중성 원자에 대해서 다음의 원자가 껍질 전자 배치가 가능하다. 해당 원소는 무엇이고, 어느 전자 배치가 바닥 상태인가?

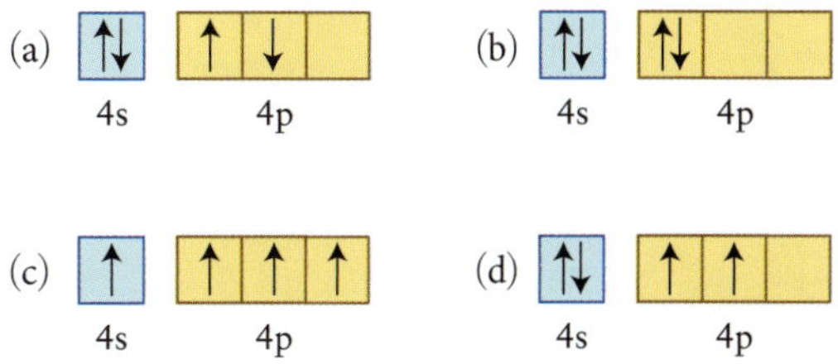

1E.9 다음 네 양자수 조합 $\{n, l, m_l, m_s\}$ 중에서 원자의 전자에 대해 금지된 것이 어느 것인가를 밝히고 그 이유를 설명하시오.

(a) $\{4, 2, -1, +\frac{1}{2}\}$

(b) $\{5, 0, -1, -\frac{1}{2}\}$

(c) $\{4, 4, -1, +\frac{1}{2}\}$

1E.10 다음 네 양자수 조합 $\{n, l, m_l, m_s\}$ 중에서 원자의 전자에 대해 금지된 것이 어느 것인가를 밝히고 그 이유를 설명하시오.

(a) $\{2, 2, -1, -\frac{1}{2}\}$

(b) $\{6, 6, 0+\frac{1}{2}\}$

(c) $\{5, 4, +5, -\frac{1}{2}\}$

1E.11 다음 각 원자의 바닥 상태 전자 배치를 쓰시오.

(a) 소듐 (b) 규소 (c) 염소 (d) 루비듐

1E.12 다음 각 원자의 바닥 상태 전자 배치를 쓰시오.

(a) 타이타늄 (b) 크로뮴 (c) 유로퓸 (d) 크립톤

1E.13 다음 각 원자의 바닥 상태 전자 배치를 쓰시오.
(a) 은 (b) 베릴륨 (c) 안티모니 (d) 갈륨 (e) 텅스텐 (f) 아이오딘

1E.14 다음 각 원자의 바닥 상태 전자 배치를 쓰시오.
(a) 저마늄 (b) 세슘 (c) 이리듐 (d) 텔루륨 (e) 탈륨 (f) 플루토늄

1E.15 (a)~(d)에 나타낸 전자 배치 중 바닥 상태일 것으로 예상되는 원소는 무엇인가?
(a) $[Kr]4d^{10}5s^25p^4$ (b) $[Ar]3d^34s^2$ (c) $[He]2s^22p^2$ (d) $[Rn]7s^26d^2$

1E.16 (a)~(d)에 나타낸 전자 배치 중 바닥 상태일 것으로 예상되는 원소는 무엇인가?
(a) $[Ar]3d^{10}4s^24p^1$ (b) $[Ne]3s^1$ (c) $[Kr]5s^2$ (d) $[Xe]4f^76s^2$

1E.17 다음 각 바닥 상태 원자가 +1가 이온을 형성하기 위해 제거해야 할 전자가 속한 오비탈(1s, 2p, 3d, 4f 등)을 예측하시오.
(a) Ge (b) Mn (c) Ba (d) Au

1E.18 다음 각 바닥 상태 원자가 +1가 이온을 형성하기 위해 제거해야 할 전자가 속한 오비탈(1s, 2p, 3d, 4f 등)을 예측하시오.
(a) Zn (b) Cl (c) Al (d) Cu

1E.19 다음 각 원자에 들어 있는 원자가 전자(최외각 d-전자도 포함)의 수를 예측하시오. (a) N (b) Ag (c) Nb (d) W

1E.20 다음 각 원자에 들어 있는 원자가 전자(최외각 d-전자도 포함)의 수를 예측하시오. (a) Ta (b) Tc (c) Te (d) Tl

1E.21 다음 각 원자의 바닥 상태 전자 배치에서 홀전자의 수는 몇 개인가? (a) Bi (b) Si (c) Ta (d) Ni

1E.22 다음 각 원자의 바닥 상태 전자 배치에서 홀전자의 수는 몇 개인가? (a) Pb (b) Ir (c) Y (d) Cd

1E.23 Ga, Ge, As, Se, Br은 주기율표의 같은 주기에 속해 있다. 이 원소들의 바닥 상태 원자의 전자 배치를 쓰고, 홀전자가 몇 개인지 밝히시오.

1E.24 N, P, As, Sb, Bi는 주기율표의 같은 족에 속해 있다. 이 원소들의 바닥 상태 원자의 전자 배치를 쓰고, 홀전자가 몇 개인지 밝히시오.

1E.25 다음에 해당하는 원자가 껍질 전자 배치(최외각 d−전자를 포함한) 기호를 쓰시오. (a) 알칼리 금속 (b) 15족 원소 (c) 5족 전이 금속 (d) '주화' 금속(Cu, Ag, Au)

1E.26 다음에 해당하는 원자가 껍질 전자 배치(최외각 d-전자를 포함한) 기호를 쓰시오. (a) 할로젠 (b) 칼코젠(16족 원소들) (c) 5족의 전이 금속 (d) 14족 원소

Topic 1F 주기성

이 Topic을 왜 배우는가? 주기율표에는 원소 성질의 경향성이 요약되어 있다. 주기율표의 위치에서 원소의 성질을 예측하는 것은 화학자의 중요한 역량이다.

무엇을 알고 있어야 하는가? 주기율표의 구조와 쌓음 원리(Topic 1E)에 내재되어 있는 다전자 원자의 구조와의 연관성을 알고 있어야 한다. 또한 산화 상태(기본 지식 K)의 의미와 이온화 에너지의 정의(Topic 1D)도 알고 있어야 한다.

주기율표는 화학이 이룬 가장 주목할 만하고 유용한 성과 중의 하나인데, 그 이유는 주기율표가 없으면 원소의 어리둥절할 정도로 다양한 성질에 직면하게 될 뿐만 아니라, 원소의 성질을 뒷받침하는 원자의 구조를 반영하기 때문이다. 그러나 주기율표의 발견자들은 주기율표의 구조가 원자의 전자 구조에 해당한다는 사실을 몰랐었다. 주기율표를 개발한 과학자들은 Dalton의 원자설을 확실히 알고 있었지만 원자가 진짜인지에 대해서는 의견이 일치하지 않았다. 비록 그들이 원자의 존재에 동의했다 하더라도, 주기율표가 처음 만들어졌을 당시 그들은 원자의 핵 모형에 대해서는 아무것도 몰랐다. 주기율표는 전적으로 원소들의 물리적·화학적 성질들을 고찰함으로써 만들어진 것이다. **화학 이야기 1F.1**은 이 역사에 대한 추가 세부 정보를 제공한다. 주기율표의 구조는 이제 원소 원자의 전자 구조 측면에서 완전히 이해되었으며(Topic 1E), 원소 특성의 주기적인 변화는 이러한 구조로 설명할 수 있다.

주기율표 전체에 걸친 원자 구조의 규칙적인 변화는 원소 특성의 주기적인 추세로 이어진다. 주기율표를 통한 유효 핵전하, $Z_{\text{eff}}e$의 변화는 원자의 원자가 껍질에 있는 전자의 에너지와 위치에 영향을 미치기 때문에 주기적인 추세를 설명하는 데 중요한 역할을 한다. **그림 1F.1**은 처음 세 주기의 변화를 보여준다. 유효 핵전하는 같은 주기에서는 왼쪽에서 오른쪽으로 갈수록 증가하다가 다음 주기로 넘어갈 때 급격하게 감소한다.

생각해 보기
더 공부하기 전에, 유효 핵전하가 원자의 크기나 외각 전자를 제거하기 쉬운 정도 등의 원자 성질에 어떻게 영향을 끼칠지 예측하시오.

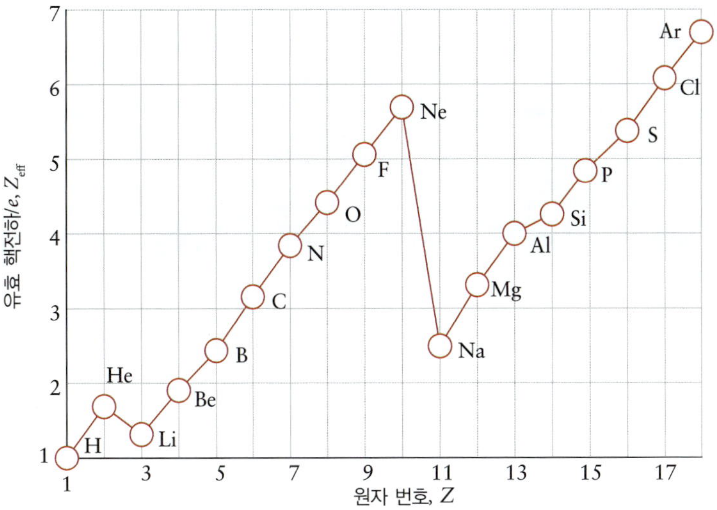

그림 1F.1 최외각 원자가 전자의 유효 핵전하가 원자 번호에 따라 변하는 모습. 유효 핵전하는 같은 주기에서는 왼쪽에서 오른쪽으로 갈수록 증가하다가 외각 전자가 새 껍질에 들어가면 급격히 감소함에 유의하자.

화학 이야기 1F.1 주기율표는 어떻게 만들어졌는가?

19세기 초에 화학자들은 원소를 화학적 수단으로 더 이상 분해할 수 없는 물질로 정의하는 데 동의하였다. 구리, 금, 은과 같은 일부 원소는 고대부터 알려져 왔다. 산소, 소듐, 염소와 같은 다른 원소들은 18세기와 19세기에 발견되었다. 그러나 새로운 원소가 발견되면서 새로운 질문이 생겼다. 한 원소가 다른 원소와 구분되는 이유는 무엇인가? 원소의 속성에 추세가 있을까? 이러한 추세를 사용하여 알려지지 않은 원소의 존재를 예측할 수 있을까?

19세기 초 독일의 Johann Dobereiner, 영국의 William Odling, John Newlands를 포함한 몇몇 화학자들은 원소들이 모종의 방식으로 연관되어 있다는 단서를 확인하였다. 1869년에 두 과학자, 러시아의 Dmitri Mendeleev와 독일의 Lothar Meyer(사진)는 각각 독자적으로 원소들을 원자량이 증가하는 순서대로 배열하면 비슷한 성질을 가진 무리로 나누어진다는 사실을 발견하였다. Mendeleev는 이것을 **주기율(periodic law)**이라고 불렀다. 한 가지 문제점은 몇몇 원소들의 위치가 제자리에서 벗어나 보인다는 것이었다. 예를 들어, 아르곤을 분리했을 때 이 원소는 제자리에 걸맞은 질량을 가지지 않는 것처럼 보였다. 아르곤의 상대적 원자량은 40(즉 몰질량은 $40\ g \cdot mol^{-1}$)으로 칼슘과 거의 같은데, 아르곤은 영족 기체이고, 칼슘은 반응성이 큰 금속이다. 이런 비정상적인 것들 때문에 과학자들은 원소를 배열하는 기준으로 상대적인 원자량만을 사용하는 것에 의문을 품게 되었다.

(a)

(b)

(a) Dmitri Ivanovitch Mendeleev(1834–1907)와 (b) Lothar Meyer(1830–1895). ((a), (b) *Public Domain/Wikimedia Commons*)

Mendeleev의 위대한 업적은 원자 질량을 기준으로 원소를 정렬하면서 기꺼이 예외를 두었다는 것이다. 예를 들어, 아이오딘은 텔루륨보다 원자 질량이 더 작았다. 그러나 Mendeleev는 아이오딘이 셀레늄과 황보다 염소 및 브로민과 화학적으로 더 유사하기 때문에 그의 표에 아이오딘을 텔루륨 다음에 배치하였다. 마찬가지로 텔루륨은 염소나 브로민보다 화학적으로 셀레늄이나 황과 더 유사하다. Mendeleev는 또한 표에 아직 발견되지 않은 원소에 대한 공백을 남겨두었고 심지어 원자 질량이 얼마나 될지 예측까지 하였다. 이로써 그는 1875년과 1886년에 각각 발견된 갈륨과 저마늄의 존재를 예측할 수 있었다.

초기 주기율표는 원소를 배열하는 좋은 방법을 제공했지만 이러한 배열의 이유를 설명하지는 않았다. 원소의 성질에 대한 추가적인 통찰력은 영국의 젊은 과학자 Henry Moseley가 전자살을 시료에 충돌시킬 때 발생하는 원소의 X-선 스펙트럼을 조사한 20세기 초에 나왔다. 그는 X-선의 진동수가 원자 번호 Z에 의존한다는 것을 알아내었다. 그리고 곧 원소들은 원자량이 아니라 원소 번호 순서로 배열할 때 주기율표에서 규칙적인 경향을 보인다는 사실을 발견하였다. 이제 주기율표의 구조는 원자의 파동 모형과 그에 따른 오비탈의 관점에서 이해된다.

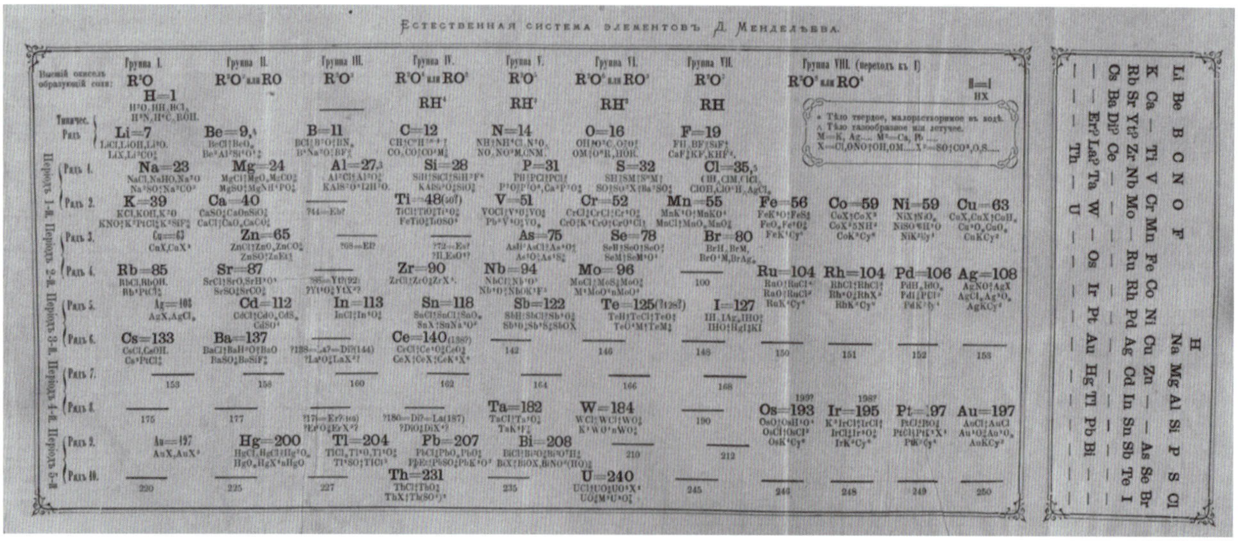

1871년 발표된 Mendeleev의 주기율표.

1F.1 원자 반지름

원자의 전자 구름은 명백한 경계를 가지고 있지 않으므로 원자의 정확한 반지름을 측정할 수는 없다. 대신, 원자의 전자 밀도가 매우 급격하게 떨어지는 반경을 원자의 '가장자리'로 간주하여 원자 반지름의 정의를 제시한다. 보조단의 그림에 따르면, 원자가 고체로 뭉치고 결합하여 분자를 형성할 때 그 중심은 서로 일정한 거리에 있다는 것이 밝혀졌다. 이 모형을 염두에 두고 원소의 **원자 반경**은 이웃 원자 중심 사이 거리의 절반으로 정의된다(**1**).

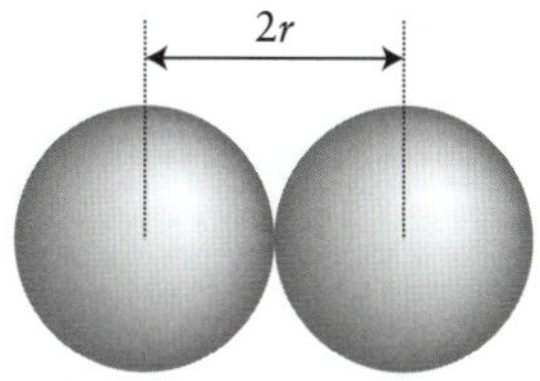

1 원자 반지름

- 원소가 금속이면 원자 반지름은 고체 시료 인접 원자들의 중심 사이 거리의 반으로 잡는다.

예를 들어, 고체 구리에서 인접한 핵들 사이의 거리는 256 pm이므로 구리의 원자 반지름은 128 pm이다.

- 원소가 비금속이거나 준금속(기초 지식 B)이면 화학 결합으로 연결된 원자들의 핵간 거리의 반을 사용하는데, 이 반지름을 원소의 **공유 반지름(covalent radius)**이라고도 한다(Topic 2D에서 이유를 설명한다).

  예를 들어, Cl_2 분자에서 핵간 거리는 198 pm이므로 염소의 공유 반지름은 99 pm이다.

- 원소가 영족 기체이면 **van der Waals 반지름(van der Waals radius)**을 사용하는데, 이것은 고체화된 기체 시료의 인접 원자들의 중심 사이 거리의 반이다.

부록 2D에 수록된 영족 기체들의 원자 반지름은 모두 van der Waals 반지름이다. 영족 기체 시료의 원자들은 화학적으로 결합되어 있지 않기 때문에 van der Waals 반지름은 일반적으로 공유 반지름보다 훨씬 더 크고, 따라서 경향을 논할 때는 포함시키지 않는 것이 좋다.

그림 1F.2는 일부 주족 원소의 원자 반지름을 보여 주고, 그림 1F.3은 원자 번호에 따른 원자 반지름의 변화를 보여 준다. 주기적인 톱날 모양의 변화 경향을 유의하자. 경향은 다음과 같이 요약할 수 있다.

- 원자 반지름은 일반적으로 같은 주기에서 왼쪽에서 오른쪽으로 갈수록 감소하고, 같은 족에서는 위에서 아래로 갈수록 증가한다.

같은 족에서 아래로 갈수록, 예를 들어, Li에서 Cs로 갈수록 원자 반지름이 증가하는 것은 쉽게 이해된다. 주기가 늘어날 때마다 최외각 전자는 핵에서 더 멀리 떨어진 껍질을 점유한다

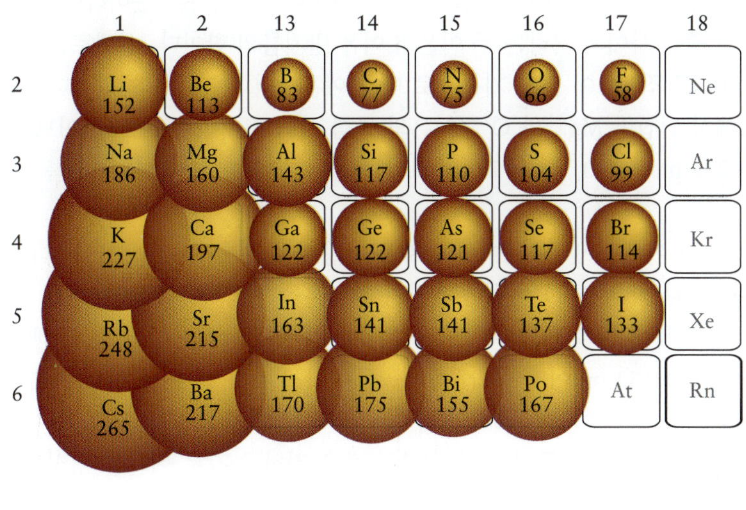

그림 1F.2 주족 원소의 원자 반지름(단위는 pm). 반지름은 같은 주기에서는 왼쪽에서 오른쪽으로 갈수록 감소하고, 같은 족에서는 위에서 아래로 갈수록 증가한다. d-구역 원소를 포함한 모든 원소의 원자 반지름은 부록 2D에 수록되어 있다.

그림 1F.3 원소들의 원자 반지름의 주기적 변화. 같은 주기에서의 변화는 유효 핵전하의 증가로, 같은 족에서의 변화는 주양자수가 더 큰 껍질의 점유로 설명할 수 있다.

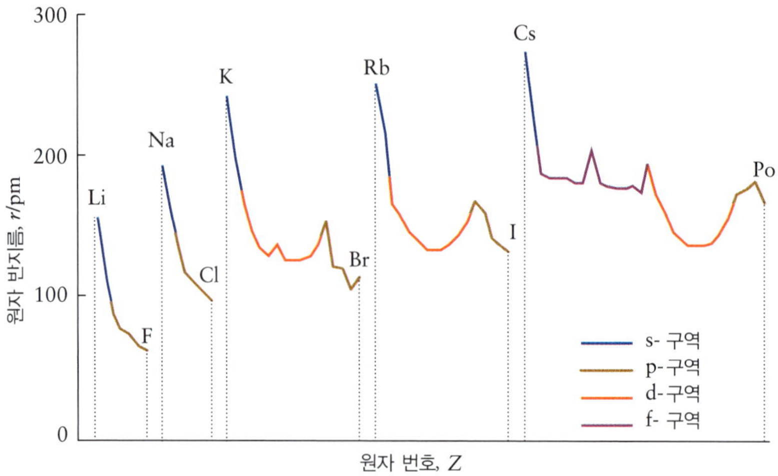

(그림 1D.5). 그러나 같은 주기에서 오른쪽으로 갈수록, 예를 들어, Li에서 Ne로 갈수록 감소하는 것은 전자 수가 양성자 수와 같이 증가하므로 얼핏 보기에는 놀라운 일이다. 이에 대한 설명은 추가되는 새 전자도 원자의 같은 껍질에 들어가므로 이미 그 껍질에 들어 있는 다른 전자들과 핵에 가깝기는 마찬가지라는 것이다. 이 전자들은 공간에 퍼져 있기 때문에 핵전하를 잘 가리지 못하고, 따라서 유효 핵전하는 같은 주기에서 오른쪽으로 갈수록 증가한다. 유효 핵전하가 증가함에 따라 전자들은 더 안쪽으로 끌리게 되어 원자는 더 작아진다. 이 두 경향으로 인해 주기율표의 오른쪽 위에서 왼쪽 아래의 대각선 방향으로 원자 반지름이 커진다.

생각해 보기

현재까지 알려진 원소 중에서 원자가 가장 큰 것은?

일반적으로 원자 반지름은 같은 주기에서 왼쪽에서 오른쪽으로 갈수록 유효 핵전하가 증가함에 따라 감소하고, 같은 족에서 아래로 갈 때는 새 껍질이 점유되기 때문에 증가한다.

1F.2 이온 반지름

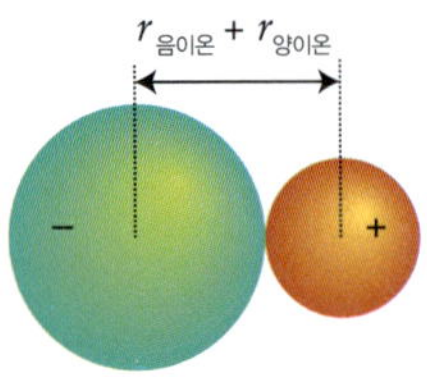

2 이온 반지름

이온의 반지름은 어미 원자의 반지름과 매우 다르다. 기초 지식 C에서 다루었듯이, 이온성 고체에서 각 이온은 반대 전하의 이온들로 둘러싸여 있다. 원소의 **이온 반지름(ionic radius)**은 이온성 고체에서 인접 이온들 사이의 거리 중 해당 이온이 차지하는 몫이다(**2**). 인접한 양이온과 음이온들의 중심 사이의 거리는 두 이온의 이온 반지름의 합이다. 실제로는 O^{2-} 이온의 반지름을 140. pm로 잡고, 이 값을 기준으로 다른 이온들의 반지름을 계산한다. 예를 들어, 산화 마그네슘에서 인접한 Mg^{2+}와 O^{2-} 이온의 중심 사이의 거리는 212 pm이므로 Mg^{2+} 이온의 반지름은 212 pm − 140. pm = 72 pm로 계산한다. **그림 1F.4**는 이온 반지름의 경향을 보여 준다.

그림 1F.5는 몇몇 이온들 및 해당 어미 원자들의 상대적 크기를 보여 주고 있다. 모든 양이온은 어미 원자들보다 작은데, 그 이유는 원자가 양이온을 형성하기 위해 전자를 잃고 일반적으로 어미 원자보다 훨씬 작은 핵심부를 노출시키기 때문이다. 예를 들어, 전자 배치가 $1s^22s^1$인 Li의 원자 반지름은 152 pm이지만 Li^+ 이온, 즉 어미 원자의 헬륨 꼴 $1s^2$ 핵심부 이온의 반지름은 76 pm에 불과하다. 이러한 크기의 차이는 마치 체리 열매(원자)와 체리 씨앗(이온)의 크기 차이와 비슷하다. 같은 주족에 속한 원자는 같은 전하를 갖는 이온을 형성하는 경향이 있

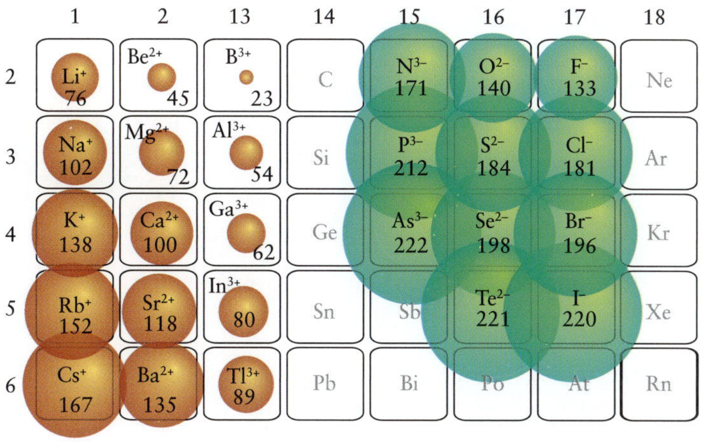

그림 1F.4 주족 원소의 이온 반지름(단위는 pm). 양이온은 어미 원자보다 작고, 음이온은 크며, 일부 경우에는 아주 많이 큼에 유의하자.

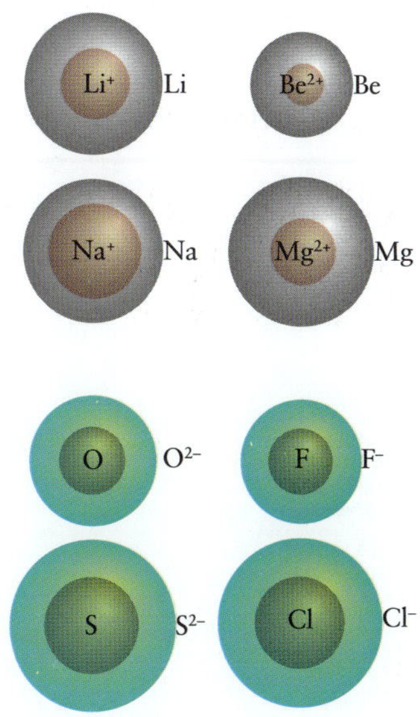

그림 1F.5 몇몇 양이온 및 음이온과 어미 원자들의 상대적인 크기. 어미 원자(회색)에 비해 양이온(분홍)은 더 작고, 음이온(초록)은 더 크다.

다. 원자 반지름과 마찬가지로, 이온 반지름도 각 족에서 아래로 갈수록 전자가 주양자수가 더 큰 껍질을 점유하게 되므로 증가하게 된다.

그림 1F.5를 보면 음이온은 어미 원자보다 더 크다. 그 이유는 음이온의 원자가 껍질의 전자 수가 증가하고 이 전자들이 서로 반발하기 때문이다. 음이온 반지름의 변화는 원자 및 양이온 반지름과 같은 대각 상관의 경향을 보인다. 즉, 주기율표 오른쪽 위 귀퉁이, 플루오린에 가까운 곳에서 제일 작다.

- 양이온은 어미 원자보다 작고, 음이온은 크다.

전자의 수가 같은 원자와 이온은 **등전자(isoelectronic)** 구조를 가진다고 한다. 예를 들어, Na^+, F^-, Mg^{2+}는 등전자 구조를 가진다. 이 세 이온은 똑같은 전자 배치 $[He]2s^22p^6$을 가진다. 그러나 핵전하는 다르기 때문에(그림 1F.1 참조) 반지름은 같지 않다. Mg^{2+}는 그중 핵전하가 제일 커서 전자들에 대한 인력도 가장 크므로 반지름은 제일 작다. F^-이온은 세 등전자 구조 중 핵전하가 가장 작으므로 반지름은 제일 크다.

예제 1F.1 이온들의 상대적인 크기 결정

광물학자와 지질학자들은 한 광물에 다른 종류의 이온을 삽입하여 변이시킬 수 있는지 판단하기 위해 원자의 상대적 크기를 알 필요가 있다. 에메랄드와 같은 보석들이 여러 가지 색을 띠는 것이 이런 삽입에 기인하는 예이다. 광물의 색깔은 불순물의 다양한 에너지 준위 때문이다. 다음 이온쌍들의 이온 반지름을 비교하시오. (a) Mg^{2+}와 Ca^{2+}, (b) O^{2-}와 F^-.

계획 같은 주기의 경우 오른쪽으로 갈수록 유효 핵전하가 증가하므로, 등전자 이온쌍 중 작은 것은 더 오른쪽에 있는 원소의 이온일 것이다. 두 이온이 같은 족에 속하면 위쪽에 있는 것의 최외각 전자가 핵에 더 가까이 위치하므로 작은 이온은 위쪽에 있는 것이다.

풀이

(a) 2족에서 Mg가 Ca 위에 있으므로

Mg^{2+}의 이온 반지름이 더 작을 것이다.

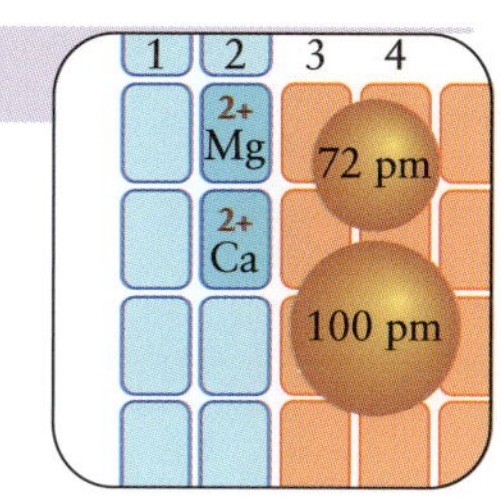

(b) 2주기에서 F가 O의 오른쪽에 있으므로

F^-의 이온 반지름이 더 작을 것이다.

평가 부록 2C의 표에 의하면 실제 크기는 (a) Mg^{2+} 72 pm, Ca^{2+} 100 pm, (b) F^- 133 pm, O^{2-} 140 pm이다.

자습 1F.1A 다음 이온쌍의 이온 반지름을 비교하시오. (a) Mg^{2+}와 Al^{3+}, (b) O^{2-}와 S^{2-}

[답: (a) $r(Al^{3+}) < r(Mg^{2+})$, (b) $r(O^{2-}) < r(S^{2-})$]

자습 1F.1B 다음 이온쌍의 이온 반지름을 비교하시오. (a) Ca^{2+}와 K^+, (b) S^{2-}와 Cl^-.

관련 연습 문제 1F.3, 1F.4

이온 반지름은 일반적으로 같은 족 내에서는 위에서 아래로 갈수록 증가하고, 같은 주기 내에서는 왼쪽에서 오른쪽으로 갈수록 감소한다. 양이온은 어미 원자보다 작고, 음이온은 어미 원자보다 크다.

1F.3 이온화 에너지

이온 화합물의 형성은 한 원자에서 하나 이상의 전자를 제거하고(예를 들어 Na가 Na^+가 됨) 그 전자를 다른 원자로 이동(예를 들어 Cl이 Cl^-가 됨)에 의존한다. 따라서 원자에서 전자를 제거하는 데 필요한 에너지는 원자들의 화학적 성질들을 이해하는 데 매우 중요하다. Topic 1D에서 언급했듯이, **이온화 에너지**(**ionization energy**, I)는 기체 상태의 원자에서 전자를 제거하는 데 필요한 최소 에너지이다.

$$X(g) \rightarrow X^+(g) + e^-(g) \quad I = E(X^+) - E(X) \tag{1}$$

여기서 $E(X)$는 X 화학종의 에너지이다. 이온화 에너지는 몰당 킬로줄($kJ \cdot mol^{-1}$)이나, 원자 한 개에 대해 **전자 볼트**(**electronvolt**, eV) 단위로 나타낸다. **일차 이온화 에너지**(**first ionization energy**, I_1)는 기체 상태의 중성 원자에서 전자를 제거하는 데 필요한 최소 에너지이다. 예를 들어, 구리에 대해서

$$Cu(g) \rightarrow Cu^+(g) + e^-(g) \qquad \text{필요 에너지} = I_1 \ (746\ kJ\cdot mol^{-1},\ 7.73\ eV)$$

이온화 에너지는 전자를 떼어내기 힘든 척도이므로, 이온화 에너지가 작은 원소는 양이온을 쉽게 형성하고, 고체나 액체 상태에서 전기를 잘 흐르게 한다(전자들이 자유롭게 움직이는 것이 요구된다). 이온화 에너지가 큰 원소는 양이온이 되기 힘들며, 전기도 잘 흐르지 않을 것이다.

몇몇 예외는 있지만, 일차 이온화 에너지는 한 주기에서 왼쪽에서 오른쪽으로 가면서 증가한다(그림 1F.6). 이러한 경향은 같은 주기에서 왼쪽에서 오른쪽으로 갈 때 유효 핵전하가 증가하기 때문이다. 이 경향에서 약간 벗어나는 것은 전자들, 특히 같은 오비탈을 점유하고 있는 전자들 사이의 반발에 기인한다. 예를 들어, 산소의 이온화 에너지는 질소보다 약간 작다. 이것은 질소 원자에서는 각 p-오비탈에 전자가 한 개씩 채워져 있지만, 산소에서는 여덟 번째 전자가 이미 채워져 있는 전자와 짝을 짓기 때문이다. 같은 오비탈에 채워진 전자 사이의 반

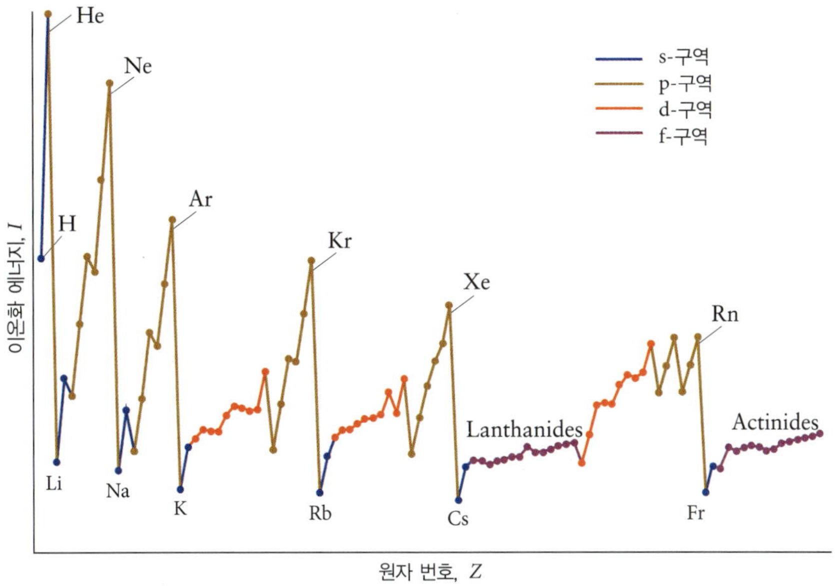

그림 1F.6 원소의 일차 이온화 에너지의 주기적 변화.

	1	2	13	14	15	16	17	18
				H 1310				He 2370
2	Li 519	Be 900	B 799	C 1090	N 1400	O 1310	F 1680	Ne 2080
3	Na 494	Mg 736	Al 577	Si 786	P 1011	S 1000	Cl 1255	Ar 1520
4	K 418	Ca 590	Ga 577	Ge 784	As 947	Se 941	Br 1140	Kr 1350
5	Rb 402	Sr 548	In 556	Sn 707	Sb 834	Te 870	I 1008	Xe 1170
6	Cs 376	Ba 502	Tl 590	Pb 716	Bi 703	Po 812	At 1037	Rn 1036

그림 1F.7 주족 원소의 일차 이온화 에너지(단위는 $kJ \cdot mol^{-1}$). 일반적으로 주기율표의 왼쪽 아랫부분에서는 낮고, 오른쪽 윗부분에서는 높다.

발 때문에 에너지가 높아지고, 두 전자가 다른 오비탈을 점유할 때보다 원자에서 전자를 하나 제거하는 것이 더 쉬워진다.

그림 1F.7을 보면 일차 이온화 에너지의 경향은 일반적으로 다음과 같다.

- 같은 족에서는 아래로 갈수록 일반적으로 감소한다.
- 같은 주기에서는 오른쪽으로 갈수록 증가한다.

같은 족에서 아래로 갈수록 감소하는 것은, 주기가 증가함에 따라 최외각 전자가 핵에서 더 멀리 떨어진 껍질을 점유하므로 더 약하게 결합되어 있기 때문으로 설명할 수 있다. 따라서 소듐 원자보다 세슘 원자에서 전자를 제거하는 데 에너지가 덜 든다.

주기율표의 왼쪽 아래 원소들의 이온화 에너지가 낮다는 사실은 그들이 금속의 특징을 가짐을 설명해 준다. 금속 덩어리는 원소의 양이온들의 집합을 원자들이 내어 놓은 원자가 전자의 바다가 둘러싸고 있는 것이다(**그림 1F.8**). 이온화 에너지가 작은 원소만이 전자를 쉽게 내어 줄 수 있으므로 s-구역, d-구역, f-구역 원소들 및 p-구역의 왼쪽 아래 원소만이 금속 고체를 형성

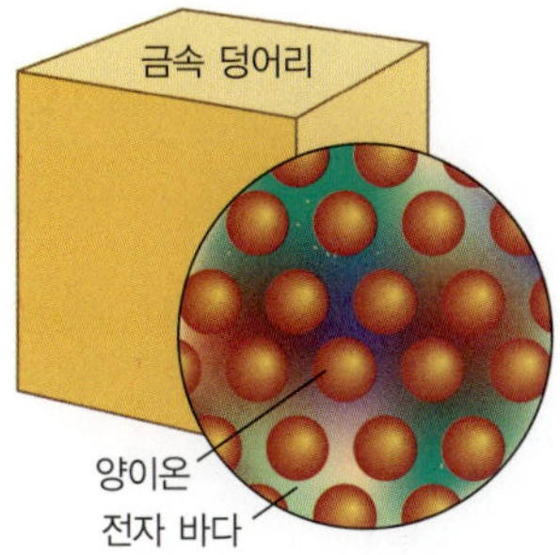

그림 1F.8 금속 덩어리는 양이온(공)의 배열을 전자 바다로 둘러싼 것이다. 전자 바다의 전하는 양이온들의 전하를 상쇄한다. 전자 바다의 전자들은 이동성이 있어서 아주 쉽게 양이온들을 지나서 다닐 수 있기 때문에 전류를 통하게 한다.

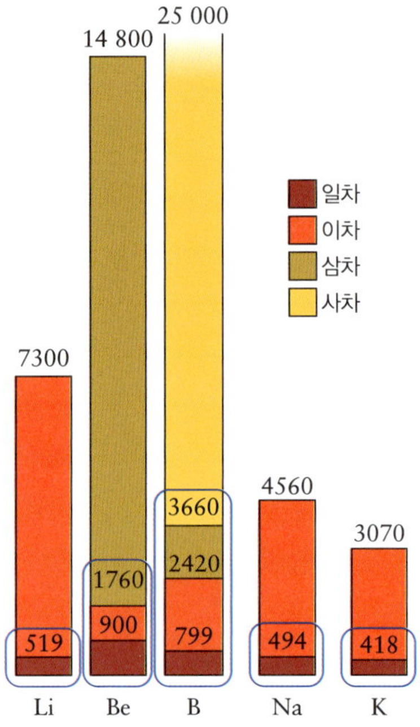

그림 1F.9 일부 주족 원소의 이온화 에너지. 내부 껍질에서 전자를 제거하는 데 필요한 에너지는 크게 증가함을 유의하자. 파란 사각형으로 원자가 전자의 이온화를 표시하였다.

할 수 있다.

주기율표의 오른쪽 위 원소들은 이온화 에너지가 높아서 전자를 쉽게 내어 줄 수 없기 때문에 이 원소들은 금속이 아니다. 전자 구조에 대한 지식이 주기율표의 주요 특징(이 경우에는 왼쪽 아래에는 금속들이, 오른쪽 위에는 비금속들이 있는 이유)을 이해하는 데 도움이 되었음을 유의하자.

원소의 **이차 이온화 에너지(second ionization energy**, I_2)는 +1가 전하를 가진 기체 상태의 양이온에서 전자를 제거하는 데 필요한 최소 에너지이다. 구리에 대해서는

$$Cu^+(g) \rightarrow Cu^{2+}(g) + e^-(g) \qquad \text{필요 에너지} = I_2\ (1958\ \text{kJ·mol}^{-1}, 20.29\ \text{eV})$$

그림 1F.9를 보면 원소의 이차 이온화 에너지는 항상 일차 이온화 에너지보다 큼을 알 수 있다. 중성 원자에서보다 양전하를 띤 이온에서 전자를 제거하는 데 더 많은 에너지가 필요하다. 1족 원소들에서는 이차 이온화 에너지가 일차 이온화 에너지보다 상당히 더 크지만, 2족에서는 두 이온화 에너지들이 비슷한 값을 가진다. 이렇게 차이는 1족 원소들이 ns^1 원자가 껍질 전자 배치를 가지기 때문이다. 즉, 첫 번째 전자를 제거하는 데는 약간의 에너지만 필요하지만 두 번째 전자는 영족 기체 핵심부에서 제거되어야만 하기 때문이다. 핵심부 전자들은 더 작은 주양자수를 가지며 핵에 훨씬 더 가까워 더 강하게 끌리기 때문에 이들을 제거하는 데는 많은 에너지가 필요하다.

자습 1F.2A 베릴륨에서 붕소로 갈 때 일차 이온화 에너지가 약간 감소하는 이유를 설명하시오.

[**답**: 붕소는 베릴륨보다 에너지가 높은 부껍질에서 더 쉽게 전자를 잃음.]

자습 1F.2B 베릴륨에서 붕소로 갈 때 삼차 이온화 에너지가 크게 감소하는 이유를 설명하시오.

일차 이온화 에너지는 헬륨 근처 원소들이 제일 크고 세슘 근처 원소들이 제일 작다. 이차 이온화 에너지는 (같은 원소의 경우) 일차 이온화 에너지보다 더 크며, 전자가 닫힌 껍질에서 제거될 때는 훨씬 더 크다. 주기율표의 왼쪽 아래 원소들이 금속인 것은 이온화 에너지가 작아서 전자를 쉽게 내어 주기 때문이다.

1F.4 전자 친화도

이온화 에너지는 원자에서 전자를 떼어내는 난이도를 나타내는 척도이다. 그러나 때로는 전자가 원자에 추가되어 음이온을 형성할 때(Cl에서 Cl^-가 형성되는 경우처럼)도 에너지가 어떻게 변하는지 알아야 한다. 원소의 **전자 친화도(electron affinity**, E_{ea})는 전자가 기체상 원자에 추가될 때 방출되는 에너지이다. 전자 친화도가 양수이면 전자를 원자에 추가할 때 에너지가 방출된다는 것을 의미한다. 전자 친화도가 음수이면 전자를 원자에 추가할 때 에너지를 **공급**해 주어야 한다. 부호를 이렇게 정하는 것은 양의 친화도를 갖는 원소의 원자가 전자가 부착될 때 더 낮은 에너지를 갖는다는 의미에서 '친화도'라는 용어의 일상적인 의미에 부합한다. 보다 공식적으로는, 원소 X의 전자 친화도를 다음과 같이 정의한다.

$$X(g) + e^-(g) \rightarrow X^-(g) \quad E_{ea}(X) = E(X) - E(X^-) \tag{2}$$

여기서 $E(X)$는 기체 상태 X 원자의 에너지이고, $E(X^-)$는 기체 상태 음이온의 에너지이다. 예를 들어, 염소의 전자 친화도는 다음 과정에서 방출되는 에너지이다.

$$Cl(g) + e^-(g) \rightarrow Cl^-(g) \qquad \text{방출 에너지} = E_{ea}\ (349\ \text{kJ·mol}^{-1}, 3.63\ \text{eV})$$

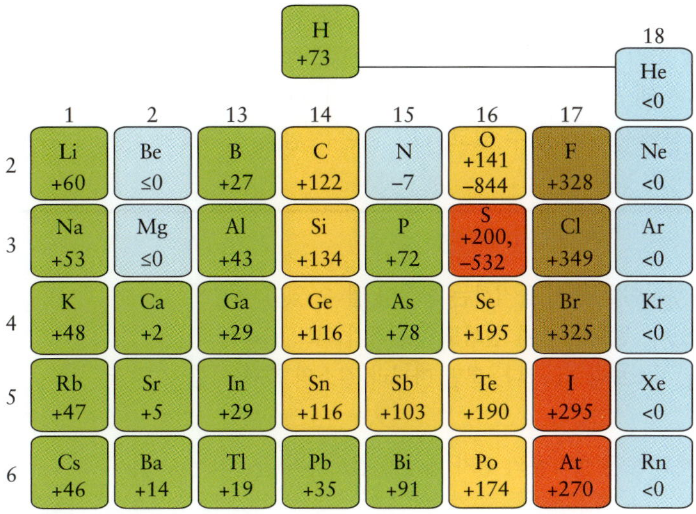

그림 1F.10 주족 원소의 전자 친화도(단위는 $kJ·mol^{-1}$) 변화. 값이 두 개 있는 경우에는 첫 번째 것이 −1가 음이온 형성에 대한 것이고, 두 번째 것은 −2가 음이온을 만드는 데 필요한 추가 에너지이다. 두 번째 값이 음수인 것은 −1가 음이온에 전자를 추가할 때 에너지가 필요하다는 뜻이다. 변화 추세는 이온화 에너지만큼 규칙적이지는 않지만 큰 값들은 플루오린 근처에 몰려 있다(영족 기체 제외).

전자가 염소 원자의 오비탈에 추가되면 에너지가 낮아지므로 $E(\text{Cl}) - E(\text{Cl}^-)$는 양수가 되고 염소의 전자 친화도도 양수이다. 이온화 에너지와 마찬가지로 전자 친화도도 몰당 킬로줄($kJ·mol^{-1}$)이나, 원자 한 개에 대해 전자 볼트(eV) 단위로 나타낸다.

보충 설명

어떤 책들에서는 전자 친화도를 부호를 바꿔 정의하기도 한다. 그렇게 정의한 값들은 실제로 전자 획득 엔탈피이다(Topic 4C).

그림 1F.10은 주기율표 중 주족 원소의 전자 친화도 변화를 보여 주고 있다. 전자 친화도는 반지름이나 이온화 에너지의 변화보다는 훨씬 덜 규칙적이기는 하지만, 영족 기체는 예외로 하고, 한 가지 대략적 경향은 뚜렷하다.

- 전자 친화도는 주기율표의 오른쪽으로 갈수록 커진다.

이 경향은 특히 오른쪽 위에 있는 산소, 황, 할로젠 원소에 적용된다. 이 원소들에 추가되는 전자는 유효 전하가 큰 핵에 가까운 p-오비탈로 들어가므로 핵의 인력을 매우 강하게 받는다. 영족 기체들의 전자 친화도는 음수인데, 그 이유는 이들에 추가되는 전자는 닫힌 껍질 바깥에 있는 핵에서 먼 오비탈을 점유하게 되고, 이 과정에는 에너지가 필요하기 때문이다. 따라서 전자 친화도는 음수가 된다.

전자 한 개가 17족 원자의 원자가 껍질의 빈자리 한 개에 들어가면 그 껍질은 완전히 채워진다. 따라서 전자가 추가되면 새 껍질로 들어가야 하고, 새 껍질의 전자는 핵에서 더 멀어질 뿐만 아니라 이미 존재하고 있던 음전하의 반발력까지 받게 될 것이다. 따라서 플루오린의 이차 전자 친화도는 큰 음의 값을 가진다. 즉, F^-로부터 F^{2-}를 만드는 데는 많은 에너지가 소모되어야 한다. 따라서 할로젠 원소들의 이온 결합 화합물들은 F^-와 같은 −1가 음이온에서 생기며, F^{2-}와 같은 −2가 음이온과는 생성되지 않는다.

16족 원소, 예를 들어, O 또는 S는 원자가 껍질 p-오비탈의 빈자리에 전자를 두 개 더 수용할 수 있다. 전자 한 개가 O 또는 S에 추가될 때 에너지가 방출되므로 일차 전자 친화도는 양수이다. 두 번째 전자를 추가할 때는 O^- 또는 S^-에 이미 존재하는 음전하에 의한 반발 때문에 에너지가 필요하게 된다. 그러나 할로젠과는 달리 O^- 음이온의 원자가 껍질에는 7개의 전자만 가지고 있어서 아직도 전자를 더 받을 여유가 있으므로 O^-에서 O^{2-}를 만드는 데는 원자가 껍질에 이런 여유가 없는 F^-에서 F^{2-}를 만드는 것보다 에너지가 덜 필요할 것으로 예상된다. 실제로 중성 원자에 전자를 한 개 추가하여 O^-를 만들 때는 141 kJ·mol^{-1}이 방출되지만, 두 번째 전자를 추가하여 O^{2-}를 만들 때는 844 kJ·mol^{-1}이 공급되어야 한다. 따라서 O로부터 O^{2-}를 만드는 데 필요한 총 에너지는 +703 kJ·mol^{-1}이다. Topic 2A에서 보겠지만, 이 에너지는 화학 반응에서 공급될 수 있고, O^{2-} 이온은 금속 산화물에 흔하게 존재한다.

예제 1F.2 전자 친화도의 경향 예측

유기화학자들은 전자가 풍부거나 모자라는 부분이 시약이 공격하는 중심이 될 수 있기 때문에 분자의 전자의 분포에 대해 생각할 필요가 있다. 원소의 전자 친화도로 전자가 어느 원자에 모일지 추정할 수 있다. 탄소의 전자 친화도는 질소보다 더 크다. 뿐만 아니라 질소의 전자 친화도는 음수이다. 이 사실을 설명하시오.

계획 주기율의 경향이 예상과 다를 때는 관계된 모든 화학종의 전자 배치를 검토하여 관찰되는 경향의 단서를 찾아본다.

풀이 N 원자는 C 원자보다 작고, 핵전하가 크므로 N 원자에 전자가 추가될 때 더 많은 에너지가 나오리라 예상할 수 있다. 중성 원자에서 최외각 전자에 대한 유효 핵전하는 N이 3.8이고, C가 3.1이다. 그러나 실제로 관찰되는 것은 그 반대이므로, 음이온에서 원자가 전자에 작용하는 유효 핵전하도 고려해야 한다(**그림 1F.11**). C에서 C^-가 생길 때 전자는 비어 있는 2p-오비탈을 점유한다(**3**). 따라서 새 전자는 기존 p-전자들과는 잘 분리되어 있기 때문에 기존 전자들과 거의 비슷한 정도의 유효 핵전하 3.1을 느낄 것이다. N에서 N^-가 생길 때는 전자가 이미 절반이 채워져 있는 2p-오비탈을 점유해야 한다(**4**). 이 전자가 느끼는 유효 핵전하는 3.8보다 상당히 작을 것이며, N^-를 만들기 위해 에너지가 더 들게 된다. 즉, 질소는 탄소보다 전자 친화도가 작을 것이다.

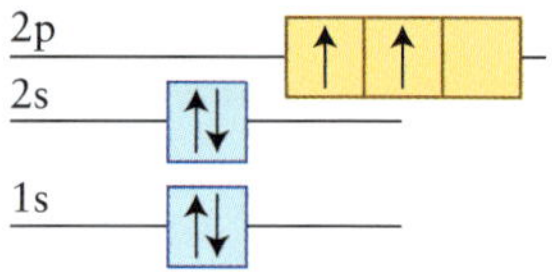

3 C $1s^22s^22p^2$, [He]$2s^22p^2$

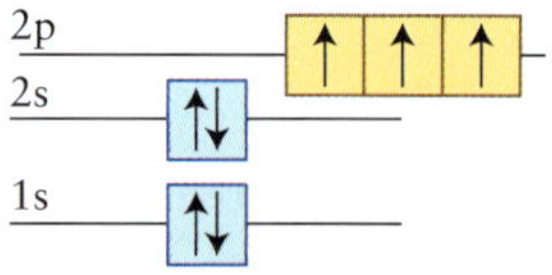

4 N $1s^22s^22p^3$, [He]$2s^22p^3$

자습 1F.3A 리튬에서 베릴륨으로 갈 때 전자 친화도가 크게 감소하는 이유를 설명하시오.

[**답**: 새 전자는 Li에서는 2s-오비탈에, Be에서는 2p-오비탈에 들어가는데, 2s-전자가 2p-전자보다 핵에 더 단단히 붙들림.]

자습 1F.3B 플루오린에서 네온으로 갈 때 전자 친화도가 크게 감소하는 이유를 설명하시오.

관련 연습 문제 1F.11, 1F.12

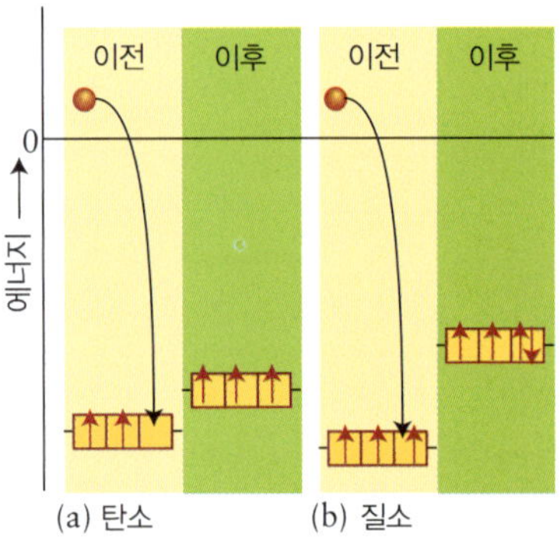

그림 1F.11 전자가 탄소 및 질소 원자에 추가될 때 생기는 에너지 변화. (a) 탄소 원자는 빈 p-오비탈에 추가되는 전자를 받아들여 전체 에너지를 낮출 수 있다. (b) 전자가 질소 원자에 추가될 때는 p-오비탈에 이미 있는 전자와 짝지어야만 한다. 새로 추가되는 전자는 질소 원자의 기존 전자들로부터 강한 반발을 당하므로 질소의 전자 친화도는 실제로 음수이다.

전자 친화도가 가장 큰 원소는 16족과 17족이다.

1F.5 전기 음성도

1934년 미국 화학자 Robert Mulliken이 이온화 에너지와 전자 친화도의 조합을 제안하였는데, 이는 화학에서 매우 유용한 것으로 밝혀졌다. 그는 원자가 화합물 안에서 전자를 끌어당기는 정도인 원소의 **전기 음성도(electronegativity)**, χ(그리스 문자 chi, "카이"로 발음)를 표현하는 방법을 모색하였다(이는 Topic 2D에서 더 자세히 다룬다). Mulliken은 다음과 같은 정의를 제안하였다.

$$\chi = \tfrac{1}{2}(I + E_a)/\text{eV} \qquad \textbf{(3)}$$

여기서 이온화 에너지와 전자 친화도는 전자 볼트로 표시한다(따라서 전기 음성도 자체는 단위가 없다). **그림 1F.12**는 주기율표의 주족 원소의 전기 음성도 변화를 보여준다. 여기에 제공된 수치는 Topic 2D에 다루는 다른 정의에 따른 수치와 일치하도록 조정되었지만, 예상되는 경향을 보여준다. 이온화 에너지와 전자 친화도는 주기율표의 오른쪽

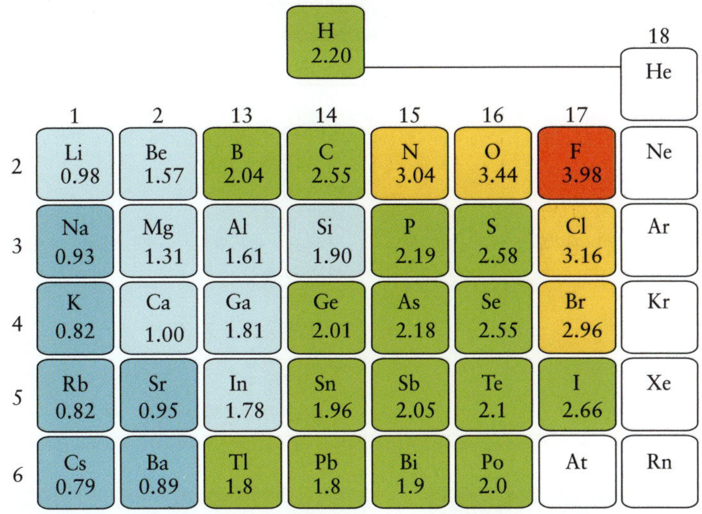

그림 1F.12 주족 원소(영족 기체 제외)의 전기 음성도 변화 추이. 주기율표의 오른쪽 위로 갈수록 전기 음성도가 커지며, 왼쪽 아래로 갈수록 낮아진다. 수치는 Topic 2D에 제공된 대체 정의와 일치하도록 조정되었다.

상단(영족 기체를 제외하고 플루오린에 가까운 쪽)에서 가장 높으므로 질소, 산소, 브로민, 염소, 플루오린이 가장 전기 음성도가 높은 원소라는 사실은 놀라운 일이 아니다.

이온화 에너지가 큰 원자는 화합물 안에서 전자를 쉽게 내어 주지 않을 것이고, 전기 음성적인 원소의 원자는 전자를 붙잡는 경향을 가지므로, Mulliken의 정의는 의미가 적절하다. 또한 전자 친화도가 크면, 전자를 추가하는 것이 에너지적으로 유리하며, 전기 음성적인 원자도 전자를 받아들이려 할 것이다. 이 두 가지 성질이 모두 큰 원소는 자신의 전자를 쉽게 잃지 못하고(전자를 잃게 되면 에너지가 올라간다), 전자를 얻으려는(전자를 얻으면 에너지가 내려간다) 경향을 갖게 한다. 따라서 그들은 '전기 음성도가 높은' 것으로 분류된다. 반대로, 이온화 에너지와 전자 친화도가 모두 낮으면, 해당 원소가 전자를 잃는 데 에너지 소요가 거의 없으며, 전자를 얻으려는 경향도 낮게 된다. 따라서 이 경우에는 전기 음성도가 낮다.

유의 사항

'전기 음성이 아님'의 동의어로 '전기 양성'이라는 용어를 사용하지 않도록 주의하자. '전기 양성'이라는 용어는 전기화학적 특성을 의미하며 전기 음성도와는 아무런 관련이 없다.

화합물 안에서 전자를 끌어당기는 원자의 힘에 대한 척도인 원소의 전기 음성도는 주기율표의 오른쪽 상단에서 가장 높다.

1F.6 원소의 일반적 성질

우리는 이제 적어도 일반적으로는 원소들의 성질을 예측할 수 있게 되었다. 예를 들어, s-구역 원소들은 이온화 에너지가 작은데, 이것은 최외각 전자들을 쉽게 잃을 수 있다는 뜻이다. 따라서 s-구역 원소들은 반응성이 큰 금속일 것이며, '금속'이라는 이름이 내포하는 모든 특징을 나타낼 것이다(**표 1F.1**, **그림 1F.13**). 이들은 모두 유연하고 광택이 나는 금속으로, 녹는점이 낮고 물과 반응하여 수소를 생성한다. 각 족의 제일 밑의 원소들은 이온화 에너지가 가장 작고 원자가 전자를 잃기가 가장 쉬우므로 세슘과 바륨은 모든 s-구역 원소 중에서도 가장 격렬하게 반응하며, 공기와 물을 차단하여 보관해야 한다.

p-구역의 왼쪽 원소들, 특히 무거운 원소는, 이온화 에너지가 충분히 낮아서 s-구역 원소들의 금속 성질 중 일부를 지니고 있다. 그러나 p-구역 금속 원소의 이온화 에너지는 꽤 높기 때

표 1F.1 금속과 비금속의 특성

금속	비금속
물리적 성질	
좋은 전기 전도체	좋지 않은 전기 전도체
전성	전성 없음
연성	연성 없음
광택	광택 없음
전형적으로: 고체, 높은 녹는점, 우수한 열 전도체	전형적으로: 고체, 액체, 기체, 낮은 녹는점, 열 전도체로 부적합
화학적 성질	
산과 반응	산과 반응하지 않음
염기성 산화물 형성	산성 산화물 형성
양이온 형성	음이온 형성
이온성 할로젠화물 형성	공유성 할로젠화물 형성

그림 1F.13 알칼리 금속들은 모두 연하고, 반응성이 크고, 은색이 나는 금속이다. 소듐은 공기로부터 보호하기 위하여 광물성 기름 속에 보관한다. 새로 자른 표면은 곧 산화물로 덮인다. (© *Andraž Cerar/Shutterstock*)

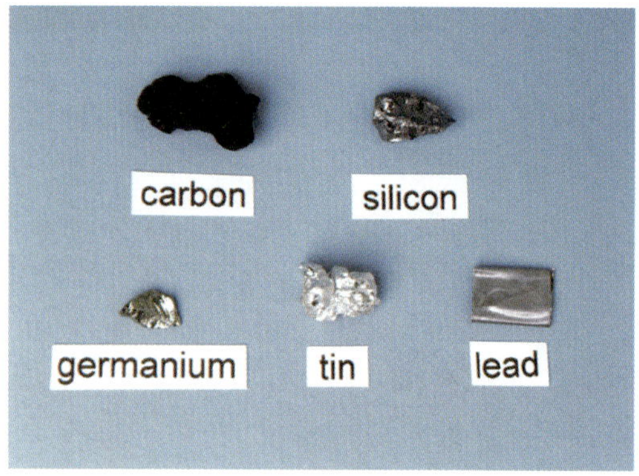

그림 1F.14 14족 원소들. 왼쪽에서 오른쪽으로 탄소(흑연), 규소, 저마늄, 주석, 납. (© *sciencephotos/Alamy Stock Photo*)

그림 1F.15 16족 원소들. 왼쪽에서 오른쪽으로 산소, 황, 셀레늄, 텔루륨. 비금속에서 준금속으로 변해 가는 경향에 유의하자. (*Tomihahndof/CC BY-SA 3.0/Wikimedia Commons*)

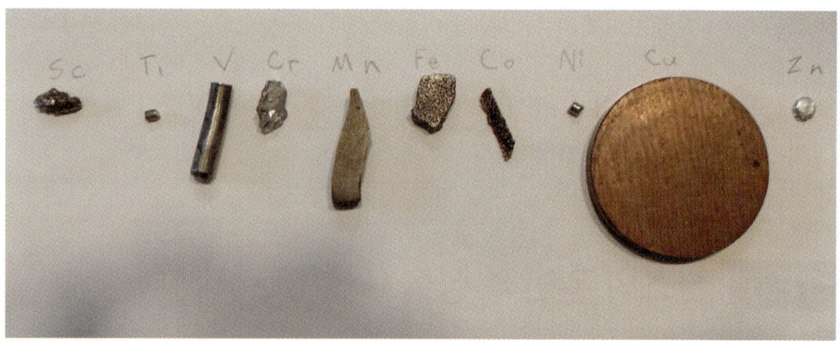

그림 1F.16 d-구역의 첫째 주기 원소들. 왼쪽에서 오른쪽으로: 스칸듐, 타이타늄, 바나듐, 크로뮴, 망가니즈, 철, 코발트, 니켈, 구리, 아연. (*Keresluna/CC BY-SA 4.0/Wikimedia Commons*)

문에 s-구역의 금속 원소보다 반응성은 낮다(**그림 1F.14**).

p-구역의 오른쪽 원소(영족 기체는 제외)는 특징적으로 전자 친화도가 높아서 전자를 획득해 닫힌 껍질을 완성하려는 경향을 보인다. 18족 영족 기체 원소들은 껍질이 완성되어 반응성이 거의 없으므로 '비활성 기체'라고도 한다. 준금속인 텔루륨과 폴로늄을 제외하고 16족 및 17족의 원소들은 모두 비금속이다(**그림 1F.15**). 이들은 보통 서로 분자성 화합물을 형성한다.

d-구역 원소는 모두 금속이며 'd-금속'이라고도 한다(**그림 1F.16**). 이들의 성질은 s-구역과 p-

구역 원소들의 중간인데, 이들(12족은 제외)의 이름을 '전이 금속(transition metal)'이라고 하는 이유도 이 때문이다. d-금속 원자가 전자를 잃고 양이온이 될 때는 바깥쪽 s-전자를 먼저 잃는다. 그러나 대부분의 전이 금속은 d-전자들이 비슷한 에너지를 가지고, 화합물을 만들 때 잃는 전자 수가 가변적이어서 산화 상태가 다른 여러 가지인 이온들을 형성한다. 예를 들어 철은 Fe^{2+}와 Fe^{3+}를, 구리는 Cu^{+}와 Cu^{2+}를 형성한다. 비록 구리는 최외각 전자가 s-전자 한 개라는 점에서 포타슘과 같지만 포타슘은 K^{+}만을 형성한다. 이렇게 차이가 나는 이유는 이차 이온화 에너지를 비교해 보면 알 수 있는데, 구리의 이차 이온화 에너지는 1958 $kJ \cdot mol^{-1}$이고, 포타슘은 3051 $kJ \cdot mol^{-1}$이다. Cu^{2+}를 형성하려면 전자가 $[Ar]3d^{10}$의 d-부껍질에서 제거되는 반면에 K^{2+}를 형성하려면 전자가 포타슘의 아르곤 꼴 핵심부에서 제거되어야만 한다.

d-구역 원소들이 가용성의 d-오비탈을 가지고 있다는 것과 또 이들의 원자 반지름이 비슷하다는 사실은 일상생활의 여러 분야에 큰 영향을 미친다. d-오비탈의 가용성은 화학 산업 전반에 걸쳐 d-구역 원소 및 이들의 화합물이 촉매(반응을 가속화하지만 그 자체로는 소비되지 않는 물질)로 작용하는 데 큰 역할을 한다. 철은 암모니아 제조에, 니켈은 식물성 기름을 쇼트닝으로 전환하는 데, 백금은 질산 제조에, 산화 바나듐(V)은 황산 제조에, 타이타늄 화합물은 폴리에틸렌 제조에 사용된다. 전하가 다른 이온들을 형성하는 능력은 생물체에서 일어나는 매우 복잡한 변화들을 촉진하는 데 중요하다. 예를 들어, 철은 포유동물의 혈액에서 산소를 운반하는 단백질인 헤모글로빈에 철(II) 형태로 존재하고, 구리는 전자 운반에 관여하는 단백질에 존재하며, 망가니즈는 광합성을 일으키는 단백질에 존재한다. 이 원자들의 반지름이 비슷한 것은 전이 금속들이 합금(Topic 8K)이라고 알려진 혼합물들, 특히 현대 구조물이나 공학 기술을 가능하게 하는 각종 철강을 만드는 데 큰 역할을 한다.

같은 주기의 f-구역 금속들은 원자 반경과 화학적 특성이 매우 유사하다. 란타넘족 원소들을 분리하고 정제하는 것은 어려웠기 때문에 산업에서 이들의 광범위한 이용은 지체되었다. 그러나 오늘날에는 초전도 재료들이 란타넘족 원소들을 함유하고 있기 때문에 이 원소들이 활발하게 연구되고 있다. 악티늄족 원소들은 모두 방사능을 가지고 있다. 플루토늄 다음의 원소들은 어느 것도 지구상에 천연 상태로 거의 존재하지 않는다.

s-구역 원소들은 모두 반응성이 큰 금속이다. p-구역 원소들은 전자를 얻어 닫힌 껍질을 완성하려고 하는데, 이들은 금속, 준금속, 비금속까지 다양하다. d-구역 원소들은 s-구역과 p-구역 금속들의 중간 성질을 가진 금속이다. 많은 d-구역 원소들은 산화 상태가 다른 여러 양이온을 형성한다.

이 Topic에서 배운 것은 무엇인가?

원소의 많은 특성, 특히 주기적인 변화는 유효 핵전하의 개념을 고려하여 주기율표를 조사함으로써 예측할 수 있다.

개념과 식의 적용

- ☐ 원자 반지름, 이온화 에너지, 전자 친화도, 전기 음성도의 주기율을 설명한다(예제 1F.1, 1F.2 및 1F.5절).
- ☐ 원소의 성질과 주기율표상의 위치의 관련성을 일반적으로 요약한다(1F.6절).

Topic 1F 연습 문제

1F.1 다음 원소들을 원자 반지름이 **감소하는** 순서대로 배열하시오. (a) 황, 염소, 규소 (b) 코발트, 타이타늄, 크로뮴 (c) 아연, 수은, 카드뮴 (d) 안티모니, 비스무트, 인

1F.2 다음 원소들을 원자 반지름이 **감소하는** 순서대로 배열하시오. (a) 브로민, 염소, 아이오딘 (b) 갈륨, 셀레늄, 비소 (c) 칼슘, 포타슘, 아연 (d) 바륨, 칼슘, 스트론튬

1F.3 다음 이온들을 이온 반지름이 **증가하는** 순서대로 배열하시오. S^{2-}, Cl^{-}, P^{3-}.

1F.4 다음 각 쌍에서 반지름이 더 **큰** 것은 어느 이온인가? (a) Ga^{3+}, In^{3+} (b) P^{3+}, S^{2+} (c) Pb^{2+}, Pb^{4+}

1F.5 다음 각 쌍에서 일차 이온화 에너지가 더 **작은** 것은 어느 것인가? (a) Ca, Mg (b) Mg, Na (c) Al, Na

1F.6 다음 각 쌍에서 이차 이온화 에너지가 더 **작은** 것은 어느 것인가? (a) Ca, Mg (b) Mg, Na (c) Al, Na

1F.7 다음 원소들을 이온화 에너지가 **감소하는** 순서대로 배열하고, 그 이유를 설명하시오.
(a) 셀레늄, 산소, 텔루륨 (b) 금, 탄탈럼, 오스뮴 (c) 납, 바륨, 세슘

1F.8 (a) 같은 주기에 속하는 원소들의 일차 이온화 에너지는 일반적으로 원자 번호가 커질수록 증가한다. 그 이유는 무엇인가? (b) 그림 1F.6에 나와 있는 p-구역 원소들에 대한 자료를 조사해 보고 (a)에서 얻은 규칙에 대한 예외를 찾으시오. 그 예외들은 어떻게 설명되는가?

1F.9 아래 표에 인, 황, 염소 원자들의 일차와 이차 이온화 에너지가 실려 있다. 인과 황의 일차 이온화 에너지는 거의 같지만, 이차 이온화 에너지는 황이 인보다 훨씬 큰 이유는 무엇인가?

	$I_1/(\text{kJ·mol}^{-1})$	$I_2/(\text{kJ·mol}^{-1})$
P	1011	1903
S	1000	2251
Cl	1255	2296

1F.10 연습 문제 1F.9의 표에 인, 황, 염소 원자의 일차와 이차 이온화 에너지가 실려 있다. 염소의 일차 이온화 에너지가 황보다 더 크지만, 이차 이온화 에너지는 거의 같은 이유는 무엇인가?

1F.11 다음 각 쌍에서 전자 친화도가 더 **큰** 것은 어느 원소인가? (a) 텔루륨, 아이오딘 (b) 베릴륨, 마그네슘 (c) 산소, 황 (d) 갈륨, 인듐

1F.12 다음 각 쌍에서 전자 친화도가 더 **큰** 것은 어느 원소인가? (a) 저마늄, 셀레늄 (b) 붕소, 탄소 (c) 인, 비소

1F.13 s-구역 금속이 p-구역 금속보다 일반적으로 반응성이 더 큰 이유를 설명하시오.

1F.14 다음 원소들 중에서 전이 금속은 어느 것인가? (a) 라듐 (b) 라돈 (c) 하프늄 (d) 나이오븀 (e) 카드뮴

1F.15 다음 각 원소를 금속, 비금속, 준금속으로 분류하시오. (a) 납 (b) 황 (c) 아연 (d) 규소 (e) 안티모니 (f) 카드뮴

1F.16 다음 각 원소를 금속, 비금속, 준금속으로 분류하시오. (a) 알루미늄 (b) 탄소 (c) 저마늄 (d) 비소 (e) 셀레늄 (f) 텔루륨

다음의 예제와 연습 문제는 Topic 1 전체의 내용에 관한 것이다.

FOCUS 1 통합 예제

실험실에서 반도체 나노물질의 성질을 조사하고 있다. 고온 용액에서 CdO와 Se를 반응시켜 CdSe 나노결정을 합성해야 한다. Se 용액은 152.6 mg의 셀레늄 금속을 25.0 mL의 1-옥타데켄 용매에 용해시켜 제조한다. 225 °C에서 별도의 플라스크에 CdO 64.2 mg을 올레산 3.00 mL와 1-옥타데켄 50.0 mL에 용해시킨다.

(a) Cd와 Se의 전자 배치를 쓰시오.

(b) 부록 2D의 자료에 근거했을 때 어느 원소가 (i) 더 높은 이온화 에너지(I_1), (ii) 더 큰 전자 친화도(E_{ea}), (iii) 더 큰 원자 반지름(r)을 가지겠는가?

(c) CdSe는 이원자 이온성 화합물로 간주될 수 있다. (b)의 전자 친화도에 근거하면, 이 화합물에서 어느 원소가 음이온이겠는가? 각 원소가 형성한 이온의 전하를 예측하시오.

(d) 최종 생성물은 Cd:Se의 몰비가 1:1이어야 한다. CdO 용액에 넣어야 할 셀레늄 용액의 부피는 얼마인가?

(e) 준비한 재료의 시료에 UV 빛을 쪼여 주었을 때 546 nm의 빛을 방출하는 것을 관찰하였다. 나노결정의 전자는 일차원 상자에 갇힌 전자로 처리될 수 있으며, 방출된 빛은 $n=2$에서 $n=1$ 에너지 준위로 전자 전이에 의한 것으로 생각할 수 있다. 시료의 나노결정의 지름은 얼마이겠는가? CdSe에서 전자의 유효 질량(에너지 표현에 사용되는 질량, m_e^*)은 $m_e^* = 0.090m_e$이다. 전자의 질량은 이 책 뒤표지 안쪽의 표에 나와 있다.

(f) 나노결정의 전자를 $n=1$에서 $n=3$으로 들뜨게 하기 위한 빛의 파장은 얼마인가?

FOCUS 1 연습 문제

($\int$ C dx) 표시가 있는 연습 문제는 미적분을 사용해야 한다.

1.1 수소의 Balmer 계열 스펙트럼 선들은 656.3, 486.1, 434.0, 410.2 nm에서 관찰된다. 이 계열의 다음 선의 파장은 얼마인가?

1.2 어떤 실험에서 수소 원자의 전자는 $n=5$보다 높은 준위로 들뜰 수 없다고 하자. (a) 들뜬 원자가 낮은 상태로 떨어질 때 몇 개의 스펙트럼 선이 관찰되겠는가? (b) 어느 파장 영역의 빛이 방출되겠는가? (**힌트**: 이 문제를 풀려면, 가장 높은 에너지의 전이와 가장 낮은 에너지의 전이에 대한 파장을 찾으시오.)

1.3 어떤 램프가 633 nm 파장을 갖는 광자를 매초 2.4×10^{21}개 만들고 있다. 이 파장의 복사선으로 생성되는 전력은 몇 W인가? ($1\ \text{W} = 1\ \text{J}\cdot\text{s}^{-1}$)

1.4 기술자가 수행한 Millikan의 기름 방울 실험에서 관찰한 방울들은 모두 짝수 개의 전자를 가지고 있었다. 이 문제를 몰랐다면 전자의 전하 값에 대한 보고서에 어떤 영향을 끼쳤겠는가?

($\int$ C dx) **1.5** 상자 속 입자의 서로 다른 에너지 상태들에 해당하는 파동 함수들은 서로 '직교'한다. 이 의미는 두 파동 함수를 곱한 후 상자의 전체 길이에 대해 적분하면 그 값이 0이 된다는 것이다. (a) $n=1$ 및 $n=2$ 파동 함수들이 직교함을 증명하시오. (b) n이 짝수인 모든 파동 함수들은 n이 홀수인 모든 파동 함수들과 직교함을 계산하지 않고 보이시오. (**힌트**: 이런 두 함수의 곱 아래 면적에 대해 고찰하시오.)

($\int$ C dx) **1.6** 파동 함수들은 1로 '정규화'되어 있는데, 정규화란 계에서 전자를 발견할 전체 확률이 1이라는 뜻이다. 상자 속 입자 파동 함수(Topic 1C의 식 2)에 대해 이를 증명하시오.

1.7 상자 속 입자의 두 상태 n과 n' 사이의 전이 세기는 다음 적분 $\mu_{nn'}$의 제곱에 비례한다.

$$\mu_{nn'} = -e\int_0^L \psi_n x \psi_{n'}\,dx$$

(a) 양자수가 3과 1인 상태 사이에서 전이가 가능한가? (b) 양자수가 2와 1인 상태 사이의 전이를 고려해 보자. 상자의 길이가 길어지면 전이의 세기는 감소하는가 또는 증가하는가?

1.8 Millikan은 전자의 전하를 **정전기 단위**(*electrostatic unit*, esu)로 측정하였다. 그가 수집한 자료는 다음과 같은 기름 방울에 있는 전하의 값을 포함한다: 9.60×10^{-10} esu, 1.92×10^{-9} esu, 2.40×10^{-9} esu, 2.88×10^{-9} esu, 4.80×10^{-9} esu.
(a) 이 자료에서 전자의 전하를 정전기 단위로 추정하시오. (b) 전하가 6.72×10^{-9} esu인 기름 방울에 있는 전자의 수를 예측하시오. (c) 전자의 실제 전하(쿨롱 단위로)는 1.602×10^{-19} C이다. esu와 쿨롱의 관계는 무엇인가?

1.9 수소 원자의 전자가 $2p_x$-오비탈로 들떴다. 파동 함수가 양의 부호를 가진 공간의 영역에서 전자가 발견될 확률은 얼마인가?

1.10 f-구역 원소에서는 쌓음 원리에서 예상되는 정상적인 오비탈 점유 순서에서 벗어나는 예외가 많이 있다. 왜 이 원소들에서 예외가 더 많이 나타나는지 그 이유를 제시하시오.

1.11 광전자 분광법(photoelectron spectroscopy, PES, Topic 1B 참조)은 원자 오비탈에서 전자를 제거하기 위한 에너지를 측정하여 원자 오비탈들의 에너지를 알아낸다. 두 원소의 PES 스펙트럼에서 다음의 봉우리들이 관찰되었다. 원소가 무엇인지 밝히고, 전자 배치를 쓰시오. 이유도 설명하시오.

(a) 75.7 eV($7.30\ \text{MJ}\cdot\text{mol}^{-1}$), 5.38 eV($0.519\ \text{MJ}\cdot\text{mol}^{-1}$)
(b) 153 eV($14.8\ \text{MJ}\cdot\text{mol}^{-1}$), 9.33 eV($0.90\ \text{MJ}\cdot\text{mol}^{-1}$)

1.12 PES 스펙트럼에서 다음의 봉우리들이 관찰되었다(연습 문제 1.11 참조). 원소가 무엇인지 밝히고, 전자 배치를 쓰시오. 이유도 설명하시오.

(a) 257 eV($24.8\ \text{MJ}\cdot\text{mol}^{-1}$), 25.2 eV($2.43\ \text{MJ}\cdot\text{mol}^{-1}$), 8.29 eV($0.800\ \text{MJ}\cdot\text{mol}^{-1}$)
(b) 301 eV($29.0\ \text{MJ}\cdot\text{mol}^{-1}$), 47.8 eV($4.61\ \text{MJ}\cdot\text{mol}^{-1}$), 11.4 eV($1.10\ \text{MJ}\cdot\text{mol}^{-1}$)

1.13 이온화 에너지는 일반적으로 주기율표의 왼쪽에서 오른쪽으로 갈수록 증가한다. 그러나 산소의 이온화 에너지는 질소나 플루오린보다 작다. 이 비정상적인 거동을 설명하시오.

1.14 탈륨은 13족의 안정한 원소 중 가장 무겁다. 알루미늄 역시 이 족에 속하는 원소인데, 화학적 성질들은 +3 산화 상태에 의해 지배된다. 그러나 탈륨은 +1 산화 상태가 가장 흔하다. 13족 원소들의 일차, 이차, 삼차 이온화 에너지(부록 2D 참조)를 원자 번호에 대해 그래프를 그려 이 차이점을 검토해 보시오. 또 관찰되는 경향을 설명하시오.

1.15 독일의 물리학자 Lothar Meyer는 Mendeleev가 원소의 화학적 성질들을 연구하던 때와 비슷한 시기에 물리적 성질들의 주기성을 관찰하였다. Meyer가 관찰한 것 중 일부는 고체 원소의 몰부피를 원자 번호의 함수로 조사함으로써 재현해 볼 수 있다. 부록 2D에 있는 원소들의 밀도 및 다음 고체 밀도($\text{g}\cdot\text{cm}^{-3}$)를 이용하여 2, 3주기 원소의 몰부피를 계산하시오. 질소 0.88, 플루오린 1.11, 네온 1.21. 결과를 원자 번호의 함수 그래프로 그리고, 변화 경향을 설명하시오.

1.16 광전자 분광법(PES)에서는 원자나 분자에 자외선을 쪼인다. 그렇게 하면 원자가 껍질에서 전자가 튀어나오는데, 이 전자들의 운동 에너지를 측정한다. 쪼여 주는 자외선 광자의 에너지는 알고 있고, 방출되는 전자의 운동 에너지는 측정되므로 전체 에너지 보존 법칙으로부터 이온화 에너지 I를 알 수 있다. (a) 방출된 전자의 속력 v와 입사광의 진동수 $h\nu$ 사이에서 $h\nu = I + \frac{1}{2}m_e v^2$ 관계가 성립함을 보이시오. (b) 루비듐 원자에 파장이 58.4 nm인 빛을 쪼였을 때 속력이 $2450\ \text{km}\cdot\text{s}^{-1}$인 전자가 방출되었다. 이 식을 사용하여 루비듐 원자의 이온화 에너지를 계산하시오. 단, $1\ \text{J} = 1\ \text{kg}\cdot\text{m}^2\cdot\text{s}^{-2}$이다.

1.17 크로뮴과 구리 원자의 전자 배치는 규칙에서 벗어나는 것으로 보인다. 이 원소들에서는 s-오비탈을 점유해야 할 전자들이 d-오비탈을 점유한다. (a) 이러한 예외 현상의 이유를 설명하시오. (b) 비슷한 예외들이 일곱 개의 다른 d-구역 원소에서도 관찰된다. 부록 2C를 이용하여 이들 원소를 찾고, 크로뮴과 구리의 경우와 같은 설명을 할 수 있는 것들을 밝히시오. (c) np-오비탈 대신 $(n+1)$s-오비탈을 점

유하는 현상을 보이는 원소가 없는 이유는 무엇인가?

1.18 수소 원자의 전자가 들떠서 4d-오비탈을 점유하고 있다. 이 전자가 다음의 오비탈로 전이될 때 방출되는 광자의 에너지를 계산하시오.
(a) 1s (b) 2p (c) 2s (d) 4s (e) 포타슘의 최외각 전자가 4d-오비탈에 있다가 위의 오비탈들로 전이될 때 방출 스펙트럼이 수소 원자의 경우와 어떻게 다를지 정성적으로(아무런 계산도 하지 말고) 기술하고 설명하시오.

1.19 미지의 원소에 대해 다음의 성질들이 관찰되었다. 이로부터 이 원소를 예측하시오.
(a) 중성 원자는 $l=2$인 두 개의 홀전자가 있다.
(b) 주기율표에서 직전의 영족 기체는 크립톤이다.

1.20 툴륨의 전자 친화도는 **레이저 광자 이탈 전자 분광학**(laser photodetachment electron spectroscopy)을 이용하여 측정하였다. 이 방법은 어떤 원소 음이온의 기체 상태 살(beam)을 레이저에서 나온 광자로 때렸을 때, 일부 음이온에서 떨어져 나온 전자의 에너지를 측정하는 것이다. 광자의 파장이 1064 nm이고, 떨어져 나온 전자의 에너지가 0.137 eV이었다. 실제의 분석은 복잡하지만, 전자 친화도를 광자와 전자의 에너지 차라고 대략 추정할 수 있다. 툴륨의 전자 친화도를 $kJ \cdot mol^{-1}$ 단위와 eV 단위로 계산하시오.

1.21 프랑슘은 알칼리 금속 중 가장 반응성이 강할 것이라고 생각되지만, 방사능을 띠고 매우 미량만을 얻을 수 있기 때문에 연구하기 힘들다. 그럼에도 불구하고 주기율표 1족에서의 위치로부터 성질을 예측할 수 있다. 다음 프랑슘의 성질을 예측하시오.
(a) 원자 반지름 (b) +1가 양이온의 이온 반지름 (c) 이온화 에너지

1.22 다음 그림은 마그네슘 원자와 산소 원자 사이의 반응을 나타낸 것이다. 각 원소와 생성된 이온들을 식별하고, 이유를 설명하시오.

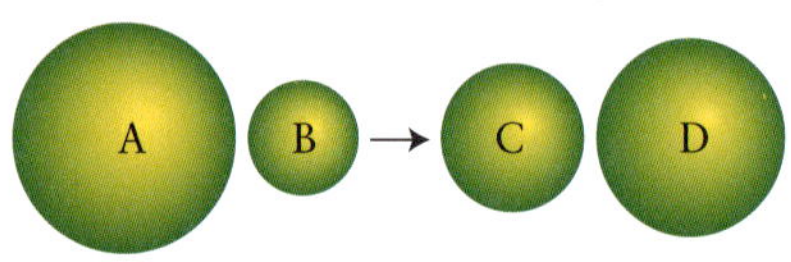

1.23 다음 그림은 소듐 원자와 염소 원자 사이의 반응을 나타낸 것이다. 각 원소와 생성된 이온들을 식별하고, 이유를 설명하시오.

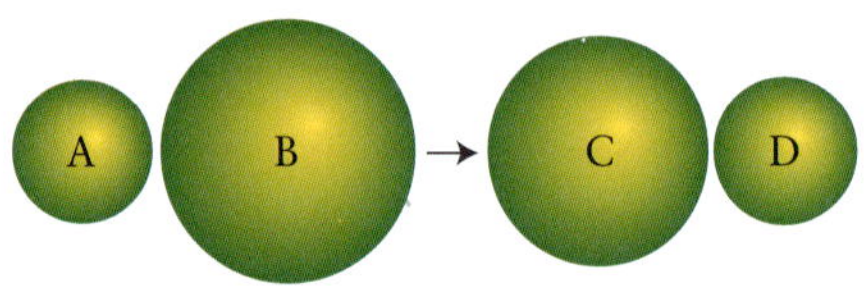

1.24 다음 그래프는 수소 원자의 3s-와 3p-오비탈의 방사 방향 분포 함수들이다. 두 오비탈을 식별하고, 이유를 설명하시오.

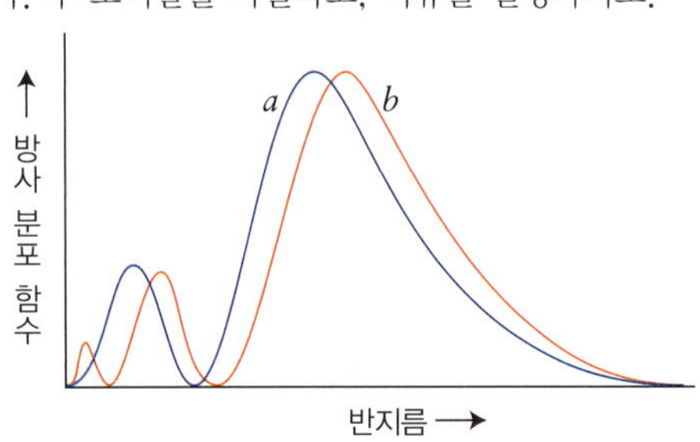

1.25 어떤 우주에서는 Pauli 배타 원리에 대한 규칙이 "한 원자에는 2개까지의 전자가 네 개의 양자수의 조합이 같을 수 있다"라고 하자. 전자 배치에 대한 다른 요인들은 바뀌지 않는다고 가정한다.
(a) 이 다른 우주에서 양성자가 5개 있는 원소의 전자 배치를 쓰시오.
(b) 이 원소의 이온은 어떤 전하를 가질 확률이 가장 크겠는가?
(c) 이 우주의 두 번째 영족 기체의 Z 값은 얼마인가? 이유를 설명하시오.

1.26 사차원 세계를 상상해 보자. 그 세계에서는 원자의 각 껍질에 하나의 s-오비탈과 네 개의 p-오비탈이 있다.
(a) 첫 24개 원소의 주기율표 모양을 설명하시오.
(b) 첫 두 개의 영족 기체는 어떤 원소들이겠는가? 각 원자 번호에 해당하는 원소의 이름은 우리 세계의 것을 사용하시오.

1.27 한 팀의 과학자들이 최근에 초소형 레이저로 작용할 수 있는 일련의 나노선(아주 가는 선)을 개발하였다.
(a) 한 나노선은 진동수 6.27×10^{14} Hz의 빛을 방출하는 것으로 밝혀졌다. 방출되는 빛의 파장은 얼마인가?
(b) 두 번째 나노선은 파장 421 nm의 빛을 방출하는 것으로 밝혀졌다. 두 번째 나노선에서 나오는 빛의 진동수는 얼마인가?

1.28 한 팀의 과학자들이 최근에 초소형 레이저로 작용할 수 있는 일련의 나노선(아주 가는 선)을 개발하였다.
(a) 한 나노선은 진동수 7.83×10^{14} Hz의 빛을 방출하는 것으로 밝혀졌다. 방출되는 빛의 파장은 얼마인가?
(b) 두 번째 나노선은 파장 452 nm의 빛을 방출하는 것으로 밝혀졌다. 두 번째 나노선에서 나오는 빛의 진동수는 얼마인가?

1.29 Geiger 계측기는 충분히 높은 에너지의 입자나 복사선의 핵 방사가 원자에서 전자를 방출시키는 것을 이용하여 방사능을 측정한다. 그래서 이러한 방사선을 '이온화 방사선'이라고 부른다. 네온 기체를 이온화 매체로 사용하는 가이거 계측기로 측정할 수 있는 방사선의 최장 파장은 얼마이겠는가?

1.30 많은 불꽃놀이 혼합물은 마그네슘이 높은 에너지를 내며 산화되는 반응을 이용한다. 발생되는 열에 의해 산화물이 백열 현상을 일으켜 밝은 백색광을 내게 된다. 가시광선 영역의 방출 스펙트럼을 가진 원소의 질산염이나 염화물을 첨가하여 빛의 색깔을 바꿀 수 있다. 종종 질산 바륨을 넣어서 황록색을 내게 한다. 들뜬 바륨 이온은 파장이 487 nm, 524 nm, 543 nm, 578 nm인 빛을 생성한다. 각 경우에 대해서 (a) 바륨 원자 하나의 에너지 변화(eV 단위)와 (b) 몰당 에너지 변화($kJ \cdot mol^{-1}$ 단위)를 계산하시오.

1.31 최근의 서스펜스 영화에서, 두 비밀 요원은 악당들의 요새로 침투해야 했다. 그 요새는 레이저를 리튬 광증폭 검출기에 계속 쪼여 주어 감시하고 있다. 빛이 차단되면 경보가 울린다. 요원들은 검출기를 지나갈 때 휴대용 레이저를 검출기에 쪼여 주려 한다. 높은 세기의 빨간색 루비 레이저(694 nm)와 낮은 세기의 보라색 GaN 레이저(405 nm)를 가지고 있는데, 둘 중 어느 것이 더 좋은지 의견이 일치하지 않는다. (a) 어느 레이저를 써야 하는지와 (b) 방출되는 전자의 운동 에너지는 얼마인지 결정하시오. 리튬의 일함수는 2.93 eV이다.

1.32 우리 은하계의 어떤 곳에서는 뜨겁고 빛나는 수소 기체의 성운

들이 발견된다. 수소 원자 중에는 전자가 n 값이 100 혹은 그 이상인 양자 상태로 들뜨는 것들이 있다.

(a) $n = 100$에서 $n = 2$인 준위로 전자가 떨어지면, 지구에서 관찰될 파장을 계산하시오.

(b) 이 전이는 어떤 계열에 속하는가?

(c) 일부의 고에너지 전자들은 $n = 90$과 같은 중간 상태로 떨어진다. $n = 100$의 상태에서 $n = 90$으로 떨어지면 Balmer 계열보다 파장이 길겠는가 아니면 짧겠는가? 이유를 설명하시오.

FOCUS 1 통합 연습 문제

1.33 분자의 전자는 두 개 이상의 원자에 대한 파동 함수로 기술된다. 두 개의 인접한 탄소 원자에 걸쳐 있는 파동 함수로 기술되는 전자를 생각해 보자. 전자는 두 원자 사이에서 자유로이 움직인다. C—C 핵 사이의 거리는 139 pm이다.

(a) 상자의 길이가 탄소 원자들 사이의 거리라고 간주한 일차원 상자 속 입자 모형을 사용하여, 전자를 $n = 1$에서 $n = 2$로 전이시키기 위한 에너지를 계산하시오.

(b) 해당하는 복사선의 파장은 얼마인가?

(c) 10개의 탄소 원자로 이루어진 직선형 사슬의 각 탄소 원자에서 하나의 전자가 나온다면 전자 10개 모두를 다루는 데 필요한 파동 함수는 최소한 몇 개인가?

(d) 10개의 탄소 원자로 이루어진 직선형 사슬에 대해 (a)와 같은 계산을 하시오. C—C 핵 사이의 거리는 (a)와 같이 139 pm이고 전이는 가장 위의 채워진 준위에서 바로 위의 준위로 일어난다.

(e) (d)의 전이에 해당하는 복사선의 파장은 얼마인가?

(f) 탄소 원자의 긴 사슬을 가지고 있는 어떤 분자에서, $n = 6$에서 $n = 7$ 준위로 전자의 전이를 촉진시키려면 696 nm의 빛이 필요하다. 이 분자의 탄소 원자 사슬의 길이는 얼마인가?

1.34 염소 원소로 종이 펄프를 표백하던 방법이 독성이 없는 화학 물질을 사용하는 녹색 화학 방법으로 대치되고 있다. 염소는 산화력이 강하여 유기 화합물과 반응하여 퓨란이나 다이옥신과 같은 독성 부산물을 생성하는 문제점이 있다.

(a) 바닥 상태의 염소 원자의 전자 배치를 쓰시오. 홀전자는 몇 개나 있는가? 예상되는 염화 이온의 전자 배치를 쓰시오. 어떤 원소의 중성 원자가 염화 이온과 동일한 전자 배치를 가지겠는가?

(b) 염소 원자가 가열되거나 빛에 쪼여질 때 염소의 원자가 전자가 높은 에너지 준위로 들뜰 수 있다. 염소 원자의 들뜬 상태 중에서 에너지가 가장 낮은 상태의 전자 배치를 예측하시오.

(c) 전자가 (b)에서 구한 들뜬 상태로 전이되기 위해서 흡수해야 하는 광자의 파장(nm 단위)을 추정하시오. 이 계산을 위해 Topic 1E의 식 2와 그림 1F.3의 유효 핵전하를 사용하시오.

(d) (c)에서 필요한 에너지를 $kJ \cdot mol^{-1}$ 단위와 eV의 단위로 계산하시오.

(e) 일반적인 시료의 염소 중 ^{37}Cl의 함량비는 일반적으로 75.77%이고, 나머지는 ^{35}Cl이다. 만약 ^{37}Cl의 함량비가 현재의 절반으로 떨어진다면, 염소의 몰질량은 얼마인가? ^{35}Cl의 질량은 5.807×10^{-23} g이고, ^{37}Cl의 질량은 6.139×10^{-23} g이다.

(f) 표백제 ClO_2와 $NaClO$에서 염소의 산화수는 얼마인가?

(g) 산화제 $KClO_3$와 $NaClO_4$에서 염소의 산화수는 얼마인가?

(h) (f)와 (g)에 나오는 화합물의 이름을 쓰시오.

FOCUS 2

원자들의 결합

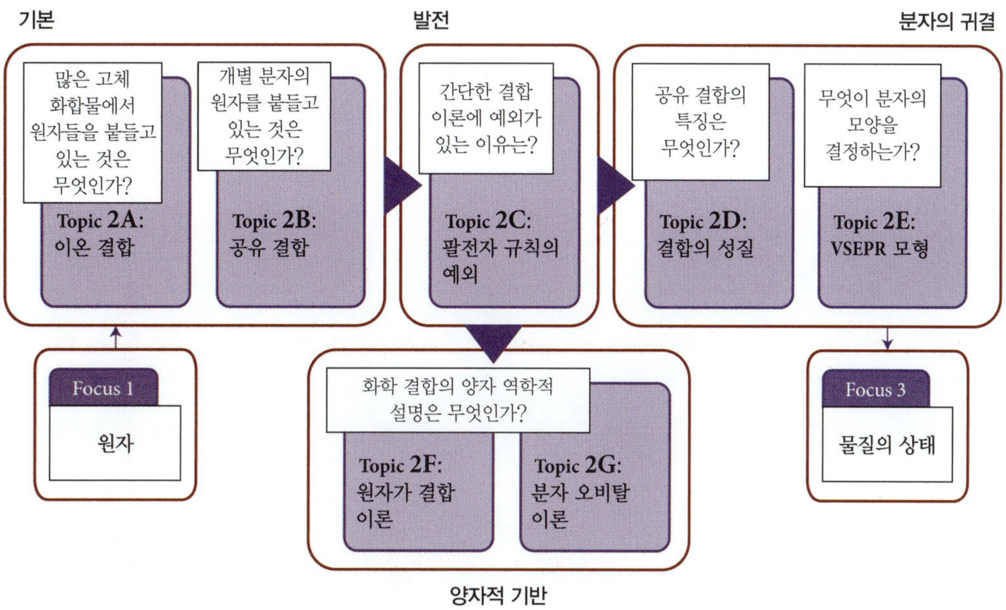

대부분의 화학은 화합물과 한 화합물이 다른 화합물로 변환되는 것을 다룬다. 그러므로 원자가 어떻게 서로 연결되어 화학의 생명선인 분자와 고체를 형성하는지 이해하는 것이 필수적이다. 이 Focus는 화합물 형성에서 원자가 전자, 즉 원자의 최외각 껍질에 있는 전자의 중심적 역할을 탐구한다.

보충 설명
"Vale!(힘내라!)"는 로마인들이 헤어질 때 하는 인사말이었다. 따라서 원자가(valence)는 원자 사이 연결의 세기에 관한 것이다.

화학 결합(chemical bond)은 여러 원자의 원자가 전자가 새로운 자리로 옮겨서 더 낮은 에너지로 배치될 때 생기는 원자 사이의 연결이다. 어떤 경우에는 원자 사이에서 전자가 완전히 이동하여 이온과 이온 화합물이 형성된다. **Topic 2A**는 이온 결합의 형성을 설명하고 간단한 Lewis 기호를 사용하여 이온 결합을 논의하는 방법을 보여준다. 다른 경우에는 원자 사이에서 전자가 불완전하게 전달되고 전자를 공유하여 가장 낮은 에너지 배열이 달성되어 공유 결합이 형성된다.

Topic 2B는 공유 결합의 형성을 설명하고 어떻게 개별 분자의 존재로 이어지는지 설명한다. 또한 Lewis 구조를 그리는 몇 가지 간단한 규칙을 사용하여 분자의 결합 양식을 식별하는 방법을 보여준다. 하나의 모형으로 화학 결합의 모든 측면을 설명할 수는 없다. **Topic 2C**는 두 가지 유형의 결합에 대한 설명이 어떻게 개선될 수 있는지 보여주고 결합 형성 규칙을 위반하는 것처럼 보이는 분자의 존재를 설명하는 방법을 탐색한다.

다양한 유형의 결합으로 인해 다양한 물리적, 화학적 특성을 지닌 화합물이 생성된다. **Topic 2D**에서는 결합의 세기나 길이와 같은 성질들이 어떻게 설명되는지 알아본다. 공유 결합 분자의 중요한 특징은 모양인데, **Topic 2E**는 이러한 모양을 간단히 예측하는 방법을 보여준다.

이온 결합과 공유 결합 이론은 전자의 파동성이 확인되고 양자 역학이 나오기 전인 20세기 초에 개발되었다. 전자의 파동성을 수용하려면 새로운 결합 모형이 필요하였다. **Topic 2F**에서는 이러한 양자 이론 중 첫 번째인 원자가 결합 이론을 소개한다. 화학 전반에서 결합을 다룰 때 사용하는 언어의 대부분은 이 이론에서 유래하였다.

Topic 2G는 원자에 속한 전자를 자연스럽게 발전시켜 분자의 원자 전체에 퍼져있는 전자를 다루는 분자 오비탈 이론을 소개한다. 이는 현재 화학에서 사용되는 거의 모든 계산 방법의 기초가 된다.

Topic 2A 이온 결합

이 Topic을 왜 배우는가? 이온 결합은 원자 사이의 주요한 결합 형태 중 하나이다. 이온 결합을 이해하려면 원소가 어떤 이온을 형성할 수 있고 어떻게 상호 작용하는지 알아야 한다.

무엇을 알고 있어야 하는가? 다전자 원자의 전자 배치(Topic 1E) 및 퍼텐셜 에너지의 개념과 전하들 사이의 Coulomb 상호 작용의 성질(기초 지식 A)에 대해 알고 있어야 한다. 원소들의 이온 반지름, 이온화 에너지 및 전자 친화도에 익숙해야 한다(Topic 1F).

이온 모형(ionic model)은 이온 사이의 정전기적 상호 작용으로 화학 결합을 설명한다. 이는 염화 소듐(NaCl)과 같이 금속 원소와 비금속 원소 사이에 형성된 이원 화합물을 설명하는 데 특히 적합하다. **이온성 고체**(ionic solid)는 규칙적인 배열로 함께 쌓인 양이온과 음이온의 집합체이다(**그림 2A.1**).

2A.1 이온의 형성

2주기의 원자와 그 원자에서 생성된 이온의 전자 배치를 **표 2A.1**이 보여 준다. 주기율표에서 원소의 위치는 그 원소가 형성할 수 있는 이온에 대한 단서를 준다. s-구역 금속 원소의 원자는 전자를 잃어 영족 기체 핵심부와 같은 전자 배치를 갖는 양이온이 된다(**그림 2A.2**). 핵심부의 전자들은 핵과 너무 단단히 결합하고 있기 때문에 다른 결합에 참여하기 어렵다.

예를 들어, 소듐($[Ne]3s^1$) 원자는 3s-전자 한 개를 잃고 네온과 같은 전자 배치($[Ne]$, $1s^22s^22p^6$)를 갖는 Na^+가 된다. 핵심부 전자의 이온화 에너지가 너무 크기 때문에, Na^+ 이온은 화학 반응에서 전자를 더 이상 쉽게 잃지 않는다. 마찬가지로, $[Ar]4s^2$의 배치를 갖는 Ca는 두 개의 원자가 전자를 잃어 Ca^{2+} 이온을 형성한다. 수소 원자는 하나밖에 없는 전자를 한 개 잃고 수소 이온 H^+가 되어 핵만 남게 된다. 리튬($[He]2s^1$)과 베릴륨($[He]2s^2$)은 원자가 전자를 잃고, 각각 Li^+와 Be^{2+} 이온이 되어 전자가 2개인 헬륨 꼴 핵심부만 남긴다.

이제 주기율표의 p-구역에 있는 원자들을 보자. 2주기와 3주기의 p-구역 왼쪽에 위치한 금속의 원자도 원자가 전자를 잃고, 직전 주기의 영족 기체와 같은 전자 배치를 갖는 이온이 된

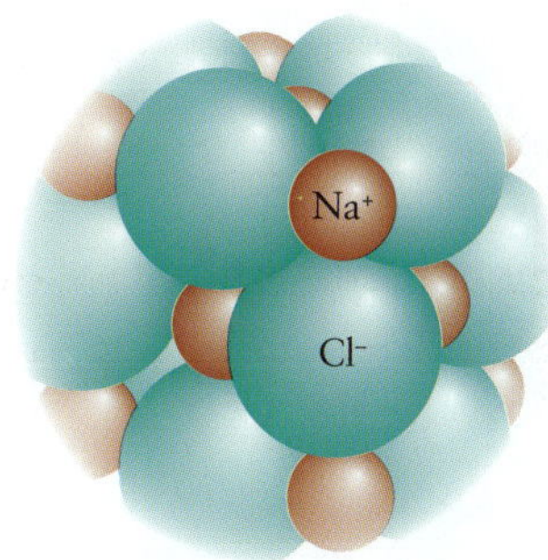

그림 2A.1 이온성 고체의 한 예인 염화 소듐의 작은 조각. 소듐 이온을 빨간색 공으로, 염화 이온을 초록색 공으로 표현하였다. 이온성 고체는 최저 에너지 배열 상태를 이루도록 양이온과 음이온이 함께 쌓여 이룬 엄청난 수의 집합체이다. 여기에 나타낸 패턴이 결정 전체에 계속 반복된다.

표 2A.1 몇몇 원자와 그 원자가 형성하는 이온의 전자 배치

원자	전자 배치	이온	전자 배치
Li	$[He]2s^1$	Li^+	[He]
Be	$[He]2s^2$	Be^{2+}	[He]
Na	$[Ne]3s^1$	Na^+	[Ne]
Mg	$[Ne]3s^2$	Mg^{2+}	[Ne]
Al	$[Ne]3s^23p^1$	Al^{3+}	[Ne]
N	$[He]2s^22p^3$	N^{3-}	[Ne]
O	$[He]2s^22p^4$	O^{2-}	[Ne]
F	$[He]2s^22p^5$	F^-	[Ne]
S	$[Ne]3s^23p^4$	S^{2-}	[Ar]
Cl	$[Ne]3s^23p^5$	Cl^-	[Ar]

* [He]는 $1s^2$를, [Ne]는 $[He]2s^22p^6$를, [Ar]은 $[Ne]3s^23p^6$를 나타내는 배치이다.

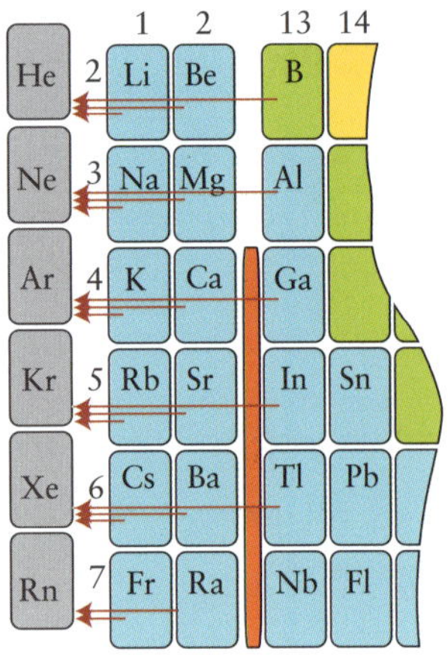

그림 2A.2 주족의 금속 원자가 양이온을 형성할 때는 원자가 껍질의 s-전자와 p-전자를 잃고, 주기율표에서 선행되는 위치의 영족 기체 원자의 전자 배치를 갖게 된다. 13족 및 14족의 무거운 원자들은 이온화 과정에서 꽉 채워진 d-전자의 부껍질을 유지한다.

다. 예를 들어, 알루미늄([Ne]$3s^2 3p^1$)은 네온([Ne], [He]$2s^2 2p^6$)과 동등한 전자 배치를 갖는 Al^{3+} 이온을 형성한다. 4주기 및 그 이후 주기에 속하는 p-구역 금속 원소들은 s-전자와 p-전자를 잃고 꽉 채워진 d-부껍질로 둘러싸인 영족 기체 핵심부를 남기게 된다. 예를 들면, 갈륨은 [Ar]$3d^{10}$ 배치를 갖는 Ga^{3+} 이온을 형성한다. p-구역 원자의 d-전자들은 핵에 의해 단단히 붙들려 있어 대부분의 경우 잃기가 어렵다.

p-와 d-구역에 속한 많은 금속 원소의 원자들은 다양한 수의 전자를 잃을 수 있는 **가변 원자가(variable valence)** 현상을 보인다. (흔히 보는 양이온들의 화학식은 **기초 지식**의 그림 C.5에 있다.) d-구역의 원자가 이온을 형성할 때는, 먼저 ns-전자를 잃고, 다음에 다양한 수의 $(n-1)$d-전자를 잃게 된다. 가변 원자가 현상을 보이는 예로는 철이 있는데, 어떤 화합물에서는 2개의 4s-전자를 잃어 Fe^{2+}이 되고, 어떤 화합물에서는 3d-전자 하나를 추가로 더 잃어 Fe^{3+}가 된다.

$$\text{Fe}\,([\text{Ar}]3d^6 4s^2) \xrightarrow{\text{전자 2개 잃음}} \text{Fe}^{2+}([\text{Ar}]3d^6) \xrightarrow{\text{전자 1개 잃음}} \text{Fe}^{3+}([\text{Ar}]3d^5)$$

d-구역 원자가 형성하는 이온은 예측하기가 항상 쉽지는 않다. d-전자들을 붙잡고 있는 에너지는 매우 비슷해서 화합물이 형성될 때 미세한 차이만 있다. 이로 인해 다양한 수의 전자가 제거될 수 있다. 예를 들어, 구리([Ar]$3d^{10}4s^1$)는 [Ar]$3d^{10}$ 배치의 Cu^+와 [Ar]$3d^9$ 배치의 Cu^{2+}를 모두 형성하지만 [Ar]$3d^8$ 배치의 Cu^{3+}는 형성하지 않는다. 철([Ar]$3d^6 4s^2$)은 세 개보다 많은 전자를 잃어 Fe^{4+}와 같은 양이온을 형성하는 경우가 거의 없다. 앞으로 공부를 계속하면서 d-블록 원소가 형성하는 이온에 익숙해질 것이다(보다 자세한 것은 Topic 8A에서 다룬다).

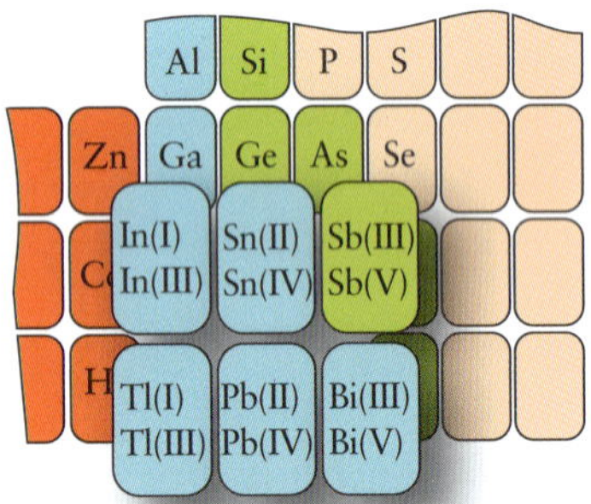

그림 2A.3 13~15족의 무거운 원소들이 전형적으로 형성하는 이온들은 산화수가 2만큼 다른 화합물을 형성하려는 경향인 비활성쌍 효과를 보여 준다.

p-블록의 하부에 있는 원소들도 **그림 2A.3**과 같이 가변 원자가를 나타낸다. 모두 13족에 속하는 알루미늄 [Ne]$3s^2 3p^1$ 및 인듐 [Kr]$4d^{10}5s^2 5p^1$을 생각해 보자. 알루미늄은 3개의 원자가 전자를 잃고 Al^{3+} 이온만 형성한다. 그러나 인듐은 각각 [Kr]$4d^{10}5s^2$ 및 [Kr]$4d^{10}$의 배치를 갖는 In^+ 및 In^{3+} 이온을 모두 형성한다.

원소의 족 번호에서 예상되는 것보다 두 단위 더 낮은 전하를 갖는 이온을 형성하는 것을 **비활성쌍 효과(inert-pair effect)**라고 한다. 위에서 전자(In^+)의 경우 5s 전자쌍이 이온에 남아 상대적으로 '비활성'이기 때문이다. 비활성쌍 효과의 또 다른 예는 14족에서 발견된다. 전자 배치가 [Kr]$4d^{10}5s^2 5p^2$인 주석은 공기 중에서 가열되면 4개의 원자가 전자를 모두 잃고 주석(IV) 산화물을 형성한다. 주석(II) 산화물을 만들 수 있지만 주석(IV) 산화물로 쉽게 산화된다(**그림 2A.4**). 그러나 더 무겁고 배치가 [Xe]$5d^{10}6s^2 6p^2$인 납 원자는 두 개의 p-전자만 잃고 납(II) 산화물을 형성한다. 두 개의 6s 전자는 비활성쌍이다. 이온성 화합물의 명명법은 기초 지식 D를 참조하시오.

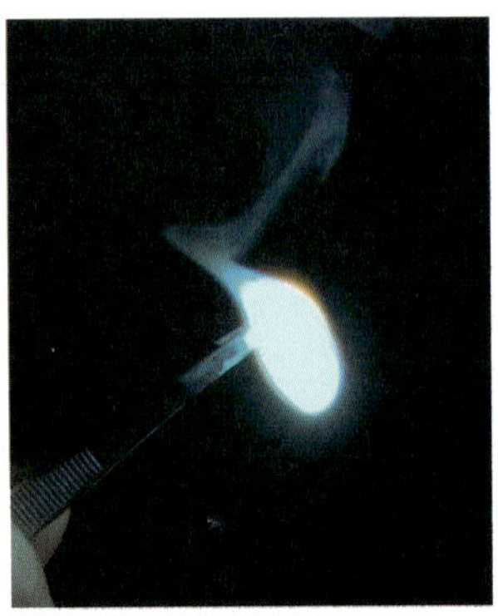

그림 2A.4 산화 주석(II)이 공기 중에서 가열되면 주석(IV) 산화물을 형성하면서 백열광을 발한다. 가열하지 않아도 연기가 나고 발화될 수 있다. *(Copyright Macmillan Learning, photo by Ken Karp.)*

자습 2A.1A (a) 구리(I) 이온과 (b) 구리(II) 이온의 전자 배치를 쓰시오.

[**답**: (a) [Ar]$3d^{10}$, (b) [Ar]$3d^9$]

자습 2A.1B (a) 망가니즈(II) 이온과 (b) 납(IV) 이온의 전자 배치를 쓰시오.

관련 연습 문제 2A.3~2A.6

비금속은 이온화 에너지가 너무 높기 때문에 화학 반응에서 전자를 거의 잃지 않는다. 대신, 비금속은 전자를 얻어 음이온을 형성하려 한다. 전자 획득의 일반적인 종점은 같은 주기의 다음 영족 기체의 배치를 갖는 음이온이다. 이 배치는 전자 2개의 $1s^2$인 헬륨 꼴 **이전자계(duplet)**이거나, 다음 영족 기체 원자의 전형적인 **팔전자계(octet)**인 8개의 원자가 전자가 배치된 ns^2np^6이다. 예를 들어, 그림 2A.5에서 볼 수 있는 대로, 수소 원자가 전자를 얻어 헬륨 꼴 이전자계 배치 $1s^2$의 수소화 이온 H^-을 형성한다. 마찬가지로, 질소 원자 $[Ne]2s^22p^3$에는 5개의 원자가 전자가 있으므로(**1**) 영족 기체의 팔전자계 배치를 가지려면 3개의 전자가 더 필요하다. 따라서 질소화물 이온은 다음 영족 기체인 네온의 전자 배열을 갖는, $[He]2s^22p^6$(**2**) 배치의 N^{3-}이다. 흔히 접하는 몇 가지 음이온의 화학식은 **기초 지식** 그림 C.6에 나와 있다.

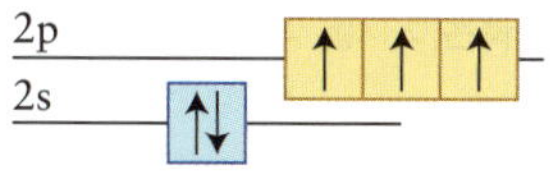

1 N $[He]2s^22p^3$

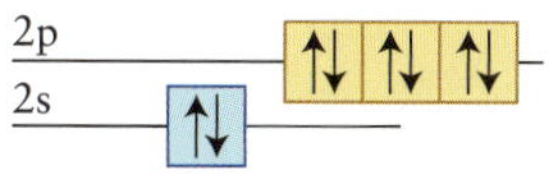

2 N^{3-} $[He]2s^22p^6$

할로젠의 경우처럼, 전자 친화도가 양수이면 전자가 원자가 껍질에 추가될 때 에너지가 방출된다. 즉, $[Ne]3s^23p^6$ 배치의 염화 이온은 추가된 전자가 핵과 강하게 상호 작용할 수 있기 때문에 염소 원자 $[Ne]3s^23p^5$에 자유 전자를 더한 것보다 에너지가 더 낮다. 영족 기체 배치에 도달하는 데 필요한 것보다 더 많은 전자를 추가하려면 에너지가 필요하므로, $[Ne]3s^23p^64s^1$ 배치의 Cl^{2-}는 두 번째 추가된 전자가 핵에서 너무 멀기 때문에 형성되지 않는다. O($[He]2s^22p^4$)에서 O^{2-}($[He]2s^22p^6$)가 되기 위해, 두 번째 전자가 원자가 껍질로 들어올 때 에너지는 여전히 필요하지만 O^{2-}를 만드는 화학 반응에서 얻을 수도 있다. 원소가 어떤 음이온을 형성할 수 있는지는, 원자가 껍질이 팔전자계를 완성할 만큼만 전자를 추가하고, 그 이상은 추가하지 말아야 한다는 원칙을 따르면 된다.

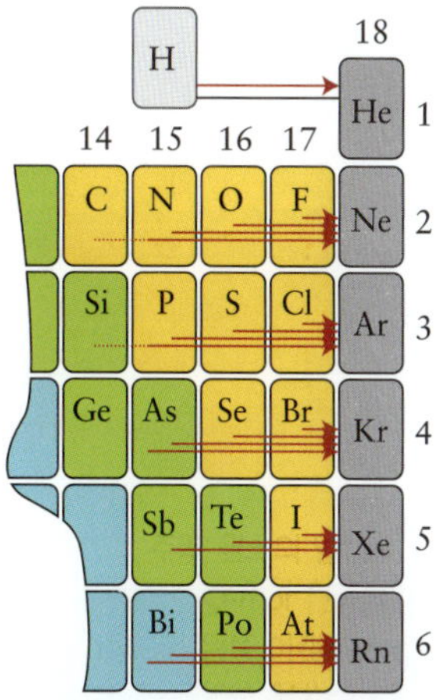

그림 2A.5 비금속 원자가 전자를 얻어 음이온이 형성될 때, 바로 다음의 영족 기체의 전자 배치를 이룰 때까지 전자를 얻게 된다.

자습 2A.2A 인화 이온의 화학식과 전자 배치를 쓰시오.

[답: P^{3-}, $[Ne]3s^23p^6$]

자습 2A.2B 아이오딘화 이온의 화학식과 전자 배치를 쓰시오.

일원자 양이온의 전자 배치를 예측하려면 *np*, *ns*, (*n* − 1)d의 순서로 최외각 전자를 제거한다. d-구역 원소와 p-구역 아래쪽의 원소는 자주 가변 원자가를 나타낸다. 일원자 음이온은 동일 주기 영족 기체의 전자 배치를 가질 만큼 전자를 더해서 형성한다. 전자를 이동시키면 각 이온의 원자가 껍질이 팔전자계(또는 이전자계)를 이루게 된다.

2A.2 Lewis 기호

화학 결합에 대한 많은 근본 개념들은 G. N. Lewis가 20세기 초에 제안하였다. Lewis는 그 당시 막 발견한 전자가 화학 결합의 핵심이라는 사실을 최초로 인식한 사람 중 한 명이었다. Lewis는 전자의 파동 특성이나 원자의 양자 역학적 구조에 대해 아무 것도 몰랐지만, 그의 통찰력은 양자 역학의 발전으로 확고해졌다. Lewis는 원자들이 이온 결합을 형성할 때 원자가 전자의 움직임을 보여 주는 단순한 방법을 고안하였다. 그는 각 원자가 전자를 점으로 나타내고, 원소 기호 둘레에 이 점들을 배치하였다. 그의 모형을 현대적으로 해석하면, 점 하나는 오비탈에 들어 있는 전자 한 개를 나타내고, 점 한 쌍은 오비탈을 공유하는 전자쌍을 나타낸다. 원자에 대한 **Lewis 기호(Lewis symbol)**의 예는 다음과 같다.

H·　He:　:N·　·O·　:Cl·　K·　Mg:

예를 들어, 질소의 Lewis 기호는 2s-오비탈에 쌍을 이룬 전자 두 개가 들어 있고, 서로 다른 2p-오비탈 각각에 홑전자 하나씩 들어 있는 $2s^22p_x^{\,1}2p_y^{\,1}2p_z^{\,1}$의 원자가 전자 배치를 나타낸다(**1** 참조). Lewis 기호는 원자나 이온의 원자가 껍질 전자 배치에 대한 시각적 요약이라고 볼 수 있다.

이온 결합 화합물은 하전된 이온으로 구성되어 있지만 전체적으로는 전기적으로 중성이다. 따라서 화합물의 금속 원소의 원자에서 제거된 전자는 어쨌든 비금속 원소의 오비탈에 들어가야 한다. Lewis 기호를 이용하여 전체가 전기적 중성이어야 한다는 요구 사항을 만족하는 이온 결합 화합물의 화학식을 만드는 방법은 다음과 같다.

- 금속 원자의 기호에서 점들을 제거하여 양이온을 만든다.
- 제거해 낸 점들을 비금속 원자의 Lewis 기호 쪽으로 옮겨 비금속 원자의 원자가 껍질을 꽉 채워 음이온을 나타낸다.
- 금속 원소 기호에서 제거해 낸 모든 점이 비금속 원소 기호에 수용되도록 종류별 원자의 수를 조정해야 할 때도 있다.
- 각 이온의 전하를 보통 쓰는 방법대로 위 첨자로 나타낸다.

염화 칼슘의 예를 보자. 칼슘 원자는 원자가 전자를 두 개 잃고 Ca^{2+} 이온이 된다. 염소 원자는 한 개의 전자만 추가될 수 있기 때문에, 칼슘에서 나온 두 개의 전자를 수용하기 위해서는 두 개의 염소 원자가 필요하다.

$$:\ddot{\underset{\cdot\cdot}{Cl}}\cdot + Ca: + :\ddot{\underset{\cdot\cdot}{Cl}}\cdot \longrightarrow :\ddot{\underset{\cdot\cdot}{Cl}}:^{-}\quad Ca^{2+}\quad :\ddot{\underset{\cdot\cdot}{Cl}}:^{-}$$

칼슘 이온 한 개에 두 개의 염소 이온이 필요하므로, 화학식은 $CaCl_2$가 된다. 그러나 이것은 분자식이 아니고 실험식임을 주의하라(**기초 지식** E). $CaCl_2$라는 분자는 없다. $CaCl_2$ 결정에는 수많은 Ca^{2+} 이온마다 2개의 Cl^- 이온이 어우러진 삼차원 배열을 이루고 있다.

자습 2A.3A Lewis 기호를 이용하여 질소화 리튬의 실험식을 그리시오.

[**답**: $Li^+\ Li^+\ :\ddot{\underset{\cdot\cdot}{N}}:^{3-}\ Li^+$]

자습 2A.3B Lewis 기호를 이용하여 브로민화 마그네슘의 실험식을 그리시오.

주족 원소의 일원자 이온으로 구성된 화합물의 화학식을 예측하려면, 양이온은 원자가 전자를 모두 잃고, 음이온은 원자가 껍질에 전자를 받아들여 팔전자계(H, Li, Be의 경우에는 이전자계)를 형성시킨다고 가정한다.

2A.3 이온 결합 형성의 에너지론

이온 결합 화합물인 염화 소듐 결정은, 서로 멀리 떨어져 분리되어 있는 소듐 원자 및 염소 원자보다 낮은 에너지를 갖는다. 에너지 차이를 이해하기 위해서는, 간단하며 많은 경우에는 가상적인 단계로 나누어 분석하는 것이 가장 좋다. 이 경우, 고체의 형성 과정을 기체 소듐과 염소 원자부터 시작해서 다음의 세 단계로 생각할 수 있다.

1. 기체 상태의 소듐 원자들이 전자를 방출한다.
2. 이들 전자가 기체 상태의 염소 원자들에 달라붙는다.
3. 형성된 기체 상태의 양이온과 음이온이 연결되어 결정이 된다.

전자는 유효 핵전하에 의해 핵에 단단히 붙들려 있기 때문에 쉽게 떨어져 나가지는 못한다. 예를 들어, 소듐 원자를 이온화하여 Na^+를 만들려면 494 $kJ\cdot mol^{-1}$의 에너지가 필요하다(그림 1F.7 참조). 양이온이 생성되려면 그만한 양의 에너지를 공급해야 한다.

$$Na(g) \rightarrow Na^+(g) + e^-(g) \qquad \text{소요 에너지} = 494\ kJ\cdot mol^{-1}$$

염소 원자의 전자 친화도는 +349 kJ·mol^{-1}이므로(그림 1F.10 참조), 염소 원자에 전자가 달라붙어 음이온이 형성될 때 349 kJ·mol^{-1}의 에너지가 **방출**된다.

$$Cl(g)+e^-(g) \rightarrow Cl^-(g) \quad \text{방출 에너지} = 349\ kJ \cdot mol^{-1}$$

이 단계에서 알짜 에너지 변화(소요 에너지 − 방출 에너지)는 494 − 349 kJ·mol^{-1} = +145 kJ·mol^{-1}이므로, 에너지는 증가하는 셈이다. 멀리 떨어져 있는 Na^+와 Cl^- 이온으로 이루어진 기체는 중성 원자 Na와 Cl로 이루어진 기체보다 높은 에너지를 가진다. 양의 전자 친화도는 전자가 기체상 원자 또는 이온에 부착될 때 에너지가 방출됨을 의미한다는 주목하기 바란다(Topic 1F).

이제 기체 상태의 Na^+와 Cl^- 이온들이 서로 가까이 다가와 고체 결정이 되면 무슨 일이 일어나는지 생각해 보자. 화합물의 이온들이 멀리 떨어진 기체 상태일 때와 서로 쌓여 있는 고체 상태일 때의 에너지 차이를 **격자 에너지(lattice energy)**라고 하는데, 일반적으로 매우 크다. 고체를 형성하면 이 에너지가 방출된다.

$$Na^+(g)+Cl^-(g) \rightarrow NaCl(s) \quad \text{방출 에너지} = 787\ kJ \cdot mol^{-1}$$

따라서 전체 과정에 대한 알짜 에너지 변화는 145 − 787 kJ·mol^{-1} = −642 kJ·mol^{-1}로(**그림 2A.6**), 이는 막대한 에너지 **감소**이다.

$$Na(g)+Cl(g) \rightarrow NaCl(s) \quad \text{방출 에너지} = 642\ kJ \cdot mol^{-1}$$

Na^+와 Cl^- 이온으로 구성된 고체의 에너지가 멀리 떨어진 Na와 Cl 원자 집단의 에너지보다 훨씬 더 낮다.

화학 반응(예: 고체 소듐과 염소 기체 사이)에서 이온 결합 화합물의 실제 형성에 수반되는 에너지 변화에는 금속 기화 및 비금속 분자 해리가 포함된다. 그런데 여기에서는 멀리 떨어진 원자에서 이온을 형성하는 과정과 이렇게 멀리 떨어진 이온에서 고체 화합물을 형성하는 과정에만 초점을 맞췄다. 이 과정의 에너지 "비용"은 금속 원자의 이온화로 양이온을 형성하고 음이온을 형성하는 데 드는 추가 비용이다. 고체가 형성될 때의 이온들의 정전기적 상호 작용은 이러한 비용을 극복하고도 남는다. 실제로, 이온 결합 화합물 형성에서 방출되는 에너지는 소듐 금속의 기화 및 염소 분자의 해리에 드는 상대적으로 저렴한 비용도 극복한다. 이온 형성에 필요한 에너지 비용을 회수할 수 있는지 여부는 원소의 종류에 따라 달라진다. 이온 결합의 형성이 에너지 측면에서 가능한 것은 일반적으로 이온화 에너지가 충분히 작은 금속 원소들뿐이다.

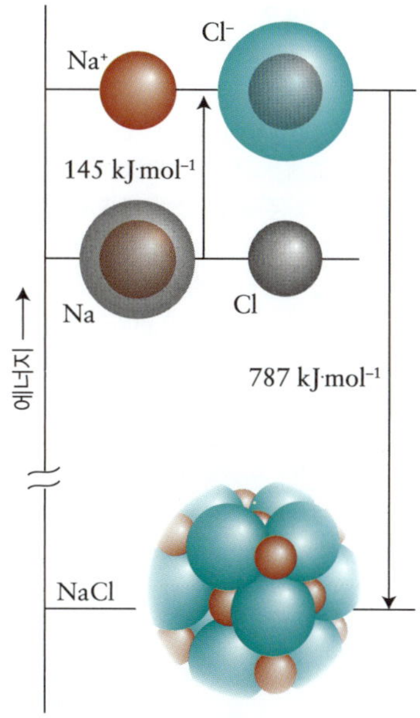

그림 2A.6 중성 원자들에서 양이온과 음이온이 생성될 때는 상당량의 에너지가 필요하다. 금속 원자가 필요로 하는 이온화 에너지의 일부만이 비금속 원자의 전자 친화도에 의해 충당된다(이 과정에서도 에너지가 필요한 경우가 있다). 이온성 고체를 존재하게 만드는 전체적인 에너지 감소는 고체의 양이온과 음이온 사이의 강력한 인력에 기인한다.

이온 결합의 형성에 소요되는 에너지는 주로 반대 전하를 띤 이온들 사이의 인력에 의해 공급된다.

2A.4 이온 사이의 상호 작용

앞서 논의한 것은 이온 결합 형성의 관건은 이온 형성을 위해 투자되는 에너지를 능가하도록 고체의 이온들 사이의 상호 작용의 세기가 충분히 커야 한다는 것이다. 여기서 매우 중요한 점은 이온성 고체가 유지되는 것은 특정 이온쌍 사이의 결합 때문이 아니라, **모든** 양이온이 크기의 대소에는 차이가 있지만 모든 음이온과 인력이 작용하고, **모든** 양이온은 양이온끼리 또한 **모든** 음이온은 음이온끼리 반발력이 작용한다는 것이다. 이온 결합이란 서로 멀리 떨어져 있는 중성 원자에 비해, 결정 전체의 알짜 에너지 감소라는 '총체적' 특성인 것이다.

높은 녹는점, 깨지기 쉬운 성질과 같은 이온성 고체들의 전형적 특성의 기원이 명확해지기

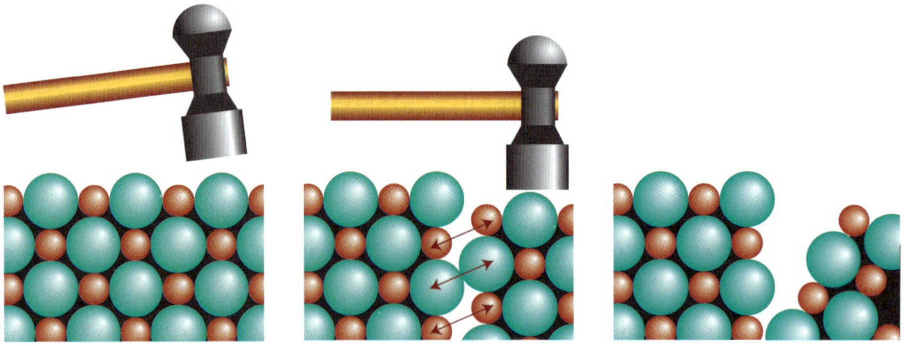

(a) (b) (c)

(d)

그림 2A.7 이 일련의 그림들은 이온성 고체가 깨지기 쉬운 이유를 보여준다. (a) 양이온과 음이온이 규칙적으로 배열되어 형성된 원래의 고체. (b) 고체를 망치로 내려치면 같은 전하의 이온들이 인접하게 되어 강력한 반발력을 일으키게 된다(이 반발을 양쪽 머리 화살표로 표시하였다). (c) 이러한 반발력 때문에 고체가 조각으로 떨어져 나간다. (d) 방해석(calcite)의 매끈한 표면은 칼슘과 탄산 이온이 규칙적으로 배열된 것에 기인한다. 망치로 치면 결정 중 일부가 부서져 이온 면으로 구성된 편편하고 규칙적인 표면을 만들게 된다. ((d): © *Michael LaMonica/Shutterstock*)

시작하였다. 이온들이 서로를 지나쳐 움직일 만큼 충분한 에너지를 갖고 고체가 녹아 액체가 되려면 높은 온도가 필요하다. 이온성 고체가 망치의 타격과 같은 기계적 힘에 의해 타격을 받을 때, 같은 전하를 띤 이온들이 접촉하여 서로 반발하게 되며 고체가 조각으로 부서진다(그림 2A.7).

고체 내 이온들의 상호 작용을 이해하기 위한 출발점인 두 이온 사이의 Coulomb 퍼텐셜 에너지는 다음과 같이 표현된다(**기초 지식** A).

$$E_{p,12} = \frac{\overbrace{(z_1e)}^{\text{이온 1의 전하}} \times \overbrace{(z_2e)}^{\text{이온 2의 전하}}}{4\pi\varepsilon_0 \underbrace{r_{12}}_{\text{거리}}} = \frac{z_1z_2e^2}{4\pi\varepsilon_0 r_{12}} \qquad \textbf{(1)}$$

위 식에서 e는 전자 전하의 절댓값에 해당되는 기본 전하이며, z_1과 z_2는 두 이온의 전하수이고, r_{12}는 이온 중심 사이의 거리이며, ε_0('엡실론 제로')는 전기 상수(이 기본 상수의 값은 뒤표지 안쪽 참조)이다.

유의 사항

이온의 전하수 z는 양이온은 양수이고, 음이온은 음수이다. 이온의 전하는 ze이다. 그러나 화학자들은 대부분의 경우 전하수 z를 전하라고 하며, +1, −1 등으로 표현한다. 즉, 화학자들은 일반적으로 전하를 기본 전하의 배수로 지칭한다.

앞에서 언급한 대로, 고체의 각 이온은 반대 전하를 띤 모든 이온으로부터 인력을 느끼게 되며, 같은 전하를 띤 모든 이온으로부터는 반발력을 느낀다. 총 퍼텐셜 에너지는 이들 모두의 합이다. 예를 들어, 하나의 음이온을 생각해 보자. 이 음이온은 양이온으로 둘러싸여 있으며, 반대 전하의 인력으로 인해 큰 음(에너지 감소)의 기여를 한다. 가장 가까운 이웃 너머에는 음이온의 총 퍼텐셜 에너지에 양(반발, 에너지 상승)의 기여를 하는 음이온들이 있다. 또한 해당 음이온 너머의 양이온들은 음의 기여를 하고, 그 너머의 음이온들은 양의 기여를 하는 것이 고체의 끝까지 이어진다. 이러한 반발력과 인력은 음이온으로부터의 거리가 멀어짐에 따라 점점 약해지지만, 가장 가까운 이웃에 의한 인력이 크기 때문에, 이들 모든 기여의 알짜 결과는 에너지 감소로 나타난다. 식 1을 이용하여 에너지가 얼마나 낮아지는지 알아볼 수 있다.

어떻게 다루는가?

같은 크기의 반대 전하(예: NaCl 또는 MgO)를 갖는 양이온과 음이온의 중심 사이의 거리가 두 이온 반지름의 합 d만큼 떨어져서 일직선상에 균일하게 교대로 배치된 이온성 고체의 간단한 일차원 모형을 생각해 보자(**그림 2A.8**). 각 이온의 전하수가 동등한 절댓값(예컨대 +1과 −1 또는 +2와 −2)을 가진다면 $z_1 = +z$, $z_2 = -z$, $z_1z_2 = -z^2$이다. 음이온의 퍼텐셜 에너지는 모든 Coulomb 퍼텐셜 에너지 항을 합하여 계산하며, 음의 항은 반대 전하 사이의 인력을 그리고 양의 항은 동종 전하 사이의 반발을 나타낸다. 중앙 음이온의 오른쪽에 있는 이온들과의 상호 작용을 고려한 총 퍼텐셜 에너지는 다음과 같다.

$$E_p = -\frac{e^2}{4\pi\varepsilon_0} \times \left(\underbrace{-\frac{z^2}{d}}_{\text{인력}} \underbrace{+\frac{z^2}{2d}}_{\text{척력}} \underbrace{-\frac{z^2}{3d}}_{\text{인력}} \underbrace{+\frac{z^2}{4d}}_{\text{척력}} - \cdots \right)$$

$$= -\frac{z^2e^2}{4\pi\varepsilon_0 d}\left(1-\frac{1}{2}+\frac{1}{3}-\frac{1}{4}+\cdots\right) = -\frac{z^2e^2}{4\pi\varepsilon_0 d} \times \ln 2$$

마지막 단계에서는 $1-\frac{1}{2}+\frac{1}{3}-\frac{1}{4}+\ldots = \ln 2$의 관계를 이용하였다. 양쪽에 있는 이온들 모두와의 상호 작용은 E_p를 두 배하면 된다. 여기에 Avogadro 상수 N_A를 곱하여 이온 1 mol의 퍼텐셜 에너지를 구한다. 이제 우리는 한 종류의 이온(예를 들어 음이온) 1 mol의 총 에너지가

$$E_p(\text{음이온}) = -2 \ln 2 \times \frac{N_A z^2 e^2}{4\pi\varepsilon_0 d}$$

인 것을 알게 되었다. 양이온 1 mol에 대해서도 같은 결과를 얻는다.

$$E_p(\text{양이온}) = -2 \ln 2 \times \frac{N_A z^2 e^2}{4\pi\varepsilon_0 d}$$

그러나 전체의 퍼텐셜 에너지를 구하기 위해 위의 두 에너지를 단순히 합하면, 각 이온 사이의 상호 작용을 두 번 합하게 된다: 첫째 이온과 둘째 이온, 그리고 다시 둘째 이온과 첫째 이온. 그러므로 이온쌍 1 mol의 전체 퍼텐셜 에너지는 위의 두 식을 합한 후, 다시 2로 나누어 주어야 한다.

$$E_p = \tfrac{1}{2}\{E_p(\text{양이온}) + E_p(\text{음이온})\} = -2 \ln 2 \times \frac{N_A z^2 e^2}{4\pi\varepsilon_0 d}$$

여기서 $d = r_{\text{양이온}} + r_{\text{음이온}}$은 인접한 두 이온 중심 사이의 거리이다.

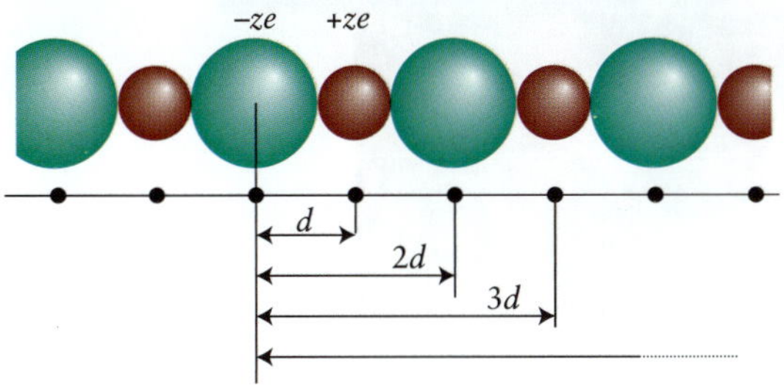

그림 2A.8 양이온(빨간 공)과 음이온(초록 공)이 일직선 상에 교대로 배열된 상태의 퍼텐셜 에너지 계산에 이용되는 배치도. 가장 긴 수직선으로 표시된 중심 이온에 대해 고려한다.

계산 결과, 양이온과 음이온이 교대로 일직선상에 배열된 일차원 결정의 이온쌍 1 mol당 퍼텐셜 에너지는

$$E_p = -A \times \frac{N_A z^2 e^2}{4\pi\varepsilon_0 d} \quad \textbf{(2a)}$$

과 같이 주어진다. 여기서 이 모형의 $A = 2 \ln 2$(혹은 1.386)이다.

이 방정식의 의미는 무엇인가?

퍼텐셜 에너지가 음의 값이므로, 반대 전하의 이온들 사이의 인력이 같은 전하의 이온들 사이의 반발보다 크다는 것이다. 이온의 전하가 클수록(z 값이 클수록) 그리고, 이온들 자체가 작아서, 이온 사이의 거리가 짧을수록(d 값이 작을수록), 퍼텐셜 에너지의 음의 값이 커짐을 알 수 있다.

식 2a를 얻기 위한 계산법을 보다 실제적인, 서로 다른 전하를 가진 이온들의 삼차원 배열까지 확장할 수 있다. 그 결과는 비슷한 형태로 주어진다.

$$E_p = A \times \frac{N_A z_1 z_2 e^2}{4\pi\varepsilon_0 d} \quad \textbf{(2b)}$$

(이온들이 반대 전하를 갖기 때문에 $z_1 z_2$는 음수인 것을 유의하기 바란다.) A는 숫자 계수로서 **Madelung 상수(Madelung constant)**라 하며, 이온의 상호 배열 방법에 따라 값이 달라진다(배열 방법에 대해서는 Topic 3G에서 다룬다). 이온이 작고, 전하가 클수록 이온성 고체 형성에 따른 에너지 감소가 커진다. 예를 들어, 산화 마그네슘 MgO의 Mg^{2+} 이온과 O^{2-} 이온은 전하가 크고, 이온의 반지름이 작기 때문에 강한 상호 작용이 있다(그 결과, 중심이 서로 가깝다). 이러한 강력한 상호 작용으로 인해 산화 마그네슘은 고온에서 견디는 '내열성'이 뛰어나며, 용광로의 내벽재로 쓸 수 있을 정도이다. 이제 여러분은 인산 칼슘과 같은 이온성 고체가 골격 물질인 이유를 알 수 있을 것이다. 크기가 작은 +2가 양이온 Ca^{2+}와 −3가 음이온 PO_4^{3-}가 서로 매우 강하게 끌어당기고 엉겨서, 단단하고 불용성인 고체를 형성한다(그림 2A.9).

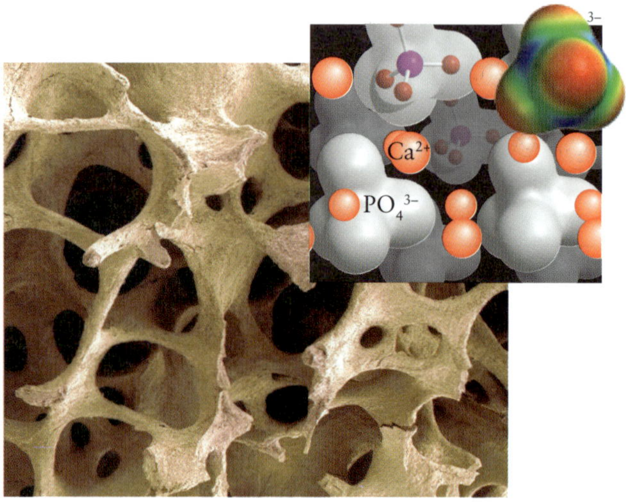

그림 2A.9 뼈의 현미경 사진. 뼈가 단단한 이유는 인산 칼슘 때문이다. 삽입 그림은 인산 칼슘의 결정 구조 중 일부를 보여 주고 있다. 인산 이온은 다원자 이온이지만, 삽입 그림에 나타낸 바와 같이 거의 구형에 가깝기 때문에 전하가 +3가인 일원자 이온처럼 결정 구조 안에 끼어들게 된다. (© *Science Photo Library/Alamy.*)

자습 2A.4A 이온성 고체인 CaO와 KCl은 동일한 구조로 결정화된다. 어느 화합물에서 어떤 이유로 이온 사이의 상호 작용이 더 강하겠는가?

[답: CaO, 전하가 크고, 반지름이 작기 때문]

자습 2A.4B 이온성 고체인 KBr과 KCl은 동일한 구조로 결정화된다. 어느 화합물에서 이온 사이의 상호 작용이 더 강하겠는가?

d가 짧아질수록 식 2b의 퍼텐셜 에너지는 점점 더 큰 음의 값을 갖게 된다(즉, 이온 사이의 우호적 상호 작용이 강화된다). 그러나 이온들이 접촉하게 되면 즉시 반발 효과가 중요하게 되어 에너지가 다시 급격히 상승한다. 이온성 고체에서 근접한 이웃 사이의 반발 효과를 일반적으로 퍼텐셜 에너지는 거리가 가까워질수록 $E_p^* \propto e^{-d/d^*}$의 꼴로 증가한다고 다룬다. d^*는 일반적으로 34.5 pm로 잡는 상수이다. 총 퍼텐셜 에너지는 E_p와 E_p^*의 합이며, 이온 사이의 거리가 가까워짐에 따라 최솟값을 지나고 아주 가까워지면 급격하게 커진다(그림 2A.10).

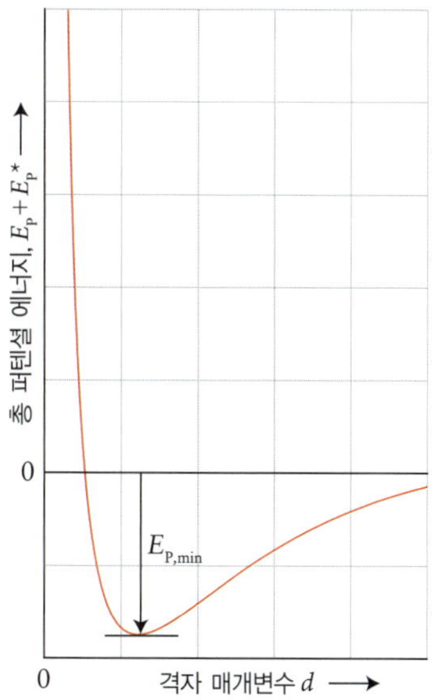

그림 2A.10 이온 사이의 Coulomb 상호 작용과 이온들이 접촉할 때의 반발이 지수 함수적으로 증가함을 고려한 이온성 고체의 퍼텐셜 에너지.

이온성 고체는 전형적으로 녹는점이 높고, 메짐성이 크다. 이온이 작고 전하가 클수록 이온성 고체의 격자 에너지가 크다.

이 Topic에서 배운 것은 무엇인가?

이온 결합에서는 전자가 한 원자에서 다른 원자로 이동되고, 이온 결합 형성 방식은 Lewis 기호에 근거한 실험식 단위로 나타낸다는 것을 배웠다. 이온이 작고 전하가 클수록 이온 격자의 에너지가 멀리 떨어진 원자들에 비해 더 낮아짐을 배웠다.

개념과 식의 적용

- ☐ 이온의 전자 배치를 쓴다(자습 2A.1, 2A.2).
- ☐ 이온의 형성을 이온화 에너지, 전자 친화도, 이온 사이의 정전기적 상호 작용으로 설명한다(2A.3절).
- ☐ 이온 결합 화합물의 화학식을 예측하고, Lewis 기호를 이용하여 실험식 단위를 그린다(자습 2A.3).
- ☐ 격자 에너지의 근원과 크기를 설명한다(2A.4절).

Topic 2A 연습 문제

2A.1 다음 각 원소의 원자가 전자(d-전자 포함)의 수를 구하시오.
(a) Sb (b) Si (c) Mn (d) B

2A.2 다음 각 원소의 원자가 전자(d-전자 포함)의 수를 구하시오.
(a) V (b) Fe (c) Cd (d) I

2A.3 다음 각 이온에 대하여 예상되는 바닥 상태 전자 배치를 쓰시오.
(a) S^{2-} (b) As^{3+} (c) Ru^{3+} (d) Ge^{2+}

2A.4 다음 각 이온에 대하여 예상되는 바닥 상태 전자 배치를 쓰시오.
(a) V^{4+} (b) Fe^{3+} (c) Cd^{2+} (d) I^-

2A.5 다음 각 이온에 대하여 예상되는 바닥 상태 전자 배치를 쓰시오.
(a) Cu^+ (b) Bi^{3+} (c) Ga^{3+} (d) Tl^{3+}

2A.6 다음 각 이온에 대하여 예상되는 바닥 상태 전자 배치를 쓰시오.
(a) Zr^{4+} (b) Os^{3+} (c) Cs^+ (d) P^{3-}

2A.7 Cd, In^+, Sn^{2+}는 모두 같은 수의 전자를 가지고 있다.
(a) 각 화학종의 전자 배치를 쓰시오. 차이를 설명하시오.
(b) 각 화학종에 존재하는 홀전자의 수는 몇 개인가?
(c) In^{3+}와 동등한 전자 배치를 갖는 중성 원자는 무엇인가?

2A.8 Ca, Ti^{2+}, V^{3+}는 모두 같은 수의 전자를 가지고 있다.
(a) 각 화학종의 전자 배치를 쓰시오. 차이를 설명하시오.
(b) 각 화학종에 존재하는 홀전자의 수는 몇 개인가?
(c) Ti^{3+}와 전자 배치가 동등한 중성 원자는 무엇인가?

2A.9 다음과 같은 바닥 상태 전자 배치를 가질 것으로 예상되는 M^{2+} 이온(M은 금속 원소)은 무엇인가?
(a) $[Ar]3d^7$ (b) $[Ar]3d^6$ (c) $[Kr]4d^4$ (d) $[Kr]4d^3$

2A.10 다음과 같은 바닥 상태 전자 배치를 가질 것으로 예상되는 E^{3+} 이온(E는 원소)은 무엇인가?
(a) $[Xe]4f^{14}5d^8$ (b) $[Xe]4f^{14}5d^5$ (c) $[Kr]4d^{10}5s^25p^2$ (d) $[Ar]3d^{10}4s^2$

2A.11 다음과 같은 바닥 상태 전자 배치를 가질 것으로 예상되는 M^{3+} 이온(M은 금속 원소)은 무엇인가?
(a) $[Ar]3d^6$ (b) $[Ar]3d^5$ (c) $[Kr]4d^5$ (d) $[Kr]4d^3$

2A.12 다음과 같은 바닥 상태 전자 배치를 가질 것으로 예상되는 M^{2+} 이온(M은 금속 원소)은 무엇인가?
(a) $[Ar]3d^4$ (b) $[Kr]4d^9$ (c) $[Ar]3d^{10}$ (d) $[Xe]4f^{14}5d^{10}5s^2$

2A.13 다음 각 바닥 상태 원자에서 +1가의 이온을 형성하기 위해 제거되어야 할 전자를 점유한 오비탈(1s, 2p, 3d, 4f 등)을 예측하시오.
(a) Zn (b) Cl (c) Al (d) Cu

2A.14 다음 각 바닥 상태 이온에서 +1단위만큼 양전하를 더 가진 이온을 형성하기 위해 제거되어야 할 전자를 점유한 오비탈(1s, 2p, 3d, 4f 등)을 예측하시오.
(a) Mo^{3+} (b) P^{3-} (c) Bi^{2+} (d) Mn^+

2A.15 다음 각 원소에서 형성될 가능성이 가장 큰 이온의 전하를 구하시오.
(a) S (b) Te (c) Rb (d) Ga (e) Cd

2A.16 다음 각 원소에서 형성될 가능성이 가장 큰 이온의 전하를 구하시오.
(a) Cs (b) O (c) Ca (d) N (e) I

2A.17 다음 각 이온의 원자가 전자의 수를 예측하시오.
(a) Mn^{4+} (b) Rh^{3+} (c) Co^{3+} (d) P^{3+}

2A.18 다음 각 이온의 원자가 전자의 수를 예측하시오.
(a) In^+ (b) Tc^{2+} (c) Ta^{2+} (d) Re^+

2A.19 다음 각 이온의 바닥 상태 전자 배치를 쓰고, 예상되는 홀전자의 수를 쓰시오.
(a) Sb^{3+} (b) Sn^{4+} (c) W^{2+} (d) Br^- (e) Ni^{2+}

2A.20 다음 각 이온의 바닥 상태 전자 배치를 쓰고, 예상되는 홀전자의 수를 쓰시오.
(a) Sc^{3+} (b) Co^{2+} (c) Sr^{2+} (d) Se^{2-}

2A.21 다음 각 이온의 바닥 상태 전자 배치를 쓰고, 예상되는 홀전자의 수를 쓰시오.
(a) Ca^{2+} (b) In^+ (c) Te^{2-} (d) Ag^+

2A.22 다음 각 이온의 바닥 상태 전자 배치를 쓰고, 예상되는 홀전자의 수를 쓰시오.
(a) Fe^{3+} (b) Bi^{3+} (c) Si^{4+} (d) I^-

2A.23 (a) 비활성쌍 효과란 무엇인가? (b) 비활성쌍 효과가 무거운 원소에서만 관찰되는 이유는 무엇인가?

2A.24 다음 원소에서 비활성쌍 효과를 나타내는 것을 찾고, 형성하는 이온들의 식을 쓰시오.
(a) Sb (b) As (c) Tl (d) Ba

2A.25 일원자 이온의 예상 전하에 근거하여 다음 각 화합물의 화학식을 쓰시오.
(a) 비소화 마그네슘 (b) 황화 인듐(III) (c) 수소화 알루미늄 (d) 텔루륨화 수소 (e) 플루오린화 비스무트(III)

2A.26 일원자 이온의 예상 전하에 근거하여 다음 각 화합물의 화학식을 쓰시오.
(a) 텔루륨화 망가니즈(II) (b) 비소화 바륨 (c) 질소화 규소 (d) 비스무트화 리튬 (e) 염화 지르코늄(IV)

2A.27 일원자 이온의 예상 전하에 근거하여 다음 각 화합물의 실험식 단위를 Lewis 기호로 그리시오.
(a) 염화 탈륨(III) (b) 황화 알루미늄 (c) 산화 바륨

2A.28 일원자 이온의 예상 전하에 근거하여 다음 각 화합물의 실험식 단위를 Lewis 기호로 그리시오.
(a) 아이오딘화 스트론튬 (b) 인화 포타슘 (c) 질소화 마그네슘

2A.29 부록 2D의 이온 반지름 자료를 이용하여 다음 이온쌍 중 고체 화합물에서 Coulomb 인력이 가장 센 것을 예측하시오.
(a) K^+, O^{2-} (b) Ga^{3+}, O^{2-} (c) Ca^{2+}, O^{2-}

2A.30 부록 2D의 이온 반지름 자료를 이용하여 다음 이온쌍 중 고체 화합물에서 Coulomb 인력이 가장 센 것을 예측하시오.
(a) Mg^{2+}, S^{2-} (b) Mg^{2+}, Se^{2-} (c) Mg^{2+}, O^{2-}

2A.31 염화 리튬의 격자 에너지(861 kJ·mol^{-1})가 염화 루비듐의 격자 에너지(695 kJ·mol^{-1})보다 더 큰 이유를 설명하시오. 두 화합물의 결정 격자는 유사한 이온 배열을 가지고 있다(부록 2D 참조).

2A.32 브로민화 은의 격자 에너지(903 kJ·mol^{-1})가 아이오딘화 은의 격자 에너지(887 kJ·mol^{-1})보다 더 큰 이유를 설명하시오. 두 화합물의 결정 격자는 유사한 이온 배열을 가지고 있다(부록 2D 참조).

Topic 2B 공유 결합

이 Topic을 왜 배우는가? 분자의 구조, 특성, 반응을 해석하려면 공유 결합의 본질을 이해하는 것이 필수적이다.

무엇을 알고 있어야 하는가? Lewis 기호(Topic 2A)로 요약된 다전자 원자의 전자 배치를 알아야 한다. 또한 다양한 유형의 화합물과 명명법(기초 지식 C 및 D), 산화수의 개념(기초 지식 K)을 익히는 것이 도움이 될 것이다. 전기 음성도의 개념(Topic 1F)에 대해서도 알고 있어야 한다.

이온 결합이 실행되기에는 너무 높은 이온화 에너지를 갖는 비금속 원자 사이의 화학 결합의 본질(Topic 2A)은 오랫동안 과학자들에게 수수께끼였다. 그들은 또한 한 원소의 특징적인 **원자가(valence)**, 즉 그 원소가 형성할 수 있는 결합의 수에 대해 의아해했다. 1916년에 G. N. Lewis가 해석을 발표하였다. 양자 역학이나 오비탈에 대해 누구도 알기 전에, Lewis는 뛰어난 통찰력으로 **공유 결합(covalent bond)**이 두 원자 사이에 공유되는 전자쌍이라고 제안하였다(**1**). 그는 또한 이러한 공유 전자의 관점에서 화학 결합을 나타내는 기호를 개발하였다.

2B.1 Lewis 구조

원자가 이온을 형성할 때 일반적으로 가장 가까운 영족 기체와 같은 수의 전자를 갖도록 전자를 얻거나 잃는다. Lewis는 원자를 완전히 옮기는 것이 아니라 원자 사이에 전자를 공유하는 공유 결합을 형성할 때에서도 유사한 양상을 발견하였다. 이 관찰은 **팔전자 규칙(octet rule)**으로 이어졌다.

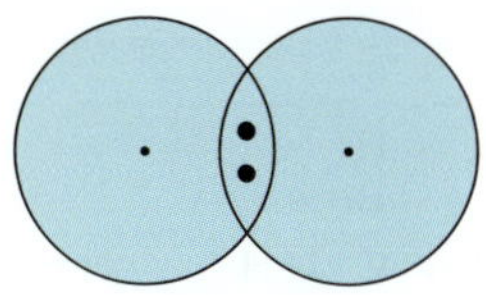

1 공유 전자쌍

공유 결합을 형성할 때, 원자들은 팔전자계(H의 경우에는 이전자계)가 완성될 때까지 전자쌍을 공유한다.

수소 원자의 Lewis 기호는 H·이다. 두 개의 수소 원자가 가까워지면 이 두 개의 원자가 전자가 두 핵에 의해 공유된다. **Lewis 구조(Lewis structure)**에서 공유된 전자쌍은 선(—)으로 표시된다. 따라서 H_2의 Lewis 구조는 H—H이다. 쌍의 두 전자는 두 핵과 상호 작용하고 각 H 원자는 이전자계를 이룬다. 플루오린 원자는 7개의 원자가 전자를 가지며(배치는 $[He]2s^22p^5$) 다른 플루오린 원자와 같은 다른 원자에 의해 공급되는 전자를 공유하여 팔전자계를 이룰 수 있다.

각 F 원자 둘레에 그려진 원은 각 원자가 한 개의 전자쌍을 공유함으로써 팔전자계를 이룸을 보여 준다.

공유 전자쌍 하나는 **단일 결합(single bond)**을 형성한다. 많은 경우, 원자들은 두 개 이상의 전자쌍을 공유해서 팔전자계를 완성한다. 두 원자 사이에 공유된 전자쌍이 두 개이면 **이중 결합(double bond)**이고, 세 쌍이면 **삼중 결합(triple bond)**이다. X::Y와 같은 이중 결합을 Lewis 구조에서는 X=Y로 그린다. 마찬가지로, X:::Y와 같은 삼중 결합은 X≡Y로 그린다. 이중 결합과 삼중 결합을 통칭하여 **다중 결합(multiple bond)**이라고 한다. 두 원자를 연결시키는 결합의 수를 **결합 차수(bond order)**라고 한다. H_2와 F_2의 결합 차수는 1, O_2는 2, N_2는 3이다.

플루오린 분자는 각 원자에 3개씩 모두 6개의 고립 전자쌍이 있다. **고립 전자쌍(lone pair)**은 결합에 참여하지 않는 원자가 전자의 쌍을 뜻한다. F 원자의 세 고립 전자쌍은 다른 F 원자의 세 고립 전자쌍과 반발하여 결합 전자쌍으로 생기는 인력을 거의 상쇄시킨다. 이 반발이 플루오린 기체가 반응성이 매우 큰 이유 중의 하나이다. 즉, F_2 분자에서 두 원자 사이의 결합은 매우 약하다. 일반적으로 다중 결합은 단일 결합보다 강하다. 따라서 N_2도 서로 반발하는 고립 전자쌍을 가지고 있지만, N_2는 반응성이 거의 없는 분자이다. 흔히 볼 수 있는 이원자 분자 중에서 H_2만이 고립 전자쌍이 없다.

> **자습 2B.1A** 할로젠간 화합물인 플루오린화 염소 ClF의 Lewis 구조를 그리고, 각 원자의 고립 전자쌍 수를 세시오.
>
> [답: $:\ddot{\underset{\cdot\cdot}{\mathrm{Cl}}}-\ddot{\underset{\cdot\cdot}{\mathrm{F}}}:$, 각 원자에 3개]
>
> **자습 2B.1B** HBr, O_2, N_2의 Lewis 구조를 그리고, 각 원자의 고립 전자쌍 수를 세시오.

Lewis 구조는 다원자 분자에도 사용된다. 화학자들은 일반적으로 Lewis 구조를 사용하여 전자와 원자가 화학 반응에서 서로의 상대편을 어떻게 변화시키는지 나타낸다. 다원자 분자의 Lewis 구조를 어떻게 그리는지 보기 위해 메테인 CH_4를 다루어 보자.

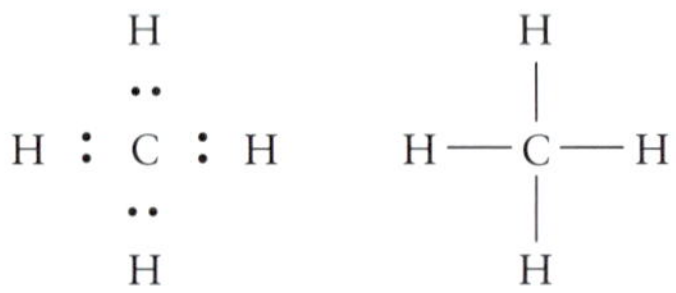

2 메테인, CH_4

- 분자를 구성하는 모든 원자에서 제공되는 원자가 전자의 수를 센다. 메테인을 구성하는 원자의 Lewis 기호가 다음과 같으므로

$$:\dot{\underset{\cdot}{\mathrm{C}}} \qquad \mathrm{H}\cdot \qquad \mathrm{H}\cdot \qquad \mathrm{H}\cdot \qquad \mathrm{H}\cdot$$

  총 8개의 원자가 전자가 있다.
- C 원자는 팔전자계를, H 원자는 이전자계를 만들도록 전자를 의미하는 점을 배열하며, C와 H 원자는 전자쌍을 공유한다.
- (**2**)의 왼쪽에 나타낸 것과 같은 배열을 그린 다음 메테인의 Lewis 구조를 (**2**)의 오른쪽처럼 4개의 공유 전자쌍을 선으로 그린다.

탄소 원자는 다른 원자들과 네 개의 결합으로 연결되어 있으므로 탄소의 원자가를 **4가(tetravalent)**라고 말한다. Lewis 구조는 다원자 분자의 기하학적 모양은 나타내지 않고 결합 양상만 나타내는 것을 주목하자.

분자나 이온의 Lewis 구조를 만드는 일반적인 방법을 **도구상자 2B.1**에 정리하였다. 각각의 경우에 분자에서 어떤 원자가 서로 연결되어 있는지 알아야 한다. 화학을 배우기 시작할 때는 결합의 양상이 항상 명확하지는 않지만, 도움이 될 수 있는 몇 가지 양상이 있다. **말단 원자(terminal atom)**는 다른 원자 하나에만 결합되는 원자로 메테인의 H 원자가 그러한 예에 해당된다. 보레인이라 불리는 특별한 화합물(Topic 8E)에서는 예외이지만, 수소는 항상 말단 원자이다. 적어도 두 개 이상의 원자에 결합되는 원자를 중심 원자라고 한다. 물 분자 HOH의 O 원자와 메테인의 C 원자가 중심 원자이다. 분자의 원자 배열이나 중심 원자가 미리 알려지지 않은 경우, 수소 화합물 이외의 분자에 대한 좋은 경험 법칙은 이온화 에너지가 가장 낮은 원소를 중심 원자로 선택하는 것이다. 중앙 위치에 있는 원자가 말단 원자보다 더 많은 전자를 공유하기 때문에 이러한 배열은 종종 가장 낮은 에너지를 갖는다. 이온화 에너지가 더 높은 원자는 전자의 공유를 더 꺼리며 전자쌍을 고립 전자쌍으로 붙잡을 가능성이 더 높다. 이 규칙을 표현하는 다른 방법은 중심 원자가 일반적으로 전기 음성도가 가장 낮은 원소라고 하는 것이다(Topic 1F 및 2D 참조).

분자의 구조 예측(예측에 불과하다)에 쓰이는 또 다른 경험 규칙은 **중심 원자 둘레에 원자를 대칭적으로 배열하는 것**이다. 간단한 화학식에서는 중심 원자를 먼저 쓰고 그 뒤에 붙어 있는 원자를 쓰는 경우가 많다. 예를 들면, SO_2는 SOO가 아니고 OSO 배열을 갖는다. 화학식이 OF_2인 화합물에서 원자의 배열은 OFF가 아니라 실제로 FOF이며, CCl_4에서는 C 원자를 네 개의 Cl 원자가 둘러싸고 있다. 이 규칙의 잘 알려진 예외는 일산화 이질소 N_2O(아산화질소)로, 이 화합물은 비대칭적인 NNO 배열을 이룬다. 산(**기초 지식** J)은 예외적으로 H를 먼저 쓰지만, 중심 원자인 경우는 없다.

NH_4^+나 CO_3^{2-}와 같이 하전된 공유 결합 구조의 다원자 이온의 Lewis 구조를 결정할 때도 같은 과정을 이용한다. 단, 이온의 전하를 맞추기 위해 도구상자 2B.1에 나와 있는 대로 전자를 더하거나 빼야 한다. 중성 분자의 경우와 마찬가지로 이온의 원자 배열을 아는 것이 필수적이다. 산소산 음이온에서는 화학식에서 앞에 쓰인 원자(H는 예외)가 중심 원자가 되는 경우가 보통이다. 예를 들면, CO_3^{2-}에서는 C 원자를 O 원자 세 개가 둘러싸고 있다. 각 원자는 원자가 껍질에 들어 있는 전자 수만큼 점(전자)을 제공하지만, 전체 전하를 나타내도록 점의 총수를 조정해야 한다. 양이온에서는 양전하 한 개마다 점 하나씩을 빼야 한다. 음이온에서는 음전하 한 개마다 점을 하나씩 더해야 한다. 이온성 화합물의 양이온과 음이온은 각각 따로 취급해야 한다. 왜냐하면 그들은 개별 이온으로서 공유쌍으로 연결되어 있지 않기 때문이다. 예를 들면, 탄산 암모늄 $(NH_4)_2CO_3$의 Lewis 구조는 괄호 안에 넣은 세 개의 이온(**3**)으로 나타낸다. 탄산 암모늄은 공유 결합된 원자들로 형성된 이온들로 만들어진 이온성 고체이다.

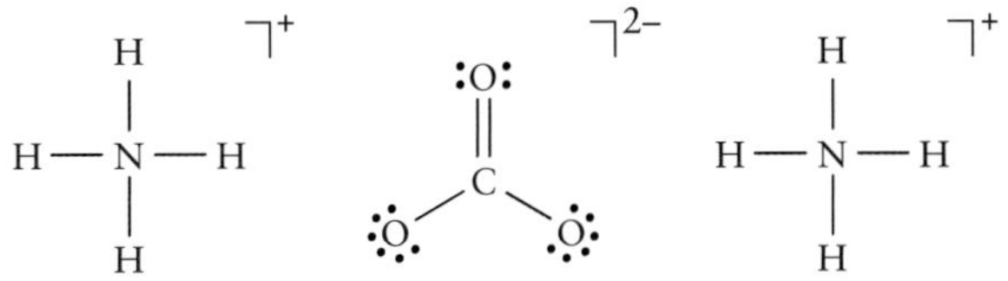

3

> **유의 사항**
> 항상 Lewis 구조 전체를 보여 주지는 않는다. 때때로, 구조나 반응의 한 가지 사항만을 강조하기 위해 관계되는 전자들만의 구조를 그리는 것이 편리하다. 고립 전자쌍은 생략하는 경우가 많다.

도구상자 2B.1 다원자 화학종의 Lewis 구조 그리기

기본 개념

유효한 Lewis 구조는 모든 원자가 전자를 수용하여 가능하다면 각 원자에 팔전자계(또는 H의 경우 이전자계)를 완성한 것이다.

과정

1단계 각 원자의 원자가 전자의 수를 계산한다. 이온에서는 이온의 전하를 고려하여 전자의 수를 조정한다. 분자의 총 원자가 전자의 수를 2로 나누어 전자쌍의 수를 구한다.

2단계 일반적 양상이나 교과서에 제시된 요령에 따라 가장 가능성이 큰 원자 배열을 쓴다.

3단계 결합된 각 원자 쌍 사이에 전자쌍 1개를 배치한다.

4단계 남은 전자쌍을 원자 둘레에 배치하여 각 원자의 팔전자계(H는 이전자계)를 완성한다. 만일 전자쌍이 부족하면 하나 또는 그 이상의 단일 결합 대신 다중 결합을 형성한다.

5단계 각 결합 전자쌍을 선으로 표시한다.

Lewis 구조의 타당성을 검증하려면, 각 원자가 팔전자계 또는 이전자계(수소의 경우)를 가졌음을 확인한다.

이 과정을 예제 2B.1과 2B.2에서 보여 준다.

예제 2B.1 분자 또는 이온의 Lewis 구조 그리기

어떤 화합물이 반응에 참여할 수 있을지 등과 같은 성질을 판단할 때, 그 화합물이 단일 혹은 다중 결합을 형성할지 알 필요가 있다. (a) 물 H_2O, (b) 메탄알 H_2CO, (c) 아염소산 이온 ClO_2^-의 Lewis 구조를 그리시오. 도구상자 2B.1을 이용하되, ClO_2^-의 음전하에 상응하도록 전자 하나를 더하는 것에 유의하시오.

예상 처음 공부할 때는 Lewis 구조를 예측하는 것이 어렵지만, 경험이 쌓임에 따라 여기에서처럼 체계적인 단계를 따라가지 않고도 작성할 수 있게 될 것이다.

계획 도구상자 2B.1의 단계들을 따라간다.

풀이

	(a) H_2O	(b) H_2CO	(c) ClO_2^-
1단계 원자가 전자의 수를 계산하고, 이온의 전하를 고려한다.	1+1+6=8	1+1+4+6=12	7+6+6+1=20
전자쌍의 수를 센다.	4	6	10
2단계 원자를 배열한다.	H O H	H / C O / H	O Cl O
3단계 결합된 원자의 쌍마다 공유 전자쌍을 배정한다.	H : O : H	H / ·· / C : O / ·· / H	O : Cl : O
4단계 아직 배치되지 않은 전자쌍을 센다.	: : (2)	: : : (3)	: : : : : : : : (8)
고립 전자쌍으로 팔전자계를 완성한다. 각 원자에 단일 결합만으로 팔전자계나 이전자계를 만들 전자가 부족하면 다중 결합을 사용한다.	H : Ö : H	H / ·· / C :: Ö / ·· / H	:Ö : Cl : Ö:
5단계 결합을 선으로 표시하고, 전하도 표시한다.	H—Ö—H	H / | / C=Ö / | / H	[:Ö—Cl—Ö:]$^-$

평가 H_2CO는 전자가 충분하지 않아서 이중 결합을 도입하지 않으면 팔전자계를 완성할 수 없었음에 유의하자.

자습 2B.2A 사이안산 이온 CNO^-의 Lewis 구조를 그리시오(C 원자가 중심 원자임).

[답: [N̈=C=Ö]$^-$]

자습 2B.2B NH_3와 N_2O의 Lewis 구조를 그리시오.

관련 연습 문제 2B.1~2B.8

예제 2B.2 중심 원자가 두 개 이상인 분자의 Lewis 구조 그리기

유기화학자들이 반응에서 분자들이 어떻게 변할지를 생각할 때, Lewis 구조를 포함한 반응 개요를 그리는 것이 도움이 되는 경우가 많다. 식초 속 카복실산인 아세트산 CH_3COOH의 Lewis 구조를 그리시오. 아세트산의 화학식은 분자가 $-CH_3$와 $-COOH$ 원자단으로 되어 있음을 보여 준다. $-COOH$ 원자단에서 산소 두 개가 같은 C 원자에 결합되어 있으며, 그중 한 산소 원자에 마지막 H 원자가 결합되어 있다. 두 C 원자는 서로 결합되어 있다.

예상 $-CH_3$ 원자단은 메테인의 경우와 마찬가지로 C 원자가 3개의 H 원자와 단일 결합으로 연결되어 있다는 것을 예상할 수 있어야 한다. 탄소 원자는 일반적으로 4개의 결합을 형성하기 때문에 $-COOH$ 원자단의 C는 O 원자 중 하나에 이중 결합을 가져야 한다.

계획 도구상자 2B.1의 방법을 이용한다.

풀이

CH_3COOH

1단계 원자가 전자의 수를 세어서 전자쌍의 수를 결정한다.

$$4 + (3 \times 1) + 4 + 6 + 6 + 1 = 24, \text{ 12쌍}$$

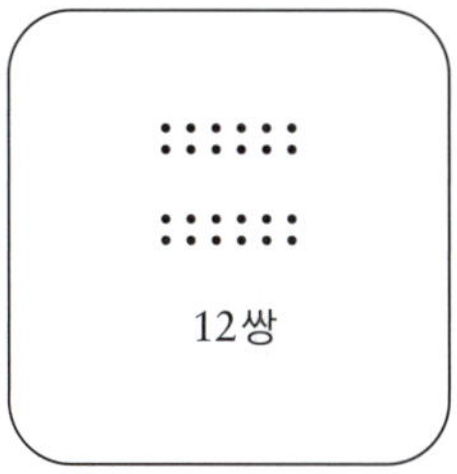

2단계 원자를 배열한다(연결된 원자들은 파란 색의 사각형으로 표시하였다).

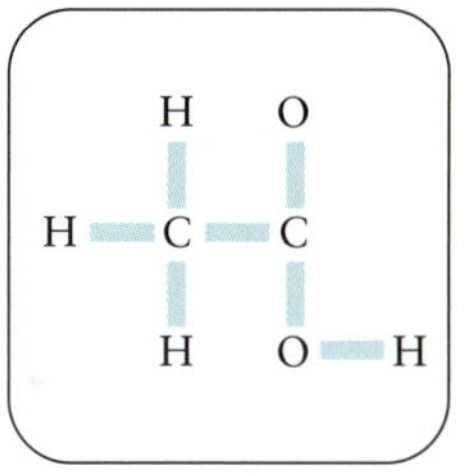

3단계 원자들을 결합 전자쌍으로 연결한다.

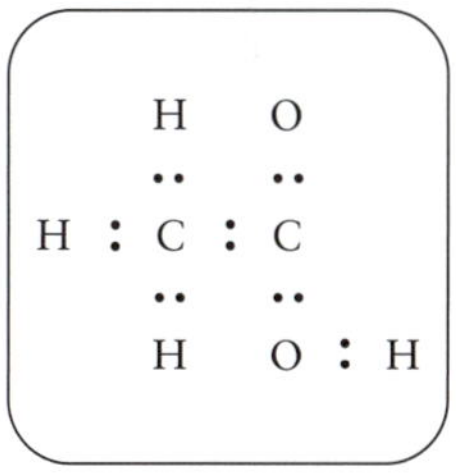

4단계 미배치 전자쌍을 확인한다.

팔전자계를 완성한다.

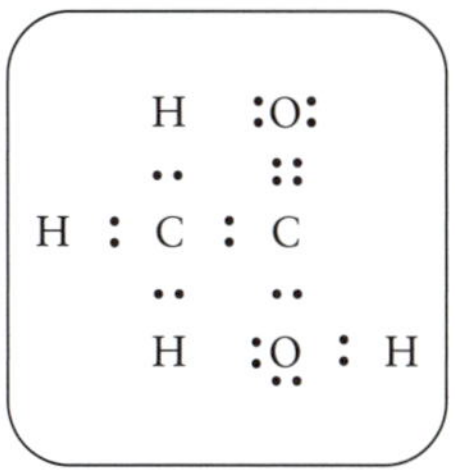

5단계 결합을 표시한다.

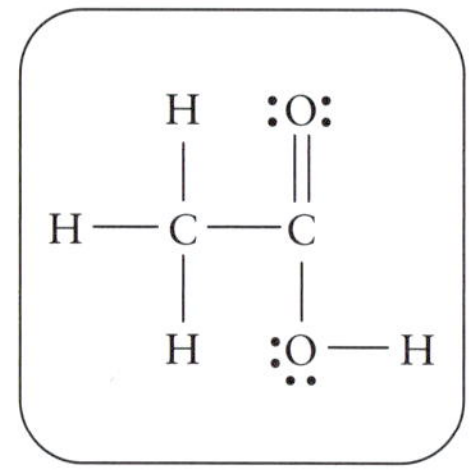

평가 예상대로, 메틸기($-CH_3$)는 H 원자가 하나가 빠진 메테인과 비슷한 구조를 가진다. 연습을 계속하면, 많은 유기 분자들에서 자주 나타나는 원자의 배치들을 인지하게 될 것이다.

자습 2B.3A 요소 분자$(NH_2)_2CO$의 Lewis 구조를 그리시오. (괄호 밖의 아래 첨자 2는 두 개의 NH_2 원자단이 C 원자에 붙어 있음을 나타낸다.)

[답: (**4**) 참조]

자습 2B.3B 하이드라진 H_2NNH_2의 Lewis 구조를 그리시오.

관련 연습 문제 2B.9, 2B.10, 2.59

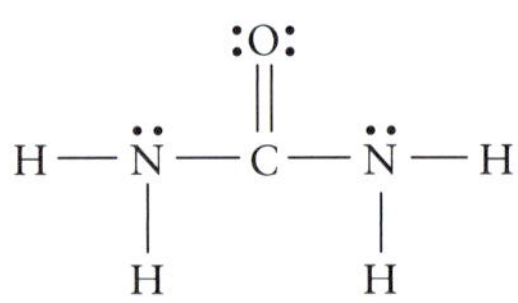

4 요소, $(NH_2)_2CO$

팔전자 규칙은 엄격한 규칙이라기보다는 지침에 가깝다(Lewis조차도 그 일반성에 대해 의구심을 품었다). 왜냐하면 3주기와 그 이후의 원소에는 명백한 예외가 있기 때문이다. Lewis의 접근법에 대한 이러한 예외와 개선은 Topic 2C에서 다룬다. d-구역 원소는 결합에 참여하기 위해 d-전자를 사용할 수 있으므로, 이러한 원소의 경우, 팔전자 규칙은 관련이 없다(Topic 8L).

다원자 화학종의 Lewis 구조는 구성 원자의 모든 원자가 전자를 이용하여 단일 결합 또는 다중 결합을 형성시켜서 팔전자계(또는 이전자계)를 완성시킨다. 일부 전자는 고립 전자쌍으로 남을 수 있다.

2B.2 공명

하나의 Lewis 구조로는 적절히 표현되지 않는 구조를 갖는 분자도 존재한다. 예를 들어, 질산 포타슘의 형태로 불꽃놀이(산소 공급용)와 비료(질소 공급용)로 이용되는 질산 이온 NO_3^-를 고려해 보자. (**5**)의 세 가지 Lewis 구조는 이중 결합의 위치만이 다를 뿐, 모두 팔전자 규칙을 만족하는 유효한 구조이며 같은 에너지를 갖는다. 두 원자 사이의 이중 결합은 원자를 더 단단히 결합하기 때문에 일반적으로 동일한 원자 사이의 단일 결합보다 짧다. 그려진 구조 중 하나만이 옳은 것이라면, 질산염 이온은 두 개의 긴 단일 결합과 하나의 짧은 이중 결합을 가질 것이다. 그러나 자세한 측정에 의하면 질산 이온에서의 모든 결합 길이가 동등하다. 결합 길이는 124 pm로 전형적인 N=O 이중 결합(120 pm)보다 길고, 전형적인 N—O 단일 결합(140 pm)보다는 짧다. 즉, 질산 이온에서 결합 차수는 1(단일 결합)과 2(이중 결합)의 사이에 해당된다. 결합된 원자의 중심 사이의 거리인 결합 길이는 Topic 2D에서 더 자세히 다룬다.

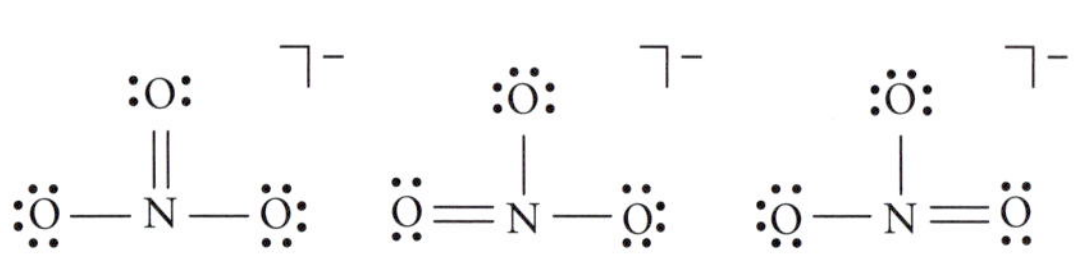

5

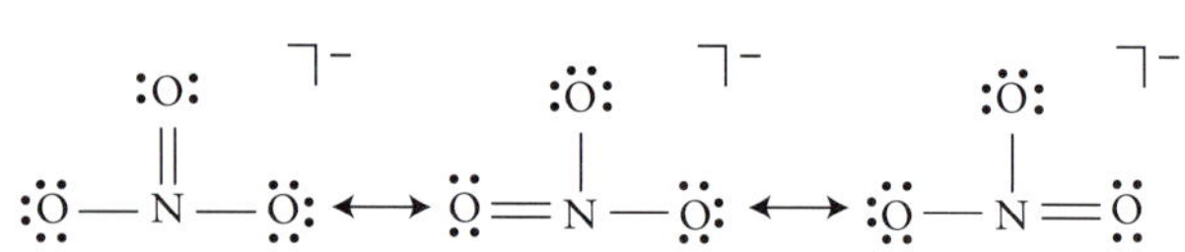

6 질산 이온, NO_3^-

세 결합이 모두 동등하므로 질산 이온의 더 좋은 구조 모형은 세 Lewis 구조의 **혼합**(blend)으로, 각 결합의 특성이 단일 결합과 이중 결합의 중간쯤이다. 이러한 구조적 혼합을 **공명**(**resonance**)이라고 하며, (**6**)에서처럼 양쪽 머리 화살표로 공명 구조 관계를 나타낸다. Lewis 구조들이 혼합되어 이루어진 구조를 **공명 혼성**(**resonance hybrid**)이라고 한다. 이때 분자가 상이한 구조들 사이에서 오가는 것은 아니다. 즉, 노새가 말과 당나귀 사이의 혼성 잡종이지 말이었다가 당나귀였다가 하는 것이 아닌 것과 마찬가지로, 공명 혼성이란 여러 구조의 혼합인 것이다.

공명 구조에서 전자들이 상이한 여러 위치를 차지하는 것을 **비편재화**(**delocalized**)되었다고 말한다. 비편재화는 공유 전자쌍이 특정 두 원자 사이에만 존재하지 않고, 여러 원자쌍 사이에 분포되어 있음을 의미한다. (**6**)의 세 공명 구조는 실제 분자로 존재하는 것이 아니고, 단지 전자가 분자에 퍼져있다는 것을 보여 주는 방편일 뿐이다. 전자들이 여러 원자에 비편재화된 것뿐 아니라, 공명은 어느 한 구조보다도 에너지를 낮추어서 분자들의 안정화를 돕는다. 이러한 에너지 감소는 여러 구조의 혼합으로 전자가 전체 에너지에 대한 기여를 최적화하는 방식으로 분포될 수 있기 때문이다.

다음의 사항들은 적절한 공명 구조들을 그리고, 실제 구조에 가장 많이 기여한 구조를 예측하는 것을 도와준다.

- 공명에 기여하는 각 구조에서 원자핵들의 위치는 같다. 단지 고립 전자쌍과 결합 전자쌍의 위치만이 바뀐다.
- 동등 구조(다중 결합과 고립 쌍의 위치만 다른 구조)는 공명에 동일하게 기여한다.
- 에너지가 낮은 구조가 에너지가 높은 구조보다 공명 혼성에서의 기여도가 더 크다. (상대적 에너지를 판단하는 방법은 다음 절에서 살펴본다.)

원자 배열이 다른 구조 사이에서는 공명이 발생하지 않는다. 예를 들어, 산화 이질소(아산화질소) 분자의 두 가지 가상적 구조 NNO와 NON을 생각할 수 있겠지만, 두 구조 사이에서 공명은 일어나지 않는다.

예제 2B.3 공명 구조 그리기

성층권의 오존 O_3는 태양으로부터 오는 자외선의 위험으로부터 지구상의 생명체를 보호해 준다. 대기화학자가 오존의 분광학적 성질과 구조적 성질을 이해하기 위해서는 오존의 전자 배치를 알 필요가 있다. O_3 분자의 공명 구조에 동등하게 기여하는 두 가지 Lewis 구조를 제시하시오. 실험에 의하면 오존에서의 두 결합 길이는 같다.

예상 다중 결합의 위치만 다른 구조를 쓸 수 있게 될 것이다.

계획 도구상자 2B.1에 요약된 방법에 따라 분자의 Lewis 구조를 그린다. 단일 결합과 이중 결합 또는 삼중 결합을 상호 교환하여 그려지는 동등 구조가 존재하는지 결정한다. 이들 Lewis 구조의 공명 혼성으로 실제 구조를 그린다.

풀이

원자가 전자의 수를 계산한다.

산소는 16족 원소로서 원자가 전자를 여섯 개 가지고 있다. 오존 분자에서 원자가 전자의 총수는 $6+6+6=18$이다.

분자의 Lewis 구조를 그린다.

결합과 고립 전자쌍을 재배치하여 두 번째 Lewis 구조를 그린다.

양쪽 머리 화살표로 두 공명 구조를 짝지어 공명 혼성 구조를 그린다.

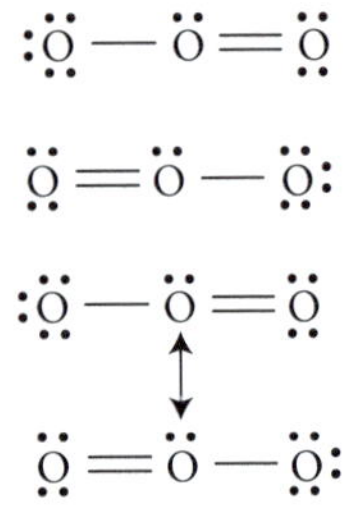

평가 예상대로, 오존의 공명은 이중 결합의 위치만 다른 두 구조로 설명될 수 있다. 물론, 고립 전자쌍들도 다르게 분포된다.

자습 2B.4A 아세트산 이온 $CH_3CO_2^-$의 공명 혼성에 기여하는 Lewis 구조를 그리시오. CH_3COOH의 구조는 예제 2B.2에 기술되어 있다. 아세트산 이온은 비슷한 구조를 가지지만, 말단 H 원자를 잃고, OH 결합의 두 전자는 가지고 있다.

[**답**: (7) 참조]

자습 2B.4B 아질산 이온 NO_2^-의 공명 혼성에 기여하는 Lewis 구조를 그리시오.

관련 연습 문제 2B.11~2B.16

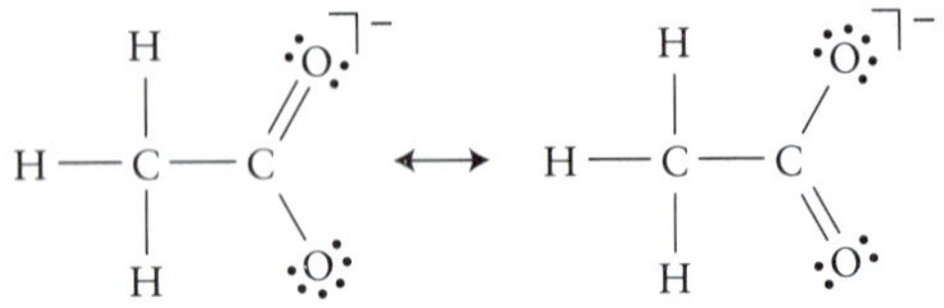

7 아세트산 이온, $CH_3CO_2^-$

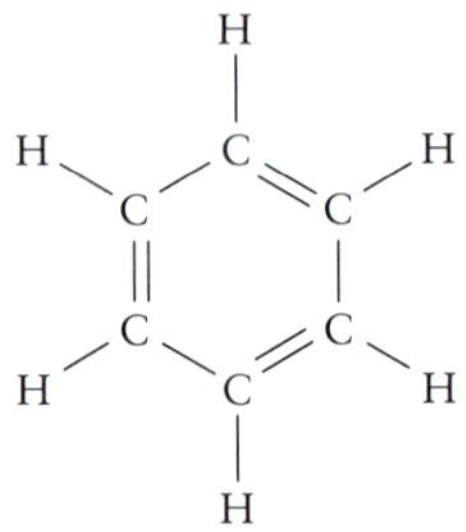

8 Kekulé 구조

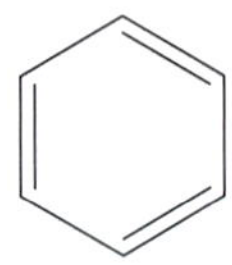

9 선 구조의 Kekulé 구조

공명 혼성으로 가장 잘 기술되는 또 다른 분자는 벤젠 C_6H_6이다. 벤젠은 여섯 개의 탄소 원자가 평면 육각 고리를 이루고 있으며, 각 탄소 원자마다 수소 원자 한 개씩 결합되어 있다. 공명 혼성에 기여하는 Lewis 구조 중 하나를 (**8**)에 나타내었으며, 이를 분자의 고리 구조를 최초로 제안한 독일 화학자의 이름을 따서 **Kekulé 구조**(**Kekulé structure**)라고 한다. 이 구조는 일반적으로 C 원자가 각 짧은 선의 끝에 위치하는 선 구조로 작성되며, H 원자는 C 원자가 일반적으로 4개의 결합을 형성한다는 점을 상기하여 생략된다(**기초 지식** C). 벤젠의 선 구조는 단일선과 이중선이 교대로 있는 단순한 육각형이다(**9**).

하나의 Kekulé 구조만으로는 벤젠에 대한 다음과 같은 실험적 증거를 설명할 수 없다.

- **반응성**: 벤젠은 이중 결합을 가진 화합물들이 보이는 특징적인 반응을 일으키지 않는다.

예를 들면, 1-헥센 $CH_2{=}CHCH_2CH_2CH_2CH_3$와 같은 알켄에 적갈색 브로민 용액을 섞으면 Br_2 분자가 이중 결합과 반응하여 $CH_2Br{-}CHBrCH_2CH_2CH_2CH_3$가 생성되면서 브로민의 색깔이 사라지게 된다(**그림 2B.1**). 그러나 벤젠은 액체 브로민과 이렇게 반응하지 않는다.

그림 2B.1 용매에 녹인 브로민(갈색 액체)을 알켄(무색 액체)에 혼합시키면 브로민 원자들이 알켄 분자의 이중 결합에 첨가되어 무색인 생성물을 만든다.(*Copyright Macmillan Learning, photo by Ken Karp.*)

- **결합 길이**: 벤젠에서는 모든 탄소–탄소 결합의 길이가 같다.

Kekulé 구조에 따르면 벤젠은 길이가 긴 단일 결합(154 pm) 세 개와 길이가 짧은 이중 결합(134 pm) 세 개의 상이한 두 가지 결합 길이를 가져야 한다. 그러나 실제 실험에서는 모든 결합이 두 종류 결합의 중간 길이(139 pm)에 해당하는 동등한 길이를 가짐이 밝혀졌다.

- **구조 증거**: 이웃한 두 탄소 원자에 염소 원자 두 개가 결합되어 있는 1,2-다이클로로벤젠에 있어서 단 한 가지 구조만이 존재한다.

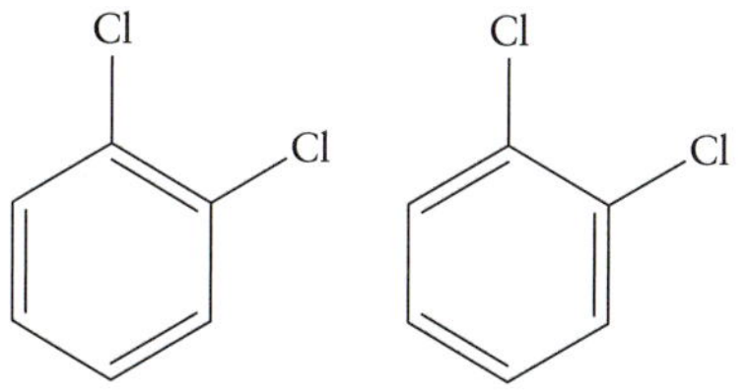

10 1,2-다이클로로벤젠, $C_6H_4Cl_2$

만일 Kekulé 구조가 옳다면 염소 원자 두 개가 이웃한 탄소 원자에 결합되어 있을 때 두 가지 다른 1,2-다이클로로벤젠(**10**)이 존재해야 하며, 하나는 이웃 탄소 원자들이 단일 결합으로, 나머지는 이중 결합으로 연결된 경우에 해당될 것이다. 실제로 1,2-다이클로로벤젠은 한 가지만이 알려져 있다. 다른 배치를 그릴 수는 있지만, 단지 분자를 회전시킨 것에 불과하다.

공명 개념으로 위와 같은 벤젠 분자의 특성을 설명할 수 있다. 두 가지 Kekulé 구조는 에너지는 정확히 같지만, 이중 결합의 위치만이 다르다. 이들 두 동등 구조(**11**) 사이의 공명 때문에 C=C 이중 결합에 공유된 전자들이 분자 전체에 비편재화되어, 각 결합이 단일 결합과 이중 결합의 중간 길이를 나타내게 된다. 공명 때문에 탄소 원자 사이의 결합 여섯 개 모두가 동등해지는데, 공명 혼성에서의 결합을 원으로 표현하여(**12**) 동등성을 나타낸다. (**13**)에서 1,2-다이클로로벤젠이 한 가지만 존재하는 것이 명확해진다. 마지막으로 이미 언급한 바와 같이, 공명은 총 에너지를 낮춤으로써 분자를 안정화한다는 중요한 결과를 가져온다. 이러한 안정화 효과 때문에 탄소–탄소 이중 결합을 세 개 가지고 있는 분자에서 예상되는 것보다 벤젠의 반응성이 약화된다.

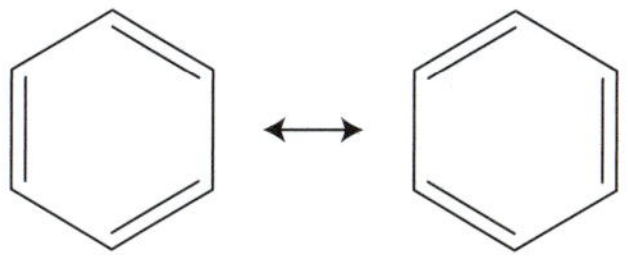

11 벤젠의 공명

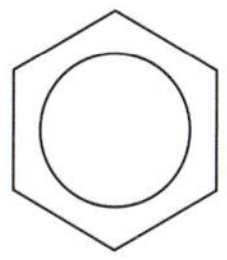

12 벤젠, C_6H_6

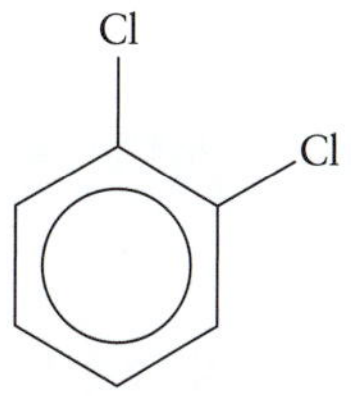

13 1,2-다이클로로벤젠, $C_6H_4Cl_2$

공명은 원자 배열은 동등하지만, 전자 배열이 상이한 구조들의 혼합이다. 공명은 다중 결합 특성을 분자 전체에 분산시키며, 결과적으로 총 에너지를 낮추게 된다.

2B.3 형식 전하

일반적으로 상이한 Lewis 구조(에너지가 같지 않은 Lewis 구조)가 공명 구조에 동등하게 기여하지는 못한다. 주된 기여를 할 가능성이 큰 구조를 추정할 수 있는 한 가지 방법은 주어진 구조에서 각 원자에 분포된 원자가 전자의 수를 결합하기 전 자유 원자의 원자가 전자의 수와 비교하는 것이다. 결합 전후의 원자가 전자수의 차가 작은 구조일수록 공명 혼성에 미치는 기여가 더 커진다.

전자의 재배치를 가늠할 수 있는 척도는 **형식 전하**(**formal charge**)인데, 주어진 Lewis 구조에서 결합들이 완전한 공유 결합이고, 전자들이 정확히 절반씩 공유되어 있다고 가정하여 계산한 원자의 전하이다. 즉, 형식 전하는 분자에서 각 원자가 '소유'하는 것으로 간주할 수 있는 전자의 수를 고려하여 계산된다. 분자의 원자는 고립 전자쌍은 모두, 결합 전자쌍은 절반을 '소유'한다. 이렇게 계산된 소유 전자의 수와 자유 원자의 원자가 전자수의 차이가 형식 전하인 것이다.

$$\text{형식 전하} = V - (L + \tfrac{1}{2}B) \quad (1)$$

이 식에서 V는 자유 원자의 원자가 전자의 수이고, L은 고립 전자쌍으로 존재하는 전자의 수이며, B는 결합 전자의 수이다. 분자의 원자가 소유한 전자의 수가 자유 중성 원자의 전자 수보다 많으면 그 원자는 일원자 음이온처럼 음의 형식 전하를 갖는다. 소유한 전자의 수가 자유 원자의 전자수보다 적으면 해당 원자는 일원자 양이온처럼 양의 형식 전하를 갖는다.

형식 전하를 이용하면 분자에서 가장 바람직한 원자의 배열과 Lewis 구조를 예측할 수 있다.

- 일반적으로 각 원자의 형식 전하가 0에 가까울수록 해당 Lewis 구조가 더 낮은 에너지의 원자와 전자 배열을 나타낸다.
- 가장 낮은 에너지의 구조는 일반적으로 전기 음성도가 가장 낮은 원자에 양의 형식 전하를 갖는 것이다.

14

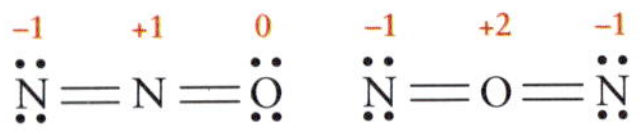

15

형식 전하가 작다(0에 가깝다)는 것은 해당 원자가 자유 원자에서 최소한의 전자 재배치만으로 만들어졌다는 것을 뜻한다. 예를 들면, (**14**)처럼 이산화 탄소에서는 OCO 구조가 COO 구조보다 더 유리한 구조임을 형식 전하 규칙으로 추론할 수 있다. 마찬가지로 (**15**)처럼, 일산화 이질소에서는 NON보다 NNO 구조가 더 유리함을 알 수 있다. 각 원자의 형식 전하를 모두 합하면 전체 분자 또는 이온의 총 전하와 같아야 한다는 것을 유의해야 한다. CO와 같은 일부 화합물은 형식 전하 규칙의 예외이지만 대부분의 일반적인 화합물에는 규칙이 잘 적용된다. **도구상자 2B.2**는 공명이 있는 분자에 대해 가장 유리한 Lewis 구조를 식별하는 방법을 보여 준다.

도구상자 2B.2 형식 전하를 이용하여 가장 적절한 Lewis 구조 결정하기

기본 개념

형식 전하를 구하려면 분자 내 원자의 원자가 전자 '소유권'을 정하고, 자유 원자의 원자가 전자 소유권과 비교한다. 각 원자는 자신에 붙어 있는 각 결합 전자쌍 중 전자 한 개만을 소유하며, 고립 전자쌍은 모두 소유한다. 가장 적절한 Lewis 구조는 원자들의 형식 전하가 0에 가장 가까운 것이다.

과정

1단계 주기율표의 족 번호에서 자유 원자가 소유하는 원자가 전자의 수(V)를 결정한다. 이온의 경우에는 전하에 따라 전자 수를 조절한다.

2단계 Lewis 구조를 그린다.

3단계 결합된 각 원자에 대하여 모든 고립 전자쌍 전자의 수(L)에 결합 전자쌍마다 한 개씩의 전자를 더한다($\frac{1}{2}B$, B는 결합 전자쌍의 수).

4단계 식 1과 같이 결합된 원자마다 V에서 '소유한' 전자의 총수를 뺀다.

동등한 원자(동일 원소, 동등한 결합수, 동등한 고립 전자쌍 수)들은 같은 형식 전하를 갖는다. 계산된 형식 전하를 검산하는 방법은 형식 전하의 총합이 분자 또는 이온의 총 전하와 같은 값인지를 확인하는 것이다. 전기적으로 중성인 분자는 형식 전하의 합이 0이 된다. 가능한 구조들의 형식 전하를 비교한다. 형식 전하가 가장 작은 구조가 원자의 전자 구조의 교란이 가장 적어서 가장 타당한(에너지가 낮은) 구조이다. 전하가 0이 아닌 구조가 선택된다면, 가장 낮은 에너지를 가진 구조는 전기 음성도가 가장 낮은 원자가 양전하를 띠는 구조일 가능성이 높다.

이 과정을 예제 2B.4에서 보여 준다.

예제 2B.4 가장 타당한 원자 배열 고르기

당신이 분석화학자라면, 용액 중 철(III) 이온의 존재 여부를 시험하기 위해 싸이오사이안산 포타슘 KSCN 용액을 첨가하여 싸이오사이안산 이온과 철 사이에 형성되는 화합물이 나타내는 혈적색을 확인할 것이다. 싸이오사이안산 이온에 대하여 상이한 원자 배열을 갖는 여러 가지 Lewis 구조를 그리고, 형식 전하가 0에 가장 가까운 구조를 확인하여 타당성이 가장 큰 구조를 고르시오. 단순하게 논의하기 위하여 원자들이 이중 결합으로 연결된 구조만 고려하시오.

예상 세 원소 중에서 전기 음성도가 가장 낮은 탄소가 NCS^- 구조의 중심 원자로 예상된다.

계획 도구상자 2B.2의 요령을 따른다.

풀이

	NCS^-	CNS^-	CSN^-
1단계 원자가 전자의 수 *V*를 계산하고, 이온의 전하를 고려한다.	C: 4, N: 5, S: 6 전하: −1 (16전자)	C: 4, N: 5, S: 6 전하: −1 (16전자)	C: 4, N: 5, S: 6 전하: −1 (16전자)

2단계 Lewis 구조를 그린다.

3단계 결합된 각 원자의 고립 전자쌍 전자의 수(*L*)에 결합 전자쌍마다 한 개씩의 전자를 더한다($\frac{1}{2}B$).

4단계 식 1과 같이 결합된 원자마다 *V*에서 '소유한' 전자의 총수를 뺀다.

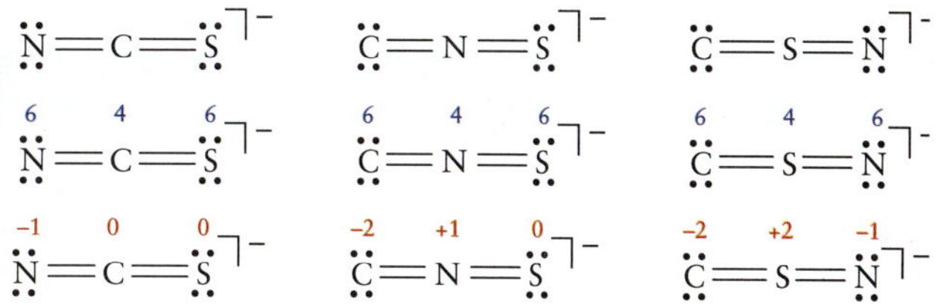

평가 첫 번째 구조의 형식 전하가 0에 가장 가깝다. 따라서 예상대로, NCS^-가 가장 타당한 구조이다.

자습 2B.5A 맹독성 기체인 포스젠(이염화 카보닐) $COCl_2$의 타당한 구조를 제안하시오. 해당 Lewis 구조를 그리고 형식 전하를 구하시오. C가 중심 원자이다.

[**답**: (**16**) 참조]

자습 2B.5B 다이플루오린화 산소 분자의 타당한 구조를 제안하시오. 해당 Lewis 구조를 그리고, 형식 전하를 구하시오.

관련 연습 문제 2B.19, 2B.20

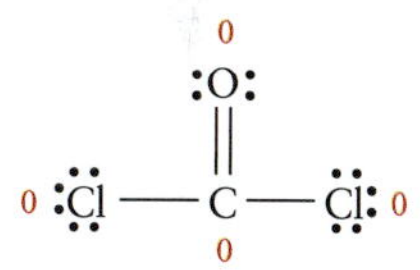

16 포스젠, $COCl_2$

형식 전하와 산화수(**기초 지식** K) 모두 분자 내 원자 주위의 전자 수에 대한 정보를 주지만, 둘은 각기 다른 방법으로 구한 것이고, 값도 다른 경우가 많다.

- 형식 전하는 결합의 공유성을 과장하여 전자가 동등하게 공유된다고 가정한다.
- 산화수는 결합의 이온성을 과장한다. 원자를 이온으로 표현하여 결합의 전자를 전기 음성도가 더 큰 원자(전자를 더 끌어당기는 원자)에 **모두** 할당한다.

따라서 CO_2(**14**)에서 C의 형식 전하가 0임에도 불구하고, 산화수를 계산할 때는 모든 결합 전자를 산소 원자에 할당하는 $O^{2-}C^{4+}O^{2-}$의 구조를 가지게 되어, C의 산화수는 +4이다. 형식 전하는 주어진 Lewis 구조에 의존하는 반면, 산화수는 Lewis 구조에 의존하지 않는다. 형식 전하는 Lewis 구조의 상대 에너지를 평가할 때 사용된다. 산화수는 분자와 이온의 산화 및 환원 특성을 평가할 때 사용된다(Topic 6K).

형식 전하는 공유 결합 형성 과정에서 원자가 전자를 얻거나 잃어버리는 정도를 나타낸다. 최소의 형식 전하를 갖는 원자의 배열과 Lewis 구조가 최저 에너지를 가질 가능성이 크다.

이 Topic에서 배운 것은 무엇인가?

공유 결합은 전자쌍을 공유하는 것이고, 원자들은 팔전자계(수소는 이전자계)를 완성하려 한다는 것을 배웠다. Lewis 구조를 그려서 공유 결합 화합물의 전자쌍 공유 형식을 나타낸다. 어떤 경우에는 분자를 다중 결합이 분자 전체에 퍼져있는 공명 혼성으로 나타낼 필요가 있다는 것을 배웠다. 원자의 형식 전하를 계산해서 에너지가 가장 낮은 Lewis 구조를 알아낼 수 있다는 것도 배웠다.

개념과 식의 적용

- □ 분자의 Lewis 구조를 그린다(도구상자 2B.1, 예제 2B.1 및 2B.2).
- □ 분자의 공명 구조를 그린다(예제 2B.3).
- □ 형식 전하를 계산하여 가장 유리한 원자 배치를 고른다(도구상자 2B.2, 예제 2B.4).

Topic 2B 연습 문제

2B.1 다음 화합물의 Lewis 구조를 그리시오.
(a) CCl_4 (b) $COCl_2$ (c) ONF (d) NF_3

2B.2 다음 화합물의 Lewis 구조를 그리시오.
(a) SCl_2 (b) $AsFr_3$ (c) SiH_4 (d) $InCl_3$

2B.3 다음 화합물의 Lewis 구조를 그리시오.
(a) OF_2 (b) NHF_2 (c) SiO_2 (d) PF_3

2B.4 다음 화합물의 Lewis 구조를 그리시오.
(a) Cl_2O (b) N_2F_2 (c) SO_3 (d) NF_4^-

2B.5 다음 화합물의 Lewis 구조를 그리시오.
(a) 테트라하이드로붕산 이온 BH_4^-
(b) 하이포브로민산 이온 BrO^-
(c) 아마이드화 이온 NH_2^-

2B.6 다음 화합물의 Lewis 구조를 그리시오.
(a) 나이트로늄 이온 ONO^+ (b) 아염소산 이온 ClO_2^-
(c) 과산화 이온 O_2^{2-} (d) 폼산 이온 HCO_2^-

2B.7 다음 화합물 화학식 단위의 완성된 Lewis 구조를 그리시오.
(a) 염화 암모늄 (b) 인화 포타슘 (c) 하이포염소산 소듐

2B.8 다음 화합물 화학식 단위의 완성된 Lewis 구조를 그리시오.
(a) 수산화 바륨 (b) 아질산 세슘 (c) 황화 암모늄

2B.9 다음 각 화합물의 완성된 Lewis 구조를 그리시오.
(a) 폼알데하이드 HCHO(생물 시료를 보존하기 위해 쓰는 '포르말린'은 폼알데하이드의 수용액이다)
(b) 메탄올 CH_3OH(목정이라고도 하는 독성 화합물)
(c) 글라이신 $H_2C(NH_2)COOH$(단백질의 구성 단위인 아미노산 중 가장 간단한 것)

2B.10 다음 각 유기 화합물의 Lewis 구조를 그리시오.
(a) 요소 $H_2N-CO-NH_2$, 비료이며 손에 바르는 로션에도 들어 있다(O가 말단 원자이다)
(b) 메테인싸이올 CH_3SH, 구강 악취에서 발견되는 화합물
(c) 옥살산 HOOC−COOH, 대황 잎에서 발견되는 독성 화합물

2B.11 안트라센은 화학식이 $C_{14}H_{10}$이다. 이 화합물은 벤젠과 유사하지만, 다음 그림과 같이 육원자 고리 세 개가 C−C 결합을 공유하고 있다. 각 탄소 원자가 팔전자 규칙을 만족시키도록 다중 결합을 그려 Lewis 구조를 완성하시오. 가능한 공명 구조를 모두 그리시오.

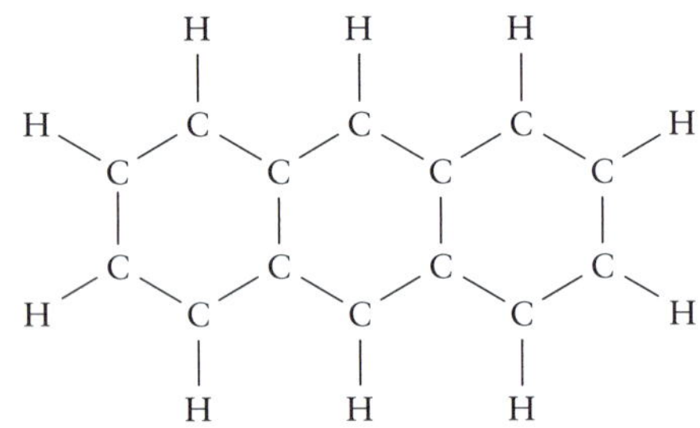

2B.12 구아나디늄 이온 $C(NH_2)^{3+}$의 공명 혼성에 기여하는 Lewis 구조를 그리시오.

2B.13 염화 나이트릴 $ClNO_2$(N이 중심 원자)의 공명 혼성에 기여하는 Lewis 구조를 그리시오.

2B.14 오존 O_3의 공명 혼성에 기여하는 Lewis 구조를 그리시오.

2B.15 사이클로뷰타다이엔 C_4H_4는 탄소 원자가 정사각형을 이루고 각 탄소 원자에 수소 원자가 하나씩 붙어 있다. C_4H_4의 두 공명 구조를 그리시오.

2B.16 Se_4^{2+} 이온은 셀레늄 원자가 정사각형을 이룬다. Se_4^{2+}의 두 공명 구조를 그리시오.

2B.17 다음 화학종의 Lewis 구조를 그리고, 각 원자의 형식 전하를 결정하시오.
(a) NO^+ (b) N_2 (c) CO (d) C_2^{2-} (e) CN^-

2B.18 다음 화학종에 대하여 팔전자 규칙을 만족시키는 Lewis 구조를 그리고, 각 원자의 형식 전하를 결정하시오.
(a) SO_2 (b) SO_3 (c) SO_3^{2-}

2B.19 백혈구에서 발견되는 하이포염소산 HClO는 박테리아 파괴를 돕는다. HClO의 두 개의 다른 원자 배치에 대한 Lewis 구조를 그리고, 형식 전하가 0에 가장 가까운 구조를 찾아 가장 유리한 구조를 고르시오. 단일 결합으로만 이루어진 구조를 고려하시오.

2B.20 플루오린화 나이트로실 NOF는 로켓 연료로 쓰이는 산화제이다. NOF의 세 개의 다른 원자 배치에 대한 Lewis 구조를 그리고, 형식 전하가 0에 가장 가까운 구조를 찾아 가장 유리한 구조를 고르시오. 하나의 단일 결합과 하나의 이중 결합을 가진 구조만 고려하시오.

Topic 2C 팔전자 규칙의 예외

이 Topic을 왜 배우는가? 공유 결합을 다룰 때 팔전자 규칙이 좋은 시작점이지만, 실제로 명백한 예외가 많아 모형을 개선할 필요가 있다. 모든 형태의 분자들을 이해하려면 이러한 개선 사항을 알아야 한다.

무엇을 알고 있어야 하는가? Lewis 구조를 그리고 해석할 줄 알아야 하고, 공명의 개념을 알고 Lewis 구조에서 원자에 형식 전하를 매길 수 있어야 한다(Topic 2B).

팔전자 규칙(Topic 2B)은 많은 비금속 원소, 특히 2주기 원소(구체적으로 탄소, 질소, 산소, 플루오린)가 형성하는 결합 수를 설명한다. 또한 해당 원소의 화합물 구조를 설명하는 데에도 효과적이므로 유기화학 및 생화학에 특히 유용하다. 그러나 팔전자 규칙에는 세 가지 주요 유형의 명백한 예외가 있다.

- 분자가 홀수 개의 전자를 가질 수 있는데, 이 경우 수치적으로 팔전자계를 만들 수 없다.
- 어떤 원소들의 원자는 원자가 껍질에 8개보다 많은 전자를 수용할 수 있다.
- 미완성된 팔전자계를 가진 원자도 화합물을 형성할 수 있다.

이 Topic에서는 팔전자 규칙의 명백한 예외를 알아보는 동시에 화학 결합의 일반적인 형태에 대한 이해를 넓힌다.

2C.1 라디칼과 쌍라디칼

$\cdot CH_3$

1

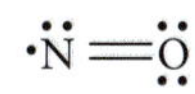

2

어떤 화학종은 원자가 전자를 홀수 개 가지므로, 팔전자계를 갖지 못하는 원자가 적어도 하나 존재하게 된다. 홀스핀의 전자를 가진 화학종을 라디칼(radical, 이전에는 **자유 라디칼**이라 부름)이라고 한다. 두 가지 예는 메틸 라디칼 $\cdot CH_3$(**1**)과 산화 질소 NO(**2**)이다. 짝을 이루지 않은 단일 전자는 $\cdot CH_3$의 C 원자처럼 점을 더하여 표시하기도 한다.

라디칼은 일반적으로 반응성이 매우 크고 순간적으로만 존재하기 때문에, 특별한 경우가 아니면 보관할 수 없다. 메틸 라디칼은 탄화수소의 연소 때 생기는 불꽃 중에 나타난다. 라디칼은 대기 상층부에서 일어나는 오존의 생성과 분해 반응에서 결정적으로 중요하다. 라디칼은 우리들의 일상생활에도 관여하는데, 때로 파괴적인 역할을 한다. 라디칼은 식품의 악취와 태양 빛에 의한 플라스틱의 손상에도 관련된다. **항산화제(antioxidant)**라고 하는 첨가제에 의해 라디칼에 의한 손상이 지연될 수 있는데, 항산화제는 라디칼이 손상을 일으키기 전에 라디칼과 빠르게 반응하는 물질이다. 인간의 노화도 부분적으로는 라디칼의 작용에 기인하는 것으로 믿어지며, 비타민 C와 E 같은 항산화제가 노화 과정을 지연시킬 수 있다고 여겨진다. 산화 질소는 작기 때문에 체내에서 쉽게 이동할 수 있으며, 몇 초 안에 제거될 수 있다. 이러한 특성으로 NO는 혈압 조절제, 신경 전달 물질, 면역 반응 중 감염 방지 등의 여러 생리 작용을 한다(화학 이야기 2C.1).

쌍라디칼(biradical)은 홀전자를 두 개 가진 분자를 일컫는데, 서로 다른 원자에 속하는 경우가 많다. (**3**)의 쌍라디칼에서 홀전자 하나는 사슬의 한 탄소 원자에 속하며, 두 번째 홀전자는 그로부터 여러 개의 결합을 건너뛴 다른 탄소 원자에 속한다. 그러나 두 홀전자가 모두 동일한 원자에 속하는 특별한 경우도 있다. 가장 중요한 예 중의 하나는 산소 원자 그 자체이다.

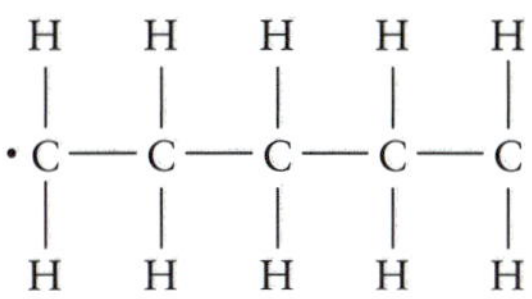

3 쌍라디칼

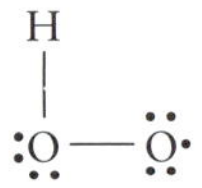

4 과산화수소 라디칼, $HO_2\cdot$

산소 원자의 전자 배치는 $[He]2s^2 2p_x^2 2p_y^1 2p_z^1$이며, Lewis 기호는 $\cdot\ddot{\underset{\cdot\cdot}{O}}\cdot$이다. O 원자는 홀전자 두 개를 가지고 있으므로 이를 특수한 형태의 쌍라디칼로 간주할 수 있다. 성층권 오존의 고갈에서 라디칼의 역할은 화학 이야기 7D.1에 설명되어 있다.

화학 이야기 2C.1 살아있는 것과 무슨 관계가 있는가?

NO의 체내 역할

과학자들은 혈관의 있는 내피 세포가 혈관을 확장시켜 혈압을 낮추는 화학적 신호를 방출할 수 있다는 사실을 1980년대 초부터 알고 있었다. 이 화학적 신호는 내피 세포성 이완 인자(endothelium-derived relaxation factor, EDRF)로 불렸으나 그 정체는 알려지지 않았다. Robert Furchgott, Louis Ignarro, Ferid Murad는 이완 인자를 담당하는 화합물로서 산화 질소(NO)를 확인한 공로로 1998년 노벨 생리의학상을 수상하였다. 내피 산화 질소 합성 효소(endothelial nitric oxide synthase, eNOS)라고 불리는 내피 세포의 효소는 혈압을 조절하기 위해 소량의 NO를 생성한다. 산화 질소는 반응성이 높고 독성이 강한 라디칼이기 때문에 이 발견은 놀라운 것이었다. 추가 조사에서는 NO가 수행하는 다른 생물학적 역할이 밝혀졌다. 다이너마이트의 활성 성분인 나이트로글리세린(**1**)은 1878년부터 심장 협심증 증상을 치료하는 데 사용되어 왔지만, 치료 효과는 실제로 효소 작용에 의해 생성된 산화 질소에 의한 것이라는 사실이 한 세기 후에 밝혀졌다. 이렇게 생성된 산화 질소는 심장으로 가는 혈액의 흐름을 증가시키고 협심증과 관련된 통증을 완화시킨다.

이후 산화 질소는 신체에서 많은 역할을 하는 것으로 밝혀졌다. 병원체가 면역 체계에 의해 감지되면 과산화 수소를 생성하는 다른 효소와 함께 NO가 더 높은 농도로 생성된다. 과산화 수소는 반응하여 하이드록실(·OH) 및 퍼하이드록실(·OOH)과 같은 라디칼을 형성한다. **활성 산소**(reactive oxygen species; ROS)로 통칭되는 이러한 라디칼은 침입하는 병원체와 반응하고 비활성화함으로써 감염을 예방하는 강력한 칵테일을 만드는 데 기여한다. 면역 반응에서 라디칼의 장점은 체내에 국소화되어 있다는 것이다. 즉, 감염 부위에서 생성되고 반응성이 높기 때문에 지속되지 않고 건강한 조직에 손상을 초래하지 않는다.

산화 질소는 또한 암 치료에서 방사선 효과를 증폭시킨다. 그 결과, 빛에 노출되면 산화 질소를 방출할 수 있는 화합물이 항종양제로 연구되고 있다. 환자에게 약물을 투여한 후 방사선 치료 중에 암 조직이 빛에 노출되면 낮은 수준의 방사선을 사용할 수 있으므로 건강한 조직에 대한 손상이 줄어든다.

신경 산화 질소 합성 효소는 신경 세포에서 NO를 생성한다. 이 효소에 의해 생성된 NO는 혈압 조절, 뇌의 연결을 재구성하고 새로운 연결을 형성하는 능력인 신경 가소성 유지 등 여러 가지 기능을 가지고 있다. 산화 질소는 또한 모기가 이용하는 특성인 항응고제 역할을 하는 것으로 알려져 있다. 모기의 타액에는 모기에 물리는 동안 NO를 방출하여 먹이를 먹을 때 혈액이 응고되는 것을 방지하는 산화 질소 합성 효소가 포함되어 있다.

참고 문헌

Louis J. Ignarro "After 130 years, the molecular mechanism of action of nitroglycerin is revealed." https://www.ncbi .nlm.nih.gov/pmc/articles/PMC122975

https://www.nobelprize.org/prizes/medicine/1998/press-release

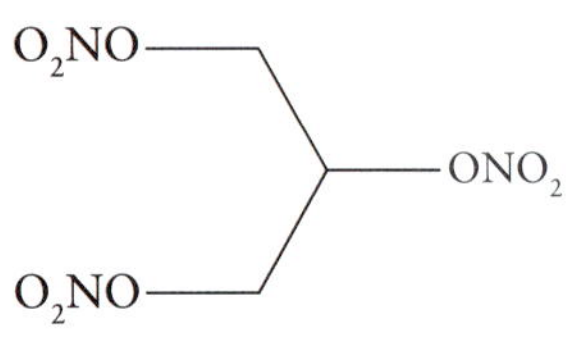

1 나이트로글리세린

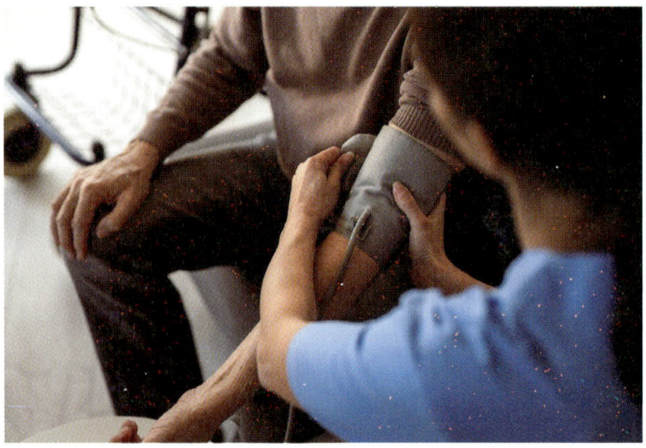

정기적인 혈압 측정은 건강 관리에 중요하다. (© *Dorde Krstic/Shutterstock*)

자습 2C.1A 대기화학에서 중요한 역할을 수행하며, 체내에서는 신경 퇴화에 관련되는 과산화 수소 라디칼 HOO· 의 Lewis 구조를 그리시오.

[답: (**4**) 참조]

자습 2C.1B 이산화 질소 NO_2의 Lewis 구조를 그리시오.

라디칼은 홀전자를 가진 화학종을 일컫는다. 쌍라디칼은 동일한 원자 또는 상이한 원자에 두 개의 홀전자를 갖는 화학종이다.

2C.2 확장된 원자가 껍질

팔전자 규칙(Topic 2B)은 각 원자가 여덟 개의 원자가 전자를 가질 때까지 전자를 공유한다는 것이다. 그러나 **확장된 원자가 껍질(expanded valence shell)**에 10개, 12개 또는 그 이상의 전자를 갖는 것으로 보이는 많은 분자가 존재한다. 팔전자 규칙에 의해 허용된 것보다 더 많은 전자를 가진 원자를 함유한 화합물을 **초원자가 화합물(hypervalent compound)**이라고 한다. 초원자가 화합물은 자주 PCl_3와 PCl_4의 예와 같이, 여러 가지 상이한 수의 공유 결합을 형성하는 **가변 공유 결합성(variable covalence)**을 가진다.

유의 사항
'확장된 원자가 껍질'이 논리적으로 적합한 용어이지만, 확장 팔전자계(expanded octet)라는 용어도 자주 쓰이고 있다.

중심 원자가 팔전자 규칙에서 허용하는 것보다 더 많은 원자를 수용할 수 있는지를 결정하는 한 요소(아마도 주요 요소)는 원자의 크기이다. P 원자는 충분히 크기 때문에 자신의 둘레에 Cl 원자를 여섯 개까지도 무리 없이 배열할 수 있으며, PCl_5는 흔히 사용되는 실험실 시약이다. 그러나 N 원자는 너무 작으므로 NCl_5는 알려져 있지 않다.

초원자가 화합물의 또 다른 예는 SF_6인데, 이는 S 원자가 12개의 원자가 전자에 접근할 수 있다는 것이다. 전자가 어디서 발견되는지에 대한 의문이 생긴다. 두 가지 설명이 가능하다.

(1) **d-오비탈의 점유.** 초원자가에 대한 전통적인 설명은 s- 및 p-오비탈에 더해 d-오비탈을 사용하여 원자가 껍질이 확장된다는 것이다. 이 설명은 초원자가가 d-오비탈이 원자가 s-와 p-오비탈과 에너지가 비슷한 3주기 및 그 이후 원소의 특징이라는 사실과 맞아떨어진다. 즉, 전자 배치가 [Ne]$3s^23p^4$인 황은 s- 및 p-오비탈보다 에너지가 약간 더 높은 빈 3d-오비탈을 갖고 있다. 원칙적으로 황 원자는 SF_6 (**5a**)의 구조 설명에 필요한 12개의 전자를 수용하기 위해 4개의 s- 및 p-오비탈과 함께 이러한 d-오비탈 중 2개를 사용할 수 있다. 마찬가지로, 전자 배치가 [Ne]$3s_23p_3$인 인은 에너지적으로 접근 가능한 빈 d-오비탈 중 하나를 사용하여 PCl_5의 구조에 필요한 10개의 전자를 수용할 수 있다.

(2) **이온–공유 공명.** 또 다른 설명은 팔전자 규칙을 유지하고 이온–공유 공명으로 초원자가를 설명한다. 따라서 SF_6를 $(SF_4)^{2+}(F^-)_2$ 형태(이러한 구조는 15개 있다)의 이온 구조의 공명 혼성으로 취급한다. 양이온에서 황 원자는 모든 플루오린 원자 및 플루오린화 이온과 마찬가지로 팔전자계를 가지므로 "팔전자계의 확장"이 없다(**5b**). 마찬가지로, PCl_5의 구조는 $(PCl_4)^+Cl^-$ 형태(이러한 구조는 5개가 있다)의 공명 혼성으로 표현될 수 있다(**6**). 즉, 모든 원자는 팔전자계의 원자가 껍질을 가지고 있다.

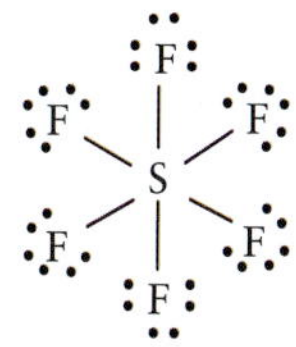

5a 헥사플루오린화 황, SF_6

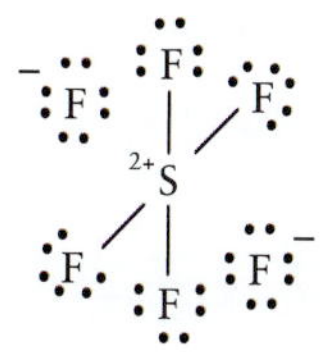

5b 헥사플루오린화 황, SF_6

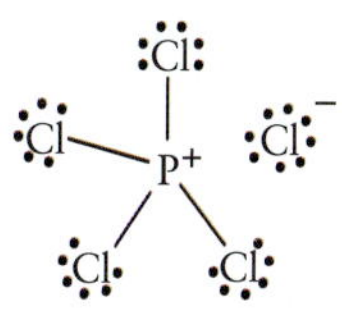

6 오염화 인, PCl_5

어느 설명이 더 적절한가? 둘 중 하나를 결정하려면 Topic 2F와 2G에 설명된 자세한 계산을 수행해야 한다. 첫 번째 설명은 d-오비탈을 사용하여 원자가 껍질을 확장하는 것과 관련이 있지만 두 번째 설명은 그렇지 않다. 실제로 두 번째 설명에 따르면 분자가 초원자가일지라도 팔전자 규칙을 따른다. 이 Topic에서는 어느 모형을 선택할지 다루지 않는다. 초원자가 화합물의 Lewis 구조는 마치 원자가 팔전자계 이상의 전자를 수용할 수 있는 것처럼 간단히 그렸지만, 전자가 어디에 수용되는지에 대한 문제는 제쳐두었다. 이 접근법은, 설명은 하지 않고 Lewis 구조를 그려서 다원자 분자의 구조를 나타내는 데는 매우 효과적이다.

예제 2C.1 확장된 원자가 껍질을 갖는 화합물의 Lewis 구조 그리기

테트라플루오린화 황 SF_4는 제약 산업에서 마취제 등으로 쓰이는 플루오로카본을 제조하는 데 사용된다. (a) 황 원자가 원자가 껍질을 확장할 수 있다는 것을 토대로 테트라플루오린화 황의 Lewis 구조를 그리고, 껍질에 들어 있는 전자의 수를 구하시오. (b) 모든 원자가 팔전자 규칙을 따르는 SF_4의 이온–공유 공명 구조를 제안하시오.

예상 16족에 속하는 황은 여섯 개의 원자가 전자를 가지고 있다. 결합하는 플루오린 원자가 전자를 하나씩 제공한다면 S 원자 주위에는 4+6=10개의 전자가 있을 것이다.

계획 (a) 3주기와 그 이후 주기의 원소들은 원자가 껍질을 확장하여 전자를 추가로 받아들일 수 있다. 결합과 고립 전자쌍에 모든 원자가 전자를 배치하여 팔전자계를 만족시킨 후에 남는 전자가 있으면 중심 원자에 고립 전자쌍으로 더 배치한다. (b) S 원자 주변의 전자 10개는 팔전자 규칙을 초과한다. 플루오린은 플루오린화 음이온을 형성할 수 있기 때문에 적어도 1개의 $SF_3^+F^-$ 형태의 구조를 형성하면 전자쌍 한 개가 S 원자에서 떨어진다.

풀이

원자가 전자의 수를 계산한다.

황에서 6개(·S̤̈·)
플루오린에서 7개(:F̤̈·)

전자쌍의 수를 계산한다.

$6 + (4 \times 7) = 34$개의 전자, 따라서 17개의 전자쌍이 있다.

(a) Lewis 구조를 그린다.

각 F 원자에 고립 전자쌍 세 개와 중심 S 원자와 공유한 결합 전자쌍 한 개씩이 배치되며, 남는 전자 두 개를 S 원자에 고립 전자쌍으로 배치한다. 황은 원자가 전자 10개를 가지고 있다.

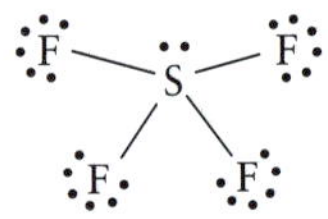

(b) 이온–공유 Lewis 구조를 그린다.

(a)의 Lewis 구조에서 S 원자는 10개의 원자가 전자를 가지고 있다.
S 원자가 팔전자계를 이루려면 전자쌍 1개를 잃어야 한다.
1개의 S–F 결합에서 전자쌍을 옮겨서 $(SF_3)^+(F^-)$를 형성한다.

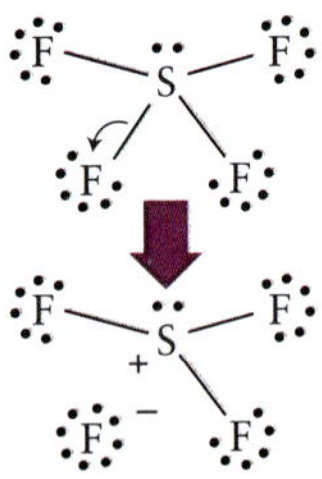

평가 (a) 예상한 대로 이 구조에서 황은 확장된 원자가 껍질에 전자 10개를 가지고 있다. 기존 모델에 따르면 S 원자는 10개의 전자를 수용하기 위해 4개의 s- 및 p-오비탈 외에 1개의 3d-오비탈을 사용해야 한다. (b) 이온–공유 Lewis 구조의 모든 원자는 완전한 팔전자계를 가지며 확장된 원자가 껍질은 필요하지 않다.

자습 2C.2A (a) 테트라플루오린화 제논 XeF_4의 Lewis 구조를 그리고, 확장된 원자가 껍질의 전자 수를 확인하시오. (b) 모든 원자가 팔전자 규칙을 만족하는 XeF_4의 이온–공유 공명 구조를 제안하시오.

[**답**: (a) (**7a**) 참조; 전자 12개. (b) (**7b**) 참조.]

자습 2C.2B (a) I_3^- 이온의 Lewis 구조를 그리고, 확장된 원자가 껍질의 전자 수를 확인하시오. (b) 모든 원자가 팔전자 규칙을 만족하는 I_3^-의 이온–공유 공명 구조를 제안하시오.

관련 연습 문제 2C.3, 2C.4, 2C.11~2C.14

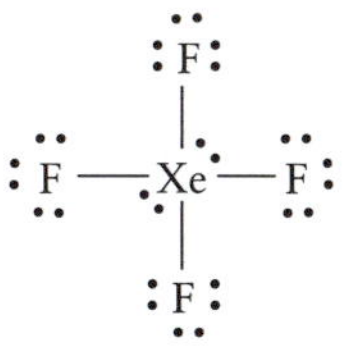

7a 테트라플루오린화 제논, XeF_4

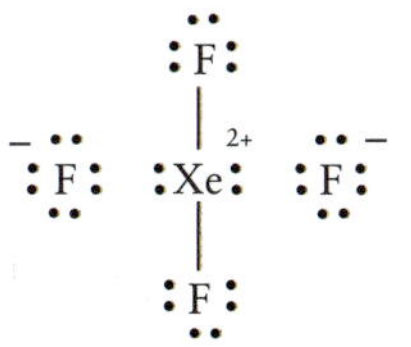

7b 테트라플루오린화 제논, XeF_4

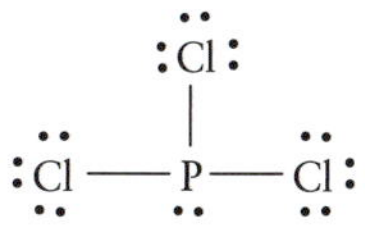

8 삼염화 인, PCl_3

가변 공유 결합성을 가진 인은 재미있는 성질을 보여 준다. 인을 한정된 양의 염소와 반응시키면 $P_4(s) + 6\,Cl_2(g) \rightarrow 4\,PCl_3(l)$의 반응으로 독성의 무색 액체이며, 팔전자 규칙을 따르는 삼염화 인 PCl_3(**8**)이 생성된다. 그러나 삼염화 인을 더 많은 염소와 반응시키면 $PCl_3(l) + Cl_2(g) \rightarrow PCl_5(s)$의 반응으로 담황색 결정성 고체인 오염화 인이 생성된다(**그림 2C.1**). 상온에서 오염화 인은 PCl_4^+ 양이온과 PCl_6^- 음이온으로 구성된 이온성 고체이지만, 160 °C에서는 PCl_5 분자의 기체로 증발한다. 다원자 이온과 분자의 Lewis 구조를 (**9**)와 (**10**)에서 각각 보여 준다. PCl_5에서는 P 원자가 원자가 껍질을 확장시켜 전자 10개를 수용하였다(기존의 설명에 의하면 3d-오비탈 한 개를 이용하여). PCl_6^- 음이온에서는 P 원자가 원자가 껍질을 확장시켜 전자 12개를 수용하였다(확장된 원자가 껍질 모형으로 3d-오비탈 두 개를 이용하여).

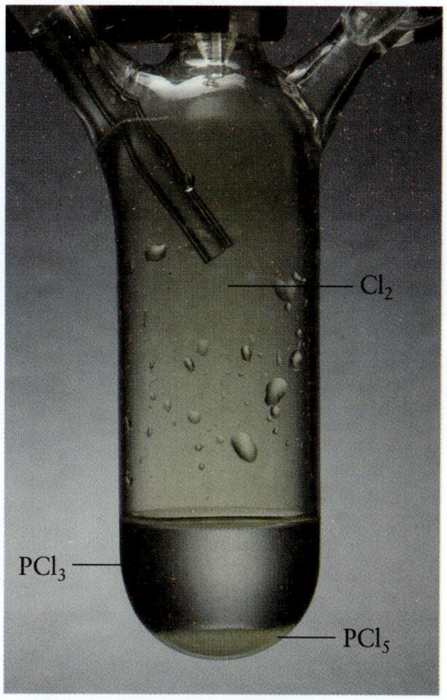

그림 2C.1 삼염화 인은 무색 액체이다. 이 액체를 염소(플라스크 안의 옅은 황록색 기체)와 반응시키면 담황색 고체인 오염화 인(플라스크 바닥)이 생성된다.(*Copyright Macmillan Learning, photo by Ken Karp.*)

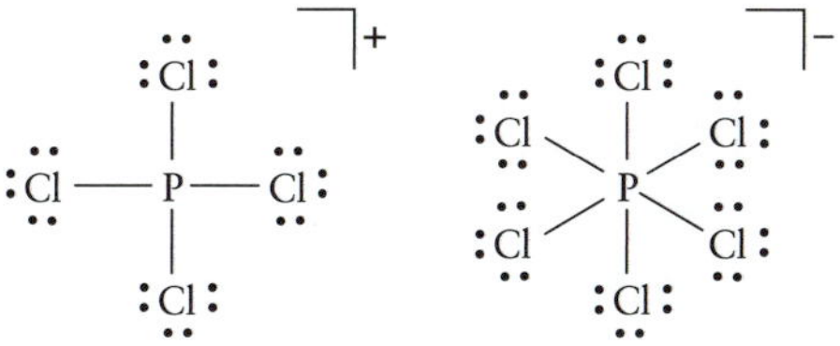

9 오염화 인, $PCl_5(s)$

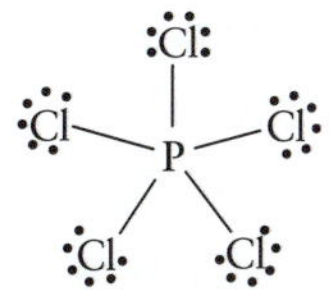

10 오염화 인, PCl_5

예제 2C.2 분자의 주요 공명 구조 선택하기

황산 이온 SO_4^{2-}는 시멘트에 이용되는 석고($CaSO_4 \cdot 2\,H_2O$)와 통변제로 이용되는 Epsom 염($MgSO_4 \cdot 7\,H_2O$)을 포함한 여러 가지 중요한 광물에 존재한다. (**11a~11c**)에 주어진 황산 이온의 세 가지 공명 구조의 각 원자들의 형식 전하를 계산하여 가장 바람직한 구조를 결정하시오.

예상 경험을 쌓게 됨에 따라 결합과 고립 전자쌍의 모양에서 가장 선호되는 구조를 고를 수 있게 되지만, 아직은 형식 전하를 비교하여 바람직한 구조를 정한다.

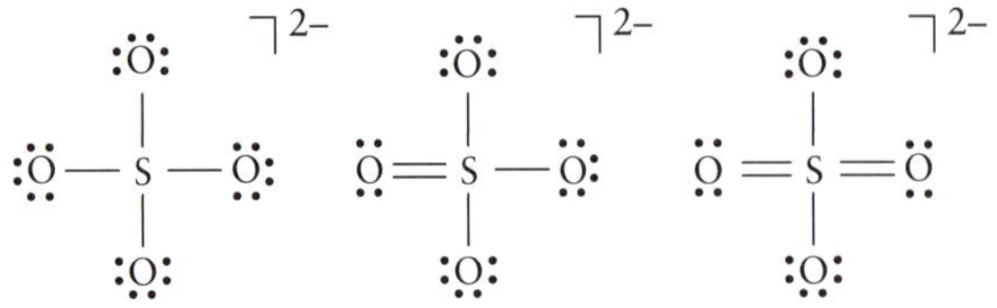

11a **11b** **11c**

계획 도구상자 2B.2의 요령을 따른다. 첫 구조에서의 산소 원자처럼 동등한 원자에 대해서는 한 번만 계산하면 된다. 왜냐하면 그들은 모두 동등한 전자 배치를 가지고 있어서 형식 전하도 같기 때문이다.

풀이 도구상자 2B.2에 따라 다음과 같은 표를 작성한다.

11a **11b** **11c**

1단계 원자가 전자의 수(*V*)를 센다.

O: 6 S: 6

총 전자 수: 전자 30개에서 15개의 전자쌍,
−2가의 전하에서 전자 두 개에서 1개의 전자쌍

2단계 Lewis 구조를 그린다.

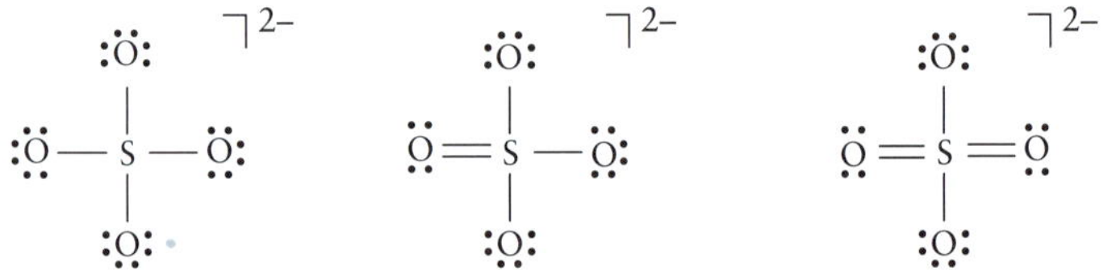

3단계 소유 전자를 할당한다.
$L+\frac{1}{2}B$

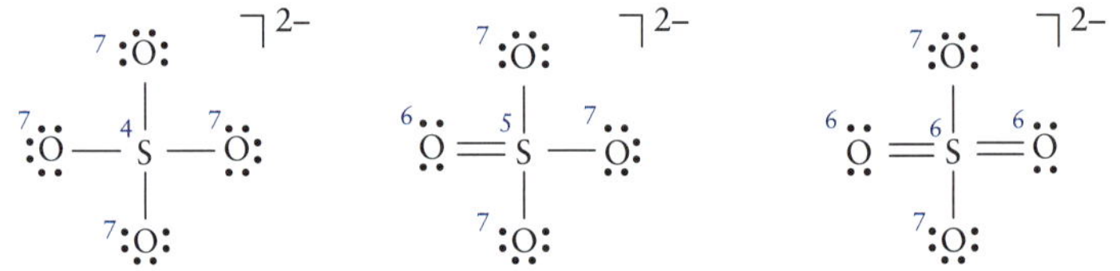

4단계 형식 전하를 구한다.
$V-(L+\frac{1}{2}B)$

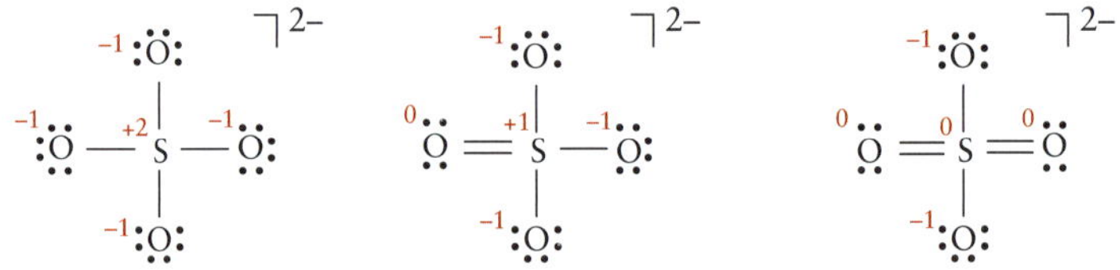

평가 (**11c**) 구조의 개별 형식 전하가 0에 가장 가까우므로, S 원자가 확장된 원자가 껍질에 전자를 12개씩 가지고 있다 하더라도, 2개의 이중 결합을 가진 구조가 공명 혼성에서 가장 큰 기여를 할 것이다. 이 결론은 실험으로 측정한 황산의 S—OH 단일 결합의 길이가 157 pm인 데 반해, 황산 이온의 S—O 결합 길이는 149 pm라는 것과 잘 일치한다.

자습 2C.3A (**12**)의 인산 이온에 대한 두 가지 Lewis 구조의 형식 전하를 계산하시오.

[답: (**13**) 참조]

자습 2C.3B 오존의 공명 구조(예제 2B.3 참조) 중 한 가지에 대해 각 산소 원자의 형식 전하를 계산하시오.

관련 연습 문제 2C.17~2C.20

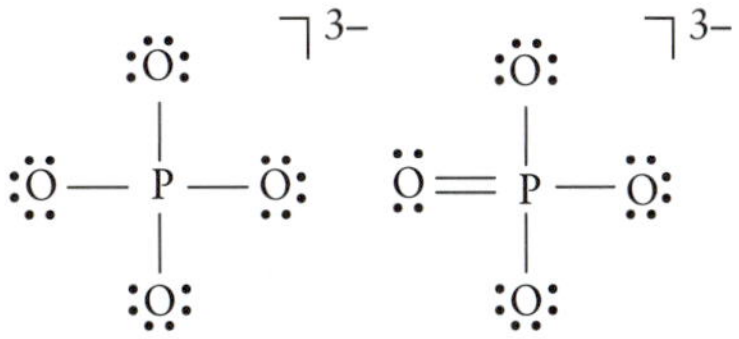

12

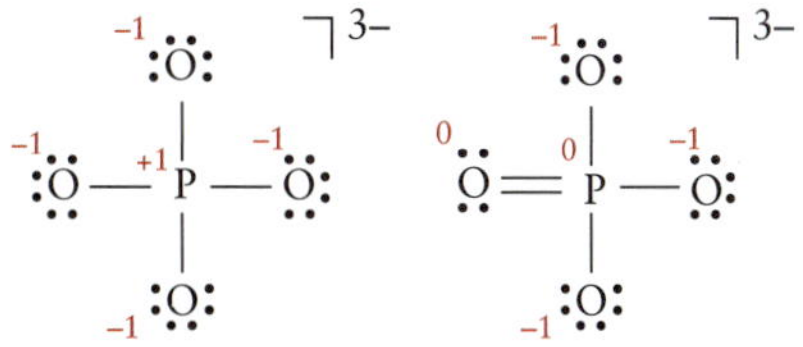

13

원자가 껍질이 확장되어 8개보다 많은 전자를 수용하는 것은 3주기와 그 이후 주기의 원소에서 일어난다. 이 원소들은 가변 공유 결합성을 가지며, 초원자가 화합물을 형성한다. 형식 전하는 기여도가 큰 공명 구조를 찾는 데 도움이 된다.

2C.3 미완성 팔전자계

화합물의 어떤 원자들은 **미완성 팔전자계(incomplete octet)**로 되어 있다. 가장 극명한 예가 붕소이다. 무색 기체인 트라이플루오린화 붕소 BF_3의 Lewis 구조(**14**)에는 원자가 껍질에 전자가 단 여섯 개만 있다. 붕소 원자가 플루오린 원자와 더 많은 전자를 공유하여 (**15**)처럼 팔전자계를 완성할 것으로 예상할 수도 있지만, 플루오린은 이온화 에너지가 아주 높기 때문에 양의 형식 전하를 갖는 상태로 존재하기가 어렵다. 짧은 B—F 결합 길이와 같은 실험적 증거는 BF_3의 실제 구조가 두 가지 Lewis 구조의 공명 혼성이지만, 단일 결합 구조가 주된 기여를 한다는 것을 시사한다.

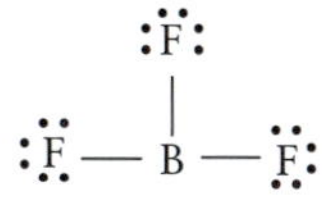

14 트라이플루오린화 붕소, BF_3

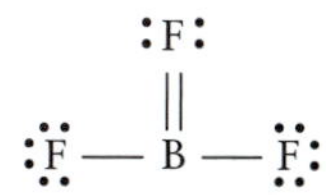

15 트라이플루오린화 붕소, BF_3

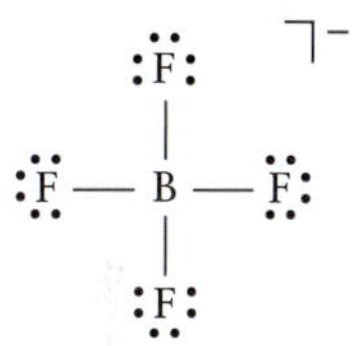

16 테트라플루오린화 붕산염, BF_4^-

붕소나 비슷한 원자들은 특별한 방법으로 팔전자계를 완성시킬 수 있다. 고립 전자쌍 전자를 가진 다른 원자 또는 이온이 전자 두 개를 모두 제공하여 결합을 형성시키면서 팔전자계를 완성할 수 있다. 이같이 한 원자가 전자 두 개를 모두 제공하여 만든 결합을 **배위 공유 결합(coordinate covalent bond)**이라고 한다. 예를 들어, 트라이플루오린화 붕소를 플루오린화 금속 위로 통과시키면 테트라플루오린화 붕산 음이온 BF_4^-(**16**)가 생성된다. 두 결합 전자 모두가 플루오린화 이온에서 왔음에 유의하기 바란다. 다른 예는 트라이플루오린화 붕소가 암모니아와 반응하여 배위 공유 결합이 형성되는 것이다.

$$BF_3(g) + NH_3(g) \rightarrow NH_3BF_3(s)$$

흰색의 분자성 고체인 이 화합물의 Lewis 구조가 (**17**)에 주어져 있다. 이 반응에서는 암모니아의 질소 원자에 속한 고립 전자쌍, $:NH_3$가 배위 공유 결합을 형성하여 붕소의 팔전자계를 완성시킨다.

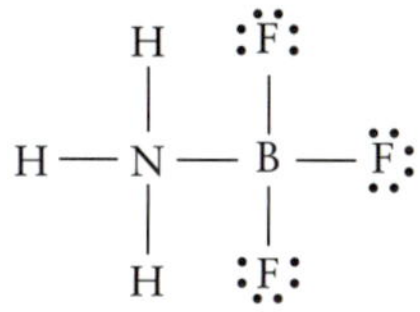

17

배위 공유 결합으로 팔전자계를 완성시킬 수 있는 또 다른 방법은 이량체(dimer, 연결된 분자의 쌍)를 형성하는 것이다. 염화 알루미늄은 휘발성의 백색 고체로서, 180 °C에서 증발되어 기체 Al_2Cl_6 분자가 된다. 이들 분자는 이량체 형태를 유지하다가 약 200 °C가 넘으면 분해되어 $AlCl_3$ 분자를 형성한다. Al_2Cl_6 분자가 존재할 수 있는 것은, 각 $AlCl_3$ 분자의 Cl 원자가 고립 전자쌍 중 하나로 다른 $AlCl_3$ 분자의 Al 원자와 배위 공유 결합을 형성하여 두 개의 가교 Cl 원자를 생성하기 때문이다(**18**). 이러한 구조가 염화 알루미늄에서는 가능하지만, 삼염화 붕소에서는 불가능한 이유는 Al의 원자 반지름이 B보다 더 커서 Cl 원자가 Al 원자에 충분히 가까이 가서 가교 결합을 할 수 있기 때문이다. B의 경우에는, Cl 원자가 충분히 가까워지기 전에 서로 반발한다. 다이보레인 B_2H_6(**19**)에서는 H 원자가 가교를 형성하는 가교 결합이 생긴다.

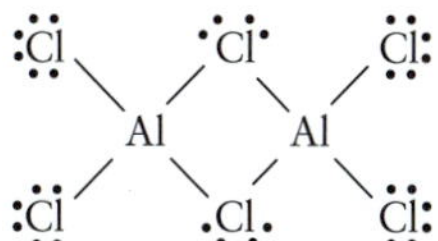

18 염화 알루미늄, Al_2Cl_6

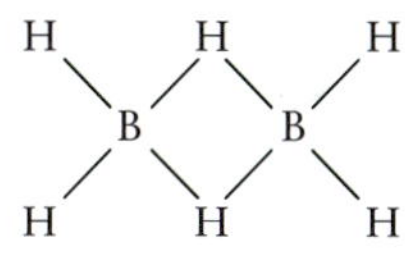

19 다이보레인, B_2H_6

붕소와 알루미늄의 화합물은 붕소와 알루미늄이 미완성 팔전자계를 갖거나, 가교 결합을 하는 특이한 Lewis 구조를 갖는다.

이 Topic에서 배운 것은 무엇인가?

홀전자를 가지고 있어 미완성 팔전자계를 가진 분자를 라디칼이라고 부르는 것을 배웠다. 이 화합물들은 통상적으로 매우 반응성이 크다. 3주기나 그 이후의 원소들을 포함하는 분자의 Lewis 구조를 그릴 때, 두 가지 설명이 가능하다는 것도 배웠다. 하나는 d-오비탈을 이용하여 원자가 껍질이 확장되는 것이고, 다른 하나는 이온-공유 공명으로 팔전자계를 유지하는 것이다.

개념과 식의 적용

- □ 확장되거나 미완성된 원자가 껍질을 가진 분자나 이온의 Lewis 구조를 그린다(예제 2C.1).
- □ 형식 전하를 계산하여 선택할 수 있는 Lewis 구조들을 평가한다(예제 2C.2).

Topic 2C 연습 문제

2C.1 다음 화학종 중 어느 것이 라디칼인가?
(a) NO_2^- (b) CH_3 (c) OH (d) CH_2O

2C.2 다음 화학종 중 어느 것이 라디칼인가?
(a) NO_3 (b) ICl_2^+ (c) CH_2O (d) HOCO

2C.3 다음 화학종에 대하여 공명 구조에 전형적인 기여를 할 구조를 포함한 Lewis 구조를 그리시오(필요한 경우에는 팔전자계 확장 가능성을 고려하고, 상이한 위치에 이중 결합을 포함시킬 수도 있다).
(a) 과아이오딘산 이온 (b) 인산 수소 이온 (c) 염소산 (d) 비소산 이온

2C.4 다음 화학종에 대하여 공명 구조에 전형적인 기여를 할 구조를 포함한 Lewis 구조를 그리시오(필요한 경우에는 팔전자계 확장 가능성을 고려하시오).
(a) 폼산 이온(HCO_2^-) (b) 아인산 수소 이온 (c) 브로민산 이온
(d) 셀레늄산 이온

2C.5 오존층 파괴에 기여하는 것으로 밝혀진 다음 각 활성 화학종의 Lewis 구조를 그리고, 라디칼을 찾으시오.
(a) 일산화 염소 ClO (b) 과산화 이염소 Cl—O—O—Cl (c) 질산 염소 $ClONO_2$ (중심 O 원자에 Cl 원자와 NO_2 원자단의 N 원자가 붙어 있다.)

2C.6 다음 각 화학종의 Lewis 구조를 그리고, 라디칼을 찾으시오.
(a) 트라이아이오딘화 이온 I_3^- (b) 메틸 양이온 CH_3^+ (c) 메틸 음이온 CH_3^- (d) 이산화 염소 ClO_2

2C.7 아이오딘 원자에 속하는 전자쌍(결합 전자쌍과 고립 전자쌍)의 수를 세시오.
(a) ICl_2^+ (b) ICl_4^- (c) ICl_3 (d) ICl_5

2C.8 인 원자에 속하는 전자쌍(결합 전자쌍과 고립 전자쌍)의 수를 세시오.
(a) PCl_3 (b) PCl_5 (c) PCl_4^+ (d) PCl_6^-

2C.9 다음의 Lewis 구조는 3주기 원소에 대해 그린 것이다. 원소는 무엇인가?

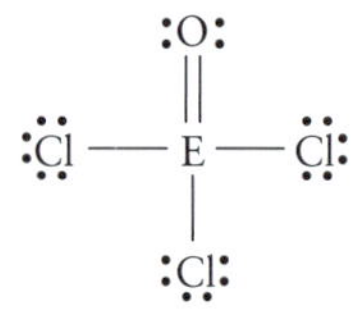

2C.10 다음의 Lewis 구조는 4주기 원소에 대해 그린 것이다. 원소는 무엇인가?

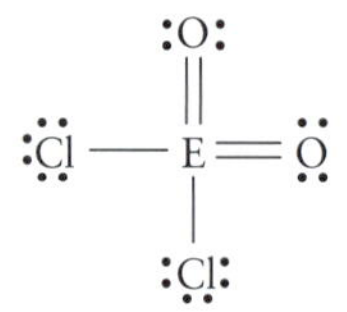

2C.11 다음 각 분자 또는 이온의 Lewis 구조를 그리고, 중심 원자 둘레에 있는 전자의 수를 세시오. (a) SF_6, (b) XeF_2, (c) AsF_6^-, (d) $TeCl_4$. 각 경우, 이온-공유 공명 구조를 제안하시오.

2C.12 다음 각 분자 또는 이온의 Lewis 구조를 그리고, 중심 원자 둘레에 있는 전자의 수를 세시오. (a) SiO_4^{4-}, (b) SCl_2, (c) BrF_5, (d) ICl_2^-. 초원자가 화학종의 경우, 이온-공유 공명 구조를 제안하시오.

2C.13 다음 각 화합물의 Lewis 구조를 그리고, 중심 원자인 제논에 속하는 고립 전자쌍의 수를 밝히시오. (a) $XeOF_2$, (b) XeF_4, (c) $XeOF_4$. 각 경우, 이온-공유 공명 구조를 포함하시오.

2C.14 다음 각 화합물의 Lewis 구조를 그리고, 중심 원자에 속하는 고립 전자쌍의 수를 밝히시오. (a) IF_5, (b) AsF_5, (c) H_2SO_3 (S가 중심 원자이고, H 원자는 O 원자에 결합되어 있다.) 각 경우, 이온-공유 공명 구조를 포함하시오.

2C.15 다음 화합물에는 팔전자 규칙을 따르지 않는 원자가 한 개 있다. 어느 원자인지 밝히고, 어떻게 팔전자 규칙에서 벗어나는지 설명하시오. (a) $BeCl_2$, (b) ClO_2

2C.16 다음 화합물에는 팔전자 규칙을 따르지 않는 원자가 한 개 있다. 어느 원자인지 밝히고, 어떻게 팔전자 규칙에서 벗어나는지 설

명하시오. (a) SF_6, (b) BH_3

2C.17 다음의 화학종에 대해 주어진 두 공명 구조에서 각 원자의 형식 전하를 계산하고, 어느 Lewis 구조의 에너지가 더 낮을지 예측하시오.

(a) 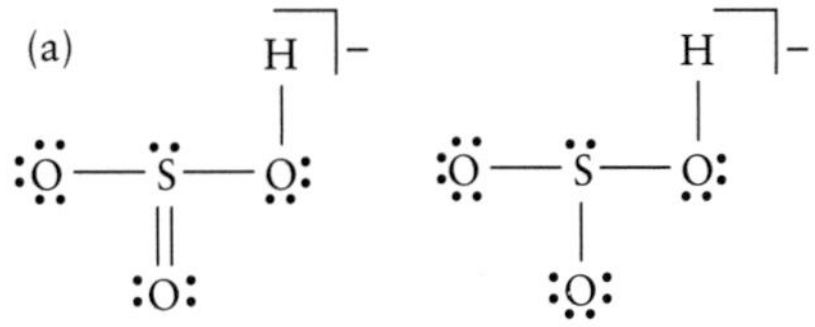

(b) 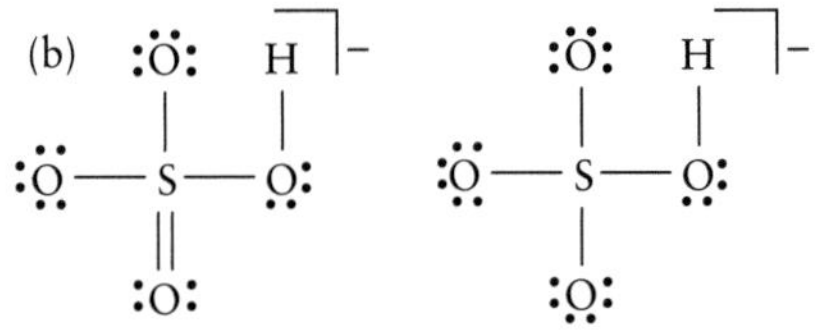

2C.18 다음의 화학종에 대해 주어진 두 공명 구조에서 각 원자의 형식 전하를 계산하고, 어느 Lewis 구조의 에너지가 더 낮을지 예측하시오.

(a) 

(b) 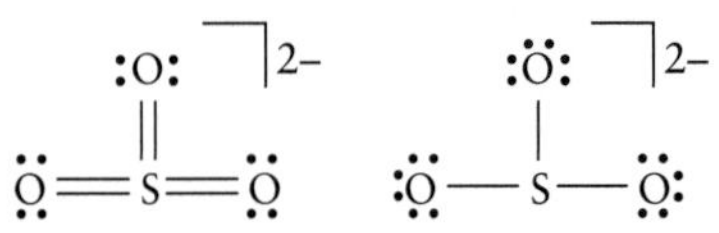

2C.19 다음 각 쌍의 Lewis 구조 중 공명 혼성에 더 많이 기여할 만한 구조를 선택하시오. 선택의 당위성을 설명하시오.

(a) 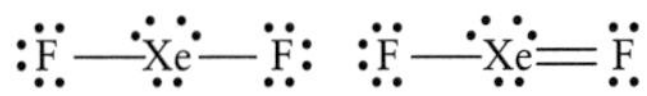

(b) 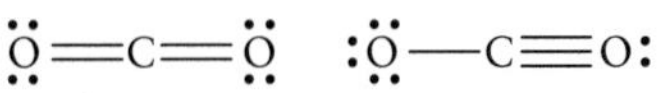

2C.20 다음 각 쌍의 Lewis 구조 중 공명 혼성에 더 많이 기여할 만한 구조를 선택하시오. 선택의 당위성을 설명하시오.

(a) 

(b) 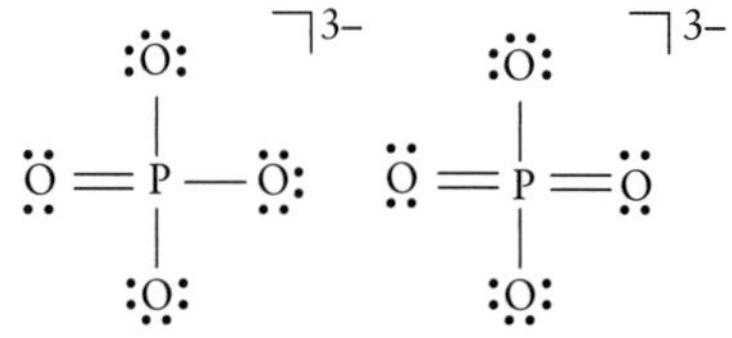

2C.21 다음 분자의 각 원자의 형식 전하를 계산하시오. 각 쌍에서 어느 것이 더 낮은 에너지의 구조인가?

(a) 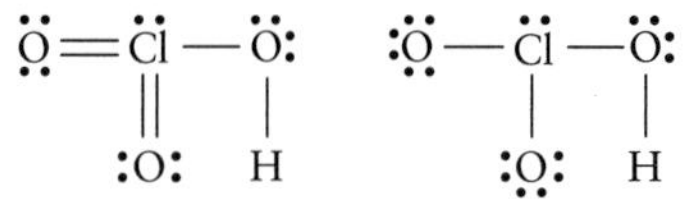

(b) 

(c) 

2C.22 다음 분자의 각 원자의 형식 전하를 계산하시오. 각 경우에서 어느 것이 더 낮은 에너지의 구조인가?

(a) 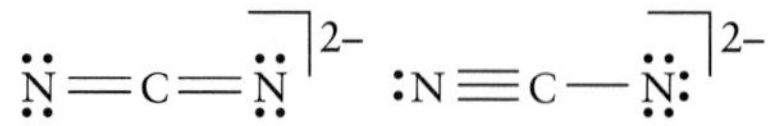

(b) 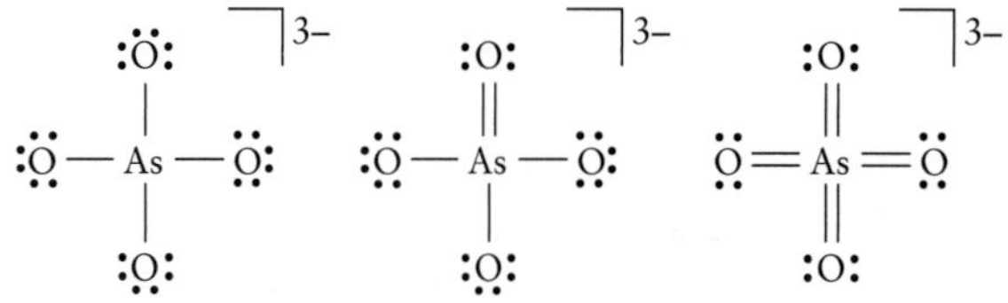

(c) 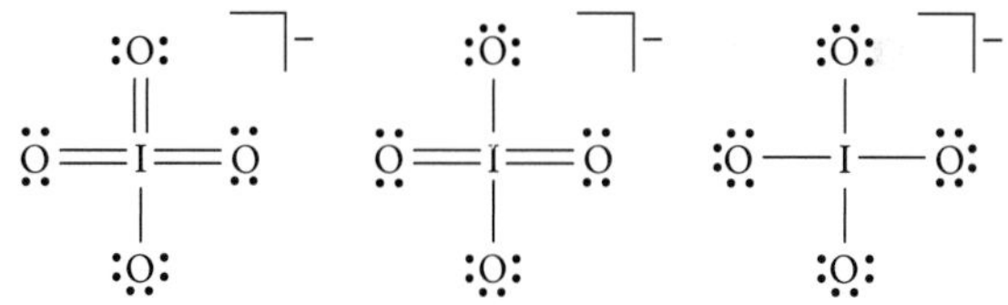

Topic 2D 결합의 성질

이 Topic을 왜 배우는가? 공유 결합 화합물들의 성질은 매우 다양한데, 전자가 공유되는 방법이 부분적으로 그 이유가 된다. 이러한 다양성, 특히 결합 세기, 결합 길이 및 결합의 전자 분포의 차이가 분자들의 물리적, 화학적 성질을 설명하는 데 사용된다.

무엇을 알고 있어야 하는가? 주기성의 경향(Topic 1F), 공명의 개념(Topic 2B)과 공유 결합에서 전자쌍이 공유된다(Topic 2B)는 것을 알고 있어야 한다.

두 원자 사이 공유 결합의 특성은 각 원자에 따라 달라진다. 많은 경우, 분자 내 다른 원자의 존재는 결합에 거의 영향을 미치지 않는다. 예를 들면, 결합 차수가 같다면 A—B 결합의 길이와 세기는 분자의 종류에 무관하게 대략 같다. 즉, 세포 내의 DNA 복제와 유전 정보의 전달처럼 거대한 분자의 성질을 이해하기 위해서는, 폼알데하이드 $H_2C{=}O$ 및 암모니아 NH_3와 같이 훨씬 단순한 화합물에서의 C=O와 N—H 결합의 특성을 연구하면 된다.

또 다른 문제는 이온 결합(Topic 2A)과 공유 결합(Topic 2B)이 화학 결합에 대한 두 가지 극단적인 모형이라는 것이다. 대부분의 실제 결합은 순수한 이온 결합과 순수한 공유 결합의 중간쯤이다. 비금속 사이의 결합을 기술할 때는 공유 결합이 좋은 모형이다. 금속과 비금속이 단순한 화합물을 이루고 있는 경우에는 이온 결합이 좋은 모형이다. 그러나 수많은 화합물에서 결합은 대부분 이들 두 극단적인 결합 모형 사이의 중간 성질을 갖는다. 이들 두 기본 모형을 개선하여 화학 결합을 더 정확하게 기술할 수 있겠는가?

2D.1 공유 모형의 보정: 전기 음성도

Lewis 구조를 그리는 것은 공유 결합된 분자를 기술하는 방법의 첫 단계일 뿐이다. 결합 내 전자의 실제 분포를 반영하는 다른 구조들을 공명 혼성으로 나타내면 개선된다(Topic 2B). 이온 결합과 공유 결합은 '극단적인' 모형이며, 모든 분자는 비록 적을지라도 순수한 공유 결합과 순수한 이온성 구조의 공명 혼성으로 보아야 한다. 예를 들어, Cl_2 분자의 구조는 다음과 같이 기술될 수 있다.

$$:\ddot{\underset{..}{Cl}}:^{-}\ \ddot{\underset{..}{Cl}}:^{+} \longleftrightarrow :\ddot{\underset{..}{Cl}}-\ddot{\underset{..}{Cl}}: \longleftrightarrow \ \ddot{\underset{..}{Cl}}:^{+}\ :\ddot{\underset{..}{Cl}}:^{-}$$

여기서 이온성 구조(많은 이온의 집합이 아닌 국부적인 이온쌍을 뜻함)는 공명 혼성에 조금만 기여하므로 결합은 거의 순수한 공유 결합으로 각 원자는 전자를 동일하게 공유하여 알짜 전하는 0이 된다.

HCl처럼 다른 원소들로 만들어진 분자의 공명은

$$H:^{-}\ \ddot{\underset{..}{Cl}}:^{+} \longleftrightarrow H-\ddot{\underset{..}{Cl}}: \longleftrightarrow H^{+}\ :\ddot{\underset{..}{Cl}}:^{-}$$

와 같이 두 이온성 구조도 작은 기여를 하지만, 이 경우 두 이온성 구조의 기여도는 다르다. 염소 원자가 수소 원자보다 전자를 더 강하게 끌어당기므로, Cl 원자에 음전하를 가진 $H^{+}\ :\ddot{\underset{..}{Cl}}:^{-}$ 구조가 $H:^{-}\ \ddot{\underset{..}{Cl}}:^{+}$ 보다 더 기여한다. 결과적으로 Cl 원자는 알짜 음전하를 조금 띠게 되고, H 원자는 알짜 양전하를 조금 띠게 된다. 공명의 평균으로 얻게 되는 HCl의 원자가 띠는 알짜 전하를 **부분 전하(partial charge)**라 하며 $^{\delta+}H-Cl^{\delta-}$로 나타낸다. 원자에 0이 아닌 부분 전하가 있는 결합을 **극성 공유 결합**(**polar covalent bond**)이라고 한다. 부분 전하가 0인 두 원자 사이의 공유 결합을 **비극성 결합**(**nonpolar bond**)이라고 한다. 서로 다른 원소의 원자 사이의 모든 결합은 어느 정도 극성을 띠고 있다. 동핵(동일 원소) 이원자 분자에서의 결합은, 이온성 구조의 기여도는 다양하여도 원자의 알짜 전하는 0이기 때문에 비극성이다.

극성 공유 결합을 이룬 두 원자의 부분 전하는 **전기 쌍극자**(**electric dipole**)를 형성한다. 즉 부분 양전하 옆에 크기는 같고, 부호가 반대인 음전하가 있다. 이전의 규약에서는 쌍극자를 부분 음전하 쪽을 향하는 화살표로 나타내었지만(**1a**), 현대의 규약은 양전하 쪽으로 향하는 화살표를 사용한다(**1b**). 어느 규약을 사용하는지 명백히 아는 것은 중요하다! 이 책에서는 현대 규약을 사용한다. 부분 전하의 크기와 사이의 거리에 대한 척도로서 전기 쌍극자의 크기는 **디바이**(**debye**, D)라고 하는 비SI 단위로 표현되는 **전기 쌍극자 모멘트**[**electric dipole moment**, μ(그리스 문자 뮤)]로 기술한다. 쌍극자 모멘트의 SI 단위는 1 C·m(1 쿨롱 미터)이다. 이는 1 C 전하가 −1 C 전하와 1 m 떨어져 있을 때의 쌍극자 모멘트로, $1\ \text{D} = 3.336 \times 10^{-30}\ \text{C·m}$이다. 디바이는 한 개의 음전하(전자)가 한 개의 양전하(양성자)와 100. pm 거리에 있을 때의 쌍극자 모멘트가 4.80 D가 되도록 정의한다. H−Cl 결합의 쌍극자 모멘트는 약 1.1 D이다. 이 쌍극자 모멘트는 전자 전하의 약 18%에 해당되는 부분 전하를 Cl 원자가 띠고, 상응하는 양전하를 H 원자가 띠는 것으로 생각할 수 있다.

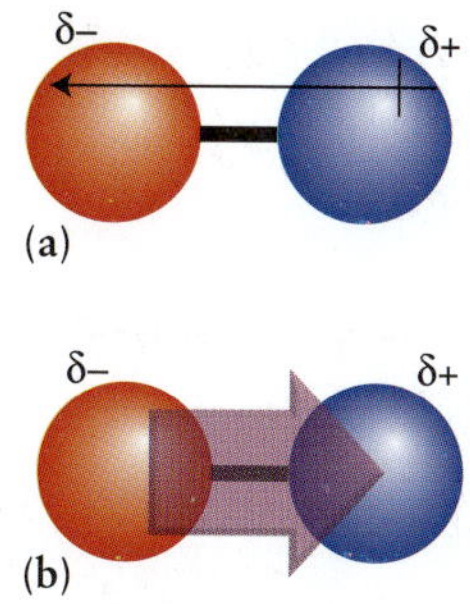

1

보충 설명

디바이는 쌍극자 모멘트에 대해 중요한 연구를 수행한 네덜란드의 화학자 Peter Debye를 기념하여 명명된 것이다.

1932년 미국의 화학자 Linus Pauling은 공유 결합에서 원자가 전하를 끌어당기는 능력을 정량적으로 나타내는 방법을 제안하였다. 원소의 전기 음성도는 원자가 분자의 일부일 때 전자를 끌어당기는 힘이다. 1F.5절에 설명된 대로 전기 음성도는 χ(그리스 문자 카이)로 나타낸다. 전기 음성도가 큰 원소의 원자는 전자를 끌어당기는 힘이 더 세며, 전기 음성도가 작은 원소의 원자에서 전자를 끌어내는 경향을 가지고 있다(그림 2D.1). Pauling은 전자볼트(eV) 단위의 A−A, B−B 및 A−B 결합의 '해리 에너지(결합을 끊는 데 필요한 에너지, D)'에 근거하여 전기 음성도 척도를 고안하였다. Pauling은 두 원소 A와 B의 전기 음성도 차이를 다음과 같이 정의하였다.

$$|\chi_A - \chi_B| = \{D(\text{A—B}) - \tfrac{1}{2}[D(\text{A—A}) + D(\text{B—B})]\}^{1/2} \tag{1}$$

Pauling은 이 정의에 부합하는 전기 음성도의 값들도 할당하였다. Topic 1F에서 논의된 바와 같이, 전기 음성도 척도를 설정하는 다른 방법은 1934년 또 다른 미국 화학자 Robert Mulliken에 의해 고안되었다. 그의 접근 방식에서 전기 음성도는 원소의 이온화 에너지(I)와 전자 친화도(E_a)의 평균값이다(둘 다 전자볼트 단위의 수치로 표현).

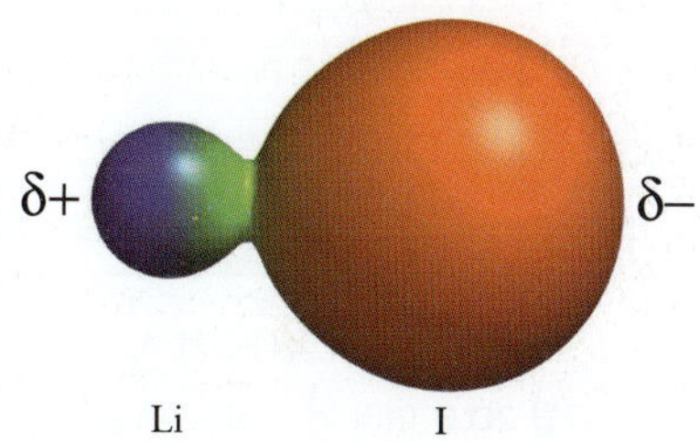

그림 2D.1 원소의 전기 음성도는 그 원소가 화합물의 일부분일 때 전자를 끌어당기는 세기이다. 아이오딘화 리튬의 결합은 대략 공유 결합이 약 50%, 이온 결합이 50%이다. LiI의 전자 밀도를 전자 밀도가 큰 쪽은 빨간색으로, 작은 쪽은 파란색으로 표시하였다. 이 경쟁의 결과로 전기 음성도가 큰 원자(I)가 공유 결합 전자쌍의 대부분을 차지한다.

그림 2D.2는 주기율표의 주족 원소에 대한 전기 음성도의 변화를 보여 준다. 더 많은 값은 부록 2D에서 찾을 수 있다. 이온화 에너지와 전자 친화도는 주기율표의 오른쪽 상단(플루오린에 가까울수록, 영족 기체 제외)에서 가장 높기 때문에, 질소, 산소, 브로민, 염소, 플루오린이 전기 음성도가 가장 높은 원소라는 사실은 놀라운 일이 아니다.

결합을 이룬 두 원자의 전기 음성도 차가 작으면 부분 전하와 그에 따른 쌍극자 모멘트도 적다. 전기 음성도 차가 증가할수록 부분 전하와 쌍극자 모멘트도 증가한다. 전기 음성도 차가 매우 크면, 한 원자가 전자쌍의 대부분을 얻게 되어 해당 이온성 구조가 공명에 크게 기여하게 된다. 한 원자가 다른 원자에 속할 전자의 몫을 빼앗아 갔기 때문에, 전기 음성도가 큰

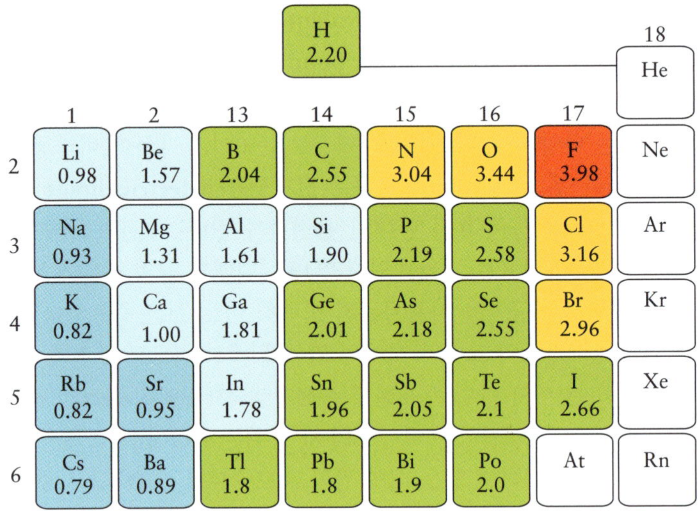

그림 2D.2 주족 원소(영족 기체 제외)의 Pauling 척도의 전기 음성도 변화 추이. 주기율표의 오른쪽 위로 갈수록 전기 음성도가 커지며, 왼쪽 아래로 갈수록 낮아진다. 이 교재에서는 이 값들을 이용한다.

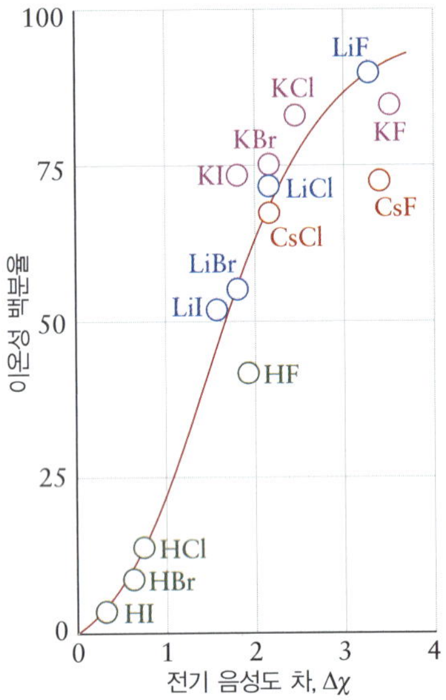

그림 2D.3 여러 가지 할로젠화물의 결합된 두 원자 사이의 전기 음성도 차($\Delta\chi$)에 따른 결합의 이온성 백분율 의존성.

원소는 음이온을 닮게 되고, 상대 원자는 양이온을 닮게 된다. 이런 경우 결합이 상당량의 **이온성(ionic character)**을 가졌다고 한다.

이온 결합과 공유 결합을 명확하게 구분하는 경계선은 없다. 이온 결합과 공유 결합은 결합 특성 연속성의 극단이다. 그러나 경험적으로, 전기 음성도 차가 대략 2가 되면 이온성 기여가 매우 커서 결합을 이온 결합으로 간주할 수 있다(그림 2D.3). 전기 음성도 차가 대략 1.5보다 작은 경우에는 결합을 공유 결합으로 간주하는 것이 적절하다. 예를 들면, 탄소와 산소의 전기 음성도는 각각 2.55와 3.44로 전기 음성도 차가 0.89이므로, C—O 결합을 극성 공유 결합으로 간주하는 것이 좋다. 전기 음성도 차이가 0.35에 불과한 C—H 결합은 비극성으로 간주된다. 그러나 이러한 지침(그 이상은 아님)에는 예외가 있다. 예를 들어, 마그네슘의 전기 음성도는 1.31이고, 전기 음성도 차이가 1.85에 불과한 Mg—Cl 결합은 $MgCl_2$가 이온성 화합물의 특성을 갖기 때문에 이온성으로 간주된다.

자습 2D.1A 다음 화합물 중 어느 쪽이 결합의 이온성이 더 크겠는가? (a) P_4O_{10}(**2**) 또는 (b) PCl_3

[**답**: (**a**)]

자습 2D.1B 다음 화합물 중 어느 쪽이 결합의 이온성이 더 크겠는가? (a) CO_2 또는 (b) NO_2

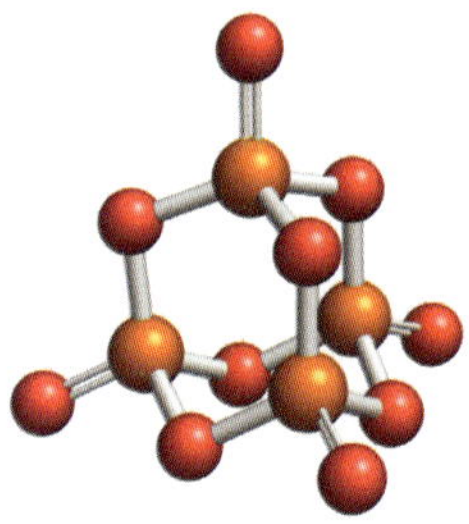

2 P_4O_{10}

전기 음성도는 원자가 결합의 전자를 끌어당기는 힘에 대한 척도이다. 극성 공유 결합은 전기 음성도 차이 때문에 생기는 부분 전하를 띠는 두 원자 사이의 결합이다. 부분 전하의 존재 때문에 전기 쌍극자 모멘트가 생긴다.

2D.2 이온 모형의 보정: 편극성

이제 모든 이온 결합은 약간의 공유 결합성을 갖는다는 것을 고려하여, 이온 결합을 어떻게 개선할 수 있는지 생각해 보자. 공유 결합성이 생기는 과정을 알아보기 위하여 (Na^+와 같은) 양이온 주위에 (Cl^-와 같은) 일원자 음이온이 있는 경우를 생각해 보자. 양이온의 양전하가 음이온의 전자를 끌어당기면 음이온의 공 모양 전자 구름이 양이온 방향으로 변형되어 전자 구름이 **편극(polarized)**된다. 이는 음이온의 전자 밀도가 더 이상 구형이 아니라는 것이다. 이러한 변형이 일어나면 결합의 전자 밀도가 두 핵 사이의 영역을 점유하여 일부 공유 특성을 갖는 결합이 되는 것으로 생각할 수 있다(그림 2D.4). 음이온의 전자 구름 왜곡이 클수록 결합의 공유 특성은 더 커진다.

변형을 일으키기 쉬운 원자나 이온을 **편극성(polarizability)**이 크다고 말한다. 아이오딘화 이온 I^-처럼 큰 음이온은 편극성이 클 것으로 예상된다. 이렇게 큰 음이온에서는 원자가 전자가 느끼는 유효 핵전하가 상대적으로 작기 때문에(Topic 1F), 핵이 최외각 전자에 미치는 영향이 약하다. 결과적으로 큰 음이온의 전자 구름은 쉽게 변형되어 편극성이 크다. 어미 원자에서 전자를 잃어서 생긴 양이온들은 남아 있는 전자들이 느끼는 유효 핵전하가 더 커지므로 매우 단단히 붙어 있게 되어 편극성이 별로 없다.

변형을 크게 유발하는 원자와 이온을 **편극력(polarizing power)**이 크다고 말한다. Al^{3+} 양이온처럼 크기가 작고, 전하가 클수록 편극력이 클 것으로 예상된다. 반지름이 작으면 전하가 큰 양이온의 하전 중심이 음이온에 더 가깝게 접근할 수 있으므로, 음이온의 전자를 강하게 끌어당기게 된다. 크기가 작고, 전하가 큰 양이온과 크기가 크고, 편극성이 큰 음이온으로 구성된 화합물은 상당한 공유 결합성을 가진다.

같은 주기의 왼쪽에서 오른쪽으로 갈수록 양이온은 크기가 더 작아지고, 전하가 더 커지므로 편극력이 더 커지게 된다. 즉, Be^{2+}가 Li^+보다 편극력이 더 크며, Mg^{2+}가 Na^+보다 편극력이 더 크다. 그에 반하여 같은 족에서 아래로 내려갈수록 양이온의 크기가 커지므로 편극력은 감소하게 된다. 따라서 Na^+가 Li^+보다 편극력이 약하고, Mg^{2+}이 Be^{2+}보다 편극력이 약하다. Li^+에서 Be^{2+}로 가면 편극력이 증가하지만, Be^{2+}에서 Mg^{2+}로 가면 편극력이 감소하므로, 대각선 방향으로 이웃한 Li^+와 Mg^{2+}의 편극력이 유사해질 것이다. 이러한 유사성은 주기율표에서 **대각 상관성(diagonal relationship)**을 발생시키며, Li와 Mg같이 대각선으로 관련된 이웃은 유사한 화학적 특성을 나타낸다.

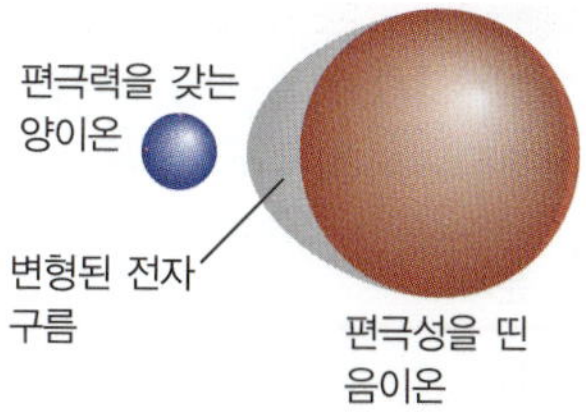

그림 2D.4 크기가 작고, 전하가 큰 양이온이 크기가 큰 음이온에 가까이 있으면, 음이온의 전자 구름이 편극 현상에 의해 변형을 일으킨다. 빨간색 공은 양이온이 없을 때의 음이온 모양을 나타내며, 옅은 회색 그림자는 양이온에 의해 공 모양이 얼마나 변형되는지 나타낸다.

자습 2D.2A NaBr과 $MgBr_2$ 화합물 중에서 결합의 공유성이 더 큰 것은 어느 쪽인가?

[답: $MgBr_2$]

자습 2D.2B CaS와 CaO 화합물 중에서 결합의 공유성이 더 큰 것은 어느 쪽인가?

편극력이 큰 양이온과 편극성이 큰 음이온으로 구성된 화합물은 상당한 공유 결합성을 가진다.

2D.3 결합 세기

화합 결합의 세기에 대한 척도는 결합된 원자를 완전히 분리하는 데 소요되는 에너지인 **해리 에너지(dissociation energy, *D*)**이다. 이원자 분자의 퍼텐셜 에너지를 핵간 거리의 함수로 나타낸 그림에서 보면 해리 에너지는 분리된 원자의 에너지를 기준으로 에너지 우물의 깊이에 해당된다(그림 2D.5). 이때 일어나는 결합 파괴에서는 각 원자가 결합에 참여한 전자 한 개씩을 가진다. 예를 들면, $H—Cl(g) \rightarrow \cdot H(g) + \cdot Cl(g)$의 경우이다. 해리 에너지가 크다는 것은 퍼텐셜 에너지 우물이 깊고, 결합을 파괴할 때 에너지가 많이 필요한 강한 결합임을 나타낸다. 알려진 비금속 원자 사이의 결합 중 가장 강한 결합은 일산화 탄소의 삼중 결합으로, 해리 에너지가 1062 kJ·mol^{-1}이다. 가장 약한 결합 중의 하나는 아이오딘 분자에서 아이오딘 원자 사이의 결합으로 해리 에너지가 139 kJ·mol^{-1}에 불과하다.

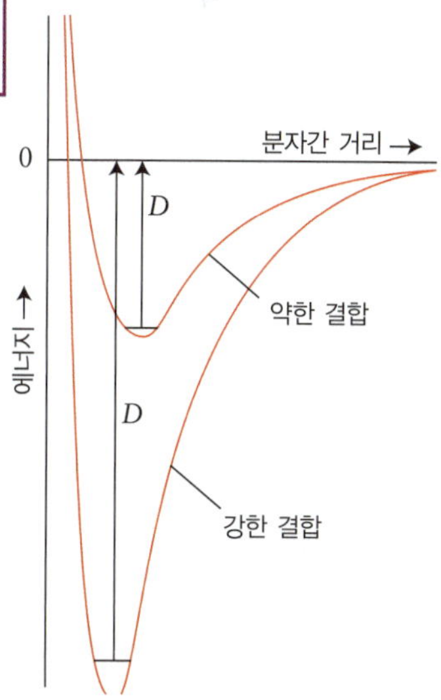

그림 2D.5 약한 결합과 강한 결합을 가진 이원자 분자에서 핵간 거리에 따른 이원자 분자의 에너지 변화. 해리 에너지(*D*)는 에너지 우물의 깊이에 대한 척도이다(실제로는 진동하는 분자의 작은 영점 에너지를 고려해야 하므로 해리 에너지가 우물의 깊이보다 약간 작아진다).

표 2D.1과 2D.2에 전형적인 해리 에너지를 일부 수록하였다. 표 2D.1에 주어진 값은 여러 가지 이원자 분자들의 실제 해리 에너지이다. 표 2D.2에 주어진 값은 해당 결합을 가진 여

표 2D.1 이원자 분자의 해리 에너지

분자	결합 해리 에너지 ($kJ \cdot mol^{-1}$)
H_2	424
N_2	932
O_2	484
CO	1062
F_2	146
Cl_2	230
Br_2	181
I_2	139
HF	543
HCl	419
HBr	354
HI	287

표 2D.2 평균 해리 에너지

결합	평균 결합 해리 에너지($kJ \cdot mol^{-1}$)	결합	평균 결합 해리 에너지($kJ \cdot mol^{-1}$)
C—H	412	C—I	238
C—C	348	N—H	388
C=C	612	N—N	163
C⋯C*	518	N=N	409
C≡C	837	N—O	210
C—O	360	N=O	630
C=O	743	N—F	270
C—N	305	N—Cl	200
C—F	484	O—H	463
C—Cl	338	O—O	157
C—Br	276		

* 벤젠의 경우.

그림 2D.6 N_2, O_2, F_2 분자의 결합 해리 에너지($kJ \cdot mol^{-1}$ 단위). F_2의 단일 결합, O_2의 이중 결합, N_2의 삼중 결합으로 변화되면서 결합이 얼마나 강해지는지 유의하자.

러 가지 상이한 다원자 분자들로부터 얻은 '평균' 해리 에너지이다. 결합의 실제 세기는 다원자 분자의 다른 원자들의 영향을 어느 정도 받지만 그 영향이 아주 크지는 않기 때문에, 일반적 논의에서는 분자에 상관없이 전형적인 평균값을 사용하는 것이 유용하다. 예를 들면, C—O 단일 결합의 결합 세기는 메탄올(CH_3—OH), 에탄올(CH_3CH_2—OH), 다이메틸에터(CH_3—O—CH_3)와 같은 유기 분자들에서의 평균값이다. 그러므로 표의 값들은 특정 분자의 정확한 값이 아닌 전형적인 값으로 여겨져야 한다.

표에 주어진 결합 세기의 경향은 부분적으로 Lewis 구조를 통해 설명된다. 예를 들어, 질소, 산소 및 플루오린의 세 가지 동핵 이원자 분자를 고려해 보자(그림 2D.6). 결합 차수가 F_2의 1에서 N_2의 3으로 증가함에 따라 결합 세기도 증가한다. 이중 결합이 거의 항상 단일 결합보다 강한데, 그 이유는 2개보다 많은 4개의 전자가 이중 결합으로 연결된 원자들을 붙들고 있기 때문이다. 마찬가지로, 두 원자 사이의 삼중 결합은 동일한 원자 사이의 이중 결합보다 강하다. 그러나 이중 결합의 세기가 단일 결합 세기의 두 배는 아니며, 삼중 결합의 세기가 단일 결합 세기의 세 배보다는 상당히 약하다. 예를 들어, C=C 이중 결합의 평균 해리 에너지는 612 $kJ \cdot mol^{-1}$이지만, C—C 단일 결합 두 개를 파괴하는 데 소요되는 에너지는 696 $kJ \cdot mol^{-1}$이다. 마찬가지로 C≡C 삼중 결합의 평균 해리 에너지는 837 $kJ \cdot mol^{-1}$이지만 C—C 단일 결합 세 개를 깨는 데는 1044 $kJ \cdot mol^{-1}$이 소요된다(그림 2D.7). 이러한 차이의 일부는 다중 결합 내 전자쌍 사이의 반발 때문에 생기는 것으로, 이들 전자쌍이 결합에 미치는 효율성이 단일 결합의 전자쌍이 결합에 미치는 효율성보다는 떨어진다.

표 2D.2의 수치로부터 공명이 결합 세기에 미치는 영향을 알 수 있다. 예를 들면, 벤젠의 탄소–탄소 결합 세기는 단일 결합과 이중 결합의 중간쯤에 해당한다. 공명에 의해 다중 결합의 특성이 여러 원자 사이의 결합에 분산되어 단일 결합은 강화되고, 이중 결합은 약화된다. 총체적인 알짜 효과는 분자가 안정화되는 것이다.

고립 전자쌍도 결합 세기에 영향을 미친다. 고립 전자쌍은 서로 반발하며, 고립 전자쌍이 이웃한 원자들에 있으면 고립 전자쌍들 사이의 반발 때문에 결합이 약화될 수 있다. 고립 전자쌍 사이의 이러한 반발로 F_2의 결합이 고립 전자쌍을 갖지 않는 H_2의 결합보다 더 약한 이유를 설명할 수 있다.

결합 세기의 경향은 원자 반지름의 경향과 상관관계를 갖는다. 결합에 참여한 원자의 핵들이 그들 사이에 놓인 전자쌍에 가까이 접근할 수 없으면 두 원자 사이의 결합은 약할 것이다. 예를 들면, 할로젠화 수소의 결합 세기는 그림 2D.8에 나타낸 바와 같이 HF에서 HI로 갈수록

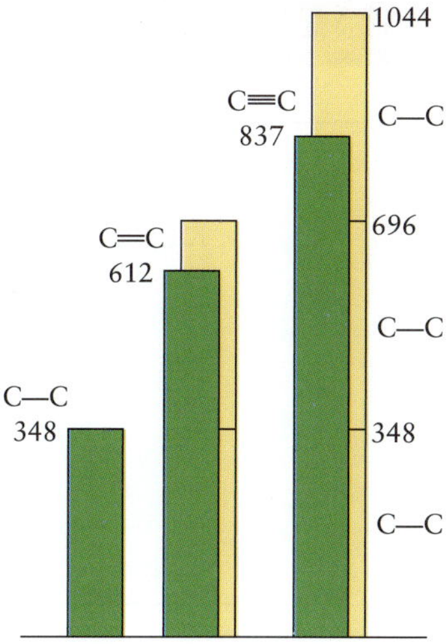

그림 2D.7 두 탄소 원자 사이의 단일 결합과 다중 결합의 세기($kJ \cdot mol^{-1}$) 비교. 탄소 원자 사이의 결합에서 이중 결합이 단일 결합의 두 배(노란 막대)보다는 약하고, 삼중 결합이 단일 결합의 세 배(노란 막대)보다는 약하다는 사실을 유의하자.

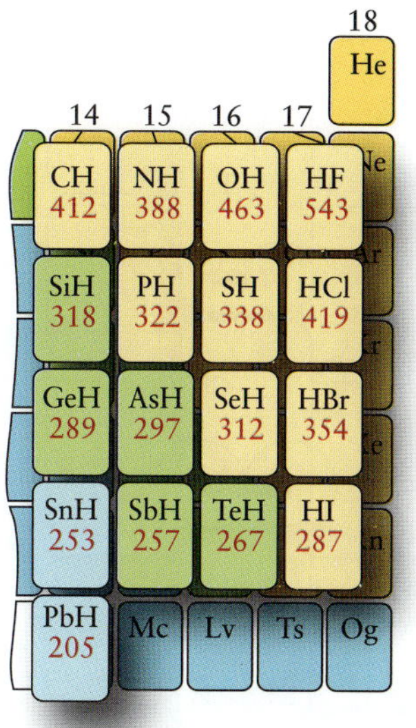

그림 2D.8 수소와 p-구역 원소 사이 결합의 해리 에너지($kJ \cdot mol^{-1}$ 단위). 각 족의 아래로 내려갈수록 원자의 크기가 커지면서 결합 세기가 감소한다.

약해진다. 수소와 14족 원소 사이의 결합 세기도 해당 족의 아래쪽으로 내려갈수록 약해진다. 이와 같은 결합의 약화 경향은 수소화물의 안정성이 족의 아래로 갈수록 감소되는 것과 서로 관련된다. 메테인 CH_4는 상온일 때 공기 중에서 무한정 보관될 수 있지만, 실레인 SiH_4는 공기와 접촉하면 불꽃을 내면서 터진다. 스타네인(사수소화 주석) SnH_4는 주석과 수소로 분해되며, 플럼베인 PbH_4는 극미량인 경우를 제외하면 제조된 적도 없다.

결합의 상대적 세기는 우리의 뇌와 근육이 활동하기 위해 몸 안에서 에너지가 사용되는 방법을 이해하는 데 중요하다. 아데노신 삼인산(adenosine triphosphate, ATP, **3**)은 살아있는 모든 세포에서 발견된다. 삼인산 부분은 세 개의 인산기로 된 사슬이다. 물과 반응하면 그 인산 중의 하나가 떨어진다. ATP의 P—O 결합은 276 $kJ \cdot mol^{-1}$이면 깨어지고, 떨어져 나간 $H_2PO_4^-$에서 생성되는 P—O 결합은 350 $kJ \cdot mol^{-1}$을 방출한다. 그 결과 ATP가 아데노신 이인산(adenosine diphosphate, ADP)으로 바뀌는 다음의 반응(물결선은 분자의 나머지 부분을 의미한다)

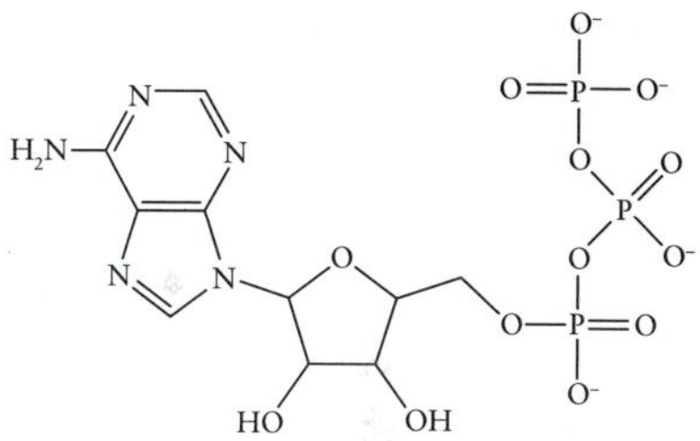

3 ATP

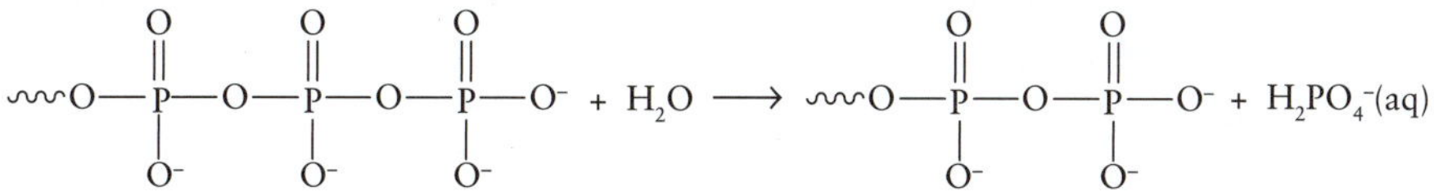

에서 나오는 에너지로 세포의 대사 과정에 필요한 에너지를 충당한다.

결합의 세기와 긴밀하게 연관된 성질은 결합의 경직성(신장과 압축에 대한 저항성)이다. 일반적으로 결합이 강할수록 결합의 경직성이 크다. 경직성은 분자의 종류도 구별할 수 있는 적외선(infrared, IR) 분광법으로 측정할 수 있다.

두 원자 간 결합 세기의 척도는 해리 에너지이다. 해리 에너지가 클수록 결합이 세다. 결합 세기는 결합 차수가 증가할수록 증가하고, 이웃 원자에 존재하는 고립 전자쌍의 수가 증가할수록 감소하며, 원자 반지름이 증가할수록 감소한다.

2D.4 결합 길이

분자의 **결합 길이(bond length)**는 공유 결합으로 연결된 두 원자의 중심 사이의 거리이다. 이는 두 원자의 퍼텐셜 에너지 최솟값에서의 핵간 거리에 해당한다(그림 2D.5 참조). 결합 길이는 분자의 전체 크기와 모양에 영향을 미친다. 예를 들어, DNA의 유전 정보 전달은 이중

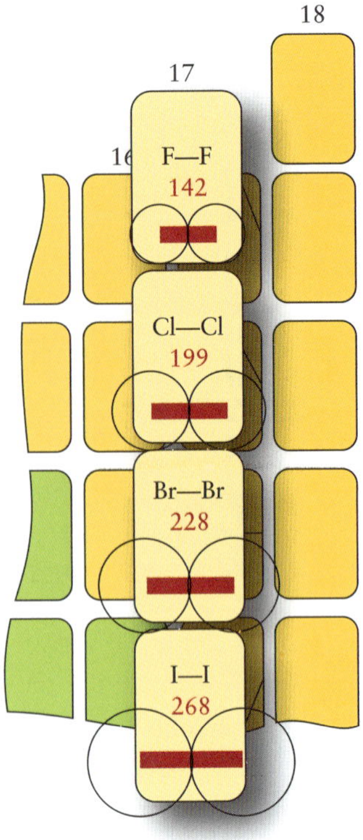

그림 2D.9 이원자 할로젠 분자의 결합 길이(pm 단위). 족의 아래쪽으로 내려갈수록 원자 반지름이 커지면서 결합 길이가 증가함을 유의하자.

표 2D.3 평균 결합 길이와 실제 결합 길이

결합	평균 결합 길이(pm)	분자	실제 결합 길이(pm)
C—H	109	H_2	74
C—C	154	N_2	110
C=C	134	O_2	121
C⋯C*	139	F_2	142
C≡C	120	Cl_2	199
C—O	143	Br_2	228
C=O	112	I_2	268
C—N	96		
C—F	101		
C—Cl	140		
C—Br	120		

* 벤젠의 경우.

나선의 두 가닥이 직소 퍼즐 조각처럼 서로 맞아야 하기 때문에 결합 길이에 의존한다(Topic 10E). 올바른 크기와 모양의 분자만이 효소 분자의 활성 부위에 들어갈 수 있기 때문에 결합 길이도 효소 작용에 중요하다(Topic 7E). 결합 길이는 분광학 또는 X-선 회절을 사용하여 실험적으로 결정된다.

표 2D.3에서 볼 수 있듯이 2주기 원소 사이의 결합 길이는 일반적으로 100 pm에서 150 pm 사이에 있다. 무거운 원자가 가벼운 원자보다 더 큰 반지름을 갖기 때문에 무거운 원자 사이의 결합은 가벼운 원자 사이의 결합보다 더 긴 경향이 있다(그림 2D.9). **다중 결합은 동일한 두 원소 사이의 단일 결합보다 짧다.** 이는 추가된 결합 전자가 핵을 더 강하게 끌어당기고 원자를 서로 더 가깝게 끌어당기기 때문이다. 표 2D.3에 다양한 탄소–탄소 결합의 길이를 비교하였다. 공명의 평균화 효과도 볼 수 있다. 벤젠의 탄소–탄소 결합 길이는 Kekulé 구조의 단일 결합과 이중 결합 길이의 중간이다(그러나 이중 결합의 길이에 더 가깝다).

이러한 자료에서 몇 가지 유용한 상관관계를 도출할 수 있다. 예를 들어, 동일한 두 원소 조합의 원자 사이의 결합은 '결합이 강할수록 결합 길이는 짧아진다'. 따라서 C≡C 삼중 결합은 C=C 이중 결합보다 더 강하면서도 짧다. 마찬가지로, C=O 이중 결합은 C—O 단일 결합보다 더 강하고 짧다.

결합 세기가 분자의 종류에 크게 상관없듯이, 원자 반지름도 분자의 종류에 상관없이 비슷하다. 즉, 각 원자는 결합 길이에 **공유 반지름(covalent radius)**만큼씩 기여를 한다(그림 2D.10).

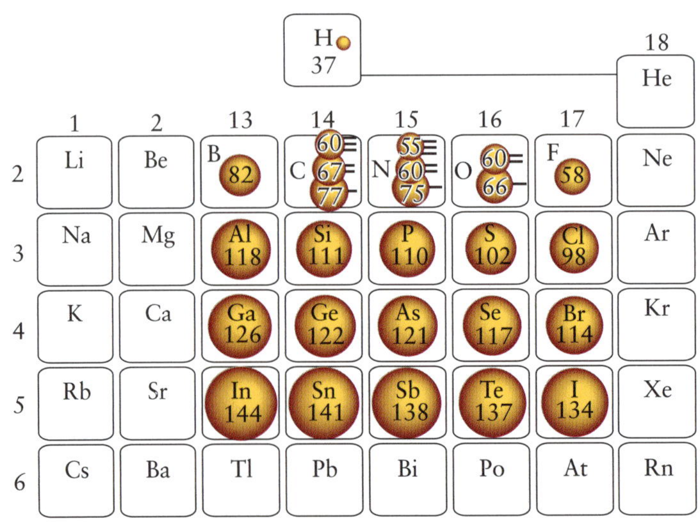

그림 2D.10 수소와 p-구역 원소의 공유 반지름(pm 단위). 수치가 여러 개인 경우는 주어진 값이 단일 결합과 이중 및 삼중 결합에 대한 공유 반지름이다. 공유 반지름은 플루오린 쪽으로 갈수록 작아지는 경향을 보인다.

결합 길이는 대략 두 원자의 공유 반지름의 합과 같다(**4**). 예를 들어, 에탄올에서 O—H 결합 길이는 H와 O의 공유 반지름의 합으로, 37 + 66 pm = 103 pm이다. 그러나 정확한 값은 반응 차수에 의존한다. 그림 2D.10에서 다중 결합에 참여하는 원자의 공유 반지름은 같은 원자의 단일 결합의 공유 반지름보다 짧음을 알 수 있다.

공유 반지름은 같은 주기의 왼쪽에서 오른쪽으로 갈수록 감소한다. 그 이유는 원자 반지름의 경우와 같다(Topic 1F). 즉, 유효 핵전하가 증가되면서 전자를 더 세게 끌어당겨 원자를 더 압축시키는 것이다. 원자 반지름처럼 공유 반지름도 족의 아래쪽으로 내려갈수록 커지는데, 그 이유는 다음 주기로 내려갈수록 원자가 전자가 핵으로부터 더 멀리 떨어져 있는 껍질을 점유하며, 내부 핵심부에 채워진 전자에 의하여 더 가려지기 때문이다.

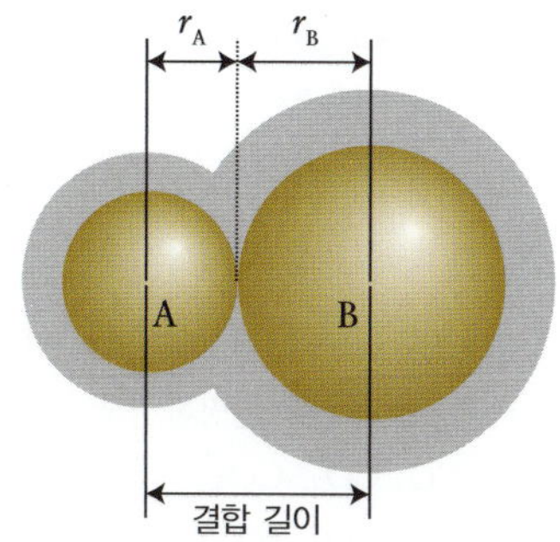

4 공유 반지름

원자의 공유 반지름은 원자가 공유 결합의 길이에 기여하는 정도를 뜻하며, 공유 반지름을 서로 더하면 분자에서의 결합 길이를 추정할 수 있다.

이 Topic에서 배운 것은 무엇인가?

원소의 전기 음성도를 통해 결합의 어느 원자가 전자쌍에서 더 큰 몫을 차지하는지 식별할 수 있다는 것을 배웠다. 화학 결합은 완전한 공유 결합에서 완전한 이온 결합까지 다양한 특성을 나타낸다. 결합 세기가 분자의 종류에 상관없이 비슷한 값을 가진다는 것과, 결합 길이에도 각 원자는 특정적 기여를 한다는 것도 배웠다.

개념과 식의 적용

□ 전기 음성도의 개념을 설명하고, 결합의 극성을 추정하는 데 사용한다(2D.1절).
□ 이온성을 도입하여 공유 결합의 모형을 개선하는 데 공명이 어떻게 이용되는지 설명한다(2D.1절).
□ 결합의 상대적 이온성 또는 공유성을 추정한다(자습 2D.1 및 2D.2).
□ 이온 결합의 모형을 개선하는 데 편극성이 어떻게 이용되는지 설명한다(2D.2절).
□ 음이온의 편극성과 양이온의 편극력에 대한 주기적 경향을 예측하고 설명한다(2D.2절).
□ 상대적 결합 세기와 결합 길이를 예측하고 설명한다(2D.3~2D.4절).

Topic 2D 연습 문제

2D.1 다음 각 원소를 전기 음성도가 증가하는 순서로 나열하시오. 안티모니, 주석, 셀레늄, 인듐

2D.2 다음 각 원소를 전기 음성도가 증가하는 순서로 나열하시오. 아이오딘, 황, 브로민, 산소, 비소

2D.3 다음의 화합물 중에서 결합이 주로 이온성인 것은 어느 것인가? (a) BBr_3 (b) $BaBr_2$ (c) $BeBr_2$

2D.4 다음의 화합물 중에서 결합이 주로 공유성인 것은 어느 것인가? (a) $CaCl_2$ (b) CsCl (c) CCl_4

2D.5 다음에 주어진 각 쌍의 화합물 중 이온 결합성이 더 큰 결합을 가진 화합물을 결정하시오.
(a) HCl 또는 HI (b) CH_4 또는 CF_4 (c) CO_2 또는 CS_2

2D.6 다음에 주어진 각 쌍의 화합물 중 이온 결합성이 더 큰 결합을 가진 화합물을 결정하시오.
(a) PH_3 또는 NH_3 (b) SO_2 또는 NO_2 (c) SF_6 또는 IF_5

2D.7 공유성이 큰 결합을 가진 화합물은 공유성이 작은 결합을 가진 비슷한 화합물에 비해 물에 잘 녹지 않는 경향이 있다. 전기 음성도를 이용하여 다음 중 어느 화합물이 물에 더 잘 녹을지 예측하시오.
(a) $AlCl_3$ 또는 KCl (b) MgO 또는 BaO

2D.8 전기 음성도를 이용하여 다음 중 어느 화합물이 물에 더 잘 녹을지 예측하시오(연습 문제 2D.7 참조).
(a) LiI 또는 MgI_2 (b) CaS 또는 CaO

2D.9 Rb^+, Be^{2+}, Sr^{2+} 양이온을 편극력이 증가하는 순서로 배열하시오. 이유를 제시하시오.

2D.10 K^+, Mg^{2+}, Al^{3+}, Cs^+ 양이온을 편극력이 증가하는 순서로 배열하시오. 이유를 제시하시오.

2D.11 Cl^-, Br^-, N^{3-}, O^{2-} 음이온을 편극성이 증가하는 순서로 배열하고, 이유를 제시하시오.

2D.12 N^{3-}, O^{2-}, Cl^-, Br^- 음이온을 편극성이 증가하는 순서로 배열하고, 이유를 제시하시오.

2D.13 다음 분자 또는 이온에 대해 결합 길이가 감소하는 순서를 매기고, 이유를 설명하시오.
(a) CO, CO_2, CO_3^{2-}의 CO 결합
(b) SO_2, SO_3, SO_3^{2-}의 SO 결합
(c) HCN, CH_2NH, CH_3NH_2의 CN 결합

2D.14 다음 분자 또는 이온에 대해 결합 차수가 감소하는 순서를 매기고, 이유를 설명하시오.
(a) NO, NO_2, NO_3^-의 NO 결합 (b) C_2H_2, C_2H_4, C_2H_6의 CC 결합
(c) CH_3OH, CH_2O, CH_3OCH_3의 CO 결합

2D.15 다음 중 CX 결합이 가장 강할 것으로 예상되는 화합물은 어느 것인가? (X는 할로젠이다). 그 이유를 설명하시오.
(a) CF_4 (b) CCl_4 (c) CBr_4

2D.16 다음 중 CN 결합이 가장 강할 것으로 예상되는 화합물은 어느 것인가? 그 이유를 설명하시오. (a) $NHCH_2$ (b) NH_2CH_3 (c) HCN

2D.17 그림 2D.10의 정보를 이용하여 결합 길이를 추정하시오.
(a) CO_2의 CO 결합 (b) 요소 $OC(NH_2)_2$의 CO 결합과 CN 결합 (c) HClO의 OCl 결합 (d) NOCl의 NCl 결합

2D.18 그림 2D.10의 정보를 이용하여 결합 길이를 추정하시오.
(a) 폼알데하이드 H_2CO의 CO 결합 (b) 다이메틸 에터 CH_3OCH_3의 CO 결합 (c) 메탄올 CH_3OH의 CO 결합 (d) 메테인싸이올 CH_3SH의 CS 결합

2D.19 그림 2D.10의 공유 반지름을 이용하여 다음 분자들의 결합 길이를 추정하시오. 계산된 값의 경향도 설명하시오.
(a) CF_4 (b) SiF_4 (c) SnF_4

2D.20 그림 2D.10의 공유 반지름을 이용하여 다음 분자들의 질소 원자 사이의 결합 길이를 추정하시오. 계산된 값의 경향도 설명하시오.
(a) 하이드라진 H_2NNH_2 (b) 수소화 질소 HNNH (c) N_3^-

Topic 2E VSEPR 모형

이 Topic을 왜 배우는가? 분자의 모양은 생명에 필요한 반응에서 필수적인 역할을 하며 물리적 상태와 용해도를 포함한 물질의 특성에 영향을 미친다.

무엇을 알고 있어야 하는가? VSEPR 모형은 Lewis 구조 개념(Topic 2B)의 확장이며 극성 분자들에 대한 논의는 Topic 2D에서 다루었던 극성 결합을 발전시킨다.

Lewis 구조는 원자들 사이의 연결 형태와 고립 전자쌍의 존재를 보여 주지만, 아주 간단한 경우를 제외하고는 삼차원 공간에서의 원자 배열은 보여 주지 못한다. 이 Topic에서는 Lewis의 개념을 발전시켜 간단한 분자들의 모양을 예측해 본다.

2E.1 기본 VSEPR 모형

분자의 모양은 분자의 많은 특성과 기능에 영향을 미치기 때문에 분자 모양을 이해하는 것은 화학에서 매우 중요하다. 예를 들어, 분자의 모양과 결합각에 대한 지식은 컴퓨터를 이용한 의약품 설계에 매우 중요할 수 있다(**화학 이야기 2E.1**).

우선 한 중심 원자에 다른 모든 원자들이 결합되어 있는 분자들을 생각해 보자. 이런 분자들은 그림 2E.1의 기하학적 모양을 가진다. 많은 경우, **결합각(bond angle**, 원자 중심을 연결하는 직선 사이의 각도), 즉 이웃 결합(원자 중심을 연결하는 직선으로 간주됨) 사이의 각도는 분자의 대칭성에 의해 정해진다. 이러한 결합각은 그림 2E.1에 표시되어 있다. 즉, CH_4는 정사면체이고 HCH 결합각은 109.5°(사면체각)이다. SF_6는 정팔면체이고 FSF 결합각은 90°와 180°이다. PCl_5는 삼각 쌍뿔이고 ClPCl 결합각은 90°, 120°, 180°이다. 대칭성으로 결합각이 정해지지 않는 분자는 실험적으로 구해야 한다. 예를 들면, 꺾인 H_2O 분자의 HOH 결합각은 104.5°, 삼각뿔인 NH_3 분자의 HNH 결합각은 107°로 측정되었다. 작은 분자의 결합각을 결

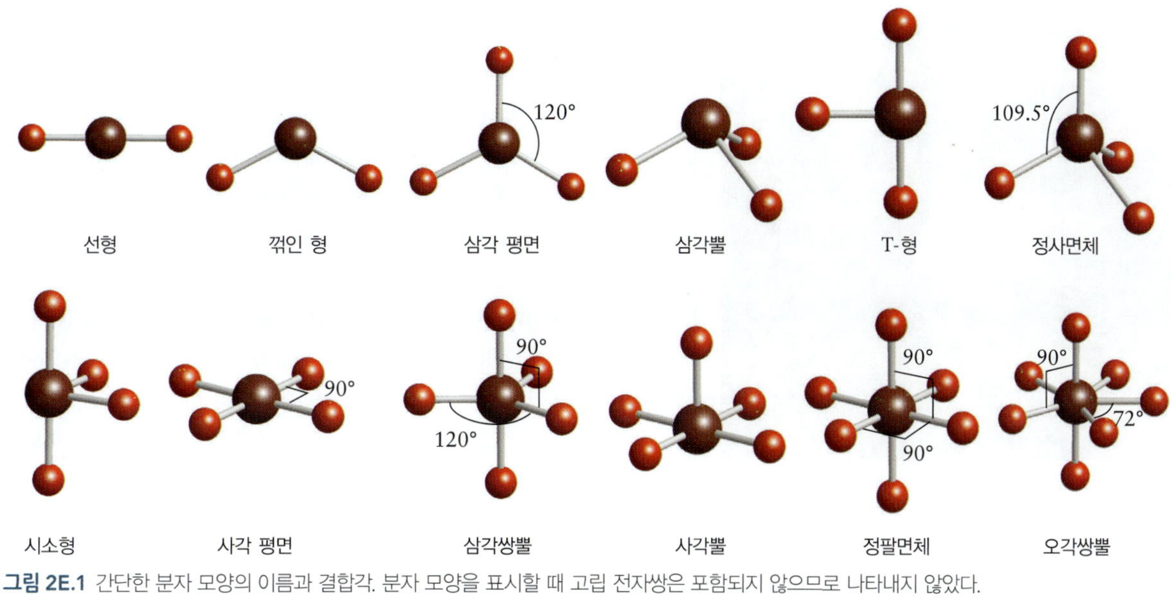

그림 2E.1 간단한 분자 모양의 이름과 결합각. 분자 모양을 표시할 때 고립 전자쌍은 포함되지 않으므로 나타내지 않았다.

화학 이야기 2E.1 화학의 첨단: 의약품의 설계와 발견

합성 화학자뿐만 아니라 생물학자, 민속식물학자, 의학 연구자들 역시 신약 개발에 관여한다. 수백만 개의 후보 화합물들을 여러 방법으로 원소로부터 조합하고 시험하는 것은 불가능할 것이다. 대신에 화학자들은 기존의 가능성 있는 의약품을 알아내거나 개선하는 **의약품 발견 기법**(drug discovery)이나, 목표 효소, 바이러스, 박테리아, 기생충의 특성을 알아내어 그들과 작용하는 새로운 화합물을 설계하는 **논리적 설계 기법**(rational drug design)으로 시작한다.

의약품 발견 기법은 화학자들이 이미 의약적 가치를 보인 화합물을 검색하는 것에서 시작한다. 자연에서 발견된 치료 특성을 보이는 **천연 화합물**(natural products)을 찾는 것이 효과적인 방법이다. 자연은 최고의 합성 화학자로 다양한 수요를 충족시키는 수십억 가지의 화합물들을 제공한다. 치료 능력이 있는 화합물을 어떻게 찾느냐가 관건이다. 이 물질들은 여러 방법으로 찾는다. 무작위 또는 '무엇인지 모르게' 시료를 수집하여 시험하거나 원주민 치료사들이 의학적으로 효과가 있다고 확인한 특정 시료를 수집한다.

식물과 동물의 특성을 관찰하는 것도 무작위 검색에 도움이 된다. 예를 들어, 다른 것은 쉽게 썩는데 어떤 과일은 신선도를 잘 유지한다면, 항진균제를 포함하고 있다고 생각할 수 있다. 이 형태의 예가 카리브해의 외피 식물이나 스펀지이다. 화학자들은 탐사선을 타고 나가 잠수하여 시료를 채취한다. 배의 실험실에서 시료의 항바이러스나 항종양 활성도를 시험한다. 디뎀닌-C라는 항바이러스제와 브리오스타틴 1이라는 항종양제는 해양 생명체로부터 발견된 것들이다.

원주민 치료사의 도움을 받으면 시험해야 할 시료가 줄어든다. 현대 화학이 고대의 전승으로부터 도움을 받는 것이다. 천연 치료제를 전공하는 민속식물학자가 연구에 참여하기도 한다. 이 방법은 시간을 절약하고, 치료사나 그들 나라에 경제적으로 도움이 된다. 이 방법으로 발견된 약들은 항암제, 항말라리아제, 혈액 응고제, 항생제, 심장이나 소화기 계통을 위한 것까지 다양하다.

일단 활성 물질의 실험식이나 분자식이 결정되면 구조식을 찾는다. 이 시점에서 합성도 시작된다. 의학적 가치가 있는 화합물이 확인되고, **합성**(synthesis)할 수 있는 방법을 찾아 실험실에서 그 화합물들을 합성해 보아서, 대량 생산할 수 있도록 준비한다.

논리적 의약품 설계 기법에서는 약으로 없애려는 종양이나 미생물에서 시작한다. 실제로 생명체 세포 내의 대부분의 과정은, 특별한 모양을 가진 매우 큰 분자로 되어 있는 단백질인 특정한 효소에 의존한다. 일반적으로 효소에는 활성 자리가 있어 특정 분자만 들어가 반응한다. 만일 기생충이나 박테리아의 성장을 조절하는 효소가 확인되고, 모양이 알려지면 그 활성 자리에 들어가 반응을 차단할 수 있는 화합물을 설계할 수 있다. 화학자들은 박테리아나 기생충의 주요 효소를 확인하는 것으로 이 방법을 시작한다. 그리고 그 효소의 분자 구조를 결정한다. 활성 자리에 맞는 구조를 갖는 분자를 설계하는 데 컴퓨터를 이용한다. 구조의 어떤 요소가 약의 활성에 중요한지 알아보기 위해 **구조-활성 관계**(structure-activity relationship, SAR)를 연구한다. 새로운 화합물을 합성하고 효과와 부작용을 시험한다.

현대 약학의 모든 의약품에도 불구하고, 부작용이 거의 없는 특정 화학 요법제가 아직도 많이 필요하다. 게다가 약물 내성 박테리아 균주들이 생김에 따라 신약 개발의 새 방법들을 찾아내야 할 것이다.

한 생물학자가 남미의 열대 우림에서 식물을 조사하고 있다. 식물이 생성하는 화합물의 의약적 효과를 연구하게 된다.(*Photo by Peeples Gary, USFWS on Pixnio*)

참고 문헌

"Drug Discovery," https://en.wikipedia.org/wiki/Drug_discovery ; D. Hurley, "Why Are So Few Blockbuster Drugs Invented Today?," *New York Times Magazine* (November 13, 2014) (https://www.nytimes.com/2014/11/16/magazine/why-are-there-so-few-new-drugs-invented-today.html); S. C. Mandal, V. Mandal, and T. Konishi, eds., *Natural Products and Drug Discovery: An Integrated Approach* , Elsevier (2018); P. R. Choudhury, A. D. Talukdar, D. Nath, P. Saha, and R. Nath, "Traditional Folk Medicine and Drug Discovery: Prospects and Outcome," in *Advances in Pharmaceutical Biotechnology*, pp. 3-13, Springer (2020); E. H. Cordes, *Hallelujah Moments: Tales of Drug Discovery*, Oxford University Press (2020).

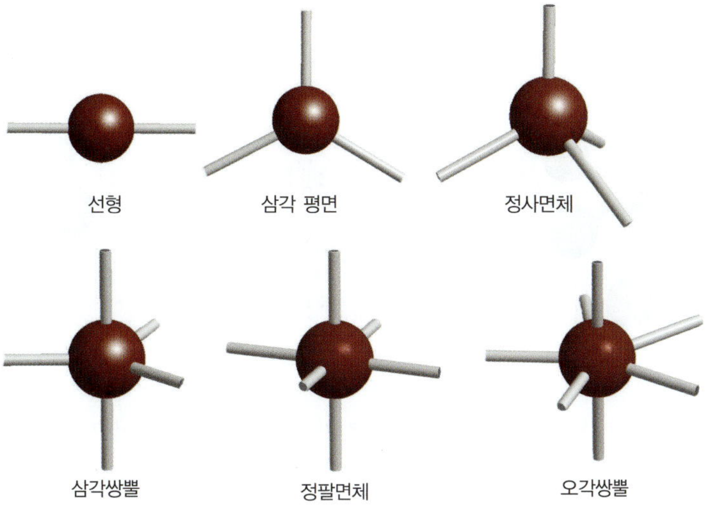

그림 2E.2 중심 원자 주변의 전자 밀도가 높은 2~7개 영역(원자 및 고립 전자쌍)의 배열. 그 영역은 중심 원자에서 뻗어 나온 직선으로 표시한다. 이 도표를 이용하여 분자의 전자 배열을 확인하고, 그림 2E.1을 이용하여 원자의 위치로부터 분자의 모양을 알아낸다. 일곱 개 영역의 오각 쌍뿔의 경우는 같은 에너지를 가지는 다른 배열도 있으므로, 유일하지는 않다.

정하는 주요 기법은 분광법, 특히 회전과 진동 분광법이며, X-선 회절은 큰 분자에 사용된다.

Lewis 구조(Topic 2B, 2C)는 원자들이 어떻게 연결되어 있는지만 알려주고, 모양은 알려주지 않는다. **원자가 껍질 전자쌍 반발(valence-shell electron pair repulsion**, VSEPR) 모형은 Lewis 이론을 확장하여 전자의 밀도가 높은 영역으로부터 결합각과 분자의 모양을 설명할 수 있는 규칙을 더한 것이다.

규칙 1 전자 밀도가 큰 영역(중심 원자의 결합 전자쌍과 고립 전자쌍)은 서로 반발하므로, 반발을 최소화하기 위하여 중심 원자에서 같은 거리를 유지하면서 각 영역은 최대한 멀리 떨어져 있다(그림 2E.2).

1 염화 베릴륨, $BeCl_2$

보충 설명

VSEPR 모형은 영국의 화학자 Nevil Sidgwick와 Herbert Powell이 처음으로 제안하였으며, 캐나다의 화학자 Ronal Gillespie에 의해 발전하였다. (실제로는 VSEPR 이론의 아이디어는 일본의 Ryutaro Tsuchida가 1939년에 처음으로 제안하였다—역자 주.)

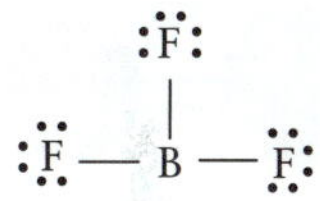

2 트라이플루오린화 붕소, BF_3

이렇게 '최대한 멀리 떨어진' 위치로부터 분자의 **전자 배열(electron arrangement)**을 정하게 된다. 이 배열이 정해지면 원자의 위치를 알게 되고 그림 2E.1에 주어진 모양에 대한 이름으로 분자의 **모양**(shape)을 명명한다. 이때 중심 원자의 고립 전자쌍은 분자 모양에 영향을 끼칠 수 있어도 분자의 모양은 원자들의 위치만으로 명명한다.

중심 원자에 고립 전자쌍이 없는 분자를 생각해 보자. 이런 분자의 예로 Lewis 구조가 :C̤̈l—Be—C̤̈l:인 $BeCl_2$가 있다. Be 원자 주변의 전자 배열을 알아보려면 두 개의 전자 결합쌍을 고려하면 된다. 최대한 멀리 떨어지도록 두 결합 전자쌍은 Be 원자를 사이에 두고 반대쪽에 위치하게 되어 전자 배열은 선형이다. Cl 원자가 Be 원자를 사이에 두고 반대쪽으로 배열되므로 VSEPR 모형에 의해 $BeCl_2$ 분자는 결합각이 180°인 선형으로 예측된다(**1**). 이 모양은 실험으로 확인되었다.

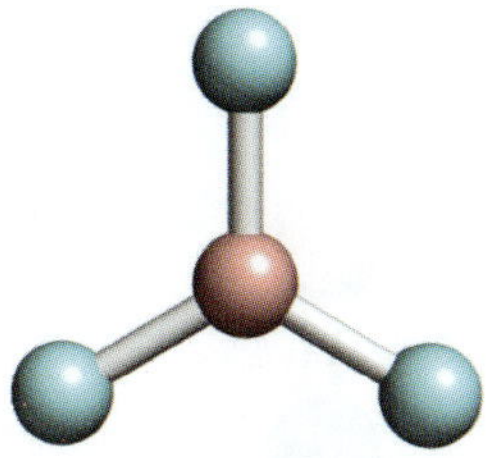

3 트라이플루오린화 붕소, BF_3

트라이플루오린화 붕소 BF_3의 Lewis 구조는 (**2**)에 나타나 있다. 중심 원자에 세 개의 결합 전자쌍이 있고, 고립 전자쌍은 없다. 세 개의 결합 전자쌍은 최대한 멀리 떨어지기 위하여 정삼각형의 꼭짓점을 향할 것이므로 전자 배열은 삼각 평면이다. F 원자가 각 결합 전자쌍에 연결되므로 BF_3 분자는 삼각 평면(**3**)이고, 실험에서 확인된 바와 같이 세 개의 FBF 결합각이 모두 120°이다.

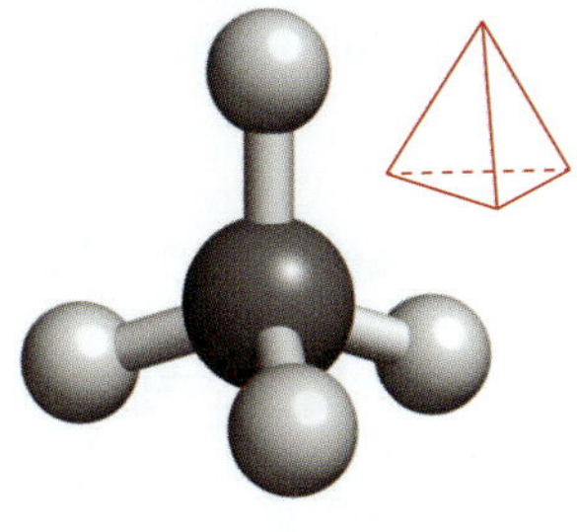

4 메테인, CH_4

메테인 CH_4는 중심 원자에 네 개의 결합 전자쌍이 있다. 최대한 멀리 떨어지기 위해 네 쌍

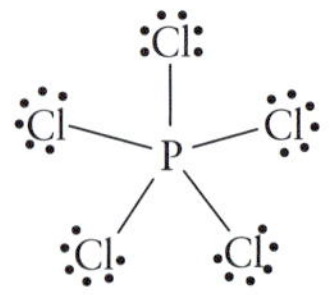

5 오염화 인, PCl_5

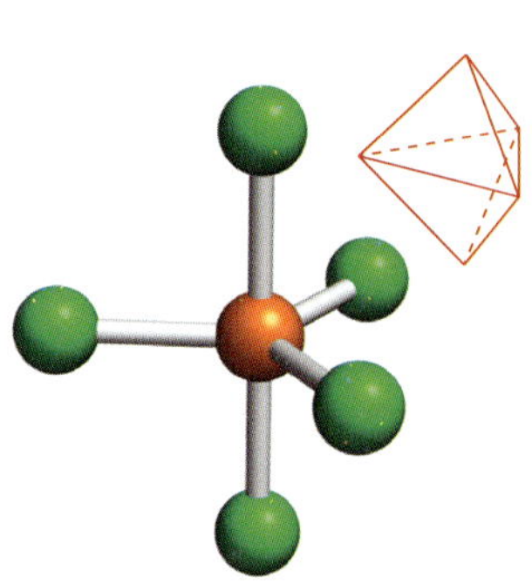

6 오염화 인, PCl_5

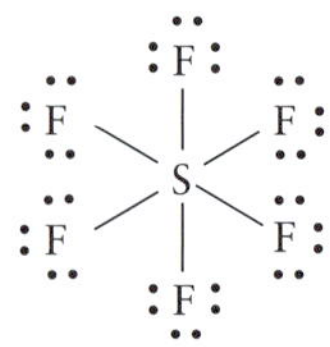

7 헥사플루오린화 황, SF_6

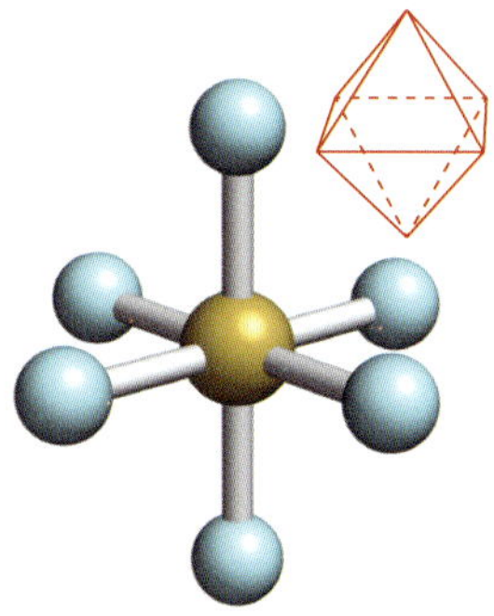

8 헥사플루오린화 황, SF_6

은 C 원자 주위에 정사면체 배열을 이룬다. 전자 배열은 정사면체이고, H 원자가 각 결합 전자쌍에 연결되므로 CH_4 분자는 결합각이 109.5°인 정사면체(**4**)로 예측되며, 실험으로 확인되었다.

오염화 인 PCl_5(**5**)는 중심 원자에 다섯 개의 결합 전자쌍이 있으며 고립 전자쌍은 없다. VSEPR 모형에 의하면 다섯 개의 결합 전자쌍과 원자들은 삼각 쌍뿔 모양의 배열을 이룰 때 가장 멀리 떨어져 있다. 이 배열에서 세 개의 원자('적도' 원자)는 정삼각형의 꼭짓점에 있어 결합각이 120°이고, 다른 두 원자('축' 원자)는 삼각형이 이루는 평면의 위와 아래에 있어 결합각이 적도 원자와의 결합각이 90°이다(**6**). 이 구조도 실험으로 확인되었다.

헥사플루오린화 황 SF_6는 중심 S 원자에 여섯 개의 F 원자가 결합되어 있고, 고립 전자쌍은 없다(**7**). VSEPR 모형에 따라 전자 배열은 정팔면체(**8**)이고, 적도면의 정사각형 꼭짓점에 네 쌍이 있고, 나머지 두 쌍은 정사각형 평면의 위와 아래에 있다(그림 2E.2 참조). F 원자는 각 전자쌍에 연결되어 정팔면체로 예측되며, 모든 결합각은 90° 또는 180°이다. 이 구조도 실험으로 확인되었다.

VSEPR 모형의 두 번째 규칙은 다중 결합에 관한 것이다.

규칙 2 다중 결합은 전자 밀도가 큰 단일 영역으로 취급한다.

9 이산화 탄소, CO_2

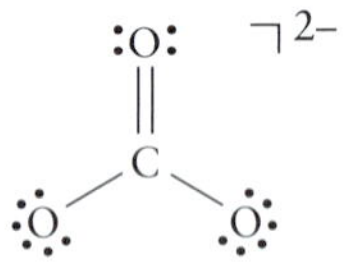

10 탄산 이온, CO_3^{2-}

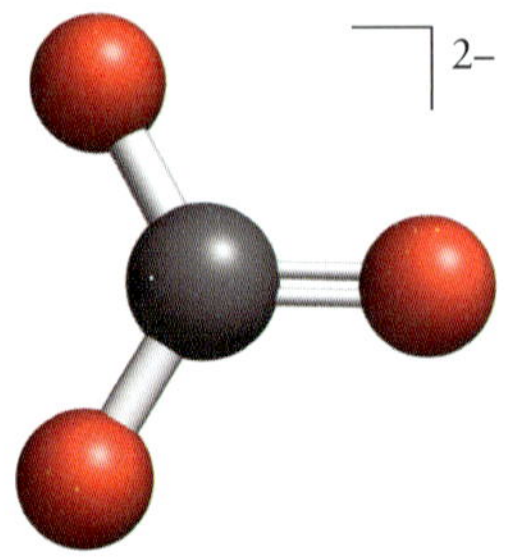

11 탄산 이온, CO_3^{2-}

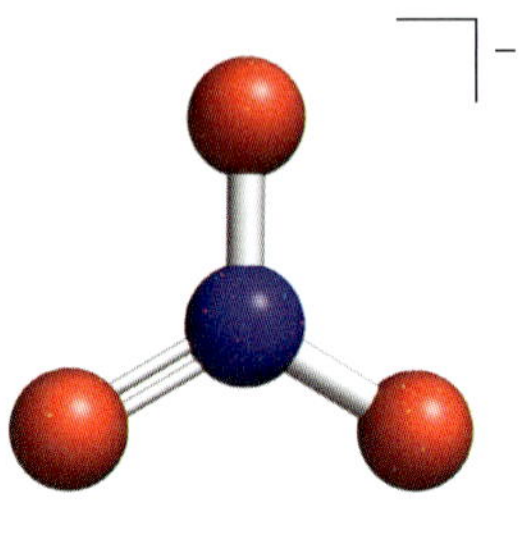

12 질산 이온, NO_3^-

VSEPR 모형에 따르면 이중 결합의 두 전자쌍은 함께 머물면서 다른 결합이나 고립 전자쌍을 하나의 단위로 밀어낸다. 삼중 결합의 세 전자쌍은 함께 있고, 전자 밀도가 큰 단일 영역으로 작용한다. 예를 들어, 전자 밀도가 높은 두 영역(두 개의 이중 결합)을 가진 이산화 탄소 분자 $\ddot{\underset{..}{O}}=C=\ddot{\underset{..}{O}}$는 $BeCl_2$와 같은 선형 구조를 갖는다(**9**). 탄산 이온 CO_3^{2-}의 Lewis 공명 구조 중 하나가 (**10**)에 있다. 이중 결합에 있는 두 전자쌍은 하나의 단위로 취급되며, 모양(**11**)은 삼각 평면이다. 단일 결합과 다중 결합은 VSEPR 모형에서 동일하게 취급되므로, 공명이 있는 경우 기여하는 Lewis 구조 중 어느 것을 고려할지는 중요하지 않다. 예를 들어, 질산염 이온은 중심 원자에 세 개의 결합이 포함된 공명으로 설명되므로(Topic 2B), 탄산 이온과 마찬가지로 삼각 평면 구조(**12**)이다. 단일 결합이든 다중 결합이든 각 결합은 단일 단위로 작용하기 때문에 전자 밀도가 높은 영역의 수를 계산하고 이온이나 분자의 전자 배열을 식별하는 것은 쉽다. 간단히 중심 원자에 결합된 원자의 수와 고립 전자쌍의 수를 더하면 된다.

두 개 이상의 중심 원자가 있을 때는 각 중심 원자 주위의 결합들을 개별적으로 취급한다. 예를 들어, 에텐(에틸렌) 분자 $CH_2=CH_2$의 모양을 예측하려면 각 탄소를 독립적으로 고려해야 한다. Lewis 구조(**13**)로부터 각 탄소 원자에는 세 개의 높은 전자 밀도 영역(2개의 단일 결합과 1개의 이중 결합)이 있음을 알 수 있다. 따라서 각 탄소 주위의 배열은 삼각 평면이다. 각각의 중심 C 원자에는 2개의 H 원자와 1개의 C 원자가 붙어 있다. 그러므로 HCH와 HCC 각들은 120°에 가까울 것이다(**14**). 이 예측은 실험으로 확인되었다(실제 각도는 각각 117°와 122°이다). 실험적 관찰에 의하면 6개의 원자는 모두 한 평면에 있다.

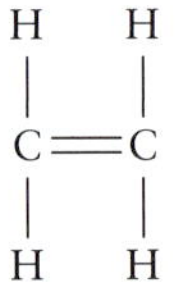

13 에텐, C_2H_4

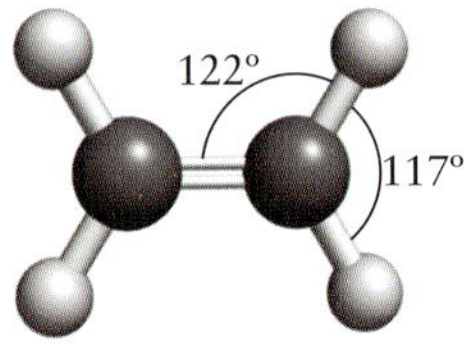

14 에텐, C_2H_4

예제 2E.1 간단한 분자의 모양 예측하기

분자의 모양을 아는 것은 분자의 모양으로 기능이 정해지는 분자생물학에서 특히 중요하다. 큰 생체 분자의 모양은 메탄알(폼알데하이드, $H_2C{=}O$, 예전에 생체 시료의 방부제로 쓰였음)과 같은 간단한 분자의 모양을 먼저 연구하여 예측할 수 있는 경우가 종종 있다. 메탄알 분자의 모양을 예측하시오.

예상 탄소 원자는 전형적으로 4개의 결합을 만든다. 메탄알의 중심 탄소 원자는 4개의 결합을 가지고 있으므로, 중심 원자에는 고립 전자쌍이 없을 것이다.

계획 Lewis 구조를 그리고, 중심 원자(여기서는 C 원자)의 전자 배열을 확인한다. 다중 결합은 한 단위로 취급한다. 그리고 분자의 전체 모양을 확인한다(그림 2E.2 참조).

풀이

분자의 Lewis 구조를 그린다.

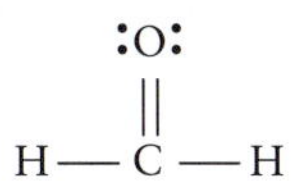

중심 원자의 전자 배열을 확인한다.

삼각 평면: 전자 배열은 높은 전자 밀도의 세 영역으로 되어 있으므로 반발을 최소화하기 위해 삼각 평면 구조일 것이다.

중심 C 원자 주위의 원자 배열을 확인한다.

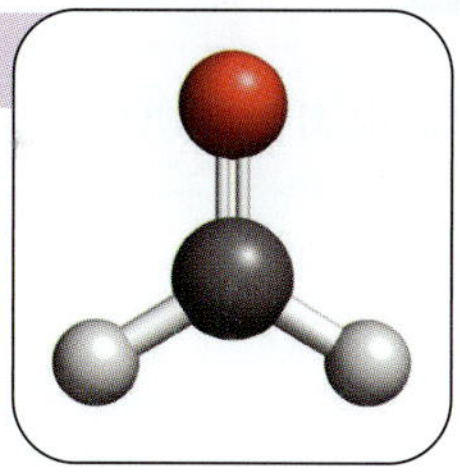

삼각 평면: 고립 전자쌍이 없기 때문에, 전체 모양도 삼각 평면이다.

평가 예상대로, 중심 원자에는 고립 전자쌍이 없다. 이제부터는 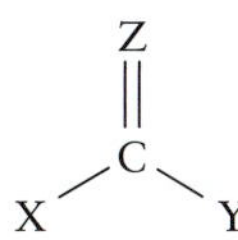 와 같은 원자단은 아무리 복잡하더라도 C 원자 주위의 구조는 삼각 평면일 것이라 예측할 수 있다. 실험적으로 관찰된 메탄알의 결합각은 HCH는 116°, HCO는 122°이다.

자습 2E.1A 펜타플루오린화 비소 분자 AsF_5의 모양을 예측하시오.

[**답**: 삼각 쌍뿔]

자습 2E.1B 에타인(아세틸렌) 분자 $HC{\equiv}CH$의 모양을 예측하시오.

관련 연습 문제 2E.3, 2E.4

생각해 보기

결합이 단일 결합인지 이중 결합인지 미리 알지 못해도 분자의 모양을 예측할 수 있는가?

VSEPR 모형에 의하면 전자 밀도가 높은 영역들은 서로 최대한 멀어진다. 다중 결합의 전자쌍은 한 단위로 취급한다. 분자 모양은 원자들의 상대적인 위치로 주어진다.

2E.2 중심 원자에 고립 전자쌍이 있는 분자

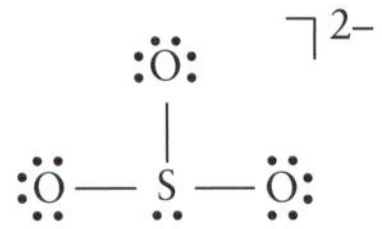

15 아황산 이온, SO_3^{2-}

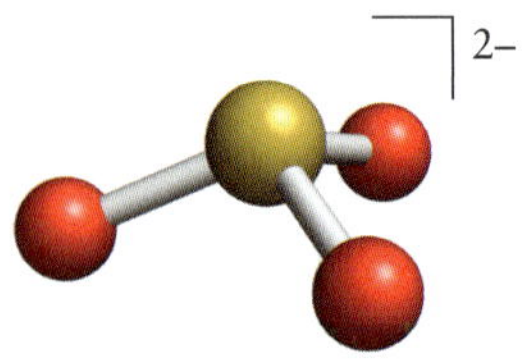

16 아황산 이온, SO_3^{2-}

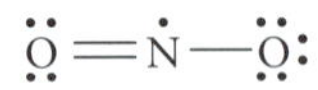

17 이산화 질소, NO_2

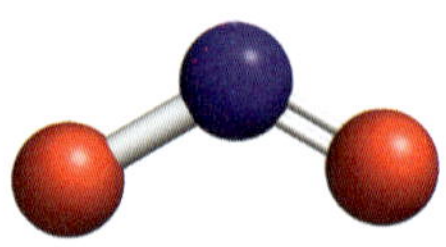

18 이산화 질소, NO_2

많은 분자는 하나 이상의 고립 전자쌍을 갖는 중심 원자를 가지고 있다. 일반적인 VSEPR 식인 AX_nE_m을 이용하여 중심 원자에 여러 가지 원자나 고립 전자쌍이 있는 것을 나타내면 편리하다. A는 중심 원자, X는 결합된 원자, E는 고립 전자쌍이다. 같은 VSEPR 식을 가진 분자는 원칙적으로 전자 배열이 같고, 모양도 같다. 따라서 식을 알면 모양을 즉각 예측할 수 있다. 예를 들면, BF_3 분자(**3**)는 B에 세 개의 F 원자가 결합하고, 고립 전자쌍은 없으므로 AX_3 꼴의 한 예이며 질산 이온(**12**)도 마찬가지이다. 아황산 이온 SO_3^{2-}(**15**)는 S 원자에 하나의 고립 전자쌍이 있으므로 AX_3E 꼴의 예이며, NH_3도 마찬가지이다. 분자식의 경우처럼, 아래 첨자 1은 표시하지 않는다.

중심 원자에 고립 전자쌍이 없으면(AX_n 분자), 전자 밀도가 높은 영역은 단일이나 다중 결합으로 다른 원자가 연결되어 있으므로, 전자 배열의 모양이 분자의 모양과 같게 된다. 2E.1절의 예들($BeCl_2$, BF_3, CH_4, PCl_5, SF_6)이 이에 해당한다. 그러나 고립쌍이 존재하는 경우($m > 0$인 AX_nE_m 분자), 분자의 모양을 명명할 때 원자의 위치만 고려하므로 분자 모양은 전자 배열과 다르다. 예를 들어, SO_3^{2-}에서 전자 밀도가 높은 네 영역은 사면체 배열을 채택하는 경우 가장 멀리 떨어진다. 그러나 이온의 '모양'은 고립 전자쌍이 아닌 원자의 위치로 기술한다. 사면체 위치 중 3개만 원자로 채워져 있으므로 SO_3^{2-} 이온의 모양은 삼각뿔이다(**16**).

이것을 규칙으로 기억하자.

규칙 3 전자 배열을 결정할 때는 고립 전자쌍과 결합을 모두 고려하지만, 분자의 모양은 원자의 위치만을 고려하여 기술한다.

중심 원자에 짝을 이루지 않은 홀전자도 전자 밀도가 큰 하나의 영역으로 간주하여 분자 모양을 결정할 때 고립 전자쌍처럼 취급한다. 예를 들면, NO_2 같은 라디칼은 한 개의 비결합 홀전자, 즉 '고립 반쌍'을 가진다. 따라서 NO_2(**17**)는 삼각 평면의 전자 배열(N의 홀전자 포함)을 가지지만, 모양은 꺾인 형(**18**)이다.

예제 2E.2 중심 원자에 고립 전자쌍이 있는 분자의 모양 예측하기

간단한 분자의 모양은 자주 그 분자의 물리적 성질과 관련되어 있다. 트라이플루오린화 질소 분자 NF_3의 전자 배열과 분자 모양을 예측하시오.

예상 삼각뿔 모양의 암모니아 NH_3와 식이 닮았으므로 NF_3도 삼각뿔 모양일 것이다.

계획 Lewis 구조를 그린 후 VSEPR 모형으로 결합 전자쌍과 고립 전자쌍들이 중심 원자 주위에 어떻게 배열되는지 판단한다(필요하면 그림 2E.2 참조). 그림 2E.1의 원자의 조감도에서 분자 모양을 확인한다.

풀이

Lewis 구조를 그린다.

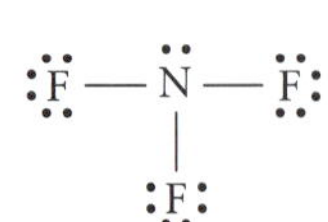

중심 원자의 결합 전자쌍과 고립 전자쌍의 수를 계산한다.

중심 원자는 한 개의 고립 전자쌍과 세 개의 결합을 가지므로 전자 밀도가 큰 영역이 4개 있다.

전자 배열을 결정한다.

정사면체

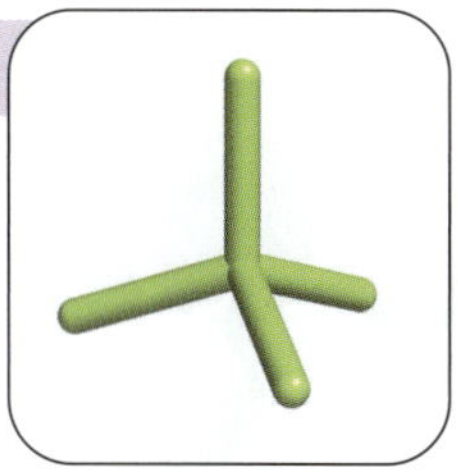

원자만 고려한 모양을 확인한다.

세 개의 F 원자가 N 원자에 삼각뿔 형태로 결합되어 있다.

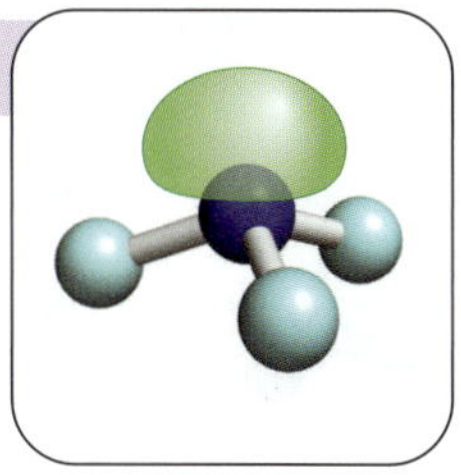

통상적으로 분자 구조를 그릴 때 고립 전자쌍은 드러나게 보여 주지 않는다.

평가 NF_3가 삼각뿔인 것은 분광학적 측정으로 확인하였다. 실험적으로 얻은 결합각은 102°이다.

자습 2E.2A IF_5 분자의 (a) 전자 배열과 (b) 분자 모양을 예측하시오.

[**답**: (a) 정팔면체, (b) 사각뿔]

자습 2E.2B SO_2 분자의 (a) 전자 배열과 (b) 분자 모양을 예측하시오.

관련 연습 문제 2E.5~2E.16

지금까지 고립 전자쌍은 원자의 결합과 동등하게 취급하였는데 실제도 그러한가? 예를 들면, SO_3^{2-}의 전자 배열은 정사면체로 예측하여 O—S—O 각을 109.5°로 예상하였다. 그러나 실험 결과 아황산 이온이 실제로 삼각뿔이지만, 결합각은 106° 밖에 되지 않았다(**19**). 이런 실험 사실들은 VSEPR이 불완전하므로 개선되어야 함을 의미한다.

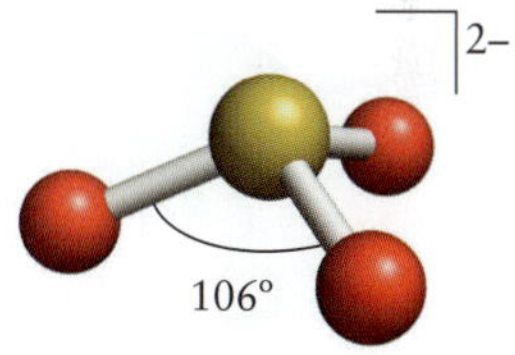

19 아황산 이온, SO_3^{2-}

고립 전자쌍이 있는 분자의 결합각은 전형적으로 예상보다 작으므로, VSEPR 모형에서 고립 전자쌍은 결합 전자쌍보다 반발 효과가 더 강한 것으로 취급한다. 이것은 고립 전자쌍의 전자 구름이 하나가 아닌 두 원자에 의해 묶여 있는 결합 전자쌍(혹은 다중 결합의 다수의 전자쌍)보다 더 넓게 펼쳐지기 때문으로 설명할 수 있다(**그림 2E.3**). 요약하면, 반발의 크기를 다음 순으로 생각하면 VSEPR 모형으로 상당히 신뢰성 있는 예측이 가능하게 된다.

규칙 4 반발의 세기 순서는 고립 전자쌍–고립 전자쌍 > 고립 전자쌍–원자 > 원자–원자이다.

고립 전자쌍들 사이의 강한 반발로 인해, 최대한 서로 멀어지면 최소 에너지가 된다. 또한 원자들이 서로 근접하더라도 중심 원자에 결합된 원자가 고립 전자쌍과 멀어지면 최소 에너지가 된다.

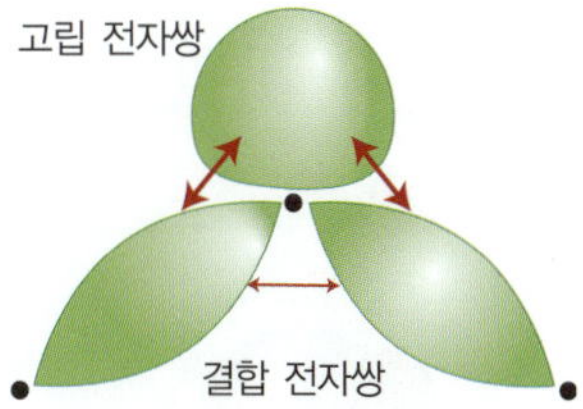

그림 2E.3 고립 전자쌍이 결합 전자쌍보다 반발이 큰 이유에 대한 가능한 설명. 고립 전자쌍은 결합 전자쌍보다 넓게 펼쳐져 공간을 많이 차지한다. 결합 전자쌍(원자와 함께)은 반발력을 최소화하기 위해 고립 전자쌍으로부터 멀어져서 결합각이 약간 줄어든다.

개선된 VSEPR 모형으로 AX_3E 형식의 아황산 이온의 결합각을 설명할 수 있다. S 원자 주위에 세 개의 O 원자와 하나의 고립 전자쌍은 정사면체 구조를 이룬다. 그러나 고립 전자쌍은 원자들을 보다 강하게 밀어내어 원자들끼리 조금 가까이 있도록 하여 OSO 결합각이 정사면체의 109.5°에서 조금 줄어들어 106°가 된다. VSEPR 모형을 구조 왜곡의 방향은 예측할 수 있으나, 그 정도는 예측하지 못한다는 점에 유의해야 한다. AX_3E 형식의 경우 XAX 각이 109.5°보다 작을 것은 예측할 수 있어도 그 실제 값은 추정하지 못한다. 실험으로 측정하거나,

Schrödinger 방정식을 수치적으로 풀어 계산하여 예측할 수 있다.

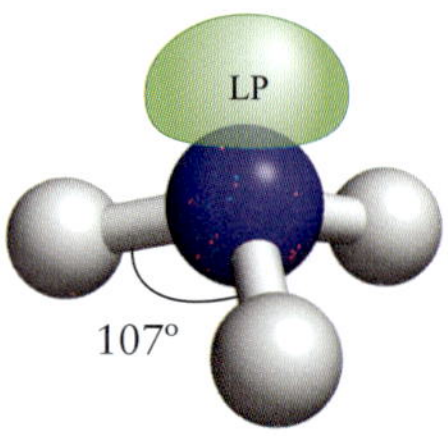

20 암모니아, NH_3

> **자습 2E.3A** NH_3 분자의 (a) VSEPR 식을 쓰시오. (b) 전자 배열과 (c) 모양을 예측하시오.
>
> [**답:** (a) AX_3E, (b) 정사면체, (c) 삼각뿔(**20**, LP는 고립 전자쌍), HNH 각은 109.5°보다 작음]
>
> **자습 2E.3B** ClO_2^- 이온의 (a) VSEPR 식을 쓰시오. (b) 전자 배열과 (c) 모양을 예측하시오.

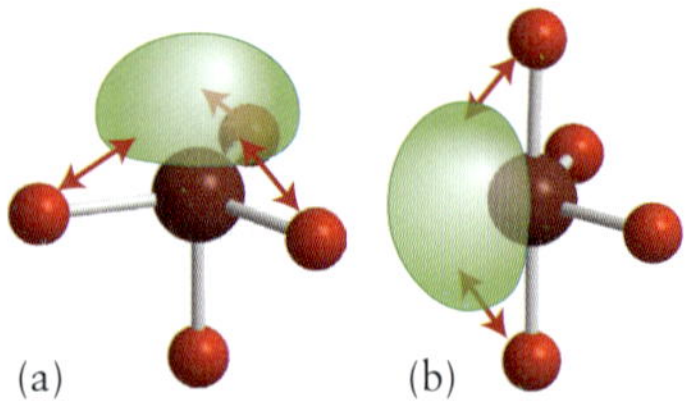

그림 2E.4 (a) 축 방향의 고립 전자쌍은 적도 방향의 세 개의 원자와 가깝다. (b) 적도 방향의 고립 전자쌍은 두 개의 원자와만 가까워서 보다 선호되는 구조이다.

규칙 4를 이용하면 VSEPR 모형으로 고립 전자쌍이 있는 위치를 예측할 수 있다. 예를 들어, IF_4^+ 같은 AX_4E 분자나 이온의 전자 배열은 삼각 쌍뿔이지만, 고립 전자쌍이 두 가지 다른 위치에 있을 수 있다.

- **축 방향 고립 전자쌍(axial lone pair)**은 분자의 축에 놓여 있어 90° 방향의 세 전자쌍과 강하게 반발한다.
- **적도 방향 고립 전자쌍(equatorial lone pair)**은 분자의 축에 수직인 평면, 즉 적도면에 있어 단지 축 방향의 두 전자쌍과 반발한다(그림 2E.4).

따라서 고립 전자쌍이 적도면에 있을 때 최소 에너지를 가지며, 시소형의 분자를 이룬다. ClF_3 같은 AX_3E_2 분자도 삼각 쌍뿔의 전자 배열을 가지지만 고립 전자쌍이 두 개이다. 이 두 쌍은 세 개의 적도 방향 위치 중 120° 떨어진 두 개에 들어가면서 서로 약간 더 떨어져 있는 것이 전체적으로 가장 멀리 있는 형태이다. 결과적으로 T-형 분자를 이룬다(그림 2E.5). 만약 고립 전자쌍들이 축 방향에 놓인다면 적도 방향의 세 전자쌍과 90°가 되어 반발이 더 심했을 것이다. 이제 정팔면체의 전자 배열을 가지며, 두 쌍은 고립 전자쌍인 AX_4E_2 분자를 생각해 보자. 두 고립 전자쌍은 서로 반대편에 있는 것이 가장 멀리 떨어진 형태로 분자는 사각 평면꼴이다(그림 2E.6).

그림 2E.5 AX_3E_2 분자의 두 고립 전자쌍은 적도 방향에 놓이고, 서로 약간 떨어져 있다. 결과적으로 그 분자는 대략 T-형이다.

동일한 VSEPR 식을 가진 분자는, 결합각은 약간 다를 수 있지만, 일반적으로 같은 모양을 갖는다. 예를 들면, O_3는 AX_2E 형식으로, 삼각 평면의 전자 배열을 가지며, 꺾인 분자 모양이다(**21**). O_3의 결합각은 116.8°로 삼각 평면 분자에서 예측되는 120°보다 조금 작다. 아질산 이온 NO_2^-도 같은 일반식을 가져 같은 모양(결합각 116°)이며(**22**), 이산화 황 SO_2(**23**)도 마찬가지(결합각 119.5°)이다. 가능한 두 구조의 에너지 차이가 작고 중심 원자가 커서 고립 전자쌍이 분자의 모양에 별 영향을 끼치지 못할 때는 종종 예외가 발견된다. 예를 들어, $SeCl_6^{2-}$ 이온은 Se 원자에 여섯 개의 원자와 하나의 고립 전자쌍이 있지만 정팔면체 모양이다.

중심 원자에 결합된 모든 원자가 동일하고 중심 원자에 고립 전자쌍이 없는 BF_3 및 CH_4와 같은 고도로 대칭인 분자를 제외하고 VSEPR 예측은 정성적일 뿐이다. 중심 원자에 고립 전자쌍이나 다른 유형의 원자가 결합되면 모양이 단순한 기하학적 모양에서 왜곡된다. 그러나 이러한 제한에도 불구하고 VSEPR은 분자 모양에 대한 매우 유용한 예측을 만드는 데 여전히 사용될 수 있다. 도구상자 2E.1은 VSEPR 모형을 사용하는 방법을 보여 준다.

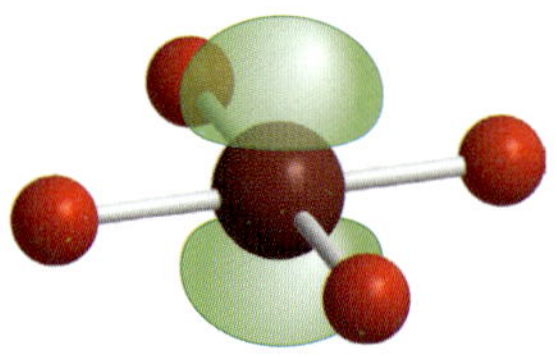

그림 2E.6 AX_4E_2 분자에서 원자는 평면 사각형 배열을 취한다. 두 고립 전자쌍은 중심 원자의 반대쪽에 있어 가장 멀리 떨어져 있다.

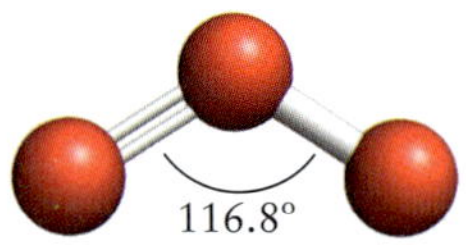

21 오존, O_3

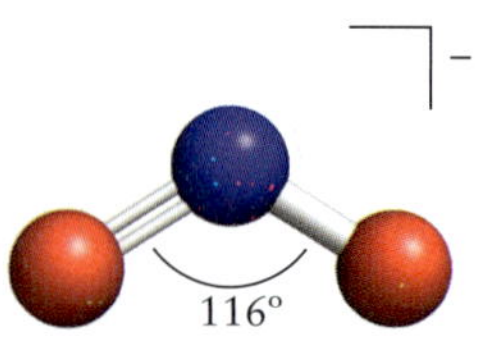

22 아질산 이온, NO_2^-

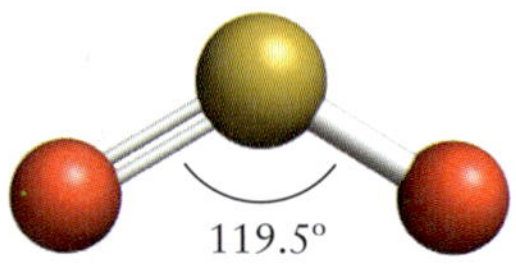

23 이산화 황, SO_2

도구상자 2E.1 VSEPR 모형 사용법

기본 개념

전자 밀도가 큰 영역(중심 원자에 연결된 결합과 고립 전자쌍)은 서로 반발을 최소화하는 방향으로 배열된다.

과정

분자 모양을 예측하는 일반 과정은 4개의 VSEPR 규칙을 따른다.

1단계 분자의 Lewis 구조를 그려 중심 원자에 연결된 원자와 고립 전자쌍의 숫자를 확인한다.

2단계 다중 결합을 단일 결합과 동등하게 취급하여 고립 전자쌍과 원자의 전자 배열을 확인한다(그림 2E.2 참조).

3단계 원자들의 위치로부터 분자 모양을 (그림 2E.1에 따라) 분류한다. 분자 모양은 고립 전자쌍은 고려하지 않고 원자들만으로 기술한다.

4단계 원자들의 위치로부터 분자 모양을 (그림 2E.1에 따라) 분류한다. 분자 모양은 고립 전자쌍은 고려하지 않고 원자들만으로 기술한다.

고립 전자쌍–고립 전자쌍 > 고립 전자쌍–원자 > 원자–원자

예제 2E.3에서 이 과정을 보여 준다.

예제 2E.3 분자 모양 예측하기

화학식으로부터 분자의 모양을 항상 예측할 수는 없다. 매우 간단한 분자들도 예상 밖의 모양을 가질 수 있다. 테트라플루오린화 황 분자 SF_4의 모양을 예측하시오.

예상 SF_4가 사면체 구조를 가질 것으로 예측할 수도 있다. 그러나 황이 확장된 원자가 껍질(Topic 2C)을 가질 수 있다는 것에 유의해야 한다. 도구상자 2E.1의 단계를 따라 SF_4의 모양을 예측해야 한다.

계획 도구상자 2E.1의 단계들을 따른다.

풀이

1단계 분자의 Lewis 구조를 그려서 중심 원자에 몇 개의 원자와 고립 전자쌍이 있는지 정한다.

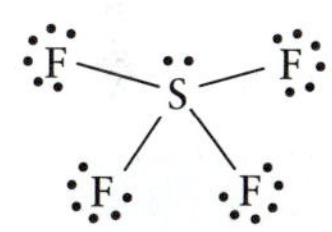

각 F 원자는 3개의 고립 전자쌍을 가질 것이므로, 중심의 S 원자에는 4개의 원자와 1개의 고립 전자쌍이 있다.

2단계 중심 원자 주위의 원자와 고립 전자쌍을 포함한 전자 배열을 확인한다.

S 원자 주위에는 전자 밀도가 큰 영역이 다섯 개(네 개의 원자와 한 개의 고립 전자쌍)이므로 전자 배열은 삼각 쌍뿔이다.

3단계 분자 모양을 확인한다. AX_4E.

전자쌍 반발을 최소화하기 위해 고립 전자쌍은 적도면에 배열한다. SF_4는 시소형일 것이다.

4단계 고립 전자쌍을 가능한 한 서로 멀리 떨어지게 하고, 또한 결합 전자쌍과도 멀리 있도록 분자를 변형시킨다.

원자들은 고립 전자쌍으로부터 조금 밀려난다.

유의 사항
모든 고립 전자쌍을 그렸지만, 분자의 모양을 예측할 때는 중심 원자에 붙어 있는 것들만을 그리면 충분하다.

평가 약간 굽은 시소 모양은 실험으로 확인되었다.

자습 2E.4A I_3^- 이온의 모양을 예측하시오.

[답: 선형]

자습 2E.4B 테트라플루오린화 제논 분자 XeF_4의 모양을 예측하시오.

관련 연습 문제 2E.17∼2E.24

중심 원자에 고립 전자쌍이나 홀전자가 있는 분자에서 원자가 전자는 중심 원자의 전자 배열에 기여하지만, 모양을 분류할 때는 원자만 고려한다. 고립 전자쌍은 고립 전자쌍-고립 전자쌍과 고립 전자쌍-결합 전자쌍 반발을 줄일 수 있도록 분자의 모양을 변형시킨다.

2E.3 극성 분자

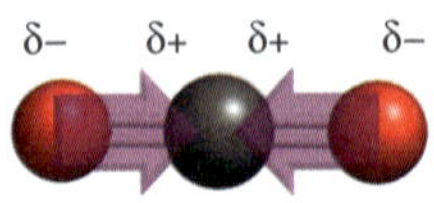

24 이산화 탄소, CO_2

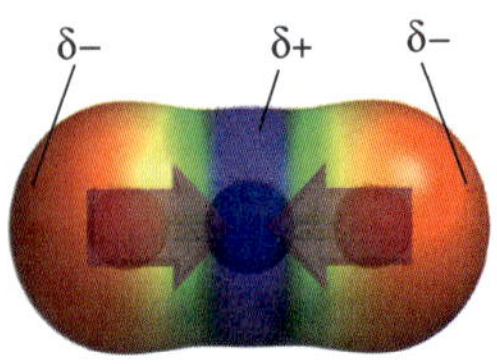

25 이산화 탄소, CO_2

전자가 결합 원자들 사이에서 균일하게 공유되지 않는 극성 공유 결합의 쌍극자 모멘트는 0이 아니다(Topic 2B). **극성 분자(polar molecule)**는 쌍극자 모멘트가 0이 아닌 분자이다. 결합이 극성인 이원자 분자는 극성이다. 극성 공유 결합($^{\delta+}H—Cl^{\delta-}$)이 있는 HCl 분자는 극성이다. HCl의 쌍극자 모멘트 1.08 D는 전형적인 극성 이원자 분자의 값이다(표 2E.1). 다른 원소로 구성된 모든 이원자 분자는 최소한 약간씩은 극성이다. **비극성 분자(nonpolar molecule)**는 전기 쌍극자 모멘트가 없는 분자이다. O_2, N_2, Cl_2와 같이 오직 한 원소로만 구성된 **동핵 이원자 분자(homonuclear diatomic molecule)**는 하나밖에 없는 결합이 비극성이므로 비극성이다.

다원자 분자의 경우 결합이 극성이라도 분자는 비극성일 수 있다. 예를 들면, 선형인 이산화 탄소는 (**24**)와 같이 두 $^{\delta+}C—O^{\delta-}$ 쌍극자 모멘트가 서로 반대 방향이고 크기가 같다. 두 쌍극자 모멘트는 상쇄되어 전체 분자는 비극성이다. 분자의 쌍극자 모멘트를 묘사하는 다른 방법은, 분자 표면의 각 점에서 알짜 전위를 계산하여 다른 색깔로 표시한 **전위 표면(electrostatic potential surface, 'elpot' surface)**을 이용하는 것이다(**25**). 파란 색조의 점은 양전하의 핵에 의해 상대적으로 양의 전위를 띤 것을 나타내며, 빨간 색조는 그 반대를 의미

표 2E.1 몇 가지 분자들의 쌍극자 모멘트

분자	쌍극자 모멘트/D	분자	쌍극자 모멘트/D
HF	1.91	PH_3	0.58
HCl	1.08	AsH_3	0.20
HBr	0.80	SbH_3	0.12
HI	0.42	O_3	0.53
CO	0.12	CO_2	0
ClF	0.88	BF_3	0
NaCl*	9.00	CH_4	0
CsCl*	10.42	*cis*-CHCl=CHCl	1.90
H_2O	1.85	*trans*-CHCl=CHCl	0
NH_3	1.47		

* 기체 상태의 이온쌍이며, 일반적인 이온성 고체 덩어리가 아님.

한다. 그림에서 보듯이, 두 개의 붉은색 영역은 분자의 양쪽에서 균형을 이루며, 이는 알짜 쌍극자 모멘트가 없음을 나타낸다.

CO_2의 비극성을 이해하는 또 다른 방법은 전기 음성도의 역할을 생각하는 것이다. 전기 음성도가 큰 두 산소 원자는 각각 같은 양만큼 전자를 끌어당기지만 반대 방향으로 끌어당기므로 분자 전체가 쌍극자 모멘트 없이 C 원자에 대한 줄다리기하는 것처럼 된다. 반면 H_2O의 두 $^{\delta+}H—O^{\delta-}$ 쌍극자 모멘트는 서로 104.5°에 있어 상쇄되지 않는다. 결과적으로 생성된 분자 쌍극자는 elpot 표면(**26**)에서 쉽게 볼 수 있다. 넓은 화살표는 각 결합의 쌍극자 모멘트를 나타내고, 전체 분자 쌍극자 모멘트는 얇은 화살표로 표시된다. 전기 음성도 측면에서 O 원자는 두 H 원자에서 전자를 끌어당기지만, 방향이 일치하지 않으므로 분자는 쌍극자 모멘트를 갖는다. 물의 극성은 물이 이온 결합 화합물에 대해 매우 좋은 용매인 이유 중의 하나이다.

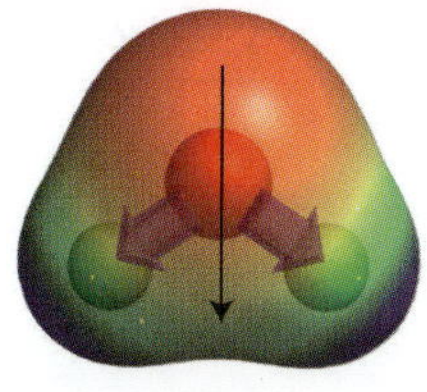

26 물, H_2O

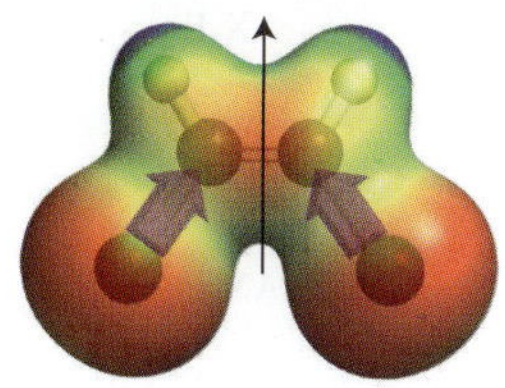

27 *cis*-다이클로로에텐, $C_2H_2Cl_2$

생각해 보기

마지막에 언급한 것을 정당화할 수 있는가?

CO_2와 H_2O의 경우처럼 다원자 분자의 모양은 극성에 영향을 준다. 보다 복잡한 분자들의 경우도 마찬가지이다. 예를 들어, 분자의 같은 면, 이 경우 이중 결합의 같은 면에 더 큰 그룹이 있는 분자를 cis라고 하며, 더 큰 그룹이 반대쪽에 있는 분자를 **trans**라고 한다. 화학식은 같지만 같은 화합물의 *cis* 및 *trans* 형태는 서로 다른 극성을 가질 수 있다. 따라서 *cis*-다이클로로에텐(**27**)과 *trans*-다이클로로에텐(**28**)은 같은 원자와 결합을 가졌지만 결합의 방향이 다르다. 후자에서는 쌍극자 모멘트가 상쇄되지만, 전자는 그렇지 않다. 그러므로 *cis*-다이클로로에텐은 극성이고, *trans*-다이클로로에텐은 비극성이다.

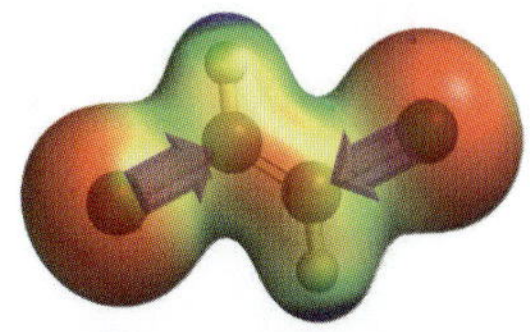

28 *trans*-다이클로로에텐, $C_2H_2Cl_2$

테트라클로로메테인(사염화 탄소) CCl_4(**29**)처럼 정사면체 분자의 중심 원자에 같은 네 개의 원자가 연결되면, 쌍극자 모멘트는 상쇄되어 전체 분자는 비극성이다. 그러나 트라이클로로메테인(클로로폼) $CHCl_3$처럼 하나 이상의 원자가 다른 원자로 대치되거나 NH_3처럼 고립 전자쌍으로 대치되면, 결합 쌍극자 모멘트는 상쇄되지 않는다. 따라서 $CHCl_3$ 분자(**30**)는 NH_3와 마찬가지로 극성이다. 그림 2E.7에 간단한 분자들의 모양에 따라 극성 또는 비극성인지 요약해 놓았다.

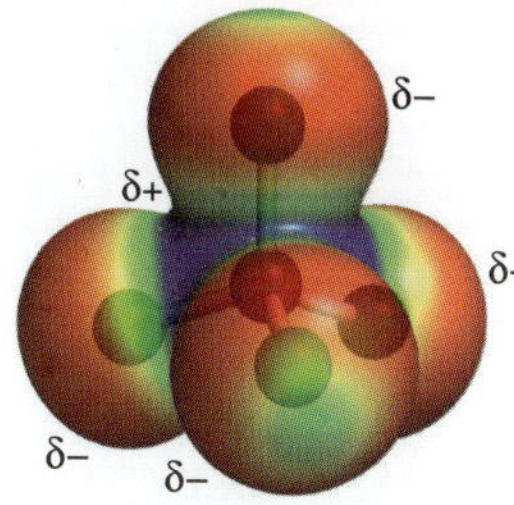

29 테트라클로로메테인, CCl_4

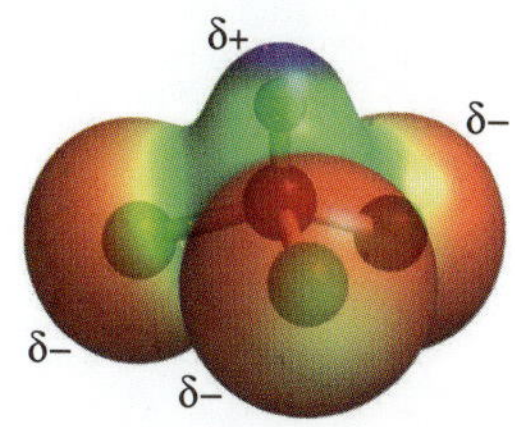

30 트라이클로로메테인, $CHCl_3$

더 복잡한 분자는 극성 결합의 기여로 쌍극자 모멘트를 가질 수 있다. 예를 들어, 염소 원자의 상대적 위치가 다른 세 가지 형태의 다이클로로벤젠을 살펴보자. 두 개의 Cl 원자가 이웃 탄소 원자에 위치한 형태는 *o*-다이클로로벤젠(**31**)이라고 한다. 결합 쌍극자는 상쇄되지 않으므로 이 분자는 쌍극자 모멘트를 갖는다. *m*-다이클로로벤젠(**32**)에서 Cl 원자는 고리 주위에서 한 위치만큼 멀어진다. 결합 쌍극자는 상쇄되지 않으며 분자는 극성이지만 *o*-다이클로로벤젠보다 극성은 약하다. *p*-다이클로로벤젠(**33**)에서 Cl 원자는 서로 반대쪽에 있다. 결합 쌍극자는 반대 방향이며 쌍극자 모멘트가 없다.

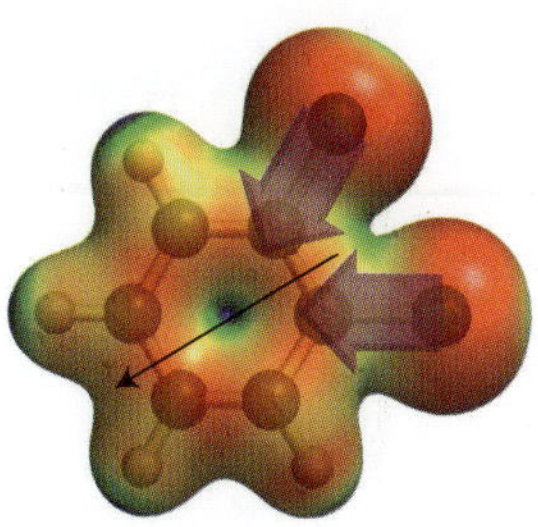

31 *o*-다이클로로벤젠,, $C_6H_4Cl_2$

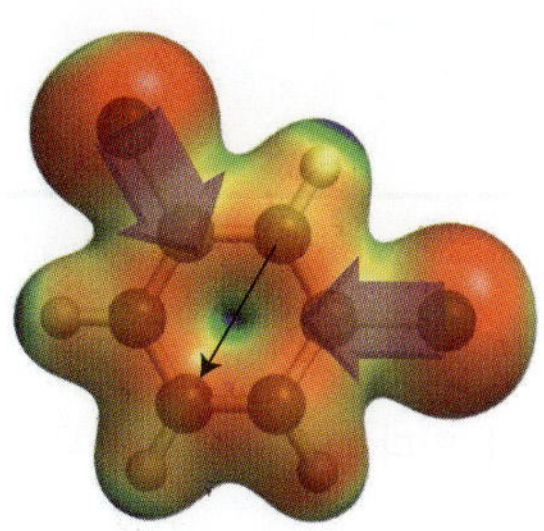

32 *m*-다이클로로벤젠,, $C_6H_4Cl_2$

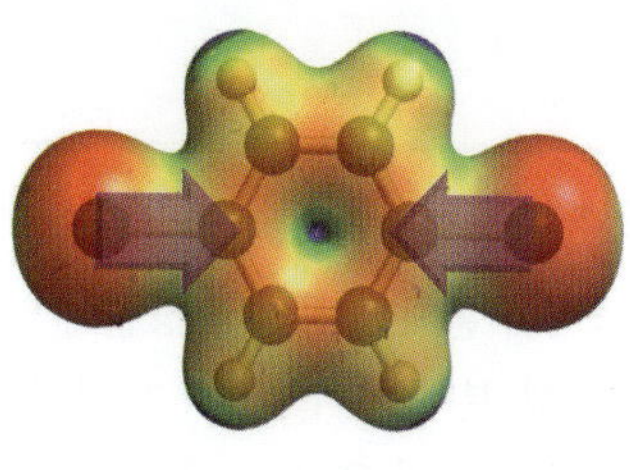

33 *p*-다이클로로벤젠, $C_6H_4Cl_2$

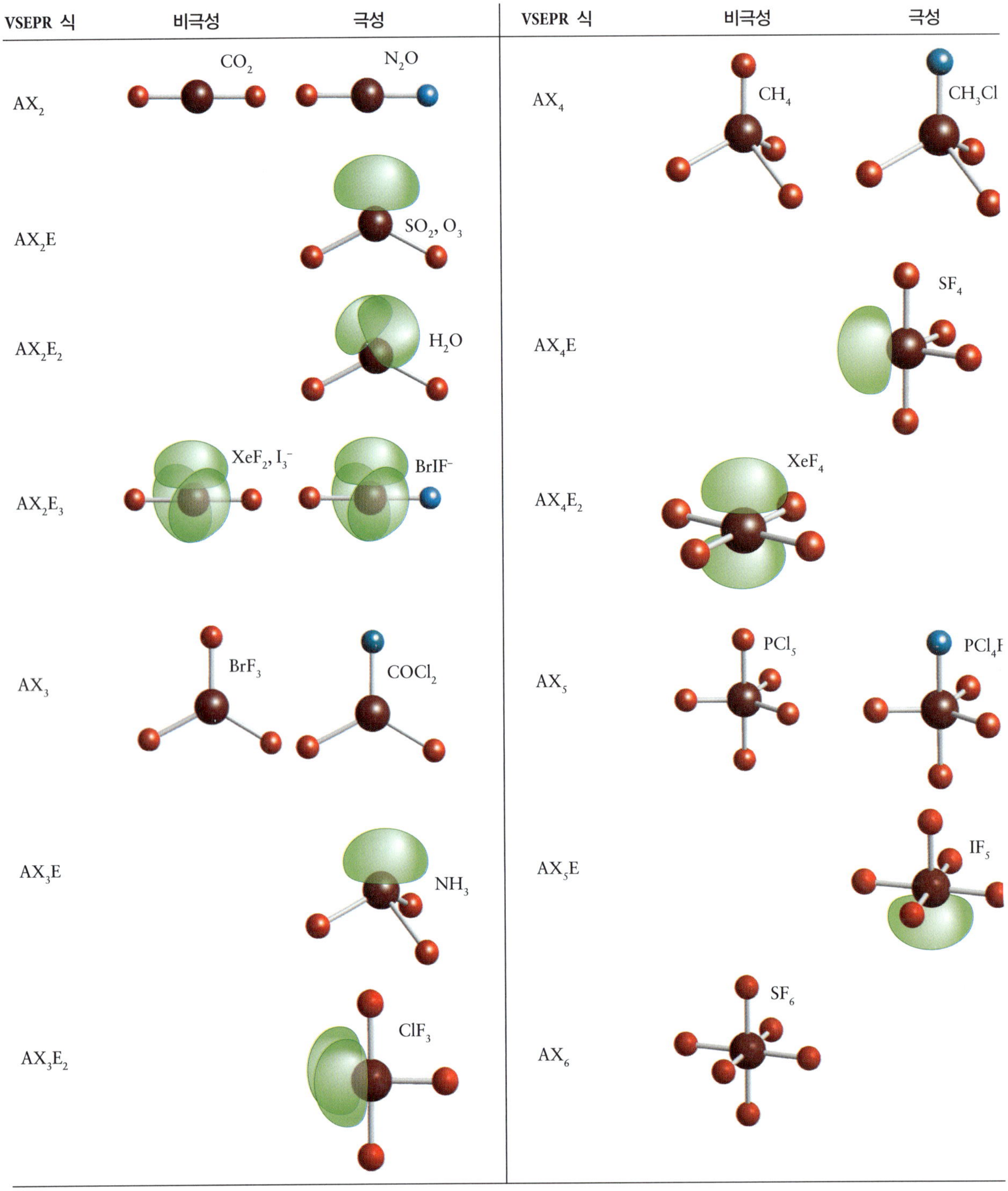

그림 2E.7 극성과 비극성 분자의 원자 배열. VSEPR 식에서 A는 중심 원자, X는 결합된 원자, E는 고립 전자쌍이다. 동일 원자는 같은 색, 다른 원자가 결합되면 다른 색으로 표시한다. 초록색 로브는 고립 전자쌍이다.

예제 2E.4 분자의 극성 특성 예측

분자의 극성이 분자의 물리적 성질에 영향을 주므로, 어떤 분자가 다른 분자와 어떻게 반응할지 예측할 때 분자가 극성인지 비극성인지 알 필요가 있다. (a) 트라이플루오린화 붕소 분자 BF_3와 (b) 오존 분자 O_3가 극성인지 예측하시오.

예상 BF_3의 결합은 극성이 매우 크고, O_3은 그렇지 않을 것이므로, BF_3는 극성이고 O_3는 비극성이라고 예측할 수 있다. 그러나 분자의 모양이 극성을 결정하므로, 예측하기 전에 모양을 확인하여야 한다.

계획 각 경우 VSEPR 모형을 이용하여 분자 모양을 결정하고, 분자의 모양 때문에 결합 쌍극자 모멘트가 상쇄되는지 조사한다. 필요하면 그림 2E.7을 참조한다.

풀이

Lewis 구조를 그린다.

전자 배열을 결정한다.

VSEPR 식을 확인한다.
분자 모양을 명명한다.

극성을 확인한다.

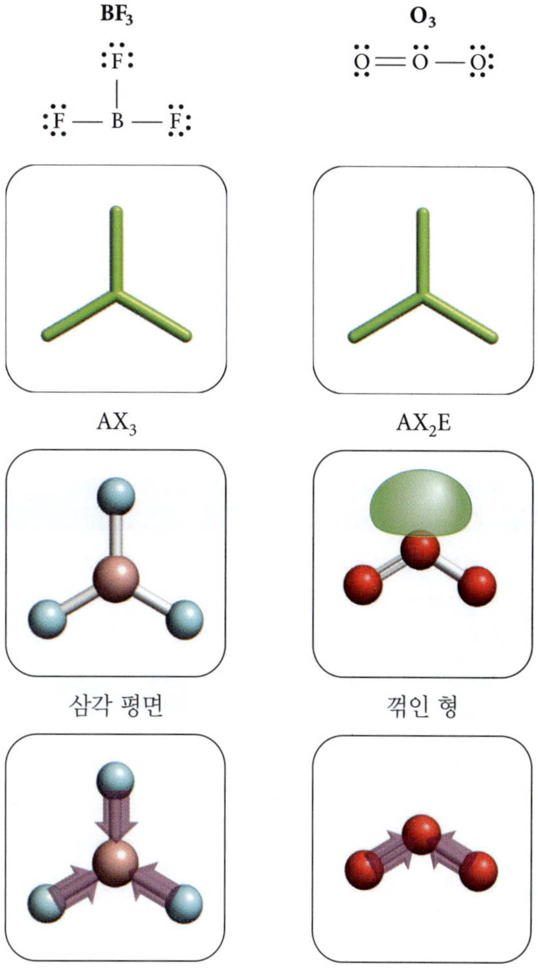

비극성: 대칭성에 의해 세 개의 B—F 쌍극자가 서로 상쇄된다.

극성: 쌍극자는 상쇄되지 않는다.

평가 이 예제는 동핵 다원자 분자 O_3가 극성을 가질 수 있는 것을 보여 준다. 이 경우 중심의 산소 원자와 바깥쪽의 산소 원자들의 전자 밀도가 다르다. 중심의 O는 두 개의 O 원자와 결합하고 하나의 고립 전자쌍을 가지고 있지만, 바깥쪽의 원자들은 한 개의 O 원자와만 결합하고 있다. 오존의 쌍극자 모멘트는 0.53 D로 HCl의 절반 정도이다. 이 예제는 B—F 결합의 극성이 매우 크지만, 각각의 쌍극자가 서로 상쇄되어 비극성인 것을 보여 준다.

자습 2B.5A (a) SF_4, (b) SF_6가 극성 또는 비극성인지 예측하시오.

[**답**: (a) 극성, (b) 비극성]

자습 2B.5B (a) PCl_5, (b) IF_5가 극성 또는 비극성인지 예측하시오.

관련 연습 문제 2E.25~2E.30

결합이 극성이면 이원자 분자는 극성이다. 결합 쌍극자 모멘트가 상쇄되지 않는 방향으로 극성 결합이 배열된 다원자 분자는 극성이다.

이 Topic에서 배운 것은 무엇인가?

간단한 분자의 모양(복잡한 분자의 국부적 모양도 포함)은 전자 밀도가 큰 영역들 사이의 반발로 예측할 수 있다. 고립 전자쌍은 결합 전자쌍보다 반발이 강하다는 것을 배웠다. 분자의 모양을 예측할 때는 다중 결합도 단일 결합과 같이 고려되며, 분자의 모양을 결정할 때는 원자(고립 전자쌍은 아님)의 위치만 고려된다는 것을 배웠다. 분자의 모양이 고립 전자쌍에 의해 예측 가능한 방향으로 자주 왜곡되는 것을 알아보았다. 다원자 분자의 극성이 결정되는 데 분자의 모양이 중요한 이유도 알아보았다.

개념과 식의 적용

☐ 전자쌍들 사이의 반발로 결합의 VSEPR 모형의 기본 개념을 설명한다(2E.1절).
☐ VSEPR 모형을 이용하여 분자식으로부터 분자나 다원자 이온의 전자 배열과 모양을 예측한다(도구상자 2E.1과 예제 2E.1, 2E.2, 2E.3).
☐ 분자의 극성을 예측한다(예제 2E.4).

Topic 2E 연습 문제

2E.1 공-막대 모형으로 표시한, 다음 분자들의 중심 원자에 하나 이상의 고립 전자쌍이 있어야 하는지, 있을 수 있는지, 아니면 있을 수 없는지 논하시오.

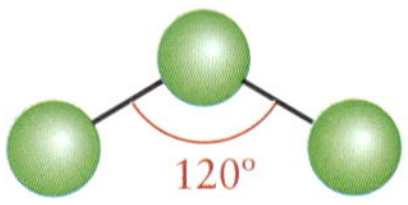

(a)

(b)

2E.2 공-막대 모형으로 표시한, 다음 분자들의 중심 원자에 하나 이상의 고립 전자쌍이 있어야 하는지, 있을 수 있는지, 아니면 있을 수 없는지 논하시오.

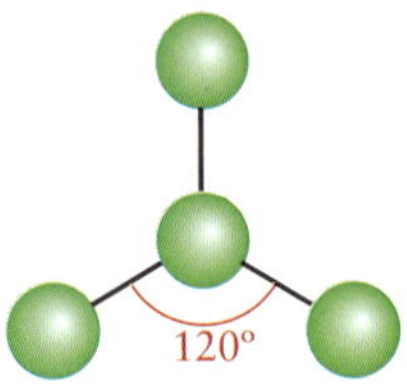

(a)

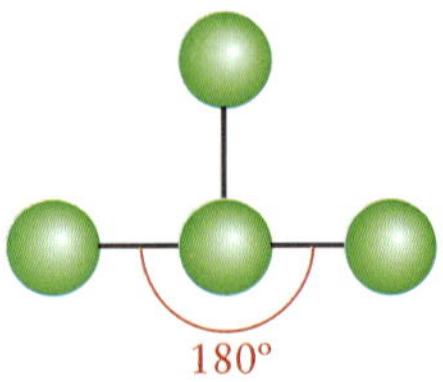

(b)

2E.3 다음 분자들의 Lewis 구조를 그리고 모양을 예측하시오.
(a) HCN (b) CH_2F_2

2E.4 다음 분자들의 Lewis 구조를 그리고 모양을 예측하시오.
(a) SeF_6 (b) IF_7

2E.5 (a) ClO_2^+ 이온의 모양을 예측하시오. (b) OClO의 결합각은 얼마이겠는가?

2E.6 (a) ClO_2^- 이온의 모양을 예측하시오. (b) OClO의 결합각은 얼마이겠는가?

2E.7 (a) 염화 싸이오닐 분자 $SOCl_2$의 모양을 예측하시오. 황이 중심 원자이다. (b) 이 분자에 몇 종류의 OSCl 결합각이 있는가? (c) OSCl과 ClSCl의 결합각은 얼마이겠는가?

2E.8 (a) XeF_4 분자의 모양을 예측하시오. (b) FXeF 결합각은 얼마이겠는가?

2E.9 (a) ICl_2 분자의 모양을 예측하시오(중심 원자는 아이오딘). (b) ClICl의 결합각은 얼마이겠는가?

2E.10 (a) GeF_4 분자의 모양을 예측하시오. (b) FGeF 결합각은 얼마이겠는가?

2E.11 Lewis 구조와 VSEPR 이론을 이용하여 다음 각 화학종의 VSEPR 식을 작성하고, 모양을 예측하시오. (a) 사염화 황, (b) 삼염화 아이오딘, (c) IF_4^-, (d) 삼산화 제논

2E.12 Lewis 구조와 VSEPR 이론을 이용하여 다음 각 화학종의 VSEPR 식을 작성하고, 모양을 예측하시오. (a) PF_4^-, (b) ICl_4^+, (c) 펜타플루오린화 인, (d) 테트라플루오린화 제논

2E.13 다음 각 화학종의 VSEPR 식, 분자 모양과 결합각을 쓰시오.
(a) I_3^- (b) $POCl_3$ (c) IO_3^- (d) N_2O

2E.14 다음 각 화학종의 VSEPR 식, 분자 모양과 결합각을 쓰시오.
(a) $SiCl_4$ (b) PF_5 (c) SBr_2 (d) ICl_2^+

2E.15 다음 각 화학종들의 Lewis 구조와 VSEPR 식을 작성하고, 모양과 대략적인 결합각을 예측하시오.

(a) CF_3Cl (b) $TeCl_4$ (c) COF_2 (C가 중심 원자) (d) CH_3^-

2E.16 다음 각 화학종들의 Lewis 구조와 VSEPR 식을 작성하고, 모양과 대략적인 결합각을 예측하시오.
(a) PCl_3F_2 (b) SnF_4 (c) SnF_6^{2-} (d) IF_5 (e) XeO_4

2E.17 다음 각 분자와 이온에서 중심 원자의 결합각을 예측하시오.
(a) 오존 O_3 (b) 아자이드화 이온 N_3^- (c) 사이안산 이온 CNO^- (d) 하이드로늄 이온 H_3O^+

2E.18 다음 각 분자나 이온의 중심 원자에서 결합각을 예측하시오.
(a) OF_2 (b) ClO_2^- (c) NO_2^- (d) $SeCl_2$

2E.19 다음 화학종의 모양을 예측하고, 결합각을 추정하시오.
(a) 싸이오황산염 $S_2O_3^{2-}$ (b) $(CH_3)_2Be$ (c) BH_2^- (d) $SnCl_2$

2E.20 다음 각 분자나 이온의 Lewis 구조를 그리고, 중심 원자의 고립 전자쌍 수를 센 후, 모양과 결합각을 예측하시오. (a) PBr_5 (b) $XeOF_2$ (c) SF_5^+ (d) BrO_3^-

2E.21 다음 분자의 Lewis 구조를 그리고 대략적인 결합각을 예측하시오.
(a) C_2H_4 (b) ClCN (c) $OPCl_3$ (d) N_2H_4

2E.22 다음 화학종의 Lewis 구조를 그리고 모양을 예측하시오.
(a) ClF_5 (b) SbF_5 (c) IO_5^{3-} (d) IO_6^{5-}

2E.23 다음 화학종의 Lewis 구조를 그리고 모양을 예측하시오. 적색 볼드체로 표시한 원자가 중심 원자이다.
(a) O**Sb**Cl_3 (b) **S**O_2Cl_2 (c) **I**$O_2F_2^-$

2E.24 다음 화학종의 Lewis 구조를 그리고 모양을 예측하시오. 적색 볼드체로 표시한 원자가 중심 원자이다.
(a) **As**O_4^{3-} (b) O**S**F_4 (c) F_3**I**O_2

2E.25 다음 각 분자의 Lewis 구조를 작성하고, 극성인지 비극성인지 예측하시오.
(a) CH_2Cl_2 (b) CCl_4 (c) CS_2 (d) SF_4

2E.26 다음 각 분자의 Lewis 구조를 작성하고, 극성인지 비극성인지 예측하시오.
(a) H_2Se (b) AsF_5 (c) SiO_2 (d) NF_3

2E.27 다음 각 분자가 극성인지 비극성인지 예측하시오.
(a) C_5H_5N(피리딘, 벤젠에서 하나의 —CH— 원자단이 질소 원자로 대치된 분자)
(b) C_2H_6(에테인)
(c) $CHCl_3$(트라이클로로메테인, 클로로폼이라고도 함. 일반 유기 용매 그리고 예전에 마취제로도 사용함.)

2E.28 다음 각 분자가 극성인지 비극성인지 예측하시오.
(a) CH_3SH(메테인싸이올, 구강 악취와 스컹크에서 발견되는 화합물)
(b) CH_3NH_2(메틸아민, 약의 선구물질)
(c) CH_3OCH_3(다이메틸에터, 에어로솔 추진체)

2E.29 고리에서 염소 원자의 상대적인 위치 차이로 인한 다이클로로나프탈렌 $C_{10}H_6Cl_2$의 이성질체 몇 개를 다음에 나타내었다.
(a) 극성인 것은 어떤 것인가?
(b) 어느 것이 가장 큰 쌍극자 모멘트를 가지는가?

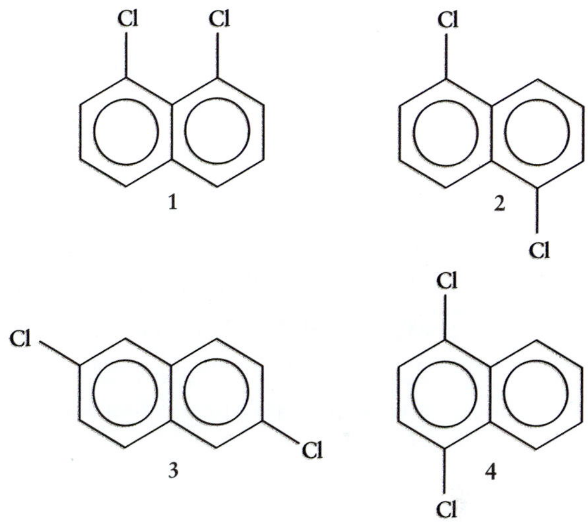

2E.30 플루오린 원자의 위치 차이로 인한 다이플루오로에텐 $C_2H_2F_2$의 이성질체가 세 가지를 다음에 나타내었다.
(a) 어떤 형태가 극성인가?
(b) 어느 것이 가장 큰 쌍극자 모멘트를 가지는가?

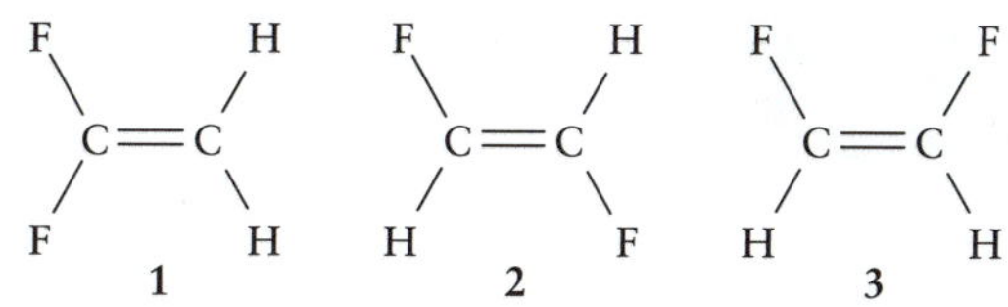

Topic 2F 원자가 결합 이론

이 Topic을 왜 배우는가? 분자의 전자 구조에 대한 원자가 결합 이론은 공유 결합과 다중 결합의 양자 역학적 성질과 분자의 모양에 대한 통찰력을 준다. 화학 전반에서 사용하는 용어들도 소개한다.

무엇을 알고 있어야 하는가? 오비탈의 점유(Topic 1D와 1E), 파동 함수의 명명법, 전자 스핀의 개념 등으로 원자 구조를 기술하는 것을 알아야 한다.

화학 결합에 대한 Lewis의 설명과 분자 모양을 설명하기 위해 발전된 VSEPR 모형은 매우 유용한 정성적 모형이다. 그러나 전자의 거동이 양자 역학적으로 설명되어야 한다는 것을 고려하지 않기 때문에 계산에 사용할 수 없다. 전자는 특정 위치에 있는 점 모양 입자가 아니라 파동처럼 행동한다. **원자가 결합 이론**(**valence-bond theory**, VB theory)은 1920년대 후반 Walter Heitler, Fritz London, John Slater, Linus Pauling이 고안한 것으로 원자 오비탈을 이용하여 공유 결합을 설명하는 것이다. 이 이론은 Lewis 이론과 VSEPR 모형을 뛰어넘어 결합의 전자 분포를 양자 역학적으로 다룬다. 원자가 결합 이론은 전자쌍이 결합 형성의 기본이 되는 이유를 설명하며, 결합각과 결합 길이를 수치적으로 계산하는 방법을 제공한다. VB 이론의 정량적 적용은 이 교재의 범위를 벗어나지만, 이론이 소개하는 개념과 언어는 화학 전반에 걸쳐, 특히 유기화학에서 사용된다.

공유 결합에 대한 Lewis 모형은 각 결합 전자쌍이 두 결합 원자 사이에 놓인다고 가정한다(**편재된 전자 모형**). 그러나 Topic 1C에서 설명했듯이 원자에 있는 전자의 위치는 정확히 기술할 수 없고 파동 함수로만 기술할 수 있다. 파동 함수는 오비탈로 규정된 공간에서 발견할 확률로 기술한다. 원자가 결합 이론은 이러한 전자의 파동성을 고려한 것이다.

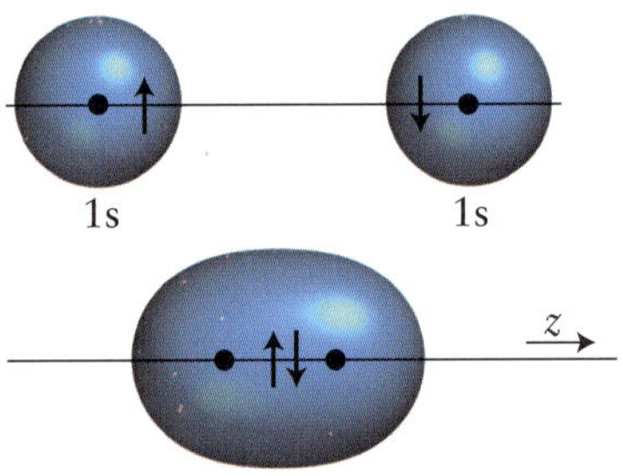

그림 2F.1 두 수소 1s-오비탈의 반대 스핀(↑과 ↓으로 표시)을 가진 전자들이 짝을 이루고, s-오비탈이 겹치면 σ-결합을 형성한다. 그 구름은 핵간 축 주변의 원통 대칭성을 가지며, 양쪽 핵에 걸쳐 퍼져 있다. 이 책에서 σ-결합은 보통 파란색으로 나타낸다.

2F.1 시그마 결합과 파이 결합

먼저 가장 간단한 분자인 H_2의 형성을 생각해 보자. 바닥 상태의 수소 원자는 1s-오비탈에 한 개의 전자를 가지고 있다(Topic 1D). 원자가 결합 이론에서는 두 수소 원자가 가까이 오면 그들의 1s-전자가 짝을 이루고(↑↓로 표시), 원자 오비탈은 함께 합쳐진다(그림 2F.1). 이렇게 핵 사이에 전자 밀도가 증가된 전자의 소시지 꼴 분포를 'σ(시그마)-결합'이라고 한다. 그리스 문자 시그마, σ는 영문 s에 해당한다. 핵간 축을 따라 보면 전자 분포가 s-오비탈의 분포와 유사하다는 점을 상기시켜 준다. 보다 이론적으로 말하면,

- **σ-결합**(**σ-bond**)은 원통 대칭성(결합의 장축 주위의 모든 방향에 대해 동일)을 가지며, 핵 사이의 결합 장축을 포함하는 마디 평면이 없다.

두 원자 오비탈이 합쳐지는 것을 오비탈의 **중첩**(**overlap**)이라고 한다. 이 Topic 전체에서 기억해야 할 것은 오비탈의 중첩이 클수록 결합이 강하다는 것이다. 관례에 따라 선형 분자의 결합 방향을 z-축으로 정의한다.

할로젠화 수소에서는 σ-결합이 조금 다른 방법으로 형성된다. H—F에서는 플루오린 원자의 $2p_z$-오비탈 전자와 수소 원자의 1s-오비탈 전자가 결합을 형성한다(**1**). 이 두 전자의 오비탈들이 중첩되어 양쪽 원자에 걸쳐 있는 구름으로 합쳐져 두 전자가 짝을 이루어 결합이 형성

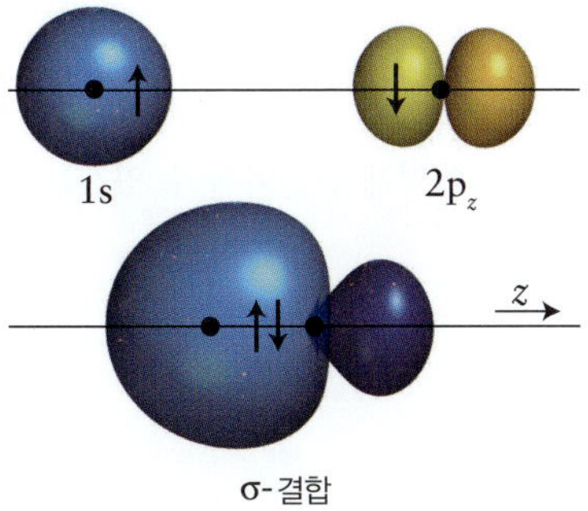

그림 2F.2 1s-와 $2p_z$-오비탈이 겹쳐지면 σ-결합을 형성한다(z는 핵간 축 방향이다). 두 전자는 경계면으로 주어진 영역 전체에 퍼진다.

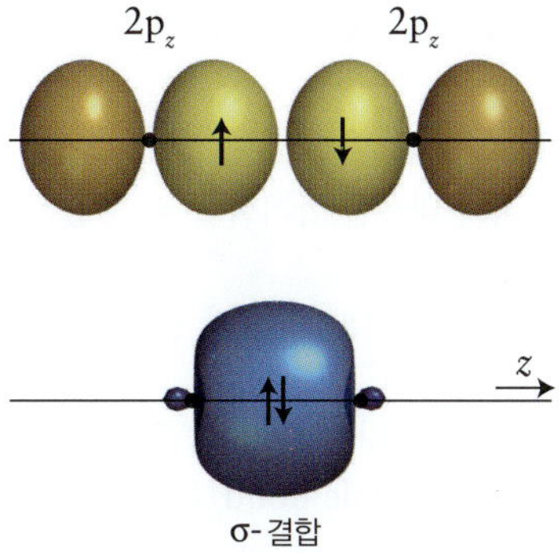

그림 2F.3 이웃하는 원자의 두 $2p_z$-오비탈의 전자들이 짝을 이루어도 σ-결합이 만들어진다. 각 p_z-오비탈의 원래 마디 평면은 σ-결합에서 살아남아 핵의 양쪽에 작은 돌출부가 형성된다는 점에 유의하자.

된다(**그림 2F.2**). 옆에서 보면 생성된 결합의 모양은 H_2의 σ-결합의 모양보다 복잡하지만, 핵간 축(z-축)을 따라 보면 H_2의 σ-결합과 같은 원통 대칭성을 가진다. 따라서 HF의 결합도 σ-결합이라 부른다.

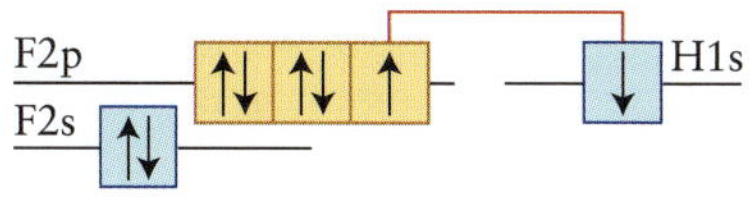

1 플루오린화 수소, HF

두 p_z-오비탈의 중첩으로도 σ-결합이 형성될 수 있다. 예를 들어, N_2의 결합을 설명하기 위해, 먼저 $[He]2s^22p^3$의 전자 배치를 가진 각 원자가 세 개의 2p-오비탈에 각각 하나의 전자를 가지고 있다는 점에 유의하자(**2**). 각 원자의 이러한 오비탈 중 하나인 $2p_z$-오비탈은 전자를 이웃과 짝지으며 끝과 끝이 겹쳐 σ-결합을 형성한다(**그림 2F.3**).

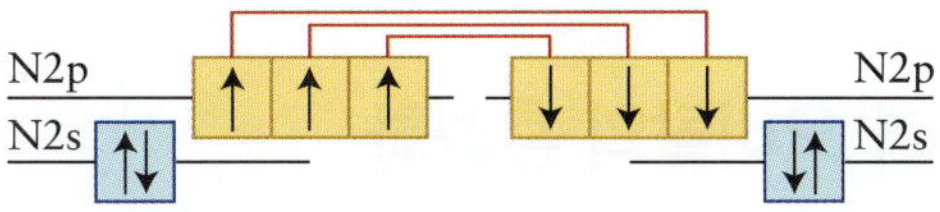

2 질소, N_2

각 N 원자의 다른 두 2p-전자는 어떻게 되는가? 각 원자의 2p-오비탈 중 두 개($2p_x$와 $2p_y$)는 핵간 축에 수직이고, 각각은 전자를 갖고 있다(**그림 2F.4** 위). 한 N 원자의 $2p_x$-오비탈에 있는 전자가 다른 N 원자의 $2p_x$-오비탈에 있는 전자와 짝을 이루면 두 오비탈이 옆쪽에서 나란히 중첩된다. 이러한 중첩으로, 핵간 축의 양쪽에 하나씩 위치한 두 로브에 두 전자가 들어있는 결합인 π-결합을 이룬다(그림 2F.4 아래). 핵간 축을 따라 본다면, π-결합은 p-오비탈에 있는 한 쌍의 전자와 비슷하다(그리고 그리스 문자 파이, π는 영문 p에 해당한다). 보다 이론적으로 기술하면,

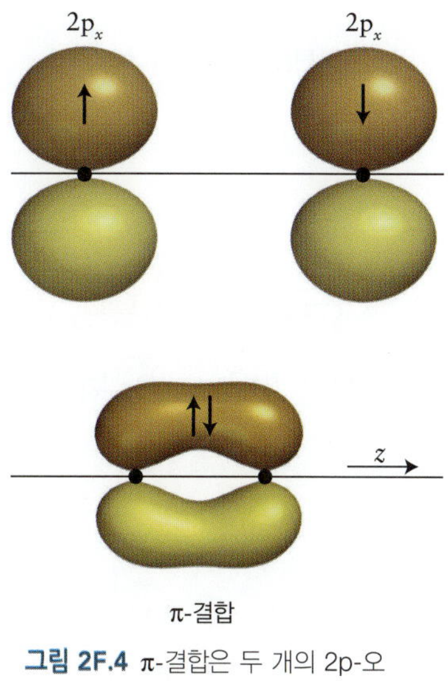

그림 2F.4 π-결합은 두 개의 2p-오비탈이 옆으로 겹쳐 형성된다. 아래 그림은 해당되는 경계면을 표시한다. 비록 결합이 두 로브를 가지는 복잡한 모양이지만, 한 전자쌍만이 점유하고 있는 한 개의 결합이다. 이 책에서 π-결합은 일반적으로 노란색으로 표시한다.

- **π-결합(π-bond)**은 핵간 축을 포함하는 하나의 마디 평면을 가진다.

π-결합에서 핵간 축의 양쪽에 전자 밀도가 있지만, p-오비탈이 두 로브가 있는 하나의 오비탈인 것처럼 두 로브 형태의 전자 구름을 가진 하나의 결합이다.

두 개의 $2p_x$ 오비탈이 합쳐지면 σ-결합처럼 전자 밀도가 증가하지만, 증가한 밀도가 두 원자 사이에 모두 존재하지는 않으므로 두 원자를 결합하는 데 덜 효과적이다. 즉, 대부분의 분자에서 π-결합은 σ-결합보다 약하다.

각 N 원자에 남아 있는 1개의 전자는 $2p_y$-오비탈을 점유하는데, 이들도 서로 짝지을 수 있다. $2p_y$ 오비탈은 합쳐져 또 다른 π-결합을 형성하는데, 이는 첫 번째 π-결합에 수직인 평면에 있으며 같은 세기이다. 따라서 원자가 결합 이론에 의하면 N_2에는 하나의 σ-결합과 두 개의 π-결합, 즉 모두 세 개의 결합이 있다. 이는 Lewis의 설명과 같다. N_2와 같이 두 개의 π-결합이 있는 분자의 경우, 서로 수직인 두 π-결합의 전자 밀도는 합쳐져 두 원자는 원통형 전자 구

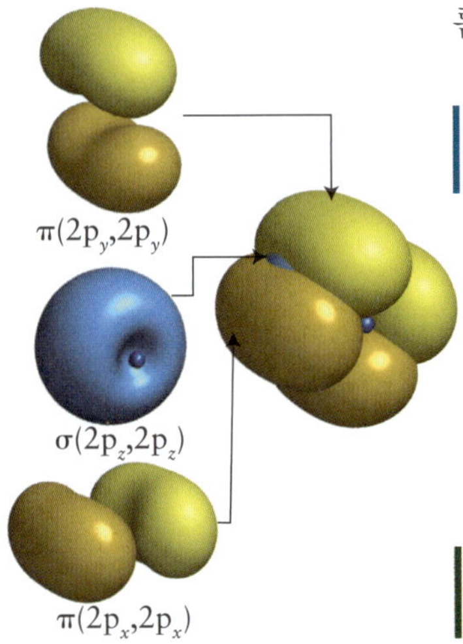

그림 2F.5 질소 분자 N_2의 결합 형태. 두 원자는 한 σ-결합(파란색)과 두 개의 수직인 π-결합(노란색)으로 묶여 있다. 따로 그려져 있지만, 두 π-결합이 합쳐져 σ-결합 주위에 긴 도넛형 구름이 생성된다.

름에 둘러싸여 있는 것처럼 보인다(**그림 2F.5**).

생각해 보기
바로 위의 내용을 합리화할 수 있겠는가? δ-결합(delta 결합)은 어떻게 만들어질 수 있겠는가?

원자가 결합 이론에 따라 공유 결합을 다음과 같이 기술한다.

단일 결합(single bond)은 σ-결합이다.
이중 결합(double bond)은 σ-결합 한 개와 π-결합 한 개이다.
삼중 결합(triple bond)은 σ-결합 한 개와 π-결합 두 개다.

보충 설명
간혹 예외적으로 두 개의 π-결합으로만 이루어진 이중 결합도 있다.

자습 2F.1A (a) CO_2와 (b) CO에 σ-결합과 π-결합이 몇 개씩 있는가?

[**답**: (a) σ 두 개, π 두 개, (b) σ 한 개, π 두 개]

자습 2F.1B (a) NH_3와 (b) HCN에 σ-결합과 π-결합이 몇 개씩 있는가?

원자가 결합 이론에서는 인접한 원자의 원자가 전자가 서로 짝을 이룰 때 결합이 형성된다. 원자 오비탈이 머리끼리 겹치면 σ-결합을, 옆으로 겹치면 π-결합을 형성한다.

2F.2 전자 촉진과 오비탈의 혼성화

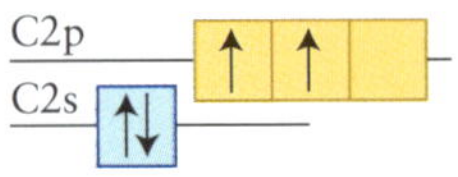

3 탄소, $[He]2s^22p_x^12p_y^1$

모든 모형이 그렇듯이, 원자가 결합 이론에도 약간의 개선이 필요하다. 이 이론을 메테인에 적용하려면 문제에 봉착하게 된다. $[He]2s^22p_x^12p_y^1$(**3**)의 배치를 갖는 탄소 원자는 네 개의 원자가 전자가 있다. 그러나 두 원자가 전자는 이미 짝을 이루었고, 반만 채워진 두 개의 2p-오비탈만 결합을 할 수 있는 것처럼 보인다. 탄소는 원자가가 2이고, 서로 수직인 2개의 결합을 이룰 것처럼 보이지만, 실제로는 항상 원자가가 4이며(보통 '4가'라고 한다), CH_4는 정사면체 배열의 결합을 형성한다고 알려져 있다.

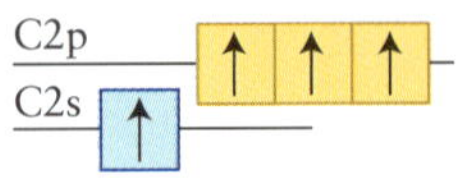

4 탄소, $[He]2s^12p_x^12p_y^12p_z^1$

VB 이론에 따르면, 탄소 원자는 짝을 이루지 않은 전자 4개가 있는 경우에만 4개의 결합을 형성할 수 있다. 원자는 짝을 이룬 전자 중 하나가 **촉진**(**promotion**)되면, 즉 에너지가 더 높은 오비탈로 재배치되면 홀전자 4개를 가질 수 있다. 한 개의 2s-전자를 비어 있는 2p-오비탈로 촉진시키면 전자 배치는 $[He]2s^12p_x^12p_y^12p_z^1$(**4**)가 되어 네 개의 결합을 이룰 수 있다. 그러면 그 에너지는 어디에서 오는가? 탄소 원자는 2개가 아닌 4개의 결합이 형성될 때마다 에너지를 방출한다. 두 요소를 모두 고려하면 전자 1개가 촉진된 후 4개의 결합이 형성되어 분자의 에너지가 전반적으로 낮아진다.

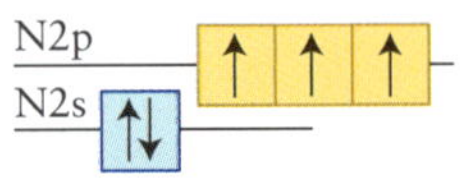

5 질소, $[He]2s_22p_x^12p_y^12p_z^1$

탄소가 4가 특성을 가지는 것은 탄소 원자의 촉진 에너지가 작아서 추가 결합 형성을 통해 쉽게 만회될 수 있다는 것으로 설명할 수 있다. 그 이유는 2s-오비탈에 채워져 짝을 이루던 두 개의 2s-전자 중 하나가 비어 있는 2p-오비탈로 이동하기 때문이다. 촉진된 전자는 높은 에너지의 오비탈로 들어가지만, 촉진되기 전에 비해 다른 전자로부터 반발을 적게 받는다. 결과적으로 전자가 촉진되는 데 작은 에너지만 필요하다. 탄소의 이웃인 질소는 비어 있는 2p-오비탈이 없기 때문에 전자 촉진으로 가능한 결합의 수를 늘릴 수 없다(**5**). 산소와 플루오린도 마찬가지이다. 따라서, 일반적으로 질소는 3개, 산소는 2개, 플루오린은 1개의 결합을 형성한다.

촉진은 전체적인 에너지가 낮아질 때 일어난다. '전체'는 에너지에 대한 모든 기여, 특히 더 많은 결합이 형성되는 것을 의미한다. 붕소([He]$2s^2 2p^1$)는 탄소와 마찬가지로 촉진으로 더 많은 결합(붕소의 경우 3개)이 형성될 수 있는 원소이며, 붕소는 일반적으로 3개의 결합을 형성한다.

이 단계에서 전자 촉진으로 두 종류의 결합이 생길 것을 예측할 수 있다. 하나는 수소의 1s-오비탈과 탄소의 2s-오비탈의 겹침이고, 다른 종류는 수소의 1s-오비탈과 탄소의 세 2p-오비탈 중 하나가 겹친 3개의 결합이다. 2p-오비탈과의 겹침으로 서로 90°인 3개의 s-결합이 형성되어야 한다. 그러나 이것은 4개의 동일한 결합으로 이루어진 메테인의 알려진 정사면체 구조와 다르다.

이러한 불일치는 VB 모형의 추가적 개선을 통해 극복된다. s-나 p-오비탈은, 핵을 중심으로 한, 전자 밀도의 파동임을 주목하자. 네 개의 오비탈은 물의 파동처럼 교차하는 곳에서 서로 간섭하여 새로운 형태를 이룬다. 파동 함수들이 모두 양수이거나 음수이면 간섭에 의해 진폭이 커진다. 파동 함수의 부호가 반대인 경우에는 전체의 진폭이 작아지며, 완전히 상쇄될 수도 있다. 그 결과, 원자 오비탈들의 간섭으로 **혼성 오비탈(hybrid orbital)**이라고 하는 새로운 형태가 생긴다. 네 개의 원자 오비탈의 **선형 조합(linear combination)**으로 만들어지는 네 개의 혼성 오비탈 h_i는 각각 다음과 같다.

$$h_1 = s + p_x + p_y + p_z \qquad h_2 = s - p_x - p_y + p_z$$
$$h_3 = s - p_x + p_y - p_z \qquad h_4 = s + p_x - p_y - p_z$$

예를 들어, h_1에서는 s-와 p-오비탈들이 원래의 부호를 가지며, 모두 양수인 곳에서는 진폭들이 더해진다. 그러나 h_2에서는 p_x와 p_y의 부호가 반대이며, 간섭 결과도 다른 형태가 된다. 이 네 개의 혼성 오비탈들은 한 개의 s-오비탈과 세 개의 p-오비탈로부터 형성되므로, **sp^3 혼성 오비탈(sp^3 hybrid orbitals)**이라고 한다. 이 네 개의 혼성 오비탈들은 방향이 각기 정사면체의 네 꼭짓점을 향하고(**그림 2F.6**), 그 외에 다른 면에서는 모두 동일하다.

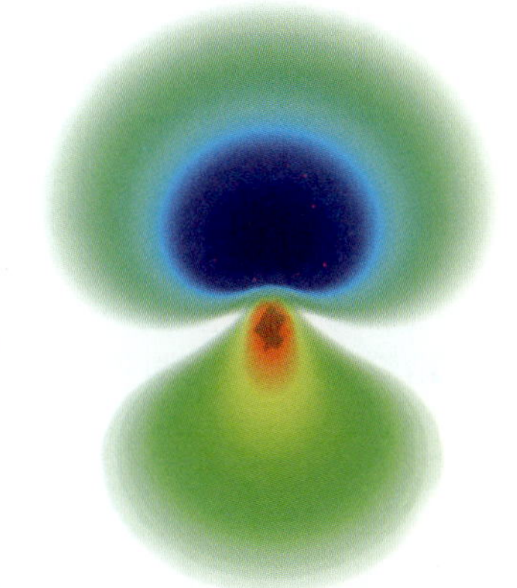

그림 2F.6 핵을 이등분하면서 통과하는 평면에서의 sp^3 혼성 오비탈 파동 함수의 크기를 나타내는 윤곽. 각 sp^3 혼성 오비탈은 정사면체의 꼭짓점을 향한다.

오비탈 에너지 준위 도표에서 **혼성화(hybridization)**는 동일한 에너지를 갖는 4개의 오비탈로 표시된다. 이 에너지는 혼성 오비탈이 구성되는 s-오비탈과 p-오비탈의 에너지 사이에 있다(**6**). 이 혼성 오비탈들을 s-오비탈(파란색)과 p-오비탈(노란색)의 혼성이라는 것을 의미하는 녹색으로 표시하였다. 각각의 sp^3 혼성 오비탈은 두 개의 로브로 되어 있는데, 하나는 p-오비탈보다 더 멀리 뻗어 있으며, 다른 하나는 짧아졌다. 혼성 오비탈의 진폭이 핵의 한쪽에 집중되므로 다른 오비탈과 더 효과적으로 겹쳐, 혼성이 없을 때보다 더 강한 결합을 형성한다.

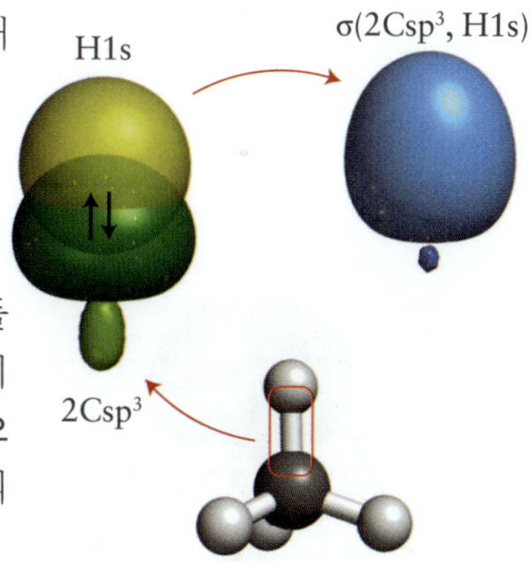

그림 2F.7 메테인의 각 C—H 결합은 수소의 1s-오비탈의 전자와 네 개의 탄소 sp^3 혼성 오비탈 중의 하나에 들어 있는 전자가 짝을 이루어 형성된다. 따라서 원자가 결합 이론은 실험 결과와 일치하는 정사면체 배열의 네 개의 동등한 σ-결합을 예측한다.

이제 메테인의 결합을 설명해 보자. 촉진된 원자의 네 sp^3 혼성 오비탈의 각 전자는 수소의 1s-오비탈의 전자와 짝을 이루고, 오비탈들이 겹쳐져 정사면체의 꼭짓점을 향하는 네 개의 s-결합을 이룬다(**그림 2F.7**). 이제, 원자가 결합 이론은 분자의 구조에 대한 실험 결과와 일치한다.

분자에 두 개 이상의 '중심' 원자가 있으면, 한 원자씩 VSEPR 모형으로 예상한 구조와 혼성 오비탈의 모양을 맞춰 나간다. 예를 들면, 에테인 C_2H_6(**7**)에서 두 탄소 원자 모두 '중심' 원자이다. VSEPR 모형에 따르면 각 탄소 원자 주변의 네 개의 전자쌍은 정사면체 배열을 이룬다. 이러한 배열은 메테인에서와 동일한 탄소 원자의 sp^3 혼성화를 의미한다(그림 2F.7 참조).

6 sp^3 혼성 탄소

각 C 원자는 네 개의 sp^3 혼성 오비탈에 각각 하나의 홀전자를 가지고, 정사면체의 꼭짓점을 향하는 네 개의 σ-결합을 형성할 수 있다. C—C 결합은 두 탄소의 각 sp^3 혼성 오비탈에 있는 전자들의 스핀이 짝을 이루며 형성된다. 이 결합을 σ(C2sp^3, C2sp^3)로 표시하여 조성을 나타낸다. C2sp^3는 탄소 원자의 2s-와 2p-오비탈로 이루어진 하나의 sp^3 혼성 오비탈을 나타내며, 괄호는 각 원자의 오비탈이 겹치는 것을 의미한다(**그림 2F.8**). 각 C—H 결합은 나머지 sp^3 혼성 오비탈 중 하나에 있는 전자와 수소 원자의 1s-오비탈에 있는 전자(H1s로 표시)가 스핀

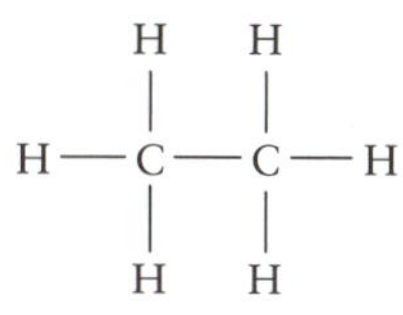

7 에테인, CH_3CH_3

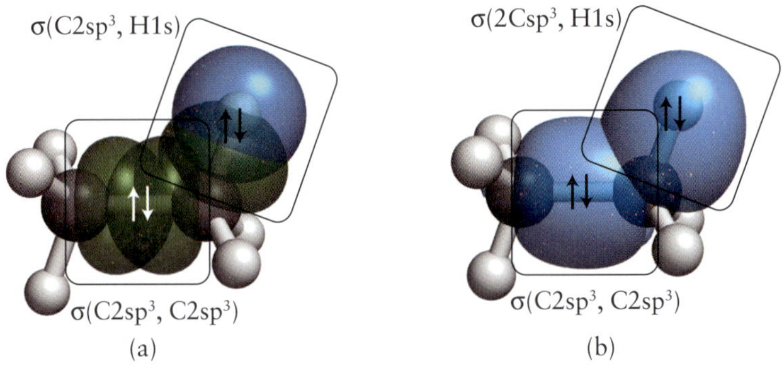

그림 2F.8 원자가 결합으로 기술한 에테인 C_2H_6 분자. 경계면들 중에서 두 개의 결합만 나타내었다. (a) 이웃하는 원자들은 H1s-오비탈이나 $C2sp^3$ 혼성 오비탈의 전자들이 짝을 이루어 형성한 σ-결합으로 연결된다. (b) 오비탈의 중첩으로 형성된 σ-결합 오비탈들. 모든 결합각은 거의 109.5°(사면체각)이다.

짝을 이루어 형성된다. 이 결합은 $\sigma(C2sp^3, H1s)$라 표시한다.

이 방법은 암모니아(NH_3)와 같이 중심 원자에 고립 전자쌍이 있는 분자에도 적용된다. VSEPR 모형에 의하면 NH_3의 네 개의 전자쌍은 정사면체의 전자 배열을 이루며, 질소 원자는 네 개의 sp^3 혼성 오비탈로 기술한다. 질소($[He]2s^22p^3$)는 다섯 개의 원자가 전자를 가지고 있으므로, 이 혼성 오비탈 중 하나는 두 개의 전자가 이미 짝을 이루어 결합에 참여할 수 없다 (**8**). 나머지 세 개의 sp^3 혼성 오비탈에 있는 세 개의 홀전자들은 세 개의 수소 원자의 1s-전자들과 짝을 이루어 세 개의 N—H σ-결합이 형성된다. **"분자의 비금속 원소의 원자가 정사면체 전자 배열을 가지면 sp^3 혼성으로 생각한다."**

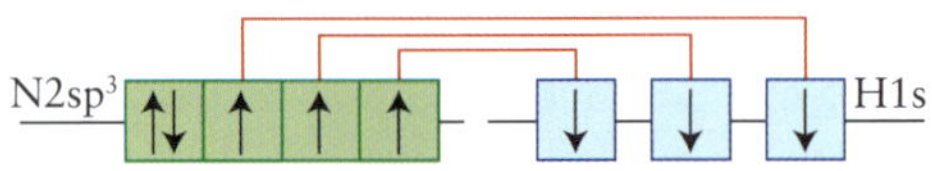

8 암모니아 NH_3

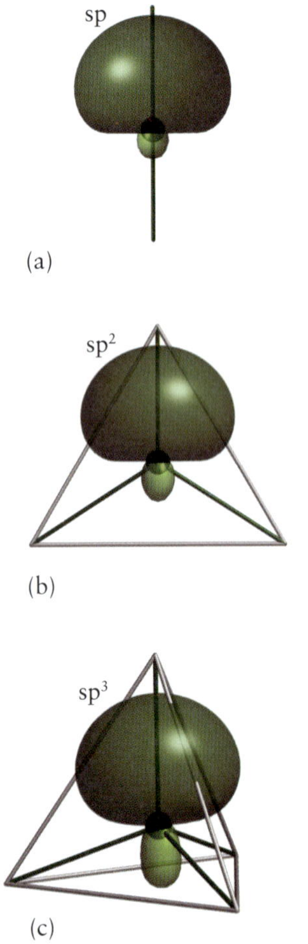

그림 2F.9 세 개의 흔한 혼성 방식을 파동 함수의 크기와 혼성 오비탈의 방향으로 표시하였다. (a) 한 개의 s-오비탈과 한 개의 p-오비탈이 혼성하여 반대 방향으로 향하는 두 개의 sp 혼성 오비탈을 이루어 선형 분자를 형성한다. (b) 한 개의 s-오비탈과 두 개의 p-오비탈이 혼성되어 정삼각형의 꼭짓점을 향하는 세 개의 sp^2 혼성 오비탈을 이룬다. (c) 한 개의 s-오비탈과 세 개의 p-오비탈이 혼성하여 정사면체의 꼭짓점을 향하는 네 개의 sp^3 혼성 오비탈을 이룬다.

sp^3 혼성화 방식은 사면체 전자쌍 배열을 갖는 원자를 설명하는 데 적합하다. 전자쌍의 배열이 달라지면 sp^3 이외의 혼성화 방식이 사용되어 혼성 오비탈의 방향이 달라진다. 예를 들면, BF_3나 에텐 분자의 각 탄소 원자의 삼각 평면 전자쌍 배열을 설명하기 위해서, 하나의 s-오비탈과 2개의 p-오비탈을 합쳐 2개의 **sp^2 혼성 오비탈(sp^2 hybrid orbitals)**을 만든다.

$$h_1 = s + 2^{1/2} p_y$$
$$h_2 = s + \left(\tfrac{3}{2}\right)^{1/2} p_x - \left(\tfrac{1}{2}\right)^{1/2} p_y$$
$$h_3 = s - \left(\tfrac{3}{2}\right)^{1/2} p_x - \left(\tfrac{1}{2}\right)^{1/2} p_y$$

공간에서의 방향을 제외하고 동일한 이 3개의 오비탈은 모두 같은 평면에 있으며 정삼각형의 꼭짓점을 향한다. 이 방향은 붕소 원자의 전자 배치가 $[He]2s^22p^1$에서 $[He]2s^12p_x^{\ 1}2p_y^{\ 1}$로 촉진되는 BF_3와 같은 분자에 대해 관찰된 분자 모양과 일치하며, 이는 하나의 2s-오비탈과 2개의 2p-오비탈이 결합에 사용됨을 나타낸다.

전자쌍의 선형 배열에는 두 개의 혼성 오비탈이 필요하다. 선형 전자 배열을 형성하기 위해 하나의 s-오비탈과 하나의 p-오비탈을 합쳐 두 개의 **sp 혼성 오비탈(sp hybrid orbitals)**을 이룬다.

$$h_1 = s + p \qquad h_2 = s - p$$

이 두 sp 혼성 오비탈은 서로 180° 반대 방향을 향하며, 선형 분자를 형성한다. 이것이 선형 분자 CO_2의 σ-결합을 설명하는 데 사용되는 혼성화이다.

그림 2F.9는 sp, sp^2, sp^3 혼성 오비탈의 모양과 방향을 보여 준다. 표 2F.1에 전자 배열과 혼성화 유형 사이의 관계를 요약하였다. 사용한 원자 오비탈의 수와 만들어진 혼성 오비탈의 수는 같아야 함에 유의하자.

표 2F.1 혼성화와 분자 모양*

전자 배열	원자 오비탈의 수	중심 원자의 혼성화	혼성 오비탈의 수
선형	2	sp	2
삼각 평면	3	sp^2	3
정사면체	4	sp^3	4

* s-오비탈과 p-오비탈의 다른 조합은 동일하거나 다른 모양을 생성할 수 있지만 표에 있는 조합이 가장 일반적이다.

*N*개의 원자 오비탈은 항상 *N*개의 혼성 오비탈을 생성한다.

자습 2F.2A AlF_3의 혼성 오비탈로 분자의 구조를 제안하시오.

[**답**: Al3sp^2 혼성과 F2p_z-오비탈로 생성된 3개의 σ-결합이 삼각 평면 배열을 이룸.]

자습 2F.2B 에타인 C_2H_2의 두 탄소에 대한 혼성 오비탈로 분자의 구조를 제안하시오.

지금까지 BF_3의 F 원자와 같은 말단 원자는 혼성화된 것으로 간주되지 않았다. 그러나 분광학 자료와 계산에 따르면 말단 원자의 s-오비탈과 p-오비탈 모두 결합 형성에 참여하므로 이들의 오비탈도 혼성화되어 있다고 가정하는 것이 합리적이다. 가장 간단한 모형은 3개의 고립 전자쌍과 결합쌍이 사면체로 배열되어 있으므로 플루오린의 sp^3 혼성 오비탈을 사용하여 플루오린 원자가 붕소 원자에 결합하는 것이다.

전자의 촉진과 혼성 오비탈의 형성은 결합이 추가적으로 형성되어 에너지가 낮아질 경우에 일어난다. 혼성화 방식은 중심 원자의 전자 배열에 적합하도록 조절된다.

2F.3 원자가 결합 이론과 초원자가 화합물

촉진과 혼성화의 개념은 탄소의 4가를 아주 잘 설명한다. 그러나 Lewis의 이론에서 허용되는 것보다 더 많은 원자가 중심 원자에 붙어 있는 일부 분자는 초원자가(Topic 2C)라는 것이 실험적으로 알려져 있다. 이 절에서는 원자가 결합 이론으로 초원자가 분자를 설명하는 두 가지 방법을 알아본다.

중앙의 P 원자에 5개의 Cl 원자가 붙어 있는 PCl_5 분자를 생각해 보자. 실험에 따르면 5개의 P—Cl 결합이 모두 동일하며, 이는 5개의 혼성 오비탈이 관련되어 있음을 시사한다. 혼성 오비탈을 구성할 때의 핵심 요구 사항은 *N*개의 원자 오비탈은 항상 *N*개의 혼성 오비탈을 생성하는 것이다. 따라서 5개의 혼성 오비탈은 5개의 원자 오비탈이 필요하다. P 원자는 하나의 원자가 s-오비탈과 3개의 원자가 p-오비탈을 가지고 있는데, 다섯 번째 오비탈은 어떻게 설명할 수 있는가?

기존의 방법은 혼성화 방식에 d-오비탈을 포함시키는 것이다. Topic 1E에 따르면, 인의 3d 오비탈의 에너지가 3p 오비탈에 가깝다. 에너지의 이러한 근접성은 전자가 d-오비탈로 촉진될 수 있게 하여(전체 에너지가 낮아지는 경우), 이제 5개의 원자가 오비탈을 혼성화할 수 있다. 생성된 오비탈을 **sp^3d 혼성 오비탈**(**sp^3d hybrid orbtials**)이라고 부른다. 5개 오비탈의 적절한 혼합은 그림 2F.10과 같이 분자 내 결합의 알려진 배열과 일치하는 삼각 쌍뿔 배열을 제공한다. 이제 5개의 Cl 원자가 각 혼성 오비탈에 부착되어 5개의 σ-결합을 형성할 수 있다.

비슷한 방법을 사용하여 SF_6을 설명할 수 있는데, SF_6은 6개의 동등한 S—F 결합이 있는 정팔면체로 알려져 있다. 이 경우, 정팔면체 배열의 6개 혼성 오비탈을 만들려면 6개의 원자 오

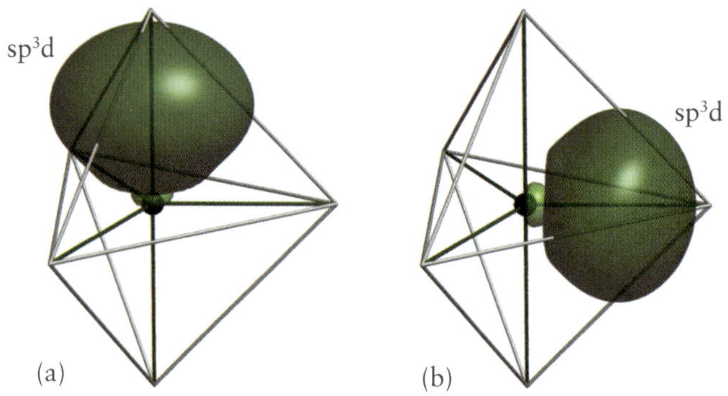

그림 2F.10 다섯 개의 sp^3d 혼성 오비탈 중 (a) 축 방향 오비탈과 (b) 적도 방향 오비탈. 다섯 개의 sp^3d 혼성 오비탈은 전자쌍의 삼각 쌍뿔 배열에 해당된다. sp^3d 혼성은 중심 원자가 d-오비탈을 활용할 수 있을 때만 가능하다.

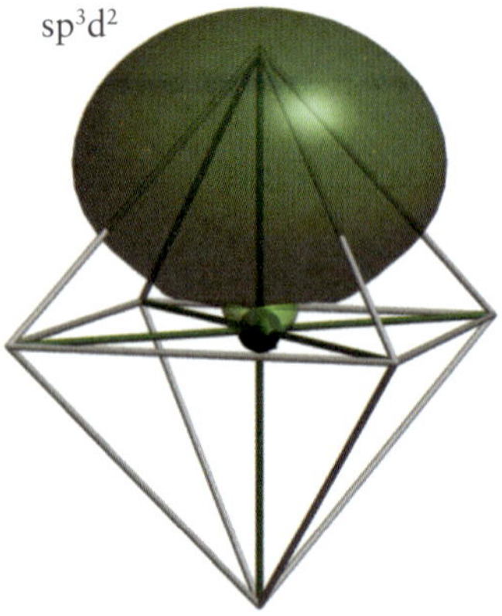

그림 2F.11 d-오비탈이 이용 가능할 때 형성할 수 있는 여섯 개의 sp^3d^2 혼성 오비탈 중 하나로, 전자쌍들의 정팔면체 배열을 설명할 때 필요하다.

표 2F.2 혼성화와 초원자가 분자의 모양*

전자 배열	원자 오비탈의 수	중심 원자의 혼성화	혼성 오비탈의 수
삼각 쌍뿔	5	sp^3d	5
정팔면체	6	sp^3d^2	6

* s-오비탈과 p-오비탈의 다른 조합은 동일하거나 다른 모양을 생성할 수 있지만 표에 있는 조합이 가장 일반적이다.

비탈이 필요하다. 이러한 배열은 그림 2F.11과 같이 두 개의 황 d-오비탈을 사용하여 **sp^3d^2혼성 오비탈(sp^3d^2 hybrid orbitals)**을 만들면 된다.

표 2F.2는 d-오비탈을 포함하는 혼성화 방식을 요약한다. 이러한 유형의 혼성화는 에너지가 낮은 d-오비탈을 사용할 수 있는 3주기 및 이후 주기의 원소에서만 가능하다.

원자가 결합 이론에는 초원자가 화합물을 설명하는 다른 방법이 있다. 먼저 Topic 2C의 Lewis 방식과 같은 $(SF_4)^{2-}(F^+)_2$로 SF_6을 고려해 보자. 이 방식은 팔전자계 형성을 완전히 만족하며, 황의 d-오비탈을 사용하지 않고도 모든 원자가 전자를 수용할 수 있다. $(SF_4)^{2+}$의 4개 F 원자는 황 s- 및 p-오비탈로 만들어진 혼성 오비탈의 σ-결합에 의해 부착된다. 이러한 혼성 오비탈은 다양한 형태를 가질 수 있다. 예를 들어, 두 개는 *z*-축을 따라 반대 방향으로 놓여 있는 sp-혼성 오비탈이고, 두 개의 혼성화되지 않은 p-오비탈은 적도 평면에 있다(그림 2F.12). 그것들은 모두 정팔면체 위치에 있는 4개의 원자와 적당히 중첩되어 있다. 두 개의 F^- 이온은 나머지 정팔면체 위치를 차지한다. 어느 두 개의 F 원자가 실제로 이온으로 존재하는지 식별하는 것은 불가능하므로 서로 다른 에너지의 15가지 형태(15는 6개의 원자 중 2개의 원자를 선택하여 F^- 이온으로 만드는 방법의 수)가 공명에 기여할 수 있다. 분자 자체는 4개의 공유 σ-결합과 2개의 이온 결합을 갖는 이온–공유 공명 혼성으로 묘사되며, 공명은 모든 연결을 동일하게 만든다. 15개 구조 모두 에너지에 따라 다양한 정도로 기여한다. 공명 구조의 공유 결합 수는 평균 4개이며, 6개의 F 원자가 공유하므로 평균 결합 차수는 $\frac{2}{3}$이다.

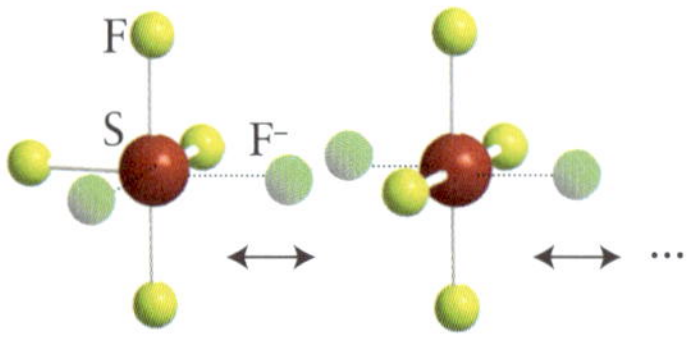

그림 2F.12 SF_6의 구조는 $(SF_4^{2+})(F^-)_2$ 형태의 15개 구조 사이의 공명으로 설명할 수 있으며, 그중 두 개를 표시하였다. 이들 구조 중 12개는 *cis* 위치에 F^- 이온을 가지고 있으며, 나머지 3개는 *trans* 위치에 F^- 이온을 가지고 있다.

d-오비탈 방법과 이온–공유 공명 방법 중 어느 것이 더 좋은가? 이 질문은 d-오비탈이 초원자가 화합물의 결합에 기여하는 정도를 평가하기 위한 계산으로 답할 수 있다. 원자가 결합 이론에서는 해결되지 않았지만 Topic 2G에서 다루는 분자 오비탈 이론이 이에 대한 답을 제공한다.

초원자가 화합물의 결합은 두 가지 방법으로 다룰 수 있다. d-오비탈을 사용하는 혼성화 방식과 이온–공유 공명을 사용하는 방식이다.

2F.4 다중 결합의 특성

Lewis 모형에 따르면 일부 분자는 원자 사이에 다중 결합을 갖고 있다(Topic 2B). N_2에 대한 논의처럼 VB 이론은 σ-결합과 π-결합의 형성을 허용하여 다중 결합을 설명한다. 이 개념은 다원자 분자로 쉽게 확장된다. 에텐의 패턴 $CH_2{=}CH_2$는 다른 탄소–탄소 이중 결합을 설명하는 데 사용된다.

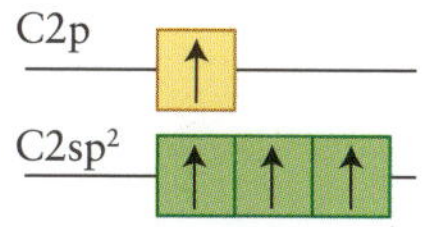

9 sp^2 혼성 탄소

실험 자료에 의하면 에텐의 여섯 개의 원자 모두가 한 평면에 위치하고, 결합각은 거의 120°이다. 120°의 결합각은 각 탄소 원자가 삼각 평면의 전자 배열을 하고, sp^2 혼성임을 말한다(**9**). C 원자의 혼성 오비탈 세 개는 각각 한 개의 결합할 수 있는 전자를 가지며, 네 번째 원자가 전자는 sp^2 평면에 수직인 혼성에 참여하지 않은 2p-오비탈에 있다. 두 탄소 원자는 서로 sp^2 혼성 오비탈이 겹쳐진 π-결합을 이룬다. H 원자는 sp^2 혼성의 나머지 두 로브와 σ-결합을 이룬다. 비혼성 2p-오비탈의 전자는 옆으로 겹쳐져서 π-결합을 이룬다. **그림 2F.13**은 C−C σ-결합축의 위와 아래에 있는 π-결합의 전자 밀도를 보여 준다.

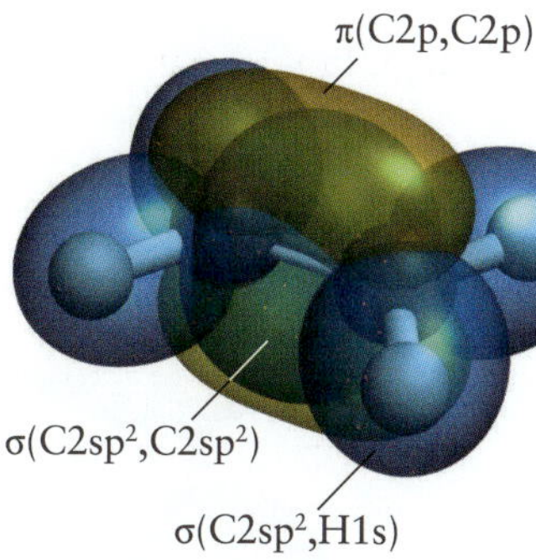

그림 2F.13 에텐(에틸렌)의 결합 형태 조감도. σ-결합들과 비혼성 C2p-오비탈들이 옆으로 겹쳐서 생긴 σ-결합 한 개를 보여 주고 있다. 이중 결합은 비틀어지는 것이 어렵다. 비틀어지려면 두 C2p-오비탈의 겹침이 줄어들어 π-결합이 약해지도록 에너지가 필요하기 때문이다. 결합 구조와 공–막대 모형을 겹쳐 그렸다.

벤젠에서 C 원자와 연결된 H 원자는 모두 동일 평면에 있고, C 원자는 육각형 고리를 형성한다. 벤젠의 Kekulé 구조의 결합을 VB 이론으로 설명하기 위해서는, 육각형 고리의 결합각 120°에 알맞는 혼성 오비탈이 필요하다(Topic 2B). 따라서 에텐처럼 각 탄소가 sp^2 혼성을 취할 것이다(**그림 2F.14**). 세 개의 sp^2 혼성 오비탈마다 한 개의 전자가 있고, 혼성 평면에 수직인 비혼성 2p-오비탈에 네 번째 전자가 있다. 이웃하는 탄소 원자들의 sp^2 혼성 오비탈이 겹쳐져서 여섯 개의 σ-결합으로 연결된 정육각형의 고리 구조를 형성한다. 탄소마다 한 개씩 남아 있는 sp^2 혼성 오비탈의 전자가 수소의 1s-오비탈과 겹쳐져서 여섯 개의 C−H σ-결합을 형성한다. 끝으로 탄소의 2p-오비탈들이 옆으로 겹쳐져서 각각의 탄소는 이웃하는 탄소들과 π-결합을 형성한다(**그림 2F.15**). 이렇게 해서 생긴 모양은 두 Kekulé 구조 중의 하나와 같아진다. 전체적인 구조는 두 Kekulé 구조의 공명 혼성이다. 이러한 공명으로 전자들은 고리 전체에 퍼져있는 π-결합을 형성하게 된다(**그림 2F.16**).

탄소–탄소 이중 결합은 분자의 한 부분이 다른 부분 주위로 회전하기 어렵게 만들기 때문에 분자의 모양에 큰 영향을 준다. 예를 들어, 에텐의 이중 결합은 비틀림 강성이 있어서 이중 결합 주위로 회전이 일어날 수 없다. 따라서 이중 결합은 전체 분자가 평면을 취하도록 한다. 그림 2F.13은 두 개의 CH_2 원자단이 같은 평면에 있을 때 두 개의 2p-오비탈의 겹침이 최대인 것을 보여 준다. 분자가 이중 결합의 축 주위로 회전하기 위해서는 일단 π-결합을 깬 후에 다시 형성해야 한다.

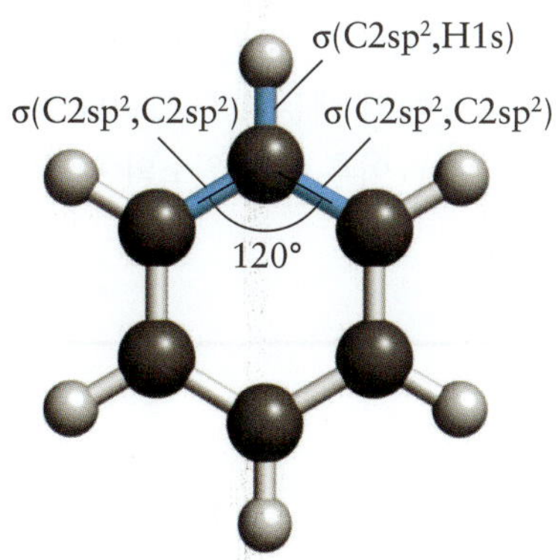

그림 2F.14 벤젠의 σ-결합 골격: 각 탄소는 sp^2 혼성이며, 오비탈들의 배열은 육각형 분자의 결합각(120°)과 일치한다. 한 탄소 주변의 결합만 표시하였다. 다른 것도 동일하다.

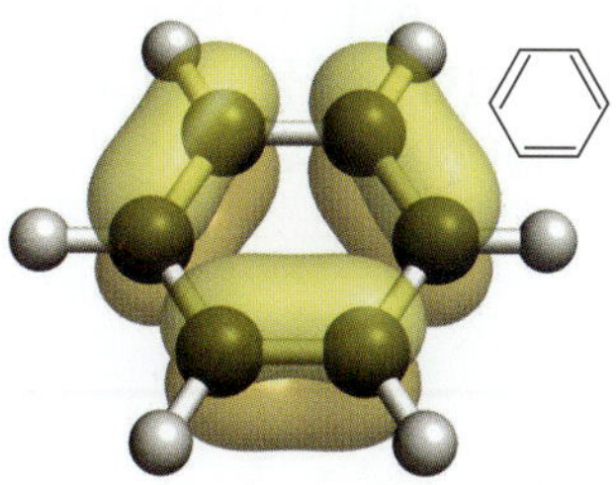

그림 2F.15 비혼성 2p-오비탈은 바로 이웃의 원자 중 하나와 π-결합을 이룬다. 두 개의 Kekulé 구조에 해당하는 두 개의 배열이 가능하다. 하나의 Kekulé 구조와 그것의 π-결합을 보여 주고 있다.

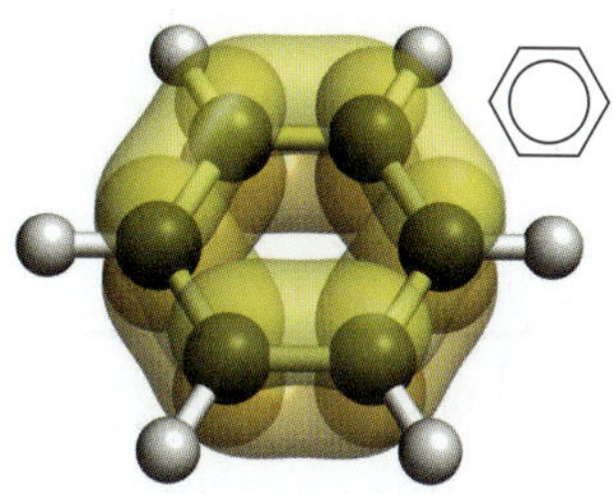

그림 2F.16 그림 2F.15에 표시한 것과 같은 두 구조 사이의 공명 혼성(두 Kekulé 구조 사이의 공명 혼성)의 결과로 π-전자들은 고리 평면의 위와 아래에 이중 도넛 형태의 구름을 형성한다.

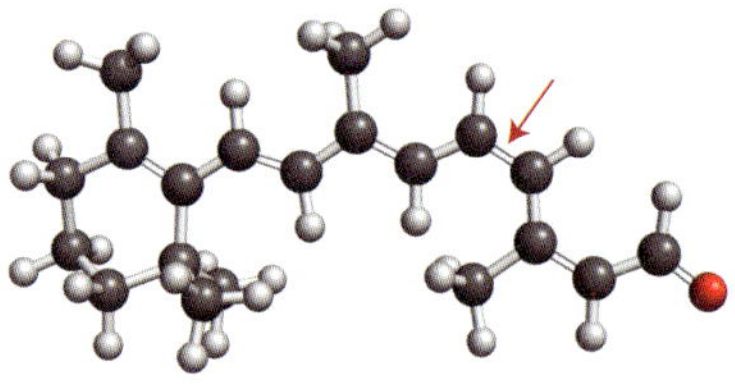

10 *cis*-레티날

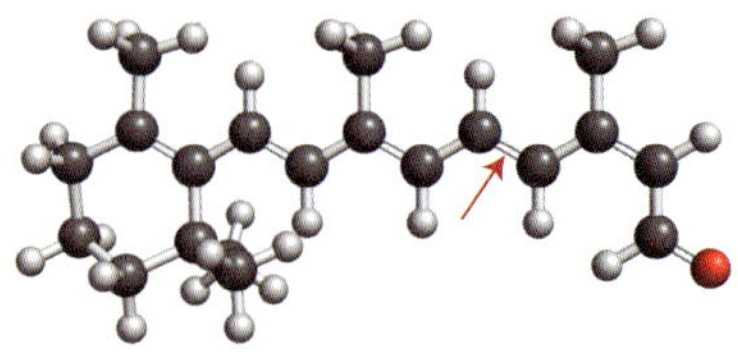

11 *trans*-레티날

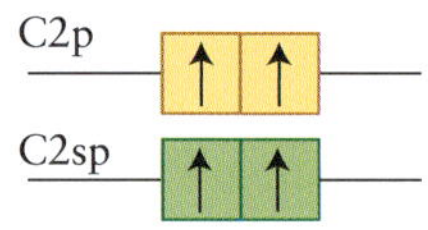

12 sp 혼성 탄소

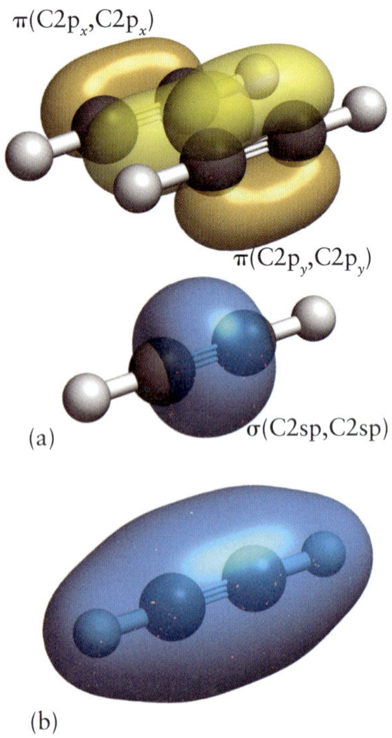

그림 2F.17 에타인(아세틸렌)의 결합 형태. 탄소 원자들은 sp 혼성이고, 각 탄소의 나머지 두 개의 p-오비탈은 두 개의 π-결합을 형성한다. (a) 결과적으로 N_2(그림 2F.5)의 구조와 매우 비슷하며, C—H 원자단들이 두 개의 N 원자를 대치한다. (b) p-오비탈들을 이용하여 두 개의 π-오비탈을 만들었지만, 전체적인 전자 밀도는 원통 대칭이다.

이중 결합의 존재와 분자 모양이 영향을 받는 것은 생명체에 지극히 중요하다. 예를 들면, 시력은 눈의 망막에 있는 레티날 분자의 모양에 의존한다. *cis*-레티날은 이중 결합으로 구조가 고정되어 있다(**10**). 빛이 눈에 들어오면 화살표로 표시한 π-결합에서 한 전자를 들뜨게 한다. 그 결과 이중 결합이 약해져서 남아 있는 σ-결합 주위로 회전할 수 있게 된다. 들뜬 전자가 다시 떨어지면 분자는 *trans*-형태를 취한다(**11**). 이 모양의 변화로 시신경을 따라 신호가 유발되고, 뇌가 시각으로 해석한다. *trans*-레티날이 다른 광학 신호를 받도록 재설정하려면 π-결합이 다시 한번 끊어져야 하는데, 이번에는 효소에 의해 끊어져야 하고 분자의 절반이 *cis* 구조로 다시 회전되어야 한다.

이제 탄소–탄소 삼중 결합을 가진 탄화수소인 알카인을 보자. 선형인 분자 에타인(아세틸렌)의 Lewis 구조는 H—C≡C—H이다. 선형 분자를 설명하기 위해 서로 180°인 두 개의 동등한 오비탈을 주는 sp 혼성 방식이 필요하다. 각 C 원자에는 두 개의 sp 혼성 오비탈에 전자가 하나씩 채워져 있고, 수직인 두 개의 비혼성 2p-오비탈에도 전자가 하나씩 있다(**12**). 두 탄소 원자의 sp 혼성 오비탈에 있는 전자들이 짝을 이루어 탄소–탄소 σ-결합을 형성한다. 나머지 sp 혼성 오비탈의 전자는 수소의 1s-전자와 짝을 지어 두 개의 탄소–수소 σ-결합을 이룬다. 수직인 두 개의 2p-오비탈은 옆으로 겹쳐져서 전자들이 짝을 이루어 서로 90°인 두 개의 π-결합을 형성한다. N_2 분자처럼 두 p-결합의 전자 밀도는 C—C 결합축에 대해 원통형을 이룬다. 생성된 결합 형태는 **그림 2F.17**에서 보여준다.

원자가 결합 이론은 탄소–탄소 이중 결합이 탄소–탄소 단일 결합보다 강하지만, 단일 결합 두 개의 합보다는 약한 이유를 설명한다(Topic 2D). 탄소–탄소 삼중 결합도 탄소–탄소 단일 결합 세 개의 합보다 약한 이유를 설명한다. 단일 결합은 σ-결합이고, 다중 결합에 추가된 결합은 π-결합이다. 결합 세기가 차이나는 이유 중의 하나는 p-오비탈들이 옆으로 겹쳐져서 만들어진 π-결합은 일직선상에서 겹쳐진 σ-결합보다 겹쳐짐이 적고, 약하기 때문이다. 옆으로 겹쳐지는 것은 3주기 이상의 원소들에서는 이중 결합이 거의 생기지 않는 것을 설명해 준다. 원자들이 너무 커서 결합을 만들 만큼 오비탈의 겹침이 강하지 못하기 때문이다. 그러나 2주기 원소인 C, N, O의 원자는 서로, 자기 자신과(특히 산소의 경우), 이후 주기 원소의 원자와 쉽게 이중 결합을 형성한다.

예제 2F.1 다중 결합이 있는 분자 구조 설명

폼산(메탄산, HCOOH)은 일련의 고분자 합성의 시작 물질이다. 폼산의 구조는 강한 고분자 사슬을 만드는 데 유용하다. 폼산 분자의 HCOOH 구조를 혼성 오비탈, 결합각, σ-와 π-결합으로 설명하시오. 탄소는 수소 하나, 말단 O 원자 하나와 —OH 기에 연결되어 있다.

예상 C 원자가 세 개의 원자와 결합되므로, 혼성 방식은 sp^2이고, 비혼성 p-오비탈이 남는다.

계획 VSEPR 모형을 이용하여 분자의 모양을 확인하고, 모양에 해당하는 혼성을 결정한다. 모든 단일 결합은 σ-결합이고, 다중 결합은 하나의 σ-결합과 하나 이상의 π-결합으로 구성되어 있다. 마지막으로 오비탈들을 겹쳐지게 하여 σ-와 π-결합을 형성한다.

풀이

Lewis 구조를 그린다.

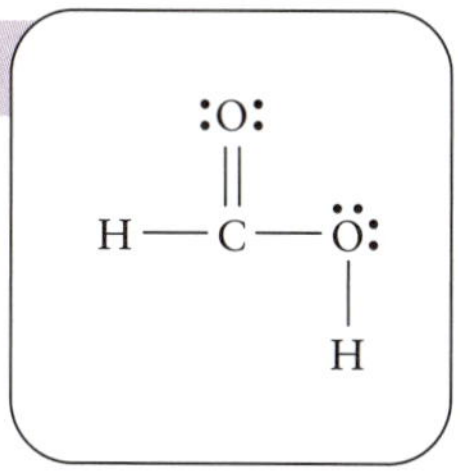

VSEPR 모형으로 중심 C와 O 원자 주위의 전자 배열을 확인한다.

C 원자는 세 개의 원자와 결합을 형성하고, 고립 전자쌍은 없으므로, 삼각 평면 구조를 가진다. —OH의 산소 원자는 두 개의 단일 결합과 두 개의 고립 전자쌍을 가지므로 정사면체 전자 배열을 이룬다.

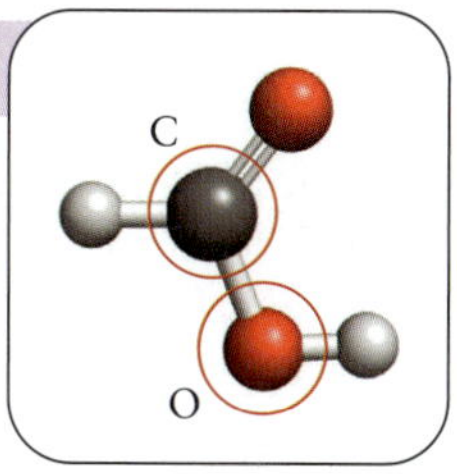

혼성과 결합각을 확인한다.

C 원자: 삼각 평면, 120° 결합각, sp^2 혼성.
—OH기의 O 원자: 정사면체, 결합각은 109.5°에 가깝다. sp^3 혼성.

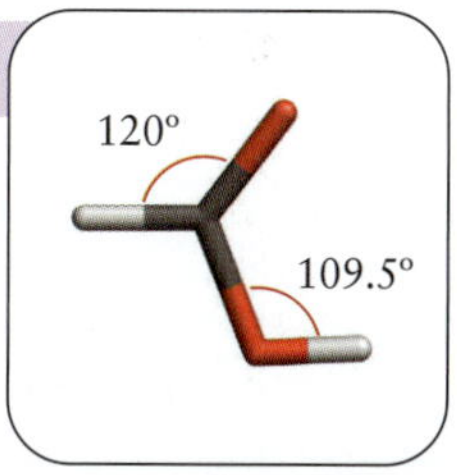

결합을 형성한다.

이웃 원자는 σ-결합으로 연결된다. π-결합은 C 원자의 p-오비탈과 말단 O 원자의 p-오비탈이 겹쳐 π-결합을 이룬다.

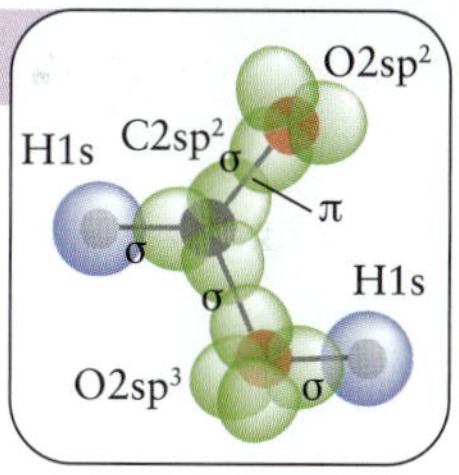

평가 예상한 대로 C 원자의 혼성 방식은 sp^2이고, 비혼성 p-오비탈이 남는다.

자습 2F.3A 아산화 탄소 분자 C_3O_2의 구조를 혼성 오비탈, 결합각 그리고 σ-와 π-결합으로 기술하시오. 원자들의 배열은 OCCCO 순이다.

[**답**: 선형, 결합각은 모두 180°, 각 탄소는 sp 혼성, 이웃한 C 또는 O 원소와 한 개의 σ-결합과 한 개의 π-결합을 형성함.]

자습 2F.3B 프로펜 분자 $CH_3—CH=CH_2$의 구조를 혼성 오비탈, 결합각 그리고 σ-와 π-결합으로 기술하시오.

관련 연습 문제 2F.21, 2F.22

공명은 단일 결합처럼 보이는 것에 이중 결합 특성을 도입할 수 있다. 분자의 한 부분이 단일 결합 주위를 회전할 수 있는 대신, 이중 결합 특성은 에텐과 같은 회전 강성을 도입한다. 특히 중요한 예는 단백질에서 발생하는데, 분자의 일부가 **펩타이드 결합(peptide bond)**, 즉 —CO—NH— 구조의 원자단으로 연결된다. 이 결합은 공명으로 가장 잘 설명된다.

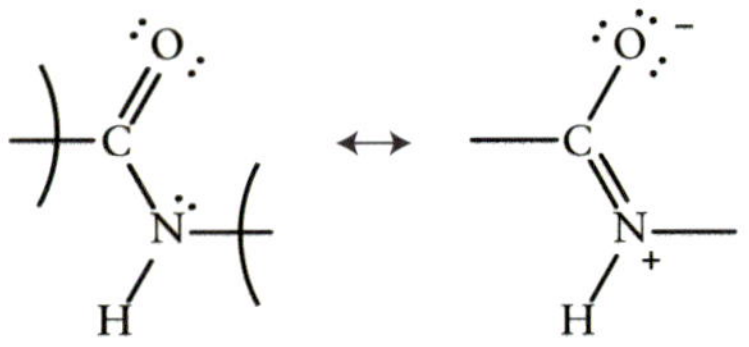

이중 결합 특성은 펩타이드 결합이 회전적으로 단단하게 만든다. 이 단단함은 수백 개, 어떤 경우에는 수천 개의 이러한 연결을 포함하는 단백질 분자의 전체 모양에 심오한 영향을 끼친다. 결과적으로 얻어지는 분자의 전체 모양은 그 기능에 핵심적이다. 실제로 일부 질병은 단백질이 잘못된 전체 모양을 가질 때 발생한다.

다중 결합에서는 한 원자가 sp나 sp^2 혼성 오비탈을 이용하여 σ-결합을 이루고, 비혼성 p-오비탈을 이용하여 하나 이상의 π-결합을 이룬다. 옆으로 겹쳐 이루어진 π-결합은 분자의 회전을 막으며, σ-결합보다 약하다. 반지름이 큰 원자는 다중 결합을 형성하기 힘들다.

이 Topic에서 배운 것은 무엇인가?

원자가 결합 이론에 의하면 공유 결합은 원자 오비탈의 전자들의 스핀이 짝을 이루고 오비탈이 겹쳐질 때 형성된다는 것을 배웠다. 공유 결합에 두 가지(σ와 π)가 있으며, 전자가 촉진되어 에너지가 증가하여도 결합의 수가 늘어 전체 에너지가 낮아지면 촉진이 일어난다. 마지막으로, 결합 형성에 대한 설명을 관찰된 분자 모양과 일치시키는 혼성화 개념과 초원자가 분자의 결합을 설명하는 두 가지 방법을 접하게 되었다.

개념과 식의 적용

- □ σ-와 π-결합을 구별하고 이중 결합과 삼중 결합을 만드는 결합의 종류도 확인한다(2F.1절).
- □ 촉진의 발생과 중요성을 설명한다(2F.2절).
- □ 원자 오비탈을 섞어서 혼성 오비탈을 만드는 것을 설명한다(2F.2절).
- □ 혼성 오비탈과 σ-와 π-결합으로 분자 구조를 설명한다(예제 2F.1).
- □ d-오비탈 혼성화 및 이온–공유 공명 모형으로 초원자가 화합물을 설명한다(2F.3절).
- □ 원자간 이중 결합의 비틀림 강성을 설명한다(2F.4절).

Topic 2F 연습 문제

$\int_{dx}^{C}$ 표시가 있는 문제는 미적분을 사용해야 한다.

2F.1 다음 혼성 오비탈의 상대적인 방향성을 논하시오.
(a) sp^3 (b) sp (c) sp^3d^2 (d) sp^2

2F.2 중심 원자에 고립 전자쌍이 없는 분자의 모양은 아래에 있는 것 중 하나가 될 수 있다. 각 중심 원자가 결합 전자쌍에 사용한 혼성 오비탈은 무엇인가?
(a) 정사면체 (b) 삼각 쌍뿔 (c) 정팔면체 (d) 선형

2F.3 다음의 분자에는 σ-결합과 π-결합이 몇 개씩 있는가?
(a) H_2S (b) SO_2

2F.4 다음의 분자에는 σ-결합과 π-결합이 몇 개씩 있는가?
(a) NO (b) N_2O

2F.5 다음 각 분자나 이온에서 빨간색 볼드체로 표시한 원자의 혼성 방식을 기술하시오. (a) **Be**Cl_2 (b) **B**H_3 (c) **B**H_4^- (d) **Si**F_4

2F.6 다음 각 분자나 이온에서 빨간색 볼드체로 표시한 원자의 혼성 방식을 기술하시오. (a) **S**F_6 (b) **Cl**O_3^- (c) **N**O_3^- (d) O**C**Cl_2

2F.7 다음 각 화학종에서 빨간색 볼드체로 표시한 원자의 혼성 오비탈을 기술하시오.
(a) **B**F_3 (b) **As**F_3 (c) **Br**F_3 (d) **Se**F_3^+

2F.8 다음 각 분자에서 빨간색 볼드체로 표시한 원자의 혼성 오비탈을 기술하시오.
(a) CH_3**C**CCH_3 (b) CH_3**N**NCH_3 (c) $(CH_3)_2$**C**$C(CH_3)_2$
(d) $(CH_3)_2$**N**$N(CH_3)_2$

2F.9 다음 화학종에서 인 원자가 사용한 혼성 오비탈을 기술하시오.

(a) PCl_4^+ (b) PCl_6^- (c) PCl_5 (d) PCl_3

2F.10 다음 각 분자에서 빨간색 볼드체로 표시한 원자의 혼성 오비탈을 기술하시오.
(a) $H_2C\mathbf{C}CH_2$ (b) $H_3C\mathbf{C}H_3$ (c) $CH_3N\mathbf{N}N$ (d) $CH_3C\mathbf{O}OH$

2F.11 각 원자가 팔전자 규칙을 만족하는 이온–공유 공명을 활용하는 PCl_5 및 PCl_6^-에 대해 각각 하나의 Lewis 구조를 제안하시오.

2F.12 각 원자가 팔전자 규칙을 만족하는 이온–공유 공명을 활용하는 XeF_5^+ 및 XeF_6에 대해 각각 하나의 Lewis 구조를 제안하시오.

2F.13 각 원자가 팔전자 규칙을 만족하는 이온–공유 공명을 활용하는 SeF_3^+ 및 SeF_6에 대해 각각 하나의 Lewis 구조를 제안하시오.

2F.14 각 원자가 팔전자 규칙을 만족하는 이온–공유 공명을 활용하는 XeO_3 및 XeO_4에 대해 각각 하나의 Lewis 구조를 제안하시오.

2F.15 흰인 P_4는 반응성이 매우 강해서 공기 중에서 폭발적으로 연소된다. P_4의 네 원자는 정사면체 구조를 이루어서 각 P 원자는 다른 세 개의 P 원자에 연결되어 있다. (a) P_4 분자의 혼성 방식을 정하시오. (b) P_4 분자는 극성인가 비극성인가?

2F.16 기체 상태에서 N_2는 매우 안정하지만, 인은 반응성이 매우 큰 P_2 분자로 존재한다. 원자가 결합 이론으로 이 차이를 설명하시오.

2F.17 아크릴로나이트릴 CH_2CHCN은 올론 같은 아크릴 섬유(폴리아크릴로나이트릴)를 제조할 때 사용한다. 아크릴로나이트릴의 Lewis 구조를 쓰고, 각 탄소 원자의 혼성 오비탈을 기술하시오. 대략적인 결합각은 얼마인가?

2F.18 제논은 모두 다 강력한 산화제인 XeO_3, XeO_4, XeO_6^{4-}를 형성한다. 그들의 Lewis 구조, 결합각과 제논 원자의 혼성 방식을 쓰시오. 어느 것이 가장 긴 Xe–O 결합 길이를 갖는지 예측하시오. 이유도 설명하시오.

2F.19 sp^3 혼성 오비탈의 결합각은 109.5°, sp^2는 120°이다. 혼성 오비탈의 s-특성이 증가하면 결합각은 증가하겠는가 또는 감소하겠는가?

2F.20 NH_2^-와 NH_2^+는 모두 꺾인형 화학종이며, NH_2^-의 결합각이 NH_2^+보다 작다. (a) 결합각들의 차이를 설명하시오. (b) x-축이 분자 평면에 수직이면 $N2p_x$ 오비탈은 각 화학종의 혼성에 참여하는지 간단히 설명하시오.

2F.21 폼알데하이드 분자 CH_2O의 구조를 혼성 오비탈, 결합각, σ-와 π-결합으로 설명하시오. C 원자가 중심에 있고, 나머지 세 개의 원자와 결합되어 있다.

2F.22 폼아마이드 분자 H_2CONH_2의 구조를 혼성 오비탈, 결합각, σ-와 π-결합으로 설명하시오. C 원자는 한 개의 H 원자, 말단 O 원자, N 원자와 결합되어 있다. N 원자는 두 개의 H 원자와 결합되어 있다.

2F.23 혼성체를 구성하는 데 사용된 원자 오비탈은 1로 정규화되었고, 서로 수직이다. (a) 두 개의 사면 혼성체 $h_1 = s + p_x + p_y + p_z$와 $h_3 = s - p_x + p_y - p_z$는 서로 수직임을 증명하시오. (b) 이 두 개의 혼성체에 수직인 나머지 두 개의 사면 혼성체를 구하시오. **힌트:** $\int \ldots d\tau$는 '모든 공간에 대해 적분'하는 것을 의미하며, $\int \psi_1\psi_2 d\tau = 0$일 때 두 파동 함수는 서로 수직이다.

2F.24 연습 문제 2F.23에서 언급한 혼성 오비탈 $h_1 = s + p_x + p_y + p_z$는 정규화되지 않았다. 모든 원자 오비탈이 1로 정규화되어 있다면 정규화 인자 N은 얼마인가? 파동 함수 ψ를 $N\psi$로 쓰고 $(N\psi)^2$의 전체 공간에 대한 적분이 1과 같아지는 인수 N을 찾으면 정규화할 수 있다.

2F.25 혼성 체의 조성을 정량적으로 서술할 수 있다. 한 개의 s-와 두 개의 p-오비탈로 이루어진 두 개의 동등한 혼성 오비탈 사이의 각이 θ이면 그 혼성 오비탈은 sp^λ로 간주할 수 있다. 이때 $\lambda = -\cos\theta/\cos^2(\frac{1}{2}\theta)$이다. H_2O에서 두 개의 O—H 결합의 혼성은 무엇인가?

2F.26 연습 문제 2F.25에 주어진 내용을 보고 한 개의 s-와 두 개의 p-오비탈로 이루어진 두 혼성 오비탈 사이의 각도에 혼성이 어떻게 의존하는지 도표를 그리고, 그 각도는 s-오비탈이 관여하지 않는 90°와 sp^2 혼성의 120° 사이에 있는 것을 확인하시오.

Topic 2G 분자 오비탈 이론

이 Topic을 왜 배우는가? 분자의 전자 구조를 기술하기 위해 가장 널리 쓰이는 양자 역학적 방법은 분자 오비탈 이론이다. 분자의 성질과 현대의 물질들을 이해하는 데 필수적이다.

무엇을 알고 있어야 하는가? 이 Topic은 원자 오비탈(Topic 1D)를 사용한다. 파동 함수에 대한 Born의 해석(Topic 1C)과 다전자 원자의 전자 구조를 기술하기 위해 쌓음 원리를 사용할 수 있어야 한다(Topic 1C). 전기 음성도의 개념도 친숙해야 한다(Topic 1F 및 2D).

분자 오비탈 이론은 Robert Mulliken, Fredrich Hund, John Slater, John Lennard-Jones가 1920년대 후반에 제안한 것으로, 화학 결합에 대해 가장 성공적으로 설명하는 이론이다. 이것은 Lewis 이론의 모든 단점(Topic 2B)을 극복하였고, 컴퓨터 계산에서 원자가 결합 이론(Topic 2F)보다 훨씬 널리 사용된다.

2G.1 분자 오비탈

Lewis와 원자가 결합 모형에서 전자는 원자나 원자쌍 사이에 편재되어 있다. **분자 오비탈 이론**(**molecular orbital theory**, MO theory)에서 전자는 분자 전체에 걸쳐 퍼져있는 **분자 오비탈**(**molecular orbitals**)이란 파동 함수로 기술된다. MO 이론에서 모든 원자가 전자는 개별 결합에 한정되지 않고 전 분자에 걸쳐 비편재(delocalization)되어 있다.

분자 오비탈은 원칙적으로 분자 전체에서 위치마다 달라지는 매우 복잡한 수학적 함수이다. 그러나 거의 모든 종류의 MO 이론은 원자가 껍질에 속한 원자의 오비탈들을 이용하여 분자 오비탈을 근사한다. 예를 들어, H_2의 분자 오비탈을 다음과 같이 원자 오비탈을 합하여 근사한다.

$$\psi = \psi_{A1s} + \psi_{B1s} \tag{1}$$

ψ_{A1s}는 한 수소 원자(A)에 중심을 둔 1s-오비탈이고, ψ_{B1s}는 다른 원자(B)에 중심을 둔 1s-오비탈이다.

파동 함수를 더하는 것을 전문 용어로 '선형 조합을 형성한다'고 하며, 식 1의 분자 오비탈과 같이 다른 원자의 원자 오비탈을 선형 조합한 것을 **원자 오비탈 선형 조합–분자 오비탈**(**linear combination of atomic orbitals-molecular orbtital**, LCAO-MO)이라고 한다. 이 상태의 분자 오비탈은 아직 전자가 채워지지 않은, 파동 함수의 조합(위의 경우에는 단순한 합)일 뿐이다. 원자 오비탈처럼 식 1의 분자 오비탈은 삼차원 공간의 각 위치에서 계산되어 값을 알 수 있는 잘 정의된 수학적 함수이다. 이 함수의 제곱은 이를 점유하는 전자의 확률 밀도이다. ψ^2이 클수록 확률 밀도가 높다. 분자 오비탈의 정확한 형태는 핵간 거리에 따라 달라지는데, 계산으로 결합 길이에 따라 모양과 해당 에너지가 어떻게 달라지는지 알아볼 수 있다.

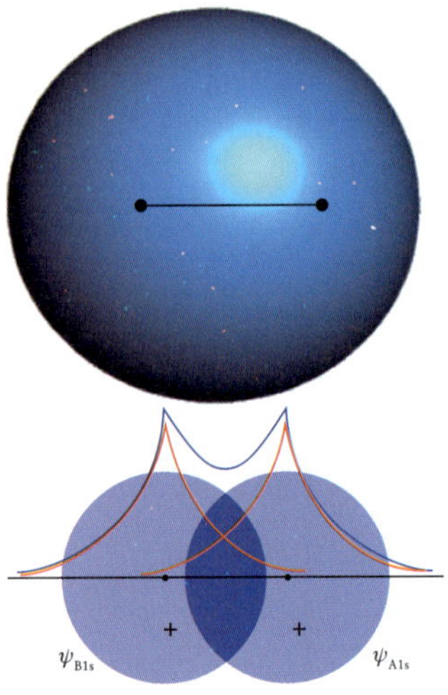

그림 2G.1 두 1s-오비탈이 같은 부호를 가지는 영역에서 겹쳐지면 그들의 파동 함수는 보강 간섭(빨간색 선)을 하여 두 핵 사이에 진폭이 증가한 영역(푸른색 선)이 발생한다.

식 1의 분자 오비탈은 개별 핵 중심의 파동(두 원자 오비탈)의 보강 간섭의 결과로 볼 수 있다. 분자 오비탈의 진폭은 원자 오비탈이 겹치는 곳에서 크고, 결과적으로 핵 사이의 영역에서 확률 밀도가 증가한다(**그림 2G.1**). 따라서 그 분자 오비탈을 점유하는 전자는 양쪽 핵에 끌린다. 핵간 거리가 매우 클 때, 전자는 사실상 하나의 원자에 위치하며 전체 에너지에 미치는 영향은 최소화된다. 두 핵이 가까워질수록 전자는 양쪽 핵 모두에 강하게 끌리게 되고, 전자가 한 원자의 원자 오비탈에 국한될 때보다 총 에너지가 낮아진다. 그러나 핵간 거리가 너무 짧아지면 핵간 반발이 이러한 끌림보다 커져서 총 에너지가 상승한다. 그런데 원자핵이 너무 가까워지기 전까지는, 단일 원자에 국한될 때보다 더 큰 부피를 차지하므로, 마치 더 큰 상자에 있는 입자처럼 더 낮은 운동 에너지를 갖는다(Topic 1C). 식 1처럼 전체 에너지가 조합하기 전의 원래 원자 오비탈보다 낮아지는 원자 오비탈의 조합을 **결합성 오비탈(bonding orbital)**이라고 한다. 이 경우, σ_{1s}로 표시하는데, σ는 핵간 축을 따라서 원자 오비탈들이 머리끼리 겹쳐지는 것을 의미한다(VB 이론의 σ-결합과 동일). 아래 첨자 1s는 어미 오비탈, 즉 형성에 사용된 원자 오비탈을 나타낸다. 즉, 두 H 원자의 1s-오비탈이다.

MO 이론의 중요한 특성 중 하나는 다음과 같다.

*N*개의 원자 오비탈을 조합하면 *N*개의 분자 오비탈이 만들어진다.

수소 분자에서 두 원자 오비탈로 LCAO-MO를 구성하면 두 개의 분자 오비탈이 된다. 두 번째 분자 오비탈은 다음과 같다.

$$\psi = \psi_{A1s} - \psi_{B1s} \qquad \textbf{(2)}$$

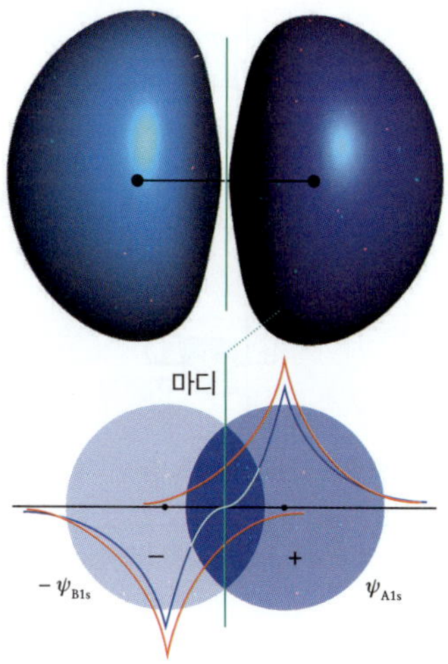

그림 2G.2 두 1s-오비탈이 반대 부호를 가지는 영역에서 겹쳐지면 그들의 파동 함수는 상쇄 간섭을 하여 두 핵 사이에 진폭이 줄어든 영역과 마디(푸른색 수직선)가 발생한다.

빼기 부호는 그들이 겹칠 때 ψ_{A1s}의 크기에서 ψ_{A1s}의 크기를 빼라는 의미이다(**그림 2G.2**). 이 뺄셈의 결과로 원자 오비탈이 완전히 상쇄되는 위치가 생긴다. 수소 분자에서 이 '마디 표면'은 두 핵 사이의 중간에 있는 평면이다. 전자가 이 오비탈을 점유하면 핵 사이의 영역에서 거의 배제되고 결과적으로 원자 오비탈 중 하나만 차지할 때보다 에너지가 더 높아진다. 식 2와 같이 원래 원자 오비탈보다 에너지가 더 높은 원자 오비탈의 조합을 **반결합성 오비탈(antibonding orbital)**이라고 한다. 이 반결합성 오비탈은 1s-오비탈에서 형성되고 σ-오비탈의 원통형 대칭 특성을 가지므로 $\sigma_{1s}{}^*$로 표시한다. 별표는 반결합성 오비탈을 의미한다.

원래의 원자 오비탈과 LCAO-MO 결합성 및 반결합성 오비탈의 상대적 에너지를 **그림 2G.3**에 있는 것처럼 **분자 오비탈 에너지 준위 도표(molecular orbital energy-level diagram)**로 도시한다. 반결합성 오비탈의 증가된 에너지는 일반적으로 해당 결합성 오비탈의 에너지 감소보다 약간 더 큰 것에 유의하자. 이것은 결합성 및 반결합성 오비탈이 에너지에 거의 같은 크기의 반대 효과를 끼치지만, 핵 사이의 반발은 각 경우 동일하고 두 오비탈 에너지를 모두 위로 밀어올리기 때문이다(**그림 2G.4**).

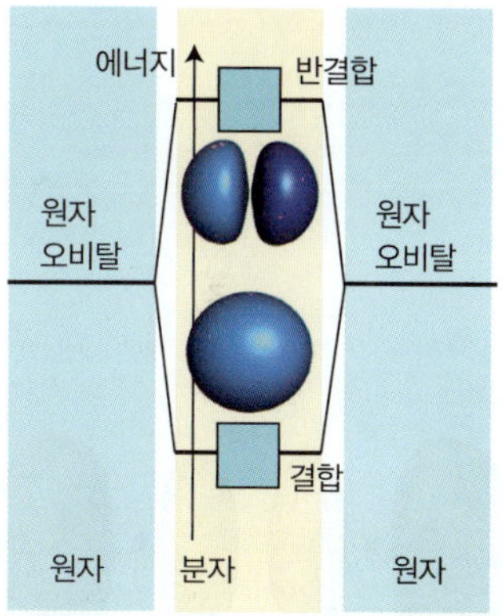

그림 2G.3 두 s-오비탈로 만들어진 결합성과 반결합성 분자 오비탈에 대한 분자 오비탈 에너지 준위 도표. s-오비탈의 다른 부호(분자 오비탈을 형성하기 위하여 어떻게 결합되었는지를 반영함)는 농담이 다른 푸른색으로 표시하였다.

분자 오비탈 이론은 다전자 원자의 전자 배치를 예측하는 데 사용하는 방법(Topic 1E)을 채택하지만 원자 오비탈이 아닌 분자 오비탈에 적용한다. 먼저, 사용 가능한 원자가 껍질의 원자 오비탈에서 만들 수 있는 모든 분자 오비탈을 만든다. 그다음, 사용 가능한 전자로 채운다. 이 경우 각 수소 원자가 전자 하나씩, 즉 모두 두 개의 전자를 제공한다. 이 두 전자는 가장 낮은 에너지 MO를 점유하는데, 이 경우 결합성 오비탈이다. MO 이론에서 σ-결합은 σ-오비탈의 전자쌍이다. 따라서 H_2의 전자 배치는 $\sigma_{1s}{}^2$이고 원자는 단일 σ-결합으로 연결된다(**그림 2G.5**). 결합성 오비탈의 존재 자체가 결합이 아니라는 점에 유의하자. 전자로 채워지면 결합이 된다.

원자의 경우와 마찬가지로, Pauli 배타 원리(Topic 1E)를 따라야 한다. 주어진 분자 오비탈에는 전자가 두 개까지만 들어갈 수 있다. 원자 오비탈과 마찬가지로, 그 두 전자는 스핀이 짝

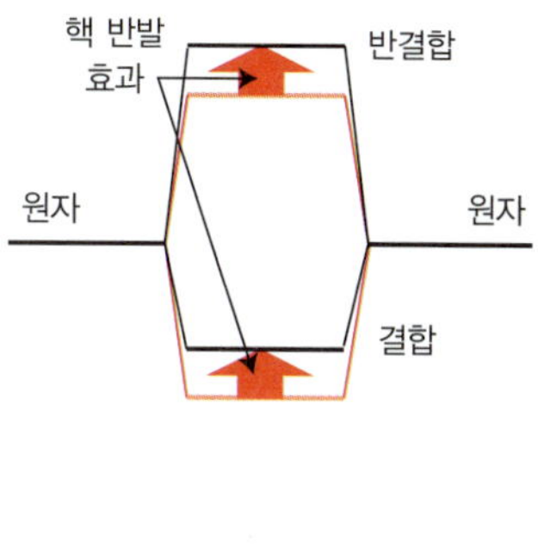

그림 2G.4 붉은 선은 핵–핵 반발을 무시했을 때 결합성 및 반결합성 오비탈의(거의 대칭적인) 에너지를 나타낸다. 반발을 고려하면, 두 오비탈의 에너지는 같은 양만큼 상승하여, 반결합성 오비탈이 결합성 오비탈이 '결합'하는 것보다 '더 반결합'한다.

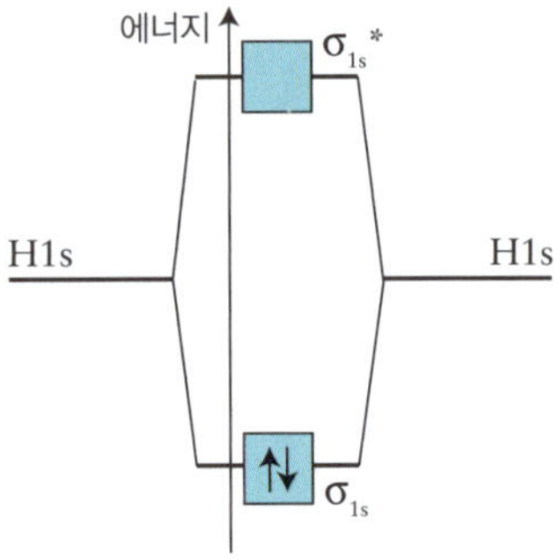

그림 2G.5 H_2 분자의 두 전자는 더 낮은 에너지의 결합성 분자 오비탈을 점유하여 안정한 분자를 이룬다.

지어야 한다. 이 원리는 Lewis가 가정해야 했던 화학 결합 형성에서 전자쌍의 중요성을 설명한다.

Pauli 배타 원리의 역할은 결코 얻지 못한 가상 분자 He_2의 경우 더욱 명확해진다. MO 이론에 따르면, He_2는, H_2의 경우와 같이 각 원자의 1s-오비탈인, 원자가 원자 오비탈로 구성된 분자 오비탈을 가지고 있다. 이 두 원자 오비탈에서 두 개의 분자 오비탈을 구성할 수 있는데, 하나는 결합성이고 다른 하나는 반결합성이다(그림 2G.3 참조). He_2의 분자 오비탈 에너지 준위 도표는 H_2와 매우 유사하지만 세부적으로(예: 두 분자 오비탈의 상대 에너지) 약간의 차이가 있다. 이제 결합을 고려해 보자. 수용해야 할 전자가 4개 있다(각 원자에서 2개). 2개가 결합성 오비탈을 가득 채운다. 다음 2개의 전자는 반결합성 오비탈에 들어간다. 따라서 전체 구성은 $\sigma_{1s}{}^2\sigma_{1s}{}^{*2}$이다. 반결합성 오비탈의 전자 2개는 결합성 오비탈의 전자 2개가 에너지를 낮추는 것보다 분자의 에너지를 더 높이기 때문에 He_2는 2개의 개별 He 원자보다 에너지가 높고 He_2는 형성되지 않는다.

분자 오비탈은 원자 오비탈을 선형 조합하여 구성한다. 원자 오비탈이 보강 간섭을 하면 결합성 오비탈을 이루고, 상쇄 간섭을 하면 반결합성 오비탈이 된다. *N*개의 원자 오비탈을 조합하여 *N*개의 분자 오비탈을 만든다.

2G.2 동핵 이원자 분자의 전자 배치

수소에 대한 MO 기법은 다른 이원자 분자의 전자 구조를 설명하기 위해 그대로 확장될 수 있다. 분자 오비탈로 동핵 이원자 분자를 기술할 때, 해당 원자 오비탈이 전자로 채워졌는지와 관계없이, 이용할 수 있는 원자가 껍질의 원자 오비탈로 가능한 모든 분자 오비탈을 구성한다. 그리고 원자 오비탈에 적용한 쌓음 원리(Topic 1E)와 같은 과정으로 분자 오비탈에 원자가 전자를 채워 넣는다. 즉,

1. 전자는 가장 낮은 에너지의 분자 오비탈에 넣고, 그 후 점점 더 높은 에너지의 오비탈에 넣는다.
2. Pauli의 배타 원리에 따라 각 분자 오비탈은 두 개까지 전자를 수용할 수 있다. 두 전자가 한 오비탈에 있으면 반드시 짝(↑↓)을 이룬다.
3. 같은 에너지를 갖는 분자 오비탈이 두 개 이상 있으면 전자는 하나씩 들어가고 스핀은 평행이 된다(Hund 규칙).

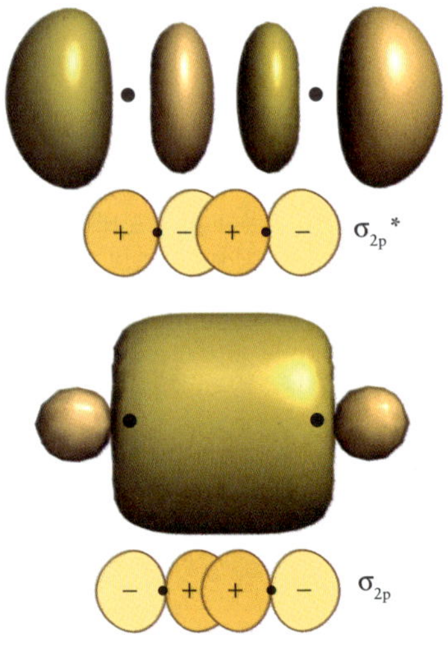

그림 2G.6 두 p-오비탈이 겹쳐져서 결합성(아래)과 반결합성(위) σ-오비탈을 이룬다. 반결합성 조합은 결합축에 수직인 핵간 마디가 있는 것을 유의하자. 두 핵을 통과하는 마디는 어미 p-오비탈의 마디이다.

2주기 원자는 원자가 껍질에 2s-와 2p-오비탈을 가지므로, 이 원자 오비탈의 중첩으로 분자 오비탈을 만든다. 전체 8개의 원자 오비탈(각 원자는 하나의 2s-와 세 개의 2p-오비탈 제공)이 있으므로 8개의 분자 오비탈을 이룬다. 2개의 2s-오비탈은 겹쳐 2개의 σ-오비탈, 결합성 오비탈(σ_{2s}*-오비탈) 하나와 반결합성 오비탈(σ_{2s}*-오비탈) 하나를 형성한다. 이 오비탈들은 H_2의 σ_{1s}-와 σ_{1s}*-오비탈과 비슷하다. 6개의 2p-오비탈(각 원자에서 3개씩)은 나머지 6개의 분자 오비탈을 형성한다. 이들은 두 가지 뚜렷이 다른 방식으로 중첩된다. 핵간 축을 따라 서로 마주보는 2개의 2p-오비탈은 중첩되어 원통형 대칭의 분자 오비탈 2개를 형성한다(**그림 2G.6**). 하나는 결합성 오비탈(σ_{2p})이고 다른 하나는 반결합성 오비탈(σ_{2p}*)이다. 핵간 축에 수직인 각 원자의 2p-오비탈 2개는 옆으로 겹쳐서 결합성과 반결합성 'π-오비탈'을 형성한다(**그림 2G.7**). π-오비탈이라고 불리는 이유는 핵간 축을 따라 볼 때 p-오비탈과 비슷하기 때문이다(VB 이론에서도 π-결합에 대해 유사한 표기법을 사용한다). 각 원자에는 핵간 축에 수직인 2p-오비탈이 2개 있으므로 총 4개의 오비탈이 있다. 따라서 중첩으로 4개의 분자 오비탈(2개의 결합성

π_{2p}-오비탈과 2개의 반결합성 π_{2p}*-오비탈)이 형성된다.

이제 가장 흔한 유형의 분자 오비탈인 σ-오비탈과 π-오비탈에 대해 배웠다. 보다 이론적으로는, 이러한 오비탈은 핵간 축에 대한 대칭성으로 정의된다.

- **σ-오비탈**은 원통형 대칭성의 핵간 축을 포함하는 마디 평면이 없는 분자 오비탈이다.
- **π-오비탈**은 핵간 축을 포함하는 마디 평면이 한 개 있는 분자 오비탈이다.

두 유형의 오비탈 모두 결합성이거나 반결합성일 수 있다. 결합성 오비탈은 상쇄 간섭으로 인해 발생하는 핵간 마디가 없지만 반결합성 오비탈에는 있다.

그림 2G.8은 리튬에서 질소까지 2주기 원소의 동핵 이원자 분자의 분자 오비탈 에너지 준위 순서를 보여준다. 산소와 플루오린, O_2와 F_2는 **그림 2G.9**에 표시된 것처럼 다른 순서를 가지고 있다. 이 차이는 원자 오비탈의 에너지 차이로 인한 것이다. 첫째, 각 O와 F 원자는 가림 효과를 일으키는 전자가 많아서 2p-오비탈은 2s-오비탈보다 에너지가 상당히 높다. 따라서 σ-오비탈은 두 원자의 2s-오비탈로 개별적으로 만들 수 있다. 2주기 앞쪽의 원소의 원자는 전자의 수가 적다. 따라서 가림 효과가 약하므로 2s-와 2p-오비탈의 에너지가 비슷하다. 그 결과 2s-와 2p-오비탈을 개별적으로 다루지 못하고, 4개의 원자 오비탈을 한꺼번에 조합하여 4개의 s-오비탈을 만들어야 한다. 자세한 계산을 하지 않으면 4개의 오비탈들의 에너지 준위 순서를 알기가 어렵지만, 계산 결과는 그림 2G.8과 같다. 분자 오비탈에 대해 예측된 에너지는 실험적으로 검증할 수 있다(**화학 이야기 2G.1**).

일단 어떤 분자 오비탈이 있는지 알면 두 원자가 제공한 모든 원자가 전자를 수용하기 위해 쌓음 원리를 이용하여 분자의 바닥 상태 전자 배치를 구성할 수 있다. 예를 들어, N_2를 생각해 보자. 질소 원자의 전자 배치는 $[He]2s^22p^3$이므로 각 원자는 5개의 원자가 전자를 제공한다. 따라서 그림 2G.8에 표시된 8개의 분자 오비탈에 총 10개의 전자를 채워야 한다. 2개는 σ_{2s}-오비탈을 채운다. 다음 2개는 σ_{2s}*-오비탈을 채운다. 그 다음은 2개의 π_{2p}-오비탈에 4개의 전자를 채운다. 그러면 마지막 두 전자는 σ_{2p}-오비탈에 들어간다. 따라서 바닥 배치는 다음과

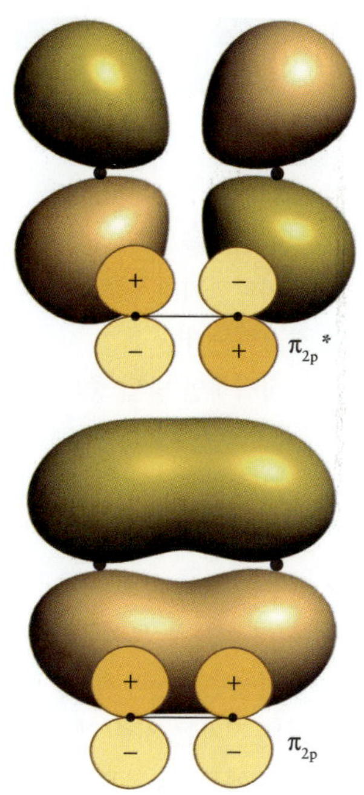

그림 2G.7 두 p-오비탈은 옆으로 겹쳐 결합성(아래)과 반결합성(위) π-오비탈을 이룬다. 후자는 두 핵 사이에 마디 평면을 가진 것을 유의하자. 두 오비탈은 두 핵을 통과하는 마디 평면을 가지며, 핵간 축을 따라서 보면 p-오비탈처럼 보인다.

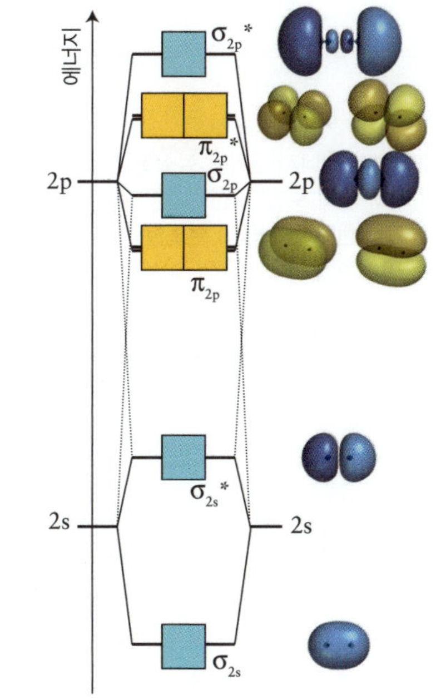

그림 2G.8 Li_2에서 N_2까지의 동핵 이원자 분자의 전형적인 분자 오비탈 에너지 준위 도표. 각 상자는 한 개의 분자 오비탈에 해당하며, 전자를 두 개까지 수용할 수 있다.

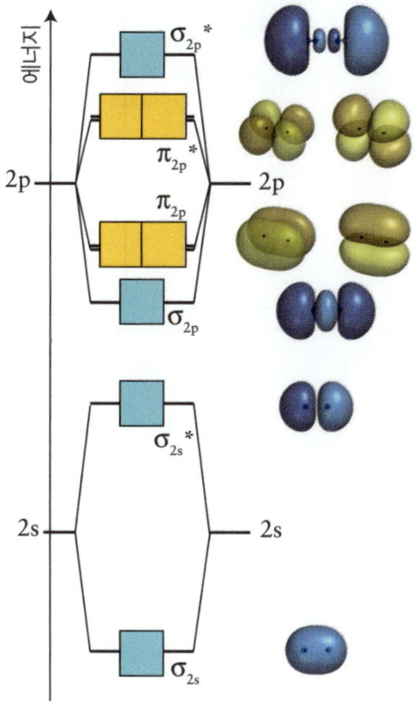

그림 2G.9 2주기 오른쪽, 특히 O_2나 F_2 같은 동핵 이원자 분자의 전형적인 분자 오비탈 에너지 준위 도표.

화학 이야기 2G.1 분자 오비탈의 에너지를 어떻게 아는가?

오비탈의 에너지는 컴퓨터 소프트웨어로 Schrödinger 방정식을 풀어 계산한다. 현재의 상용 소프트웨어는 매우 잘 만들어져서 화합물의 이름을 치거나 화면에 그리는 것처럼 쉽다. 그러나 이 값들은 어디까지나 이론치이다. 어떻게 오비탈 에너지를 실험적으로 결정하는가?

가장 직접적인 방법 중의 하나가 광전자 분광법(photoelectron spectroscopy, PES)으로, 광전 효과를 이용한다(Topic 1B). 광전자 분광기(첫째 그림 참조)는 고주파 복사선원을 가지고 있다. 분자들에 자외선이 흔히 사용되지만, 고체의 깊숙한 내부 오비탈을 측정하기 위해 X-선도 사용된다. 이 두 가지 빛의 광자는 에너지가 매우 커서 분자 오비탈을 점유하는 전자를 방출시킬 수 있다.

빛의 진동수를 ν라 하면 광자의 에너지는 $h\nu$이다. 분자 오비탈에 있는 전자는 기준 에너지 0(전자가 분자로부터 멀리 떨어져 있는 상태)에서 $E_{오비탈}$만큼 아래의 에너지를 갖는다. 전자와 충돌한 광자가 최소한 $E_{오비탈}$ 이상의 충분한 에너지를 공급하면 분자로부터 전자를 빼낼 수 있다. 광자의 나머지 에너지는 $h\nu - E_{오비탈}$이고, 이것은 탈출한 전자의 운동 에너지 E_k로 변환된다.

$$h\nu - E_{오비탈} = E_k$$

분자에 쪼여 준 빛의 진동수는 알고 있으므로, 탈출 전자의 에너지 E_k를 측정하면 이 식을 풀어 오비탈 에너지 $E_{오비탈}$을 알 수 있다.

탈출 전자의 운동 에너지는 $E_k = \frac{1}{2}m_e v^2$이므로, 속력 v에 의존한다(**기초 지식** A). 질량 분석기가 이온의 v를 측정한 것처럼(기초 지식 B), 광전자 분광기는 전자의 v를 측정한다. 이 방법에서 전자가 전기장이나 자기장 영역을 통과하면, 진로가 꺾인다. 장의 세기가 변하면 검출기에 도달해 신호를 줄 때까지 전자의 오비탈도 변한다. 신호를 얻는 데 필요한 장의 세기로부터 주어진 오비탈에서 탈출한 전자의 속력을 알 수 있다. 속력으로부터 전자의 운동 에너지를 계산하면 전자가 방출된 오비탈의 에너지를 알 수 있다.

질소의 광전자 스펙트럼이 두 번째 그림에 있다. 각각의 선들은 다른 에너지의 오비탈에서 탈출한 전자에 해당한다. 상세히 분석하면 그 스펙트럼이 정성적인 구조를 잘 나타내는 것을 알 수 있다(**1**의 그림처럼).

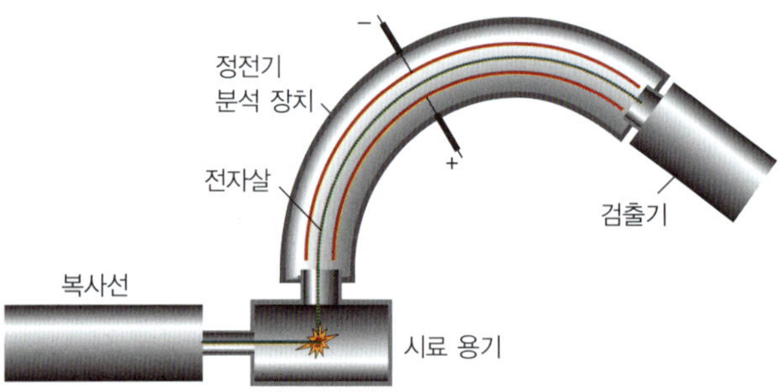

광전자 분광기 구조

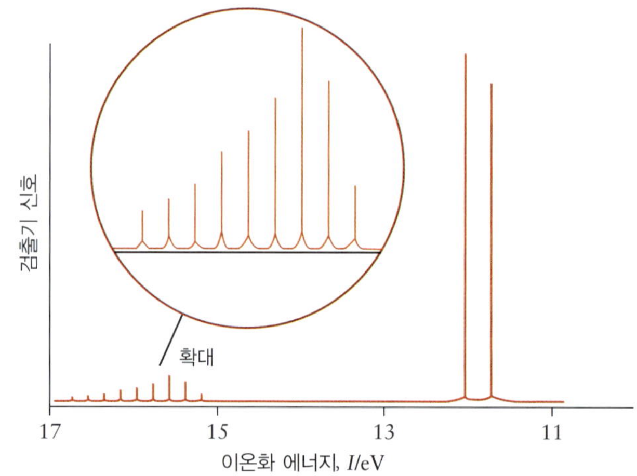

질소(N_2)의 광전자 스펙트럼에 여러 에너지 준위에 질소 분자의 전자가 있는 것을 나타내는 여러 개의 선이 보인다. 선들의 각 주요 집합들은 분자 오비탈의 에너지에 해당한다. 전자들이 탈출할 때 분자 진동의 들뜸으로 일부 선에 조그마한 선들이 첨가되어 '미세 구조'를 보인다.

같다.

$$N_2: \sigma_{2s}{}^2\sigma_{2s}{}^{*2}\pi_{2p}{}^4\sigma_{2p}{}^2$$

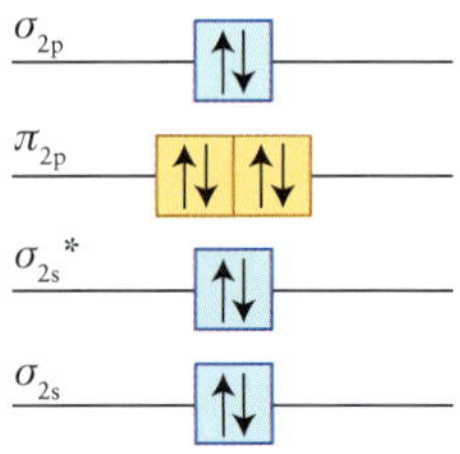

1 질소, N_2

이 배치는 (**1**)에 상자로 표시한 분자 오비탈에 화살표를 채워서 나타내었다.

언뜻 보기에 N_2를 분자 오비탈로 기술하는 것은 Lewis 기술(:N≡N:)과 매우 다른 것 같다. 그러나 결합 차수를 고려하면, 실제로 매우 밀접한 관련이 있다. 분자 오비탈 이론에서는 **결합 차수**(**bond order**, b)를 결합에서 반결합을 삭감한 결합의 알짜 수로 정의한다.

$$b = \tfrac{1}{2}\times(\overbrace{\text{결합성 오비탈의 전자수}}^{N_e} - \overbrace{\text{반결합성 오비탈의 전자수}}^{N_e{}^*}) \quad (3)$$
$$= \tfrac{1}{2}\times(N_e - N_e{}^*)$$

N_2에서 결합성 오비탈에 8개($N_e = 8$), 반결합성 오비탈에 2개($N_e^* = 2$)의 전자가 있어 결합 차수는, Lewis 구조가 제시한 것과 같이, $\frac{1}{2}(8-2) = 3$이다. Lewis 이론에서와 같이 결합 차수는 결합 길이 및 결합 세기와 상관관계가 있다. 따라서 결합 순서(같은 두 원자 사이)가 높을 때 결합 길이가 낮을 때보다 더 짧을 것으로 예상할 수 있다. 결합 차수가 낮은 이원자 분자는 일반적으로 결합 차수가 높은 이원자 분자보다 반응성이 더 크다. 도구상자 2G.1은 이원자 분자의 전자 배치와 결합 차수를 예측하는 방법을 보여 준다.

생각해 보기

He_2의 결합 차수는 얼마인가?

도구상자 2G.1 동핵 이원자 화학종의 전자 배치와 결합 차수를 결정하는 방법

기본 개념

*N*개의 원자가 전자의 원자 오비탈이 겹치면 *N*개의 분자 오비탈을 이룬다. 분자의 바닥 상태 전자 배치는 사용할 수 있는 분자 오비탈에 모든 원자가 전자를 채우는 쌓음 원리를 이용하여 추론한다. 결합 차수는 분자 내 결합의 알짜 수이다.

과정

1단계 얼마나 많은 전자가 있는지는 무시하고, 원자가 껍질에 있는 모든 원자 오비탈을 확인한다.

2단계 대응하는 원자가 껍질의 원자 오비탈을 이용하여 결합성 분자 오비탈과 반결합성 분자 오비탈을 구성하고, 분자 오비탈 에너지 준위 도표를 그린다(그림 2G.8, 2G.9 참조).

3단계 두 원자의 원자가 껍질에 있는 전자의 전체 수를 더한다. 만일 화학종이 이온이면 전하가 맞도록 전자 수를 조절한다.

4단계 쌓음 원리에 따라 분자 오비탈에 전자를 채운다.

5단계 결합 차수를 계산하기 위해 결합성 오비탈에 있는 전자 수에서 반결합성 오비탈에 있는 수를 빼고 2로 나눈다(식 3).

이 과정은 예제 2G.1에서 보여 준다.

예제 2G.1 동핵 이원자 분자의 바닥 상태 전자 배치 추론

화합물의 반응성을 이해하는 한 가지 방법은 결합의 세기를 확인하는 것이다. 이는 약한 결합은 쉽게 깨지기 때문이다. 결합의 세기의 한 지표는 결합 차수이다. 플루오린 분자의 바닥 상태 전자 배치를 추론하고, 결합 차수를 계산하시오.

예상 F_2의 Lewis 구조는 $:\ddot{\underset{..}{F}}-\ddot{\underset{..}{F}}:$이므로 결합 차수를 1로 예상한다.

계획 분자 오비탈 에너지 준위 도표를 만들고, 도구상자 2G.1에 나온 대로 쌓음 원리에 따라 원자가 전자를 채운다. 그 결과에 따라 결합 차수를 계산한다.

풀이

1단계 원자들의 전자 수는 일단 무시하고, 원자가 껍질의 원자 오비탈을 확인한다.

각 원자는 한 개의 2s-오비탈과 세 개의 2p-오비탈을 제공하여 총 여덟 개다.

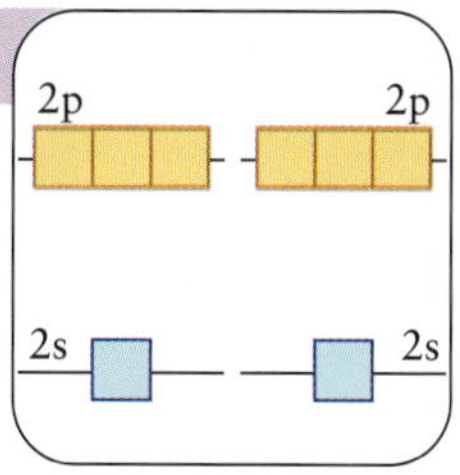

2단계 원자가 껍질 원자 오비탈을 이용하여 결합성 오비탈과 반결합성 오비탈을 만들고, 분자 오비탈 에너지 준위 도표를 그린다.

그림 2G.9 참조.

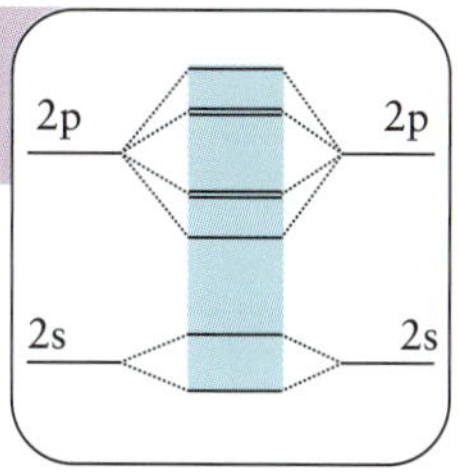

3단계 두 원자의 원자가 전자의 수를 계산한다.

$$2 \times 7 = 14$$

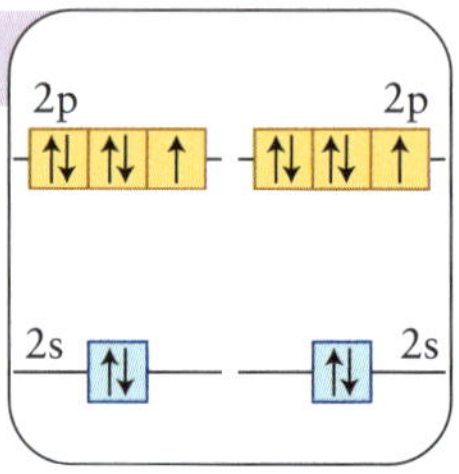

4단계 쌓음 원리에 따라 오비탈에 전자를 채워 전자 배치를 쓴다.

$$\sigma_{2s}{}^{2}\sigma_{2s}{}^{*2}\sigma_{2p}{}^{2}\pi_{2p}{}^{4}\pi_{2p}{}^{*4}$$

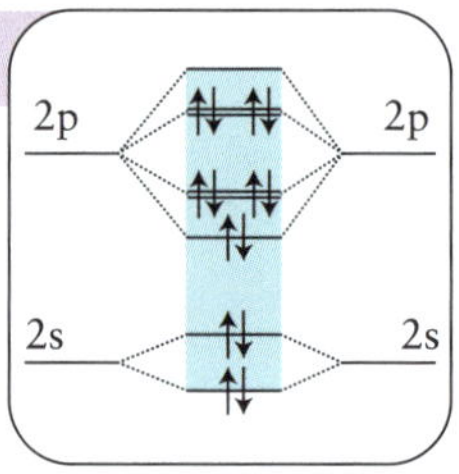

5단계 결합성 오비탈의 전자 수에서 반결합성 오비탈의 전자 수를 빼고 2로 나누어 결합 차수를 계산한다(식 3).

$$b = \tfrac{1}{2} \times \{(2+2+4)-(2+4)\} = 1$$

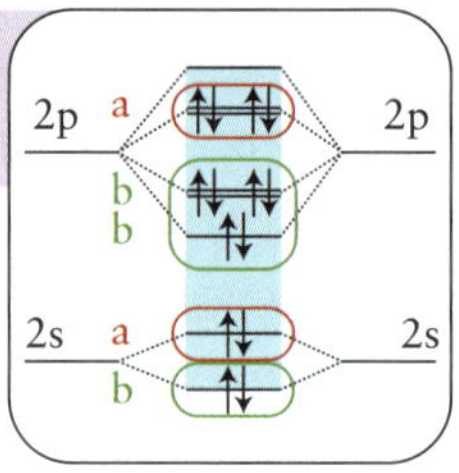

평가 예상한 대로 F_2는 Lewis 구조와 일치하는 단일 결합 분자이며, 결합이 약하고 분자가 매우 반응성이 있다는 것은 놀라운 일이 아니다. 처음 10개의 전자는 N_2 배치(σ_{2p}-와 π_{2p}-오비탈의 순서는 다름)를 따르는 것을 유의하자. 나머지 4개의 전자는 반결합성 오비탈을 점유하여 결합 차수를 3에서 1로 줄인다.

자습 2G.1A $C_2{}^{2-}$ 이온의 전자 배치와 결합 차수를 결정하시오.

[답: $\sigma_{2s}{}^{2}\sigma_{2s}{}^{*2}\pi_{2p}{}^{4}\sigma_{2p}{}^{2}$, $b = 3$]

자습 2G.1B $O_2{}^{+}$ 이온의 전자 배치와 결합 차수를 결정하시오.

관련 연습 문제 2G.1, 2G.2, 2G.11, 2G.12

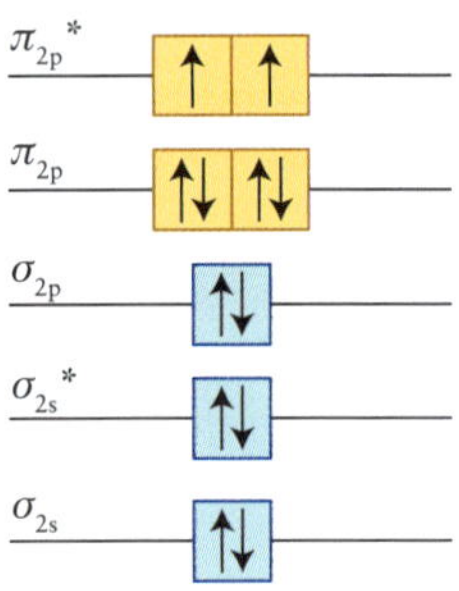

2 산소, O_2

O_2의 바닥 상태 전자 배치는 그림 2G.9의 분자 오비탈에 12개의 원자가 전자(한 원자당 6개씩)를 채워서 알아낼 수 있다. 처음의 10개 전자는 예제 2G.1의 F_2 배치를 따른다. 쌓음 원리에 따라 마지막 두 전자는 별개의 두 $\pi_{2p}{}^{*}$-오비탈에 채운다. 스핀은 평행하다. 따라서 배치는 (**2**)에 나와 있는 것처럼

$$O_2\text{: } \sigma_{2s}{}^{2}\sigma_{2s}{}^{*2}\sigma_{2p}{}^{2}\pi_{2p}{}^{4}\pi_{2p_x}{}^{*1}\pi_{2p_y}{}^{*1}$$

이다. 이 결론은 분자 오비탈 이론의 중요한 쾌거이다. 왜냐하면, 이 배치에 대해 자기적 특성 측정에 대한 중요한 실험적 시금석이 있기 때문이다. 물질은 자기장에서의 성질에 따라 분류될 수 있다. **반자성(diamagnetic)** 물질들은 자기장 밖으로 나오려는 경향이 있고, **상자성(paramagnetic)** 물질들은 자기장 안으로 들어가려는 경향이 있다. 반자성은 분자의 모든 전자가 짝지어 있다는 것을 의미하고, 상자성은 분자에 홀전자가 있다는 것을 의미한다(**화학 이야기 2G.2**). Lewis의 방법이나 원자가 결합 이론 모두 O_2가 반자성이라고 예측한다. 실제로는 MO 이론의 예측대로, 두 π^* 전자가 짝을 이루지 않아 상자성이다(**그림 2G.10**). O_2의 결합 차수는

$$b = \tfrac{1}{2}\{\overbrace{(2+2+4)}^{N_e} - \overbrace{(2+1+1)}^{N_e{}^{*}}\} = 2$$

로 Lewis 구조 $\ddot{\underset{..}{O}}=\ddot{\underset{..}{O}}$에 부합된다. 그러나 이 경우, Lewis 구조는 오해의 소지가 있는데, 이 분자의 이중 결합은 실제로 σ-결합과 두 개의 '반 π-결합'으로 구성되어 있고, 각 '반 결합'은 결합성 전자 한 쌍과 반결합성 전자 한 개로 구성되어 있기 때문이다. O_2 분자는 쌍라디칼이어서 반응성이 높다고 생각할 수 있다. 따라서 MO 이론은 Lewis 이론보다(또한 모든 전자가 쌍을 이룬다고 가정하는 VB 이론보다) O_2의 결합을 더 잘 설명한다.

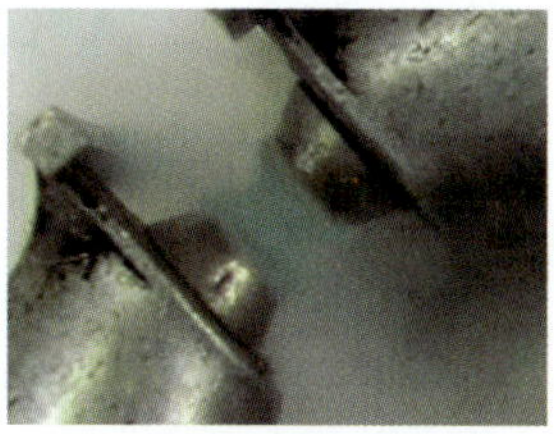

그림 2G.10 액체 산소를 자석의 두 극 사이에 부으면 산소의 상자성을 알 수 있다. 액체는 흘러내리지 않고 자석에 붙는다.(*Bob Burk/CC BY 3.0/Wikimedia Commons*)

이원자 분자의 바닥 상태 전자 배치는 두 원자의 모든 원자가 껍질의 원자 오비탈로 분자 오비탈을 이루어, 쌓음 원리에 따라 에너지가 증가하는 순으로 분자 오비탈에 원자가 전자를 채워서 추론한다.

화학 이야기 2G.2 전자가 짝을 이루지 않은 것을 어떻게 아는가?

일반적으로 물질은 대부분 반자성이다. 자기장 밖으로 나오려는 경향은 길고 가느다란 시료를 저울 한쪽에 매달고 전자석의 극 사이에 놓아 측정할 수 있다. 이 방법은 시료의 자기 성질을 측정하는 데 사용되던 기본 기술로, **Gouy 저울**(Gouy balance)이라는 것이다. 전자석이 켜지면 반자성 시료는 위로 향하고, 자기장 밖으로 나오려 하므로 자기장이 없을 때보다 가볍게 보인다. 반자성은 분자의 전자가 자기장으로부터 받는 효과에 기인한다. 자기장은 전자를 핵의 골격을 따라 돌게 한다. 전자는 전하를 띤 입자이므로 이 흐름은 분자 내부의 전류에 해당한다. 그 전류는 가해진 장에 반대로 자체 자기장을 발생시킨다. 즉, 각 분자는 적용된 자기장에서 높은 에너지에 해당하는 방향의 작은 막대자석처럼 행동한다. 시료는 에너지 증가를 최소화하기 위해 적용된 자기장 밖으로 나오려 한다.

홀전자를 가진 화합물은 **상자성**(paramagnetic)이다. 자기장 속으로 이동하려 하기 때문에, 자기장이 가해질 때 Gouy 저울에서 더 무거워지는 것으로 알아볼 수 있다. 상자성은 전자 스핀에서 발생하는데, 전자 스핀은 가해진 자기장을 따라 일렬로 정렬되는 경향이 있는 작은 막대자석처럼 행동한다. 이 경우 분자 막대자석은 가해진 자기장이 없는 경우보다 에너지가 낮고, 이렇게 일렬로 정렬될 수 있는 자석이 많을수록 에너지가 더 낮아진다. 이제 시료는 가해진 자기장으로 더 이동하여 에너지를 낮추므로 더 무겁게 보인다. 산소는 2개의 홀전자를 가지므로 상자성이다. 이 성질은 보육기 속의 산소 농도를 측정하는 데도 사용된다.

모든 라디칼은 상자성이다. d-구역 원소의 많은 화합물은 다양

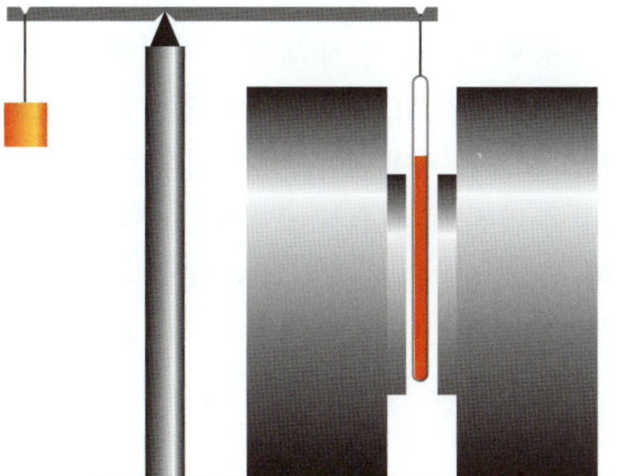

Gouy 저울은 시료가 자기장으로 들어가거나(상자성 물질) 나오려는(반자성 물질) 정도를 측정하여 자기 성질을 측정한다.

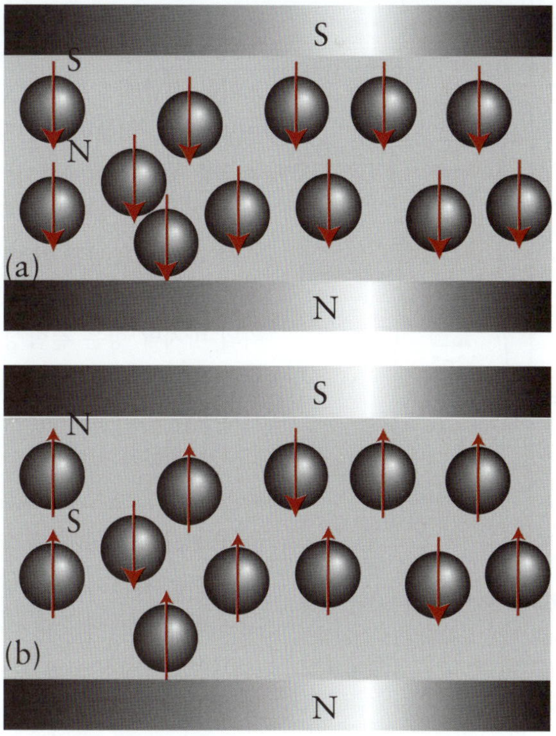

(a) 반자성 물질에서 유도된 자기는 에너지가 높은 방향으로 막대 자석이 형성되는 것과 동등하다.
(b) 상자성 물질에서 전자 스핀은 막대 자석처럼 작동하며 대부분이 에너지가 낮은 방향으로 있다.

한 수의 짝짓지 않은 d-전자를 가지므로 상자성이다. f-구역 원소도 마찬가지이다. 가돌리늄은 7개의 홀전자를 가지고 있어 자기공명 영상(MRI)에서 조영제로 매우 유용하다.

자기 성질을 측정하는 최신 기법으로 **초전도 양자 간섭 장치** (superconducting quantum interference device, SQUID)를 사용하는데, 이것은 작은 자기장에 매우 민감하여 적은 시료를 매우 정밀하게 측정한다.

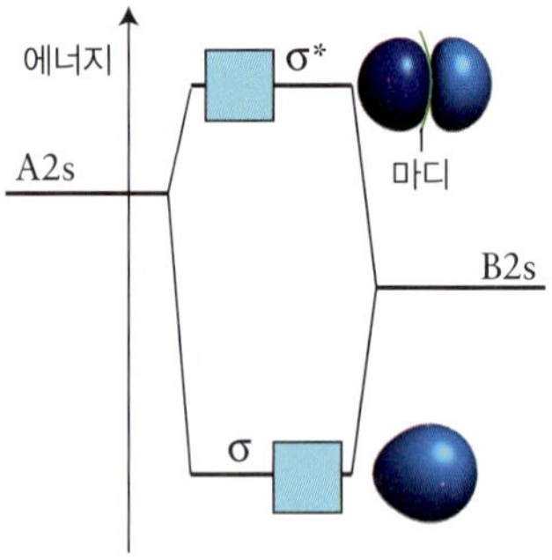

그림 2G.11 이핵 이원자 분자 AB의 전형적인 σ-분자 오비탈 에너지 준위 도표. 분자 오비탈에 대한 원자 오비탈의 상대적인 기여도는 구의 상대적인 크기와 상자의 수평 위치로 표시한다. 이 경우 두 원소 중 B의 전기 음성도가 더 크다.

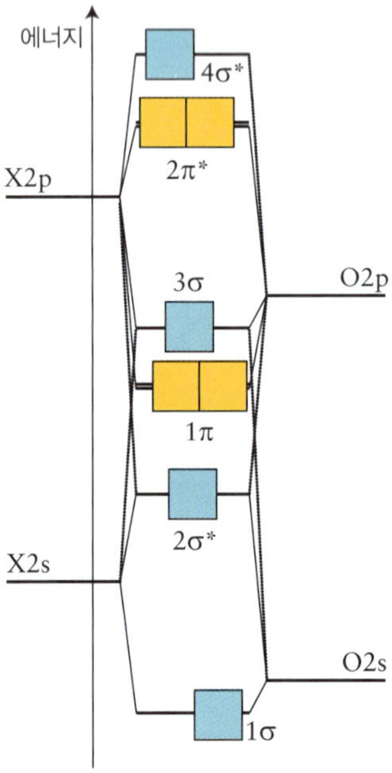

그림 2G.12 이원자 산화물 분자 XO(X=C이면 CO, X=N이면 NO)에 대한 계산 결과로 얻은 전형적인 분자 오비탈 에너지 준위 도표. σ-오비탈은 두 원자의 s-와 p_z-오비탈을 섞어서 만들었으며, 단순하게 1σ, 2σ 등과 같이 에너지가 증가하는 순서로 표지하였음에 유의하자. 상자와 표지의 수평 위치는 일반적으로 분자 오비탈에서 원자 오비탈의 비율을 나타낸다.

2G.3 이핵 이원자 분자의 결합

동핵 이원자 분자에서 두 원자는 분자 오비탈에 동등하게 기여한다. 이핵 이원자 분자, 즉 두 가지 다른 원소의 원자로 구성된 이원자 분자의 경우는 그렇지 않다. 다른 원소는 다른 전기 음성도(Topic 1F 및 2D)를 가지고 있어서, 결합에서 전자를 서로 다른 정도로 끌어당긴다. 이 차이를 수용하기 위해 식 1에서 사용된 선형 조합은 다음과 같이 변형된다.

$$\psi = c_A\psi_A + c_B\psi_B \qquad (4)$$

여기서 계수 c_A와 c_B는 가중 계수이며 반드시 같지는 않다. 파동 함수의 제곱을 확률로 해석하므로, c_A^2이 큰 경우에는 분자 오비탈이 A의 원자 오비탈과 비슷할 것이며, 전자 밀도도 A 근처에서 커질 것이다. c_B^2이 큰 경우에는 분자 오비탈이 B의 원자 오비탈과 비슷할 것이며, 전자 밀도도 B 근처에서 커질 것이다. 일반적으로 에너지가 낮은 원자 오비탈의 원자가 분자 오비탈에 주로 기여하고, 전자 밀도도 그 원자 근처에서 크다. c_A^2과 c_B^2의 상대적 크기에 따라 결합의 종류가 결정된다.

- **비극성 공유 결합**에서 $c_A^2 = c_B^2$이고, 전자쌍은 두 원자 사이에 동일하게 공유된다.
- **이온 결합**에서 한 이온(양이온)에 속하는 계수는 거의 0이다. 왜냐하면 다른 이온(음이온)이 오비탈을 점유하는 전자쌍의 전자 밀도를 거의 모두 가져가기 때문이다.
- **극성 공유 결합**에서 한 원자(전기 음성도가 더 높은 원자)에 속하는 원자 오비탈은 결합 분자 오비탈에 더 많이 기여하며, 그 오비탈을 점유하는 전자쌍은 다른 원자보다 해당 원자에 더 가깝게 발견될 가능성이 더 크다.

위의 마지막 항은 결합성 오비탈에만 적용된다. 반결합성 오비탈에 들어가는 전자의 경우에는 반대가 성립한다. 전기 음성도가 작은 원자의 기여도가 더 크다. 이 차이는 **그림 2G.11**에 도시하였다.

이핵 이원자 분자의 바닥 상태 전자 배치는 동핵 이원자 분자의 경우와 같은 방법으로 결정한다. 그러나 이 경우에는, 원자 에너지 준위의 차이와 이로 인해 형성되는 분자 오비탈의 에너지 차이를 고려한 분자 오비탈 에너지 준위 도표를 사용해야 한다. 이핵 이원자 분자의 분자 오비탈 에너지 준위 도표는 적절한 대칭성을 가진 모든 원자 오비탈이 주어진 분자 오비탈에 어떻게 기여하는지 보여 준다. 예를 들어, σ-오비탈은 원자들의 s- 및 p_z-오비탈을 조합하여 생성된 4개의 분자 오비탈(2개는 결합성, 2개는 반결합성)이다. 이들의 에너지는 추정하기 어렵지만 널리 구할 수 있는 소프트웨어를 사용하여 계산할 수 있다. 마찬가지로 각 원자에는 π-오비탈을 형성하기에 적합한 2개의 원자 오비탈(p_z- 및 p_z-오비탈)이 있어 4개의 π-오비탈(2개는 결합성, 2개는 반결합성)을 생성한다.

그림 2G.12는 CO와 NO에 대해 계산된 결과를 보여 준다. 이 도표는 동핵 이원자 분자와 같은 절차로 이러한 분자의 바닥 상태 전자 배치를 예측하는 데 사용할 수 있다. 전자가 채워진

가장 높은 에너지 오비탈의 전자 밀도에 대한 지식은 분자의 반응성을 설명할 수 있다.

예제 2G.2 이핵 이원자 분자나 이온의 전자 배치 작성

분자는 전자 배치에 따라 반응한다. 예를 들어, 이러한 방법으로 왜 일산화 탄소가 헤모글로빈의 철 원자와 강하게 결합하여 산소와의 결합을 막아 질식하게 하는지를 이해할 수 있다. 일산화 탄소 분자의 바닥 상태 전자 배치를 쓰시오.

예상 일산화 탄소의 Lewis 구조는 :C≡O:로 삼중 결합을 하므로, 결합 차수가 3인 전자 배치를 예상한다.

계획 쌓음 원리에 따라 그림 2G.12의 오비탈에 전자를 채운다.

풀이 일산화 탄소에는 모두 $4+6=10$개의 원자가 전자가 있다(C에서 4개, O에서 6개). 이것을 그림 2G.12의 오비탈에 채워 얻는 전자 배치는 다음과 같다.

$$\text{CO: } 1\sigma^2\, 2\sigma^{*2}\, 1\pi^4\, 3\sigma^2$$

평가 예상한 대로 결합 차수는 $b=\frac{1}{2}\times\{(2+4+2)-2\}=3$이다. MO의 에너지가 증가함에 따라 전자 밀도가 더 큰 원자 O에서 덜 큰 원자 C로 이동한다는 점에 유의하자. 따라서 σ-오비탈은 C 원자에 더 많은 전자 밀도를 가지므로 CO가 Fe 원자에 결합하는 것은 C 원자를 통해 일어남을 시사한다. 이 방향은 실험적으로 확인되었다.

자습 2G.2A 일산화 질소 분자의 바닥 상태 전자 배치를 쓰시오.

[답: $1\sigma^2 2\sigma^{*2} 1\pi^4 3\sigma^2 2\pi^{*}$]

자습 2G.2B 사이안화 이온 CN^-의 바닥 상태 전자 배치를 쓰시오. CN^-의 분자 오비탈 에너지 준위 도표가 CO와 같다고 가정하시오.

관련 연습 문제 2G.13, 2G.14

이핵 이원자 분자의 결합에서 전자는 불균등하게 공유된다. 전기 음성도가 큰 원소가 결합성 오비탈에 더 큰 기여를 하고, 전기 음성도가 작은 원소는 반결합성 오비탈에 더 큰 기여를 한다.

2G.4 다원자 분자의 오비탈

다원자 분자의 분자 오비탈 이론은 이원자 분자와 같은 원리를 따른다. 분자 오비탈은 분자를 형성하는 모든 원자에 퍼져있다. 결합성 오비탈의 한 전자쌍은 원자의 개별 짝뿐만 아니라 분자 전체를 함께 묶는 데 이용된다. 분자 오비탈이 이웃 원자 사이에 큰 진폭을 갖는 경우, 원자를 강하게 결합한다. 원자쌍 사이에 마디가 있는 경우, 원자를 떼어놓는 경향이 있다. 다원자 분자의 분자 오비탈 에너지는 일반적으로 핵간 마디의 수에 따라 증가한다. 최저 에너지 오비탈은 일반적으로 이웃 원자쌍 사이에 큰 진폭을 갖고 있으며, 점유되면 모든 원자를 함께 결합하는 데 기여한다. 최고 에너지 오비탈은 일반적으로 각 이웃 원자쌍 사이에 마디가 있으며 전자로 점유되면 모든 원자를 떼어놓는 경향이 있다. 다원자 분자의 분자 오비탈 에너지는 자외선 및 가시광선 분광법을 사용하여 실험적으로 측정할 수 있으며 널리 구할 수 있는 소프트웨어를 사용하여 쉽게 계산할 수 있다.

벤젠 분자 C_6H_6은 이러한 특징을 보여 준다. 총 30개의 C2s-, C2p-, H1s-오비탈(각 C 원자에서 4개, 각 H 원자에서 1개)에 기여하는 12개의 원자(6개의 C와 6개의 H)가 있다. 원자들

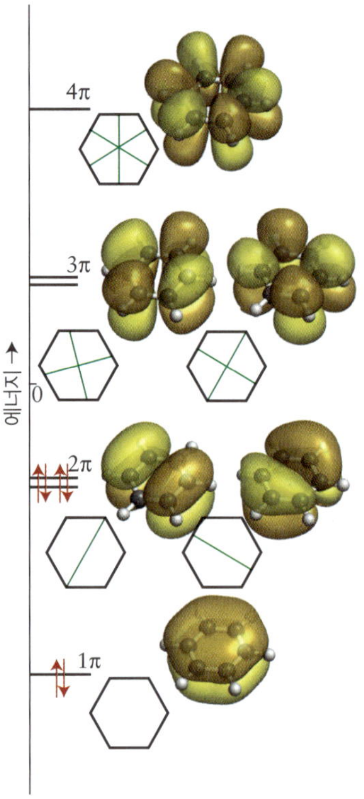

그림 2G.13 벤젠의 여섯 개의 π-오비탈. 마디의 위치를 선형 그림으로 표시하였다. 완전한 결합(핵간 마디 없음)부터 완전한 반결합(여섯 개의 핵간 마디)까지 있음을 유의하자. 에너지 0은 멀리 떨어져 있는 원자들의 전체 에너지에 해당한다. 음의 에너지를 갖는 세 개의 오비탈은 알짜 결합 특성을 가진다. 양의 에너지를 갖는 세 개의 오비탈은 알짜 반결합 특성을 가진다.

은 또한 총 30개의 원자가 전자를 제공한다. 원자가 오비탈이 30개이므로 분자 오비탈도 30개이다. 분자 오비탈의 절반만 차지하면 되고 대체로 결합 특성을 가지므로 벤젠 분자의 화학적 안정성의 기원을 알 수 있다.

벤젠 분자에 대한 설명을 단순화하기 위해 화학자들은 분자의 대칭성에 주목하는데, 고리 평면의 σ-오비탈은 평면 밖의 π-오비탈과 별도로 처리한다. 일반적으로 σ-오비탈은 VB 이론의 용어를 사용하는데, 각 원자는 sp^2 혼성화되어 이웃인 두 개의 C 원자와 한 개의 H 원자와 σ-결합을 형성한다는 관점을 취한다. 그런 다음 고리 평면에 수직인 6개의 p_x-오비탈로 조합할 수 있는 6개의 π-분자 오비탈에 초점을 맞춘다. z-축은 일반적으로 분자의 지배적인 회전축을 따라 놓이도록 고르는 것을 유의하자.

고리에 수직인 6개의 $C2p_z$-오비탈은 전체 분자에 퍼져있는 6개의 비편재 π-오비탈을 형성한다. 이러한 오비탈의 모양은 그림 2G.13에서 보여 주며, 에너지는 그림 2G.14에 표시되어 있다. 오비탈들의 특성은 핵간 마디의 수가 0(완전 결합성)에서 6(완전 반결합성)으로 증가함에 따라 알짜 결합에서 알짜 반결합으로 변한다. 각 탄소 원자는 π-오비탈에 전자 하나씩 제공한다. 2개의 전자는 에너지가 가장 낮은, 가장 강한 결합성 오비탈에 채워진다. 나머지 4개의 전자는 다음으로 높은 에너지 오비탈(같은 에너지를 갖는 오비탈 2개)에 들어간다. 그림 2G.14는 벤젠이 매우 안정한 이유 중 하나를 보여 준다. π-전자는 모두 알짜 결합 효과를 가진 결합성 오비탈에만 채워지고, 불안정한 반결합성 오비탈에는 아무것도 채워지지 않는다.

물 분자는 MO 이론에 의해 밝혀진 전자 구조를 가진 또 다른 매우 중요한 다원자 분자이다. 각 H 원자는 1s-오비탈을 제공하고, 중심 O 원자는 2s-오비탈과 3개의 2p-오비탈을 제공하여 총 6개의 원자 오비탈을 제공한다. 이러한 오비탈은 6개의 분자 오비탈을 구성하는 데 사용된다(그림 2G.15). 그림에서 볼 수 있듯이, 2개의 결합성 오비탈은 낮은 에너지에 있고, 2개의 다른 오비탈은 중간 에너지에 있고, 2개의 반결합성 오비탈은 높은 에너지에 있다. 2개의 중간 분자 오비탈은 원래 산소 원자 오비탈의 에너지와 거의 다르지 않으며, 점유될 때 에너지 변화와 결합의 존재에 거의 기여하지 않기 때문에 **비결합성 오비탈(nonbonding orbitals)**로 분류된다.

물 분자의 6개 오비탈은 이제 8개의 원자가 전자로 채워진다. 전자는 최저 에너지 오비탈을 먼저 채우므로 2개의 결합성 오비탈과 2개의 비결합성 오비탈만 채워진다. 결합성 오비탈의 4개 전자는 3개 원자를 함께 결합하고 Lewis 구조의 2개의 단일 O—H 결합에 해당한다. 비결합성 오비탈은 O 원자에 국한되고 비결합성 오비탈의 전자는 H_2O의 Lewis 구조의 2개의 고립 전자쌍에 해당한다.

다이보레인 분자 B_2H_6의 구조는 MO 이론의 또 다른 성공 사례이다. Lewis 이론은 분자가 12개의 원자가 전자(각 B 원자에서 3개, 각 H 원자에서 1개)만 가지고 있기 때문에 구조를 설명하지 못한다. 그러나 B_2H_6의 Lewis 구조는 8개의 원자를 함께 결합하기 위해 최소 7개의

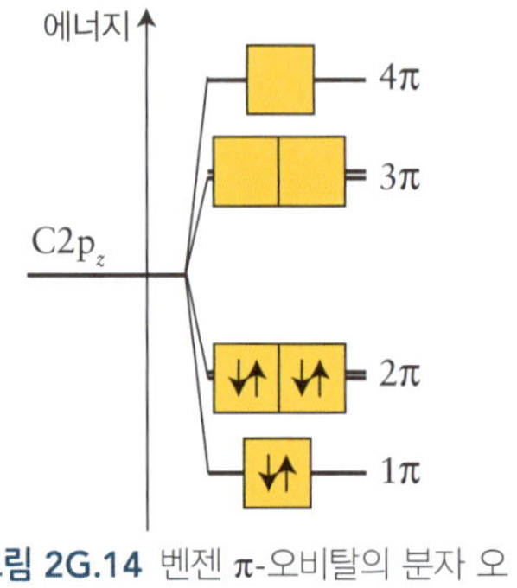

그림 2G.14 벤젠 π-오비탈의 분자 오비탈 에너지 준위 도표. 바닥 상태에서는 알짜 결합성 오비탈만 채워져 있다.

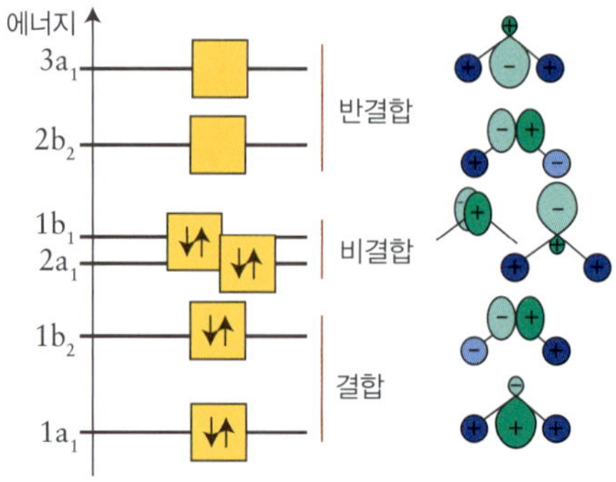

그림 2G.15 H_2O의 분자 오비탈 에너지 준위 도표. a와 b, 그리고 아래 첨자 1과 2는 구부러진 분자에 대한 일반적인 표지이다. $1a_1$과 $1b_2$ 오비탈은 결합성 오비탈이고, $2a_1$과 $1b_1$ 오비탈은 비결합성 오비탈이고, $3a_1$과 $2b_2$ 오비탈은 반결합성 오비탈이다. 오른쪽 도표는 오비탈의 구성을 보여 준다.

결합과 14개의 전자가 필요하다! 다이보레인은 유효한 Lewis 구조를 할당하기에는 원자가 전자가 너무 적은 화합물인 **전자 결핍 화합물(electron-deficient compound)**의 한 예이다. 분자 오비탈 이론은 매우 간단한 방식으로 전자 결핍 분자의 존재를 설명한다. 전자쌍의 결합 영향은 분자의 모든 원자에 분산되므로 각 원자쌍마다 한 쌍의 전자를 제공할 필요가 없다. 분자 전체에 분산된 전자쌍의 수가 적어도 모든 원자를 함께 결합할 수 있으며, 특히 핵의 전하가 크지 않아 서로 강하게 밀어내지 않는 경우에 더욱 그렇다.

분자 오비탈 이론이 해결한 또 하나의 난제는 팔전자 규칙(Topic 2C)이 허용하는 것보다 많은 결합을 형성하는 중심 원자를 가진 초원자가 화합물의 존재이다. 원자가 결합 이론에서 초원자가 분자를 설명하려면 sp^3d^2와 같은 d-오비탈 혼성화 방식이나 이온–공유 공명 모형을 사용해야 한다. 그러나 d-오비탈의 사용은 문제가 있다. 황(예를 들어)의 d-오비탈은 비교적 높은 에너지에 있고 결합에 접근하기 어려울 수 있기 때문이다. 이온–공유 공명 모형은 15개의 공명 구조를 고려해야 하기 때문에 복잡하다. 분자 오비탈 이론을 사용하면 d–오비탈이나 F^- 이온을 포함하지 않아도 SF_6의 결합을 설명할 수 있다. 즉, S 원자가 제공하는 4개의 원자 오비탈과 S 원자를 향하는 6개의 F 원자 오비탈, 총 10개의 원자 오비탈은 그림 2G.16에 표시된 에너지를 갖는 10개의 분자 오비탈을 만든다. 12개의 전자가 낮은 에너지의 오비탈로부터 결합성과 비결합성 오비탈 6개에 채워지면, d-오비탈 없이도 전체 원자들이 결합될 수 있다. 4개의 결합성 오비탈이 6쌍의 원자에 걸쳐 채워지므로 6개의 S—F 결합 각각의 평균 결합 차수는 $\frac{2}{3}$이다. 비결합성 전자는 F 원자에 국한된다는 점에 유의하자. 이는 이온–공유 공명 방식에서 F^- 이온의 존재를 반영하며, 따라서 계산에 의해 제안된 d-오비탈 참여의 부재와 함께 그 방식이 d-오비탈 혼성화 모형보다 더 좋은 이유이다.

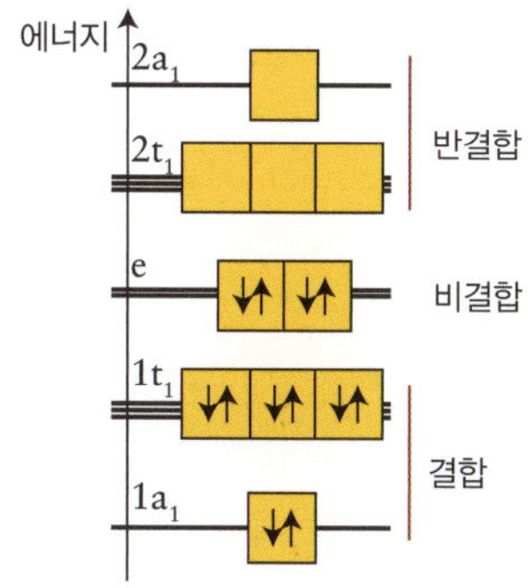

그림 2G.16 SF_6의 분자 오비탈 에너지 준위 도표. 구성 원자들에서 제공되는 12개의 원자가 전자들이 채워져 있다. a_1, e, t_1은 정팔면체 분자의 기존 표지이다. 반결합성 오비탈에는 전자가 채워져 있지 않으며, d-오비탈 없이도 알짜 결합 상호 작용을 할 수 있음을 유의하자. e-오비탈은 전적으로 F 원자에 위치한다. 이는 SF_6 분자의 $(SF_4)^{2+}(F^-)_2$ 공명 모형에서 F^- 이온이 존재하는 것과 일치한다.

분자 오비탈 이론에 의하면 다원자 분자에서 전자의 비편재화는 분자 전체에 결합 효과를 퍼지게 한다.

2G.5 결합 모형의 비교

Lewis가 화학 결합 이론을 개발할 당시 양자 역학은 아직 태동 단계였다. 이러한 이유로 그의 모형에는 오비탈과 파동 함수가 포함되지 않았다. 그러나 화학자들은 여전히 Lewis의 방법으로 화학 결합을 다룬다. 화학자들은 종종 다양한 결합 모형의 면모들을 조합하여 활용하므로 이 Focus에서 탐구하는 다양한 접근 방식의 강점과 한계를 이해하는 것이 중요하다. 표 2G.1은 Lewis 이론, 원자가 결합 이론 및 분자 오비탈 이론의 일부 특징과 핵심 개념을 요약한 것이다.

Lewis 모형은 화학 결합을 형성하는 원자 사이에 공유되는 전자쌍이라는 개념을 기반으로 한다. 마찬가지로 VB 이론은 결합의 전자가 연결된 원자 사이에 편재된 것으로 취급하는데, 주요 차이점은 VB 이론에서 결합은 원자 오비탈의 중첩으로 형성된다는 것이다. 반면 MO

표 2G.1 결합 모형의 요약

	Lewis 이론	VB 이론	MO 이론
전자 위치	편재	편재	비편재
모형 구축	원자가 전자수 계산, 결합 전자와 비공유 전자 배정각 평면	점유된 원자 오비탈로 파동 함수 구축	모든 원자 오비탈로 파동 함수 구축, 최저 에너지의 분자 오비탈부터 전자 채움
결합 성격	공명 형태 가능	공명 형태 가능	공명 형태 가능
분자 모양	VSEPR로 모양 예측	혼성 원자 오비탈 사용	최저 에너지의 모양 계산

이론은 분자의 모든 전자가 모든 원자의 결합에 기여하는 것으로 취급한다. Lewis 모형을 구축하는 첫 단계는 결합을 형성할 수 있는 전자의 수를 세는 것이다. 원자가 결합 이론은 원자 오비탈로 적절한 파동 함수를 만들고, 전자를 짝지어 결합을 형성할 전자를 식별하는 것으로 시작한다. 분자 오비탈 이론은, 일단 사용 가능한 전자를 무시하고, 빈 분자 오비탈을 구축하는 것으로 시작한다. 그런 다음 쌓음 원리에 따라 전자를 채운다. 전자쌍의 중요성은 Pauli 배타 원리의 당연한 결과로 나타나는 반면, VB 이론과 Lewis 구조에서는 전자쌍의 형성을 처음부터 가정해야 한다.

어떤 경우에는 하나의 Lewis 구조만으로는 분자의 결합을 설명하기에 충분하지 않아서, 여러 공명 구조가 필요할 수 있다. 공명은 여러 쌍의 원자에 걸쳐 결합 특성을 공유할 수 있는 VB 이론에도 포함된다. 이러한 결합 특성 공유는 전체 분자에 걸쳐 비편재화된 오비탈로 MO 이론에 반영된다. 분자 모양을 예측에서, Lewis 구조는 VSEPR 모형을 사용하여 삼차원으로 시각화할 수 있다. VB 이론이 분자의 원자가와 모양을 설명하려면 종종 촉진 및 혼성화 개념을 사용해야 한다. MO 이론에서는 혼성 오비탈을 사용하지 않으며, 점유 여부와 관계없이 모든 원자가 오비탈이 분자 오비탈에 기여한다.

실제로 화학자들은 사용 목적에 가장 적합한 가장 간단한 모형을 사용한다. Lewis 구조의 가장 큰 장점은 사용이 쉽다는 것이다. 복잡한 분자의 Lewis 구조를 빠르게 그려 결합 형태를 이해할 수 있다. Lewis 모형의 한계는 결합의 에너지에 대해서는 사실상 아무것도 알려주지 않는다는 것이다. 편재된 결합을 사용하는 VB 이론의 언어는 유기화학 및 생화학에서 널리 쓰인다. 중요한 반응에 관련될 수 있는 화학 결합에 강한 강조점을 두기 때문이다. 혼성 오비탈 방법은 C, N, O와 같은 2주기 원소에 매우 잘 맞는다. 반면, VB 이론은 다른 원소에서 문제가 발생하고 SF_6의 경우와 같이 이온–공유 공명과 같은 실험적 관찰을 설명하기 위해 복잡한 확장이 필요할 수 있다.

분자 오비탈 이론은 상당한 성공을 거두었는데, 특히 전자 결핍 화합물의 존재와 짝수의 전자를 가진 일부 분자의 상자성을 설명할 수 있었다. 단 하나의 전자라도 결합에 기여할 수 있는 분자(오비탈을 반쯤 차지하여)를 수용하는 반면, VB 이론은 본질적으로 처음부터 전자쌍에 초점을 맞춘다. 실제로 MO 이론은 고체를 포함한 확장된 시스템에 적용하기가 훨씬 쉽고, 작은 분자의 경우에도 거의 보편적으로 계산 화학에서 선택하는 시작점이다. 그러나 MO 이론은 다른 결합 모형만큼 공책에 스케치하여 사용하기 쉽지 않다는 한계가 있다. 화학을 계속 공부하면서 세 가지 접근 방식을 모두 알아 두어야 한다.

이 Topic에서 배운 것은 무엇인가?

분자 오비탈 이론에 따르면 결합은 분자의 모든 원자에 걸쳐 분포하는 파동 함수(분자 오비탈)로 설명되고 각 오비탈은 최대 2개의 전자로 채워질 수 있다는 것을 배웠다. σ-와 π-오비탈, 결합성, 반결합성 및 비결합성 오비탈의 존재도 알게 되었다. 분자의 바닥 상태의 전자 배치는 쌓음 원리를 이용하여 체계적으로 채워서 예측할 수 있다. 분자의 상자성과 전자 결핍 분자와 초원자가 분자의 존재도 MO 이론으로 설명할 수 있음도 보았다.

개념과 식의 적용

- ☐ 동핵 이원자 분자의 분자 오비탈 에너지 준위 도표를 그리고 해석한다(2G.2절).
- ☐ 2주기 이원자 분자들의 바닥 상태 전자 배치를 추정한다(도구상자 2G.1과 예제 2G.1, 2G.2).
- ☐ 원자쌍에 결합의 수를 배정하여 결합 차수를 정의하고 사용한다(예제 2G.1).
- ☐ 비편재화된 오비탈로 초원자가 화합물과 전자 결핍 화합물의 존재를 설명한다(2G.2절).
- ☐ 벤젠이나 물과 같은 다원자 분자의 결합을 분자 오비탈 이론으로 기술한다(2G.4절).

Topic 2G 연습 문제

$\int_{dx}^{C}$ 표시가 있는 문제는 미적분을 사용해야 한다.

2G.1 C_2^{n-} 이온의 바닥 상태 전자 배치가 $\sigma_{2s}^2\sigma_{2s}^{*2}\pi_{2p}^4\sigma_{2p}^2$이다. 이온의 전하와 결합 차수는 얼마인가?

2G.2 B_2^{n-} 이온의 바닥 상태 전자 배치가 $\sigma_{2s}^2\sigma_{2s}^{*2}\pi_{2p}^3$이다. 이온의 전하와 결합 차수는 얼마인가?

2G.3 HeH^- 이온이 존재하겠는가? 그렇다면 결합 차수는 얼마이겠는가? HeH^-와 HeH^+ 중 어느 것의 에너지가 더 낮겠는가? 이유도 설명하시오.

2G.4 분자 오비탈 이론은 O_2가 상자성이라고 예측한다. 2주기의 다른 동핵 이원자 분자들도 상자성이겠는가?

2G.5 다음 이원자 화학종의 분자 오비탈 에너지 준위 도표를 그리고, 결합 차수를 구하시오. (a) Li_2, (b) Li_2^+, (c) Li_2^-. 각 분자나 이온이 상자성인지 반자성인지 답하시오. 상자성이면 홀전자는 몇 개인가(화학 이야기 2G.2 참조)?

2G.6 다음 이원자 화학종의 분자 오비탈 에너지 준위 도표를 그리고, 결합 차수를 구하시오. (a) B_2, (b) B_2^-, (c) B_2^+. 각 분자나 이온들이 상자성인지 반자성인지 답하시오. 상자성이면 홀전자는 몇 개인가(화학 이야기 2G.2 참조)?

2G.7 (a) 중성 분자 F_2의 전자 배치에 근거하여 다음 화학종의 원자가 껍질 분자 오비탈의 배치를 쓰시오. (i) F_2^-, (ii) F_2^+, (iii) F_2^{2-}. (b) 각 화학종의 결합 차수를 구하시오. (c) 어느 것이 상자성인가? (d) 최고 에너지 오비탈의 전자는 σ 특성을 가지는가 아니면 π 특성을 가지는가?

2G.8 (a) 중성 분자 N_2의 전자 배치에 근거하여 다음 화학종의 원자가 껍질 분자 오비탈의 배치를 쓰시오. (i) N_2^+, (ii) N_2^{2+}, (iii) N_2^{2-}. (b) 각 화학종의 결합 차수를 구하시오. (c) 어느 것이 상자성인가? (d) 최고 에너지 오비탈의 전자는 σ 특성을 가지는가 아니면 π 특성을 가지는가?

2G.9 (a) N_2에 대한 분자 오비탈 에너지 준위 도표를 그리고, 오비탈의 유형에 따라 σ-오비탈인지 또는 π-오비탈인지, 결합성 오비탈인지 또는 반결합성 오비탈인지 표시하시오. (b) 이핵 이원자 이온인 NO^+의 오비탈 구조는 N_2와 비슷하다. N의 전기 음성도가 O와 다른 것이 N_2에 비해 NO^+의 분자 오비탈 에너지 준위 도표에 어떻게 영향을 미치는가? 이 사실을 이용하여 NO^+의 에너지 준위 도표를 그리시오. (c) 최고 에너지 분자 오비탈에서 전자들은 N 또는 O 어느 쪽에 있을 가능성이 높은가? 그 이유를 설명하시오.

2G.10 (a) 어떻게 분자 오비탈 이론으로 이온 결합과 공유 결합을 모두 설명할 수 있는가? (b) Topic 2D에서 결합의 이온 특성은 전기 음성도와 관련이 있다고 배웠다. 전기 음성도가 분자 오비탈 에너지 준위 도표에 어떻게 영향을 끼쳐서 결합이 이온성이 되는가?

2G.11 원자가 껍질의 전자 배치와 결합 차수를 쓰시오.
(a) B_2 (b) Be_2 (c) F_2

2G.12 원자가 껍질의 전자 배치와 결합 차수를 쓰시오.
(a) O_2^{2-} (b) N_2^- (c) C_2^{2-}

2G.13 CO와 CO^+의 원자가 껍질 전자 배치와 결합 차수를 쓰시오. 어느 화학종의 결합이 더 강한가?

2G.14 NO와 NO^+의 원자가 껍질 전자 배치와 결합 차수를 쓰시오. 어느 화학종의 결합이 더 강한가?

2G.15 다음 중 어느 것이 상자성인가? (a) B_2, (b) B_2^-, (c) B_2^+. 상자성인 것의 홀전자는 몇 개인가?

2G.16 다음 중 어느 것이 상자성인가? (a) N_2^-, (b) F_2^+, (c) O_2^{2+}. 상자성인 것의 홀전자는 몇 개인가?

2G.17 다음 각 쌍의 결합 차수를 계산하고, 어느 것이 더 강한 결합인지 예측하시오.
(a) F_2 또는 F_2^- (b) B_2 또는 B_2^+

2G.18 다음 각 쌍의 결합 차수를 계산하고, 어느 것이 더 강한 결합인지 예측하시오.
(a) C_2 또는 C_2^- (b) N_2 또는 N_2^-

2G.19 원자가 껍질 전자 배치에 근거하여 다음 화학종 중에서 이온화 에너지가 가장 작은 것을 찾으시오.
(a) C_2^+ (b) C_2 (c) C_2^-

2G.20 원자가 껍질 전자 배치에 근거하여 다음 화학종 중에서 전자 친화도가 가장 큰 것을 찾으시오.
(a) Be_2 (b) F_2 (c) B_2^+ (d) C_2^+

$\int_{dx}^{C}$ **2G.21** 일반적으로 적분 $\int\psi^2 d\tau=1$인 '정규화된(normalized)' 파동 함수를 취급하는 것이 편하다. 식 1의 결합성 오비탈은 정규화되지 않았다. $(N\psi)^2$의 적분이 1이 되는 조건의 인자 N을 찾아 $N\psi$로 표기하면 파동 함수 ψ는 정규화된 것이다. 각 원자 오비탈이 정규화되었을 때 식 1의 결합성 오비탈을 정규화할 수 있는 인자 N을 찾아 '겹침 적분' $S=\int\psi_{A1s}\psi_{B1s}d\tau$로 나타내시오.

$\int_{dx}^{C}$ **2G.22** 식 2의 반결합성 오비탈은 정규화되지 않았다(연습 문제 2G.21 참조). 각 원자 오비탈을 1로 정규화하기 위한 정규화 인자 N을 겹침 적분 $S=\int\psi_{A1s}\psi_{B1s}d\tau$로 나타내시오. 결합성 오비탈과 반결합성 오비탈이 서로 수직임(두 파동함수의 곱의 적분 값이 0임)을 증명하시오.

다음의 예제와 연습 문제는 Focus 2의 전반적인 내용을 다룬다.

FOCUS 2 통합 예제

재료화학 연구실에서 광기억 소자에 사용할 유기-무기 혼성 재료를 연구하고 있다. 2,4,6-트라이메틸피리디움 인산이수소가 유용할 가능성이 있어서, 이 재료의 구조에 대해 좀 더 알아보기로 하였다.

(a) 인산이수소염 $H_2PO_4^-$의 Lewis 구조를 그리시오(P가 중심 원자이고 두 O 원자에 H 원자들이 붙어 있다).

(b) 음이온의 모양은 어떠한가(H 원자는 무시)? O—P—O과 HO—P—OH의 결합각을 예측하시오.

(c) 양이온(**1**)은 벤젠(Topic 2F)과 비슷한 구조를 가지고 있는데, 탄소 원자 하나가 질소로, 세 개의 수소 원자가 메틸기 ($-CH_3$)로 대체되었다. Lewis 구조를 그리고, 탄소와 질소 원자의 혼성을 표시하시오.

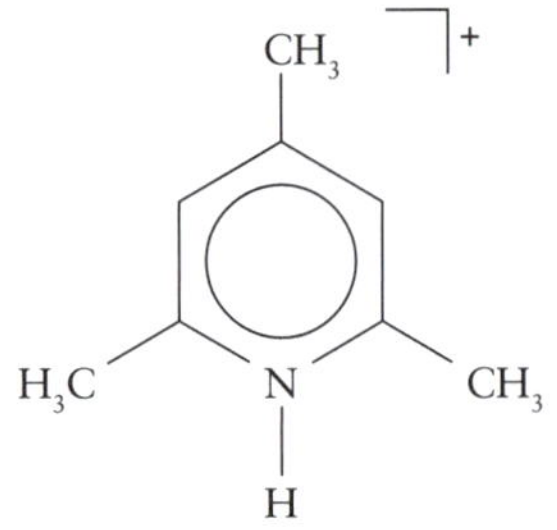

1 2,4,6-트라이메틸피리디움 이온, $C_5H_{12}N$

(d) 원자가 결합 이론을 이용하여 2,4,6-트라이메틸피리디움 이온의 π-결합을 그리시오. 어떤 원자 오비탈들이 사용되었는지도 나타내시오(*z*-축은 분자 평면에 수직인 방향이다).

(e) 그림 2G.12의 벤젠의 π-분자 오비탈을 참고하여 2,4,6-트라이메틸피리디움 이온의 최저 에너지 π-오비탈을 그리시오. 벤젠 오비탈의 경우와 어떻게 다른가? **힌트**: 탄소와 질소의 상대적 전기 음성도를 생각해 보시오.

(f) 2,4,6-트라이메틸피리디움 이온은 극성인가? 극성이라면 쌍극자 모멘트의 방향을 표시하시오.

FOCUS 2 연습 문제

2.1 다음 각 화학종에 관해 Lewis 구조를 쓰고, 필요하면 공명 구조도 그리시오. 각 원자의 형식 전하도 표시하시오.
(a) 옥살산 이온 $C_2O_4^{2-}$(각 탄소 원자에 두 개의 산소 원자가 붙어 있는 C—C 결합이 있다), (b) BrO^+, (c) 아세틸라이드 이온 C_2^{2-}.

2.2 아이소사이안산 이온 CNO^-에 대해 팔전자 규칙을 만족시키는 Lewis 구조 세 개를 그리시오(가장 중요한 공명 구조 포함). 세 개의 Lewis 구조에서 가장 중요한 것은 어느 것인가? 그 이유도 설명하시오.

2.3 염화 철(III)와 염화 철(II) 중에서 격자 에너지가 더 큰 것은 무엇이겠는가? 이유도 설명하시오.

2.4 2족 금속 원소의 염화물은 주기율표의 아래쪽으로 갈수록 격자 에너지가 줄어드는 경향이 있다. 그 이유를 설명하시오.

2.5 중심 탄소 원자에 세 개의 CH_2 작용기가 붙어 있는 트라이메틸렌메테인 음이온 $C(CH_2)_3^{2-}$의 공명 구조를 그리시오(CH_2 작용기는 메틸렌이라고 부른다).

2.6 다음의 유기 이온들에서 공명이 어떻게 일어나는지 보이시오.
(a) 아세트산염 $CH_3CO_2^-$ (b) 중심 탄소 원자에 C=C 이중 결합과 $-O^-$ 작용기가 붙어 있는 엔올산염 $CH_2COCH_3^-$ (c) 알릴 양이온 $CH_2CHCH_2^+$ (d) 아미데이트 이온 CH_3CONH^-(O 원자와 N 원자가 모두 두 번째 탄소 원자에 붙어 있다)

2.7 1999년 Karl Christe는 5개의 질소 원자가 사슬로 연결된 양이온 N_5^+를 포함하는 염을 합성하고 성질을 조사하였다. 이 양이온은 지난 백 년이 넘는 기간에 처음으로 새로 발견된 질소만으로 이루어진 화학종이다. 이 이온의 가장 중요한 Lewis 구조를 포함한 모든 공명 구조를 그리시오. 각 원자의 형식 전하도 계산하시오.

2.8 다음의 고리 화합물(이중 결합의 위치는 보여 주지 않았다)의 가장 중요한 Lewis 구조를 그리시오. 비공유 전자쌍과 0이 아닌 형식 전하를 모두 표시하시오. 동등한 공명 형태가 있으면 그리시오.

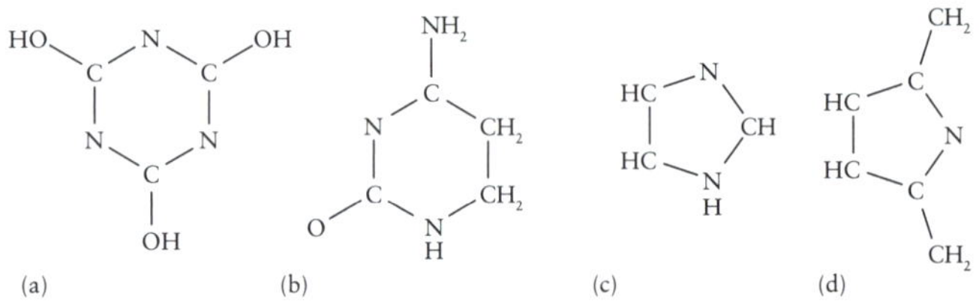

2.9 비슷한 원자가 오비탈 구조의 화학적 단위들은 서로 대치될 수 있다는 **동등 오비탈엽 유사**(isolobal analogy)는 화학에서 중요한 원리 중의 하나이다. 예를 들면 ·Ċ—H와 ·Ṡi—H는 동등 오비탈엽 단위로서 각 단위는 H와의 결합 이외에 추가로 결합을 형성할 수 있는 전자 3개를 더 가지고 있다. 일련의 동등 오비탈엽 분자를 예시한다면 HCCH, HCSiH, HSiSiH를 들 수 있다. 마찬가지로 결합을 고립쌍으로 대치할 수도 있으므로 ·N:와 ·Ċ—H를 동등 오비탈엽 단위로 볼 수 있으며, 여기서는 C—H 결합이 고립쌍으로 대치된 것이다. 이때의 동등 오비탈엽 분자는 HCCH, HCN, NN 등이다.
(a) HCCH, HCSiH, HSiSiH, HCN 및 NN 분자의 Lewis 구조를 그리시오.
(b) 동등 오비탈엽 원리를 이용하여 벤젠 C_6H_6의 구조를 기초로 한 개 이상의 CH 원자단을 N 원자로 대치시킨 분자에 대한 Lewis 구조를 그리시오.

2.10 트로필륨 양이온 $C_7H_7^+$의 골격은 탄소 원자로 구성된 칠각 고리이며, 각 탄소 원자마다 수소 원자 한 개씩 붙어 있다. 필요한 곳에 다중 결합을 추가로 그려 Lewis 구조를 완성하시오. 가능한 모든 공명 구조를 그리시오. C—C 결합 차수를 결정하시오.

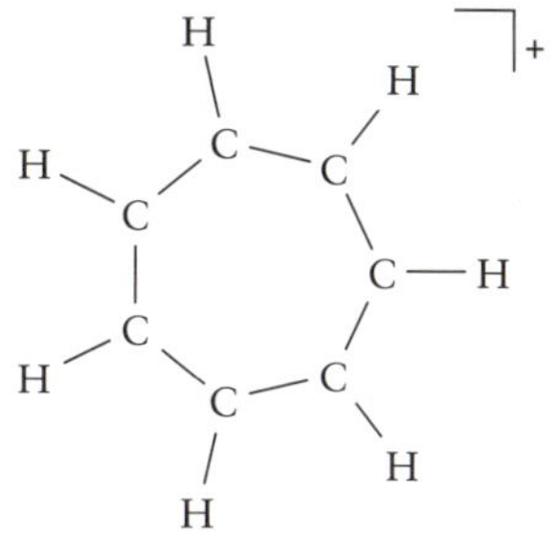

2.11 퀴논 $C_6H_4O_2$는 아래와 같은 구조를 가진 유기 분자이며, 환원되어 $C_6H_4O_2^{2-}$ 음이온이 된다.
(a) 환원 생성물의 Lewis 구조를 그리시오.
(b) Lewis 구조에서 유도된 형식 전하에 근거하여 음이온에서 음전하를 가장 많이 띠게 될 원자를 예상하시오.
(c) 환원 생성물에 양성자 두 개가 첨가된다면 그들이 결합할 가능성이 가장 큰 원자는 어느 것이겠는가?

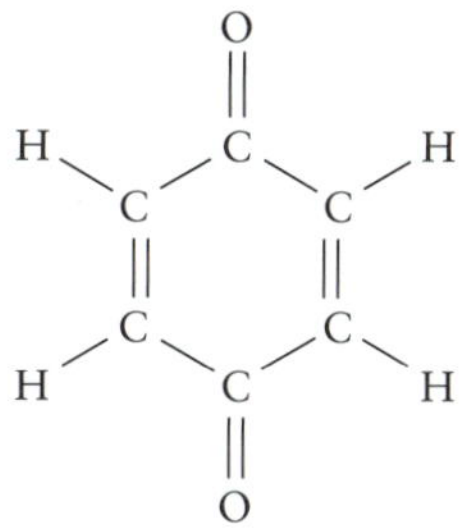

2.12 다음에서 한 화학종은 존재하지 않는다. Lewis 구조를 이용하여 찾으시오.
(a) C_2H_2 (b) C_2H_4 (c) C_2H_6 (d) C_2H_8

2.13 다음 각 분자의 가장 중요한 Lewis 구조를 그리시오. 모든 고립쌍과 형식 전하를 표시하시오. 동등한 공명 구조를 모두 그리시오. 원자들은 적힌 순서대로 연결되어 있다.
(a) HONCO (b) H_2CSO (c) H_2CNN (d) ONCN

2.14 각 원자의 형식 전하를 구하시오.
(a) $BeCl_2$ (b) H_2NOH (c) NO_2^-

2.15 (a) KF, KCl 및 KI의 격자 에너지를 핵간 거리, d_{M-X}에 대하여 도시함으로써 격자 에너지가 MX에서의 이온간 거리에 반비례함을 확인하시오(M = 알칼리 금속, X = 할로젠화 이온). KF, KCl 및 KI의 격자 에너지는 각각 826, 717, 645 $kJ \cdot mol^{-1}$이다. 부록 2D에서 이온 반지름을 찾아 d_{M-X}를 계산하시오. 위 그래프의 상관성은 얼마나 좋은가? 그래프를 그리고 직선의 방정식을 구하고 상관 계수를 계산하려면 표준 그래프 프로그램(예를 들면, 스프레드시트 프로그램)을 이용해야 한다. (b) 작성된 그래프를 이용하여 KBr의 격자 에너지를 추정하시오. (c) 화학 관련 문헌으로부터 KBr의 격자 에너지에 대한 실험치를 찾아 (b)에서 계산된 수치와 비교하여 두 값이 얼마나 잘 일치하는지 알아보시오.

2.16 (a) 아래에 주어진 격자 에너지를 핵간 거리 d_{M-I}에 대해 도시함으로써 아이오딘화 알칼리 금속의 격자 에너지가 MI에서의 이온간 거리에 반비례함을 추론해 보시오(M = 알칼리 금속).

아이오딘화 알칼리 금속	격자 에너지, $E/(kJ \cdot mol^{-1})$
LiI	759
NaI	700
KI	645
RbI	632
CsI	601

부록 2D에서 이온 반지름을 찾아 d_{M-I}를 계산하시오. 위 그래프의 상관성은 얼마나 좋은가? 이론에서 제안된 바와 같이 $d^* = 34.5$ pm를 사용하여 격자 에너지를 $(1 - d^*/d)/d$에 대해 도시하면 더 좋은 상관성을 보이는가? 그래프를 그리고 직선의 방정식을 구하고 상관 계수를 계산하려면 표준 그래프 프로그램을 이용해야 한다. (b) 부록 2D에 주어진 이온 반지름과 (a)의 그래프를 이용하여 아이오딘화 은의 격자 에너지를 추정하시오. (c) (b)의 결과를 실험적으로 결정된 격자 에너지 886 $kJ \cdot mol^{-1}$과 비교해 보시오. 만일 서로 일치하지 않으면 서로 벗어난 이유를 설명하시오.

2.17 펜타디엔일 라디칼 RCHCHCHCHCHR′은 잘 알려진 생물학적 활성 라디칼이며, 탄소가 긴 사슬을 이루고 있다. R과 R′은 각 말단에 있는 여러 가지 상이한 유기 원자단이다. 탄소의 원자가가 4로 유지되도록 이 화합물에 대한 세 가지 공명 구조를 그리시오.

2.18 N_2H_4, N_2, N_3^-에서 N—N 결합에 대한 분자 퍼텐셜 에너지 곡선을 한 그래프에 정성적으로 그리시오. 각 곡선의 최저 에너지 값이 일치하지 않는 이유를 설명하시오.

2.19 탈륨과 산소는 다음과 같은 특성을 갖는 두 가지 화합물을 형성한다.

	화합물 I	화합물 II
Tl 질량 백분율	89.49%	96.23%
녹는점	717 °C	300 °C

(a) 두 화합물의 화학식을 결정하시오.
(b) 각 화합물에서 탈륨의 산화수를 결정하시오.
(c) 각 화합물이 이온성 화합물이란 가정하에 각 Tl 이온의 전자 배치를 쓰시오.
(d) 녹는점을 이용하여 공유 결합성을 더 많이 가지고 있는 화합물을 추정하시오. 여기서의 결론이 두 양이온의 편극력으로부터 예상되는 결과와 일치하는가?

2.20 Mulliken과 Pauling의 전기 음성도 척도는 얼마나 비슷한가?
(a) Topic 1F의 식 3을 이용하여 C, N, O, F의 Mulliken 전기 음성도를 계산하시오. 그림 1F.8과 1F.12에 $kJ \cdot mol^{-1}$ 단위로 표시된 값들을 230 $kJ \cdot mol^{-1}$로 나누어서 비교하시오. Pauling의 값들은 그림 2D.2에 나와 있다.
(b) 두 전기 음성도 값들을 한 그래프에 원자 번호의 함수로 그리시오.
(c) 어느 것이 더 주기율표에서의 위치와 밀접한 관련이 있는가?

2.21 과염소산 이온 ClO_4^-는 공명 구조로 기술된다.
(a) 공명 혼성에 기여하는 Lewis 구조를 그리고 형식 전하 논리를 적용하여 가장 타당한 Lewis 구조를 밝히시오.
(b) Cl—O 단일 결합의 평균 길이는 172 pm이며 Cl=O 이중 결합의 평균 길이는 140 pm로 추정된다. 과염소산 이온에서의 Cl—O 결합 길이는 4개의 결합 모두가 144 pm인 것이 실험에 의해 밝혀졌다. 이러한 실험 자료로부터 과염소산 이온에 있어서 가장 타당한 Lewis 구조는 무엇인가?
(c) 과염소산 이온에서 염소의 산화수를 결정하시오. 고립쌍은 그들이 할당되어 있는 원자에 속하지만, 결합 내에 공유된 전자는 모두 전기 음성도가 큰 원자에 속한다는 가정 하에 산화수를 이용하여 가장 타당한 Lewis 구조를 제시하시오.
(d) 위와 같은 세 가지 접근법이 상호 일치된 결론에 이르는가? 이유를 설명하시오.

2.22 일반적으로 고체 상태의 황은 팔각 고리 화합물로 발견된다. 그런데 1958년에 육각 고리 황 화합물을 찾아내었다.
(a) S_6의 Lewis 구조를 그리시오.
(b) S_6에 공명이 가능한가? 그렇다면 공명 구조 하나를 그리시오.

2.23 구조 이성질체는 화학식은 같지만 원자들의 연결 구조가 다른 분자들이다. 다이플루오린화 이황 S_2F_2에는 2개의 이성질체가 알려져 있다. 두 이성질체는 모두 S—S 결합을 가지고 있다. 한 이성질체는 각 S 원자가 1개의 F 원자와 결합하고 있다. 다른 이성질체는 한 S 원자에 2개의 F 원자가 모두 결합되어 있다.
(a) 두 이성질체의 S—S 결합은 모두 190 pm이다. 이들의 S—S 결합은 단일 결합인가 아니면 이중 결합의 성질을 일부 가지는가?
(b) 각 이성질체의 두 가지 공명 구조를 그리시오.
(c) 형식 전하를 고려하면 어느 이성질체가 더 타당한 구조를 가지는가? 이 화합물들의 S—S 결합 길이의 실험 결과와 모순이 없는가?

2.24 이온 결합 화합물은 일반적으로 공유 결합 화합물보다 끓는점이 높고 증기압이 낮다. 다음의 화합물 쌍에서 상온에서의 증기압이 더 낮은 것을 예측하시오.
(a) Cl_2O 혹은 Na_2O (b) $InCl_3$ 혹은 $SbCl_3$ (c) LiH 혹은 HCl
(d) $MgCl_2$ 혹은 PCl_3

2.25 다음 중 어느 결합이 더 길 것으로 예상하는가? 이유도 설명하시오.
(a) HCN과 H_3CNH_2의 CN 결합
(b) NF_3의 NF 결합 혹은 PF_3의 PF 결합

2.26 다음 중 어느 결합이 더 길 것으로 예상하는가? 이유도 설명하시오.
(a) BrO^-와 BrO_2^-의 BrO 결합 (b) CH_4의 CH 결합 혹은 SiH_4의 SiH 결합

2.27 (a) 다음 각 화학종의 Lewis 구조를 그리시오. CH_3^+, CH_4, CH_3^-, CH_2, CH_2^{2+}, CH_2^-. (b) 어떤 것들이 라디칼인가? (c) HCH 결합각이 증가하는 순서로 나열하고, 이유를 설명하시오.

2.28 할로젠 원소들은 그들 사이에서 화합물을 형성한다. 이 화합물들을 **할로젠간**(interhalogen) 화합물이라고 하는데, X′이 더 무거운 원소일 때, X′X, $X'X_3$, $X'X_5$의 분자식을 가질 수 있다.
(a) 그들의 구조와 결합각을 예측하시오.
(b) 어느 것이 극성인가?
(c) 왜 가벼운 할로젠 원소가 중심 원자가 될 수 없는가?

2.29 나무를 증류할 때 나온 유기 화합물은 분자량이 32.04 $g{\cdot}mol^{-1}$이고, 다음과 같은 질량 조성을 가진다. C: 37.5%, H: 12.6%, O: 49.9%.
(a) 이 화합물의 Lewis 구조를 쓰고, 탄소와 산소 주위의 결합각을 구하시오.
(b) 탄소와 산소 원자의 혼성은 무엇인가?
(c) 분자가 극성인지 비극성인지 예측하시오.

2.30 다음 각 화학종의 Lewis 구조를 그리고, 각 탄소 원자의 혼성을 예측하시오.
(a) H_2CCH^+ (b) $H_2CCH_3^+$ (c) $H_3CCH_2^-$

2.31 (a) H_2의 σ-결합에 상응하는 결합성 오비탈과 반결합성 오비탈을 그리시오. (b) HF에 대해서도 답하시오. (c) 이 오비탈들은 어떻게 다른가?

2.32 (a) 가상 화학종인 'HeH'에 관한 것이다. 이 화학종을 가장 안정한 분자나 이온이 될 수 있게 하는 전하의 크기나 부호를 쓰시오. (b) 이런 분자나 이온의 최대 결합 차수는 얼마인가? (c) 이 화학종의 전하가 1씩 증가 또는 감소한다면 결합에 미치는 영향은 어떠한가?

2.33 (a) 다음 화학종들을 C—F 결합의 길이가 커지는 순서로 나열하시오. CF_+, CF, CF^-. (b) 이 화학종들 중 어느 것이 반자성인지 설명하시오.

2.34 카밤산 이온 $H_2NCO_2^-$의 구조와 결합에 대해 가능한 한 자세히 기술하시오. C—O 결합 길이는 128 pm이고, C—N은 136 pm이다.

2.35 보라진 $B_3N_3H_6$는 벤젠과 비슷한 육각형 구조(C 대신 B와 N이 교대로 있음)의 화합물로 '무기 벤젠'이라고도 하며, 많은 붕소–질소 화합물 계열의 기본이 된다. Lewis 구조를 쓰고, B와 N 원자의 혼성 오비탈을 예측하시오.

2.36 탄소는 대부분의 화합물에서 4가이며, 사슬이나 고리 화합물을 형성한다.
(a) C_3H_4 분자식을 가지는 가능한 세 구조 중에서 두 개의 구조를 그리시오.
(b) 각 구조에서 모든 결합각을 구하시오.
(c) 두 구조의 각 탄소는 어떤 혼성을 형성하는가?
(d) 두 구조가 공명 구조인지 설명하시오.

2.37 Topic 2G 식 2의 반결합성 오비탈에 기여하는 두 개의 원자 오비탈은 e^{-r/a_0}에 비례한다. 여기서 r은 어미 핵으로부터의 거리이다. 두 핵 중간에 마디 평면이 있는 것을 증명하시오.

2.38 π^4의 전자 배치를 갖는 분자는 원통형의 대칭 전자 분포를 가지는 것을 증명하시오. **힌트:** π-오비탈이 xf 및 yf와 같다. f는 핵간 축으로부터의 거리만의 함수이다.

2.39 d-오비탈은 p-오비탈과 마찬가지로 σ-나 π-형태의 결합뿐만

아니라 δ-결합도 형성할 수 있다.

(a) d-오비탈이 세 가지 다른 방법으로 결합을 이루기 위해 겹치는 모양을 그리시오.

(b) 세 가지 d−d 결합 형태 σ, π, δ를 약해지는 순서로 나열하시오.

2.40 이웃의 다른 원자에 있는 s-와 p-오비탈이 분자의 결합에 관여한다고 고려하고 있다. 한 조합은 σ-결합에 기여하지만, 다른 하나는 그렇지 않다는 것을 그림으로 보이시오.

2.41 (a) 벤젠의 HOMO(highest occupied MO, 최고 점유 분자 오비탈)에서 두 개의 전자를 제거하면 결합에 어떤 변화가 일어나는지 서술하시오. 이것은 벤젠을 산화하여 $C_6H_6^{2+}$로 만드는 것과 같다. (b) 두 개의 전자를 LUMO(lowest unoccupied MO, 최저 비점유 분자 오비탈)에 첨가하면 결합에 어떤 변화가 일어나는지 서술하시오. 이것은 벤젠을 환원하여 $C_6H_6^{2-}$로 만드는 것과 같다. 이 이온들은 반자성인가 또는 상자성인가?

2.42 (a) 삼각법을 이용하여 AB_3의 삼각뿔 모양 분자는 세 결합의 쌍극자가 상쇄되지 않아 극성을 가지는 것을 증명하시오. (b) AB_4의 정사면체 분자는 네 결합의 쌍극자가 상쇄되어 비극성인 것을 보이시오.

2.43 벤자인 C_6H_4는 저온에서만 존재하는 반응성이 매우 큰 분자이다. 구조는 벤젠과 같이 여섯 개의 탄소 고리로 이루어졌으나, 세 개의 이중 결합 대신 두 개의 이중 결합과 한 개의 삼중 결합을 가지고 있다.

(a) 벤자인을 Lewis 구조로 표시하고, 각 탄소의 혼성을 밝히시오.

(b) 결합에 대한 이해를 바탕으로 이 분자가 왜 그렇게 반응성이 큰지 설명하시오.

2.44 일반적인 각성제인 카페인 $C_8H_{10}N_4O_2$의 Lewis 구조는 아래와 같다.

(a) 수소를 제외한 나머지 원자들이 어떤 혼성을 하고 있는지 밝히시오.

(b) (a)의 답을 근거로, 탄소와 질소 원자 주위의 결합각을 예측하시오.

(c) 화학 문헌을 찾아 카페인의 구조를 조사하고, 실험으로 관찰된 구조와 예측한 구조를 비교하시오.

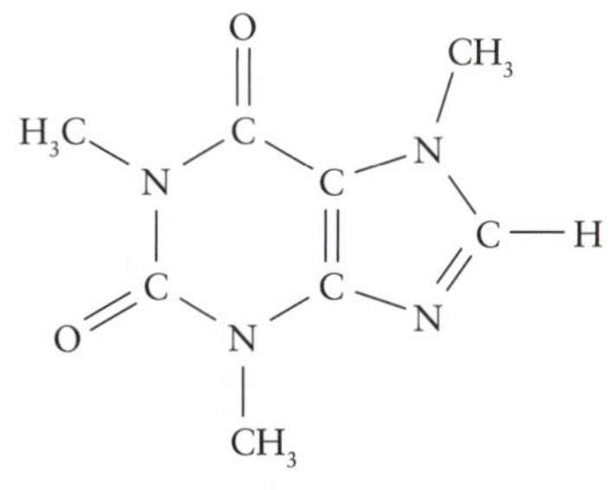

2.45 $CH_2{=}HCHO$에 있는 결합을 고려하자.

(a) 가장 중요한 Lewis 구조를 그리고, 0이 아닌 형식 전하를 표시하시오.

(b) 결합의 조성과 모든 고립 전자쌍의 혼성을 쓰시오. 예를 들면, σ(H1s, C2sp^2) 등의 표기를 이용하시오.

2.46 H_2CCH_2, H_2CCCH_2, H_2CCCCH_2 분자를 고려하자.

(a) 이 분자들의 Lewis 구조를 그리시오.

(b) 각 C 원자의 혼성은 무엇인가?

(c) C 원자끼리 연결하는 결합 형태(단일, 이중 결합 등)는 무엇인가?

(d) 이 화합물들에서 HCH, CCH, CCC 각도는 얼마인가?

(e) 모든 수소는 동일 평면에 있는가?

(f) 이 화합물들의 분자식은 $H_2C(C)_xCH_2$, $x=0$, 1, 2 등으로 표시한다. 사슬의 맨 끝에 있는 H 원자들의 상대적인 방향을 x의 함수로 나타낼 수 있겠는가?

2.47 SbF_3와 CsF가 반응하여 생기는 생성물 중에 $Sb_2F_7^-$가 있다. 이 음이온에는 F−F와 Sb−Sb 결합이 없다.

(a) 이온의 Lewis 구조를 제안하시오.

(b) Sb 원자들은 어떤 혼성을 취하겠는가?

2.48 다음의 염기들은 유전자 신호에 관여하는 핵산의 일부분이다.

(a) 각 C와 N 원자는 어떤 혼성을 취하는가?

(b) σ-와 π-결합은 몇 개씩인가?

(c) 고립 전자쌍은 몇 개씩인가?

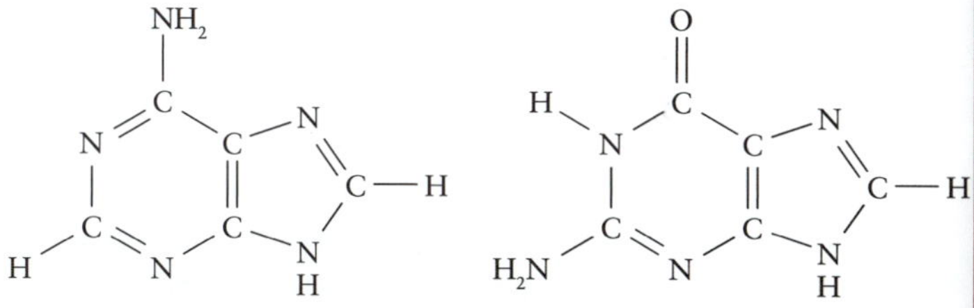

(a) (b)

2.49 $AlCl_3$가 이량체를 형성하는 것처럼(Topic 2C), $Bi_2Cl_4^{2-}$ 이온에서는 두 Cl 원자가 다리 역할을 하여 두 Bi 원자를 연결한다. $Bi_2Cl_4^{2-}$ 이온의 Lewis 구조를 제안하시오.

2.50 저마늄은 '저마이드'라고 하는 일련의 음이온들을 형성한다. 저마이드 이온 Ge_4^{n-}에서는 네 개의 Ge 원자들이 정사면체를 형성한다. 각 Ge 원자들은 세 개의 다른 Ge 원자들과 결합을 이루고, 한 개의 고립 전자쌍을 가지고 있다. n 값, 즉 이 음이온의 전하는 얼마인가? 이유도 설명하시오.

2.51 다원자 이온 I_5^-에는 특이하게도 V자 모양을 가진 것이 있다. 중심에 I 원자가 있고, 양쪽에 두 개의 I 원자들이 일렬로 결합되어 있다. 중심 원자에서의 결합각은 88°, 곁사슬 원자의 결합각은 180°이다. I_5^-의 Lewis 구조를 그리고, 안쪽의 세 I 원자들의 혼성의 종류를 말하시오.

2.52 원자와 마찬가지로 분자와 이온들도 같은 수의 전자를 가진 등전자 구조가 가능하다. 예를 들어, CH_4와 NH_4^+는 등전자 구조이므로 모양이 같다. 다음의 각 화학종들과 등전자 구조인 분자나 이온을 찾아 모양이 같음을 보이시오.

(a) CO_3^{2-} (b) O_3 (c) OH^-

2.53 다음의 이온화가 일어났을 때, 결합 차수, 결합 길이, 자기적 성질에는 어떤 변화가 예상되는가?

(a) $C_2 \rightarrow C_2^+ + e^-$ (b) $N_2 \rightarrow N_2^+ + e^-$ (c) $O_2 \rightarrow O_2^+ + e^-$

2.54 (a) N_2O_3의 Lewis 구조를 그리시오. (b) N−N의 결합 차수는 얼마인가? (c) 비슷한 인 화합물 P_4O_6은 모두 단일 결합으로 연결되

는데, N_2O_3가 (a)의 구조를 가지는 이유가 무엇인지 설명하시오.

2.55 d-와 f-구역 금속들의 착물은 특정 모양에 대응하는 혼성으로 기술할 수 있다. 혼성 오비탈의 수와 혼성에 사용한 원자 오비탈의 수는 같아야 한다는 것에 유념하여 sp^2d, sp^3d^3, sp^3d^3f 혼성 오비탈을 다음의 모양과 대응시키시오.
(a) 오각 쌍뿔 (b) 입방형 (c) 사각 평면

2.56 (a) 브로민산 이온(BrO_3^-)의 식은 염소산 이온(ClO_3^-)과 비슷하지만, 질산 이온과 인산 이온은 아질산 이온과 아인산 이온의 경우처럼 식에서의 산소 원자의 수가 다르다. 네 가지 이온들의 Lewis 구조를 그리고, 식들이 다른 이유를 설명하시오. (b) 몸 안에서 에너지는 인산 이온이 $-PO_2-O-PO_2-O-PO_2-O-$와 같이 사슬로 연결되어 있는 ATP 분자의 변화 과정에서 공급받는다. 인산 이온은 이와 같이 연결될 수 있지만, 질산 이온은 연결될 수 없는 이유를 설명하시오.

2.57 아세토나이트릴 CH_3CN은 제약 산업에서 용매로 사용된다. CH_3CN 분자의 구조를 혼성 오비탈, 결합각, σ-와 π-결합으로 기술하시오. N 원자가 말단 원자이다.

2.58 나이트로사민은 강력한 발암 물질로 담배 연기나 육류가 고온에서 조리될 때 발생한다. 나이트로사민의 기본 화학식은 R_2NNO이다. R은 유기 원자단이다. 원자들은 식에 나타낸 순서대로 연결되어 있으며, 두 유기 원자단이 이 첫 번째 질소 원자 붙어 있다. 가장 간단한 나이트로사민은 R 원자단이 메틸기($-CH_3$)인 경우이다. 이에 대한 Lewis 구조를 그리시오.

2.59 다음 화합물들의 Lewis 구조를 그리시오.
(a) 메테인싸이올, CH_3SH, 구강 악취나 치즈에서 발견되는 화합물
(b) 이황화 탄소, CS_2, 레이온 생산에 사용
(c) 다이클로로메테인, CH_2Cl_2, 흔히 사용하는 용매

2.60 다음 각 화합물의 Lewis 구조를 그리시오.
(a) 요소 $OC(NH_2)_2$, 몸 안의 단백질 대사 과정에서 생성된다.
(b) 포스젠 Cl_2CO, 전쟁에서 사용된 적이 있는 치명적 기체
(c) 트라이나이트라마이드 $N(NO_3)_3$, 로켓 연료에 사용되는 산화제

2.61 메테인은 대기 중에 가장 많은 탄화수소로 강력한 온실 기체이다. 공기 중에서 천천히 산화되어 이산화 탄소가 된다. 메테인이 이산화 탄소로 산화되는 과정의 중간체는 HOCO이다.
(a) 이 화합물의 Lewis 구조를 그리시오. (b) 이 화합물은 라디칼인가?

2.62 2,4-펜테인다이온(아세틸아세톤으로도 알려져 있으며 acac로 약칭한다)은 산성으로 탈양성자화될 수 있다. 음이온은 금속과 착물을 형성하여 휘발유 첨가제, 윤활제, 살충제, 곰팡이 방지제 등으로 사용된다.
(a) 소문자와 호로 표시한 2,4-펜테인다이온과 acac 이온의 결합각을 추정하시오.
(b) 차이가 있는가?

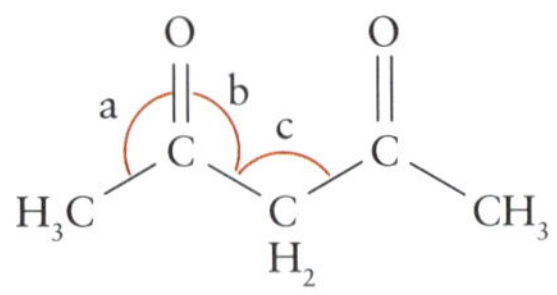

아세틸아세톤

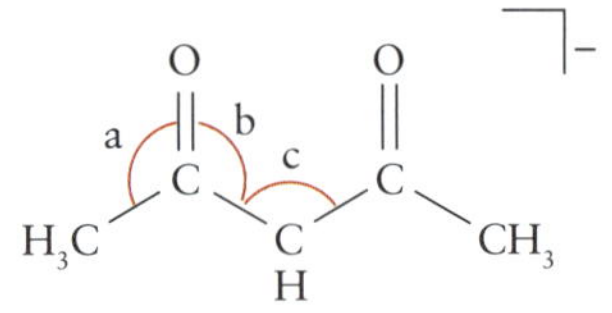

아세틸아세토네이트 이온

2.63 스모그에서 눈을 자극하는 물질인 질산 과산화 아세틸에서 소문자와 호로 표시한 결합각을 추정하시오.

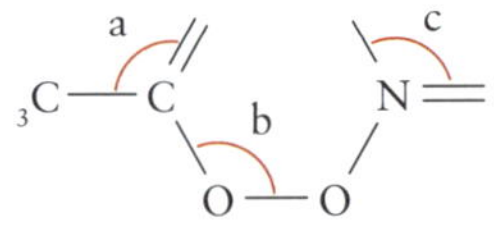

질산과산화아세틸

2.64 하이드록실아민 $HONH_2$는 동물 가죽에서 털을 제거하거나 전자 산업에서 광경화성 수지를 제거하는 데 사용된다. 하이드록실아민 분자의 구조를 혼성 오비탈, 결합각, σ-와 π-결합으로 기술하시오. O 원자는 N 원자와 H 원자에 결합되어 있고, N 원자는 2개의 H 원자와도 결합되어 있다.

FOCUS 2 통합 연습 문제

2.65 질소 산화물은 내연 기관과 발전소에서 배출되는 흔한 공해 물질이다. 스모그에 의한 호흡기 장애를 일으킬 뿐 아니라 성층권에 올라가면 지구를 유해한 복사선으로부터 보호하는 오존층을 위협할 수 있다.

(a) NO의 결합 에너지는 632 $kJ \cdot mol^{-1}$이고 NO_2에서 각 N−O 결합의 결합 에너지는 469 $kJ \cdot mol^{-1}$이다. Lewis 구조와 표 2D.2의 평균 결합 에너지를 이용하여 이 두 분자의 결합 에너지 차이와 NO_2에서 2개의 결합에 대한 결합 에너지가 동등하다는 사실을 설명하시오.

(b) NO의 결합 길이는 115 pm이다. 그림 2D.10을 이용하여 질소와 산소의 단일 결합과 이중 결합의 길이를 예측하시오. 표 2D.3을 이용하여 질소와 산소의 삼중 결합의 길이를 추정하시오. NO의 결합 길이로부터 결합 차수를 예상해 보고 계산 값과 차이가 있으면 이유를 설명하시오.

(c) 스모그의 NO와 NO_2가 반응하면 두 N 원자 사이에 결합이 형성된다. 반응물과 생성물의 Lewis 구조를 그리고 각 원자의 형식 전하를 계산하시오.

(d) 스모그의 NO_2와 NO_3가 반응하면 두 질소 원자 사이에 O 원자가 있는 생성물이 형성된다. 가장 타당한 생성물의 Lewis 구조를 그리고 각 원자의 형식 전하를 계산하시오.

(e) (d)의 생성물과 물이 반응하여 산을 만드는 균형 화학 방정식

을 작성하시오. 이렇게 만들어진 산은 환경의 이차 공해 물질이다. 산의 이름은 무엇인가?

(f) (d)의 생성물 4.05 g이 (e)에서처럼 물과 반응하여 1.00 L의 산성 용액이 생겼다. 산의 몰농도는 얼마인가?

(g) NO, NO_2 및 (c)와 (d)의 생성물에서 질소의 산화수를 계산하시오. 이 화합물 중에서 산화력이 가장 센 것은 어느 것이겠는가?

2.66 과산화 수소 H_2O_2는 산업체와 가정에서 염소를 대체하는 비독성 표백제로 사용되고 있다. 표백 과정은 산화 작용으로, 과산화 수소로 표백했을 때의 잔여 물질은 H_2O뿐이다.

(a) 과산화 수소의 Lewis 구조를 그리고, 각 원자의 형식 전하를 계산하시오. 과산화 수소에서 산소의 산화수는 얼마인가? 형식 전하와 산화수 중 H_2O_2가 산화제인 것을 예측하기 위해 더 유용한 것은 어느 것인가? 이유도 설명하시오.

(b) H_2O_2의 O 원자 주위의 결합각을 예측하시오. 모든 원자는 같은 평면에 있는가? H_2O_2는 극성인가 비극성인가? 이유를 설명하시오.

(c) 다음 화학종들의 원자가 껍질 전자 배치, 결합 차수를 쓰고, 상자성 여부를 밝히시오.
(i) O_2 (ii) O_2^- (iii) O_2^+ (iv) O_2^{2-}

(d) 다음 화학종들의 보고된 결합 길이는 (i) O_2, 121 pm, (ii) O_2^-, 134 pm, (iii) O_2^+, 112 pm, (iv) O_2^{2-}, 149 pm이다. (c)에서 구한 전자 배치로 이 차이를 설명하시오.

(e) H_2O_2가 산화제로 작용하는 한 반응은 다음과 같다. $Fe^{2+}(aq) + H_2O_2(aq) + H^+(aq) \rightarrow Fe^{3+}(aq) + H_2O(l)$. 균형 맞춘 화학 반응식을 만들고, 0.200 M H_2O_2(aq) 43.2 mL를 사용하여 철(III)로 산화시킬 수 있는 철(II)의 질량을 계산하시오. **힌트**: 질량과 함께 전하도 균형을 맞추어야 한다.

(f) 과산화 수소는 다음처럼 환원제로 작용할 수도 있다. $Fe^{3+}(aq) + H_2O_2(aq) + OH^-(aq) \rightarrow Fe^{2+}(aq) + H_2O(l) + O_2(g)$. 균형 화학 반응식을 만들고, 0.200 M H_2O_2(aq) 41.8 mL를 사용하여 철(II)로 환원시킬 수 있는 철(III)의 질량을 계산하시오. **힌트**: 질량과 함께 전하도 균형을 맞추어야 한다.

(g) 과산화 수소는 빛에 의해 **불균등화 반응**(disproportionation)이 일어나므로 갈색 병에 보관해야 한다. 불균등화 반응이란 한 물질이 동시에 산화되고 환원되는 것이다. $2\,H_2O_2(aq) \rightarrow 2\,H_2O(l) + O_2(g)$. 이 반응식에 의하면 몇 개의 전자가 이동되는가?

(h) 과산화물은 유해한 폐기물을 만들지는 않지만, 대기에 문제를 일으킬 수 있다. 예를 들어, 과산화 수소 분자가 성층권으로 이동하면 두 개의 ·OH 라디칼로 분해되어 지구를 유해한 방사선으로부터 보호하는 오존층을 위협할 수 있다. 표 2D.2를 이용하여 HO—OH 결합을 끊는 데 필요한 빛의 최소 진동수와 해당 파장을 계산하시오.

FOCUS 3

물질의 상태

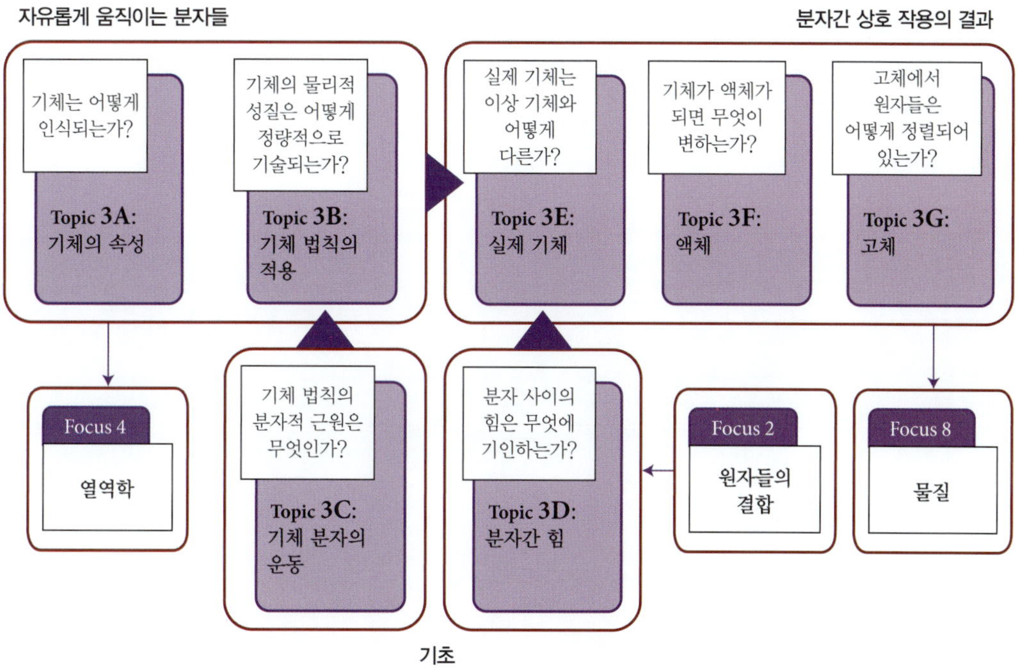

우리가 들이쉬는 공기, 마시는 물, 서 있는 땅은 모두 물질의 형태들이다. 삶의 모든 순간에 우리는 물질과 상호 작용한다. 몸도 물질이다. 과학의 중요한 요소는 기체, 액체, 고체 등 물질의 기본적 형태를 이해하고, 이러한 형태가 분자들의 상호 작용에 어떻게 의존하는지 이해하는 것이다. 이러한 이해는 우리 삶 전체에 영향을 끼치는 기술을 가능하게 하는 새로운 형태의 물질 개발을 위한 무대를 마련한다.

이 Focus에서는 엄청나게 많은 수의 입자들로 구성된 '덩어리 물질(bulk matter)'의 성질을 다룬다. 가장 간단한 종류의 덩어리 물질은 기체이다. 화학에서 가장 일찍이 행해졌던 정량적 실험의 일부는 기체에 관한 것이었으며, **Topic 3A**에서는 기체의 특징적 성질인 기체가 가하는 압력을 소개한다. 이 Topic은 또한 압력, 부피, 온도 및 기체 분자의 양 사이의 관계에 대한 실험적 관찰이 어떻게 이상 기체의 개념과 이를 설명하는 법칙으로 이어졌는지 보여 준다. **Topic 3B**는 기체 법칙의 사용법을 설명하고 조건 변화에 따른 기체의 변화를 예측하기 위해 기체 법칙을 어떻게 사용하는지 보여 준다. 또한, 이상 기체의 부피와 기체의 양에 대한 관계를 이용하여 화학 반응에서 소모된 반응물과 생겨난 생성물의 양을 예측하는 화학량론을 관여한 기체의 부피를 포함하도록 확장시킨다. **Topic 3C**에서는 이상 기체의 성질을 멀리 떨어져서 끊임없이 무작위로 움직이는 분자라는 간단한 모형을 이용하여 이해할 수 있음을 보여 준다. 이 모형은 분자 속력과 온도 사이의 관계를 확립한다.

이상 기체는 화학 전반에서 덩어리 물질의 성질을 수식으로 표현할 수 있는 매우 중요한 추상화이지만, 분자간 상호 작용을 무시하기 때문에 기체상의 이상화이다. **Topic 3D**는 분자가 상호 작용하는 다양한 방식을 고려하여 덩어리 재료의 특성을 이해하기 위한 기반을 제공한다. 분자간 힘의 근원은 분자의 구조에서 비롯된다. 이어지는 세 Topic은 분자간 상호 작용의 결과를 세기가 증가하는 순서대로 보여 준다. **Topic 3E**에서는 기체 분자들 사이의 상호 작용을 고려하여 실제 기체의 거동이 이상 기체와 어떻게 다른지 보여 준다. 기체에서는 분자들이 가까워지는 시간이 아주 짧아서 분자간 힘이 약하지만, 액체나 고체가 존재하기 위해서는 분자간 힘이 매우 중요하다. **Topic 3F**는 분자의 응집으로 액체가 어떻게 생성되는지 보여 준다. **Topic 3G**는 거의 모든 운동이 사라지고 원자, 이온 및 분자가 특징적인 배열로 함께 놓여 있을 때 고체가 어떻게 형성되는지 보여 준다.

Topic 3A 기체의 속성

이 Topic을 왜 배우는가? 화학의 중요한 측면은 거시적 덩어리(bulk) 물질의 성질을 분자들의 행동으로 설명할 수 있는 능력이다. 기체는 물질의 가장 간단한 상태로 분자들의 특성과 덩어리 물질의 특성 사이의 관계를 비교적 쉽게 규명할 수 있다. 이러한 특성에 대한 관찰은 실용적인 계산과 열역학과 화학에의 적용에 관한 발전 모두에 기본이 된다.

무엇을 알고 있어야 하는가? 힘의 개념과 단위 변환의 방법에 대해 친숙해야 하며(기초 지식 A), 물질의 양을 몰로 표현할 수 있어야 한다(기초 지식 E).

지구상에서 가장 중요한 기체는 중력에 의해 지구 표면에 붙들려 있는 얇은 층의 대기이다. 만일 지구가 농구공 크기로 보이는 먼 곳에 지구를 본다면, 대기 두께는 겨우 1 mm에 불과할 것이다(**그림 3A.1**). 이 섬세한 기체층은 생명에 필수적이다. 대기는 해로운 방사선을 막아 주고, 산소, 질소, 이산화 탄소, 물과 같은 생명에 필수적인 물질들을 공급해 준다.

11개의 원소들은 상온, 상압에서 기체로 존재한다(**그림 3A.2**). 이산화 탄소와 염화 수소같이 분자량이 작은 많은 화합물과 메테인 CH_4와 같은 유기 화합물도 기체로 존재한다. 통상의 온도에서 기체인 물질들은 단원자(원자 하나로 이루어진)인 여섯 개의 영족 기체를 제외하고는 모두 분자들이다.

3A.1 기체와 압력

기체는 담고 있는 어떠한 용기라도 채우는 물질의 유동적인 형태이다(**기초 지식** A). 일상의 경험으로부터 알고 있는 사실은 풍선에서 분출되는 공기가 보여 주듯이, 기체는 빠르게 팽창해서 가능한 공간을 모두 채운다는 것이다. 이 같은 관찰은 분자들이 항상 빠르게 움직이므로, 사용할 수 있는 공간의 변화에 빠르게 대응할 수 있음을 보여 준다. 풍선 안의 압력은 모든 방향으로 같기 때문에 우리는 분자들의 움직임을 어떤 특정한 방향을 선호하지 않고, 무질서한 것으로 유추할 수 있다. 따라서 기체에 대한 간단한 그

그림 3A.1 우주에서 본 지구의 섬세한 대기층. (© *Vladi33 / Shutter Stock*)

그림 3A.2 통상적인 조건에서 기체인 11개의 원소들. 이 원소들이 주기율표의 오른쪽 위에 위치한다는 사실에 주목하자.

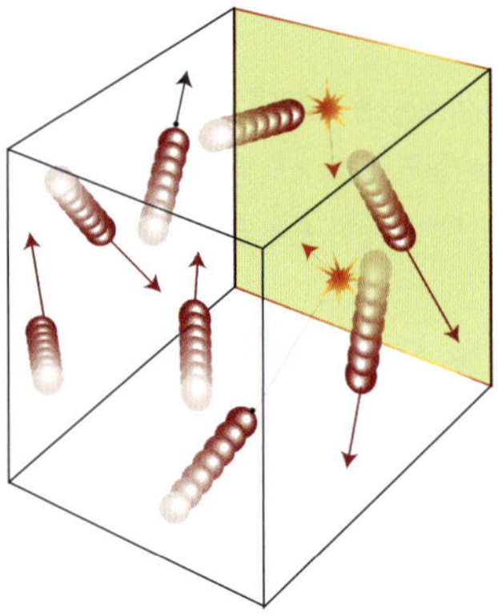

그림 3A.3 기체(gas)는 끊임없이 무작위 운동을 하는 원자나 분자로 이루어져 있다. "Gas"의 어원은 "chaos(혼돈)"과 어원이 같다.

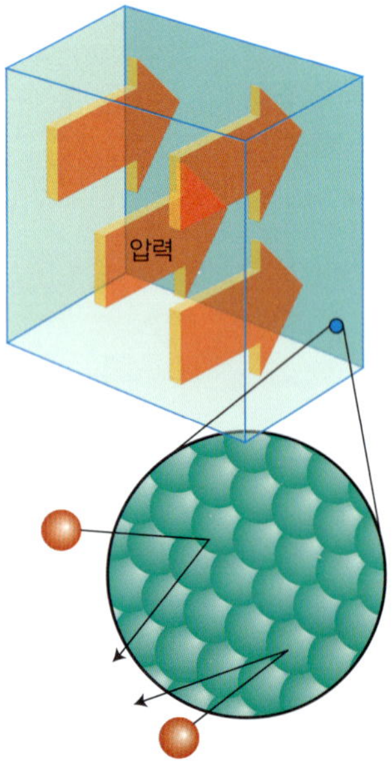

그림 3A.4 기체의 압력은 분자들이 용기 벽에 충돌하면서 발생한다. 화살표는 충돌에 의한 알짜 힘을 보여준다. 삽입 그림은 충돌의 폭풍으로, 벽에 일정한 힘을 가하는 것을 보여준다.

림은 서로 멀리 떨어져서 끊임없이 무작위로 돌진하며, 벽과 혹은 서로 충돌이 일어났을 때만 속력이나 진행 방향을 바꾸는 분자들의 모임이다(그림 3A.3).

조사할 수 있을 만한 양의 기체 시료는 수많은 입자로 구성된 **덩어리 물질(bulk matter)**이다. 덩어리 물질의 성질은 엄청나게 많은 개개 입자의 집약적 행동에서 나타난다. 기체의 예를 들면, 자전거 타이어에 펌프질할 때, 공기가 **압축 가능(compressible)**함을 알 수 있다. 다시 말해 공기는 좀 더 작은 공간에 갇힐 수 있다. 기체 시료의 부피를 줄이는 것을 **압축(compression)**이라고 한다. 기체가 고체나 액체보다 더 압축 가능하다는 관찰은 기체 분자들 사이에 액체나 고체 분자들보다 더 넓은 공간이 존재한다는 것을 일러 준다.

자전거 타이어에 공기를 주입하거나 부풀린 풍선을 짜낼 때 펌프 실린더나 풍선 안의 공기가 압축된다. 이때 타이어나 풍선의 공기로부터 나오는 반발하는 힘을 경험했을 것이다. 이 반발력은 기체의 압력 때문이다. 기체의 **압력(pressure, P)**은 기체에 의해 가해지는 힘 F를 힘이 가해지는 면적 A로 나눈 값이다.

$$P = \frac{F}{A} \tag{1}$$

용기의 벽에 작용하는 기체의 압력은 기체 분자들이 용기의 벽에 충돌함으로써 발생한다(그림 3A.4). 분자들이 벽을 더 강하게 두드리면 더 큰 힘이 형성되고, 결과적으로 높은 압력으로 나타난다.

압력의 SI 단위는 **파스칼(pascal, Pa)**이다.

$$1\ \text{Pa} = 1\ \text{kg}\cdot\text{m}^{-1}\cdot\text{s}^{-2}$$

파스칼은 상당히 작은 단위여서 해면에서 대기압은 약 100 000 Pa(100 kPa)이나 된다. 1 Pa은 0.1 mm 두께의 물층이 누르는 압력으로, 해면에서의 대기압은 물층 약 10 m에 해당한다. 지구 표면의 모든 물체는 보이지 않게 끊임없이 쏟아지는 분자들의 폭풍이 표면에 가하는 힘을 감내하고 있다. 아주 평온한 날에도 우리는 분자 폭풍 속에 있는 것이다.

대기에 의해 가해지는 압력은 여러 가지 방법으로 측정할 수 있다. 타이어의 공기 압력을 압력계로 측정할 때, 사실은 대기압과 타이어 안의 압력 차이를 나타내는 '계기의 압력'을 측정하는 것이다. 구멍 난 타이어의 경우 타이어 안쪽의 압력과 대기압이 같기 때문에 계기 압력 '0'에 해당한다. 한편 과학 장비에 부착된 압력계는 장비 내의 실제 압력을 측정한다.

대기압은 **기압계(barometer)**로 측정한다. (Barometer는 무게라는 그리스어에서 왔으며, 대기의 '무게'를 의미한다.) 초기 기압계는 Galileo의 제자인 이탈리아 과학자 Evangelista Torricelli가 17세기에 발명하였다. Torricelli(이탈리아어로 '작은 탑'이란 뜻)는 액체 수은의 작은 탑을 만들었다. 긴 유리관의 한쪽 끝을 막은 후 수은을 채우고 수은이 일부 채워진 열린 용기에 거꾸로 세웠다(그림 3A.5). 수은주는 그 기둥에 의해 바닥에 작용하는 압력과 대기압이 같아질 때까지 내려왔다. 기압계의 측정 원리를 이해하기 위해서 수은주의 높이와 대기압이 어떻게 연관되어 있는지 알아보아야 한다.

어떻게 다루는가?

기압계에서 액체 기둥의 높이 h와 대기압 P의 관계를 알아보기 위해, 관의 단면적을 A라 하자. 관 안 액체의 부피는 관의 높이와 단면적을 곱한 것이다. 액체의 질량 m은 액체의 질량 밀도 d와 부피의 곱이다. 즉, $m = dV = dhA$. 액체는 중력의 힘에 의해 아래로 당겨지며, 바닥에 가해지는 전체 힘은 질량과 자유 낙하 가속도(중력에 의한 가속도), g의 곱이다. 즉 $F = mg$. 관의 액체가 바닥에 가하는 압력은 힘을 면적으로 나눈 것이다.

$P=F/A$, $F=mg$, $m=dhA$로부터,

$$P=\frac{F}{A}=\frac{\overbrace{mg}^{F}}{A}=\frac{\overbrace{dhA}^{m}g}{A}=dhg$$

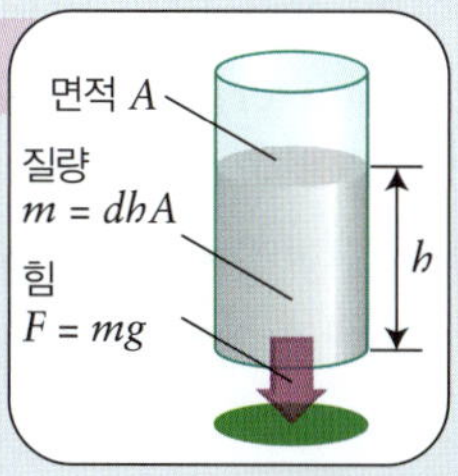

계산 결과, 높이가 h이고 질량 밀도가 d인 액체 기둥을 지지하는 공기의 압력은 다음과 같다.

$$P=dhg \tag{2}$$

여기서 g는 자유 낙하 가속도이다. 밀도, 높이, 자유 낙하 가속도를 모두 SI 단위로 나타내면, 압력은 파스칼 단위로 주어진다. 이 식은 수은주에 의해 가해지는 압력(P)이 수은주 높이에 비례함을 보여 준다. 따라서 수은주의 높이는 대기압을 측정하는 수단으로 사용된다. 수은은 대기압이 적절한 높이(약 76 cm)에 해당할 정도로 질량 밀도가 높기 때문에 일반적으로 (안전 문제를 고려하기 전에) 기압계에 사용되었다.

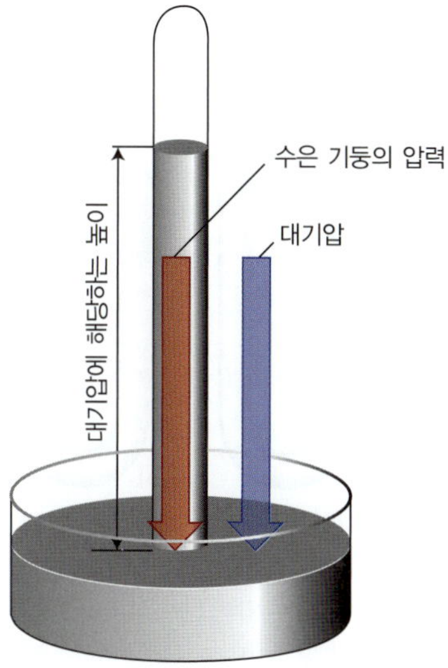

그림 3A.5 전통적으로 대기압을 측정하기 위해 수은주 기압계가 사용되어 왔다. 대기압은 윗부분에 진공을 만들면서 떨어진 수은주에 의해 가해지는 압력과 균형을 이루고 있다. 수은주의 높이는 대기압에 비례한다.

생각해 보기

수은주 압력계를 국제 우주 정거장에서도 쓸 수 있겠는가?

예제 3A.1 수은 기둥의 높이로부터 대기압 계산하기

기상학자들은 기상 예보를 위해 대기압의 변화를 관찰한다. 압력의 강하는 폭풍이 오고 있다는 신호가 되기도 한다. 기압계 속의 수은주 높이가 15 °C에서 760. mm라고 가정하자. 대기압을 파스칼 단위로 표시하면 얼마인가? 수은의 질량 밀도는 15 °C에서 13.595 $g\cdot cm^{-3}$(13 595 $kg\cdot m^{-3}$에 해당)이고, 지구 표면에서의 표준 자유 낙하 가속도가 9.806 65 $m\cdot s^{-2}$이다.

예상 앞에서 언급했듯이 대기압은 약 100 kPa이므로 답도 비슷할 것이다.

계획 식 2에 수치를 대입한다. 여기서 $1\ kg\cdot m^{-1}\cdot s^{-2}=1\ Pa$이라는 것을 유념한다.

풀이

$P=dhg$에서

$$P=\overbrace{13\,595\ kg\cdot m^{-3}}^{d}\times\overbrace{0.760\ m}^{h}\times\overbrace{9.806\,65\ m\cdot s^{-2}}^{g}$$
$$=1.01\times10^{5}\ \underbrace{kg\cdot m^{-1}\cdot s^{-2}}_{Pa}=1.01\times10^{5}\ Pa$$

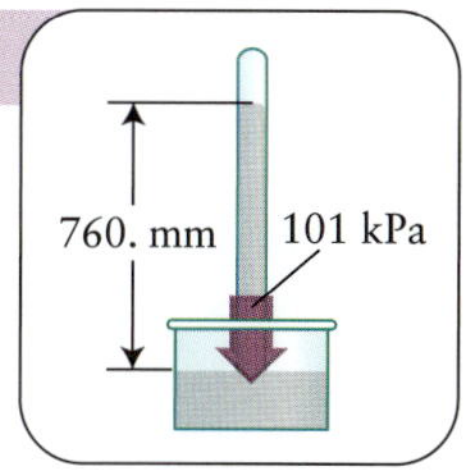

평가 대기압은 101 kPa임을 알 수 있다. 예상했던 값과 비슷하다. 자유 낙하 가속도는 지구 표면의 위치와 높이에 따라 다르지만, 이 책에서의 모든 계산에서는 g가 표준 값을 가진다고 간주한다.

자습 3A.1A 15 °C에서 기압계의 수은주 높이가 756 mm이면 그때의 대기압은 몇 kPa인가?

[**답**: 100. kPa]

자습 3A.1B 20 °C에서 물의 밀도는 0.998 $g\cdot cm^{-3}$이다. 대기압이 수은 기둥 760. mm에 해당할 때, 물을 이용한 기압계에서 물기둥의 높이는 0 °C에서 얼마인가?

관련 연습 문제 3A.7, 3A.8

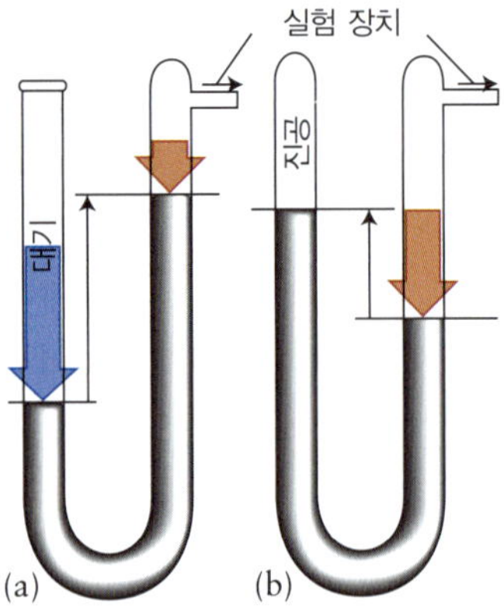

그림 3A.6 (a) 열린 관 액주 압력계. 가는 수평 관으로 연결된 장치 안쪽의 압력은 외부 압력에 거슬러 작용한다. 이 경우 두 액체 기둥의 높이 차이에 비례하는 만큼 장치 안쪽의 압력이 낮다. (b) 닫힌 관 액주 압력계. 연결된 장치 안의 압력은 두 액체 기둥의 높이 차이에 비례한다. 닫힌 관 쪽 공간은 진공이다.

실험 장치 안의 압력을 측정하기 위해 전자식 압력계가 널리 사용되지만, **액주 압력계(manometer)**도 가끔 사용된다(**그림 3A.6**). (Manometer는 '얇은'이라는 그리스어에서 왔으며, 낮은 압력의 대기를 의미한다.) 액주 압력계는 실험 장치에 연결된 U자형 관이다. 관의 한쪽 끝은 실험 장치에 연결되어 있으며, 관의 다른 쪽 끝은 대기 중에 열려 있거나 닫혀 있다. 열린 관 액주 압력계(그림 3A.6a)의 경우 U자형 관 양쪽의 수은주 높이가 같으면 실험 장치 내 압력은 외부 대기의 압력과 같다. 만일 장치에 연결된 쪽의 수은주 높이가 대기로 개방된 쪽 수은주보다 높으면, 장치의 압력은 대기압보다 낮다. 닫힌 관 액주 압력계(그림 3A.6b)의 경우, 한쪽은 장치에 연결되어 있고, 다른 쪽은 진공이다. 두 수은주 높이의 차이는 장치 안의 압력에 비례한다.

자습 3A.2A 15°C에서 외부 대기의 압력이 760. mm일 때 열린 관 액주 압력계의 장치 쪽 수은주의 높이가 개방된 쪽에 비해 25 mm 더 낮다면 장치 내 압력은 몇 kPa인가?

[**답**: 105 kPa]

자습 3A.2B 만일 닫힌 관 액주 압력계의 수은주들이 15°C에서 10. cm의 높이 차이를 보인다면, 장치 안의 압력은 몇 Pa인가?

기체 입자는 서로 멀리 떨어져서 무작위로 끊임없이 움직이고 있다. 압력은 힘을 힘이 가해지는 면적으로 나눈 값으로 정의된다. 기체가 용기 벽에 가하는 압력은 분자나 원자의 충격으로 인해 발생한다.

3A.2 압력의 다른 단위들

압력의 SI 단위가 파스칼(Pa)이긴 하지만, 다른 단위들도 널리 사용되고 있다. 통상적인 대기압은 100 kPa 정도이므로, 정확히 100 kPa를 나타내는 1 **bar**로 표현하는 것이 편리하다.

$$1\ \text{bar} = 10^5\ \text{Pa}$$

기상도에서는 기압을 통상 millibar($1\ \text{mbar} = 10^{-3}\ \text{bar} = 10^2\ \text{Pa}$)로 나타내며, 전형적인 대기압은 약 1000 mbar이다. 현재는 **표준 상태의 압력(standard pressure)**을 정확히 1 bar로 정의하고, $P°$로 표시한다.

1 bar의 기압은 전통적으로 사용했고 지금도 널리 쓰이는 해수면에서의 전형적 대기압을 나타내는 **기압(atmosphere**, atm) 단위와 비슷하다. 현재는 정확하게 다음과 같이 정의한다.

$$1\ \text{atm} = 1.013\,25 \times 10^5\ \text{Pa}$$

1 atm은 1.01325 bar로 1 bar보다 약간 더 큰 압력임을 유의하자. 과거에 사용했던 수은 기압계에서는 수은주의 높이(mm 단위)인 **millimeters of mercury**(mmHg)를 기압의 단위로 썼었다. 이 단위는 특정 조건(15 °C, 표준 중력장)에서 정확히 1 mm의 수은 기둥에 의한 압력으로 정의되지만, 현재 이 단위는 비슷한 값을 가지는 **토르(torr**, 단위 기호는 Torr)로 대체되고 있다. 이 단위는 다음과 같이 정의한다.

$$1\ \text{Torr} = \frac{1}{760}\ \text{atm},\ \text{즉}\ 1\ \text{atm} = 760\ \text{Torr}$$

보통의 경우에는 mmHg와 Torr를 혼용해도 큰 상관은 없지만(흔히 1 atm을 760 mmHg로 보고한다), 매우 정밀한 작업에서는 두 단위가 정확히 같은 양이 아니라는 것을 주의해야 한다(두 단위는 백만분의 일보다 적은 차이가 난다). 표 3A.1에 압력의 단위들을 모아 놓았다. 이 단위들을 잘 알고 서로 변환할 수 있어야 한다.

유의 사항
사람 이름에서 유래한 단위의 '명칭'은 소문자로 쓰므로, 단위의 이름인 torr는 pascal 단위의 경우처럼 소문자로 쓴다. 그러나 이름에서 유래한 단위의 '기호'는 대문자로 시작한다(Torr, Pa).

실제 대기압은 고도와 날씨에 따라 변화한다. 여객기 운항 고도(10 km)에서의 대기압은 200 Torr(약 0.3 atm)에 불과하다. 따라서 여객기의 내부 공기는 가압되어야 한다. 그림 3A.7의 기상도가 보여 주는 아주 낮은 저기압 지역의 해수면 압력은 0.98 atm 정도이다. 전형적인 고기압 지역의 압력은 1.03 atm 정도이다.

표 3A.1 압력 단위*

SI 단위: 파스칼(Pa)
$1\ \text{Pa} = 1\ \text{kg·m}^{-1}\text{·s}^{-2} = 1\ \text{N·m}^{-2}$

전통적 단위
$1\ \text{bar} = 10^5\ \text{Pa} = \mathbf{100}\ \text{kPa}$
$1\ \text{atm} = \mathbf{1.013\,25 \times 10^5}\ \text{Pa} = \mathbf{101.325}\ \text{kPa}$

$1\ \text{Torr} = \mathbf{1/760}\ \text{atm} = 133.322\ldots\ \text{Pa}^{\dagger}$
$1\ \text{mmHg} = 133.322\ldots\ \text{Pa} \approx 1\ \text{Torr}$
$1\ \text{atm} = 14.7\ \text{lb·in.}^{-2}$ (psi)

* 굵은 활자로 적힌 것은 정확한 값이다. 뒤표지 안쪽에 더 많은 관계를 수록했다. N, newton($1\ \text{N} = 1\ \text{kg·m·s}^{-2}$)이다.
† 1 mmHg는 10^7분의 1 오차 이내로 1 Torr와 같다.

자습 3A.3A 미국의 국립 허리케인 연구소의 보고에 의하면 허리케인 Katrina(2005)의 눈에서의 대기압은 902 mbar까지 떨어졌었다. 이것은 몇 atm인가?

[답: 0.890 atm]

자습 3A.3B Colorado Denver에서 측정한 어떤 날의 대기압은 630. Torr였다. 이 압력을 파스칼로 나타내시오.

압력의 주요 단위들은 torr, atmosphere, bar, 그리고 SI 단위인 pascal이다. 이들은 표 3A.1을 이용하여 상호 변환이 가능하다.

3A.3 실험적 관찰

기체 성질에 대해 믿을 만한 첫 측정은 영국계 아일랜드인 과학자 Robert Boyle에 의해 1662년에 이루어졌다. 그는 압력이 기체의 부피에 끼치는 영향을 조사하였다. 한 세기 반 이후 프랑스의 과학자 Jacques Charles과 Joseph-Louis Gay-Lussac은 새로이 등장한 열기구에 매료

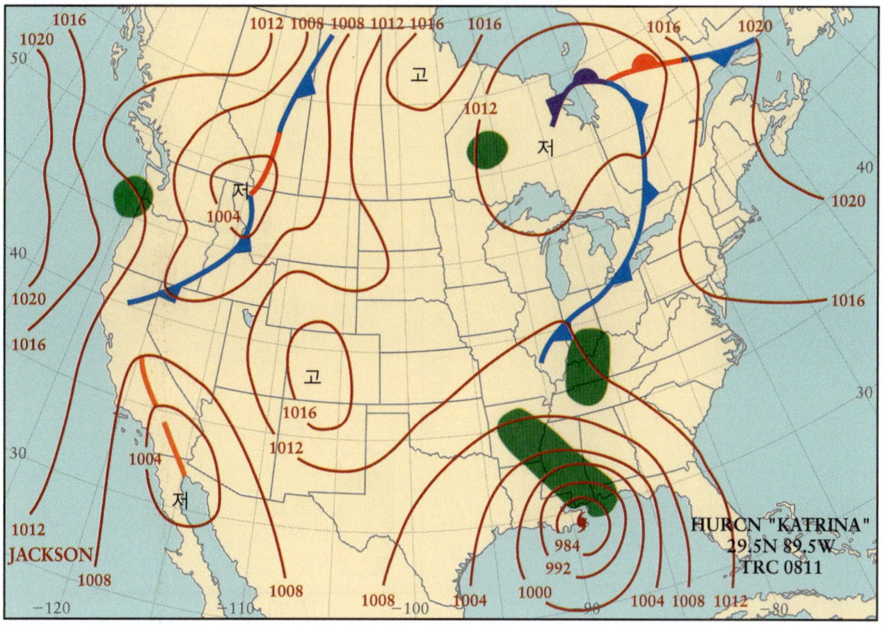

그림 3A.7 2005년 허리케인 Katrina가 북미에 상륙했을 때의 기상도. 곡선들은 같은 대기압 지역을 연결한 등압선이다. 저기압 지역(Louisiana 남부)은 사이클론이라 하고, 고기압 지역(Colorado)은 안티사이클론이라 한다. 압력은 mbar의 단위를 사용하였다. 기상도에서 가장 낮은 압력은 허리케인 중심의 984 mbar이다. 상륙 전에는 허리케인 중심의 압력이 902 mbar까지 떨어졌었다.

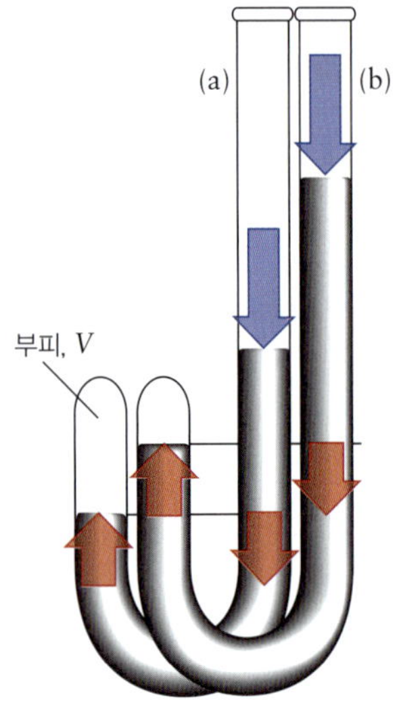

그림 3A.8 (a) Boyle은 J자형 관에 수은을 부어 닫힌 끝부분에 기체를 가두었다. (b) 관의 열린 쪽에 수은을 추가하여 갇힌 기체에 가하는 압력을 증가시키면 기체의 부피가 감소했다.

되었고, 그로 인해 부가적인 기체 법칙들을 발견하였다. 그들은 온도가 기체의 압력, 부피, 밀도에 미치는 영향을 측정하였다. 이후 19세기에 이탈리아의 과학자 Amedeo Avogadro는 분자의 양과 기체의 부피 사이의 관계를 추가적으로 정립하여 원자의 실체를 인정하도록 돕는 데 공헌하였다. 이들의 발견은 하나의 간단하지만 매우 유용한 방정식인 이상 기체 법칙으로 집약되었다.

Boyle은 긴 유리관을 J자형으로 굽히고, 짧은 쪽 끝을 폐쇄하였다(그림 3A.8). 그리고 관의 짧은 쪽에 공기가 갇히도록 수은을 넣었다. 더 많은 수은을 넣으면 공기는 더 압축되었다. 그는 온도가 일정할 때 일정량의 기체(이 경우는 공기)의 부피는 가해지는 압력이 증가함에 따라 감소한다고 결론지었다. 그림 3A.9는 압력–부피 관계의 그래프를 보여 준다. 이 곡선은 **등온선(isotherm)**이라 하는데, 일정 온도에서 특성의 변화를 보여 주는 곡선을 일반적으로 부르는 말이다. **등온 과정(isothermal process)**이란 일정 온도에서 일어나는 변화이다. 과학자들은 실험 결과가 보여 주는 곡선을 직선으로 나타나게 하는 방법을 찾곤 한다. 왜냐하면, 직선 그래프들은 분석, 규명, 설명하기가 쉽기 때문이다. Boyle의 실험 결과는 압력을 부피의 역수($1/V$)에 대해 나타낼 때 직선이 된다(그림 3A.10).

이 결과의 의미는 다음 법칙으로 요약된다.

Boyle 법칙(Boyle's law): 일정 온도에서 일정량의 기체의 부피는 압력에 반비례한다.

Boyle 법칙을 수식화하면,

$$\text{부피} \propto \frac{1}{\text{압력}} \quad \text{또는} \quad V = \frac{\text{상수}}{P} \ (\text{일정한 } n\text{과 } T\text{에서})$$

이 된다. 양변에 P를 곱해서 달리 표현하면,

$$PV = \text{상수} \ (\text{일정한 } n\text{과 } T\text{에서}) \tag{3a}$$

이 법칙은 일정한 양의 기체가 일정한 온도에서 압력이 변할 때의 변화를 표현하기 위해 사용할 수 있다. 압력이 P_1, 부피가 V_1인 주어진 양의 기체를 가지고 실험을 진행하면, 처음에는 P_1V_1 = 상수의 관계가 성립한다. 실험을 마친 후에 같은 양의 기체의 압력이 P_2, 부피가 V_2가 되어도 P_2V_2의 값은 같은 상수가 된다. 그러므로 Boyle 법칙의 또 다른 형태를 다음과 같이 쓸 수 있다.

$$P_2V_2 = P_1V_1 \ (\text{일정한 } n\text{과 } T\text{에서}) \tag{3b}$$

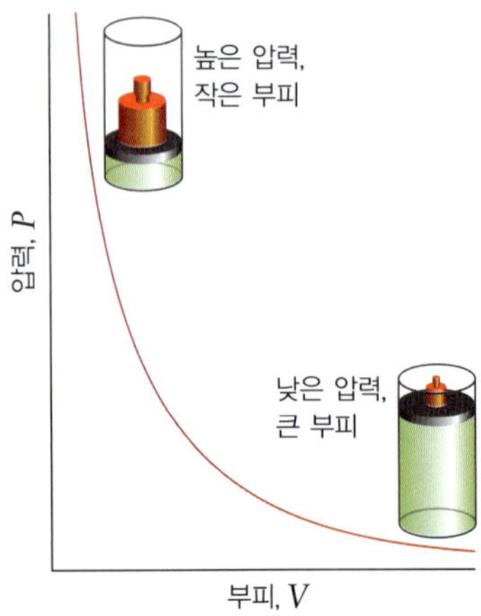

그림 3A.9 Boyle 법칙은 주어진 온도에서 일정량의 기체에 가해진 압력이 부피에 미치는 영향을 보여 준다. 기체 시료에 가해지는 압력이 증가하면(피스톤을 누르는 추의 크기가 커짐) 기체의 부피는 감소한다.

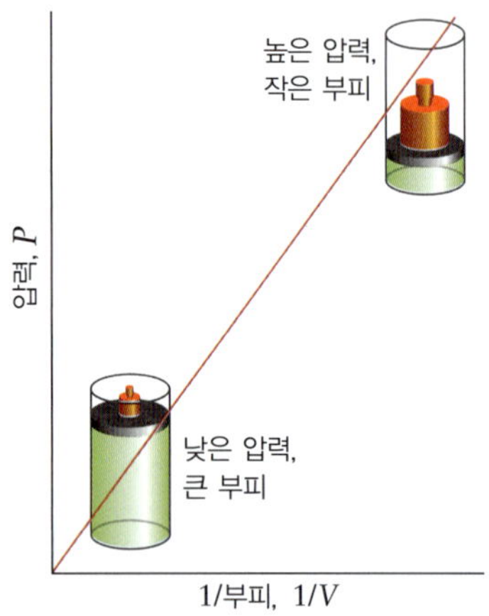

그림 3A.10 압력을 (1/부피)의 함수로 그리면 직선이 얻어진다. 모든 실제 기체는 높은 압력과 낮은 온도에서 직선에서 조금 벗어나게 거동한다.

자습 3A.4A 300. Torr에서 10.0 L의 네온이 등온 팽창하여 20.0 L 부피의 비어 있던 관을 채웠다. 관 안의 네온의 압력은 얼마인가?

[답: 150. Torr]

자습 3A.4B 정유 공장에서 750. L 용기에 들어 있는 1.00 bar의 에텐(에틸렌)을 등온 압축하여 5.00 bar가 되었다. 기체의 최종 부피는 얼마인가?

Charles과 Gay-Lussac은 열기구의 성능을 개선하기 위해 많은 실험을 하다가, 압력이 일정할 때 온도를 올리면 기체의 부피가 증가하는 것을 발견하였다. 이 경우 부피와 온도의 그래프를 그리면 일직선이 얻어졌다(그림 3A.11). 이 결과는 다음 법칙을 의미한다.

Charles 법칙(Charles's law): 일정 압력에서 일정량 기체의 부피와 온도 사이에는 선형 관계가 있다.

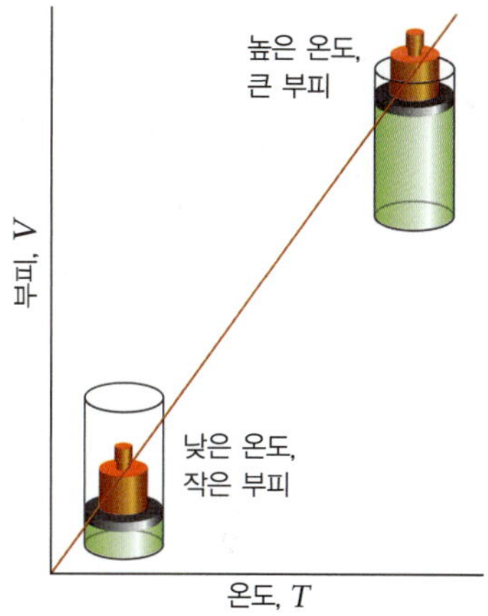

그림 3A.11 기체의 온도(T는 절대 온도)가 높아질 때 일정한 압력(피스톤에 일정한 무게의 추가 올려져 있다)에서 부피가 자유롭게 변화될 수 있으면 부피는 증가한다. 온도의 함수로 주어진 부피의 그래프는 직선이다. 모든 실제 기체 경우, 낮은 온도와 높은 압력에서 직선에서 조금 벗어난다.

Charles 법칙은 매우 중요한 의미를 가진다. 다양한 기체들에 대해 여러 압력에서의 부피를 온도의 함수로 그리면 선형 관계가 얻어지고, 모든 직선들을 외삽(자료의 범위 밖으로 그래프를 연장)하면 한 점에서 만나는데, 그 점은 온도 −273.15 °C, 부피 0에 해당한다(그림 3A.12). 외삽이 중요한 이유는, 모든 실제 기체들은 부피 0이 되는 낮은 온도에 이르기 전에 액화되어 그 특정 점에 이를 수는 없기 때문이다. 부피는 음수가 될 수 없기 때문에 −273.15 °C는 가능한 최저 온도이다. 이 온도가 **Kelvin 온도(Kelvin temperature**, 절대 온도) 0에 해당한다. 온도의 SI 단위는 **켈빈**(K, °K가 아님)이다. Kelvin 온도와 섭씨 온도는 눈금 간격이 같으며, 1 K의 변화는 1 °C의 변화와 같다. 섭씨 온도를 절대 온도로 변환하려면, 섭씨 온도에 273.15를 더한다. 절대 온도 T를 사용하면 Charles 법칙은 다음과 같이 나타낼 수 있다.

$$\text{부피} \propto \text{절대 온도, 혹은 } V = \text{상수} \times T \text{ (일정한 } n\text{과 } P\text{에서)} \quad \textbf{(4a)}$$

이 책에서 온도를 T로 나타낼 때는 항상 가장 낮은 온도가 $T = 0$(**absolute zero**)인 절대 온도를 의미한다. 부피가 일정한 용기 내의 기체가 가열될 때 압력이 변화하는 것도 비슷한 선형 관계를 보인다. 실험에 의한 압력 자료를 외삽하면 −273.15°C에서 압력이 0이 된다(그림 3A.13). 따라서 Gay-Lussac은 실험으로 다음의 관계를 확인하였다.

$$\text{압력} \propto \text{절대 온도, 혹은 } P = \text{상수} \times T \text{ (일정한 } n\text{과 } V\text{에서)} \quad \textbf{(4b)}$$

이는 기체의 양과 부피가 일정할 때 온도가 두 배가 되면 압력도 두 배가 된다는 것을 뜻한다.

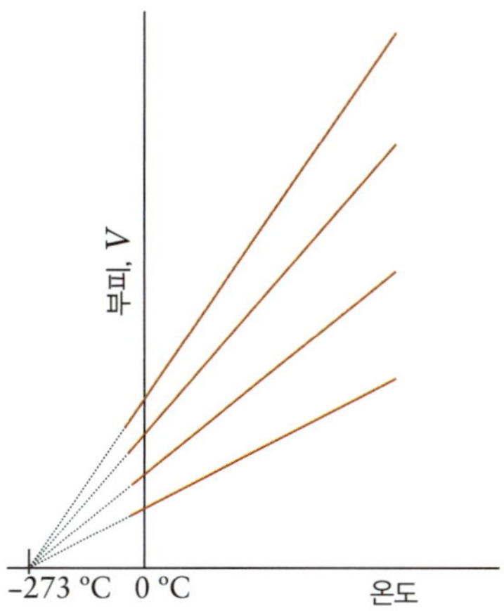

그림 3A.12 여러 기체에 대한 그림 3A.11의 외삽 자료가 보여 주는 것은 $T = 0$ K(−273°C)에서 모든 기체의 부피가 0이라는 사실이다. 외삽된 자료는 회색으로 나타내었다. 실제로는 모든 기체가 절대 0도에 이르기 전에 응축되어 액화된다.

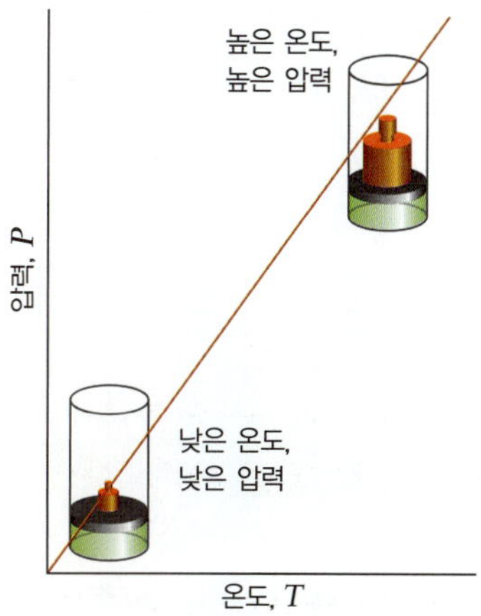

그림 3A.13 일정한 부피를 가진 용기 내의 일정량의 기체의 압력은 절대 온도에 비례한다. 온도가 상승하면서 실린더 내의 압력(피스톤 위 추의 질량로 표시되어 있음)이 상승한다. $T = 0$에서 압력은 0으로 외삽된다.

유의 사항

일정량의 기체 온도가 두 배가 될 때 부피나 압력이 두 배가 된다는 것은 절대 온도(Kelvin 온도)를 사용할 때 적용되는 것이지, 섭씨 온도에는 적용되지 않는다. 온도가 20 °C에서 40 °C가 되면 절대 온도는 293 K에서 313 K로 7%만 상승한다.

자습 3A.5A 기온이 10. °C인 오전 6:00에 건물 밖에 설치된 단단한 산소 탱크의 압력은 20.00 atm이었다. 오후 6:00에 온도가 30. °C가 되면 이 탱크 내의 압력은 얼마인가?

[**답**: 21.4 atm]

자습 3A.5B 단단한 용기 속에 있는 20. °C, 760. Torr의 수소 기체가 300. °C로 가열되었다. 이 수소 기체의 최종 압력은 얼마인가?

이탈리아 과학자 Amedeo Avogadro는 기체의 거동을 이해하는 데 추가적인 기여를 했다.

Avogadro 원리(Avogadro's principle): 온도와 압력이 같은 조건에서 동일한 개수의 기체 분자들은 기체의 종류에 상관없이 같은 부피를 차지한다.

Avogadro 원리는 일반적으로 분자 1 mol이 차지하는 부피인 **몰부피(molar volume,** V_m)를 사용하여 나타낸다.

$$\text{몰부피} = \frac{\text{부피}}{\text{양}} \quad \text{또는} \quad V_m = \frac{V}{n} \tag{5a}$$

이것은 다음과 같이 표현될 수 있다.

$$V = nV_m \tag{5b}$$

0 °C, 1 atm에서 모든 기체의 몰부피는 약 22 $L \cdot mol^{-1}$이다(그림 3A.14). Avogadro 원리는 관찰에만 기초한 것이 아니라 물질 모형, 즉 물질이 분자로 구성되어 있다는 점에 기초하고 있기 때문에 법칙이 아니다. 물질이 원자와 분자로 구성되어 있다는 사실에는 더 이상 의심의 여지가 없지만, 법칙이 아니라 원리로 남아있다.

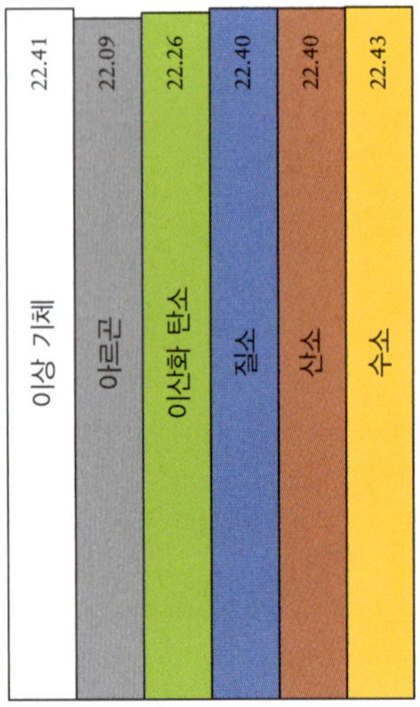

그림 3A.14 다양한 기체의 0°C, 1 atm에서의 몰부피($L \cdot mol^{-1}$ 단위). 값들은 매우 비슷하고, 해당 조건에서의 이상 기체의 몰부피 22.41 $L \cdot mol^{-1}$에 가깝다.

자습 3A.6A 기상 측정용 헬륨 풍선에 1.2×10^3 mol의 헬륨을 −20. °C에서 2.5×10^4 L 부피로 채웠다. 이 조건에서 헬륨의 몰부피는 얼마인가?

[**답**: 21 $L \cdot mol^{-1}$]

자습 3A.6B 커다란 천연가스 탱크가 200. mol의 CH_4(g)를 1.20 atm 압력으로 수용하고 있다. 만일 일정 온도에서 100. mol의 CH_4(g)를 그 탱크 안에 더 넣는다면, 탱크 안의 최종 압력은 얼마가 되겠는가?

여기서 소개한 기체의 성질들은 멀리 떨어져 있는 분자들이 끊임없이 움직이고 있다는 기체의 모형과 잘 맞는다. Boyle 법칙은 기체가 압축되면 일정한 공간 안의 분자들의 수가 늘어나서 분자와 용기 벽의 충돌이 늘어나고, 그 결과 기체의 압력이 증가한다는 것으로 설명할 수 있다(그림 3A.15). 일정한 부피의 기체 압력에 대해 온도가 미치는 영향은 기체 모형에 새로운 면을 제시한다. **기체의 온도가 상승하면 분자의 평균 운동 속력은 증가한다.** 분자의 평균 속력이 증가한 결과로 각 분자는 벽을 좀 더 자주 그리고 좀 더 강하게 때리게 된다. 따라서 일정 부피에서 온도가 오름에 따라 기체는 더 높은 압력을 벽에 가하게 된다. 같은 기체 모형으로 압력이 일정할 때 온도 상승에 따른 부피의 증가 역시 설명할 수 있다. 온도에 따른 압력의 증가를 상쇄하고, 압력을 일정하게 유지하려면 기체의 부피가 증가되어 주어진 시간 안에 보다 적은 수의 분자만이 벽을 때려야 한다. 마지막으로 Avogadro 원리도 기체 모형과 부합된다. 더 많은 수의 분자가 투입되어도 압력이 일정하게 유지되려면 용기의 부피가 더 커져야만 한다.

식 3, 4, 5로 주어지는 기체의 세 가지 성질들을 하나로 묶어 기체의 압력(P), 부피(V), 온도(T), 양(n) 사이의 관계식으로 표현하면 다음과 같다.

$$PV = \text{상수} \times nT$$

즉, 온도와 양이 일정하면 PV는 상수가 되고(Bolye 법칙), 양과 압력이 일정하면 V는 T에 비례하고(Charles 법칙), 압력과 온도가 일정하면 부피는 n에 비례한다(Avogadro 원리). 비례 상수 R을 사용하면 이 관계식은 **이상 기체 법칙(ideal gas law)**이 된다.

$$PV = nRT \quad \textbf{(6)}$$

R은 **기체 상수(gas constant)**라 하는데, 모든 기체에 대해 같은 값을 갖는다. R이 기체의 종류와 상관없기 때문에 '범용 상수'라고 한다. 기체 상수의 값은 P, V, n, T 값을 측정해서 $R = PV/nT$에 대입하면 구할 수 있다. SI 단위(압력은 Pa, 부피는 m^3, 온도는 K, 기체의 양은 mol)를 사용하면 $R = 8.3145\ J \cdot K^{-1} \cdot mol^{-1}$이다. 표 3A.2에는 압력이나 부피가 SI 단위가 아닌 것으로 주어졌을 때의 R 값이 나열되어 있다.

이상 기체 법칙은 물질의 압력(이 경우 기체 압력)이 온도, 부피, 물질의 양에 어떻게 연관되는가를 보이는 **상태 방정식(equation of state)**의 한 예이다. 이상 기체 법칙이 모든 조건에서 완벽하게 적용되는 가상의 기체를 **이상 기체(ideal gas)**라고 한다. 모든 실제 기체들은 압력이 0에 접근할수록($P \to 0$) 식 6을 좀 더 정확히 따른다. 따라서 이상 기체 법칙은 **한계 법칙(limiting law)**의 예이다. 한계 법칙이란 특정한 한계 조건(여기서는 $P \to 0$)에서만 엄격히 맞는 법칙을 말한다. 이상 기체 법칙은 한계 법칙이기는 하지만, 통상의 압력에서 상당히 믿을 만한 결과를 보여 준다. 따라서 우리는 보통의 조건에서 대부분의 기체를 기술할 때 이상 기체 법칙을 사용할 수 있다.

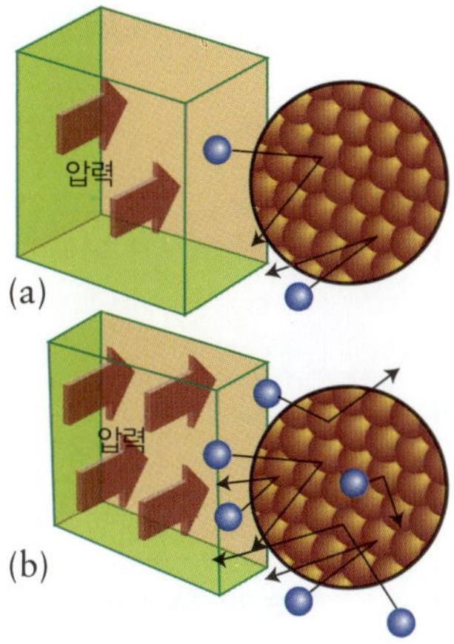

그림 3A.15 (a) 기체의 압력은 기체 분자들이 용기의 벽에 충돌할 때 발생한다. (b) 시료의 부피가 감소하면 일정 부피 속에 더 많은 기체 분자들이 있게 되고, 일정 시간 간격에 단위 면적당 더 많은 충돌이 발생한다. 결과적으로 벽에 미치는 충격이 더 많아지기 때문에 압력도 증가한다.

표 3A.2 기체 상수 R*

$8.205\,74 \times 10^{-2}\ L \cdot atm \cdot K^{-1} \cdot mol^{-1}$
$8.314\,46 \times 10^{-2}\ L \cdot bar \cdot K^{-1} \cdot mol^{-1}$
$8.314\,46\ L \cdot kPa \cdot K^{-1} \cdot mol^{-1}$
$8.314\,46\ J \cdot K^{-1} \cdot mol^{-1}$
$62.364\ L \cdot Torr \cdot K^{-1} \cdot mol^{-1}$

* 현재 기체 상수는 Boltzmann's 상수 k로 정의된다. $R = N_A k$, N_A는 Avogadro 수.

예제 3A.2 시료의 압력 계산

플라스마 디스플레이 패널(plasma display panel, PDP)에서는 전기 방전으로 기체가 이온화되면서 자외선이 생성되어 인광체에 부딪혀 빛을 낸다. 셀에 입혀진 인광체에 따라 적색, 녹색, 청색의 빛을 내며, 수백만 개의 셀이 모여 화상을 만든다. PDP의 한 셀의 압력을 atm 단위로 계산하시오. 셀의 부피는 0.030 mm^3, 온도는 34 °C이며, 9.6 ng의 네온 기체가 들어있다.

계획 식 6의 이상 기체 법칙을 이용하여 압력을 구한다.

풀이

1단계 온도는 절대 온도, 양은 몰수, 부피는 리터로 표시한다. 질량은 $n = m/M$을 이용하여 몰수로, 섭씨 온도는 273.15를 더해 절대 온도로 변환한다.

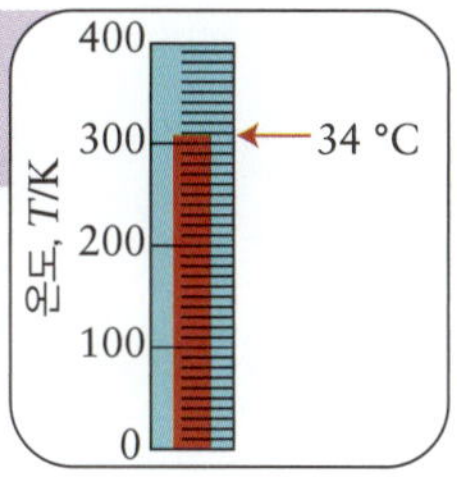

$$n = \frac{\overbrace{9.6 \times 10^{-9}\ g}^{9.6\ ng}}{20.18\ g \cdot mol^{-1}} = 4.7 \ldots \times 10^{-10}\ mol$$

$$T = (34 + 273.15)\ K = 307\ K$$

$$V = 0.030\ mm^3 \times \frac{1\ L}{10^6\ mm^3} = 3.0 \times 10^{-8}\ L$$

2단계 $PV = nRT$를 재배열하여 원하는 양은 왼쪽에, 나머지는 모두 오른쪽에 모은다.

$$P = \frac{nRT}{V}$$

3단계 수치와 $\text{L·atm·K}^{-1}\text{·mol}^{-1}$ 단위로 된 기체 상수 R을 대입한다.

$$P = \frac{\overbrace{(4.7\ldots \times 10^{-10}\ \text{mol})}^{n} \times \overbrace{(8.205\,74 \times 10^{-2}\ \text{L·atm·K}^{-1}\text{·mol}^{-1})}^{R} \times \overbrace{(307\ \text{K})}^{T}}{\underbrace{3.0 \times 10^{-8}\ \text{L}}_{V}}$$

$$= 0.40\ \text{atm}$$

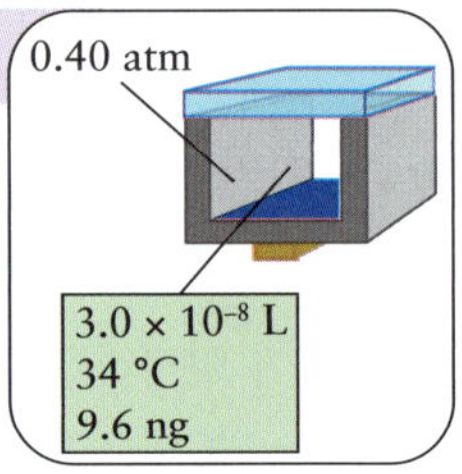

자습 3A.7A 1.0 L 용기 안에 들어 있는 300. °C, 1.0 g의 이산화 탄소가 작용하는 압력을 kPa 단위로 계산하시오.

[**답**: 1.1×10^2 kPa]

자습 3A.7B 잘 조율되지 않은 자동차 엔진이 공회전할 때 분당 1.00 mol의 CO까지도 배출한다. 27 °C에서 1.00 atm이 되는, 분당 배출되는 CO 기체의 부피는 얼마인가?

관련 연습 문제 3A.15, 3A.16

이상 기체 법칙($PV = nRT$)은 이상 기체의 압력, 부피, 온도, 몰수 사이의 관계를 요약한다. 이 법칙은 압력이 낮아져 0에 가까워질 때 더 정확해지는 한계 법칙이다.

3A.4 기체 혼합물

화학 실험실이나 매일의 삶에서 대하는 많은 기체는 혼합물이다. 예를 들어, 대기는 질소, 산소, 아르곤, 이산화 탄소 그리고 그 외의 많은 기체의 혼합물이다(**표 3A.3**). 이상 기체 법칙은 기체 혼합물들에도 확장 적용할 수 있다.

낮은 압력에서는 모든 기체가 압력, 부피, 온도의 변화에 같은 방식으로 대응한다. 따라서 기체의 물리적 성질에 대한 계산에서는 시료의 모든 분자가 같아야 할 필요가 없다. 서로 반응하지 않는 기체들의 혼합물은 마치 하나의 순수한 기체처럼 행동한다.

원자 이론(**기초 지식** B)에도 기여한 John Dalton은 기체 혼합물의 압력을 어떻게 계산할 것인가를 처음으로 보여 주었다. Dalton은 특정 온도의 용기에 일정량의 $O_2(g)$를 주입하여 0.60 atm의 압력을 얻는 조건과 일정량의 $N_2(g)$를 주입하여 0.40 atm의 압력을 얻는 두 가지 조건을 고려하였다. Dalton은 두 기체를 동시에 채울 때 압력은 얼마나 될지 궁금해했다. 상당히 조잡한 측정을 통해 Dalton은 두 기체를 동시에 한 용기에 채울 때 압력은 두 압력의 합인 1.00 atm이 된다고 결론지었다.

표 3A.3 해수면에서 건조 공기의 일반적인 조성

조성	몰질량*(g·mol^{-1})	질량 백분율 조성
N_2	28.02	75.52
O_2	32.00	23.14
Ar	39.95	1.29
CO_2	44.01	0.05

* 건조 공기 내부 분자들의 평균 몰질량은 약 28.97 g·mol^{-1}이다. 수증기의 백분율은 습도와는 다르다.

Dalton은 자신이 관찰한 것을 기체의 **부분 압력(partial pressure)**이라는 개념으로 설명하였다. 여기서 부분 압력이란 용기를 해당 기체로만 채웠을 때의 압력을 말한다. 위의 예에서 용기에 산소와 질소를 따로 넣었을 때의 부분 압력은 각각 0.60 atm과 0.40 atm이다. Dalton은 관찰 결과를 **부분 압력 법칙(law of partial pressures)**으로 요약하였다.

Dalton 부분 압력 법칙(Datlon's law of partial pressure): 기체 혼합물의 전체 압력은 구성 성분들의 부분 압력의 합이다.

기체 A, B, …의 부분 압력이 P_A, P_B, …이면 혼합물의 전체 압력 P에 대해 Dalton 법칙을 다음과 같이 쓸 수 있다.

$$P = P_A + P_B + \cdots \quad (7)$$

이 법칙을 그림 3A.16에 설명하였다. 이 법칙은 이상적으로 행동하는 기체들에 대해서만 정확히 맞는다. 그러나 보통의 조건(상온, 상압)에서도 거의 모든 기체에 대해 상당히 잘 들어맞는다.

Dalton 법칙은 앞에서 다룬 기체 모형과 부합되며, 좀 더 많은 정보도 준다. 기체의 전체 압력은 분자들과 용기의 벽과의 충돌 때문이다. 혼합물을 형성하는 모든 기체 분자들은 충돌을 일으킨다. 기체 A의 분자들도 벽을 때리고, 기체 B의 분자들도 벽을 때린다. 이러한 충돌이 서로 독립적이라면, 결과적인 전체 압력은 Dalton 법칙대로 각각의 압력의 합이 될 것이다.

습기를 포함하는 기체의 조성을 설명하기 위해 부분 압력을 사용할 수 있다. 예를 들어, 사람 폐 속의 습한 기체의 전체 압력은 다음의 합으로 주어진다.

$$P = P_{\text{건조 공기}} + P_{\text{수증기}}$$

체온에서 수증기의 부분 압력은 47 Torr이다. 따라서 사람 폐 속의 건조한 공기 자체의 부분 압력은

$$P_{\text{건조 공기}} = P - P_{\text{수증기}} = P - 47 \text{ Torr}$$

통상적인 날에 해수면에서 전체 압력은 760. Torr이다. 그러므로 사람 폐 속의 건조한 공기의 부분 압력은 760. − 47 Torr = 713 Torr이다.

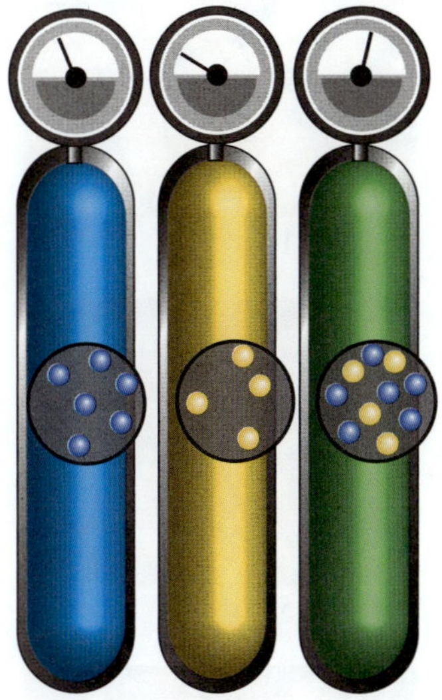

그림 3A.16 Dalton이 기체 혼합물에 대해 수행한 실험의 개념도. Dalton 법칙에 의하면 이상 기체 혼합물의 총 압력 P는 기체 A와 B의 부분 압력, P_A와 P_B의 합이다. 기체들이 이상적이라면, 각 부분 압력은 해당 용기에 그 기체만 담겼을 때의(같은 온도에서) 압력이다.

생각해 보기
습한 공기는 같은 조건의 건조한 공기보다 밀도가 더 높겠는가 아니면 더 낮겠는가?

자습 3A.8A 24 °C, 745 Torr에서 산소를 수상 포집할 때 수증기로 포화되었다. 이 온도에서 물의 증기압은 24.38 Torr이다. 산소의 부분 압력은 얼마인가?

[**답**: 721 Torr]

자습 3A.8B 물을 전기 분해하여 수소와 산소를 얻었지만, 두 기체를 분리하는 데는 실패하였다. 만일 건조 상태의 두 기체 혼합물의 총 압력이 720. Torr이면 각 기체의 부분 압력은 얼마나 되는가? **힌트**: 각 기체의 생성 비율을 고려하시오.

부분 압력의 현대적 정의는 Dalton의 정의와 약간 다르다. 먼저 각 성분 A, B, …의 **몰분율(mole fraction, x)**이 혼합물의 총 분자 양에 기여하는 분율이라는 것을 알아야 한다. 전체 기체 분자의 양이 n이고, 각 기체 분자의 양이 n_A, n_B, …이면 성분 A의 몰분율은 다음과 같이 주어진다.

$$x_A = \frac{n_A}{n} = \frac{n_A}{n_A + n_B + \cdots} \quad (8)$$

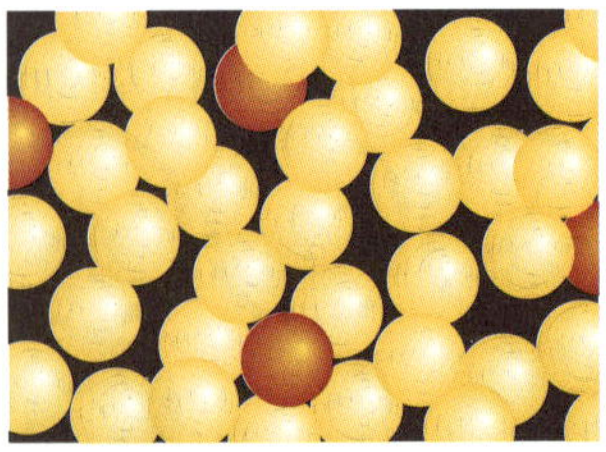

$x_{RED} = 0.1$

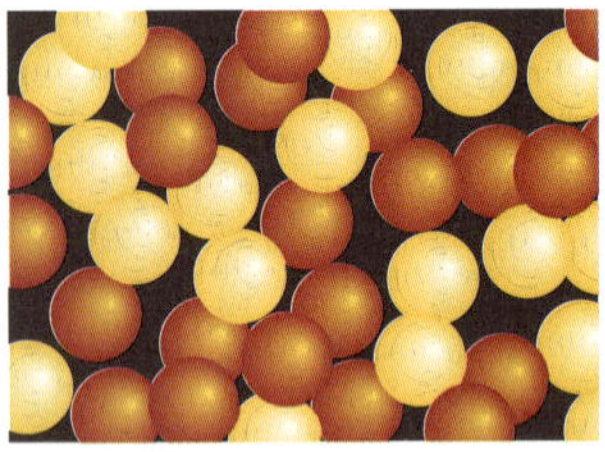

$x_{RED} = 0.5$

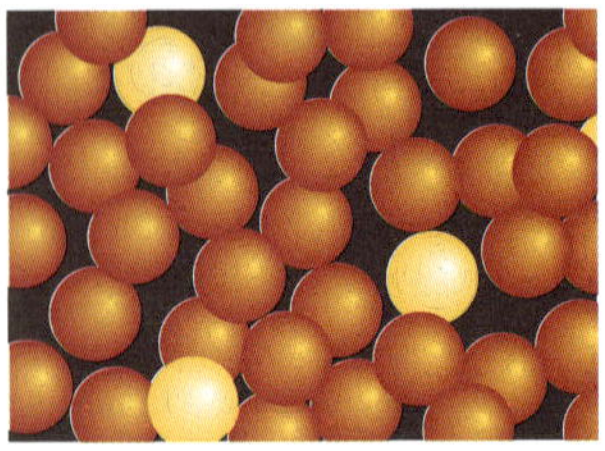

$x_{RED} = 0.9$

그림 3A.17 몰분율 x는 두 종류 이상의 분자 혼합물 중의 특정 종류 분자들 개수의 비율을 말한다. 이 그림에서 붉은색으로 나타나 있는 분자의 몰분율을 각 그림 아래에 표시하였다. 혼합물은 기체뿐만 아니라 액체나 고체일 수도 있다.

혼합물의 다른 성분의 몰분율도 마찬가지로 계산한다. 기체 A와 B의 이성분 혼합물에 대해서는

$$x_A + x_B = \frac{n_A}{n_A + n_B} + \frac{n_B}{n_A + n_B} = \frac{n_A + n_B}{n_A + n_B} = 1 \qquad \textbf{(9)}$$

$x_A = 1$이면 혼합물은 순수한 A이다. $x_B = 1$이면 혼합물은 순수한 B임을 의미한다. $x_A = x_B = 0.50$이면 절반의 분자들은 A이고, 나머지 절반의 분자들은 B이다(그림 3A.17). 이러한 정의와 이상 기체 법칙을 이용하여 기체의 부분 압력을 혼합물에서의 몰분율로 나타낼 수 있다.

어떻게 다루는가?

혼합물 속 기체 A의 부분 압력과 몰분율 사이의 관계를 구하기 위해서, 먼저 기체 A의 부분 압력을 해당 기체의 양 n_A와 혼합물이 차지하는 부피 V, 온도 T로 나타낸다.

$$P_A = \frac{n_A RT}{V}$$

전체 분자의 몰수를 n이라 하면, $n_A = nx_A$이고, $P = nRT/V$이므로,

$$P_A = \frac{nx_A RT}{V} = x_A \frac{nRT}{V} = x_A P$$

계산 결과는 다음과 같다.

$$P_A = x_A P \qquad \textbf{(10)}$$

여기서 P는 전체 압력이고, x_A는 혼합물에서 A의 몰분율이다.

중요하지만 미묘한 점은, Dalton은 부분 압력을 해당 기체만 용기에 있을 때의 압력으로 정의했지만, 현대적인 접근법은 식 10을 이상 기체나 실제 기체의 부분 압력에 대한 정의로 사용한다. 그러면 식 10은 모든 이상 기체와 실제 기체에 대해 성립한다. 기체의 부분 압력을 계산하려면 기체의 몰분율과 혼합물의 전체 압력만 알면 된다. 예를 들면, 임의의 두 종류의 기체의 이성분 혼합물에 대해

$$P_A + P_B = \overbrace{x_A P}^{P_A} + \overbrace{x_B P}^{P_B} = \overbrace{(x_A + x_B)}^{1} P = P$$

그러나 이와 같은 현대적 관점에 따르면, 식 10으로 계산한 부분 압력은 이상 기체일 경우에만, 각 기체가 단독으로 작용할 때의 압력이다.

예제 3A.3 부분 압력 계산

공기는 암모니아 합성과 같은 많은 화학 공정에서 반응물의 공급원이다. 반응에 필요한 공기의 양을 계산하려면 성분 기체들의 부분 압력을 아는 것이 유용하다. 건조 공기 시료 1.00 g이 0.76 g의 질소와 0.24 g의 산소로 구성되어 있다면, 전체 압력이 0.87 atm일 때 이 기체들의 부분 압력을 계산하시오.

예상 N_2와 O_2의 몰질량이 비슷하므로 N_2와 O_2의 몰비는 아주 대략적으로 질량비 0.76:0.24와 비슷할 것이다. 부분 압력의 비도 거의 비슷하게 3:1 정도일 것이다.

계획 식 10을 이용하려면 전체 압력(주어짐)과 각 성분의 몰분율이 필요하다. 먼저 각 기체의 몰수와 전체 몰수를 계산한다. 식 8을 이용하여 몰분율을 계산한다. 각 기체의 부분 압력을 계산하기 위해서는 각 기체의 몰분율과 혼합물의 전체 압력을 곱하면 된다(식 10).

무엇을 가정해야 하는가? 식 10과 7이 모든 종류의 기체에 적용되므로 이상 기체라고 가정할 필요 없다.

풀이

N_2와 O_2의 몰질량을 이용해서 각 기체의 몰수를 계산한다.

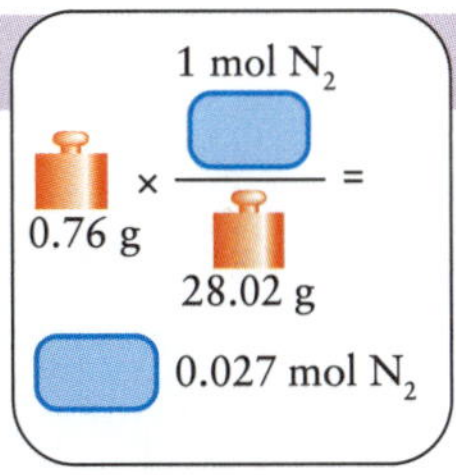

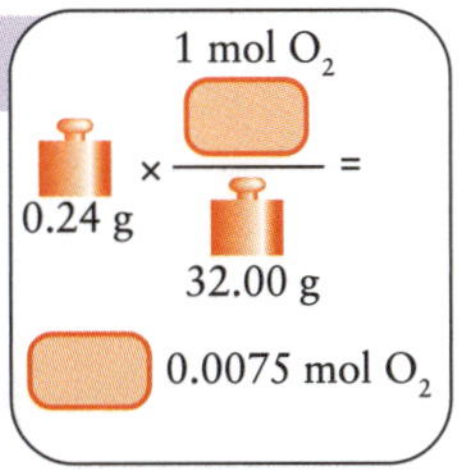

$$n_{N_2} = \frac{0.76\ g}{28.02\ g\cdot mol^{-1}} = \frac{0.76}{28.02}\ mol = 0.027\ldots\ mol$$

$$n_{O_2} = \frac{0.24\ g}{32.00\ g\cdot mol^{-1}} = \frac{0.24}{32.00}\ mol = 0.0075\ldots\ mol$$

$n_{전체} = n_A + n_B$를 이용하여 기체 분자의 전체 몰수를 구한다.

$$n_{N_2} + n_{O_2} = 0.027\ldots + 0.0075\ldots\ mol = 0.035\ldots\ mol$$

$x_A = n_A/n$를 이용하여 몰분율을 계산한다.

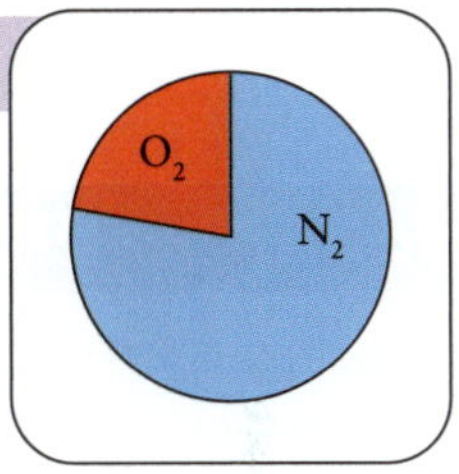

$$x_{N_2} = \frac{\overbrace{0.027\ldots}^{n_{N_2}}}{\underbrace{0.035\ldots}_{n_{N_2}+n_{O_2}}} = 0.78\ldots$$

$$x_{O_2} = \frac{0.0075\ldots}{\underbrace{0.035\ldots}_{n_{N_2}+n_{O_2}}} = 0.22\ldots$$

각 몰분율을 전체 압력에 곱한다. $P_A = x_A P$

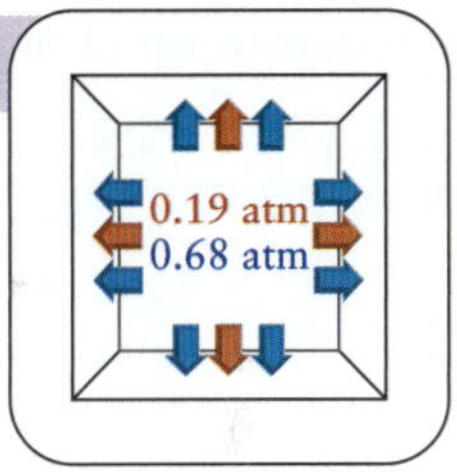

$$P_{N_2} = 0.78\ldots \times (0.87\ atm) = 0.68\ atm$$
$$P_{O_2} = 0.22\ldots \times (0.87\ atm) = 0.19\ atm$$

평가 예상한 대로 P_{N_2}는 P_{O_2}의 약 세 배이다. 전체 압력 0.68 + 0.19 atm = 0.87 atm을 계산하여 답을 확인한다.

자습 3A.9A 기관지 감염증을 앓는 아기는 호흡 곤란을 겪기도 한다. 마취의가 질량비 92.3%의 산소와 나머지는 헬륨으로 구성된 혼합물인 헬리옥스(heliox)를 공급하였다. 전체 압력이 730 Torr이면 아기에게 공급되는 산소의 부분 압력은 얼마인가?

[답: 4.4×10^2 Torr]

자습 3A.9B 잠수부들은 침몰한 배를 조사하면서 고압의 질소 흡입으로 발생할 수 있는 혼수 상태를 방지하기 위해서, 141.2 g의 산소와 335.0 g의 네온으로 구성된 네온–산소 혼합 기체를 사용한다. 가스 탱크 내의 압력은 50.0 atm이었다. 탱크의 산소 부분 압력은 얼마인가?

관련 연습 문제 3A.22~3A.24, 3A.27, 3A.28

혼합 기체의 전체 압력은 각 성분들의 부분 압력의 합이다. 한 기체의 부분 압력은 전체 압력과 몰분율의 곱으로 계산된다: $P_A = x_A P$. 이상 기체의 부분 압력은 용기에 그 기체만 들어 있을 때의 압력이다.

이 Topic에서 배운 것은 무엇인가?

기체의 특성은 기체 분자들의 끊임없는 무작위 운동에 기인하며, 기체의 압력은 분자들이 용기의 벽에 충돌하여 발생한다는 것을 의미한다는 것을 배웠다. 기체의 압력은 절대 온도와 양에 비례하지만 부피에는 반비례한다는 것을 배웠다. 낮은 압력에서는 기체들이 이상 기체 법칙, 즉 $PV = nRT$를 따른다는 것을 배웠다. 마지막으로 부분 압력의 정의를 배웠고, 기체가 이상적인 경우 부분 압력은 용기 내에 그 기체만 들어 있을 때의 압력임을 배웠다.

개념과 식의 적용

- ☐ 액체의 수직 기둥 밑에서의 압력을 계산한다(예제 3A.1).
- ☐ 액주 압력계의 눈금을 해석한다(자습 3A.2).
- ☐ 여러 가지 압력 단위를 변환한다(자습 3A.3).
- ☐ 주어진 조건에서 기체 법칙을 이용해서 P, V, T, n을 계산한다(예제 3A.2).
- ☐ 혼합물의 조성을 성분 물질의 몰분율로 표시한다(3A.4절).
- ☐ 혼합물에서 기체의 부분 압력과 혼합물의 전체 압력을 계산한다(예제 3A.3).

Topic 3A 연습 문제

3A.1 흑연을 합성 다이아몬드로 만드는 데 8×10^4 atm의 압력이 필요하다. 이 압력을 다음 단위로 나타내시오.
(a) Pa (b) kbar (c) Torr (d) $\text{lb} \cdot \text{in.}^{-2}$

3A.2 실린더에 아르곤이 35.0 $\text{lb} \cdot \text{in.}^{-2}$(psi)의 압력으로 보관되어 있다. 이 압력을 다음 단위로 바꾸시오.
(a) kPa (b) Torr (c) bar (d) atm

3A.3 높은 산의 스키장에 도착하면 공기의 압력이 낮아서 고산병을 앓는 경우가 있다. 고도가 높으면 대기의 압력이 낮아지는 이유는 무엇인가?

3A.4 지구의 실험실과 같은 대기압을 갖는 화성의 연구실에서 기압계의 수은주가 더 높겠는가, 낮겠는가? 이유도 설명하시오.

3A.5 한 학생이 네온 기체가 든 유리 구를 열린 관 액주 압력계(그림 3A.6과 같은 장치)에 연결하고, 기체의 압력이 0.890 atm이라고 계산하였다.
(a) 만일 대기압이 762 Torr이면 이 학생은 액주 압력계의 양쪽 수은주의 높이 차이가 얼마라고 읽겠는가?
(b) 어느 쪽 수은주가 높은가? 유리 구 쪽으로 연결된 쪽이겠는가 아니면 외부로 열린 쪽이겠는가?
(c) 만일 학생이 실험 노트에 기록할 때 두 쪽의 값을 실수로 바꾸어 적었다면, 유리 구 내의 압력은 얼마라고 보고되었겠는가?

3A.6 닫힌 관 액주 압력계에 연결된 용기 내에서 반응이 진행되었다. 반응 전에는 액주 압력계의 양쪽 수은주의 높이가 같았다. 반응이 진행되면서 기체가 발생하여 반응 종결점에서 진공 쪽(막힌 쪽) 수은주의 높이는 24.32 cm 올라갔고, 플라스크 쪽 수은주는 같은 크기만큼 떨어졌다. 반응 종결 후의 장치 안의 압력을 다음 단위들로 나타내시오.
(a) Torr (b) atm (c) Pa (d) bar

3A.7 여러분이 열대 어느 섬에 고립되었고, 거기서 바닷물(밀도 1.10 $\text{g} \cdot \text{cm}^{-3}$)을 이용해서 원시적인 액주 압력계를 만들었다고 가정하자. 수은(밀도 13.6 $\text{g} \cdot \text{cm}^{-3}$)으로 만든 액주 압력계가 74.7 cm에 이르렀다면 여러분이 만든 액주 압력계 속 바닷물 기둥의 높이는 얼마이겠는가?

3A.8 미지의 액체가 닫힌 관 액주 압력계에 채워졌다. 수은주는 758.7 mm의 높이 차이를 나타낸 액주 압력계가 미지의 액체는 6.14 m 높이 차이를 만들었다. 이 미지 액체의 밀도는 얼마인가?

3A.9 여러분 몸의 폭(어깨너비)이 20. in.이고, 몸의 두께(가슴에서 등까지)가 10. in.라고 가정하자. 만일 대기압이 14.7 $\text{lb} \cdot \text{in.}^{-2}$이라면 똑바로 서 있을 때 여러분 몸이 얼마의 공기 무게를 지탱하고 있는가?

3A.10 연구실의 저압용 압력계는 가끔 물의 높이(inch 단위)로 보정한다. 15 °C에서 수은의 밀도가 13.6 $\text{g} \cdot \text{cm}^{-3}$, 물의 밀도는 1.0 $\text{g} \cdot \text{cm}^{-3}$일 때, 15 °C에서 기체 실린더 내부의 압력이 8.9 inH_2O라면 이는 Torr 단위로 얼마의 압력에 해당하는가?

3A.11 Robert Boyle은 압력을 inHg의 단위로 측정하였다. 대기압이 29.85 inHg인 날, J자형 관(1)의 끝에 공기를 넣고, 수은주의 높이 차이(h)를 측정하였다. $h = 12.0$ in.일 때, 공기가 들어 있는 쪽의 높이는 32.0 in.였다. Boyle이 수은을 더 넣었더니 관 양쪽의 수은주 높이는 더 높아지고 $h = 30.0$ in.가 되었다(2).
(a) (2)에서 공기가 들어 있는 쪽의 높이는 몇 in.인가?
(b) (1)과 (2)에서 관 속 공기의 압력은 몇 inHg인가?

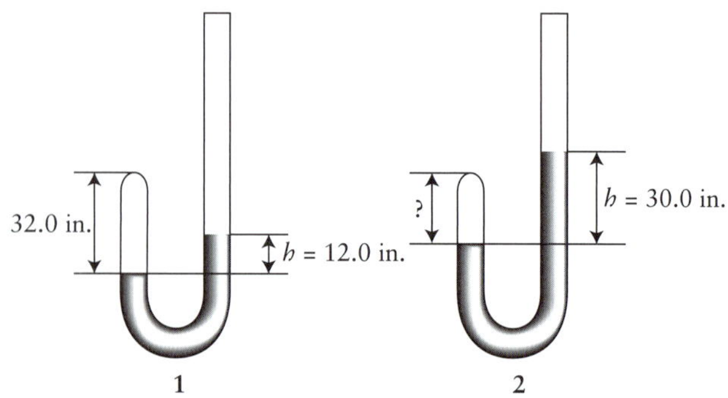

3A.12 Boyle이 연습 문제 3A.11의 장치에 수은을 계속 넣어서 갇혀 있는 공기 쪽의 높이가 6.85 in.가 되었다. 대기압이 변하지 않았다면, 관에 갇혀 있는 공기의 압력은 몇 inHg인가?

3A.13 단단한 용기에 들어 있는 1.00 mol의 분자로 이루어진 기체 시료에 대해 다음의 자료를 얻었다.

온도/°C	0	20	40	60	80
압력, P/atm	1.12	1.20	1.28	1.36	1.45

(a) 시료의 부피를 구하시오.
(b) 자료를 손이나 컴퓨터 프로그램을 사용하여 도시하시오. 용기에 1.00 mol의 기체 분자를 추가로 넣었을 경우도 도시하시오.
(c) 두 선이 만나는 온도는 몇 K인가?

3A.14 단단한 용기에 들어 있는 5.00 mol의 분자로 이루어진 기체 시료에 대해 다음의 자료를 얻었다.

온도/°C	0	20	40	60	80
압력, P/atm	4.48	4.80	5.14	5.46	5.80

(a) 시료의 부피를 구하시오.
(b) 자료들을 손이나 컴퓨터 프로그램을 사용하여 도시하시오. 용기에 5.00 mol의 기체 분자를 추가로 넣었을 경우도 도시하시오.
(c) 두 선이 만나는 온도는 몇 K인가?

3A.15 (a) 24 °C에서 350. mL의 플라스크에 Ar 0.1500 mol이 들어있다. 기체의 압력은 몇 kPa인가? (b) 23.9 mg의 트라이플루오린화 브로민이 100. °C에서 10.0 Torr의 압력을 갖는다. 용기의 부피는 몇 mL인가? (c) 30. °C에서 100.0 mL 플라스크에 들어 있는 이산화황의 압력이 0.77 atm이다. 기체의 질량은 얼마인가? (d) 14 °C에서 6.00×10^3 m^3 부피의 보관 용기에 들어 있는 메테인의 압력이 129 kPa이다. 몇 mol의 CH_4가 들어 있는가?

3A.16 (a) 1.85 atm, 86 °C에서 125 mL 플라스크에 아르곤이 들어 있다. 몇 mol의 아르곤이 들어 있는가? (b) 17 °C에서 250.0 mL 플라스크에 6.5 μg의 O_2가 들어 있다. 몇 Torr의 압력을 갖는가? (c) 203 K, 20. Torr에서 50.0 L 플라스크에 질소가 들어 있다. 몇 g의 질소가 들어 있는가? (d) 65 °C에서 0.0387 g의 크립톤 시료의 압력이 2.00×10^2 mTorr이다. 용기의 부피는 몇 L인가?

3A.17 (Achieve 활용 문제로 생략함)

3A.18 (Achieve 활용 문제로 생략함)

3A.19 일산화 질소 NO가 신경 전달 물질로 밝혀졌다. 그 효과를 조사하기 위해서 250.0 mL의 용기에 기체 시료를 모았다. 19.5 °C에서 용기 안의 압력이 24.5 kPa이었다. 몇 mol의 NO가 수집되었는가?

3A.20 화산 폭발은 심각한 공기 오염원이 될 수 있다. Hawaii의 Kilauea 화산은 일반적으로 매일 200~300 t(1 t = 10^3 kg)의 이산화황(SO_2) 기체를 분출한다. 어느 날, 이 화산이 248 t의 SO_2를 분출했다. 기체가 800. °C, 1 atm에서 분출되었다면, 그날 분출된 SO_2의 부피는 얼마인가?

3A.21 염화 수소 HCl(g) 시료를 기포 형태로 액체 벤젠(C_6H_6)을 통과시켜서 포집하였다. 다음 그림은 HCl과 벤젠 증기의 혼합물을 나타낸다(●는 HCl 분자, ○는 벤젠 분자).
(a) 그림을 이용하여 용기 안의 HCl과 벤젠의 몰분율을 계산하시오.
(b) 전체 압력이 0.80 atm일 때 HCl과 벤젠의 부분 압력을 계산하시오.

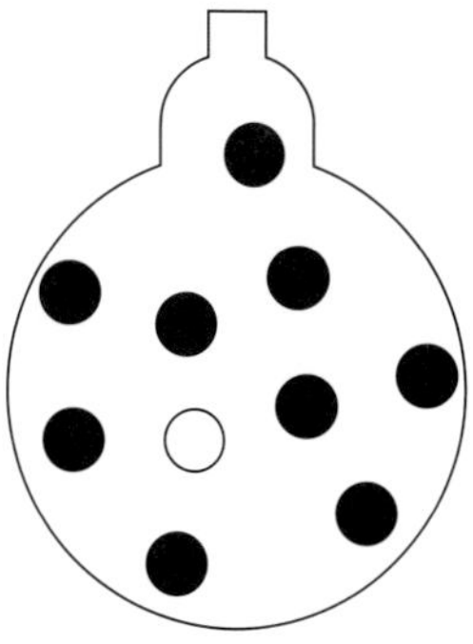

3A.22 대기압이 757.5 Torr인 날, 소듐 금속 조각을 플라스크의 물에 넣었다. 소듐은 물과 완전히 반응하여 24 °C에서 수소 기체와 수증기의 혼합물 137.0 mL를 생성하였다. 이 온도에서 물의 증기압은 22.38 Torr이다.
(a) 포집 플라스크 안의 수소 부분 압력은 몇 Torr인가?
(b) 소듐과 물의 반응에 대한 균형 맞춘 화학 반응식을 쓰시오.
(c) 반응한 소듐 금속의 질량은 얼마인가?

3A.23 273.15 K에서 22.4 L의 용기에 2.0 mol H_2(g)와 1.0 mol N_2(g)가 들어 있다. (a) 두 기체의 부분 압력과 (b) 전체 압력을 계산하시오.

3A.24 다른 행성의 대기를 모의 시험하는 데 사용되는 기체 혼합물은 메테인 376 mg, 아르곤 154 mg, 질소 252 mg으로 구성되어 있다. 300. K에서 질소의 부분 압력은 21.3 kPa이다.
(a) 혼합물의 전체 압력은 얼마인가?
(b) 시료의 전체 부피는 얼마인가?

3A.25 15 °C, 0.50 bar의 질소 기체가 1.00 L 플라스크에 들어 있다. 0.10 mol의 O_2(g)를 플라스크에 추가하고 잘 섞었다. 마개를 열어 0.020 mol의 기체를 내보냈다. 남아있는 혼합물에서 산소의 부분 압력은 얼마인가?

3A.26 25 °C, 803 kPa의 질소 기체가 들어 있는 4.0 L 플라스크와 25 °C, 47.2 kPa의 아르곤 기체가 들어 있는 10.0 L 플라스크가 밸브로 연결되어 있다. 밸브를 열면 두 플라스크의 기체들이 섞이게 된다.
(a) 섞인 후 두 기체의 부분 압력은 각각 얼마인가?
(b) 기체 혼합물의 전체 압력은 얼마인가?

3A.27 외부 압력이 756.7 Torr일 때 물의 전기 분해로 생긴 수소 기체가 한 전극으로부터 20. °C에서 수상 포집되었다. 20. °C에서 물의 증기압은 17.54 Torr이다. 수소의 부피는 0.220 L였다.
(a) 수소의 부분 압력은 얼마인가?
(b) 물의 전기 분해의 다른 생성물은 산소 기체이다. 물이 H_2와 O_2로 전기분해되는 반응의 균형 맞춘 화학 반응식을 쓰시오.
(c) 생성되는 산소의 질량은 얼마인가?

3A.28 산화 이질소(N_2O)는 질산 암모늄을 열분해하여 수상 포집해서 얻을 수 있다. 대기압이 755 Torr일 때 21 °C에서 그 축축한 기체의 부피는 126 mL이었다. 만일 같은 양의 N_2O가 건조한 상태에서 포집된다면 755 Torr, 21 °C에서 부피가 얼마이겠는가? 물의 증기압은 21 °C에서 18.65 Torr이다.

Topic 3B 기체 법칙의 적용

이 Topic을 왜 배우는가? 화학자는 종종 하나 이상의 변수가 변하는 것을 다루어야 한다. 또한 기체를 소모하거나 생성하는 반응도 다루어야 한다.

무엇을 알고 있어야 하는가? 압력의 개념과 이상 기체 법칙에 익숙해야 한다(Topic 3A). 이 Topic에서는 반응의 화학량론(기초 지식 L, M)을 확장한다.

이상 기체 법칙(Topic 3A, 식 6, $PV = nRT$)은 한 번에 하나의 변수를 변경할 때의 영향을 연구하면서 나왔다. 인생, 심지어 실험실 생활도, 그렇게 단순하지는 않다. 따라서 화학자는 하나 이상의 변수의 변화를 처리할 수 있어야 한다. 다행히 이상 기체 법칙은 이러한 가능성에 쉽게 적응할 수 있다. 화학자들은 또한 또 다른 일반적인 문제, 즉 화학 반응에서 기체가 소모되거나 생성될 가능성을 다루어야 한다.

3B.1 통합 기체 법칙

초기 조건이 n_1, P_1, V_1, T_1이면 이상 기체 법칙에 따라

$$P_1V_1 = n_1RT_1$$

또는 재배치하여

$$P_1V_1/n_1T_1 = R$$

이라고 쓸 수 있다. 조건이 n_2, P_2, V_2, T_2로 변하면, 이상 기체 법칙은

$$P_2V_2/n_2T_2 = R$$

이 된다. R은 상수이기 때문에 P_1V_1/n_1T_1과 P_2V_2/n_2T_2를 등호로 연결하여 다음 식을 얻는다.

$$\frac{\overbrace{P_1V_1}^{\text{초기 조건}}}{n_1T_1} = \frac{\overbrace{P_2V_2}^{\text{최종 조건}}}{n_2T_2} \qquad (1)$$

이 수식은 **통합 기체 법칙**(**combined gas law**)이라고 한다. 그러나 이 식은 이상 기체 법칙의 당연한 결과이며, 새로운 법칙은 아니다.

이러한 형태의 이상 기체 법칙은 서론에서 언급한 대로, 여러 개의 변수가 변하는 경우의 계산을 수행하는 데 사용된다. 변수 하나만 변경되고 다른 속성 하나가 반응하는 경우 통합 기체 법칙은 Topic 3A에 소개된 원래 법칙(예: Boyle 법칙) 중 하나로 귀결된다.

예제 3B.1 하나의 변수가 바뀔 때의 통합 기체 법칙 사용

자동차 엔진에서 점화가 일어나기 전에 피스톤이 휘발유 증기와 공기의 혼합물을 압축한다. 피스톤이 밀려 들어가면 점화 전에 실린더 내부의 부피가 100. cm^3에서 20. cm^3으로 줄어든다고 가정하자. 원래 들어 있던 혼합물의 압력이 1.00 atm이었고, 등온 변화를 가정하면 부피가 줄어든 기체 혼합물의 최종 압력은 얼마인가?

예상 일정 온도에서 부피가 다섯 배 줄었으므로 압력은 다섯 배 늘어날 것이다.

계획 식 1의 통합 기체 법칙을 이용한다. 압력과 부피만이 변하므로 다른 변수들은 모두 상쇄되어 Boyle 법칙이 된다.

풀이

1단계 P_2를 계산하기 위해 $P_1V_1/n_1T_1 = P_2V_2/n_2T_2$를 재배열한다. 양변에 n_2T_2/V_2를 곱한다. $n_2 = n_1$(양의 변화 없음), $T_2 = T_1$(온도 변화 없음)이므로 이 양들은 상쇄된다.

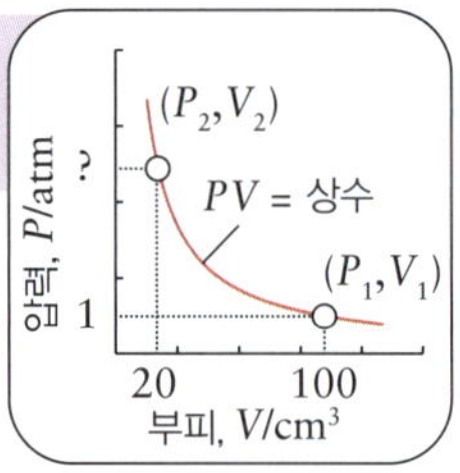

$$P_2 = \frac{P_1V_1}{n_1T_1} \times \frac{n_2T_2}{V_2} \xrightarrow{n_2=n_1,\ T_2=T_1} P_2 = \frac{P_1V_1}{V_2}$$

2단계 수치를 대입한다.

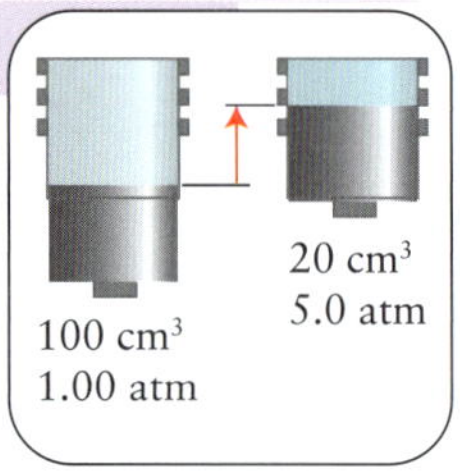

$$P_2 = \frac{(1.00\ \text{atm}) \times (100\ \text{cm}^3)}{20\ \text{cm}^3} = 5.0\ \text{atm}$$

평가 예상한 대로 최종 압력은 5(보다 정밀하게는 5.0)배 높다.

자습 3B.1A 200. Torr의 아르곤 기체 10.0 mL를 비어 있던 0.200 L의 관에 넣었다. 온도는 일정하게 유지되었다. 관 속 아르곤의 압력은 얼마인가?

[답: 10.0 Torr]

자습 3B.1B 시험용 엔진의 실린더 안에 들어 있던 1.00 atm, 80. cm^{3}의 공기가 피스톤에 의해 등온 압축되어 3.20 atm이 되었다. 공기의 최종 부피는 얼마인가?

관련 연습 문제 3B.1~3B.6, 3B.15, 3B.16

예제 3B.2 변수 두 개가 바뀔 때의 통합 기체 법칙 사용하기

기체의 팽창에 의한 냉각 효과를 이용한 냉방기를 설계한다면, 기체의 온도와 부피가 변할 때 압력의 변화를 알아야 할 것이다. 28.0 °C에서 500. mL 부피의 기체 시료 압력이 92.0 kPa임을 알게 되었다. 이 기체가 300. mL로 압축되고 25.0 °C로 냉각되었을 때 압력은 얼마인가?

예상 압력을 증가시키는 압축이 압력을 감소시키는 냉각의 효과보다 클 것인가를 판단해야 하는 문제이다. 절대 온도의 상대적 증가는 매우 작으므로, 압축의 효과가 더 클 것으로 예상된다.

계획 두 상태에서 양만이 일정하다는 것을 염두에 두고, 식 1의 통합 기체 법칙을 이용한다.

풀이

1단계 예제 3B.1에서처럼 P_2를 계산하기 위해 $P_1V_1/n_1T_1 = P_2V_2/n_2T_2$를 재배열한다. $n_1 = n_2$이므로 상쇄시킨다. 온도를 절대 온도로 바꾼다.

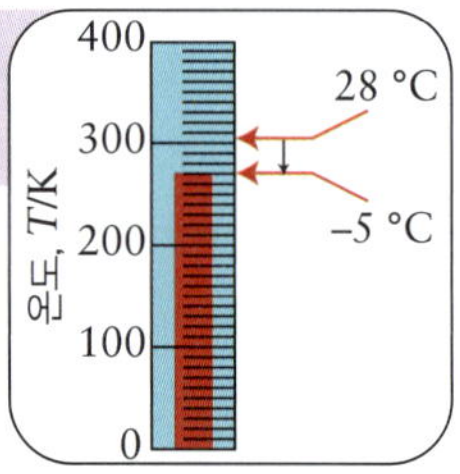

$$P_2 = \frac{P_1V_1}{n_1T_1} \times \frac{n_2T_2}{V_2} \xrightarrow{n_1=n_2} P_2 = \frac{P_1V_1T_2}{T_1V_2}$$

$$T_1 = (273.15 + 28.0)\ \text{K} = 301.2\ \text{K}$$

$$T_2 = (273.15 - 5.0)\ \text{K} = 268.2\ \text{K}$$

2단계 수치를 대입한다.

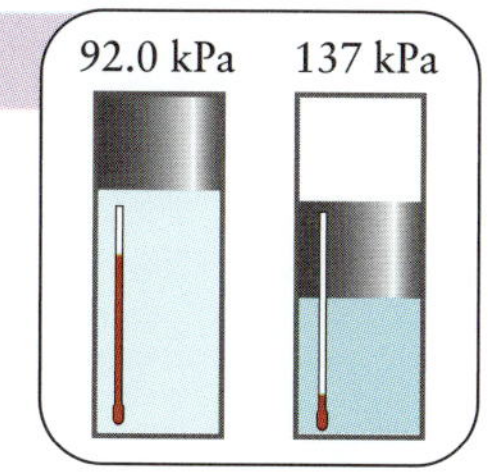

$$P_2 = \frac{(92.0\ \text{kPa}) \times (500.\ \text{mL}) \times (268.2\ \text{K})}{(301.2\ \text{K}) \times (300.\ \text{mL})} = 137\ \text{kPa}$$

평가 결과적으로 압력이 증가하였다. 예상대로 압축이 냉각보다 큰 효과를 나타내었다.

자습 3B.2A 20. °C, 1.00 atm에서 1.00×10^3 L 부피를 갖는 공기 덩어리가 압력이 0.750 atm인 산 정상으로 올라갔다. 산 정상에서 그 공기 덩어리는 −10. °C로 냉각되었다. 정상에서의 공기 덩어리의 부피는 얼마인가?

[답: 1.20×10^3 L]

자습 3B.2B 20. °C, 1.00 atm에서 기상 관측용 풍선에 헬륨 기체를 채웠다. 풍선의 부피는 250. L이다. 풍선이 외기 온도 −30. °C가 되는 높이까지 상승했을 때 부피는 800. L로 팽창하였다. 그 높이에서 대기압은 얼마인가?

관련 연습 문제 3B.9, 3B.10, 3B.19, 3B.20

통합 기체 법칙은 하나 이상의 조건 변화에 기체가 어떻게 대응하는지 보여 준다.

3B.2 몰부피와 기체 밀도

다음 절에서 명확해지듯이, 반응 화학량론으로 기체를 다룰 때의 핵심은 이상 기체의 몰부피, $V_m = V/n$이다. 이상 기체 법칙은 임의의 온도 및 압력에서 이상 기체의 몰부피를 예측하는 데 사용될 수 있다. 몰부피의 정의는 $V = nRT/P$ 형태의 이상 기체 법칙과 결합되어 다음과 같이 쓸 수 있다.

$$V_m = \frac{V}{n} = \frac{nRT/P}{n} = \frac{RT}{P} \qquad (2)$$

화학 관련 자료들이 보고되는 보통의 조건인 **표준 환경 온도 및 압력(standard ambient temperature and pressure**, SATP)은 정확하게 25 °C(298.15 K)와 1 bar로 정의된다. SATP에서 이상 기체의 몰부피는 24.79 $\text{L} \cdot \text{mol}^{-1}$로 한 변의 길이가 1 ft인 정육면체 부피 정도에 해당한다(그림 3B.1). 이전에 사용되던 **표준 온도 및 압력(standard temperature and pressure**, STP)은 0 °C와 1 atm(둘 다 정확한 값)으로 일부 계산에서 아직도 널리 사용되고 있다. STP에서는 이상 기체의 몰부피가 22.41 $\text{L} \cdot \text{mol}^{-1}$이다. STP에서의 몰부피가 SATP보다 약간 작은 것은 온도는 더 낮고, 압력은 약간 더 높기 때문이다. 따라서 같은 양의 기체는 SATP의 경우보다 약간 더 작은 부피를 갖게 된다.

표 3B.1은 흔히 접하는 조건에서의 이상 기체 몰부피를 보여 준다. 특정 온도와 압력에서 주어진 양의 기체의 부피를 알기 위해서는, 해당 조건에서의 몰부피에 간단히 몰수를 곱해 주면 된다($V = nV_m$). 기체의 질량이 주어지면, $n = m/M$을 이용한다. 여기서 M은 몰질량이다.

그림 3B.1 투명한 정육면체는 25℃, 1 bar에서 1 mol의 이상 기체의 부피(25 L)에 해당한다. *(Courtesy of ballqube.com)*

표 3B.1 이상 기체의 몰부피, $V_m/(\text{L} \cdot \text{mol}^{-1})$

온도	압력: 1 atm	압력: 1 bar
0 °C	22.4140	22.7110
25 °C	24.4654	24.7896

$T = 0$에서 $V_m = 0$이다.

자습 3B.3A 1.0 kg의 수소가 25 °C, 1.0 atm에서 차지하는 부피를 계산하시오.

[답: 1.2×10^4 L]

자습 3B.3B 2.0 g의 헬륨이 25 °C, 1.0 atm에서 차지하는 부피를 계산하시오.

일부 응용 분야에서는 기체의 몰농도 또는 질량 밀도 d를 알아야 할 수도 있다. 둘 다 몰부피와 밀접한 관련이 있다. **기초 지식** G에서 보았듯이 물질의 몰농도는 분자의 몰수(n)를 그 물질이 차지하는 부피(V)로 나눈 값이다. $n = PV/RT$ 형태의 이상 기체 법칙에서

$$\text{몰농도} = \frac{\text{몰수}}{\text{부피}} = \frac{n}{V} = \frac{PV/RT}{V} = \frac{P}{RT} \overset{\text{식 2}}{=} \frac{1}{V_m} \tag{3}$$

즉, 이상 기체 분자의 몰농도는 간단하게 기체 몰부피의 역수이다.

기체의 질량 밀도 d는 다른 물질들과 마찬가지로 흔히 간단히 '밀도'라고 부르며, 시료의 질량을 부피로 나눈 값 $d = m/V$이다. 이제 두 가지 대입을 한다. 하나는 질량을 몰질량으로 나타낸다. $m = nM$. 다른 하나는 부피를 몰부피로 나타낸다. $V = nV_m$.

$$\text{밀도} = \frac{\text{질량}}{\text{부피}} = \frac{m}{V} = \frac{nM}{nV_m} = \frac{M}{V_m} \tag{4a}$$

기체가 이상적이라면, 식 2를 이용하여 밀도를 압력과 온도로 나타낼 수 있다.

$$d = \frac{MP}{RT} \tag{4b}$$

식 4는 다음과 같은 의미를 갖는다.

- 주어진 압력과 온도에서 기체의 몰질량이 클수록 기체의 밀도는 커진다.
- 일정한 온도에서 기체의 밀도는 압력이 증가함에 따라 증가한다.
- 일정한 압력에서 자유롭게 팽창할 수 있는 기체의 온도를 올리면 부피가 증가하게 되어 밀도는 감소하게 된다.

식 4b는 기체나 증기의 밀도를 측정해서 몰질량을 결정하는 근거가 된다. 기체의 경우, 질량 밀도는 보통 $g \cdot L^{-1}$의 단위로 표시한다. 예를 들어, SATP에서 공기의 밀도는 약 1.6 $g \cdot L^{-1}$이다.

생각해 보기

열기구가 공기 중에서 뜨는 이유는 무엇인가?

예제 3B.3 기체의 밀도로 몰질량 계산하기

향수 산업에서 사용되는 많은 화합물은 식물의 추출물에서 유도된다. 원하는 화합물을 확인하는 방법의 하나는 몰질량을 결정하는 것이다. 휘발성(기화가 잘 되는) 유기 화합물인 제라니올은 장미 기름의 한 성분이다. 260. °C, 103 Torr에서 증기의 밀도는 0.480 $g \cdot L^{-1}$이다. 제라니올의 몰질량은 얼마인가?

예상 화합물이 휘발성이므로 몰질량은 대체로 작을 것이다.

계획 주어진 정보를 열거하고, 온도를 절대 온도로 표시한다. 식 4b를 변형하여 M에 대한 표현을 만들고, 적절한 R의 단위를 선택하여 수치를 대입한다.

풀이

수치를 모은다.

$d = 0.480\ g \cdot L^{-1}$

$P = 103$ Torr

$T = (273.15 + 260.)$ K $= 533$ K

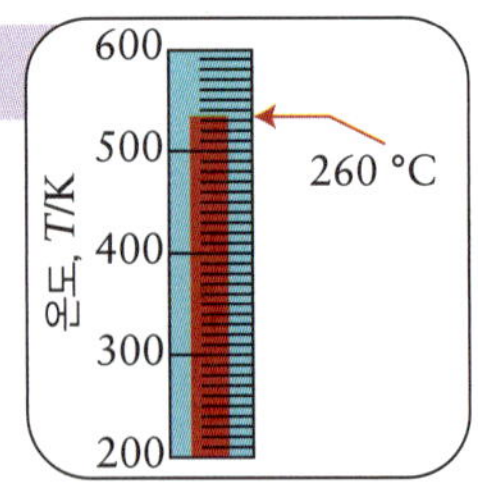

$d = MP/RT$를 $M = dRT/P$로 변환하여 수치를 대입하고, R은 Torr와 L 단위로 표시한다.

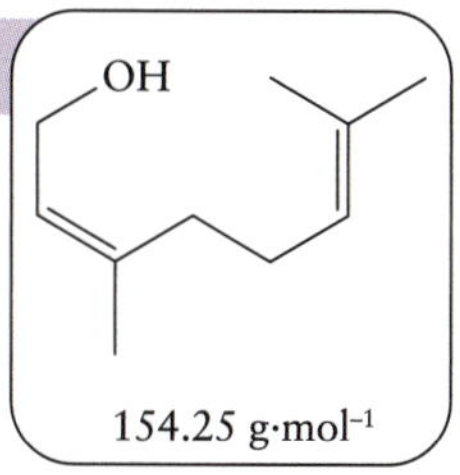

$$M = \frac{\overbrace{(0.480\ \text{g}\cdot\text{L}^{-1})}^{d} \times \overbrace{(62.36\ \text{L}\cdot\text{Torr}\cdot\text{K}^{-1}\cdot\text{mol}^{-1})}^{R} \times \overbrace{(533\ \text{K})}^{T}}{\underbrace{103\ \text{Torr}}_{P}}$$

$$= 155\ \text{g}\cdot\text{mol}^{-1}$$

평가 위에서 얻은 155 $\text{g}\cdot\text{mol}^{-1}$은 제라니올의 화학식으로부터 계산한 값($C_{10}H_{18}O$; 154.25 $\text{g}\cdot\text{mol}^{-1}$, 삽입 그림 참조)과 비슷하다.

자습 3B.4A 크리사로빈 약물은 Zuni 치료사들이 피부병 치료에 사용했던 나무에서 분리하여 얻은 것이다. 213 °C, 64.5 Torr에서 크리사로빈 증기 시료의 밀도가 0.511 $\text{g}\cdot\text{L}^{-1}$이다. 크리사로빈의 몰질량을 계산하시오.

[**답**: 240. $\text{g}\cdot\text{L}^{-1}$]

자습 3B.4B 이집트의 의학 문서 Codex Ebers는 마늘을 방부제로 기술하고 있다. 오늘날의 화학자들은 이황화 다이알릴(마늘 냄새의 휘발성 물질)의 산화물이 강력한 항박테리아성 물질임을 밝혀내었다. 177 °C, 200. Torr에서 이황화 다이알릴 증기의 밀도는 1.04 $\text{g}\cdot\text{L}^{-1}$이다. 이황화 다이알릴의 몰질량은 얼마인가?

관련 연습 문제 3B.28, 3B.31

표준 환경 온도 및 압력(SATP)은 25 °C(298.15 K), 1 bar이고, 표준 온도 및 압력(STP)은 0 °C(273.15 K), 1 atm이다. 이상 기체의 몰부피는 온도에 따라 증가하고 압력에 따라 감소한다. 기체의 몰농도와 질량 밀도는 온도에 따라 감소하고 압력에 따라 증가한다.

3B.3 반응 기체의 화학량론

이상 기체 법칙은 기체의 생성 또는 소모와 관련된 화학 반응의 화학량론적 계산에 적용할 수 있다. 예를 들어, 연료가 연소되어 생성되는 이산화 탄소의 부피나 주어진 양의 혈액 속 헤모글로빈과의 반응에 소요되는 산소의 부피를 알 필요가 있다고 하자. 이를 위해서는 **기초 지식** L과 M에서 다룬 몰 대 몰 계산과 기체 분자의 몰수를 기체의 부피로 변환하는 것을 조합할 필요가 있다. (**1**)의 도표는 화학량론 기법(**기초 지식** L)을 기체의 부피를 포함하도록 확장하는 것을 보여 준다.

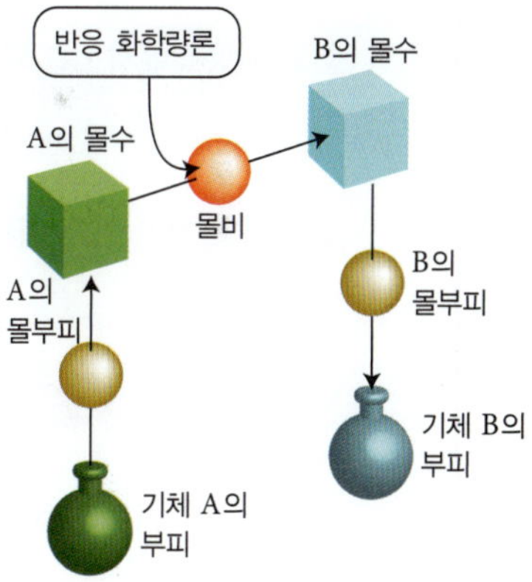

1

예제 3B.4 주어진 부피의 기체와 반응하는 데 필요한 시약의 질량 계산하기

잠수함이나 우주선 안의 인공 대기 속에서 승무원이 발산하는 이산화 탄소는 제거되고, 산소로 재충전되어야 한다. 잠수함 설계팀은 이산화 탄소와 반응해서 산소를 발생시키는 초과산화 포타슘(KO_2)을 공기 정화제로 사용할 것을 검토하였다(**그림 3B.2**).

$$4\,KO_2(s) + 2\,CO_2(g) \rightarrow 2\,K_2CO_3(s) + 3\,O_2(g)$$

25 °C, 1.0 atm에서 이산화 탄소 50. L와 반응하기 위해 필요한 KO_2의 질량을 계산하시오.

예상 보통의 조건에서 50 L의 부피는 약 2 mol CO_2에 해당하므로, 반응식의 화학량론은 KO_2가 약 4 mol이 필요함을 알려 준다. KO_2의 몰질량이 약 70 $\text{g}\cdot\text{mol}^{-1}$이므로 답은 280 g 정도일 것이다.

그림 3B.2 이산화 탄소를 초과산화 포타슘(노란색 고체)에 통과시키면 반응이 일어나 무색의 탄산 포타슘(관의 벽을 덮은 흰색 고체)과 산소를 형성한다. 이 반응은 폐쇄된 호흡 환경에서 이산화 탄소를 제거하기 위해 사용된다. *(Copyright Macmillan Learning, photo bye Ken Karp.)*

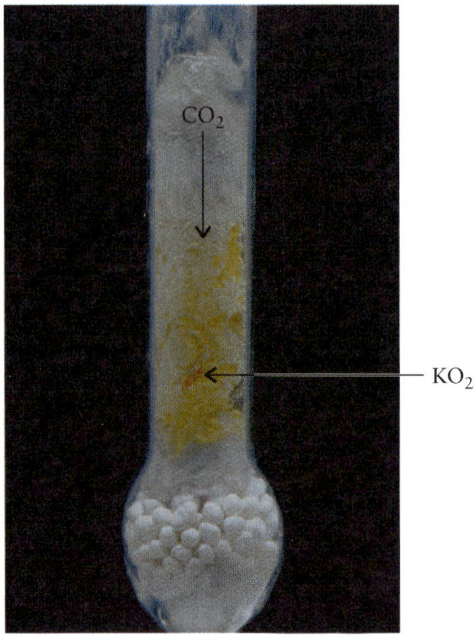

계획 CO_2 기체의 부피를 CO_2 분자의 몰수로 바꾸고(몰부피 $V_m = V/n$을 $n = V/V_m$으로 이용), 반응하는 KO_2 화학식 단위의 몰수로 바꾸고 난 후(몰비 이용), KO_2의 질량으로 바꾼다(몰질량 $M = m/n$을 $m = nM$으로 이용). 만일 해당 조건에서의 몰부피가 주어지지 않았으면, 이상 기체 법칙($n = PV/RT$)으로 기체 분자의 양을 계산한다.

풀이

주어진 조건에서의 몰부피를 표나 계산을 통해 구한다.

표 3B.1을 참고하면 주어진 조건에서의 $V_m = 24.465\ L\cdot mol^{-1}$이다.

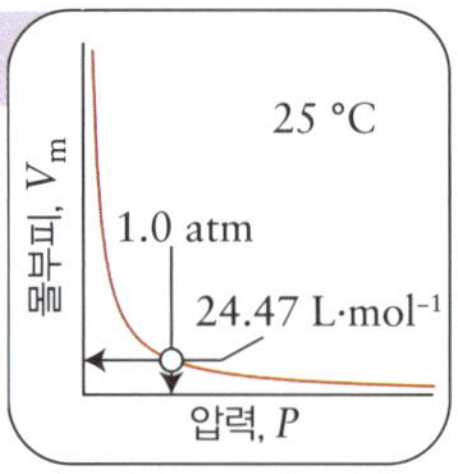

화학 반응식에서 CO_2와 KO_2의 당량비를 구한다.

$$2\ mol\ CO_2 \simeq 4\ mol\ KO_2 \quad 또는 \quad 1\ mol\ CO_2 \simeq 2\ mol\ KO_2$$

KO_2의 몰질량(기초 지식 E)을 구한다.

$$39.10 + 2(16.00)\ g\cdot mol^{-1} = 71.10\ g\cdot mol^{-1}$$

CO_2의 부피를 KO_2의 질량으로 변환한다.

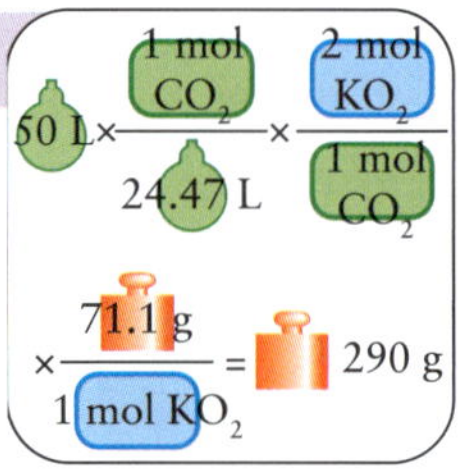

$$KO_2의\ 질량 = 50.L \times \frac{1\ mol\ CO_2}{24.4654\ L} \times \frac{2\ mol\ KO_2}{1\ mol\ CO_2} \times \frac{71.10\ g}{1\ mol\ KO_2}$$
$$= 2.9 \times 10^2\ g$$

평가 답 290 g은 예상치 280 g과 비슷하다.

자습 3B.5A 식물이 $6\ CO_2(g) + 6\ H_2O(l) \rightarrow C_6H_{12}O_6(s) + 6\ O_2(g)$의 광합성을 통해 1.00 g의 글루코스를 생산하는 데 필요한 이산화 탄소의 25 °C, 1.0 atm에서의 부피를 계산하시오.

[**답**: 0.81 L]

자습 3B.5B H_2와 O_2 기체가 반응해서 물을 만드는 반응은 우주 왕복선에서 전기를 만드는 연료 전지에 사용된다. 25 °C, 1.00 atm에서 산소 100.0 L를 반응시킬 때 생성되는 물의 질량은 얼마인가?

관련 연습 문제 3B.33~3B.38

액체나 고체가 반응해서 기체를 발생시킬 때 부피가 아주 크게 증가할 수 있다. 보통 조건에서 기체의 몰부피는 25 L·mol^{-1} 정도이지만, 액체나 고체는 고작 몰당 수십 밀리리터의 부피를 차지한다. 예를 들어, 액체 물의 몰부피는 25 °C에서 18 mL·mol^{-1}에 불과하다. 즉 25 °C, 1 atm에서 기체가 차지하는 부피는 통상의 액체나 고체 부피의 1000배에 달한다.

수증기와 이산화 탄소가 고체 연료로부터 발생되는 경우처럼, 각 반응물 분자에서 여러 개의 기체 분자들이 생성되면 화학 반응에 의한 부피 증가는 더욱 커진다. 폭발물은 매우 빠른 반응으로 다량의 기체 분자를 생성하는 물질이다(그림 3B.3). 폭발물이 폭발하면 압력이 급격히 증가하여 파괴적인 충격파가 생긴다. 폭발물의 뇌관으로 사용되는 아자이드화 납(II) $Pb(N_3)_2$는 충격을 받았을 때 큰 부피의 질소 기체를 배출하는 반응이 진행된다.

$$Pb(N_3)_2(s) \rightarrow Pb(s) + 3\,N_2(g)$$

뇌관에서 발생하는 충격파는 주변 폭발물의 더욱 강력한 반응을 자극한다. 같은 종류의 반응이지만 비슷한 아자이드화 소듐(NaN_3)을 사용하는 반응이 자동차의 에어백에 사용된다(그림 3B.4). 자동차의 충돌로 급격한 감속이 발생하면 전기적 기폭 장치가 질소의 폭발적인 배출을 촉발한다.

몰부피(특정한 온도와 압력에서)는 화학 반응에서 반응물이나 생성물의 양을 기체의 부피로 환산하는 데 사용된다.

이 Topic에서 배운 것은 무엇인가?

하나 이상의 변수가 변경될 때 통합 기체 법칙을 적용하는 방법을 배웠다. 또한 이상 기체 법칙을 사용하여 기체의 몰부피, 몰농도 및 질량 밀도를 계산하는 방법을 알게 되었다. 또한 화학량론적 계산에서 기체의 양의 척도로 기체의 몰부피를 사용하는 방법과 소모되거나 생성되는 기체의 부피를 예측하는 방법도 살펴보았다.

개념과 식의 적용

- ☐ 주어진 조건에서 P, V, T, n을 계산하기 위해 기체 법칙을 이용한다(예제 3B.1, 3B.2).
- ☐ 주어진 조건에서 기체의 몰부피, 몰농도, 질량 밀도를 계산하기 위해 이상 기체 법칙을 이용한다(3B.2절).
- ☐ 주어진 조건에서 질량 밀도로부터 기체 물질의 몰질량을 계산한다(예제 3B.3).
- ☐ 화학 반응에 참여하는 기체의 부피를 포함하도록 반응 화학량론 지식을 확장한다(예제 3B.4).

그림 3B.3 석탄 먼지가 점화되어 발생한 폭발. 반응에서 생성되는 많은 수의 기체 분자들이 만들어 내는 큰 부피로 인해 충격파가 발생한다. (*Mark Agnor/Shutterstock.*)

그림 3B.4 아자이드화 소듐(NaN_3)의 빠른 분해로 큰 부피의 질소 기체가 만들어진다. 반응은 에어백 안에서 전기적 충격으로 시작된다. (© *Benoist/Shutterstock*)

Topic 3B 연습 문제

3B.1 다음과 같은 조건에서 최종 압력은 얼마인가? 온도는 일정하다고 가정하시오.
(a) 2.00×10^5 kPa의 크립톤 7.50 mL를 1.0 L 용기에 옮겼다.
(b) 643 Torr의 O_2 54.2 cm^3가 7.8 cm^3로 압축되었다.

3B.2 (a) 620. Torr에서 메테인 5.00 L를 2.50 L짜리 용기로 옮겼다. 온도가 일정하다면 최종 압력은 얼마인가? (b) 실린더 안의 플루오린화된 유기 물질의 기체가 152 Pa에서 654 mL를 차지하고 있다가 같은 온도에서 218 mL로 압축되었다. 최종 압력은 얼마인가?

3B.3 압력이 0.885 atm, 온도가 22 °C일 때 헬륨 풍선의 부피가 12.4 L였다. 그 풍선이 같은 압력에서 냉각되어 −18 °C가 되었다면, 풍선의 부피는 얼마인가?

3B.4 한 화학자가 45 °C, 120. Torr에서 브로민화 수소 기체 시료 500. mL를 준비하였다. 같은 압력에서 온도가 0 °C로 되면 부피는 얼마가 되겠는가?

3B.5 한 화학자가 0.100 mol의 Ne(g)을 특정 온도와 압력에서 팽창 가능한 용기에 준비하였다. 0.010 mol의 Ne(g)을 같은 용기에 더했을 때 압력과 온도를 일정하게 유지하려면 부피는 어떻게 변화시켜 주어야 하는가?

3B.6 한 화학자가 특정 압력과 온도에서 일정 부피의 He(g) 시료 0.0120 mol을 준비하였다. 그러고 나서 He(g) 0.0240 mol을 더하였다. 만일 압력과 부피를 일정하게 유지하려면 온도를 어떻게 변화시켜 주어야 하는가?

3B.7 메테인 CH_4 기체 시료를 일정 압력 0.90 bar에서 서서히 가열하였다. 여러 다른 온도에서 기체의 부피를 측정하여 부피를 온도의 함수로 그래프를 그렸더니 직선이 얻어졌고, 기울기가 2.88×10^{-4} $L\cdot K^{-1}$이었다. 메테인 시료의 질량은 얼마인가?

3B.8 뷰테인 C_4H_{10} 기체 시료를 일정 압력 0.80 bar에서 서서히 가열하였다. 여러 다른 온도에서 기체의 부피를 측정하여 부피를 온도의 함수로 그래프를 그렸더니 직선이 얻어졌고, 기울기가 0.0208 $L\cdot K^{-1}$이었다. 뷰테인 시료의 질량은 얼마인가?

3B.9 −45 °C에서 35.5 mL 제논 시료의 압력이 0.255 atm이었다.
(a) 298 K, 1.00 atm에서 시료의 부피는 얼마인가?
(b) 20. °C에서 12.0 mL 부피의 플라스크로 기체를 옮긴다면 압력은 얼마인가?
(c) 그 플라스크 내에서 5.00×10^2 Torr의 압력을 나타내게 하려면 온도는 얼마여야 하겠는가?

3B.10 폐활량을 측정하기 위해 폐 속의 공기 332 cm^3를 폐활량 측정기 안으로 불어넣었다. 37 °C에서 폐 속 공기의 압력은 1.08 atm이었고, 25 °C의 측정기 속에서는 0.964 atm이라면 측정기로 측정된 공기의 부피는 얼마인가?

3B.11 다음의 조건에서 1.00 atm인 이상 기체의 몰부피는 얼마인가?
(a) 500. °C (b) 액체 질소의 정상 끓는점(−196 °C)

3B.12 다음의 조건에서 1.00 atm인 이상 기체의 몰부피는 얼마인가?
(a) 212 °F (b) 드라이아이스의 정상 승화점(−78.5 °C)

3B.13 −20. °C, 759 Torr에서 1.00 L의 공기 시료를 235 °C로 가열하였다. 그다음에 압력을 765 Torr로 증가시켰다. 그리고 다시 1250. °C로 가열하고, 압력이 252 Torr로 감소되었다면, 공기의 최종 부피는 얼마인가?

3B.14 가정용 탄산수 제조 장치로는 250. mL의 철제 이산화 탄소 실린더를 사용한다. 실린더가 완전히 비었을 때는 0.74 kg이고, 가득 찼을 때는 1.04 kg이다.
(a) 20. °C에서 꽉 찬 실린더 내부의 압력은 몇 bar인가?
(b) 실린더의 무게가 0.87 kg이라면 기체의 압력은 얼마인가?

3B.15 심해 잠수와 마취 관련 정보를 얻기 위해 인체를 비롯한 생체에 대한 고압의 영향이 연구되고 있다. 25 °C, 1.00 atm에서 공기 시료가 1.00 L를 차지하였다. 같은 온도에서 그 공기 시료를 239 cm^3까지 압축하려면 몇 atm의 압력이 필요한가?

3B.16 일정한 압력에서 헬륨 기체를 7.20 L에서 0.325 L까지 압축하려면 온도를 115.0 °C에서 얼마나 낮추어야 하는가?

3B.17 우주복에 공급되는 '공기'는 0.30 bar의 순수한 산소이다. 우주복에는 산소통이 두 개 있으며, 각각의 부피는 3980. cm^3이고, 초기 압력은 5860. kPa이다. 산소통의 온도가 16 °C라면 두 산소통에 들어 있는 산소의 질량은 얼마인가?

3B.18 풍선 장수가 25 °C에서 170 atm, 18.0 L 부피의 헬륨 통을 가지고 있다. 이 헬륨으로 1.0 atm, 25 °C에서 2.40 L 풍선 몇 개를 만들 수 있는가?

3B.19 압력이 104 kPa이고, 온도가 21.1 °C인 해수면에서 2.0 m^3의 부피를 차지하는 공기 덩어리가 있다. 그 공기 덩어리가 다음과 같은 온도와 압력을 갖는 고도로 상승할 때 부피는 얼마가 되겠는가?
(a) 52 kPa, −5.0 °C (b) 880. Pa, −52.0 °C

3B.20 기상 관측용 구형 풍선이 20. °C의 해수면에서 날아갈 때 반지름이 1.0 m였다. −20. °C가 되는 최고 높이에 다다랐을 때 반지름이 3.0 m로 부풀어올랐다. 그 고도에서 풍선 압력은 얼마인가?

3B.21 계산하지 말고, 다음의 기체들을 밀도가 증가하는 순서로 나열하시오: N_2H_4, N_2, NH_3. 온도와 압력은 모두 같다고 가정한다.

3B.22 계산하지 말고, 다음의 기체들을 밀도가 증가하는 순서로 나열하시오: NO, NO_2, N_2O. 온도와 압력은 모두 같다고 가정한다.

3B.23 2.00 mg의 아르곤 시료가 20 °C의 0.0500 L 바이알 안에 들어 있고, 2.00 mg의 크립톤 시료도 다른 0.0500 L의 바이알에 들어 있다. 크립톤이 아르곤과 같은 압력을 갖는다면 크립톤의 온도는 얼마인가?

3B.24 황화 수소 H_2S 12 mg이 어떤 용기에 들어 있다. 암모니아를 같은 조건에서 같은 용기에 채워서 황화 수소와 압력이 같게 하려면 몇 mg이 필요한가?

3B.25 클로로폼 $CHCl_3$ 증기의 밀도는 다음 조건에서 몇 $g\cdot L^{-1}$인가?

(a) 2.00×10^2 Torr, 298 K (b) 100. °C, 1.00 atm

3B.26 암모니아의 밀도는 다음 조건에서 몇 $g \cdot L^{-1}$인가?
(a) 1.00 atm, 298 K (b) 32.0 °C, 0.865 atm

3B.27 300. K, 2.81 atm에서 플루오린화된 메테인 화합물 기체의 밀도가 8.0 $g \cdot L^{-1}$이다.
(a) 이 화합물의 몰질량은 얼마인가?
(b) 만일 화합물이 C, H, F로만 구성되었다면 분자식은 무엇인가?
(c) 1.00 atm, 298 K에서 그 기체의 밀도는 얼마인가?

3B.28 기체상 인 화합물의 밀도는 420. K, 727 Torr에서 0.943 $g \cdot L^{-1}$이다.
(a) 이 화합물의 몰질량은 얼마인가?
(b) 그 화합물이 계속 기체로 남아있다면 1.00 atm, 298 K에서의 밀도는 얼마인가?

3B.29 식품 포장용 랩의 제조에 쓰이는 화합물은 질량비로 24.7% C, 2.1% H, 73.2% Cl을 함유한다. 0 °C에서 3.557 g의 이 화합물이 755 mL 용기에 기체로 존재할 때 압력은 1.10 atm이었다. 이 화합물의 분자식은 무엇인가?

3B.30 어떤 탄화수소의 분석 결과 85.7% C와 14.3% H의 질량비를 보였다. 17 °C에서 이 기체 1.77 g이 1.500 L 플라스크에 들어 있을 때 압력이 508 Torr이었다. 이 탄화수소의 분자식은 무엇인가?

3B.31 298 K, 53.1 kPa에서 어떤 기체 화합물의 밀도가 0.943 $g \cdot L^{-1}$이다. 이 화합물의 몰질량은 얼마인가?

3B.32 토끼풀 냄새의 주성분인 유제놀 115 mg이 280.0 °C에서 500.0 mL 플라스크에 담겨 있다. 이 조건에서 유제놀의 압력은 48.3 Torr이다. 18.8 mg의 유제놀이 연소되어 50.0 mg의 이산화 탄소와 12.4 mg의 물을 생성하였다. 유제놀의 분자식을 예측하시오.

3B.33 암모니아를 생산하는 Haber 공정은 인간의 복지를 위한 가장 중요한 산업적 공정의 하나로, 비료, 고분자 및 다른 화합물의 생산에 널리 사용된다.
(a) 1.0 t(1 t = 10^3 kg)의 NH_3를 생산하기 위해 15.00 atm, 350. °C에서 공급해야 할 수소의 부피는 얼마나 되는가?
(b) (a)에서 만일 수소가 376 atm, 250. °C에서 공급된다면 그 부피는 얼마나 되는가?

3B.34 나이트로글리세린은 충격을 받으면 다음과 같이 반응하며 폭발을 일으킨다.

$$4\,C_3H_2(NO_3)_3(l) \rightarrow 6\,N_2(g) + 10\,H_2O(g) + 12\,CO_2(g) + O_2(g)$$

88.5 kPa, 175 °C에서 1.00 lb(454 g)의 나이트로글리세린이 폭발하여 생성하는 기체들의 총 부피는 얼마인가?

3B.35 $CH_4(g)$를 충분한 양의 산소와 연소시켜 이산화 탄소와 물을 만들 때 다음의 어느 경우에 더 큰 부피의 이산화 탄소를 만들어 내겠는가? (a) 2.00 L의 $CH_4(g)$, (b) 2.00 g의 $CH_4(g)$. 이유도 설명하시오. 반응계의 온도와 압력은 75 °C, 1.00 atm이다.

3B.36 $C_2H_4(g)$를 충분한 양의 산소와 연소시켜 이산화 탄소와 물을 만들 때 다음 어느 경우에서 더 큰 부피의 이산화 탄소를 만들어 내겠는가? (a) 1.00 L의 $C_2H_4(g)$, (b) 1.20 g의 $C_2H_4(g)$. 이유도 설명하시오. 반응계의 온도와 압력은 45 °C, 2.00 atm이다.

3B.37 원소들 사이의 반응을 이용하여 할로젠간 화합물을 직접 만들 수 있다. 다음의 합성을 298 K, 1.00 atm에서 진행하였다. 각 경우 2.00 mol의 F_2와 과량의 Cl_2가 반응하였다면, 같은 온도와 압력에서 생성물의 부피를 계산하시오.
(a) $Cl_2(g) + F_2(g) \rightarrow 2\,ClF(g)$
(b) $Cl_2(g) + 3F_2(g) \rightarrow 2\,ClF_3(g)$
(c) $Cl_2(g) + 5\,F_2(g) \rightarrow 2\,ClF_5(g)$

3B.38 자연에서 얻어지는 요소 $CO(NH_2)_2$를 1828년에 독일의 Friedrich Wöhler가 사이안산 암모늄을 가열함으로써 최초로 합성하였다. 처음으로 무기물로부터 유기물을 합성했다는 사실에서 이 합성은 중요하다. 그런데 요소는 이산화 탄소와 암모니아의 반응을 통해서도 만들 수 있다.

$$CO_2(g) + 2\,NH_3(g) \rightarrow CO(NH_2)_2(s) + H_2O(g)$$

위의 반응이 완결된다고 가정할 때, 1.50 kg의 요소를 생산하는 데 필요한 CO_2와 NH_3의 160. atm, 440. °C에서의 부피는 얼마인가?

3B.39 100. Torr, 30. °C의 암모니아 기체 시료 15.0 mL가 150. Torr, 25 °C의 염화 수소 25.0 mL와 혼합되어 다음의 반응이 일어났다.

$$NH_3(g) + HCl(g) \rightarrow NH_4Cl(s)$$

(a) 생성된 NH_4Cl의 질량을 계산하시오.
(b) 반응이 종결된 후 과량으로 공급되어 남는 기체는 어떤 것이며, 27 °C에서 압력이 얼마일지 계산하시오. 전체 부피는 두 기체 용기의 부피를 합한 것이다.

3B.40 1.00 atm, 298 K에서 1.00 L의 에텐(C_2H_4) 기체가 4.00 L의 산소에 의해 산화되어 같은 압력과 온도의 이산화 탄소 기체와 액체 물을 형성하였다. 물의 부피는 무시할 때, 1.00 atm, 298 K에서 반응이 끝난 후 전체(잔여 반응물 포함) 부피는 얼마인가?

Topic 3C 기체 분자의 운동

이 Topic을 왜 배우는가? 기체에서 분자가 어떻게 움직이는지에 대한 지식은 기체의 물리적 특성을 예측하는 데 사용될 수 있다. 이 Topic은 과학의 중요한 면을 보여 준다: 정성적인 모형을 이용하여 정량적이며 검증 가능한 표현을 유도한다.

무엇을 알고 있어야 하는가? 이상 기체 법칙(Topic 3A)을 알고 있어야 한다. 힘과 운동 에너지의 개념(기초 지식 A)도 익숙해야 한다. Newton의 제2 운동 법칙(기초 지식 A)을 이용한 유도도 한 번 한다.

기체 법칙으로 정리되는 경험적 결과들은 이상 기체가 서로 멀리 떨어져 있고(대부분의 경우), 상호 작용하지 않으며(충돌 제외), 온도에 따라 증가하는 평균 운동 속력을 갖고 끊임없이 운동하는 분자들로 구성되어 있다는 모형을 제시한다(Topic 3A). 이 맥락에서 '분자'는 단원자 기체의 원자를 포함하는 것으로 간주한다. 이 Topic에서는 기체의 압력을 분자의 거동과 연결하는 개선된 기체 거동의 모형을 다룬다. 기체들이 한 영역에서 다른 영역으로 퍼져나가는 정도에 대한 실험 자료로부터 이 모형을 설명하고, 분자의 평균 속력에 대한 정보를 얻는다.

3C.1 기체의 운동 모형

'운동 분자 이론(kinetic molecular theory, KMT)'이라고도 하는 기체의 **운동 모형**(**kinetic model**)은 이상 기체에 대해 기체 법칙과 분출 행동을 설명하고 수치적 예측도 할 수 있는 모형이다. 이 모형은 다섯 가지 가정에 기초한다(그림 3C.1a).

1. 기체는 끊임없이 무작위로 운동하는 분자들로 구성되어 있다.
2. 기체 분자는 무한히 작은 질량은 있지만 크기는 없는 점이다.
3. 분자는 충돌할 때까지 직선 운동을 한다.
4. 분자들은 충돌할 때를 제외하고는 서로 영향을 주지 않는다.
5. 충돌은 탄성 충돌이다.

4번 가정은 충돌할 때를 제외하고는 이상 기체 분자들 사이에는 인력이나 반발력이 작용하지 않는다는 것을 의미한다. '탄성' 충돌에서는 충돌하는 분자들의 전체 운동 에너지가 충돌 전후

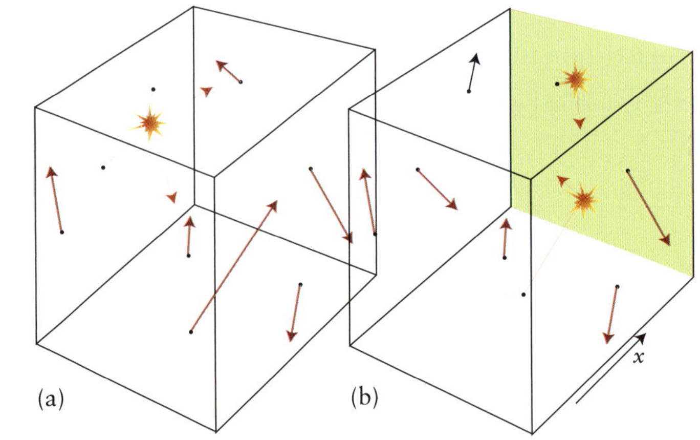

그림 3C.1 (a) 기체의 운동 모형에서 분자들은 순간적인 충돌을 할 때까지 직선 운동을 하는 무한히 작은 점들로 묘사된다. (b) 벽과의 충돌이 벽에 압력을 가한다.

에 변하지 않는다.

기체의 분자 운동 모형에서는 분자들이 대부분의 시간에는 멀리 떨어져서 끊임없이 무작위로 운동한다. 분자들은 이곳에서 저곳으로 항상 직선 운동을 하고, 벽이나 다른 분자와 충돌할 때 방향을 바꾸게 된다. 마치 3D 당구 게임에서의 공처럼 분자들도 충돌하면 속력과 방향이 바뀐다. 기체의 분자 운동 모형으로 압력과 분자의 속력 사이의 정량적인 관계를 얻을 수 있다.

어떻게 다루는가?

기체 운동 모형에 근거한 기체의 압력 계산은 처음에는 복잡해 보이지만, 물리적으로 이해할 수 있는 작은 여러 개의 단계로 나누어져 있다.

그림 3C.1b에서 한 개의 분자가 벽에 부딪힐 때 작용하는 힘을 고려해 보자. Newton의 제2 운동 법칙에 의하면 힘은 입자의 운동량의 변화율과 같으므로(**기초 지식** A), 먼저 할 일은 운동량의 변화를 계산하는 것이다. 운동량은 질량과 속도의 곱이다. 따라서 질량 m의 분자가 x 방향과 평행하게 v_x의 속도로 운동하면 오른쪽 벽에 충돌하기 직전의 선운동량은 mv_x이다. 탄성 충돌을 가정하면, 충돌 직후 분자의 속도가 v_x에서 $-v_x$로 바뀌므로, 분자의 운동량은 $-mv_x$가 된다.

벽과 충돌에 의한 분자의 운동량 변화, $\Delta p_{\text{분자}}$는 다음과 같다.

$$\Delta p_{\text{분자}} = \overbrace{(-mv_x)}^{\text{최종}} - \overbrace{mv_x}^{\text{초기}} = -2mv_x$$

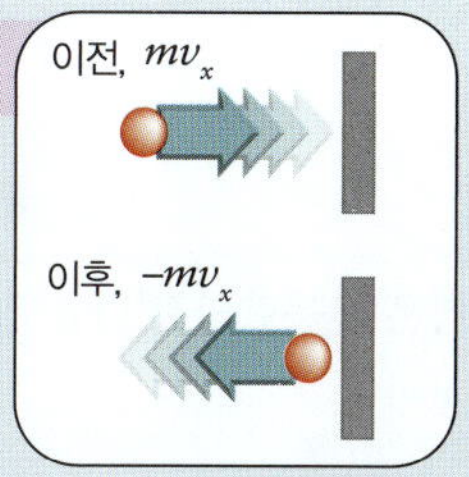

운동량 보존 법칙에 의해 분자가 벽과 한 번 탄성 충돌하여 벽에 전달한 운동량은 $\Delta p_{\text{벽}}=2mv_x$이고, 분자 전체가 벽에 미치는 힘은 시간당 벽에 전달한 전체 운동량이다. 시간 간격 Δt 동안 벽에 충돌하는 분자의 수를 고려해 보자. x 방향으로 v_x의 속도로 움직이는 분자는 Δt 동안 $v_x\Delta t$의 거리만큼 이동하므로,

벽에서 $v_x\Delta t$의 거리 이내에 있고 벽 쪽으로 움직이던 모든 분자는 Δt 동안에 벽과 충돌한다.

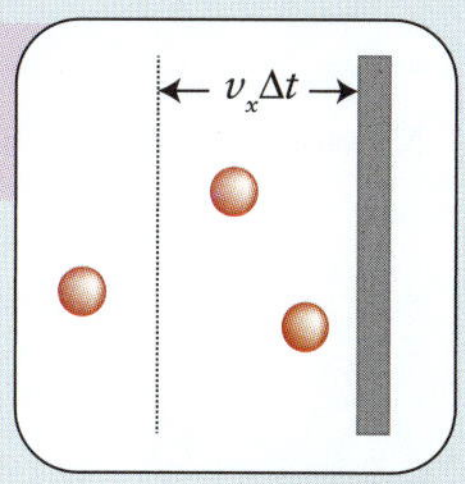

벽의 면적이 A라면, 부피 $v_x\Delta t$ 안에 있고 벽 쪽으로 움직이던 모든 분자는 벽에 부딪힌다.

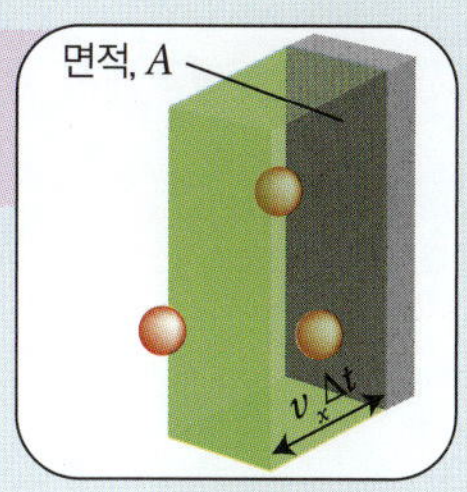

그 부피 안에는 몇 개의 분자가 있는가? 부피가 V인 용기 안에 있는 전체 분자의 수가 N이라면, 부피 $Av_x\Delta t$ 안에 있는 분자의 수는 다음과 같이 구할 수 있다.

$Av_x\Delta t$ 안에 있는 분자의 수는 전체 부피 V에 대한 $Av_x\Delta t$의 분율에 전체 분자의 수를 곱한 것이다.

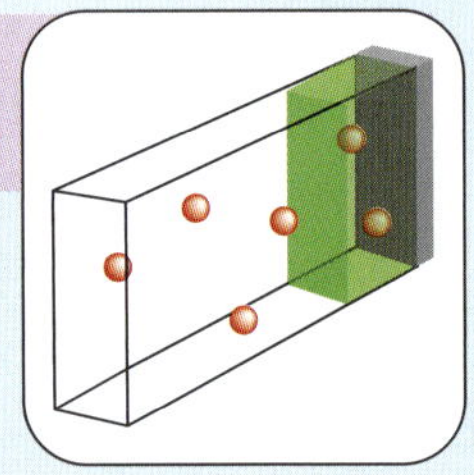

$$\text{분자의 수} = \frac{\overbrace{Av_x\Delta t}^{V\ (\text{초록으로 표시})}}{\underbrace{V}_{\text{전체 부피}}} \times N = \frac{NAv_x\Delta t}{V}$$

초록색 상자 안의 분자들의 절반은 벽 쪽으로 움직이고, 절반은 벽 반대편으로 움직인다. 따라서

시간 간격 Δt 동안 벽에 부딪히는 분자의 수의 평균은 부피 $Av_x\Delta t$ 안에 있는 분자 수의 절반이다.

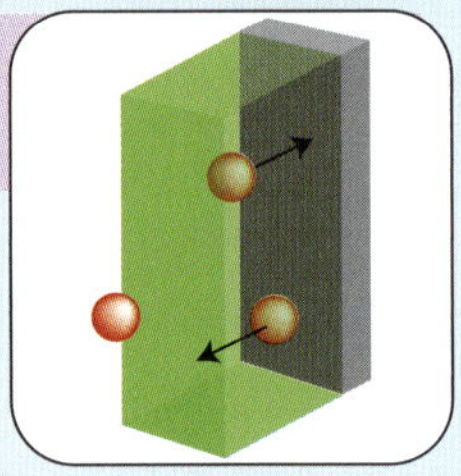

$$\text{충돌수} = \frac{NAv_x\Delta t}{2V}$$

지금까지 한 분자에 의한 벽의 운동량 변화와 시간 간격 Δt 동안의 충돌수를 계산하였다. 이제 각 계산들을 합하도록 하자. 주어진 시간 간격 안에 발생하는 벽의 총 운동량의 변화량은 한 분자의 충돌에 의한 벽의 운동량의 변화량 $2mv_x$와 총 충돌수의 곱이다.

$$\text{총 운동량 변화} = \frac{NAv_x\Delta t}{2V} \times 2mv_x = \frac{NmAv_x^2\Delta t}{V}$$

힘은 운동량의 변화율이라는 것을 기억하자. 변화율은 Δt 동안의 총운동량의 변화를 Δt로 나눈 것이다.

운동량의 변화율 = (총 운동량 변화)/Δt에서,

$$\text{운동량 변화율} = \frac{NmAv_x^2\Delta t}{V\Delta t} = \frac{NmAv_x^2}{V}$$

Newton의 제2 운동 법칙에서,

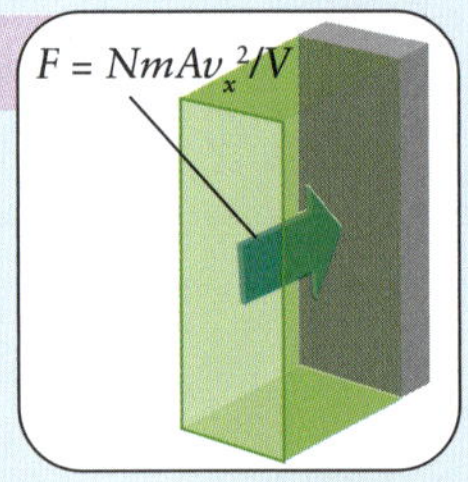

$$\text{힘} = \text{운동량 변화율} = \frac{NmAv_x^2}{V}$$

압력 = 힘/면적에서

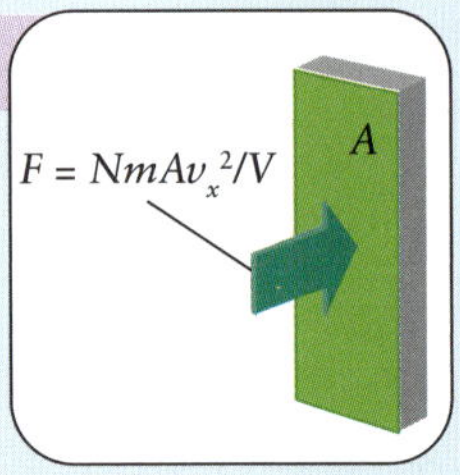

$$\text{압력} = \frac{NmAv_x^2}{VA} = \frac{Nmv_x^2}{V}$$

시료 내의 모든 분자들이 같은 속력으로 움직이지는 않는다. 실제로 측정되는 압력 P를 얻기 위해서는 각 개별 분자의 v_x^2 대신 v_x^2의 **평균**값을 사용해야 한다. 평균은 통상적으로 꺾쇠 괄호로 표시한다.

$$P=\frac{Nm\langle v_x^2\rangle}{V}$$

식 중의 $\langle v_x^2\rangle$은 시료 안 모든 분자들의 v_x^2의 평균값이다.

계산이 거의 다 되었다. 계산을 완성하기 위해, $\langle v_x^2\rangle$을 **제곱 평균근 속력(root mean square speed**, $v_{rms}=\sqrt{\langle v_x^2\rangle}$)과 연관시켜 보자. v_{rms}는 분자 속력 제곱의 평균값의 제곱근이다(이 값은 유도 과정 다음에서 좀 더 자세히 설명된다). 첫째, 한 분자의 속력 v는 x, y, z 방향 속도 성분과 다음과 같은 관계에 있다.

Pythagoras의 정리에 의해,

$$v^2=v_x^2+v_y^2+v_z^2$$

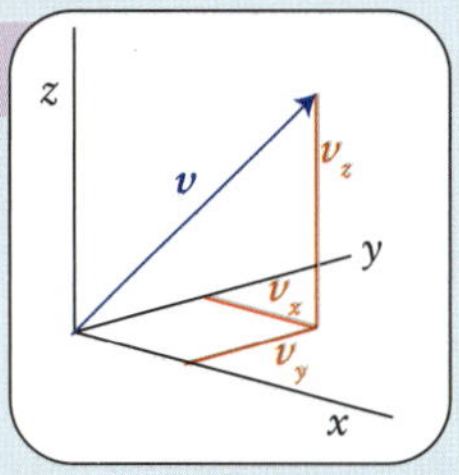

따라서 제곱 평균 속력은 다음과 같이 주어진다.

$$v_{rms}^2=\langle v^2\rangle=\langle v_x^2\rangle+\langle v_y^2\rangle+\langle v_z^2\rangle$$

그러나 입자들은 무작위한 방향으로 운동하므로 임의로 고른 x 방향의 v_x^2의 평균은 v_y^2 및 v_z^2의 평균과 같다. $\langle v_x^2\rangle=\langle v_y^2\rangle=\langle v_z^2\rangle$로 모두 같기 때문에 $\langle v^2\rangle=3\langle v_x^2\rangle$이고, 따라서 $\langle v_x^2\rangle=\frac{1}{3}v_{rms}^2$이다. 따라서 다음 식이 주어진다.

$$P=\frac{Nmv_{rms}^2}{3V}$$

최종 결과는 분자의 수 대신, 분자의 몰수로 표시할 수 있다. 총 분자수 N은 몰수 n과 Avogadro 상수 N_A의 곱이다($N=nN_A$). 따라서 위 식은 다음과 같이 주어진다.

$$P=\frac{\overbrace{nN_A}^{N}mv_{rms}^2}{3V}=\frac{n\overbrace{M}^{mN_A}v_{rms}^2}{3V}$$

여기서 m은 분자 하나의 질량이고, $M=mN_A$는 분자의 몰질량이다.

운동 분자 이론의 적당한 가정으로부터 기체의 압력과 부피는 다음과 같이 연관되어 있다는 것을 계산하였다.

$$PV=\tfrac{1}{3}nMv_{rms}^2 \qquad (1)$$

여기서 n은 기체 분자의 몰수, M은 몰질량, v_{rms}는 분자의 제곱 평균근 속력(분자 속력의 제곱 평균에 대한 제곱근)이다. N개의 분자들이 특정 순간에 v_1, v_2, $\cdots$, v_N의 속력을 갖는다면 제곱 평균근 속력은 다음과 같다.

$$v_{rms}=\sqrt{\frac{v_1^2+v_2^2+\cdots v_N^2}{N}} \qquad (2)$$

생각해 보기

제곱 평균근 속도의 중요성(및 물리적 중요성)은 v_{rms}^2가 분자의 평균 운동 에너지, $\langle E_k\rangle=\frac{1}{2}m\langle v^2\rangle=\frac{1}{2}mv_{rms}^2$에 비례한다는 것이다.

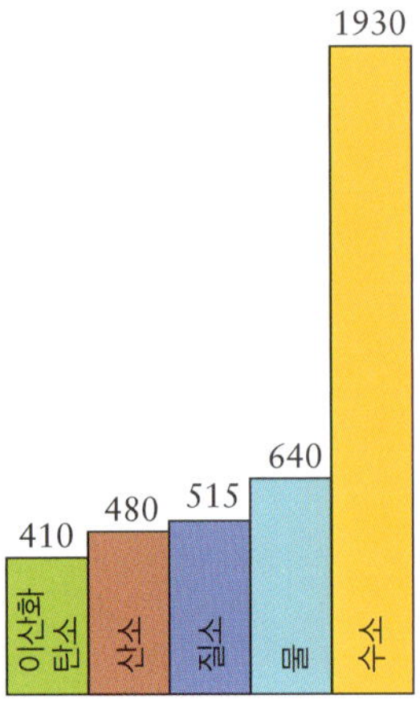

그림 3C.2 25 °C에서 다섯 가지 기체들의 제곱 평균근 속력(단위 $m \cdot s^{-1}$). 이 기체들은 공기의 구성 성분들이다. 수소는 가벼운 분자들의 제곱 평균근 속력이 무거운 분자들의 것보다 훨씬크다는 사실을 보여 주기 위해 포함되었다.

이제 이상 기체 법칙을 이용하여 기체 분자들의 제곱 평균근 속력을 계산할 수 있다. 이상 기체에 대해 $PV = nRT$이므로, 식 1의 우변은 nRT와 같다. 해당 등식, $\frac{1}{3}nMv_{rms}{}^2 = nRT$는 n을 상쇄하여 다음과 같이 정리된다.

$$v_{rms} = \sqrt{\frac{3RT}{M}} \tag{3a}$$

이 식은 매우 중요한 결과로 임의의 온도에서 기체 분자의 제곱 평균근 속력을 구하는 데 이용된다(그림 3C.2). 이 식을 다시 정리하여, 기체의 경우 온도는 평균 분자 속력의 척도라는 것을 강조할 수 있다. $v_{rms}{}^2 = 3RT/M$로부터, 다음의 관계를 얻을 수 있다.

$$T = \frac{Mv_{rms}{}^2}{3R} \tag{3b}$$

즉, 다음과 같이 설명할 수 있다.

기체의 온도는 분자의 제곱 평균 속력에 비례한다.

예제 3C.1 기체 분자의 제곱 평균근 속력 계산

공기 분자들은 끊임없이 여러분의 얼굴을 때리고 있다. 여러분과 충돌할 때 얼마나 빨리 움직이고 있겠는가? 20. °C에서 공기 중 질소 분자의 제곱 평균근 속력을 계산하시오.

예상 음파는 분자들의 움직임에 의해 전달되므로, 기체 분자의 전형적인 속력은 공기 중의 음속과 비슷할 것이다. 음속은 약 300 $m \cdot s^{-1}$이다.

계획 실제 계산에서는 식 3a에 자료들을 대입한다. 속력과 같은 기본적인 물리량을 계산할 때는 SI 단위의 R과 몰질량($kg \cdot mol^{-1}$)을 이용한다.

풀이 온도는 293 K, N_2의 몰질량은 28.02 $g \cdot mol^{-1}$ ($= 2.802 \times 10^{-2}$ $kg \cdot mol^{-1}$)이다.

$v_{rms} = (3RT/M)^{1/2}$에서

$$v_{rms} = \left(\frac{3 \times \overbrace{(8.3145\,\overbrace{J}^{kg\cdot m^2\cdot s^{-2}}\cdot K^{-1}\cdot mol^{-1})}^{R} \times \overbrace{(293\ K)}^{T}}{\underbrace{2.802 \times 10^{-2}\ kg\cdot mol^{-1}}_{M\,=\,28.02\ g\cdot mol^{-1}}}\right)^{1/2} = 511\ m\cdot s^{-1}$$

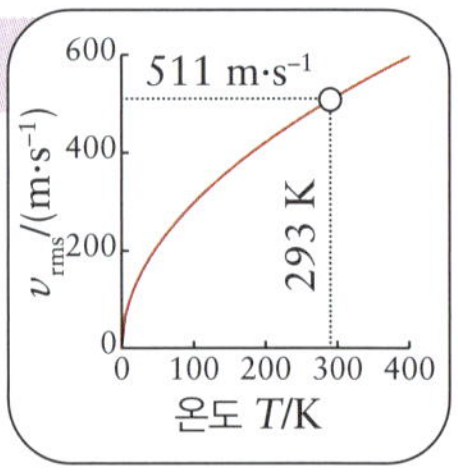

단위를 상쇄하기 위해 1 J = 1 $kg \cdot m^2 \cdot s^{-2}$의 관계를 이용하였다.

평가 $v_{rms} = 511$ $m \cdot s^{-1}$의 결과는 예상대로 음속과 비슷하다. 질소 분자들이 우리 머리 주위로 시속 1820 $km \cdot h^{-1}$로 날아다니고 있음을 의미한다.

자습 3C.1A 100. °C에서 발생하는 수증기 분자의 제곱 평균근 속력을 예측하시오.

[답: 719 $m \cdot s^{-1}$]

자습 3C.1B 25 °C에서 CH_4의 제곱 평균근 속력을 예측하시오.

관련 연습 문제 3C.3~3C.6

기체 운동 모형은 이상 기체 법칙과 상통하고, 분자의 제곱 평균근 속력에 대한 수식을 제공한다. 기체 분자의 제곱 평균근 속력은 온도의 제곱근에 비례한다.

3C.2 Maxwell 속력 분포

식 3a가 유용하기는 하지만, 기체 분자들의 제곱 평균근 속력만을 알려준다. 도로에서 운행되고 있는 자동차처럼 개개의 분자는 속력이 매우 다르다. 그뿐만 아니라 정면으로 충돌하는 자동차처럼 분자는 다른 분자와 충돌한 후, 거의 정지 상태에 이를 수도 있다. 다음 순간 분자는 (충돌한 자동차와는 달리) 다른 분자와 충돌하여 음속으로 다시 움직일 수 있다. 한 개의 분자는 초당 수십억 번 속력과 방향이 변한다.

임의의 순간에 속력 v를 가진 기체 분자들의 비율을 계산하는 공식은 스코틀랜드의 과학자 James Clerk Maxwell에 의해 처음으로 다음과 같이 유도되었다.

$$\Delta N = Nf(v)\Delta v \qquad f(v) = 4\pi\left(\frac{M}{2\pi RT}\right)^{3/2} v^2 e^{-Mv^2/2RT} \tag{4}$$

여기서 ΔN은 v와 $v+\Delta v$ 사이의 속력을 가진 분자들의 수이고, N은 시료의 전체 분자수, M은 몰질량, R은 기체 상수이다. 이 수식 $f(v)$를 **Maxwell 속력 분포**(**Maxwell distribution of speed**, **화학 이야기 3C.1**)라고 한다.

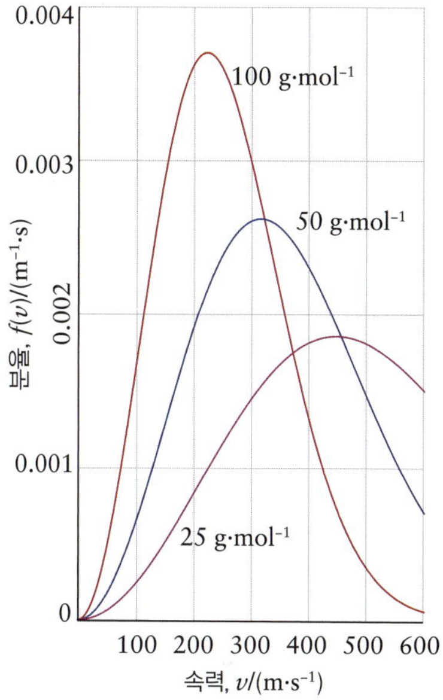

그림 3C.3 Maxwell 분포로 주어진 세 가지 기체의 분자 속력. 모든 곡선은 같은 온도(300 K)의 경우이다. 몰질량이 클수록 평균 속력은 낮아지고, 속력 분포 정도는 좁아진다. v에서 $v+\Delta v$의 구간에 해당되는 분자들의 비율을 얻으려면 $f(v)$에 Δv를 곱한다.

생각해 보기

Maxwell 분포는 Ludwig Boltzmann의 이론적 기여를 기리기 위해 Maxwell–Boltzmann 분포라고도 한다.

이 방정식의 의미는 무엇인가?

지수 함수의 인자(v가 증가함에 따라 급격히 0으로 줄어든다)는 속력이 매우 큰 분자의 수는 매우 적다는 것을 의미한다. v가 0이 되면 지수 함수에 곱해진 v^2이 0이 되므로, 속력이 아주 작은 분자들도 매우 적다는 것을 의미한다. $4\pi(M/2\pi RT)^{3/2}$은 분자의 속력이 0과 무한대 사이에 있을 확률이 1이 되기 위한 계수이다.

그림 3C.3은 세 가지 기체의 Maxwell 속력 분포 그림을 보여 준다. 무거운 분자들(예를 들

화학 이야기 3C.1 분자의 속력 분포는 어떻게 알 수 있는가?

한 기체의 분자 속력 분포는 분자살(molecular beam) 장비를 이용하여 실험적으로 측정할 수 있다. 이 기법에서는 오븐을 이용하여 기체를 원하는 온도로 가열한 후, 분자들을 작은 구멍을 통해서 진공의 공간으로 빠져나오게 한다. 분자들이 가는 직선의 형태로 빠져나오게 하기 위해서 일련의 슬릿을 통과하게 한다.

분자살을 연속된 회전판에 통과시킨다(첫 그림 참조). 각각의 회전판에는 가는 슬릿이 있으며, 이웃 회전판의 슬릿들과 조금씩 각도가 어긋나 있다. 앞의 회전판 슬릿을 통과한 분자가 다음 회전판의 슬릿도 통과하려면, 분자가 두 회전판 사이를 지나는 시간이 회전판들이 두 회전판의 슬릿들 사이의 각도만큼 회전하는 시간과 정확히 일치해야 한다. 이 두 가지의 시간들이 계속 일치해야만 추가적인 회전판의 슬릿들도 계속 통과할 수 있다. 그러므로 특정 각속도로 회전하는 회전판은 특정 속력의 분자만 통과하게 한다. 분자 속력의 분포를 결정하기 위해서는 회전판들의

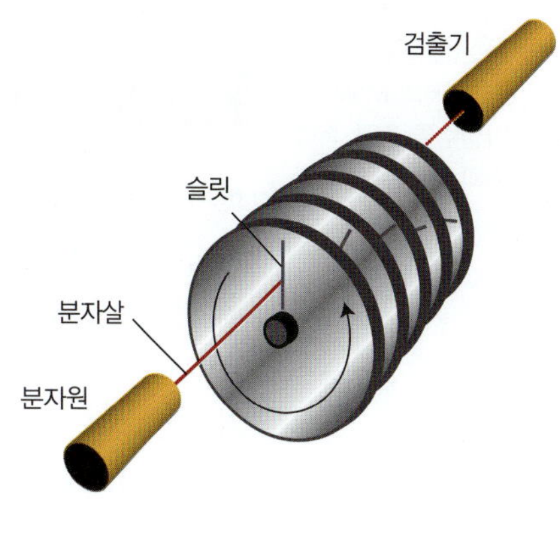

분자살 장치의 분자 속도 선택기로 사용되는 회전판들. 특정 속도로 날아가는 분자만 연속된 슬릿을 통과할 수 있다.

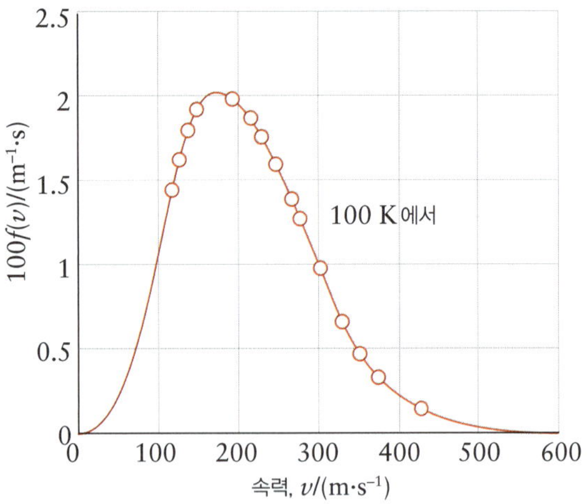

점들은 분자 속력 분포 측정의 전형적인 결과를 보여 준다. 그 점들은 이론 곡선(식 4)과 잘 겹친다. v에서 $v + \Delta v$의 좁은 구간의 분자들의 비율을 얻기 위해서는 f(v)에 Δv를 곱한다.

각속도를 변화시키면서 슬릿들을 통과한 분자살의 세기를 측정하면 된다. 두 번째 그림의 그래프는 Maxwell 이론의 공식과 잘 일치하는 전형적인 결과를 보여 준다.

한 가지 미묘한 점이 있다. Maxwell 분포는 삼차원에서 자유롭게 움직이는 기체 분자 시료에 대한 것으로, 분자살과 같이 일차원처럼 보이는 경우에 대한 것이 아니다. 그러나 분자살 안에서 분자들 사이의 충돌이 일어나며, 분자 수준에서는 분자살도 삼차원이다. 결과적으로, 분자살 방향의 속도는 삼차원 시료에서의 분포와 같은 양상을 띤다.

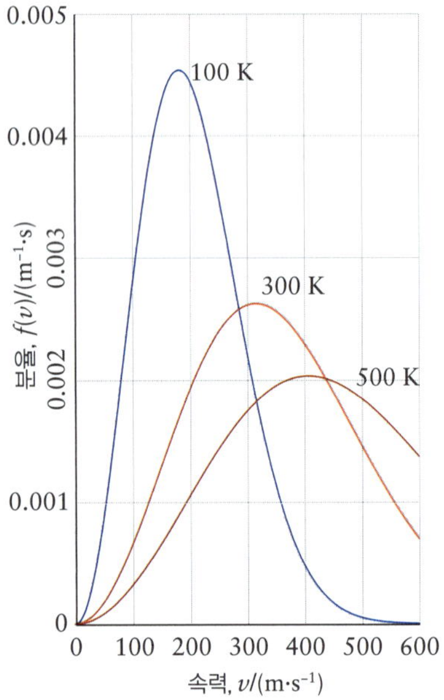

그림 3C.4 한 물질(몰질량 50 g·mol^{-1})의 여러 온도에서의 Maxwell 분포. 온도가 높아질수록 평균 속력은 높아지고, 속력의 분포도 넓어진다.

어, 몰질량 100 g·mol^{-1})은 평균 속력과 비슷한 속력으로 운동함을 알 수 있다. 가벼운 분자들(예를 들어, 25 g·mol^{-1})은 평균 속력이 더 높을 뿐만 아니라, 속력은 더 넓게 분포되어 있다. 작은 몰질량을 가진 기체 분자들의 일부는 작은 행성의 중력을 뚫고 우주로 탈출할 수도 있다. 결과적으로 아주 가벼운 수소 분자와 헬륨 원자는 목성과 같이 무거운 행성에서는 풍부하지만, 지구 대기 중에는 드물다.

한 기체의 Maxwell 분포를 여러 온도에서 그려 보면 온도가 상승함에 따라 기체의 평균 속력이 커지고, 속도 분포는 넓어지는 것을 볼 수 있다(**그림 3C.4**). 낮은 온도에서는 대부분의 기체 분자가 평균 속력과 비슷한 속력을 갖는다. 높은 온도에서는 상당 부분의 기체 분자들이 평균 속력과 아주 다른 속력을 갖는다. 기체 분자의 운동 에너지는 속력의 제곱에 비례하기 때문에, 분자 운동 에너지 분포도 같은 경향을 따른다.

모든 기체의 분자들은 넓은 범위의 속력을 갖는다. 온도가 상승하면서 제곱 평균근 속력과 속력의 분포 범위는 둘 다 증가한다. 속력의 분포는 식 4의 Maxwell 분포로 주어진다.

3C.3 확산과 분출

확산과 분출이라는 두 과정을 관찰하면 기체 분자의 평균 속력이 몰질량과 온도에 어떻게 연관되는지에 대한 운동 이론의 예측이 확인된다. **확산(diffusion)**은 한 물질이 다른 물질을 통해 점진적으로 분산되는 것이다(**그림 3C.5**). 확산은 공기를 통해 향수와 페로몬(동물이 교환하는 화학적 신호)이 퍼지는 것을 설명해 준다. 확산은 대기의 조성을 일정하게 유지하는 데도 기여한다.

분출(effusion)은 기체가 작은 구멍을 통해 진공이나 낮은 압력 쪽으로 탈출해 나가는 것을 말한다(**그림 3C.6**). 분출은 기체가 다공성 벽(미세한 구멍이 포함된 벽)이나 심지어는 하나의 구멍을 사이에 두고 진공과 분리되면 언제든지 발생한다. 기체와 구멍과의 '충돌'은 압력이 낮은 쪽보다 압력이 높은 쪽에서 더 많이 일어나므로, 분자들이 압력이 높은 쪽에서 낮은 쪽으로 빠져나가는 것이 반대의 경우보다 더 많이 일어난다. 여기서는 분출을 다루는데, 확산도 비슷한 결과가 얻어진다. 분출은 분자가 이동하는 속도에 의존하므로, 분출률은 운동 모형으로 이해할 수 있다.

19세기 스코틀랜드의 화학자 Thomas Graham은 기체의 분출률에 대한 일련의 실험을 수행하였다. 그는 다음의 사실을 발견했다.

일정한 온도에서 기체의 분출률은 몰질량의 제곱근에 반비례한다.

$$\text{분출률} \propto \frac{1}{\sqrt{\text{몰질량}}} \quad \text{또는} \quad \text{분출률} \propto \frac{1}{\sqrt{M}} \tag{5a}$$

이 관찰은 **Graham 분출 법칙**(**Graham's law of effusion**)으로 알려져 있다. 주어진 시간 동안 구멍에 도달하는 기체 분자의 개수는 분자의 속력에 비례하므로, 분출률(분자의 수나 몰수에 대하여)은 기체 분자의 평균 속력에 비례한다. 따라서 다음과 같이 결론지을 수 있다.

$$\text{평균 속력} \propto \frac{1}{\sqrt{M}} \tag{5b}$$

제곱 평균근 속력은 평균 속력과 밀접하게 연관되므로, 이 결론은 식 3a와 정확하게 일치한다.

몰질량이 M_A와 M_B인 두 기체 A와 B에 대한 Graham 법칙을 쓴 후 두 관계식을 나누면, 비례 상수는 상쇄되고 다음의 결론이 얻어진다.

$$\frac{\text{A 분자의 분출률}}{\text{B 분자의 분출률}} = \frac{1/\sqrt{M_A}}{1/\sqrt{M_B}} = \sqrt{\frac{M_B}{M_A}} \tag{6a}$$

같은 양의 두 기체가 작은 구멍을 통해 분출되는 데 걸리는 시간은 분출률에 반비례할 것이므로, 주어진 양이 구멍을 통해 분출되는 데 걸리는 시간은 몰질량의 제곱근에 정비례한다. 따라서 식 6a를 다음과 같이 바꿀 수 있다.

$$\frac{\text{A가 분출되는 데 걸리는 시간}}{\text{B가 분출되는 데 걸리는 시간}} = \sqrt{\frac{M_A}{M_B}} \tag{6b}$$

이 관계식은 주어진 양의 기체 시료가 분출되는 데 걸리는 시간을 분자량이 알려진 기체의분출 시간과 비교하여 시료 기체의 분자량을 추정할 수 있게 해 준다.

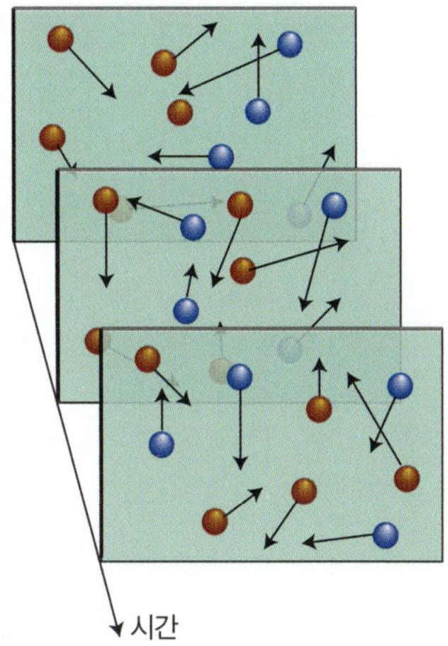

그림 3C.5 확산에서 한 물질의 분자들은 연속되는 무작위 운동을 하면서 충돌하기도 하며, 다른 물질이 있는 곳으로 퍼져 나간다.

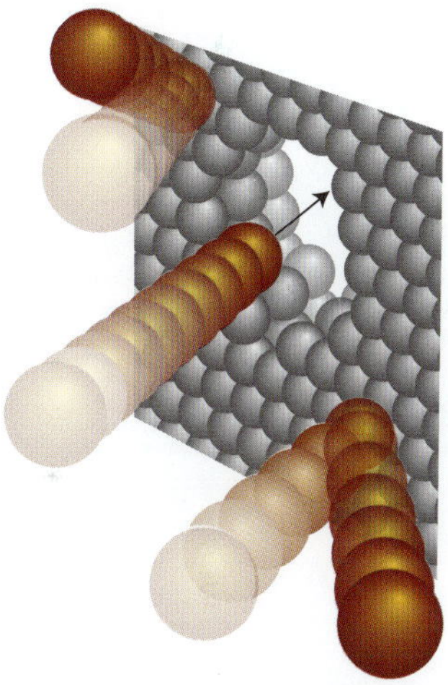

그림 3C.6 분출에서는 한 물질의 분자들이 벽의 작은 구멍을 통해 진공이나 낮은 압력의 다른 쪽으로 빠져나간다.

자습 3C.2A 다공성 벽을 통해 30. mL의 아르곤이 빠져나가는 데 40.초가 걸린다. 카리브해의 해면으로부터 추출한 같은 부피의 휘발성 기체가 같은 조건에서 같은 벽으로 빠져나가는 데 120.초가 걸렸다. 이 화합물의 몰질량은 얼마인가?

[**답**: 360 g·mol^{-1}]

자습 3C.2B 어떤 양의 헬륨이 다공성 벽을 빠져나가는 데 10.초가 걸린다. 같은 양의 메테인(CH_4)이 같은 조건에서 빠져나가는 데 얼마나 걸리겠는가?

식 5b는 기체 분자의 평균 속력이 몰질량의 제곱근에 반비례한다는 것을 알려 준다. 분출 실험을 여러 온도에서 수행하면 온도가 높아짐에 따라 분출률은 온도의 제곱근에 비례하여 증가한다.

$$\frac{T_2\text{에서 분출률}}{T_1\text{에서 분출률}} = \sqrt{\frac{T_2}{T_1}} \tag{7a}$$

분출률은 분자의 평균 속력에 비례하므로, 다음과 같이 유추할 수 있다.

$$\text{평균 속력} \propto \sqrt{T} \tag{7b}$$

제곱 평균근 속력은 본질적으로 평균 속력과 같으므로, 이 결론은 운동 모델, 특히 식 3a와 일치한다.

식 5와 7을 묶을 수 있다. 기체 분자의 평균 속력은 온도의 제곱근에 비례하고(식 7), 몰질량의 제곱근에 반비례하므로(식 5), 다음과 같이 정리된다.

$$\text{평균 속력} \propto \sqrt{\frac{T}{M}} \tag{8}$$

이 결과는 식 3a와 일치하며, 기체의 운동 모형의 타당성을 확인해 준다.

기체 분자의 평균 속력은 온도의 제곱근에 비례하고, 몰질량의 제곱근에 반비례한다.

이 Topic에서 배운 것은 무엇인가?

기체가 가하는 압력이 곧 분자들이 용기의 벽과 충돌하며 전하는 충격량이라는 모형을 이용하여 이상 기체 법칙을 닮은 식과 기체 분자의 제곱 평균근 속력을 유도하였다. 기체가 온도가 높을수록, 몰질량이 작을수록 넓은 속력 분포를 갖는 Maxwell 분포로 표현되는 특징적인 속력 분포에 대해서도 배웠다. 분출 실험 결과가 분자의 평균 속력이 분자의 몰질량과 온도에 어떻게 의존하는지 알려주는 것도 배웠다.

개념과 식의 적용

☐ 기체의 운동 모형의 가정들을 열거하고 설명한다(3C.1절).
☐ 온도가 평균 속력에 미치는 영향을 설명한다(3C.1절).
☐ 기체 분자의 제곱 평균근 속력을 계산한다(예제 3C.1).
☐ 분자 속력의 Maxwell 분포에 대한 몰질량과 온도의 영향을 설명한다(3C.2절).
☐ Graham 법칙으로 상대적 분출률을 설명한다(자습 3C.2).

Topic 3C 연습 문제

표시가 있는 연습 문제는 미적분을 사용해야 한다.

3C.1 용기 안의 기체 분자들은 모두 같은 힘으로 용기의 벽을 때리는가? 기체의 운동 모형에 근거하여 답의 이유를 설명하시오.

3C.2 일정 온도에서 기체의 부피가 감소하면 기체 분자와 용기 벽의 충돌 빈도는 어떻게 변하는가? 기체의 운동 모형에 근거하여 답의 이유를 설명하시오.

3C.3 −20. °C에서 다음 화합물 분자의 제곱 평균근 속력을 계산하시오. (a) 메테인 (b) 에테인 (c) 프로페인

3C.4 220. °C에서 다음 화합물 분자들의 제곱 평균근 속력을 계산하시오. (a) 플루오린 (b) 염소 (c) 브로민.

3C.5 어떤 온도에서 메테인 CH_4 분자의 제곱 평균근 속력이 550. $m\cdot s^{-1}$이었다. 같은 온도에서 크립톤 원자의 제곱 평균근 속력은 얼마인가?

3C.6 어떤 기체 실험에서 25 °C에서 0.150 atm인 수소 기체 시료 1.00 L를 가열하여 제곱 평균근 속력이 세 배가 되었다. 수소 기체의 최종 압력은 얼마인가?

3C.7 어떤 날, 대기 측정기가 피지 상공 성층권의 오존 분자 O_3의 제곱 평균근 속력이 375 $m\cdot s^{-1}$라고 보고하였다. 그 지역 성층권의 온도는 얼마인가?

3C.8 제트 엔진에 의한 난기류를 연구하기 위한 풍동 실험에서 공기 중 질소 분자의 제곱 평균근 속력이 495 $m\cdot s^{-1}$이었다. 풍동의 온도는 얼마인가?

3C.9 같은 온도에서 한 용기에 1.0 mol He(g)이 들어 있고, 다른 용기에 1.0 mol Ar(g)이 들어 있다. 그 온도에서 He과 Ar의 제곱 평균근 속력은 각각 1477 $m\cdot s^{-1}$와 467 $m\cdot s^{-1}$이다. 제곱 평균근 속력과 같은 속력을 갖는 He과 Ar의 분자수 사이의 비율은 어떻게 되는가? 두 기체는 모두 이상적으로 행동한다고 가정하시오.

3C.10 과학자가 200. K에서 큰 실린더에 들어 있는 1.00 mol He(g)을 연구하고 있다. 다음의 변화들에 의해 기체의 압력과 제곱 평균근 속력이 몇 배나 변할지 계산하시오.
(a) 기체를 압축하여 부피가 1/3이 되었다.
(b) 온도가 100. K로 내려갔다.
(c) 헬륨을 같은 양의 제논으로 바꾸었다.

3C.11 그림 3C.4의 Maxwell 속력 분포를 고려해 보자.
(a) 그래프의 각 온도에서 분자의 최대 확률 속력은 얼마인지 찾으시오.
(b) 온도가 상승하면 최대 확률 속력 v_{mp} 부분의 좁은 구간 Δv 안의 속력을 갖는 분자들의 분율에는 어떤 변화가 생기는가(식 4)?

3C.12 그림 3C.3의 Maxwell 속력 분포를 고려해 보자.
(a) 그래프의 각 몰질량에서 분자의 최대 확률 속력은 얼마인지 찾으시오.
(b) 기체의 몰질량이 커지면 최대 확률 속력 v_{mp} 부분의 좁은 구간 Δv 안의 속력을 갖는 분자들의 분율에는 어떤 변화가 생기는가(식 4)?

3C.13 특정 온도 T의 기체 시료에서 최대 확률 속력(v_{mp}) 주위의 좁은 영역 Δv 안의 속력을 갖는 분자수는, 200. K에서 같은 종류의 기체 시료에서 최대 확률 속력 주위의 같은 영역 Δv 안의 속력을 갖는 분자수의 1/4이다. 이 특정 온도 T는 얼마인가?

3C.14 특정 온도 T의 기체 시료에서 최대 확률 속력(v_{mp}) 주위의 좁은 영역 Δv 안의 속력을 갖는 분자수는, 300. K에서 같은 종류의 기체 시료에서 최대 확률 속력 주위의 같은 영역 Δv안의 속력을 갖는 분자수의 절반이다. 이 특정 온도 T는 얼마인가?

3C.15 실험식이 CH인 화합물이 같은 온도와 압력 조건의 크립톤보다 1.24배 느리게 확산되었다. 이 화합물의 분자식은 무엇인가?

3C.16 같은 온도와 압력에서 XeF_2보다 2.7배 느리게 다공성 벽을 통해 분출되는 기체의 몰질량은 얼마인가?

3C.17 아르곤 기체 시료가 다공성 벽을 통해 분출되는 데 147초 걸렸다. 같은 온도와 압력에서 같은 몰수의 다음 기체들이 같은 다공성 벽을 통해 분출되는 데 얼마의 시간이 걸리는가?
(a) CO_2 (b) C_2H_4 (c) H_2 (d) SO_2

3C.18 네온 기체 시료가 다공성 벽을 통해 분출되는 데 62.1초 걸렸다. 같은 온도와 압력에서 같은 몰수의 다음 기체들이 같은 다공성 벽을 통해 분출되는 데 얼마의 시간이 걸리는가?
(a) CO (b) NH_3 (c) Kr (d) NO

3C.19 C_2H_3의 실험식을 가진 탄화수소가 다공성 벽을 통해 분출되는 데 349초 걸렸다. 같은 온도와 압력 조건에서 같은 수의 아르곤 분자들이 벽을 통해 분출되는 데 210.초 걸렸다. 이 탄화수소의 몰질량과 분자식을 밝히시오.

3C.20 폴리염화바이닐(PVC)을 만드는 데 필요한 화합물의 조성은 질량비로 C 38.4%, H 4.82%, Cl 56.8%이다. 특정 부피의 이 화합물이 다공성 벽을 통해 분출되는 데 7.73분 걸렸으나, 같은 압력과 온도에서 같은 양의 아르곤이 빠져나가는 데는 6.18분 걸렸다. 이 화합물의 분자식은 무엇인가?

Topic 3D 분자간 힘

이 Topic을 왜 배우는가? 비이상적인 기체, 액체와 고체의 성질을 이해하려면 분자 사이의 인력과 반발력의 근원을 잘 알아야 한다.

무엇을 알고 있어야 하는가? 이 Topic에서는 퍼텐셜 에너지(기초 지식 A), Coulomb 상호 작용(Topic 2A) 및 편극성(Topic 2D)의 개념을 이용한다. 극성 분자의 부분 전하와 쌍극자 모멘트에 대해 알아야 한다(Topic 2E).

분자들은 서로 잡아당긴다. 이 단순한 사실에서 중요한 결과가 나온다. 분자간 힘이 없다면 구름이 생기지 않고, 바다는 기체가 되며, 살이 뼈에서 떨어져 나올 것이다. 보다 덜 극적으로 얘기하면, 분자간 힘은 벌크 물질의 물리적 성질을 지배한다. CO_2가 왜 기체이고, SiO_2는 왜 고체이며, 얼음이 물 위에 뜨는 이유를 설명해 준다.

분자들을 서로를 밀어내기도 한다. 물질을 계속 압축하면, 분자들이 압축에 더욱 저항한다. 그 결과 우리가 마룻바닥 속으로 빠지지 않으며, 고체가 크기와 모양을 유지한다. 기체에서도 반발력은 이상 기체의 가상적 분자와 달리 실제 기체의 분자는 서로 영향을 미치기 때문에 중요하다.

분자간 힘(**intermolecular force**)은 분자 사이의 인력과 반발력이다. 이 힘의 세기는 분자 사이의 거리와 관여하는 상호 작용의 유형에 따라 달라진다. 물질의 다양한 '상'이 존재하는 것도 분자간 힘 때문이다. **상**(**phase**)이란 물질 전체에 걸쳐서 화학적 조성과 물리적 상태가 다 균일한 형태를 말한다. 기체상에서 분자는 대부분의 시간 동안 서로 멀리 떨어져 있으므로 분자 사이의 상호 작용은 약하며, 이상 기체로부터의 이탈도 미미하다(Topic 3E). 반면, 액체와 고체의 총칭인 **응축상**(**condesed phase**)의 분자는 서로 가깝다. 결과적으로, 분자를 함께 묶는 힘은 매우 중요하며 물리적 성질을 좌우한다. 가장 강한 힘은 **이온간 힘**(**interionic force**), 즉 이온 사이의 상호 작용으로 발생하는 힘이다. Topic 2A에서 다룬 대로, 이온성 고체가 강한 이유이다. 이 Topic에서는 이온과 전하를 띠지 않은 분자 사이의 상호 작용 및 전하를 띠지 않은 분자들 사이의 상호 작용에 중점을 둔다.

3D.1 분자간 힘의 근원

모든 분자는 서로 가까이 있을 때 서로 끌어당기지만, 반응이 일어나지 않으면 전자 구름이 접촉할 때 서로 밀어낸다. 그림 3D.1은 한 쌍의 분자들의 퍼텐셜 에너지가 분자 사이의 거리에 따라 어떻게 변하는지 보여 주는 그래프인 **분자 퍼텐셜 에너지 곡선**(**molecular potential energy curve**)이다. 한 경우에는 분자들이 반응하여 화학 결합이 형성되고, 다른 경우(두 분자 또는 두 영족 기체 원자의 경우)에는 결합이 생기지 않는다. 각 경우, 분자들이 먼 거리에서 점점 가까워짐에 따라 에너지는 우선 내려가는데, 이는 인력이 주로 작용함을 보여 준다. 그러나 어느 정도 이상 가까워지면 반발력이 우세해지고 퍼텐셜 에너지는 큰 값으로 치솟게 된다. 두 곡선의 모양은 비슷하지만, 화학 결합을 이루는 경우에 비해 결합을 이루지 않는 경우 최저점의 위치는 더 멀고, 깊이는 매우 얕다.

여러 유형의 분자간 힘과 일반적인 세기가 표 3D.1에 요약되어 있으며 더 자세한 것은 다음 절에서 다룬다. 물질의 특성은 한 가지 이상의 상호 작용에 의해 영향을 받을 수 있다는 점을 알아야 한다. 거의 모든 분자간 인력의 근원은 두 전하 사이의 Coulomb 상호 작용(**기초 지식 A** 및 Topic 2A)으로, 분자 사이의 거리 r에 반비례하며, 전하의 크기(Q)에 비례한다.

$$E_p \propto \frac{Q_1 Q_2}{r} \tag{1}$$

다른 상호 작용들도 이 식에 근거하지만, 곧 다룰 내용으로, 분자 사이의 거리에 대한 의존도가 다르다.

분자간 힘은 분자 사이의 인력과 반발력이다. 응축상은 분자 사이의 인력이 분자들을 서로 끌어당길 때 생성된다. 짧은 거리에서는 반발력이 우세하다.

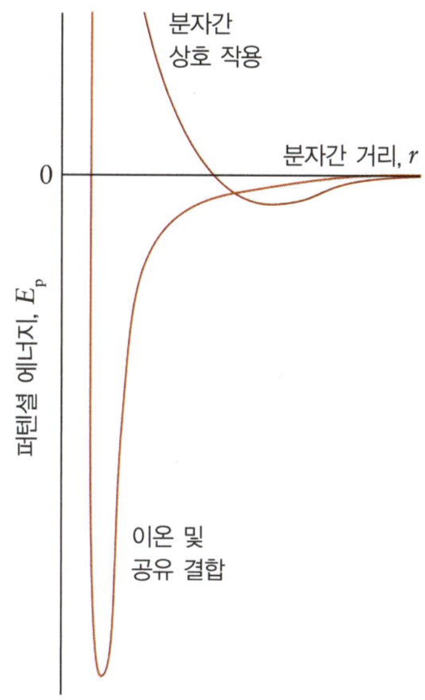

그림 3D.1 결합을 형성하는 원자(주황색, 아래쪽 곡선)와 결합을 형성하지 않는 분자 또는 영족 기체 원자(빨간색, 위쪽 곡선) 사이의 상호 작용의 퍼텐셜 에너지의 거리 의존성. 깊은 에너지 우물은 결합 형성을 의미함에 주목하시오. 위쪽 곡선의 얕은 우물은 원자나 분자들이 결합을 형성하지 않아도 에너지를 낮추는 인력이 작용함을 보여 준다.

표 3D.1 이온 및 분자 사이의 상호 작용*

상호 작용의 유형	거리 의존성	전형적 에너지 $E_P/(kJ\cdot mol^{-1})$	상호 작용 화학종
이온–이온	$-\lvert z\rvert^2/r$	250	이온
이온–쌍극자	$-\lvert z\rvert\mu/r^2$	15	이온과 극성 분자
쌍극자–쌍극자	$-\mu_1\mu_2/r^3$	2	정적 극성 분자
	$-\mu_1^2\mu_2^2/r^6$	0.3	회전하는 극성 분자
쌍극자–유도 쌍극자	$-\mu_1^2\alpha_2/r^6$	2	적어도 한 분자는 극성
London (분산)†	$-\alpha_1\alpha_2/r^6$	2	모든 형태의 분자나 이온
수소 결합‡		20	N—H, O—H, F—H 결합을 포함하는 분자

* 전체 상호 작용은 한 화학종이 관여할 수 있는 모든 상호 작용의 합임. r은 상호 작용 입자들 중심 사이의 거리, z는 이온의 전하수, μ는 전기 쌍극자 모멘트, α는 분자의 편극률이다.
† 유도 쌍극자–유도 쌍극자 상호 작용이라고도 함. $1/r^6$에 비례하는 상호 작용을 보통 van der Waals 상호 작용이라고 한다.
‡ 수소 결합은 접촉 상호 작용으로 여긴다.

3D.2 이온–쌍극자 상호 작용

이온성 고체를 물에 넣으면, 많은 물 분자가 이온성 고체 표면의 각 이온을 둘러싼다. 물 분자는 이온에 대해 강한 인력을 갖고 있어 이온을 고체 안의 이웃 분자에서 분리하여 점진적으로 고체를 용해시킬 수 있다. 이렇게 둘러싸는 물 분자들의 부분 전하가 떨어져 나간 이온의 전하를 대신하므로, 이온은 거의 에너지의 변화 없이 용액으로 미끄러져 들어간다.

물 분자가 이온이나 분자에 달라붙는 현상을 **수화(hydration)**라고 한다. 이온의 수화는 H_2O 분자의 극성에 기인한다(**1**). O 원자의 부분 음전하는 양이온에 끌리며, H 원자의 부분 양전하는 양이온에 밀려난다. 따라서 물 분자는 양이온을 중심으로 O 원자의 고립 전자쌍이 안으로 향하고 H 원자들이 바깥으로 향하는 뭉치를 이룰 것이다(**그림 3D.2** 왼쪽). 음이온 주위로는 그 반대의 배열이 관찰된다. 즉 H 원자는 부분 양전하를 가지므로 음이온의 음전하 쪽으로 끌리게 된다(그림 3D.2 오른쪽). 수화는 이온과 극성 물 분자의 부분 전하 사이의 상호 작용으로 일어나며, **이온–쌍극자 상호 작용(ion-dipole interaction)**의 한 예이다.

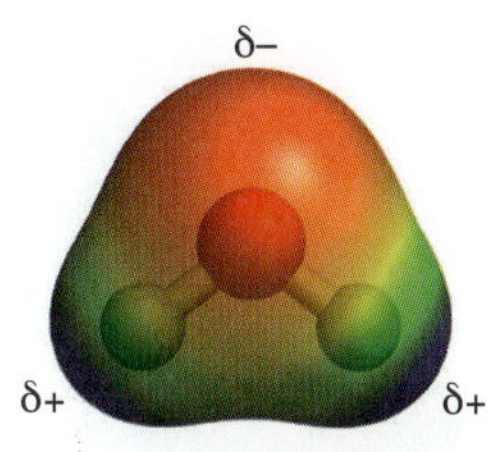

1

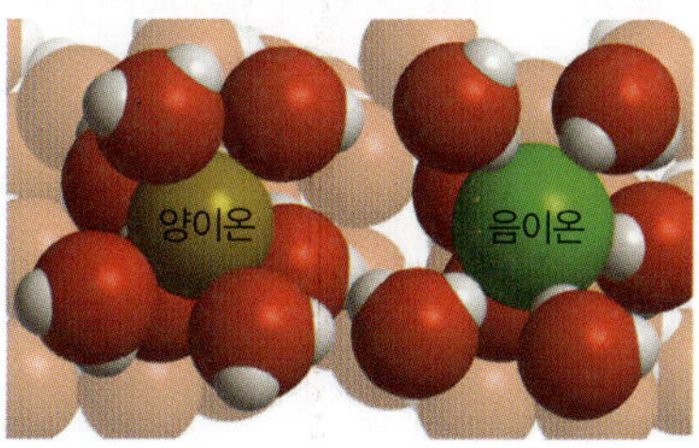

그림 3D.2 물에서 이온이 수화된다. 왼쪽에서는 양이온이 물 분자로 둘러싸이는데, 음전하를 띤 산소 원자가 이온 쪽으로 향한다. 오른쪽에서는 음이온이 물 분자로 둘러싸이는데, 양전하를 띤 수소 원자가 이온 쪽으로 향한다.

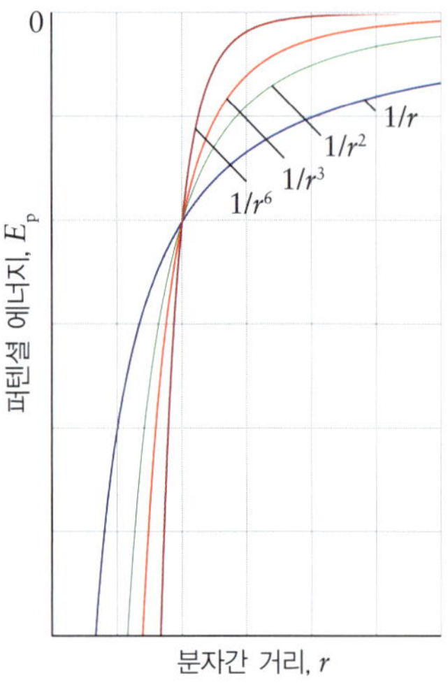

그림 3D.3 이온–이온(푸른색), 이온–쌍극자(초록색), 정지된 쌍극자간(주황색), 회전 쌍극자간(붉은색) 상호 작용에 의한 퍼텐셜 에너지의 거리 의존성.

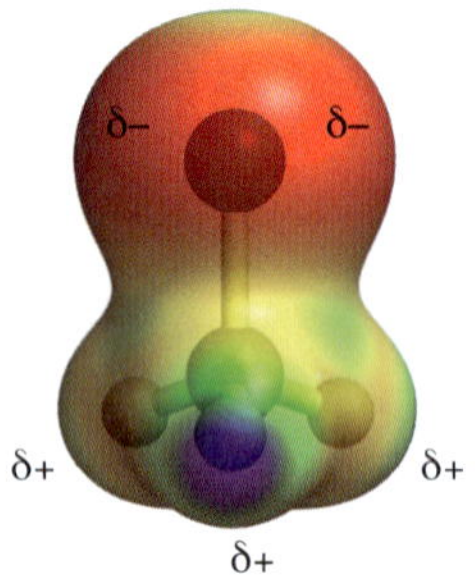

2

한 이온의 전하와 극성 분자의 두 부분 전하간 상호 작용의 퍼텐셜 에너지는 $-|z|\mu/r^2$에 비례한다(표 3D.1). 여기서 z는 이온의 전하수이며, μ는 극성 분자의 쌍극자 모멘트이다. 음의 부호는 이온의 퍼텐셜 에너지가 극성 용매와 상호 작용하여 낮아짐을 의미하며, 이는 서로 끌린다는 것이다.

생각해 보기

물과 비슷하게 강한 이온–쌍극자 상호 작용을 할 수 있는 용매는 어떤 것들이 있겠는가?

이온–쌍극자 상호 작용은 이온과 극성 분자가 아주 가까이 있어야 주요하게 작용한다. 그 경우에도, 이온–쌍극자 힘은 두 이온 사이의 인력보다 작다. 이는 극성 분자의 쌍극자 모멘트가 부분 전하만으로 이루어졌기 때문이다. 게다가 극성 분자의 한쪽 끝에 있는 부분 전하에 이끌린 이온은 다른 쪽의 반대 전하에 의해서 반발되어, 두 효과가 부분적으로 상쇄된다. 먼 거리에서는 두 부분 전하가 이온으로부터 거의 같은 거리에 있게 되어, 거의 완전히 상쇄된다. 각 상호 작용의 퍼텐셜 에너지는 식 1에 의해 주어짐에도 불구하고, 점전하와 쌍극자 사이의 상호 작용 퍼텐셜 에너지가 두 점전하 사이의 퍼텐셜 에너지($1/r$로)보다 거리에 따라서 더 빠르게 낮아지는($1/r^2$로) 이유가 바로 이 때문이다(그림 3D.3).

이온의 크기와 전하 둘 다 수화의 정도를 결정한다. 이온–쌍극자 상호 작용의 세기는 이온이 작아서 극성 분자가 가까이 올 수 있을 때 가장 크다. 실제로 리튬과 소듐은 보편적으로 수화 염을 생성하지만, 더 큰 양이온인 포타슘, 루비듐, 세슘은 그렇지 못하다. 전하가 수화 정도에 미치는 효과는, 거의 같은 크기를 가진 바륨 이온(Ba^{2+}: 135 pm)과 포타슘 이온 (K^+: 138 pm)의 수화를 비교하여 알아볼 수 있다. 고체 상태에서, 포타슘 염은 거의 수화되지 않지만, 바륨 염은 흔히 수화된다. 이 차이는 바륨 이온의 전하가 더 크기 때문이다.

이온–쌍극자 상호 작용은 이온이 작을수록 그리고 그것의 전하가 높을수록 더 세다. 이러한 결과로, 작은 크기와 높은 전하를 가진 양이온은 흔히 수화 화합물을 형성한다.

3D.3 쌍극자–쌍극자 상호 작용

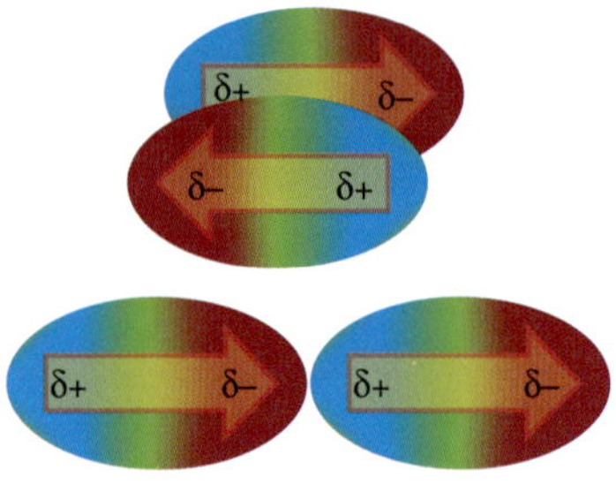

그림 3D.4 극성 분자들은 그들 전기 쌍극자(화살표로 나타냄)의 부분 전하 사이의 상호 작용에 의해 서로 끌어당긴다. 그림에 나타낸 두 배향(끝–끝, 옆–옆)은 무작위 배향보다 에너지가 낮아진다.

이제 극성 분자들 사이의 상호 작용을 생각해 보자(Topic 2E). 극성 분자의 한 예로서, 클로로메테인 CH_3Cl은 Cl 원자에 부분 음전하와 세 H 원자들에 걸쳐 퍼져있는 부분 양전하로 구성된 쌍극자(전하 쌍)를 갖고 있다(**2**). 고체 클로로메테인에서는 한 CH_3Cl 분자의 Cl 원자가 다음 분자의 CH_3 끝부분 옆에 배열될 때 에너지가 가장 낮아진다(그림 3D.4). 쌍극자들 사이의, 구체적으로는 부분 전하들 사이의 상호 작용을 **쌍극자–쌍극자 상호 작용(dipole–dipole interaction)**이라고 한다. 움직이지 않는 고체 극성 분자의 경우, 동일한 분자들 사이의 퍼텐셜 에너지는 $-\mu^2/r^3$에 비례하며, 다른 종류의 분자들 사이에서는 $-\mu_1\mu_2/r^3$에 비례한다(표 3D.1). 분자의 극성이 클수록 상호 작용이 강해진다. 이 상호 작용의 거리 의존성($\sim 1/r^3$)은 이온–쌍극자 상호 작용의 경우보다 강해서, 분자간 거리가 두 배로 되면 상호 작용의 세기는 $2^3 = 8$배만큼 줄어든다. 이와 같이 빠르게 줄어드는 이유는 분자 사이의 거리가 증가함에 따라서 각 분자에 있는 반대의 부분 전하가 서로 상쇄되어 없어진 것처럼 보이는 반면, 점전하와 쌍극자의 상호 작용에서는 쌍극자의 부분 전하만이 상쇄되기 때문이다.

이와 달리, 모든 분자가 빠르게 회전하는 기체 상태의 극성 분자를 생각해 보자(그림 3D.5). 완전하게 자유로운 회전의 경우, 서로 반대의 부분 전하 사이의 인력과 동일한 부분 전하 사이의 반발력이 상쇄되어 알짜 상호 작용이 없어진다. 그러나 실제로는 회전하는 이웃들이 에

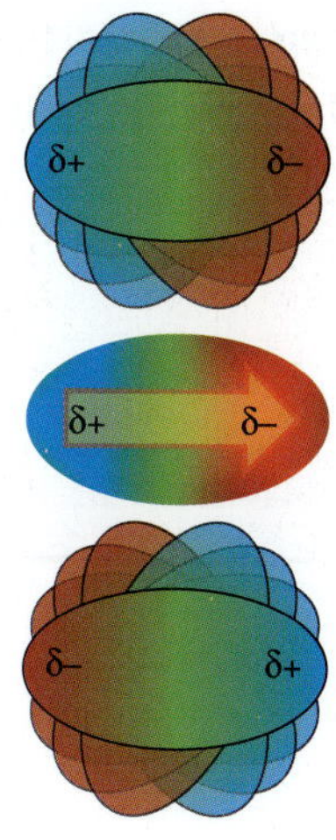

그림 3D.5 한 극성 분자가 다른 극성 분자들 주위에서 회전할 경우에는 인력을 최대로 하는 저에너지 배향에서 시간을 더 많이 소모한다. 그 결과 알짜 상호 작용은 인력이 되지만, 이는 분자가 회전하지 않을 경우보다 강하지는 않다.

너지적으로 유리한 방향(반대 전하를 띠는 끝이 인접)으로 약간 더 유지되므로, 서로 반대 부분 전하간 인력이 동일 부분 전하간 반발력보다 약간 크다. 결과적으로, 기체상에서 회전하는 극성 분자 사이에는 약한 알짜 인력이 있고, 퍼텐셜 에너지는(여전히 식 1에 근거하지만) $1/r^6$에 비례한다(표 3D.1). 극성 분자간 거리가 두 배로 되면 상호 작용의 세기가 $2^6 = 64$배로 감소하므로, 회전하는 분자 사이의 쌍극자–쌍극자 상호 작용은 분자들이 아주 가까울 때만 의미가 있다.

이제 운동 모형이 기체의 성질을 잘 설명해 주는 이유를 알 수 있다(Topic 3C). 기체 분자들은 회전하며, 대부분 서로 멀리 떨어져 있으므로, 그들 사이의 어떤 상호 작용도 매우 약하다. 액체 분자들도 회전하지만(자유롭게 회전한다기보다는 덜컹덜컹 회전), 분자들이 기체상보다 아주 많이 인접하여 있으므로 쌍극자–쌍극자 상호 작용이 그만큼 강하다. 서로 강하게 붙어 있는 분자들을 떼어 내려면 많은 에너지가 필요하므로, 분자간 상호 작용이 강한 물질은 끓는점이 높다.

예제 3D.1 쌍극자–쌍극자 상호 작용에 근거한 상대적 끓는점 예상

유기 합성을 할 때 끓는점이 더 높은 용매로 바꿔야 할 필요가 있을 수 있다. *p*-다이클로로벤젠(**3**)과 *o*-다이클로로벤젠(**4**) 중 어느 것의 끓는점이 더 높을 것으로 예상하는가?

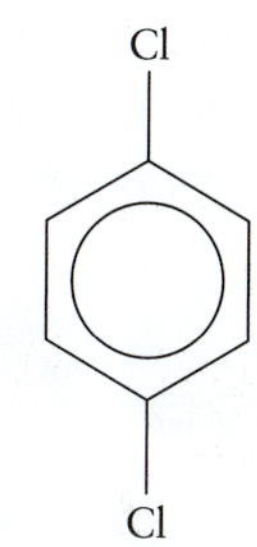

3 *p*-다이클로로벤젠

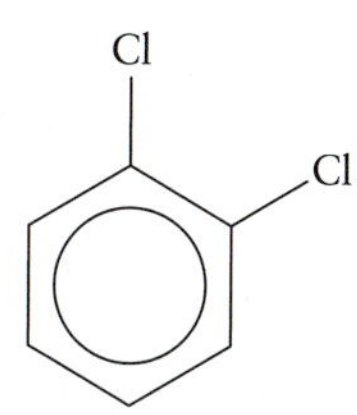

4 *o*-다이클로로벤젠

계획 두 화합물은 서로 비슷하지만, 쌍극자 모멘트가 다르다면 쌍극자 모멘트가 큰 분자들이 더 강하게 상호 작용할 것이다. 따라서 극성이 더 강한 화합물이 더 높은 끓는점을 갖는다. 한 분자가 극성인가를 결정하기 위해서는 Topic 2E에서 설명한 것처럼 결합의 쌍극자 모멘트들이 서로 상쇄하는가를 알아본다.

무엇을 가정해야 하는가? C—H 작용기의 극성은 C—Cl 작용기보다 매우 작아서 분자의 극성에 거의 영향을 끼치지 못하므로, 무시될 수 있다.

풀이

p-다이클로로벤젠에서 두 C—Cl 결합은 고리를 건너서 일직선상에 있으므로 쌍극자 모멘트는 상쇄되고, 전체 분자는 비극성이 된다.

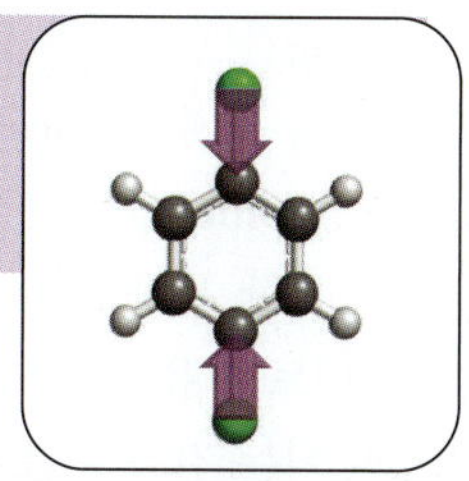

o-다이클로로벤젠에서는 두 개의 C—Cl 결합의 쌍극자가 상쇄되지 않아 극성을 띤다. 따라서 *o*-다이클로로벤젠이 *p*-다이클로로벤젠보다 더 높은 끓는점을 가질 것으로 예상된다.

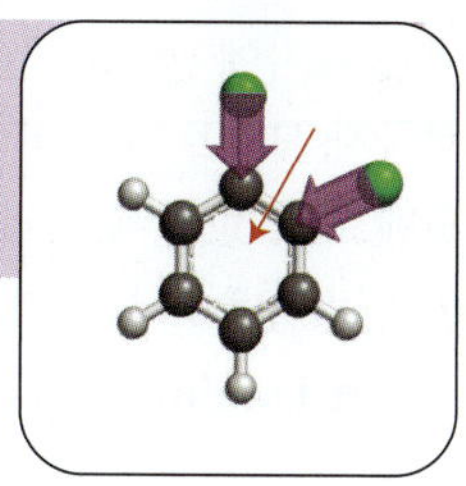

평가 끓는점의 실험값은 *o*-다이클로로벤젠이 180 °C이고, *p*-다이클로로벤젠이 174 °C이다.

자습 3D.1A *cis*-다이클로로에텐(**5**)과 *trans*-다이클로로에텐(**6**) 중 어느 것의 끓는점이 더 높은가?

[**답**: *cis*-다이클로로에텐]

자습 3D.1B 1,1-다이클로로에텐(**7**)과 *trans*-다이클로로에텐 중 어느 것의 끓는점이 더 높은가?

관련 연습 문제 3D.5~3D.8

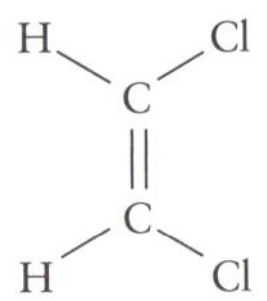

5 *cis*-다이클로로에텐

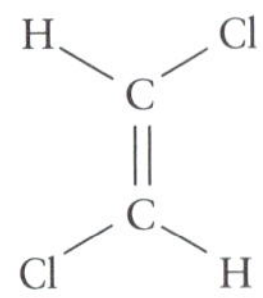

6 *trans*-다이클로로에텐

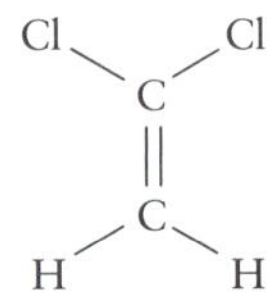

7 1,1-다이클로로에텐

극성 분자는 쌍극자-쌍극자 상호 작용을 한다. 쌍극자-쌍극자 상호 작용은 이온 사이의 상호 작용보다 약하며, 거리에 따라 더 급하게 떨어진다. 분자가 회전할 수 있는 액체와 기체 상태에서 더욱 그렇다.

3D.4 London 상호 작용

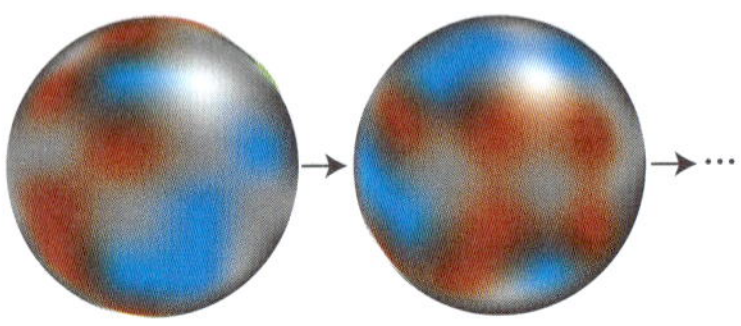

그림 3D.6 원자 주변의 전자 구름은 끊임없이 움직이는 안개와 비슷하게 순간적으로 전자 밀도가 증가하거나 감소하는 영역이 생긴다.

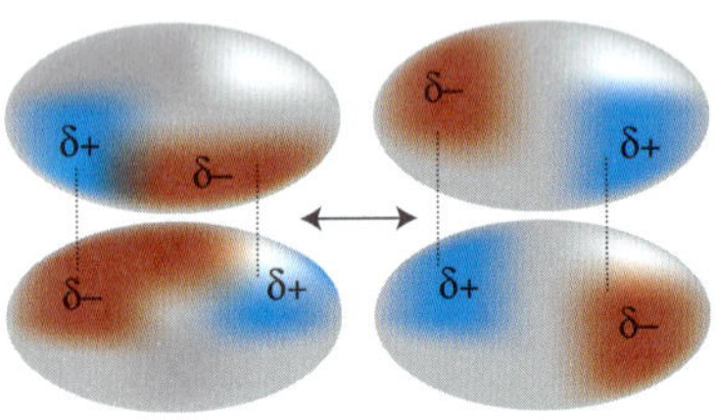

그림 3D.7 이웃하는 두 분자의 전자 분포의 빠른 요동이 두 개의 순간적 전기 쌍극자 모멘트를 유도하며, 그로 인하여 두 분자를 서로 끌어당긴다. 요동은 다른 위치로 명멸하며, 한 분자의 새로운 전자 배치는 두 분자가 서로 끌어당기도록 다른 분자의 전자 배치를 유도한다.

비극성 분자 사이에서도 인력이 발생한다. 그 증거로는 영족 기체-일원자 분자이므로 당연히 비극성임-도 충분히 낮은 온도에서 액화될 수 있고, 휘발유를 만드는 탄화수소와 같은 많은 비극성 화합물이 상온에서 액체인 점을 들 수 있다.

얼핏 보면 두 비극성 분자가 서로 끌어당길 수 없을 것 같다. 이에 대한 설명은 분자의 전자들이 어떻게 분포되는지로 할 수 있다. 첫째로, 전자 분포나 전하 분포에 관한 표현(예를 들어, 구조 **1**과 **2**)은 시간에 대한 평균값이다. 비극성 분자나 단일 원자에서는 전자가 대칭적으로 분포되는 것 같지만, 사실상 어느 순간에도 원자나 분자의 전자 구름은 요동치고 있다(**그림 3D.6**). 어느 순간의 분자 사진을 찍는다면 전자 분포가 소용돌이에 휩쓸리는 안개처럼 보일 것이다. 어떤 순간에는 전자가 분자의 어딘가에 쌓이며, 핵이 부분적으로 노출될 것이나, 다음 순간에는 다른 곳에 쌓일 것이다. 즉, 분자의 한 영역은 잠시 부분 음전하를 띠고, 다른 영역은 잠시 부분 양전하를 가지며, 다음 순간에는(대략 10^{-16} s 후에) 이들 전하가 반대로 되거나, 다른 위치에 있게 된다. 비극성 분자일지라도 일시적으로 전하가 분리되어 **순간 쌍극자 모멘트**(**instantaneous dipole moment**)를 가질 수 있다(**그림 3D.7**).

한 분자의 순간 쌍극자 모멘트가 이웃하는 분자의 전자 구름을 뒤틀리게 하여 쌍극자 모멘트를 유도하고, 두 순간 쌍극자가 서로 끌어당긴다. 한 순간 후에는 첫 번째 분자의 소용돌이치는 전자 구름이 다른 방향의 쌍극자 모멘트를 만들고, 이 새로운 쌍극자 모멘트가 두 번째 분자에 새로운 쌍극자 모멘트를 유도하여 두 분자가 또 서로 끌어당긴다. 즉 한 분자의 쌍극자 모멘트가 한 배향에서 다른 배향으로 계속 명멸하지만, 두 번째 분자의 유도된 쌍극자 모멘트는 첫 번째 것과 반대 방향으로 따라감으로써, 두 분자 사이에 알짜 인력이 있게 된다. 이 인력을 **London 분산 상호 작용**(**London dispersion interaction**), 혹은 간단히 **London 상호 작용**(**London interaction**)이라고 한다. 이는 모든 분자나 원자 사이에 작용하며, 비극성 분자나 일원자 기체 사이에는 유일한 상호 작용이다.

London 상호 작용의 세기는 분자의 **편극률**(**polarizability**) α(알파)에 의존한다. 편극률이란 전자 구름이 뒤틀릴 수 있는 정도를 말한다(Topic 2D). 많은 전자를 지닌 큰 분자는 몇 개의 전자만 가진 작은 분자보다 일반적으로 편극성이 더 크므로, 큰 분자는 작은 분자보다 더 강한 London 상호 작용을 할 것이다(**그림 3D.8**).

상세한 계산에 의하면 London 상호 작용의 퍼텐셜 에너지는 같은 종류의 분자끼리는 $-\alpha^2/r^6$, 다른 종류의 분자들 사이에서는 $-\alpha_1\alpha_2/r^6$의 양상을 띤다(표 3D.1). London 상호 작용의 퍼텐셜 에너지는 거리에 따라서 매우 빠르게 감소한다. 그럼에도 불구하고, 이는 전하를 띠지 않는 분자 사이의 지배적인 상호 작용이 될 수 있으며, 분자가 극성인지 아닌지에 영향을 준다.

이제 상온에서 할로젠이 기체(F_2와 Cl_2)에서 액체(Br_2)를 거쳐 고체(I_2)까지 차례로 변하는 이유를 알 수 있다. 주기율표의 아래로 내려갈수록 이들 분자의 전자 수가 증가하여 편극률이 커지고, 그에 따라서 London 상호 작용이 증가한다. 유사한 구조지만 더 무거운 원자를 가질 때의 London 상호 작용 세기의 증가는 놀랍다. 예를 들어, 메테인(CH_4)은 −162 °C에서 끓지만, 더 많은 전자를 가진 테트라클로로메테인(사염화 탄소, CCl_4)은 상온에서 액체이며 77 °C에서 끓는다(**표 3D.2**). 테트라브로모메테인 CBr_4는 훨씬 더 많은 전자를 가지고 있어 상온에서 고체이며 94 °C에서 녹고 190 °C에서 끓는다.

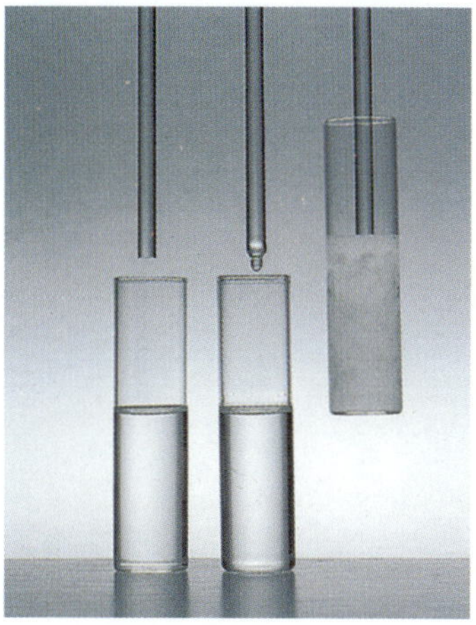

그림 3D.8 London 힘의 세기가 탄화수소 분자의 몰질량에 따라서 어떻게 증가하는가를 보여 준다. 펜테인은 유동성 액체(왼쪽), 펜타데케인 $C_{15}H_{32}$는 점성 액체(중앙), 그리고 옥타데케인 $C_{18}H_{38}$은 왁스 같은 고체(오른쪽)이다. 분자의 긴 사슬이 서로 얽히게 되면 분자간 힘의 증가에 어느 정도 영향을 줄 수 있다. *(Copyright Macmillan Learning, photo bye Ken Karp.)*

표 3D.2 물질의 녹는점과 끓는점*

물질	녹는점/°C	끓는점/°C	물질	녹는점/°C	끓는점/°C
영족 기체			**작은 분자의 무기 물질**		
He	−270 (3.5 K)†	−269 (4.2 K)	H_2	−259	−253
Ne	−249	−246	N_2	−210	−196
Ar	−189	−186	O_2	−218	−183
Kr	−157	−153	H_2O	0	100
Xe	−112	−108	H_2S	−86	−60
할로젠			NH_3	−78	−33
F_2	−220	−188	CO_2	—	−78s
Cl_2	−101	−34	SO_2	−76	−10
Br_2	−7	59	**유기 화합물**		
I_2	114	184	CH_4	−182	−162
할로젠화 수소			CF_4	−150	−129
HF	−93	20	CCl_4	−23	77
HCl	−114	−85	C_6H_6	6	80
HBr	−89	−67	CH_3OH	−94	65
HI	−51	−35	글루코스	142	d
			수크로스	184d	—

* 약어: s, 고체가 승화됨. d, 고체가 분해됨.

† 가압하에서.

London 힘의 효과는 분자의 모양에도 의존한다. 예를 들어, 펜테인(**8**)과 2,2-다이메틸프로페인(**9**)은 같은 분자식 C_5H_{12}를 가지므로, 전자수는 같지만 끓는점은 다르다(각각 36 °C와 10 °C). 펜테인 분자는 비교적 긴 막대 모양이다. 이웃하는 막대 모양 분자의 순간적 부분 전하가 여러 위치에서 접할 수 있어서, 펜테인은 강한 상호 작용을 한다. 반면에 2,2-다이메틸프로페인처럼 더 구형인 분자의 순간적 부분 전하는 서로 근접하기 어려워서, 각 분자의 좁은 영역만이 접할 수 있다(**그림 3D.9**). 결과적으로, 같은 수의 전자를 가진 분자의 경우 막대 모양

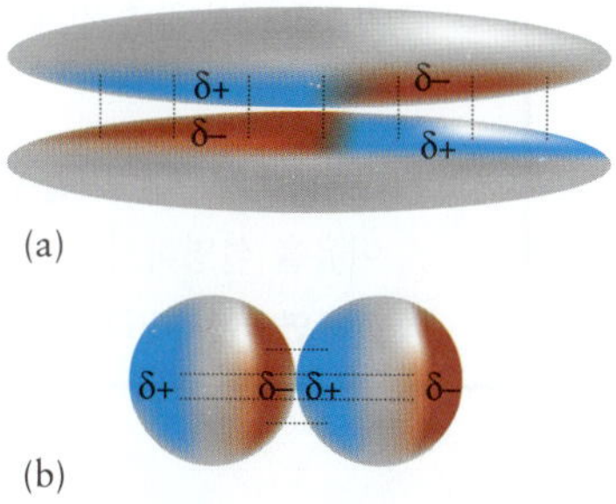

그림 3D.9 (a) 두 개의 이웃하는 막대 모양 분자의 순간 쌍극자 모멘트는 서로 가까이 접근할 수 있어서, 그 분자의 비교적 넓은 영역에 걸쳐서 강하게 상호 작용하는 경향이 있다. 수직 점선으로 인력을 표시하였다. (b) 이웃하는 구형 분자는 멀리 떨어지고, 분자의 좁은 영역에서만 약하게 상호 작용한다.

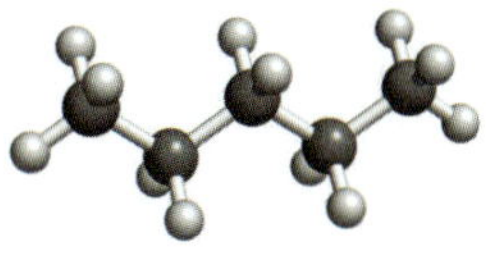

8 펜테인, C_5H_{12}

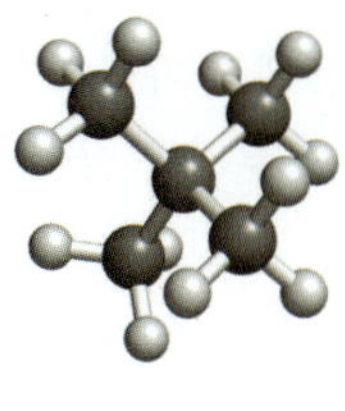

9 2,2-다이메틸프로페인, $C(CH_3)_4$

인 것이 구형인 것보다 London 상호 작용이 더 효과적이다. 매우 긴 탄화수소 분자의 경우 이러한 상호 작용으로 인해 파라핀 왁스와 같은 물질이 고체가 될 수 있다.

쌍극자-유도 쌍극자 상호 작용(dipole-induced-dipole interaction)은 London 상호 작용과 깊은 관련이 있는데, 극성 분자가 비극성 분자와(예를 들어, 산소가 물에 녹을 때) 상호 작용하는 것이다. London 상호 작용과 같이 쌍극자-유도 쌍극자 상호 작용은 한 분자가 다른 분자에 쌍극자 모멘트를 유도할 수 있어서 일어난다. 그러나 이 경우에는 쌍극자를 유도하는 분자가 영구 쌍극자 모멘트를 갖는다. 이 상호 작용의 퍼텐셜 에너지도 분자간 거리의 6제곱에 반비례한다.

표 3D.1에 요약한 대로, 기체상에서 회전하는 극성 분자의 쌍극자-쌍극자 상호 작용, London 상호 작용, 쌍극자-유도 쌍극자 상호 작용의 퍼텐셜 에너지는 모두 분자간 거리의 6제곱에 반비례한다. 이러한 상호 작용을 폭넓게 연구한 네덜란드의 과학자 Johannes van der Waals의 이름을 따서, 이들을 **van der Waals 상호 작용(van der Waals interaction)**이라고 통칭한다.

예제 3D.2 끓는점의 경향 설명

화학자들은 비슷한 일련의 분자의 경향을 조사하여 물리적 성질에 대한 통찰력을 얻는다. 할로젠화 수소의 끓는점 HCl −85 °C, HBr −67 °C, HI −5 °C의 경향을 설명하시오.

계획 분자간 힘이 세면 끓는점이 더 높다. 쌍극자 모멘트, 따라서 쌍극자-쌍극자 상호 작용의 세기는 H—X 결합의 극성, 즉 수소와 할로젠 원자의 전기 음성도 차이가 클수록 증가한다. London 힘의 세기는 전자의 수에 따라서 증가한다. 그림 2D.2의 자료를 사용하여 어느 것이 현저한 효과를 주는지 결정한다.

풀이 그림 2D.2의 자료를 보면 전기 음성도 차이가 HCl에서 HI로 감에 따라 줄어들며, 따라서 쌍극자 모멘트도 이 순서로 줄어든다. 그러므로 쌍극자-쌍극자 힘도 이 순서로 줄어들며, 끓는점이 HCl에서 HI로 감에 따라서 내려갈 것이 예상된다. 이 예측은 자료에 위배되므로, London 힘을 조사해야 한다. 한 분자의 전자 수는 HCl에서 HI로 감에 따라 증가하므로, London 상호 작용의 세기도 이 순서대로 증가한다. 그러므로 끓는점은 HCl에서 HI로 감에 따라 증가해야 하며, 이는 자료와 부합된다. 이 해석은 London 힘이 이들 분자의 쌍극자-쌍극자 상호 작용보다 우세함을 보여 준다.

자습 3D.2A 영족 기체 헬륨으로부터 제논까지 끓는점이 증가하는 경향을 설명하시오.

[**답**: London 상호 작용의 세기는 전자 수의 증가에 따라서 증가한다.]

자습 3D.2B 트라이플루오로메테인 CHF_3의 끓는점이 테트라플루오로메테인 CF_4보다 높은 이유를 설명하시오.

관련 연습 문제 3D.15, 3D.16, 3D.19

London 상호 작용은 이웃하는 분자들의 순간적 전기 쌍극자 사이의 상호 작용으로부터 생기며, 이는 모든 형태의 분자 사이에서 작용한다. 세기는 전자 수에 따라서 증가하며, 쌍극자-쌍극자 상호 작용에 추가적으로 일어난다. 극성 분자는 또한 약한 쌍극자-유도 쌍극자 상호 작용으로 비극성 분자를 끌어당긴다.

3D.5 수소 결합

London 상호 작용은 화학종과 관계없이 모든 분자에 적용된다는 점에서 '보편적인' 것이다. 마찬가지로 쌍극자–쌍극자 상호 작용은 화학종에 무관하게 분자의 극성에만 의존한다. 그러나 특정 원소와 결합한 수소 원자를 가지고 있는 분자들 사이의 매우 강한 상호 작용이 있다.

14족부터 17족까지 원소의 흔한 이성분 수소 화합물의 끓는점을 도시하여 보면(**그림 3D.10**), 특별한 상호 작용의 존재를 알아챌 수 있다. 14족의 경향은 전자의 수가 다른 비슷한 화합물에서 예상된 것과 같다. 즉 주기율표의 아래로 갈수록 London 상호 작용의 세기가 증가하므로 끓는점이 증가한다. 그러나 암모니아, 물, 플루오린화 수소에서는 모두 이상한 행동이 나타난다. 그들의 예외적으로 높은 끓는점은 그들 분자 사이에 현저하게 센 인력이 있음을 암시해 준다.

이들 화합물과 특정한 다른 화합물의 끓는점을 높여 주는 강한 상호 작용은 **수소 결합**(**hydrogen bond**)이다. 수소 결합이란 크기는 작지만 전기 음성도가 큰 원자, 특히 N, O, F 원자에 결합된 수소가 다른 N, O, F 원자의 고립 전자쌍에 강하게 끌리는 것이다(**10**).

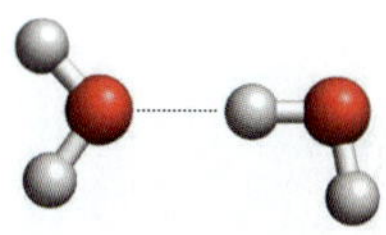

10 물에서의 수소 결합

이것이 어떻게 일어나는가를 알아보기 위해서, 물 분자 하나가 다른 물 분자에 가까이 올 때 무슨 일이 일어나는지 상상해 보자. 각 O—H 결합은 극성이다. 전기 음성도가 큰 O 원자는 결합의 전자를 세게 끌어들여, H 원자의 양성자는 거의 완전하게 노출되어 있다. H 원자는 매우 작고 부분 양전하를 띠게 되므로, 다른 물 분자의 O 원자의 고립 전자쌍 중 하나에 매우 가까이 갈 수 있다. 이 고립 전자쌍과 부분 양전하는 서로 강하게 끌어당겨 수소 결합을 형성한다. 수소 원자가 두 산소 원자 사이에 직선상으로 있을 때 수소 결합이 가장 세진다. 수소 결합은 점선으로 나타내며, 두 산소 원자 사이의 수소 결합은 OH···O로 나타낸다. O—H 결합 길이는 101 pm이며, H···O 길이는 이보다 약간 길고, 얼음에서는 175 pm이다. 수소 결합은 HF나 N—H 혹은 O—H 결합을 가진 어떤 분자에서도 가능하다.

자습 3D.3A 다음 중 어느 것이 수소 결합을 이룰 수 있는가?
(a) CH_3NH_2와 CH_3NH_2 (b) CH_3OCH_3와 CH_3OCH_3 (c) HBr과 HBr

[**답**: (a)에서만 H가 N, O, F에 직접 결합됨.]

자습 3D.3B 다음 분자 중 어느 것이 같은 화합물의 다른 분자와 수소 결합을 이룰 수 있는가?
(a) CH_3OH (b) PH_3 (c) HClO(구조는 Cl—O—H임)

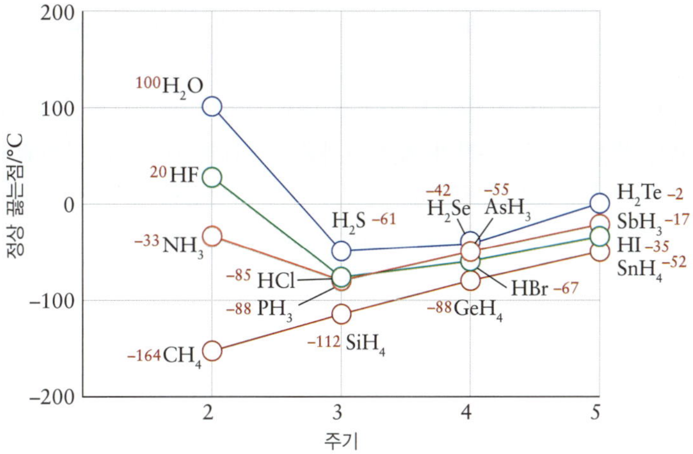

그림 3D.10 p-구역 원소의 수소화물 분자 대부분의 끓는점은 각 집단의 몰질량에 따라서 부드럽게 증가한다. 그러나 세 화합물(암모니아, 물, 플루오린화 수소)의 끓는점은 놀랍게 다르다.

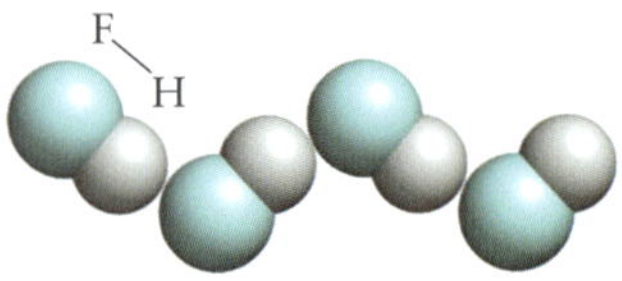

11 플루오린화 수소 $(HF)_n$

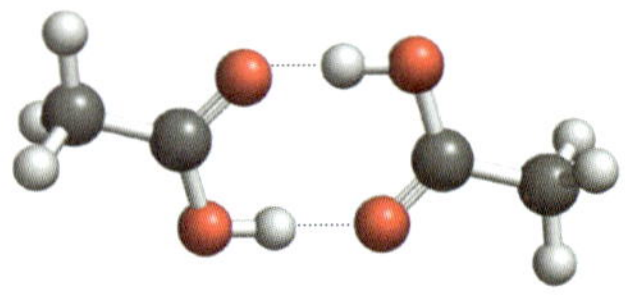

12 아세트산 이량체

그림 3D.11 심지어 이 그림과 같은 거대한 나무를 포함하여 식물은 리본형 셀룰로스 분자 사이에 존재하는 강한 수소 결합에 의해서 똑바로 지탱된다. 수소 결합이 없으면 이 나무는 무너지고 만다.(© *Ollphotograph/Shutterstock*)

수소 결합은 매우 강하며(전형적인 공유 결합 세기의 약 10 %), 다른 모든 분자간 상호 작용을 능가한다. 수소 결합은 어떤 물질의 경우에는 증기에서도 존재할 만큼 강하다. 예를 들어, 액체 플루오린화 수소는 HF 분자의 꾸불꾸불한 사슬을 이루며(**11**), 증기는 그 사슬의 짧은 조각과 $(HF)_6$ 고리로 되어 있다. 아세트산 CH_3COOH의 증기는 분자의 쌍이 두 개의 수소 결합으로 이어져 이량체(dimer)를 형성하기도 한다(**12**).

수소 결합은 생체 분자의 모양 유지에 핵심 역할을 한다. 단백질 분자의 모양은 수소 결합에 크게 지배되며, 이 결합이 깨지면 섬세하게 구성되었던 단백질 분자는 그 기능을 잃는다. 달걀을 요리하면 투명하던 알부민이 우윳빛으로 된다. 이는 온도가 올라감에 따라 분자들의 운동이 격렬해져서 단백질 분자의 수소 결합이 깨지고 뒤범벅 구조가 되기 때문이다. 나무는 수소 결합에 의해서 똑바로 지탱된다(그림 3D.11). 셀룰로스 분자(많은 —OH 원자단을 가짐)는 서로 많은 수소 결합을 형성할 수 있으며, 목재의 강도는 대부분 이웃하는 리본형 셀룰로스 분자 사이의 수소 결합의 세기에 기인한다. 또한 수소 결합은 DNA 분자의 두 사슬을 결합시키며, 이는 생식을 이해하는 열쇠를 제공한다(Topic 10E). 수소 결합은 DNA 분자의 두 사슬을 잡아매기에 충분하지만, 전형적인 공유 결합보다는 훨씬 약해서, DNA 분자의 공유 결합에 영향을 주지 않고, 세포 분열에서 쉽게 끊어진다.

수소 원자가 산소, 질소, 플루오린 원자에 결합될 때 생길 수 있는 수소 결합은 분자간 상호 작용 중 가장 강한 것이다.

3D.6 반발력

분자(결합을 형성하지 않는 원자 포함)들은 서로 너무 가까워지면 반발한다. 그림 3D.1의 왼쪽에서 퍼텐셜 에너지가 급격히 증가하는 것은 이 반발력 때문이며, Pauli 배타 원리에서 근원을 찾을 수 있다(Topic 1E). 왜 그런지 알아보기 위해 두 He 원자가 서로 가까워지는 경우를 생각해 보자. 가까운 거리에 도달하면 두 원자의 1s-오비탈들이 중첩되어 결합과 반결합 분자 오비탈들을 만든다. 두 원자의 총 네 개의 전자 중에서 두 개는 에너지가 낮은 결합 오비탈에 채워지고, Pauli 배타 원리에 의해 나머지 두 개의 전자는 반결합 오비탈에 채워진다. 결합 오비탈이 낮추는 에너지보다 반결합 오비탈이 높이는 에너지가 더 크므로(Topic 2G), 두 원자가 서로 가까워질 때의 알짜 효과는 에너지의 상승이다. 원자가 더 가까워지면 원자 오비탈들의 중첩이 급격히 증가하기 때문에, 에너지 상승도 급격해진다. 닫힌 껍질의 원자를 가진 모든 분자는, 비록 자세한 결합과 반결합의 양상은 매우 복잡하더라도 같은 효과가 생기므로, 서로 가까워져서 오비탈들이 겹치게 되면 서로 반발하게 된다.

모든 원자 오비탈과 그 원자 오비탈들로 만들어지는 분자 오비탈의 전자 밀도는 핵에서 멀어짐에 따라 지수 함수적으로 감소하고, 마찬가지로 분자 사이의 오비탈 중첩도 분자간 거리에 대하여 지수 함수적으로 변할 것이다. 따라서 분자 사이의 반발도 일반적으로 거리의 지수 함수 꼴일 것이다. 반발력은 두 분자가 매우 가까울 때 나타나며, 일단 가까워지면 급격히 증가할 것이다. 분자 사이 반발력의 또 다른 결과는 분자가 일정한 부피를 갖는다는 것이다. 단단한 물체를 만지면 손가락이 그 안으로 들어갈 수 없기 때문에 그 크기와 모양을 느낄 수 있다. 고체의 압축에 대한 저항은 고체 원자가 손가락의 원자에 가하는 반발력 때문이다. 분자간 거리에 대한 급격한 의존성은 고체 물체가 명확하고 잘 정의된 모양을 갖는 근본적인 이유이다.

분자 간 반발은 이웃하는 분자들의 오비탈의 중첩과 Pauli 배타 원리에 의해 생긴다.

이 Topic에서 배운 것은 무엇인가?

분자의 영구적 또는 일시적 부분 전하 사이의 인력이 분자들을 끌어당겨 응축상을 생성한다는 것을 배웠다. 분자 사이의 인력에는 여러 종류의 상호 작용이 있다는 것과 분자간 거리에 따라 얼마나 빨리 약해지는지도 알게 되었다. 분자간 상호 작용 중 가장 강한 수소 결합도 알아보았다. 분자나 원자가 서로 매우 가까울 때 오비탈 중첩으로 인해 발생하는 반발력으로 퍼텐셜 에너지가 급격히 증가한다는 것도 배웠다.

개념과 식의 적용

- ☐ 이온–쌍극자 및 쌍극자–쌍극자 상호 작용의 상대적 세기를 예측한다(3D.2, 3D.3절).
- ☐ London 힘이 어떻게 발생하는지, 그리고 London 힘이 원자의 편극률과 분자의 크기 및 형태에 따라 어떻게 변하는지 설명한다(3D.4절).
- ☐ 분자간 힘의 세기로 두 물질의 끓는점의 상대적 순서를 예측한다(예제 3D.1, 3D.2).
- ☐ 수소 결합에 참여할 수 있는 분자를 찾아낸다(자습 3D.3).
- ☐ 고체가 명확한 크기와 모양을 갖는 이유를 설명한다(3D.6절).

Topic 3D 연습 문제

$\int \frac{C}{dx}$ 표시가 있는 연습 문제는 미적분을 사용해야 한다.

3D.1 다음 각 물질의 분자 사이에 작용하는 분자간 인력의 종류를 확인하시오.
(a) NH_2OH (b) CBr_4 (c) H_2SeO_4 (d) SO_2

3D.2 다음 각 물질의 분자 사이에 작용하는 분자간 인력의 종류를 확인하시오.
(a) H_2S (b) SiH_4 (c) N_2H_4 (d) CHF_3

3D.3 다음 분자 중 어느 것에서 쌍극자–쌍극자 상호 작용이 중요한가?
(a) CH_4 (b) CH_3Cl (c) CH_2Cl_2 (d) $CHCl_3$ (e) CCl_4

3D.4 다음 분자 중 어느 것에서 쌍극자–쌍극자 상호 작용이 중요한가?
(a) O_2 (b) O_3 (c) CO_2 (d) SO_2

3D.5 다음의 각 쌍에서 어느 것의 정상 녹는점이 더 높은지 이유를 들어서 제시하시오(Lewis 구조가 도움이 될 것이다).
(a) HCl 또는 NaCl (b) $C_2H_5OC_2H_5$(다이에틸 에터) 또는 C_4H_9OH(뷰탄올) (c) CHI_3 또는 CHF_3 (d) C_2H_4 또는 CH_3OH

3D.6 다음의 각 쌍에서 어느 것의 정상 끓는점이 더 높은지 이유를 들어서 제시하시오.
(a) H_2S 또는 H_2Se (b) NaCl 또는 CH_3Cl (c) NH_3 또는 PH_3 (d) SiH_4 또는 SiF_4

3D.7 VSEPR 모형(Topic 2E)을 사용하여 다음 각 분자의 모양을 예측하고, 각 쌍에서 어느 것의 끓는점이 더 높은지 예측하시오.
(a) PBr_3 또는 PF_3 (b) SO_2 또는 O_3 (c) BF_3 또는 BCl_3

3D.8 VSEPR 모형(Topic 2E)을 사용하여 다음 각 분자의 모양을 예측하고, 각 쌍에서 어느 것의 끓는점이 더 높은지 예측하시오.
(a) BF_3 또는 ClF_3 (b) SF_4 또는 CF_4 (c) *cis*-CHCl = CHCl 또는 *trans*-CHCl = CHCl(구조 **5**와 **6** 참조)

3D.9 다음의 분자 및 이온 상호 작용의 형태를 세기가 증가하는 순으로 나열하시오.
(a) 이온–쌍극자 (b) 유도 쌍극자–유도 쌍극자 (c) 기체상에서 쌍극자–쌍극자 (d) 이온–이온 (e) 고체상에서 쌍극자–쌍극자

3D.10 다음의 각 쌍에서 어느 물질이 더 강한 분자간 힘을 가지겠는가? 이유를 설명하시오.
(a) CO, CO_2 (b) SiF_4, Si_2F_2 (c) O_2, O_3 (d) CH_3SH, CH_3OH

3D.11 다음 분자 중 어느 것이 수소 결합을 이룰 수 있는가?
(a) PH_3 (b) HBr (c) C_2H_4 (d) HNO_2

3D.12 다음 분자 중 어느 것이 수소 결합을 이룰 수 있는가?
(a) CH_3OCH_3 (b) CH_3COOH (c) CH_3CH_2OH (d) CH_3CHO

3D.13 가장 강한 분자간 인력을 나타내는 배열을 확인하고(I, II, III은 모두 CH_2Cl_2 분자), 그 선택을 정당화하시오.

I

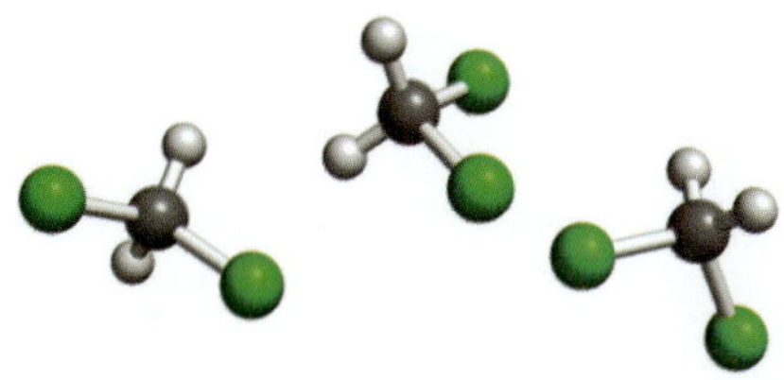

II

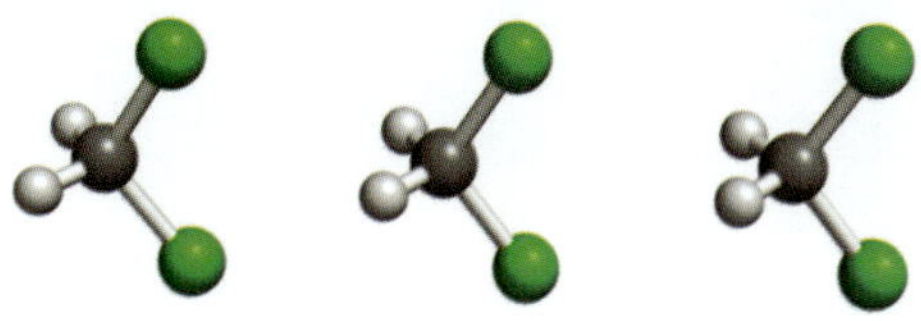

III

3D.14 가장 강한 분자간 인력을 나타내는 배열을 확인하고(I, II, III은 모두 NH_3 분자), 그 선택을 정당화하시오.

I

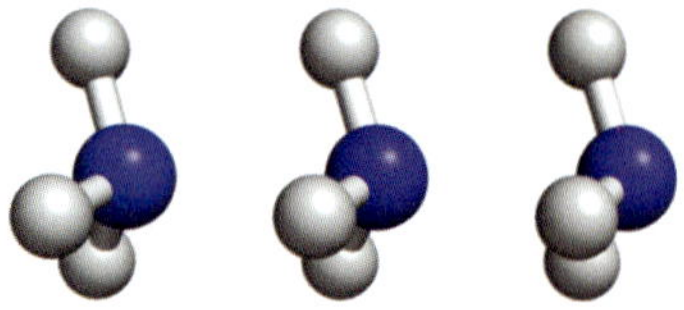

II

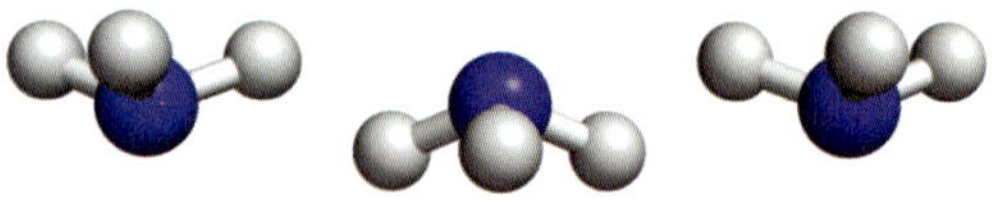

III

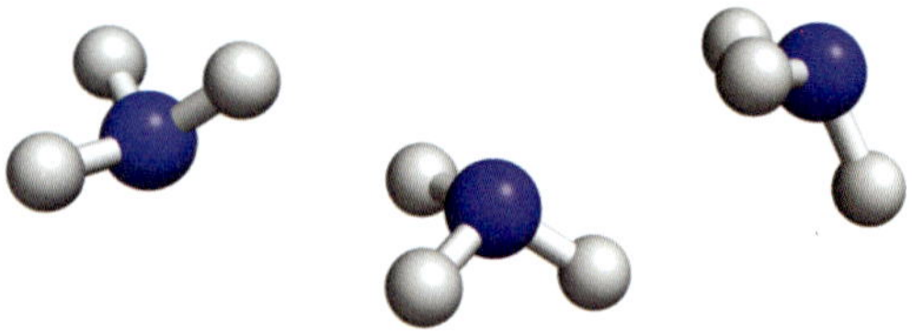

3D.15 다음 두 물질의 끓는점의 차이를 설명하시오. AsF_3(63 °C)와 AsF_5(−53 °C).

3D.16 다음 두 물질의 끓는점의 차이를 설명하시오. NO_2(21 °C)와 N_2O(−88 °C).

3D.17 물 분자와 Al^{3+} 이온간 상호 작용 및 물 분자와 Be^{2+} 이온간 상호 작용에 관한 퍼텐셜 에너지의 비를 계산하시오. 쌍극자의 중심이 $r_{\text{이온}}$ + 100. pm에 있다고 하면, 어느 이온이 물 분자를 더 세게 끌어당기는가?

3D.18 물 분자와 Li^+ 이온간 상호 작용 및 물 분자와 K^+ 이온간 상호 작용에 관한 퍼텐셜 에너지의 비를 계산하시오. 쌍극자의 중심이 $r_{\text{이온}}$ + 100. pm에 있다고 하면, 어느 이온이 물 분자를 더 세게 끌어당기는가?

3D.19 다음의 관찰 결과를 분자간 힘의 종류와 세기의 관점에서 설명하시오.

(a) 고체 제논의 녹는점은 −112 °C이고, 고체 아르곤의 녹는점은 −189 °C이다.

(b) 다이에틸 에터($C_2H_5OC_2H_5$)의 증기 압력은 물보다 크다.

(c) 펜테인 $CH_3(CH_2)_3CH_3$의 끓는점은 36.1 °C인 반면에, 2,2-다이메틸프로페인 $C(CH_3)_4$(네오펜테인이라고도 함)의 끓는점은 9.5 °C이다.

3D.20 두 학생에게 두 순수한 화합물을 연구하게 하였다. 그들은 화합물 A가 37 °C에서 끓고, 화합물 B는 126 °C에서 끓음을 관찰하였다. 그러나 그들은 추가적인 측정을 할 시간이 없자 두 화합물에 관하여 다음과 같이 추측하였다. 각 경우에 이 추측이 자료에 의해서 정당화되는가, 오차가 있는가 또는 참인지 거짓인지를 확인하고 이를 정당화하시오.

(a) 화합물 B의 몰질량이 더 큼

(b) 화합물 A의 점도가 더 높음

(c) 화합물 B가 더 강한 분자간 힘을 가짐

(d) 화합물 B의 표면 장력이 더 높음

3D.21 지금까지 '분자간 상호 작용'과 '분자간 힘'을 거의 구별하지 않고 사용해 왔다. 그러나 힘과 상호 작용의 퍼텐셜 에너지를 구별하는 것은 중요하다. 고전 역학에 의하면 힘의 크기 F와 퍼텐셜 에너지 E_p 사이에는 $F = -dE_p/dr$의 관계가 있다. $1/r^6$에 따라 변하는 전형적인 분자간 상호 작용에 의한 분자간 힘은 거리에 어떻게 의존하는가?

3D.22 두 회전하는 극성 분자의 상호 작용 에너지가 온도에 의존할 것이라고 보는가? 그렇다면 이 상호 작용은 온도가 증가함에 따라서 증가하는가 또는 감소하는가?

Topic 3E 실제 기체

3E.1 이상성으로부터의 이탈
3E.2 실제 기체의 상태 방정식
3E.3 기체의 액화

이 Topic을 왜 배우는가? 이상 기체 법칙과 같이 한계 조건에 대해 개발된 식이나 모형은 실제 경우에는 잘 맞지 않을 수 있으며, 이상성으로부터의 이탈을 설명할 수 있는 것은 중요하다.

무엇을 알고 있어야 하는가? 기체의 성질과 이상 기체 법칙의 적용 방법을 잘 알아야 한다(Topic 3A, Topic 3B). 기체의 운동 모형(Topic 3C)과 분자간 힘(Topic 3D)에 익숙해야 한다.

Topic 3A에서 설명했듯이 '이상 기체'는 모든 압력에서 이상 기체 법칙을 따르는 기체이다. **실제 기체**(**real gas**)는 압력이 0이 되는 한계를 제외하고는 이상 기체 법칙에서 벗어난다. 산업 현장이나 많은 연구실 이상 기체 법칙이 잘 맞지 않은 압력에서 기체를 사용해야 하기 때문에 실제 기체의 거동을 이해하는 것이 중요하다.

3E.1 이상성으로부터의 이탈

이상 기체의 운동 모형은 두 가지 주요 가정을 기반으로 한다. 하나는 기체를 구성하는 분자가 점 모양으로 취급된다는 것이다. 또 다른 하나는 순간적인 탄성 충돌을 외에는 분자들이 상호 작용하지 않는다는 것이다. 그러나 분자간 힘을 고려하면 두 가정과 함께 이상 기체 법칙도 수정해야 한다. 첫째, 분자는 점이 아니다. 둘째, 기체 분자의 움직임은 분자간 힘의 영향을 받는다.

분자간 힘의 존재는 주어진 압력에서 실제 기체의 부피와 이상 기체의 부피 사이의 비율에 해당하는 **압축 인자**(**compression factor**, Z)를 측정하여 알아볼 수 있다.

$$Z = \frac{V_m}{V_m^{ideal}} \tag{1}$$

이상 기체의 압축 인자는 1이므로, $Z=1$로부터의 이탈은 비이상성을 나타낸다. 그림 3E.1은 몇 가지 기체들에 대해 실험적으로 얻어진 Z 값의 변화를 보여 준다. 모든 기체는 압력이 높아지면 $Z=1$에서 벗어난다는 것을 알 수 있다.

$Z > 1$이면 기체의 몰부피는 이상 기체보다 크다. 반발력이 인력에 비해 더 중요하므로 분자들이 서로 밀어낼 것이다. $Z < 1$이면 몰부피는 이상 기체보다 작다. 이는 인력이 반발력보다 더 중요하며 분자들을 서로 잡아당긴다는 것을 의미한다.

Topic 3D에서 배운 것은 반발력이나 인력이 지배적인지, 따라서 Z가 1보다 크거나 작을지 여부를 판단하는 데 도움이 된다. 그림 3E.2는 분자의 퍼텐셜 에너지가 분자 사이의 거리에 따라 어떻게 변하는지 보여 준다. 적당히 떨어져 있을 때는 분자가 멀리 떨어져 있을 때보다 퍼텐셜 에너지가 더 낮다. 분자 사이의 인력은 항상 퍼텐셜 에너지를 낮춘다. 분자가 서로 접촉하면 분자 사이의 반발력으로 인해 퍼텐셜 에너지가 급격히 증가하기 시작한다.

H_2와 같은 분자는 전자가 너무 적기 때문에 분자간 인력이 약해서 반발력이 지배적일 것이

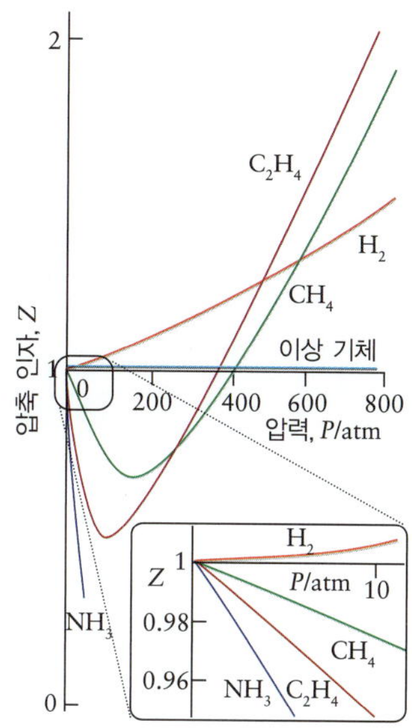

그림 3E.1 압력의 함수로 주어진 여러 기체의 압축 인자(Z). 이상 기체는 모든 압력에서 $Z = 1$이다. 대부분의 기체들은 인력이 더 우세한 낮은 압력에서는 $Z < 1$이다(삽입 그림 참조). 반발력이 더 우세한 높은 압력에서는 모든 기체에 대해 $Z > 1$이다.

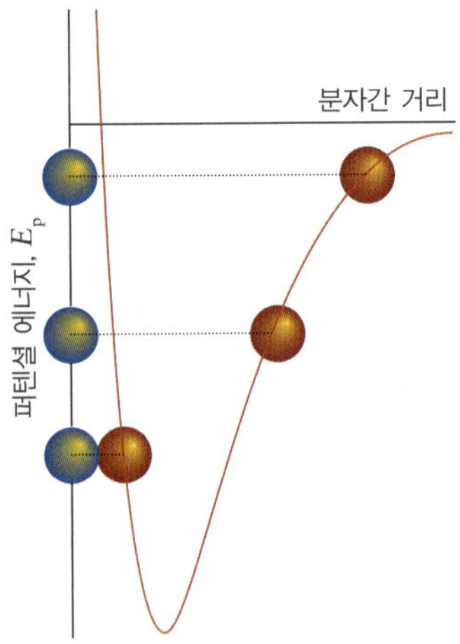

그림 3E.2 분자들이 서로 접근함에 따른 퍼텐셜 에너지의 변화. 퍼텐셜 에너지는 두 개의 분자가 직접 접촉을 시작하면서 급격히 상승한다.

므로 광범위한 조건에서 $Z > 1$일 것으로 예상할 수 있다(그림 3E.1). 반면에 Cl_2와 같이 전자가 많은 분자는 인력이 강할 것이므로 적어도 낮은 압력에서는 $Z < 1$일 것이다. 높은 압력에서는 단거리 반발력이 우세해질 수 있으며 Z는 1보다 커질 것이다.

이제 문제는 실험적 관찰을 고려하여 이상 기체 법칙을 어떻게 수정할 수 있느냐는 것이다. 다음 절에서는 두 가지 접근 방식을 살펴본다.

실제 기체는 분자간 인력과 반발력으로 인해 이상적인 거동에서 벗어난다. 압축 인자는 분자간 힘의 역할을 알려준다. $Z > 1$일 때, 분자간 반발력이 지배적이다. $Z < 1$인 경우 인력이 지배적이다.

3E.2 실제 기체의 상태 방정식

이상 기체 법칙 $P = nRT/V$는 이상 기체의 상태 방정식이다(Topic 3A). 그렇다면 실제 기체의 상태 방정식은 무엇일까?

화학에서 흔히 사용하는 방법은 방정식의 한 항($PV = nRT$에서 nRT)을 좀 더 복잡한 수식의 첫 번째 항(가장 중요한 항)으로 사용하는 것이다. 따라서 이상 기체 법칙을 확장하여 실제 기체에 적용하기 위한 한 방법은 다음과 같이 쓰는 것이다.

$$PV = nRT\left(1 + \frac{B}{V_m} + \frac{C}{V_m{}^2} + \cdots\right) \tag{2}$$

이 수식의 양변을 V로 나눈 것을 **비리알 방정식(virial equation)**이라고 한다. B, C 등의 계수는 제2 비리알 계수(second virial coefficient), 제3 비리알 계수(third virial coefficient) 등으로 불린다. 비리알 계수들은 온도의 함수이며, 실험 자료를 비리알 방정식에 적용(fitting)하여 최적의 계수를 찾는다.

보충 설명

'비리알'은 '힘'을 뜻하는 라틴어에서 유래하였다.

비리알 방정식은 해당 온도에서의 비리알 계수들을 알고 있다면, 실제 기체들의 성질들을 정확히 예측하는 데 사용될 수 있지만, 고차원적인 해석 없이는 의미를 파악하기가 어렵다. 덜 정확하기는 하지만 해석이 쉬운 방정식이 네덜란드의 과학자 Johannes van der Waals에 의해 제안되었다. **van der Waals 식(van der Waals equation)**는 $PV = nRT$에서 P와 V를 수정한 형태이다.

$$\overbrace{\underbrace{\left(P + a\frac{n^2}{V^2}\right)}_{P\text{의 수정}}\underbrace{(V - nb)}_{V\text{의 수정}}}^{\text{이상 기체 법칙의 } PV} = nRT \tag{3a}$$

이 식은 실제에서 더 유용한 상태 방정식으로 재배열될 수 있다.

$$P = \frac{nRT}{V - nb} - a\frac{n^2}{V^2} \tag{3b}$$

온도와 무관한 **van der Waals 변수(van der Waals parameter)** a와 b는 해당 기체마다 실험적으로 결정된다(표 3E.1). 변수 a는 인력의 정도를 보여 주며, 분자끼리 서로 강하게 잡아당기는 경우나 전자가 많은 큰 분자의 경우 값이 크다. 분자간 힘이 클수록 기체의 표 3E.1의 a 값이

표 3E.1 van der Waals 변수*

기체	$a/(\text{bar}\cdot\text{L}^2\cdot\text{mol}^{-2})$	$b/(\text{L}\cdot\text{mol}^{-1})$	기체	$a/(\text{bar}\cdot\text{L}^2\cdot\text{mol}^{-2})$	$b/(\text{L}\cdot\text{mol}^{-1})$
비활성 기체			**극성 무기 기체와 증기**		
헬륨	0.0346	2.38×10^{-2}	암모니아	4.225	3.71×10^{-2}
네온	0.208	1.67×10^{-2}	물	5.537	3.05×10^{-2}
아르곤	1.355	3.20×10^{-2}	일산화 탄소	1.472	3.95×10^{-2}
크립톤	2.325	3.96×10^{-2}	황화 수소	4.544	4.34×10^{-2}
제논	4.192	5.16×10^{-2}	**비극성 유기 기체와 증기**		
할로젠			메테인	2.303	4.31×10^{-2}
플루오린	1.171	2.90×10^{-2}	에테인	5.507	6.51×10^{-2}
염소	6.343	5.42×10^{-2}	프로페인	9.39	9.05×10^{-2}
브로민	9.75	5.91×10^{-2}	벤젠	18.57	11.93×10^{-2}
비극성 무기 기체					
수소	0.2452	2.65×10^{-2}			
산소	1.382	3.19×10^{-2}			
이산화 탄소	3.658	4.29×10^{-2}			

* 각 범주 내에서는 몰질량이 증가하는 순서로 정렬하였다.

커지는 것에 유의하라. 물이나 암모니아 같은 극성 분자들의 a 값이 몰질량이 같거나 더 큰 네온이나 산소와 같은 비극성 분자들보다 크다. 변수 b는 반발력의 크기를 보여 준다. 이는 개별 분자의 부피로 생각할 수 있다(좀 더 정확히 말해 1 mol 기체 분자들의 부피). 이것은 이미 한 기체 분자가 차지한 부피를 다른 분자가 침범할 수 없게 하는 것이 바로 반발력이기 때문이다. 표 3E.1에서 할로젠 원자의 크기가 커질수록 b 값이 커지는 것을 볼 수 있다.

두 변수 각각의 역할을 알아보는 한 가지 방법은 두 변수로 압축 인자를 표시하는 것이다.

어떻게 다루는가?

먼저, $V_m = V/n$과 $V_m^{\text{이상 기체}} = RT/P$를 이용하여 압축 인자를 아래와 같이 나타낸다.

$$Z = \frac{V/n}{RT/P} = \frac{PV}{nRT}$$

다음으로, 식 3b의 압력을 대입한다.

$$Z = \frac{V}{nRT} \times \left(\frac{nRT}{V-nb} - a\frac{n^2}{V^2}\right) = \frac{V}{V-nb} - \frac{an}{RTV}$$

마지막으로, $V/(V-nb)$ 항의 분자와 분모를 V로 나누어서 $1/(1-nb/V)$로 만든다. 결과는 다음 식 4와 같다.

a와 b 변수로 표시한 Z의 식은 다음과 같다.

$$Z = \frac{1}{1-nb/V} - \frac{an}{RTV} \tag{4}$$

이 방정식의 의미는 무엇인가?

이상 기체의 경우 a와 b는 0이고, $Z=1$이다. 인력의 기여 a가 작은 경우 우변 둘째 항을 무시할 수 있다. 반발력의 기여 b가 크면 첫째 항의 분모는 1보다 작고, 첫째 항 자체는 1보다 크다. 그 결과 반발력이 우세할 때 $Z > 1$이 된다. 반대로 반발력이 상대적으로 약하고(b가 작다) 인력이 크면

(a가 크다), 우변의 첫째 항은 1에 가깝고, 여기에서 상당한 크기의 둘째 항을 뺀다. 결과적으로 인력이 주로 작용하면 $Z < 1$이다.

a와 b 값들은 그림 3E.1과 같은 곡선들로 나타나는 실험값을 압축 인자식과 비교해서 결정된다. 일단 변수들이 결정되면 van der Waals 식에 사용되어 원하는 조건에서의 기체 압력을 예측하는 데 사용된다.

생각해 보기

표 3E.1의 기체 중에서 인력이 주로 작용하는 것은 어느 것인가? 어떤 조건에서 그러하겠는가?

예제 3E.1 실제 기체의 압력 계산

연구자들이 냉방기의 냉매로 사용하려는 기체의 물리적 성질을 조사하고 있다. 냉매는 낮은 온도와 높은 압력 조건에서 사용되므로 이상 기체로 다룰 수 없다. 어떤 냉매의 van der Waals 변수의 문헌 값은 $a = 16.4\ \text{bar}\cdot\text{L}^2\cdot\text{mol}^{-2}$이고, $b = 8.4\times10^{-2}\ \text{L}\cdot\text{mol}^{-1}$이다. 1.50 mol의 해당 기체가 0 °C에서 5.00 L의 부피를 차지할 때 그 기체의 압력은 얼마나 되는가?

예상 그림 3E.1에서 볼 수 있듯이, 보통의 조건에서 대부분 기체들의 인력이 반발력보다 크다. 그러므로 압력은 이상 기체의 압력보다 작을 것으로 예상된다. 그러나 실제 기체는 이상 기체에서 약간만 벗어나므로, 그 차이는 작을 것이다.

계획 온도를 절대 온도로 바꾼 후 식 3b에 수치를 대입한다. 주어진 단위와 맞는 기체 상수 R을 사용한다.

풀이

식 3b에서, $P = nRT/(V-nb) - an^2/V^2$,

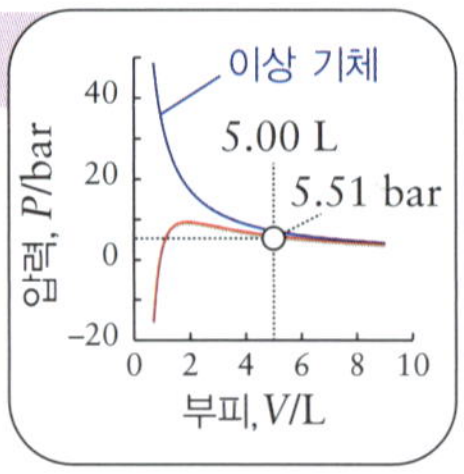

$$P = \frac{(1.50\ \text{mol})\times(8.3145\times10^{-2}\ \text{L}\cdot\text{bar}\cdot\text{K}^{-1}\cdot\text{mol}^{-1})\times(273\ \text{K})}{5.00\ \text{L}-(1.50\ \text{mol})\times(8.4\times10^{-2}\ \text{L}\cdot\text{mol}^{-1})} - (16.4\ \text{bar}\cdot\text{L}^2\cdot\text{mol}^{-2})\times\frac{(1.50\ \text{mol})^2}{(5.00\ \text{L})^2}$$

$$= \frac{1.50\times(8.3145\times10^{-2}\ \text{bar})\times273}{5.00-1.50\times8.4\times10^{-2}} - (16.4\ \text{bar})\times\frac{1.50^2}{5.00^2}$$

$$= 5.51\ \text{bar}$$

평가 같은 조건에서 이상 기체는 6.81 bar의 압력을 가지므로 '실제' 압력 5.51 bar는 예상대로 (적어도 van der Waals 식으로 계산한 것은) 작은 값이다.

자습 3E.1A 25 mol의 O_2가 들어 있는 10.0 L 탱크가 잠수용품 상점에 25 °C로 보관되어 있다. 표 3E.1과 van der Waals 식을 이용해서 탱크 내 압력을 계산하시오.

[답: 58.7 bar]

자습 3E.1B 이산화 탄소의 성질은 탄산음료 산업계에 잘 알려져 있다. 산업적으로 20. °C에서 100. L 탱크에 20. mol의 CO_2가 보관되어 있다. 표 3E.1과 van der Waals 식을 이용해서 탱크 내 압력을 계산하시오.

관련 연습 문제 3E.5, 3E.6, 3E.9, 3E.10

비리알 방정식은 실제 기체를 기술하는 일반적인 수식이다. van der Waals 식은 실제 기체의 상태를 보여 주는 근사식이며, 변수 a는 인력의 크기를 나타내고, 변수 b는 반발력의 크기를 나타낸다.

3E.3 기체의 액화

실제 기체 분자들은 낮은 온도에서 아주 천천히 움직이므로 분자간 인력에 의해 서로 붙들리게 되어 자유롭게 움직이지 못하고, 서로 붙어 있게 된다. 온도가 끓는점 밑으로 떨어지게 되면 기체는 응축되어 액체가 된다(그림 3E.3).

기체 분자의 속력과 온도의 관계를 이용해서도 기체를 액화할 수 있다. 평균 속력이 낮다는 것은 온도가 낮다는 것이므로, 분자를 느리게 하는 것은 기체를 냉각시키는 것과 같다. 실제 기체 분자들은 분자들 사이의 인력을 거슬러 기체를 팽창시킴으로써, 마치 공이 지구와의 인력인 중력을 거슬러 언덕을 올라갈 때처럼(그림 3E.4), 분자 운동을 느리게 할 수 있다. 그러므로 분자들이 차지하는 부피를 크게 하면 분자 사이의 평균 거리가 증가하여 분자들의 평균 속력을 감소시킬 수 있다. 다시 말해 인력이 우세한 상태이면 실제 기체는 팽창하면 냉각된다. (예외적으로 헬륨과 수소는 분자간 인력이 매우 약하고 상대적으로 반발력이 강해서, 실온에서 팽창하면 온도가 올라간다.) 이 같은 현상을 처음 연구한 과학자 James Joule과 William Thomson(나중에 Kelvin 경이 되었으며, 절대 온도 척도를 제안한 사람이기도 하다)의 이름을 따서 **Joule–Thomson 효과(Joule–Thomson effect)**라고 한다.

Joule–Thomson 효과는 기체를 액화하는 상업적 냉각기에 사용된다. 기체를 압축한 후, 작은 구멍을 통해 팽창시킨다. 팽창하면서 냉각된 기체는 유입되는 압축된 기체의 관을 지나 순환된다(그림 3E.5). 이 같은 접촉은 유입되는 기체가 팽창되기 전에 냉각시켜 팽창하면서 더욱 냉각되게 한다. 기체가 계속적으로 재압축되고 재순환되면서, 기체의 온도는 지속적으로 낮아져서 결국은 액체로 응축된다. 만일 기체가 공기처럼 혼합물인 경우 액화된 이후 분별 증류를 통해 성분별로 분리되기도 한다. 이 방법은 대기로부터 질소, 산소, 네온, 아르곤, 크립톤, 제논을 얻는 데 사용된다.

많은 기체들은 Joule–Thomson 효과를 이용하여 팽창을 통해 냉각함으로써 액화될 수 있다.

그림 3E.3 염소는 대기압에서 −35°C 이하의 온도에서는 액체로 응축된다. 염소 기체는 아래쪽 플라스크로 주입된다. 위쪽 플라스크 안의 드라이아이스와 아세톤으로 채워져 −78°C를 유지하는 '저온부'에 의해 염소가 액화된다. (*Copyright Macmillan Learning, photo bye Ken Karp.*)

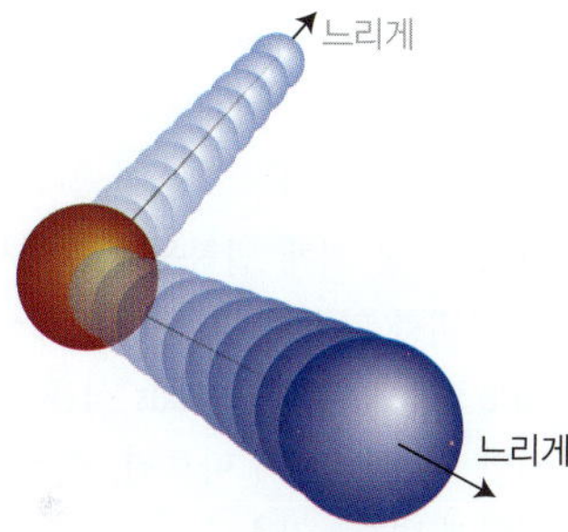

그림 3E.4 Joule–Thomson 효과에 의한 냉각은 분자(파란색)가 인력을 거슬러 다른 분자(빨간색)와 멀어져감으로써 분자 속력을 감소시키는 것으로 가시화할 수 있다.

이 Topic에서 배운 것은 무엇인가?

실제 기체는 분자들 사이의 인력과 분자들의 크기에 의해 이상 기체와 다른 양상을 보인다는 것을 배웠다. 실제 기체의 양상을 더 잘 기술하기 위해 비리알 방정식으로 이상 기체 법칙을 변형시키며, van der Waals 식은 분자들 사이의 인력과 반발력을 의미하는 두 변수를 이용하여 실제 기체의 모형에 대한 상태 방정식임을 알게 되었다. 분자간 힘을 이용하여 Joule–Thomson 효과로 기체를 액화시킬 수 있음도 보았다.

개념과 식의 적용

- ☐ 실제 기체가 이상 기체와 어떻게 다른지 설명한다(3E.1 절).
- ☐ van der Waals 식을 이용해서 기체의 압력을 계산한다(예제 3E.1).
- ☐ 기체를 냉각하기 위해 Joule–Thomson 효과가 어떻게 사용되는지 설명한다(3E.2 절).

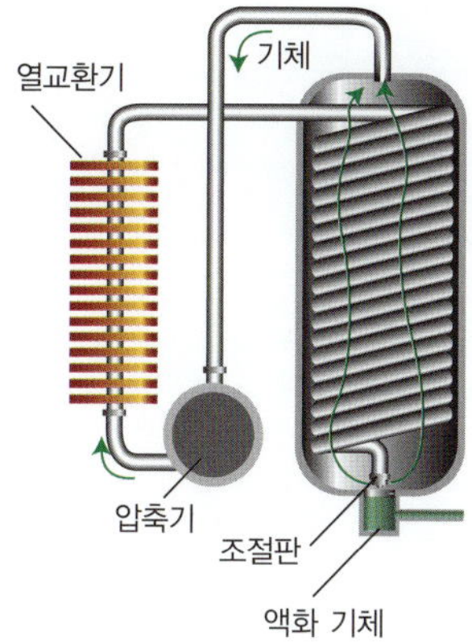

그림 3E.5 기체의 액화를 위한 Linde 냉동기. 압축된 기체는 열 교환기(왼쪽)에서 주위로 열을 방출한 후 코일(오른쪽)을 통과한다. 기체는 구멍을 통해 분산되면서 Joule–Thomson 효과에 의해 더욱 냉각된다. 이 냉각된 기체는 들어오는 압축된 기체를 냉각시킨 후 순환된다. 결과적으로 들어오는 기체의 온도는 아주 낮아져서 액체로 응축된다.

Topic 3E 연습 문제

3E.1 플루오린화 수소 기체의 압력은 이상 기체의 압력보다 낮았지만, 가열하니 이상 기체 법칙이 예측하는 것보다 더 빨리 압력이 상승하였다. 이 현상을 설명하시오.

3E.2 어떠한 온도와 압력의 조건에서 실제 기체가 (a) $Z < 1$, (b) $Z > 1$이 되는가?

3E.3 두 개의 같은 모양의 실린더에 20 °C, 100 atm의 기체가 채워져 있다. 하나에는 NH_3가, 다른 하나에는 같은 몰수의 H_2가 채워져 있다. 어느 실린더의 기체가 이상 기체와 더 다른 양상을 보이겠는가? 이유를 설명하시오.

3E.4 두 개의 같은 모양의 실린더에 20 °C, 100 atm의 기체가 채워져 있다. 하나에는 NH_3가, 다른 하나에는 같은 몰수의 H_2가 채워져 있다. 각 실린더 내의 압력이 이상 기체보다 더 큰가 더 작은가? 이유를 설명하시오.

3E.5 이상 기체 법칙을 이용해서 다음 부피에서 1.00 mol의 $CO_2(g)$가 298 K에서 갖는 압력을 계산하시오. (a) 15.0 L, (b) 0.500 L, (c) 50.0 mL. van der Waals 식을 이용해서 이 계산들을 반복하시오. 이러한 계산 결과에 따르면, 이상 기체 법칙의 신뢰성이 압력에 따라 어떻게 변하는가?

3E.6 이상 기체 법칙을 이용해서 1.00 mol $H_2(g)$가 298 K에서 다음 부피를 가질 때의 압력을 계산하시오. (a) 30.0 L, (b) 1.00 L, (c) 50.0 mL. van der Waals 식을 이용해서 이 계산들을 반복하시오. 이러한 계산 결과에 따르면, 이상 기체 법칙의 신뢰성이 압력에 따라 어떻게 변하는가?

3E.7 다음 표는 HCl, CH_3CN, Ne, CH_4의 van der Waals 변수 a 값들이다. 표 3E.1을 참조하지 말고, 변수 a 값을 결정하는 요소들에 대한 지식을 사용해서 어느 기체의 것인지 예측하고 이유를 설명하시오.

a (bar·L^2·mol^{-2})	17.813	3.700	2.303	0.208
물질	?	?	?	?

3E.8 다음 표는 Br_2, N_2, He, SF_6의 van der Waals 변수 b 값들이다. 표 3E.1을 참조하지 말고, 변수 b 값을 결정하는 요소들에 대한 지식을 사용해서 어느 기체(브로민 기체 포함)의 것인지 예측하고 이유를 설명하시오.

100b(L·mol^{-1})	8.79	5.91	3.87	2.38
물질	?	?	?	?

3E.9 H_2S 1.00 mol이 (i) 273.15 K에서 22.414 L일 때와 (ii) 800. K에서 60.0 L일 때, (a) 이상 기체로 가정했을 때의 압력과 (b) van der Waals 기체로 가정했을 때의 압력을 계산하시오.

3E.10 C_2H_6(에테인) 1.00 mol이 (i) 273.15 K에서 1.121 L일 때와 (ii) 1.00×10^3 K에서 40.0 L일 때, (a) 이상 기체로 가정했을 때의 압력과 (b) van der Waals 기체로 가정했을 때의 압력을 계산하시오.

3E.11 298 K에서 다음 기체 분자 1 mol의 압력을 $V = 0.05$ L에서 1.0 L까지 구간에서 부피의 함수로 그리시오. (a) 이상 기체, (b) 암모니아, (c) 산소. 실제 기체의 압력을 계산하는 데 van der Waals 식을 이용하시오. 도표를 비교하고 발견된 차이의 원인을 설명하시오.

3E.12 375 K에서 다음 기체 분자 1 mol의 압력을 $V = 0.1$ L에서 1.0 L까지 구간에서 부피의 함수로 그리시오. (a) 이상 기체, (b) 이산화 탄소, (c) 암모니아, (d) 벤젠. 실제 기체의 압력을 계산하는 데 van der Waals 식을 이용하시오. 도표를 비교하고 발견된 차이의 원인을 설명하시오.

3E.13 (a) 헬륨의 van der Waals 변수들은 $a = 3.46 \times 10^{-2}$ bar·L^2·mol^{-2}, $b = 2.38 \times 10^{-2}$ L·mol^{-1}이다. 이 van der Waals 변수들로부터 헬륨 원자의 겉보기 부피(pm^3 단위)와 반지름(pm 단위)을 계산하시오. (b) 알려진 헬륨 원자 반지름으로부터 헬륨 원자 한 개의 부피를 산출해 보시오(부록 2D). (c) 이 값들을 비교하시오. 같은가? 설명하시오.

3E.14 van der Waals 변수 b가 분자의 부피 V_{mol}과 $b = 4N_AV_{mol}$의 관계가 있음을 보이시오. 분자를 반지름 r의 구로 생각하면 $V_{mol} = \frac{4}{3}\pi r^3$이다. 두 분자 중심 사이의 거리는 $2r$까지 가까워질 수 있다.

Topic 3F 액체

이 Topic을 왜 배우는가? 많은 화학 반응은 액체 용액에서 일어나므로, 액체의 성질과 분자와의 관계를 이해하는 것이 필수적이다.

무엇을 알고 있어야 하는가? 이 Topic에서는 분자간 힘(Topic 3D)의 개념을 이용한다.

액체의 분자는 분자간 힘에 의해 이웃 분자들과 가까이 접하고 있지만, 서로 지나치며 자리를 바꾸기에는 충분한 에너지를 가지고 있다(**그림 3F.1**). 액체를 상상해 보면 분자의 무리가 이웃과 지속적으로 자리를 바꾸면서 헤쳐나감을 생각할 수 있다.

3F.1 액체의 질서

기체는 분자가 끊임없이 움직이는 매우 무질서한 물질의 상태이다. 장거리에 걸쳐 유지되는 **긴 영역 질서(long-range order)**가 없다. Topic 3G에서 공부할 고체는 장거리 질서를 갖는다. 고체는 분자나 이온이 거의 움직이지 않고 제자리에 고정되어 있는 매우 질서적인 물질 상태이다. 액체는 일정한 질서와 자유로운 움직임을 지닌 중간 상태이다.

액체 분자들 사이의 힘은 너무 강하지 않아서 제자리에 고정되어 있지 않다. 액체 분자의 운동 에너지는 분자간 힘의 포획 효과를 어느 정도 극복할 수 있어서 분자는 이웃 분자를 지나 이동할 수 있다. 특정 순간에는 **짧은 영역 질서(short-range order)**, 즉 몇 개의 분자까지만 확장되는 질서가 있을 수 있어서, 분자의 바로 근처는 고체의 일부분과 같다. 예를 들어, 물에서는 수소 결합으로 인해 각 분자가 다른 분자의 근사적 사면체 배열로 둘러싸여 있다. 이러한 상호 작용은 끊임없이 순간마다 변하지만, 상당히 강해서 국부적 구조에 영향을 끼친다. 액체가 일단 증발하면, 분자는 거의 완전히 자유롭게 움직이며 분자 사이의 힘은 거의 무시할 수 있다.

액체상에서는 분자들이 짧은 영역 질서를 갖지만 긴 영역 질서는 갖지 않는다.

3F.2 점도와 표면 장력

액체의 분자는 제자리에 고정되어 있지 않으며 서로 지나칠 수 있다. 액체의 **점도(viscosity)**는 액체의 흐름에 대한 저항이다. 점도가 클수록 흐르기 어려워진다. 실온의 당밀이나 용융된 유리와 같은 액체는 점도가 높다. 액체의 점도는 분자간 힘의 세기를 나타낸다. 강한 분자간 힘은 분자들을 함께 묶어서 서로 쉽게 지나칠 수 없게 한다(**그림 3F.2**). 그러나 점도의 예측은 매우 어렵다. 분자간 힘의 크기뿐만 아니라, 액체가 흐름에 따라 분자가 새로운 위치를 차지하

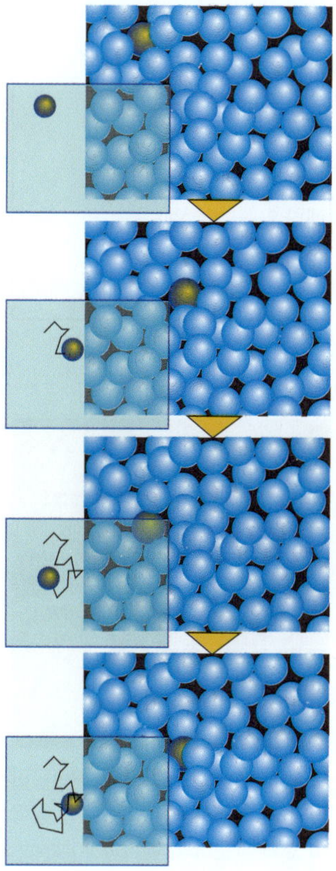

그림 3F.1 분자들(구로 나타냄)은 이웃과 서로 접하지만 서로를 지나쳐 움직일 수 있으며, 밀어내고 새로운 이웃 쪽으로 움직이기 충분한 에너지를 가지고 있다. 그 결과 전체 물질은 유체이다. 분자의 운동을 따라가 볼 수 있도록 구 하나를 약간 어둡게 나타내었다. 삽입 그림에 구의 경로를 표시하였다.

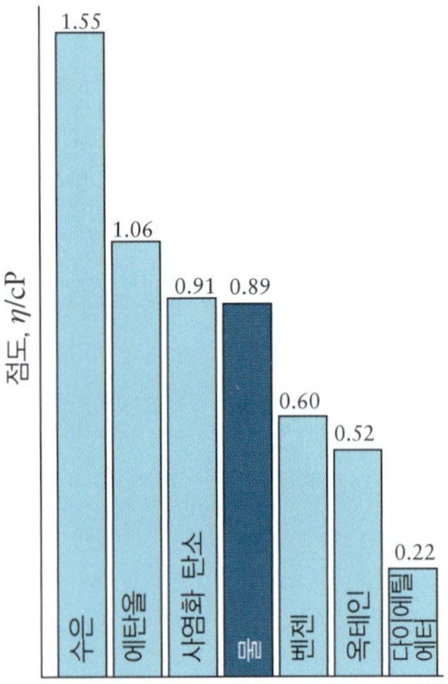

그림 3F.2 일반적으로 벤젠과 같이 수소 결합을 형성할 수 없는 분자의 액체는 수소 결합을 할 수 있는 물이나 에탄올 등에 비해 점도가 작다. 수은은 예외이다. 수은의 원자들은 공유 결합의 성격을 상당히 띤 금속 결합에 의해 강하게 달라붙어 있으며, 점도가 매우 높다.

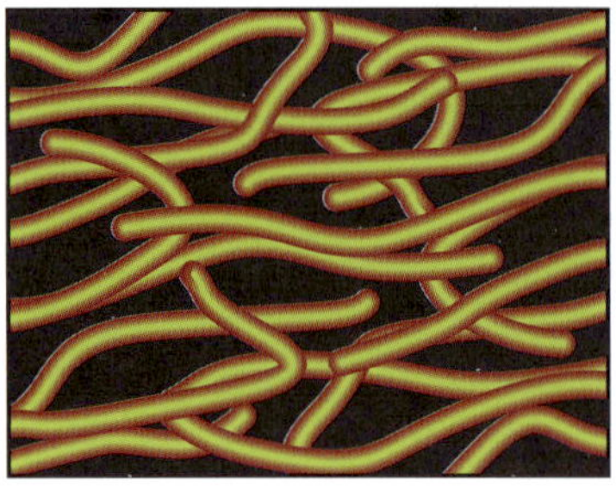

그림 3F.3 실처럼 길고 무거운 탄화수소 기름 분자는 요리된 스파게티처럼 서로 얽힌다. 따라서 이들 분자는 서로 쉽게 지나쳐 이동할 수 없고, 액체의 점도는 매우 크다.

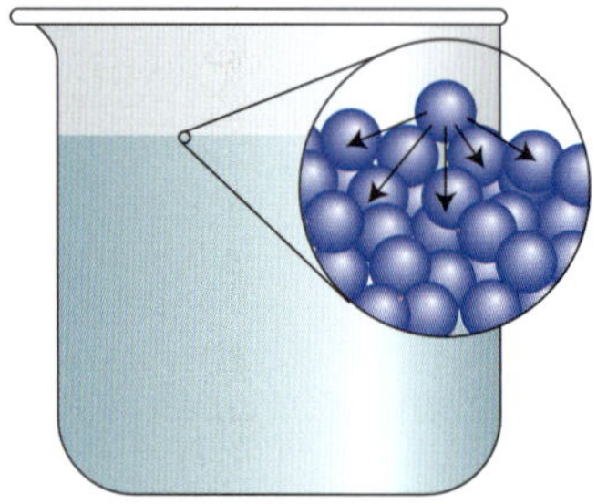

그림 3F.4 표면 장력은 표면에 있는 분자에 작용하는 인력 때문에 생긴다. 삽입 그림은 액체 내부의 분자는 모든 방향으로 인력을 받지만, 표면에 있는 분자는 안쪽으로 알짜 힘을 받음을 보여 준다.

는 것이 얼마나 쉬운지도 관계하기 때문이다. 물은 강한 수소 결합으로 인해 벤젠보다 점도가 크다. 액체상에서 벤젠 분자는 서로 쉽게 미끄러져 지날 수 있지만, 물 분자의 경우에는 움직이기 위해서 수소 결합을 끊어 내야 한다. 그럼에도 불구하고 물의 점도는 벤젠보다 아주 크지는 않다. 그것은 H_2O 분자가 주위의 분자들과 수소 결합 구조를 빠르게 다시 형성하기 때문이다.

또 다른 요인은 긴 탄화수소 사슬의 얽힘이다. 탄화수소 기름과 그리스 분자는 비극성이므로, London 힘만이 관여한다. 그러나 그들의 긴 사슬이 요리된 스파게티처럼 서로 얽혀 있어서(그림 3F.3), 서로 지나치기가 어렵다.

액체의 점도는 온도가 증가하면 감소한다. 높은 온도에서는 분자의 운동 에너지가 높아 분자간 인력을 극복할 수 있으므로, 이웃 사이를 더 쉽게 헤집고 지나갈 수 있다. 예를 들어, 물의 점도는 100 °C에서의 값이 0 °C의 1/6밖에 안 되므로, 높은 온도에서는 물이 여섯 배나 빠르게 관을 따라 흐른다.

표 3F.1 25°C에서의 액체의 표면 장력

액체	표면 장력, γ/(mN·m^{-1})
벤젠	28.88
사염화 탄소	27.0
에탄올	22.8
헥세인	18.4
수은	472
메탄올	22.6
물	72.75
	58.0 (100 °C에서)

액체의 표면이 매끄러운 것은 액체 표면의 분자간 힘이 분자들을 안쪽으로 끌어당기기 때문이다(그림 3F.4). 이때 표면을 안쪽으로 끌어당기는 알짜 힘이 **표면 장력(surface tension)**이다. 표면 장력에서도 강한 분자간 힘을 가진 분자로 이루어진 액체는 표면에서 안쪽으로 끌어당김이 강하기 때문에 높은 표면 장력을 가지리라 예상할 수 있다. 실제로 물은 강한 수소 결합을 하고 있기 때문에, 표면 장력이 대부분의 액체보다 대략 세 배 정도 높다(표 3F.1). 수은의 표면 장력 또한 크며, 물의 여섯 배나 된다. 수은의 높은 표면 장력에서 액체상에서 수은 원자 사이의 결합이 매우 강할 것으로 예상되며, 실제로도 부분적으로 공유 결합의 성격을 가지고 있다. 표면 장력은 온도가 올라감에 따라 분자 운동이 증가하여 분자간 상호 작용이 극복되기 때문에 감소한다.

표면 장력은 여러 가지 일상 현상을 설명해 준다. 예를 들어, 공기나 왁스 표면의 액체 방울은 구형이다. 이는 표면 장력이 분자들을 가장 촘촘한 모양인 구형을 이루도록 끌어당기기 때문이다(그림 3F.5). 물 분자 사이의 인력이 비극성 탄화수소의 혼합물인 왁스와 물 사이의 인력보다 크다. 그러나 물은 종이, 나무, 헝겊 등의 표면 분자와 수소 결합을 할 수 있다. 이 결과로 물은 퍼져서 접촉 면적을 최대로 하려고 한다. 달리 표현하면, 물은 이 물질들과 수소 결합을 이룰 수 있기 때문에 이들을 **적신다**.

그림 3F.5 왁스 표면 위 물방울이 거의 구형을 이루는 것은 표면 장력의 효과 때문이다. (© *photo creator CH/Shutterstock*)

생각해 보기

물에 비누나 세제를 첨가하면 표면 장력이 감소하는 이유는 무엇인가? 전형적인 비누 분자의 구조는 (**1**)과 같다.

모세관 작용(capillary action), 즉 가는 관에서 액체를 끌어올리는 작용은 액체 분자와 관 내부 표면 사이의 인력으로 인해 일어난다. 이 인력은 **부착(adhesion)**력이며, 한 물질을 다른 표면에 결합시키는 힘으로서, 한 물질의 분자들이 뭉쳐서 덩어리 물질을 이루는 **응집(cohesion)**력과 구별된다. 부착력과 응집력의 상대적 세기의 척도는 **메니스커스(meniscus)**, 즉 가는 관 내 액체의 구부러진 표면으로 나타난다(그림 3F.6). 유리 모세관 속 물의 메니스커스는 끝이 위쪽으로 향한 오목한(concave) 곡면이다. 이는 전형적으로 유리 표면에 있는 산소 원자 및 —OH 원자단과 물 분자 사이의 부착력의 세기가 물 분자간 **응집력(cohesive force)**과 견줄 만하기 때문이다. 따라서 물은 가능한 한 유리의 큰 면적에 걸쳐 퍼지려 한다. 반면에 수은의 메니스커스는 가는 유리관에서 끝이 아래쪽으로 향한 볼록한(convex) 곡면이다. 이 모양은 수은 원자들 사이의 응집력이 수은 원자와 유리 사이의 힘보다 세다는 증거이며, 따라서 이 액체는 유리와의 접촉을 줄이려고 한다.

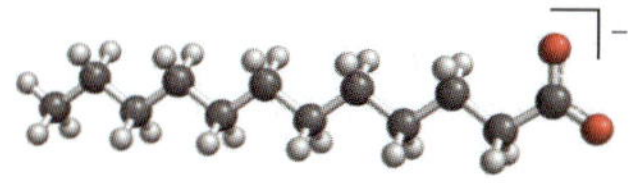

1 라우르산 소듐(비누의 일종)

그림 3F.6 액체와 유리 사이의 부착력이 액체 내부의 응집력보다 강하면, 액체는 유리와의 접촉을 최대화하기 위해 위쪽으로 올라가서 유리에서 물의 메니스커스는 끝이 위쪽으로 향한 오목한 곡면이다(오른쪽). 응집력이 부착력보다 강하면(유리와 수은의 경우) 유리와의 접촉을 최소화하기 위해 끝이 아래쪽으로 내려간다(왼쪽).(*karabekirus/CC BY-SA 2.0/Flick*)

액체의 점도가 클수록 더 느리게 흐른다. 온도가 올라가면 액체의 점도는 감소한다. 표면장력은 분자간 힘이 액체 표면의 분자를 안쪽으로 끌어당기기 때문에 생긴다. 모세관 작용은 액체와 용기 사이의 부착력과 액체간 응집력의 차이 때문에 일어난다.

3F.3 액정

전자 표시 장치의 형태를 바꾼 물질의 한 가지는 고체도 액체도 아니고, 그 둘의 중간이다. **액정(liquid crystal)**은 점성이 있는 액체처럼 흐르지만 분자들이 결정에서처럼 상당히 규칙적으로 배열되어 있는 물질이다. 이것은 **준결정상(mesophase)**의 한 예로, 완전히 정렬된 결정과 무질서한 액체 사이의 중간 정도의 질서를 갖는 물질의 상태이다. 액정 물질은 전자 산업에서 많이 사용된다. 이는 이 물질이 온도와 전기장의 변화에 반응하기 때문이다.

p-아족시아니솔 같은 전형적인 액정 분자는 긴 막대형이다(**2**). 이 막대 모양은 분자가 마른 생 스파게티처럼 쌓이게 할 수 있다. 이들은 서로 나란하게 놓이지만, 그것의 장축을 따라서는 자유롭게 미끄러진다. 액정은 이러한 질서 때문에 **비등방적(anisotropic)**이다. 비등방성 물질의 성질은 방향에 의존한다. 액정의 점도는 분자의 장축에 나란한 방향으로 가장 작다. 긴 막대형 분자는 옆으로 이동하기보다는 장축을 따라서 서로 미끄러져 나가기가 쉽다. **등방성(isotropic)** 물질의 성질은 방향에 무관하다. 예를 들어, 물과 같은 보통의 액체는 등방적이며, 점도는 모든 방향으로 같다.

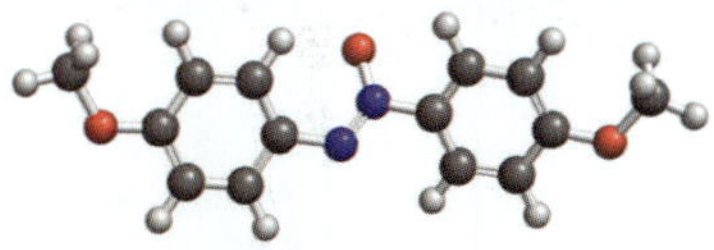

2 *p*-아족시아니솔

액정은 분자 배열의 차이에 따라 세 가지 종류로 나눌 수 있다(그림 3F.7). **네마틱상(nematic phase)**에서는 분자들이 모두 같은 방향이지만 분주한 다차선 고속도로 위의 자동차들처럼 엇갈려 놓인다. **스멕틱상(smectic phase)**에서는 분자들이 병정들이 행진하는 것처럼 층을 이룬다. 세포막은 주로 스멕틱 액정으로 되어 있다. **콜레스테릭상(cholesteric phase)**에서는 분자들이 정렬된 층을 이루지만, 이웃 층의 분자 정렬 각도와 달라서 액정이 나선형 분자 배열을 갖는다.

보충 설명

네마틱은 그리스어 '실'로부터, 스멕틱은 그리스어 '비누 같은'으로부터, 콜레스테릭은 그리스어 '담즙 고체'에서 온 콜레스테롤로부터 유래한 말이다.

액정은 또한 제조 형식에 따라서 분류하기도 한다. **열방성 액정(thermotropic liquid crystal)**은 고체상을 녹여서 만든다. 고체상과 액체상 사이의 짧은 온도 영역에서 점성이 매

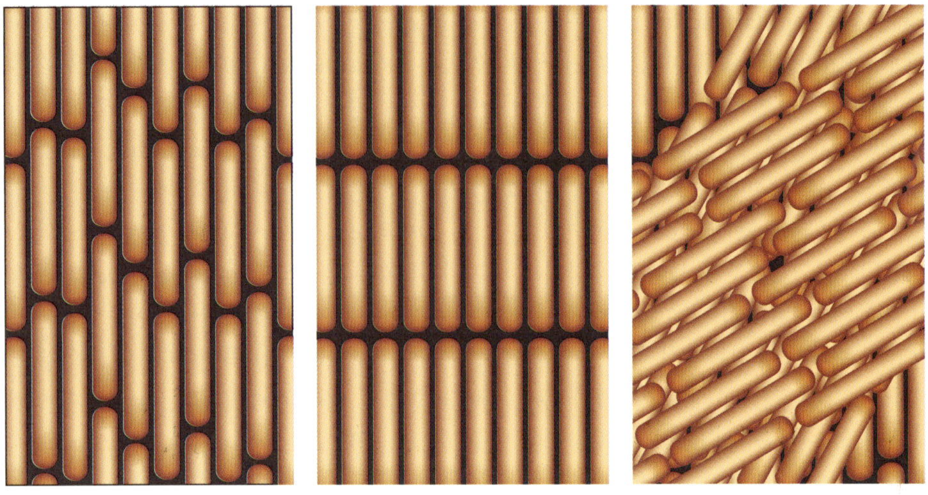

그림 3F.7 (a) 액정의 네마틱상. 긴 분자가 서로 나란히 놓이지만, 장축 방향을 따라서는 엇갈려 있다. (b) 액정의 스멕틱상. 분자들이 서로 평행할 뿐만 아니라 서로 층을 이루며 나란히 정렬한다. (c) 액정의 콜레스테릭상. 이 상에서는 나란한 분자 층이 이웃 층에 대하여 회전되어 나선형 구조를 이룬다.

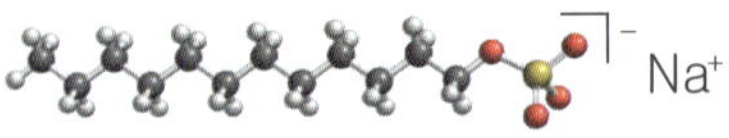

3 라우릴 황산 소듐

우 큰 액정상이 존재한다. 열방성 액정은 특정 온도 이상으로 가열하면 등방성 액체로 된다. 왜냐하면 분자들이 그들의 운동을 제한하는 인력을 극복하기에 충분한 에너지를 갖기 때문이다. *p*-아족시아니솔은 118 °C와 137 °C 사이에서 열방성 액정이다. 열방성 액정은 스마트폰, 컴퓨터 스크린, 온도계 등에 사용된다. **유방성 액정(lyotropic liquid crystal)**은 고체나 액체에 용매를 작용시켜서 층 구조를 가지도록 만든다. 예를 들어, 세포막 그리고 세제와 지질(지방)의 수용액이 있다. 세제 분자는 라우릴 황산 소듐(**3**) 세제처럼, 길고 비극성인 탄화수소 사슬 끝에 극성 머리가 있다. 세포막을 이루는 지질을 물과 혼합하면 이들은 자발적으로 층을 형성하여 이중층으로 배열한다. 이때 극성 머리는 이중층의 각 면에서 바깥쪽으로 향한다. 이러한 층은 생체 조직을 만드는 세포의 보호막을 형성한다.

전자 표시 장치는 네마틱상의 비등방성과 전기장에 의한 액정 분자의 배향 변화를 이용한다. 액정 표시 장치(liquid-crystal display, LCD) 텔레비전이나 컴퓨터 모니터에서는 네마틱 액정 층이 두 유리나 플라스틱 판의 표면 사이에 놓인다. 액정의 장축 방향은 한쪽 판의 고랑의 방향에서 이와 수직 방향의 고랑을 가진 두 번째 판의 방향까지 비틀어진다(그림 3F.8). 전등의 편광된 빛이 비틀린 액정을 지나가면서 편광 평면도 따라서 변하여 회전하고, 두 번째 편광판을 통과한다. 그러나 전극(두 번째 것은 간단한 숫자와 같이 표시하려는 글자의 모양을 가진다) 사이에 전위 차가 걸리면 액정의 비틀림이 사라지고, 따라서 편광 방향도 회전하지 않게 된다. 이렇게 되면 빛은 두 번째 편광판을 통과하지 못하여 화면에 검은 점이 형성된다.

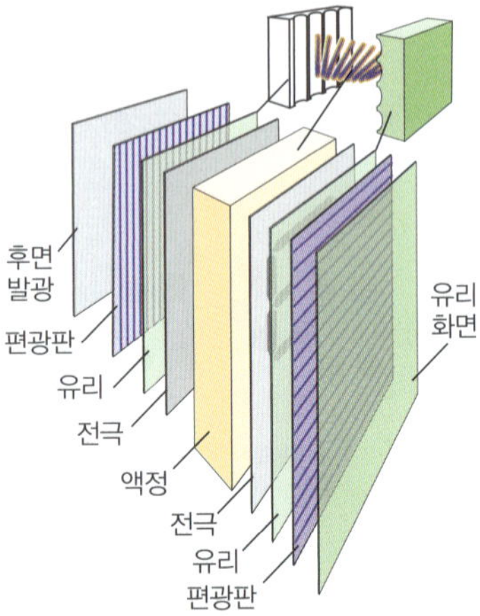

그림 3F.8 후면 발광 LCD 화면의 구조. 삽입 그림은 투명한 두 판의 고랑에 의해 액정의 배향이 비틀리는 것을 보여 준다. 전극 사이에 전위 차를 걸어 주면 비틀림이 사라진다.

콜레스테릭 액정 또한 흥미롭다. 이것의 나선형 구조는 온도가 변하면 약간 풀린다. 나선형 구조의 꼬임은 색상과 같은 액정의 광학적 성질에 영향을 주므로, 이 성질이 온도에 따라서 변한다. 이 효과는 액정 온도계에 이용된다(그림 3F.9).

액정은 어느 정도 고체 결정의 질서 특성을 갖지만, 점성 액체처럼 흐를 수 있다. 이는 전기장이나 온도 변화에 의해서 조정될 수 있는 고체와 액체의 중간인 준결정상이다.

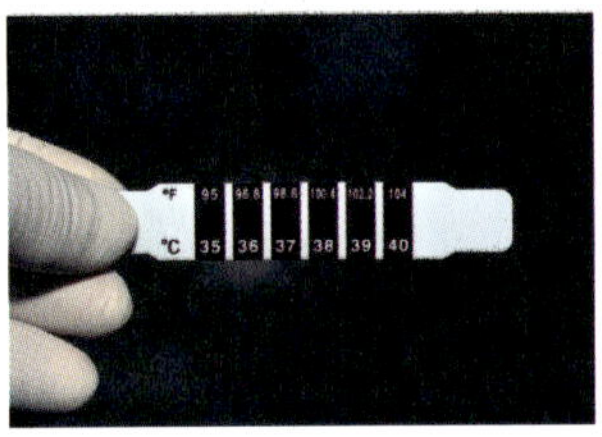

그림 3F.9 액정 온도계의 녹색 직사각형은 정상 체온 37 °C를 의미한다. (© *Tamer A Soliman/Shutterstock*)

3F.4 이온성 액체

액체 용매는 산업에서 천연물로부터 물질을 추출하고, 원하는 화합물을 합성하는 데 널리 이용된다. 이들 많은 용매는 분자간 힘이 상대적으로 작아서 해로운 증기를 방출하므로, 분자간 힘이 더 커서(증기를 덜 배출하는) 유기 화합물을 용해시키는 물질을 찾아 왔다.

이 요구를 충족시키기 위해서 **이온성 액체(ionic liquid)**라고 하는 새로운 종류의 액체가 개발되었다. 전형적인 이온성 액체는 BF_4^-처럼 비교적 작은 음이온과 1-뷰틸-3-메틸이미다졸륨(**4**)과 같은 비교적 큰 유기 양이온을 갖는다. 양이온은 넓은 비극성 영역을 가지며 흔히 비대칭이므로, 이 화합물은 쉽게 결정화되지 않으며, 상온에서 액체이다. 이온성 액체는 비극성 유기 화합물도 녹일 수 있다. 그러나 이온 사이의 강한 인력은 해로운 증기 배출을 이온 고체 수준으로 줄여 대기 오염을 줄여 준다. 다양한 양이온과 음이온을 사용할 수 있으므로 특정 용도에 맞게 용매를 고안할 수 있다. 예를 들어, 한 종류는 폐타이어의 고무를 녹여서 이를 재생시킬 수 있다. 또 다른 이온성 액체 용매는 지하수에서 방사성 불순물을 추출하는 데도 이용된다.

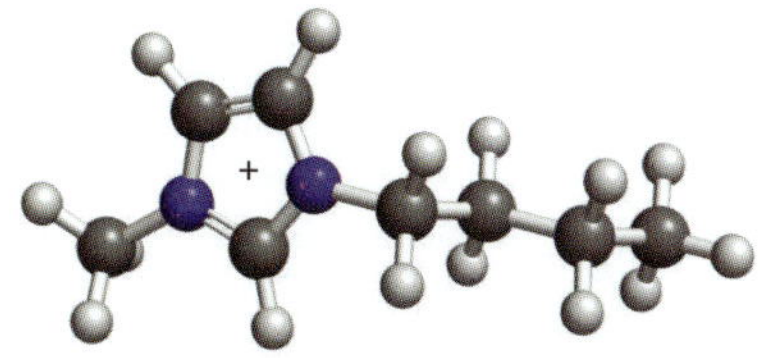

4 1-뷰틸-3-메틸이미다졸륨 이온

이온성 액체는 이온 중 하나가 매우 큰 유기 이온이며, 이는 이 액체가 보통 온도에서 결정화되는 것을 방지한다.

이 Topic에서 배운 것은 무엇인가?

액체에 긴 영역 질서가 없지만 짧은 영역 질서가 있을 수 있다는 것을 배웠다. 액체 분자 사이의 인력으로 인해 점도와 표면 장력이 발생하고, 액체와 용기 사이의 강한 접착력이 모세관 현상을 일으킬 수 있다는 것도 배웠다. 액체의 응집력이 강할수록 표면 장력도 커지고 많은 경우 점도도 커진다. 또한 액정은 액체와 고체의 중간 특성을 가지며, 이온 중의 하나가 유기 이온인 이온성 물질이 상온에서 액체일 수 있다는 것도 배웠다.

개념과 식의 적용

- ☐ 액체의 구조를 설명한다(3F.1절).
- ☐ 부착력과 응집력을 구별한다(3F.2절).
- ☐ 점도와 표면 장력이 온도와 분자간 힘의 세기에 따라서 어떻게 변하는지 설명한다(3F.2절).
- ☐ 액정의 종류를 구별한다(3F.3절).
- ☐ 이온성 액체가 기존의 용매보다 공기 오염이 적은 이유를 설명한다(3F.4절).

Topic 3F 연습 문제

3F.1 분자간 힘이 커짐에 따라 다음의 액체 성질들이 어떻게 변할지 예측하고 이유도 설명하시오.
(a) 끓는점 (b) 점도 (c) 표면 장력

3F.2 온도가 증가함에 따라 다음의 액체 성질들이 어떻게 변할지 예측하고 이유도 설명하시오.
(a) 끓는점 (b) 점도 (c) 표면 장력

3F.3 다음의 각 쌍에서 어느 액체가 더 큰 표면 장력을 가지는가?
(a) *cis*-다이클로로에텐 또는 *trans*-다이클로로에텐(Topic 3D의 구조 **5**와 **6** 참조)
(b) 20 °C의 벤젠 또는 60 °C의 벤젠.

3F.4 다음의 각 쌍에서 어느 물질이 20 °C에서 액체로서 더 큰 점도를 가지는가?
(a) 메탄올 CH_3OH 또는 에탄올 CH_3CH_2OH
(b) 헥세인 $CH_3CH_2CH_2CH_2CH_2CH_3$ 또는 1-펜탄올 $CH_3CH_2CH_2CH_2CH_2OH$

3F.5 다음 분자들을 50 °C에서 점도가 커지는 순서대로 나열하시오. C_6H_5SH, C_6H_5OH, C_6H_6. 이 순서를 설명하시오.

3F.6 다음 액체들을 25 °C에서 점도가 커지는 순서대로 나열하시오. C_6H_6, CH_3CH_2OH, $CH_2OHCHOHCH_2OH$, CH_2OHCH_2OH, H_2O. 이 순서를 설명하시오.

3F.7 다음에 나열된 물질들의 끓는점을 분자간 힘의 상대적 세기를 고려하여 연결하시오. **힌트:** $(CH_3)_2CHCH_2CH_3$의 끓는점은 28 °C이고, CH_3OH의 끓는점은 64 °C이다.

끓는점/°C	물질
−162	CH_4
−88	$CH_3CH(OH)CH_3$
28	$C_6H_5CH_2OH$ (벤젠 고리가 있음)
36	CH_3CH_3
64	C_5H_9OH (고리형)
78	$(CH_3)_2CHCH_2CH_3$
82	CH_3OH
140	$HOCH_2CH(OH)CH_2OH$
205	$CH_3(CH_2)_3CH_3$
290	CH_3CH_2OH

3F.8 다음의 액체와 그에 해당되는 표면 장력(20 °C에서 $mN \cdot m^{-1}$ 단위)을 연결하시오.

표면 장력/($mN \cdot m^{-1}$)	물질
18	H_2O
23	$CH_3(CH_2)_4CH_3$
28	C_6H_6
29	CH_3CH_2OH
73	CH_3COOH

3F.9 모세관 속의 액체 기둥의 높이 h는 $h = 2\gamma/gdr$을 사용하여 추정할 수 있다. 여기서 γ는 표면 장력, d는 액체 밀도, g는 자유 낙하 가속도($g = 9.806\ m \cdot s^{-2}$), r은 관의 반지름이다. 지름이 0.15 mm인 관에서 25 °C인 물과 에탄올 중 어느 것이 더 높이 올라가겠는가? 물과 에탄올의 밀도는 각각 0.997 $g \cdot cm^{-3}$와 0.79 $g \cdot cm^{-3}$이다. 표 3F.1을 참조하시오.

3F.10 연습 문제 3F.19에서 모세관 오름에 관한 식은 관이 수직이라고 가정하여 얻은 것이다. 이 관이 수직으로부터 각도 θ(세타)만큼 기울어지면 이 식이 어떻게 수정되겠는가?

3F.11 데케인 $CH_3(CH_2)_8CH_3$와 같은 다중 결합이 없는 탄화수소가 액정을 형성하지 않는 이유는 무엇인가?

3F.12 *p*-아족시아니솔 분자(**2**)는 대략 117~137 °C 범위에서 액정이 된다. 녹는점을 더 낮추어 더 낮은 온도에서(예를 들어, 상온 근처에서) 더 적합하게 하려면, 이 분자를 어떻게 조절하면 되는가?

3F.13 액체의 확산을 연구하기 위하여, 구로서 근사화될 수 있는 작은 분자인 메틸벤젠과 긴 막대형인 액정 분자를 사용하였다. 두 용질은 벤젠에서 모든 방향에 같은 정도로 이동하고 회전하였다. 액정 용매 내에서는 메틸벤젠이 다시 모든 방향으로 같게 이동하고 회전하였지만, 액정 용질은 장축에 수직인 '옆길' 방식보다는 장축 방향으로 더 빠르게 이동하였다. 이는 또한 장축에 수직인 방향보다는 장축 주위로 더 빠르게 회전함이 발견되었다. 이 양상을 설명하시오.

3F.14 많은 액정 분자의 구조는 긴 막대형이다. 또한 이들은 극성 원자단을 갖는다. 액정의 이 두 가지 특성이 비등방 성질에 어떻게 기여하는지 설명하시오.

3F.15 다음의 두 물질 중에서 이온성 액체 용매로 더 좋은 것은 어느 것이겠는가. 이유를 설명하시오.

(a) $C_5H_6N^+Cl^-$ (b) $CH_3NH_3^+Cl^-$

3F.16 다음의 두 물질 중에서 이온성 액체 용매로 더 좋은 것은 어느 것이겠는가. 이유를 설명하시오.

(a) $C_{11}H_{23}Br$ (b) $C_{11}H_{14}N^+Br^-$

Topic 3G 고체

3G.1 고체의 분류
3G.2 분자성 고체
3G.3 그물형 고체
3G.4 금속성 고체
3G.5 결정계와 단위 세포
3G.6 이온성 고체

이 Topic을 왜 배우는가? 고체의 성질을 이해하려면, 고체의 구조에 개개의 원자, 이온, 분자들이 어떻게 기여하는지 알아야 한다.

무엇을 알고 있어야 하는가? 이 Topic에서는 분자간 힘(Topic 3D), 이온 결합과 공유 결합(Topic 2A와 2B), 이온 반경(Topic 1F)의 개념을 이용한다.

물질의 분자가 그 이웃 분자로부터 빠져나가기에 충분한 운동 에너지를 갖지 못할 정도로 온도가 낮아지면, 그 물질은 고체화한다. 고체의 성질은 원자, 이온, 분자를 붙들어 두는 힘의 종류에 의존한다. 고체를 이러한 상호 작용으로 이해하면, 예를 들어 왜 금속은 번쩍이고, 전기가 통하며, 여러 가지 모양으로 두드려 펼 수 있는지 알게 된다. 또한, 염 결정은 왜 부서지고 다이아몬드는 왜 단단한가를 이해할 수 있다.

3G.1 고체의 분류

결정성 고체(**crystalline solid**)에서는 원자, 이온, 분자가 규칙적인 배열로 놓여 있는 긴 영역 질서를 갖는다(그림 3G.1). 결정성 고체는 일반적으로 **결정 표면**(**crystal face**)이라고 불리는 편평하고 잘 정의된 평면 표면을 가지며, 서로 일정한 각도를 이루고 있다. 쉽게 추정할 수 있듯이, 이 면은 규칙적인 원자층으로 구성되어 있다(화학 이야기 3G.1).

비결정성 고체(**amorphous solid**)는 버터, 고무, 유리에서처럼 원자, 이온, 분자가 무질서하게 뒤섞여서 놓여 있는 것이다(그림 3G.2). 비결정성 고체는 짧은 영역 질서만을 가지며, 한 순간의 액체가 얼어 있는 것과 같은 구조를 갖는다. 비결정성 고체는 틀을 만들거나 자르지 않는 한, 잘 정의된 면을 갖지 않는다.

그림 3G.1 결정성 고체는 잘 정의된 면과 규칙적인 내부 구조를 갖는다. 결정의 각 면은 규칙적으로 쌓인 원자, 분자, 이온들의 상단 평면으로 이루어진다. (*Rob Lavinsky/iRocks.com-CC-BY-SA-3.0*)

그림 3G.2 석영(왼쪽)은 원자들이 규칙적으로 그물을 이룬 실리카 SiO_2의 결정성 고체이며, 여기서는 이차원으로 나타내었다. 용융된 실리카가 비결정성 배열로 고체화할 때는 유리(오른쪽)가 된다. 이때는 원자들이 불규칙적인 그물 구조를 이룬다. (왼쪽: *Didier Descouens/CC BY-SA 4.0/Wikimedia Commons*, 오른쪽: *Copyright Macmillan Learning, Photo by Ken Karp.*)

화학 이야기 3G.1 표면이 어떠한지 어떻게 아는가?

가장 강력한 광학 현미경일지라도 고체 표면의 개별 원자를 식별할 수는 없다. 그러나 나노미터 크기 정도만을 다루는 장치를 개발하고 연구하는 새 분야인 나노기술(nanotechnology)에서는(화학 이야기 1C.1), 표면을 원자 크기까지 분별해야 한다. **주사 터널링 현미경법**(scanning tunneling microscopy, STM)은 개별 원자를 식별해 준다. (독일의 Ernst Ruska와 Gerd Binnig, 스위스의 Heinrich Rohrer는 주사 터널링 현미경을 개발한 공로로 1986년에 노벨 물리학상을 수상하였다.) 이 기술은 이 페이지에 있는 것과 같은 화상을 준다. 첫 번째 그림은 구리 표면 위에 놓인 작은 아이오딘화 소듐 결정을 보여 준다.

STM의 핵심 개념은 전자가 파동성을 가지므로(Topic 1B), 이들이 고전 역학적으로는 불가능한 영역으로 침투할 수 있다는 것이다. 이러한 침투를 **터널링**(tunneling)이라고 한다. 이 효과는 날카로운 탐침을 표면 위에 가져다 놓았을 때 탐침과 표면 사이의 간극으로 흐르는 전류를 측정함으로써 STM(명칭에 터널링이 있는 이유이다)에서 이용된다. 전류의 크기는 터널링 그 자체처럼 탐침과 표면 사이의 거리에 매우 민감하며, 심지어 원자 수준의 변화에도 영향을 받는다.

STM 화상을 얻기 위해서는 촘촘히 이웃한 일련의 선들을 따라 날카로운 탐침을 표면 위에서 앞뒤로 이동시킨다['주사(scanning)'라는 이름이 여기서 유래됨]. 이상적으로는 탐침의 끝은 단일 원자로 되어 있다(두 번째 그림 참조). 탐침이 표면 위 일정한 높이에서 이동하면, 터널링 변화에 대응하는 전류가 회로를 통하여 흐른다. 화상은 각 주사에서 측정한 전류를 묘사한 것이다.

한 가지 개량 방법은 표면 위 탐침의 높이를 변화시켜서 전류를 일정한 수준으로 유지하는 것이다. 그 높이는 가해 주는 전위차에 따라서 크기가 바뀌는 **압전성**(piezoelectric) 물질로 만든 탐침 지지체를 사용하여 조절한다. 탐침을 통하여 일정한 전류를 유지하기 위해 압전성 지지대에 가해 주어야 하는 전위차를 측정하여, 탐침의 높이를 추론하고, 이를 컴퓨터 스크린에 도시할 수 있다.

또 다른 방법으로 **원자힘 현미경법**(atomic force microscopy, AFM)이 있으며, 여기서는 작은 유연성 막대에 부착된 날카로운 탐침을 표면을 가로질러 주사한다. 탐침 끝에 있는 원자는 표면 위의 원자가 밀고 당기는 힘을 감지한다. 탐침과 시료 사이의 힘의 종류는 시료의 종류와 탐침에 씌운 코팅에 따라 달라진다. 예를 들어, 탐침에 자성 물질을 코팅하면 컴퓨터 하드 드라이브의 표면과 같은 시료의 자기적 성질을 조사하는 **자기력 현미경법**(magnetic force microscopy, MFM)이 된다. 레이저 빛을 사용

구리 표면 위에다 이차원 아이오딘화 소듐 결정을 만들려 하였지만, 이온들이 자발적으로 재배열하여 작은 삼차원 결정을 이루었다. (*Hopkinson, Lutz & Eigler/IBM.*)

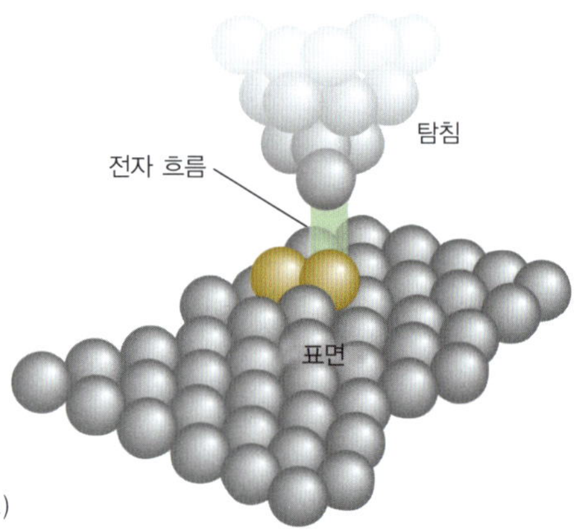

(a)

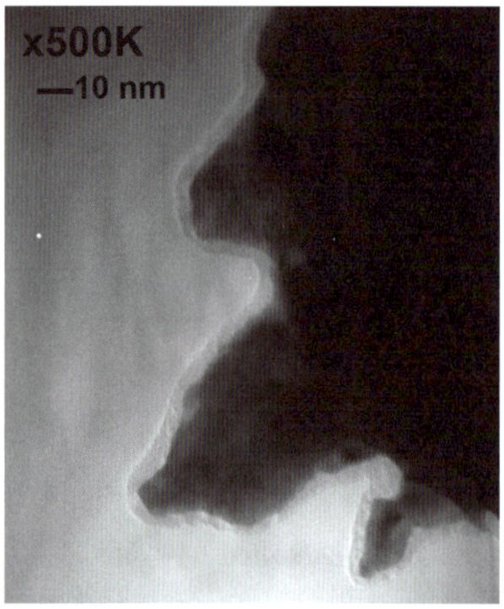

(b)

(a) 표면 위 주사 터널링 현미경의 탐침. 이 탐침은 다른 분자가 간섭하기에는 표면에 무척 가까우므로, STM 장치는 기체 상태나 심지어는 액체에서도 사용될 수 있다. (b) Pt/Ir 합금으로 만든 AFM 탐침의 투과 전자 현미경 사진은 탐침의 직경이 20 nm보다 작은 것을 보여 준다. (*Ronald Reifenberer.*)

하여 표면의 모양을 보여 주는 탐침 막대의 휨을 관찰할 수 있다. AFM의 장점은 생물체의 표면처럼 전기가 흐르지 않는 경우에도 사용할 수 있다는 것이다. 예를 들어, AFM으로 인간 염색체의 모양과 암을 일으키는(carcinogenic) 물질들이 어떻게 DNA 분자의 복제에 관여하여 종양을 자라게 하는지 연구할 수 있다. 최근에는 AFM 탐침을 CO 단일 분자로 변형시켜서 분자 안의 전하 분포에 의한 전기장을 측정할 수 있는 기법도 개발되었다.

결정성 고체는 그 원자, 이온, 분자를 제 위치에 고정시키는 결합의 종류에 따라서 다음과 같이 분류한다.

분자성 고체(molecular solid)는 개개의 분자가 분자간 힘에 의해 제자리에 고정되어 만들어진 집합체이다.

그물형 고체(network solid)는 고체 전체에 걸쳐서 인접한 원자들과 공유적으로 결합된 원자들로 구성된다.

금속성 고체(metallic solid) 또는 단순히 **금속**(*metal*)은 전자의 바다 속에 묶여 있는 양이온으로 구성된다.

이온성 고체(ionic solid)는 양이온과 음이온의 coulombic 상호 작용으로 만들어진다.

표 3G.1은 고체의 각 형태 예를 대표적 물리적 특성과 함께 나열한 것이다. 많은 고체는 강한 분자간 힘으로 결집되어 있어서 녹는점이 높다. 다이아몬드와 같은 그물형 고체는 원자들 사이의 공유 결합이 매우 강하므로, 녹는점이 매우 높다. 이온 사이의 힘이 분자간 힘보다 훨씬 강하므로, 이온성 고체는 일반적으로 분자성 고체보다 녹는점이 높다. 금속은 원자들이 강하게 결합되어 있어 녹는점이 높고, 아주 조밀하게 쌓여 있기 때문에 밀도도 매우 크다.

결정성 고체는 원자나 이온의 규칙적인 내부 배열을 이루며, 비결정성 고체는 그렇지 않다. 고체는 분자성, 그물형, 금속성, 이온성으로 분류한다.

3G.2 분자성 고체

분자성 고체는 전기적으로 중성인 분자들이 분자간 힘으로 뭉쳐서 이루어진 것이다(Topic 3D). 비결정성 분자성 고체는 긴 사슬 탄화수소의 혼합물인 파라핀 왁스처럼 부드러울 수도 있다. 이들 분자는 불규칙하게 쌓이며, 분자간 힘은 매우 약해서 서로 쉽게 밀쳐낼 수 있다. 다른 많은 분자성 고체는 결정성 구조와 강한 분자간 힘을 가지며, 이들은 단단하고 부서지기

표 3G.1 고체의 대표적 특성

분류	예	물리적 특성
금속성	s-와 d-구역 원소	전성, 연성, 광택이 있고, 전기와 열전도성임
이온성	NaCl, KNO_3, $CuSO_4 \cdot 5H_2O$	단단하고 휘어지지 않으며, 부서지기 쉬움. 녹는점과 끓는점이 높으며, 물에 녹으면 전류를 통과시킴
그물형	B, C, 흑린, BN, SiO_2	단단하고 휘어지지 않으며, 부서지기 쉬움. 녹는점이 매우 높음. 물에 녹지 않음
분자성	$BeCl_2$, S_8, P_4, I_2, 얼음, 글루코스, 나프탈렌	녹는점과 끓는점이 비교적 낮음. 순수하면 부서지기 쉬움

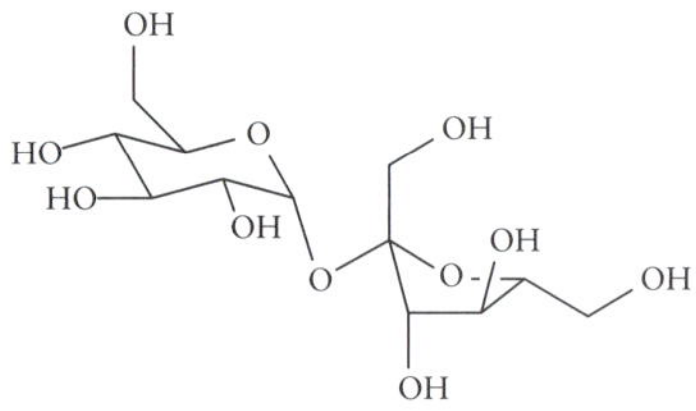

1 설탕, $C_{12}H_{22}O_{11}$

쉽다. 예를 들어, 설탕 분자 $C_{12}H_{22}O_{11}$(**1**)은 여러 —OH기 사이의 수소 결합에 의해서 결합된다. 설탕 분자간 수소 결합은 매우 강하여, 녹는점(184 °C)에 이르면 분자 자체가 분해되기 시작한다. 부분적으로 분해된 생성물의 혼합물인 캐러멜은 음식물에 향과 색을 더하는 데 사용된다. 어떤 분자성 고체는 매우 강하다. 예를 들어, '초고밀도 폴리에틸렌(ultrahigh-density polyethylene)'은 긴 탄화수소 사슬로 되어 있으며, 이들은 조밀 쌓임 실린더처럼 조밀하게 놓여 있다. 만들어진 재료는 매우 부드럽지만 질겨서, 방탄조끼나 인체의 관절 대용품으로 사용된다.

분자들은 매우 다양한 모양을 가지므로, 쌓인 방식도 매우 다양하다. 예를 들어, 얼음에서는 각 O 원자가 네 수소 원자의 정사면체 배열로 둘러싸인다. 이들 H 원자 중 둘은 O 원자와 공유 결합을 한다. 다른 둘은 이웃 H_2O 분자의 것으로 수소 결합으로 O 원자에 연결된다. 결과적으로 얼음의 구조는 수소 결합으로 연결된 H_2O 분자의 열린 그물 구조를 이룬다(**그림 3G.3**).

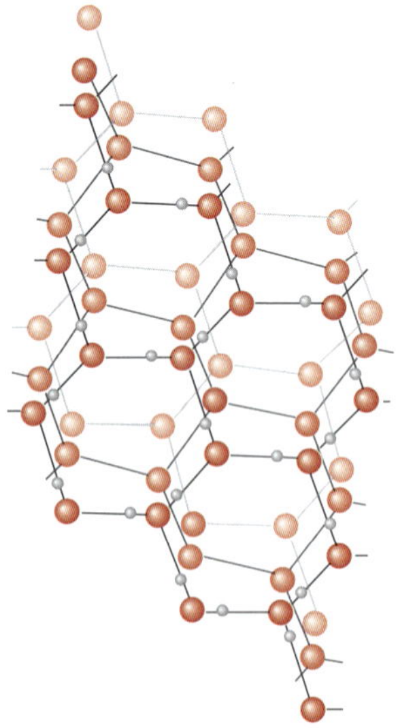

그림 3G.3 얼음은 수소 결합이 열린 구조로 모인 물 분자로 되어 있다. 각 O 원자는 네 개의 수소 원자에 의해서 정사면체형으로 둘러싸이는데, 수소 원자 둘은 공유 결합으로, 나머지 수소 원자 둘은 수소 결합으로 이어진다. 이 구조를 더 명확하게 알아볼 수 있도록 앞쪽 층에 있는 수소 원자만을 나타내었다.

얼음이 녹을 때는 수소 결합의 일부가 깨지며, 규칙적인 배열이 깨진다. 그리하여 분자의 쌓임이 덜 균일해지지만, 더 조밀하게 쌓인다(**그림 3G.4**). 얼음의 열린 그물 구조는 액체 분자의 조밀한 배열과 비교하여 볼 때 얼음이 액체 물보다 낮은 밀도를 갖는 이유를 설명해 준다(0 °C에서 얼음과 액체 물의 밀도는 각각 0.92 $g \cdot cm^{-3}$와 1.00 $g \cdot cm^{-3}$). 반면에 고체 벤젠과 고체 사염화 탄소는 액체보다 높은 밀도를 갖는다(**그림 3G.5**). 이들 분자는 수소 결합보다 방향성이 훨씬 작은 London 힘으로 뭉쳐 있으므로, 액체에서보다 고체에서 더 조밀하게 쌓일 수 있다.

분자성 고체는 전형적으로 부드러우며, 녹는점이 낮은 경우가 많다.

3G.3 그물형 고체

분자성 고체는 비교적 약한 분자간 힘으로 뭉친 분자로 되어 있지만, 그물형 고체의 원자들은 인접한 원자들과 강한 공유 결합을 형성하여, 결정 전체에 걸쳐서 뼈대를 형성한다. 그물형 고체의 결정을 깨뜨리려면, 공유 결합을 끊어야 한다. 그러므로 그물형 고체는 매우 강하고 단단한 재료이며, 녹는점과 끓는점이 높다.

다이아몬드와 흑연은 그물형 고체 원소이다. 이들 두 탄소의 형태를 **동소체(allotrope)**라고 한다. 이는 원자들이 결합된 방식에 있어서 차이가 있는 원소의 형태를 뜻한다. 다이아몬드의

그림 3G.4 얼음은 열린 구조 때문에 액체 물보다 작은 밀도를 가지며, 액체 물 위에 뜬다. (*Roger Johnson form Amherst, USA/CC BY-SA 2.0/Wikimedia Commons*)

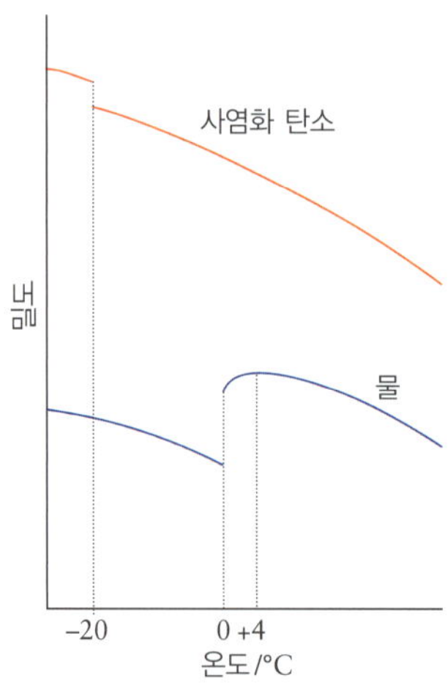

그림 3G.5 물과 사염화 탄소의 온도에 따른 밀도 변화. 어는점에서 얼음의 밀도가 액체 물보다 작음을 주목하자. 물은 4°C에서 최대 밀도를 갖는다.

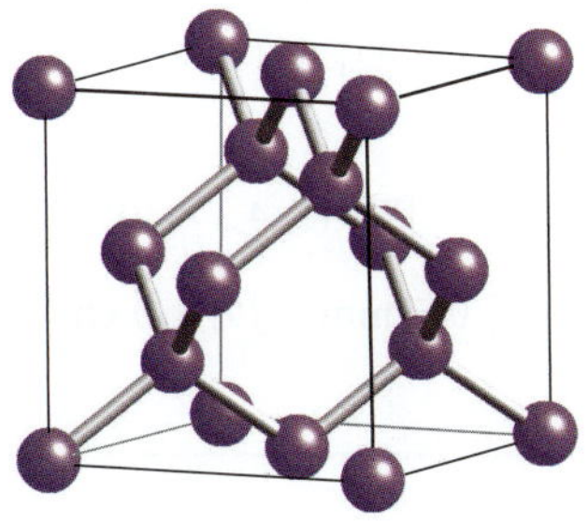

그림 3G.6 다이아몬드의 구조. 각 구는 탄소 원자의 중심 위치를 나타낸다. 각 원자는 sp^3 혼성에 의해서 네 개의 이웃한 원자들과 결합한 정사면체의 중심에 위치한다.

각 C 원자는 네 개의 이웃한 원자들과 sp^3 혼성 σ-결합으로 공유 결합을 한다(**그림 3G.6**). 이 정사면체 뼈대가 커다란 빌딩의 강철 뼈대와 같이 고체 전체에 걸쳐서 연결된다. 이 구조 때문에 다이아몬드는 매우 단단하다. 다이아몬드는 알려진 물질 중에서 가장 강하며, 가장 좋은 열전도체로 구리보다 약 다섯 배 좋다. 다이아몬드의 높은 열전도도 때문에, 다이아몬드 박막은 과열 방지용으로 집적 회로의 기판이나 절삭 공구의 코팅으로 사용하기에 이상적이다.

흑연은 검고, 광택이 있으며, 3700 °C에서 증발하는 전기 전도성 고체이다. 이는 마치 닭장의 철망처럼 sp^2 혼성 탄소 원자들이 육각형으로 공유 결합을 하여 얇은 판을 이룬다(**그림 3G.7**). 흑연은 실제로 상당히 단단한 물질이지만 상용 흑연의 경우, 질소 및 산소와 같은 많은 불순물이 판 사이에 갇혀 있다. 이러한 불순물은 이미 약한 층간 결합을 더 약화시키고 원자들의 판이 서로 쉽게 미끄러지게 한다. 따라서 불순한 흑연은 미끄러워서 건식 윤활제로 사용된다. 연필 '심'에서는 흑연이 찰흙과 섞여 있다. 종이에 연필로 남겨진 표시는 흑연으로 문지른 층으로 구성되어 있다.

생각해 보기

우주 공간에서 흑연이 윤활제로 적절하지 않은 이유는 무엇이겠는가?

흑연 판에서 전자는 평면 전체로 확장된 π-네트워크를 통해 비편재화되어 있으며, 흑연의 물리적 전기적 성질의 원인이 된다. 전자는 흑연 판 안에서 이동할 수 있지만 한 판에서 다른 판으로는 쉽게 이동할 수 없다. 따라서 흑연은 판에 수직한 방향보다 평행한 방향으로 전기를 더 잘 전달한다.

흑연에 있는 탄소 원자의 닭장과 같은 판을 **그래핀**(graphene) 판이라 한다. 2010년 노벨 물리학상은 그래핀을 연구한 Andre Geim과 Konstantin Novoselov에게 수여되었다. 그래핀은 쉽게 변화시킬 수 있기 때문에 연구 및 산업 분야에서 널리 응용되고 있다. 예를 들면, 기체 분자를 흡수하면 전기적 특성이 변하므로, 그래핀은 좋은 기체 감지기로도 사용될 수 있다.

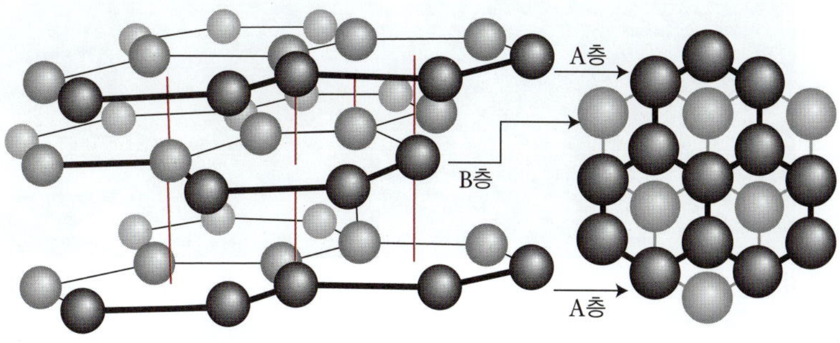

그림 3G.7 흑연은 sp^2 혼성으로 결합된 탄소 원자 육각형 고리의 층으로 되어 있다. 흑연이 미끈거리는 이유는 평면 사이에 불순물 원자가 있을 때 서로 미끄러지기 쉽기 때문이다.

자습 3G.1A 315 nm 두께의 흑연 층을 남기는 연필로 1.0 cm 정사각형을 칠했다. (a) 칠한 탄소 원자의 수와 (b) 몰수를 추정하시오.

[**답**: (a) 4.1×10^{18} 원자, (b) 7.7 μmol]

자습 3G.1B 710 nm 두께의 흑연 층을 남기는 연필로 너비 0.5 mm, 길이 1.0 cm의 선을 그렸다. (a) 칠한 탄소 원자의 수와 (b) 몰수를 추정하시오.

세라믹(ceramic) 재료는 일반적으로 분말의 열처리에 의해 생성되는 공유 결합과 이온 결합을 모두 포함하는 네트워크 구조를 가진 비결정성 무기 산화물이다. 세라믹에는 석영(실험식 SiO_2를 갖는 이산화 규소)과 같은 많은 규산염 광물이 포함되어 있으며 도자기에서 고온 초전도체에 이르기까지 다양한 용도로 사용된다(Topic 8H). 세라믹 재료의 이온 결합은 공유 결합적 성질이 커서 결정을 변형시키려면 이 결합을 깨야 하기 때문에 매우 강하고 안정하다. 따라서 세라믹 재료는 물리적 충격에 의해 구부러지기보다는 부서진다.

그물형 고체는 공유 결합으로 형성되기 때문에 전형적으로 강하고 단단하며, 녹는점과 끓는점이 높다.

3G.4 금속성 고체

금속 고체의 결정에는 양이온들이 전자의 '바다'로 둘러싸여 있는 **금속 결합(metallic bond)**에 의해 배열되어 있다. 예를 들어, 금속 은은 고체 전체에 퍼지는 전자에 의해 결합된 Ag^+ 이온으로 구성되며, 양이온마다 하나의 전자가 있다. 금속의 특징적인 광택은 바다를 이루는 전자의 유동성 때문이다. 입사광이 금속의 표면에 부딪히면 복사선 전기장이 유동성 전자를 좌우로 흔든다. 이렇게 진동하는 전자는 빛을 방출하는데, 이는 입사광의 재방출인 광택으로 보인다(그림 3G.8). 전자는 입사광에 맞추어 진동하므로 같은 주파수의 빛을 생성한다. 즉, 금속 표면에서 반사되는 빨간색 빛은 빨간색이고, 파란색 빛은 파란색이다. 이것이 거울(유리에 입힌 얇은 금속 피막)의 상이 반사된 물체를 충실하게 묘사하는 이유이다.

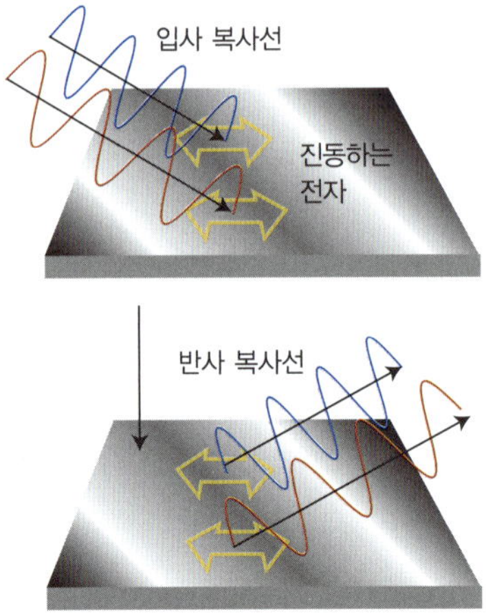

(a)

(b)

그림 3G.8 (a) 금속 표면에 특정한 색깔의 빛이 비칠 때, 표면에 있는 전자는 보조를 맞추어서 진동한다. 이 진동 운동은 광원의 반사로서 인식되는 전자기파를 발생시킨다. (b) California의 Sandia 국립 연구소에 있는 태양 거울은 각각 햇빛을 수집기 쪽으로 가장 잘 반사하는 각도로 위치하고 있으며, 입사 에너지를 발전에 이용한다.

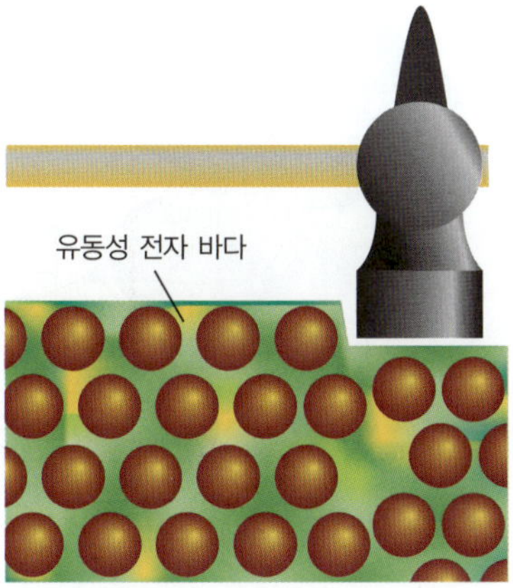

그림 3G.9 금속을 망치로 쳐서 금속의 양이온이 이동하면, 유동성 전자가 즉시 대응하여 양이온의 새로운 자리로 이동한다. 이러한 결과로 금속은 전성을 갖는다.

생각해 보기
구리가 거울을 만드는 데 적절하지 않은 이유는?

그림 3G.10 식품점에 진열된 사과, 오렌지 등 과일의 쌓임은 금속에서 원자들이 어떻게 쌓이고, 평평한 면을 갖는 결정을 이루는가를 보여 준다. (© *Bravo17/Shutterstock*)

금속 전자의 유동성은 금속의 **전성**(**malleability**), 즉 두드려 펴지는 능력과 **연성**(**ductility**), 즉 선으로 늘려지는 능력을 설명해 준다. 양이온이 전자 바다로 둘러싸여 있으므로, 금속 결합은 방향성이 거의 없다. 그 결과 양이온은 힘들이지 않고 어느 방향으로나 이웃을 지나쳐갈 수 있다. 망치로 치면 많은 수의 양이온이 그들 이웃을 지나쳐간다. 전자 바다는 즉시 재조정되므로, 원자들은 새로운 위치로 비교적 쉽게 이동한다(그림 3G.9).

순수한 금속의 내부 구조는 전자 바다로 둘러싸인 동일한 양이온으로 구성된다. 또한 이온과 전자 바다 사이의 상호 작용은 모든 방향에서 동일하므로 적어도 초기에는 공유 결합으로 인해 발생하는 방향 효과를 고려할 필요가 없다. 결과적으로, 금속 내 양이온의 배열은 특정 방향을 선호하지 않고 함께 쌓인 단단한 구체로 볼 수 있다. 많은 금속의 구조와 특성을 설명하는 결합 모형은 사진의 오렌지처럼 양이온을 나타내는 구체가 공간 낭비를 최소화하는 **조밀 쌓임 구조**(**close-packed structure**)이다(그림 3G.10).

그림 3G.11a는 동일한 구들이 어떻게 쌓여서 조밀 쌓임 구조로 되는가를 보여 준다. 첫 번째 층(A)에서 각 구는 다른 구들의 육각형 중심부에 놓여 있다. 두 번째(위) 층(B)의 구는첫 번째 층의 우묵한 곳에 놓인다(그림 3G.11b). 세 번째 층의 구는 두 번째 층의 우묵한 곳에 놓이며, 이 모양은 계속 되풀이 된다.

세 번째 층의 구를 쌓는 방법에는 두 가지가 있다. 그림 3G.11b의 녹색 구들로 이루어진 둘째 층에는 두 가지 우묵한 곳이 있다. 하나는 첫 번째 층 구의 위에 있고, 다른 하나는 첫 번째 층의 틈새 위에 있다. 세 번째 층의 구가 첫 번째 층 구의 바로 위 우묵한 곳에 놓이면(그림 3G.12a), 세 번째 층은 A층을 되풀이하고, 다음 층은 B층을 되풀이하여 계속 쌓인다. 이러한 ABABAB . . . 층 모양을 이루는 것을 **육방 조밀 쌓임 구조**(**hexagonal close-packed structure**,

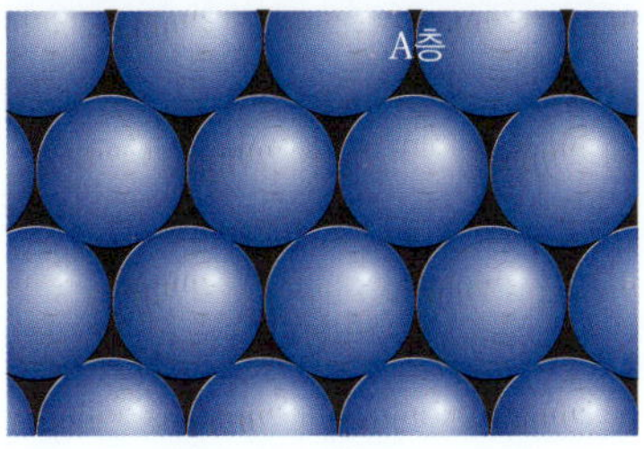

(a)

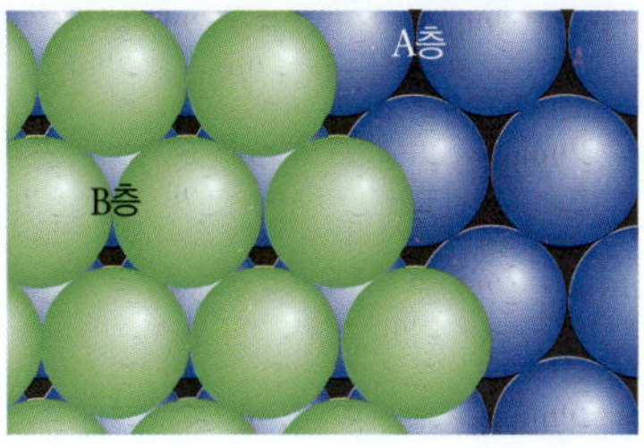

(b)

그림 3G.11 (a) 조밀 쌓임 구조를 단계별로 만들 수 있다. 첫 번째 층(A)은 공간의 낭비가 최소화 되도록 놓인다. (b) 두 번째 층(B)은 첫 번째 층의 구들이 만든 우묵한 곳에 놓인다. 각 구는 같은 층에서 다른 구 여섯 개와 접하며, 위와 아래층의 구와도 각각 세 개씩 접한다.

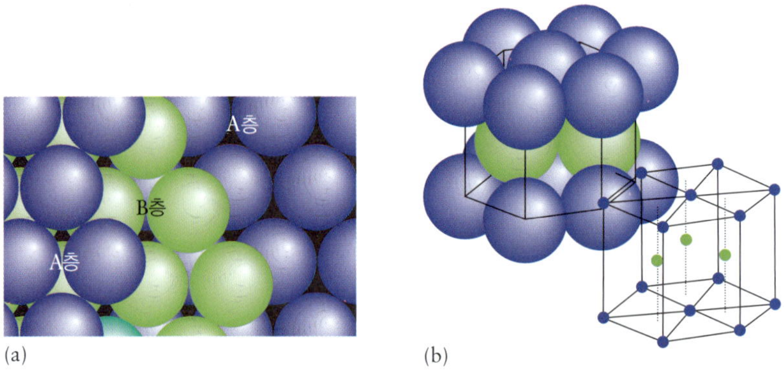

(a) (b)

그림 3G.12 (a) 세 번째 층의 구가 첫 번째 층 구의 바로 위에 놓이면, ABABAB ... 구조가 형성된다. (b) (a)에서 설명한 구조의 일부가 육방 대칭 배열을 보여 준다. 이것이 '육방 조밀 쌓임 구조'라고 부르는 이유이다.

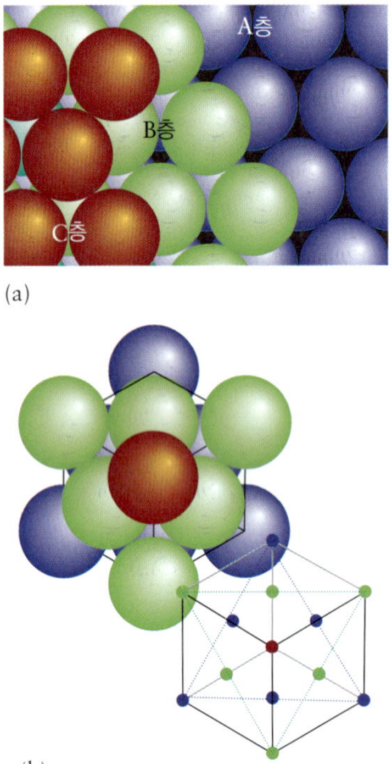

(a) (b)

그림 3G.13 (a) 그림 3G.12와 다른 배열로, 세 번째 층의 구가 첫 번째 층의 우묵한 곳 바로 위에 있는 두 번째 층 내 우묵한 곳에 놓여서 ABCABC ... 층 배열을 이룬다. (b) (a)에서 설명한 구조의 일부. 이 배열을 '입방 조밀 쌓음' 또는 '면심 입방'이라고 부르는 이유를 보여 준다. A, B, C층은 입방체 면의 대각선을 따라가며, 이들 원자를 각각 다른 색으로 나타내었다.

hcp)라고 한다. 그림 3G.12b는 육방 모양의 원자의 배열을 보여 준다. 각 구는 그 아래층에 세 개의 이웃, 자기 층에 여섯 개의 이웃 그리고 그 위층에 세 개의 이웃이 있어서 모두 열두 개의 이웃과 인접한다. 이러한 배열은 고체에서 각 원자의 이웃하는 원자 수, 즉 **배위수(coordination number)**가 12라고 표현한다. 동일한 구들을 배위수 12보다 더 크게 쌓을 수는 없다. hcp 배열로 결정화되는 금속의 예로는 마그네슘과 아연이 있다.

둘째 방식에서는 세 번째 층의 구가 첫 번째 층의 틈새 위에 있는 두 번째 층의 우묵한 곳에 놓인다(그림 3G.13a). 이 세 번째 층을 C라고 하면, 결과로 나타나는 구조는 ABCABC ... 층 모양을 이루며, 이를 **입방 조밀 쌓임 구조(cubic close-packed structure**, ccp)라고 한다(그림 3G.13b). 이는 그 층들을 비스듬히 볼 때 원자들이 입방 구조를 갖기 때문이다. ccp 구조는 이러한 작은 입방체가 모든 방향으로 연달아 쌓인 것으로 볼 수 있다. 배위수는 마찬가지로 12이다. 각 구는 아래층에 세 개의 이웃, 자기 층에 여섯 개의 이웃 그리고 위층에 세 개의 이웃이 있다. ccp 배열로 결정화되는 금속에는 알루미늄, 구리, 은, 금 등이 있다.

조밀 쌓임 구조에서도 단단한 구들이 결정의 모든 공간을 채울 수는 없다. 원자 간의 간격 **틈새(interstices)**를 '구멍(hole)'이라고 한다. 구들이 공간의 얼마를 차지하는가를 알아보려면, 전체 부피에서 구가 차지하는 부분을 계산해야 한다.

어떻게 다루는가?

조밀 쌓임 구조에서 채워진 공간의 분율을 계산하기 위해서 ccp 구조를 생각해 보자. 먼저, 원자를 나타내는 구로부터 입방체가 어떻게 만들어지는지 살펴보자. 그림 3G.14에서 보면 입방체의 귀퉁이에 여덟 개 원자가 있다. 각 귀퉁이 원자의 1/8만이 한 입방체에 속하므로, 귀퉁이의 여덟 개 원자는 $8\times\frac{1}{8}=1$개가 한 입방체에 기여한다. 여섯 면 각각에는 한 원자의 반이 있으므로, 면에 있는 원자는 $6\times\frac{1}{2}=3$개가 그 입방체에 속한다. 따라서 총 네 개 원자가 한 입방체에 들어 있는 셈이다. 그림 3G.14의 입방체에서 면의 대각선 길이는 원자 반지름의 네 배($4r$)이다. 두 귀퉁이에 있는 각 원자는 r의 기여를 하고, 면의 중심에 있는 원자는 $2r$의 기여를 한다.

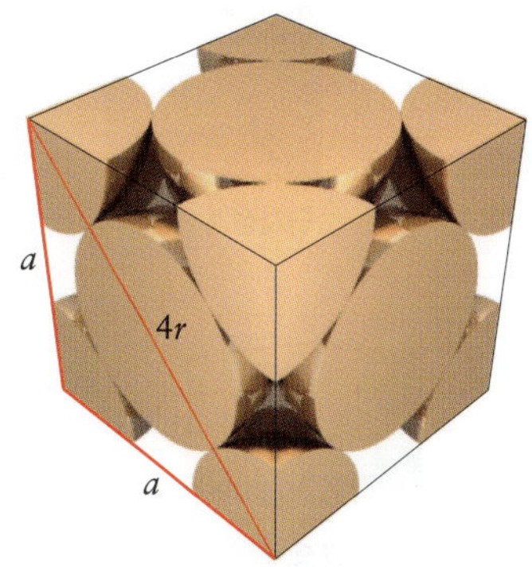

그림 3G.14 면심 입방체 단위 세포의 크기와 구의 반지름 r과의 관계. 구들은 한 면의 대각선을 따라서 맞닿아 있다.

이제, 모서리 길이가 a인 입방체의 부피는 a^3이다. 그런데 a와 구의 반경 r과 어떤 관련이 있는가? 두 모서리와 면의 대각선이 직각 삼각형을 형성하므로 Pythagoras 정리를 사용하여 두 모서리의 길이를 구할 수 있다. 직각 삼각형의 변이 a와 b인 경우 빗변(이 경우에는 면 대각선)의 길이 c가 $c^2 = a^2 + b^2$으로 주어진다. 여기서는 $b = a$, $c = 4r$이므로, $(4r)^2 = 2a^2$. 즉, $a = 8^{1/2}r$. 따라서 입방체의 부피는 $a^3 = 8^{3/2}r^3$이 된다. 각 구의 부피는 $\frac{4}{3}\pi r^3$이므로, 입방체 안에서 구들이 차지한 부피는 $4 \times \frac{4}{3}\pi r^3 = \frac{16}{3}\pi r^3$이다. 그러므로 구가 차지한 부피와 입방체 전체 부피의 비는 다음과 같다.

$$\frac{\text{구의 전체 부피}}{\text{입방체 전체의 부피}} = \frac{(16/3)\pi r^3}{8^{3/2}r^3} = \frac{16\pi}{3 \times 8^{3/2}} = 0.74\ldots$$

계산 결과, 결정 공간의 74%가 원자에 의해서 채워지고, 26%는 비어 있는 것으로 생각할 수 있다. hcp 구조의 배위수도 12이므로, 여기서도 마찬가지로 조밀 쌓임되어, 채워진 공간의 분율도 마찬가지이다.

밀집된 구조의 원자 사이에는 두 가지 유형의 구멍 또는 틈새가 있다. 세 원자 사이의 우묵한 곳에 다른 원자가 올라오면, **사면체 구멍(tetrahedral hole)**이 생긴다. 이는 네 원자가 정사면체의 귀퉁이에 있게 되기 때문이다(그림 3G.15). 조밀 쌓임 격자에서는 한 원자마다두 개의 사면체 구멍이 있다. 한 층의 우묵한 곳이 다음 층의 우묵한 곳과 일치하면, **팔면체 구멍(octahedral hole)**이 얻어진다. 이는 그림 3G.15와 같이 정팔면체의 귀퉁이에 여섯 원자가 있게 되기 때문이다. 조밀 쌓임 격자에는 원자마다 한 개의 팔면체 구멍이 있다. 구멍은 두 이웃 층에 의해서 이루어지고 이웃하는 조밀 쌓임 층은 hcp와 ccp에서 그 배열이 같으므로, 두 조밀 쌓임 구조에 있는 구멍의 수는 같다. 구멍들이 이온성 고체를 설명하는 데 사용되는 것은 곧 보게 된다.

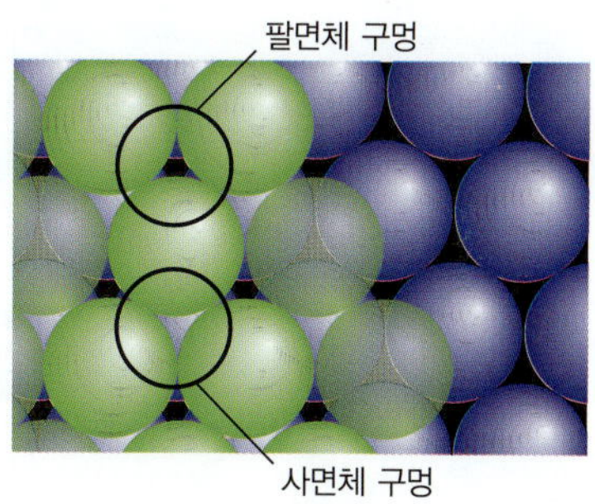

그림 3G.15 팔면체 구멍과 사면체 구멍의 위치. 사면체 구멍은 팔면체 구멍보다 두 배 많다. 두 가지 구멍 모두 다 두 이웃 조밀 쌓임 층에 의해서 정의되며, hcp와 ccp 구조에서 모두 같은 빈도로 나타남을 유의하자.

금속 결합에 부분적으로 방향성 공유 결합이 기여할 수 있기 때문에, 모든 금속이 밀집 구조를 갖는 것은 아니다. 이러한 구조와 이온성 고체의 구조를 논의하려면 더 복잡한 구조를 어떻게 설명할 수 있는지 탐구할 필요가 있다.

많은 금속은 그 원자가 육방형이나 입방형 배열을 하는 조밀 쌓임 구조를 갖는다. 조밀 쌓임 구조를 이룬 원자의 배위수는 12이다. 조밀 쌓임 구조에는 한 원자마다 하나의 팔면체 구멍과 두 개의 사면체 구멍이 있다.

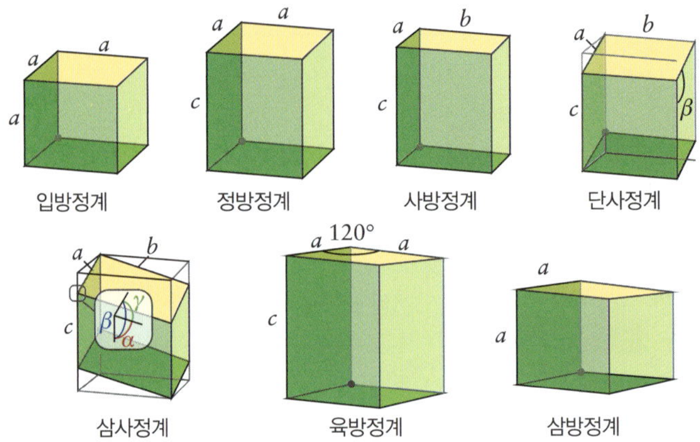

그림 3G.16 7가지 결정계. 각 계는 특성적 모서리 길이 a, b, c와 면각 α, β, γ로 묘사된다.

3G.5 결정계와 단위 세포

자연의 놀라운 사실은 모든 결정 구조가 7개의 고유한 대칭성을 가진 결정계 중 하나로 기술될 수 있다는 것이다(그림 3G.16). 결정의 겉모습은 원자, 이온 및 분자가 함께 쌓이는 방식을 반영한다.

이러한 구조는 아무런 틈이나 회전 없이 반복적으로 함께 쌓을 때 전체 결정을 재현할 수 있는 가장 작은 단위인 **단위 세포**(**unit cell**)로 대변할 수 있다. 단위 세포는 결정계 중 하나와 동일한 모양을 가지고 있지만 원자, 이온, 혹 분자의 배치를 점으로 표시하여 배열을 더 자세히 보여 준다. 점을 포함한 단위 세포가 쌓여 **결정 격자**(**crystal lattice**)를 형성한다. 예를 들어, **원시 입방 구조**(**primitive cubic structure**)에는 입방체의 각 귀퉁이에 원자가 하나씩 있다. 이 구조가 금속을 대변한다면, 양이온을 나타내는 단단한 구들이 모서리를 따라서 서로 접한다(그림 3G.17a). 이 구조는 폴로늄 원소에서만 알려져 있다. 이 준금속(metalloid)에서는 공유 결합이 매우 강해서, 금속 결합의 조밀 쌓임 경향을 능가한다. **체심 입방 구조**(**body-centered cubic structure**, bcc)에서는 여덟 개 원자로 이루어진 입방체의 중심에 원자가 1개 들어 있다(그림 3G.17b). 이 구조는 조밀 쌓임된 것이 아니어서, 체심 입방 구조의 금속은 종종 압력을 가하여 조밀 쌓임 형태로 바꿀 수 있다. 철, 소듐, 포타슘은 bcc 구조로 결정화되는 금속의 예이다. 그림 3G.17c의 입방 조밀 쌓임 단위 세포에는 입방체의 귀퉁이마다 원자가 1개씩 있고 각 면의 중심에 원자가 1개 있는데, 이를 **면심 입방 구조**(**face-centered cubic structure**, fcc)라고 한다.

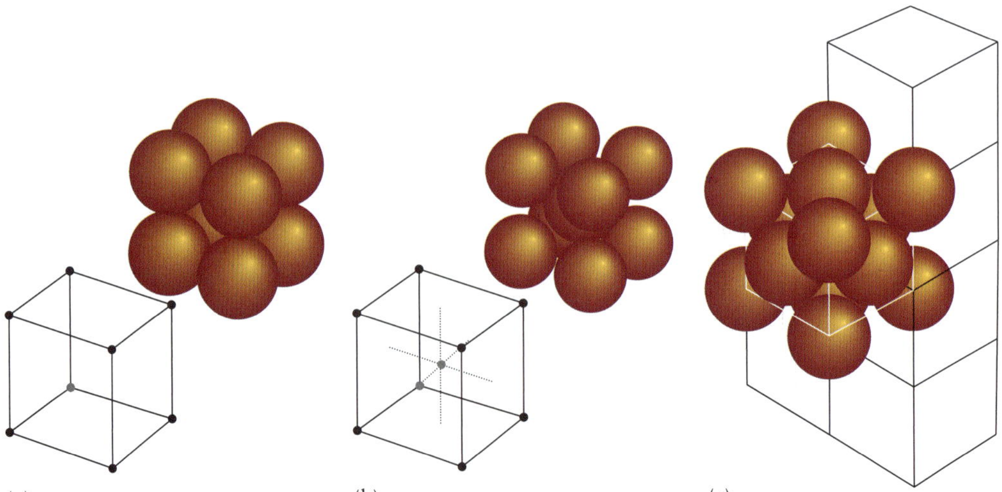

그림 3G.17 (a) 원시 입방 단위 세포에는 각 귀퉁이에 원자가 하나씩 있다. 금속에서는 이 구조가 드물다. (b) 체심 입방(bcc) 구조. 이 구조는 면심 입방이나 육방 조밀 쌓임 구조처럼 밀집되어 있지 않다. 금속에서는 이 구조가 조밀 쌓임 구조보다 흔하지 않다. 일부의 이온성 구조는 이 모형을 따른다. (c) 면심 입방 단위 세포는 각 면의 중심에 원자가 있다. 전체 결정 구조는 단일 유형의 단위 세포들을 아무 틈새 없이 쌓아서 만들어진다.

각 단위 세포에 얼마나 많은 금속 원자가 존재하는지 알아야 하는 경우가 많다. 단위 세포의 원자 수는 이들이 이웃 세포와 공유하는 방식을 주목하여 계산한다.

- 한 세포의 중심에 있는 원자는 전적으로 그 세포에 속하여 1개로 계산한다.
- 두 세포가 공유하는 면의 원자는 1/2개로 계산한다.
- 8개의 세포가 공유하는 꼭짓점에 위치한 원자는 1/8개로 계산한다.

fcc 구조에는 여덟 귀퉁이 원자가 $8\times\frac{1}{8}=1$개씩 세포에 기여한다. 면의 중심에 있는 여섯 원자는 $6\times\frac{1}{2}=3$개의 원자가 세포에 기여한다(**그림 3G.18**). 그러므로 fcc 단위 세포에 있는 총 원자수는 $1+3=4$이며, 단위 세포의 질량은 원자 한 개 질량의 네 배가 된다. bcc 단위 세포에는(그림 3G.17b에서처럼), 중심에 있는 원자는 세포에 온전히 속한다. 그러므로 중심의 원자 한 개와 여덟 귀퉁이에서 각 ⅛씩 기여하는 원자의 기여를 합하여 $1+\left(8\times\frac{1}{8}\right)=2$개의 원자가 단위 세포에 있다.

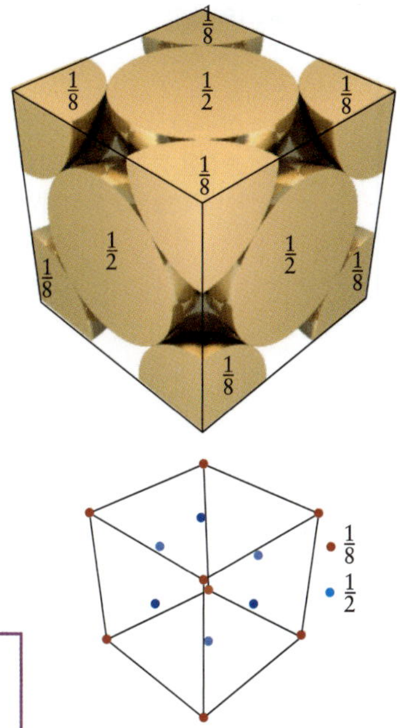

그림 3G.18 면심 입방 세포에서 알짜 원자 수의 계산.

자습 3G.2A 원시 단위 세포 내에는 몇 개의 원자가 있는가(그림 3G.17a 참조)?

[**답**: 1]

자습 3G.2B (**2**)에 나타낸 것과 같이 각 귀퉁이에 하나의 원자가 있고, 세포 반대인 면에 둘이 있으며, 세포 내 대각선상에 두 개가 있는 단위 세포 구조에서는 몇 개의 원자가 한 단위 세포에 포함되는가?

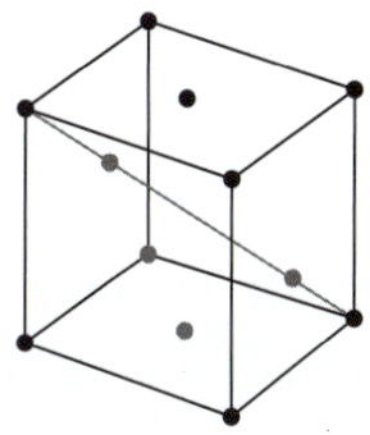

2

금속(또는 고체)의 단위 세포의 형태를 알아보는 가장 좋은 방법은, 단위 세포의 각 형태에 따른 특성적 회절 모양을 조사하는 X-선 회절법이다. 그러나 조밀 쌓임된 것과 그렇지 않은 구조 사이의 차이를 구별하는 데 사용될 수 있는 보다 간단한 과정은 금속의 밀도를 측정하는 것이다. 예상 단위 세포의 밀도를 계산하여 어떤 구조가 측정된 밀도와 부합되는가를 결정한다. 밀도는 세기 성질이다. 즉, 시료의 크기에 의존하지 않는다(**기초 지식** A). 따라서 단위 세포와 벌크 시료의 밀도는 같다. 이 방식으로는 육방과 입방 조밀 쌓임을 구별할 수 없다. 왜냐하면 같은 배위수를 가지므로, 같은 밀도를 갖기 때문이다(주어진 원소의 경우).

예제 3G.1 금속의 밀도로부터 구조 추정

구리가 매우 가치 있는 까닭은 그 구조로 인한 높은 전성 때문이다. 여러 가지 열처리가 구리의 결정 구조에 어떤 영향을 미치는지 조사해 달라는 요청을 받았다고 하자. 구조 변화를 알 수 있는 한 방법은 밀도의 변화이다. 구리를 열처리하였더니 밀도가 8.93 $g\cdot cm^{-3}$이었다. 이 금속은 (a) 체심 입방 구조인가 (b) 조밀 쌓임 구조인가? 구리 원자 반지름은 128 pm이다.

계획 구조가 bcc 및 ccp(fcc)라고 각각 가정하고 금속의 밀도를 계산한다. 밀도가 실험값과 더 가까운 구조가 실제 구조일 가능성이 높다. 단위 세포의 질량은 그 안에 있는 원자들의 질량의 합이다. 각 원자의 질량은 그 원소의 몰질량을 Avogadro 수로 나눈 것이다. 입방 단위 세포의 부피는 모서리 길이의 세제곱이다. 이 길이는 금속 원자의 반지름, Pythagoras 정리 및 세포의 기하학적 구조로부터 얻어진다.

풀이 (a) bcc 단위 세포의 밀도를 계산하기 위해서, 입방체의 변의 길이 a를 먼저 알아보자. 세포면의 대각선 길이를 f, 세포체의 대각선 길이를 b라고 하자. **그림 3G.19b**의 bcc 중심을 지나는 단면에서 $b=4r$임을 알 수 있고, 단면을 둘로 나누는 직각 삼각형에 Pythagoras 정리를 적용하면 $a^2+f^2=b^2=(4r)^2$가 된다. 또한 입방체의 면에 Pythagoras 정리를 적용하면 $f^2=2a^2$이므로

$$a^2+f^2=a^2+2a^2=3a^2$$

그림 3G.19 세 가지 입방 단위 세포의 구조. 원자 혹은 이온을 나타내는 구의 반지름 *r*과 각 세포의 크기와의 관계를 보여 준다. 세포의 모서리는 *a*, 세포의 중심을 통과하는 대각선은 *b*, 면에서의 대각선은 *f*로 나타내었다.

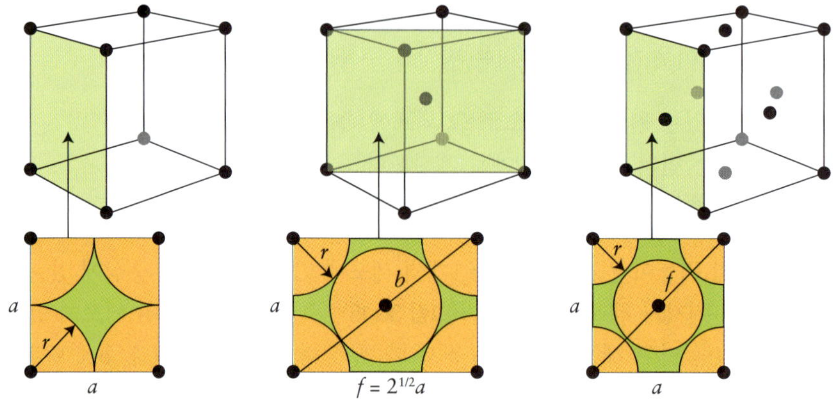

(a) 원시 입방 (b) 체심 입방 (c) 면심 입방

즉 $3a^2=(4r)^2$이므로, $a=4r/3^{1/2}$로 주어진다. 각 단위 세포는 여덟 귀퉁이 각각에 하나의 구와 중심에 하나의 구를 포함하므로, 전체 $8\times\frac{1}{8}+1=2$개의 구를 포함한다. 따라서 체심 입방 단위 세포의 전체 질량은 $2M/N_A$이다. 따라서

$d=m/a^3$, $m=2M/N_A$, $a=4r/3^{1/2}$로부터

$$d=\frac{\overbrace{2M/N_A}^{\text{질량}}}{\underbrace{(4r/3^{1/2})^3}_{\text{부피}}}=\frac{3^{3/2}\times 2M}{N_A(4r)^3}=\frac{3^{3/2}M}{32N_Ar^3}$$

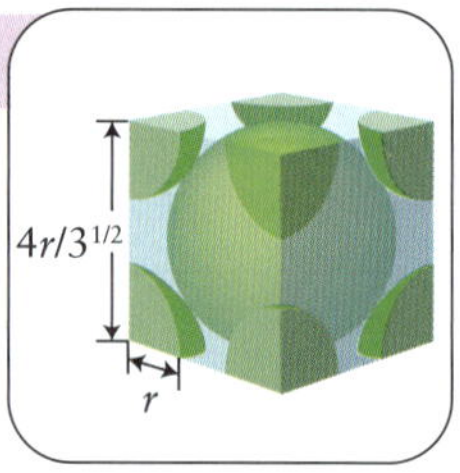

반지름 128 pm는 1.28×10^{-8} cm이고 구리의 몰질량(표지 안쪽의 주기율표에서)은 63.55 $g\cdot mol^{-1}$이다. 그러므로 예상되는 밀도는

$d=4M/(8^{3/2}N_Ar^3)$으로부터

$$d=\frac{3^{3/2}\times(63.55\ g\cdot mol^{-1})}{32\times(6.022\times10^{23}\ mol^{-1})\times(1.28\times10^{-8}\ cm)^3}=8.17\ g\cdot cm^{-3}$$

(b) 반지름 r인 구로 된 fcc 단위 세포의 정사각형 면의 대각선 길이는 $4r$이므로, 모서리 길이는 a는 $a^2+a^2=(4r)^2$서 $a=8^{1/2}r$임을 알 수 있다(그림 3G.17c). 이 단위 세포의 부피는 a^3이다. 이 세포에는 원자가 네 개 있으므로, 한 단위 세포의 질량 m은 원자 1개의 질량(M/N_A)의 네 배이다. 따라서 밀도 d는 다음과 같다.

$d=m/a^3$, $m=4M/N_A$, $a=8^{1/2}r$로부터

$$d=\frac{\overbrace{4M/N_A}^{\text{질량}}}{\underbrace{(8^{1/2}r)^3}_{\text{부피}}}=\frac{4M}{8^{3/2}N_Ar^3}$$

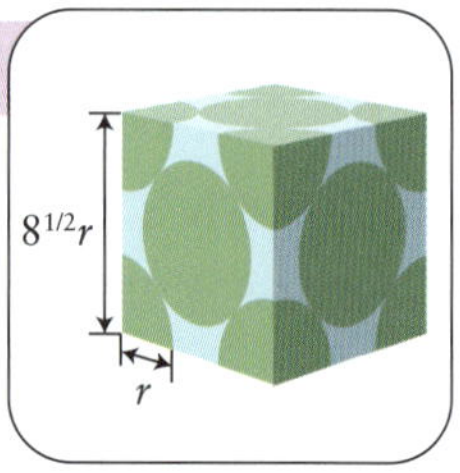

$d=4M/(8^{3/2}N_Ar^3)$으로부터

$$d=\frac{4\times(63.55\ g\cdot mol^{-1})}{8^{3/2}\times(6.022\times10^{23}\ mol^{-1})\times(1.28\times10^{-8}\ cm)^3}=8.90\ g\cdot cm^{-3}$$

평가 체심 입방 구조의 밀도 8.17 $g\cdot cm^{-3}$은 조밀 쌓임 구조의 8.90 $g\cdot cm^{-3}$보다 실험값 8.93 $g\cdot cm^{-3}$과 더 차이가 난다. 그러므로 구리는 조밀 쌓임 구조를 갖는다고 예측한다. 실제로 X-선 회절법에 의하면 구리는 상온, 상압에서 입방 조밀 쌓임 구조를 가진다.

자습 3G.3A 은의 원자 반지름은 144 pm이고, 밀도는 10.5 g·cm^{-3}이다. 은의 구조는 조밀 쌓임 입방인가 아니면 체심 입방인가?

[**답**: 조밀 쌓임 입방]

자습 3G.3B 철의 원자 반지름은 124 pm이고, 밀도는 7.87 g·cm^{-3}이다. 이 밀도는 조밀 쌓임 입방과 체심 입방 중 어느 구조와 부합되는가?

관련 연습 문제 3G.13, 3G.14

모든 결정 구조는 7가지 결정계 중 하나에 속한다. 단위 세포는 결정 내부의 원자 배열을 요약한다. 금속의 단위 세포에 들어 있는 원자의 알짜 개수는 세포 안에 존재하는 각 원자의 분율을 더하여 알아낸다. 금속의 단위 세포 종류는 밀도를 측정하여 추정할 수 있다.

3G.6 이온성 고체

이온성 고체의 구조는 원소 금속의 경우처럼 구의 배열을 기본으로 하지만, 반대 전하를 띠고 크기가 다른 이온을 고려해야 하기 때문에 복잡하다. 예를 들어, 염화 소듐은 Na^+ 이온을 나타내는 반지름 102 pm의 양전하를 띤 구와 Cl^- 이온을 나타내는 반지름 181 pm의 음전하를 띤 구를 함께 쌓아서 가장 낮은 에너지를 갖도록 해야 한다. 결정은 전체적으로 전기적 중성이므로, 각 단위 세포는 화합물의 화학량론을 반영하고, 그 자체가 전기적으로 중성이어야 한다.

도움이 되는 출발점은 조밀 쌓임 구조 중 하나이다. 대개 음이온이 동반하는 양이온보다 크므로, 음이온이 약간 팽창된 조밀 쌓임 구조를 이루고, 이 팽창된 격자 속에 커진 구멍을 작은 양이온이 차지한다고 생각할 수 있다. 약간 커진 사면체 구멍에는 비교적 작아서 작은 양이온만이 들어갈 수 있다. 팔면체 구멍은 좀더 크며, 약간 큰 양이온이 들어갈 수 있다.

암염 구조(rock-salt structure)는 염화 소듐 광물에서 이름을 따온 일반적인 이온 구조이다(**그림 3G.20**). 구조에 대해 생각하는 한 가지 방법은, Cl^- 이온이 입방체의 면심과 귀퉁이에 있는 면심 입방체를 이룬다는 것을 알아차리는 것이다. 이 배열은 팽창된 ccp 배열과 비슷하고, 이 팽창은 음이온끼리의 접촉을 막아서 반발을 줄이며, Na^+ 이온이 들어가기에 충분한 크기의 구멍을 만든다. Na^+ 이온은 Cl^- 이온 사이의 팔면체 구멍에 들어간다. 조밀 쌓임 배열에서는 각 음이온마다 한 개의 팔면체 구멍이 있으므로, 모든 팔면체 구멍이 채워진다.

그림 3G.21과 같이 각 이온은 여섯 개의 반대 전하 이온으로 둘러싸이면서, 그림 3G.20의 모양이 계속 반복된다. 염화 소듐 결정은 수많은 작은 입방체의 삼차원 배열이다.

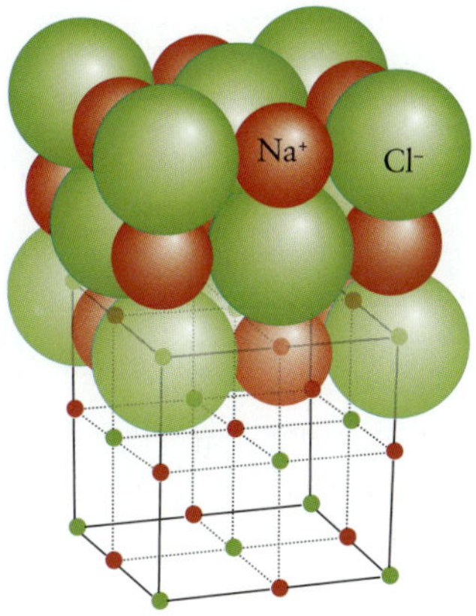

그림 3G.20 암염 구조의 이온 배열.

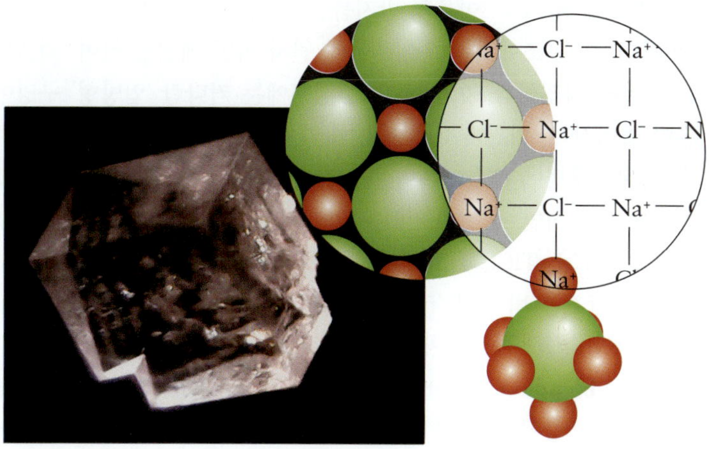

그림 3G.21 이 현미경 사진에 나타낸 염화 소듐 결정의 부드러운 면을 재현하기 위해서는 수십억 개의 단위 세포가 쌓여야 한다. 첫째 삽입 그림은 몇 개의 접한 단위 세포를 보여 준다. 둘째 삽입 그림은 개별 이온을 확인해 준다. 셋째 삽입 그림(오른쪽 아래)은 한 음이온이 그 이웃 여섯 개의 양이온과 배위함을 보여 준다. (*Juan José Castaño/CC BY-SA 4.0/Wikimedia Commons*)

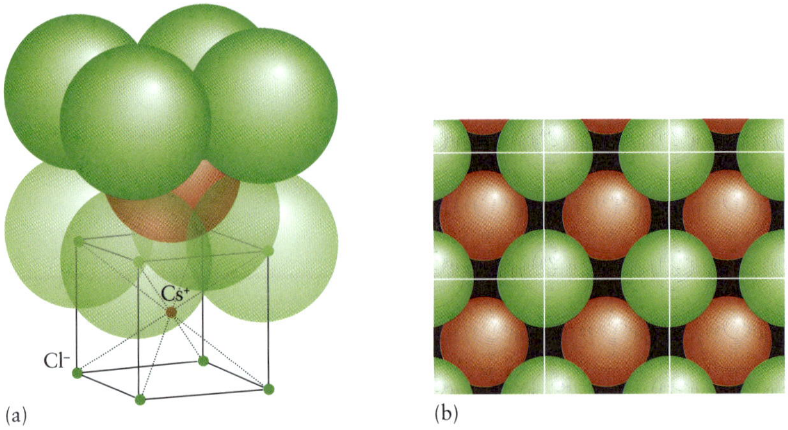

그림 3G.22 (a) 염화 세슘 구조. (b) 결정의 한쪽에서 본 것으로 전체 구조의 일부를 보여 준다.

이온성 고체에서 '배위수'는 한 이온 주위 바로 가까이에 오는 반대 전하 이온의 수를 뜻한다. 암염 구조에서는 양이온과 음이온의 배위수가 둘 다 6이며, 전체적인 구조를 (6,6)-배위를 가진다고 기술한다. 이 기호에서 첫째 수는 양이온 배위수이고, 둘째는 음이온 배위수이다. 암염 구조는 같은 전하수의 이온들로 이루어진 광물에서 많이 발견되며, KBr, RbI, CaO, AgCl 등이 있다. 양이온과 음이온이 매우 다른 반지름을 가질 때 흔히 관찰되며, 작은 양이온이 음이온의 면심 입방 배열 속 팔면체 구멍에 들어간다. **반지름 비(radius ratio**, ρ)는 다음과 같이 정의된다.

$$\text{반지름비} = \frac{\text{작은 이온의 반경}}{\text{큰 이온의 반경}} \quad \text{또는} \quad \rho = \frac{r_{\text{작은}}}{r_{\text{큰}}} \tag{1}$$

이 값은 구조의 종류를 예상할 수 있는 지표가 된다. 많은 예외가 있기는 하지만, 암염 구조는 반지름 비가 0.4~0.7일 경우에 예상된다. 예를 들어, Mg^{2+} 이온의 반지름은 72 pm이고, O^{2-} 이온은 140. pm이다. 그러므로 MgO의 반지름 비는

$$\rho = \frac{\overbrace{72\text{ pm}}^{Mg^{2+}\text{의 반지름}}}{\underbrace{140.\text{ pm}}_{O^{2-}\text{의 반지름}}} = 0.51$$

이 비는 암염 구조의 조건에 해당하며, 실제로도 MgO는 암염 구조이다.

양이온과 음이온의 반지름이 비슷하여 $\rho > 0.7$이면, 각 양이온 주위에 더 많은 음이온이 올 수 있다. 그러면 이온들은 염화 세슘 CsCl과 같이 **염화 세슘 구조(cesium chloride structure)**를 가질 수 있다(그림 3G.22a). Cs^+ 이온의 반지름은 167 pm이고, Cl^- 이온은 181 pm이어서 반지름비가 0.923이다. 이 구조에서는 음이온들이 원시 입방 배열을 하여, 각 단위 세포의 여덟 귀퉁이에 Cl^- 이온이 자리한다. 이 세포의 중심부에는 커다란 '입방형' 구멍이 있으며, 이 안으로 Cs^+ 이온이 들어간다. 마찬가지로 여덟 개의 Cs^+ 이온이 원시 입방 단위 세포의 귀퉁이에 있고, 그 중심부의 구멍에 Cl^- 이온이 들어간다고 볼 수도 있다(그림 3G.22b). 각 이온 종의 배위수는 8이며, 전체적인 구조는 (8,8)-배위를 갖는다. 염화 세슘 구조는 암염 구조만큼 흔하지는 않지만, CsBr, CsI, TlCl, TlBr에서 발견된다.

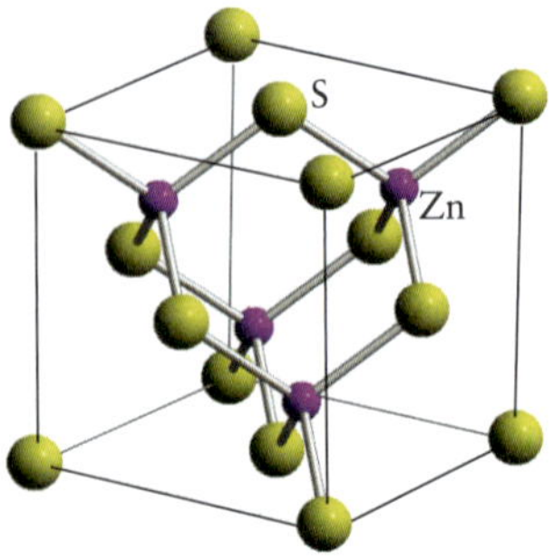

그림 3G.23 섬아연광(sphalerite) 구조. 황화 이온(노란색)으로 구성된 면심 입방 단위 세포 안에서 네 개의 아연 이온(보라색)이 사면체를 형성한다. 아연 이온은 황화 이온 사이의 사면체 구멍들의 절반을 차지한다. 각 아연 이온이 네 개의 황화 이온으로 둘러싸이고,각 황화 이온이 마찬가지로 네 개의 아연 이온으로 둘러싸여 있다.

이온 결합 화합물의 반지름 비가 대략 0.4보다 작으면, 즉 양이온 반지름이 음이온 반지름보다 매우 작으면 작은 사면체 구멍이 채워질 수도 있다. 예로는 ZnS 광물의 한 형태에서 유래한 **섬아연광 구조(zinc-blende structure**, sphalerite 구조라고도 함)가 있다(그림 3G.23). 이 구조는 큰 S^{2-} 음이온의 팽창된 입방 조밀 쌓임 격자에 바탕을 두고, 작은 Zn^{2+} 양이온이 사

면체 구멍들의 절반을 차지한 것이다. 각 Zn^{2+} 이온은 네 개의 S^{2-} 이온으로 둘러싸여 있고, 각 S^{2-} 이온은 네 개의 Zn^{2+} 이온으로 둘러싸여 있으므로, 섬아연광 구조는 (4,4)-배위를 갖는다(섬아연광 구조와 그림 3G.6의 다이아몬드 구조가 비슷함에 유의하자).

자습 3G.4A 고체 염화 암모늄의 (a) 구조와 (b) 배위 형태를 예측하시오. 암모늄 이온은 반지름 151 pm인 구라고 가정한다.

[**답:** (a) 염화 세슘 구조, (8,8)-배위]

자습 3G.4B 고체 황화 칼슘의 (a) 구조와 (b) 배위 형태를 예측하시오.

이온성 고체의 기본 모형은 적절한 크기의 반지름을 가진 단단한 구들이 가장 낮은 전체 에너지를 갖는 중성의 단위 세포가 배열되는 형태로 쌓인다는 것이다. 결합이 순수한 이온성이 아니라면 이 모형은 맞지 않게 된다. 그때는 다른 배열의 모형을 적용해야 한다. 공유 결합의 성격이 커지면, 특정 방향의 결합이 선호되어 이온들이 서로 특정한 위치에 놓이게 된다. 한 예로서 비소화 니켈 NiAs가 있다. 이 고체에서는 작은 Ni^{3+} 양이온이 큰 As^{3-} 음이온을 편극시켜서(Topic 2D 참조), 이 결합은 어느 정도 공유 특성을 갖는다. 이 이온들은 순수한 이온성일 때 구를 쌓는 것과는 아주 다른 배열로 쌓인다(그림 3G.24). 일단 이온 결합 화합물의 구조가 알려지면, 금속의 경우와 마찬가지로 밀도를 추정할 수 있다.

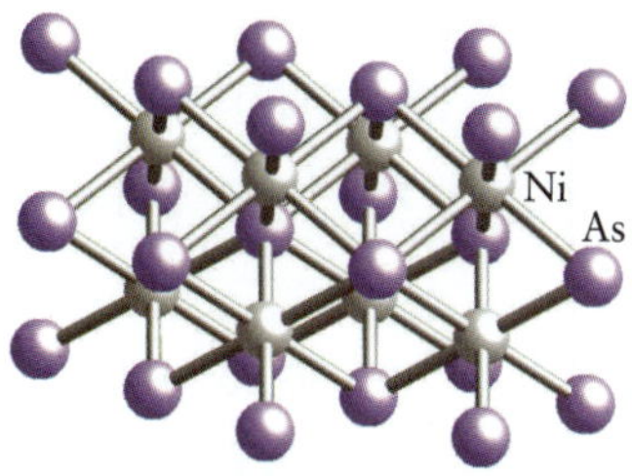

그림 3G.24 비소화 니켈 NiAs의 구조. 결합의 공유 특성이 중요해질 때는 이러한 비정상적 구조가 얻어지며, 이온들이 그들의 결합을 최대화하기 위하여 서로 특정한 위치를 취한다.

예제 3G.2 이온성 고체의 밀도 계산

세슘은 DNA 사슬을 분리할 때 사용된다. 염화 세슘의 결정 구조로부터 밀도를 계산하시오.

예상 이온 결합 화합물의 전형적인 밀도는 수 $g\cdot cm^{-3}$이므로, 비슷한 크기의 밀도가 예상된다.

계획 덩어리 고체의 밀도는 단위 세포의 밀도와 같다. 염화 세슘 단위 세포의 부피는 Pythagoras 정리를 이용하여 구한 모서리 길이의 세제곱이다. 단위 세포의 질량은 각 이온의 알짜 개수를 세고, 각 이온의 질량(몰질량을 Avogadro 수로 나눈 것으로 이온과 원자의 몰질량의 차이는 무시할 수 있다)을 사용하여 계산한다. 밀도는 질량을 부피로 나눈 것이다. 양이온과 음이온이 대각선 방향으로 맞닿아 있거나(염화 세슘의 경우), 모서리를 따라 맞닿아 있다고(암염의 경우) 가정한다.

풀이

Cs^+ 이온의 반지름은 167 pm이고, Cl^-는 181 pm이다.
따라서 단위 세포 대각선의 길이는 $b = r(Cl^-) + 2r(Cs^+) + r(Cl^-)$에서

$$b = \overbrace{181}^{r(Cl^-)} + 2\overbrace{(167)}^{r(Cs^+)} + \overbrace{181}^{r(Cl^-)}\ pm = 696\ pm$$

$$= 6.96 \times 10^{-8}\ cm \text{ (그림 3H.27b)}$$

모서리의 길이 a는 $a = b/3^{1/2}$에서 구한다(예제 3G.1 참조).

따라서 단위 세포의 부피는 $a^3 = (b/3^{1/2})^3$.

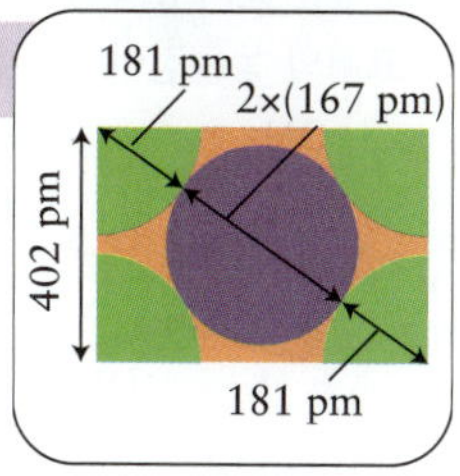

각 체심 단위 세포에는 한 개의 Cs^+ 이온(몰질량 132.91 $g\cdot mol^{-1}$)과 한 개의 Cl^- 이온(몰질량

35.45 g·mol^{-1})이 들어 있다. 단위 세포의 총 질량은 이 두 몰질량의 합을 Avogadro 상수 N_A로 나눈 것이다.

$d = M/N_A(b/3^{1/2})^3$에서

$$d = \frac{(132.91+35.45)\ \text{g}\cdot\text{mol}^{-1}}{(6.022\times10^{23}\ \text{mol}^{-1})\times(6.96\times10^{-8}\ \text{cm}/3^{1/2})^3} = 4.31\ \text{g}\cdot\text{cm}^{-3}$$

평가 계산된 값은 예상 범위 이내이지만, 실험값은 3.99 g·mol^{-3}이다. 차이가 나는 것은 이온들이 단단한 구라고 가정한 이유 때문일 것이다.

자습 3G.5A 염화 소듐의 결정 구조로부터 밀도를 계산하시오.

[**답**: 2.14 g·cm^{-3}; 실험값: 2.17 g·cm^{-3}]

자습 3G.5B 아이오딘화 세슘의 결정 구조로부터 밀도를 계산하시오.

관련 연습 문제 3G.31, 3G.32

이온들은 최저 에너지에 해당되는 규칙적인 결정 구조로 쌓인다. 구조는 양이온과 음이온의 반지름 비에 의존한다. 이온 결합에 공유 특성이 더해지면 결합에 방향성이 부여된다.

이 Topic에서 배운 것은 무엇인가?

고체는 분자성, 그물형, 금속성, 이온성으로 분류되며, 결정 구조는 단위 세포를 이용해 기술한다는 것을 배웠다. 결정 구조를 모형화하는 중요한 방법은 상대적 크기와 이온성 고체의 경우 전하에 따른 특정한 방법으로 쌓인 단단한 구의 집합으로 생각하는 것임도 배웠다.

개념과 식의 적용

- ☐ 분자성, 그물형, 금속성, 이온성 고체의 구조와 성질을 요약한다(3G.1~3G.4절).
- ☐ 주어진 결정 격자에서 원자가 차지한 공간 분율을 계산한다(3G.4절).
- ☐ 주어진 결정 격자에서 원자나 이온의 배위수를 구한다(3G.4절).
- ☐ 주어진 단위 세포에서 원자나 이온의 수를 계산한다(자습 3G.2).
- ☐ 금속의 구조를 밀도로부터 유추한다(예제 3G.1).
- ☐ 이온성 고체의 구조를 기술하고 밀도를 계산한다(예제 3G.2).
- ☐ 이온들의 상대적 반지름으로부터 이온성 고체의 구조를 예측한다(3G.6절).

Topic 3G 연습 문제

3G.1 글루코스($C_6H_{12}O_6$)와 벤조페논($C_6H_5COC_6H_5$)은 분자성 고체를 이루는 화합물의 예이다. 글루코스와 벤조페논의 구조를 아래에 나타내었다.
(a) 이들 분자는 분자성 고체에서 어떤 종류의 힘이 상호 작용하는가?
(b) 어느 고체의 녹는점이 높겠는가?

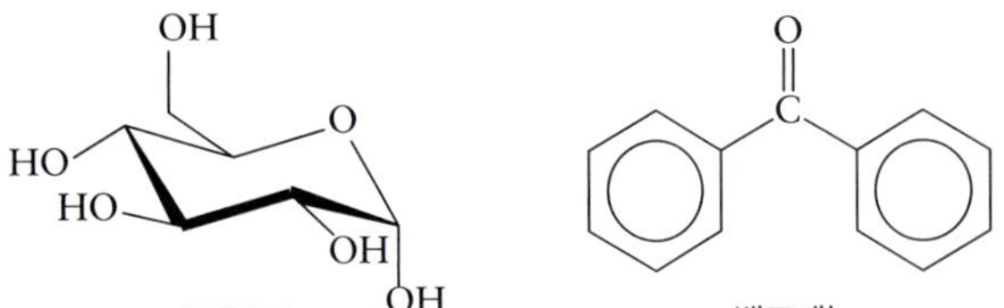

글루코스 벤조페논

3G.2 클로로메테인(CH_3Cl)과 아세트산(CH_3COOH)은 분자성 고체를 이룬다.
(a) 이들 분자는 분자성 고체에서 어떤 종류의 힘이 상호 작용하는가?
(b) 어느 액체의 어는점이 높겠는가?

3G.3 다음의 각 고체를 이온성, 분자성, 금속성, 그물형 고체로 분류하시오.
(a) 석영, SiO_2 (b) 석회석, $CaCO_3$ (c) 드라이아이스, CO_2 (d) 설탕, $C_{12}H_{22}O_{11}$ (e) 폴리에틸렌, $-CH_2CH_2-$ 단위가 수천 개 되풀이되는 사슬로 이루어진 분자를 가진 고분자

3G.4 다음의 각 고체를 이온성, 그물형, 금속성, 분자성 고체로 분

류하시오.

(a) 황철광(바보 금) FeS_2 (b) 옥테인(휘발유의 한 성분) C_8H_{18} (c) 입방형 질소화 붕소(구조가 다이아몬드와 비슷하지만, 붕소와 질소 원자가 교대로 있음) BN (d) 황산 칼슘(석고) $CaSO_4$ (e) 모터사이클 위의 크로뮴 도금

3G.5 세 개의 미지 물질을 분류하기 위해 시험하여 다음의 표와 같은 결과를 얻었다. 표 3G.1을 이용하여 물질 A, B, C를 금속성, 이온성, 그물형, 분자성 고체로 분류하시오.

물질	모양	녹는점/°C	전기 전도도
A	단단하고, 흰색	800	물에 녹았을 때만
B	빛나고, 전성	1500	높다
C	부드럽고, 노란색	113	없다

3G.6 세 개의 미지 물질을 분류하기 위해 시험하여 다음의 표와 같은 결과를 얻었다. 표 3G.1을 이용하여 물질 X, Y, Z를 금속성, 이온성, 그물형, 분자성 고체로 분류하시오.

물질	모양	녹는점/°C	전기 전도도
X	부스러지고, 흰색	146	없다
Y	매우 단단하고, 무색	1600	없다
Z	단단하고, 오렌지색	398	물에 녹았을 때만

3G.7 철은 bcc 구조로 결정화된다. 철 원자의 반지름은 124 pm이다. (a) 단위 세포에 포함된 원자의 수, (b) 격자의 배위수, (c) 단위 세포 모서리의 길이를 구하시오.

3G.8 준금속 폴로늄은 입방 단위 세포의 각 귀퉁이에 한 원자가 있는 원시 입방 구조로 결정화된다. 폴로늄의 원자 반지름은 167 pm이다. 단위 세포를 그리고, (a) 단위 세포에 포함된 원자의 수, (b) 폴로늄 원자의 배위수, (c) 단위 세포 모서리의 길이를 구하시오.

3G.9 주어진 자료로부터 다음 금속의 밀도를 계산하시오.

(a) 알루미늄, fcc 구조, 원자 반지름 143 pm

(b) 포타슘, bcc 구조, 원자 반지름 227 pm

3G.10 주어진 자료로부터 다음 금속의 밀도를 계산하시오.

(a) 니켈, fcc 구조, 원자 반지름 125 pm

(b) 루비듐, bcc 구조, 원자 반지름 248 pm

3G.11 주어진 자료로부터 다음 각 원소의 원자 반지름을 계산하시오.

(a) 백금, fcc 구조, 밀도 $21.45\ g\cdot cm^{-3}$

(b) 탄탈럼, bcc 구조, 밀도 $16.65\ g\cdot cm^{-3}$

3G.12 주어진 자료로부터 다음 각 원소의 원자 반지름을 계산하시오.

(a) 은, fcc 구조, 밀도 $10.50\ g\cdot cm^{-3}$

(b) 크로뮴, bcc 구조, 밀도 $7.19\ g\cdot cm^{-3}$

3G.13 로듐의 밀도는 $12.42\ g\cdot cm^{-3}$이고, 원자의 반지름은 134 pm이다. 이 금속은 조밀 쌓임 구조이겠는가 아니면 체심 입방 구조이겠는가?

3G.14 몰리브데넘의 밀도는 $10.22\ g\cdot cm^{-3}$이고, 원자의 반지름은 136 pm이다. 이 금속은 조밀 쌓임 구조이겠는가 아니면 체심 입방 구조이겠는가?

3G.15 규소의 한 형태는 밀도가 $2.33\ g\cdot cm^{-3}$이고, 단위 세포 모서리 길이가 543 pm인 입방 격자로 결정화된다.

(a) 각 단위 세포의 질량은 얼마인가?

(b) 한 단위 세포에 몇 개의 규소 원자가 있는가?

3G.16 크립톤은 모서리 길이가 559 pm인 면심 입방 단위 세포로 결정화된다.

(a) 고체 크립톤의 밀도는 얼마인가?

(b) 크립톤의 원자 반지름은 얼마인가?

(c) 한 크립톤 원자의 부피는 얼마인가?

(d) 각 원자를 단단한 구로 여기면 단위 세포의 몇 퍼센트가 빈 공간인가?

3G.17 길이가 l이고, 반지름이 r인 실린더가 조밀 쌓임될 때 차지한 공간의 백분율은 얼마인가?

3G.18 평면에 조밀 쌓임되도록 놓인 반지름이 r인 세 개의 원형 디스크가 이룬 공동의 반지름을 계산하시오. 세 개의 콤팩트디스크를 가지고 실험해 보고, 그들이 이룬 공동의 반지름을 측정해 보시오.

3G.19 다이아몬드와 흑연에서 탄소의 혼성과 구조를 비교하시오. 이 특징들이 어떻게 두 동소체의 물리적 성질의 차이를 설명할 수 있는가?

3G.20 보통의 '육방형' 흑연은 ABAB…의 형태로 층이 반복되는 구조를 가지고 있다. '마름모형' 흑연은 ABCABC…의 형태로 반복되는데, C 층은 다른 두 층에서 어긋나 있다. 마름모형 흑연의 구조를 그리시오.

3G.21 원자 하나 두께의 그래핀 시트는 Manchester 대학의 Andre Geim과 Kostya Novoselov의 실험실에서 처음 만들어졌다. 그들은 접착테이프로 흑연 조각을 집어 들고 한 층이 남을 때까지 다른 테이프 조각으로 층을 떼어 냈다. 2.0 cm 너비의 테이프 1.0 cm를 완전히 덮은 한 층이 남아있을 때까지 이 과정을 반복했다고 가정하자. (a) 테이프에 남아있는 탄소 원자의 수와 (b) 몰수를 추정하시오.

3G.22 원자 12개 두께의 그래핀 층이 직경 1.2 cm의 원형 실리콘 웨이퍼에 입혀졌다. (a) 입혀진 탄소 원자의 수와 (b) 몰수를 추정하시오.

3G.23 비소화 인듐은 섬아연광 구조로 결정화된다(그림 3G.23).

(a) 인듐과 비소화 이온의 배위수는 얼마인가?

(b) 비소화 인듐의 조성식을 쓰시오.

3G.24 온도에 따라 염화 루비듐은 암염(그림 3G.20) 또는 염화 세슘 구조(그림 3G.22a)로 존재할 수 있다.

(a) 각 구조에서 루비듐과 염소 이온의 배위수는 얼마인가?

(b) 이러한 구조 중 어느 것에서 루비듐 이온이 더 큰 '구멍'을 차지하는가?

3G.25 다음의 각 고체에서 단위 세포마다 양이온, 음이온, 화학식 단위의 수를 계산하시오.

(a) 그림 3G.22a에 나타낸 염화 세슘 단위 세포

(b) 다음에 나타낸 금홍석(TiO_2) 단위 세포

(c) 금홍석의 이온의 배위수는 얼마인가?

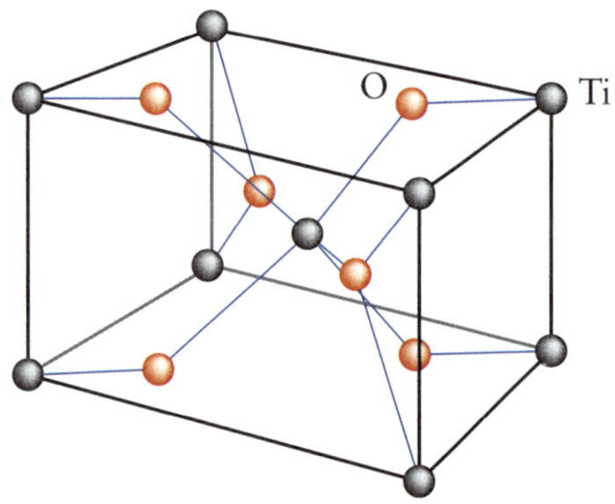

3G.26 다음의 각 고체에서 단위 세포마다 양이온, 음이온, 화학식 단위의 수를 계산하시오.

(a) 그림 3G.20에 나타낸 암염 단위 세포

(b) 다음에 나타낸 형석(CaF_2) 단위 세포

(c) 형석의 이온의 배위수는 얼마인가?

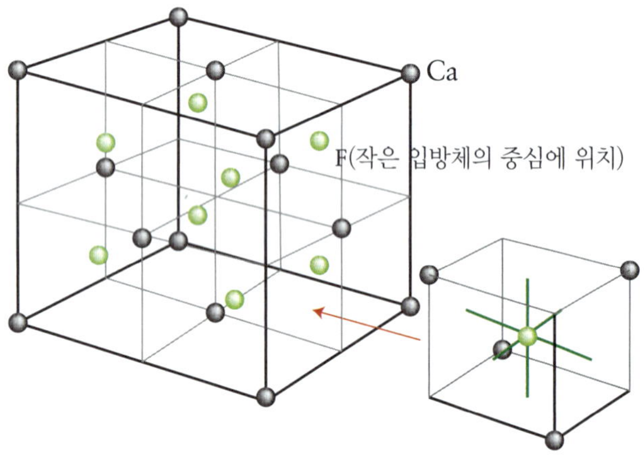

3G.27 레늄의 산화물이 결정화될 때, 레늄 양이온은 각 귀퉁이에, 산화 이온은 각 모서리의 중앙에 있는 입방체가 단위 세포이다.

(a) 두 이온의 배위수를 구하시오.

(b) 산화물의 식을 쓰시오.

3G.28 우라늄의 산화물이 결정화될 때, 우라늄의 양이온은 팽창된 입방 조밀 쌓임 구조를 만들고, 산화 이온은 사면체 구멍에 모두 들어간다.

(a) 두 이온의 배위수를 구하시오.

(b) 산화물의 식을 쓰시오.

3G.29 반지름 비를 이용하여 (a) RbF, (b) MgO, (c) NaBr에서 양이온의 배위수를 구하시오(그림 1F.4의 이온 반지름 값 참조).

3G.30 반지름 비를 이용하여 (a) CsF, (b) NaI, (c) CaS에서 양이온의 배위수를 구하시오(그림 1F.4의 이온 반지름 값 참조).

3G.31 그림 1F.4에 주어진 이온의 원자 반지름을 이용하여, 다음 각 고체의 밀도를 계산하시오.

(a) 산화 칼슘(암염 구조, 그림 3G.20) (b) 브로민화 세슘(염화 세슘 구조, 그림 3G.22a)

3G.32 다음 각 고체의 밀도를 계산하시오.

(a) 산화 마그네슘(암염 구조, 그림 3G.20), Mg^{2+}와 O^{2-} 이온 중심간 거리는 212 pm

(b) 황화 칼슘(염화 세슘 구조, 그림 3G.322a), Ca^{2+}와 S^{2-} 이온 중심간 거리는 284 pm

3G.33 흑연은 확장된 이차원 층들을 이룬다(그림 3G.7 참조).

(a) 흑연의 층에 관한 가능한 가장 작은 장방형 단위 세포를 그리시오.

(b) 단위 세포에는 몇 개의 탄소 원자가 들어 있는가?

(c) 흑연의 한 단일 층에 있는 탄소의 배위수는 얼마인가?

3G.34 암모늄 이온은 반지름 151 pm인 구로 나타낼 수 있다. 반지름 비를 사용하여 (a) NH_4F, (b) NH_4I에 얻어지는 격자 구조의 형태를 예측해 보시오.

3G.35 RbI의 fcc 단위 세포 모서리 길이가 732.6 pm이면, RbI 화학식 단위 1.00 mol을 포함하는 RbI 입방 단결정의 모서리는 얼마나 긴가?

3G.36 NaCl의 fcc 단위 세포 모서리 길이는 562.8 pm이다.

(a) 모서리 길이가 1.00 mm인 입방체인 NaCl 단결정(식탁용 소금)에는 단위 세포 몇 개가 들어 있는가?

(b) 이 결정에는 NaCl 화학식 단위 몇 몰이 들어 있는가?

다음의 예제와 연습 문제는 Focus 3의 전반적인 내용을 다룬다.

FOCUS 3 통합 예제

가장 초기의 모르타르 중 일부는 물보다는 CO_2와 반응하여 경화되는 **비수경 시멘트**(nonhydraulic cement)였다. 이 시멘트는 방해석 $CaCO_3(s)$를 강하게 가열하여 CO_2 기체를 제거하고 생석회 $CaO(s)$를 생성시켜 만들어진다. 생성된 고체를 물과 혼합하여 소석회 $Ca(OH)_2$의 반죽을 만들고, 모래 또는 화산재를 첨가하여 석회 모르타르를 형성한다. 로마 콜로세움(Roman Colosseum)과 판테온(Pantheon)은 이 종류의 모르타르로 만들어졌으며, 오랜 세월을 견뎌 왔다. 당신은 고대 건축 기법을 연구하고 있으며, 이러한 물질의 화학적 성질을 이해하고자 한다.

(a) 다음 반응의 균형 화학 반응식을 쓰시오. (i) 방해석의 생석회로의 전환, (ii) 생석회와 물의 반응으로 소석회 형성, (iii) 소석회와 CO_2가 반응하여 탄산 칼슘을 형성하는 반응.

(b) 생석회 제조에서 온실가스인 이산화 탄소가 배출된다. 1.000 t(1 t = 10^3)의 $CaCO_3$를 가마에 넣고 850 °C로 가열하면 배출된 CO_2의 부피는 850 °C, 1기압에서 얼마이겠는가?

(c) (b)의 $CO_2(g)$가 22 °C의 실내 온도로 냉각되면 부피는 얼마이겠는가?

(d) 산화 칼슘은 (1)에 나타낸 입방 구조를 갖는다. 각 모서리의 길이는 481.1 pm이다. 모든 원자는 중심에 하나의 O 원자를 갖는 입방체의 모서리, 면 또는 귀퉁이에 있다. 이 정보와 $CaCO_3(s)$의 밀도(2.711 $g \cdot cm^{-3}$)를 사용하여 1.0 t의 $CaCO_3$에서 이산화 탄소가 배출될 때 고체의 부피 변화를 계산하시오.

(e) (d)의 결과로부터, 석회 모르타르와 함께 지은 벽돌 건물이 화재 발생 시 붕괴될 수 있는 이유를 제시하시오.

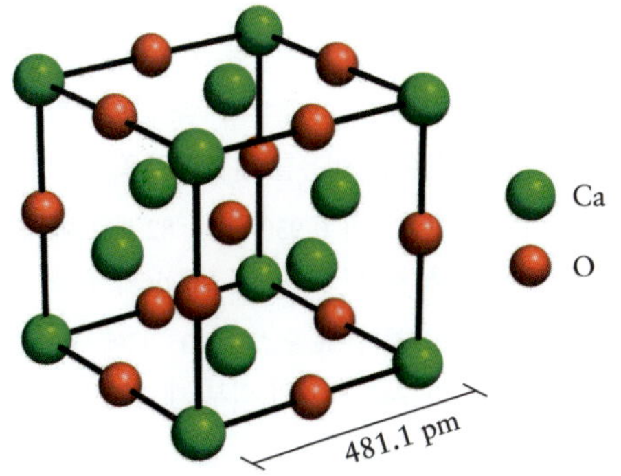

1 산화 칼슘, CaO

FOCUS 3 연습 문제

3.1 아래 그림은 두 가지 기체가 들어 있는 플라스크의 작은 부분을 보여 준다. 주황색 공은 네온 원자를, 푸른색 공은 아르곤 원자를 나타낸다.

(a) 네온의 부분 압력이 420. Torr라면 아르곤의 부분 압력은 얼마인가?

(b) 전체 압력은 얼마인가?

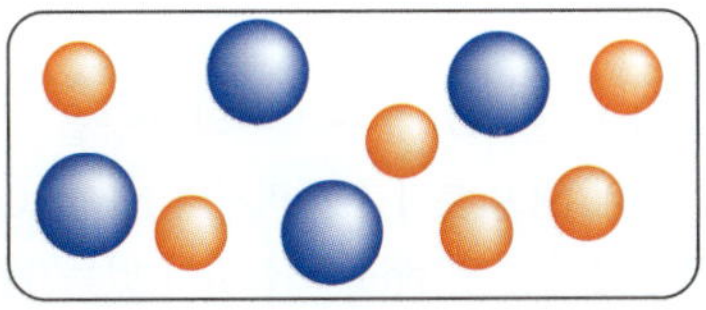

3.2 아래의 네 플라스크는 온도와 부피가 동일하다. 플라스크 I에는 He 원자, 플라스크 II에는 Cl_2 분자, 플라스크 III에는 Ar 원자, 플라스크 IV에는 NH_3 분자가 들어 있다. 어느 플라스크가 (a) 가장 많은 수의 원자를, (b) 가장 높은 압력을, (c) 가장 큰 밀도를, (d) 가장 큰 제곱 평균근 속력을, (e) 가장 큰 몰 운동 에너지를 가지겠는가?

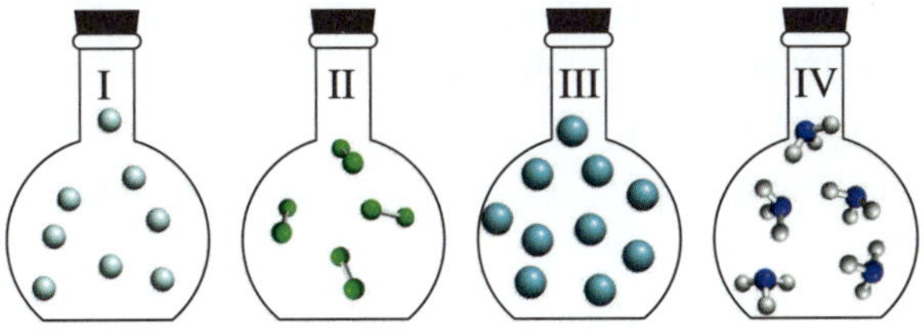

3.3 일련의 광화학 및 효소 작용으로 이산화 탄소와 물에서 글루코스와 산소가 광합성된다.

$$6CO_2(g) + 6H_2O(l) \rightarrow C_6H_{12}O_6(s) + 6O_2(g)$$

지구 대류권의 이산화 탄소 부분 압력 0.26 Torr와 온도 25 °C를 가정할 때, 10.0 g의 글루코스를 생산하기 위해 필요한 공기의 1기압에서의 부피를 계산하시오.

3.4 같은 방 친구들이 파티를 위해 10개의 풍선 중 5개는 수소를, 5개는 헬륨을 채웠다. 파티가 끝난 후 수소 풍선은 수소가 풍선 막을 통해 분출되어 1/5이 줄어들었다. 헬륨 풍선들은 같은 시간 동안에 얼마나 줄어들었겠는가?

3.5 20. °C에서 690. Torr인 염화 수소 200. mL가 100. mL의 물에 용해되었다. 용액은 15.7 mL의 수산화 소듐 용액으로 당량점까지 적정되었다. 사용된 NaOH 용액의 몰농도는 얼마인가?

3.6 깊은 물 속으로 잠수할 때, 물에 의해 가해지는 압력이 폐를 망가뜨릴 만큼 충분히 커질 수 있다. 따라서 잠수 장비는 외부 압력을 감지하고 잠수부에게 공급되는 호흡 혼합물의 압력을 외부 압력과 같아질 때까지 증가시켜야 한다. 침몰선을 탐사하는 잠수부는 산소가 36%(질량비), 질소가 64%인 산소 보강 호흡 혼합물을 사용한다. 33 ft 깊이에서 잠수부에게 가해지는 압력이 2.0 bar이다. 그 깊이에서 호흡 혼합물의 산소 부분 압력은 얼마인가?

3.7 −196 °C에서 진공 상태의 5.00 L 플라스크에 고체 사산화 이질소(N_2O_4) 43.78 g을 채웠다. 시료를 25 °C까지 가열하였더니 N_2O_4는 기화되며, 일부는 갈색의 NO_2 기체로 분해되었다. 압력은 2.96 atm까지 서서히 증가한 후 안정되었다.

(a) 이 반응의 균형 반응식을 쓰시오.

(b) 만일 25 °C에서 플라스크 안의 기체가 모두 N_2O_4라면 그 압력은 얼마이겠는가?

(c) 만일 그 기체가 모두 NO_2로 바뀌었다면 압력은 얼마이겠는가?

(d) 2.96 atm에서 안정되었을 때 N_2O_4와 NO_2의 몰분율은 얼마인가?

3.8 0.40 g의 순도가 높지 않은 아연이 과량의 염산과 반응했을 때, 10. °C에서 127 mL의 수소가 수상 포집되었다. 이때 외부 압력은 737.7 Torr였다.

(a) 건조한 수소라면 1.00 atm, 298 K에서 얼마의 부피를 가지는가?

(b) 몇 mol의 H_2가 포집되었는가?

(c) 존재하는 아연은 모두 염산과 반응하였고, 아연 외의 불순물은 염산과 반응하지 않는다고 가정할 때 사용된 아연의 순도는 몇 %인가? 10. °C에서 물의 증기압은 9.21 Torr이다.

3.9 0.473 g의 미지 화합물 기체가 1.81 atm, 25 °C에서 200. mL를 차지하며, 0.414 g의 질소와 0.0591 g의 수소로 조성되어 있다고 가정하자.

(a) 이 화합물의 분자식은 무엇인가?

(b) 분자의 Lewis 구조를 그리시오.

(c) 암모니아가 유리 기구에 난 작은 구멍을 통해 200. °C에서 15.0분 동안 0.35 mmol이 분출되었다면, 미지 기체를 대신 넣으면 200. °C에서 25.0분 동안 얼마나 분출되겠는가?

3.10 2.36 g의 인이 염소 기체 안에서 타고 나면, 생성물은 10.5 g의 염화 인이다. 염화 인의 증기는 동일한 온도 및 압력 조건에서 같은 양의 CO_2에 비해 분출되는 데 1.77배의 시간이 걸렸다. 염화 인

의 몰질량과 분자식을 구하시오.

3.11 제곱 평균근 속력의 10배 속력으로 운동하는 기체 분자 수와 제곱 평균근 속력으로 운동하는 기체 분자 수의 비율을 구하시오. 이 비율은 온도에 따라 바뀌는가? 이유를 설명하시오.

3.12 2.55 g의 기체 탄화수소가 0.950 atm, 82.0 °C에서 3.00 L 부피의 용기 안에 들어 있다. 이 탄화수소의 Lewis 구조를 그리시오.

3.13 1.509 g의 곱게 갈아진 산화 오스뮴(40. °C에서 녹고, 130. °C에서 끓는다) 고체 시료가 745 Torr의 외부 대기압에 거슬러 팽창할 수 있는 피스톤이 장치된 실린더에 들어 있다. 실린더 안에 초기에 존재하던 공기는 무시할 수 있다고 가정하자. 시료가 200. °C까지 가열될 때 완전히 증발되고, 실린더의 부피는 235 mL가 되었다. 이 산화물의 몰질량은 얼마인가? 그 산화물이 OsO_x라 가정할 때, x 값을 구하시오.

3.14 기체 분자의 제곱 평균근 속력은 온도에 따라 어떻게 변하는가? N_2의 제곱 평균근 속력을 $T = 100$ K에서 $T = 300$ K까지 온도의 함수로 그려서 이 관계를 도시하시오.

3.15 다음의 도표는 N_2의 300, 500, 1000 K에서의 속력 분포를 보여 준다.

(a) 각 곡선에 해당하는 기체의 온도는 얼마인가?

(b) 227 °C에서 N_2 분자의 제곱 평균근 속력은 얼마인가?

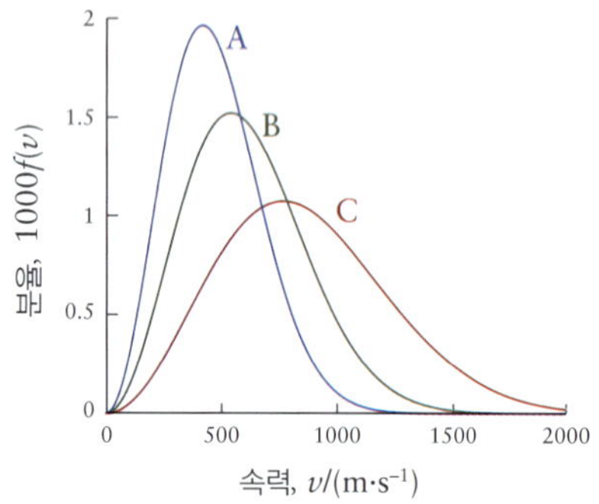

3.16 기체 분자의 제곱 평균근 속력, v_{rms}는 Topic 3C에서 유도되었다. Maxwell 속력 분포식을 이용해서도 기체의 평균 속력(v_{mean})과 최대 확률 속력(v_{mp})을 구할 수 있다. 이렇게 구한 속력들은 각각 $v_{mean} = (8RT/\pi M)^{1/2}$과 $v_{mp} = (2RT/M)^{1/2}$이다.

(a) 이들 세 가지 종류의 속력을 크기가 증가하는 순으로 나열하시오.

(b) 이 속력들의 상대적인 크기는 기체의 몰질량에 상관없다는 사실을 보이시오.

(c) 가장 낮은 속력을 기준으로 한 속력비를 큰 값에서 작은 값 순서로 나열하시오.

3.17 1.00 atm, 298 K의 염소 기체 1.00 L가 같은 온도와 압력의 질소 1.00 L 및 산소 2.00 L와 완전히 반응하였다. 한 가지의 기체 생성물만이 만들어졌는데, 298 K에서 2.00 L 플라스크에 채워져서 1.00 atm이었다. 생성물의 다음 특성들을 추정하시오.

(a) 실험식 (b) 분자식 (c) 형식 전하에 근거한 가장 타당한 Lewis 구조(중심 원자는 N 원자) (d) 분자 모양

3.18 500.0 mL 플라스크 안에 들어 있는 300. Torr, 223 K의 수소화 비소 AsH_3 기체 시료를 473 K까지 가열하였고, 그 온도에서 수소화 비소는 분해되어 고체 비소와 기체 수소로 바뀌었다. 플라스크를 273 K까지 냉각하였을 때, 압력은 485 Torr가 되었다. 분해된 수소화 비소 분자들의 백분율을 계산하시오.

3.19 van der Waals 식은 다음과 같은 삼차 함수식으로 나타낼 수 있다.

$$V^3 + n\left(\frac{RT + bP}{P}\right)V^2 + \left(\frac{n^2 a}{P}\right)V - \frac{n^3 ab}{P} = 0$$

(a) 이 식을 이용해서 95.0 atm, 25 C에서 0.505 mol $NH_3(g)$가 차지하는 부피를 계산하시오. 암모니아의 van der Waals 변수들은 $a = 4.225\ \text{bar}\cdot\text{L}^2\cdot\text{mol}^{-2}$와 $b = 3.71\ \text{L}\cdot\text{mol}^{-1}$이다.

(b) 주어진 온도와 압력에서 인력과 반발력 중 어떤 것이 더 큰가?

3.20 광화학 스모그는 부분적으로 이산화 질소에 빛이 작용하여 발생된다. 이 반응에서 이산화 질소가 흡수하는 빛의 파장은 197 nm이다.

$$NO_2 \xrightarrow{h\nu} NO + O$$

(a) NO_2의 Lewis 구조를 그리고, NO_2의 π 분자 오비탈을 그리시오.

(b) 1.56 mJ의 에너지가 20. °C, 0.91 atm의 공기 3.0 L에 의해 흡수될 때, 시료 중의 모든 NO_2 분자가 위의 반응을 통해 분해되었다. 광자 한 개가 한 개의 NO_2 분자를 해리시켜 NO와 O로 만든다면 이 공기 시료 중 NO_2 분자는 몇 ppm 포함되어 있는가? 시료는 이상적으로 행동한다고 가정한다.

3.21 고체 다이메틸하이드라진[$(CH_3)_2N_2H_2$]과 액화된 사산화 이질소(N_2O_4)의 반응은 로켓 연료를 위해 연구되었다. 해당 반응은 기체 이산화 탄소(CO_2), 질소(N_2), 수증기(H_2O)를 발생시켜 배출하게 된다. 통제된 실험에서 고체 다이메틸하이드라진은 과량의 사산화 질소와 반응하고, 배출되는 기체들은 400.0 K에서 2.50 atm에 이를 때까지 폐쇄된 용기에 포집되었다.

(a) 포집된 기체 중 CO_2, N_2, H_2O의 부분 압력은 각각 얼마인가?

(b) CO_2가 화학 반응으로 제거되면 남는 기체들의 부분 압력은 얼마인가?

3.22 뜨거운 열기구 놀이를 하려면, 풍선 내부(봉투라고 함)의 공기를 밀도가 주변 대기보다 낮아지도록 가열되어 봉투와 부착된 바구니를 대기로 들어 올린다. 한 팀이 16 °C의 건조한 날 열기구 비행을 준비하고 있다. 봉투는 부풀려졌을 때 3125 m^3의 부피를 가지며, 공기의 질량을 제외한 봉투, 연료, 히터, 승객 및 샌드위치가 적재된 바스켓의 총 질량은 586 kg이다.

(a) 봉투가 16 °C에 있었다면 봉투의 질량은 얼마인가?

(b) 봉투를 들어 올리기 위해 봉투의 공기를 어느 온도에서 가열해야 하는가?

(c) 그 온도에서 봉투 안의 공기 질량은 얼마인가? 적재된 바스켓의 부피는 무시할 만하며 공기의 몰질량은 28.97 $g\cdot mol^{-1}$이라고 가정한다.

3.23 자동차 에어백은 아자이드화 소듐(NaN_3) 결정이 들어 있다가 충돌이 발생하면 급속히 질소 기체와 소듐으로 분해된다. 이 과정에

의해 발생하는 질소 기체가 에어백을 부풀린다. 발생된 질소 기체를 이상 기체로 가정하고, 생성되는 금속의 부피는 무시한다.
(a) 1.37 atm, 25.0 °C에서 57.0 L의 에어백을 채우려면 몇 g의 아자이드화 소듐이 필요한가?
(b) 발생되는 N_2 기체의 제곱 평균근 속력은 얼마인가?

3.24 극성 '머리'와 비극성 '꼬리'를 가진 긴 계면활성 분자를 물에 집어넣으면, 비극성 꼬리는 서로 뭉치고, 극성 머리는 바깥 용매 쪽으로 향하는 **마이셀**(micelle)이 형성된다. **역마이셀**(inverse micelle)은 비슷하지만, 비극성 부분이 바깥쪽으로 향한다. 역마이셀은 어떻게 만들 수 있는가?

3.25 (a) NI_3와 (b) BI_3의 Lewis 구조를 그려서 분자 모양을 말하고, 각각이 쌍극자–쌍극자 상호 작용에 참여할 수 있는지 보이시오.

3.26 (a) PF_3와 (b) PF_5의 Lewis 구조를 그려서 분자 모양을 말하고, 각각이 쌍극자–쌍극자 상호 작용에 참여할 수 있는지 보이시오.

3.27 (a) 이성질체 2,2-다이메틸프로페인과 펜테인의 표면적을 계산하시오. 2,2-다이메틸프로페인은 반지름이 254 pm인 구이고, 펜테인은 크기가 295 pm × 692 pm × 766 pm인 장방형 각기둥으로 여길 수 있다. (b) 어느 것이 더 큰 표면적을 갖는가? (c) 어느 것이 더 높은 끓는점을 가질 것이라고 예상되는가?

3.28 (a) Li^+와 K^+가 같은 음이온과 이온–이온 상호 작용을 할 때 퍼텐셜 에너지의 비를 계산하시오. (b) Li^+ 및 K^+와 물 분자 사이의 이온–쌍극자에 관해서 비를 계산하시오. (c) 이들 수치는 리튬과 포타슘 염의 수화의 상대적 중요성에 관하여 무엇을 말해 주는가?

3.29 헬륨을 제외하고 모든 비활성 기체는 매우 낮은 온도에서 ccp 구조로 결정화된다. 주어진 몰질량을 가진 ccp 고체의 원자 반지름과 밀도 사이의 관계식을 유도하고, 다음과 같은 밀도($g \cdot cm^{-3}$ 단위)를 가진 비활성 기체의 원자 반지름을 얻는 데 적용해 보시오. Ne, 1.20; Ar, 1.40; Kr, 2.16; Xe, 2.83; Rn, 4.4(추정치).

3.30 알칼리 금속은 모두 bcc 구조로 결정화된다.
(a) 이 원소의 금속 원자 반지름과 bcc 고체 밀도 사이의 관계를 몰질량의 항으로 유도하여, 다음 각 원소의 원자 반지름을 구하는 데 이용하시오. 각각의 밀도($g \cdot cm^{-3}$ 단위)는 다음과 같다. Li, 0.53; Na, 0.97; K, 0.86; Rb, 1.53; Cs, 1.87.
(b) bcc 결정의 원소가 ccp 구조로 결정화될 때, 밀도의 변환 인자를 구하시오.
(c) 알칼리 금속이 ccp 구조를 가질 경우의 밀도를 계산하시오.
(d) 만일 있다면 어느 것이 물과 반응하면서 물에 뜨는가?

3.31 텅스텐처럼 bcc 구조의 금속들은 조밀 쌓임 구조가 아니다. 그러므로 ccp 구조로 바뀔 경우에는(예를 들어, 압력을 가하여) 밀도가 더 커진다. 텅스텐이 bcc 구조가 아니라 ccp 구조를 가질 경우에는 밀도가 얼마나 되는가? 텅스텐의 실제 밀도는 19.3 $g \cdot cm^{-3}$이다.

3.32 나이오븀의 한 산화물의 단위 세포는 각 모서리의 중앙에 산화 이온이 있고, 각 면의 중심에 나이오븀이 있는 구조이다. 이 산화물의 실험식은 무엇인가?

3.33 많은 금속 산화물은 비화학량적(nonstoichiometric) 화합물을 이룬다. 이 화합물에서는 그것을 구성하는 원자들의 비를 작은 정수로 나타낼 수 없다. 비화학량적 화합물의 결정 구조에서는 원자가 발견될 것이라고 예상된 몇 개의 격자점이 비어 있다. 전이 금속들은 그들이 갖는 산화수가 다양하므로, 비화학량적 화합물을 쉽게 만든다. 예를 들어, 구조식이 $TiO_{1.18}$인 산화 타이타늄이 알려져 있다.
(a) 이 화합물에서 타이타늄의 평균 산화수를 계산하시오.
(b) 만일 이 화합물이 Ti^{2+}와 Ti^{3+} 이온 두 가지를 갖는다면, 각 산화 상태를 갖는 타이타늄 이온의 분율은 얼마인가?

3.34 이산화 우라늄 UO_2는 더 산화되어 비화학량적 화합물 UO_{2+x} ($0 < x < 0.25$)가 된다(비화학량적 화합물에 관해서는 연습 문제 3.33을 참조하시오).
(a) 조성이 $UO_{2.17}$인 우라늄 화합물에서 우라늄의 평균 산화수는 얼마인가?
(b) 만일 우라늄이 +4나 +5 산화 상태에 있다면 각 우라늄 이온의 분율은 얼마인가?

3.35 다음의 설명이 진실인가 거짓인가?
(a) 한 원자가 단위 세포의 귀퉁이에 있으면 그 단위 세포의 모든 귀퉁이에 같은 원자가 있다.
(b) 단위 세포는 귀퉁이에 원자가 있도록 정의된다.
(c) 단위 세포의 한 면의 중심에 한 원자가 있으면, 그 반대쪽 면의 중심에도 같은 원자가 있다.
(d) 단위 세포의 한 면의 중심에 한 원자가 있으면, 그 단위 세포의 모든 면의 중심에 같은 원자가 있다.

3.36 다음의 설명이 진실인가 거짓인가?
(a) 염화 세슘은 그 단위 세포의 귀퉁이에 염화 이온이 있고, 단위 세포의 중심부에 세슘 이온이 있기 때문에, 이 단위 세포는 체심 격자로 분류된다.
(b) 단위 세포의 밀도는 덩어리 물질과 같다.
(c) X-선을 한 화합물의 단결정에 통과시키면, 이는 결정의 원자에 있는 전자와 상호 작용하기 때문에 회절된다.
(d) 단위 세포의 모든 각도는 90°와 같아야 한다.

3.37 아래에 나타낸 각 이차원 배열의 단위 세포를 그려 보고, 이를 반복하여 전체 이차원 격자를 얻어 보시오.

(a) (b)

3.38 다음에 나타낸 각 이차원 배열의 단위 세포를 그려 보고, 이를 반복하여 전체 이차원 격자를 얻어 보시오.

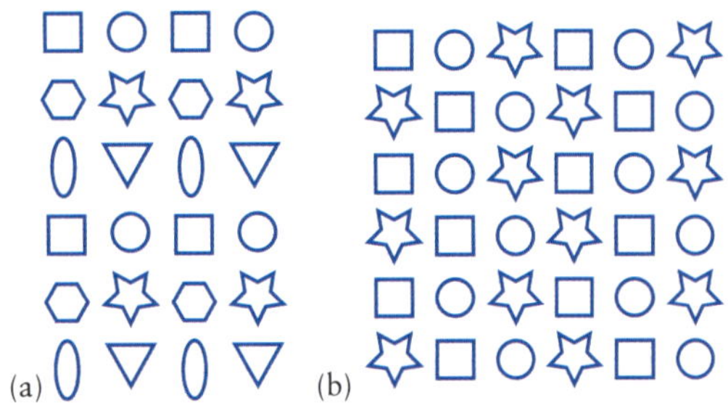

3.39 벅민스터풀러렌(buckminsterfullerene)은 탄소의 한 동소체이며, 탄소 원자 60개가 모여서 구형에 가까운 분자를 이룬 것이다(Topic 8F). 순수한 화합물에서는 구가 입방 조밀 쌓임 배열로 쌓인다.
(a) 벅민스터풀러렌에 의해서 이루어진 면심 입방 단위 세포의 모서리 길이는 142 pm이다. 이 정보를 이용하여 단단한 구로 취급한 벅민스터풀러렌 분자의 반지름을 계산하시오.
(b) 화합물 K_3C_{60}은 저온에서 초전도체이다. 이 화합물에서 K^+ 이온은 $C_{60}{}^{3-}$ 면심 입방 격자 내 구멍에 들어간다. K^+ 이온의 반지름을 고려하여, $C_{60}{}^{3-}$의 반지름이 C_{60} 분자의 것과 같다고 가정하고, K^+ 이온이 어떤 종류의 구멍(사면체, 팔면체, 혹은 둘 다)에 들어가는지 예상하시오. 그리고 이들 구멍의 몇 퍼센트가 채워지는지 구하시오.

3.40 실제 기체와 증기는 분자간 상호 작용으로 인해 이상 기체 법칙에서 벗어난다. 실제 기체에 관한 하나의 상태식으로서, 두 변수 a와 b로 표현되는 van der Waals 식이 있다.
(a) 다음의 각 기체 쌍에서 어느 물질이 더 큰 van der Waals a 변수를 갖는지 결정하시오. (i) He와 Ne, (ii) Ne와 O_2, (iii) CO_2와 H_2, (iv) H_2CO와 CH_4, (v) C_6H_6와 $CH_3(CH_2)_{10}CH_3$
(b) 다음의 각 기체 쌍에서 어느 물질이 더큰 van der Waals b 변수를 갖는지 결정하시오. (i) F_2와 Br_2, (ii) Ne와 F_2, (iii) CH_4와 $CH_3CH_2CH_3$, (iv) N_2와 Kr, (v) CO_2와 SO_2

3.41 보편적으로 나타나는 광물은 금속 양이온 M이 귀퉁이와 면심을 차지하는 입방 단위 세포를 갖는다. 단위 세포 안에서 음이온 A는 양이온들에 의해서 만들어진 사면체 구멍을 모두 채운다. M_mA_a 화합물의 실험식은 무엇인가?

3.42 사면체와 팔면체 구멍은 음이온들이 ccp 배열에 쌓일 때 남은 빈자리에 의해서 생긴다.
(a) 더 큰 이온은 어느 구멍에 들어가는가?
(b) 음이온 격자의 조밀 쌓임을 유지하면서, 가장 큰 금속 양이온이 팔면체 구멍을 차지할 수 있는 것의 크기와 사면체 구멍을 차지할 수 있는 것의 크기의 비는 얼마나 되는가?
(c) 만일 사면체 구멍의 절반만 채워진다면, 화합물 M_xA_y의 실험식은 무엇인가? 여기서 M은 양이온을, A는 음이온을 나타낸다.

3.43 물질의 몰열용량은 분자 또는 화학식 단위 1몰당 1 °C만큼 온도를 높이는 데 필요한 열이다. 주어진 물질에 대해 격자 안 원자들의 진동과 같은 운동의 다양성이 커질수록 열용량이 커진다. 1819년에 화학자 Pierre Dulong과 Therese Petit는 원자마다 결정성 고체의 몰열용량이 모든 결정에 대해 동일하다고 주장했다(현대적 표현).
(a) Cu, Fe, Pb, Zn의 몰열용량 표를 작성하여 금속에 대한 이 주장을 확인하시오(부록 2A 참조).
(b) CuO, FeS, $PbBr_2$, ZnO 화합물의 원자 몰당 열용량의 표를 작성하여 이온성 결정에 대한 이 주장을 검증하시오.
(c) $CuSO_4$와 $PbSO_4$의 원자 몰당 열용량을 계산하시오. 다원자 이온의 원자들은 독립적으로 작용하는가 아니면 전체 이온이 격자에서 하나의 입자처럼 행동하는가? 결과를 사용하여 결론을 뒷받침하시오.

3.44 Dulong과 Petit(예제 3.43)의 법칙이 그물형 또는 분자형 고체에 적용되는가?
(a) 그물형 고체에 대해 확인하려면 흑연, 다이아몬드 및 SiO_2의 몰열용량을 비교하시오(부록 2A 참조). 비교 결과를 사용하여 그물형 고체의 원자가 이온성 결정의 원자처럼 독립적으로 작용하는지 확인하고, 내린 결론의 이유를 설명하시오.
(b) 분자형 고체에 대해 확인하기 위해 벤조산, 요소 및 글리신의 몰열용량을 비교하시오(부록 2A 참조). 비교 결과를 사용하여 분자의 원자가 완전히 독립적으로 진동하는지 아니면 어느 정도는 분자 전체가 하나의 입자로 움직이는지 확인하시오. 결론을 정당화하기 위해 데이터를 사용하시오.

3.45 (a) 순수한 원소가 원시 입방 격자로 결정화된다면, 단위 세포의 빈 공간 백분율은 얼마나 되는가? (b) 이 백분율은 fcc 단위 세포의 빈 공간 백분율과 비교하시오. 원자는 단단한 구로 생각하시오.

3.46 많은 이온 결합 화합물은 음이온이 조밀 쌓임 격자를 이루고, 금속 양이온이 음이온 사이에 생긴 구멍이나 틈새에 채워지는 양식으로 생각된다. 그러나 이들 격자는 '조밀 쌓임'이라는 말 그대로, 빽빽하게 채워질 필요는 없다. F^- 이온의 반지름은 대략 133 pm이다. 암염 구조를 가지는 LiF, NaF, KF, RbF, CsF의 입방 단위 세포 모서리 길이는 각각 568 pm, 652 pm, 754 pm, 796 pm, 850 pm이다. 만일 있다면, 이들 격자 중 어느 것이 F^- 이온의 조밀 쌓임 배열에 바탕을 둔다고 생각되는가? 결론을 정당화하시오.

3.47 강한 수소 결합 때문에 플루오린화 수소는 증기 상태에서 짧은 사슬과 고리를 이룬다. 한 $(HF)_3$ 사슬의 Lewis 구조를 그리고, 대략적인 결합각을 구하시오.

3.48 아래 그림에 나타낸 배열에서 길이 l만큼 떨어진 전하 Q와 $-Q$로 구성된 쌍극자로부터 거리 r에 있는 점에서의 퍼텐셜 에너지를 계산하시오. $l \ll r$인 사실을 이용하여 $1/(1+x) = 1 - x + \cdots$의 전개를 이용하여 쌍극자 모멘트의 크기가 $\mu = Ql$임을 확인하시오. 퍼텐셜 에너지가 $1/r^2$에 비례함(Topic 3D의 식 1과 표 3D.1 참조)을 보이시오.

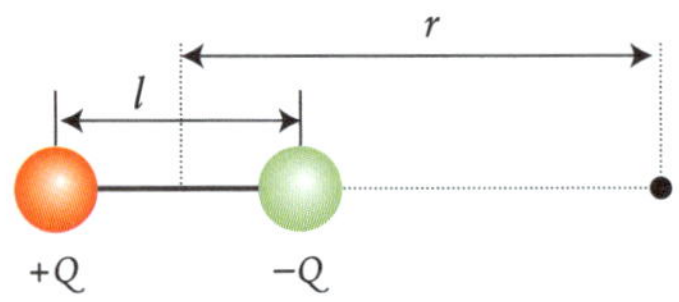

3.49 문명의 가장 파괴적인 자연 현상 중 하나는 산소 존재하에서 철이 부식되어 녹을 형성하는 것이다. 단순하게 철(III) 산화물이 되는 것이라고 하자. 모서리 길이 1.5 cm의 철 입방 블록이 1.00 atm과 25 °C에서 15.5 L의 산소와 반응한다면, 생성될 수 있는 철(III) 산화물의 최대 질량은 얼마인가? 철 금속은 bcc 구조를 가지고 있으며 철의 원자 반지름은 124 pm이다. 반응은 298 K 및 1.00 기압에

서 일어난다.

3.50 타이타늄, 바나듐, 지르코늄, 나이오븀, 하프늄, 탄탈럼과 같은 일부 d-블록 금속은 고온에서 질소와 반응하여 화학식 MN(여기서 M은 금속)을 갖는 질소화물을 형성한다. 이 화합물들은 매우 단단하고 녹는점이 높으며 높은 전기 및 열전도도를 가진다. 원자는 NaCl에서와 같은 방식으로 정렬된다(Topic 3G).

(a) 이 화합물들을 염, 분자형 고체, 또는 그물형 고체 중 어느 것으로 분류하겠는가? 답을 정당화하시오.

(b) 이들 화합물의 결합에서 공유 결합의 특성에 대한 증거는 무엇인가?

(c) 전자 배치를 사용하여 11족과 12족의 금속이 이러한 종류의 질화물을 형성하지 않는 이유를 설명하시오.

FOCUS 3 통합 연습 문제

3.51 석탄에 포함되어 있는 황은 황철석(FeS_2)의 형태로 많이 존재한다. 석탄이 연소될 때 산소는 황철석과 반응하여 산화 철(III)과 이산화 황을 생성하며, 이는 대기 오염과 산성비의 주 원인이다.

(a) 공기 중에서 FeS_2가 연소되어 산화 철(III)과 이산화 황을 생성하는 반응의 균형 화학 반응식을 쓰시오.

(b) 2.33 atm, 150. °C의 산소 75.0 L가 과량의 황철석과 반응할 때 형성되는 Fe_2O_3의 질량을 계산하시오.

(c) (b)에서 발생된 이산화 황이 물에 녹아 5.00 L의 수용액이 되었다면, 결과적으로 형성되는 H_2SO_3 용액의 몰농도는 얼마인가?

(d) 질량의 5%가 황철석인 1.00 t(1 t = 10^3 kg)의 석탄을 연소시켰을 때 발생되는 SO_2의 질량은 얼마인가?

(e) 1.00 atm, 25 °C에서 (d)에서 발생되는 SO_2 기체의 부피는 얼마인가?

(f) 배기 가스에서 SO_2를 제거하는 한 방법은 $CaO(s) + SO_2(g) \rightarrow CaSO_3(s)$의 반응을 이용하는 것이다. 이 반응을 시험하기 위해 이산화 황과 질소 기체의 혼합물을 500. mL의 용기 안에 넣었더니 25 °C에서 1.09 atm이었다. 이 혼합물을 가열된 산화 칼슘 분말 위로 통과시켜서 이산화 황을 완전히 제거한 후, 150. mL의 용기로 옮겼더니 50. °C에서 1.09 atm이었다. (i) 초기 기체 혼합물에서 SO_2의 부분 압력은 얼마인가? (ii) 초기 혼합물 중 SO_2의 질량은 얼마인가?

(g) SO_2의 van der Waals 변수들은 $a = 6.865\ L^2 \cdot atm \cdot mol^{-1}$, $b = 0.0568\ L \cdot mol^{-1}$이다. 27 °C에서 1.00 L 용기에 들어 있는 $SO_2(g)$의 압력을 이상 기체 법칙과 van der Waals 방정식을 사용하여 0.100 mol~0.500 mol에 대해 0.100 mol 간격으로 계산하시오.

(h) (g)에서 구한 이상 기체의 압력 값들이 van der Waals 방정식을 사용하여 구한 압력으로부터 벗어난 정도를 백분율로 계산하시오.

(i) (g)의 조건에서 분자간 인력과 반발력 중 어느 것이 SO_2의 압력에 더 큰 영향을 끼쳤는가?

(j) 이상적인 값으로부터 5% 이내의 압력 차이를 보이는 것을 이상 기체라고 간주할 때, SO_2 '실제' 기체가 되는 압력은 얼마인가?

3.55 질산 에틸암모늄 $CH_3CH_2NH_3NO_3$는 최초로 발견된 이온성 액체이다. 이것의 녹는점은 12 °C라고 1914년에 보고되었으며, 그 이래로 이 물질은 유기 반응과 단백질 접힘 촉진 반응에서 비오염성 용매로 사용되어 왔다.

(a) 질산 에틸암모늄 내 각 이온의 Lewis 구조를 그려서, 각 원자에 있는 형식 전하를 표시하시오(양이온에서 탄소 원자는 사슬의 N 원자에 붙어 있음: C—C—N).

(b) 각각의 C와 N 원자는 어떻게 혼성화되는지 밝히시오.

(c) 질산 에틸암모늄은 몇 가지 화합물을 산화시킬 수 있기 때문에 어떤 반응에서는 용매로 사용될 수 없다. 양이온과 음이온 중 어느 것이 산화제로서 더 작용하기 쉬운가? 답을 설명하시오.

(d) 질산 에틸암모늄은 기체 에틸아민 $CH_3CH_2NH_2$와 질산 수용액을 반응시켜서 만들 수 있다. 이 반응에 관한 화학 반응식을 쓰시오. 이것은 어떤 종류의 반응인가?

(e) 0.960 atm, 23.2 °C에서 에틸아민 2.00 L를 0.240 M HNO_3(aq) 250.0 mL에 불어 넣어서, 질산 에틸암모늄 4.10 g이 생성되었다. 이 염의 이론적 수득량 및 수득 백분율은 얼마인가?

(f) 고체 상태에서 질산 에틸암모늄 이온들 사이의 힘은 염화 소듐이나 브로민화 소듐과 같은 염에서의 힘과 다름을 보여 주는 방법을 제시하시오.

(g) 양이온은 무기성이고, 음이온은 유기성인 낮은 녹는점의 염을 만들었다. 다음 화합물에서 녹는점의 경향을 설명하시오. 아세트산 소듐($NaCH_3CO_2$) 324 °C, 프로판산 소듐($NaCH_3CH_2CO_2$) 285 °C, 뷰탄산 소듐($NaCH_3CH_2CH_2CO_2$) 76 °C, 펜탄산 소듐($NaCH_3CH_2CH_2CH_2CO_2$) 64 °C.

FOCUS 4

열역학

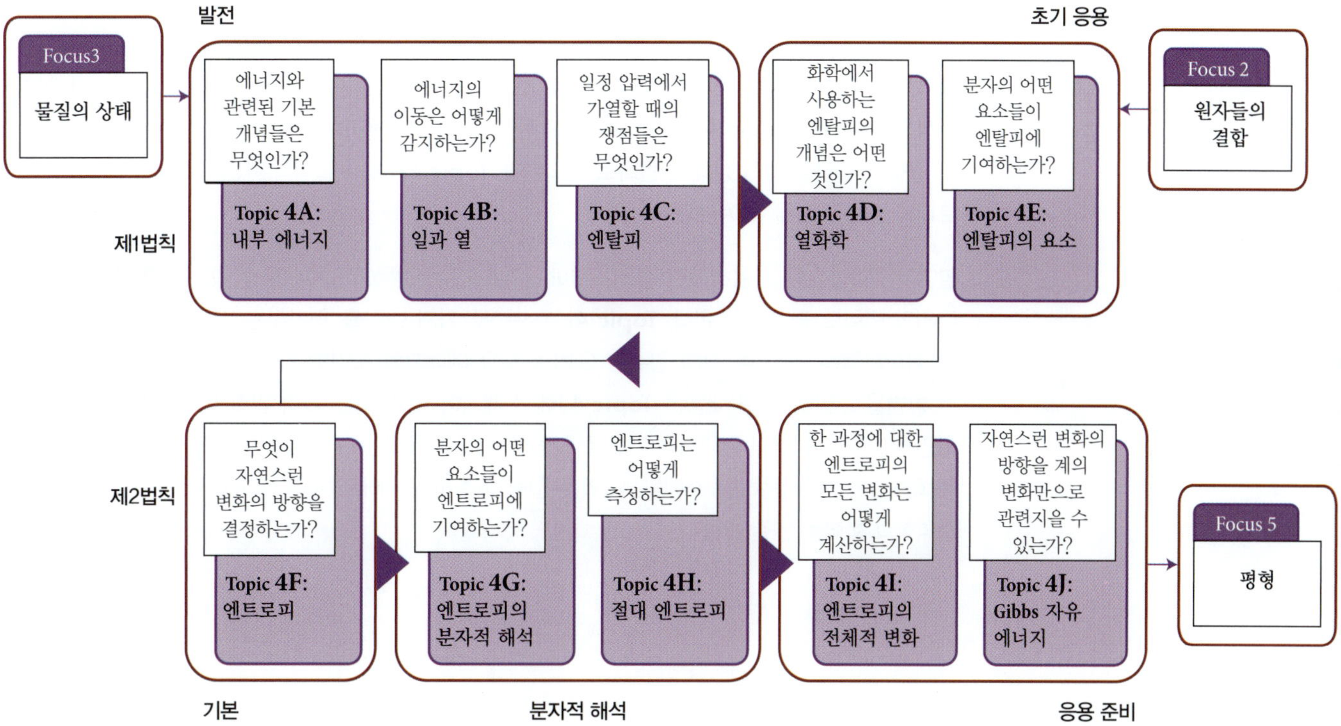

에너지는 화학의 핵심이다. 어떤 형태로든 에너지가 관여하지 않으면 반응이 일어나지 않으며, 물질의 거의 모든 물리적 특성은 원자와 분자 사이의 상호 작용의 에너지로 귀결될 수 있다. 열이나 일과 같은 일상의 현상은 에너지의 표현이다. 이 Focus에서 다룰 열역학(thermodynamics)은 에너지의 변형과 특히 화학에서의 역할에 대한 연구 분야이다.

에너지란 무엇인가? **Topic 4A**는 이 질문에 답하기 위해 관심 영역인 계와 나머지 세계인 주위를 구별하고, 에너지가 분자에 저장될 수 있는 방식을 탐색하고 각 운동 방식에 얼마나 많은 에너지가 저장되는지 추정한다.

열역학은 벌크 물질에 대한 관찰에 관한 것이지만 원자와 분자의 거동이 어떻게 이러한 관찰에 관여하는지 알면 열역학은 매우 풍성해진다. 다음으로 열역학의 주요 개념 중 하나인 계의 내부 에너지를 알아보고, 일과 열이 내부 에너지를 어떻게 변화시키는지를 살펴보면서, 열역학 제1법칙을 논의한다.

Topic 4B에서는 내부 에너지를 변화시키는 데 사용되는 일과 열 형태의 에너지 교환을 더 자세히 탐구한다. 연구자는 계 내부에서 일어나는 과정을 탐색하기 위해 일과 열을 측정한다. 이 Topic에서는 기체가 팽창하거나 물질이 가열될 때의 일을 어떻게 예측할 수 있는지 보여준다. 또한 열역학의 두 가지 핵심 개념인 상태 함수와 가역적 변화를 다룬다. 이 두 개념은 열역학을 화학에 적용할 때 중요하게 활용된다.

열역학은 과정에 수반되는 모든 에너지 변화를 고려한다. 내부 에너지 변화에 기여하는 것 중 하나는 부피 변화에 따른 팽창 일이다. **Topic 4BC**에서는 또 다른 상태 함수인 엔탈피를 도입하여 팽창 일의 기여를 자동으로 고려할 수 있음을 보여준다. **Topic 4D**에서는 엔탈피가 화학 반응에 수반되는 열을 다루는 열화학에 대한 논의의 중앙 무대로 이동한다. **Topic 4E**에서는 분자 수준에서 일어나는 변화와 계의 엔탈피에 기여하는 요소와의 관계에 대해 알아본다.

열역학은 어떤 변화는 자연스럽게 발생하지만 어떤 변화는 그렇지 않은 이유를 이해하는 기초 역할을 한다. **Topic 4F**는 열역학 제2법칙을 통해 변화가 자연스러운지 결정하는 방법을 제공하는 열역학의 또 다른 주요 개념인 엔트로피를 소개한다. 엔트로피는 벌크 물질의 성질에 관한 열역학적 개념이지만, **Topic 4G**는 매우 직설적인 분자적 해석을 보여준다. 엔트로피는 에너지가 열로 물질에 전달될 때의 상대적 변화로 정의된다. **Topic 4H**에서 열역학 제3법칙을 이용하여 엔트로피에 절대적 값을 부여한다.

열역학 제2법칙을 사용하려면 플라스크에서 일어나는 반응과 같이 관심 있는 영역뿐만 아니라 주위의 변화도 평가해야 한다. **Topic 4I**에서는 두 가지 변화를 평가하는 방법을 보여준다. 그러나 화학자들은 또 다른 상태 함수인 Gibbs 자유 에너지를 도입함으로써 이를 자동으로 수행하는 방법을 고안했다. 이 내용은 **Topic 4J**에 소개되어 있다. 이는 화학 변화의 자연스러운 방향을 확인하고 화학 평형의 열역학적 기초를 확립하는 데 사용되는 매우 유용한 개념임이 밝혀졌다. 또한 화학 반응을 활용하여 수행할 수 있는 일을 예측하는 데에도 사용된다. Gibbs 자유 에너지는 열역학과 화학을 연결해 준다.

Topic 4A 내부 에너지

이 Topic을 왜 배우는가? 열역학은 에너지의 변환을 다루므로, 화학에서 일어나는 모든 변화를 다루는 근간이 된다.

무엇을 알고 있어야 하는가? 이 Topic은 힘과 일의 개념에(기초 지식 A) 대해 잘 알고 있다고 가정한다.

열역학(**thermodynamics**)은 에너지의 변화를 연구하는 학문이다. 이름에서 알 수 있듯이, 기계적 운동을 위해 열을 사용하는 연구로 시작되었지만, 훨씬 뛰어넘는 발전을 했다. 열역학의 가장 기본적인 개념 중 하나는 **일**(**work**), 즉 반대 힘에 대항하여 운동을 달성하는 과정이다. 모든 형태의 일은 중력에 맞서 무게를 올리는 것에 상응한다고 생각할 수 있다. 배터리의 화학 반응은 회로를 통해 전류를 보낼 때 일을 한다. 전류는 추를 들어 올리는 전기 모터를 구동하는 데 사용될 수 있다. 자동차 엔진 실린더 안의 뜨거운 기체 혼합물과 같은 실린더 안의 기체는 팽창하여 피스톤을 밀어낼 때 일을 한다. 피스톤은 추를 들어 올리는 도르래에 연결될 수 있다.

열역학의 또 다른 기본 개념을 열이다. 열을 뜨거운 물질로부터 찬 물질로 흐르는 별개의 물질로 여긴 적도 있다. 그러나 19세기 중반에 영국의 물리학자 James Joule(**그림 4A.1**)은 열과 일이 단순히 에너지가 전달되는 두 가지 방법임을 보여 주었다. 그런데 에너지는 무엇인가?

4A.1 계와 주위

열역학에서는 세계를 두 부분으로 나눈다. 플라스크 내 기체, 반응 혼합물 또는 근육 조직과 같이, 주목하는 영역을 **계**(**system**)라고 한다(**그림 4A.2**). 그 외의 모든 것, 예를 들어 반응 혼합물이 들어갈 수도 있는 수조와 같은 것을 **주위**(**surrounding**)라고 한다. 열역학자들은 계와 주위를 합하여, 비록 시험관과 수조만으로 이루어져 있더라도, 대범하게 **우주**(**universe**)라고 부른다.

그림 4A.1 James Prescott Joule(1818~1889). (*Public Domain/Wikimedia Commons*)

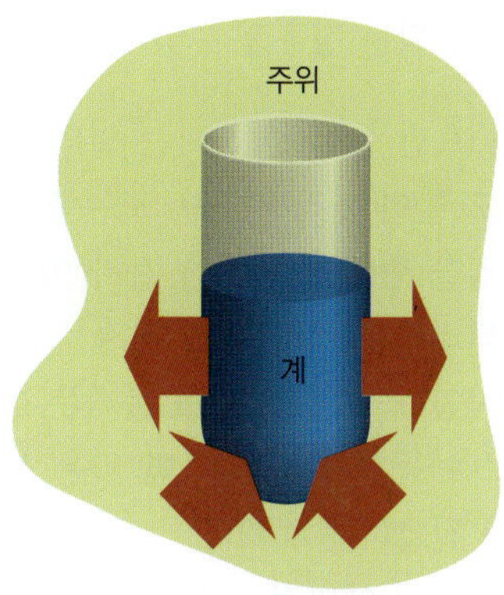

그림 4A.2 계는 주목하는 시료나 반응 혼합물이다. 계의 바깥이 주위이다. 때로는 계와 주위를 합하여 우주라고 한다.

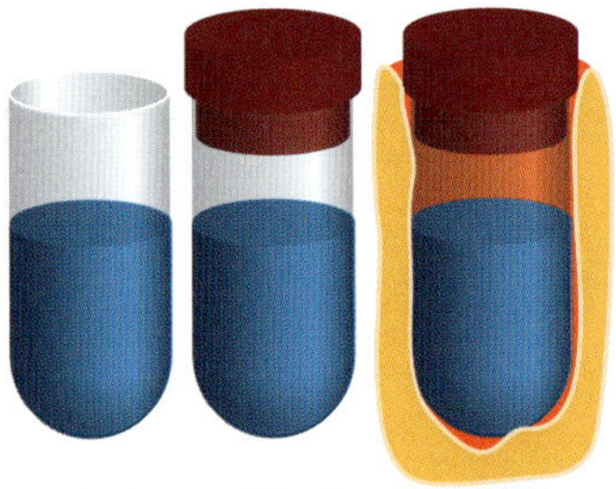

그림 4A.3 어느 계나 그것의 주위와의 작용에 따라서 분류할 수 있다. 열린 계는 주위와 물질과 에너지를 교환할 수 있다. 닫힌 계는 주위와 에너지를 교환할 수 있지만, 물질은 교환하지 못한다. 고립 계는 물질과 에너지 모두 다 교환할 수 없다.

계가 주위와 어떻게 상호 작용하느냐에 따라 계는 3가지로 분류할 수 있다(그림 4A.3).

- **열린 계(open system)**는 물질과 에너지를 모두 주위와 교환할 수 있다.
- **닫힌 계(closed system)**는 물질의 양은 일정하지만 주위와 에너지를 교환할 수 있다.
- **고립 계(isolated system)**는 주위와 물질이나 에너지를 교환하지 않는다.

열린 계의 예로서, 자동차 엔진과 인체가 있다. 닫힌 계의 예로는 운동 선수의 부상을 치료하는 데 사용하는 냉찜질 팩이 있다. 내부가 단단하고, 열적으로 차단되는 벽으로 밀봉된 것을 고립 계라고 생각할 수 있다. 고립 계에 대한 좋은 근사는 밀봉된 진공 용기 안의 뜨거운 액체이다.

열역학에서는 우주가 계와 그 주위로 구성된다. 열린 계는 그 주위와 물질, 에너지를 둘 다 교환할 수 있다. 닫힌 계는 에너지만을 교환할 수 있고, 고립 계는 아무것도 교환할 수 없다.

4A.2 일, 에너지, 분자의 운동

기초 지식 A에서 설명한 바와 같이, 물체를 반대 힘에 거슬러 일정한 거리를 이동시키는 데 소요되는 일은 아래와 같이 계산한다.

$$\text{일} = \text{반대 힘} \times \text{이동한 거리} \tag{1}$$

일의 단위는 **줄**(joule, J)이고, $1\ \text{J} = 1\ \text{kg}\cdot\text{m}^2\cdot\text{s}^{-2}$이다. 힘의 단위는 뉴턴(newton, $1\ \text{N} = 1\ \text{kg}\cdot\text{m}\cdot\text{s}^{-2}$)이고, 힘 × 거리의 단위는 $\text{kg}\cdot\text{m}\cdot\text{s}^{-2}\times\text{m} = \text{kg}\cdot\text{m}^2\cdot\text{s}^{-2}$가 되므로 줄은 식 1의 단위와 부합된다.

에너지(energy)는 계(예: 용수철이나 압축 기체)가 일을 할 수 있는(궁극적으로 추를 들 수 있는) 역량이다. 계가 많은 일을 할 수 있으면 그 계는 에너지를 많이 가지고 있다고 얘기할 수 있다. 압축된 뜨거운 기체는 팽창되고 냉각된 후의 동일한 기체보다 더 많은 일을 할 수 있으므로, 초기에 에너지를 더 많이 가지고 있다. 감긴 용수철은 풀린 용수철보다 일을 더 많이 할 수 있으므로, 감긴 용수철이 에너지를 더 가지고 있다. 어떤 계가 주위에 일을 하면, 일한 만큼 일할 수 있는 역량이 줄어들므로 에너지가 줄어든다. 어떤 계에 용수철을 감는 것과 같은 일을 하면, 그 계가 일을 할 수 있는 역량이 늘어나고, 에너지는 늘어난다. 다음의 내용을 항상 기억해야 한다.

일 w는 계에 일을 하여 에너지가 공급되는 경우 양수이고, w는 주변에 일을 하여 계의 에너지가 손실되는 경우 음수이다.

매우 중요한 통찰 중 하나는 일의 분자적 특성의 고려에서 비롯된다. 추를 들어 올릴 때, 추의 원자도 들어 올려진다면, 모든 원자가 같은 방향(위쪽)으로 움직인다는 것이다. 추가 내려가면서 일을 한다면 모든 원자가 아래로 움직인다. 언제나, 일은 균일한 동작으로 식별된다. 전기 배터리가 회로를 통해 전자를 구동하는 일을 수행하는 경우에도 전자는 모두 같은 방향으로 움직인다. 전류가 추를 올리는 데 사용되는 모터에 연결되면 추의 모든 원자가 균일하게 위쪽으로 이동한다. 그렇다면 일은 물체의 원자들을 균일하게 운동시키는 장치로 그 물체에 에너지를 전달하는 것이다.

분자 집합의 에너지는 여러 형태로 저장될 수 있다. 기체 분자들은 여러 가지 다른 방식으로 운동할 수 있으며, 각 운동 방식마다 에너지를 저장할 수 있으며 일을 하기 위해 꺼낼 수 있다.

- **병진 에너지(translational energy)**는 원자나 분자가 공간 속에서 이동하는 운동에 의한 에너지이다(운동 에너지).
- **회전 에너지(rotational energy)**는 분자들의 회전으로 인한 에너지이다(이 또한 운동 에너지이다. 개별 원자들은 회전하지 않는다).
- **진동 에너지(vibrational energy)**는 분자를 구성하는 원자 사이의 진동으로 분자에 저장되는 에너지로, 운동 에너지와 퍼텐셜 에너지의 합이다.

운동 에너지는 운동에 의한 에너지이며(**기초 지식** A), 분자가 빠르게 이동하거나 회전하거나 진동할수록 운동 에너지가 크다. 기체의 온도가 올라가면 분자들의 병진과 회전 평균 속력이 증가한다. 이러한 증가는 분자들의 총 운동 에너지 증가에 해당하므로, 기체의 에너지 증가를 가져온다. 뜨거운 기체는 차가운 같은 기체보다 일을 더 많이 할 수 있다. 화학 반응이 일어나지 않는다면, **높은 온도인 계는 낮은 온도인 동일한 계보다 더 큰 내부 에너지를 갖는다는 사실은 항상 옳다.**

상호 작용하지 않는 기체상의 분자들의 집합체에 저장된 에너지는 고전 물리학의 **등분배 정리(equipartition theorem)**를 이용하여 추정할 수 있다.

온도 T에서 시료의 분자당 에너지에 대한 각 이차항 기여의 평균값은 $\frac{1}{2}kT$이다.

이 식에서 k는 **Boltzmann 상수(Boltzmann's constant)**이며, 기본 상수인 이 값은 1.381×10^{-23} J·K^{-1}이다. Boltzmann 상수는 기체 상수 R과 $R=N_A k$라는 관계를 갖는다(N_A는 Avogadro 상수).

운동 에너지에 대한 **2차항 기여**(quadratic contribution)는, x 방향으로 속도 v_x로 이동하는 질량 m의 병진 운동 에너지 $\frac{1}{2}mv^2$처럼 속도의 제곱으로 주어지는 것을 의미한다. 이 정리는 퍼텐셜 에너지가 변위의 제곱에 따라 달라지는 경우에도 적용된다. 용수철에 달린 질량의 퍼텐셜 에너지는 $\frac{1}{2}k_f x^2$이다. 여기서 힘 상수인 k_f는 용수철 강성의 척도이다. '등분배'라는 명칭은 단순히 모든 가능한 방식에 걸쳐서 주어진 에너지가 똑같이 공유(분배)됨을 뜻한다. 삼차원에서 자유롭게 움직이는 분자의 총 병진 운동 에너지는 x, y, z 방향의 운동의 합이며, 각각은 분자 에너지에 $\frac{1}{2}kT$를 기여한다(**그림 4A.4**). 그러므로, 온도 T의 기체 분자의 평균 병진 운동 에너지는 $3\times\frac{1}{2}kT$이다. 따라서 분자 1몰당 저장된 병진 에너지 E_m(병진)은 다음과 같다.

$$E_m(\text{병진}) = \tfrac{3}{2}\overbrace{N_A k}^{R}\, T = \tfrac{3}{2}RT$$

이는 25 °C에서 3.72 kJ·mol^{-1}이다. 이산화 탄소 같은 선형 분자(linear molecule)는 원자들을 잇는 선에 수직인 두 축 주위로 회전할 수 있으므로, 두 가지 회전 운동 방식을 갖는다. 따라서 이것의 평균 회전 에너지는 $2\times\frac{1}{2}kT=kT$이며, 이 값의 N_A배가 분자의 몰당 에너지에 대한 기여가 된다. 즉,

$$E_m(\text{회전, 선형}) = \overbrace{N_A k}^{R}\, T = RT$$

이는 25 °C에서 2.48 kJ·mol^{-1}이다. 선형 분자의 운동에 의한 몰당 전체 에너지는 병진과 회전으로 인한 기여의 합으로 $\frac{3}{2}RT+RT=\frac{5}{2}RT$가 된다. 비선형 분자(nonlinear molecule)는 세 직교축 주위로 회전할 수 있으므로, 몰 내부 에너지에 대한 회전 운동의 기여는 다음과 같다.

$$E_m(\text{회전, 비선형}) = \tfrac{3}{2}\overbrace{N_A k}^{R}\, T = \tfrac{3}{2}RT$$

비선형 분자의 운동에 의한 몰당 에너지는 $\frac{3}{2}RT+\frac{3}{2}RT=3RT$가 된다. 이러한 회전의 기여는

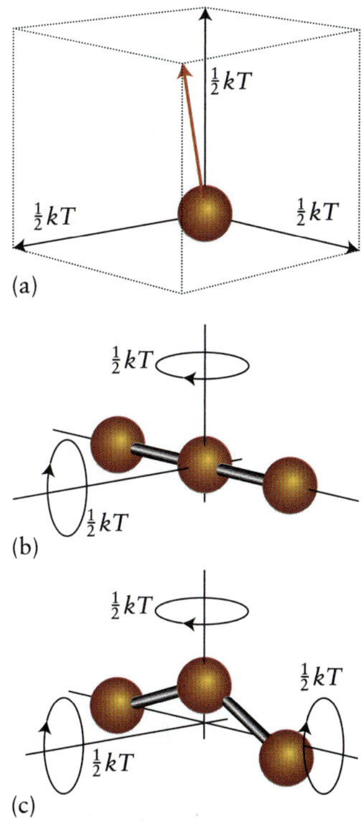

그림 4A.4 원자와 분자의 병진 및 회전 방식과 온도 T에서 그에 대응되는 각 방식의 평균 에너지. (a) 원자나 분자가 삼차원에서 병진 운동을 할 수 있다. 운동의 방향은 세 직교 성분의 조합으로 다룰 수 있다. (b) 선형 분자는 원자들의 선에 수직인 두 축 주위로 회전할 수 있다. (c) 비선형 분자는 세 직교축 주위로 회전할 수 있다.

그림 4A.4에 요약되어 있다.

진동 에너지 준위 사이의 간격은 상당히 커서 양자 효과가 중요하므로, 고전 물리학의 결과인 등분배 정리는 진동 운동에 대해 적용하기 어렵다. 병진과 회전 에너지 준위들은 고전적으로 다룰 수 있을 만큼 간격이 충분히 작다.

자습 4A.1A 25 °C에서 수증기 분자의 운동에 의한 몰 내부 에너지 기여를 계산하시오. 진동은 무시한다.

[**답**: 7.44 kJ·mol^{-1}]

자습 4A.1B 100 °C에서 벤젠 증기 분자의 운동에 의한 몰 내부 에너지 기여를 계산하시오. 진동은 무시한다.

물질 시료의 에너지는 운동과 퍼텐셜 에너지의 합이다. 원칙적으로, 그 에너지에는 태양 주위로 공전하고, 자전하는 지구에 있는 실험실에 놓여 있는 시료의 움직임으로 인한 기여도 포함된다. 에너지에 대한 이러한 외부 기여는 변하지 않으며 열역학에서는 다루지 않는다. 대신, 열역학은 실험실에 정지해 있는 시료의 에너지인 **내부 에너지(internal energy**, U)에 중점을 둔다. 이제부터 우리는 이 중요한 양에 주목한다.

몰 내부 에너지 U_m은 시료의 분자 1몰당 내부 에너지이다. 시료의 내부 에너지가 U이고 시료 내 분자의 양(몰)이 n이면 $U_m = U/n$이며 몰당 J(또는 kJ) 단위로 나타낸다. 등분배 정리를 사용하면 단원자 이상 기체의 온도가 변할 때 몰 내부 에너지의 변화를 쉽게 추정할 수 있다. 단원자 이상 기체(예: 아르곤)의 몰 내부 에너지에서 온도에 따라 변하는 유일한 기여는 병진 운동이다. 즉, $U_m = \frac{3}{2}RT$. 따라서 온도가 ΔT만큼 변하면 몰 내부 에너지의 변화 ΔU_m은 $\Delta U_m = \frac{3}{2}R\Delta T$이다. 예를 들어, 단원자 기체의 온도가 20 °C에서 100 °C로 올라갈 때(즉 $\Delta T = 80°C$), 몰 내부 에너지 증가는 $\frac{3}{2}\times(8.3145\ J\cdot K^{-1}\cdot mol^{-1})\times(80.\ K) = 1.0\ kJ\cdot mol^{-1}$이 된다. 열역학을 통틀어 기호 ΔX는 성질 X의 차이를 나타낸다. 즉,

$$\Delta X = X_{최종} - X_{초기} \tag{2}$$

$\Delta U = -15$ J에서처럼 ΔX의 음의 값은 X의 값이 감소함을 뜻한다.

유의 사항

특별한 경우를 제외하고 ΔU(그리고 다른 ΔX도)의 부호는 양의 값일지라도 항상 분명하게 나타낸다. 즉, 어떤 변화에 의해 내부 에너지가 15 J만큼 증가하면 $\Delta U = +15$ J이라고 쓰지, $\Delta U = 15$ J로 간단하게 표시하지 않는다.

용수철을 감거나 기체를 압축하는 등 계에 일이 행해지면 에너지가 주위에서 계로 전달된다. 결과적으로 계는 이제 더 많은 일을 수행할 수 있으므로 에너지가 증가되었다. 이 변화를 정량적으로 표현하기 위해 계에 일로 전달된 에너지는 w로 표시한다. 다른 변화가 없는 경우 내부 에너지의 변화는 $\Delta U = w$이다. 따라서 계에 15 kJ의 일이 행해지면 내부 에너지가 15 kJ 만큼 증가하고 $w = +15$ kJ라고 쓴다. 이는 $\Delta U = +15$ kJ를 의미한다. 계가 일을 하면 에너지가 줄어든다. 계가 주위에 15 kJ의 일을 한다면(예를 들어, 추를 들어 올려서) $w = -15$ kJ라고 쓰는데, 이는 $\Delta U = -15$ kJ도 의미한다.

일은 추를 올리거나 내리는 것과 상응한 과정을 통해 계로 또는 계에서 에너지가 전달되는 것이다. 일은 분자 수준의 질서 있는 움직임을 활용한다. 등분배 정리는 이상 기체의 에너

지에 대한 병진 및 회전 기여를 추정하는 데 사용될 수 있다. 일반적인 온도에서는 진동 에너지의 기여도가 미미하다.

4A.3 열

계의 내부 에너지(즉, 일을 할 수 있는 역량)는 계와 주위의 온도 차이를 이용하여 주위로부터 또는 주위로 에너지를 전달하는 것으로도 변화시킬 수 있다. 예를 들어, 고온 기체는 일정한 양의 일을 할 수 있으므로 일정한 내부 에너지를 갖는다. 기체 용기가 더 차가운 주위와 열 접촉 상태로 있으면 기체는 냉각되어 일을 덜 할 수 있게 된다. 즉, 내부 에너지가 더 낮아진다. 온도 차이로 인해 에너지가 전달되는 것을 **열(heat)**이라고 한다. 에너지는 고온 영역으로부터 저온 영역으로 열로서 흐른다. 따라서 계의 벽이 단열되지 않았을 때 계의 온도가 주위보다 낮다면, 에너지는 주위에서 계로 유입된다. 반대의 경우도 마찬가지이다. 따뜻한 계는 냉각되면서 주위에 에너지를 열로 전달한다.

열로 계에 전달된 에너지는 q로 나타낸다. 그러므로 계의 내부 에너지가 열로서의 에너지 전달에 의해서 변하면(팽창이나 수축 등의 다른 과정은 일어나지 않으면), $\Delta U = q$가 된다. 에너지가 열로서 계로 들어오면 계의 내부 에너지가 증가하고, q는 양수가 된다. 만일 에너지가 열로서 계로부터 나가면 계의 내부 에너지가 감소하고, q는 음수가 된다. 즉, 10 J이 열로서 계로 들어가면 $q = +10$ J로 쓰고 (다른 과정이 일어나지 않는다면) $\Delta U = +10$ J이 된다. 마찬가지로 10 J이 열로서 계에서 빠져나가면 (계에 의해서 또는 계로 다른 일이 가해지지 않는다면) $q = -10$ J로 쓰고 (다른 과정이 일어나지 않는다면) $\Delta U = -10$ J이 된다.

위의 예들이 보여 주는 것처럼 열로서 전달된 에너지를 줄(J) 단위로 나타낸다. 그러나 생화학과 관련된 분야에서는 아직도 칼로리(calorie, cal) 단위가 널리 사용된다. 원래 1 cal란 물 1 g의 온도를 1°C 올리는 데 소요되는 에너지이다. 현대의 정의는 다음과 같다.

$$1 \text{ cal} = 4.184 \text{ J (정확하게)}$$

이 정확한 관계로 칼로리를 기본 단위인 줄로 정의한다. **식품 칼로리(nutritional calorie, Cal)**는 사실상 킬로칼로리(kcal)이므로, 식료품의 에너지 함량을 분석할 때는 어느 단위를 사용하였는가를 확인하는 것이 중요하다.

주위에 열을 방출하는 과정을 **발열 과정(exothermic process)**이라고 한다. 대부분의 보편적인 화학 반응(그리고 동력 전달, 가열 등에 관계되는 연소)은 발열적이다(그림 4A.5). 주위로부터 열을 흡수하는 화학 반응도 있긴 하다. 열을 흡수하는 과정을 **흡열 과정(endothermic process)**이라고 한다(그림 4A.6). 많은 보편적 물리 반응은 흡열적이다. 예를 들어, 증발은 흡열적이다. 이는 액체 분자들을 분자간 힘을 극복하고 서로 떼어내 보내기 위해서는 액체에 에너지가 열로 공급되어야 하기 때문이다. 물에서 질산 암모늄의 해리는 흡열적이다. 실제로 이 과정은 운동 선수 부상에 순간 냉찜팩으로 이용된다.

열과 일은 계의 내부 에너지 변화가 에너지 변화가 어떻게 일어나는지 알 수 없다는 점에서 동일하지만 분자 수준에서는 차이가 있다. 그 차이는 주위의 원자가 움직일 때의 질서 정도와 관련이 있다. 일은 분자가 같은 방향으로 움직이는 것과 관련이 있는 반면, 에너지를 열로 전달하는 동안 주위의 분자는 무작위 방향으로 움직인다(뜨거운 물체의 원자가 주변의 원자를 더 격렬하고 무작위적인 움직임으로 밀어내는 것을 생각해 보시오. 그림 4A.7). 즉, 다음과 같다.

그림 4A.5 테르밋 반응은 매우 발열적이어서, 방출한 열로 생성 금속을 녹이며, 철로를 용접하는 데 이용된다. 여기서 알루미늄 금속은 산화 철(III) Fe_2O_3와 반응하여, 용융 철 스파크를 뿌려 댄다.(*Copyright Macmillan Learning, Photo by Ken Karp.*)

그림 4A.6 싸이오사이안산 암모늄 NH_4SCN과 수산화 바륨 팔수화물 $Ba(OH)_2 \cdot 8H_2O$ 사이의 흡열 반응은 많은 열을 흡수하고, 비커 바깥에 공기 중의 수증기를 얼어붙게 한다. (*Copyright Macmillan Learning, Photo by Ken Karp.*)

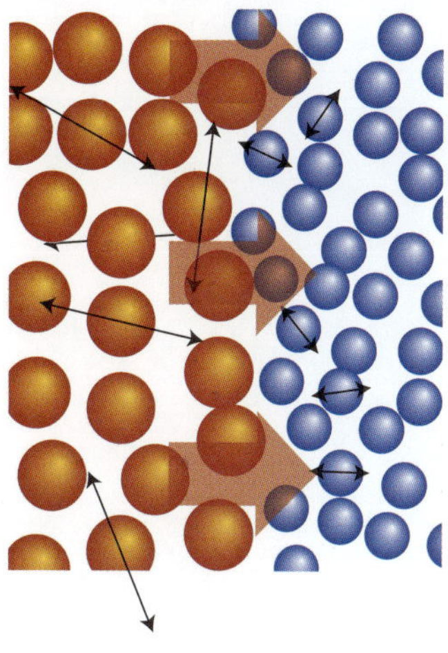

그림 4A.7 원자 수준에서 열로 에너지를 전달하는 것은 계 안의 원자의 활발한 열 운동이 주변의 덜 활발하게 움직이는 원자를 흔들어 에너지의 일부를 전달하는 과정으로 묘사될 수 있다. 양방향 화살표는 원자의 움직임을, 큰 분홍색 화살표는 열전달 방향을 나타낸다.

열은 주위의 원자와 분자의 무질서한 운동을 이용하거나 유도하는 에너지 전달이다.

열은 온도 차이 결과로 일어나는 에너지의 전달이다. 에너지가 열로서만 전달되고 다른 과정이 없으면 $\Delta U = q$이다. 계에 에너지가 열로 들어가면 q는 양수이고, 빠져나가면 q는 음수이다. 분자 수준에서는 열은 주위의 무질서한 운동을 이용하는 것이다.

4A.4 제1법칙

계에 일 w만이 행해졌을 때, 내부 에너지(계의 전체 에너지)의 변화는 $\Delta U = w$이고, 계가 열 q만을 받으면 $\Delta U = q$임을 다루었다. 일반적으로 닫힌 계의 내부 에너지 변화는 열과 일 둘 다의 결과로 일어나며, 다음과 같이 쓴다.

$$\Delta U = q + w \tag{3}$$

이 식은 열과 일 둘 다 에너지의 전달이며, 계의 내부 에너지를 변화시킨다는 실험적 사실을 요약해 준다. 중심적인 요점은 **일과 열**이 둘 다 에너지 전달의 방식이라는 의미에서 **동등하다**는 것이다. q와 w가 동일한 값(예를 들면, +15 kJ)이면 두 방식에 의한 내부 에너지의 변화는 구별되지 않는다. 계는 에너지 은행과 같으며, 보유액은 내부 에너지이고 예금과 인출은 일과 열이라는 통화로 이루어진다고 볼 수 있다.

자습 4A.2A 한 자동차 엔진이 520. kJ의 일을 하고, 220. kJ의 에너지를 열로 잃었다. 엔진을 하나의 계로 생각하면 내부 에너지 변화는 얼마인가?

[답: −740. kJ]

자습 4A.2B 계를 300. J의 열로서 가열하였지만, 계의 에너지는 150. J만큼 감소하였다(즉, $\Delta U = -150.$ J). w를 계산하시오. 계에다 일을 해 준 것인가 아니면 계가 일을 한 것인가?

한 계가 일을 하게 하고 한동안 고립시킨 후, 다시 내부 에너지가 원래 값으로 되돌아와서 같은 양의 일을 할 준비를 하는 것은 불가능한데, 이는 실험적 사실이다. 계의 내부 에너지가 증가했다면 그 에너지는 계의 외부에서 공급되었어야만 한다. 연료를 사용하지 않고도 일을 하는 '영구 운동 기관'을 만들기 위한 수많은 노력이 있었지만, 아무도 성공하지 못했다. 다시 말하면 식 3은 닫힌 계에서 내부 에너지 변화가 어떻게 성취될 수 있는가를 말해 주는 확실한 식이다. 닫힌 계에서 내부 에너지가 변하게 되는 유일한 방법은 에너지가 열로서 또는 일로서 전달되는 것이다. 만일 계가 고립되면 열과 일을 전달하지 못하게 되고, 내부 에너지는 전혀 변할 수가 없다. 이 결론을 **열역학 제1법칙(first law of thermodynamics)**이라고 하며, 다음과 같이 표현된다.

고립 계의 내부 에너지는 일정하다.

제1법칙은 에너지 보존 법칙과 밀접하게 연관되지만(**기초 지식** A), 그 이상을 의미한다. 고전 역학에서 취급하는 단일 입자에는 열의 개념이 적용되지 않는다.

일과 열은 계의 내부 에너지를 변화시키는 동등한 방법이다. 열역학 제1법칙은 고립 계의 내부 에너지가 일정하다는 것이다.

4A.5 상태 함수

제1법칙에 의하면 고립 계가 어떤 순간에 어떤 내부 에너지를 가지면, 아무리 많은 시간이 지나더라도 원래의 상태로 돌아와 있는 한, 다시 조사했을 때 정확하게 같은 양의 에너지를 갖는다. 다른 측면으로는 계가 일련의 변화를 거쳐 원래 상태로 돌아오면, 원래와 같은 양의 내부 에너지를 갖는다. 내부 에너지는 계의 현재의 상태에만 의존하고 그 상태가 만들어진 방식에는 무관한 **상태 함수**(**state function**)이다. 계의 압력, 부피, 온도, 밀도 또한 상태 함수이다.

열역학에서 상태 함수의 중요성은 다음에 있다. 즉, **상태 함수는 계의 현재 상태에만 의존하기 때문에, 계가 한 상태로부터 다른 상태로 변하면 상태 함수의 변화는 그 변화가 일어나는 방식에 무관하다.** 상태 함수는 산 위의 고도와 유사하다(**그림 4A.8**). 산 위에 있는 두 오두막 사이의 수많은 서로 다른 길을 택하여도, 두 오두막 간 고도의 차이는 경로에 무관하다. 이와 비슷하게 25 °C에서 물 100 g을 취하여 온도를 60 °C까지 올리면, 내부 에너지는 일정량만큼 변화한다. 그러나 25 °C에서 같은 질량의 물을 취하여 끓을 때까지 가열하고, 증발시킨 후에 증기를 응축시켜서 그 물을 60 °C까지 냉각시키면, 물의 내부 에너지 알짜 변화는 한 단계로 60 °C까지 가열한 것과 정확하게 같다.

계가 행한 일은 상태 함수가 아니다. 이는 그 변화가 어떻게 일어나는가에 의존한다. 그림 4A.8과 같이 오두막 A에서 B로 가는 두 경로의 경우, 어느 경로를 따라가더라도 고도의 변화는 같지만, 각 경로의 길이는 다르다. 화학적 예를 들면, 일정한 온도 25 °C에서(수조와 접촉시켜서) 고압의 기체를 다른 두 경로를 통해서 100 cm^3만큼 팽창시킨다고 하자(**그림 4A.9**). 첫 번째 실험에서는 기체가 피스톤을 밀어서 외부 힘에 거슬러 일정량의 일을 하게 한다. 두 번째 실험에서는 기체가 피스톤을 진공 쪽으로 밀어낸다. 이때는 외부의 반대 힘이 없으므로 일을 하지 않는다. 각 경우에 기체의 상태 변화는 같지만, 계가 행한 일은 다르다. 첫 번째 경우에는 w가 영이 아니며, 두 번째의 경우에는 $w=0$이다. 심지어 일상 용어도 일이 상태 함수가 아니라고 알려 준다. 이는 계가 일정량의 '일'을 갖는다고 말하는 경우는 없기 때문이다. 때로는, 일을 **경로 함수**(**path function**), 즉 선택한 경로에 따라 값이 달라지는 함수라고 기술하기도 한다.

마찬가지로 열도 상태 함수가 아니다. 계의 상태가 변하는 동안 열로서 전달된 에너지는 그 변화가 어떻게 이루어지는가에 의존한다. 예를 들어, 물 100 g의 온도를 25 °C에서 30 °C까지 올린다고 하자. 이를 위해 약 2 kJ의 에너지가 필요하다. 물의 온도를 올리는 한 방법은 전기 가열기를 사용하여 에너지를 열로서 공급하는 것이다. 이때 필요한 열은 물의 비열로부터 계산될 수 있다. 이 경우, $q=(4.18\ \text{J}\cdot{}^\circ\text{C}^{-1}\cdot\text{g}^{-1})\times(100\ \text{g})\times(5\ {}^\circ\text{C})=+2\ \text{kJ}$이다. 온도를 올리는

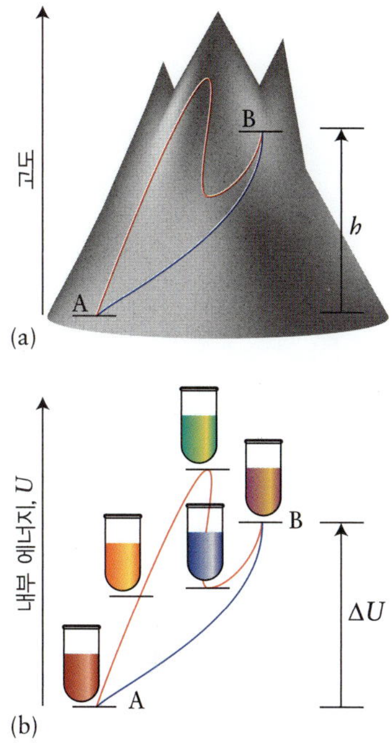

그림 4A.8 (a) 산 위의 한 지점의 고도는 열역학적 상태 함수와 유사하다. 점 A와 B 사이의 어떠한 길을 택하여도, 고도의 알짜 변화는 마찬가지이다. (b) 내부 에너지는 상태 함수이다. 계가 상태 A로부터 상태 B까지 변하는 경우(여기서 그래프로 나타낸 것처럼), 내부 에너지의 알짜 변화는 두 상태 사이의 어느 길(화학적이거나 물리적 변화이거나)을 택하여도 마찬가지이다.

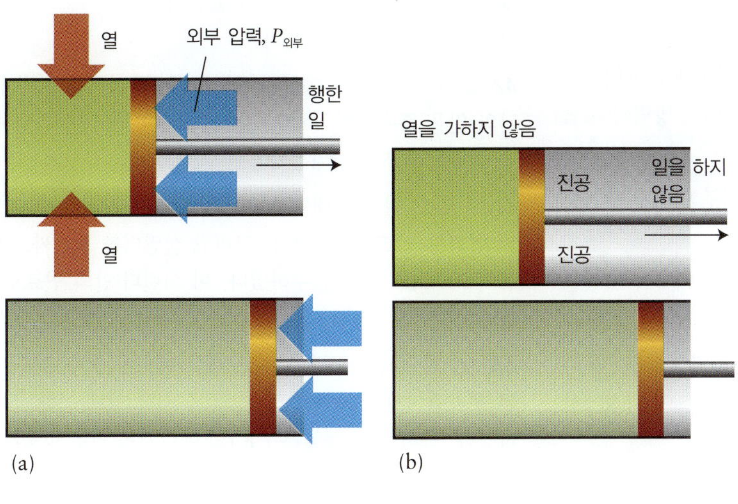

그림 4A.9 이상 기체의 같은 초기 및 최종 상태 사이의 두 가지 다른 경로. (a) 기체가 가해진 외부 압력을 거슬러 등온 팽창하면서 일을 한다. 에너지가 열로써 들어오고 일로써 나가므로, 온도가 일정하게 유지된다. (b) 기체가 진공으로 등온 팽창하므로 일을 하지 않는다. 내부 에너지는 상태 함수이므로, 내부 에너지 변화는 두 경우에서 마찬가지이다. 즉, 어느 경로에 따라서도 이상 기체의 등온 팽창에서는 $\Delta U=0$이다. 그러나 두 경우에서 열이나 일의 교환은 다르다.

또 하나의 방법은 물에 2 kJ의 일이 공급될 때까지 물을 물갈퀴로 맹렬하게 젓는 것이다. 후자의 경우에는 모든 에너지가 일로서 전달되며, 열로서 공급되지 않는다. 그러므로 첫 번째 경우에는 $q = +2$ kJ이고, 두 번째 경우에는 $q = 0$이다. 그러나 두 경우에서 계의 최종 상태는 같다. 각 경우에 일로 공급되는 에너지가 다르고 열로 공급되는 에너지도 다르지만, 서로 보상되어 내부 에너지의 변화는 각 경우에 동일하다. 왜냐하면, 일과 마찬가지로 열은 상태 함수가 아니고 경로 함수이기 때문이다. 그러므로 계가 "일정량의 열을 보유하고 있다"라고 말해서는 안 된다(그러나 일상 언어에서는 자주 그렇게 말한다. 과학은 자주 보다 세련된 의미로 일상 용어를 사용한다).

상태 함수는 계의 현재 상태에만 의존한다. 상태 함수 변화는 두 상태 사이의 경로와 무관하다. 내부 에너지는 상태 함수이지만 일과 열은 상태 함수가 아니다.

이 Topic에서 배운 것은 무엇인가?

계에는 3가지 종류(열린, 닫힌, 고립)가 있다. 에너지는 일을 할 수 있는 역량으로 정의되며, 에너지는 일이나 열의 형태로 계에서 혹은 계로 전달된다. w, q, ΔU에 대한 기호 규약을 배웠다. 또한 분자 수준에서 열과 일의 차이와, 등분배 정리를 이용하여 내부 에너지에 대한 기여도를 추정하는 방법도 배웠다. 고립 계의 내부 에너지가 일정하다는 열역학 제1법칙과 상태 함수의 개념도 배웠다.

개념과 식의 적용

☐ 열린 계, 닫힌 계, 고립 계의 차이를 설명한다.
☐ 기체의 내부 에너지에 대한 기여를 추정하기 위해 등분배 정리를 이용한다(자습 4A.1).
☐ 열역학 제1법칙을 기술하고 의미를 설명한다(4A.4, 4A.5절).
☐ 계의 어떤 함수가 상태 함수인지 구별한다(4A.5절).

Topic 4A 연습 문제

4A.1 다음 계는 열린 계, 닫힌 계, 고립 계 중 어느 것인가 확인하시오.
(a) 매우 성능이 좋은 보온병 안의 커피
(b) 냉각 코일 안의 냉매
(c) 벤젠이 연소되는 닫혀있고 단열된 반응 용기
(d) 자동차 엔진 안에서 타고 있는 휘발유
(e) 온도계 안의 수은
(f) 살아 있는 식물

4A.2 (a) 열린 계의 내부 에너지를 증가시킬 수 있는 세 가지 방법을 기술하시오. (b) 이들 방법 중 어느 것이 닫힌 계의 내부 에너지를 증가시키는 데 이용될 수 있는가? (c) 만일 있다면 어느 방법이 고립 계의 내부 에너지를 증가시키는 데 이용될 수 있는가?

4A.3 25 °C에서 CH_4(g) 분자의 운동에 의한 몰 내부 에너지 기여를 계산하시오. 진동은 무시한다.

4A.4 25 °C에서 N_2(g) 분자의 운동에 의한 몰 내부 에너지 기여를 계산하시오. 진동은 무시한다.

4A.5 실린더 안의 기체 시료에 524 kJ의 열을 가하였다. 그와 동시에 피스톤이 340 kJ의 일을 하면서 기체를 압축하였다. 이 과정에서 기체의 내부 에너지 변화는 얼마인가?

4A.6 피스톤 장치 안의 기체에 242 kJ의 열을 가하면서 기체 시료가 팽창시키면 주위에 171 kJ의 일을 한다.
(a) 이 과정에서 계의 내부 에너지가 얼마나 변하는가?
(b) 이들 변화가 완료될 때 기체의 압력이 높아지는가 또는 낮아지는가?

4A.7 계에 492 J의 열을 공급할 때 내부 에너지가 982 J만큼 증가하였다.
(a) 계는 일을 하였는가 또는 받았는가?
(b) 얼만큼의 일을 하였는가?

4A.8 (a) 계의 내부 에너지가 +152 kJ 증가하는 과정에서 계가 164 kJ의 열을 흡수하면, 계의 w는 얼마인가? (b) 이 과정 동안 계는 일을 하였는가 또는 받았는가?

4A.9 연소 실린더 내에서 연료의 연소로부터 발생한 총 내부 에너지 변화는 −2573 kJ이었다. 그리고 실린더를 둘러싸고 있는 냉각 계통이 947 kJ의 열을 흡수하였다. 이 실린더 안의 연료로 얼마의 일을 할 수 있는가?

4A.10 한 실험실 동물이 도르래를 통하여 질량 275 g인 추가 연결된 쳇바퀴에서 운동하고 있다. 동물이 한 일로 인해 추가 1.01 m 올라갔다. 동시에 이 동물은 7.8 J의 에너지를 열로 방출하였다.

(a) 다른 손실이 없다고 가정하고, 동물을 닫힌 계로 취급하면 이 동물의 내부 에너지 변화는 얼마인가?
(b) 이 운동을 지구가 아닌 무중력의 우주 정거장에서 했다면 내부 에너지 변화는 얼마이겠는가? 지구 표면에서 질량 m인 추를 h만큼 높일 때의 일은 mgh이다(**기초 지식** A).

4A.11 다음 각 그림은 계에서 일어나는 변화의 분자적 관점을 보여준다. 과정을 해석하고 열역학적 결론을 내리는 데 필요한 정보는 무엇인가?

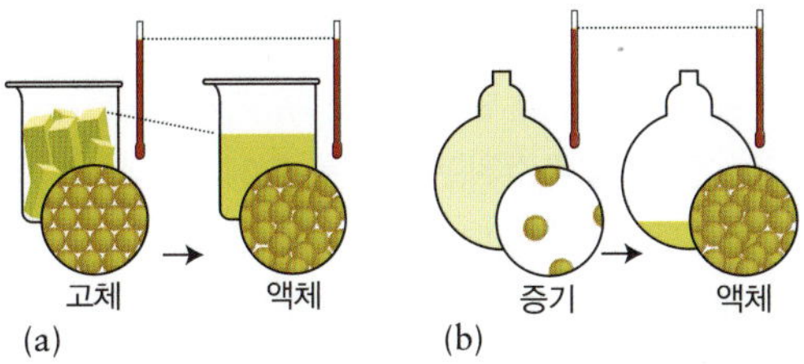

4A.12 다음 각 그림은 계에서 일어나는 변화의 분자적 관점을 보여준다. 과정을 해석하고 열역학적 결론을 내리는 데 필요한 정보는 무엇인가?

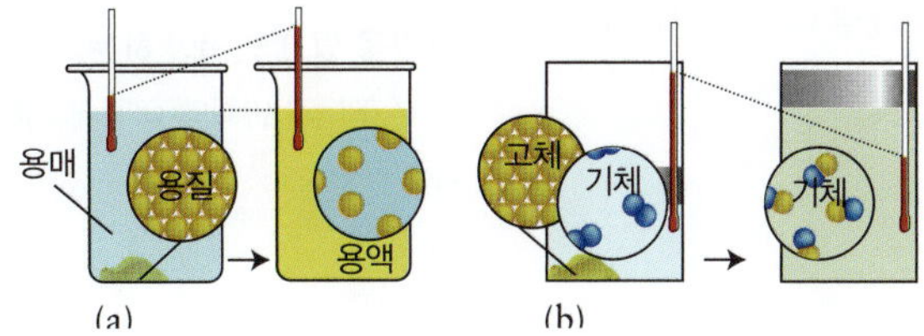

Topic 4B 일과 열

이 Topic을 왜 배우는가? 일과 열은 열역학의 주요 개념이므로, 다양한 과정에서 그 크기를 평가하는 것이 중요하다.

무엇을 알고 있어야 하는가? 이 Topic에서는 Topic 4A에서 다룬 일과 열에 대한 예비적 논의와 일과 열이 계의 내부 에너지 변화에 어떻게 기여하는지에 대해 잘 알고 있다고 가정한다. 이상 기체 법칙에 대해서도 알아야 한다(Topic B).

Topic 4A에서는 일이나 열로 에너지를 전달하는 것이 계의 내부 에너지를 변화시키는 두 가지 방법으로 소개되었다. 따라서 열역학에서는 한 과정에 수반되는 일과 열을 주위(관찰하는 곳)에서 측정할 수 있는 계의 부피 변화나 온도 상승 등과 관련 짓는 것이 매우 중요하다.

이 Topic 전반에 걸쳐 Topic 4A에 소개된 세 가지 중요한 개념을 염두에 두어야 한다. 하나는 반대 힘을 거슬러 운동이 일어날 때 에너지가 일로 전달된다는 것이다. 다른 하나는 열이 온도 차이를 활용하는 에너지의 전달이라는 것이다. 세 번째는 내부 에너지 U가 상태 함수이고 닫힌 계에서는 일이나 열로 전달된 에너지에 의해 변한다는 것이다. $\Delta U = w + q$.

4B.1 팽창 일

계는 두 유형의 일을 할 수 있다. **팽창 일(expansion work)**은 계의 부피 변화에 의한 일이다. **비팽창 일(nonexpansion work)**은 계의 부피 변화가 수반되지 않는 일이다. 배터리의 화학 반응은 전류를 흐르게 하여 비팽창 일을 할 수 있고, 우리 몸은 이동할 때 비팽창 일을 한다. **표 4B.1**은 계가 할 수 있는 일의 유형들이다.

가장 간단한 팽창 일의 예는 피스톤이 장착된 실린더 내의 기체가 팽창하며 하는 일이다. 피스톤에 작용하는 외부 압력이 팽창에 거스르는 힘을 제공한다. 피스톤이 대기에 의해서 눌

표 4B.1 여러 가지 일

일의 유형	w	설명	단위*
팽창	$-P_{외부}\Delta V$	$P_{외부}$는 외부 압력	Pa
		ΔV는 부피 변화	m^3
늘임	$f\Delta l$	f는 장력	N
		Δl은 길이 변화	m
추의 상승	$mg\Delta h$	m은 질량	kg
		g는 자유 낙하 가속도	$m \cdot s^{-2}$
		Δh는 높이 변화	m
전기	$\phi\Delta Q$	ϕ는 전압	V
		ΔQ는 전하 변화	C
	$Q\Delta\phi$	Q는 전하	C
		$\Delta\phi$는 전기장 변화	V
표면 증가	$\gamma\Delta A$	γ는 표면 장력	$N \cdot m^{-1}$
		ΔA는 면적 변화	m^2

* 일의 단위는 줄(J). $1\ N \cdot m = 1\ J$ 그리고 $1\ V \cdot C = 1\ J$

릴 때처럼 외부 압력이 일정하다고 하자(**그림 4B.1**). 외부 압력 $P_{외부}$하에서 계가 ΔV만큼 팽창할 때 계가 행한 일을 구해보자.

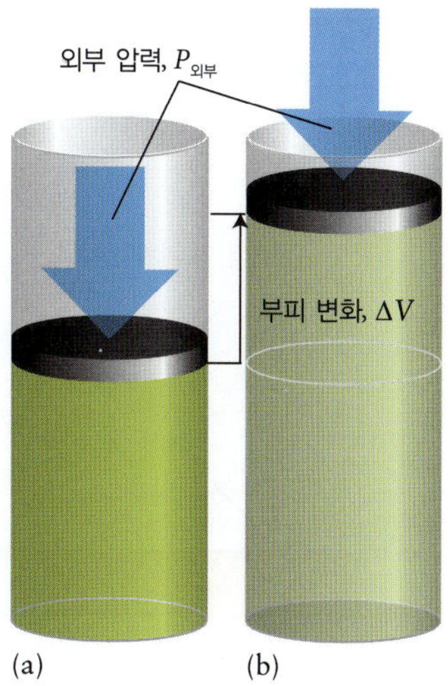

그림 4B.1 계가 외부 압력에 거슬러 팽창할 때 일을 한다. (a) 피스톤이 고정된 실린더 안의 기체. (b) 피스톤을 풀면(기체의 압력이 외부 압력 $P_{외부}$보다 클 경우) 기체는 $P_{외부}$에 거슬러 팽창하게 한다. 계가 행한 일은 $P_{외부}$와 계의 부피 변화 ΔV에 비례한다.

어떻게 다루는가?

Topic 4A에서 논의한 바와 같이, 반대 힘을 거스르며 운동하는 것이 일이며, 그 크기는 반대 힘과 이동 거리의 곱이다. 피스톤 속 기체의 경우 피스톤에 가해지는 힘과 용기가 팽창할 때 피스톤이 이동하는 거리를 알아야 한다. 압력은 힘을 가해지는 면적으로 나눈 것이며, $P=F/A$ (Topic 3A), $F=PA$로 다시 쓸 수 있다. 팽창에 반대하는 힘은 피스톤 외부에 작용하는 압력 $P_{외부}$와 피스톤 면적 A의 곱이다. $F=P_{외부}A$. 따라서 피스톤을 거리 d만큼 이동시키는 데 필요한 일은 다음과 같다.

일 = 힘 × 거리로부터

$$일 = P_{외부}A \times d$$

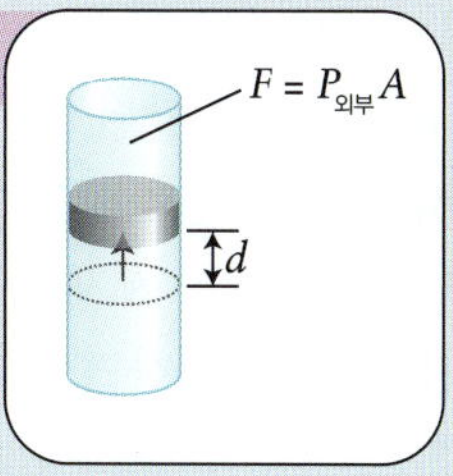

그런데 면적과 이동 거리의 곱은 시료의 부피 변화(ΔV)와 같다.

부피 = 면적 × 높이로부터

$$A \times d = \Delta V$$

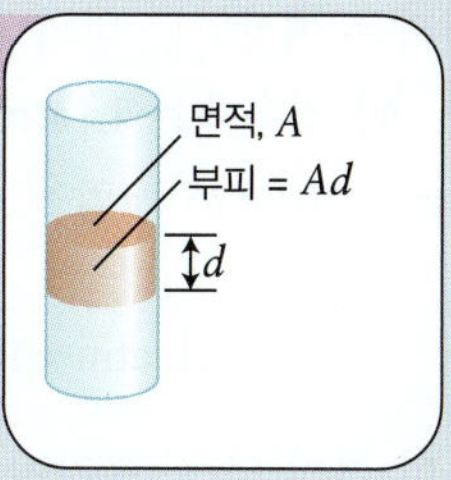

그러므로 기체 팽창에 의한 일은 $P_{외부}\Delta V$이다. 이 시점에서 부호를 조심해야 한다. 계가 팽창하면 계는 에너지를 일의 형태로 잃는다. ΔV가 양수(팽창)이면 w는 음수이다. 그러므로,

부호 규약에 따라서

$$w = -P_{외부}\Delta V$$

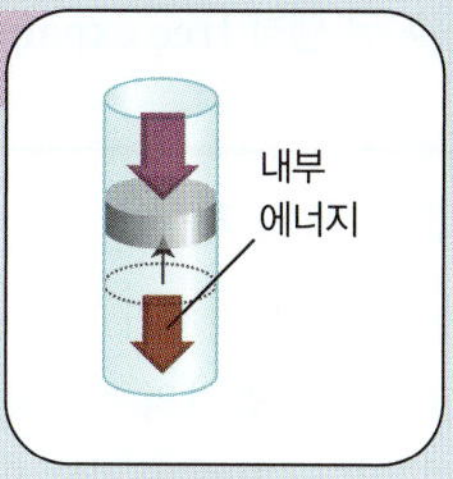

계산으로 구한 바와 같이, 일정한 외부 압력 $P_{외부}$에 거슬러서 부피 변화가 ΔV인 팽창의 경우, 계가 받은 일은 다음과 같이 주어진다.

$$w = -P_{외부}\Delta V \qquad \textbf{(1)}$$

식 1은 일정한 외부 압력하의 모든 계에 적용된다. 기체는 이해하기 쉽지만, 이 식은 액체나 고체의 팽창에도 적용된다. 이 식은 일정한 외부 압력으로 압축될 때 계에 행해진 일에도 적용된다. 압축되는 경우 부피 변화는 음수이며, 계가 압축될 때, 일의 형태로 에너지가 계로 전달된다.

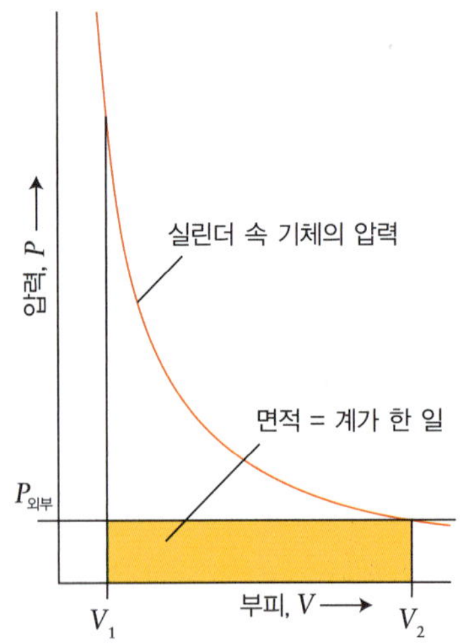

그림 4B.2 일정 외부 압력 $P_{외부}$를 거슬러 팽창하는 경우의 지시 도표. 노란 사각형의 면적이 팽창하는 동안 계가 한 일과 크기가 같다.

이 방정식의 의미는 무엇인가?

계가 팽창하면, ΔV는 양이다. 따라서 식 1의 음수 부호는 계가 팽창할 때 내부 에너지가 감소함을 말해 준다. 인자 $P_{외부}$는 외부 압력이 클 때 더 많은 일을 해야 함을 말해 준다. 즉, 외부 압력이 크면, 팽창을 반대하는 힘이 더 크다. 인자 ΔV는 주어진 외부 압력에 대해 부피가 더 많이 팽창할수록, 즉 피스톤이 반대 힘을 거슬러 더 긴 거리를 가야 해서, 더 많은 일을 해야 함을 말해 준다.

압력에 따라 계의 부피가 어떻게 변하고, 그 과정에서 사용할 수 있는 일의 크기를 나타내는 '지시 도표'를 이용하여 식 1을 시각적으로 보여줄 수 있다(**그림 4B.2**). 그림에 표시된 것처럼 피스톤이 밖으로 이동하면 실린더 내부 기체의 압력이 감소된다(기체는 이상적이지 않을 수 있다). 외부 압력과 일치할 때까지 기체 압력은 계속 감소되는데, 이때 부피는 ΔV만큼 변한다. 너비가 ΔV이고 높이가 $P_{외부}$인 노란색 직사각형의 면적은 $P_{외부}\Delta V$이며, 이는 식 1의 일의 크기와 정확히 같다.

w는 일로 전달된 에너지의 양을 나타내므로 단위는 에너지의 단위 줄(joule)이다. $P_{외부}\Delta V$의 단위가 올바른지 확인하려면 외부 압력이 파스칼($1\ \text{Pa} = 1\ \text{kg}\cdot\text{m}^{-1}\cdot\text{s}^{-2}$, Topic 3A)로 표시되고 부피 변화가 세제곱미터(m^3)로 표시될 때 $P_{외부}\Delta V$의 SI 단위가 1 Pa와 1 m^3의 곱으로 주어지는 것을 확인하면 된다.

$$1\ \text{Pa}\cdot\text{m}^3 = \overbrace{1\ \text{kg}\cdot\text{m}^{-1}\cdot\text{s}^{-2}}^{1\ \text{Pa}} \times \text{m}^3 = \overbrace{1\ \text{kg}\cdot\text{m}^2\cdot\text{s}^{-2}}^{1\ \text{J}} = 1\ \text{J}$$

결과는 예상하던 바와 같다. 그런데 압력을 기압(atm)으로, 부피를 리터(L)로 나타낼 수도 있다. 이 경우에는 L·atm을 J로 환산할 필요가 있다. 환산 인자는 정확하게 $1\ \text{L} = 10^{-3}\ \text{m}^3$, 1 atm = 101 325 Pa임을 이용하면 다음과 같이 얻어진다.

$$1\ \text{L}\cdot\text{atm} = \overbrace{10^{-3}\ \text{m}^3}^{1\ \text{L}} \times \overbrace{101\,325\ \text{Pa}}^{1\ \text{atm}} = 101.325\ \overbrace{\text{Pa}\cdot\text{m}^3}^{\text{J}} = 101.325\ \text{J}\ (\text{정확하게})$$

한 가지 더 짚고 가자. 만일 외부 압력이 영이면($P_{외부} = 0$, 진공이면) 식 1에 의해서 $w = 0$이다. 즉, **계가 진공으로 팽창할 때는 팽창 일을 하지 않는다**. 이는 거스르는 힘이 없기 때문이다. 거스르는 것이 없으면 밀기에 의해서 아무런 일을 하지 못한다. 압력 영에 거슬러 팽창함을 **자유 팽창(free expansion)**이라고 한다.

예제 4B.1 기체가 팽창할 때 한 일의 계산

자동차의 내연 기관에서 압축된 뜨거운 기체가 피스톤을 밀면서 팽창하여 자동차가 길을 따라 움직이도록 구동 축을 돌린다. 이러한 엔진의 성능을 연구하려면, 피스톤의 각 행정(stroke)이 할 수 있는 일을 평가할 필요가 있다. 기체가 외부 압력 1.20 atm으로 모사한 변속 장치의 거스르는 힘에 대해 500. mL(0.500 L)만큼 팽창하며, 주위와 열의 교환은 없었다고 가정하자. (a) 이 팽창에서 계가 한 일은 얼마인가? (b) 계의 내부 에너지 변화는 얼마인가?

예상 계가 일을 했으므로 w와 ΔU는 음수일 것이다. 즉, 계는 에너지를 잃었다.

계획 식 1을 이용하여 일을 계산하고, L·atm을 J 단위로 환산한다.

무엇을 가정해야 하는가? 주위와 교환된 에너지는 팽창 일뿐이다.

풀이

(a) $w = -P_{외부}\Delta V$로부터

$$w = -(1.20\ \text{atm}) \times (0.500\ \text{L}) = -0.600\ \text{L}\cdot\text{atm}$$

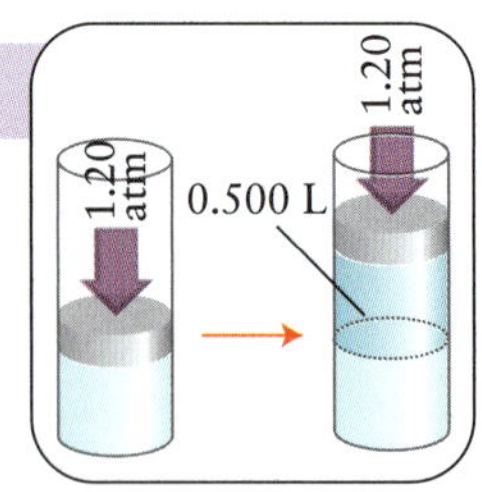

1 L·atm = 101.325 J을 이용하여 J 단위로 환산한다.

$$w = -(0.600\ \text{L·atm}) \times \frac{101.325\ \text{J}}{1\ \text{L·atm}} = -60.8\ \text{J}$$

(b) 열로 교환된 에너지는 없으므로 $w = \Delta U$이다.

$$\Delta U = -60.8\ \text{J}$$

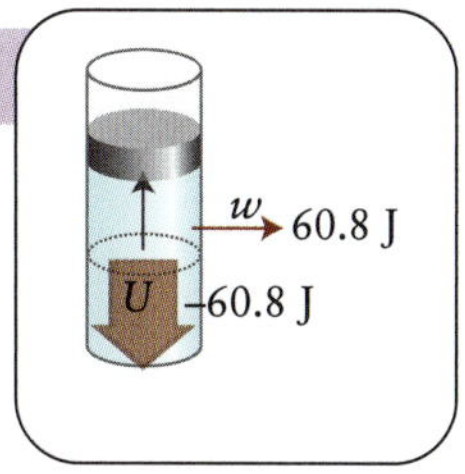

평가 $w = -60.8$ J에서 음의 부호(예상한 대로)는 기체의 내부 에너지가 60.8 J만큼 감소함을 뜻한다. 기체가 팽창할 때 기체인 계는 주위에 60.8 kJ의 일을 한 셈이다(그리고 다른 변화는 없다).

자습 4B.1A 물은 얼 때 팽창한다. 물 100. g이 0 °C에서 얼면서 1070 atm의 압력을 가하는 관의 금속 벽을 밀어내었다. 이 물이 한 일은 얼마인가? 0°C에서 물과 얼음의 밀도는 각각 1.00 g·cm^{-3}와 0.92 g·cm^{-3}이다.

[**답**: $w = -0.86$ kJ]

자습 4B.1B 자동차 엔진의 네 실린더 안의 기체는 1회의 점화 사이클 동안 0.22 L에서 2.2 L까지 팽창한다. 기체에 일정한 압력 9.60 atm이 가해진다고 가정하면, 이 엔진이 한 사이클 동안 할 수 있는 일은 얼마인가?

관련 연습 문제 4B.1, 4B.2

변하는 외부 압력에 거슬러 기체가 팽창하면서 한 일을 계산하기 위해서는, 팽창하는 과정에서 압력이 정확히 어떻게 변하는지를 알아야 한다. Topic 4A에서 일은 초기와 최종 상태 사이의 경로에 의존하므로 상태 함수가 아니라는 것을 배웠다.

먼저 **가역**(reversible)의 의미를 이해해야 한다. 일상 용어에서 가역 과정이란 양방향으로 일어날 수 있는 과정을 말한다. 이러한 보편적인 사용을 과학에서는 다듬어야 한다. 열역학에서 **가역 과정**(**reversible process**)이란 한 변수의 **무한히 작은**(infinitely small) 변화('무한소' 변화)에 의해서 반대로 될 수 있는 과정을 뜻한다. 예를 들어, 외부 압력이 계의 기체의 압력과 정확하게 일치하면, 피스톤은 어느 방향으로도 이동하지 않는다. 만일 외부 압력을 무한소만큼 증가시키면 피스톤은 계 안쪽으로 이동한다. 반대로 외부 압력을 무한소만큼 감소시키면 피스톤 바깥쪽으로 나간다. 전 과정의 순간마다 외부와 계의 압력 차이가 무한소라면, 전 과정이 가역적으로 일어났다고 기술한다.

외부 압력과 계의 압력 차이가 측정될 만한 경우, 이 외부 압력에 거스른 팽창을 **비가역 과정**(**irreversible process**)이라고 한다. 이는 외부 압력의 무한소 변화에 의해서 피스톤의 진행 방향을 바꿀 수 없다는 뜻이다. 예를 들어, 어떤 팽창 단계에서 계의 압력이 2.0 atm이고, 외부 압력이 1.0 atm이면 외부 압력의 작은 변화에 의해서 팽창이 압축으로 바뀌지 않는다. 가역 과정은 열역학에서 매우 중요한 개념으로, 계가 할 수 있는 일은 가역 과정일 때가 최대이다.

생각해 보기
어떻게 하면 전지가 전위차(전압)를 가역적으로 생성할 수 있겠는가?

여기서 고려할 가장 간단한 종류의 가역 변화는 이상 기체의 등온(일정한 온도) 팽창이다. 팽창하는 모든 단계에서 계가 일정 온도 수조와 열적 접촉을 하도록 만들어 등온을 유지할 수

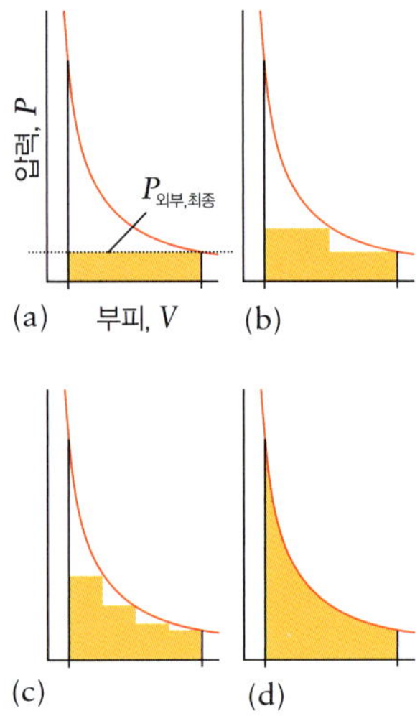

그림 4B.3 (a)에서 (c)로 그리고 가역 한계 (d)까지 외부 압력을 점진적으로 계의 기체 압력과 같도록 조절하면, 직사각형의 면적 증가에서 볼 수 있듯이, 점진적으로 더 많은 팽창 일이 증가한다.

있다. 등온 팽창에서는 기체가 팽창함에 따라 압력이 떨어지므로(Topic 3A의 Boyle 법칙에 따라서), 가역 팽창을 이루기 위해서는 기체의 부피 변화에 따라서 외부 압력을 단계적으로 줄여서, 외부 압력이 기체의 압력과 항상 같게 되어야 한다.

가역적 팽창을 시각화하는 한 가지 방법은 단계마다 다른 값의 일정한 외부 압력을 적용하며 팽창하는 것이다(**그림 4B.3**). 외부 압력이 팽창된 계의 최종 압력과 같게 일정하게 유지되면 계에 행해진 일은 그림 4B.2에서와 마찬가지로 그림 4B.3(a)의 직사각형 면적과 같다. 다음으로, 전반부에서는 외부 압력을 절반만 팽창된 계의 기체 압력과 같도록 조절하고 팽창하고, 후반부에서는 외부 압력을 기체의 최종 압력에 맞추고 팽창을 진행하는 과정을 고려하자. 이 과정으로 행해진 일은 그림 4B.3(b)에 노란색으로 표시된 영역이며 첫 번째 경우보다 크다. 이제는 팽창을 반복하되 그림 4B.3(c)와 같이 4단계로 외부 압력을 조절하는 과정을 고려하자. 노란색 전체 면적이 이전보다 더 커졌으므로 4단계 팽창으로 더 많은 일이 행해진다는 것을 의미한다. 이렇게 여러 개의 더 작은 단계로 외부 압력을 점진적으로 조절하여 행해진 일의 크기가 증가하는 것은 그림 4B.3(d)과 같이 모든 직사각형이 연속적이 될 때까지 진행할 수 있다. 따라서 전 과정에서 외부 압력을 기체 압력과 연속적으로 일치시키면, 단계별로 팽창할 때보다 더 많은 일이 행해진다. 그림 4B.3(d)의 면적으로 표시되는 가역적 등온 팽창 일을 계산하려면, 외부 압력을 연속적으로 감소시켜 반대 힘을 조절하는 것을 고려해야 한다.

어떻게 다루는가?

기체의 가역, 등온 팽창에 관한 일을 계산하기 위해서는, 팽창을 압력이 조금씩 낮아지는 무한소의 단계들의 연속으로 생각해야 한다. 식 1에서 시작하여 무한소 부피 변화 dV에 관하여 다음이 주어진다.

$$\mathrm{d}w = -P_{외부}\mathrm{d}V$$

가역 팽창의 매 단계에서 외부 압력이 기체 압력 P와 같으므로, $P_{외부} = P$로 놓을 수 있고,

$$\mathrm{d}w = -P\mathrm{d}V$$

만약 이상 기체라면, 매 팽창 단계에서 기체의 압력과 부피는 이상 기체 법칙 $PV = nRT$을 따르므로, P 대신 nRT/V를 대입할 수 있다.

$$\mathrm{d}w = -\frac{\overbrace{nRT}^{P}}{V}\mathrm{d}V$$

계가 행한 전체 일은 부피가 최초값 V_1으로부터 최종값 V_2까지 변할 때의 무한소 기여의 합(적분)으로 주어진다. 즉, nRT는 고정하고(일정한 기체의 양이 등온 변화를 겪으므로), 최초 부피로부터 최종 부피에 이르기까지 dw를 적분하면 된다.
$w = \int \mathrm{d}w$, nRT는 상수로부터

$$w = -nRT\int_{V_1}^{V_2}\frac{\mathrm{d}V}{V} = -nRT\ln\frac{V_2}{V_1}$$

마지막 단계는 다음의 적분

$$\int\frac{\mathrm{d}x}{x} = \ln x + 상수$$

와 $\ln x - \ln y = \ln(x/y)$를 이용한 것이다.

이상 기체가 V_1로부터 V_2까지 가역, 등온 팽창할 경우 계가 얻은 일은 다음과 같다.

$$w = -nRT\ln\frac{V_2}{V_1} \qquad (2)$$

여기서 n은 계의 기체 분자의 몰수이며, T는 절대 온도이다.

이 방정식의 의미는 무엇인가?
초기 부피와 최종 부피가 주어진 경우 온도가 낮을 때보다는 높을 때 더 많은 팽창 일을 한다. 부피와 몰수가 주어진 경우 높은 온도는 높은 압력에 대응하므로, 온도가 높을수록 거스르는 힘이 더 세지고, 팽창 일이 더 많아진다. 최종 부피가 초기 부피보다 훨씬 클 때는 더 많은 팽창 일을 한다.

가역적으로 팽창하는 동안 외부 압력을 무한소만큼이라도 증가시키면 피스톤은 밀려 나가지 않고 들어오게 된다. 그러므로 기체가 가역 팽창할 때 하는 일이 최대의 팽창 일이다. 이것은 일반적으로 적용되는 매우 중요한 점이다.

가역적으로 일어나는 과정으로 최대의 일을 할 수 있다.

예제 4B.2 등온 팽창 일의 계산

피스톤 엔진을 연구하는 공학자가 계가 할 수 있는 최대의 일과 일정한 압력을 거슬러 팽창할 때의 일의 차이를 알고자 한다. 한 피스톤이 Ar(g) 0.100 mol을 25 °C, 1.00 L에 가두고 있다. 두 가지 실험을 해 보자. (a) 일정 압력 1.00 atm에서 피스톤을 밀어내어 부피가 1.00 L 더 늘었다. (b) 같은 최종 부피에 이르기까지 가역, 등온적으로 팽창시켰다. 어느 과정에서 계가 더 많은 일을 하는가?

예상 최초와 최종 상태가 같다면 가역적인 변화가 비가역적인 변화보다 항상 일을 더 한다. 따라서 두 번째 경로가 더 많은 일을 하고, w는 더 음수가 될 것이다(계는 에너지를 잃었다).

계획 일정 외부 압력에 거스른 팽창에는 식 1이 이용되고, 가역, 등온 팽창에는 식 2가 이용된다.

무엇을 가정해야 하는가? 기체는 이상 기체이고, 수조에 담겨 있어서 일정한 온도를 유지한다고 가정한다.

풀이

(a) 비가역적 경로: 식 1의 $w = -P_{외부}\Delta V$을 이용하고 줄로 변환한다.

$$w = -(1.00\text{ atm})\times(1.00\text{ L}) = -1.00\times1.00\text{ L·atm}\times\frac{101.325\text{ J}}{1\text{ L·atm}} = -101\text{ J}$$

(b) 가역적 경로: 식 2의 $w = -nRT(V_2/V_2)$을 이용하고 줄로 변환한다.

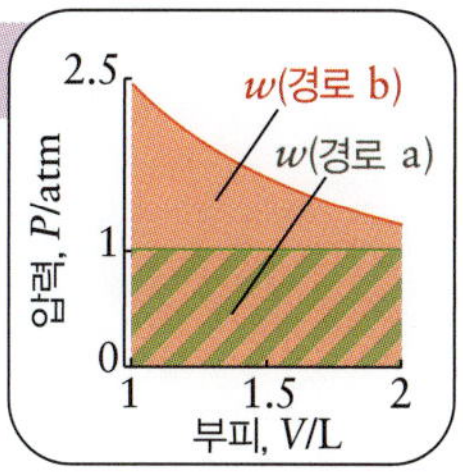

$$w = -\overbrace{(0.100\text{ mol})}^{n}\times\overbrace{(8.3145\text{ J·K}^{-1}\text{ mol}^{-1})}^{R}\times\overbrace{(298\text{ K})}^{T}\times\ln\overbrace{\frac{2.00\text{ L}}{1.00\text{ L}}}^{V_2/V_1} = -172\text{ J}$$

평가 예상한 대로 기체는 가역 과정에서 더 많은 일을 한다.

자습 4B.2A 30 °C의 항온 수조에 들어 있는 부피 2.00 L의 실린더에 He(g) 0.100 mol이 들어 있다. 일정한 외부 압력 1.00 atm에서 기체를 2.40 L에 이르기까지 등온 팽창시킨 경우와 같은 최종 부피에 이르기까지 가역, 등온 압축한 경우에 한 일을 계산하시오. (b) 계가 더 많은 일을 한 과정은 어느 것인가?

[답: (a) 비가역 경로: 40.5 J, 가역 경로: 46.0 J, (b) 가역 팽창]

자습 4B.2B 30 °C의 항온 수조에 들어 있는 부피 2.00 L의 실린더에 He(g) 1.00 mol이 들어 있다. (a) 일정한 외부 압력 1.00 atm에서 기체를 4.00 L에 이르기까지 등온 팽창시킨 경우와 같은 최종 부피에 이르기까지 가역, 등온 압축한 경우에 한 일을 계산하시오. (b) 어느 과정이 일을 더 많이 하는가?

관련 연습 문제 4B.3, 4B.4

계와 주위의 온도가 동일한 경우, 열 형태의 에너지 전달은 가역적으로(열역학적 의미에서) 일어난다. 주위의 온도를 무한소만큼 높이면 에너지가 계로 흐르고, 온도를 무한소만큼 낮추면 에너지가 계에서 주위로 흐른다. 온도가 동일하면 에너지는 동일한 속도로 양방향으로 열로 흐른다. 이러한 경우, 계와 주위가 열적 평형(thermal equilibrium) 상태에 있다고 한다. 매우 중요한 점은 평형이 '죽었다'라는 것을 의미하지 않는다는 것이다. 분자 수준의 과정이 계속되지만 양방향으로 동일한 속도로 진행된다는 점에서 평형은 동적이다. 동적 평형(dynamic equilibrium)의 가장 중요한 점은 주위의 변화에 반응한다는 것이다. 화학에서 접하는 모든 평형은 이러한 의미에서 동적이다. 즉, 살아 있고 반응하는 평형이다(Focus 5).

가역 과정이란 한 변수의 무한소 변화에 의해서 반대로 될 수 있는 과정이다. 가역 과정으로 최대의 일을 할 수 있다.

4B.2 열의 측정

화학 반응에서 열이 방출되거나 흡수되는 것은 계와 주위 사이의 벽의 종류에 의존한다. 벽에는 두 가지가 있다.

- **단열(adiabatic)** 벽은 계와 주위 사이에 온도 차가 있더라도 열의 형태로 에너지를 전달하지 않는다.
- **투열(diathermic)** 벽은 계와 주위 사이에서 열의 형태로 에너지를 주고받는다.

단열은 '통과하지 못한다'는 그리스어에서 유래하였으며, 단열 벽은 에너지가 열로 전달되는 것을 차단한다. 진공 보온병의 벽들이 좋은 근사적 예이다. 벽 사이의 진공은 한 벽에서 다른 벽으로 분자들에 의해 열이 전도되는 것을 막아주고, 반사면은 복사선에 의해 열이 전달되는 것을 막는다. 단열 벽으로 둘러싸인 계라고 해서 고립되는 것은 아니다. 용기에 피스톤을 장착하여 에너지가 계에서 혹은 계로 팽창 일로 전달되게 할 수 있다. 투열 용기의 경우, 계가 일의 형태로 에너지를 잃지 않는다면, 벽을 통한 에너지의 유입은 일반적으로 계의 온도를 상승시킨다. (에너지가 액체의 어는점이나 끓는점에서 유입된다면 온도가 변하지 않는다.) 따라서, 온도가 변한다면, 온도 변화를 조사하면 열의 이동과 내부 에너지 변화를 가늠할 수 있다.

계의 온도 변화를 열로 전달된 에너지로 변환하기 위해서는 계의 **열용량(heat capacity**, C), 즉 온도 증가를 일으키는 데 소요되는 열의 비를 알아야 한다.

$$\text{열용량} = \frac{\text{열 공급}}{\text{온도 증가}} \quad \text{즉,} \quad C = \frac{q}{\Delta T} \tag{3a}$$

열용량이 크다는 것은 많은 열을 공급해도 작은 온도 증가만 일어남을 뜻한다($\Delta T = q/C$에서). 열용량이 작다는 것은 적은 에너지만을 열로 공급해도 온도 증가가 크다는 것을 뜻한다.

계의 열용량을 알면 계의 온도 변화 ΔT를 측정하여, 식 3a를 다음과 같이 사용함으로써 얼마만큼의 열이 계에 공급되었는지 계산할 수 있다.

$$q = C\Delta T \qquad \textbf{(3b)}$$

열의 형태로 공급된 에너지는 온도 변화에 비례하며, 비례 상수는 C이다. 대부분의 물질의 열용량은 온도에 따라 변한다. 그러나 온도에 따른 변화가 작은 경우에는 변화를 무시하고 다룬다.

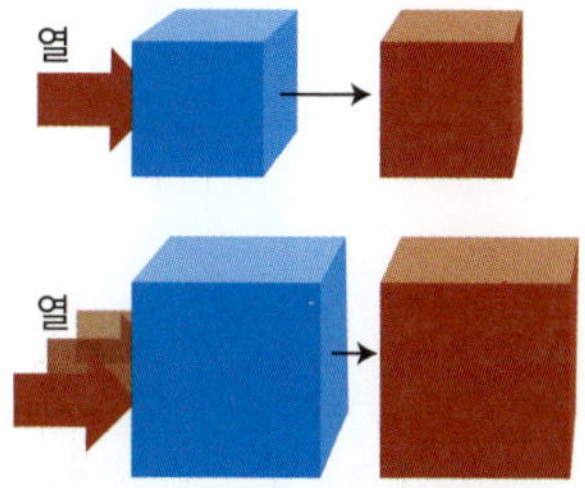

그림 4B.4 한 물체의 열용량은 열로 전달된 에너지의 양에 따라 온도가 얼마나 변할지 결정해 준다. 열용량은 크기 성질이므로, 같은 물질이라면 큰 물체(아래쪽)는 작은 물체(위쪽)보다 더 큰 열용량을 갖는다.

> **생각해 보기**
> Topic 4A에 의하면, 다음 중 어느 것의 열용량이 더 크겠는가?
> 1 mol의 Ar(g) 혹은 1 mol의 CO_2(g)

열용량은 크기 성질이다. 시료가 커질수록 같은 온도를 올리기 위해 더 많은 열이 필요하다 (**그림 4B.4**). 그러므로 보통은 열용량을 시료의 크기가 아니라 종류에 의존하는 세기 성질로 나타내기 위해 다음의 두 가지를 사용한다.

- 열용량을 시료의 질량으로 나눈 **비열용량(specific heat capacity**, 흔히 간단하게 '비열' 이라고 함), $C_s = C/m$.
- 열용량을 시료의 몰수로 나눈 **몰열용량(molar heat capacity)**, $C_m = C/n$.

상온에서 액체 물의 비열용량은 4.18 $J \cdot °C^{-1} \cdot g^{-1}$ 또는 4.18 $J \cdot K^{-1} \cdot g^{-1}$이며, 몰열용량은 75 $J \cdot K^{-1} \cdot mol^{-1}$이다. **표 4B.2**는 몇 가지 보편적인 물질의 비열과 몰열용량을 나열한 것이다.

> **생각해 보기**
> 끓는점에서 물의 열용량은 얼마이겠는가?

물체의 열용량은 $C = m \times C_s$ 관계를 이용하여 질량과 비열로부터 계산할 수 있다. 물체의 질량, 비열, 그리고 실험하는 동안의 온도 상승을 알면, 시료에 열로 주어진 에너지는 다음과 같다.

$$q = C\Delta T = mC_s\Delta T \qquad \textbf{(4a)}$$

표 4B.2 보편적 물질의 비열과 몰열용량*

물질	비열 $C_s/(J \cdot °C^{-1} \cdot g^{-1})$	몰 열용량 $C_m/(J \cdot K^{-1} \cdot mol^{-1})$
공기	1.01	—
벤젠	1.74	136
황동	0.37	—
구리	0.38	24
에탄올	2.42	111
유리(파이렉스)	0.78	—
화강암	0.80	—
대리석	0.84	—
폴리에틸렌	2.3	—
스테인리스 강	0.51	—
물: 고체	2.03	37
액체	4.184	75
증기	2.01	34

* 부록 2A와 2D에 더 많은 값이 있다. 일정한 압력에서의 값이다. 비열의 단위에는 보편적으로 섭씨(°C)가 쓰이며, 몰열용량에는 켈빈(K)이 사용된다. 얼음만 제외하고, 모든 값은 25 °C에서의 것이다.

물체의 몰열용량과 몰수를 알면 비슷한 관계인 $C = n \times C_m$을 이용하여 다음을 쓸 수 있다.

$$q = nC_m\Delta T \qquad \textbf{(4b)}$$

위의 식들을 재배열하여 알려진 양의 열에 의한 온도 상승을 측정하여, 비열 또는 몰열용량을 계산할 수도 있다. 묽은 용액의 비열은 보통 순수한 용매(이는 일반적으로 물)의 것을 사용하기도 한다.

생각해 보기

상온에서 납의 몰열용량은 다이아몬드보다 훨씬 크다. 이 차이의 이유가 무엇이겠는가?

예제 4B.3 온도 상승에 필요한 열의 계산

캠핑에 주로 챙겨가는 건조식량은 뜨거운 물을 넣어 조리한다. 물을 데우기 위한 에너지는 보통 캠핑용 버너로 연료를 태워서 얻는다. 물을 데우기 위해 에너지가 얼마나 필요하겠는가? (a) 물 100. g 및 (b) $H_2O(l)$ 2.00 mol을 각각 20.°C에서 100.°C로 올리는 데 필요한 열을 계산하시오.

예상 물의 몰질량이 18 $g \cdot mol^{-1}$이므로 물 100 g은 2.00 mol보다 많다. 따라서 (a)가 (b)보다 많은 열이 필요할 것이다.

계획 필요한 열은 식 4로 주어진다. (a)에서는 비열용량을 사용하고 (b)에서는 몰열용량을 사용한다(표 4B.2 참조). 각 경우에 $\Delta T = +80.$ K이다. 비열의 단위로 $J \cdot °C^{-1} \cdot g^{-1}$ 또는 $J \cdot K^{-1} \cdot g^{-1}$를 써도 수치는 같다는 것을 유념하자.

무엇을 가정해야 하는가? 가열하는 동안 용기나 주위로 잃는 에너지는 없다는 것과 물이 완전히 섞여서 시료 전체의 온도가 같다고 가정한다.

풀이

(a) $q = mC_s\Delta T$로부터

$$q = (100.\ g) \times (4.18\ J \cdot K^{-1} \cdot g^{-1}) \times (80.\ K) = +33\ kJ$$

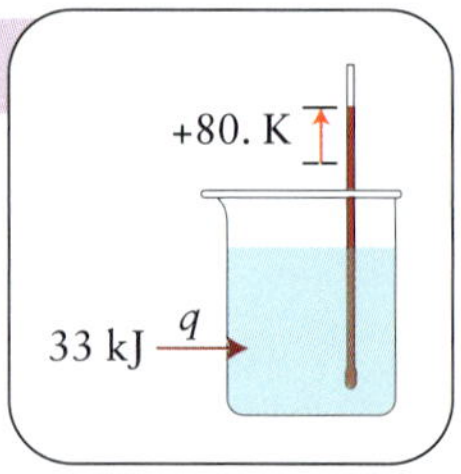

(b) $q = nC_m\Delta T$로부터

$$q = (2.00\ mol) \times (75\ J \cdot K^{-1} \cdot mol^{-1}) \times (80.\ K) = +12\ kJ$$

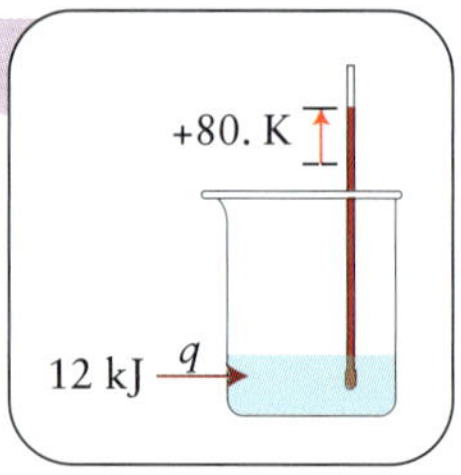

평가 예상한 대로 (a)가 (b)보다 많은 열량을 필요로 한다.

자습 4B.3A 과염소산 포타슘 $KClO_4$는 불꽃놀이에서 산화제로 사용된다. $KClO_4$ 10.0 g을 25 °C에서 점화 온도인 900.°C까지 올리는 데 필요한 열을 계산하시오. $KClO_4$의 비열은 0.8111 $J \cdot K^{-1} \cdot g^{-1}$이다.

[답: 7.10 kJ]

자습 4B.3B 에탄올 $CH_3CH_2OH(l)$ 3.00 mol을 상온에서 15.0 °C만큼 올리는 데 필요한 열을 계산하시오(표 4B.2 참조).

관련 연습 문제 4B.5, 4B.6

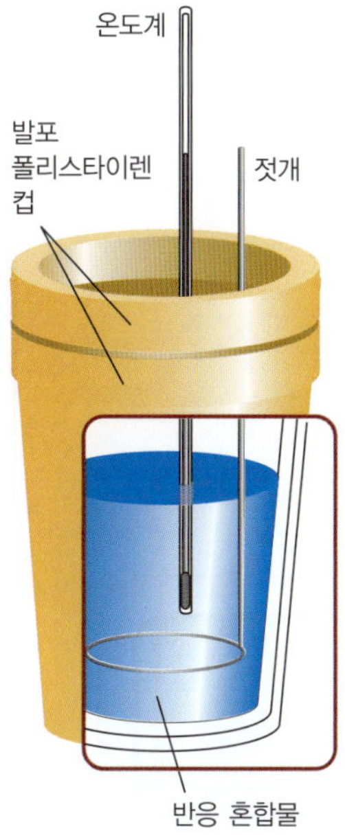

그림 4B.5 간단한 열량계로 일정한 압력에서의 반응에 의해 열로서 방출되거나, 흡수된 에너지를 측정할 수 있다. 바깥 폴리스타이렌 컵은 내부 컵에 열이 드나들지 못하게 하기 위한 추가적 단열층으로 작용한다.

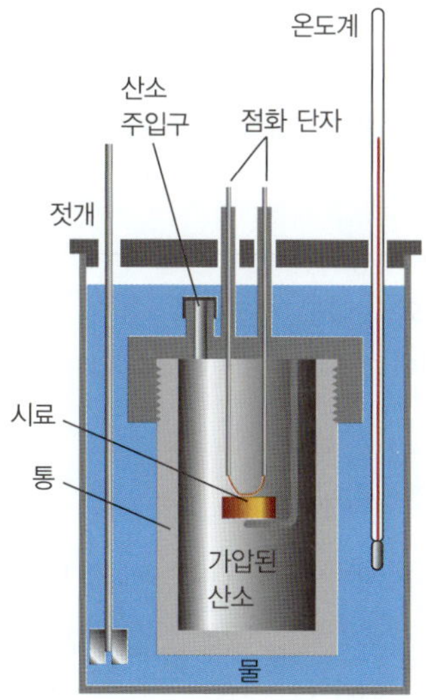

그림 4B.6 통열량계(bomb colorimeter)는 일정 부피에서의 열전달을 측정한다. 가운데에 있는 밀봉된 단단한 통(bomb이라 부름) 속 시료를 퓨즈 선으로 전기적으로 점화시킨다. 일단 연소가 일어나면 일로서 방출된 에너지는 통의 벽을 통해서 물로 퍼진다. 방출된 열량은 전체 장치의 온도 변화에 비례한다.

열로서의 에너지 이동은 **열량계(calorimeter)**로 측정하는데, 그 안에서 일어나는 과정에 의한 온도 변화를 조사하여 열로 전달되는 에너지를 측정한다. 열량계는 온도계가 장치된 수조에 용기를 집어넣은 것처럼 단순할 수도 있다(그림 4B.5). 보다 정교한 것은 **통열량계(bomb calorimeter)**이다(그림 4B.6). 반응은 일정한 체적의 견고한 밀폐 금속 용기(bomb) 내부에서 일어나고, 이 통을 물에 잠기게 하며 전체 장치의 온도 상승을 추적한다. 열량계 자체의 열용량은 알려진 열량을 공급할 때 상승한 온도를 측정하여 구한다. 이 과정을 열량계 **보정(calibration)**이라고 한다.

반응에 의해 손실된 열은 열량계로 간다는 것을 기억하는 것이 중요하다. 즉 $-q = q_{열량계}$ ($q = -15$ kJ이면 $q_{열량계} = +15$ kJ). 열량계가 얻은 열은 $q_{열량계} = C_{열량계}\Delta T$를 사용하여 구한다. 여기서 $C_{열량계}$는 열량계의 열용량('열량계 상수'라고도 한다)이다. 이 두 결과를 결합하여 반응에 의해 손실(혹은 획득)된 열을 열량계의 온도 변화와 관련지을 수 있다.

$$q = -C_{열량계}\Delta T$$

ΔT가 양, 즉 열량계의 온도가 올라갔다는 것은, q가 음, 즉 반응에 의해 에너지가 열로 방출된 것을 뜻함을 유념하자.

예제 4B.4 반응에 수반된 내부 에너지 변화 결정

산과 염기가 섞일 때 일어나는 중화 반응은 매우 발열적일 수 있다. 다양한 중화 반응에서 나오는 열과 산의 구조와의 관계를 조사한다고 하자. 일정 부피 열량계에서 0.100 L 용액의 한 반응에서 1.78 kJ의 열을 방출하여($q = -1.78$ kJ), 3.65 °C의 온도 상승을 일으키는 것을 이용하여 열량계를 보정하였다. 다음에는 같은 열량계에서 0.200 M HCl(aq) 50. mL와 0.200 M NaOH(aq) 50. mL를 혼합하였더니 온도가 1.26 °C 올라갔다(즉, $\Delta T = +1.26$ K). 이 중화 반응에서 내부 에너지 변화는 얼마인가?

예상 실제 실험에서는 보정 과정에서 올라간 온도의 약 1/3만이 올라갔으므로, 1.78 kJ의 약 1/3인 0.6 kJ 정도가 반응에서 나올 것이다.

계획 계산은 두 단계로 진행한다. 먼저, 처음 반응에 관한 자료로부터 열용량을 계산하여, $C_{열량계} = q_{열량계}/\Delta T$, $q_{열량계} = -q$를 이용하여 열량계를 보정한다. 다음은, $C_{열량계}$ 값을 사용하여 중화 반응에 의한 에너지 변화를 구한다. 둘째 단계의 경우, $q = -C_{열량계}\Delta T$를 쓰는데, ΔT는 반응하는 동안 관측된 온도 변화이다. 두 경우 모두 열량계는 같은 부피의 액체를 포함하므로 온도 변화의 차이는 일어난 반응의 차이에만 기인한다. 마지막으로 부피가 일정하므로(팽창 일이 없으므로) $\Delta U = q$를 사용한다.

무엇을 가정해야 하는가? 묽은 수용액은 순수한 물과 거의 같은 열용량을 가지므로, 실제 실험의 열용량은 보정 실험의 경우와 같다고 가정한다. 또 두 용액을 섞을 때 부피가 변하지 않아서 최종 부피는 0.100 L라고 가정한다.

풀이

보정: $-q = q_{열량계}$와 $C_{열량계} = q_{열량계}/\Delta T$로부터

$$q_{열량계} = -q = -(-1.78\ \text{kJ}) = +1.78\ \text{kJ}$$

$$C_{열량계} = \frac{1.78\ \text{kJ}}{3.65\ °\text{C}} = \frac{1.78}{3.65}\ \text{kJ}\cdot\overbrace{(°\text{C})^{-1}}^{\text{K}^{-1}} = 0.487\ldots\ \text{kJ}\cdot\text{K}^{-1}$$

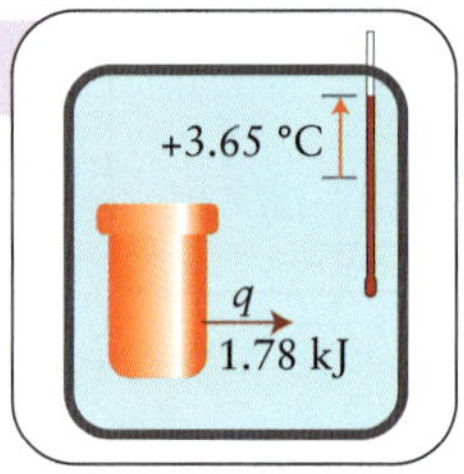

이 단계에서는 섭씨와 켈빈의 온도 변화가 같은 크기이므로 '$°\text{C}^{-1}$'은 'K^{-1}'과 동일하다는 사실을 사용하였다.

적용: $q = -C_{열량계}\Delta T$와 $\Delta U = q$로부터

$$q = -(0.487\ldots\ \text{kJ}\cdot\text{K}^{-1}) \times (1.26\ \text{K}) = -0.614\ \text{kJ}$$
$$\Delta U = -0.614\ \text{kJ}$$

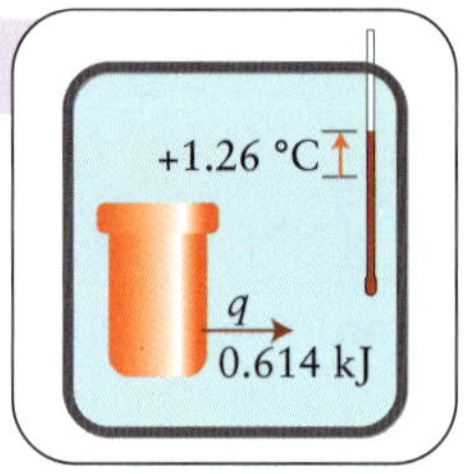

평가 온도가 오르기 때문에 이 과정은 발열이며, 내부 에너지는 열로서 계를 떠나고 예상 값과 비슷하게 $\Delta U = -0.614$ kJ이다.

자습 4B.4A 위의 예제와 동일한 열량계에 탄산 칼슘의 작은 조각을 넣고 그 위에 묽은 염산 0.100 L를 부었다. 이때 열량계의 온도가 3.57 °C만큼 올라갔다. 염산과 탄산 칼슘의 반응에서 ΔU의 값은 얼마인가?

[답: −1.74 kJ]

자습 4B.4B 각각의 부피가 0.100 L인 두 수용액을 혼합한 것으로 열량계를 보정하였다. 일어난 반응에서 방출된 열량은 4.16 kJ이고, 열량계의 온도가 3.24 °C만큼 올라갔다. 이 열량계에 물 0.200 L가 들어 있을 때의 열용량을 계산하시오.

관련 연습 문제 4B.11, 4B.12

생각해 보기

가열된 오븐의 뜨거운 냄비를 건드리면 즉시 화상을 입는데, 오븐 안의 공기로는 왜 즉시 화상을 입지 않는가?

한 물체의 열용량은 온도 상승에 대한 공급 열의 비율이다. 열전달은 보정된 열량계를 사용하여 측정한다.

4B.3 내부 에너지 변화의 측정

계에 대한 일과 열을 측정하거나 계산하는 중요한 이유는 $\Delta U = w + q$의 관계를 이용하여 내부 에너지의 변화를 알 수 있기 때문이다. 명심해야 할 매우 중요한 특징 중 하나는, 내부 에너지는 상태 함수이므로 그 값의 변화는 계의 초기 상태와 최종 상태 사이의 경로와 무관하다는 것이다. 이에 따른 중요한 결과는, 계가 두 상태 사이에서 비가역적으로 변하더라도, 임의의 가역 경로에 대한 w 및 q 계산을 사용하여 모든 경로에 대한 내부 에너지의 변화를 계산할 수 있다는 것이다.

어떤 경우에는 직접 계산하지 않고도 분자적인 통찰로서 내부 에너지의 변화를 알 수 있다. 예를 들어, 이상 기체가 등온 팽창할 때 기체 분자들은 같은 평균 속력으로 운동하므로, 그들의 총 운동 에너지는 일정하게 유지된다. 기체 분자들 사이에는 아무런 상호 작용이 없으므로, 분자간 평균 간격이 증가할지라도 총 퍼텐셜 에너지도 같은 값으로 유지된다. 총 운동 에너지와 총 퍼텐셜 에너지의 변화가 없으므로, 기체의 내부 에너지 역시 변하지 않는다. 즉,

이상 기체의 등온 팽창(또는 압축)인 경우 $\Delta U = 0$이다.

이상 기체가 두 상태 간을 어떤 경로에 따라서 변해도 초기 및 최종 상태의 온도가 같으면, $\Delta U = 0$임을 곧바로 알게 된다.

생각해 보기
그림 4A.9b의 과정에서 q는 얼마이겠는가?

예제 4B.5 이상 기체의 팽창에 관한 열, 일, 내부 에너지 변화 계산하기

새로운 피스톤 엔진이나 터빈을 고안하는 공학자는 다양한 압축과 팽창 과정에 관련된 일과 열을 이해해야만 한다. 이상 기체 분자 1.00 mol이 292 K, 3.00 atm에서 부피 8.00 L로부터 20.00 L까지, 다음의 두 가지 다른 경로를 따라서 팽창하여 최종 압력이 1.20 atm에 이르렀다. (a) 경로 A는 등온 가역 팽창이다. (b) 경로 B는 경로 A의 가설적 대체 경로로, 두 단계로 되어 있다. 1단계에서는 기체가 일정한 부피에서 압력이 1.20 atm에 이르기까지 냉각된다. 2단계에서는 기체를 $T = 292$ K에서 부피 20.00 L가 되기까지 1.20 atm의 일정 압력에서 가열하여 팽창시킨다. 각 경로에 있어서 계가 한 일(w), 계로 전달된 열(q), 계의 내부 에너지 변화(ΔU)를 구하시오.

예상 비가역 경로의 w는 더 작은 절댓값의 음수일 것이고(더 적은 에너지가 일로 손실되었다), 따라서 온도를 유지하기 위해 열이 적게 필요하므로 q는 더 작은 양수일 것이다.

계획 각 과정을 도시하여 시작하는 것이 좋다(**그림 4B.7**). (a) 등온, 가역 팽창의 경우 식 2 ($w = -nRT \ln(V_2/V_1)$)를 이용하여 w를 계산한다. (b) 1단계에서는 부피가 변하지 않으므로, 아무런 일을 하지 않는다($w = 0$). 2단계는 일정 압력 과정이므로, w의 계산에 식 1($w = -P_{외부} \Delta V$)이 이용된다. 내부 에너지는 상태 함수이고, 두 경로 모두 초기와 최종 상태가 같으므로, 경로 A와 B의 ΔU는 같다. 이상 기체의 등온 팽창의 경우에는 $\Delta U = 0$이므로, 각 경우에 $\Delta U = q + w$, $\Delta U = 0$으로부터 전체 경로에 관한 q를 구한다. L·atm을 J로 환산하기 위하여 1 L·atm = 101.325 J을 사용한다.

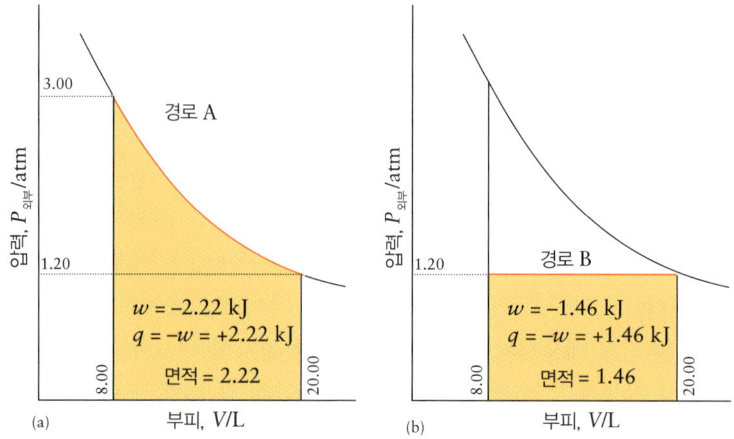

그림 4B.7 (a) 가역 경로에서, 예제 4B.5의 기체에 행해진 일은 −2.22 kJ(기체가 일을 하기 때문에 음수)이다. 내부 에너지의 변화가 0이기 때문에, 일정한 온도와 일정한 내부 에너지를 유지하기 위해 열이 유입된다. 그러므로 $q = +2.22$ kJ이다. (b) 비가역 경로에서, 기체에 행해진 일은 곡선 아래 영역 넓이의 음의 값과 같으며, 이 경로에서는 더 적다($w = -1.46$ kJ). 냉각 단계에서의 열 유출 및 팽창 때의 열 유입을 합한 알짜 열 유입은 $q = +1.46$ kJ이다.

풀이

(a) $w = -nRT \ln (V_2/V_1)$로부터

$$w = -(1.00\ \text{mol}) \times (8.3145\ \text{J·K}^{-1}\text{·mol}^{-1}) \times (292\ \text{K}) \times \ln \frac{20.00\ \text{L}}{8.0\ \text{L}}$$

$$= -2.22 \times 10^3\ \text{J} = -2.22\ \text{kJ}$$

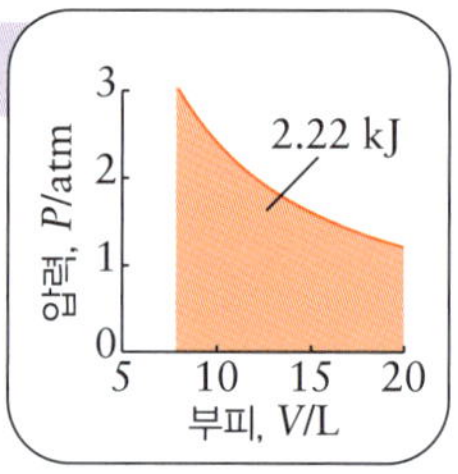

$\Delta U = q + w = 0$으로부터

$$q = -w = +2.22\ \text{kJ}$$

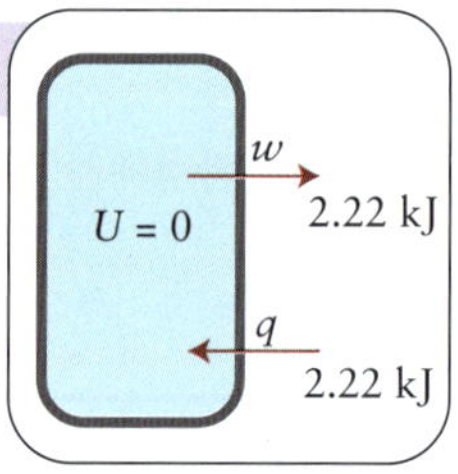

(b) **1단계** 일정한 부피($\Delta V = 0$)에서의 냉각은 일을 하지 않는다.

$$w = 0$$

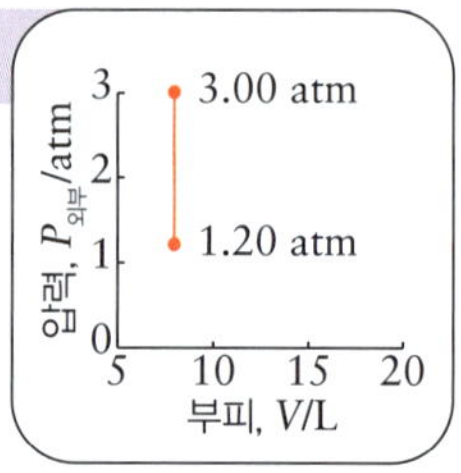

2단계 가열하여 팽창시킨다. $w = -P_{외부}\Delta V$로부터

$$w = -(1.20\ \text{atm}) \times (20.00 - 8.00)\ \text{L} = -14.4\ \text{L·atm}$$

L·atm을 J 단위로 환산한다.

$$w = -(14.4\ \text{L·atm}) \times \frac{101.325\ \text{J}}{1\ \text{L·atm}} = -1.46 \times 10^3\ \text{J} = -1.46\ \text{kJ}$$

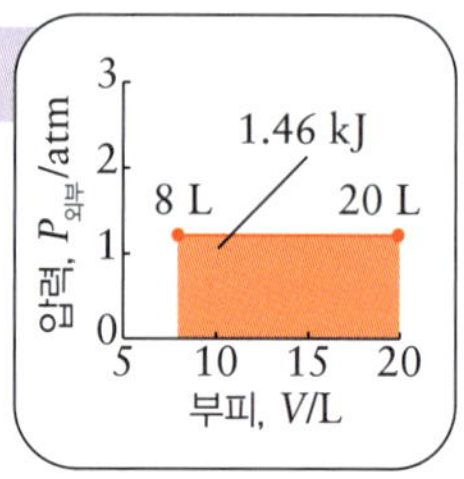

경로 B로부터 전체 일을 계산한다.

$$w = 0 + (-1.46\ \text{kJ}) = -1.46\ \text{kJ}$$

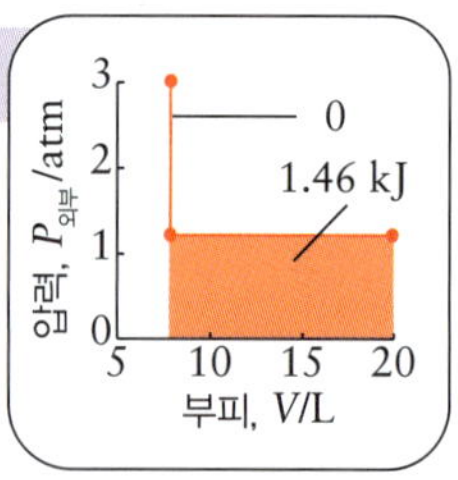

$\Delta U = q + w = 0$으로부터

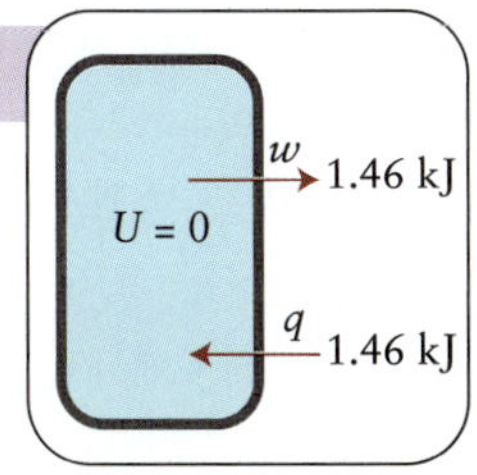

$$q = -w = +1.46 \text{ kJ}$$

요약하면,

	q	w	ΔU
가역 과정:	+2.22 kJ	−2.22 kJ	0
비가역 과정:	+1.46 kJ	−1.46 kJ	0

평가 예상한 대로 비가역 경로의 경우 더 적은 일을 하였고, 온도를 유지하기 위해 더 적은 에너지가 열의 형태로 계에 들어 왔다.

자습 4B.5A 2.00 atm, 300. K인 CO_2 2.00 mol을 탄산수 제조에 사용하기 전에 원래 부피의 절반에 이르기까지 등온, 가역 압축시켰다. CO_2를 이상 기체라 여기고, w, q, ΔU를 계산하시오.

[답: $w = +3.46$ kJ, $q = -3.46$ kJ, $\Delta U = 0$]

자습 4B.5B 피스톤이 달린 실린더의 산소에 1.00 kJ의 에너지를 열로써 전달하였다. 외부 압력은 2.00 atm이다. 산소는 이 일정한 압력에 거슬러 1.00 L로부터 3.00 L까지 팽창하였다. O_2를 이상 기체라 여기고, 전체 과정에 관한 w와 ΔU를 계산하시오.

관련 연습 문제 4B.17, 4B.18

주어진 두 상태 사이의 내부 에너지 변화는 동일한 두 상태 사이의 편리한 경로에 대해 w와 q를 구하여 계산할 수 있다.

이 Topic에서 배운 것은 무엇인가?

이제 계가 다양한 조건에서 부피가 변화할 때 행해지는 일을 구하는 방법을 알게 되었다. 또한 가역적으로 변하면 최대 일이 행한다는 것도 공부했다. 물질의 열용량을 사용하여 온도 변화를 조사하여 열로의 에너지 전달을 측정하는 방법을 안다. 초기 상태와 최종 상태 사이의 편리한 경로를 선택하여 내부 에너지의 변화를 계산할 수 있는 상태 함수 개념을 사용했다.

개념과 식의 적용

- ☐ 일정 압력에서 기체의 팽창으로 한 일을 계산한다(예제 4B.1).
- ☐ 이상 기체가 등온 가역 팽창할 때의 일을 계산한다(예제 4B.2).
- ☐ 물질의 열용량을 사용하여 온도 변화를 일으키는 열을 계산한다(예제 4B.3).
- ☐ 열역학 용어 '가역적'을 설명한다(4B.1절).
- ☐ 화학 반응으로 인한 내부 에너지 변화를 계산한다(예제 4B.4).
- ☐ 편리한 경로를 골라 이상 기체의 내부 에너지 변화를 계산한다(예제 4B.5).

Topic 4B 연습 문제

4B.1 자전거 펌프 내 공기는 손잡이를 밀어서 압축시킨다. 펌프의 내부 지름이 3.0 cm이고, 이를 2.00 atm의 압력으로 20. cm 밀었다.
(a) 압축 과정에서 한 일은 얼마인가?
(b) 이 일은 펌프 속의 공기 측면에서 양수인가 또는 음수인가?

4B.2 신형 내연 기관에 각각 3.60 L의 배기량(연료가 점화될 때마다 각 실린더의 부피가 3.60 L가 팽창된다)을 가진 네 개의 실린더가 있다.
(a) 네 개의 실린더 내 피스톤이 각각 압력 1.80 kbar를 거슬러 팽창

하고, 각 실린더가 1초당 한 번씩 점화된다면, 이 엔진은 1.00분에 일을 얼마나 할 수 있는가?
(b) 이 일은 엔진과 그 속의 내용물의 측면에서 본다면 양수인가 또는 음수인가?

4B.3 피스톤이 25 °C에서 0.200 mol Ne(g)를 1.20 L에 가두고 있다. 두 가지 실험이 진행된다.
(a) 기체가 1.00 atm의 일정 압력을 거슬러 추가로 1.20 L 팽창한다.
(b) 기체가 같은 최종 부피로 등온 가역적으로 팽창한다. 각 과정에서 한 일을 계산하고 어느 과정이 더 많은 일을 했는지 보이시오.

4B.4 피스톤이 25 °C에서 0.250 mol He(g)를 1.50 L에 가두고 있다. 두 가지 실험이 진행된다.
(a) 기체가 2.00 atm의 일정 압력을 거슬러 추가로 1.00 L 팽창한다.
(b) 기체가 같은 최종 부피로 등온 가역적으로 팽창한다. 각 과정에서 한 일을 계산하고 어느 과정이 더 많은 일을 했는지 보이시오.

4B.5 (a) 물 300.0 g을 포함한 질량 400.0 g의 구리 주전자를 온도 20.0 °C에서 물의 끓는점 100.0 °C까지 올리는 데 공급해야 할 열은 얼마인가? (b) 이 열의 몇 %가 물의 온도를 올리는 데 사용되는가? (표 4B.2 참조)

4B.6 (a) 물 300.0 g을 포함한 질량 400.0 g의 스테인리스강 용기를 온도 20.0 °C에서 물의 끓는점 100.0 °C까지 올리는 데 공급해야 할 열은 얼마인가? (b) 이 열의 몇 %가 물의 온도를 올리는 데 사용되는가? (c) 연습 문제 4B.5의 풀이와 비교하시오(표 4B.2 참조).

4B.7 온도가 100.0 °C이고, 질량이 20.0 g인 구리 조각을 22.0 °C인 물 50.7 g을 포함하고 있는 용기(열용량을 무시할 수 있는)에 집어넣었다. 물의 최종 온도를 계산하시오. 주위로의 에너지 손실은 없다고 가정한다.

4B.8 온도가 100.0 °C이고, 질량이 18.0 g인 금속 조각을 22.0 °C인 물 50.2 g을 포함하고 있는 열량계에 집어넣었다. 이 혼합물의 최종 온도는 24.8 °C이었다. 이 금속의 비열은 얼마인가? 주위로의 에너지 손실은 없다고 가정한다.

4B.9 한 열량계를 전기 가열기로 보정하였다. 열량계에 22.5 kJ의 에너지를 열로써 공급하였더니, 열량계와 수조가 함께 22.45 °C로부터 23.97 °C까지 온도가 올라갔다. 이 열량계의 열용량은 얼마인가?

4B.10 흔히 열량계 보정에 사용되는 벤조산 C_6H_5COOH의 연소 엔탈피는 $-3228\ kJ\cdot mol^{-1}$이다. 벤조산 1.685 g이 열량계 안에서 연소될 때, 온도가 2.821 °C만큼 올라갔다. 이 열량계의 열용량은 얼마인가?

4B.11 일정 부피 열량계를 보정하기 위해 열량계 안의 용액 0.200 L에서 3.50 kJ의 열을 방출하는 것으로 알려진 반응을 수행하였더니 ($q = -3.50$ kJ) 온도가 7.32 °C 상승하였다. 후속 실험에서, 0.200 M HBr(aq) 100.0 mL와 0.200 M KOH(aq) 100.0 mL를 같은 열량계에서 혼합하였더니 온도가 2.49 °C 상승하였다. 중화 반응의 결과로 반응 혼합물의 내부 에너지가 어떻게 변하는가?

4B.12 일정 부피 열량계를 보정하기 위해 열량계 안의 용액 0.60 L에서 0.90 kJ의 열을 방출하는 것으로 알려진 반응을 수행하였더니 ($q = -0.90$ kJ) 온도가 2.85 °C 상승하였다. 후속 실험에서, 0.20 M $HClO_2$(aq) 30.0 mL와 0.20 M NaOH(aq) 30.0 mL를 같은 열량계에서 혼합하였더니 온도가 1.31 °C 상승하였다. 중화 반응의 결과로 반응 혼합물의 내부 에너지가 어떻게 변하는가?

4B.13 가열기에 놓인 실린더 속의 기체가 5.50 kJ의 열을 얻었다. 이 과정에서 대기 압력 750. Torr에서 실린더의 부피를 345 mL로부터 1846 mL까지 증가시켰다면, 실린더 속 기체의 내부 에너지 변화는 얼마인가?

4B.14 실린더 안의 이상 기체를 가열하기 위해서 100. W(1 W = 1 $J\cdot s^{-1}$) 전열기를 20.0분 동안 켰다. 그러는 동안 기체가 일정한 대기 압력 0.876 atm에서 1.00 L로부터 6.00 L까지 팽창하였다. 이 기체의 내부 에너지 변화는 얼마인가?

4B.15 단열 과정에서는 에너지가 열로 전달되지 않는다. 닫힌 계 내의 단열 과정에서 다음의 각 표현이 항상 진실인가, 항상 거짓인가 또는 어떤 조건에서는(조건을 명시) 진실이 되는가?
(a) $\Delta U = 0$ (b) $q = 0$ (c) $q < 0$ (d) $\Delta U = q$ (e) $\Delta U = w$

4B.16 일정 부피인 닫힌 계의 과정에서 다음의 각 표현이 항상 진실인가, 항상 거짓인가 또는 어떤 조건에서는(조건을 명시) 진실이 되는가?
(a) $\Delta U = 0$ (b) $w = 0$ (c) $w < 0$ (d) $\Delta U = q$ (e) $\Delta U = w$

4B.17 피스톤 장치 안에 있는 기체 시료가 처음에 $T = 305$ K, $P = 1.79$ atm, $V = 4.29$ L에서 시작하여, 다음 과정을 일으킬 경우 각각에 관한 일을 계산하시오.
(a) 일정한 외부 압력 1.00 atm에 거슬러 최종 부피 6.52 L까지 비가역 팽창
(b) 최종 부피 6.52 L까지 등온, 가역 팽창

4B.18 298 K, 2.57 atm에서 부피 3.42 L인 실린더 안의 기체 시료가 다른 두 경로에 따라서 7.39 L까지 팽창한다. 경로 A는 등온 가역 팽창이다. 경로 B는 두 단계로 일어난다. 첫 번째 단계에서는 기체를 일정 부피에서 1.19 atm에 이르기까지 냉각시킨다. 두 번째 단계에서는 기체를 가열하여 일정한 외부 압력 1.19 atm에 거슬러 최종 부피가 7.39 L에 이르기까지 팽창시킨다. 각 경로에 따른 일을 계산하시오.

Topic 4C 엔탈피

이 Topic을 왜 배우는가? 많은 화학 반응들은 일정한 압력, 대부분의 경우 대기압에서 일어나므로, 엔탈피는 열화학의 중심이다.

무엇을 알고 있어야 하는가? 이 Topic은 내부 에너지와 열용량(Topic 4A, 4B)에 대해 잘 알고 있다고 가정한다. 등분배 정리(Topic 4A)에 대해서도 잘 알고 있어야 한다.

계가 단단한 벽을 가지고 있다면 변화가 일어나더라도 부피가 일정하게 유지되어 팽창 일을 하지 않게 된다. 비팽창 일(예를 들어, 전기에 관한 일)도 하지 않는다고 가정하면, 계의 내부 에너지 변화는 열로 공급된 에너지와 같다($\Delta U = q_V$, 아래 첨자 V는 일정 부피에서의 과정이라는 뜻이다). 그렇지만 많은 화학 반응은 대기에 열린 용기 안에서 일어나므로, 이는 약 1 atm인 일정 압력에서 일어난다. 이러한 계는 팽창이나 수축이 자유롭다. 기체가 발생하는 경우에는 팽창하는 기체가 자신의 자리를 만들기 위해서 주위의 대기를 몰아낸다. 이때 실제 피스톤이 없을지라도 일이 행해진다. 팽창을 거스르는 힘은 주위의 기체에서 온다. 일정한 압력에서 열전달 과정의 팽창 일에 의해 잃는 에너지를 자동으로 고려하여 에너지 변화를 추적하게 도와주는 다른 상태 함수가 있다면 매우 유용할 것이다.

4C.1 일정 압력에서의 열전달

일정 압력의 열전달 과정에서 팽창 일에 의한 에너지 손실(압축 과정인 경우 에너지 증가)을 추적하는 상태 함수는 **엔탈피(enthalpy**, H)이다. 엔탈피는 다음과 같이 정의된다.

$$H = U + PV \tag{1}$$

여기서 U, P, V는 각각 계의 내부 에너지, 압력, 부피이다. U(제1법칙으로부터), P, V가 모두 상태 함수이므로, 엔탈피 $H = U + PV$가 상태 함수임을 알 수 있다. 이 정의로부터, **계의 엔탈피 변화가 일정 압력에서 방출되거나 흡수되는 열과 같다**는 것을 알 수 있다.

어떻게 다루는가?

내부 에너지 변화가 ΔU이고, 부피 변화가 ΔV인 등압 과정을 생각해 보자. 식 1의 엔탈피 정의로부터 엔탈피 변화는 다음과 같이 주어진다.

$$\text{일정 압력에서: } \Delta H = \Delta U + P\Delta V \tag{2}$$

이제 $\Delta U = q + w$를 이용하자. 여기서 q는 계에 열로 공급된 에너지이고, w는 일로 공급된 에너지이다. 따라서 다음과 같이 된다.

$$\Delta H = q + w + P\Delta V$$

다음에는 계가 팽창 일 이외에 다른 일은 하지 않는다고 하자. 이 경우에는 Topic 4B의 식 1 ($w = -P_{외부}\Delta V$)을 이용하여 일을 계산할 수 있다.

$$\Delta H = q - P_{외부}\Delta V + P\Delta V$$

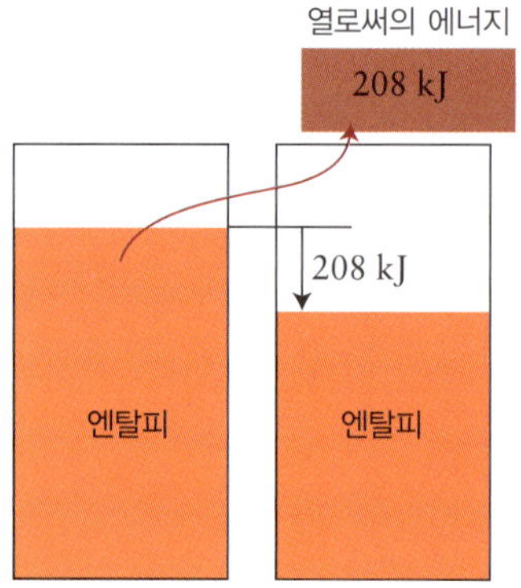

그림 4C.1 계의 엔탈피는 저장 용기 속 물의 높이와 유사하다. 일정 압력에서 한 반응이 208 kJ의 열을 방출하면, '저장 용기' 수면은 208 kJ만큼 내려가며, $\Delta H = -208$ kJ이다.

마지막으로 계는 대기에 열려 있거나 크기를 조절할 수 있는 용기에 있으므로, 계의 압력은 외부 압력과 같게 된다. 따라서 $P_{외부} = P$이며, 마지막 두 항은 상쇄되어 $\Delta H = q$가 된다.

일정 압력을 거스르는 팽창에 의해서만 일을 할 수 있는 계의 경우 다음이 주어짐을 보여 주었다.

$$\text{비팽창 일이 없는 경우 일정 압력에서: } \Delta H = q \qquad (3)$$

이 식은 자주 $\Delta H = q_P$라고 쓴다. 아래 첨자는 일정 압력을 뜻한다. 이 식이 내포한 바는 화학 반응이 전형적으로 대기에 열린 용기에서 일정 압력에서 일어나므로, 이때 계가 방출하거나 흡수하는 열은 계의 엔탈피 변화와 같다는 것이다. 대기에 열린 열량계로 반응을 연구하는 경우에는, 측정된 온도 상승으로 그 반응에 수반되는 엔탈피 변화를 구할 수 있다. 예를 들어, 이러한 열량계에서 한 반응이 1.25 kJ의 열을 방출한다면, $\Delta H = q_P = -1.25$ kJ로 쓸 수 있다.

에너지가 열로 일정 압력의 계로 들어오면, 계의 엔탈피가 그 양만큼 증가한다. 에너지가 일정 압력의 계를 열로써 떠나면, 그 계의 엔탈피는 그 양만큼 감소한다. 예를 들어, 아이오딘화 아연이 원소에서 생성되는 $Zn(s) + I_2(s) \rightarrow ZnI_2(s)$ 반응은 (일정 압력에서) 발열 반응이며, 생성되는 ZnI_2 1몰당 주위에 208 kJ의 열을 방출한다. 이 반응에서 반응 혼합물의 엔탈피는 208 kJ만큼 감소하므로, $\Delta H = -208$ kJ이다(그림 4C.1). 질산 암모늄이 물에 녹을 때와 같은 흡열 과정에서는 열을 흡수하므로, 계의 엔탈피가 증가한다(그림 4C.2). 즉 일정 압력에서

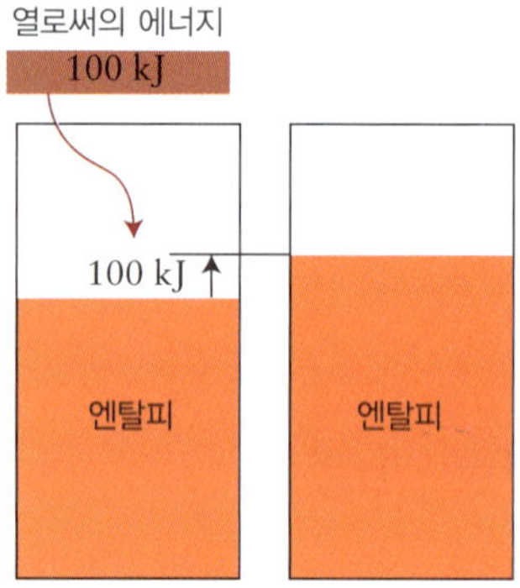

그림 4C.2 일정 압력에서 100 kJ의 열을 흡수하는 흡열 반응이 일어나면, 엔탈피의 높이에 해당되는 '저장 용기' 수면이 100 kJ만큼 올라가며, $\Delta H = +100$ kJ이다.

발열 반응: $\Delta H < 0$
흡열 반응: $\Delta H > 0$

발열 및 **흡열**이라는 용어는 엔탈피가 아닌 열을 의미한다. 엔탈피 변화를 언급할 때 올바른 용어는 **발엔탈피**(exenthalpic)와 **흡엔탈피**(endoenthalpic)이다. 그러나 구분이 필요한 경우는 많지 않고, 구분하는 사람도 많지 않다.

자습 4C.1A 일정 압력하의 발열 반응에서 50. kJ의 에너지가 계를 열로써 빠져 나갔고, 20. kJ의 에너지가 계를 팽창 일로써 빠져 나갔다. 이 과정에서의 (a) ΔH와 (b) ΔU의 값은 얼마인가?

[**답**: (a) −50. kJ, (b) −70. kJ]

자습 4C.1B 일정 압력에서 한 흡열 반응으로 30. kJ의 에너지가 열로써 계에 들어 왔다. 생성물의 부피는 반응물의 것보다 작으며, 대기 압력의 작용으로 40. kJ의 에너지가 일로써 계로 들어 왔다. 이 과정에 관한 (a) ΔH와 (b) ΔU의 값은 얼마인가?

엔탈피는 상태 함수이다. 계의 엔탈피 변화는 일정한 압력에서 계에 공급된 열과 같다. 흡열 과정의 경우에는 $\Delta H > 0$이고, 발열 과정의 경우에는 $\Delta H < 0$이다.

4C.2 일정 부피 및 일정 압력 열용량

Topic 4B에서 설명한 바와 같이 물질의 열용량 C는 물질에 공급된 열과 그에 따른 온도 상승 사이의 비례 상수이다($q = C\Delta T$). 그런데 온도 상승 및 그에 따른 열용량은 가열이 되는 조건에 의존한다. 왜냐하면 일정한 압력에서는 열의 일부가 계의 온도를 올릴 뿐만 아니라, 팽창 일에도 쓰이기 때문이다. 그러므로 열용량의 정의를 과정의 조건에 따라 다듬을 필요가 있다.

비팽창 일이 없고, 다른 변화도 일어나지 않는다면, 일정한 부피에서 전달된 열은 내부 에너지 변화이므로, $\Delta U = q$이다. 이 등식을 $C = q/\Delta T$와 결합시키면 **일정 부피 열용량(heat capacity at constant volume,** C_V)은 다음과 같이 주어진다.

$$C_V = \frac{\Delta U}{\Delta T} \tag{4a}$$

마찬가지로 일정한 압력에서 전달된 열은 엔탈피 변화가 ΔH이므로, **일정 압력 열용량(heat capacity at constant pressure,** C_P)은 다음과 같이 주어진다.

$$C_P = \frac{\Delta H}{\Delta T} \tag{4b}$$

이들에 대응하는 몰열용량은 이들 양을 물질의 몰수로 나누어 얻으며, $C_{V,\mathrm{m}}$과 $C_{P,\mathrm{m}}$으로 나타낸다.

생각해 보기

$C_{V,\mathrm{m}}$과 $C_{P,\mathrm{m}}$ 중 어느 것이 더 크겠는가?

고체 물질의 일정 부피 열용량과 일정 압력 열용량은 비슷하다. 액체의 경우도 대체로 비슷하다. 그러나 기체의 경우에는 그렇지 않다. 이 차이는 가열될 때 고체나 액체에 비하여 기체가 훨씬 더 팽창하므로, 일정 압력에서 기체가 가열될 때, 액체나 고체가 가열될 때보다 더 많은 에너지를 일로 잃기 때문이다. 이상 기체에 대해서는 C_P와 C_V 사이에 간단한 정량적 식을 얻을 수 있다.

어떻게 다루는가?

이상 기체의 경우, 엔탈피의 정의 $H = U + PV$에서 PV 항을 nRT로 대치할 수 있으므로, $H = U + nRT$가 된다. 이상 기체 시료를 가열하면 엔탈피, 내부 에너지, 온도가 모두 변하며, 다음과 같이 된다.

$$\Delta H = \Delta U + nR\Delta T$$

따라서 일정 압력 열용량을 다음과 같이 나타낼 수 있다.

$$C_P = \frac{\Delta H}{\Delta T} = \frac{\Delta U + nR\Delta T}{\Delta T} = \frac{\Delta U}{\Delta T} + nR = C_V + nR$$

두 가지 몰열용량 간의 관계식을 얻기 위해서는 위 식을 몰수 n으로 나누면 된다.

이상 기체의 두 가지 몰열용량 사이에는 다음 관계가 주어짐을 알았다.

$$C_{P,\mathrm{m}} = C_{V,\mathrm{m}} + R \tag{5}$$

예를 들면 아르곤 기체의 일정 부피 몰열용량은 $12.8\ \mathrm{J{\cdot}K^{-1}{\cdot}mol^{-1}}$이므로, 일정 압력 몰열용량은 $12.8 + 8.3\ \mathrm{J{\cdot}K^{-1}{\cdot}mol^{-1}} = 21.1\ \mathrm{J{\cdot}K^{-1}{\cdot}mol^{-1}}$이며, 그 차이가 65%나 된다. 일정 압력 열용량은 일정 부피 열용량보다 크다. 왜냐하면 일정 압력에서는 공급된 열이 모두 온도 상승에 이용되는 것은 아니고, 일부가 팽창 일로 주위로 전달되기 때문으로, 일정 부피(모든 에너지가 계의 온도 상승에 사용된다)의 경우보다 $C = q/\Delta T$가 커진다(ΔT가 작기 때문이다).

일정 압력에서 이상 기체의 몰열용량은 일정 부피에서보다 크다. 식 5는 두 양 사이의 관계이다.

4C.3 기체 열용량의 분자적 근원

등분배 정리(Topic 4A)를 이용하여 열용량의 값이 분자의 성질에 어떻게 의존하는가를 알 수 있다. 이 정리에 의하면, 일원자 이상 기체의 몰 내부 에너지는 온도 T에서 $U_m = \frac{3}{2}RT$이고, 온도가 ΔT만큼 변할 때 몰 내부 에너지의 변화는 $\Delta U_m = \frac{3}{2}R\Delta T$이다. 따라서 일정 부피 몰열용량은 다음과 같이 주어진다.

$$\text{일원자 이상 기체의 경우,}\ C_{V,m} = \frac{\Delta U_m}{\Delta T} = \frac{\frac{3}{2}R\Delta T}{\Delta T} = \frac{3}{2}R$$

이는 약 12.5 $J \cdot K^{-1} \cdot mol^{-1}$이며, 실험적으로 얻는 값과 일치한다. 식 5로부터 이상 기체의 일정 압력 몰열용량은

$$\text{일원자 이상 기체의 경우,}\ C_{p,m} = \frac{3}{2}R + R = \frac{5}{2}R$$

으로 주어진다. 일원자 이상 기체의 C_p와 C_V는 온도와 압력에 무관함을 주목하자.

분자(원자와는 달리)로 구성된 기체의 몰열용량은 일원자 기체보다 높다. 왜냐하면 분자는 병진 운동 에너지뿐만 아니라 회전 운동 에너지로도 에너지를 저장할 수 있기 때문이다. 선형 분자의 회전 운동은 몰당 내부 에너지에 추가로 RT만큼 기여한다(Topic 4A). 주어진 온도 변화에 대해,

$$\text{선형 분자의 경우,}\ C_{V,m} = \frac{\Delta U_m}{\Delta T} = \frac{\frac{3}{2}R\Delta T + R\Delta T}{\Delta T} = \frac{5}{2}R$$

비선형 분자의 경우에 회전 운동의 기여는 $\frac{3}{2}RT$이며, 전체(회전 + 병진) 기여는 $3RT$이다. 분자는 진동 운동에도 에너지를 저장하지만 진동 상태의 양자 효과 때문에 진동의 기여는 높은 온도에서만 중요하고 상온에서는 대부분 무시할 수 있다. 요약하면, 상온 부근의 이상 기체에 대하여 다음을 얻는다.

	원자	선형 분자	비선형 분자
$C_{V,m}$	$\frac{3}{2}R$	$\frac{5}{2}R$	$3R$
$C_{p,m}$	$\frac{5}{2}R$	$\frac{7}{2}R$	$4R$

분자의 복잡성이 증가함에 따라서 몰열용량이 커짐을 주목하자. 비선형 분자의 몰열용량은 선형 분자보다 높다. 이는 비선형 분자는 두 축이 아니라, 세 축 주위로 회전할 수 있기 때문이다.

그림 4C.3의 그래프는 아이오딘 증기 $I_2(g)$의 $C_{V,m}$이 온도에 따라서 어떻게 변하는가를 보여준다. 매우 낮은 온도에서는 회전 없이 병진 운동만 하므로 $C_{V,m} = \frac{3}{2}R$이지만, 분자의 회전이 일어남에 따라 $\frac{5}{2}R$로 올라간다. 높은 온도에서는 분자 진동을 무시할 수 없게 되며 에너지를 흡수하기 시작한다. 분자의 진동이 충분히 기여하면 R만큼 추가되어 몰열용량이 $\frac{7}{2}R$까지 올라간다. 298 K에서 실험값은 $3.4R$이다. 아주 높은 온도에서는 결합이 깨어져서 이원자 분자가 아니라 두 개의 원자가 되며 병진 운동만 하게 된다. 따라서 I_2 분자 1몰당 열용량은 $2 \times \frac{3}{2}R = 3R$이 된다.

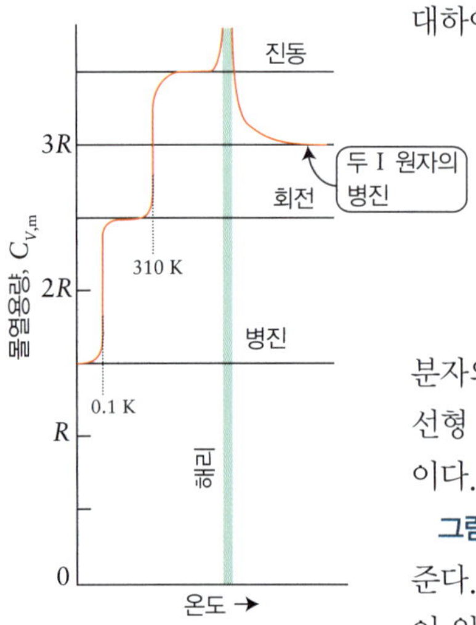

그림 4C.3 일정 부피에서 아이오딘 증기 몰열용량의 변화. 매우 낮은 온도에서도 기체 분자의 병진 운동은 열용량에 기여한다. 온도가 올라가서 0.05 K를 지남에 따라 회전이 상당한 기여를 하지만, 분자의 진동은 더 높은 온도에서만 기여한다(약 310 K 이상, 대부분의 분자에서는 온도가 이보다 훨씬 높아야 한다).

예제 4C.1 이상 기체를 가열할 때의 에너지 변화 계산

18세기에 처음으로 사람을 태운 기구가 하늘을 날자, 기체의 성질에 대해 많은 관심이 촉발되었다. (a) 일정 압력에서, (b) 일정 부피에서, 500. J의 에너지가 열로서 298 K, 1.00 atm인 O_2(g) 0.900 mol에 전달되는 경우, 최종 온도와 엔탈피 변화를 계산하시오. 기체는 이상 기체로 취급하자.

예상 일정 압력에서는 에너지의 일부가 계의 팽창에 쓰이므로, 일정 부피에서의 온도 상승이 더 클 것이다. 따라서 일정 압력보다는 일정 부피에서의 엔탈피 증가가 더 클 것이다.

계획 산소는 선형 분자이며, 산소의 열용량은 등분배 정리로부터 계산할 수 있다. $q = C\Delta T$, $C = nC_{V,\text{m}}$ 혹은 $nC_{P,\text{m}}$을 각각 일정 부피와 일정 압력의 변화에 사용하여 최종 온도를 구한다. 일정 압력에서의 엔탈피 변화는 전달된 열과 같다. 일정한 부피에서 ΔU를 계산하고, $\Delta H = \Delta U + nR\Delta T$를 이용하여 ΔH로 변환한다.

무엇을 가정해야 하는가? 산소는 이상 기체이고, 분자의 진동은 열용량에 기여하지 않는다는 가정을 해야 한다.

풀이

$C_{V,\text{m}} = \frac{5}{2}R$과 $C_{P,\text{m}} = C_{V,\text{m}} + R$로부터

$$C_{V,\text{m}} = \tfrac{5}{2}(8.3145\ \text{J·K}^{-1}\text{·mol}^{-1}) = 20.79\ \text{J·K}^{-1}\text{·mol}^{-1}$$
$$C_{P,\text{m}} = \tfrac{7}{2}(8.3145\ \text{J·K}^{-1}\text{·mol}^{-1}) = 29.10\ \text{J·K}^{-1}\text{·mol}^{-1}$$

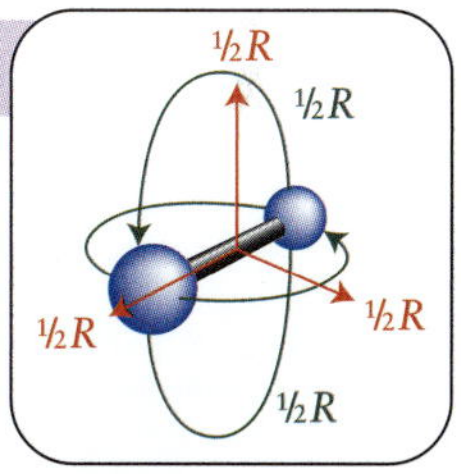

(a) $\Delta T = q/nC_{P,\text{m}}$으로부터

$$\Delta T = \frac{500.\ \text{J}}{(0.900\ \text{mol}) \times (29.10\ \text{J·K}^{-1}\text{·mol}^{-1})} = +19.1\ \text{K}$$

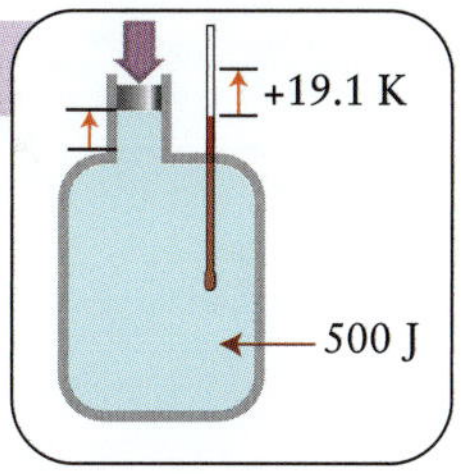

최종 온도를 구한다.

$$T = 298 + 19.1\ \text{K} = 317\ \text{K}\ \text{또는}\ 44\ °\text{C}$$

$\Delta H = q_P$로부터

$$\Delta H = +500.\ \text{J}$$

(b) 일정 부피에서의 가열에 대한 ΔH를 얻기 위해서는, 일정 부피에서의 최종 온도를 구한다.

$\Delta T = q/nC_{V,\text{m}}$으로부터

$$\Delta T = \frac{500.\ \text{J}}{(0.900\ \text{mol}) \times (20.79\ \text{J·K}^{-1}\text{·mol}^{-1})} = +26.7\ \text{K}$$

최종 온도를 구한다.

$$T = 298 + 26.7\ \text{K} = 325\ \text{K}\ \text{또는}\ 52\ °\text{C}$$

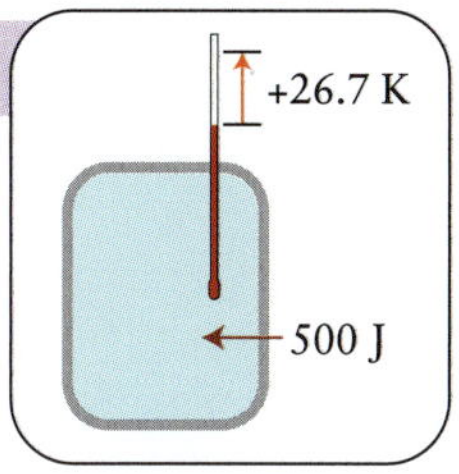

500. J이 일정 부피에서 전달된다면,

$$\Delta U = q_V = +500.\ \mathrm{J}$$

이제 $\Delta H = \Delta U + nR\Delta T$를 이용하여 엔탈피 변화로 변환한다.

$$\Delta H = 500.\ \mathrm{J} + (0.900\ \mathrm{mol}) \times (8.3145\ \mathrm{J{\cdot}K^{-1}{\cdot}mol^{-1}}) \times (26.7\ \mathrm{K}) = +700.\ \mathrm{J}$$

평가 예상한 대로 일정 압력에서의 온도 증가와 엔탈피 변화는 일정 부피의 경우보다 작다.

자습 4C.2A (a) 일정 압력에서, (b) 일정 부피에서, 298 K, 1.00 atm에 있는 0.900 mol Ne(g)에 500. J의 에너지를 열로 가할 때, 최종 온도와 엔탈피 변화를 계산하시오. 기체는 이상적이다.

[**답**: (a) 325 K, 500. J; (b) 343 K, 837 J]

자습 4C.2B (a) 일정 부피에서, (b) 일정 압력에서, 298 K, 1.00 atm에 있는 1.00 mol H_2(g)에 1.20 kJ의 에너지를 열로 가할 때, 최종 온도와 내부 에너지 변화를 계산하시오. 기체는 이상적이다.

관련 연습 문제 4C.3, 4C.4

회전은 에너지를 요구하고, 복잡한 분자의 경우 더 높은 열용량을 갖게 한다. 등분배 정리가 기체상 분자의 몰열용량을 계산하는 데 이용될 수 있다.

4C.4 물리 변화의 엔탈피

고체나 액체의 분자들은 분자간 인력에 의해 서로 붙어 있다. 용융(고체에서 액체로)이나 증발(액체에서 기체로)과 같이 분자들 사이의 인력이 줄어드는 상전이에서는 에너지가 요구되며, 따라서 이 과정은 흡열적이다. 분자 사이의 접촉이 증가되는 응축(기체에서 액체로), 증기 증착(기체에서 고체로), 얼음(액체에서 고체로)과 같은 상전이는 발열적이다. 왜냐하면 이때는 분자들의 상호 작용이 더 강해지기(에너지가 감소하기) 때문이다. 대부분 그러하듯이 일정한 압력에서 상전이가 일어날 때 상전이 때문에 전달된 열은 그 물질의 엔탈피 변화와 같다.

주어진 온도에서 물질의 증기상은 액체상보다 에너지가 더 높고 따라서 엔탈피도 더 높다. 증기와 액체 상태 사이의 몰엔탈피 차이를 **증발 엔탈피(enthalpy of vaporization**, $\Delta H_{\text{증발}}$)라고 한다.

$$\Delta H_{\text{증발}} = H_{\mathrm{m}}(\text{증기}) - H_{\mathrm{m}}(\text{액체}) \qquad (6)$$

대부분 물질의 증발 엔탈피는 온도에 따라 심하게 변하지는 않는다. 물은 끓는점 100 °C에서 $\Delta H_{\text{증발}} = 40.7\ \mathrm{kJ{\cdot}mol^{-1}}$이지만, 25 °C에서는 $\Delta H_{\text{증발}} = 44.0\ \mathrm{kJ{\cdot}mol^{-1}}$로 약 10%의 차이이다. 후자의 값은 물 18.0 g, 즉 1.00 mol H_2O(l)가 25 °C, 일정 압력에서 증발될 때는 44.0 kJ의 에너지를 열로 공급해야 함을 뜻한다.

자습 4C.3A 벤젠 C_6H_6 시료를 정상 끓는점 80 °C까지 가열하였다. 이 가열은 15.4 kJ이 추가로 공급될 때까지 계속되었으며, 그 결과로 끓고 있는 벤젠 39.1 g이 증발하였다. 벤젠의 정상 끓는점에서 증발 엔탈피는 얼마인가?

[**답**: 30.8 kJ·mol^{-1}]

자습 4C.3B 질량 23 g의 에탄 C_2H_5OH 시료를 끓는점까지 가열하였다. 이 에탄올 모두를 증발시키는 데 22 kJ이 추가로 소요되었다. 에탄올의 끓는점에서 증발 엔탈피는 얼마인가?

표 4C.1 물리 변화 표준 엔탈피*

물질	화학식	어는점, T_f/K	$\Delta H_{용융}°$/(kJ·mol^{-1})	끓는점, T_b/K	$\Delta H_{증발}°$/(kJ·mol^{-1})
아세톤	CH_3COCH_3	177.8	5.72	329.4	29.1
암모니아	NH_3	195.4	5.65	239.7	23.4
아르곤	Ar	83.8	1.2	87.3	6.5
벤젠	C_6H_6	278.6	10.59	353.2	30.8
에탄올	C_2H_5OH	158.7	4.60	351.5	43.5
헬륨†	He	–	–	4.22	0.084
수은	Hg	234.3	2.292	629.7	59.3
메테인	CH_4	90.7	0.94	111.7	8.2
메탄올	CH_3OH	175.2	3.16	337.8	35.3
물	H_2O	273.2	6.01	373.2	40.7 (25 °C에서는 44.0)

* 상전이 온도에서의 값들이다. 위 첨자 °는 변화가 1 bar에서 일어나고 물질이 순수한 것임을 뜻한다(즉, 표준 상태의 값이다. Topic 4D 참조).

† 헬륨은 1 bar에서 얼지 않음.

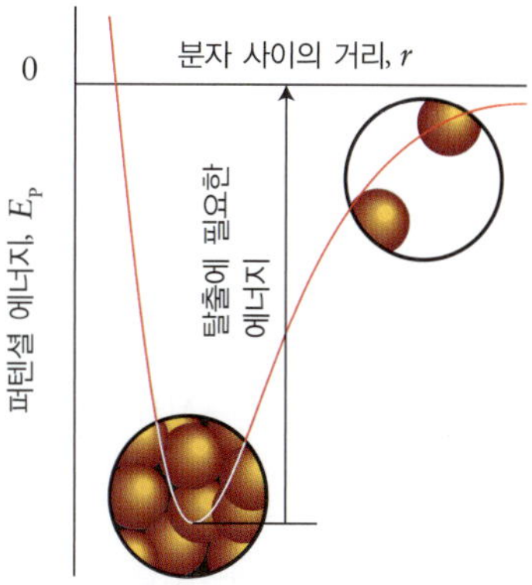

그림 4C.4 분자의 퍼텐셜 에너지는 분자들이 서로 접근하여 분자간 인력을 느낌에 따라 감소하며, 분자들을 계속하여 가까이 압축하면 다시 증가한다. 액체 내 분자간 평균 거리는 에너지 최소점 위치에 의해서 주어진다. 분자를 액체에서 탈출시키려면(증발시키려면) 분자를 퍼텐셜 우물 바닥으로부터 최소한 오른쪽 곡선의 수평 부분 에너지까지 올려야 한다.

표 4C.1에는 여러 가지 물질의 증발 엔탈피가 실려 있다. 모든 증발 엔탈피는 양수이므로, 그들의 부호는 붙이지 않는 것이 관례이다. 수소 결합과 같은 강한 분자간 힘을 가진 분자는 높은 증발 엔탈피를 갖는 경향이 있음을 주목하자. 이 관련성은 쉽게 설명된다. 왜냐하면 증발 엔탈피는 액체 상태의 인력을 끊어서 기체의 자유로운 상태로 분자들을 보내는 데 필요한 에너지의 척도이기 때문이다. **그림 4C.4**와 같은 분자간 상호 작용에서 생기는 퍼텐셜 에너지의 도표에서 보면, 분자간 인력이 강한 액체 상태에 있는 물질의 증발 엔탈피는, 이 곡선의 우물 바닥의 깊이와 관련이 있다. 인력이 거의 무시되는 증기 상태의 엔탈피는 이 곡선 오른쪽의 수평 부분에 해당된다. 높은 몰 증발 엔탈피를 가진 물질은 그의 분자간 퍼텐셜 우물이 깊고, 이는 강한 분자간 인력이 있음을 말해 준다.

녹음(보다 정식 용어는 용융)에 수반되는 몰엔탈피 변화를 그 물질의 **용융 엔탈피(enthalpy of fusion**, $\Delta H_{용융}$)라고 한다.

$$\Delta H_{용융} = H_m(액체) - H_m(고체) \quad (7)$$

용융은 단 하나의 알려진 예외(헬륨)가 있지만, 흡열 변화이므로 모든 용융 엔탈피는(특별한 헬륨의 경우를 제외하고) 양수이며, 따라서 부호 없이 나타낸다(표 4C.1 참조). 물의 용융 엔탈피는 0 °C에서 6.01 kJ·mol^{-1}이다. 즉, 0 °C에서 $H_2O(s)$ 1.0 mol(얼음 18 g)을 녹이기 위해서는 6.01 kJ의 열을 가해야 한다. 같은 양의 물을 증발시키는 데는 훨씬 많은 에너지(40 kJ 이상)가 소요된다. 녹으면서 분자들은 보다 자유롭게 움직일 수는 있지만, 고체의 경우와 비슷하게 서로 가까이 유지되므로, 상호 작용이 고체와 거의 비슷하게 강하다(**그림 4C.5**).

그림 4C.5 녹음(용융)은 흡열 과정이다. 고체 시료의 분자들은 질서 정연한 위치에서 진동하지만(위), 분자들이 에너지를 더 얻음에 따라 이웃을 지나치기 시작한다(중앙). 마지막으로 고체는 완전히 액체가 되며, 분자들의 질서가 깨어지고 움직인다(아래).

얼음 엔탈피(enthalpy of freezing)는 액체가 고체화할 때의 몰엔탈피의 변화이다. 엔탈피는 상태 함수이므로, 시료 물의 엔탈피는 그것이 언 후 다시 녹으면 얼기 전의 것과 같아야 한다. 한 물질의 얼음 엔탈피는 그것의 용융 엔탈피의 음수와 같다. 0 °C에서 물의 얼음 엔탈피는 −6.01 kJ·mol^{-1}이다. 이는 $H_2O(l)$ 1 mol이 얼 때 6.01 kJ의 열이 방출되기 때문이다. 일반적으로 어떤 과정의 반대에 관한 엔탈피 변화를 얻기 위해서는 원래 과정에 관한 엔탈피 변화에 음의 부호만 붙이면 된다. 즉,

$$\Delta H_{역과정} = -\Delta H_{정과정} \quad (8)$$

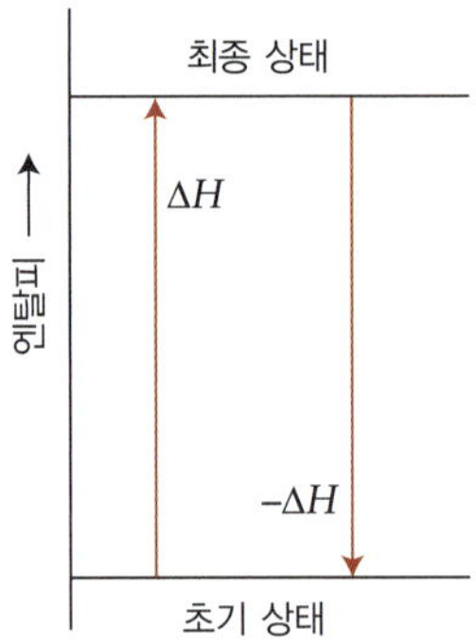

그림 4C.6 역과정의 엔탈피 변화는 같은 온도에서 원래 과정의 엔탈피 변화와 같은 값이지만 부호는 반대이다.

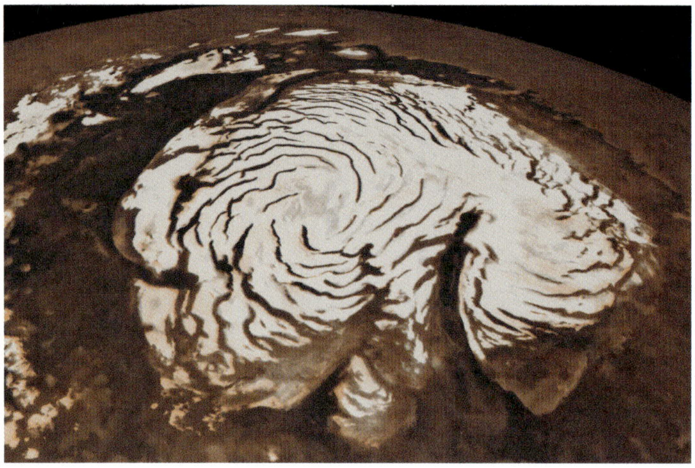

그림 4C.7 화성의 극지방 얼음 모자는 계절에 따라 커졌다 작아졌다 한다. 이는 주로 고체 이산화 탄소로 되어 있으며, 기체가 고체로 직접 전환되어 생긴다. 고체 이산화 탄소는 기체로 승화되어 사라진다. 화성의 극지방에는 물 얼음도 약간 있지만, 얼음이 녹을 정도로 온도가 올라가지 않는다. 화성에서는 얼음이 또 하나의 바위일 뿐이다. (*NASA/JPL-Caltech/MSSS.*)

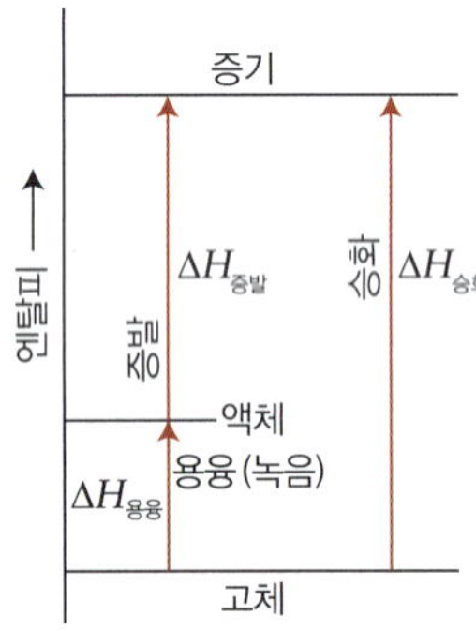

그림 4C.8 엔탈피는 상태 함수이므로, 승화 엔탈피는 같은 온도에서 측정한 용융 엔탈피와 증발 엔탈피의 합으로 나타낼 수 있다.

이 관계를 **그림 4C.6**에 설명하였다.

승화(**sublimation**)는 고체가 증기로 직접 변환하는 것이다. 서리는 춥고, 건조한 아침에 얼음이 직접 수증기로 승화되면서 사라진다. 고체 이산화 탄소도 승화한다. 그 때문에 드라이아이스(마른 얼음)라고 한다. 화성에서는 겨울마다 고체 이산화 탄소가 극지의 서리처럼 석출되었다가, 미약한 여름이 되면 승화한다(**그림 4C.7**). **승화 엔탈피**(**enthalpy of sublimation**, $\Delta H_{승화}$)는 고체가 승화할 때의 몰엔탈피 변화이다. 즉,

$$\Delta H_{승화} = H_m(증기) - H_m(고체) \tag{9}$$

엔탈피는 상태 함수이므로, 물질의 승화 엔탈피는 그 전이가 고체에서 기체로 한 단계로 일어나거나 두 단계로 일어나거나(고체에서 액체로, 그리고 다시 액체에서 기체로) 마찬가지이다. 따라서 한 물질의 승화 엔탈피는 같은 온도에서 측정된 용융 엔탈피와 증발 엔탈피의 합과 같아야 한다(**그림 4C.8**). 즉,

$$\Delta H_{승화} = \Delta H_{용융} + \Delta H_{증발} \tag{10}$$

자습 4C.4A 소듐 금속의 용융 엔탈피는 25 °C에서 2.6 kJ·mol^{-1}이고, 고체 소듐의 승화 엔탈피는 같은 온도에서 101 kJ·mol^{-1}이다. 25 °C에서 소듐의 증발 엔탈피는 얼마인가?

[**답**: 98 kJ·mol^{-1}]

자습 4C.4B 메탄올의 증발 엔탈피는 25 °C에서 38 kJ·mol^{-1}이고, 같은 온도에서 용융 엔탈피는 3 kJ·mol^{-1}이다. 이 온도에서 메탄올의 승화 엔탈피는 얼마인가?

역반응에 관한 엔탈피 변화는 정반응에 관한 엔탈피 변화 값의 음수이다. 엔탈피 변화는 전체 과정에 관한 값을 얻기 위해서 각 단계의 값을 더할 수 있다.

4C.5 가열 곡선

용융과 증발 엔탈피는 그 물질의 가열 곡선의 모양에 영향을 준다. **가열 곡선(heating curve)**은 계를 일정한 압력에서 일정한 속도로 가열함에 따르는 계의 온도 변화, 즉 엔탈피의 일정한 증가 속도를 나타내는 그래프이다(**화학 이야기 4C.1**).

화학 이야기 4C.1 가열 곡선의 모양을 어떻게 알아내는가?

시차 열분석법(differential thermal analysis, DTA)에서는 Al_2O_3(매우 높은 온도에서 녹음)와 같이 상전이를 일으키지 않는 기준 물질과 시료를 같은 질량씩 취하여, 열 싱크(heat sink)로 작용하는 커다란 강철 블록에 따로 있는 두 시료 우물에 집어넣는다(첫 번째 그림 참조). 강철 블록은 매우 크므로, 시료와 기준 물질을 똑같이 느리고, 정확하게 가열할 수 있다. 열전기쌍(thermocouple)을 각 우물과 강철 블록 속에 넣어 온도 변화를 관찰한다. 다음에는 이 블록을 점차적으로 가열하면서 시료와 기준 물질의 온도를 비교한다. 기준 물질의 온도가 계속 올라가는 동안 시료의 온도 오름이 멈추면 전기 신호가 발생한다. 이러한 현상은 시료의 상전이와 같은 흡열 과정이 일어난다는 신호이다. DTA 분석법의 출력은 **열분석도**(thermogram)이다. 이는 전이 온도를 열 흡수 봉우리로서 보여 준다.

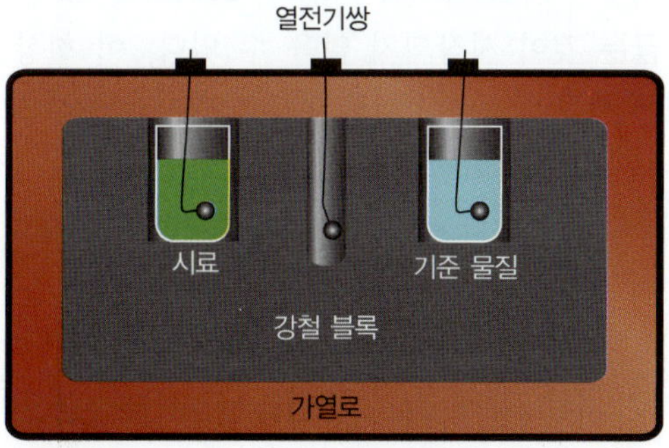

시차 열분석법에서는 같은 커다란 금속 열 싱크에 들어 있는 시료와 기준 물질을 같은 속도로 가열한다. 시료와 기준 물질 사이의 온도 차이로부터 시료의 열용량 변화를 측정한다.

시차 주사 열계량법(differential scanning calorimetry, DSC)으로는 정밀도가 더 높은 결과를 얻을 수 있으며, 열용량을 측정할 수 있다. 이 장치는 DTA 분석법과 비슷하지만, 일차적인 차이는 시료와 기준 물질을 개별적으로 가열하는 서로 분리된 열 싱크에 넣는 것이다(두 번째 그림 참조). 두 시료의 온도를 시차 가열에 의해서 같게 유지한다. 시료와 기준 물질 간의 온도 차이가 조금이라도 있으면, 스위치가 작동하여 시료에 전력을 더하거나 줄여서 일정한 온도를 유지시킨다. 만일 시료의 열용량이 기준 물질의 열용량보다 높으면, 에너지가 시료 용기에 더 큰 속도로 공급되어야 한다. 시료에서 상전이가 일어나면, 상전이가 완료되어 온도가 다시 올라가기 시작할 때까지 에너지가 공급되어야 한다.

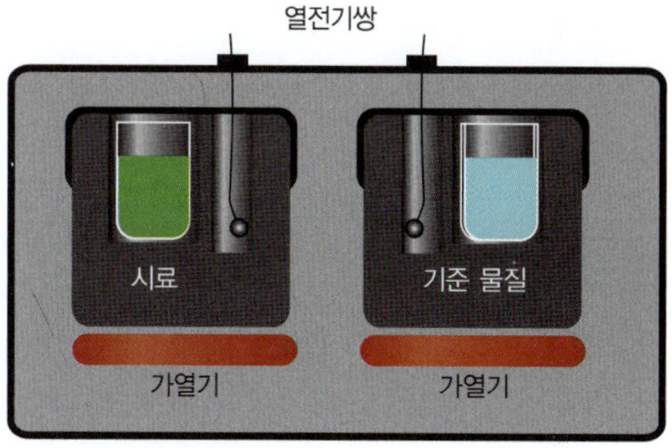

시차 주사 열계량법에서는 시료와 기준 물질을 별도의 그러나 동일한 금속 열 싱크에서 가열한다. 두 가열기에 공급되는 전력을 변화시켜 가면서, 시료와 기준 물질의 온도를 같게 유지시킨다. 출력은 전력의 차이를 가해 준 열의 함수로 나타내어 준다.

시차 주사 열계량법의 출력은 시료 용기에 공급된 전력(에너지 공급 속도)의 척도이다. 세 번째 그림에 나와 있는 열분석도는 상전이 신호를 주는 음의 봉우리를 보여 준다. 열분석도는 가열 곡선과 그리 같아 보이지 않지만, 이는 모든 필요한 정보를 포함하며, 가열 곡선으로 전환할 수도 있다.

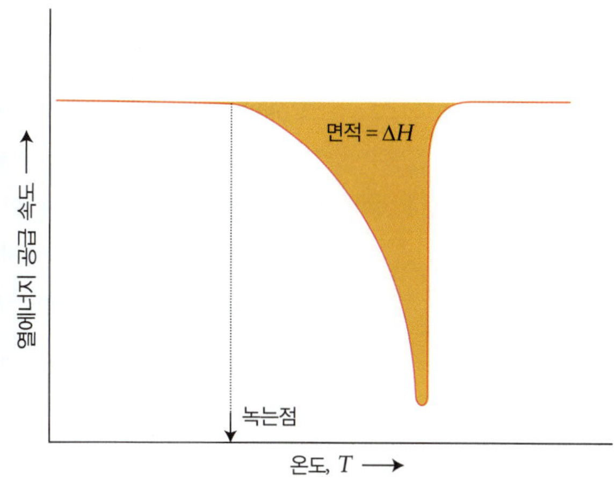

시차 주사 열계량법으로부터 얻어진 열분석도. 음의 봉우리는 시료에서 흡열적 상전이(이 경우에는 용융)가 일어남을 나타내며, 음의 봉우리가 시작되는 점이 녹는점이다.

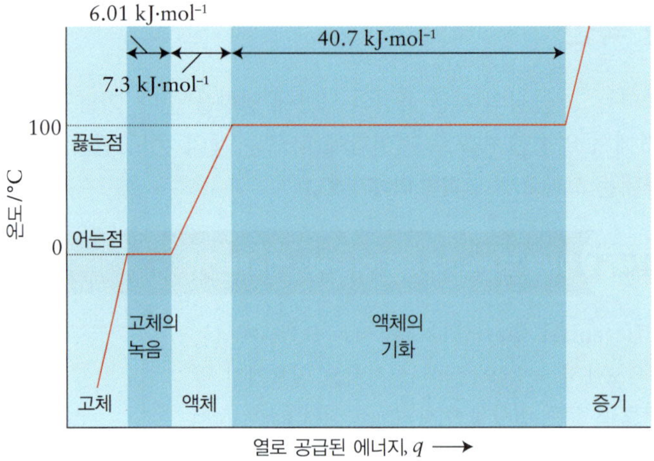

그림 4C.9 물의 가열 곡선. 열을 가함에 따라 고체의 온도가 올라간다. 녹는점에서는 가해 준 모든 열이 시료를 녹이는 데 사용되므로, 온도가 일정하게 유지된다. 고체가 모두 녹을 만큼 충분한 열이 공급되면, 온도가 다시 올라가기 시작한다. 액체의 열용량은 고체보다 크기 때문에, 액체 구간의 가열 곡선은 고체보다 가파르지 않다. 끓는점에서는 모든 액체가 기화될 때까지 온도가 올라가지 않는다. 그 후에는 증기의 온도가 다시 올라간다.

매우 차가운 얼음 시료를 가열할 때 무슨 일이 일어날지 생각해 보자. **그림 4C.9**에서 보는 바와 같이, 처음에는 온도가 꾸준히 올라간다. 비록 분자들이 고체 덩어리에 붙들려 있지만, 온도가 올라가면 그들 평균 위치 근방에서 점점 더 강하게 진동한다. 그러나 일단 온도가 녹는점에 이르면 분자들이 서로 지나칠 수 있는 충분한 에너지를 갖는다. 이 온도에서는 가해진 에너지 모두가 분자들 사이의 인력을 극복하는 데 사용된다. 따라서 가열이 계속되더라도 얼음이 모두 다 녹을 때까지 온도는 녹는점에서 일정하게 머무른다. 다 녹으면 오름은 계속되어 끓는점에 이른다. 끓는점에서 온도는 다시 머무른다. 이제 물 분자는 증기 상태로 탈출하기에 충분한 에너지를 가지며, 공급되는 열은 모두 다 증기 형성에 쓰인다. 시료가 모두 증발한 후에 가열을 계속하면 증기의 온도가 다시 올라간다.

대부분의 순수한 물질은 그림 4C.9와 비슷한 가열 곡선을 가진다. 그러나 온도 상승이 빠르면 끓는점보다 몇 도가 높을 때까지 끓는 것이 시작되지 않을 수 있다. 이 현상을 **과열(superheating)**이라고 한다. 일단 과열된 액체가 끓기 시작하면 온도는 다시 끓는점으로 떨어진다. 마찬가지로 시료가 급속하게 냉각되면 **과냉각(supercooling)**으로 냉동이 시작되기 전에 온도가 어는점 아래로 잠시 떨어질 수 있다.

생각해 보기

얼어붙는 비는 운전을 매우 위험하게 만든다. 과냉각된 물은 차가운 고체 표면과 접촉하자마자 얼 수 있다.

가열 곡선의 기울기가 급할수록 열용량이 더 낮다. 예를 들어, 물의 가열 곡선에서 고체와 증기상의 가열 곡선은 액체보다 기울기가 더 급하다. 따라서 액체는 고체나 기체상보다 더 큰 열용량을 갖는다. 액체 물의 높은 열용량은 주로 액체에 남아있는 광범위한 수소 결합 그물망에 기인한다. 분자들은 분자 사이의 수소 결합으로 붙들려 있는데, 수소 결합이 깨지고 다시 형성되면서 분자들이 움직이거나 회전한다. 이 결합들을 깨려면 에너지가 더 필요하다.

한 시료의 온도는 열이 공급될지라도 녹는점과 끓는점에서 일정하다. 가열 곡선의 기울기는 열용량이 낮은 상이 열용량이 높은 상보다 가파르다.

이 Topic에서 배운 것은 무엇인가?

계에 일정한 압력이 가해질 때는 팽창 일이 자동으로 고려되는 엔탈피의 변화를 보는 것이 편리하다는 것을 알았다. 엔탈피의 변화는 일정 압력에서 방출되거나 흡수되는 열과 같다. 정과정과 역과정의 엔탈피 변화를 어떻게 연관시키는지, 그리고 복합 과정의 엔탈피 변화를 계산하는 방법도 배웠다. 이제 물리적 과정에 수반되는 엔탈피 변화가 어떻게 처리되고, 어떻게 상대적 크기를 설명할 수 있는지도 알게 되었다.

개념과 식의 적용

- ☐ 상태 함수 엔탈피를 정의한다(4C.1절).
- ☐ 일정 압력에서 전달되는 열로써 엔탈피 변화를 해석한다.(4C.1절).
- ☐ 이상 기체의 일정 압력과 일정 부피 열용량을 연관시킨다(4C.2절).
- ☐ 이상 기체를 가열할 때의 엔탈피 변화를 계산한다(예제 4C.1).
- ☐ 증발, 용융, 승화 엔탈피를 정의한다(4C.4절).
- ☐ 물질의 가열 곡선을 해석한다(4C.5절).

Topic 4C 연습 문제

4C.1 분자 NO와 NO_2 중 어느 물질이 더 큰 몰열용량을 가지는가? 왜 그러한가?

4C.2 메테인과 에테인의 열용량이 이상적 단원자 기체에 관해서 예측된 값과 다르고, 두 기체의 값도 다른 이유를 설명하시오. CH_4의 값은 35.31 $J \cdot K^{-1} \cdot mol^{-1}$이고, C_2H_6의 값은 52.63 $J \cdot K^{-1} \cdot mol^{-1}$이다.

4C.3 (a) 일정 압력에서, (b) 일정 부피에서, 298 K, 1.00 atm의 Kr(g) 0.820 mol에 765 J의 에너지가 열로 전달되었다. 최종 온도와 엔탈피 변화는 얼마인가? 기체는 이상 기체로 가정한다.

4C.4 (a) 일정 압력에서, (b) 일정 부피에서, 298 K, 1.00 atm의 Ne(g) 0.640 mol에 1.15 kJ의 에너지가 열로 전달되었다. 최종 온도와 엔탈피 변화는 얼마인가? 기체는 이상 기체로 가정한다.

4C.5 다음의 각 원자와 분자에 관한 운동이 열용량 $C_{V,m}$에 기여한 양과 전체 값을 예측하시오. 진동은 무시하시오.
(a) HCN (b) C_2H_6 (c) Ar (d) HBr

4C.6 다음의 각 분자에 관한 분자 운동이 열용량 $C_{V,m}$에 기여한 양과 전체 값을 예측하시오. 진동은 무시하시오.
(a) NO (b) NH_3 (c) HClO (d) SO_2

4C.7 (a) 끓는점에서 CH_4(l) 0.579 mol이 증발하는 데 4.76 kJ의 열이 필요하다. 메테인의 증발 엔탈피는 얼마인가? (b) 끓고 있는 에탄올 C_2H_5OH의 플라스크에 전열기를 집어넣고, 21.2 kJ의 에너지를 공급할 때 에탄올 22.45 g이 증발하였다. 에탄올의 증발 엔탈피는 얼마인가?

4C.8 (a) 메탄올 CH_3OH 25.23 g이 얼 때, 4.01 kJ의 열이 방출된다. 메탄올의 용융 엔탈피는 얼마인가? (b) 벤젠 시료를 25 °C에서 증발시켰다. 열 37.5 kJ을 가할 때 액체 벤젠 95 g이 증발하였다. 25 °C에서 벤젠의 증발 엔탈피는 얼마인가?

4C.9 (a) 물 400.0 g을 포함한 질량 500.0 g의 구리 주전자를 온도 22.0 °C에서 물의 끓는점 100.0 °C까지 올리는 데 공급해야 할 열은 얼마인가? (b) 이 열의 몇 %가 물의 온도를 올리는 데 사용되는가? (표 4B.2 참조)

4C.10 (a) 물 400.0 g을 포함한 질량 500.0 g의 스테인리스강 용기를 온도 22.0 °C에서 물의 끓는점 100.0 °C까지 올리는 데 공급해야 할 열은 얼마인가? (b) 이 열의 몇 %가 물의 온도를 올리는 데 사용되는가? (c) 연습 문제 4C.9의 풀이와 비교하시오(표 4B.2 참조).

4C.11 온도 0.0 °C에 있는 얼음 80.0 g을 20.0 °C의 액체 물로 변환시키는 데 필요한 열은 얼마인가(표 4B.2와 4C.1 참조)?

4C.12 물 276 g을 25. °C에서 시작하여 모든 액체를 100. °C 수증기로 변환시키는 데 필요한 열은 얼마인가(표 4B.2와 4C.1 참조)?

4C.13 0.0 °C에 있는 50.0 g의 얼음 덩어리를 45.0 °C의 물 400.0 g이 들어 있는 유리잔 속에 집어넣었다. 이 계의 최종 온도는 얼마인가(표 4B.2와 4C.1 참조)? 주위에는 아무런 열을 잃지 않았다고 가정한다.

4C.14 90.0 °C인 금속 25.0 g을 25.0 °C의 물 50.0 g에 넣었더니, 물의 온도가 29.8 °C까지 올랐다. 이 금속의 비열은 얼마인가?

4C.15 다음의 정보는 화장품에서 사용되는 새로운 화합물에 관하여 수집한 것이다. $\Delta H_{용융} = 10.0$ $kJ \cdot mol^{-1}$, $\Delta H_{증발} = 20.0$ $kJ \cdot mol^{-1}$, 열용량: 30 $J \cdot mol^{-1}$(고체), 60 $J \cdot mol^{-1}$(액체), 30 $J \cdot mol^{-1}$(기체). 아래의 가열 곡선 중 어느 것이 이 화합물의 정보에 맞는가?

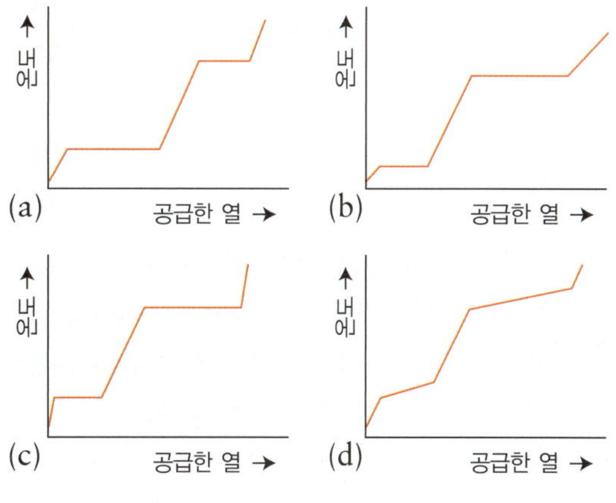

4C.16 다음 정보를 이용하여 브로민을 −7.2 °C에서 70.0 °C까지 변화시킬 때의 가열 곡선을 그리시오. 브로민의 몰열용량은 75.69 $J \cdot K^{-1} \cdot mol^{-1}$(액체), 36.02 $J \cdot K^{-1} \cdot mol^{-1}$(증기). 액체 브로민의 증발 엔탈피는 30.91 $kJ \cdot mol^{-1}$. 브로민의 녹는점은 −7.2 °C, 끓는점은 58.78 °C이다.

Topic 4D 열화학

이 Topic을 왜 배우는가? 열화학은 화학에 대한 열역학의 주요 적용 중의 하나이다. 반응에서 나오는(혹은 반응에 필요한) 열을 논할 수 있게 하기 때문이다.

무엇을 알고 있어야 하는가? 상태 함수로서의 일정 압력에서 계가 방출하거나 흡수하는 열인 엔탈피의 개념과 일정 압력 열용량을 이해해야 한다(Topic 4C). 열량계로 반응의 열 산출량을 측정하는 방법을 알아야 한다(Topic 4B).

물리 변화에 수반된 엔탈피 변화를 논하는 원리(Topic 4C)가 화학 변화에도 마찬가지로 적용된다. 화학 변화 엔탈피는 좋은 연료를 만드는 재료의 선택, 신약의 설계, 생화학 과정의 연구 등 화학의 많은 분야에서 중요하다. 열역학의 한 분야인 **열화학(thermochemistry)**은 화학 반응에서 열이 얼마나 나올지, 열을 얼마나 공급해야 하는지를 다룬다. 그러므로 일정한 압력에서 열로 공급되는 에너지가 상태 함수인 엔탈피의 변화이므로, 열화학의 핵심이다. $\Delta H = q_P$.

4D.1 반응 엔탈피

모든 화학 반응에서는 에너지의 변화가 일어나는데, 흔히 열을 흡수하거나 방출한다. 예를 들어, 천연 가스의 주성분인 메테인의 연소, $CH_4(g) + 2\ O_2(g) \rightarrow CO_2(g) + 2\ H_2O(l)$와 같이 산소와의 완전 반응을 연소(combustion)라고 하는데, 열량계로 측정하면 $CH_4(g)$ 1.00 mol이 298 K, 1 bar에서 연소될 때 890. kJ의 열이 나온다. 이 값을 나타내기 위해 다음과 같이 쓴다.

$$CH_4(g) + 2\ O_2(g) \rightarrow CO_2(g) + 2\ H_2O(l) \qquad \Delta H = -890.\ \text{kJ} \qquad \textbf{(A)}$$

이러한 전체 식을 **열화학 반응식(thermochemical equation)**이라고 한다. 이는 엔탈피 변화에 해당되는 **반응 엔탈피(reaction enthalpy**, 혹은 enthalpy of reaction)와 화학 반응식을 함께 나타낸 것이다. 명기된 엔탈피 변화는 각 반응물이 화학량적 계수의 몰수만큼 반응했을 때의 값이다. 그러므로 이 경우에는 $CH_4(g)$ 1 mol과 $O_2(g)$ 2 mol이 완전한 반응을 한 결과의 엔탈피 변화이다. 만일 같은 반응을 그 계수에 모두 2를 곱하여 반응식을 쓰면, 두 배의 메테인이 연소되는 것을 나타내므로, 엔탈피 변화가 두 배로 된다. 즉,

$$2\ CH_4(g) + 4\ O_2(g) \rightarrow 2\ CO_2(g) + 4\ H_2O(l) \qquad \Delta H = -1780.\ \text{kJ}$$

298 K의 낮은 온도에서 연소가 일어나는 것에 대해 의아해할 수도 있다. ΔH 값은 반응물이 298 K에서 시작하여 점화되고 연소된 후 생성물이 다시 냉각되는 전체 과정에 대한 것이다. H는 상태 함수이기 때문에 ΔH는 중간 단계의 세부 사항과 무관하고, 초기 상태와 최종 상태만 관련된다.

H가 상태 함수인 또 하나의 결과는 한 과정의 역과정에 대한 엔탈피 변화가 정과정의 엔탈피 변화의 음수 값이 된다는 것이다. 예를 들어, 반응 A의 역반응을 다음과 같이 쓸 수 있다.

$$CO_2(g) + 2\ H_2O(l) \rightarrow CH_4(g) + 2\ O_2(g) \qquad \Delta H = +890.\ \text{kJ}$$

이 방정식은 298 K에서 1 mol $CO_2(g)$와 2 mol $H_2O(l)$이 1 mol $CH_4(g)$와 2 mol $O_2(g)$를 형성하려면 890 kJ의 에너지가 (일정한 압력에서) 열로 공급되어야 함을 의미한다.

예제 4D.1 실험 정보를 이용하여 반응 엔탈피 구하기

휘발유의 옥테인값을 높이기 위해 벤젠을 첨가할 수 있다. 열용량이 551 J·(°C)$^{-1}$인 보정된 일정 압력 열량계에서 벤젠 C_6H_6 0.113 g이 과량의 산소 속에서 연소되었을 때, 이 열량계의 온도가 8.60 °C만큼 올라갔다. $2\ C_6H_6(l) + 15\ O_2(g) \rightarrow 12\ CO_2(g) + 6\ H_2O(l)$ 반응에 대한 열화학 반응식을 쓰시오.

예상 온도가 올라갔으므로 발열 반응이다. ΔH는 음수일 것이다. 모든 연소 반응은 발열 반응이다.

계획 일정 압력에서의 반응에서 방출된 열은 열량계의 열용량과 온도 변화를 곱해서 계산한다. 발생한 열을 열화학 반응식의 반응 엔탈피로 변환하기 위해, 시료(벤젠)의 몰질량을 이용하여 실험에서 반응시킨 C_6H_6의 몰수를 계산하고($n = m/M$, m은 벤젠의 질량, M은 벤젠의 몰질량) 2 mol C_6H_6의 경우로 변환한다. 벤젠의 몰질량은 78.12 g·mol^{-1}이다.

무엇을 가정해야 하는가? 발생한 열은 모두 열량계가 흡수하였고, 주위로는 가지 않는다.

풀이

$q_{cal} = C_{cal}\Delta T$로부터 열량계에 전달된 열량을 구한다.

$$q_{cal} = \{551\ J\cdot(°C)^{-1}\} \times (8.60\ °C) = 551\ J \times 8.60 = +4.74\ldots\ kJ$$

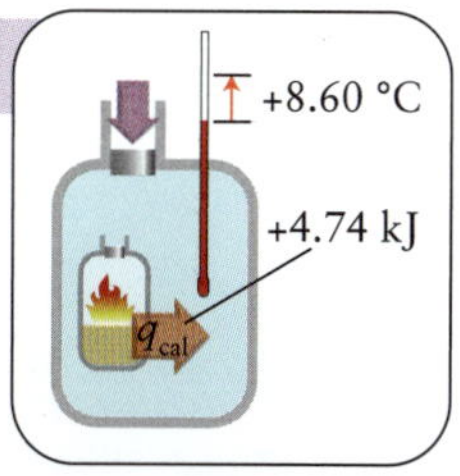

$n = m/M$으로부터 반응한 C_6H_6의 몰수를 계산한다.

$$n = \frac{0.113\ g}{78.12\ g\cdot mol^{-1}} = \frac{0.113}{78.12}\ mol = 1.45\ldots \times 10^{-3}\ mol$$

발생한 열 $q = -q_{cal}$과 (2 mol)/(1.45… × 10^{-3} mol)을 곱해서 2 mol C_6H_6에 대한 ΔH를 계산한다. 발열 반응이므로 엔탈피 변화는 음수이다.

$$\Delta H = \overbrace{\frac{2\ mol}{1.45\ldots \times 10^{-3}\ mol}}^{\text{2 mol에 맞춘다.}} \times \overbrace{(-4.74\ldots\ kJ)}^{q} = -6.55 \times 10^{6}\ J = -6.55\ MJ$$

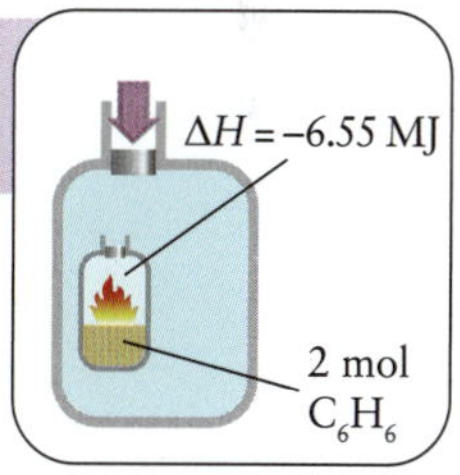

따라서 열화학 반응식을 다음과 같이 쓸 수 있다.

$$2\ C_6H_6(l) + 15\ O_2(g) \rightarrow 12\ CO_2(g) + 6\ H_2O(l) \quad \Delta H = -6.55\ MJ$$

평가 예상한 대로 엔탈피는 음수이며, 발열 반응을 뜻한다.

자습 4D.1A 열용량이 216 J·(°C)$^{-1}$인 일정 압력 열량계에서 인 0.231 g이 염소와 반응하여 액체의 삼염화 인 PCl_3를 생성할 때, 열량계의 온도가 11.06 °C만큼 올라갔다. 이 반응에 대한 열화학 반응식을 쓰시오.

[**답**: $2\ P(s) + 3\ Cl_2(g) \rightarrow 2\ PCl_3(l)$, $\Delta H = -641\ kJ$]

자습 4D.1B 자습 4D.1A에서 사용한 것과 같은 열량계에서 펜테인 C_5H_{12} 0.338 g이 과량의 산소와 반응하여 이산화 탄소와 물을 생성할 때, 온도가 76.7 °C만큼 올라갔다. 이 반응에 관한 열화학 반응식을 쓰시오.

관련 연습 문제 4D.1, 4D.2

열화학 반응식은 화학 반응식과 그 식의 화학량론적 양에 관한 엔탈피 변화인 반응 엔탈피를 함께 나타낸 것이다.

4D.2 ΔH와 ΔU의 관계

일정 압력 열량계와 일정 부피 열량계는 각각 다른 상태 함수 변화를 측정하는 데 이용된다. 일정한 부피에서는 열전달을 ΔU(Topic 4B, $\Delta U = q_V$)로 해석하고, 일정한 압력에서는 ΔH(Topic 4C, $\Delta H = q_P$)로 해석한다. 때로는 ΔU의 측정값을 ΔH로 전환할 필요가 있다. 예를 들어, 일정 부피의 통열량계에서 글루코스의 연소에서 방출된 열을 측정하여 글루코스 연소의 내부 에너지 변화를 구하기는 쉽다. 그러나 일정 압력에서 일어나는 대사 과정에서의 에너지 변화를 평가하는 정보로 사용하기 위해서는 반응 엔탈피가 필요하다.

기체가 발생되거나 소모되는 반응이 아닐 경우, 그 반응이 진행함에 따라서 팽창 일이 거의 없어서 ΔH와 ΔU의 차이가 무시되므로, $\Delta H \approx \Delta U$이다. 그러나 반응에서 기체가 생성되는 경우, 기체 생성물이 차지할 자리 때문에 팽창 일이 많아지고, ΔH와 ΔU의 차이가 클 수 있다. 이 기체가 이상 기체로 행동할 경우 이상 기체 법칙을 사용하여 ΔH와 ΔU의 값을 연관 지을 수 있다.

어떻게 다루는가?

정의 $H = U + PV$에서 시작하자. 이상 기체 반응물 분자의 몰수를 $n_1(\text{g})$이라고 하자. 이상 기체인 경우 $PV = nRT$이므로 최초 엔탈피는 다음과 같다.

$$H_1 = U_1 + PV_1 = U_1 + n_1(\text{g})RT$$

반응이 완료된 후에 이상 기체 생성물 분자의 몰수를 $n_2(\text{g})$라고 하면, 최종 엔탈피는 다음과 같이 쓸 수 있다.

$$H_2 = U_2 + PV_2 = U_2 + n_2(\text{g})RT$$

차이는 다음과 같다.

$$\overbrace{H_2 - H_1}^{\Delta H} = \overbrace{U_2 - U_1}^{\Delta U} + \overbrace{\{n_2(\text{g}) - n_1(\text{g})\}}^{\Delta n_{\text{gas}}}RT$$

즉,

$$\Delta H = \Delta U + \Delta n_{\text{기체}}RT$$

위에서 주어진 온도에서 ΔH와 ΔU의 관계를 유도하였다.

$$\Delta H = \Delta U + \Delta n_{\text{기체}}RT \quad (1)$$

여기서 $\Delta n_{\text{기체}} = n_2(\text{g}) - n_1(\text{g})$는 반응에서 기체 분자의 몰수 변화이다(알짜로 기체가 생성되면 양수이고, 알짜로 기체가 소모되면 음수이다). 기체를 발생시키는 반응의 경우 ΔH가 ΔU보다 덜 음수(더 양수)이다. 즉, 일정한 압력에서는 일정한 부피에서보다 더 적은 에너지가 열로 발생한다. 왜냐하면 계가 반응 생성물의 자리를 확보하기 위하여 약간의 에너지를 팽창하는 데 이용하기 때문이다. 기체의 몰수 변화가 없는 반응의 경우에는 두 양이 거의 같다.

예제 4D.2 화학 반응에서의 엔탈피 변화와 내부 에너지 변화의 관계

글루코스는 혈액에서 가장 중요한 당으로 몸에 에너지를 공급한다. 따라서 영양학자는 글루코스 반응에 수반되는 엔탈피 변화를 조사할 필요가 있다. 일정 부피 통열량계로 반응 $C_6H_{12}O_6(s) + 6\ O_2(g) \rightarrow 6\ CO_2(g) + 6\ H_2O(g)$에서 글루코스 분자 1.000 mol이 연소되어 발생된 열이 298 K에서 2559 kJ임이 측정되므로, $\Delta U = -2559$ kJ이다. 같은 반응의 엔탈피 변화는 얼마인가?

예상 기체가 알짜로 생성되므로(6 mol에서 12 mol로), ΔH는 ΔU보다 덜 음수일 것이다.

무엇을 가정해야 하는가? 각 기체는 이상 기체이다.

풀이

$\Delta n_{기체} = n_2(g) - n_1(g)$으로부터

$$\Delta n_{기체} = (12-6)\ \text{mol} = +6\ \text{mol}$$

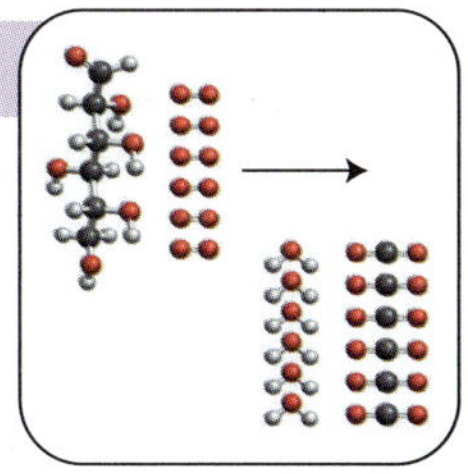

$\Delta H = \Delta U + \Delta n_{기체}RT$로부터

$$\begin{aligned}\Delta H &= 2559\ \text{kJ} + (6\ \text{mol}) \times (8.3145 \times 10^{-3}\ \text{kJ·K}^{-1}\text{·mol}^{-1}) \times (298\ \text{K}) \\ &= -2559\ \text{kJ} + 14.9\ \text{kJ} = -2544\ \text{kJ}\end{aligned}$$

평가 예상한 대로 반응 엔탈피는 반응 내부 에너지보다 덜 음수이다.

자습 4D.2A 사이클로헥세인의 연소의 열화학 반응식은 $C_6H_{12}(l) + 9\ O_2(g) \rightarrow 6\ CO_2(g) + 6\ H_2O(l)$, $\Delta H = -3920$ kJ(298 K에서)이다. $C_6H_{12}(l)$ 1.00 mol의 연소에 대한 내부 에너지 변화는 298 K에서 얼마인가?

[**답**: -3.91×10^3 kJ]

자습 4D.2B Top Fuel 경기의 경주차는 1/4마일 경주 중에 최대 5갤런의 나이트로메테인 연료(CH_3NO_2)를 소비할 수 있다. 연소 반응은 $4\ CH_3NO_2(l) + 3\ O_2(g) \rightarrow 4\ CO_2(g) + 2\ N_2(g) + 6\ H_2O(l)$이다. 보다 조용한 실험실 조건에서는 $CH_3NO_2(l)$ 1.000 mol이 900 °C의 일정한 압력에서 713 kJ의 에너지를 열로 생성하는 것으로 조사되었다. 900. °C에서 1.000 mol의 $CH_3NO_2(l)$ 연소에 대한 내부 에너지 변화는 얼마인가?

관련 연습 문제 4D.7, 4D.8

기체를 발생시키는 반응의 경우, 반응 엔탈피가 반응 내부 에너지보다 덜 음수(더 양수)이다. 기체의 양이 변하지 않는 반응의 경우 두 양이 거의 같다.

4D.3 표준 반응 엔탈피

반응에 의해서 방출되거나 흡수되는 열은 반응물과 생성물의 물리적 상태에 의존하므로, 반응 엔탈피를 보고할 때 각 물질의 상태를 밝혀야 한다. 예를 들어, 에테인의 연소를 기술할 때, 다음과 같이 두 가지 다른 생성물 조합에 대한 두 가지 열화학 반응식을 쓸 수 있다.

$$C_2H_4(g) + 3\ O_2(g) \rightarrow 2\ CO_2(g) + 2\ H_2O(g) \quad \Delta H = -1323\ \text{kJ} \qquad \textbf{(B)}$$

$$C_2H_4(g) + 3\ O_2(g) \rightarrow 2\ CO_2(g) + 2\ H_2O(l) \quad \Delta H = -1411\ \text{kJ} \qquad \textbf{(C)}$$

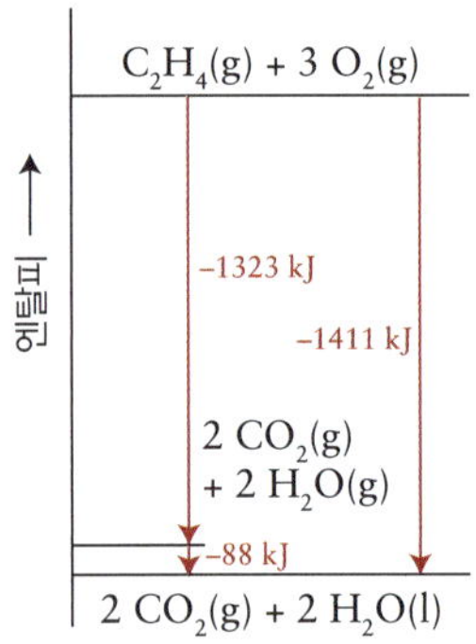

그림 4D.1 C_2H_4(g) 1 mol이 연소되는 반응의 경우, 이산화 탄소와 기체 물(왼쪽) 또는 액체 물(오른쪽)이 생성됨에 따른 엔탈피 변화. 두 엔탈피 변화 사이의 차이는 88 kJ이며, 이는 물 H_2O(l) 2 mol의 증발 엔탈피이다.

첫 번째 반응에서는 물이 증기로 생성되며, 두 번째에서는 액체로 생성된다. 각 경우에 발생된 열은 다르다. 표 4C.1에 의하면, 25 °C에서 수증기의 몰엔탈피는 액체 물보다 44 kJ·mol^{-1}만큼 더 높다. 그 결과로 수증기가 생성되면 추가적인 88 kJ(H_2O 2 mol에 해당하는)이 계에 저장되어 남는다(그림 4D.1). 만일 H_2O(g) 2 mol이 연이어 응축되면 추가적인 88 kJ은 열로 방출된다.

반응 엔탈피도 조건(압력과 같은)에 의존한다. 이 책에 실린 모든 표는, 따로 언급하지 않는 한, 각 반응물과 생성물이 정확하게 1 bar에서 순수한 상태인 **표준 상태(standard state)**에 있는 반응에 관한 정보이다. 수증기의 표준 상태는 1 bar에서의 순수한 수증기이다. 액체 물의 표준 상태는 1 bar에서의 순수한 물이다. 얼음의 표준 상태는 1 bar에서의 순수한 얼음이다. 용액은 '순수한 용액'이 없으므로 조금 달리 다룬다. 액체 용액 내의 용질은 농도가 1 mol·L^{-1}일 때가 표준 상태이다. 성질 *X*의 표준 값(표준 상태에 있는 물질의 *X* 값)을 *X*°으로 표시한다.

유의 사항

이전의 표준으로서 1 atm에서의 자료를 찾아볼 수 있다. 표준 압력의 작은 변화는 대부분의 수치에 무시할 만한 차이를 주므로, 아주 정밀한 연구가 아니면 보통은 1 bar 대신 1 atm의 자료를 사용해도 무방하다.

표준 반응 엔탈피(standard reaction enthalpy, 혹은 standard enthaly of reaction, $\Delta H°$)는 표준 상태에 있는 반응물이 변하여 모두 표준 상태의 생성물로 될 때의 반응 엔탈피이다. 예를 들어, 반응 C의 경우 값 $\Delta H° = -1141$ kJ은 1 bar에 있는 순수한 에테인 기체 CH_4(g) 1 mol이 1 bar에 있는 순수한 산소와 반응하여, 각각 1 bar에 있는 순수한 이산화 탄소와 순수한 액체 물을 생성할 때 방출된 열이 1141 kJ임을 뜻한다(그림 4D.2). 반응 엔탈피는 보통 접하는 작은 영역의 압력 변화에 따라서 크게 변하지 않으므로, 표준값은 1 atm과 같이 1 bar 근처 압력에서의 엔탈피 변화를 택하여도 무방하다. 이 Topic에서는 표준 반응 엔탈피를 $\Delta H°$로 표기하고 킬로줄 단위를 사용한다. 아래에 논의하는 연소 반응에 대한 반응 엔탈피를 포함하는 일부 특수한 경우에는, $\Delta H_c°$와 같이 H에 아래 첨자가 추가된다. 이러한 경우 아래 첨자의 존재는 몰당 반응 엔탈피이며 특정 반응물의 몰당 킬로줄로 보고된다는 것을 의미한다.

대부분의 열화학적 정보는 25 °C에서의 값이다(더 정확하게는 298.15 K에서의 값). 온도는 표준 상태 정의에 해당하는 부분이 아니다. 표준 상태는 어느 온도에서도 취할 수 있으며, 298.15 K는 단순히 정보 표에 실린 가장 보편적인 온도이다. 이 책에서 사용하는 모든 반응 엔탈피는 특별히 다른 온도를 표시하지 않는 한 298.15 K에서의 값이다.

일상 세계뿐만 아니라 열역학에서 중요한 역할을 하는 특별한 유형의 반응은 연소이다. 연

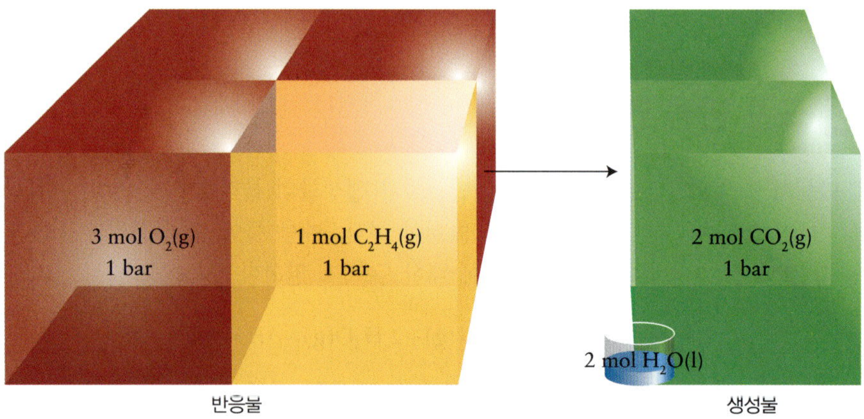

그림 4D.2 표준 반응 엔탈피는 1 bar에서 주어진 온도(보통 298 K로 취하지만, 반드시 그럴 필요는 없음)의 순수한 생성물과 순수한 반응물 사이의 엔탈피 차이이다. 여기에 나타낸 그림은 에텐이 연소되어 이산화 탄소 기체와 액체 물로 되는 반응이다. 기체 몰수의 변화가 반응에 의한 부피 변화의 대부분인 것을 주목하자.

표 4D.1 25°C에서의 표준 연소 엔탈피*

물질	화학식	$\Delta H_c°/(\text{kJ·mol}^{-1})$	비엔탈피/(kJ·g^{-1})	엔탈피 밀도†/(kJ·L^{-1})
벤젠	$C_6H_6(l)$	−3268	41.8	3.7×10^4
탄소	C(s, 흑연)	−394	32.8	7.4×10^4
에탄올	$C_2H_5OH(l)$	−1368	29.7	2.3×10^4
에타인(아세틸렌)	$C_2H_2(g)$	−1300.	49.9	53
글루코스	$C_6H_{12}O_6(s)$	−2808	15.59	2.4×10^4
수소	$H_2(g)$	−286	142	12
메테인	$CH_4(g)$	−890.	55	36
옥테인	$C_8H_{18}(l)$	−5471	48	3.4×10^4
프로페인	$C_3H_8(g)$	−2220.	50.35	91
요소	$CO(NH_2)_2(s)$	−632	10.52	1.4×10^4

* 연소에서 탄소는 이산화 탄소로, 수소는 액체 물로, 질소는 질소 기체로 변환된다. 더 많은 자료가 부록 2A에 있다.

† 1 atm에서

료의 연소로 얻을 수 있는 열에 대한 지식은 에너지원을 평가하는 데 중요하다(**화학 이야기 4D.1**). **표준 연소 엔탈피(standard enthalpy of combustion)**, $\Delta H_c°$은 표준 조건에서 연소 반응으로 연소되는 물질 1몰당 엔탈피 변화이다(**표 4D.1** 및 부록 2A). 유기 화합물의 연소 생성물은 이산화 탄소 기체 및 액체 물이며, NO(g) 및 NO_2(g)와 같은 다른 생성물이 명시되지 않는 한, 질소는 N_2로 방출된다. 운송과 같은 실제적인 적용에서는 이동 차량이 운반해야 하는 연료의 질량 또는 연료의 부피를 고려해야 한다. 연료 질량의 부담을 고려할 때는, 연료 시료의 표준 연소 엔탈피를 시료 질량으로 나누어, 그램당 킬로줄 단위의 **비엔탈피(specific enthalpy)** 값을 사용하는 것이 일반적이다. 연료가 차지하는 부피가 중요할 때는 시료의 연소 엔탈피를 시료 부피로 나누어, 리터당 킬로줄 단위의 **엔탈피 밀도(enthalpy density)** 값이 사용된다.

화학 이야기 4D.1 재생 가능 연료는 환경과 무슨 상관이 있는가?

복잡한 현대의 생활 양식은 수백만 년 전에 죽어 없어진 유기 물질의 붕괴 결과로 생긴 연료인 화석 연료의 발견과 정제에 의해서 가능해졌다. 가정을 데워 주는 천연가스, 자동차를 움직이는 휘발유, 전력의 대부분을 제공하는 석탄, 가스, 석유는 모두 화석 연료이다. 휘발유와 같은 액체 탄화수소의 원천인 광대한 석유와 석탄은 세계의 여러 지역에 존재한다. 그러나 이들은 양이 많지만 한정되어 있으며, 대체가 불가능하다. 그러나 우리는 엄청나게 빨리 소모하고 있다. 우리는 매년 태양에 의해 보충되는 재생 가능 연료를 개발해야 한다.

화석 연료의 수요를 줄이기 위해 수력 발전, 풍력 발전, 태양 동력 및 재생 가능 연료 같은 대체적이고, 지속 가능한 동력 발생 방법들이 계속 연구되고 있다. 가장 촉망되는 재생 가능 연료 네 가지는 수소, 에탄올, 메테인, 바이오디젤이다. 수소는 바닷물의 전기분해에서 얻거나 다음과 같은 일련의 탄화수소의 수증기 개질 반응을 통해 생성된다.

$$CH_4(g) + H_2O(g) \rightarrow CO(g) + 3\,H_2(g)$$
$$CO(g) + H_2O(g) \rightarrow CO_2(g) + H_2(g)$$

공업적으로 대량 생산되는 수소는 석유나 석탄을 이용하는데, 이러한 연료는 재생 가능하지 않다. 에탄올은 연소되거나 반응해서 연료를 생성할 수 있는 식물 재질을 뜻하는 생물 자원의 발효에서 얻는다. 메테인은 하수나 농작물 폐기물 등의 박테리아 소화

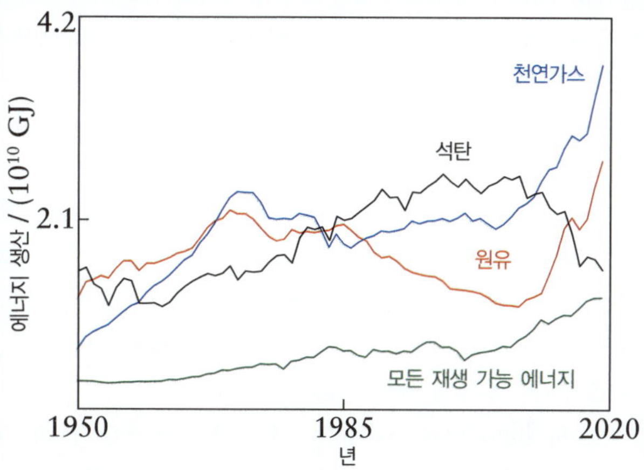

석탄 화력 발전소의 에너지 생산량은 크게 감소했으며 이제 재생 가능 에너지원은 미국 에너지 소비에서 더 큰 비중을 차지한다.

에 의해서 생성되는 재생 가능 연료이다. 연료로서의 수소 용도는 Topic 8B에서 다룬다. 여기서는 에탄올, 메테인, 바이오디젤에 대해서 살펴보자.

에탄올 CH_3CH_2OH는 곡식, 주로 옥수수의 전분을 생물학적으로 발효시켜서 생산한다. 휘발유의 첨가제나 에탄올 85%와 휘발유 15%(부피비)인 'E85'로 사용된다. 요즈음 미국에서 휘발유의 약 10%(부피비)를 차지하며, 석유 사용량과 오염을 줄여 준다. 2007년의 미국 에너지 독립과 안전 보장법은 2022년까지 매년 360억 갤런(1.4×10^{11} L, 미국 액체 연료 연간 총 사용 부피의 약 23%)의 재생 가능 연료를 사용하게끔 하고 있다. 현재 석탄을 연소하는 발전 시설의 수가 줄어들기 때문에 2019년에는 재생 가능 연료의 연간 사용량이 석탄 소비량을 넘어섰다.

에탄올 분자의 산소 원자는 일산화 탄소와 탄화수소의 방출을 완전 연소에 의해서 줄이도록 돕는다. 그러나 에탄올은 이미 부분적으로 산소 원자를 포함하고 있기 때문에, 리터당 에너지 출력이 적어서 현재 E85를 사용하면 순수한 휘발유를 사용할 때보다 연비가 약 15% 정도 떨어진다.

에탄올을 연료로 사용할 경우 발생하는 문제점은 발효에 사용되는 당과 전분이 비싸다는 것이다. 옥수수 1부셸(약 30 L)은 거의 10 L의 에탄올을 생산할 수 있다. 그러나 곡식을 수확할 때 그루터기로 남는 짚과 옥수수 대에 있는 섬유소는 이제 관심의 대상이다. 섬유소는 식물 내 구조 물질이다(Topic 10E 참조). 이는 전분과 마찬가지로 간단한 당들로 이루어져 있지만, 전분을 발효시키는 박테리아가 섬유소를 소화시킬 수는 없다. 섬유소를 쪼개어 소화될 수 있는 당으로 만드는 효소에 관한 연구가 진행되고 있다. 이 과정은 연료 생산을 가능하게 해 주는 생물 자원을 크게 증가시킬 수 있다. 왜냐하면 짚, 나무, 풀 그리고 사실상 거의 모든 식물 재료가 연료로 사용될 수 있기 때문이다. 게다가 연료 생산과 식량 생산이 경쟁해야 하는 문제도 일부 피할 수 있을 것이다.

메테인 CH_4는 천연가스의 주성분으로서 지하자원에서 발견되지만, 이 또한 생물 재료로부터도 얻어진다. 박테리아에 의한 생물체의 '소화'는 산소 없이 일어나는 무기성이다. 요즈음 많은 하수 처리 공장은 가동에 사용되는 메테인을 생산하는 무기성 소화 장치를 가지고 있다. 무기성 소화에 의해서 메테인을 대량으로 발생시키기 위해서는, 생물 자원의 효소적 깨뜨림에서 나오는 당과 같은 추가적 물질의 사용이 필요하다.

바이오디젤(biodiesel)은 조류나 식용유와 같은 재생 가능한 생물학적 원천에서 얻는 디젤 연료를 말한다. 식당에서 튀김용으로 사용했던 폐식용유도 여과하고 처리하여 바이오디젤로 사용할 수 있다. 디젤 연료는 에너지 밀도(리터 당 연소 엔탈피)가 높기 때문에 디젤 엔진은 휘발유 엔진보다 연비가 좋다. 바이오디젤의 문제는 기존의 디젤 연료보다 점도가 높고, 낮은 온도에서 응고하는 것이다.

이 광생물 반응기는 액체 연료를 추출할 수 있는 조류의 새로운 균주의 성장을 연구하는 데 사용되고 있다. 조류는 효율적인 석유 생산자이며, 조류 탱크의 대규모 배열은 옥수수와 같은 다른 바이오 연료보다 재배 면적당 더 많은 연료를 생산할 수 있다.(*Public Domain/Wikimedia Commons*)

이러한 대체 연료들도 연소될 때 이산화 탄소를 발생하며, 이는 온실 효과와 지구 온난화에 영향을 미친다(화학 이야기 8B.1). 그러나 태양이 비치고 녹색 식물이 자라는 한, 매년 새롭게 생산될 수 있다.

관련 연습 문제 4.26~4.28, 4.33, 4.35, 4.65

참고 문헌

Alternative Fuels & Advanced Vehicles Data Center, http://www.afdc .energy.gov/ (U.S. Department of Energy, accessed 2021). National Renewable Energy Laboratory Biomass Research, https://www .nrel.gov/bioenergy/ (accessed 2021). Renewable Energy Explained, https://www.eia.gov/energyexplained/renewable-sources/ (U.S. Energy Information Administration, accessed 2021).

일단 표준 반응 엔탈피를 알면, 반응이 실제로 수행될 수 없더라도, 표준 상태에서 임의의 몰수, 질량, 혹은 부피의 소모된 반응물이나 생성된 생성물에 대하여 엔탈피 변화, 즉 일정한 압력에서 방출되거나 흡수되는 열($\Delta H° = q_P$, Topic 4C)을 계산할 수 있다. 이를 위해서는, 화학량론 계산이 **기초 지식** L에서 설명한 것과 같이 수행되지만 열을 반응물 또는 생성물인 것처럼 다룬다. 따라서 반응 A의 경우, 표준 조건에서 방출되는 열을 계산하기 위해 1 mol $CH_4(g) \simeq 890.$ kJ을 사용한다.

예제 4D.3 연료의 방출 열 계산

뷰테인은 휘발성 액체 연료로 캠핑 버너의 연료로 사용된다. 황무지 트레킹을 계획한다면 가져가야 할 뷰테인의 양을 고려해야 한다. 1 L의 물을 끓이기 위해 배낭에 뷰테인을 얼마나 가져가야 하는가? 해수면에서 1 L의 물을 17 °C에서 끓는점까지 가열하기 위해 필요한 에너지인 350. kJ의 열을 얻기 위해서, 필요한 뷰테인의 질량을 계산하시오(열 손실은 모두 무시한다). 열화학 반응식은 다음과 같다.

$$2\ C_4H_{10}(g) + 13\ O_2(g) \rightarrow 8\ CO_2(g) + 10\ H_2O(l) \quad \Delta H° = -5766\ kJ$$

예상 경험에 의하면 몇 그램의 연료면 충분할 것이다.

계획 먼저 열화학 반응식을 이용하여 필요한 방출 열을 연료 분자의 몰수로 환산한다. 다음에는 연료의 몰질량을 이용하여 연료의 몰수를 그램 수로 환산한다.

무엇을 가정해야 하는가? 주위로 낭비되는 열이 없어서 생성된 열은 모두 물을 끓이는 데 사용된다. 실제로는 많은 양의 열이 연소 가스에서 물로의 비효율적인 에너지 전달로 인해 주위로 손실된다.

풀이

열화학 반응식으로부터, 엔탈피 변화와 연료 분자 몰수 사이의 관계를 구한다.

$$5756\ kJ \simeq 2\ mol\ C_4H_{10}$$

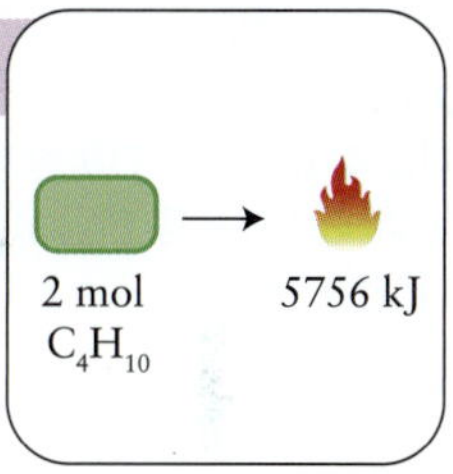

방출 열을 연료 분자의 몰수로 환산한다.

$$n(C_4H_{10}) = (350.\ kJ) \times \frac{2\ mol\ C_4H_{10}}{5756\ kJ}$$
$$= \frac{350. \times 2}{5756}\ mol\ C_4H_{10} = 0.122\ldots\ mol\ C_4H_{10}$$

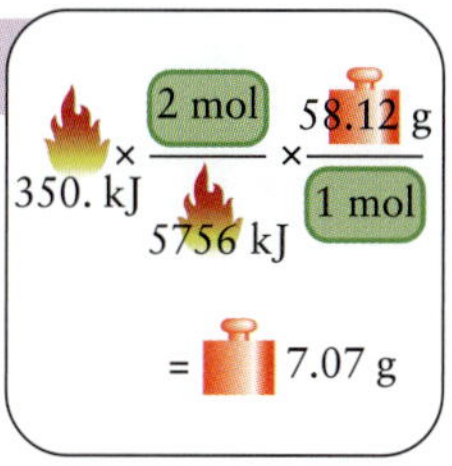

$m = nM$과 뷰테인의 몰질량 58.12 g·mol^{-1}을 이용하여 반응물의 질량을 구한다.

$$m(C_4H_{10}) = (0.122\ldots\ mol\ C_4H_{10}) \times (58.12\ g\cdot mol^{-1})$$
$$= 7.07\ g\ C_4H_{10}$$

평가 몇 그램 정도만 필요할 것이라는 예상대로 7 g이 필요하다.

자습 4D.3A 프로페인의 연소에 관한 열화학 반응식은 다음과 같다.

$$C_3H_8(g) + 5\ O_2(g) \rightarrow 3\ CO_2(g) + 4\ H_2O(l) \quad \Delta H° = -2220.\ kJ$$

350. kJ을 열로서 공급하려면 프로페인 몇 g을 연소시켜야 하는가? 뷰테인보다 프로페인을 챙기는 것이 더 가벼운가?

[**답**: 6.95 g. 그렇다. 프로페인을 운반하기가 아주 조금 더 가벼움.]

자습 4D.3B 젤에 넣은 에탄올은 또 하나의 보편적인 캠핑용 연료이다. 350. kJ을 열로서 공급하려면 에탄올 몇 g을 연소시켜야 하는가?

$$C_2H_5OH(l) + 3\ O_2(g) \rightarrow 2\ CO_2(g) + 3\ H_2O(l) \quad \Delta H° = -1368\ kJ$$

관련 연습 문제 4D.11, 4D.12

표준 반응 엔탈피는 반응물과 생성물이 1 bar에서 순수한 상태로 있는 경우의 반응에 관한 값을 말한다. 이는 보통 온도 298.15 K에서의 값을 나타낸다. 반응에 의해 흡수되거나 방출되는 열은 화학량론적 계산에서 반응물 또는 생성물로 취급할 수 있다.

4D.4 반응 엔탈피의 결합: Hess 법칙

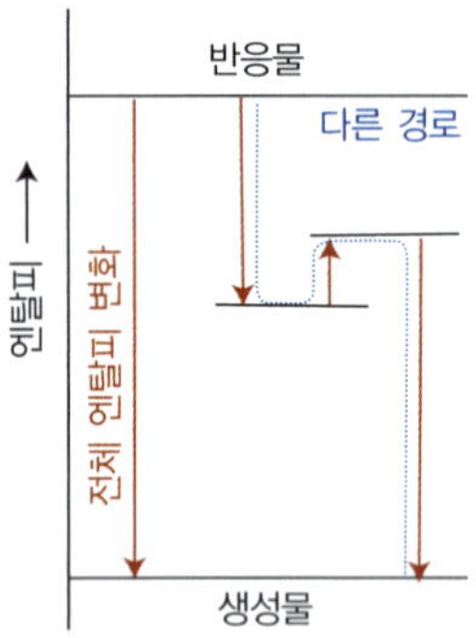

그림 4D.3 전체 반응을 일련의 반응 단계로 나눌 수 있으면, 그 전체 반응 엔탈피는 각 단계의 반응 엔탈피의 합과 같다. 단계 반응이 실제로 일어날 필요는 없다.

엔탈피는 상태 함수이므로, ΔH 값은 주어진 초기 및 최종 상태 사이의 경로에 무관하다. 이 접근법의 응용에 대해서는 Topic 4C에서 다루었는데, 전체 물리 과정(승화)에 관한 엔탈피 변화가 연이은 두 개별 단계(용융과 기화) 엔탈피 변화의 합이 됨을 보았다. 이와 같은 규칙이 화학 변화에도 적용되며, 이를 **Hess 법칙**(**Hess's law**)이라 한다.

전체 반응 엔탈피는 그 반응이 구분될 수 있는 각 단계의 엔탈피 변화의 합과 같다.

Hess 법칙은 중간 반응이나 전체 반응이 실제로는 일어나지 않는 '가상적'인 것일지라도 적용된다. 각 단계 반응식이 균형을 이루고, 개별 반응식을 더하여 원하는 전체 반응식이 되기만 하면, 반응 엔탈피는 어떤 편리한 일련의 단계 반응으로부터도 계산될 수 있다(**그림 4D.3**).

Hess 법칙의 예로서, 흑연으로서의 탄소 C(gr)가 산화되어 이산화 탄소가 되는 반응을 생각해 보자. 즉,

$$C(gr) + O_2(g) \rightarrow CO_2(g) \qquad \textbf{(D)}$$

이 반응이 다음의 두 단계로 이루어진다고 생각할 수 있다. 첫 단계는 탄소가 일산화 탄소로 산화되는 것이다.

$$C(gr) + \tfrac{1}{2}\ O_2(g) \rightarrow CO(g) \quad \Delta H° = -110.5\ kJ \qquad \textbf{(E)}$$

둘째 단계는 일산화 탄소가 이산화 탄소로 산화되는 것이다.

$$CO(g) + \tfrac{1}{2}\ O_2(g) \rightarrow CO_2(g) \quad \Delta H° = -283.0\ kJ \qquad \textbf{(F)}$$

이러한 두 단계 반응은 한 단계의 생성물이 다른 반응의 반응물로 작용하는 연이은 반응, 즉 **반응 연쇄**(**reaction sequence**)의 한 예이다. 전체 반응, 즉 그 연쇄의 결과에 관한 반응식은 중간 반응식의 합과 같다.

$$\begin{array}{lll} C(gr) + \tfrac{1}{2}\ O_2(g) \rightarrow \cancel{CO(g)} & \Delta H° = -110.5\ kJ & (E) \\ \cancel{CO(g)} + \tfrac{1}{2}\ O_2(g) \rightarrow CO_2(g) & \Delta H° = -283.0\ kJ & (F) \\ \hline C(gr) + O_2(g) \rightarrow CO_2(g) & \Delta H° = -393.5\ kJ & (D) = (E) + (F) \end{array}$$

이와 같은 과정이 실험실에서 직접 측정할 수 없는 반응 엔탈피를 예측하는 데 이용된다. 이 과정을 **도구상자 4D.1**에서 설명한다.

도구상자 4D.1 원자의 바닥 상태 전자 배치 예측하기

기본 개념

엔탈피는 상태 함수이므로 계의 엔탈피 변화는 계의 초기 및 최종 상태에만 의존한다. 그러므로 반응을 한 단계로 진행하거나, 여의치 않으면 여러 단계 반응의 합으로 진행할 수 있다. 각 경우의 반응 엔탈피는 같다.

과정

주어진 반응의 엔탈피를 얻기 위해서 Hess 법칙을 사용하려면 반응 엔탈피가 알려진 연이은 반응들을 구하고, 이들 반응 엔탈피를 더하여 전체 반응 엔탈피를 구하면 된다. 다양한 방법들을 사용할 수 있다. 많은 경우에 사용할 수 있는 방법을 제시한다.

1단계 전체 반응에서의 반응물 하나를 선택하여, 그것이 반응물로 작용하는 화학 반응식을 적는다.

2단계 전체 반응에서의 생성물 하나를 선택하여, 그것이 생성물로 작용하는 화학 반응식을 적는다. 이 식을 1단계에서 얻은 식에 더하고, 식의 양쪽에 나타나는 화학종을 상쇄한다.

3단계 2단계에서 합하여 얻은 반응식에서 원하지 않는 화학종을 상쇄하기 위해, 화살표의 반대쪽에 동일한 물질 또는 물질들을 포함하는 반응식을 더한다.

4단계 반응 연쇄가 완료되면, 표준 반응 엔탈피도 결합한다.

각 단계에서 반응식을 반대로 놓거나 적절한 인자를 곱할 필요가 있을 수도 있다. 화학 반응식을 반대로 놓으면, 반응 엔탈피의 부호를 바꾸어야 한다. 만일 화학량적 계수에 일정한 인자를 곱하였다면, 같은 인자를 반응 엔탈피에 곱해 주어야 한다.

이 과정을 예제 4D.4에 예를 들어 설명하였다.

예제 4D.4 연료의 방출 열 계산

프로페인 C_3H_8 기체는 야외용 석쇠나 대체 연료 자동차의 연료로 사용된다. 표준 상태의 원소로 프로페인을 합성할 때의 엔탈피 변화는 직접 측정하기 어렵다. 하지만 이 반응의 열역학적 성질을 검토하려면 그 값을 알아야 한다. 다음의 실험 정보를 이용하여 $3\,C(gr) + 4\,H_2(g) \rightarrow C_3H_8(g)$ 반응의 표준 엔탈피를 계산하시오.

(a) $C_3H_8(g) + 5\,O_2(g) \rightarrow 3\,CO_2(g) + 4\,H_2O\,(l)$ $\Delta H° = -2220.\ kJ$

(b) $C(gr) + O_2(g) \rightarrow CO_2(g)$ $\Delta H° = -394\ kJ$

(c) $H_2(g) + \frac{1}{2}\,O_2(g) \rightarrow H_2O(l)$ $\Delta H° = -286\ kJ$

계획 도구상자 4D.1의 방법을 이용하여 원하는 반응식이 나오도록 화학 반응식들을 결합한다.

풀이

1단계 반응물로 탄소(흑연, gr로 표시)를 고르고, 탄소가 반응물로 취급되는 반응을 찾는다. (b)를 택하여 여기에 3을 곱한다. 이는 원하는 반응식에서 탄소의 계수가 3이기 때문이다.

$$3\,C(gr) + 3\,O_2(g) \rightarrow 3\,CO_2(g) \quad \Delta H° = 3 \times (-394\ kJ) = -1182\ kJ$$

2단계 생성물로 프로페인을 고르고, 이것이 들어 있는 반응식을 찾는다. 프로페인은 원하는 반응식의 생성물이기 때문에, 반응식 (a)를 뒤집고 반응 엔탈피 부호를 바꾼다.

$$3\,CO_2(g) + 4\,H_2O_2(l) \rightarrow C_3H_8(g) + 5\,O_2(g) \quad \Delta H° = +2220.\ kJ$$

위의 두 식을 더하고 반응 엔탈피도 더한다.

$$3\,C(gr) + 3\,O_2(g) + 3\,CO_2(g) + 4\,H_2O(l) \rightarrow C_3H_8(g) + 5\,O_2(g) + 3\,CO_2(g)$$
$$\Delta H° = (-1182 + 2200)\ kJ = +1038\ kJ$$

반응식의 양쪽에 반응물과 생성물로 들어있는 화학종을 상쇄시켜 간단하게 한다.

$$3\,C(gr) + 4\,H_2O(l) \rightarrow C_3H_8(g) + 2\,O_2(g) \quad \Delta H° = +1038.\ kJ$$

3단계 원하지 않는 H_2O, O_2를 상쇄하기 위하여 식 (c)에 4를 곱한다.

$$4\,H_2(g) + 2\,O_2(g) \rightarrow 4\,H_2O(l) \quad \Delta H° = 4 \times (-286\text{ kJ}) = -1144\text{ kJ}$$

2, 3단계의 식들을 더하고 반응 엔탈피도 결합한다.

$$3\,C(gr) + 4\,H_2(g) + 4\,H_2O(l) + 2\,O_2(g) \rightarrow C_3H_8(g) + 2\,O_2(g) + 4\,H_2O(l)$$
$$\Delta H° = 1038 + (-1144)\text{ kJ} = -106\text{ kJ}$$

4단계 반응식을 간단히 한다.

$$3\,C(gr) + 4\,H_2(g) \rightarrow C_3H_8(g) \quad \Delta H° = -106\text{ kJ}$$

자습 4D.4A 옥테인을 함유하고 있는 휘발유는 공기를 불충분하게 공급하면서 연소시키면 일산화 탄소를 발생시킬 수 있다. 다음의 옥테인과 일산화 탄소의 연소 반응 엔탈피를 이용하여, 액체 옥테인이 불완전 연소되어 일산화 탄소 기체와 액체 물로 될 때의 표준 반응 엔탈피를 구하시오.

$$2\,C_8H_{18}(l) + 25\,O_2(g) \rightarrow 16\,CO_2(g) + 18\,H_2O(l) \quad \Delta H° = -10\,942\text{ kJ}$$
$$2\,CO(g) + O_2(g) \rightarrow 2\,CO_2(g) \quad \Delta H° = -566.0\text{ kJ}$$

[답: $2\,C_8H_{18}(l) + 17\,O_2(g) \rightarrow 16\,CO(g) + 18\,H_2O(l)$, $\Delta H° = -6414\text{ kJ}$]

자습 4D.4B 메탄올은 휘발유를 대체할 수 있다고 제안된 청정 연소 액체 연료로, 공기 중 산소와 메테인을 조절하면서 반응시켜서 얻을 수 있다. 다음 정보를 이용하여 메테인과 산소로부터 1 mol의 $CH_3OH(l)$가 생성될 때의 표준 반응 엔탈피를 구하시오.

$$CH_4(g) + H_2O(g) \rightarrow CO(g) + 3\,H_2(g) \quad \Delta H° = +206.10\text{ kJ}$$
$$2\,H_2(g) + CO(g) \rightarrow CH_3OH(l) \quad \Delta H° = -128.33\text{ kJ}$$
$$2\,H_2(g) + O_2(g) \rightarrow 2\,H_2O(g) \quad \Delta H° = -483.64\text{ kJ}$$

관련 연습 문제 4D.13–4D.20

Hess의 법칙을 이용하면 반응 연쇄의 개별 단계에 관한 열화학 반응식을 결합하여 전체 반응에 관한 열화학 반응식을 얻을 수 있다.

4D.5 표준 생성 엔탈피

가능한 반응의 수는 수백만이나 되며, 그들 하나하나의 표준 반응 엔탈피를 나열한다는 것은 실용적이지 못하다. 그러나 화학자들은 참신한 다른 방법을 고안하였다. 먼저 물질의 '표준 생성 엔탈피'를 구한다. 그러고 나서 이들을 결합하여 임의의 반응의 표준 반응 엔탈피를 얻는다.

한 물질의 **표준 생성 엔탈피**(**standard enthalpy of formation**, $\Delta H_f°$)는 그 물질을 구성하는 원소의 **가장 안정한 형태**에서 물질의 화학식 단위 1 mol을 생성하는 반응의 표준 반응 엔탈피이다.

보충 설명
인은 예외이다. 흰 인은 다른 더 안정한 동소체보다 순수한 상태로 얻기가 더 쉬우므로, 흰 인이 사용된다.

아래 첨자 f는 생성(formation)을 뜻하며 1몰에 관한 양을 의미하는 것에 유의하자. 예를 들어 에탄올 생성 반응은 다음과 같다.

$$2\,C(gr) + 3\,H_2(g) + \tfrac{1}{2}\,O_2(g) \rightarrow C_2H_5OH(l) \quad \Delta H^\circ = -277.69\text{ kJ}$$

여기서 C(gr)은 상온에서 탄소의 가장 안정한 형태인 흑연을 나타낸다. 한 물질의 표준 생성 엔탈피에 대응하는 화학 반응식은 그 물질만을 화학량적 계수가 1인 생성물로서 갖는다(물질 1 mol의 생성을 의미함). 여기서처럼 때로는 반응물의 계수가 분수인 경우도 있다. 표준 생성 엔탈피는 몰당 kJ 단위로 나타내므로, $\Delta H_f^\circ(C_2H_5OH,\ l) = -277.69\ \text{kJ}\cdot\text{mol}^{-1}$로 보고한다. 또한 물질($C_2H_5OH$)과 함께 그 상태(이 경우에는 액체)를 명시한 것에 주목하자.

유의 사항

분자 몰당 양과 분자 한 몰에 관한 양 사이의 차이에 항상 주의를 기울여야 한다. 표준 생성 엔탈피는 $-277.69\ \text{kJ}\cdot\text{mol}^{-1}$처럼 분자 몰당 양으로 나타낸다. 그러나 $C_2H_5OH(l)$ 1 mol의 표준 생성 엔탈피는 −277.69 kJ이다. 이는 까다롭게 보이겠지만 단위를 옳게 사용하는 데 도움이 될 것이다.

앞서 내린 정의로부터 가장 안정한 형태인 원소의 표준 생성 엔탈피는 0임을 알 수 있다. 예를 들어, C(gr)의 표준 생성 엔탈피는 영이다. 왜냐하면 C(gr) → C(gr)은 '영의 반응'(즉, 아무것도 일어나지 않음)이기 때문이다. 이를 $\Delta H_f^\circ(C,\ gr) = 0$으로 쓴다. 그러나 가장 안정한 형태가 아닌 다른 형태에 있는 원소의 생성 엔탈피는 0이 아니다. 예를 들어, 흑연(가장 안정한 형태)에서 다이아몬드로의 탄소 변환은 흡열 반응이다. 즉,

$$C(gr) \rightarrow C(\text{다이아몬드}) \quad \Delta H^\circ = +1.9\text{ kJ}$$

따라서 다이아몬드의 표준 생성 엔탈피는 $\Delta H_f^\circ(C,\ \text{다이아몬드}) = +1.9\ \text{kJ}\cdot\text{mol}^{-1}$이다. 선별된 다른 물질들에 관한 값을 **표 4D.2**와 부록 2A에 실었다.

이제 표준 생성 엔탈피들을 어떻게 결합하여 표준 반응 엔탈피를 계산하는지 살펴보기 위해, 먼저 반응물들이 가장 안정한 형태의 원소로 변환되고, 다음으로 이들 원소가 생성물들을 만든다고 가정하자. 첫 번째 단계의 표준 반응 엔탈피는 모든 반응물의 표준 생성 엔탈피를 가중하여 합한 것의 음수이다. 반응물들이 그 원소들로부터 '반–생성'되고 있다.

$$\text{반응물의 '반–생성'}: \Delta H^\circ = -\overbrace{\sum n\Delta H_f^\circ(\text{반응물})}^{\text{반응물 합계}}$$

이 식에서 n은 화학 반응식의 각 반응물과 생성물의 양(몰 단위)을 의미하는 화학량론적 계수

표 4D.2 25°C에서의 표준 생성 엔탈피*

물질	화학식	$\Delta H_f^\circ/(\text{kJ}\cdot\text{mol}^{-1})$	물질	화학식	$\Delta H_f^\circ/(\text{kJ}\cdot\text{mol}^{-1})$
무기 화합물			**유기 화합물**		
암모니아	$NH_3(g)$	−46.11	벤젠	$C_6H_6(l)$	+49.0
이산화 탄소	$CO_2(g)$	−393.51	에탄올	$C_2H_5OH(l)$	−277.69
일산화 탄소	$CO(g)$	−110.53	에타인 (아세틸렌)	$C_2H_2(g)$	+226.73
사산화 이질소	$N_2O_4(g)$	+9.16			
염화 수소	$HCl(g)$	−92.31	글루코스	$C_6H_{12}O_6(s)$	−1268
플루오린화 수소	$HF(g)$	−271.1	메테인	$CH_4(g)$	−74.81
이산화 질소	$NO_2(g)$	+33.18			
산화 질소	$NO(g)$	+90.25			
염화 소듐	$NaCl(s)$	−411.15			
물	$H_2O(l)$	−285.83			
	$H_2O(g)$	−241.82			

* 부록 2A에 더 긴 표가 실려 있다.

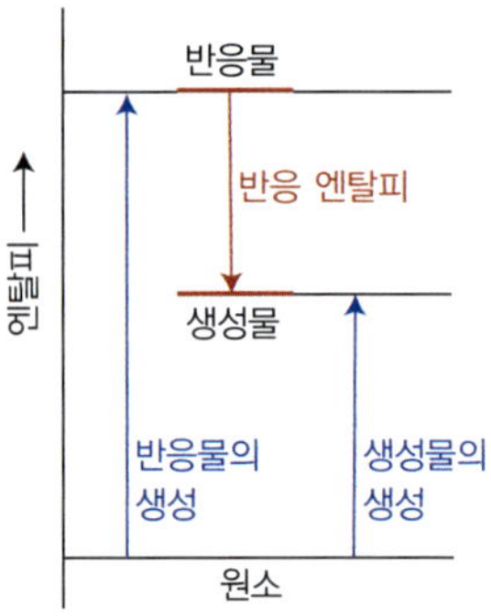

그림 4D.4 반응물 및 생성물들이 원소들로부터 생성됨을 상상하여, 각 물질의 표준 생성 엔탈피들로부터 반응 엔탈피를 구성할 수 있다. 반응 엔탈피는 생성물과 반응물의 표준 생성 엔탈피 차이이다.

이며, 기호 Σ(시그마)는 '합'을 의미한다. 두 번째 단계의 표준 엔탈피는 모든 생성물의 가중 표준 생성 엔탈피의 합이다.

$$\text{생성물의 생성: } \Delta H° = \overbrace{\sum n\Delta H_f°(\text{생성물})}^{\text{생성물 합계}}$$

두 개의 합(반응물의 경우 부호가 바뀌었다)을 더한 것이 전체 반응의 표준 엔탈피이다(**그림 4D.4**).

$$\Delta H° = \sum n\Delta H_f°(\text{생성물}) - \sum n\Delta H_f°(\text{반응물}) \qquad (2)$$

$\Delta H_f°$($kJ \cdot mol^{-1}$ 단위)에 n(mol 단위)을 곱하여 얻는 $\Delta H°$의 단위는 kJ이 되는 것에 유의하자.

예제 4D.5 표준 생성 엔탈피를 이용한 표준 반응 엔탈피의 계산

아미노산은 긴 사슬 모양 분자인 단백질의 구성 성분이다. 이들은 신체 안에서 산화되어 요소, 이산화 탄소, 액체 물을 생성한다. 이 반응이 신체의 열 공급원인가? 부록 2A에 있는 자료를 이용하여 가장 간단한 아미노산인 글라이신(NH_2CH_2COOH) 고체가 산화되어 고체 요소(H_2NCONH_2), 이산화 탄소 기체, 액체 물을 생성하는 다음과 같은 반응의 표준 반응 엔탈피를 예측하시오.

$$2\,NH_2CH_2COOH(s) + 3\,O_2(g) \rightarrow H_2NCONH_2(s) + 3\,CO_2(g) + 3\,H_2O(l)$$

예상 모든 산화는 발열 반응인데, 이 반응도 불완전하지만 산화 반응이므로, 큰 음의 값이 예상된다.

계획 첫째로 개별 생성물의 표준 생성 엔탈피에다 균형 반응식의 몰수를 곱하여, 합산한다. 원소가 가장 안정한 형태에 있을 경우에는 표준 생성 엔탈피가 영임을 기억하자. 다음에는 같은 방식으로 반응물들의 총 표준 생성 엔탈피를 계산하고, 식 2를 사용하여 표준 반응 엔탈피를 구한다.

풀이

부록 2A의 정보를 이용하여 생성물들의 총 표준 생성 엔탈피를 계산한다.

$$\Delta H_f°(H_2NCONH_2, s) = -333.51\ kJ \cdot mol^{-1}$$
$$\Delta H_f°(CO_2, g) = -393.51\ kJ \cdot mol^{-1}$$
$$\Delta H_f°(H_2, l) = -285.83\ kJ \cdot mol^{-1}$$

$$\sum n\Delta H_f°(\text{생성물}) = \overbrace{(1\ mol)}^{H_2NCONH_2} \times (-333.51\ kJ \cdot mol^{-1}) + \overbrace{(3\ mol)}^{CO_2} \times (-393.51\ kJ \cdot mol^{-1}) + \overbrace{(3\ mol)}^{H_2O} \times (-285.83\ kJ \cdot mol^{-1}) = -2371.53\ kJ$$

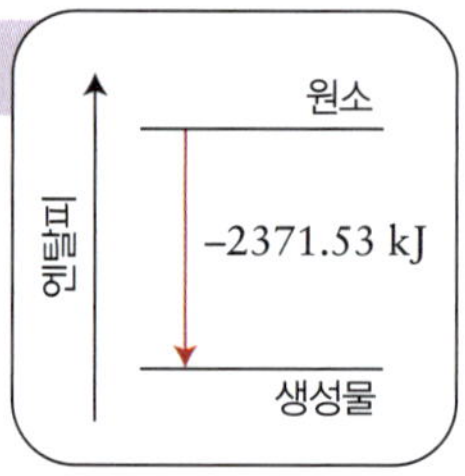

반응물의 총 표준 생성 엔탈피를 계산한다.

$$\Delta H_f°(NH_2CH_2COOH, s) = -532.9\ kJ \cdot mol^{-1}$$
$$\Delta H_f°(O_2, g) = 0$$

$$\sum n\Delta H_f°(\text{반응물}) = \overbrace{(2\,mol)}^{NH_2CH_2COOH} \times (-532.9\,kJ \cdot mol^{-1}) + \overbrace{(3\,mol)}^{O_2} \times (0) = 2(-532.9) + 0 = -1065.8\ kJ$$

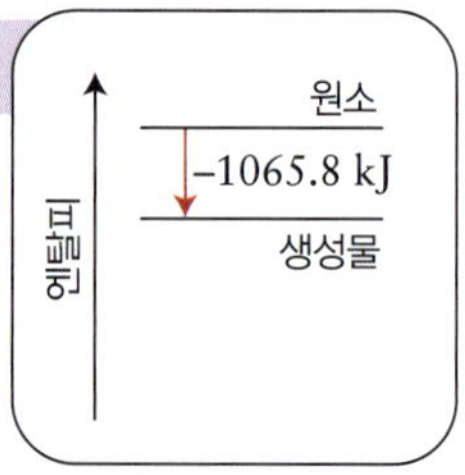

$\Delta H° = \sum n\Delta H_f°$(생성물) $- \sum n\Delta H_f°$(반응물)로부터

$$\Delta H° = -2371.53 - (-1065.8)\ kJ = -1305.7\ kJ$$

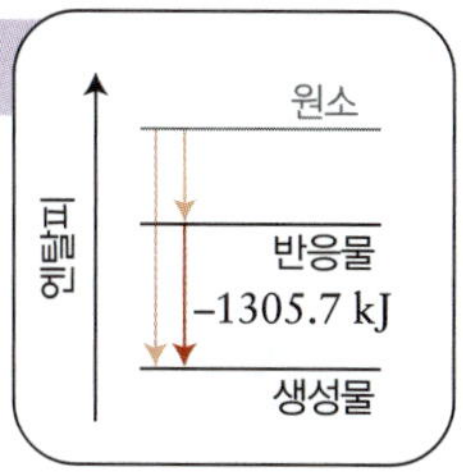

평가 따라서 열화학 반응식은 다음과 같다.

$$2\ NH_2CH_2COOH(s) + 3\ O_2(g) \rightarrow H_2NCONH_2(s) + 3\ CO_2(g) + 3\ H_2O(l) \quad \Delta H° = -1305.7\ kJ$$

예상한 대로 강한 발열 반응이다. 신체 내 반응은 수용액에서 일어나므로 이 값은 신체 내 반응에 관한 엔탈피 변화와 같지는 않지만, 두 값은 상당히 비슷하다. 그러므로 글라이신의 산화는 신체 에너지의 가능한 공급원이다.

유의 사항

생성 엔탈피는 $kJ \cdot mol^{-1}$ 단위로 그리고 반응 엔탈피는 쓰여 있는 반응식에 관한 kJ로 나타낸다. 화학량적 계수가 몰수와 어떻게 관련되었는지 주목하고, 생략된 요소에 관한 계수 1은 계산에서 1 mol로 포함되어야 함을 잊지 말자.

자습 4D.5A 부록 2A와 표 4D.2에 있는 표준 생성 엔탈피로부터, 글루코스의 표준 연소 엔탈피를 계산하시오.

[**답**: $-2808\ kJ \cdot mol^{-1}$]

자습 4D.5B 다이아몬드는 좋은 연료가 될 것이라는 영감이 떠오를지도 모른다. 부록 2A의 자료로부터 다이아몬드의 표준 연소 엔탈피를 계산하시오.

관련 연습 문제 4D.21, 4D.22, 4D.24

표준 생성 엔탈피는 일반적으로, 다음의 예제처럼, 식 2를 사용하여 연소 정보에서 얻는다.

예제 4D.6 연소 엔탈피를 이용한 생성 엔탈피의 계산

생성 엔탈피는 실험을 통해 결정해야 하지만 일부 반응은 직접 수행할 수 없기 때문에, 생성 엔탈피 표를 작성하는 화학자는 일반적으로 연소 엔탈피를 이용한다. 표 4D.2와 부록 2A의 정보와 액체 톨루엔 C_7H_8의 연소 엔탈피를 사용하여 SpaceX 로켓에 사용되는 연료인 RP-1의 구성 요소 중 하나인 톨루엔의 형성 엔탈피를 계산하시오(톨루엔의 경우, $\Delta H_c° = -3910\ kJ \cdot mol^{-1}$).

예상 표 4D.2에 수록되어 있는 벤젠의 생성 엔탈피는 $+49.0\ kJ \cdot mol^{-1}$이다. 톨루엔은 벤젠보다 탄소 하나와 약간의 수소 원자가 더 많으므로 생성 엔탈피는 양의 값일 것이다.

계획 식 2와 예제 4D.5의 방법을 사용하지만, 이제는 톨루엔의 표준 생성 엔탈피에 관해서 푼다.

풀이

C_7H_8 1 mol에 관한 열화학 반응식을 쓴다.

$$C_7H_8(l) + 9\ O_2(g) \rightarrow 7\ CO_2(g) + 4\ H_2O(l) \quad \Delta H° = -3910.\ kJ$$

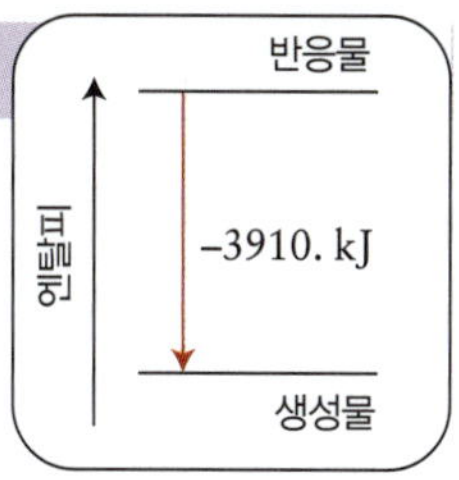

표 4D.2에서 생성물의 총 생성 엔탈피를 구한다.

$$\Delta H_f°(CO_2,g) = -393.51\ kJ·mol^{-1}$$
$$\Delta H_f°(HO_2,l) = -285.83\ kJ·mol^{-1}$$

$$\sum n\Delta H_f°(\text{생성물}) = \overbrace{(7\ mol)}^{CO_2} \times (-393.51\ kJ·mol^{-1}) + \overbrace{(4\ mol)}^{H_2O} \times (-285.83\ kJ·mol^{-1})$$
$$= -3897.89\ kJ$$

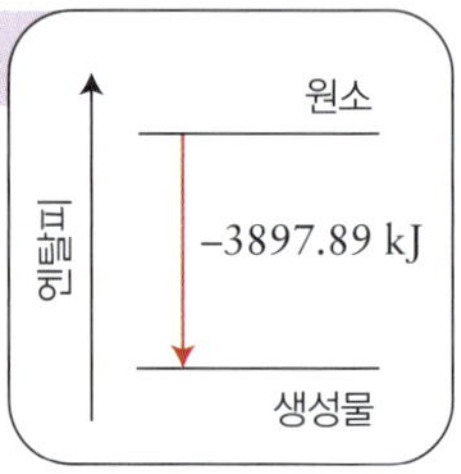

반응물들의 총 생성 엔탈피를 구한다.

$$\Delta H_f°(O_2,g) = 0$$

$$\sum n\Delta H_f°(\text{반응물}) = \overbrace{(1\ mol)}^{C_3H_8} \times \Delta H_f°(C_3H_8,g) + \overbrace{(9\ mol)}^{O_2} \times (0)$$

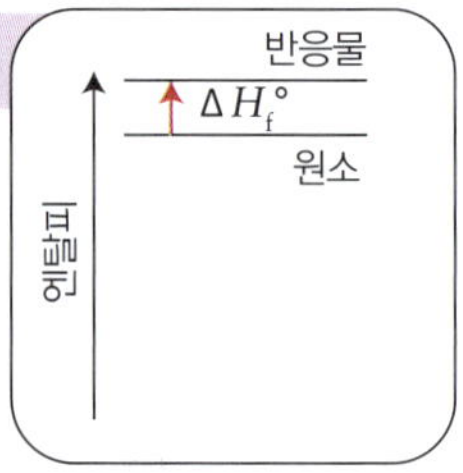

$\Delta H° = \sum n\Delta H_f°(\text{생성물}) - \sum n\Delta H_f°(\text{반응물})$로부터

$$-3910.\ kJ = -3897.89\ kJ - (1\ mol) \times \Delta H_f°(C_7H_8,l)$$

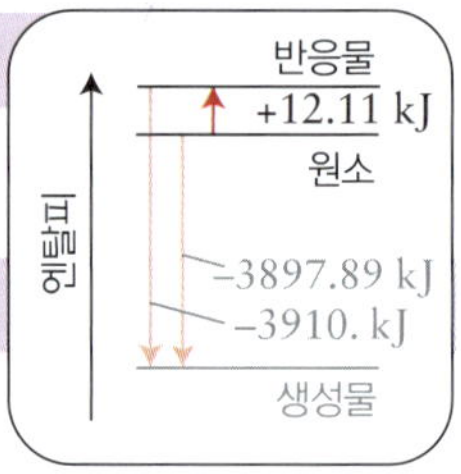

$\Delta H_f°(C_7H_8,\ l)$에 관하여 푼다.

$$\Delta H_f°(C_7H_8,g) = \frac{-3897.89\ kJ - (-3910.)\ kJ}{1\ mol} = +12.11\ kJ·mol^{-1}$$

평가 예상한 대로, 톨루엔의 생성 엔탈피는 양수이다.

자습 4D.6A 표 4D.2에 있는 정보와 에타인(아세틸렌)의 $\Delta H_c° = -1300.\ kJ·mol^{-1}$이라는 정보로부터 옥시아세틸렌 용접 토치에 쓰이는 연료인 에타인의 표준 생성 엔탈피를 구하시오.

[답: $+227\ kJ·mol^{-1}$]

자습 4D.6B 표 4D.2에 있는 정보와 요소의 $\Delta Hc° = -632\ kJ·mol^{-1}$이라는 정보에서 단백질 대사 과정의 부생성물인 요소 $CO(NH_2)_2$의 표준 생성 엔탈피를 구하시오.

관련 연습 문제 4D.23, 4D.24

표준 생성 엔탈피들을 결합시켜서 임의의 반응에 관한 표준 엔탈피를 구할 수 있다.

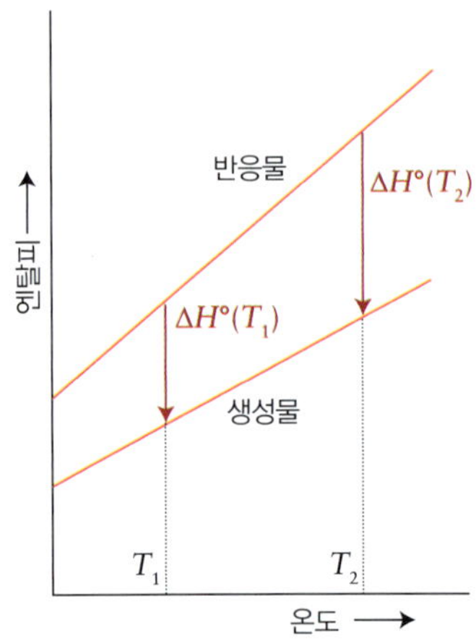

그림 4D.5 반응물의 열용량이 생성물보다 크면, 반응물의 엔탈피가 온도 증가에 따라서 더 급격하게 올라간다. 만일 발열 반응이면 그림과 같이, 반응 엔탈피는 더 음수로 된다.

4D.6 온도에 따른 반응 엔탈피의 변화

한 온도에서의 반응 엔탈피는 알지만, 다른 온도에서의 값이 필요한 경우도 있다. 예를 들어, 인체의 온도는 약 37 °C이지만, 부록 2A에 있는 자료는 25 °C의 것이다. 온도 12 °C의 증가가 대사 과정의 반응 엔탈피를 크게 다르게 할 수 있는지 어떻게 알아볼 수 있겠는가?

반응물과 생성물의 엔탈피는 둘 다 온도에 따라서 증가한다. 온도가 올라갈 때 반응물의 총 엔탈피가 생성물보다 더 빠르게 증가하면, 발열 반응의 반응 엔탈피는 더 음수로 된다(**그림 4D.5**). 반면에 생성물의 총 엔탈피가 반응물보다 더 빠르게 증가하면, 반응 엔탈피는 덜 음수가 된다. 온도가 증가할 때 물질의 엔탈피 증가는 일정 압력 열용량에 의존하므로(Topic 4C의 식 4b, $C_P = \Delta H/\Delta T$), 다음의 **Kirchhoff 법칙**(**Kirchhoff's law**)을 쉽게 유도할 수 있다(연습문제 4D.31 참조).

$$\Delta H°(T_2) = \Delta H°(T_1) + (T_2 - T_1) \times \Delta C_P \qquad (3)$$

여기서 ΔC_P는 생성물과 반응물의 일정 압력 열용량 차이이다.

$$\Delta C_P = \sum nC_{P,\mathrm{m}}(\text{생성물}) - \sum nC_{P,\mathrm{m}}(\text{반응물}) \qquad (4)$$

이들 값은 부록 2A에서 찾을 수 있다. $\Delta H°(T_2)$와 $\Delta H°(T_1)$의 차이는 생성물과 반응물의 열용량 차이에 의존하는데, 보편적으로 작아서 대부분의 경우 반응 엔탈피는 온도에 약하게만 의존하며, 작은 온도 영역에서는 상수로 취급할 수도 있다.

예제 4D.7 다른 온도에서의 반응 엔탈피 예측

$N_2(g) + 3\ H_2(g) \rightarrow 2\ NH_3(g)$의 표준 반응 엔탈피는 298 K에서 $-92.22\ \mathrm{kJ \cdot mol^{-1}}$이다. 공업적 합성은 450.°C에서 수행한다. 450.°C에서 표준 반응 엔탈피는 얼마인가?

예상 등분배 정리(Topic 4A)와 Topic 4C에서 배운 바에 의하면, N_2, H_2, NH_3의 일정 압력 몰 열용량은 각각 $\frac{7}{2}R$, $\frac{7}{2}R$, $4R$일 것으로 예측된다. 따라서 $\Delta C_P \approx -(6\ \mathrm{mol}) \times R$의 음수 값을 가질 것이다.

계획 식 4를 이용하여 반응물과 생성물의 열용량 차이를 계산하고, 식 3을 이용하여 $\Delta H°(T_2)$를 구한다.

무엇을 가정해야 하는가? 반응물과 생성물의 열용량이 다루는 온도 영역에서 상수라고 가정한다. 병진과 회전만 열용량에 기여한다고 가정한다.

풀이

열용량 차이를 계산한다.

$$\begin{aligned}\Delta C_P &= \overbrace{(2\ \mathrm{mol}) \times C_{P,\mathrm{m}}(\mathrm{NH_3,g})}^{\text{생성물}} - \overbrace{\{(1\ \mathrm{mol}) \times C_{P,\mathrm{m}}(\mathrm{N_2,g}) + (3\ \mathrm{mol}) \times C_{P,\mathrm{m}}(\mathrm{H_2,g})\}}^{\text{반응물}}\\ &= (2\ \mathrm{mol}) \times (35.06\ \mathrm{J \cdot K^{-1} \cdot mol^{-1}}) - \{(1\ \mathrm{mol}) \times (29.12\ \mathrm{J \cdot K^{-1} \cdot mol^{-1}})\\ &\quad + (3\ \mathrm{mol}) \times (28.82\ \mathrm{J \cdot K^{-1} \cdot mol^{-1}})\}\\ &= -45.46\ \mathrm{J \cdot K^{-1}}\end{aligned}$$

$T_2 - T_1$을 구한다.

$$T_2 - T_1 = (450 + 273\ \mathrm{K}) - 298\ \mathrm{K} = 425\ \mathrm{K}$$

$\Delta H°(T_2) = \Delta H°(T_1) + (T_2 - T_1)\ \Delta C_P$로부터 최종 온도에서의 엔탈피 변화를 계산한다.

$$\begin{aligned}\Delta H°(450\ °\mathrm{C}) &= -92.22\ \mathrm{kJ} + (425\ \mathrm{K}) \times (-45.46\ \mathrm{J \cdot K^{-1}})\\ &= -92.22\ \mathrm{kJ} - 1.932 \times 10^4\ \mathrm{J}\\ &= -92.22\ \mathrm{kJ} - 19.32\ \mathrm{kJ} = -111.54\ \mathrm{kJ}\end{aligned}$$

평가 반응물과 생성물의 엔탈피 변화에 대한 개별적 기여를 그림 4D.6에 나타내었다. 예상한 대로 ΔC_P는 음수이고, 높은 온도에서 반응은 더욱 발열 반응이 되었다.

자습 4D.7A $4\ Al(s) + 3\ O_2(g) \rightarrow 2\ Al_2O_3(s)$의 반응 엔탈피는 298 K에서 -3351 kJ이다. 1000.°C에서의 값을 구하시오.

[답: -3378 kJ]

자습 4D.7B 질산 암모늄의 표준 생성 엔탈피는 298 K에서 $-365.56\ \mathrm{kJ \cdot mol^{-1}}$이다. 250.°C에서의 값을 구하시오.

관련 연습 문제 4D.27~4D.30

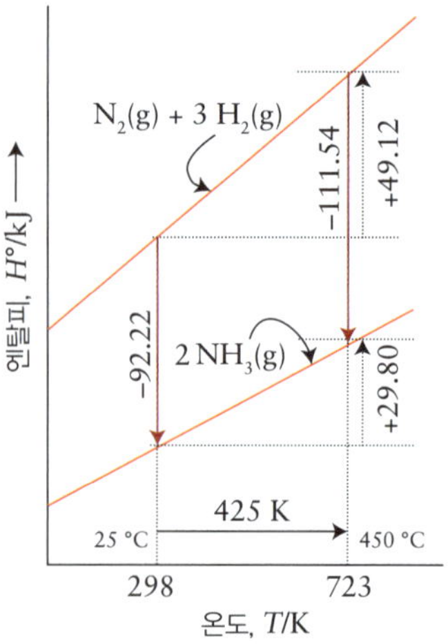

그림 4D.6 예제 4D.7에서 취급한 반응의 표준 반응 엔탈피 변화에 대한 개별적 기여.

표준 반응 엔탈피의 온도 의존성은 생성물의 총 일정 압력 열용량과 반응물과의 차이의 항으로 주어지는 Kirchhoff 법칙, 즉 식 3으로 주어진다.

이 Topic에서 배운 것은 무엇인가?

내부 에너지와 엔탈피를 어떻게 구별하는지, 엔탈피 변화를 열화학 반응식으로 어떻게 보고하는지, 물질의 표준 상태를 어떻게 기술하는지 알아보았다. 화학량론을 이용하여 반응으로부터 나오는 열을 예측하는 방법과 Hess 법칙을 사용하여 표준 반응 엔탈피를 결합하는 방법을 알게 되었다. 또한 표준 생성 엔탈피를 정의하고, 그 값들을 이용하여 임의 반응의 표준 엔탈피를 계산하고, 온도 변화에 어떻게 영향을 받는지 예측하는 방법을 배웠다.

개념과 식의 적용

- □ 열화학 반응식을 작성하고 사용한다(4D.1절).
- □ 실험 정보를 이용하여 열화학 반응식을 작성한다(예제 4D.1).
- □ 반응의 ΔH와 ΔU를 변환한다(예제 4D.2).
- □ 물질의 표준 상태를 정의한다(4D.3 절)
- □ 화학량론으로 반응에서 방출되는 열을 예측한다(예제 4D.3).
- □ Hess 법칙을 사용하여 반응 연쇄의 반응 엔탈피들로부터 전체 반응 엔탈피를 계산한다(도구상자 4D.1 및 예제 4D.4).
- □ 표준 생성 엔탈피를 사용하여 표준 반응 엔탈피를 계산하고, 그 반대로도 적용한다(예제 4D.5 및 4D.6).
- □ Kirchhoff 법칙을 이용하여 온도 변화에 따른 반응 엔탈피 변화를 예측한다(예제 4D.7).

Topic 4D 연습 문제

4D.1 이황화 탄소는 코크스(탄소의 불순한 형태)와 원소 황으로부터 생성될 수 있다.

$$4\,C(s) + S_8(s) \rightarrow 4\,CS_2(l) \quad \Delta H° = +358.8\text{ kJ}$$

(a) 압력이 일정할 때 S_8 1.25 mol의 반응에서 흡수되는 열은 얼마인가?
(b) 탄소 197 g과 과량의 황의 반응에서 흡수되는 열은 얼마인가?
(c) 이 반응에서 415 kJ의 열이 흡수되면 CS_2가 얼마만큼 생성되는가?

4D.2 다음 반응에서 1.00 atm, 273 K인 이산화 황 8.4 L와 산소 10.0 g의 반응 혼합물로부터 발생되는 열을 계산하시오.

$$2\,SO_2(g) + O_2(g) \rightarrow 2\,SO_3(g) \quad \Delta H° = -198\text{ kJ}$$

4D.3 통열량계 안에서 일산화 탄소 1.40 g과 과량의 수증기가 반응하여 이산화 탄소와 수소 기체가 생성되면서, 열량계 장치의 온도를 22.113 °C로부터 22.799 °C까지 올렸다. 열량계의 총 열용량(열량계 상수)은 3.00 kJ·(°C)$^{-1}$로 알려졌다.
(a) 균형 반응식을 쓰시오.
(b) CO(g) 1.00 mol의 반응에 의한 내부 에너지 변화 ΔU를 계산하시오.

4D.4 벤조산의 연소 내부 에너지가 알려져 있다(−3251 kJ·mol^{-1}). 통열량계 안에서 0.825 g의 벤조산을 산소와 태워서 온도가 1.94 °C 올라갔다. 같은 통열량계에서 0.727 g의 당 D-라이보스($C_5H_{10}O_5$)를 과량의 산소와 태워서 CO_2 기체와 H_2O 액체를 생성하였다. 열량계의 온도는 21.81 °C에서 22.72 °C로 올라갔다.
(a) 이 연소 반응의 균형 반응식을 쓰시오.
(b) 1.00 mol의 라이보스 분자를 연소시킬 때의 내부 에너지 변화 ΔU를 계산하시오.

4D.5 어떤 일정 압력 반응의 $\Delta H = -15$ kJ이고, 계의 부피를 감소시키는 22 kJ의 팽창 일이 계에 행해졌다. 이 과정의 ΔU는 얼마인가?

4D.6 어떤 일정 압력 반응의 $\Delta U = -68$ kJ이고, 계의 부피를 감소시키는 25 kJ의 팽창 일을 계에 행해졌다. 이 과정의 ΔH는 얼마인가?

4D.7 다이플루오린화 산소는 무색의 맹독성 기체로 수증기와 반응하여 O_2, HF 그리고 열을 생성한다.

$$OF_2(g) + H_2O(g) \rightarrow O_2(g) + 2\,HF(g) \quad \Delta H° = -318\text{ kJ}$$

1.00 mol의 OF_2가 반응하였을 때 내부 에너지 변화는 얼마인가?

4D.8 에탄올은 휘발유의 재생 가능한 청정 연소 성분이다.

$$2\,C_2H_5OH(l) + 6\,O_2(g) \rightarrow 4\,CO_2(g) + 6\,H_2O(l) \quad \Delta H = -1368\text{ kJ}$$

1.00 mol의 C_2H_5OH(l)가 반응하였을 때 내부 에너지 변화는 얼마인가?

4D.9 트라이나이트로톨루엔(TNT)의 생성 엔탈피는 −67 kJ·mol^{-1}이고, 밀도는 1.65 g·cm^{-3}이다. 원리적으로는 TNT 분해 결과로 나온 기체가 로켓에 추진력을 주어 로켓 연료로 쓰일 수 있다. 물론 충격에 민감하기 때문에 실제로 연료로 사용하기에는 극히 위험하다.

다음 반응에 관한 TNT의 엔탈피 밀도(리터당 방출되는 엔탈피 변화)를 계산하여 로켓 연료로서의 가능성을 설명하시오.

$$4\,C_7H_5N_3O_6(s) + 21\,O_2(g) \rightarrow 28\,CO_2(g) + 10\,H_2O(g) + 6\,N_2(g)$$

4D.10 발전소의 노(furnace)에서 천연 가스 혼합물을 분당 7.6 mol의 속도로 연소시킨다.
(a) 이 연료가 CH_4 9.3 kmol, C_2H_6 3.1 kmol, C_3H_8 0.40 kmol, C_4H_{10} 0.20 kmol을 포함한다면, 분당 생성되는 $CO_2(g)$의 질량은 얼마인가?
(b) 분당 얼마의 열이 방출되는가?

4D.11 제트 엔진과 자동차의 뜨거운 배출 가스에서 질소의 산화는 다음 반응에 의해서 일어난다.

$$N_2(g) + O_2(g) \rightarrow 2\,NO(g) \quad \Delta H° = +180.6\ kJ$$

(a) NO 1.55 mol 생성될 때 얼마의 열이 흡수되는가?
(b) 질소 5.45 L(1.00 atm, 273 K)의 산화에 열이 얼마나 흡수되는가?
(c) 통열량계 안에서 N_2가 NO로 산화될 때 흡수된 열이 492 J이었다. 질소 기체 몇 g이 산화되었는가?

4D.12 옥테인의 연소는 다음의 열화학 반응식으로 쓸 수 있다.

$$C_8H_{18}(l) + \tfrac{25}{2}\,O_2(g) \rightarrow 8\,CO_2(g) + 9\,H_2O(l) \quad \Delta H° = -5471\ kJ$$

(a) 온화한 겨울날에 12 ft×12 ft×8.0 ft인 방 안에 있는 공기를 40. °F부터 78 °F까지 올리는 데 충분한 연소열을 낼 수 있는 옥테인 질량을 구하시오. 공기의 평균 조성을 사용하여 밀도를 구하고, 압력은 1.00 atm으로 보시오.
(b) 휘발유 1.0 갤런의 연소에서 발생되는 열은 얼마인가(휘발유는 전부가 옥테인이라고 가정한다)? 옥테인의 밀도는 0.70 g·mL^{-1}이다.

4D.13 알루미늄 금속과 산화 바륨을 반응시키면 금속 바륨을 얻을 수 있다. 아래의 표준 반응 엔탈피를 참고하자.

$$2\,Ba(s) + O_2(g) \rightarrow 2\,BaO(s) \quad \Delta H° = -1107\ kJ$$
$$2\,Al(s) + \tfrac{3}{2}\,O_2(g) \rightarrow Al_2O_3(s) \quad \Delta H° = -1676\ kJ$$

위의 값을 사용하여 다음의 금속 바륨 생성 반응의 반응 엔탈피를 구하시오.

$$3\,BaO(s) + 2\,Al(s) \rightarrow Al_2O_3(s) + 3\,Ba(s)$$

4D.14 암모니아의 산화에 의한 질산의 제조 공정에서 처음 생성물은 산화 질소이며, 이것이 다시 이산화 질소로 산화된다. 아래의 표준 반응 엔탈피를 참고하자.

$$N_2(s) + O_2(g) \rightarrow 2\,NO(g) \quad \Delta H° = +180.5\ kJ$$
$$N_2(g) + 2\,O_2(g) \rightarrow 2\,NO_2(g) \quad \Delta H° = +66.4\ kJ$$

위의 값을 사용하여 산화 질소가 이산화 질소로 산화되는 다음 반응의 반응 엔탈피를 구하시오.

$$2\,NO(g) + O_2(g) \rightarrow 2\,NO_2(g)$$

4D.15 다음 정보를 사용하여 에타인이 에테인으로 수소화되는 $C_2H_2(g) + 2\,H_2(g) \rightarrow C_2H_6(g)$ 반응의 엔탈피를 구하시오. $\Delta H_c°(C_2H_2,\ g) = -1300.\ kJ \cdot mol^{-1}$, $\Delta H_c°(C_2H_6,\ g) = -1560.\ kJ \cdot mol^{-1}$, $\Delta H_c°(H_2,\ g) = -286\ kJ \cdot mol^{-1}$.

4D.16 $\Delta H_c°(CH_4,\ g) = -890.\ kJ \cdot mol^{-1}$, $\Delta H_c°(CO,\ g) = -283.0\ kJ \cdot mol^{-1}$을 사용하여, 메테인이 부분 연소되어 일산화 탄소를 생성하는 $2\,CH_4(g) + 3\,O_2(g) \rightarrow 2\,CO(g) + 4\,H_2O(l)$ 반응의 엔탈피를 구하시오.

4D.17 부록 2A에 주어진 정보를 사용하여 다음과 같은 순수한 질산과 하이드라진 반응의 표준 반응 엔탈피를 구하시오.

$$4\,HNO_3(l) + 5\,N_2H_4(l) \rightarrow 7\,N_2(g) + 12\,H_2O(l)$$

4D.18 부록 2A에 주어진 정보를 사용하여 다음과 같은 탄산 마그네슘과 염산 반응의 표준 반응 엔탈피를 구하시오.

$$MgCO_3(s) + 2\,HCl(aq) \rightarrow MgCl_2(aq) + H_2O(1) + CO_2(g)$$

4D.19 다음 정보를 사용하여 브로민화 수소 기체의 합성 반응 $H_2(g) + Br_2(l) \rightarrow 2\,HBr(g)$의 엔탈피를 구하시오.

$$NH_3(g) + HBr(g) \rightarrow NH_4Br(s) \quad \Delta H° = -188.32\ kJ$$
$$N_2(g) + 3\,H_2(g) \rightarrow 2\,NH_3(g) \quad \Delta H° = -92.22\ kJ$$
$$N_2(g) + 4\,H_2(g) + Br_2(l) \rightarrow 2\,NH_4Br(s) \quad \Delta H° = -541.66\ kJ$$

4D.20 다음 정보를 사용하여 무수 브로민화 알루미늄의 생성 반응 $2\,Al(s) + 3\,Br_2(l) \rightarrow 2\,AlBr_3(s)$의 엔탈피를 구하시오.

$$2\,Al(s) + 6\,HBr(aq) \rightarrow 2\,AlBr_3(aq) + 3\,H_2(g) \quad \Delta H° = -1061\ kJ$$
$$HBr(g) \rightarrow HBr(aq) \quad \Delta H° = -81.15\ kJ$$
$$H_2(g) + Br_2(l) \rightarrow 2\,HBr(g) \quad \Delta H° = -72.80\ kJ$$
$$AlBr_3(s) \rightarrow AlBr_3(aq) \quad \Delta H° = -368\ kJ$$

4D.21 부록 2A에 있는 표준 생성 엔탈피를 사용하여 다음 각 반응의 표준 반응 엔탈피를 구하시오.
(a) 질산 생성의 마지막 단계:

$$3\,NO_2(g) + H_2O(l) \rightarrow 2\,HNO_3(aq) + NO(g)$$

(b) 트라이플루오린화 붕소의 공업적 합성:

$$B_2O_3(s) + 3\,CaF_2(s) \rightarrow 2\,BF_3(g) + 3\,CaO(s)$$

(c) 염기성 수용액에서 황화 수소의 작용에 의한 황화물의 생성:

$$H_2S(aq) + 2\,KOH(aq) \rightarrow K_2S(aq) + 2\,H_2O(l)$$

4D.22 부록 2A에 있는 표준 생성 엔탈피를 사용하여 다음 각 반응의 표준 반응 엔탈피를 구하시오.
(a) 천연가스의 황화 수소 제거:

$$2\,H_2S(g) + SO_2(g) \rightarrow 3\,S(s) + 2\,H_2O(l)$$

(b) 암모니아의 산화:

$$4\,NH_3(g) + 5\,O_2(g) \rightarrow 4\,NO(g) + 6\,H_2O(g)$$

(c) 아인산의 생성:

$$P_4O_6(s) + 6\,H_2O(l) \rightarrow 4\,H_3PO_3(aq)$$

4D.23 다음 정보와 산화 질소(NO)의 표준 생성 엔탈피(부록 2A 참조)를 사용하여, 오산화 이질소의 표준 생성 엔탈피를 구하시오.

$$2\,NO(g) + O_2(g) \rightarrow 2\,NO_2(g) \quad \Delta H° = -114.1\ kJ$$
$$4\,NO_2(g) + O_2(g) \rightarrow 2\,N_2O_5(g) \quad \Delta H° = -110.2\ kJ$$

4D.24 실험실 용매 사이클로헥세인의 표준 연소 엔탈피($\Delta H_c° =$

$-3920\ \text{kJ·mol}^{-1}$)와 표 4D.2의 정보로부터 사이클로헥세인의 표준 생성 엔탈피를 계산하시오.

4D.25 요소는 단백질 소화의 대사산물이자 중요한 비료이다. 표 4D.1과 4D.2의 정보를 사용하여 요소의 표준 생성 엔탈피를 계산하시오.

4D.26 대기에서 일어나는 한 중요한 반응은 햇볕에 의해서 진행되는 $NO_2(g) \rightarrow NO(g) + O(g)$이다. 이를 진행시키기 위해서 에너지가 태양에서 얼마나 공급되어야 하는가? 다음 정보와 부록 2A의 추가적인 정보를 이용하여 위 반응의 표준 반응 엔탈피를 구하시오.

$$O_2(g) \rightarrow 2\,O(g) \qquad \Delta H° = +498.4\ \text{kJ}$$
$$NO(g) + O_3(g) \rightarrow NO_2(g) + O_2(g) \qquad \Delta H° = -200.\ \text{kJ}$$

4D.27 298 K에서 1.00 mol의 $CH_4(g)$을 이산화 탄소와 수증기로 연소시킬 때 연소 엔탈피는 −802 kJ이다. 이 연소가 1200. K의 분센 버너의 불꽃에서 일어날 때의 엔탈피를 구하시오.

4D.28 아미노산 글루타민(Gln)은 몸 안에서 아미노산 글루탐산(Glu)과 암모니아 이온의 효소 촉매 반응에 의해 만들어진다.

$$C_5H_8NO_4(aq) + NH_4^+(aq) \rightarrow C_5H_{10}N_2O_3(aq) + H_2O(l)$$
$$\Delta H° = +21.8\ \text{kJ at 298 K}$$

부록 2A와 다음의 정보를 이용하여 이 반응이 80 °C에서 일어날 때의 엔탈피를 계산하시오.

$C_{P,m}$(Gln, aq) = 187.0 J·K^{-1}·mol^{-1}, $C_{P,m}$(Glu, aq) = 177.0 J·K^{-1}·mol^{-1}, $C_{P,m}$(NH_4^+, aq) = 79.9 J·K^{-1}·mol^{-1}.

4D.29 (a) 부록 2A의 정보로 298.2 K에서 벤젠(C_6H_6)의 증발 엔탈피를 구하시오. 기체 벤젠의 표준 생성 엔탈피는 +82.93 kJ·mol^{-1}이다. (b) 액체 벤젠: $C_{P,m}$ = 136.1 J·K^{-1}·mol^{-1}, 기체 벤젠: $C_{P,m}$ = 81.67 J·K^{-1}·mol^{-1}. 이를 이용하여 끓는점(353.2 K)에서 벤젠의 증발 엔탈피를 구하시오. (c) (b)에서 얻은 값을 표 4C.1의 값과 비교해 보시오. 이들 수치 차이의 근원은 무엇인가?

4D.30 (a) 부록 2A의 정보로 298.2 K에서 $CH_3OH(l)$ 1 mol을 증발시키는 데 필요한 엔탈피를 계산하시오. (b) 액체 메탄올의 몰열용량 $C_{P,m}$은 81.6 J·K^{-1}·mol^{-1}이고, 기체 메탄올은 43.89 J·K^{-1}·mol^{-1}이다. 끓는점(64.7 °C)에서 메탄올의 증발 엔탈피를 계산하시오. (c) (b)에서 얻은 값을 표 4C.1의 값과 비교하여 보시오. 이들 수치 사이의 차이의 근원은 무엇인가?

4D.31 $A + 2\,B \rightarrow 3\,C + D$ 형태의 반응에서 온도가 T_1에서 T_2로 증가할 때 각 물질의 몰엔탈피 변화를 고려하여, Kirchhoff 법칙을 유도하시오.

4D.32 Topic 4C의 일정 부피 몰열용량 계산법(R의 배수)을 참고하여, 온도가 300. K에서 500. K로 증가할 때 $2\,H_2(g) + O_2(g) \rightarrow 2\,H_2O(g)$의 반응 엔탈피의 변화를 구하시오. 진동이 열용량에 기여하는 것은 무시한다. 어느 온도에서 반응의 엔탈피 변화가 더 큰가?

Topic 4E 엔탈피의 요소

이 Topic을 왜 배우는가? 반응 엔탈피와 같은 열역학적 성질을 원자나 분자의 성질과 연결시키면서 열역학에 대한 이해가 증진된다.

무엇을 알고 있어야 하는가? 상태 함수로서의 엔탈피에 대한 개념을 이해하고 있어야 한다(Topic 4C). 이 단원에서는 이온화 에너지와 전자 친화도(Topic 1F) 및 결합의 세기(Topic 2D)에 대한 논의를 토대로 한다.

자주 접하게 되는 과학의 한 측면은 개별 원자와 분자의 거동에서 벌크 성질이 어떻게 발현하는지를 봄으로써 물질에 대한 깊은 이해를 얻을 수 있다는 것이다. 열역학은 벌크의 성질을 다루지만 원자와 분자적 관점에서 그 특성의 기원을 이해하면 열역학에 대한 통찰력이 상당히 확대된다.

4E.1 이온의 형성

Topic 1F에서 이온화 에너지(I)와 전자 친화도(E_{ea})의 개념을 소개하였다. 이와 밀접하게 관련된 2개의 성질이 열역학에서 사용된다. **이온화 엔탈피(enthalpy of ionization, ΔH_{ion})**는 원자 1 mol이 전자를 하나씩 잃을 때의 표준 엔탈피 변화이다. 원소 X에 대해서,

이온화: $X(g) \rightarrow X^+(g) + e^-(g) \quad \Delta H_{ion}$

전자 획득 엔탈피(enthalpy of electron gain, ΔH_{eg})는 전자 획득에 대한 양이다.

전자 획득: $X(g) + e^-(g) \rightarrow X^-(g) \quad \Delta H_{eg}$

전자 획득 엔탈피와 전자 친화도(Topic 1F에서 정의됨)는 반대 기호를 갖는다. 따라서 전자 획득으로 에너지가 방출되면 전자 획득 엔탈피는 음의 값을 갖는다(발열 과정과 마찬가지다). 원자에서 이온을 떼어내려면 에너지가 필요하므로, 이온화 에너지와 이온화 엔탈피는 모두 양수이다.

이온화와 전자 획득의 엔탈피는 각각 해당하는 에너지 변화(이온화 에너지 및 전자 친화도)와 수치상으로 매우 유사하며(E_{ea}와 ΔH_{eg}의 부호는 반대이다), 수 $kJ \cdot mol^{-1}$ 정도만 다르다. 높은 정밀도가 필요하지 않은 한, 일반적으로 그림 1F.7과 1F.10 및 부록 2에 수록된 에너지 값들을 이용해도 무방하다. 그 값들의 경향은 Topic 1F에 명시된 이온화 에너지 및 전자 친화도의 경향과 일치한다. 따라서, 알칼리 금속 원자는 작은(양의 값의) 이온화 엔탈피를 가지며 할로젠 원자의 전자 획득 엔탈피는 큰 음의 값을 가진다.

이온화와 전자 획득의 엔탈피는 이온화 에너지와 전자 친화도의 열역학적 대응 성질이다.

4E.2 Born-Haber 순환

주어진 이온성 고체에 대해, 서로 멀리 떨어져 있는 기체 상태와 고체 상태의 이온들 사이의 몰엔탈피 차이를 고체의 **격자 엔탈피(lattice enthalpy, ΔH_L)**라고 한다.

$$\Delta H_L = H_m(\text{이온, g}) - H_m(\text{고체}) \qquad (1)$$

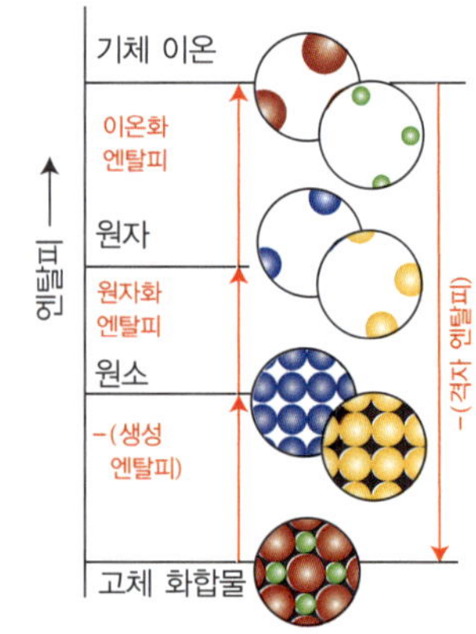

그림 4E.1 Born–Haber 순환에서는 같은 점(예를 들어, 고체 화합물)에서 시작하고 끝나는 단계들의 연결을 선택한다. 격자 엔탈피는 기체 이온들로부터 고체가 형성되는 단계의 역반응에 수반되는 엔탈피 변화이다. 엔탈피는 상태 함수이므로, 전체 순환 단계의 엔탈피 변화의 합은 0이다.

표 4E.1 25°C에서의 격자 엔탈피, ΔH_L/(kJ·mol^{-1})

할로젠화물							
LiF	1046	LiCl	861	LiBr	818	LiI	759
NaF	929	NaCl	787	NaBr	751	NaI	700.
KF	826	KCl	717	KBr	689	KI	645
AgF	971	AgCl	916	AgBr	903	AgI	887
$BeCl_2$	3017	$MgCl_2$	2524	$CaCl_2$	2260.	$SrCl_2$	2153
		MgF_2	2961	$CaBr_2$	1984		
산화물							
MgO	3850.	CaO	3461	SrO	3283	BaO	3114
황화물							
MgS	3406	CaS	3119	SrS	2974	BaS	2832

격자 엔탈피는 일정 압력에서 고체를 서로 멀리 떨어져 있는 기체상 이온들로 증발시키는 데 필요한 열과 같다. 모든 격자 엔탈피는 양수이며, 격자 엔탈피가 클수록 필요한 열이 더 많다. Topic 2A에서는 격자 **에너지**를 다루었다. 격자 **엔탈피**는 격자 에너지와 몰당 수 kJ밖에 차이가 안 나며, 비슷하게 해석할 수 있다.

Topic 2A에서 이온성 고체의 형성에 수반되는 에너지 변화를, 격자 에너지에 대한 주요 기여가 이온들 사이의 Coulomb 상호 작용인 '이온 모형'에 근거하여 계산할 수 있음을 보여 주었다. 그러나 모형은 틀릴 수도 있으며 격자 에너지를 측정할 수 있는 것이 중요하다. 만일 측정한 에너지와 계산한 에너지가 비슷하다면, 이온 모형이 특정한 물질에 적합하다고 결론지을 수도 있다. 그러나 만일 두 에너지가 현저하게 다르면 그 물질의 이온 모형을 개선해야 하고 심지어는 폐기해야 한다.

일반적으로 고체의 격자 엔탈피를 직접 측정할 수는 없다. 그러나 엔탈피는 상태 함수이므로 다른 측정들을 조합하여 간접적으로 얻을 수 있다. 이 과정은 **Born–Haber 순환(Born–Haber cycle)**을 이용한다. 단계들이 모여 닫힌 경로를 형성하는 이 순환 중의 한 단계는 기체 이온들로부터 고체 격자가 형성되는 것이다. 이 순환에서는 벌크 원소들을 원자로 깨뜨리고, 원자를 이온화하며, 기체 이온들을 결합시켜서 이온성 고체를 만들고, 다시 이온성 고체에서 원소를 형성시켜 제자리로 돌아온다(**그림 4E.1**). 여기에서 기체 이온들에서 이온성 고체가 형성되는 단계의 엔탈피의 음의 값, 즉 격자 엔탈피의 값만 모른다. Born–Haber 순환의 전체 단계의 엔탈피 변화의 합은 0이다. 이것은 계의 엔탈피가 순환의 시작과 끝에서 같아야 하기 때문이다. **표 4E.1**에 이 방법으로 얻은 격자 엔탈피들을 나열하였다.

예제 4E.1 Born–Haber 순환을 이용한 격자 엔탈피의 계산

염화 포타슘은 애완동물에 해롭지 않은 제설제로 사용된다. 이러한 활용을 연구할 때는, 사용 재료의 열역학적 성질을 이해하는 것이 좋다. 염화 포타슘의 격자 엔탈피를 계산하기 위한 Born–Haber 순환을 고안하고, 값도 구하시오.

예상 표 4E.1에 나와 있는 이온성 고체의 전형적 격자 엔탈피는 1000 kJ·mol^{-1} 정도이므로, KCl에 대해서도 비슷한 결과를 예상한다.

계획 **그림 4E.2**의 순환을 이용한다. 순수한 원소들에서 시작하여 원자화하고 기체 원자를 만들고(a, b 단계), 원자를 이온화하여 기체 이온을 형성시키고(c, d 단계), 이온들이 이온성 고체를 형성하고(이 단계가 격자 엔탈피의 음의 값, $-\Delta H_L$에 해당한다), 다시 고체가 순수한 원소들로 돌아갈 때(e 단계) 일어나는 엔탈피 변화들을 고려한다. 높은 정밀도가 요구되지 않으면 이온화 에너지와 전자 친화도를 사용한다. 단, 전자 친화도의 부호에 주의한다. 전체 순환에 대한 엔탈피 변화의 합이 0인 것을 토대로 격자 엔탈피 ΔH_L을 구한다.

풀이

다음의 각 단계를 그림 4E.2에 나타내었다.

(a) 부록 2A에서 $\Delta H_f(K, g)$를 구한다.

$$K(s) \rightarrow K(g) \qquad +89\,kJ \cdot mol^{-1}$$

(b) 부록 2A에서 $\Delta H_f(Cl, g)$를 구한다.

$$\tfrac{1}{2}\,Cl_2(g) \rightarrow Cl(g) \qquad +122\ kJ \cdot mol^{-1}$$

(c) 부록 2D에서 K의 이온화 에너지를 구한다.

$$K(g) \rightarrow K^+(g) + e^-(g) \qquad +418\ kJ \cdot mol^{-1}$$

(d) Cl의 전자 획득 엔탈피는 전자 친화도의 음의 값이다(부록 2D).

$$Cl(g) + e^-(g) \rightarrow Cl^-(g) \qquad -349\ kJ \cdot mol^{-1}$$

(e) 부록 2A를 이용하여 $-\Delta H_f(KCl)$을 구한다.

$$KCl(s) \rightarrow K(s) + \tfrac{1}{2}Cl_2(g) \qquad -(-437\,kJ \cdot mol^{-1})$$

순환에 대해 합하면 0이 된다.

$$\{\overbrace{89+122}^{(a+b)}+\overbrace{418-349}^{(c+d)}-\Delta H_L-\overbrace{(-437)}^{e}\ kJ \cdot mol^{-1}\} = 0$$

$KCl(s) \rightarrow K^+(g) + Cl^-(g)$ 반응의 엔탈피인 ΔH_L에 대해 푼다.

$$\Delta H_L = (89+122+418-349+437)\ kJ \cdot mol^{-1} = +717\ kJ \cdot mol^{-1}$$

평가 염화 포타슘의 격자 에너지는 717 kJ · mol^{-1}로 예상치와 비슷하다.

자습 4E.1A 부록 2A와 2D의 정보를 이용하여 염화 칼슘 $CaCl_2$의 격자 엔탈피를 계산하시오.

[답: 2259 kJ · mol^{-1}]

자습 4E.1B 부록 2A와 2D의 정보를 이용하여 브로민화 마그네슘 $MgBr_2$의 격자 엔탈피를 계산하시오.

관련 연습 문제 4E.1~4E.3

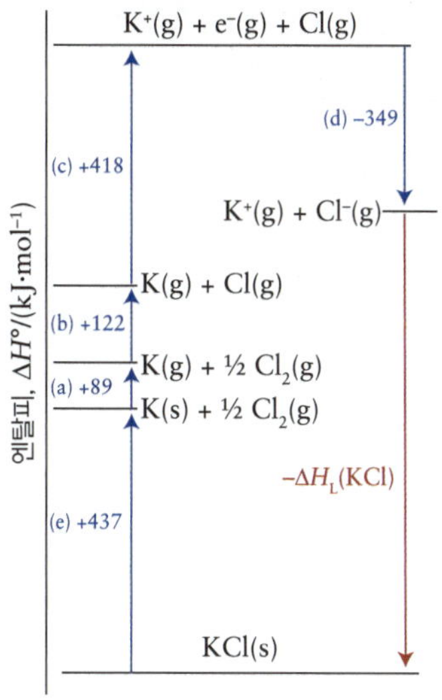

그림 4E.2 염화 포타슘의 격자 에너지를 구하는 데 사용되는 Born–Haber 순환(예제 4E.1 참조). 엔탈피 변화의 단위는 kJ·mol^{-1}이다. 기체 이온의 형성을 일련의 이온화(c)와 전자 획득(d) 단계로 나누었음을 유의하자.

고체의 이온간 작용의 세기는 격자 엔탈피로 측정되며, 이는 Born–Haber 순환을 이용하여 구할 수 있다.

4E.3 결합 엔탈피

화학 결합의 세기는 분자 X—Y(예를 들어, $H_3C—OH$)와 기체상에서의 조각 X와 Y($\cdot CH_3$와 $\cdot OH$ 같은)의 표준 몰엔탈피 차이인 **결합 엔탈피(bond enthalpy**, ΔH_B)로 가늠된다.

표 4E.2 이원자 분자의 결합 엔탈피

분자	$\Delta H_B/(kJ\cdot mol^{-1})$
H_2	436
N_2	944
O_2	496
CO	1074
F_2	158
Cl_2	242
Br_2	193
I_2	151
HF	565
HCl	431
HBr	366
HI	299

표 4E.3 평균 결합 엔탈피

결합	$\Delta H_B/(kJ\cdot mol^{-1})$	분자	$\Delta H_B/(kJ\cdot mol^{-1})$
C—H	412	C—I	238
C—C	348	N—H	388
C=C	612	N—N	163
C⋯C*	518	N=N	409
C≡C	837	N—O	210.
C—O	360	N=O	630.
C=O	743	N—F	270.
C—N	305	N—Cl	200.
C—F	484	O—H	463
C—Cl	338	O—O	157
C—Br	276		

* 벤젠에서

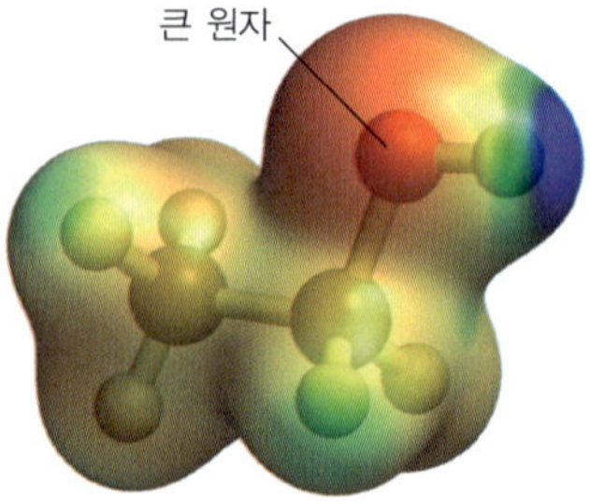

그림 4E.3 에탄올 C_2H_5OH의 정전기 퍼텐셜 도표. 붉은색으로 나타낸 O 원자와 같이 전기 음성도가 큰 원자는 그 분자의 더 먼 거리에 있는 전자들을 자기 쪽으로 끌어당긴다. 따라서 이는 직접 붙어 있지 않더라도 다른 결합의 세기에 영향을 준다.

$$\Delta H_B(X—Y)=\{H_m°(X,g)+H_m°(Y,g)\}-H_m°(X—Y,g) \quad (2)$$

격자 엔탈피는 이온성 물질을 기체 이온으로 (일정 압력에서) 깨뜨리는 데 필요한 열인 반면에, 결합 엔탈피는 일정한 압력에서 한 특정 공유 결합을 깨뜨리는 데 필요한 열이다. 예를 들어, H_2의 결합 엔탈피는 다음의 열화학 반응식으로부터 얻어진다.

$$H_2(g) \rightarrow 2H(g) \quad \Delta H° = +436\,kJ$$

이 값을 $\Delta H_B(H—H)=436\ kJ\cdot mol^{-1}$로 쓴다. 결합을 깨뜨리려면 열이 공급되어야 하므로, 모든 결합 엔탈피는 양수이다. 다시 말해

결합 절단은 항상 흡열 반응이고, 결합 형성은 항상 발열 반응이다.

표 4E.2에 몇 가지 이원자 분자의 결합 엔탈피를 나타내었다.

결합의 해리 에너지(Topic 2D)는 엄격히 말해 $T=0$에서 결합을 깨는 데 필요한 에너지이다. 반면에 결합 엔탈피는 관련 온도(일반적으로 298 K)에서 결합이 깨질 때의 표준 엔탈피 변화이다. 두 양은 몰당 수 kJ 정도 차이 난다. 높은 정밀도가 요구되지 않으면 결합 에너지와 결합 엔탈피를 서로 바꿔 써도 무관하다. 수치가 매우 비슷하기 때문에, 결합 엔탈피의 경향성은 결합 에너지와 닮은꼴이다(Topic 2D).

다원자 분자에서는 분자의 모든 원자가 분자의 모든 전자를 전기 음성도(Topic 2D)에 따라서 끌어당긴다(그림 4E.3). 그 결과로 주어진 원자쌍 사이의 결합 세기는 그 결합이 어느 화합물에 있는가에 따라서 약간씩 다를 수 있다. 예를 들어, 물 HO—H의 O—H 결합 엔탈피(492 $kJ\cdot mol^{-1}$)는 CH_3O—H의 O—H 결합 엔탈피(437 $kJ\cdot mol^{-1}$)와 약간 다르다. 그러나 결합 엔탈피의 변이는 그다지 크지 않으므로, 그 결합이 속해 있는 분자가 어느 것이든 간에, 평균 결합 엔탈피(mean bond enthalpy, 이 또한 ΔH_B로 나타냄)가 그 결합의 세기에 대한 지표가 된다(표 4E.3).

반응 엔탈피는 평균 결합 엔탈피를 사용하여 반응물 결합을 깨뜨리고, 생성물 결합을 형성시키는 데 필요한 총 에너지를 구하여 계산할 수 있다. 실제 활용에서는 변화가 일어난 결합만을 고려한다. 결합 엔탈피는 기체 물질에 관한 값이므로, 표의 값을 사용하기 위해서는 모든 물질이 기체이거나 기체상으로 환산되어야 한다.

예제 4E.2 평균 결합 엔탈피를 이용한 반응 엔탈피의 계산

정밀한 정보가 없을 때, 평균 결합 엔탈피를 이용하여 반응 엔탈피를 추정할 수 있다. 액체 브로민과 기체 프로펜이 반응하여 액체 1,2-다이브로모프로페인을 만드는 반응의 엔탈피를 추정하시오. Br_2의 증발 엔탈피는 29.96 $kJ \cdot mol^{-1}$이고, $CH_3CHBrCH_2Br$의 증발 엔탈피는 35.61 $kJ \cdot mol^{-1}$이다. 반응은 다음과 같다.

$$Br_2(l) + CH_3CH{=}CH_2(g) \rightarrow CH_3CHBrCH_2Br(l)$$

예상 반응물에서는 두 개의 결합(Br—Br과 C=C)이 깨어지고, 생성물에서는 세 개의 결합(C—C와 2개의 C—Br)이 생긴다. 끊어지는 것보다 형성되는 결합이 더 많기 때문에 반응이 발열성일 것이라고 예상해야 한다. 브로민을 기화시키는 데 에너지가 필요하지만 생성물이 응축될 때 방출되는 에너지와 균형을 맞출 수도 있다. 그러나 C=C 결합은 높은 결합 엔탈피를 가지고 있으므로 반응이 약간 발열성일 것으로 예상한다.

계획 어느 결합이 깨지고 어느 결합이 형성되는지 결정한다. 반응물의 결합이 깨질 때의 엔탈피 변화와 생성물의 새로운 결합이 형성될 때의 엔탈피 변화를 계산하기 위해서, 표 4E.3의 평균 결합 엔탈피를 사용한다. 이원자 분자의 경우에는 표 4E.2에 수록된 특정 분자에 관한 정보를 사용한다. 그런 다음 반응물의 결합을 끊는 데 필요한 엔탈피 변화(양의 값)를 생성물의 결합이 형성될 때 발생하는 엔탈피 변화(음의 값)에 더한다. 마지막으로, 결합 엔탈피는 기체 물질에 대한 것이기 때문에 적절한 증발 엔탈피를 포함시킨다.

무엇을 가정해야 하는가? 표의 평균 결합 엔탈피가 실제 반응물과 생성물의 결합 엔탈피와 비슷하다고 가정한다.

풀이

반응물: $CH_3CH{=}CH_2$의 C=C 결합 1 mol(평균값 612 $kJ \cdot mol^{-1}$)과 Br_2의 Br—Br 결합 1 mol(평균값 193 $kJ \cdot mol^{-1}$)을 깨뜨린다.

$$\Delta H° = \overbrace{612\ kJ}^{C=C} + \overbrace{193\ kJ}^{Br-Br} = +805\ kJ$$

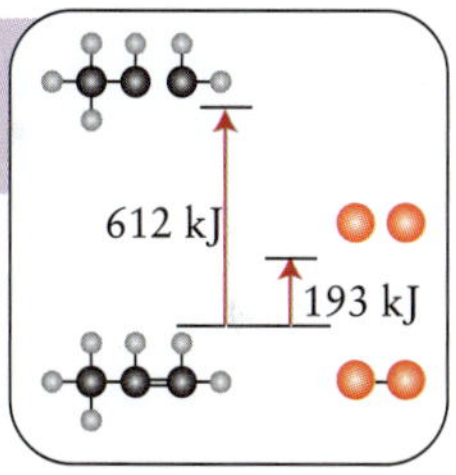

생성물: C−C 결합 1 mol(평균값 348 $kJ \cdot mol^{-1}$)과 C−Br 결합 2 mol(평균값 276 $kJ \cdot mol^{-1}$)을 형성한다. 생성물 결합이 생기는 반응의 엔탈피는 결합 형성 엔탈피의 음의 값이다.

$$\Delta H° = -\{\overbrace{348\ kJ}^{C-C} + (2 \times \overbrace{276\ kJ}^{C-Br})\} = -900.\ kJ$$

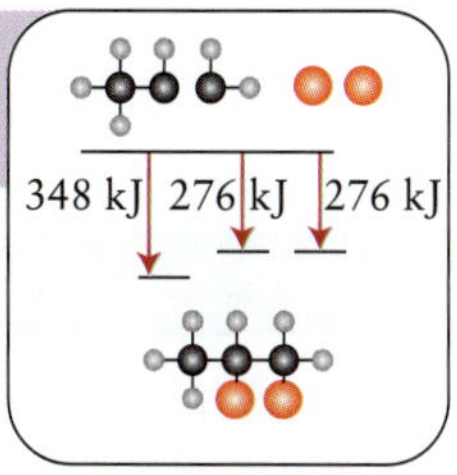

전체 엔탈피 변화는 결합 엔탈피 변화의 합이다.

$$\Delta H° = 805 + (-900.)\ kJ = -95\ kJ$$

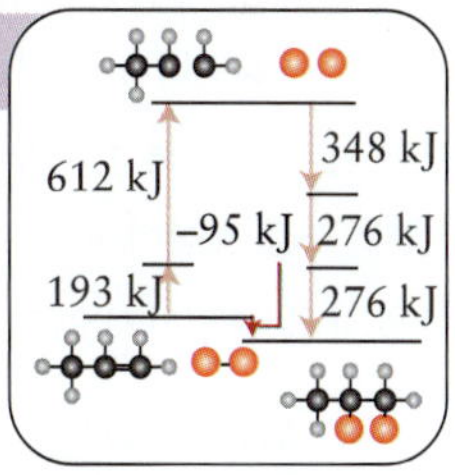

브로민은 증발되어야 하므로 $Br_2(l)$ 1 mol의 증발 엔탈피가 추가되어야 한다.
생성물이 액체로 응축되면 열이 방출되므로 $C_3H_6Br_2(l)$ 1 mol의 증발 엔탈피를 뺀다.

$$\Delta H° = -95\ kJ + \overbrace{29.96\ kJ}^{\Delta H_{vap}(Br_2)} - \overbrace{35.61\ kJ}^{\Delta H_{vap}(C_3H_6Br_2)} = -101\ kJ$$

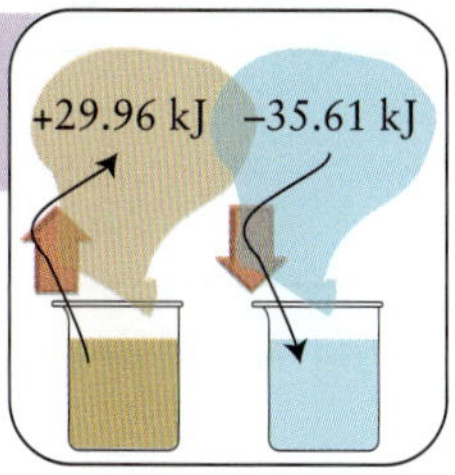

열화학 반응식은 다음과 같다.

$$Br_2(l) + CH_3CH{=}CH_2(g) \rightarrow CH_3CHBrCH_2Br(l) \quad \Delta H° = -101 \text{ kJ}$$

평가 예상한 대로 발열 반응이다. 깨어진 것보다 생성된 결합이 더 많지만, C=C의 결합 엔탈피가 크기 때문에 전체 반응 엔탈피는 작다.

자습 4E.2A 결합 엔탈피를 이용하여 다음 반응의 표준 엔탈피를 추정하시오.

$$CCl_3CHCl_2(g) + 2\,HF(g) \rightarrow CCl_3CHF_2(g) + 2\,HCl(g)$$

[답: -24 kJ·mol^{-1}]

자습 4E.2B 결합 엔탈피를 이용하여 기체 CH_4 1.00 mol이 기체 F_2와 반응하여, 기체 CH_2F_2와 HF를 형성하는 반응의 표준 엔탈피를 추정하시오.

관련 연습 문제 4E.5~4E.7

유의 사항
실제 결합 엔탈피는 평균값과 상당히 다를 수 있으므로, 평균 결합 엔탈피를 사용할 때 주의해야 한다.

평균 결합 엔탈피는 결합의 해리에 수반되는 몰엔탈피 변화의 평균이다.

이 Topic에서 배운 것은 무엇인가?

엔탈피 변화를 이온화, 전자 획득 및 결합 해리와 같은 분자 수준에서 일어나는 변화와 관련시키는 방법을 보았다. 또한 Born–Haber 순환을 사용하여 다른 자료로부터 격자 엔탈피 값을 추정하는 방법을 배웠다.

개념과 식의 적용

- ☐ 이온화 엔탈피와 전자 획득 엔탈피를 정의하고 사용한다(4E.1절).
- ☐ Born–Haber 순환을 사용하여 격자 엔탈피를 계산한다(예제 4E.1).
- ☐ 평균 결합 엔탈피를 이용하여 표준 반응 엔탈피를 추정한다(예제 4E.2).

Topic 4E 연습 문제

4E.1 그림 1F.10, 부록 2A, 부록 2D와 다음 정보를 이용하여 Na_2O의 격자 엔탈피를 계산하시오. $\Delta H_f°(Na_2O) = -409 \text{ kJ·mol}^{-1}$, $\Delta H_f°(O, g) = +249 \text{ kJ·mol}^{-1}$.

4E.2 그림 1F.10, 부록 2A, 부록 2D와 다음 정보를 이용하여 $AlBr_3$의 격자 엔탈피를 계산하시오. $\Delta H_f°(Al, g) = +326 \text{ kJ·mol}^{-1}$.

4E.3 다음 표를 완성하시오(모든 값은 kJ·mol^{-1} 단위임).

화합물, MX	$\Delta H_f°$, M(g)	ΔH_{ion}, M	$\Delta H_f°$, X(g)	ΔH_{eg}, X	ΔH_L, MX	$\Delta H_f°$, MX(s)
(a) NaCl	108	494	122	−349	787	?
(b) KBr	89	418	97	−325	?	−394
(c) RbF	?	402	79	−328	774	−558

4E.4 $NaCl_2$의 격자 엔탈피가 $MgCl_2$의 것과 같다고 가정하고, 부록 2A, 부록 2D, 그림 1F.10에 있는 정보에 근거한 엔탈피의 논의를 이용하여, $NaCl_2$가 왜 존재하지 않으리라 예상되는 화합물인가를 설명하시오.

4E.5 표 4E.2와 4E.3에 있는 결합 엔탈피를 사용하여 다음의 반응 엔탈피를 구하시오.

(a) $3\,C_2H_2(g) \rightarrow C_6H_6(g)$
(b) $CH_4(g) + 4\,Cl_2(g) \rightarrow CCl_4(g) + 4\,HCl(g)$
(c) $CH_4(g) + CCl_4(g) \rightarrow CHCl_3(g) + CH_3Cl(g)$

4E.6 표 4E.2와 4E.3에 있는 결합 엔탈피를 사용하여 다음의 반응 엔탈피를 구하시오.

(a) $HCl(g) + F_2(g) \rightarrow HF(g) + ClF(g)$, $\Delta H_B(Cl{-}F) = -256 \text{ kJ·mol}^{-1}$
(b) $C_2H_4(g) + HCl(g) \rightarrow CH_3CH_2Cl(g)$
(c) $C_2H_4(g) + H_2(g) \rightarrow CH_3CH_3(g)$

4E.7 표 4E.2와 4E.3에 있는 결합 엔탈피를 사용하여 다음에 관한 반응 엔탈피를 구하시오.

(a) $N_2(g) + 3\,F_2(g) \rightarrow 2\,NF_3(g)$

(b) $CH_3CHCH_2(g) + H_2O(g) \rightarrow CH_3CH(OH)CH_3(g)$

(c) $CH_4(g) + Cl_2(g) \rightarrow CH_3Cl(g) + HCl(g)$

4E.8 NO의 결합 엔탈피는 632 $kJ \cdot mol^{-1}$이고, NO_2의 각 N—O 결합은 469 $kJ \cdot mol^{-1}$이다. Lewis 구조와 표 4E.3에 주어진 평균 결합 엔탈피를 사용하여, (a) 두 분자의 결합 엔탈피의 차이와 (b) NO_2의 두 결합의 결합 엔탈피가 같다는 사실을 설명하시오.

4E.9 벤젠은 Kekulé 구조로부터 예상된 것보다 더 안정하며, 반응성이 작다. 표 4E.3에 주어진 평균 결합 엔탈피를 사용하여, 벤젠의 Kekulé 구조 사이에 공명이 허용될 때 몰에너지가 얼마나 낮아지는지 구하시오.

4E.10 표 4E.2와 4E.3을 사용하여 탄소–탄소 이중 결합을 단일 결합으로 대치할 경우, 에너지 측면에서 안정화되는지 알아보기 위해, 에텐 C_2H_4가 에테인 C_2H_6로 변환되는 반응의 반응 엔탈피를 구하시오. $H_2C{=}CH_2(g) + H_2(g) \rightarrow CH_3{-}CH_3(g)$.

Topic 4F 엔트로피

이 Topic을 왜 배우는가? 열역학 제2법칙은 엔트로피의 개념을 도입하는데, 이것은 어떤 화학 반응이 자연적으로 일어나는 경향이 있지만 어떤 반응은 그렇지 않은 이유를 이해하는 열쇠이다.

무엇을 알고 있어야 하는가? 이 단원은 열역학 제1법칙과 관련된 개념들, 특히 엔탈피(Topic 4C), 이상 기체의 팽창 일(Topic 4A), 열용량(Topic 4A)을 토대로 한다. 가역적 변화(Topic 4A)의 의미도 알고 있어야 한다.

열역학 제1법칙은 만일 반응이 일어날 경우 우주(반응계와 그 주위)의 총 에너지는 변하지 않음을 말해 준다. 그러나 제1법칙은 '만일'에 대한 질문은 답해 주지 않는다. 왜 어떤 반응은 일어나는 경향이 있고, 왜 다른 것은 그렇지 못하는가? 도대체 왜 무엇인가가 일어나는가? 우리 주위 세상에 관한 이러한 근본적 질문에 답하기 위하여, 제2법칙을 알아야 한다.

4F.1 자발적 변화

자발적 변화(**spontaneous change**)란 외부 영향에 의한 추진이 없어도 일어나는 경향을 갖는 변화이다. 간단한 예로서, 뜨거운 금속 덩이가 그 주위 온도까지 냉각되고 있다(그림 4F.1). 반대 변화, 즉 금속 덩이가 그 주위보다 자발적으로 더 뜨겁게 되는 것은 결코 관측된 적이 없다. 진공으로의 기체 팽창은 자발적이다(그림 4F.2). 그러나 기체는 용기의 한쪽 부분으로 자발적으로 수축하며 다른 쪽은 진공이 되게하는 경향이 없다.

자발적 변화가 빠를 필요는 없다. 당밀은 뒤집힌 캔으로부터 자발적으로 흘러나오는 경향이 있지만, 낮은 온도에서는 그 흐름이 매우 느릴 수도 있다. 수소와 산소는 반응하여 물을 생성하는 경향이 있지만(이 반응은 열역학적 관점에서 자발적임), 두 기체 혼합물은 불꽃으로 점화시켜 주지 않는 한 몇 세기 동안도 그대로 유지될 수 있다. 다이아몬드는 흑연으로 돌아가는 자연적 경향을 갖지만, 다이아몬드는 인간 척도로는 헤아릴 수 없는 오랜 시간 동안 변하지 않고 유지되며, 실질적으로 다이아몬드는 영원하다. 자발적 과정은 자연적으로 일어날 경향을 갖는다. 이는 빠르게 일어나거나, 실제로 일어날 필요는 없다. 변화에 관한 열역학을 고려할 때는 언제나, 한 과정이 일어나는 경향만을 설명하고 있다고 기억해야 한다. 이 경향이 실제로 인식되는가 하는 것은 사실상 그 속도에 달려 있다. 이 속도는 열역학의 범위를 벗어나며, Focus 7에서 고려하게 된다.

변화는 '비자연적' 방향으로 일으킬 수 있다. 예를 들어, 금속 덩이에 전류를 흘려서 금속을 그 주위보다 더 뜨거운 온도까지 데울 수 있다. 기체를 피스톤으로 밀어 넣어 더 작은 부피가 되게 할 수 있다. 이 모든 경우에서는 계 내에 비자발적 변화를 가져오지만, 계 바깥으로부터 영향을 가해서 일어나도록 밀어붙이는 방법을 고안해야 한다. 간단히 말하면 **비자발적 변화는 일을 해 주어야만 일어날 수 있다.**

한 과정이 외부의 영향에 의해서 추진됨이 없이 일어나는 경향을 가지면, 그 과정은 자발적이다. 자발적 변화가 빠를 필요는 없다.

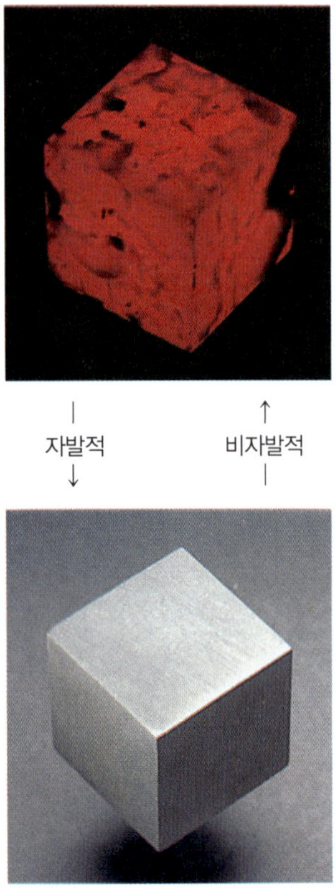

그림 4E.1 뜨거운 금속 덩이(위쪽)가 그 주위의 찬 공기(아래쪽) 온도까지 자발적으로 냉각된다. 이것의 역과정, 즉 주위와 같은 온도에 있던 금속 덩이가 자발적으로 더 뜨거워지는 것은 일어나지 않는다. (*Copyright Macmillan Learning, Photo by Ken Karp.*)

4F.2 엔트로피와 무질서

모든 자발적 변화의 공통점은 무엇인가? 두 경우를 생각해 보자. 먼저, 차가운 방에 있는 뜨거운 금속 덩이는 맹렬하게 진동하는 원자들의 에너지가 주위(공기와 용기, 가구)로 퍼짐에 따라서 냉각된다. 맹렬하게 운동하는 금속의 원자들은 주위의 보다 느리게 움직이는 원자들이나 분자들과 충돌하여 에너지 일부를 주위로 전달한다. 이것의 역변화는 가능성이 없다. 왜냐하면 그러기 위해서는 에너지가 주위로부터 이동해 와서 금속의 작은 덩이에 집적되어야 하기 때문이다. 그러한 과정에서는 원자들 사이의 충돌로 인해 주위의 덜 맹렬하게 운동하는 원자들이 금속의 더 맹렬하게 운동하는 원자들을 보다 더 맹렬하게 운동하도록 만든다. 기체의 무질서하게 운동하는 분자들은 그들 용기의 전체 공간에 걸쳐 퍼지며, 무질서한 운동이 분자들을 한쪽 구석에 자발적으로 몰아붙이지는 않는다. 분명해지기 시작한 공통점은 에너지와 물질은 무질서해지는 형태로 분산되려 한다는 것이다.

열역학의 언어로서는 이 간단한 생각을 무질서의 척도인 **엔트로피**(**entropy**, S)로 나타낸다. 낮은 엔트로피는 적은 무질서를 의미하고, 높은 엔트로피는 심한 무질서를 뜻한다. 이 공통점을 다음과 같이 **열역학 제2법칙**(**second law of thermodynamics**)으로 나타낼 수 있다.

고립 계의 엔트로피는 어떠한 자발적 변화의 과정에서도 증가한다.

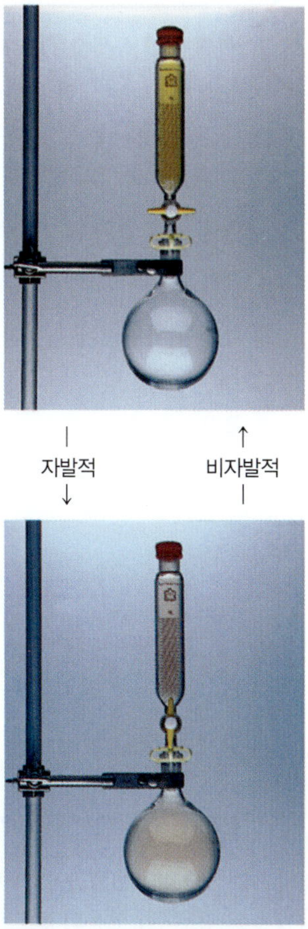

그림 4E.2 기체는 자발적으로 용기를 채운다. 갈색의 이산화 질소 기체를 포함하는 유리 실린더(위쪽 그림에 있는 유리용기의 윗부분)가 진공의 플라스크에 연결되어 있다. 그들 사이의 마개를 열면 기체는 위쪽과 아래쪽 용기 모두를 자발적으로 채운다(그림의 아랫부분). 그 역과정, 즉 두 용기에 퍼진 기체를 자발적으로 모아서 위쪽 용기로 되돌아가는 것은 일어나지 않는다.*(Copyright Macmillan Learning, Photo by Ken Karp.)*

뜨거운 금속의 자발적 냉각은 에너지가 주위로 퍼짐에 따라 엔트로피 증가를 수반한다. 이 경우에 '고립 계'는 금속 덩이와 바로 이웃의 주위가 된다. 마찬가지로 기체의 팽창은 분자들이 용기 전체로 퍼져나감에 따라, 엔트로피 증가를 수반한다. 계와 그 주위(이를 합하면 '우주')의 자연적 진행은 질서에서 무질서로, 정렬에서 무작위로, 낮은 엔트로피에서 높은 엔트로피로 간다. 제1법칙은 우주(계와 그 주변 환경)의 에너지 '양'을 다룬다. 제2법칙은 에너지의 '질'을 다루며, 분산된 에너지는 국지화된 에너지보다 덜 유용하므로 '질'이 낮다. 제1법칙은 어떤 과정이 발생할 수 있는지 알려 준다. 즉, 어떤 과정이든 에너지의 양은 변하지 않아야 한다. 제2법칙은 가능한 과정 중 어느 것이 자발적인지 식별한다. 즉, 자발적인 과정은 에너지의 질이 감소하는 것이다.

온도가 일정하다면 계의 엔트로피 변화, ΔS는 다음 식으로부터 계산될 수 있다.

$$\Delta S = \frac{q_{가역}}{T} \qquad (1)$$

여기서 q는 열로써 전달된 에너지이며, T는 이 전달이 일어나는 곳의 절대 온도이다. q에 붙은 첨자 '가역'은 에너지가 Topic 4B에 기술된 관점에서, 가역적으로 전달되어야 함을 뜻한다. 에너지를 열로써 가역적으로 전달하기 위해서는 계와 그 주위의 온도가 무한소만큼만 차이가 있고 양쪽 모두 일정해야 한다. 열을 J 단위로 측정하고, 온도를 K 단위로 나타내면 엔트로피 변화(그리고 엔트로피 자체)는 $J \cdot K^{-1}$ 단위로 측정된다.

이 방정식의 의미는 무엇인가?

만일 많은 에너지가 열로서 전달되면(큰 $q_{가역}$), 계 내에 많은 무질서가 일어나고, 그에 따라서 엔트로피의 큰 증가가 예상된다. 주어진 크기의 에너지 전달의 경우 온도가 높을 때보다 더 낮을 때 무질서 변화가 더 커질 것이다. 전달된 에너지는 분자들이 이미 맹렬하게 운동하는 뜨거운 계보다, 열운동을 별로 하지 않은 차가운 계의 분자에 현저하게 영향을 끼친다(조용한 도서실에서의 재채기는 심하게 주의를 끌지만, 소란스러운 거리에서의 재채기는 주의를 끌지 않고 지나침을 생각해 보자).

예제 4F.1 계가 가열될 때의 엔트로피 변화 계산

황소개구리는 냉혈 동물이다. 이것은 대사 과정에서 발생한 과량의 열을 주위 환경으로 내보낸다는 뜻이다. 25 °C로 유지되는 큰 실험용 수조에 가만히 있는 황소개구리가 가역적으로 25 °C의 물에 100. J의 에너지를 내어놓았다. 물의 엔트로피 변화는 얼마인가?

예상 물이 열로 에너지를 흡수하였으므로 엔트로피는 증가할 것이다.

계획 식 1을 이용하여 엔트로피 변화를 계산한다.

무엇을 가정해야 하는가? 수조의 물의 양이 매우 많아서 열을 가하더라도 온도는 실질적으로 변하지 않는다. 식 1은 일정한 온도의 경우에만 성립한다.

풀이

온도를 절대 온도로 환산한다.

$$T = (273.15 + 25)\ \text{K} = 298\ \text{K}$$

$\Delta S = q_{\text{가역}}/T$로부터

$$\Delta S = \frac{100.\ \text{J}}{298\ \text{K}} = +0.336\ \text{J·K}^{-1}$$

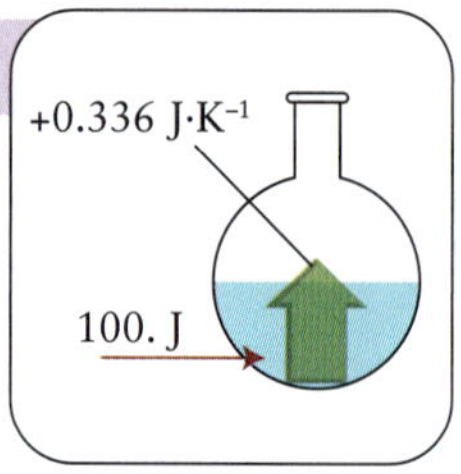

평가 예상한 대로 물로 열이 흘러간 결과로 물의 엔트로피가 증가하였다.

자습 4F.1A 냉동고 안 0 °C에서 큰 얼음덩어리에서 50. J의 에너지를 열로 가역적으로 빼낼 경우, 이 얼음의 엔트로피 변화를 계산하시오.

[**답**: 20.18 J·K^{-1}]

자습 4F.1B 온도 1100. °C인 용융 구리의 큰 통으로부터 50. J의 에너지를 열로 가역적으로 빼낼 경우, 이 구리 통의 엔트로피 변화를 계산하시오.

관련 연습 문제 4F.3, 4F.4

유의 사항

해답에서 + 부호에 주의하시오. 양의 변화는 그것이 양수일지라도 항상 부호를 분명하게 보여 준다.

식 1에서는 곧바로 분명해지지는 않지만, 열역학을 이용하여 증명할 수 있는 엔트로피의 매우 중요한 특성은, 엔트로피가 상태 함수라는 것이다. 이 성질은 엔트로피가 무질서의 척도라는 점과 일관성이 있다. 왜냐하면 계의 무질서는 현재의 상태에만 의존하고, 이 상태에 어떻게 도달했는가에는 무관하기 때문이다.

엔트로피는 상태 함수이므로, 계의 엔트로피 변화는 계의 최초 상태와 최종 상태 사이의 경로에 무관하다. 이러한 독립성은 **비가역(irreversible)** 경로로 연결되는 한 쌍의 상태들 사이의 엔트로피 차이를 계산하고자 할 경우, 같은 두 상태 사이의 **가역(reversible)** 경로를 찾아서 그 경로에 식 1을 적용하여 계산할 수 있음을 뜻한다. 예를 들어, 이상 기체가 일정한 온도에서 자유(비가역) 팽창하는 경우를 생각해 보자. 이 엔트로피 변화를 계산하기 위해 같은 최초 부피와 같은 최종 부피 사이의 가역 등온 팽창을 시켜서 식 1을 사용하면 된다. 엔트로피는 상태 함수이므로, 같은 두 상태 사이의 엔트로피 변화는 그 팽창이 가역적으로 일어나든 비가역적 자유 팽창으로 일어나든 같다.

엔트로피는 무질서의 척도이다. 열역학 제2법칙에 의하면 고립 계의 엔트로피는 모든 자발적 과정에서도 증가한다. 엔트로피는 상태 함수이다.

4F.3 엔트로피와 부피

주어진 양의 물질을 더 큰 부피에 퍼지게 하거나, 다른 물질과 혼합하면 엔트로피가 증가할 것으로 예상할 수 있다. 이들 과정은 물질의 분자들을 더 큰 부피에다 분산시키며, **위치 무질서(positional disorder)**를 증가시킨다. 이 무질서는 분자들의 위치와 관련되는 것이다. 이러한 점들을 이상 기체의 등온 팽창에 관한 엔트로피 변화에서 볼 수 있으며, 제1법칙의 개념들을 이용하여 계산할 수 있다.

어떻게 다루는가?

이상 기체가 등온 팽창(혹은 수축)할 때, 엔트로피의 부피 의존성에 관한 식의 유도에서, 등온, 즉 T가 일정하다는 것에 주목하면, 식 1을 직접 사용할 수 있다. 이상 기체의 등온 팽창에서 $\Delta U = q + w$이고 $\Delta U = 0$이므로(Topic 4B), $q = -w$이다. 즉, 계가 팽창 일을 하면서 잃은 에너지가 열로써 흘러 들어온 에너지에 의해서 보충되어 내부 에너지가 같은 값을 유지하게 됨을 의미한다. 변화가 가역적으로 일어나도 온도가 일정하면 같은 식이 적용되므로 $q_{가역} = -w_{가역}$으로 쓸 수 있다. 그러므로 $q_{가역}$을 계산하기 위해서는 이상 기체가 가역 등온 팽창할 때 계가 얻은 일을 계산하고 부호를 바꾸면 된다. 이 계산을 위해서 Topic 4B의 식 2($w_{가역} = -nRT\ln(V_2/V_1)$)를 이용한다. 즉,

$$\Delta S = \frac{q_{가역}}{T} = \frac{-w_{가역}}{T} = \frac{\overbrace{nRT\ln(V_2/V_1)}^{-w_{가역}}}{T} = nR\ln\frac{V_2}{V_1}$$

이상 기체가 부피 V_1에서 V_2까지 등온 팽창할 때 그것의 엔트로피 변화는 다음과 같이 주어짐을 알았다.

$$\Delta S = nR\ln\frac{V_2}{V_1} \tag{2}$$

여기서 n은 기체 분자의 몰수이며, R은 기체 상수($J \cdot K^{-1} \cdot mol^{-1}$ 단위)이다. 최종 부피가 최초 부피보다 크면($V_2 > V_1$), 엔트로피 변화는 양수이고, 이는 예상대로 엔트로피의 증가에 해당한다(**그림 4F.3**).

비록 가역 경로에 관한 엔트로피 변화를 계산하였지만, 식 2는 같은 두 상태 사이에, 이 경우에는 어떤 일정한 온도에서 V_1으로부터 V_2까지, **비가역적으로 팽창**할 때의 기체 엔트로피 변화이기도 하다. 가역과 비가역 과정에서 아무런 차이가 없다고, 황급한 결론을 내리면 안 된다. 이 시점에서는 계의 엔트로피 변화만을 고려하였고, 주위가 어떻게 되어 가는지 논의하지는 않았다(Topic 4I 참조).

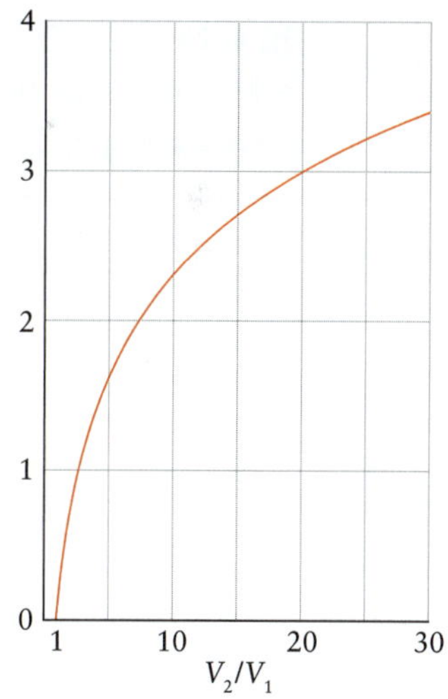

그림 4E.3 일정 온도에서 이상 기체 시료가 팽창함에 따른 엔트로피 변화. $\Delta S/nR$를 최종 부피와 초기 부피의 비의 함수로 도시하였다. 엔트로피는 부피에 대수(로그)적으로 증가한다.

예제 4F.2 이상 기체가 등온 팽창할 때의 엔트로피 변화 계산

기상학자들은 공기의 열역학적 특성이 다른 조건에 어떻게 영향을 받는지 이해해야 한다. 공기의 주성분인 질소부터 연구할 수 있다. N_2(g) 1.00 mol이 22.0 L에서 44.0 L로 등온 팽창할 때, 이 기체의 엔트로피 변화는 얼마인가?

예상 부피가 증가하면 분자들이 차지할 수 있는 위치가 늘어나므로 엔트로피는 증가할 것이다.

계획 식 2를 이용하여 알려진 초기 부피에서 최종 부피로 등온 팽창에 의한 엔트로피 변화를 계산한다.

무엇을 가정해야 하는가? 질소가 이상 기체라고 가정한다.

풀이

$\Delta S = nR\ln(V_2/V_1)$으로부터

$$\Delta S = (1.00\ \text{mol}) \times (8.3145\ \text{J·K}^{-1}\text{·mol}^{-1}) \times \ln\frac{44.0\ \text{L}}{22.0\ \text{L}}$$
$$= +5.76\ \text{J·K}^{-1}$$

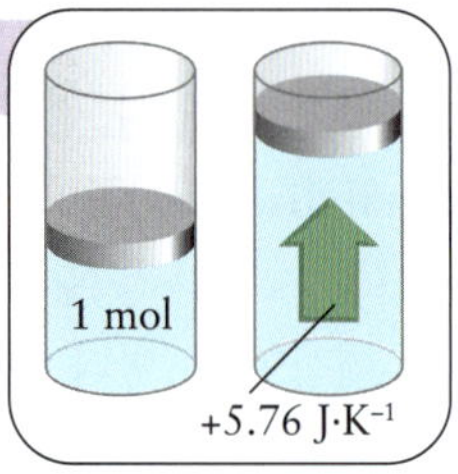

평가 예상한 대로 기체가 팽창하여 공간이 넓어질수록 엔트로피가 증가한다.

유의 사항
물질의 1 mol에 관한 엔트로피 변화는 J·K^{-1} 단위로 나타내고, 몰당 엔트로피 변화는 $\text{J·K}^{-1}\text{·mol}^{-1}$ 단위로 나타냄을 주의하자.

자습 4F.2A 이상 기체가 최초 부피의 삼분의 일까지 등온 압축될 때의 몰엔트로피 변화를 계산하시오.

[답: $-9.13\ \text{J·K}^{-1}\text{·mol}^{-1}$]

자습 4F.2B 이산화 탄소 기체(이상 기체라고 가정)가 최초 부피의 10.배까지 등온 팽창할 때, 몰엔트로피 변화를 계산하시오.

관련 연습 문제 4F.5, 4F. 6

이상 기체의 등온 압축이나 팽창에 수반되는 엔트로피 변화는, 최초 압력과 최종 압력으로 나타낼 수 있다. 그러기 위해서는 이상 기체 법칙, 특히 Boyle 법칙을 사용하여 식 2의 부피비를 최초와 최종 압력비로 나타낸다. 압력은 부피에 반비례하므로(Boyle 법칙), 일정 온도에서는 $V_2/V_1 = P_1/P_2$로 주어진다. 따라서,

$$\Delta S = nR\ln\frac{P_1}{P_2} \tag{3}$$

자습 4F.3A 일정한 온도에서 Ne(g) 1.50 mol의 압력이 20.00 bar에서 5.00 bar까지 감소할 경우, 엔트로피 변화를 구하시오. 이상 기체로 가정하시오.

[답: $+17.3\ \text{J·K}^{-1}$]

자습 4F.3B 일정한 온도에서 염소 기체 70.9 g의 압력이 3.00 kPa에서 24.00 kPa까지 증가할 경우, 엔트로피 변화를 구하시오. 이상 기체로 가정하시오.

생각해 보기
엔트로피는 열로 퍼지는 에너지로 정의하였다. 이 정의로 물질이 퍼지는 것을 다룰 수 있겠는가? 이상 기체 각 분자의 운동 에너지 관점에서 생각해 보시오.

엔트로피는 초기와 최종 상태 사이의 가역적 경로를 찾아 계산할 수 있다. 이상 기체가 등온 팽창할 때 엔트로피는 증가한다.

4F.4 엔트로피와 온도

계가 가열되면 에너지가 공급되어 분자의 열운동이 증가하기 때문에 무질서가 증가되리라고 예상된다. 가열은 **열적 무질서(thermal disorder)**를 증가시키며, 이 무질서는 분자의 열운동에서 유래된다. 식 1을 조절하면 계의 온도가 변할 때의 엔트로피 변화를 계산할 수있다.

어떻게 다루는가?

온도가 변할 때 계의 엔트로피 변화를 계산함에 있어서, 먼저 식 1은 계에 열을 공급할 때 계의 온도가 일정하게 유지되는 경우에만 적용됨을 주목하자. 특별한 경우를 제외하면, 이는 열이 무한소만큼씩 전달될 경우에만 참이다. 따라서 변화 경로를 무한히 많은 무한소의 단계들로 쪼개고, 각 단계는 일정하지만 단계마다 무한소의 차이가 나는 온도에서 일어나게 하고, 이들 무한소 엔트로피 변화를 모든 단계에 걸쳐서 합하면 된다.

온도 T에서 무한소의 가역적 열전달 $\mathrm{d}q_{가역}$이 일어나는 경우, 엔트로피 증가도 무한소이며, 이를 식 1 대신에 다음과 같이 쓴다.

$$\mathrm{d}S = \frac{\mathrm{d}q_{가역}}{T}$$

열로 공급된 에너지는 계의 온도 증가 $\mathrm{d}T$와 열용량 C에 다음과 같이 관련된다.

$$\mathrm{d}q_{가역} = C\mathrm{d}T$$

(이는 Topic 4B의 식 3b, $q = C\Delta T$의 무한소 꼴이며, 이는 가역 변화에도 적용된다.) 두 식을 결합하면 다음 식이 얻어진다.

$$\mathrm{d}S = \frac{C\mathrm{d}T}{T}$$

이제 시료의 온도를 T_1에서 T_2로 증가시킨다고 하자. 전체적 엔트로피 변화는 이들 모든 무한소 변화의 합(적분)이 된다. 즉,

$$\Delta S = \int_{T_1}^{T_2} \frac{C\mathrm{d}T}{T}$$

주목하는 온도 영역에서 열용량이 온도에 무관하다면, C를 적분 밖으로 끌어내어 다음을 얻는다.

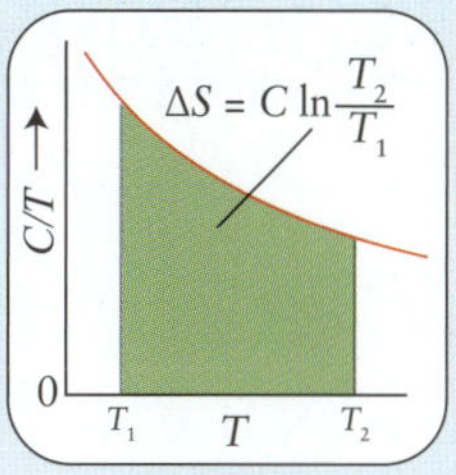

$$\Delta S = C\int_{T_1}^{T_2} \frac{\mathrm{d}T}{T} = C\ln\frac{T_2}{T_1}$$

이 적분을 계산하기 위해 다음의 적분 공식을 사용하였다.

$$\int \frac{\mathrm{d}x}{x} = \ln x + 상수$$

미적분에서 중요한 내용 중 하나는 한 구간 안에서 함수의 정적분은 그 구간 안에서의 함수의 그래프 아래의 면적이라는 것이다. 이 경우에는, 물질이 가열될 때의 엔트로피 변화가 C/T를 T에 대하여 도시한 그래프 아래 최초와 최종 온도 사이의 면적과 같다.

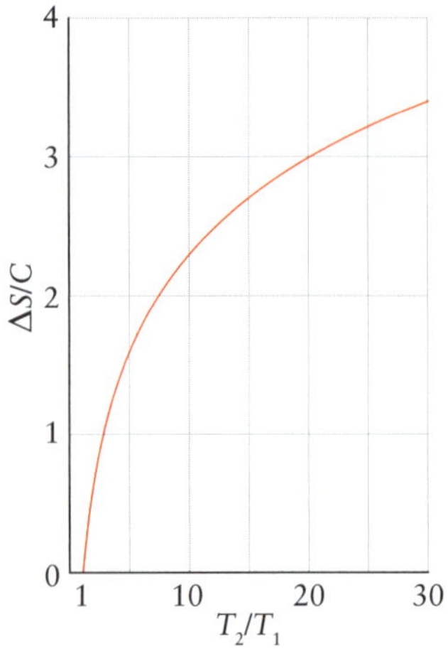

그림 4E.4 주목하는 온도 영역에서 일정한 열용량(C)을 가진 계를 가열할 때의 엔트로피 변화. $\Delta S/C$를 최종 온도와 초기 온도의 비의 함수로 도시하였다. 엔트로피는 온도에 대수(로그)적으로 증가한다.

계산한 바와 같이, 주목하는 온도 범위에서 열용량이 일정하다면, 계를 T_1에서 T_2까지 가열할 때의 엔트로피 변화는 다음과 같이 주어진다.

$$\Delta S = C\ln\frac{T_2}{T_1} \qquad (4)$$

여기서 C는 계의 열용량이다(일정 부피이면 C_V이고, 일정 압력이면 C_P임). 최초와 최종 온도의 비에 따라 엔트로피 변화가 어떻게 변하는지를 **그림 4F.4**에 도시하였다.

이 방정식의 의미는 무엇인가?

만일 T_2가 T_1보다 높으면 $T_2/T_1 > 1$이고, 이 비의 대수는 양수이므로, ΔS도 양수이고, 이는 온도가 올라감에 따라서 엔트로피가 증가함에 해당한다. 주어진 온도 변화에 있어서 물질의 열용량이 클수록 엔트로피 증가가 더 크다.

예제 4F.3 온도 증가에 따른 엔트로피 변화의 계산

당신이 발전소의 기술자라면, 터빈의 공기가 가열될 때의 영향을 조사해야 할 수도 있다. 이를 위해 질소 기체를 모형 공기로 사용할 수 있다. 5.00 kPa에서 부피 20.0 L인 질소 기체 시료를 일정한 부피에서 20. °C에서 400. °C까지 가열하였다. 질소의 엔트로피 변화는 얼마인가? 질소의 일정 부피 몰열용량 $C_{V,\mathrm{m}}$은 20.81 $\mathrm{J \cdot K^{-1} \cdot mol^{-1}}$이다.

예상 계의 온도가 올라가면 열적 무질서가 증가하므로, 엔트로피 변화는 양수일 것이다.

계획 식 4를 사용하기 위해, 먼저 온도를 절대 온도로 변환하고, $n = PV/RT$ 형태의 이상 기체 법칙을 사용하여 기체 분자의 몰수를 구한다. 문제가 L와 kPa로 주어졌으므로, R의 단위를 그에 맞춘다. 다음으로, 일정 부피 열용량, $C_V = nC_{V,\mathrm{m}}$을 사용하여 식 4에 대입한다. 항상 그러하듯이 마지막 단계에서 반올림하여 반올림에 따른 오차를 최소화한다.

무엇을 가정해야 하는가? 질소는 이상 기체(n의 계산을 위해서)이고, 위의 온도 영역에서 C_V는 상수이다.

풀이

온도를 K 단위로 바꾼다.

$$T_1 = 20. + 273.15\ \mathrm{K} = 293\ \mathrm{K}$$
$$T_2 = 400. + 273.15\ \mathrm{K} = 673\ \mathrm{K}$$

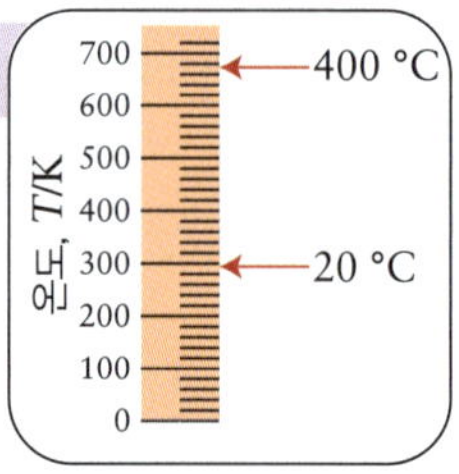

$PV = nRT$를 $n = P_1V_1/RT_1$로 놓고 N_2의 몰수를 구한다.

$$n = \frac{(5.00\ \mathrm{kPa}) \times (20.0\ \mathrm{L})}{(8.3145\ \mathrm{L \cdot kPa^{-1} \cdot mol^{-1}}) \times (293\ \mathrm{K})}$$
$$= \frac{5.00 \times 20.0}{8.3145 \times 293}\ \mathrm{mol} = 0.0410\ldots\ \mathrm{mol}$$

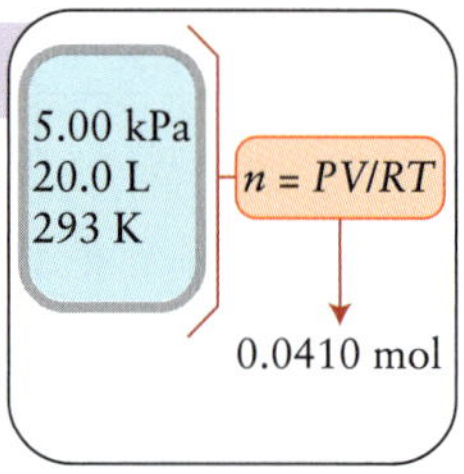

$\Delta S = C \ln(T_2/T_1)$, $C = nC_{V,m}$으로부터 엔트로피 변화를 계산한다.

$$\Delta S = (0.0410\ldots\ \text{mol}) \times (20.81\ \text{J·K}^{-1}\text{·mol}^{-1}) \times \ln\frac{673\ \text{K}}{293\ \text{K}}$$
$$= +0.710\ \text{J·K}^{-1}$$

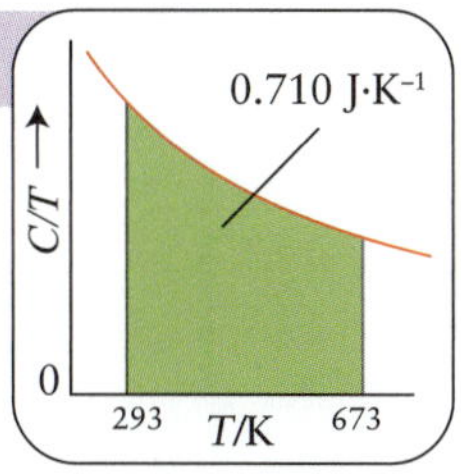

평가 예상한 대로 변화는 양수(증가)이다.

자습 4F.4A 일정 부피에서 He(g) 1.00 mol을 25 °C부터 300. °C까지 올렸다. 헬륨의 엔트로피 변화는 얼마인가? 이상적 행동을 가정하고 Topic 4C의 $C_{V,m} = \frac{3}{2}R$을 사용하시오.

[답: $+8.15\ \text{J·K}^{-1}$]

자습 4F.4B 스테인리스강 5.5 g의 온도를 20. °C에서 100. °C까지 올렸다. 스테인리스강의 엔트로피 변화는 얼마인가? 스테인리스강의 비열은 $0.51\ \text{J·(°C)}^{-1}\text{·g}^{-1}$이다.

관련 연습 문제 4F.7, 4F.8

둘 이상의 변수가 변하는 임의의 경우에도 최초 상태와 최종 상태 사이의 가역 경로를 찾아내는 기법을 적용할 수 있다.

예제 4F.4 온도와 부피가 모두 변할 때의 엔트로피 변화 계산

용광로에서 철을 생산할 때, 압축 공기와 산소가 용융된 철광석에 주입된다. 공정을 최적화하려면, 공정 각 부분의 산소의 엔트로피 변화와 같은 열역학적 측면을 이해해야 한다. 한 실험에서 O_2(g) 1.00 mol이 움직이는 피스톤으로 5.00 L에서 1.00 L까지 갑자기 (그리고 비가역적으로) 압축되고, 그 과정에서 온도가 20.0 °C에서 25.2 °C까지 올라갔다. 이 기체의 엔트로피 변화는 얼마인가?

예상 엔트로피는 기체가 압축되면 감소하지만 온도가 올라가면 증가한다. 온도 증가가 작으므로 전체 효과는 감소이겠지만, 계산을 통한 검증이 필요하다.

계획 엔트로피는 상태 함수이므로, 이 엔트로피 변화를 같은 최종 상태를 주는 가역 경로를 선택하여 계산할 수 있다. 이 경우에는 다음과 같이 두 단계로 생각하자.

1단계 초기 온도에서, 초기 부피로부터 최종 부피까지 가역 등온 압축시킨다(식 2 사용).

2단계 일정한 최종 부피에서 기체의 온도를 최종 온도까지 증가시킨다(식 4에 C_V를 사용).

무엇을 가정해야 하는가? 산소는 이상 기체이고, 주어진 온도 영역에서 C_V는 상수이다.

풀이

1단계 식 2, $\Delta S = nR \ln(V_2/V_1)$으로부터

$$\Delta S = (1.00\ \text{mol}) \times (8.3145\ \text{J·K}^{-1}\text{·mol}^{-1}) \times \ln\frac{1.00\ \text{L}}{5.00\ \text{L}}$$
$$= -13.4\ \text{J·K}^{-1}$$

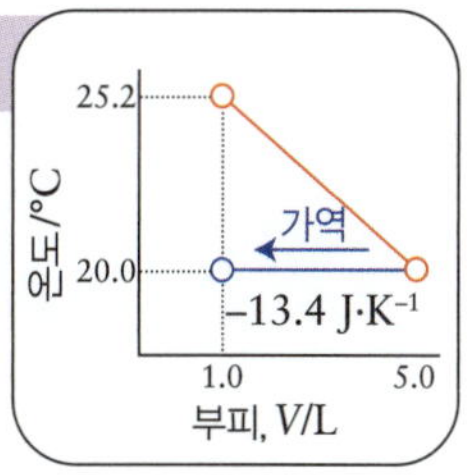

2단계 $\Delta S = C_V \ln(T_2/T_1)$과 $C_V = nC_{V,m}$으로부터

$$\Delta S = (1.00\ \text{mol}) \times (20.79\ \text{J·K}^{-1}\text{·mol}^{-1}) \times \ln\frac{298.4\ \text{K}}{293.2\ \text{K}}$$
$$= +0.36\ \text{J·K}^{-1}$$

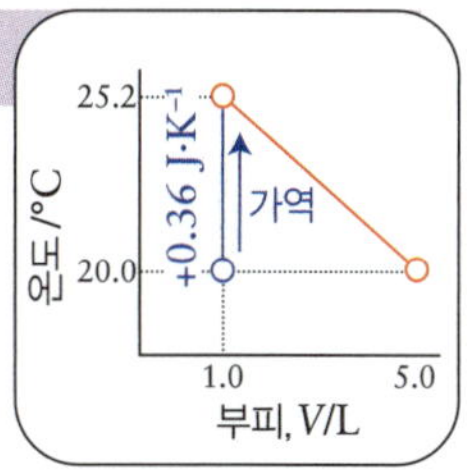

두 단계의 엔트로피 변화를 더한다. $\Delta S = \Delta S(1단계) + \Delta S(2단계)$

$$\Delta S = (-13.4 + 0.36)\ \mathrm{J \cdot K^{-1}} = -13.0\ \mathrm{J \cdot K^{-1}}$$

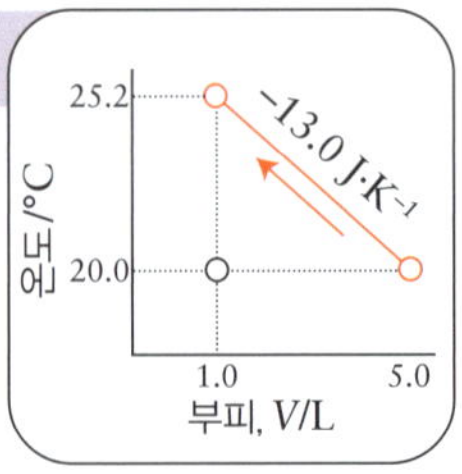

평가 예상한 대로 다섯 배 압축에 따른 엔트로피 변화가 작은 온도 상승에 따른 것보다 훨씬 크다. 두 단계의 순서를 반대로 해도 동일한 답을 얻을 수 있다는 점을 스스로 확신해야 한다. 먼저 온도를 올린 다음 더 높은 온도에서 등온적으로 압축한다.

자습 4F.5A Ar(g) 2.00 mol의 부피가 5.00 L에서 10.00 L까지 증가하고, 그와 동시에 온도가 100. K에서 300. K까지 증가하였다. 이때의 엔트로피 변화를 계산하시오. 이상적 행동을 가정하시오.

[답: $-38.9\ \mathrm{J \cdot K^{-1}}$]

자습 4F.5B 산소 기체 23.5 g를 240 K에서 360 K까지 가열하였더니 압력이 2.00 kPa에서 8.00 kPa까지 증가했다. 이때의 엔트로피 변화를 계산하시오. 이상적 행동을 가정하시오.

관련 연습 문제 4F.11, 4F.12

계의 엔트로피는 계의 온도가 증가하거나 계의 부피가 증가할 때 증가한다.

4F.5 엔트로피와 물리적 상태

고체가 녹아서 액체가 되면 분자들이 더 무질서하게 되고 엔트로피가 증가할 것이다. 마찬가지로 액체가 증발하면 분자는 훨씬 더 큰 부피에서 운동이 더 어지러워지기 때문에 엔트로피가 더 크게 증가할 것이다. 전이 온도에서 물질이 한 상에서 다른 상으로 전이함에 따른 엔트로피 변화를 계산하기 위하여 식 1을 사용하려면, 다음의 세 가지 사실을 주목할 필요가 있다.

1. 전이 온도(증발에 관한 끓는점과 같은)에서는 열이 공급되어도 물질의 온도가 일정하게 유지된다.

공급된 모든 에너지는 온도를 증가시키기보다는 액체를 증기로 전환시키는 것과 같은 상전이를 일으키는 데 사용된다. 그러므로 식 1의 분모에 있는 T가 일정하며, 전이 온도와 같게 놓을 수 있다(K 단위로). 압력이 1 atm일 때 고체가 녹는 온도는 **정상 녹는점(normal melting point)**이고, 압력이 1 atm일 때 액체가 끓는 온도는 **정상 끓는점(normal boiling point)**이다. 압력이 1 bar일 때 이러한 전이 온도는 각각 **표준 녹는점[standard melting point**, T_f, (f는 용융, 다른 용어로는 녹음)], **표준 끓는점(standard boiling point**, T_b)이라고 한다. 실제로는 정상값과 표준값 사이에 작은 차이만 있다.

2. 상전이 온도에서는 열전달이 가역적이다.

외부 압력이 고정되는 한(예를 들어, 1 atm에서) 주위의 온도를 무한소만큼 올리면 완전히 증발하고, 내리면 완전히 응축된다.

3. 전이는 일정한 압력에서(예를 들어, 1 atm) 일어나므로 이때 공급된 열은 그 물질의 엔탈피 변화와 같다(Topic 4C).

위의 사실에 따라 엔트로피 변화에 관한 식에서 $q_{가역}$을 상전이에 관한 ΔH로 대치할 수 있게 된다.

증발 엔트로피(entropy of vaporization, $\Delta S_{증발}$)는 물질이 액체에서 증기로 변할 때 분자의 몰당 엔트로피 변화이다. 일정한 압력에서 액체가 증발하면서 물질 몰당 흡수한 열은 증발 엔탈피(Topic 4C의 $\Delta H_{증발}$)와 같다. 그러면 식 1에서 $q_{가역} = \Delta H_{증발}$로 놓고, 정상 끓는점에서의 증발 엔트로피를 다음과 같이 쓸 수 있다.

$$\text{끓는 온도에서: } \Delta S_{증발} = \frac{\Delta H_{증발}}{T_b} \quad (5)$$

여기서 $\Delta H_{증발}$은 **끓는점에서의** 증발 엔탈피이다. 정상 끓는점과 표준 끓는점이 거의 같지만, **표준 증발 엔트로피(standard entropy of vaporization**, $\Delta S_{증발}°$)는 액체와 증기가 표준 상태(둘 다 순수하고, 둘 다 1 bar)에 있을 때, 그리고 끓는점이 1 bar(1 atm이 아님)일 때의 값이다. 이 값은 끓는점에서의 몰당 엔트로피의 변화이며 다른 온도에서의 값과는 상당히 다를 수 있음을 기억하는 것이 중요하다. 모든 표준 증발 엔트로피는 양수이므로, 보통은 양의 부호 없이 사용한다.

이 방정식의 의미는 무엇인가?

물질의 분자간 힘이 매우 강하다면, 기화에 많은 에너지가 필요하고 $\Delta S_{증발}°$은 커질 것이다. 그러나 강한 분자간 힘은 또한 분모의 끓는점을 증가시킨다. 따라서 이러한 효과는 균형을 이루고 증발 엔트로피는 많은 물질에서 유사할 수 있다.

자습 4F.6A 아르곤의 정상 끓는점에서의 표준 증발 엔트로피를 계산하시오(표 4C.1참조).

[답: 74 $J \cdot K^{-1} \cdot mol^{-1}$]

자습 4F.6B 물의 정상 끓는점에서의 표준 증발 엔트로피를 계산하시오(표 4C.1참조).

표 4F.1에 여러 가지 액체의 표준 증발 엔트로피를 실었다. 이들과 기타 자료는 많은 값이 85 $J \cdot K^{-1} \cdot mol^{-1}$에 가까운 놀라운 경향을 보여 준다. 이를 **Trouton 규칙(Trouton's rule)**이라고 한다. Trouton 규칙은 액체가 증기로 전환될 때 위치적 무질서가 대략적으로 같게 증가하므로, 각 경우에서 엔트로피 변화가 비슷해진다는 것이다. 어떤 액체가 Trouton 규칙을 따르

표 4F.1 정상 끓는점에서의 표준 증발 엔트로피*

액체	T_b/K	$\Delta S_{증발}°/(J \cdot K^{-1} \cdot mol^{-1})$
아세톤	329.4	88.3
암모니아	239.7	97.6
아르곤	87.3	74
벤젠	353.2	87.2
뷰테인	273.	82.30
에테인	184.6	79.87
에탄올	351.5	124
헬륨	4.22	20.
수은	629.7	94.2
메테인	111.7	73
메탄올	337.8	105
n-펜테인	309.2	87.88
물	373.2	109

* 정상 끓는점은 1 atm에서의 끓는 온도이다.

지 않는다는 것은, 아마도 액체 안의 배열이 다른 대부분의 액체보다 더 질서적임을 나타내며, 그에 따라 액체가 증발할 때는 무질서가 더 증가함을 의미한다. 액체의 분자간 상호 작용이 클 경우에는 그 분자들이 비교적 큰 질서를 갖는다. 광범위한 수소 결합을 이룬 물이나 에탄올과 같은 액체는 일반적으로 85 J·K^{-1}·mol^{-1}보다 큰 증발 엔트로피를 갖는다.

생각해 보기

수은 원자들은 수소 결합을 하지 않는다. 그럼에도 불구하고, 수은의 증발 엔트로피가 큰 이유는 무엇이겠는가?

자습 4F.7A Trouton 규칙을 사용하여 59 °C에서 끓는 액체 브로민의 표준 증발 엔탈피를 추정하시오.

[**답**: 28 kJ·mol^{-1}(실험적으로는 29.45 kJ·mol^{-1})]

자습 4F.7B Trouton 규칙을 사용하여 34.5 °C에서 끓는 액체 다이에틸 에터 $C_4H_{10}O$의 표준 증발 엔탈피를 추정하시오.

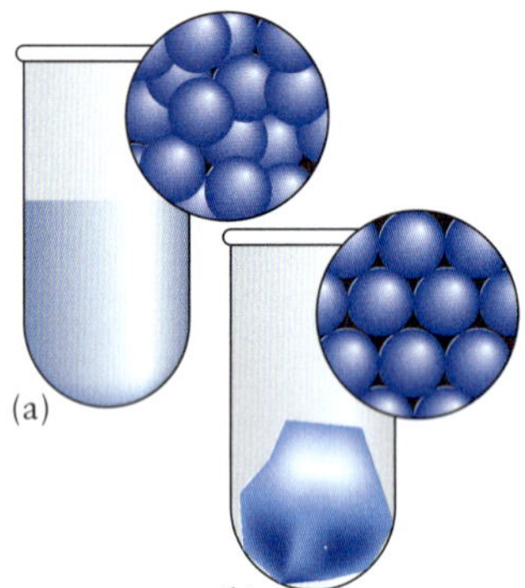

그림 4E.5 (a) 액체와 (b) 고체에서의 분자 배열. 액체가 얼면 분자들이 규칙적인 배열을 하므로, 계의 무질서가 감소한다(엔트로피가 낮아진다). 고체가 녹으면 엔트로피가 다시 증가한다.

액체는 고체보다 단지 조금만 더 무질서하므로, 고체가 녹을 때의 엔트로피 증가는 액체가 증발할 때의 것보다 작다(**그림 4F.5**). 증발에 관하여 사용한 것과 같은 논의를 적용하여, 물질의 녹는점(또는 어는점)에서의 표준 용융 엔트로피를 다음과 같이 쓸 수 있다.

$$\text{어는점에서:}\quad \Delta S_{\text{용융}}^\circ = \frac{\Delta H_{\text{용융}}^\circ}{T_f} \qquad \textbf{(6)}$$

여기서 $\Delta H_{\text{용융}}^\circ$은 녹는점에서의 표준 용융 엔탈피이며, T_f는 녹는점이다. 대부분의 용융 엔트로피는 양수이므로(하나의 예외는 고체 헬륨이다), 보통 양의 부호를 생략하고 사용한다.

자습 4F.8A 수은의 어는점에서의 표준 용융 엔트로피를 구하시오(표 4C.1참조).

[**답**: 9.782 J·K^{-1}·mol^{-1}]

자습 4F.8B 벤젠의 녹는점에서의 표준 용융 엔트로피를 구하시오(표 4C.1참조).

식 5와 6은 전이 온도에서의 엔트로피 변화에 대한 것이다. 다른 온도에서의 전이 엔트로피를 구하려면, 계산을 다음과 같은 세 단계로 나누어야 한다(**1**). 예를 들어, 25 °C, 1 bar에서 물의 증발 엔트로피를 알고 싶으면,

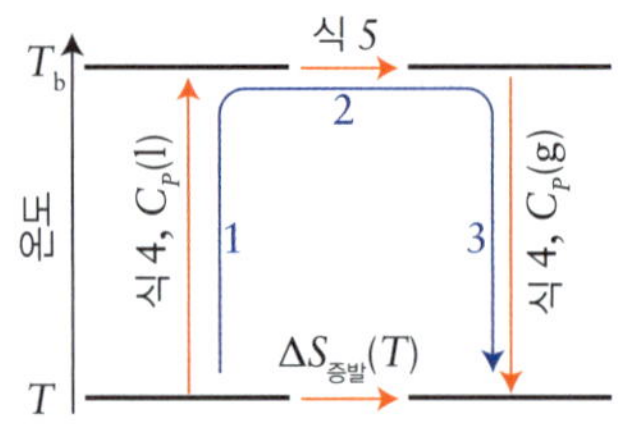

1

1. 액체를 25 °C에서 정상 끓는점 100. °C로 가열하고,
2. 증발시킨다.
3. 증기를 다시 25 °C까지 냉각시킨다.

엔트로피는 상태 함수이므로, 각 단계의 엔트로피 변화를 더하면 25 °C에서의 증발 엔트로피를 구할 수 있다.

예제 4F.5 끓는점이 아닌 온도에서의 증발 엔트로피의 계산

분자간 힘과 분자가 액체 내에서 서로 응집하는 방식과의 상관관계를 조사하다가, 동일한 온도에서 여러 액체의 증발 엔트로피를 비교함으로써 어떤 통찰력을 얻을 수 있다고 생각했다고 가정해 보자. 1 bar, 296 K에서 아세톤의 증발 엔트로피를 계산하시오. 액체 아세톤의 몰열용량은 127 J·K^{-1}·mol^{-1}이고, 끓는점은 329.4 K이며, 증발 엔탈피는 29.1 J·K^{-1}·mol^{-1}이다.

계획

1단계 식 4를 사용하여 아세톤을 '최초' 온도 296 K에서 '최종' 온도 329.4 K까지 가열하는 데 수반되는 엔트로피 변화를 계산한다. 이 온도 범위에서 액체의 열용량은 거의 변하지 않는다.

2단계 식 5를 사용하여 증발 엔트로피를 계산하거나 표 4F.1에서 값을 찾는다.

3단계 식 4를 사용하여 아세톤을 새 '최초' 온도 329.4 K에서 새 '최종' 온도 296 K까지 냉각하는 데 수반되는 엔트로피 변화를 계산한다(음의 값이다). 아세톤 증기의 열용량은 등분배 정리(Topic 4A와 4C)를 이용하여 $C_{P,\text{m}} = 4R$이라고 추정한다.

4단계 세 엔트로피 변화를 더하여 $\Delta S_{\text{증발}}°(296\ \text{K})$을 구한다.

무엇을 가정해야 하는가? 아세톤 증기는 이상 기체이고, 기체상 열용량에는 병진과 회전만 기여한다고 가정한다.

풀이

1단계 일정 압력에서 아세톤을 가열한다. $\Delta S = C_P \ln(T_2/T_1)$에서,

$$\Delta S = (127\ \text{J·K}^{-1}\text{·mol}^{-1})\ln\frac{329.4\ \text{K}}{296\ \text{K}} = +13.5\ \text{J·K}^{-1}\text{·mol}^{-1}$$

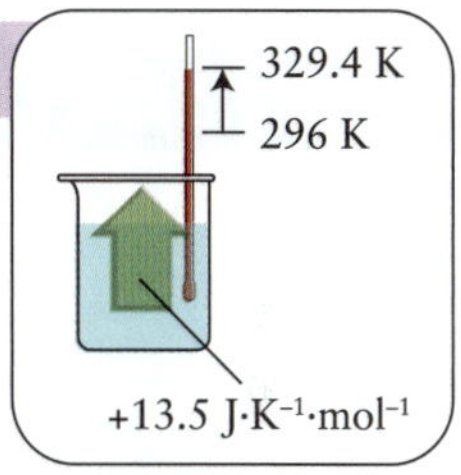

2단계 끓는점에서 아세톤을 기화시킨다. 표 4F.1나 식 5로부터,

$$\Delta S_{\text{vap}}° = \frac{29\,100\ \text{J·mol}^{-1}}{329.4\ \text{K}} = +88.3\ \text{J·K}^{-1}\text{·mol}^{-1}$$

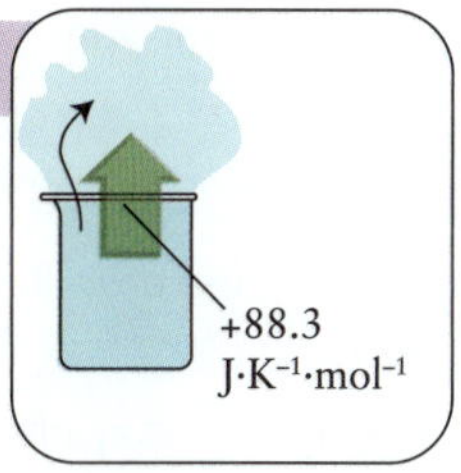

3단계 아세톤 증기를 냉각시킨다. $\Delta S = C_P \ln(T_2/T_1)$, $C_{P,\text{m}} = 4R$로부터,

$$\Delta S = \overbrace{(33.26\ \text{J·K}^{-1}\text{·mol}^{-1})}^{4R}\ln\frac{296\ \text{K}}{329.4\ \text{K}} = -3.54\ \text{J·K}^{-1}\text{·mol}^{-1}$$

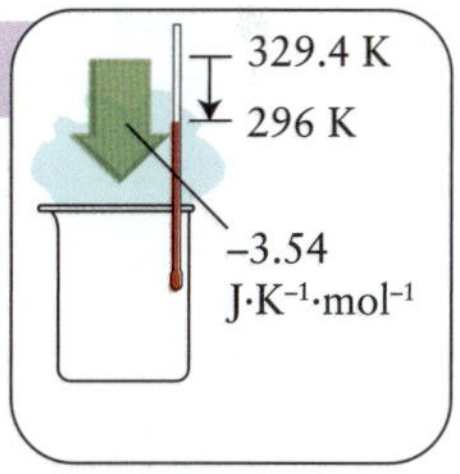

4단계 앞의 단계들에서 계산한 엔트로피 변화를 더한다.

$$\begin{aligned}\Delta S_{\text{vap}}°(296\ \text{K}) &= (13.5 + 88.3 - 3.54)\ \text{J·K}^{-1}\text{·mol}^{-1} \\ &= +98.3\ \text{J·K}^{-1}\text{·mol}^{-1}\end{aligned}$$

평가 이 값은 Trouton의 법칙이 예측하는 것보다 약간 더 크다. 이는 액체 아세톤 분자 사이의 상호 작용이 분자를 정렬하여 무작위 분자 집합으로 된 액체보다 약간 낮은 엔트로피를 가진다는 것을 나타낸다.

자습 4F.9A 285.0 K에서 에탄올, C_2H_5OH의 표준 증발 엔트로피를 계산하시오. 이 범위 내에서 에탄올 증기의 일정 압력 몰열용량은 78.3 $\text{J·K}^{-1}\text{·mol}^{-1}$이다(표 4B.2 및 표 4C.1).

[**답**: 131 $\text{J·K}^{-1}\text{·mol}^{-1}$]

자습 4F.9B 276.0 K에서 벤젠, C_6H_6의 표준 증발 엔트로피를 계산하시오. 이 범위 내에서 벤젠 증기의 일정 압력 몰열용량은 82.4 $\text{JJ·K}^{-1}\text{·mol}^{-1}$이다(표 4B.2 및 표 4C.1).

관련 연습 문제 4F.17, 4F.18

물질의 엔트로피는 물질이 녹을 때와 증발할 때 증가한다.

이 Topic에서 배운 것은 무엇인가?

이제 열역학에서 '자발적'이 무엇을 의미하는지 알게 되었다. 엔트로피가 고립 계에서 무질서의 척도이고, 모든 자발적 과정에서 증가한다는 것을 배웠다. 또한 물체의 엔트로피는 부피나 온도가 증가할 때 및 녹거나 증발할 때 증가한다는 것을 알게 되었다.

개념과 식의 적용

- □ 가역적 열전달에서의 엔트로피 변화를 계산한다(예제 4F.1).
- □ 이상 기체의 등온 팽창 혹은 수축에 대한 엔트로피 변화를 계산한다(예제 4F.2와 4F.4).
- □ 물체의 온도가 변할 때의 엔트로피 변화를 계산한다(예제 4F.3과 4F.4).
- □ 전이 온도와 전이 온도 이외의 온도에서의 표준 상전이 엔트로피를 계산한다(예제 4F.5).

Topic 4F 연습 문제

4F.1 인체는 약 100. W(1 W = 1 J·s^{-1})의 속도로 열을 발생한다. (a) 체열이 얼마의 속도로 20. °C의 주위에 엔트로피를 발생시키는가? (b) 매일 얼마의 엔트로피를 발생시키는가? (c) 방이 30. °C라면 엔트로피를 더 발생시키는가 아니면 덜 발생시키는가? 답을 설명하시오.

4F.2 수족관 가열기의 가열 속도가 362 W(1 W = 1 J·s^{-1})이다. (a) 27 °C로 유지되는 큰 수족관에서 이 가열기가 얼마의 속도로 엔트로피를 발생시키는가? (b) 가열기는 하루 동안 얼마의 엔트로피를 발생시키는가? (c) 수족관이 22. °C로 유지되고 있다면 엔트로피를 더 발생시키는가 아니면 덜 발생시키는가? 답을 설명하시오.

4F.3 (a) 25 °C의 큰 구리 덩이가 가열기에서 65 J의 에너지를 흡수할 경우, 엔트로피 변화를 계산하시오. (b) 이 구리 덩이가 100. °C에서 가열기에서 65 J의 에너지를 흡수할 경우, 엔트로피 변화는 얼마인가? (c) 엔트로피 변화의 차이가 있으면 이를 설명하시오.

4F.4 (a) 일정 온도 0.0 °C의 물 255 g이 가열기에서 326 J의 에너지를 흡수할 때 엔트로피 변화를 계산하시오. (b) 1.0 L의 물이 일정 온도 99 °C에 있을 경우 엔트로피 변화는 얼마인가? (c) 엔트로피 변화의 차이가 있으면 이를 설명하시오.

4F.5 이상 기체 원자 5.25 mol이 부피 24.252 L에서 34.058 L까지 등온 팽창할 때의 엔트로피 변화를 계산하시오.

4F.6 이상 기체 원자 0.720 mol이 부피 24.32 L에서 3.90 L까지 등온 압축될 때의 엔트로피 변화를 계산하시오.

4F.7 이상 기체의 열용량이 온도에 무관하다고 가정하고서, 이상 기체 원자 1.00 mol을 (a) 일정한 압력에서, (b) 일정한 부피에서 온도를 37.6 °C에서 157.9 °C까지 가역적으로 올릴 때의 엔트로피 변화를 계산하시오.

4F.8 이상 기체의 열용량이 온도에 무관하다고 가정하고서, 이상 기체 원자 4.10 mol을 (a) 일정한 압력에서, (b) 일정한 부피에서 온도를 225.71°C에서 −12.50 °C까지 내릴 때의 엔트로피 변화를 계산하시오.

4F.9 일정 온도에서 Ne(g) 1.50 mol의 압력이 15.0 atm에서 0.500 atm으로 떨어졌을 때의 엔트로피 변화를 계산하시오. 이상적 행동을 가정하시오.

4F.10 일정 온도에서 70.9 g의 메테인 기체의 압력이 7.00 kPa에서 350.0 kPa로 올라갔을 때의 엔트로피 변화를 계산하시오. 이상적 행동을 가정하시오.

4F.11 내연 기관을 시험하면서 피스톤을 밀어 넣어 18.5 °C, 3.00 L의 질소 기체를 급격히 (비가역적으로) 0.500 L로 압축하였다. 이 과정에서 기체의 온도는 28.1 °C로 올라갔다. 이상적 행동을 가정하시오. 기체의 엔트로피 변화는 얼마인가?

4F.12 온도가 423 K에서 273 K으로 내려가는 동안, 5.75 g의 헬륨 기체의 압력이 320.0 kPa에서 40.0 kPa로 떨어졌을 때의 엔트로피 변화를 계산하시오. 이상적 행동을 가정하시오.

4F.13 표 4C.1이나 부록 2A의 자료를 사용하여 (a) 0.00 °C의 $H_2O(l)$ 1.00 mol이 얼 때, (b) 351.5 K에서 에탄올 C_2H_5OH 50.0 g이 증발할 때의 엔트로피 변화를 계산하시오.

4F.14 표 4C.1의 자료를 이용하여 (a) 1 atm, 100. °C에서 $H_2O(l)$ 2.40 mol이 증발할 때, (b) 158.7 K에서 에탄올 C_2H_5OH 4.50 g이 얼 때의 엔트로피 변화를 계산하시오.

4F.15 (a) Trouton 규칙을 사용하여 $\Delta H_{\text{증발}}{}^\circ = 21.51$ kJ·mol^{-1}인 다이메틸 에터 CH_3OCH_3의 끓는점을 예측하시오. (b) 도서관이나 인터넷에서 구할 수 있는 표준 문헌을 이용하여 다이메틸 에터의 실제 끓는점을 찾고, 이 값을 Trouton 규칙을 사용하여 얻은 값과 비교하시오. 차이가 있으면 설명하시오.

4F.16 (a) Trouton 규칙을 사용하여 $\Delta H_{\text{증발}}{}^\circ = 25.60$ kJ·mol^{-1}인 메틸아민 CH_3NH_2의 끓는점을 예측하시오. (b) 도서관이나 인터넷에서 구할 수 있는 표준 문헌을 이용하여 메틸아민의 실제 끓는점을 찾고, 이 값을 Trouton 규칙을 사용하여 얻은 값과 비교하시오. 차이가 있으면 설명하시오.

4F.17 100.°C에서 물의 표준 증발 엔트로피가 109.0 J·K^{-1}·mol^{-1}일 때, 85 °C에서 물의 표준 증발 엔트로피를 계산하시오. 이 구간에서 물과 수증기의 일정 압력 몰열용량은 각각 75.3 J·K^{-1}·mol^{-1}과 33.6 J·K^{-1}·mol^{-1}이다.

4F.18 210.0 K에서 암모니아의 표준 증발 엔트로피를 계산하시오. 이 구간에서 액체 암모니아와 암모니아 증기의 일정 압력 몰열용량은 각각 80.8 J·K^{-1}·mol^{-1}과 35.1 J·K^{-1}·mol^{-1}이다(표 4C.1 참조).

Topic 4G 엔트로피의 분자적 해석

이 Topic을 왜 배우는가? 벌크의 열역학적 성질과 시료를 조성하는 분자들의 성질과 연관시키는 능력을 키우는 것이 중요하다.

무엇을 알고 있어야 하는가? 엔트로피의 열역학적 정의(Topic 4F)와 상자 속 입자의 양자 역학적 성질(Topic 1C)을 알고 있어야 한다.

Topic 4F에서 엔트로피는 분자 무질서의 척도로 소개되었다. 정확하게 그 뜻은 무엇이며 개념을 더 정확하게 표현할 수 있는가? 1877년 오스트리아의 물리학자 Ludwig Boltzmann(**그림 4G.1**)은 엔트로피의 정의를 제안하여 분자 수준에서 엔트로피의 의미에 대한 통찰력을 심화시켰다. 또한 그의 공식은 엔트로피의 변화만 추론할 수 있었던 열역학적 정의($\Delta S = q_{가역}/T$)에서 한 걸음 더 나아가, 엔트로피 자체를 계산할 수 있는 방법을 제공하였다.

4G.1 Boltzmann 공식

엔트로피에 관한 **Boltzmann 식(Boltzmann formula)**은 다음과 같다.

$$S = k \ln W \tag{1}$$

여기서 k는 **Boltzmann 상수(Boltzmann's constant)**라고 하며, 그 값은 $k = 1.381 \times 10^{-23}$ $J \cdot K^{-1}$이다. 이 상수는 Topic 4A에서 에너지 등분배 정리와 관련하여 다루었던 것으로, 기체 상수와 $R = kN_A$의 관계가 있다. N_A는 Avogadro 상수이다. W는 **시료의 원자나 분자들이 같은 총 에너지를 가지면서 취할 수 있는 배열의 경우의 수**이다. 한 시료의 분자들의 각 배열은 **미소 상태(microstate)**라고 하는 상태이며, 따라서 W는 같은 총 에너지에 대응하는 모든 미소 상태의 수와 같다. 분자들 사이의 충돌과 에너지 교환으로 한 미소 상태는 일반적으로 짧은 순간만 존재하므로, 계의 벌크 성질을 측정할 때는 계가 측정되는 동안 차지할 수 있는 많은 미소 상태에 걸친 평균을 측정하는 것이다. Boltzmann 식으로부터 계산된 엔트로피를 **통계적 엔트로피(statistical entropy)**라고 한다.

그림 4G.1 Ludwig Boltzmann (1844～1906). *(Public Domain/ Wikimedia Commons)*

식 1을 이해하기 위해 연구 대상인 계와 구성 및 총 에너지가 동등한 많은 복제 계의 집합인 **앙상블(emsemble)**을 상상하자. 비록 각 복제 계의 총 에너지는 같지만, 계의 각 분자는 허용된 에너지 준위들에 걸쳐서 다르게 분포될 수도 있다. 모든 복제 계를 하나의 커다란 상자에 넣고서, 눈을 감고 하나씩 선택해 본다고 하자. 만일 그 에너지를 취하는 방식이 하나뿐이라면(예를 들어, 모든 분자가 하나의 바닥 상태에 있다면) $W = 1$이 된다. 이러한 경우에는 선택한 복제 계마다 정확하게 같은 분자 분포를 가지며, 정확하게 같은 미소 상태를 가질 것이다. 이러한 계는 0의 엔트로피($\ln 1 = 0$) 그리고 0의 무질서를 갖는다. 선택할 때마다 같을 것이라고 확신할 수 있다. 그러나 같은 에너지를 갖는 계의 분자 배열이 한 가지보다 많으면, 꺼낸 복제 계가 모두 다 같지는 않을 것이다. 예를 들어, 일정한 에너지를 가진 1000가지 다른 미소 상태($W = 1000$)가 가능하면, 그중의 특정한 하나의 미소 상태를 꺼낼 확률은 1000분의 1이다. 이러한 계의 무질서는 $W = 1$인 경우의 것보다 더 크며, 이러한 상태의 엔트로피는 0보다 크다.

예제 4G.1 통계적 엔트로피의 계산

과학자들은 실제 계를 더 잘 이해하기 위해 단순화된 가상의 계에 대해 계산을 수행하는 경우가 많다. 일산화 탄소 CO와 같은 이원자 분자 네 개로 이루어진 작은 고체의 엔트로피를 $T=0$에서, (a) 네 개의 분자가 완전하게 규칙적인 결정을 이루어 모든 분자가 같은 방향으로 배열된(그림 4G.2의 왼쪽 위의 그림) 경우, (b) 네 개의 분자가 무질서한 배열을 이룰(그러나 그림 4G.2에서처럼 모두가 나란하게) 경우에 대하여 구하시오.

예상 $T=0$에서 모든 분자가 가능한 가장 낮은 상태에 있는 (a)의 시료는 모든 분자가 가장 낮은 에너지 상태에 있기 때문에 위치나 에너지에 무질서가 없으므로, 0의 엔트로피를 가질 것이다. (b)의 시료는 무질서하므로 양의 엔트로피를 가질 것이다.

계획 계의 미소 상태의 수를 알려면 먼저, 각 분자가 같은 에너지를 가지면서 배열될 수 있는 다른 방향의 수, O를 구해야 한다. 각 분자에서 O가지의 방향이 가능하면, N개의 분자로 이루어진 계에서는 O를 N번 곱한 것, $O\times O\times O\times\ldots$, 만큼의 미소 상태가 가능하다. 그러므로 이러한 계의 미소 상태의 수 $W=O^N$이다. 이제, 시료의 엔트로피를 계산하기 위해 Boltzmann의 식(식 1)을 사용한다.

풀이 (a) 완전 결정에서 분자의 배열 방식이 한 가지뿐이므로 $W=1$이다.

$S=k \ln W$에 $W=1$을 대입하면

$$S=k\ln 1=0$$

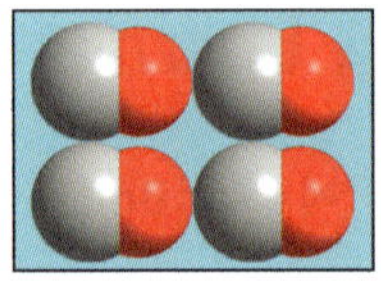

이 경우에는 각 배열이 동일하며, 상자에서 어떻게 복제 계를 선택하여도 같은 미소 상태에 있다.
(b) 네 분자 각각이 두 가지 배향을 취할 수 있으므로, 총 배열 방식의 경우의 수는 다음과 같다.

$$W=2\times2\times2\times2=2^4$$

즉, 같은 총 에너지에 대응하는 배열이 16가지가 가능하다. 이제 특정한 하나의 미소 상태를 선택할 확률은 16분의 1밖에 안 되므로, 계의 실제 상태를 파악하기가 더 어렵게 된다. 그러므로 이 작은 고체의 엔트로피는 다음과 같다.

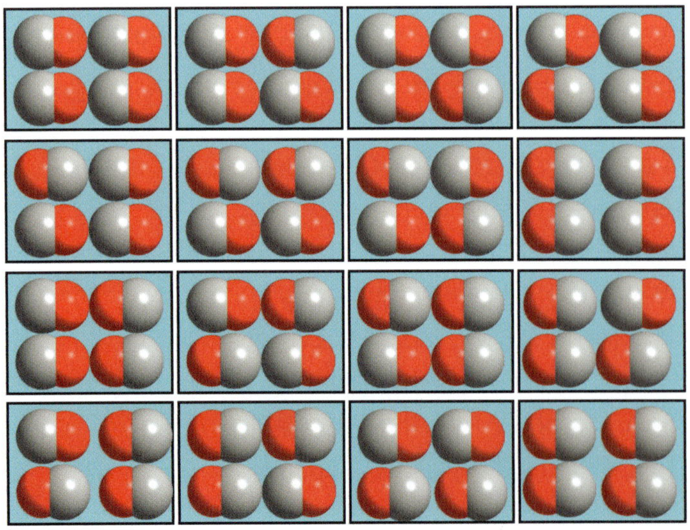

그림 4G.2 일산화 탄소 고체 분자 네 개로 이루어진 작은 시료. 각 상자는 네 분자의 다른 배열을 나타낸다. 네 분자가 모두 한쪽 방향을 가리키는 한 가지 방식 배열만이 있을 때는(왼쪽 위 그림), 고체의 엔트로피가 0이다. 네 개의 CO 분자가 모두 16가지 방식으로 배열될 때는, 고체의 엔트로피가 0보다 크다.

$S = k \ln W$에 $W = 2^4$를 대입하면

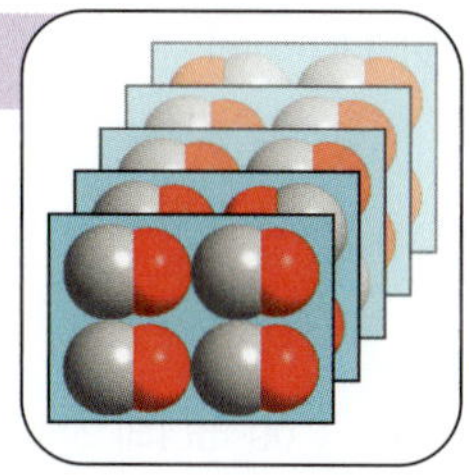

$$S = k \ln 2^4 = (1.381\times10^{-23}\,\mathrm{J\cdot K^{-1}})\times\ln 16$$
$$= 3.828\times10^{-23}\,\mathrm{J\cdot K^{-1}}$$

평가 예상한 대로 무질서한 고체의 엔트로피는 완전하게 질서적인 고체보다 크다.

자습 4G.1A $T=0$에서 같은 에너지를 가지며, 세 가지 배향 중 어느 하나를 취할 수 있는 고체 시료의 엔트로피를 계산하시오. 시료에는 30개의 분자가 있다.

[**답**: $4.5\times10^{-22}\,\mathrm{J\cdot K^{-1}}$]

자습 4G.1B 치환된 벤젠 분자 C_6H_5F가 $T=0$에서 같은 에너지를 가지며, 여섯 가지 배향 중 임의의 하나를 취할 수 있는 고체 시료의 엔트로피를 구하시오. 시료에는 분자 1.0 mol이 있다.

관련 연습 문제 4G.1, 4G.2

예제 4G.1에 있는 것보다는 더 실제적인 크기의 시료로서 두 가지 방식으로 배향할 수 있는 CO 분자 1.00 mol 즉 6.02×10^{23}개로 이루어진 계를 생각해 보자. 이 계에는 $2^{6.02\times10^{23}}$가지(천문학적으로 큰 수)의 다른 미소 상태가 있으므로, 눈을 감고 선택하면 주어진 한 미소 상태인 것을 꺼낼 확률은 $2^{6.02\times10^{23}}$분의 1밖에 안 된다. $T=0$에서의 엔트로피는 다음과 같다.

$$S = k \ln 2^{6.02\times10^{23}} \overset{\ln x^a = a\ln x}{=} k\times(6.02\times10^{23})\times\ln 2$$
$$= (1.381\times10^{-23}\,\mathrm{J\cdot K^{-1}})\times(6.02\times10^{23})\times\ln 2$$
$$= 5.76\,\mathrm{J\cdot K^{-1}}$$

CO(s) 1.00 mol의 엔트로피를 $T=0$에 가까운 온도에서 실제로 (열용량에 근거한 Topic 4H의 방법을 이용하여) 측정하면, $4.6\,\mathrm{J\cdot K^{-1}}$의 값이 얻어진다. 이와 같이 $T=0$에서도 남아있는 위치적 무질서에 의한 시료의 엔트로피를 **잔류 엔트로피(residual entropy)**라고 한다. 이 실험값이 $5.76\,\mathrm{J\cdot K^{-1}}$에 아주 가까운 것은 결정의 분자들이 정말로 거의 무질서하게 배향된 것을 의미한다고 일반적으로 받아들인다. 이러한 무질서 배향의 까닭은 CO 분자의 전기 쌍극자 모멘트가 매우 작아서 분자들이 머리–꼬리, 머리–머리, 꼬리–꼬리 등 어느 방향으로 놓이든지 에너지 차이가 거의 없기 때문이다. 고체 HCl의 경우 같은 실험을 해 보면 $T=0$ 근처에서 $S\approx0$이 된다. 이 값은 HCl 분자의 큰 쌍극자 모멘트가 그들을 규칙적인 배열로 끌어들여, 그들이 정확하게 머리–꼬리 식으로 놓여서 $T=0$에서 위치적 무질서가 거의 없음을 뜻한다.

예제 4G.2 Boltzmann 식을 이용한 잔류 엔트로피의 설명

물질의 엔트로피는 자주 고체에서 분자들이 어떻게 배열되어 있는지와 같은 물질의 구조에 대한 실마리를 제공한다. $FClO_3$(s) 1.00 mol의 잔류 엔트로피는 $10.1\,\mathrm{J\cdot K^{-1}}$이다. 이를 설명하시오.

예상 $T=0$에서 엔트로피가 0이 아니라는 것은 그 온도에서 분자의 위치가 무질서하다는 것을 의미한다.

계획 분자의 모양으로부터(Topic 2E의 VSEPR 이론을 이용하여 예측할 수 있음) 각 분자가 결정에서 취할 수 있는 배향의 수 W를 구한다. 그리고 Boltzmann 식을 사용하여 이 배향수가 관측된 S의 값과 비슷한지 비교할 수 있다.

풀이 $FClO_3$(s) 분자는 정사면체 형이므로, 고체에서 F 원자의 방향이 다른 네 가지 배향 중 하나를 취할 것으로(각 배향의 에너지가 거의 같다면) 예상할 수 있다(**그림 4G.3**). 그러므로 $O=4$인 분자 N개를 포함하는 결정에서 분자들의 총 배열 방법수는 다음과 같다.

$$W=(4\times4\times4\times\cdots\times4)_{N번}=4^N$$

$FClO_3$ 1.00 mol의 잔류 엔트로피는 다음과 같이 주어진다.

$S=k\ln W$에 $W=4^N$과 $N=6.02\times10^{23}$을 대입하고,
$\ln x^a=a\ln x$를 이용하면,

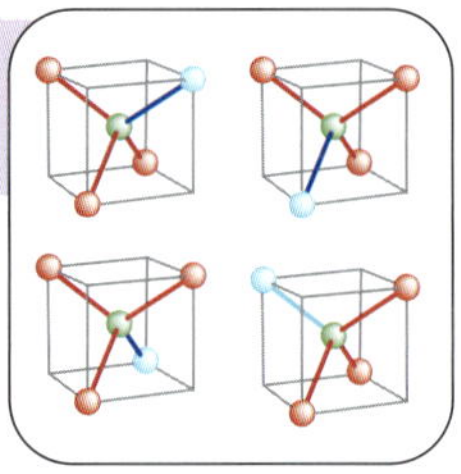

$$\begin{aligned}S&=k\ln 4^{6.02\times10^{23}}\\&=(1.381\times10^{-23}\ \text{J·K}^{-1})\times(6.02\times10^{23})\times\ln 4\\&=11.5\ \text{J·K}^{-1}\end{aligned}$$

평가 이 값은 실험값 10.1 J·K^{-1}에 상당히 접근한다. 이는 $T=0$에서 분자들이 네 가지 가능한 배향에 거의 무질서하게 놓임을 의미한다.

자습 4G.2A N_2O(s) 1 mol의 엔트로피 실험값이 $T=0$에서 6 J·K^{-1}인 사실을 설명하시오.

[**답**: 결정에서 NNO와 ONN 배향이 대등하게 가능함]

자습 4G.2B 얼음의 엔트로피가 $T=0$에서 0이 아닌 까닭을 설명하시오. 얼음의 구조는 분자 간 수소 결합에 의해서 영향을 받는 것을 고려하시오.

관련 연습 문제 4G.7, 4G.8

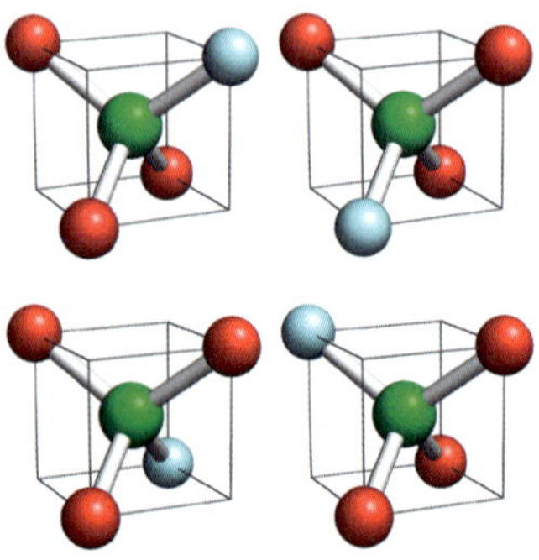

그림 4G.3 고체에서 정사면체 $FClO_3$ 분자의 네 가지 가능한 배열.

Boltzmann 식은 물질의 엔트로피를 같은 에너지를 갖는 분자 배열의 경우의 수와 연관짓는다. $T=0$에서 분자가 한 가지보다 많은 배향을 가질 수 있으면, 위치적 무질서에 의해 잔류 엔트로피를 가지게 된다.

4G.2 통계적 및 열역학적 엔트로피의 대등성

Topic 4F의 열역학적 엔트로피의 정의($\Delta S=q_{가역}/T$)와 Boltzmann 식의 통계적 엔트로피($S=k\ln W$)는 아주 달라 보인다. 앞의 것은 벌크 물질의 행동을 고려하여 얻은 것이며, 뒤의 것은 분자 행동의 통계적 해석에 의해서 얻은 것이다. 두 가지 정의가 실제로는 같음을 입증하기 위해서, 두 식으로 얻은 엔트로피 변화가 같다는 것을 보여 줄 필요가 있다. 이런 생각을 진행하는 과정에서 '무질서'가 의미하는 바를 더 깊이 있게 이해할 수 있다.

한 가지 방법은 Boltzmann 식이 이상 기체에 대해 열역학적 정의에서 얻은 것과 동일한 부피 의존성(Topic 4F의 식 2, $\Delta S=nR\ln(V_2/V_1)$)을 예측한다는 것을 보여 주는 것이다.

이상 기체는 상자 속 입자(Topic 1C)의 특정 에너지 준위를 차지하는 많은 수의 분자로 생각할 수 있다. 간단히 하기 위해서 일차원 상자(**그림 4G.4**)를 고려하자. 같은 논의를 어떤 모양의 삼차원 용기에도 적용할 수 있다. $T=0$에서는 최저 에너지 준위만 채워지므로 $W=1$이고, 엔트로피는 0이다. 즉, 각 분자가 차지하는 상태를 알고 있으므로 '무질서'는 없다(그림 4G.4a).

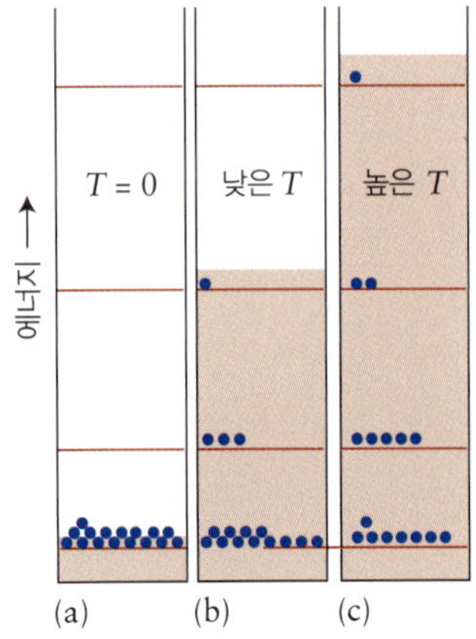

그림 4G.4 폭이 고정된 상자에서 차지할 수 있는 에너지 준위들은 온도가 올라감에 따라 많아진다. (a)에서 (c)로의 변화는 일정 부피에서 이상 기체를 가열함에 따른 효과에 관한 모형이다. 열적으로 차지할 수 있는 준위는 색깔 띠로 표시하였다. 분자의 평균 에너지도 온도의 증가에 따라서 증가한다. 즉, 온도가 증가하면 내부 에너지와 엔트로피가 둘 다 증가한다.

$T>0$인 모든 온도에서는, 그림 4G.4b, c와 같이 분자들은 많은 수의 다른 에너지 준위를 차지한다. 이제는 분자들이 많은 수의 미소 상태에서 발견될 수 있으므로, $W>1$이다. 그러므로 ln W에 비례하는 엔트로피는 0보다 크게 된다. 이제는 무질서가 증가하고, 주어진 분자가 어느 상태를 차지하는지 정확하게 알기 어렵다. 예를 들어, 두 개의 분자 A와 B로 이루어진 아주 작은 계에서, $T=0$에서는 분자 A와 B가 최저 에너지 준위에 있음을 확신할 수 있다. 그러나 더 높은 온도에서 두 번째 준위에 채워질 수 있게 되면 분자 A는 높은 준위를 차지하고, 분자 B는 바닥 상태에 있는지 또는 그 반대인지를 모른다.

일정한 온도($T>0$)에서 상자의 길이를 증가시키면 준위 사이 간격이 좁아지기 때문에, 분자들이 더 많은 준위에 들어갈 수 있다(**그림 4G.5**). Topic 1C에서 논의한 바에 의하면, 에너지 준위의 간격은 1/길이^{2}에 비례한다. 이제 분자가 더 많은 준위에 걸쳐 분포되기 때문에 특정 분자의 에너지 준위에 대해 더욱 알 수 없게 된다. 그러므로 상자가 길어짐에 따라서 W의 값이 증가하고, Boltzmann 공식에 의해서 엔트로피 역시 증가한다. 같은 논지가 삼차원 상자에도 적용된다. 상자의 부피가 증가하면 가능한 상태의 수도 증가한다. 이 관계를 이용하면 ΔS에 대한 열역학 식을 식 1에서 유도할 수 있다.

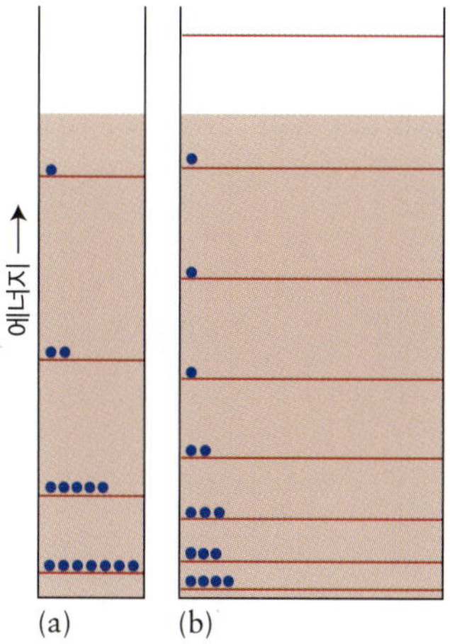

그림 4G.5 (a) $T>0$에서 상자 속 입자의 에너지 준위. (b) 상자의 폭이 증가하면 준위 사이의 간격이 좁아진다. 그 결과로 주어진 온도에서 상자 속 입자가 차지할 수 있는 준위 수가 증가하고, 그에 따라서 계의 엔트로피가 증가한다. 열적으로 차지할 수 있는 준위는 색깔 띠로 표시하였다. (a)에서 (b)로의 변화는 이상 기체의 등온 팽창 모형과 같다. 각 경우에 입자들의 총 에너지는 같지만, 준위들의 에너지와 분자들이 차지한 에너지 준위의 분포는 다르다. 더 많은 미소 상태가 가능하므로 엔트로피도 증가한다. 온도와 내부 에너지는 변하지 않았다.

어떻게 다루는가?

Boltzmann 식으로부터 $\Delta S=nR\ln(V_2/V_1)$를 유도하기 위해 한 분자에 주어질 수 있는 미소 상태의 수가 부피에 비례한다는 가정부터 시작하자. 그렇다면 $W=$상수$\times V$로 쓸 수 있다. N개의 분자에 대해서는 미소 상태의 수가 부피의 N제곱에 비례한다. 즉,

$$W=\overbrace{(\text{상수}\times V)\times(\text{상수}\times V)\ldots_{N\text{번}}}^{N\text{개 인자}}=(\text{상수}\times V)^N$$

그러므로 시료가 부피 V_1에서 부피 V_2까지 등온 팽창할 때, 통계적 엔트로피 $S=k\ln W$의 변화는 다음과 같이 주어진다.

$$\Delta S=k\ln(\text{상수}\times V_2)^N-k\ln(\text{상수}\times V_1)^N$$

$$\overbrace{=}^{\ln x^a=a\ln x} Nk\ln(\text{상수}\times V_2)-Nk\ln(\text{상수}\times V_1)$$

$$\overbrace{=}^{\ln x-\ln y=\ln(x/y)} Nk\ln\frac{\text{상수}\times V_2}{\text{상수}\times V_1}\overbrace{=}^{\text{상수 상쇄}} Nk\ln\frac{V_2}{V_1}$$

이 식은 열역학 식과 동일하다. 왜냐하면 $N=nN_A$이고(N_A는 Avogadro 상수), $N_Ak=R$(R은 기체 상수)이므로 $N_k=nN_Ak=nR$이므로,

$$\Delta S=\overbrace{N}^{nN_A}k\ln\frac{V_2}{V_1}=n\overbrace{N_Ak}^{R}\ln\frac{V_2}{V_1}=nR\ln\frac{V_2}{V_1}$$

적어도 이상 기체의 등온 팽창에서는 두 정의가 같은 결과를 준다. 마찬가지로, Boltzmann 식은 온도가 증가함에 따라 물질의 엔트로피가 증가함을 예측한다(**표 4G.1**). 앞의 기체의 상자 속 입자 모형도 적용할 수 있다. 에너지 준위는 훨씬 더 복잡해지지만, 액체나 고체에도 적용할 수 있다. 낮은 온도에서는 기체의 분자가 몇 개의 에너지 준위만 차지할 수 있으므로, W가 작고 엔트로피가 낮다. 온도가 올라가면 분자들이 많은 수의 에너지 준위를 차지할 수 있으므로(그림 4G.5), W가 커지고 엔트로피도 증가한다.

통계적 엔트로피와 열역학적 엔트로피의 더 일반적인 성질도 같다.

1. 둘 다 상태 함수이다.

표 4G.1 여러 온도에서 물의 표준 몰엔트로피*

상	온도/°C	$S_m°$/ ($J\cdot K^{-1}\cdot mol^{-1}$)
고체	−273(0 K)	3.4
	0	43.2
액체	0	65.2
	20	69.6
	50	75.3
	100	86.8
증기	100	196.9
	200	204.1

* '표준 몰엔트로피'는 순수한 물질(이 경우에는 물)의 1 bar에서의 몰당 엔트로피이다.

계에 주어지는 미소 상태의 수는 계의 현재 상태에만 의존하고, 지난 경력에는 무관하므로, W는 계의 현존 상태에만 의존하고, 통계적 엔트로피도 그러하다.

2. 둘 다 크기 성질이다.

분자 수를 두 배로 늘리면 미소 상태의 수는 W에서 W^2으로 증가하므로, 엔트로피는 $k \ln W$에서 $k \ln W^2$으로 또는 $2k \ln W$로 변한다. 따라서 통계적 엔트로피는 열역학적 엔트로피처럼 크기 성질이다.

3. 둘 다 자발적 변화에서 증가된다.

어떤 비가역 변화에서도, 계와 그 주위 전체의 무질서는 증가한다. 이는 미소 상태 수의 증가를 의미한다. W가 증가하면 $\ln W$도 증가하며, 통계적 엔트로피도 증가한다.

4 둘 다 온도에 따라서 증가한다.

계의 온도가 증가하면 더 많은 미소 상태가 가능해지므로, 통계적 엔트로피가 증가한다.

Topic 4F에서 엔트로피가 '무질서'의 척도로 소개되었다. 이제 '무질서'가 동일한 에너지를 달성하는 방법이 많다는 것을 의미한다는 것을 알게 되었다. 제2법칙은 '무질서'가 증가하는 것이 자연스러운 경향임을 의미한다. 자발적인 변화 방향과 엔트로피 증가는 분자가 자연스럽게 더 많은 가능한 배열로 퍼지는 것을 반영한다. 분자가 많은 준위를 차지하다가 더 적은 준위를 차지하도록 퍼질 가능성은 거의 없다. 즉, '무질서'가 저절로 '질서'로 바뀔 가능성은 거의 없다.

통계적 엔트로피 변화와 열역학적 엔트로피 변화를 계산하는 데 사용하는 식들은 같은 결과를 준다.

이 Topic에서 배운 것은 무엇인가?

Boltzmann 식이 엔트로피와 분자들이 계의 이용 가능한 에너지 준위에 분포되는 것을 연결시킨다는 것을 배웠다. Boltzmann 식으로 이상 기체의 엔트로피의 부피 의존성과 온도 상승에 따른 엔트로피의 증가를 어떻게 설명하는지 보았다. 이제 $T = 0$에서 완벽한 결정의 엔트로피는 0이고, '잔류 엔트로피'라는 용어에 익숙하게 되었다. 또한 통계적 엔트로피는 열역학적 엔트로피와 동일한 성질을 가지고 있다는 것을 알게 되었다.

개념과 식의 적용

☐ Boltzmann 식을 사용하여 이상 기체의 엔트로피를 계산하고 해석한다(예제 4G.1).
☐ 간단한 물질의 잔류 엔트로피를 예측한다(예제 4G.2).

Topic 4G 연습 문제

4G.1 나노기술자들은 단지 몇 분자만 포함하는 구조를 만들고 조작하는 방법을 발견하였다. 그러나 이러한 구조를 조립하기 위해 특정 방식으로 분자를 배향시키는 것은 어려울 수 있다. 64개의 분자로 이루어진 고체 나노구조체의 분자들이 (a) 모두 같은 방향으로 정렬되어 있는 경우와 (b) 동일한 에너지를 지닌 네 가지 방향 중 어느 하나에 놓여 있는 경우에 대해 엔트로피를 계산하시오.

4G.2 예제 4G.1에서와 같이 16개의 분자로 이루어진 고체 나노구조체의 분자들이 (a) 모두 같은 방향으로 정렬되어 있는 경우와 (b) 동일한 에너지를 지닌 세 가지 방향 중 어느 하나에 놓여 있는 경우에 대해 엔트로피를 계산하시오.

4G.3 BF_3 또는 COF_2 단결정 중 $T=0$에서 어느 것이 더 높은 몰엔트로피를 가질 것으로 예상되는가? 왜 그러한가?

4G.4 다음 각 분자의 구조에 기초하여 어느 것이 $T=0$에서 결정 형태의 잔류 엔트로피를 가장 많이 가질지 예측하시오.

(a) CO_2 (b) NO (c) N_2O (d) Cl_2

4G.5 통계적 무질서를 고려하여 *cis*-MX_2Y_4 정팔면체 결정이 *trans*-MX_2Y_4 이성질체보다 잔류 엔트로피가 더 클지, 더 작을지, 같을지를 예측하시오. 예측 결론을 설명하시오.

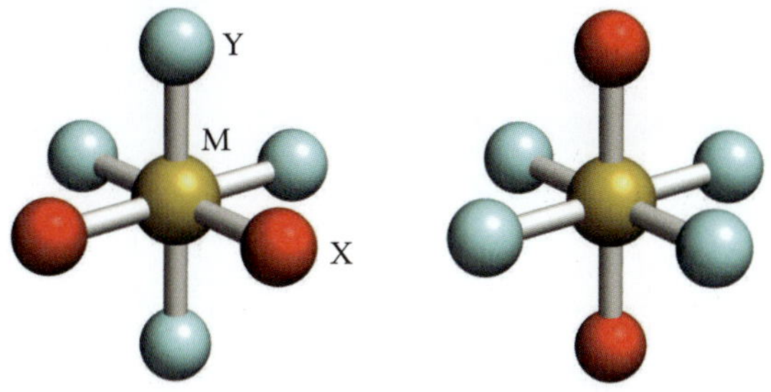

cis-MX_2Y_4 *trans*-MX_2Y_4

4G.6 화학식 $C_6H_4F_2$를 가진 벤젠 치환체 이성질체가 세 가지 있다. (a) 세 이성질체의 구조를 그리시오. (b) 그들의 결정 격자에서 벤젠 고리는 비슷하게 쌓인다고 가정하시오. 고체 상태에서 H와 F 원자의 위치가 통계적으로 무질서하다면, 어느 이성질체가 가장 작은 잔류 몰엔트로피를 가지겠는가?

4G.7 SO_2F_2가 정사면체형 결정에서 무질서 배열을 취한다면 잔류 몰엔트로피는 얼마나 되겠는가?

4G.8 PH_2F가 삼각뿔형 결정에서 무질서 배열을 취한다면 잔류 몰엔트로피는 얼마나 되겠는가?

4G.9 각각 세 개의 원자를 포함하는 두 개의 작은 계에서, 각 원자는 두 에너지 준위 중 하나를 차지할 수 있다고 하자. (a) 두 개의 원자가 높은 에너지 준위를 차지할 수 있다면 구별 가능한 배열은 몇 가지인가? (b) 이제 두 작은 계를 합치자. 이제 6개의 원자 중에서 두 원자가 높은 에너지 준위를 차지할 수 있다면 구별 가능한 배열은 몇 가지인가?

4G.10 각각 네 개의 원자를 포함하는 두 개의 작은 계에서, 각 원자는 두 에너지 준위 중 하나를 차지할 수 있다고 하자. (a) 두 개의 원자가 높은 에너지 준위를 차지할 수 있다면 구별 가능한 배열은 몇 가지인가? (b) 이제 두 작은 계를 합치자. 이제 8개의 원자 중에서 두 원자가 높은 에너지 준위를 차지할 수 있다면 구별 가능한 배열은 몇 가지인가?

Topic 4H 절대 엔트로피

이 Topic을 왜 배우는가? 열역학의 주요 적용의 하나는 반응이 자발적일 것인가를 판별하는 것이다. 이를 위해서는 반응물과 생성물이 계의 엔트로피에 기여하는 정도를 아는 것이 필수적이다.

무엇을 알고 있어야 하는가? 엔트로피의 열역학적 정의를 이용하여 온도 의존성을 계산할 수 있어야 한다(Topic 4F). 이 Topic에서는 엔트로피의 분자적 해석을 약간 이용한다(Topic 4G).

엔트로피는 무질서의 척도이며, 물질의 완전하게 질서적인 상태, 즉 위치적 무질서도 없고 $T = 0$에서의 열적 무질서도 없는 상태를 상상할 수 있다. 이러한 상태는 완전한 질서 상태로서 엔트로피의 자연적 영점을 나타내므로, 엔트로피의 절대 척도를 정할 수 있다. 이러한 생각은 다음의 **열역학 제3법칙**(**third law of thermodynamics**)으로 요약된다.

모든 완전 결정의 엔트로피는 절대 온도가 영점에 가까워짐에 따라서 0으로 접근한다.

즉, $T \rightarrow 0$에 따라 $S \rightarrow 0$이다. 제3법칙의 이러한 표현에서 '완전 결정'이란 결정의 모든 원자들이 완전하게 질서적인 배열을 이루어 위치적 무질서가 전혀 없는 물질을 뜻한다. 또한 이 표현에서 $T \rightarrow 0$은 열적 운동이 없음을 뜻한다(열적 무질서는 온도가 영점에 접근함에 따라서 사라진다). 물질의 온도를 0으로부터 증가시킴에 따라서 분자들의 배향들이 많아지며, 그들의 열적 무질서가 증가한다. 따라서 어느 물질이거나 $T > 0$의 온도에서 엔트로피는 0보다 크다.

4H.1 표준 몰엔트로피

물질의 절대 엔트로피를 계산하기 위해서는 Topic 4F의 식 1($\Delta S = q_{\text{가역}}/T$)의 열역학적 정의와 열역학 제3법칙을 조합해야 한다. 제3법칙은 $S(0) = 0$을 의미하므로,

$$S(T) = S(0) + \Delta S(\text{0부터 } T\text{까지 가열}) = \Delta S(\text{0부터 } T\text{까지 가열})$$

Topic 4F에서 설명한 대로, 가열에 의한 엔트로피 변화는 열용량과 온도로 계산할 수 있다. 열용량이 다루는 온도 범위 전체에 걸쳐 일정하면 $\Delta S = nR \ln(T_2/T_1)$이다. 그러나 $T = 0$에 이르기까지 열용량이 일정하지 않으므로, 더 일반적인 식을 사용해야 한다.

어떻게 다루는가?

열용량이 온도에 따라서 변화할 가능성을 고려하기 위해 Topic 4F에서 유도한 식을 참조하자.

$$\Delta S(T_1\text{부터 } T_2\text{까지 가열}) = \int_{T_1}^{T_2} \frac{C\mathrm{d}T}{T}$$

먼저, 이 적분의 한계를 $T_1 = 0$, $T_2 = T$(원하는 온도)로 놓자. 가열은 보편적으로 일정 압력에서 행하므로, C를 C_P로 대치하면 다음이 주어진다.

$$\Delta S(\text{0부터 } T\text{까지 가열}) = \int_0^T \frac{C_P\mathrm{d}T}{T}$$

여기서 제3법칙을 이용하여 $S(0) = 0$으로 놓으면 다음이 주어진다.

$$S(T) = \int_0^T \frac{C_P\mathrm{d}T}{T} \quad \textbf{(1)}$$

Topic 4B에서 설명한 바와 같이 함수(이 경우에는 C_p/T)의 적분은 적분 구간에서 함수 아래의 면적에 해당한다. 그러므로 한 물질의 엔트로피를 측정하기 위해서는 열용량(보편적으로 일정 압력에서)을 $T=0$에서 원하는 온도 T까지에 걸쳐서 모두 측정해야 한다. 그러면 그 물질의 엔트로피는 C_p/T를 T에 대하여 도시한 뒤, 그 곡선 아래의 면적을 측정하여 얻어진다(**그림 4H.1**). 현대적인 접근 방식은 실험 결과에 적합한 다항식을 찾은 다음 다항식을 수학적으로 적분하는 것이다.

그림 4H.1a에서 $T\rightarrow 0$에 따라 C_p가 0으로 접근하는 것으로 그린 것에 주목하자. 이 경향은 일반적인 현상으로 양자 역학으로 설명된다. 낮은 온도에서는 사용할 수 있는 에너지가 매우 작으므로, 더 높은 상태로의 전이를 일으키기에 충분하지 않다. 따라서 이 시료는 $T=0$를 유지하면서 에너지를 취할 수 없으며, 그것의 '열에 관한 용량'은 0이 된다. 물질의 이 성질은 절대 온도 0도에 다다를 수 없는 이유 중의 하나이다(**화학 이야기 4H.1**).

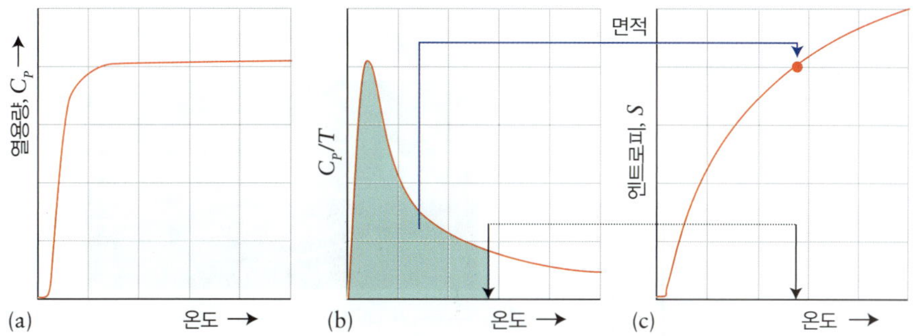

그림 4H.1 엔트로피의 실험적 결정. (a) 물질의 열용량(이 경우에는 일정 압력에서)을 영점 근처로부터 원하는 온도에 이르기까지 측정한다. (b) C_P/T를 T에 대하여 도시한 그래프 아래의 면적을 원하는 온도에 이르기까지 측정한다. (c) 이 면적이 그 온도에서의 그 물질의 엔트로피이다.

화학 이야기 4H.1 화학의 첨단: 절대 0도의 탐구

절대 0도에 도달할 수 있는 가능성은 여러 해 동안 과학자들의 호기심을 자극하였다. 절대 0도에서는 가장 낮은 에너지 상태에 있는 물질의 성질을 연구할 수 있다. 예를 들어, 아주 낮은 온도에서는 레이저 빛살들의 간섭 현상을 이용한 '광학 격자'로 공간적 대칭의 에너지 우물들을 만들고, 원자들을 포획하여 완전 결정을 만들 수 있을 것이다. 이러한 격자들은 극저온 나노컴퓨터를 만들기 위한 극소 소자들로 사용될 수도 있다.

열역학 제3법칙에 의하면 유한한 수의 순환 열역학 과정으로는 절대 0도에 도달할 수 없다(교재에 인용된 엔트로피에 대한 제3법칙은 이러한 관찰에 근거한 것이다). 그러나 비순환 방법으로는 절대 0도에 도달하는 것이 가능할 수도 있으며, 최근 여러 가지 방법으로 초저온의 기록들이 세워지고 있다.

$T=0$에 도달하기 위한 한 방법은 등온 자화(isothermal magnetization)와 단열 자기소거(adiabatic demagnetization)를 교대로 반복하는 것이다. 이 방법은 자기장 안에서 다운(down, ↓) 스핀의 전자가 업(up, ↑) 스핀의 전자보다 약간 에너지가 낮은 것을 이용한다. 만약 ↑ 스핀을 ↓ 스핀으로 전환시킨다면 시료의 전체 에너지는 낮아지고, 결과적으로 온도가 내려간다. 만약 모든 ↑ 스핀을 ↓ 스핀으로 바꾼다면 절대 0도에 도달할 것이다.

저온의 상자성 시료가 자기장 안에 있지 않을 때는 ↑ 스핀과 ↓ 스핀의 에너지가 같기 때문에 두 스핀의 분포가 같다(화학 이야기 2G.1 참조). 이것은 어떤 온도에서나 마찬가지다. 먼저 통상적인 방법(예를 들어, $T_b=4.2$ K인 액체 헬륨과의 접촉)으로 시료를 냉각한다. 그런 다음 자기장을 켠다. 자기장 안에서는 ↓ 스핀의 에너지가 ↑ 스핀보다 조금 더 낮으므로, ↓ 스핀의 수가 조금 늘어난다. 이 상태를 A라 하자. 이 상태의 시료는 ↓ 스핀의 수가 ↑ 스핀보다 조금 더 많은 것과 시료의 온도를 반영하는 엔트로피를 가진다. 만약 ↓ 스핀이 더욱 많다면 시료의 온도가 더 낮은 것에 해당한다. 그렇다면 이제 해야 할 일은 ↑ 스핀의 일부를 ↓ 스핀으로 전환시키는 것이다. 이를 위해 첫 번째 그림에 요약되어 있는 대로 두 단계에 걸쳐 진행한다.

첫 단계에서 자기장의 세기를 증가시킨다. 그 결과 두 스핀 상태의 에너지 차가 커지고, 일부의 ↑ 스핀이 ↓ 스핀으로 바뀌면서 분포가 조절된다. 이 분포의 조절은 시료가 주위와의 접촉을 유지하고 있는 동안에 이루어지므로 온도는 그대로 유지되며, **등온 자화 단계**(isothermal magnetization step)라 한다. 이 과정에서 온도는 일정하지만 스핀들의 질서가 늘어나므로, 엔트로피는 감소한다. 이 상태를 B라 하자.

두 번째 단계에서는 주위와의 열적 접촉을 끊는다. 그 후의 과정들은 계와 주위가 열을 주고받지 않는 단열 과정이 된다. 모든 가역 단열 과정에서는 엔트로피가 변하지 않는다($\Delta S = q_{가역}/T$, $q_{가역} = 0$이므로). 단열 조건에서 자기장의 세기를 A 상태의 값으로 낮춘다. 자기장은 약해졌어도 엔트로피는 자기장이 강했던 B 상태와 같다. 이 낮은 엔트로피는 시료의 초기 온도보다 낮은 온도에 해당한다. 즉, 시료가 냉각되었다. 온도가 최대한 낮아질 때까지 두 단계를 반복한다. 그러나 두 곡선은 $T=0$에서 같은 점으로 수렴하기 때문에, 이러한 순환 냉각으로는 절대 0도 자체에는 도달할 수 없다. 이러한 종류의 정교한 방법으로 100 pK(1×10^{-10} K)의 온도에 도달하였다.

개선된 방법에서는 전자 스핀 대신 핵스핀을 이용한다. 핵자기 모멘트는 전자 자기 모멘트보다 훨씬 약하므로, 주위와의 상호작용이 작아서 더 효율적으로 단열시킬 수 있다. 핵스핀을 사용하여 극저온을 얻을 수 있는 이 방법을 **핵 단열 자기소거**(nuclear adiabatic demagnetization)라 한다.

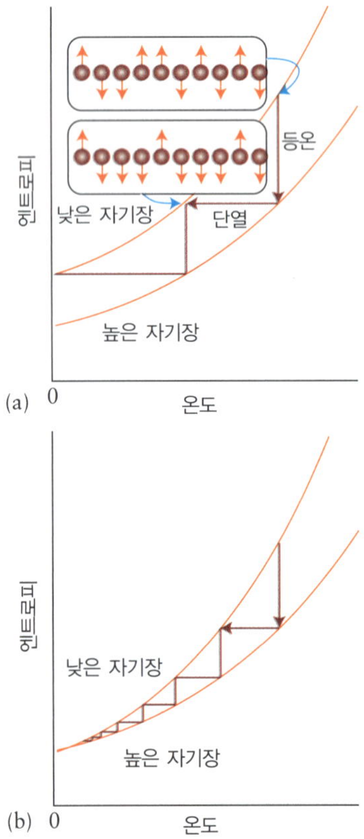

(a) 단열 자기소거를 이용한 시료의 냉각 과정. 삽입 그림의 화살표는 시료의 전자 스핀들의 배향을 의미한다. 그래프의 화살표는 시료의 상태 변화를 표시한다. 먼저 일정 온도에서 자기장을 증가시켜 시료의 엔트로피를 감소시킨다. 다음으로는 엔트로피가 유지되는 단열 환경에서 시료의 자기장이 없어지면 온도가 감소한다. 두 곡선이 만나지 않는다면 절대 0도에 도달할 수 있다. (b) 그러나 절대 0도에 도달하기 전에 두 곡선은 수렴한다.

극저온을 얻기 위해 다른 방법들도 사용되고 있다. 기체 원자의 평균 속력은 온도의 제곱근에 비례하기 때문에, 원자 속력을 매우 느리게 하여 냉각시킬 수 있다. 한 실험에서, 1천만 개의 루비듐 원자가 날아가는 원자살에 반대 방향으로 적외선 빛살을 쬐어 감속시켰다. 적외선 광자들의 충격으로 원자들을 거의 정지시켰다. 그리고는 자기장으로 원자들을 포획하고, 에너지가 큰 원자들은 빠져나가게 해서 온도를 더욱 낮추었다.

매우 낮은 온도에서는 원자들이 각각의 독자성을 잃고, '응축'이라는 양자 역학적 과정에 의해 단일 원자처럼 행동하는 하나의 큰 입자를 형성하기 위해 원자들이 융합된 새로운 형태의 물질, 즉 응축물이 만들어진다. 두 번째 그림은 이 응축물을 시각화하여 보여 준다.

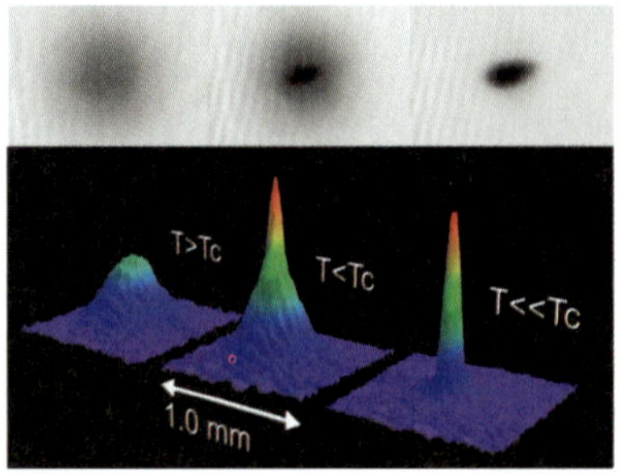

위의 그림들은 온도가 내려감(왼쪽에서 오른쪽으로)에 따라 원자 구름이 응축되는 것을 보여 준다. 아래의 세 그림은 위의 세 온도에서 원자 구름의 윤곽을 보여 준다. (*CAL/NASA.*)

어떻게 기여할 수 있는가?

큰 시료를 극저온으로 냉각시키는 방법들은 더욱 개선되어야 한다. 게다가 절대 0도에 대한 의문 중 답하지 못한 많은 것들을 풀어야 한다. 예를 들어, 많은 물질은 극저온에서 초전도체가 된다. 절대 0도에서의 전도도는 어떻게 될 것인가? 미국 국립 항공우주국(NASA)은 지구상에서 달성할 수 있는 온도보다 낮은 온도에서 극저온 기체를 연구하기 위해 국제 우주 정거장에 저온 원자 실험실을 건설 중인데, 이는 낮은 중력장의 추가적 장점도 있다. 이 시설은 새로운 연구 분야를 열 것으로 기대된다.

관련 연습 문제 4.53~4.56

참고 자료

P. Atkins, "The third law: The unattainability of zero," *Four Laws That Drive the Universe*, pp. 101–121, Oxford University Press, 2007. M. Lewenstein & A. Sanpera, "Probing quantum magnetism with cold atoms," *Science*, vol. 319, Jan. 18, 2008, pp. 292–293. Nova, "Absolute zero," http://www.pbs.org/wgbh/nova/zero, accessed 2021. NASA Jet Propulsion Laboratory, "Cold Atom Laboratory: The coolest spot in the universe," http://coldatomlab.jpl.nasa.gov/, accessed 2021.

표 4H.1 25°C에서의 표준 몰엔트로피*

기체	$S_m°$/(J·K^{-1}·mol^{-1})	액체	$S_m°$/(J·K^{-1}·mol^{-1})	고체	$S_m°$/(J·K^{-1}·mol^{-1})
암모니아, NH_3	192.4	벤젠, C_6H_6	173.3	산화 칼슘, CaO	39.8
이산화 탄소, CO_2	213.7	에탄올, C_2H_5OH	160.7	탄산 칼슘, $CaCO_3$†	92.9
수소, H_2	130.7	물, H_2O	69.9	다이아몬드, C	2.4
질소, N_2	191.6			흑연, C	5.7
산소, O_2	205.1			납, Pb	64.8

*부록 2A에 더 많은 자료가 있다.
†방해석

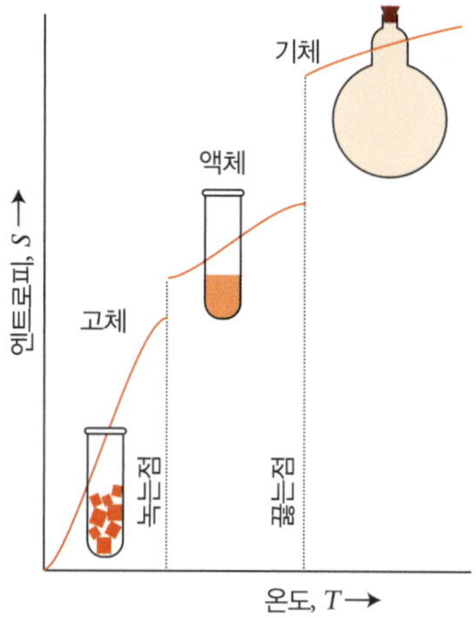

그림 4H.2 고체의 엔트로피는 온도가 올라가면 증가한다. 고체가 녹아서 더 무질서한 액체로 될 때 엔트로피는 급격하게 증가한 후에, 끓는점에 이르기까지 서서히 증가한다. 액체가 증발할 때 엔트로피의 두 번째 더 큰 증가가 일어난다. 곡선의 모양은 온도에 따라 열용량이 변하는 정도에 따라 변한다.

이제 다음을 알게 되었다.

$$S(T) = 0\text{부터 원하는 온도까지 } T\text{에 대한 } C_P/T \text{ 그래프 아래의 면적}$$

이 관계는 모든 온도에서 물질의 엔트로피를 측정하는 데 사용된다. $T=0$과 원하는 온도 사이에서 상전이가 일어나면, Topic 4F의 식 6($\Delta S = \Delta H_{용융}/T_f$)을 이용하여 해당하는 전이 엔트로피도 포함해야 한다(**그림 4H.2**). 예를 들어, 25 °C, 1 bar에서 액체 물의 엔트로피를 알고 싶으면, $T=0$(또는 가능한 한 이에 가까운 온도)에서부터 $T=273.15$ K까지의 얼음의 열용량을 측정하고, 273.15 K에서의 용융 엔탈피로부터 용융 엔트로피를 구하고, $T=273.15$ K부터 $T=298.15$ K에 걸쳐 액체 물의 열용량을 측정한다. **표 4H.1**은 298.15 K, 1 bar에서 몇 가지 순수한 물질의 몰엔트로피인 **표준 몰엔트로피**(**standard molar entropy**, $S_m°$)의 값들을 보여 준다.

엔트로피를 분자 수준에서 해석하면, 몰엔트로피의 상대적 차이를 이해할 수 있다. 예를 들어, 다이아몬드의 몰엔트로피 2.4 J·K^{-1}·mol^{-1}과 훨씬 높은 납의 64.8 J·K^{-1}·mol^{-1}을 비교해 보자. 다이아몬드의 낮은 몰엔트로피는 단단한 결합을 가진 고체이므로 상온에서 다이아몬드 원자들은 납 원자들처럼 흔들리지 않기 때문이라고 예상할 수 있다. 납 원자는 탄소 원자보다 훨씬 무거워서 열적으로 취할 수 있는 진동 에너지 준위가 더 많다.

두 기체 사이의 몰엔트로피 차이는(예를 들어, 표 4H.1에서 H_2와 N_2의 비교) 상자 속 입자 모형을 이용하여, 질량이 더 큰 분자가 더 밀집된 에너지 준위를 갖는다는 사실로부터 이해할 수 있다(**그림 4H.3**). 또한 크고 복잡한 화학종은 작고 간단한 것보다 더 높은 몰엔트로피를 갖는다($CaCO_3$와 CaO 또는 C_2H_5OH와 H_2O 비교). 한 물질의 액체상은 고체상보다 더 높은 몰엔트로피를 갖는다. 왜냐하면 액체 분자의 더 큰 운동 자유도가 무질서를 늘리기 때문이다. 분자들이 훨씬 더 큰 부피를 차지하고, 거의 완전한 무질서 운동을 하는 기체상의 몰엔트로피는 액체상보다 아주 높다.

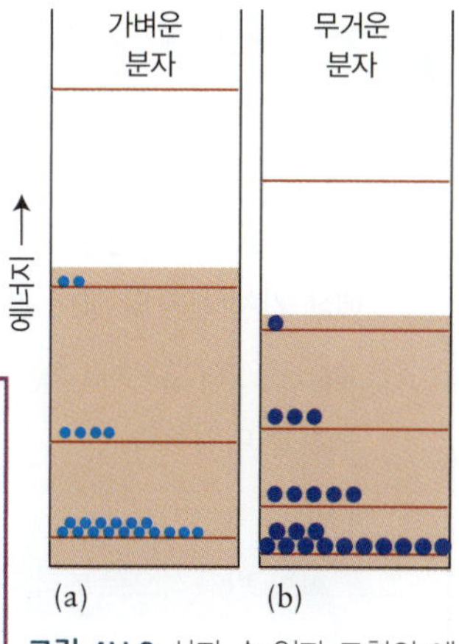

그림 4H.3 상자 속 입자 모형의 에너지 준위는 (a) 가벼운 분자가 (b) 무거운 분자보다 더 넓게 퍼진다. 그 결과, 색깔 띠로 표시한, 열적으로 취할 수 있는 준위의 수는 같은 온도에서 무거운 분자가 가벼운 분자보다 더 많으며, 무거운 분자 물질의 몰엔트로피가 더 크다.

자습 4H.1A 다음 각 쌍에서 어느 물질이 더 높은 몰엔트로피를 갖는가? (a) 25 °C, 1 bar의 CO_2(g) 또는 25 °C, 3 bar의 CO_2(g), (b) 같은 부피의 25 °C He(g) 또는 100 °C He(g), (c) Br_2(l) 또는 같은 온도에서 Br_2(g). 그 결론을 설명하시오.

[**답**: (a) 1 bar의 CO_2(g), 무질서는 부피에 따라서 증가하기 때문, (b) 100 °C의 He(g), 무질서는 온도에 따라서 증가하기 때문, (c) Br_2(g), 증기 상태는 액체 상태보다 크게 무질서하기 때문.]

자습 4H.1B 표 4H.1과 부록 2A의 정보를 이용하여 어느 동소체가 더 질서적인 형태를 가지며, 각 전이에 관한 ΔS의 부호는 어떠한지 예측하시오. (a) 25 °C에서 흰 주석이 회색 주석으로 변함, (b) 25 °C에서 다이아몬드가 흑연으로 변함.

표준 몰엔트로피는 물질의 복잡성이 커짐에 따라서 증가한다. 같은 온도에서 기체의 표준 몰엔트로피는 고체나 액체보다 높다.

4H.2 표준 반응 엔트로피

화학 반응이 일어나면 계의 엔트로피가 변한다. 아무런 계산을 하지 않고도 계의 엔트로피 변화의 부호를 예측할 수 있는 경우도 있다. 예를 들어, 기체량의 알짜 증가는 일반적으로 엔트로피의 변화가 양수이다. 반대로 기체의 알짜 소모는 대개 음의 변화를 가져온다. 많은 수의 작은 분자를 생성하는 반응이나 물질의 용해에서는 일반적으로 엔트로피가 증가한다. 그러나 많은 반응의 경우, 엔트로피 변화는 훨씬 더 정교하게 균형을 이루고 있어 수치 자료를 사용하여 계산해야 한다.

반응에 수반되는 엔트로피 변화를 계산하기 위해서는 반응에 참여하는 모든 물질의 몰엔트로피를 알아야 하며, 생성물의 엔트로피 합과 반응물의 엔트로피 합의 차이를 계산한다. 더 명확하게 말하면 **표준 반응 엔트로피**(**standard reaction entropy**, $\Delta S°$)는 화학량론적 계수를 고려한 생성물들의 표준 몰엔트로피 합에서 반응물들의 표준 몰엔트로피의 합을 뺀 것과 같다. 예를 들어, $O_2(g) + 2\,H_2(g) \rightarrow 2\,H_2O(g)$ 반응의 엔트로피 변화는 다음과 같이 주어진다.

$$\Delta S° = (2\text{ mol}) \times S_m°(H_2O,g) - \{(1\text{ mol}) \times S_m°(O_2,g) + (2\text{ mol}) \times S_m°(H_2,g)\}$$

일반적으로는,

$$\Delta S° = \sum nS_m°(\text{생성물}) - \sum nS_m°(\text{반응물}) \quad (2)$$

우변의 첫째 항은 생성물의 총 표준 엔트로피이고, 둘째 항은 반응물의 총 표준 엔트로피이다. 각각의 경우, 물질의 표준 몰엔트로피에 화학 반응의 화학량론 계수로 주어지는 몰수를 곱해서 합을 계산한다. 많은 원소와 화합물의 25°C에서의 표준 몰엔트로피가 부록 2A에 실려 있다.

예제 4H.1 표준 반응 엔트로피의 계산

가장 중요한 공업적 반응 중의 하나는 질소를 암모니아로 변환시키는 것이다. 이 반응의 효율이 국가의 경제를 좌우하므로, 화공학자들은 이 반응의 열역학적 성질을 이해해야 한다. 25 °C에서 $N_2(g) + 3\,H_2(g) \rightarrow 2\,NH_3(g)$의 표준 반응 엔트로피를 계산하시오.

예상 기체 분자의 양이 알짜 감소되었으므로, 엔트로피의 감소가 예상된다.

계획 식 2의 $\Delta S°$에 관한 식을 쓰기 위해서 화학 반응식을 사용하고, 표 4H.1이나 부록 2A의 수치를 대입한다.

풀이

화학 반응식으로부터 다음을 쓸 수 있다.

$$\begin{aligned}\Delta S° &= \overbrace{(2\text{ mol}) \times S_m°(NH_3,g)}^{\text{생성물}} - \overbrace{\{(1\text{ mol}) \times S_m°(N_2,g) + (3\text{ mol}) \times S_m°(H_2,g)\}}^{\text{반응물}} \\ &= (2\text{ mol}) \times (192.4\text{ J·K}^{-1}\text{·mol}^{-1}) \\ &\quad - \{(1\text{ mol}) \times (191.6\text{ J·K}^{-1}\text{·mol}^{-1}) + (3\text{ mol}) \times (130.7\text{ J·K}^{-1}\text{·mol}^{-1})\} \\ &= 2(192.4\text{ J·K}^{-1}) - \{(191.6\text{ J·K}^{-1}) + 3(130.7\text{ J·K}^{-1})\} \\ &= -198.9\text{ J·K}^{-1}\end{aligned}$$

평가 $\Delta S°$ 값이 음수이므로 생성물이 반응물보다 덜 무질서하다. 이는 생성물이 더 작은 부피를 차지하는 데도 부분적으로 원인이 있으며, 예상한 대로이다.

유의 사항

$\Delta H_f°$의 경우처럼 원소의 표준 엔트로피를 0으로 놓는 잘못을 저지르면 안 된다. 사용되는 엔트로피는 주어진 온도에서의 절대 엔트로피이며, $T=0$에서만 0이 된다.

자습 4H.2A 부록 2A의 자료를 이용하여 25 °C에서 $N_2O_4(g) \rightarrow 2\ NO_2(g)$ 반응의 표준 반응 엔트로피를 구하시오.

[**답:** $+175.83\ J\cdot K^{-1}$]

자습 4H.2B 부록 2A의 자료를 이용하여 25 °C에서 $C_2H_4(g)+H_2(g) \rightarrow C_2H_6(g)$ 반응의 표준 반응 엔트로피를 구하시오.

관련 연습 문제 4H.11, 4H.12

표준 반응 엔트로피는 화학량적 계수로 가중된 생성물들의 표준 몰엔트로피의 합과 반응물들의 표준 몰엔트로피 합과의 차이이다. 반응에서 기체의 알짜 생성이 있으면 양수이고(엔트로피의 증가), 알짜 기체 소모가 있으면 음수이다(엔트로피의 감소).

이 Topic에서 배운 것은 무엇인가?

열역학 제3법칙을 접했고, 물질의 절대 엔트로피를 구하는 데 어떻게 이용되는지 보았다. 반응이 일어날 때 계의 엔트로피 변화를 계산하는 데 절대 엔트로피가 어떻게 사용되는지 알게 되었다.

개념과 식의 적용

- ☐ 열용량 자료를 이용하여 물질의 표준 몰엔트로피를 구한다(4H.1절).
- ☐ 표준 몰엔트로피를 이용하여 표준 반응 엔트로피를 계산한다(예제 4H.1).

Topic 4H 연습 문제

$\int dx$ C 표시가 있는 연습 문제는 미적분을 사용해야 한다.

4H.1 자료 표를 사용하지 말고, 다음 각 쌍 중 298 K에서 어느 물질이 더 높은 몰엔트로피를 가지는지 예측하시오.
(a) $HBr(g)$ 또는 $HF(g)$ (b) $NH_3(g)$ 또는 $Ne(g)$ (c) $I_2(s)$ 또는 $I_2(l)$ (d) 1.00 atm의 $Ar(g)$ 1.0 mol 또는 2.00 atm의 $Ar(g)$ 1.0 mol

4H.2 자료 표를 사용하지 말고, 다음 각 쌍 중 어느 물질이 더 높은 몰엔트로피를 가지는지 예측하시오(특별한 언급이 없으면 온도는 298 K라고 가정한다).
(a) $O_2(g)$ 또는 $O_3(g)$ (b) $CH_2Br_2(g)$ 또는 $CH_4(g)$ (c) $CaI_2(s)$ 또는 $CaI_2(aq)$ (d) 278 K, 1.00 atm의 $O_2(g)$ 또는 278 K, 2.00 atm의 $O_2(g)$

4H.3 자료 표를 사용하지 말고, 다음 물질들을 298 K, 1 bar에서 몰엔트로피가 증가하는 순서대로 나열하시오. $H_2O(l)$, $H_2O(g)$, $H_2O(s)$, C(s, 다이아몬드). 그 이유를 설명하시오.

4H.4 자료 표를 사용하지 말고, 다음 물질들을 298 K, 1 bar에서 몰엔트로피가 증가하는 순서대로 나열하시오. $NH_3(g)$, $HF(g)$, $H_2O(s)$, $NH_2OH(g)$. 그 이유를 설명하시오.

4H.5 다음 각 쌍 중 어느 것이 298 K, 1 bar에서 더 높은 표준 몰엔트로피를 가지리라 예상되는가? 그 이유를 설명하시오.
(a) 아이오딘 증기 또는 브로민 증기 (b) 사이클로펜테인과 1-펜텐 액체(아래 구조 참조) (c) 에텐(에틸렌) 또는 같은 질량의 폴리에틸렌(이 물질은 에텐의 중합에 의해서 생성됨)

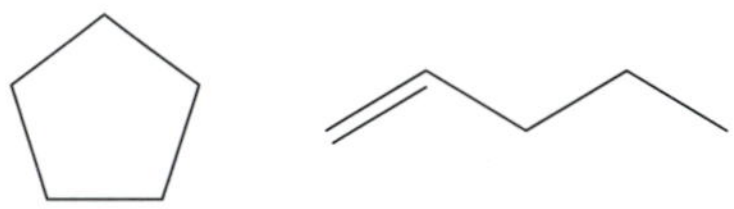

사이클로펜테인, C_5H_{10}　　1-펜텐, C_5H_{10}

4H.6 다음 중 어느 탄화수소가 25 °C, 1 bar에서 더 큰 표준 몰엔트로피를 갖는가? 그 이유를 설명하시오.

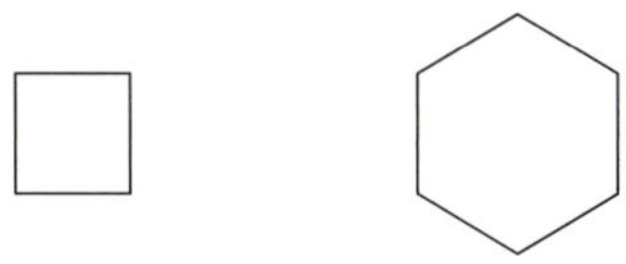

(a) 사이클로뷰테인, C_4H_8　(b) 사이클로헥세인, C_6H_{12}

4H.7 계산 없이 다음 각 과정에서 엔트로피가 증가하는지 감소하는

지 예측하시오.

(a) $Cl_2(g) + H_2O(l) \rightarrow HCl(aq) + HClO(aq)$

(b) $Cu_3(PO_4)_2(s) \rightarrow 3\ Cu^{2+}(aq) + 2\ PO_4^{3-}(aq)$

(c) $SO_2(g) + Br_2(g) + 2\ H_2O(l) \rightarrow H_2SO_4(aq) + 2\ HBr(aq)$

4H.8 계산 없이 다음 각 과정에서 엔트로피가 증가하는지 감소하는지 예측하시오. 그 이유를 설명하시오.

(a) 드라이아이스의 승화, $CO_2(s) \rightarrow CO_2(g)$

(b) 대기 중 이산화 황으로부터 아황산 형성, $SO_2(g) + H_2O(l) \rightarrow H_2SO_3(aq)$

(c) 인도에 소금을 뿌렸을 때 얼음이 녹음

4H.9 용기 A에는 일원자 이상 기체 1.0 mol이 들어 있고, 용기 B에는 원자 둘이 결합되어 이원자 분자가 된, 그러나 진동적으로는 활성화가 안 된 이상 기체 분자 1.0 mol이 포함되어 있다. 그리고 용기 C에는 원자들이 결합되어 진동적으로 활성화된 이원자 분자 이상 기체 1.0 mol이 들어 있다. 용기를 모두 T_1에서 출발하여 온도를 T_2까지 올렸다. 엔트로피 변화가 증가하는 순서대로 나열하시오. 그 이유를 설명하시오.

4H.10 부피 2.5 L인 닫힌 용기 속에 네온과 플루오린 혼합물이 들어 있다. 전체 압력은 0 °C에서 3.32 atm이었다. 이 혼합물의 온도를 15 °C로 올리면 혼합물의 엔트로피가 0.345 $J \cdot K^{-1}$만큼 올라간다. 이 혼합물에 있는 각 물질(Ne과 F_2)의 몰수는 얼마인가?

4H.11 표 4H.1이나 부록 2A의 자료를 이용하여 25 °C에서 다음 각 반응의 표준 반응 엔트로피를 계산하시오. 각 경우 반응 엔트로피의 부호와 크기의 의미를 설명하시오.

(a) 298 K에서 가장 안정한 형태의 성분 원소들로부터 $H_2O(l)$ 1.00 mol 생성

(b) $CO(g)$ 1.00 mol을 이산화 탄소로 산화

(c) 방해석 $CaCO_3(s)$ 1.00 mol이 분해되어 이산화 탄소 기체와 고체 산화 칼슘이 된다.

(d) 염소산 포타슘의 분해: $4\ KClO_3(s) \rightarrow 3\ KClO_4(s) + KCl(s)$.

4H.12 표 4H.1이나 부록 2A의 자료를 이용하여 25 °C에서 다음 각 반응의 표준 반응 엔트로피를 계산하시오. 각 경우 반응 엔트로피의 부호와 크기의 의미를 설명하시오.

(a) 테르밋 반응을 이용한 망가니즈 금속의 제조: $4\ Al(s) + 3\ MnO_2(s) \rightarrow 3\ Mn(s) + 2\ Al_2O_3(s)$

(b) 로켓 추진 반응: $7\ H_2O_2(l) + N_2H_4(l) \rightarrow 2\ HNO_3(aq) + 8\ H_2O(l)$

(c) 실리콘 정제: $SiO_2(s) + 2\ C(s) \rightarrow Si(s) + 2\ CO(g)$

(d) 산화 질소의 제조: $4\ NH_3(g) + 5\ O_2(g) \xrightarrow{1000\,°C,\ Pt} 4\ NO(g) + 6\ H_2O(g)$

4H.13 물질 열용량의 온도 의존성은 보통 $C_{P,m} = a + bT + c/T^2$ 꼴로 쓴다. 여기서 a, b, c는 상수이다. 물질을 T_1부터 T_2까지 가열할 때, 엔트로피 변화에 관한 식을 구하시오. 흑연의 경우 $a = 16.86\ J \cdot K^{-1} \cdot mol^{-1}$, $b = 4.77\ mJ \cdot K^{-2} \cdot mol^{-1}$, $c = -8.54 \times 10^5\ J \cdot K \cdot mol^{-1}$이다. 흑연을 298 K부터 400. K까지 가열할 때 엔트로피 변화를 구하시오. 이 온도 범위에서 열용량을 그 평균값으로 일정하게 취하면 백분율 오차가 얼마나 되는가?

4H.14 낮은 온도에서 비금속성 고체의 열용량이 T^3에 비례한다. $T = 0$ 근처에서는 물질의 엔트로피가 같은 온도에서 그 열용량의 삼 분의 일과 같음을 보이시오.

Topic 4I 엔트로피의 전체적 변화

4I.1 주위
4I.2 엔트로피의 전체적 변화
4I.3 평형

이 Topic을 왜 배우는가? 어떤 과정이 자발적인지를 예측하려면, 계와 주위의 전체 엔트로피 변화를 판단할 수 있어야 한다. 이러한 논의는 열역학을 화학 반응에 적용하는 모든 문제에서 중요하다.

무엇을 알고 있어야 하는가? 이 단원은 엔트로피 변화에 대한 열역학적 정의(Topic 4F)에 근거하고, 이상 기체의 등온 가역 팽창(Topic 4B)과 반응 엔트로피(Topic 4H)의 식을 이용한다.

어떤 과정은 제2법칙을 따르지 않는 것처럼 보인다. 예를 들어, 물은 낮은 온도에서 자발적으로 얼음으로 얼며, 운동 부상자를 위한 얼음 팩은 따뜻한 날일지라도 팩 안에 들어 있는 질산 암모늄과 물이 섞이면서 자발적으로 얼음처럼 차게 해 준다. 생명 자체도 제2법칙에 반하는 것처럼 보인다. 생명체의 모든 세포는 대단한 정도로 조직화되어 있다. 수천의 다른 화합물들이 저마다 수행할 특별 기능을 가지고서, 생명이라고 하는 복잡하게 조직화된 춤을 춘다. 우리 신체의 분자들은 점액, 진흙, 기체 등으로부터 어떻게 하여 그렇게 고도로 조직화되고, 복잡한 구조를 이루는 것인가? 우리의 존재는 얼핏 보면 제2법칙에 모순되는 것처럼 보인다.

이러한 진퇴양난은 제2법칙이 고립 계에 적용됨을 알게 되면 풀린다. 고립되지 않은 계에 제2법칙을 올바르게 적용하려면, 주위도 고려해야만 한다. 계와 주위의 엔트로피 변화의 합인 전체 엔트로피 변화가 양수일 경우에만 자발적으로 일어난다. 그러므로 우리가 할 일은 우선 주위의 엔트로피 변화를 계산하는 방법을 알아내어, 그 변화를 계의 엔트로피 변화와 결합시키는 것이다.

4I.1 주위

제2법칙은 고립 계의 엔트로피 변화에 적용한다. 화학에 적용할 때, 외부 세계와 열 접촉이 없는 계(예: 플라스크)와 그 옆 주위(수조일 수 있음)를 '전체적으로 고립된 계'로 생각하면 편리하다(**그림 4I.1**). 이 전체 고립 계의 총 엔트로피 변화는 다음과 같다.

$$\overbrace{\Delta S_{\text{전체}}}^{\text{전체 엔트로피 변화}} = \overbrace{\Delta S}^{\text{계의 엔트로피 변화}} + \overbrace{\Delta S_{\text{주위}}}^{\text{주위의 엔트로피 변화}} \qquad (1)$$

이 전체 고립 계에서는 총 엔트로피가 양수인 과정만 자발적이다. 관례적으로 계의 성질은 첨자 없이 쓴다. 여기서는 ΔS가 계의 엔트로피 변화를 그리고 $\Delta S_{\text{주위}}$가 주위의 엔트로피 변화를 나타낸다. 식 1에서 명백히 알 수 있는, 결정적으로 중요한 점은 ΔS가 음인 과정이 실제로 자발적일 수 있다는 것이다. 다만 이때 주위의 엔트로피가 크게 증가하여 $\Delta S_{\text{전체}}$가 증가해야만 한다.

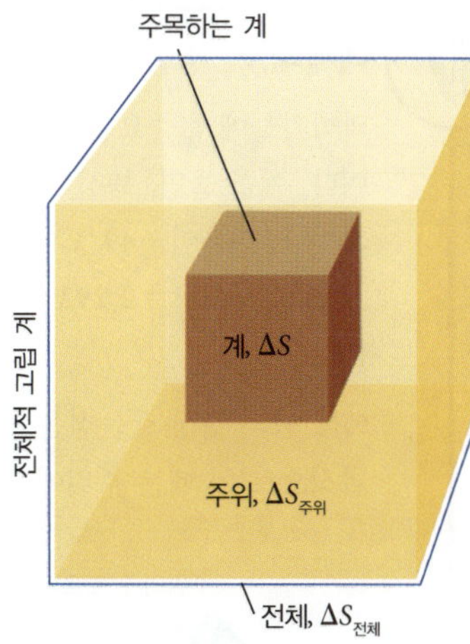

그림 4I.1 관심 대상인 작은 계와 바로 옆 주위로 이루어진 세계에서 일어나는 사건의 전체적 고립 계 모형. 전체적 고립 계에서 자발적으로 일어날 수 있는 사건은 계와 바로 옆 주위의 총 엔트로피가 증가하는 경우에만 일어난다.

한 과정의 자발성 방향을 결정하는 주위의 역할에 대한 예로 물이 어는 것을 살펴보자. 표 4G.1의 자료에 의하면, 0 °C에서 액체 물의 몰엔트로피는 같은 온도 얼음의 몰엔트로피보다 $22.0\ J\cdot K^{-1}\cdot mol^{-1}$만큼 더 높다. 따라서 0 °C에서 물이 얼면 몰엔트로피가 $22.0\ J\cdot K^{-1}\cdot mol^{-1}$만큼 감소한다. 상전이에 따른 엔트로피 변화는 온도에 따라 크게 변하지 않는다. 따라서 0 °C 바로 아래에서도 거의 같은 양의 엔트로피 감소를 예상할 수 있다. 그러나 일상의 경험에 의하면 물은 0 °C 아래에서 자발적으로 언다. 이때는 분명히 주위가 결정적 역할을 함에 틀림이

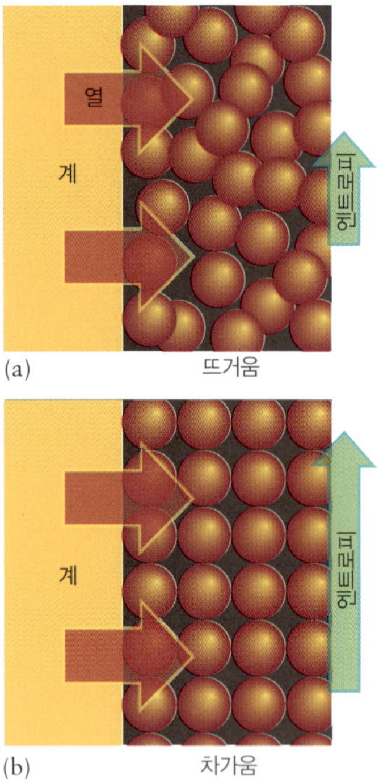

그림 4I.2 (a) 일정한 열량이 뜨거운 주위로 흐르면 주위의 무질서는 거의 변하지 않으며 엔트로피 증가가 작다. (b) 그러나 주위가 차가울 때는 같은 열량에 의해서 주위의 무질서가 상당히 증가하며, 주위의 엔트로피 변화도 현저하게 커진다.

없다. 즉, 물이 얼 때 그 주위의 엔트로피가 22.0 $J{\cdot}K^{-1}{\cdot}mol^{-1}$보다 더 많이 증가하면, 전체 엔트로피 변화가 양수가 된다.

어떤 과정이 발열적인지 흡열적인지를 알면 주위의 엔트로피 변화의 부호를 쉽게 예측할 수 있다. 발열 과정에서는 열이 주위로 배출되고, 주위 엔트로피는 증가한다($\Delta S_{주위} > 0$). 흡열 과정에서는 열이 주위에서 빠져나가고, 주위 엔트로피는 감소한다($\Delta S_{주위} < 0$). 변화의 수치를 계산하려면, Topic 4F의 식 1($\Delta S = q_{가역}/T$)을 사용한다. 이때 다음의 사항들에 주의한다.

- 주위는 매우 커서 열을 얼마나 주고받던, 온도가 일정하게 유지된다. 따라서 식 1을 $\Delta S_{주위} = q_{주위,\,가역}/T$의 형태로 사용할 수 있다.
- 주위는 매우 커서 주위의 관점에서는 열전달의 양이 매우 작아서 가역적 전달로 여길 수 있으므로 첨자 '가역'을 쓰지 않아도 된다. 따라서 계의 과정이 가역적이건 비가역적이건, $\Delta S_{주위} = q_{주위}/T$로 나타낼 수 있다.
- 계에서 나간 열은 주위가 받아들인다. 즉, $q_{주위} = -q$. 따라서 주위의 엔트로피 변화는 $\Delta S_{주위} = -q/T$로 계산한다.
- 일정 압력 과정에서는 $q = q_P$이고, Topic 4C에서 다룬 바와 같이 $q_P = \Delta H$이다.

그러므로 일정한 압력과 일정한 온도에서 일어나는 과정이 가역적이건 비가역적이건, 다음과 같이 쓸 수 있다.

$$\Delta S_{주위} = -\frac{\Delta H}{T} \tag{2}$$

과정이 발열이면($\Delta H < 0$), $\Delta S_{주위} > 0$임을 유념하자. 계의 주어진 엔탈피 변화(즉, 발열 과정에 의한 주어진 열 출력)에 대해 주위 엔트로피는 온도가 높을 때보다 낮을 때 더 많이 증가한다(**그림 4I.2**). 이는 Topic 4F에서 언급한 '도서관과 거리에서 재채기하기'의 비유로 설명할 수 있다.

예제 4I.1 주위 엔트로피 변화의 계산

과학자들에게 중요한 능력 중의 하나는 개념적으로 이해한 것을 수학적으로 증명할 수 있는 것이다. 예를 들면, 특정 온도 아래에서 액체가 어는 것은 주위의 엔트로피 증가로 설명할 수 있는 가이다. 수은이 −49 °C에서 얼 때, 수은 1몰당 주위의 엔트로피 변화를 계산하시오. −49 °C에서 $\Delta H_{용융}(Hg) = 2.292\ kJ{\cdot}mol^{-1}$을 사용하시오. 계, 즉 수은 자체의 엔트로피 변화는 −9.782 $J{\cdot}K^{-1}$이다.

예상 물의 정상 끓는점은 −39 °C이므로, 이보다 낮은 온도에서는 확실히 얼 것이다. 이렇게 자발적으로 얼 때는 주위에 에너지를 열로 방출하여 주위의 엔트로피를 증가시킨다(**그림 4I.3**).

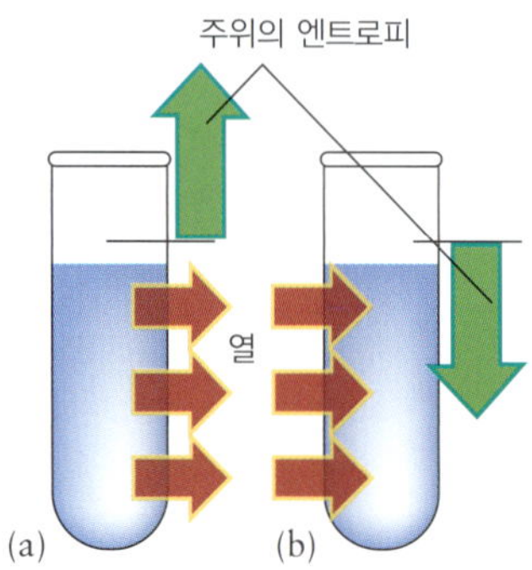

계획 수은이 얼 때 주위의 엔트로피 변화를 계산하기 위해 $\Delta H_{얼음} = -\Delta H_{용융}$(얼음의 용융의 반대이다)을 사용하고, 온도는 절대 온도로 변환한다.

무엇을 가정해야 하는가? 계의 엔트로피 변화(수은의 얼음)는 주어진 온도 구간에서 변하지 않는다고 가정한다.

그림 4I.3 (a) 발열 과정에서는 열이 주위로 나가므로, 주위의 엔트로피가 증가한다. (b) 흡열 과정에서는 주위의 엔트로피가 감소한다. 빨간색 화살표는 계와 주위 사이의 열전달 방향을 나타내고, 초록색 화살표는 주위의 엔트로피 변화를 나타낸다.

풀이

$$\Delta H_{얼음} = -\Delta H_{용융} = -2.292\ \text{kJ·mol}^{-1}$$
$$T = (-49 + 273)\ \text{K} = 224\ \text{K}$$

$\Delta S_{주위} = -\Delta H/T$로부터

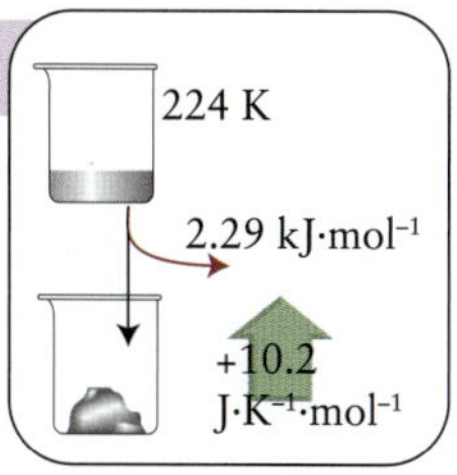

$$\Delta S_{주위} = -\frac{(-2.292\times10^3\ \text{J·mol}^{-1})}{224\ \text{K}} = +10.2\ \text{J·K}^{-1}\text{·mol}^{-1}$$

평가 주위의 엔트로피 증가는 양수이고 계의 엔트로피 감소인 $-9.782\ \text{J·K}^{-1}$($-49\ ^\circ\text{C}$에서의 값으로 -39°C에서와 비슷하다)보다 큼을 주목하자. 그러므로 $-49\ ^\circ\text{C}$에서 전체 엔트로피 변화는 양수($+0.4\ \text{J·K}^{-1}$)이고, 수은은 자발적으로 언다.

자습 4I.1A 90 °C, 1 bar에서 $H_2O(l)$ 1.00 mol이 증발할 때, 주위의 엔트로피 변화를 구하시오. 물의 증발 엔탈피는 $40.7\ \text{kJ·mol}^{-1}$이다.

[답: $-112\ \text{J·K}^{-1}$]

자습 4I.1B 298 K에서 $NH_3(g)$ 2.00 mol이 가장 안정된 형태의 원소들에서 생성될 때, 주위의 엔트로피 변화를 구하시오.

관련 연습 문제 4I.3, 4I.4

일정 압력, 일정 온도에서 일어나는 과정에 따른 주위의 엔트로피 변화는 $-\Delta H/T$와 같다. 여기서 ΔH는 온도 T에서 계의 엔탈피 변화이다.

4I.2 엔트로피의 전체적 변화

이미 강조해 온 바와 같이, **자발적 변화의 방향을 판단하는 데 엔트로피를 이용하기 위해서는 전체 고립 계의 총 엔트로피 변화를 고려해야 한다.**

$\Delta S_{전체}$가 양수이면(증가) 그 과정은 자발적이다.
$\Delta S_{전체}$가 음수이면(감소) 그 역과정이 자발적이다.
$\Delta S_{전체} = 0$이면 반응이 아무 방향으로도 진행하려는 경향이 없다.

예제 4I.2 반응에 수반된 전체 엔트로피의 변화 계산

불꽃놀이의 화려한 하얀 빛은 고온의 공기 중에서 마그네슘의 연소에 의한 것이다. 그러나 이 연소가 상온에서 열역학적인 의미에서 자발적인가? 전체 엔트로피 변화를 계산하면 알 수 있다. 25 °C의 표준 상태에서 다음의 마그네슘 연소 반응이 자발적인가를 평가하시오.

$$2\ \text{Mg(s)} + \text{O}_2\text{(g)} \rightarrow 2\ \text{MgO(s)} \qquad \Delta S^\circ = -217\ \text{J·K}^{-1},\ \ \Delta H^\circ = -1202\ \text{kJ}$$

예상 상온에서 모든 연소가 자발적(열역학적 의미에서)일 것이라고 무방하게 예측할 수 있다.

계획 식 2를 이용하여 주위의 엔트로피 변화를 계산하고, 식 1을 이용하여 전체 엔트로피의 변화를 계산한다.

풀이

계의 엔트로피 변화를 구한다(이 경우에는 주어짐).

$$\Delta S° = -217\ \text{J·K}^{-1}$$

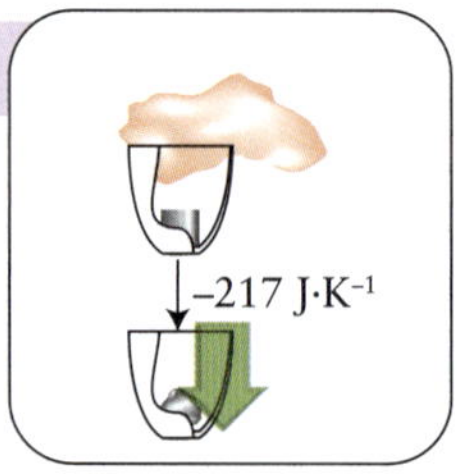

$\Delta S_{주위}° = -\Delta H°/T$로부터 주위의 엔트로피 변화를 구한다.

$$\Delta S_{주위}° = -\frac{\overbrace{(-1.202\times10^{6}\ \text{J})}^{-1202\ \text{kJ}}}{298\ \text{K}} = +4.03\times10^{3}\ \text{J·K}^{-1}$$

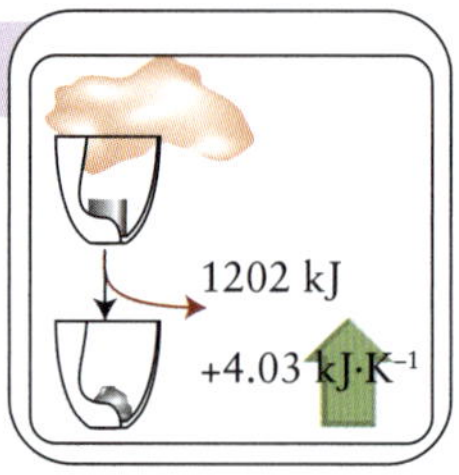

$\Delta S_{전체}° = \Delta S° + \Delta S_{주위}°$로부터 전체 엔트로피 변화를 구한다.

$$\Delta S_{전체}° = \overbrace{-217\ \text{J·K}^{-1}}^{계} + \overbrace{4.03\times10^{3}\ \text{J·K}^{-1}}^{주위} = +3.81\times10^{3}\ \text{J·K}^{-1}$$

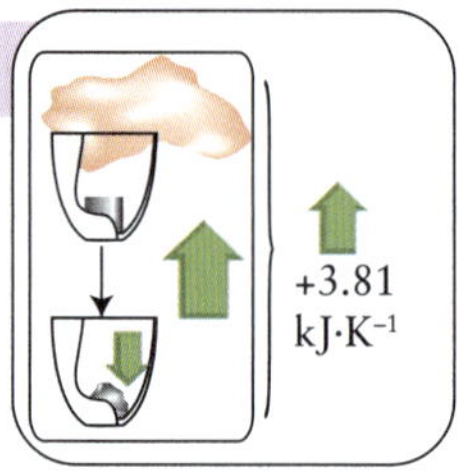

평가 $\Delta S_{전체}°$가 양수이므로 표준 상태에서 계의 엔트로피가 감소할지라도, 이 반응은 자발적이다.

자습 4I.2A 25 °C의 표준 상태에서 가장 안정한 형태인 원소들로부터 플루오린화 수소가 생성되는 반응은 자발적인가? $H_2(g) + F_2(g) \rightarrow 2\ HF(g)$ 반응에서 $\Delta H° = -542.2$ kJ이고, $\Delta S° = +14.1\ \text{J·K}^{-1}$이다.

[**답**: $\Delta S_{주위}° = +1819\ \text{J·K}^{-1}$이므로, $\Delta S_{전체}° = +1833\ \text{J·K}^{-1}$이다. 따라서 자발적임.]

자습 4I.2B 25 °C에서 가장 안정한 형태인 원소들로부터 벤젠이 생성되는 반응은 자발적인가? $6\ C(s, 흑연) + 3\ H_2(g) \rightarrow C_6H_6(l)$ 반응의 경우 $\Delta H° = +441.0$ kJ이고, $\Delta S° = -253.18\ \text{J·K}^{-1}$이다.

관련 연습 문제 4I.5, 4I.6

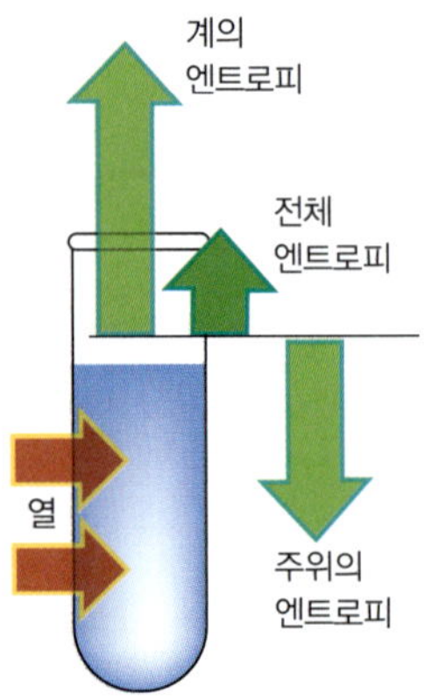

그림 4I.4 흡열 반응은 계의 엔트로피가 주위의 엔트로피 감소를 능가할 만큼 충분히 증가할 때만 자발적이다.

자발적인 흡열 반응은 19세기 화학자들에게 수수께끼였다. 그들은 반응이 계의 에너지가 감소하는 방향으로만 진행된다고 믿었다. 그들에게는 흡열 반응에서 반응물들이 자발적으로 더 높은 에너지로 돌아가는 것처럼 보였다. 이는 마치 갑자기 추가 마룻바닥으로부터 책상 위로 튀어 오르는 것과 같다. 그러나 자발성의 기준은 **계와 그 주위를 합한 전체의 엔트로피가 증가하는 것**이며, 계의 에너지가 감소하는 것이 아니다. 흡열 반응에서는 열이 주위로부터 계로 흘러감에 따라 주위의 엔트로피는 분명히 감소한다. 그렇지만 계의 무질서가 충분히 증가하면 전체적인 엔트로피 증가가 있을 수 있다. 흡열 반응이 자발적인 경우는 모두 계의 무질서 증가가 수반되어야 한다(**그림 4I.4**). 자발적 흡열 반응은 계의 무질서가 현저하게 증가할 때 일어난다.

예를 들어, 팽창이 가역적으로 일어나면, 즉 팽창의 모든 무한소 과정마다 외부 압력을 계의 압력에 맞추어 가면서 팽창시키면, 계가 최대의 일을 행한다(Topic 4B). 이 관계는 항상 진실이다. **계의 한 과정이 가역적으로 일어나면 이 과정에서 계는 최대의 일을 한다.** 즉, $w_{가역}$은 $w_{비가역}$보다 더 음수이다(더 많은 에너지가 일로써 계를 떠난다). 그러나 내부 에너지는 상태 함수이므로, ΔU는 같은 두 상태 사이의 어느 경로에서도 같다. 그런데 $\Delta U = q + w$이므로,

표 4I.1 자발성의 기준

ΔS	$\Delta S_{주위}$	$\Delta S_{전체}$	특징
+	+	>0	자발적
−	−	<0	자발적이 아님. 역변화가 자발적
+	−	상대적 크기에 좌우됨	ΔS가 주도하면 자발적
−	+	상대적 크기에 좌우됨	$\Delta S_{주위}$가 주도하면 자발적

가역 경로에 따라서 흡수된 열인 $q_{가역}$은 기타 어느 다른 경로에 따라서 흡수된 열인 $q_{비가역}$보다 커야 한다. 왜냐하면 두 경로에 있어서 q와 w의 합은 같아야만 하기 때문이다. 엔트로피의 정의 $\Delta S = q_{가역}/T$에서 $q_{가역}$을 더 작은 $q_{비가역}$으로 대치하면, $\Delta S > q_{비가역}/T$가 얻어진다. 일반적으로 **Clausius 부등식(Clausius inequality)**을 다음과 같이 쓸 수 있다.

$$\Delta S \geq \frac{q}{T} \qquad \textbf{(3)}$$

여기서 등호는 가역 과정에서 성립된다. 그림 4I.1과 같은 전체 고립 계인 경우에는, 계 내부에서 일어나는 어떤 과정에서도 $q=0$이다(역자: q는 발생된 열이 아니라, 전달된 열임을 명심하시오). 그러면 다음이 주어진다.

$$\Delta S \geq 0 \text{ (고립 계에 있어서 어느 과정에서나)}$$

즉, **고립 계의 엔트로피는 감소할 수 없다.** 이는 열역학 제2법칙의 또 다른 표현이다. 이는 실제적으로 우리 주위의 모든 과정의 진행 결과로, 우주의 엔트로피가 꾸준히 증가하고 있음을 말해 준다.

이제 전체 고립 계(그림 4I.1과 같은)를 생각해 보자. 이 고립 계 내에서 어떠한 자발적 변화가 일어나더라도 $\Delta S_{전체}>0$이다. 만일 $\Delta S_{전체}<0$인 특별한 가상적인 과정이 있다면 역과정이 자발적이다. **표 4I.1**은 자발적 과정의 기준을 보여준다.

엔트로피는 상태 함수이므로 과정이, 가역 경로를 따라 일어나건 비가역 경로를 따라 일어나건, 계의 엔트로피 변화인 ΔS 값은 같다. 그러나 두 경로의 $\Delta S_{전체}$는 다르다. 예를 들어, 이상 기체의 등온 팽창은 엔트로피 변화가 항상 Topic 4F의 식 2($\Delta S = nR\ln(V_2/V_1)$)로 주어진다. 그러나 가역과 비가역 경로의 경우에 주위는 다른 상태에 남게 되므로, 각 경로에 따라 주위의 엔트로피 변화는 다르다(**그림 4I.5**).

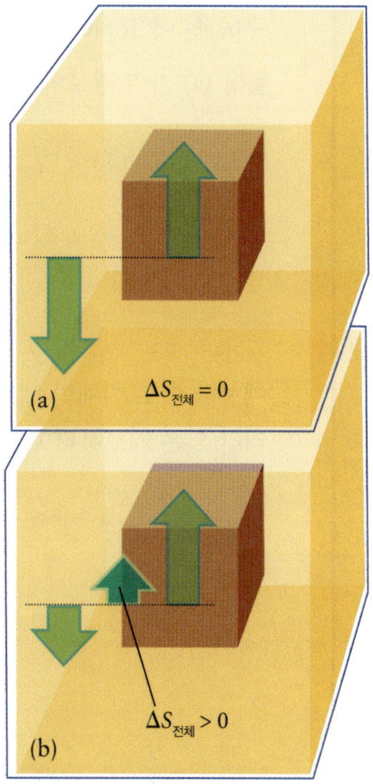

그림 4I.5 (a) 한 과정이 가역적으로 일어나면(즉, 계가 그 주위와 평형을 이루면), 주위의 엔트로피 변화는 계의 엔트로피 변화의 음수 값과 같으며, 전체적 엔트로피 변화는 0이다. (b) 계의 같은 두 상태 사이의 비가역 변화에서는 주위의 최종 상태가 (a)의 최종 상태와 다르며, 계의 엔트로피 변화가 주위의 엔트로피 변화에 의해서 상쇄되지 않는다. 전체 엔트로피는 증가한다.

예제 4I.3 이상 기체 팽창에 의한 전체 엔트로피 변화의 계산

자동차에서 사용되는 것과 같은 내연 기관을 공부하면서 그 효율을 높이는 방법을 찾는 공학자는 조건에 따라 기체 혼합물의 엔트로피가 어떻게 영향을 받는지 이해해야 한다. 292 K에서 부피 8.00 L에서 20.00 L까지 이상 기체 1.00 mol의 (a) 등온 가역 팽창 그리고 (b) 등온 자유 팽창에 대한 ΔS, $\Delta S_{주위}$, $\Delta S_{전체}$를 계산하시오. 두 경로 사이에 차이가 있으면 이를 설명하시오.

예상 (a) 팽창하는 기체의 엔트로피는 증가한다. 그러나 가역 과정이므로 전체의 엔트로피 변화는 0일 것이다. (b) 비가역적 팽창에 의한 전체 엔트로피의 변화는 양수일 것이다.

계획 엔트로피는 상태 함수이므로, 계의 엔트로피 변화는 두 상태 사이의 경로와 관계없이 같다. 따라서 (a)와 (b)에 관한 ΔS의 계산에 Topic 4F의 식 2($\Delta S = nR\ln(V_2/V_1)$)를 사용할 수 있다. 주위의 엔트로피에 관해서는 주위로 전달된 열을 구해야 한다. 각 경우에 이상 기체의 등온 팽창의 경우 $\Delta U = 0$이라는 사실과 $\Delta U = q + w$를 결합하면, $q = -w$가 얻어진다. 그다음엔, Topic 4B의 식 2($w = -nRT\ln(V_2/V_1)$)를 이용하여 이상 기체의 등온 가역 팽창에 관한 일을 구하고, 이 Topic의 식 1을 사용하여 전체 엔트로피를 구한다.

풀이 (a) 가역 경로의 경우:

$\Delta S = nR \ln (V_2/V_1)$로부터

$$\Delta S = (1.00\ \text{mol}) \times (8.3145\ \text{J·K}^{-1}\text{·mol}^{-1}) \times \ln \frac{20.0\ \text{L}}{8.00\ \text{L}}$$
$$= +7.6\ \text{J·K}^{-1}$$

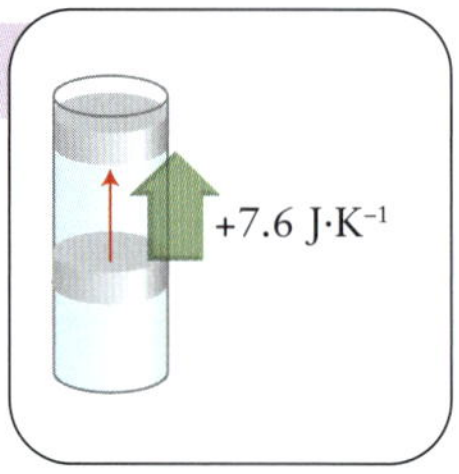

예상한 대로 기체의 엔트로피 변화는 양수이다. $\Delta U = 0$이므로 $q = -w$이다. 그런데 주위로 흘러간 열은 계로부터 나간 열과 같으므로 다음이 주어진다.

$q_{주위} = -q$, $q = -w$, $w = -nRT \ln (V_2/V_1)$로부터

$$q_{주위} = -nRT \ln \frac{V_2}{V_1}$$

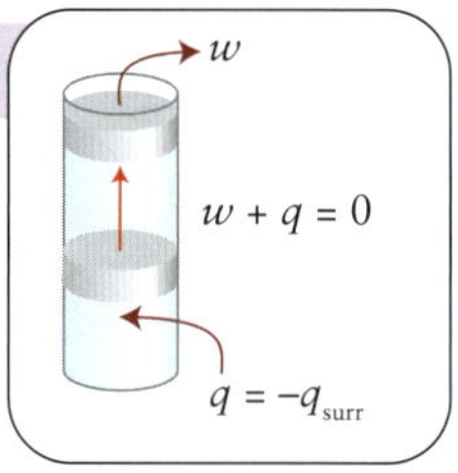

$\Delta S_{주위} = q_{주위}/T$로부터

$$\Delta S_{주위} = -\frac{nRT}{T} \ln \frac{V_2}{V_1} = -nR \ln \frac{V_2}{V_1} = -\Delta S = -7.6\ \text{J·K}^{-1}$$

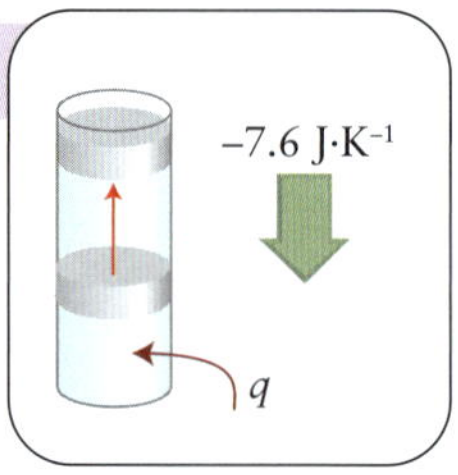

$\Delta S_{전체} = \Delta S + \Delta S_{주위}$로부터

$$\Delta S_{전체} = 7.6\ \text{J·K}^{-1} - 7.6\ \text{J·K}^{-1} = 0$$

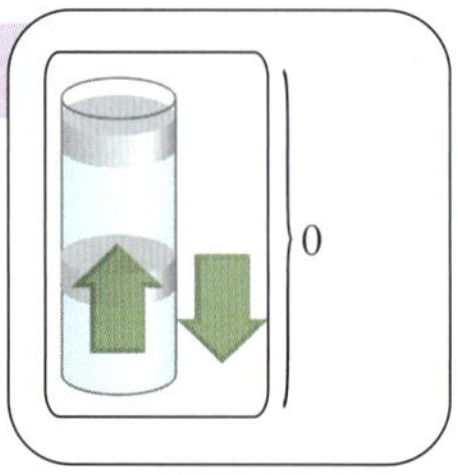

(b) 비가역 과정의 경우:

자유 팽창에서는 일을 하지 않으므로(Topic 4A), $w = 0$이다. $\Delta U = 0$이므로 $q = 0$이다. 그러므로

$$q_{주위} = 0$$

$\Delta S_{주위} = q_{주위}/T$로부터

$$\Delta S_{주위} = 0$$

ΔS는 가역 경로의 경우와 같으며, $+7.6\ \text{J·K}^{-1}$이다. 그러므로 전체 엔트로피 변화는 다음과 같다.

$$\Delta S_{전체} = +7.6\ \text{J·K}^{-1}$$

평가 예상한 대로 가역 과정의 경우 $\Delta S_{전체} = 0$이고, 비가역 과정의 경우에는 $\Delta S_{전체} > 0$이다. 가역 경로보다 비가역 경로의 경우에 주위의 엔트로피 변화가 더 크므로, 두 경로에 대한 전체 엔트로피 변화는 서로 다르다. 결과를 **그림 4I.6**에 요약하였다.

자습 4I.3A 298 K에서 이상 기체 1.00 mol을 10.00 atm, 0.200 L로부터 1.00 atm, 2.00 L까지 (a) 가역 등온 팽창, (b) 등온 자유 팽창시킬 경우, ΔS, $\Delta S_{주위}$, $\Delta S_{전체}$를 구하시오.

[답: (a) $\Delta S = +19.1\ \text{J·K}^{-1}$, $\Delta S_{주위} = -19.1\ \text{J·K}^{-1}$, $\Delta S_{전체} = 0$,
(b) $\Delta S = +19.1\ \text{J·K}^{-1}$, $\Delta S_{주위} = 0$, $\Delta S_{전체} = +19.1\ \text{J·K}^{-1}$]

자습 4I.3B 298 K에서 이상 기체 2.00 mol이 1.00 atm, 4.00 L로부터 20.00 atm, 0.200 L까지 가역 등온 압축될 경우 ΔS, $\Delta S_{주위}$, $\Delta S_{전체}$를 구하시오.

관련 연습 문제 4I.7, 4I.8

계와 그 주위의 전체 엔트로피가 증가하면 그 과정은 자발적이다.

4I.3 평형

이 절에서는 평형에 대하여 간단하게 소개만 하지만, 여기서 설명하는 원리는 극히 중요하다. 이는 평형으로 진행되려는 반응의 경향이 많은 화학의 바탕이기 때문이다. 이러한 개념에 대해서는 Focus 5에서 더 자세히 다룬다.

평형(equilibrium)에 있는 계는 어느 방향으로도(정반응이나 역반응) 변하는 경향이 없다. 이러한 계는 온도를 올리거나, 부피를 줄이거나, 반응물을 더 가하는 등의 조건을 변화시키지 않는 한 현재 상태를 유지한다. 화학에서의 평형 상태는 **동적 평형(dynamic equilibrium)**으로, 정반응과 역반응 과정이 계속 일어나고 있지만, 그 속도가 서로 같다. 예를 들어, 금속 덩이의 온도가 주위와 같은 경우, 그 금속은 주위와 열적 평형에 있다(Topic 4B). Topic 4B에서 설명한 바와 같이, 에너지는 양쪽으로 계속하여 흐르지만, 그 속도가 같아 알짜 흐름이 없는 것이다(그림 4I.7). 피스톤에 의해서 실린더에 갇혀 있는 기체의 압력이 주위의 압력과 같을 경우, 그 계는 그 주위와 **역학적 평형(mechanical equilibrium)**에 있으며, 기체는 팽창하거나 수축하는 경향을 갖지 않는다. 내부의 압력은 피스톤을 바깥으로 밀어내려 하지만, 외부 압력이 피스톤을 안쪽으로 같은 정도로 밀어서 결국 **알짜** 변화가 없다.

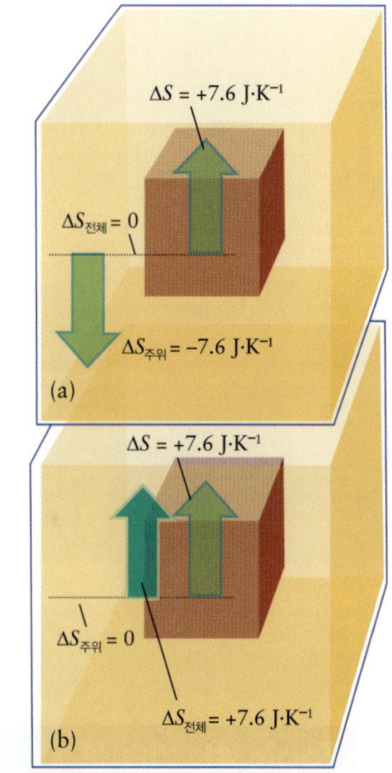

그림 4I.6 이상 기체가 두 상태 사이에서 예제 4I.3에서 기술한 바와 같이, (a) 가역 그리고 (b) 비가역 변화를 할때 엔트로피와 내부 에너지 변화를 나타낸다.

특정한 온도, 압력에서(물의 경우 0 °C, 1 atm) 얼음 같은 고체가 물 같은 액체 형태와 접촉하면, 물질의 두 상태가 서로 동적 평형을 이루며, 물질의 한 형태가 다른 형태로 변하는 경향이 없다. 고체와 액체 물이 평형에 있는 경우 물 분자는 끊임없이 고체상을 떠나 액체상이 되며, 또한 물 분자는 그와 같은 속도로 끊임없이 액체상을 떠나 고체상이 된다. 그러나 이들 과정은 같은 속도로 일어나며, 서로 균형을 유지하기 때문에 알짜 변화는 없다.

화학 반응 혼합물이 특정한 조성에 이르면 반응이 정지된 것처럼 보인다. **화학 평형(chemical equilibrium)**에 이른 물질의 혼합물은 생성물을 더 만들거나 반응물로 되돌리거나 하는 어느 쪽으로의 경향도 갖지 않는다. 평형에서는 반응물이 계속해서 생성물을 만들지만, 그와 같은 속도로 생성물이 반응물로 되돌아가서 알짜 조성 변화가 없다.

어느 동적 평형에서나 공통되는 특성은 미시적 수준에서는 계가 정방향이나 역방향으로 변하는 과정이 계속되지만, 알짜 경향은 없다는 것이다. 즉, 정과정이나 역과정이 자발적이지 않다. 이를 열역학적으로는 다음과 같이 나타낸다.

$$\text{평형에서: } \Delta S_{전체} = 0 \qquad (4)$$

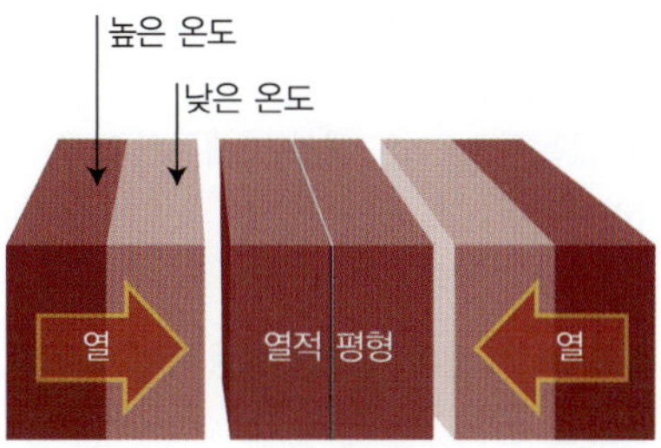

그림 4I.7 에너지가 열전도성 벽을 통해서 고온 영역(진한 빨강)으로부터 저온 영역(연한 빨강)으로 열로 흐른다. 벽 양쪽의 온도가 같을 때, 계는 그 주위와 열적 평형을 이룬다(중앙). 계들이 열적으로 접촉되어 있기 때문에 에너지는 열로써 계속 흐르지만, 각 방향으로 흐르는 속도가 같다.

전체 엔트로피는 반응 혼합물의 조성에 따라서 변하며, $\Delta S_{전체} = 0$인 조성을 찾아서 반응의 평형 조성을 예측할 수 있다. 이 점은 Focus 5에서 다룬다. 이 조성에서는 반응이 생성물을 더 내거나 반응물로 되돌아가는 경향을 보이지 않는다.

자습 4I.4A 온도가 100. °C이고, 압력이 1 atm일 때 액체 물과 수증기가 평형에 있음을 확인하시오. 표 4C.1과 4G.1의 자료를 참조하시오.

[**답**: 100. °C에서 $\Delta S_{전체} = 0$]

자습 4I.4B 벤젠의 정상 끓는점 80.1 °C와 1 atm 압력에서 액체 벤젠과 벤젠 증기가 평형에 있음을 확인하시오. 끓는점에서 벤젠의 증발 엔탈피는 30.8 kJ·mol^{-1}이고, 증발 엔트로피는 87.2 J·K^{-1}·mol^{-1}이다.

화학의 평형은 동적이다; 열역학에서 평형에 관한 일반적인 기준은 $\Delta S_{전체} = 0$이다.

이 Topic에서 배운 것은 무엇인가?

한 과정이 자발적인지 평가하기 위해 엔트로피를 사용할 때 계와 주위의 변화를 모두 고려하는 것이 필수적이라는 사실을 알게 되었다. 계의 엔탈피 변화(일정한 압력에서)로 주위의 엔트로피 변화를 계산하는 방법을 배웠다. 마지막으로, 화학에서 평형이 어떻게 논의되는지를 간단히 알아 보았다.

개념과 식의 적용

- ☐ 일정 온도와 압력에서 열전달에 의한 주위의 엔트로피 변화를 구한다(예제 4I.1).
- ☐ 한 과정에 관한 전체 엔트로피 변화를 구한다(예제 4I.2 및 4I.3).
- ☐ Clausius 부등식을 기술하고 이것을 이용하여 열역학 제2법칙의 내용을 수학적으로 요약한다(4I.2절).

Topic 4I 연습 문제

4I.1 800. K의 큰 저장 용기에서 40.0 kJ의 에너지가 열로 200. K의 저장 용기로 전달되었을 때, 전체 엔트로피 변화는 얼마인가?

4I.2 700. K의 큰 저장 용기에서 25.0 kJ의 에너지가 열로 320. K의 저장 용기로 전달되었을 때, 전체 엔트로피 변화는 얼마인가?

4I.3 끓는점에서 벤젠의 표준 증발 엔트로피는 대략 85 J·K^{-1}·mol^{-1}이다. (a) 끓는점 80.°C에서 벤젠의 표준 증발 엔탈피를 추정하시오. (b) 벤젠 C_6H_6 10. g이 끓는점에서 증발할 때 주위의 표준 엔트로피 변화는 얼마인가?

4I.4 끓는점에서 아세톤의 표준 증발 엔트로피는 대략 85 J·K^{-1}·mol^{-1}이다.
(a) 끓는점 56.2 °C에서 아세톤의 표준 증발 엔탈피를 추정하시오.
(b) 아세톤 CH_3COCH_3 10. g이 끓는점에서 응축할 때 주위의 표준 엔트로피 변화는 얼마인가?

4I.5 표 4C.1의 정보를 이용하여 (a) CH_4(l) 1.00 mol이 끓는점에서 증발할 경우, (b) C_2H_5OH(s) 1.00 mol이 녹는점에서 녹는 경우, (c) C_2H_5OH(l) 1.00 mol이 어는점에서 어는 경우, 계와 주위의 엔트로피 변화를 계산하시오.

4I.6 표 4C.1의 정보를 이용하여 (a) NH_3(s) 1.00 mol이 녹는점에서 녹는 경우, (b) CH_3OH(l) 1.00 mol이 어는점에서 어는 경우, (c) H_2O(l) 1.00 mol이 끓는점에서 증발하는 경우, 계와 주위의 엔트로피 변화를 계산하시오.

4I.7 초기에는 한 이상 기체가 323 K, 4.95 atm에서 1.67 L를 차지한다. 이 기체를 다음의 두 경로에 따라서 7.33 L까지 팽창시켰다. (a) 등온, 가역 팽창, (b) 등온, 비가역 자유 팽창. 각 경로에 대한 $\Delta S_{전체}$, ΔS, $\Delta S_{주위}$를 계산하시오.

4I.8 초기에는 한 이상 기체가 412 K, 0.6789 atm에서 12.62 L를 차지한다. 이 기체를 다음의 두 경로에 따라서 19.44 L까지 팽창시켰다. (a) 등온, 가역 팽창, (b) 등온, 비가역 자유 팽창. 각 경로에 대한 $\Delta S_{전체}$, ΔS, $\Delta S_{주위}$를 계산하시오.

4I.9 다음 그림은 자발적인 변화를 일으키고 있는 계를 분자적으로

시각화한 것이다. 이 과정의 자발성을 계와 주위의 엔트로피 변화를 이용하여 설명하시오. 온도계는 계의 온도를 나타낸다.

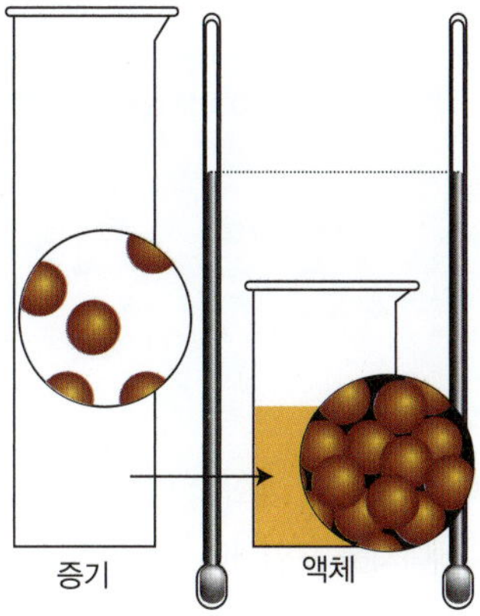

4I.10 다음 그림은 자발적인 변화를 일으키고 있는 계를 분자적으로 시각화한 것이다. 이 과정의 자발성을 계와 주위의 엔트로피 변화를 이용하여 설명하시오. 온도계는 계의 온도를 나타낸다.

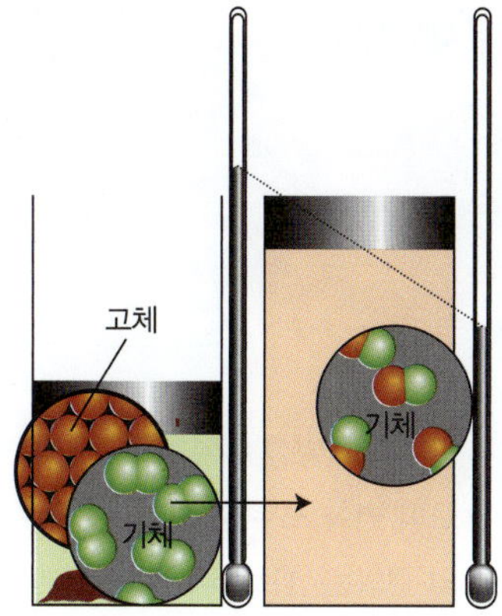

Topic 4J Gibbs 자유 에너지

이 Topic을 왜 배우는가? Gibbs 자유 에너지는 화학 전반에 걸쳐 평형과 전기화학을 논의할 때 사용된다.

무엇을 알고 있어야 하는가? 엔탈피(Topic 4C)와 엔트로피(Topic 4F)의 정의와, 변화의 자발적 방향은 전체 엔트로피가 증가하는 방향(Topic 4I)이라는 것을 알고 있어야 한다. 또한 내부 에너지와 열과 일로 공급된 에너지의 관계에 익숙해야 한다(Topic 4B).

반응의 자발성 여부를 판단하기 위해 열역학 제2법칙을 사용할 때의 문제 중 하나는, 계와 주위의 엔트로피 변화 모두를 알아야 한다는 것이다. 새로운 상태 함수 'Gibbs 자유 에너지'를 도입하면, 계와 주위의 결합된 엔트로피 변화를 계의 단일 속성으로 표현함으로써 이러한 문제가 없어진다. Gibbs 자유 에너지는 열역학을 화학에 적용하는 데 가장 널리 사용되는 유용한 양일 것이다. 이는 열역학을 추상적인 이론에서 매우 유용한 주제로 바꾸었던 19세기 미국 물리학자 Josiah Willard Gibbs(**그림 4J.1**)의 이름을 따서 명명되었다.

4J.1 계로의 관점 집중

그림 4J.1 Josiah Willard Gibbs (1839~1903). (*Public Domain/ Wikimedia Commons*)

Topic 4I에서 도입한 전체 고립 계의 총 엔트로피 변화 $\Delta S_{\text{전체}}$는 계의 엔트로피 변화 ΔS와 주위의 엔트로피 변화 $\Delta S_{\text{주위}}$의 합, 즉 $\Delta S_{\text{전체}} = \Delta S + \Delta S_{\text{주위}}$이다. 일정 온도, 압력에서의 과정에서는 주위의 엔트로피가 Topic 4I의 식 2($\Delta S_{\text{주위}} = -\Delta H/T$)로 주어진다. 그러므로

$$\Delta S_{\text{전체}} = \Delta S + \overbrace{\Delta S_{\text{주위}}}^{-\Delta H/T} = \Delta S - \frac{\Delta H}{T} \text{ (일정 온도, 압력에서)} \qquad (1)$$

이 식은 계만의 정보로부터 전체 엔트로피 변화를 계산하는 방법을 보여 준다. 단지 제한은 이 식이 일정 온도, 압력에서만 적용된다는 점이다.

다음 단계를 위해서 아래와 같이 정의되는 **Gibbs 자유 에너지(Gibbs free energy**, G)를 도입하자.

$$G = H - TS \qquad (2)$$

G는 일반적으로 **자유 에너지**, 더 정식으로는 Gibbs **에너지**로 불리며, 전적으로 상태 함수들만으로 정의되므로, G도 상태 함수이다. 일정 온도에서 일어나는 과정의 Gibbs 자유 에너지 변화는 다음과 같다.

$$\Delta G = \Delta H - T\Delta S \text{ (일정 온도에서)} \qquad (3)$$

이 식을 다음과 같이 재배열하자.

$$\frac{\Delta G}{T} = \frac{\Delta H}{T} - \Delta S \overset{\text{식 1에서}}{=} -\Delta S_{\text{전체}}$$

즉,

$$\Delta G = -T\Delta S_{\text{전체}} \text{(일정 온도, 압력에서)} \qquad (4)$$

이 식에서 음의 부호는 온도와 압력이 일정할 때 전체 엔트로피의 증가는 Gibbs 자유 에너지의 감소에 해당함을 뜻한다. 따라서(그림 4J.2),

일정한 온도와 압력에서 자발적 변화의 방향은 계의 Gibbs 자유 에너지의 감소 방향이다.

Gibbs 자유 에너지 도입의 커다란 중요성은 **온도와 압력이 일정한 경우 한 과정의 자발성 여부를 전적으로 계의 열역학적 성질의 항으로 예측할 수 있다**는 데 있다.

식 3은 일정한 온도와 압력에서 자발적 변화의 방향을 결정해 주는 인자들을 요약해 준다. 자발적 변화인지 알아보려면, ΔG의 값이 음수가 되는 ΔH, ΔS, T를 찾으면 된다(표 4J.1). ΔG가 음수가 될 수 있는 조건 중 하나는, 연소 반응에서처럼 ΔH가 큰 음수인 것이다. 근본적인 이유를 놓치지 말아야 한다. 큰 음의 ΔH는 주위 엔트로피의 큰 증가에 해당한다. 그러나 ΔH가 양수일지라도(흡열 반응), $T\Delta S$가 크고 양수이면 ΔG가 음수로 될 수도 있다. 이 경우에는 반응의 추진력, 즉 자발성의 근원이 주위의 엔트로피 감소를 극복하는 계의 엔트로피 증가에 있다.

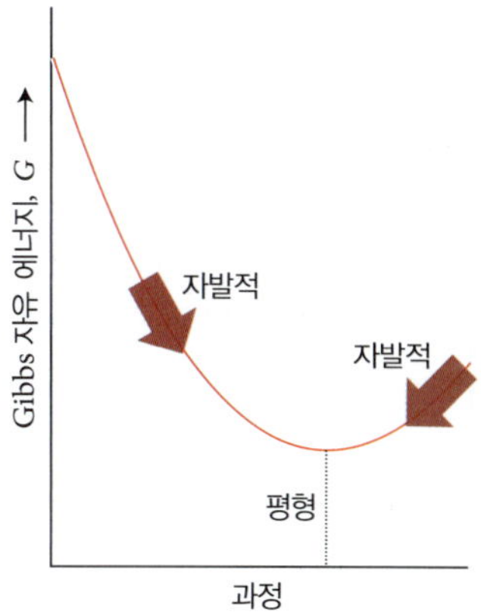

그림 4J.2 일정한 온도와 압력에서 자발적 변화의 방향은 Gibbs 자유 에너지가 낮아지는 쪽이다. 수평 축은 반응이나 과정의 진행을 나타낸다. 계의 평형 상태는 곡선의 최저점에 해당된다.

자습 4J.1A 온도가 증가하면 ΔS가 음수인 비자발적 과정이 자발적으로 될 수 있는가(ΔH와 ΔS는 온도에 무관하다고 가정)?

[**답**: 아니다]

자습 4J.1B 온도가 증가하면 ΔS가 양수인 비자발적 과정이 자발적으로 될 수 있는가(ΔH와 ΔS는 온도에 무관하다고 가정)?

Topic 4I에서 평형에 관한 기준은 $\Delta S_{전체} = 0$임을 알았다. 따라서 식 4에 의하면 일정한 온도와 압력의 과정에 대한 평형의 기준은 다음과 같다.

$$\Delta G = 0 \text{ (일정한 온도와 압력에서)} \quad (5)$$

만일 일정 온도, 압력에서 한 과정에 관해 $\Delta G = 0$이면, 곧바로 그 계는 평형에 있음을 알게 된다. 반대로, 어떤 계가 평형에 있다는 것을 안다면, 평형을 유지하는 모든 변화에 대해 $\Delta G = 0$이다.

표 4J.1 자발성의 온도 범위

ΔH	ΔS	언제 자발적?
−	−	낮은 T에서
+	+	높은 T에서
+	−	어떤 T에서도 아님
−	+	모든 T에서

예제 4J.1 자발성 여부의 결정

열역학 과정과 친숙해지는 좋은 방법은 아주 간단한 계에서 다양한 변화들이 어떠한 영향을 끼치는지 고려하는 것부터 시작하는 것이다. (a) 1 atm, 10. °C, (b) 1 atm, 0. °C에서, $H_2O(s) \rightarrow H_2O(l)$ 과정에 관한 몰 Gibbs 자유 에너지 변화, ΔG_m을 구하시오. 각 온도에서 녹음의 자발성 여부를 결정하시오. $\Delta H_{용융}$과 $\Delta S_{용융}$은 온도에 무관하다고 보시오.

예상 녹는점에서 고체상과 액체상은 평형이므로 0. °C에서 $\Delta G = 0$일 것이다. 녹는점보다 높은 온도에서는 얼음이 녹을 것이므로, 10. °C에서는 ΔG가 음수일 것이다.

계획 표 4C.1(1 atm과 전이 온도에서의 값들이 있다)에서 물의 용융 엔탈피 값을 찾는다. 물의 용융 엔트로피는 표 4G.1에 나와 있다. 식 3을 사용하여 Gibbs 자유 에너지를 계산한다.

무엇을 가정해야 하는가? 고려하는 온도 영역에서 $\Delta H_{용융}$과 $\Delta S_{용융}$은 일정하다고 가정한다.

풀이 표 4G.1에서 용융 엔탈피는 6.01 kJ·mol^{-1}이고, 용융 엔트로피는 $S_m°(l) - S_m°(s) = (65.2 - 43.2)$ J·K^{-1}·mol^{-1} = 22.0 J·K^{-1}·mol^{-1}이다. 이들 값은 고려하는 온도 영역에서 온도에 거의 무관하다.

(a) 10. °C에서

온도를 절대 온도로 변환한다:

$$T = (273.15 + 10.)\ \text{K} = 283\ \text{K}$$

$\Delta G_m = \Delta H_m - T\Delta S_m$로부터($\Delta H$에서 $T\Delta S$를 빼기 전에 J을 kJ로 환산하는 것을 잊지 마시오)

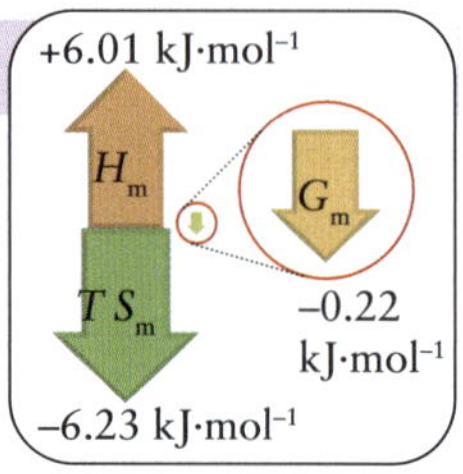

$$\begin{aligned}\Delta G_m &= \overbrace{6.0\ \text{kJ}\cdot\text{mol}^{-1}}^{\Delta H_m} - (283\ \text{K}) \times \overbrace{(22.0\ \text{J}\cdot\text{K}^{-1}\cdot\text{mol}^{-1})}^{\Delta S_m} \\ &= 6.0\ \text{kJ}\cdot\text{mol}^{-1} - 6.23 \times \overbrace{10^3\ \text{J}}^{1\ \text{kJ}}\cdot\text{mol}^{-1} \\ &= 6.0\ \text{kJ}\cdot\text{mol}^{-1} - 6.23\ \text{kJ}\cdot\text{mol}^{-1} \\ &= -0.22\ \text{kJ}\cdot\text{mol}^{-1}\end{aligned}$$

(b) 0. °C에서

온도를 절대 온도로 변환한다:

$$T = (273.15 + 0.)\ \text{K} = 273\ \text{K}$$

$\Delta G_m = \Delta H_m - T\Delta S_m$로부터

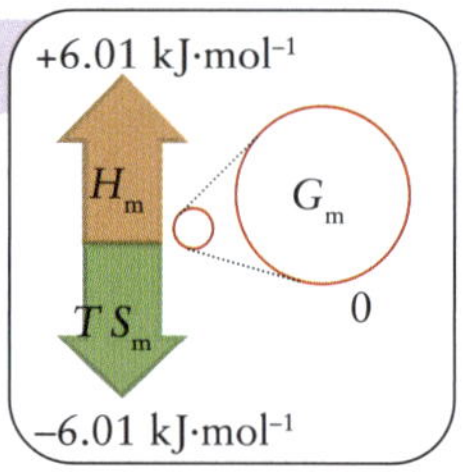

$$\begin{aligned}\Delta G_m &= 6.0\ \text{kJ}\cdot\text{mol}^{-1} - (273\ \text{K}) \times (22.0\ \overbrace{\text{J}\cdot\text{K}^{-1}\cdot\text{mol}^{-1}}^{10^{-3}\ \text{kJ}\cdot\text{K}^{-1}\cdot\text{mol}^{-1}}) \\ &= 6.01\ \text{kJ}\cdot\text{mol}^{-1} - 6.01\ \text{kJ}\cdot\text{mol}^{-1} = 0\end{aligned}$$

평가 예상한 대로 10. °C에서는 몰 Gibbs 자유 에너지 차이가 음수여서 얼음이 자발적으로 녹지만, 0. °C에서는 얼음과 물이 평형을 이룬다.

자습 4J.2A (a) 1 atm, 95 °C, (b) 1 atm, 105 °C에서 $H_2O(l) \rightarrow H_2O(g)$ 과정의 몰 Gibbs 자유 에너지 변화를 구하시오. 물의 증발 엔탈피는 40.7 kJ·mol^{-1}이고, 증발 엔트로피는 109.1 J·K^{-1}·mol^{-1}이다. 각 경우에 증발의 자발성 여부를 알아보시오.

[**답**: (a) +0.6 kJ·mol^{-1}, 비자발적, (b) −0.5 kJ·mol^{-1}, 자발적]

자습 4J.2B (a) 1 atm, 350. °C, (b) 1 atm, 370. °C에서 $Hg(l) \rightarrow Hg(g)$ 과정의 몰 Gibbs 자유 에너지 변화를 구하시오. 수은의 증발 엔탈피는 59.3 kJ·mol^{-1}이고, 증발 엔트로피는 94.2 J·K^{-1}·mol^{-1}이다. 각 경우에 증발의 자발성 여부를 알아보시오.

관련 연습 문제 4J.3, 4J.4

물질의 Gibbs 자유 에너지는 일정한 압력에서 온도가 올라가면 감소(더 작은 양수가 되거나, 더 큰 음수가 된다)한다. 이는 $G = H - TS$라는 정의와 순수한 물질의 엔트로피는 항상 양수라는 사실로부터 나온다. T가 증가하면 TS도 증가하며, H로부터 더 큰 양이 감산된다. 또 하나의 중요한 사실은 한 물질의 기체상 몰엔트로피는 액체상보다 크므로, 그 물질의 기체상 몰 Gibbs 자유 에너지는 액체상보다 온도에 따라서 더 가파르게 떨어진다는 점이다. 마찬가지로 한 물질의 액체상 몰 Gibbs 자유 에너지는 고체상보다 온도에 따라 더 빠르게 떨어진다(**그림 4J.3**).

이제 상전이에 대한 열역학적 근원을 알 수 있다. 낮은 온도에서는 고체상의 몰 Gibbs 자유 에너지가 가장 낮으므로, 액체는 자발적으로 얼어서 그것의 Gibbs 자유 에너지를 낮추려는 경향이 있다. 특정 온도 이상에서는 액체의 몰 Gibbs 자유 에너지가 고체 아래로 떨어지며, 그 고체는 자발적으로 녹는 경향이 있다. 이보다 더 높은 온도에서는 기체상의 몰 Gibbs 자유 에

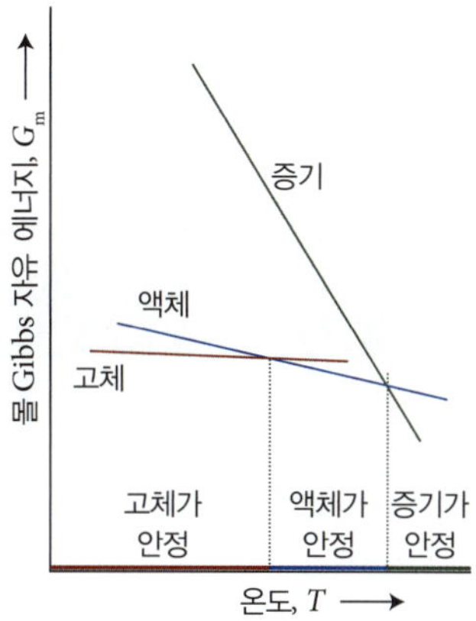

그림 4J.3 주어진 압력에서 한 물질의 세 가지 상에 관하여 몰 Gibbs 자유 에너지의 온도에 따른 변화. 가장 안정한 상은 최저 몰 Gibbs 자유 에너지를 가진 상이다. 온도가 올라감에 따라서 고체, 액체, 기체상이 순차적으로 더 안정해짐을 알 수 있다.

너지가 액체 선 아래로 떨어지며, 그 액체는 자발적으로 증발하는 경향이 있다. 각 상전이의 온도는 그림 4J.3에서 볼 수 있는 것처럼 두 상에 관한 선들의 교차점에 해당한다.

그림 4J.3에 나타낸 세 선의 상대적 위치는 물질마다 다르다. 하나의 가능성(이는 응축상에서 분자간 상호 작용의 세기에 의존)은 액체 선이 **그림 4J.4**와 같은 위치에 놓인 것이다. 이 경우에는 어떤 온도에서도 액체 선이 최저가 되지 않는다. 온도가 고체와 기체 선의 교차에 해당하는 점 위로 올라가면 고체가 직접 증기로 변환되는 승화가 자발적이 된다. 이 그림은 이산화 탄소에 관하여 예상되는 형태로, 대기압에서 승화한다. 아주 높은 온도에서는 이산화 탄소가 액화되는데, 이는 압력에 의해 세 선의 상대적 위치가 변하기 때문이다.

Gibbs 자유 에너지 변화는 일정한 온도와 압력에서 계와 그 주위의 전체 엔트로피 변화의 척도이다. 일정한 온도와 압력에서 자발적 과정은 Gibbs 자유 에너지의 감소를 수반한다.

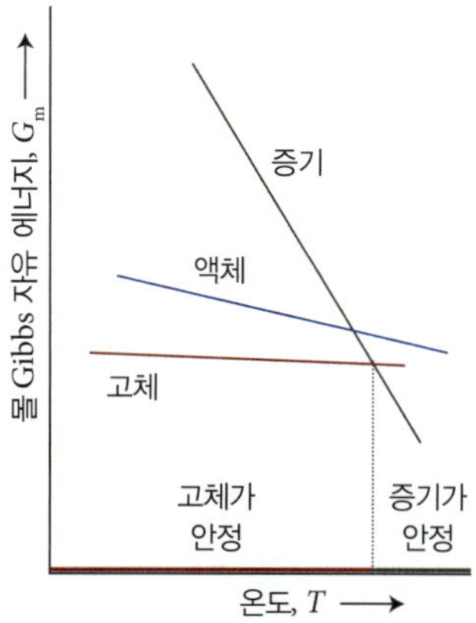

그림 4J.4 어떤 물질은 특정 압력에서, 액체상의 몰 Gibbs 자유 에너지가 다른 두 상보다 높다. 그러한 물질은 액체가 안정한 상이 될 수 없으며, 일정한 압력에서 온도가 올라가서 고체와 증기 선의 교차점에 이르면 고체가 승화한다.

4J.2 반응 Gibbs 자유 에너지

화학 반응에 관한 자발성의 기준으로 사용되는 열역학적 함수는 **반응 Gibbs 자유 에너지(Gibbs free energy of reaction,** ΔG)이다(일반적으로 '반응 자유 에너지'라고 한다). 이 양은 생성물들과 반응물들의 몰 Gibbs 자유 에너지 G_m의 차이로 정의된다. 즉,

$$\Delta G = \sum nG_m(\text{생성물}) - \sum nG_m(\text{반응물}) \tag{6}$$

여기서 각 물질의 몰 Gibbs 자유 에너지와 화학 반응식의 계수로 주어지는 몰수를 곱해서 계산한다. 예를 들어, 암모니아의 생성에 관한 $N_2(g) + 3\ H_2(g) \rightarrow 2\ NH_3(g)$ 반응의 경우, 다음과 같다.

$$\Delta G = (2\ \text{mol}) \times G_m(NH_3) - \{(1\ \text{mol}) \times G_m(N_2) + (3\ \text{mol}) \times G_m(H_2)\}$$

혼합물 속 물질의 몰 Gibbs 자유 에너지는 그 분자 이웃의 영향을 받는다. 따라서 반응이 진행됨에 따라 NH_3, N_2, H_2의 몰 Gibbs 자유 에너지가 변한다. 예를 들어, 반응의 초기 단계에서는 한 NH_3 분자가 거의 N_2와 H_2 분자로 둘러싸이지만, 반응의 끝 무렵에는 이웃 대부분이 NH_3 분자로 둘러싸일 수 있다. 반응이 진행됨에 따라서 개별 Gibbs 자유 에너지가 변하므로, 반응 Gibbs 자유 에너지 또한 변한다. 어떤 반응 혼합물 조성에서 $\Delta G < 0$이면 정반응이 자발적이다. 만일 어떤 조성에서 $\Delta G > 0$이면 그 역반응(이 예에서는 암모니아의 분해)이 자발적이다. $\Delta G = 0$이면 혼합물은 평형 조성이다.

표준 반응 Gibbs 자유 에너지(standard Gibbs free energy of reaction, $\Delta G°$)는 반응 Gibbs 자유 에너지와 마찬가지로 정의되지만, 반응물들과 생성물들의 표준 몰 Gibbs 자유 에너지를 사용한다.

$$\Delta G° = \sum nG_m°(\text{생성물}) - \sum nG_m°(\text{반응물}) \tag{7}$$

즉, 표준 반응 Gibbs 자유 에너지는 표준 상태(특정 온도에서)의 생성물과 반응물 사이의 Gibbs 자유 에너지 차이로, 반응식 계수를 몰 단위로 다루어 가중한 것이다. 물질의 표준 상태는 특정 온도와 1 bar에서 순수한 형태이고, 용질의 **표준** 상태는 1 bar에서 1 mol·L^{-1}의 농도일 때이다(Topic 4D). 표준 반응 Gibbs 자유 에너지는 주어진 반응에서 고정된 양으로서 반응 진행에 따라서 변하지 않는다. 다음의 두 가지를 기억해야 한다.

- $\Delta G°$은 주어진 반응과 주어진 온도에서 고정된 것이어서 반응이 진행되어도 변하지 않는다.
- ΔG는 반응 혼합물의 조성에 의존하며, 반응이 진행됨에 따라서 변하고 심지어는 부호가 바뀔 수도 있다.

표 4J.2 원소의 가장 안정한 형태의 예

원소	25 °C, 1 bar에서 가장 안정한 형태
H_2, O_2, Cl_2, Xe	기체
Br_2, Hg	액체
C	흑연
Na, Fe, I_2	고체

식 6과 7은 실제로는 그렇게 유용한 꼴은 아니다. 왜냐하면 물질의 Gibbs 자유 에너지 **변화**만을 알 수 있고 절댓값은 알 수 없기 때문이다. 그러나 Topic 4D에서 표준 반응 엔탈피를 구하기 위해 각 화합물의 표준 생성 엔탈피 $\Delta H_f°$을 배정하여 사용한 것과 같은 방법을 사용할 수 있다. 한 물질의 **표준 생성 Gibbs 자유 에너지(standard Gibbs free energy of formation**, 혹은 '표준 생성 자유 에너지', $\Delta G_f°$)는 **가장 안정한 형태의 원소로부터 그 화합물의 생성에 관한 몰당 표준 반응 Gibbs 자유 에너지**이다(표 4J.2). 예를 들어, 25 °C에서 아이오딘화 수소 기체의 표준 생성 Gibbs 자유 에너지는 $\Delta G_f°(\text{HI, g}) = +1.70\ \text{kJ·mol}^{-1}$이다. 이는 $\frac{1}{2}H_2(g) + \frac{1}{2}I_2(s) \rightarrow HI(g)$에 관한 표준 반응 Gibbs 자유 에너지이다. 표준 반응 Gibbs 자유 에너지의 정의에 따라 원소가 가장 안정한 상태에 있을 경우, 그것의 표준 생성 Gibbs 자유 에너지는 정확하게 0이다. 예를 들어, $I_2(s) \rightarrow I_2(s)$는 반응물과 생성물이 같은 0의 반응이므로 $\Delta G_f°(I_2, s) = 0$이다.

표준 생성 Gibbs 자유 에너지는 여러 가지 방법으로 결정할 수 있다. 직접적인 한 방법은 표 4D.2와 4H.1과 같은 표로부터 구한 표준 엔탈피와 엔트로피를 결합하는 것이다. 여러 가지 보편적인 물질에 관한 값을 표 4J.3에 나타내었으며, 더 많은 것은 부록 2A에 나와 있다.

표 4J.3 25°C에서의 표준 생성 Gibbs 자유 에너지(kJ·mol⁻¹)*

기체	$\Delta G_f°$/(kJ·mol^{-1})	액체	$\Delta G_f°$/(kJ·mol^{-1})	고체	$\Delta G_f°$/(kJ·mol^{-1})
NH_3	−16.45	벤젠, C_6H_6	+124.3	$CaCO_3$[†]	−1128.8
CO_2	−394.4	에탄올, C_2H_5OH	−174.8	AgCl	−109.8
NO_2	+51.3	H_2O	−237.1		
H_2O	−228.6				

*부록 2A에 더 많은 값이 나와 있다.
[†] 방해석

예제 4J.2 엔탈피 값과 엔트로피 값으로부터 표준 생성 Gibbs 자유 에너지의 계산

아이오딘화 수소는 메스암페타민의 제조에 사용되었던 반응성 화합물이며, 원소들을 직접 반응시켜 만들 수 있다. 25 °C에서 HI(g)의 표준 몰엔트로피와 표준 생성 엔탈피로부터 표준 생성 Gibbs 자유 에너지를 계산하시오.

계획 HI(g)의 생성에 관한 화학 반응식을 쓰고, $\Delta G° = \Delta H° - T\Delta S°$를 이용하여 표준 반응 Gibbs 자유 에너지를 계산한다. 구하려는 화합물의 화학량적 계수가 1이 되도록 화학 반응식을 쓰는 것이 가장 좋다. 왜냐하면 그렇게 할 경우 $\Delta G°$(kJ 단위)가 $\Delta G_f°$(kJ·mol^{-1} 단위)와 같아지기 때문이다. 표준 생성 엔탈피는 부록 2A에 나와 있다. 표준 반응 엔트로피는 표 4H.1이나 부록 2A의 자료를 사용하여 예제 4H.1에서 보여 준 것처럼 구한다.

풀이 화학 반응식은 $\frac{1}{2}H_2(g) + \frac{1}{2}I_2(s) \rightarrow HI(g)$이다.

부록 2A의 자료로부터

$$\Delta H° = (1\ \text{mol}) \times \Delta H_f°(\text{HI,g}) = +26.48\ \text{kJ}$$

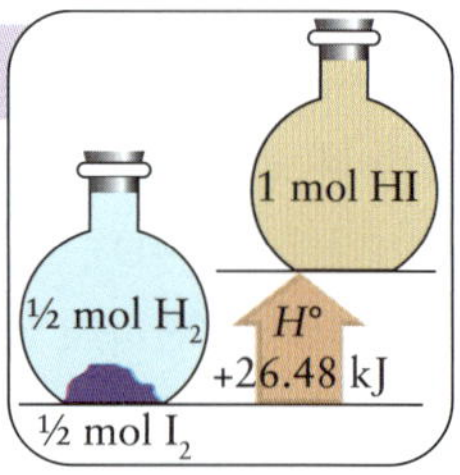

Topic 4H의 식 2로부터

$$\Delta S° = S_m(HI,g) - \{\tfrac{1}{2}S_m°(H_2,g) + \tfrac{1}{2}S_m°(I_2,s)\}$$
$$= (1\ mol) \times (206.6\ J{\cdot}K^{-1}{\cdot}mol^{-1})$$
$$- \{(\tfrac{1}{2}\ mol) \times (130.7\ J{\cdot}K^{-1}{\cdot}mol^{-1}) + (\tfrac{1}{2}\ mol) \times (116.1\ J{\cdot}K^{-1}{\cdot}mol^{-1})\}$$
$$= 206.6\ J{\cdot}K^{-1} - (\tfrac{1}{2}\times 130.7 + \tfrac{1}{2}\times 116.1)\ J{\cdot}K^{-1}$$
$$= +83.2\ J{\cdot}K^{-1} = +0.0832\ kJ{\cdot}K^{-1}$$

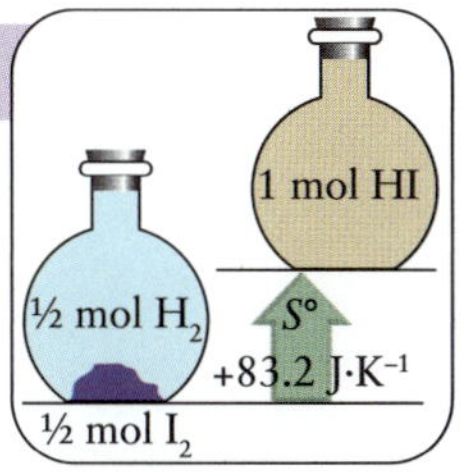

$\Delta G° = \Delta H° - T\Delta S°$으로부터

$$\Delta G° = (1\ mol) \times (26.48\ kJ{\cdot}K^{-1}) - (298\ K) \times (0.0832\ kJ{\cdot}K^{-1})$$
$$= +1.69\ kJ$$

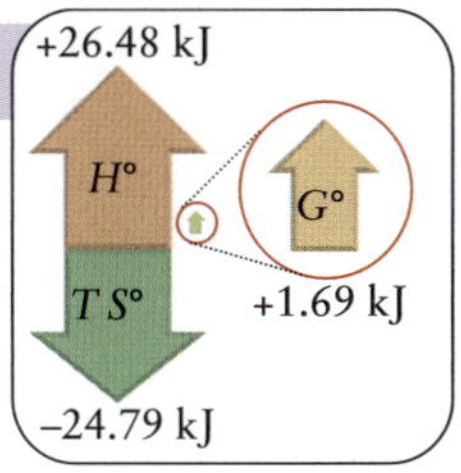

평가 HI(g)의 표준 생성 Gibbs 자유 에너지는 $+1.69\ kJ \cdot mol^{-1}$이며, 이는 본문에서 인용한 $+1.70\ kJ \cdot mol^{-1}$과 좋은 일치를 보여 준다. 이 값은 양수이므로 1 bar에서 원소들로부터의 순수한 HI(g)의 생성은 자발적이 아님을 주목하자.

자습 4J.3A NH_3(g)의 생성에 관여하는 화학종들의 25 °C에서의 생성 엔탈피와 몰엔트로피로부터 표준 생성 Gibbs 자유 에너지를 구하시오.

[**답**: $-16.5\ kJ \cdot mol^{-1}$]

자습 4J.3B 25 °C에서 사이클로프로페인 C_3H_6(g)의 표준 생성 Gibbs 자유 에너지를 구하시오.

관련 연습 문제 4J.5, 4J.6

주어진 온도에서 표준 생성 Gibbs 자유 에너지는 표준 상태에서 그 원소들에 대한 화합물의 안정도 지표가 된다. 부록 2A의 자료는 열역학적 자료를 보고하는 보편적인 온도인 298.15 K에서의 값이다. 특정 온도에서 $\Delta G_f° < 0$이면 순수한 화합물의 Gibbs 자유 에너지가 순수한 원소들보다 낮음을 의미하며, 그 원소들은 그 온도에서 그 화합물로 자발적으로 변할 태세를 갖춘다(**그림 4J.5**). 그러면 그 화합물은 표준 상태에서 원소들보다 '더 안정하다'라고 말한다. 반면에 $\Delta G_f° > 0$이면 화합물의 Gibbs 자유 에너지가 원소들보다 높으며, 그 화합물은 자발적으로 순수한 원소들로 분해될 태세를 갖춘다. 이 경우에는 순수한 원소들이 그 순수한 화합물보다 '더 안정하다'라고 말한다. 예를 들어, 벤젠의 표준 생성 Gibbs 자유 에너지는 25 °C에서 $+124\ kJ \cdot mol^{-1}$이며, 벤젠은 25 °C의 표준 상태에서 원소들에 비해 불안정하다. 그러므로

- **열역학적으로 안정한 화합물(thermodynamically stable compound)**은 음수의 표준 생성 Gibbs 자유 에너지를 가진 화합물이다.
- **열역학적으로 불안정한 화합물(thermodynamically unstable compound)**은 양수의 표준 생성 Gibbs 자유 에너지를 가진 화합물이다.

물은 안정한 화합물의 예이고 벤젠은 불안정한 화합물의 예이다. 분해가 매우 느릴 수도 있어서, 그 경향을 실제로 감지하지 못할 수도 있다. 벤젠은 사실상 전혀 분해되지 않고 무한히 보관할 수 있다. 열역학적으로 불안정하지만 오랜 기간 존재하는 물질을 **불활성(nonlabile)**이

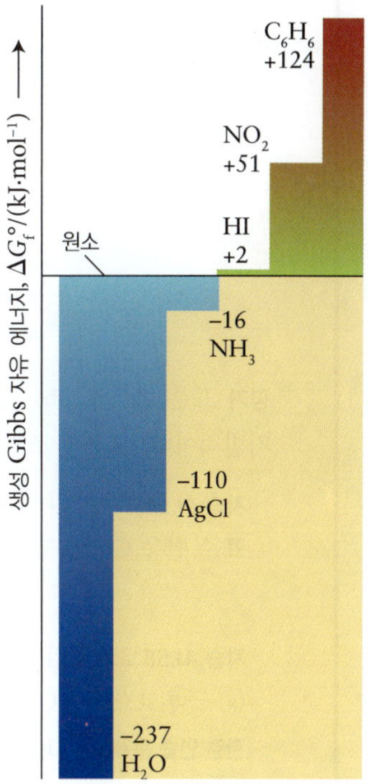

그림 4J.5 한 화합물의 표준 생성 Gibbs 자유 에너지는 그것을 구성하는 원소에서 화합물이 생성될 때, 그 화합물 단위 화학식의 몰당 표준 반응 Gibbs 자유 에너지로서 정의된다. 이는 원소들을 '해수면'으로 보고, 그로부터의 '열역학적 고도'를 나타낸다고 생각할 수 있다. 이 값의 수치는 $kJ{\cdot}mol^{-1}$ 단위로 나타낸다.

라고 한다. 예를 들어, 벤젠은 열역학적으로 불안정하지만 불활성이다. 빠르게 분해되거나 반응하는 물질을 **활성(labile)**이라고 한다. 대부분의 라디칼은 활성이다. 안정성과 활성은 잘 구분해야 한다.

- **안정성**과 **불안정성**은 물질이 그 원소들로 분해되는 열역학적 경향을 말한다.
- **활성**과 **불활성**은 반응이 일어날 열역학적 경향이 실현되는 속도를 말한다.

자습 4J.4A 25 °C의 표준 상태에서 글루코스는 원소들에 비하여 안정한가?

[**답**: 안정하다. 글루코스의 경우 $\Delta G_f^\circ = -910.\ \text{kJ}\cdot\text{mol}^{-1}$이며, 이는 음수 값이다.]

자습 4J.4B 25 °C의 표준 상태에서 메틸아민 CH_3NH_2는 원소들에 비하여 안정한가?

표준 반응 엔탈피를 얻기 위해서 표준 생성 엔탈피들을 결합시킨 바와 같이, 표준 생성 Gibbs 자유 에너지를 결합하여 표준 반응 Gibbs 자유 에너지를 구할 수 있다. 즉,

$$\Delta G^\circ = \sum n\Delta G_f^\circ(\text{생성물}) - \sum n\Delta G_f^\circ(\text{반응물}) \quad \textbf{(8)}$$

보통 그러하듯이 여기서 n은 화학 반응식 내 각 물질의 화학량론적 계수이다. 생성 Gibbs 에너지는 (화합물의) 몰당 킬로줄로 표시된다. 식 8로 정의된 반응 Gibbs 에너지는 킬로줄 단위이며, 쓰인 화학 반응식의 계수 n이 몰 단위의 양으로 해석되는 반응에 대한 값이다.

예제 4J.3 표준 반응 Gibbs 자유 에너지의 계산

암모니아는 공기 중에서 무한히 오래 존재한다. 토양에서 암모니아가 얼마나 오래 존재하는지 연구하는 농학자는 암모니아의 산화가 비자발적인지 아니면 자발적이지만 속도가 느린지 알아야 한다. 25 °C의 표준 상태에서 $4\ NH_3(g) + 5\ O_2(g) \rightarrow 4\ NO(g) + 6\ H_2O(g)$ 반응의 표준 반응 Gibbs 자유 에너지를 구하고, 반응이 자발적인지 판단하시오.

계획 부록 2A에서 표준 생성 Gibbs 자유 에너지를 찾은 다음, 식 8을 이용하여 반응 Gibbs 자유 에너지를 계산한다.

풀이

부록 2A와 식 8로부터

$$\begin{aligned}\Delta G^\circ &= \overbrace{\{(4\ \text{mol})\times\Delta G_f^\circ(\text{NO,g}) + (6\ \text{mol})\times\Delta G_f^\circ(\text{H}_2\text{O,g})\}}^{\text{생성물}}\\ &\quad - \overbrace{\{(4\ \text{mol})\times\Delta G_f^\circ(\text{NH}_3\text{,g}) + (5\ \text{mol})\times\Delta G_f^\circ(\text{O}_2\text{,g})\}}^{\text{반응물}}\\ &= \{4(86.55) + 6(-228.57)\} - \{4(-16.45) + 0\}\ \text{kJ}\\ &= -959.42\ \text{kJ}\end{aligned}$$

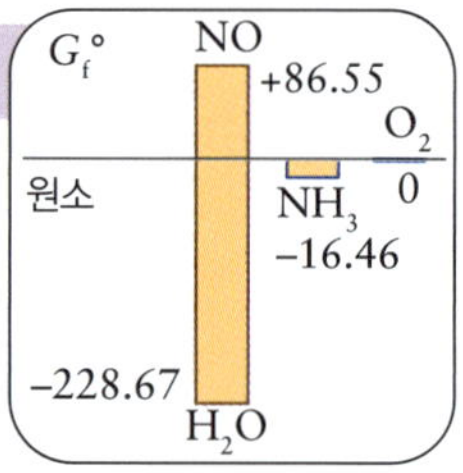

평가 표준 반응 Gibbs 자유 에너지가 음수이므로, 25 °C의 표준 상태에서 암모니아의 산화는 자발적이다. 보통의 조건에서 이 산화 반응이 매우 느릴 뿐이다.

자습 4J.5A 25 °C의 표준 생성 Gibbs 자유 에너지로부터 반응 $2\ CO(g) + O_2(g) \rightarrow 2\ CO_2(g)$의 표준 반응 Gibbs 자유 에너지를 구하시오.

[**답**: $\Delta G^\circ = -514.38$ kJ]

자습 4J.5B 25 °C의 표준 생성 Gibbs 자유 에너지로부터 $6\ CO_2(g) + 6\ H_2O(l) \rightarrow C_6H_{12}O_6$(s, 글루코스) $+ 6\ O_2(g)$의 표준 반응 Gibbs 자유 에너지를 구하시오.

관련 연습 문제 4J.11, 4J.12

한 물질의 표준 생성 Gibbs 자유 에너지는 가장 안정한 형태에 있는 원소로부터 화합물이 생성되는 반응에서 화합물의 몰당 표준 반응 Gibbs 자유 에너지이다. $\Delta G_f°$의 부호는 그 화합물이 그 원소들에 비해 안정한가 또는 불안정한가를 말해 준다. 표준 생성 Gibbs 자유 에너지는 식 8을 사용하여 표준 반응 Gibbs 자유 에너지를 계산하는 데 사용된다.

4J.3 Gibbs 자유 에너지와 비팽창 일

한 과정의 Gibbs 자유 에너지 변화는 일정한 온도와 압력에서 계가 할 수 있는 최대 **비팽창 일**(nonexpansion work)이다. 즉, Gibbs 자유 에너지는 계가 비팽창 일을 하기에 **자유스러운** 에너지의 척도이다(이것이 '자유 에너지'라고 부르는 이유이다). Topic 4B에서 설명한 바와 같이 비팽창 일 w_e는 반대 압력에 거슬러 팽창하면서 한 일 이외의 모든 다른 종류의 일이다(첨자 e는 'extra'를 뜻한다). 이에는 전기적 일과 역학적 일(스프링을 잡아 늘이거나 물체를 경사에 거슬러 올리는 것 같은)이 포함된다. 비팽창 일에는 또한 근육 활동의 일, 아미노산이 결합하여 단백질 분자를 생성하는 일 그리고 신경 세포를 통하여 신경 신호를 보내는 일 등이 포함된다. 그러므로 Gibbs 자유 에너지 변화에 관한 지식은 생체 세포의 에너지 전개와 이용을 다루는 **생물 에너지학**(**bioenergetics**)을 이해하는 데 핵심이 된다.

이제 직면한 과제는 Gibbs 자유 에너지와 계가 할 수 있는 최대 비팽창 일과의 정량적 관계를 유도하는 것이다.

어떻게 다루는가?

Gibbs 자유 에너지와 최대 비팽창 일 사이의 관계를 얻기 위해, 일정한 온도에서 G의 무한소 변화(d로 나타냄)에 식 3을 적용한다.

$$dG = dH - TdS \quad (\text{일정한 온도에서})$$

다음에는 Topic 4C의 식 1($H = U + PV$)을 사용하여 일정 압력에서 엔탈피의 무한소 변화를 내부 에너지 변화의 항으로 나타낸다.

$$dH = dU + PdV \quad (\text{일정한 압력에서})$$

일정 온도와 압력의 조건에서 이 식을 첫 번째 식에 대입한다.

$$dG = dU + PdV - TdS \quad (\text{일정한 온도, 압력에서})$$

내부 에너지의 무한소 변화에 대한 Topic 4B의 식 1($dU = dw + dq$)을 사용하면

$$dG = dw + dq + PdV - TdS \quad (\text{일정한 온도, 압력에서})$$

가능한 최대의 일을 하려면, 가역 과정이어야 한다. 이 식을 가역 변화에 적용하면

$$dG = dw_{가역} + dq_{가역} + PdV - TdS \quad (\text{일정한 온도, 압력에서})$$

이제 Topic 4F의 식 1의 무한소 변화($dS = dq_{가역}/T$)를 이용하여 $dq_{가역}$을 TdS로 대치하면 두 TdS 항이 상쇄된다.

$$\begin{aligned} dG &= dw_{가역} + TdS + PdV - TdS \\ &= dw_{가역} + PdV \quad (\text{일정한 온도, 압력에서}) \end{aligned}$$

이 시점에서 계가 할 수 있는 일을 팽창과 비팽창으로 나누어 쓰자.

$$dw_{가역} = dw_{가역,\,e} + dw_{가역,\,팽창}$$

가역 팽창 일(내부 압력에 외부 압력을 맞추어 가면서 수행하는)은 Topic 4B의 식 1의 무한소 경우로($w_{팽창} = -P_{외부}\Delta V$가 $dw_{팽창} = -P_{외부}dV$로 되는) 주어지며, 각 팽창 단계에서 외부 압력을 계 내부의 기체 압력과 같게 놓는다. 즉,

$$dw_{가역,\ 팽창} = -PdV$$

그러면 다음이 주어진다.

$$dw_{가역} = dw_{가역,\ e} - PdV$$

이 식을 dG ($dG = dw_{가역} + PdV$)에 관한 식의 마지막 줄에 대입하면, PdV 항이 상쇄되고

$$dG = dw_{가역,\ e} + PdV - PdV$$

다음이 남는다.

$$dG = dw_{가역,\ e} \quad \text{(일정한 온도, 압력에서)}$$

$dw_{가역,\ e}$는 계가 할 수 있는 최대 비팽창 일이므로(이는 가역적으로 수행되므로) 다음을 얻는다.

$$dG = dw_{e,\ 최대} \quad \text{(일정한 온도, 압력에서)}$$

Gibbs 자유 에너지의 측정 가능한 변화에 대해 다음과 같이 유도하였다.

$$\Delta G = w_{e,\ 최대} \quad \text{(일정한 온도, 압력에서)} \qquad \textbf{(9)}$$

이 중요한 관계는 일정 온도와 압력에서 일어나는 과정의 Gibbs 자유 에너지를 알면, 그 계가 할 수 있는 비팽창 일이 얼마나 되는가를 곧바로 알려 준다.

식 9는 생물학적 과정에서의 에너지를 정량적으로 고려할 수 있게 하므로 실제에서도 중요하다. 예를 들어, 글루코스의 산화, $C_6H_{12}O_6(s) + 6O_2(g) \rightarrow 6\ CO_2(g) + 6\ H_2O(l)$ 반응의 표준 반응 Gibbs 자유 에너지는 −2879 kJ이다. 그러므로 1 bar에서 $C_6H_{12}O_6(s)$ 1.000 mol, 즉 글루코스 180.0 g으로부터 얻을 수 있는 최대 비팽창 일은 2879 kJ이다. 단백질 내 펩타이드 결합(아미노산 사이의 결합) 1 mol을 형성하는 데 약 17 kJ의 일을 해 주어야 하므로, 글루코스 180. g의 산화는 펩타이드 결합 약 (2879 kJ)/(17 kJ) = 170 mol을 이루는 데 이용될 수 있다. 다시 말하면 글루코스 분자 한 개의 산화가 약 170개의 펩타이드 결합을 만드는 데 필요하다. 실제로 생합성은 간접적으로 일어나며, 에너지 손실이 있어서 대략 펩타이드 결합 10개만이 만들어질 수 있다. 전형적인 단백질은 수백 개의 펩타이드 결합을 가지므로, 한 단백질 분자를 만들기 위해서는 여러 개의 글루코스 분자가 사용되어야 한다.

Gibbs 자유 에너지 변화는 일정한 온도와 압력에서 계가 할 수 있는 최대 비팽창 일과 같다.

화학 이야기 4J.1 자유 에너지와 생명

생명체의 존재는 제2법칙에 반하는 것처럼 보인다. 생명체의 모든 세포는 놀라울 정도로 조직화되어 있다. 수천의 다른 화합물들이 저마다 수행할 특별 기능을 가지고서, 생명이라고 하는 복잡하게 조직화된 춤을 춘다. 우리는 매우 낮은 엔트로피를 가진 계의 예이다(우리가 매우 질서 잡혀 있다는 점에서). 그러나 변화의 자연스러운 방향이 무질서의 증가를 선호한다면 생명체의 전형적인 직조는 어떻게 가능한가? 주위를 고려함으로써 우리 몸의 분자들이 점액, 흙, 기체 분자들보다 고도로 조직화되고, 복잡한 구조를 이루는 이유를 설명할 수 있다. 아미노산으로부터 단백질의 합성이나 DNA 분자의 합성 같은 많은 생물학적 반응은 자발적이지 않으므로, 외부의 에너지원에 의해서 추진되어야 한다. 그 에너지는 햇빛 그리고 태양 에너지를 저장한 음식물의 화학 물질로부터 온다. 음식물이 대사될 때의 발열 반응이 많은 엔트로피를 발생시키고, 이 반응을 비자발성인 생화학적 반응과 짝지어 주면, 엔트로피의 전체적 변화가 양수로 될 수도 있어서 전체적 과정이 자발적으로 될 수

있다. 다시 말해, 많은 엔트로피를 생성하는 반응은 비자발적 반응을 진행시킬 수 있다. Gibbs 자유 에너지로 말하면 한 생화학적 과정은 내리막길로 구르는 다른 반응에 의해서 Gibbs 자유 에너지를 오르막으로 올려놓을 수도 있다. 삶을 영위하는 것은 두 번째 그림처럼, 도르래의 양쪽에 추를 매달아 놓았을 때 더 무거운 추가 잡아당기는 효과와 아주 비슷하다. 추는 가볍더라도 스스로는 결코 위로 올라갈 수가 없다. 그러나 도르래의 다른 쪽에 더 무거운 추를 매달면 가벼운 추가 위로 올라갈 수 있다.

수생 양치류인 *Microsorum pteropus*와 같은 수생 식물에서 산소 기체의 방울이 나오는 것을 관찰할 수 있다. 이것이 빛을 이용하여 이산화 탄소와 물을 당으로 전환하는 반응의 증거이다. (*Leroy Laverman.*)

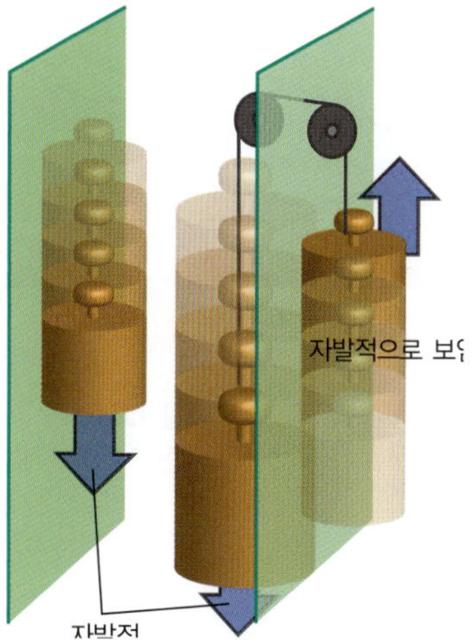

자연적 과정을 떨어지는 추(왼쪽)로 나타낼 수 있다. 자발적으로 올라가는 추(오른쪽)는 그것을 자연적 전체 과정의 한 부분으로 인식하기 전까지는 아주 비자연적인 것이다. 더 무거운 추의 자연 낙하가 더 가벼운 추의 '비자연적' 오름의 원인이 될 수 있다.

아데노신 삼인산 ATP(**1**)가 아데노신 이인산 ADP(**2**)로 가수분해되는 반응은 생물 유기체에 의한 비자발적 반응을 가동하기 위해 짝지어지는 데 가장 흔하게 이용되는 반응이다. ATP 1 mol의 가수분해에 관한 $\Delta G°$는 약 −30 kJ이다. +30 kJ의 Gibbs 자유 에너지 변화가 수반되는 ADP의 ATP로의 복귀에는 반응 Gibbs 자유 에너지가 −30 kJ보다 더 큰 음수인 다른 반응과 짝지어서 ADP 분자와 인산기가 결합되어야 한다. 그것이 우리가 먹어야 하는 이유이다. 우리가 먹는 음식은 글루코스로 변환되는 것이 많다. 글루코스는 우리 몸의 연료이다. 이 연료의 신진대사는 고도로 제어된 정교한 연소의 형태이다. 이렇게 조절된 반응이 할 수 있는 비팽창 일이 글루코스의 분자 몰당 2500 kJ에 달한다. 이는 ADP 분자 약 80 mol을 '재충전'하기에 충분하다.

생명 유기체가 죽으면 탄수화물, 단백질, 지방 분자에 저장된 제2의 햇빛을 더 이상 섭취할 수가 없다. 그러면 변화의 자연적 방향은 분명해지고, 생명을 지탱해 주는 정교한 분자의 집합이 분해되기 시작한다. 살아 있는 유기체는 주위의 엔트로피를 충분히 증가시키면서 자신의 정교한 내부를 구축하고 유지하기 위해 끊임없는 전쟁을 하고 있다. 이 전쟁을 끝내자마자 그들은 외부 엔트로피 생성을 중지하게 되고, 그들의 몸은 우리가 평생 피하려고 했던 점액, 흙, 기체로 분해된다.

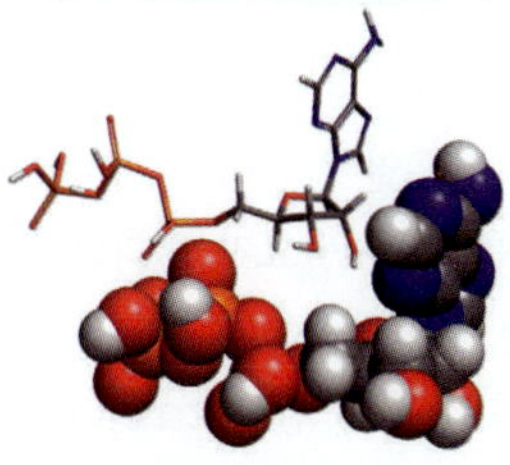

1 아데노신 삼인산, ATP

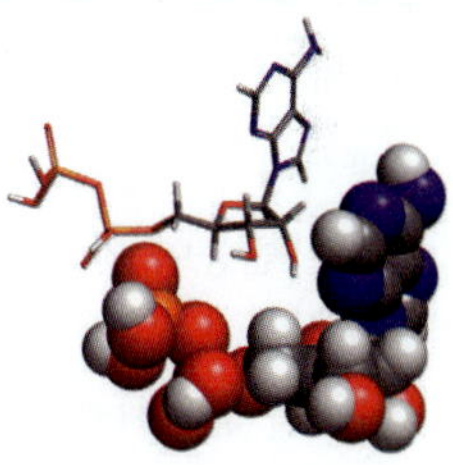

2 아데노신 이인산, ADP

4J.4 온도의 영향

반응물과 생성물의 엔탈피와 엔트로피는 온도에 영향을 받지만, 그들 값의 차이는 거의 변하지 않는다(Topic 4D). 결과적으로 $\Delta H°$와 $\Delta S°$ 값은 온도에 따라서 크게 변하지 않는다. 그러나 $\Delta G°$은 온도에 의존하며($\Delta G° = \Delta H° - T\Delta S°$의 T를 기억하시오), 심지어 온도 변화에 따라 부호도 바뀔 수 있다. 다음과 같은 네 가지 경우가 있다(**그림 4J.6** 참조).

1 음의 반응 엔트로피($\Delta S° < 0$)를 가진 발열 반응($\Delta H° < 0$)의 경우에는 $-T\Delta S°$가 $\Delta G°$에 양의 기여를 한다. 높은 온도에서는 $-T\Delta S°$가 $\Delta H°$보다 우세하여서$\Delta G°$가 양수이다. 낮은 온도에서는 $\Delta H°$가 $-T\Delta S°$보다 우세하여서 $\Delta G°$가 음수이다(그림 4J.6a). $\Delta G°$의 부호가 변하는 온도는 $T = \Delta H°/\Delta S°$이다.

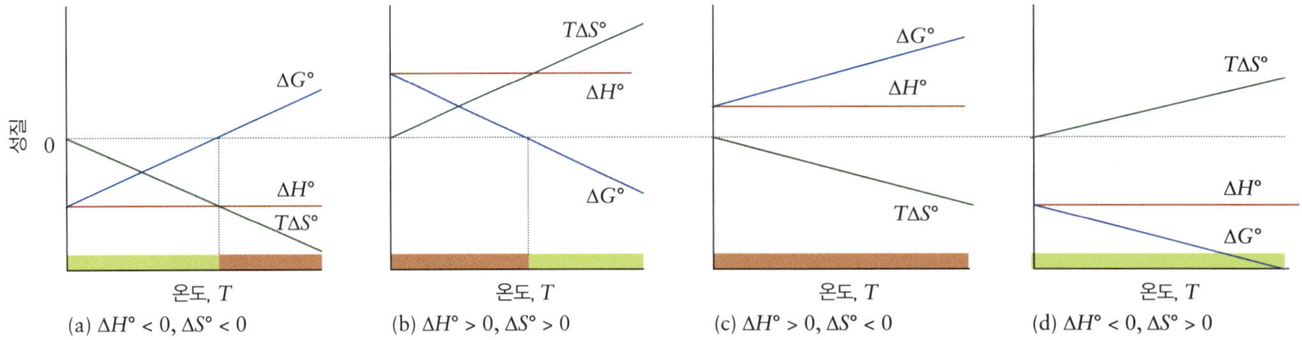

그림 4J.6 표준 조건에서 온도의 증가가 반응에 미치는 효과. (a) 음의 반응 엔트로피를 가진 발열 반응은 점선으로 표시한 온도 아래에서는 $\Delta G° < 0$이다. (b) 양의 반응 엔트로피를 가진 흡열 반응은 점선으로 표시한 온도 위에서는 $\Delta G° < 0$이다. (c) 음의 반응 엔트로피를 가진 흡열 반응은 어느 온도에서도 $\Delta G° > 0$이다. (d) 양의 반응 엔트로피를 가진 발열 반응은 모든 온도에서 $\Delta G° < 0$이다.

2 양의 반응 엔트로피를 가진($\Delta S° > 0$) 흡열 반응($\Delta H° > 0$)의 경우에는 반대가 성립된다(그림 4J.6b). 이 경우에 낮은 온도에서는 $\Delta G°$가 양수이지만, 온도가 올라가서 $T\Delta S°$가 $\Delta H°$보다 커지면 $\Delta G°$가 음수로 된다. 발열 반응의 경우와 같이, $\Delta G°$의 부호가 변하는 온도는 $T = \Delta H°/\Delta S°$이다.

3 음의 반응 엔트로피를 가진($\Delta S° < 0$) 흡열 반응 ($\Delta H° > 0$)의 경우에는 모든 온도에서 $\Delta G° > 0$이며, 어떤 온도에서도 계와 주위의 엔트로피가 감소한다(그림 4J.6c).

4 양의 반응 엔트로피를 가진($\Delta S° > 0$) 발열 반응 ($\Delta H° < 0$)의 경우에는 모든 온도에서 $\Delta G° < 0$이며, 계와 주위의 엔트로피는 둘 다 증가한다(그림 4J.6d).

예제 4J.4 흡열 반응이 선호되는 온도 확인

철광석에서 강철을 만드는 것은 흡열 반응이다. 공급해야 하는 열을 줄이기 위해서 공학자는 원하는 반응이 선호되는 온도를 찾을 필요가 있다(선호된다는 것의 더 정확한 의미는 반응의 평형 상수 K가 1보다 커진다는 것이다. $K(T) > 1$. 5H.2절 참조). 표준 상태에서, 탄소가 산화철(III)를 환원시켜서 철을 만드는 흡열 반응 $2\ Fe_2O_3(s) + 3\ C(s) \rightarrow 4\ Fe(s) + 3\ CO_2(g)$이 열역학적으로 선호되는 온도를 구하시오.

예상 기체가 생성되므로 $\Delta S° > 0$이고, $\Delta H° > 0$(문제에서 주어진 대로)이므로 높은 온도에서 선호될 것이다.

계획 낮은 온도에서는 $\Delta G° = \Delta H° - T\Delta S°$와 $\Delta H°$(흡열 반응)가 양수이다. 온도가 올라가서 $T = \Delta H°/\Delta S°$가 되면 $\Delta G° = 0$이다. 이보다 온도가 높으면, $\Delta G°$가 음수가 된다. 부록 2A의 자료를 사용한다.

무엇을 가정해야 하는가? 고려하는 온도의 영역에서 $\Delta H°$와 $\Delta S°$가 온도에 무관한 상수이다.

풀이

Topic 4D의 식 2로부터

$$\Delta H° = (3\ \text{mol}) \times \Delta H_f°(CO_2, g) - (2\ \text{mol}) \times \Delta H_f°(Fe_2O_3, s)$$
$$= 3(-393.5) - 2(-824.2)\ \text{kJ} = +467.9\ \text{kJ}$$

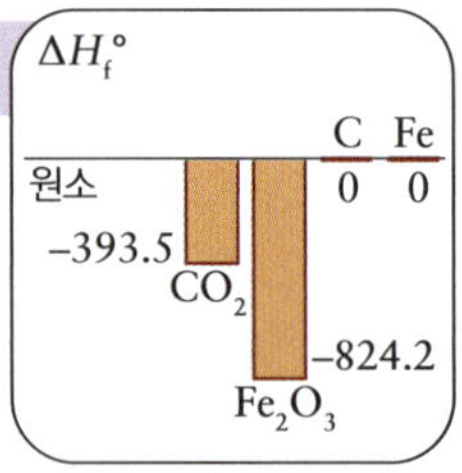

Topic 4H의 식 2로부터

$$\begin{aligned}\Delta S^\circ &= \{(4\text{ mol})\times S_m{}^\circ(\text{Fe},\text{s})+(3\text{ mol})\times S_m{}^\circ(\text{CO}_2,\text{g})\}\\ &\quad -\{(2\text{ mol})\times S_m{}^\circ(\text{Fe}_2\text{O}_3,\text{s})+(3\text{ mol})\times S_m{}^\circ(\text{C},\text{s})\}\\ &=\{4(27.3)+3(213.7)\}-\{2(87.4)+3(5.7)\}\text{ J·K}^{-1}=+558.4\text{ J·K}^{-1}\end{aligned}$$

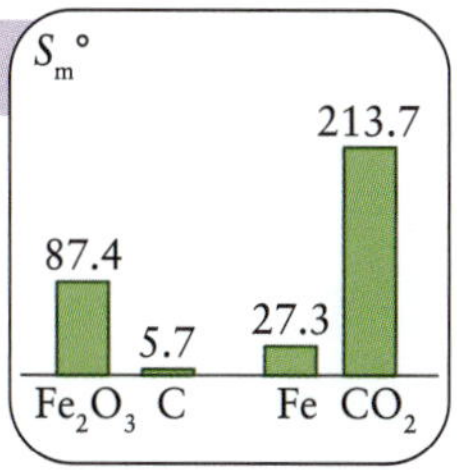

$T=\Delta H^\circ/\Delta S^\circ$으로부터

$$T=\frac{\overbrace{4.679\times10^5\text{ J}}^{467.9\text{ kJ}}}{558.4\text{ J·K}^{-1}}=838\text{ K}$$

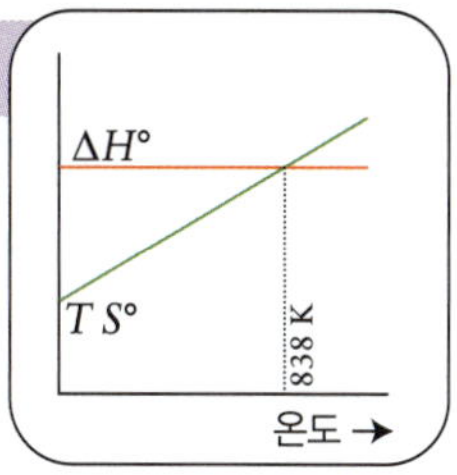

평가 예상한 대로 반응은 흡열적이므로, 1 bar에서 환원이 선호되는 온도는 약 565 °C이다.

자습 4J.6A 탄소를 사용하여 자철광 Fe_3O_4를 환원시켜서 (CO_2를 생성하면서) 철을 만드는 반응이 선호되는 온도는 얼마인가?

[답: 943 K]

자습 4J.6B 탄산 마그네슘이 분해되어 산화 마그네슘과 이산화 탄소로 되는 반응이 선호되는 온도를 구하시오.

관련 연습 문제 4J.17, 4J.18

Gibbs 자유 에너지는 음의 ΔS°가 음인 반응의 경우에는 온도에 따라 증가하고, ΔS°가 양인 반응의 경우에는 온도에 따라 감소한다.

4J.5 Gibbs 자유 에너지의 압력 의존성

고압에서 흑연이 다이아몬드로 (느리지만) 자발적으로 전환되는 것처럼 과정의 자발성은 일반적으로 압력에 따라 달라진다. 그러므로 Gibbs 자유 에너지가 압력에 어떻게 의존하는지 아는 것이 중요하다. $G=H-TS$와 $H=U+PV$의 정의로부터 $G=U+PV-TS$가 유도되는 것에서 시작해 보자. PV 항에 주목하여, 압력이 무한소 $\mathrm{d}P$만큼 변하면 G는 $\mathrm{d}G=V\mathrm{d}P$만큼 변한다는 점에 유의하라. 마찬가지로, 몰 Gibbs 자유 에너지는 $\mathrm{d}G_m=V_m\mathrm{d}P$만큼 변한다. 여기서 V_m은 물질의 몰부피이다.

물질이 고체나 액체인 경우에는 거의 비압축성이고, 몰부피는 압력에 따라 거의 변하지 않는다. 이는 압력이 $P^\circ=1$ bar에서 다른 값 P로 변경되면 몰 Gibbs 자유 에너지의 총 변화는 $V_m(P-P^\circ)$라는 것을 의미한다. 즉, 고체 또는 액체의 경우

$$G_m(P)=G_m(P^\circ)+V_m(P-P^\circ) \qquad \textbf{(10)}$$

고체와 액체의 몰부피는 작으며(예를 들어 물의 몰부피는 18 $\text{cm}^3\cdot\text{mol}^{-1}$), 압력이 1 bar에서 2 bar로 두 배가 되더라도 $V_m(P-P^\circ)\approx2\text{ J mol}^{-1}$(kJ이 아니라 J)이다. 이 보정 항은 너무 작아서 대부분의 경우 무시할 수 있다. 이는 고체와 액체의 Gibbs 자유 에너지가 압력과 무관하다고 간주할 수 있음을 의미한다. 압력 의존성을 고려해야 하는 유일한 경우는 몰부피가 서로 다른 고체상 사이의 또는 액체와 고체 사이의 전이이다(Topic 5B).

기체의 경우는 상당히 다르다. 첫째, 기체의 몰부피는 액체나 고체보다 약 1000배 더 크므

로 약 2 kJ mol^{-1}(이제는 J이 아닌 kJ)의 기여가 예상되어 결코 무시할 수 없다. 또 다른 점은 기체가 압축 가능하다는 것이다. 따라서 몰부피의 압력 의존성을 고려해야 한다.

어떻게 다루는가?

이상 기체의 몰부피는 $V_m = RT/P$이므로, 압력이 무한소 dP만큼 변하면 Gibbs 자유 에너지는 $dG = V_m dP = RTdP/P$만큼 변한다. 압력이 $P°$에서 P로 변하면 몰 Gibbs 자유 에너지는 이러한 모든 무한소 변화의 합(즉, 적분)만큼 변한다.

$$G_m(P) = \overbrace{G_m(P°)}^{G_m°} + RT\overbrace{\int_{P°}^{P}\frac{dP}{P}}^{\ln(P/P°)} = G_m° + RT\ln\frac{P}{P°}$$

간략하게 쓰면,

$$G_m(P) = G_m° + RT\ln\frac{P}{P°} \quad (11)$$

여기서 $G_m°$은 기체의 몰당 표준 Gibbs 자유 에너지, 즉 1 bar에서의 몰 Gibbs 자유 에너지이다. 그림 4J.7에 이러한 압력 의존성을 도시하였다. 식 11은 많은 화학 과정의 논의에 중요하며, 다른 Focus에서 좀 더 다룰 것이다.

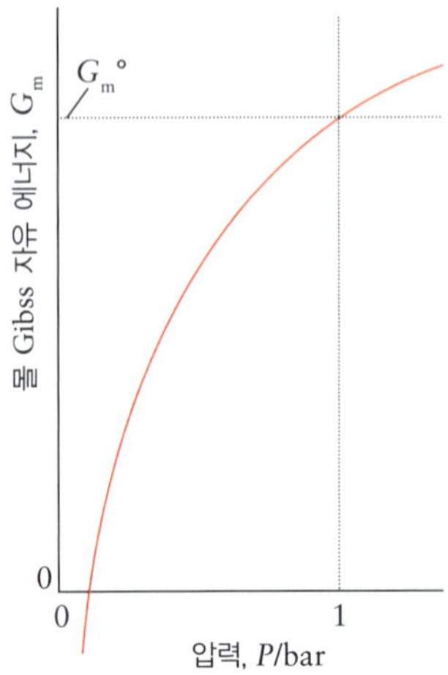

그림 4J.7 압력에 따른 이상 기체의 몰 Gibbs 자유 에너지 변화. Gibbs 자유 에너지는 기체 압력이 1 bar일 때의 표준 값을 갖는다. 압력이 0으로 떨어지면 Gibbs 자유 에너지 값은 음의 무한대로 발산한다.

한 가지 중요한 적용은 식 10과 식 11을 같이 사용한다. 기화 Gibbs 자유 에너지는 액체(압력과 거의 무관한 몰 Gibbs 자유 에너지를 가짐)가 증기(식 11에 의해 주어진 몰 Gibbs 자유 에너지를 가짐)로 변할 때 몰 Gibbs 자유 에너지의 변화이다. 즉,

$$\Delta G_m(P) = \overbrace{G_m(g,P)}^{\text{식 11에서}} - \overbrace{G_m(l,P)}^{\approx G_m°(l)}$$
$$= \overbrace{G_m°(g) - G_m°(l)}^{\Delta G_{증발}°} + RT\ln\frac{P}{P°}$$

따라서

$$\Delta G_m(P) = \Delta G_{증발}° + RT\ln\frac{P}{P°} \quad (12)$$

이제 압력이 감소할 때 액체가 자발적으로 기화하는 열역학적 이유를 알 수 있다. 로그 항은 $P < P°$일 때 음수이고, 충분히 음수로 만들면 $\Delta G_m(P)$도 음수가 되어 증발이 자발적이다.

액체나 고체의 Gibbs 자유 에너지는 압력에 따라 거의 변하지 않는다. 기체의 Gibbs 자유 에너지의 압력 의존성은 상당하다.

이 Topic에서 배운 것은 무엇인가?

Gibbs 자유 에너지 변화는 일정 온도와 압력에서 계와 주위의 전체 엔트로피 변화의 척도인 것을 배웠다. 일정 온도와 압력에서 자발적 과정에서는 Gibbs 자유 에너지가 감소된다. 한 과정의 Gibbs 자유 에너지 변화는 계가 일정 온도와 압력에서 할 수 있는 최대 비팽창 일의 척도이며 기체의 Gibbs 자유 에너지는 압력에 따라 로그 함수로 증가한다.

개념과 식의 적용

- ☐ Gibbs 자유 에너지 변화를 이용하여 주어진 온도에서 한 과정의 자발성을 결정한다(예제 4J.1).

□ 엔탈피와 엔트로피 자료로부터 표준 생성 Gibbs 자유 에너지를 구한다(예제 4J.2).
□ 표준 생성 Gibbs 자유 에너지로부터 표준 반응 Gibbs 자유 에너지를 구한다(예제 4J.3).
□ 흡열 반응이 자발적으로 일어날 수 있는 최소 온도를 예측한다(예제 4J.4).
□ 고체, 액체, 기체의 Gibbs 자유 에너지에 끼치는 압력의 영향을 기술한다(4J.5절).

Topic 4J 연습 문제

4J.1 왜 많은 발열 반응이 자발적인가?

4J.2 흡열 반응이 어떻게 자발적일 수 있는지 설명하시오.

4J.3 1기압, (a) −15.0 °C, (b) −45 °C에서 $NH_3(l) \rightarrow NH_3(g)$ 과정의 몰 Gibbs 자유 에너지 변화를 계산하고 반응이 자발적인지 밝히시오(표 4C.1, 4F.1 참조).

4J.4 1기압, (a) −140.0 °C, (b) −180. °C에서 $CH_4(l) \rightarrow CH_4(g)$ 과정의 몰 Gibbs 자유 에너지 변화를 계산하고 반응이 자발적인지 밝히시오(표 4C.1, 4F.1 참조).

4J.5 (a) $NH_3(g)$, (b) $H_2O(g)$, (c) $CO(g)$, (d) $NO_2(g)$의 생성 반응에 관한 균형 화학 반응식을 쓰시오. 부록 2A의 정보를 이용하여 각 반응의 $\Delta H°$, $\Delta S°$, $\Delta G°$를 구하시오.

4J.6 (a) $HCl(g)$, (b) $C_6H_6(l)$, (c) $CuSO_4 \cdot 5\,H_2O(s)$, (d) $CaCO_3$(s, 방해석)의 생성 반응에 관한 균형 화학 반응식을 쓰시오. 부록 2A의 데이터를 이용하여 각 반응의 $\Delta H°$, $\Delta S°$, $\Delta G°$를 구하시오.

4J.7 부록 2A의 정보를 이용하여 다음 각 반응의 표준 반응 엔트로피, 엔탈피, Gibbs 자유 에너지를 계산하시오.
(a) 과산화 수소의 분해:

$$2\,H_2O_2(l) \rightarrow 2\,H_2O(l) + O_2(g)$$

(b) 플루오린과 물로부터 플루오린산의 생성:

$$2\,F_2(g) + 2\,H_2O(l) \rightarrow 4\,HF(aq) + O_2(g)$$

4J.8 부록 2A의 정보를 이용하여 다음 각 반응의 표준 반응 엔트로피, 엔탈피, Gibbs 자유 에너지를 계산하시오.
(a) 저급 공업용 연료인 'syngas'라 부르는 '합성 가스'의 생성:

$$CH_4(g) + H_2O(g) \rightarrow CO(g) + 3\,H_2(g)$$

(b) 질산 암모늄의 열분해:

$$NH_4NO_3(s) \rightarrow N_2O(g) + 2\,H_2O(g)$$

4J.9 부록 2A의 정보를 이용하여 298 K에서 다음 각 반응에 관한 표준 엔탈피, 엔트로피, Gibbs 자유 에너지를 계산하시오. 각 경우에 생성 Gibbs 자유 에너지로부터 얻은 값이 관계식 $\Delta G° = \Delta H° - T\Delta S°$로부터 얻은 값과 일치하는지 확인하시오.
(a) 자철광을 적철광으로 산화함: $2\,Fe_3O_4(s) + \frac{1}{2}O_2(g) \rightarrow 3\,Fe_2O_3(s)$
(b) 물에서 CaF_2의 용해: $CaF_2(s) \rightarrow CaF_2(aq)$
(c) NO_2의 이합체화: $2\,NO_2(g) \rightarrow N_2O_4(g)$

4J.10 부록 2A의 정보를 이용하여 298 K에서 다음 각 반응에 관한 표준 엔탈피, 엔트로피, Gibbs 자유 에너지를 계산하시오. 각 경우에 생성 Gibbs 자유 에너지로부터 얻은 값이 관계식 $\Delta G° = \Delta H° - T\Delta S°$로부터 얻은 값과 일치하는지 확인하시오. (a)~(c) 중 어느 시약이 물질로부터 수분을 제거하기에 가장 효과적인가? 이유를 설명하시오.
(a) 황산 구리의 수화: $CuSO_4(s) + 5\,H_2O(l) \rightarrow CuSO_4 \cdot 5\,H_2O(s)$
(b) 산화 인(V)과 물의 반응: $P_4O_{10}(s) + 6\,H_2O(l) \rightarrow 4\,H_3PO_4(aq)$
(c) $HNO_3(l)$과 물로 질산 용액 생성: $HNO_3(l) \rightarrow HNO_3(aq)$

4J.11 부록 2A의 표준 생성 Gibbs 자유 에너지를 이용하여 25 °C에서 다음 각 반응의 $\Delta G°$를 계산하시오. 25 °C의 표준 상태에서 각 반응의 자발성을 평하시오.
(a) $2\,SO_2(g) + O_2(g) \rightarrow 2\,SO_3(g)$
(b) $CaCO_3$(s, 방해석) $\rightarrow CaO(s) + CO_2(g)$
(c) $2\,C_8H_{18}(l) + 25\,O_2(g) \rightarrow 16\,CO_2(g) + 18\,H_2O(l)$

4J.12 부록 2A의 표준 생성 Gibbs 자유 에너지를 이용하여 25 °C에서 다음 각 반응의 $\Delta G°$를 계산하시오(D는 중성자 1개를 가진 수소의 이성질체 ^2H). 25 °C의 표준 상태에서 각 반응의 자발성을 평하시오.
(a) $NH_4Cl(s) \rightarrow NH_3(g) + HCl(g)$
(b) $H_2(g) + D_2O(l) \rightarrow D_2(g) + H_2O(l)$
(c) $N_2(g) + NO_2(g) \rightarrow NO(g) + N_2O(g)$
(d) $2\,CH_3OH(g) + 3\,O_2(g) \rightarrow 2\,CO_2(g) + 4\,H_2O(l)$

4J.13 25 °C의 표준 상태에서 다음 화합물 중 어느 것이 그것의 원소로 분해되는 것에 비해 안정한가(부록 2A 참조)?
(a) $PCl_5(g)$ (b) $HCN(g)$ (c) $NO(g)$ (d) $SO_2(g)$

4J.14 25 °C의 표준 상태에서 다음 화합물 중 어느 것이 그것의 원소로 분해되는 것에 비해 안정한가(부록 2A 참조)?
(a) $C_3H_6(g)$, 사이클로프로페인 (b) $CaO(s)$ (c) $N_2O(g)$ (d) $HN_3(g)$

4J.15 다음 화합물 중 어느 것이 온도를 올림에 따라 원소로 분해되는 점에서 더욱 덜 안정해지는가?
(a) $PCl_5(g)$ (b) $HCN(g)$ (c) $NO(g)$ (d) $SO_2(g)$

4J.16 다음 화합물 중 어느 것이 온도를 올림에 따라 원소로 분해되는 점에서 더욱 덜 안정해지는가?
(a) $C_3H_6(g)$, 사이클로프로페인 (b) $CaO(s)$ (c) $N_2O(g)$ (d) $HN_3(g)$

4J.17 $\Delta H°$와 $\Delta S°$가 온도에 무관하다고 가정하고, 부록 2A의 정보를 이용하여 80. °C에서 다음 각 반응의 $\Delta G°$를 계산하시오. 표준 상태에서, 어떠한(모든, 낮은, 높은으로 기술) 온도 범위에 걸쳐서 각 반응이 자발적으로 되는가?
(a) $B_2O_3(s) + 6\,HF(g) \rightarrow 2\,BF_3(g) + 3\,H_2O(l)$
(b) $CaC_2(s) + 2\,HCl(aq) \rightarrow CaCl_2(aq) + C_2H_2(g)$
(c) C(s, 흑연) $\rightarrow$ C(s, 다이아몬드)

4J.18 $\Delta H°$와 $\Delta S°$가 온도에 무관하다고 가정하고, 부록 2A의 정보

를 이용하여 250. °C에서 다음 각 반응의 $\Delta G°$를 계산하시오. 표준 상태에서 어떠한('모든, 낮은, 높은'으로 기술) 온도 범위에 걸쳐서 각 반응이 자발적으로 되는가?

(a) $2\ NO(g) + O_2(g) \longrightarrow 2\ NO_2(g)$
(b) $CaO(s) + H_2O(l) \longrightarrow Ca(OH)_2(s)$
(c) $CaC_2(s) + 2\ H_2O(l) \longrightarrow Ca(OH)_2(aq) + C_2H_2(g)$

다음의 예제와 연습 문제는 Topic 4 전체의 내용에 관한 것이다.

FOCUS 4 통합 예제

베이킹소다($NaHCO_3$)와 식초($CH_3COOH(aq)$)가 반응해서 이산화탄소, 물, 아세트산 소듐($NaCH_3CO_2$)이 생성되는 반응은 학창 시절 접할 수 있는 최초의 실험 중 하나이다. 어렸을 때 재미있었던 이 반응의 열역학을 조사하고자 한다. $NaHCO_3$ 15.9 g을 50. mL의 물에 녹여서 베이킹소다 용액을 만든다. 1.00 atm, 22.1 °C의 방에 있는 열린 용기 안에서 반응을 진행시킨다.

(a) 부록 2A의 자료를 이용하여 열역학 방정식을 세우시오.

(b) 반응의 $\Delta H°$, $\Delta U°$, $\Delta S°$, $\Delta G°$를 계산하시오.

(c) 생성된 $CO_2(g)$의 부피는 얼마인가?

(d) 이 실험의 w와 q, 내부 에너지와 엔탈피 변화($\Delta U_{실험}$과 $\Delta H_{실험}$)를 예측하시오.

FOCUS 4 연습 문제

$\int \frac{C}{dx}$ **표시가 있는 연습 문제는 미적분을 사용해야 한다.**

4.1 −5.042 °C인 42.30 g의 얼음덩어리를 150.35 °C의 수증기로 전환하는 데 소요되는 열은 얼마인가?

4.2 단열이 잘 된 플라스크에 −23 °C인 얼음 37.55 g이 들어 있고, 여기에 482 °C로 가열된 121.3 g의 스테인리스강 덩어리를 넣고 재빠르게 밀봉하였다.

(a) 주위로 에너지 손실이 없다면, 이 계의 최종 온도는 얼마인가?

(b) 계가 최종 온도에 이르렀을 때 물의 어떤 상이 그리고 얼마나 남게 되는가?

4.3 액체 아이오딘의 열용량은 80.7 $J\cdot K^{-1}\cdot mol^{-1}$이고, 끓는점(184.3 °C)에서 아이오딘의 증발 엔탈피는 41.96 $kJ\cdot mol^{-1}$이다. 이들 사실과 부록 2A의 정보를 이용하여 25 °C에서 아이오딘의 용융 엔탈피를 계산하시오.

4.4 전형적인 욕조에는 물 100. gal이 들어간다.

(a) 이 크기의 통에서 물을 65 °F에서 108 °F까지 데우는 데 필요한 천연가스의 질량을 구하시오. 천연가스는 순수한 메테인 CH_4라고 가정한다.

(b) 이 천연가스의 부피는 25 °C, 1.00 atm에서 얼마나 되는가? 표 4D.1을 참조하시오.

4.5 Joseph Black은 1750년에 용융 엔탈피를 발견하게 되는 실험을 하였다. 그는 0.00 °C에 있는 물의 150. g 시료 둘(하나는 얼음이고, 하나는 액체 물)을 5.00 °C인 일정 온도의 방에 넣어 두었다. 그러고 나서 그는 각 시료가 최종 온도까지 데워지는 데 얼마나 시간이 걸리는지 관찰하였다. 액체 시료는 30.0분 후에 5.00 °C에 도달하였지만, 얼음은 5.00 °C에 이르기까지 10.5시간이 걸렸다. 그는 두 시료가 같은 최종 온도에 이르기까지 걸린 시간의 차이가 그 시료의 온도를 올리는 데 필요한 열의 차이를 나타낸다고 결론지었다. Black의 자료를 사용하여 얼음의 용융 엔탈피를 $kJ\cdot mol^{-1}$ 단위로 계산하시오. 액체 물의 알려진 열용량을 사용하시오.

4.6 (a) 이상 기체 1.000 mol이 25.0 °C에서 7.00 L에서 15.50 L까지 등온 가역 팽창할 때 수반되는 일을 계산하시오. (b) (a)에서 기술한 기체 시료가 일정한 외부 압력 760. Torr에 거슬러 비가역 단열 팽창할 때 수반되는 일을 계산하시오. (c) (a)와 (b)의 경우에 팽창 후의 기체의 온도는 어떻게 다른가?

4.7 (a) 25 °C, 1.00 bar에서 $C_6H_6(l)$ 1.00 mol이 연소되어 생성된 기체 생성물이 대기압을 거슬러 팽창하며 하는 일을 계산하시오. (b) 부록 2A의 정보를 사용하여 표준 반응 엔탈피를 구하시오. (c) 이 계의 내부 에너지 변화 $\Delta U°$를 구하시오.

4.8 어떤 계가 두 단계 과정을 수행한다. 1단계에서는 일정 부피에서 60. J의 열을 흡수한다. 2단계에서는 원래 내부 에너지로 되돌아오면서 1.00 atm에서 12 J의 열을 방출한다. 두 번째 단계에서 계의 부피 변화를 구하고, 팽창인가 또는 수축인가 확인하시오.

4.9 고온에서 고체의 일정 부피 몰열용량에 대한 진동의 기여는 각 진동 운동 방식마다 R이다. 따라서 각 원자는 삼차원에서 진동할 수 있기 때문에, 단원자 고체의 경우 일정 부피의 몰열용량은 약 $3R$이다.

(a) 어떤 단원자 고체의 비열이 0.392 $J\cdot K^{-1}\cdot g^{-1}$이다. 이 원소의 염화물($XCl_2$)은 질량으로 염소 52.7%를 포함하고 있다. 이 원소는 무엇인가?

(b) 이 원소는 면심 입방 단위 세포(Topic 3G 참조)로 결정화되며, 원자 반지름은 128 pm이다. 이 고체의 밀도는 얼마인가?

4.10 이산화 황 기체의 일정 부피 몰열용량을 예측하시오. 병진과 회전 운동 외에도 진동 운동이 있다. 고온에서 각 진동 자유도는 몰열용량에 R의 기여를 한다. 진동 방식이 기여될 수 있는 온도는 대략 $\theta = h\nu/k$이다. 여기서 h는 Planck 상수, k는 Boltzmann 상수, ν는 진동 주파수이다. 진동 방식들의 주파수는 35 THz, 41 THz, 16 THz이다(1 THz $= 1\times10^{12}$ Hz).

(a) 일정 부피 몰열용량에 관한 고온 한계는 얼마인가?

(b) 1000. K에서 일정 부피 몰열용량은 얼마인가?

(c) 상온에서 일정 부피 몰열용량은 얼마인가?

4.11 다음과 같이 단계당 두 개의 H 원자가 추가되는 일련의 반응에 의해서 벤젠이 수소화되어 사이클로헥세인이 생성되는 반응을 생각해 보자.

(1) $C_6H_6(l) + H_2(g) \rightarrow C_6H_8(l)$ $\Delta H° = ?$

(2) $C_6H_8(l) + H_2(g) \rightarrow C_6H_{10}(l)$ $\Delta H° = ?$

(3) $C_6H_{10}(l) + H_2(g) \rightarrow C_6H_{12}(l)$ $\Delta H° = ?$

(a) 벤젠의 수소화 생성물들의 Lewis 구조를 그려 보시오. 공명이 가능하다면 가장 중요한 하나의 공명 구조만 그리시오.

(b) 결합 엔탈피를 사용하여 각 단계와 총 수소화에 관한 엔탈피 변

화를 구하시오. 이 계산에서 전자의 비편재화를 무시하고, 이 화합물이 액체인 것도 무시하시오.
(c) 부록 2A의 정보를 사용하여 벤젠이 사이클로헥세인이 되는 완전한 수소화에 관한 엔탈피 변화를 계산하시오.
(d) (c)에서 얻은 값을 (b)에서 얻은 것과 비교해 보시오. 차이가 나면 이를 설명하시오.

4.12 질소 원자의 육원자 고리를 이룬 가상적 분자 N_6의 Lewis 구조를 그리시오. 결합 엔탈피를 사용하여 N_6가 $N_2(g)$로 분해되는 반응에 관한 반응 엔탈피를 구하시오. N_6가 안정한 분자라고 생각되는가?

4.13 Robert Curl, Richard Smalley, Harold Kroto는 축구공 모양의 분자인 C_{60}을 발견한 공로로 1996년에 노벨 화학상을 받았다. 이 분자는 탄소의 분자형 동소체에 관한 새로운 계열의 첫 번째 것이다. C_{60}의 연소 엔탈피는 $-25\ 937\ kJ\cdot mol^{-1}$이며, 승화 엔탈피는 $+233\ kJ\cdot mol^{-1}$이다. C_{60}에는 90개의 결합이 있으며, 그중 60개는 단일 결합이고, 30개는 이중 결합이다. 벤젠처럼 C_{60}은 다중 결합 세트를 가지며, 공명 구조를 그려 볼 수 있다.
(a) C_{60}의 연소 엔탈피로부터 생성 엔탈피를 구하시오.
(b) C_{60}의 결합들을 고립된 이중 결합과 단일 결합으로 가정하고, 결합 엔탈피로부터 C_{60}의 생성 엔탈피를 구하시오.
(c) C_{60}은 고립된 결합 모형을 바탕으로 예측된 것보다 더 안정한가, 덜 안정한가?
(d) 연소 정보로부터 계산된 생성 엔탈피와 결합 엔탈피 계산으로부터 얻어진 것과의 차이를 탄소당 값을 얻기 위해서 60으로 나누어 (c)에 대한 답을 정량화하시오.
(e) (d)의 값은 벤젠의 탄소당 공명 안정화 에너지와 어떻게 비교되는가(벤젠의 총 공명 안정화 에너지는 대략 $150\ kJ\cdot mol^{-1}$)?
(f) 왜 이들 값에는 차이가 있는가? C(gr)의 원자화 엔탈피는 $+717\ kJ\cdot mol^{-1}$이다.

4.14 황이 탈 때 생성물은 일반적으로 SO_2이지만, 특정 조건에서는 SO_3도 생성될 수 있다. 열용량이 $5.270\ kJ\cdot(°C)^{-1}$인 통열량계에서 산소 존재 하에 황 0.6192 g을 연소시킬 때, 온도가 1.140 °C 올랐다. 이 반응에서 황이 모두 소모되었다고 가정하고, 생성된 이산화 황과 삼산화 황의 비를 구하시오.

4.15 염산이 아연 금속을 산화시키는 반응에서 수소 기체와 염화 이온이 생성된다. 0.500 M HCl(aq) 800.0 mL가 들어 있는 용기에 아연 금속 조각 8.5 g을 떨어뜨렸다. 염산 용액의 초기 온도가 25 °C라면 이 용액의 최종 온도는 얼마인가? 염산 용액의 밀도와 몰열용량은 물과 같고, 모든 열이 용액의 온도를 올리는 데만 사용되었다고 가정한다.

4.16 분자간 힘에 대한 지식만으로 다음 화합물들을 액체상에서의 증발 엔탈피가 증가하는 순으로 나열하시오. CH_4, H_2O, N_2, NaCl, C_6H_6, H_2. 순서의 이유를 설명하시오. 인터넷에서 실험 자료를 찾아 예측한 순서와 비교하고 차이가 있으면 이유를 추정하시오.

4.17 한 기술자가 피스톤이 달린 실린더에서 일정한 압력 1.00 atm, 온도 25 °C에서 $2\ SO_2(g) + O_2(g) \rightarrow 2\ SO_3(g)$ 반응을 일으킨다. 초기에는 실린더 안에 SO_2 0.030 mol과 O_2 0.030 mol이 들어 있다. 기술자는 이 반응을 시작시키기 위해서 촉매를 가했다.
(a) 반응이 시작되기 전에 반응물 기체가 들어 있는 실린더의 부피를 계산하시오.
(b) 한계 반응물은 어느 것인가?
(c) 반응이 완결되며, 반응 중 온도와 압력이 일정하게 유지된다고 가정하고, 실린더의 최종 부피를 구하시오(과량으로 남은 어떤 반응물이든 포함하여).
(d) 일은 얼마나 일어나는가? 이 일은 계가 하는가 아니면 계가 얻는가?
(e) 얼마만큼의 일이 교환되는가? 이는 계를 떠나는가 아니면 계로 들어오는가?
(f) (d)와 (e)의 답으로부터 이 반응에 관한 내부 에너지 변화를 구하시오.

4.18 Topic 4B에서 이상 기체의 가역 등온 팽창의 일을 계산하는 방법을 배웠다. 이제는 가역 팽창이 등온에서 일어나지 않고, 팽창하는 동안 온도가 내려간다고 하자.
(a) $T = T_{초기} - c(V - V_{초기})$, c가 양의 상수로 주어지면, 일에 관한 식을 유도하시오.
(b) 이 경우에 일은 등온 팽창의 경우보다 큰가 또는 작은가? 결론을 설명하시오.

4.19 (a) 55.85 °C, (b) 54.85 °C에서 Kr(g)의 몰 운동 에너지($J\cdot mol^{-1}$ 단위로)를 계산하시오. (c) (a)와 (b)의 답의 차이는 Kr(g)의 온도를 1.00 °C 올리는 데 필요한 몰당 에너지이다. Kr(g)의 몰열용량은 얼마인가?

4.20 (a) 25.00 °C, (b) 26.00 °C에서 Ne(g)의 몰 운동 에너지($J\cdot mol^{-1}$ 단위로)를 계산하시오. (c) (a)와 (b)의 답의 차이는 Ne(g)의 온도를 1 °C 올리는 데 필요한 몰당 에너지이다. Ne(g)의 몰열용량은 얼마인가?

4.21 현재의 생물 진화론에 의하면 지구의 옛날 대기에 있던 화합물들이 무작위로 반응하여 복잡한 아미노산과 핵산이 만들어졌다고 생각한다. 이들 간단한 분자들이 모여서 DNA와 RNA 같은 더 복잡한 분자를 만든다. 이 과정은 열역학 제2법칙과 일관성이 있는가? 답을 설명하시오.

4.22 표준 생성 내부 에너지 $\Delta U_f°$는 일정 부피에서 측정한 표준 생성 엔탈피에 해당한다. 부록 2A의 자료를 이용하여 (a) $H_2O(g)$, (b) $H_2O(l)$의 $\Delta U_f°$을 구하시오. 물의 두 상태에 대해 $\Delta U_f°$와 $\Delta H_f°$에 차이가 있으면 이유를 설명하시오.

4.23 마이크로파 오븐에서는 음식물의 물이 복사선을 흡수하여 음식물이 가열된다. 물 350. g을 25.0 °C에서 100.0 °C까지 가열하는 데 필요한 파장 4.50 mm인 광자는 몇 개인가? 모든 에너지는 온도를 올리는 데만 쓰인다고 가정한다.

4.24 $N_2(g)$ 1 mol과 $CH_4(g)$ 1 mol을 각각 포함하는 시료를 초기 온도가 500. K인 동일한 두 용기에 넣었다. 두 기체는 일정 부피에서 1200. J의 열을 얻었다. 이 기체들의 최종 온도는 같은가? 그렇지 않다면 어느 기체의 온도가 더 높은가? 그 까닭을 밝히시오.

4.25 평균 질량의 사람이 테니스를 칠 때 약 $15\ kJ\cdot min^{-1}$의 에너지

를 소모한다. 연소의 비엔탈피가 17.0 $kJ \cdot g^{-1}$인 치즈 2.0 온스에서 나오는 에너지를 소모하기 위해서는 테니스를 얼마나 쳐야 하는가?

4.26 '합성 가스'는 일산화 탄소, 수소, 메테인 및 석유 정제에서 나오는 약간의 비연소성 기체의 혼합물이다. 어떤 합성 가스는 부피로 일산화 탄소 40.0%, 수소 기체 25.0%, 비연소성 기체 10.0% 그리고 나머지는 메테인으로 되어 있다. 물 5.5 L의 온도를 5 °C만큼 올리려면 이 기체 몇 L를 연소시키면 되는가? 기체는 1.0 atm, 298 K에 있고, 세 기체 모두 완전 연소된다고 가정한다.

4.27 증기 기관은 석탄을 태워 나오는 열로 물을 끓여서 동력을 얻는다. 밀도가 1.5 $g \cdot cm^{-3}$인 석탄은 탄소라고 하자(이는 실제로는 더 복잡하지만, 일차 근사로서 적절하다). 탄소의 연소는 다음 반응식으로 기술된다.

$$C(s) + O_2(g) \rightarrow CO_2(g) \quad \Delta H^\circ = -394 \text{ kJ}$$

(a) 크기가 7.0 cm×6.0 cm×5.0 cm인 석탄 덩이가 연소될 때 발생되는 열을 계산하시오.

(b) 이 석탄 덩이를 연소시켜서 물을 25 °C부터 100. °C까지 가열할 수 있는 물의 질량을 구하시오.

4.28 한 학생이 매일 등교하기 위해 자전거를 타고 10.마일을 왕복하는데, 각 방향에 30.분이 걸리며, 420 $kJ \cdot h^{-1}$의 에너지를 쓴다. 같은 왕복을 자동차로 하면 휘발유 0.40 gal이 소요된다. 학생은 매년 150일 등교하고, 휘발유의 연소 엔탈피는 근사적으로 옥테인과 같다고 가정하자. 옥테인의 밀도는 0.702 $g \cdot cm^{-3}$이다(3.785 L = 1.000 gal). 이 여정을 (a) 자전거로, (b) 자동차로 하면, 연간 에너지 소모량은 얼마나 되는가?

4.29 원유는 자주 독성의 황화 수소 기체로 오염되어 있다. 석유에서 황을 뽑아내는 Claus 공정은 다음의 두 단계로 되어 있다.

$$2\,H_2S(g) + 3\,O_2(g) \rightarrow 2\,SO_2(g) + 2\,H_2O(l)$$

$$2\,H_2S(g) + SO_2(g) \rightarrow 3\,S(s) + 2\,H_2O(l)$$

(a) SO_2를 포함하지 않는 전체 반응의 열화학 반응식을 쓰시오.

(b) 황 60.0 kg을 생산할 때의 엔탈피 변화는 얼마인가?

(c) 일정 온도를 유지하려면 반응 용기는 냉각해야 하는가 가열해야 하는가?

4.30 긴 우주 비행에서 이산화 탄소에서 산소를 재생시키기 위해 연구되는 반응은 다음의 두 단계로 구성되어 있다.

$$CO_2(g) + 2\,H_2(g) \rightarrow C(s) + 2\,H_2O(l)$$

$$2\,H_2O(l) \rightarrow 2\,H_2(g) + O_2(g)$$

(a) 전체 반응의 열화학 반응식을 쓰시오.

(b) 0.82 atm, 300 K에서 32.0 L의 산소를 생산할 때의 엔탈피 변화는 얼마인가?

(c) 일정 온도를 유지하려면 반응 용기는 냉각해야 하는가 가열해야 하는가?

4.31 (a) 수성 가스는 석탄으로 만들 수 있는 값싼 저급 연료이다. 수성 가스의 생산은 발열 반응인가 흡열 반응인가? 반응은 다음과 같다.

$$C(s) + H_2O(g) \rightarrow CO(g) + H_2(g)$$

(b) 이 방법으로 500. Torr, 65 °C에서 200. L의 수소를 생산할 때 엔탈피 변화를 계산하시오.

4.32 ABC 시리얼 회사는 상표 X인 경쟁 상품과 겨루기 위해 새로운 형태의 아침 식사용 시리얼을 개발하고 있다. 새로운 ABC 상품이 더 저칼로리 식품인가를 알아보기 위해, 열용량이 600. $J \cdot (°C)^{-1}$인 열량계에서 각각의 시리얼 시료 1.00 g씩을 산소와 연소시켜 두 시리얼의 에너지 함량을 비교해 보기로 하였다. 상표 X 시리얼 시료를 연소시킬 때는 온도가 300.2 K에서 309.0 K로 올라갔다. ABC 시리얼 시료를 연소시킬 때는 온도가 299.0 K에서 307.5 K로 올라갔다.

(a) 각 시료가 방출한 열은 얼마인가?

(b) 한 끼의 시리얼 양은 30.0 g이다. 30.0 g 끼니당 연료 가치를 표시하는 두 시리얼의 포장 라벨을 줄(J)로 나타내면 어떻게 표시되는가? 식품 칼로리(kcal)로는 어떻게 되는가?

4.33 시운전 초기에 단단한 30.0 L 용기를 16.0 atm, 298 K인 수소로 채운다. 시운전 후에 용기의 온도는 298 K 그대로였지만, 압력은 4.0 atm이 되었다. (a) 운전 중 연소된 H_2의 몰수는 얼마인가? (b) 이 양의 수소가 연소함으로써 방출된 열은 몇 kJ인가?

4.34 덥고, 건조한 기후에는 값싼 대용 냉방기로서 가습 냉각기를 사용한다. 이 장치에서는 꾸준히 물로 적셔 주는 다공성 패드로 팬이 더운 공기를 불어 넣는다. 공기는 물이 증발함에 따라서 냉각된다. 표 4B.2와 4C.1의 정보를 이용하여 크기가 4.0 m×5.0 m×3.0 m인 방 안의 공기를 20. °C만큼 냉각시키려면 물을 얼마나 증발시켜야 하는지를 계산하시오. 물의 증발 엔탈피는 25 °C에서의 값과 같다고 가정한다. 공기의 밀도는 1.25 $kg \cdot m^{-3}$이다.

4.35 연료용 수소 생산의 한 단계는 메테인 기체와 수증기의 반응이다.

$$CH_4(g) + H_2O(g) \xrightarrow{Ni} CO_2(g) + 3\,H_2(g) \quad \Delta H = -318 \text{ kJ}$$

1.00 mol의 H_2를 생성하였을 때 내부 에너지의 변화는 얼마인가?

4.36 값을 찾아보기 전에 $CH_3COOH(l)$나 $CH_3COOH(aq)$ 중 어느 물질이 더 높은 표준 몰엔트로피를 가질 것으로 예상되는가? 이 예측을 한 후 부록 2A의 값을 찾아보고, 이를 설명하시오.

4.37 (a) ΔG°, (b) ΔH°, (c) ΔS°, (d) $\Delta S_{전체}$ 중 만일 있다면 어떤 조건에서 부호가 반응의 자발성을 평가하기 위한 기준을 제공하는가?

4.38 질량이 알려진 세 가지 액체 시료를 500. W 가열기를 사용하여 각각의 끓는점까지 가열하였다. 끓는점에 도달한 후 4.0분 동안 계속 가열하여 각 시료의 일부가 증발하였다. 4.0분 후에 시료를 냉각시키고, 남은 액체의 질량을 측정하였다. 실험은 일정 압력에서 진행되었다. 다음 자료를 이용하여 (a) 각 시료에 관한 $\Delta S_{증발}$과 $\Delta H_{증발}$을 계산하시오. 가열기로부터 나온 모든 열은 시료를 가열한 데 쓰인다고 가정하시오. (b) $\Delta S_{증발}$이 액체의 상대적 질서도와 어떤 관련이 있는가?

액체	끓는점/°C	초기 질량/g	최종 질량/g
C_2H_5OH	78.3	400.15	271.15
C_4H_{10}	0.0	398.05	74.95
CH_3OH	64.5	395.15	294.25

4.39 다음 원소의 용융 엔탈피와 녹는점을 고려해 보자. Pb, 5.10 $kJ \cdot mol^{-1}$, 327 °C; Hg, 2.29 $kJ \cdot mol^{-1}$, −39 °C; Na, 2.64 $kJ \cdot mol^{-1}$, 98 °C. 이들 자료를 참고하여 Trouton 규칙과 유사한 관계가 금속성 원소의 용융 엔트로피에 적용될 수 있는지 알아보시오.

4.40 다음 각 반응의 경우 이산화 타이타늄이 1000. K에서 탄소에 의해 환원될 수 있는지 결정하시오. 1000. K에서 $\Delta G_f°(CO, g) = -200.$ $kJ \cdot mol^{-1}$, $\Delta G_f°(CO_2, g) = -396\ kJ \cdot mol^{-1}$, $\Delta G_f°(TiO_2, s) = -762$ $kJ \cdot mol^{-1}$이다.

(a) $TiO_2(s) + 2\ C(s) \rightarrow Ti(s) + 2\ CO(g)$

(b) $TiO_2(s) + C(s) \rightarrow Ti(s) + CO_2(g)$

4.41 $Fe_3O_4(s)$나 $Fe_2O_3(s)$ 중 어느 것이 공기 중에서 열역학적으로 더 안정한 산화 철인가? 선택을 정당화하시오.

4.42 (a) $C_6H_6(l)$ 0.825 mol이 연소되어 $CO_2(g)$와 $H_2O(g)$가 생성되는 경우, 298.15 K에서 대기압 1.00 bar에 거슬러 해야 할 일을 계산하시오. (b) 기체 생성으로 인한 팽창에 수반되는 계의 엔트로피 변화를 계산하시오.

4.43 수소는 브로민 대기에서 연소되어 브로민화 수소를 생성한다.

(a) 298 K에서 이 반응 $H_2(g) + Br_2(g) \rightarrow 2\ HBr(g)$의 표준 Gibbs 자유 에너지는 얼마인가?

(b) SATP에서 H_2 기체 120. mL가 브로민의 화학량적 양과 반응하여 생성된 브로민화 수소가 물에 녹아서 150. mL의 수용액이 된다면, 이 브로민화 수소산 용액의 몰농도는 얼마인가?

4.44 수소는 질소 기체와 반응하여 암모니아를 생성한다.

(a) 298 K에서 이 반응 $3\ H_2(g) + N_2(g) \rightarrow 2\ NH_3(g)$의 표준 Gibbs 자유 에너지는 얼마인가?

(b) 1 bar, 298 K의 H_2 기체 50.1 L가 1 bar, 298 K의 N_2 기체 15.6 L와 반응하여 생성된 암모니아가 물에 녹아서 2.00 L의 수용액을 만들 때, 생성된 암모니아의 양은 얼마인가?

(c) 암모니아 수용액의 몰농도는 얼마인가?

4.45 질산 포타슘은 물에 잘 녹으며, 용해 엔탈피는 +34.9 $kJ \cdot mol^{-1}$이다.

$$KNO_3(s) \xrightarrow{H_2O} K^+(aq) + NO_3^-(aq) \quad \Delta H = +34.9\ kJ$$

(a) 이 용해 엔탈피가 용해 과정에 도움이 되는가?

(b) 이 염이 용해될 때 계의 엔트로피 변화는 양수인가 또는 음수인가?

(c) 계의 엔트로피 변화는 주로 위치적 무질서 때문인가 또는 열적 무질서 때문인가?

(d) 주위의 엔트로피 변화는 위치적 무질서 때문인가 또는 열적 무질서 때문인가?

(e) KNO_3 용해의 추진력은 무엇인가?

4.46 다음의 각 진술이 틀린 이유를 설명하시오.

(a) 음의 반응 Gibbs 자유 에너지를 가진 반응은 자발적이고, 빠르다.

(b) 순수한 원소 시료의 생성 Gibbs 자유 에너지는 물리적 상태와 관계없이 0으로 놓는다.

(c) 기체 분자의 소모보다 생성 몰수가 더 많은 발열 반응은 양의 표준 반응 Gibbs 자유 에너지를 갖는다.

4.47 베이거나 긁혔을 때 응급조치로 사용되는 보편적인 소독제는 3% 과산화 수소 수용액이다. 과산화 수소가 혈액 안의 효소에 의해서 분해되어 산소와 물로 되면서 나온 산소 방울이 상처를 깨끗하게 유지해 준다. 과산화 수소를 합성하는 공업적 과정은 다음의 두 가지가 가능하다. (i) $H_2(g) + O_2(g) \rightarrow H_2O_2(l)$, 여기서는 팔라듐 같은 금속이나 유기 화합물인 퀴논이 촉매로 사용된다. (ii) $2\ H_2O(l) + O_2(g) \rightarrow 2\ H_2O_2(l)$.

(a) 298 K, 1 atm에서 어느 방법이 O_2 몰당 더 많은 에너지를 방출하는가?

(b) 어느 방법이 더 큰 음의 표준 Gibbs 자유 에너지를 갖는가?

(c) 가정에서 과산화 수소를 사용하고 난 후에, 이를 산소와 물로부터 쉽게 재생할 수 있는가?

4.48 아세트산 $CH_3COOH(l)$는 (a) 메탄올과 일산화 탄소의 반응, (b) 에탄올의 산화, (c) 이산화 탄소와 메테인의 반응으로부터 생성될 수 있다. 각 과정의 균형 화학 반응식을 쓰시오. 이들 세 가지 가능성을 열역학적으로 해석하고, 어느 것을 수행하기가 가장 쉬울지 결정하시오.

4.49 부록 2A의 몇 가지 물질의 $S_m°$은 음수이다. 이들 물질의 공통점은 무엇이며, 왜 이들의 엔트로피가 음수인가?

4.50 세 가지 이성질체 알켄의 화학식이 C_4H_8이다(다음 표 참조).

(a) 이 화합물들의 Lewis 구조를 그리시오.

(b) 각 쌍의 화합물들이 서로 변환되는 세 가지 반응의 $\Delta G°$, $\Delta H°$, $\Delta S°$를 구하시오.

(c) 어느 이성질체가 가장 안정한가?

(d) $S_m°$가 감소하는 순서로 이성질체들을 나열하시오.

화합물	$\Delta H_f°/(kJ \cdot mol^{-1})$	$\Delta G_f°/(kJ \cdot mol^{-1})$
2-메틸프로펜	−16.90	+58.07
cis-2-뷰텐	−6.99	+65.86
trans-2-뷰텐	−11.17	+62.97

4.51 (a) 부록 2A의 값을 이용하여 25.0 °C, 100.0 °C, 150.0 °C에서 물의 증발에 대한 표준 Gibbs 자유 에너지를 계산하시오. (b) 100.0 °C에서는 어떤 값이 되어야 하는가? (c) 왜 이러한 차이가 나는가?

4.52 대기압에서 임의의 액체(즉, 외부 압력이 1 atm일 때 상온보다 높은 온도에서 끓는 액체)에 대하여, $J \cdot mol^{-1}$ 단위로 나타낸 $\Delta H_{증발}$의 수치가 $J \cdot K^{-1} \cdot mol^{-1}$ 단위로 나타낸 $\Delta S_{증발}$의 수치보다 크다는 논의를 제안해 보시오(각 단계와 어떤 가정을 하는지 설명하고 정당화하시오).

4.53 자기장 B에서 전자 스핀의 몰엔트로피는 다음과 같다.

$$S_m = R\left\{\frac{\Delta E/kT}{e^{\Delta E/kT} - 1} - \ln(1 - e^{-\Delta E/kT})\right\}$$

여기서 $\Delta E = 2\mu_B B$는 자기장 안의 두 스핀 상태의 에너지 차이, μ_B는 Bohr 마그네톤으로, $\mu_B = 9.274 \times 10^{-24}\ J \cdot T^{-1}$이다. 자기장 B가 0.1 T, 1 T, 10 T, 100 T일 때 S_m을 온도의 함수로 그리시오(화학 이야기 4H.1 참조. 자속 밀도의 단위 테슬라(tesla, T)는 상쇄됨을 주목하

시오. $1\ \mathrm{T} = 1\ \mathrm{kg \cdot s^{-2} \cdot A^{-1}}$).

4.54 자기장 B에서 전자의 ↑(up)과 ↓(down) 스핀의 확률 분포 p는 다음과 같이 주어진다.

$$p_{\mathrm{down}} = \frac{1}{1+e^{-\Delta E/kT}} \quad \text{및} \quad p_{\mathrm{up}} = \frac{e^{-\Delta E/kT}}{1+e^{-\Delta E/kT}}$$

여기서 $\Delta E = 2\mu_B B$는 두 스핀 상태의 에너지 차이이다(연습 문제 4.53 참조). $B = 1$ T일 때 두 확률 분포를 온도의 함수로 그리시오(화학 이야기 4H.1 참조).

4.55 아무런 계산 없이 전자의 ↑ 스핀과 ↓ 스핀의 확률 분포가 같아지는 온도를 예측하시오(연습 문제 4.54 참조).

4.56 자기장 안의 시료에 ↑ 스핀이 ↓ 스핀보다 두 배 더 많다고 하자. 아무런 계산 없이 이 시료 온도의 부호를 예측하시오(연습 문제 4.54 참조).

4.57 열역학적 함수를 분자적 행동으로 설명하는 데는 도표적 이해가 도움이 된다. 그림 4J.3에 나타낸 물질의 세 가지 상에 대한 표준 몰 Gibbs 자유 에너지의 온도 의존성 도표를 생각해 보자.

(a) 각 상의 Gibbs 자유 에너지가 온도에 따라서 감소하는 이유를 분자적 행동 관점으로 설명하시오.

(b) 증기상의 Gibbs 자유 에너지가 고체나 액체상보다 더 빠르게 온도에 따라 감소하는 이유를 분자적 행동 관점으로 설명하시오.

4.58 상태 함수는 계의 현재 상태에만 의존하므로, 한 계가 일련의 과정을 거쳐서 원래 상태로 되돌아 오면, 열역학적 순환이 완료되고 모든 상태 함수는 원래 값으로 복귀된다. 그러나 경로에 의존하는 함수는 변할 수 있다.

(a) 3.00 L 실린더에 들어 있는 302 K의 질소 분자 1.00 mol이 다음과 같은 세 단계에 따라서 진행될 때, 상태 함수 S에 아무런 차이가 없음을 보이시오. (i) 일정한 부피에서 $T = 75.6$ K까지 냉각시킨다. (ii) 일정한 압력에서 $T = 302$ K까지 가열한다. (iii) 일정한 온도에서 $V = 3.00$ L까지 압축한다. 이 전체 순환에 관한 ΔU와 ΔS를 계산하시오.

(b) 전체 순환에 관한 q와 w의 값은 얼마인가?

(c) 이 순환에 관한 $\Delta S_{\text{주위}}$와 $\Delta S_{\text{전체}}$는 얼마인가? 엔트로피가 상태 함수임에도 불구하고 0이 아닌 어떤 값이 있다면, 왜 그러한가를 설명하시오.

(d) 이 과정은 자발적인가, 비자발적인가 또는 평형인가?

4.59 열역학적으로 일어나기 어려운 반응은 열역학적으로 일어나기 쉬운 다른 과정을 지닌 반응과 '짝지어서' 극복하는 기술을 사용한다. 예를 들어, 사이클로헥세인을 탈수소화하여 벤젠과 수소 기체를 생성시키는 반응은 자발적이지 않다. 에텐과 같은 다른 분자가 수소 받개로 작용한다면(즉, 에텐이 수소와 반응하여 에테인을 생성한다면), 그 과정이 자발적으로 일어날 수 있음을 보이시오.

4.60 200. J의 에너지가 400. °C의 뜨거운 열원으로부터 열로 취해지고, 일부 에너지가 일로 변환되는 터빈을 통과한 다음 나머지 열을 20. °C의 냉원으로 방출한다고 가정하자. 이 엔진이 전체적으로 자발적으로 작동하는 경우, 생산할 수 있는 최대 일은 얼마인가? 엔진의 일을 공급된 열로 나눈 백분율로 표시한 효율은 얼마인가? 어떻게 효율을 높일 수 있는가?

4.61 한 과학자가 액체 연료인 에탄올을 생산하기 위해 다음과 같은 두 반응을 제안하였다.

$$C_2H_4(g) + H_2O(g) \rightarrow CH_3CH_2OH(l) \qquad \textbf{(A)}$$

$$C_2H_6(g) + H_2O(g) \rightarrow CH_3CH_2OH(l) + H_2(g) \qquad \textbf{(B)}$$

$C_2H_6(g)$는 출발 물질로 $C_2H_4(g)$보다 값싸므로, 반응이 자발적으로 일어난다면 반응 B가 선호된다. 표준 상태 조건을 가정하고, 어느 반응이 열역학적으로 자발적인지 결정하시오.

4.62 로켓 연료는 만일 산화가 자발적이지 않으면 쓸모가 없게 된다. 비록 로켓은 표준 상태와 많이 다른 조건에서 작동하지만, 로켓 연료의 가능성에 관한 초기 예측에서, 로켓 안이 고온이 되었을 때 산화가 자발적일 수 있는지 평가해 볼 수 있다. 화학자는 골격 반응식이 다음과 같은 반응에서 증발된 염화 알루미늄을 사용하여, 우주 공간에서 쓸모 있는 연료를 찾고 있다.

$$AlCl_3(g) + O_2(g) \rightarrow Al_2O_3(s) + ClO(g)$$

이 식의 균형을 맞추시오. 2000 K에서의 다음 정보를 사용하여 이 연료를 더 연구할 가치가 있는지 결정하시오. $\Delta G_f^\circ(AlCl_3, g) = -467$ $\mathrm{kJ \cdot mol^{-1}}$, $\Delta G_f^\circ(Al_2O_3, s) = -1034\ \mathrm{kJ \cdot mol^{-1}}$, $\Delta G_f^\circ(ClO, g) = +75$ $\mathrm{kJ \cdot mol^{-1}}$.

4.63 가열 과정의 ΔS를 계산할 때 적절한 열용량을 사용하는 것이 중요하다. 일정 부피의 공정에서는 C_V, 일정 압력에서는 C_P를 사용해야 한다.

(a) $C_P \geq C_V$임을 고려하여, 일정한 압력에서 가열하는 것이 일정한 부피에서 가열하는 것보다 엔트로피가 더 많이 증가하는 이유를 설명하시오.

(b) 이상 기체를 일정한 부피로 가열하는 경우와 일정한 압력에서 가열하는 경우의 ΔU 값은 같은가 아니면 다른가?

(c) 일정한 부피에서 가열할 때와 일정한 압력에서 가열할 때 ΔH 값을 비교하시오.

4.64 피스톤이 장착된 단단한 용기에 25 °C, 1 atm의 단원자 이상 기체 분자 2.0 mol 시료가 있다. 압력 변화 없이 시료의 온도를 높이는 두 가지 경로를 고려하자. (1) 부피가 50% 증가할 때까지 일정한 압력에서 가열한다. (2) 동일한 최종 온도까지 일정한 부피로 가열한 후 같은 최종 부피까지 가역적이고 등온적으로 팽창시킨다.

(a) 각 경로에 대해 ΔU, ΔH, ΔS, q, w를 계산하시오.

(b) 경로에 따라 달라지는 값과 그렇지 않은 값은 무엇인가?

FOCUS 4 통합 연습 문제

4.65 석유 기반 연료는 기후 변화를 일으키므로, 대체 연료를 찾고 있다(화학 이야기 4D.1 참조). 생물학적으로 생산되고 연료로 사용될 수 있는 세 가지 화합물은 하수의 혐기성 소화로부터 생성될 수 있는 메테인 CH_4, 메탄올과 에탄올로부터 생성될 수 있는 기체 다이메틸 에터 $H_3C-O-CH_3$, 그리고 설탕의 발효로부터 얻어지는 액체 에탄올 CH_3CH_2OH이다.

(a) 각 화합물의 Lewis 구조를 그리시오.

(b) 결합 엔탈피를 사용하여(에탄올의 경우 증발 엔탈피도 사용) 각 연료의 연소 엔탈피를 계산하시오. 연소되어 기체 CO_2와 기체 H_2O를 생성한다고 가정하자. 차이가 있으면 설명하시오.

(c) 부록 2A에 실린 유기 화합물의 연소 엔탈피 값을 사용하여 각 연료 그램당 생산되는 열을 계산함으로써 메테인, 에탄올, 휘발유의 주성분인 옥테인의 연료로서의 성능을 비교하시오. 이 정보에 근거하면 어떤 연료를 선택할 것인가?

(d) 10.00 atm, 298 K인 메테인 기체를 얼마만큼 연소시키면, 옥테인(밀도 $0.70\ g \cdot mL^{-1}$) 10.00 L를 일정 압력에서 연소시켜서 발생된 열량과 같게 되는가?

(e) 탄소를 포함하는 연료가 가진 문제점은 그것이 연소될 때 이산화 탄소를 생성하는 것이므로, 연료 선택을 지배하는 요인은 CO_2 생성 몰당 발생되는 열이다. 메탄올, 에탄올, 옥테인에 관한 이 양을 계산하시오. 어느 과정이 발생된 열 kJ당 더 많은 이산화 탄소를 배출하는가?

4.66 자동차 에어백은 기체를 재빠르게 발생시키는 화학 반응을 이용하여 운전자를 보호한다. 이러한 반응은 자발적이고, 폭발적으로 빨라야 한다. 보통 사용되는 반응은 아자이드화 소듐 NaN_3가 질소 기체와 소듐 금속으로 분해되는 것이다.

(a) 가장 작은 정수 계수가 되도록 이 화학 반응식을 균형 맞추시오.

(b) 계산 없이 이 반응에 관한 엔트로피 변화의 부호를 예측하여 보시오. 그 이유를 설명하시오.

(c) 아자이드화 이온과 질소 기체에서 질소의 산화수는 얼마인가? 이 반응에서 질소는 산화되는가, 환원되는가?

(d) 부록 2A의 자료와 아자이드화 소듐의 $S_m° = 96.9\ J \cdot K^{-1} \cdot mol^{-1}$을 이용하여, 298 K에서 아자이드화 소듐 분해의 $\Delta S°$를 계산하시오.

(e) (d)의 결과와 아자이드화 소듐의 $\Delta H_f° = +21.7\ kJ \cdot mol^{-1}$을 이용하여 298 K에서 아자이드화 소듐 분해의 $\Delta H°$와 $\Delta G°$를 계산하시오.

(f) 1 bar, 298 K에서 이 반응은 자발적인가?

(g) 1 bar의 압력에서 온도를 변화시키면 이 반응은 표준 상태에서 비자발적으로 될 수 있는가? 그렇다면 온도를 올려야 하는가 또는 내려야 하는가?

FOCUS 5

평형

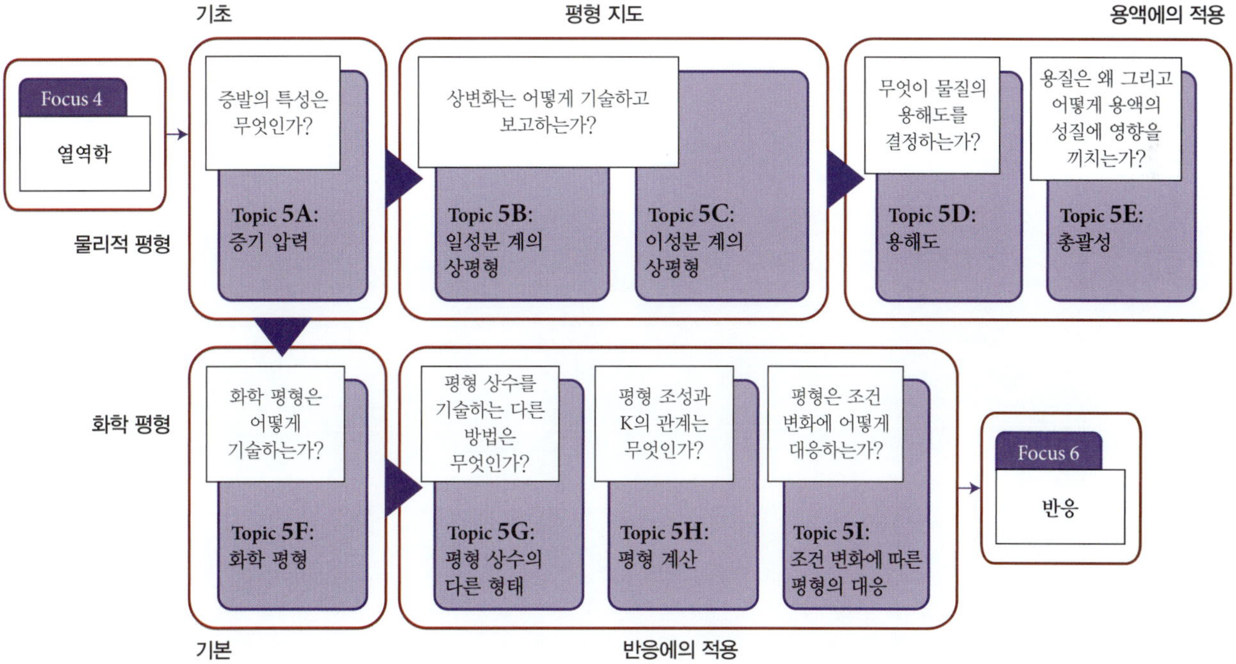

이 Focus에서 다루는 평형은 물리적 평형(다른 물리적 상태 사이)과 화학적 평형(화학 반응처럼)이다. **Topic 5A**는 액체와 증기 사이의 기본적인 평형을 소개한다. **Topic 5B**는 물질의 각 상이 가장 안정한 조건과 둘 혹은 그 이상의 상들 사이의 평형을 요약하는 상도표를 소개함으로써 이 논의를 일반화한다. 평형에 대한 조건은 여러 가지 방법으로 설명할 수 있기 때문에, 반응 속도론적 및 열역학적 관점을 병행해서 다룬다. **Topic 5C**는 두 가지 성분의 혼합물에서의 물리적 평형을 고려하고, Raoult 법칙과 증류에 대한 실질적인 세부 사항을 소개한다. 용해도 평형의 열역학적 측면은 **Topic 5D**에서 다룬다.

Topic 5E에서는 몰랄 농도를 도입하고 몰농도와의 관계를 정립한다. 이 Topic에서는 용질의 양에 영향을 받지만 종류에는 영향을 받지 않는 용액의 속성인 총괄성도 논의한다.

Topic 5F에서는 관심을 화학 평형으로 전환하고 '평형 상수'의 개념을 소개하며, 반응 속도론적 및 열역학적 관점에서 그 근원을 설명한다. 평형 상수는 **Topic 5G**에 설명된 대로 다양한 방법으로 표현할 수 있으며, 평형 상태에서 반응 혼합물의 조성을 기술하는 데 있어 중심적 중요성이 **Topic 5H**에서 논의된다.

Topic 5I는 평형 상수의 조건에 대한 의존성을 설명하고 이 의존성이 반응을 제어하고 수율을 극대화하는 데 관건임을 보여준다. 마지막으로 평형 상수의 온도 의존성을 반응 속도론과 열역학의 관점을 병행하여 살펴본다.

Topic 5A 증기 압력

이 Topic을 왜 배우는가? 기화는 분자들 사이의 힘에 대한 정보를 제공하며, 물질의 분리에도 사용되기 때문이다.

무엇을 알고 있어야 하는가? 이 Topic에는 두 관점이 있는데, 어느 쪽을 택할지는 강의 순서에 달려 있다. 반응 속도론적 관점의 경우, 활성화된 과정에 대한 개념에 익숙해야 한다(Topic 7D). 열역학적 관점의 경우, Gibbs 자유 에너지가 어떻게 자발적 변화를 설명하는 데 사용되고 어떻게 압력에 의존하는지 알아야 한다(Topic 4J). 어떤 관점이건, 분자간 힘에 대해서도 알고 있어야 한다(Topic 3D).

물질은 여러 가지 다른 상(phase) 또는 물리적 형태로 존재할 수 있다. 물질의 상에는 고체, 액체, 기체 형태가 있다. 물질은 다이아몬드와 흑연을 포함하는 다양한 동소체 형태의 탄소와 같이 **다형체(polymorph)**라고 불리는 구조적으로 서로 다른 여러 고체상을 가질 수 있다. 얼음의 녹음, 물의 증발, 흑연에서 다이아몬드로의 전환처럼, 물질이 한 상에서 다른 상으로 전환되는 현상을 **상전이(phase transition)**라고 한다.

5A.1 증기 압력의 근원

간단한 실험으로 닫힌 용기 내에서 한 물질의 액체상과 기체상이 서로 평형에 이르고 그 후에는 더 이상의 변화가 없음을 보일 수 있다. 수은 기압계의 관 내부의 수은주는 외부 대기압에 비례하는 높이를 보여 주며, 지구상 해수면에서 약 76 cm의 높이를 나타낸다. 수은주 위의 공간은 거의 진공이다(수은 증기 미량이 있기는 하지만, 이는 매우 작으므로 무시할 수 있다). 수은주 위의 공간에 작은 물방울을 주입하면 물은 곧바로 모두 증발하여 공간을 증기로 채운다. 이 증기의 분자는 수은주의 표면을 몇 mm 밀어내린다. 수은주 높이의 변화에 의해서 측정된, 증기가 밀어낸 압력은 가해 준 물의 양에 의존한다. 그러나 액체 물이 표면에 약간 남을 만큼 물을 가한다고 해 보자. 그러면 이제는 액체 물의 남은 양에 무관하게 증기의 압력은 일정하게 유지된다(그림 5A.1). 결론적으로 **한 고정된 온도에서 약간의 액체가 존재하는 한 남은 액체의 양에 무관하게, 증기는 특정 압력을 나타낸다.** 예를 들어, 20 °C에서 수은주는 18 mm 내려가므로 수증기에 의해서 가해진 압력은 18 Torr이다. 수증기의 압력은 액체 물이 0.1 mL가 존재하건 1 mL가 존재하건 마찬가지이다. 이러한 특징적인 압력이 실험하는 온도에서 그 액체의 **증기 압력**(vapor pressure)이다.

물질의 응축상과 증기상 사이의 평형을 포함하는 모든 평형은 반응 속도론적 관점이나 열역학적 관점의 두 가지 방식으로 설명될 수 있다.

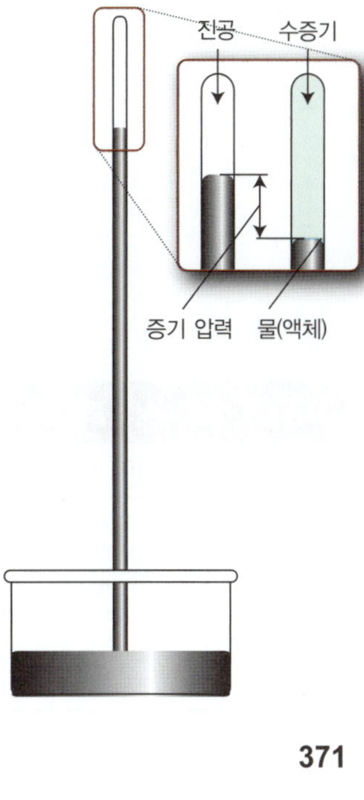

그림 5A.1 확대된 부분의 왼쪽 기둥은 수은 기압계의 수은주 위의 진공을 나타낸다. 오른쪽 기둥은 물을 소량 첨가한 결과를 보여 준다. 평형에서는 물이 약간 증발하여, 수증기가 수은에 미치는 증기 압력이 수은주의 높이를 낮추어 준다. 그러나 증기 압력은 수은주 위에 남은 물의 양에 무관하게 일정하다.

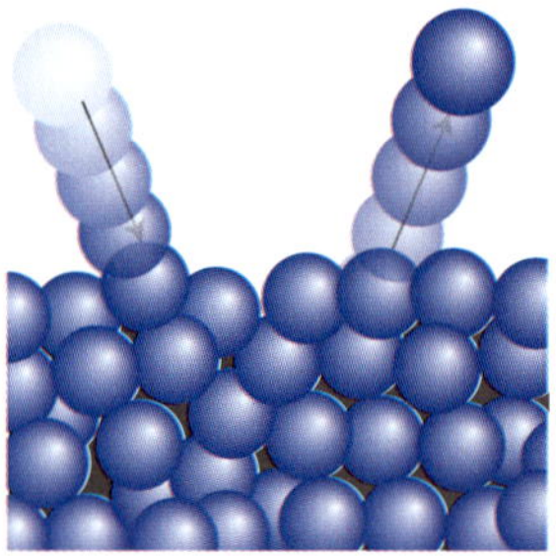

그림 5A.2 닫힌 용기 안에서 액체와 그 증기가 동적 평형에 있을 때는, 응축 속도가 증발 속도와 같아진다.

어떻게 다루는가?

반응 속도론적 접근

이 경우, 평형의 반응 속도론적 해석은 증발과 응축의 속도 비교에 근거한다. 증기는 분자들이 증발하여 액체의 표면을 떠나면서 형성된다. 그러나 증기 분자의 수가 증가할수록 더 많은 분자들이 액체의 표면에 충돌하고, 달라붙어서 다시 액체의 일부분으로 되어 응축된다. 결국은 액체로 돌아오는 분자 수와 액체를 떠나는 분자 수가 같아진다(그림 5A.2). 이제 증기는 액체가 증발하는 것과 같은 속도로 응축되며, 정방향과 역방향 과정이 계속 진행되지만 두 속도가 같다는 관점에서 **동적**(dynamic)이다. 액체 물과 수증기 사이의 **동적 평형**(**dynamic equilibrium**)은 다음과 같이 표시된다.

$$H_2O(l) \rightleftharpoons H_2O(g)$$

기호 $\rightleftharpoons$는 언제나 양쪽에 있는 화학종들이 서로 동적 평형에 있음을 뜻한다. 이 그림을 염두에 두고, 이제 액체(또는 고체)의 **증기 압력**(**vapor pressure**)을 증기와 액체(또는 고체)가 서로 동적 평형에 있을 때, 증기가 나타내는 압력으로 정의할 수 있다.

열역학적 접근

평형의 열역학적 해석에서는 물질의 상변화에 수반되는 Gibbs 자유 에너지의 변화가 없을 때, 즉 $\Delta G = 0$일 때, 응축상과 증기상이 평형에 있다고 하며, 다음과 같이 나타낸다.

$$H_2O(l) \rightleftharpoons H_2O(g)$$

요약하면, 평형에서는 정방향과 역방향의 과정 모두가 자발적이지 않다. 액체(또는 고체)의 **증기 압력**(**vapor pressure**)은 증기와 액체(또는 고체)가 서로 평형에 있을 때, 증기의 압력이다. 반응 속도론적 설명에서와 같이, 화학 평형에서는 정방향과 역방향 과정들이 여전히 진행되지만 조건의 변화에 동적으로 반응하여 알짜 변화는 없다.

물질의 증기 압력은 증기가 응축상과 동적 평형에 있을 때, 증기가 주는 압력이다. 평형에서는 증발 속도와 응축 속도가 같으며, 증발과 응축 모두 자발적이지 않다.

5A.2 휘발성과 분자간 힘

일반적인 온도에서 증기 압력이 큰 액체를 **휘발성이 있다**(**volatile**)고 한다. 메탄올은 휘발성이나(25 °C에서 증기 압력이 122.78 Torr, 16.36 kPa), 수은은 그렇지 않다(1.7 mTorr, 0.23 Pa). 고체도 증기 압력을 나타내지만, 고체의 증기 압력은 보통 액체의 증기 압력보다 훨씬 낮다. 왜냐하면 고체에서는 액체에서보다 분자들이 서로 더 단단하게 붙들고 있기 때문이다. 예를 들면, 철은 1000 K에서도 증기 압력이 7×10^{-17} Torr(9 fPa)에 지나지 않아서, 수은주를 한 원자만큼도 낮추지 못한다! 그렇지만 박하뇌(menthol)나 아이오딘처럼 자극성 냄새가 나는 고체는 승화(직접 증기로 바뀜)되며, 냄새로 알 수 있다. 예를 들면, 아이오딘의 증기 압력은 25 °C에서 0.305 Torr(40.7 Pa)이다. 표 5A.1에 몇몇 흔히 접하는 액체의 증기 압력을 모아 놓았다.

표 5A.1 25°C에서의 증기 압력

물질	증기 압력, P/Torr
벤젠	94.6
에탄올	58.9
수은	0.0017
메탄올	122.7
톨루엔	29.1
물*	23.8

*다른 온도에서의 값은 표 5A.2 참조.

액체의 분자가 약한 분자간 힘으로 결합되어 있으면 증기 압력이 높고, 분자간 힘이 강하면 증기 압력이 낮을 것을 예상할 수 있다. 그러므로 수소 결합(다른 유형의 분자간 상호 작용보다 강함)을 형성할 수 있는 화합물은 비슷한 질량을 가졌지만 수소 결합을 할 수 없는 분자성 화합물보다 휘발성이 작으리라 예상된다.

같은 분자식 C_2H_6O를 가진 다이메틸 에터(**1**)와 에탄올(**2**)을 비교해 보면, 수소 결합의 효과를 확인할 수 있다. 두 화합물은 같은 수의 전자를 가지므로 비슷한 London 상호 작용을 하며, 따라서 비슷한 증기 압력을 가질 것으로 예상할 수 있다. 그러나 에탄올 분자는 —OH기를 가지고 있어서 다른 에탄올 분자와 수소 결합을 형성할 수 있다. 에터 분자는 모든 수소 원자가 탄소 원자에 붙어 있고, C—H 결합은 그다지 극성이 크지 않으므로, 다른 에터 분자와 수소 결합을 형성할 수 없다. 295 K에서 에탄올의 증기 압력은 6.6 kPa이고, 다이메틸 에터는 538 kPa이다. 이러한 차이의 결과로 에탄올은 상온에서 액체인 반면, 다이메틸 에터는 기체이다.

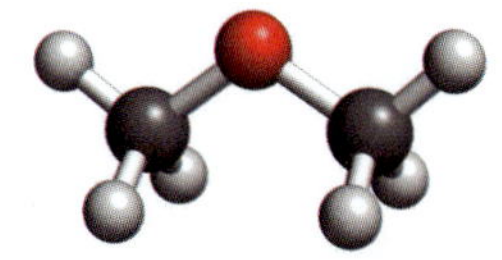

1 다이메틸 에터, C_2H_6O

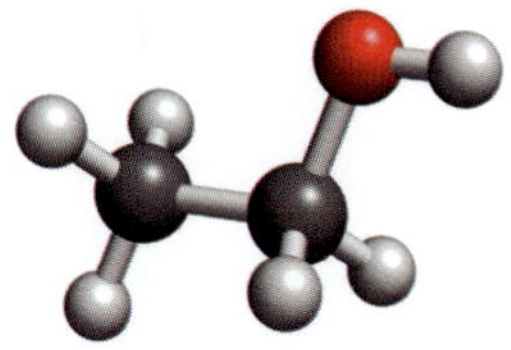

2 에탄올, C_2H_6O

생각해 보기

상온에서 수은의 증기 압력이 아주 낮은 이유는 무엇일까?

자습 5A.1A 테트라브로모메테인 CBr_4와 테트라클로로메테인 CCl_4 중 어느 것이 상온에서 더 높은 증기 압력을 가지는가? 이유는?

[**답**: CCl_4, 더 약한 London 힘]

자습 5A.1B CH_3CHO와 $CH_3CH_2CH_3$ 중 어느 것이 25°C에서 더 높은 증기 압력을 가지는가?

주어진 온도에서 액체의 분자간 힘이 강하면 증기 압력은 낮을 것이다.

5A.3 온도에 따른 증기 압력 변화

액체의 증기 압력은 액체 분자들이 서로를 붙드는 힘으로부터 얼마나 쉽게 벗어날 수 있는가에 달려 있다. 높은 온도에서는 낮은 온도에서보다 분자간 힘을 극복할 수 있는 에너지가 더 많으므로, 액체의 증기 압력은 온도 증가에 따라서 높아질 것으로 예상된다. **표 5A.2**는 물의 증기 압력이 온도에 따라 증가하는 것을 보여 주며, **그림 5A.3**은 몇 가지 액체의 증기 압력이 온도 증가에 따라 어떻게 증가하는지를 보여 준다.

표 5A.2 물의 증기 압력

온도/°C	증기 압력, P/Torr
0	4.58
10	9.21
20	17.54
21	18.65
22	19.83
23	21.07
24	22.38
25	23.76
30	31.83
37*	47.08
40	55.34
60	149.44
80	355.26
100	760.00

* 체온.

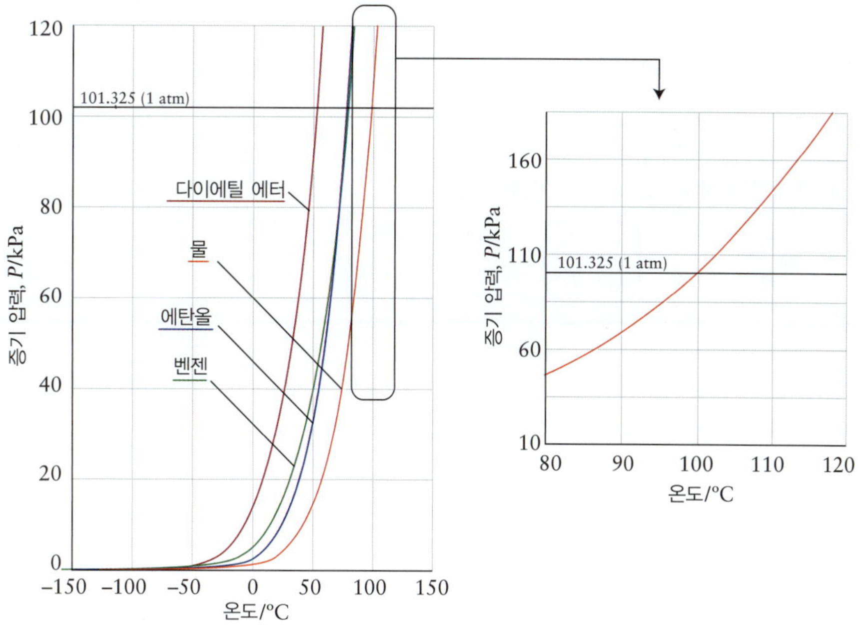

그림 5A.3 다이에틸 에터(빨강), 벤젠(초록), 에탄올(파랑), 물(주황)의 경우처럼, 액체의 증기 압력은 온도에 따라 급격하게 증가한다. 정상 끓는점은 증기 압력이 1 atm인 온도이다. Clausius-Clapeyron 식(식 1)에서 예상할 수 있는 바와 같이, 벤젠보다 증발 엔탈피가 더 큰 에탄올의 곡선이 벤젠보다 더 가파르게 올라감을 주목하자. 오른쪽에 있는 도표는 물의 정상 끓는점 근처에서 물의 증기 압력을 더 상세하게 나타낸 것이다.

Focus 7의 반응 속도론이나 Focus 4의 열역학 관계를 이용하면 증기 압력의 온도 의존성의 식을 구할 수 있다.

어떻게 다루는가?

반응 속도론적 접근

액체로부터 분자가 이탈하는 것은 화학 반응 속도의 온도 의존성과 관련하여 Topic 7D에서 설명하는 의미에서 활성화된 과정이다. 화학 반응 속도의 온도 의존성과 마찬가지로 탈출 속도는 Arrhenius 방정식에 따른 절대 온도에 의존한다.

$$\text{탈출 속도} = Ae^{-E_a/RT}$$

여기서 E_a는 액체에서 증기로 분자를 제거하는 데 필요한 (몰당) 에너지이고, A는 상수이다. $E_a = \Delta H_{\text{증발}}°$(표준 증발 엔탈피)로 근사해도 약간의 오차만 발생한다.

액체로의 분자 복귀 속도는 분자가 표면에 부딪히는 속도, 따라서 증기 압력 P에 비례한다.

$$\text{복귀 속도} = BP$$

여기서 B는 상수이다. 평형에서는 탈출 속도와 복귀 속도가 같다. 그러므로,

$$BP = Ae^{-\Delta H_{\text{증발}}°/RT}$$

온도 T_1에서의 증기 압력이 P_1이고, 온도 T_2에서의 증기 압력이 P_2라면, 다음이 성립한다.

$$\frac{BP_2}{BP_1} = \frac{Ae^{-\Delta H_{\text{증발}}°/RT_2}}{Ae^{-\Delta H_{\text{증발}}°/RT_1}}$$

좌변의 B와 우변의 B를 상쇄하면,

$$\frac{P_2}{P_1} = \frac{e^{-\Delta H_{\text{증발}}°/RT_2}}{e^{-\Delta H_{\text{증발}}°/RT_1}} \overset{e^x/e^y = e^{x-y}\text{ 이용}}{=} e^{-(\Delta H_{\text{증발}}°/R)(1/T_2 - 1/T_1)}$$

따라서, 대수를 취하고 $\ln e^x = x$를 이용하면,

$$\ln\frac{P_2}{P_1} = -\frac{\Delta H_{\text{증발}}°}{R}\left(\frac{1}{T_2} - \frac{1}{T_1}\right)$$

열역학적 접근

증발 Gibbs 자유 에너지의 압력 의존도에 관한 Topic 4J의 식 12에서 시작하자.

$$\Delta G_{\text{증발}}(P) = \Delta G_{\text{증발}}° + RT\ln(P/P°)$$

평형에서 증기 압력은 P, $\Delta G_{\text{증발}} = 0$이므로,

$$0 = \Delta G_{\text{증발}}° + RT\ln(P/P°)$$

즉,

$$\ln(P/P°) = -\frac{\Delta G_{\text{증발}}°}{RT}$$

$\Delta G_{\text{증발}}° = \Delta H_{\text{증발}}° - T\Delta S_{\text{증발}}°$을 이용하면,

$$\ln(P/P°) = -\frac{\Delta G_{\text{증발}}°}{RT} = -\left(\frac{\Delta H_{\text{증발}}° - T\Delta S_{\text{증발}}°}{RT}\right) = -\frac{\Delta H_{\text{증발}}°}{RT} + \frac{\Delta S_{\text{증발}}°}{R}$$

따라서 온도 T_1에서의 증기 압력 P_1과 온도 T_2에서의 증기 압력 P_2의 관계는 다음과 같다.

$$\overbrace{\ln\left(\frac{P_2}{P°}\right) - \ln\left(\frac{P_1}{P°}\right)}^{\ln(P_2/P_1)} = \overbrace{\left(-\frac{\Delta H_{\text{증발}}°}{RT_2} + \frac{\Delta S_{\text{증발}}°}{R}\right)}^{\ln(P_2/P°)} - \overbrace{\left(-\frac{\Delta H_{\text{증발}}°}{RT_1} + \frac{\Delta S_{\text{증발}}°}{R}\right)}^{\ln(P_1/P°)}$$

엔트로피 항과 $P°$를 상쇄하면, 최종 식은 다음과 같다.

$$\ln\frac{P_2}{P_1} = -\frac{\Delta H_{\text{증발}}°}{R}\left(\frac{1}{T_2} - \frac{1}{T_1}\right)$$

두 가지 관점 모두의 결과는 두 온도에서의 증기 압력에 관한 **Clausius–Clapeyron 식**(**Clausius–Clapeyron equation**)을 유도한 셈이다. 즉,

$$\ln\frac{P_2}{P_1} = -\frac{\Delta H_{\text{증발}}°}{R}\left(\frac{1}{T_2} - \frac{1}{T_1}\right) \tag{1}$$

이 방정식의 의미는 무엇인가?

$T_2 > T_1$이면 괄호 안의 양은 음수이다. 우변에 음의 부호가 있고 증발 엔탈피는 양수이므로, 우변 전체는 양수이다. 따라서 ln (P_2/P_1) 또한 양수이므로 P_2가 P_1보다 크다. 다시 말하면 이 식은 온도 증가에 따라 증기 압력이 증가함을 말해 준다. $\Delta H_{증발}°$이 분수의 분자에 있으므로, 그림 5A.3과 같이, 증발 엔탈피가 큰(분자간 상호 작용이 강한) 물질의 경우 증기 압력의 증가가 더 커진다.

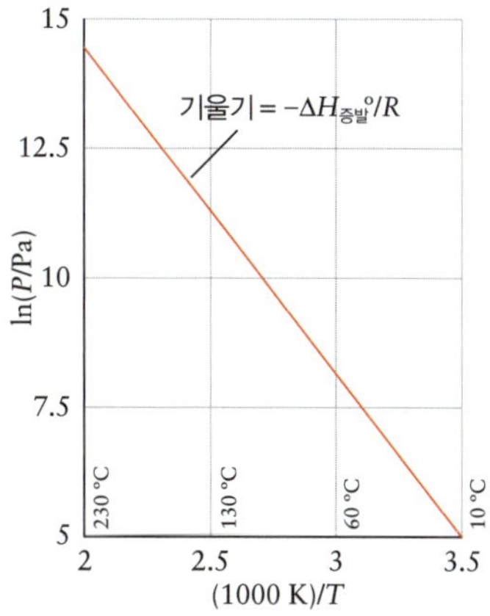

그림 5A.4 온도의 역수(1/T)에 대한 증기압의 대수(ln P)의 도표는 액체상의 기화 엔탈피에 비례하는 음의 기울기를 갖는 직선이다.

증기 압력의 온도 의존성을 다룰 때 일반적으로 사용되는 식 1의 간단한 꼴은 $\ln(P_2/P_1) = \ln P_2 - \ln P_1$으로 풀어 쓰고, 아래 첨자 2를 떼어 낸 것이다.

$$\ln P = \overbrace{\ln P_1 + \frac{\Delta H_{증발}°}{RT_1}}^{A} - \overbrace{\frac{\Delta H_{증발}°}{RT}}^{B/T}$$

이 식을 간단히 쓰면,

$$\ln P = A - \frac{B}{T}$$

여기서 A와 B는 물질의 종류에 의존하는 상수이다. 따라서, 주어진 물질에 대해 ln P를 $1/T$의 함수로 그리면 기울기가 $-B = -\Delta H_{증발}°/R$인 직선이 얻어진다(**그림 5A.4**).

예제 5A.1 다른 온도에서의 값으로부터 증기 압력 계산

지금은 발암물질로 알려진 테트라클로로메테인(사염화 탄소) CCl_4는 한때 세탁 용매로 쓰였으며, 아직도 냉각제 제조에 사용되고 있다. CCl_4의 증발 엔탈피는 33.05 kJ·mol^{-1}이며, 증기 압력은 57.8 °C에서 405 Torr이다. 25.0 °C에서 테트라클로로메테인의 증기 압력은 얼마인가?

예상 온도가 올라가면 증기 압력이 높아진다. 따라서 25.0 °C에서의 CCl_4의 증기 압력은 57.8 °C에서의 증기 압력 405 Torr보다 낮을 것이다.

계획 온도(절대 온도)와 증발 엔탈피(J·mol^{-1}단위)를 Clausius–Clapeyron 식에 대입하여 증기 압력의 비를 구한다. 다음에는 알려진 증기 압력을 대입하여 원하는 온도에서의 값을 구한다. 증기 압력 P_1은 온도 T_1에서의 값인 것에 유념하자.

무엇을 가정해야 하는가? 주어진 온도 영역에서 $\Delta H_{증발}°$과 $\Delta S_{증발}°$이 상수이고, 증기는 이상 기체(Clausius–Clapeyron 식이 성립하려면)라고 가정한다.

풀이 $\Delta H_{증발}° = 33.05$ kJ·mol^{-1}은 3.305×10^4 J·mol^{-1}에 해당된다.

온도를 K 단위로 바꾼다.

$$T_1 = 57.8 + 273.15\text{ K} = 331.0\text{ K}$$
$$T_2 = 25.0 + 273.15\text{ K} = 298.2\text{ K}$$

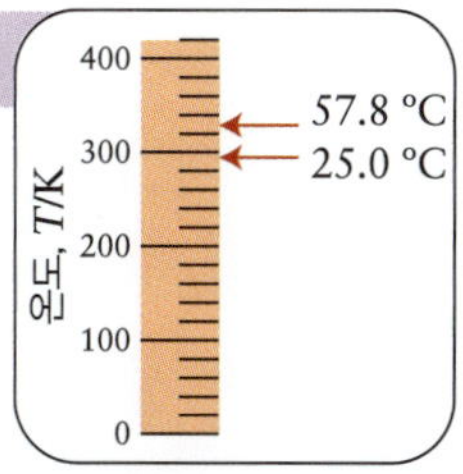

식 1 우변의 음의 부호를 없애기 위해 식 1을 $\ln(P_2/P_1) = (\Delta H_{증발}°/R)(1/T_1 - 1/T_2)$로 쓰면,

$$\ln\frac{P_2}{P_1} = \frac{3.305\times10^4\text{ J·mol}^{-1}}{8.3145\text{ J·K}^{-1}\text{·mol}^{-1}}\left(\frac{1}{331.0\text{ K}} - \frac{1}{298.2\text{ K}}\right)$$

$$= \frac{3.305\times10^4}{8.3145}\left(\frac{1}{331.0} - \frac{1}{298.2}\right) = -1.33\ldots$$

양변에 지수 함수(e^x)를 취하고, $P_1 = 405$ Torr를 대입하면 P_2(온도 T_2에서의 증기 압력)가 얻어진다.

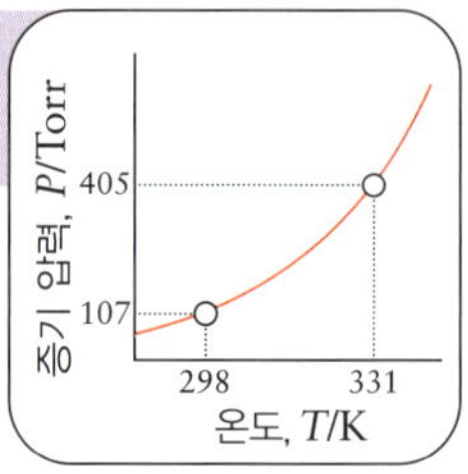

$$P_2 = \overbrace{(405\ \text{Torr})}^{P_1} \times e^{-1.33\ldots}$$
$$= 107\ \text{Torr}$$

평가 예상한 대로 25 °C에서의 증기 압력 107 Torr는 57.8 °C에서의 405 Torr보다 낮다.

유의 사항

지수 함수는 반올림에 매우 민감하므로, 수치 계산을 한 번에 수행하는 것이 중요하다. 증발 엔탈피를 $J \cdot mol^{-1}$ 단위로($kJ \cdot mol^{-1}$ 아님) 나타내는 것을 잊어 실수하기가 쉬운데, 단위를 쓰면서 따라가면 이를 방지할 수 있다.

자습 5A.2A 25°C에서 물의 증기 압력은 23.76 Torr, 표준 증발 엔탈피는 44.0 $kJ \cdot mol^{-1}$이다. 35°C에서 물의 증기 압력을 구하시오.

[답: 42 Torr]

자습 5A.2B 25°C에서 벤젠의 증기 압력은 94.6 Torr, 표준 증발 엔탈피는 30.8 $kJ \cdot mol^{-1}$이다. 35°C에서 벤젠의 증기 압력을 구하시오.

관련 연습 문제 5A.5, 5A.6

액체의 증기 압력은 온도 증가에 따라서 증가한다. Clausius-Clapeyron 식은 액체 증기 압력의 온도 의존성을 정량적으로 나타내 준다.

5A.4 끓음

주전자의 물을 가열하는 경우처럼, 액체를 열린 용기에 넣고 대기 중에서 가열할 때 무슨 일이 일어나는가 생각해 보자. 액체의 증기 압력이 대기압과 같아지는 점에 이르기까지 온도를 올리면(예를 들어, 외부 압력이 1 atm인 경우 물을 100 °C까지 가열하면), 증발은 액체의 표면에서만이 아니라 액체 '전체'에서 일어나면서 끓게 된다. 끓는점에서 형성된 증기는 대기를 밀어낼 수 있다. 따라서 액체 내에 생긴 증기 방울은 곧 표면으로 올라온다. **정상 끓는점(nomal boiling point**, T_b)은 외부 압력이 1 atm일때 액체가 끓는 온도이다. 그림 5A.3에서 화합물의 정상 끓는점을 찾으려면, $P = 1$ atm(101.325 kPa)에서 수평선을 그어서 증기 압력 곡선과 교차되는 온도를 찾으면 된다.

생각해 보기

밀폐된 용기 안의 액체도 끓을 수 있는가?

압력밥솥의 경우처럼, 압력이 1 atm보다 높을 때는 정상 끓는점보다 높은 온도에서 액체가 끓는다. 이 경우에는 액체의 증기 압력을 더 높은 압력까지 올려야 하므로 더 높은 온도가 필요한 것이다. 압력이 1 atm보다 낮을 때는 끓음이 더 낮은 온도에서 일어난다. 왜냐하면 이제는 증기 압력이 더 낮은 온도에서 외부 압력과 같아지기 때문이다. 압력이 약 253 Torr인 Everest 산 정상에서는 물이 약 70. °C만 되어도 끓는다.

상온에서 증기 압력이 낮은 물질일수록 끓는점은 더 높다. 따라서 높은 정상 끓는점은 강한 분자간 힘을 의미한다.

예제 5A.2 액체의 끓는점 계산

옥수수와 농업 폐기물에서 연료용 에탄올을 생산한다. 에탄올 공장 기술자는 압력이 변할 때 에탄올의 끓는 온도의 변화를 알 필요가 있다. 에탄올의 증기 압력은 34.9 °C에서 13.3 kPa이다. 표 4C.1의 자료를 이용하여 2.00 기압에서 에탄올의 끓는 온도를 구하시오.

예상 표 4C.1에 의하면 에탄올을 정상 끓는점은 351.5 K(78.4 °C)이다. 더 높은 압력에서는 에탄올 분자들이 뛰쳐 나와 끓기 위해서는 더 높은 온도에 도달해야 하므로, 끓는 온도는 351.5 K보다 높을 것이다.

계획 Clausius–Clapeyron 식을 사용하여 증기 압력이 2 atm(203 kPa)에 이르는 온도를 구한다.

무엇을 가정해야 하는가? 주어진 온도 영역에서 $\Delta H_{증발}°$과 $\Delta S_{증발}°$이 일정하고, 1 bar에서의 끓는점이 1기압의 경우와 거의 같으며, 증기는 이상 기체로 작용한다(Clausius–Clapeyron 식을 적용하기 위해)고 가정한다.

풀이 표 4C.1로부터 $\Delta H_{증발}° = 43.5\ \text{kJ}\cdot\text{mol}^{-1} = 4.35\times10^4\ \text{J}\cdot\text{mol}^{-1}$.

주어진 온도를 K 단위로 바꾸고 T_2라 놓는다.

$$T_2 = 34.9 + 273.15\ \text{K} = 308.0\ \text{K}$$

Clausius–Clapeyron 식을 재배열하여 $1/T_1 = 1/T_2 + (R/\Delta H_{증발}°)\ln(P_2/P_1)$이라 놓고, $P_1 = 203$ kPa, $P_2 = 13.3$ kPa을 대입한다.

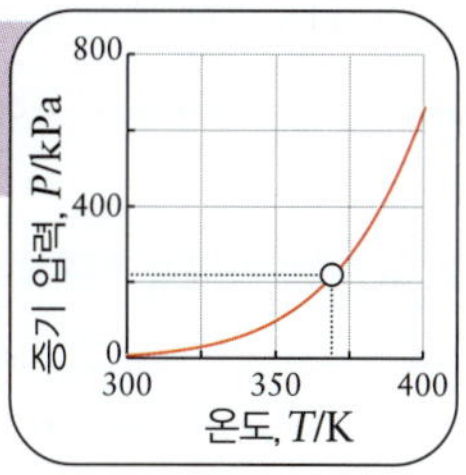

$$\frac{1}{T_1} = \frac{1}{308.0\ \text{K}} + \overbrace{\underbrace{\frac{8.3145\ \text{J}\cdot\text{K}^{-1}\cdot\text{mol}^{-1}}{4.35\times10^4\ \text{J}\cdot\text{mol}^{-1}}}_{\Delta H_{vap}°}}^{R} \ln\frac{13.3\ \text{kPa}}{203\ \text{kPa}}$$

$$= \frac{1}{308.0\ \text{K}} + \frac{8.3145}{4.35\times10^4\ \text{K}}\ln\frac{13.3}{203}$$

$$= \frac{1}{308.0\ \text{K}} - \frac{1}{1919.62\ldots\ \text{K}} = \frac{1}{367\ \text{K}}$$

역수를 취하면 T_1이 구해진다.

$$T_1 = 367\ \text{K}$$

평가 계산된 끓는점은 94 °C(예상대로 정상 끓는점 78.4 °C보다 높다)에 해당한다.

자습 5A.3A 아세톤 C_3H_6O의 증기 압력은 7.7 °C에서 13.3 kPa이며, 증발 엔탈피는 29.1 kJ·mol^{-1}이다. 아세톤의 정상 끓는점을 구하시오.

[답: 62.3 °C (실제는 56.2 °C)]

자습 5A.3B 메탄올 CH_3OH의 증기 압력은 49.9 °C에서 400. Torr이며, 증발 엔탈피는 35.3 kJ·mol^{-1}이다. 메탄올의 정상 끓는점을 구하시오.

관련 연습 문제 5A.7, 5A.8

끓음은 액체의 증기 압력이 외부(대기) 압력과 같을 때 일어난다. 강한 분자간 힘은 흔히 높은 정상 끓는점을 가지게 한다.

이 Topic에서 배운 것은 무엇인가?

증기 압력의 개념을 소개받았으며, 물질의 분자간 힘이 셀수록 증기 압력이 낮다는 것을 배웠다. 열역학 자료를 이용하여, 증기 압력에 끼치는 온도의 영향과 끓는점을 예측하는 법도 배웠다.

개념과 식의 적용

- ☐ 동적 평형의 중요성을 설명한다(5A.1절).
- ☐ Clausius–Clapeyron 식을 사용하여 액체의 증기 압력을 구한다(예제 5A.1).
- ☐ 증기 압력의 자료로부터 액체의 끓는점을 구한다(예제 5A.2).

Topic 5A 연습 문제

5A.1 암모니아 NH_3와 포스핀 PH_3 중에서 상온에서 증기 압력이 더 높은 것은 어느 것이겠는가? 이유는?

5A.2 옥테인 C_8H_{18}과 뷰테인 C_4H_{10} 중에서 상온에서 증기 압력이 더 높은 것은 어느 것이겠는가? 이유는?

5A.3 그림 5A.3의 증기 압력 곡선을 이용하여 대기 압력이 (a) 60. kPa, (b) 160. kPa일 때 물의 끓는점을 구하시오.

5A.4 그림 5A.3의 증기 압력 곡선을 이용하여 대기 압력이 (a) 50. kPa, (b) 80. kPa일 때 벤젠의 끓는점을 구하시오.

5A.5 표 4C.1의 자료를 이용하여 25.0 °C에서 메탄올의 증기 압력을 계산하시오.

5A.6 표 4C.1의 자료를 이용하여 275 K에서 수은의 증기 압력을 계산하시오.

5A.7 −28 °C에서 삼염화 붕소의 증기 압력은 17.0 kPa이고, 증발 엔탈피는 23.77 $kJ\cdot mol^{-1}$이다. 삼염화 붕소의 정상 끓는점을 구하시오.

5A.8 −58 °C에서 다이메틸 에터의 증기 압력은 18.1 kPa이고 증발 엔탈피는 21.51 $kJ\cdot mol^{-1}$이다. 다이메틸 에터의 정상 끓는점을 구하시오.

5A.9 아르신(Arsine) AsH_3는 반도체 제조를 위한 전자 산업에서 사용되는 맹독성 화합물이다. 증기 압력은 −111.95 °C에서 35 Torr이고, −83.6 °C에서 253 Torr이다. 이 자료를 이용하여 아르신의 (a) 표준 증발 엔탈피, (b) 표준 증발 엔트로피, (c) 표준 증발 Gibbs 자유 에너지, (d) 정상 끓는점을 계산하시오.

5A.10 이산화 염소 ClO_2의 증기 압력은 −22.75 °C에서 155 Torr이고, 0.00 °C에서 485 Torr이다. ClO_2의 (a) 표준 증발 엔탈피, (b) 표준 증발 엔트로피, (c) 표준 증발 Gibbs 자유 에너지, (d) 정상 끓는점을 계산하시오.

5A.11 아이오도메테인 CH_3I의 정상 끓는점은 42.43 °C이고, 0.00 °C에서 증기 압력은 140. Torr이다. 25.0 °C에서 아이오도메테인의 (a) 표준 증발 엔탈피, (b) 표준 증발 엔트로피, (c) 증기 압력을 계산하시오.

5A.12 매니큐어를 지우는 데 사용하는 아세트산 에틸 $CH_3COOC_2H_5$의 정상 끓는점은 77.1 °C이고, 16.2 °C에서 증기 압력은 10.0 kPa이다. 30.0 °C에서 아세트산 에틸의 (a) 표준 증발 엔탈피, (b) 표준 증발 엔트로피, (c) 증기 압력을 계산하시오.

Topic 5B 일성분 계의 상평형

이 Topic을 왜 배우는가? 상도표는 온도와 압력에 따른 물질의 가장 안정한 상을 알려주는 간편하고 가장 널리 쓰이는 방법이다.

무엇을 알고 있어야 하는가? 증기 압력, Gibbs 자유 에너지를 이용한 평형의 조건(Topic 4J) 및 평형의 동적 성질을 알고 있어야 한다(Topic 5A).

분자 사이의 인력이 충분히 강하고, 온도가 충분히 낮고, 압력이 충분히 높을 때, 분자는 액체나 고체로 함께 뭉친다. 분자가 액체로 응축되면 단일 상태를 형성한다. 많은 고체의 경우에는 그렇지 않다. 왜냐하면 조건에 따라 다른 고체상이 형성될 수 있기 때문이다. 가장 특별한 물질인 물조차도 적절한 조건에서는 여러 개의 고체상을 갖는다. 이러한 상전이를 어떻게 표현하고 연구할 수 있겠는가?

5B.1 상전이

증발은 상전이의 중요한 한 종류이다(Topic 5A). 어는 것 또한 그렇다. 액체는 분자들이 이웃을 지나쳐 꿈틀거릴 수 없을 정도로 낮은 에너지를 가질 때 고체화한다(언다). 고체에서는 분자들이 평균 위치 주위로 진동하지만, 좀처럼 한 곳에서 다른 곳으로 이동하지 않는다. 주어진 압력에서 고체와 액체상이 동적 평형에 있는 온도인 **어는 온도**(**freezing temperature**)는 압력이 변함에 따라서 약간만 변하며, 보통 1 atm에서 액체의 어는 온도인 **정상 어는점**(**normal freezing point**, T_f)을 사용한다. 실제로, 특히 신속히 냉각할 때, 액체는 어는점보다 몇도 아래에서도 얼지 않는 경우가 있다. 어는점보다 낮은 온도에서 액체로 있는 것을 **과냉각**(**supercooled**)되었다고 한다. 녹음 혹은 **용융**(**fusion**)은 어는 것의 반대 현상으로 고체가 액체로 변하는 것이다. 고체의 **정상 녹는점**(**normal melting point**)은 액체의 정상 어는점과 같으며, 이 역시 T_f로 표시한다.

대부분의 물질은 고체상 밀도가 액체상보다 크다. 왜냐하면 고체상에서는 분자들이 더 밀집되어 쌓이기 때문이다. 고체에 압력을 가하면 분자들이 더 밀집되므로 고압에서는 고체 분자들이 떨어져 나가는 데 더 높은 온도가 필요하다. 따라서 대부분의 고체는 압력이 가해지면 더 높은 온도에서 녹는다. 그러나 매우 높은 압력을 제외하고는, 어는점에 대한 압력의 영향은 매우 작다. 예를 들어, 1 atm에서 철은 1800 K에서 녹지만, 압력을 천 배로 올려도 불과 몇 도 위에서 녹는다. 그러나 지구의 중심에서는 온도가 높음에도 불구하고 압력이 충분히 높아서 철이 고체로 존재하므로, 지구의 내핵은 고체일 것으로 믿어진다.

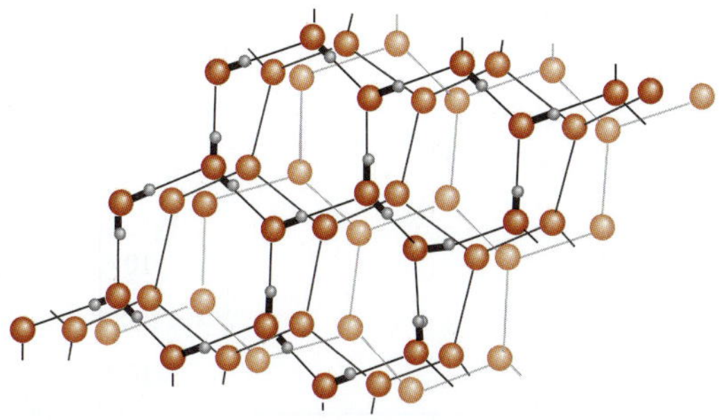

그림 5B.1 얼음의 구조. 두 산소 원자 사이에 수소가 위치했을 때 가장 강해지는 수소 결합이, 물 분자를 육각형 배열로 서로 붙들고 있는 방식을 주목하자. 액체 물의 구조는 덜 규칙적이며 분자가 더 조밀하게 채워져 있다.

얼음의 녹는점에서 액체 물의 몰부피는 고체보다 작다. 그 결과, 압력이 높아지면 밀도가 높은 액체의 형성이 촉진되고, 얼음의 녹는점이 내려간다. 이 특이한 행동은 얼음의 수소 결합으로 인해 얼음이 매우 열린 구조를 갖기 때문이다(**그림 5B.1**). 얼음이 녹으면 많은 수소 결합이 무너져서 물 분자들이 더 촘촘히 쌓인다.

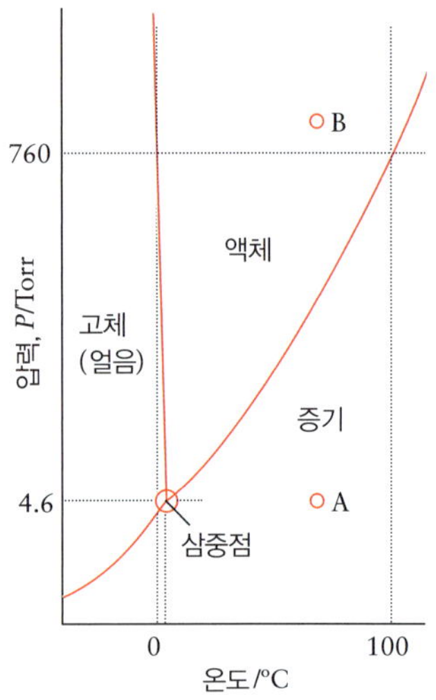

그림 5B.2 물의 상도표(척도는 임의임). 주황색 선은 각 상이 가장 안정한 압력과 온도의 영역 간 경계를 정의해 준다. 어는점이 압력 증가에 따라서 약간 감소함을 주목하자. 삼중점은 세 개의 상 경계가 만나는 점이다. 글자 A와 B는 예제 5B.1을 참고한다.

대부분의 액체의 어는점은 압력에 따라 증가한다. 물은 수소 결합으로 인해 특이하다. 녹는점이 압력에 따라 감소한다.

5B.2 일성분 상도표

물질의 각 상이 안정한 조건을 어떻게 추적하겠는가? 압력이 상전이에 끼치는 영향을 요약할 수 있는가? **상도표(phase diagram)**는 압력과 온도에 따라 어느 상이 가장 안정한가를 보여 주는 지침이다. 상도표는 물질의 상태를 요약하는 데 널리 사용되며, 특히 시료가 혼합물이고 성질이 조성에 의존할 때 유용하다(Topic 5C). 그림 5B.2는 물의 상도표이다.

단일 물질의 상도표를 '일성분 상도표(one-component phase diagram)'라고 한다. '고체'(물의 경우, '얼음')라고 표시한 영역은 그 물질의 고체상이 가장 안정한 조건에 해당한다. 마찬가지로 '액체' 그리고 '증기'(또는 '기체')라고 표시한 영역은 각각 액체와 증기가 가장 안정한 조건을 나타낸다. 예를 들어, 이산화 탄소의 상도표(그림 5B.3)를 보면 10. °C, 2 atm에서 이산화 탄소는 기체이지만, 온도를 유지하면서 압력을 10 atm으로 증가시키면 이산화 탄소가 액체로 응축된다. 또한, 2 atm에서 온도를 충분히 낮추면, 이산화 탄소는 직접 고체로 응축된다.

많은 물질은 여러 가지 고체상을 가지고 있다. 황은 왕관형 S_8 분자의 쌓임 방식의 차이에서 생기는 사방황과 단사황 두 고체상을 갖는다(그림 5B.4). 황의 고체상은 결정화될 때의 온도와 압력에 의존한다.

물도 H_2O 분자가 쌓이는 방식에 따라서 적어도 열 종류의 얼음을 생성하지만, 보통 압력에서는 그중 하나만이 안정하다(그림 5B.5).

상도표에서 영역들을 분리해 주는 선을 **상 경계(phase boundary)** 혹은 더 알기 쉽게 공존곡선(coexistence curve)이라고 한다. 두 영역 사이 경계선상의 점에서는 이웃하는 두 상이 동적 평형으로 공존한다. 상 중 하나가 증기이면 이 평형에 해당하는 압력이 바로 그 물질의 증기 압력이다. 그러므로 액체–증기 상 경계는 액체의 증기 압력이 온도에 따라서 어떻게 변하는지 보여 준다. 예를 들어, 물의 상도표에서 80 °C, 0.47 atm에 있는 점은 액체와 증기 사이

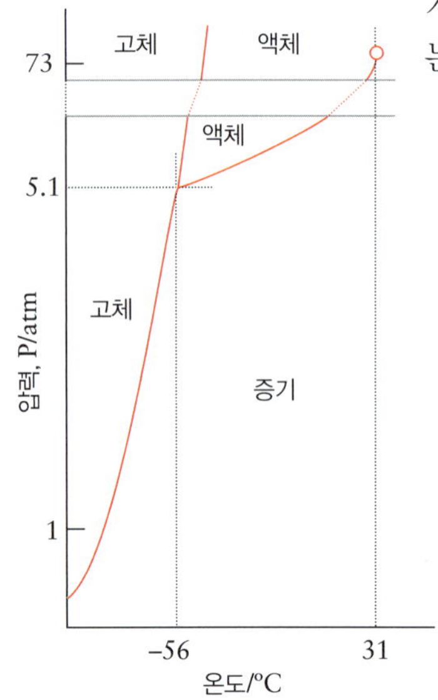

그림 5B.3 이산화 탄소의 상도표(척도는 임의임). 액체는 압력 5.1 atm 이상에서만 존재할 수 있다. 고체–액체상 경계의 기울기를 주목하자. 이는 어는점이 가해준 압력에 따라서 증가함을 보여 준다. 이 특성은 액체의 밀도가 고체보다 작다는 것을 의미한다.

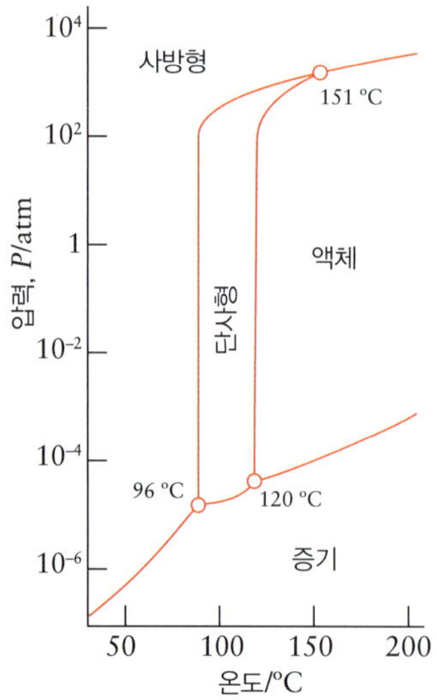

그림 5B.4 황의 상도표. 두 고체상과 세 개의 삼중점이 있음을 주목하자. 대수로 취한 압력은 매우 넓은 범위의 값을 포함한다.

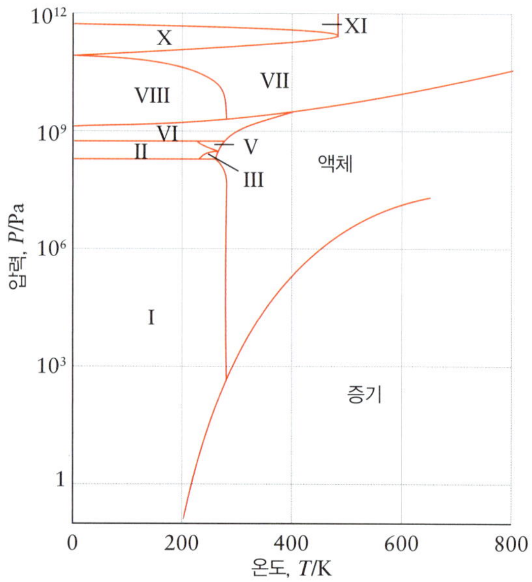

그림 5B.5 고압 영역에서 물의 여러 가지 다른 고체상들을 보이기 위해 압력을 대수 눈금으로 나타낸 물의 상도표.

의 상 경계에 놓이므로(**그림 5B.6**), 80 °C에서 물의 증기 압력은 0.47 atm임을 나타낸다. 마찬가지로 기울기가 보다 명확히 도시된 그림 5B.2의 고체–증기 상 경계는 고체의 증기 압력이 온도에 따라서 어떻게 변하는지 보여 준다. 다음의 Clausius–Clapeyron 식(Topic 5A의 식 1)은 표준 증발 엔탈피가 클 때 온도 변화에 대한 증기 압력의 변화가 크며, 분자간 힘이 크다는 것을 의미한다.

$$\ln\frac{P_2}{P_1} = -\frac{\Delta H_{증발}^{\circ}}{R}\left(\frac{1}{T_2} - \frac{1}{T_1}\right) \quad \textbf{(1)}$$

그림 5B.2와 5B.3에서 거의 수직선인 고체–액체 경계선은 고체와 액체가 평형에서 공존하는 압력과 온도를 보여 준다.

고체의 녹는점(또는 액체의 어는점)이 압력에 따라서 어떻게 변하는가? 선의 기울기가 급한 것은 압력이 크게 변해도 녹는점은 아주 조금만 변한다는 것을 의미한다. 고체–액체 경계선의 기울기는 고체와 액체의 상대적 밀도에 의존한다. 물의 상도표에서와 같이, 음의 기울기는 압력을 높이면 고체가 더 낮은 온도에서 녹는다는 것을 의미한다. 물리적 이유는 앞 절에서 언급하였듯이, 압력이 증가할 때, 분자들이 서로 더 가까이 쌓일 수 있는 액체상이 된다는 것이다. 얼음에 압력을 증가시키면 결국은 액체로 변환됨을 주목하자(그림 5B.2에서 가장 확실히 보여준다). 이산화 탄소의 경우처럼(그림 5B.3) 기울기가 양이면, 압력을 증가시킴에 따라, 고체가 녹으려면 온도를 더 올려야 한다. 이 경우 분자는 고체의 더 밀집되어 쌓이는 특성을 선호한다. 액체 이산화 탄소에 압력을 증가시키면 고체화될 것이다. 이러한 양상을 다음과 같이 요약할 수 있다.

- 액체가 고체보다 밀도가 큰 경우(물처럼), 압력이 높아짐에 따라 녹는점은 내려간다.
- 고체가 액체보다 밀도가 크면(대부분의 물질처럼), 압력이 높아짐에 따라 녹는점은 올라간다.

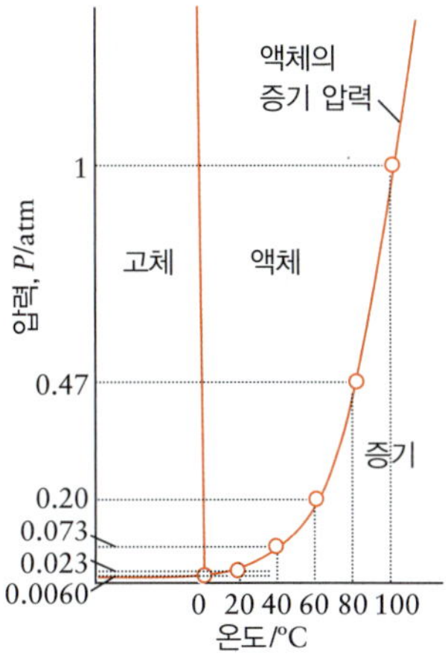

그림 5B.6 액체–증기 경계 곡선은 액체(이 경우에는 물)의 증기 압력을 온도의 함수로 도시한 것이다. (보다 정밀한 수치는 표 5A.2와 Topic 5A에서 찾을 수 있다.) 액체와 그 증기는 이 곡선의 각 점에서 평형을 이룬다. 고체–액체 경계 곡선(기울기가 약간 과장됨)의 각 점에서는 고체와 액체가 평형을 이룬다.

자습 5B.1A 어떤 금속이 1 atm에서는 1650. K에서 녹고, 100 atm에서는 1700. K에서 녹는다. 금속의 고체나 액체상 중 어느 것의 밀도가 더 큰지 예측하시오. 그 결론을 설명하시오.

[**답:** 고체. 고체–액체상 경계가 오른쪽으로 기울었으므로, 높은 압력에서 고체가 더 안정한 상임.]

자습 5B.1B 황의 상도표(그림 5B.4)로부터 액체 황이나 단사황 중 어느 것의 밀도가 더 큰지 예측하시오. 그 결론을 설명하시오.

삼중점(triple point)은 상도표에서 세 개의 상 경계선이 만나는 점이다. 물의 경우 고체, 액체, 기체상의 삼중점이 4.6 Torr, 0.01 °C에 있다(그림 5B.2 참조). 이 삼중점에서는 모든 세 가지의 상(얼음, 액체, 증기)이 상호 동적 평형, 즉 고체는 액체와 평형에, 액체는 증기와 그리고 증기는 고체와 평형에 있다. 한 물질의 삼중점 위치는 그 물질의 고정된 성질로서, 조건을 바꾸어서 이를 변화시킬 수 없다. 최근까지 물의 삼중점은 절대 온도의 크기를 정의하는 데 이용되었다. 즉, 절대 0도와 물의 삼중점 사이에 정확하게 273.16 K가 있다. 물의 정상 어는점은 삼중점보다 0.01 K 아래이며, 이는 0 °C(엄격히는 0.00 °C)로 273.15 K에 해당한다. (현재의 절대 온도는 정확한 값이 정의된 Boltzmann 상수에 기반한다.)

그림 5B.4를 보면 황은 네 개의 상, 즉 두 고체상(사방황과 단사황), 하나의 액체상, 하나의 증기상 중 어느 것으로나 존재할 수 있음을 알게 된다. 이 도표에는 세 가지 조합의 삼중점이 있는데, 96 °C에는 사방형 고체, 단사형 고체, 증기의 삼중점, 120 °C에는 단사형 고체, 액체,

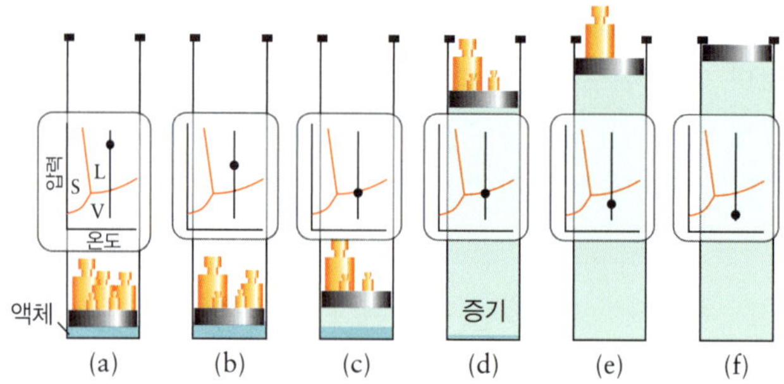

그림 5B.7 일정한 온도에서 액체에 가한 압력의 감소에 따른 액체의 변화. 상도표 안에 있는 수직선 상의 점은 본문에서 설명한 계가 취한 경로를 추적해 준다. 용기 안의 진한 파랑 영역은 액체를 나타내며, 그 위의 연한 파랑 영역은 증기를 나타낸다.

증기의 삼중점 그리고 아주 높은 압력의 151 °C에는 단사형 고체, 사방형 고체, 액체의 삼중점이 있다. 그러나 일성분 계에서 네 상이 상호 평형을 이루는 것(황의 증기, 액체, 사방형 고체, 단사형 고체가 모두 상호 평형을 이룸과 같은)은 결코 관측되지 않으며, 열역학으로 그러한 '사중점'은 존재할 수 없음을 증명할 수 있다.

상도표는 물의 압력이나 온도를 변화시켰을 때 일어나는 변화를 설명하는 데 이용될 수 있다. 물 시료를 낮은 압력에서 피스톤이 장착된 실린더에 넣은 경우를 생각해 보자. 온도는 50 °C로 일정하고, 피스톤 위의 추가 1.0 atm의 압력을 준다고 하자(그림 5B.7), 그림 5B.7a와 같이 피스톤이 액체 표면을 누르며 액체 물만이 존재한다. 무게를 줄여 가며 압력을 점차 감소시킨다(그림 5B.7b). 처음에는 아무것도 변하지 않는 것 같다. 이러한 높은 압력은 모든 물 분자를 액체 상태로 유지하고, 액체의 부피는 압력에 따라서 아주 조금만 변한다. 그러나 추를 많이 들어내어 압력을 0.12 atm(50 °C에서 물의 증기 압력인 93 Torr)까지 떨어뜨리면, 증기가 나타나기 시작한다(그림 5B.7c). 시료는 이제 상도표의 증기–액체 경계선상에 있다. 온도가 일정하고 액체상과 증기상이 평형에서 공존하는 한, 압력은 일정하게 유지된다. 피스톤을 임의의 정도로 잡아당기면(그림 5B.7d) 충분한 물이 증발되어 0.12 atm을 유지해 준다. 피스톤을 더 잡아당기면 액체상이 사라진다(그림5B.7e). 이제는 증기의 압력을 마음대로 낮출 수 있다(그림 5B.7f).

예제 5B.1 상도표의 설명

상도표는 조건이 바뀌었을 때 물질의 변화를 예측하는 데 매우 유용하며, 지질학과 야금학에서 널리 사용되고 있다. 간단하고 익숙한 물질의 상도표도 시사하는 바가 있다. 그림 5B.2의 상도표를 이용하여 70 °C에서 물 위의 압력을 5 Torr에서 800. Torr까지 증가시킬 때, 물의 물리적 상태와 상 변화를 기술하시오.

예상 압력이 증가하므로 증기가 응축될 것이다.

계획 우선 상도표에서 최초 조건과 최종 조건의 위치를 찾는다. 이들 각 점이 있는 영역은 시료의 안정한 상을 나타낸다. 만일 점이 곡선 중 하나에 놓이면 두 상이 평형에 있는 것이다.

풀이

그림 5B.2의 상도표를 이용한다.

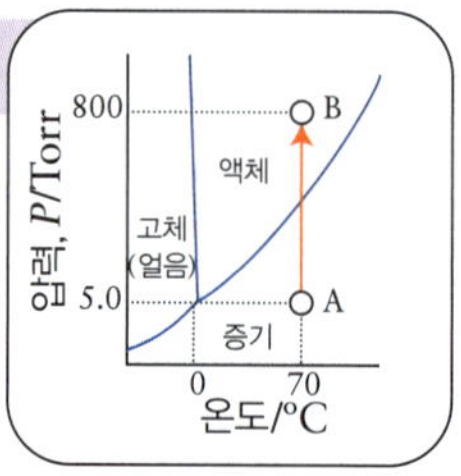

비록 그림 5B.2의 상도표는 눈금에 맞추어 그린 것이 아니지만, 점들의 근사적인 위치를 찾을 수 있다. 시작점 A는 5 Torr, 70 °C이고, 증기 영역에 해당된다. 압력을 증가시키면 액체–증기의 상 경계선에 이르고, 액체가 형성되기 시작한다. 이 압력에서 액체와 증기가 평형에 있게 되고, 모든 증기가 응축될 때까지 압력이 일정하게 유지된다. 압력을 더 증가시켜서 800. Torr까지 올리면 액체 영역 내의 점 B에 이른다.

평가 예상한 대로 증기가 응축되었다.

자습 5B.2A 이산화 탄소의 상도표를 그림 5B.3에 나타내었다. 이산화 탄소를 2 atm에서 −155 °C에서 25 °C까지 가열할 때 물리적 상태와 상 변화를 기술하시오.

[**답**: 고체 CO_2를 고체-증기 경계선에서 승화가 시작할 때까지 가열한다. 모든 CO_2가 증발할 때까지 온도는 일정하게 유지된다. 다음에는 증기를 25 °C까지 가열한다.]

자습 5B.2B 60 atm, 25 °C인 용기에 들어 있는 액체 이산화 탄소를 1 atm, 같은 온도의 방에 방출시킬 때 어떠한 일이 일어날지 기술하시오.

관련 연습 문제 5B.1~5B.4

상도표는 한 물질의 각 상이 가장 안정한 압력과 온도의 영역을 요약해 준다. 상 경계는 두 상이 서로 동적 평형을 이루면서 공존할 수 있는 조건을 보여 준다. 삼중점에서는 세 가지 상이 상호 평형을 이루며 공존한다.

5B.3 임계 성질

그림 5B.8에 있는 상도표의 특징은 액체-증기 경계선이 점 C에서 끝나는 것이다. 이 점에서 무엇이 일어나는지 알아보기 위해, 25°C, 24 Torr(25 °C에서 물의 증기 압력)의 액체 물과 수증기를 밀폐된 용기에 넣는다고 하자. 이 계는 액체-증기 곡선상의 점 A에 위치하며 두 상은 평형을 이룬다. 이제 온도를 올리면 계는 상 경계선을 따라 왼쪽에서 오른쪽으로 옮겨 간다. 100 °C에서 증기 압력은 760. Torr이며, 200 °C에서는 11.7 kTorr(15.4 atm, 점 B)에 도달한다. 액체와 증기는 계속해서 동적 평형을 이루지만, 압력이 매우 높기 때문에 증기의 밀도가 매우 높아진다.

온도가 374 °C(점 C)까지 증가하면 증기 압력이 218 atm에 이른다(용기가 매우 튼튼해야 한다). 이제는 증기의 밀도가 매우 커져서 남아 있는 액체의 밀도와 같게 된다. 이 단계에서 액체와 증기를 분리해 주는 경계면이 사라지고, 균일한 단일 상이 용기를 채운다(그림 5B.9). 어떤 용기든지 가득 채우는 물질을 기체라고 정의하므로, 이 균일한 단일 상은 밀도가 큼에도 불구하고 하나의 기체이다. 온도가 374 °C 이상이면 압력을 더 가하여 시료를 압축시켜도 경계면이 나타나지 않는다. 즉, 374 °C는 물의 **임계 온도(critical temperature**, T_c)이며, 이 온

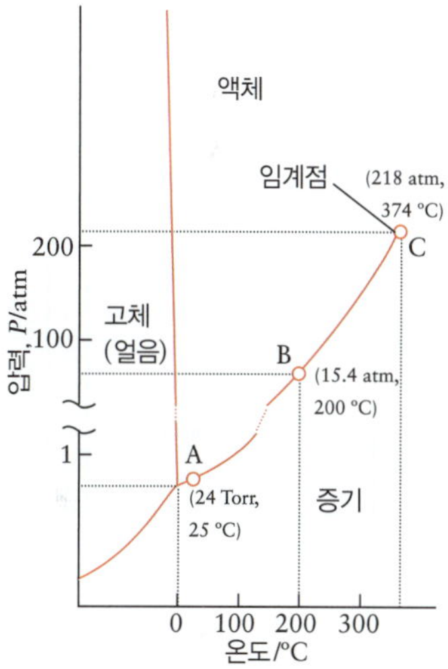

그림 5B.8 임계점 근처에서 더 자세히 보여 주는 물의 상도표. 점 A를 제외하고는 압력의 단위는 atm이다.

그림 5B.9 (a) 낮은 온도에서는 밀폐된 일정 부피의 용기 안에 있는 이산화 탄소의 액체상과 증기상이 구별된다. (b) 온도를 올리면 더 많은 액체가 기화되며, 액체의 밀도는 감소하고, 증기의 밀도는 증가한다. 임계 온도 T_c 근처에서는 증기의 밀도와 액체의 밀도가 거의 같아진다. (c) 임계 온도 이상에서는 균일한 단일상의 초임계 유체가 용기를 채운다. 작은 양의 로듐 화합물을 첨가하여 두 상이 더 잘 구별되도록 하였다. (*Courtesy Professor Walter Leitner, RWTH Aachen University and Dr Nils Theyssen, Max-Planck-Institut für Kohlenforschung, Mülheim/Ruhr, Germany.*)

표 5B.1 몇 가지 선별된 물질의 임계 온도와 임계 압력

물질	임계 온도 /°C	임계 압력 /atm
He	−268 (5.2 K)	2.3
Ne	−229	27
Ar	−123	48
Kr	−64	54
Xe	17	58
H_2	−240	13
O_2	−118	50
H_2O	374	218
N_2	−147	34
NH_3	132	111
CO_2	31	73
CH_4	−83	46
C_6H_6	289	49

도 이상에서는 아무리 압력을 높여도 증기에서 액체로의 전이가 없다. 마찬가지 현상이 다른 물질에도 적용된다(**표 5B.1**). 예를 들어, 이산화 탄소의 임계 온도는 31 °C이다(그림 5B.9). 액체-증기 상 경계의 끝에 해당되는 압력을 그 물질의 **임계 압력**(**critical pressure**, P_c)이라고 한다. 물의 임계 압력은 218 atm이며, 이산화 탄소는 73 atm이다. 임계 온도와 임계 압력은 함께 그 물질의 **임계점**(**critical point**)을 정의해 준다.

이상 기체에는 분자간 힘이 없기 때문에 조건과 관계없이 액체를 형성하지 않아 임계점이 없다. 실제 기체의 임계점은 분자 사이의 인력과 반발력의 균형에 따라 달라진다. van der Waals 상태 방정식(Topic 3E)이 기체의 거동에 대한 좋은 근사인 경우, 임계점이 van der Waals 매개변수 a(인력을 나타냄) 및 b(반발력을 나타냄)에 다음과 같이 의존함을 알 수 있다.

$$T_c = \frac{8a}{27bR} \quad P_c = \frac{a}{27b^2}$$

따라서 인력이 강하면(a가 크고) 반발력이 약하면(b가 작으면) 임계점의 온도와 압력이 높아짐을 알 수 있다.

기체는 임계 온도 아래에서만 압력을 가하여 액화시킬 수 있다(**그림 5B.10**). 예를 들어, 이산화 탄소는 31 °C보다 아래에서만 압력을 가하여 액화시킬 수 있다. 표 5B.1에 의하면 산소의 임계 온도는 −118 °C이므로, 상온에서는 어떠한 압력에서도 액체로 존재할 수 없다.

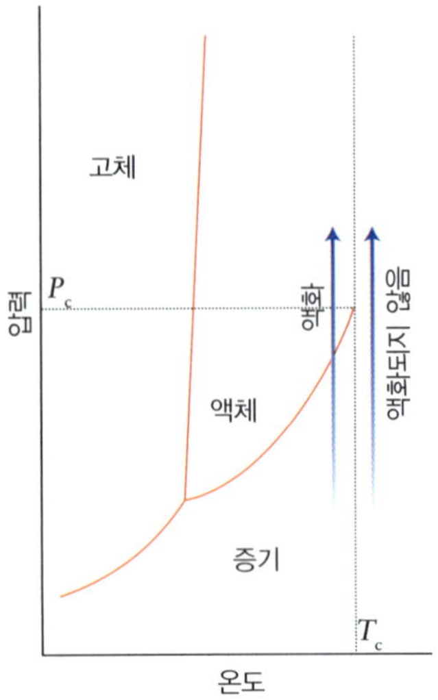

그림 5B.10 임계 온도 아래에서 증기에 압력을 가하면 증기가 액화될 수 있다. 그러나 임계 온도(수직 점선)보다 높은 온도에서는, 압력을 아무리 가해도 증기가 액체 영역으로 들어가지 않는다. 임계 온도 이상에서 높은 압력에 있는 물질은 초임계 유체가 된다.

유의 사항

엄격히 말하면 물질의 '증기'는 임계 온도 아래에서의 기체상이며, 압력을 가해서 액체로 응축시킬 수 있다. '기체'는 임계 온도 위의 물질로 압력만 조절해서는 액화시킬 수 없다.

한 물질의 임계 온도와 임계 압력 이상에서 존재하는 밀도가 높은 유체를 **초임계 유체**(**supercritical fluid**)라고 한다. 매우 밀집되어 있어서 형식적으로는 기체이지만 액체상처럼 밀도가 크고, 액체와 고체의 용매로 작용할 수 있다. 현재 초임계 유체를 화학 반응의 용매로 사용하는 '녹색 화학'의 중요한 측면이 상당한 관심을 끌고 있다. 초임계 이산화 탄소를 사용하면 해로울 수 있는 용매로 오염되는 것을 막을 수 있고, 유체 안에서 분자 이동도가 크므로 추출 속도를 증가시킬 수 있는 장점이 있다. 예를 들어, 초임계 이산화 탄소는 유기 화합물을 용해시킬 수 있으므로, 커피 열매에서 카페인을 제거하고, 추후 분석을 위하여 생물학적 유체에서 약물을 분리하며, 꽃에서 향료를 추출하고, 허브에서 식물 화합 물질(phytochemicals)을 얻는 데 사용된다. 초임계 탄화수소는 석탄이나 재로부터 유용한 화합물을 추출하는 데 사용되며, 기름진 타르 모래에서 석유를 추출하기 위해 여러 가지 초임계 유체들이 연구되고 있다.

자습 5B.3A 표 5B.1의 자료를 보고 London 힘의 세기와 임계 온도 사이에 어떤 경향이 있는지 알아보시오.

[**답**: 영족 기체는 원자 번호가 커짐에 따라 임계 온도가 높아지므로, 임계 온도는 London 힘의 세기에 따라 증가함을 알 수 있음.]

자습 5B.3B 표 5B.1의 자료를 보고 수소 결합이 임계 온도에 미치는 경향을 확인하시오.

물질의 기체상은 임계 온도보다 아래에서만 압력을 가하여 액체로 응축시킬 수 있다.

이 Topic에서 배운 것은 무엇인가?

상도표는 각 상의 안정한 영역을 보여 주며, 상 경계는 전이 온도가 압력에 따라 어떻게 변하는지 보여 준다는 것을 알게 되었다. 또한 삼중점과 임계점을 잘 알게 되었고, 증기와 기체를 구별할 수 있게 되었다.

개념과 식의 적용

☐ 일성분 상도표를 해석한다(예제 5B.1).
☐ 삼중점과 임계점의 중요성을 설명한다(5B.2절, 5B.3절).

Topic 5B 연습 문제

5B.1 그림 5B.2를 이용하여 (a) 1 atm, 200 °C, (b) 100. atm, 50.0 °C, (c) 3 Torr, 10.0 °C에서 물의 상태를 예측하시오.

5B.2 그림 5B.3을 이용하여 (a) 6 atm, −80 °C, (b) 1 atm, −56 °C, (c) 80. atm, 25 °C, (d) 5.1 atm, −56 °C에서 CO_2의 상태를 예측하시오.

5B.3 헬륨의 상도표를 다음에 나타내었다.
(a) 초유체 헬륨-II가 존재할 수 있는 최고 온도는 얼마인가?
(b) 고체 헬륨이 존재할 수 있는 최저 압력은 얼마인가?
(c) 헬륨-I의 정상 끓는점은 얼마인가?
(d) 고체 헬륨은 승화할 수 있는가?

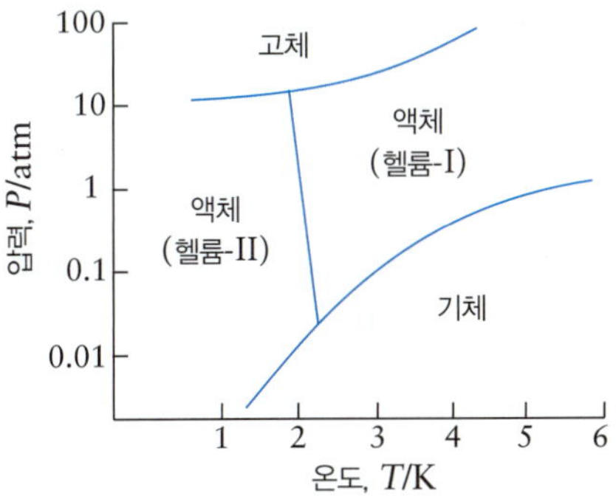

5B.4 다음에 나타낸 탄소의 상도표는 흑연으로부터 다이아몬드가 형성되는 데 필요한 극한 조건을 보여 준다.
(a) 2000 K에서 흑연이 다이아몬드로 변하기 위한 최저 압력은 얼마인가?
(b) 10 000 atm 아래에서 액체 탄소가 존재할 수 있는 최저 온도는 얼마인가?
(c) 다이아몬드, 액체, 흑연의 삼중점의 온도와 압력은 얼마인가?
(d) 보통의 조건에서 다이아몬드는 안정한가? 그렇지 않다면 왜 사람들이 고압 상태를 유지할 필요 없이 다이아몬드를 휴대하고 다니는가?

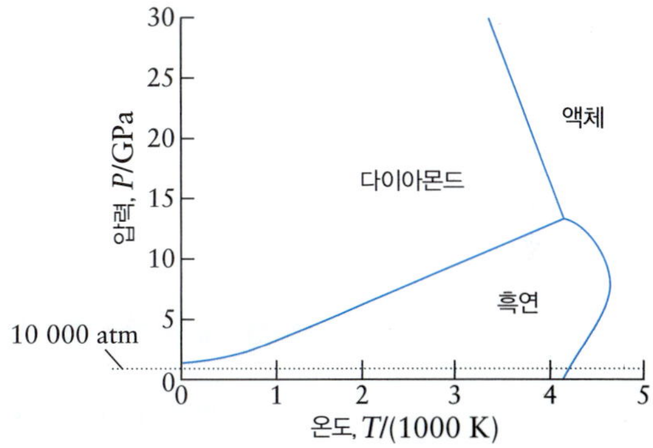

5B.5 연습 문제 5B.3의 헬륨 상도표를 이용하여, (a) 헬륨의 두 삼중점에서 각각 평형을 이루는 상들을 기술하고, (b) 헬륨-I과 헬륨-II 중 어느 액체상의 밀도가 더 큰지 결정하시오.

5B.6 연습 문제 5B.4의 탄소 상도표를 이용하여, (a) 일정한 온도 2000 K에서 100 atm에서 1×10^6 atm까지 시료를 압축할 경우, 탄소의 상전이를 기술하고, (b) 다이아몬드, 흑연, 액체상 탄소를 밀도가 증가하는 순서대로 나열하시오.

5B.7 이산화 탄소의 상도표(그림 5B.3)를 이용하여 −50 °C, 1 atm에서 온도는 일정하게 유지하면서 압력을 갑자기 73 atm까지 증가시키면, 이산화 탄소 기체에 어떠한 현상이 일어날지 예측하시오. 이산화 탄소의 최종 물리적 상태는 무엇인가?

5B.8 실험실에서 개발한 새로운 물질이 다음과 같은 성질을 갖는다. 정상 녹는점 83.7 °C, 정상 끓는점 177 °C, 삼중점 200. Torr와 38.6 °C.
(a) 대략적인 상도표를 그려서 고체, 액체, 기체상을 표시하고, 고체–액체, 액체–기체, 고체–기체 상 경계선을 나타내시오.
(b) 일정한 압력 500. Torr에서 이 시료를 25 °C에서 200 °C까지 가열하는 경우, 대략적인 가열 곡선을 그리시오.

Topic 5C 이성분 계의 상평형

이 Topic을 왜 배우는가? 화학과 일상생활에서 접하는 많은 계는 둘 이상의 성분으로 되어 있으며, 화학자는 혼합물의 성질이 조건에 어떻게 의존하는지, 혼합물을 성분으로 어떻게 분리하는지 알 필요가 있다.

무엇을 알고 있어야 하는가? 이 Topic은 Topic 5A의 증기 압력을 근간으로 한다. 조성의 척도로 몰분율(Topic 3A)도 사용한다.

원유는 많은 화합물의 혼합물로 연료 성분과 화학 산업의 재료로 사용할 물질로 분리해야 한다. 성분 물질의 증기 압력의 차이로 분리하기 때문에 혼합물의 전체 압력이 조성에 어떻게 의존하는지 아는 것이 필수적이다. 원유와 마찬가지로 많은 실제 혼합물에는 둘보다 많은 성분이 있다. 그러나 혼합물을 설명하기 위한 주요 원칙은 두 가지 성분의 혼합물인 이원 혼합물을 고려하여 알아낼 수 있다.

5C.1 혼합물의 증기 압력

프랑스 과학자 Francois-Marie Raoult는 생애 후반부의 상당 부분을 용액과 혼합물의 증기압력을 측정하는 데 보내면서, **액체의 증기압이 몰분율에 비례함을 발견했다**. 이를 **Raoult 법칙(Raoult's law)**이라 하며, 보통 다음과 같이 나타낸다:

$$P_A = x_A P_A^* \quad (1)$$

여기서 P_A는 액체 A의 증기 압력, x_A는 몰분율(Topic 3A), P_A^*는 순수한 A의 증기 압력이다(**그림 5C.1**). 식 1은 두 가지 휘발성 액체의 혼합물에도 적용된다. 그 경우, 두 번째 휘발성 성분에도 비슷한 식을 쓸 수 있다. 혼합물의 전체 압력은 **그림 5C.2**와 같이 두 증기 압력의 합이다. B가 비휘발성 고체라면, 혼합물의 증기 압력은 A만의 증기 압력이다.

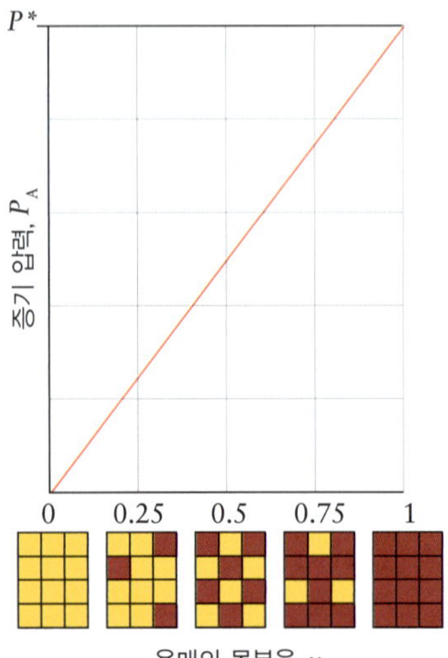

그림 5C.1 Raoult 법칙에 따르면 용액에서 용매의 증기 압력은 용매 분자의 몰분율에 비례한다. 수평축은 용매 분자(A, 붉은 사각형)의 몰분율로, 0은 순수한 용질인 경우이다. 용매 분자의 물분율이 증가하는 세 가지 용액의 경우를 나타냈으며, 믈분율 1은 순수한 용매이다(각 경우를 그림으로도 표현함). 순수한 A의 증기 압력은 P^*로 표시하였다. 이 용액의 용질(노란 사각형)은 휘발성이 아니므로 증기압에 기여하지 않는다.

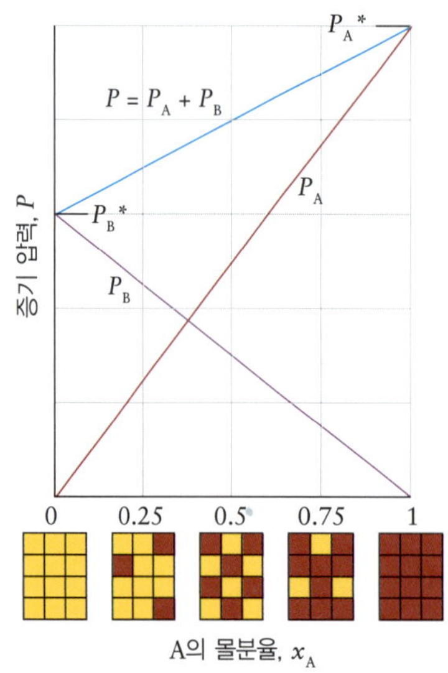

그림 5C.2 두 성분 모두 Raoult 법칙을 따르는 혼합물의 전체 증기 압력은 두 부분 증기 압력의 합이다(Dalton 법칙). 그래프 아래의 작은 직사각형들은 A(붉은색 사각형)의 몰분율을 나타낸다.

이 방정식의 의미는 무엇인가?

휘발성 성분의 증기 압력은 용액 내 분자의 몰분율에 정비례한다. 예를 들어, 용액 내 분자 10개 중 9개가 A 분자이고 1개가 비휘발성 B 분자라면, 주어진 온도에서 용매의 증기 압력은 순수한 A의 증기 압력의 9/10일 것이다. 혼합물에서 $x_A < 1$이므로, Raoult 법칙이 성립된다면, 비휘발성 용질은 항상 용매의 증기 압력을 낮춘다(**그림 5C.3**).

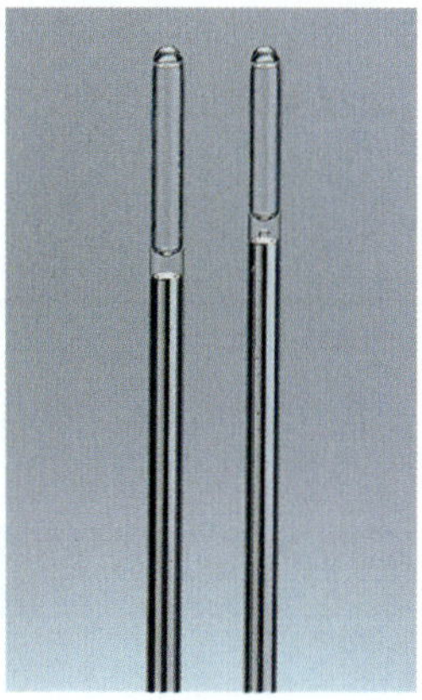

그림 5C.3 용매의 증기 압력은 비휘발성 용질에 의해 낮아진다. 왼쪽의 수은 기압계 관에는 소량의 순수한 물이 수은에 떠 있다. 오른쪽에는 순수한 물보다 증기 압력이 낮은 소량의 10 M NaCl(aq)이 떠 있다. 오른쪽의 수은주는 왼쪽보다 수은 위의 수증기에 의해 덜 눌려져 있으며, 용질이 존재할 때 증기 압력이 더 낮다는 것을 보여 준다.(*Copyright Macmillan Learning, photo by Ken Karp.*)

예제 5C.1 Raoult 법칙의 이용

당신은 청량음료 공장의 화학공학자이다. 특정 용액이 순수한 물에 비해 현저히 다른 증기 압력을 가질 것인지 알아볼 것을 요청받았다. 슈크로스 $C_{12}H_{22}O_{11}$ 10.00 g을 물 100.0 g에 용해시킨 20 °C 용액에서 물의 증기 압력을 구하시오.

예상 비휘발성 용질이 있으면 증기 압력은 순수한 물보다 낮아진다. 그러나 용질에 의해 증기 압력이 많이 내려가지는 않을 것이므로, 표 5A.2에 나와 있는 20 °C의 순수한 물의 증기 압력 17.54 Torr보다 약간 낮을 것이다.

계획 용액 내 용매(물)의 몰분율을 계산하고, Raoult 법칙을 적용하자. Raoult 법칙을 사용하기 위해서는 순수한 용매의 증기 압력이 필요하다(표 5A.1 또는 5A.2).

풀이

용질과 용매의 몰질량으로부터 $n = m/M$을 이용하여 각 화학종의 몰수를 구한다.

$$C_{12}H_{22}O_{11}\text{의 몰수} = \frac{10.00\ \text{g}}{342.3\ \text{g·mol}^{-1}} = \frac{10.00}{342.3}\ \text{mol} = 0.02921\ldots\ \text{mol}$$

$$H_2O\text{의 몰수} = \frac{100.0\ \text{g}}{18.02\ \text{g·mol}^{-1}} = \frac{100.0}{18.02}\ \text{mol} = 5.549\ldots\ \text{mol}$$

$x_{용매} = n_{용매}/(n_{용질} + n_{용매})$로부터 용매의 몰분율을 구한다.

$$x_{물} = \frac{\overbrace{5.549\ldots\ \text{mol}}^{n_{H_2O}}}{\underbrace{(0.02921\ldots\ \text{mol})}_{n_{C_{12}H_{22}O_{11}}} + \underbrace{(5.549\ldots\ \text{mol})}_{n_{H_2O}}} = 0.995\ldots$$

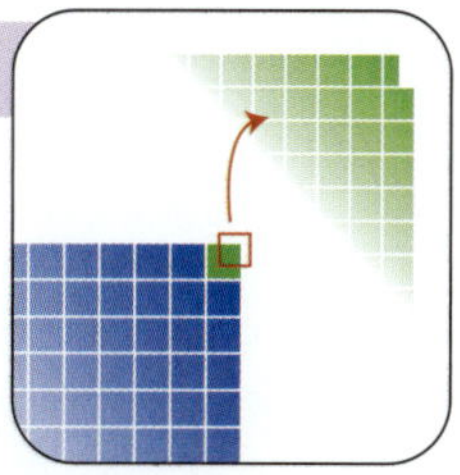

$P_{용매} = x_{용매}P_{용매}{}^*$와 순수한 용매의 증기 압력으로부터(5A.2) 증기 압력을 계산한다.

$$P_{물} = 0.995\ldots \times \overbrace{17.54\ \text{Torr}}^{P_{물}{}^*} = 17.45\ \text{Torr}$$

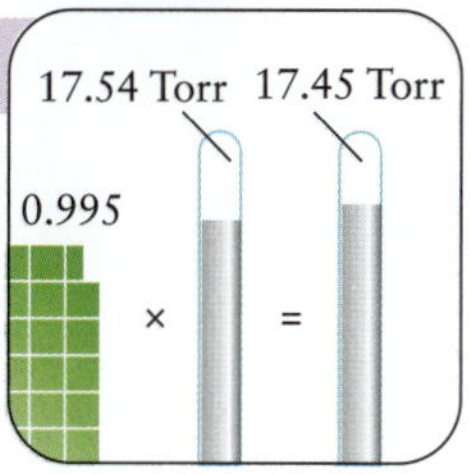

평가 예상한 대로 순수한 물의 증기 압력보다 약간 낮다.

자습 5C.1A 글루코스 $C_6H_{12}O_6$ 5.00 g을 물 100. g에 용해시킨 용액의, 90. °C에서 물의 증기 압력을 구하시오. 90. °C에서 순수한 물의 증기 압력은 524 Torr이다.

[**답**: 521 Torr]

자습 5C.1B 신남알데하이드 C_9H_8O 2.00 g을 에탄올 C_2H_5OH 50.0 g에 용해시킨 용액의 경우, 19 °C에서 에탄올의 증기 압력을 kPa 단위로 구하시오. 이 온도에서 에탄올의 증기 압력은 5.3 kPa이다.

관련 연습 문제 5C.3, 5C.4

용질의 존재에 의한 용매의 증기 압력 내림은 반응 속도론이나 열역학으로 설명할 수 있다.

어떻게 다루는가?

반응 속도론적 설명

비휘발성 용질 분자의 존재는 용액 표면에서 휘발성 용매 분자가 빠져나가는 것을 막아 주어 탈출 속도를 감소시킨다. 이미 증기상에 존재하는 용매 분자는 증기의 압력에 의존하는 속도로 표면으로 되돌아오고, 용질 분자 또는 용매 분자에 도달하든지 간에 표면에 붙을 수 있다. 평형은 복귀 속도가 더 느려진 탈출 속도와 일치할 때 달성되므로, 이는 순수 용매보다 낮은 증기 압력을 초래한다.

열역학적 설명

아무런 용질이 없는 평형에서 증기의 몰 Gibbs 자유 에너지가 순수한 액체 용매와 같다(Topic 5A). 용질이 무질서도를 증가시키므로 액체상의 엔트로피가 증가한다. 용질에 의해서 액체상의 엔트로피는 증가하고 용매의 몰 Gibbs 자유 에너지가 감소한다. 용매의 몰 Gibbs 자유 에너지가 낮아졌기 때문에, 두 상이 평형을 유지하기 위해서는 증기의 몰 Gibbs 자유 에너지도 낮아져야 한다. 기체의 Gibbs 자유 에너지는 압력에 의존하므로, 증기 압력 또한 낮아져야 한다.

모든 농도에서 그림 5C.2와 같이 Raoult 법칙을 따르는 가상적인 휘발성 성분의 용액을 **이상 용액**(**ideal solution**)이라고 한다. 이상 용액에서는 용질과 용매 분자 사이의 상호 작용이, 순수한 상태에 있는 용매 분자들 사이의 상호 작용 그리고 순수한 상태에 있는 용질 분자들 사이의 상호 작용과 같다. 즉, 이상 용액에서는 A–A, B–B, A–B의 상호 작용이 같다. 따라서 용질 분자는 용매 분자와 자유롭게 섞인다. 이상 용액에서는 상호 작용이 모두 같으므로, 성분들이 섞여도 에너지가 열로 나오지 않는다. 열역학적으로 말하면, '용해 엔탈피'가 0이다. 이상 용액에 가까운 용액을 형성하는 용질 분자는 용매 분자와 비슷한 조성과 구조를 갖는 경우가 많다. 예를 들어, 톨루엔(메틸벤젠) $C_6H_5CH_3$는 벤젠 C_6H_6와 거의 이상 용액을 형성한다. 전체 농도 영역에서 Raoult 법칙을 따르지 않는 용액을 **실제 용액**(**real solution**)이라고 한다. 실제 용액은 한 성분의 농도가 낮을수록(약 0.1 $mol \cdot L^{-1}$보다 낮은 농도에서) 이상 용액에 더 가깝다. Raoult 법칙은 이상 기체 법칙(Topic 3A)과 마찬가지로 한 성분의 농도가 0에 가까울수록 더욱 잘 맞는 '극한 법칙'이다. 특별한 언급이 없으면 여기서 다루는 모든 용액은 이상적이라고 가정한다.

생각해 보기

법칙들은 경험의 유용한 요약이다. 그런데 극한 법칙이 유용한 이유는 무엇이겠는가?

액체의 증기 압력은 용질의 존재로 인해 낮아진다. 휘발성 액체의 이상 용액에서는 각 성분의 증기 압력이 몰분율에 비례한다. 비휘발성 용질의 용액에서는, 용매의 증기 압력이 용매의 몰분율에 비례한다.

5C.2 이성분 액체 혼합물

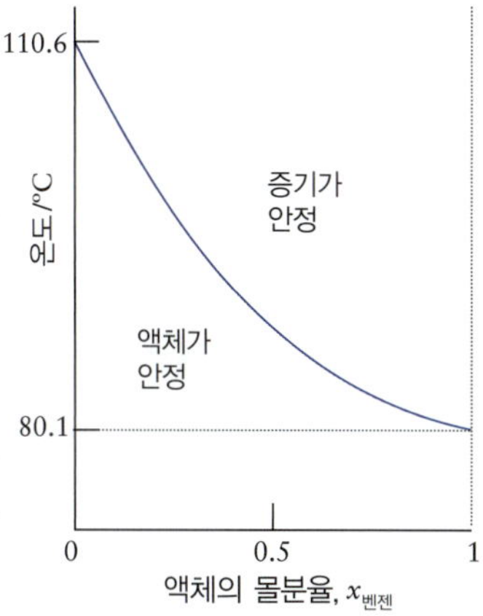

그림 5C.4 벤젠과 톨루엔의 온도–조성 도표. 곡선은 혼합물의 끓는점이 조성에 따라 변함을 보여 준다.

이성분 액체 혼합물은 두 액체의 용액이다. 두 액체 모두 휘발성이면 둘 다 용액의 증기 압력에 기여할 수 있다. 일성분 상도표(Topic 5B)와 마찬가지로, 이성분 액체 혼합물의 상도표도 조건에 따라 어떤 상이 더 안정한지 보여 주는데, 온도와 압력 이외에 추가 변수인 조성이 있다. 문제를 간단히 하기 위해, 압력은 1 atm으로 고정하고, 모든 비율로 섞이는(miscible) 액체 쌍을 고려하자. 그러면, 온도와 조성이 상도표의 변수로 남는다(**그림 5C.4**). 액체와 증기의 두 상만 고려한다. 압력이 1 atm으로 고정되었기 때문에, 상도표에서 두 상 사이의 경계는 온도 변화에 대한 끓는점의 그래프가 된다. 경계선 윗부분은 액체 혼합물에서 증기가 안정한 온도와 조성의 영역이다. 선의 아랫부분은 액체가 더 안정한 온도와 조성을 알려 준다.

상도표는 정보를 더 보여 주도록 조절할 수 있다. 먼저, 휘발성 액체 A와 B의 이상적 이성분 혼합물을 생각해 보자. 예를 들어, A를 벤젠, B를 톨루엔으로 생각해 볼 수 있는데, 이들 두 화합물은 비슷한 분자 구조를 가져서 거의 이상 용액을 형성한다. 이 혼합물은 이상적인 것으로 취급할 수 있기 때문에, 각 성분의 증기 압력은 Raoult 법칙을 따른다.

$$P_A = x_A(l)P_A^* \qquad P_B = x_B(l)P_B^*$$

$x_A(l)$은 액체 혼합물 내 A의 몰분율이며, P_A^*는 순수한 A의 증기 압력이다. 마찬가지로 $x_B(l)$는 액체 혼합물 내 B의 몰분율이며, P_B^*는 순수한 B의 증기 압력이다(두 증기 압력은 모두 온도에 의존한다). Dalton 법칙(Topic 3A)에 의하면 증기의 전체 압력 P는 두 부분 압력의 합과 같다.

$$P = P_A + P_B = x_A(l)P_A^* + x_B(l)P_B^*$$

그러므로 두 휘발성 액체의 이상 혼합물의 증기 압력은 두 순수한 액체의 증기 압력 사이의 값을 갖는다. 전체 증기 압력(그림 5C.2의 위쪽 곡선)은 주어진 온도에서 각 성분의 증기 압력과 용액 내 몰분율을 알면 예측할 수 있다. 마찬가지로, 주어진 조성의 혼합물의 끓는점(전체 증기 압력이 1 atm이 되는 온도)도 그림 5C.4와 같은 온도–조성 상도표에서 예측할 수 있다.

예제 5C.2 두 액체 혼합물의 증기 압력 예측

화학 공장을 설계할 때, 반응 용기와 이동 배관들에 가해질 압력을 아는 것은 아주 중요하다. 어떤 경우에는 다루는 액체의 증기 압력을 알아야 한다. 25 °C에서 벤젠이 3분의 1인 벤젠과 톨루엔 혼합물(즉, $x_{벤젠}(l) = \frac{1}{3}$, $x_{톨루엔}(l) = \frac{2}{3}$)의 각 성분의 증기 압력과 전체 증기 압력은 얼마이겠는가? 25 °C에서 순수한 벤젠과 톨루엔의 증기 압력은 각각 94.6 Torr와 29.1 Torr이다.

예상 혼합물의 증기 압력은 두 순수한 액체의 증기 압력들 사이의 값을 가질 것이며, 주성분에 보다 가까운 값일 것이다. 따라서 29 Torr와 95 Torr 사이의 값에서 29 Torr에 가까울 것이다.

계획 Raoult 법칙을 이용해서 각각의 증기 압력을 계산하고, Dalton 법칙을 이용해 전체 증기 압력을 계산한다.

무엇을 가정해야 하는가? 액체 혼합물과 증기가 이상적이라고 가정한다.

풀이

Raoult 법칙 $P_A = x_A(l)P_A^*$과 $P_B = x_B(l)P_B^*$로부터

$$P_{벤젠} = \tfrac{1}{3}(94.6\text{ Torr}) = 31.5\text{ Torr}$$
$$P_{톨루엔} = \tfrac{2}{3}(29.1\text{ Torr}) = 19.4\text{ Torr}$$

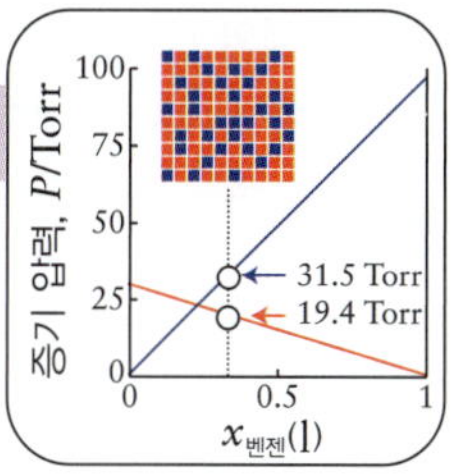

Dalton의 법칙 $P = P_A + P_B$로부터

$$P_{전체} = 31.5 + 19.4\ \text{Torr} = 50.9\ \text{Torr}$$

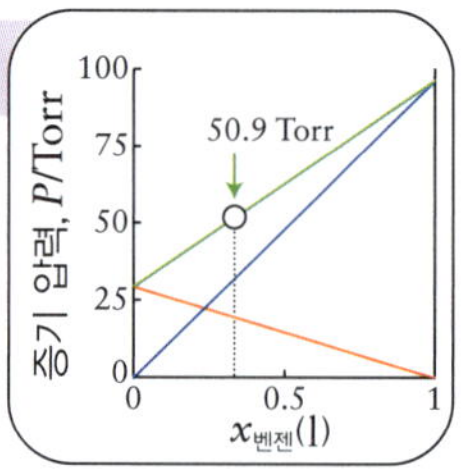

평가 예상한 대로 혼합물의 증기 압력은 벤젠보다 톨루엔의 증기 압력에 가깝다.

자습 5C.2A 25 °C에서 C_6H_6(벤젠) 3.00 mol과 $C_6H_5CH_3$(톨루엔) 2.00 mol의 혼합물의 전체 증기 압력은 얼마인가?

[**답**: 68.4 Torr]

자습 5C.2B 벤젠과 톨루엔의 동일 질량 혼합물인 경우 25 °C에서 전체 증기 압력은 얼마인가?

관련 연습 문제 5C.9, 5C.10

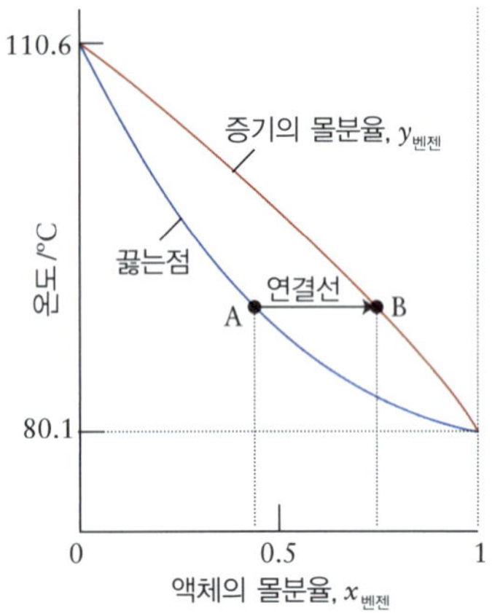

그림 5C.5 보다 정교한 벤젠과 톨루엔의 온도–조성 도표. 아래쪽 파란 곡선은 혼합물의 끓는점을 조성의 함수로 보여 준다. 수평 연결선으로 연결된 위쪽의 빨간 곡선은 각 끓는점에서 액체와 평형을 이룬 증기의 조성을 보여 준다. 즉, 점 B는 점 A에서 끓는 혼합물의 증기 조성을 나타낸다.

이제 증기의 조성을 고려하자. 휘발성이 큰 성분(즉, 증기 압력이 큰 성분)이 액체보다 더 많을 것으로 예상된다. 예를 들어, 벤젠은 톨루엔보다 휘발성이 더 크므로, 액체 혼합물과 평형에 있는 증기는, 액체보다 벤젠을 더 많이 포함할 것이다(그림 5C.5). 증기의 조성을 액체의 조성으로 나타낼 수 있으면, 이러한 예측을 확인할 수 있다.

어떻게 다루는가?

먼저, 부분 압력의 정의(A 성분의 경우 $P_A = x_A P$)와 Dalton 법칙($P = P_A + P_B$)에 따라 액체 A와 B의 혼합물의 증기 조성을 이들 성분의 부분 압력으로 나타낼 수 있음에 주목하자. 간단히 하기 위해, 액체의 몰분율을 x, 증기상의 몰분율을 y로 나타내자. 그러면 Dalton 법칙은 다음과 같이 쓸 수 있다.

$$y_A = \frac{P_A}{P} = \frac{P_A}{P_A + P_B}$$

y_B도 마찬가지이다. 다음은, Raoult 법칙을 사용하여 각 성분의 증기 압력을 액체의 조성으로 나타낼 수 있다.

$$y_A = \frac{x_A P_A{}^*}{x_A P_A{}^* + x_B P_B{}^*} \overset{x_B = 1 - x_A}{=} \frac{x_A P_A{}^*}{x_A P_A{}^* + (1 - x_A) P_B{}^*}$$

이 식은 이성분 혼합물의 증기 조성(증기의 A 몰분율 y_A)을 액체의 조성(액체의 A 몰분율 x_A)을 연관지어 준다.

예제 5C.3 이성분 액체 혼합물과 평형을 이룬 증기 조성의 예측

이번에는 당신이 원유에서 탄화수소를 분리하는 공장을 설계하고 있는 화학공학자이다. 혼합물의 액체와 증기의 조성을 모두 추적할 필요가 있다. 25 °C에서 분자의 1/3이 벤젠인 톨루엔 용액의 증기에서 벤젠의 몰분율은 얼마인가? 자료는 예제 5C.2을 참조하시오.

예상 벤젠이 톨루엔보다 더 휘발성이므로 벤젠 몰분율은 액체에서보다 증기에서 더 클 것이다.

풀이

$y_A = x_A P_A^* / \{x_A P_A^* + (1-x_A) P_B^*\}$로부터

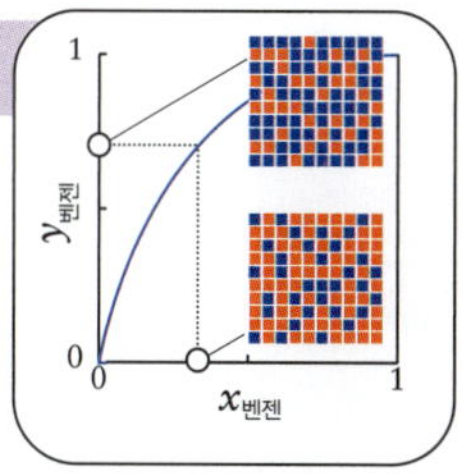

$$y_{벤젠} = \frac{\frac{1}{3} \times 94.6\ \text{Torr}}{\frac{1}{3} \times (94.6\ \text{Torr}) + \underbrace{(1-\tfrac{1}{3})}_{x_{톨루엔}} \times (29.1\ \text{Torr})}$$

$$= 0.619$$

평가 예상한 대로 벤젠 몰분율은 액체에서보다 증기에서 더 크다. 실제로 그림 5C.5에서 보여 준 것처럼 증기에서 벤젠의 몰분율은 액체에 비해 거의 두 배임을 주목하자.

자습 5C.3A (a) 액체에서 벤젠의 몰분율이 0.900인 벤젠과 톨루엔 용액의 경우, 25 °C에서 전체 증기 압력을 구하시오. (b) 증기에서 벤젠과 톨루엔의 몰분율을 계산하시오.

[**답:** (a) 88.0 Torr, (b) 0.967과 0.033]

자습 5C.3B (a) 액체에서 벤젠의 몰분율이 0.500인 벤젠과 톨루엔 용액의 경우, 25 °C에서 전체 증기 압력을 구하시오. (b) 증기에서 벤젠과 톨루엔의 몰분율을 계산하시오.

관련 연습 문제 5C.11, 5C.12

휘발성 액체의 혼합물과 평형을 이루고 있는 증기는 휘발성이 높은 성분이 더 많아진다. 이 성분 혼합물의 상태도에는 혼합물의 끓는점이 조성에 따라 어떻게 달라지는지에 대한 정보가 포함되어 있다.

5C.3 증류

그림 5C.5의 위쪽 곡선은 끓는점에서 액체 혼합물과 평형인 증기의 조성을 나타낸다. 이 곡선은 예제 5C.3과 같은 계산을 여러 온도에서 수행하여 얻은 것이다. 끓는 액체와 평형 상태인 증기의 조성을 알아보려면 단순하게 끓는점에서 수평 **연결선(tie line)**을 따라가 위의 곡선과 만나는 점을 보면 된다. 그러므로 일정한 압력 1 atm에서 그림 5C.5의 점 A를 통과하는 수직선으로 주어지는 조성을 가진 액체 혼합물($x_{벤젠} = 0.45$)을 가열하면, 이 혼합물은 점 A에 해당되는 온도에서 끓는다. 이 온도에서 액체와 평형인 증기의 조성은 점 B($y_{벤젠} = 0.73$)로 주어진다.

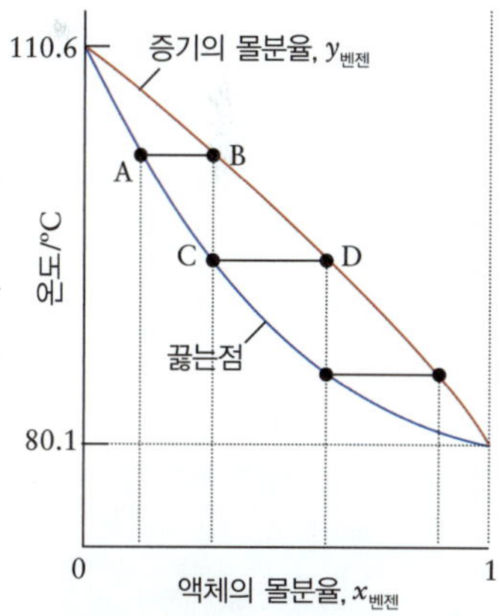

그림 5C.6 두 휘발성 액체(벤젠과 톨루엔)의 혼합물을 분별 증류하는 몇 개의 단계. 원래 혼합물은 A에서 끓으며, 증기 조성은 B이다. 이 증기를 응축시킨 후 나오는 액체는 C에서 끓으며, 증기 조성은 D이다. 이와 같은 단계를 계속한다.

$x_{벤젠} = 0.12$인 벤젠과 톨루엔 분자의 혼합물이 끓기 시작할 때(**그림 5C.6**의 점 A), 형성된 증기의 최초 조성은 점 B($y_{벤젠} = 0.32$)로 주어진다. 이 증기가 응축될 때까지 냉각시키면 응축된 증기의 첫 방울, 즉 **증류액(distillate)**에는 벤젠이 원래 혼합물보다 더 진해지며, 용기에 남은 액체에는 벤젠이 더 날아가서 톨루엔이 원래보다 진해진다. 분리는 아직 아주 좋지 않으며, 증기에는 톨루엔이 더 많다. 그러나 증류액 방울을 재가열하면, 응축된 액체는 점 C의 온도에서 끓으며, 이 끓는 용액 위의 증기는 연결선으로 나타낸 조성 D($y_{벤젠} = 0.61$)를 갖는다. 이 둘째 단계 증류에서 나온 증류액의 벤젠 조성은 첫째 단계에서 나온 증류액보다 진함을 주목하자. 끓음, 응축, 다시 끓음을 계속하면, 마침내 거의 순수한 벤젠을 극히 소량 얻는다.

분별 증류(fractional distillation)라고 하는 과정에서는 벤젠과 톨루엔처럼 비슷한 끓는점을 가진 액체의 혼합물을 분리하기 위해 연속적으로 재증류하는 방법을 이용한다. 혼합물을 가열하면 올라가는 증기가 유리 구슬과 같은 표면적이 큰 물질로 채운 높은 관을 통과하게 한다(**그림 5C.7**). 증기는 관의 밑 부분에 있는 유리구슬에 먼저 응축된다. 가열을 계속하면 증기

그림 5C.7 분별 증류 과정의 개요도. 분별 증류관 위쪽으로 갈수록 온도는 낮아진다. 증류관의 위쪽으로 올라가면서 그림 5C.6에서 도시한 응축과 재끓음이 일어난다. 휘발성이 작은 성분은 분별 증류관 아래의 플라스크로 돌아오며, 휘발성이 큰 성분은 꼭대기로 빠져 나와 응축되고 모인다.

가 올라가면서 응축되고, 또 증발하여 응축되는 과정을 여러 번 반복하며, 액체는 끓고 있는 혼합물로 다시 떨어진다. 증기는 관을 따라서 계속 올라가면서 낮은 끓는점을 가진 성분이 더 많아지며, 결국은 관에서 나와 냉각기에서 응축된다. 예를 들어, 벤젠과 톨루엔 혼합물의 경우에 최종 증류액은 휘발성이 더 강한 성분인 거의 순수한 벤젠이다. 한편 용기에 남은 액체는 거의 순수한 톨루엔이다.

원래 시료에 여러 가지 휘발성 액체가 포함되어 있으면, 성분 액체들이 일련의 분획(fraction)에서 단계적으로 증류액에, 또는 특정한 온도 영역에서 끓는 증류액 시료에 나누어진다. 산업적으로는 원유와 같은 복잡한 혼합물을 분리하기 위해 거대한 분별 증류탑을 사용한다(그림 5C.8). 휘발성 분획을 천연가스(0 °C 아래에서 끓음), 휘발유(30. °C~200. °C에서 끓음), 등유(180. °C~325 °C에서 끓음)로 나누어 사용한다. 휘발성이 작은 분획(275 °C 위에서 끓음)은 디젤유로 사용한다. 증류 후에 남은 잔류물은 도로 포장에 이용되는 아스팔트이다.

두 휘발성 액체의 이상 용액과 평형에 있는 증기의 조성은 온도-조성 상도표를 이용해 추정할 수 있다. 많은 휘발성 액체의 혼합물은 분별 증류로 분리할 수 있다.

5C.4 불변 끓음 혼합물

대부분의 액체 혼합물은 이상적이 아니므로, 증기 압력이 Raoult 법칙을 따르지 않는다(그림 5C.9). 이 경우 온도-조성 곡선은 증기의 조성을 실험적으로 분석하여 작성된다.

Raoult 법칙에서 벗어나는 것은 혼합물과 순수 성분 사이의 몰엔탈피 차이인 **혼합 엔탈피(enthalpy of mixing**, $\Delta H_{\text{혼합}}$)와 관련지을 수 있다. 에탄올과 벤젠이 섞이는 경우 에탄올과 벤젠 사이의 상호 작용이 같은 물질들 사이의 상호 작용보다 약하기 때문에 혼합 엔탈피는 양수이며(혼합 과정이 흡열적), 혼합물의 증기 압력은 Raoult 법칙의 예상 값보다 높다('양의 벗어남'). 이와 반대로 아세톤과 클로로폼이 섞이는 경우 아세톤과 클로로폼 사이의 상호 작용이 같은 물질들 사이의 상호 작용보다 강하기 때문에 혼합 엔탈피는 음수이며(혼합 과정이 발열적), 혼합물의 증기 압력은 Raoult법칙의 예상 값보다 낮다('음의 벗어남').

Raoult 법칙에서 벗어남이 심한 경우에는 증류로 액체들을 분리하지 못할 수 있다. **불변 끓음 혼합물(azeotrope)**은 기화할 때 동일한 조성의 증기를 형성하는 액체 혼합물이다. 그림

그림 5C.8 정유 공장의 증류탑을 높게 하면 석유가 성분별로 더 잘 분리된다.(© Rin Boonprasan/Shutterstock)

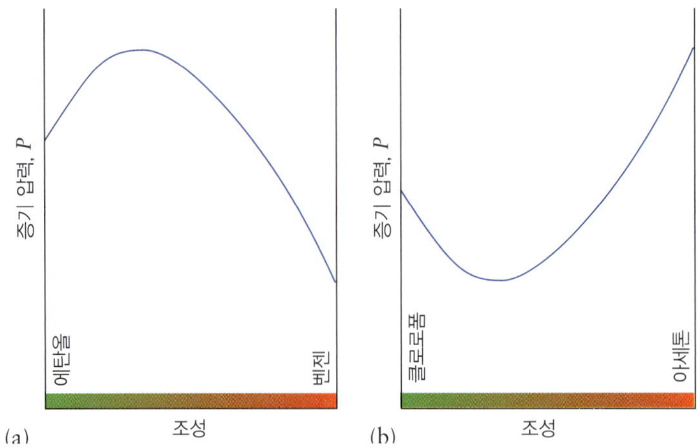

그림 5C.9 (a) 에탄올과 벤젠의 혼합물, (b) 아세톤과 클로로폼의 혼합물의 증기 압력 변화의 설명. (a)의 혼합물은 증기 압력의 최댓값을 보이며, Raoult 법칙으로부터 양의 벗어남을 보인다. (b)의 혼합물은 최솟값을보이며, Raoult 법칙으로부터 음의 벗어남을 보인다.

5C.10는 에탄올과 벤젠의 혼합물에 관한 온도–조성 상도표이다. 끓는점 곡선의 가장 아랫부분은 **최저 불변 끓음 혼합물(minimum-boiling azeotrope)**의 존재를 의미한다. 이 경우, 성분들은 단순한 증류만으로는 분리되지 않는다. 분별 증류에서 더 휘발성인 순수한 액체가 먼저 나오는 것이 아니라 불변 끓음 혼합물 조성을 가진 것이 먼저 끓어 나온다. 아세톤과 클로로폼의 혼합물에서는 반대의 현상이 나타난다(그림 5C.11). 이러한 **최고 불변 끓음 혼합물(maximum-boiling azeotrope)**은 두 성분 중의 어느 것보다 더 높은 온도에서 끓으며, 두 성분 중 덜 휘발성인 순수한 액체보다 더 나중에 최종 분획으로 남는다.

분자간 힘이 순수한 성분에서보다 용액에서 더 약한 이성분 혼합물은 Raoult 법칙으로부터 양의 벗어남을 보여 주며, 어떤 것은 최저 불변 끓음 혼합물을 형성한다. 분자간 힘이 순수한 성분에서보다 용액에서 더 강한 혼합물은 Raoult 법칙으로부터 음의 벗어남을 보여 주며, 어떤 것은 최고 불변 끓음 혼합물을 형성한다.

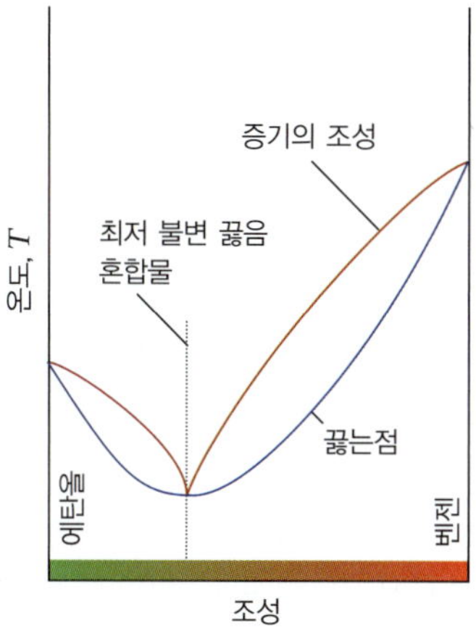

그림 5C.10 최저 불변 끓음 혼합물(에탄올과 벤젠 혼합물처럼)의 온도–조성 도표. 이 혼합물을 분별 증류하면 불변 끓음 혼합물(더 휘발성임)이 증류액으로 얻어진다.

이 Topic에서 배운 것은 무엇인가?

비휘발성 용질이 어떻게 그리고 왜 증기 압력을 낮추는지 배웠다. Raoult 법칙을 이용하여 혼합물 액체의 증기 압력을 어떻게 구하는지와 혼합물의 전체 증기 압력이 조성에 따라 어떻게 변하는지 배웠다. 이상 용액의 개념을 살펴보았으며, 휘발성 액체 혼합물의 끓는점이 조성에 따라 어떻게 변하는지와 분별 증류의 과정을 이해하게 되었다. 또한 불변 끓음 혼합물의 개념을 알았고, 증류 과정에 끼치는 영향도 알아보았다.

개념과 식의 적용

- ☐ Raoult 법칙을 사용하여 용액에서 용매의 증기 압력을 계산한다(예제 5C.1).
- ☐ 이성분 액체 혼합물의 증기 압력과 증기 조성을 구한다(예제 5C.2 및 5C.3).
- ☐ 이성분 상도표를 설명하고, 분별 증류를 논한다(5C.2절 및 5C.3절).
- ☐ 불변 끓음 혼합물의 존재와 영향을 설명한다(5C.4절).

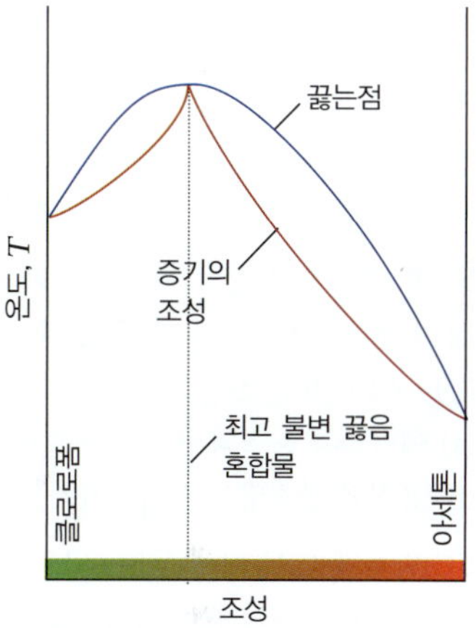

그림 5C.11 최고 불변 끓음 혼합물(아세톤과 클로로폼 혼합물처럼)의 온도–조성 도표. 이 혼합물을 분별 증류하면 불변 끓음 혼합물(덜 휘발성임)이 플라스크에 남는다.

Topic 5C 연습 문제

5C.1 한 비커에는 0.010 M NaCl(aq)을, 다른 비커에는 순수한 물을 담은 다음, 두 비커를 종 모양 단지에 같이 넣고 밀폐하고 수증기가 용기의 액체와 평형을 이룰 때까지 방치하였다. 아래 그림처럼 실험을 시작할 때는 각 비커 안 액체의 수면이 같았다. 평형에 도달한 후에 각 비커 안 액체의 수면을 그리시오. 그 이유를 설명하시오.

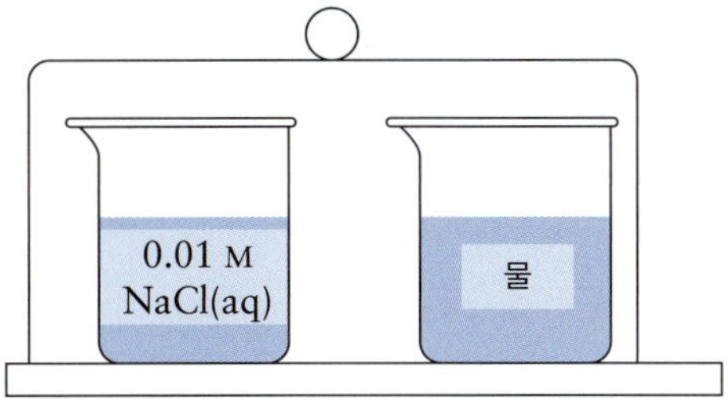

5C.2 한 비커에는 0.010 M NaCl(aq)을, 다른 비커에는 0.010 M $AlCl_3$(aq)를 담은 다음, 두 비커를 종 모양 단지에 같이 넣고 밀폐하고 수증기가 용기의 액체와 평형을 이룰 때까지 방치하였다. 아래 그림처럼 실험을 시작할 때는 각 비커 안 액체의 수면이 같았다.

(a) 염들이 이온으로 모두 해리되었다면, 어느 비커에서 물의 몰분율이 더 크겠는가?

(b) 평형에 도달한 후에 각 비커 안 액체의 수면을 그리시오. 그 이유를 설명하시오.

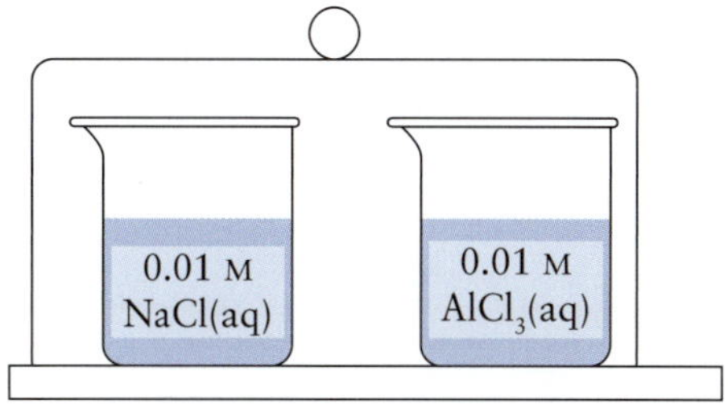

5C.3 다음 각 용액에서 용매의 증기 압력을 얼마인가? 물의 증기 압력은 표 5A.2를 참고하시오.

(a) 100 °C에서 슈크로스의 몰분율이 0.100인 수용액

(b) 100 °C에서 슈크로스의 농도가 0.100 $mol \cdot L^{-1}$인 수용액

5C.4 다음 각 용액에서 용매의 증기 압력은 얼마인가? 여러 온도에서의 물의 증기 압력은 표 5A.2를 참고하시오.

(a) 40 °C에서 글루코스의 몰분율이 0.0316인 수용액

(b) 23 °C에서 비전해질인 요소 $CO(NH_2)_2$ 0.024 mol을 1.00 kg의 물에 녹인 수용액

5C.5 벤젠 C_6H_6의 증기 압력은 25 °C에서 94.6 Torr이다. 25 °C에서 $C_6H_6(l)$ 0.300 mol에 어떤 비휘발성 화합물을 넣었더니, 용액 안 벤젠의 증기 압력이 75.0 Torr로 떨어졌다. 벤젠에 가해진 용질 분자의 몰수는 얼마인가?

5C.6 벤젠의 증기 압력은 26 °C에서 100.0 Torr이다. 26 °C에서 $C_6H_6(l)$ 0.400 mol에 어떤 비휘발성 화합물을 넣었더니, 용액 안 벤젠의 증기 압력이 68.0 Torr로 떨어졌다. 벤젠에 가해진 용질 분자의 몰수는 얼마인가?

5C.7 벤젠 100. g에 어떤 미지 화합물 X를 8.05 g을 넣었더니, 26 °C에서 벤젠의 증기 압력이 100.0 Torr에서 94.8 Torr까지 내려갔다. X의 (a) 몰분율과 (b) 몰질량은 얼마인가?

5C.8 에탄올의 정상 끓는점은 78.4 °C이다. 에탄올 100. g에 용해성 비전해질 9.15 g을 녹였을 때, 그 온도에서 용액의 증기 압력이 7.40×10^2 Torr였다.

(a) 에탄올과 용질의 몰분율은 얼마인가?

(b) 용질의 몰질량은 얼마인가?

5C.9 벤젠 C_6H_6와 톨루엔 $C_6H_5CH_3$는 거의 이상 용액을 형성한다. 25 °C에서 벤젠의 증기 압력은 94.6 Torr이고, 톨루엔은 29.1 Torr이다. 벤젠 1.00 mol과 톨루엔 0.400 mol을 섞었을 때, 25 °C에서 각 성분의 증기 압력과 전체 증기 압력은 얼마인가?

5C.10 헥세인 C_6H_{14}와 사이클로헥세인 C_6H_{12}는 거의 이상 용액을 형성한다. 25.0 °C에서 헥세인의 증기 압력은 151 Torr이고, 사이클로헥세인은 98 Torr이다. 헥세인 0.400 mol과 사이클로헥세인 0.200 mol을 섞었을 때, 25 °C에서 각 성분의 증기 압력과 전체 증기 압력은 얼마인가?

5C.11 벤젠 C_6H_6와 톨루엔 $C_6H_5CH_3$는 거의 이상 용액을 형성한다. 25 °C에서 벤젠의 증기 압력은 94.6 Torr이고, 톨루엔은 29.1 Torr이다. 25 °C에서 다음 각 용액의 전체 증기 압력과 용액 위의 증기상에서 각 물질의 몰분율을 계산하시오.

(a) C_6H_6 1.50 mol과 $C_6H_5CH_3$ 0.50 mol의 혼합

(b) 벤젠 15.0 g과 톨루엔 64.3 g의 혼합

5C.12 헥세인 C_6H_{14}와 사이클로헥세인 C_6H_{12}는 거의 이상 용액을 형성한다. 25.0 °C에서 헥세인의 증기 압력은 151 Torr이고, 사이클로헥세인은 98 Torr이다. 25 °C에서 다음 각 용액의 전체 증기 압력과 용액 위의 증기상에서 각 물질의 몰분율을 계산하시오.

(a) C_6H_{14} 0.25 mol과 C_6H_{12} 0.65 mol의 혼합

(b) 헥세인 10.0 g과 사이클로헥세인 10.0 g의 혼합

5C.13 25 °C에서 1,1-다이클로로에테인 CH_3CHCl_2의 증기 압력은 228 Torr이고, 1,1-다이클로로테트라플루오로에테인 CF_3CCl_2F는 79 Torr이다. 25 °C에서 증기 압력이 157 Torr가 되려면 1,1-다이클로로테트라플루오로에테인 100.0 g에 1,1-다이클로로에테인 몇 g을 혼합하면 되는가? 이상적 행동을 가정하시오.

5C.14 25 °C에서 뷰탄온 $CH_3CH_2COCH_3$의 증기 압력은 100. Torr이고, 프로판온 CH_3COCH_3는 222 Torr이다. 25 °C에서 증기 압력이 135 Torr가 되려면 뷰탄온 350.0 g에 프로판온 몇 g을 혼합시키면 되는가? 이상적 행동을 가정하시오.

5C.15 다음 혼합물 중 어느 것이 Raoult 법칙으로부터 양의 벗어남, 음의 벗어남 또는 벗어나지 않음(즉, 이상 용액 형성)을 보이는가? 그 결론을 설명하시오.

(a) 메탄올 CH_3OH와 에탄올 CH_3CH_2OH (b) HF와 H_2O (c) 헥세인 C_6H_{14}와 H_2O

5C.16 다음 혼합물 중 어느 것이 Raoult 법칙으로부터 양의 벗어남, 음의 벗어남 또는 벗어나지 않음(즉, 이상 용액 형성)을 보이는가? 그 결론을 설명하시오.

(a) HBr과 H_2O (b) 폼산 HCOOH와 벤젠 (c) 사이클로펜테인 C_5H_{10}과 사이클로헥세인 C_6H_{12}

Topic 5D 용해도

이 Topic을 왜 배우는가? 물질의 용해도에 영향을 끼치는 요인들을 이해하는 것은 적절한 용매를 고르고 환경에 대한 영향을 고려하는 데 필수적이다.

무엇을 알고 있어야 하는가? 이 Topic은 격자 엔탈피의 개념(Topic 4E)와 Gibbs 자유 에너지의 값을 결정하는 엔탈피와 엔트로피의 역할(Topic 4J)을 활용한다.

지구상에서 가장 큰 액체 용액은 지구 표면수에서 1.4×10^{21} kg을 차지하는 해양이다. 이는 1인당 거의 2×10^8 t(1 t $= 10^3$ kg)의 물에 달하며 목이 마른 세계에 필요한 모든 식수를 공급하기에 충분하다. 그러나 해수 자체를 마시는 것은 고농도의 용해된 염, 특히 Na^+와 Cl^- 이온 때문에 치명적일 수 있다(**표 5D.1**). 용해된 염을 제거하면 더 많은 식수를 제공할 것이지만, 이를 효율적으로 수행하려면 용액의 특성을 이해해야 한다. 많은 화학 반응이 또한 용액에서 일어나기 때문에 왜 일부 물질은 녹지만 다른 물질은 녹지 않는지 이해하는 것이 중요하다.

5D.1 용해도의 한계

글루코스 $C_6H_{12}O_6$ 결정을 물에 넣을 때 무슨 일이 일어날지 상상해 보는 것으로 이 Topic을 시작하고자 한다. 먼저, 결정 표면에 가까운 물 분자가 글루코스 분자와 수소 결합을 한다. 이 결과로 표면의 글루코스 분자는 물 분자에 의해서 용액 속으로 당겨지지만, 다른 글루코스 분자와의 수소 결합에 의해서도 안으로 당겨진다. 물 분자와의 상호 작용이 다른 글루코스 분자와의 상호 작용과 비슷해지면, 글루코스 분자가 용매 속으로 표류하고 물 분자들로 둘러싸인다. 이온성 고체가 용해될 때도 이와 유사한 과정이 일어난다. 극성 물 분자가 이온을 수화시키고(이온을 가까이 둘러싸서 '용매 껍질'을 이룸), 결정 격자의 우세한 인력을 이겨내어 이온을 떼어낸다(**그림 5D.1**). 저어 주거나 흔들어 주면 더 많은 자유로운 물 분자가 고체의 표면에 다가와서 수화된 이온을 휩쓸어 가기 때문에 용해 과정이 빨라진다.

상온에서 글루코스 소량(예를 들어, 2 g)을 물 100 mL에 넣으면 모두 용해된다. 그러나 200 g을 넣으면 일부의 글루코스가 녹지 않고 남는다(**그림 5D.2**). 용매가 녹일 수 있는 만큼 용질을 용해시키고 용해되지 않은 용질 일부가 남아 있을 때, 그 용액은 **포화되었다(saturated)**고 한다. 이때, 고체 용질의 농도는 **포화 용액(saturated solution)**에서 최곳값에 도달하며, 더는 용해될 수 없다. 물질의 **몰 용해도(molar solubility, *s*)**는 포화 용액에서의 몰농도이다. 다시 말

표 5D.1 해수에서 발견되는 주요 이온들

원소	주요 형태	농도 c/(g·L^{-1})
Cl	Cl^-	19.0
Na	Na^+	10.5
Mg	Mg^{2+}	1.35
S	SO_4^{2-}	0.89
Ca	Ca^{2+}	0.40
K	K^+	0.38
Br	Br^-	0.065
C	HCO_3^-, H_2CO_3, CO_2	0.028

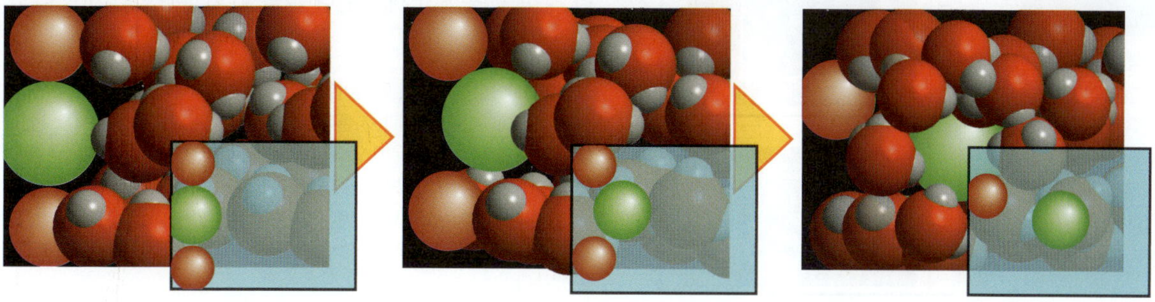

그림 5D.1 고체 이온성 용질과 용매(물)의 계면에서 일어나는 현상. 이온의 표면 층만 보여 준다. 고체 표면에 있는 이온이 수화되면 용액 속으로 떨어져 나간다. 오른쪽의 삽입 그림은 이온들만 보여 준다.

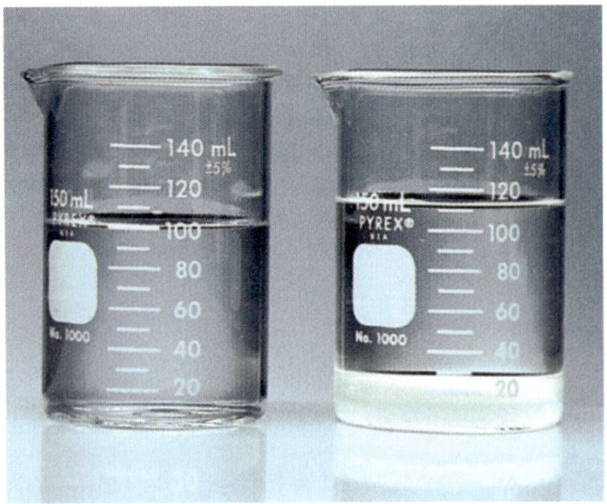

그림 5D.2 물 100 mL에 적은 양의 글루코스를 가하고 저어 주면, 모든 글루코스가 용해된다(왼쪽). 그러나 많은 양을 가하면 약간의 글루코스가 용해되지 않고 남으며, 이 용액은 글루코스로 포화된다(오른쪽). *(Copyright Macmillan Learning, Photo by Ken Karp.)*

하면 물질의 몰 용해도는 주어진 용매의 양에 용질이 용해될 수 있는 한계를 나타낸다.

포화 용액에서는 아직 남아 있는 고체 용질이 계속해서 용해되지만, 그 용해 속도가 용질이 고체로 되돌아오는 속도와 정확하게 일치하므로 평형 농도를 유지한다(그림 5D.3). 포화 용액에서는 용해된 용질과 용해되지 않은 용질이 Topic 5A에서 소개된 바와 같이 서로 동적 평형에 있다.

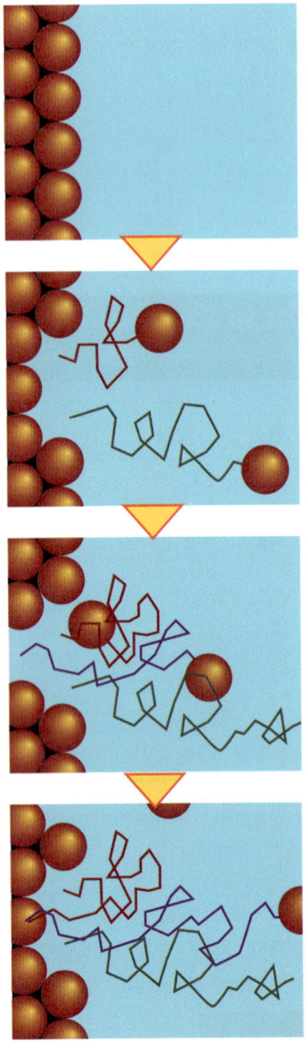

그림 5D.3 포화 용액 내의 용질은 용해되지 않은 용질과 동적 평형을 이룬다. 용질 입자들(주황색 구)을 따라가면 때로는 용액 안에서, 때로는 다시 고체에서 발견하게 된다. 색깔 선들은 개별 용질 입자들의 경로를 나타낸다. 용매 분자는 나타내지 않았다.

물질의 몰 용해도는 포화 용액의 몰농도이다. 포화 용액에서는 용해된 용질과 용해되지 않은 용질이 서로 동적 평형을 이루어서 더 이상의 용질이 녹을 수 없다.

5D.2 유사한 것끼리의 용해 규칙

용질이 용해될 때 일어나는 힘의 역할을 이해하면 몇 가지 실제적 질문에 대한 대답을 얻을 수 있다. 예를 들어, 옷감이 기름으로 더럽혀졌다 하자. 기름 제거에 좋은 용매를 어떻게 선택할 수 있는가? 좋은 지침은 **유사한 것끼리의 용해**(like dissolves like) 규칙이다. 물과 같이 극성 분자로 이루어진 액체('극성 액체')는 일반적으로 이온성 및 극성 화합물의 가장 좋은 용매이다. 반면에 London 힘에 의해서 결합된 탄화수소 기름 같은 비극성 화합물에는 헥세인이나 테트라클로로에텐 $Cl_2C{=}CCl_2$같이 비극성 분자로 이루어진 액체('비극성 액체')가 더 좋은 용매이다.

'유사한 것끼리의 용해' 규칙은 용질과 용매 분자간 인력으로 설명할 수 있다. 물질이 액체 용매에 용해될 때 용질–용질 인력이 용질–용매 인력으로 대체되어야 하며, 새로운 상호 작용이 원래의 상호 작용과 비슷하거나 더 강하면 용해가 예측된다(그림 5D.4). 예를 들어 용질의

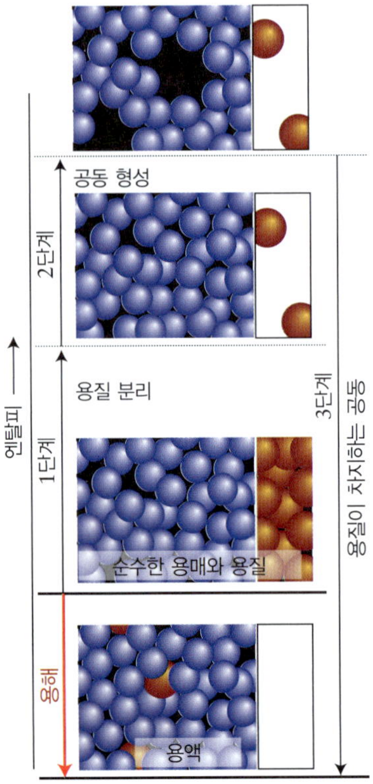

그림 5D.4 묽은 용액이 만들어질 때 일어나는 에너지와 분자 상호 작용 변화. 1단계에서는 용질 분자들이 서로 분리된다. 2단계에서는 몇 개의 용매 분자가 움직여서 용매 안에 공동을 남긴다. 3단계에서는 용질 분자가 용매 안의 공동 자리를 차지하면서 에너지를 방출한다. 전체 과정에 관한 에너지 변화는 각 단계 에너지 변화의 합이며, 이를 빨간색 화살표로 나타내었다. 실제 용해 과정에서는 이 단계들이 순차적으로 일어나지는 않는다.

주요 응집력이 수소 결합이면, 이 용질은 다른 용매보다는 수소 결합을 하는 용매에 용해되기가 더 쉽다. 용질–용질의 강한 수소 결합을 용질–용매의 강한 수소 결합으로 대치할 수 있어야만 분자가 용액으로 미끄러져 들어갈 수 있다. 예를 들어, 글루코스는 수소 결합을 형성하는 $-OH$기를 가지고 있어서, 헥세인보다는 물에 쉽게 용해된다(그림 5D.5).

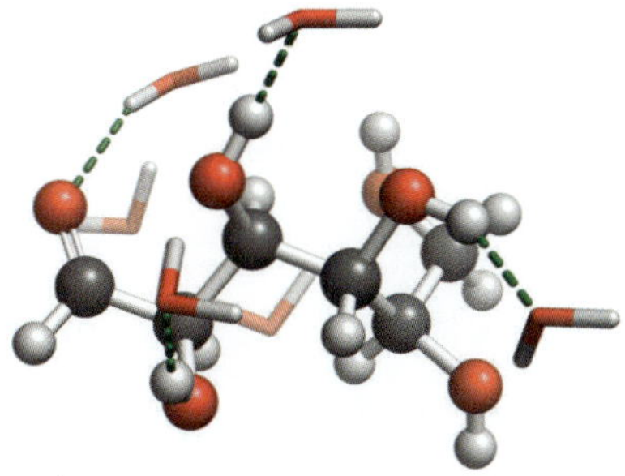

그림 5D.5 글루코스($C_6H_{12}O_6$)가 물과 수소 결합을 형성한다(녹색 점선).

용질 분자들 사이의 주요 응집력이 London 힘이면 가장 좋은 용매는 그 힘을 모방할 수 있는 것이어야 한다. 예를 들어, 비극성 물질에 대한 좋은 용매는 비극성 액체인 이황화 탄소 CS_2이다. 고체 황은 London 힘으로 뭉쳐진 S_8 분자들의 분자성 고체이므로, 황에 대한 용매로는 물보다 CS_2가 훨씬 더 좋다. 황 분자는 강하게 수소 결합된 물의 구조 속에 침투할 수가 없다. 왜냐하면 이는 수소 결합을 비슷한 세기의 상호 작용으로 대치할 수 없기 때문이다.

1 스테아르산 소듐, $NaCH_3(CH_2)_{16}CO_2$

비누와 세제의 세척 작용은 유사한 것끼리의 용해 규칙에 따른다. 비누는 스테아르산 소듐(**1**)과 같은, 긴 사슬 카복실산의 소듐 염이다. 음이온은 극성 카복실산 원자단($-CO_2^-$)을 가지는데, **머리 원자단**(head group)이라고 하며, 비극성 탄화수소 사슬의 한쪽 끝에 자리하고 있다. 머리 부분은 **친수성(hydrophilic)**, 즉 물을 끌어들이며, 비극성 탄화수소 꼬리는 **소수성(hydrophobic)**, 즉 물을 밀어낸다. 음이온의 친수성 머리 원자단은 물에 용해되는 경향이 있고, 소수성 탄화수소 꼬리는 그리스(grease)에 용해되는 경향이 있으므로, 비누는 그리스를 제거하는 데 매우 효과적이다. 탄화수소 꼬리는 머리 원자단만 제외하고 그리스 덩어리에 빠져들어서 덩어리의 표면에는 친수성의 머리 원자단만 남는다. 이렇게 비누 분자로 둘러싸인 구조를 **마이셀(micelle)**이라고 하는데, 물에 녹아서 그리스를 제거한다(그림 5D.6).

비누는 수산화 소듐을 코코넛 기름, 올리브유, 또는 동물 지방과 같은 지방과 함께 가열하여 만든다. 지방에는 글리세롤과 지방산(긴 사슬 카복실산) 사이에 형성된 **에스터**(ester)가 포함되어 있다(Topic 10D). 수산화 소듐이 에스터를 공격하여 카복실산이 소듐 염의 음이온이 된 수용성 비누를 형성한다. 동물 지방의 경우에는 스테아르산이 비누인 스테아르산 소듐을 형성한다. 그러나 비누는 센물(Ca^{2+}나 Mg^{2+}을 포함한 물)에서 찌꺼기를 형성한다. 이 찌꺼기는 거의 녹지 않는 스테아르산 칼슘이나 스테아르산 마그네슘의 불순한 침전물이다.

시판되고 있는 세제는 탄산 소듐과 같은 물 연화제와 효소를 포함한 혼합물이다. 가장 중요한 성분은 **계면 활성제(surfactant** 또는 surface-active agent)이다. 계면 활성제는 구조와 작용

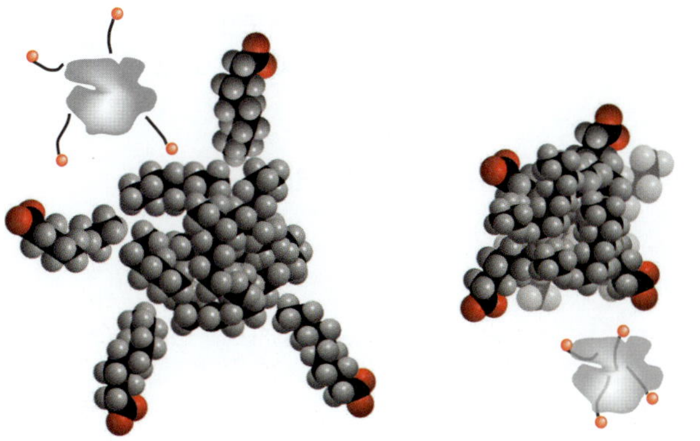

그림 5D.6 (왼쪽) 비누나 계면 활성제 분자의 탄화수소 꼬리가 그리스에 용해되기 시작한다. (그리스를 회색 얼룩으로, 계면 활성제 분자의 극성 머리를 빨간색으로 나타낸 분자의 개략도. 공간 채움 모형이 옆에 있다.) (오른쪽) 친수성 머리 부분은 표면에 있으며, 표면에서 물과 잘 상호 작용한다. 더 많은 계면 활성제 분자가 그리스에 용해됨에 따라 마이셀이라고 하는 전체 덩어리가 물에 부유되어 씻겨 나간다.

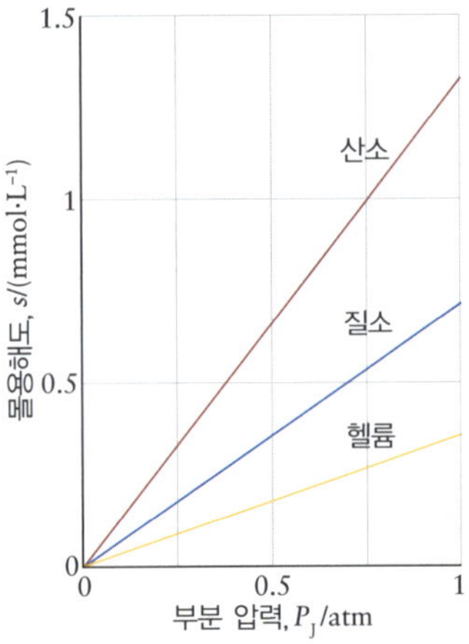

그림 5D.7 산소, 질소, 헬륨의 부분 압력에 따른 몰 용해도의 변화. 부분 압력이 두 배로 되면 각 기체의 용해도가 두 배로 됨을 주목하자.

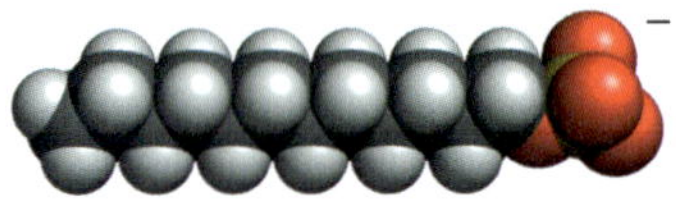

2 전형적 계면 활성제 이온, $CH_3(CH_2)_{11}OSO_3^-$

이 비누와 유사한 유기 화합물이다. 세제로 사용되는 계면 활성제는 전형적으로 극성 원자단에 황 원자를 포함하는데(**2**), 센물에서도 침전물이 생기지 않는 장점이 있다.

용매의 적합성에 대한 일반적 지침은 유사한 것끼리의 용해 규칙이다. 비누와 세제는 친수성과 소수성 영역을 둘 다 가진 계면 활성제 분자를 포함한다.

5D.3 압력과 기체 용해도

거의 모든 수생 유기체들은 용해된 산소를 호흡한다. 산소는 비극성이지만, 물에 매우 조금 녹으며, 용해되는 정도는 액체 표면 위의 산소 압력에 의존한다. 기체의 압력은 분자들의 충돌에서 나온다. 기체를 액체와 함께 용기에 넣으면 기체 분자는 마치 운석이 바다에 돌입하는 것처럼 액체 속으로 파고들 수 있다. 기체의 압력이 증가함에 따라서 기체 분자가 액체에 부딪히는 속도가 증가하므로, 기체의 용해도(용해된 기체가 용해되지 않은 기체와 동적 평형을 이룰 때의 몰농도)는 압력 증가에 따라서 증가한다. 액체 위의 기체가 혼합물이면(공기처럼), 각 성분의 용해도는 그 성분의 부분 압력에 의존한다(그림 5D.7).

그림 5D.7의 직선들은 **기체의 용해도가 부분 압력 *P*에 정비례함**을 보여 준다. 이는 1801년에 영국의 화학자 William Henry가 처음으로 관찰하였으며, 지금은 **Henry 법칙(Henry's law)**으로 알려져 있다. 이 법칙은 보통 다음과 같이 쓴다.

$$s = k_H P \qquad (1)$$

상수 k_H는 **Henry 상수(Henry's constant)**라고 하며, 이는 기체, 용매, 온도에 의존한다(표 5D.2).

표 5D.2 25°C에서 물에서의 기체의 Henry 상수

기체	k_H/(mol·L^{-1}·atm^{-1})
공기	7.9×10^{-4}
아르곤	1.5×10^{-3}
이산화 탄소	2.3×10^{-2}
헬륨	3.7×10^{-4}
수소	8.5×10^{-4}
네온	5.0×10^{-4}
질소	7.0×10^{-4}
산소	1.3×10^{-3}

예제 5D.1 액체 내 기체의 용해도 계산

당신이 환경 과학자라면, 생명을 유지할 수 있는 자연의 물의 능력을 조사하기 위해 물에 녹을 수 있는 산소의 양에 대한 이론적 한계를 알아야 한다. 호수에서 산소의 농도는 적어도 보편적으로 수중 생물이 살아가기에 적합한 0.12 mmol·L^{-1}임을 보이시오. 해수면에서 산소의 부분 압력은 0.21 atm이다.

예상 수중 생물들이 보통의 환경에서 살고 있으므로, 필요한 농도를 구하게 될 것이다.

계획 식 1을 이용하여 산소의 몰농도를 계산한다.

풀이

$s = k_H P$로부터

$$s = \overbrace{(1.3\times10^{-3}\ \text{mol·L}^{-1}\text{·atm}^{-1})}^{k_H}\times(0.21\ \text{atm})$$
$$= 2.7\times10^{-4}\ \text{mol·L}^{-1}$$

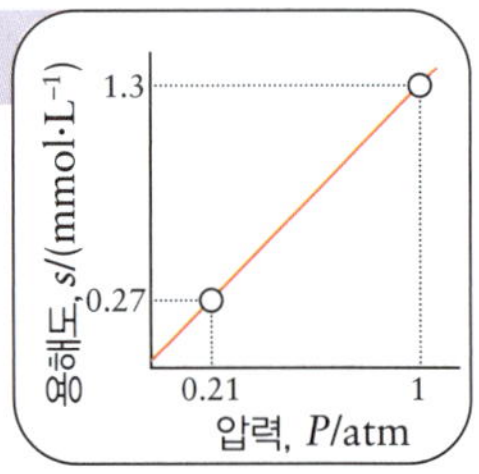

평가 예상한 대로 몰농도는 0.27 mmol·L^{-1}이며, 이는 생명을 유지하기에 충분하다.

자습 5D.1A 고도 2900 m의 Rocky산 국립 공원 Bear 호수에서 산소의 부분 압력은 0.14 atm이다. 20. °C에서 Bear 호수 내 산소의 몰 용해도는 얼마인가?

[**답**: 0.18 mmol·L^{-1}]

자습 5D.1B 표 5D.2의 정보를 이용하여 CO_2의 부분 압력이 1.00 atm일 때 20 °C에서 CO_2가 충분한 양의 물에 녹아서 900. mL의 용액이 되면, 용해된 CO_2 몰수는 얼마인가?

관련 연습 문제 5D.5, 5D.6

기체의 용해도는 부분 압력에 비례한다. 이는 압력이 높아지면 기체 분자들이 용매의 표면에 부딪히는 속도가 증가하기 때문이다.

5D.4 온도와 용해도

대부분의 물질은 낮은 온도보다는 높은 온도에서 더 빠르게 용해된다. 그러나 이것이 반드시 더 높은 온도에서 더 많이 용해된다는 의미는 아니다. 높은 온도에서 용해도가 더 낮아지는 경우도 많다. 온도가 한 과정의 속도에 미치는 영향과 최종 결과에 미치는 영향은 항상 구별해야 한다.

상온 근처에서는 온도가 올라감에 따라서 대부분의 기체가 물에 적게 녹는다. 수도꼭지에서 찬물을 받아 따뜻한 방에 놔두면, 작은 방울들이 올라오는 것을 통해 따뜻한 물에서 기체의 낮은 용해도를 알 수 있다. 물이 차가울 때 용해된 공기가 온도가 올라감에 따라서 용액으로부터 방울지어 나오는 것이다. 반면에, 대부분의 이온성 및 분자형 고체는 차가운 물보다는 따뜻한 물에 더 잘 녹는다(**그림 5D.8**). 실험실에서(과자 공장에서도) 이 특징을 이용하여 물질을 용해시키고, 포화 용액을 서서히 냉각시키면서 결정을 키울 수 있다. 그러나 탄산 리튬처럼 물이 많이 붙어있는 이온을 포함하는 소수의 고체는 낮은 온도에서보다 높은 온도에서 더 적게 녹는다. 몇몇 화합물은 복합된 행동을 보여 준다. 예를 들어, 황산 소듐 십수화물은 용해도가 32 °C까지는 온도가 올라감에 따라서 증가하지만, 온도를 더 올리면 온도에 따라서 감소한다.

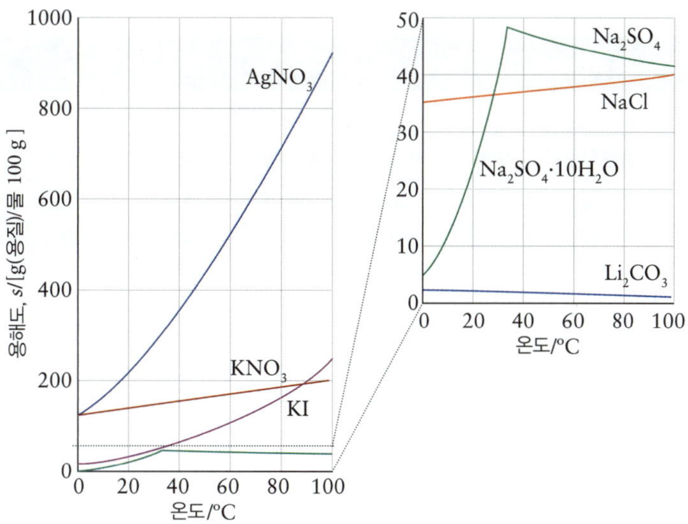

그림 5D.8 여섯 가지 물질의 온도에 따른 물에 대한 용해도 변화. 오른쪽의 확대 그림은 네 가지 이온 결합 화합물의 용해도 변화를 보다 자세히 보여 준다.

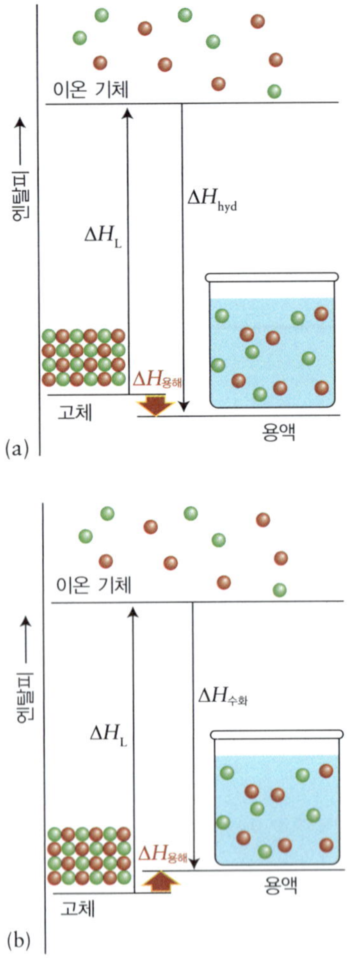

그림 5D.9 용해 엔탈피 $\Delta H_{용해}$는 물질 분자나 이온을 분리하는 데 필요한 엔탈피 변화(격자 엔탈피 ΔH_L, 그림 5D.4의 1단계)와 수화에 수반되는 엔탈피 변화($\Delta H_{수화}$, 그림 5D.4의 2단계와 3단계)의 합으로 주어진다. 결과는 정교하게 균형을 이룬다. (a) 어떤 경우에는 발열적이고, (b) 어떤 경우에는 흡열적이다. 기체 용질의 경우는 분자들이 이미 멀리 떨어져 있으므로, 격자 엔탈피가 0이다.

온도를 올림에 따라 용해 속도는 올라가지만, 반드시 용해도가 올라가는 것은 아니다. 대부분의 기체는 차가운 물에서보다 따뜻한 물에서 더 적게 녹는다. 고체는 더 다양한 행동을 보여 준다.

5D.5 용해 엔탈피

물질이 용해될 때의 몰엔탈피 변화를 **용해 엔탈피**(**enthalpy of solution**, $\Delta H_{용해}$)라고 한다. 이 변화는 일정한 압력에서 물질이 용해될 때 방출하거나 흡수하는 열을 열량계로 측정하여 알 수 있다. 그러나 용질 분자들은 자기들끼리 상호 작용할 뿐만 아니라 용매와도 상호 작용한다. 따라서 용질–용매 상호 작용만을 추출하기 위해서, 용질–용질 상호 작용이 무시될 만큼 묽은 용액이 생길 때의 엔탈피 변화, 즉 **극한 용해 엔탈피**(**limiting enthalpy of solution**)에 초점을 둔다(표 5D.3). 이 표의 자료는 염화 리튬처럼 발열적으로(열을 방출하면서) 용해되는 고체를 몇 가지 보여 준다. 질산 암모늄처럼 흡열적으로(열을 흡수하면서) 용해되는 것도 있다.

표 5D.3의 값에 대한 통찰을 얻기 위해서 가상적인 두 단계 과정을 생각해 보자(그림 5D.9). 염의 수용액이 생성되는 첫 번째 단계에서는 이온들이 고체에서 분리되어 이온의 기체를 형성한다. 이러한 크게 흡열적인 단계의 몰엔탈피 변화는 고체의 격자 엔탈피 ΔH_L이다(Topic 2A 및 표 4E.1). 예를 들어, 염화 소듐의 격자 엔탈피(787 $kJ\cdot mol^{-1}$)는 $NaCl(s) \rightarrow Na^+(g) + Cl^-(g)$ 과정의 몰엔탈피 변화이다. Topic 2A에서 설명한 바와 같이, 작고 전하가 큰 이온(Mg^{2+}와 O^{2-} 같은)으로 형성된 화합물은 강하게 응집되어서 그 격자를 깨뜨리는 데 필요한 에너지가 크다. 즉 높은 격자 엔탈피를 갖는다. 아이오딘화 포타슘처럼 낮은 전하의 큰 이온으로 형성된 화합물은 전형적으로 약한 인력을 가지며, 격자 엔탈피가 낮다.

두 번째 가상적 단계에서는 기체 이온이 물 속으로 파고들어서 최종 용액을 형성하는 것이다. 이 단계의 몰엔탈피를 **수화 엔탈피**(**enthalpy of hydration**, $\Delta H_{수화}$)라고 한다(표 5D.4). 수화 엔탈피는 음수이며, 그 화합물의 격자 엔탈피 값과 비교될 만하다. 예를 들어, 염화 소듐의 경우 수화 엔탈피, 즉 $Na^+(g) + Cl^-(g) \rightarrow Na^+(aq) + Cl^-(aq)$ 과정의 몰엔탈피 변화는 −784 $kJ\cdot mol^{-1}$이다. 이는 NaCl(Na^+와 Cl^- 기체로서) 1 g당 에너지가 물 100 mL의 온도를 거의 50 °C만큼 올리는 데 충분한 양이라는 것이다. 이온 결합 화합물의 경우, 수화는 물 분자와 이온 사이의 이온–쌍극자 인력의 형성으로 항상 발열적이다. 또한 슈크로스, 글루코스, 아세톤,

표 5D.3 25°C에서의 극한 용해 엔탈피, $\Delta H_{용해}/(kJ\cdot mol^{-1})$*

	음이온							
양이온	플루오린화	염화	브로민화	아이오딘화	수산화	탄산	황산	질산
리튬	+4.9	−37.0	−48.8	−63.3	−23.6	−18.2	−2.7	−29.8
소듐	+1.9	+3.9	−0.6	−7.5	−44.5	−26.7	+20.4	−2.4
포타슘	−17.7	+17.2	+19.9	+20.3	−57.1	−30.9	+34.9	−23.8
암모늄	−1.2	+14.8	+16.0	+13.7	—	—	+25.7	+6.6
은	−22.5	+65.5	+84.4	+112.2	—	+41.8	+22.6	+17.8
마그네슘	−12.6	−160.0	−185.6	−213.2	+2.3	−25.3	−90.9	−91.2
칼슘	+11.5	−81.3	−103.1	−119.7	−16.7	−13.1	−19.2	−18.0
알루미늄	−27	−329	−368	−385	—	—	—	−350

* 예를 들어, 아이오딘화 은의 극한 용해 엔탈피 $\Delta H_{용해}$는 '은'의 행과 '아이오딘화'의 열의 교차점에서 찾으면 +112.2 $kJ\cdot mol^{-1}$이다.

표 5D.4 25°C에서 몇 가지 할로젠화물의 수화 엔탈피, $\Delta H_{수화}/(kJ \cdot mol^{-1})$*

양이온	음이온			
	F^-	Cl^-	Br^-	I^-
H^+	−1613	−1470	−1439	−1426
Li^+	−1041	−898	−867	−854
Na^+	−927	−784	−753	−740
K^+	−844	−701	−670	−657
Ag^+	−993	−850	−819	−806
Ca^{2+}	—	−2337	—	—

* 예를 들어, Na^+ 표시 행과 Cl^- 표시 열의 교차점 값이 $Na^+(g) + Cl^-(g) \rightarrow Na^+(aq) + Cl^-(aq)$ 과정의 엔탈피 변화, $\Delta H_{수화} = -784\ kJ \cdot mol^{-1}$이다. 여기에 나온 값은 용액이 매우 묽을 때만 적용된다.

에탄올처럼 물과 수소 결합을 형성할 수 있는 분자의 경우에도 발열적이다.

이제 용해 과정의 두 단계를 합하여 전체 과정에 관한 엔탈피 변화, $\Delta H_{용해} = \Delta H_L + \Delta H_{수화}$를 구해 보자. 자료들을 사용하면 $NaCl(s) \rightarrow Na^+(aq) + Cl^-(aq)$ 과정의 엔탈피 변화인 염화 소듐의 극한 용해 엔탈피를 구할 수 있다.

$$\Delta H_{용해} = \overbrace{787\ kJ \cdot mol^{-1}}^{격자\ 엔탈피} + \overbrace{(-784 kJ \cdot mol^{-1})}^{수화\ 엔탈피} = \overbrace{+3\ kJ \cdot mol^{-1}}^{용해\ 엔탈피}$$

이 용해 엔탈피는 양수이므로, 고체가 용해될 때 알짜 에너지 흐름이 열로서 들어온다. 그러므로 염화 소듐은 흡열적으로 용해되지만, 불과 $3\ kJ \cdot mol^{-1}$ 밖에 안 된다. 이 예가 보여준 것처럼 전체 엔탈피 변화는 격자 엔탈피와 수화 엔탈피의 아주 섬세한 균형에 의존한다.

생각해 보기

염화 소듐이 물에 녹는 것은 흡열 반응인데, 왜 자발적으로 (포화될 때까지) 일어날까?

이온 전하와 반지름을 바탕으로 용해도에 관한 신빙성 있는 예측을 하기는 매우 어렵다. 이는 높은 전하와 작은 이온 반지름은 둘 다 높은 수화 엔탈피에 기여하고, 동일한 특성이 높은 격자 엔탈피에도 기여하기 때문이다. 할 수 있는 최선은 이러한 성질을 이용하여 관측된 것을 합리화하는 것이다. 이러한 한계를 염두에 두고서 몇 가지 일상생활 물질의 거동과 일부 광물의 성질을 이해하기 시작할 수 있다. 예를 들어, 질산염은 크고, 단일 전하의 음이온(NO_3^-)을 가지므로 낮은 격자 엔탈피를 갖는다. 그렇지만 물은 질산 음이온과 수소 결합을 형성할 수 있으므로, 질산염의 수화 엔탈피는 매우 크다. 이러한 결과로 질산염은 광석 퇴적물에서 거의 발견되지 않는다. 왜냐하면 땅을 흘러가면서 가용성 물질을 씻어내는 지하수에 녹기 때문이다. 탄산 이온은 질산 이온과 비슷한 크기이고 물과 수소 결합을 할 수 있지만, 전하가 두 배이다. 그 결과 탄산염은 일반적으로 질산염보다 높은 격자 엔탈피를 가지며, 질산 이온을 석회석(탄산 칼슘)과 같은 고체로부터 떼어내기는 매우 힘들다. 탄산 수소 이온(중탄산 이온, HCO_3^-)은 단일 전하를 가지며, 이것의 염은 탄산염보다 물에 더 잘 녹는다.

용해된 칼슘과 마그네슘염을 포함한 물, 즉 센물(hard water)의 성질은 탄산염과 탄산 수소염의 용해도 차이 때문이다. 센물은 빗물로부터 유래된다. 빗물에는 공기 중의 이산화 탄소가 녹아 있어서 이는 매우 묽은 탄산 용액을 형성한다.

$$CO_2(g) + H_2O(l) \rightarrow H_2CO_3(aq)$$

물이 지면과 땅 속을 통해 흘러가면서 탄산이 석회석(또는 초크)의 탄산 칼슘과 반응하여, 더 잘 녹는 탄산 수소염을 형성한다.

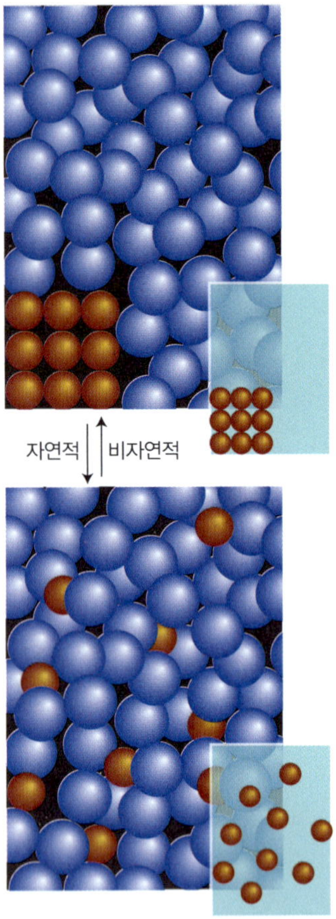

그림 5D.10 고체의 용해는 자연스러운 과정으로 보통 무질서의 증가를 수반된다(삽입 그림은 용질 입자만을 보여 준다). 그러나 용해가 자발적인지를 판단하기 위해서는 수반되는 주위의 변화도 고려해야 한다.

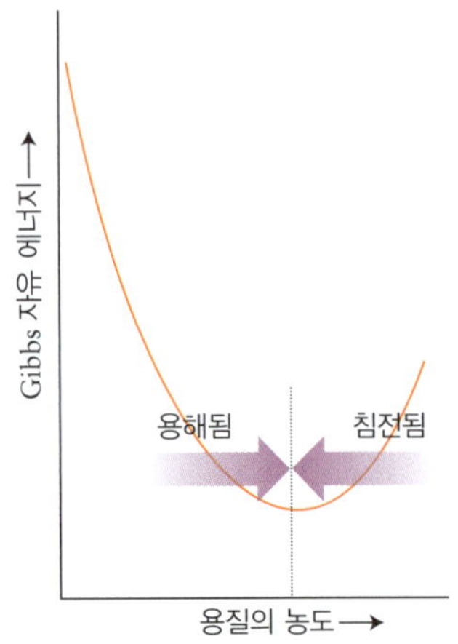

그림 5D.11 낮은 농도의 용질은 용해될 때 Gibbs 자유 에너지가 감소하므로, 용해가 자발적이다. 높은 농도에서는 용해될 때 Gibbs 자유 에너지가 증가하므로, 그 역과정인 침전이 자발적이다. 포화 용액의 농도는 실험하는 온도에서 Gibbs 자유 에너지가 최소로 되는 상태에 해당된다.

$$CaCO_3(s) + H_2CO_3(aq) \rightarrow Ca^{2+}(aq) + 2\,HCO_3^-(aq)$$

$Ca(HCO_3)_2$를 포함하는 물을 주전자나 노에서 가열하면 이들 두 반응은 역으로 일어난다.

$$Ca^{2+}(aq) + 2\,HCO_3^-(aq) \rightarrow CaCO_3(s) + H_2O(l) + CO_2(g)$$

이산화 탄소는 빠져나가고 탄산 칼슘은 물때(scale)라고 하는 단단하고, 불용성인 침전물로 석출된다.

묽은 용액의 용해 엔탈피는 물질의 격자 엔탈피와 수화 엔탈피의 합으로 주어진다.

5D.6 용해의 열역학

음의 용해 엔탈피는 물질이 용해될 때 에너지가 열로서 방출됨을 말해 준다. 그러나 일정한 압력과 온도에서 용해가 자발적인지 판단하기 위해서는, Gibbs 자유 에너지 변화 $\Delta G = \Delta H - T\Delta S$를 고려해야 한다. ΔG가 전체 엔트로피 변화의 척도임을 기억하자. ΔS는 계의 엔트로피 변화이고, $-\Delta H/T$는 주위의 엔트로피 변화이다(Topic 4). 즉, 계의 엔탈피 변화뿐만 아니라 계의 엔트로피 변화도 고려해야 한다.

고체가 용해될 때는 전형적으로 계의 무질서가 증가한다(그림 5D.10). 그러므로 대부분의 경우에는 용액이 형성될 때 계의 엔트로피가 증가함을 예상할 수 있다. $T\Delta S$가 양수이면 무질서의 증가가 ΔG에 음의 기여를 한다. 이 경우 ΔH가 음수이면, ΔG 전체가 음수이다. 따라서 음의 용해 엔탈피를 가진 대부분의 물질은 녹을 것이라고 기대할 수 있다.

어떤 경우에는 용액이 형성될 때 용질 분자 주위로 용매 분자가 몰려와 새장 모양 구조를 이루므로, 계의 엔트로피가 감소한다. 그 결과 ΔS는 음수이며, $-T\Delta S$ 항은 ΔG에 양의 기여를 한다. ΔH가 음수일지라도 ΔG가 양수일 수도 있다. 다시 말하면 에너지가 주위에 방출될지라도, 주위의 엔트로피 증가가 용질과 용매로 이루어진 계의 엔트로피 감소를 극복하기에 충분하지 않을 수도 있다. 그러면 물질은 용해되지 않는다. 이러한 이유로 헵테인과 같은 탄화수소는 용해 엔탈피가 약간의 음수 값을 갖지만 물에 용해되지 않는다.

ΔH가 양수이면, 즉 흡열 과정이면, $T\Delta S$가 양수이고 ΔH보다 커야만 $\Delta G = \Delta H - T\Delta S$가 음수가 될 수 있다. 용해 엔탈피가 큰 양수인 물질은 녹지 않는 경향이 있다. 왜냐하면 용해 과정에서 주위에서 용액으로 큰 에너지를 내어주어서 주위의 엔트로피가 너무 감소하게 되고, 결과적으로 전체 무질서도가 감소하기 때문이다.

용해 과정의 Gibbs 자유 에너지를 이해하면 용해도의 온도 의존성을 설명하는 데 도움이 된다. 온도가 올라가면 용해가 더 자발적으로 되는 것은, ΔS가 양수일 때만 가능하다. 대부분의 이온성 물질의 경우 용해 과정에서 실제로 계의 엔트로피가 증가하므로, 이들 물질은 높은 온도에서 더 잘 녹는다(그림 5D.8 참조). 그러나 기체는 액체에 녹아서 훨씬 좁은 공간을 차지하게 되므로, 계의 엔트로피가 상당히 줄어들게 된다. 이런 경우 $-T\Delta S$ 가 양수이다. 따라서 온도가 올라가면 ΔG가 증가하고, 용해는 더 어려워진다.(이 문단의 내용은 잘못되었다. ΔS가 양수이더라도 상수이면, 온도가 올라가면 Topic 5F의 식 7에 의해 온도에 비례하는 양은 평형 상수에는 영향을 끼치지 못한다. 용해도의 온도 의존성은 Topic 5I의 식 1, van't Hoff 식을 따른다—역자 주.)

용질이 녹을 때의 ΔG는 용질의 농도에 의존하므로, 낮은 농도에서는 ΔG가 음수일지라도 높은 농도에서 양수로 될 수도 있다(그림 5D.11). 용질은 $\Delta G = 0$일 때까지만 자발적으로 녹는다. 이 농도에서 녹은 용질과 녹지 않은 용질이 평형을 이루며, 용액은 포화된다.

용해가 자발적으로 일어나는지 여부는 용액의 엔트로피 변화와 주위의 엔트로피 변화의 균형에 의존한다.

5D.7 콜로이드

콜로이드(colloid)는 용매에 작은 입자(지름 1 nm~1 μm)들이 분산된 것이다. 콜로이드 입자는 대부분의 분자보다 훨씬 크지만, 광학 현미경으로 보기에는 너무 작다. 그래서 콜로이드는 용액과 불균일 혼합물들의 중간 성질을 갖는다. 콜로이드의 작은 입자는 균일하게 보이게 하지만, 빛을 산란시키는 데 충분한 크기이다. 빛의 산란은 우유가 투명하지 않고 희며, 탐조등과 레이저 살이 맑고 건조한 공기에서보다 안개, 연기, 구름 낀 곳에서 더 잘 보이는 이유를 설명해 준다(**그림 5D.12**). 많은 식료품은 진흙 입자, 연기, 생체 세포의 유체처럼 콜로이드이다.

그림 5D.12 레이저 살은 보이지 않는다. 그러나 이것이 연기가 자욱하거나 안개 낀 환경을 통과하면, 공기 중에 떠 있는 입자로부터 빛의 산란이 일어나서 추적할 수 있다.(© *silvergull/Shutterstock*)

콜로이드는 성분의 상에 따라서 분류된다(**표 5D.5**). 액체 내의 고체 서스펜션인 콜로이드를 **솔(sol)**이라고 하며, 액체 내의 다른 액체의 서스펜션을 **에멀션(emulsion**, 유탁)이라고 한다. 예를 들어, 진흙탕 물은 진흙의 작은 조각들이 물에 분산된 솔이며, 마요네즈는 작은 물방울이 식물성 기름에 떠 있는 에멀션이다. **거품(foam)**은 기체가 액체나 고체에 서스펜션된 것이다. 거품 고무, 스타이로폼, 비누 거품, 에어로젤(밀도가 공기와 거의 같은 저밀도 단열 세라믹 거품, Topic 8H 참조) 등은 모두 거품이다. 제올라이트(Topic 7E)는 고체 거품의 일종이며, 내부 구멍이 분자 크기와 비슷하다.

고체 에멀션(solid emulsion)은 액체나 고체상이 고체 안에 서스펜션된 것이다. 예를 들어, 오팔(단백석)은 실리카 응집체의 미세구가 조밀 쌓임된 사이의 틈새에 부분적으로 수화된 실리카가 채워진 고체 에멀션이다. 젤라틴 디저트는 부드럽지만, 모양이 유지되는 **젤(gel)**이라고 하는 일종의 고체 에멀션이다. 사진 에멀션은 브로민화 은 같은 광에 민감한 물질의 고체 콜로이드 입자를 포함한 젤이다.

수용성 콜로이드는 분산된 물질과 물 사이의 분자 상호 작용의 세기에 따라서 친수성(hydrophilic) 또는 소수성(hydrophobic)으로 분류될 수 있다. 물 속의 지방(우유와 같은)과 지방 속의 물(마요네즈와 로션 같은) 서스펜션은 소수성 콜로이드이다. 왜냐하면 지방 분자는 물 분자와 거의 상호 작용하지 않기 때문이다. 젤과 푸딩은 친수성 콜로이드의 예이다. 젤라틴의 단백질 거대 분자와 푸딩의 전분은 물을 끌어들이는 많은 친수성기를 갖고 있다. 젤라틴의 거대한 단백질 분자는 뜨거운 물에서 그 사슬이 풀려서 수많은 극성 원자단이 물과 수소 결합을 형성한다. 이 혼합물을 냉각시키면 단백질 사슬이 다시 연결되지만, 그들은 이제 휘감겨서 삼차원 망을 형성하며 그 안에 많은 물 분자와 함께 설탕, 염료, 향료 등을 둘러싼다. 이 결과는 젤, 즉 유연한 고체 구조 안에 물을 감싼 단백질 사슬의 열린 망 구조이다.

$Fe(OH)_3$ 같은 많은 침전물은 처음에는 콜로이드 서스펜션을 이룬다. 작은 입자들은 **Brown 운동(Brownian motion)**, 즉 작은 입자가 용매 분자들과 꾸준히 충돌한 결과 일어나는 운동에

표 5D.5 콜로이드의 종류*

분산질	분산매	전문적 이름	예
고체	기체	에어로솔	연기
액체	기체	에어로솔	헤어스프레이, 안개, 연무
고체	액체	솔 또는 젤	인쇄 잉크, 페인트
액체	액체	에멀션	우유, 마요네즈
기체	액체	거품	소방 거품
고체	고체	고체 분산	루비 유리(유리 내 금), 몇 가지 합금
액체	고체	고체 에멀션	아스팔트 도로 포장, 아이스크림
기체	고체	고체 거품	단열 거품

* R. J. Hunter, *Foundations of Colloid Science*, Vol. 1 (Oxford: Oxford University Press, 1987) 참조.

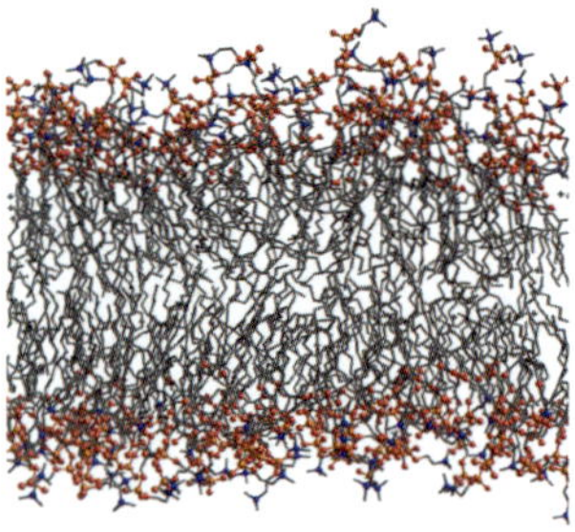

그림 5D.13 계면활성제와 유사한 인지질 분자의 이중막으로 둘러싸인 작은 주머니인 리포솜 일부의 단면도.

의해서 침전되는 것이 방지된다. 솔은 그 입자의 표면에 이온을 흡착하여 더욱 안정화된다. 이온들은 물 분자층을 끌어당기고, 입자들이 서로 붙는 것을 막아 준다.

생체 모방 재료(biomimetic materials)는 자연적으로 생성되는 물질을 모방하여 만든 재료이다. 자연적 막과 조직을 모방하여 만든 젤이나 유연한 고분자는 놀라운 성질을 가진 생체 모방 재료이다. 지방에서 발견되는 **인지질(phospholipid)**은 계면 활성제 분자이며, 살아있는 세포의 막을 형성한다. 이 분자는 비누 분자와 비슷한 액체 결정이다. 세포막은 인지질 분자의 이중층으로 되어 있으며, 탄화수소 꼬리는 막 안쪽으로 향하고, 극성 머리 원자단은 막의 표면을 형성한다(그림 5D.13). 이 구조는 세포 함유물을 세포들 사이의 유체로부터 분리해 준다.

콜로이드는 현미경으로 보기에는 너무 작지만, 빛을 산란시키기에는 충분히 큰 입자들의 서스펜션이다. 여러 가지 용도로 활용되고 있다.

이 Topic에서 배운 것은 무엇인가?

물질은 유사한 분자간 힘을 지닌 용매에 용해될 가능성이 가장 높고, 계와 주위의 엔트로피 변화의 균형에 따라 용해도가 결정된다는 것을 배웠다. Henry 법칙과 온도가 기체의 용해도에 미치는 영향에 대해 알게 되었다. 용해가 발열적인지 흡열적인지에 대한 격자 엔탈피와 수화 엔탈피의 역할을 보았고, 용해 과정에서 엔트로피 역할도 이해하였다. 콜로이드 현탁액과 세포막의 특성도 접하였다.

개념과 식의 적용

- ☐ 용해도를 정의한다(5D.1절).
- ☐ 분자 극성으로 상대적 용해도를 예측한다(5D.2절).
- ☐ Henry 법칙을 설명하고 사용하여 기체의 용해도를 구한다(예제 5D.1).
- ☐ 격자 엔탈피와 수화 엔탈피로 용해 엔탈피를 설명한다(5D.5절).
- ☐ 엔탈피와 엔트로피를 이용하여 용해의 열역학적 측면을 논한다(5D.5절 및 5D.6절).
- ☐ 콜로이드의 종류를 분류하고, 그 성질을 설명한다(5D.7절).

Topic 5D 연습 문제

5D.1 다음 각 물질에 관하여 물이나 벤젠 중 어느 것이 더 좋은 용매인가? 이유를 설명하시오.
(a) KCl (b) CCl_4 (c) CH_3COOH

5D.2 다음 각 물질에 관하여 물이나 테트라클로로메테인 중 어느 것이 더 좋은 용매인가? 이유를 설명하시오.
(a) NH_3 (b) HNO_3 (c) N_2

5D.3 어떤 유기 분자에서 다음의 원자단이 발견되었다. 어느 것이 물과 수소 결합할 수 있는가?
(a) $-NH_2$ (b) $-CH_3$ (c) $-Br$ (d) $-COOH$

5D.4 어떤 유기 분자에서 다음의 원자단이 발견되었다. 어느 것이 물과 수소 결합할 수 있는가?
(a) $-OH$ (b) $-CH_2CH_3$ (c) $-CONH_2$ (d) $-Cl$

5D.5 표 5D.2의 정보를 이용하여 20 °C에서 (a) 50. kPa의 O_2, (b) 500. Torr의 CO_2, (c) 0.10 atm의 CO_2의 물에 대한 몰 용해도를 구하시오.

5D.6 표 5D.2의 정보를 이용하여 20 °C에서 (a) 0.80 atm의 공기, (b) 0.80 atm의 He, (c) 36 kPa의 He의 물에 대한 용해도($mg \cdot mL^{-1}$ 단위로)를 계산하시오.

5D.7 물고기에 필요한 산소의 최소 질량 농도는 4 $mg \cdot mL^{-1}$이다.
(a) 호수 물의 밀도가 1.00 $g \cdot mL^{-1}$라고 가정하고, 이 농도를 ppm ($mg \cdot kg^{-1}$) 단위로 나타내시오.
(b) 20 °C에서 물고기 생명을 유지시키는 산소 수용액의 최소 질량 농도를 공급하기 위한 O_2의 최소 부분 압력은 얼마인가?
(c) 산소가 대기 압력의 약 21%를 차지한다면, 이 부분 압력을 주는 최소 대기 압력은 얼마인가? 표 5D.2를 참조하시오.

5D.8 어느 심해 잠수부의 몸 속에 있는 혈액의 양은 약 6.00 L이다. 혈구는 혈액 부피의 약 55%를 차지하고, 나머지 45%는 혈장이라고 하는 수용액이다. 압력이 10.0 atm인 93 m 깊이에서 잠수부의 혈장에 용해될 수 있는 질소의 최대 부피는 (1.00 atm, 37 °C에서) 얼마인가? (이것은 용액으로부터 갑자기 나올 경우의 부피로서, 잠수부가 너무 빨리 올라올 경우 잠수병이라고 하는 고통스럽고 위험한 병

의 원인이 된다.) 37 °C(체온)에서 질소의 Henry 상수는 5.8×10^{-4} $mol \cdot L^{-1} \cdot atm^{-1}$이라고 가정한다.

5D.9 부분적으로 채워지고 밀봉된 용기에 담긴 물 시료에 용해된 이산화 탄소 기체가 용액 위의 공기 중의 이산화 탄소 기체와 평형에 도달하여 어떤 부분 압력을 가지게 되었다. 다음의 경우 CO_2의 용해도에 어떠한 영향을 주는가?
(a) CO_2를 더 가해서 CO_2 기체의 부분 압력을 두 배로 할 경우
(b) 질소를 더 가해서 액체 위 기체의 전체 압력을 두 배로 할 경우

5D.10 다음의 경우, 연습 문제 5D.9의 CO_2 용해도가 어떻게 되는지 설명하시오.
(a) 기체에 압력을 가해서 원래 부피의 삼분의 일이 될 때까지 압축하여 $CO_2(g)$의 부분 압력을 증가시킬 경우
(b) 온도를 올릴 경우

5D.11 청량음료는 CO_2 기체를 3.60 atm에서 맛을 낸 용액에 용해시키고, 20 °C에서 알루미늄 캔에 넣어 밀폐해서 만든다. 청량음료 420. mL 캔에 포함된 CO_2의 몰수는 얼마인가? 20 °C에서 CO_2의 Henry 법칙 상수는 2.3×10^{-2} $mol \cdot L^{-1} \cdot atm^{-1}$이다.

5D.12 청량음료는 CO_2 기체를 4.00 atm에서 맛을 낸 용액에 용해시키고, 20 °C에서 알루미늄 캔에 넣어 밀폐해서 만든다. 청량음료 360. mL 캔에 포함된 CO_2의 몰수는 얼마인가? 20 °C에서 CO_2의 Henry 법칙 상수는 2.3×10^{-2} $mol \cdot L^{-1} \cdot atm^{-1}$이다.

5D.13 황산 리튬은 물에 발열적으로 용해된다. (a) Li_2SO_4의 용해 엔탈피는 양수인가, 음수인가? (b) 용해 과정에 관한 화학 반응식을 쓰시오. (c) 황산 리튬의 경우 격자 엔탈피와 수화 엔탈피 중 어느 것이 더 큰가?

5D.14 물에서 질산 암모늄의 용해 엔탈피는 양수이다. (a) NH_4NO_3는 흡열적으로 용해되는가, 발열적으로 용해되는가? (b) 용해 과정에 관한 화학 반응식을 쓰시오. (c) NH_4NO_3의 경우 격자 엔탈피와 수화 엔탈피 중 어느 것이 더 큰가?

5D.15 물 100. g에 (a) NaCl, (b) NaI, (c) $AlCl_3$, (d) NH_4NO_3가 각각 10.0 g 용해될 때, 발생되거나 흡수되는 열을 구하시오. 표 5D.3의 용해 엔탈피가 적용된다고 가정하시오.

5D.16 물 100. g에 (a) KCl, (b) $MgBr_2$, (c) KNO_3, (d) NaOH가 각각 4.00 g 용해될 때, 온도 변화를 구하시오. 용액의 비열은 4.18 $J \cdot K^{-1} \cdot g^{-1}$이고, 표 5D.3의 용해 엔탈피가 적용된다고 가정하시오.

5D.17 거품과 솔을 구별하시오. 각각 적어도 하나의 예를 드시오.

5D.18 에멀션과 젤을 구별하시오. 각각 적어도 하나의 예를 드시오.

5D.19 어떤 콜로이드 서스펜션은 얼핏 보아서는 용액처럼 보인다. 콜로이드와 용액을 구별하는 빠르고 간단한 방법은 무엇인가?

5D.20 푸딩에 포함된 큰 전분 분자들은 젤라틴이 진해지는 메커니즘과 비슷하게 푸딩의 혼합물을 진해지게 한다. 푸딩을 진해지게 하는 것에 관하여 다음 중 어느 것이 가장 잘 설명해 주는가? 그 선택을 설명하시오.
(a) 푸딩에서 전분 분자는 물에 용해되지 않으며, 물과 혼합할 때 침전이 일어난다.
(b) 전분 분자의 가닥들이 공유 결합을 형성하여 서로 연결된다.
(c) 전분 분자는 물과 수소 결합을 형성하여 물을 그물 구조 안에 가둔다.
(d) 물 분자는 푸딩 내 전분 분자를 수화하며, 그 수화열이 전분 분자를 분해한다.

Topic 5E 총괄성

이 Topic을 왜 배우는가? 용질이 용매에 끼치는 영향은 물리적 및 화학적 평형의 열역학적 기술을 정립하는 데 있어 중요한 단계이다. 또한, 실질적으로, 삼투의 생물학적, 기술적 중요 성질을 이끌어낸다.

무엇을 알고 있어야 하는가? 이 Topic은 엔트로피가 무질서의 척도라는 해석(Topic 4F)과 Gibbs 자유 에너지를 이용한 평형의 기술을 활용한다. 몰농도(기초 지식 G)와 몰분율(Topic 3A)의 정의를 알아야 한다.

화학자들이 용액의 성질을 정량적으로 연구하기 시작했을 때, 몇 가지 성질들이 용질의 화학종에는 무관하고, 용질과 용매의 상대적 양에만 의존하는 것을 발견하였다. 이러한 종류의 성질들을 **총괄성**(colligative property, 총괄은 '수집에 의존하는'이라는 뜻이다)이라고 한다. 이 Topic에서 다룰 세 가지 총괄성은 끓는점 오름, 어는점 내림, 삼투이다. 세 가지 성질은 모두 용매의 두 상 사이 또는 농도가 다른 두 용액 사이(삼투의 경우)의 평형과 관련된다. 끓는점이나 어는점의 변화와 관련된 특성을 논의하려면 먼저 상대적인 분자 수를 강조하는 새로운 농도 단위를 도입하는 것이 필요하다.

5E.1 몰랄 농도

용액을 연구하는 데는 세 가지 농도가 유용하다. 용질 J에 대해,

- 몰농도, c_J 혹은 [J]로 표기
- 몰분율, x_J로 표기
- 몰랄 농도, b_J로 표기

몰농도는 **기초 지식** G에서 소개되었는데, 용질의 몰수를 용액의 부피로 나눈 것이다.

$$c = \frac{n_{\text{용질}}}{V_{\text{용액}}} \tag{1}$$

보통 리터당 몰수($\text{mol} \cdot \text{L}^{-1}$)로 표시한다. '표준' 값을 $c^\circ = 1\ \text{mol} \cdot \text{L}^{-1}$로 정의하는 것이 편리하다. Topic 3A에서 소개된 몰분율은 한 화학종의 몰수와 혼합물의 화학종 전체 몰수 사이의 비로 정의한다.

$$x_J = \frac{n_J}{n} \qquad n = n_A + n_B + \cdots$$

몰랄 농도[(**molality**, b_J 혹은 b(J)]는 용액 내 용질의 몰수(mol 단위)를 용매의 질량으로 나눈 값이다.

$$b = \frac{n_{\text{용질}}}{m_{\text{용매}}} \tag{3}$$

몰랄 농도는 보통 kg당 몰수($\text{mol} \cdot \text{kg}^{-1}$)로 나타낸다.

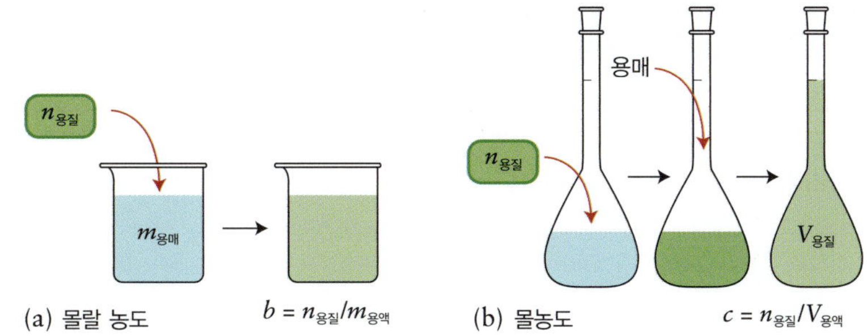

그림 5E.1 (a) 원하는 몰랄 농도 용액을 만들기 위해, 필요한 용질 $n_{용질}$을 알려진 질량의 용매 $n_{용매}$에 더해주면, $b = n_{용질}/m_{용매}$이다. (b) 원하는 몰농도의 용액을 만들기 위해, 필요한 용질 $n_{용질}$을 소량의 용액에 녹인 다음 용매를 더하여서 용액의 부피가 $V_{용액}$이 되게 하면, $c = n_{용질}/V_{용액}$이다.

유의 사항

몰랄 농도의 IUPAC 기호는 m이나 b이다. 우리는 질량 m과의 혼동을 피하기 위해 b를 사용한다(식 3의 경우처럼). 몰랄 농도의 단위는 용매 kg당 용질의 몰수($mol \cdot kg^{-1}$)이며, 이 단위는 흔히 (그러나 비공인 표시이다) m으로 나타내고 [예를 들어, 1 m $NiSO_4(aq)$ 용액처럼] '몰랄(molal)'로 읽는다. 문맥이 틀릴 것이기 때문에 몰랄 농도의 m과 미터의 m이 혼동될 일은 거의 없다.

몰랄 농도의 정의에서는 용매를 강조하지만, 몰농도의 정의에서는 용액을 강조한다. 1 m $NiSO_4(aq)$ 용액을 만들기 위해서는 $NiSO_4$ 1 mol을 물 1 kg에 용해시키면 된다(**그림 5E.1**). 1 M $NiSO_4(aq)$ 용액을 만들기 위해서는 $NiSO_4$ 1 mol을 1 L의 용액을 만들기 위한 충분한 양의 물에 녹인다. 몰농도(molarity)와는 달리 몰랄 농도는 온도에 무관하다.

생각해 보기

몰농도가 온도에 무관하지 않은 이유는 무엇인가?

예제 5E.1 용질의 몰랄 농도 계산

당신이 식품학자로서 비만에 대한 설탕의 다양한 영향을 연구하고 있다고 가정하자. 연구의 일환으로 매우 달면서도 칼로리가 적은 물질을 찾으려 한다. 프럭토스(과당 $C_6H_{12}O_6$, 180.15 $g \cdot mol^{-1}$) 90.5 g을 250. g의 물에 용해시켜 만든 용액에서 프럭토스의 몰랄 농도는 얼마인가?

계획 프럭토스의 질량을 $C_6H_{12}O_6$의 몰수로 환산하고, 물의 질량은 kg 단위로 바꾸어서 용질의 몰수를 용매의 질량으로 나눈다.

풀이

$b = n_{용질}/m_{용매}$, $n_{용질} = m_{용질}/M_{용질}$로부터, $b = (m_{용질}/M_{용질})/m_{용매}$이다.

$$b(C_6H_{12}O_6) = \frac{\overbrace{\underbrace{(90.5\ g)}_{m_{용질}} / \underbrace{(180.15\ g \cdot mol^{-1})}_{M_{용질}}}^{n_{용질}}}{\underbrace{0.250\ kg}_{m_{용매}}} = 2.01\ mol \cdot kg^{-1}$$

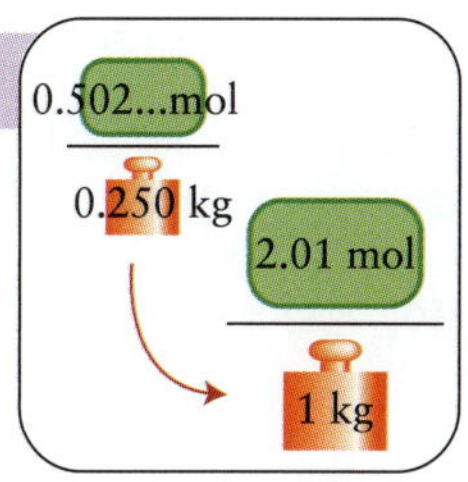

이 몰랄 농도는 2.01 m $C_6H_{12}O_6(aq)$로 나타낸다.

자습 5E.1A $ZnCl_2$ 4.11 g을 물 150. g에 용해시켜 만든 용액에서 $ZnCl_2$의 몰랄 농도를 계산하시오.

[**답**: 0.201 $mol \cdot kg^{-1}$]

자습 5E.1B $KClO_3$ 7.36 g을 물 200. g에 용해시켜 만든 용액에서 $KClO_3$의 몰랄 농도를 계산하시오.

관련 연습 문제 5E.1, 5E.2

표 5E.1 몰분율, 몰농도, 몰랄 농도 사이의 관계*

변환	식	비고
몰랄 농도에서 용질의 몰수	$n_{\text{용질}} = bm_{\text{용매}}$	정의 $b = n_{\text{용질}}/m_{\text{용매}}$
몰랄 농도에서 용질의 질량	$m_{\text{용질}} = bm_{\text{용매}}M_{\text{용질}}$	$m_{\text{용질}} = n_{\text{용질}}M_{\text{용질}}$
몰분율에서 몰랄 농도	$b = \dfrac{x_{\text{용질}}}{(1-x_{\text{용질}})M_{\text{용매}}}$	예제 5E.2에서 유도
몰랄 농도에서 몰분율	$x_{\text{용질}} = \dfrac{bM_{\text{용매}}}{1+bM_{\text{용매}}}$	윗 식의 역 관계
몰농도에 몰랄 농도	$b = \dfrac{c}{d_{\text{용액}} - cM_{\text{용질}}}$	예제 5E.3에서 유도
몰랄 농도에서 몰농도	$c = \dfrac{bd_{\text{용액}}}{1+bM_{\text{용질}}}$	윗 식의 역 관계

* 기호와 단위
n: 몰수(mol), m: 질량(kg).
b: 몰랄 농도($\text{mol}\cdot\text{kg}^{-1}$), c: 몰농도($\text{mol}\cdot\text{L}^{-1}$), x: 몰분율(단위 없음).
d: 질량 밀도($\text{g}\cdot\text{mL}^{-1} = \text{g}\cdot\text{cm}^{-3} = \text{kg}\cdot\text{L}^{-1}$), M: 몰질량 ($\text{kg}\cdot\text{mol}^{-1}$).

표 5E.1은 농도 단위 사이의 관계를 보여 준다. 묽은 용액의 경우 몰농도와 몰랄 농도의 수치는 비슷하지만, 농도가 증가함에 따라 차이가 커진다. 다루는 문제에 따라 적절한 농도를 골라야 한다. 용질 분자의 상대적인 수를 아는 것이 중요할 때는 몰분율과 몰랄 농도가 사용된다. 몰농도는 용질 분자가 차지하는 부피를 아는 것이 중요할 때 사용된다. 예제 5E.2와 5E.3은 농도 단위를 변환하는 방법을 보여준다.

예제 5E.2 몰분율로부터 몰랄 농도의 계산

동료가 용액 성분의 몰분율을 아는 것이 중요했던 실험을 해왔다. 당신은 같은 용액을 사용하고 싶지만, 용질의 몰랄 농도를 알아야 할 필요가 있는 실험을 염두에 두고 있다. 벤젠 C_6H_6의 몰분율이 0.150인 용액에서, 톨루엔 $C_6H_5CH_3$에 용해된 벤젠의 몰랄 농도는 얼마인가?

계획 먼저 두 농도의 정의 사이의 관계를 생각해 보자. 몰랄 농도는 용질의 양을 용매의 킬로그램으로 나눈 값이고, 몰분율은 용질의 몰수를 총 몰수로 나눈 값이다(Topic 3A). 몰랄 농도($b = n_{\text{용질}}/m_{\text{용매}}$)를 사용하려면, 용매의 질량을 몰수로($m_{\text{용매}} = n_{\text{용매}}M_{\text{용매}}$) 치환해야 한다. 여기서 $M_{\text{용매}}$는 몰질량이다. 다음으로, 용질과 용매 분자의 몰수를 몰분율로($n_{\text{용질}} = x_{\text{용질}}n_{\text{전체}}$, $n_{\text{용매}} = x_{\text{용매}}n_{\text{전체}}$) 치환한다. 분자와 분모에 있는 $n_{\text{전체}}$는 상쇄된다. 마지막으로 $x_{\text{용매}}$를 $x_{\text{용질}}$로($x_{\text{용매}} = 1 - x_{\text{용질}}$) 나타낸다.

풀이 계획에서 열거한 대로 치환하면 다음과 같이 된다:

$$b \overset{\text{정의}}{=} \frac{n_{\text{용질}}}{m_{\text{용매}}} \overset{m_{\text{용매}} = n_{\text{용매}}M_{\text{용매}}}{=} \frac{n_{\text{용질}}}{n_{\text{용매}}M_{\text{용매}}}$$

$$\overset{n_J = x_J n_{\text{전체}}}{=} \frac{x_{\text{용질}}n_{\text{전체}}}{x_{\text{용매}}n_{\text{전체}}M_{\text{용매}}} \overset{x_{\text{용매}} = 1 - x_{\text{용질}}}{=} \frac{x_{\text{용질}}}{(1-x_{\text{용질}})M_{\text{용매}}}$$

이제 수치를 대입한다. 용매의 몰질량 $92.13\ \text{g}\cdot\text{mol}^{-1}$은 $0.09213\ \text{kg}\cdot\text{mol}^{-1}$로 표시한다.

위의 식으로부터,

$$b = \frac{0.150}{(1-0.150)\times 0.092\,13\ \text{kg}\cdot\text{mol}^{-1}} = 1.92\ \text{mol}\cdot\text{kg}^{-1}$$

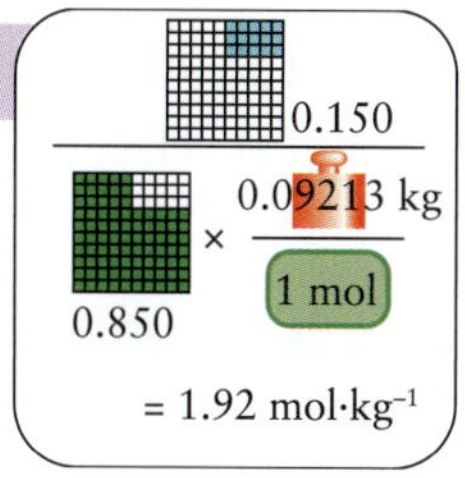

자습 5E.2A 톨루엔의 몰분율이 0.150인 용액에서 벤젠에 용해된 톨루엔의 몰랄 농도를 구하시오. 벤젠의 몰질량은 78.11 $g\cdot mol^{-1}$이다.

[답: 2.26 $mol\cdot kg^{-1}$]

자습 5E.2B 메탄올의 몰분율이 0.250인 수용액에서 메탄올의 몰랄 농도를 구하시오.

관련 연습 문제 5E.3, 5E.4

예제 5E.3 몰농도를 몰랄 농도로 환산

원하는 몰농도의 용액을 만들었는데, 몰랄 농도를 알아야 함을 깨달았다. 밀도가 1.140 $g\cdot mL^{-1}$인 1.06 m 슈크로스 수용액 $C_{12}H_{22}O_{11}(aq)$에서, $C_{12}H_{22}O_{11}$의 몰랄 농도를 구하시오.

예상 수용액 1 L의 질량이 거의 1 kg이므로 몰랄 농도의 수치는 몰농도의 수치와 비슷할 것이다. 물론 단위는 다르다.

계획 몰농도의 정의($b=n_{용질}/m_{용매}$)부터 시작하여, 용질의 몰수를 몰농도와 용액의 부피로($n_{용질}=cV_{용액}$) 바꾼다. 용매의 질량은 용액의 질량과 용질의 질량의 차이와 같다($m_{용매}=m_{용액}-m_{용질}$). 용액의 질량($m_{용액}=d_{용액}V_{용액}$)과 용질의 질량($m_{용질}=n_{용질}M_{용질}=cV_{용액}M_{용질}$)의 관계를 결합하면($V_{용액}$이 상쇄됨) c를 b로 바꿀 수 있다.

풀이

$$b \overset{\text{정의}}{=} \frac{n_{용질}}{m_{용매}} \overset{n_{용매}=cV_{용질}}{=} \frac{cV_{용매}}{m_{용매}}$$

$$\overset{m_{용매}=m_{용매}-m_{용질}}{=} \frac{cV_{용매}}{m_{용매}-m_{용질}} \overset{m_{용매}=d_{용매}V_{용매},\ m_{용질}=cV_{용매}M_{용질}}{=} \frac{cV_{용매}}{d_{용매}V_{용매}-cV_{용매}M_{용질}}$$

$$\overset{V_{용액}\text{ 상쇄}}{=} \frac{c}{d_{용매}-cM_{용질}}$$

이제 수치를 대입한다. 몰질량 342.3 $g\cdot mol^{-1}$은 0.3423 $kg\cdot mol^{-1}$로, 밀도 1.140 $g\cdot mL^{-1}$는 1.140 $kg\cdot L^{-1}$로 단위를 조정한다.

유도된 식으로부터,

$$b = \frac{1.06\ \text{mol}\cdot\text{L}^{-1}}{1.140\ \text{kg}\cdot\text{L}^{1} - \underbrace{1.06\ \text{mol}\cdot\text{L}^{-1}\times 0.3423\ \text{kg}\cdot\text{mol}^{-1}}_{0.3628\ldots\ \text{kg}\cdot\text{L}^{-1}}}$$

$$= \frac{1.06\ \text{mol}\cdot\text{L}^{-1}}{0.7771\ldots\ \text{kg}\cdot\text{L}^{-1}} = 1.36\ \text{mol}\cdot\text{kg}^{-1}$$

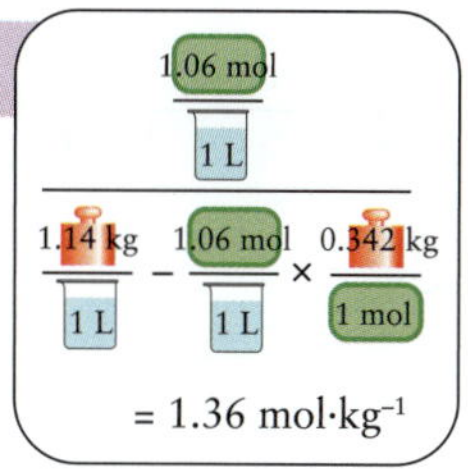

평가 예상한 대로 슈크로스 몰랄 농도의 수치 1.36($mol\cdot kg^{-1}$ 단위)은 몰농도의 수치 1.06($mol\cdot L^{-1}$ 단위)과 비슷하다.

자습 5E.3A 배터리 산(battery acid)은 4.27 M H_2SO_4(aq)이며, 밀도는 1.25 g·cm^{-3}이다. 이 용액의 H_2SO_4의 몰랄 농도는 얼마인가?

[답: 5.14 m H_2SO_4(aq)]

자습 5E.3B 1.83 M NaCl(aq) 수용액의 밀도는 1.07 g·cm^{-3}이다. NaCl의 몰랄 농도는 얼마인가?

관련 연습 문제 5E.7, 5E.8

몰랄 농도는 용질의 양(mol 단위)을 용액 제조에 사용된 용매의 질량(kg 단위)으로 나눈 값이다.

5E.2 끓는점 오름과 어는점 내림

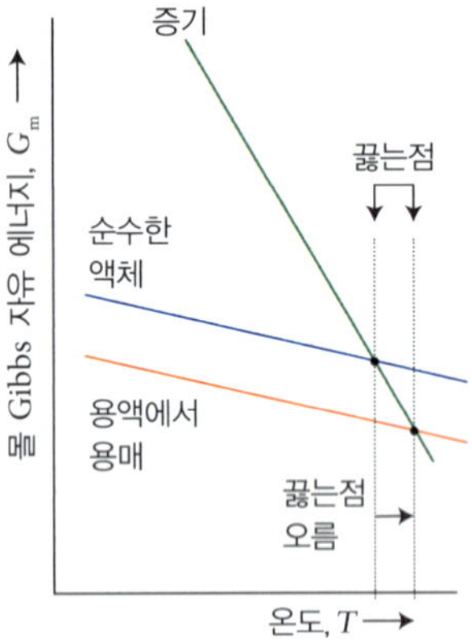

그림 5E.2 액체와 증기의 몰 Gibbs 자유 에너지는 둘 다 온도 증가에 따라 감소하지만, 증기가 더 급격하게 감소한다. 두 선의 교차점(끓는점)보다 높은 온도에서는 증기가 안정한 상이다. 비휘발성 용질이 존재하면 용매의 몰 Gibbs 자유 에너지가 감소하지만(엔트로피 효과), 증기는 변하지 않는다. 따라서 교차점은 약간 높은 온도 쪽으로 이동한다.

그림 5E.2는 순수한 용매의 액체상과 증기상의 몰 Gibbs 자유 에너지가 온도에 따라 어떻게 변하는지 보여 준다. 이 그래프는 H_m와 S_m를 상수로 취급하고, $G_m = H_m - TS_m$의 식을 도시한 것이다.

- 낮은 온도에서는 $G_m \approx H_m$이고, 증기의 몰엔탈피가 액체보다 상당히 크기 때문에 증기의 G_m 그래프가 액체보다 훨씬 위에 있다.
- 그래프의 기울기는 $-S_m$이다. 증기의 몰엔트로피가 액체보다 아주 크므로, 증기의 그래프가 액체보다 훨씬 빨리 내려간다.

용매의 액체상에 용질이 존재하면 용매의 엔트로피가 증가하므로, Gibbs 자유 에너지($G_m = H_m - TS_m$)가 감소한다. 용질이 휘발성이 아니면 증기상의 Gibbs 자유 에너지는 변하지 않는다. 그림 5E.2에서 보여 주는 것처럼 액체 용액과 증기의 몰 Gibbs 자유 에너지를 나타내는 선들이 순수한 용매에서보다 높은 온도에서 교차된다. 그 결과, 용질이 존재하면 끓는점이 높아진다. 이 증가를 **끓는점 오름(boiling-point elevation)**이라고 한다. 이 증가는 보통 아주 작으며, 과학에서 실질적인 중요성은 미미하다. 예를 들어, 0.1 M 슈크로스 수용액은 100.05 °C에서 끓는다.

그림 5E.3은 순수한 액체와 고체상의 몰 Gibbs 자유 에너지가 온도에 따라서 어떻게 변하는지 보여 준다. 그래프의 양상들에 대한 설명은 액체와 증기상의 경우와 비슷하지만, 위치와 기울기의 차이는 크지 않다.

- 낮은 온도에서는 $G_m \approx H_m$이고, 액체의 G_m 그래프가 고체보다 위에 있다(그러나 엔탈피의 차이가 액체와 증기상의 경우만큼 크지 않아 위치 차이는 작다).
- 액체의 몰엔트로피가 고체보다 크므로, 액체의 그래프가 고체보다 빨리 내려간다(그러나 엔트로피의 차이가 액체와 증기상의 경우만큼 크지 않아 기울기 차이는 작다).

그림에서 볼 수 있듯이, 용매의 액체상과 고체상을 나타내는 선들의 교차점이 순수한 용매의 경우보다 더 낮은 온도에 있으므로, 용질의 존재로 인해 어는점이 낮아진다. 용질에 의해 용매의 어는점이 낮아지는 **어는점 내림(freezing-point depression)**은 끓는점 오름보다 더 현저하다. 예를 들어, 바닷물은 순수한 물보다 약 1 °C 아래에서 언다. 겨울이 추운 지방에 사는

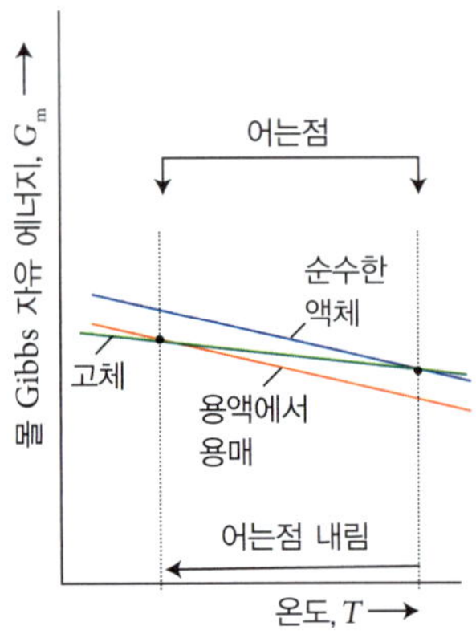

그림 5E.3 고체상과 액체상의 몰 Gibbs 자유 에너지는 온도의 증가에 따라 감소하는데, 액체가 조금 더 급격하게 감소한다. 두 선의 교차점보다 높은 온도에서는 액체가 더 안정한 상이다. 용질이 존재할 때는 용매의 몰 Gibbs 자유 에너지가 감소하지만(엔트로피 효과), 고체는 변하지 않는다. 따라서 교차점은 더 낮은 온도 쪽으로 이동한다.

표 5E.2 끓는점 상수와 어는점 상수

용매	어는점/°C	k_f/(K·kg·mol^{-1})	끓는점/°C	k_b/(K·kg·mol^{-1})
아세톤	−95.35	2.40	56.2	1.71
벤젠	5.5	5.12	80.1	2.53
장뇌	179.8	39.7	204	5.61
사염화 탄소	−23	29.8	76.5	4.95
사이클로헥세인	6.5	20.1	80.7	2.79
나프탈렌	80.5	6.94	217.7	5.80
페놀	43	7.27	182	3.04
물	0	1.86	100.0	0.51

사람들은 얼음으로 덮인 보도와 차도에 염을 뿌려서 어는점 내림을 이용한다. 염은 염의 수용액을 형성하여 물의 어는점을 내려 준다. 실험실에서 화학자들은 고체의 순도를 판단하는 데 어는점 내림 효과를 이용한다. 만일 불순물이 들어 있으면 그 화합물의 녹는점이 공인된 값보다 낮아진다.

이상 용액의 어는점 내림은 용질의 몰랄 농도 b에 비례한다. 비전해질 용액의 경우,

$$\text{어는점 내림: } \Delta T_f = k_f \times b \qquad \textbf{(4a)}$$

상수 k_f를 용매의 **어는점 상수(freezing-point constant)**라고 하는데, 이는 용매마다 다르며 실험적으로 결정되어야 한다(표 5E.2). 그 효과는 아주 작다. 예를 들어, 0.1 m $C_{12}H_{22}O_{11}(aq)$(슈크로스) 용액의 경우 다음과 같다.

$$\text{어는점 내림} = (1.86\ \text{K·kg·mol}^{-1}) \times (0.1\ \text{mol·kg}^{-1}) = 0.2\ \text{K}$$

어는점 내림이 0.2 K이므로, 이 용액의 물은 −0.2 °C에서 언다. 충분히 낮은 농도에서는 용질과 관계없이 동일한 어는점 내림이 발생한다. 농도가 높을수록 다른 요인이 중요해진다. 예를 들어, 흔히 자동차 엔진에 부동액을 넣는 것이 어는점 내림의 한 예라고 하는데, 그러나 이 경우는 농도가 너무 높으므로 총괄성이라고 할 수 없다. 에틸렌 글리콜($HOCH_2CH_2OH$, 일반적 유효 성분) 분자들이 물 분자들 사이에 위치하여, 얼음을 만들기 위한 연결들을 방해한다.

자습 5E.4A 표 5E.2의 자료를 이용하여, 벤젠에 녹은 진통제 코데인 $C_{18}H_{21}NO_3$ 0.20 mol·kg^{-1} 용액의 어는점을 구하시오.

[답: 4.5 °C]

자습 5E.4B 표 5E.2의 자료를 이용하여, 장뇌에 녹은 살충제 말라티온 $C_{10}H_{19}O_6PS_2$ 0.050 mol·kg^{-1} 용액의 어는점을 구하시오.

전해질 용액에서는 각 화학식 단위가 둘 이상의 이온을 내놓는다. 예를 들어, 염화 소듐은 용해되어 Na^+와 Cl^- 이온을 내놓으며, 이들 두 이온 모두가 어는점 내림에 기여한다. 매우 묽은 용액에서는 양이온과 음이온이 거의 독립적으로 기여하므로, 용질의 총 몰랄 농도는 NaCl 화학식 단위 몰랄 농도의 두 배가 된다. 식 4a에 i를 넣어 다음과 같이 쓰자.

$$\text{어는점 내림: } \Delta T_f = ik_f \times b \qquad \textbf{(4b)}$$

여기서 i는 van't Hoff ***i* 인자(*i* factor)**이며, 이는 실험적으로 결정된다. 모든 이온이 독립적인 매우 묽은 용액에서는(약 10^{-3} mol·L^{-1} 이하), NaCl 같은 MX 염의 경우는 $i = 2$이며, $CaCl_2$

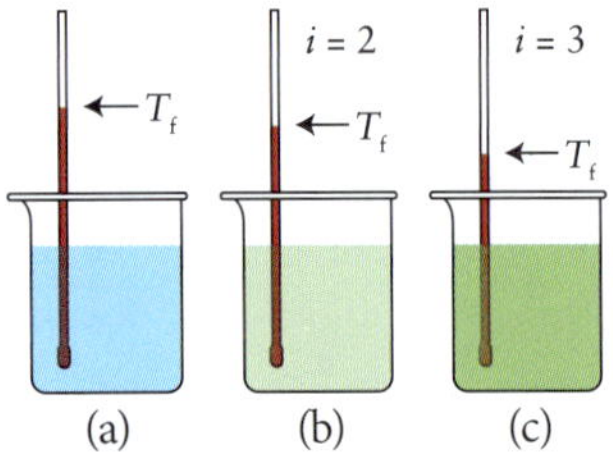

그림 5E.4 (a) 순수한 용매의 어는점. 같은 몰랄 농도의 (b) MX 용액과 (c) MX_2 용액의 어는점.

같은 MX_2 염의 경우는 $i = 3$ 등이다(**그림 5E.4**). 묽은 비전해질의 경우에는 $i = 1$이다. 그러나 i 인자는 신뢰하기 어려우므로, 어는점 내림의 정량적 계산은 비전해질 용액에 한하는 것이 바람직하다. 심지어 이들 용액도 충분히 묽어야만 근사적으로 이상적이다.

i 인자는 한 물질이 용액 내에서 이온으로 해리되는 정도를 알아보는 데 도움이 될 수 있다. 예를 들어, HCl은 톨루엔 용액에서는 i 인자가 1이고, 수용액에서는 2이다. 이들 값은 HCl이 톨루엔에서는 분자 형태로 유지되지만, 물에서는 탈양성자가 완전히 일어난다는 것을 알려 준다. 물에서 약산의 세기(탈양성자된 정도, Topic 6A)는 이러한 방법으로 결정될 수 있다. 탈양성자가 5%인 약산의 수용액에서는(산 분자가 5%의 양성자를 내보내는) 각 **어는점 측정법(cryoscopy)**은 용질이 용매에 녹을 때의 어는점 내림을 측정하여, 용질의 몰질량을 결정하는 것이다. 유기 화합물의 어는점 측정법에서는 어는점 상수가 커서 어는점을 상당히 내려주는 장뇌를 용매로 사용한다. 그러나 현대의 실험실에서는 이 방법이 드물게 사용된다. 왜냐하면 질량 분석법 같은 기술이 훨씬 더 신뢰할 수 있는 몰질량을 알려주기 때문이다. 이 방법은 다음의 5E.2절의 끝에 있는 도구상자 5E.1에서 설명한다.

자습 5E.5A Na_2SO_4 0.010 mol을 포함하는 묽은 용액에 존재하는 이온의 몰수는 얼마이겠는가? Na_2SO_4는 완전히 해리(이온들의 분리)된다고 가정하시오. i 인자를 추정하시오.

[**답**: 0.030 mol(Na^+ 이온 0.020 mol과 SO_4^{2-} 이온 0.010 mol), $i = 3$]

자습 5E.5B $CoCl_3$ 0.025 mol을 포함하는 묽은 용액에 존재하는 이온의 몰수는 얼마이겠는가? $CoCl_3$는 완전히 해리된다고 가정하시오. i 인자를 추정하시오.

용질의 존재는 용매의 어는점을 내려 준다. 용질이 비휘발성이면 끓는점도 올려 준다. 어는점 내림은 용질의 몰질량 계산에 이용될 수 있다. 용질이 전해질이면 그것의 해리도 또는 탈양성자(산의 경우) 비율 또한 고려되어야 한다.

5E.3 삼투

삼투(osmosis, '민다'의 그리스어에서 유래)는 용매가 막을 통하여 더 진한 용액 쪽으로 흐르는 것이다. 이 현상은 실험실에서 용액과 순수한 용매가 **반투막(semipermeable membrane)**, 즉 특정한 유형의 분자나 이온만을 투과시키는 막으로 분리될 때 일어난다(**그림 5E.5**). 예를 들

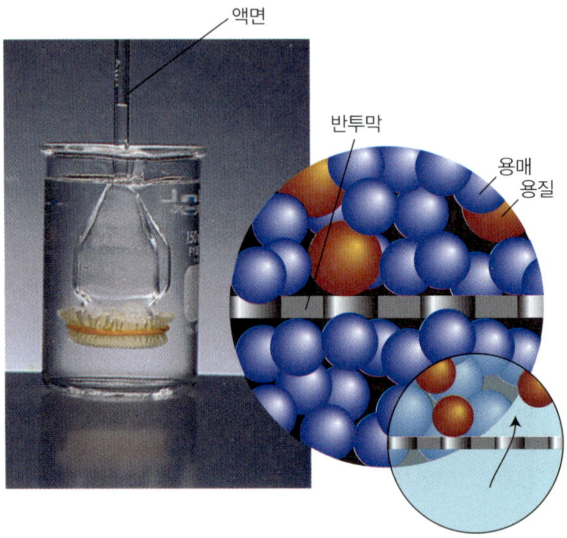

그림 5E.5 삼투 실험 장비. 물이 삼투에 의해 반투막을 통과하여 설탕 용액으로 들어가고, 관 안의 설탕 용액은 순수한 물보다 높아졌다. 큰 삽입 그림은 순수한 용매가 용액의 분자(막의 위쪽)와 함께 하려는 경향을 보여 준다. 왜냐하면 용액 쪽에서는 무질서가 증가하기 때문이다. 작은 삽입 그림에서는 용질 분자만 보여 준다. 화살표는 용매 분자의 알짜 흐름 방향을 나타낸다.(*Copyright Macmillan Learning, photo by Ken Karp.*)

그림 5E.6 (a) 적혈구 세포가 그 기능을 적절히 수행하려면 알맞은 용질 농도의 용액에 있어야 한다. (b) 바깥 용액이 매우 묽을 때는 너무 많은 물이 세포로 들어가서 세포가 터진다. (c) 용액이 너무 진하면 세포에서 물이 빠져 나와서 세포가 수축된다.

어, 아세트산 셀룰로스는 물 분자를 통과시키지만, 물 분자의 수화로 덩치가 커진 용질 분자나 이온은 투과시키지 않는다. 그림에서 보면 처음에는 용액과 순수한 용매 쪽의 높이가 같다. 그러나 순수한 용매가 막을 통해서 용액 쪽으로 흐름에 따라서, 관 안의 용액 높이가 올라간다. 용액 수직 기둥의 압력은 높이에 비례한다(Topic 3A의 식 2, $P = gdh$). 평형에 도달하면 높은 용액 기둥이 내리누르는 압력으로 막의 양방향으로 흐르는 속도가 같아져, 알짜 흐름은 0이 된다. 용매의 흐름을 정지시키는 데 필요한 압력을 **삼투압**(**osmotic pressure**), Π(pi의 그리스 대문자)라고 한다. 삼투압이 클수록 알짜 흐름이 0이 되게 하는 용액 기둥의 높이가 더 높아야 한다. 알짜 흐름이 0일 때, 두 용액은 삼투압이 같다는 뜻의 **등장**(**isotonic**)이라고 한다.

생명은 삼투에 의존한다. 생물 세포벽은 물, 작은 분자, 수화된 이온을 통과시키는 반투막 역할을 한다. 그러나 세포 안에서 합성된 효소와 단백질의 통과를 차단한다. 세포 안의 용질 농도가 세포 바깥 용액보다 더 크면, 삼투압에 의해 세포 바깥에서 물은 용해된 작은 영양소 분자들과 함께 더 진한 용액 쪽으로 이동한다(그림 5E.6). 물의 유입은 세포를 부풀게 한다. 물의 공급이 차단되면 팽창이 사라지고 세포는 탈수된다. 식물에서는 이 탈수가 시듦을 가져온다. 염장 처리된 고기는 삼투에 의해 박테리아의 공격을 막아낸다. 농축된 염 용액이 박테리아로부터 물을 빼내어 탈수시켜 죽게 한다. 몸의 필요를 감지하여 자동으로 작용하는 약물 전달 계통의 설계에서는 삼투압이 중요 고려 대상이다(화학 이야기 5E.1).

화학 이야기 5E.1 화학의 첨단: 약물 전달

질병 및 만성 통증을 덜어 주고, 호르몬 대체 요법과 같은 혜택을 주기 위해 약물을 복용하는 것은, 구강으로 복용된 약물이 소화계의 거친 조건에서 약효를 상실할 수도 있기 때문에 어려움이 있다. 게다가 의약은 필요한 곳으로만 가는 것이 아니라 몸 전체에 분포되고, 부작용이 심각할 수 있다. 그러나 최근에는 약물을 서서히 전달하고, 필요한 몸의 정확한 장소에 그것도 필요한 시간에 맞추어 전달하는 기술이 개발되고 있다.

경피 패치(transdermal patch)는 피부에 붙인다. 약은 패치의 접착제와 혼합되어 피부에 바로 붙어 있다. 다른 패치에서는, 약물이 전달 속도를 조절하는 투과 막에 의해 피부에서 분리된 젤 또는 용액 저장소에 들어 있다. 피부는 많은 화학 물질을 잘 흡수하므로, 나이트로글리세린(심장병 환자를 위해), 모르핀 유도체(계속적이고, 심한 통증을 덜기 위해), 에스트로젠(호르몬 대체 요법을 위해), 니코틴(환자가 금연하였을 때 나타나는 증상을 덜기 위해) 같은 약을 흡수할 수 있다.

이식 조직(implant)은 오랜 기간에 걸쳐 조절된 속도로 체내에 약물을 전달하는 수단을 제공한다. 피하(피부 아래) 이식 조직은 정신 활성 약물, 피임약, 진통제, 기타 자주 투여되어야 하는 약물의 적절한 용량을 제공하는 데 사용된다. 이식 조직은 한 달까지도 효과가 있고, 쉽게 바꾸거나 새롭게 할 수 있다. 약물 방출의 위치가 중요하면 이식 조직을 몸 깊숙이 넣을 수도 있다. 예를 들어, 이식 조직은 고통을 효과적으로 덜어 주거나 뉴런의 변질을 막아 주기 위해서 척추나 뇌에 주입할 수 있다. 이식 조직을 다공성 거품 벽으로 만든 관에 넣어서 약이 스며 나오도록 한다. 어떤 이식 조직은 막을 통하여 약을 서서히 방출하도록 조절하기도 한다.

조절-방출(controlled-release) 약물 전달계는 자연을 모방한 것이다. 세포막에서 발견되는 인지질(Topic 5D)은 물에서 자발적으로 모여서 액체 결정 구조를 이룬다(Topic 3F). 이 구조에서는 분자들이 열로 늘어선 판들이 서로 인접한 채 정렬되어 있다. 이 판들은 리포솜을 형성할 수 있다. 리포솜은 마이셀과 비슷하지만, 생세포의 막처럼 분자 이중층을 형성하며, 극성 머리가 양쪽 표면을 이룬다. 리포솜이 형성되고 있는 수용액에 약이 존재하면 약의 일부가 리포솜 안에 들어간다. 이 리포솜을 몸에다 주

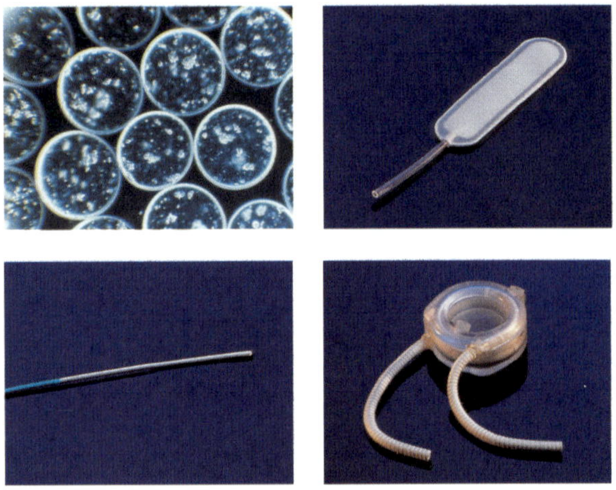

체내에 생세포를 주입하기 위해서 사용된 이식 조직의 예. 세포는 신체에 필요한 효소, 호르몬, 진통제 등을 꾸준히 만들어낸다. 이식 조직을 쉽게 회수하기 위하여 흔히 길고 가느다란 플라스틱 꼬리를 잡아매는 밧줄로 연결한다. (왼쪽 위: Patrick Aebischer. 오른쪽 위와 아래쪽 행: Sam Ogden Photography.)

사할 수 있으며, 이는 특정한 종류의 세포(예를 들어, 암세포)에만 달라붙는다. 이는 구강 투입이나 정맥 주사에 비해 적은 양을 필요로 하며, 부작용을 크게 줄일 수 있다.

나노기술(Topic 8F)은 리포솜을 더욱 효율적으로 개선하였다. 지름이 몇 나노미터밖에 안 되는 작은 공동의 구에 작은 의약 캡슐을 가둔다. 이 구는 금 나노입자를 입힌 실리카로 되어 있으며, 이것이 항체로 덮이면 암세포에 붙는다. 이 구는 특정 파장의 빛에 민감하며, 이 빛을 쪼이면 종양을 가열하여 파괴하거나 구가 터져서 캡슐 내의 약을 종양에 직접 방출한다. 지질 나노입자는 코로나19 백신 중 하나와 같은 mRNA 기반 백신을 전달하는 데에도 사용된다. mRNA 분자는 깨지기 쉽지만 크기가 크고 음전하를 띠고 있어 세포막을 통과하기 어렵다. 다양한 유형의 지질로 구성된 나노입자는 mRNA를 캡슐화하여 세포벽을 통해 운반되고, mRNA는 전사되어 면역 반응을 유발하는 단백질을 생성할 수 있다.

어떻게 기여할 수 있는가?

효과적인 약물 전달계의 개발을 위해 기초 및 응용 연구 둘 다 필요하다. 분자의 자기 조립에 관한 기초 연구가 미래에 더욱 혁신적인 해결책을 제공할 것이다. 응용 연구는 보다 즉각적인 이익을 줄 수도 있다. 예를 들어, 각각의 특정 약물에 맞게 최적의 약물 전달계가 고안되어야 한다. 이식 조직이나 나노입자를 독성이 없고, 신체 조직과 유사한 물질로 코팅하는 것이 개발되어야 한다. 약물 전달계가 신체 안에서 활성 상태로 남아 있을 수 있는 시간과 시스템의 안정성을 둘 다 증가시킬 필요가 있다.

관련 연습 문제 5.31, 5.32

참고 문헌

R. Cross, "Without these lipid shells, there would be no mRNA vaccines for COVID-19," *Chemical & Engineering News*, vol. 99, March 15, 2021, pp. 16–19 (https://cen.acs.org/pharmaceuticals /drug-delivery/Without-lipid-shells-mRNA-vaccines/99/i8). O. C. Farokhzad and R. Langer, "Impact of nanotechnology on drug delivery," Nano, vol. 3, 2009, pp. 16–20. C. M. Henry, "Special delivery," *Chemical and Engineering News*, September 18, 2000, pp. 49–64. S. Morrissey, "Nanotech meets medicine," *Chemical and Engineering News*, May 16, 2005, p. 30.

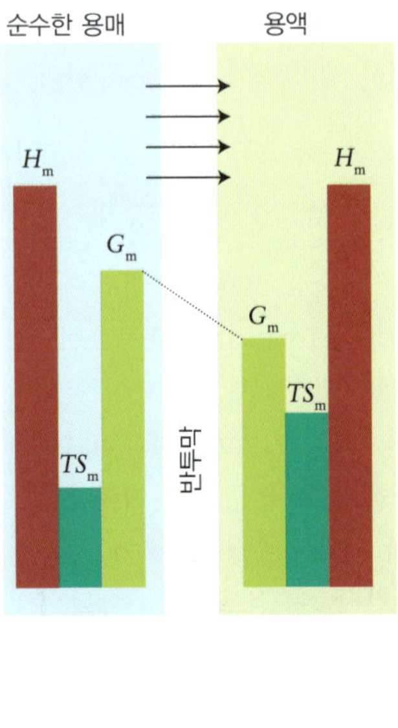

삼투의 열역학적 근원은 끓는점 오름이나 어는점 내림과 같다. 즉, 용질이 용액의 몰 Gibbs 자유 에너지를 용매보다 감소시키는 것이다(**그림 5E.7**). 감소 정도는 용질의 농도에 의존한다. 용매의 몰 Gibbs 에너지 감소는 용액의 압력을 증가시켜서 극복된다(Topic 4J의 식 10, $G_m(P) = G_m(P^\circ) + V_m(P - P^\circ)$. 막 양쪽의 몰 Gibbs 자유 에너지가 같아지게 하는 데 필요한 압력이 용액의 삼투압이다.

어는점 내림에서의 i 인자를 설명했던 van't Hoff는 용액의 삼투압이 용액 안 용질의 몰농도 c와 다음과 같이 관련됨을 보여 주었다.

그림 5E.7 반투막의 왼쪽에는 특정 몰엔탈피, 엔트로피, Gibbs 자유 에너지의 순수한 용매가 있다. 오른쪽에는 용액이 있다. 용액에서는 용매의 몰 Gibbs 자유 에너지가 순수한 용매보다 낮으므로(엔트로피 효과), 용매가 용액 쪽으로 자발적으로 흐르는 경향이 있다.

$$\Pi = iRTc \quad (5)$$

여기서 i는 van't Hoff i 인자이며, R은 기체 상수이고, T는 절대 온도이다. 용액에 적용되는 식에 기체 상수가 있는 것을 의아해할 필요는 없다. 실제로는 더 근본적인 Boltzmann 상수가 $R = N_A k$의 형태로(Topic 4G) 숨어있는 것이다. 식 5는 **van't Hoff 식(van't Hoff equation)**이라 한다. 삼투압이 온도와 용질의 총 몰농도에만 의존함을 주목하자. 이는 용질과 용매의 화학종에 무관하다. 그러나 그림 5E.5과 같은 장치에서는 용매 기둥의 높이가 밀도에 의존하기 때문에, 높이는 화학종에 의존한다(**그림 5E.8**).

van't Hoff 식은 삼투압을 측정하여 용질의 몰질량을 구하는 데 이용된다. 이 기법은 **도구상자 5E.1**에 설명된 **삼투 측정법(osmometry)**이다. 삼투 측정법은 낮은 농도에서도 매우 민감하며, 한때는 고분자나 단백질 같은 물질의 매우 큰 몰질량을 측정하는 데 흔히 사용되었다. 어는점 측정법과 마찬가지로, 이 기법은 질량 분석법으로 대체되었다.

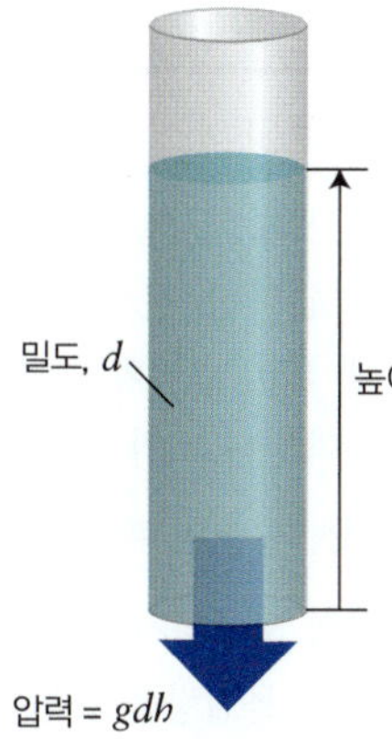

그림 5E.8 유체 기둥 바닥에 미치는 압력은 자유 낙하 중력 가속도 g, 액체의 밀도 d, 용액 기둥의 높이 h의 곱과 같다.

자습 5E.6A 298 K에서 0.0100 m KCl(aq) 용액($i = 2$로 가정)의 삼투압은 얼마인가?

[답: 0.489 atm]

자습 5E.6B 298 K에서 0.120 m 슈크로스 용액의 삼투압은 얼마인가?

도구상자 5E.1 총괄성을 이용한 몰질량 구하기

기본 개념

어는점 내림과 삼투압의 발생은 둘 다 용질 입자의 총 농도에 의존한다. 그러므로 총괄성을 이용하여 측정한 용질의 몰수와 이미 알고 있는 질량으로부터 몰질량을 결정할 수 있다.

과정

1. 어는점 측정법

1단계 식 4b를 다음과 같은 형태로 써서, 측정된 어는점 내림 ΔT_f를 용질의 몰랄 농도 b로 바꾼다.

$$b = \frac{\Delta T_f}{ik_f}$$

어는점 상수는 표 5E.2에서 구한다.

2단계 몰랄 농도에 용매의 질량 $m_{용매}$(kg 단위)를 곱하여 용질의 몰수 $n_{용질}$을 구한다.

$$n_{용질} = b \times m_{용매}$$

3단계 주어진 용질의 질량 $m_{용질}$(g 단위)을 계산으로 구한 용질의 몰수(2단계)로 나누어 용질의 몰질량을 구한다.

$$M_{용질} = \frac{m_{용질}}{n_{용질}}$$

이 과정을 예제 5E.4에서 보여준다.

2. 삼투 측정법

1단계 식 5를 다음 형태로 써서 측정된 삼투압을 용질의 몰농도(c)로 바꾼다.

$$c = \frac{\Pi}{iRT}$$

어떤 경우에는 $\Pi = gdh$를 이용하여 용액 기둥의 높이로부터(그림 5E.5과 같은 장치에서) 삼투압을 계산할 필요가 있을 수도 있다. 여기서 d는 용액의 밀도이며, g는 중력 가속도이다(뒤표지 안쪽 참조).

2단계 몰농도는 $c = n_{용질}/V$로 정의되므로, 용질의 몰수는 다음과 같이 계산된다. $n_{용질}$은 용질의 몰수(mol 단위)이고, V는 용액의 부피(L 단위로)이다.

$$n_{용질} = cV$$

3단계 어는점 측정법처럼 주어진 용질의 질량 $m_{용질}$(g 단위)을 몰수(2단계)로 나누어 용질의 몰질량을 구한다.

이 과정을 예제 5E.5에서 보여준다.

예제 5E.4 어는점 측정법으로 몰질량 구하기

현대의 실험실에는 몰질량을 측정하기 위한 정교한 장비들이 있다. 그러나 그런 장비를 사용할 수 없다면, 온도계와 저울처럼 복잡하지 않은 장비로도 몰질량을 구할 수 있다. 사염화 탄소 용매 100. g에 황 0.24 g을 가했더니 용매의 어는점이 0.28 °C만큼 내려갔다. 황은 분자 상태로 존재한다고 알려져 있다. 황의 몰질량과 분자식을 구하시오.

예상 황은 왕관 형태의 S_8 분자로 존재하는 것을 이미 배웠다.

계획 도구상자 5E.1의 어는점 측정법의 과정을 이용한다. 황은 비전해질이므로 $i=1$이다. 분자의 몰질량을 알면 황 원자의 몰질량(뒤표지 안쪽의 원소 목록에서 찾는다)으로 나누어서 각 분자에 원자가 몇 개 있는지 알아낸다.

풀이

1단계 관찰된 어는점 내림 ΔT_f를 $b=\Delta T_f/ik_f$, $i=1$을 이용하여 용질의 몰랄 농도 b로 변환한다.

$$b=\frac{0.28\ \text{K}}{29.8\ \text{K}\cdot\text{kg}\cdot\text{mol}^{-1}}=\frac{0.28}{29.8}\ \text{mol}\cdot\text{kg}^{-1}=0.0093\ldots\ \text{mol}\cdot\text{kg}^{-1}$$

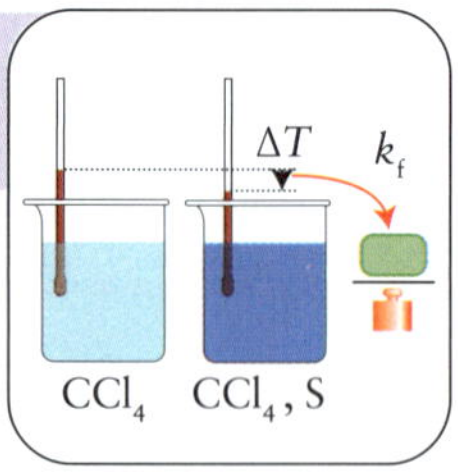

2단계 몰랄 농도를 용매의 질량, $m_{용매}$와 곱하여($n_{용질}=bm_{용매}$) 용액 내 용질의 몰수, $n_{용질}$을 계산한다.

$$n(S_x)=(0.100\ \text{kg})\times 0.0093\ldots\ \text{mol}\cdot\text{kg}^{-1}=0.000\,93\ldots\ \text{mol}$$

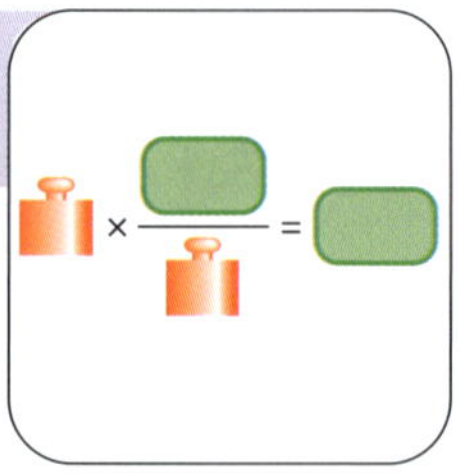

3단계 용매의 질량, $m_{용질}$(g 단위로)을 계산된 몰수(2단계)로 나누어서($M_{용질}=m_{용질}/n_{용질}$) 용질의 몰질량을 구한다.

$$M(S_x)=\frac{0.24\ \text{g}}{0.000\,93\ldots\ \text{mol}}=2.5\ldots\times10^2\ \text{g}\cdot\text{mol}^{-1}$$

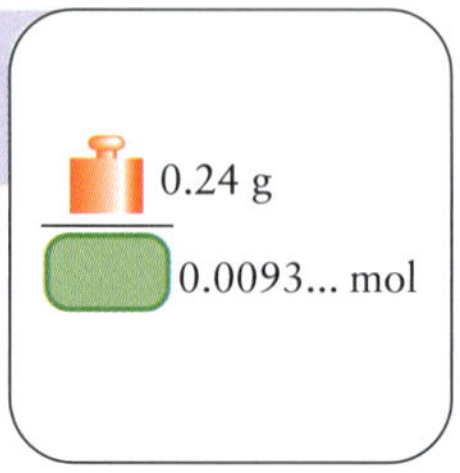

황 원자의 몰질량(32.06 g·mol^{-1})을 이용하여 분자식 S_x의 x를 구한다.

$$x=\frac{2.5\ldots\times10^2\ \text{g}\cdot\text{mol}^{-1}}{32.06\ \text{g}\cdot\text{mol}^{-1}}=8.0$$

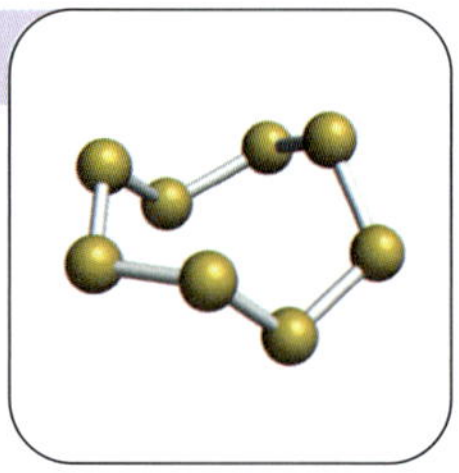

평가 예상한 대로 원소 황은 S_8 분자로 되어 있다.

자습 5E.7A 장뇌 100. g에 정향유의 향기의 원인이 되는 분자형 화합물 유제놀 250. mg을 가했더니, 장뇌의 어는점이 0.62 °C 내려갔다. 유제놀의 몰질량을 계산하시오.

[답: 1.6×10^2 g·mol^{-1}(실제: 164.2 g·mol^{-1})]

자습 5E.7B 장뇌 100. g에 Sri Lanka의 계피 기름에서 발견된 향료 분자형 화합물 리날룰 200. mg을 가했더니, 장뇌의 어는점이 0.51 °C만큼 내려갔다. 리날룰의 몰질량은 얼마인가?

관련 연습 문제 5E.13, 5E.14

예제 5E.5 삼투 측정법을 이용하여 몰질량 구하기

삼투 측정법은 고분자 분자의 거대한 몰질량을 구하기 위한 민감한 기법이어서 고분자 산업에서 널리 사용되어 왔다. 당신이 고분자 화학자가 되어, 폴리에틸렌을 만드는 새로운 방법을 고안하여 새로이 만든 물질의 몰질량을 알고자 한다고 상상해 보자. 벤젠에 폴리에틸렌(PE) 2.20 g을 용해시켜서 100.0 mL로 만든 용액의 삼투압은 25 °C에서 1.10×10^{-2} atm이었다. 비전해질인 이 고분자의 몰질량을 계산하시오. 모든 고분자의 길이가 같지 않으므로, 구한 답은 평균 몰질량일 것이다.

예상 고분자에는 아주 많은 원자들이 연결되어 있으므로, 몰질량이 매우 클 것이다.

계획 도구상자 5E.1의 삼투 측정법을 사용한다. 폴리에틸렌이 비전해질이므로 $i=1$이다. R의 단위는 문제에서 사용한 단위 L와 atm에 적절한 것을 사용한다.

풀이

1단계 식 5를 $c=\Pi/iRT$, $i=1$로 바꾸어서 관찰된 삼투압을 용매의 몰농도로 변환한다.

$$c=\frac{1.10\times10^{-2}\ \text{atm}}{(0.0821\ \text{L·atm·K}^{-1}\text{·mol}^{-1})\times(298\ \text{K})}$$
$$=\frac{1.10\times10^{-2}}{0.0821\times298}\ \text{mol·L}^{-1}=4.50\ldots\times10^{-4}\ \text{mol·L}^{-1}$$

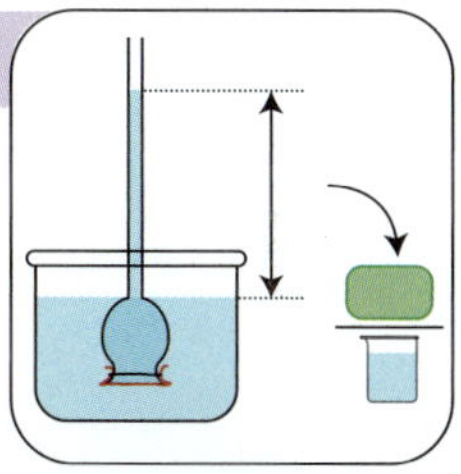

2단계 $n_{\text{용질}}=c_{\text{용질}}V$로부터 용질 분자의 몰수를 구한다.

$$n(\text{PE})=(4.50\ldots\times10^{-4}\ \text{mol·L}^{-1})\times(0.100\ \text{L})$$
$$=4.50\ldots\times10^{-5}\ \text{mol}$$

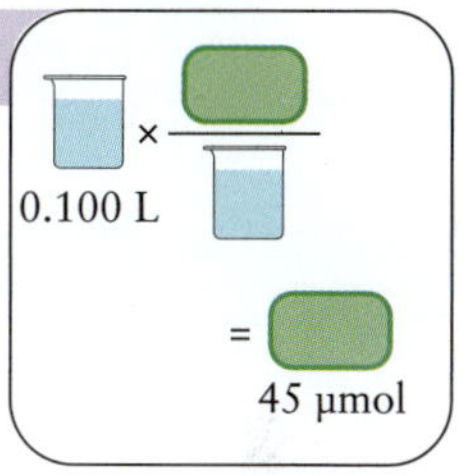

3단계 용매의 질량, $m_{\text{용질}}$(g 단위로)을 계산된 몰수(2단계)로 나누어서($M_{\text{용질}}=m_{\text{용질}}/n_{\text{용질}}$) 용질의 몰질량을 구한다.

$$M(\text{PE})=\frac{2.20\ \text{g}}{4.50\ldots\times10^{-5}\ \text{mol}}=4.89\times10^{4}\ \text{g·mol}^{-1}$$

평가 몰질량은 48.9 kg·mol^{-1}으로, 예상한 대로 매우 크다.

자습 5E.8A 벤젠에 폴리스타이렌 3.0 g을 용해시켜서 150. mL의 용액을 만들었더니 삼투압이 25 °C에서 1.21 kPa이었다. 폴리스타이렌 시료의 평균 몰질량을 계산하시오.

[답: 41 kg·mol^{-1}]

자습 5E.8B 메틸벤젠에 폴리메틸 메타크릴레이트 1.50 g을 용해시켜서 175 mL의 용액을 만들었더니 삼투압이 20. °C에서 2.11 kPa이었다. 폴리메틸 메타크릴레이트 시료의 평균 몰질량을 계산하시오.

관련 연습 문제 5E.23~5E.26

역삼투(**reverse osmosis**)에서는 반투막의 용액 쪽에 삼투압보다 큰 압력을 작용시킨다. 이 압력은 용매 분자가 용액을 떠나가는 속도를 증가시켜서 용매의 흐름을 역으로 바꿈으로써, 용매 분자를 용액에서 순수한 용매 쪽으로 흐르도록 한다. 역삼투는 바닷물에서 염을 제거하여 음용수와 관개를 위한 신선한 물을 만들어 준다. 물은 거의 문자 그대로 막을 통하여 염 용액에서 짜내어진다. 기술적인 도전 과제는 높은 압력에 견딜 만큼 충분히 강하고, 쉽게 막히지 않는 새로운 막을 만들어내는 것이다. 상용 공장에서는 압력 70 atm에서도 견디는 아세트산 셀룰로스 막을 사용한다.

생각해 보기
역삼투는 에너지가 많이 소모된다. 이유는?

삼투는 용매가 반투막을 통해서 용액으로 흐르는 것이다. 삼투압은 용질의 몰농도에 비례한다. 삼투 측정법은 고분자와 같은 큰 분자의 몰질량을 측정하는 데 사용된다. 역삼투는 물의 정제에 이용된다.

이 Topic에서 배운 것은 무엇인가?

용질 분자와 용매 분자의 상대적 수를 강조할 때 적절한 농도의 척도로 몰랄 농도를 사용하는 법을 배웠고, 몰랄 농도를 몰분율과 몰농도로 변환하는 법도 배웠다. 큰 분자 화합물의 몰질량을 결정하는 데 사용되는 삼투압 등의 총괄성에 대한 개념을 접하였으며, 비휘발성 용질이 용매의 끓는점을 높이고, 어는점을 낮추고 삼투압을 발생시키는 것을 보았다. 이러한 성질들을 용질이 용액의 몰 Gibbs 자유 에너지에 끼치는 영향과 같은 열역학 용어로 설명할 수 있게 되었다.

개념과 식의 적용

☐ 용질의 몰랄 농도를 계산한다(예제 5E.1).
☐ 몰랄 농도, 몰분율, 몰농도를 서로 변환한다(예제 5E.2와 5E.3).
☐ 어는점 측정법으로 몰질량을 구한다(도구상자 5E.1 및 예제 5E.4).
☐ 삼투 측정법을 이용하여 용질의 몰질량을 구한다(도구상자 5E.1 및 예제 5E.5).

Topic 5E 연습 문제

5E.1 다음을 계산하시오.
(a) 물 500.0 g에 NaCl 25.0 g을 용해시켜 만든 용액에서 염화 소듐의 몰랄 농도
(b) 0.18 m NaOH(aq) 용액을 만들기 위해서, 물 345 g과 혼합시켜야 할 NaOH의 질량(g 단위로)
(c) 물 285 mL에 요소 0.978 g을 용해시켜 만든 용액에서 요소 $CO(NH_2)_2$의 몰랄 농도

5E.2 다음을 계산하시오.
(a) 물 67.0 g에 KOH 3.12 g을 용해시켜 만든 용액에서 KOH의 몰랄 농도
(b) 0.28 m HOC_2H_4OH(aq) 용액을 만들기 위해서, 물 0.74 kg에 가해야 할 에틸렌 글리콜 HOC_2H_4OH의 질량(g 단위로)
(c) 3.68 질량 % HCl 수용액의 몰랄 농도

5E.3 부동액으로 사용되는 에틸렌 글리콜 수용액에서 $C_2H_6O_2$의 몰분율이 0.250일 때, 에틸렌 글리콜의 몰랄 농도는 얼마인가?

5E.4 아세톤 C_3H_6O 수용액에서 아세톤의 몰분율이 0.112일 때, 아세톤의 몰랄 농도는 얼마인가?

5E.5 K_3PO_4 5.00 질량 % 수용액의 밀도가 1.043 $g\cdot cm^{-3}$이다. 인산 포타슘 용액의 (a) 몰랄 농도와 (b) 몰농도를 구하시오.

5E.6 다음을 계산하시오. (a) 물 612 mL에 슈크로스 $C_{12}H_{22}O_{11}$ 13.63 g을 용해시킨 용액에서 슈크로스의 몰랄 농도, (b) CsCl 10.00 질량 % 수용액의 몰랄 농도, (c) 아세톤의 몰분율이 0.197인 수용액에서 아세톤의 몰랄 농도.

5E.7 14.8 M NH_3(aq)의 밀도는 0.901 $g\cdot cm^{-3}$이다. 이 용액의 NH_3 몰랄 농도는 얼마인가?

5E.8 11.7 M $HClO_4$(aq)의 밀도는 1.67 $g\cdot cm^{-3}$이다. 이 용액의 $HClO_4$ 몰랄 농도는 얼마인가?

5E.9 다음을 계산하시오.
(a) 염화 마그네슘의 몰분율이 x_{MgCl_2} = 0.0120인 수용액에서 염화 이온의 몰랄 농도
(b) 물 325 g에 수산화소듐 6.75 g이 녹은 용액의 몰랄 농도
(c) 밀도가 1.0745 $g\cdot cm^{-3}$인 15.00 M HCl(aq)의 몰랄 농도

5E.10 다음을 계산하시오.

(a) 염화 철(III)의 몰분율이 x_{FeCl_3} = 0.0312인 수용액에서 염화 이온의 몰랄 농도
(b) 물 258 g에 수산화 바륨 3.24 g을 용해시켜 만든 용액에서 수산화 이온의 몰랄 농도
(c) 밀도가 0.9519 g·cm^{-3}인 12.00 M NH_3(aq)의 몰랄 농도

5E.11 (a) 물 500. g을 사용하여 0.125 m $CaCl_2$(aq)를 만드는 데 필요한 $CaCl_2 \cdot 6H_2O$의 질량을 계산하시오. (b) 0.22 m $NiSO_4$(aq)를 만들기 위해 물 500. g에 용해시켜야 할 $NiSO_4 \cdot 6H_2O$의 질량은 얼마인가?

5E.12 10.0 질량 % H_2SO_4(aq) 용액의 밀도는 1.07 g·cm^{-3}이다. (a) H_2SO_4 8.37 g을 포함하는 용액의 부피는 몇 mL인가? (b) 이 용액에서 H_2SO_4의 몰랄 농도는 얼마인가? (c) 이 용액 250. mL에 들어 있는 H_2SO_4의 질량은 몇 g인가?

5E.13 장뇌 100. g에 어떤 분자성 물질 1.14 g을 녹인 용액의 어는점이 176.9 °C이다. 이 물질의 몰질량은 얼마인가?

5E.14 페놀 60.0 g에 비극성 용질 1.78 g을 녹인 용액의 어는점이 1.362 °C 내려갔다. 이 용질의 몰질량은 얼마인가?

5E.15 1.00 질량 % NaCl(aq) 수용액이 −0.593 °C에서 얼었다. (a) 이 정보로부터 van't Hoff 인자 *i*를 구하시오. (b) 모든 용질 화학종의 총 몰랄 농도를 구하시오. (c) 이 용액에서 NaCl의 해리 백분율을 계산하시오(어는점 내림으로부터 구한 몰랄 농도는 비해리 이온쌍, Na^+ 이온 그리고 Cl^- 이온의 몰랄 농도를 모두 합한 것이다).

5E.16 1.00 질량 % $MgSO_4$(aq) 수용액이 −0.192 °C에서 얼었다. (a) 이 정보로부터 van't Hoff 인자 *i*를 구하시오. (b) 모든 용질 화학종의 총 몰랄 농도를 구하시오. (c) 이 용액에서 $MgSO_4$의 해리 백분율을 계산하시오.

5E.17 두 가지 미지의 분자성 화합물을 연구한다. 물 100. g에 화합물 A 5.00 g을 포함하는 용액은 물 100. g에 화합물 B 5.00 g을 포함하는 용액보다 더 낮은 온도에서 언다. 어느 화합물의 몰질량이 더 큰가? 답을 설명하시오.

5E.18 두 가지 미지의 화합물을 연구한다. 화합물 C는 분자성이고, 화합물 D는 묽은 수용액에서 완전하게 이온화하는 이온 결합 화합물이다. 물 100. g에 화합물 C 0.30 g을 포함하는 용액과 물 100. g에 화합물 D 0.30 g을 포함하는 용액은 같은 온도에서 언다. 어느 화합물의 몰질량이 더 큰가? 답을 설명하시오.

5E.19 용질의 7.5%가 두 가지 이온으로 해리하는 약전해질의 0.10 mol·kg^{-1} 수용액의 어는점을 구하시오.

5E.20 0.124 m CCl_3COOH(aq) 용액의 어는점이 −0.423 °C이다. 이 산의 탈양성자 백분율은 얼마인가?

5E.21 20 °C에서 (a) 0.010 M $C_{12}H_{22}O_{11}$(aq), (b) 1.0 M HCl(aq), (c) 0.010 M $CaCl_2$(aq) 용액의 삼투압은 얼마인가? $CaCl_2$는 완전히 해리한다고 가정하시오.

5E.22 다음 용액 중 어느 것이 50 °C에서 가장 높은 삼투압을 갖는가? 각 용액의 삼투압을 계산하여 답을 정당화하시오.
(a) 0.10 M KCl(aq)
(b) 0.60 M $CO(NH_2)_2$(aq)
(c) 0.30 M K_2SO_4(aq)

5E.23 27 °C에서 수용액 1.0 L에 용해된 폴리펩타이드 0.40 g 시료의 삼투압이 3.74 Torr이다. 이 폴리펩타이드의 몰질량은 얼마인가?

5E.24 톨루엔(메틸벤젠, 보편적인 용매) 0.200 L에 고분자 0.50 g을 가하여 얻은 용액은 20 °C에서 삼투압이 0.582 Torr이었다. 이 고분자의 몰질량은 얼마인가?

5E.25 톨루엔 0.100 L에 용해된 고분자 0.20 g 시료는 20 °C에서 삼투압이 6.3 Torr이었다. 이 고분자의 몰질량은 얼마인가?

5E.26 간 효소인 카탈레이스는 물에 용해된다. 카탈레이스 0.166 g을 포함하는 10.0 mL 용액은 20°C에서 삼투압이 1.2 Torr이었다. 카탈레이스의 몰질량은 얼마인가?

5E.27 다음 각 용액의 20 °C에서의 삼투압을 계산하시오. 이온성 용질은 완전히 해리한다고 가정하시오.
(a) 0.050 M $C_{12}H_{22}O_{11}$(aq)
(b) 0.0010 M NaCl(aq)
(c) AgCN의 포화 수용액(물에 대한 용해도는 23 μg/100. g).

5E.28 다음 각 용액의 20 °C에서의 삼투압을 계산하시오. 이온성 화합물은 완전히 해리한다고 가정하시오.
(a) 4.5×10^{-3} M $C_6H_{12}O_6$(aq)
(b) 3.0×10^{-3} M $CaCl_2$(aq)
(c) 0.025 M K_2SO_4(aq).

Topic 5F 화학 평형

이 Topic을 왜 배우는가? 모든 화학 반응은 평형을 향해 가기 때문에 화학 평형은 화학의 핵심에 해당한다.

무엇을 알고 있어야 하는가? 두 가지 다른 경로로 이 Topic을 이해할 수 있다. 반응 속도론 경로를 택할 경우에는 속도 법칙과 반응 메커니즘(Focus 7)을 알아야 한다. 열역학 경로를 택할 경우에는 반응의 Gibbs 자유 에너지(Topic 4J) 개념을 이해하고, Gibbs 자유 에너지의 압력 의존성(Topic 4J)을 알고 있어야 한다. 수학적 유도에는 대수적 조작이 필요하다.

물리적 평형(Topic 5A)처럼 화학 평형도 동적이다. 화학 평형이 '동적'이라고 말하는 것은 반응이 평형에 도달할 때도 정반응과 역반응이 계속해서 일어나지만, 반응물이 소모되는 속도와 같은 속도로 생성물이 만들어진다는 뜻이다. 그 결과 반응 혼합물의 조성은 일정하게 유지된다. 열역학적 관점에서 보면, 일단 평형에 도달하면, 반응물이 더 생기거나 생성물이 더 생길 경향이 없어진다.

5F.1 반응의 가역성

수소와 산소의 폭발 반응처럼 어떤 반응은 완결될 때까지 진행하는 것으로 보이지만, 또 어떤 반응은 초기에 반응이 정지하는 것처럼 보인다. 예를 들어, 적은 양의 철의 존재 하에서 고압의 질소와 수소를 가열했을 때 일어나는 반응을 생각해 보자.

$$N_2(g) + 3H_2(g) \xrightarrow{Fe} 2NH_3(g) \qquad \textbf{(A)}$$

보충 설명
이 반응에서 철은 반응이 빠르게 일어나도록 도와주는 촉매로 작용한다(Topic 7E).

이 반응은 처음에는 암모니아를 빠르게 생성하지만 결국은 반응이 정지된 것처럼 보인다(그림 5F.1). 그래프에서 보이는 것처럼 아무리 오래 기다려도 생성물이 더 이상 생성되지 않는다.

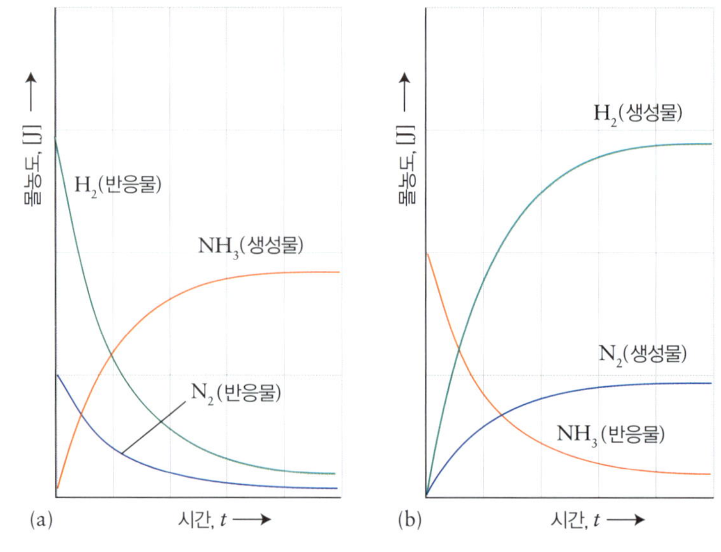

그림 5F.1 (a) 암모니아의 합성 과정에서 N_2와 H_2의 농도는 시간에 따라 감소하고, NH_3의 농도는 증가한다. 이는 세 성분이 모두 존재하여 더 이상의 알짜 변화가 없는 조성에 이를 때까지 일어난다. (b) 순수한 암모니아를 가지고 실험을 반복해 보면, 암모니아가 분해되어 암모니아, 질소, 수소의 혼합물이 된다. (두 그래프는 다른 두 온도에서의 실험에 해당하며, 따라서 이들의 평형 조성은 다르다.)

암모니아 생성이 정지된 것처럼 나타날 때, 실제로는 암모니아가 더 생성되면서 그 역반응의 속도도 증가한다.

$$2\,NH_3(g) \xrightarrow{Fe} N_2(g) + 3\,H_2(g) \qquad \textbf{(B)}$$

암모니아가 생성되는 속도로 분해될 때 반응이 평형에 도달한다. 물리적 평형에서 논의하였던 것처럼(Topic 5A)이 동적 평형의 표현은 반응식을 화살표가 아니라 평형 '작살'로 나타낸다.

$$N_2(g) + 3H_2(g) \rightleftharpoons 2NH_3(g) \qquad \textbf{(C)}$$

모든 화학 평형은 동적 평형이다. 동적 평형은 온도와 압력의 변화에 대응하며, 화합물을 추가로 소량 첨가하거나 제거하더라도 이에 대응한다는 점에서 살아있는 평형이다. 단순히 일어나고 있지 않은 반응(상온과 실내 압력에 있는 수소와 산소의 혼합물처럼)은 조건의 작은 변화에 대응하지 않는 상태로 그 조성을 유지한다.

생각해 보기

화학 평형이 동적임을 보여 주는 실험을 생각할 수 있겠는가? 방사성 동위 원소를 사용하는 방법이 어떨지 생각해 보시오.

동적 평형의 특성을 이용하여 계가 평형에 있는지를 알 수 있다. **그림 5F.2**의 세 가지 계는 모두 변하지 않는 것처럼 보이지만 자세히 보면 다음을 알 수 있다.

- 메테인 CH_4가 한결같은 불꽃을 내며 연소하여 이산화 탄소와 물을 형성할 때는(그림5F.2a) 평형에 있지 않다. 왜냐하면 조성이 일정하지 않기 때문이다(반응물은 계속 공급되고, 생성물은 반응하여 다시 메테인과 산소를 형성하는 것이 아니라 흩어져 없어진다).
- 글루코스 시료는 대기 중에 오랫동안 두어도 변하지 않는다(그림 5F.2b). 그러나 글루코스는 이것의 연소 생성물(이산화 탄소와 물)과 평형에 있지 않다. 상온에서는 연소 속도가 측정하기 힘들 정도로 느리기 때문이다.
- 기체상 반응(그림 5F.2c)은 평형에 있다. 왜냐하면 그 조성이 일정할 뿐 아니라, 추가적인 실험에 의하면 NO_2는 끊임없이 N_2O_4를 형성하고 N_2O_4는 같은 속도로 NO_2로 분해하기 때문이다. 얼음을 첨가하여 온도가 내려가면(오른쪽) 조성이 반응하는 것을 색의 변화로 알

(a) (b) (c)

그림 5F.2 (a) 메테인은 공기 중에서 한결같은 불꽃을 내며 연소하지만, 물질이 첨가되면서 제거되므로 이 반응은 평형에 있지 않다. (b) 공기 중에 있는 글루코스 시료는 조성이 변하지 않지만, 연소 생성물과는 평형에 있지 않다. 이 반응은 상온에서 너무 느리게 진행된다. (c) 이산화 질소(갈색 기체)와 사산화 이질소(무색의 휘발성 기체)가 각각의 용기 안에서 평형에 있다. ((a): © *ggw/Shutterstock*, (b): *Copyright Macmillan Learning, photo by Ken Karp*, (c): *Leroy Laverman*.)

수 있음에 주목하라.

화학 반응은 정반응과 역반응의 속도가 같고, 조성의 알짜 변화가 없는 동적 평형 상태에 도달한다.

5F.2 평형과 질량 작용 법칙

1864년에 노르웨이의 Cato Guldberg(수학자)와 Peter Waage(화학자)는 평형에 있는 반응 혼합물의 조성을 요약해 주는 수학적 관계식을 발견하였다. 그들 연구의 한 예로서, SO_2와 O_2 간의 반응에 관한 **표 5F.1**의 자료를 보자.

$$2\,SO_2(g) + O_2(g) \rightleftharpoons 2\,SO_3(g) \qquad \textbf{(D)}$$

다섯 가지의 실험에서 각각 초기 조성이 다른 세 기체를 준비하여 1000. K에서 평형에 도달하도록 하였다. 그리고 평형 혼합물의 조성과 전체 압력 P를 측정하였다. 처음에는 자료에 아무런 양상이 없는 것처럼 보였다. 그러나 Guldberg와 Waage는 놀라운 관계를 인지하였다. 그들은 아래의 표현에 해당하는 값이(현대적 표시법을 따름) 초기 조성에 무관하게 실험마다 거의 같음을 발견하였다.

$$K = \frac{(P_{SO_3}/P^\circ)^2}{(P_{SO_2}/P^\circ)^2(P_{O_2}/P^\circ)}$$

여기서 P_J는 기체 J의 평형 부분 압력이며, $P^\circ = 1$ bar는 표준 압력이다. K에 단위가 없음을 주목하자. 이는 항마다 P_J와 P°의 단위가 상쇄되기 때문이다. 앞으로는 기호를 더욱 간단히 아래와 같이 쓰기로 한다.

$$K = \frac{(P_{SO_3})^2}{(P_{SO_2})^2 P_{O_2}}$$

여기서 P_J는 bar 단위로 나타낸 기체 J의 부분 압력의 수치로 이해하기로 한다.

Guldberg와 Waage는 반응 혼합물의 초기 조성에 무관하게 주어진 온도의 평형에서는 실험 오차 이내로 같은 K 값을 얻었다. 이 놀라운 결과는 주어진 온도에서 반응 혼합물이 평형에 있을 때 K가 그 조성을 나타내는 특성임을 보여 주며, 이로 인해 K는 그 반응의 **평형 상수(equilibrium constant)**로 알려져 왔다. **질량 작용 법칙(law of mass action)**은 이러한 결과를 다음과 같이 일반화하여 나타낸다.

다음 형태의 이상 기체 사이의 반응이 있을 때

$$a\,A(g) + b\,B(g) \rightleftharpoons c\,C(g) + d\,D(g) \qquad \textbf{(E)}$$

아래의 상수 K는 주어진 온도에서의 반응의 특성을 나타낸다.

표 5F.1 1000. K에서 반응 $2\,SO_2(g) + O_2(g) \rightarrow 2\,SO_3(g)$의 평형 자료와 평형 상수

P_{SO_2}/bar	P_{O_2}/bar	P_{SO_3}/bar	K*
0.660	0.390	0.0840	0.0415
0.0380	0.220	0.00360	0.0409
0.110	0.110	0.00750	0.0423
0.950	0.880	0.180	0.0408
1.44	1.98	0.410	0.0409

* K의 평균: 0.0413.

$$K = \frac{(P_C)^c(P_D)^d}{(P_A)^a(P_B)^b} \qquad (1)$$

여기서 P_J는 평형 부분 압력의 수치(bar 단위)를 의미한다. 생성물은 분자 항에, 반응물은 분모 항에 나타내며, 각 부분 압력은 화학 반응식의 화학량적 계수와 동일한 거듭제곱을 취하게 됨을 주목하여야 한다.

예제 5F.1 평형 상수에 관한 식 쓰기

암모니아는 전 세계에서 열 번째 안에 들 정도로 많이 생산되는 제품으로, 연간 생산량은 1.3 Gt(1 Gt = 10^9 t) 정도이다. 주 사용처는 비료 생산이다. 만약 암모니아 합성을 공부한다면 이 반응에 관한 평형 상수를 다루는 것이 필요하다. 암모니아 합성 반응(반응 C)의 평형 상수를 쓰시오.

계획 평형 상수를 쓰려면, 생성물의 부분 압력을 균형 맞춘 반응식의 화학량적 계수로 거듭제곱하여 분자 항에 넣는다. 반응물에 대해서도 마찬가지를 취하지만 분모 항에 넣는다.

풀이

$K = (P_C)^c(P_D)^d/(P_A)^a(P_B)^b$로부터

$$K = \frac{(P_{NH_3})^2}{P_{N_2}(P_{H_2})^3}$$

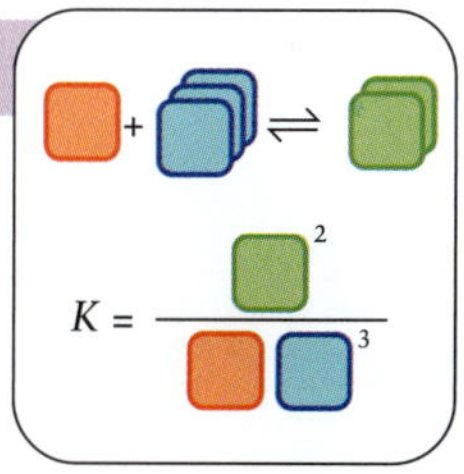

위 식에서 각 P_J는 $P_J/P°$로 해석하여야 한다(즉, bar 단위로 나타낸 압력 수치).

자습 5F.1A 반응 $4\ NH_3(g) + 5\ O_2(g) \rightleftharpoons 4\ NO(g) + 6\ H_2O(g)$의 평형 상수를 표현하시오.

[**답**: $K = (P_{NO})^4(P_{H_2O})^6/(P_{NH_3})^4(P_{O_2})^5$]

자습 5F.1B 반응 $2\ H_2S(g) + 3\ O_2(g) \rightleftharpoons 2\ SO_2(g) + 2\ H_2O(g)$의 평형 상수를 표현하시오.

관련 연습 문제 5F.3, 5F.4

기체 이외의 다른 화학종을 포함하는 반응의 평형 상수를 표현할 때는 다른 농도 단위를 사용한다. 즉, 이상 용액을 형성하는 화학종 J에 대해서는 부분 압력 대신 표준 몰농도 $c° = 1\ mol \cdot L^{-1}$를 기준으로 한 상대적 몰농도 [J]를 K 식에 쓴다. 비록 K에는 차원이 없는 비율인 $[J]/c°$를 써야 하지만, 편의상 몰농도의 단위를 떼고 [J]만으로 쓰는 것이 보통이다. 순수한 액체나 고체는 K에 나타나지 않는다. 그래서 아래의 반응에서

$$CaCO_3(s) \rightleftharpoons CaO(s) + CO_2(g) \qquad (F)$$

$CaCO_3(s)$와 $CaO(s)$는 평형에 참여하지만 어느 것도 평형 상수에는 나타나지 않으며, $K = P_{CO_2}/P°$ (또는 더 간단하게 $K = P_{CO_2}$)로 쓴다.

이러한 경험적 규칙은 물질 J에 관한 **활동도(activity)** a_J의 개념을 도입하여 다음과 같이 요약할 수 있다.

물질	활동도	간단한 형식
이상 기체	$a_J = P_J/P°$	$a_J = P_J$
묽은 용액 내 용질	$a_J = [J]/c°$	$a_J = [J]$
순수한 고체나 액체	$a_J = 1$	$a_J = 1$

활동도는 모두 순수한 수이며, 단위가 없음에 주목하자. 간단한 형식의 평형 상수를 사용할 때 활동도는 bar 단위의 압력 수치이거나, 리터당 몰수를 의미하는 몰농도 수치이다.

활동도에는 보다 심층적 의미를 부여할 수 있지만, 여기서는 다음과 같이 평형 상수를 표현하는 방법을 요약하는 것으로 간단히 다루자.

$$K = \left\{ \frac{(\text{생성물의 활동도})^{n_r}}{(\text{반응물의 활동도})^{n_r}} \right\}_{\text{평형}} \quad \textbf{(2a)}$$

식 2a에서 n_r의 첨자 'r'은 n_r 값이 단위가 없는 화학량적 계수임을 나타낸다(5E.4절 참조). 보다 구체적으로는, 일반화된 반응 E에 대해서 다음과 같이 쓸 수 있다.

$$a\text{A} + b\text{B} \rightleftharpoons c\text{C} + d\text{D} \quad K = \frac{(a_\text{C})^c(a_\text{D})^d}{(a_\text{A})^a(a_\text{B})^b} \quad \textbf{(2b)}$$

활동도는 단위가 없으므로 K도 단위가 없다.

유의 사항

어떤 경우에는 평형 상수를 부분 압력의 항으로 나타냈음을 상기시키기 위하여 K_P로 나타낸 것을 보게 된다. 그러나 첨자 P는 필요 없다. 왜냐하면 기체를 포함하는 반응의 평형 상수도 정의에 의해 부분 압력으로 표현하기 때문이다.

반응물과 생성물이 모두 같은 상에 있을 경우의 화학 평형을 **균일 평형(homogeneous equilibrium)**이라고 한다. 반응 C, D, E의 평형은 균일 평형이다. 상이 둘 이상인 계의 평형을 **불균일 평형(heterogeneous equilibrium)**이라고 한다. 반응 F의 평형은 불균일 평형이다. 닫힌 계에서 수증기와 액체 물 사이의 평형도 역시 불균일 평형이다.

$$H_2O(l) \rightleftharpoons H_2O(g) \quad \textbf{(G)}$$

이 반응(reaction)에서는 기체상과 액체상이 존재한다. 마찬가지로 다음과 같이 고체와 그 포화 용액 사이의 평형도 불균일 평형이다.

$$Ca(OH)_2(s) \rightleftharpoons Ca^{2+}(aq) + 2\,OH^-(aq) \quad \textbf{(H)}$$

불균일 반응에 관한 평형 상수도 식 2의 일반식으로 주어진다. 그러나 이 경우 순수한 고체나 액체의 활동도는 1이라는 것을 기억해야 한다. 예를 들어, 반응 H에 대해서는 다음과 같다.

$$K = \frac{a_{Ca^{2+}}(a_{OH^-})^2}{\underbrace{a_{Ca(OH)_2}}_{\text{순수한 고체의 경우는 1}}} = [Ca^{2+}][OH^-]^2$$

K에 대한 표현의 각 [J]는 J의 $\text{mol}\cdot\text{L}^{-1}$ 단위의 몰농도에서 단위를 삭제한 것이다. 평형을 위해서는 수산화 칼슘이 존재해야 하지만, 평형 상수에는 나타나지 않음을 주목하는 것도 중요하다.

자습 5F.2A 니켈의 정제에 이용되는 $Ni(s) + 4\,CO(g) \rightleftharpoons Ni(CO)_4(g)$ 반응의 평형 상수를 쓰시오.

[**답**: $K = P_{Ni(CO)_4}/(P_{CO})^4$]

자습 5F.2B $P_4(s) + 5\,O_2(g) \rightleftharpoons P_4O_{10}(s)$ 반응의 평형 상수 K를 쓰시오.

용액 안의 어떤 반응에서는 용매가 반응물이나 생성물에 포함된다. 용액이 매우 묽을 때는 반응 때문에 일어나는 용매 농도의 변화는 중요하지 않다. 이러한 경우에는 용매를 순수한 물질처럼 취급하고, K를 쓸 때 생략한다. 다시 말하면

거의 순수한 용매의 경우, $a_{용매} = 1$

마지막으로 기억할 점은 이온 결합 화합물이 완전히 해리하는 용액 반응의 경우에는 각 이온의 활동도를 사용하면서 알짜 이온 반응식에 관한 평형 상수를 쓰도록 해야 한다. 구경꾼 이온들의 농도는 상쇄되어 평형 표현에 나타나지 않는다.

자습 5F.3A $AgNO_3(aq) + 2\ NaOH(aq) \rightleftharpoons Ag_2O(s) + 2\ NaNO_3(aq) + H_2O(l)$ 반응의 평형 상수를 쓰시오. 알짜 이온 반응식의 사용을 기억하시오.

[**답**: $K = 1/[Ag^+]^2[OH^-]^2$]

자습 5F.3B $Zn(s) + 2HCl(aq) \rightleftharpoons ZnCl_2(aq) + H_2(g)$ 반응의 평형 상수를 쓰시오.

반응마다 자신의 고유한 평형 상수를 가진다. 이 값은 온도 변화에 의해서만 바뀔 수 있다(**표 5F.2**). 다음 두 절에서 정당화되는 놀라운 경험적 결과에 의하면, 반응 혼합물의 초기 조성

표 5F.2 여러 반응의 평형 상수

반응	T/K*	K	K_c†
$H_2(g) + Cl_2(g) \rightleftharpoons 2\ HCl(g)$	300	4.0×10^{31}	4.0×10^{31}
	500	4.0×10^{18}	4.0×10^{18}
	1000	5.1×10^{8}	5.1×10^{8}
$H_2(g) + Br_2(g) \rightleftharpoons 2\ HBr(g)$	300	1.9×10^{17}	1.9×10^{17}
	500	1.3×10^{10}	1.3×10^{10}
	1000	3.8×10^{4}	3.8×10^{4}
$H_2(g) + I_2(g) \rightleftharpoons 2\ HI(g)$	298	794	794
	500	160	160
	700	54	54
$2\ BrCl(g) \rightleftharpoons Br_2(g) + Cl_2(g)$	300	377	377
	500	32	32
	1000	5	5
$2\ HD(g) \rightleftharpoons H_2(g) + D_2(g)$	100	0.52	0.52
	500	0.28	0.28
	1000	0.26	0.26
$F_2(g) \rightleftharpoons 2\ F(g)$	500	3.0×10^{-11}	7.3×10^{-13}
	1000	1.0×10^{-2}	1.2×10^{-4}
	1200	0.27	2.7×10^{-3}
$Cl_2(g) \rightleftharpoons 2\ Cl(g)$	1000	1.0×10^{-5}	1.2×10^{-7}
	1200	1.7×10^{-3}	1.7×10^{-5}
$Br_2(g) \rightleftharpoons 2\ Br(g)$	1000	3.4×10^{-5}	4.1×10^{-7}
	1200	1.7×10^{-3}	1.7×10^{-5}
$I_2(g) \rightleftharpoons 2\ I(g)$	800	2.1×10^{-3}	3.1×10^{-5}
	1000	0.26	3.1×10^{-3}
	1200	6.8	6.8×10^{-2}
$N_2(g) + 3\ H_2(g) \rightleftharpoons 2\ NH_3(g)$	298	6.8×10^{5}	4.2×10^{8}
	400	41	4.5×10^{4}
	500	3.6×10^{-2}	62
$2\ SO_2(g) + O_2(g) \rightleftharpoons 2\ SO_3(g)$	298	4.0×10^{24}	9.9×10^{25}
	500	2.5×10^{10}	1.0×10^{12}
	700	3.0×10^{4}	1.7×10^{6}
$N_2O_4(g) \rightleftharpoons 2\ NO_2(g)$	298	0.15	6.1×10^{23}
	400	47.9	1.44
	500	1.7×10^{3}	41

*유효 숫자 세 자리

†K_c는 평형 상수가 기체의 몰농도의 항으로 나타나 있음을 의미한다(Topic 5H).

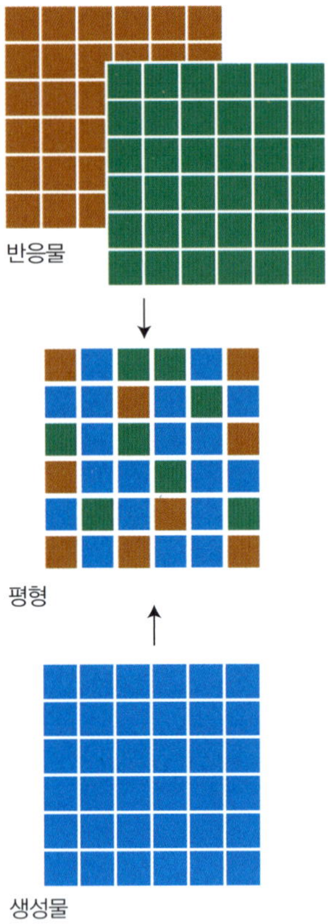

그림 5F.3 주어진 실험 온도에서 반응이 순수한 반응물이나 순수한 생성물로 시작하여도, 반응 혼합물은 항상 반응물과 생성물의 조성이 그 반응의 평형 상수와 일치하는 방향으로 향한다.

에는 무관하게 주어진 반응과 온도에서는 활동도들이 고유한 K 값을 가질 때까지 조성이 조정되려고 한다(**그림 5F.3**).

반응 혼합물의 평형 조성은 평형 상수에 의해 기술된다. 이는 생성물들의 활동도(균형 맞춘 화학 반응식에서 생성물들의 화학량적 계수와 동일한 거듭제곱을 하여)를 반응물들의 활동도(역시 반응물의 화학량적 계수와 동일한 거듭제곱을 하여)로 나눈 것과 같다.

5F.3 평형 상수의 근원

평형 상수는 왜 그러한 형태를 가지는가? 이에 대한 해답은 두 경로, 하나는 반응 속도론 또 다른 하나는 열역학적 경로로 구할 수 있다.

어떻게 다루는가?

반응 속도론적 접근

정반응 속도와 역반응 속도가 같아질 때 반응이 평형에 도달한다는 사실은 평형 상수가 속도 상수와 관련성을 가질 것임을 암시한다. 단순한 경우로 정반응이 이차 반응이며 역반응이 일차 반응인 다음 형태의 반응 $A + B \rightleftharpoons P$로 이 접근법을 확인할 수 있다.

$$A + B \rightarrow P \quad 속도 = k_r[A][B]$$
$$P \rightarrow A + B \quad 속도 = k_r'[P]$$

위 식에서 k_r은 정반응 속도 상수, k_r'은 역반응 속도 상수이다(Topic 7A). 반응 속도는 $k_r[A][B] = k_r'[P]$일 때 같게 되고, 이를 정리하면

$$\frac{[P]}{[A][B]} = \frac{k_r}{k_r'}$$

형태가 된다. 속도 상수의 비율 자체는 상수이고, 왼쪽 농도비의 형태는 질량 작용 법칙에서 다루었던 형태이다. 즉, 평형 상수는 두 속도 상수와 다음의 형태로 관련된다.

$$K = \frac{k_r}{k_r'}$$

이 형태는(농도비로서) 정반응과 역반응이 같은 속도로 일어나고 있음을 보증하게 된다. 이 접근법의 문제점은 Topic 7A에서 강조하듯이 특수한 경우가 아니면 화학 반응식만으

열역학적 접근

평형의 열역학적 해석에서는 물질의 상변화에 수반되는 Gibbs 자유 에너지의 변화가 없을 때, 즉 $\Delta G = 0$(**그림 5F.4**)에 토대를 두고 있다. 5F.4절에 나오는 논의는 조성과 몰 Gibbs 자유 에너지 사이의 관계에 기초하고 있다.

$$G_m(J) = G_m{}^\circ(J) + RT \ln a_J$$

위 식에서 a_J는 어떤 반응 단계에서의 혼합물 속에 있는 J의 활동도이다. 그 논의에 따르면 '반응 Gibbs 에너지(reaction Gibbs energy)', 즉 생성물과 반응물의 몰 자유 에너지의 차이는 어떤 반응 단계에서도 다음과 같다.

$$\Delta G_r = \Delta G_r{}^\circ + RT \ln Q$$

위 식에서 반응 지수(reaction quotient, Q)는 다음과 같이 정의된다.

$$Q = \frac{(a_C)^c (a_D)^d}{(a_A)^a (a_B)^b}$$

평형에서는 $\Delta G_r = 0$이고, 활동도는 평형값들을 가지므로 다음이 성립한다.

$$0 = \Delta G_r{}^\circ + RT \ln Q_{평형}$$

그러나 $Q_{평형}$은 평형 상수 K로, 이것은 $\Delta G_r = 0$을 보증하게 된다.

로는 간단히 속도 법칙을 쓸 수 없다는 것이다. 이에 반하여 평형 상수에 대한 표현은 그대로 쓸 수 있다. 이러한 모순을 해결하려면 반응 과정을 고려하는 것이 필요하다. 그럴 경우, 각 단계가 평형에 있고 모든 단계의 단일 단계 화학 반응식을 더하여 전체 반응식을 얻는다면, 전체 반응식으로부터 평형 상수를 쓸 수 있게 된다. 상세한 내용은 Topic 7C에 나와 있다.

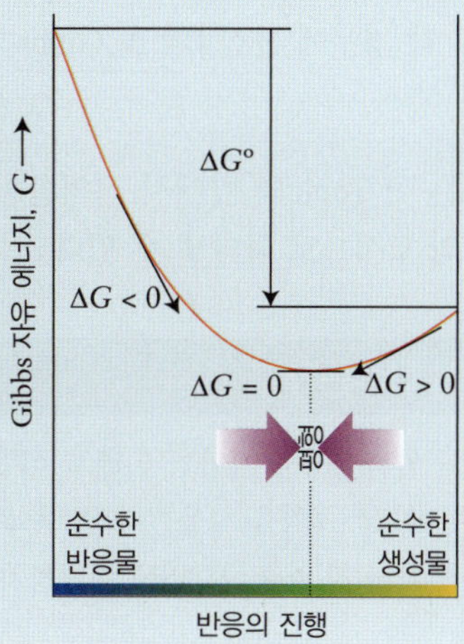

그림 5F.4 조성에 따른 반응 혼합물의 Gibbs 자유 에너지 변화. 반응 혼합물은 Gibbs 자유 에너지가 감소하는 방향으로 변화하는 자발적 경향을 가진다. ΔG는 각 조성에서 곡선 기울기인 반면에, $\Delta G°$는 순수한 생성물과 순수한 반응물 사이의 표준 Gibbs 자유 에너지 차이임을 주목하자.

생각해 보기

촉매는 반응물과 생성물 사이에 더 낮은 에너지 경로를 제공한다. 반응에 촉매를 첨가하면 평형 상수가 변하는가?

평형 상수의 형태는 반응 속도론적 고려에서 얻어진다(정반응 속도가 역반응 속도와 같을 때 평형에 도달). 또한 열역학적 고려에에서도 얻어진다(반응 혼합물의 자유 에너지가 가장 낮은 값에 도달하면 평형에 도달).

5F.4 평형의 열역학적 기술

평형 상수의 형태에 대한 열역학적 설명은 Gibbs 자유 에너지(Topic 4J)와 일정 온도와 압력에서는 $\Delta G = 0$이라는 평형의 기준에 근거한다(그림 5F.4). 반응의 한 특정 단계에서 ΔG 값은 **그때 특정 부분 압력이나 농도**를 갖는 생성물과 반응물의 몰 Gibbs 자유 에너지에 몰수로 간주하는 화학량적 계수를 가중시킨 차이이다. 즉,

$$\Delta G = \sum nG_m(\text{생성물}) - \sum nG_m(\text{반응물}) \quad (\text{단위: kJ}) \tag{3a}$$

(이것은 Topic 4J의 식 6이다.) 때로는 식 3a에 나타나는 n을 순수한 수(몰수가 아니라)로 간주하는 것이 유용하다. 이러한 '몰당' 규약(ΔG가 $\text{kJ}\cdot\text{mol}^{-1}$ 단위를 가지게 되므로, '몰당'이라고 함)을 사용하고 있음을 나타내기 위해서, ΔG와 n에 첨자 r을 붙여서(r은 반응을 뜻함) 다음과 같이 쓴다.

$$\Delta G_r = \sum n_r G_m(\text{생성물}) - \sum n_r G_m(\text{반응물}) \quad (\text{단위: kJ}\cdot\text{mol}^{-1}) \tag{3b}$$

가령 $n = 2$ mol이면 $n_r = 2$로 쓴다.

반응이 진행하는 동안, 각 반응물과 생성물의 몰 Gibbs 자유 에너지는 변한다. 왜냐하면 반응물만 존재할 경우, 각 분자가 반응물 분자로만 둘러싸여 있지만 생성물이 생기게 되면 각 분자의 환경 역시 바뀌기 때문이다. 모든 G_m이 바뀌기 때문에 반응이 진행하면 ΔG도 바뀌게 된다. Topic 4J의 식 11은 이상 기체 J의 몰 Gibbs 자유 에너지가 부분 압력 P_J와 다음과 같이 관련됨을 보여 준다.

$$G_m(\text{J}) = G_m°(\text{J}) + RT \ln \frac{P_J}{P°} \tag{4a}$$

열역학적 논의에 따르면(여기서 재현하지는 않지만), 용질과 순수한 물질에도 비슷한 식이 적용된다. 각 경우에 물질 J의 몰 Gibbs 자유 에너지를 다음과 같이 쓸 수 있다.

$$G_m(J) = G_m{}^\circ(J) + RT \ln a_J \quad \textbf{(4b)}$$

활동도는 이 Topic의 앞에서 정의한 바 있다. 반응의 어떤 단계에서도 ΔG 값을 그때의 반응 혼합물의 조성으로 나타낼 수 있다.

어떻게 다루는가?

단위의 일관성을 유지하기 위해서 이 계산에서는 열역학적 양을 ($1.2\ J\cdot mol^{-1}$처럼) 몰당으로 나타내는 '몰당' 규약을 사용한다. 반응 $aA + bB \rightarrow cC + dD$의 ΔG_r에 관한 식을 구하기 위하여 각 물질에 관한 식 4b를 식 3b에 대입하자.

$$\begin{aligned}\Delta G_r &= \overbrace{\{cG_m(C)+dG_m(D)\}}^{\text{생성물}} - \overbrace{\{aG_m(A)+bG_m(B)\}}^{\text{반응물}} \\ &= \{c[G_m{}^\circ(C)+RT\ln a_C]+d[G_m{}^\circ(D)+RT\ln a_D]\} \\ &\quad -\{a[G_m{}^\circ(A)+RT\ln a_A]+b[G_m{}^\circ(B)+RT\ln a_B]\} \\ &= \overbrace{\{cG_m{}^\circ(C)+dG_m{}^\circ(D)\}-\{aG_m{}^\circ(A)+bG_m{}^\circ(B)\}}^{\Delta G_r{}^\circ} \\ &\quad +RT\{(c\ln a_C+d\ln a_D)-(a\ln a_A+b\ln a_B)\}\end{aligned}$$

표시한 바와 같이, 마지막 식에서 처음 네 항의 조합은 표준 반응 Gibbs 자유 에너지 $\Delta G_r{}^\circ$이다. 즉,

$$\Delta G_r{}^\circ = \{cG_m{}^\circ(C)+dG_m{}^\circ(D)\}-\{aG_m{}^\circ(A)+bG_m{}^\circ(B)\}$$

그러므로,

$$\Delta G_r = \Delta G_r{}^\circ + RT\{(c\ln a_C+d\ln a_D)-(a\ln a_A+b\ln a_B)\}$$

이제 네 대수 항들을 다음과 같이 정리할 수 있다.

$$\begin{aligned}&(c\ln a_C+d\ln a_D)-(a\ln a_A+b\ln a_B) \\ &\overset{y\ln x=\ln x^y}{=} (\ln a_C{}^c+\ln a_D{}^d)-(\ln a_A{}^a+\ln a_B{}^b) \\ &\overset{\ln x+\ln y=\ln xy}{=} \ln a_C{}^c a_D{}^d - \ln a_A{}^a a_B{}^b \\ &\overset{\ln x-\ln y=\ln(x/y)}{=} \ln\frac{(a_C)^c(a_D)^d}{(a_A)^a(a_A)^b}\end{aligned}$$

따라서 전체적으로 다음을 얻게 된다.

$$\Delta G_r = \Delta G_r{}^\circ + RT\ln\frac{(a_C)^c(a_D)^d}{(a_A)^a(a_B)^b}$$

유의 사항

'몰당' 규약을 사용함으로써 단위가 맞음을 주목하자. RT는 몰당 에너지($J\cdot mol^{-1}$)이며, Gibbs 자유 에너지의 두 항도 같은 단위를 가진다. 방정식에 RT가 나타나며 몰수를 곱하지 않았을 때는 항상 '몰당' 규약을 사용하여야 한다.

위에서 유도한 식을 다음과 같이 쓸 수도 있다.

$$\Delta G_r = \Delta G_r{}^\circ + RT\ln Q \quad \textbf{(5)}$$

여기서 Q는 다음과 같이 정의되는 **반응 지수(reaction quotient)**이다.

$$Q = \frac{(a_C)^c(a_D)^d}{(a_A)^a(a_B)^b} \qquad (6)$$

식 5와 6은 반응 Gibbs 자유 에너지가 반응물과 생성물의 활동도(기체의 부분 압력 또는 용질의 몰농도)에 따라 어떻게 변하는가를 보여 준다. Q에 관한 표현은 K에 관한 표현과 같은 형태이지만, Q에서는 활동도가 반응의 임의 단계에서의 것이고, K에서는 평형에서의 것이다.

예제 5F.2 반응 지수로 반응 Gibbs 자유 에너지 계산하기

SO_2가 SO_3로 산화되는 것은 산성비 형성에 포함된 반응의 하나이다. 어떤 기체 혼합물에서 반응의 자발적 방향을 예측하려면 반응 조건에서의 반응 지수를 계산해야 한다. 25.00 °C에서 $2\ SO_2(g) + O_2(g) \rightarrow 2\ SO_3(g)$의 표준 반응 Gibbs 자유 에너지는 $\Delta G_r^\circ = -141.74\ kJ \cdot mol^{-1}$이다. (a) 각 기체의 부분 압력이 100. bar일 때 반응 Gibbs 자유 에너지는 얼마인가? (b) 이 조건에서 반응의 자발적 방향은 어느 쪽인가?

계획 반응 지수를 계산하고 이를 표준 반응 Gibbs 자유 에너지와 함께 식 5에 대입한다. 만일 $\Delta G_r < 0$이면 주어진 온도와 조성에서 정반응이 자발적이고, $\Delta G_r > 0$이면 역반응이 자발적이다. $\Delta G_r = 0$이면 어느 방향으로도 반응이 일어나는 경향이 없다. 즉, 반응은 평형에 있는 것이다. 298.15 K에서는 $RT = 2.479\ kJ \cdot mol^{-1}$이다.

풀이

(a) $Q = (a_{SO_3})^2/(a_{SO_2})^2(a_{O_2}) = (P_{SO_3})^2/(P_{SO_2})^2(P_{O_2})$에서

$$Q = \frac{(100.)^2}{(100.)^2 \times 100.} = 1.00 \times 10^{-2}$$

$\Delta G_r = \Delta G_r^\circ + RT \ln Q$에서

$$\Delta G_r = \overbrace{-141.74\ kJ \cdot mol^{-1}}^{\Delta G_r^\circ} + \overbrace{(2.479\ kJ \cdot mol^{-1})}^{RT} \ln \overbrace{(1.00 \times 10^{-2})}^{Q}$$
$$= -153.16\ kJ \cdot mol^{-1}$$

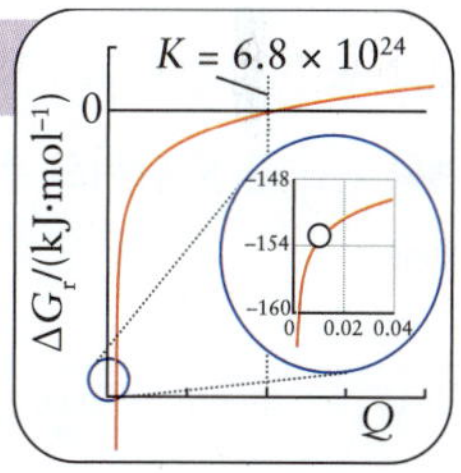

(b) 반응 Gibbs 자유 에너지가 음수이므로 주어진 조성과 온도에서는 생성물의 형성이 자발적이다.

자습 5F.4A 500. K에서($RT = 4.16\ kJ \cdot mol^{-1}$임) $H_2(g) + I_2(g) \rightarrow 2\ HI(g)$의 표준 반응 Gibbs 자유 에너지는 $\Delta G_r^\circ = -21.1\ kJ \cdot mol^{-1}$이다. 기체들의 부분 압력이 $P_{H_2} = 1.5$ bar, $P_{I_2} = 0.88$ bar, $P_{HI} = 0.065$ bar라면 500. K에서 ΔG_r 값은 얼마인가? 이 반응의 자발적 방향은 어느 쪽인가?

[**답**: $-45\ kJ \cdot mol^{-1}$, 생성물 쪽]

자습 5F.4B 298 K에서 $N_2O_4(g) \rightarrow 2\ NO_2(g)$의 표준 반응 Gibbs 자유 에너지는 $\Delta G_r^\circ = +4.73\ kJ \cdot mol^{-1}$이다. 기체들의 부분 압력이 $P_{N_2O_4} = 0.80$ bar, $P_{NO_2} = 2.10$ bar라면 ΔG_r 값은 얼마인가? 이 반응의 자발적 방향은 어느 쪽인가?

관련 연습 문제 5F.15~5F.18

이제 이 Topic에서 가장 중요한 부분에 도달하였다. 평형에서는 Q의 식(활동도가 평형 값을

가짐)이 그 반응의 평형 상수 K가 된다. 즉, 평형에서는 $Q=K$이다. 열역학이 K의 수수께끼 같은 형태를 설명해 주었다. 이는 물질의 Gibbs 자유 에너지가 조성에 의존한다는 식 4b의 직접적인 결과로, K는 단순히 모든 화학종이 평형 값을 가질 때의 Q 값에 해당한다.

이제 또 하나의 중요한 단계를 취해 보자. 평형에서는 $\Delta G_r=0$이고, $Q=K$임을 알고 있다. 따라서 평형에서는 식 5($\Delta G_r=\Delta G_r^\circ+RT\ln Q$)로부터 다음이 주어진다.

$$0=\Delta G_r^\circ+RT\ln K$$

그러므로

$$\Delta G_r^\circ=-RT\ln K \tag{7}$$

근본적으로 중요한 이 식은 열역학적 양(열역학적 자료를 모아 놓은 표에서 쉽게 구할 수 있음)과 평형에 있는 계의 조성을 연결해 준다. 다음을 주목하자.

- ΔG_r°가 음수이면 $\ln K$는 양의 값을 가지므로 $K>1$이다. 평형에서 생성물이 유리하다.
- ΔG_r°가 양수이면 $\ln K$는 음의 값을 가지므로 $K<1$이다. 평형에서 반응물이 유리하다.

유의 사항

식 7을 쓸 때는 항상 표준 상태 부호를 붙여야 한다. 양쪽의 단위 ($J\cdot mol^{-1}$)를 맞추기 위해서 RT에 몰수를 곱하지 않았듯이, 표준 Gibbs 자유 에너지에는 '몰당' 규약(첨자 r)이 사용됨을 주목하자.

예제 5F.3 표준 반응 Gibbs 자유 에너지로부터 K 값 예측하기

아이오딘화 수소 HI는 유기 화학에서 일차 알코올을 아이오딘화 알킬로 변환하는 시약으로 사용된다. HI를 사용하는 화학자라면, 생성물의 수율을 최대로 높이기 위해 HI의 평형 거동을 이해해야 한다. 25.00 °C에서 $\frac{1}{2}H_2(g)+\frac{1}{2}I_2(s)\rightarrow HI(g)$의 표준 반응 Gibbs 자유 에너지는 $+1.70\ kJ\cdot mol^{-1}$이다. 이 반응의 평형 상수를 계산하시오.

예상 표준 반응 Gibbs 자유 에너지가 양수이므로 평형 상수가 1보다 작을 것으로 예상한다.

계획 온도를 K 단위로 취하여 식 7을 사용한다.

풀이

$\Delta G_r^\circ=-RT\ln K$를 $\ln K=-\Delta G_r^\circ/RT$ 형식으로 바꾸고, ΔG_r°와 온도의 단위를 각각 $J\cdot mol^{-1}$과 K로 바꾼 후 대입한다.

$$\ln K=-\frac{1.70\times10^3\ J\cdot mol^{-1}}{(8.3145\ J\cdot K^{-1}\cdot mol^{-1})\times(298.15\ K)}=-\frac{1.70\times10^3}{8.3145\times298.15}=-0.685\ldots$$

역 대수($e^{\ln x}=x$)를 취한다.

$$K=e^{-0.685\ldots}=0.50$$

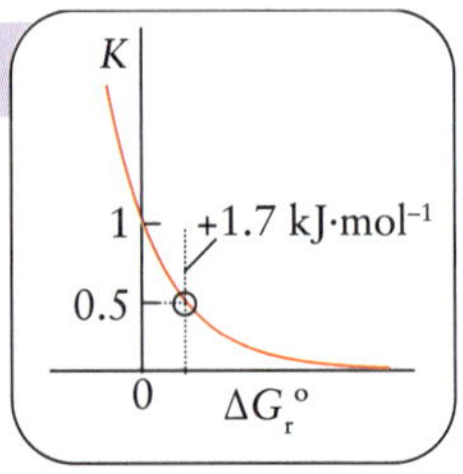

평가 예상한 바와 같이 평형 상수는 1보다 작다.

유의 사항

지수 함수(역 자연 대수, e^x)는 x 값에 매우 민감하므로 반올림 오차를 줄이기 위하여 모든 계산을 한 번에 하는 것이 좋다.

자습 5F.5A 부록 2A의 열역학적 자료를 이용하여 반응 $N_2O_4(g) \rightarrow 2\,NO_2(g)$의 $\Delta G_r°$로부터 298 K에서의 K를 구하시오.

[답: $K = 0.15$]

자습 5F.5B 부록 2A의 열역학적 자료를 이용하여 반응 $2\,NO(g) + O_2(g) \rightarrow 2\,NO_2(g)$의 $\Delta G_r°$로부터 298 K에서의 K를 구하시오.

관련 연습 문제 5F.23, 5F.24

이제 어떤 반응은 왜 큰 평형 상수를 가지며 다른 반응은 작은 값을 가지는지에 대해 약간의 통찰력이 생겼다. $\Delta G_r° = \Delta H_r° - T\Delta S_r°$와 $\Delta G_r° = -RT \ln K$ 즉, $\ln K = -\Delta G_r°/RT$로부터 다음이 주어진다.

$$\ln K = -\frac{\Delta G_r°}{RT} = -\frac{\Delta H_r°}{RT} + \frac{\Delta S_r°}{R}$$

양변에 역 대수를 취하고 $e^{x+y} = e^x e^y$를 이용하면 다음이 얻어진다.

$$K = e^{-\Delta H_r°/RT + \Delta S_r°/R} = e^{-\Delta H_r°/RT}\ e^{\Delta S_r°/R} \quad (8)$$

$\Delta H_r°$가 양수이면 K는 작다고 예상할 수 있다(x가 양수이면 e^{-x}는 작기 때문). 따라서 흡열 반응은 $K < 1$일 가능성이 크고, 생성물을 많이 형성할 가능성은 낮다. 흡열 반응에서는 $\Delta S_r°$이 큰 양수일 때만 $K > 1$을 예상할 수 있다. 반면에 반응이 강하게 발열적이면 $\Delta H_r°$는 큰 음수이다. 이제는 $K > 1$이고, 생성물이 유리하다고 기대할 수 있다. 다시 말하면, 강한 발열 반응은, 특히 계의 엔트로피도 증가한다면, (거의) 완결될 것이라고 예상할 수 있다.

반응 지수 Q는 평형 상수 K와 같은 형태를 갖지만, Q는 반응의 한 임의의 단계에서의 활동도를 사용한다. 평형 상수는 표준 반응 Gibbs 자유 에너지와 $\Delta G_r° = -RT \ln K$로 관련된다.

이 Topic에서 배운 것은 무엇인가?

반응은 Gibbs 자유 에너지가 최소가 되는 조성에 이를 때까지 진행함을 배웠다. 반응 속도론 관점에서 보면, 평형 상수란 반응 경로상에 있는 모든 단계가 평형에 있는 조건을 나타낸다. 열역학적 관점에서 보면, 평형 상수란 평형에 해당하는 조성에서의 반응 지수 값임을 배웠다. 반응 지수와 평형 상수를 간결하게 기술하는 방편으로 '활동도'라는 용어를 사용하였다.

개념과 식의 적용

- ☐ 균일 평형과 불균일 평형을 구별하고, 두 유형의 균형 맞춘 화학 반응식에 대하여 평형 상수를 쓴다(예제 5F.1).
- ☐ 반응 Gibbs 자유 에너지를 반응 혼합물의 조성과 연관 짓는다(예제 5F.2).
- ☐ 표준 Gibbs 자유 에너지로부터 평형 상수를 계산한다(예제 5F.3).

Topic 5F 연습 문제

5F.1 다음 설명이 맞는지 판단하시오. 틀렸다면 그 이유를 설명하시오.
(a) 평형에 도달하면 반응이 정지된다.
(b) 평형 반응은 생성물의 농도 증가에 영향을 받지 않는다.
(c) 두 용기에서 같은 기체 반응이 수행될 때, 용기 A 안의 반응물들의 초기 압력이 용기 B 안의 압력보다 더 높다면 용기 A에서의 평형 상수가 더 커진다.
(d) 두 용기에서 같은 기체 반응이 수행될 때, 용기 A 안의 반응물들의 초기 압력이 용기 B 안의 압력보다 더 높다면 생성물의 평형 농도는 용기 A에서 더 클 것이다.

5F.2 다음 설명이 맞는지 판단하시오. 틀렸다면 그 이유를 설명하시오.
(a) 평형 반응에서 역반응은 모든 반응물이 생성물로 변환되어야만 시작한다.

(b) 순수 반응물에서 시작하든, 순수 생성물에서 시작하든 평형 농도는 같다.

(c) 평형에서는 정반응과 역반응의 속도가 같다.

(d) Gibbs 자유 에너지가 표준 반응 Gibbs 자유 에너지보다 크면 정반응이 일어나면서 평형을 향한다.

5F.3 다음 반응의 K를 쓰시오.

(a) $2\ C_2H_4(g) + O_2(g) + 4\ HCl(g) \rightleftharpoons 2\ C_2H_4Cl_2(g) + 2\ H_2O(g)$

(b) $4\ NH_3(g) + 6\ NO(g) \rightleftharpoons 5\ N_2(g) + 6\ H_2O(g)$

5F.4 다음 반응의 K를 쓰시오.

(a) $Br_2(g) + 3\ F_2(g) \rightleftharpoons 2\ BrF_3(g)$

(b) $4\ NH_3(g) + 3\ O_2(g) \rightleftharpoons 2\ N_2(g) + 6\ H_2O(g)$

5F.5 다음의 플라스크는 시간이 경과함에 따른 이원자 분자 X_2의 해리를 나타낸다.

(a) 어느 플라스크가 반응이 평형에 도달한 것을 나타내는가?

(b) X_2 분자의 몇 %가 평형에서 해리하는가?

(c) X_2의 초기 압력이 0.10 bar라고 가정하고, 이 분해 반응의 K 값을 계산하시오.

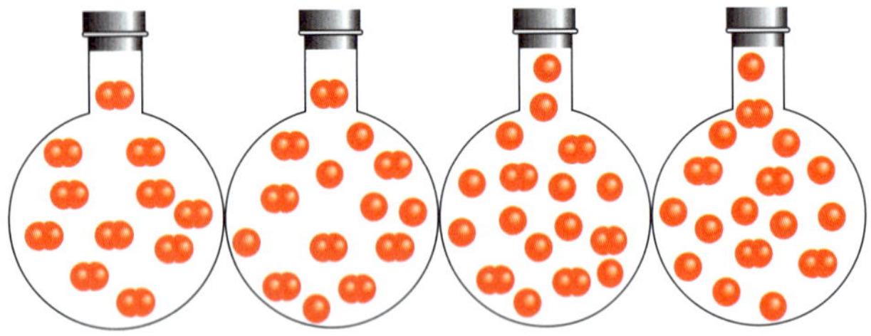

5F.6 다음의 플라스크에는 원자 A(빨간색)와 원자 B(노란색)가 들어 있다. 이들은 $2\ A(g) + B(g) \rightarrow A_2B(g)$ 반응을 일으키며 $K = 0.25$이다. 이 반응이 평형에 도달했을 때의 플라스크와 그 내용물을 그리시오.

5F.7 다음 각 반응을 가장 작은 계수를 이용하여 균형 맞추고, K를 쓰시오.

(a) $CH_4(g) + O_2(g) \rightleftharpoons CO_2(g) + H_2O(g)$

(b) $I_2(g) + F_2(g) \rightleftharpoons IF_5(g)$

(c) $NO_2(g) + F_2(g) \rightleftharpoons FNO_2(g)$

5F.8 다음 각 반응을 가장 작은 계수를 이용하여 균형 맞추고, K를 쓰시오.

(a) $CH_4(g) + Cl_2(g) \rightleftharpoons CH_2Cl_2(g) + HCl(g)$

(b) $NH_3(g) + ClF_3(g) \rightleftharpoons HF(g) + N_2(g) + Cl_2(g)$

(c) $N_2(g) + O_2(g) \rightleftharpoons N_2O_5(g)$

5F.9 오존 O_3 시료 0.10 mol을 밀폐된 1.0 L 용기에 넣고 반응 $2\ O_3(g) \rightarrow 3\ O_2(g)$가 평형에 이르게 하였다. 같은 온도에서 두 번째 1.0 L 용기에도 오존 0.50 mol을 넣고 평형에 이르게 한다고 하자. 두 용기가 평형에 이르렀을 때 다음 중 어느 것이 다른지 어떠한 계산도 하지 않으면서 예측하시오. 어느 것이 같을까? 각 답을 설명하시오.

(a) O_2의 양 (b) O_2의 부분 압력 (c) P_{O_2}/P_{O_3} 비율 (d) $(P_{O_2})^3/(P_{O_3})^2$ 비율 (e) $(P_{O_3})^2/(P_{O_2})^3$ 비율

5F.10 $H_2(g)$ 0.10 mol과 $Br_2(g)$ 0.10 mol을 2.0 L 용기에 넣고, 반응 $H_2(g) + Br_2(g) \rightarrow 2\ HBr(g)$를 일으켜 평형에 이르게 하였다. 두 번째 밀폐된 2.0 L 용기에 $HBr(g)$ 0.20 mol 시료를 넣고 $H_2(g)$ 및 $Br_2(g)$와 평형에 이르게 하였다. 다음 중 어느 것이 평형을 이룬 두 용기에서 다르겠는가? 어느 것이 같겠는가? 각 답을 설명하시오.

(a) Br_2의 양 (b) H_2의 부분 압력 (c) $P_{HBr}/P_{H_2}P_{Br_2}$ 비율 (d) P_{HBr}/P_{Br_2} 비율 (e) $(P_{HBr})^2/P_{H_2}P_{Br_2}$ 비율 (f) 용기 안의 전체 압력

5F.11 500. K에서 $H_2(g) + I_2(g) \rightarrow 2\ HI(g)$ 반응의 평형 상수 $K = 160$이다. 이 온도에서 속도 상수는 $3 \times 10^{-2}\ L{\cdot}mol^{-1}{\cdot}s^{-1}$이다. 역반응의 속도 상수는 얼마이겠는가?

5F.12 화학식이 C_3H_6인 분자로는 하나의 이중 결합($CH_3CH{=}CH_2$)을 갖는 프로펜과 CH_2 기의 삼각형 고리를 형성하는 사이클로프로페인이 있다. 이 두 가지 분자는 이성질체화 반응에서 서로 상호 전환되는 것으로 알려져 있다. 기체상에서 사이클로프로페인을 프로펜으로 전환하는 반응의 속도 상수는 $3 \times 10^{-33}\ s^{-1}$이다. 이 반응의 평형 상수는 5×10^{-8}이다. 프로펜을 사이클로프로페인으로 전환하는 반응의 속도 상수는 얼마인가?

5F.13 다음에 관해 반응 지수 Q를 쓰시오.

(a) $2\ BCl_3(g) + 2\ Hg(l) \rightarrow B_2Cl_4(s) + Hg_2Cl_2(s)$

(b) $P_4S_{10}(s) + 16\ H_2O(l) \rightarrow 4\ H_3PO_4(aq) + 10\ H_2S(aq)$

(c) $Br_2(g) + 3\ F_2(g) \rightarrow 2\ BrF_3(g)$

5F.14 다음에 관해 반응 지수 Q를 쓰시오.

(a) $NCl_3(g) + 3\ H_2O(l) \rightarrow NH_3(g) + 3\ HClO(aq)$

(b) $P_4(s) + 3\ KOH(aq) + 3\ H_2O(l) \rightarrow PH_3(aq) + 3\ KH_2PO_2(aq)$

(c) $CO_3^{2-}(aq) + 2\ H_3O^+(aq) \rightarrow CO_2(g) + 3\ H_2O(l)$

5F.15 (a) I_2와 I의 부분 압력이 각각 0.13 bar와 0.98 bar일 때, 1200. K에서 ($K = 6.8$) $I_2(g) \rightarrow 2\ I(g)$의 반응 Gibbs 자유 에너지를 계산하시오. (b) 이 반응 혼합물이 반응물을 형성하려고 할 것인지, 생성물을 형성하려고 할 것인지, 아니면 평형에 있을 것인지 표시하시오.

5F.16 PCl_3, Cl_2, PCl_5의 부분 압력이 각각 0.35 bar, 0.45 bar, 1.02 bar일 때, 230 °C에서 $PCl_3(g) + Cl_2(g) \rightarrow PCl_5(g)$의 반응 Gibbs 자유 에너지를 계산하시오. 230 °C에서 $K = 49$라면 자발적 변화 방향은 어느 쪽인가?

5F.17 (a) N_2, H_2, NH_3의 부분 압력이 각각 4.2 bar, 1.8 bar, 21 bar일 때, 400. K에서 $N_2(g) + 3\ H_2(g) \rightarrow 2\ NH_3(g)$의 반응 Gibbs 자유 에너지를 계산하시오. 400. K에서 $K = 41$이다. (b) 이 반응 혼합물이 반응물을 형성하려고 할 것인지, 생성물을 형성하려고 할 것인지, 아니면 평형에 있을 것인지 표시하시오.

5F.18 (a) H_2, I_2, HI의 부분 압력이 각각 0.35 bar, 0.18 bar, 2.85

bar일 때, 700. K에서 $H_2(g) + I_2(g) \rightarrow 2\ HI(g)$의 반응 Gibbs 자유 에너지를 계산하시오. 700. K에서 $K = 54$이다. (b) 이 반응 혼합물이 반응물을 형성하려고 할 것인지, 생성물을 형성하려고 할 것인지, 아니면 평형에 있을 것인지 표시하시오.

5F.19 연습문제 5F.15의 반응에 대해 반응의 진행을 (그림 5F.1처럼) 그래프로 그리시오.

5F.20 연습문제 5F.15의 반응에 대해, I_2와 I의 초기 부분 압력이 각각 0.75 bar, 0.12 bar라고 할 때 반응의 진행을 (그림 5F.1처럼) 그래프로 그리시오.

5F.21 다음 각 반응의 표준 Gibbs 자유 에너지를 계산하시오.

(a) $I_2(g) \rightleftharpoons 2\ I(g)$, 1200. K에서 $K = 6.8$

(b) $Ag_2CrO_4(s) \rightleftharpoons 2\ Ag^+(aq) + CrO_4^{2-}(aq)$, 298 K에서 $K = 1.1 \times 10^{-12}$

5F.22 다음 각 반응의 표준 Gibbs 자유 에너지를 계산하시오.

(a) $H_2(g) + I_2(g) \rightleftharpoons 2\ HI(g)$, 700. K에서 $K = 54$

(b) $CCl_3COOH(aq) + H_2O(l) \rightleftharpoons CCl_3CO_2^-(aq) + H_3O^+(aq)$, 298 K에서 $K = 0.30$

5F.23 부록 2A의 자료를 이용하여 25 °C에서 다음 각 반응의 평형상수를 계산하시오.

(a) 수소의 연소: $2\ H_2(g) + O_2(g) \rightleftharpoons 2\ H_2O(g)$

(b) 일산화 탄소의 산화: $2\ CO(g) + O_2(g) \rightleftharpoons 2\ CO_2(g)$

(c) 석회석의 분해: $CaCO_3(s) \rightleftharpoons CaO(s) + CO_2(g)$

5F.24 부록 2A의 자료를 이용하여 25 °C에서 다음 각 반응의 평형상수를 계산하시오.

(a) 천연가스(메테인)로부터 삼염화 메테인(클로로폼) 합성: $\Delta G_f^\circ(CH_3Cl, g) = 48.5\ kJ \cdot mol^{-1}$

$$CH_4(g) + Cl_2(g) \rightleftharpoons CH_3Cl(g) + HCl(g)$$

(b) 아세틸렌의 수소화에 의한 에테인 생성:

$$C_2H_2(g) + 2\ H_2(g) \rightleftharpoons C_2H_6(g)$$

(c) 공업적 질산 생산의 마지막 단계:

$$3\ NO_2(g) + H_2O(l) \rightleftharpoons 2\ HNO_3(aq) + NO(g)$$

(d) 로켓에서 하이드라진과 산소의 반응:

$$N_2H_4(l) + O_2(g) \rightleftharpoons N_2(g) + 2\ H_2O(l)$$

Topic 5G 평형 상수의 다른 형태

이 Topic을 왜 배우는가? 하나의 화학 반응을 다른 화학 반응식으로 표현할 수 있으며, 그에 따라 평형 상수는 달라진다.

무엇을 알고 있어야 하는가? 평형 상수를 활동도로 나타내는 방법(Topic 5G)과 이상 기체 법칙(Topic 3A)으로 부분 압력을 몰농도와 연관시키는 방법을 알아야 한다.

암모니아를 합성할 때 이루어진 동적 평형을 여러 방법, 예를 들면 $N_2(g) + 3\,H_2(g) \rightleftharpoons 2\,NH_3(g)$ 또는 $2\,NH_3(g) \rightleftharpoons N_2(g) + 3\,H_2(g)$로 표현할 수 있다. 각 경우 다른 K 값을 갖게 된다. 어느 한 형태를 다른 형태보다 우선적으로 선택할 이유가 얼마든지 있을 수 있다. 그럴 경우 한 형태에 대해 알려진 값을 원하는 형태의 값으로 전환하는 것이 필요하다. 기체상 반응의 기술에서도 문제가 있다. 평형 상수를 열역학적으로 표현할 때는 반응에 포함된 기체는 부분 압력으로 K를 나타내야 하지만, 현실적으로는 기체의 몰농도가 자주 필요하다. 그럴 경우 평형 상수를 어떻게 표현하며 열역학적 형태와는 어떻게 연관될까?

5G.1 배수의 화학 반응식

평형 상수의 표현에서 활동도에 취하는 거듭제곱은 그 화학 반응식의 화학량적 계수와 맞아야 하며, 이는 보편적으로 최소 정수로 취한다. 따라서 만일 화학 반응식에서 화학량적 계수가 일정한 인자만큼 곱해지면, 평형 상수는 이에 맞게 조정되어야 한다. 예를 들어, 500. K에서의 다음 반응을 생각해 보자.

$$H_2(g) + I_2(g) \rightleftharpoons 2\,HI(g) \quad K_1 = \frac{(P_{HI})^2}{P_{H_2}P_{I_2}} = 160$$

화학 반응식에 2를 곱하면, 평형 상수는 다음과 같이 된다.

$$2\,H_2(g) + 2\,I_2(g) \rightleftharpoons 4\,HI(g) \quad K_2 = \frac{(P_{HI})^4}{(P_{H_2})^2(P_{I_2})^2} = K_1^{\,2} = 160^2 = 2.56 \times 10^4$$

- 일반적으로 화학 반응식을 N배 곱하면 K는 K의 N제곱이 된다.

이제 원래 반응식을 반대로 써 보자.

$$2\,HI(g) \rightleftharpoons H_2(g) + I_2(g)$$

$$K_3 = \frac{P_{H_2}P_{I_2}}{(P_{HI})^2} = \frac{1}{K_1} = \frac{1}{160} = 0.0063$$

- 일반적으로, 어떤 한 방향으로 써 놓은 평형의 평형 상수(K)는 반대 방향으로 써 놓은 평형의 평형 상수와는 역수(1/K) 관계에 있다.

표 5G.1에 이런 관계를 요약하였다.

표 5G.1 평형 상수들 사이의 관계*

화학 반응식	평형 상수
$aA + bB \rightleftharpoons cC + dD$	K_1
$cC + dD \rightleftharpoons aA + bB$	$K_2 = 1/K_1 = K_1^{-1}$
$N(aA + bB \rightleftharpoons cC + dD)$	$K_3 = K_1^{\,N}$

*한 반응이 다른 반응들의 합으로 표현될 수 있으면, 그 평형 상수는 각 반응의 평형 상수들의 곱으로 주어진다. 따라서 $A \rightleftharpoons B\,(K_1)$이고 $B \rightleftharpoons C\,(K_2)$라면 $A \rightleftharpoons C$에서는 $K = K_1K_2$이다.

유의 사항
이러한 예들이 보여 주듯이, 평형 상수가 적용되는 화학 반응식을 구체적으로 명시해 주는 것이 중요하다.

평형 상수에 대한 표현은 표 5G.1에 요약한 대로, 화학 반응식이 서술된 방법을 반영해야만 한다.

5G.2 혼합 반응식

이따금 화학 반응식을 둘 또는 그 이상의 화학 반응식들의 합으로 나타낼 수 있다. 예를 들어, 다음의 세 기체상 반응을 생각해 보자.

$$2\,P(g) + 3\,Cl_2(g) \rightleftharpoons 2\,PCl_3(g) \quad K_1 = \frac{(P_{PCl_3})^2}{(P_P)^2(P_{Cl_2})^3}$$

$$PCl_3(g) + Cl_2(g) \rightleftharpoons PCl_5(g) \quad K_2 = \frac{P_{PCl_5}}{P_{PCl_3}P_{Cl_2}}$$

$$2\,P(g) + 5\,Cl_2(g) \rightleftharpoons 2\,PCl_5(g) \quad K_3 = \frac{(P_{PCl_5})^2}{(P_P)^2(P_{Cl_2})^5}$$

세 번째 반응은 처음 두 반응의 합이다(두 번째 반응에 인자 2를 곱했음을 주목하자).

$$\begin{array}{c} 2\,P(g) + 3\,Cl_2(g) \rightleftharpoons 2\,PCl_3(g) \\ \underline{2\,PCl_3(g) + 2\,Cl_2(g) \rightleftharpoons 2\,PCl_5(g)} \\ 2\,P(g) + 5\,Cl_2(g) \rightleftharpoons 2\,PCl_5(g) \end{array}$$

전체 반응의 평형 상수인 K_3는 합한 두 반응의 평형 상수들의 곱으로 쓸 수 있다. 화학 반응식들을 합할 때, 반응물과 생성물 양쪽에 나타나는 화학종들은 상쇄된다.

$$K_3 = \frac{(P_{PCl_5})^2}{(P_P)^2(P_{Cl_2})^5} = \overbrace{\frac{(P_{PCl_3})^2}{(P_P)^2(P_{Cl_2})^3}}^{K_1} \times \overbrace{\frac{(P_{PCl_5})^2}{(P_{PCl_3})^2(P_{Cl_2})^2}}^{K_2^{\,2}} = K_1K_2^{\,2}$$

자습 5G.1A 500. K에서 반응 $H_2(g) + D_2(g) \rightleftharpoons 2HD(g)$의 K는 3.6이다(D는 중수소, ^2H). 반응 $4\,HD(g) \rightleftharpoons 2\,H_2(g) + 2\,D_2(g)$의 K는 얼마인가?

[답: 0.077]

자습 5G.1B 어떤 온도에서 반응 $F_2(g) \rightleftharpoons 2\,F(g)$의 K는 7.3×10^{-13}이다. 반응 $\frac{1}{2}F_2(g) \rightleftharpoons F(g)$의 K는 얼마인가?

전체 반응의 평형 상수는 성분 반응 평형 상수들의 곱으로 주어진다.

5G.3 기체의 몰농도

Topic 5F에서 다룬 바와 같이 평형 상수는 활동도로 정의되며, 활동도는 기체의 부분 압력이나 용질의 몰농도로 해석된다.

$$a\,A + b\,B \rightleftharpoons c\,C + d\,D \quad K = \frac{(a_C)^c(a_D)^d}{(a_A)^a(a_B)^b} \tag{1}$$

K에서 기체는 **항상** bar 단위의 부분 압력의 수치로, 그리고 응축상의 용질은 **항상** $mol \cdot L^{-1}$ 단위의 몰농도의 수치로 나타난다. 그러나 특히 반응 속도론이나 대기화학에서는 기체상 평형을 부분 압력보다는 몰농도 항으로 표기하고 논하는 것이 편리하다. 그러기 위해서 평형 상수 K_c가 도입된다.

$$K_c = \frac{[C]^c[D]^d}{[A]^a[B]^b} \tag{2}$$

각 화학종의 몰농도에는 화학 반응식에 표기된 화학량적 계수만큼의 거듭제곱을 취한다. 명확한 표기를 위해 Topic 5F에서와 같이$[J]/c°$를 [J]로 대치하며, 이것은 기체 J의 몰농도 수치를 나타낸다. 예를 들어, 암모니아 합성의 경우에는 다음과 같다.

$$N_2(g) + 3\,H_2(g) \rightleftharpoons 2\,NH_3(g) \quad K_c = \frac{[NH_3]^2}{[N_2][H_2]^3} \tag{3}$$

한 반응의 평형 상수를 표기하는 데 K나 K_c를 선택할 자유는 있다. 그러나 열역학적 자료(예를 들어, 표준 생성 Gibbs 자유 에너지)로부터 평형 상수를 계산하면 K_c가 아니라 K를 얻게 된다는 것을 기억해야 한다. 어떤 경우에는 열역학적 자료로 K를 계산한 후에 K_c를 아는 것이 필요하기도 하다. 그래서 두 상수를 서로 변환할 수 있어야 한다.

어떻게 다루는가?

K와 K_c 사이의 관계를 구하기 위한 전체적 전략은 K에 나타나는 부분 압력을 몰농도로 바꾸고 K_c를 얻는 것이다. 이 계산에서는 $P° = 1$ bar, $c° = 1\ mol \cdot L^{-1}$와 함께 일관되게 단위를 추적하기 위해 활동도를 $P_J/P°$와 $[J]/c°$로 쓴다.

기체가 이상 기체라고 가정하고, 식 1의 완전한 꼴을 쓰는 것에서 시작하자.

$$K = \frac{(P_C/P°)^c(P_D/P°)^d}{(P_A/P°)^a(P_B/P°)^b}$$

기체 J의 몰농도는 $[J] = n_J/V$이다. 이상 기체의 경우, 이상 기체 법칙 $P_JV = n_JRT$를 농도가 명확히 나타나게 재배열할 수 있다.

$$P_J = \frac{n_JRT}{V} = RT \times \overbrace{\left(\frac{n_J}{V}\right)}^{[J]} = RT[J]$$

이 식을 K 식의 각 기체에 대입하면 다음이 얻어진다.

$$K = \frac{(RT[C]/P°)^c(RT[D]/P°)^d}{(RT[A]/P°)^a(RT[B]/P°)^b} = \left(\frac{RT}{P°}\right)^{(c+d)-(a+b)} \frac{[C]^c[D]^d}{[A]^a[B]^b}$$

이제 K_c의 완전한 꼴($c°$가 나타난)로 식 2를 써 보자.

$$K_c = \frac{([C]/c°)^c([D]/c°)^d}{([A]/c°)^a([B]/c°)^b} = \frac{(c°)^{a+b}[C]^c[D]^d}{(c°)^{c+d}[A]^a[B]^b} = (c°)^{(a+b)-(c+d)}\frac{[C]^c[D]^d}{[A]^a[B]^b}$$

그러므로 다음이 주어진다.

$$\frac{[C]^c[D]^d}{[A]^a[B]^b} = K_c(c°)^{(c+d)-(a+b)}$$

이 식을 K 식에 대입하면 다음이 얻어진다.

$$K = \left(\frac{RT}{P^\circ}\right)^{(c+d)-(a+b)} \times K_c (c^\circ)^{(c+d)-(a+b)}$$
$$= \left(\frac{c^\circ RT}{P^\circ}\right)^{(c+d)-(a+b)} K_c$$

여기서 유도한 식을 기억하기 쉽도록 다음과 같은 일반적 형태로 표시하자.

$$K = \left(\frac{c^\circ RT}{P^\circ}\right)^{\Delta n_r} K_c \qquad \textbf{(4a)}$$

여기서 Δn_r은 화학 반응식에서 **기체상** 화학종의 화학량적 계수 차이(단위 없음)로, $\Delta n_r = n_{r,\,생성물} - n_{r,\,반응물}$과 같이 계산한다. 그러므로 식 3의 암모니아 합성 반응의 경우에는 $\Delta n_r = 2 - (1+3) = -2$이고, $H_2O(l) \rightleftharpoons H_2O(g)$에서는 $\Delta n_r = 1$이다. 반응에 기체가 참여하지 않거나 $\Delta n_r = 0$이면 $K = K_c$이다. 같은 관계가 농도로 나타낸 농도 지수 Q와 Q_c 사이에도 성립한다.

식 4a는 보편적으로 더 간결하게 다음과 같이 쓴다.

$$K = (RT)^{\Delta n_r} K_c \qquad \textbf{(4b)}$$

이는 규약에 의해 c°와 P°의 수치가 1이기 때문이다. 그러나 완전한 형식이 단위를 분명하게 하므로 계산할 때는 완전한 형식을 사용해야 한다. 몇 가지 K_c 값이 표 5F.2에 실려 있다. 이 전환에서는 모든 기체가 이상적으로 거동한다는 것을 가정했음을 주목하자.

예제 5G.1 K와 K_c 사이의 전환

SO_2와 O_2 사이의 반응을 공부하는 대기과학자라고 상상해 보자. 기체 몰농도를 사용하려면 첫째, 평형 상수 K를 K_c로 전환하여야 한다. 400. °C에서 반응 $2\,SO_2(g) + O_2(g) \rightleftharpoons 2\,SO_3(g)$의 평형 상수 K는 3.1×10^4이다. 이 온도에서 K_c 값은 얼마인가?

계획 $P^\circ = 1$ bar이고, $c^\circ = 1\ \text{mol·L}^{-1}$이므로 R을 bar와 L을 써서 $R = 8.3145 \times 10^{-2}\ \text{L·bar·K}^{-1}\text{·mol}^{-1}$을 사용하는 것이 현명하며, 다음을 주목하자.

$$\frac{P^\circ}{Rc^\circ} = \frac{1\ \text{bar}}{(8.3145 \times 10^{-2}\ \text{L·bar·K}^{-1}\text{·mol}^{-1}) \times (1\ \text{mol·L}^{-1})} = 12.03\ \text{K}$$

그러면 식 4a를 다음과 같이 쓸 수 있다.

$$K = \left(\frac{T}{12.03\ \text{K}}\right)^{\Delta n_r} K_c$$

이 식을 사용하기 위해서는 반응의 Δn_r 값을 확인하고, 온도를 절대 온도 단위로 바꾼 뒤 재배열하여 K_c에 관해서 푼다.

무엇을 가정해야 하는가? 기체는 이상 기체라고 가정한다.

풀이

화학 반응식과 반응 조건으로부터

$$\Delta n_r = 2 - (2+1) = -1$$
$$T = 400. + 273.15\ \text{K} = 673\ \text{K}$$

$K = (T/12.03\ \text{K})^{\Delta n_r} K_c$ 형태를 $K_c = (T/12.03\ \text{K})^{-\Delta n_r} K$ 형태로 바꾸면 다음을 얻는다.

$$K_c = \left(\frac{673\ \text{K}}{12.03\ \text{K}}\right)^{\overbrace{-(-1)}^{1}} \times (3.1 \times 10^4) = 1.7 \times 10^6$$

자습 5G.2A 암모니아 합성 반응의 평형 상수는 127 °C에서 $K = 41$이다. 이 온도에서 K_c 값은 얼마인가?

[**답**: $\Delta n_r = -2$, 따라서 $K_c = 4.5 \times 10^4$]

자습 5G.2B 127 °C에서 $N_2O_4(g) \rightleftharpoons 2\ NO_2(g)$ 반응의 평형 상수는 $K = 47.9$이다. 이 온도에서 K_c 값은 얼마인가?

관련 연습 문제 5G.5, 5G.6

열역학적 계산을 위해서 기체상 평형을 K로 표현하지만, 실제적 계산에서는 식 4를 사용하여 몰농도 항으로 표현하기도 한다.

이 Topic에서 배운 것은 무엇인가?

평형 상수의 표현을 화학 반응식의 표기 방법과 어떻게 연관시킬 수 있는지 배웠다. 기체상 반응의 평형 상수를 몰농도 항으로 표현하는 방법도 알게 되었다.

개념과 식의 적용

- ☐ 화학 반응식을 반대로 쓰거나, 일정한 인자를 곱하거나, 다른 반응과의 결합이 K에 미치는 효과를 계산한다(표 5G.1).
- ☐ K와 K_c 사이를 전환한다(예제 5G.1).

Topic 5G 연습 문제

5G.1 $N_2(g) + 3\ H_2(g) \rightleftharpoons 2\ NH_3(g)$ 반응의 평형 상수는 400. K에서 $K = 41$이다. 같은 온도에서 다음 각 반응의 K를 구하시오.
(a) $2\ NH_3(g) \rightleftharpoons N_2(g) + 3\ H_2(g)$
(b) $\frac{1}{2}N_2(g) + \frac{3}{2}\ H_2(g) \rightleftharpoons NH_3(g)$
(c) $2\ N_2(g) + 6\ H_2(g) \rightleftharpoons 4\ NH_3(g)$

5G.2 $2\ NO(g) + O_2(g) \rightleftharpoons 2\ NO_2(g)$ 반응의 평형 상수는 500. K에서 $K = 2.5 \times 10^{10}$이다. 같은 온도에서 다음 각 반응의 K를 구하시오.
(a) $\frac{1}{2}NO(g) + \frac{1}{4}O_2(g) \rightleftharpoons \frac{1}{2}NO_2(g)$
(b) $4\ NO_2(g) \rightleftharpoons 4\ NO(g) + 2\ O_2(g)$
(c) $6\ NO(g) + 3\ O_2(g) \rightleftharpoons 6\ NO_2(g)$

5G.3 표 5F.2의 정보를 이용하여 300 K에서 $2\ BrCl(g) + H_2(g) \rightleftharpoons Br_2(g) + 2\ HCl(g)$ 반응의 K를 구하시오.

5G.4 표 5F.2의 정보를 이용하여 500 K에서 $2\ NH_3(g) + 3\ I_2(g) \rightleftharpoons N_2(g) + 6\ HI(g)$ 반응의 K를 구하시오.

5G.5 다음 각 평형의 K로부터 K_c를 구하시오.
(a) $2\ NOCl(g) \rightleftharpoons 2\ NO(g) + Cl_2(g)$, 500 K에서 $K = 1.8 \times 10^{-2}$
(b) $CaCO_3(s) \rightleftharpoons CaO(s) + CO_2(g)$, 1073 K에서 $K = 167$

5G.6 다음 각 평형의 K로부터 K_c를 구하시오.
(a) $2\ SO_2(g) + O_2(g) \rightleftharpoons 2\ SO_3(g)$, 1000. K에서 $K = 3.4$
(b) $NH_4HS(s) \rightleftharpoons NH_3(g) + H_2S(g)$, 24 °C에서 $K = 9.4 \times 10^{-2}$

Topic 5H 평형 계산

이 Topic을 왜 배우는가? 반응의 평형 상수를 알면 반응 혼합물의 평형 조성에 관한 예측이 가능하다. 이 능력은 화학 전반에 걸쳐, 특히 산-염기 반응과 다른 용액 반응에 유용하다.

무엇을 알고 있어야 하는가? 주어진 반응에 대한 평형 상수 작성법과 평형 상수가 반응 Gibbs 자유 에너지와 어떻게 관련되는지 알아야 한다(Topic 5F와 5G). 계산에는 반응 화학량론(기초 지식 L)과 이상 기체 법칙(Topic 3A)이 이용된다.

평형 상수는 평형에 도달한 반응 혼합물의 조성을 요약한다. 초기 조건이 주어졌을 때, 반응물과 생성물 개개의 평형 부분 압력이나 농도를 예측하는 데 평형 상수가 이용될 수 있다. 이 논의를 두 단계로 나눠 살펴보기로 한다. 첫째는 평형 상수 크기의 정성적 중요성에 대해 이해하는 것이고, 둘째는 평형 혼합물의 실제 농도나 부분 압력을 정량적으로 예측하는 데 평형 상수를 이용하는 것이다.

5H.1 반응의 진척도

Topic 5F에서와 같이 평형 상수의 중요성은 반응 속도론 또는 열역학적 관점에서 이해할 수 있다.

어떻게 다루는가?

반응 속도론적 설명
- 정반응 속도 상수가 역반응 속도 상수보다 크면 K가 크다. 즉, $k_r \gg k_r'$이면 $K \gg 1$이다.
- 역반응 속도 상수가 정반응 속도 상수보다 크면 K가 작다. 즉, $k_r' \gg k_r$이면 $K \ll 1$이다.

열역학적 설명
- 반응의 $\Delta G_r°$가 큰 음수이면 K가 크다.
- 반응의 $\Delta G_r°$가 큰 양수이면 K가 작다.

K가 크면 반응이 평형에 도달하기 전에 거의 완결 상태에 이르고, 평형 반응 혼합물은 거의 생성물로 구성된다. K가 작으면 반응이 조금만 일어난 후 평형에 도달한다. 예를 들어, 다음 반응을 생각해 보자.

$$H_2(g) + Cl_2(g) \rightleftharpoons 2\,HCl(g) \quad K = \frac{(P_{HCl})^2}{P_{H_2}P_{Cl_2}}$$

실험에 의하면 500. K에서 $K = 4.0 \times 10^{18}$이다. 이렇게 큰 K 값은 반응물이 거의 다 HCl로 전환되어야만 평형에 도달한다는 것을 말해 준다. 사실, 이 반응은 거의 완결된다. 이제 다음의 평형을 생각해 보자.

$$N_2(g) + O_2(g) \rightleftharpoons 2\,NO(g) \quad K = \frac{(P_{NO})^2}{P_{N_2}P_{O_2}}$$

그림 5H.1 평형 상수의 크기는 평형에서 반응물이나 생성물의 선호도를 나타낸다. 이 도표에서는 반응물은 파란색 입방체로, 생성물은 노란색 입방체로 나타내었다. K가 작으면(왼쪽) 반응물이 선호되고, K가 크면(오른쪽) 생성물이 선호된다. K = 1이면 반응물과 생성물이 같은 정도로 있게 된다.

실험에 의하면 800. K에서 $K = 3.4 \times 10^{-21}$이다. 이렇게 작은 K 값은 아주 소량의 생성물이 생긴 상태에서 평형에 도달함을 말해 준다. 평형에서도 반응물 N_2와 O_2가 주 화학종으로 남아 있다.

이로부터 화학량적 계수가 최소의 정수를 가진 화학 반응식에 관하여 다음과 같이 요약할 수 있다(**그림 5H.1**).

- 큰 K 값(약 10^3 이상): 평형에서 생성물이 선호된다.
- 중간 K 값(대략 10^{-3}~10^3 영역): 평형에서 반응물이나 생성물 어느 것도 강하게 선호되지 않는다.
- 작은 K 값(약 10^{-3} 이하): 평형에서 반응물이 선호된다.

평형 상수는 반응식을 어떻게 쓰느냐에 의존하기 때문에(Topic 5G), 이 규칙들은 일반적인 지침임을 유념하자.

예제 5H.1 평형 조성의 예측

염화 수소 HCl은 상업적으로는 흑연 내벽의 용광로에서 H_2와 Cl_2를 반응시켜 제조할 수 있다. 이제 여러분이 이 반응을 다루는 화공 기사라고 상상해 보자. 반응을 조절하려면 기대되는 평형 조성을 알 필요가 있다. HCl, Cl_2, H_2의 평형 혼합물에서 H_2의 부분 압력은 4.2 mPa이고, Cl_2는 8.3 mPa이다. 500. K에서 HCl의 부분 압력을 bar 단위로 계산하시오. $H_2(g) + Cl_2(g) \rightleftharpoons 2\,HCl(g)$ 반응의 평형 상수는 $K = 4.0 \times 10^{18}$이다.

예상 평형 상수가 크므로 생성물 HCl의 평형 부분 압력이 클 것으로 예상된다.

계획 평형에서, 반응물과 생성물의 부분 압력(bar 단위로)은 K 식을 만족한다. 그러므로 그 식을 재배열하여 하나의 미지 농도로 표현하고 자료를 대입한다.

풀이 먼저, 부분 압력의 단위를 1 bar = 10^5 Pa을 이용하여 bar로 바꾸자. 즉, $P_{H_2} = 4.2 \times 10^{-8}$ bar, $P_{Cl_2} = 8.3 \times 10^{-8}$ bar이다. 주어진 화학 반응식으로부터 평형 상수에 관한 식을 쓰자.

$K = (P_{HCl})^2/P_{H_2}P_{Cl_2}$로부터,

$$P_{HCl} = (KP_{H_2}P_{Cl_2})^{1/2} = \{(4.0\times10^{18})\times(4.2\times10^{-8})\times(8.3\times10^{-8})\}^{1/2} = 1.2\times10^2$$

단위를 붙이면 부분 압력은 1.2×10^2 bar 또는 0.12 kbar이다.

평가 예상한 바와 같이 평형에서 생성물의 부분 압력 120 bar는 반응물의 매우 낮은 압력에 비하여 압도적이다.

자습 5H.1A H_2와 Cl_2의 평형 부분 압력이 둘 다 1.0 μPa이라고 하자. $K = 4.0 \times 10^{18}$이라면 500. K에서 HCl의 평형 부분 압력은 얼마인가?

[답: $P_{HCl} = 20.$ mbar]

자습 5H.1B 800. K에서 $N_2(g) + O_2(g) \rightleftharpoons 2\,NO(g)$ 반응의 N_2와 O_2 평형 부분 압력은 둘 다 52 kPa이다. 800. K에서 $K = 3.4 \times 10^{-21}$이라면 평형에서 NO의 부분 압력(Pa 단위로)은 얼마인가?

관련 연습 문제 5H.1~5H.6

***K*가 크면 평형에서 생성물이 선호되고(평형이 오른쪽에 치우침), *K*가 작으면 반응물이 선호된다(평형이 왼쪽에 치우침).**

5H.2 반응 방향

이제 관심이 있는 어떤 계가 평형에 있지 않다고 가정하자. 예를 들어, 반응이 임의의 단계에 도달했을 때의 반응물과 생성물의 농도가 주어졌으나, 이 반응이 평형을 향해 갈 때 더 많은 생성물을 생성할지 아니면 더 많은 반응물을 생성할지 알고 싶다고 하자.

- $Q < K$이면 생성물의 농도나 부분 압력이 반응물에 비하여 평형을 이루기에는 너무 작다. 따라서 반응은 생성물 쪽으로 진행할 경향이 있다.
- $Q = K$이면 혼합물은 평형 조성을 가지며, 어느 쪽으로나 변할 경향이 없다.
- $Q > K$이면 역반응이 자발적이고, 생성물은 반응물로 분해할 경향이 있다.

이 양상을 그림 5H.2에 요약하였고, 반응 속도론이나 열역학으로 해석할 수 있다.

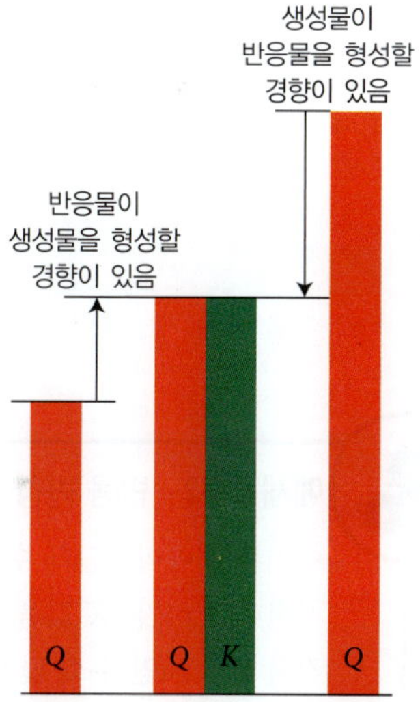

그림 5H.2 반응 지수 *Q*와 평형 상수 *K*의 상대적 크기가 반응 혼합물이 변하는 방향을 나타내 준다. 화살표는 *Q* < *K*일 경우 반응물이 생성물을 형성하고(왼쪽), *Q* > *K*이면 생성물이 반응물을 형성함(오른쪽) 보여준다. 일단 반응 지수가 평형 상수와 같아지면 변화가 일어날 경향이 없다.

어떻게 다루는가?

반응 속도론을 이용한 설명

예로 단순 반응 $A \rightleftharpoons B$를 고려해 보자.

- 만일 $k_r[A] > k_r'[B]$이면 정반응 속도가 역반응 속도보다 빠르고, 혼합물은 생성물 쪽으로 진행한다.
- 만일 $k_r[A] = k_r'[B]$이면 정반응 속도가 역반응 속도와 같고, 혼합물은 어느 방향으로도 변할 경향이 없다.
- 만일 $k_r[A] < k_r'[B]$이면 역반응 속도가 정반응 속도보다 빠르고, 혼합물은 반응물 쪽으로 진행한다..

열역학을 이용한 설명

반응 혼합물의 Gibbs 자유 에너지를 변하는 조성에 따라 도시한 그림 5H.3을 보면, 곡선의 최저점에 해당하는 조성 쪽으로 반응이 진행한다. 왜냐하면 그것이 Gibbs 자유 에너지가 감소하는 방향이기 때문이다. 곡선의 최저점, 즉 최저 Gibbs 자유 에너지에 해당하는 조성은 평형에 해당한다. 평형에 있는 계에서는 어떠한 변화도 Gibbs 자유 에너지를 더 크게 하므로 정반응이나 역반응 어느 것도 자발적이지 않다. Gibbs 자유 에너지의 최젓값이 순수한 생성물에 가까우면 평형 조성은 생성물을 강하게 선호하고 '완결된다'(그림 5H.3a). Gibbs 자유 에너지의 최젓값이 순수한 반응물에 가까우면 평형 조성은 반응물을 강하게 선호하고, 반응은 '일어나지 않는다'(그림 5H.3b).

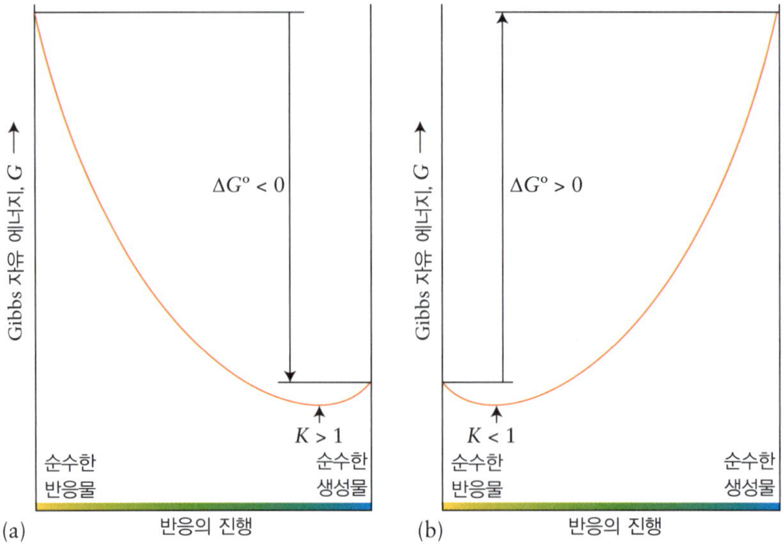

그림 5H.3 (a) 반응이 완결에 가깝게 일어나는 것은($K>1$) Gibbs 자유 에너지의 최저점(평형의 위치)이 순수한 생성물에 가깝다는 의미이다. (b) 반응이 생성물을 형성하지 않으려는 것은($K<1$) Gibbs 자유 에너지의 최저점이 순수한 반응물에 가깝다는 의미이다.

유의 사항

자발성의 기준이 $\Delta G°$가 아니라 ΔG임을 주목해야 한다. 반응의 자발성 여부는 반응이 진행한 단계에 의존하므로 음의 $\Delta G_r°$를 가진 반응에 대해서는 반응이 자발적이라고 하기보다는 $K>1$이라고 하는 것이 더 낫다. 그러나 평형 상수가 매우 큰 반응에 대해서는 $Q>K$에 해당되는 반응 혼합물을 만들기란 사실상 어렵다. 따라서 반응이 '자발적이다'라고 말하는 것이 보통이다.

예제 5H.2 반응 방향 예측하기

여러분이 아이오딘화 수소를 생산하는 공장에서 화학 기사로 일하면서 생산 과정의 효율을 조사한다고 하자. K 값을 알고 있다면 어떠한 조성에서도 반응의 진행 방향을 예측할 수 있다. 각각 55 kPa인 수소 및 아이오딘과 78 kPa의 아이오딘화 수소 혼합물을 783 K로 가열한 용기에 넣었다. 이 온도에서 $H_2(g) + I_2(g) \rightleftharpoons 2\,HI(g)$ 반응의 평형 상수는 $K=46$이다. HI가 생성될 경향이 있는가, 아니면 $H_2(g)$와 $I_2(g)$로 분해될 경향이 있는가?

계획 Q를 계산하고 K와 비교한다. 만일 $Q>K$이면 생성물의 농도가 K에 부합할 때까지 반응물로 분해할 경향이 있다. $Q<K$이면 그 반대이다. 이 경우에는 생성물이 더 형성될 경향이 있다.

풀이 kPa을 bar로 환산($1\text{ kPa} = 10^{-2}\text{ bar}$)하고, 자료를 반응 지수에 대입한다.

$Q=(P_{HI})^2/P_{H_2}P_{I_2}$로부터

$$Q=\frac{(0.78)^2}{0.55\times0.55}=2.0$$

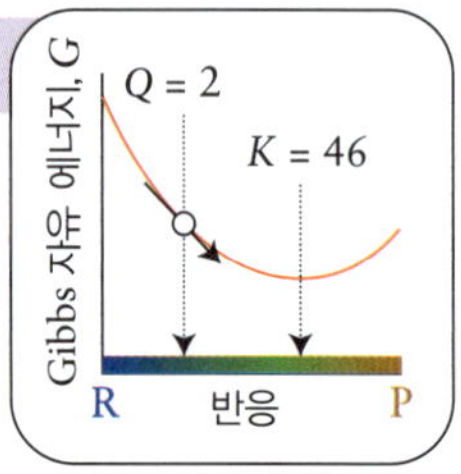

$K=46$이므로 $Q<K$이다. 반응물이 소모되고 생성물이 더 형성된다고 결론지을 수 있다.

자습 5H.2A 부분 압력이 각각 22 kPa, 44 kPa, 18 kPa인 H_2, N_2, NH_3 혼합물을 준비하여 500. K로 가열하였다. 이 온도에서 Topic 5F, 반응 C의 경우 $K=3.6\times10^{-2}$이다. 암모니아가 더 형성될 것인지 아니면 분해될 것인지를 결정하시오.

[**답**: $Q=6.9>K$, 분해될 경향]

자습 5H.2B $N_2O_4(g) \rightleftharpoons 2\ NO_2(g)$ 반응의 평형 상수는 298 K에서 $K = 0.15$이다. 초기 부분 압력이 각각 2.4 bar, 1.2 bar인 N_2O_4와 NO_2 혼합물을 298 K에서 준비하였다. 어느 화합물의 부분 압력이 증가할 경향이 있겠는가?

관련 연습 문제 5H.7~5H.12

만일 $Q < K$이면 반응은 생성물을 형성할 경향이 있고, $Q > K$이면 반응물을 형성할 경향이 있다.

5H.3 평형 상수를 이용한 계산

주어진 온도에서 반응의 평형 상수는 평형 조성에 관한 정보를 포함한다. 그러나 많은 경우, 반응 혼합물의 초기 조성만 알고 있고, 평형 조성은 예측해야만 한다. 만일 K 값을 알고 있다면 평형 조성은 화학량론을 이용하여 추론할 수 있다. 이를 위한 가장 쉬운 방법은 **평형 표(equilibrium table)**를 만드는 것이다. 이 표는 초기 농도, 평형에 도달하는 데 필요한 농도 변화량(미지량 x로 나타냄), 그리고 최종 평형 조성을 보여 준다. 이 과정을 도구상자 5H.1에 요약하였고, 그 다음의 예제에서 설명하였다.

도구상자 5H.1 평형 표를 만드는 방법과 평형 표의 용도

기본 개념

반응 혼합물의 조성은 용질의 몰농도나 기체의 부분 압력이 $Q = K$가 될 때까지 조정되려 한다. 한 성분의 양 변화는 반응 화학량론에 의해서 다른 성분의 변화와 관련된다.

과정

1단계 균형 맞춘 화학 반응식과 이에 해당하는 평형 표현을 쓴다. 다음으로 평형 표를 만드는데, 행에는 반응에 참여하는 화학종을 표시한다. 기체를 포함하는 반응에 K_c가 주어졌다면(Topic 5G), 모든 화학종에 대해 몰농도를 사용하면서 동일한 방법으로 진행한다. 표의 첫 번째 줄에는 초기 조성을 기재한다. 항상 그러하듯이 몰농도($mol \cdot L^{-1}$)와 부분 압력(bar)을 사용하고, 단위는 생략한다. 순수한 고체와 액체는 생략한다. 이들은 평형 표현에 나타나지 않기 때문이다.

	화학종 1	화학종 2	화학종 3	…
초기 조성				…
조성 변화량				…
평형 조성				…

2단계 두 번째 줄에는 반응이 평형에 도달하는 데 필요한 조성 변화를 쓴다. 그 변화를 모를 때에는 그들 중 하나를 적절한 부호의 미지수 x 또는 x의 배수로 나타내고, 균형 맞춘 반응식의 화학량론을 이용하여 다른 것의 변화를 x를 이용하여 나타낸다.

3단계 세 번째 줄에는 조성의 변화(2단계로부터)를 각 물질의 초깃값(1단계로부터)에 더하여 x의 항으로 평형 조성을 쓴다. 조성의 변화가 양수(증가) 또는 음수(감소)일지라도, 각 농도나 부분 압력 자체의 평형값은 양수이어야 한다.

4단계 평형 상수를 이용하여 몰농도나 부분 압력의 미지 변화에 해당하는 x를 결정하고, 모든 화학종의 평형 값을 구한다.

유의 사항

구한 평형 조성을 K에 대입하여 답이 맞는지를 점검해 보는 것은 좋은 습관이다.

조성의 변화(x)가 최초 값의 약 5% 이내이면, 근사 기법을 써서 계산을 훨씬 단순화할 수 있다. 이를 위해서는 한 수에서 x를 빼거나 x를 더할 때 x를 무시할 수 있다고 가정한다. 즉, $A + x$나 $A - 2x$ 등을 모두 A로 대치한다. 그러나 x가 그 자체로 나타나면(다른 수에 더하거나 빼지 않고) 그대로 남겨 둔다. 그래서 $2x \ll 0.1$이면 (특히 $2x < 0.005$이면), $(0.1 - 2x)^2x$ 같은 표현은 $(0.1)^2x$로 단순화한다. 계산이 끝난 후에는 계산된 x 값이 정말로 최초 값의 5%보다 작은지 확인하는 것이 중요하다. 그렇지 않다면 근사 없이 식을 풀어야 한다.

유의 사항

방정식을 풀 수 있는 계산 방법과 계산기가 보편화되어 있어, 방정식을 개발한다거나 소프트웨어가 없는 경우가 아니라면 근사 기법은 이제 거의 불필요하게 되었다.

근사화 과정은 예제 5H.3에서 설명한다.

어떤 경우에는 x에 관한 식이 다음과 같은 이차식이다.

$$ax^2+bx+c=0$$

근사 과정을 적용할 수 없다면, 이 식의 정확한 해를 구한다. 즉,

$$x=\frac{-b\pm\sqrt{b^2-4ac}}{2a}$$

이때 두 해 중 어느 것이(제곱근 앞의 +나 − 부호가 붙은 것) 화학적으로 가능한 것인지 판단하여 하나를 선택해야 한다.

이 과정을 설명해 놓은 예제 5H.4를 참조하시오.

어떤 반응에서는 K에 관한 식이 x의 고차 다항식일 수도 있다. 근사가 적용되지 않을 때는 방정식의 근을 구하기 위해 그래프 계산기나 수학적 소프트웨어를 사용하도록 한다.

예제 5H.3 평형 조성의 근사 계산

한때 '웃음 기체'로 불렸던 산화 이질소 N_2O는 1844년에 치과에서 마취제로 사용된 바 있다. 당신이 N_2와 O_2로부터 N_2O를 제조하는 화학자라고 상상해 보면, 기대되는 평형 조성을 알고 싶을 것이다. 이제 N_2 0.482 mol과 O_2 0.933 mol의 혼합물을 10.0 L의 용기에 넣고 800. K에서 N_2O가 생성되도록 하였다고 하자. 이 온도에서 $2\,N_2(g)+O_2(g)\rightleftharpoons 2\,N_2O(g)$ 반응의 K 값은 3.2×10^{-28}이다. 평형 혼합물에 있는 기체의 부분 압력을 구하시오.

예상 평형 상수가 매우 작아 생성물이 아주 조금 생성된 상태에서 평형에 도달할 것으로 예상하게 된다.

계획 도구상자 5H.1의 과정을 따른다. 자료가 liter로 주어지고 압력은 bar로 사용할 것이므로 이 단위에 부합하는 R 값(즉, $L\cdot bar\cdot K^{-1}\cdot mol^{-1}$)을 사용한다.

무엇을 가정해야 하는가? 모든 기체가 이상 기체라고 가정한다. K 값이 매우 작아 생성물의 양이 매우 적을 것이고, 따라서 반응물의 부분 압력 변화는 무시할 수 있을 것으로 본다.

풀이

첫째로 반응물의 부분 압력을 구한다. $P_J=n_JRT/V$로부터

$$P_{N_2}=\frac{(0.482\text{ mol})\times(8.3145\times10^{-2}\text{ L·bar·K}^{-1}\text{·mol}^{-1})\times(800.\text{ K})}{10.0\text{ L}}$$
$$=3.21\text{ bar}$$

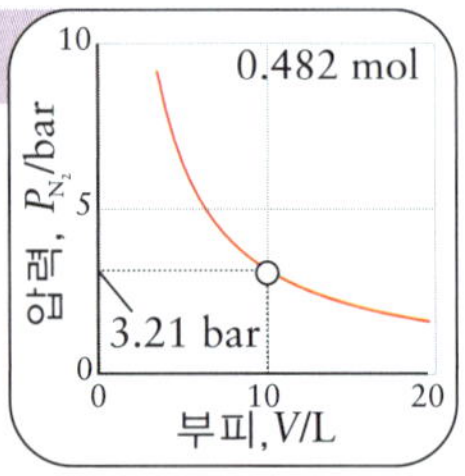

$P_J=n_JRT/V$로부터

$$P_{O_2}=\frac{(0.933\text{ mol})\times(8.3145\times10^{-2}\text{ L·bar·K}^{-1}\text{·mol}^{-1})\times(800.\text{ K})}{10.0\text{ L}}$$
$$=6.21\text{ bar}$$

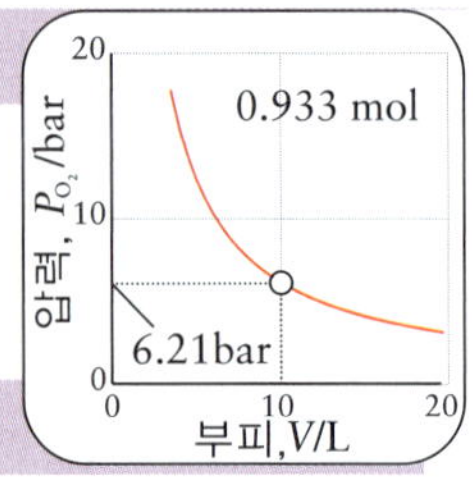

1단계 평형 상수를 쓰고 평형 표를 작성한다. 첫 번째 줄은 반응물의 초기 압력으로 채운다.

$$2\,N_2(g)+O_2(g)\rightleftharpoons 2\,N_2O(g)\quad K=\frac{(P_{N_2O})^2}{(P_{N_2})^2P_{O_2}}$$

	$2\,N_2$	+	O_2	$\rightleftharpoons$	$2\,N_2O$
초기 압력	3.21		6.21		0
압력의 변화량					
평형 압력					

2단계 평형에 도달하는 데 필요한 조성의 변화량을 쓰고 평형 표의 두 번째 줄을 채운다. 반응의 화학량론에 따르면 O_2의 부분 압력이 x만큼 감소하면 N_2의 부분 압력은 $2x$만큼 감소하고, N_2O는 $2x$만큼 증가한다.

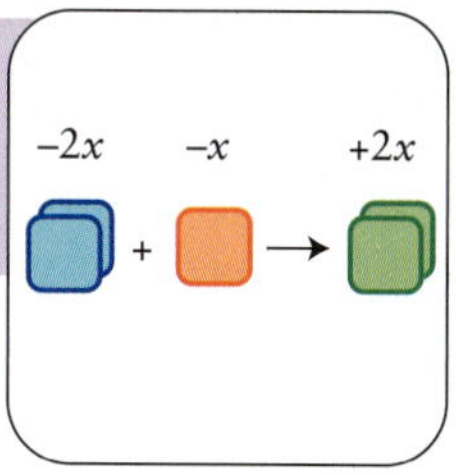

	$2\,N_2$	+	O_2	⇌	$2\,N_2O$
초기 압력	3.21		6.21		0
압력의 변화량	$-2x$		$-x$		$+2x$
평형 압력					

3단계 처음 두 줄의 값을 더하고, 평형 조성을 x의 항으로 쓴다.

	$2\,N_2$	+	O_2	⇌	$2\,N_2O$
초기 압력	3.21		6.21		0
압력의 변화량	$-2x$		$-x$		$+2x$
평형 압력	$3.21-2x$		$6.21-x$		$+2x$

4단계 표의 세 번째 줄의 값을 평형 표현에 대입한다. $x \ll 3.21,\ 6.21$이라고 근사를 하고 평형 표현을 x에 대해 푼다.

$$K=\frac{(2x)^2}{(3.21-2x)^2\times(6.21-x)}\approx\frac{(2x)^2}{(3.21)^2\times 6.21}$$

$$x\approx\left\{\frac{(3.21)^2\times 6.21\times(3.2\times10^{-28})}{4}\right\}^{1/2}=7.2\times10^{-14}$$

$2x$ 값은 3.21에 비하여 매우 작아(3.21의 5%보다 훨씬 작음) 근사가 적절하다. 평형에서는 다음이 같이 결론 내릴 수 있다.

$P_{N_2}=3.21-2x$ bar로부터

$$P_{N_2}=3.21\text{ bar}$$

$P_{O_2}=6.21-x$ bar로부터

$$P_{O_2}=6.21\text{ bar}$$

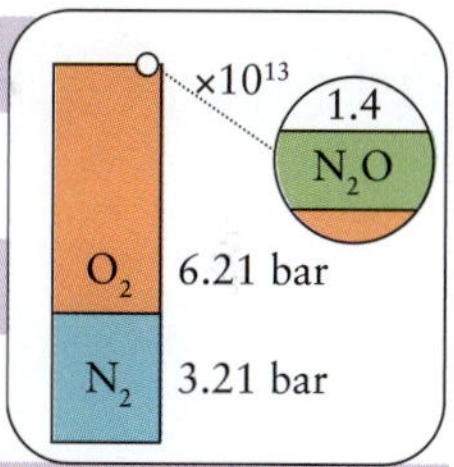

$P_{N_2O}=2x$ bar로부터

$$P_{N_2O}=1.4\times10^{-13}\text{ bar}$$

평가 예상한 바와 같이 아주 소량의 생성물이 형성되었고, 반응물의 초기 압력은 사실상 변하지 않았다. 이 값들을 평형 상수의 표현에 대입하면 $K=3.1\times10^{-28}$인데 이것은 실험값과 잘 일치한다.

자습 5H.3A 단단한 밀폐 용기에 들어 있는 질소와 수소의 초기 부분 압력이 각각 0.010과 0.020 bar이다. 이 혼합물을 $N_2(g)+3\,H_2(g) \rightleftharpoons 2\,NH_3(g)$ 반응에 근거하여 $K=0.11$에 이르는 온도까지 가열하였다. 이 반응 혼합물의 각 물질의 평형 부분 압력은 얼마인가?

[**답**: N_2: 0.010 bar, H_2: 0.020 bar, NH_3: 9.4×10^{-5} bar]

자습 5H.3B 고체 아이오딘을 포함한 반응 용기에 염화 수소 기체를 부분 압력이 0.012 bar에 이를 때까지 첨가하였다. 이 실험 온도에서 $2\,HCl(g)+I_2(s) \rightleftharpoons 2\,HI(g)+Cl_2(g)$ 반응의 K 값은 3.5×10^{-32}이다. 평형에서 고체 I_2가 약간 남아 있다고 가정하자. 이 반응 혼합물 내 각 기체의 평형 부분 압력은 얼마인가?

관련 연습 문제 5H.15, 5H.17, 5H.29, 5H.30

예제 5H.4 이차 방정식을 이용한 평형 조성의 계산

오염화 인 PCl_5는 알코올(CH_3CH_2OH 같은)을 염화 알킬(CH_3CH_2Cl 같은)로 전환하는 데 사용된다. 여러분이 공업 화학자라고 가정하고 PCl_3와 Cl_2를 반응시켜 PCl_5를 생산하도록 요청받았다고 해 보자. 높은 온도에서는 PCl_5가 출발 물질로 분해되므로 실험 온도에서 반응 혼합물의 평형 조성을 예상해 보는 것이 중요하다. 부피 500. mL인 반응 용기에 PCl_5 3.12 g을 넣고서 250. °C에서 분해 생성물 PCl_3 및 Cl_2와 평형에 이르게 하였다. 그 온도에서 $PCl_5(g) \rightleftharpoons PCl_3(g) + Cl_2(g)$의 K 값은 78.3이다. 평형 혼합물의 조성을 구하시오.

예상 평형 상수가 아주 작지도 아주 크지도 않아 평형에서 반응물과 생성물의 부분 압력이 서로 비슷하리라 예상된다.

계획 도구상자 5H.1의 일반적인 과정을 따른다. 자료가 liter로 주어지고 압력은 bar로 사용할 예정이므로 이 단위에 부합하는 R 값(즉, $L \cdot bar \cdot K^{-1} \cdot mol^{-1}$)을 사용한다.

풀이 먼저, PCl_5의 초기 부분 압력을 구한다(PCl_3와 Cl_2의 초기 부분 압력은 0임).

$n_J = m_J/M_J$로부터 첨가한 PCl_5의 양은 다음과 같다.

$$n_{PCl_5} = \frac{3.12\ g}{208.24\ g \cdot mol^{-1}} = \frac{3.12}{208.24}\ mol = 0.0150\ldots\ mol$$

따라서 $P_J = n_JRT/V$로부터 PCl_5의 초기 부분 압력은 다음과 같다.

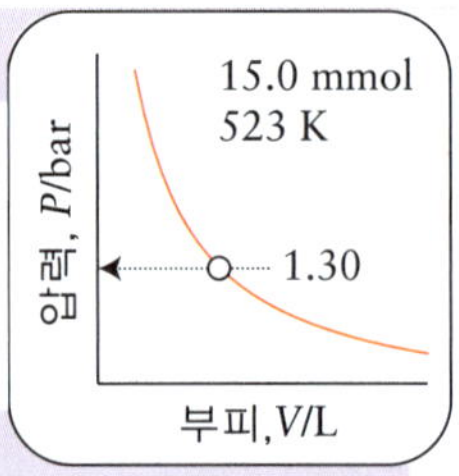

$$P_{PCl_5} = (0.0150\ldots\ mol) \times \frac{(8.3145 \times 10^{-2}\ L \cdot bar \cdot K^{-1} \cdot mol^{-1}) \times (523\ K)}{0.500\ L}$$
$$= 1.30\ bar$$

1단계 평형 상수를 쓰고 평형 표를 작성한다. 첫 번째 줄은 반응물의 초기 압력으로 채운다.

$$PCl_5(g) \rightleftharpoons PCl_3(g) + Cl_2(g) \quad K = \frac{P_{PCl_3}P_{Cl_2}}{P_{PCl_5}}$$

	PCl_5 ⇌	PCl_3 +	Cl_2
초기 압력	1.30	0	0
압력의 변화량			
평형 압력			

2단계 평형에 도달하는 데 필요한 조성의 변화량을 쓰고 평형 표의 두 번째 줄을 채운다. 반응의 화학량론에 따르면 PCl_5의 부분 압력이 x만큼 감소하면 PCl_3와 Cl_2의 부분 압력은 x만큼 증가한다.

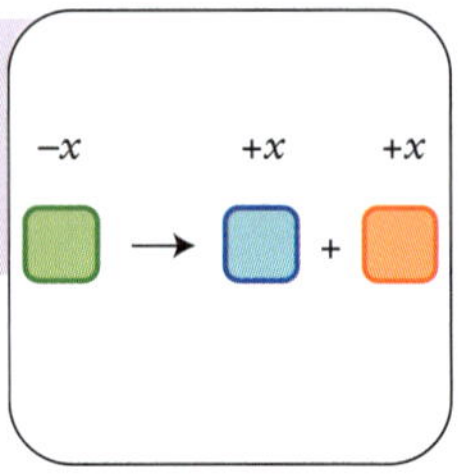

	PCl_5 ⇌	PCl_3 +	Cl_2
초기 압력	1.30	0	0
압력의 변화량	$-x$	$+x$	$+x$
평형 압력			

3단계 처음 두 줄의 값을 더하고, 평형 값을 적어 넣는다.

	PCl_5 $\rightleftharpoons$	PCl_3 +	Cl_2
초기 압력	1.30	0	0
압력의 변화량	$-x$	$+x$	$+x$
평형 압력	$1.30-x$	$+x$	$+x$

4단계 평형 값들을 평형 표현에 대입한다.

$$K=\frac{x^2}{1.30-x}$$

이 식을 재배열한다.

$$x^2+Kx-1.30K=0$$

K 값을 대입한다.

$$x^2+78.3x-102=0$$

이차 방정식의 근의 공식을 이용하여 x를 구한다.

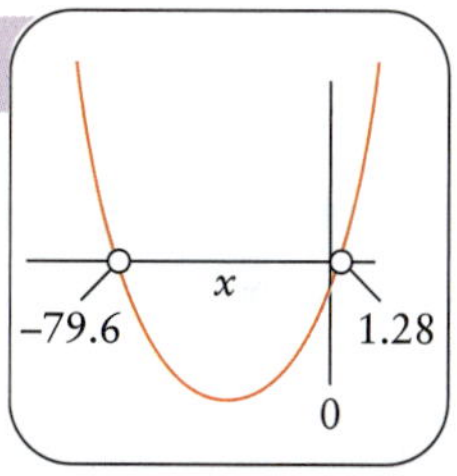

$$\begin{aligned}x&=\frac{-b\pm(b^2-4ac)^{1/2}}{2a}\\&=\frac{-78.3\pm\{(78.3)^2-4\times(-102)\}^{1/2}}{2}\\&=-79.6 \text{ 또는 } 1.28\end{aligned}$$

부분 압력은 양수이어야 하고, x는 PCl_3의 부분 압력이므로 1.28을 해로 택한다. 그래서 평형에서는 다음이 주어진다.

$P_{PCl_5}=1.30-x$ bar에서, $P_{PCl_5}=1.30-1.28\text{ bar}=0.02\text{ bar}$

$P_{PCl_3}=x$ bar에서, $P_{PCl_3}=1.28\text{ bar}$

$P_{Cl_2}=x$ bar에서, $P_{Cl_2}=1.28\text{ bar}$

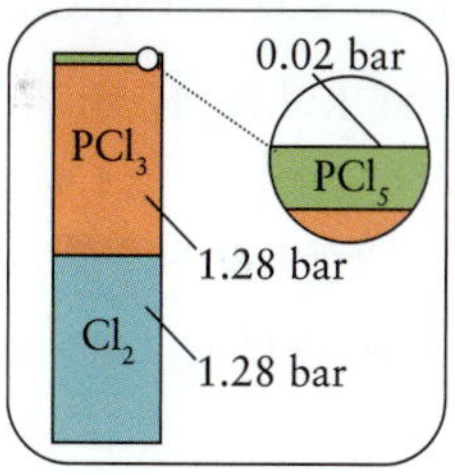

평가 예상한 바와 같이 반응물과 생성물의 평형 농도는 비슷하다. **그림 5H.4**는 이 반응이 평형에 접근하는 방식을 보여 준다. 위의 값들을 평형 표현에 대입하면 $K=82$를 얻는데, 이것은 보고된 값과 잘 부합한다.

자습 5H.4A 염화 브로민 BrCl은 브로민과 염소로 분해되며, 500. K에서 $2\,BrCl(g) \rightleftharpoons Br_2(g)+Cl_2(g)$의 평형 상수는 $K=32$이다. 초기에 순수한 BrCl의 농도가 3.30 mbar였다면 평형 혼합물에서의 부분 압력은 얼마이겠는가?

[**답**: 0.3 mbar]

자습 5H.4B 염소와 플루오린은 2500. K에서 반응하여 ClF를 생성하며, $Cl_2(g)+F_2(g) \rightleftharpoons 2\,ClF(g)$의 평형 상수는 $K=20$이다. $P_{Cl_2}=0.200$ bar, $P_{F_2}=0.100$ bar, $P_{ClF}=0.100$ bar인 기체 혼합물을 2500. K에서 평형에 이르게 하면 평형 혼합물에서 ClF의 부분 압력은 얼마인가?

관련 연습 문제 5H.19, 5H.20, 5H.25, 5H.26

반응 혼합물의 평형 조성을 계산하려면 반응물과 생성물의 부분 압력이나 농도 변화량을 기재한 평형 표를 만든 후, 이들 변화량으로 평형 상수를 표현하고 그 결과 식을 푼다.

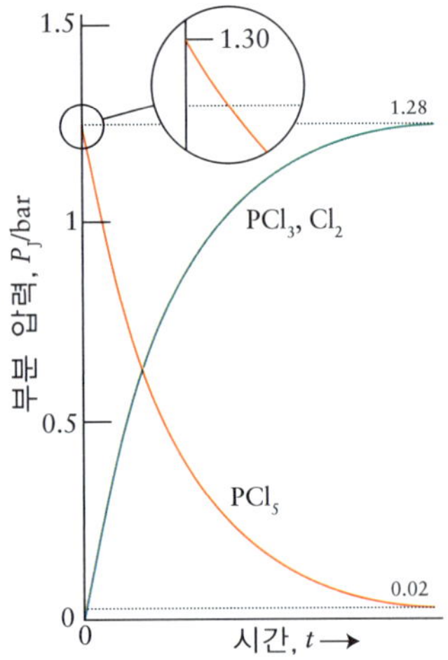

그림 5H.4 닫힌 용기 안에서 PCl_5가 분해되면서 평형에 접근할 때의 반응 혼합물 조성. Cl_2와 PCl_3는 같은 양만큼씩 증가하므로 곡선이 겹쳐 있다.

이 Topic에서 배운 것은 무엇인가?

반응 지수 Q 값과 평형 상수 K 값을 비교하여 반응의 방향을 예측할 수 있게 되었다. 평형 상수를 이용하고 평형 표를 작성하여, 초기 조건이 주어졌을 때 평형 농도나 부분 압력을 모든 화학종에 대해 결정할 수 있는 방법을 배웠다.

개념과 식의 적용

□ 평형 조성으로부터 평형 농도를 계산한다(예제 5H.1).
□ 반응 혼합물의 조성과 K 값이 주어졌을 때, 반응 방향을 예측한다(예제 5H.2).
□ 평형 계산을 수행하려면 평형 표를 이용한다(도구상자 5H.1과 예제 5H.3, 5H.4).
□ 적절할 때에는 근사를 하고, 근사의 타당성을 확인한다(도구상자 5H.1과 예제 5H.3).

Topic 5H 연습 문제

5H.1 500. K에서 $Cl_2(g) + Br_2(g) \rightleftharpoons 2\,BrCl(g)$ 반응의 평형 상수는 $K_c = 0.031$이다. 평형 조성이 Cl_2 0.495 $mol \cdot L^{-1}$, BrCl 0.145 $mol \cdot L^{-1}$이라면 Br_2의 평형 몰농도는 얼마인가?

5H.2 760 °C에서 $PCl_3(g) + Cl_2(g) \rightleftharpoons PCl_5(g)$ 반응의 평형 상수는 $K = 3.5 \times 10^4$이다. 평형에서 PCl_5와 PCl_3의 부분 압력이 각각 2.4×10^2 bar와 8.32 bar라면 Cl_2의 평형 부분 압력은 얼마인가?

5H.3 500. K의 H_2, I_2, HI 기체상 평형 혼합물에서 $[HI] = 2.21 \times 10^{-3}$ $mol \cdot L^{-1}$이고, $[I_2] = 1.46 \times 10^{-3}$ $mol \cdot L^{-1}$이다. 표 5F.2의 평형 상수를 이용하여 H_2의 평형 몰농도를 계산하시오.

5H.4 1000. K의 H_2, Cl_2, HCl 기체상 평형 혼합물에서 $[HCl] = 0.352$ $mmol \cdot L^{-1}$이고, $[Cl_2] = 7.21$ $mmol \cdot L^{-1}$이다. 표 5F.2의 정보를 이용하여 H_2의 평형 몰농도를 계산하시오.

5H.5 500. K의 PCl_5, PCl_3, Cl_2 기체상 평형 혼합물에서 $P_{PCl_5} = 1.18$ bar이고, $P_{Cl_2} = 5.43$ bar이다. $PCl_5(g) \rightleftharpoons PCl_3(g) + Cl_2(g)$ 반응의 평형 상수가 $K = 25$라면 PCl_3의 부분 압력은 얼마인가?

5H.6 500. K의 $SbCl_5$, $SbCl_3$, Cl_2 기체상 평형 혼합물에서 $P_{SbCl_5} = 0.072$ bar이고, $P_{SbCl_3} = 5.02$ mbar이다. $SbCl_5(g) \rightleftharpoons SbCl_3(g) + Cl_2(g)$ 반응의 평형 상수가 $K = 3.5 \times 10^{-4}$이라면 Cl_2의 평형 부분 압력을 계산하시오.

5H.7 25 °C에서 반응 $N_2(g) + O_2(g) \rightleftharpoons 2\,NO(g)$의 Q가 1.0이라면, 이 반응은 생성물 또는 반응물 중 어느 것을 형성하려는 경향이 있겠는가, 아니면 평형에 있겠는가? K를 계산하기 위해 부록 2A의 자료를 이용하시오.

5H.8 25 °C에서 반응 $C(s) + O_2(g) \rightarrow CO_2(g)$의 Q가 1.0×10^{32}이라면, 이 반응은 생성물 또는 반응물 중 어느 것을 형성하려는 경향이 있겠는가, 아니면 평형에 있겠는가? K를 계산하기 위해 부록 2A의 자료를 이용하시오.

5H.9 500. K에서 $H_2(g) + I_2(g) \rightleftharpoons 2\,HI(g)$ 반응의 $K = 160.$이다. 500. K에서 이 반응 혼합물을 분석해 보니 조성이 $P_{H_2} = 0.20$ bar, $P_{I_2} = 0.10$ bar, $P_{HI} = 0.10$ bar이이었다. (a) 반응 지수를 계산하시오. (b) 이 반응 혼합물은 평형에 있는가? (c) 그렇지 않다면 반응물 또는 생성물 중 어느 것을 더 형성하려는 경향이 있는가?

5H.10 반응 혼합물을 분석해 보니 800. K에서 조성이 0.520 $mol \cdot L^{-1}$ N_2, 0.485 $mol \cdot L^{-1}$ H_2, 0.102 $mol \cdot L^{-1}$ NH_3이었다. 그 온도에서 반응 $N_2(g) + 3\,H_2(g) \rightleftharpoons 2\,NH_3(g)$의 $K_c = 0.278$이다. (a) 반응 지수 Q_c를 계산하시오. (b) 반응 혼합물은 평형에 있는가? (c) 그렇지 않다면 반응물 또는 생성물 중 어느 것을 더 형성하려는 경향이 있는가?

5H.11 700. K에서 0.500 L 반응 용기에 $SO_2(g)$ 1.20 mmol, $O_2(g)$ 0.50 mmol, $SO_3(g)$ 0.10 mmol이 들어 있다. $2\,SO_2(g) + O_2(g) \rightleftharpoons 2\,SO_3(g)$ 반응의 경우 700. K에서 $K_c = 1.7 \times 10^6$이다. (a) 반응 지수 Q_c를 계산하시오. (b) $SO_3(g)$가 더 생성될 수 있겠는가?

5H.12 500. K에서 $N_2(g) + 3\,H_2(g) \rightleftharpoons 2\,NH_3(g)$ 반응의 $K_c = 62$이다. 이 온도에서 용기 안의 조성이 N_2 1.25 $mmol \cdot L^{-1}$, H_2 4.58 $mmol \cdot L^{-1}$, NH_3 0.875 $mmol \cdot L^{-1}$이라면 암모니아가 더 형성되는 경향이 있겠는가?

5H.13 (a) Cl_2가 Cl 원자로 해리되는 것을 연구하기 위하여 $Cl_2(g)$ 2.0 mmol을 밀폐된 2.0 L 용기에 넣고 1000. K까지 가열하였다. 표 5F.2의 정보를 이용하여 이 혼합물의 평형 조성을 구하시오. (b) 염소 대신 $F_2(g)$ 2.0 mmol을 용기에 넣었다면 1000. K에서 평형 조성은 어떠하겠는가? (c) 1000. K에서 Cl_2와 F_2 중 어느 것이 그 원자들에 비하여 열역학적으로 더 안정할지 (a)와 (b)의 결과를 이용하여 판단하시오.

5H.14 (a) $Cl_2(g)$ 5.0 mmol 시료를 밀폐된 2.0 L 용기 안에서 1200. K까지 가열하여 해리 평형에 도달하였다. 표 5F.2의 정보를

이용하여 이 혼합물의 평형 조성을 구하시오. (b) 염소 대신 $Br_2(g)$ 5.0 mol을 넣었다면 1200. K에서 평형 조성은 어떠하겠는가? (c) (a)와 (b)의 결과를 이용하여 Cl_2와 Br_2 중 어느 것이 1200. K에서 그 원자들에 비하여 열역학적으로 더 안정한지 결정하시오.

5H.15 고체 NH_4HS와 0.400 mol의 $NH_3(g)$를 24 °C에서 2.0 L 용기에 넣었을 때, $K_c = 1.6 \times 10^{-4}$인 $NH_4HS(s) \rightleftharpoons NH_3(g) + H_2S(g)$ 평형에 도달하였다. NH_3와 H_2S의 평형 농도는 얼마인가?

5H.16 (a) 고체 $NaHCO_3$를 2.50 L의 단단한 용기에 넣고 160. °C로 가열하면, $2\ NaHCO_3(s) \rightleftharpoons Na_2CO_3(s) + CO_2(g) + H_2O(g)$ 평형에 도달한다. 평형에서는 약간의 출발 물질이 남아 있고, 용기 내 총 압력은 7.68 bar이다. K 값은 얼마인가? (b) 용기에 고체 반응물뿐 아니라 1.00 bar의 부분 압력을 가진 CO_2가 있는 상태에서 반응이 반복된다면, CO_2와 H_2O의 평형 농도는 얼마이겠는가?

5H.17 1200 °C에서 반응 $N_2(g) + O_2(g) \rightleftharpoons 2\ NO(g)$의 평형 상수는 $K_c = 1.00 \times 10^{-5}$이다. 초기에 N_2 0.114 mol과 O_2 0.114 mol을 넣었던 1.00 L의 반응 용기 속의 NO, N_2, O_2의 평형 몰농도를 계산하시오.

5H.18 1200 °C에서 반응 $N_2(g) + O_2(g) \rightleftharpoons 2\ NO(g)$의 평형 상수는 $K_c = 1.00 \times 10^{-5}$이다. 초기에 N_2 0.312 mol과 O_2 0.407 mol을 넣었던 10.00 L의 반응 용기 속의 NO, N_2, O_2의 평형 몰농도를 계산하시오.

5H.19 H_2 0.400 mol과 I_2 1.60 mol의 혼합물을 3.00 L 플라스크에 넣고 가열하였다. 평형에서 수소 기체 60.0%가 반응하였다. 이 온도에서 $H_2(g) + I_2(g) \rightleftharpoons 2\ HI(g)$ 반응의 평형 상수 K는 얼마인가?

5H.20 N_2 0.20 mol과 H_2 0.20 mol의 혼합물을 25.0 L 반응기에 넣고 가열하였다. 평형에서 질소 기체 5.0%가 반응하였다. 이 온도에서 $N_2(g) + 3\ H_2(g) \rightleftharpoons 2\ NH_3(g)$ 반응의 평형 상수 K_c는 얼마인가?

5H.21 반응 $2\ CO(g) + O_2(g) \rightleftharpoons 2\ CO_2(g)$의 평형 상수는 2000. °C에서 $K_c = 0.66$이다. CO(g) 0.28 g과 $O_2(g)$ 0.032 g을 2.0 L 반응 용기에 넣고 2000. °C까지 가열한다면 평형 조성은 어떻게 되겠는가? (삼차 방정식을 풀 때 그래프 소프트웨어나 계산기를 사용할 수 있다.)

5H.22 암모니아 합성의 Haber 과정에서 $N_2(g) + 3\ H_2(g) \rightleftharpoons 2\ NH_3(g)$ 반응의 평형 상수는 500. K에서 $K = 0.036$이다. 2.0 L 반응기에 N_2를 1.42 bar로, H_2를 2.87 bar로 채운다면 이 혼합물의 평형 부분 압력은 얼마가 되겠는가?

5H.23 CO 2.00 mol과 H_2 3.00 mol의 반응 혼합물을 10.0 L 용기에 넣고 1200. K까지 가열하였다. 평형에 이르니 CH_4가 0.478 mol 존재하였다. 1200. K에서 $CO(g) + 3\ H_2(g) \rightleftharpoons CH_4(g) + H_2O(g)$ 반응의 K_c를 구하시오.

5H.24 $H_2O(g)$ 1.000 mol과 CO(g) 1.000 mol의 혼합물을 800. K에서 10.00 L 용기에 주입하였다. 평형에서는 $CO(g) + H_2O(g) \rightleftharpoons CO_2(g) + H_2(g)$ 반응의 결과로 0.665 mol의 $CO_2(g)$가 생성되었다. (a) 모든 물질의 평형 농도는 얼마인가? (b) 800. K에서의 K_c 값은 얼마인가?

5H.25 5.00 L 반응 용기에 SO_2 0.100 mol, NO_2 0.200 mol, NO 0.100 mol, SO_3 0.150 mol을 주입하였다. 460 °C에서 $SO_2(g) + NO_2(g) \rightleftharpoons NO(g) + SO_3(g)$ 반응이 평형에 이르렀고, $K_c = 85.0$이다. 각 물질의 평형 농도는 얼마인가?

5H.26 H_2S 0.100 mol을 10.0 L 반응 용기에 넣고 1132 °C까지 가열하였다. 평형에서는 H_2가 0.0285 mol 존재한다. 1132 °C에서 $2\ H_2S(g) \rightleftharpoons 2\ H_2(g) + S_2(g)$ 반응의 K_c 값을 계산하시오.

5H.27 250 °C에서 $PCl_3(g) + Cl_2(g) \rightleftharpoons PCl_5(g)$ 반응의 평형 상수는 $K_c = 0.56$이다. 250 °C에서 혼합물을 분석해 보니 0.500 L 용기에 PCl_5 1.50 mol, PCl_3 3.00 mol, Cl_2 0.500 mol이 있었다. (a) 이 반응은 평형에 있는가? (b) 그렇지 않다면 어느 방향으로 반응이 진행되겠는가? (c) 반응계의 평형 조성은 어떠한가?

5H.28 PCl_5 0.724 mol을 0.500 L 용기에 넣었다고 하자. 250 °C에서 $PCl_5(g) \rightleftharpoons PCl_3(g) + Cl_2(g)$ 반응이 평형($K_c = 1.80$)에 도달한다면 각 물질의 농도는 얼마이겠는가?

5H.29 $2\ HCl(g) \rightleftharpoons H_2(g) + Cl_2(g)$ 반응의 평형 상수는 25 °C에서 $K = 3.2 \times 10^{-34}$이다. 1.0 L 반응 용기에 HCl을 0.22 bar로 채웠다면 HCl, H_2, Cl_2의 평형 부분 압력은 얼마이겠는가?

5H.30 1.00 bar, 273 K에서 HCl(g) 4.00 L를 $I_2(s)$ 26.0 g과 함께 12.0 L 반응 용기에 넣고 25 °C로 가열한다면, HCl, HI, Cl_2의 평형 농도는 얼마이겠는가? $2\ HCl(g) + I_2(s) \rightleftharpoons 2\ HI(g) + Cl_2(g)$ 반응의 평형 상수는 25 °C에서 $K_c = 1.6 \times 10^{-34}$이다.

5H.31 3.00 L 반응 용기를 CO(g) 0.342 mol, $H_2(g)$ 0.215 mol, $CH_3OH(g)$ 0.125 mol로 채웠다. 산화 아연–산화 크로뮴(III) 촉매를 사용하여 평형에 이르게 하였다. $CO(g) + 2\ H_2(g) \rightleftharpoons CH_3OH(g)$ 반응의 평형 상수는 300 °C에서 $K_c = 1.1 \times 10^{-2}$이다. (a) 평형에 접근함에 따라 CH_3OH의 농도가 증가하겠는가, 감소하겠는가 아니면 그대로 있겠는가? (b) 혼합물의 평형 조성은 어떠한가? (삼차 방정식을 풀 때 그래프 소프트웨어나 계산기를 사용할 수 있다.)

5H.32 $2\ NH_3(g) \rightleftharpoons N_2(g) + 3\ H_2(g)$ 반응의 평형 상수는 350 °C에서 $K_c = 0.395$이다. NH_3 시료 25.6 g을 5.00 L 용기에 넣고 350 °C로 가열하였다. NH_3, N_2, H_2의 평형 농도는 얼마인가?

5H.33 카밤산 암모늄 $NH_4(NH_2CO_2)$ 25.0 g을 0.250 L 진공 플라스크에 넣고 25 °C를 유지하였다. 평형에 도달하니 CO_2가 17.4 mg 존재하였다. 카밤산 암모늄이 암모니아와 이산화 탄소로 분해되는 $NH_4(NH_2CO_2)(s) \rightleftharpoons 2\ NH_3(g) + CO_2(g)$ 반응의 K_c 값은 얼마인가?

5H.34 각각 200. Torr인 일산화 탄소와 수증기를 0.250 L 용기에 넣었다. 혼합물이 700 °C에서 평형에 도달하였을 때 $CO_2(g)$의 부분 압력은 88 Torr이었다. $CO(g) + H_2O(g) \rightleftharpoons CO_2(g) + H_2(g)$ 평형의 K 값을 계산하시오.

5H.35 $2\ NO(g) \rightleftharpoons N_2(g) + O_2(g)$ 반응을 생각해 보자. NO(g)의 초기 부분 압력이 1.0 bar이고, $N_2(g)$의 평형 부분 압력이 P bar라면, 다음 중 올바른 평형 관계는 어느 것인가? (a) $K = p^2/(1.0 - p)$ (b) $K = p^2$ (c) $K = p^2/(1.0 - 2p)^2$ (d) $K = 4p^3/(1.0 - 2p)^2$ (e) $K = 2p/(1.0 - p)^2$

5H.36 2 $NO_2(g) \rightleftharpoons$ 2 $NO(g) + O_2(g)$ 반응을 생각해 보자. $NO_2(g)$의 초기 몰농도가 0.030 $mol \cdot L^{-1}$이고, $O_2(g)$의 평형 몰농도가 c $mol \cdot L^{-1}$이라면, 다음 중 올바른 평형 관계는 어느 것인가? (a) $K_c = c^3$ (b) $K_c = 2c^2/(0.030 - 2c)^2$ (c) $K_c = 4c^3/(0.030 - 2c)^2$ (d) $K_c = c^2/(0.030 - c)$ (e) $K_c = 2c/(0.030 - c)^2$

Topic 5I 조건 변화에 따른 평형의 대응

이 Topic을 왜 배우는가? 공업적 또는 실험실 과정을 효율적으로 설계하려면 조건이 반응 혼합물의 평형 조성에 어떻게 영향을 주는지 알 필요가 있다.

무엇을 알고 있어야 하는가? 이 Topic에서는 Topic 5H에서 기술한 평형 계산을 이용한다. 만일 반응 속도론을 사용한다면 Topic 7D의 Arrhenius 방정식에 관한 정보가 필요하다. 열역학적 접근에는 Topic 5F에서 다룬 평형 상수와 표준 반응 Gibbs 자유 에너지 사이의 관계가 필요하다.

20세기 초반 제1차 세계대전이 일어날 무렵 질소 화합물에 관한 필사적인 요구가 발생하였다. 결국 독일의 화학자 Fritz Haber는 독일의 화공학자 Carl Bosch와 함께 공기 중의 질소를 경제적으로 수확하는 방법을 발견하였다. Haber는 철의 존재하에서 고압의 질소와 수소를 가열하였다.

$$N_2(g) + 3H_2(g) \xrightleftharpoons{Fe} 2NH_3(g) \qquad \text{(A)}$$

금속은 촉매, 즉 반응이 빨리 일어나도록 도와 주는 물질로 작용한다(Topic 7E). 오늘날 전 세계적으로 생산되는 암모니아의 대부분은 식물의 질소 공급원으로 작물에 직접 적용된다(**그림 5I.1**).

통상적으로 반응은 암모니아의 농도가 매우 낮은 상태의 평형에 도달할 때까지 진행된다. Haber는 화학 평형은 동적이라 조건의 변화에 대응한다는 사실을 이용하여 생성물의 양을 증가시키는 방법을 탐구하였다.

5I.1 시약의 첨가와 제거

조건이 바뀔 때 평형에 있는 반응 혼합물의 조성이 어떻게 변화할 것인지는 프랑스의 화학자 Henri Le Chatelier가 확인한 원리를 이용하여 예측할 수 있다.

> **Le Chatelier 원리(Le Chatelier's principle)**: 동적 평형에 있는 계에 자극을 주면, 평형은 그 자극 효과를 최소화하는 방향으로 이동한다.

그림 5I.1 작물을 심기 전에 암모니아를 비료로 땅에 뿌리고 있다. (© *Charles Brutlag/Shutterstock*)

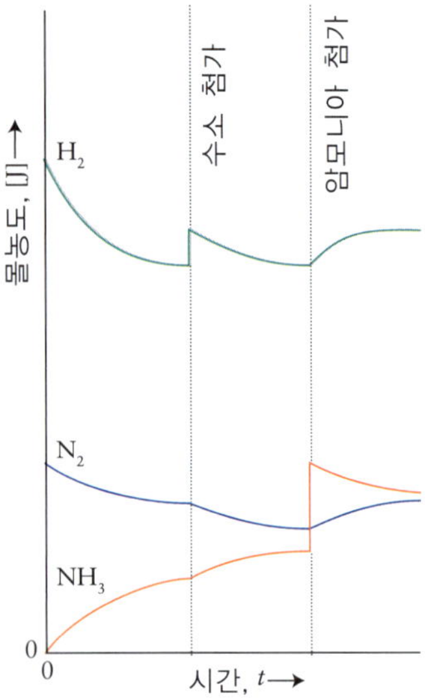

그림 5I.2 질소, 수소, 암모니아의 평형 혼합물에 추가적으로 수소를, 그 다음에는 암모니아를 첨가할 때 예상되는 조성의 변화. 수소를 첨가하면 암모니아가 더 생성되고, 암모니아를 첨가하면 그 일부가 분해하여 반응물이 형성됨을 주목하자. 경우마다 혼합물의 조성은 반응 평형 상수와 일치하는 곳에서 안정화된다.

이 경험적(관찰에 토대를 둔) 원리는 어림셈 규칙에 지나지 않는다. 이것은 설명이나 정량적 예측을 제공하지는 않는다. 그러나 이를 발전시키면 반응 속도론 및 열역학적 바탕이 있음을 알게 되고 강력한 **정량적** 결론도 얻을 수 있다.

암모니아 합성 반응 A가 평형에 도달했다고 하자. 이제 수소 기체를 더 주입한다고 하자. Le Chatelier 원리에 따르면 수소와 질소의 반응으로 수소 분자의 농도 증가는 최소화될 것이다. 그 결과로 암모니아가 추가로 생성될 것이다. 수소 대신에 약간의 암모니아를 첨가하면 첨가된 암모니아가 소모되면서 반응물이 형성될 것이다(**그림 5I.2**).

생각해 보기

평형에서 반응 생성물이 순수한 고체라고 가정해 보자. 약간의 고체를 제거한다면 평형은 어떤 영향을 받겠는가? 만일 모든 고체를 제거한다면?

화합물의 첨가나 제거에 대한 평형계의 대응은 Q와 K의 상대적 크기를 고려하여 설명할 수 있다. 반응물 또는 생성물이 첨가되면, 반응의 특성인 K는 일정하게 유지되지만, Q는 첨가에 대응하여 변한다. 평형에서는 $Q = K$이다. 따라서 Q 값이 교란되면 다시 K와 같아지려고 할 것이다. 왜냐하면 그 변화 방향이 Gibbs 자유 에너지의 감소 방향과 부합하기 때문이다(**그림 5I.3**).

- 평형 혼합물에 반응물을 첨가하면 Q의 분모 항에 있는 반응물의 농도가 증가하여 일시적으로 Q가 K보다 작아진다. $Q < K$이므로 $Q = K$가 될 때까지 반응물을 소모하면서 생성물을 형성한다. 즉, 반응물이 평형계에 가해지면 반응물이 생성물로 변하는 형태로 대응한다.
- 생성물을 평형 혼합물에 첨가하면 Q가 일시적으로 K보다 커진다. 생성물이 Q의 분자 항에 있기 때문이다. 그러면 $Q > K$이므로 다시 $Q = K$가 될 때까지 반응 혼합물은 생성물을 소모하면서 반응물을 형성하려고 한다. 즉, 생성물이 평형계에 가해지면 생성물이 반응물로 변하는 형태로 대응한다.

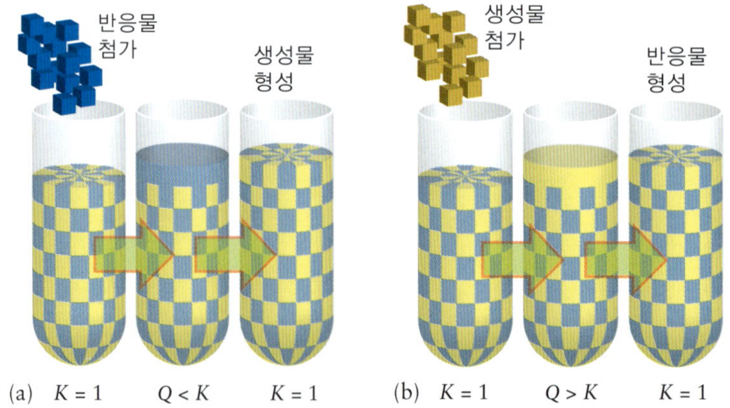

그림 5I.3 (a) 평형 반응 혼합물에 반응물(파랑)을 첨가하면 $Q < K$가 되어, 생성물이 더 형성되려고 한다. (b) 생성물(노랑)을 첨가하면 $Q > K$가 되어, 반응물이 더 형성되려고 한다. 이 반응의 경우 파랑 ⇌ 노랑 평형에 대해 $K = 1$을 사용하였다.

예제 5I.1 반응물과 생성물의 첨가나 제거의 효과 예측

산화 질소 NO는 질산 제조의 중간체이다. 상업적으로는 암모니아의 조절된 산화로 생산된다. $4\,NH_3(g) + 5\,O_2(g) \rightleftharpoons 4\,NO(g) + 6\,H_2O(g)$ 평형으로 생산되는 NO의 양을 증가시킬 방안을 강구한다고 하자. (a) NO의 제거, (b) NH_3의 첨가, (c) H_2O의 첨가가 각 평형 농도에 미치는 효과를 예측하시오.

예상 생성물의 제거와 반응물의 첨가는 생성물이 형성되는 쪽으로 평형을 이동시키므로, (a)와 (b)에서는 평형이 생성물 쪽으로 이동하고, (c)에서는 반응물 쪽으로 이동하리라 예상한다.

계획 각 변화가 Q 값에 어떤 영향을 주며, 다시 평형에 도달하려면 어떤 변화가 필요한지 고려한다.

풀이

이 반응에서는

$$4NH_3(g) + 5O_2(g) \rightleftharpoons 4NO(g) + 6H_2O(g) \quad Q = \frac{(P_{NO})^4(P_{H_2O})^6}{(P_{NH_3})^4(P_{O_2})^5}$$

(a) 평형 혼합물에서 NO(생성물)를 제거하면 Q가 K보다 작아져, 반응물이 소모되면서 생성물이 더 생기는 쪽으로 평형이 조정된다.
(b) NH_3가 평형계에 첨가되면 Q가 K보다 작아져, 또다시 반응물이 소모되면서 생성물이 더 생기는 쪽으로 평형이 조정된다.
(c) H_2O를 첨가하면 Q가 K보다 커져 생성물이 소모되면서 반응물이 생기게 된다.

평가 예상한 대로, 반응은 (a)와 (b)의 경우 생성물 쪽으로 이동하고, (c)의 경우 반응물 쪽으로 이동한다.

자습 5I.1A $SO_3(g) + NO(g) \rightleftharpoons SO_2(g) + NO_2(g)$ 평형을 생각해 보자. (a) NO의 첨가, (b) NO_2의 첨가, (c) SO_2의 제거가 평형에 미치는 효과를 예측하시오.

[**답**: 평형은 (a) 생성물, (b) 반응물, (c) 생성물 쪽으로 이동하는 경향이 있음]

자습 5I.1B $CO(g) + 2\,H_2(g) \rightleftharpoons CH_3OH(g)$의 평형을 생각해 보자. (a) H_2의 첨가, (b) CH_3OH의 제거, (c) CO의 제거가 평형에 미치는 효과를 예측하시오.

관련 연습 문제 5I.1~5I.4

Le Chatelier 원리는 반응이 계속해서 물질을 생성하도록 하는 좋은 방법을 제시한다. 즉, 생성물이 형성되면 간단히 제거하는 것이다. 계속해서 평형에 다가가면서 반응은 추가적인 생성물을 생성한다. 이러한 이유로 산업 공정이 평형에 도달하는 것은 거의 허용되지 않는다. 예를 들어 상업적인 암모니아 합성에서는 평형 혼합물을 암모니아만 응축되는 냉각 장치로 순환시켜 암모니아를 지속적으로 제거한다. 따라서 수소와 질소는 계속 반응하여 추가 생성물을 형성한다.

예제 5I.2 이차 방정식을 이용한 평형 조성의 계산

인 화합물을 공급하는 화학 공장을 설계하면서, $PCl_5(g) \rightleftharpoons PCl_3(g) + Cl_2(g)$ 반응의 평형 성질을 조사할 필요가 있다고 상상해 보자. 250. °C에서 반응이 평형에 도달하였다(성분별 평형 부분 압력은 $P_{PCl_5} = 0.02$ bar, $P_{PCl} = 1.28$ bar, $P_{Cl_2} = 1.28$ bar이고, $K = 78.3$이다). 부피 500. mL 용기 속의 평형 혼합물에 $Cl_2(g)$ 0.0100 mol을 첨가하여 다시 평형에 이르도록 하였다. 이 정보를 이용하여 평형 혼합물의 새 조성을 계산하시오.

예상 생성물을 첨가하였으므로 생성물이 소모되면서 반응물이 생기는 쪽으로 반응이 대응하리라 예상한다.

계획 반응이 생성물 쪽으로 진행하지는 않겠지만 일반적 과정은 도구상자 5H.1의 내용을 따른다. 평형 상수에 관한 식을 쓰고, 평형 표를 만든다. 이 경우에는 시약을 첨가한 직후, 그러나 반응이 대응하기 전의 압력을 초기 부분 압력으로 간주한다.

풀이 추가로 첨가한 $Cl_2(g)$ 0.0100 mol은 부분 압력으로는 다음과 같다.

$P_J = n_J RT/V$로부터

$$P_{Cl_2} = \frac{(0.0100\ \text{mol})\times(8.3145\times10^{-2}\ \text{L·bar·K}^{-1}\text{·mol}^{-1})\times(523\ \text{K})}{0.500\ \text{L}} = 0.870\ \text{bar}$$

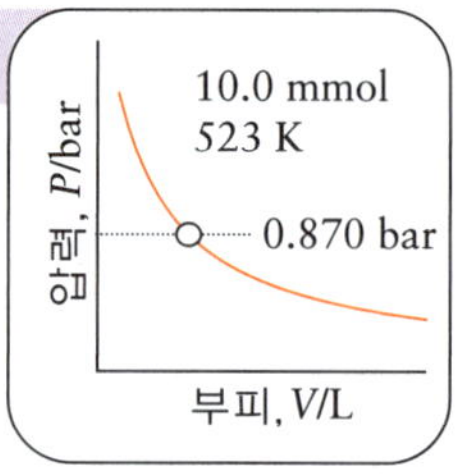

그러므로 염소 기체를 추가한 직후 염소의 총 부분 압력은 1.28 + 0.870 bar = 2.15 bar이다. 생성물의 부분 압력은 감소하고, 반응물의 부분 압력은 증가할 것임을 염두에 두고, 부분 압력을 bar 단위로 하여 다음과 같은 표를 만든다. 반응은 다음과 같다.

$$PCl_5(g) \rightleftharpoons PCl_3(g) + Cl_2(g) \quad K = \frac{P_{PCl_3}P_{Cl_2}}{P_{PCl_5}}$$

	PCl_5	$\rightleftharpoons$	PCl_3	+	Cl_2
1단계 초기 부분 압력	0.02		1.28		2.15
2단계 부분 압력의 변화	$+x$		$-x$		$-x$
3단계 평형 부분 압력	$0.02+x$		$1.28-x$		$2.15-x$

그러면 K 표현으로부터 다음을 얻는다.

$$K = \frac{(1.28-x)\times(2.15-x)}{0.02+x} = \frac{2.75-3.43x+x^2}{0.02+x}$$

$K = 78.3$으로 놓고 식을 재정리한다.

$$78.3 = \frac{2.75-3.43x+x^2}{0.02+x}$$
$$78.3\times(0.02+x) = 2.75-3.43x+x^2$$
$$1.57+78.3x = 2.75-3.43x+x^2$$
$$x^2-81.7x+1.18=0$$

x 값을

이차 방정식의 근의 공식(혹은 소프트웨어)을 이용하여 구한다.

$x = 81.7...$ 혹은 $0.0144...$

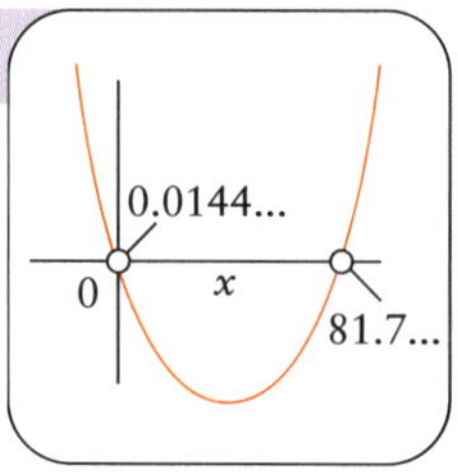

$x = 0.0144...$를 선택한다(부분 압력은 양의 값을 가져야 하기 때문이다). 따라서 평형에서는

$P_{PCl_5} = 0.02 + x$ bar에서, $P_{PCl_5} = 0.02 + 0.01\ \text{bar} = 0.03\ \text{bar}$

$P_{PCl_3} = 1.28 - x$ bar에서, $P_{PCl_3} = 1.28 - 0.01\ \text{bar} = 1.27\ \text{bar}$

$P_{Cl_2} = 2.15 - x$ bar에서, $P_{Cl_2} = 2.15 - 0.01\ \text{bar} = 2.14\ \text{bar}$

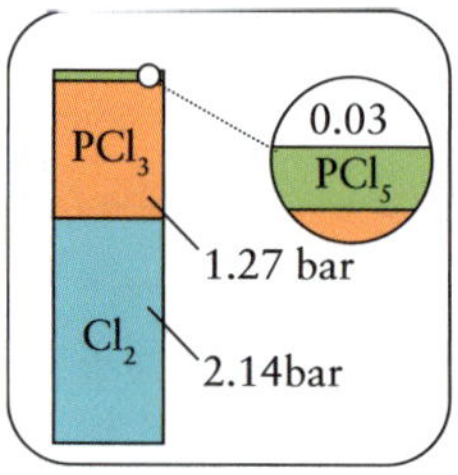

평가 예상한 바와 같이 반응물의 부분 압력은 증가하였고, 생성물의 부분 압력은 초기보다 감소하였다(**그림 5I.4**).

자습 5I.2A 예제 5H.3의 평형 혼합물에 $N_2(g)$ 3.00 mol을 첨가하여 교란하고, 계를 다시 평형에 이르게 하였다고 하자. 이 정보와 예제 5H.3의 자료를 이용하여 평형 혼합물의 새 조성을 계산하시오.

[**답**: N_2, 23.2 bar; O_2, 6.21 bar; N_2O, 1.0×10^{-12} bar]

자습 5I.2B 298 K에서 질소, 수소, 암모니아 기체가 부피 1.00 L 용기 안에서 평형에 이르렀다. 평형 부분 압력은 N_2가 0.080 atm, H_2가 0.050 atm, NH_3가 2.60 atm이었다. $N_2(g) + 3\ H_2(g) \rightleftharpoons 2\ NH_3(g)$ 반응의 평형 상수는 $K = 6.8\times10^5$이다. NH_3의 절반을 용기에서 제거하고 새로운 평형에 이르도록 한다면, 새로운 평형 부분 압력은 얼마일지 계산하시오.

관련 연습 문제 5I.7, 5I.8

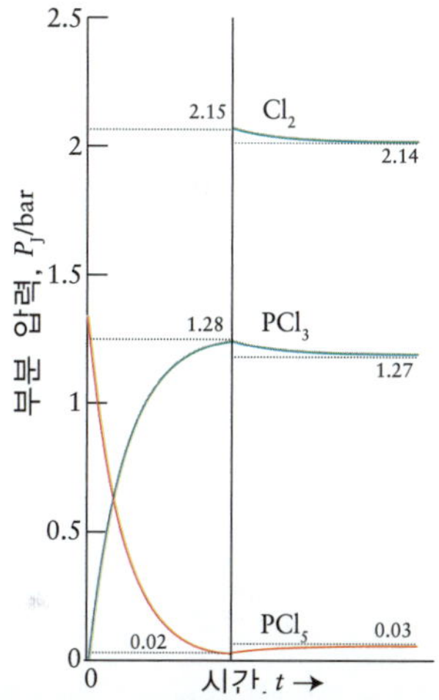

그림 5I.4 그림 5H.4에서 설명한 평형 혼합물의 염소 첨가에 대한 대응. Cl_2가 첨가될 때까지는 Cl_2와 PCl_3의 곡선이 겹쳐져 있다.

Le Chatelier 원리는 변화하는 조건에 대한 화학 계의 반응에 대한 정성적 지침이며, 화학 이야기 5I.1에서 논의된 것처럼, 항상성과 관련된 생물학적 과정에도 적용할 수 있다. 다음 절들에서는 이를 보다 정량적으로 살펴본다.

평형 조성이 반응물이나 생성물의 첨가나 제거에 의해서 교란된다면, 반응은 *Q*의 값이 *K*와 같아지는 방향으로 일어나게 된다.

화학 이야기 5I.1 항상성과 무슨 연관이 있는가?

생체는 닫힌 계가 아니므로 살아 있는 계에서의 진짜 평형은 산과 염기 간의 반응처럼 매우 빠른 반응에서만 도달될 수 있다. 그러나 일반적으로 우리 신체는 온도나 혈액 속의 특정 화합물의 농도처럼 여러 특성이 거의 일정한 값들로 유지된다. 신체는 일정한 내부 조건의 유지라는 **항상성(homeostasis)**을 통해서 유익한 환경을 유지한다. 항상성은 진짜 평형은 아니다. 왜냐하면 보통은 원하는 정도에서 위아래로 약간의 편차가 있기 때문이다. 그러나 생체는 화학 평형에 있는 계에서와 같은 방식으로 조건의 변화에 대응하며, Le Chatelier 원리를 따른다.

화학 평형을 포함하는 중요한 항상성 생물학적 과정의 하나는 산소의 운반이다. 혈액 속의 산소 대부분은 헤모글로빈(Hb)에 의해서 운반된다. 혈액이 폐 조직을 통해 흐를 때는 약 98%의 헤모글로빈 분자가 산소 분자를 붙잡으며, 추가로 소량의 산소가 혈장(혈액 세포가 분산되어 있는 용액)에 용해된다. 그러나 혈액이 폐로부터 멀리 떨어진 근육 조직의 모세 혈관으로 오게 되면 헤모글로빈 분자는 산소가 결핍된 조직으로 둘러싸이고, 혈장의 산소 농도는 떨어지게 된다. 다시 평형 조성에 이르도록 얼마간의 헤모글로빈 분자가 산소 분자를 방출하면서 $Hb(aq) + O_2(aq) \rightleftharpoons HbO_2(aq)$의 평형은 반응물 쪽으로 이동한다.

근육에서는 산소가 산소 저장 단백질인 미오글로빈(Mb)에 저장되어 있어 필요할 때 즉각 사용할 수 있다. 그림은 헤모글로빈과 미오글로빈이 산소의 부분 압력 변화에 따라서 O_2를 어떻게 흡수하는지 보여 준다. Hb 포화 곡선의 모양은 Hb가 폐에서는 Mb만큼 O_2를 거의 가득히 붙일 수 있고, 유기체의 다른 영역에서는 Mb보다는 더 잘 내놓을 수 있음을 나타낸다. 폐에서는 $P_{O_2} \approx 105$ Torr이라 98%의 Hb 분자가 O_2를 받아들여 거의 완전한 포화를 이룬다. 쉬고 있는 근육 조직에서는 O_2의 농도가 약 40 Torr의 부분 압력에 해당하여 Hb 분자 75%가 산소로 포화되어 있다. 산소가 여전히 충분히 있어서 갑작스런 활동도 가능하다. 국부적 부분 압력이 20 Torr까지 떨어지면 포화된 Hb 분자의 분율이 약 10%까지 떨어진다. 곡선의 가장 급격한 부분은 일반적인 조직의 산소 부분 압력 영역에 해당함을 주목하자. 반면에 미오글로빈은 P_{O_2}가 약 20 Torr 이하로 떨어질 때만 O_2를 방출하기 시작하므로, 이는 Hb의 산소가 소진되었을 때 끌어낼 수 있는 저장고로 작용한다.

신체의 견디는 과정에 과부하가 걸리면 항상성 유지에 실패할 수 있다. 그 결과는 갑작스럽고, 심지어는 치명적인 병을 일으키게 된다. 산악 등반가는 높은 고도에서 저산소 조건을 접하며, 이때 갑작스럽게 올라가면 폐가 항상성을 유지하는 데 충분한 산소를 공급할 수 없게 된다. 이러한 이유로 산악 등반가는 때로는 등반 전에 높은 고도의 베이스캠프에서 쉬면서 몸이 더 많은 헤모글로빈 분자를 생성하도록 한다. 마찬가지로 일부 운동선수는 낮은 고도에서 경쟁할 때 산소 운반 능력을 높이기 위해 높은 고도에서 훈련하는 것을 선호한다.

관련 연습 문제 5.57, 5.58

참고 문헌

H. Modell, W. Cliff, J. Michael, J. McFarland, M. P. Wenderoth, and A. Wright, "A Physiologist's View of Homeostasis," *Advances in Physiology Education*, vol. 39, no. 4, 2015, pp. 259–266. https://journals.physiology.org/doi/full/10.1152/advan.00107.2015

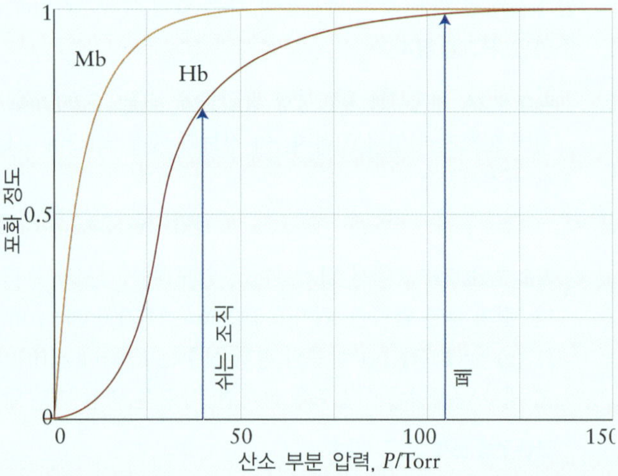

산소의 부분 압력에 따른 미오글로빈(Mb)과 헤모글로빈(Hb)의 포화 정도의 변화. 이들 곡선이 다른 모양을 보여 주는 것은 두 단백질의 생물학적 기능이 다르다는 것을 의미한다.

51.2 반응 혼합물의 압축

기체상 평형은 압축(반응 용기의 부피 축소)에 대응할 수도 있다. Le Chatelier 원리에 따르면 조성은 압력 증가를 최소화하는 방식으로 변화하려고 할 것이다. 예를 들어, 기체 I_2가 분해하여 원자 I가 형성되는 $I_2(g) \rightleftharpoons 2\,I(g)$ 반응에서, 기체 반응물 분자 1 mol은 기체 생성물 원자 2 mol을 생성한다. 정반응은 용기 내 입자 수를 증가시켜 결과적으로 계의 전체 압력을 증가시키고, 그 역반응은 압력을 감소시킨다. 혼합물이 압축되면 평형 조성은 반응물 I_2를 선호하는 쪽으로 이동할 것이다. 왜냐하면 이런 대응이 압력의 증가를 최소화하기 때문이다(**그림 51.5**). 계의 팽창은 반대 대응, 즉 I_2가 분해하여 자유 원자가 되도록 할 것이다.

암모니아의 생성 반응 A에서는 4 mol의 기체 분자로부터 2 mol의 기체 분자가 생성된다. Haber는 암모니아의 수율을 증가시키려면 기체를 크게 압축한 상태에서 합성을 수행하는 것이 필요하다는 것을 인지하였다. 공업적 과정에서는 실제로 250. atm 정도의 압력을 사용하고 있다(**그림 51.6**).

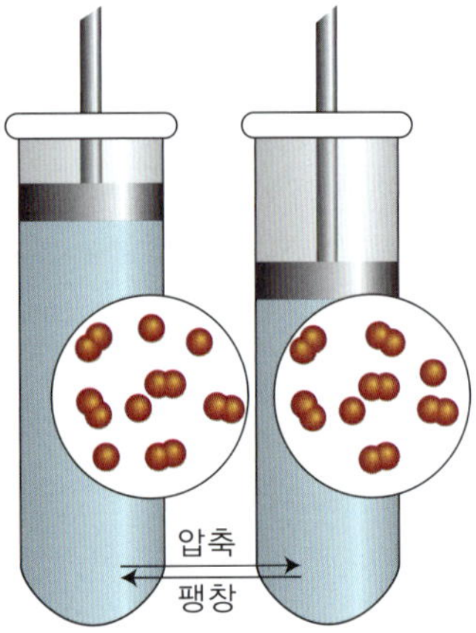

그림 51.5 Le Chatelier 원리에 의하면 평형에 있는 반응을 압축하면 기체상의 분자 수가 감소하는 쪽으로 평형이 이동해야 한다. 이 도표는 이원자 분자의 해리 평형에 관하여 압축과 팽창이 미치는 효과를 설명해 준다. 계를 압축하면 이원자 분자의 상대적 농도가 증가하고, 계를 팽창하면 감소함을 주목하자.

그림 51.6 암모니아의 촉매화 합성에 사용되는 고압 용기. 이 용기는 250 atm 이상의 내부 압력에 견딜 수 있어야 한다. (© *saoirse2013/Shutterstock*)

예제 5I.3 평형에 미치는 압축 효과 예측

사산화 이질소 N_2O_4는 로켓 추진제로, 이산화 질소 NO_2의 이합체화로 제조할 수 있다. 여러분이 N_2O_4를 생산하는 화학 기사라면 합성을 위해 고압을 사용해야 할지 저압을 사용해야 할지 알 필요가 있다. (a) $2\ NO_2(g) \rightleftharpoons N_2O_4(g)$와 (b) $N_2(g) + O_2(g) \rightleftharpoons 2\ NO(g)$의 평형에 도달한 반응 혼합물의 평형 조성에 압축이 미치는 효과를 예측하시오.

계획 압력의 증가를 감소시키는 방향으로 반응이 일어날 것이며, 기체 분자의 개수가 적으면 낮은 압력이 된다. 따라서 반응물 기체 분자의 개수와 생성물 기체 분자의 개수를 비교한다.

풀이 (a) 정반응에서는 NO_2 분자 두 개가 결합하여 N_2O_4 분자 하나를 생성한다. 따라서 압축은 N_2O_4의 생성을 선호한다. (b) 어느 방향도 기체상 분자의 개수를 줄이지 않으므로 혼합물의 압축은 평형 혼합물의 조성에 아무런 효과를 미치지 않는다(실제로는 기체의 비이상성으로 약간의 효과가 있다).

자습 5I.3A $CH_4(g) + H_2O(g) \rightleftharpoons CO(g) + 3\ H_2(g)$ 반응의 평형 조성에 압축이 미치는 효과를 예측하시오.

[**답**: 반응물이 선호됨]

자습 5I.3B $CO_2(g) + H_2O(l) \rightleftharpoons H_2CO_3(aq)$ 반응의 평형 조성에 압축이 미치는 효과를 예측하시오.

관련 연습 문제 5I.9, 5I.10

계를 압축하면 K 자체는 변하지 않지만 K 표현에 나타나는 개개의 부분 압력은 변한다는 것을 보여 줌으로써 평형 혼합물에서의 압축 효과를 설명할 수 있다.

어떻게 다루는가?

$2\ NO_2(g) \rightleftharpoons N_2O_4(g)$ 평형에의 압축 효과를 찾는다고 하자. 평형 상수를 완전한 형태로 써 보자(단위에 유의).

$$K = \frac{P_{N_2O_4}/P^\circ}{(P_{NO_2}/P^\circ)^2}$$

계의 부피에 초점을 맞춰야 하므로, 압축을 고려하려면 K를 부피의 함수로 기술한다. 이때 각 화합물에 대해 $P_J = n_J RT/V$를 적용한다.

$$K = \frac{n_{N_2O_4}RT/VP^\circ}{(n_{NO_2}RT/VP^\circ)^2} = \frac{n_{N_2O_4}}{(n_{NO_2})^2} \times \frac{P^\circ}{RT} \times V$$

일정 온도에서 P°/RT는 상수이므로 계의 부피(V)가 감소할 때 K가 일정한 값에 있으려면 비율 $n_{N_2O_4}/(n_{NO_2})^2$가 증가해야 한다. 즉, NO_2의 양은 감소하고 N_2O_4의 양은 증가해야 한다. 그러므로 계의 부피가 감소하면 기체 분자의 총 개수가 적어지는 쪽으로 평형이 이동한다. 반대로, 계가 팽창한다면 NO_2가 더 생기게 되고, 기체 분자의 총 개수가 증가하는 방향으로 평형이 이동할 것이다.

일정한 부피의 용기에 아르곤이나 기타 영족 기체를 불어 넣어서 반응 용기 내의 전체 압력을 증가시킨다고 하자. 반응하는 기체는 계속 같은 부피를 차지하므로, 영족 기체가 존재한다고 하더라도 그들의 개별 몰농도와 부분 압력은 변하지 않고 유지된다. 따라서 이 경우에는 기체를 이상적으로 생각할 수 있다면, 전체 압력이 증가함에도 불구하고 평형 조성은 영향을 받지 않는다.

평형에 있는 반응 혼합물을 압축시키면, 반응은 기체상 분자 수가 감소하는 방향으로 일어나게 된다. 영족 기체를 추가하여 압력을 증가시키면 이상적 거동을 하는 기체들의 평형 조성에 영향을 주지 않는다.

5I.3 온도와 평형

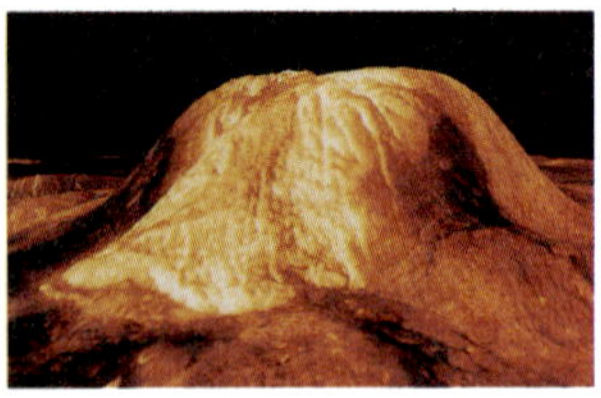

그림 5I.7 금성 표면의 레이더 영상. 비록 바위는 대단히 뜨겁지만, 대기의 이산화 탄소 부분 압력이 매우 커서 탄산염이 풍부할 수 있다. (*NASA/JPL.*)

반응의 평형 상수는 온도에 의존한다. 두 실험적 관찰이 이런 의존성을 종합한다. 발열(열을 방출) 반응에서는 온도를 올리면 평형 혼합물의 조성이 반응물을 선호하는 쪽으로(K가 감소) 이동하고, 흡열(열을 흡수) 반응에서는 반대이다(K가 증가).

Le Chatelier 원리는 이러한 관찰과 부합한다. 발열 반응에서는 조성이 반응물 쪽으로 이동하므로 열이 덜 발생하고, 이것이 온도 상승을 상쇄하는 데 도움을 주는 것으로 볼 수 있다. 마찬가지로 흡열 반응에서는 조성이 생성물 쪽으로 이동하므로 더 많은 열을 흡수하게 되고, 이것이 온도 상승을 상쇄하는 데 도움을 준다.

한 예는 탄산염의 분해와 $CaCO_3(s) \rightleftharpoons CaO(s) + CO_2(g)$의 평형이다. $CaCO_3(s) \rightarrow CaO(s) + CO_2(g)$ 반응은 매우 흡열적이다. 그래서 온도가 매우 높을 때만 평형에서 이산화 탄소가 상당한 부분 압력으로 존재한다. 예를 들어, 800 °C의 평형에서는 부분 압력이 0.22 atm이다.

탄산염 분해의 평형이 실제로 일어날지는 반응을 어떻게 진행하느냐에 의존한다. 만일 분해가 열린 용기에서 일어나면, 부분 압력은 0.22 atm에 절대 도달하지 않으며, 평형에 결코 도달할 수 없다. 기체는 날아가 버리고 탄산 칼슘은 완전히 해리하여 CaO만이 고체 잔류물로 남는다. 그러나 주위의 이산화 탄소의 부분 압력이 이미 0.22 atm 이상이면, 사실상 아무런 해리도 일어나지 않는다. 형성된 CO_2 분자마다 곧바로 CaO와 반응하여 탄산염으로 되돌아간다. 이러한 동적 과정은 아마도 이산화 탄소의 부분 압력이 대략 87 atm인 금성의 뜨거운 표면에서 일어날 것이다(그림 5I.7). 표면의 온도가 높음에도 불구하고(약 500 °C), 이러한 고압 때문에 그 행성의 표면에는 탄산염이 풍부할 것으로 추측된다.

예제 5I.4 평형에 미치는 온도 효과 예측

산 제조의 한 단계는 산화 바나듐(V) 촉매 존재하에 SO_2와 O_2의 반응으로 삼산화 황을 생성하는 것이다. 삼산화 황의 평형 조성을 증가시킬 방안을 강구한다고 상상해 보자. 온도를 증가시킬 때 삼산화 황의 평형 조성이 어떻게 변화할지 예측하시오.

예상 연소 반응은 모두 발열 반응이다. 따라서 온도를 높이면 평형이 반응물을 선호하는 쪽으로 이동할 것으로 예상한다.

계획 반응이 발열인지 확인한다. 표준 반응 엔탈피를 알기 위해 부록 2A에 나와 있는 표준 생성 엔탈피를 이용한다.

풀이

화학 반응식은 다음과 같다.

$$2SO_2(g) + O_2(g) \xrightleftharpoons{V_2O_5} 2SO_3(g)$$

정반응의 표준 반응 엔탈피는 다음과 같다.

$$\Delta H° = (2\text{ mol}) \times \Delta H_f°(SO_3,g) - \{(2\text{ mol}) \times \Delta H_f°(SO_2,g) + (1\text{ mol}) \times \overbrace{\Delta H_f°(O_2,g)}^{\Delta H_f°=0}\}$$
$$= 2(-395.75\text{ kJ}) - 2(-296.83\text{ kJ}) = -197.78\text{ kJ}$$

평가 SO_3의 형성은 발열이어서 평형 혼합물의 온도를 높이면 SO_3의 SO_2 및 O_2로의 분해가 선호되므로, 예상한 바와 같이 SO_2와 O_2의 압력은 증가하고, SO_3의 압력은 감소한다.

자습 5I.4A $N_2O_4(g) \rightleftharpoons 2\ NO_2(g)$ 반응의 평형 조성에 온도 증가가 미치는 영향을 예측하시오. 부록 2A의 자료를 참고하시오.

[**답**: NO_2의 압력이 증가함]

자습 5I.4B $2\ CO(g) + O_2(g) \rightleftharpoons 2\ CO_2(g)$ 반응의 평형 조성에 온도 감소가 미치는 영향을 예측하시오. 부록 2A의 자료를 참고하시오.

관련 연습 문제 5I.11, 5I.12

평형 조성에 미치는 온도 영향은 평형 상수의 온도 의존성에서 발생한다. 평형의 다른 모습과 같이 온도 의존성을 이해하는 데에도 반응 속도론과 열역학적 방법이 있다.

어떻게 다루는가?

반응 속도론을 이용한 설명

Topic 7C의 식 3($K = k_r/k_r'$)에 나와 있는 정방향과 역방향의 속도 상수는 Arrhenius 식에 따라 온도에 의존한다. $K = k_r/k_r'$와 두 속도 상수에 대한 Arrhenius 식으로부터 다음이 성립한다

$$K = \frac{A e^{-E_a/RT}}{A' e^{-E_a'/RT}} \overset{e^x/e^y = e^{x-y}}{=} \frac{A}{A'} e^{-(E_a - E_a')/RT}$$

정반응과 역반응의 활성화 에너지 차이는 반응 엔탈피로 간주할 수 있어(**그림 5I.8**), 다음이 성립한다.

$$K = 상수 \times e^{-\Delta H_r°/RT}$$

따라서

$$\ln K \overset{\ln e^x = \ln x + \ln y,\ \ln e^x = x}{=} \ln(상수) - \frac{\Delta H_r°}{RT}$$

온도 T_1과 T_2에서의 평형 상수를 K_1과 K_2라고 하고, 반응 엔탈피의 온도 의존성을 무시한다면 다음이 성립하게 된다.

$$\ln K_1 - \ln K_2 = \left\{\ln(상수) - \frac{\Delta H_r°}{RT_1}\right\} - \left\{\ln(상수) - \frac{\Delta H_r°}{RT_2}\right\}$$

$$\ln K_1 - \ln K_2 = -\frac{\Delta H_r°}{R}\left\{\frac{1}{T_1} - \frac{1}{T_2}\right\}$$

열역학을 이용한 설명

온도 T_1과 T_2에서의 평형 상수 K_1과 K_2 및 두 온도에서의 표준 반응 Gibbs 자유 에너지 사이에는 다음의 관계가 존재한다.

$$\Delta G_{r,1}° = -RT_1 \ln K_1 \quad \Delta G_{r,2}° = -RT_2 \ln K_2$$

두 식을 다음과 같이 재배열하자.

$$\ln K_1 = -\frac{\Delta G_{r,1}°}{RT_1} \quad \ln K_2 = -\frac{\Delta G_{r,2}°}{RT_2}$$

첫 번째 식에서 두 번째 식을 빼 주면 다음을 얻는다.

$$\ln K_1 - \ln K_2 = -\frac{1}{R}\left\{\frac{\Delta G_{r,1}°}{T_1} - \frac{\Delta G_{r,2}°}{T_2}\right\}$$

이제 $\Delta H_r°$와 $\Delta S_r°$ 항으로 정의된 $\Delta G_r°$를 도입하자. 즉,

$$\Delta G_{r,1}° = \Delta H_{r,1}° - T_1\Delta S_{r,1}°$$
$$\Delta G_{r,2}° = \Delta H_{r,2}° - T_2\Delta S_{r,2}°$$

통상적으로 $\Delta H_r°$와 $\Delta S_r°$ 둘 다 주목하는 온도 범위에서는 거의 온도에 무관하다고 가정하여도 무방하다. 이 근사를 쓰면 반응 엔트로피는 상쇄되고 다음을 얻는다.

$$\ln K_1 - \ln K_2 = -\frac{\Delta H_r°}{R}\left\{\frac{1}{T_1} - \frac{1}{T_2}\right\}$$

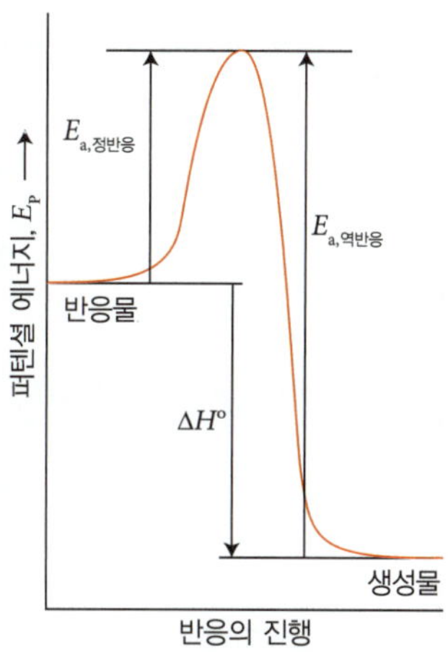

그림 5I.8 정반응과 역반응의 활성화 에너지 차이는 생성물과 반응물의 (몰) 에너지 차이이다. 이 차이는 표준 반응 엔탈피와 거의 같다고 보아도 무방하다.

어느 쪽이든 위에서 유도한 식은 온도 효과에 관한 Le Chatelier 원리의 정량적 표현이다. 식의 양변에 −1을 곱하고, $\ln a - \ln b = \ln(a/b)$를 이용하면 다음과 같은 **van't Hoff 식**(**van't Hoff equation**)으로 나타낼 수 있다.

$$\ln\frac{K_2}{K_1} = \frac{\Delta H_r{}^\circ}{R}\left\{\frac{1}{T_1} - \frac{1}{T_2}\right\} \tag{1}$$

이 식에서 K_1은 온도 T_1에서의 평형 상수이고, K_2는 온도 T_2에서의 평형 상수이다. 이 식은 삼투에 대한 van't Hoff 식과 구별하기 위해 van't Hoff **등적선**(isochore)이라고도 한다(Topic 5E). 등적선은 일정한 부피에서 특성의 변화를 도표로 나타낸 것이다(van't Hoff 등적선은 기체가 이상적으로 행동하고 부피가 일정할 때의 식으로 K 대신 K_c, 엔탈피 H 대신 내부 에너지 U를 쓰는 것이다—역자 주).

이 방정식의 의미는 무엇인가?

반응이 흡열이면 $\Delta H_r{}^\circ$는 양수이다. 만일 $T_2 > T_1$이면 $1/T_2 < 1/T_1$이므로 괄호 안의 항은 양수이다. 그러므로 $\ln(K_2/K_1)$은 양수이며, 이는 $K_2/K_1 > 1$이고, $K_2 > K_1$을 의미한다. 다시 말하면 반응이 흡열일 경우 온도의 증가는 생성물의 형성을 선호한다. 발열 반응의 경우에는 $\Delta H_r{}^\circ$이 음수이므로 반대 효과가 예상된다. 따라서 van't Hoff 식은 평형에 관한 Le Châtelier의 온도 효과를 설명해 준다.

예제 5I.5 다른 온도에서의 평형 상수 값 예측

대부분의 반응은 고온에서 빨리 진행하므로 많은 공업적 과정이 고온에서 수행된다. 그러나 발열 반응에서는 온도가 증가하면 평형 상수가 감소하여 반응 수율이 떨어지게 된다. 온도 상승 효과를 고찰하면서 암모니아 합성 반응의 수율을 증가시킬 방안을 강구한다고 상상해 보자. 암모니아 합성(반응 A)의 평형 상수 K는 298 K에서 6.8×10^5이다. 400. K에서의 평형 상수를 예측하시오.

예상 암모니아 합성은 발열 반응이므로 높은 온도에서는 평형 상수가 작을 것으로 예상한다.

계획 van't Hoff 식을 사용하기 위하여 표준 반응 엔탈피가 필요하며, 부록 2A의 표준 생성 엔탈피로부터 이를 계산할 수 있다. 식 1은 '몰당' 규약의 사용을 요구한다.

무엇을 가정해야 하는가? 기체는 이상 기체이며, 반응 엔탈피는 관심 온도 영역에서 일정하다고 가정한다.

풀이 A의 정반응에 해당하는 표준 반응 엔탈피는 다음과 같다.

$$\Delta H_r{}^\circ = 2\Delta H_f{}^\circ(NH_3, g) = 2(-46.11\ kJ\cdot mol^{-1})$$
$$= -92.22\ kJ\cdot mol^{-1} = -9.22\times10^4\ J\cdot mol^{-1}$$

$\ln(K_2/K_1) = (\Delta H_r{}^\circ/R)\{(1/T_1)-(1/T_2)\}$로부터 다음을 얻는다.

$$\ln\frac{K_2}{K_1} = \frac{-9.222\times10^4\ J\cdot mol^{-1}}{8.3145\ J\cdot K^{-1}\cdot mol^{-1}} \times \left(\frac{1}{298\ K} - \frac{1}{400.\ K}\right) = -9.49\ldots$$

역로그(e^x)를 취한다.

$$K_2 = K_1 e^{-9.49\ldots} = (6.8\times10^5)\times e^{-9.49\ldots} = 51$$

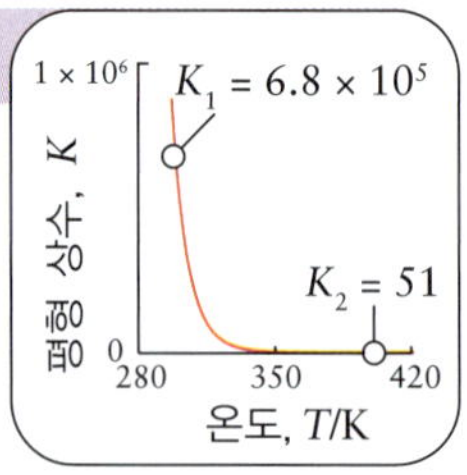

유의 사항

마지막으로 주의 사항 하나를 덧붙인다. 기체를 포함하는 반응에 vant' Hoff 식을 적용할 때는 평형 상수로 K_c가 아니라 K를 사용해야 한다. 만일 기체상 반응에 관한 새 K_c를 구하고자 한다면, 반드시 처음 온도에서 K_c를 K로 바꾸고(Topic 5G의 식 4b, $K = (RT)^{\Delta n_r}K_c$를 이용하여), van't Hoff 식을 사용하여 새 온도에서의 K 값을 계산하며, 마지막으로 새 온도에서의 K를 K_c로 전환한다.

발열 반응에서는 온도를 올리면 K가 감소한다. 흡열 반응에서는 온도를 올리면 K가 증가한다. van't Hoff 식은 이런 효과를 정량적으로 나타낸다.

이 Topic에서 배운 것은 무엇인가?

평형의 동적 특성 때문에, 반응물이나 생성물의 첨가나 온도 변화에 반응이 즉각적으로 대응한다는 것을 배웠다. 이제 Le Chatelier 원리를 이용하여 조건 변화의 효과를 예측할 수 있게 되었고, van't Hoff 식을 이용하여 온도 효과를 정량적으로 예측할 수 있게 되었다.

개념과 식의 적용

- ☐ 시약의 첨가나 제거(예제 5I.1과 5I.2), 혼합물의 압축이나 팽창(예제 5I.3), 온도의 변화(예제 5I.4)가 반응 혼합물의 평형 조성에 어떠한 영향을 미치는지 예측하는 데 Le Chatelier 원리를 이용한다.
- ☐ 한 온도에서의 K 값으로부터 다른 온도에서의 K 값을 예측한다(예제 5I.5).

Topic 5I 연습 문제

5I.1 $CO(g) + H_2O(g) \rightleftharpoons CO_2(g) + H_2(g)$의 평형을 생각해 보자. (a) CO_2의 부분 압력을 증가시키면 H_2의 부분 압력은 어떻게 되겠는가? (b) CO의 부분 압력을 감소시키면 CO_2의 부분 압력은 어떻게 되겠는가? (c) CO의 농도를 증가시키면 H_2의 농도는 어떻게 되겠는가? (d) H_2O의 농도를 감소시키면 이 반응의 평형 상수는 어떻게 되겠는가?

5I.2 $CH_4(g) + 4\ I_2(s) \rightleftharpoons CI_4(g) + 4\ HI(g)$의 평형을 생각해 보자. (a) CH_4의 부분 압력을 증가시키면 CI_4의 부분 압력은 어떻게 되겠는가? (b) CI_4의 부분 압력을 감소시키면 I_2의 양은 어떻게 되겠는가? (c) HI의 농도를 증가시키면 이 반응의 평형 상수는 어떻게 되겠는가? (d) I_2의 양을 증가시키면 CI_4의 농도는 어떻게 되겠는가?

5I.3 네 기체 NH_3, O_2, NO, H_2O를 반응 용기에 넣고 혼합하여 $4\ NH_3(g) + 5\ O_2(g) \rightleftharpoons 4\ NO(g) + 6\ H_2O(g)$ 반응을 평형에 이르게 하였다. 그러고 나서 이 혼합물에 약간의 변화(다음 표 참조)를 주었다. 각 변화를 별도로 고려하여 첫 번째 열의 변화가 두 번째 열에 있는 양의 원래의 평형 값(또는 K)에 미치는 효과(증가, 감소 또는 불변)를 말하시오. 온도와 부피는 일정하다.

변화	양
(a) NO 추가	H_2O의 양
(b) NO 추가	O_2의 양
(c) H_2O 제거	NO의 양
(d) O_2 제거	NH_3의 양
(e) NH_3 추가	K
(f) NO 제거	NH_3의 양
(g) NH_3 추가	O_2의 양

5I.4 네 화합물 HCl, I_2, HI, Cl_2를 반응 용기에 넣고 혼합하여 $2\,HCl(g) + I_2(s) \rightleftharpoons 2\,HI(g) + Cl_2(g)$ 반응을 평형에 이르게 하였다. 그러고 나서 이 혼합물에 약간의 변화(아래 표의 첫 번째 열에 열거함)를 주었다. 각 변화를 별도로 고려하여 첫 번째 열의 변화가 두 번째 열에 있는 양의 원래의 평형 값(또는 K)에 미치는 효과(증가, 감소 또는 불변)를 말하시오. 온도와 부피는 일정하다.

변화	양
(a) HCl 추가	HI의 양
(b) I_2 추가	Cl_2의 양
(c) HI 제거	Cl_2의 양
(d) Cl_2 제거	HCl의 양
(e) HCl 추가	K
(f) HCl 제거	I_2의 양
(g) I_2 추가	K

5I.5 다음 각 평형에서 압축한 결과 반응물이나 생성물 중 어느 것을 선호하는 쪽으로 반응이 일어나겠는가? 아무런 변화가 일어나지 않으면 그 이유를 설명하시오.

(a) $2\,O_3(g) \rightleftharpoons 3\,O_2(g)$
(b) $H_2O(g) + C(s) \rightleftharpoons H_2(g) + CO(g)$
(c) $4\,NH_3(g) + 5\,O_2(g) \rightleftharpoons 4\,NO(g) + 6\,H_2O(g)$
(d) $2\,HD(g) \rightleftharpoons H_2(g) + D_2(g)$
(e) $Cl_2(g) \rightleftharpoons 2\,Cl(g)$

5I.6 다음 각 평형에서 압축한 결과 지적한 화합물의 농도는 어떻게 되겠는가?

(a) $2\,Pb(NO_3)_2(s) \rightleftharpoons 2\,PbO(s) + 4\,NO_2(g) + O_2(g)$에서 $NO_2(g)$
(b) $3\,NO_2(g) + H_2O(l) \rightleftharpoons 2\,HNO_3(aq) + NO(g)$에서 NO(g)
(c) $2\,HCl(g) + I_2(s) \rightleftharpoons 2\,HI(g) + Cl_2(g)$에서 HI(g)
(d) $2\,SO_2(g) + O_2(g) \rightleftharpoons 2\,SO_3(g)$에서 $SO_2(g)$
(e) $2\,NO(g) + O_2(g) \rightleftharpoons 2\,NO_2(g)$에서 $NO_2(g)$

5I.7 Haber 공정으로 암모니아를 생산하는 반응기가 평형에 있을때 $P_{N_2} = 3.11$ bar, $P_{H_2} = 1.64$ bar, $P_{NH_3} = 23.72$ bar이다. 만일 N_2의 부분 압력을 1.57 bar만큼 더 증가시키면 새로운 평형에 도달할 때각 기체의 부분 압력은 얼마이겠는가?

5I.8 철 광물에서 철 금속을 추출하는 연구가 1270 K에서 10.0 L 용기를 사용하여 실험실에서 수행되었다: $FeO(s) + CO(g) \rightleftharpoons Fe(s) + CO_2(g)$. 평형에서 CO의 부분 압력은 4.24 bar이고, CO_2의 부분 압력은 1.71 bar이었다. CO_2를 NaOH와 반응시켜 CO_2 압력을 0.43 bar로 낮아지게 한 후 새로운 평형에 도달하도록 하였다. 새로운 평형에 도달하였을 때 각 기체의 부분 압력은 얼마인가?

5I.9 $3\,NH_3(g) + 5\,O_2(g) \rightleftharpoons 4\,NO(g) + 6\,H_2O(g)$의 평형을 생각해 보자. (a) NO의 부분 압력을 증가시키면 NH_3의 부분 압력은 어떻게 되겠는가? (b) NH_3의 부분 압력을 감소시키면 O_2의 부분 압력이 감소하겠는가?

5I.10 $2\,SO_2(g) + O_2(g) \rightleftharpoons 2\,SO_3(g)$의 평형을 생각해 보자. (a) SO_2의 부분 압력을 감소시키면 SO_3의 부분 압력은 어떻게 되겠는가? (b) SO_2의 부분 압력을 증가시키면 O_2의 부분 압력은 어떻게 되겠는가?

5I.11 온도 증가에 따라 다음 각 평형이 생성물 또는 반응물 중 어느 쪽을 선호하겠는지 예측하시오.

(a) $N_2O_4(g) \rightleftharpoons 2\,NO_2(g)$, $\Delta H° = +57$ kJ
(b) $X_2(g) \rightleftharpoons 2\,X(g)$, 여기서 X는 할로젠임
(c) $Ni(s) + 4\,CO(g) \rightleftharpoons Ni(CO)_4(g)$, $\Delta H° = -161$ kJ
(d) $CO_2(g) + 2\,NH_3(g) \rightleftharpoons CO(NH_2)_2(s) + H_2O(g)$, $\Delta H° = -90$ kJ

5I.12 온도 증가에 따라 다음 각 평형이 생성물 또는 반응물 중 어느 쪽을 선호하겠는지 예측하시오.

(a) $CH_4(g) + H_2O(g) \rightleftharpoons CO(g) + 3\,H_2(g)$, $\Delta H° = +206$ kJ
(b) $CO(g) + H_2O(g) \rightleftharpoons CO_2(g) + H_2(g)$, $\Delta H° = -41$ kJ
(c) $2\,SO_2(g) + O_2(g) \rightleftharpoons 2\,SO_3(g)$, $\Delta H° = -198$ kJ

5I.13 N_2 2.23 mmol과 HH_22 6.69 mmol의 기체 혼합물을 500. mL 용기에 넣고 600. K까지 가열한 후에 평형에 도달하게 하였다. 이 평형 혼합물을 700. K까지 가열하면 암모니아가 더 생성되겠는가? $N_2(g) + 3\,H_2(g) \rightleftharpoons 2\,NH_3(g)$의 평형 상수는 600. K와 700. K에서 각각 $K = 1.7 \times 10^{-3}$과 7.8×10^{-5}이다.

5I.14 SO_2 1.1 mmol과 O_2 2.2 mmol의 기체 혼합물을 250 mL 용기에 넣고 500. K까지 가열하여 평형에 이르게 하였다. 온도를 298 K로 냉각시키면 새로운 평형에서 삼산화 황이 더 생성되겠는가? $2\,SO_2(g) + O_2(g) \rightleftharpoons 2\,SO_3(g)$ 반응의 평형 상수는 500. K에서 $K = 2.5 \times 10^{10}$이고, 298 K에서는 $K = 4.0 \times 10^{24}$이다.

5I.15 부록 2A의 자료를 이용하여 25 °C와 150 °C에서 다음 각 반응의 평형 상수를 계산하시오.

(a) $NH_4Cl(s) \rightleftharpoons NH_3(g) + HCl(g)$
(b) $H_2(g) + D_2O(l) \rightleftharpoons D_2(g) + H_2O(l)$

5I.16 부록 2A의 자료를 이용하여 25 °C와 150 °C에서 다음 각 반응의 평형 상수를 계산하시오.

(a) $2\,CuO(s) \rightleftharpoons 2Cu(s) + O_2(g)$
(b) $C_2H_4(g) + H_2(g) \rightleftharpoons C_2H_6(g)$

5I.17 K_c와 K 사이의 관계식과 K와 van't Hoff 식과의 관계식을 결합하여 K_c에 관한 van't Hoff 식을 구하시오.

5I.18 액체의 증발은 평형의 특별한 경우로 취급할 수 있다. 액체의 증기 압력은 온도에 따라서 어떻게 변하는가? **힌트**: 먼저 증발에 관한 평형 상수 K를 쓰고, van't Hoff 식을 증기 압력에 적용해 보자.

다음의 예제와 연습 문제는 Topic 5 전체의 내용에 관한 것이다.

FOCUS 5 통합 예제

연소를 개선하고 공기 오염을 줄이기 위해 가솔린에 에탄올(CH_3CH_2OH)을 첨가한다. 공업적으로는 고온, 고압에서 에텐(C_2H_4)의 수화로 생산된다. 화학 기사의 입장에서 $C_2H_4(g) + H_2O(g) \rightleftharpoons CH_3CH_2OH(g)$ 반응의 열역학과 평형 특성을 조사한다고 하자.

(a) 부록 2A의 자료를 토대로 하여 에탄올의 공업적 합성의 열화학 반응식을 쓰시오.

(b) 부록 2A의 자료를 토대로 하여 (i) 25 °C에서 이 계의 $\Delta G°$를 구하시오. (ii) 300 °C에서의 평형 상수를 구하시오. (iii) 온도 상승이 반응물을 선호하겠는가 아니면 생성물을 선호하겠는가?

(c) 반응기를 60 bar의 $C_2H_4(g)$와 40 bar의 $H_2O(g)$로 채웠다. 300 °C에서 $C_2H_4(g)$, $H_2O(g)$, $CH_3CH_2OH(g)$의 평형 압력을 예측하시오.

(d) (c)의 평형 혼합물을 냉각하면 물과 에탄올이 응축된다. 여분의 에텐은 새어 나가도록 한다. (i) 결과적으로 얻는 액체 혼합물의 증기 압력은 25 °C에서 얼마인가? (ii) 25 °C에서 응축 혼합물과 평형을 이루고 있는 증기에서 에탄올의 몰분율은 얼마인가?

FOCUS 5 연습 문제

5.1 염화 소듐이 물에 용해될 때 물 분자들이 양이온과 음이온 주위에 어떻게 배열하는지 설명하시오.

5.2 염화 소듐이 물에 용해될 때, 물 분자 하나로 염화 이온 하나를 결정에서 떼어 낼 수 있는가 아니면 여러 개가 필요한가? 답을 설명하시오.

5.3 물질의 물리적 성질에 미치는 분자간 힘의 효과에 관하여, 다음과 같은 설명을 완전하게 하시오.
(a) 액체의 끓는점이 높을수록 분자간 힘이 (더 세다, 더 약하다).
(b) 강한 분자간 힘을 가진 물질은 상온에서 증기 압력이 (높다, 낮다).
(c) 강한 분자간 힘을 가진 물질은 (높은, 낮은) 표면 장력을 갖는 것이 보편적이다.
(d) 주어진 온도에서 액체의 증기 압력이 높을수록 분자간 힘이 (세다, 약하다).
(e) 질소 N_2는 (센, 약한) 분자간 힘을 가지므로, (높은, 낮은) 임계 온도를 갖는다.
(f) 상온에서 높은 증기 압력을 가진 물질은 (높은, 낮은) 끓는점을 갖는다.
(g) 물은 높은 끓는점을 갖기 때문에 (센, 약한) 분자간 힘과 (높은, 낮은) 증발 엔탈피를 갖는다.

5.4 과산화 수소 H_2O_2는 시럽 같은 액체이며, 증기 압력은 물의 증기 압력보다 낮아서 정상 끓는점이 152 °C이다. 과산화 수소와 물의 성질 차이를 설명하시오.

5.5 온도의 증가가 다음의 각 성질에 미치는 효과를 설명하시오.
(a) 점도 (b) 표면 장력 (c) 증기 압력 (d) 증발 속도

5.6 밀폐된 용기에 들어있는 액체의 증기 압력이 다음의 각 조건 변화에 의해 어떻게 영향을 받는지 설명하시오.
(a) 온도의 증가 (b) 액체의 표면적 증가 (c) 액체 위의 부피 증가 (d) 액체 위의 부피에 공기의 추가

5.7 두 비커를 준비하여, 한 비커에는 테트라클로로메테인을 넣고, 다른 비커에는 물을 넣었다. 또한 뷰테인($CH_3CH_2CH_2CH_3$)과 염화 칼슘의 두 화합물도 가지고 있다. (a) 어느 액체에 뷰테인이 용해되는가? 용액 내 용질의 국부적 환경을 그리시오. (b) 어느 용매에 염화 칼슘이 용해되는가? 용액 내 용질의 국부적 환경을 그리시오.

5.8 다음에 나타낸 화합물 X의 상도표를 이용하여 질문에 답하시오.
(a) 정상 상온과 상압에서 X는 고체, 액체, 기체 중 어느 것인가?
(b) X의 정상 녹는점은 얼마인가?
(c) −50 °C에서 액체 X의 증기 압력은 얼마인가?
(d) −100 °C에서 고체 X의 증기 압력은 얼마인가?

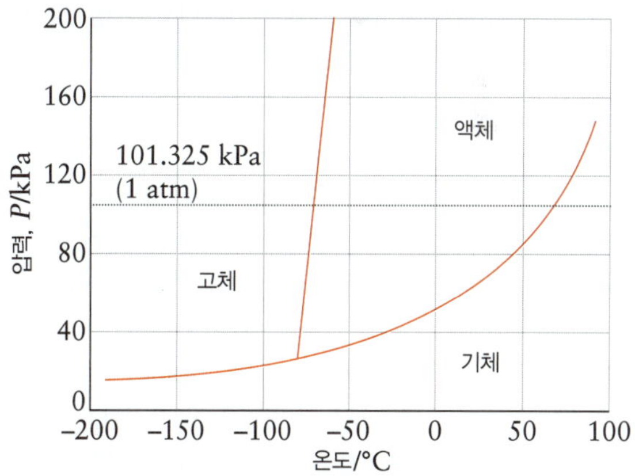

5.9 어는점 내림으로 몰질량을 구할 때, 다음과 같은 오차(다른 것들 중에서)가 생길 수 있다. 다음 각 경우에서, 이러한 오차 때문에 몰질량이 실제보다 크게 나오겠는가, 작게 나오겠는가?
(a) 저울에 먼지가 끼어서 용질의 질량이 실제보다 커졌다.
(b) 물의 밀도를 1.00 g·cm^{-3}로 가정하고 부피를 측정하였다. 그러나 물은 따뜻했고 따라서 가정한 것보다 밀도가 낮았다.
(c) 온도계를 정확하게 보정하지 않아서 어는점이 기록한 것보다 실제로는 0.5 °C 더 높았다.
(d) 용액을 충분히 저어주지 않아서 용질이 모두 녹지 않았다.

5.10 벤젠의 어는점은 5.53 °C이다. 방충제(mothball)의 성분으로 사용되는 한 유기 화합물 10.0 g을 벤젠 80.0 g에 용해시켰다. 이 용

액의 어는점은 1.20 °C이었다. (a) 이 유기 화합물의 몰질량은 대략 얼마인가? (b) 이 물질을 원소 분석하였더니 실험식이 C_3H_2Cl이었다. 이것의 분자식은 무엇인가? (c) 주기율표에 나와 있는 원자의 몰질량을 사용하여 이 화합물의 보다 정확한 몰질량을 계산하시오.

5.11 주어진 압력에 의해서 유지될 수 있는 액체 기둥의 높이는 밀도에 반비례한다. 20 °C에서 물 10. mL에 단백질 0.010 g이 용해된 수용액은, 그림 5E.5의 장치에서 기둥이 5.22 cm 올라갔다. 용액의 밀도는 0.998 $g \cdot cm^{-3}$이다. (a) 이 단백질의 몰질량은 얼마인가? (b) 이 용액의 어는점은 얼마인가? (c) 이러한 큰 분자의 몰질량을 측정하는 데 어떤 총괄성을 이용하는 것이 가장 좋은가? 이유를 제시하시오.

5.12 25 °C에서, 0.060 M $C_6H_{12}O_6(aq)$(글루코스) 용액이 반투막에 의해서 0.040 M $CO(NH_2)_2(aq)$(요소) 용액과 분리되어 있다. 두 성분 모두 $i = 1$이다. (a) 어느 용액이 더 높은 삼투압을 갖는가? (b) 물이 막을 통과함에 따라서 어느 용액이 더 묽어지는가? (c) 막을 가로질러서 물이 흐르는 것을 막아 평형을 유지시키기 위해서는, 어느 용액에 외부 압력을 더 가해야 하는가? (d) (c)에서 가해 주어야할 외부 압력(atm 단위로)은 얼마인가?

5.13 (a) 부록 2A의 자료를 이용하여 메탄올에 관한 Clausius–Clapeyron 식을 수치 형태로 나타내시오. (b) 이 식을 재배치하여 적절한 양을 도시함으로써 증기 압력과 온도 사이에 직선 관계가 성립하도록 하시오. (c) 0.0 °C에서 메탄올의 증기 압력을 구하시오. (d) 메탄올의 정상 끓는점을 구하시오.

5.14 (a) 부록 2A와 표 4C.1의 자료를 이용하여 벤젠에 관한 Clausius–Clapeyron 식을 수치 형태로 나타내시오. (b) 이 식을 재배치하여 적절한 양을 도시함으로써 증기 압력과 온도 간에 직선 관계가 성립하도록 하시오. (c) 외부 압력이 0.655 atm일 때 벤젠의 끓는점을 구하시오.

5.15 용액의 총괄성은 용액의 성질뿐만 아니라 용질의 성질에 관한 통찰의 근원이 될 수 있다. 예를 들어, 아세트산 CH_3COOH는 두 다른 용매에서 다르게 행동한다. (a) 아세트산 5.00 질량 % 수용액의 어는점은 −1.72 °C이다. 이 용질의 몰질량은 얼마인가? 몰질량의 실험값과 기댓값 사이에 차이가 있으면 이를 설명하시오. (b) 5.00 질량 % 아세트산 벤젠 용액의 어는점 내림은 2.32 °C이다. 벤젠 용액에서 실험적으로 얻은 아세트산의 몰질량은 얼마인가? 벤젠 용액에서 아세트산의 행동에 대하여 어떠한 결론을 내릴 수 있는가?

5.16 높은 끓는점의 물질을 감압하여 증류하는 것은 화학 실험실에서는 표준적인 기법이다. 트라이클로로아세트산의 표준 증발 엔탈피는 57.8 $kJ \cdot mol^{-1}$이고, 표준 증발 엔트로피는 124 $J \cdot K^{-1} \cdot mol^{-1}$이다. 이 정보를 이용하여 트라이클로로아세트산을 100. °C에서 증류하는 데 필요한 압력을 구하시오.

5.17 클로로포스포릴 다이플루오라이드($OPClF_2$)의 증기 압력을 온도의 함수로 다음과 같이 얻었다.

온도, T/K	190.	228	250.	273
증기 압력, P/Torr	3.2	68	240.	672

(a) ln P를 $1/T$에 대하여 도시하시오(컴퓨터나 그래프 계산기를 사용하여 직선 최소 제곱법으로 자료를 도시하는 것이 좋다).
(b) (a)의 도시로부터(또는 이로부터 얻은 직선 방정식으로부터) $OPClF_2$의 표준 증발 엔탈피를 구하시오.
(c) $OPClF_2$의 표준 증발 엔트로피를 구하시오.
(d) $OPClF_2$의 정상 끓는점을 구하시오.
(e) $OPClF_2$ 시료의 압력을 15 Torr로 낮추면 몇 도에서 끓겠는가?

5.18 메테인, 메틸아민(CH_3NH_2), 암모니아, 테트라플루오로메테인의 임계 압력과 임계 온도를 문헌에서 찾으시오. 100. atm의 압력에 견딜 수 있는 고압 반응 용기에서 이들 각 용매를 초임계 상온 추출에 사용하는 것이 적절할지 논하시오.

5.19 기체 탄화수소인 메테인, 에테인, 프로페인, 뷰테인의 임계 온도를 문헌에서 찾으시오. 관찰된 경향을 설명하시오.

5.20 두 개의 플라스크(용량 1.00 L) A와 B가 마개 C에 의해서 연결된 장치를 생각해 보자. 마개의 부피는 무시한다. 초기에는 A와 B가 진공이고, 마개 C는 닫혀 있다. 플라스크 A에는 다이에틸 에터 $C_2H_5OC_2H_5$ 1.50 g을 넣었다. 다이에틸 에터의 증기 압력은 −45 °C에서 57 Torr, 0 °C에서 185 Torr, 25 °C에서 534 Torr이고, −86 °C 이하에서는 무시된다. (a) 마개를 닫은 채, 플라스크를 −45 °C에서 평형에 이르게 하면, 플라스크 A의 다이에틸 에터 압력은 얼마이겠는가? (b) 온도를 25 °C로 올리면 그 플라스크의 다이에틸 에터의 압력은 얼마이겠는가? (c) 장치의 온도를 다시 −45 °C로 되돌리고 마개 C를 열면, 장치 내 다이에틸 에터의 압력은 얼마이겠는가? (d) 플라스크 A는 −45 °C로 유지시킨 채 마개는 그대로 열어 두고 플라스크 B를 액체 질소(끓는점, −196 °C)로 냉각시키면, 어떠한 변화가 이 장치에서 일어나겠는가? 이상적 행동을 가정하시오.

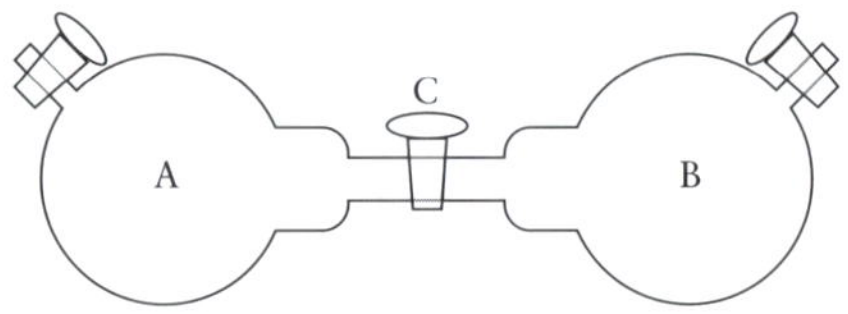

5.21 연습 문제 5.20의 장치를 진공에서 다시 실행하였다. 다음에는 플라스크 A에 클로로폼 $CHCl_3$ 35.0 g을 넣고, 플라스크 B에는 아세톤 CH_3COCH_3 35.0 g을 넣었다. 이 장치를 마개 C가 닫힌 채로 25 °C에서 평형에 이르게 하였다. 25 °C에서 클로로폼과 아세톤의 증기 압력은 각각 195 Torr와 222 Torr이다. (a) 평형을 이룬 각 플라스크 내의 압력은 얼마인가? (b) 이제 마개를 열자. 이상적 행동을 가정하고, 이 계가 평형에 도달했을 때 각 플라스크 내의 기체와 액체상의 최종 조성은 어떻게 되겠는가? (c) 아세톤과 클로로폼 용액은 Raoult 법칙으로부터 음의 벗어남을 보여 준다. 이 행동은 (b)의 답에 어떤 영향을 주겠는가?

5.22 펜테인은 25 °C에서 증기 압력이 512 Torr인 액체이다. 같은 온도에서 헥세인의 증기 압력은 단지 151 Torr이다. 만일 펜테인과 헥세인의 기체상 조성이 동일한 부분 압력을 가지려면 액체상의 조성은 어떻게 되어야 하겠는가?

5.23 ln $P = \Delta H_{증발}/RT$ 식에서 $\Delta H_{증발} = 15, 20., 25, 30.\ kJ \cdot mol^{-1}$인 경우를 생각해 보자. 스프레드시트 프로그램이나 그래프 계산기

를 사용하여, 매 경우의 ln P를 $1/T$에 대하여 도시하시오. 액체의 증기 압력이 온도 변화에 더 민감하게 되는 것은 $\Delta H_{증발}$이 작을 때인가, 클 때인가? 이 결론을 설명하시오.

5.24 근육 강화제로 생각되는 유기 화합물인 L-카르니틴의 연소 분석 결과, C 52.16%, H 9.38%, N 8.69%, O 29.78%이었다. L-카르니틴 0.322 g을 포함한 100.00 mL 메탄올 용액의 삼투압이 32 °C에서 0.501 atm이었다. L-카르니틴이 메탄올에서 이온화하지 않는다고가정하고 (a) L-카르니틴의 몰질량, (b) L-카르니틴의 분자식을 구하시오.

5.25 정맥 주사 약물은 흔히 5.0 질량 % 글루코스 $C_6H_{12}O_6(aq)$에 녹여 사용한다. 37 °C(체온)에서 이 용액의 삼투압은 얼마인가? 용액의 밀도는 $1.0\ g\cdot mL^{-1}$라고 가정하시오.

5.26 황산을 물에 넣으면 용액이 끓을 정도로 많은 에너지가 열로 방출된다. 이 용액이 Raoult 법칙에서 벗어나는 행태를 보일 것으로 기대하는가? 그렇다면 어떤 종류이겠는가? 이유를 설명하시오.

5.27 특정 온도에서 상대 습도는 다음과 같이 정의된다.

$$상대\ 습도 = \frac{물의\ 부분\ 압력}{물의\ 증기\ 압력} \times 100\%$$

표 5A.2에 여러 온도에서의 물의 증기 압력이 주어져 있다. (a) 물의 부분 압력이 25.0 Torr일 때, 30 °C에서 상대 습도는 얼마인가? (b) 공기 온도가 25 °C로 내려간다면 무엇을 관찰할 수 있겠는지 설명하시오.

5.28 아래에 기술한 Coleridge의 **고대 선원의 노래**(Rime of Ancient Mariner) 시구를 해석하시오. 대양에서 표류하는 선원이 읊고 있다.

물, 물, 모든 곳이 물(water, water, every where),
뱃전 모두가 움츠러들었네(And all the boards did shrink);
물, 물, 모든 곳이 물(water, water, every where),
마실 물은 한 방울도 없다네(Nor any drop to drink).

5.29 체내의 수액 보충을 위해 의사들이 통상적으로 사용하는 포도당/식염 수용액은 $1.75\ g\cdot L^{-1}$ NaCl과 $40.0\ g\cdot L^{-1}$의 포도당($C_6H_{12}O_6$)을 포함한다. (a) 용액에서 모든 용질의 전체 몰농도는 얼마인가? (b) 25 °C에서 이 용액의 삼투압은 얼마인가? NaCl은 완전히 해리한다고 가정하시오.

5.30 인슐린 0.10 g을 물 0.200 L에 용해할 때 삼투압은 20 °C에서 2.30 Torr가 된다. 인슐린의 몰질량은 얼마인가?

5.31 농도가 $180\ mg\cdot mL^{-1}$인 만니톨($C_6H_{12}O_6$) 당의 수용액은 살아 있는 세포에서 물을 뽑아내는 수의과용의 삼투 이뇨제로 쓰인다. (a) 용액 중 만니톨의 몰농도는 얼마인가? (b) 25 °C에서 이 용액의 삼투압은 얼마인가?

5.32 사람의 체온(37 °C)에서 혈액의 물에 대한 삼투압은 대략 7.7 atm이다. 병원에서 정맥 주사용으로 글루코스($C_6H_{12}O_6$) 용액이 흔히 제공된다. 기술자가 환자에게 투여할 글루코스 용액 500. mL를 제조할 때 필요한 글루코스의 질량은 얼마인가?

5.33 500 K에서 이원자 분자의 해리 $X_2(g) \rightleftharpoons 2\ X(g)$가 일어난다. 그림 1은 반응의 평형 상태를 나타내고, 그림 2는 평형에 변화를 주었을 때 같은 용기에서 다시 이루어진 평형 상태를 나타낸다. 다음 변화 중 어느 것이 여기에 해당하겠는가? 선택한 이유를 설명하시오. (a) 온도 증가 (b) X 원자의 첨가 (c) 부피 축소 (d) 촉매 첨가

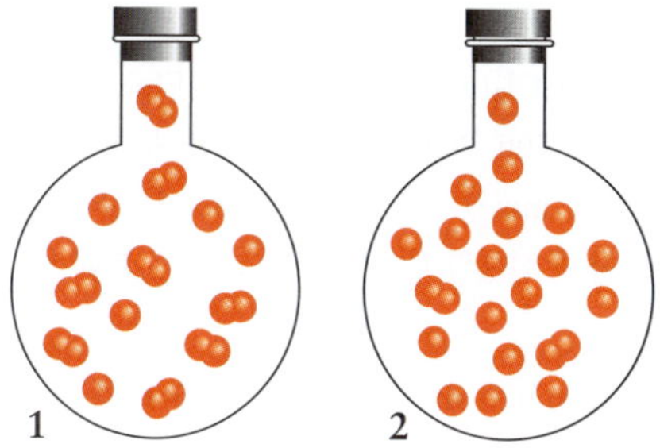

5.34 25 °C에서 $N_2O_4(g) \rightleftharpoons 2\ NO_2(g)$의 $K = 47.9$이다. (a) N_2O_4 0.180 mol과 NO_2 0.0020 mol을 20.0 L 반응 용기에 넣고 평형에 이르게 할 경우, N_2O_4와 NO_2의 평형 농도는 얼마인가? (b) 이 플라스크에 NO_2 0.0020 mol을 추가하였다. 이 변화는 N_2O_4의 농도에 어떤 영향을 주겠는가? (c) NO_2와 N_2O_4의 새 평형 농도를 계산하여 결론을 정당화하시오.

5.35 다음 그래프는 화합물 A가 화합물 B와 C로 분해되는 경우, 반응물과 생성물의 부분 압력이 시간에 따라 어떻게 변하는지 보여 준다. 이들 세 화합물은 모두 기체이다. 이 그래프를 이용하여 (a) 이 반응의 균형 맞춘 화학 반응식을 쓰시오. (b) 이 반응의 평형 상수를 구하시오.

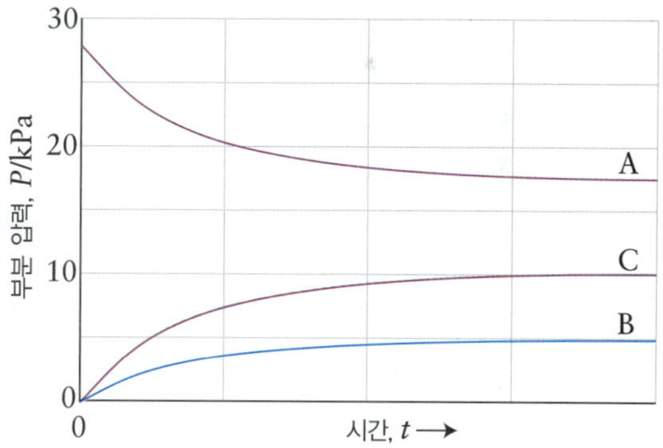

5.36 다음 그래프는 단단한 일정 부피의 플라스크에 기체 화합물 A와 B가 들어 있는 계에 대한 것이다. 이 계는 처음에 평형에 있었고 다음에 변화가 일어났다. (a) 일어난 변화와 그 변화가 계에 어떤 영향을 주었는지 서술하시오. (b) 일어난 반응의 화학 반응식을 쓰시오. (c) 그 반응의 K_c 값을 계산하시오.

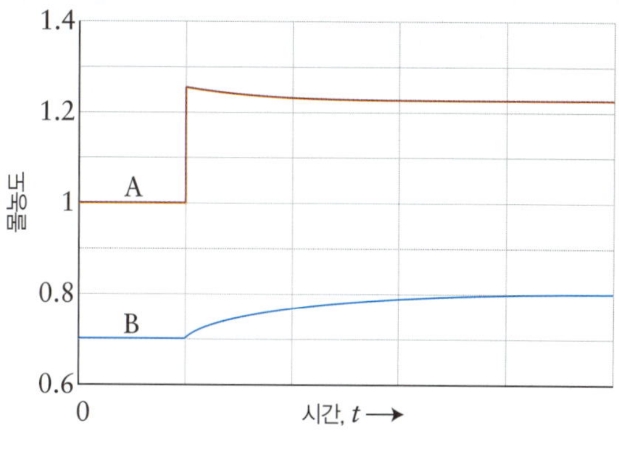

5.37 500 °C에서 $N_2(g) + 3\ H_2(g) \rightleftharpoons 2\ NH_3(g)$의 $K_c = 0.061$이다. 혼합물을 분석해 보니 500 °C에서 N_2 3.00 mol·L^{-1}, H_2 2.00 mol·L^{-1}, NH_3 0.500 mol·L^{-1}의 조성을 가졌다면 반응은 평형에 있는가? 그렇지 않다면 평형에 도달하기 위해 반응이 어느 쪽으로 진행하겠는가?

5.38 2500. K에서 $Cl_2(g) + F_2(g) \rightleftharpoons 2\ ClF(g)$ 반응의 평형 상수는 $K_c = 20.$이다. 2500. K에서 반응 용기를 분석해 보니 Cl_2 0.18 mol·L^{-1}, F_2 0.31 mol·L^{-1}, ClF 0.92 mol·L^{-1}의 조성을 보였다. 반응이 평형을 향해 진행할 때 ClF는 생성 또는 분해 중 어느 쪽으로 향하겠는가?

5.39 298 K에서 0.020 mol의 NO_2를 1.00 L 플라스크에 넣어 $2\ NO_2(g) \rightleftharpoons N_2O_4(g)$의 반응이 평형에 도달하도록 하였다. (a) 표 5F.2의 정보를 이용하여 두 기체의 평형 농도를 계산하시오. (b) 플라스크의 부피를 절반으로 줄인다면 기체의 새로운 평형 농도는 얼마이겠는가?

5.40 0.100 mol의 SO_3를 2.00 L 플라스크에 넣고 700 K에서 $2\ SO_2(g) + O_2(g) \rightleftharpoons 2\ SO_3(g)$의 반응이 평형에 도달하도록 하였다. (a) 표 5F.2의 정보를 이용하여 세 기체의 평형 농도를 계산하시오. (b) 플라스크의 부피를 6.00 L로 증가시킨다면 기체의 새로운 평형 농도는 얼마이겠는가?

5.41 일정 부피의 용기에서 $PCl_5(g) \rightleftharpoons PCl_3(g) + Cl_2(g)$에 따라 PCl_5가 분율 α만큼 PCl_3와 Cl_2로 해리되도록 하자. n이 초기에 존재했던 PCl_5의 양이라고 하면 평형에서 PCl_5의 양은 $n(1-\alpha)$가 된다. K에 관한 식을 α와 전체 압력 P의 항으로 유도하고, 이를 풀어 α를 P의 항으로 표현하시오. 556 K에서 $K = 4.96$이라면 전체 압력이 (a) 0.50 bar, (b) 1.00 bar일 때 분해된 분율 α는 얼마일지 계산하시오.

5.42 세 화합물 메틸프로펜, cis-2-뷰텐, trans-2-뷰텐은 화학식이 C_4H_8인 이성질체이며, 이들의 $\Delta G_f°$는 각각 +58.07, +65.86, +62.97 kJ·mol^{-1}의 값을 갖는다. 적절한 촉매를 사용하면 세 화합물은 상호 전환되어 평형 기체 혼합물이 된다. 25 °C에서 평형이 이루어지면 각 이성질체의 존재 백분율(%)은 얼마가 되겠는가?

5.43 (a) $K = 1.00$일 때 $CO(g) + H_2O(g) \rightarrow CO_2(g) + H_2(g)$ 반응의 표준 반응 Gibbs 자유 에너지는 얼마인가? (b) 부록 2A의 자료를 이용하여 $K = 1.00$인 온도를 구하시오. (c) 이 온도에서 실린더를 CO(g) 10.00 bar, $H_2O(g)$ 10.00 bar, $H_2(g)$ 5.00 bar, $CO_2(g)$ 5.00 bar로 채웠다. 이 계가 평형에 도달하면 각 기체의 부분 압력은 얼마이겠는가? (d) 이와 달리 실린더를 CO(g) 6.00 bar, $H_2O(g)$ 4.00 bar, $H_2(g)$ 5.00 bar, $CO_2(g)$ 10.00 bar로 채웠다면 평형에서 각 기체의 부분 압력은 얼마였겠는가?

5.44 25 °C에서 $A(g) \rightleftharpoons 2\ B(g) + 3\ C(g)$ 평형을 생각해 보자. 먼저 실린더에 A를 10.0 atm으로 채우고 평형에 이르게 하면 최종 압력은 20.04 atm이 된다. 이 반응의 $\Delta G_r°$는 얼마인가?

5.45 (a) 표 5F.2에 주어진 자료로부터 1000. K에서의 할로젠 원자 X(g)의 표준 생성 Gibbs 자유 에너지를 계산하시오. (b) 이들 원자의 표준 생성 Gibbs 자유 에너지를 결합 해리 에너지와 원자 번호에 대하여 도시하여, 앞서 구한 자료와 X–X 결합 세기와의 상관관계를 보이시오. 관측된 경향을 합리화하시오.

5.46 기체 포스핀 PH_3는 $2\ PH_3(g) \rightarrow 2\ P(s) + 3\ H_2(g)$의 반응으로 분해된다. 한 실험에서, 순수한 포스핀을 298 K에서 단단하고 밀폐된 1.00 L의 플라스크에 0.64 bar로 채웠다. 평형에 도달한 후, 플라스크 안의 전체 압력은 0.93 bar가 되었다. (a) H_2와 PH_3의 평형 부분 압력을 계산하시오. (b) 일단 평형에 도달한 경우, 생성된 P의 질량(g 단위로)을 계산하시오. (c) 이 반응의 K를 계산하시오.

5.47 (a) 부록 2A의 열역학적 자료로부터 25 °C에서 $Br_2(g) \rightleftharpoons 2\ Br(g)$ 반응의 K를 계산하시오. (b) 액체 브로민의 증기 압력은 얼마인가? (c) 25 °C의 브로민 병에서 액체 위에 존재하는 Br(g)의 부분 압력은 얼마인가? (d) 한 학생이 어떤 반응에 Br_2를 0.0100 mol 첨가하려고, 브로민 액체가 든(증기와 평형을 이룬) 병에서 Br_2를 증기 상태로 진공 플라스크에 넣은 후, 이 플라스크를 봉하고 반응 용기에 옮겼다고 하자. 25 °C에서 $Br_2(g)$ 0.010 mol을 옮기는 데 사용해야 할 용기의 부피는 얼마일까?

5.48 반응 용기에 $Cl_2(g)$와 $Br_2(g)$를 각각 1.00 bar로 채운 후 1000. K에서 $Br_2(g) + Cl_2(g) \rightleftharpoons 2\ BrCl(g)$ $(K = 0.2)$ 반응으로 BrCl(g)을 생성하였다. 이 반응이 평형에 접근할 때 반응 Gibbs 자유 에너지를 BrCl의 부분 압력의 함수로 도시하시오.

5.49 25 °C에서 $N_2O_4 \rightarrow 2\ NO_2$ 반응이 클로로폼 용액에서 평형에 도달하게 하였다. 평형 농도는 N_2O_4가 0.405 mol·L^{-1}이었고 NO_2가 2.13 mol·L^{-1}이었다. (a) 이 반응의 K를 계산하시오. (b) 추가로 NO_2 1.00 mol을 1.00 L 용액에 첨가하고, 같은 온도에서 계가 다시 평형에 이르도록 하였다. Le Chatelier 원리를 이용하여 NO_2를 추가한 후의 N_2O_4, NO_2, K의 변화 방향(증가, 감소 또는 변화 없음)을 예측하시오. (c) NO_2 추가 후의 최종 평형 농도를 계산하고, (b)에서 예측한 것이 맞는지 확인하시오. 만일 일치하지 않으면, 전 과정을 점검하고 필요하다면 과정을 반복하시오.

5.50 표 5F.2의 자료와 표준 그래프 소프트웨어를 이용하여 $N_2O_4(g) \rightarrow 2\ NO_2(g)$ 반응의 표준 반응 엔탈피와 엔트로피를 결정하고, N_2O_4의 N—N 결합 엔탈피를 어림하시오. 이 값은 표 4E.3의 N—N 평균 결합 엔탈피와 어떻게 비교되는가?

5.51 부록 2A의 자료를 이용하여, 25 °C에서 중수 D_2O와 경수 H_2O의 증기 압력을 구하시오. 이 값들은 서로 어떻게 비교될 수 있을까? 분자간 힘에 관한 지식과 진동의 영점 에너지 등의 양자 효과를 이용하여 관찰된 차이의 이유를 설명하시오.

5.52 사이클로헥세인(C)과 메틸사이클로펜테인(M)은 화학식이 C_6H_{12}인 이성질체이다. 용액에서 $C \rightleftharpoons M$ 재배열 반응의 평형 상수는 25 °C에서 0.140이다. (a) 사이클로헥세인이 0.0200 mol·L^{-1}이고, 메틸사이클로펜테인이 0.100 mol·L^{-1}인 용액을 준비하였다. 이 계는 평형에 있는가? 그렇지 않다면 반응물이 더 생기겠는가, 아니면 생성물이 더 생기겠는가? (b) 평형에서 사이클로헥세인과 메틸사이클로펜테인의 농도는 얼마인가? (c) 온도를 50 °C로 올려 새로운 평형에 이르게 하면 사이클로헥세인의 농도는 0.100 mol·L^{-1}이 된다. 새로운 평형 상수를 계산하시오. (d) 25 °C에서 이 반응은 발열인가, 흡열인가? 결론을 설명하시오.

5.53 (Achieve 활용 문제로 생략함)

5.54 (a) 스프레드시트 프로그램이나 그래프 소프트웨어를 이용하여 표 5F.2의 1000. K와 1200. K에서의 자료로부터 이원자 분자 할로젠이 원자로 해리하는 $X_2(g) \rightleftharpoons 2\,X(g)$ 반응의 ln K에 대한 온도 의존성을 도시하시오. (b) 이 그래프로부터 해리 엔탈피와 엔트로피를 구하시오. (c) 이들을 사용하여 기체 할로젠 원자 X(g)의 표준 몰 엔트로피를 계산하시오.

5.55 탄소가 주성분인 석탄에서 기체 연료를 생산하는 반응은 $C(s) + H_2O(g) \rightarrow CO(g) + H_2(g)$이다. (a) 900 K에서 CO(g)와 $H_2O(g)$의 표준 생성 Gibbs 자유 에너지가 각각 $-191.28\ kJ\cdot mol^{-1}$과 $-198.08\ kJ\cdot mol^{-1}$이라면 위 반응의 K는 900 K에서 얼마인가? (b) 흑연 5.20 kg과 물 125 g을 10.0 L 용기에 넣고 900 K로 가열하였다. 평형 농도는 얼마인가?

5.56 연습 문제 5.55에서 사용한 반응 용기를 5.00 L로 압축한 후 다시 평형에 도달하게 하였다. (a) 계산 없이 H_2의 평형 농도가 증가할 것인지 감소할 것인지 예측하고, 왜 그렇게 생각했는지 설명하시오. (b) 새로운 평형 농도를 계산하고, 예측이 맞았는지 평가하시오. (c) H_2의 생산을 최대화하려면 반응 압력을 낮추어야 할까, 높여야 할까? 또 온도를 낮추어야 할까, 높여야 할까? 답을 정당화하시오.

5.57 두 공기 오염 물질인 SO_3와 NO는 다음과 같이 반응할 수 있다. $SO_3(g) + NO(g) \rightarrow SO_2(g) + NO_2(g)$. (a) 화학 물질 주입구가 있는 스테인리스강 용기 안에서 이 반응이 평형에 도달할 때 다음의 변화가 일어난다면, NO_2 양에는 어떤 변화가 일어날지 예측하시오. (i) NO 양의 증가, (ii) 응축에 의한 SO_2의 제거, (iii) 헬륨의 주입으로 압력 세 배로 증가. (b) 한 특정한 온도에서 $K = 6.0 \times 10^3$이다. $SO_3(g)$ 0.245 mol이 포함된 1.00 L 용기에 NO를 첨가하여 평형에 이르게 할 때 $SO_2(g)$ 0.240 mol이 생성되게 하려면 NO를 몇 mol 첨가해야 하겠는가?

5.58 전형적인 생물 세포막 사이의 Na^+ 이온의 분배 결과를 보면 세포 안쪽은 10. $mmol\cdot L^{-1}$이고, 바깥쪽은 140 $mmol\cdot L^{-1}$이다. 평형에서는 양쪽 농도가 같게 되겠지만 살아 있는 세포에서는 이온들은 평형을 이루지 않는다. 37 °C(정상 체온)에서 막 사이의 Na^+ 이온의 Gibbs 자유 에너지 차이는 얼마인가? 적어도 이 차이만큼의 Gibbs 자유 에너지를 갖는 반응과 짝지어져야만 이러한 농도 차이가 유지될 수 있다.

5.59 석유에 포함된 이산화 황을 제거하는 **Claus 공정**은 $2\,H_2S(g) + SO_2(g) \rightleftharpoons 3\,S(s) + 2\,H_2O(g)$의 반응을 이용한다. (a) 부록 2A의 자료를 이용하여 25 °C에서 이 반응의 평형 상수를 구하시오. (b) 이 혼합물에 아래 표와 같은 다양한 변화를 주었다. 각각의 변화가 두 번째 열에 기재한 양(또는 *K*)의 원래의 평형 값에 어떤 영향을 주겠는지(증가, 감소 또는 변화 없음) 답하시오. 온도와 부피는 따로 언급하지 않는 한 일정하다.

변화	양
(a) S 첨가	H_2O의 양
(b) H_2S 첨가	SO_2의 양
(c) H_2O 제거	SO_2의 양
(d) SO_2 제거	S의 양
(e) SO_2 첨가	*K*
(f) 부피 감소	SO_2의 양
(g) 온도 증가	SO_2의 양

5.60 물병 제조에 사용되는 고분자 원료 에텐을 생산하기 위해, 천연가스의 에테인에서 수소를 제거하는 촉매화 반응 $C_2H_6(g) \rightarrow H_2(g) + C_2H_4(g)$을 이용한다. 298 K에서 반응 평형 상수를 계산할 때는 부록 2A의 정보를 이용하시오. (a) C_2H_6 40.0 bar를 포함한 플라스크에 촉매를 첨가하여 반응이 시작된 경우, 평형에서 C_2H_4의 부분 압력은 얼마이겠는가? (b) 생성물의 수율을 증가시키기 위해서 제조자가 취할 수 있는 세 가지 단계를 말해 보시오.

5.61 전체적 광합성 반응은 $6\,CO_2(g) + 6\,H_2O(l) \rightarrow C_6H_{12}O_6(aq) + 6\,O_2(g)$이고, $\Delta H° = +2802$ kJ이다. 이 반응이 평형에 있다고 하자. 다음 각 변화가 평형 조성에 주는 효과(반응물 형성 쪽 또는 생성물 형성 쪽으로 향하거나 변화가 없거나)를 설명하시오.
(a) O_2의 부분 압력 증가 (b) 계의 압축 (c) CO_2 양의 증가 (d) 온도 증가 (e) $C_6H_{12}O_6$의 일부 제거 (f) 물의 추가 (g) CO_2의 부분 압력 감소

5.62 아데노신 삼인산(ATP)은 가수 분해를 통해 체내 생화학적 반응에 에너지를 제공하는 화합물이다. 37 °C(정상 체온)에서 ATP가 가수분해될 때, $\Delta H_r° = -20.\ kJ\cdot mol^{-1}$, $\Delta S_r° = +34\ J\cdot K^{-1}\cdot mol^{-1}$이다. 이들 양이 모두 온도에 무관하다고 가정하고, ATP 가수분해 반응의 평형 상수가 1보다 크게 되는 온도를 구하시오.

FOCUS 5 통합 연습 문제

5.63 대기 중에 있는 기체들 사이의 반응은 평형에 있지 않으나, 반응들을 잘 이해하려면 반응 속도와 평형 조건에서의 행동을 학습할 필요가 있다.

(a) 성층권에서 오존의 고갈에 관한 평형은 $2\,O_3(g) \rightleftharpoons 3\,O_2(g)$로 요약된다. 부록 2A의 값을 이용하여 이 반응의 표준 Gibbs 자유 에너지와 표준 엔트로피를 구하시오.

(b) 25 °C에서 (a) 반응의 평형 상수는 얼마인가? 오존 고갈에 대한 이 답의 중요성은 무엇인가?

(c) 성층권에서 오존을 파괴하는 반응은 $O_3(g) + O(g) \rightarrow 2\,O_2(g)$이다. 25 °C에서 이 반응의 평형 상수 값을 계산하시오. 이 온도에서는 다음 두 단계로 NO_2 분자에 의해서 반응이 촉진(가속)된다.

$$NO_2(g) + O(g) \rightleftharpoons NO(g) + O_2(g) \quad K = 7 \times 10^{103}$$
$$NO(g) + O_3(g) \rightleftharpoons NO_2(g) + O_2(g) \quad K = 5.8 \times 10^{-34}$$

(d) (c)의 답을 이용하여, O 원자의 표준 생성 Gibbs 자유 에너지를 구하시오.

(e) 대기의 산화 질소 농도에 크게 기여하는 $N_2(g) + O_2(g) \rightleftharpoons 2\,NO(g)$ 반응의 평형 상수의 온도 의존성은 $\ln K = 2.5 - (21\,700\ K)/T$로 나타낼 수 있다. 298 K에서 정반응의 표준 엔탈피는 얼마인가? 이 반응은 성층권과 같은 매우 낮은 온도에서 잘 진행될 것인가 아니면 내연 기관같이 매우 높은 온도에서 잘 진행될 것인가?

(f) 같은 몰수의 N_2와 O_2 혼합물을 (e)의 반응에 따라 평형에 이를 때까지 특정 온도로 가열하였다. 평형 반응 혼합물에서는 각 반응물과 생성물이 같은 몰수로 발견되었다. 이 반응을 일으킨 온도는 얼마였겠는가?

(g) 총 압력이 4.00 bar인 N_2와 O_2의 같은 몰수 혼합물을 1200. K에서 반응 (e)에 따라 평형에 이르게 하였다. 평형에서 각 반응물과 생성물의 부분 압력은 얼마이겠는가?

5.64 스포츠 음료는 등장 용액의 형태(인체 혈액의 삼투압과 동일한 용액)로 신체에 물을 공급한다. 이들 음료에는 설탕 및 향료와 함께 NaCl, KCl과 같은 전해질이 함유되어 있다. 스포츠 음료에 있는 주 향료제 중의 하나는 다음의 구연산(citric acid, 1)이다.

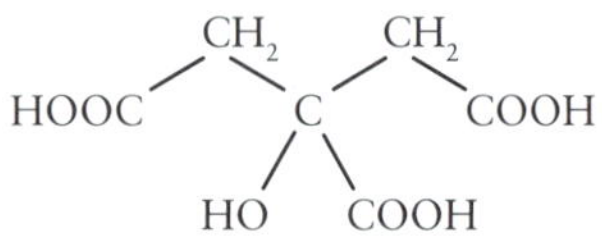

1 구연산

(a) 구연산에서 각 탄소 원자의 혼성화를 나타내시오.

(b) 구연산은 수소 결합에 참여할 수 있는가?

(c) 분자간 힘을 고려하여 구연산이 25 °C에서 기체, 액체, 고체 중 어느 상태로 있으며, 이것이 물에 용해되는지 예측하시오.

(d) **정상 염액**(normal saline solution)은 NaCl 0.9 질량 %를 포함하는 등장 용액(Topic 5E)이다. NaCl의 완전 해리를 가정하면 등장 용액 내의 모든 용질의 총 몰농도는 얼마인가? 이 용액의 밀도는 $1.00\ g \cdot cm^{-3}$이라고 가정하시오.

(e) NaCl 1.0 g과 글루코스를 가지고 스포츠 음료 500.0 mL를 만들기로 결정하였다면, 등장 용액(d 참조)을 만들기 위해서는 NaCl과 물에 글루코스 몇 그램을 넣어야 하겠는가? 이 용액의 밀도는 $1.00\ g \cdot cm^{-3}$이라고 가정하시오.

(f) 당장 치료가 곤란한 곳에서 상처를 입어 응급 처치용으로 붕산 $B(OH)_3$ 1.00 질량 % 용액 300.0 mL를 등장 용액으로 만들려고 한다(밀도는 $1.00\ g \cdot cm^{-3}$이라고 가정하시오). NaCl 몇 그램을 가해야 하겠는가? NaCl은 용액에서 완전 해리하고, NaCl을 넣어도 용액의 부피는 변하지 않는다고 가정하시오. 붕산은 탈양성자가 0.007% 진행됨을 참작하시오.

FOCUS 6

반응

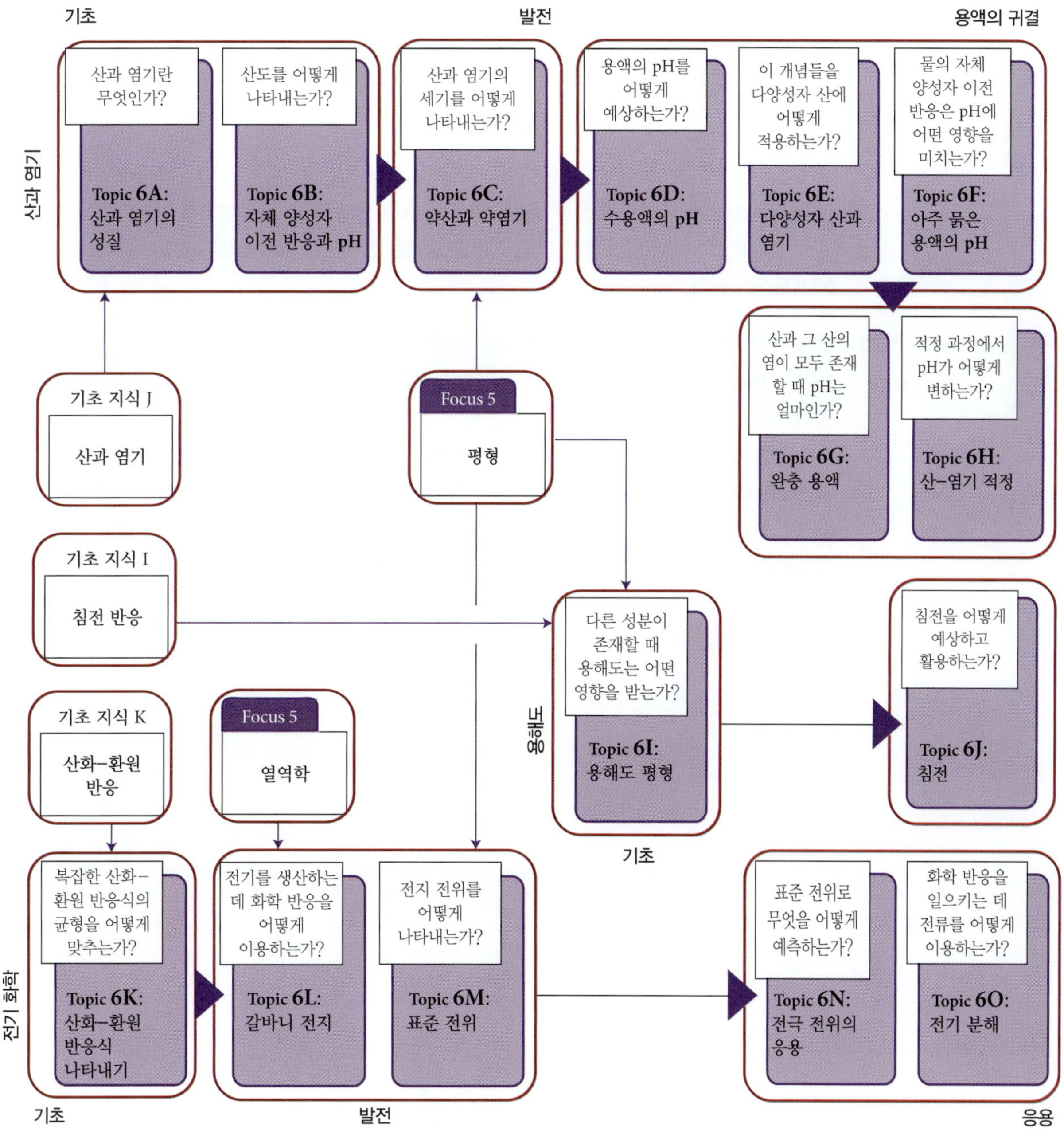

기초
발전
용액의 귀결
산과 염기
산과 염기란 무엇인가?
Topic 6A: 산과 염기의 성질
산도를 어떻게 나타내는가?
Topic 6B: 자체 양성자 이전 반응과 pH
산과 염기의 세기를 어떻게 나타내는가?
Topic 6C: 약산과 약염기
용액의 pH를 어떻게 예상하는가?
Topic 6D: 수용액의 pH
이 개념들을 다양성자 산에 어떻게 적용하는가?
Topic 6E: 다양성자 산과 염기
물의 자체 양성자 이전 반응은 pH에 어떤 영향을 미치는가?
Topic 6F: 아주 묽은 용액의 pH
산과 그 산의 염이 모두 존재할 때 pH는 얼마인가?
Topic 6G: 완충 용액
적정 과정에서 pH가 어떻게 변하는가?
Topic 6H: 산-염기 적정
기초 지식 J
산과 염기
Focus 5
평형
기초 지식 I
침전 반응
용해도
다른 성분이 존재할 때 용해도는 어떤 영향을 받는가?
Topic 6I: 용해도 평형
침전을 어떻게 예상하고 활용하는가?
Topic 6J: 침전
기초
기초 지식 K
산화-환원 반응
Focus 5
열역학
전기 화학
복잡한 산화-환원 반응식의 균형을 어떻게 맞추는가?
Topic 6K: 산화-환원 반응식 나타내기
전기를 생산하는 데 화학 반응을 어떻게 이용하는가?
Topic 6L: 갈바니 전지
전지 전위를 어떻게 나타내는가?
Topic 6M: 표준 전위
표준 전위로 무엇을 어떻게 예측하는가?
Topic 6N: 전극 전위의 응용
화학 반응을 일으키는 데 전류를 어떻게 이용하는가?
Topic 6O: 전기 분해
기초
발전
응용

Focus 6에서는 Focus 5에서 소개한 화학 평형 개념을 다양한 화학 반응에 적용한다. 산과 염기의 반응은 화학에서 아주 중요한 반응이다. **Topic 6A**에서는 이 반응을 탐구하며, 본질적으로 한 물질에서 다른 물질로 양성자(수소 원자의 핵)가 이동하는 반응이라는 현대적인 관점을 소개한다. 따라서 산이나 염기 수용액에서 핵심은 양성자의 농도이다. **Topic 6B**에서는 이 농도를 용액의 pH로 나타내는 방법을 설명한다.

Topic 6C에서는 산과 염기의 양성자 첨가/양성자 이탈된 형태 사이의 동적 평형을 다룬다. **Topic 6D**에서는 이 평형에 도달한 용액의 pH를 계산하는 방법을 알아본다. 좀 더 복잡하게는, 양성자를 하나 이상 제공할 수 있는 산도 있는데, 이들 '다양성자 산'을 다루는 방법은 **Topic 6E**에서 알아본다. 더욱 복잡한 점은 물이 그 자체로 아주 약한 산이나 아주 약한 염기로 작용할 수 있다는 점이다. 첨가한 산이나 염기가 매우 낮으면 이 특성이 중요한데, 이를 고려하는 방법을 **Topic 6F**에서 설명한다.

pH 변화에 대응하여 용액을 안정화시킬 수 있는 화학 원리도 있다. **Topic 6G**에서는 이들 '완충 용액'이 어떻게 작동하는지 알아본다. 적정이라는 일반적인 분석 기법에서도 산과 염기의 반응을 활용한다. **Topic 6H**에서는 적정 과정에서 pH가 어떻게 변화하는지, 그리고 그 변화를 추적하기 위한 지시약에 대해서 알아본다.

가용성 염의 용액들을 섞을 때, 불용성 생성물이 하나 이상 생성될 수 있다. **Topic 6I**에서는 이러한 침전 반응을 용해된 물질과 용해되지 않은 물질 사이의 평형 관점에서 알아본다. 언제 침전 반응이 일어날지 예측하는 방법, 그리고 혼합 용액을 분석하는 데 원리를 활용하는 방법을 **Topic 6J**에서 알아본다.

산화–환원 반응은 한 물질이 환원되고 다른 물질이 산화되는 과정으로, 전자의 이동에 의해 발생한다. **Topic 6K**에서는 산화–환원 반응식의 균형을 맞추는 일반적인 방법을 설명하고 '반쪽 반응'이라는 개념을 소개한다. 산화(전자 손실)와 환원(전자 획득) 단계를 공간적으로 분리할 수 있다는 점은 산화–환원 반응에서 중요하다. **Topic 6L**에서는 갈바니 전지에서 이러한 분리를 어떻게 구현하여 전류를 생성하는지 알아본다. **Topic 6M**에서는 갈바니 전지의 각 전극에서 일어나는 반응이 전지의 전체 전위 차에 독자적으로 기여한다는 것을 알아본다. **Topic 6N**에서는 전극 전위를 이용하여 평형 상수를 예측하거나 용해된 물질의 농도를 구해본다. 이 Topic은 또한 실제 전지, 그리고 부식과 부식 예방이라는 중요한 개념에 대해서도 다룬다. **Topic 6O**에서는 전류를 이용하여 비자발적인 반응을 일어나게 만드는 예시로서 전기 분해의 원리를 알아본다.

Topic 6A 산과 염기의 성질

이 Topic을 왜 배우는가? 산과 염기는 화학 전반에 걸쳐 중요하며, 생물학, 산업, 환경 등 여러 분야에 응용된다. 산도가 약간만 높아져도 생명체에게는 치명적이고, 수질을 오염시킬 수도 있다.

무엇을 알고 있어야 하는가? 기초 지식 J에서 소개한 산과 염기의 개념을 이해해야 한다. 또한 배위 공유 결합의 개념(Topic 2C)과 결합의 극성을 결정하는 전기 음성도(Topic 2D)를 이해해야 한다.

화학자들은 항상 패턴을 찾으려고 한다. 패턴을 찾아내면 비슷한 성질을 가진 물질들을 분류할 수 있다. '산'과 '염기'라고 하는 물질의 반응은 이러한 패턴 찾기의 훌륭한 예시이다. 수용액에서 일어나는 반응의 특정한 패턴은 Arrhenius의 산과 염기의 정의(기초 지식 J)로 이어졌다. 얼마 지나지 않아, 비수용성 용액이나 용매가 없이도 비슷한 반응이 일어난다는 것을 알게 되었다. 그 결과 화학자들은 어떤 물질을 산 또는 염기로 (특정 경우에는 둘 다로) 분류할 수 있는 더 넓은 정의를 제안하게 되었다.

6A.1 Brønsted–Lowry의 산과 염기

1923년 덴마크의 화학자 Johannes Brønsted는 물과 다른 용매에서 일어나는 다양한 반응을 고려한 결과, 모든 반응이 양성자(수소 이온, H^+)의 이동과 연관된 반응이라는 것을 알았다. 그는 다음과 같이 제안했다.

산(acid)은 양성자 주개이다.

염기(base)는 양성자 받개이다.

영국의 화학자 Thomas Lowry도 독립적으로 같은 정의를 제안하였기 때문에, 이에 기반한 이론을 산과 염기의 **Brønsted–Lowry 이론(Brønsted–Lowry theory)**이라고 한다.

Brønsted–Lowry 이론에 따르면, 산이란 **산성 수소 원자(acidic hydrogen atom)**, 즉 다른 물질에 양성자의 형태로 이동할 수 있는 수소 원자를 갖고 있는 물질을 말한다. 염기는 양성자를 받아들이는 물질이다. 이 이론에서는 어떤 화합물의 어떤 수소 원자가 산성인지 아닌지를 먼저 알아야 한다. 예를 들어 HCl은 물에서 산으로 작용하지만 CH_4는 그렇지 않은 이유는 무엇일까? 또한 어떤 분자가 양성자를 받아들여 염기로 작용하는 이유 역시 알아야 한다. 예를 들어 NH_3는 물에서 (산이 아니라) 염기로 작용하지만 CH_4는 그렇지 않은 이유는 무엇일까?

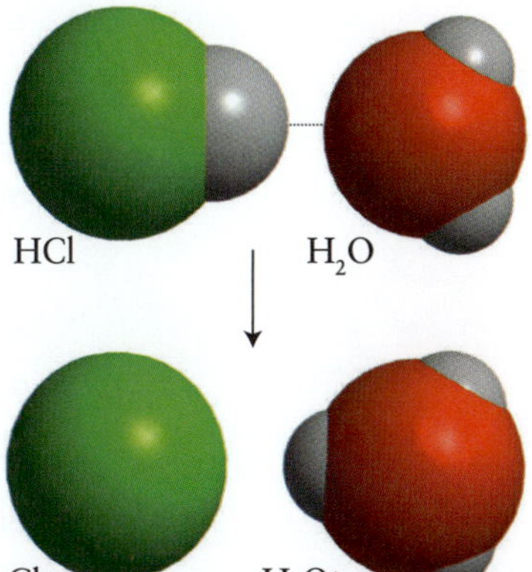

그림 6A.1 위쪽 그림은 HCl 분자가 물에 용해될 때, HCl 분자(산)의 H 원자와 인접한 H_2O 분자(염기)의 O 원자 사이에 수소 결합이 형성되는 모습을 보여준다. 아래쪽 그림은 그 결과 수소 원자의 핵이 HCl 분자에서 끌려 나와 하이드로늄 이온(H_3O^+)를 형성하는 모습을 보여준다.

산으로 작용하는 물질은, 자신이 내주는 양성자를 받아들일 염기가 있을 때만 산으로 작용한다. 산이 산성 양성자를 단순히 방출해버리는 것은 아니고, 염기와 직접 접촉하여 양성자를 **전달**(transfer)한다. 예를 들어 어떤 산 HA(HA는 HCl, HNO_3, H_2SO_4 등 모든 양성자 주개를 나타낼 수 있는, 산의 일반적인 화학식이다)가 물에 용해되면, 산성 수소 원자는 그 핵을 H^+ 이온으로 내보내고, 이 이온은 인접한 H_2O 분자에 붙는다. 첫째로 다음과 같은 놀라운 점에 주목하자. 즉, 물이 HA로부터 양성자를 받아들이므로 물을 염기로 보아야 한다는 것이다. 양성자가 이동하면 A^- 이온(Cl^-, NO_3^-, HSO_4^- 등)과 **하이드로늄 이온**(hydronium ion), H_3O^+가 생성된다(**그림 6A.1**). 이렇게 한 물질에서 다른 물질로 양성자가 이동하는 반응을 **양성자 이동 반응(proton transfer reaction)**이라고 하며, 물에서 일어난다면 반응식은 다음과 같다.

$$\underbrace{HA(aq)}_{\text{산}} + \underbrace{H_2O(l)}_{\text{염기}} \rightarrow H_3O^+(aq) + A^-(aq)$$

이때 HA 분자는 양성자를 잃고 A^-가 되었으며, 이를 **양성자 이탈(deprotonation)**이라고 한다.

> **보충 설명**
> 하이드로늄 이온을 일반적으로 편리하게 H_3O^+로 나타내지만, 실제로는 물 분자 몇 개가 수소 결합을 통해 강하게 결합되어 있을 가능성이 높다. 일부 실험 증거에 따르면, 좀 더 실제에 가까운 화학식은 $H_9O_4^+$이다.

Brønsted–Lowry 정의가 Arrhenius 정의(**기초 지식** J)보다 더 일반적인 정의인 이유를 알아보자. Arrhenius 산은 물에서 하이드로늄 이온을 생성하는 **화합물**이다. Brønsted 산은 좀 더 일반적인데, 이온 역시 산이 될 수 있기 때문이다. 예를 들어 위에서 언급한 황산수소 이온에는 산성 수소 원자가 하나 있기 때문에, 물에 양성자를 줄 수 있다.

$$HSO_4^-(aq) + H_2O(l) \rightarrow H_3O^+(aq) + SO_4^{2-}(aq)$$

따라서 HSO_4^- 이온은 원칙적으로 물에서 산이다.

이제 Brønsted–Lowry 염기는 양성자 받개로 정의한 것을 생각해보자. 염기의 일반적인 화학식은 B로 쓰며, NH_3, OH^-, SO_4^{2-} 등을 나타낸다. 염기 B가 물에 용해되면 양성자를 받는다.

$$B(aq) + H_2O(aq) \rightarrow HB^+(aq) + OH^-(aq)$$

암모니아가 물에 용해되면, 이웃한 물 분자로부터 양성자를 하나 받아들여 암모늄 이온 NH_4^+가 된다.

$$NH_3(aq) + H_2O(aq) \rightarrow NH_4^+(aq) + OH^-(aq)$$

여기서 두 번째 놀라운 점에 주목하자. 이 반응에서 양성자 주개는 H_2O이므로, 이 반응에서 물은 산이다! 따라서 물은 산이자 염기이다. 물은 양성자를 줄 수도, 받을 수도 있는 물질인 **양쪽성 양성자성(amphiprotic)** 화합물의 예이기도 하다.

양성자는 매우 민첩한 물질로, 질량이 작아 양자역학적으로 에너지 장벽을 터널링하여 한 분자에서 다른 분자로 옮겨갈 수 있다. 따라서 용액에 산이나 염기가 들어오는 순간, 양성자 이동 반응은 즉시 평형에 도달한다. 모든 화학 평형이 그렇듯이 양성자 이동 평형도 동적이며, 양성자는 용액에 존재하는 분자와 이온 사이를 끊임없이 돌아다닌다. 양성자를 잃는 쪽으로 평형이 강하게 치우친 산도 있고, 양성자를 붙들고 있는 쪽으로 평형이 치우친 산도 있다. 이런 거동은 산이 양성자를 내주는 성질의 '세기' 척도가 된다. 평형 상태에서 용액 내 거의 모든 HA 분자가 양성자를 내주는 산은 **강산(strong acid)**으로 분류한다. 따라서 HCl처럼 강산의 양성자 이동 반응의 화학 반응식은 보통 다음과 같이 화살표 하나로 나타낸다.

$$HCl(aq) + H_2O(l) \rightarrow H_3O^+(aq) + Cl^-(aq)$$

약산(weak acid)이란 양성자 이동 평형이 산 그 자체 쪽으로 치우친 양성자 주개를 말한다. 예를 들어 사이안화 수소 HCN이 물에 용해되면 양성자를 전달하여 사이안화 수소산이라고 하는 수용액 HCN(aq)를 형성한다. 하지만 HCN 분자 중 소수만이 양성자를 내준다. 따라서 이 양성자 이동 반응은 다음과 같이 평형으로 나타낸다.

$$HCN(aq) + H_2O(l) \rightleftharpoons H_3O^+(aq) + CN^-(aq)$$

이 평형은 동적이므로, HCN과 H_2O 분자 사이에서 양성자가 끊임없이 교환된다고 생각해야 한다. CN^-와 H_3O^+의 농도는 낮게 유지된다.

탄산수소 이온 HCO_3^-는 천연수에 존재하는 이온으로, 산으로 작용하여 H_2O 분자 하나에 양성자 하나를 내줄 수 있다(그림 6A.2).

$$HCO_3^-(aq) + H_2O(l) \rightleftharpoons H_3O^+(aq) + CO_3^{2-}(aq)$$

강산과 약산은 다음과 같이 구분한다.

강산(strong acid): 용액 내 거의 모든 분자가 양성자 이탈되어 있다.

약산(weak acid): 용액 내 분자나 이온의 극히 일부만이 양성자 이탈되어 있다.

Topic 6C에서 이 차이를 정량적으로 알아본다. 산과 용매가 무엇이냐에 따라 산의 분류가 달라질 수 있다. 물에서 강산인 산이 다른 용매에서는 약산일 수도 있고, 반대도 가능하다. 수용액에서 일반적인 강산은 **기초 지식**의 표 J.1에 나와 있다.

양성자 첨가(protonation) 정도, 즉 염기에 양성자가 붙는 정도를 고려하면 염기도 같은 방법으로 접근할 수 있다. 예를 들어 산화 이온, O^{2-}는 Brønsted 염기이다. CaO가 물에 용해되어 Ca^{2+}와 O^{2-} 이온으로 분리되면, 크기는 작지만 전하량이 높은 O^{2-} 이온은 이웃한 H_2O 분자에서 양성자를 떼어내 끌고 온다(그림 6A.3). 이 과정에서 양성자와 산화 이온의 고립 전자쌍 간에 배위 공유 결합(Topic 2C)이 형성된다. 거의 모든 산화 이온이 물로부터 양성자를 받아들이기 때문에 O^{2-}는 물에서 '강염기'이다. 강염기란 완전히 양성자 첨가된다고 볼 수 있는 물질이다. 강염기 O^{2-}로 양성자가 이동하는 반응은 동적이지만, 평형은 생성물, 즉 염기에 양성자 첨가된 OH^- 쪽으로 크게 치우쳐 있다. 이 반응은 본질적으로 완결되므로 화살표 하나로 나타낸다.

$$O^{2-}(aq) + H_2O(l) \rightarrow 2\,OH^-(aq)$$

물에 NH_3 분자가 들어오면 N 원자의 고립 전자쌍이 H_2O의 양성자를 받을 수 있으며, 다음과 같은 평형이 즉시 형성된다.

$$NH_3(aq) + H_2O(l) \rightleftharpoons NH_4^+(aq) + OH^-(aq)$$

NH_3 분자는 전기적으로 중성이므로, 산화 이온에 비하면 양성자를 끌어당기는 힘이 훨씬 약하다. 따라서 NH_3 분자의 극히 일부만이 암모늄 이온으로 변환된다(그림 6A.4). 따라서 암모니아는 '약염기'이다. 아민은 암모니아의 유기 유도체로, 메틸 아민(CH_3NH_2)과 같은 모든 아민은 물에서 약염기이다. 암모니아 수용액의 양성자 이동 평형은 동적이므로, 양성자는 NH_3와 H_2O 분자 사이에서 끊임없이 교환된다. NH_4^+와 OH^-의 농도는 매우 낮게 유지되므로 생성물을 선호하는 평형이다.

강염기와 약염기는 다음과 같이 구분한다.

강염기(strong acid): 용액 내 거의 모든 분자나 이온이 양성자 첨가되어 있다.

약염기(weak acid): 용액 내 분자의 극히 일부만이 양성자 첨가되어 있다.

산과 마찬가지로 Topic 6C에서 이 차이를 정량적으로 알아본다. 산과 마찬가지로, 염기와 용매가 무엇이냐에 따라 염기의 분류가 달라질 수 있다. 물에서 강염기인 염기가 다른 용매에서는 약염기일 수도 있고, 그 반대도 가능하다. 수용액에서 일반적인 강염기는 **기초 지식**의 표 J.1에 나와 있다.

유의 사항

알칼리 금속과 알칼리 토금속의 산화물이나 수산화물은 Brønsted 염기가 아니다. 이 화합물에 들어있는 산화 **이온**과 수산화 **이온**이 염기이며, 양이온은 구경꾼 이온일 뿐이다. 하지만 화학자들은 (Arrhenius 정의를 반영하여) 편의상 이 화합물 자체를 염기라고 한다.

그림 6A.2 동굴 천장에 달린 종유석과 바닥에서 자란 석순. 둘 다 지하수에 녹아있는 탄산수소 이온으로부터 형성된 불용성 탄산 칼슘으로 이루어져 있다.(*PJakopin/CC BY-SA 4.0/Wikimedia Commons*)

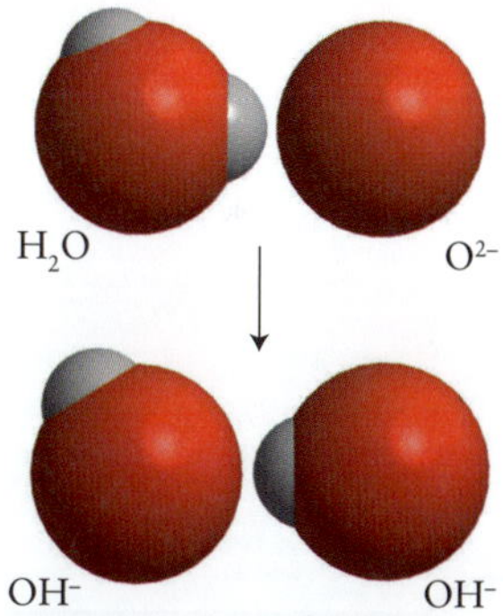

그림 6A.3 산화 이온이 물에 있으면 인접한 물 분자의 수소 원자핵에 큰 인력을 작용하여 수소 이온이 양성자로 빠져 나오게 된다. 그 결과로 산화 이온은 두 개의 수산화 이온을 생성한다.

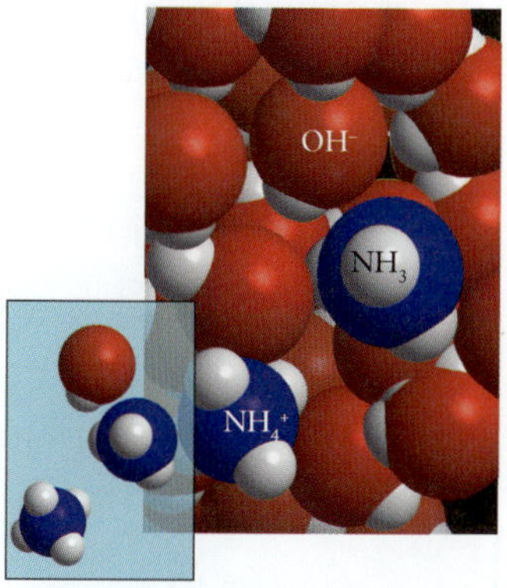

그림 6A.4 평형 상태에 있는 암모니아 수용액의 분자 모형에서 NH_3 분자가 여전히 보이는데, 이것은 몇 퍼센트만 물에서 수소 이온이 이동하여 양성자가 첨가되어 있기 때문이다. 전형적인 용액에서는 100개의 NH_3 중에서 하나만 양성자가 첨가되어 있다. 겹쳐진 그림에는 용질 분자만을 도시하였다.

다음과 같은 약산 HA의 수용액 평형 반응을 고려하자.

$$HA(aq) + H_2O(l) \rightleftharpoons H_3O^+(aq) + A^-(aq)$$

HA는 정반응에서 양성자를 내주므로 산이다. 그러나 역반응에서는 A^-가 양성자를 받기 때문에 염기이다. 예를 들어 HCN이 양성자 이탈되어 생성되는 CN^- 이온은 이웃한 물 분자에서 양성자를 받아들여 다시 HCN이 될 수 있다. 따라서 Brønsted 정의에서 CN^-는 염기이다. 이것을 산 HCN의 '짝염기'라고 한다. 일반적으로 산의 **짝염기(conjugate base)**는 산이 양성자를 내준 다음 남는 물질이다.

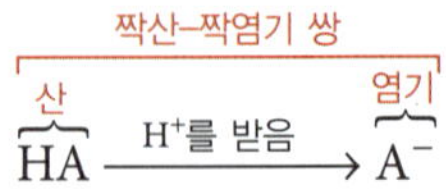

이 두 물질을 **짝산–짝염기 쌍(conjugate acid/base pair)**이라고 한다. 마찬가지로 HCN은 산이고 사이안화 이온에 양성자가 이동하여 형성되는 산이므로 HCN은 염기 CN^-의 '짝산'이다. 일반적으로 염기의 **짝산(conjugate acid)**은 염기가 양성자를 받아들여 생긴다.

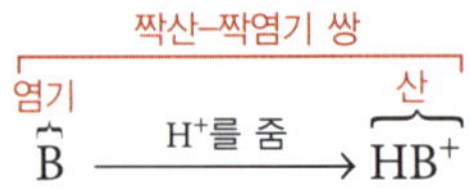

HCN의 양성자 이탈 반응은 짝산–짝염기 쌍 2개가 포함된 과정이다.

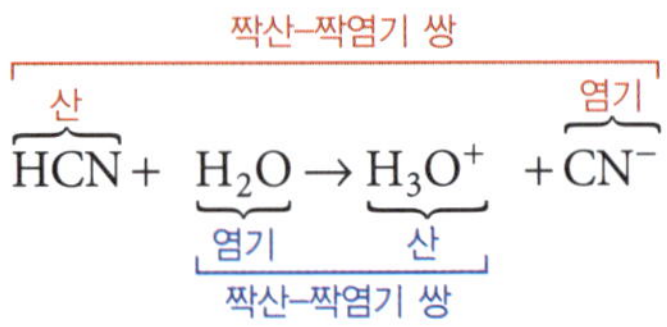

예제 6A.1 짝산과 짝염기 화학식 쓰기

여러분이 어떤 산과 염기 사이의 반응 생성물을 예측해야 한다. (a) HCO_3^-의 짝염기, (b) O^{2-}의 짝산의 화학식을 쓰시오.

계획 산이 양성자를 잃으면 그 짝염기가 되고, 염기가 양성자를 얻으면 그 짝산이 된다. 따라서 생성되는 짝염기와 짝산의 화학식을 쓸 줄 알아야 한다. 산에서 H^+ 이온을 제거하여 짝염기를 만들고, 염기에 H+ 이온을 붙여 짝산을 만들자.

풀이

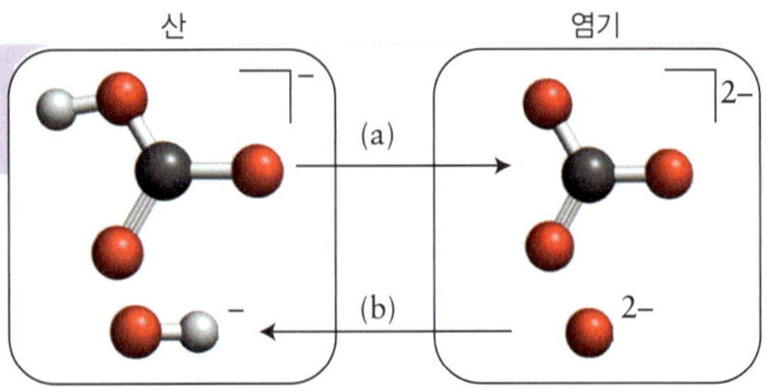

짝염기는 산보다 H^+ 이온이 하나 더 적고, 짝산은 염기보다 H^+가 하나 더 많다.

(a) HCO_3^-의 짝염기는 CO_3^{2-}이다.

(b) O^{2-}의 짝산은 OH^-이다.

자습 6A.1A (a) OH^-의 짝산, (b) HPO_4^{2-}의 짝염기를 쓰시오.

[답: (a) H_2O, (b) PO_4^{3-}]

자습 6A.1B (a) H_2O의 짝산, (b) NH_3의 짝염기를 쓰시오.

관련 연습 문제 6A.1~6A.6

Brønsted–Lowry 정의가 이온을 포함하여 '산'과 '염기'의 개념을 일반화하였다는 점과, 산과 염기 모두가 될 수 있는 물질(예: 물)이 있다는 점을 알아보았다. Arrhenius 정의와 달리

Brønsted 정의는 비수용성 용매에 녹아 있거나 용매가 없는 기체상 반응에도 적용된다. 예를 들어 아세트산이 액체 암모니아에 녹으면 양성자 이동이 일어나고 다음과 같은 평형 상태에 도달한다.

$$CH_3COOH(am) + NH_3(l) \rightleftharpoons CH_3CO_2^-(am) + NH_4^+(am)$$

(여기서 'am'을 적은 물질은 액체 암모니아에 녹아있다는 의미이다.) 기체 상태에서 양성자 이동 반응으로는 기체 염화 수소와 암모니아의 반응을 예로 들 수 있다. 이 반응을 통해 염화 암모늄 분말이 생긴다(**그림 6A.5**).

$$HCl(g) + NH_3(g) \rightarrow NH_4Cl(s)$$

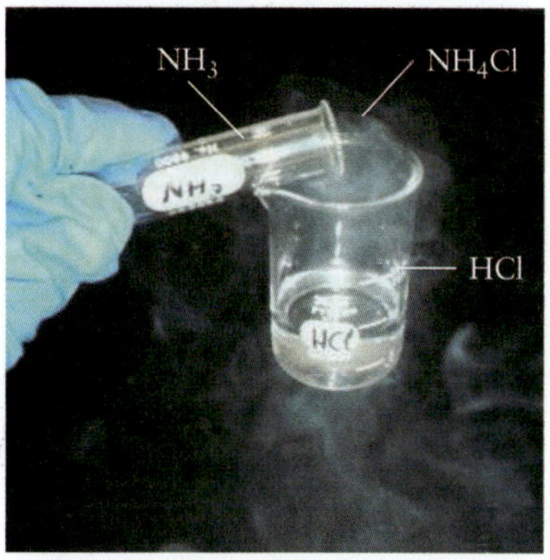

그림 6A.5 흰 분말은 시험관의 진한 염산에서 나오는 기체 염화 수소와 관을 통해 주입된 기체 암모니아가 반응하여 염화 암모늄이다. (*Public Domain/Wikimedia Commons*)

Brønsted 산은 양성자 주개이고, Brønsted 염기는 양성자 받개이다. 용액에서 강산은 완전히 양성자 이탈된 상태, 약산은 일부만 양성자 이탈된 상태로 존재한다. 용액에서 강염기는 완전히 양성자 첨가된 상태, 약염기는 일부만 양성자 첨가된 상태로 존재한다. 산이 양성자를 내주면서 생성된 염기를 짝염기, 염기가 양성자를 받아들여 생성된 산을 짝산이라고 한다.

6A.2 Lewis 산과 염기

지금까지 산과 염기에 관한 Arrhenius 정의를 어떻게 확장시켰는지를 알아보았다. 그런데 "더 많은 물질을 포함할 수 있도록 정의를 더욱 확장시킬 수 있을까?"라고 묻는다면 답은 "가능하다"이다. 미국의 화학자 G. N. Lewis는 산과 염기를 다음과 같이 분류할 것을 제안하였다.

산은 전자쌍 받개이다.

염기는 전자쌍 주개이다.

이 기준에 따라 분류한 물질을 **Lewis 산**(**Lewis acid**) 또는 **Lewis 염기**(**Lewis base**)라고 한다. Lewis 염기가 Lewis 산에 전자쌍을 내주면, 두 물질은 전자쌍을 공유하여 배위 공유 결합을 통해 결합한다. 양성자(H^+)는 전자쌍 받개이다. 양성자는 Lewis 염기에 있는 고립 전자쌍에 결합(즉 고립 전자쌍을 받음)할 수 있기 때문에 Lewis 산이다.

Lewis 이론은 Brønsted–Lowry 이론보다 더 일반적이다. 예를 들어 니켈 원자(Lewis 산)와 일산화 탄소(Lewis 염기)가 결합하여 $Ni(CO)_4$를 형성하는 경우처럼, 금속 원자나 이온도 Lewis 산으로 작용할 수 있다. 그러나 양성자가 이동하지 않기 때문에 Brønsted 산은 아니다. 반면에 모든 Brønsted 염기는 Lewis 염기의 특별한 형태이다. 고립 전자쌍을 이용하여 양성자와 배위 공유 결합을 할 수 있기 때문이다. 예를 들어 산화 이온은 Lewis 염기로, 양성자와 배위 공유 결합을 형성한다. 이때 결합에 필요한 전자쌍을 양성자에 제공한다.

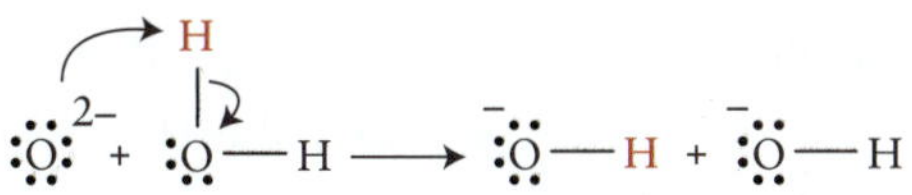

굽은 화살표는 결합 전자쌍이 이동하는 방향을, 빨간색 H는 이동하는 양성자를 나타낸다. 마찬가지로 Lewis 염기인 암모니아(NH_3)가 물에 용해되면, 일부 분자가 물 분자로부터 양성자를 받아들인다.

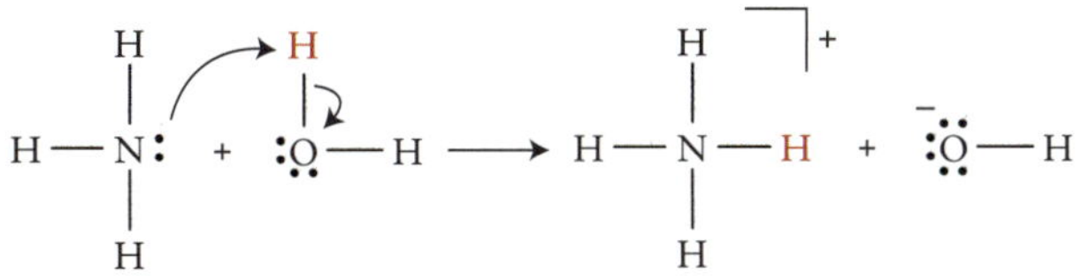

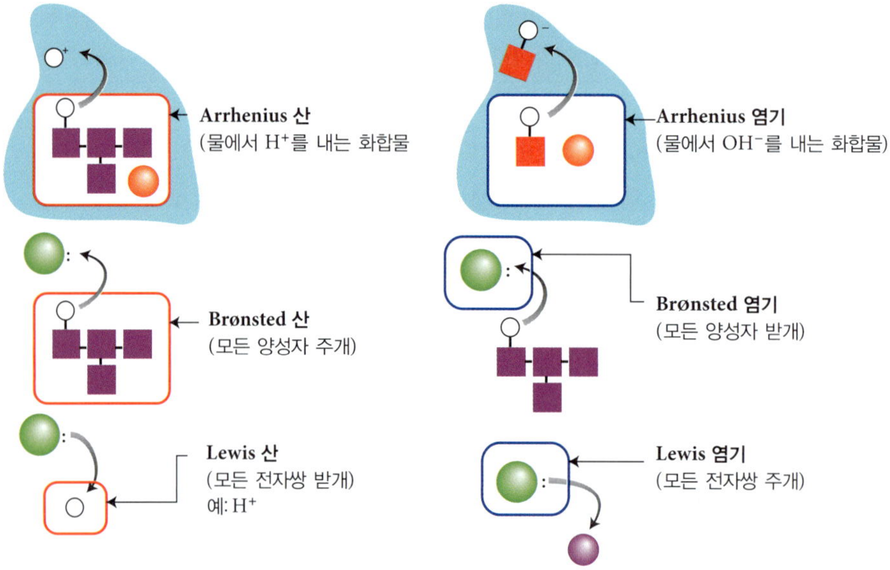

그림 6A.6 Arrhenius, Brønsted, Lewis 정의에 따른 산을 왼쪽 열을 빨간색 둥근 사각형 안에, 염기를 오른쪽 열의 파란색 둥근 사각형 안에 나타냈다. 흰색 원은 수소 이온, 사각형은 다른 이온을 나타낸다. 주황색 구는 동반 이온, 녹색 구는 고립 전자쌍을 가진 분자나 이온, 보라색 구는 전자쌍을 받아들일 수 있는 분자나 이온이다. Arrhenius 정의에서는 동반 이온까지 포함하여 산이나 염기를 정의한다. 한편 Brønsted 정의는 화합물뿐만 아니라 이온에도 적용할 수 있다. Arrhenius 정의에만 물(파란색 배경)이 필요하다.

각 이론에서 산과 염기로 간주하는 물질이 다르다는 점이 중요하다. Lewis 이론에서는 **양성자 자체**가 산이지만, Brønsted 이론에서는 **양성자를 내주는 물질**이 산이다. Lewis 이론과 Brønsted 이론 모두 양성자를 받는 물질은 염기이며, Arrhenius 이론에서는 **양성자 받개를 내는** 화합물이 염기이다(그림 6A.6)

많은 비금속 산화물은 Lewis 산이며, 물과 반응하여 Brønsted 산을 형성한다. CO_2와 물의 반응을 예로 들 수 있다.

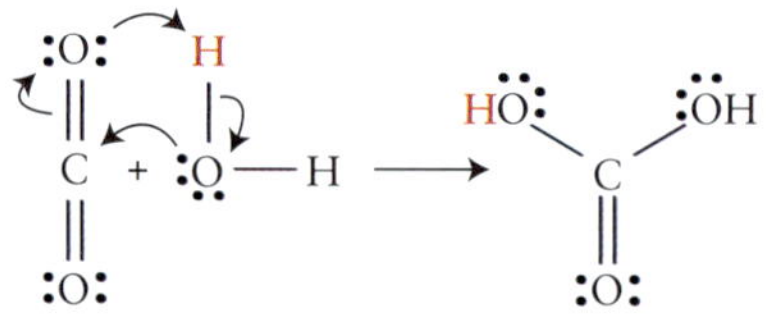

이 반응에서 CO_2는 Lewis 산, H_2O 분자는 Lewis 염기이다. 이산화 탄소의 C 원자는 물 분자의 O 원자로부터 전자쌍을 받아들이며, 수소 원자가 H_2O의 산소로부터 CO_2의 산소로 이동한다. 생성물인 H_2CO_3 분자는 Brønsted 산인데, Brønsted 염기에 양성자를 내줄 수 있기 때문이다.

자습 6A.2A (a) 양성자 이동 평형 $HNO_2(aq) + HPO_4^{2-}(aq) \rightleftharpoons NO_2^-(aq) + H_2PO_4^-(aq)$의 반응물과 생성물에서 Brønsted 산과 염기를 찾으시오. (b) 반응식에 직접 나타내지 않은 물질을 포함하여 Lewis 산과 염기를 찾으시오.

[답: (a) Brønsted 산은 HNO_2, $H_2PO_4^-$, Brønsted 염기는 HPO_4^{2-}, NO_2^-, (b) Lewis 산은 H^+, Lewis 염기는 HPO_4^{2-}, NO_2^-]

자습 6A.2B (a) 양성자 이동 평형 $HCO_3^-(aq) + NH_4^+(aq) \rightleftharpoons H_2CO_3(aq) + NH_3(aq)$의 반응물과 생성물에서 Brønsted 산과 염기를 찾으시오. (b) 반응식에 직접 나타내지 않은 물질을 포함하여 Lewis 산과 염기를 찾으시오.

양성자 이동은 화학에서 매우 중요하므로, 이 Focus의 Topic 대부분에서는 Brønsted의 정의가 핵심이다. Lewis 정의는 d-금속 이온의 화학에서 중요하게 다룬다(Topic 8L과 8M).

Lewis 산은 전자쌍 받개이고 Lewis 염기는 전자쌍 주개이다. Lewis 염기가 제공하는 고립 전자쌍에 양성자가 결합할 때는 양성자가 Lewis 산으로 작용한다.

6A.3 산성, 염기성, 양쪽성 산화물

산성 산화물(acidic oxide)은 물과 반응하여 Brønsted 산 용액을 형성하는 화합물이다. 일례로 SO_2를 들 수 있는데, 이는 물과 반응하여 H_2SO_3를 형성한다. 산성 산화물은 Lewis 산으로 작용하는 **분자** 화합물이다. 예를 들어 CO_2는 수산화 소듐 수용액에 존재하는 OH^-와 반응한다.

$$2\,NaOH(aq) + CO_2(g) \rightarrow Na_2CO_3(aq) + H_2O(l)$$

이 반응이 겉보기에는 단순해 보이지만, 한 OH^- 이온이 Lewis 염기로 작용하여 CO_2에 전자쌍을 내주며 공격하는 과정, 또 다른 OH^- 이온이 Brønsted 염기로 작용하여 양성자를 받아가는 과정이 포함되어 있어 실제로는 복잡하다. 그림에는 이들 과정을 모두 나타내었으나, 한 단계로 일어난다는 뜻은 아니다.

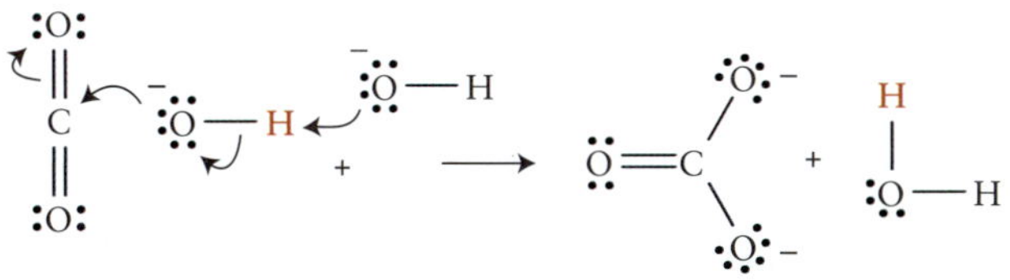

수산화 소듐 조각 위에 자주 보이는 하얀 껍질은 이 반응을 통해 형성된 탄산 소듐, 그리고 유사한 과정을 통해 형성된 탄산수소 소듐(중탄산 소듐)의 혼합물이다.

$$NaOH(s) + CO_2(g) \rightarrow NaHCO_3(s)$$

염기성 산화물(basic oxide)은 물로부터 양성자를 받아들여 수산화 이온을 형성하는 산화물로, 다음과 같은 반응을 한다.

$$CaO(s) + H_2O(l) \rightarrow Ca(OH)_2(aq)$$

염기성 산화물은 산과 반응하여 물과 염을 형성하는 **이온 결합** 화합물이다. 예를 들어 염기성 산화물인 산화 마그네슘은 염산과 반응한다.

$$MgO(s) + 2\,HCl(aq) \rightarrow MgCl_2(aq) + H_2O(l)$$

이 반응에서 염기인 O^{2-}는 염산 용액에 존재하는 하이드로늄 이온으로부터 양성자 두 개를 받아들인다.

일반적으로 금속은 염기성 산화물을, 비금속은 산성 산화물을 형성한다. 하지만 금속과 비금속 사이의 대각선 영역에 있는 원소들은 어떨까? 베릴륨에서 폴로늄까지 경계의 원소들은 금속성과 비금속성이 섞여 있어, 이들의 산화물은 산성과 염기성을 모두 나타낸다(**그림 6A.7**). 산과 염기 모두와 반응하는 물질은 '모두(both)'를 뜻하는 그리스어를 써서 **양쪽성(amphoteric)**이라고 한다. **양쪽성**(산과 염기 모두와 반응하는 물질)과 **양쪽성 양성자성**(양성자를 내줄 수도, 받을 수도 있는 물질)을 혼동하지 말자. 예를 들어 산화 알루미늄 Al_2O_3는 양쪽성으로 산과 반응하고,

$$Al_2O_3(s) + 6\,HCl(aq) \rightarrow 2\,AlCl_3(aq) + 3\,H_2O(l)$$

염기와도 반응한다.

$$2\,NaOH(aq) + Al_2O_3(s) + 3\,H_2O(l) \rightarrow 2\,Na[Al(OH)_4](aq)$$

두 번째 반응의 생성물인 알루미산 소듐에는, 알루미산 이온 $Al(OH)_4^-$이 들어있다. 이

그림 6A.7 '준금속의 대각선' 위에 있거나 인접한 원소들은 보통 양쪽성 산화물을 형성한다.

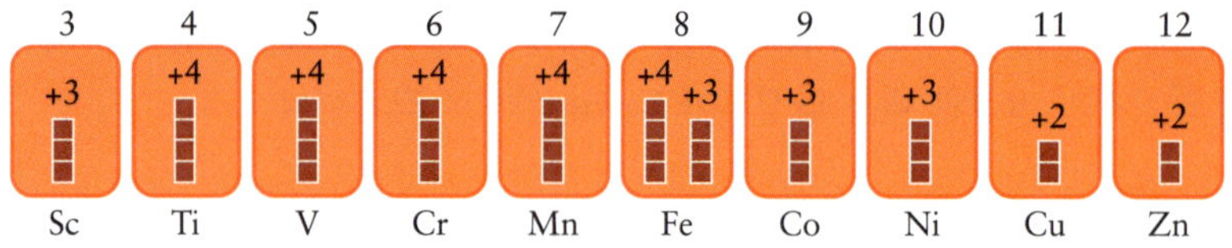

그림 6A.8 d-구역의 특정 원소들은 양쪽성 산화물을 형성한다. d-구역 금속이 가질 수 있는 산화 상태 범위의 중간 정도에서 양쪽성 산화물을 형성하기도 한다(그림에는 4주기 원소들을 나타내었다). 작은 사각형들의 탑은 산화 상태를 나타낸다.

것은 착이온의 일종으로, 착이온은 화학식에서 대괄호로 표시한다(이 대괄호를 몰농도 표기와 혼동하지 말자). 양쪽성 산화물을 형성하는 다른 주족 원소들을 그림 6A.7에 나타냈다. d-구역 금속 산화물의 산성, 염기성, 양쪽성 특성은 금속의 산화 상태에 따라 다르다(그림 6A.8, Topic 8A).

금속은 염기성 산화물, 비금속은 산성 산화물, 베릴륨에서 폴로늄까지의 대각선에 있는 원소와 d-구역 금속 일부는 양쪽성 산화물을 형성한다.

이 Topic에서 배운 것은 무엇인가?

Brønsted–Lowry의 산과 염기 정의를 공부했다. 이 정의에서 산은 양성자 주개, 염기는 양성자 받개이다. 강산과 강염기는 거의 완전히 양성자 이탈 또는 양성자 첨가되지만, 약산과 약염기는 그렇지 않다. 산과 염기가 어떻게 짝염기와 짝산을 형성하는지도 알아보았다. 또한, 산과 염기의 더 일반적인 정의인 Lewis 정의를 쓰면 광범위한 분자를 분류할 수 있다. 어떤 산화물이 산성, 염기성, 양쪽성인지 예측하는 방법도 공부했다.

개념과 식의 적용

- ☐ Brønsted–Lowry 산과 염기를 찾는다(6A.1절).
- ☐ 짝산–짝염기를 찾는다(예제 6A.1).
- ☐ Lewis 산–염기 반응을 이해한다(6A.2절).
- ☐ 산화물의 산성, 염기성, 양쪽성을 예측한다(6A.3절).

Topic 6A 연습 문제

6A.1 짝산의 화학식을 쓰시오. (a) CH_3NH_2, 메틸아민 (b) NH_2NH_2, 하이드라진 (c) HCO_3^-. 짝염기의 화학식을 쓰시오. (d) HCO_3^- (e) C_6H_5OH, 페놀 (f) CH_3COOH

6A.2 짝산의 화학식을 쓰시오. (a) $C_2O_4^{2-}$, 옥살산 이온 (b) $C_6H_5NH_2$, 아닐린 (c) NH_2OH, 하이드록실아민. 짝염기의 화학식을 쓰시오. (d) H_2O_2, 과산화 수소 (e) HNO_2 (f) $HCrO_4^-$

6A.3 수용액에서 일어나는 다음 산의 양성자 이동 평형의 화학 반응식을 쓰고, 짝산과 짝염기를 찾으시오.
(a) H_2SO_4 (b) $C_6H_5NH_3^+$, 아닐리늄 이온 (c) $H_2PO_4^-$ (d) HCOOH, 폼산 (e) $NH_2NH_3^+$, 하이드라지늄 이온

6A.4 수용액에서 일어나는 다음 염기의 양성자 이동 평형의 화학 반응식을 쓰고, 짝산과 짝염기를 찾으시오.
(a) CN^- (b) NH_2NH_2, 하이드라진 (c) CO_3^{2-} (d) HPO_4^{2-} (e) $CO(NH_2)_2$, 요소

6A.5 다음 양성자 이동 반응에서 (a) Brønsted 산과 염기, (b) 생성된 짝산과 짝염기를 찾으시오.

$$HNO_3(aq) + HPO_4^{2-}(aq) \rightarrow NO_3^-(aq) + H_2PO_4^-(aq)$$

6A.6 다음 양성자 이동 반응에서 (a) Brønsted 산과 염기, (b) 생성된 짝산과 짝염기를 찾으시오.

$$HSO_3^-(aq) + CH_3NH_3^+(aq) \rightarrow H_2SO_3(aq) + CH_3NH_2(aq)$$

6A.7 다음 중 Brønsted 산과 염기의 반응으로 분류할 수 있는 것은 무엇인지 찾고, 산과 염기를 쓰시오(**힌트**: 알짜 이온 반응식을 쓰는 것이 편리할 것이다).
(a) $NH_4I(aq) + H_2O(l) \rightarrow NH_3(aq) + H_3O^+(aq) + I^-(aq)$
(b) $NH_4I(s) \xrightarrow{\Delta} NH_3(g) + HI(g)$
(c) $CH_3COOH(aq) + NH_3(aq) \rightarrow CH_3CONH_2(aq) + H_2O(l)$
(d) $NH_4I(am) + KNH_2(am) \rightarrow KI(am) + 2\ NH_3(l)$, 'am'은 용매가 액체 암모니아라는 뜻이다.

6A.8 다음 중 Brønsted 산과 염기의 반응으로 분류할 수 있는 것은 무엇인지 찾고, 산과 염기를 쓰시오(**힌트**: 알짜 이온 반응식을 쓰는 것이 편리할 것이다).

(a) $KOH(aq) + CH_3I(aq) \rightarrow CH_3OH(aq) + KI(aq)$

(b) $AgNO_3(aq) + HCl(aq) \rightarrow AgCl(s) + HNO_3(aq)$

(c) $2\ NaHCO_3(am) + 2\ NH_3(l) \rightarrow Na_2CO_3(s) + (NH_4)_2CO_3(am)$, 'am'은 용매가 액체 암모니아라는 뜻이다.

(d) $H_2S(aq) + Na_2S(s) \rightarrow 2\ NaHS(aq)$

6A.9 양쪽성을 띠는 다음 물질의 양성자 이동 평형의 화학 반응식 두 가지를 쓰시오. (a) HCO_3^- (b) HPO_4^{2-}. 짝산–짝염기 쌍을 찾으시오.

6A.10 양쪽성을 띠는 다음 물질의 양성자 이동 평형의 화학 반응식 두 가지를 쓰시오. (a) $H_2PO_3^-$ (b) NH_3. 짝산–짝염기 쌍을 찾으시오.

6A.11 다음 물질의 Lewis 구조나 Lewis 기호를 그리고, Lewis 산으로 작용할지 염기로 작용할지 판별하시오.

(a) NH_3 (b) BF_3 (c) Ag^+ (d) F^- (e) H^-

6A.12 다음 물질의 Lewis 구조나 Lewis 기호를 그리고, Lewis 산으로 작용할지 염기로 작용할지 판별하시오.

(a) SO_2 (b) I^- (c) CH_3S^- (C 원자가 중심 원자이다) (d) NH_2^-

(e) NO_2

6A.13 다음 각 반응에서 반응물의 Lewis 구조나 Lewis 기호를 그리고, Lewis 산과 염기를 찾으시오. Lewis 산–염기 반응을 통해 형성되는 생성물(착물)의 Lewis 구조를 그리시오.

$PF_5 + F^- \rightarrow$

$Cl^- + SO_2 \rightarrow$

6A.14 다음 각 반응에서 반응물의 Lewis 구조나 Lewis 기호를 그리고, Lewis 산과 염기를 찾으시오. Lewis 산–염기 반응을 통해 형성되는 생성물(착물)의 Lewis 구조를 그리시오.

$F^- + BrF_3 \rightarrow$

$FeCl_3 + Cl^- \rightarrow$

6A.15 다음 산화물이 산성, 염기성, 양쪽성 어느 것인지 쓰시오.

(a) BaO (b) SO_3 (c) As_2O_3 (d) Bi_2O_3

6A.16 다음 산화물이 산성, 염기성, 양쪽성 어느 것인지 쓰시오.

(a) SO_2 (b) CaO (c) P_4O_{10} (d) TeO_2

Topic 6B 자체 양성자 이전 반응과 pH

이 Topic을 왜 배우는가? 물 분자 사이의 양성자 교환은 산과 염기를 정량적으로 설명하기 위한 핵심이다. 하이드로늄 이온의 농도를 나타내는 pH 척도는 화학, 생물학, 의학, 산업 전반에 쓰이므로, 정의와 의미를 반드시 알아야 한다.

무엇을 알고 있어야 하는가? 평형 상수를 활동도로 나타낼 수 있어야 한다(Topic 5F). Topic 6A에서 소개한 산과 염기의 개념과 로그의 성질(부록 1D)을 알아야 한다.

양성자 이동은 아주 빠르게 일어나기 때문에 산이나 염기의 수용액은 즉시 평형에 도달한다. 따라서 평형 상수를 이용하여 모든 화학종의 농도를 예측할 수 있는데, 그중에서도 하이드로늄 이온이 가장 중요하다. 하이드로늄 이온의 농도는 아주 중요하기 때문에 이를 표현하기 위해 pH라는 특별한 척도를 이용한다. 많은 상황에서 용액의 pH는 매우 중요한데, 생명체에게도 마찬가지이다. 우리 몸 속의 혈액은 생존을 위한 최적의 pH를 유지해야만 한다.

Brønsted–Lowry 산–염기 이론은 양성자 이동이 물 자체에서도 일어난다고 말한다. 이 반응으로 인해, 순수한 물에서도 하이드로늄 이온과 수산화 이온이 평형 농도로 존재한다. 산을 첨가하면 양성자를 제공하여 이 농도를 변화시키는데, 하이드로늄 이온이 더 풍부해지고 그에 따라 pH가 변화한다. 마찬가지로 염기를 첨가하면 하이드로늄 이온이 제거되고 새로운 평형이 형성되며, 이에 따라 pH도 변한다. 따라서, 산과 염기 용액을 다룰 때는 순수한 물의 양성자 교환 반응에서부터 출발해야 한다.

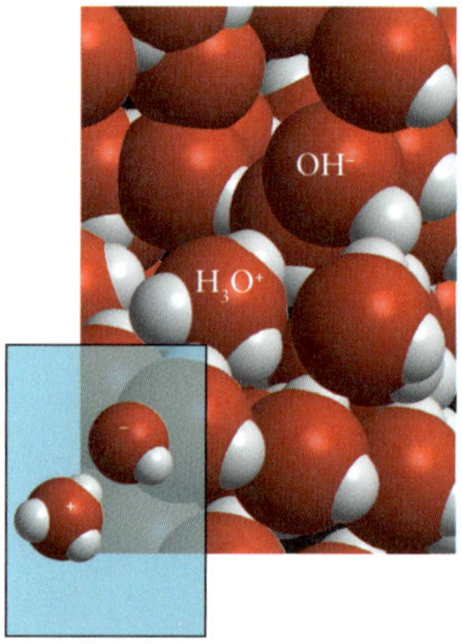

그림 6B.1 자체 양성자 이전 반응으로 인해, 순수한 물에는 물 분자뿐만 아니라 하이드로늄 이온과 수산화 이온도 들어있다. 자체 양성자 이전에 의해 생성되는 이온의 농도는 10^{-7} mol·L^{-1} 정도뿐이며, 이는 분자 2억 개 중에서 하나만이 이온으로 존재하는 것이다. 왼쪽 삽입 그림에는 이온만 나타냈다.

6B.1 물 분자 사이의 양성자 교환 반응

자체 양성자 이전(autoprotolysis)은 동일한 화학종 사이에 양성자가 이동하는 반응이다. 물에서는 자체 양성자 이전이 평형을 이룬다.

$$\overbrace{H_2O(l)}^{\text{염기}} + \overbrace{H_2O(l)}^{\text{산}} \rightleftharpoons H_3O^+(aq) + OH^-(aq) \qquad \textbf{(A)}$$

이 반응은 양쪽 모두 매우 빠르기 때문에 순수한 물이나 수용액에서 항상 평형을 이루고 있다. 어떠한 물이라도 수소 원자에서 나온 양성자가 분자들 사이를 끊임없이 이동하고 있다(그림 6B.1).

반응 A의 평형 상수는,

$$K = \frac{a_{H_3O^+}a_{OH^-}}{(a_{H_2O})^2}$$

묽은 수용액에서 용매인 물은 거의 순수하기 때문에, 활동도를 1로 놓을 수 있다(이 Focus에서는 묽은 용액만 다룬다). 이때 평형 상수를 물의 **자체 양성자 이전 상수(autoprotolysis constant)**라고 하며 K_w로 쓴다(물의 **자체 이온화 상수**(autoionization constant) 또는 **이온 곱 상수**(ion product constant)라고 하기도 한다).

$$K_w = a_{H_3O^+}a_{OH^-} \qquad \textbf{(1a)}$$

Topic 5F에서 설명한 것처럼, 묽은 용액에서 어떤 용질 J의 활동도는 표준 몰농도에 대한 그 물질의 몰농도, 즉 $[J]/c°(c° = 1\ mol·L^{-1})$과 거의 같다. 따라서 이 식을 다음과 같은 유용한 형태로 쓸 수 있다.

$$K_w = [H_3O^+][OH^-] \quad \textbf{(1b)}$$

Focus 5와 같이 $[J]/c°$ 대신 [J]를 써서 식을 간결하게 만들었다. 여기서 [J]는 $mol·L^{-1}$로 나타낸 몰농도에서 단위를 뗀 값으로 해석해야 한다.

25 °C의 순수한 물에서 H_3O^+와 OH^-의 몰농도는 같고(액체 전체는 전기적으로 중성이므로), 실험값은 $1.0 \times 10^{-7}\ mol·L^{-1}$로 알려져 있다(실험은 뒤에서 설명한다). 따라서 25 °C(특별한 언급이 없으면 앞으로 이 온도만을 다룰 것이다)에서,

$$K_w = (1.0 \times 10^{-7}) \times (1.0 \times 10^{-7}) = 1.0 \times 10^{-14}$$

순수한 물에서 H_3O^+와 OH^-의 농도는 매우 낮으며, 이것은 순수한 물이 왜 전기를 거의 통하지 않는지를 설명해준다. 자체 양성자 이전이 얼마나 미미한지를 비유를 통해 알아보자. 이 책의 글자 하나가 물 분자 하나라고 가정하면, 이온화된 물 분자 하나를 찾으려면 이런 책을 50권 넘게 뒤져봐야 한다.

생각해 보기

자체 양성자 이전은 흡열 반응이다. 온도를 높이면 K_w는 증가할지 감소할지 예상해보자.

K_w는 Focus 5에서 다루었던 평형 상수들과 본질적으로 똑같다는 점을 기억해야 한다. **K_w는 평형 상수이므로, 어떠한 수용액에서도 H_3O^+와 OH^- 이온 농도의 곱은 항상 K_w이다.** 산을 첨가하여 H_3O^+ 이온 농도가 높아지면, 그 즉시 OH^- 이온 농도는 낮아져서 K_w 값을 유지한다. 반대로 염기를 첨가하여 OH^- 이온 농도가 높아지면 그에 따라 H_3O^+ 이온 농도는 낮아진다. 자체 양성자 이전 평형에 따른 H_3O^+와 OH^- 농도는 시소와도 같다. 한쪽이 올라가면 다른 쪽은 반드시 내려온다(**그림 6B.2**)

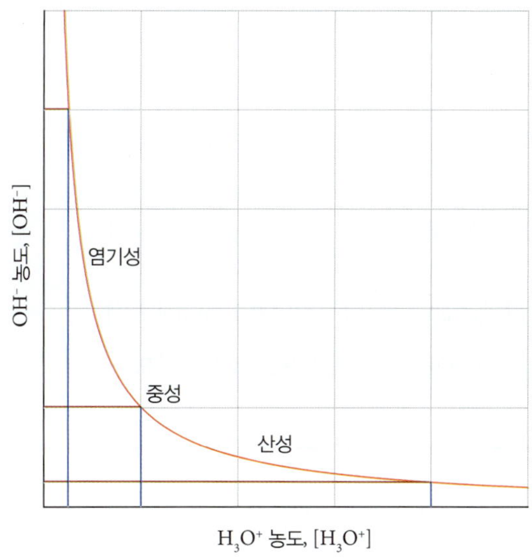

그림 6B.2 물에서 하이드로늄 이온과 수산화 이온 농도의 곱은 일정하다. 따라서 한 이온의 농도가 높아지면 다른 농도는 반드시 낮아진다.

예제 6B.1 금속 수산화물 용액의 이온 농도 계산하기

산을 적정할 때 수산화 바륨 용액을 사용하기도 한다. 수산화 바륨 용액을 쓰려면 용액에 들어 있는 수산화 이온의 실제 농도를 알아야만 한다. 25 °C에서 0.0030 M $Ba(OH)_2(aq)$의 H_3O^+와 OH^- 몰농도는 얼마인가?

예상 이 화합물이 OH^-를 제공하므로 OH^- 농도가 압도적으로 높을 것이다. 그러나 K_w 값을 유지하려면 H_3O^+도 미량이지만 존재할 것이다.

계획 1족과 2족 원소의 수산화물 대부분은 수용액에서 완전히 해리된다고 볼 수 있다. 화학식 단위마다 OH^- 이온 몇 개를 제공하는지 구한 다음, 용액에서 농도를 계산한다. 물의 자체 양성자 이전 상수 $K_w = [H_3O^+][OH^-]$를 이용하여 H_3O^+ 이온 농도를 구한다.

풀이

화합물이 완전히 해리되는지 알아본다.

바륨은 알칼리 토금속이므로 $Ba(OH)_2$는 물에서 거의 완전히 해리되어 Ba^{2+}와 OH^- 이온이 된다.

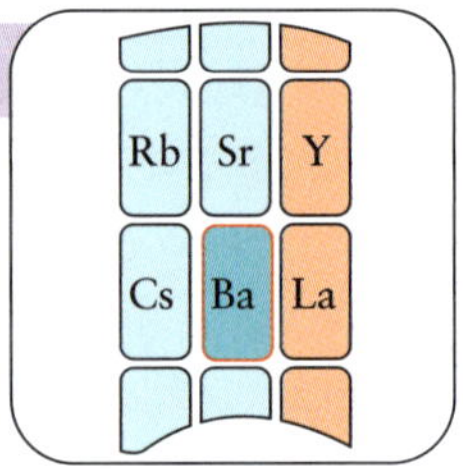

수산화 이온과 수산화 바륨의 몰수비를 구한다.

$$Ba(OH)_2(s) \rightarrow Ba^{2+}(aq) + 2OH^-(aq) \quad 1\text{몰 } Ba(OH)_2 \simeq 2\text{몰 } OH^-$$

용질 농도를 이용하여 수산화 이온의 농도를 계산한다. 여기서는 단위를 포함시킨다.

$$[OH^-] = 2 \times 0.0030\ \text{mol·L}^{-1} = 0.0060\ \text{mol·L}^{-1}$$

$[H_3O^+] = K_w/[OH^-]$를 이용하여 H_3O^+ 이온의 농도를 구한다.

$$[H_3O^+] = \frac{K_w}{[OH^-]} = \frac{1.0 \times 10^{-14}}{0.0060} = 1.7 \times 10^{-12}$$

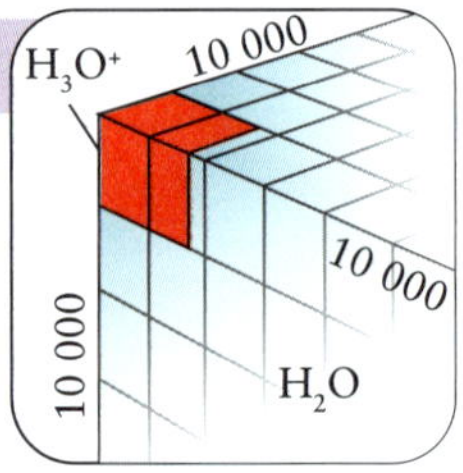

평가 H_3O^+ 이온의 농도는 1.7 pmol·L^{-1}(1 pmol = 10^{-12} mol)으로, 이것은 예상대로 매우 작은 값이지만 0은 아니다.

자습 6B.1A 25 °C에서 6.0×10^{-5} M HI(aq)에서 (a) H_3O^+ 및 (b) OH^- 이온의 몰농도를 구하시오.

[답: (a) 60. $\mu\text{mol·L}^{-1}$, (b) 0.17 nmol·L^{-1}]

자습 6B.1B 2.2×10^{-3} M NaOH(aq)에서 (a) H_3O^+ 및 (b) OH^- 이온의 몰농도를 구하시오.

관련 연습 문제 6B.1, 6B.2, 6B.5, 6B.6

수용액에서 H_3O^+와 OH^- 이온 농도는 자체 양성자 이전 평형과 연관되어 있다. 한 농도가 증가하면 다른 농도가 감소하여 K_w 값을 유지한다.

6B.2 pH의 정의와 의미

산과 염기의 농도를 정량적으로 설명할 때, H_3O^+ 이온 농도가 자릿수 몇 개가 달라질 정도로 매우 크게 변할 수 있다는 점에 주목해야 한다. 어떤 용액에서는 1 $mol \cdot L^{-1}$을 넘지만 다른 용액에서는 10^{-14} $mol \cdot L^{-1}$보다 작을 수도 있다. 이렇게 넓은 범위의 값을 다루는 불편함을 피하기 위해, 화학자들은 용액의 하이드로늄 이온 농도를 **pH**로 나타낸다. pH는 하이드로늄 이온의 활동도에 상용로그(밑이 10인 로그)를 씌우고 음의 부호를 붙인 값이다.

$$pH = -\log a_{H_3O^+} \qquad (2a)$$

용액이 충분히 묽어서 이상적이라고 볼 수 있는 경우 $a_{H_3O^+} = [H_3O^+]/c°$이다.

보충 설명
덴마크의 화학자 Søren Sørensen이 맥주 양조의 품질 관리를 연구하던 중에 pH 척도를 도입했다. 상용로그에 음의 부호를 붙이는 이유는 pH 값이 양수가 되도록 하기 위함이다.

Topic 5F에서 다루었듯이, H_3O^+의 몰농도에서 단위 $mol \cdot L^{-1}$를 뗀 값을 $[H_3O^+]$라고 하면 식을 간결하게 쓸 수 있다.

$$pH = -\log [H_3O^+] \qquad (2b)$$

예를 들어 25 °C의 순수한 물에서 H_3O^+의 농도는 1.0×10^{-7} $mol \cdot L^{-1}$이므로 pH는 다음과 같다.

$$pH = -\log(1.0 \times 10^{-7}) = 7.00$$

생각해 보기
온도가 높아지면 순수한 물의 pH는 증가할까, 감소할까?

유의 사항
pH 값에서 소수점 아래 자릿수는 몰농도의 유효 숫자 개수와 같다. 소수점 앞의 숫자는 10의 몇 승(예를 들어 $\log 10^5 = 5$)인지만을 나타내므로 유효 숫자에 포함되지 않는다.

pH를 정의할 때 음의 부호를 붙였으므로, H_3O^+의 농도가 높을수록 pH가 낮은 것이다. 예를 들어, H_3O^+의 농도가 1×10^{-7} $mol \cdot L^{-1}$에서 1×10^{-6} $mol \cdot L^{-1}$로 높아지면 pH는 7.0에서 6.0으로 낮아진다. 이 예시에서 알 수 있듯이 pH 1 차이는 H_3O^+ 이온 농도 10배 차이에 해당한다. 다음을 기억하자(25 °C).

- 염기성 용액의 pH는 7보다 높다.
- 순수한 물처럼 중성인 용액의 pH는 7이다.
- 산성 용액의 pH는 7보다 낮다.

화학에서 다루는 용액의 pH는 대부분 0에서 14 사이이지만, 이 범위를 벗어나는 용액도 있다.

생각해 보기
pH가 음수일 수 있을까? 그렇다면 그 의미는 무엇일까?

예제 6B.2 농도를 pH로 계산하기

여러분이 중환자실 환자들을 모니터링하는 의학 실험실에서 근무한다고 하자. 환자들의 혈액 pH가 정상 수준에서 조금만 벗어나도 치명적일 수 있기 때문에 꼼꼼히 모니터링하면서 조절해야 한다. (a) H_3O^+ 이온 농도가 4.0×10^{-8} mol·L^{-1}인 사람의 혈액, (b) 0.020 м HCl(aq), (c) 0.040 м KOH(aq)의 pH는 얼마인가?

예상 혈액의 H_3O^+ 이온 농도가 순수한 물보다 낮기 때문에 pH > 7을 예상한다. HCl(aq)은 산이므로 pH < 7, KOH(aq)는 염기이므로 pH > 7을 예상한다.

계획 식 2b를 이용하여 pH를 계산한다. 강산 용액의 H_3O^+ 이온 농도는 산의 몰농도와 같다. 강염기 용액은 먼저 OH^-의 농도를 구한 다음, $[H_3O^+][OH^-] = K_w$를 이용하여 $[H_3O^+]$를 계산한다. $[H_3O^+] = K_w/[OH^-]$

무엇을 가정해야 하는가? 용액에서 모든 강산(여기서는 HCl)은 완전히 양성자 이탈되며, 모든 이온 결합 화합물(여기서는 KOH)은 완전히 해리된다고 가정한다.

풀이

(a) pH = $-\log [H_3O^+]$이므로,

$$\mathrm{pH} = -\log(4.0 \times 10^{-8}) = 7.40$$

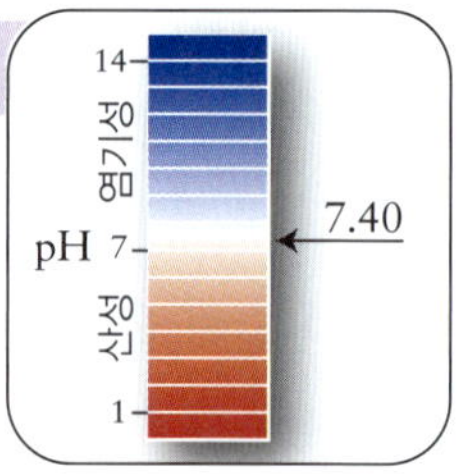

(b) HCl은 강산이므로 물에서 완전히 양성자 이탈된다고 본다.

$$[H_3O^+] = [HCl] = 0.020\ \mathrm{mol \cdot L^{-1}}$$

pH = $-\log [H_3O^+]$이므로,

$$\mathrm{pH} = -\log 0.020 = 1.70$$

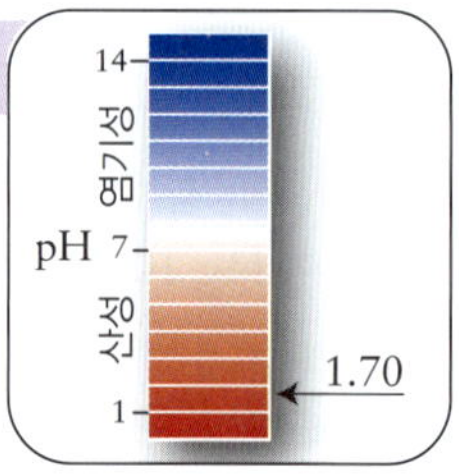

(c) KOH는 용액에서 완전히 해리된다고 가정하였으므로 화학식 단위 하나가 OH^- 이온 하나를 낸다.

$$[OH^-] = [KOH] = 0.040\ \mathrm{mol \cdot L^{-1}}$$

$[H_3O^+][OH^-] = K_w$를 $[H_3O^+] = K_w/[OH^-]$로 변형하여 $[H_3O^+]$를 구한다.

$$[H_3O^+] = \frac{K_w}{[OH^-]} = \frac{1.0 \times 10^{-14}}{0.040} = 2.5 \ldots \times 10^{-13}$$

pH = $-\log [H_3O^+]$이므로,

$$\mathrm{pH} = -\log(2.5 \ldots \times 10^{-13}) = 12.60$$

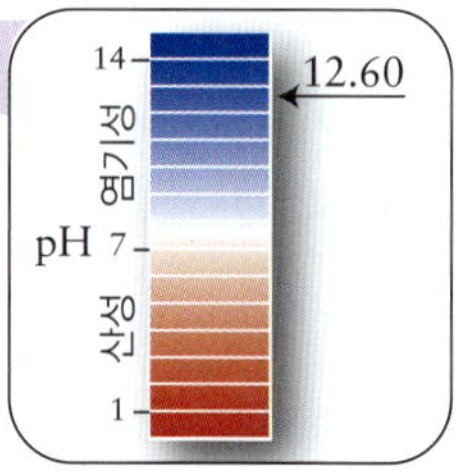

평가 계산한 pH 값이 예상과 일치한다.

자습 6B.2A (a) OH^-의 농도가 약 3×10^{-3} $mol\cdot L^{-1}$인 가정용 암모니아수, (b) 6.0×10^{-5} M $HClO_4(aq)$의 pH를 계산하시오.

[답: 2×10^{-2} $mol\cdot L^{-1}$]

자습 6B.2B 0.077 M NaOH(aq)의 pH를 계산하시오.

관련 연습 문제 6B.11, 6B.12

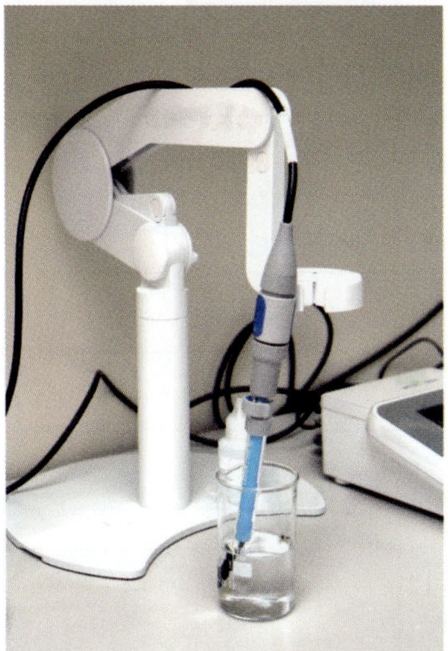

그림 6B.3 pH 미터는 전기화학적으로 pH를 측정하는 전압계이다. 많은 pH 미터에서는 전극 두 개가 탐침 하나에 통합되어 있다. 이런 전극을 복합 전극이라고 한다.(© *Cergios/Shutterstock*)

범색 지시약 종이(universal indicator paper)는 pH 값에 따라 색이 다르게 나타나며, 이를 이용하면 수용액의 대략적인 pH 값을 아주 빠르게 알아낼 수 있다. pH 미터를 이용하면 더 정확하게 측정할 수 있다(그림 6B.3). 이 기기는 용액에 담긴 두 개의 전극에 연결된 전압계로 구성된다. 두 전극의 전위 차이는 하이드로늄 이온의 활동도(Topic 6N에서 다룬다)에 비례하므로, 이 전압을 보정하면 pH를 직접 알아낼 수 있다.

pH 값을 H_3O^+ 이온의 농도로 변환하려면, pH 값의 부호를 바꾸고 그 값을 10의 지수로 올리면 된다.

$$[H_3O^+] = 10^{-pH}\ mol\cdot L^{-1} \qquad (3)$$

예제 6B.3 pH를 하이드로늄 이온 농도로 계산하기

pH 값을 하이드로늄 이온 농도로 변환해야 하는 경우가 있다. 용액의 수산화 이온 농도를 가장 빠르게 알아내는 방법은 pH 미터로 pH를 측정한 다음 $[H_3O^+]$ 농도로 바꾸는 것이다. pH = 4.83인 용액의 하이드로늄 이온 몰농도는 얼마인가?

예상 이 용액의 pH는 25 °C에서 순수한 물의 pH인 7보다 낮으므로 산성이다. 따라서 H_3O^+ 이온의 농도는 10^{-7} $mol\cdot L^{-1}$보다 높을 것이다.

계획 식 3을 이용하여 값을 계산한다. 먼저 pH의 부호를 바꾼 다음 10의 지수로 올린다.

풀이

$[H_3O^+] = 10^{-pH}$ $mol\cdot L^{-1}$이므로

$$[H_3O^+] = 10^{-4.83}\ mol\cdot L^{-1} = 1.5\times10^{-5}\ mol\cdot L^{-1}$$

평가 예상대로 H_3O^+ 이온 농도는 순수한 물보다 100배 이상 더 크다.

자습 6B.3A 위액의 pH는 대략 1.7이다. H_3O^+ 이온의 몰농도는 얼마인가?

[답: 2×10^{-2} $mol\cdot L^{-1}$]

자습 6B.3B 위에서 넘어온 음식물을 소화하는 데 도움을 주는 췌장액의 pH는 약 8.2이다. 췌장액의 H_3O^+ 이온 몰농도는 대략 얼마인가?

관련 연습 문제 6B.13, 6B.14

그림 6B.4에는 여러 액체와 음료수의 pH를 나타냈다. 신선한 레몬즙의 pH는 2.2로, 이는 H_3O^+ 농도 6 $mmol\cdot L^{-1}$에 해당한다(1 mmol = 10^{-3} mol). 오염되지 않은 자연적인 비는 보통 pH가 약 5.7로 약간 산성을 띠는데 이것은 이산화 탄소가 용해되었기 때문이다. 미국 환경

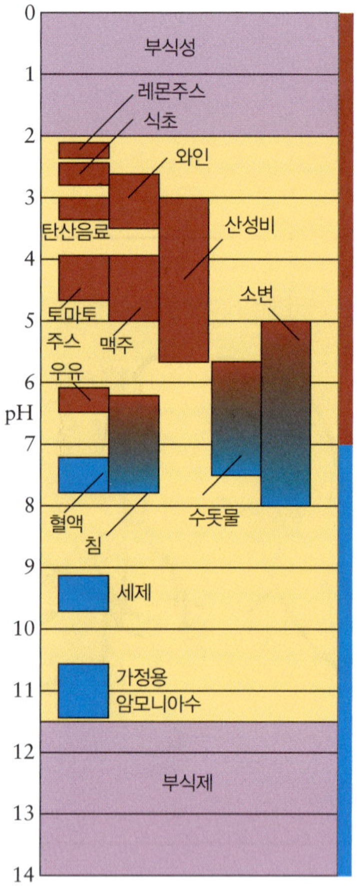

그림 6B.4 일상적인 수용액의 pH 범위. 보라색 영역의 pH는 부식성이 큰 액체들이다.

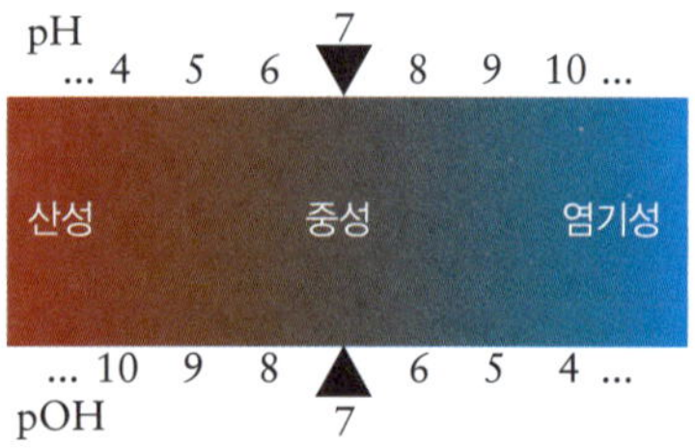

그림 6B.5 직사각형 상단의 숫자는 25°C에서 수용액의 pH 값을 뜻한다. 각 pH 값 바로 아래 숫자는 같은 용액의 pOH 값이다. 한 수용액의 pH와 pOH 합은 항상 14라는 점을 기억하자. pH와 pOH는 대개 0에서 14 사이의 값을 갖지만, 이 범위를 넘거나 심지어 음수인 용액도 있다.

보호청(EPA, Environmental Protection Agency)은 수용액 폐기물의 pH가 2 이하(산성이 높음)이거나 11.5 이상(염기성이 높음)이면 **부식성(corrosive)**이라고 정의한다.

H_3O^+ 이온의 몰농도를 pH 척도로 나타낼 수 있다. $pH = -\log [H_3O^+]$이다. 용액의 $pH > 7$이면 염기성, $pH < 7$이면 산성, $pH = 7$이면 중성이다.

6B.3 용액의 pOH

산과 염기를 양적으로 나타낼 때는 로그를 이용하면 간단하다. pH를 일반화하여 pX라고 하자.

$$\mathrm{pX} = -\log \mathrm{X} \quad (4)$$

예를 들어 **pOH**는 다음과 같이 정의한다.

$$\mathrm{pOH} = -\log a_{\mathrm{OH^-}} \quad (5a)$$

pH와 마찬가지로 다음과 같이 간단히 쓸 수 있다.

$$\mathrm{pOH} = -\log [\mathrm{OH^-}] \quad (5b)$$

pOH 척도는 용액의 OH^- 이온 농도를 나타낼 때 편리하다. 예를 들어 순수한 물의 $[OH^-] = 1.0 \times 10^{-7}$ mol·L^{-1}이므로 pOH는 7.00이다. 마찬가지로 pK_w는,

$$pK_w = -\log K_w = -\log(1.0 \times 10^{-14}) = 14.00 \ \ (25\ °\text{C에서})$$

어느 한 수용액에서 pH와 pOH의 관계를 알아보자. 물의 자체 양성자 이전 상수의 식 $[H_3O^+] \times [OH^-] = K_w$의 양변에 로그를 씌우면,

$$\log([H_3O^+][OH^-]) = \log K_w$$

여기에 $\log ab = \log a + \log b$를 적용하면

$$\log [H_3O^+] + \log [OH^-] = \log K_w$$

양변에 -1을 곱하면

$$\overbrace{-\log [H_3O^+]}^{\mathrm{pH}} + \overbrace{(-\log [OH^-])}^{\mathrm{pOH}} = \overbrace{-\log K_w}^{pK_w}$$

이 식은 다음과 같다.

$$\mathrm{pH} + \mathrm{pOH} = pK_w \quad (6a)$$

25°C에서는 $pK_w = 14.00$이므로,

$$\mathrm{pH} + \mathrm{pOH} = 14.00 \quad (6b)$$

식 6a와 6b는 한 용액의 pH와 pOH가 상보적인 값이라는 것을 보여준다. 하나가 증가하면 다른 하나는 감소하여 그 합이 일정하게 유지된다(**그림 6B.5**).

자습 6B.4A 25 °C에서 위산의 pH는 약 1.7이다. 위산의 pOH는 얼마인가?

[답: 12.3]

자습 6B.4B 25 °C에서 어떤 세제 용액의 pOH가 9.4이다. pH는 얼마인가?

한 용액의 pH와 pOH는 $\mathrm{pH} + \mathrm{pOH} = pK_w$라는 관계를 따른다.

이 Topic에서 배운 것은 무엇인가?

물에서 하이드로늄 이온과 수산화 이온의 농도의 곱이 항상 자체 양성자 이전 상수와 같다는 것을 공부했다. 수용액의 하이드로늄 이온 농도는 매우 넓은 범위에 걸쳐있으므로 pH 척도를 사용하면 편리하다는 것도 공부했다. 또한 수용액에서 pH와 pOH는 시소처럼 하나가 커지면 다른 하나는 작아진다는 것을 알아보았다.

개념과 식의 적용

- □ 물의 자체 양성자 이전 상수 K_w를 이용하여 산과 염기 수용액의 H3O+와 OH− 농도를 계산한다(예제 6B.1).
- □ 산이나 염기의 농도를 알고 있는 용액의 pH를 계산한다(예제 6B.2).
- □ pH 값을 이용하여 하이드로늄 이온의 몰농도를 구한다(예제 6B.3).
- □ 수용액의 pH와 pOH를 상호 전환한다(6B.3절).

Topic 6B 연습 문제

6B.1 H_3O^+의 몰농도가 다음과 같은 용액의 OH^- 몰농도를 계산하시오. (a) 0.020 mol·L^{-1} (b) 1.0×10^{-5} mol·L^{-1} (c) 3.1 mol·L^{-1}

6B.2 OH^-의 몰농도가 다음과 같은 용액의 H_3O^+ 몰농도를 계산하시오. (a) 0.0021 mol·L^{-1} (b) 3.4×10^{-3} mol·L^{-1} (c) 7.60 mmol·L^{-1}

6B.3 체온 37 °C에서 물의 K_w 값은 2.1×10^{-14}이다. 37 °C, 중성인 물에서 (a) H_3O^+ 이온, (b) OH^- 이온의 농도는 얼마인가?

6B.4 물의 어는점에서 H_3O^+의 몰농도는 3.9×10^{-8} mol·L^{-1}이다. 0 °C에서 K_w를 계산하시오.

6B.5 $Ba(OH)_2$ 0.43 g을 녹인 수용액 0.100 L에서 $Ba(OH)_2$의 몰농도를 계산하시오. Ba^{2+}, OH^-, H_3O^+의 몰농도는 얼마인가?

6B.6 KNH_2 0.40 g을 녹인 수용액 0.450 L에서 KNH_2의 몰농도를 계산하시오. K^+, NH_2^-, OH^-, H_3O^+의 몰농도는 얼마인가? NH_2^-는 물에서 강염기이다.

6B.7 염산을 희석하여 HCl의 몰농도를 처음 용액의 12%로 낮추었다. 두 용액의 pH 차이는 얼마인가?

6B.8 $Ca(OH)_2$ 수용액을 희석하여 몰농도를 처음의 5.2%로 낮추었다. 두 용액의 pH 차이는 얼마인가?

6B.9 어떤 실험자가 0.025 M HCl(aq) 용액 200 mL를 만들려고 했지만, 실수로 250.0 mL 플라스크를 사용하였다. (a) 원래 만들고자 했던 용액의 pH는 얼마인가? (b) 실제로 만든 용액의 pH는 얼마인가?

6B.10 어떤 실험자가 0.0175 M KOH(aq) 용액 300 mL를 만든 다음 피펫으로 25.0 mL를 덜어 비커에 담았다. 이 비커를 놓아둔 채 이틀 뒤에 와서 보니, 물이 증발하여 부피가 18.0 mL가 되어 있었다. (a) 처음에 준비한 용액의 pH는 얼마인가? (b) 증발 후 용액의 pH는 얼마인가?

6B.11 다음 강산, 강염기 수용액의 pH와 pOH를 계산하시오. (a) 0.0146 M HNO_3(aq) (b) 0.11 M HCl(aq) (c) 0.0092 M $Ba(OH)_2$(aq) (d) 0.175 M KOH(aq) 2.00 mL를 0.500 L로 희석한 용액 (e) NaOH 13.6 mg을 녹인 용액 0.350 L (f) 3.5×10^{-4} M HBr(aq) 75 mL를 0.500 L로 희석한 용액

6B.12 다음 강산, 강염기 수용액의 pH와 pOH를 계산하시오. (a) 0.0356 M HI(aq) (b) 0.0725 M HCl(aq) (c) 3.46×10^{-3} M $Ba(OH)_2$(aq) (d) KOH 10.9 mg을 녹인 용액 10.0 mL (e) 5.00 M NaOH(aq) 10.0 mL를 2.50 L로 희석한 용액 (f) 3.5×10^{-4} M HClO4(aq) 5.0 mL를 25.0 mL로 희석한 용액

6B.13 어떤 식품 회사의 연구소에서 용액의 pH를 측정하였다. pH를 H3O+ 이온의 몰농도로 변환하시오. (a) 오렌지 주스의 pH 3.3 (b) 침의 pH 6.7 (c) 맥주의 pH 4.4 (d) 커피의 pH 5.3

6B.14 어떤 병원의 연구소에서 용액의 pH를 측정하였다. pH를 H_3O^+ 이온의 몰농도로 변환하시오. (a) 어떤 소변 시료의 pH 4.8 (b) 위에서 채취한 액체 시료의 pH 0.7 (c) 혈액의 pH 7.4 (d) 췌장 분비물의 pH 8.1

6B.15 (a) 표를 완성하시오. (b) 산도가 낮은 것부터 높은 순으로 나열하시오.

	$[H_3O^+]$	$[OH^-]$	pH	pOH
(i)	1.50 mol·L^{-1}			
(ii)		1.50 mol·L^{-1}		
(iii)			0.75	
(iv)				0.75

6B.16 (a) 표를 완성하시오. (a) 산도가 낮은 것부터 높은 순으로 나열하시오.

	$[H_3O^+]$	$[OH^-]$	pH	pOH
(i)	0.50 mol·L^{-1}			
(ii)		0.50 mol·L^{-1}		
(iii)			−0.10	
(iv)				−0.10

6B.17 어떤 학생이 고체 Na_2O를 200.0 mL 부피 플라스크에 넣고 물을 채워 NaOH 용액 200.0 mL를 만들었다. 이 용액 5.00 mL를 채취하여 다른 부피 플라스크에 넣고 500.0 mL로 희석하였다. 이 희석 용액의 pH가 13.25였다. (a) (i) 희석 용액과 (ii) 원래 용액에서 수산화 이온의 몰농도는 얼마인가? (b) 플라스크에 처음 넣었던 Na_2O의 질량은 얼마인가?

6B.18 어떤 학생이 고체 K_2O를 500.0 mL 부피 플라스크에 넣고 물을 채워 KOH 용액 200.0 mL를 만들었다. 이 용액 10.00 mL를 채취하여 다른 부피 플라스크에 넣고 300.0 mL로 희석하였다. 이 희석 용액의 pH가 14.12였다. (a) (i) 희석 용액과 (ii) 원래 용액에서 수산화 이온의 몰농도는 얼마인가? (b) 플라스크에 처음 넣었던 K_2O의 질량은 얼마인가?

Topic 6C 약산과 약염기

이 Topic을 왜 배우는가? 약산과 약염기는 자주 쓰는 시약이므로 이들을 식별할 줄 알아야 한다. 분자의 구조와 성질 간의 관계를 더 잘 이해하려면, 약산이나 약염기의 상대적인 세기를 이해해야 한다.

무엇을 알고 있어야 하는가? 강산과 강염기의 개념(Topic 6A), pH(Topic 6B)를 잘 알고 있어야 하며, 평형식(Topic 5F)과 물의 자체 양성자 이전 평형(Topic 6B)를 활용할 줄 알아야 한다. 이 Topic에서는 전기 음성도가 결합의 극성과 세기에 미치는 영향도 다룬다(Topic 2D).

종류가 다른 산 용액은 농도가 같더라도 pH가 다르다. 예를 들어 0.10 M $CH_3COOH(aq)$의 pH는 3 정도이지만, 0.10 M HCl(aq)의 pH는 1 근방이다. 즉 0.10 M $CH_3COOH(aq)$의 H_3O^+ 이온 농도는 0.10 M HCl(aq)보다 낮다. 마찬가지로 0.10 M $NH_3(aq)$의 OH^- 이온 농도는 0.10 M NaOH(aq)보다 낮다. 이것은 물에서 CH_3COOH는 완전히 양성자 이탈되지 않으며, NH_3도 완전히 양성자 첨가되지 않기 때문이라고 설명할 수밖에 없다. 따라서 아세트산은 약산, 암모니아는 약염기이다. 한 금속이 동일한 농도의 HCl과 CH_3COOH 용액과 반응할 때 속도가 다른 이유(**그림 6C.1**)는 CH_3COOH의 불완전한 양성자 이탈로 설명할 수 있다.

자연에 존재하는 산과 염기는 대부분 약산과 약염기이다. 예를 들어 강물이 산성을 띠는 것은 CO_2의 용해에 의한 탄산(H_2CO_3), 빗물에 의해 유입된 비료의 인산수소 이온 (HPO_4^{2-})이나 인산이수소 이온($H_2PO_4^-$), 그리고 식물 조직이 분해되면서 발생하는 여러 카복실산 때문이다. 마찬가지로 자연적으로 생성되는 염기도 대부분 약염기이다. 질소를 함유한 화합물이 무산소 환경에서 분해되면서 이런 약염기가 생성된다. 예를 들어 죽은 물고기에서 나는 악취는 약염기인 아민 성분들 때문이다.

보충 설명

레몬즙에는 구연산이 들어있다. 생선 요리에 레몬즙을 곁들이는 경우가 많은데, 아민 냄새를 없앨 수 있기 때문이다. 레몬즙은 아민 성분을 아민의 짝산의 염(휘발성이 낮음)으로 만든다.

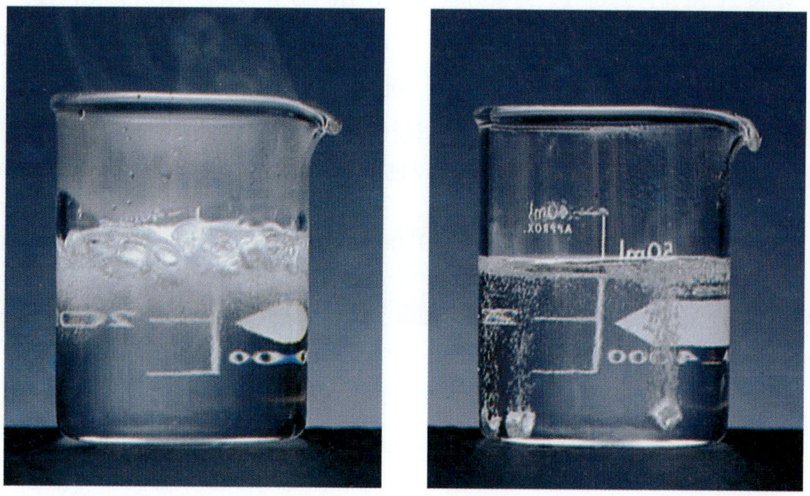

그림 6C.1 강산인 HCl 용액(좌)과 약산인 CH_3COOH 용액(우)에 동일한 질량의 금속 마그네슘을 넣었다. 산의 농도는 같지만, 수소 발생 속도는 하이드로늄 이온 농도에 따라 다르므로 강산에서 훨씬 빠르다. (*Copyright Macmillan Learning, photo by Ken Karp.*)

6C.1 산도 상수와 염기도 상수

약산 수용액의 조성을 고려할 때는 다음이 들어있다는 점을 명심해야 한다.

- 산 분자 또는 이온
- H_3O^+ 이온과 산의 짝염기(농도가 낮음)
- 자체 양성자 이전 평형을 이루고 있는 OH^- 이온(농도가 극히 낮음)

이 모든 화학종은 끊임없이 동적 평형을 이루고 있다. 약산 수용액도 마찬가지로 다음을 고려해야 한다.

- 염기 분자나 이온
- OH^- 이온과 염기의 짝산 (농도가 낮음)
- 자체 양성자 이전 평형을 이루고 있는 H_3O^+ 이온(농도가 극히 낮음)

용매와의 양성자 이전 반응의 평형 상수의 크기는 산과 염기의 세기를 나타내는 지표이다. 예를 들어 물에 용해된 아세트산은,

$$CH_3COOH(aq) + H_2O(l) \rightleftharpoons H_3O^+(aq) + CH_3CO_2^-(aq) \qquad \textbf{(A)}$$

평형 상수는

$$K = \frac{a_{H_3O^+}a_{CH_3CO_2^-}}{a_{CH_3COOH}a_{H_2O}}$$

이 책에서는 묽은 용액만을 다루므로 물은 거의 순수한 상태이다. 따라서 H_2O의 활동도는 1이다. 이 식을 아세트산의 **산도 상수(acidity constant**, K_a)라고 한다(산 이온화 상수(acid ionization constant) 또는 산 해리 상수(acid dissociation constant)라고 하기도 한다). 용질의 활동도를 몰농도의 수치와 같다고 근사하면 다음과 같이 쓸 수 있다.

$$K_a = \frac{\overbrace{a_{H_3O^+}}^{[H_3O^+]}\overbrace{a_{CH_3CO_2^-}}^{[CH_3CO_2^-]}}{\underbrace{a_{CH_3COOH}}_{[CH_3COOH]}\underbrace{a_{H_2O}}_{1}} \rightarrow \frac{[H_3O^+][CH_3CO_2^-]}{[CH_3COOH]}$$

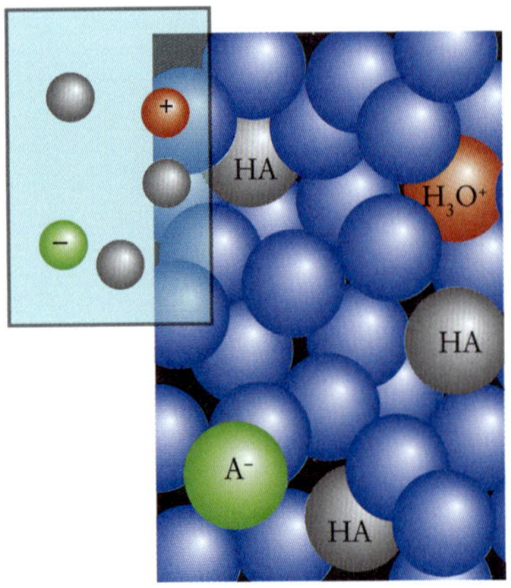

그림 6C.2 약산 수용액에서 산성 수소 원자의 일부만이 하이드로늄 이온(H_3O^+, 적색 구)으로 존재하며, 대부분은 산 분자가 원형 그대로 존재한다(HA, 회색 구). 녹색 구는 산의 짝염기(A^-), 청색 구는 물 분자이다. 좌측의 삽입 그림에는 용질만을 나타냈다.

25 °C에서 아세트산의 K_a 실험값은 1.8×10^{-5}으로 작은 값이다. 이것은 아세트산이 물에 용해되면 CH_3COOH 분자의 일부만이 양성자를 내준다는 것을 뜻한다. 1 M $CH_3COOH(aq)$에서 CH_3COOH 분자 100개 중 99개 정도는 분자 그대로 존재하는 셈인데, 실제 값은 산의 농도에 따라 다르다(Topic 6D). 약산은 전형적으로 이 수준의 값을 보인다(**그림 6C.2**). 임의의 산 HA의 산도 상수를 일반식으로 쓰면 다음과 같다.

$$HA(aq) + H_2O(l) \rightleftharpoons H_3O^+(aq) + A^-(aq) \quad K_a = \frac{[H_3O^+][A^-]}{[HA]} \qquad \textbf{(1)}$$

표 6C.1에는 수용액에서 여러 약산의 산도 상수를 수록하였다. 강산은 반응이 완결된다고 보기 때문에 K_a 값을 적지 않았다는 점에 유의하자.

암모니아가 물에 용해되어 일어나는 양성자 이동 평형 반응은

$$NH_3(aq) + H_2O(l) \rightleftharpoons NH_4^+(aq) + OH^-(aq) \qquad \textbf{(B)}$$

평형 상수는

$$K = \frac{a_{NH_4^+}a_{OH^-}}{a_{NH_3}a_{H_2O}}$$

표 6C.1 25 °C에서 산도 상수

산	K_a	pK_a	산	K_a	pK_a
트라이클로로아세트산, CCl_3COOH	3.0×10^{-1}	0.52	폼산, HCOOH	1.8×10^{-4}	3.75
벤젠 설폰산, $C_6H_5SO_3H$	2.0×10^{-1}	0.70	벤조산, C_6H_5COOH	6.5×10^{-5}	4.19
아이오딘산, HIO_3	1.7×10^{-1}	0.77	아세트산, CH_3COOH	1.8×10^{-5}	4.75
아황산, H_2SO_3	1.5×10^{-2}	1.81	탄산, H_2CO_3	4.3×10^{-7}	6.37
아염소산, $HClO_2$	1.0×10^{-2}	2.00	하이포염소산, HClO	3.0×10^{-8}	7.53
인산, H_3PO_4	7.6×10^{-3}	2.12	하이포브로민산, HBrO	2.0×10^{-9}	8.69
클로로아세트산, $CH_2ClCOOH$	1.4×10^{-3}	2.85	붕산, $B(OH)_3$†	7.2×10^{-10}	9.14
락트산(젖산), $CH_3CH(OH)COOH$	8.4×10^{-4}	3.08	사이안화 수소산, HCN	4.9×10^{-10}	9.31
아질산, HNO_2	4.3×10^{-4}	3.37	페놀, C_6H_5OH	1.3×10^{-10}	9.89
플루오린화 수소산, HF	3.5×10^{-4}	3.45	하이포아이오딘산, HIO	2.3×10^{-11}	10.64

*이 표에 나열한 K_a 값은 반올림 오차를 줄이기 위해, 수록된 값보다 더 많은 유효 숫자를 갖는 pK_a 값으로부터 계산한 값이다. 여러 양성자를 낼 수 있는 다양성자 산은 첫 번째 양성자 이탈 값을 수록하였다.

†양성자 이동 평형 반응은 다음과 같다: $B(OH)_3(aq) + 2H_2O(l) \rightleftharpoons H_3O^+(aq) + B(OH)_4^-(aq)$

묽은 용액은 물이 거의 순수하므로 물의 활동도를 1로 놓을 수 있다. 그러면 이 식은 **염기도 상수(basicity constant, K_b)**가 된다(염기 이온화 상수(base ionization constant)라고 하기도 한다). 용질의 활동도를 몰농도의 수치와 같다고 근사하면 암모니아의 염기도 상수는 다음과 같다.

$$K_b = \frac{\overbrace{a_{NH_4^+}}^{[NH_4^+]}\overbrace{a_{OH^-}}^{[OH^-]}}{\underbrace{a_{NH_3}}_{[NH_3]}\underbrace{a_{H_2O}}_{1}} \rightarrow \frac{[NH_4^+][OH^-]}{[NH_3]}$$

25 °C에서 암모니아의 K_b 실험값은 1.8×10^{-5}으로 작은 값이다. 이것은 NH_3 분자 중 일부만이 NH_4^+로 존재한다는 것을 뜻한다. Topic 6D에서 설명할 평형 계산에 따르면 통상 용액에서 분자 100개 중 1개 정도만이 양성자 첨가된다(그림 6C.3).

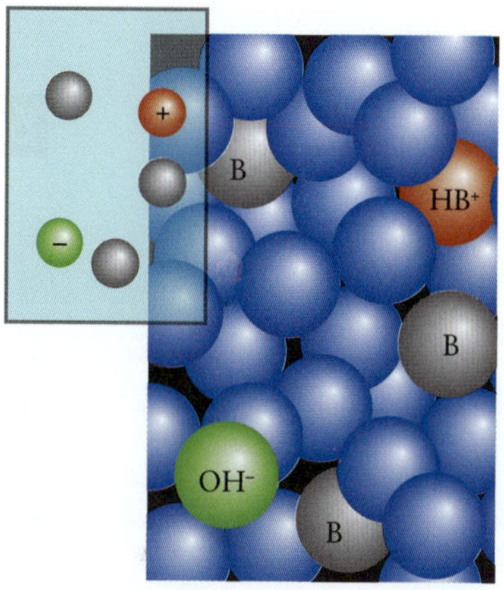

그림 6C.3 약염기 수용액에서는 염기 분자(B, 회색 구)의 일부만이 물(청색 구)로부터 양성자를 받아들여 HB^+ 이온(적색 구)과 OH^- 이온(녹색 구)이 된다. 좌측 삽입 그림에는 용질만을 나타냈다.

임의의 염기 B의 염기도 상수를 일반식으로 쓰면 다음과 같다.

$$B(aq) + H_2O(l) \rightleftharpoons HB^+(aq) + OH^-(aq) \quad K_b = \frac{[HB^+][OH^-]}{[B]} \tag{2}$$

K_b 값은 반응이 얼마나 오른쪽으로 진행되는지를 나타낸다. K_b가 작은 염기는 양성자를 받아들이는 능력이 약하다. 표 6C.2에는 수용액에서 여러 약염기의 염기도 상수를 수록하였다. 강산과 마찬가지로, 강염기는 반응이 완결된다고 보기 때문에 K_b 값을 적지 않았다.

산도 상수와 염기도 상수는 보통 상용로그를 씌운 다음 음의 부호를 붙여 pK_a와 pK_b로 나타낸다.

표 6C.2 25 °C에서 염기도 상수

염기	K_b	pK_b	염기	K_b	pK_b
요소, $CO(NH_2)_2$	1.3×10^{-14}	13.90	암모니아, NH_3	1.8×10^{-5}	4.75
아닐린, $C_6H_5NH_2$	4.3×10^{-10}	9.37	트라이메틸아민, $(CH_3)_3N$	6.5×10^{-5}	4.19
피리딘, C_6H_5N	1.8×10^{-9}	8.75	메틸아민, CH_3NH_2	3.6×10^{-4}	3.44
하이드록실아민, NH_2OH	1.1×10^{-8}	7.97	다이메틸아민, $(CH_3)_2NH$	5.4×10^{-4}	3.27
니코틴, $C_{10}H_{14}N_2$	1.0×10^{-6}	5.98	에틸아민, $C_2H_5NH_2$	6.5×10^{-4}	3.19
모르핀, $C_{17}H_{19}O_3N$	1.6×10^{-6}	5.79	트라이에틸아민, $(C_2H_5)_3N$	1.0×10^{-3}	2.99
하이드라진, NH_2NH_2	1.7×10^{-6}	5.77			

*이 표에 나열한 K_b 값은 반올림 오차를 최소화하기 위해, 수록된 값보다 더 많은 유효 숫자를 갖는 pK_b 값으로부터 계산한 값이다.

$$pK_a = -\log K_a \qquad pK_b = -\log K_b \tag{3}$$

산과 염기의 세기를 생각할 때 다음에 유의해야 한다.

- 산이 약할수록 K_a는 작고 pK_a는 크다.

예를 들어 트라이클로로아세트산의 pK_a는 0.5이지만, 아세트산의 pK_a는 5 근방으로 훨씬 약한 산이다. 염기도 마찬가지이다.

- 염기가 약할수록 K_b는 작고 pK_b는 크다.

pK_a와 pK_b값은 표 6C.1과 6C.2에 수록하였다.

산이 양성자를 내주는 정도는 산도 상수로, 염기가 양성자를 받아들이는 정도는 염기도 상수로 나타낼 수 있다. 상수가 작을수록 그 정도가 약하다. pK_a와 pK_b 값이 클수록 각각 더 약한 산 또는 염기이다.

6C.2 짝산–짝염기 시소

염산은 물에서 거의 완전히 양성자 이탈되므로 강산이다. 이것을 다시 생각해보면 염산의 짝염기인 Cl^-는 매우 약한 양성자 받개라는 뜻이다(실제로 H_2O보다 더 약하다). 반면 아세트산은 약산이다. 아세트산의 짝염기인 아세트산 이온($CH_3CO_2^-$)은 비교적 훌륭한 양성자 받개여서, 물을 첨가하면 쉽게 CH_3COOH 분자를 형성할 것이 틀림없다. 마찬가지로 메틸아민(CH_3NH_2)은 암모니아보다 더 강한 염기이므로(표 6C.2 참고), 메틸아민의 짝산인 메틸암모늄 이온($CH_3NH_3^+$)은 NH_4^+보다 더 약한 양성자 주개(즉, 더 약한 산)여야 한다. 일반적으로,

- 산이 강할수록 그 짝염기는 약하다.
- 염기가 강할수록 그 짝산은 약하다.

산과 그 짝염기의 상대적인 세기를 나타내기 위해, 암모니아의 양성자 이동 평형(반응 B)을 생각하자. 암모니아의 염기도 상수는 $K_b = [NH_4^+][OH^-]/[NH_3]$이다. 물에서 암모니아의 짝산 NH_4^+의 양성자 이동 반응의 평형은

$$NH_4^+(aq) + H_2O(l) \rightleftharpoons H_3O^+(aq) + NH_3(aq) \qquad K_a = \frac{[H_3O^+][NH_3]}{[NH_4^+]}$$

짝산–짝염기의 두 평형 상수, 즉 NH_4^+의 K_a와 NH_3의 K_b를 곱하면

$$\overbrace{\frac{[H_3O^+]\cancel{[NH_3]}}{\cancel{[NH_4^+]}}}^{K_a} \times \overbrace{\frac{\cancel{[NH_4^+]}[OH^-]}{\cancel{[NH_3]}}}^{K_b} = [H_3O^+][OH^-]$$

우변은 자체 양성자 이전 상수 K_w와 같으므로(Topic 6B),

$$K_a \times K_b = K_w \tag{4a}$$

식 4a의 양변에 상용로그를 씌워 다른 방식으로 표현할 수도 있다.

$$\log(K_a \times K_b) \overset{\log xy = \log x + \log y}{=} \log K_a + \log K_b = \log K_w$$

식 전체에 −1을 곱하면

$$\overbrace{-\log K_\text{a}}^{\text{p}K_\text{a}} + \overbrace{(-\log K_\text{b})}^{\text{p}K_\text{b}} = \overbrace{-\log K_\text{w}}^{\text{p}K_\text{w}}$$

따라서 다음 식을 얻는다.

$$\text{p}K_\text{a} + \text{p}K_\text{b} = \text{p}K_\text{w} \qquad \textbf{(4b)}$$

25 °C에서 $\text{p}K_\text{w} = 14.00$이다. K_b는 산의 산도 상수, K_b는 그 짝염기의 염기도 상수이며, 위 식은 짝산–짝염기 쌍에만 적용할 수 있다는 점에 유의하자.

자습 6C.1A 염기인 피리딘(C_5H_5N)의 짝산의 화학식을 쓰고, 피리딘의 $\text{p}K_\text{b}$를 이용하여 짝산의 $\text{p}K_\text{a}$를 계산하시오.

[답: $C_5H_5NH^+$, 5.25]

자습 6C.1B 산인 HIO_3의 짝염기의 화학식을 쓰고, HIO_3의 $\text{p}K_\text{a}$를 이용하여 짝염기의 $\text{p}K_\text{b}$를 계산하시오.

식 4a이든 4b이든, 산과 그 짝염기의 세기는 시소 관계라는 것을 보여 준다. 어느 한 온도에서 K_w는 일정한 값이므로, 식 4a는 어떤 산의 K_a가 크면 그 짝염기의 K_b는 작아야 한다는 것을 의미한다. 마찬가지로 어떤 염기의 K_b가 크면 그 짝산의 K_b는 작아야 한다. 식 4b는 어떤 산의 $\text{p}K_\text{a}$가 크면 그 짝염기의 $\text{p}K_\text{b}$는 작고, 그 반대도 마찬가지라는 것을 의미한다. 이러한 역수 관계는 **그림 6C.4**와 **표 6C.3**에 정리되어 있다. 예를 들어 25 °C에서 암모니아의 $\text{p}K_\text{b}$는 4.75이므로 NH_4^+의 $\text{p}K_\text{a}$는

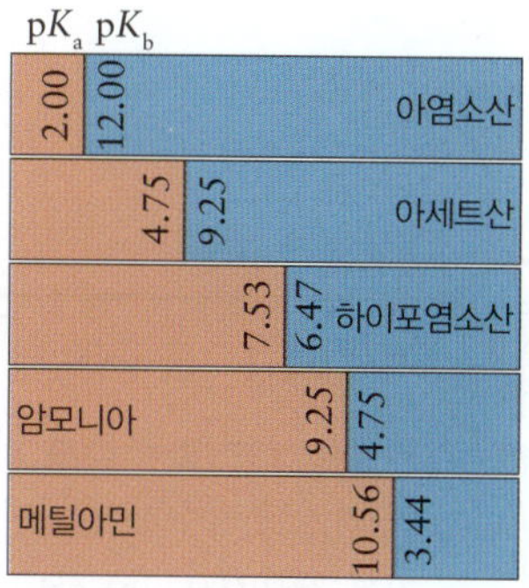

그림 6C.4 산(적색)의 $\text{p}K_\text{a}$와 그 짝염기(청색)의 $\text{p}K_\text{b}$의 합은 $\text{p}K_\text{w}$로 일정하며, 25 °C에서는 14.00이다.

표 6C.3 세기 순으로 나열한 짝산–짝염기 쌍

$\text{p}K_\text{a}$	산의 이름	산의 화학식	염기의 화학식	염기의 이름	$\text{p}K_\text{b}$
	강산			**매우 약한 염기**	
	아이오딘화 수소산	HI	I^-	아이오딘화 이온	
	과염소산	$HClO_4$	ClO_4^-	과염소산 이온	
	브로민화 수소산	HBr	Br^-	브로민화 이온	
	염화 수소산(염산)	HCl	Cl^-	염화 이온	
	황산	H_2SO_4	HSO_4^-	황산수소 이온	
	염소산	$HClO_3$	ClO_3^-	염소산 이온	
	질산	HNO_3	NO_3^-	질산 이온	
	하이드로늄 이온	H_3O^+	H_2O	**물**	
1.92	황산수소 이온	HSO_4^-	SO_4^{2-}	황산 이온	12.08
3.37	아질산	HNO_2	NO_2^-	아질산 이온	10.63
3.45	플루오린화 수소산	HF	F^-	플루오린화 이온	10.55
4.75	아세트산	CH_3COOH	$CH_3CO_2^-$	아세트산 이온	9.25
6.37	탄산	H_2CO_3	HCO_3^-	탄산수소 이온	7.63
6.89	황화 수소산	H_2S	HS^-	황화수소 이온	7.11
9.25	암모늄 이온	NH_4^+	NH_3	암모니아	4.75
9.31	사이안화 수소산	HCN	CN^-	사이안화 이온	4.69
10.25	탄산수소 이온	HCO_3^-	CO_3^{2-}	탄산 이온	3.75
10.56	메틸암모늄 이온	$CH_3NH_3^+$	CH_3NH_2	메틸아민	3.44
	물	H_2O	OH^-	**수산화 이온**	
	암모니아	NH_3	NH_2^-	아마이드 이온	
	수소	H_2	H^-	수소화 이온	
	메테인	CH_4	CH_3^-	메타이드화 이온	
	수산화 이온	OH^-	O^{2-}	산화 이온	
	매우 약한 산			**강염기**	

$$pK_a = pK_w - pK_b = 14.00 - 4.75 = 9.25$$

이 값을 보면 NH_4^+는 붕산($pK_a = 9.14$)보다는 약하지만 사이안화 수소산(HCN, $pK_a = 9.31$)보다는 강한 산이라는 것을 알 수 있다.

강산 용액에서는 양성자 이동 반응도 평형 상태이지만, 강산 HA가 양성자를 내주는 능력은 역반응에서 H_3O^+가 양성자를 내주는 능력보다 훨씬 크기 때문에, 강산의 양성자가 물로 이동하는 양성자 이동 반응은 거의 완결된다. 따라서 용액에는 H_3O^+와 A^- 이온만이 있을 뿐, HA 분자는 사실상 없다고 보아야 한다. 다시 말하면 강산 수용액에서 산성인 화학종은 H_3O^+ 이 온밖에 없다(H_2O 분자는 제외). 물에 용해된 모든 강산은 마치 H_3O^+ 용액처럼 행동하므로, 강산은 물에서 H_3O^+의 세기로 **평준화(leveled)**된다고 할 수 있다.

보충 설명

황산은 강산의 특수한 경우인데, 첫 번째 산성 수소를 잃은 짝염기, 즉 HSO_4^- 이온이 약산이다.

예제 6C.1 둘 중에 더 강한 산이나 염기 찾기

여러분이 분자 구조와 연관하여 산과 염기의 세기를 연구한다고 상상해 보자. 먼저 산도 상수와 염기도 상수가 알려진 화합물들을 비교하는 작업을 한다. 다음 중 물에서 더 강한 산이나 염기를 찾으시오. (a) 산: HF와 HIO_3, (b) 염기: NO_2^- 또는 CN^-

계획 각 산의 K_a를 비교한다. 음이온은 먼저 그 짝산을 찾은 다음 K_a를 비교한다.

풀이

표 6CA.1과 6C.2에서 연관된 K_a와 K_b 또는 pK_a와 pK_b를 찾아 비교한다

(a) $K_a(HIO_3) > K_a(HF)$ 또는 $pK_a(HIO_3) < pK_a(HF)$이므로, HIO_3가 HF보다 더 강한 산이다.

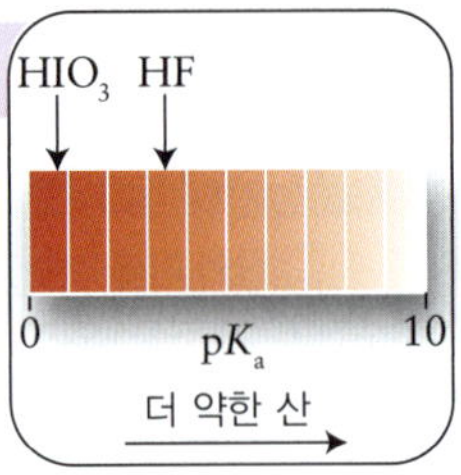

(b) $K_a(HNO_2) > K_a(HCN)$ 또는 $pK_a(HNO_2) < pK_a(HCN)$이므로, HCN이 HNO_2보다 약한 산이다. 산이 약할수록 그 짝염기는 강하므로 CN^-가 더 강한 염기이다.

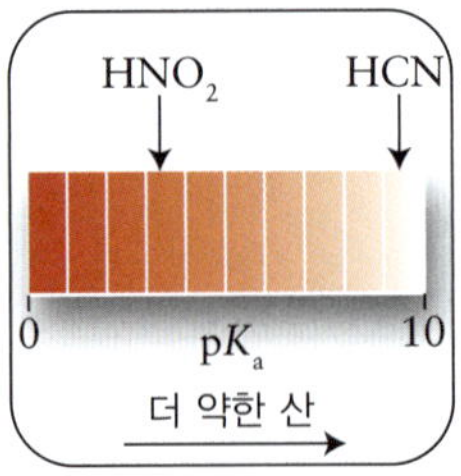

자습 6C.2A 표 6C.1과 6C.2를 이용하여 더 강한 산이나 염기를 찾으시오. (a) 산: HF와 HIO, (b) 염기: $C_6H_5CO_2^-$와 $CH_2ClCO_2^-$, (c) 염기: $C_6H_5NH_2$와 $(CH_3)_3N$, (d) 산: $C_6H_5NH_3^+$와 $(CH_3)_3NH^+$

[**답**: 더 강한 산: (a) HF, (d) $C_6H_5NH_3^+$, 더 강한 염기: (b) $C_6H_5CO_2^-$, (c) $(CH_3)_3N$]

자습 6C.2B 표 6C.1과 6C.2를 이용하여 더 강한 산이나 염기를 찾으시오. (a) 염기: C_5H_5N과 NH_2NH_2, (b) 산: $C_5H_5NH^+$와 $NH_2NH_3^+$, (c) 산: HIO_3와 $HClO_2$, (d) 염기: ClO_2^-와 HSO_3^-

관련 연습 문제 6C.7~6C.14, 6C.17, 6C.18

산이 강할수록 그 짝염기는 약하고, 염기가 강할수록 그 짝산은 약하다.

6C.3 분자 구조와 산의 세기

화학자들은 일반적으로 화합물의 성질 경향을 해석할 때 분자 구조와 결합 세기를 고려한다. 하지만 산과 염기의 상대적인 세기를 분자 구조로부터 예측하기는 쉽지 않은데 그 이유는 두 가지이다. 첫째, K_a와 K_b는 평형 상수이므로 양성자 이동 반응의 Gibbs 자유 에너지(Topic 4J, $\Delta G = \Delta H - T\Delta S$)와 연관이 있다 (Topic 5F의 식 7, 즉 $\Delta G_r° = -RT \ln K$). 따라서 엔탈피뿐만 아니라 엔트로피도 고려해야 한다. 둘째, 양성자 이동 반응에 용매가 중요한 역할을 하므로, 산 분자 자체만으로 산의 세기를 예상할 수는 없다. 그러나 절대적인 값을 예상하기는 어렵지만, 같은 용매(보통은 물)에 용해되어 있는, 그리고 구조가 비슷한 화합물 계열에서 경향을 예상할 수는 있다. 수용액에서 산의 세기는 H—A 결합의 분해와 $H_2O—H^+$ 결합의 형성에 의존한다. 따라서 이들 결합이 얼마나 쉽게 분해되고 형성되는지가 산의 세기를 결정하는 요인이라고 생각할 수 있다. 이온화 에너지와 전자 친화도는 에너지 변화이지 엔탈피 변화는 아니지만, 그 차이가 매우 작으며, 실제로 이 작은 차이들이 상쇄되기까지 한다.

생각해 보기

산 분자를 물에 넣어 양성자 이탈이 일어나면 계의 엔트로피가 증가할까, 감소할까?

먼저, HCl이나 H_2S처럼 수소와 다른 원소 하나로 이루어진 **이성분산**(binary acid)을 살펴보자(일반적으로 HA로 쓴다). 엔탈피 변화는 경로와 무관하므로, HA에서 H_2O로 양성자가 이동하는 반응이 다음과 같은 가상의 단계들로 일어난다고 가정하고 엔탈피 변화를 알아보자(**그림 6C.5**).

단계	반응	엔탈피 변화
HA를 용액에서 제거:	$HA(aq) \rightarrow HA(g)$	$-\Delta H_{solv}(HA)$
기체 HA의 결합 해리:	$HA(g) \rightarrow H(g) + A(g)$	$\Delta H_B(H—A)$
H의 이온화:	$H(g) \rightarrow H^+(g) + e^-(g)$	$I(H)$
A의 전자 부착:	$A(g) + e^-(g) \rightarrow A^-(g)$	$-E_{ea}(A)$
H^+의 수화시킴:	$H^+(g) + H_2O(l) \rightarrow H_3O^+(aq)$	$\Delta H_{수화}(H^+)$
A^-의 수화시킴:	$A^-(g) \rightarrow A^-(aq)$	$\Delta H_{수화}(A^-)$

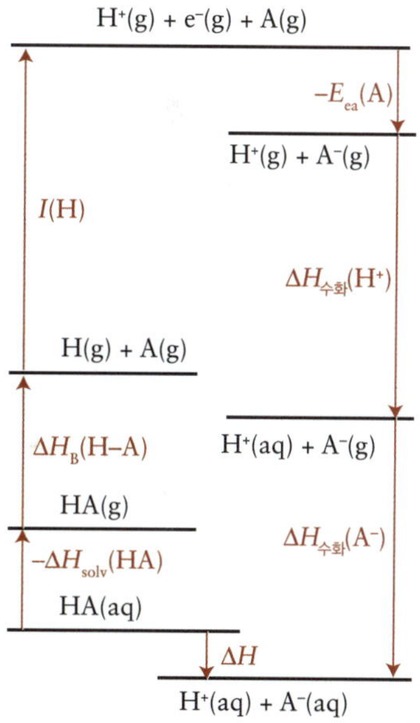

그림 6C.5 물에서 이성분산의 세기에 영향을 주는 요인을 분석하기 위한 열역학적 순환

전체 과정 $HA(aq) + H_2O(l) \rightarrow H_3O^+(aq) + A^-(aq)$의 엔탈피 변화는 이들 여섯 과정의 합이다.

$$\Delta H = -\Delta H_{solv}(HA) + \Delta H_B(H—A) + I(H) - E_{ea}(A) + \Delta H_{수화}(H^+) + \Delta H_{수화}(A^-)$$

표 6C.4에는 다양한 이성분 산에 대하여, 각 과정과 전체 과정에서 ΔH 값을 수록하였다. H_2O에서 $-\Delta H_{solv}$ 값은 증발 엔탈피와 같다. 우리의 목표는 산의 세기에 영향을 미치는 과정을 찾

표 6C.4 이성분산의 양성자 이동 엔탈피에 기여하는 성분들

산	$\Delta H_{solv}(HA)$	$\Delta H_B(H—A)$	$I(H)$	$E_{ea}(A)$	$\Delta H_{수화}(H^+)$	$\Delta H_{hyd}(A^-)$	ΔH
NH_3	−34	453	1312	71	−1103	−500	+125
H_2O	−41	492	1312	178	−1103	−520	+44
HF	−49	565	1312	328	−1103	−510	−15
HCl	? −35	431	1312	349	−1103	−367	−41
HBr	? −35	366	1312	325	−1103	−336	−51
HI	? −35	299	1312	295	−1103	−291	−43

*단위는 모두 $kJ \cdot mol^{-1}$이다. 회색 값들은 모든 산에 일정하게 기여한다. 적색 값들은 17족 원소의 값, 청색 값들은 2주기 원소의 값이다. 물음표로 표시한 값들은 추정치이다. 여기서는 NH_3도 산(즉 양성자 주개)으로 작용한다고 보고 계산한 값이라는 점에 유의하자.

는 것이다. 물론 우리가 예상한 것과 실제 관찰된 현상에는 차이가 있을 수 있으며, 이것은 엔트로피 성분을 고려하지 않았기 때문일 수도 있다는 점을 염두에 두어야 한다. 아무튼 엔트로피 효과를 무시한다면, 양성자 이동의 엔탈피(표에서 ΔH 값)이 음수로 클수록(즉 양성자 이동이 더 발열일수록) 산 HA가 강할 것이라고 볼 수 있다.

먼저 2주기, 즉 NH_3, H_2O, HF가 산으로 작용하는 경향을 살펴보자. 표 6C.4의 마지막 열 맨 위의 세 줄에서 알 수 있듯이 산의 세기는 $NH_3 < H_2O < HF$이다. ΔH 역시 이 순서대로 음수가 되면서 이 경향을 따르는 것을 알 수 있다. 이러한 경향에는 전자 친화도가 주로 기여한다고 볼 수 있다. 전자 친화도가 클수록 전기 음성도가 큰 경향이 있으며, 전기 음성도는 결합의 극성을 결정한다는 점을 떠올리자(Topic 2D).

- A의 전자 친화도가 높으면 전기 음성도도 크며, H—A 결합이 강한 극성을 띤다($^{\delta+}$H—A$^{\delta-}$).
- H의 부분 양전하가 클수록 수소 결합($H_2O \cdots$H—A 결합)이 강하다.
- 수소 결합이 강할수록 HA가 H_2O에 더 쉽게 양성자를 전달할 수 있다.

즉,

A의 전자 친화도가 클수록(그리고 전기 음성도가 클수록) 산 HA는 강하다.

예를 들면 전기 음성도 차이는 N—H 결합이 0.8, F—H 결합이 1.8이다(표 2D.2 참조). 따라서 F—H 결합이 N—H 결합에 비해 훨씬 더 극성이다. 이것은 HF는 물에서 산으로 작용하지만 NH_3는 그렇지 않다는 관찰 결과와도 일치한다.

이제 같은 족 원소 이성분산의 상대적 세기를 살펴보자. 17족에서 산의 세기는 HF < HCl < HBr < HI이다. 표 6C.4의 마지막 열 하단의 네 줄에서 알 수 있듯이 ΔH 값도 거의 이 경향을 따른다. 아이오딘화 수소산은 17족에서 가장 강한 산이지만 ΔH 값이 음수로 가장 크지는 않다. 이러한 차이는 엔트로피 변화까지 고려하면 설명할 수 있을지 모르지만, 엔트로피 효과를 분석하는 것은 상당히 어렵다. 같은 족에서 산의 상대적 세기에 큰 영향을 미치는 요인은 결합 엔탈피의 경향으로 보인다. 결합 엔탈피는 족 아래로 갈수록 작다(데이터 둘째 열의 적색 값). A^-의 수화 엔탈피는 족 아래로 갈수록 발열이 작으므로, 결합 엔탈피의 감소 경향이 이 수화 엔탈피의 경향을 넘어선다고 봐야 한다.

같은 주기에서 이성분 산의 세기는 전자 친화도와, 같은 족에서 이성분산의 세기는 결합 세기와 상관관계가 있다.

6C.4 산소산과 카복실산의 세기

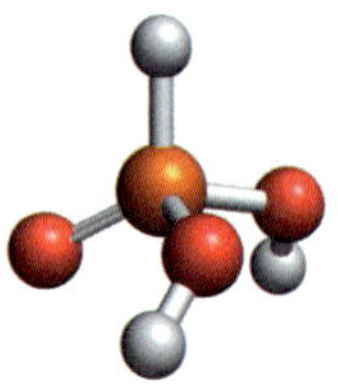

1 아인산, H_3PO_3

산소산을 통해 구조가 산성도에 미치는 영향을 알아보자. 산소산이란 하나 이상의 다른 원자와 결합한 산소가 수소와도 결합한 산이다(**기초 지식** D). 산소산 분자의 —OH 기의 양성자가 산성인 이유 중 하나는 O—H 결합의 강한 극성이다. 아인산(H_3PO_3)에서 이 효과를 확인할 수 있다. 아인산의 구조는 $(HO)_2PHO$(**1**)이다. 두 개의 —OH 기는 양성자를 내줄 수 있지만 인 원자에 직접 붙은 양성자는 내주지 않는다. 이러한 거동 차이는 인의 전기 음성도(2.2)가 산소(3.4)보다 훨씬 낮기 때문이라고 설명할 수 있다.

O 원자의 개수가 같은 산소산들을 생각해보자. HClO, HBrO, HIO와 같이 구조가 A—O—H인 하이포할로젠산을 예로 들어보면, 표 6C.5에서 다음을 알 수 있다.

할로젠의 전기 음성도가 더 큰 산소산이 더 강하다.

표 6C.5 산의 세기와 전기 음성도의 관계

산, HAO	구조*	원자 A의 전기 음성도	pK_a	
하이포염소산, HClO	Cl—O—H	3.2	7.53	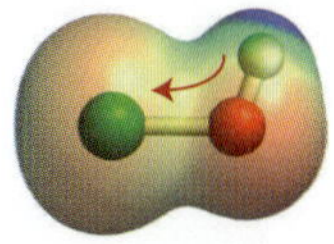
하이포브로민산, HBrO	Br—O—H	3.0	8.69	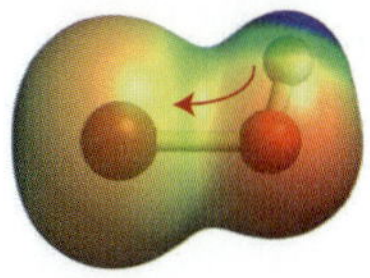
하이포아이오딘산, HIO	I—O—H	2.7	10.64	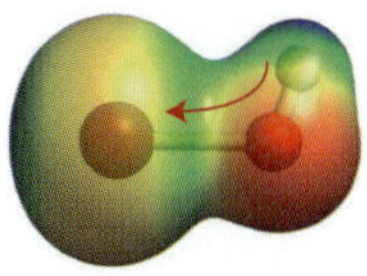

*적색 화살표는 O—H 결합으로부터 전자 밀도가 끌리는 방향을 나타낸다.

이 경향의 원인 중 하나는 A의 전기 음성도가 클수록 O—H 결합에서 전자가 조금 더 끌려가기 때문이라고 설명할 수 있다. 이 결합의 전자들이 할로젠 원자 쪽으로 끌려가면 O—H 결합의 극성은 더욱 커지고, 따라서 (이성분산에서 논의한 바와 같이) 분자는 더 강한 산이 된다. 또한 A의 전기 음성도가 크면 짝염기가 약하기 때문이기도 한데, A의 전기 음성도가 크면 산의 짝염기인 A—O−의 O 원자에 있는 전자를 인접한 양성자에게 제공하기 어렵게 된다.

이제 산소 원자의 개수가 다른 산소산들을 생각해보자. HClO, $HClO_2$, $HClO_3$, $HClO_4$와 같이 구조가 O_nA-O-H인 염소의 산소산이나 H_2SO_3, H_2SO_4와 같이 구조가 $O_nA-(O-H)_2$인 황의 산소산을 예로 들어보자. 표 6C.6에서 다음을 알 수 있다.

중심 원자에 붙어 있는 산소가 더 많은 산소산이 더 강하다.

여기서 중심 원자는 산성 수소가 붙어 있는 O 원자가 아니라 A를 가리킨다. O 원자의 개수가 많을수록 A의 산화수가 크므로, 이 경향을 다음과 같이 표현할 수도 있다.

중심 원자의 산화수가 더 큰 산소산이 더 강하다.

이 관계는 산의 세기 경향을 이해하는 핵심이다. A의 산화수가 클수록 전자를 끌어당기는 힘이 세고, O—H 결합을 더 약하게 만들기 때문이다.

O 원자의 개수가 유기산의 세기에 미치는 영향도 마찬가지이다. 예를 들어 알코올은 에탄올(**2**)처럼 O—H 기가 탄소 원자에 붙어 있는 유기 화합물이다(**기초 지식** D). 한편 카복실산은 산소 원자 두 개가 동일한 탄소 원자에 붙어 있는데, 아세트산(**3**)에서 보듯이 하나는 이중 결합한 말단 O 원자이고, 다른 하나는 —OH 기의 O 원자이다. 카복실산은 약산이지만 알코올보다는 훨씬 강한 산이다.그 이유 중 하나는 O 원자 두 개가 전자를 끌어당기는 힘 때문이라고 할 수 있다. 알코올은 양성자를 내주는 능력이 현저히 약해서 산소산으로 취급하지 않는 것이 보통이다.

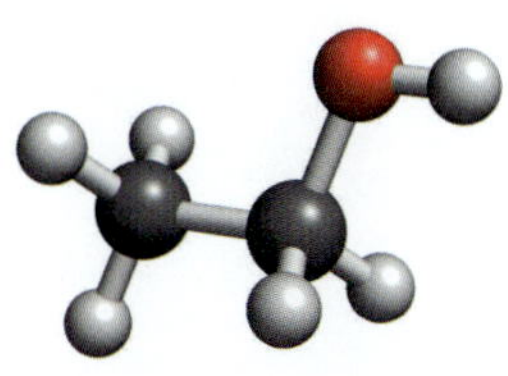

2 에탄올, CH_3CH_2OH

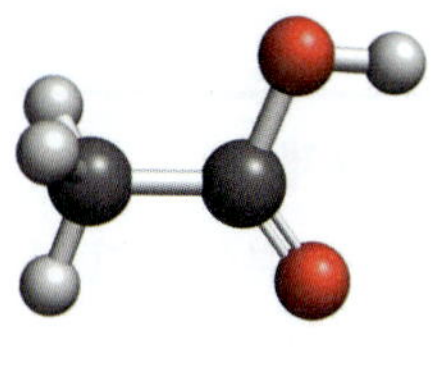

3 아세트산, CH_3COOH

카복실산이 알코올에 비해 상대적으로 강한 산인 다른 이유는 짝염기의 전자 비편재화로 설명할 수 있다. 카복실기 —COOH의 두 번째 O 원자는 짝염기의 음전하를 분산시킬 수 있는

표 6C.6 산의 세기와 산화수의 관계

산	구조*	Cl 원자의 산화수	pK_a	
하이포염소산, HClO	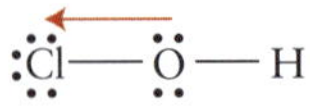	+1	7.53	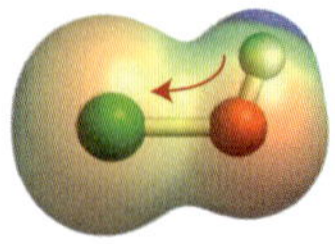
아염소산, $HClO_2$	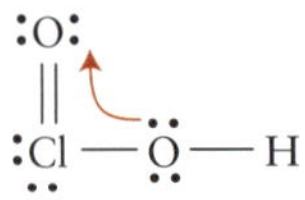	+3	2.00	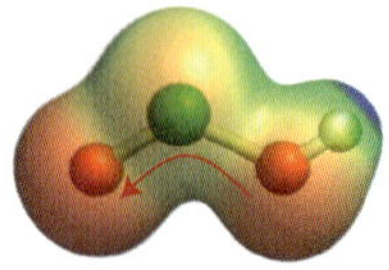
염소산, $HClO_3$	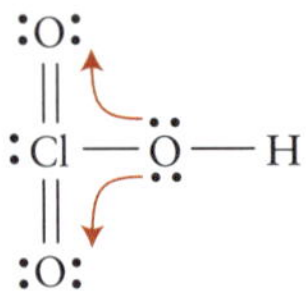	+5	강함	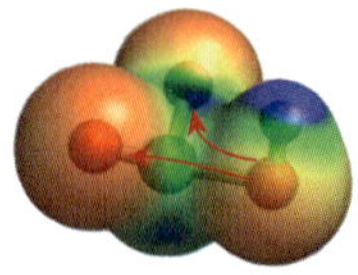
과염소산, $HClO_4$	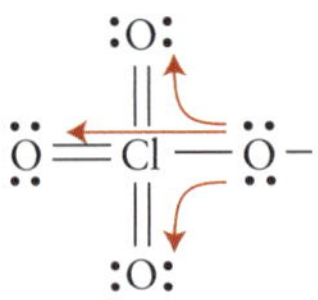	+7	강함	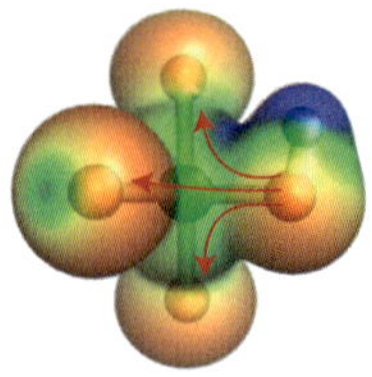

* 적색 화살표는 O—H의 전자 밀도가 끌리는 방향을 나타낸다. 가장 유리한 형식 전하를 갖는 Lewis 구조를 그렸으나, 실제 결합 차수가 이 구조만큼 크지는 않다.

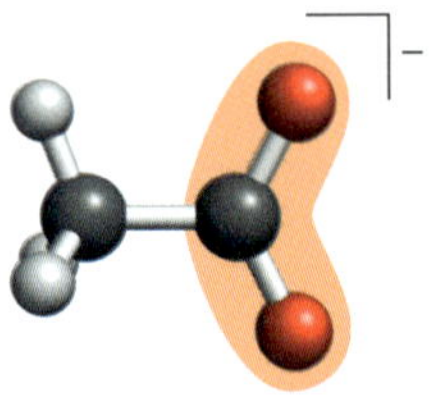

4 아세트산 이온, $CH_3CO_2^-$

전기 음성인 원자이기도 하다. 이러한 전자의 비편재화에 의해 아세트산 이온(**4**) 같은 카복실산 음이온($-CO_2^-$)이 안정화된다. 또한 음전하가 다수의 원자에 퍼져 있으므로 양성자를 효과적으로 끌어당기기 어렵다. 따라서 카복실산 이온은 알코올의 짝염기(예를 들면 에톡사이드 이온 $CH_3CH_2O^-$)보다 훨씬 약한 염기이다.

유의 사항

카복실산의 화학식은 RCOOH로 쓰는데(R은 분자의 나머지 부분을 나타냄), 두 산소가 서로 다르기 때문이다(하나는 —OH 기를 구성한다). 하지만 카복실산 이온에서는 두 산소가 동등하기 때문에 RCO_2^-로 쓴다.

카복실기에 결합된 전체 원자들이 전자를 얼마나 잘 끌어당기느냐에 따라 카복실산의 세기가 다르다. 염소(3.2)는 수소(2.2)보다 더 전기 음성이므로, 트라이클로로아세트산 —COOH에 결합한 $-CCl_3$기는 아세트산의 $-CH_3$기보다 전자를 더 강하게 끌어 당긴다. 따라서 CCl_3COOH가 CH_3COOH보다 더 강한 산이라고 예상할 수 있다. 아세트산의 pK_a는 4.75지만 트라이클로로아세트산은 0.53이므로 예상과 일치한다. 이 경향을 **표 6C.7**에 정리하였으며 다음 예제에서 더 알아본다.

예제 6C.2 분자 구조를 보고 산의 상대적인 세기 예상하기

여러분이 어떤 화합물의 계열을 제조하는 실험실에서 일하고 있다면, 상대적인 세기를 고려하여 산을 선택해야 할 때가 있을 것이다. 분자 구조를 고려하여 더 강한 산을 예상하시오. (a) H_2S와 H_2Se, (b) H_2SO_4와 H_2SO_3, (c) H_2SO_4와 H_3PO_4

계획 표 6C.7에 정리한 경향을 확인한다.

풀이

(a) 황과 셀레늄은 같은 족이므로, H—Se 결합이 H—S 결합보다 약할 것으로 예상한다.

따라서 H_2Se가 더 강한 산이다.

(b) S 원자에 붙은 O 원자는 H_2SO_4가 더 많다. H_2SO_4의 S 산화수는 +6인 한편 H_2SO_3의 S 산화수는 +4이다.

따라서 H_2SO_4가 더 강한 산이다.

(c) 두 산 모두 중심 원자에 붙은 O 원자가 4개로 같지만, 황의 전기 음성도가 인보다 크다.

따라서 H_2SO_4가 더 강한 산이다.

자습 6C.3A 둘 중 더 강한 산을 예상하시오. (a) H_2S와 HCl, (b) HNO_2와 HNO_3, (c) H_2SO_3와 $HClO_3$

[답: (a) HCl, (b) HNO_3, (c) $HClO_3$]

자습 6C.3B 다음 카복실산의 세기가 작은 것부터 큰 순으로 나열하시오. $CHCl_2COOH$, CH_3COOH, $CH_2ClCOOH$.

관련 연습 문제 6C.19~6C.20

표 6C.7 산의 세기와 분자 구조의 관계[*]

산의 형태	경향	
이성분산	H—A 결합의 극성이 클수록 산이 강하다 **같은 주기의 산에서는 이 효과가 우세하다.**	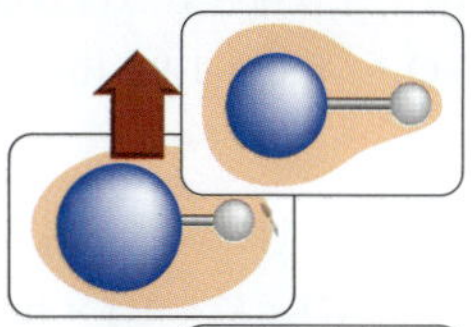
	H—A 결합이 약할수록 산이 강하다. **같은 족의 산에서는 이 효과가 우세하다.**	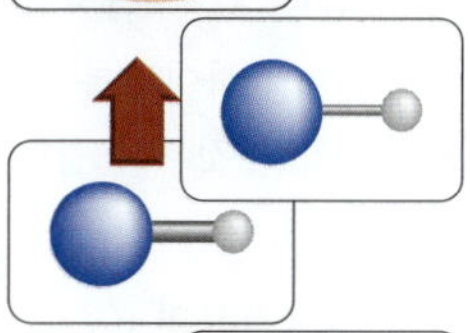
산소산	중심 원자에 붙은 산소가 많을수록 (중심 원자의 산화수가 클수록) 산이 강하다.	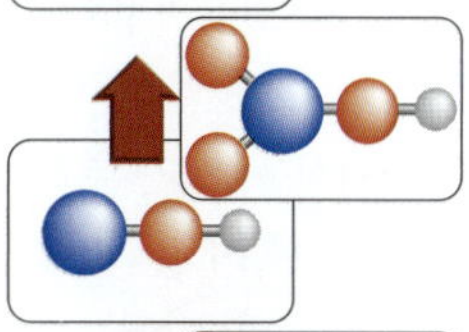
	중심 원자에 붙은 산소 개수가 같으면 중심 원자의 전기 음성도가 클수록 산이 강하다.	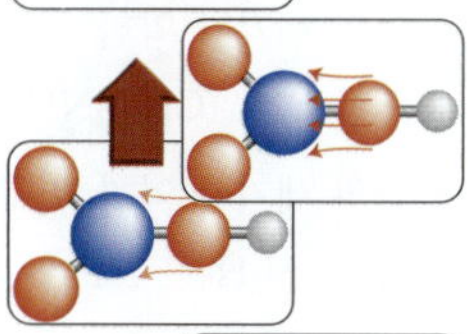
카복실산	카복실기에 붙은 작용기의 전기 음성도가 클수록 산이 강하다.	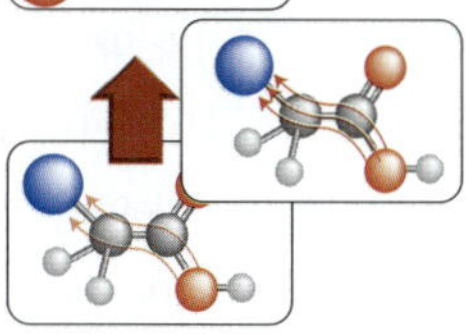

*세로 방향의 넓은 화살표는 산의 세기가 약한 것에서 센 방향으로 그렸다.

산소 원자가 많을수록, 원자들의 전기 음성도가 더 클수록 산이 강하다. 이 경향을 표 6C.7에 정리하였다.

이 Topic에서 배운 것은 무엇인가?

산도 상수와 염기도 상수로 산과 염기의 세기를 정량적으로 나타냈다. 산이 강할수록 그 짝염기는 약하다는 것도 공부했다. 구조적으로 비슷한 화합물 계열에서는, −H나 −OH에 붙은 원자단이 전자를 더 강하게 끌어당길수록 산이 더 강하다는 것을 공부했다.

개념과 식의 적용

- ☐ $\mathrm{p}K_a$로 $\mathrm{p}K_b$를, $\mathrm{p}K_b$로 $\mathrm{p}K_a$를 계산한다(자습 6C.1).
- ☐ K_a와 K_b 값을 이용하여 산과 염기의 상대적인 세기를 비교한다(예제 6C.1).
- ☐ 분자 구조를 토대로 산의 세기 경향을 예상한다(예제 6C.2).

Topic 6C 연습 문제

6C.1 (a) 다음 약산과 물의 양성자 이동 평형 반응식과 K_a 식, (b) 그 짝염기와 물의 양성자 이동 평형 반응식과 K_b 식을 쓰시오. (i) $HClO_2$, (ii) HCN, (iii) C_6H_5OH

6C.2 (a) 다음 약염기와 물의 양성자 이동 평형 반응식과 K_b 식, (b) 그 짝산과 물의 양성자 이동 평형 반응식과 K_a 식을 쓰시오. (i) 다이메틸아민 $(CH_3)_2NH$, (ii) 니코틴 $C_{10}H_{14}N_2$, (iii) 아닐린 $C_6H_5NH_2$

6C.3 (a) 다음 산의 K_a 값을 구하시오. (i) 인산 H_3PO_4, $\mathrm{p}K_a = 2.12$, (ii) 아인산 H_3PO_3, $\mathrm{p}K_a = 2.00$, (iii) 아셀레늄산 H_2SeO_3, $\mathrm{p}K_a = 2.46$, (iv) 셀레늄산수소 이온 $HSeO_4^-$, $\mathrm{p}K_a = 1.92$ (b) 산의 세기가 약한 것부터 강한 순으로 나열하시오.

6C.4 (a) 다음 염기의 $\mathrm{p}K_b$ 값을 구하시오. (i) 암모니아 $\mathrm{p}K_b$, $K_b = 1.8 \times 10^{-5}$, (ii) 중수소로 치환된 암모니아 ND_3, $K_b = 1.1 \times 10^{-5}$, (iii) 하이드라진 NH_2NH_2, $K_b = 1.7 \times 10^{-6}$, (iv) 하이드록실아민 NH_2OH, $K_b = 1.1 \times 10^{-8}$, (b) 염기의 세기가 약한 것부터 강한 순으로 나열하시오.

6C.5 폼산 HCOOH의 짝염기의 화학식을 쓰고, 폼산의 $\mathrm{p}K_a$ 값(표 6C.1)을 이용하여 $\mathrm{p}K_b$를 계산하시오.

6C.6 트라이에틸아민 $(C_2H_5)N$의 짝산의 화학식을 쓰고, 트라이에틸아민의 $\mathrm{p}K_b$ 값(표 6C.2)을 이용하여 $\mathrm{p}K_a$을 계산하시오.

6C.7 표 6C.1과 6C.2의 자료를 이용하여 산의 세기가 약한 것부터 강한 순으로 나열하시오. HNO_2, $HClO_2$, $^+NH_3OH$, $(CH_3)_2NH_2^+$

6C.8 표 6C.1과 6C.2의 자료를 이용하여 산의 세기가 약한 것부터 강한 순으로 나열하시오. HCOOH, $(CH_3)_3NH^+$, $N_2H_5^+$, HF

6C.9 표 6C.1과 6C.2의 자료를 이용하여 염기의 세기가 약한 것부터 강한 순으로 나열하시오. F^-, NH_3, $CH_3CO_2^-$, C_5H_5N(피리딘)

6C.10 표 6C.1과 6C.2의 자료를 이용하여 염기의 세기가 약한 것부터 강한 순으로 나열하시오. $C_{10}H_{14}N_2$(니코틴), ClO^-, $(CH_3)_3N$, HSO_3^-

6C.11 페놀의 K_a는 1.3×10^{-10}, 2,4,6-트라이클로로페놀은 1.0×10^{-6}이다. 어느 것이 더 강한 산인가? 산의 세기가 차이나는 이유를 설명하시오.

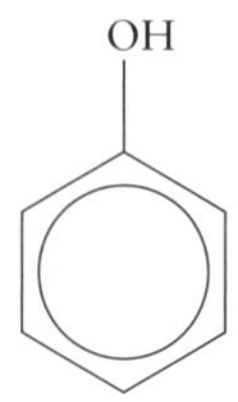

페놀

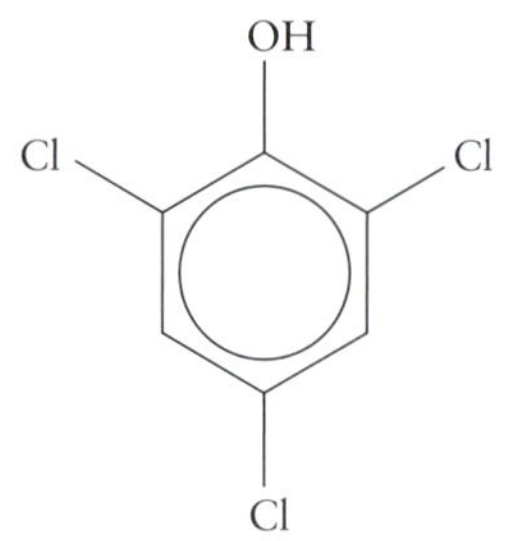

2,4,6-트라이클로로페놀

6C.12 아닐린의 $\mathrm{p}K_b$는 9.37이고 4-클로로아닐린은 9.85이다. 어느 것이 더 강한 염기인가? 염기의 세기가 차이나는 이유를 설명하시오.

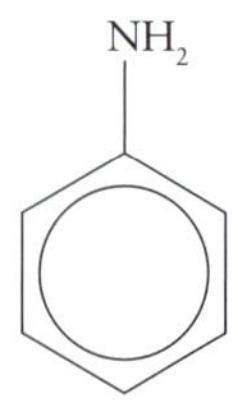

아닐린

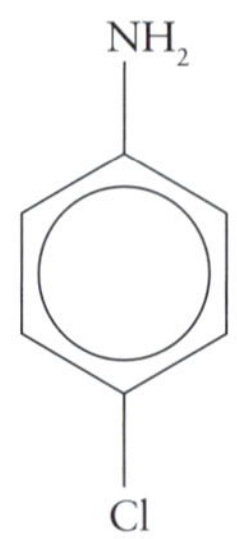

4-클로로아닐린

6C.13 괄호 안의 숫자는 다음 염기의 짝산의 $\mathrm{p}K_a$ 값이다. 이를 토대로 염기의 세기가 작은 것부터 나열하시오. 염기의 세기에 단순한 경향이 존재하는가? (a) 암모니아(9.26) (b) 메틸아민(10.56) (c) 에틸아민(10.81) (d) 아닐린(4.63, 연습 문제 6C.12 참고)

6C.14 괄호 안의 숫자는 다음 염기의 짝산의 $\mathrm{p}K_a$ 값이다. 이를 토대로 염기의 세기가 작은 것부터 나열하시오. 염기의 세기에 단순한 경향이 존재하는가? (a) 아닐린(4.63, 연습 문제 6C.12 참고) (b) 2-하이드록실아닐린(4.72) (c) 3-하이드록실아닐린(4.17) (d) 4-하이드록실아닐린(5.47)

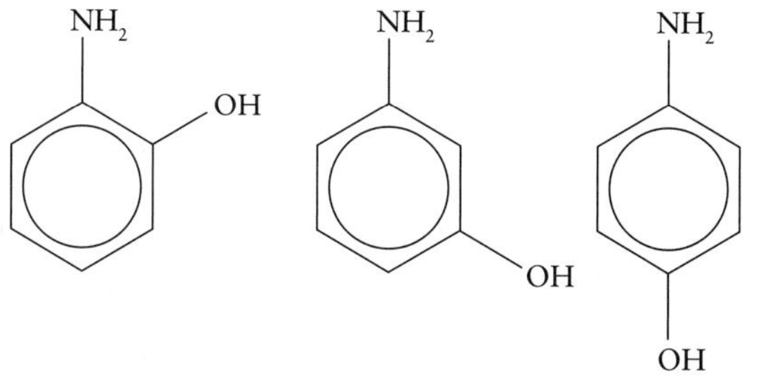

2-하이드록시아닐린 3-하이드록시아닐린 4-하이드록시아닐린

6C.15 하이포아이오딘산 HIO(aq)의 pK_a는 10.64인데 아이오딘산 HIO_3(aq)의 pK_a는 0.77이다. 산의 세기가 차이나는 이유는 무엇인가?

6C.16 하이포염소산 HClO(aq)의 pK_a는 7.53인데 하이포브로민산 HBrO(aq)의 pK_a는 8.69이다. 산의 세기가 차이나는 이유는 무엇인가?

6C.17 하이포브로민산 이온(BrO^-)과 모르핀($C_{17}H_{19}O_3N$) 중 더 강한 염기를 고르고 이유를 쓰시오.

6C.18 사이안화 수소산(HCN)과 암모늄 이온(NH_4^+) 중 더 강한 산을 고르고 이유를 쓰시오.

6C.19 더 강한 산을 예상하고 이유를 설명하시오. (a) HF와 HCl (b) HClO와 $HClO_2$ (c) $HBrO_2$와 $HClO_2$ (d) $HClO_4$와 H_3PO_4 (e) HNO_3와 HNO_2 (f) H_2CO_3와 H_2GeO_3

6C.20 더 강한 산을 예상하고 이유를 설명하시오. (a) H_3AsO_4와 H_3PO_4 (b) $HBrO_3$와 HBrO (c) H_3PO_4와 H_3PO_3 (d) H_2Te와 H_2Se (e) H_2S와 HCl (f) HClO와 HIO

6C.21 산의 세기가 다른 이유를 설명하시오. (a) 아세트산과 트라이클로로아세트산, (b) 아세트산과 폼산

6C.22 염기의 세기가 다른 이유를 설명하시오. (a) 암모니아와 메틸아민, (b) 하이드라진과 하이드록실아민

Topic 6D 수용액의 pH

이 Topic을 왜 배우는가? 산과 염기의 농도에 따른 pH 변화는 화학과 환경 과학에서 분석 방법을 이해하는 데 핵심이다. 많은 생물학적 과정도 용액의 pH의 영향을 받는다.

무엇을 알고 있어야 하는가? 약산과 약염기의 개념(Topic 6A), pH(Topic 6B), 산도 상수와 염기도 상수로 약산과 약염기의 세기를 나타내는 방법(Topic 6C), 평형 상수를 이용하여 평형 조성을 예측하는 방법(Topic 6C)을 잘 알고 있어야 한다. 용액에서 금속 이온의 성질을 이해하려면 Lewis 산과 염기의 개념(Topic 6A)을 활용해야 한다.

양성자 이동은 매우 빠른 과정이다. 산이나 염기가 수용액에 들어가는 순간 동적 평형이 성립한다. Topic 5H와 6B에서 설명한 기법을 이용하여 용액의 평형 조성, 특히 pH로 나타내는 하이드로늄 이온의 농도를 계산할 수 있다.

6D.1 약산 용액

산의 **초기 농도(initial concentration)** 또는 **형식 농도**(formal concentration)란 어떠한 산 분자도 양성자를 내주지 않았다고 가정한, 즉 제조한 그대로의 산의 몰농도를 말한다. HCl이나 HNO_3 같은 강산은 거의 모든 산 분자가 양성자 이탈되므로, 용액의 H_3O^+ 몰농도가 강산의 초기 농도와 같다. 하지만 약산 HA 용액에서 H_3O^+ 농도를 구하려면, 다음과 같은 평형을 반드시 고려해야 한다.

$$HA\,(aq) + H_2O\,(l) \rightleftharpoons H_3O^+(aq) + A^-(aq) \quad \textbf{(A)}$$

이 반응은 산 HA, 짝염기 A^-, 물 사이의 평형으로, $K_a = [H_3O^+][A^-]/[HA]$이다. 약산 용액의 pH는 같은 농도의 강산 용액보다 더 높을 것이라 예상할 수 있는데, 평형 상태에서 H_3O^+의 농도가 더 낮을 것이기 때문이다. 도구상자 6D.1에 설명한 평형표를 이용하여 약산 용액의 pH를 구할 수 있다(평형표는 Topic 5H에서 소개한 적이 있다). 도구상자에 정리한 계산을 통해 용액에서 양성자 이탈된 HA 분자의 백분율, 즉 **양성자 이탈 백분율(percentate deprotonation)**도 구할 수 있다.

$$\text{양성자 이탈 백분율} = \frac{A^-\text{의 농도}}{HA\text{의 초기 농도}} \times 100\% \quad \textbf{(1a)}$$

양성자 이탈 반응의 화학량론적 관계 1 mol $A^- \simeq$ 1 mol H_3O^+에 따라 $[H_3O^+] = [A^-]$이므로,

$$\text{양성자 이탈 백분율} = \frac{[H_3O^+]}{[HA]_{\text{초기}}} \times 100\% \quad \textbf{(1b)}$$

양성자 이탈된 분자의 백분율이 아주 작으면 HA가 아주 약하다는 뜻이다.

생각해 보기
약산의 농도는 양성자 이탈 정도에 어떤 영향을 미칠까?

도구상자 6D.1 약산 용액의 pH를 계산하는 방법

기본 개념

약산이 물에 용해되자마자 양성자 이동 평형이 성립하므로, 산, 하이드로늄 이온, 짝염기의 농도는 산의 산도 상수 K_a에 따라 서로 연관된 값을 갖는다. 이 값들은 도구상자 5H에서 다룬 평형표와 동일한 방법으로 계산할 수 있다.

방법

1단계 양성자 이동 평형의 화학 반응식과 K_a 식을 쓴다. 산(HA), H_3O^+, 짝염기(A^-)로 구성된 열을 포함한 표를 작성한다. 첫째 행에는 각 화학종의 초기 농도를 적는다. 이때는 어떠한 산 분자도 양성자 이탈되지 않았다고 가정한다.

둘째 행에는 반응이 평형에 도달하는 데 필요한 농도 변화를 적는다. 산의 농도가 양성자 이탈에 따라 x mol·L^{-1}만큼 감소한다고 가정하자. 반응의 화학량론에 따라 다른 물질의 농도 변화도 x로 나타낼 수 있다.

셋째 행에는 초기 농도(첫째 행)와 농도 변화(둘째 행)를 더해 각 물질의 평형 농도를 적는다.

	산, HA	+ H_2O ⇌ H_3O^+	+ 짝염기, A^-
초기 농도	$[HA]_{초기}$	0	0
농도 변화	$-x$	$+x$	$+x$
평형 농도	$[HA]_{초기}-x$	x	x

농도 **변화량**은 양수(증가)일 수도, 음수(감소)일 수도 있지만, 농도 자체의 값은 항상 양수여야 한다.

2단계 평형 농도를 K_a 식에 넣는다.

$$K_a = \frac{[A^-][H_3O^+]}{[HA]} = \frac{x \times x}{[HA]_{초기} - x}$$

3단계 식을 풀어 x를 구하면 이것이 $[H_3O^+]$이다.

초기 농도의 5% 미만인 변화를 무시하면 간단히 계산할 수 있다. 이 근사를 사용할 수 있는지 판단하는 간단한 방법은 K_a 값과 약산의 초기 농도를 비교하는 것이다. 만약 $[HA]_{초기}$ 값이 K_a보다 두 자릿수 이상(즉, 100배 이상) 크다면 근사가 유효할 가능성이 크다. 하지만 계산 후에 양성자 이탈된 산의 비율을 계산하여 근사가 적절한지 확인해 보아야 한다. 만약 양성자 이탈 백분율이 5% 이상이 나왔다면, 정확한 K_a 식, 즉 이차 방정식을 정확하게 풀어서 x를 구해야 한다.

pH가 6보다 크고 7보다 작다면, 물의 자체 양성자 이전 반응이 pH에 상당한 영향을 미칠 수도 있는, 즉 산이 너무 묽거나 너무 약한 상황일 수도 있다. 이러한 경우는 물의 자체 양성자 이전을 고려한 방법을 써야 하며, 이는 Topic 6F에서 설명한다. 물의 자체 양성자 이전이 산성 용액의 pH에 미치는 영향을 무시할 수 있는 경우는, 계산한 H_3O^+ 농도가 10^{-7} mol·L^{-1}보다 상당히(10배 이상) 높을 때, 즉 pH가 6 이하일 때뿐이다.

4단계 $pH = -\log [H_3O^+]$를 이용하여 pH를 계산한다.

데이터와 상응하는 유효숫자 개수만큼 pH를 계산해야 하지만, 실제 pH는 계산한 pH와 약간 다른 경우가 많다. 이러한 불일치의 이유 중 하나는 이온들의 상호 작용을 고려하지 않았다는 점이다.

이 과정을 예제 6D.1과 6D.2에서 보여 준다.

예제 6D.1 약산의 pH와 양성자 이탈 백분율 계산하기

아세트산(CH_3COOH)은 실험실이나 가정용 제품에 흔히 들어있는 약산이다. 아세트산 분자의 양성자 이탈 정도는 얼마일까? 0.080 M $CH_3COOH(aq)$의 pH와 CH_3COOH 분자의 양성자 이탈 백분율을 계산하시오. $K_a = 1.8 \times 10^{-5}$이다.

예상 용액이 산성이므로 pH < 7일 것이다. 약산이므로 양성자 이탈 백분율이 작을 것이다.

계획 도구상자 6D.1의 방법에 따라 양성자 이동 평형 반응식을 쓴 다음, 몰농도를 이용하여 평형 상수식과 평형표를 작성한다.

무엇을 가정해야 하는가? 두 가지 가정을 할 수 있는데, 계산 후에 검증해야 한다. (1) 양성자 이탈이 매우 작아서, 산의 평형 농도가 초기 농도와 거의 같다. (2) 물의 자체 양성자 이전은 pH에 거의 영향을 미치지 않는다.

풀이

1단계 양성자 이동 평형과 평형표는 다음과 같다.

$$CH_3COOH(aq) + H_2O(l) \rightleftharpoons H_3O^+(aq) + CH_3CO_2^-(aq) \qquad K_a = \frac{[H_3O^+][CH_3CO_2^-]}{[CH_3COOH]}$$

	CH_3COOH	$+ H_2O \rightleftharpoons$ H_3O^+ +	$CH_3CO_2^-$
초기 농도	0.080	0	0
농도 변화	$-x$	$+x$	$+x$
평형 농도	$0.080 - x$	x	x

2단계 K_a 식에 평형 농도를 넣는다

$$K_a = 1.8 \times 10^{-5} = \frac{x \times x}{0.080 - x}$$

$x \ll 0.080$으로 가정하면 $0.080 - x$를 0.080으로 바꿀 수 있다.

$$1.8 \times 10^{-5} \approx \frac{x^2}{0.080}$$

3단계 x를 구한다.

$$x \approx \sqrt{0.080 \times (1.8 \times 10^{-5})} = \pm 1.2 \times 10^{-3}$$

x는 평형표 셋째 행의 $[H_3O^+]$이므로 양수값을 택한다.

4단계 $x = [H_3O^+]$와 $pH = -\log [H_3O^+]$이므로

$$pH \approx -\log(1.2 \times 10^{-3}) = 2.92$$

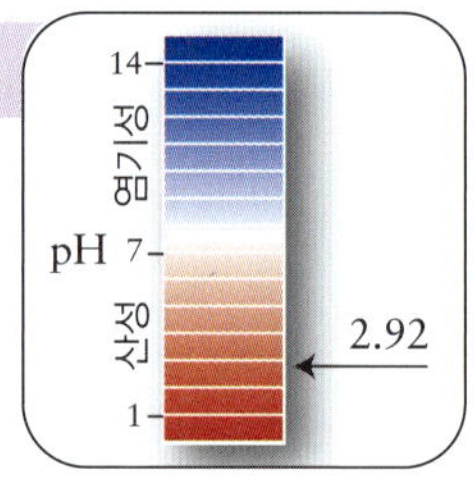

식 1b에서 양성자 이탈 백분율 $= ([H_3O^+]/[HA]_{초기}) \times 100\ \%$이고 $[HA]_{초기} = 0.080$이므로

$$양성자\ 이탈\ 백분율 = \frac{1.2 \times 10^{-3}}{0.080} \times 100\% = 1.5\%$$

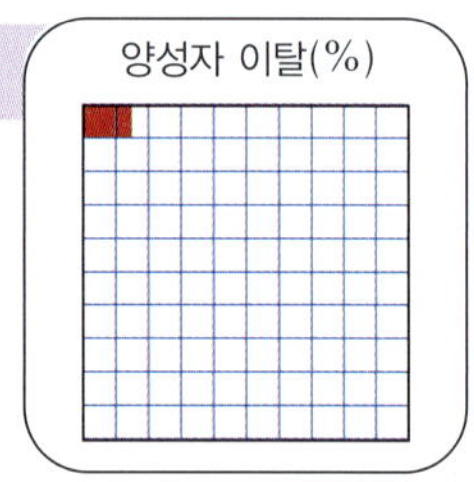

평가 예상대로 pH는 7보다 작으며 양성자 이탈 백분율도 작다. 마지막 모눈 그림에서 빨간색 영역은 양성자 이탈된 산 분자의 비율을 나타낸다. x 값이 0.080의 5%인 4×10^{-3}보다 작으므로 $x \ll 0.080$이라는 근사는 유효하다. 또한, pH가 6보다 낮으므로 물의 자체 양성자 이전을 무시할 수 있다는 가정도 유효하다.

자습 6D.1A 0.50 M 락트산(젖산) $CH_3C(OH)COOH$ 수용액의 pH와 양성자 이탈 백분율을 계산하시오. K_a는 표 6C.1을 참고하고, 근사를 사용한다면 유효한지 확인하시오.

[답: 1.69, 4.1%]

자습 6D.1B 0.22 M 클로로아세트산 $ClCH_2COOH$ 수용액의 pH와 양성자 이탈 백분율을 계산하시오. K_a는 표 6C.1을 참고하고, 근사를 사용한다면 유효한지 확인하시오.

관련 연습 문제 6D.1, 6D.2

예제 6D.2 pH로부터 약산의 K_a와 pK_a 계산하기

매우 많은 약산의 pK_a 데이터를 검색할 수 있지만, 미지 산의 pK_a 값이라든지, 알려진 산이라도 온도가 다를 때 pK_a 값이 필요할 수도 있다. 이때는 K_a와 pK_a 값을 구하려면 pH를 측정해야 한다. 25 °C에서 어떤 카복실산 0.010 M 수용액의 pH = 2.95이다. K_a와 pK_a는 얼마인가?

예상 모든 카복실산은 약산이므로 $K_a \ll 1$일 것이다.

계획 pH를 이용하여 하이드로늄 이온의 농도를 계산하고, 산과 하이드로늄 이온의 농도를 이용하여 K_a 값을 계산한다.

무엇을 가정해야 하는가? 예제 6D.1처럼 pH < 6이므로 물의 자체 양성자 이전 반응이 pH에 거의 영향을 미치지 않는다고 가정한다.

풀이

평형은 다음과 같다.

$$HA(aq) + H_2O(l) \rightleftharpoons H_3O^+(aq) + A^-(aq) \quad K_a = \frac{[H_3O^+][A^-]}{[HA]}$$

$[H_3O^+] = 10^{-pH}$이므로

$$[H_3O^+] = 10^{-2.95}\ mol{\cdot}L^{-1} = 0.0011\ldots\ mol{\cdot}L^{-1}$$

평형 농도 사이의 화학량론적 관계는 다음과 같다.

$$[H_3O^+] = [A^-] \quad [HA] = [HA]_{초기} - [H_3O^+]$$

$K_a = [H_3O^+]^2/([HA]_{초기} - [H_3O^+])$에 자료를 대입한다.

$$K_a = \frac{(0.0011\ldots)^2}{0.010 - 0.0011\ldots} = 1.4\ldots \times 10^{-4}$$

$pK_a = -\log K_a$이므로

$$pK_a = -\log 1.4\ldots \times 10^{-4} = 3.85$$

평가 예상대로 $K_a \ll 1$이다. (사실 이 산은 방부제로 사용되는 만델산 $C_6H_5CH(OH)COOH$이다.)

자습 6D.2A 크로톤산은 약학 연구 및 합성 비타민 A 생산에 이용된다. 0.20 M 크로톤산 C_3H_5COOH 수용액의 pH = 2.69이다. 크로톤산의 K_a와 pK_a는 얼마인가?

[답: 2.1×10^{-5}, 4.68]

자습 6D.2B 대사 중간체인 호모제티신산 $C_7H_5(OH)_2COOH$ 0.50 M 수용액의 pH = 2.35이다. 호모젠티신산의 K_a와 pK_a를 구하시오.

관련 연습 문제 6D.3, 6D.4

약산 용액의 pH와 양성자 이탈 백분율을 계산할 때는 평형표를 만들고 산도 상수를 이용하여 H_3O^+ 농도를 구한다.

6D.2 약염기 용액

약산과 마찬가지로 약염기 B가 물에 용해되면 양성자 이전 평형이 매우 빠르게 형성된다.

$$B(aq) + H_2O(l) \rightleftharpoons HB^+(aq) + OH^-(aq) \quad \textbf{(B)}$$

평형 상수 $K_b = [HB^+][OH^-]/[B]$이다. 양성자 첨가된 염기 분자의 백분율, 즉 **양성자 첨가 백분율(percentage protonation)**을 알면 유용하다.

$$\text{양성자 첨가 백분율} = \frac{HB^+\text{의 농도}}{B\text{의 초기 농도}} \times 100\% = \frac{[HB^+]}{[B]_{초기}} \times 100\% \quad (2)$$

여기서 $[B]_{초기}$는 염기의 초기 농도(또는 형식 농도)이며, 어떠한 염기 분자에도 양성자 첨가되지 않았다고 가정한 농도이다. 약염기 수용액의 양성자 첨가 백분율을 구하는 방법은 약산과 유사하다(도구상자 6D.2).

도구상자 6D.2 약염기 용액의 pH를 계산하는 방법

기본 개념

약염기가 물에 용해되면 양성자 이동 평형이 즉시 형성되므로, 염기의 초기 농도와 염기도 상수를 이용하여 수산화 이온의 농도를 계산할 수 있다. 수산화 이온은 하이드로늄 이온과 평형을 이루고 있으므로 pOH와 pK_w를 이용하여 pH를 계산한다.

과정

1단계 양성자 이동 평형 반응식과 K_b 식을 쓴다. 염기(B), 염기의 짝산(HB^+), OH^-에 관한 평형표를 작성한다. 첫째 행에는 각 물질이 초기 농도를 적는데, 어떠한 염기 분자도 양성자 첨가되지 않았다고 가정한다.

둘째 열에는 B의 양성자 첨가가 평형에 도달하는 데 필요한 농도 변화를 적는다. 염기 농도가 x mol·L^{-1} 감소한다고 가정하면 화학량론에 따라 다른 변화도 x를 이용하여 나타낼 수 있다.

셋째 열에는 초기 농도(첫째 행)와 농도 변화(둘째 행)를 더한 평형 농도를 적는다.

	B	**+ H_2O ⇌**	**HB^+**	**+ OH^-**
초기 농도	$[B]_{초기}$		0	0
농도 변화	$-x$		$+x$	$+x$
평형 농도	$[B]_{초기} - x$		x	x

농도 **변화량**은 양수(증가)일 수도, 음수(감소)일 수도 있지만, 농도 자체의 값은 항상 양수여야 한다.

2단계 평형 농도를 K_b 식에 넣는다.

$$K_b = \frac{[BH^+][OH^-]}{[B]} = \frac{x \times x}{[B]_{초기} - x}$$

3단계 K_b 값을 이용하여 x를 계산한다.

도구상자 6D.1과 마찬가지 방법으로 x를 간단히 계산할 수 있다. 만약 $[B]_{초기}$ 값이 K_b 보다 10^2배 이상 크다면 근사를 적용할 수 있다. pH가 7과 8 사이라면, 물의 자체 양성자 이전 반응이 pH에 상당한 영향을 미칠 수도 있는, 즉 염기가 너무 묽거나 너무 약한 상황일 수도 있다. 이러한 경우는 Topic 6F에서 설명할 방법을 이용한다.

4단계 $pOH = -\log [OH^-] = -\log x$를 이용하여 pOH를 계산한다.

5단계 Topic 6B의 식 6, $pH + pOH = pK_w$를 이용하여 pH를 계산한다(25 °C에서 $pK_w = 14.00$이다).

예제 6D.3에서 이 방법을 적용해 본다.

도구상자 6D.1과 마찬가지로, 데이터와 상응하는 유효 숫자 개수만큼 pH를 계산해야 하지만, 실제 pH는 계산한 pH와 다른 경우가 많다.

예제 6D.3 약산의 pH와 양성자 이탈 백분율 계산하기

메틸아민(CH_3NH_2)은 의약품 합성에서 기본 단위로 쓰이는 약산이다. 여러분이 합성용 메틸아민 수용액을 준비한다고 가정하면, 원치않는 부반응을 피하기 위해 pH를 알아야 할 것이다. 25 °C에서 메틸아민 0.20 M 수용액의 pH와 양성자 첨가 백분율을 계산하시오. $K_b = 3.6 \times 10^{-4}$이다.

예상 다른 모든 아민이 그렇듯이 메틸아민은 약염기이므로, pH > 7과 작은 양성자 첨가 백분율을 예상한다.

계획 도구상자 6D.2의 방법을 따른다.

무엇을 가정해야 하는가? 예제 6D.1처럼 처음에 두 가지 가정을 할 수 있지만, 계산 후에 검증해야 한다. (1) 염기가 약하므로 평형 농도는 초기 농도와 거의 같을 것이다 (2) 물의 자체 양성자 이전은 pH에 거의 영향을 주지 않을 것이다.

풀이

1단계 양성자 이전 평형 반응식을 쓰고 평형표를 작성한다. 모든 농도는 몰농도로 적는다.

$$H_2O(l) + CH_3NH_2(aq) \rightleftharpoons CH_3NH_3^+(aq) + OH^-(aq) \qquad K_b = \frac{[CH_3NH_3^+][OH^-]}{[CH_3NH_2]}$$

	CH_3NH_2	$+ H_2O \rightleftharpoons CH_3NH_3^+$ +	OH^-
초기 농도	0.20	0	0
농도 변화	$-x$	$+x$	$+x$
평형 농도	$0.20 - x$	x	x

2단계 K_b 식에 평형 농도를 대입한다.

$$K_b = \frac{x \times x}{0.20 - x}$$

$x \ll 0.20$으로 아주 작다고 보고 $0.20 - x$를 0.20으로 바꾼다.

$$K_b \approx \frac{x^2}{0.20}$$

3단계 $K_b = 3.6 \times 10^{-4}$를 이용하여 x 값을 계산한다.

$$x \approx \sqrt{0.20 \times (3.6 \times 10^{-4})} = \pm 8.5 \times 10^{-3}$$

x는 평형표 셋째 행의 $[OH^-]$이므로 양수값을 택한다.

4단계 용액의 pOH를 계산한다. $pOH = -\log[OH^-]$이고 $[OH^-] = x$이므로

$$pOH \approx -\log(8.5 \times 10^{-3}) = 2.07$$

5단계 $pH = pK_w - pOH$를 이용하여 pH를 계산한다.

$$pH \approx 14.00 - 2.07 = 11.93$$

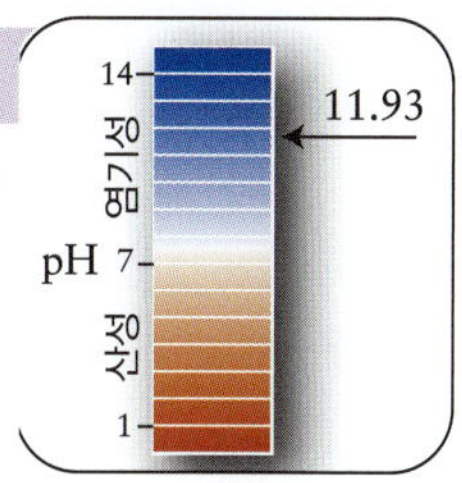

식 2로부터 $[HB^+] = x$이고, $[B]_{초기} = 0.20$이므로

$$\text{양성자 첨가 백분율} = \frac{8.5 \times 10^{-3}}{0.20} \times 100\% = 4.2\%$$

양성자 첨가(%)

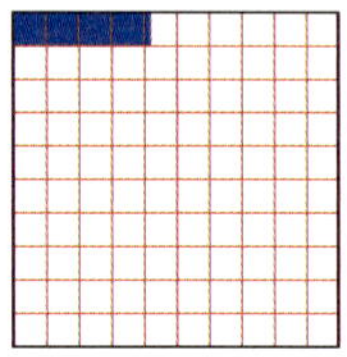

평가 예상대로 pH는 7보다 크고 양성자 첨가 백분율은 4.2%로 작다. $x = 8.5 \times 10^{-3}$이므로 $x \ll 0.20$이라는 가정은 유효하다. pH가 8보다 크므로 물의 자체 이온화를 무시할 수 있다는 가정도 유효하다.

자습 6D.3A 0.15 M $NH_2OH(aq)$의 pH와 양성자 첨가 백분율을 구하시오.

[답: 9.61, 0.027%]

자습 6D.3B 0.012 M $C_{10}H_{14}N_2(aq)$의 pH와 양성자 첨가 백분율을 구하시오.

관련 연습 문제 6D.5, 6D.6

약염기 용액의 pH를 계산할 때는, 평형표를 작성하고 K_b로부터 pOH를 계산한 다음, pH + pOH = 14.00을 이용하여 pH를 구한다.

6D.3 염 용액의 pH

염은 산과 염기의 중화 반응에 의해 생성된다(**기초 지식** J). 하지만 염을 녹인 용액의 pH를 측정해보면 대부분 '중성' 값(pH = 7)이 아니다. 예를 들어 0.3 M NaOH(aq)를 0.3 M $CH_3COOH(aq)$로 중화하여 생성되는 아세트산 소듐 용액의 pH = 9.0이다. 그 이유는 Brønsted–Lowry 이론으로 설명할 수 있다. 이 이론에 따르면 이온도 산이나 염기일 수 있다. 예를 들어 아세트산 이온(CH_3COO^-)은 염기이며 암모늄 이온(NH_4^+)은 산이다. 염 용액의 pH는 구성 이온의 상대적인 산도와 염기도에 따라 다르다.

표 6D.1에는 수용액에서 여러 양이온의 산도를 정리하였다. 일반적으로 4가지로 분류할 수

표 6D.1 물에서 여러 양이온의 산성 성질과 K_a 값*

성질	예시	K_a	pK_a
산성			
약염기의 짝산	아닐리늄 이온, $C_6H_5NH_3^+$	2.3×10^{-5}	4.64
	피리디늄 이온, $C_5H_5NH^+$	5.6×10^{-6}	5.24
	암모늄 이온, NH_4^+	5.6×10^{-10}	9.25
	메틸암모늄 이온, $CH_3NH_3^+$	2.8×10^{-11}	10.56
크기가 작고, 전하가 큰 금속 양이온	Fe^{3+}는 $Fe(H_2O)_6^{3+}$로 존재	3.5×10^{-3}	2.46
	Cr^{3+}는 $Cr(H_2O)_6^{3+}$로 존재	1.3×10^{-4}	3.89
	Al^{3+}는 $Al(H_2O)_6^{3+}$로 존재	1.4×10^{-5}	4.85
	Cu^{2+}는 $Cu(H_2O)_6^{2+}$로 존재	3.2×10^{-8}	7.49
	Ni^{2+}는 $Ni(H_2O)_6^{2+}$로 존재	9.3×10^{-10}	9.03
	Fe^{2+}는 $Fe(H_2O)_6^{2+}$로 존재	8×10^{-11}	10.1
중성			
1족과 2족의 양이온 및 전하가 +1인 금속 양이온	Li^+, Na^+, K^+, Mg^{2+}, Ca^{2+}, Ag^+		
염기성	없음		

* 실험적인 pK_a 값은 여기에 적은 것보다 유효 숫자가 더 많으며, 이들 더 정밀한 데이터로 K_a를 계산하였다.

있다.

• 약염기의 짝산인 양이온은 모두 용액을 산성으로 만든다.

NH_4^+와 같이, 약염기의 짝산은 양성자 주개로 작용하므로 산성 용액을 형성할 것으로 예상할 수 있다.

• Al^{3+}나 Fe^{3+}와 같이, 크기가 작고 전하가 큰 금속 양이온은, 이들 양이온 자체에는 내줄 수 있는 양성자가 없음에도, 물에서 Lewis 산으로 작용하여 용액을 산성으로 만든다(**그림 6D.1**).

그림 6D.1 네 가지 수용액은 수화된 양이온이 상당히 산성일 수도 있음을 보여준다. 왼쪽부터 오른쪽으로 순수한 물, 0.1 M $Al_2(SO_4)_3$(aq), 0.1 M $Ti_2(SO_4)_3$(aq), 0.1 M CH_3COOH이다. 네 시험관에는 모두 범용 지시약 몇 방울이 들어있다. 범용 지시약은 중성에서 초록색을 띠며 산성이 강할수록 노란색을 거쳐 빨간색으로 변한다. 그림 위의 숫자는 각 용액의 pH 값이다.(*Copyright Macmillan Learning, photo by Ken Karp.*)

양성자 H^+는 용액에서 금속 양이온에 수화된 물 분자로부터 나온다(**그림 6D.2**). 물 분자는 Lewis 염기로 작용하며, 금속 양이온과 배위 공유 결합을 하면서 전자를 공유한다(Topic 2C). 이 부분적인 전자 손실은 O—H 결합을 약화시키고, 따라서 물 분자에서 하나 이상의 양성자가 떨어져 나갈 수 있게 된다. 크기는 작을수록, 전하는 클수록 양이온이 전자를 더 강하게 끌어당기고, O—H 결합을 크게 약화시키므로 용액을 더욱 산성으로 만들 수 있다.

• 1족과 2족 원소의 양이온, 다른 족에서 전하가 +1인 양이온은 아주 약한 Lewis 산이어서, 수화된 이온이 Brønsted 산으로 작용하지 않는다.

이러한 금속 양이온은 크기가 너무 크거나 전하가 너무 낮아서, 자신의 주위에 수화된 물을 효과적으로 편극시키지 못한다. 따라서 물 분자가 양성자를 쉽게 방출하지 않는다. 이들은 pH에 거의 영향을 주지 않기 때문에 '중성 양이온'이라고 부르기도 한다.

• 염기성 양이온은 없다.

양이온은 자신의 양전하가 양성자의 양전하를 밀어내기 때문에 양성자를 쉽게 받아들일 수가 없다. **표 6D.2**에는 수용액에서 여러 음이온의 성질을 정리하였다.

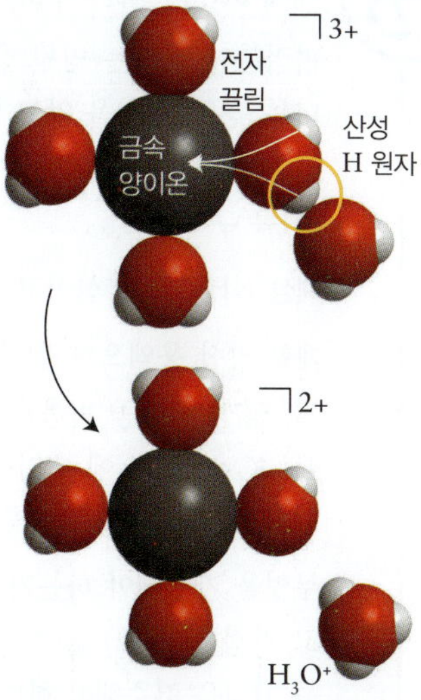

그림 6D.2 물에서 금속 양이온(여기서는 Al^{3+} 같은 3+ 이온을 나타냄)에 수화된 물 분자는 Brønsted 산으로 작용할 수 있다. 그림에는 물 분자 4개만 그렸지만 금속 양이온에는 일반적으로 물 분자 6개가 결합한다. 수화된 물 분자 중 하나에서 수용액의 물 분자로 수소 이온이 전달되므로, 산성 이온이다.

• 수소를 포함한 음이온이라도 아주 소수만이 용액을 산성으로 만든다.

음전하를 띤 음이온에서 양전하를 띤 양성자가 떨어져 나가는 것은 어렵다. 산(약산)으로 작용하는 음이온은 아주 소수이며 $H_2PO_4^-$와 HSO_4^-가 대표적이다.

• 약산의 짝염기인 음이온은 모두 용액을 염기성으로 만든다.

예를 들어 폼산(HCOOH)은 개미 독에 들어있는 약산으로, 그 짝염기인 폼산 이온(HCO_2^-)은 물에서 염기로 작용한다.

$$H_2O(l) + HCO_2^-(aq) \rightleftharpoons HCOOH(aq) + OH^-(aq)$$

표 6D.2의 마지막 행에 나열한 폼산 이온을 비롯한 다른 이온들은 물에서 염기로 작용한다.

표 6D.2 물에서 여러 음이온의 산염기 성질

성질	예시
산성 아주 소수	HSO_4^-, $H_2PO_4^-$
중성 강산의 짝염기	Cl^-, Br^-, I^-, NO_3^-, ClO_4^-
염기성 약산의 짝염기	F^-, O^{2-}, OH^-, S^{2-}, HS^-, CN^-, CO_3^{2-}, PO_4^{3-}, NO_2^-, $CH_3CO_2^-$, 그 밖의 카복실산 이온들

- Cl^-, Br^-, I^-, NO_3^-, ClO_4^- 같은 강산의 음이온은 매우 약한 염기이므로 용액의 pH에 거의 영향을 주지 않는다.

이러한 음이온은 물에서 '중성'이라고 볼 수 있다.

염 용액의 산성, 염기성, 중성을 판별하려면 양이온과 음이온을 모두 고려해야 한다. 먼저, 음이온이 약산의 짝염기인지 확인한다. 음이온이 산성이나 염기성이 아니라면, 양이온이 산성 금속 이온인지, 또는 약염기의 짝산인지 확인한다. NH_4F처럼 한 이온은 산이고 나머지는 염기인 경우에는, 두 이온 모두가 물과 반응하여 pH에 영향을 미치므로 두 평형을 모두 고려해야 한다(Topic 6F).

자습 6D.4A 표 6D.1과 6D.2를 이용하여 다음 염 수용액의 산성, 중성, 염기성을 판별하시오. (a) $Ba(NO_2)_2$ (b) $CrCl_3$ (c) NH_4NO_3

[**답**: (a) 염기성, (b) 산성, (c) 산성]

자습 6D.4B 다음 염 수용액의 산성, 중성, 염기성을 판별하시오. (a) Na_2CO_3 (b) $AlCl_3$ (c) KNO_3

도구상자 6D.1과 6D.2에 설명한 평형표와 방법을 이용하면 염 용액의 pH를 계산할 수 있다. Brønsted 이론에 따르면, 산성 양이온은 또 다른 약산, 염기성 음이온은 또 다른 약염기일 뿐이다. 하지만 산성 이온이나 염기성 이온의 K_a 또는 K_b를 먼저 계산해야 할 때도 많다. 예제 6D.4와 6D.5에서 알아보자.

예제 6D.4 약산의 pH와 양성자 이탈 백분율 계산하기

여러분이 일하는 병원 응급실에 독감에 감염된 어떤 환자가 대사성 알칼리혈증(혈액의 pH가 너무 높은 상태)을 앓고 있다고 하자. 혈액의 pH를 낮추는 데 사용되는 염화 암모늄의 저장 용액이 구비되어 있지만, 이 용액의 pH를 먼저 알아야 한다. 25 °C에서 0.15 M NH_4Cl 용액의 pH를 구하시오.

예상 NH_4^+가 약산이고 Cl^-가 중성이므로 pH < 7으로 예상한다.

계획 약산 용액으로 취급하고 도구상자 6D.1의 평형표를 사용하여 조성과 pH를 계산한다. 먼저, 양성자 이동 반응의 화학 반응식을 쓰고 K_a 식을 쓴다. 짝염기의 K_b 값을 Topic 6C의 식 4a, $K_a = K_w/K_b$에 대입하여 K_a 값을 구한다. 산성 양이온의 초기 농도는, 염의 초기 농도와 동일하다(모든 산성 수소를 붙인 채로 존재한다고 가정할 때의 농도).

무엇을 가정해야 하는가? (1) 양성자 이탈 정도가 아주 작아서 NH_4^+의 농도 변화가 거의 없다고 가정한다. (2) 물의 자체 양성자 이전은 pH에 별로 영향을 주지 않는다. 계산을 마친 후 이들 가정을 검증해야 한다.

풀이

1단계 산 NH_4^+의 평형은 다음과 같다.

$$NH_4^+(aq) + H_2O(l) \rightleftharpoons H_3O^+(aq) + NH_3(aq) \quad K_a = \frac{[H_3O^+][NH_3]}{NH_4^+}$$

표 6C.2에서 NH_3의 $K_b = 1.8 \times 10^{-5}$이다. 이제 평형표를 작성한다. 모든 농도는 몰농도이다.

	NH_4^+	$+ H_2O \rightleftharpoons H_3O^+ +$	NH_3
초기 농도	0.15	0	0
농도 변화	$-x$	$+x$	$+x$
평형 농도	$0.15 - x$	x	x

$K_a = K_w/K_b$이므로

$$K_a = \frac{1.0\times10^{-14}}{1.8\times10^{-5}} = 5.5\ldots\times10^{-10}$$

2단계 K_a 식에 평형 농도를 대입하고 $x \ll 0.15$를 가정하면

$$K_a = \frac{x\times x}{0.15-x} \approx \frac{x^2}{0.15}$$

3단계 $K_a = 5.5\ldots\times10^{-10}$으로 놓고 x를 구한다.

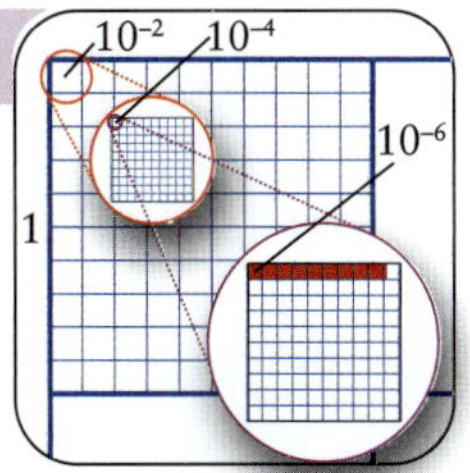

$$x \approx \sqrt{0.15\times(5.5\ldots\times10^{-10})} = \pm9.1\ldots\times10^{-6}$$

$x = [H_3O^+]$이고 이는 농도이므로 양수 해를 선택한다.

4단계 $pH = -\log[H_3O^+]$이고 $[H_3O^+] = x$이므로

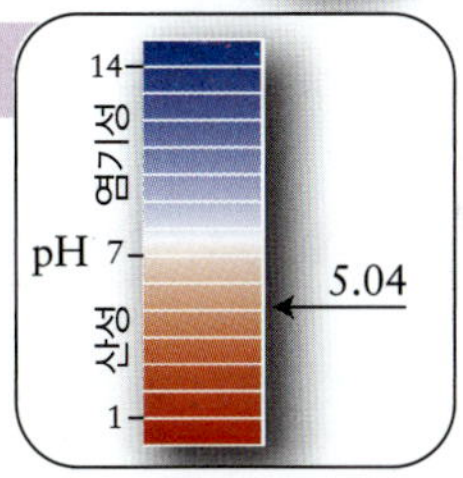

$$pH \approx -\log(9.1\ldots\times10^{-6}) = 5.04$$

평가 예상대로 pH는 7보다 작다. x가 0.15의 5%보다 더 작다는 근사는 (넉넉하게) 유효하다. H_3O^+ 농도(9.1 μmol·L⁻¹)는 물의 자체 이온화에 의해 생성되는 양(0.1 μmol·L⁻¹)보다 훨씬 크다. 따라서 둘째 근사도 유효하다.

자습 6D.5A 0.10 M 염화 메틸암모늄 $CH_3NH_3Cl(aq)$의 pH를 구하시오. 양이온은 $CH_3NH_3^+$이다.

[답: 5.78]

자습 6D.5B 0.10 M $NH_4NO_3(aq)$의 pH를 구하시오.

관련 연습 문제 6D.15, 6D.16, 6D.19, 6D.20

예제 6D.5 염기성 음이온을 포함한 염 용액의 pH 계산하기

아세트산 칼슘 $Ca(CH_3CO_2)_2(aq)$은 혈액 내 인산염 수치가 높은 신장 질환 환자를 치료하는 데 사용된다. 칼슘은 인산염과 결합하여 체외로 배출되도록 한다. 이런 목적으로 아세트산 칼슘을 사용할 때는 치료 과정에서 발생할 수 있는 합병증을 방지하기 위해 용액의 pH를 알아야만 한다. 25 °C에서 0.15 M $Ca(CH_3CO_2)_2(aq)$의 pH를 구하시오.

예상 $CH_3CO_2^-$ 이온은 약산의 짝염기이므로, 용액은 염기성일 것이고 pH>7으로 예상한다.

계획 도구상자 6D.2의 방법을 이용하고, 첨가한 염의 농도를 염기의 초기 농도로 잡는다. 염기성 음이온의 K_b는 그 짝산의 K_a로부터 계산한다. Topic 6B의 식 6, pH + pOH = 14.00을 이용하여 pOH를 pH로 환산한다.

무엇을 가정해야 하는가? 예제 6D.2처럼 두 가지 가정을 할 수 있다. (1) 약염기의 양성자 첨가는 매우 적으므로 아세트산 이온의 농도는 초기 값이 유지된다. (2) 물의 자체 양성자 이전은 pH에 별로 영향을 미치지 않는다. 계산을 마친 후 이들 가정을 반드시 검증한다.

풀이

1단계 염기 $CH_3CO_2^-$의 양성자 이동 평형은

$$H_2O(l) + CH_3CO_2^-(aq) \rightleftharpoons CH_3COOH(aq) + OH^-(aq) \quad K_b = \frac{[CH_3COOH][OH^-]}{[CH_3CO_2^-]}$$

염의 화학식 단위 하나는 $CH_3CO_2^-$ 이온 두 개를 내므로, $CH_3CO_2^-$의 초기 농도는 2×0.15 $mol{\cdot}L^{-1} = 0.30$ $mol{\cdot}L^{-1}$이다. 표 6C.1에서 CH_3COOH의 K_a는 1.8×10^{-5}이다. 먼저, 평형 표를 작성한다.

	$CH_3CO_2^-$	+ H_2O ⇌ CH_3COOH +	OH^-
초기 농도	0.30	0	0
농도 변화	$-x$	$+x$	$+x$
평형 농도	$0.30 - x$	x	x

$K_b = K_w/K_a$를 이용하여 $CH_3CO_2^-$의 K_b를 구한다.

$$K_b = \frac{1.0 \times 10^{-14}}{1.8 \times 10^{-5}} = 5.5\ldots \times 10^{-10}$$

2단계 K_b 식에 평형 농도를 대입하고 $x \ll 0.30$을 가정하면,

$$K_b = \frac{x \times x}{0.30 - x} \approx \frac{x^2}{0.30}$$

3단계 $K_b = 5.5\ldots \times 10^{-10}$으로 놓고 x를 구한다.

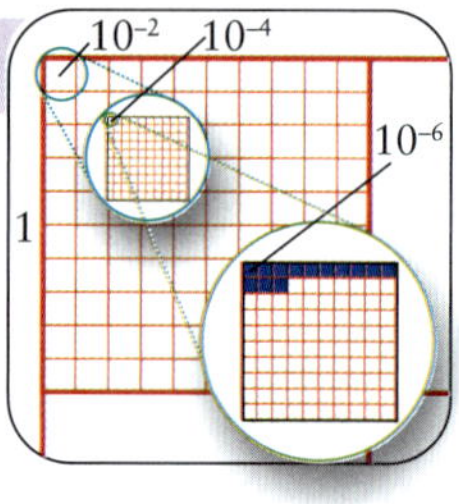

$$x \approx \sqrt{0.30 \times (5.5\ldots \times 10^{-10})} = \pm 1.29\ldots \times 10^{-5}$$

$x = [OH^-]$고 농도이므로 양수 해를 택한다.

4단계 $pOH = -\log [OH^-]$이고 $[OH^-] = x$이므로

$$pOH \approx -\log(1.29\ldots \times 10^{-5}) = 4.89$$

5단계 $pH = pK_w - pOH$이므로

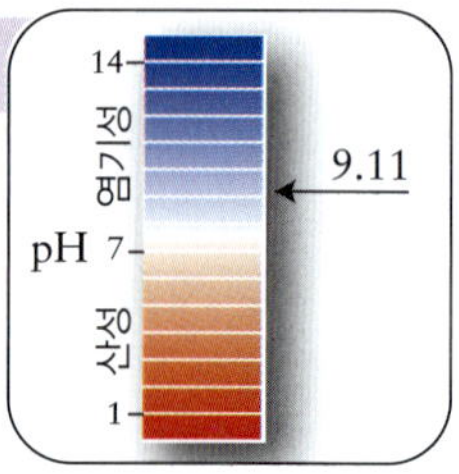

$$pH \approx 14.00 - 4.89 = 9.11$$

평가 예상대로 pH는 7보다 높다. $x = 1.29\ldots \times 10^{-5}$이므로, $x \ll 0.30$이라는 근사는 유효하다. pH가 7과 8 사이(염기의 pH '위험 구간')가 아니므로, 둘째 근사도 유효하다.

자습 6D.6A 표 6C.1의 자료를 참고하여 0.10 M 벤조산 포타슘 $KC_6H_5CO_2(aq)$의 pH를 구하시오.

[답: 8.59]

자습 6D.6B 표 6C.1의 자료를 참고하여 0.0200 M KF(aq)의 pH를 구하시오.

관련 연습 문제 6D.17, 6D.18

약염기의 짝산을 포함한 염은 산성 수용액을 형성한다. 크기가 작고 전하가 큰 금속 이온의 염도 마찬가지이다. 약산의 짝염기를 포함한 염은 염기성 수용액을 형성한다.

이 Topic에서 배운 것은 무엇인가?

산이나 염기의 농도, 산도 상수 또는 염기도 상수를 이용하여 수용액의 pH를 계산하는 방법을 공부했다. 반대로 농도를 아는 용액의 pH를 측정하여 평형 상수를 추정하는 방법도 알아보았다. 또한 용액의 pH가 이온의 산성 또는 염기성 성질에 어떻게 영향을 받는지 공부했고, 염의 초기 농도로부터 용액의 pH를 계산하는 방법도 알아보았다.

개념과 식의 적용

□ 약산과 약염기 용액의 pH를 계산하고, 양성자 첨가 또는 양성자 이탈 백분율을 구한다(예제 6D.1, 6D.3).
□ 농도를 아는 용액의 pH를 측정하여 산도 상수를 구한다(예제 6D.2).
□ 염 용액의 산성, 중성, 염기성을 판별한다(자습 6D.4A).
□ 산성 이온이나 염기성 이온을 포함한 염 용액의 pH를 계산한다(예제 6D.4, 6D.5).

Topic 6D 연습 문제

모두 25 °C를 가정하고, K_a와 K_b 값은 표 6C.1과 6C.2를 참고하시오.

6D.1 다음 각 수용액의 pH, pOH, 양성자 이탈 백분율을 계산하시오. (a) 0.20 M $CH_3COOH(aq)$ (b) 0.20 M $CCl_3COOH(aq)$ (c) 0.20 M $HCOOH(aq)$ (d) 분자 구조를 토대로 pH가 다른 이유를 설명하시오.

6D.2 근육이 운동하는 동안 락트산($CH_3CH(OH)COOH$)을 생산한다. 락트산 용액의 농도가 각각 다음과 같을 때 pH, pOH, 양성자 이탈 백분율을 계산하시오. (a) 0.11 M (b) 3.7×10^{-3} M (c) 8.2×10^{-5} M

6D.3 (a) 0.10 M 아염소산($HClO_2$) 용액의 pH가 1.2로 측정되었다. K_a와 pK_a 값을 계산하시오. (b) 0.10 M 프로필아민($C_3H_7NH_2$) 용액의 pH가 11.86으로 측정되었다. K_b와 pK_b 값을 계산하시오.

6D.4 (a) 0.015 M 아질산(HNO_2) 용액의 pH가 2.63으로 측정되었다. K_a와 pK_a 값을 계산하시오. (b) 0.10 M 뷰틸아민($C_4H_9NH_2$) 용액의 pH가 12.04로 측정되었다. K_b와 pK_b 값을 계산하시오.

6D.5 다음 수용액의 pH, pOH, 양성자 첨가 백분율을 계산하시오. (a) 0.057 M $NH_3(aq)$ (b) 0.162 M $NH_2OH(aq)$ (c) 0.35 M $(CH_3)_3N(aq)$ (d) 0.0073 M 코데인(짝산의 $pK_a=8.21$)

6D.6 다음 수용액의 pH, pOH, 양성자 첨가 백분율을 계산하시오. (a) 0.082 M 피리딘 $C_5H_5N(aq)$ (b) 0.0103 M 니코틴 $C_{10}H_{14}N_2(aq)$ (c) 0.060 M 퀴닌(짝산의 $pK_a=8.52$) (d) 0.045 M 스트리크닌(짝산의 $K_a=5.49\times10^{-9}$)

6D.7 다음 수용액에서 약산 또는 약염기의 초기 농도를 구하시오. (a) pH = 4.60인 HClO 용액 (b) pH = 10.20인 하이드라진(NH_2NH_2) 용액

6D.8 다음 수용액에서 약산 또는 약염기의 초기 농도를 구하시오. (a) pH = 5.4인 HClO 용액 (b) pH = 8.8인 피리딘(C_5H_5N) 용액

6D.9 벤조산 0.110 M 용액의 양성자 이탈 백분율이 2.4%이다. 이 용액의 pH와 벤조산의 K_a는 얼마인가?

6D.10 메틸아민(CH_3NH_2)이 질량으로 35.0% 들어있는 수용액의 밀도가 0.85 $g\cdot cm^{-3}$이다. (a) 메틸아민과 그 짝산의 Lewis 구조를 그리시오. (b) 이 용액 80.0 mL를 300.0 mL까지 희석시킨다면 pH는 얼마인가?

6D.11 다음 염을 녹인 수용액의 pH가 7보다 클지, 작을지 혹은 같을지 판별하시오. 만약 pH > 7 또는 pH < 7이라면 관련된 화학 반응식을 쓰시오. (a) NH_4Br (b) Na_2CO_3 (c) KF (d) KBr (e) $AlCl_3$ (f) $Cu(NO_3)_2$

6D.12 다음 염을 녹인 수용액의 pH가 7보다 클지, 작을지 혹은 같을지 판별하시오. 만약 pH > 7 또는 pH < 7이라면 관련된 화학 반응식을 쓰시오. (a) 옥살산 포타슘 $K_2C_2O_4$ (b) $Ca(NO_3)_2$ (c) 메틸아민 하이드로클로라이드 CH_3NH_3Cl (d) K_3PO_4 (e) $FeCl_3$ (f) 피리디늄 클로라이드 C_5H_5NHCl

6D.13 계산을 하지 말고 다음 용액의 pH가 낮은 것부터 높은 순으로 나열하고 이유를 설명하시오. (a) 1.0×10^{-5} M HCl(aq) (b) 0.20 M $CH_3NH_3Cl(aq)$ (c) 0.20 M $CH_3COOH(aq)$ (d) 0.20 M $C_6H_5NH_2(aq)$

6D.14 계산을 하지 말고 다음 용액의 pH가 낮은 것부터 높은 순으로 나열하고 이유를 설명하시오. (a) 1.0×10^{-5} M NaOH(aq) (b) 0.20 M $NaNO_2(aq)$ (c) 0.20 M $NH_3(aq)$ (d) 0.20 M NaCN(aq)

6D.15 pH를 계산하시오. (a) 0.19 M $NH_4Cl(aq)$ (b) 0.055 M $AlCl_3(aq)$

6D.16 pH를 계산하시오. (a) 0.15 M $CH_3NH_3Cl(aq)$ (b) 0.063 M $FeCl_3(aq)$

6D.17 pH를 계산하시오. (a) 0.63 M $NaCH_3CO_2(aq)$ (b) 0.65 M $KCN(aq)$

6D.18 pH를 계산하시오. (a) 0.015 M $Na_2SO_3(aq)$ (b) 0.086 M $NaF(aq)$

6D.19 CH_3NH_3Cl 15.5 g을 물에 녹여 450. mL 용액으로 만들었다. 이 용액의 pH는 얼마인가?

6D.20 $C_6H_5NH_3Cl$ 7.8 g을 물에 녹여 350. mL 용액으로 만들었다. 양이온의 양성자 이탈 백분율은 얼마인가?

6D.21 미지의 산 HA의 짝염기의 소듐염 0.010 M 용액의 pH가 10.35이다. 표 6C.1을 이용하여 이 산이 무엇인지 쓰시오.

6D.22 미지의 약염기 B의 짝산의 질산염 0.10 M 용액의 pH가 3.13이다. 표 6C.2를 이용하여 이 염기가 무엇인지 쓰시오.

Topic 6E 다양성자 산과 염기

이 Topic을 왜 배우는가? 생물학적, 환경적으로 중요한 많은 산들이 양성자를 둘 이상 낼 수 있다. 이러한 산의 용액을 다룰 때, pH를 계산하고 용액 내 모든 물질의 농도를 구하는 방법을 알아야 한다.

무엇을 알고 있어야 하는가? 약산과 약염기의 성질(Topic 6C)과 그 평형 계산(Topic 6D)을 잘 알고 있어야 한다.

다양성자 산(**polyprotic acid**)이란 양성자를 둘 이상 낼 수 있는 화합물이다. 양성자 두 개를 낼 수 있는 황산(H_2SO_4)이나 탄산(H_2CO_3), 양성자 세 개를 낼 수 있는 인산(H_3PO_4)을 비롯한 많은 산이 다양성자 산이다. 다양성자 산은 생물학적 시스템에서 중요한 역할을 한다. 많은 효소들은 하나씩 순차적으로 양성자를 제공하면서 기능을 수행하기 때문에 다양성자 산으로 간주할 수 있다. **다양성자 염기**(**polyprotic base**)란 양성자를 둘 이상 받아들일 수 있는 물질이다. 양성자 두 개를 받을 수 있는 CO_3^{2-}나 SO_3^{2-} 음이온, 양성자 세 개를 받을 수 있는 PO_4^{3-} 음이온 등이 그 예이다.

생각해 보기
다양성자 산의 양성자 이탈이 하나씩 일어날 때마다 더 강한 산이 될까, 더 약한 산이 될까?

6E.1 다양성자 산 용액의 pH

탄산은 이산화 탄소가 물에 용해되기만 하면 형성되므로 자연환경의 중요한 구성 요소이다. 실제로 바다는 대기 중 이산화 탄소 농도를 일정하게 유지하는 중요한 메커니즘을 제공한다. 탄산은 두 단계의 양성자 이동 평형에 참여한다.

$$H_2CO_3(aq) + H_2O(l) \rightleftharpoons H_3O^+(aq) + HCO_3^-(aq) \quad K_{a1} = 4.3\times10^{-7}$$
$$HCO_3^-(aq) + H_2O(l) \rightleftharpoons H_3O^+(aq) + CO_3^{2-}(aq) \quad K_{a2} = 5.6\times10^{-11}$$

첫째 평형에서 H_2CO_3의 짝염기인 HCO_3^- 이온은, 둘째 평형에서 산으로 작용하여 자신의 짝염기인 CO_3^{2-}를 생성한다.

다양성자 산은 양성자를 순차적으로 내주는데, 각 반응의 산도 상수는 단계마다 보통 10^3배 이상 크게 감소한다(**표 6E.1**). 이는 양성자를 내줄 때마다 산이 약해진다는 것을 의미한다. 그 이유는 반대 전하 간의 인력 때문으로, 양전하인 양성자를 HCO_3^- 같은 음이온에서 떼어내는 것은 중성 분자인 H_2CO_3에서 양성자를 떼어내는 것보다 어렵다.

황산은 다양성자 산 중에서 유일한 강산으로, 첫 번째 양성자 이탈은 완결된다고 본다.

$$H_2SO_4(aq) + H_2O(l) \rightarrow H_3O^+(aq) + HSO_4^-(aq)$$

이 반응에서 생성된 짝염기인 황산수소 이온(HSO_4^-)은 약산이다. 두 번째 양성자 이탈은 H_3O^+ 농도를 약간 증가시키며, 결국 용액의 최종 pH는 첫 번째 양성자 이탈에 의한 pH보다 조금 낮을 뿐이다. 예를 들어, 0.010 M H_2SO_4(aq)에서 첫 번째 양성자 이탈에 의한 H_3O^+ 농도는 산의 초기 농도 0.010 $mol\cdot L^{-1}$과 같고, 따라서 pH = 2.0이다. 하지만 짝염기인 HSO_4^-도 산으로 작용하여 용액에 양성자를 낸다. 따라서 두 번째 양성자 이동 평형 역시 고려해야

표 6E.1 25°C에서 다양성자 산의 산도 상수

산	K_{a1}	pK_{a1}	K_{a2}	pK_{a2}	K_{a3}	pK_{a3}
황산, H_2SO_4	강산		1.2×10^{-2}	1.92		
옥살산, $(COOH)_2$	5.9×10^{-2}	1.23	6.5×10^{-5}	4.19		
아황산, H_2SO_3	1.5×10^{-2}	1.81	1.2×10^{-7}	6.91		
아인산, H_3PO_3	1.0×10^{-2}	2.00	2.6×10^{-7}	6.59		
인산, H_3PO_4	7.6×10^{-3}	2.12	6.2×10^{-8}	7.21	2.1×10^{-13}	12.68
시트르산, H_3PO_4	7.2×10^{-4}	3.14	1.1×10^{-6}	5.95	4.1×10^{-7}	6.39
타타르산, $C_2H_4O_2(COOH)_2$	6.0×10^{-4}	3.22	1.5×10^{-5}	4.82		
탄산, H_2CO_3	4.3×10^{-7}	6.37	5.6×10^{-11}	10.25		
황화 수소산, H_2S	1.3×10^{-7}	6.89	7.1×10^{-15}	14.15		

*$CH_2COOH-C(OH)COOH-CH_2COOH$

한다.

$$HSO_4^-(aq) + H_2O(l) \rightleftharpoons H_3O^+(aq) + SO_4^{2-}(aq) \quad K_{a2} = 0.012$$

하이드로늄 이온 농도는 다음과 같다.

$$\overset{0.012}{K_{a2}} = \frac{\overbrace{[H_3O^+]}^{0.010+x}\overbrace{[SO_4^{2-}]}^{x}}{\underbrace{[HSO_4^-]}_{0.010-x}} = \frac{(0.010+x)\times x}{0.010-x}$$

이차방정식을 풀면 $x = 4.3 \times 10^{-3}$이므로, $[H_3O^+] = (0.010 + x)\ mol \cdot L^{-1} = 0.014\ mol \cdot L^{-1}$이고 pH = 1.9이다. 이것은 첫 번째 양성자 이탈만 고려하여 계산한 pH = 2.0보다 약간 낮은 값이다.

자습 6E.1A 0.050 M $H_2SO_4(aq)$의 pH를 구하시오.

[답: 1.23]

자습 6E.1B 0.10 M $H_2SO_4(aq)$의 pH를 구하시오.

다양성자 산의 pH를 계산할 때는, 황산을 포함하여 아주 소수를 제외하면, 첫 번째 양성자 이탈만 고려하여 K_{a1}만 이용한다. 즉, 다양성자 산을 일양성자 약산으로 취급한다(도구상자 6D.1 참고). 이후의 양성자 이탈도 일어나기는 하지만, K_{a2}는 보통 $K_{a1}/1000$보다 작기 때문에, pH에 거의 영향을 주지 않아 무시해도 된다. K_{a1}과 K_{a2} 값이 비슷한 다양성자 산이라면, 두 평형 모두 고려해야 하므로 계산이 복잡하다.

모든 양성자 이탈이 약한 다양성자 산의 pH를 구할 때는 첫 번째 양성자 이탈 평형만 고려하며, 이후의 양성자 이탈은 중요하지 않다. 황산은 예외이며, 일반적인 다양성자 산 중에서는 유일하게 첫 번째 양성자 이탈이 강산이다.

6E.2 다양성자 산의 염 용액

다양성자 산 H_2A의 짝염기는 양쪽성 양성자성(Topic 6A)이다. HA^-는 산으로 작용하여 남아 있는 산성 수소 원자를 양성자로 내줄 수도, 염기로 작용하여 양성자를 받아들여 원래 산으로 돌아갈 수도 있다. 예를 들어 황화수소 이온 HS^-는 물에서 산과 염기 모두로 작용한다.

$$HS^-(aq) + H_2O(l) \rightleftharpoons H_3O^+(aq) + S^{2-}(aq) \quad K_{a2} = 7.1\times10^{-15}; pK_{a2} = 14.15$$
$$HS^-(aq) + H_2O(l) \rightleftharpoons H_2S(aq) + OH^-(aq) \quad K_{b1} = K_w/K_{a1} = 7.7\times10^{-8}; pK_{b1} = 7.11$$

HS^-는 양쪽성 양성자성이므로, NaHS 수용액이 산성일지 염기성일지 한눈에 알아보기는 쉽지 않다. 하지만 HS^- 이온의 pK_a와 pK_b 값을 토대로 다음과 같은 결론을 내일 수 있다.

- H_2S의 pK_{a2}(HS^-의 pK_a)는 14.15로 크며, 이것은 HS^-가 아주 약한 산이라는 뜻이다. 따라서 그 짝염기인 S^{2-}는 상당히 강할 것이고, 결국 염기성이 우세할 것이다. 즉 pH > 7이다.
- H_2S의 pK_{a1}은 6.89로 중간 크기의 값이며, 이것은 HS^-의 pK_b 역시 중간 크기의 값(7.11)이라는 뜻이다. 따라서 이 이온은 적당히 강한 약염기로, pH > 7이다.

따라서 HA^- 형태의 음이온을 포함한 염 수용액은, pK_{a1}과 pK_{a2}가 모두 크다면 pH가 높을 것이다. 실제로, 합리적인 가정 몇 가지를 하면 대부분의 경우 다음과 같은 관계가 성립한다.

$$pH = \tfrac{1}{2}(pK_{a1} + pK_{a2}) \qquad \textbf{(1)}$$

이 식에서 K_{a1}은 어미 산 H_2A(예를 들어 H_2S)의 첫 번째 산도 상수, K_{a2}는 H_2A의 두 번째 산도 상수, 즉 HA^-의 산도 상수이다. S를 염의 초기 농도(형식 농도)라고 할 때, $S \gg K_w/K_{a2}$, $S \gg K_{a1}$이면 이 식을 적용할 수 있다. HPO_4^{2-}처럼 양성자 두 개를 잃은 음이온의 염에도 동일하다. 만약 이러한 조건이 충족되지 않으면 더 복잡한 식을 써야 한다.

예제 6E.1 양쪽성 양성자성 염 수용액의 pH 구하기

특정 pH 용액을 만들 때 염을 이용할 수 있다. pH가 약 4.5인 염 용액을 제조해야 한다고 가정하자. 이용 가능한 물질은 인산이수소 소듐(NaH_2PO_4)과 시트르산수소 소듐($Na_2HC_6H_5O_7$)이다. 어느 것을 사용해야 하는가? 표 6E.1의 자료를 이용하여 (a) 0.20 M NaH_2PO_4(aq), (b) 0.20 M $Na_2HC_6H_5O_7$(aq)의 pH를 구하시오.

예상 둘 다 산성 음이온의 염이므로, pH는 7보다 작을 것이다. 하지만 0.20 M 강산 용액의 pH 0.7보다는 높을 것이다.

계획 $S \gg K_w/K_{a2}$와 $S \gg K_{a1}$인지 확인한다. 이 조건을 충족하면 식 1을 쓸 수 있다. $H_2PO_4^-$는 H_2A^- 형태의 이양성자 산이므로, H_3A의 pK_a(H_3A의 pK_{a1})와 H_2A^-의 pK_a(H_3A의 pK_{a2})를 고려해야 한다. $HC_6H_5O_7^{2-}$는 HA^{2-} 형태의 일양성자 산이므로, H_2A^-의 pK_a(H_3A의 pK_{a2})와 HA^{2-}의 pK_a(H_3A의 pK_{a3})를 고려하여, $pH = \tfrac{1}{2}(pK_{a2} + pK_{a3})$ 형태로 식 1을 활용한다.

풀이

(a) $H_2PO_4^-$에는 H_3PO_4의 pK_{a1}과 pK_{a2}를 적용해야 한다. $K_{a1} = 7.6\times10^{-3}$, $K_{a2} = 6.2\times10^{-8}$으로 $pK_{a1} = 2.12$, $pK_{a2} = 7.21$이므로,

먼저 $S \gg K_w/K_{a2}$와 $S \gg K_{a1}$인지 확인한다.

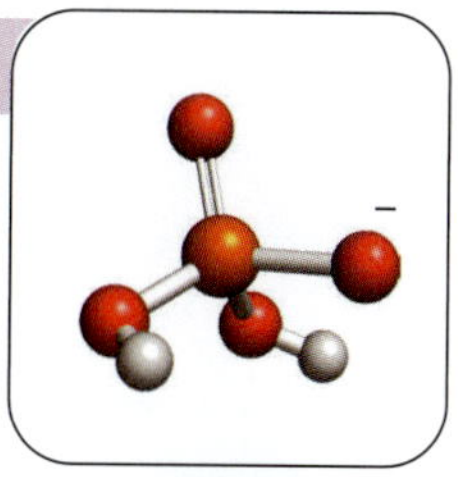

$S = 0.20$, $\dfrac{K_w}{K_{a2}} = \dfrac{1.0\times10^{-14}}{6.2\times10^{-8}} = 1.6\times10^{-7}$이므로 $S \gg K_w/K_{a2}$

$S = 0.20$, $K_{a1} = 7.6\times10^{-3}$이므로 $S \gg K_{a1}$

즉, 식 1이 유효하다.

$pH = \tfrac{1}{2}(pK_{a2} + pK_{a3})$이므로,

$$pH = \tfrac{1}{2}(2.12 + 7.21) = 4.66$$

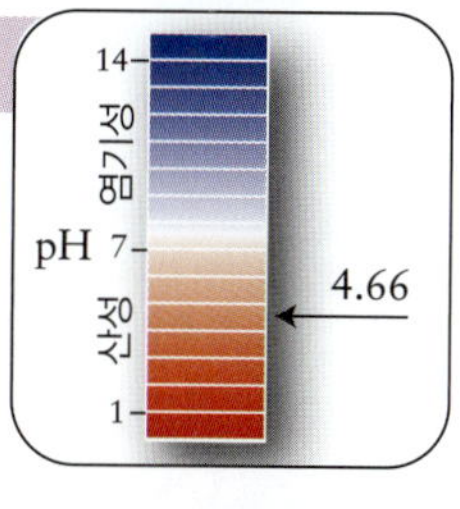

(b) $HC_6H_5O_7^{2-}$에는 시트르산 $H_3C_6H_5O_7$의 pK_{a2}와 pK_{a3}를 적용해야 한다. $pK_{a2} = 5.95$, $pK_{a2} = 6.39$이므로,

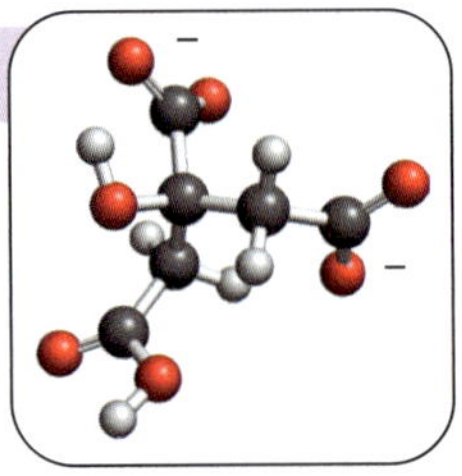

먼저 $S \gg K_w/K_{a3}$와 $S \gg K_{a2}$인지 확인한다.

$$S = 0.20, \qquad \frac{K_w}{K_{a3}} = \frac{1.0\times10^{-14}}{4.1\times10^{-7}} = 2.4\times10^{-8}\text{이므로} \quad S >> K_w/K_{a3}$$

$$S = 0.20, \qquad K_{a2} = 1.1\times10^{-6}\text{이므로} \quad S >> K_{a2}$$

즉, 식 1이 유효하다.

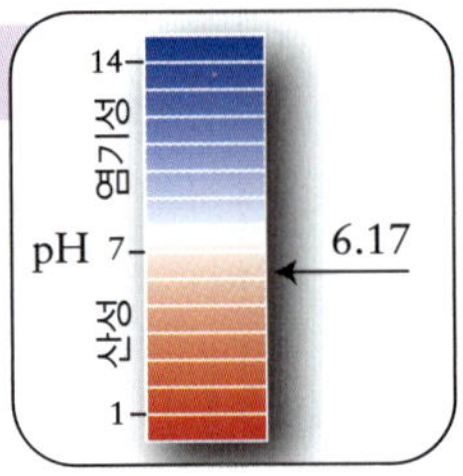

$pH = \frac{1}{2}(pK_{a2} + pK_{a3})$이므로,

$$pH = \tfrac{1}{2}(5.95 + 6.39) = 6.17$$

평가 예상대로 두 용액의 pH는 모두 7보다 작다. NaH_2PO_4 용액의 pH가 원하는 값인 4.5에 더 가까우므로 이 물질을 선택하는 것이 낫다.

자습 6E.2A 0.10 M $NaHCO_3$(aq)의 pH를 구하시오.

[답: 8.31]

자습 6E.2B 0.50 M KH_2PO_4(aq)의 pH를 구하시오.

관련 연습 문제 6E.5, 6E.6

다양성자 산이 완전히 양성자 이탈된 염의 수용액 pH를 알아야 한다고 가정하자. 이 음이온은 일양성자 약산의 짝염기로 취급할 수 있고, K_{b2}는 $K_{b1}/1000$보다 작다. 첫 번째 이후에도 양성자 첨가가 일어나기는 하지만 그 정도가 아주 작아서 pH에 미치는 영향은 무시할 수 있다. S^{2-} 이온이 들어있는 황화 소듐 용액이나 PO_4^{3-} 이온이 들어있는 인산 포타슘 용액을 예로 들 수 있다. 이들 용액에서 음이온은 염기로 작용하여 물로부터 양성자를 받아들인다. 이러한 용액에는 예제 6D.5에서 다룬, 염기성 음이온의 pH를 계산하는 방법을 이용해야 한다. 계산에 사용할 K_b 값을 구하려면, 그 이온을 생성하는 양성자 이탈 반응의 K_a를 알아야 한다. S^{2-}의 $K_{b1} = K_w/(H_2S$의 $K_{a2})$ 이고, PO_4^{3-}의 $K_{b1} = K_w/(H_3PO_4$의 $K_{a3})$이다.

양쪽성 양성자성 염 수용액의 pH는, 염에 들어있는 산과 그 산의 짝산의 pK_a 값들의 평균이다. 다양성자 산의 최종 짝염기의 염 수용액의 pH는 음이온과 물의 반응으로부터 구할 수 있다.

6E.3 용질의 형태별 농도

비료에 의해 발생한 오염을 연구하는 환경 화학자와 같은 현장 연구자는 용액의 pH뿐 아니라, 용액에 존재하는 각 이온의 농도인 **종별 농도(speciation)**도 알아야 한다. 예를 들어, 아황산 용액에서 아황산 이온의 농도를 알아야 한다거나, 인산 용액에서 인산 이온 또는 인산수소 이온의 농도를 알아야 한다. 도구상자 6D.1에서 pH, 즉 수소 이온 농도를 계산하는 법을 알아보았지만, 모든 용질의 농도(예를 들어 H_3PO_4라면 H_3PO_4, $H_2PO_4^-$, HPO_4^{2-}, PO_4^{3-})를 계산하는 방법은 아직 공부하지 않았다. 이것을 계산하려면 용액에 존재하는 모든 양성자 이

동 평형을 고려해야 한다.

도구상자 6E.1에 설명한 것처럼, 먼저 용액에서 각 용질의 상대적인 농도를 비교하여 무시할 수 있는 항을 찾으면 계산을 단순화시킬 수 있다. 농도를 비교할 때는, 다량 용질의 농도와 소량 용질의 농도의 차이가 크다면, 전자는 후자에 크게 영향을 받지 않는다는 일반적인 근사를 사용한다. 하지만 계산을 마친 다음 모든 가정을 검증해야 한다.

도구상자 6E.1 다양성자 산 용액에 존재하는 모든 용질의 농도를 계산하는 방법

기본 개념

다양성자 산은 모든 양성자 이탈 단계가 약산이므로, 산의 원형이 가장 많이 존재하는 용질이라고 가정할 수 있다. 또한 첫 번째 양성자 이탈만이 $[H_3O^+]$에 기여하며, 물의 자체 양성자 이전 반응은 $[H_3O^+]$와 $[OH^-]$에 큰 영향을 주지 않는다고 가정한다.

이양성자 산에 적용하는 방법

1단계 산(H_2A)의 양성자 이탈 평형으로부터 짝염기(HA^-)와 H_3O^+의 농도를 계산한다(예제 6D.1 참고).

2단계 1단계에서 구한 H_3O^+와 HA^- 농도를 K_{a2} 식에 대입하여, 두 번째 양성자 이탈 평형(HA^-의 양성자 이탈 평형)에서 생성되는 A^{2-}의 농도를 구한다.

3단계 K_w를 H_3O^+ 농도로 나누어 OH^- 농도를 구한다.

삼양성자 산에 적용하는 방법

1단계 산(H_3A)의 양성자 이탈 평형으로부터 짝염기(H_2A^-)와 H_3O^+의 농도를 계산한다.

2단계 1단계에서 구한 H_3O^+와 H_2A^- 농도를 K_{a2} 식에 대입하여, 두 번째 양성자 이탈 평형(H_2A^-의 양성자 이탈 평형)에서 생성되는 HA^{2-}의 농도를 구한다.

3단계 2단계에서 구한 H_3O^+와 HA^{2-} 농도를 K_{a3} 식에 대입하여, HA^{2-}의 양성자 이탈 평형에서 생성되는 A^{3-}의 농도를 구한다. 세 단계의 계산에서 H_3O^+의 농도는 모두 동일한데, 첫 번째 양성자 이탈만이 H_3O^+ 농도에 기여한다고 가정하였기 때문이다.

4단계 K_w를 H_3O^+ 농도로 나누어 OH^- 농도를 구한다.

이 과정을 예제 6E.2에서 보여 준다.

예제 6E.2 다양성자 산 용액의 모든 용질 농도 계산하기

여러분이 지방 하천을 연구하는 환경 화학자로서, 물에 녹아있는 인산의 모든 형태의 양을 알아야 한다고 하자. 이를 위해 먼저 표준 용액으로 사용할 인산 용액을 준비하려고 한다. 0.10 M H_3PO_4(aq)에 들어있는 모든 용질의 농도를 계산하시오.

예상 양성자가 하나씩 이탈되면서 더 약한 산이 되므로, 농도는 $H_3PO_4 > H_2PO_4^- > HPO_4^{2-} > PO_4^{3-}$일 것이고, 완전히 양성자 이탈된 형태는 극미량일 것이라고 예상한다. 용액은 산성이므로, OH^- 농도 역시 매우 낮을 것으로 예상한다.

계획 도구상자 6E.1의 삼양성자 산에 적용하는 방법을 따른다.

무엇을 가정해야 하는가? 첫 번째 양성자 이탈만이 pH에 영향을 미치며, 물의 자체 양성자 이전은 영향이 없다고 가정한다.

풀이

1단계 주된 양성자 이탈 평형은 다음과 같다.

$$H_3PO_4(aq) + H_2O(aq) \rightleftharpoons H_3O^+(aq) + H_2PO_4^-(aq)$$

표 6E.1에서 첫 번째 산도 상수는 7.6×10^{-3}이다. 몰농도를 기입한 평형표는 다음과 같다.

	H_3PO_4	+ H_2O ⇌ H_3O^+	+ $H_2PO_4^-$
초기 농도	0.10	0	0
농도 변화	$-x$	$+x$	$+x$
평형 농도	$0.10 - x$	x	x

$K_{a1} = [H_3O^+][H_2A^-]/[H_3A]$ 식에서 $x \ll 0.10$이라고 가정한 다음, 이 가정이 합리적인지 확인한다.

$$K_{a1} = \frac{x \times x}{0.10 - x} \approx \frac{x^2}{0.10}$$

$K_{a1} = 7.6 \times 10^{-3}$을 이용하여 풀면 $x \approx 0.028$이 나오는데, 이것은 0.10의 28%이므로 근사를 적용하기에는 너무 큰 값이다.

x가 0.10의 5%보다 크므로, $K_{a1} = x^2/(0.10 - x)$에 $K_{a1} = 7.6 \times 10^{-3}$을 넣고 완전한 이차방정식을 풀어야 한다.

$$x^2 + K_{a1}x - 0.10\,K_{a1} = 0$$

K_{a1} 값을 대입하면,

$$\overbrace{1}^{a}x^2 + \overbrace{(7.6 \times 10^{-3})}^{b}x \overbrace{-7.6 \times 10^{-4}}^{c} = 0$$

근의 공식 $x = \{-b \pm \sqrt{b^2 - 4ac}\}/2a$을 이용하여 x를 구한다.

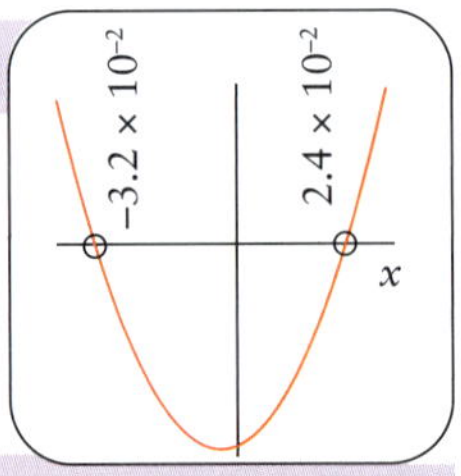

$$x = \frac{-(7.6 \times 10^{-3}) \pm \sqrt{(7.6 \times 10^{-3})^2 - 4(1)(-7.6 \times 10^{-4})}}{2(1)}$$
$$= 2.4 \times 10^{-2} \text{ 또는 } -3.2 \times 10^{-2}$$

$x = [H_3O^+]$로 농도이므로 음의 근은 지운다.

$$[H_3O^+] = 2.4 \times 10^{-2}\ \text{mol·L}^{-1}$$

$[H_2PO_4^-] = [H_3O^+]$이므로

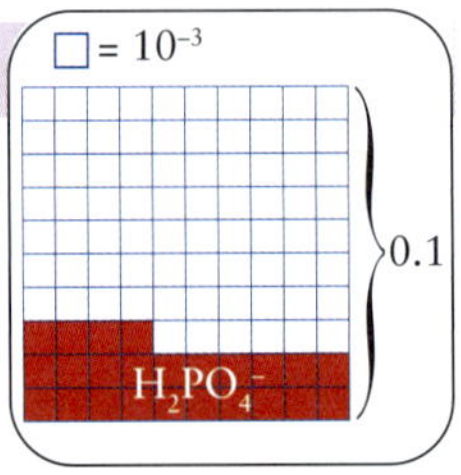

$$[H_2PO_4^-] = 2.4 \times 10^{-2}\ \text{mol·L}^{-1}$$

평형표에 따라

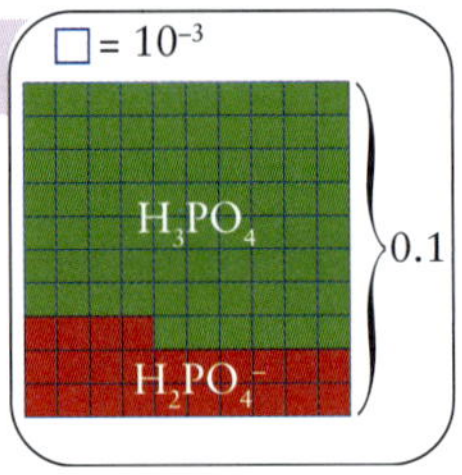

$$[H_3PO_4] \approx 0.10 - 0.024\ \text{mol·L}^{-1} = 0.08\ \text{mol·L}^{-1}$$

(0.076을 0.08로 반올림하였다.)

용질의 농도를 그림으로 나타내었다. 빨간색은 $H_2PO_4^-$, 초록색은 H_3PO_4, 노란색은 HPO_4^{2-}(아래에서 계산한다)를 나타낸다.

2단계 이제 $K_{a2} = 6.2 \times 10^{-8}$을 이용하여 HPO_4^{2-}의 농도를 구한다. $K_{a2} \ll K_{a1}$이므로 1단계에서 계산한 H_3O^+가 두 번째 양성자 이탈에 의해서 변하지 않는다고 가정해도 된다. 양성자 이동 평형은,

$$H_2PO_4^-(aq) + H_2O(l) \rightleftharpoons H_3O^+(aq) + HPO_4^{2-}(aq)$$

몰농도를 기입한 평형표를 작성하고, 1단계에서 구한 H_3O^+와 $H_2PO_4^-$ 농도를 적는다.

	$H_2PO_4^-$	+ H_2O ⇌ H_3O^+ +	HPO_4^{2-}
초기 농도(1단계에서 구함)	2.4×10^{-2}	2.4×10^{-2}	0
농도 변화	$-x$	$+x$	$+x$
평형 농도	$2.4 \times 10^{-2} - x$	$2.4 \times 10^{-2} + x$	x

$K_{a2} = [H_3O^+][HA^{2-}]/[H_2A^-]$이고 $x \ll 2.4 \times 10^{-2}$를 가정하면,

$$K_{a2} = \frac{\overbrace{(2.4 \times 10^{-2} + x)}^{[HPO_4^{2-}]} \times \overbrace{x}^{[H_3O^+]}}{\underbrace{2.4 \times 10^{-2} - x}_{[H_2PO_4^-]}} \approx \frac{2.4 \times 10^{-2} \times x}{2.4 \times 10^{-2}}$$

$K_{a2} = 6.2 \times 10^{-8}$이고 $x \approx K_{a2}$이다.

$x \ll 2.4 \times 10^{-2}$이라는 가정을 확인한다.

$$6.2 \times 10^{-8} << 2.4 \times 10^{-2}$$

가정은 유효하다.

평형표의 마지막 행에 따라,

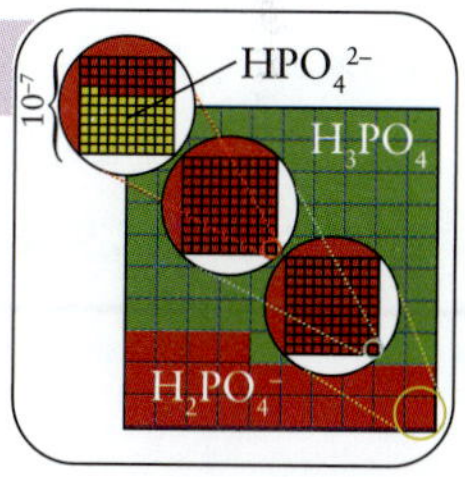

$$[HPO_4^{2-}] = x = 6.2 \times 10^{-8}\ mol \cdot L^{-1}$$
$$[H_2PO_4^-] = 2.4 \times 10^{-2} - x \approx 2.4 \times 10^{-2}\ mol \cdot L^{-1}$$
$$[H_3O^+] = 2.4 \times 10^{-2} + x \approx 2.4 \times 10^{-2}\ mol \cdot L^{-1}$$

3단계 HPO_4^{2-}에서 마지막 양성자가 떨어지면 인산 이온 PO_4^{3-}가 된다.

$$H_2PO_4^{2-}(aq) + H_2O(l) \rightleftharpoons H_3O^+(aq) + PO_4^{3-}(aq)$$

평형 상수는 $K_{a3} = 2.1 \times 10^{-13}$으로 매우 작은 값이다. 따라서 1단계에서 계산한 H_3O^+ 농도와 2단계에서 계산한 HPO_4^{2-} 농도는 변하지 않는다고 가정한다. 평형표는 다음과 같다.

	HPO_4^{2-}	+ H_2O ⇌ H_3O^+ +	PO_4^{3-}
초기 농도(2단계에서 구함)	6.2×10^{-8}	2.4×10^{-2}	0
농도 변화	$-x$	$+x$	$+x$
평형 농도	$6.2 \times 10^{-8} - x$	$2.4 \times 10^{-2} + x$	x

$K_{a3} = [H_3O^+][A^{3-}]/[HA^{2-}]$에서 K_{a3}가 매우 작으므로, $x \ll 6.2 \times 10^{-8}$이라고 가정하면 식이 간단해진다.

$$K_{a3} = \frac{(2.4 \times 10^{-2} + x) \times x}{6.2 \times 10^{-8} - x} \approx \frac{2.4 \times 10^{-2} \times x}{6.2 \times 10^{-8}}$$

식을 풀어 x를 구한다.

$$x = \frac{(6.2 \times 10^{-8} + x)K_{a3}}{2.4 \times 10^{-2}} \approx \frac{(6.2 \times 10^{-8})K_{a3}}{2.4 \times 10^{-2}} = 5.4 \times 10^{-19}$$

$[PO_4^{3-}] = x$이므로

$$[PO_4^{3-}] \approx 5.4 \times 10^{-19}\ mol \cdot L^{-1}$$

4단계 $[OH^-] = K_w/[H_3O^+]$이므로,

$$[OH^-] = \frac{1.0\times10^{-14}}{2.4\times10^{-2}} = 4.2\times10^{-13}$$

이제, 0.10 M $H_3PO_4(aq)$에 들어있는 모든 용질의 농도를 농도가 높은 것부터 정리하면 다음과 같다.

용질:	H_3PO_4	H_3O^+	$H_2PO_4^-$	HPO_4^{2-}	OH^-	PO_4^{3-}
농도/($mol\cdot L^{-1}$):	0.08	2.4×10^{-2}	2.4×10^{-2}	6.2×10^{-8}	4.2×10^{-13}	5.4×10^{-19}

평가 두 번째 양성자 이탈은 아주 조금만 일어난다. HPO_4^{2-} 이온은 그림에 나타내기 어려울 정도로 극미량만 양성자 이탈된다. 따라서 H_3O^+가 두 번째와 세 번째 양성자 이탈에 영향을 받지 않는다는 가정은 합리적이다.

자습 6E.3A 0.20 M $H_2S(aq)$에 들어있는 모든 용질의 농도를 계산하시오.

[**답**: $mol\cdot L^{-1}$ 단위로 표현하면 H_2S 0.20, HS^- 1.6×10^{-4}, H_3O^+ 1.6×10^{-4}, OH^- 6.2×10^{-11}, S^{2-} 7.1×10^{-15}]

자습 6E.3B 양성자 첨가된 글라이신($^+NH_3CH_2COOH$)은 이양성자 아미노산으로, $K_{a1} = 4.5\times10^{-3}$, $K_{a2} = 1.7\times10^{-1}$이다. 0.50 M $NH_3CH_2COOHCl(aq)$ 용액에 들어있는 모든 용질의 농도를 계산하시오.

관련 연습 문제 6E.9~6E.12

다양성자 산 용액에서는, 소량 용질이 다량 용질 농도에 영향을 주지 않는다고 가정하면 모든 용질의 농도를 계산할 수 있다.

6E.4 pH와 조성

다양성자 산 용액에 들어있는 이온의 농도가 pH에 따라서 어떻게 변하는지 알아야 하는 경우도 있다. 이런 정보는 특히 강이나 호수 같은 천연 수역 연구나 해양의 산호초 연구에서도 아주 중요하다(**화학 이야기 6E.1**). 예를 들어 여러분이 빗물의 탄산을 연구한다면, 낮은 pH(하이드로늄 이온이 풍부함)에서는 완전히 양성자 첨가된 형태(H_2CO_3)가 우세하고, 높은 pH(수산화 이온이 풍부함)에서는 완전히 양성자 이탈된 형태(CO_3^{2-})가 우세하며, 중간 정도의 pH에서는 중간 형태(HCO_3^-)가 우세할 것이라고 예상할 수 있다(**그림 6E.1**). 이 예측을 정량적으로 검증할 수 있다.

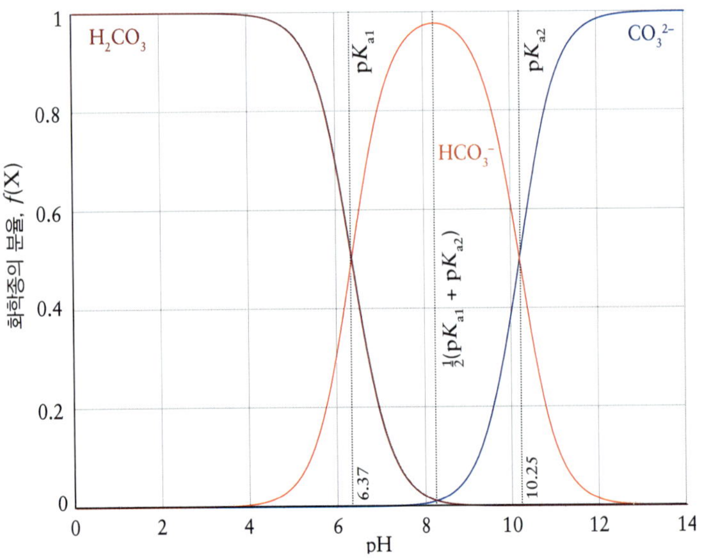

그림 6E.1 pH에 따른 탄산의 용질의 조성 변화. pH가 낮을수록 완전히 양성자 첨가된 형태, pH가 높을수록 완전히 양성자 이탈된 형태가 우세하다.

화학 이야기 6E.1 나노결정

산성비와 유전자 풀(pool)

인간이 환경에 미치는 영향을 일상의 여러 곳에서 관찰, 연구할 수 있으며, 이는 지구의 미래에 중요하다. 특히 생물 다양성(모든 생명체의 다양성)에 인간이 초래한 변화는 큰 우려를 낳고 있다. 화석 연료 연소로 인한 산성비의 악영향은 식물 종의 생물 다양성에 의도치 않은 변화를 초래했다.

인간 활동의 영향이 없는 빗물에는 주로 약산이 들어있어 pH가 약 5.7이다. 대부분은 탄산, H_2CO_3로, 대기 중 이산화 탄소가 물에 용해되어 생기는 약산이다. 인간 활동에 의해 발생한 강산이 대기로 방출되면 국부적으로 산성비가 내린다. 아래 지도에는 빗물의 평균 pH를 다양한 색깔로 나타내었다. 자세히 보면 인구 밀집 지역인 동쪽으로 갈수록 빗물의 pH가 감소한다는 것을 알 수 있다. 산업화가 많이 이루어진 인구 밀집 지역에서 pH가 낮은 것은 황과 질소의 산성 산화물(뭉뚱그려 SO_x와 NO_x라고 함) 때문이다.

*Tripasacum dactyloides*은 단백질이 풍부한 씨앗을 생산하는 초원 식물의 한 품종이다. 이 식물은 씨앗을 풍부하게 생산하면서도 가뭄에 강한 다년생 식물이기 때문에, 지속 가능한 농업의 연구 대상으로서 주목받고 있다.(*Agnieszka Kwiecień, Nova/CC BY-SA 4.0/ Wikimedia Commons*)

대기의 질소와 산소가 반응하여 일산화 질소(NO)가 생성될 수 있기는 하지만, 흡열 반응이므로 자동차 내연 기관이나 발전소 같은 고온 환경에서만 자발적이다.

$$N_2(g) + O_2(g) \rightarrow 2NO(g)$$

일산화 질소는 물에 잘 용해되지 않지만, 공기 중에서 더 산화되어 이산화 질소가 되면,

$$2NO(g) + O_2(g) \rightarrow 2NO_2(g)$$

이 NO_2는 물과 반응하여 질산과 일산화 질소를 생성한다.

$$3NO_2(g) + 3H_2O(l) \rightarrow 2H_3O^+(aq) + 2NO_3^-(aq) + NO(g)$$

오늘날 자동차에 장착된 촉매 변환기는 NO를 무해한 N_2로 환원시킨다. 세계 여러 지역에서 모든 신차에 의무화되어 있다 (Topic 7E).

대기에서 SO_x 중 가장 많은 것은 화석 연료를 태울 때 부산물로 발생하는 이산화 황이다. 이산화 황은 물과 직접 반응하여 약산인 아황산을 형성할 수 있다.

$$SO_2(g) + H_2O(l) \rightarrow H_2SO_3(aq)$$

미세 입자나 에어로졸이 존재하면, 이산화 황이 대기의 산소와 반응하여 삼산화 황을 형성할 수 있으며, 이는 물에 녹아 강산인 황산이 된다.

$$2SO_2(g) + O_2(g) \rightarrow 2SO_3(g)$$

$$SO_3(g) + 2H_2O(l) \rightarrow H_3O^+(aq) + HSO_4^-(aq)$$

북미와 아시아 대륙의 중심부에 펼쳐진 대초원에서는 질소가 부족한 토양과 가뭄에도 견딜 수 있는 자생 식물들이 진화해 왔다. 과학자들은 이러한 자생 초원 식물을 연구하여, 건기에 강한 식량 자원이 될 수 있는 작물을 재배하고자 한다. 산성비는 토양

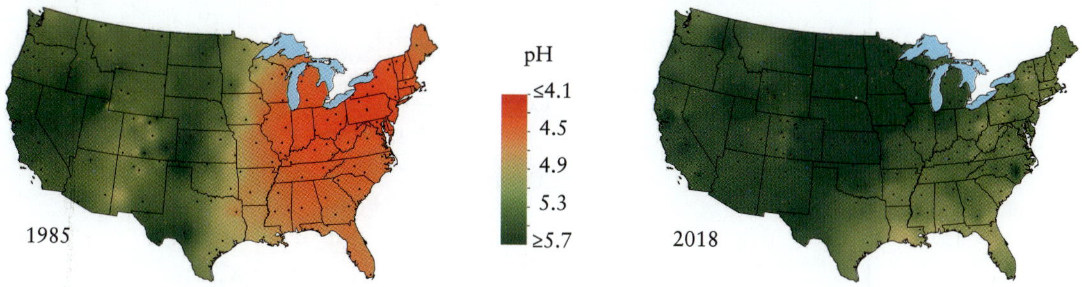

북미에 내리는 비는 서쪽에서 동쪽으로 갈수록 산도가 더 높으며, 산업화된 북동부 지역의 산도는 특히 높다. 1985년과 2018년에 현장 실험실에서 측정한 pH를 색깔과 숫자로 나타내었다. 공장과 자동차에서 배출되는 황 산화물과 질소 산화물을 줄이기 위한 규제가 산성비에 의한 환경 영향을 크게 줄였다. 추가 지도는 National Atmospheric Deposition Program/National Trends Network 웹사이트(http://nadp.slh.wisc.edu)에서 확인할 수 있다.

조건을 변화시켜 식물에 영향을 미친다. 예를 들면, 질산은 질산염으로 축적되어 토양을 비옥하게 만든다. 그러나 이런 질산염은 가치 있는 초원 식물 대신에 *Elytrigia repens*이나 *Elymus repens* 같이 급성장하는 침입 잡초들이 자라도록 만든다. 이런 종들이 멸종된다면, 농업 연구에 이들의 유전자 물질을 사용할 수 없게 된다.

대기 오염 연구는 복잡하다. 숲과 대초원은 광대한 지역을 덮고 있으며, 국지적 대기 오염물들의 상호 작용은 매우 미묘해서 모든 환경적 스트레스를 파악하는 데 오랜 기간이 걸릴 수 있다. 북미와 유럽에서는 배출량 규제를 통해 산성비의 산도가 줄고 있기는 하지만, 생물학자들은 일부 민감한 환경에는 이것만으로 충분하지 않다고 본다. 소중한 자생 식물 유산을 지켜 우리 삶의 질을 유지하기 위해서는 더 엄격한 규제가 필요할지도 모른다.

참고 문헌

Environment Canada, "Acid rain" under "Pollution Issues," http://www.ec.gc.ca/air. D. Malakoff, "Taking the sting out of acid rain," Science, vol. 330, November 12, 2010, pp. 910–911. U.S. Environmental Protection Agency, "Acid rain," http://www.epa.gov/acidrain. U.S. Geological Service, "Acid rain, atmospheric deposition, and precipitation chemistry," http://bqs.usgs.gov/acidrain.

어떻게 다루는가?

탄산을 예로 들어 pH에 따라 용질의 농도가 어떻게 변하는지 알아보자. 다음과 같은 양성자 이동 평형을 생각하자.

$$H_2CO_3(aq) + H_2O(l) \rightleftharpoons H_3O^+(aq) + HCO_3^-(aq) \quad K_{a1} = \frac{[H_3O^+][HCO_3^-]}{[H_2CO_3]}$$

$$HCO_3^-(aq) + H_2O(l) \rightleftharpoons H_3O^+(aq) + CO_3^{2-}(aq) \quad K_{a2} = \frac{[H_3O^+][CO_3^{2-}]}{[H_2CO_3^-]}$$

용액의 조성을 개별 용질 X의 분율 $f(X)$로 나타내자. X는 H_2CO_3, HCO_3^-, CO_3^{2-}이다.

$$f(X) = \frac{[X]}{[H_2CO_3] + [HCO_3^-] + [CO_3^{2-}]}$$

개별 용질의 농도를 중간 형태(HCO_3^-)에 대한 비율로 나타내면 편리하다. 분모와 분자를 $[HCO_3^-]$로 나누면

$$f(X) = \frac{[X]/[HCO_3^-]}{[H_2CO_3]/[HCO_3^-] + 1 + [CO_3^{2-}]/[HCO_3^-]}$$

세 농도비 모두를 하이드로늄 이온 농도로 나타낼 수 있다. 첫 번째와 두 번째 산도 상수 식을 다시 쓰면,

$$\frac{[H_2CO_3]}{[HCO_3^-]} = \frac{[H_3O^+]}{K_{a1}} \qquad \frac{[CO_3^{2-}]}{[HCO_3^-]} = \frac{K_{a2}}{[H_3O^+]}$$

이제 $f(X)$ 식에 대입하고 정리하면 다음과 같다.

$$f(H_2CO_3) = \frac{[H_3O^+]^2}{[H_3O^+]^2 + [H_3O^+]K_{a1} + K_{a1}K_{a2}}$$

$$f(HCO_3^-) = \frac{[H_3O^+]K_{a1}}{[H_3O^+]^2 + [H_3O^+]K_{a1} + K_{a1}K_{a2}}$$

$$f(CO_3^{2-}) = \frac{K_{a1}K_{a2}}{[H_3O^+]^2 + [H_3O^+]K_{a1} + K_{a1}K_{a2}}$$

위에서 유도한 식은 탄산 용액에 들어있는 용질들의 분율(f)을 나타내지만, 어떠한 이양성자 산 H_2A에 대해서도 쉽게 일반화할 수 있다:

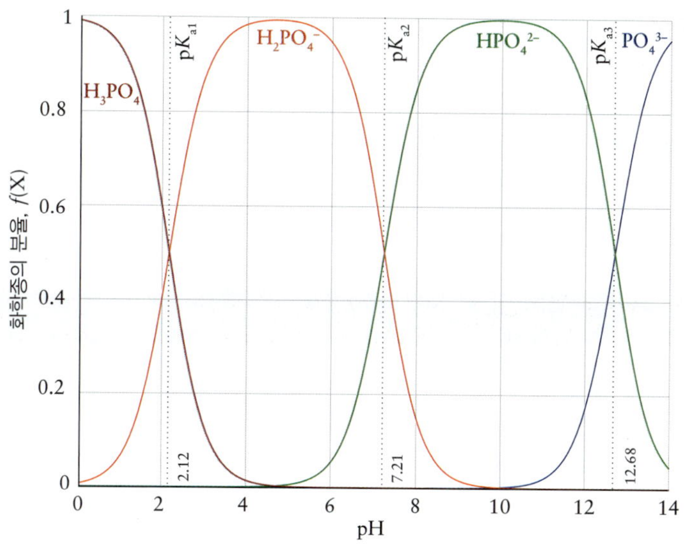

그림 6E.2 인산 용액에서 pH에 따른 용질 조성의 변화. 그림 6E.1과 마찬가지로, pH가 낮을수록 완전히 양성자 첨가된 형태가 많다.

$$f(H_2A) = \frac{[H_3O^+]^2}{h}, \quad f(HA^-) = \frac{[H_3O^+]K_{a1}}{h}, \quad f(A^{2-}) = \frac{K_{a1}K_{a2}}{h} \qquad \textbf{(2a)}$$

여기서

$$h = [H_3O^+]^2 + [H_3O^+]K_{a1} + K_{a1}K_{a2} \qquad \textbf{(2b)}$$

이 방정식의 의미는 무엇인가?

높은 pH에서는 하이드로늄 이온의 농도가 매우 낮기 때문에, $f(H_2A)$와 $f(HA^-)$의 분자는 아주 작다. 따라서 이 용질들은 예상대로 아주 적을 것이다. 낮은 pH에서는 하이드로늄 이온의 농도가 높으므로 $f(H_2A)$의 분자가 크고, 따라서 이 형태가 우세하다.

그림 6E.1은 H_2CO_3에 관한 식 2의 그래프이다. 중간 pH에서 $f(HCO_3^-) \approx 1$이다. 다음 pH에서 $f(HCO_3^-)$가 최대가 된다.

$$pH = \tfrac{1}{2}(pK_{a1} + pK_{a2}) \qquad \textbf{(3)}$$

식 3과 식 1이 같은 것은 우연의 일치이다. 유도 과정이 다르며, 식 1의 유효성 조건이 식 3에는 적용되지 않는다. pH $<$ pK_{a1}이면 완전히 양성자 첨가된 형태(H_2CO_3)가, pH$>$$pK_{a2}$이면 완전히 양성자 이탈된 형태($CO_3^{2-}$)가 우세하다는 점에 주목하자. 삼양성자 산에도 유사한 계산을 할 수 있다(**그림 6E.2**)

생각해 보기

식 2는 대칭적이다. 이를 응용하여 삼양성자 산에 관련된 식을 쓸 수 있는가?

그림 6E.1과 6E.2에서 알 수 있듯이, pH가 높을수록 양성자 이탈된 용질의 분율은 높다.

이 Topic에서 배운 것은 무엇인가?

다양성자 산은 양성자를 둘 이상 낼 수 있으며, 양성자 이탈 단계마다 산도 상수가 매우 작아진다는 것을 공부했다. 낮은 pH에서는 약산의 완전히 양성자 첨가된 형태가 우세하지만, 높은 pH에서는 완전히 양성자 이탈된 형태가 우세하다는 것을 알아보았다.

개념과 식의 적용

- ☐ 다양성자 산 용액의 pH를 계산한다(6E.1절).
- ☐ 양쪽성 양성자성 염 용액의 pH를 구한다(예제 6E.1).
- ☐ 다양성자 산 용액에서 모든 이온 농도를 계산한다(도구상자 6E.1, 예제 6E.2).
- ☐ 다양성자 산 계의 조성 도표를 이용하여 주어진 pH에서 우세한 형태를 찾는다(6E.4절).

Topic 6E 연습 문제

모두 25 °C를 가정하고, 표 6E.1의 K_a 값을 이용하시오.

6E.1 0.15 M H_2SO_4(Aq)의 pH를 계산하시오

6E.2 0.010 M H_2SO_4(aq)의 pH를 계산하시오. K_{a1}은 아주 크고 $K_{a2} = 1.2 \times 10^{-2}$이다.

6E.3 다음 이양성자 산 용액의 pH를 계산하시오. 타당한 경우에만 두 번째 양성자 이탈을 무시하시오. (a) 0.010 M H_2CO_3(aq) (b) 0.10 M $(COOH)_2$(aq) (c) 0.20 M H_2S

6E.4 다음 이양성자 산 용액의 pH를 계산하시오. 타당한 경우에만 두 번째 양성자 이탈을 무시하시오. (a) 0.10 M H_2S(aq) (b) 0.15 M $H_2C_4H_4O_6$(aq), 타타르산 (c) 1.1×10^{-3} M H_2TeO_4(aq), 텔루륨산, $K_{a1} = 2.1 \times 10^{-8}$, $K_{a2} = 6.5 \times 10^{-12}$

6E.5 pH를 구하시오. (a) 0.15 M $NaHSO_3$(aq) (b) 0.050 M $NaHSO_3$(aq)

6E.6 pH를 구하시오. (a) 0.0153 M $KHCO_3$(aq) (b) 0.110 M $KHCO_3$

6E.7 시트르산은 감귤류 과일이나 파인애플에서 추출할 수 있으며 삼양성자 산이다(표 6E.1). (a) 0.15 M 소듐염 수용액, (b) 0.075 M 이소듐염 수용액의 pH를 구하시오.

6E.8 황산처럼 첫 번째 양성자 이탈은 강산이고 두 번째 양성자 이탈은 약산인 어떤 이양성자 산 H_2A가 있다. 0.015 M H_2A(aq)의 pH = 1.72이다. 이 산의 K_{a2}는 얼마인가?

6E.9 0.0456 M H_2CO_3(aq)에서 H_2CO_3, HCO_3^-, CO_3^{2-}, H_3O^+, OH^-의 몰농도를 계산하시오.

6E.10 0.125 M H_2SO_3(aq)에서 H_2SO_3, HSO_3^-, SO_3^{2-}, H_3O^+, OH^-의 몰농도를 계산하시오.

6E.11 0.0456 M Na_2CO_3(aq)에서 H_2CO_3, HCO_3^-, CO_3^{2-}, H_3O^+, OH^-의 몰농도를 계산하시오.

6E.12 0.170 M Na_2SO_3(aq)에서 H_2SO_3, HSO_3^-, SO_3^{2-}, H_3O^+, OH^-의 몰농도를 계산하시오.

6E.13 0.150 M H_2SO_3(aq)를 고체 상태의 강염기로 적정하여 pH 5.50으로 맞추었다. 분석 용액의 부피는 아주 커서 고체를 첨가하더라도 부피가 거의 변하지 않는다고 가정하자. 최종 용액에서 H_2SO_3, HSO_3^-, SO_3^{2-}의 몰농도를 구하시오.

6E.14 0.250 M H_2S(aq)를 고체 상태의 강염기로 적정하여 pH 9.35로 맞추었다. 분석 용액의 부피는 아주 커서 고체를 첨가하더라도 부피가 거의 변하지 않는다고 가정하자. 최종 용액에서 H_2S, HS^-, S^{2-}의 몰농도를 구하시오.

6E.15 25 °C에서 다음 산 용액의 pH를 계산하시오. 두 번째 양성자 이탈은 무시해도 좋은 경우에만 무시한다. (a) 1.0×10^{-4} M H_3BO_3(aq), 붕산은 일양성자 산으로 작용한다. (b) 0.015 M H_3PO_4(aq) (c) 0.10 M H_2SO_3(aq)

6E.16 0.12 M 옥살산 용액, $(COOH)_2$(aq)에서 $(COOH)_2$, $HOOCCO_2^-$, $(CO_2)_2^{2-}$, H_3O^+, OH^-의 몰농도를 계산하시오.

6E.17 모든 인산 용질 몰농도의 합이 15 mmol·L^{-1}이고 pH = 2.25인 H_3PO_4(aq)에서 각 인산 용질의 몰농도를 계산하시오.

6E.18 동일한 양의 암모니아 수용액과 아세트산 수용액을 반응시키면 아세트산 암모늄을 얻을 수 있다. 0.100 M $NH_4CH_3CO_2$(aq)에 존재하는 모든 용질의 농도를 계산하시오.

Topic 6F 아주 묽은 용액의 pH

6F.1 아주 묽은 강산 또는 강염기 용액
6F.2 아주 묽은 약산 용액

이 Topic을 왜 배우는가? 아주 묽은 산과 염기 용액에서는 자체 양성자 이전이 pH에 큰 영향을 미칠 수 있다. 정확한 계산을 하려면 자체 양성자 이전이 중요한 경우가 언제인지, 어떻게 고려해야 하는지 알아야 한다.

무엇을 알고 있어야 하는가? 자체 양성자 이전의 개념(Topic 6B)과 약산과 약염기의 평형 계산(Topic 6C)을 잘 알고 있어야 한다.

1.0×10^{-8} M HCl(aq)의 pH를 생각해 보자. 예제 6B.1처럼 산 자체의 농도만으로 pH를 계산한다면 pH = 8.00이 된다. 하지만 HCl은 강산이고, pH = 8.00은 염기성을 가리키므로 이 결과는 말이 되지 않는다. 이러한 오류가 생기는 이유는 하이드로늄 이온의 출처를 모두 고려하지 않았기 때문이다. 산의 농도가 아주 낮으면, 물의 자체 양성자 이전에서 나오는 하이드로늄 이온과 HCl에서 나오는 하이드로늄 이온이 비슷한 수준이므로, 둘 다 고려해야만 한다.

6F.1 아주 묽은 강산 또는 강염기 용액

강산 HCl의 아주 묽은 용액을 살펴보자. 이 용액의 pH를 계산할 때는 Cl^-, H_3O^+, OH^-의 농도를 모두 고려해야 한다. 이 값을 구하려면 방정식 3개가 필요하다.

첫째 방정식은 용액이 전체적으로 전기 중성이어야 한다는 **전하 균형(charge balance)**이다. 양이온의 전체 전하량은 음이온의 전체 전하량과 같아야 한다. HCl(aq)에 들어있는 모든 이온은 1가 이온이므로, 양이온의 총 농도와 음이온의 총 농도는 같아야 전하 균형이 맞는다. 전하 균형 관계는 $[H_3O^+] = [Cl^-] + [OH^-]$이므로,

$$[OH^-] = [H_3O^+] - [Cl^-]$$

2가 이온이 있으면 그 이온의 전하량은 농도의 2배가 된다는 점에 유의하자. 예를 들어 $CaCl_2$(aq) 용액의 전하 균형식은 $[H_3O^+] + 2[Ca^{2+}] = [Cl^-] + [OH^-]$이다.

둘째 방정식은 첨가한 용질이 이온으로 존재하더라도 모두 고려해야 한다는 **물질 균형(material balance)**이다. HCl은 강산이므로 HCl 분자는 모두 양성자 이탈되어 있다. 따라서 Cl^- 이온 농도는 HCl의 초기 농도와 같다. 초기 농도를 $[HCl]_{초기}$로 쓴다면 물질 균형 관계식은,

$$[Cl^-] = [HCl]_{초기}$$

이 관계식을 전하 균형식에 넣으면,

$$[OH^-] = [H_3O^+] - [HCl]_{초기}$$

셋째 방정식은 H_3O^+와 OH^- 농도의 관계를 나타내는 자체 양성자 이전 상수 K_w이다.

$$K_w = [H_3O^+][OH^-]$$

이제 $[OH^-]$에 관한 식을 이 식에 넣으면,

$$\begin{aligned} K_w &= [H_3O^+]\overbrace{([H_3O^+] - [HCl]_{초기})}^{[OH^-]} \\ &= [H_3O^+]^2 - [HCl]_{초기}[H_3O^+] \end{aligned}$$

이차방정식 형태로 다시 쓰면,

$$[H_3O^+]^2 - [HCl]_{초기}[H_3O^+] - K_w = 0 \quad (1)$$

근의 공식(도구상자 5H.1 참고, $ax^2 + bx + c = 0$에서 $x = \{-b \pm \sqrt{b^2 - 4ac}\}/2a$)을 쓰면 하이드로늄 이온 농도를 구할 수 있다.

다음으로 NaOH 같은 강염기의 아주 묽은 용액을 알아보자. 물을 제외하고 용액에 들어있는 용질은 Na^+, OH^-, H_3O^+이다. HCl과 마찬가지로, 이들 세 이온의 농도를 연관 짓는 방정식 3개(전하 균형, 물질 균형, 자체 양성자 이전 상수)를 세운다. 전하 균형 관계식은

$$[OH^-] = [H_3O^+] + [Na^+]$$

수산화 소듐은 용액에서 완전히 해리되므로 Na^+ 이온 농도는 NaOH의 초기 농도 $[NaOH]_{초기}$와 같다. 따라서 물질 균형 관계식은 $[Na^+] = [NaOH]_{초기}$이다. 따라서,

$$[OH^-] = [H_3O^+] + [NaOH]_{초기}$$

이제 자체 양성자 이전 상수는 다음과 같다.

$$K_w = [H_3O^+]\overbrace{([H_3O^+] + [NaOH]_{초기})}^{[OH^-]}$$

이 식을 $[H_3O^+]$에 관한 이차방정식으로 정리하면,

$$[H_3O^+]^2 + [NaOH]_{초기}[H_3O^+] - K_w = 0 \quad (2)$$

이 식은 근의 공식으로 풀 수 있다.

예제 6F.1 아주 묽은 강산 용액의 pH 계산하기

화학자들은 촉매로 사용하기 위해 아주 낮은 농도의 화합물만 필요로 하기도 한다. 어떤 유기 반응의 촉매로 사용할 8.0×10^{-8} M HCl(aq)의 pH를 측정하였다. pH 미터 계기판에 얼마가 나올 것으로 예상하는가?

예상 농도가 아주 낮지만 산은 산이므로 pH는 7보다 약간 낮을 것이다.

계획 $[HCl]_{초기} = 8.0 \times 10^{-8}\ mol \cdot L^{-1}$, $[H_3O^+] = x$로 두고 식 1에 대입한 다음 x를 구한다.

풀이

$[H_3O^+]^2 - [HCl]_{초기}[H_3O^+] - K_w = 0$에 $[H_3O^+] = x$로 놓으면

$$\overbrace{(1)}^{a}x^2 \overbrace{-(8.0 \times 10^{-8})}^{b}x \overbrace{-(1.0 \times 10^{-14})}^{c} = 0$$

근의 공식 $x = \{-b \pm \sqrt{b^2 - 4ac}\}/2a$을 이용하면,

$$x = \frac{-(-8.0 \times 10^{-8}) \pm \sqrt{(-8.0 \times 10^{-8})^2 - 4(1)(-1.0 \times 10^{-14})}}{2(1)}$$
$$= 1.5 \times 10^{-7} \text{ or } -6.8 \times 10^{-8}$$

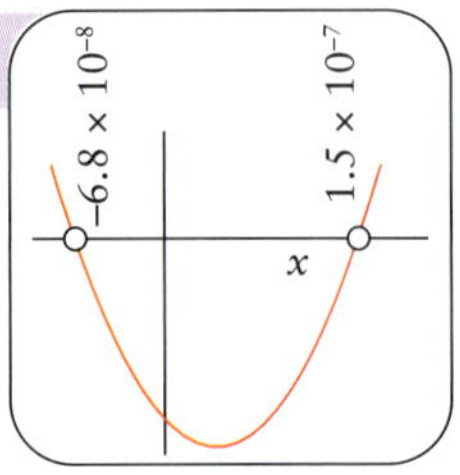

x는 농도이므로 음수 해는 제외하고 $pH = -\log x$를 이용하면

$$pH = -\log(1.5 \times 10^{-7}) = 6.82$$

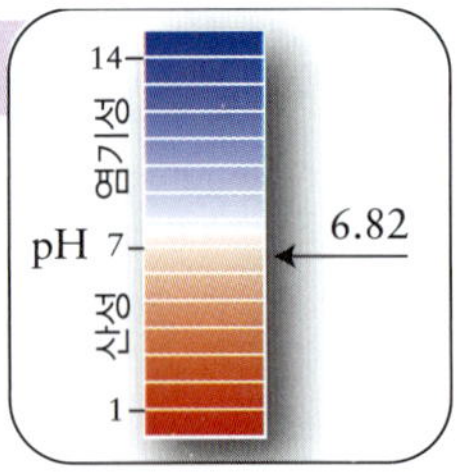

평가 예상대로 pH는 7보다 조금 낮다.

자습 6F.1A 1.0×10^{-7} M $HNO_3(aq)$의 pH는 얼마인가?

[답: 6.79]

자습 6F.1B 2.0×10^{-7} M NaOH(aq)의 pH는 얼마인가?

관련 연습 문제 6E.1~6E.4

아주 묽은 강산이나 강염기 용액의 pH는 물의 자체 양성자 이전의 영향을 크게 받는다. 이런 경우에는 전하 균형 방정식, 물질 균형 방정식, K_w 식을 동시에 풀어 pH를 구한다.

6F.2 아주 묽은 약산 용액

자체 양성자 이전 반응은 아주 묽은 약산 용액의 pH에도 영향을 미친다. 실제로 하이포아아이오딘산(HIO) 같이, 용액의 pH를 구할 때 물의 자체 양성자 이전 반응을 항상 고려해야만 하는 산도 있다.

어떻게 다루는가?

아주 묽은 약산(HA) 용액의 pH 계산법은 강산과 유사하다. 하지만 여기서는 물을 제외한 나머지 용질이 4종(HA, A^-, H_3O^+, OH^-)이다. 미지수가 4개이므로 방정식도 4개 필요하다. 그중 두 가지는 물의 자체 양성자 이전 상수와 산 HA의 산도 상수이다.

$$K_w = [H_3O^+][OH^-] \qquad K_a = \frac{[H_3O^+][A^-]}{[HA]}$$

이온 용질의 전하 균형식은,

$$[H_3O^+] = [OH^-] + [A^-]$$

물질 균형으로 넷째 방정식을 세운다. 'A'를 포함한 용질의 총 농도는 산 자체와 그 짝염기 농도의 합(예를 들어 HF와 F^-의 합)이고, 이것은 산의 초기 농도와 같아야 한다.

$$[HA]_{초기} = [HA] + [A^-]$$

산의 초기 농도를 이용하여 하이드로늄 이온의 농도 식을 쓰려면, 전하 균형식을 정리하여 $[A^-]$를 $[H_3O^+]$로 나타낸다.

$$[A^-] = [H_3O^+] - [OH^-]$$

자체 양성자 이전을 이용하면 $[OH^-]$도 $[H_3O^+]$로 나타낼 수 있다.

$$[A^-] = [H_3O^+] - \frac{K_w}{[H_3O^+]}$$

이 식을 물질 균형식에 넣으면 다음과 같은 식이 된다.

$$[HA] = [HA]_{초기} - \overbrace{\left([H_3O^+] - \frac{K_w}{[H_3O^+]}\right)}^{[A^-]}$$

마지막으로 K_a 식에 위의 $[A^-]$ 식과 [HA] 식을 넣으면,

$$K_a = \frac{[H_3O^+]\left([H_3O^+] - \dfrac{K_w}{[H_3O^+]}\right)}{[HA]_{초기} - [H_3O^+] + \dfrac{K_w}{[H_3O^+]}}$$

이 식에서 미지수는 $[H_3O^+]$뿐이다.

이 마지막 식은 복잡해 보이지만, 많은 실험 조건에서 단순한 식이 된다. 예를 들어 약산 용액의 상당수는 $[H_3O^+] > 10^{-6}$(즉 $pH < 6$)이다. 이 조건에서는 $K_w/[H_3O^+] < 10^{-8}$으로 아주 작기 때문에, 분모와 분자 모두에서 무시할 수 있다. 따라서,

$$K_a = \frac{[H_3O^+]^2}{[HA]_{초기} - [H_3O^+]}$$

이 식은 $[H_3O^+]$에 대한 이차 방정식이다.

$$[H_3O^+]^2 + K_a[H_3O^+] - K_a[HA]_{초기} = 0 \quad \textbf{(3a)}$$

하지만 산이 아주 묽거나 너무 약해서 $[H_3O^+] \le 10^{-6}$(즉 pH가 6과 7 사이)이면, $[H_3O^+]$에 대한 식을 다음과 같이 정리한 후 풀어야 한다.

$$[H_3O^+]^3 + K_a[H_3O^+]^2 - (K_w + K_a[HA]_{초기})[H_3O^+] - K_aK_w = 0 \quad \textbf{(3b)}$$

$[H_3O^+]$에 대한 3차 방정식을 풀 때는 그래프 계산기나 수학 소프트웨어를 쓰는 것이 가장 좋다.

이 식에서 $K_w = 0$으로 놓고 $[H_3O^+]$로 모두 약분하면 식 3a가 된다.

예제 6F.2 물의 자체 양성자 이전을 고려하여 아주 묽은 약산 용액의 pH 구하기

와인은 천이 넘는 화합물이 들어있는 복잡한 혼합물이며, 그중 상당수가 아주 낮은 농도로 들어있다. 풍미를 내는 많은 성분은 약산인 페놀(C_6H_5OH)의 유도체이다. 만약 여러분이 와인의 화학을 연구하는 분석가라면, 페놀과 같은 화합물의 묽은 용액이 와인의 산도에 어떤 영향을 미치는지 알고 싶을 것이다. 식 3b를 이용하여 1.0×10^{-4} M 페놀 수용액의 pH를 구하시오.

예상 페놀은 약산이므로 $pH < 7$이지만 용액이 아주 묽으므로 7보다 조금 작을 것이다.

계획 식 3b는 복잡하므로 먼저 셋째 항 $K_w + K_a[HA]_{초기}$과 넷째 항 K_aK_w에 수치를 대입하여 정리한다. $x = [H_3O^+]$로 놓는다.

풀이 $x = [H_3O^+]$로 두면 식 3b는 다음과 같다.

$$x^3 + K_a x^2 - (K_w + K_a[HA]_{초기})x - K_aK_w = 0$$

표 6C.1에서 페놀의 K_a를 찾는다.

$$K_a = 1.3 \times 10^{-10}$$

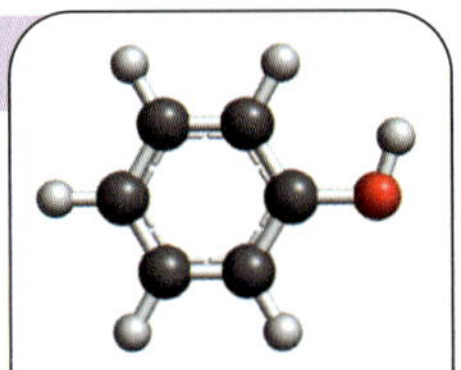
$pK_a = 9.89$

$K_w + K_a[HA]_{초기}$를 구한다.

$$K_w + K_a[HA]_{초기} = 1.0 \times 10^{-14} + (1.3 \times 10^{-10}) \times (1.0 \times 10^{-4})$$
$$= 2.3 \times 10^{-14}$$

K_aK_w를 구한다.

$$K_aK_w = (1.3\times10^{-10})\times(1.0\times10^{-14}) = 1.3\times10^{-24}$$

식 3b를 정리하면 다음과 같다.

$$x^3 + (1.3\times10^{-10})x^2 - (2.3\times10^{-14})x - (1.3\times10^{-24}) = 0$$

계수를 간단히 하기 위해 $x = X\times10^{-7}$으로 두고 전체 식을 10^{-21}으로 나눈다 (순전히 형식적인 과정이므로 거치지 않아도 된다).

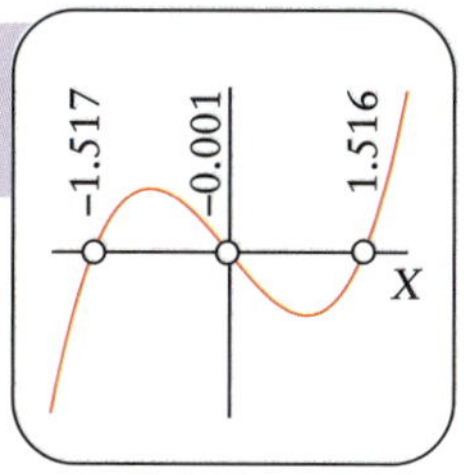

$$X^3 + 0.0013X^2 - 2.3X - 0.0013 = 0$$

방정식을 풀어 양수 해를 찾는다

양수해는 $X = 1.516...$ 뿐이고, 따라서 $x = 1.516...\times10^{-7}$이다.

$pH = -\log[H_3O^+]$이고 $[H_3O^+] = x$이므로,

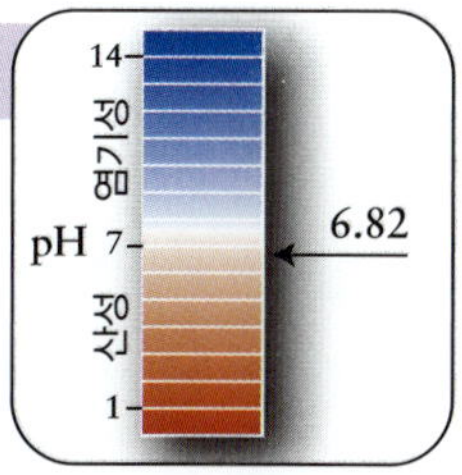

$$pH = -\log(1.516...\times10^{-7}) = 6.82$$

평가 예상대로 pH는 7보다 약간 낮다.

자습 6F.2A 식 3b과 표 6C.1을 이용하여 2.0×10^{-4} M HCN(aq)의 pH를 구하시오.

[답: 6.48]

자습 6F.2B 식 3b과 표 6C.1을 이용하여 1.0×10^{-2} M HIO(aq)의 pH를 구하시오.

관련 연습 문제 6F.7~6F.10

약산 수용액에서 하이드로늄 이온 농도가 10^{-6} mol·L^{-1} 미만이면 물의 자체 양성자 이전을 반드시 고려해야 한다. K_w 식, K_a 식, 전하 균형식, 물질 균형식을 연립하여 pH를 구한다.

이 Topic에서 배운 것은 무엇인가?

아주 묽은 산이나 염기 수용액에서는 물의 자체 양성자 이전 반응이 하이드로늄 이온에 상당한 영향을 미친다는 것을 공부했다. 아주 약한 산은 용액이 묽지 않더라도 자체 양성자 이전을 고려해야 한다는 것도 알아보았다. 자체 양성자 이전이 중요한 경우, 전하 균형식, 물질 균형식, 관련 평형식을 연립하여 하이드로늄 이온 농도를 구하는 방법을 알아보았다.

개념과 식의 적용

- ☐ 아주 묽은 강산이나 강염기의 pH를 계산한다(예제 6E.1).
- ☐ 물의 자체 양성자 이전을 고려해야 하는 약산 용액의 pH를 구한다(예제 6F.2).

Topic 6F 연습 문제

6F.1 6.55×10^{-7} M $HClO_4(aq)$의 pH를 계산하시오.

6F.2 6.50×10^{-8} M $HBr(aq)$의 pH를 계산하시오.

6F.3 9.78×10^{-8} M $KOH(aq)$의 pH를 계산하시오.

6F.4 8.23×10^{-7} M $NaNH_2(aq)$의 pH를 계산하시오.

6F.5 $6 < pH < 8$일 때는 물의 자체 양성자 이전을 무시할 수 없다. 물의 자체 양성자 이전을 고려하지 않고도 pH를 ±0.1 범위로 구할 수 있는 아세트산 수용액의 최저 농도는 얼마인가? 표 6C.1을 참고하시오.

6F.6 $6 < pH < 8$일 때는 물의 자체 양성자 이전을 무시할 수 없다. 물의 자체 양성자 이전을 고려하지 않고도 pH를 ±0.1 범위로 구할 수 있는 클로로아세트산 수용액의 최저 농도는 얼마인가? 이 값과 연습 문제 6F.5의 답의 차이가 나는 이유를 설명하시오. 표 6C.1을 참고하시오.

연습 문제 6F.7~10은 그래프 계산기나 수학 소프트웨어를 활용하시오.

6F.7 $6 < pH < 8$이라는 기준은 자체 양성자 이전을 무시할 수 있는 좋은 기준인가, 아니면 $5 < pH < 8$로 수정해야 하는가? 예제 6D.4에서 0.15 M $NH_4Cl(aq)$의 pH는 5.04이었는데, 이때 물의 자체 양성자 이전이 pH에 미치는 영향은 무시하였다. 물의 자체 양성자 이전을 고려하여 이 용액의 pH를 다시 계산하시오.

6F.8 $6 < pH < 8$이라는 기준은 자체 양성자 이전을 무시할 수 있는 좋은 기준인가, 아니면 $6 < pH < 9.5$로 수정해야 하는가? 예제 6D.5에서 0.15 M $Ca(CH_3CO_2)_2(aq)$의 pH는 9.11이었는데, 이때 물의 자체 양성자 이전이 pH에 미치는 영향은 무시하였다. 물의 자체 양성자 이전을 고려하여 이 용액의 pH를 다시 계산하시오.

6F.9 (a) 물의 자체 양성자 이전을 무시하고, 8.50×10^{-5} M $HCN(aq)$와 7.37×10^{-6} M $HCN(aq)$의 pH를 계산하시오. (b) 물의 자체 양성자 이전을 고려하여 pH를 다시 계산하시오.

6F.10 (a) 물의 자체 양성자 이전을 무시하고, 1.89×10^{-5} M $HClO(aq)$와 9.64×10^{-7} M $HClO(aq)$의 pH를 계산하시오. (b) 물의 자체 양성자 이전을 고려하여 pH를 다시 계산하시오.

Topic 6G 완충 용액

이 Topic을 왜 배우는가? 산업에서 쓰이는 수용액이나 생명체 체액의 pH를 조절하는 데는 완충 용액이 반드시 필요하다.

무엇을 알고 있어야 하는가? 짝산과 짝염기의 개념(Topic 6A와 6C), 약산과 약염기의 평형 계산(Topic 6D)을 잘 알고 있어야 한다.

pH 조절 능력은 인간을 포함한 생명체의 결정적인 생존 능력이다. 왜냐하면 pH의 최적값에서 약간만 벗어나도 효소의 모양이 변하여 기능이 멈출 수 있기 때문이다. 이 Topic에서 다루는 원리는 산업에서 반응 혼합물의 pH를 조절하거나 수질을 모니터링하는 데 이용한다. 또한, 의학과 생물학에서는 배지나 생체 세포의 조건을 조절하거나 적절한 혈액 pH를 유지시키는 데에도 이 원리를 응용한다. 농업에서는 토양을 식물 생장에 최적인 pH로 유지하는 데 활용한다. 실험실에서는 적정 과정에서 용액의 pH 변화를 해석하는 데 이용한다.

6G.1 완충 작용

Topic 6D에서 약산, 약염기, 염 용액의 pH를 계산하는 방법을 공부했다. 하지만, 약산과 그 짝염기의 염이 모두 들어있는 용액이 있다면, pH는 어떻게 될까? 이 Topic 전체에 걸쳐 다음을 명심하자. 즉 Brønsted–Lowry 이론에 따라, 염이 내는 이온 역시 산이나 염기여서 pH에 영향을 줄 수 있다.

예를 들어, 아세트산(CH_3COOH) 용액에 아세트산 소듐($NaCH_3CO_2$)을 넣었다고 가정하자. $CH_3CO_2^-$는 물에서 염기이므로 용액의 pH를 높일 것이다. 비슷한 경우로서, 암모니아(NH_3) 용액에 염화 암모늄(NH_4Cl)을 넣었다고 가정하자. NH_4^+는 물에서 약산이므로 용액의 pH를 낮출 것이다. 이처럼, 약산 또는 약염기와 그 염이 모두 들어있는 '혼합 용액'은 혈장, 해수, 반응 혼합물 등 수용액의 pH를 안정화시킬 수 있다.

완충 용액(buffer)은 약산과 그 짝염기가 들어있는 수용액이다. 약산과 그 짝염기를 염의 형태로 같이 넣거나, 염기와 그 짝산을 염의 형태로 같이 넣으면 완충 용액을 만들 수 있다. 완충 용액에 강산이나 강염기를 조금 넣더라도 pH가 크게 변하지 않는다. 앞서 예로 든 아세트산과 아세트산 소듐의 용액, 암모니아와 염화 암모늄의 용액은 완충 용액이다. 하지만 HCl 같은 강산이나 NaOH 같은 강염기의 용액은 완충 용액이 될 수 없다.

완충 용액은 pH 미터를 교정하거나, 박테리아를 배양하거나, 화학 반응이 일어나는 용액의 pH를 조절하는 데 사용한다. 또한 병원에서 환자에게 정맥 주사로 투여하기도 한다. 인간의 혈장은 탄산과 중탄산(탄산수소) 이온에 의해 pH = 7.4로 완충되어 있고, 해수는 탄산수소염과 규산염에 의한 복잡한 평형에 의해 pH = 8.4 정도로 완충되어 있다.

순수한 물에 강산을 한 방울 떨어뜨리면 pH가 크게 변하지만, 완충 용액에 같은 양을 넣어도 pH는 거의 변하지 않는다. 왜 그런지 이해하기 위해, 약산(CH_3COOH)과 그 짝염기의 염($NaCH_3CO_2$)이 비슷한 양으로 들어있는 수용액의 평형을 생각하자.

$$CH_3COOH(aq) + H_2O(l) \rightleftharpoons H_3O^+(aq) + CH_3CO_2^-(aq)$$

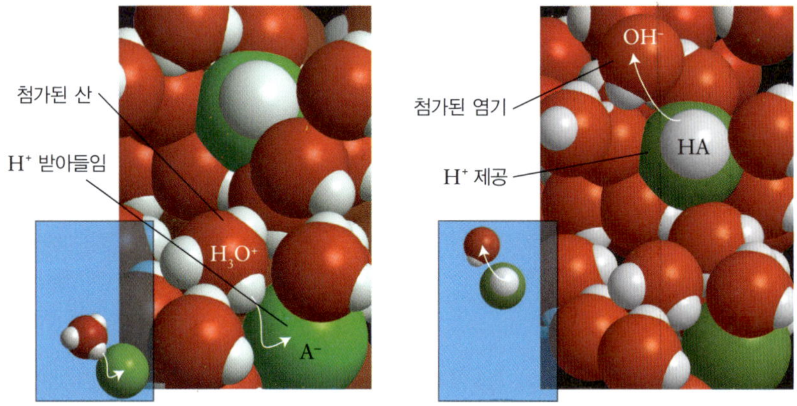

(a) (b)

그림 6G.1 약산 HA와 그 짝염기 A^-가 들어있는 용액은 완충 용액으로 작용한다. (a) 산이 들어오면 완충 용액의 짝염기가 양성자를 받아들인다. (b) 염기가 첨가되면 완충 용액의 산이 양성자를 내준다. 삽입 그림에서는 물을 파란색 배경으로 나타냈다.

이런 용액에 산을 몇 방울 넣으면, 새로 들어온 H_3O^+ 이온은 $CH_3CO_2^-$ 이온에게 양성자를 내주어 CH_3COOH와 H_2O 분자가 된다(**그림 6G.1a**). 들어온 H_3O^+ 이온이 $CH_3CO_2^-$ 이온에 의해 제거되므로, 강산이 들어오더라도 pH는 거의 변하지 않는다. 이때 생겨난 CH_3COOH는 약산이므로, 아세트산 이온은 양성자의 '흡수제' 역할을 한다고 볼 수 있다. 반대로 염기를 조금 첨가하면, 들어온 OH^- 이온은 CH_3COOH 분자에서 양성자를 제거하여 $CH_3CO_2^-$ 이온과 H_2O 분자가 된다(**그림 6G.1b**). 이때 아세트산 분자는 양성자의 공급원 역할을 한다. 첨가한 OH^- 이온이 CH_3COOH 분자에 의해 제거되고 약염기인 $CH_3CO_2^-$가 생성되었으므로, OH^- 이온의 농도는 거의 변하지 않는다. 즉, 강염기가 들어오더라도 H_3O^+ 농도, 그리고 pH는 거의 변하지 않는다.

약염기(NH_3)와 그 짝산의 염(NH_4Cl)이 비슷한 양으로 들어있는 완충 용액에서도 비슷한 효과가 나타난다.

$$NH_3(aq) + H_2O(l) \rightleftharpoons NH_4^+(aq) + OH^-(aq)$$

염기 용액을 몇 방울 넣으면, 들어오는 OH^- 이온은 NH_4^+ 이온에서 양성자를 제거하여 NH_3와 H_2O 분자를 형성한다. 산 용액을 몇 방울 넣으면, 들어온 양성자가 NH_3 분자에 붙어서 NH_4^+ 이온을 형성하면서 H_3O^+ 이온이 제거된다. 강산이나 강염기가 들어오더라도 pH는 거의 변하지 않는다.

생각해 보기

글라이신은 수용액에서 '쯔비터 이온' 형태인 $^-O_2CCH_2NH_3^+$으로 존재한다. 이 이온에는 산성과 염기성 작용기가 모두 들어있다. 이 수용액은 완충 용액으로 작용할까?

완충 용액에는 약한 짝산–짝염기 쌍의 혼합물이며, 양성자의 공급원 또는 흡수제 역할을 모두 할 수 있어 pH를 안정화시킨다.

6G.2 완충 용액 설계하기

박테리아를 배양하기 위해 특정 pH의 완충 용액을 만들어야 한다고 가정하자. 가장 적절한 완충 시스템을 만들려면, 그 완충 용액에 의해 안정화되는 pH 값을 알아야 한다. 약산과 그 짝염기의 염 혼합물은 pH < 7(중성보다 산성)인 완충 용액이 되므로 **산 완충 용액(acid buffer)**이라고 한다. 약염기와 그 짝산의 염 혼합물은 pH > 7(중성보다 염기성)인 완충 용액이 되므로 **염기 완충 용액(base buffer)** 또는 알칼리성 완충 용액(alkaline buffer)이라고 한다. 조성을

표 6G.1 완충 용액의 조성

조성		pH계산	예시	pK_a
산 완충 용액 (pH < 7)				
산 (HA)	염 MA의 형태로 짝염기 A^- 공급	pK_a(HA)	$CH_3COOH/CH_3CO_2^-$	4.75
			HNO_2/NO_2^-	3.37
			$HClO_2/ClO_2^-$	2.00
염기 완충 용액 (pH > 7)				
염기 (B)	짝산 (HB^+)	pK_a(HB^+)	NH_4^+/NH_3	9.25
	염 HBX로 공급	pK_a(HB^+) + pK_b(B)	$(CH_3)_3NH^+/(CH_3)_3N$	9.81
		= pK_w이용	$H_2PO_4^-/HPO_4^{2-}$	7.21

알고 있는 혼합 용액이 완충 용액으로 작용하는 정확한 pH를 구하려면, Topic 6D에서 했던 것과 아주 비슷한 평형 계산을 해야 한다. **표 6G.1**에는 산성 및 염기성 완충 용액에 대한 세부 정보를 정리하였다.

예제 6G.1 완충 용액의 pH 계산하기

여러분이 미생물학 실험실에서 산성 환경이 필요한 박테리아를 배양하고 있다고 하자. 적절한 pH를 유지하기 위해 완충 용액을 만들어야 한다. 0.040 M $NaCH_3CO_2(aq)$와 0.080 M $CH_3COOH(aq)$를 녹인 완충 용액을 제조했다. 25 °C에서 이 용액의 pH는 얼마인가?

예상 약산만 들어있다면 pH < 7일 것이다. 짝염기도 조금 들어있으므로, 산만 들어있다고 가정할 때의 pH(예제 6D.1에서 2.92라고 구하였다)보다는 높지만 7보다는 낮을 것이다.

계획 먼저 약산과 그 짝염기 사이의 양성자 이동 평형 반응식을 쓴다. K_a 식을 $[H_3O^+]$에 대한 식으로 쓴 다음 pH를 계산한다.

무엇을 가정해야 하는가? 아세트산 이온의 양성자 첨가와 아세트산 분자의 양성자 이탈은 그 정도가 아주 작아서, 평형 농도는 초기 농도와 거의 같다고 가정한다.

풀이 산은 CH_3COOH, 짝염기는 $CH_3CO_2^-$이다. 다음 평형을 고려해야 한다.

$$CH_3COOH(aq) + H_2O(l) \rightleftharpoons H_3O^+(aq) + CH_3CO_2^-(aq) \quad K_a = \frac{[H_3O^+][CH_3CO_2^-]}{[CH_3COOH]}$$

표 6C.1에서 pK_a = 4.75, $K_a = 1.8 \times 10^{-5}$이므로,

K_a 식을 다음 형태로 다시 써서 H_3O^+의 평형 농도를 구한다.

$$[H_3O^+] = K_a \times \frac{[CH_3COOH]}{[CH_3CO_2^-]}$$

짝산과 짝염기의 농도를 초기 농도와 거의 같다고 근사한다.

$$[H_3O^+] \approx (1.8 \times 10^{-5}) \times \frac{0.080}{0.040} = 3.6\ldots \times 10^{-5}$$

pH = −log $[H_3O^+]$이므로,

$$pH \approx -\log(3.6\ldots \times 10^{-5}) = 4.44$$

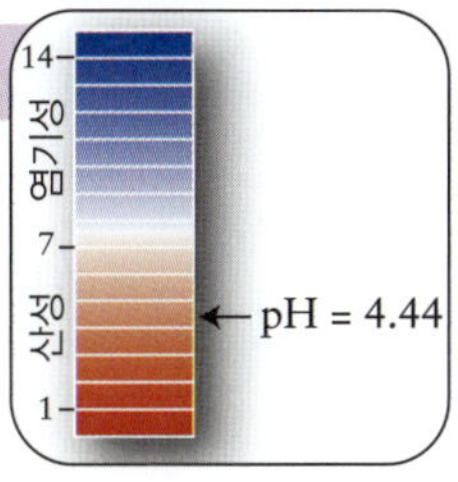

평가 예상대로 이 용액의 pH는 산만 넣었다고 가정한 pH 2.92보다는 높다. 이 용액은 pH≈4인 산 완충 용액이다.

자습 6G.1A 0.15 M HNO_2(aq)와 0.20 M $NaNO_2$(aq)로 만든 완충 용액의 pH를 계산하시오.

[답: 3.49]

자습 6G.1B 0.040 M NH_4Cl(aq)와 0.030 M NH_3(aq)로 만든 완충 용액의 pH를 계산하시오.

관련 연습 문제 6G.7~6G.10

완충 용액을 사용하는 목적은 강산이나 강염기가 들어올 때 일어나는 pH 변화를 안정화시키는 것이다. 다음 예제에서 산 완충 용액에 산이나 염기를 첨가할 때 pH가 어떻게 변하는지 알아본다.

예제 6G.2 완충 용액의 pH 변화 계산하기

여러분이 예제 6G.1에서 준비한 완충 용액을 계속 사용하고 있지만, 완충 용액에 수산화 소듐을 넣을 때 pH에 미치는 영향이 실험에 지장을 줄까 걱정이 되었다. 예제 6G.1의 완충 용액 500. mL에 수산화 소듐 1.2 g(0.030 mol NaOH)을 용해시켰다. 용액의 최종 pH와 pH 변화를 계산하시오.

예상 완충 용액에 들어있는 약산이 강염기와 반응할 것이므로, pH는 초기 4.44에서 조금만 높아질 것으로 예상한다.

계획 이 문제를 두 단계로 해결한다. 먼저, 완충 용액에 들어온 OH^- 이온이 산의 일부와 반응한다는 것을 고려하여, 산과 짝염기의 농도를 계산한다. 산의 양은 줄어들고 그만큼 짝염기가 늘어날 것이다. 다음으로, 예제 6G.1과 같은 방법으로 K_a 식을 이용하여 pH를 구한다.

무엇을 가정해야 하는가? 중화 반응은 완결되며, 산과 짝염기의 평형 농도는 중화 후의 초기 농도와 거의 같다고 가정한다. 용액의 부피는 거의 변하지 않는다고 가정한다.

풀이 양성자 이동 평형 반응은,

$$CH_3COOH(aq) + H_2O(l) \rightleftharpoons H_3O^+(aq) + CH_3CO_2^-(aq) \quad K_a = \frac{[H_3O^+][CH_3CO_2^-]}{[CH_3COOH]}$$

예제 6G.1의 자료와 $K_a = 1.8 \times 10^{-5}$을 이용한다. NaOH에서 나온 OH^-는 CH_3COOH 일부와 다음과 같이 반응한다.

$$CH_3COOH(aq) + OH^-(aq) \rightarrow CH_3CO_2^-(aq) + H_2O(l)$$

1단계 중화 후 산의 새 농도를 구한다.

$n_J = V[J]$를 이용하여 CH_3COOH의 몰수를 계산한다.

$$\begin{aligned} n(CH_3COOH)_{초기} &= 0.500\ L \times 0.080\ mol{\cdot}L^{-1} \\ &= 0.040\ mol \end{aligned}$$

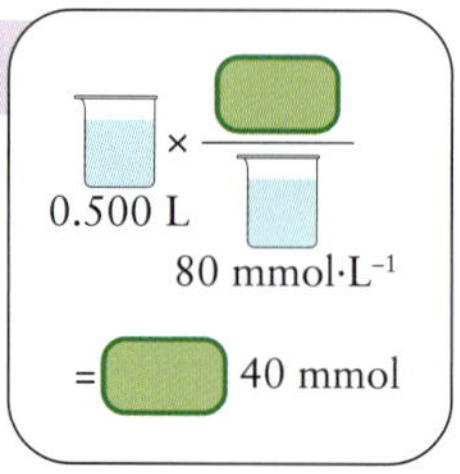

1 mol CH_3COOH ≏ 1 mol OH^-를 이용하여 반응한 CH_3COOH의 몰수를 계산한다.

$$\begin{aligned} n(CH_3COOH)_{반응} &= 0.030\ mol\ OH^- \times \frac{1\ mol\ CH_3COOH}{1\ mol\ OH^-} \\ &= 0.030\ mol\ CH_3COOH \end{aligned}$$

$n_{최종} = n_{초기} - n_{반응}$을 이용하여 남아있는 CH_3COOH의 몰수를 계산한다.

$$n(CH_3COOH)_{최종} = 0.040 - 0.030\ mol = 0.010\ mol$$

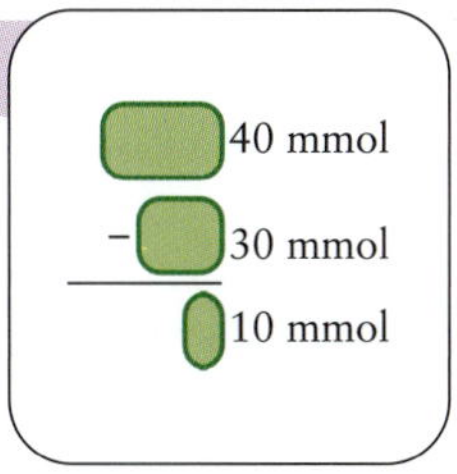

$[J] = n_J/V$이므로,

$$[CH_3COOH] = \frac{0.010\ mol}{0.500\ L} = 0.020\ mol \cdot L^{-1}$$

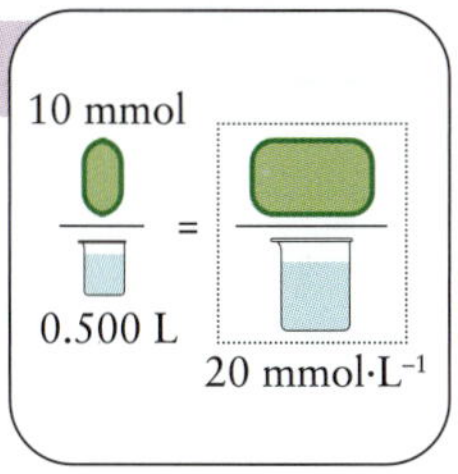

2단계 중화 후 짝염기의 새 농도를 구한다.

$n_J = V[J]$를 이용하여 $CH_3CO_2^-$의 초기 몰수를 구한다.

$$n(CH_3CO_2^-)_{초기} = 0.500\ L \times 0.040\ mol \cdot L^{-1} = 0.020\ mol$$

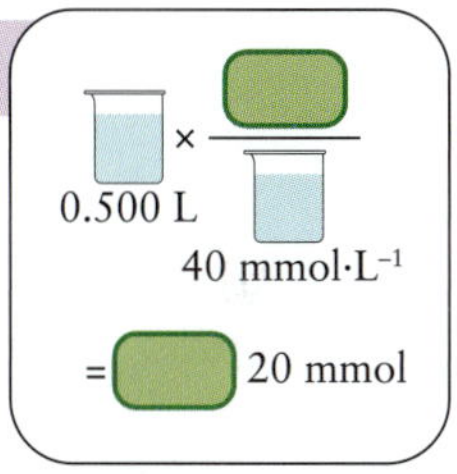

반응을 통해 증가한 $CH_3CO_2^-$의 몰수를 더한다.

$$n(CH_3CO_2^-)_{최종} = 0.020 + 0.030\ mol = 0.050\ mol$$

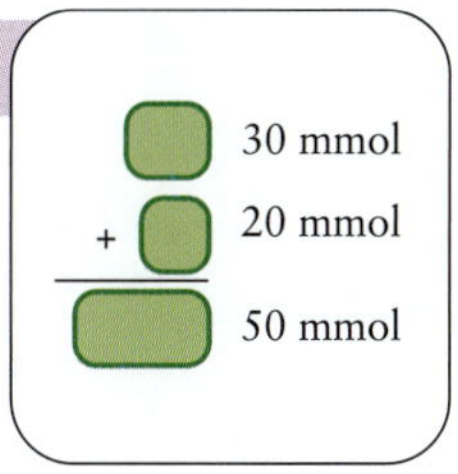

$[J] = n_J/V$이므로

$$[CH_3CO_2^-] = \frac{0.050\ mol}{0.500\ L} = 0.10\ mol \cdot L^{-1}$$

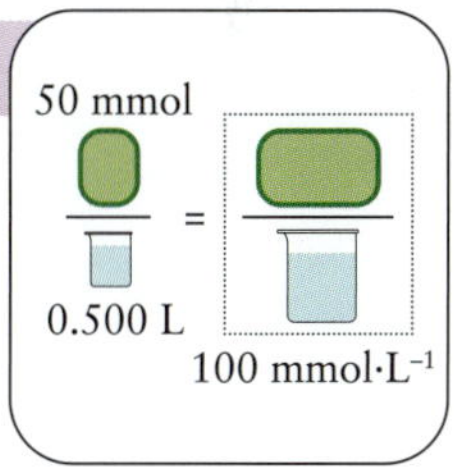

3단계 pH를 계산한다.

$[H_3O^+] = K_a[CH_3COOH]/[CH_3CO_2^-]$이고, 산과 염기의 평형 농도는 중화 직후의 농도와 같다고 가정하여 $[H_3O^+]$를 계산한다.

$$[H_3O^+] \approx (1.8 \times 10^{-5}) \times \frac{0.020}{0.10} = 3.6 \times 10^{-6}$$

$pH = -\log [H_3O^+]$이므로

$$pH \approx -\log(3.6 \times 10^{-6}) = 5.44$$

pH 변화는 $5.44 - 4.44 = 1.00$이다.

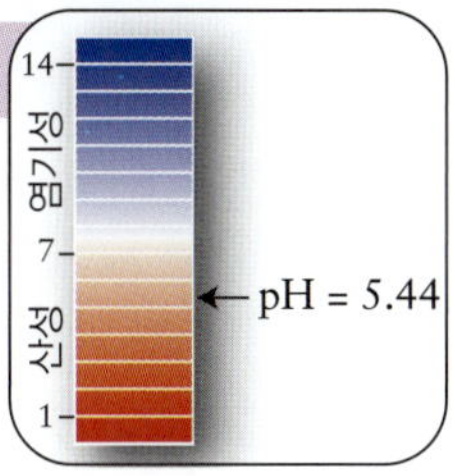

평가 예상대로 pH는 4.4에서 5.4로 조금만 변하였다.

자습 6G.2A 예제 6G.1의 완충 용액 300. mL에 0.200 M NaOH를 용해시켰다고 하자. 최종 pH와 pH 변화를 계산하시오.

[**답**: 5.65, 1.21 증가]

자습 6G.2B 예제 6G.1의 완충 용액 500. mL에 0.0100 mol HCl(g)를 용해시켰다. 최종 pH와 pH 변화를 계산하시오.

관련 연습 문제 6G.11, 6G.12

완충 용액을 만들 때 짝산과 짝염기의 몰농도를 같게 만드는 경우가 많다. 이렇게 하면 양성자의 '공급제'나 '흡수제'로 작용할 물질이 충분하여 어떤 방향의 pH 변화에도 안정적이기 때문이다. 이렇게 용질의 몰농도가 같은 용액을 **등몰(equimolar)** 용액이라고 하는데, 이들의 pH는 아주 쉽게 예상할 수 있다. 다음 평형을 생각하면,

$$HA(aq)+H_2O(l) \rightleftharpoons H_3O^+(aq)+A^-(aq) \quad K_a=\frac{[H_3O^+][A^-]}{[HA]} \qquad \textbf{(A)}$$

K_a 식에 등장하는 [HA]와 $[A^-]$는 초기 농도가 아니라 평형 농도이다. 그러나 약산 HA는 일반적으로 양성자를 아주 조금만 잃기 때문에, [HA]는 완충 용액을 만들 때 넣었던 산의 농도 $[HA]_{초기}$와 거의 차이가 없다. 마찬가지로 약염기인 A^-도 아주 일부만 양성자를 받아들이므로, $[A^-]$는 완충 용액을 만들 때 넣었던 염기의 농도 $[A^-]_{초기}$와 거의 차이가 없다. 산과 염기의 초기 농도가 같으므로,

$$K_a \approx \frac{[H_3O^+][A^-]_{초기}}{[HA]_{초기}} \overset{\text{파란색 항을 지우면}}{=} [H_3O^+]$$

양변에 마이너스 로그를 씌우면 $[HA]_{초기}=[A^-]_{초기}$일 때,

$$pH = pK_a \qquad \textbf{(1)}$$

이 결과는 매우 간단하지만 완충 용액을 선택할 때 유용하게 쓸 수 있다. pK_a가 원하는 pH와 가까운 산을 선택한 다음, 그 산과 짝염기의 등몰 용액을 만들면 된다.

예제 6G.1과 6G.2처럼 짝산과 짝염기의 농도가 똑같지 않은 용액이라도 완충 용액이긴 하지만 농도가 거의 같은 용액보다 효과가 덜할 수 있다. 표 6G.1에 대표적인 완충 시스템 몇 가지를 나열하였다.

자습 6G.3A 표 6G.1에 나열한 완충 시스템 중에서 pH가 5에 가까운 완충 용액을 만들기에 적절한 것은 무엇인가?

[**답**: $CH_3COOH/CH_3CO_2^-$]

자습 6G.3B 표 6G.1에 나열한 완충 시스템 중에서 pH가 10에 가까운 완충 용액을 만들기에 적절한 것은 무엇인가?

산 완충 용액으로 작용하는 혼합물에 약산을 더 넣으면 pH를 더 낮출 수 있다. 또한, 강산을 조금 넣어 짝염기의 일부를 약산으로 바꾸어서 pH를 낮추는 방법도 있다. 산 완충 용액의 pH를 높이려면 염(이 염이 염기 A^-를 낸다)을 더 넣어 산의 짝염기 농도를 높이면 된다. 또는, 강염기를 조금 넣어 산의 일부를 염으로 바꾸는 방법도 있다.

혼합물의 조성으로부터 pH를 바로 알 수 있도록 K_a 식을 다른 형태로 쓰면, 완충 용액의

pH를 빠르게 추정할 수 있다. 반응식 A에 대한 K_a 식을 다음과 같이 재배열한다.

$$[H_3O^+] = K_a \times \frac{[HA]}{[A^-]}$$

양변에 마이너스 로그를 씌우면,

$$\overbrace{-\log[H_3O^+]}^{pH} = \overbrace{-\log K_a}^{pK_a} - \log\frac{[HA]}{[A^-]}$$

$\log x = -\log(1/x)$ 이므로,

$$pH = pK_a - \log\frac{[HA]}{[A^-]} = pK_a + \log\frac{[A^-]}{[HA]}$$

앞에서 논의한 것과 같이, [HA]는 $[HA]_{초기}$와 근사적으로 같고($[산]_{초기}$로 쓰겠다) $[A^-]$는 $[A^-]_{초기}$와 근사적으로 같다($[염기]_{초기}$로 쓰겠다). 이 결과식을 **Henderson–Hasselbalch 식(Henderson–Hasselbalch equation)**이라고 한다.

$$pH \approx pK_a + \log\frac{[염기]_{초기}}{[산]_{초기}} \quad (2)$$

아세트산/아세트산 이온 완충 용액에 대해서 식을 쓰면,

$$pH \approx pK_a(CH_3COOH) + \log\frac{[CH_3CO_2^-]_{초기}}{[CH_3COOH]_{초기}}$$

염기 완충 용액에도 식 2를 쓸 수 있는데, 이때는 염기의 짝산의 pK_a를 써야 한다. 예를 들어 암모니아 완충 용액에서는 NH_4^+의 pK_a를 써야 하며, NH_3를 염기, NH_4^+를 산으로 보아야 한다. pK_b만 나와 있다면 Topic 6C의 식 5b($pK_a + pK_b = pK_w$)를 이용하여 pK_a를 계산할 수 있다. 따라서 암모니아/암모늄 완충 용액에 대해서는,

$$pH \approx pK_a(NH_4^+) + \log\frac{[NH_3]_{초기}}{[NH_4^+]_{초기}}$$

실제로, Herderson–Hasselbalch 식을 써서 완충 용액으로 쓸 혼합 용액의 pH를 빠르게 추정한 다음, 산이나 염기를 넣어가며 pH 미터로 pH를 모니터링하여 필요한 pH 값에 정확하게 맞춘다.

예제 6G.3 주어진 pH의 완충 용액에 필요한 조성 구하기

탄산 이온과 탄산수소 이온(중탄산 이온이라고도 함)은 다양한 천연수 시스템에서 완충 작용을 한다. 최근에 발견된 동굴로 흘러 들어가는 지하수가 석회암 언덕을 통과하는데, 여러분이 이 이온들의 역할을 조사하면서 물의 pH가 어떻게 조절되는지 알아야 할 필요가 있다고 가정하자. pH = 9.50에서 완충 작용을 하려면 CO_3^{2-}와 HCO_3^-의 몰농도 비율이 얼마이어야 하는지 계산하시오. H_2CO_3의 pK_{a2}는 10.25이다.

예상 원하는 pH가 H_2CO_3의 pK_{a2}보다 낮으므로, Henderson–Hasselbalch 식의 로그 값은 음이어야 한다. 이는 $[염기]_{초기}/[산]_{초기}$ 비율이 1보다 작아야 하며, 산의 초기 농도가 염기의 초기 농도보다 더 높아야 한다는 뜻이다.

계획 Henderson–Hasselbalch 식을 재정리하여 약산과 그 짝염기의 비율을 구한다.

무엇을 가정해야 하는가? 일반적으로 해왔듯이 활동도를 몰농도로 근사할 수 있다고 가정한다. 또한 산과 그 짝염기의 평형 농도는 초기 값으로 근사할 수 있다고 가정한다.

풀이 평형 $HCO_3^-(aq) + H_2O(l) \rightleftharpoons H_3O^+(aq) + CO_3^{2-}(aq)$에서 산은 HCO_3^-, 짝염기는 CO_3^{2-}이다. H_2CO_3는 무시한다(Topic 6E 참고).

pH ≈ pK_a + log ([염기]$_{초기}$/[산]$_{초기}$)이므로,

$$\log\frac{[\text{염기}]_{\text{초기}}}{[\text{산}]_{\text{초기}}} \approx \text{pH} - \text{p}K_a$$

CO_3^{2-}의 초기 농도와 HCO_3^-의 초기 농도를 각각 염기와 산 자리에 쓰고, pH와 pK_a 값을 넣는다.

$$\log\frac{[CO_3^{2-}]_{\text{초기}}}{[HCO_3^-]_{\text{초기}}} \approx 9.50 - 10.25 = -0.75$$

$x = 10^{\log x}$이므로

$$\frac{[CO_3^{2-}]_{\text{초기}}}{[HCO_3^-]_{\text{초기}}} \approx 10^{-0.75} = 0.18$$

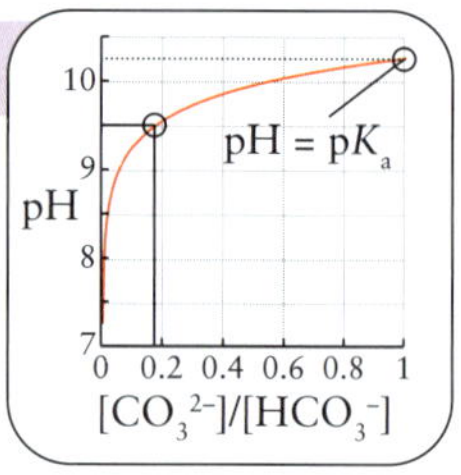

평가 용질을 0.18 mol CO_3^{2-}와 1.0 mol HCO_3^- 비율로 섞는다면 pH 9.5 근처에서 완충 용액으로 작용할 것이다. 예상대로 농도의 비율은 1보다 작다.

자습 6G.4A pH = 5.25에서 완충 작용을 하는 데 필요한 아세트산 이온과 아세트산의 몰농도 비율을 계산하시오. CH_3COOH의 pK_a는 4.75이다.

[답: 3.16]

자습 6G.4B pH = 3.50에서 완충 작용을 하는 데 필요한 벤조산 이온과 벤조산(C_6H_5COOH)의 몰농도 비율을 계산하시오. C_6H_5COOH의 pK_a는 4.19이다.

관련 연습 문제 6G.15, 6G.16

다음 예제에서는 Henderson–Hasselbalch 식의 다른 유용한 응용법을 알아본다. 즉, 이 식으로는 어떤 특정한 pH에서 우세한 용질의 형태도 알아낼 수 있다. 이 정보는 생화학에서, 또는 의약 화합물을 설계하는 데 아주 유용하다. 많은 의약 화합물이 산이나 염기이며, 어떤 형태에서는 생물학적 활성이 있지만 다른 형태에서는 없을 수 있다. 체외의 비생리적 pH에서는 비활성 형태로 쉽게 보관하였다가, 체내에서 양성자 이동이 일어나 활성 형태로 전환되도록 할 수도 있다.

예제 6G.4 pH에 따라 우세한 용질 형태 찾기

통상적인 진통제 중 하나인 이부프로펜의 pK_a = 5.2이다. (a) pH = 1.7인 위와 (b) pH = 7.4인 혈액에서 양성자 첨가된 형태와 이탈된 형태의 비율은 얼마인가?

예상 위의 pH는 낮으므로 양성자 첨가된 형태가 많을 것이다. 혈액의 pH는 훨씬 더 높으므로 양성자 이탈된 형태가 우세할 것이다.

계획 Henderson–Hasselbalch 식과 pH, pK_a를 이용하여 양성자 첨가된 형태와 이탈된 형태의 비율을 구한다.

무엇을 가정해야 하는가? 활동도를 몰농도로 근사할 수 있다고 가정한다.

풀이 (a) 양성자 첨가된 이부프로펜을 산, 이탈된 이부프로펜을 짝염기로 놓는다.

$pH \approx pK_a = \log$ ([염기]/[산])이므로

$$\log\frac{[\text{양성자 이탈}]}{[\text{양성자 첨가}]} \approx pH - pK_a$$
$$\approx 1.7 - 5.2 = -3.5$$

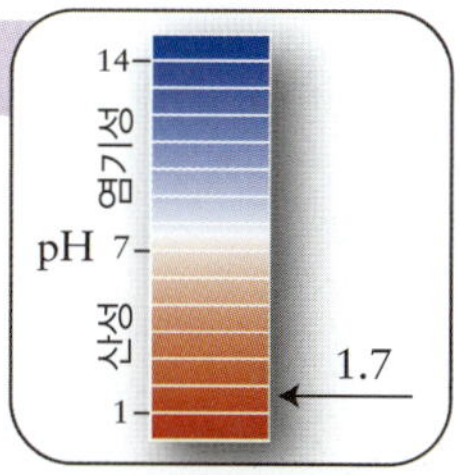

$x = 10^{\log x}$이므로

$$\frac{[\text{양성자 이탈}]}{[\text{양성자 첨가}]} = 10^{-3.5} = 3.2 \times 10^{-4}$$
$$\frac{[\text{양성자 이탈}]}{[\text{양성자 첨가}]} = 3.2 \times 10^{3}$$

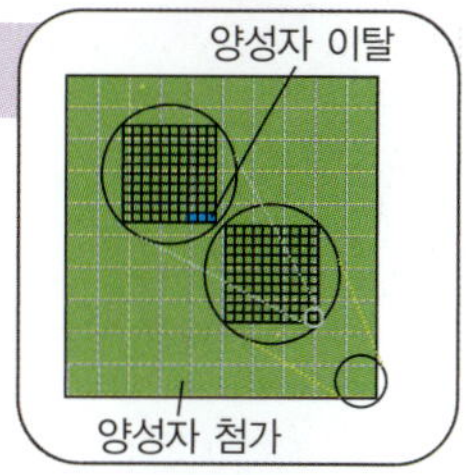

(b) 혈액의 pH와 이부프로펜의 pK_a 값을 식에 넣으면,

$$\log\frac{[\text{양성자 이탈}]}{[\text{양성자 첨가}]} \approx pH - pK_a$$
$$\approx 7.4 - 5.2 = 2.2$$

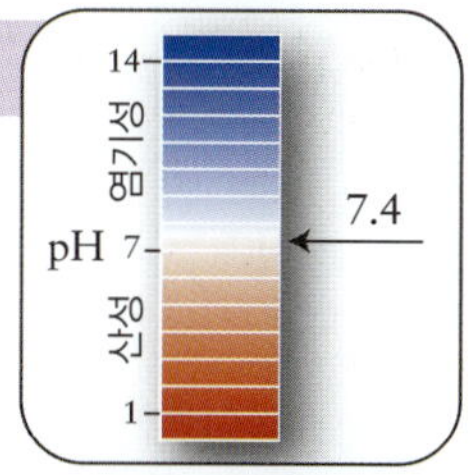

$x = 10^{\log x}$이므로

$$\frac{[\text{양성자 이탈}]}{[\text{양성자 첨가}]} = 10^{2.2} = 160$$
$$\frac{[\text{양성자 이탈}]}{[\text{양성자 첨가}]} = 6.3 \times 10^{-3}$$

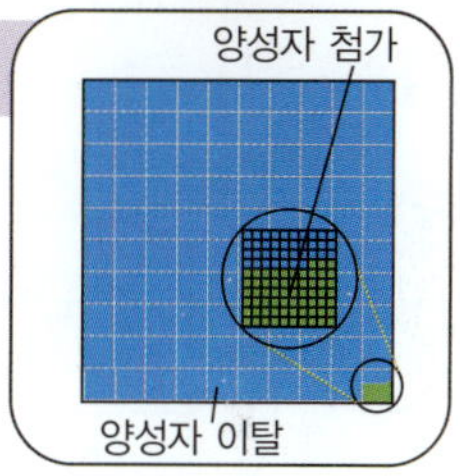

평가 위의 pH에서는 양성자 첨가된 형태와 이탈된 형태 비율은 3200:1이다. 혈액에서는 양성자 이탈된 형태가 우세하며, 비율은 160:1이다.

자습 6G.5A 아세틸살리실산(아스피린)은 오래전부터 진통 및 특정 심장 질환 치료에 사용되었다. 아세틸살리실산의 pK_a는 3.5이다. pH가 7.4인 혈액에서 이 화합물의 양성자 첨가된 형태와 이탈된 형태의 비율은 얼마인가?

[**답**: 이탈된 형태:첨가된 형태 = 8000:1]

자습 6G.5B 퀴닌은 오래전부터 말라리아 예방에 사용된 화합물이다. 퀴닌의 pK_b는 5.96이다. pH 7.4인 혈액에서는 양성자 첨가된 형태 또는 이탈된 형태 중 어느 것이 우세한가?

관련 연습 문제 6G.23, 6G.24

화합물의 pK_a와 그 화합물 용액의 pH를 비교하면, 용액에서 우세한 형태를 알 수 있다. $pH < pK_a$이면 양성자 첨가된 형태가 우세하다고 예상할 수 있다. $pH > pK_a$이면 양성자 이탈된 형태가 우세하다고 예상할 수 있다.

산과 염기의 농도가 비슷한 완충 용액의 pH는 약산의 pK_a와 비슷하다.

6G.3 완충 용량

스펀지가 빨아들이거나 짜낼 수 있는 물에 한계가 있는 것처럼, 완충 용액이 흡수하거나 낼 수 있는 양성자도 한계가 있다. 너무 많은 강산이나 강염기가 용액에 들어오면 완충 용액의 양성자 공급제나 흡수제로서의 역할이 고갈된다. **완충 용량(buffer capacity)**이란, 큰 pH에 저항하는 능력을 잃기 전까지 완충 용액에 첨가할 수 있는 산이나 염기의 최대량을 뜻한다. 용량이 큰 완충 용액은 용량이 작은 완충 용액보다 강산이나 강염기 첨가에 저항성이 강하다. 약염기 대부분이 짝산으로, 또는 약산 대부분이 짝염기로 바뀌면 완충 용액은 성능을 잃는다. 부피가 같다면, 농도가 높은 완충 용액은 농도가 낮은 완충 용액보다 완충 용량이 더 크다.

완충 용량은 약산과 약염기의 상대적인 농도에 따라 다르다. 실험적인 결과를 일반화하면, 약염기의 몰수가 약산의 최소 10%는 되어야 산 첨가에 저항하는 능력이 강하다고 볼 수 있다. 그렇지 않으면 강산이 들어올 때 약염기가 빠르게 소모돼 버린다. 마찬가지로, 약산의 몰수가 약염기의 최소 10%는 되어야 염기 첨가에 저항하는 능력이 강하다고 볼 수 있다. 그렇지 않으면 강염기가 들어올 때 약산이 빠르게 소모되어 버리기 때문이다.

이러한 비율을 이용하여 효과적인 완충 작용의 범위를 pH로 나타낼 수 있다. Henderson−Hasselbalch 식에 따르면 산이 염기보다 10배 많을 때([산] = 10[염기]) 용액의 pH는,

$$\mathrm{pH} = \mathrm{p}K_a + \log\frac{[\text{염기}]}{10[\text{염기}]} = \mathrm{p}K_a + \overbrace{\log\frac{1}{10}}^{-1} = \mathrm{p}K_a - 1 \quad \text{(3a)}$$

마찬가지로 염기가 산보다 10배 많을 때([염기] = 10[산]) pH는,

$$\mathrm{pH} = \mathrm{p}K_a + \log\frac{10[\text{산}]}{[\text{산}]} = \mathrm{p}K_a + \overbrace{\log 10}^{+1} = \mathrm{p}K_a + 1 \quad \text{(3b)}$$

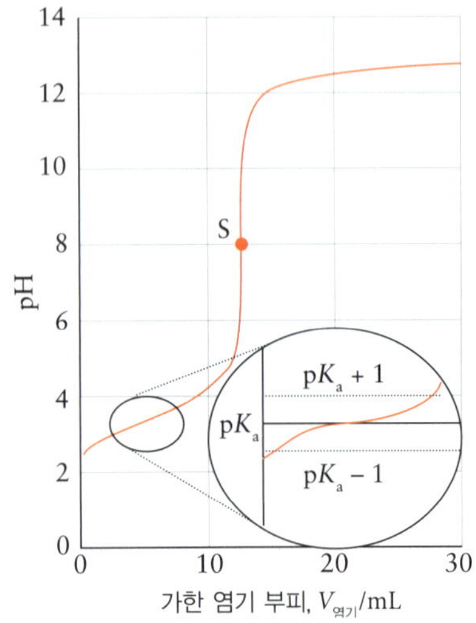

그림 6G.2 약산에 강염기를 첨가할 때 pH가 어떻게 변하는지를 나타낸 그래프이다. 짝산과 짝염기의 농도가 비슷하면, 강염기나 강산이 더 들어오더라도 pH가 거의 변하지 않는다는 것을 알 수 있다. 삽입 그림은 완충 영역의 pH는 $\mathrm{p}K_a$ ±1 정도라는 것을 보여준다. S는 화학량론점(기초 지식 L)을 뜻한다.

따라서 실험적으로 얻은 농도 범위를 pH로 환산하면 ±1이다. 즉, 완충 용액의 pH가 $\mathrm{p}K_a$ ±1일 때 가장 효과적이다(**그림 6G.2**). 예를 들어 $H_2PO_4^-$의 $\mathrm{p}K_a$가 7.21이므로, KH_2PO_4/K_2HPO_4 완충 용액은 pH = 6.2에서 8.2 범위에서 가장 효과적이라고 예상할 수 있다.

혈장의 조성을 보면 HCO_3^- 이온 농도가 H_2CO_3의 20배이므로, 최적 완충 범위를 벗어난 것처럼 보인다. 하지만 세포의 주요 노폐물은 락트산(젖산)과 같은 카복실산이다. 혈장에는 HCO_3^- 이온 농도가 상대적으로 높으므로, 이러한 카복실산의 수소 이온을 효과적으로 흡수할 수 있다. HCO_3^-의 비율이 높은 것은 질병이나 화상으로 인한 쇼크와 같이 산이 과도하게 생성되는 상황에 저항하는 데도 도움이 된다(**화학 이야기 6G.1**).

화학 이야기 6G.1 이 내용은 생존과 어떤 관련이 있는가?

생리학적 완충 용액*

완충 시스템은 생명체의 생존에 필수적이며, 중상이나 화상을 입은 사람에게 가장 즉각적으로 나타나는 위험은 혈액의 pH 변화이다. 대사 과정을 통해 인간 혈액의 pH는 7.35~7.45의 좁은 범위에서 유지된다. 혈액의 pH를 조절하는 것은 주로 탄산/탄산수소 이온(중탄산 이온) 시스템이다.

정상적인 혈액에서 HCO_3^-와 H_2CO_3의 비율은 20:1이며, 탄산은 대부분 CO_2가 용해된 형태로 존재한다. 혈액에서 HCO_3^-의 농도가 H_2CO_3에 비해 더 높아지면 혈액의 pH는 올라간다. pH가 정상 범위를 초과하여 높아지는 것을 이를 **알칼리혈증**(alkalosis)이라고 한다. 반대로 이 비율이 감소하여 pH가 정상 범위 이하로 떨어지면 이를 **산성혈증**(acidosis)이라고 한다. 이러

한 상태는 생명을 위협하며 수 분 내에 사망할 수도 있기 때문에 pH 불균형의 원인을 신속하게 파악하고 치료하는 것이 중요하다.

신체가 혈액의 pH를 유지하는 두 가지 주요 메커니즘은 호흡과 배설이다. 탄산 농도는 호흡으로 조절된다. 숨을 내쉴 때 CO_2를 배출하므로 H_2CO_3 역시 줄어든다. 이렇게 산이 줄어들면 혈액 pH는 올라간다. 숨을 더 깊고 빠르게 쉬면 CO_2가 더 많이 배출되므로 혈액의 탄산 농도가 줄어들고 이로 인해 혈액의 pH가 상승한다. 탄산수소 이온 농도는 소변으로 배출되는 속도에 의해 조절된다.

호흡성 산성혈증(respiratory acidosis)은 천식, 폐렴, 폐기종과 같은 질환이나 연기 흡입으로 인해 호흡이 감소하면서 혈액 내 CO_2 농도가 증가하고 그 결과 H_2CO_3 농도가 올라갈 때 발생한다. 호흡성 산성혈증을 치료할 때는 환자의 호흡을 돕는 기계식 환기 장치를 사용하는 것이 일반적이다. 호기가 원활해지면 CO_2 배출이 증가하고 혈액 pH가 상승한다. 천식 환자에게는 좁아진 기관지를 확장시키는 화학 물질을 사용하여 호흡을 돕기도 한다.

대사성 산성혈증(metabolic acidosis)은 과도한 락트산(젖산)이나 대사 과정의 산성 부산물이 혈류로 방출되어 발생한다. 이러한 산들은 혈류로 들어가 탄산수소 이온과 반응하여 H_2CO_3를 생성하기 때문에 $[HCO_3^-]/[H_2CO_3]$ 비율을 낮춘다. 격렬한 운동, 당뇨병, 단식 등은 대사성 산성혈증을 유발할 수 있다. 이에 대한 신체의 정상적인 반응은 호흡 속도를 높여 CO_2를 제거하는 것이며, 언덕을 오를 때 숨을 헐떡이는 이유가 바로 이것이다.

심각한 화상을 입었을 때도 대사성 산성혈증이 발생할 수 있다. 순환계의 혈장이 손상 부위로 빠져나가 부종(부기)을 일으키고, 이에 따라 혈액의 부피가 감소한다. 화상 부위가 넓다면 혈액량 손실이 너무 커서 혈류가 감소하기 때문에, 모든 조직으로의 산소 공급도 감소하게 된다. 산소가 부족하면 조직은 락트산을 과도하게 생산하게 되고, 따라서 대사성 산성혈증이 발생한다. pH가 떨어지는 것을 줄이기 위해 환자는 숨을 더 쉬어 과도한 CO_2를 제거하려고 할 것이다. 하지만 혈액량이 인체가 감당할 수 있는 수준 이하로 떨어지면 악순환이 시작된다. 혈류는 더 낮아지면서 혈압도 떨어지기 때문에, CO_2 배출이 줄어들어 산성혈증이 더 심각해진다. 이러한 상태를 쇼크 상태라고 하며, 즉시 치료하지 않으면 사망할 수 있다.

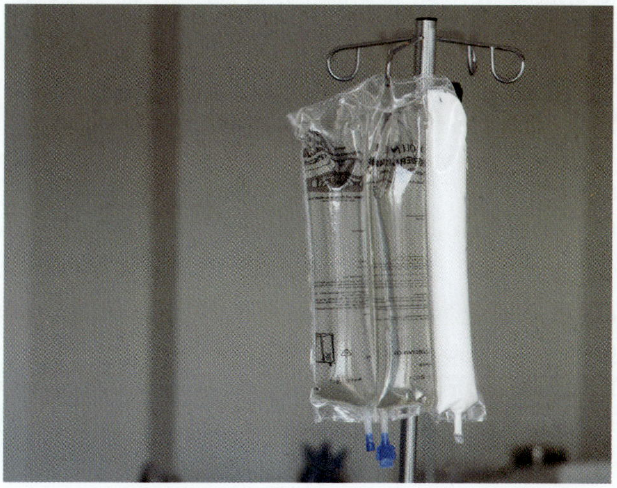

심각한 외상을 입은 환자는 쇼크 증상을 막고 혈액의 pH를 유지하기 위해 즉시 정맥 주사를 맞아야 한다.(© *Noiel/Shutterstock*)

혈액과 등장성(삼투압이 동일하다는 뜻이다. Topic 5E 참고)인 염 용액을 정맥으로 대량 주입함으로써 쇼크를 막거나 치료할 수 있다. 보통 **락트산염 링거 용액**(lactated Ringer's solution)을 사용한다. 주입된 액체는 혈액량과 혈류를 증가시켜 산소 공급을 개선한다. 그 결과 $[HCO_3^-]/[H_2CO_3]$ 비율이 정상으로 회복되어 심각한 부상을 입은 사람이 생존할 수 있도록 한다. 사람을 살리기 위한 응급 구조원의 첫 번째 처치가 정맥 주사인 경우도 많다.

호흡성 알칼리혈증(respiratory alkalosis)은 과도한 호흡으로 인해 pH가 상승하는 상태를 말한다. 과호흡은 보통 불안이나 고열 때문에 발생한다. 과호흡 시에 실신할 수도 있는데, 이것은 호흡 속도를 늦춰 pH를 조절하려는 자연적인 현상이다. 과호흡 중인 사람에게 종이봉투에 숨을 쉬게 하면 내뱉은 CO_2를 다시 흡수하게 되므로 실신을 예방할 수도 있다.

대사성 알칼리혈증(metabolic alkalosis)은 질병이나 화학 물질 섭취로 인해 pH가 오르는 것을 말한다. 반복적인 구토나 이뇨제 과용으로 인해 대사성 알칼리혈증이 생길 수 있으며, 이때도 마찬가지로 회복하기 위해 호흡 속도를 늦추는 메커니즘이 일어난다.

참고 문헌

E. J. Hoorn, D. M. Bovee, E. A. Geerse, and W. J. Visser, "Diet-exercise-induced hypokalemic metabolic alkalosis," American Journal of Medicine , vol. 133, Issue 11, November 2020, pp. e667−3669, https://www.sciencedirect.com/science/article/pii/S0002934320304228.

J. Squires, "Artificial blood," Science , vol. 295, February 8, 2002, pp. 1002−1005 . C. G. Morris and J. Low, "Metabolic acidosis in the critically ill: Part 2. Causes and treatment," Anaesthesia , vol. 63, 2008, pp. 396−411.

*이 화학 이야기에는 미국 육군 외과 연구소의 B. A. Pruitt, M.D와 A. D. Mason, M.D의 기고가 포함되어 있다.

완충 용액의 용량은 농도와 pH에 의해 결정된다. 농도가 높은 완충 용액은 농도가 낮은 완충 용액보다 더 많은 산이나 염기와 반응할 수 있다. 일반적으로 완충 용액은 $pK_a \pm 1$ 범위의 pH에서 가장 효과적이다.

이 Topic에서 배운 것은 무엇인가?

약산과 그 짝염기가 들어있는 용액은 산이나 염기가 들어오더라도 pH 변화가 크지 않다는 것을 공부했다. 짝산과 짝염기가 같은 농도로 들어있을 때 완충 효과가 최적이라는 것도 알아보았다. 또한 완충 용액의 농도가 높을수록 더 많은 산이나 염기를 흡수할 수 있다는 것도 배웠다.

개념과 식의 적용

- ☐ 완충 용액의 pH를 계산한다(예제 6G.1).
- ☐ 완충 용액에 산이나 염기를 넣을 때 일어나는 pH 변화를 계산한다(예제 6G.2).
- ☐ 원하는 pH의 완충 용액을 만드는 데 필요한 조성을 계산한다(예제 6G.3).
- ☐ Henderson−Hasselbalch 식을 이용하여 우세한 용질의 형태를 찾는다(예제 6G.4).
- ☐ 원하는 pH에서 pH 변화에 효과적으로 저항하는 적절한 완충 용액을 선택한다(6G.2, 6G.3절).

Topic 6G 연습 문제

K_a와 K_b 값은 표 6C.1, 6C.2, 6E.1을 참고하고 25 °C를 가정하시오.

6G.1 다음 물리량이 어떻게 변할지 설명하시오.
(a) 아세트산 수용액에 고체 아세트산 소듐을 첨가할 때 H_3O^+ 이온 농도
(b) 벤조산 용액에 염산을 첨가할 때 벤조산의 양성자 이탈 백분율
(c) 암모니아 수용액에 고체 염화 암모늄을 첨가할 때 용액의 pH

6G.2.다음 물리량이 어떻게 변할지 설명하시오.
(a) 인산 용액에 고체 인산이수소 소듐을 첨가할 때 pH
(b) 사이안화 수소산 용액에 브로민화 수소산을 첨가할 때 HCN의 양성자 이탈 백분율
(c) 염기인 피리딘의 수용액에 염화 피리디늄을 첨가할 때 H_3O^+의 농도

6G.3 글리세르산[$CH_2(OH)CH(OH)COOH$]과 글리세르산 소듐이 등몰 농도로 녹아있는 용액의 pH = 3.52이다. (a) 다른 자료를 참고하지 말고 글리세르산의 pK_a와 K_a를 계산하시오. (b) 산 농도가 염 농도의 두 배가 된다면 pH는 어떻게 될까?

6G.4. 공 감미료인 사카린과 그 소듐염이 등몰 농도로 녹아있는 용액의 pH = 3.08이다. (a) 다른 자료를 참고하지 말고 사카린의 pK_a와 K_a를 계산하시오. (b) 산 농도가 염 농도의 두 배가 된다면 pH는 어떻게 될까?

6G.5 다음 용액의 하이드로늄 이온 농도는 얼마인가?
(a) 0.075 M HCN(aq)과 0.060 M NaCN(aq) 용액
(b) 0.20 M NH_2NH_2(aq)와 0.30 M NaCl(aq) 용액
(c) 0.015 M HCN(aq)과 0.030 M NaCN(aq) 용액
(d) 0.125 M NH_2NH_2(aq)와 0.125 M NH_2NH_3Br(aq) 용액

6G.6 다음 용액의 하이드로늄 이온 농도는 얼마인가?
(a) 0.12 M HBrO(aq)와 0.160 M NaBrO(aq) 용액
(b) 0.250 M CH_3NH_2(aq)와 0.150 M CH_3NH_3Cl(aq) 용액
(c) 0.160 M HBrO(aq)와 0.320 M NaBrO(aq) 용액
(d) 0.250 M CH_3NH_2(aq)와 0.250 M NaBr(aq) 용액

6G.7 pH와 pOH를 계산하시오.
(a) 0.50 M $NaHSO_4$(aq)와 0.25 M Na_2SO_4(aq)
(b) 0.50 M $NaHSO_4$(aq)와 0.10 M Na_2SO_4(aq)
(c) 0.50 M $NaHSO_4$(aq)와 0.50 M Na_2SO_4(aq)

6G.8 pH와 pOH를 계산하시오.
(a) 0.23 M Na_2HPO_4(aq)와 0.18 M Na_3PO_4(aq) 용액
(b) 0.45 M Na_2HPO_4(aq)와 0.62 M Na_3PO_4(aq) 용액
(c) 0.16 M Na_2HPO_4(aq)와 0.16 M Na_3PO_4(aq) 용액

6G.9 다음 용액을 섞을 때 pH를 계산하시오.
(a) 0.050 M HCN(aq) 30.0 mL와 0.030 M NaCN(aq) 70.0 mL
(b) 0.030 M HCN(aq) 40.0 mL와 0.050 M NaCN(aq) 60.0 mL
(c) 0.105 M HCN(aq) 25.0 mL와 0.105 M NaCN(aq) 25.0 mL

6G.10 다음 용액을 섞을 때 pH를 계산하시오.
(a) 0.050 M $(CH_3)_2NH$(aq) 0.100 L와 0.040 M $(CH_3)_2NH_2Cl$(aq) 0.280 L
(b) 0.015 M $(CH_3)_2NH$(aq) 45.0 mL와 0.200 M $(CH_3)_2NH_2Cl$(aq) 86.0 mL
(c) 0.080 M $(CH_3)_2NH$(aq) 100.0 mL와 0.075 M $(CH_3)_2NH_2Cl$(aq) 40.0 mL

6G.11 어떤 완충 용액 100.0 mL에 0.100 M CH_3COOH(aq)와 0.100 M $NaCH_3CO_2$(aq)가 들어있다. (a) 이 완충 용액에 0.950 M NaOH(aq) 10.0 mL를 섞을 때 pH와 pH 변화는 얼마인가? (b) 이 완충 용액에 0.100 M HNO_3(aq) 20.0 mL를 섞을 때 pH와 pH 변화는 얼마인가?

6G.12 어떤 완충 용액 100.0 mL에 0.140 M Na_2HPO_4(aq)와 0.120 M KH_2PO_4(aq)가 들어있다. (a) 이 완충 용액에 0.0100 M NaOH(aq) 75.0 mL를 섞을 때 pH와 pH 변화는 얼마인가? (b) 이 완충 용액에 0.50 M HNO_3(aq) 10.0 mL를 섞을 때 pH와 pH 변화는 얼마인가?

6G.13 0.40 M HF(aq)의 pH가 1.93이다. 이 용액 50.0 mL에 플루

오린화 소듐 0.356 g을 넣을 때 pH 변화를 구하시오. 부피 변화는 무시한다.

6G.14 0.50 M HBrO(aq)의 pH가 4.50이다. 이 용액 100. mL에 하이포브로민산 소듐 5.10 g을 넣을 때 pH 변화를 구하시오. 부피 변화는 무시한다.

6G.15 하이포염소산(NaClO)은 표백제의 활성 성분이다. 강산이나 강염기를 이용하여 pH를 6.50으로 맞춘 표백제 용액에서 ClO^-와 HClO의 농도 비율을 계산하시오.

6G.16 아스피린(아세틸살리실산)은 살리실산과 아세트산 무수물을 반응시켜 만들며, $K_a = 3.2 \times 10^{-4}$이다. 강산이나 강염기를 이용하여 pH를 4.13으로 맞춘 용액에서 아세틸살리실산 이온과 아세틸살리실산의 농도 비율을 계산하시오.

6G.17 다음 짝산과 짝염기가 등몰 농도라고 가정하고, 완충 용액이 효과적인 pH 범위를 예상하시오. (a) 락트산 소듐과 락트산 (b) 벤조산 소듐과 벤조산 (c) 인산수소 포타슘과 인산 포타슘 (d) 인산수소 포타슘과 인산이수소 포타슘 (e) 하이드록실아민과 염화 하이드록실암모늄

6G.18 다음 짝산과 작염기가 등몰 농도라고 가정하고, 완충 용액이 효과적인 pH 범위를 예상하시오. (a) 아질산 소듐과 아질산 (b) 폼산 소듐과 폼산 (c) 탄산 소듐과 탄산 수소 소듐 (d) 암모니아와 염화 암모늄 (e) 피리딘과 염화 피리디늄

6G.19 표 6C.1과 6C.2의 자료를 이용하여 다음 pH에서 효과적인 완충 용액이 될 짝산–짝염기 시스템을 제시하시오. (a) 2 (b) 7 (c) 3 (d) 12

6G.20 표 6C.1과 6C.2의 자료를 이용하여 다음 pH에서 효과적인 완충 용액이 될 짝산–짝염기 시스템을 제시하시오. (a) 4 (b) 9 (c) 5 (d) 11

6G.21 (a) CO_3^{2-}와 HCO_3^-로 pH 11.0인 완충 용액을 만들려면 몰 농도의 비율이 얼마이어야 하는가? (b) 0.100 M $KHCO_3$(aq) 1.00 L를 pH 11.0인 완충 용액으로 만들려면 K_2CO_3 몇 g을 넣어야 하는가? (c) 0.100 M K_2CO_3(aq) 1.00 L을 pH 11.0인 완충 용액으로 만들려면 $KHCO_3$ 몇 g을 넣어야 하는가? (d) 0.100 M $KHCO_3$ 100. mL를 pH 11.0인 완충 용액으로 만들려면 0.200 M K_2CO_3(aq)를 몇 mL 섞어야 하는가?

6G.22 (a) PO_4^{3-}와 HPO_4^{2-}로 pH 12.0인 완충 용액을 만들려면 몰 농도의 비율이 얼마이어야 하는가? (b) 0.100 M K_2HPO_4(aq) 1.00 L를 pH 12.0인 완충 용액으로 만들려면 K_3PO_4 몇 g을 넣어야 하는가? (c) 0.100 M K_3PO_4(aq) 1.00 L을 pH 11.0인 완충 용액으로 만들려면 K_2HPO_4 몇 g을 넣어야 하는가? (d) 0.100 M K_2HPO_4 50. mL를 pH 11.0인 완충 용액으로 만들려면 0.150 M K_3PO_4(aq)를 몇 mL 섞어야 하는가?

6G.23 테트라하이드로졸린 염산은 많은 안약에 들어있는 활성 성분이다. 이 분자는 양성자 첨가된 테트라하이드로졸린 분자의 염화물 형태로 용해된다. 양성자 첨가된 형태의 pK_a는 10.17이다. 만약 여러분이 이 분자의 양성자 이탈 형태를 연구하고자 한다고 생각하자. 양성자 첨가된 형태가 1%를 넘지 않도록 하는 데 필요한 최소 pH는 얼마인가?

6G.24 아미노산은 단백질의 빌딩 블록으로, 아민기와 카복실산기가 모두 들어있다. 가장 단순한 아미노산은 글라이신(NH_2CH_2COOH)이다. 용액에서 글라이신은 $NH_3CH_2COOH^+$, $NH_2CH_2CO_2^-$, 쯔비터 이온 $^+NH_3CH_2CO_2^-$로 존재한다. 이 쯔비터 이온에서 아민은 양성자 첨가, 카복실산은 양성자 이탈된 형태이다. 카복실산의 양성자 이탈 pK_a는 2.34이고, 아민기의 양성자 이탈 pK_a는 9.6이다. (a) pH = 2, (b) pH = 7.4, (c) pH = 10에서 글라이신의 우세한 형태는 무엇인가?

Topic 6H 산–염기 적정

이 Topic을 왜 배우는가? 적정은 폭넓게 쓰이는 분석법으로, 산–염기 적정 과정의 pH 변화를 계산하는 능력과 지시약 이용법에 관한 이해는 적정 결과를 해석하는 데 도움이 된다.

무엇을 알고 있어야 하는가? 강산과 강염기(Topic 6B), 약산과 약염기(Topic 6D), 완충 용액(Topic 6G)의 pH를 계산하는 방법을 알아야 하며, 다양성자 산(Topic 6E)의 양성자 이동 평형도 잘 알고 있어야 한다. 기초 지식 L에서 설명한 적정의 일반적인 방법도 잘 알고 있어야 한다.

적정이라는 분석법에서는 **분석물**(analyte)이 담긴 플라스크에 **적정 시약**(titrant)이라고 하는 용액을 뷰렛을 통해 첨가한다. 보통은 산과 염기의 적정이 흔하지만, 산화 환원 반응, 침전 반응, 착물 형성 반응(간단한 이온들이 착이온을 형성하는 반응) 등을 이용할 때도 있다. 예를 들어, 광산에서 유출되는 산성 액체를 모니터링하는 환경 화학자는 산의 농도를 알아야 한다. 광산에서 유출된 오염수가 분석물, 농도를 알고 있는 염기 용액을 적정 시약으로 써서 농도를 알아낸다. 산–염기 적정의 화학량론점(당량점이라고 부르기도 한다)에서는 적정 시약으로 첨가한 OH^-의 몰수(또는 H_3O^+의 몰수)가 분석 시약의 초기 H_3O^+의 몰수(또는 OH^-의 몰수)와 같다. 이 Topic을 통해, 분석물 용액의 pH에 영향을 주는 여러 용질의 역할을 알아내고, 적정에 적합한 지시약을 선택할 수 있게 된다.

6H.1 강산–강염기 적정

NaOH 같은 금속 수산화물의 수용액에 강산을 첨가하면 중화 반응이 일어나며, 알짜 이온 반응식은,

$$H_3O^+(aq) + OH^-(aq) \rightarrow 2\,H_2O(l)$$

하지만, 적정할 때는 전체 화학 반응식을 써서 화학량론을 정확하게 살펴야 한다. 예를 들어, $Ca(OH)_2$를 염산으로 중화시킨다면, $Ca(OH)_2$의 화학식 단위 하나가 OH^- 이온 두 개를 낸다는 사실을 반드시 고려해야 한다.

$$2\,HCl(aq) + Ca(OH)_2(aq) \rightarrow CaCl_2(aq) + 2\,H_2O(l)$$

pH 곡선(**pH curve**)은 적정 실험에서 첨가한 적정 시약의 부피에 대한 분석물 용액의 pH 그래프이다. 강염기(분석물)에 강산(적정 시약)을 넣어 적정할 때 일반적인 pH 곡선은 그림 6H.1과 같다. 처음에는 pH가 천천히 떨어진다. 화학량론점 근처에서는 pH가 급격히 낮아지면서 7을 통과한다. 이 지점에서 지시약의 색이 변하거나, 자동

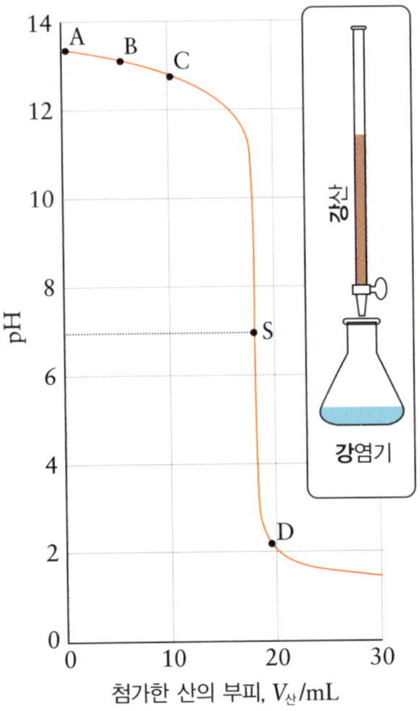

그림 6H.1 강염기인 0.250 M NaOH(aq) 25.00 mL를 강산 0.340 M HCl(aq)로 적정할 때 pH 변화. 화학량론점(S)의 pH = 7이다. pH 곡선의 다른 지점은 예제 6H.1에서 설명한다.

도구상자 6H.1 강산–강염기 적정 실험에서 pH를 계산하는 방법

기본 개념

강산과 강염기를 적정할 때 pH는, 그 시점에서 용액에 존재하는 주된 용질에 의해 결정된다.

방법

먼저, 반응 화학량론을 이용하여 해당 시점에서 남아있는 과량의 산이나 염기의 몰수를 구한다.

1단계 $n_J = V[J]$(J는 H_3O^+ 또는 OH^-)를 이용하여, 원 분석물 용액에 들어있는 H_3O^+ 이온(분석물이 강산일 때)이나 OH^- 이온(분석물이 강염기일 때)의 몰수를 구한다.

2단계 추가한 적정 시약의 부피에 $n_J = V[J]$를 적용하여 적정 시약에 들어있는 OH^- 이온(적정 시약이 강염기일 때)이나 H_3O^+ 이온(적정 시약이 강산일 때)의 몰수를 구한다.

3단계 반응 후에 남아있는 분석물의 농도를 구하기 위해, 중화 반응의 화학 반응식을 쓰고 반응 화학량론을 적용하여, 첨가한 적정 시약과 반응한 H_3O^+ 이온(또는 OH^-)의 몰수를 구한다. 그런 다음 H_3O^+나 OH^-의 초기 몰수에서 반응한 몰수를 뺀다.

다음으로 농도를 계산한다.

4단계 남아있는 H_3O^+(또는 OH^-)의 몰수와 용액의 총 부피($V = V_{분석물} + V_{적적정\ 시약}$)를 이용하여, $[J] = n_J/V$에 따라 반응하지 않은 H_3O^+(또는 OH^-)의 몰농도를 구한다.

마지막으로 pH를 계산한다.

5단계 산이 과량이면 $pH = -\log[H_3O^+]$를 쓴다. 염기가 과량이면 pOH를 구한 다음 $pH + pOH = pK_w$를 이용하여 pH를 구한다.

이 과정을 예제 6H.1에서 보여 준다.

적정기가 pH의 급격한 변화를 감지한다. 보통 적정 실험은 여기서 종료한다. 하지만 적정을 계속한다면, pH는 서서히 낮아져 산 적정 시약의 pH에 도달할 것이다. 분석물 용액이 계속 희석되면서 영향이 점점 줄어들기 때문이다. 각 지점의 pH 값을 구하는 방법을 도구상자 6H.1에 정리하였다.

그림 6H.2는 분석물이 강산이고 적정 시약이 약산인 경우 pH 곡선을 나타낸다. 이 곡선은 강염기를 강산으로 적정하는 곡선과 거울 대칭이다.

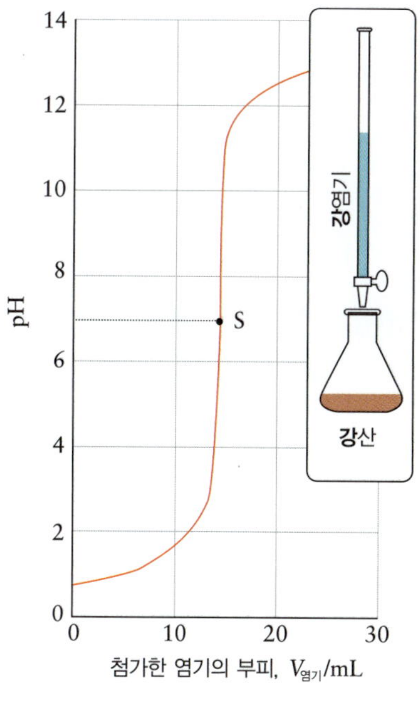

그림 6H.2 강산 분석물을 강염기 적정 시약으로 적정할 때 pH 변화. 화학량론점(S)의 pH = 7이다.

예제 6H.1 강산–강염기 적정의 pH 곡선의 지점별 pH 계산하기

적정에 이용할 pH 미터의 정확성을 확인하기 위해, 적정 실험에서 다양한 지점의 pH를 계산하려고 한다. 분석 시약은 0.250 M NaOH(aq) 25.00 mL, 적정 시약은 0.340 M HCl(aq)이다. (a) 처음 분석물 용액과 (b) 산 적정 시약을 5.00 mL 첨가한 후의 pH를 계산하시오.

예상 산이 첨가되면 pH가 초기 값보다 낮아질 것이다.

계획 (a) 용액의 pOH를 구한 다음 pH로 변환한다. (b) 도구상자 6H.1의 방법을 따른다.

무엇을 가정해야 하는가? 산이나 염기가 충분히 많으므로 물의 자체 양성자 이전은 pH에 영향을 주지 않는다.

풀이 (a) 분석물의 pOH = −log 0.250 = 0.602이므로 pH = 14.00 − 0.602 = 13.40이다. 이것은 그림 6H.1의 A 지점에 해당한다.

(b) 도구상자 6H.1의 방법을 따른다.

1단계 $n_J = V[J]$(J는 OH^-)를 이용하여 원 분석물 용액의 OH^- 이온 몰수를 계산한다.

$$n(OH^-) = (25.00 \times 10^{-3}\ L) \times (0.250\ mol \cdot L^{-1})$$
$$= 6.25 \times 10^{-3}\ mol$$
$$= 6.25\ mmol$$

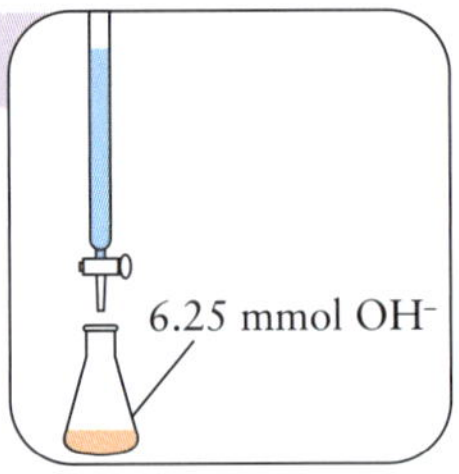

2단계 첨가한 적정 시약의 부피에 $n_J = V[J]$(J는 H_3O^+)를 적용하여 H_3O^+의 몰수를 계산한다.

$$n(H_3O^+) = (5.00 \times 10^{-3}\ L) \times (0.340\ mol \cdot L^{-1})$$
$$= 1.70 \times 10^{-3}\ mol = 1.70\ mmol$$

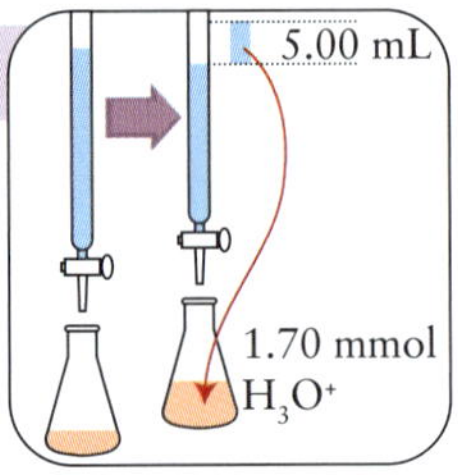

3단계 중화 반응의 화학 반응식을 쓴다.

$$HCl(aq) + NaOH(aq) \rightarrow NaCl(aq) + H_2O(l)$$

반응 화학량론에 따라, 1 mol NaOH ≏ 1 mol HCl이고 1 mol OH^- ≏ 1 mol H_3O^+이므로, 첨가한 적정 시약과 반응한 OH^-의 몰수를 구한다.

$$n(OH^-) = 1.70\ mmol\ H_3O^+ \times \frac{1\ mol\ OH^-}{1\ mol\ H_3O^+} = 1.70\ mmol\ OH^-$$

초기 OH^-의 몰수에서 반응한 OH^-의 몰수를 빼서 남아 있는 OH^-의 몰수를 구한다.

$$n(OH^-)_{최종} = 6.25 - 1.70\ mmol$$
$$= 4.55\ mmol$$

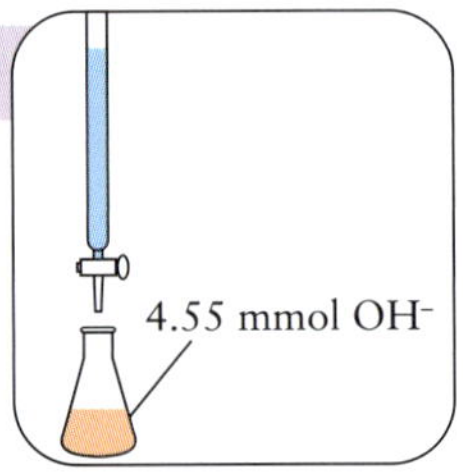

4단계 남아 있는 OH^-의 몰수와 용액의 총 부피($V = V_{분석물} + V_{적정\ 시약}$)을 이용하여 $[J] = n_J/V$에 따라 OH^- 이온의 몰농도를 구한다.

$$[OH^-] = \frac{4.55 \times 10^{-3}\ \text{mol}}{(25.00 + 5.00) \times 10^{-3}\ \text{L}} = 0.151\ldots\ \text{mol}\cdot\text{L}^{-1}$$

5단계 염기가 과량이므로 pOH를 구한 다음 $pH = pK_w - pOH$ 를 이용하여 pH를 구한다.

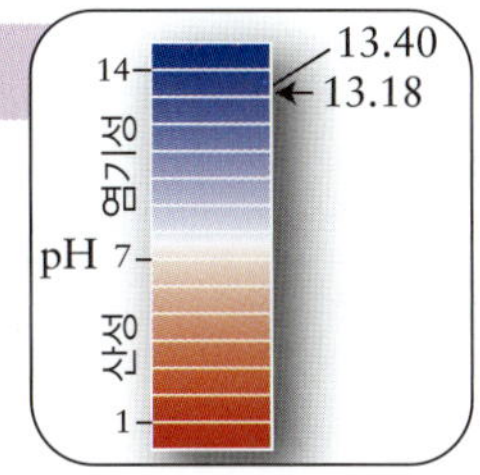

$$pOH = -\log(0.151\ldots) = 0.82$$
$$pH = 14.00 - 0.82 = 13.18$$

이것은 그림 6H.1의 B 지점에 해당한다.

평가 예상대로 pH는 낮아졌지만 그 정도는 작다. 이것은 적정 실험 초반의 pH 곡선의 기울기가 작다는 것과 일치한다.

자습 6H.1A 여기에 HCl(aq) 적정 시약을 5.00 mL를 더 넣으면 용액의 pH는 얼마가 되는가?

[**답**: 12.91, 그림 6H.1의 C 지점]

자습 6H.1B 바로 위 문제 이후 적정 시약을 2.00 mL 더 넣으면 용액의 pH는 얼마가 되는가?

관련 연습 문제 6H.3~6H.6

일반적으로 산–염기 적정에서 화학량론점(그림 6H.1의 S 지점)에 가까워지면 pH가 급격하게 변하는 현상이 관찰된다. 예제 6H.1에서 다룬 적정 실험에서 화학량론점에 도달한 이후 HCl(aq)을 추가로 1.00 mL 넣었다고 가정해보자. 예제 6H.1과 마찬가지로 도구상자 6H.1의 단계들을 따르되, 이번에는 산이 과량인 경우를 생각해야 한다. 이렇게 하면 pH가 2.1이라는 것을 알 수 있다(그림 6H.1의 D 지점). 산을 단지 1 mL 첨가했을 뿐인데도 화학량론점의 pH인 7보다 훨씬 낮아졌다. 마찬가지로, 화학량론점에 도달하는 데 필요한 산의 양보다 1 mL 적게 첨가한다면 pH는 12에 가까운 값일 것이다.

예제 6H.1에서는 분석물의 농도를 알고 있었다. 하지만 농도를 모르는 분석물이라 하더라도, 화학량론점까지 들어간 적정 시약의 부피와 분석물 용액의 부피를 알면, **기초 지식** L에서 설명한 것처럼 원 분석물의 농도를 알 수 있다.

강산을 강염기로 또는 강염기를 강산으로 적정할 때는, pH가 초반에 완만하게 변하다가 급격하게 변하여 화학량론점 pH = 7을 통과한 다음 다시 완만하게 변한다.

6H.2 강산–약염기 적정과 약산–강염기 적정

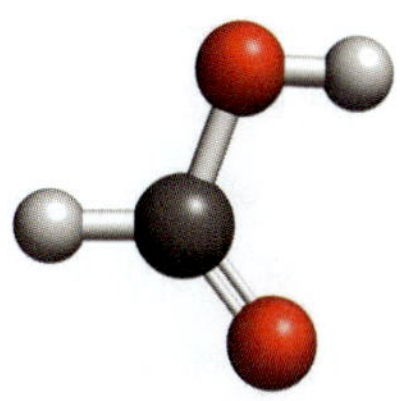

1 폼산, HCOOH

적정 실험에서 한 용액(분석물일 수도 있고 적정 시약일 수도 있음)은 약산 또는 약염기, 다른 용액은 강염기 또는 강산인 경우가 많다. 예를 들어, 개미독에서 발견되는 약산인 폼산(**1**)의 농도를 알고 싶을 때는 강염기인 수산화 소듐으로 적정하면 된다. 반대로, 약염기인 암모니아 용액의 농도를 알고 싶다면 강산인 염산으로 적정하면 된다. 그림 6H.3과 그림 6H.4는 이러한 두 가지 유형의 적정에서 실험적으로 관찰된 pH 곡선을 나타낸다. 두 경우 모두 화학량론점의 pH = 7이 아니라는 점에 주목하자. 또한, 화학량론점 근처에서는 pH가 상당히 급격하게 변하지만, 강산–강염기의 적정만큼 급격하지는 않다. 약산을 약염기로 적정하는 실험은 보통 수행하지 않는데, 그 이유는 화학량론점을 찾기가 매우 어렵기 때문이다.

화학량론점에서 pH는 중화 반응에서 생성된 염의 종류에 따라 다르다. 아세트산 CH_3OOH를 수산화 소듐으로 적정하면 다음 반응이 일어난다.

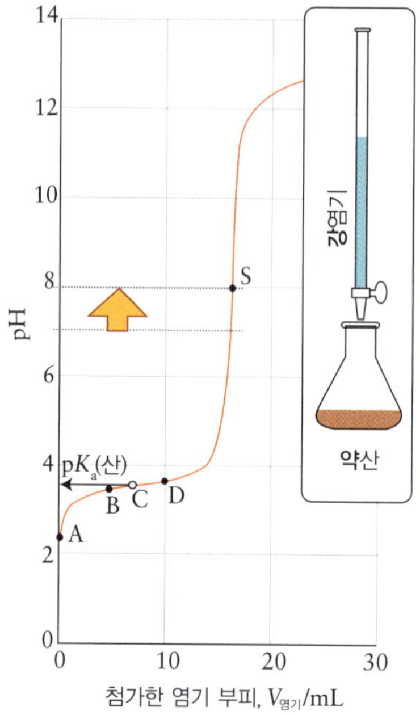

그림 6H.3 약산 0.100 M HCOOH(aq) 25.00 mL을 강염기 0.150 M NaOH(aq)로 적정할 때 pH 곡선. 음이온 HCO_2^-가 염기이므로 화학량론점 S의 pH>7이다. C 지점의 pH = pK_a이다. 다른 지점은 본문과 예제 6H.3에서 설명하였다.

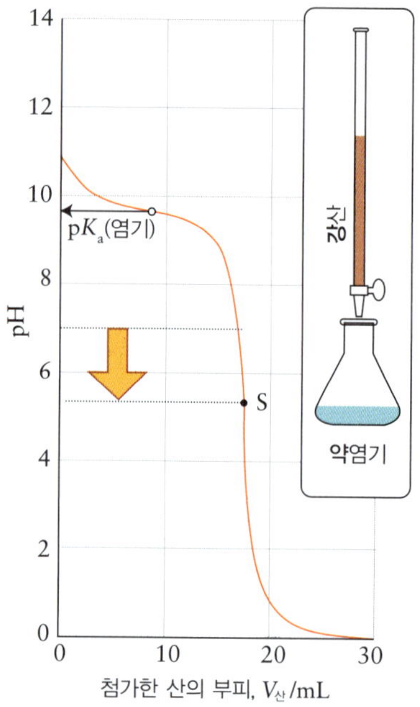

그림 6H.4 약염기를 강산으로 적정할 때 pH 곡선. 중화 반응으로 생성되는 염에 산성 양이온이 있으므로 화학량론점 S의 pH<7이다. 화학량론점에 도달하는 데 필요한 산 부피의 절반만큼 넣은 지점의 pH는 염기의 짝산의 pK_a와 같다.

$$CH_3OOH(aq) + NaOH(aq) \rightarrow NaCH_3CO_2(aq) + H_2O(l)$$

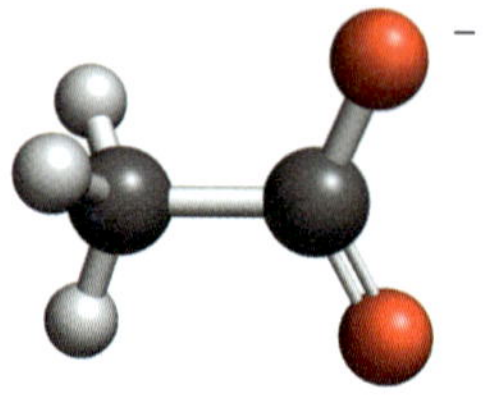

2 아세트산 이온, $CH_3CO_2^-$

화학량론점에서 용액에는 아세트산 소듐 $NaCH_3CO_2$와 물이 들어있다. 처음에 들어있던 아세트산은 모두 짝염기로 바뀌었다. Na^+ 이온은 pH에 실질적인 영향을 미치지 않고, 아세트산 이온 $CH_3CO_2^-$(**2**)는 약염기이므로 용액 전체는 염기성이며 pH>7이다. 어떠한 약산을 강염기로 적정하더라도 마찬가지이다. 암모니아 수용액을 염산으로 적정할 때, 화학량론점에서 용질은 염화 암모늄이다. Cl^- 이온은 pH에 실질적인 영향을 미치지 않고, NH_4^+는 산이므로 pH<7이다. 어떠한 약염기를 강산으로 적정하더라도 마찬가지이다.

예제 6H.2 약산을 강염기로 적정할 때 화학량론점의 pH 구하기

개미독에는 폼산(HCOOH, *formica*는 라틴어로 개미를 뜻한다)이 들어있다. 여러분이 제약 회사에서 일하면서 신속한 해독제를 개발한다고 생각해 보자. 폼산 용액을 적정하여 당량점의 pH를 구해야 한다. 0.100 M HCOOH(aq) 25.00 mL를 0.150 M NaOH(aq)로 적정할 때 화학량론점의 pH를 구하시오.

예상 이 적정에서 생성되는 폼산 이온은 염기이므로 pH>7일 것이다.

계획 약산이나 약염기 적정에서는 예제 6D.4 또는 6D.5의 방법을 따라 화학량론점의 pH를 계산한다. 화학량론점에서 생성된 염의 몰수는 첨가한 적정 시약의 몰수와 같고, 부피는 분석물과 적정 용액을 합한 전체 부피라는 점에 유의하자. 약염기의 K_b는 짝산의 K_a와 $K_a \times K_b = K_w$라는 관계로 연관되어 있다. K_a 값은 표 6C.1에 나와 있다.

무엇을 가정해야 하는가? 물의 자체 양성자 이전은 pH에 영향을 미치지 않는다. 폼산 이온은 약염기이므로, 물에 의해 양성자 첨가되더라도 그 농도가 거의 변하지 않는다.

풀이 화학량론점에서는 폼산 소듐이 존재하며, 이것은 약염기인 폼산 이온을 낸다. 표 6C.1에서 폼산의 $K_a = 1.8 \times 10^{-4}$이므로, Topic 6C의 식 4에 따라 $K_b = K_w/K_a = 5.6 \times 10^{-11}$이다.

$n_J = V[J]$를 이용하여 원 분석물의 HCOOH 몰수를 구한다.

$$n(\text{HCOOH}) = (2.500 \times 10^{-2}\ \text{L}) \times (0.100\ \text{mol·L}^{-1})$$
$$= 2.50 \times 10^{-3}\ \text{mol} = 2.50\ \text{mmol}$$

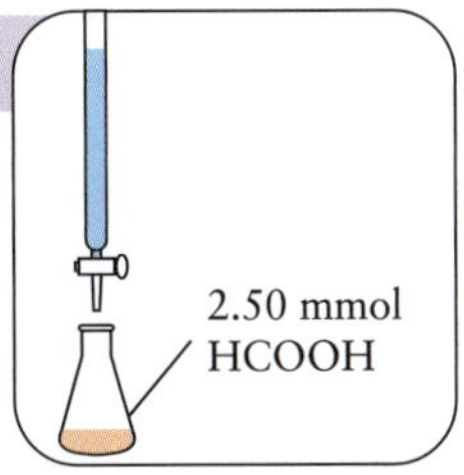

반응 화학량론에 따라 1 mol OH^- ≏ 1 mol HCOOH임을 이용하여 HCOOH와 반응하는 데 필요한 OH^-의 몰수를 구한다.

$$n(\text{OH}^-) = (2.50 \times 10^{-3}\ \text{mol HCOOH}) \times \frac{1\ \text{mol OH}^-}{1\ \text{mol HCOOH}}$$
$$= 2.50 \times 10^{-3}\ \text{mol OH}^- = 2.50\ \text{mmol OH}^-$$

화학량론점에서 용액에 들어있는 HCO_2^-의 몰수는 첨가한 OH^-의 몰수와 같다.

$$n(\text{HCO}_2^-) = 2.50\ \text{mmol}$$

이만큼의 OH^-가 들어있는 적정 시약의 부피를 $V = n_J/[J]$를 이용하여 구한다.

$$V_{\text{첨가}} = \frac{2.5 \times 10^{-3}\ \text{mol}}{0.150\ \text{mol·L}^{-1}}$$
$$= 1.67 \times 10^{-2}\ \text{L} = 16.7\ \text{mL}$$

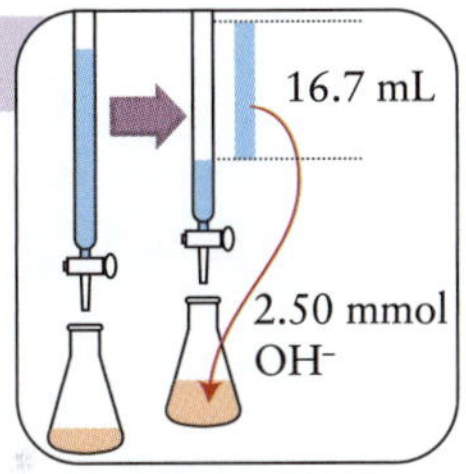

화학량론점에서 용액의 전체 부피($V_{\text{최종}} = V_{\text{초기}} + V_{\text{첨가}}$)를 구한다.

$$V_{\text{최종}} = 25.00 + 16.7\ \text{mL} = 41.7\ \text{mL}$$

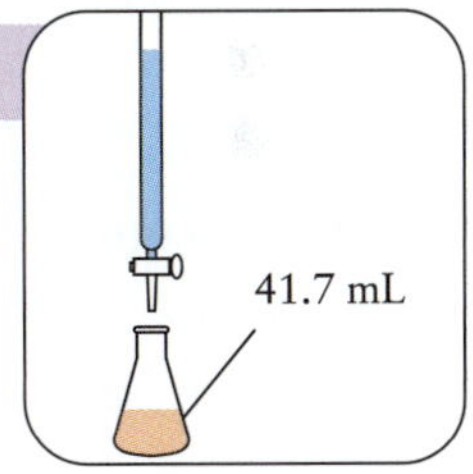

$[J] = n_J/V_{\text{최종}}$을 이용하여 화학량론점에서 HCO_2^- 이온의 농도를 구한다.

$$[\text{HCO}_2^-] = \frac{2.50 \times 10^{-3}\ \text{mol}}{4.17 \times 10^{-2}\ \text{L}} = 0.0600\ \text{mol·L}^{-1}$$

이제 도구상자 6D.2의 방법에 따라 용액의 pH를 계산한다.

1단계 고려해야 할 평형 반응은,

$$\text{HCO}_2^-(aq) + \text{H}_2\text{O}(l) \rightleftharpoons \text{HCOOH}(aq) + \text{OH}^-(aq) \qquad K_b = \frac{[\text{HCOOH}][\text{OH}^-]}{[\text{HCO}_2^-]}$$

평형 표를 작성하고 모든 농도를 몰농도로 쓴다.

	HCO_2^- + H_2O ⇌	HCOOH +	OH^-
초기 농도	0.0600	0	0
농도 변화	$-x$	$+x$	$+x$
평형 농도	$0.0600 - x$	x	x

2단계 $K_b = [HCOOH][OH^-]/[HCO_2^-]$이므로

$$K_b = \frac{x \times x}{0.0600 - x}$$

$x \ll 0.06$이라고 가정하고 식을 근사하면,

$$K_b \approx \frac{x^2}{0.0600}$$

여기서 $K_b = 5.6 \times 10^{-11}$이다.

3단계 해를 구하면

$$x \approx (0.0600 \times K_b)^{1/2} = (0.0600 \times 5.6 \times 10^{-11})^{1/2} = 1.8 \times 10^{-6}$$

OH^-의 농도는 1.8 $\mu mol \cdot L^{-1}$으로, 이것은 물의 자체 양성자 이전에 의한 OH^- 이온 농도 (0.10 $\mu mol \cdot L^{-1}$)보다 18배 크다. 따라서 후자는 무시해도 좋다. 또한 $x \ll 0.0600$이므로, 폼산 이온의 초기 농도가 변하지 않는다고 가정한 것도 합리적이다.

4단계 이제 pOH를 구하면

$$pOH = -\log(1.8 \times 10^{-6}) = 5.74$$

5단계 $pH = pK_w - pOH$이므로,

$$pH = 14.00 - 5.74 = 8.26 \text{ 또는 대략 } 8.3$$

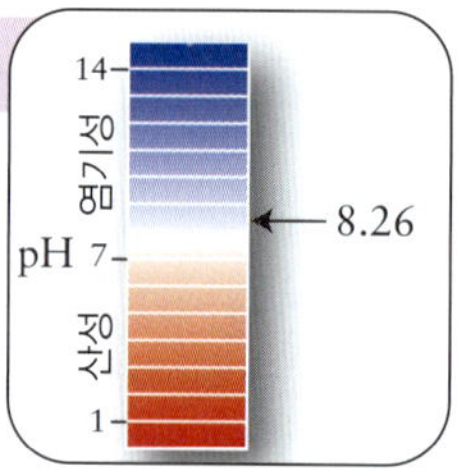

평가 예상한 대로 화학량론점의 pH > 7이다.

자습 6H.2A 0.010 M HClO(aq) 250.00 mL를 0.020 M KOH(aq)로 적정할 때 화학량론점의 pH를 계산하시오. K_a 값은 표 6C.1을 참고하시오.

[**답**: 9.67]

자습 6H.2B 0.020 M NH_3(aq) 25.00 mL를 0.015 M HCl(aq)로 적정할 때 화학량론점의 pH를 계산하시오(NH_4^+의 $K_a = 5.6 \times 10^{-10}$이다).

관련 연습 문제 6H.9, 6H.10

이제 pH 곡선의 전반적인 형태를 살펴보자. 화학량론점에 도달하기 전의 중간 지점에서는 pH가 느리게 변화하는데, 이것은 이 구간에서 용액이 완충 용액(Topic 6G)으로 작용한다는 것을 뜻한다. 적정의 중간 지점에서 $[HA] = [A^-]$이고, 따라서 Topic 6G에서 알아보았듯이 $pH = pK_a$이다. 이 지점들은 그림 6H.3과 그림 6H.4에 흰색 원으로 표시하였다. $pH = pK_a$ 근처에서 곡선의 기울기가 완만한 것은 완충 용액이 pH를 안정화시키는 능력이 있다는 것을 나타낸다. 이제 여러분은 pK_a를 어떻게 결정하는지 알게 되었다. 적정 실험을 하면서 pH 곡선을 그리다가, 화학량론점의 절반 지점에서 pH를 찾으면 여기서 pH가 pK_a와 같다(**그림 6H.5**). 약염기의 pK_b를 구하고자 할 때에는, 같은 방법으로 짝산의 pK_a를 찾은 다음 $pK_b = pK_w - pK_a$로 구하면 된다.

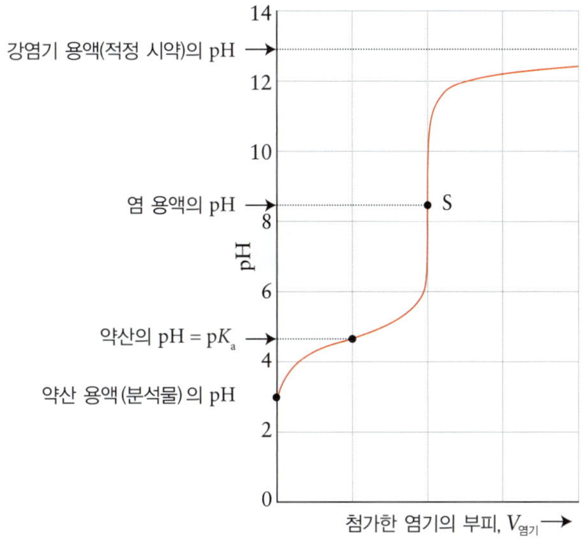

그림 6H.5 산의 pK_a를 결정할 때 적정을 이용할 수 있다. 약산을 강염기로 적정하면서, 화학량론점 S에 도달하는 데 필요한 염기 부피의 절반을 첨가한 용액의 pH를 측정한다. 이 지점의 pH가 산의 pK_a이다.

약산을 강염기로 적정할 때 화학량론점을 지난 다음에는, pH가 과량의 강염기 농도에 의해서만 결정된다. 그림 6H.5에서 화학량론점을 한참 지난 다음의 pH는 일정한 값에 근접한다는 점에 주목하자. 예를 들어, 거대한 뷰렛을 통해 강염기를 몇 L 정도 넣었다고 가정해보자. 중화 반응을 통해 생성된 염이 있기는 하지만 과량의 염기 농도에 비하면 무시할 수 있는 수준일 것이다. 따라서 pH는 순수한 적정 시약(원 염기 용액)과 거의 같아질 것이다.

여러분은 약산이나 약염기만 있는 초기 분석물(예를 들어 그림 6H.3의 A 지점)의 pH와 화학량론점(S 지점)의 pH를 구할 수 있다. 이 두 점 사이는 약산(또는 약염기)과 염이 어느 정도씩 혼합된 용액에 해당한다. 도구상자 6H.2와 예제 6H.3에서 설명할 기법을 이용하면 곡선의 형태를 설명할 수 있다.

도구상자 6H.2 약산이나 약염기를 적정할 때 pH를 계산하는 방법

기본 개념

용액의 pH는 그 용액에 존재하는 주요 용질에 따라 결정된다. 약산 용액에 강염기를 첨가하면, 약산의 짝염기 염이 만들어진다. 이 염이 pH에 미치는 영향을 고려해야 한다. 적정 과정의 지점마다 고려해야 하는 주요 평형 반응을 표 6H.1에 정리하였다.

방법

이 방법은 도구상자 6H.1과 비슷하지만, 양성자 이동 평형에 의한 pH를 계산하는 과정이 추가된다. 먼저, 반응 화학량론을 이용하여 과잉의 산이나 염기의 몰수를 구한다. 화학 반응식을 쓴 뒤, 다음 단계를 따른다.

1단계 $n_J = V_{분석물}[J]$를 이용하여, 원 분석물 용액의 약산 또는 약염기 몰수를 계산한다.

2단계 $n_J = V_{적정\ 시약}[J]$를 이용하여 첨가한 적정 시약의 부피에 들어있는 OH^- 이온의 몰수를 계산한다(적정 시약이 산이면 H_3O^+ 이온의 몰수를 계산한다).

3단계 반응 화학량론을 이용하여 다음을 계산한다.

- 약산-강염기 적정: 중화 반응을 통해 형성된 짝염기의 몰수와 남아있는 약산의 몰수.
- 약염기-강산 적정: 중화 반응을 통해 형성된 짝산의 몰수와 남아있는 약염기의 몰수.

농도를 계산한다.

4단계 중화 반응이 끝난 직후의 짝산과 짝염기 몰농도를 구한다. $[J] = n_J/V$를 이용하며, 여기서 V는 용액의 전체 부피($V = V_{분석물} + V_{적정\ 시약}$)이다. 이 농도를 물과의 양성자 이동 평형을 고려하기 전의 새로운 '초기' 몰농도로 잡는다.

pH를 계산한다.

5단계 K_a나 K_b 식을 이용하여 약산의 H_3O^+ 농도 또는 약염기의 OH^- 농도를 구한다. 만약 4단계에서 구한 짝산과 짝염기의 농도가 '모두' 하이드로늄 이온 농도에 비해 아주 크다면, Topic 6G의 식 2에서 소개한 Henderson-Hasselbalch 식,

$pH \approx pK_a + \log([\text{염기}]_{\text{초기}}/[\text{산}]_{\text{초기}})$를 이용하여 pH를 구한다. 모든 경우에, pH가 6보다 낮거나 8보다 높다면 물의 자체 양성자 이전이 pH에 큰 영향을 주지 않는다고 볼 수 있다. $K_a \times K_b = K_w$를 이용하여 K_a와 K_b를 상호 전환해야 하는 경우도 있다.

이 과정을 예제 6H.3에서 보여 준다.

표 6H.1 약산과 약염기의 적정 평형

적정 지점	주요 용질	양성자 이동 평형	관련 도구상자
1 약산 HA를 강염기로 적정			
초기	HA	$HA(aq) + H_2O(l) \rightleftharpoons H_3O^+(aq) + A^-(aq)$	6D.1
완충 구간	HA, A^-	$HA(aq) + H_2O(l) \rightleftharpoons H_3O^+(aq) + A^-(aq)$	6H.2
화학량론점	A^-	$A^-(aq) + H_2O(l) \rightleftharpoons HA(aq) + OH^-(aq)$	6D.2
화학량론점에서 염기성 음이온의 염 용액이 된다.			
2 약염기 B를 강산으로 적정			
초기	B	$B(aq) + H_2O(l) \rightleftharpoons HB^+(aq) + OH^-(aq)$	6D.2
완충 구간	B, HB^+	$B(aq) + H_2O(l) \rightleftharpoons HB^+(aq) + OH^-(aq)$	6H.2
화학량론점	HB^+	$HB^+(aq) + H_2O(l) \rightleftharpoons H_3O^+(aq) + B(aq)$	6D.1
화학량론점에서 산성 양이온의 염 용액이 된다.			

예제 6H.3 약산–강염기 적정에서 화학량론점 이전의 pH 계산하기

여러분이 수행하는 폼산 연구의 일환으로, 폼산 용액을 수산화 소듐 용액으로 적정할 때 어떤 일이 일어나는지 알아야 한다고 생각해 보자. (a) 0.100 M HCOOH(aq)의 pH를 구하고 (b) 이 용액 25.00 mL에 0.150 M NaOH(aq) 5.00 mL를 넣은 후 pH를 계산하시오. HCOOH의 $K_a = 1.8 \times 10^{-4}$이다.

예상 강염기를 첨가하면 약산 일부가 중화되어 pH가 (a)에서 (b)로 올라갈 것이다.

계획 (a) 도구상자 6D.1의 방법을 이용한다. (b) 도구상자 6H.2의 방법을 이용한다.

무엇을 가정해야 하는가? 물의 자체 양성자 이전은 pH에 영향을 미치지 않는다. 폼산은 약산이므로 아주 조금만 양성자 이탈된다.

풀이

(a) 양성자 이동 평형은 $HCOOH(aq) + H_2O(l) \rightleftharpoons H_3O^+(aq) + HCO_2^-(aq)$이다. $[H_3O^+] \approx (K_a[HA]_{\text{초기}})^{1/2}$이고 $pH = -\log [H_3O^+]$이므로,

$$pH = -\log(1.8 \times 10^{-4} \times 0.100)^{1/2} = 2.37$$

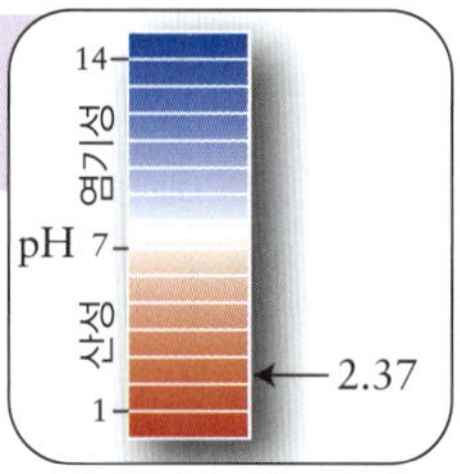

(b) 중화 반응은 $HCOOH(aq) + OH^-(aq) \rightarrow HCO_2^-(aq) + H_2O(l)$이다.

1단계 $n_J = V_{\text{분석물}}[J]$를 이용하여, 원 분석물 용액에 들어있는 약산의 몰수를 계산한다.

$$n(HCOOH) = (2.500 \times 10^{-2}\ L) \times (0.100\ mol \cdot L^{-1})$$
$$= 2.50 \times 10^{-3}\ mol = 2.50\ mmol$$

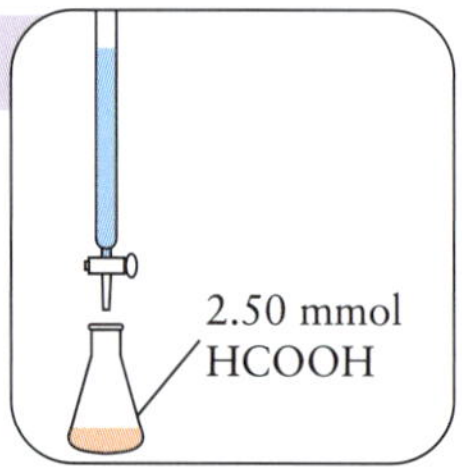

2단계 $n_J = V_{\text{적정 시약}}[J]$를 이용하여, 첨가한 적정 시약에 들어있는 OH^-의 몰수를 계산한다.

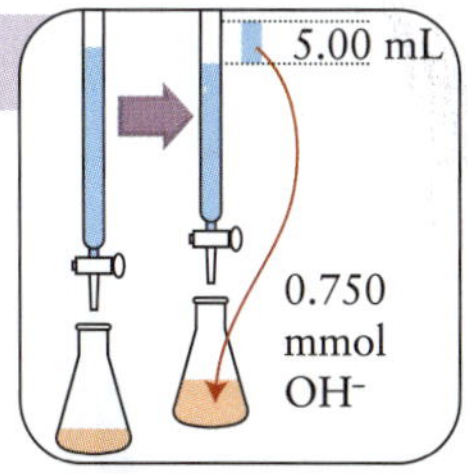

$$n(OH^-) = (5.00 \times 10^{-3}\ \text{L}) \times (0.150\ \text{mol·L}^{-1})$$
$$= 7.50 \times 10^{-4}\ \text{mol} = 0.750\ \text{mmol}$$

3단계 반응 화학량론 1 mol OH^- ≏ 1 mol HCO_2^-를 이용하여, 중화 반응으로 형성되는 짝염기 HCO_2^-의 몰수와 남아있는 약산 HCOOH의 몰수를 계산한다.

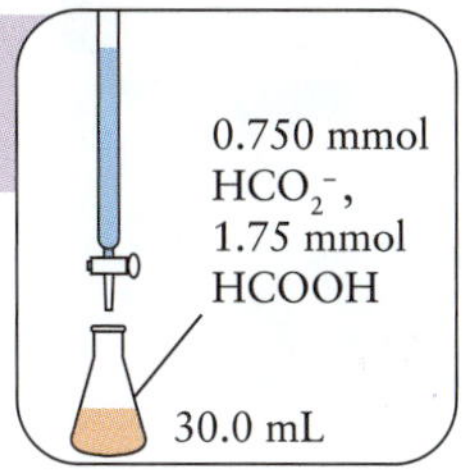

0.750 mmol OH^-는 0.750 mmol HCO_2^-를 생성하며, 2.50 − 0.750 mmol = 1.75 mmol HCOOH가 남아있다.

4단계 중화는 끝났지만 물과의 반응은 고려하지 않은 짝산과 짝염기의 '초기' 농도를 구한다. $[J] = n_J/V$를 이용하며, 여기서 V는 용액의 전체 부피($V = V_{\text{분석물}} + V_{\text{적정 시약}}$)이다.

$$[HCOOH]_{\text{초기}} = \frac{1.75 \times 10^{-3}\ \text{mol}}{(25.00 + 5.00) \times 10^{-3}\ \text{L}} = 0.0583\ \text{mol·L}^{-1}$$
$$[HCO_2^-]_{\text{초기}} = \frac{7.50 \times 10^{-4}\ \text{mol}}{(25.00 + 5.00) \times 10^{-3}\ \text{L}} = 0.00250\ \text{mol·L}^{-1}$$

5단계 이제 pH를 구한다. HCOOH와 물의 양성자 이동 평형 반응은,

$$HCOOH(aq) + H_2O(l) \rightleftharpoons H_3O^+(aq) + HCO_2^-(aq)$$

4단계에서 구한 짝산과 짝염기의 농도가 모두 하이드로늄 이온 농도보다 훨씬 크므로, Henderson–Hasselbalch 식을 이용하여 pH를 구할 수 있다. 표 6C.1에서 폼산의 pK_a = 3.75이다.

$pH \approx pK_a + \log([HCO_2^-]_{\text{초기}}/[HCOOH]_{\text{초기}})$이므로,

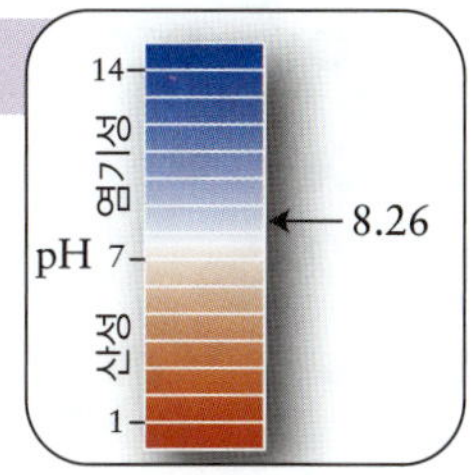

$$pH \approx 3.75 + \log\frac{0.0250}{0.0583} = 3.38$$

평가 그림 6H.3의 B 지점은$[H_3O^+] = 4.2 \times 10^{-4}\ \text{mol·L}^{-1}$에 해당하는 pH이며, 따라서 예상한 대로 물의 자체 양성자 이전은 무시할 수 있다. 예측대로 혼합 용액의 pH 3.38은 원래 산의 pH 2.37보다 높다.

자습 6H.3A 여기에 0.150 M NaOH(aq)를 5.00 mL 더 넣은 용액의 pH를 계산하시오.

[답: 3.93, 그림 6H.3의 D 지점]

자습 6H.3B 여기에 또다시 0.150 M NaOH(aq)를 5.00 mL 더 넣은 용액의 pH를 계산하시오.

관련 연습 문제 6H.11~6H.16

그림 6H.5는 약산을 강염기로 적정할 때 pH 변화를 나타낸다. 화학량론점의 반을 넣으면 pH는 산의 pK_a와 같아진다. 약산을 강염기로 적정할 때 화학량론점의 pH는 7보다 높고, 약염기를 강산으로 적정할 때 pH는 7보다 낮다.

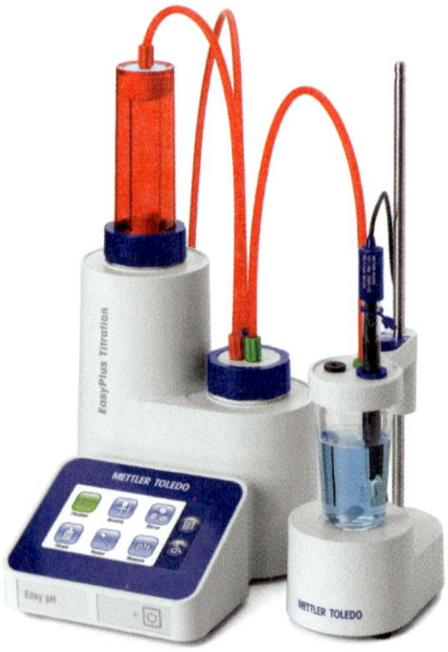

그림 6H.6 상용화된 자동 적정기. 전자 부품을 이용하여 pH를 모니터링하며, 화학량론점 부근에서 일어나는 pH의 급격한 변화를 감지하여 화학량론점을 찾아낸다.(*Courtesy Mettler Toledo*)

6H.3 산–염기 지시약

pH 미터를 이용하면 신속, 간편하고 정확하게 용액의 pH를 측정하고 적정을 모니터링할 수 있다. pH 미터에는 H_3O^+ 농도에 반응하는 특수 전극이 들어있다(Topic 6N). 자동 적정기에는 pH 미터가 들어있어 분석물 용액의 pH를 지속적으로 모니터링한다(그림 6H.6). 화학량론점 근처에서 급격한 pH 변화가 일어난다는 특성을 이용하여 화학량론점을 찾아낸다. 요즘은 상업 실험실이나 연구실에서 대부분 자동 적정기를 사용하기는 하지만, 지시약을 이용하여 화학량론점을 찾는 일반적인 방법도 있다. **산–염기 지시약(acid–base indicator)**은 pH에 따라 색깔이 변하는 수용성 염료이다. 화학량론점에서 일어나는 급격한 pH 변화에 의해 염료의 색이 순간적으로 변화한다.

산–염기 지시약은 pH에 따라 색깔이 변하는데, 이것은 지시약이 약산으로 산 형태(HIn, In은 indicator를 의미)와 짝염기 형태(In^-)의 색이 서로 다르기 때문이다. HIn의 양성자가 분자의 구조를 바꾸어 HIn의 빛 흡수 특성이 In^-과 달라지기 때문에 색이 다르게 나타나는 것이다. HIn 농도가 In^- 농도보다 훨씬 높으면 용액은 지시약의 산 형태 색깔을 띠고, In^- 농도가 HIn 농도보다 훨씬 높으면 용액은 지시약의 염기 형태 색깔을 띤다.

지시약은 약산이므로, 양성자 이동 평형에 참여한다.

$$\mathrm{HIn}(aq) + \mathrm{H_2O}(l) \rightleftharpoons \mathrm{H_3O^+}(aq) + \mathrm{In^-}(aq) \qquad K_{\mathrm{In}} = \frac{[\mathrm{H_3O^+}][\mathrm{In^-}]}{[\mathrm{HIn}]}$$

지시약의 **종말점(end point)**이란 산 형태와 염기 형태의 농도가 같은 지점을 말한다($[\mathrm{HIn}] = [\mathrm{In^-}]$). 따라서 $[\mathrm{H_3O^+}]_{\text{종말점}} = K_{\mathrm{In}}$, 즉 다음과 같을 때 색깔이 변한다는 뜻이다.

$$\mathrm{pH} = \mathrm{p}K_{\mathrm{In}} \qquad \textbf{(1)}$$

보통 pH가 $\mathrm{p}K_{\mathrm{In}}$보다 1 정도 작을 때부터 색깔 변화를 감지할 수 있으며, pH가 $\mathrm{p}K_{\mathrm{In}}$보다 1 정도 크면 색 변화가 거의 끝난다고 볼 수 있다. 통상적인 지시약 여러 종류의 $\mathrm{p}K_{\mathrm{In}}$ 값을 표 6H.2에 나열하였다.

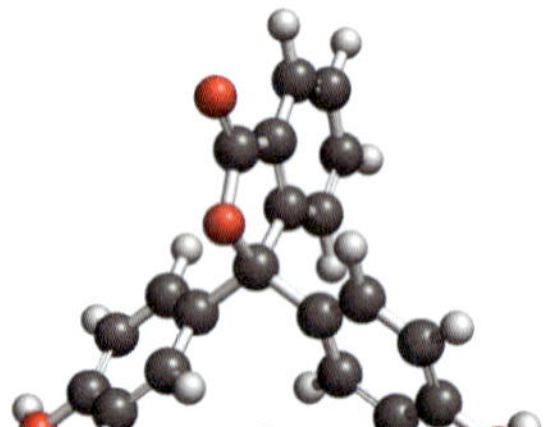

3

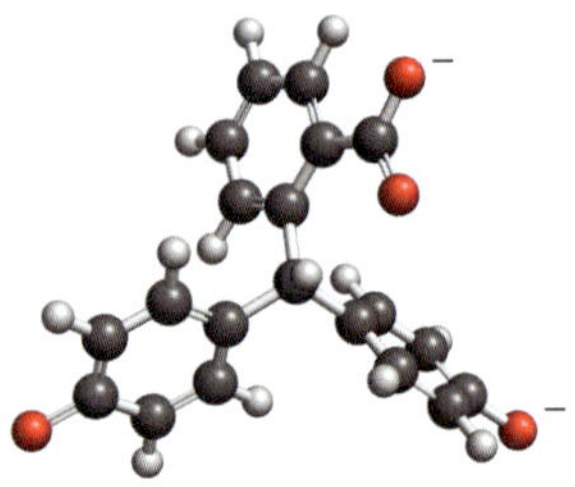

4

페놀프탈레인은 자주 쓰는 지시약이다. 이 거대한 분자의 산 형태(**3**)는 무색이고, 짝염기 형태(**4**)는 분홍색이다. 염기 형태의 분자 구조에서는 벤젠과 유사한 고리 세 개 전체에 전자가 비편재화될 수 있으며, 이러한 비편재화 때문에 색깔이 변화한다. 페놀프탈레인의 $\mathrm{p}K_{\mathrm{In}}$은 9.4이므로, 약간 염기성 용액에서 종말점이 나타나며 여기서 페놀프탈레인의 짝산–짝염기 농도

표 6H.2 지시약의 색 변화*

지시약	$\mathrm{p}K_{\mathrm{In}}$	변색 pH 범위	산 형태의 색깔		염기 형태의 색깔
티몰 블루	1.7	1.2~2.8	빨강		노랑
메틸 오렌지	3.4	3.2~4.4	빨강		노랑
브로모페놀 블루	3.9	3.0~4.6	노랑		파랑
브로모크레졸 그린	4.7	3.8~5.4	노랑		파랑
메틸 레드	5.0	4.8~6.0	빨강		노랑
리트머스	6.5	5.0~8.0	빨강		파랑
브로모티몰 블루	7.1	6.0~7.6	노랑		파랑
페놀 레드	7.9	6.6~8.0	노랑		빨강
티몰 블루	8.9	8.0~9.6	노랑		파랑
페놀프탈레인	9.4	8.2~10.0	무색		분홍
알리자린 옐로우 R	11.2	10.1~12.0	노랑		빨강
알리자린	11.7	11.0~12.4	빨강		보라

*산과 염기 형태의 색깔은 실제 색깔을 단순화하여 상징적으로 나타낸 것이다.

가 같아진다. 리트머스도 자주 사용하는 지시약으로, pK_{In} = 6.5이며 pH < 5에서는 빨간색, pH > 8에서는 파란색을 띤다. 범용 지시약은 여러 지시약을 혼합한 것으로, 낮은 pH에서는 빨간색, 중성에서는 초록색, 염기성에서는 파란색을 띤다.

자연에서도 다양한 지시약을 발견할 수 있다. 예를 들어 양귀비의 붉은색과 수레국화의 푸른색은 한 가지 화합물에 의한 것인데, 두 식물 수액의 pH가 다르기 때문에 색이 다르게 나타난 것이다. 수국도 수액의 산도에 따라 색이 다르게 나타나며, 토양의 산도를 조절하여 꽃의 색깔을 조절할 수 있다(그림 6H.7).

유의 사항

종말점(end point)은 지시약의 특성이고, **화학량론점**(stoichiometric point)은 적정에서 일어나는 화학 반응의 특성이다.

적정 실험에서는 화학량론점과 종말점이 비슷한 지시약을 선택하는 것이 중요하다(그림 6H.8). 실제 실험에서는 지시약의 pK_{In}이 화학량론점의 pH의 ±1 범위에 있어야 한다.

$$pK_{In} \approx \text{pH (화학량론점)} \pm 1$$

페놀프탈레인은 화학량론점이 pH = 9 근처인 적정 실험에 사용할 수 있으므로, 예를 들어 약산을 강염기로 적정할 때 쓸 수 있다. 메틸 오렌지는 pH = 3.2와 pH = 4.4 사이에서 색깔이 변하므로 약염기를 강산으로 적정할 때 쓸 수 있다. 강산–강염기 적정에 사용하는 이상적인 지시약은 종말점이 pH = 7 근처여야 할 것이다. 하지만 강산–강염기 적정에서는 화학량론점 근처에서 pH가 몇 단위씩 급격하게 변하기 때문에, 페놀프탈레인을 사용할 수도 있다. 표 6H.2에는 지시약을 사용할 수 있는 pH 범위를 같이 수록하였다.

산–염기 지시약은 약산으로, pH = pK_{In} 근방에서 색이 변화한다. 지시약의 종말점이 적정의 화학량론점에 가까운 것을 선택해야 한다.

그림 6H.7 수국의 색깔은 자라는 토양의 산도에 따라 다르다: 산성 토양에서는 파란 꽃이, 알칼리성 토양에서는 분홍 꽃이 핀다. (© *Simon Charles A Johnson/Shutterstock*)

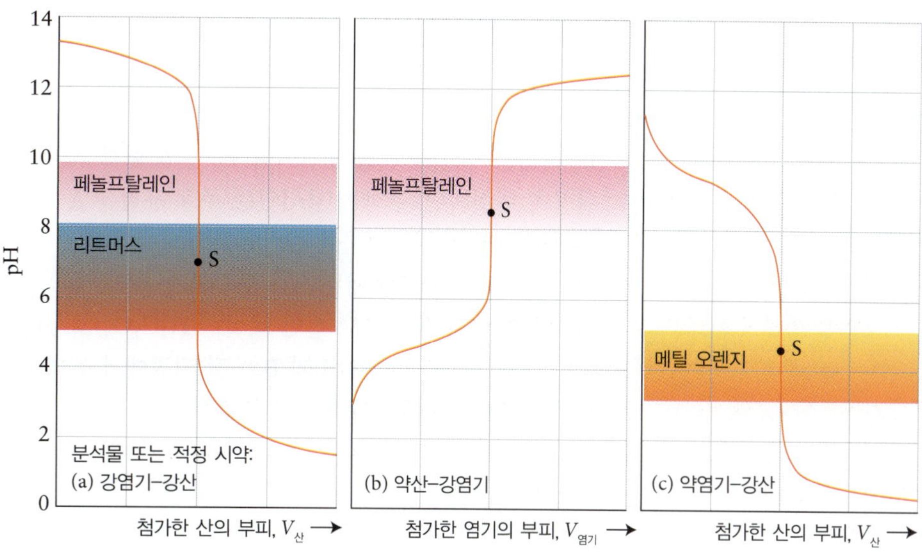

그림 6H.8 (a) 이상적으로는, 지시약은 적정의 화학량론점에 가까운 pH에서 색 변화가 선명하게 나타나야 한다. 예를 들어 강산–강염기 적정이라면 화학량론점은 pH = 7이며, 이런 적정에서는 리트머스의 색변화가 이상적이다. 하지만 pH 변화가 매우 급격하기 때문에 페놀프탈레인을 대신 사용할 수도 있다. (b) 약산–강염기 적정의 화학량론점을 찾을 때도 페놀프탈레인을 이용할 수 있다. (c) 약염기–강산 적정에서는 메틸 오렌지를 사용할 수 있다.

6H.4 다양성자 산 적정

많은 생물학적 시스템이 다양성자 산과 그 음이온을 사용하여 pH를 조절하기 때문에, 다양성자 적정의 pH 곡선을 잘 알아야 한다. 적정에서 pH를 계산하는 것도 중요하다. 다양성자 산의 적정은 일양성자 산과 같은 방법으로 수행하지만, 산성 수소 원자의 개수만큼 화학량론점이 존재한다. 각 단계에서 용액에 존재하는 주요 용질을 추적하는 것이 필수인데, Topic 6E, 그림 6E.1과 6E.2에서 설명한 방법을 따르면 된다.

아미노산의 일종인 히스티딘(**5**)의 이염화물 용액 $C_6H_{11}N_3O_2Cl_2$(aq)를 NaOH 용액으로 적정한다고 하자. $C_6H_{11}N_3O_2^{2+}$ 이온은 삼양성자 산으로 작용하므로 $H_3A_2^+$로 쓰자. 실험으로 얻은 pH 곡선은 계산으로 얻은 곡선과 일치하며, 이것을 그림 6H.9에 나타내었다. 화학량론점이 셋(S_1, S_2, S_3)이고, 완충 구간도 셋(B_1, B_2, B_3)이라는 점에 주목하자. 이 시스템의 pH를 계산할 때는, 수산화 이온이 첨가되면 먼저 산과 완전히 반응하여 이양성자 짝염기 H_2A^+(여기서는 $C_6H_{11}N_3O_2^+$)를 형성한다고 가정한다.

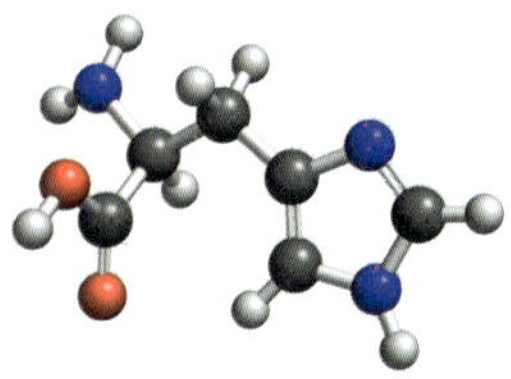

5 히스티딘

$$H_3A^{2+}(aq) + OH^-(aq) \rightarrow H_2A^+(aq) + H_2O(l) \qquad \textbf{(A)}$$

B_1 지점은 첫 번째 완충 구간이며, 첫 번째 화학량론점의 중간에 있으므로 $pH = pK_{a1}$이다. $H_3A_2^+$ 와, 적정에서 생겨난 H_2A^+의 평형에 의해 이 첫 번째 완충 구간의 pH가 결정된다.

H_3A^{2+} 이온이 첫 번째 산성 양성자를 모두 잃고 난 지점이 S_1으로, 여기서 주요 용질은 H_2A^+, Cl^-, Na^+ 이온이다. S_1 지점을 첫 번째 화학량론점이라고 하며, 처음에 들어있던 $H_3A_2^+$와 같은 몰수만큼 NaOH를 넣으면 이 지점에 도달한다.

염기를 더 넣으면 이제 H_2A^+ 이온과 반응하여 그 짝염기인 HA(여기서는 $C_6H_9N_3O_2$)를 형성한다.

$$H_2A^+(aq) + OH^-(aq) \rightarrow HA(aq) + H_2O(l) \qquad \textbf{(B)}$$

B_2 지점은 두 번째 완충 구간이며, 두 번째 화학량론점의 중간에 있으므로 $pH = pK_{a2}$이다. 염기를 더 넣으면 두 번째 화학량론점 S_2에 도달한다. 이 지점에서 주요 용질은 HA 분자와 Cl^-, Na^+ 이온이다. 두 번째 화학량론점에 도달하려면 처음에 들어있던 H_3A^{2+}와 같은 몰수만큼 NaOH를 한 번 더 넣어주어야 한다(즉, 총 2배).

염기를 더 넣으면 HA와 반응하여 마지막 산성 양성자를 떼어내고 A^-(여기서는 $C_6H_8N_3O_2^-$)를 형성한다.

$$HA(aq) + OH^-(aq) \rightarrow A^-(aq) + H_2O(l) \qquad \textbf{(C)}$$

B_3 지점은 세 번째 완충 구간이며, 세 번째 화학량론점의 중간에 있으므로 $pH = pK_{a3}$이다. 위 반응이 완결되면, 용액에 들어있는 주요 용질은 A^-, Cl^-, Na^+ 이온이다. 이 세 번째 화학량론점에 도달하려면, 처음에 들어있던 $H_3A_2^+$와 같은 몰수만큼 OH^-를 한 번 더 넣어주어야 한다. 즉, 처음에 들어있던 $H_3A_2^+$ 몰수의 총 3배만큼의 OH^-가 들어간 것이다.

그림 6H.10은 이양성자 산인 옥살산($H_2C_2O_4$)의 pH 곡선이다. 화학량론점이 둘이고(S_1과 S_2), 완충 구간도 둘이다(B_1과 B_2). 각 지점에서 용액에 존재하는 주요 용질을 나타내었다. 두 번째 화학량론점에 도달하는 데 필요한 염기의 양은 첫 번째의 두 배라는 점에 주목하자.

자습 6H.4A 0.010 M H_2SO_3(aq) 25.00 mL를 적정할 때, (a) 첫 번째 화학량론점, (b) 두 번째 화학량론점에 도달하기까지 넣어야 하는 0.010 M NaOH(aq)의 부피를 구하시오.

[**답**: (a) 25 mL, (b) 50. mL]

자습 6H.4B 0.010 M H_3PO_4(aq) 30.00 mL를 적정할 때, (a) 첫 번째 화학량론점, (b) 두 번째 화학량론점에 도달하기까지 넣어야 하는 0.020 M NaOH(aq)의 부피를 구하시오.

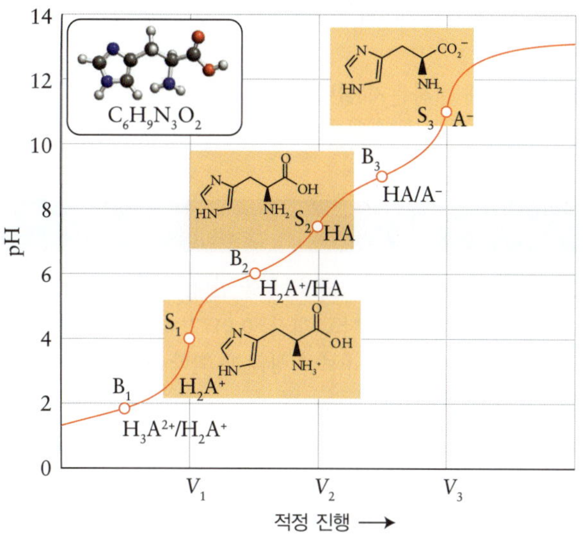

그림 6H.9 삼양성자 산인 히스티딘을 적정할 때 분석물 용액의 pH 변화. 세 화학량론점(S_1, S_2, S_3)과, 화학량론점에 도달하는 데 필요한 적정 시약의 절반을 넣은 지점(B_1, B_2, B_3)에서 용액에 존재하는 주요 용질을 나타내었다. V_1, V_2, V_3는 각 화학량론점에 도달하는 데 필요한 염기의 부피를 가리킨다.

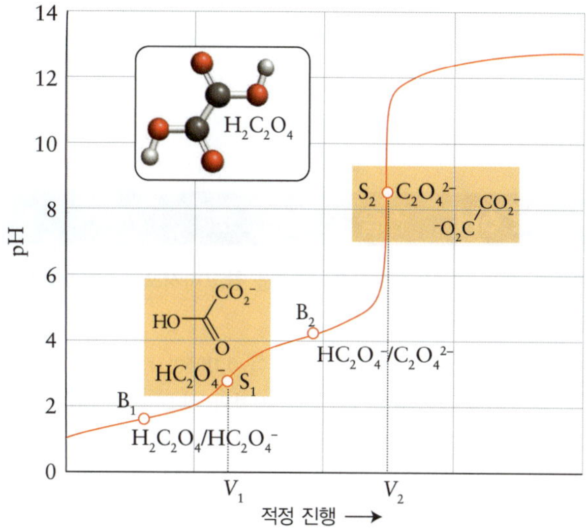

그림 6H.10 (이양성자 산인 옥살산을 적정할 때 분석물 용액의 pH 변화. 두 화학량론점(S_1, S_2)과, 화학량론점에 도달하는 데 필요한 적정 시약의 절반을 넣은 지점(B_1, B_2)에서 용액에 존재하는 주요 용질을 나타내었다. V_1, V_2는 각 화학량론점에 도달하는 데 필요한 염기의 부피를 가리킨다.

다양성자 산을 강염기로 적정할 때, 반응의 화학량론을 이용하여 적정의 어느 단계에 도달했는지 파악하면, 어느 지점에서든 pH를 예측할 수 있다. 그 지점에서 주요 용질이 무엇인지, 그리고 pH를 결정하는 주요 양성자 이동 평형이 무엇인지 파악하면 pH를 구할 수 있다.

자습 6H.5A 0.200 M H_3PO_4(aq) 25.0 mL를 0.100 M NaOH(aq)로 적정한다. NaOH 용액을 (a) 70.0 mL, (b) 100.0 mL 넣었을 때 용액에 존재하는 주요 용질을 말하시오.

[**답**: (a) 첫 번째와 두 번째 화학량론점 사이이므로, Na^+(염기로부터 나옴), $H_2PO_4^-$, HPO_4^{2-} (b) 두 번째 화학량론점이므로, Na^+와 HPO_4^{2-}]

자습 6H.5B 0.100 M H_2S(aq) 20.0 mL를 0.300 M NaOH(aq)로 적정한다. NaOH 용액을 (a) 5.0 mL, (b) 13.4 mL 넣었을 때 용액에 존재하는 주요 용질을 말하시오.

다양성자 산을 적정하면 산성 수소 원자를 하나씩 제거할 때마다 화학량론점이 나타난다. 적정 도중 다양성자 산 용액의 pH를 구할 때는 용액에 들어있는 주요 용질들의 양성자 이동 평형을 고려해야 한다.

이 Topic에서 배운 것은 무엇인가?

Topic 6B에서 공부한 계산법을 이용하여 강산–강염기 적정의 pH 곡선을 그리는 방법을 공부했다. Topic 6D와 6G에서 공부한 계산법을 이용하여 강산–약염기 또는 강염기–약산 적정의 pH를 예측하는 방법도 알아보았다. 이제 여러분은 산–염기 적정 실험에 적합한 지시약을 선택할 수 있다. 마지막으로 다양성자 산을 적정할 때 pH를 예측하는 방법도 공부했다.

개념과 식의 적용

- ☐ 강산–강염기 적정의 pH를 계산한다(도구상자 6H.1과 예제 6H.1).
- ☐ 강염기–약산 적정의 화학량론점 pH를 구한다(예제 6H.2).

- ☐ 약산이나 약염기를 적정할 때 pH를 계산한다(도구상자 6H.2와 예제 6H.3).
- ☐ 산-염기 적정에 적절한 지시약을 선택한다(6H.3 절).
- ☐ 다양성자 산을 강염기로 적정할 때 pH가 어떻게 변하는지 설명한다(6H.4 절).

Topic 6H 연습 문제

K_a와 K_b 값은 표 6C.1, 6C.2, 6E.1을 참고하시오. 모두 25 °C를 가정한다.

6H.1 0.010 M NaOH(aq) 5.00 mL를 0.0050 M HCl(aq)로 적정할 때 적정 곡선을 그리시오. (a) 초기 지점과 최종 지점, 화학량론점의 pH를 표시하시오. (b) 화학량론점 및 (c) 화학량론점의 절반에 도달하기까지 들어가는 적정 시약의 부피를 구하시오.

6H.2 0.010 M HCl(aq) 5.00 mL를 0.010MM $Ca(OH)_2$(aq)로 적정할 때 적정 곡선을 그리시오. (a) 초기 지점과 최종 지점, 화학량론점의 pH를 표시하시오. (b) 화학량론점 및 (c) 화학량론점의 절반에 도달하기까지 들어가는 적정 시약의 부피를 구하시오.

6H.3 0.110 M NaOH(aq) 25.0 mL에 들어있는 수산화 이온을 (a) 절반 (b) 모두 중화시키는 데 필요한 0.150 M HCl(aq)의 부피를 계산하시오. (c) 화학량론점에서 Na^+ 이온의 몰농도는 얼마인가? (d) HCl(aq)을 20.0 mL 넣은 후 용액의 pH를 계산하시오.

6H.4 0.412 M KOH(aq) 25.0 mL에 들어있는 수산화 이온을 (a) 절반 (b) 모두 중화시키는 데 필요한 0.120 M HCl(aq)의 부피를 계산하시오. (c) 화학량론점에서 Cl^- 이온의 몰농도는 얼마인가? (d) HCl(aq)을 30.0 mL 넣은 후 용액의 pH를 계산하시오.

6H.5 0.110 M NaOH(aq)를 0.150 M HCl(aq)로 적정한다. 다음 단계에서 pH를 계산하시오. (a) 초기 (b) 산 5.00 mL 첨가 (c) 산 5.00 mL 더 첨가 (d) 화학량론점 (e) 화학량론점 이후 산 5.00 mL 첨가 (f) 화학량론점 이후 산 10.0 mL 첨가

6H.6 0.215 M KOH(aq)를 0.116 M HCl(aq)로 적정한다. 다음 단계에서 pH를 계산하시오. (a) 초기 (b) 산 5.00 mL 첨가 (c) 산 5.00 mL 더 첨가 (d) 화학량론점 (e) 화학량론점 이후 산 5.00 mL 첨가 (f) 화학량론점 이후 산 10.0 mL 첨가

6H.7 불순물이 섞인 수산화 소듐 1.436 g을 물에 녹여 300. mL 용액을 만든 다음, 25.00 mL를 덜어내 적정하였다. 0.0695 M HCl(aq) 34.20 mL를 첨가하였을 때 화학량론점에 도달하였다. 원 시료의 순도는 질량 백분율로 얼마인가?

6H.8 불순물이 섞인 수산화 바륨 1.773 g을 물에 녹여 200. mL 용액을 만든 다음, 25.00 mL를 덜어내 적정하였다. 0.0810 M HCl(aq) 13.1 mL를 첨가하였을 때 화학량론점에 도달하였다. 원 시료의 순도는 질량 백분율로 얼마인가?

6H.9 벤조산 C_6H_5COOH는 비교적 무해하기 때문에 식품이나 화장품의 방부제로 사용한다. 벤조산을 적정할 때 pH를 예측해야 한다고 하자. 0.120 M C_6H_5COOH(aq) 25.00 mL를 0.0230 M NaOH(aq)로 적정할 때 화학량론점의 pH를 계산하시오.

6H.10 모르핀 $C_{17}H_{19}O_3N$은 진통 작용을 한다. 여러분이 모르핀을 적정할 때 pH를 예측해야 한다고 하자. 0.0172 M $C_{17}H_{19}O_3N$(aq) 30.00 mL를 0.0160 M HCl(aq)로 적정할 때 화학량론점의 pH를 계산하시오.

6H.11 미지의 약산 HA 4.25 g을 물에 녹였다. 화학량론점에 도달하기까지 0.350 M NaOH(aq) 52.0 mL가 들어갔다. 26.0 mL를 넣었을 때 용액의 pH가 3.82였다. (a) 이 산의 몰질량은 얼마인가? (b) 이 산의 pK_a 값은 얼마인가?

6H.12 미지의 약산 HA 0.483 g을 물에 녹였다. 화학량론점에 도달하기까지 0.250 M NaOH(aq) 42.0 mL가 들어갔다. 21.0 mL를 넣었을 때 용액의 pH가 3.75였다. (a) 이 산의 몰질량은 얼마인가? (b) 이 산의 pK_a 값은 얼마인가? 이 산이 표 6C.1에 있는 산 중의 하나라면 어느 것인지 추정하시오.

6H.13 0.10 M CH_3COOH(aq) 25.0 mL를 0.10 M NaOH(aq)로 적정한다. (a) 0.10 M CH_3COOH(aq)의 처음 pH는 얼마인가? (b) 염기를 10.0 mL 넣은 후 pH는 얼마인가? (c) 화학량론점의 절반 지점에 도달하는 데 필요한 염기의 부피는 얼마인가? (d) 이 지점의 pH를 계산하시오. (e) 화학량론점에 도달하는 데 필요한 염기의 부피는 얼마인가? (f) 이 지점의 pH를 계산하시오.

6H.14 0.12 M C_6H_5COOH(aq) 30.0 mL를 0.20 M KOH(aq)로 적정한다. (a) 0.12 M C_6H_5COOH(aq)의 처음 pH는 얼마인가? (b) 염기를 10.0 mL 넣은 후 pH는 얼마인가? (c) 화학량론점의 절반 지점에 도달하는 데 필요한 염기의 부피는 얼마인가? (d) 이 지점의 pH를 계산하시오. (e) 화학량론점에 도달하는 데 필요한 염기의 부피는 얼마인가? (f) 이 지점의 pH를 계산하시오.

6H.15 0.15 M NH_3(aq) 15.0 mL를 0.10 M HCl(aq)로 적정한다. (a) 0.15 M NH_3(aq)의 처음 pH는 얼마인가? (b) 산을 15.0 mL 넣은 후 pH는 얼마인가? (c) 화학량론점의 절반 지점에 도달하는 데 필요한 산의 부피는 얼마인가? (d) 이 지점의 pH를 계산하시오. (e) 화학량론점에 도달하는 데 필요한 산의 부피는 얼마인가? (f) 이 지점의 pH를 계산하시오. (g) 표 6H.2를 이용하여 이 적정에 적합한 지시약을 선택하시오.

6H.16 0.25 M CH_3NH_2(aq) 50.0 mL를 0.35 M HCl(aq)로 적정한다. (a) 0.25 M CH_3NH_2(aq)의 처음 pH는 얼마인가? (b) 산을 15.0 mL 넣은 후 pH는 얼마인가? (c) 화학량론점의 절반 지점에 도달하는 데 필요한 산의 부피는 얼마인가? (d) 이 지점의 pH를 계산하시오. (e) 화학량론점에 도달하는 데 필요한 산의 부피는 얼마인가? (f) 이 지점의 pH를 계산하시오. (g) 표 6H.2를 이용하여 이 적정에 적합한 지시약을 선택하시오.

6H.17 어떤 일양성자 산 용액 25 mL를 강염기로 적정할 때 적정 곡선이 다음과 같다. 다음 물음에 답하고 이유를 설명하시오. (a) 이 산은 강산인가 약산인가? (b) 초기 하이드로늄 이온 농도는 얼마인가? (c) 이 산의 K_a는 얼마인가? (d) 이 산의 초기 농도는 얼마인가? (e) 적정 시약의 염기 농도는 얼마인가? (f) 표 6H.2를 이용하여 적절한 지시약을 선택하시오.

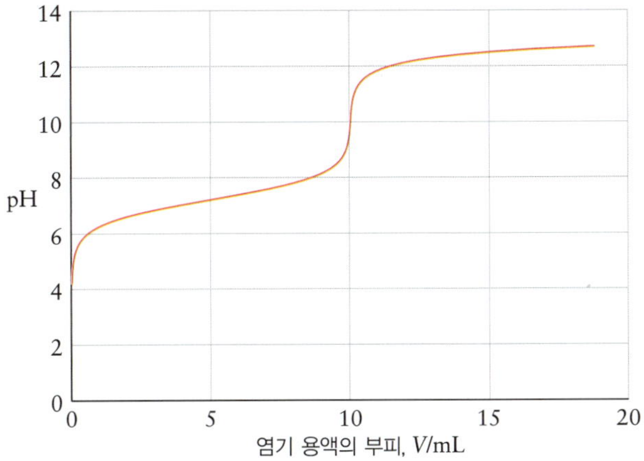

6H.18 어떤 염기 용액 25 mL를 일양성자 강산으로 적정할 때 적정 곡선이 다음과 같다. 다음 물음에 답하고 이유를 설명하시오. (a) 이 염기는 강산인가 약산인가? (b) 초기 수산화 이온 농도는 얼마인가? (c) 이 염기의 K_b는 얼마인가? (d) 이 염기의 초기 농도는 얼마인가? (e) 적정 시약의 산 농도는 얼마인가? (f) 표 6H.2를 이용하여 적절한 지시약을 선택하시오.

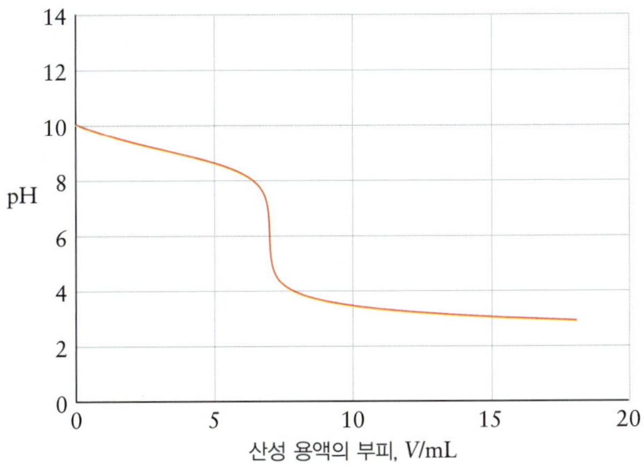

6H.19 표 6H.2를 이용하여 0.20 M $CH_3COOH(aq)$를 0.20 M $NaOH(aq)$로 적정할 때 사용할 수 있는 지시약은 어느 것인지 선택하고 이유를 쓰시오. (a) 메틸 오렌지 (b) 리트머스 (c) 티몰 블루 (d) 페놀프탈레인

6H.20 표 6H.2를 이용하여 0.20 M $NH_3(aq)$를 0.20 M $HCl(aq)$로 적정할 때 사용할 수 있는 지시약은 어느 것인지 선택하고 이유를 쓰시오. (a) 브로모크레졸 그린 (b) 메틸 레드 (c) 페놀 레드 (d) 티몰 블루

6H.21 표 6H.2를 이용하여 연습 문제 6H.9와 6H.14의 적정에 적합한 지시약을 제시하시오.

6H.22 표 6H.2를 이용하여 연습 문제 6H.10와 6H.12의 적정에 적합한 지시약을 제시하시오.

6H.23 0.137 M $H_3AsO_4(aq)$ 75.0 mL를 적정하여 (a) 첫 번째 (b) 두 번째 (c) 세 번째 화학량론점에 도달하는 데 필요한 0.275 M $KOH(aq)$의 부피는 얼마인가?

6H.24 0.0510 M $H_2SO_3(aq)$ 50.0 mL를 적정하여 (a) 첫 번째 (b) 두 번째 화학량론점에 도달하는 데 필요한 0.102 M $NaOH(aq)$의 부피는 얼마인가?

6H.25 0.158 M $Na_2HPO_3(aq)$ 35.5 mL를 적정하여 (a) 첫 번째 (b) 두 번째 화학량론점에 도달하는 데 필요한 0.255 M $HNO_3(aq)$의 부피는 얼마인가?

6H.26 0.188 M $Na_3PO_4(aq)$ 64.2 mL를 적정하여 (a) 첫 번째 (b) 두 번째 (c) 세 번째 화학량론점에 도달하는 데 필요한 0.650 M $HCl(aq)$의 부피는 얼마인가?

6H.27 (a) 0.010 M $H_2S_2O_3(aq)$ 5.00 mL를 0.010 M $KOH(aq)$로 적정할 때 적정 곡선을 그리고, 초기점, 최종점, 화학량론점, 화학량론점의 절반 지점을 표시하시오. (b) 각 화학량론점에 도달하는 데 필요한 KOH의 부피는 얼마인가? (c) 각 지점의 pH를 구하시오. $H_2S_2O_3(aq)$의 $pK_{a1} = 0.6$, $pK_{a2} = 1.74$이다.

6H.28 (a) 0.010 M $H_3AsO_4(aq)$를 0.010 M $KOH(aq)$로 적정할 때 적정 곡선을 그리고, 초기점, 최종점, 화학량론점, 화학량론점의 절반 지점을 표시하시오. (b) 각 화학량론점에 도달하는 데 필요한 KOH의 부피는 얼마인가? (c) 각 지점의 pH를 구하시오. $H_3AsO_4(aq)$의 $pK_{a1} = 2.25$, $pK_{a2} = 6.77$, $pK_{a3} = 11.50$이다.

6H.29 아인산 H_3PO_3 0.122 g을 물에 녹여 전체 부피를 50.0 mL로 만들었다. (a) 이 용액의 pH를 구하시오. (b) 0.175 M $NaOH(aq)$ 5.00 mL를 넣은 후 pH를 구하시오. (c) 용액 (b)에 0.175 M $NaOH(aq)$ 5.00 mL를 추가로 더 넣은 후 pH를 구하시오.

6H.30 옥살산 $(COOH)_2$ 0.242 g을 물에 녹여 전체 부피를 50.0 mL로 만들었다. (a) 이 용액의 pH를 구하시오. (b) 0.150 M $NaOH(aq)$ 15.0 mL를 넣은 후 pH를 구하시오. (c) 용액 (b)에 0.150 M NaOH (aq) 5.00 mL를 추가로 더 넣은 후 pH를 구하시오.

6H.31 0.275 M $Na_2HPO_4(aq)$ 50.0 mL에 0.275 M $HCl(aq)$를 (a) 50.0 mL, (b) 75.0 mL, (c) 25.0 mL 넣을 때 pH를 구하시오.

6H.32 0.0995 M $Na_2CO_3(aq)$ 75.0 mL에 0.130 M $HNO_3(aq)$를 (a) 25.0 mL, (b) 65.0 mL 넣을 때 pH를 구하시오.

Topic 6I 용해도 평형

이 Topic을 왜 배우는가? 용해도 평형에 기반을 둔 다양한 화학 분석 기술이 개발되어 있다. 많은 염은 아주 조금만 용해되기 때문에, 화학자들은 이러한 염의 용해도를 조절하는 방법을 알아야 실험이나 환경에 이들이 미치는 영향을 이해할 수 있다.

무엇을 알고 있어야 하는가? 포화 용액의 개념(Topic 4D)을 잘 알고 있어야 한다. 평형 계산법(Topic 5H), 조건 변화에 평형이 어떻게 반응하는지(Topic 5I)도 잘 알고 있어야 한다.

포화 용액에서는 용해된 용질과 용해되지 않은 용질이 평형을 이루고 있다. 이러한 계는 화학 평형의 예시라고 볼 수 있다. 조건이 변하더라도 평형 상수 값은 변하지 않기 때문에 이온의 농도가 변한다. 이 Topic에서 다루는 모든 용질은 이온성이며, 용액에서 완전히 해리된다고 가정한다. 즉, 용액에 존재하는 모든 AX가 이온으로 분리되어 존재하는 강전해질만 고려한다.

6I.1 용해도곱

이온 결합 화합물을 물에 '용해성(soluble)'이거나 '불용성(insoluble)'으로 분류하는 것이 보통이다. 하지만 화학자들은 물질의 용해도를 보다 정확하게 다루어야 한다. 모든 물질은 어느 정도는 용해되며, '용해성' 물질이라고 하더라도 포화 상태 이후에는 더 이상 용해되지 않는다. 포화 용액에 용해된 이온은 고체와 평형을 이루고 있기 때문에, 평형 상수를 이용하면 이온성 물질의 용해도를 정량적으로 나타낼 수 있다.

이온성 고체와 용액의 이온 사이의 평형을 나타내는 평형 상수를 **용해도곱**(**solubility product**, K_{sp})이라고 한다. **용해도곱 상수**(solubility product constant) 또는 **용해도 상수**(solubility constant)라고 하기도 한다. 이온들의 활동도를 이용하여 이 상수를 식으로 쓸 수 있다. 일반적인 이온성 고체 A_2X_3를 예로 들면,

$$A_2X_3(s) \rightleftharpoons 2\,A^{3+}(aq) + 3\,X^{2-}(aq) \qquad K_{sp} = (a_{A^{3+}})^2(a_{X^{2-}})^3$$

이런 물질로는 Bi_2S_3를 예로 들 수 있다. 고체 A_2X_3는 K_{sp} 식에 등장하지 않는데, 순수한 고체여서 활동도가 1이기 때문이다(Topic 5F). **표 6I.1**에는 여러 물질의 K_{sp} 실험값을 수록하였다.

난용성 염의 용액에서 이온의 농도는 낮기 때문에, 활동도를 몰농도 수치로 근사할 수 있다(용해도가 큰 물질은 적용되지 않음). 예를 들어, Bi_2S_3의 용해도곱은,

$$K_{sp} = [Bi^{3+}]^2[S^{2-}]^3$$

이온-이온 상호 작용은 강하기 때문에, 용해도곱을 이런 식으로 쓰는 것은 난용성 염에 대해서만 가능하다. 염이 용해될 때 해리, 즉 이온의 분리가 완전하지 않은 경우가 많다는 것도 이 현상을 복잡하게 만드는 중요한 요인이다. 예를 들어 PbI_2의 포화 용액에는 $Pb^{2+}I^-$ 또는 $Pb^{2+}(I^-)_2$ 형태의 이온 클러스터가 상당한 농도로 존재한다. 하나 이상의 이온의 전하가 ± 1보다 크면 이러한 이온 클러스터가 형성되기 쉽다. 따라서, 이 Topic에서 농도를 기반으로 한 계산은 모두 (정확한 값이 아니라) 추정치로 봐야 한다.

표 6I.1 25 °C에서 용해도곱

화합물	화학식	K_{sp}	화합물	화학식	K_{sp}
수산화 알루미늄	$Al(OH)_3$	1.0×10^{-33}	플루오린화 납(II)	PbF_2	3.7×10^{-8}
황화 안티모니	Sb_2S_3	1.7×10^{-93}	아이오딘산 납(II)	$Pb(IO_3)_2$	2.6×10^{-13}
탄산 바륨	$BaCO_3$	8.1×10^{-9}	아이오딘화 납(II)	PbI_2	1.4×10^{-8}
플루오린화 바륨	BaF_2	1.7×10^{-6}	황산 납(II)	$PbSO_4$	1.6×10^{-8}
황산 바륨	$BaSO_4$	1.1×10^{-10}	황화 납(II)	PbS	8.8×10^{-29}
황화 비스무트	Bi_2S_3	1.0×10^{-97}	인산 암모늄 마그네슘	$MgNH_4PO_4$	2.5×10^{-13}
탄산 칼슘	$CaCO_3$	8.7×10^{-9}	탄산 마그네슘	$MgCO_3$	1.0×10^{-5}
플루오린화 칼슘	CaF_2	4.0×10^{-11}	플루오린화 마그네슘	MgF_2	6.4×10^{-9}
수산화 칼슘	$Ca(OH)_2$	5.5×10^{-6}	수산화 마그네슘	$Mg(OH)_2$	1.1×10^{-11}
황산 칼슘	$CaSO_4$	2.4×10^{-5}	염화 수은(I)	Hg_2Cl_2	2.6×10^{-18}
아이오딘산 크로뮴(III)	$Cr(IO_3)_3$	5.0×10^{-6}	아이오딘화 수은(I)	Hg_2I_2	1.2×10^{-28}
브로민화 구리(I)	$CuBr$	4.2×10^{-8}	황화 수은(II), 검정	HgS	1.6×10^{-52}
염화 구리(I)	$CuCl$	1.0×10^{-6}	황화 수은(II), 빨강	HgS	1.4×10^{-53}
아이오딘화 구리(I)	CuI	5.1×10^{-12}	수산화 니켈(II)	$Ni(OH)_2$	6.5×10^{-18}
황화 구리(I)	Cu_2S	2.0×10^{-47}	브로민화 은	$AgBr$	7.7×10^{-13}
아이오딘산 구리(II)	$Cu(IO_3)_2$	1.4×10^{-7}	탄산 은	Ag_2CO_3	6.2×10^{-12}
옥살산 구리(II)	CuC_2O_4	2.9×10^{-8}	염화 은	$AgCl$	1.6×10^{-10}
황화 구리(II)	CuS	1.3×10^{-36}	수산화 은	$AgOH$	1.5×10^{-8}
수산화 철(II)	$Fe(OH)_2$	1.6×10^{-14}	아이오딘화 은	AgI	8×10^{-17}
황화 철(II)	FeS	6.3×10^{-18}	황화 은	Ag_2S	6.3×10^{-51}
수산화 철(III)	$Fe(OH)_3$	2.0×10^{-39}	수산화 아연	$Zn(OH)_2$	2.0×10^{-17}
브로민화 납(II)	$PbBr_2$	7.9×10^{-5}	황화 아연	ZnS	1.6×10^{-24}
염화 납(II)	$PbCl_2$	1.6×10^{-5}			

K_{sp}를 구하는 가장 간단한 방법은 화합물의 용해도, 즉 포화 용액에서 화합물의 몰농도를 측정하는 것이다. 보다 정밀한 전기화학적 방법으로 K_{sp}를 구할 수 있다(Topic 6N). 앞으로 공부할 계산에서, 몰 용해도를 $mol \cdot L^{-1}$로 나타낼 때 그 수치를 s라고 쓸 것이다. 예를 들어, 어떤 화합물의 몰 용해도가 42 $\mu mol \cdot L^{-1}$(즉 4.2×10^{-5} $mol \cdot L^{-1}$)이라면 $s = 4.2 \times 10^{-5}$이다. 몰 용해도에서 몰은 개별 이온의 몰이 아닌 화합물의 화학식 단위의 몰을 나타낸다는 점에 유의하자. 예를 들어 염화 납(II) $PbCl_2$의 몰 용해도는 25 °C에서 1.59×10^{-2} $mol \cdot L^{-1}$이다. 포화 용액에서 Pb^{2+} 이온 농도는 1.59×10^{-2} $mol \cdot L^{-1}$이지만, Cl^- 이온 농도는 3.18×10^{-2} $mol \cdot L^{-1}$이다. 화학식 단위 하나가 염화 이온 2개를 내기 때문이다.

예제 6I.1 용해도곱 구하기

여러분이 폐전자제품에서 은을 회수하는 무기화학자라고 생각하고, 몰 용해도 표에서 은 화합물의 용해도곱을 모아 표로 정리해야 한다고 하자. 크로뮴산 은 Ag_2CrO_4의 몰 용해도가 25 °C에서 65 $\mu mol \cdot L^{-1}$이다(즉 $s = 6.5 \times 10^{-5}$). 25 °C에서 크로뮴산 은의 K_{sp}를 추정하시오.

예상 몰 용해도가 낮으므로, K_{sp}가 아주 작을 것이다.

계획 먼저, 평형 화학 반응식을 쓰고 용해도곱을 식으로 쓴다. 몰 용해도와 화학량론적 관계를 이용하여 염으로부터 생성되는 각 이온의 몰농도를 계산한다.

무엇을 가정해야 하는가? 염은 물에서 완전히 해리되고, 음이온은 물에 의해 양성자 첨가되지 않는다고 가정한다.

풀이

용해도 평형의 화학 반응식을 쓴다.

$$Ag_2CrO_4(s) \rightleftharpoons 2\,Ag^+(aq) + CrO_4^{\,2-}(aq)$$

용해도곱을 식으로 쓴다.

$$K_{sp} = [Ag^+]^2[CrO_4^{2-}]$$

2 mol $Ag^+ \bumpeq$ 1 mol Ag_2CrO_4이므로,

$$[Ag^+] = 2s$$

1 mol $CrO_4^{2-} \bumpeq$ 1 mol Ag_2CrO_4이므로,

$$[CrO_4^{2-}] = s$$

$K_{sp} = [Ag^+]^2[CrO_4^{2-}] = (2s)^2(s) = 4s^3$이고 $s = 6.5 \times 10^{-5}$이므로,

$$K_{sp} = 4 \times (\overbrace{6.5 \times 10^{-5}}^{s})^3 = 1.1 \times 10^{-12}$$

평가 예상대로 K_{sp}는 아주 작다.

자습 6I.1A 25 °C에서 아이오딘산 납(II) $Pb(IO_3)_2$의 몰 용해도가 40. μmol·L^{-1}이다. K_{sp}는 얼마인가?

[**답**: 2.6×10^{-13}]

자습 6I.1B 25 °C에서 브로민화 은 AgBr의 몰 용해도가 0.88 μmol·L^{-1}이다. K_{sp}는 얼마인가?

관련 연습 문제 6I.1~6I.4

예제 6I.2 용해도곱을 이용하여 몰 용해도 추정하기

몰 용해도를 알고 싶은데 적절한 데이터를 찾을 수가 없는 경우가 있다. 하지만 용해도 상수는 찾기 쉬우며, 이를 통해 몰 용해도를 알 수 있다. 표 6I.1에 따르면, 25 °C 물에서 아이오딘산 크로뮴(III)의 $K_{sp} = 5.0 \times 10^{-6}$이다. 25 °C에서 이 화합물의 몰 용해도를 추정하시오.

계획 평형 화학 반응식으로부터 화학량론 관계를 고려하여, 용해도곱을 몰 용해도에 관한 식으로 쓴 다음 몰 용해도를 구한다.

무엇을 가정해야 하는가? 염은 물에서 완전히 해리되고, 음이온은 물에 의해 양성자 첨가되지 않는다고 가정한다.

풀이

용해도 평형의 화학 반응식을 쓴다.

$$Cr(IO_3)_3(s) \rightleftharpoons Cr^{3+}(aq) + 3IO_3^-(aq)$$

용해도곱을 식으로 쓴다.

$$K_{sp} = [Cr^{3+}][IO_3^-]^3$$

1 mol $Cr^{3+} \bumpeq$ 1 mol $Cr(IO_3)_3$이므로,

$$[Cr^{3+}] = s$$

3 mol $IO_3^- \bumpeq$ 1 mol $Cr(IO_3)_3$이므로,

$$[IO_3^-] = 3s$$

K_{sp}를 s에 대한 식으로 쓴다.

$$K_{sp} = [Cr^{3+}][IO_3^-]^3 = s \times (3s)^3 = 27s^4$$

$s = (K_{sp}/27)^{1/4}$이므로,

$$s = \{(5.0 \times 10^{-6})/27\}^{1/4} = 0.021$$

따라서 $Cr(IO_3)_3$의 몰 용해도는 0.021 $mol \cdot L^{-1}$이다.

평가 예상대로 K_{sp}는 아주 작다.

자습 6I.2A 황산 은 Ag_2SO_4의 용해도곱이 1.4×10^{-5}이다. 몰 용해도를 추정하시오.

[**답**: 15 $mmol \cdot L^{-1}$]

자습 6I.2B 플루오린화 납(II) PbF_2의 용해도곱이 3.7×10^{-8}이다. 몰 용해도를 추정하시오.

관련 연습 문제 6I.5, 6I.6

용해도곱이란 포화 용액에서 용해되지 않은 염과 용해된 이온 사이의 평형을 나타내는 평형 상수이다.

6I.2 공통 이온 효과

난용성 염의 용해도는, 그 염과 공통 이온을 갖는 염을 첨가(보통 용해성 염의 형태로 넣는다)하면 감소한다. 예를 들어 염화 은의 포화 용액에 용해성 염화물의 용액을 첨가한다고 생각하자(**그림 6I.1**). 이런 용해도 감소를 **공통 이온 효과(common-ion effect)**라고 한다. Le Chatelier 원리(Topic 5I)를 이용하여 정성적으로 이해할 수 있다. 추가한 이온에 반응하여 난용성 염이 용액에서 빠져나오며, 결과적으로 용해도가 감소한다.

공통 이온 효과를 정량적으로 이해하려면, 한 이온의 농도 변화가 용해도곱에 어떻게 영향을 미치는지를 고려해야 한다. 염화 은의 포화 수용액을 생각하자.

$$AgCl(s) \rightleftharpoons Ag^+(aq) + Cl^-(aq) \qquad K_{sp} = [Ag^+][Cl^-]$$

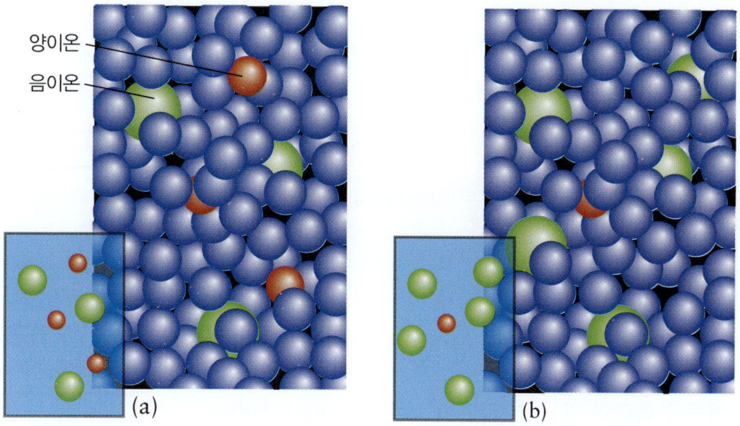

그림 6I.1 난용성 염의 이온 중 하나의 농도를 높이면, K_{sp} 값은 일정하므로 다른 이온의 농도가 낮아진다. (a) 용액에 양이온(주황)과 음이온(초록)이 들어있다. (b) 음이온을 더 첨가하면(이 음이온과 쌍을 이루는 구경꾼 양이온도 같이 첨가되지만 그림에 나타내지는 않았다), 난용성 염의 양이온 농도는 감소한다. 즉, 공통 이온이 존재하면 원래 화합물의 용해도는 감소한다. 삽입 그림에서는 용매인 물을 파란색 배경으로 나타냈다.

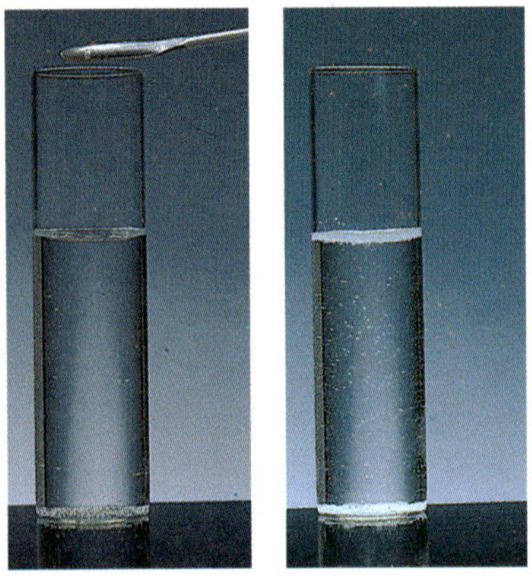

(a) (b)

그림 6I.2 (a) 아세트산 아연의 포화 용액 (b) 고체 아세트산 소듐 결정 하나를 넣으면(그림 (a)의 약숟가락 위에 알갱이 하나가 놓여 있다), 아세트산 아연의 용해도가 감소하여 침전이 더 일어난다.(*Copyright Macmillan Learning, photo by Ken Karp.*)

실험적으로 25 °C에서 $K_{sp} = 1.6 \times 10^{-10}$이므로, 물에서 AgCl의 몰 용해도는 13 μmol·L^{-1}이다. 용액에 염화 소듐을 첨가하면 Cl^- 이온 농도가 증가한다. 평형 상수는 일정하므로, Ag^+ 이온 농도가 감소해야 한다. 이제 용액에는 더 적은 Ag^+가 녹아 있고, 이것은 NaCl 용액에서 AgCl의 용해도는 순수한 물에서 용해도보다 작다는 뜻이다. 공통 이온이 있는 두 염을 섞을 때는 항상 같은 효과가 나타난다(그림 6I.2).

공통 이온 효과를 정확하게 예측하는 것은 어렵다. 이온들은 서로 매우 강하게 상호작용하기 때문에, 단순한 평형 계산은 대부분 정확하지 않다. 이온의 활동도가 몰농도와 크게 다를 수 있기 때문이다. 하지만 예제 6I.3처럼 대략적인 추정은 가능하다.

생각해 보기

공통 이온이 없는 염을 첨가하면 난용성 염의 용해도에 영향이 있을까?

예제 6I.3 공통 이온이 용해도에 미치는 영향 추정하기

여러분이 음용수의 납 용해도를 연구하는 환경 화학자라고 하자. 지역 상수 처리 시설에서 음용수에 플루오린화 이온을 첨가한다는 사실을 알고 있었기에, 여러분은 다양한 농도의 플루오린화 소듐 용액에서 플루오린화 납(II)의 용해도를 조사하기로 하였다. 25 °C, 0.020 NaF(aq)에서 플루오린화 납(II)($K_{sp} = 3.7 \times 10^{-8}$)의 용해도를 추정하시오.

예상 F^-가 공통 이온이므로, NaF(aq)에서 PbF_2의 용해도는 순수한 물에서보다 낮을 것이다.

계획 용해 반응의 화학식을 쓴다. 용해도곱을 식으로 쓰고 납 이온의 농도를 구한다. 플루오린화 납(II) 화학식 단위 1개가 용해되면 플루오린화 이온 2개를 낸다는 점에 유의하자.

무엇을 가정해야 하는가? 플루오린화 소듐 용액에 들어있는 플루오린화 이온의 농도에 비하면 PbF_2에서 녹아 나오는 플루오린화 이온의 농도는 아주 작다.

풀이 어떤 농도에서건 F^- 이온 농도와 Pb^{2+} 이온 농도는 K_{sp} 값을 만족시켜야 한다.

용해도 평형의 화학 반응식을 쓴다.

$$PbF_2(s) \rightleftharpoons Pb^{2+}(aq) + 2F^-(aq)$$

$K_{sp} = [Ag^+][Cl^-]^2$이므로,

$$[Pb^{2+}] = \frac{K_{sp}}{[F^-]^2}$$

따라서, 0.020 M NaF(aq)에 용해되는 플루오린화 납(II)은, $[F^-]$ = 0.020 mol·L^{-1}이므로 Pb^{2+} 이온 농도는 다음과 같다.

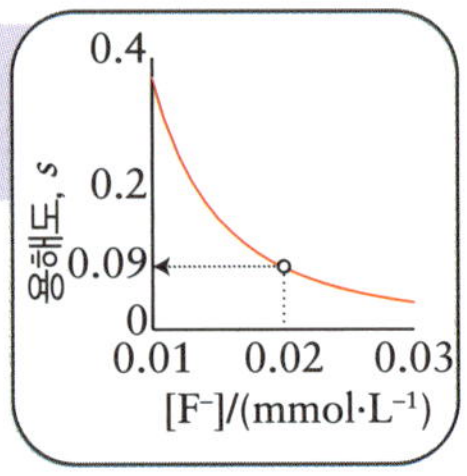

$$[Pb^{2+}] = \frac{3.7 \times 10^{-8}}{(0.020)^2} = 9.3 \times 10^{-5}$$

평가 Pb^{2+} 이온의 농도는 PbF_2 화학식 단위의 용해도와 같고 그 값은 9.3×10^{-5} mol·L^{-1}이다. 이것은 순수한 물에서 PbF_2의 용해도에 비하면 23배 적은 값이다.

자습 6I.3A 0.20 M $CaCl_2$(aq)에서 탄산 칼슘의 몰 용해도는 대략 얼마인가?

[**답:** 44 nmol·L^{-1}]

자습 6I.3B 0.10 M $CaBr_2(aq)$에서 브로민화 은의 몰 용해도는 대략 얼마인가?

관련 연습 문제 6I.7, 6I.8

금속 수산화물의 용해도는 용액의 pH에 영향을 받는다. 수산화 이온이 공통 이온으로 작용하기 때문이다.

예제 6I.4 pH가 용해도에 미치는 영향 추정하기

여러분이 '알칼리수(alkaline water)'를 판매하는 탄산 음료 회사에서 일하는 화학자라고 하자. $Mg(OH)_2$를 첨가하여 음료에 마그네슘 성분을 보강하고자 한다. 수산화 마그네슘 $Mg(OH)_2$의 용해도가 매우 낮다($K_{sp} = 5.6 \times 10^{-12}$)는 것을 알고 있었기에, 다양한 pH에서 Mg^{2+}의 용해도를 조사하기로 하였다. 당신이 선택한 알칼리수의 pH가 8.4이다. 이 용액에서 $Mg(OH)_2$의 용해도를 추정하시오. 용액의 pH는 8.4로 완충되어 있다고 가정한다.

예상 OH^-가 공통 이온이므로 알칼리수에서 $Mg(OH)_2$의 용해도는 pH = 7에서보다 더 작을 것이다.

계획 계획 용해도곱을 식으로 쓰고 마그네슘 이온의 농도를 구한다. 수산화 마그네슘 화학식 단위 1개가 용해되면 OH^- 이온 2개를 낸다는 점에 유의하자.

무엇을 가정해야 하는가? 용액의 pH가 8.4로 완충되어 있으므로 OH^- 이온의 농도는 변하지 않는다고 가정한다.

풀이 어떠한 농도에서건 OH^- 이온 농도와 Mg^{2+} 이온 농도는 K_{sp} 값을 만족시켜야 한다.

$[H_3O^+] = 10^{-pH}$이고 $[OH^-] = K_w/[H_3O^+]$이므로(Topic 6B),

$$[H_3O^+] = 10^{-\overbrace{8.4}^{pH}} = 3.98\ldots \times 10^{-9}$$

$$[OH^-] = \frac{K_w}{[H_3O^+]} = \frac{1.0 \times 10^{-14}}{3.98\ldots \times 10^{-9}} = 2.51\ldots \times 10^{-6}$$

$K_{sp} = [Mg^{2+}][OH^-]^2$이므로,

$$[Mg^{2+}] = \frac{K_{sp}}{[OH^-]^2}$$

따라서, pH = 8.4인 수용액에는 Mg^{2+} 이온 농도가 다음이 될 때까지 수산화 마그네슘이 용해될 수 있다.

$$[Mg^{2+}] = \frac{5.6 \times 10^{-12}}{(2.51\ldots \times 10^{-6})^2} = 0.89$$

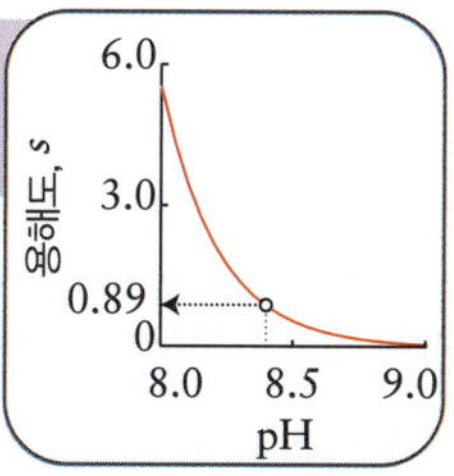

평가 Mg^{2+} 이온 농도는 $Mg(OH)_2$ 화학식 단위의 용해도와 같으며 그 값은 0.89 mol·L^{-1}이다. 이것은 pH = 7.0(완충됨)에서 $Mg(OH)_2$의 용해도보다 630배 작은 값이다.

자습 6I.4A pH = 8.8(완충됨)에서 수산화 철(II)의 몰 용해도는 대략 얼마인가?

[**답**: 4.0×10^{-4} mol·L^{-1}]

자습 6I.4B 0.10 M KOH(aq)에서 수산화 은의 몰 용해도는 대략 얼마인가?

관련 연습 문제 6I.9, 6I.10

공통 이온 효과란 난용성 염과 같은 이온이 들어있는 용해성 염을 첨가할 때 난용성 염의 용해도가 감소하는 현상이다.

6I.3 착이온 형성

용액에서 이온을 감추는 방법이 있다면 염의 용해도를 높일 수 있다. 이렇게 하면 용해 과정이 평형에 도달하려는 시도를 계속할 것이기 때문이다. 많은 금속이 Lewis 산(Topic 6A)이라는 사실을 이용하면 이온을 감출 수 있다. Lewis 산과 Lewis 염기가 반응할 때 배위 공유 결합(Topic 2C)이 형성되며, 그 생성물을 **배위 착물(coordination complex)**이라고 한다. 예를 들어, Lewis 산으로 작용하는 은 이온의 용액에 Lewis 염기인 암모니아 수용액을 첨가하면 $Ag(NH_3)_2{}^+$가 생성된다. 착이온을 형성시키면 Ag^+ 일부를 용액에서 효과적으로 제거할 수 있다. K_{sp} 값은 일정하므로 더 많은 염화 은이 용해된다.

착이온 형성이 용해도에 미치는 영향을 정량적으로 다루려면, 다음 두 반응이 모두 평형 상태에 있다는 점에 주목해야 한다.

$$AgCl(s) \rightleftharpoons Ag^+(aq) + Cl^-(aq) \qquad K_{sp} = [Ag^+][Cl^-] \tag{A}$$

$$Ag^+(aq) + 2\,NH_3(aq) \rightleftharpoons Ag(NH_3)_2{}^+(aq) \qquad K_f = \frac{[Ag(NH_3)_2{}^+]}{[Ag^+][NH_3]^2} \tag{B}$$

두 평형의 합은 착이온이 형성될 때 용해도 평형이라는 점에도 주목하자. 반응식과 평형 상수를 쓰면,

$$AgCl(s) + 2\,NH_3(aq) \rightleftharpoons Ag(NH_3)_2{}^+(aq) + Cl^-(aq) \qquad K = K_{sp} \times K_f \tag{C}$$

착이온을 형성하는 반응의 평형 상수를 **형성 상수(formation constant**, K_f)라고 한다(**표 6I.2**).

표 6I.2 25 °C 물에서 착물의 형성 상수

평형	K_f
$Ag^+(aq) + 2\,CN^-(aq) \rightleftharpoons Ag(CN)_2{}^-(aq)$	5.6×10^8
$Ag^+(aq) + 2\,NH_3(aq) \rightleftharpoons Ag(NH_3)_2{}^+(aq)$	1.6×10^7
$Au^+(aq) + 2\,CN^-(aq) \rightleftharpoons Au(CN)_2{}^-(aq)$	2.0×10^{38}
$Cu^{2+}(aq) + 4\,NH_3(aq) \rightleftharpoons Cu(NH_3)_4{}^{2+}(aq)$	1.2×10^{13}
$Hg^{2+}(aq) + 4\,Cl^-(aq) \rightleftharpoons HgCl_4{}^{2-}(aq)$	1.2×10^5
$Fe^{2+}(aq) + 6\,CN^-(aq) \rightleftharpoons Fe(CN)_6{}^{4-}(aq)$	7.7×10^{36}
$Ni^{2+}(aq) + 6\,NH_3(aq) \rightleftharpoons Ni(NH_3)_6{}^{2+}(aq)$	5.6×10^8

예제 6I.5 착물이 형성될 때 몰 용해도 계산하기

이제 아마추어 사진가들은 은 에멀션 사진 필름을 거의 사용하지 않지만, 이 기술은 다양한 의료 및 기술 분야에 여전히 사용되고 있다. 여러분이 특별히 민감한 에멀션을 개발하는 일을 하고 있다면, 다양한 용매에서 염화 은의 용해도를 조사할 필요가 있을 것이다. 0.10 M $NH_3(aq)$에서 염화 은의 몰 용해도를 계산하시오.

예상 은 이온은 암모니아와 착물을 형성하므로, 암모니아 용액에서 은의 용해도는 물에서보다 높을 것이다.

무엇을 가정해야 하는가? 암모니아와 물의 반응은 이 평형에 큰 영향을 미치지 않는다고 가정한다.

계획 용해도 평형 반응 C는 용해도 평형 반응식과 착물 형성 평형 반응식을 더한 것이므로, 암모니아 수용액에서 AgCl의 용해 평형 상수는 반응 A와 B의 평형 상수의 곱이다(Topic 5G). 반응 C에 대한 평형표를 작성한 다음 평형 농도를 구한다.

풀이 고려할 평형과 그 평형표(모든 농도는 몰농도)는 다음과 같다.

$$AgCl(s) + 2\,NH_3(aq) \rightleftharpoons Ag(NH_3)_2^+(aq) + Cl^-(aq) \qquad K = K_{sp} \times K_f = \frac{[Ag(NH_3)_2^+][Cl^-]}{[NH_3]^2}$$

	$AgCl + 2\,NH_3$	$\rightleftharpoons$ $Ag(NH_3)_2^+$	+ Cl^-
초기 농도	0.10	0	0
농도 변화	$-2x$	$+x$	$+x$
평형 농도	$0.10 - 2x$	x	x

이제 표 6I.2의 정보를 대입하여 K 값을 계산한다.

$K = K_{sp} \times K_f$이므로,

$$K = (1.6 \times 10^{-10}) \times (1.6 \times 10^{7}) = 2.6 \times 10^{-3}$$

$K = [Ag(NH_3)_2^+][Cl^-]/[NH_3]^2$에서 $[Cl^-]$를 구한다.

$$K = \frac{x \times x}{(0.10 - 2x)^2} = \left(\frac{x}{0.10 - 2x}\right)^2$$

양변에 루트를 씌운다.

$$\frac{x}{0.10 - 2x} = K^{1/2}$$

x를 구한다.

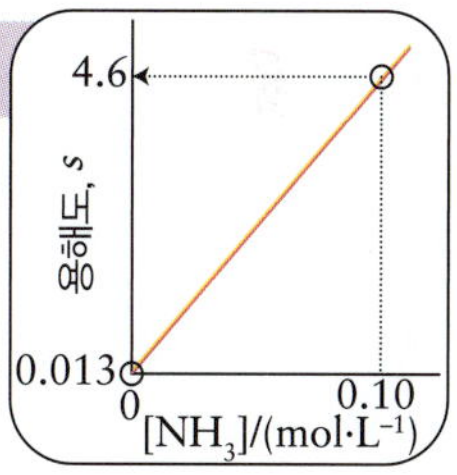

$$x = (0.10 - 2x)K^{1/2}$$
$$(1 + 2K^{1/2})x = 0.10K^{1/2}$$
$$x = \frac{0.10K^{1/2}}{1 + 2K^{1/2}} = \frac{0.10 \times (2.6 \times 10^{-3})^{1/2}}{1 + 2(2.6 \times 10^{-3})^{1/2}}$$
$$= 4.6 \times 10^{-3}$$

평가 평형표의 셋째 줄에서 $x = [Ag(NH_3)_2^+] = 4.6 \times 10^{-3}$이다. 따라서 0.10 M $NH_3(aq)$에서 염화 은의 몰 용해도는 4.6 mmol·L^{-1}이며, 이것은 순수한 물에서 염화 은의 몰 용해도 13 μmol·L^{-1}의 100배가 넘는다.

자습 6I.5A 표 6I.1과 6I.2를 이용하여 1.0 M $NH_3(aq)$에서 브로민화 은의 몰 용해도를 계산하시오.

[**답**: 3.5 mmol·L^{-1}]

자습 6I.5B 표 6I.1과 6I.2를 이용하여 1.2 M $NH_3(aq)$에서 황화 구리(II)의 몰 용해도를 계산하시오.

관련 연습 문제 6I.11, 6I.12

염이 용액의 다른 용질과 착이온을 형성할 수 있다면 염의 용해도는 증가한다.

이 Topic에서 배운 것은 무엇인가?

평형 개념을 이용하여 난용성 염의 용해도를 구하는 방법을 공부했다. 구체적으로, 공통 이온을 첨가하면 다른 이온을 침전시킬 수 있다는 것을 알아보았다. 착물을 형성하여 화합물의 용해도를 증가시키는 방법도 알아보았다.

개념과 식의 적용

□ 난용성 염의 몰 용해도를 이용하여 K_{sp}를 계산한다(예제 6I.1).
□ 용해도 상수를 이용하여 몰 용해도를 구한다(예제 6I.2).
□ 공통 이온이 존재할 때 염의 용해도를 구한다(예제 6I.3과 6I.4).
□ 착물이 형성될 때 이온의 몰 용해도를 계산한다(예제 6I.5).

Topic 6I 연습 문제

용해도곱은 표 6I.1을 이용하시오. 특별한 언급이 없으면 양성자 이동 반응은 무시하시오. 모두 25 °C를 가정한다.

6I.1 다음 난용성 화합물의 몰 용해도를 이용하여 K_{sp}를 구하시오.
(a) AgBr 8.8×10^{-7} mol·L^{-1} (b) $PbCrO_4$ 1.3×10^{-7} mol·L^{-1}
(c) $Ba(OH)_2$ 0.11 mol·L^{-1} (d) MgF_2 1.2×10^{-3} mol·L^{-1}

6I.2 다음 난용성 화합물의 몰 용해도를 이용하여 K_{sp}를 구하시오.
(a) AgI 9.1×10^{-9} mol·L^{-1} (b) $Ca(OH)_2$ 0.011 mol·L^{-1}
(c) Ag_3PO_4 2.7×10^{-6} mol·L^{-1} (d) Hg_2Cl_2 5.2×10^{-7} mol·L^{-1}

6I.3 Tl_2CrO_4 포화 용액의 CrO_4^{2-} 농도가 6.3×10^{-5} mol·L^{-1}이다. Tl_2CrO_4의 K_{sp}는 얼마인가?

6I.4 Ag_2SO_3의 몰 용해도가 1.55×10^{-5} mol·L^{-1}이다. 아황산 은의 K_{sp}는 얼마인가?

6I.5 물에서 다음 화합물의 몰 용해도를 계산하시오.
(a) BiI_3($K_{sp}=7.71\times10^{-19}$) (b) CuCl (c) $CaCO_3$

6I.6 물에서 다음 화합물의 몰 용해도를 계산하시오.
(a) $PbBr_2$ (b) Ag_2CO_3 (c) $Fe(OH)_2$

6I.7 다음 용액에서 화합물의 몰 용해도를 계산하시오.
(a) 0.20 M NaCl(aq)에서 염화 은
(b) 0.150 M NaCl(aq)에서 염화 수은(I)
(c) 0.025 M $CaCl_2$(aq)에서 염화 납(II)
(d) 2.5×10^{-3} M $FeCl_2$(aq)에서 수산화 철(II)

6I.8 다음 용액에서 화합물의 몰 용해도를 계산하시오.
(a) 0.020 M NaI(aq)에서 아이오딘화 은
(b) 2.3×10^{-4} M Na_2CO_3(aq)에서 탄산 칼슘
(c) 0.21 M NaF(aq)에서 플루오린화 납(II)
(d) 0.450 M $NiSO_4$(aq)에서 수산화 니켈(II)

6I.9 다음 용액(완충됨)에서 난용성 화합물의 몰 용해도를 계산하시오.
(a) pH = 7.0과 (b) pH = 4.5에서 수산화 알루미늄, (c) pH = 7.0과 (d) pH = 6.0에서 수산화 아연

6I.10 다음 용액(완충됨)에서 난용성 화합물의 몰 용해도를 계산하시오.
(a) pH = 11.0과 (b) pH = 3.0에서 수산화 철(III), (c) pH = 8.0과 (d) pH = 6.0에서 수산화 철(II)

6I.11 1.0 M KCN(aq)에 대한 브로민화 은의 몰 용해도를 계산하시오.

6I.12 침전된 염화 은은 암모니아 용액에 용해되어 $Ag(NH_3)_2^+$를 형성한다. 1.0 M NH_3(aq)에서 염화 은의 몰 용해도는 얼마인가?

Topic 6J 침전

이 Topic을 왜 배우는가? 침전물이 언제 형성되는지 예측할 수 있으면 침전에 유리하거나 방해되는 조건을 식별할 수 있다. 이것은 화학의 주요 응용 분야인 혼합물 물질 분석의 기초 원리이다.

무엇을 알고 있어야 하는가? 용해도 평형(Topic 6I), 평형 계산법(Topic 5H), 조건이 변할 때 평형 시스템이 어떻게 반응하는지(Topic 5I)를 잘 알고 있어야 한다.

침전이란 두 가지 용해성 염 용액을 혼합할 때 고체가 생성(보통 미세한 파우더 형태)되는 것을 가리킨다. 이러한 반응은 이온성 화합물을 제조하는 데 사용되기도 하며, 폐수 처리, 해수에서 광물 추출, 뼈와 치아의 형성과 손실, 지구의 탄소 순환 등의 중요한 분야에 실용적으로 응용된다.

6J.1 침전 예측

두 용액을 섞을 때 침전물이 생길지 아닐지를 어떻게 예측할 수 있을까? 용액에 들어있는 이온의 농도를 알고 있다면, Topic 5H에서 다룬 것처럼 반응 지수 Q와 평형 상수 K의 값을 비교하여 결과를 예상할 수 있다. 여기서 평형 상수는 용해도곱 K_{sp}이고, 반응 지수는 Q_{sp}라고 쓸 것이다. 이온의 농도가 충분히 높아서 Q_{sp}가 K_{sp}보다 크다면, 침전 반응이 자발적으로 일어난다(**그림 6J.1**).

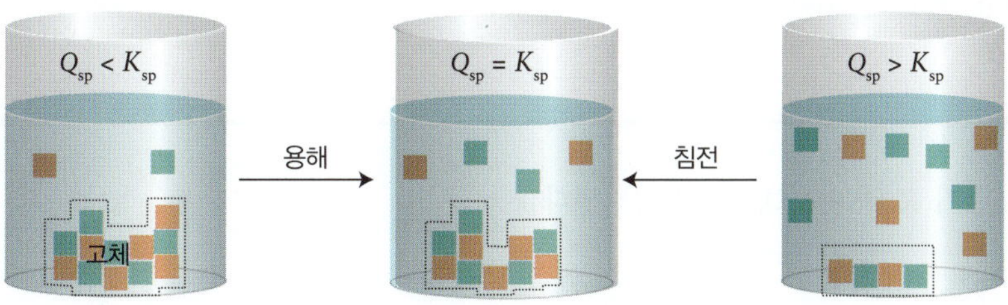

그림 6J.1 용해도 지수 Q_{sp}와 용해도곱 K_{sp}의 상대적인 크기를 이용하여 염이 용해될지 침전될지 결정한다. 이온의 농도가 낮으면, Q_{sp}가 K_{sp}보다 작고, 고체는 용해된다(좌측). 이온의 농도가 높으면, Q_{sp}가 K_{sp}보다 크고, 침전물이 형성된다(우측).

예제 6J.1 두 용액을 섞을 때 침전물이 생길지 예측하기

여러분이 질산 납 용액으로부터 납을 침전시키는 방법을 연구하는 분석 화학자라고 하자. 아이오딘화 납(II)가 불용성이라는 것을 알고 있었기에, 아이오딘화 포타슘 용액을 이용하기로 하였다. 여러분은 0.2 M $Pb(NO_3)_2(aq)$와 0.2 M KI(aq) 용액을 갖고 있다. 이 두 용액을 같은 부피씩 섞으면 25 °C에서 아이오딘화 납(II)가 침전하겠는가?

예상 Pb^{2+}와 I^- 이온의 농도가 높고 PbI_2의 용해도곱은 작으므로 침전 반응이 일어날 것이다.

계획 먼저 (아직 반응은 일어나지 않았다고 가정하고) 혼합 용액에서 이온들의 새로운 몰농도를 계산한다. 그 다음 반응 지수 Q_{sp}를 PbI_2의 K_{sp}와 비교한다. Q_{sp}에 들어갈 몰농도를 계산할 때 혼합 용액의 부피를 최종 부피로 써야 한다는 점을 잊지 말자.

무엇을 가정해야 하는가? 아이오딘화 납(II)은 수용액에서 완전히 해리되고, 그 활동도는 몰농도와 같다고 가정한다.

풀이 표 6I.1에 따르면 25 °C에서 PbI_2의 $K_{sp} = 1.4\times10^{-8}$이다.

화학 반응식과 평형 상수의 식을 쓴다.

$$PbI_2(s) \rightleftharpoons Pb^{2+}(aq) + 2\,I^-(aq) \quad K_{sp} = [Pb^{2+}][I^-]^2$$

전체 부피가 두 배가 되었다는 점을 감안하여 이온들의 새로운 몰농도를 계산한다.

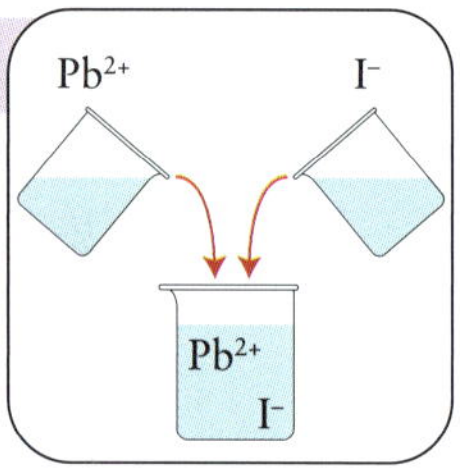

$$Pb^{2+}(aq): \tfrac{1}{2}(0.2\ mol\cdot L^{-1}) = 0.1\ mol\cdot L^{-1}$$
$$I^-(aq): \tfrac{1}{2}(0.2\ mol\cdot L^{-1}) = 0.1\ mol\cdot L^{-1}$$

$Q_{sp} = [Pb^{2+}][I^-]^2$을 계산한 다음 K_{sp}와 비교한다.

$$Q_{sp} = 0.1\times(0.1)^2 = 1\times10^{-3}$$
$$\overbrace{1\times10^{-3}}^{Q_{sp}} >> \overbrace{1.4\times10^{-8}}^{K_{sp}}$$

평가 Q_{sp}가 K_{sp}보다 훨씬 크므로, 예상했던대로 침전물이 생긴다(**그림 6J.2**).

자습 6J.1A 1.0×10^{-4} M $AgNO_3$(aq) 200. mL와 1.0×10^{-6} M KCl(aq) 900. mL를 혼합하면 염화 은이 침전되는가? 용해된 염은 완전히 해리된다고 가정하시오.

[**답**: 침전되지 않음($Q_{sp} = 1.5\times10^{-11}$, $Q_{sp} < K_{sp}$)]

자습 6J.1B 1.0×10^{-3} M $Ba(NO_3)_2$(aq)와 1.0×10^{-3} M KF(aq) 200. mL를 혼합하면 플루오린화 바륨이 침전되는가? F^-의 양성자 첨가는 무시하시오.

관련 연습 문제 6J.1~6J.6

Q_{sp}가 K_{sp}보다 크면 염이 침전된다.

6J.2 선택적 침전

용액에 서로 다른 양이온들이 혼합되어 있을 경우, 용해도가 완전히 다른 염을 형성하는 음이온을 (용해성 염의 형태로) 첨가하여 양이온들을 분리할 수 있다. 예를 들어, 바닷물에는 많은 이온이 섞여 있다. 바닷물에 수산화 이온을 첨가하면 마그네슘 이온을 침전시킬 수 있다. 하지만 수산화 이온과 반응해서 침전물을 형성하는 다른 양이온들도 존재한다. 개별 양이온의 농도와, 그 수산화물의 상대적인 용해도에 의해 어느 것이 먼저 침전되는지가 결정된다. 한 염의 Q_{sp}가 K_{sp}보다 훨씬 크고, 다른 염의 Q_{sp}가 K_{sp}보다 훨씬 작다면 최적의 분리를 수행할 수 있다. 예제 6J.2에서 침전 순서를 예측하는 방법을 알아보자.

그림 6J.2 아이오딘화 포타슘 용액에 질산 납(II) 용액을 몇 방울 떨어뜨리면, 그 즉시 노란색 아이오딘화 납(II)가 침전된다.(© *Natalielme/Shutterstock*)

예제 6J.2 침전 순서 예측하기

여러분이 Hawaii 근해에서 바닷물 시료를 채취하였다. 이 지역은 화산 활동이 활발하다. 해양학 연구의 일환으로, 여러분은 이 시료와 먼바다에서 채취한 시료의 성분이 크게 다른지 분석하고자 한다. 이 바닷물 시료에는 다른 용질과 함께 다음 양이온들이 들어있었다. 0.050 $mol \cdot L^{-1}$ $Mg^{2+}(aq)$와 0.010 $mol \cdot L^{-1}$ $Ca^{2+}(aq)$. (a) 표 6I.1의 자료를 이용하여, 고체 NaOH를 첨가할 때 이온들이 침전되는 순서를 말하고, 각 이온이 침전하기 시작할 때 OH^-의 몰농도를 구하시오. 온도는 25 °C이고, 고체 NaOH를 첨가해도 부피 변화는 없다고 가정한다. (b) 첫 번째로 침전하는 화합물을 $X(OH)_2$라고 하자. 두 번째 이온이 침전할 때 용액에 남아있는 X^{2+} 이온의 농도를 계산하시오.

예상 (a) $Mg(OH)_2$의 K_{sp}가 $Ca(OH)_2$의 K_{sp}보다 훨씬 작은데 화학식의 형태는 같으므로, $Mg(OH)_2$가 먼저 침전할 것이다. (b) X^{2+}는 대부분 $X(OH)_2$로 침전할 것이므로, 두 번째 이온이 침전할 때 용액에 남아있는 X^{2+} 농도는 아주 작을 것이다.

계획 (a) 공통 이온 효과를 이용한다. 각 염에 대한 K_{sp} 식을 쓰고 자료를 대입하여, 각 염이 침전하는 데 필요한 $[OH^-]$ 농도를 계산한다. (b) 두 번째 수산화물의 K_{sp}로부터 구한 $[OH^-]$ 값을 첫 번째 수산화물의 K_{sp}에 대입하여, 남아있는 첫 번째 양이온의 농도를 계산한다.

풀이 (a) $Ca(OH)_2$의 용해에 관한 반응식과 K_{sp} 식을 쓴다.

$$Ca(OH)_2(s) \rightleftharpoons Ca^{2+}(aq) + 2OH^-(aq) \quad K_{sp} = [Ca^{2+}][OH^-]^2$$

표 6I.1에서 $K_{sp} = 5.5 \times 10^{-6}$이므로,

$K_{sp} = [Ca^{2+}][OH^-]^2$, 즉 $[OH^-] = (K_{sp}/[Ca^{2+}])^{1/2}$를 이용하여 $Ca(OH)_2$가 침전하는 데 필요한 $[OH^-]$ 값을 계산한다.

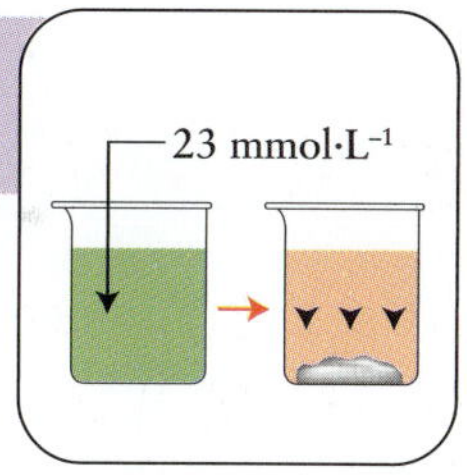

$$[OH^-] = \left(\frac{5.5 \times 10^{-6}}{0.010}\right)^{1/2} = 0.023$$

이것은 23 $mmol \cdot L^{-1}$이다.

$MgOH_2$의 용해도 평형 반응식과 K_{sp} 식을 쓴다.

$$Mg(OH)_2(s) \rightleftharpoons Mg^{2+}(aq) + 2OH^-(aq) \quad K_{sp} = [Mg^{2+}][OH^-]^2$$

표 6I.1에서 $K_{sp} = 1.1 \times 10^{-11}$이다.

$K_{sp} = [Mg^{2+}][OH^-]^2$, 즉 $[OH^-] = (K_{sp}/[Mg^{2+}])^{1/2}$를 이용하여 $Mg(OH)_2$가 침전하는 데 필요한 $[OH^-]$ 값을 계산한다.

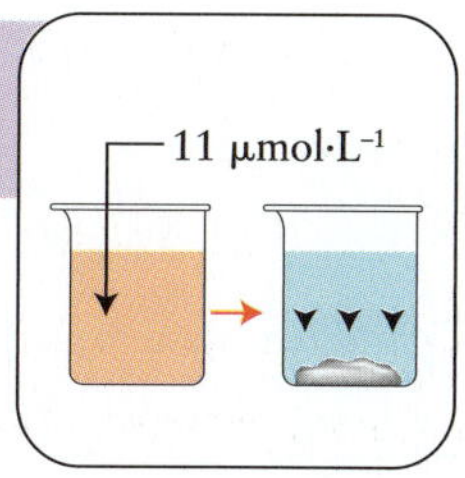

$$[OH^-] = \left(\frac{5.6 \times 10^{-12}}{0.050}\right)^{1/2} = 1.1 \times 10^{-5}$$

이것은 11 $\mu mol \cdot L^{-1}$이다.

$Mg(OH)_2$를 침전시키는 데 필요한 OH^- 농도가 $Ca(OH)_2$보다 작으므로, $Mg(OH)_2$가 먼저 침전한다.

평가 예상대로 11 $\mu mol \cdot L^{-1}$ $OH^-(aq)$에서 $Mg(OH)_2$가 먼저 침전하고, 23 $mmol \cdot L^{-1}$ $OH^-(aq)$에서 $Ca(OH)_2$가 두 번째로 침전한다.

(b) $[OH^-] = 0.023$ $mol \cdot L^{-1}$일 때 마그네슘 이온의 농도를 구한다.

$K_{sp}=[Mg^{2+}][OH^-]^2$, 즉 $[Mg^{2+}]=K_{sp}/[OH^-]^2$에서 $[Mg^{2+}]$를 구하면,

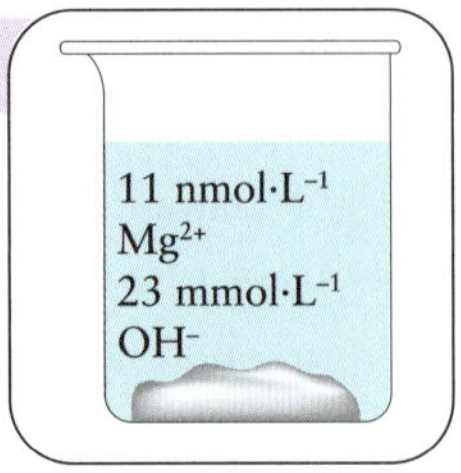

$$[Mg^{2+}]=\frac{5.6\times10^{-12}}{(0.023)^2}=1.1\times10^{-8}$$

이는 11 $nmol\cdot L^{-1}$이다.

평가 $Ca(OH)_2$가 침전하기 시작할 때 남아있는 마그네슘 이온의 농도는 정말로 아주 작은 값이다.

자습 6J.2A 0.030 $mol\cdot L^{-1}$ $Mg^{+}(aq)$와 0.010 $mol\cdot L^{-1}$ $Ca^{2+}(aq)$가 들어있는 용액에 탄산 포타슘을 넣는다. (a) 표 6I.1을 이용하여 K_2CO_3 농도를 증가시킬 때 이온들이 침전하는 순서를 말하고, 각 이온이 침전하기 시작할 때 CO_3^{2-} 농도를 구하시오. (b) 두 번째 이온이 침전할 때 용액에 남아있는 첫 번째 이온의 농도를 계산하시오.

[**답**: (a) CO_3^{2-} 농도가 8.7 $\mu mol\cdot L^{-1}$일 때 $CaCO_3$가 먼저 침전하고, CO_3^{2-} 농도가 0.33 $mmol\cdot L^{-1}$가 되면 $MgCO_3$가 침전함. (b) Ca^{2+} 이온의 농도는 26 $\mu mol\cdot L^{-1}$]

자습 6J.2B 0.020 $mol\cdot L^{-1}$ $Pb(NO_3)_2(aq)$와 0.0010 $mol\cdot L^{-1}$ $AgNO_3(aq)$가 들어있는 용액에 염화 이온을 넣는다. (a) 표 6I.1을 이용하여 염화 농도를 증가시킬 때 이온들이 침전하는 순서를 말하고, 각 이온이 침전하기 시작할 때 Cl^- 농도를 구하시오. (b) 두 번째 이온이 침전할 때 용액에 남아있는 첫 번째 이온의 농도를 계산하시오.

관련 연습 문제 6J.7, 6J.8, 6J.11, 6J.12

전하가 비슷한 이온들이 섞인 용액에, 용해도가 크게 다른 염을 형성하는 반대 전하 이온을 넣으면 이온을 분리할 수 있다.

6J.3 침전물 용해

용액에 있는 이온들을 정성 분석하면서 생겨난 침전물을, 양이온이나 음이온을 확인하기 위해 다시 용해시켜야 하는 경우도 있다. 이를 위한 방법들을 알아보자.

한 가지 방법은 용해도 평형에서 한 이온을 제거하여, 평형을 유지시키기 위해 침전물이 용해되도록 하는 것이다. 예를 들어 수산화 철(III)와 같은 고체 수산화물이 용액에서 그 이온들과 평형 상태에 있다고 하자.

$$Fe(OH)_3(s) \rightleftharpoons Fe^{3+}(aq)+3OH^-(aq)$$

산을 첨가하면 고체를 더 용해시킬 수 있다. 산에 의해 첨가된 H_3O^+가 OH^- 이온을 물로 바꾸어서 평형에서 제거시키기 때문에 더 많은 $Fe(OH)_3$가 용해된다.

생각해 보기

고체 Ag_2O를 용액에 녹여 은 이온을 얻고자 할 때 HNO_3를 첨가하는 것은 가능하지만 HCl은 불가능하다. HCl은 왜 사용할 수 없는가?

많은 탄산염, 아황산염, 황화물 침전물은 산을 첨가하면 용해된다. 이는 음이온이 산과 반응하여 기체를 형성하여 용액에서 거품으로 빠져나가기 때문이다. 예를 들어, 탄산 아연 포화 용액에서는 고체 $ZnCO_3$가 그 이온들과 평형을 이루고 있다.

$$ZnCO_3(s) \rightleftharpoons Zn^{2+}(aq)+CO_3^{2-}(aq)$$

CO_3^{2-} 이온은 산과 반응하여 CO_2를 형성한다.

$$CO_3^{2-}(aq) + 2HNO_3(aq) \rightleftharpoons CO_2(g) + H_2O(l) + 2NO_3^-(aq)$$

탄산염이 산에 의해 용해되는 것은 산성비가 작용하는 기전이기도 하다. 산성비는 대리석이나 석회석으로 만든 역사적 유물의 외관을 훼손시킨다. 대리석이나 석회석은 탄산 칼슘의 광물 형태이기 때문이다(그림 6J.3).

다른 방법으로는 이온의 산화 상태(**기초 지식** K)를 바꾸어 용액에서 이온을 제거하는 방법도 있다. 중금속 황화물의 금속 이온은 매우 불용성인데, 황화 이온을 산화시켜 원소 황으로 만들면 이를 좀 더 녹여낼 수 있다. 예를 들어 황화 구리(II) CuS는 다음과 같은 평형을 이룬다.

$$CuS(s) \rightleftharpoons Cu^{2+}(aq) + S^{2-}(aq)$$

여기에 질산을 첨가하면 황화 이온이 산화되어 원소 황이 된다.

$$3S^{2-}(aq) + 8HNO_3(aq) \rightleftharpoons 3S(s) + 2NO(g) + 4H_2O(l) + 6NO_3^-(aq)$$

이 복잡한 산화 반응을 통해 황화 이온이 평형에서 제거되기 때문에, Cu^{2+} 이온은 $Cu(NO_3)_2$로 용해될 수 있다.

용해도는 온도에 따라 다르기 때문에, 온도를 바꾸면 침전물이 용해되는 경우도 있다. 이러한 방법으로 침전물을 정제하는 과정을 **재결정**(recrystallization)이라고 한다. 혼합물을 가열하여 고체를 용해시킨 다음 필터로 걸러내어 불용성 불순물을 제거한다. 용액을 다시 냉각하면 고체가 다시 형성되고 이것을 다시 걸러서 원하는 침전물을 얻을 수 있다. Topic 6I에서 공부한 것처럼, 착이온을 형성하여 금속 이온을 용해시키는 방법도 있다.

(a) (b)

그림 6J.3 New York City의 Central Park에 있는 Cleopatra's Needle에 조각된 상형문자들은 산성비의 영향으로 훼손되었다. (a) 이집트 사막에서 3500년이 지난 후, (b) New York City로 옮기고 140년 후. ((a): *Public Domain/Wikimedia Commons*, (b): *Mike Peel/CC BY-SA 4.0/Wikimedia Commons*)

용액에서 한 이온을 제거하면 고체의 용해도를 높일 수 있다. 산을 첨가하면 수산화물, 황화물, 아황산염, 탄산염 침전물을 용해시킬 수 있다. 질산을 이용하여 금속 황화물을 산화시켜 원소 황과 용해성 염으로 만들 수도 있다. 온도를 바꾸거나 착이온을 형성하여 용해시킬 수 있는 고체들도 있다.

6J.4 정성 분석

착이온 형성, 선택적 침전, pH 조절은 모두 수용액에 존재하는 이온들을 정성 분석하는 데 중요한 기법들이다(Topic 6I). 분석 방법은 매우 다양하지만, 원리는 모두 같다. 양이온 5종을 식별하기 위해 실험실에서 활용할 수 있는 간단한 방법을 소개한다.

그림 6J.4처럼 어떤 용액에 납(II), 수은(I), 은, 구리(II), 아연 이온이 들어있다고 하자. 다음 단계를 따라 이 이온들을 분리한다.

1. 염화물은 대부분 용해된다. 따라서 혼합 염에 염산을 첨가하면 특정한 염화물만이 침전된다(표 6I.1). 이 단계에서 산으로부터 나온 하이드로늄 이온은 아무런 역할이 없고, 단지 염화 이온과 짝을 이룰 뿐이다.
   a. 염화 은과 염화 수은(I)은 K_{sp}가 아주 작으므로 Cl^- 이온 농도가 낮더라도 염화물로 침전된다.
   b. 염화 납(II)는 조금 용해되는데, 염화 이온 농도가 충분히 높으면 침전된다.

이 처리 후에 원심분리기를 이용하여 침전물을 압착시킨 다음 상층액을 따라낸다. 이제 용액에는 구리(II)와 아연 이온이 남아 있으며, $PbCl_2$, Hg_2Cl_2, AgCl은 고체가 되었다. 다음 방법

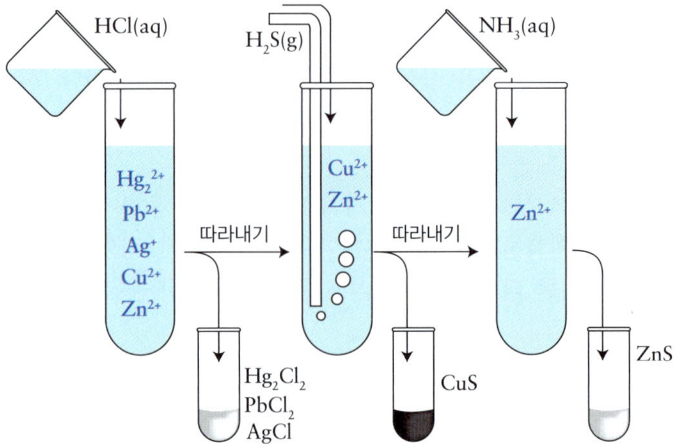

그림 6J.4 양이온 5종을 분리하기 위해 사용하는 정성 분석 과정의 일부. 1단계: 양이온 3종을 불용성 염화물로 분리한다. 2단계: 구리(II) 양이온은 매우 불용성인 황화물을 형성하므로 낮은 pH에서 침전시켜 제거한다. 3단계: 남아있는 아연 양이온을 높은 pH에서 황화물로 침전시킨다.

으로 구리(II)와 아연을 선택적으로 침전시킬 수 있다.

2. CuS는 매우 불용성이므로, 기체 H_2S를 용액에 불어넣으면 CuS가 용액에서 빠져나와 침전된다.
3. S^{2-} 이온의 농도를 높이기 위해 $NH_3(aq)$를 넣어 용액의 pH를 높인다.

지금까지 처리를 통해 구리(II) 이온과 아연 이온을 황화물 염으로 분리하였다. 고체 염화물 혼합물에서 납(II) 이온은 다음과 같은 방법으로 분리할 수 있다(**그림 6J.5**).

4. $PbCl_2$는 조금 용해되므로, 침전물을 뜨거운 물로 헹구면 염화 납(II)이 용해된다. 이제 침전물에는 Hg_2Cl_2와 AgCl이 남아 있다.
5. $PbCl_2$ 용액에 크로뮴산 소듐을 넣으면, 용액에 존재하는 모든 납(II) 이온이 노란색 침전물인 크로뮴산 납(II)이 된다. 이를 통해 납 이온이 들어있는지 확인할 수 있다.

$$Pb^{2+}(aq) + CrO_4^{2-}(aq) \rightarrow PbCrO_4(s)$$

이제 침전물에는 염화 은과 염화 수은(I)이 남아 있다. 다음 과정을 통해 분리할 수 있다(**그림 6J.6**).

6. 고체 혼합물에 암모니아 수용액을 넣는다. 염화 은 침전물이 용해성 착이온 $Ag(NH_3)^{2+}$를

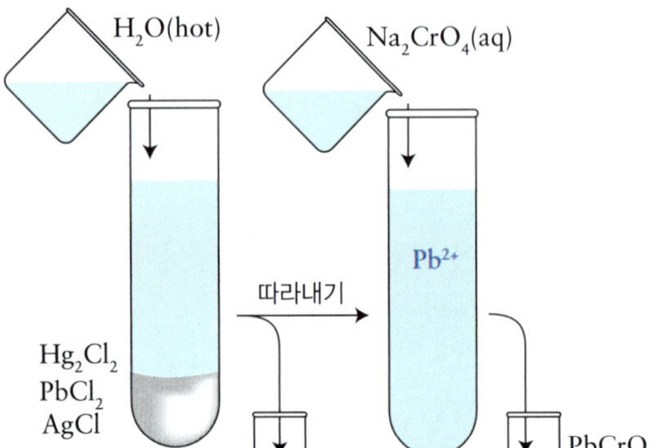

그림 6J.5 양이온 5종을 분리하는 추가 단계. 4단계: 처음 용액의 침전물, AgCl, Hg_2Cl_2, $PbCl_2$를 뜨거운 물로 헹구면 $PbCl_2$가 약간 용해된다. 이 액체를 따라낸다. 5단계: Na_2CrO_4를 넣으면 납 이온이 $PbCrO_4(s)$를 형성한다.

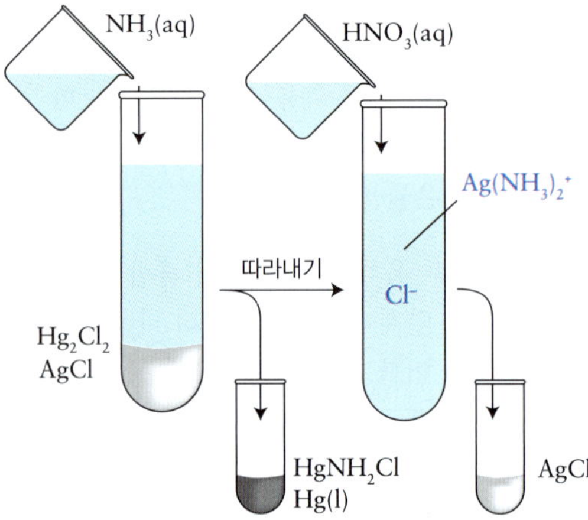

그림 6J.6 양이온 5종을 분리하는 마지막 단계. 6단계: AgCl과 Hg_2Cl_2 침전물에 암모니아를 첨가하면 AgCl이 용해된다. 산화-환원 반응으로 금속 수은과 수은(II) 이온이 생성되어 침전물이 회색으로 변한다. 7단계: 액체를 따라내고 여기에 질산을 넣어 AgCl을 침전시킨다.

형성하며 녹아 나온다.

$$Ag^+(aq) + 2NH_3(aq) \rightarrow Ag(NH_3)_2^+(aq)$$

수은(I) 이온은 암모니아와 반응하여 회색 고체가 되는데, 이것은 수은(II) 이온의 흰색 침전물인 $HgNH_2Cl(s)$와 검은색 금속 수은의 혼합물이다.

$$Hg_2Cl_2(s) + 2NH_3(aq) \rightarrow Hg(l) + HgNH_2Cl(s) + NH_4^+(aq) + Cl^-(aq)$$

이제 Hg_2^{2+}는 모두 침전되었고, Ag^+는 착이온 형태로 염화 이온과 함께 용액에 남아 있다. 고체의 상층액을 따라낸 후, 다음 방법을 통해 은 이온의 존재를 확인할 수 있다.

7. 용액에 질산을 넣는다. 산이 암모니아를 NH_4^+로 만들면서 착이온에서 떼어낸다. 따라서 흰색 염화 은이 침전된다.

$$Ag(NH_3)_2^+(aq) + Cl^-(aq) + 2H_3O^+(aq) \rightarrow AgCl(s) + 2NH_4^+(aq) + 2H_2O(l)$$

이 방법을 통해 양이온 5종을 확인하였으며, 각 양이온은 개별 고체 화합물로 분리되었다.

만약 다른 이온들이 더 있더라도 비슷한 방법을 적용할 수 있다. 예를 들어, 황화물들은 그 용해도와 용해도곱이 아주 다양하기 때문에, 처음 용액에서 염화물을 분리하고 난 다음(그림 6J.4)에 S^{2-} 이온을 첨가하여 선택적으로 분리할 수 있다. CuS, HgS, Sb_2S_3 같은 금속 황화물은 용해도곱이 매우 작기 때문에, 용액에 S^{2-}가 극미량 존재하더라도 침전된다. 이렇게 매우 낮은 S^{2-} 이온 농도를 만드는 방법은 산성 용액에다가 황화 수소를 첨가하는 것이다. 하이드로늄 이온 농도가 높으면 다음 평형을 왼쪽으로 이동시킨다.

$$H_2S(aq) + 2H_2O(l) \rightleftharpoons 2H_3O^+(aq) + S^{2-}(aq)$$

따라서 거의 모든 H_2S가 양성자 첨가된 상태이며 S^{2-} 농도는 극히 낮다. 이렇게 농도가 극히 낮더라도, 매우 불용성인 고체를 형성하는 양이온이 있다면 침전할 것이다. 이보다 용해성이 좀 더 높은 황화물, 예를 들어 ZnS나 MnS를 형성하는 양이온을 확인하려면 pH를 높인다. 이에 따라 S^{2-} 농도가 증가하면 이 화합물들을 침전시킬 수 있다.

정성 분석은 선택적 침전, 착물 형성, pH 조절 등을 통해 이온을 분리하고 식별하는 분석법이다.

이 Topic에서 배운 것은 무엇인가?

어떤 염이 침전할지 아닐지를 용해도곱 상수를 이용하여 예측하는 방법을 알아보았다. 용액을 혼합할 때 침전하는 순서를 예측하는 방법도 알아보았다. 또한 정성 분석에 평형 개념을 적용하는 방법도 공부했다.

개념과 식의 적용

□ 두 염의 용액을 혼합할 때 침전물이 생길지 예측한다(예제 6J.1).
□ 여러 종류의 이온이 들어있는 용액에 공통 이온을 첨가할 때 침전하는 순서를 예측한다(예제 6J.2).
□ 염이 혼합되어 있을 때 용해도 차이를 이용하여 양이온을 식별하는 방법을 제시한다(6J.4절).

Topic 6J 연습 문제

용해도곱은 표 6I.1을 이용하시오. 모두 25 °C를 가정한다.

6J.1 (a) 1.0×10^{-5} M NaCl(aq)에서 침전물을 만드는 데 필요한 Ag^+ 이온의 몰농도는 얼마인가? (b) (a)의 용액 100. mL에 침전이 일어나게 하려면 고체 $AgNO_3$를 몇 μg 넣어야 하는가?

6J.2 0.010 M $Pb(NO_3)_2$(aq)에서 아이오딘화 이온을 넣어 납(II) 이온을 침전시키려고 한다. (a) PbI_2를 침전시키려면 아이오딘화 이온의 최소 농도는 얼마여야 하는가? (b) $Pb(NO_3)_2$(aq) 용액 25.0 mL에 KI를 몇 g 넣어야 PbI_2가 형성되는가?

6J.3 (a) 0.060 M $NiSO_4$(aq)와 (b) 0.030 M $NiSO_4$(aq)에서 $Ni(OH)_2$의 침전이 일어나기 시작하는 pH는 얼마인지 추정하시오.

6J.4 다음 용액을 섞을 때 침전이 일어날지 말하시오. 음이온과 물의 반응은 모두 무시하시오.

(a) 0.10 M K_2CO_3(aq) 5.0 mL와 0.010 M $AgNO_3$(aq) 1.00 L

(b) 1.0 M HCl(aq) 3.3 mL와 0.0030 M $AgNO_3$(aq) 4.9 mL를 섞고 물을 넣어 용액 50.0 mL를 만든다.

6J.5 평균적으로 수용액 20방울이 1.0 mL를 이룬다. (a) 0.0040 M $AgNO_3$(aq)와 10.0 mL와 (b) 0.0040 M $Pb(NO_3)_2$(aq) 10.0 mL에 각각 0.010 M NaCl(aq)을 한 방울씩 떨어뜨리면 침전이 일어날까?

6J.6 평균적으로 수용액 20방울이 1.0 mL를 이룬다. 음이온과 물의 반응은 모두 무시하고, 침전이 일어날지 말하시오.

(a) 0.0018 M $CaCl_2$(aq) 25.0 mL에 0.0029 M K_2CO_3(aq) 7방울을 떨어뜨림

(b) 0.0040 M $AgNO_3$(aq) 10.0 mL에 0.010 M Na_2CO_3(aq) 10방울을 떨어뜨림

6J.7 어떤 수용액에 들어있는 마그네슘, 칼슘, 니켈(II) 이온 농도가 각각 0.0010 $mol{\cdot}L^{-1}$이다. (a) 고체 KOH를 넣을 때 침전하는 순서를 말하시오. (b) 각 염이 침전할 때 pH를 구하시오.

6J.8 두 수산화물 MOH와 $X(OH)_2$의 $K_{sp}=1.0\times10^{-12}$로 같다. 처음 용액에는 두 양이온의 농도가 각각 0.0010 $mol{\cdot}L^{-1}$이고, 이것은 질산 이온과 짝을 이루고 있다. 이 용액에 고체 NaOH를 넣을 때, 먼저 침전하는 수산화물이 무엇인지 말하고 이때 pH를 구하시오.

6J.9 마그네슘 이온과 바륨 이온 혼합물에서 마그네슘 이온을 선택적 침전으로 분리하려고 한다. 플루오린화 이온과 탄산 이온 중에서 어느 것이 더 나은 선택인가? 그 이유는 무엇인가?

6J.10 바륨 이온과 칼슘 이온 혼합물에서 바륨 이온을 선택적 침전으로 분리하려고 한다. 플루오린화 이온과 탄산 이온 중에서 어느 것이 더 나은 선택인가? 그 이유는 무엇인가?

6J.11 Pb^{2+} 이온과 Cu^{2+} 이온을 분리하기 위해 난용성 아이오딘산 염을 만들려고 한다. 0.0010 M $Pb(NO_3)_2$(aq)와 0.0010 M $Cu(NO_3)_2$(aq)가 들어있는 어떤 용액에 아이오딘산 소듐을 첨가한다. Cu^{2+}가 침전하기 시작할 때 Pb^{2+} 이온의 농도는 얼마인가?

6J.12 어떤 화학자가 바륨 이온과 납 이온을 분리하기 위해 황산 이온을 침전 시약으로 사용하고자 한다. (a) 0.010 M Ba^{2+}(aq)와 0.010 M Pb^{2+}(aq)가 들어있는 어떤 용액에서 $BaSO_4$와 $PbSO_4$를 침전시키는 데 필요한 황산 이온의 농도는 얼마인가? (b) 황산 납(II)가 침전하기 시작할 때 바륨 이온의 농도는 얼마인가?

6J.13 다음 두 평형을 생각하자.

$$CaF_2(s) \rightleftharpoons Ca^{2+}(aq) + 2F^-(aq) \quad K_{sp}=4.0\times10^{-11}$$

$$F^-(aq) + H_2O(l) \rightleftharpoons HF(aq) + OH^-(aq) \quad K_b = 2.9\times10^{-11}$$

(a) 전체 평형 반응식을 쓰고 평형 상수를 계산하시오. (b) (i) pH = 7.0(완충됨)과 (ii) pH = 3.0(완충됨)에서 CaF_2의 용해도를 추정하시오.

6J.14 다음 두 평형을 생각하자.

$$BaF_2(s) \rightleftharpoons Ba^{2+}(aq) + 2F^-(aq) \quad K_{sp}=1.7\times10^{-6}$$

$$F^-(aq) + H_2O(l) \rightleftharpoons HF(aq) + OH^-(aq) \quad K_b = 2.9\times10^{-11}$$

(a) 전체 평형 반응식을 쓰고 평형 상수를 계산하시오. (b) (i) pH = 7.0(완충됨)과 (ii) pH = 5.0(완충됨)에서 BaF_2의 용해도를 추정하시오.

6J.15 AgCl 또는 AgI 중 하나가 들어있는 병을 발견하였다. 이 병에 들어있는 화합물이 무엇인지 식별하기 위한 간단한 화학적 분석법을 제시하시오.

6J.16 (a) Bi_2S_3(s)와 (b) FeS(s) 중에서 1.00 M HNO_3(aq)에 용해되는 것은 무엇인가? 적절한 계산을 통해 이유를 설명하시오.

6J.17 은, 비스무트, 니켈의 합금으로 추정되는 시료가 있다. 이 세 금속이 들어있는지 확인하는 정성 분석 방법을 제시하시오.

6J.18 아연(II) 이온은 착이온 $Zn(OH)_4{}^{2-}$을 쉽게 형성할 수 있다. 이 사실을 이용하여 $ZnCl_2$ 용액과 $MgCl_2$ 용액을 구별하는 방법을 설명하시오.

Topic 6K 산화-환원 반응식 나타내기

6K.1 반쪽 반응
6K.2 산화-환원 반응식의 균형 맞추기

이 Topic을 왜 배우는가? 산화-환원 반응은 분석, 합성, 생화학에서 중요한 역할을 하는 반응이다. 산화-환원 반응을 이해하는 첫 단계로, 이 반응을 '반쪽 반응' 형태로 쓴 다음, 복잡한 화학 반응식의 균형을 맞출 줄 알아야 한다.

무엇을 알고 있어야 하는가? 산화-환원 반응의 개념과 산화수에 대해 잘 알고 있어야 한다(기초 지식 K).

반응물의 산화 상태 변화와 관련된 화학 반응은 아주 중요한 반응이다. 기초 지식 K에서 설명하였듯이, 산화란 하나 이상의 전자를 잃는 반응, 환원이란 하나 이상의 전자를 얻는 반응이다. 전자의 손실과 획득이 함께 일어나는 과정이 **산화-환원 반응(redox reaction)**이다. 산화-환원 반응은 유기 물질의 연소나 광물에서 금속 추출 등 광범위한 화학 변환을 설명한다.

전자는 결합과 밀접한 연관이 있기 때문에, 전자가 물질 사이에서 이동할 때 원자나 원자단까지 끌고 가는 경우가 많다. 따라서, 산화-환원 반응은 전자의 이동뿐만 아니라 원자들의 결합까지 변화시키기 때문에 반응식이 복잡한 경우가 많다.

6K.1 반쪽 반응

반쪽 반응(half-reaction)이란 어떤 반응의 산화 부분 또는 환원 부분만을 가리킨다. 산화 반쪽 반응은 산화되는 물질로부터 전자가 제거되는 과정을 나타내며, 이때 전자를 생성물로 나타낸다. 예를 들어, 은 이온과 금속 아연의 반응에서,

$$Zn(s) + 2\,Ag^{+}(aq) \rightarrow Zn^{2+}(aq) + 2\,Ag(s)$$

아연의 산화만을 따로 쓰면,

$$Zn(s) \rightarrow Zn^{2+}(s) + 2\,e^{-}$$

이때, 양쪽의 원자도 균형을 이루어야 할 뿐만 아니라, 전체 전하도 균형을 이루어야 하므로 산화 과정에서 제거된 전자의 개수를 표시해야 한다는 점에 유의하자.

산화 반쪽 반응은 산화를 나타내는 **개념적인 방법**일 뿐이라는 점을 반드시 알아두자. 실제 상황에서 전자는 절대로 자유롭게 존재하지 않는다. 산화 반쪽 반응식에서, 방출된 전자는 항상 화살표 오른쪽에 나타낸다. 또한 전자의 상태는 표시하지 않는데, 전자는 이동하고 있어서 정확한 물리적인 상태를 부여할 수 없다고 보기 때문이다. 반쪽 반응에서 환원된 물질과 산화된 물질을 합쳐서 **산화-환원 쌍(redox couple)**이라고 한다. 이 반쪽 반응에서는 Zn^{2+}와 Zn이 산화-환원 쌍이며, Zn^{2+}/Zn이라고 표시한다. 산화-환원 쌍은 Ox/Red 형태로 쓰는데, Ox는 산화된 형태, Red는 환원된 형태를 가리킨다.

유의 사항
개념적인 반쪽 반응과 이온화 반응을 구별해야 한다. 이온화 반응에서는 예를 들어 $Na(g) \rightarrow Na^{+}(g) + e^{-}(g)$처럼 전자의 상태를 표시한다.

이제 환원을 알아보자. 어떤 물질에 전자가 추가되는 것을 나타내려면, 전자를 얻는 반쪽

반응식을 써야 한다. 예를 들어 Ag^+ 이온이 금속 Ag로 환원되는 반응은 다음과 같이 쓴다.

$$Ag^+(aq) + e^- \rightarrow Ag(s)$$

이 반쪽 반응도 마찬가지로 개념적인 반응식일 뿐이다. 앞서 설명했듯이 전자는 자유롭게 존재하는 것이 아니므로 그 상태도 명시하지 않는다. 환원 반쪽 반응식에서는 획득한 전자를 항상 화살표의 왼쪽에 쓴다. 이때는 산화–환원 쌍을 Ag^+/Ag로 쓸 수 있다.

산화와 환원 반쪽 반응은 항상 함께 일어난다. 환원 없이 산화만 일어날 수는 없다. 모든 산화–환원 반응에는 자신이 환원되는 **산화제**(oxidizing agent)와 자신이 산화되는 **환원제**(reducing agent)가 있다(**기초 지식** K).

반쪽 반응은 전체 산화–환원 반응에서 산화와 환원이 각각 기여하는 부분을 나타낸다.

6K.2 산화–환원 반응식의 균형 맞추기

산화–환원 반응식의 균형을 맞추는 것은 까다로울 수 있다. 특히, 수용액에서 반응이 일어날 때 물, 수소 이온(산성 용액), 수산화 이온(염기성 이온)이 반응에 참여할 수 있다. 이런 경우에는 반응식을 산화와 환원의 반쪽 반응으로 나눈 후, 반쪽 반응식 각각을 균형 맞춘 다음, 다시 합쳐 전체 균형 반응식을 얻는다. 반쪽 반응식을 더할 때는 산화에서 잃은 전자 개수가 환원에서 얻은 전자 개수와 반드시 같아야 한다. 화학 반응을 통해 전자는 생성되지도, 없어지지도 않기 때문이다. 이 방법을 도구상자 6K.1에 정리해 두었고, 예제 6K.1과 6K.2를 통해 연습해보자.

도구상자 6K.1 산화–환원 반응식의 균형을 맞추는 방법

기본 개념

산화–환원 반응의 균형을 맞출 때는, 반쪽 반응에서 얻은 전자(환원)와 잃은 전자(산화)를 표시하면 이동한 전자의 개수를 알 수 있다. 산화에서 잃은 전자 개수와 환원에서 얻은 전자 개수가 반드시 같아야 하므로, 마지막 단계에서 각 반쪽 반응식에 적절한 계수를 곱해야 할 때도 있다.

방법

반쪽 반응 각각을 균형 맞춘 다음 다시 합치는 방법을 일반적으로 쓴다.

1단계 산화수 변화를 구하여 산화된 물질과 환원된 물질을 찾는다.

2단계 산화와 환원 반쪽 반응의 골격 반응식(균형은 아직 맞추지 않아도 된다)을 따로 쓴다.

3단계 각 반쪽 반응에서 O와 H를 제외한 나머지 원소들의 균형을 맞춘다.

4단계 (a) 산성 용액에서는 H_2O를 이용하여 O의 균형을 맞춘 다음, H^+를 이용하여 H의 균형을 맞춘다. 산화–환원 반응에서는 양성자 이동이 주된 관심사가 아니므로, 반응식을 간단히 쓰기 위해 H_3O^+ 대신에 H^+로 쓰는 것이 일반적이다.
(b) 염기성 용액에서는 H_2O를 이용하여 O의 균형을 맞춘 다음, H가 더 필요한 쪽에 H_2O를, 다른 쪽에 OH^-를 써서 H의 균형을 맞춘다. 예를 들어,

- … OH^- … → … H_2O …형태라면 오른쪽에 H 원자 하나를 추가한 셈이다.
- … H_2O …. → … OH^-…형태라면 왼쪽에 H 원자 하나를 추가한 셈이다.

염기성 용액에서는 H 원자가 필요한 쪽에 H_2O 분자를 추가한다는 점에 유의하자. 균형을 맞춘 다음, 양변에서 공통된 물질(보통은 H_2O)을 소거해야 하는 경우도 있다.

5단계 환원 반응의 왼쪽에, 산화 반응의 오른쪽에 전자를 추가하여 전하의 균형을 맞춘다. 각 반쪽 반응에서 잃거나 얻은 전자의 개수가, 산화되거나 환원된 원소의 산화수 변화와 같은지 점검하자.

6단계 (필요한 경우에는) 각 반쪽 반응에 적절한 계수를 곱하여 두 반응의 전자 개수가 같도록 만든다. 이제 두 반응식을 더하고 물질의 상태를 쓴다.

7단계 양변에 공통된 물질을 소거하여 반응식을 간결하게 완성한다. 원자와 전하가 모두 균형을 이루는지 점검한다.

이 과정을 예제 6K.1과 6K.2에서 보여 준다.

예제 6K.1 산성 용액에서 산화–환원 반응식의 균형 맞추기

과망가니즈산 이온 MnO_4^-는 강력한 산화제로, 하수 처리 시설에서 Fe^{2+} 같은 금속을 제거하거나 H_2S 같은 유독성, 악취성 물질을 제거하는 데 쓰인다. 여러분이 과망가니즈산 이온의 용액을 사용한다면 정확한 농도를 알아야 할 것이다. 보통 옥살산 $H_2C_2O_4$[$(COOH)_2$로 쓰기도 함]으로 적정하여 MnO_4^{2-} 용액의 농도를 구하는데, 이를 위해서는 이 산화–환원 반응식의 균형 반응식을 알아야 한다. 산성 용액에서 과망가니즈산 이온은 옥살산을 산화시켜 이산화 탄소로 만들고, 자신은 Mn^{2+}로 환원된다. 이 반응의 골격 반응식은 다음과 같다.

$$MnO_4^-(aq) + H_2C_2O_4(aq) \rightarrow Mn^{2+}(aq) + CO_2(g)$$

알짜 이온 반응식을 쓰고 균형을 맞추시오.

계획 도구상자 6K.1에 수록된 산성 용액에 대한 방법을 따라 균형을 맞춘다.

풀이

환원 반쪽 반응

1단계 환원된 물질을 찾는다.

Mn의 산화수가 +7에서 +2로 감소하였으므로, MnO_4^-의 Mn이 환원되었다.

$$\overset{+7}{Mn}O_4^- \rightarrow \overset{+2}{Mn}{}^{2+}$$

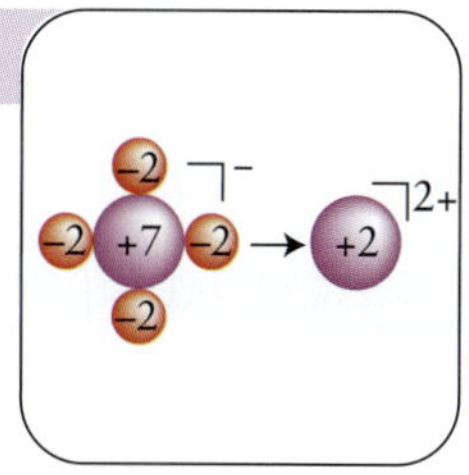

2단계 이 환원 반응의 골격 반응식을 쓴다.

$$MnO_4^- \rightarrow Mn^{2+}$$

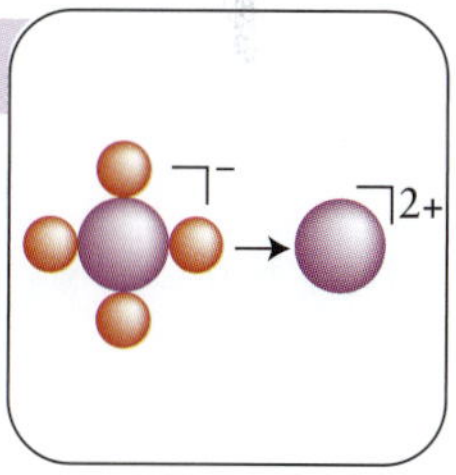

3단계 H와 O를 제외한 나머지 원소들의 균형을 맞춘다.

$$MnO_4^- \rightarrow Mn^{2+}$$

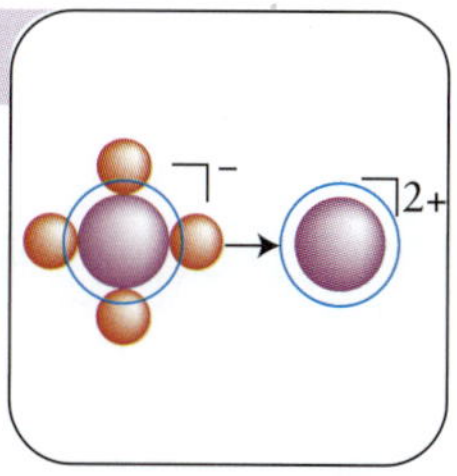

4단계 우변에 H_2O를 추가하여 O 원자의 균형을 맞춘다.

$$MnO_4^- \rightarrow Mn^{2+} + 4H_2O$$

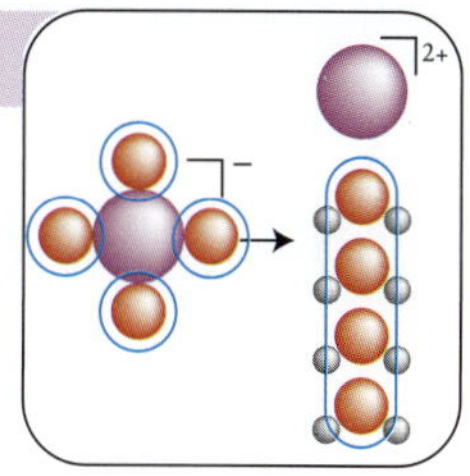

좌변에 H^+를 써서 H 원자의 균형을 맞춘다.

$$MnO_4^- + 8H^+ \rightarrow Mn^{2+} + 4H_2O$$

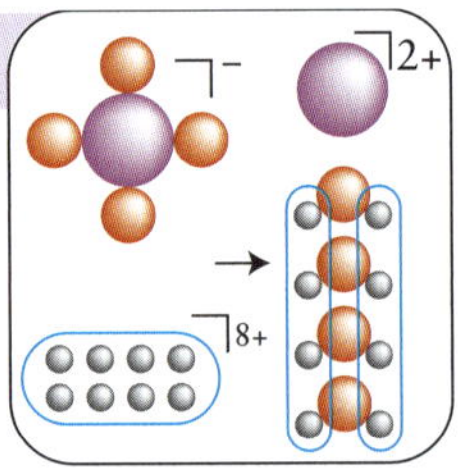

5단계 전자를 추가하여 전체 전하의 균형을 맞춘다.

좌변의 전체 전하는 +7, 우변은 +2이므로, 왼쪽에 전자 5개를 추가하여 전체 전하를 +7에서 +2로 맞춘다.

$$\overbrace{MnO_4^- + 8H^+ + 5e^-}^{\text{전체 전하} = +2} \rightarrow \overbrace{Mn^{2+} + 4H_2O}^{\text{전체 전하} = +2}$$

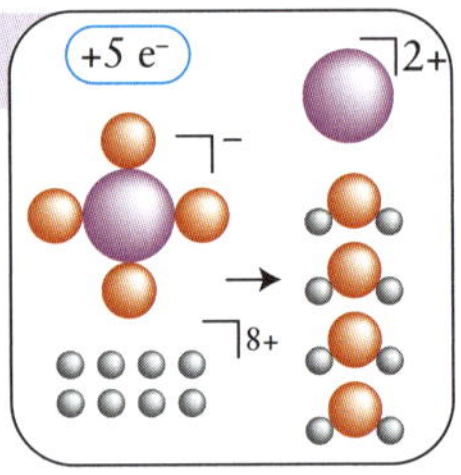

이동한 전자 개수 5개는 Mn의 산화수 변화(+7 → +2)와 일치한다.

산화 반쪽 반응

1단계 산화된 물질을 찾는다.

탄소의 산화수가 +3에서 +4로 증가하였으므로, 옥살산의 C 원자가 산화되었다.

$$\overset{+3}{C}_2H_2O_4 \rightarrow \overset{+4}{C}O_2$$

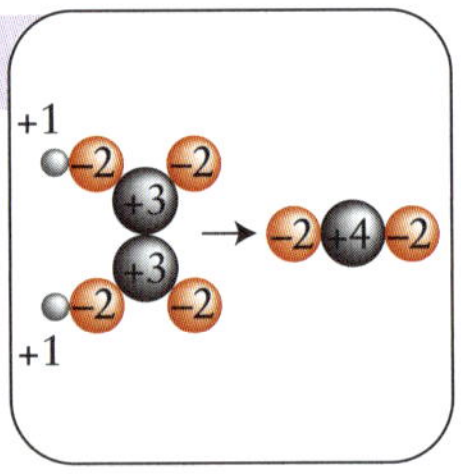

2단계 산화된 물질의 골격 반응식을 쓴다.

$$H_2C_2O_4 \rightarrow CO_2$$

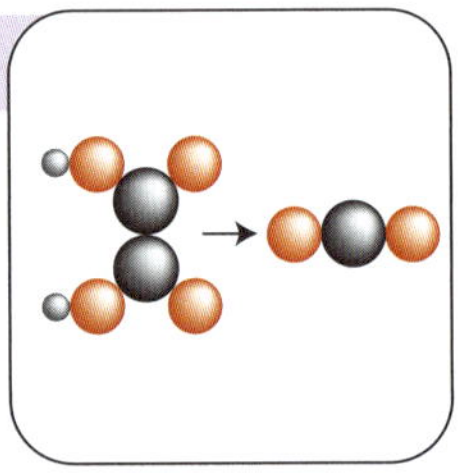

3단계 H와 O를 제외한 나머지 원소들의 균형을 맞춘다.

$$H_2C_2O_4 \rightarrow 2CO_2$$

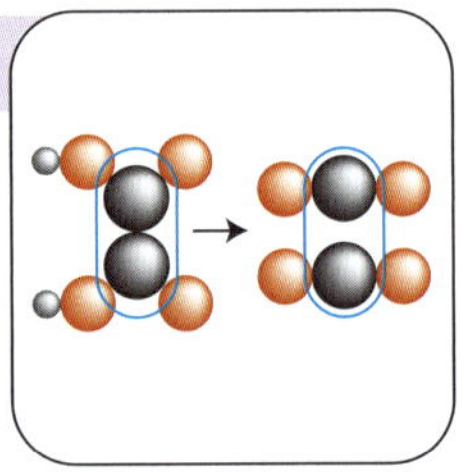

4단계 H_2O를 더하여 O 원자의 균형을 맞춘다. 이 반응에서는 필요 없다.

$$H_2C_2O_4 \rightarrow 2CO_2$$

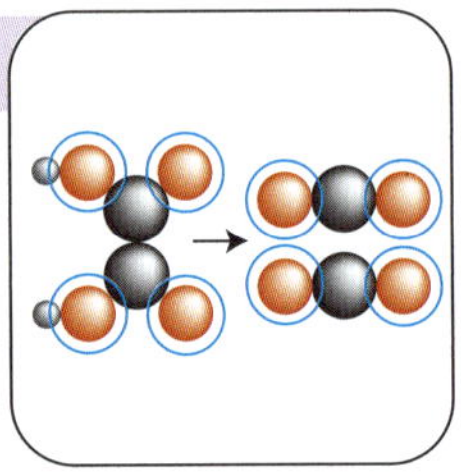

오른쪽에 H^+를 추가하여 H 원자의 균형을 맞춘다.

$$H_2C_2O_4 \rightarrow 2CO_2 + 2H^+$$

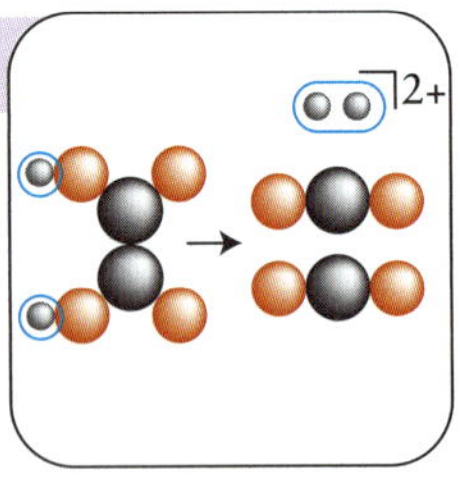

5단계 전자를 추가하여 전체 전하의 균형을 맞춘다.

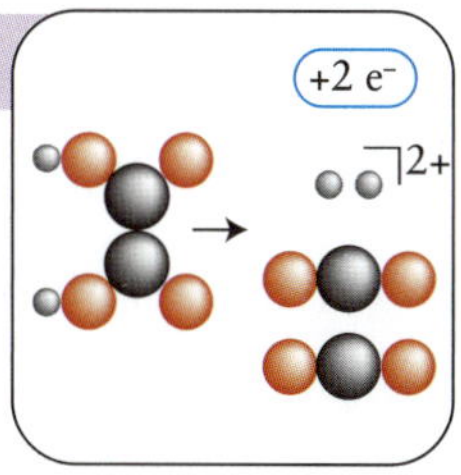

좌변의 전체 전하는 0이고 우변은 +2이므로, 오른쪽에 전자 2개를 추가하여 전체 전하를 +2에서 0으로 맞춘다.

$$\overbrace{H_2C_2O_4}^{\text{전하}=0} \rightarrow \overbrace{2CO_2 + 2H^+ + 2e^-}^{\text{전체 전하}=0}$$

이동한 전자의 개수 2개는 C 원자 2개의 산화수 변화(+3 → +4)와 일치한다.

이제 두 반쪽 반응을 더한다.

6단계 먼저 각 반쪽 반응의 전자 개수를 맞춘다.

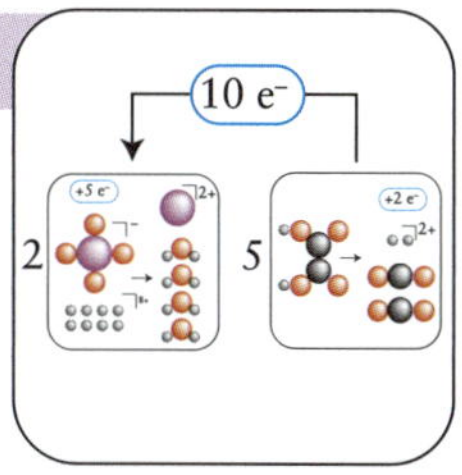

환원 반쪽 반응은 전자 5개를 얻었으므로 2를 곱하고, 산화 반쪽 반응은 전자 2개를 잃었으므로 5를 곱한다.

$$2MnO_4^- + 16H^+ + 10e^- \rightarrow 2Mn^{2+} + 8H_2O$$

$$5H_2C_2O_4 \rightarrow 10CO_2 + 10H^+ + 10e^-$$

두 반응식을 더하고 양변에서 전자 10개를 소거한다.

$$2MnO_4^- + 5H_2C_2O_4 + 16H^+ \rightarrow 2Mn^{2+} + 8H_2O + 10CO_2 + 10H^+$$

양변에 10 H^+가 공통이므로 소거하고, 물질의 상태를 쓴다.

$$2MnO_4^-(aq) + 5H_2C_2O_4(aq) + 6H^+(aq) \rightarrow 2Mn^{2+}(aq) + 8H_2O(l) + 10CO_2(g)$$

이제, 원소와 전하 균형이 모두 맞았다.

자습 6K.1A 금속 구리가 묽은 질산과 반응하여 질산 구리(II)와 기체 일산화 질소 NO를 형성하였다. 균형 알짜 이온 반응식을 쓰시오.

[**답**: $Cu(s) + 2NO_3^-(ag) + 8H^+(aq) \rightarrow 3Cu^{2+}(aq) + 2NO(g) + 4H_2O(l)$]

자습 6K.1B 산성 과망가니즈산 포타슘 용액이 아황산 용액 $H_2SO_3(aq)$와 반응하여 황산과 망가니즈(II) 이온을 형성하였다. 균형 알짜 이온 반응식을 쓰시오. 이 산성 용액에서 H_2SO_3는 전기적으로 중성인 분자 상태로, 황산은 HSO_4^- 이온으로 존재한다.

관련 연습 문제 6K.1~6K.4, 6K.7

예제 6K.2 염기성 용액에서 산화-환원 반응식의 균형 맞추기

여러분이 분석 화학 실험실의 연구원으로서, 환경 기관에서 보낸 지하수 시료에 포함된 브로민화 이온의 농도를 측정해 달라는 요청을 받았다. 과망가니즈산 이온 MnO_4^- 용액으로 적정하여 농도를 구하고자 한다. 염기성 수용액에서 브로민화 이온과 과망가니즈산 이온의 반응 생성물은 고체 산화 망가니즈(IV) MnO_2와 브로민산 이온 BrO_3^-이다. 알짜 이온 반응식을 쓰고 균형을 맞추시오.

계획 도구상자 6K.1에 수록된 염기성 용액에 대한 방법을 따른다.

환원 반쪽 반응

1단계 환원된 물질을 찾는다.

Mn의 산화수가 MnO_4^-의 +7에서 MnO_2의 +4로 감소하였으므로, MnO_4^-의 Mn이 환원되었다.

$$\overset{+7}{Mn}O_4^- \rightarrow \overset{+4}{Mn}O_2$$

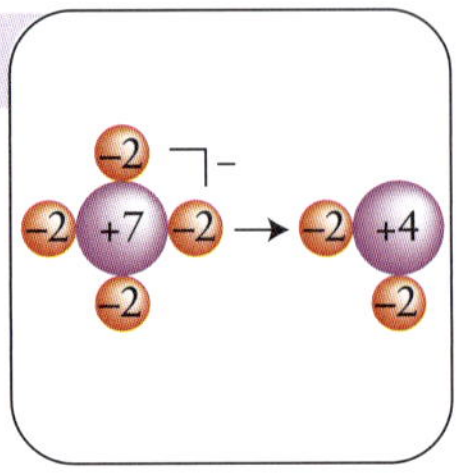

2단계 환원 반응의 골격 반응식을 쓴다.

$$MnO_4^- \rightarrow MnO_2$$

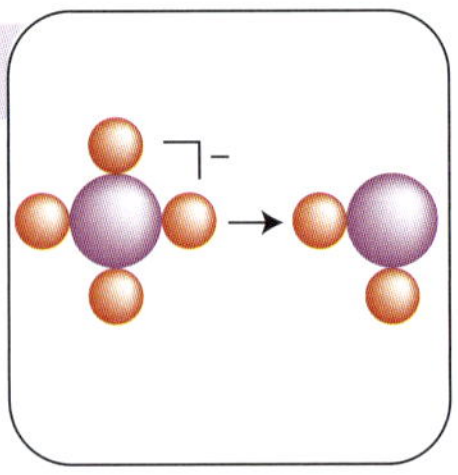

3단계 Mn 원자의 균형을 맞춘다.

$$MnO_4^- \rightarrow MnO_2$$

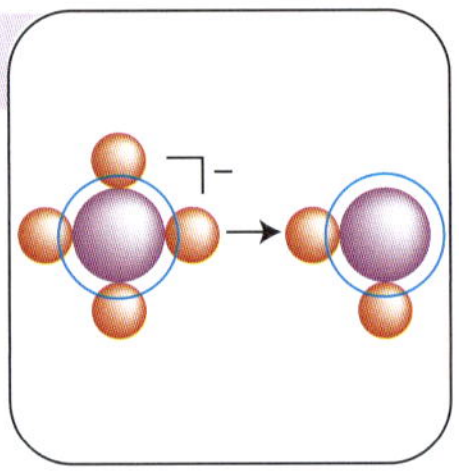

4단계 우변에 H_2O를 추가하여 O 원자의 균형을 맞춘다.

$$MnO_4^- \rightarrow MnO_2 + 2H_2O$$

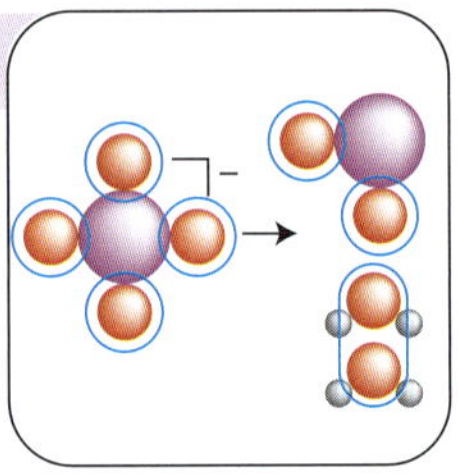

좌변에 H 원자 4개가 필요하다. 좌변에 4 H_2O를 추가하고 우변에 4 OH^-를 추가하여 H 원자의 균형을 맞춘다.

$$MnO_4^- + 4H_2O \rightarrow MnO_2 + 2H_2O + 4OH^-$$

좌변에 알짜 H 원자 4개

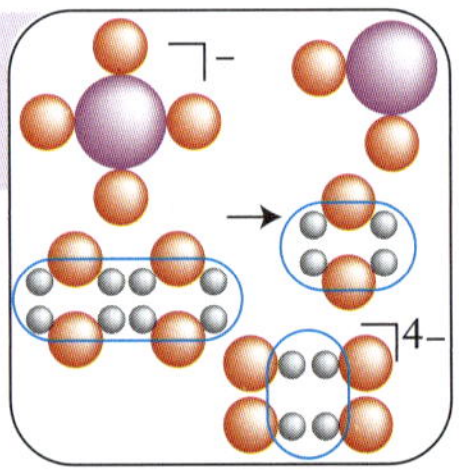

양변에서 공통인 물질(여기서는 2 H_2O)을 소거한다.

$$MnO_4^- + 8H^+ \rightarrow Mn^{2+} + 4H_2O$$

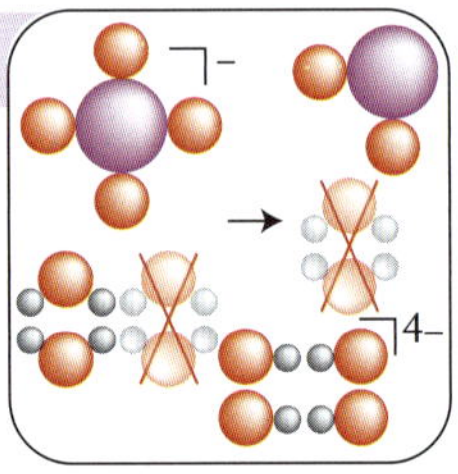

5단계 전자를 추가하여 전하 균형을 맞춘다.

좌변의 전체 전하는 −1이고 우변은 −3이다. 따라서 좌변에 전자 3개를 추가하여 전체 전하를 −1에서 −4로 맞춘다.

$$\overbrace{MnO_4^- + 2H_2O + 3e^-}^{\text{전체 전하}=-4} \rightarrow \overbrace{MnO_2 + 4OH^-}^{\text{전체 전하}=-4}$$

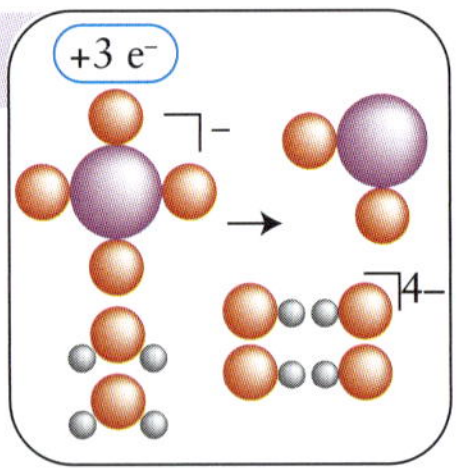

이동한 전자 3개는 Mn의 산화수 변화(+7 → +4)와 일치한다.

산화 반쪽 반응

1단계 산화된 물질을 찾는다.

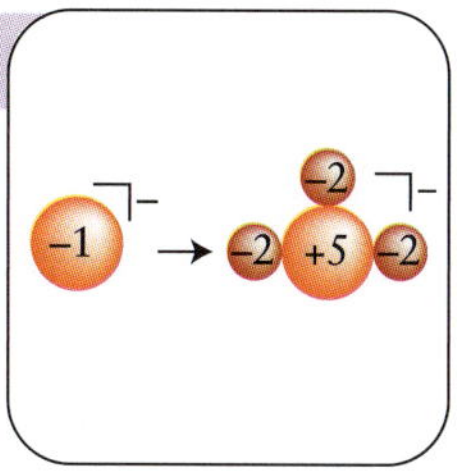

Br의 산화수가 Br^-의 −1에서 $BrO_3{}^-$의 +5로 증가하였으므로, Br^-가 산화되었다.

$$\overset{-1}{Br^-} \rightarrow \overset{+5}{Br}O_3{}^-$$

2단계 산화 반응의 골격 반응식을 쓴다.

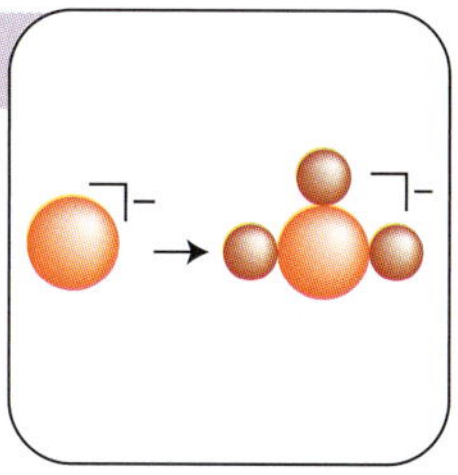

$$Br^- \rightarrow BrO_3{}^-$$

3단계 Br 원자의 균형을 맞춘다.

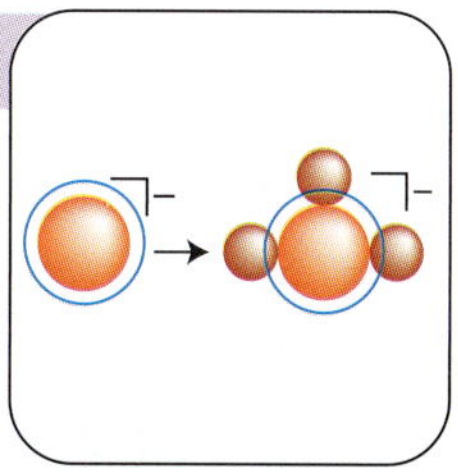

$$Br^- \rightarrow BrO_3{}^-$$

4단계 좌변에 H_2O를 추가하여 O 원자의 균형을 맞춘다.

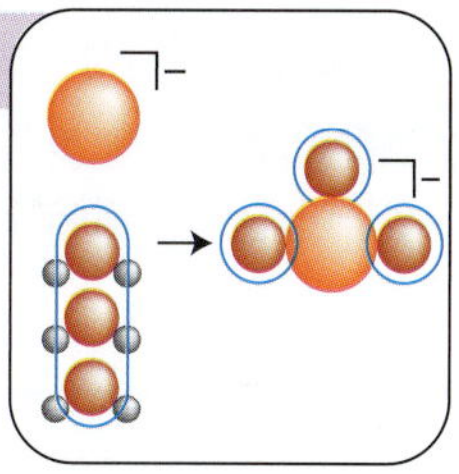

$$Br^- + 3H_2O \rightarrow BrO_3{}^-$$

우변에 H 원자 6개가 필요하다. 우변에 6 H_2O를,
좌변에 6 OH^-를 추가하여 H 원자의 균형을 맞춘다.

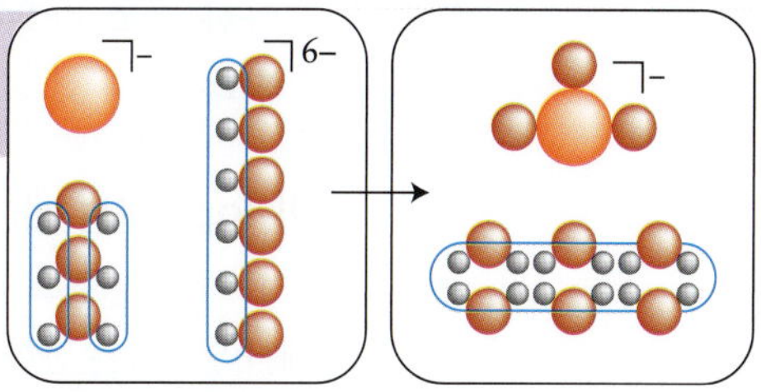

$$Br^- + 3H_2O + 6OH^- \rightarrow BrO_3{}^- + 6H_2O$$

↑ 우변에 알짜 H 원자 6개 ↑

양변에서 공통인 물질(여기서는 3 H_2O)을 소거한다.

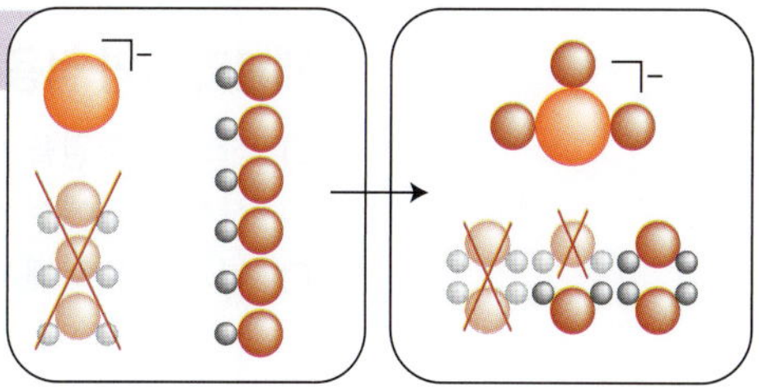

$$Br^- + 6OH^- \rightarrow BrO_3{}^- + 3H_2O$$

5단계 전자를 추가하여 전하 균형을 맞춘다.

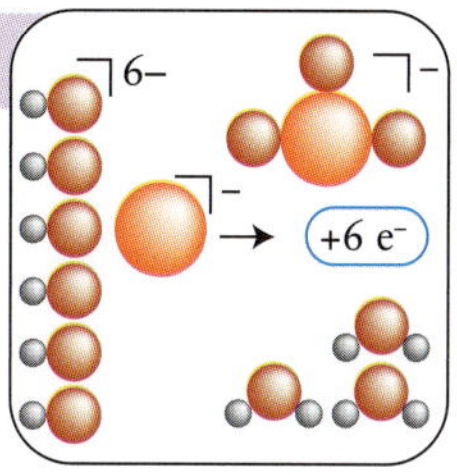

좌변의 전체 전하는 −7이고 우변은 −1이다. 따라서 우변에 전자 6개를 추가하여 전체 전하를 −1에서 −7로 맞춘다.

$$\underbrace{Br^- + 6OH^-}_{\text{전체 전하} = -7} \rightarrow \underbrace{BrO_3{}^- + 3H_2O + 6e^-}_{\text{전체 전하} = -7}$$

이동한 전자 개수 6개는 Br의 산화수 변화(−1 → +5)와 일치한다.

이제 두 반쪽 반응을 더한다.

6단계 각 반쪽 반응의 전자 개수를 맞춘다.

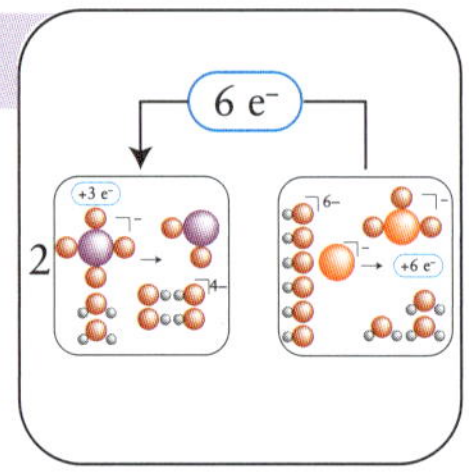

환원 반쪽 반응은 전자 3개를 얻었고, 산화 반쪽 반응은 전자 6개를 잃었으므로, 환원 반쪽 반응에 2를 곱하여 전자 개수를 맞춘다.

$$2\,MnO_4^- + 4\,H_2O + 6\,e^- \rightarrow 2\,MnO_2 + 8\,OH^-$$

산화 반쪽 반응은 그대로 둔다.

$$Br^- + 6\,OH^- \rightarrow BrO_3^- + 3\,H_2O + 6\,e^-$$

두 반응식을 더하고 전자를 소거한다.

$$2\,MnO_4^- + Br^- + 6\,OH^- + 4\,H_2O \rightarrow 2\,MnO_2 + BrO_3^- + 8\,OH^- + 3\,H_2O$$

7단계 양변에 공통인 3 H_2O와 6 OH^-를 소거하고, 물질의 상태를 쓴다.

$$2\,MnO_4^-(aq) + Br^-(aq) + H_2O(l) \rightarrow 2\,MnO_2(s) + BrO_3^-(aq) + 2\,OH^-(aq)$$

자습 6K.2A 알칼리성(염기성) 용액에서 하이포염소산 이온과 고체 수산화 크로뮴(III)가 반응하여 수용액에 크로뮴산 이온과 염화 이온이 형성되었다. 알짜 이온 반응식을 쓰고 균형을 맞추시오.

[답: $2\,Cr(OH)_3(s) + 4\,OH^-(aq) + 3\,ClO^-(aq) \rightarrow 2\,CrO_4^{2-}(aq) + 5\,H_2O(l) + 3\,Cl^-(aq)$]

자습 6K.2B 염기성 수용액에서 아이오딘 이온이 아이오딘산 이온과 반응하여 트라이아이오딘화 이온 I_3^-가 형성되었다. 알짜 이온 반응식을 쓰고 균형을 맞추시오(두 반쪽 반응의 생성물이 같다는 점에 유의하자).

관련 연습 문제 6K.5, 6K.6, 6K.8

산화 반쪽 반응식에 환원 반쪽 반응식을 더하면 전체 산화-환원 반응의 균형 반응식이 된다.

이 Topic에서 배운 것은 무엇인가?

산화-환원 반응의 반쪽 반응을 식별하고 반응식을 쓰는 방법을 공부했다. 산성 또는 염기성 수용액에서 일어나는 산화-환원 반응식의 균형을 맞추는 방법도 공부했다.

개념과 식의 적용

- ☐ 산화와 환원을 반쪽 반응식으로 쓴다(6K.1절).
- ☐ 산성 용액에서 산화-환원 반응의 균형을 맞춘다(도구상자 6K.1, 예제 6K.1).
- ☐ 염기성 용액에서 산화-환원 반응의 균형을 맞춘다(도구상자 6K.1, 예제 6K.2).

Topic 6K 연습 문제

6K.1 혈중 알코올 농도를 측정하는 음주 측정기에서는 다음 산화–환원 반응이 산성 용액에서 일어난다.

$$H^+(aq)+Cr_2O_7^{2-}(aq)+C_2H_5OH(aq) \rightarrow Cr^{3+}(aq)+C_2H_4O(aq)+H_2O(l)$$

(a) 산화된 원소와 환원된 원소를 찾고, 그 초기와 최종 산화수를 표시하시오. (b) 산화 반쪽 반응식을 쓰고 균형을 맞추시오. (c) 환원 반쪽 반응식을 쓰고 균형을 맞추시오. (d) 두 반응식을 더하여 균형 산화–환원 반응식을 쓰시오.

6K.2 다음은 오쏘텔루륨산을 제조하는 반응으로 산성 용액에서 일어난다.

$$Te(s)+ClO_3^-(aq)+H_2O(l) \rightarrow H_6TeO_6(aq)+Cl_2(g)$$

(a) 산화된 원소와 환원된 원소를 찾고, 그 초기와 최종 산화수를 표시하시오. (b) 산화 반쪽 반응식을 쓰고 균형을 맞추시오. (c) 환원 반쪽 반응식을 쓰고 균형을 맞추시오. (d) 두 반응식을 더하여 균형 산화–환원 반응식을 쓰시오.

6K.3 산화와 환원 반쪽 반응식을 이용하여 다음 골격 반응식의 균형을 맞추고, 산화제와 환원제를 찾으시오. 모든 반응은 산성 용액에서 일어난다.

(a) 싸이오황산 이온과 기체 염소의 반응:

$$Cl_2(g)+S_2O_3^{2-}(aq) \rightarrow Cl^-(aq)+SO_4^{2-}(aq)$$

(b) 과망가니즈산 이온과 아황산의 반응:

$$MnO_4^-(aq)+H_2SO_3(aq) \rightarrow Mn^{2+}(aq)+HSO_4^-(aq)$$

(c) 황화 수소산과 기체 염소의 반응:

$$H_2S(aq)+Cl_2(g) \rightarrow S(s)+Cl^-(aq)$$

(d) 기체 염소와 물의 반응:

$$Cl_2(g) \rightarrow HClO(aq)+Cl^-(aq)$$

6K.4 산화와 환원 반쪽 반응식을 이용하여 다음 골격 반응식의 균형을 맞추고, 산화제와 환원제를 찾으시오. 모든 반응은 산성 용액에서 일어난다.

(a) 아셀레늄산 이온과 염소산 이온의 반응:

$$SeO_3^{2-}(aq)+ClO_3^-(aq) \rightarrow SeO_4^{2-}(aq)+Cl_2(g)$$

(b) 아이소프로판올(소독용 알코올)과 다이크로뮴산 이온을 이용하여 네일 리무버에 쓰이는 아세톤을 제조하는 반응:

$$C_3H_7OH(aq)+Cr_2O_7^{2-}(aq) \rightarrow Cr^{3+}(aq)+C_3H_6O(aq)$$

(c) 금과 셀레늄산의 반응:

$$Au(s)+SeO_4^{2-}(aq) \rightarrow Au^{3+}(aq)+SeO_3^{2-}(aq)$$

(d) 안티모니산으로부터 스티빈 SbH_3를 제조하는 반응:

$$H_3SbO_4(aq)+Zn(s) \rightarrow SbH_3(aq)+Zn^{2+}(aq)$$

6K.5 산화와 환원 반쪽 반응식을 이용하여 다음 골격 반응식의 균형을 맞추고, 산화제와 환원제를 찾으시오. 모든 반응은 염기성 용액에서 일어난다.

(a) 오존과 브로민화 이온의 반응:

$$O_3(aq)+Br^-(aq) \rightarrow O_2(g)+BrO_3^-(aq)$$

(b) 수용액에서 브로민이 자체적으로 반응하는 불균등화 반응:

$$Br_2(l) \rightarrow BrO_3^-(aq)+Br^-(aq)$$

(c) 크로뮴(III) 이온으로 크로뮴산 이온을 만드는 반응:

$$Cr^{3+}(aq)+MnO_2(s) \rightarrow Mn^{2+}(aq)+CrO_4^{2-}(aq)$$

(d) 생선 썩는 냄새가 나는 독가스, 포스핀 PH_3를 만드는 반응:

$$P_4(s) \rightarrow H_2PO_2^-(aq)+PH_3(g)$$

6K.6 산화와 환원 반쪽 반응식을 이용하여 다음 골격 반응식의 균형을 맞추고, 산화제와 환원제를 찾으시오. 모든 반응은 염기성 용액에서 일어난다.

(a) 칠산화 이염소를 과산화 수소와 반응시켜 아염소산 이온을 생성하는 반응:

$$Cl_2O_7(g)+H_2O_2(aq) \rightarrow ClO_2^-(aq)+O_2(g)$$

(b) 과망가니즈산 이온과 황화 이온의 반응:

$$MnO_4^-(aq)+S^{2-}(aq) \rightarrow S(s)+MnO_2(s)$$

(c) 하이드라진과 염소산 이온의 반응:

$$N_2H_4(g)+ClO_3^-(aq) \rightarrow NO(g)+Cl^-(aq)$$

(d) 납산 이온과 하이포염소산 이온의 반응:

$$Pb(OH)_4^{2-}(aq)+ClO^-(aq) \rightarrow PbO_2(s)+Cl^-(aq)$$

6K.7 산성 용액에서 P_4S_3가 질산 이온에 의해 산화되어 황산 이온, 질산, 일산화 질소(NO)를 형성하였다. 반쪽 반응식과 전체 반응식을 쓰고 균형을 맞추시오.

6K.8 염기성 용액에서 아인산수소 철(II) $FeHPO_3$가 하이포염소산 이온에 의해 산화되었다. 생성물은 염화 이온, 인산 이온, 고체 수산화 철(III)이다. 반쪽 반응식과 전체 반응식을 쓰고 균형을 맞추시오.

Topic 6L 갈바니 전지

이 Topic을 왜 배우는가? 전기화학은 휴대용 기기나 자동차의 동력원을 포함하여 수많은 기술의 핵심이다. 또한, 열역학적 성질들을 측정하는 분석화학적 기법과 방법의 근간이기도 하다.

무엇을 알고 있어야 하는가? 산화–환원 반응(기초 지식 K)과 그 반응식의 균형을 맞추는 방법(Topic 6K)을 잘 알고 있어야 한다. 전기화학과 열역학의 연결고리 핵심은 Gibbs 자유 에너지이며, 특히 반응의 Gibbs 자유 에너지와 그 반응이 할 수 있는 비팽창 일의 최댓값 간의 관계이다.

전기의 본질은 18세기 후반에 드러나기 시작하였다. 이탈리아의 과학자 Luigi Galvani는 죽은 개구리의 근육에 두 금속을 접촉시키면 근육이 경련하는 것을 발견하였다. 그는 근육 자체가 전기를 발생시킨다고 생각했다. 하지만 18세기 말, 이탈리아의 다른 과학자 Alessandro Volta는 두 금속 사이에 있는 근육에서 전기가 발생하는 것이라고 제안했다. 그는 서로 다른 금속을 번갈아 쌓고, 그 사이사이에 염화 소듐 용액에 적신 종이를 끼워 넣은 탑(**그림 6L.1**)을 제작하여 그의 아이디어를 입증하였다. 이 장치는 '볼타 전지'로, 간단한 배터리이자 전류를 지속적으로 생산할 수 있는 최초의 장치이기도 했다. 하지만 전기의 근본 원리는 1897년에 전자를 발견하기 전까지 완전히 이해하지 못했다.

6L.1 갈바니 전지의 구조

그림 6L.1 Volta는 은판과 아연판을 번갈아 쌓고 그 사이사이에 소금물에 적신 종이를 채웠다. 이것은 전류를 지속적으로 발생시키는 최초의 장치이다.(*Bcrowell/CC BY–SA 3.0 /Wikimedia Commons*)

전기화학 전지(electrochemical cell)란 자발적인 화학 반응을 이용하여 전류(전자의 흐름)를 만들어내거나, 전류를 이용하여 비자발적인 반응을 일으키는 장치를 말한다. **갈바니 전지(galvanic cell)**란 자발적인 화학 반응을 이용하여 전류를 생산하는 전기화학 전지를 말하며, **볼타 전지**(volanic cell)라고 하기도 한다. 갈바니 전지가 회로를 통해 전류를 밀어내는 능력은 전위차(V 단위)로 나타내며, 일상적으로 전지의 '전압(voltage)'이라고 한다. **배터리(battery)**란 갈바니 전지를 직렬로 연결한 것이며, 배터리의 전체 전위차는 전지 하나하나의 전위차의 합이다.

자발적인 반응이 어떻게 전류를 만드는지를 알아보기 위해, 금속 아연과 구리(II) 이온의 반응을 생각하자.

$$Zn(s) + Cu^{2+}(aq) \rightarrow Zn^{2+}(aq) + Cu(s) \qquad \textbf{(A)}$$

금속 아연 조각을 황산 구리(II) 수용액에 넣으면 아연의 표면에 금속 구리층이 석출된다(**기초 지식** K의 그림 K.5). 이 반응을 원자 수준에서 관찰할 수 있다면, Zn 원자에서 근처의 Cu^{2+} 이온으로 전자들이 이동하는 것을 볼 수 있을 것이다. 이 전자들은 Cu^{2+} 이온을 Cu 원자로 환원키고, 이것은 아연의 표면에 부착되거나 미세한 고체 분말로 석출된다. 아연 조각은 서서히 사라지며, 이때 Zn 원자는 전자를 잃어 무색의 Zn^{2+} 이온이 되어 용액으로 방출되고, 반면 파란색 Cu^{2+} 이온은 점점 줄어들므로 용액의 파란색이 점점 옅어진다.

이번에는 반응물이 서로 분리되어있지만, 도선을 통해 전자들이 이동할 수 있는 통로가 있는 경우를 생각해보자. 도선이 있으므로 전자는 아연 금속에서부터 구리 금속판 근처의 Cu^{2+} 이온으로 이동할 수 있다. 반응이 진행됨에 따라, 산화되는 물질 Zn으로부터 환원되는 물질

Cu^{2+}로 전자가 이동한다. 갈바니 전지는 이 원리를 이용한다. 갈바니 전지는 금속성 전도체인 **전극(electrode)** 2개가 이온을 전도할 수 있는 매질인 **전해질(electrolyte)**을 통해 접촉하고 있는 구조이다(금속끼리 직접 접촉하는 것은 아니다). 이온 전도체 내에서는 이온의 이동을 통해 전류가 운반된다. 전해질은 보통 이온성 화합물의 수용액인데, 상용 전지에서는 훨씬 다양한 물질들을 사용하기도 한다. 한쪽 전극에서 물질이 산화되면서 금속성 전도체 내부로 전자를 방출하면, 이 전자는 외부 회로로 이동한다. 다른 전극에서는 물질이 환원되면서, 외부 회로에서부터 금속성 전도체로 들어온 전자를 받아들인다(그림 6L.2). 전체 반응은 다음과 같이 생각할 수 있다. 한 전극에서 산화 과정이 일어나면서 전자를 밀어내고, 다른 전극에서는 환원 과정이 일어나면서 그 전자를 끌어들인다. 이러한 줄다리기 과정으로 인해 두 전극을 연결하는 외부 회로에 전자가 흐르며, 전기적인 일을 하는 데 이 전류를 사용할 수 있다.

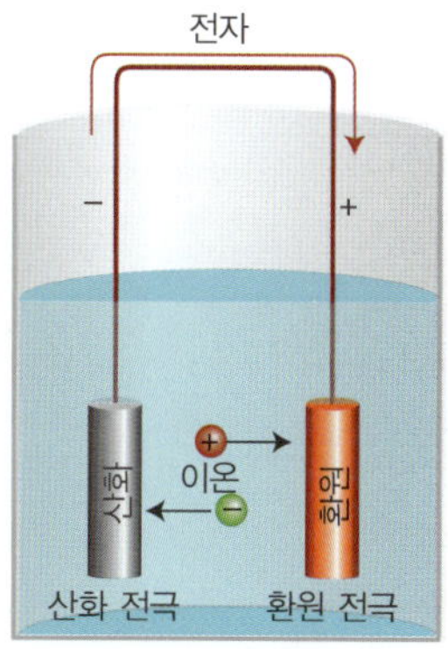

그림 6L.2 전기화학 전지에서는 반응이 두 구역에서 각각 일어난다. 산화 전극에서는 산화가 일어나며, 이때 방출한 전자는 외부 회로를 타고 환원 전극으로 이동한다. 환원 전극에서는 환원이 일어난다. 용액을 통해 이온이 전하를 운반하여 전기 회로가 구성된다.

산화가 일어나는 전극을 **애노드** 또는 **산화 전극(anode)**이라고 한다. 환원이 일어나는 전극을 **캐쏘드** 또는 **환원 전극(cathode)**이라고 한다. 산화 전극에서 산화 반쪽 반응에 의해 방출된 전자는 외부 회로를 타고 이동하여 환원 전극으로 들어가 환원 반쪽 반응에 쓰인다. 상용 갈바니 전지의 환원 전극에는 + 기호가, 산화 전극에는 − 기호가 쓰여 있다. 전자가 전지로 들어가는, 즉 '추가되는' 전극을 +극, 전자가 전지를 떠나는 전극을 −극이라고 생각하면 쉽다.

Daniell 전지(Daniell cell)는 구리가 아연에 의해 산화되는 반응 A를 이용한, 갈바니 전지의 초기 형태이다. 영국의 화학자 John Daniell이 1836년에 개발하였는데, 당시에는 전신 산업이 성장하면서 저렴하고 신뢰할 수 있으며 안정적인 전류 공급원의 필요성이 절실하였다. Daniell은 그림 6L.3과 같은 장치를 고안하였고, 여기에는 두 반응물이 분리되어 있다. 즉, 아연 금속은 황산 아연 용액에, 구리 전극은 황산 구리(II) 용액에 담겨 있다. Zn 원자에서 Cu^{2+} 이온으로 전자가 이동하여 자발적인 반응을 일으키려면, 전자는 금속 아연에서부터 외부 회로인 도선을 따라 이동하여 구리 전극을 통해 구리(II) 용액으로 들어가야 한다. 환원 전극에서 Cu^{2+} 이온이 Cu 원자로 환원되는 반쪽 반응은 $Cu^{2+}(aq) + 2e^- \rightarrow Cu(s)$이다. 동시에, 산화 전극에서는 아연 원자가 Zn^{2+} 이온으로 산화되며, 이 반쪽 반응은 $Zn(s) \rightarrow Zn^{2+}(aq) + 2e^-$이다. Cu^{2+} 이온이 환원되면서 환원 전극 쪽의 용액은 음전하를 띠고, 반대로 산화 전극 쪽의 용액은 Zn^{2+} 이온이 추가됨에 따라 양전하를 띠게 될 것이다. 이러한 전하의 축적이 발생하면 전자의 흐름이 즉각적으로 중단된다. 따라서 이를 막기 위해 두 용액을 다공성 벽을 통해 접촉하게 하였다. 이를 통해 전해질 용액의 이온들이 두 구역 사이를 이동하여 전기 회로를 구성한다.

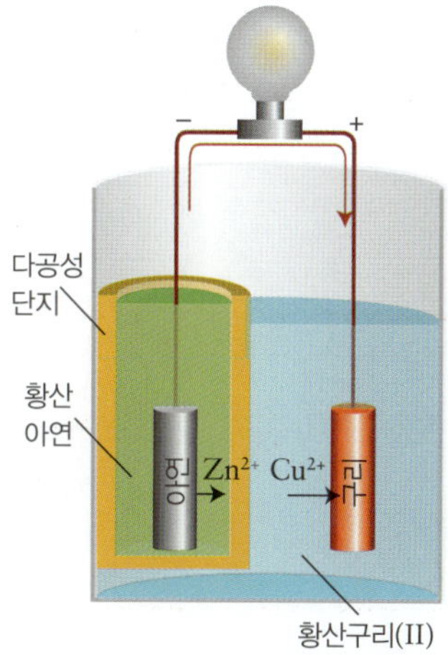

그림 6L.3 구리와 아연 전극을 각각 황산 구리(II) 용액과 황산 아연 용액에 꽂은 Daniell 전지. 두 용액 사이에는 다공성 막이 존재하며, 이를 통해 이온이 이동하여 전기 회로가 구성된다.

보충 설명

전기화학 전지를 설명할 때, **전해질**(electrolyte)이라는 용어는 이온을 전도하는 매질을 뜻하며, 액체일 수도 있고 고체일 수도 있다.

Daniell 전지에서 전극은 반응에 참여하는 금속으로 이루어져 있다. 하지만, 모든 전극 반응의 전도성 고체가 반응물이나 생성물인 것은 아니다. 예를 들어, 환원 반응 $2\,H^+(aq) + 2\,e^- \rightarrow H_2(g)$을 이용하고자 하는 전극은, 반응성이 없는 금속이나 흑연 등 화학적으로 안정한 금속성 전도체를 써서 전극 안팎으로 전자를 운반해야 한다. 수소 전극으로는 통상적으로 백금을 사용하며, 수소 이온이 들어있는 용액에 금속을 담그고 그 위로 기체를 불어넣는데, 이것을 **수소 전극**(hydrogen electrode)이라고 한다. 금속성 전도체와 전해질 용액을 한 구역으로 묶어 보통 '전극'이라고 하는데, 좀 더 공식적인 용어는 **반쪽 전지(half-cell)**이다.

갈바니 전지에서는 자발적인 화학 반응이 일어나, 환원이 일어나는 구역인 환원 전극으로 전자를 끌어들이고, 산화가 일어나는 구역인 산화 전극에 전자를 내놓는다.

6L.2 전지 전위와 반응 Gibbs 자유 에너지

추진력이 강한 반응은 높은 전위차(높은 전압)를 발생시키고, 추진력이 작은 반응은 낮은 전위차(낮은 전압)를 발생시킨다. 방전된 배터리는 반응이 평형에 도달한 것으로, 전자를 이동시킬 힘을 잃어 전위차가 0이 된 것이다.

전기화학(electrochemistry)이란 전기를 생성하는 화학 반응이나 전기에 의해 일어나는 화학 변화를 다루는 화학의 한 분야이다. 여러분은 전기 화학에서 등장하는 단위에 익숙해져야 한다. 전하량의 SI 단위는 **쿨롱(coulomb**, C)이다. 1 C은 1암페어(1 A)의 전류가 1초 동안 흐를 때 이동하는 전하량의 크기로 정의한다. 즉 1 C = 1 A·s이다. 전위차의 SI 단위는 **볼트(volt**, V)이다. 1 V는 전하 1 C이 전위차 1 V를 통해 이동할 때 에너지 1 J을 방출하는 것으로 정의한다. 즉 1 C·V = 1 J이고, 1 V = 1 $J{\cdot}C^{-1}$이다.

전지가 전위차를 발생시키는 능력을 정량적으로 나타내려면 먼저 두 가지를 알아야 한다. 첫째, 전기적 퍼텐셜은 중력 퍼텐셜과 유사하다. 떨어지는 물체가 할 수 있는 최대 일은 질량과 중력 퍼텐셜의 곱이다. 마찬가지로, 전자가 할 수 있는 최대 일은 전하량과 전위차의 곱이다. 따라서, 전자가 두 전극 사이를 이동하면서 할 수 있는 일을 계산하면 두 전극 사이의 전위차를 알 수 있다. 둘째, 전기적인 일은 전자의 이동에 의한 것이지 계의 부피 변화에 의한 것이 아니므로 비팽창 일의 일종이다. Topic 4J에서 증명하였듯이, 일정한 온도와 압력에서 계가 할 수 있는 비팽창 일의 최댓값은 Gibbs 자유 에너지 변화와 같다. 따라서 어떤 반응에 의해 발생하는 전위차(전기적 성질)를 그 반응의 Gibbs 자유 에너지(열역학적 성질)와 연관 지을 수 있다.

어떻게 다루는가?

Gibbs 자유 에너지의 변화는, 일정한 온도와 압력에서 일어나는 반응이 할 수 있는 비팽창 일의 최댓값과 같다(Topic 4J).

$$\Delta G = w_{e,\text{최대}}$$

전자 n mol이 전위차 $\Delta\phi$를 통해 이동할 때 하는 일은, 전체 전하량과 전위차를 곱한 값이다(표 4B.1). 전자 하나의 전하량은 $-e$, 전자 1 mol의 전하량은 $-eN_A$이다(N_A는 Avogadro 수). 따라서, 전체 전하량은 $-neN_A$이고, 한 일은 다음과 같다.

$$w_e = \text{전체 전하량} \times \text{전위차} = -neN_A \times \Delta\phi$$

(바로 뒤에서 $\Delta\phi$를 측정하는 조건을 더 엄밀히 설명하면서 w_e에 아래 첨자 '최대'를 추가할 것이다.) 이 식은 보통 **Faraday 상수(Faraday's constant**, F)를 이용하여 쓰며, 이것은 전자 1 mol의 전하량의 크기이다(즉, 기본 전하 e에 Avogadro 상수 N_A를 곱한 값이다).

$$\begin{aligned} F = eN_A &= (1.602176\ldots \times 10^{-19}\ \text{C}) \times (6.022141\ldots \times 10^{23}\ \text{mol}^{-1}) \\ &= 9.648\,533\ldots \times 10^{4}\ \text{C}\cdot\text{mol}^{-1} \end{aligned}$$

Faraday 상수로 $F = 9.6485 \times 10^4\ \text{C}\cdot\text{mol}^{-1}$(즉, 96.485 $\text{kC}\cdot\text{mol}^{-1}$)을 쓸 것이다. 이제 다음과 같이 간단히 쓸 수 있다.

$$w_e = -nF\Delta\phi$$

n은 이동한 전자의 몰수이다. 이제 아래 첨자 '최대'를 다시 붙이자. 전지가 **가역적으로** 작동한다면, 전위차 $\Delta\phi_{\text{가역}}$를 발생시킬 것이고 최대 일, $w_{e,\text{최대}}$를 할 것이다. (Topic 4B에서 설명했듯이 가역적인 과정에서는 계가 미는 힘이 반대 방향의 힘과 균형을 이룬다.) 이때는 w_e가 $w_{e,\text{최대}}$이며 따라서 ΔG이다. 그러므로 다음 식이 성립한다.

$$\Delta G = -nF\Delta\phi_{\text{가역}}$$

전지 전위(**cell potential**, $E_{전지}$)란 가역적으로 작동하는 갈바니 전지의 전위차이다(예전에는 전지 전위를 **기전력**(electromotive force, emf)이라고 부르기도 했다). 방금 유도한 식에서 $\Delta\phi_{가역}$를 $E_{전지}$이라고 하면 다음과 같은 식이 된다.

$$\Delta G = -nFE_{전지} \tag{1a}$$

전지가 가역적으로 작동하는 경우는 그 전지의 구동력이 외부와 균형을 이루는 경우이다. 실제로 이것을 달성하는 방법은 아주 저항이 높은 전압계를 이용하여, 전류를 거의 흘리지 않으면서 전위차를 측정하는 것이다. 핸드폰의 배터리처럼 **작동중인 전지**(working cell), 즉 전류가 발생하는 전지는 이 식으로 예상한 것보다 전위차가 더 작을 것이다. 또한 실제 전자 기기는 모두 전기 저항에 의해 전지 전위의 하강(**전압 강하**(voltage drop))이 발생한다.

식 1a는 Focus 4와 5에서 다룬 열역학적 정보와 이 Focus에서 다룰 전기화학적인 식을 연관 짓는다. ΔG의 단위는 J 또는 kJ이고, $E_{전지}$뿐만 아니라 반응에서 이동한 전자의 몰수 n에도 영향을 받는다. 예를 들어 반응 A에서는 $n = 2$ mol이다. Topic 5F에서 Gibbs 자유 에너지와 평형 상수 간의 관계를 설명했을 때와 마찬가지로, 이 관계식에서도 '몰당' 관계를 써야 하는 경우가 있다. 이때는 아래 첨자 r을 붙여 n_r로 써서 숫자만을 나타낸다. 즉 반응 A에서 $n_r = 2$이다.

$$\Delta G_r = -n_r FE_{전지} \tag{1b}$$

이 식에서 ΔG_r의 단위는 $J\cdot mol^{-1}$ 또는 $kJ\cdot mol^{-1}$이다.

식 1의 두 가지 형태 모두 가역적으로 작동하는 갈바니 전지가 생성하는 전위차 $E_{전지}$가, 그 전지에서 일어나는 반응의 자발성에 대한 실험적 기준이라는 점을 말하고 있다. 전위차가 양수이면, 현재 조성에서 (다시 말해, 전해질에 들어있는 반응물과 생성물의 현재 농도에서) 반응 Gibbs 자유 에너지가 음수이므로 전지 반응은 자발적으로 생성물을 형성한다. 반대로 전위차가 음수이면 $\Delta G > 0$이고, 따라서 전지 반응은 자발적으로 반응물을 형성한다.

예제 6L.1 알려진 진동수에 대한 빛의 파장 계산

여러분이 어떤 공학 경진대회에 참가하였다고 하자. 이 대회에서 상업용 전원은 사용할 수 없다. 여러분은 소형 Daniell 전지 만들어 모형 전기 자동차에 사용하려고 한다. 이때 사용하려는 시약의 농도에서 전지 전위를 알아야 할 것이다. 전압계의 + 단자를 구리 전극에, − 단자를 아연 전극에 연결하였다. 이 Daniell 전지에는 1.00 $mol\cdot L^{-1}$ 아연 이온 용액과 0.01 $mol\cdot L^{-1}$ 구리 이온 용액을 사용하였으며, 전위차는 +1.04 V였다. 이 조건에서 전지에서 일어나는 반응의 Gibbs 자유 에너지는 얼마인가?

예상 전지가 생성한 전위차가 양수이므로, 이 실험 조건에서 반응은 자발적이다. 따라서 이 반응의 Gibbs 자유 에너지는 음수이다.

계획 식 1을 사용하여 전지 전위로부터 반응 A의 반응 Gibbs 자유 에너지를 구한다. 균형 반응식에서 n 값을 찾는다. n을 알아내기 위해 반쪽 반응 두 개를 대조해 보아야 하는 복잡한 경우도 있다.

반응 A에서 $n = 2$ mol이고 $\Delta G = -nFE_{전지}$이므로,

$$\Delta G = -\overbrace{(2\,mol)}^{n} \times \overbrace{(9.6485\times10^4\ C\cdot mol^{-1})}^{F} \times \overbrace{(1.04\ V)}^{E_{cell}}$$
$$= -2.01\times10^5\ \overbrace{C\cdot V}^{J} = -201\ kJ$$

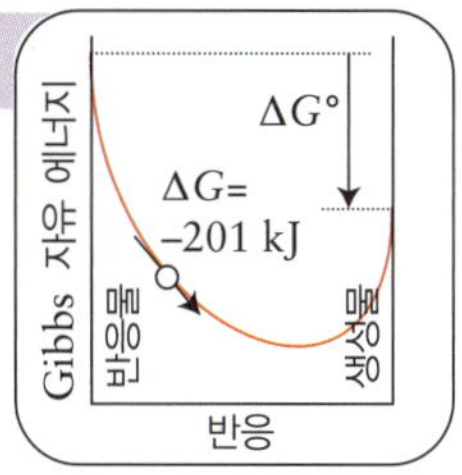

평가 이 조건에서 반응 A의 Gibbs 자유 에너지는 −201 kJ이므로, 예상대로 이 전지의 현재 조성에서는 정반응이 자발적이다.

자습 6L.1A 니카드 전지(니켈–카드뮴 전지)에서는 $Cd(s) + 2\ Ni(OH)_3(s) \rightarrow Cd(OH)_2(s) + 2\ Ni(OH)_2(s)$ 반응이 일어난다. 완전히 충전된 전지의 전위는 +1.25 V이다. 이 반응의 Gibbs 자유 에너지는 얼마인가?

[**답**: −241 kJ]

자습 6L.1B 카메라나 손목시계에 사용되는 은 전지에서 일어나는 반응은 $Ag_2O(s) + Zn(s) \rightarrow 2\ Ag(s) + ZnO(s)$이다. 새 전지의 전위는 +1.6 V이다. 이 반응의 Gibbs 자유 에너지는 얼마인가?

관련 연습 문제 6L.1, 6L.2

표준 전지 전위(stancard cell potential, $E_{전지}°$)는 다음과 같이 정의한다.

$$\Delta G° = -nFE_{전지}° \qquad (2)$$

$\Delta G°$은 반응의 표준 Gibbs 자유 에너지(Topic 4J)로, 모든 물질이 자신의 표준 상태일 때 생성물과 반응물의 몰 Gibbs 자유 에너지의 차이로 정의한다. Topic 4J에서 설명하였듯이 표준 상태란 다음을 가리킨다.

- 기체는 모두 1 bar인 상태
- 반응에 참여하는 용질은 모두 1 $mol \cdot L^{-1}$인 상태
- 액체나 고체는 모두 순수한 상태

좀 더 엄밀히 말하면 용질의 몰농도가 1이 아니라 활동도가 1이어야 한다. 이온들은 서로 멀리 떨어져 있어도 상호 작용을 하기 때문에, 전해질 용액의 활동도는 그 몰농도와 현저히 다르다. 하지만 이것은 상당히 복잡하며, 여기서는 이를 무시한다. 표준 전위를 발생하는 전지를 만들 수도 있다. 예를 들어 구리 반쪽 전지를 순수한 구리 전극과 1 M $CuSO_4(aq)$로, 아연 반쪽 전지를 순수한 아연 전극과 1 M $ZnSO_4(aq)$로 구성한 Daniell 전지는 표준 전위를 발생시킨다. 하지만 반응물과 생성물을 이렇게 완벽하게 분리시킨 전지를 만들 수 없는 경우가 대부분이다. 따라서 일반적으로 $E_{전지}°$이란, $\Delta G°$를 V 단위의 전위차로 바꿔서 표현한 것이라고 생각하는 것이 가장 좋다(식 2, 즉 $E_{전지}° = -\Delta G°/nF$ 식에 따라).

$\Delta G°$과 ΔG의 차이, 그리고 $E_{전지}°$과 $E_{전지}$의 차이를 반드시 이해해야 한다. $\Delta G°$은 생성물과 반응물이 **각각이 표준 상태**이며 격리되어 있을 때 이들의 Gibbs 자유 에너지 차이를 가리킨다(물론 화학량론 계수는 고려해야 한다). 하지만 ΔG는 반응이 진행되는 도중에 생성물과 반응물의 Gibbs 자유 에너지의 차이(역시 화학량론 계수는 고려해야 함)이다. 이때는 반응물과 생성물 분자들이 현재 시점의 조성으로 혼합된 상태이다. 따라서, $\Delta G°$은 반응 고유의 값으로 일정하지만, ΔG는 반응이 진행됨에 따라 변한다. 마찬가지로 $E_{전지}°$은 반응 고유의 값으로 일정하지만, $E_{전지}$는 반응이 진행되면서 변한다.

화학 반응식에 계수를 곱하면 ΔG와 $\Delta G°$은 그 계수만큼 곱한 값이 되지만, $E_{전지}$와 $E_{전지}°$은 변하지 않는다. 예를 들어 모든 화학량론 계수에 2를 곱하면 ΔG는 2배가 된다. 하지만 n 값도 2배가 되기 때문에 $E_{전지} = -\Delta G/nF$는 변하지 않는다. 즉, 반응 Gibbs 자유 에너지는 반응식의 계수에 따라서 변하지만 $E_{전지}$은 변하지 않는다(표준 상태의 값들도 마찬가지이다).

	$\Delta G°$	$E_{cell}°$
$Zn(s) + Cu^{2+}(aq) \rightarrow Zn^{2+}(aq) + Cu(s)$	−212 kJ	+1.10 V
$2\,Zn(s) + 2\,Cu^{2+}(aq) \rightarrow 2\,Zn^{2+}(aq) + 2\,Cu(s)$	−424 kJ	+1.10 V

이것의 의미를 생각해보면, 전지 전위가 전지의 크기와는 무관하다는 뜻이다. 식 1로 예측한 전위보다 더 높은 전위를 얻으려면 전지를 직렬로 연결해서 배터리를 만들어야 한다. 그러면

전체 전지 전위는 각 전지 전위의 합이 된다. 예시는 Topic 6N을 참고하자.

전지 전위가 조성에 따라 변한다는 것을 이해하면 갈바니 전지가 왜 '죽어버리는지' 설명할 수 있다. 반응이 일어나면 조성이 변하면서 결국 평형에 도달할 것이고, 이것은 $\Delta G = 0$이 된다는 뜻이다. 그러면 $E_{전지}$ 역시 0이 된다.

전지 전위와 반응 Gibbs 자유 에너지는 식 1($\Delta G = -nFE_{전지}$)의 관계가 있다. 그리고 그 표준 상태 값들은 식 2($\Delta G° = -nFE_{전지}°$)의 관계가 있다. 화학 반응식을 어떻게 쓰든지 그 전지 전위의 크기는 같다.

6L.3 전지 표기법

전지의 구조를 **전지 도표(cell diagram)**로 기호화해서 표현하는 방식을 IUPAC에서 지정하였다. 전지 도표에서는 수직선으로 두 상 사이의 계면을 나타낸다. 예를 들어 Daniell 전지의 전지 도표는 다음과 같다.

$$Zn(s)|Zn^{2+}(aq)|Cu^{2+}(aq)|Cu(s)$$

Daniell 전지에서는 황산 아연과 황산 구리(II) 용액이 다공성 막을 통해 접촉하여 회로를 구성한다. 하지만 서로 다른 이온들이 섞이면 전지 전위에 영향을 미친다. 화학자들은 전지 전위를 측정할 때 용액이 섞이지 않도록 염다리로 두 전극 부분을 연결하여 회로를 구성한다. **염다리(salt bridge)**는 일반적으로 뒤집어진 U자 모양의 관에 고농도 염 수용액(주로 KCl)을 함유한 젤이 채워져 있다(그림 6L.4). 염다리는 이온이 흐르도록 하여 회로를 이룰 수 있지만, 이 이온들이 전지 반응에는 영향을 미치지 않도록 해야 한다. 전지 도표에서 염다리는 이중 수직선(‖)으로 나타내며, 그림 6L.4의 전지는 다음과 같이 나타낸다.

$$Zn(s)|Zn^{2+}(aq)\|Cu^{2+}(aq)|Cu(s)$$

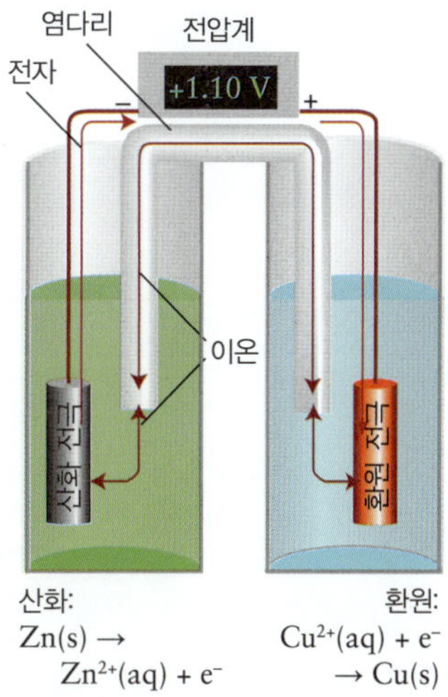

그림 6L.4 갈바니 전지에서는, 산화 전극(−극)에서 산화를 통해 생성된 전자가 외부 회로를 통해 환원 전극(+극)으로 들어가서 환원을 일으킨다. 전지 내부의 이온은 염다리를 통해 이동하면서 회로가 이루어진다. 전지 전위를 측정할 때는 실질적으로 전류가 흐르지 않는다. 전압계는 한쪽 전극에서 다른 전극으로 전류가 흐르려고 하는 **경향**을 측정할 뿐이다.

생각해 보기
이 전지의 염다리에 사용하지 않아야 하는 염은 무엇일까?

전극의 비활성 금속 성분은 전지 도표에서 전극 부분의 가장 바깥쪽에 쓴다. 예를 들어 백금으로 만든 수소 전극이 오른쪽 전극이라면 $H^+(aq)|H_2(g)|Pt(s)$로 쓰고, 왼쪽 전극이라면 $Pt(s)|H_2(g)|H^+(aq)$로 쓴다. 다른 예로 철(II)과 철(III) 용액에 백금선을 꽂은 전극이라면 $Fe^{3+}(aq), Fe^{2+}(aq)|Pt(s)$ 또는 $Pt(s)|Fe^{2+}(aq), Fe^{3+}(aq)$로 쓸 수 있다. 이때는 산화되는 물질과 환원되는 물질이 같은 상에 들어있으므로, 수직선을 그어서 나누는 것이 아니라 콤마를 찍어서 표현한다. 산화–환원 쌍 Cl_2/Cl^-를 이용하는 전지라면, 오른쪽에 있을 때는 $Cl^-(aq)|Cl_2(g)|Pt(s)$, 왼쪽에 있을 때는 $Pt(s)|Cl_2(g)|Cl^-(aq)$로 표시한다.

자습 6L.2A 왼쪽은 수소 전극, 오른쪽에 철(III)/철(II) 전극인 전지를 전지 도표로 나타내시오. 두 전극 구역은 염다리로 연결되어 있으며, 각 전극에서는 백금을 전도체로 이용한다.

[**답**: $Pt(s)|H_2(g)|H^+(aq)\|Fe^{3+}(aq), Fe^{2+}(aq)|Pt(s)$]

자습 6L.2B 왼쪽에는 망가니즈(II) 이온의 용액에 망가니즈 선을 꽂은 전극, 오른쪽에는 구리(II)/구리(I) 용액에 백금선을 꽂은 전극을 염다리로 연결하였다. 전지 도표로 나타내시오.

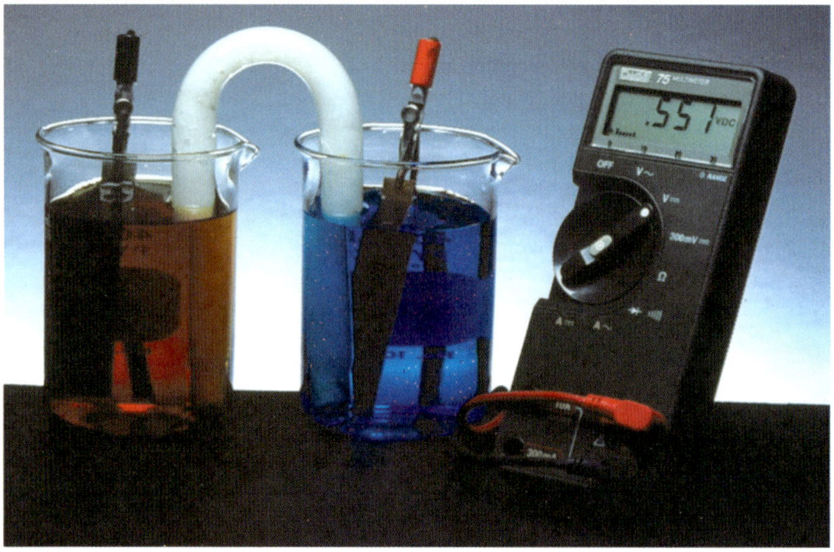

그림 6L.5 전자식 전압계로 전지 전위를 측정한다. 전압계는 무시할 수 있을 정도의 낮은 전류만을 흐르게 하므로, 측정하는 동안 전지의 조성이 변하지 않는다. 갈바니 전지의 환원 전극에 전압계의 +단자를 연결하면 화면에 양수 값이 측정된다. 갈바니 전지의 환원 전극 역시 +극이기 때문이다. 전지의 염다리를 통해 회로가 이루어진다. *(Copyright Macmillan Learning, photo by Ken Karp.)*

전지 전위는 전자식 전압계를 사용하여 측정한다(**그림 6L.5**). 전압계로 찾은 전지의 + 단자가 환원 전극(환원이 일어나는 장소)이다. 만약 환원 전극이 전지 도표의 오른쪽에 작성되어 있다면, 전지 전위를 양수로 언급하는 것이 관례이다. 예를 들어,

전자, e^-
산화 전극(−) → 환원 전극(+)

$$Zn(s)|Zn^{2+}(aq)||Cu^{2+}(aq)|Cu(s) \qquad E_{전지} = +1\,V \text{ (어느 한 조성에서)}$$

이 경우에는 전지 도표의 왼쪽에 적힌 전극(산화 전극)에서 전자가 나와 외부 회로를 타고 이동하여 오른쪽에 적힌 전극(환원 전극)으로 이동한다고 생각한다.

만약 전지 도표의 왼쪽에 적힌 전극이 환원 전극이라고 밝혀지면 전지 전위를 음수로 언급한다. 예를 들어,

전자, e^-
환원 전극(+) ← 산화 전극(−)

$$Cu(s)|Cu^{2+}(aq)||Zn^{2+}(aq)|Zn(s) \qquad E_{전지} = -1\,V \text{ (같은 조성에서)}$$

요약하면, 전지 도표와 함께 전지 전위를 쓸 때는, 전지 전위의 부호는 전지 도표의 오른쪽 전극의 부호와 같다.

- 전지 전위가 양수이면, 전지 도표의 오른쪽에 적힌 전극이 환원 전극이다. (환원 전극은 환원이 일어나는 부분이다. 전자가 전지로 들어가 '추가되므로' + 극이라고 기억하면 쉽다.)
- 전지 전위가 음수이면, 전지 도표의 오른쪽에 적힌 전극이 산화 전극이다. (산화가 일어나는 부분으로, 전자가 전지에서 빠져나간다.)

전지 도표를 보고 해당하는 전지 반응식을 작성할 수 있다. 이때는 전지 도표의 오른쪽 전극에서 환원이 일어나고(환원 전극), 왼쪽 전극에서 산화가 일어나는 것(산화 전극)으로 취급한다. (실제 반응은 이 방향이 아닐 수도 있지만 전지 반응은 이 방향으로 쓴다. 실제로 어느 쪽이 환원 전극이고 산화 전극인지는 전지 전위를 측정하여 확인한다.) 그러면 환원과 산화 두 반쪽 반응식을 쓸 수 있다. 예를 들어 다음과 같은 전지 도표에서는,

$$Zn(s)|Zn^{2+}(aq)||Cu^{2+}(aq)|Cu(s)$$

이것은 다음을 의미한다.

왼쪽 (L)	오른쪽 (R)
$Zn(s) \rightarrow Zn^{2+}(aq) + 2e^-$ (산화)	$Cu^{2+}(aq) + 2e^- \rightarrow Cu(s)$ (환원)
전체 (R + L): $Zn(s) + Cu^{2+}(aq) \rightarrow Zn^{2+}(aq) + Cu(s)$	$E_{전지} = +1V$

$E_{전지} > 0$이고 따라서 이 반응의 $\Delta G < 0$이므로, 현재 전해질 조성에서는 이 반응식에 적은 방향 그대로가 자발적이다.

반대로 전지 도표를 다음과 같이 작성한다면,

$$Cu(s)|Cu^{2+}(aq)||Zn^{2+}(aq)|Zn(s)$$

이것은 다음을 의미한다.

왼쪽 (L)	오른쪽 (R)
$Cu^{2+}(aq) + 2e^- \rightarrow Cu(s)$ (산화)	$Zn(s) \rightarrow Zn^{2+}(aq) + 2e^-$ (환원)
전체 (L + R): $Cu(s) + Zn^{2+}(aq) \rightarrow Cu^{2+}(aq) + Zn(s)$	$E_{전지} = -1V$

$E_{전지} < 0$이고 따라서 이 반응의 $\Delta G > 0$이므로, 현재 조건에서는 이 반응식의 역반응이 자발적이다.

전지 도표를 보고 해당하는 화학 반응식을 작성하는 일반적인 방법을 **도구상자 6L.1**에 정리하였다.

도구상자 6L.1 전지 도표를 보고 전지 반응식을 쓰는 방법

기본 개념

전지 도표를 보고 전지 반응식을 쓸 때는, 오른쪽에 적은 전극에서 환원이 일어나고 왼쪽에 적은 전극에서 산화가 일어난다고 가정한다. 그다음 전지 전위의 부호를 측정하면, 현재 조건에서 적은 반응 그대로가 자발적인지($E_{전지} > 0$), 그 역반응이 자발적인지($E_{전지} < 0$) 알 수 있다.

방법

1단계 오른쪽 반쪽 전지의 전극에서 일어나는 환원 반응식을 쓴다(오른쪽(right)은 환원(reduction)이라고 기억하면 쉽다. 하지만 이것은 전지 도표를 작성하기 위한 가정일 뿐, 실제로 오른쪽 전극에서 환원이 일어나지 않을 수도 있다.)

2단계 왼쪽 반쪽 전지의 전극에서 일어나는 산화 반응식을 쓴다.

3단계 필요하다면, 반응식에 적절한 계수를 곱하여 각 반쪽 반응에 참여하는 전자의 개수를 맞춘다. 그런 뒤 두 반응식을 더한다.

전지 전위를 측정하여 양수가 나오면 위에서 적은 반응 그대로가 자발적이다. 반대로 음수가 나오면 그 역반응이 자발적이다.

이 과정을 예제 6L.2에서 보여 준다.

예제 6L.2 전지 반응식 쓰기

수은은 유독성 중금속 오염물로, 수용액에서 수은 농도는 화합물의 산화–환원 성질과 일부 관련이 있다. 여러분이 수은의 산화–환원 성질을 연구하고 있다면, 전기 화학 전지를 설계하여 전지 반응식을 써야 할 것이다. 전지 $Pt(s)|H_2(g)|HCl(aq)|Hg_2Cl_2(s)|Hg(l)$에서 일어나는 반응을 쓰시오.

계획 도구상자 6.1의 방법을 따른다.

풀이

1단계 오른쪽 전극에서 환원이 일어난다고 가정하고(실제로는 아닐 수도 있지만), 오른쪽 전극에서 일어나는 환원 반응식을 쓴다.

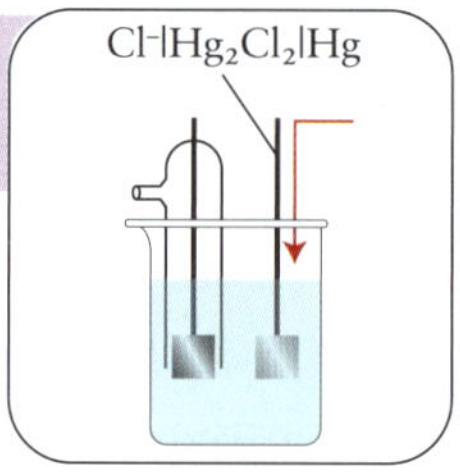

$$Hg_2Cl_2(s) + 2e^- \rightarrow 2Hg(l) + 2Cl^-(aq)$$

2단계 왼쪽 전극에서 산화가 일어난다고 가정하고(실제로는 아닐 수도 있지만), 왼쪽 전극에서 일어나는 산화 반응식을 쓴다.

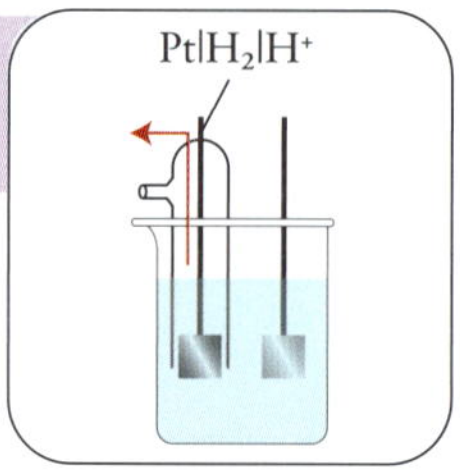

$$\tfrac{1}{2}H_2(g) \rightarrow H^+(aq) + e^-$$

3단계 산화 반쪽 반응식에 2를 곱하여 전자의 개수를 맞춘다.

$$H_2(g) \rightarrow 2H^+(aq) + 2e^-$$

반쪽 반응들을 더한다.

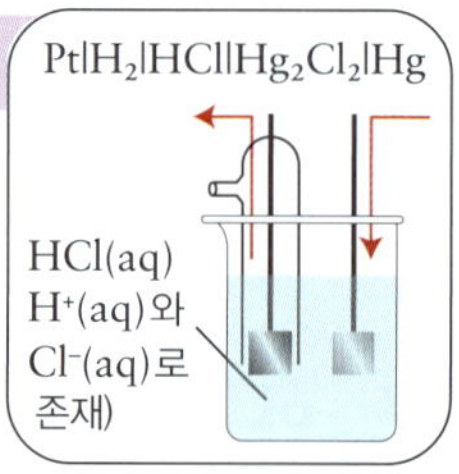

$$Hg_2Cl_2(s) + H_2(g) \rightarrow 2Hg(l) + 2Cl^-(aq) + 2H^+(aq)$$

만약 전위가 양수로 측정되는 농도에서는(수은/수은(I) 전극이 + 극인 상황에서는) 수은(I)이 환원될 것이다. 즉, 위에 적은 반응이 자발적으로 일어난다. 하지만 전위가 음수로 측정되는 농도에서는(수소 전극이 + 극인 상황에서는) 위에 적은 반응의 역반응이 자발적으로 일어날 것이다.

자습 6L.3A (a) 전지 $Pt(s)|H_2(g)|H^+(aq)||Co^{3+}(aq), Co^{2+}(aq)|Pt(s)$의 화학 반응식을 쓰시오. (b) 이 전지의 전위가 양수라면 (a)에서 쓴 반응은 자발적인가?

[**답:** (a) $H_2(g) + 2Co^{3+}(aq) \rightarrow 2H^+(aq) + 2Co^{2+}(aq)$, (b) 그렇다]

자습 6L.3B (a) 전지 $Hg(l)|Hg_2Cl_2(s)|HCl(aq)||Hg_2(NO_3)_2(aq)|Hg(l)$의 화학 반응식을 쓰시오. (b) 이 전지의 전위가 양수라면 (a)에서 쓴 반응은 자발적인가?

관련 연습 문제 6L.3~6L.8

마지막으로 주목할 점은 자칫 놀랍게 들릴 수도 있을 것이다. 전지 반응은 반드시 산화–환원 반응일 필요는 없다. 하지만 모든 전지 반응은 두 전극에서 일어나는 반쪽 반응의 합으로 표현할 수 있어야 한다는 점은 중요하다. 예를 들어, 전지 $Pt(s)|H_2(g, P_L)|HCl(aq)|H_2(g, P_R)|Pt(s)$에서 일어나는 반응은 $H_2(g, P_L) \rightarrow H_2(g, P_R)$이다. $P_L > P_R$이라면 이 반응은 단순히 기체가 자발적으로 팽창하는 과정일 뿐이다. 각 전극에서 일어나는 환원 반쪽 반응은 $2H^+(aq) + 2e^- \rightarrow H_2(g)$이다. 전지 반응이 침전 반응인 경우도 있다. 예를 들어 전지 $Ag(s)|AgCl(s)|Cl^-(aq)||Ag^+(aq)|Ag(s)$에서 일어나는 반응을 생각해보면,

R: $Ag^+(aq) + e^- \rightarrow Ag(s)$
L: $Ag(s) + Cl^-(aq) \rightarrow AgCl(s) + e^-$
R + L: $Ag^+(aq) + Cl^-(aq) \rightarrow AgCl(s)$

즉, 전지 반응은 염화 은의 침전 반응이다.

전극을 나타낼 때는 두 상 사이에 수직선을 그어 계면을 나타낸다. 물질과 계면이 물리적으로 배열된 순서 따라 전지 도표를 작성하고, 염다리는 이중 수직선으로 표기한다. 전지 도표의 오른쪽에 적힌 전극이 무슨 극이냐에 따라 전지 전위를 언급할 때 부호를 달리한다. 전지 전위가 양수이면, 작성한 전지 반응이 현재 조건에서 자발적이라는 뜻이다.

이 Topic에서 배운 것은 무엇인가?

갈바니 전지가 어떻게 구성되는지, 그리고 전지 전위와 반응의 Gibbs 자유 에너지가 어떤 관계가 있는지를 공부했다. 반응의 표준 Gibbs 자유 에너지를 전위차(V 단위)로 나타낼 수 있다는 것을 알아보았다. 갈바니 전지를 전지 도표로 기호화하여 나타내는 방법도 알아보았다.

개념과 식의 적용

- ☐ 전지 전위를 이용하여 반응의 Gibbs 자유 에너지를 계산하한다(예제 6L.1).
- ☐ 반응의 표준 Gibbs 자유 에너지를 전위차로 나타낸다(6L.2절).
- ☐ 갈바니 전지를 전지 도표로 나타낸다(6L.3절).
- ☐ 전지 도표를 보고 반응식을 쓴다(도구상자 6L.1과 예제 6L.2).

Topic 6L 연습 문제

6L.1. 다음 전지 반응의 표준 Gibbs 자유 에너지를 계산하시오.

(a) $2Ce^{4+}(aq) + 3I^-(aq) \rightarrow 2Ce^{3+}(aq) + I_3^-(aq)$, $E_{전지}° = +1.08$ V

(b) $6Fe^{3+}(aq) + 2Cr^{3+}(aq) + 7H_2O(l) \rightarrow$
$6Fe^{2+}(aq) + Cr_2O_7^{2-}(aq) + 14H^+(aq)$, $E_{전지}° = -1.29$ V

6L.2. 다음 전지 반응의 표준 Gibbs 자유 에너지를 계산하시오.

(a) $3Cr^3(aq) + Bi(s) \rightarrow 3Cr^{2+}(aq) + Bi^{3+}(aq)$, $E_{전지}° = -0.61$ V

(b) $Mg(s) + 2H_2O(l) \rightarrow$
$Mg^{2+}(aq) + H_2(g) + 2OH^-(aq)$, $E_{전지}° = +2.36$ V

6L.3. 다음 갈바니 전지에서 일어나는 반쪽 반응식과 전지 반응식을 쓰고 균형을 맞추시오. C(gr)은 탄소의 동소체인 흑연을 나타낸다.

(a) $Ni(s)|Ni^{2+}(aq)||Ag^+(aq)|Ag(s)$
(b) $C(gr)|H_2(g)|H^+(aq)||Cl^-(aq)|Cl_2(g)|Pt(s)$
(c) $Cu(s)|Cu^{2+}(aq)||Ce^{4+}(aq), Ce^{3+}(aq)|Pt(s)$
(d) $Pt(s)|O_2(g)|H^+(aq)||OH^-(aq)|O_2(g)|Pt(s)$
(e) $Pt(s)|Sn^{4+}(aq), Sn^{2+}(aq)||Cl^-(aq)|Hg_2Cl_2(s)|Hg(l)$

6L.4. 다음 갈바니 전지에서 일어나는 반쪽 반응식과 전지 반응식을 쓰고 균형을 맞추시오.

(a) $Zn(s)|Zn^{2+}(aq)||Au^{3+}(aq)|Au(s)$
(b) $Fe(s)|Fe^{2+}(aq)||Fe^{3+}(aq)|Fe(s)$
(c) $Hg(l)|Hg_2Cl_2(s)|Cl^-(aq)|CuCl(s)|Cu(s)$
(d) $Ag(s)|AgBr(s)|Br^-(aq)||Cl^-(aq)|AgCl(s)|Ag(s)$
(e) $Pb(s)|Pb^{2+}(aq)||MnO_4^-(aq), H^+(aq)|Pt(s)$

6L.5. 다음 골격 반응식을 보고 전지 도표를 그리시오. 반쪽 반응식과 전지 반응식을 쓰고 균형을 맞추시오.

(a) $Ni^{2+}(aq) + Zn(s) \rightarrow Ni(s) + Zn^{2+}(aq)$
(b) $Ce^{4+}(aq) + I^-(aq) \rightarrow I_2(s) + Ce^{3+}(aq)$
(c) $Cl_2(g) + H_2(g) \rightarrow HCl(aq)$
(d) $Au^+(aq) \rightarrow Au(s) + Au^{3+}(aq)$

6L.6. 다음 골격 반응식을 보고 전지 도표를 그리시오. 반쪽 반응식과 전지 반응식을 쓰고 균형을 맞추시오.

(a) $Mn(s) + Ti^{2+}(aq) \rightarrow Mn^{2+}(aq) + Ti(s)$
(b) $Fe^{3+}(aq) + H_2(g) \rightarrow Fe^{2+}(aq) + H^+(aq)$
(c) $Cu^+(aq) \rightarrow Cu(s) + Cu^{2+}(aq)$
(d) $MnO_4^-(aq) + H^+(aq) + Cl^-(aq) \rightarrow Cl_2(g) + Mn^{2+}(aq) + H_2O(l)$

6L.7. 다음 반응을 연구할 수 있는 갈바니 전지를 고안하여 전지 도표로 나타내고, 반쪽 반응식을 쓰시오.

(a) $AgBr(s) \rightarrow Ag^+(aq) + Br^-(aq)$, 용해
(b) $H^+(aq) + OH^-(aq) \rightarrow H_2O(l)$, 중화
(c) $Cd(s) + 2Ni(OH)_3(s) \rightarrow Cd(OH)_2(s) + 2Ni(OH)_2(s)$, 니켈-카드뮴 전지에서 일어나는 반응

6L.8. 다음 반응을 연구할 수 있는 갈바니 전지를 고안하여 전지 도표로 나타내고, 반쪽 반응식을 쓰시오.

(a) $Pb(NO_3)_2(aq) + K_2SO_4(aq) \rightarrow PbSO_4(s) + 2KNO_3(aq)$, 침전 반응
(b) OH^-(aq, 고농도) $\rightarrow$ OH^-(aq, 저농도)

(c) $Na(s) + S(s) \rightarrow Na^{+}(l) + S^{2-}(l)$, 소듐–황 전지의 용융 전해질에서 일어나는 반응

6L.9. (a) 산성 용액에서 일어나는 과망가니즈산 포타슘과 염화 철(II)의 산화–환원 반응에 대한 반쪽 반응식을 쓰고 균형을 맞추시오. (b) 전지 반응식을 쓰고 균형을 맞추시오. 이 반응을 연구할 수 있는 갈바니 전지를 고안하고 전지 도표로 나타내시오.

6L.10 (a) 산성 용액에서 일어나는 과염소산 소듐과 질산 구리(I)의 산화–환원 반응에 대한 반쪽 반응식을 쓰고 균형을 맞추시오. (b) 전지 반응식을 쓰고 균형을 맞추시오. 이 반응을 연구할 수 있는 갈바니 전지를 고안하고 전지 도표로 나타내시오.

Topic 6M 표준 전위

이 Topic을 왜 배우는가? 산화–환원 반응의 경우의 수는 거의 무한대이므로, 관심 있는 반응의 표준 전위를 예측하려면 여기서 다루는 개념들을 응용할 수 있어야 한다. 이 개념들은 한 산화–환원 쌍이 산화되는(다른 쌍을 환원시키는) 상대적인 경향을 예측함으로써, 시약을 선택하는 데도 유용하게 쓰인다.

무엇을 알고 있어야 하는가? 산화–환원 반응(기초 지식 K)을 잘 알아야 하며, 그 반응식의 균형을 맞출 수 있어야 한다(Topic 6K). 또한 전지 전위와 반응의 Gibbs 자유 에너지 간의 관계(Topic 6L)도 잘 알고 있어야 한다. 반응의 표준 Gibbs 자유 에너지와 평형 상수 간의 관계(Topic 5F) 역시 잘 알고 있어야 한다.

무수한 갈바니 전지를 상상할 수 있다. 각 전지에는 전극이 두 개 있으므로, 가능한 전지 전위를 모두 나열하는 것보다는, 각 반쪽 전지가 전체 전지 전위에 얼마만큼씩 기여하는지를 나타내는 것이 훨씬 효율적이다.

보충 설명
전기화학적 전지를 설명할 때는 보통, 실제 전극인 금속 도체를 포함한 반쪽 전지 전체를 가리켜 **전극**(electrode)이라는 용어를 사용하며, 이 반쪽 전지의 전위를 측정한다.

6M.1 표준 전위의 정의

표준 조건(용질은 1 mol·L^{-1}, 기체는 1 bar)에서 각 반쪽 전지가 표준 전지 전위에 일부분씩 기여한다고 생각할 수 있다. 이것을 전극 또는 산화–환원 쌍의 **표준 전위**(**standard potential**, $E°$)라고 한다. **표준 전극 전위**(standard electrode potential) 또는 **표준 환원 전위**(standard reduction potential)라고 하기도 한다. 각 표준 전위는 그 전극에서 일어나는 반응이 전자를 끌어당기는 힘의 척도라고 할 수 있다. 갈바니 전지에서 두 전극에서 일어나는 반응은 각기 전자를 반대 방향으로 끌어당기며, 따라서 전지 전체가 전자를 끌어당기는 힘, 즉 표준 전지 전위 $E_{전지}°$은 두 전극의 표준 전위 차라고 할 수 있다(**그림 6M.1**). 이 차이는 항상 다음과 같이 쓴다.

$$E_{전지}° = E°(\text{전지 도표의 오른쪽 전극}) - E°(\text{전지 도표의 왼쪽 전극}) \quad \textbf{(1a)}$$

좀 더 간편하게 쓰면 다음과 같다.

$$E_{전지}° = E_R° - E_L° \quad \textbf{(1b)}$$

$E_{전지}° > 0$이면, 전지 반응이 표준 조건에서 자발적으로 일어난다는 뜻이다. 또한, Topic 5F에서 설명한 것과 같이 $\Delta G° < 0$이고 $K > 1$이다. 예를 들어 전지 $Fe(s)|Fe^{2+}(aq)||Ag^+(aq)|Ag(s)$에서 일어나는 반 응은

$$2\,Ag^+(aq) + Fe(s) \rightarrow 2\,Ag(s) + Fe^{2+}(aq)$$

$E_{전지}°$을 표현하면 다음과 같다.

$$E_{전지}° = \overbrace{E°(Ag^+/Ag)}^{E_R°} - \overbrace{E°(Fe^{2+}/Fe)}^{E_L°}$$

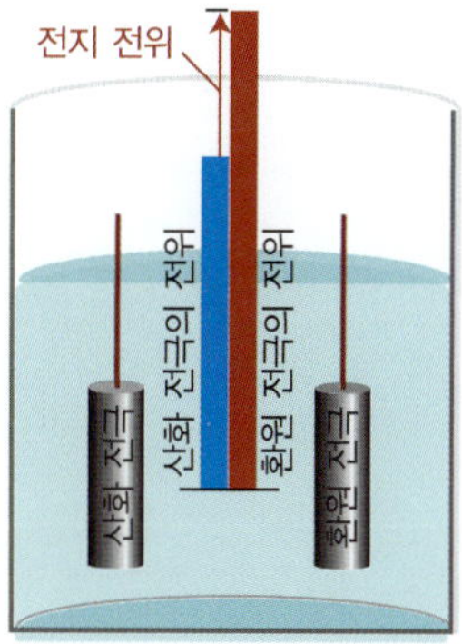

그림 6M.1 전지 전위는 두 전극에서 일어나는 반응에 의해 생성되는 두 전위 간의 차이로 간주할 수 있다.

값을 찾아 계산해보면(이 방법은 뒤에서 설명한다) 25 °C에서 $E_{전지}° = +1.24$ V이다. $E_{전지}° > 0$이므로, 이 전지 반응은 $\Delta G_r° < 0$이고 $K > 1$이므로, 평형에서 생성물(Ag와 Fe^{2+})이 우세하다. 이 값이 의미하는 바는 철 금속이 은 이온을 금속 은으로 환원시킬 수 있다는 것이다. 만약 전지 도표를 반대 방향으로 작성했다면, $Ag(s)|Ag^+(aq)||Fe^{2+}(aq)|Fe(s)$에 해당하는 반응은

$$2\,Ag(s) + Fe^{2+}(aq) \rightarrow Ag^+(aq) + Fe(s)$$

이고 $E_{전지}°$은 다음과 같이 쓸 수 있다.

$$E_{전지}° = \overbrace{E°(Fe^{2+}/Fe)}^{E_R°} - \overbrace{E°(Ag^+/Ag)}^{E_L°}$$

이 값은 $E_{전지}° = -1.24$ V이다. 화학 반응식을 이렇게 쓰면 $K < 1$이고, 평형에서 반응물(Ag와 Fe^{2+})이 우세하다. 결국 결론은 같다. 철은 은을 환원시키는 경향이 있다.

유의 사항

$E_{전지}° > 0$이면 자발적인 반응이라고 말하곤 하지만, 이것이 실제로 의미하는 바는 모든 반응물과 모든 생성물이 표준 상태일 때 일어나는 반응이 자발적이라는 뜻이다. 다른 조성에서는 역반응이 자발적일 수도 있다. 따라서 다음과 같이 생각하는 것이 더 좋다. $E_{전지}° > 0$이면 반응의 $K > 1$이고, $E_{전지}° < 0$이면 반응의 $K < 1$이다. 왜냐하면 어느 주어진 온도에서 평형 상수는 반응마다 고유한 특성으로 값이 정해져 있기 때문이다. (표준 조건이 아닌) 임의의 조건에서 정반응이 자발적인지는 $E_{전지}°$ 이 아니라 Q와 K의 상대적인 크기에 따라 달려있다(Topic 5F).

표준 전위의 목록을 작성하는 데에는 한 가지 문제가 있다. 우리가 측정할 수 있는 것은 전체 전지 전위뿐이고, 반쪽 전지 하나만을 측정할 수는 없다. 전압계를 갈바니 전지의 두 전극 사이에 연결하면 두 전극 전위의 차이를 측정하는 것이지, 개별 값을 측정하는 것은 아니다. 개별 표준 전위를 구하기 위해, 특정한 전극(수소 전극)을 정하고 그 표준 전위를 모든 온도에서 0으로 정의하였다.

$$2\,H^+(aq) + 2\,e^- \rightarrow H_2(g) \quad E° = 0$$

산화–환원 쌍 표기법으로 나타내면 $E°(H^+/H_2) = 0$(모든 온도에서)이다. 수소 전극이 표준 상태에 있다는 것은 수소 기체가 1 bar이고 수소 이온 농도가 1 mol·L^{-1}(엄밀히는 활동도가 1)이라는 뜻인데, 이것을 **표준 수소 전극(standard hydrogen electrode**, SHE)라고 한다. 다른 모든 전극의 표준 전위는 이 표준 수소 전극을 이용하여 정의한다.

어떤 전극의 표준 전위는, 전지 도표의 왼쪽에 표준 수소 전극, 오른쪽에 관심 전극을 놓고, 이 전지의 모든 물질이 표준 상태에 있을 때 측정한 표준 전위(부호도 포함)를 말한다.

예를 들어, 다음과 같은 전지에서

$$Pt(s)|H_2(g)|H^+(aq||Cu^{2+}(aq)|Cu(s)$$

표준 전지 전위의 크기가 0.34 V이고 구리 전극이 + 극이라면, $E_{전지}° = +0.34$ V이다. 정의에 따라 표준 수소 전극은 전지 전위에 0만큼 기여하므로, 전지 전위는 모두 구리 전극에 의한 것이다. 결국,

$$Cu^{2+}(aq) + 2\,e^- \rightarrow Cu(s) \quad E°(Cu^{2+}/Cu) = +0.34\ V$$

표준 전지 전위는 양쪽 전극에서 일어나는 일종의 전자 '줄다리기'의 결과이다. 전극이 전자를 끌어당기는 힘의 척도는 각 전극의 표준 전위이다. 부호가 양이라는 것은 오른쪽 전극이 줄다리기에 이겼다는 뜻이고, 산화–환원 쌍의 산화 형태가 전자를 얻어 환원될 것이라는 뜻이다.

음의 부호는 반대를 의미한다. 예를 들어 위 반응은 $E_{전지}° > 0$이므로 오른쪽 전극에서 일어나는 반응, 즉 Cu^{2+} 이온이 Cu로 환원되는 반응이 우세하다. 따라서 전지 반응은 다음과 같고,

$$Cu^{2+}(aq) + H_2(g) \rightarrow Cu(s) + 2\,H^+(aq)$$

이 반응의 $E_{전지}° > 0$이므로 $K < 1$이다. 따라서 수소 기체는 $Cu^{2+}(aq)$를 금속 구리로 환원시킬 수 있다.

일반화하면, 표준 전위가 양으로 클수록, 산화–환원 쌍의 산화 형태가 환원되려는 경향이 강하다(**그림 6M.2**).

이제 다음 전지를 생각하자.

$$Pt(s)|H_2(g)|H^+(aq)\|Zn^{2+}(aq)|Zn(s)$$

해당하는 전지 반응은 다음과 같다.

$$Zn^{2+}(aq) + H_2(g) \rightarrow Zn(s) + 2\,H^+(aq)$$

이 전지(전지 도표에 적힌 그대로)의 표준 전위는 −0.76 V이므로 $K < 1$이고, 따라서 평형에서 반응물이 우세하다. 다시 말하면 금속 아연은 $H^+(aq)$ 이온을 기체 수소로 환원시킬 수 있다. $E_{전지}°$이 의미하는 바는 왼쪽 전극이 전자 줄다리기의 승자라는 것이다. 전지 반응의 $K < 1$이라는 것은 반응물이 선호되는 반응이라는 뜻이다. 실제로, 실험실에서 소량의 $H_2(g)$가 필요할 때 HCl 수용액에 Zn(s)를 넣어 수소를 발생시키곤 한다.

일반화하면, 표준 전위가 음으로 클수록, 산화–환원 쌍의 환원 형태가 산화되려는 경향이 강하다(**그림 6M.3**).

지금까지는 전자 줄다리기의 상대가 H^+/H_2 쌍이었다. 이제는 Cu^{2+}/Cu 쌍과 Zn^{2+}/Zn 쌍이 겨룬다고 하자. 두 표준 전위는 각각 다음 전지 반응에 대한 값이다.

$$Zn^{2+}(aq) + H_2(g) \rightarrow Zn(s) + 2H^+(aq) \quad E°(Zn^{2+}/Zn)$$
$$Cu^{2+}(aq) + H_2(g) \rightarrow Cu(s) + 2H^+(aq) \quad E°(Cu^{2+}/Cu)$$

이것을 두 가지 방식으로 이해할 수 있다. 첫 번째 방식은 첫째 반응식에서 둘째 반응식을 빼는 것이다(물론 표준 전위도 뺀다).

$$Zn^{2+}(aq) - Cu^{2+}(aq) \rightarrow Zn(s) - Cu(s) \quad E°(Zn^{2+}/Zn) - E°(Cu^{2+}/Cu)$$

이것을 일반적인 형태로 다시 쓰면

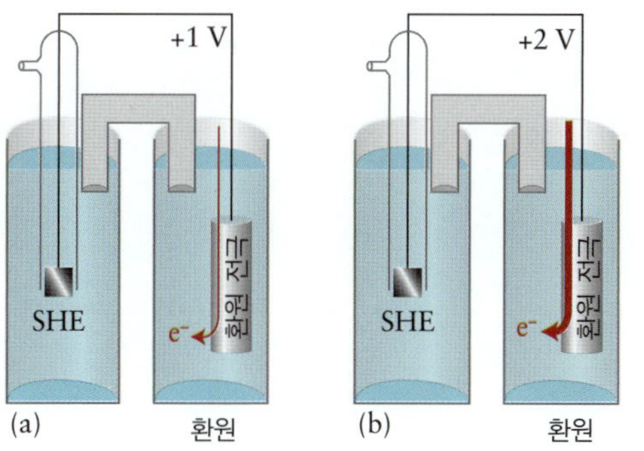

그림 6M.2 (a) 표준 전위가 작은 양수이면 산화–환원 쌍 Ox/Red에서 Ox가 Red로 환원되려는 경향이 약하다는 뜻이다. (b) 표준 전위가 큰 양수이면 Ox가 환원되려는 경향이 강하고, 따라서 강한 산화제라는 뜻이다.

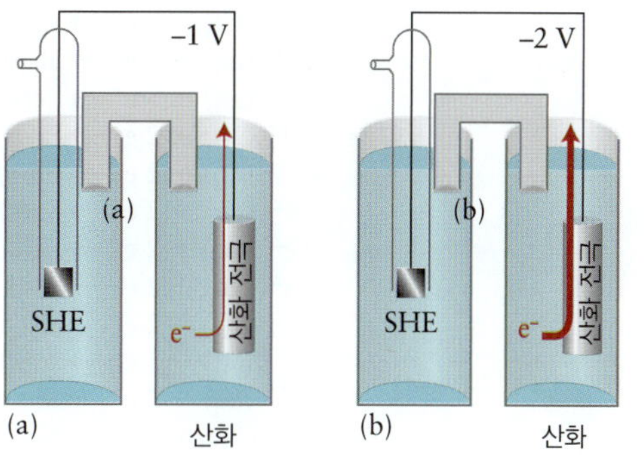

그림 6M.3 (a) 표준 전위가 작은 음수이면 산화–환원 쌍 Ox/Red에서 Red가 Ox로 산화되려는 경향이 약하다는 뜻이다. (b) 표준 전위가 큰 음수이면 Red가 산화되려는 경향이 강하고, 따라서 강한 환원제라는 뜻이다.

$$Zn^{2+}(aq) + Cu(s) \rightarrow Zn(s) + Cu^{2+}(aq) \quad E°(Zn^{2+}/Zn) - E°(Cu^{2+}/Cu)$$

두 번째 방식은 둘째 반응식과 그 표준 전위를 뒤집은 다음에 첫째 반응식에 더하는 것이다.

$$Zn^{2+}(aq) + H_2(g) \rightarrow Zn(s) + 2H^+(aq) \quad E°(Zn^{2+}/Zn)$$
$$Cu(s) + 2H^+(aq) \rightarrow Cu^{2+}(aq) + H_2(g) \quad -E°(Cu^{2+}/Cu)$$

더하고 공통된 물질을 소거하면 다음과 같다.

$$Zn^{2+}(aq) + Cu(s) \rightarrow Zn(s) + Cu^{2+}(aq) \quad E°(Zn^{2+}/Zn) - E°(Cu^{2+}/Cu)$$

만약 $E°(Zn^{2+}/Zn) - E°(Cu^{2+}/Cu) > 0$이면 $E°(Zn^{2+}/Zn) > E°(Cu^{2+}/Cu)$이고 이 반응의 $K > 1$이다. 반대로 $E°(Zn^{2+}/Zn) - E°(Cu^{2+}/Cu) < 0$이면 $E°(Zn^{2+}/Zn) < E°(Cu^{2+}/Cu)$이고 이 반응의 $K < 1$이다. 위에서 보았듯이 각 전위값은 −0.76 V와 +0.34 V이므로, 이 경우는 후자에 해당한다. 따라서 금속 아연은 $Cu^{2+}(aq)$ 이온을 환원시키는 경향이 있다.

일반화하면, **작은 것이 큰 것을 환원시킨다**. 즉, 두 산화–환원 쌍 Ox_1/Red_1과 Ox_2/Red_2의 $E_1° < E_2°$이면, Red_1이 Ox_2를 환원시킨다.

표 6M.1에는 25 °C(앞으로는 모두 이 온도로 생각한다)에서 측정한 표준 전위를 나열하였다. 더 많은 자료는 부록 2B에 수록되어 있다. 표준 전위는 주기율표 전체에 걸쳐 다양한 값을 보인다(그림 6M.4). 하지만 가장 음수인 물질, 즉 가장 환원력이 높은 산화–환원 쌍은 대체로 왼

표 6M.1 25 °C에서 표준 전위*

화학종	환원 반쪽 반응	$E°/V$
산화 형태의 산화력이 강하다(강한 산화제).		
F_2/F^-	$F_2(g) + 2e^- \rightarrow 2F^-(aq)$	+2.87
Au^+/Au	$Au^+(aq) + e^- \rightarrow Au(s)$	+1.69
Ce^{4+}/Ce^{3+}	$Ce^{4+}(aq) + e^- \rightarrow Ce^{3+}(aq)$	+1.61
$MnO_4^-,H^+/Mn^{2+},H_2O$	$MnO_4^-(aq) + 8H^+(aq) + 5e^- \rightarrow Mn^{2+}(aq) + 4H_2O(l)$	+1.51
Cl_2/Cl^-	$Cl_2(g) + 2e^- \rightarrow 2Cl^-(aq)$	+1.36
$Cr_2O_7^{2-},H^+/Cr^{3+},H_2O$	$Cr_2O_7^{2-}(aq) + 14H^+(aq) + 6e^- \rightarrow 2Cr^{3+}(aq) + 7H_2O(l)$	+1.33
$O_2,H^+/H_2O$	$O_2(g) + 4H^+(aq) + 4e^- \rightarrow 2H_2O(l)$	+1.23; +0.82 (pH = 7에서)
Br_2/Br^-	$Br_2(l) + 2e^- \rightarrow 2Br^-(aq)$	+1.09
$NO_3^-,H^+/NO,H_2O$	$NO_3^-(aq) + 4H^+(aq) + 3e^- \rightarrow NO(g) + 2H_2O(l)$	+0.96
Ag^+/Ag	$Ag^+(aq) + e^- \rightarrow Ag(s)$	+0.80
Fe^{3+}/Fe^{2+}	$Fe^{3+}(aq) + e^- \rightarrow Fe^{2+}(aq)$	+0.77
I_2/I^-	$I_2(s) + 2e^- \rightarrow 2I^-(aq)$	+0.54
$O_2,H_2O/OH^-$	$O_2(g) + 2H_2O(l) + 4e^- \rightarrow 4OH^-(aq)$	+0.40; +0.82 (pH = 7에서)
Cu^{2+}/Cu	$Cu^{2+}(aq) + 2e^- \rightarrow Cu(s)$	+0.34
$AgCl/Ag,Cl^-$	$AgCl(s) + e^- \rightarrow Ag(s) + Cl^-(aq)$	+0.22
H^+/H_2	$2H^+(aq) + 2e^- \rightarrow H_2(g)$	0, 정의에 따라
Fe^{3+}/Fe	$Fe^{3+}(aq) + 3e^- \rightarrow Fe(s)$	−0.04
$O_2,H_2O/HO_2^-,OH^-$	$O_2(g) + H_2O(l) + 2e^- \rightarrow HO_2^-(aq) + OH^-(aq)$	−0.08
Pb^{2+}/Pb	$Pb^{2+}(aq) + 2e^- \rightarrow Pb(s)$	−0.13
Sn^{2+}/Sn	$Sn^{2+}(aq) + 2e^- \rightarrow Sn(s)$	−0.14
Fe^{2+}/Fe	$Fe^{2+}(aq) + 2e^- \rightarrow Fe(s)$	−0.44
Zn^{2+}/Zn	$Zn^{2+}(aq) + 2e^- \rightarrow Zn(s)$	−0.76
$H_2O/H_2,OH^-$	$2H_2O(l) + 2e^- \rightarrow H_2(g) + 2OH^-(aq)$	−0.83; −0.42 (pH = 7에서)
Al^{3+}/Al	$Al^{3+}(aq) + 3e^- \rightarrow Al(s)$	−1.66
Mg^{2+}/Mg	$Mg^{2+}(aq) + 2e^- \rightarrow Mg(s)$	−2.36
Na^+/Na	$Na^+(aq) + e^- \rightarrow Na(s)$	−2.71
K^+/K	$K^+(aq) + e^- \rightarrow K(s)$	−2.93
Li^+/Li	$Li^+(aq) + e^- \rightarrow Li(s)$	−3.05
환원 형태의 환원력이 강하다(강한 환원제).		

* 더 많은 자료는 부록 2B을 참고하시오.

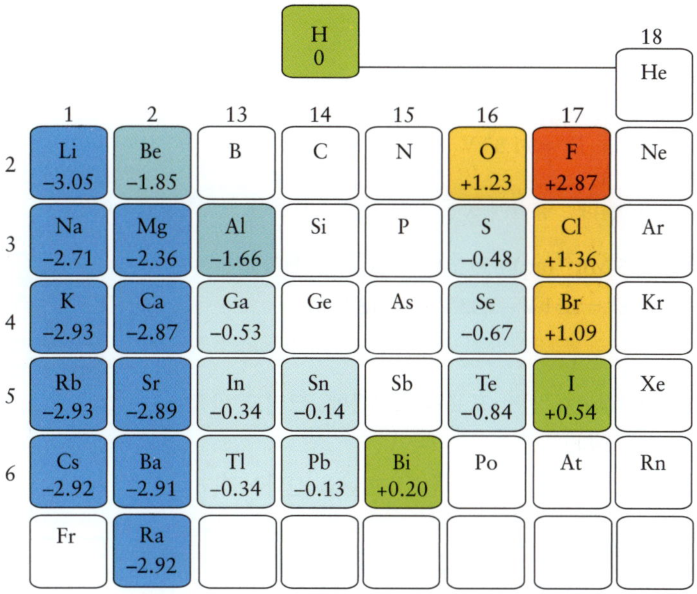

그림 6M.4 주기율표 주족 원소들의 표준 전위는 다양한 값을 보인다. s 구역이 가장 음의 값, F에 가까울수록 양의 값을 보인다는 점에 주목하자.

쪽에 있으며, 가장 양수인 물질, 즉 가장 산화력이 높은 산화–환원 쌍은 대체로 오른쪽 위에 있다.

예제 6M.1 산화–환원 반응의 표준 전위 계산하기

산성 용액에서 과망가니즈산 이온과 다이크로뮴산 이온은 모두 강력한 산화제이다. 두 이온의 용액을 각각 준비하고 백금 전극을 꽂아 갈바니 전지의 반쪽 전지로 만들었다고 생각하자. (a) 이 반쪽 전지들로 구성된 전지의 표준 전위를 구하고, 표준 전위가 양수인 형태로 알짜 이온 반응식을 쓰시오. (b) 이 전지를 전지 도표로 나타내시오.

예상 표 6M.1에서 과망가니즈산 이온의 표준 전위가 다이크로뮴산 이온보다 위쪽에 있으므로, 과망가니즈산 이온이 더 강한 산화제이고, 전지에서 환원 반응이 일어날 것이다. 과망가니즈산 이온이 크로뮴(III) 이온을 산화시키는 방향으로 반응식을 쓰면 K가 1보다 클 것으로 예상한다.

계획 표 6M.1에서 두 환원 반쪽 반응의 표준 전위를 찾는다. 환원 반쪽 반응식과 표준 전위를 각각 쓴 다음 서로 뺀다. 전지 도표를 작성할 때는 도구상자 6L.1의 방법을 따른다.

풀이

(a) 표 6M.1에서 표준 전위를 찾는다.

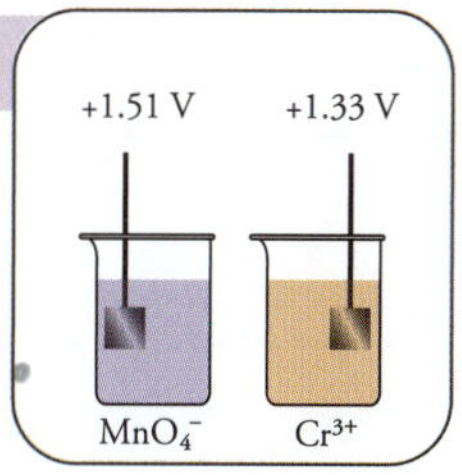

$$MnO_4^-(aq) + 8H^+(aq) + 5e^- \rightarrow Mn^{2+}(aq) + 4H_2O(l) \quad E° = +1.51\ V$$

$$Cr_2O_7^{2-}(aq) + 14H^+(aq) + 6e^- \rightarrow 2Cr^{3+}(aq) + 7H_2O(l) \quad E° = +1.33\ V$$

반쪽 전지는 다음과 같다.

$$Pt(s)|MnO_4^-(aq), Mn^{2+}(aq), H^+(aq) \text{와 } Pt(s)|Cr_2O_7^{2-}(aq), Cr^{3+}(aq), H^+(aq)$$

첫째 반쪽 반응식에 6을 곱하고 둘째 반쪽 반응식에 5를 곱하여 전자 개수를 맞춘다.

$$6\,MnO_4^-(aq) + 48\,H^+(aq) + 30\,e^- \rightarrow 6\,Mn^{2+}(aq) + 24\,H_2O(l) \quad E° = +1.51\ V$$

$$5\,Cr_2O_7^{2-}(aq) + 70\,H^+(aq) + 30\,e^- \rightarrow 10\,Cr^{3+}(aq) + 35\,H_2O(l) \quad E° = +1.33\ V$$

첫째 반응에서 둘째 반응식을 빼고(표준 전위도 뺀다), 양변에 공통인 물질을 소거한다.

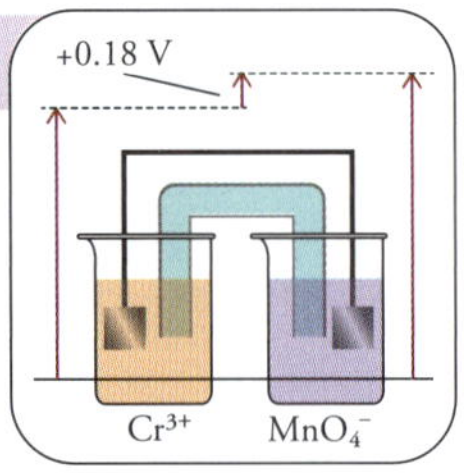

$$6\,MnO_4^-(aq) + 10\,Cr^{3+}(aq) + 11\,H_2O(l) \rightarrow 6\,Mn^{2+}(aq) + 5\,Cr_2O_7^{2-}(aq) + 22\,H^+(aq)$$

$$E° = 1.51\ V - 1.33\ V = +0.18\ V$$

따라서, 반쪽 전지 $Pt(s)|MnO_4^-(aq), Mn^{2+}(aq), H^+(aq)$가 전지 도표의 오른쪽에, 그리고 반쪽 전지 $Pt(s)|Cr_2O_7^{2-}(aq), Cr^{3+}(aq), H^+(aq)$가 왼쪽에 온다.

이 반응식은 적힌 그대로 $K>1$이므로, 과망가니즈산 이온이 크로뮴(III) 이온을 산화시킨다.

(b) 과망가니즈산 쌍이 오른쪽에 오는 전지 도표를 쓴다.

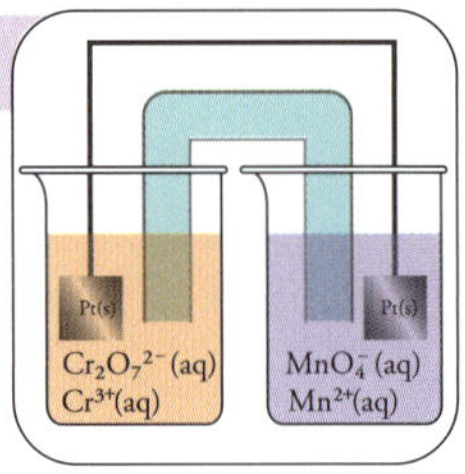

$$Pt(s)|Cr_2O_7^{2-}(aq), Cr^{3+}(aq), H^+(aq)||H^+(aq), MnO_4^-(aq), Mn^{2+}(aq)|Pt(s)$$

평가 예상대로 과망가니즈산 이온이 전지 반응에서 산화제로 작용하였다. 만약 여러분이 크로뮴산 이온의 반쪽 반응에서 과망가니즈산 이온의 반쪽 반응을 뺐다면, 전지 반응과 전지 도표가 위의 결과와 반대 방향일 것이다. 그러나 이 반응의 $K<1$이다. 어떻게 접근하든 결론은 동일하다.

자습 6M.1A 금속 납과 알루미늄 중에서 수용액 상의 물질을 환원시키는 능력이 더 강한 것은 어느 것인지(산화 반응의 K가 더 큰 것은 어느 것인지) 알아보자. (a) 적절한 전지를 구상하고 표 6M.1을 이용하여 표준 전위를 구하시오. (b) 알짜 이온 반응식을 $K>1$인 반응의 형태로 쓰시오. (c) 이제 이 문제의 답을 쓰시오.

[**답**: (a) + 1.53 V (b) $3\,Pb^{2+}(aq) + 2\,Al(s) \rightarrow 3\,Pb(s) + 2\,Al^{3+}(aq)$ (c) Al]

자습 6M.1B 표준 상태의 Cu^{2+}와 Ag^+ 중에서 금속을 산화시키는 능력이 더 강한 것은 어느 것인지(환원 반응의 K가 더 큰 것은 어느 것인지) 알아보자. (a) 적절한 전지를 구상하고 표준 전위를 구하시오. (b) 알짜 이온 반응식을 $K>1$인 반응의 형태로 쓰시오. (c) 이제 이 문제의 답을 쓰시오.

관련 연습 문제 6M.11, 6M.12

한쪽 산화–환원 쌍의 표준 전위를 구하고 나면, 이를 이용하여 다른 산화–환원 쌍의 표준 전위를 구할 수 있다. 다음 예제에서 알아보자.

예제 6M.2 전극의 표준 전위 구하기

여러분이 인공위성에 쓰일 새로운 형태의 배터리를 개발하는 회사에서 연구한다고 하자. 연구의 일환으로, 다양한 금속 전극을 조합해 보려고 한다. 전지 $Zn(s)|Zn^{2+}(aq)||Sn^{4+}(aq), Sn^{2+}(aq)|Pt(s)$의 표준 전위를 측정해보니 +0.91 V였다. Zn^{2+}/Zn 전극의 표준 전위는 −0.76 V이다. Sn^{4+}/Sn^{2+} 전극의 표준 전위는 얼마인가?

예상 전지 전위가 양수이므로 오른쪽 전극에서 환원이 일어난다. 따라서 Sn^{4+}/Sn^{2+}의 표준 전위가 Zn^{2+}/Zn보다 더 클 것이다.

계획 표준 전지 전위로부터 한 전극의 표준 전위를 구하고자 하는데, 다른 전극의 표준 전위를 이미 알고 있다. 따라서 식 1을 $E_R° = E_{전지}° + E_L°$ 형태로 이용하면 된다.

풀이

$E_R° = E_{전지}° + E_L°$이므로,

$$E°(Sn^{4+}/Sn^{2+}) = E_{전지}° + E°(Zn^{2+}/Zn)$$
$$= 0.91\ V - 0.76\ V = +0.15\ V$$

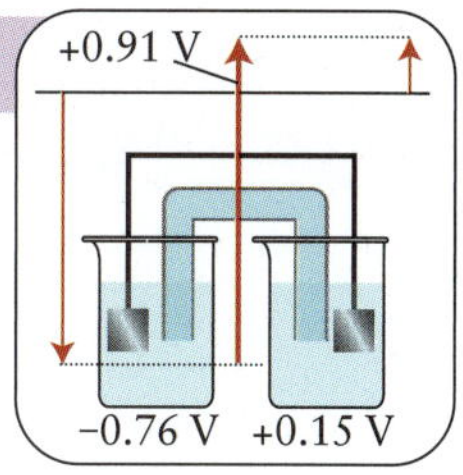

평가 예상대로 $E°(Sn^{4+}/Sn^{2+})$가 $E°(Zn^{2+}/Zn)$보다 더 크다.

자습 6M.2A Ag^+/Ag 전극의 표준 전위는 +0.80 V이고, 전지 $Pt(s)|I_2(s)|I^-(aq)||Ag^+(aq)|Ag(s)$의 표준 전위는 +0.26 V이다. I_2/I^- 전극의 표준 전위는 얼마인가?

[답: 0.54 V]

자습 6M.2B Fe^{2+}/Fe 전극의 표준 전위는 −0.44 V이고, 전지 $Fe(s)|Fe^{2+}(aq)||Pb^{2+}(aq)|Pb(s)$의 표준 전위는 +0.31 V이다. Pb^{2+}/Pb 전극의 표준 전위는 얼마인가?

관련 연습 문제 6M.1, 6M.2

데이터 표에 모든 반응에 대한 표준 전위가 실려 있는 것은 아니므로 찾고자 하는 자료가 없을 수도 있다. 이때는 같은 원소로 이루어진 관련 반응들과 그 표준 전위 값을 이용하여 값을 구할 수 있다. 예를 들어 $E°(Ce^{4+}/Ce)$가 필요하지만, 표에는 $E°(Ce^{3+}/Ce)$와 $E°(Ce^{4+}/Ce^{3+})$ 값밖에 수록되어 있지 않다. 이러한 경우, 즉 반쪽 반응에 참여하는 전자의 개수가 다를 때는(각각 4개, 3개, 1개가 참여한다), 표준 전위를 직접 더하거나 빼서는 안 된다. 먼저 반쪽 반응에 해당하는 $\Delta G°$ 값을 각각 계산한 다음에, 이를 조합하여 원하는 반쪽 반응의 $\Delta G°$를 구한다(ΔG는 자유롭게 더하거나 뺄 수 있다). 이후 Topic 6L의 식 2, $\Delta G° = -nFE_{전지}°$을 이용하여 표준 전위로 환산한다. 단계별로 요약하면,

- 관련 반쪽 반응의 $E°$ 값을 찾는다.
- $E°$ 값을 $\Delta G°$ 값으로 환산한다.
- 반쪽 반응을 조합하여 원하는 반응식을 만들고 $\Delta G°$을 구한다.
- $\Delta G°$을 환산하여 원하는 반응의 $E_{전지}°$을 얻는다.

예제 6M.3 관련 반응으로부터 산화–환원 쌍의 표준 전위 계산하기

여러분은 더 나은 배터리를 설계하기 위해 다양한 전극 조합을 계속 탐색하고 있으며, Ce^{4+}/Ce^{3+} 쌍을 Zn^{2+}/Zn 쌍과 조합하면 전위가 높고 저장 용량이 큰 새로운 전원 공급원이 된다는 사실을 알게 되었다. 부록 2B의 자료를 이용하여 $E°(Ce^{4+}/Ce)$를 구하시오. 환원 반쪽 반응은 다음과 같다.

$$Ce^{4+}(aq) + 4e^- \rightarrow Ce(s) \qquad \text{(A)}$$

계획 부록 2B의 표(알파벳 순)에서 원하는 반쪽 반응을 얻을 수 있는 관련 반쪽 반응들을 찾는다. Topic 6L의 식 2($\Delta G° = -nFE°$)을 이용하여 각 반쪽 반응의 표준 Gibbs 자유 에너지를 구한다. 이 반쪽 반응식과 표준 Gibbs 자유 에너지를 조합한 다음, Topic 6L의 식 2를 다시 적용

하여 Gibbs 자유 에너지를 표준 전위로 환산한다. 2단계와 3단계에서 상수 F를 사용하긴 하지만 결국 상쇄되므로, 수치를 대입할 필요는 없다.

풀이 부록 2B의 자료를 찾으면,

$$Ce^{3+}(aq) + 3\,e^- \rightarrow Ce(s) \qquad E° = -2.48\text{ V} \qquad \text{(B)}$$
$$Ce^{4+}(aq) + e^- \rightarrow Ce^{3+}(aq) \qquad E° = +1.61\text{ V} \qquad \text{(C)}$$

Topic 6L의 식 2, $\Delta G° = -nFE°$를 이용하여 $E°$을 $\Delta G°$으로 환산한다.

(B) $Ce^{3+}(aq) + 3\,e^- \rightarrow Ce(s)$

$$\Delta G° = -(3\text{ mol}) \times F \times (-2.48\text{ V}) = +7.44F\text{ V·mol}$$

(C) $Ce^{4+}(aq) + e^- \rightarrow Ce^{3+}(aq)$

$$\Delta G° = -(1\text{ mol}) \times F \times (+1.61\text{ V}) = -1.61F\text{ V·mol}$$

반응식 B와 C를 더하면 반응식 A가 된다.

반응 B와 C의 Gibbs 자유 에너지를 더하여 반응 A의 Gibbs 자유 에너지를 구한다.

$$\Delta G° = \overbrace{7.44F\text{ V·mol}}^{\Delta G°(B)} + \overbrace{(-1.61F\text{ V·mol})}^{\Delta G°(C)} = +5.83F\text{ V·mol}$$

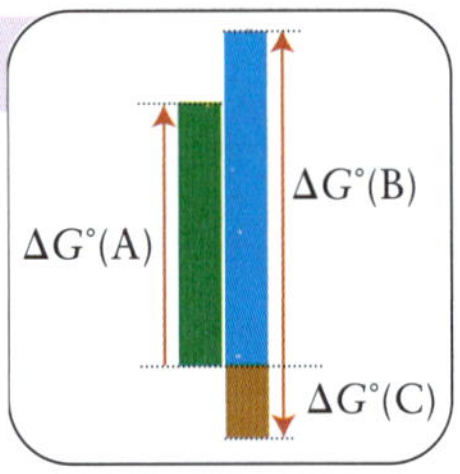

Topic 6L의 식 2를 $E° = -\Delta G°/nF$ 형태로 적용한다. 여기서 $n = 4$ mol이다.

$$E° = -\frac{5.83F\text{ V·mol}}{(4\text{ mol}) \times F} = -\frac{5.83\text{ V}}{4} = -1.46\text{ V}$$

이 값은 반쪽 반응 B와 C의 전위들을 단순히 더한 값(−0.87 V)과 일치하지 않는다는 점에 유의하자.

자습 6M.3A 부록 2B의 자료를 이용하여 $E°(Au^{3+}/Au^{+})$를 계산하시오.

[답: +1.26 V]

자습 6M.3B 부록 2B의 자료를 이용하여 $E°(Mn^{3+}/Mn)$을 계산하시오.

관련 연습 문제 6M.9, 6M.10

어떤 전극의 표준 전위는 전지 도표의 오른쪽에 그 전극을, 왼쪽에 수소 전극을 배치한 전지의 표준 전위이다. 표준 전위가 음수인 쌍은 용액의 수소 이온을 환원시키려는 열역학적 경향이 있고, 양수인 쌍은 수소 기체에 의해 환원되려는 경향이 있다.

6M.2 전기화학 서열

표준 전위가 음수인 산화–환원 쌍만이 수소 이온의 환원 반응에 대해 $K > 1$이다. 예를 들어 Au^{3+}/Au처럼 표준 전위가 양수인 쌍은 수소 이온을 환원시키지 못하며, 다시 말해 $K < 1$이다.

표 6M.1을 산화제와 환원제의 상대적인 세기에 대한 표로 해석할 수도 있는데, 이것을 **전기화학 서열(electrochemical series)**이라고 한다. 그림 6M.5에 이 서열을 그림으로 나타내었다. 표 6M.1의 상단에 있는 반응들은 이 그림에도 상단에 위치한다. 표 6M.1의 각 반쪽 반응 왼

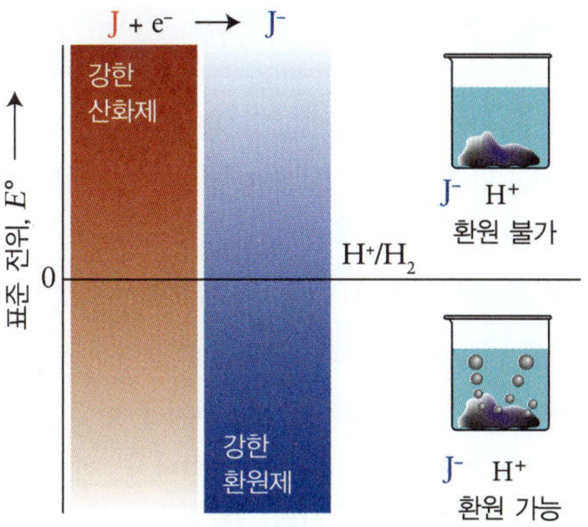

그림 6M.5 표준 전위의 의미. 표준 전위가 음수인 산화–환원 쌍(다시 말해 전기화학 서열에서 수소 아래쪽에 있는 쌍)만이 표준 조건에서 수소 이온을 환원시킬 수 있다. 표준 전위가 작을수록 환원력이 크다.

쪽에 있는 물질들은 산화제로 작용할 수 있으며, 이때 자신은 환원된다. 반쪽 반응 오른쪽에 있는 물질들은 환원제로 작용할 수 있다. 이 목록에서 산화된 물질들(반응식 왼쪽)은 자신보다 서열 아래쪽에 있는 환원된 물질들(반응식 오른쪽)을 산화시키는 경향(즉 $K>1$)이 있다. 예를 들어 Cu^{2+} 이온은 금속 아연 원자를 산화시키면서 자신은 환원된다. 환원된 물질들(반응식 오른쪽)은 자신보다 서열 위쪽에 있는 산화된 물질들(반응식 왼쪽)을 환원시키는 경향이 있다. 예를 들어 금속 아연은 H^+ 이온을 수소 기체로 환원시킨다.

표 6M.1에서, 반응식 왼쪽에 있는 물질들은 서열 위쪽에 있을수록 산화력이 강하다. 예를 들어 F_2는 강한 산화제이지만 Li^+는 산화제로서 역할을 거의 하지 못한다. 이것은 전지 전위가 더 큰 음수일수록, 반쪽 반응의 오른쪽에 있는 물질(환원된 형태)의 환원력이 강하다는 뜻이기도 하다. 예를 들어, 금속 리튬은 표에서 가장 강한 환원제이지만 F^-는 환원제로서 역할을 거의 하지 못한다.

자습 6M.4A 표준 조건에서 황산 아연 수용액에 납을 이용하여 아연 금속을 얻을 수 있겠는가?

[**답**: 아니오. 표 6M.1에서 납이 아연의 위쪽에 있다]

자습 6M.4B 염기성 용액, 표준 조건에서 염소 기체가 물을 산화시켜 산소 기체로 만들 수 있겠는가?

어떤 산화–환원 쌍의 산화력과 환원력은 전기화학 서열에서 그 쌍의 위치를 결정한다. 강한 산화제는 서열의 좌측 상단에, 강한 환원제는 서열의 우측 하단에 놓인다.

이 Topic에서 배운 것은 무엇인가?

표준 전위를 언급할 때는 수소 전극의 표준 전위를 0으로 잡는다는 것을 공부하였다. 표준 전위표를 이용하여 표준 전지 전위를 계산하는 방법, 표준 전위를 조합하는 방법을 알아보았다. 전기화학 서열이 산화–환원 쌍의 상대적인 환원력과 산화력을 어떻게 반영하고 있는지도 알아보았다.

개념과 식의 적용

- ☐ 두 표준 전위를 이용하여 표준 전지 전위를 계산한다(예제 6M.1).
- ☐ 표준 전지 전위를 이용하여 표준 전극 전위를 계산한다(예제 6M.2).
- ☐ 연관된 산화–환원 쌍을 이용하여 표준 전지 전위를 계산한다(예제 6M.3).
- ☐ 표준 전위 표를 이용하여 산화–환원 쌍의 상대적인 환원력과 산화력을 추정한다(자습 6M.4).

Topic 6M 연습 문제

6M.1 Cu^{2+}/Cu 전극의 표준 전위가 +0.34 V이고, 전지 $Co(s)|Co^{2+}(aq)||Cu^{2+}(aq)|Cu(s)$의 표준 전위가 +0.62 V이다. Co^{2+}/Co 전극의 표준 전위는 얼마인가?

6M.2 Fe^{2+}/Fe 전극의 표준 전위가 −0.44 V이고, 전지 $Fe(s)|Fe^{2+}(aq)||Cd^{2+}(aq)|Cd(s)$의 표준 전위가 +0.04 V이다. Cd^{2+}/Cd 전극의 표준 전위는 얼마인가?

6M.3 다음 갈바니 전지의 표준 전위를 예측하시오. C(gr)은 탄소의 동소체인 흑연을 나타낸다.

(a) $Pt(s)|Cr^{3+}(aq), Cr^{2+}(aq)||Cu^{2+}(aq)|Cu(s)$
(b) $Ag(s)|AgI(s)|I^-(aq)||Cl^-(aq)|AgCl(s)|Ag(s)$
(c) $Hg(l)|Hg_2Cl_2(s)|Cl^-(aq)||Hg_2{}^{2+}(aq)|Hg(l)$
(d) $C(gr)|Sn^{4+}(aq), Sn^{2+}(aq)||Pb^{4+}(aq), Pb^{2+}(aq)Pt(s)$

6M.4 다음 갈바니 전지의 표준 전위를 예측하시오.

(a) $Pt(s)|Fe^{3+}(aq), Fe^{2+}(aq)||Ag^+(aq)|Ag(s)$
(b) $U(s)|U^{3+}(aq)||V^{2+}(aq)|V(s)$
(c) $Sn(s)|Sn^{2+}(aq)||Sn^{4+}(aq), Sn^{2+}(aq)|Pt(s)$
(d) $Cu(s)|Cu^{2+}(aq)||Au^+(ag)|Au(s)$

6M.5 다음 반응은 모두 $K>1$이다. 전지 도표를 작성하고, 표준 전지 전위와 반응의 $\Delta G°$을 계산하시오.

(a) $2\,NO_3{}^-(aq) + 8\,H^+(aq) + 6\,Hg(l) \rightarrow 3\,Hg_2{}^{2+}(aq) + 2\,NO(g) + 4\,H_2O(l)$
(b) $2\,Hg^{2+}(aq) + 2\,Br^-(aq) \rightarrow Hg_2{}^{2+}(aq) + Br_2(l)$
(c) $Cr_2O_7{}^{2-}(aq) + 14\,H^+(aq) + 6\,Pu^{3+}(aq) \rightarrow 6\,Pu^{4+}(aq) + 2\,Cr^{3+}(aq) + 7\,H_2O(l)$

6M.6 전지 반응이 다음과 같은 갈바니 전지의 표준 전지 전위를 예측하고 표준 반응 Gibbs 자유 에너지를 계산하시오.

(a) $3\,Zn(s) + 2\,Bi^{3+}(aq) \rightarrow 3\,Zn^{2+}(aq) + 2\,Bi(s)$
(b) $2\,H_2(g) + O_2(g) \rightarrow 2\,H_2O(l)$(산성 용액에서)
(c) $2\,H_2(g) + O_2(g) \rightarrow 2\,H_2O(l)$(염기성 용액에서)
(d) $3\,Au^+(aq) \rightarrow 2\,Au(s) + Au^{3+}(aq)$

6M.7 다음 각 경우, 수용액에서 금속의 환원력이 작은 것부터 큰 순서로 나열하시오.

(a) Cu, Zn, Cr, Fe (b) Li, Na, K, Mg (c) U, V, Ti, Al (d) Ni, Sn, Au, Ag

6M.8 다음 각 경우, 수용액에서 물질의 산화력이 작은 것부터 큰 순서로 나열하시오.

(a) Co^{2+}, Cl_2, Ce^{4+}, In^{3+}, (b) $NO_3{}^-$, $ClO_4{}^-$, HBrO, $Cr_2O_7{}^{2-}$(모두 산성 용액에서) (c) O_2, O_3, HClO, HBrO(모두 산성 용액에서) (d) O_2, O_3, ClO^-, BrO^-(모두 염기성 용액에서)

6M.9 부록 2B의 자료를 이용하여 $E°(U^{4+}/U)$를 계산하시오.

6M.10 부록 2B의 자료를 이용하여 $E°(Ti^{3+}/Ti)$를 계산하시오.

6M.11 다음 산화–환원 쌍을 조합하여 갈바니 전지를 만들고, 이 전지가 표준 조건에서 전위차를 발생시킨다고 생각하자. 산화제와 환원제를 판별하고, 전지 도표를 작성한 다음, 각 전극의 표준 전위를 이용하여 표준 전지 전위를 계산하시오.

(a) Co^{2+}/Co와 Ti^{3+}/Ti^{2+} (b) La^{3+}/La와 U^{3+}/U (c) H^+/H_2와 Fe^{3+}/Fe^{2+} (d) $O_3/O_2, OH^-$와 Ag^+/Ag

6M.12 다음 산화–환원 쌍을 조합하여 갈바니 전지를 만들고, 이 전지가 표준 조건에서 전위차를 발생시킨다고 생각하자. 산화제와 환원제를 판별하고, 전지 도표를 작성한 다음, 각 전극의 표준 전위를 이용하여 표준 전지 전위를 계산하시오.

(a) Pt^{2+}/Pt와 $AgF/Ag, F^-$ (b) Cr^{3+}/Cr^{2+}와 $I_3{}^-/I^-$ (c) H^+/H_2와 Ni^{2+}/Ni (d) O_3/O_2, OH^-와 $O_3, H^+/O_2$

6M.13 다음에서 $K>1$인 반응을 고르고, 그 반응에서 산화제를 말하고 표준 전지 전위를 계산하시오.

(a) $Cl_2(g) + 2\,Br^-(aq) \rightarrow 2\,Cl^-(aq) + Br_2(l)$
(b) $MnO_4{}^-(aq) + 8\,H^+(aq) + 5\,Ce^{3+}(aq) \rightarrow 5\,Ce^{4+}(aq) + Mn^{2+}(aq) + 4\,H_2O(l)$
(c) $2\,Pb^{2+}(aq) \rightarrow Pb(s) + Pb^{4+}(aq)$
(d) $2\,NO_3^-(aq) + 4\,H^+(aq) + Zn(s) \rightarrow Zn^{2+}(aq) + 2\,NO_2(g) + 2\,H_2O(l)$

6M.14 다음에서 $K>1$인 것을 고르고, 그 반응의 산화와 환원 반쪽 반응식을 쓰고 균형을 맞추시오. 표준 Gibbs 자유 에너지를 계산하여 $K>1$임을 보이시오. 반응의 균형을 맞출 때는 가장 작은 자연수를 이용한다.

(a) $Mg^{2+}(aq) + Cu(s) \rightarrow ?$
(b) $Al(s) + Pb^{2+}(aq) \rightarrow ?$
(c) $Hg_2{}^{2+}(aq) + Ce^{3+}(aq) \rightarrow ?$
(d) $Zn(s) + Sn^{2+}(aq) \rightarrow ?$
(e) $O_2(g) + H^+(ag) + Hg(l) \rightarrow ?$

Topic 6N 전극 전위의 응용

이 Topic을 왜 배우는가? 갈바니 전지를 전위를 측정함으로써 평형 상수를 구하거나, 용해된 이온 농도를 측정하거나, pH를 모니터할 수 있다. 전극 전위와 그 표준 전위를 다루는 방법을 이해하면 부식과 같은 다양한 화학적 과정을 설명할 수 있다.

무엇을 알고 있어야 하는가? 산화–환원 반응(Topic 6K), 갈바니 전지(Topic 6L), 표준 전위(Topic 6M), 평형 상수를 Gibbs 자유 에너지로 나타내는 방법(Topic 5F)을 잘 알고 있어야 한다.

갈바니 전지는 휴대용 기기의 전력 공급원 외에도 다양한 용도로 사용된다. 예를 들어 화학에서는, 평형 상수를 구하는 데 이용할 수 있으며, 의학에서는 혈액 내 Na^+, K^+, Ca^{2+} 등 이온 농도를 모니터링하는 데 이용할 수 있다.

6N.1 표준 전위와 평형 상수

표준 전위의 응용 분야 중에서 가장 유용한 것은 전기화학 자료를 이용하여 평형 상수를 예측할 수 있다는 점이다. Topic 5F에서 설명했듯이, 표준 반응 Gibbs 에너지 $\Delta G_r°$(첨자 r은 몰 기준값임을 나타낸다)은 평형 상수와 다음과 같은 관계가 있다. $\Delta G_r° = -RT \ln K$. Topic 6L에서는 표준 반응 Gibbs 에너지가 갈바니 전지의 표준 전위와 어떤 관계가 있는지 알아보았다. $\Delta G_r° = -n_r FE_{전지}°$($n_r$은 단위가 없는 숫자이다). 두 식을 결합하면 다음 식이 된다.

$$n_r FE_{전지}° = RT \ln K \tag{1a}$$

이 식을 정리하면 평형 상수와 표준 전지 전위의 관계식을 얻는다:

$$\ln K = \frac{n_r FE_{전지}°}{RT} \tag{1b}$$

유의 사항

식 1은 몰 기준 식이고, n_r은 단위가 없는 숫자이다. 단위는 정확하게 유지된다는 점을 확인하자. $FE_{전지}°$은 $J·mol^{-1}$ 단위이고 RT 역시 같은 단위이므로, $FE_{전지}°/RT$는 단위가 없는 숫자이다. 따라서, n_r이 단위가 없는 숫자이면 우변 전체가 단위가 없다(로그 함수는 단위가 없으므로 우변은 단위가 없어야 한다).

K는 $E_{전지}°$의 지수 함수에 따라 변한다.

- $E_{전지}°$이 큰 양수이면 $K \gg 1$이다.
- $E_{전지}°$이 큰 음수이면 $K \ll 1$이다.

생각해 보기

$E_{전지}° = 0$인 반응의 K 값은 얼마일까?

표준 전위를 결합하여 $E_{전지}°$을 계산할 수 있기 때문에, 어떠한 반응의 평형 상수라도 두 반쪽 반응식을 이용하여 나타낼 수 있다. 전체 반응이 반드시 산화–환원 반응일 필요는 없다(이것은 Topic 6L에서 강조하였다). **도구상자 6N.1**에는 전지 전위로 평형 상수를 구하는 방법을 설명하였으며, 이 방법을 예제 6N.1에서 적용해 볼 것이다.

도구상자 6N.1 전기화학 데이터를 이용하여 평형 상수를 계산하는 방법

기본 개념

어떤 반응의 평형 상수의 로그 값은 해당 전지의 표준 전위와 비례한다. 전지 반응의 표준 전위가 큰 양수이면, 반응이 일어날 경향이 강하며, 따라서 평형에서 생성물을 많이 만들 것이다. 따라서 $E_{전지}{}^{\circ} > 0$이면 $K > 1$(일반적으로 $K \gg 1$)을 예상할 수 있다. 어떤 전지 반응의 표준 전위가 큰 음수이면 그 반대이다.

방법

전기화학 데이터를 이용하여 평형 상수를 계산하는 과정은 다음과 같다.

1단계 균형 반응식을 쓴 다음, 두 환원 반쪽 반응식을 조합하여 원하는 반응식을 얻을 수 있는 반응식들을 표 6M.1이나 부록 2B에서 찾는다.

2단계 산화수의 변화, 또는 반쪽 반응을 보고, 전자의 화학량론 계수를 맞추어 n_r(단위 없음)을 찾는다.

3단계 $E_{전지}{}^{\circ} = E_R{}^{\circ} - E_L{}^{\circ}$을 이용하여 $E_{전지}{}^{\circ}$을 구한다.

4단계 $\ln K = n_r F E_{전지}{}^{\circ}/RT$를 이용하여 K 값을 계산한다. 25 °C (298.15 K)에서는 $RT/F = 0.025\ 693$ V이므로,

$$\ln K = \frac{n_r F E_{전지}{}^{\circ}}{RT} = \frac{n_r E_{전지}{}^{\circ}}{0.025\ 693\ \text{V}}$$

이 과정을 예제 6N.1에서 보여 준다.

예제 6N.1 반응의 평형 상수 계산하기

평형 상수가 아주 크거나 아주 작은 반응이라면, 용액 내 모든 용질의 농도를 측정하여 K를 구하는 것이 어려울 것이다. 이럴 때는 이 반응의 전지 전위를 측정한 다음, 식 1b를 이용하여 평형 상수를 구할 수 있다. 25 °C에서 반응 $AgCl(s) \rightarrow Ag^{+}(aq) + Cl^{-}(aq)$의 평형 상수를 계산하시오.

예상 염화 은은 거의 불용성이므로 K_{sp}가 아주 작을 것이고, 따라서 $E_{전지}{}^{\circ}$은 음수일 것이다.

계획 도구상자 6N.1을 따른다.

풀이

1단계 전지 반응을 만들 수 있는 두 환원 반쪽 반응과 그 표준 전위를 찾는다.

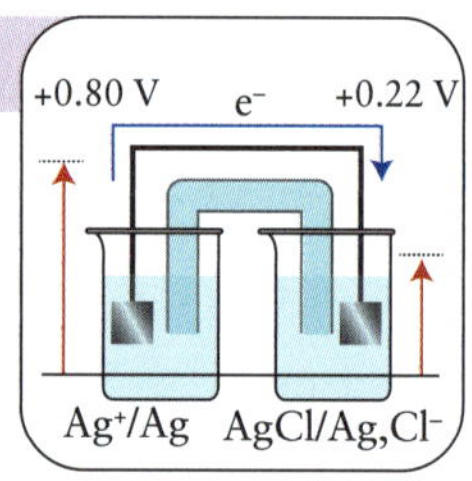

$$\text{R: } AgCl(s) + e^{-} \rightarrow Ag(s) + Cl^{-}(aq) \quad E_R{}^{\circ} = +0.22\ \text{V}$$
$$\text{L: } Ag^{+}(aq) + e^{-} \rightarrow Ag(s) \quad E_L{}^{\circ} = +0.80\ \text{V}$$

둘째 반쪽 반응식을 뒤집는다.

$$\text{산화: } Ag(s) \rightarrow Ag^{+}(aq) + e^{-}$$

이 반응식을 첫째 환원 반쪽 반응식과 더한 다음 양변에 공통인 물질을 소거한다(파란색으로 표시).

$$AgCl(s) + Ag(s) + e^{-} \rightarrow Ag^{+}(aq) + Ag(s) + Cl^{-}(aq) + e^{-}$$

따라서, $AgCl(s) \rightarrow Ag^{+}(aq) + Cl^{-}(aq)$이 된다.

2단계 반쪽 반응식들로부터 이동한 전자 개수를 찾는다.

$$n_r = 1$$

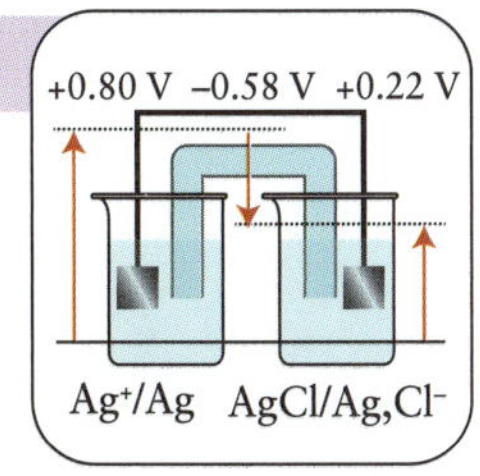

3단계 $E_{전지}° = E_R° - E_L°$으로 $E_{전지}°$을 구한다.

$$E_{전지}° = 0.22\ V - 0.80\ V = -0.58\ V$$

$\ln K = n_r F E_{전지}°/RT = n_r F E_{전지}°/(RT/F)$를 이용하여 K를 구하면 그 값이 K_{sp}이다. 298 K에서 $RT/F = 0.025\,693$ V이므로,

$$\ln K_{sp} = \frac{(1)\times(-0.58\ V)}{\underbrace{0.025693\ V}_{RT/F}} = -\frac{0.58}{0.025693} = -22.5\ldots$$

따라서 K_{sp}는 다음과 같다.

$$K_{sp} = e^{-22.5\ldots} = 1.6\times10^{-10}$$

평가 K_{sp} 값은 실제로 아주 작다. 또한 이 값은 표 6I.1의 값과 같다. 표에 수록된 많은 용해도곱은 이와 같은 방법으로 전지 전위를 측정하여 얻은 값이다.

자습 6N.1A 부록 2B의 자료를 이용하여 염화 수은(I) Hg_2Cl_2의 용해도곱을 계산하시오.

[답: 2.6×10^{-18}]

자습 6N.1B 부록 2B의 자료를 이용하여 수산화 카드뮴 $Cd(OH)_2$의 용해도곱을 계산하시오.

관련 연습 문제 6N.1, 6N.2, 6N.11, 6N.12

반쪽 반응식을 조합하여 관심 전지 반응을 만들고, 그 전지의 표준 전위를 구하면, 그 반응의 평형 상수를 계산할 수 있다.

6N.2 Nernst 식

반응이 평형을 향해 진행됨에 따라 반응물과 생성물의 농도가 변하여 ΔG는 0에 가까워진다. 작동 중인 전기 화학 전지도 마찬가지인데, 반응물이 소모되면서 전지 전이가 감소하여 결국 0에 도달한다. 즉, '다 쓴(dead)' 전지는 전지 반응이 평형에 도달한 것이다. 평형에서는 전지의 양극 사이의 전위차가 0이므로, 반응이 더 이상 일을 하지 못한다. 이 현상을 정량적으로 설명하려면, 전지 내부의 물질 농도에 따라 전지 전위가 어떻게 변하는지 알아야 한다.

어떻게 다루는가?

전지 전위가 농도에 어떻게 영향을 받는지를 식으로 설명하려면, 먼저 Topic 5F의 식 5를 다시 살펴보아야 한다. 이 식은 반응 Gibbs 자유 에너지와 조성 사이의 관계를 나타낸 식이다.

$$\Delta G_r = \Delta G_r° + RT \ln Q$$

여기서 Q는 이 전지에서 일어나는 반응의 반응 지수이다. $\Delta G_r = -n_r F E_{전지}$이고 $\Delta G_r° = -n_r F E_{전지}°$이므로,

$$-n_r F E_{전지} = -n_r F E_{전지}° + RT \ln Q$$

양변을 $-n_r F$로 나누면, $E_{전지}$와 Q의 관계를 식으로 나타낼 수 있다.

위에서 유도하였듯이, 전지 전위와 농도의 관계식을 나타내면 다음과 같다.

$$E_{\text{전지}} = E_{\text{전지}}^{\circ} - \frac{RT}{n_r F} \ln Q \qquad \textbf{(2a)}$$

이 식을 처음으로 유도한 독일의 전기화학자 Walther Nernst를 기려 **Nernst 식(Nernst equation)**이라고 한다. 298.15 K에서 $RT/F = 0.025\,693$ V이므로, 이 온도에서 Nernst 식은 다음과 같다.

$$E_{\text{전지}} = E_{\text{전지}}^{\circ} - \frac{0.025\,693\ \text{V}}{n_r} \ln Q \qquad \textbf{(2b)}$$

자연로그 대신 상용로그를 쓰는 것이 편리한 경우도 있는데, 이 때는 $\ln x = \ln 10 \times \log x = 2.303 \ldots \log x$이므로, 298.15 K에서

$$E_{\text{전지}} = E_{\text{전지}}^{\circ} - \frac{RT \ln 10}{n_r F} \log Q = E_{\text{전지}}^{\circ} - \frac{0.059\,160\ \text{V}}{n_r} \log Q \qquad \textbf{(2c)}$$

Nernst 식은 비표준 상태에서 전지의 전위를 추정하는 데 널리 쓰인다. 생물학에서도 다양하게 쓰이며, 뉴런 같은 생물학적 세포의 세포막 안팎의 전위차를 추정하는 데 쓰인다.

생각해 보기

Nernst 식에서 상용 로그를 쓰는 것이 유용한 경우는 언제일까?

예제 6N.2 Nernst 식을 이용하여 전지 전위 예측하기

예제 6N.1과 마찬가지로, 여러분이 모형 전기차에 전원을 공급하기 위해 소형 Daniell 전지를 사용하고자 한다. 현재는 희석된 용액만 구비하고 있어서, 이 용액이 자동차를 구동시키는 데 충분한지 알아야 한다. 25 °C에서 Zn^{2+} 이온 농도가 0.10 mol·L^{-1}, Cu^{2+} 이온 농도가 0.0010 mol·L^{-1}인 Daniell 전지의 전위를 계산하시오.

예상 Zn^{2+} 이온 농도가 Cu^{2+}보다 높으므로 전지 전위는 $E_{\text{전지}}^{\circ}$보다 더 낮을 것이다. 자동차를 구동시킬 수 있을지는 현재 농도에서 전지 전위를 계산해보아야 한다.

계획 전지 반응을 균형 반응식으로 쓰고, Q를 식으로 쓰고 n_r 값을 찾는다. 표 6M.1이나 부록 2B에서 표준 전위를 찾아 $E_{\text{전지}}^{\circ}$을 계산한다. 현재 농도에서 Q를 계산한다. 이 값들을 Nernst 식(식 2)에 대입하여 전지 전위를 계산한다.

풀이 이 Daniel 전지와 전지 반응식을 나타내면 다음과 같다.

$$\mathrm{Cu^{2+}(aq) + Zn(s) \rightarrow Zn^{2+}(aq) + Cu(s)}$$

$$\mathrm{Zn(s)|Zn^{2+}(aq)||Cu^{2+}(aq)|Cu(s)}$$

반응 지수를 식으로 쓰고 값을 구한다.

$$Q = \frac{a_{Zn^{2+}}}{a_{Cu^{2+}}} \approx \frac{[Zn^{2+}]}{[Cu^{2+}]} = \frac{0.10}{0.0010}$$

균형 반응식으로부터 n_r 값을 찾는다.

$$n_r = 2$$

$E_{\text{전지}}^{\circ} = E_R^{\circ} - E_L^{\circ}$이므로,

$$E_{\text{전지}}^{\circ} = 0.34 - (-0.76)\text{V} = +1.10\ \text{V}$$

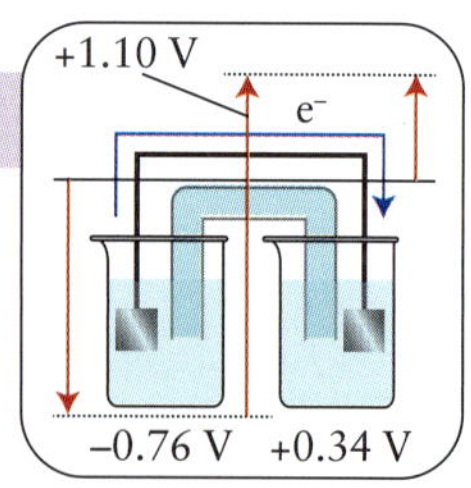

$E_{전지} = E_{전지}° - RT/n_rF \ln Q$이므로,

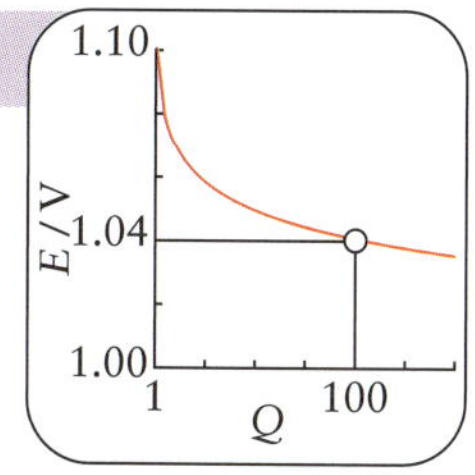

$$E_{전지} = 1.10\text{ V} - \frac{0.025\ 693\text{ V}}{2} \ln \frac{0.10}{0.0010}$$
$$= 1.10\text{ V} - 0.059\text{ V} = +1.04\text{ V}$$

평가 이 전위 값은 상용 전지와 비슷한 수준이다. 따라서 모형 자동차를 구동시킬 수 있을 것으로 예상한다.

자습 6N.2A 전지 $Zn(s)|Zn^{2+}(aq,\ 1.50\ mol \cdot L^{-1})||Fe(aq,\ 0.10\ mol \cdot L^{-1})|Fe(s)$의 전위를 계산하시오.

[답: +0.29 V]

자습 6N.2B 전지 $Ag(s)|Ag^{+}(aq,\ 0.0010\ mol \cdot L^{-1})||Ag(aq,\ 0.010\ mol \cdot L^{-1})|Ag(s)$의 전위를 계산하시오.

관련 연습 문제 6N.3, 6N.4

Nernst 식은 다양하게 응용할 수 있는데, 그중 하나는 농도를 측정하는 것이다. 두 반쪽 전지가 동일하지만 전해질 농도만 다른 전지를 **농도 전지(concentration cell)**라고 한다. 이런 전지에서 만약 두 농도가 똑같다면 반응이 일어날 구동력이 없다. 예를 들어 두 전극이 모두 표준 상태인 경우가 이런 경우인데, 이때는 $E_{전지}° = 0$이다. 따라서, 25 °C에서 농도 전지의 전위는 $E_{전지} = -(0.025\ 693\ \text{V}/n_r) \times \ln Q$이다. Ag^+/Ag 전극 두 개로 이루어진 농도 전지를 예시로 생각해 보면,

$$\overbrace{Ag(s)|Ag^+(aq,L)||Ag^+(aq,R)|Ag(s)}^{Ag^+(aq,R) \rightarrow Ag^+(aq,L)}$$

L과 R은 통상적으로 왼쪽과 오른쪽 전극을 뜻한다. 이 전지 반응의 $n_r = 1$이고 $Q = [Ag^+]_L/[Ag^+]_R$이다. 만약 오른쪽 전극의 Ag^+ 농도가 1 mol·L^{-1}이면 $Q = [Ag^+]_L$이고, Nernst 식은 다음과 같다.

$$E_{전지} = -(0.025\ 693\ \text{V}) \ln [Ag^+]_L$$

따라서, 이 전지의 $E_{전지}$를 측정하면 왼쪽 전극의 Ag^+ 농도를 알 수 있다. 왼쪽 전극의 Ag^+ 이온 농도가 오른쪽보다 낮다면 $E_{전지} > 0$이고, 따라서 오른쪽 전극이 환원 전극이다.

예제 6N.3 Nernst 식을 이용하여 농도 구하기

여러분이 전기도금에 사용하고 남은 폐액에서 은 이온을 제거하기 위해 염화 은으로 침전시키려고 한다고 생각하자. 이 공정의 효율성을 테스트하기 위해 전기 화학 전지를 만들어 Ag^+ 농도를 측정하기로 하였다. 여러분이 설계한 갈바니 전지의 두 전극은 모두 은 전극과 0.10 M $AgNO_3(aq)$ 10.0 mL로 이루어져 있고, 이들을 염다리로 연결하였다. 이제 왼쪽 전극에 0.10 M NaCl(aq) 10.0 mL를 넣을 것이다. 거의 모든 은이 염화 은으로 침전되겠지만, 아주 소량은 용액에 남아서 AgCl의 포화 용액이 될 것이다. 이때 전지 전압을 측정해보니 $E_{전지} = +0.42$ V였다. 이 포화 용액에서 Ag^+의 농도는 얼마인가?

예상 염화 은은 상당히 불용성이므로, 아주 낮은 농도가 나올 것이다.

계획 Nernst 식(식 2)을 이용하여 침전된 구역의 Ag^+ 농도를 구한다. 표준 상태에서 이 전지의 전위는 0일 것이다(양쪽 반쪽 전지가 동일하기 때문). 25 °C에서 $RT/F = 0.025\ 693$ V이다.

풀이 이 전지와 전지 반응을 나타내면 다음과 같다.

$$\overbrace{\text{Ag(s)}|\text{Ag}^+(\text{aq,L})||\text{Ag}^+(\text{aq,R})|\text{Ag(s)}}^{\text{Ag}^+(\text{aq,R})\rightarrow\text{Ag}^+(\text{aq,L})}$$

$[Ag^+(aq)]_R = 0.10\ mol\cdot L^{-1}$이고 $[Ag^+(aq)]_L$은 모른다.

반응 지수 Q를 쓰면 다음과 같다.

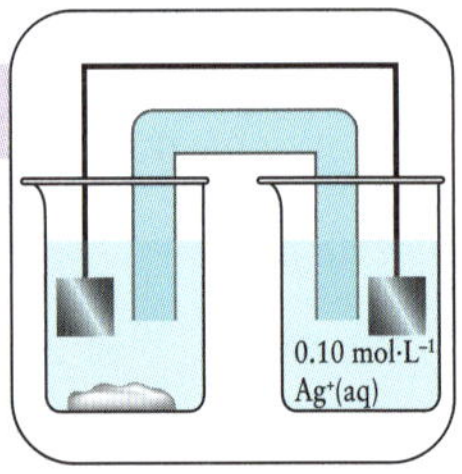

$$Q = \frac{[Ag^+]_L}{[Ag^+]_R} = \frac{[Ag^+]_L}{0.10}$$

균형 반응식 $Ag^+(aq,R) \rightarrow Ag^+(aq,L)$에서 n_r 값을 찾는다.

$$n_r = 1$$

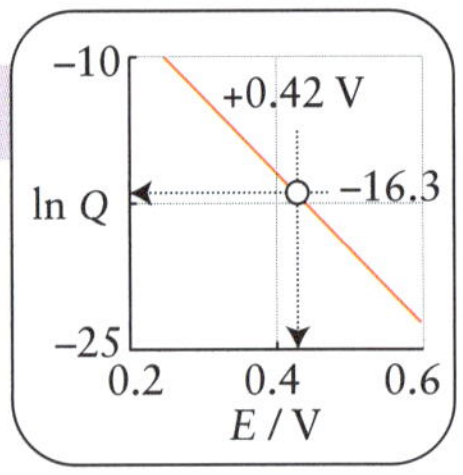

$E_{전지}{}^\circ = 0$이고, $E_{전지} = E_{전지}{}^\circ - (RT/n_rF)\ln Q$, 즉 $Q = -E_{전지}/(RT/n_rF)$이므로,

$$\ln Q = \frac{-0.42\ V}{0.025\,693\ V} = -16.3\ldots$$

$Q = e^{\ln Q}$이므로

$$Q = e^{-16.3\ldots}$$

$[Ag^+]_L = Q[Ag^+]_R$이므로

$$[Ag^+]_L = e^{-16.3\ldots} \times 0.10 = 7.9 \times 10^{-9}$$

평가 포화 용액에서 Ag^+의 농도는 $7.9\ nmol\cdot L^{-1}$로, 예상한 것처럼 아주 작은 값이다.

자습 6N.3A 이트륨 전극 두 개로 이루어진 전지를 설계하여 YF_3의 포화 용액에서 Y^{3+}의 몰 농도를 계산하시오. 한쪽 전극의 전해질은 1.0 M $Y(NO_3)_3(aq)$이다. 다른 전극에는 YF_3의 포화 용액을 이용한다. 이 전지의 전위는 298 K에서 +0.34 V로 측정되었다.

[**답**: $5.7 \times 10^{-18}\ mol\cdot L^{-1}$]

자습 6N.3B 은 전극 두 개로 이루어진 전지의 전위를 계산하시오. 한쪽 전극의 전해질은 1.0 M $AgNO_3(aq)$이다. 다른 전극에는 $AgNO_3$ 용액에 NaOH를 첨가하여 298 K에서 pH = 12.5로 맞추었다.

관련 연습 문제 6N.15, 6N.15

전지 전위와 조성의 관계는 Nernst 식(식 2)로 나타낼 수 있다.

6N.3 이온 선택 전극

Nernst 식은 pH를 측정하는 데에도 이용할 수 있다(Topic 6C에 다루었듯이 pH로 산도 상수까지 구할 수 있다). 용액의 pH는 pH 미터를 이용하여 전기화학적으로 측정할 수 있다. pH 미터는 H_3O^+ 농도에 민감한 한 전극과, 기준 역할을 하는 다른 전극(전위가 고정됨)으로 구성된 전지이다. 이렇게 특정 이온 농도에 민감한 전극을 **이온 선택 전극(ion-selective electrode)**이라고 한다.

pH를 구할 때 사용할 수 있는 전극 조합 중 한 가지는, 수소 전극을 **칼로멜 전극**(calomel electrode)과 염다리로 연결한 것이다. 칼로멜은 염화 수은(I) Hg_2Cl_2의 관용명으로, 이 화합물에는 이원자 양이온인 Hg_2^{2+}가 들어있다. 칼로멜 전극의 환원 반쪽 반응은

$$Hg_2Cl_2(s) + 2e^- \rightarrow 2Hg(l) + 2Cl^-(aq) \quad E° = +0.27\ V$$

전체 반응식은

$$Hg_2Cl_2(s) + H_2(g) \rightarrow 2H^+(aq) + 2Hg(l) + 2Cl^-(aq) \quad Q = \frac{[H^+]^2[Cl^-]^2}{p_{H_2}}$$

수소의 압력이 1 bar라면 반응 지수는 $Q = [H^+]^2[Cl^-]^2$이다. Nernst 식을 이용하여 수소 이온 농도를 구해보자.

$$E_{cell} = E_{cell}° - \frac{RT}{2F}\ln([H^+]^2[Cl^-]^2)$$

$\ln(ab) = \ln a + \ln b$이므로,

$$E_{전지} = E_{전지}° - \frac{RT}{2F}\ln[Cl^-]^2 - \frac{RT}{2F}\ln[H^+]^2$$

$\ln a^2 = 2\ln a$이므로,

$$E_{전지} = \overbrace{E_{전지}° - \frac{RT}{F}\ln[Cl^-]}^{E'_{전지}} - \frac{RT}{F}\ln[H^+]$$

칼로멜 전극의 Cl^- 농도는 기기 제작 단계에서 고정된다. 용액을 KCl로 포화시켜서 $[Cl^-]$ 농도를 일정하도록 만드는 것이다. 따라서 우변의 처음 두 항을 합쳐서 상수 $E_{전지}' = E_{전지}° - (RT/F)\ln[Cl^-]$으로 취급할 수 있다.

$$E_{전지} = E'_{전지} - \frac{RT}{F}\ln[H^+]$$

마지막으로 $\ln x = \ln 10 \times \log x$, 즉 25 °C에서 $(RT/F)\ln 10 = (0.025\ 693\ V) \times 2.303 = 0.0592\ V$이므로,

$$\begin{aligned} E_{전지} &= E'_{전지} - \frac{RT}{F}\ln 10 \times \overbrace{\log[H^+]}^{-pH} \\ &= E'_{전지} + (0.0592\ V) \times pH \end{aligned}$$

즉, 전지 전위 $E_{전지}$를 측정하면 용액의 pH를 구할 수 있다는 뜻이다. pH를 정확하게 알고 있는 용액의 $E_{전지}$를 측정하여 $E'_{전지}$의 값을 보정할 수 있다.

유리 전극(glass electrode)이란 전해질이 담겨있는 얇은 유리 용기로, 수소 전극보다 사용법이 훨씬 간단하며, 유리 용기 외부의 pH에 따라 전위가 선형적으로 변한다(**그림 6N.1**). 탐지기 안쪽에는 기준 전극이 들어있고, 소형 염다리를 통해 외부 시험 용액과 접촉하도록 설계되어 있다. 일반적인 pH 미터에는 '조합 전극(combination electrode)'이라고 하는 탐지기가 하나뿐이지만, 이 탐지기를 시험 용액에 담그면 완전한 전기화학 전지가 완성된다. 오늘날 pH 미터에 가장 일반적으로 사용하는 기준 전극은 포화 Ag/AgCl 전극이다.

$$Ag(s)|AgCl(s)|Cl^-(aq, 포화된\ KCl) \quad E_{포화} = +0.197\ V$$

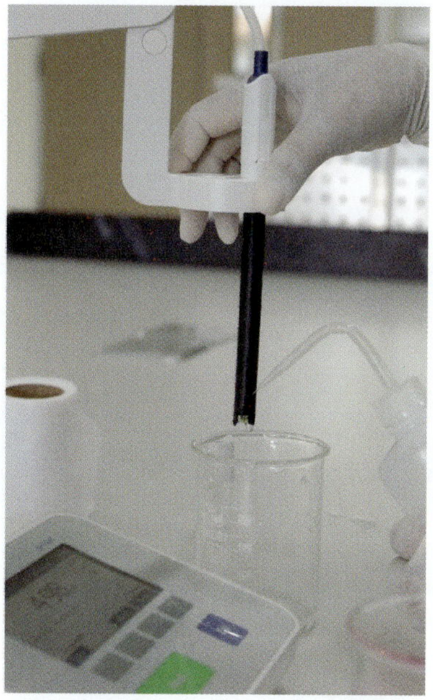

그림 6N.1 보호용 플라스틱 관에 들어있는 유리 전극을 이용하여 pH를 측정한다. (© *Choksawatdikorn/Shutterstock*)

이 전극의 표준 전위는 +0.22 V이다. 이 pH 미터를 보정할 때는 pH를 정확하게 알고 있는 완충 용액을 이용한다. 측정된 전지 전위 값은 용액의 pH로 자동 변환되어 화면에 출력된다.

Na^+, Ca^{2+}, NH^{4+}, CN^-, S^{2-} 등 특정한 이온의 농도를 측정하는 데 사용하는 상용 전극도 있는데, 이들을 pX 미터(pX meter)라고 한다. 혈액, 산업 공정, 오염물 조절 등 다양한 분야에서 이온 농도를 모니터링하는 데 사용된다.

용액의 pH나 이온 농도를 측정할 때는 한 가지 이온에만 선택적으로 반응하는 전극을 이용한다.

그림 6N.2 좌측: 산소가 없는 물은 물 자체의 산화력이 크지 않기 때문에 쇠못이 녹슬지 않는다. 우측: 공기가 물에 용해되어 산소가 존재하면, 열역학적으로 산화가 자발적으로 일어나 금세 녹이 슨다. *(Copyright Macmillan Learning, photo by Ken Karp.)*

6N.4 부식

전기화학 전지는 금속의 정제와 보존에도 중요하다. 산화–환원 반응은 화학 산업 전반에 걸쳐 쓰이며, 광물로부터 금속을 추출하는 과정도 그중 하나이다. 그러나 산화–환원 반응은 인류가 생산한 금속을 부식시키기도 한다. 산화–환원 반응으로 만들 수 있는 물질은 산화–환원 반응에 의해 파괴될 수도 있는 것이다.

부식(corrosion)이란 원치 않는 금속의 산화 반응을 말한다. 부식의 주요 원인은 물이다. 고려해야 할 반응 중 하나는 다음과 같다.

$$2H_2O(l) + 2e^- \rightarrow H_2(g) + 2OH^-(aq) \quad E° = -0.83\text{ V}$$

이 표준 전위는 OH^- 농도가 1 mol·L^{-1}, 즉 pH = 14로 강한 염기성 용액에 대한 값이다. 그러나 Nernst 식에 따르면 pH = 7에서는 이 반응의 $E = -0.42$ V이다. 따라서, 표준 전위가 −0.42 V보다 더 음인 금속은 모두 pH = 7에서 물을 환원시킬 수 있다. 다시 말하면 pH = 7에서 이러한 금속은 모두 물에 의해 산화된다. $Fe^{2+}(aq) + 2e^- \rightarrow Fe(s)$의 $E° = -0.44$ V이므로, pH = 7에서 철이 물에 의해 산화되려는 경향은 아주 작다. 따라서, 상수도 파이프에 철을 사용할 수 있으며, 산소가 없는 물에 장기간 두어도 녹슬지 않는다(그림 6N.2).

철이 산소와 물이 존재하는 습한 공기에 노출되면 녹이 슨다. 이때는 반쪽 반응

$$O_2(g) + 4H^+(aq) + 4e^- \rightarrow 2H_2O(l) \quad E° = +1.23\text{ V}$$

을 고려해야 한다. pH = 7과 $P_{O_2} = 0.2$ bar에서 이 반쪽 반응의 전위는 +0.81 V로, 철보다 훨씬 위쪽에 있다. 따라서, 철은 pH = 7인 수용액에서 산소를 환원시킬 수 있다. 즉, 산소와 물이 있으면 금속 철을 철(II) 이온으로 산화시킨다는 뜻이다. 또한 $Fe^{3+}(aq) + e^- \rightarrow Fe^{2+}(aq)$의 $E° = +0.77$ V이므로 산소와 물은 철(II) 이온을 철(III) 이온으로 더 산화시킬 수 있다.

철 표면의 물방울은 소형 전기화학 전지의 전해질에 해당하여 부식을 일으킬 수 있다(그림 6N.3). 물방울 가장자리에서는, 용해된 산소가 철을 다음과 같이 산화시킨다.

$$\begin{aligned} 2Fe(s) &\rightarrow 2Fe^{2+}(aq) + 4e^- \\ O_2(g) + 4H^+(aq) + 4e^- &\rightarrow 2H_2O(l) \\ \hline \text{전체: } 2Fe(s) + O_2(g) + 4H^+(aq) &\rightarrow 2Fe^{2+}(aq) + 2H_2O(l) \end{aligned} \qquad \textbf{(A)}$$

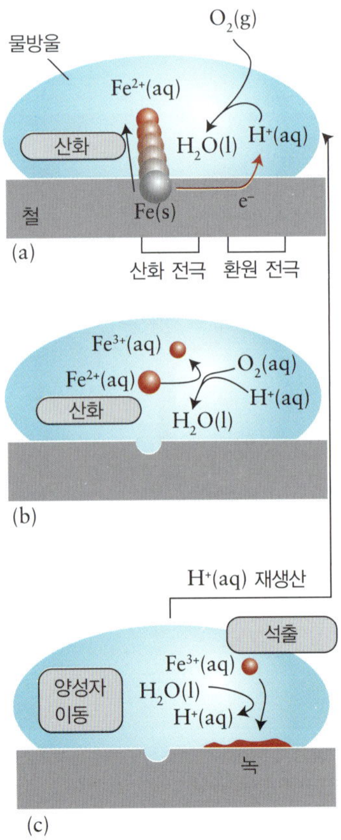

그림 6N.3 물방울 내부에서 녹이 스는 메커니즘. (a) 공기의 산소와 접촉하지 않는 위치에서 철이 산화된다. 물방울 아래의 금속 표면은 소형 갈바니 전지의 산화 전극으로, 물방울 바깥쪽 가장자리의 금속은 환원 전극으로 작용한다. (b) Fe^{2+}가 더 산화되면서 Fe^{3+} 이온이 된다. (c) 산화 이온이 Fe^{3+} 이온과 결합하여 녹으로 석출되면서 H_2O에서 양성자가 제거된다. 이 양성자는 철의 산화 반응에 다시 참여한다.

산소의 환원 반응은 물방울의 가장자리에서 일어나지만, 여기에 필요한 전자는 물방울의 중심부(산소가 부족함)에 있는 철이 산화되면서 충당하는 것이다. 중심부 철이 Fe^{2+}가 되면서 놓아준 전자가 물방울 가장자리의 철로 이동하고, 가장자리 산소로 이 전자가 이동한다. 이 과정에서 철 표면에 작은 구멍이 만들어진다. Fe^{2+} 이온은 용해된 산소에 의해 Fe^{3+}로 더욱 산화된다.

$$2\,Fe^{2+}(aq) \rightarrow 2\,Fe^{3+}(aq) + 2\,e^-$$
$$\tfrac{1}{2}O_2(g) + 2\,H^+(aq) + 2\,e^- \rightarrow H_2O(l)$$
$$\text{전체: } 2\,Fe^{2+}(aq) + \tfrac{1}{2}O_2(g) + 2\,H^+(aq) \rightarrow 2\,Fe^{3+}(aq) + H_2O(l) \qquad \text{(B)}$$

이 Fe^{3+} 이온은 수화된 산화 철(III) $Fe_2O_3 \cdot H_2O$로 침전된다. 이것은 불용성인 갈색 물질이며, 불순물과 함께 존재하는 형태를 녹이라고 한다. 산화 이온은 물 분자의 양성자 이탈로 생긴다고 보는데, 이 산화 이온은 반응 B를 통해 생성된 Fe^{3+} 이온과 즉시 수화된 고체를 이루어 침전된다. 알짜 반응은 다음과 같다.

$$4\,H_2O(l) + 2\,Fe^{3+}(aq) \rightarrow 6\,H^+(aq) + Fe_2O_3 \cdot H_2O(s) \qquad \text{(C)}$$

이 단계에서 반응 A에 필요한 $H^+(aq)$ 이온이 다시 생겨난다. 따라서 수소 이온은 촉매 역할을 한다. 용액에서 Fe^{3+}가 제거되면 정반응이 더 일어난다. 전체 과정은 반응 A, B, C의 합이다.

$$2\,Fe(s) + \tfrac{3}{2}O_2(g) + H_2O(l) \rightarrow Fe_2O_3 \cdot H_2O(s)$$

물에 용해된 이온이 있으면 전도성이 더 높아지므로, 녹 형성도 가속된다. 해안 도시의 염분이 높은 공기나 제설용 염에 노출된 금속의 손상이 심한 것은 이 때문이다.

부식은 전기화학적 과정이므로, 산화–환원 반응에 관한 지식을 이용하여 이를 방지할 수 있다. 가장 간단한 방법은 금속의 표면에 페인트를 칠하여 공기나 물에 노출되지 않도록 하는 것이다. 더 강력한 보호 방법은 금속을 **갈바나이징(galvanizing**, 아연 도금)하는 것인데, 이것은 아연 필름으로 빈틈없이 코팅하는 것이다(그림 6N.4). 전기화학 서열에서 아연은 철 아래쪽에 있으므로, 아연 필름이 긁혀 아래쪽 금속이 드러나더라도, 더 강하게 환원되는 아연이 철에 전자를 내어준다. 따라서 철이 아니라 아연이 산화된다. 이렇게 필름이 손상되지 않는다면 아연은 외부에 노출된 상태에서도 부식에 강한데, 이것은 **부동화(passivation)** 때문이다. 부동화란 보호 산화물에 의해 더 이상 산화되지 않는 것을 말한다. 금속이 차지하는 공간보다 더 많은 공간을 차지하는 산화물은 **보호 산화물(protective oxide)**로 작용하여, 금속이 더 산화되는 것을 방지한다. 아연과 크로뮴은 저밀도 보호 산화물을 생성하여 철의 산화를 막아줄 수 있다. 알루미늄이 외부에 노출되면 알루미나라고 하는 얇은 Al_2O_3 층이 생기면서 부동화된다. 알루미늄을 **애노드화 처리**(anodizing)할 수도 있는데, 이는 전기 분해를 통해 두꺼운 알루미늄 산화막층을 형성시키는 것으로, 이 산화물에는 염료를 이용하여 다양한 색을 입힐 수 있다(그림 6N.5).

그림 6N.4 강철 기둥을 용융 아연에 담가서 도금한다. (© *the palms/Shutterstock*)

배, 지하 파이프라인, 휘발유 저장 탱크, 교각 등에 쓰이는 대형 금속 구조물을 갈바나이징하는 것은 불가능하다. 이때는 **캐쏘드화 보호(cathodic protection)**를 사용할 수 있다. 이것은 환원력이 더 강한 금속을 연결하여 원하는 금속을 전기화학적으로 보호하는 방법이다. 예를 들어, 철보다 환원력이 더 강한 금속 덩어리(보통 아연이나 마그네슘)를 지하 파이프라인과 같이 매립하고 연결한다(그림 6N.6). 철에서 산소의 환원이 일어날 때 필요한 전자를 마그네슘이 먼저 산화되어 공급해주므로, 파이프라인을 보호할 수 있다. **희생 애노드(sacrificial anode)**라고 하는 이 덩어리는 교체 비용이 저렴하다. 비슷한

그림 6N.5 알루미늄 표면에 알루미나, Al_2O_3를 전해 석출시키면 산화로부터 보호할 수 있다. 알루미나를 다양한 색으로 염색할 수 있다. (© *AlexanderLipko/Shutterstock*)

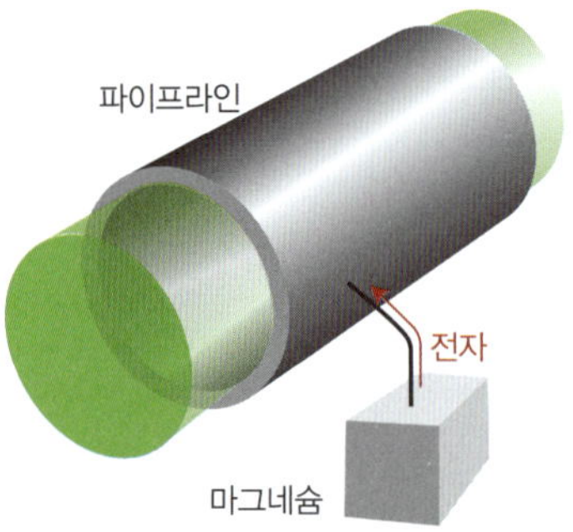

그림 6N.6 지하에 매설된 파이프라인이나 대형 금속 구조물에 마그네슘이나 아연 같은 금속 덩어리에 연결하여 캐쏘드화 보호한다. 희생 애노드(이 그림에서는 마그네슘 덩어리)가 파이프라인(이 전지의 환원 전극)에 전자를 공급하여, 파이프라인이 산화되는 것을 막아준다.

이유로 자동차의 전기 회로에는 보통 음극 접지 시스템이 있어, 차체를 배터리의 산화 전극에 연결해 놓는다. 배터리 내부의 산화 전극이 희생하여 차체를 보호한다.

자동차나 트럭의 강철 차체를 보호하는 일반적인 방법은 **양이온 전해 석출(cationic electrodeposition)** 코팅이다. 이 공정에서는 차체를 환원 전극으로 만들어, 차체 표면에 부식 방지 프라이머를 전기화학적으로 증착시킨다. 오랫동안 산화 납(IV)를 부식 방지에 이용하였다. 하지만 납은 유독하고 환경을 오염시키므로 양이온 전해 석출 코팅에 사용할만한 대체 금속을 연구하였다. 결국 산화 이트륨이 부식 방지 효과가 있다는 사실을 발견하였고, 실제로 납보다 두 배 더 효과적이다. 또한, 이트륨은 독성이 없으며, 산화물은 세라믹이어서 물에 녹지 않아 수계를 따라 환경으로 퍼질 염려도 없다.

자습 6N.4A 물에 잠긴 철 기둥의 부식을 방지하는 데 도움이 되는 처리는 무엇인가? (a) 수중 산소의 농도를 낮춘다. (b) 페인트를 칠한다.

[**답**: 둘 다]

자습 6N.4B 철의 희생 애노드로 작용할 수 있는 원소는 무엇인가? (a) 구리 (b) 알루미늄 (c) 주석

산소, 수분, 염이 존재하면 철의 부식이 가속된다. 표면에 페인트 또는 아연을 코팅하거나 캐쏘드화 보호를 통해 부식을 예방할 수 있다.

6N.5 실제 전지

우리는 휴대용 전원을 보통 '배터리'라고 부르는데, 이것은 갈바니 전지의 중요한 응용 분야이다. 이상적인 배터리는 저렴하고, 휴대가 간편하며, 안전하게 사용할 수 있고, 환경에 무해해야 한다. 또한 시간이 지나도 안정적인 전위차를 유지할 수 있어야 한다. 배터리 연구의 대부분은 배터리의 비에너지를 높이는 데 중점을 둔다. 비에너지란 배터리가 생산할 수 있는 에너지를 배터리 질량으로 나눈 값으로, 보통 $kW\cdot h\cdot kg^{-1}$로 나타낸다. $1\ kW\cdot h = (10^3\ J\cdot s^{-1}) \times (3600\ s) = 3.6 \times 10^6\ J =$ 정확히 3.6 MJ이다. 표 6N.1에는 상용 배터리에서 일어나는 다양한 전지 반응과 전지 전위를 정리하였다.

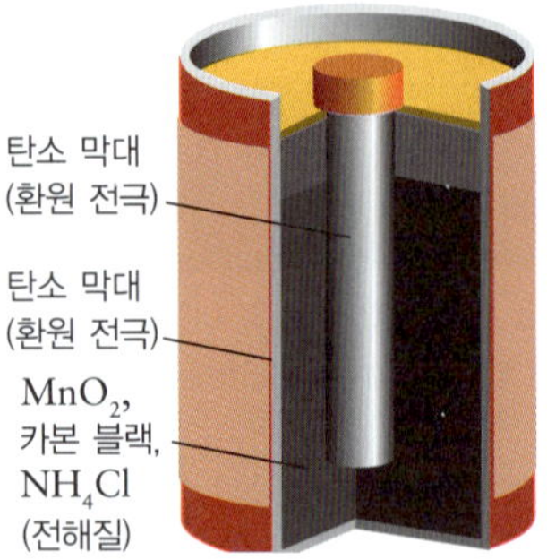

그림 6N.7 상용 건전지. 1866년에 건전지를 발명한 프랑스의 공학자 Georges Leclache를 기려 Leclanche 전지라고도 한다. 전해질은 축축한 반죽 형태이다.

일차 전지(primary cell)는 제조 시점에서 반응물이 내부에 밀봉된 갈바니 전지이다. 재충전할 수 없으므로 한번 다 쓰면 버려야 한다. **건전지**(dry cell)는 리모컨이나 손전등 같은 가장 일반적인 용도로 사용되는 전지이다(그림 6N.7). 원통형 아연 용기가 산화 전극이며, 중심에 꽂혀있는 탄소 막대가 환원 전극이다. 용기 내부는 종이로 덧대어져 있는데, 이것이 다공성 막 역할을 한다. 전해질은 염화 암모늄, 산화 망가니즈(IV), 탄소 분말, 불활성 충전재(보통 녹말)를 혼합한 축축한 반죽이다. 암모니아 이온은 Zn^{2+} 이온과 착이온 $Zn(NH_3)_4{}^{2+}$를 형성하며, 이것은 전지를 사용할 때 Zn^{2+}가 축적되어 전위가 낮아지는 것을 막아준다.

알칼리 전지와 은 전지는 건전지보다 더 안정적이고 수명이 길다. **알칼리 전지**(alkaline cell)는 건전지와 비슷하지만 알칼리 전해질을 사용하여, 전지를 사용하지 않을 때는 아연 전극이 전해질과 쉽게 반응하지 않는다. 따라서 알칼리 전지는 건전지보다 수명이 길다. 연기 감지기나 백업 전원 공급 장치 등 다양하게 이용된다. **은 전지**(silver cell)는 환원 전극이 Ag_2O와 Ag로 이루어져 있다. 은 전지는 반응물과 생성물이 모두 고체 상태여서, 비교적 높은 전위를 장기간 신뢰성 있게 유지할 수 있을 뿐 아니라, 아주 소형 전지로 제작할 수도 있다. 따라서 은 전지는 심장 박동 조절기, 청각 보조기와 같은 의료용 임플란트나 카메라 등에 이

표 6N.1 상용 배터리에서 일어나는 반응[†]

일차 전지	전지 반응	전지 전위
건전지	$Zn(s)\|ZnCl_2(aq), NH_4Cl(aq)\|MnO(OH)(s)\|MnO_2(s)\|$흑연, 산화 전극: $Zn(s) \rightarrow Zn^{2+}(aq) + 2\,e^-$ 이어서 $Zn^{2+}(aq) + 4\,NH_3(aq) \rightarrow [Zn(NH_3)_4]^{2+}(aq)$ 환원 전극: $MnO_2(s) + H_2O(l) + e^- \rightarrow MnO(OH)(s) + OH^-(aq)$ 이어서 $NH_4^+(aq) + OH^-(aq) \rightarrow H_2O(l) + NH_3(aq)$	1.5 V
알칼리 전지	$Zn(s)\|ZnO(s)\|OH^-(aq)\|Mn(OH)_2(s)\|MnO_2(s)\|$흑연, 산화 전극: $Zn(s) + 2\,OH^-(aq) \rightarrow ZnO(s) + H_2O(l) + 2\,e^-$ 환원 전극: $MnO_2(s) + 2\,H_2O(l) + 2\,e^- \rightarrow Mn(OH)_2(s) + 2\,OH^-(aq)$	1.5 V
은 전지	$Zn(s)\|ZnO(s)\|KOH(aq)\|Ag_2O(s)\|Ag(s)\|$강철, 산화 전극: $Zn(s) + 2\,OH^-(aq) \rightarrow ZnO(s) + H_2O(l) + 2\,e^-$ 환원 전극: $Ag_2O(s) + H_2O(l) + 2\,e^- \rightarrow 2\,Ag(s) + 2\,OH^-(aq)$	1.6 V
이차 전지		
납-축전지	$Pb(s)\|PbSO_4(s)\|H^+(aq), HSO_4^-(aq)\|PbO_2(s)\|PbSO_4(s)\|Pb(s)$, 산화 전극: $Pb(s) + HSO_4^-(aq) \rightarrow PbSO_4(s) + H^+(aq) + 2\,e^-$ 환원 전극: $PbO_2(s) + 3\,H^+(aq) + HSO_4^-(aq) + 2\,e^- \rightarrow PbSO_4(s) + 2\,H_2O(l)$	2 V
니켈-카드뮴 전지	$Cd(s)\|Cd(OH)_2(s)\|KOH(aq)\|Ni(OH)_3(s)\|Ni(OH)_2(s)\|Ni(s)$, 산화 전극: $Cd(s) + 2\,OH^-(aq) \rightarrow Cd(OH)_2(s) + 2\,e^-$ 환원 전극: $2\,Ni(OH)_3(s) + 2\,e^- \rightarrow 2\,Ni(OH)_2(s) + 2\,OH^-(aq)$	1.25 V
NIMH 전지	$M(s)\|MH(s)\|KOH(aq)\|NiOOH(s)\|Ni(OH)_2(s)\|Ni(s)$, 산화 전극: $MH(s)$[‡] $+ OH^-(aq) \rightarrow M(s) + H_2O(l) + e^-$ 환원 전극: $NiOOH(s) + H_2O(l) + e^- \rightarrow Ni(OH)_2(s) + OH^-$	1.2 V
소듐-황 전지	$Na(l)\|Na^+$(세라믹 전해질),S^{2-} (세라믹 전해질)$\|S_8(l)$, 산화 전극: $2\,Na(l) \rightarrow 2\,Na^+$(전해질) $+ 2\,e^-$ 환원 전극: $S_8(l) + 16\,e^- \rightarrow 8\,S^{2-}$ (전해질)	2.2 V

[†]전지 표현법은 Topic 6L에서 다루었다.

[‡]니켈-수소화 금속 배터리 내부의 금속은 보통 여러 금속의 합금(Cr, Ni, Co, V, Ti, Fe, Zr)이다.

용된다.

연료 전지(fuell cell)는 일차 전지와 마찬가지로 화학 반응을 통해 전기를 직접 생산하지만, 반응물이 지속적으로 공급된다. 수소와 산소로 작동하는 연료 전지(그림 6N.8)는 우주 왕복선에 사용되기도 한다. 전지 반응의 생성물은 물 하나뿐이고, 이를 생명 유지에 사용할 수 있다는 것이 장점이다.

연료 전지 내부에서는 백금 전극으로 기체 수소와 같은 연료가 통과하고, 유사한 다른 전극으로는 기체 산소가 통과하며, 전해질은 수산화 포타슘 수용액이다. 이온이 통과할 수 있는 다공성 막으로 두 전극 구획을 분리한다. 연료 전지의 종류는 매우 다양하며, 전해질이 고체 폴리머 막이나 세라믹 재질인 종류도 있다. 가장 유망한 연료 전지 두 가지는 알칼리 연료 전지와 메탄올 연료 전지이다.

우주 왕복선에 쓰이는 수소-산소 전지는 알칼리 연료 전지라고 부르는데, 알칼리 전해질을 사용하기 때문이다.

산화 전극: $2H_2(g) + 4OH^-(aq) \rightarrow 4H_2O(l) + 4e^-$
전해질: $KOH(aq)$
환원 전극: $O_2(g) + 4e^- + 2H_2O(l) \rightarrow 4OH^-(aq)$

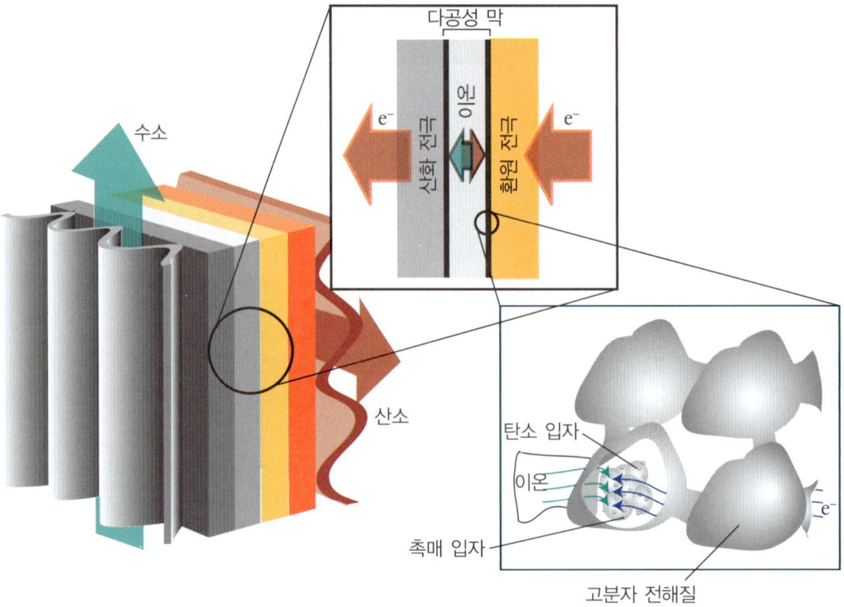

그림 6N.8 양성자 교환막을 통해 양성자는 이동이 가능하지만 전자는 불가능하다. 양성자들은 다공성 막을 통해 환원 전극으로 이동하며, 환원 전극에서 산소와 만나 물이 된다. 반면 전자는 외부 회로를 따라서 흐른다. 전지 여러 개를 적층하여 원하는 전력을 생산한다.

가격 문제로 많은 분야에 응용되지는 않지만, 알칼리 연료 전지는 항공우주 산업에서는 주로 사용되는 연료 전지이다. 기체 수소는 매력적인 연료이기는 하지만, 저장이 어렵고 취급에 위험성이 있어 이동 장치에 사용하기에는 단점이 있다. 휴대용 연료 전지를 만들기 위해서, 탄소, 실리콘, 또는 WS_2나 TiO_2 등의 화합물로 만든 나노튜브에 수소를 저장하는 방법도 있다. 이들 물질의 표면에는 수소가 쉽게 흡착되는데, 나노튜브는 표면적이 아주 넓다. 수소를 저장하는 데 많은 어려움이 있지만, 많은 도시에서 대중교통으로 수소 연료 전지 버스를 운영하고 있다(그림 6N.9).

메탄올도 연료 전지의 매력적인 연료이다. 메탄올은 다루기 쉽고 수소 원자가 풍부하다.

산화 전극: $CH_3OH(l) + 6OH^-(aq) \rightarrow 5H_2O(l) + CO_2(g) + 6e^-$

전해질: 폴리머 물질

환원 전극: $O_2(g) + 4e^- + 2H_2O(l) \rightarrow 4OH^-(aq)$

일반 개인 소비자용으로 효율적이고 저렴한 메탄올 연료 전지를 개발하는 것이 현재 연료 전지 기술 연구의 핵심이다.

최근 주목받는 기술로는 **바이오 연료 전지**(biofuel cell)가 있다. 바이오 연료 전지는 기존의 연료 전지와 유사하지만, 백금 촉매 대신에 효소를 쓰거나 유기체 전체를 이용하기도 한다. 전자를 이동시킬 수 있는 유기 분자를 통해 전력을 추출한다. 심박 조절기 등과 같은 의료용 임플란트의 전원으로 응용성을 기대하고 있으며, 혈액 내의 포도당을 연료로 이용할 수도 있을지 모른다. 과학자들은 이제 유전자 조작 바이러스를 이용하여 상온에서 고효율 전극을 성장시킨다. 미래의 자동차는 이런 기술로 개발한 배터리로 달릴 수 있을지도 모른다(그림 6N.10).

그림 6N.9 대한민국의 서울에서 운행되는 이 버스는 양성자 교환막을 사용한 수소 연료 전지로 구동된다. 연소 생성물이 물뿐이므로 오염이 없다. (*Youngjin/CC BY-SA 3.0/Wikimedia Commons*)

이차 전지(secondary cell)는 충전을 해야만 사용할 수 있는 갈바니 전지이며, 재충전이 가능하다. 노트북, 핸드폰, 자동차 등에 사용되는 전지가 이차 전지이다. 충전 과정에서는 외부 전력 공급원이 자발적인 전지 반응을 역으로 일으켜, 비평형 반응 혼합물을 생성한다. 충전 후에는 전지가 다시 전기를 생산할 수 있다.

그림 6N.10 Angela Belcher가 자신의 연구실에서 만든 유전자 조작 바이러스 배터리를 이용하여 LED에 불을 켜고 있다.

그림 6N.11 통상적인 납–산 배터리는 전지 6개를 직렬로 연결하여 12 V를 낸다.

자동차 배터리에 쓰이는 이차 전지는 **납–산 전지**(lead–acid cell)로, 전극 역할을 하는 격자가 여러 개 들어 있다(**그림 6N.11**). 비에너지는 낮지만, 전극을 망 형태로 만들어 전체 표면적이 크기 때문에, 이 배터리는 시동을 거는 짧은 시간 안에도 큰 전류를 생산할 수 있다. 최초 전극은 단단한 납–안티모니 합금에 황산 납(II)의 반죽이 덮인 상태이다. 전해질은 묽은 황산이다. 처음 충전할 때 황산 납(II) 일부가 납으로 환원되는 전극이 있는데, 방전할 때는 이 전극이 산화 전극 역할을 한다. 이와 동시에, 충전할 때 황산 납(II)가 산화 납(IV)로 환원되는 전극도 있으며, 이것은 방전할 때 환원 전극 역할을 한다. 납–산 전지의 전위는 2 V로, 6개를 직렬로 연결하여 대부분의 자동차에서 시동을 거는 데 필요한 12 V를 공급한다.

하이브리드 자동차에서는 재충전이 가능한 니켈–수소화 금속(NiMH) 전지를 이용하여 휘발유 연소로 나오는 에너지를 보충한다. 이러한 배터리에서는 타이타늄, 바나듐, 크로뮴, 니켈 등 여러 금속의 합금을 이용하여 수소를 수소화 금속 형태로 저장한다. 장점으로는 저중량, 높은 에너지 밀도(생산한 에너지를 전지의 부피로 나눈 값), 긴 저장 수명, 높은 전류 부하 용량, 빠른 충전, 높은 에너지 용량(다음 충전 시까지 많은 에너지를 쓸 수 있음) 등이 있다. 이 전지에 사용되는 물질은 독성이 없으므로 배터리를 폐기 처리할 때 환경 문제가 발생하지 않는다.

리튬 이온 전지(lithium-ion cell)는 여러 번 재충전할 수 있기 때문에 전기 자동차, 노트북 컴퓨터, 다양한 미디어 기기 등에 사용한다. 이 배터리는 폴리프로필렌 옥사이드나 폴리에틸렌 옥사이드를 용융 리튬염과 혼합한 다음 냉각한 재료를 전해질로 사용한다. 이 전해질 물질은 유연하고 부드러우며 Li^+ 이온을 잘 이동시킨다. 리튬의 질량 밀도가 낮기 때문에 이 전지의 에너지 밀도는 가장 높다. 또한 리튬은 전극 전위가 매우 큰 음수이기 때문에 이 전지의 전위는 4 V 수준으로 아주 높다.

소듐–황 전지(sodium–sulfur cell)는 아주 놀라운 배터리이다. 반응물인 소듐과 황은 액체 상태이고 전해질은 다공성 알루미늄 산화물 세라믹으로, 320 °C 이상의 높은 온도에서 작동하며, 파손되면 아주 위험하다. 소듐의 밀도가 낮기 때문에 이 전지도 비에너지가 상당히 높다. 이 전지는 일반적으로 풍력 발전소 같은 재생 전력원의 에너지를 저장하는 수단으로 응용한다.

상용 배터리와 연료 전지는 그 활용 목적에 따라서 다양한 화학 반응을 이용한다.

이 Topic에서 배운 것은 무엇인가?

갈바니 전지를 이용하여 용액의 이온 농도를 측정하는 방법, 그리고 평형 상수를 구하는 방법을 공부했다. Nernst 식을 통하여, 전지의 조성에 따라 전지 전위가 어떻게 변하는지를 반응 지수 Q를 이용하여 표현하는 방법도 알아보았다. 금속의 원치 않는 산화 현상, 즉 부식이 어떻게 일어나는지를 알아보았고, 부식을 방지하는 몇 가지 방법도 공부했다. 상용 배터리와 연료 전지에서 전기화학적 과정을 어떻게 응용하는지도 알아보았다.

개념과 식의 적용

- □ 전지 전위 측정값을 이용하여, 또는 표준 전위 표를 이용하여 평형 상수를 구한다(도구상자 N.1과 예제 6N.1).
- □ 비표준 조건에서 Nernst 식을 이용하여 전지 전위를 예측한다(예제 6N.2).
- □ Nernst 식과 전지 전위 측정값을 이용하여 용액의 이온 농도를 구한다(예제 6N.3).
- □ 부식 과정과 부식을 방지하는 방법을 설명한다(6N.4절).
- □ 실제 전지의 다양성을 이해한다(6N.5절).

Topic 6N 연습 문제

특별한 언급이 없으면 298 K으로 가정하시오.

6N.1 다음 반응의 평형 상수를 계산하시오.

(a) $Mn(s) + Ti^{2+}(aq) \rightleftharpoons Mn^{2+}(aq) + Ti(s)$
(b) $In^{3+}(aq) + U^{3+}(aq) \rightleftharpoons In^{2+}(aq) + U^{4+}(aq)$

6N.2 다음 반응의 평형 상수를 계산하시오.

(a) $2Fe^{3+}(aq) + H_2(g) \rightleftharpoons 2Fe^{2+}(aq) + 2H^+(aq)$
(b) $2Cr(s) + O_2(g) + 2H_2O(l) \rightleftharpoons 2Cr^{2+}(aq) + 4OH^-(aq)$

6N.3 다음 전지의 전위를 예측하시오.

(a) $Pt(s)|H_2(g, 1.0\ bar)|HCl(aq, 0.075\ mol\cdot L^{-1})||HCl(aq, 1.0\ mol\cdot L^{-1})|H_2(g, 1.0\ bar)|Pt(s)$
(b) $Zn(s)|Zn^{2+}(aq, 0.37\ mol\cdot L^{-1})||Ni^{2+}(aq, 0.059\ mol\cdot L^{-1})|Ni(s)$
(c) $Pt(s)|Cl_2(g, 250\ Torr)|HCl(aq, 1.0\ mol\cdot L^{-1})||HCl(aq, 0.85\ mol\cdot L^{-1})|H_2(g, 125\ Torr)|Pt(s)$
(d) $Sn(s)|Sn^{2+}(aq, 0.277\ mol\cdot L^{-1})||Sn^{4+}(aq, 0.867\ mol\cdot L^{-1}), Sn^{2+}(aq, 0.55\ mol\cdot L^{-1})|Pt(s)$

6N.4 다음 전지의 전위를 예측하시오.

(a) $Cr(s)|Cr^{3+}(aq, 0.37\ mol\cdot L^{-1})||Pb^{2+}(aq, 9.5 \times 10^{-3}\ mol\cdot L^{-1})|Pb(s)$
(b) $Pt(s)|H_2(g, 2.0\ bar)|H^+(pH = 3.5)||Cl^-(aq, 0.75\ mol\cdot L^{-1})|Hg_2Cl_2(s)|Hg(l)$
(c) $C(gr)|Sn^{4+}(aq, 0.059\ mol\cdot L^{-1}), Sn^{2+}(aq, 0.059\ mol\cdot L^{-1})||Fe^{3+}(aq, 0.15\ mol\cdot L^{-1}), Fe^{2+}(aq, 0.15\ mol\cdot L^{-1})|Pt(s)$
(d) $Ag(s)|AgI(s)|I^-(aq, 0.025\ mol\cdot L^{-1})||Cl^-(aq, 0.67\ mol\cdot L^{-1})|AgCl(s)|Ag(s)$

6N.5 다음 전지에서 물음표 표시한 값을 구하시오.

(a) $Pt(s)|H_2(g, 1.0\ bar)|H^+(pH = ?)||Cl^-(aq, 1.0\ mol\cdot L^{-1})|Hg_2Cl_2(s)|Hg(l)$, $E_{전지} = +0.33\ V$
(b) $C(gr)|Cl_2(g, 1.0\ bar)|Cl^-(aq, ?)||MnO_4^-(aq, 0.010\ mol\cdot L^{-1}), H^+(pH = 4.0), Mn^{2+}(aq, 0.10\ mol\cdot L^{-1})|Pt(s)$, $E_{전지} = -0.30\ V$

6N.6 다음 전지에서 물음표 표시한 값을 구하시오.

(a) $Pt(s)|H_2(g, 1.0\ bar)|H^+(pH = ?)||Cl^-(aq, 1.0\ mol\cdot L^{-1})|AgCl(s)|Ag(s)$, $E_{전지} = +0.47\ V$
(b) $Pb(s)|Pb^{2+}(aq, ?)||Ni^{2+}(aq, 0.20\ mol\cdot L^{-1})|Ni(s)$, $E_{전지} = +0.045\ V$

6N.7 다음 농도 전지의 $E_{전지}$를 계산하시오.

(a) $Cu(s)|Cu^{2+}(aq, 0.0010\ mol\cdot L^{-1})||Cu^{2+}(aq, 0.010\ mol\cdot L^{-1})|Cu(s)$
(b) $Pt(s)|H_2(g, 1\ bar)|H^+(aq, pH = 4.0)||H^+(aq, pH = 3.0)|H_2(g, 1\ bar)|Pt(s)$

6N.8 다음 농도 전지에서 이온의 농도를 계산하시오.

(a) $Pb(s)|Pb^{2+}(aq, ?)||Pb^{2+}(aq, 0.10\ mol\cdot L^{-1})|Pb(s)$, $E_{전지} = +0.083\ V$
(b) $Pt(s)|Fe^{3+}(aq, 0.10\ mol\cdot L^{-1}), Fe^{2+}(aq, 1.0\ mol\cdot L^{-1})||Fe^{3+}(aq, ?), Fe^{2+}(aq, 0.0010\ mol\cdot L^{-1})|Pt(s)$, $E_{전지} = +0.14\ V$

6N.9 0.015 M $Sn(NO_3)_2(aq)$에 담긴 주석 전극을 H_2 압력이 1.0 bar인 수소 전극과 연결하였다. 25 °C에서 전지 전위가 +0.061 V라면, 이 수소 전극의 전해질 pH는 얼마인가?

6N.10 0.020 M $Pb(NO_3)_2(aq)$에 담긴 주석 전극을 H_2 압력이 1.0 bar인 수소 전극과 연결하였다. 25 °C에서 전지 전위가 +0.078 V라면, 이 수소 전극의 전해질 pH는 얼마인가?

6N.11 (a) 부록 2B의 자료를 이용하여 Hg_2Cl_2의 용해도곱을 계산하시오. (b) 표 6I.1에 수록된 값과 비교하고 차이가 있으면 설명하시오.

6N.12 (a) Ag_2CrO_4를 Ag(s)와 크로뮴산 이온으로 환원시키는 반응의 표준 전위가 +0.446 V이다. 크로뮴산 은의 환원을 반쪽 반응식으로 쓰고 균형을 맞추시오. (b) (a)에서 얻은 결과와 부록 2B를 이용하여 $Ag_2CrO_4(s)$의 용해도곱을 계산하시오.

6N.13 다음 전지 반응의 전지 전위 측정값을 이용하여 반응 지수 Q를 계산하시오. 전지 반응식을 쓰고 가장 작은 자연수 계수를 이용하여 균형을 맞추시오.

(a) Pt(s)|Sn^{4+}(aq),Sn^{2+}(aq)||Pb^{4+}(aq),Pb^{2+}(aq)|C(gr),
$E_{전지} = +1.33$ V
(b) Pt(s)|O_2(g)|H^+(aq)||$Cr_2O_7^{2-}$(aq),H^+(aq),Cr^{3+}(aq)|Pt(s),
$E_{전지} = +0.10$ V

6N.14 다음 전지 반응의 전지 전위 측정값을 이용하여 반응 지수 Q를 계산하시오. 전지 반응식을 쓰고 가장 작은 자연수 계수를 이용하여 균형을 맞추시오.
(a) Ag(s)|Ag^+(aq)||ClO_4^-(aq),H^+(aq),ClO_3^-(aq)|Pt(s),
$E_{전지} = +0.40$ V
(b) C(gr)|Cl_2(g)|Cl^-(aq)||Au^{3+}(aq)|Au(s), $E_{전지} = 0.00$ V

6N.15 니켈 전극 두 개로 구성된 전지의 전위를 계산하시오. 한쪽 전해질은 1.0 M $Ni(NO_3)_2$(aq)이다. 다른 쪽 전해질은 $Ni(NO_3)_2$ 용액에 NaOH를 넣어 298 K에서 pH = 11.0으로 맞추었다. 표 6I.1을 참고하시오.

6N.16 납 전극 두 개로 구성된 전지가 있다. 한쪽 전해질은 1.0 M $Pb(NO_3)_2$(aq)이다. 다른 쪽에는 $Pb(NO_3)_2$ 용액에 NaI를 넣어 노란색 침전물을 만들고 I^- 이온 농도가 0.050 mol·L^{-1}이 되도록 하였다. 이 전지의 전위가 298 K에서 +0.155 V이다. (a) 두 번째 전해질에서 Pb^{2+} 이온의 농도를 계산하시오. (b) PbI_2의 용해도곱을 계산하시오.

6N.17 전지 Ag(s)|Ag^+(aq, 5.0 mmol·L^{-1})||Ag^+(aq, 0.15 mol·L^{-1})|Ag(s)가 일을 할 수 있을까? 만약 그렇다면 Ag 1 mol당 최대 얼마만큼 일을 할 수 있는가?

6N.18 전지 Ag(s)|Ag^+(aq, 3.6 mmol·L^{-1})||Pb^{2+}(aq, 0.25 mol·L^{-1})|Pb(s)를 생각하자. (a) 이 전지가 일을 할 수 있을까? 만약 그렇다면 Pb 1 mol당 최대 얼마만큼 일을 할 수 있는가? (b) 이 전지 반응의 $\Delta H°$(표준 생성 엔탈피를 이용하시오)와 $\Delta S°$는 얼마인가?

6N.19 표준 칼로멜 전극, 즉 $Hg_2Cl_2/Hg,Cl^-$ ([Cl^-] = 1.00 mol·L^{-1})의 $E°$을 0으로 잡고 표 6M.1과 같은 형태의 표를 만들었다고 하자. (a) 표준 수소 전극 (b) 표준 Cu^{2+}/Cu 산화–환원쌍의 전위는 얼마이겠는가?

6N.20 연습 문제 6N.19에서 표준 칼로멜 전극 대신에 포화 칼로멜 전극을 사용하였다고 해보자. 포화 칼로멜 전극이란 [Cl^-] = 1.00 mol·L^{-1}이 아니라 포화 KCl 용액을 사용한 전극이다. 연습 문제 6N.19의 결과가 어떻게 바뀌겠는가? KCl의 용해도는 35 g·(100 mL H_2O)$^{-1}$이고, 포화 용액의 밀도는 1.18 g/mL이다.

6N.21 (a) 녹 생성 반응에서 산화제는 무엇인가? (b) 염이 존재하면 녹 생성을 어떻게 가속시키는가?

6N.22 (a) 녹 생성 반응에서 전해질 용액은 무엇인가? (b) 갈바나이징이나 희생 애노드를 이용하여 강철제나 철제 물품을 어떻게 보호하는가? (c) 철을 갈바나이징하는 데 아연 대신 사용할 수 있는 금속 두 가지를 제시하시오.

6N.23 (a) 타이타늄 파이프라인의 캐쏘드화 보호에 사용할 수 있는 금속을 두 가지 제시하시오. (b) 전기화학 서열에서 상대적인 위치 이외에 실제로 고려해야 할 사항은 무엇일까? (c) 가정용 배관 시스템에는 구리 파이프를 철 파이프와 연결해 놓는다. 구리가 철 파이프에 미치는 영향은 무엇인가?

6N.24 (a) 강철제 지하 저장고를 캐쏘드화 보호하는 데 알루미늄을 사용할 수 있는가? (b) 아연, 은, 구리, 마그네슘 중에서 지하 철제 파이프라인의 희생 애노드 역할을 할 수 있는 것은 무엇인가? (c) 희생 애노드를 사용하여 지하 파이프라인을 캐쏘드화 보호할 때 전해질은 무엇인가?

6N.25 '알루미늄–공기' 연료 전지는 외딴 지역의 예비 배터리로 사용된다. 이 전지에서 알루미늄은 염기성 용액에서 공기의 산소와 반응한다. (a) 산화와 환원 반쪽 반응식을 쓰시오. (b) 표준 전지 전위를 계산하시오.

6N.26 (a) 납–산 배터리를 방전할 때 (a) 전해질과 (b) 산화제는 무엇인가? (c) 납–산 전지를 충전할 때 환원 전극에서 일어나는 반응을 쓰시오.

6N.27 (a) 납–산 배터리의 전지 반응식을 쓰시오. (b) 납–산 배터리를 방전할 때 다음이 어떻게 변화하는지 설명하시오. pH, PbO_2의 양, 배터리 내부 납의 총량

6N.28 (a) 납–산 배터리의 전극으로 왜 매끄러운 판이 아니라 납–안티모니 격자를 사용하는가? (b) 납–산 배터리에서 환원제는 무엇인가? (c) 납–산 전지의 전위는 약 2 V이다. 그렇다면 자동차 배터리는 어떻게 12 V를 만들어내는가?

6N.29 다음은 수은 전지이다. (a) 전해질과 (b) 산화제는 무엇인가? (c) 수은 전지의 전체 전지 반응식을 쓰시오.

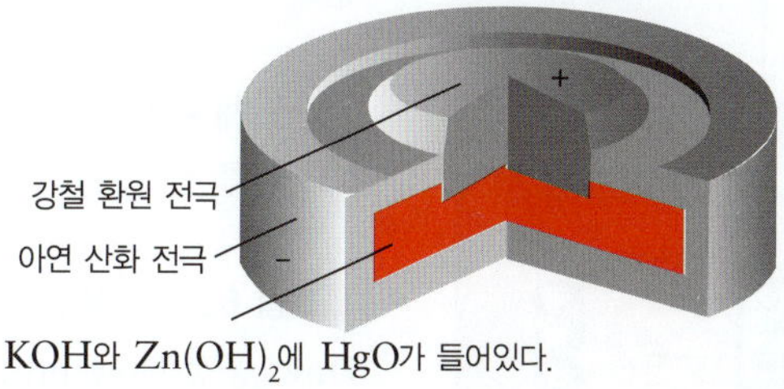

6N.30 수소가 산소 대신 질소와 반응하는 연료 전지를 개발하였다고 하자. (a) 물에서 반응하여 암모니아 수용액을 생성하는 반응식을 쓰시오. (b) 이 전지에서 질소 28 kg이 소모되었다면, 발생하는 최대 Gibbs 자유 에너지는 얼마이겠는가? (c) 이러한 연료 전지가 열역학적으로 타당한가?

Topic 6O 전기 분해

이 Topic을 왜 배우는가? 염으로부터 금속을 생산하거나 금속을 정련하는 데 전기 분해를 이용한다. 전기 분해를 정량적으로 다루려면 원하는 양을 생산하는 데 필요한 전류와 시간을 알아야 한다.

무엇을 알고 있어야 하는가? 전지 전위(Topic 6L과 6M), 화학량론적 관계(기초 지식 L)를 잘 알고 있어야 한다.

반응 Gibbs 자유 에너지가 양수인 산화-환원 반응은 자발적이지 않지만, 전류를 이용하면 이 반응을 일으킬 수 있다. 예를 들어 통상적인 화학 반응으로는 플루오린을 분리할 수 없다. 하지만 프랑스의 화학자 Henry Moissan은 1886년, 플루오린화 포타슘과 플루오린화 수소의 무수 용융 혼합물에 전류를 공급하여 플루오린 생성을 강제하는 방법을 발견하였다. 지금도 플루오린을 상업적으로 제조할 때 같은 공정을 사용한다.

6O.1 전해 전지

전기 분해(**electrolysis**)란 전류를 이용하여 화학 화학 반응이 일어나는 과정을 뜻한다. 전기 분해가 일어나는 전기화학 전지를 **전해 전지**(**electrolytic cell**)라고 한다. 전해 전지의 구성 요소는 갈바니 전지와 배열이 다르다. 일반적으로 두 전극이 동일한 구역에 있고, 전해질은 하나뿐이며, 농도와 압력은 표준 상태와 많이 다르다. 모든 전기화학 전지와 마찬가지로 이온이 전해질을 통해 전류를 운반한다. 예를 들어 금속 구리를 전기 분해로 정련할 때, 산화 전극은 불순물이 섞인 구리, 환원 전극은 순수한 구리, 전해질은 $CuSO_4$ 수용액이다. 용액의 Cu^{2+} 이온은 환원 전극으로 이동하여 Cu 원자로 환원되어 석출되며, 이와 동시에 산화 전극에서 불순물이 섞인 구리가 산화되어 Cu^{2+}를 생성한다.

생각해 보기
구리를 전기 분해로 정련할 때 제거할 수 없는 금속 불순물은 무엇인가?

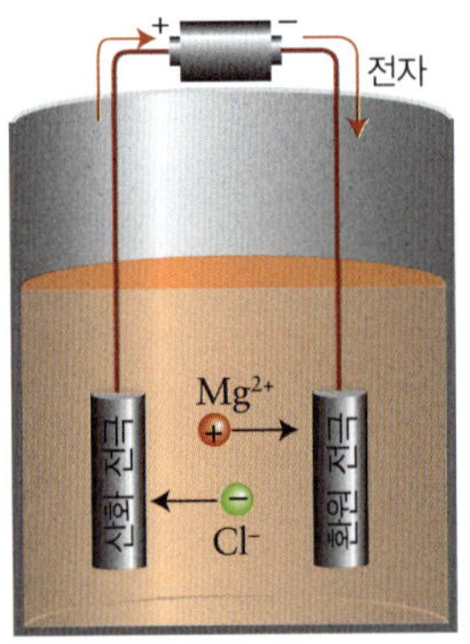

그림 6O.1 마그네슘의 Dow 공정에 사용되는 전해 전지의 모식도. 전해질은 용융 염화 마그네슘이다. 산화 전극에서 염화 이온이 염소로 산화되고, 환원 전극에서 마그네슘 이온이 마그네슘으로 환원된다.

그림 6O.1은 용융 염화 마그네슘으로부터 금속 마그네슘을 상업적으로 생산하는 공정인 **Dow 공정**(Dow process)의 전해 전지이다. 갈바니 전지와 마찬가지로 산화 전극에서 산화, 환원 전극에서 환원이 일어나며, 전해질을 통해 양이온은 환원 전극, 음이온은 산화 전극으로 이동한다. 그러나 차이점이 있다. 갈바니 전지는 자발적으로 전류를 생산한다. 하지만 전해 전지는 외부 전원을 이용하여 전류를 공급해 주어야 하며, 이 전류로 한 전극에서는 산화, 다른 전극에서는 환원이 강제로 일어나는 것이다. Dow 공정에서 일어나는 반쪽 반응은 다음과 같다.

$$\text{산화 전극 반응:}\quad 2\,Cl^-(\text{용융}) \rightarrow Cl_2(g) + 2\,e^-$$
$$\text{환원 전극 반응:}\quad Mg^{2+}(\text{용융}) + 2\,e^- \rightarrow Mg(l)$$

여기서 '용융'은 전해질 역할을 하는 용융된 염을 뜻한다. 충전식 배터리가 일을 할 때는 갈바니 전지, 충전할 때는 전해 전지가 된다.

보충 설명

전해 전지에서는 산화 전극(산화가 일어남)에 +극, 환원 전극(환원이 일어남)에 −극 표시를 하였으며, 이것은 갈바니 전지와 반대이다. 여기서 + 부호는 전극이 전자를 산화되는 물질로부터 잡아당긴다는 뜻이다.

비자발적인 반응을 일으키려면, 그 반응의 역반응을 통해 생성되는 전위차보다 큰 전위를 외부에서 공급해야 한다. 예를 들어 다음 반응을 보자.

$$2H_2(g)+O_2(g) \rightarrow 2H_2O(l) \quad E_{전지}=+1.23\,V(pH=7에서),\ 자발적$$

표준 조건(단, pH는 7)에서 이 반응의 역반응은 비자발적이다.

$$2H_2O(l) \rightarrow 2H_2(g)+O_2(g) \quad E_{전지}=-1.23\,V(pH=7에서),\ 비자발적$$

반응이 반대 방향으로 진행되려는 경향을 극복하고 이 반응을 일으키려면 외부 전원에서 최소한 1.23 V를 공급해 주어야 한다. 실제로는 가해주는 전위차는 이보다 훨씬 더 커야 하는데, 그래야 자발적인 반응을 역전시키면서도 충분한 속도로 생성물이 생성되도록 할 수 있다. 이러한 추가 전위차를 **과전위(overpotential)**라고 하며, 전극마다 값이 다르다. 백금 전극으로 물을 분해하여 수소와 산소를 생산하는 공정의 과전위는 약 0.6 V이다. 이것은 표준 전위 1.23 V에 0.6 V를 추가로 가해주어야 한다는 뜻이며, 백금 전극으로 물을 전기 분해할 때 실제로 약 1.8 V가 필요하다. 수소 생산과 같은 전기 분해 공정의 효율을 높이려면 전해 전지의 과전위를 낮추는 것이 중요하다. 수소는 청정 연료이므로, 최근 상업적 규모의 수소 생산에 관한 수많은 연구가 이루어지고 있다.

용액에서 전기 분해할 때는, 전류에 의해 산화되거나 환원될 수 있는 다른 물질이 있는지 반드시 고려해야 한다. 예를 들어 여러분이 물을 전기 분해하여 산소와 수소를 얻고 싶다고 하자.

$$O_2(g)+4H^+(aq)+4e^- \rightarrow 2H_2O(l),\ E=+0.82\,V\ (pH=7에서)$$

이 반응을 역전시켜 물을 산화시키려면 최소 0.82 V를 가해주어야 한다.

순수한 물은 H_3O^+와 OH^- 이온 농도가 매우 낮기 때문에 전류가 흐르지 않는다. 따라서 이온성 용질을 첨가해야 하는데, 양이온은 물보다 환원되기 어려워야 하고 음이온은 물보다 산화되기 어려운 것을 써야 한다. 염화 소듐을 첨가한다고 생각해 보자. Cl^- 이온 농도가 $1\ mol{\cdot}L^{-1}$일 때, 물이 산화되는 것이 아니라 Cl^- 이온이 산화될 가능성이 있을까? 표 6M.1에서 염소의 표준 환원 전위는 +1.36 V이다.

$$Cl_2(g)+2e^- \rightarrow 2Cl^-(aq) \quad E°=+1.36\,V$$

이 반응을 역전시켜 염화 이온이 산화시키려면 최소 1.36 V를 공급해야 한다. Cl^- 산화를 강제하는 데는 1.36 V가 필요하지만 물 산화를 강제하는 데는 0.82 V가 필요하므로, 산화 전극에서 생성되는 물질은 산소일 것이다. 하지만 산소 생성에 필요한 과전위가 매우 클 수도 있어서, 실제로는 염소 기체도 일부 생성될 수 있다. 환원 전극에서는 다음 반응이 일어난다.

$$2H^+(aq)+2e^- \rightarrow H_2(g) \quad E=+0.41\,V\ (pH=7에서)$$

환원 전극에서 생성되는 물질은 금속 소듐이 아니라 수소가 생성될 것이다. 소듐 이온을 환원시키는 데 필요한 전위(+2.71 V)가 훨씬 더 높기 때문이다.

예제 6O.1 전극에서 생성될 물질의 종류 판단하기

아이오딘은 갑상샘 건강을 위해 필수적인 원소이다. 바닷물에는 미량의 아이오딘화물이 녹아 있기 때문에, 여러분은 아이오딘화 이온의 용액을 전기 분해하여 순수한 원소를 얻는 방법을 연구하고자 한다. 그러려면 먼저 전기 분해를 통해 산화되는 것이 아이오딘화 이온일지 물일지를 알아야 한다. I^- 이온 1 mol·L^{-1}을 함유한 pH = 7인 수용액을 전기 분해한다고 하자. 산화 전극에서 생성되는 것은 O_2일까 I_2일까?

계획 산화 전위가 더 낮은 것을 찾는다. 과전위가 비슷하다고 가정하면, 이 산화–환원 쌍이 우선적으로 산화될 것이다.

풀이

표 6M.1이나 부록 2B에서 $I_2(s)$의 표준 전위를 찾는다.

$$I_2(s) + 2e^- \rightarrow 2I^-(aq) \quad E° = +0.54\ V$$

표 6M.1이나 부록 2B에서 $O_2(g)$의 표준 전위(pH = 7)를 찾는다.

$$O_2(g) + 4H^+(aq) + 4e^- \rightarrow 2H_2O(l) \quad E = +0.82\ V(\text{pH} = 7\text{에서})$$

표준 조건에서 I^-를 산화시키려면 최소 0.54 V가 필요하지만, 표준 조건(pH = 7)에서 물을 산화시키려면 최소 0.82 V가 필요하다.

따라서, 과전위가 비슷하다고 가정하면, I^-가 물에 비해 우선적으로 산화될 것이고, 산화 전극에서는 I_2가 생성될 것이다.

자습 6O.1A 1 M $AgNO_3(aq)$를 전기 분해할 때 생성물을 예측하시오.

[**답**: 환원 전극에서 Ag, 산화 전극에서 O_2]

자습 6O.1B 1 M NaBr(aq)를 전기 분해할 때 생성물을 예측하시오.

관련 연습 문제 6O.3, 6O.4

그림 6O.2 Michale Faraday (1791∼1867) (*Public Domain/Wikimedia Commons*)

전해 전지에 공급해야 하는 전위는, 전지에서 일어날 반응의 역반응 전위보다 최소한 같거나 커야 한다. 환원될 수 있는 물질이 여러 개이면, 환원 전위가 더 큰 물질이 우선적으로 환원된다. 산화에도 같은 원리가 적용된다.

6O.2 전기 분해의 생성물

다음과 같은 Michale Faraday(그림 6O.2)의 발견을 토대로 전기 분해로 생성된 물질의 양을 계산할 수 있다.

Faraday의 전기 분해 법칙(Faraday's law of electrolysis): 전류에 의해 생성된 생성물이나 소모된 반응물의 몰수는 공급된 전자의 몰수와 화학량론적으로 동등하다.

예를 들어, '블리스터 구리(blister copper)'라고 하는 불순물을 함유한 금속 구리를 전해 전지의 산화 전극으로 사용하고 전기 분해하여 구리를 정련한다(그림 6O.3). 전류를 공급하면 블리스터 구리를 구리(II) 이온으로 산화시키고, 이것은 다시 환원 전극에서 반응 $Cu^{2+}(aq) + 2e^- \rightarrow Cu(s)$를 통해 순수한 구리로 환원된다. 전자의 몰수로부터 생성된 Cu의 몰수를 구하려면, 반쪽 반응식으로부터 몰비(2 mol e^- ≏ 1 mol Cu)를 찾은 다음, 전자의 몰수를 Cu 원

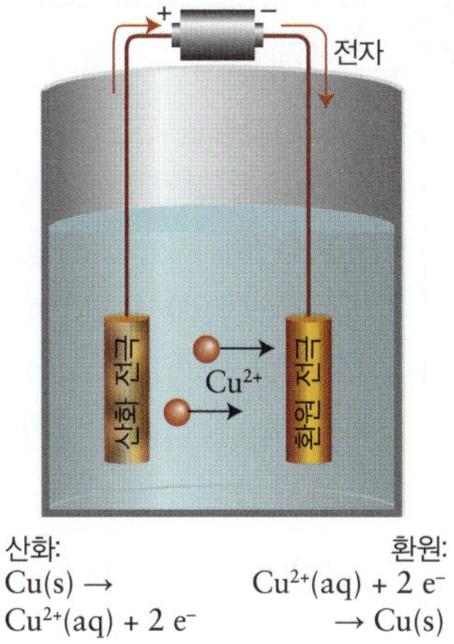

그림 6O.3 전기 분해로 구리를 정련하는 과정의 모식도. 불순물이 섞인 구리(산화 전극)에서 구리가 산화되어 Cu^{2+} 이온이 생성된다. 환원 전극으로 이동한 Cu^{2+} 이온은 순수한 구리로 환원된다. 불순물은 산화되어 용액에 이온 상태로 남거나, 산화 전극의 구리가 떨어져 나가면서 바닥에 침전된다. 전기 도금에도 유사한 장치를 사용한다.

자의 몰수로 환산하면 된다. 예를 들어 공급된 전자가 4 mol이라면 다음과 같다.

$$\text{Cu의 몰수} = (4.0\text{몰 e}^-) \times \frac{1\text{몰 Cu}}{2\text{몰 e}^-} = 2.0\text{몰 Cu}$$

자습 6O.2A Al_2O_3에 전자 4.5 mol을 공급하여 얻을 수 있는 Al(s)는 몇 mol인가?

[답: 1.5 mol]

자습 6O.2B CrO_3에 전자 12.0 mol을 공급하여 얻을 수 있는 Cr(s)는 몇 mol인가?

전해 전지를 통과하는 전기의 양 Q의 단위는 쿨롱(C)이다. 여기서 Q는 공급된 전하량이다. 반응 지수 Q와 혼동하지 말라! Q는 전류 I와 전류가 흐른 시간 t를 측정하여 다음과 같이 계산한다.

$$\text{공급된 전하량(C)} = \text{전류(A)} \times \text{시간(s)} \quad \text{또는} \quad Q = It \qquad (1)$$

1 A·s = 1 C이므로, 2.00 A가 125 s 동안 흐른다면 전지에 공급된 전하량은

$$Q = (2.00\text{ A}) \times (125\text{ s}) = 250.\text{ A·s} = 250.\text{ C}$$

전하량으로부터 공급된 전자의 몰수를 계산하려면 Faraday 상수 F(전자 1 mol의 전하량, Topic 6L 참고)를 이용하면 된다. 공급된 전하량은 $Q = nF$이고 n은 전자의 몰수이므로,

$$n = \frac{Q}{F} = \frac{It}{F} \qquad (2)$$

따라서 전류와, 그 전류가 흐른 시간을 알면 공급된 전자의 양을 계산할 수 있다. 다음으로 전극 반응에서 찾은 몰비를 이용하여, 공급된 전자의 몰수를 생성물의 몰수로 환산한다(**1** 참고). 이 방법을 **도구상자 6O.1**에 정리하였다.

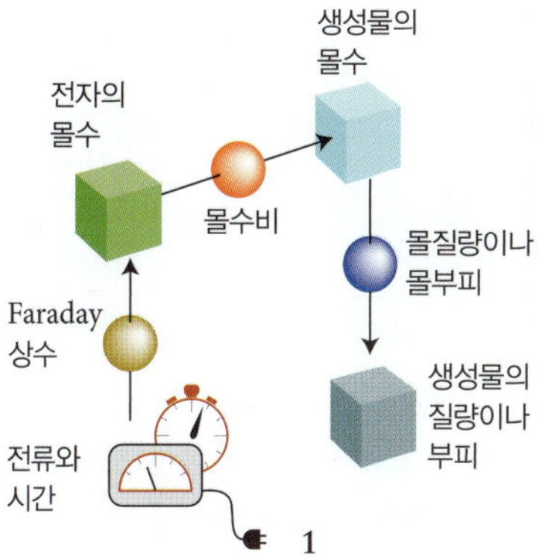

1

도구상자 6O.1 전기 분해 결과 예측하기

기본 개념

어떤 물질을 원하는 양만큼 환원시키는 데 필요한 전자의 개수는 환원 반쪽 반응의 화학량론적 계수와 관련이 있다. 산화도 마찬가지이다. 환원(또는 산화)된 물질과, 그 반응을 일으키는 데 필요한 전자 몰수 사이의 화학량론적 관계를 찾는다. 전자의 몰수는 전류와, 그 전류가 흘러간 시간을 이용하여 계산한다.

방법

생성물의 몰수를 예측하려면,

1단계 반쪽 반응을 이용하여 관심 물질과 전자의 화학량론적 관계식을 찾는다.

2단계 식 2, $n = It/F$를 이용하여 공급된 전자의 몰수를 계산한다. 1단계에서 찾은 화학량론적 관계를 이용하여 n을 물질의 몰수로 환산한다. 필요하다면 몰질량을 이용하여 몰수를 질량으로 환산하거나 몰부피를 이용하여 부피로 환산한다.

이 과정을 예제 6O.2에서 보여 준다.

원하는 양의 생성물을 얻는 데 걸리는 시간을 계산하려면,

1단계 반쪽 반응을 이용하여 관심 물질과 전자의 화학량론적 관계식을 찾는다.

2단계 필요하다면 몰질량을 이용하여 질량을 몰수로 환산한다. 1단계에서 찾은 화학량론 관계를 이용하여 물질의 몰수를 전자의 몰수 n으로 환산한다.

3단계 식 2를 $t = Fn/I$ 형태로 적용하고, n, 전류, Faraday 상수를 대입하여 시간을 구한다.

이 과정을 예제 6O.3에서 보여 준다.

예제 60.2 전기 분해로 생성되는 생성물의 양 계산하기

알루미늄을 생산하기 위해 알루미늄 산화물 Al_2O_3를 용융 크라이올라이트(Na_3AlF_6)에 용해시킨 다음 전기 분해하는데, 이 공정에는 엄청난 전기가 필요하다. 여러분이 공학자라면 얼마나 많은 알루미늄을 생산할 수 있을지 예측해야 한다. 전해 전지에 지속적으로 1.00×10^5 A를 공급하여 1.00 d 동안 생산할 수 있는 알루미늄의 질량을 계산하시오. 크라이올라이트는 반응하지 않는다.

예상 산업 규모의 공정에서는 오랜 시간 동안 높은 전류를 사용하므로 생성되는 알루미늄이 상당히 많을 것이다.

계획 도구상자 60.1의 방법을 이용한다.

풀이

1단계 환원 반쪽 반응식을 쓰고, Al^{3+} 1 mol을 금속으로 환원시키는 데 필요한 전자의 몰수를 구한다.

$$Al^{3+}(용융) + 3e^- \rightarrow Al(l) \quad 3\text{ mol e}^- \simeq 1\text{ mol Al}$$

2단계 $m = nM$이고 $n = It/F$이다. $M(Al) = 26.98\ g \cdot mol^{-1}$, 3600 s = 1 h, 24 h = 1 d, 그리고 Al과 전자의 화학량론적 관계식을 이용하면,

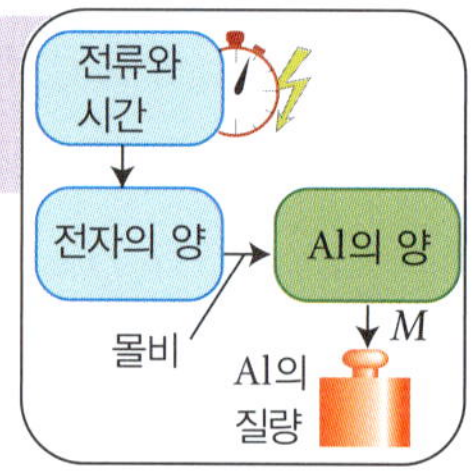

$$m(Al) = n(e^-) \times \frac{1\text{ mol Al}}{3\text{ mol e}^-} \times \frac{26.98\text{ g Al}}{1\text{ mol Al}}$$

$$= \frac{\overbrace{(1.00 \times 10^5\ C \cdot s^{-1})}^{I} \times \overbrace{(24.0 \times 3600\ s)}^{t}}{\underbrace{9.6485 \times 10^4\ C \cdot (\text{mol e}^-)^{-1}}_{F}} \times \frac{1\text{ mol Al}}{3\text{ mol e}^-} \times \frac{26.98\text{ g Al}}{1\text{ mol Al}}$$

$$= 8.05 \times 10^5\text{ g Al}$$

평가 예상대로 많은 양의 알루미늄(805 kg)이 생성되었다. 알루미늄 1 mol을 생산하는 데 전자 3 mol이 필요하다는 사실로부터 알루미늄 생산 공장에 상당히 많은 전기가 필요한 이유를 이해할 수 있다.

자습 60.3A 용융 염화 마그네슘에 전류 7.30 A를 2.11 h 동안 공급하여 얻을 수 있는 금속 마그네슘의 질량을 g 단위로 계산하시오. 산화 전극에서 생성되는 염소 기체의 부피는 25 °C, 1.00 atm에서 얼마인가?

[**답**: 6.98 g, 7.03 L]

자습 60.3B 1 M CrO_3를 묽은 황산에 녹인 용액에 전류 6.20 A를 6.00 h 동안 공급하였다. 얻을 수 있는 금속 크로뮴의 질량은 얼마인가?

관련 연습 문제 60.5, 60.6

예제 60.3 원하는 만큼 생성물을 얻는 데 걸리는 시간 계산하기

여러분이 산성 $CuSO_4(aq)$ 용액을 전기 분해하여 전기 회로에 사용할 구리를 생산하는 공장에서 일한다고 생각하자. 어떤 고객이 고순도 구리 소량을 주문하였는데, 여러분은 금속을 생산하는 데 걸리는 시간을 고객에게 알려주어야 한다. 1.00 M $CuSO_4(aq)$에 전류 3.00 A를 공급하여 금속 구리 25.00 g을 도금하려면 몇 시간이 걸리는가?

계획 도구상자 60.1의 두 번째 방법을 이용한다.

풀이

1단계 반쪽 반응을 보고 관심 물질과 전자 간의 화학량론적 관계식을 찾는다.

$$Cu^{2+}(aq) + 2e^- \rightarrow Cu(s) \quad 2\,mol\,e^- \simeq 1\,mol\,Cu$$

2단계 Cu 질량을 몰수로 변환한 다음, 이것을 다시 전자의 몰수로 변환한다.

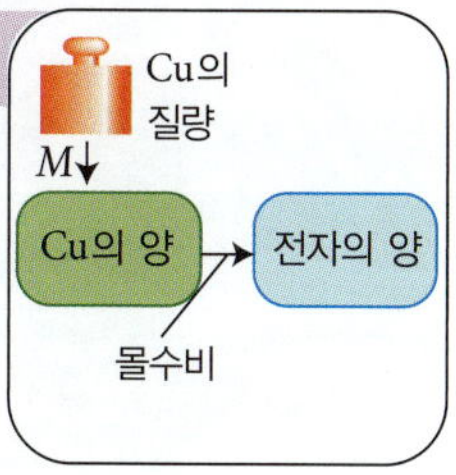

$$n(e^-) = (25.00\,g\,Cu) \times \frac{1\,mol\,Cu}{63.54\,g\,Cu} \times \frac{2\,mol\,e^-}{1\,mol\,Cu} = \frac{25.00 \times 2}{63.54}\,mol\,e^-$$
$$= 0.786\ldots\,mol\,e^-$$

3단계 $t = Fn/I$를 이용하고, 초를 시간으로 변환한다.

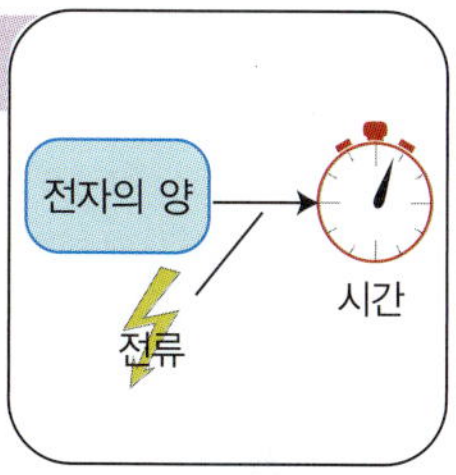

$$t = \frac{9.6485 \times 10^4\,C\cdot(mol\,e^-)^{-1}}{3.00\,C\cdot s^{-1}} \times 0.786\ldots\,mol\,e^- \times \frac{1\,h}{3600\,s} = 7.0\,h$$

평가 예상대로 과망가니즈산 이온이 전지 반응에서 산화제로 작용하였다. 만약 여러분이 크로뮴산 이온의 반쪽 반응에서 과망가니즈산 이온의 반쪽 반응을 뺐다면, 전지 반응과 전지 도표가 위의 결과와 반대 방향일 것이다. 그러나 이 반응의 $K < 1$이다. 어떻게 접근하든 결론은 동일하다.

자습 60.4A 용융 염화 마그네슘에 전류 7.30 A를 공급하여 금속 마그네슘 7.00 g을 전기 도금하는 데 걸리는 시간을 h 단위로 예측하시오.

[답: 2.12 h]

자습 60.4B 1 M CrO_3를 묽은 황산에 녹인 용액에 전류 6.20 A를 공급하여 금속 크로뮴 12.00 g을 도금하려면 몇 시간이 걸리는가?

관련 연습 문제 60.7, 60.8

전기 분해 반응 생성물의 양은 반쪽 반응의 화학량론, 전류, 전류가 흘러간 시간을 이용하여 계산한다.

60.3 전기 분해 응용

구리 정련하는 방법과 알루미늄, 마그네슘, 플루오린을 전기 분해로 추출하는 방법을 알아보았다. 소듐 금속을 생산하는 **Downs 공정**(Downs process) 역시 산업적으로 중요한 전기 분해의 응용 기술이다. 용융 암염을 다음과 같이 전기 분해한다(그림 60.4).

$$\text{환원 전극 반응: } 2Na^+(\text{용융}) + 2e^- \rightarrow 2Na(l)$$
$$\text{산화 전극 반응: } 2Cl^-(\text{용융}) \rightarrow Cl_2(g) + 2e^-$$

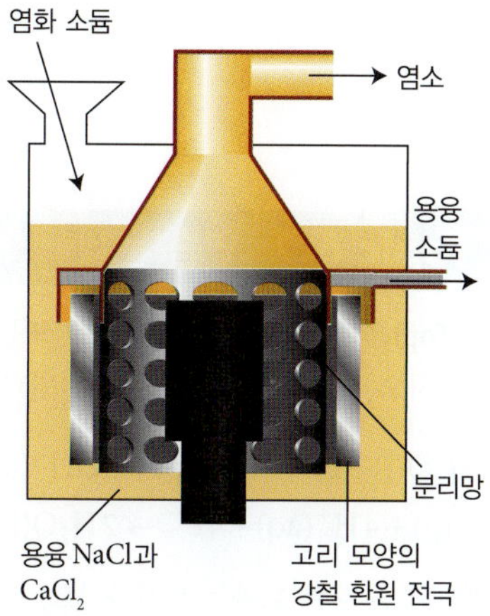

그림 60.4 염화 소듐을 전기 분해하는 Downs 공정. 흑연 산화 전극(Cl^- 이온이 염소로 산화됨)과 강철 환원 전극(Na^+ 이온이 소듐으로 환원됨)을 사용한다. 생성된 소듐과 염소가 다시 만나지 않도록 산화 전극에 덮개를 씌운다. 염화 칼슘을 첨가하여 염화 소듐의 녹는점을 경제성이 있는 온도로 낮춘다.

염화 소듐은 암염이라고 하는 광물 형태로 풍부한 물질이지만, 이온들이 제자리에 고정되어 있어 전기를 통하지 않는다. 이온을 이동시키고 전기 분해를 일으키려면 용융시켜야만 한다. 전지의 전극은 탄소처럼 비활성 물질로 만든다. 또한 이 전해 전지는 생성된 소듐과 염소가 서로 만나지 않도록, 그리고 공기와 접촉하지 않도록 설계되었다. **클로**

그림 6O.5 크로뮴 도금은 시각적인 멋을 더할 뿐 아니라 전기화학적으로 강철을 보호하는 역할도 한다. 크로뮴 도금에는 많은 전기가 필요하다. 산화 크로뮴(VI)에서 크로뮴 원자 하나를 만드는 데 전자 6개가 필요하기 때문이다. *(Photo by John Torcasio on Pixnio)*

르알칼리 공정(chloralkali process)은 Downs 공정의 변형된 형태로, 염화 소듐 수용액을 전해질로 사용하며, 생성물은 염소와 수산화 소듐 수용액이다.

생각해 보기

Downs 공정에서 NaCl에 $CaCl_2$를 첨가하는 이유는 녹는점을 낮추기 위해서이다. 그렇다면, 환원 전극에서 금속 칼슘이 생성되지 않는 이유는 무엇인가?

전기 도금(electroplating)은 물체에 얇은 금속 필름을 전기적으로 증착시키는 기술이다(그림 6O.5). 전기 도금할 물체(금속 또는 흑연을 코팅한 플라스틱)를 환원 전극으로 두고, 증착할 금속의 염 수용액을 전해질로 사용한다. 전해질 용액의 금속 이온이 환원 전극에 금속으로 증착된다. 이 양이온은 염의 형태로 보충할 수도 있고, 증착할 금속으로 만든 산화 전극을 산화시켜 보충할 수도 있다.

전기 분해는 염에서 금속을 추출하거나, 염소, 플루오린, 수산화 소듐을 제조하거나, 구리를 정련하거나, 전기로 도금하는 등 산업적으로 다양하게 응용된다.

이 Topic에서 배운 것은 무엇인가?

전해 전지를 통해 전류를 흘려주면 비자발적인 산화–환원 반응을 일으킬 수 있으며, 이 때 필요한 전위차는 역반응에 의해 생성될 전지 전위보다 커야 한다는 것을 공부했다. 또한 Faraday 법칙을 식 2 형태로 적용하면 전기 분해 시간과 흘러간 전류를 생성물의 양과 관련지을 수 있다는 것도 알아보았다.

개념과 식의 적용

- ☐ 전기 분해의 생성물을 예측한다(예제 6O.1).
- ☐ 전기 분해에서 생성된 물질의 양을 계산한다(도구상자 6O.1, 예제 6O.2).
- ☐ 전기 분해의 생성물을 얻는 데 걸리는 시간을 계산한다(도구상자 6O.1, 예제 6O.3).

Topic 6O 연습 문제

이 Topic의 연습 문제는 표 6M.1 또는 부록 2B에 수록된 전위를 이용하시오. 단 pH = 7에서 물의 환원과 산화는 다음을 이용하시오.

$$2H_2O(l) + 2e^- \rightarrow H_2(g) + 2OH^-(aq),\ E = -0.42\ V(pH = 7\text{에서})$$
$$O_2(g) + 4H^+(aq) + 4e^- \rightarrow 2H_2O(l),\ E = +0.82\ V(pH = 7\text{에서})$$

과전위 등 다른 효과는 무시하시오.

6O.1 비활성 전극을 이용하여 1.0 M $NiSO_4(aq)$ 용액을 전기 분해하였다. (a) 환원 전극 반응과 (b) 산화 전극 반응을 쓰시오. (c) 과전위가 없다면, 전기 분해를 일으키기 위해 공급해야 하는 최소 전위는 얼마인가?

6O.2 비활성 전극을 이용하여 1.0 M KBr(aq) 용액을 전기 분해하였다. (a) 환원 전극 반응과 (b) 산화 전극 반응을 쓰시오. (c) 과전위가 없다면, 전기 분해를 일으키기 위해 공급해야 하는 최소 전위는 얼마인가?

6O.3 (a) Mn^{2+} (b) Al^{3+} (c) Ni^{2+} (d) Au^{3+} 수용액을 전기 분해한다. 환원 전극에서 환원되는 것이 금속 이온일지 물일지 판별하시오. 이온 농도는 모두 1.0 $mol \cdot L^{-1}$이고 전기 분해는 pH = 7에서 수행한다.

6O.4 전해 전지의 산화 전극을 (a) Cr (b) Pt (c) Cu (d) Ni로 제작하였다. 각 전해 전지의 산화 전극에서 산화되는 것은 전극 물질일지 물일지 판별하시오. 전해질은 각 금속의 이온의 1.0 M 용액이며 pH = 7이다.

6O.5 다음 전해 전지에 총 전하량 4.5 kC이 공급되었다. (a) 질산 비스무트 용액에서 석출되는 금속 비스무트는 몇 g인가? (b) 황산 수용액에서 생성되는 기체 수소는 273 K, 1.00 atm에서 몇 L인가? (c) 염화 코발트(III) 용액에서 석출되는 코발트는 몇 g인가?

6O.6 다음 전해 전지에 총 전하량 67.2 kC이 공급되었다. (a) 질산은 용액에서 석출되는 금속 은은 몇 g인가? (b) 염수(진한 염화 소듐 수용액)에서 발생하는 기체 염소는 273 K, 1.00 atm에서 몇 L인가? (c) 염화 구리(II) 용액에서 석출되는 구리는 몇 g인가?

6O.7 (a) 13.5 mA를 이용하여 질산 은 용액으로부터 은 1.50 g을 얻는 데 걸리는 시간은 얼마인가? (b) 황산 구리(II) 용액에 같은 전류를 같은 시간 공급하여 전기 도금할 수 있는 구리의 질량은 얼마인가?

6O.8 (a) 염화 금(III) 수용액으로부터 금 6.66 μg을 30.0 min 내에 얻는 데 필요한 전류는 얼마인가? (b) 100. mA를 이용하여 다이크로뮴산 포타슘 용액으로부터 크로뮴 6.66 μg을 얻는 데 걸리는 시간은 얼마인가?

6O.9 (a) 산화 크로뮴(VI)로부터 크로뮴 8.2 g을 24 h 내에 얻는 데 필요한 전류는 얼마인가? (b) 용융 염화 소듐으로부터 소듐 8.2 g을 24 h 내에 얻는 데 필요한 전류는 얼마인가?

6O.10 (a) 포타슘과 플루오린화 수소의 용융 혼합물에 전류 324 mA를 15 h 동안 공급하였다. 발생한 플루오린의 부피는 298 K, 1.0 atm에서 몇 L인가? (b) 물을 전기 분해할 때 같은 전류를 같은 시간 흘려준다면, 발생한 산소의 부피는 298 K, 1.0 atm에서 몇 L인가?

6O.11 염화 루테늄 용액을 120 mA로 500 s 동안 전기 분해하였더니 루테늄 31.0 mg이 석출되었다. 염화 루테늄에서 루테늄의 산화수는 얼마인가?

6O.12 전류 350 mA를 13.7 h 동안 이용하여 질산 망가니즈 수용액으로부터 망가니즈 4.9 g을 얻었다. 질산 망가니즈에서 망가니즈의 산화수는 얼마인가?

6O.13 황산 구리(II) 용액 200.0 mL를 이용하여 전해 전지의 환원 전극에 구리를 도금하였다. (a) 한쪽 전극에서 하이드로늄 이온이 생성되었다. 이 전극은 산화 전극인가 환원 전극인가? (b) 이 전지에 0.120를 30.0 h 흘려주면 H_3O^+가 몇 mol 생성되는가? (c) 이 용액의 초기 pH가 7.0이었다면, 전기 분해가 끝난 다음 pH는 얼마가 되는가? 용액의 부피는 변하지 않는다고 가정하자.

6O.14 Thomas Edison은 고객들이 사용한 전기량을 측정해야 하는 문제에 부딪혔다. 그가 생각한 첫 번째 해결책은 아연 '쿨로미터'를 사용하는 것으로, 이것은 전해 전지에서 침전된 아연의 질량을 측정하여 전기량을 구하는 장치이다. 고객이 사용한 전류의 일부만이 쿨로미터를 통과하였다. (a) 이 장치에 1.0 mA가 한 달(31일) 동안 흐른다면, 침전되는 아연의 질량은 얼마인가? (b) 또 다른 해결책은 전기 분해를 통해 생성된 수소를 수집하여 부피를 측정하는 것이다. 같은 조건에서 수소가 생성된다면 298 K, 1.00 bar에서 부피는 얼마인가? (c) 어떤 방법이 더 실용적인가?

6O.15 물 550 mL에 은의 염(AgX) 2.69 g을 용해시켰다. 3.5 A를 395.0 s 동안 공급하여 모든 은을 도금하였다. (a) 이 염에서 은의 질량 백분율은 얼마인가? (b) 이 염의 화학식은 무엇인가?

6O.16 $Cu(NO_3)_2$ $Sn(NO_3)_2$ $Fe(NO_3)_3$ 용액이 각각 들어있는 전해 전지 3개를 직렬로 연결하였다. 3.5 A를 공급하여 첫 번째 전지에서 구리 6.10 g이 석출되었다. (a) 석출된 주석과 철의 질량은 얼마인가? (b) 전류를 공급한 시간은 얼마인가?

다음의 예제와 연습 문제는 Focus 6 전체의 내용에 관한 것이다.

FOCUS 6 통합 예제

여러분이 광물의 침식, 그리고 이것이 천연 수계의 pH에 미치는 영향을 연구하는 지질학자라고 생각하자. 여러분은 형석(플루오린화 칼슘, CaF_2)의 성질을 연구하고 있다. 여러분은 플루오린화 이온이 약염기라는 것을 떠올리고, CaF_2 포화 용액에 용해되어 있는 물질의 농도를 구하기 위한 전기화학 전지를 설계하였다. 갈바니 전지의 왼쪽에는 수소 전극을 CaF_2 포화 용액에 담근다. 오른쪽에는 또 다른 수소 전극을 0.10 M HCl(aq) 용액에 담근다. 두 수소 전극의 수소 압력은 모두 1 bar이다. 두 부분을 염다리로 연결한 다음 전지 전위를 측정하였더니 25 °C에서 +0.365 V였다. 측정 중에 전류는 거의 흐르지 않는다는 점에 주목하자. 전위는 왼쪽과 오른쪽 구획의 수소 이온 농도 차이에서 기인한다. 다른 전기화학 반응은 일어나지 않는다고 하자.

CaF_2 용액에 존재하는 모든 용질 성분의 몰농도를 예측하시오. 표 6C.1에서 HF의 $K_a = 3.5 \times 10^{-4}$이고, 표 6I.1에서 CaF_2의 $K_{sp} = 4.0 \times 10^{-11}$이다. 전지와 전지 반응을 나타내면 다음과 같다.

$$\mathrm{Pt(s),H_2(g)|H^+(aq,L)||H^+(aq,R)|H_2(g),Pt(s)} \quad \mathrm{H^+(aq,R) \rightarrow H^+(aq,L)}$$

FOCUS 6 연습 문제

약산과 약염기의 K_a와 K_b는 표 6C.1과 6C.2에서 찾을 수 있다.

6.1 다음은 세 가지 산 용액의 용질을 나타낸 그림이다. 수소 원자와 하이드로늄 이온은 작은 회색, 짝염기는 큰 빨간색 동그라미로 나타내었고, 물 분자는 나타내지 않았다. (a) 강산은 어느 것인가? (b) 짝염기가 가장 강한 산은 어느 것인가? (c) pK_a가 가장 높은 산은 어느 것인가? 답과 함께 이유를 쓰시오.

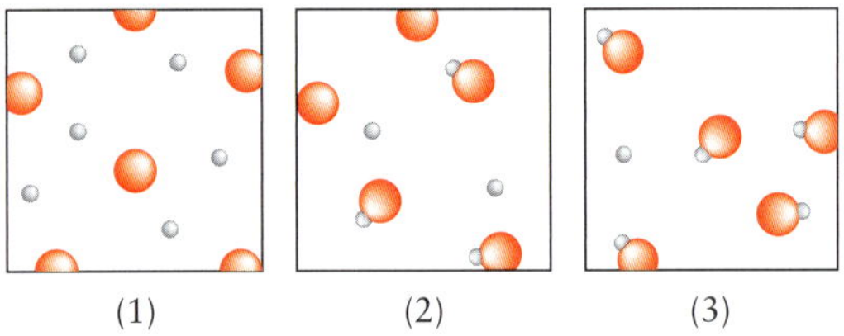

6.2 다음은 세 가지 염 용액의 용질을 나타낸 그림이다. 물 분자는 나타내지 않았다. (a) 어느 염의 양이온이 약염기의 짝산인가? (b) 어느 염의 음이온이 약산의 짝염기인가? (c) 어느 염의 음이온이 강산의 짝염기인가? 답과 함께 이유를 쓰시오.

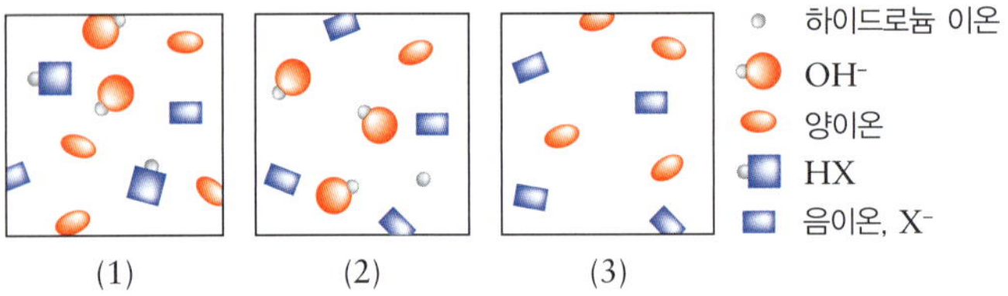

6.3 25 °C에서 폼산의 양성자 이탈 엔탈피를 추정하시오. 20 °C에서 $K_a = 1.765 \times 10^{-4}$이고 30 °C에서 $K_a = 1.768 \times 10^{-4}$이다.

6.4 25 °C 순수한 물 100. mL에 존재하는 하이드로늄 이온은 몇 개인가?

6.5 과산화 수소 H_2O_2는 삼산화 황과 Lewis 산-염기 반응을 통해 과산소일황산 H_2SO_5를 형성한다. (a) 이 반응의 화학식을 쓰시오. (b) 반응물과 생성물의 Lewis 구조를 그리시오. 생성물은 황산의 —OH기 하나가 —OOH기로 대체된 물질이다. (c) Lewis 산과 염기를 구별하시오.

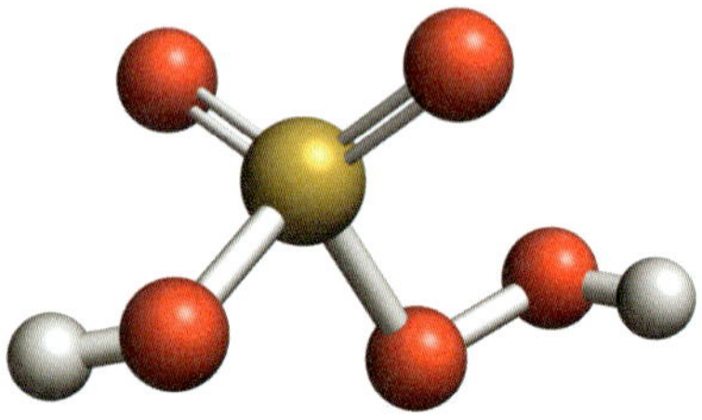

6.6 일산화 이질소 N_2O는 물과 Lewis 산-염기 반응을 통해 하이포질산 $H_2N_2O_2$(aq)를 형성한다. (a) 이 반응의 화학 반응식을 쓰시오. (b) N_2O와 $H_2N_2O_2$(원자가 HONNOH 순서로 결합해 있음)의 Lewis 구조를 그리시오. (c) Lewis 산과 염기를 구별하시오.

6.7 무수 소듐염 1.200 g을 연소 분석하였더니 CO_2 0.942 g, H_2O 0.0964 g, Na 0.246 g을 얻었다. 이 염의 몰질량은 112.02 $g \cdot mol^{-1}$이다. 이 염의 화학식은 무엇인가? (b) 이 염에는 카복실 이온기($-CO_2^-$)가 있으며, 탄소 원자들은 서로 결합하고 있다. 이 음이온의 Lewis 구조를 그리시오. (c) 이 소듐염 1.50 g을 물에 용해시켜 50.0 mL로 만들었다. 용해된 물질이 산성, 염기성, 양쪽성 양성자성 중 어느 것일지 판별하시오. (d) 이 용액의 pH를 계산하시오.

6.8 물에서 일어나는 많은 반응이 액체 암모니아(정상 끓는점이 −33 °C)에서도 유사하게 일어난다. (a) NH_3의 자체 양성자 이전 반응의 화학식을 쓰시오. (b) 암모니아의 자체 양성자 이전 반응으로 생성되는 산과 염기의 화학식을 쓰시오. (c) 액체 암모니아의 자체 양성자 이전 상수 K_{am}은 −35 °C에서 1×10^{-33}이다. 이 온도에서 pK_{am}은 얼마인가? (d) 액체 암모니아에서 NH_4^+의 몰농도는 얼마인가? (e) 액체 암모니아에서 pNH_4, pNH_2는 각각 pH, pOH에 해당한다고 볼 수 있다. −35 °C에서 두 값을 계산하시오. (f) pNH_4 pNH_2 pK_{am} 사이의 관계식을 도출하시오.

6.9 무수 아세트산은 산과 염기 반응의 용매로 사용되기도 한다. (a) 아질산과 탄산은 둘 다 물에서 약산이다. 아세트산 용매에서 강산으로 작용하는 것은 아질산인가, 탄산인가, 아니면 둘 다인가? 설명하시오. (b) 암모니아는 아세트산 용매에서 강염기인가, 약염기인가? 설명하시오.

6.10 표 6C.3을 이용하여 액체 암모니아에서 탄산이 강산일지 약산일지 설명하시오.

6.11 다음 반응의 평형 상수 식을 쓰고, 표 6C.1과 6C.2를 이용하여 298 K에서 값을 계산하시오. $HNO_2(aq) + NH_3(aq) \rightleftharpoons NH_4^+(aq) + NO_2^-(aq)$

6.12 다음 반응의 평형 상수 식을 쓰고, 표 6C.1과 6C.2를 이용하여 298 K에서 값을 계산하시오. $HIO_3(aq) + NH_2NH_2(aq) \rightleftharpoons NH_2NH_3^+(aq) + IO_3^-(aq)$

6.13 붕산 $B(OH)_3$의 Lewis 구조를 그리시오. (a) 이 분자에 공명이 중요한가? (b) 붕산의 양성자 이동 평형 반응은 표 6C.1의 각주에 나와 있다. 이 반응에서 붕산은 Lewis 산인가, Lewis 염기인가, 혹은 둘 다 아닌가? 붕산과 그 짝염기의 Lewis 구조를 이용하여 설명하시오.

6.14 Topic 6C에서 분자 구조와 산의 세기가 어떤 관계가 있는지 다루었다. 염기에도 같은 아이디어를 적용할 수 있다. (a) Brønsted 염기인 OH^-, NH_2^-, CH_3^-의 상대적인 세기를 설명하시오(표 6C.3 참조). (b) 물에서 NH_3는 약염기이지만 PH_3는 실질적으로 중성인지 설명하시오. (c) (a)와 (b)의 물질을 Lewis 염기 세기로 비교한다면, 순위가 같을지 아니면 다를지 이유를 설명하시오.

6.15 부록 2A의 열역학 자료를 이용하여 HF(aq)의 산도 상수를 계산하시오.

6.16 어떤 d-금속 이온이 수화된 구조를 나타낸 그림이다. 이 착물의 짝염기 구조를 그리시오.

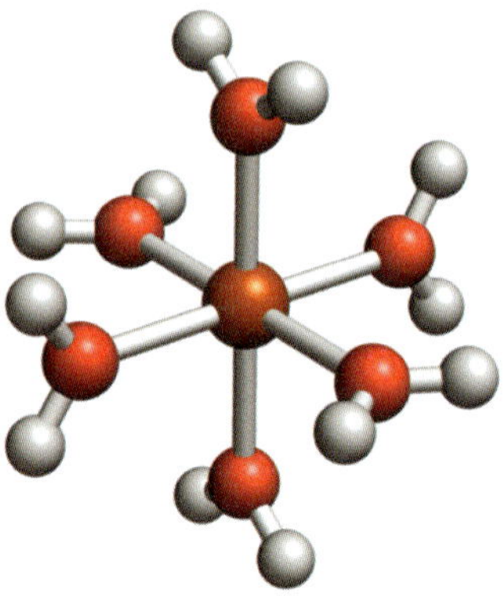

6.17 중수 D_2O의 자체 중수소 이온 이전(자체 양성자 이전과 같지만 중수소 이온이 이동함) 상수 K_{hw}는 25 °C에서 1.35×10^{-15}이다. (a) D_2O의 자체 중수소 이온 이전에 대한 화학 반응식을 쓰시오. (b)

25 °C에서 D_2O의 pK_{hw} 값을 구하시오. (c) 25 °C의 순수한 중수에서 D_3O^+와 OD^-의 몰농도를 계산하시오. (d) 25 °C에서 pD와 pOD를 구하시오. (e) pD, pOD, pK_{hw}의 관계식을 도출하시오.

6.18 중수 D_2O의 자체 중수소 이온 이전(자체 양성자 이전과 같지만 중수소 이온이 이동함)의 pK_{hw}는 30 °C에서 13.83이다. 이 반응의 $\Delta H_r°$이 온도에 무관하다고 가정하고, 연습 문제 6.17의 정보를 이용하여 $\Delta S°$을 계산하시오. 부호가 무엇인지, 그 이유는 무엇인지 설명하시오. 중수의 자체 중수소 이온 이전 상수가 물의 자체 양성자 이전 상수와 다른 이유가 무엇인지 제안하시오.

6.19 혈액의 헤모글로빈(Hb) 분자는 폐(산소 농도가 높음)에서 조직(산소 농도가 낮음)으로 O_2 분자를 운반한다(화학 이야기 5I.1 참조). 조직에서는 $H_3O^+(aq) + HbO_2^-(aq) \rightleftharpoons HHb(aq) + H_2O(l) + O_2(aq)$ 평형을 통해 산소를 방출한다. 근육이 격렬하게 일을 하면 부산물로 락트산(젖산)을 생성한다. (a) 락트산이 HbO_2^-의 농도에 어떤 영향을 미치는가? (b) 헤모글로빈이 산소 농도가 높은 폐로 돌아갈 때 HbO_2^-의 농도는 어떻게 변화할까?

6.20 0.10 M $H_2SO_4(aq)$의 삼투압은 0.10 M $HCl(aq)$와 비교하여 어떠할지 각 용액의 삼투압을 계산하여 결론을 도출하시오.

6.21 핵산 DNA의 두 가닥은 네 가지 유기 염기 사이의 수소 결합에 의해 결합한다. 염기의 일종인 타이민(thymine)의 구조가 다음과 같다. (a) 이 염기가 받아들일 수 있는 양성자는 몇 개인가? (b) 가능한 모든 짝산의 구조를 각각 그리시오. (c) 수용액에서 양쪽성 양성자성인 구조를 모두 찾아 별표하시오.

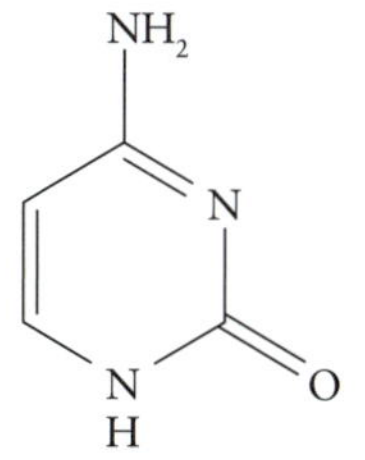

타이민

6.22 핵산 DNA의 두 가닥은 네 가지 유기 염기 사이의 수소 결합에 의해 결합한다. 염기의 일종인 사이토신(cytosine)의 구조가 다음과 같다. (a) 이 염기가 받아들일 수 있는 양성자는 몇 개인가? (b) 가능한 모든 짝산의 구조를 각각 그리시오. (c) 수용액에서 양쪽성양성자성인 구조를 모두 찾아 별표하시오.

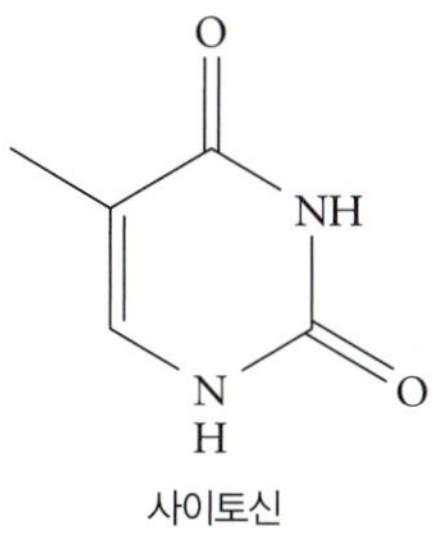

사이토신

6.23 아세트산과 아세트산 소듐을 같은 몰수로 녹인 완충 용액을 제조하려고 한다. 이 완충 용액 100.0 mL에 6.00 M $HCl(aq)$ 1.00 mL을 넣어도 pH 변화가 0.20보다 크지 않도록 하려면 몰농도를 얼마로 제조해야 하는가?

6.24 pH = 3.00인 완충 용액 0.150 L가 필요하다. 선반에 트라이클로로아세트산/트라이클로로아세트산 소듐 완충 용액이 있는데 pH = 2.95이다. 또한 라벨을 보니 [트라이클로로아세트산 이온] = 0.200 mol·L^{-1}이라고 쓰여 있다. 원하는 완충 용액을 만들려면, 트라이클로로아세트산 또는 트라이클로로아세트산 소듐 중 어떤 물질을 얼마나 넣어야 하는가?

6.25 말론산 $HOOCCH_2COOH$는 이양성자 산으로 $pK_{a1} = 2.8$, $pK_{a2} = 5.7$이다. 말론산 용액을 $KOH(aq)$로 적정한다. (a) $[HOOCCH_2COOH] = [HOOCCH_2CO_2^-]$인 pH는 얼마인가? (b) $[HOOCCH_2CO_2^-] = [^-O_2CCH_2CO_2^-]$인 pH는 얼마인가? (c) pH = 4.2에서 우세한 용질은 어느 것인가?

6.26 양성자 두 개를 받아들일 수 있는 물질을 이염기성이라고 한다. 1,2-에테인다이아민 $H_2NC_2H_4NH_2$는 이염기성 분자로 $pK_{b1} = 3.19$, $pK_{b2} = 6.44$이다. 이 물질의 용액을 $HCl(aq)$로 적정한다. (a) $[H_2NC_2H_4NH_2] = [H_2NC_2H_4NH_3^+]$인 pH는 얼마인가? (b) $[H_2NC_2H_4NH_3^+] = [^+H_3NC_2H_4NH_3^+]$인 pH는 얼마인가? (c) pH = 4.8에서 우세한 용질은 어느 것인가?

6.27 0.65 M $NaC_6H_5CO_2(aq)$ 45.0 mL에 0.15 M $HNO_3(aq)$ 55.0 mL를 섞어 완충 용액을 만들었다. 이 완충 용액에서 PbF_2의 용해도를 구하시오.

6.28 0.150 M $Na_2CO_3(aq)$ 시료 25.0 mL를 0.100 M $HCl(aq)$로 적정한다. 각 화학량론점에서 용액의 pH는 얼마인가?

6.29 '침전 적정(precipitation titiration)'에서는 침전을 형성할 때 이온 농도를 측정한다. 0.110 M $AgNO_3(aq)$로 적정하여, 부피가 25.0 mL인 어떤 시료의 CO_3^{2-} 농도를 구하려고 한다. 화학량론점 이전에는 Ag^+가 CO_3^{2-}와 즉시 반응하지만, 화학량론점을 넘어서면 Ag^+ 이온 농도가 급격하게 증가한다. (a) $AgNO_3(aq)$ 36.2 mL를 넣었을 때 화학량론점에 도달하였다. 이 시료의 CO_3^{2-} 농도는 얼마였을까? (b) pAg(즉 $-\log[Ag^+]$)를 측정할 수 있는 특수한 전극을 이용하여 Ag^+ 이온 농도를 관찰하였다. 첨가한 $AgNO_3(aq)$의 부피에 따른 pAg의 그래프 개형을 그리고, 화학량론점에서 pAg를 구하시오.

6.30 수은(II) 이온 Hg^{2+}가 단 한 개만 들어있는 황화 수은(II) HgS의 포화 용액의 부피는 몇 L인가?

6.31 두 친구가 뷔페에서 과식하여 속이 쓰리다. 두 사람이 각자 방으로 돌아가 치료법을 찾는다. 한 학생은 $CaCO_3$ 750 mg이 들어있는 알약 두 개를 복용하였고, 다른 학생은 마그네시아 유제 세 티스푼(한 스푼당 MgO 400 mg)을 복용하였다. 위산의 부피를 100. mL, HCl 농도를 0.10 mol·L^{-1}로 가정하면, 두 학생 위의 pH는 각각 얼마가 되겠는가?

6.32 다음 평형을 생각하자.

$$ZnS(s) \rightleftharpoons Zn^{2+}(aq) + S^{2-}(aq)$$
$$S^{2-}(aq) + H_2O(l) \rightleftharpoons HS^-(aq) + OH^-(aq)$$
$$HS^-(aq) + H_2O(l) \rightleftharpoons H_2S(aq) + OH^-(aq)$$

(a) 전체 평형 반응식을 쓰고 평형 상수를 구하시오. (b) pH = 7.0으

로 맞춘 H_2S의 포화 용액, 0.1 M $H_2S(aq)$에서 ZnS의 용해도를 구하시오. (c) pH = 10.0으로 맞춘 H2S의 포화 용액, 0.1 M $H_2S(aq)$에서 ZnS의 용해도를 구하시오.

6.33 표와 부록의 자료를 이용하여 $PbF_2(s)$의 표준 생성 Gibbs 자유 에너지를 계산하시오.

6.34 아이오딘화 은은 물에 매우 불용성이다. 고체의 용해도를 높이는 통상적인 방법은 온도를 높이는 것이다. 85 °C에서 AgI의 용해도를 추정하시오.

6.35 어떤 완충 용액 300.0 mL에 0.200 M $CH_3COOH(aq)$와 0.300 M $NaCH_3CO_2(aq)$가 들어있다. (a) 이 용액의 초기 pH는 얼마인가? (b) 이 용액의 pH를 6.0으로 만들려면 NaOH를 몇 g 넣어야 하는가?

6.36 어떤 완충 용액 250.0 mL에 0.300 M $NH_3(aq)$와 0.400 M $NH_4Cl(aq)$이 들어있다. (a) 이 용액의 초기 pH는 얼마인가? (b) 이 용액의 pH를 8.0으로 만들려면 25 °C, 2 atm의 기체 HCl을 몇 L 용해시켜야 하는가?

6.37 노보카인은 치과에서 국소 마취제로 사용하는 약물로, $pK_b = 5.05$인 약염기이다. 혈액은 pH = 7.4로 완충되어 있다. 혈관 내에서 노보카인과 그 짝산 농도의 비율은 얼마인가?

6.38 혈액 조건을 시뮬레이션하기 위해 pH = 7.40인 인산 완충계가 필요하다. 이 완충 용액을 만들려면 0.10 M $NaH_2PO_4(aq)$ 0.500 L에 Na_2HPO_4를 몇 g 넣어야 하는가?

6.39 혈액의 완충 작용은 주로 탄산수소 이온(HCO_3^-)와 물에 용해된 CO_2에 기인하며, H_3O^+ 이온 및 물과 다음과 같은 평형을 이룬다.

$$H_3O^+(aq) + HCO_3^-(aq) \rightleftharpoons 2H_2O(l) + CO_2(aq) \quad K = 7.9 \times 10^{-7}$$

이것은 생성된 H_2CO_3가 모두 CO_2와 H_2O로 완전히 분해된다고 가정하고 쓴 반응식이다. 혈액 시료 1.0 L를 pH = 6.1로 만들었다고 가정하자. (a) HCO_3^-의 농도가 5.5 μmol·L^{-1}이라면, 이 용액에 들어있는 CO_2의 몰수를 mol 단위로 계산하시오. (b) 이 혈액 시료(pH = 6.1)에 H_3O^+ 0.65 μmol를 첨가할 때 pH가 얼마나 변화하는지 계산하시오. 화학 이야기 6G.1을 참고하시오.

6.40 혈액의 완충 작용은 주로 탄산수소 이온(HCO_3^-)과 물에 용해된 CO_2에 기인하며, H_3O^+ 이온 및 물과 다음과 같은 평형을 이룬다.

$$H_3O^+(aq) + HCO_3^-(aq) \rightleftharpoons 2H_2O(l) + CO_2(g)$$

운동을 하면 근육 조직에서 CO_2가 빠르게 생성된다. (a) 운동은 혈액의 pH에 어떤 영향을 미치는가? (b) 격렬한 운동으로 인해 과호흡(빠르고 깊은 호흡)이 생길 수 있다. 과호흡은 혈액의 pH에 어떤 영향을 미치는가? (c) 과호흡에 대한 일반적인 응급 처치는 종이봉투를 대고 호흡하도록 하는 것이다. 이 방법이 효과가 있는 이유, 그리고 종이봉투 응급 처치가 혈액의 pH에 미치는 영향을 간단히 설명하시오. 화학 이야기 6G.1을 참고하시오.

6.41 도시의 식수에 플루오린화 이온을 첨가하여 약 5×10^{-5} mol·L^{-1}로 만들었다. 여러분이 만약 칼슘을 물에 첨가하는 필터를 사용한다고 가정하면, Ca^{2+} 이온 농도가 2×10^{-4} mol·L^{-1}인 물에서 CaF_2가 침전할까?

6.42 $Cu(NO_3)_2$, $Ni(NO_3)_2$, $AgNO_3$를 각각 1 mol씩 녹여 용액 1 L를 만들었다. 부록 2B의 자료만을 이용하여, (a) Ni^{2+} 이온에 영향을 주지 않지만 Cu와 Ag가 용액에서 석출되도록 하는 금속, (b) Ni^{2+}와 Cu^{2+} 이온을 용액에 남겨두고 Ag만 석출되도록 하는 금속, (c) 세 금속 이온 모두 용액에 남겨둘 수 있는 금속, (d) Ni^{2+}와 Ag^+ 이온을 남겨두지만 Cu만 석출되도록 하는 금속을 찾으시오.

6.43 다음은 어느 것에 해당하는 서술인가? $E_{전지}°$, $E_{전지}$, 모두, 모두 아님으로 답하고 설명하시오. (a) 전지 반응이 진행되면서 감소한다. (b) 온도에 따라 변한다. (c) 반응식의 계수를 2배로 적으면 2배가 된다. (d) K를 계산하는 데 쓸 수 있다. (e) 전지 반응이 평형에서 얼마나 떨어져 있는지의 척도이다.

6.44 pH를 높임에 따라 다음 산화제의 산화력이 강해질지 약해질지 또는 변화가 없을지 설명하시오. (a) Br_2 (b) MnO_4^- (c) NO_3^- (d) ClO_4^- (e) Cu^{2+}

6.45 Volta는 자신의 '전지'에 서로 다른 금속을 사용할 때 어떤 조합이 다른 조합보다 더 강한 영향을 미친다는 것을 발견했다. 이 정보를 토대로 그는 전기화학 서열을 만들었다. Fe, Ag, Au, Zn, Cu, Ni, Co, Al을 환원력이 강한 금속부터 순서를 매기면 어떻게 되는가?

6.46 약한 환원제부터 강한 순으로 순위를 매기시오. U, V, Ti, Ni, Sn, Cr, Rb.

6.47 어떤 갈바니 전지에서 다음 반응이 일어난다. $M(s) + 2\,Zn^{2+}(aq) \rightarrow 2\,Zn(s) + M^{4+}(aq)$ 이 전지의 표준 전위는 +0.16 V이다. 산화-환원 쌍 M^{4+}/M의 표준 전위는 얼마인가?

6.48 부록 2B의 자료를 이용하여 반쪽 반응 $Ti^{4+}(aq) + 4\,e^- \rightarrow Ti(s)$의 표준 전위를 계산하시오.

6.49 $Cu(IO_3)_2$의 $K_{sp} = 1.4 \times 10^{-7}$이다. 부록 2B의 자료를 이용하여 반쪽 반응 $Cu(IO_3)_2(s) + 2\,e^- \rightarrow Cu(s) + 2\,IO_3^-(aq)$의 $E°$을 계산하시오.

6.50 $Ni(OH)_2$의 $K_{sp} = 6.5 \times 10^{-18}$이다. 부록 2B의 자료를 이용하여 반쪽 반응 $Ni(OH)_2(s) + 2\,e^- \rightarrow Ni(s) + 2\,OH^-(aq)$의 $E°$을 계산하시오.

6.51 모든 갈바니 전지는 전기 회로가 완성되어야만 작동한다. 외부 회로에서는 금속 전선을 따라 전자가 흐르면서 전류가 전달된다. 전지 내부에서 전류를 전달하는 방식을 설명하시오.

6.52 핸드북에는 흔히 접하는 반응에 관한 열역학적 물리량이 표로 정리되어 있다. 어떤 전지 반응의 표준 전위가 양수인지 알고 싶다면 다음 중 어떤 성질을 찾아야 바로 알 수 있을까? 답(여러 개일 수도 있고 없을 수도 있음)을 고르고 설명하시오. (a) $\Delta G°$ (b) $\Delta H°$ (c) $\Delta S°$ (d) $\Delta U°$ (e) K

6.53 (a) 어떤 농도 전지의 전극은 모두 크로뮴이고, 한쪽은 1.0 M $CrCl_3(aq)$, 다른 쪽은 0.0010 M $CrCl_3(aq)$이다. 환원이 자발적으로 일어나는 전극은 어느 곳인가? 다음 처리가 전지 전위에 어떻게 영향을 미치는가? (b) 산화 전극 부분에 순수한 물 100 mL를 넣는다. (c) 환원 전극 부분에 1.0 M NaOH(aq) 100 mL를 넣는다. $Cr(OH)_3$는 불용성이다. (d) 산화 전극에 질량이 더 큰 금속 크로뮴을 사용한다.

6.54 치과용 아말감은 은과 주석이 수은에 섞여 있는 고용체로, 충치 구멍을 막는 데 쓰인다. 이 충진재가 할 수 있는 두 환원 반쪽 반응은 다음과 같다.

$$3Hg_2^{2+}(aq) + 4Ag(s) + 6e^- \rightarrow 2Ag_2Hg_3(s) \qquad E° = +0.85\ V$$
$$Sn^{2+}(aq) + 3Ag(s) + 2e^- \rightarrow 2Ag_3Sn(s) \qquad E° = -0.05\ V$$

은 충진재로 메운 치아로 알루미늄 호일 조각을 씹으면 통증을 느낄 수 있다. 그 이유는 무엇인지 균형 화학 반응식을 써서 설명하시오.

6.55 이온 농도를 모르는 Ag^+ 용액 25.0 mL를 25 °C에서 0.015 M KI(aq)로 적정한다. 은 전극을 이 용액에 꽂고 표준 수소 전극에 대한 상대적인 전위를 측정하였다. 화학량론점까지 KI(aq)가 16.7 mL가 들어갔으며, 이때 전위는 0.325 V였다. (a) 처음 용액에서 Ag^+의 몰농도는 얼마인가? (b) 이 자료를 이용하여 AgI의 K_{sp}를 구하시오.

6.56 0.012 M Cu^+(aq) 용액 35.0 mL를 25 °C에서 0.010 M KBr(aq)로 적정한다. 구리 전극을 이 용액에 꽂고 표준 수소 전극에 대한 상대적인 전위를 측정한다. 화학량론점에 도달하는 데 필요한 KBr 용액의 부피, 그리고 이 지점에서 전위를 구하시오. K_{sp}(CuBr) $= 5.2 \times 10^{-9}$이다.

6.57 반쪽 반응 $F_2(g) + 2H^+(aq) + 2e^- \rightarrow 2HF(aq)$의 $E° = +3.03$ V이다. 부록 2B의 자료와 이 정보를 이용하여 HF의 K_a를 계산하시오.

6.58 다음 물품을 이용하여 갈바니 전지를 만들었다. 250 mL 비커 2개, 염다리, 전선과 클립이 달린 전압계, 0.0080 M $CrCl_3$(aq) 200 mL, 0.12 M $CuSO_4$ 200 mL, 구리 조각 1개, 크로뮴을 도금한 금속 조각 1개.
(a) 이 갈바니 전지를 만드는 방법을 설명하시오. (b) 환원 반쪽 반응식을 쓰시오. (c) 전체 전지 반응식을 쓰시오. (d) 이 갈바니 전지를 전지 도표로 나타내시오. (e) 전지 전압은 얼마일까?

6.59 (a) Gibbs 자유 에너지가 전위 및 온도와 어떤 관계가 있는지 고려하여, $E_{전지}°$과 온도의 관계를 나타내는 식을 유도하시오. (b) 어떤 연료 전지에서 수소와 산소가 80 °C에서 반응하여 물이 된다. 유도한 식을 이용하여 이 반응의 표준 전위를 예측하시오. $\Delta H°$과 $\Delta S°$은 온도에 무관하다고 가정하시오.

6.60 (a) 298 K에서 다음 반응의 표준 전지 전위($E_{전지}°$)는 얼마인가? (b) 335 K에서 표준 전지 전위는 얼마인가? (c) 335 K일 때 $[Zn^{2+}] = 2.0 \times 10^{-4}\ mol \cdot L^{-1}$, $[Pb^{2+}] = 1.0\ mol \cdot L^{-1}$일 때 전지 전위는 얼마인가? (연습 문제 6.59를 참고하시오.)

$$Pb^{2+}(aq) + Zn(s) \rightarrow Zn^{2+}(aq) + Pb(s)$$

6.61 신경 세포인 뉴런에서는 세포 내부의 K^+ 이온 농도가 외부에 비해 20~30배가량 높다. 포타슘 이온 농도 불균형에 의한 효과만 생각한다면 세포 내부와 외부의 전위차는 얼마인가?

6.62 (a) $Zn(s)|Zn^{2+}(aq, ?)||Pb^{2+}(aq, 0.10\ mol \cdot L^{-1})|Pb(s)$의 전지 전위가 +0.661 V이다. Zn^{2+} 이온의 몰농도는 얼마인가? (b) 다른 조건이 모두 일정할 때, 전지 전위가 Zn^{2+} 이온 농도에 따라 어떻게 변하는지 식을 유도하시오.

6.63 pH 미터를 보정하기 위해 pH 9.4인 붕산-붕산 이온 완충 용액을 측정하였더니 전지 전위가 +0.660 V였다. 이제 하이드로늄 이온 농도를 모르는 용액을 측정하였더니 +0.22 V가 측정되었다. 이 용액의 pH는 얼마인가?

6.64 (a) 산성 용액과 (b) 염기성 용액에서 산소가 물로 환원되는 반응의 표준 전위는 얼마인가? (c) MnO_4^-가 MnO_4^{2-}로 환원될 가능성이 높은 곳은 산성 용액인가 염기성 용액인가? 용액은 산소 기체 1 atm으로 포화되어 있다. 답과 함께 설명도 제시하시오.

6.65 25 °C에서 pH를 1~14 범위에서 측정하는 데 필요한 전압계의 전압 범위를 V 단위로 구하시오. pH=7에서 전압이 0이라고 가정한다.

6.66 온도에 따라 전지 전위가 어떻게 변하는지 알면, 그 전지 반응의 엔트로피 변화를 구할 수 있다. (a) $\Delta S° = nF(E_{전지,2}° - E_{전지,1}°)/(T_2 - T_1)$임을 보이시오. $\Delta S°$과 $\Delta H°$은 고려하는 온도 범위에서 일정하다고 가정한다. (b) 전지 반응 $Hg_2Cl_2(s) + H_2(g) \rightarrow 2Hg(l) + 2H^+(aq) + 2Cl^-(aq)$의 $E° = +0.2699$ V(293 K), $E° = +0.2669$ V(303 K)이다. $\Delta S°$과 $\Delta H°$을 계산하시오.

6.67 은 농도 전지를 만든다. 온도는 25 °C이고, 두 전극의 전해질 모두 초기에는 0.1 M $AgNO_3$(aq)이다. 한쪽 전극의 전해질을 10배씩 5회에 걸쳐 희석시키는데, 매회 전지 전위를 측정하였다. (a) ln $[Ag^+]_{산화\ 전극}$에 따라 전지 전위가 어떻게 변하는지 그래프로 나타내시오. (b) 그래프의 기울기를 계산하시오. Nernst 식에서 이 기울기에 해당하는 항은 무엇인가? (c) y 절편은 얼마인가? Nernst 식에서 이 y 절편에 해당하는 항은 무엇인가?

6.68 미지 금속의 +1가 양이온이 녹아 있는 용액(농도는 모름)을 이용하여 전기 도금을 하려고 한다. 반쪽 반응은 $M^+(aq) + e^- \rightarrow M(s)$, 표준 전위는 $E°$이다. 이 반쪽 반응을 적절한 산화 반쪽 반응과 연결한 다음 전류를 흘려주었더니, E_1에서 M^+ 양이온이 도금되기 시작하였다. 용액에서 M^+를 99.99% 제거하는 데 필요한 전위를 E_2라고 하자. E_2와 E_1의 상대적인 크기 비율은 얼마인가?

6.69 부록 2B의 자료만을 이용하여 물에서 HClO의 산도 상수를 계산하시오.

6.70 두 금속 M과 X의 표준 전위 크기가 다음과 같다.

(1) $M^+(aq) + e^- \rightarrow M(s) \qquad |E°| = 0.25\ V$
(2) $X^{2+}(aq) + 2e^- \rightarrow X(s) \qquad |E°| = 0.65\ V$

두 전극을 연결하면 외부 회로를 통해 M에서 X쪽으로 전류가 흐른다. 반쪽 반응 1을 표준 수소 전극(SHE)에 연결하면 M에서 SHE로 전류가 흐른다. (a) 두 반쪽 반응의 $E°$ 부호는 무엇인가? (b) 두 전극으로 전지를 만든다면 표준 전지 전위는 얼마인가?

6.71 약염기를 강산으로 적정할 때 용액의 완충 용량이 가장 큰 지점은 어디인가?

6.72 어떤 용액의 완충 용량이 최대인 지점을 식별하는 데 지시약을 사용할 수 없는 이유는 무엇인가?

6.73 Na_2SO_4 수용액을 30.0 min 동안 전기분해 하였다. 산화 전극에서 산소 25.0 mL를 포집하였으며, 이 기체의 온도는 22 °C, 전체 압력은 722 Torr였다. 이 전기 분해에 이용한 전류를 계산하시오. 물

의 증기압은 표 5A.2를 참고하시오.

6.74 광전기화학 전지는 빛을 이용하여 전기화학 반응을 일으키는 전기화학 전지이다. 수소 생산용으로 사용하고자 하는 어떤 광화학 전지의 규소 전극이 다음과 같이 물과 반응한다.

$$SiO_2(s) + 4H^+(aq) + 4e^- \rightarrow Si(s) + 2H_2O(l) \quad E° = -0.84\ V$$

물로부터 수소를 생성하는 전지에서 일어나는 규소와 물의 균형 전지 반응식을 쓰고, 표준 전지 전위를 계산하시오.

6.75 신체는 공기의 산소를 이용하여 포도당을 산화시키므로, 일종의 연료 전지라고 볼 수도 있을 것이다.

$$C_6H_{12}O_6(aq) + 6O_2(g) \rightarrow 6CO_2(g) + 6H_2O(l)$$

정상적인 활동을 하는 사람이 하루에 소비하는 에너지는 약 10 MJ이다. 이 값이 ΔG와 같다고 가정하고, 하루 동안 신체를 통해 흐르는 평균 전류를 추정하시오. 우리가 사용하는 에너지는 모두 포도당의 산화와 O_2의 환원을 통해 얻는다고 가정하자.

FOCUS 6 통합 연습 문제

6.76 $Fe_2(SO_4)_3$처럼 독성이 없고 용해성인 염을 이용하여 물을 정화할 수 있다. 물에 용해된 유독성 오염 물질을 제거하는 원리는, 이 염들이 젤라틴 형태의 수산화물을 형성하면서 오염 물질들을 가둠으로써 물에서 쉽게 여과시킬 수 있도록 만드는 것이다.

(a) 25 °C 물에서 $Fe(OH)_3$의 몰 용해도를 계산하시오.

(b) $Fe(OH)_3$ 포화 용액에서 수산화 이온의 농도는 얼마인가? 이 용액의 pH를 계산하시오.

(c) (b)에서 얻은 결과가 염기성 수산화물 용액이 맞는지 설명하시오. 계산할 때 어떤 가정을 했는지, 그리고 그 가정이 타당한지 설명하시오.

(d) Fe^{3+} 이온과 물의 반응을 단순화하면 $Fe^{3+}(aq) + 6H_2O(l) \rightleftharpoons Fe(OH)_3(s) + 3H_3O^+(aq)$이다. 표 6I.1과 K_w를 이용하여 이 반응의 평형 상수를 계산하시오.

(e) $Fe_2(SO_4)_3$ 10.0 g을 물에 녹여 수용액 1.00 L를 만든 다음, NaOH를 첨가하여 pH를 8로 맞추었다. 이때 생성되는 고체 $Fe(OH)_3$의 질량은 얼마인가?

(f) $Fe_2(SO_4)_3$의 염화 이온 제거 능력을 테스트하기 위해, NaCl 24.72 g을 녹여 기준 수용액 1.000 L를 만들었다. 이 NaCl 용액 시료 25.00 mL과 (e)에서 만든 혼합물을 섞은 다음 잘 저어주었다. 염화 이온을 가둔 $Fe(OH)_3$ 침전물을 여과한 다음, 산에다가 용해시켰다. 이후 $AgNO_3$ 수용액을 첨가하여 생성된 고체 AgCl을 여과, 건조하였더니 질량이 0.604 g이었다. 처음 시료에 있던 염화 이온의 몇 퍼센트가 제거되었는가?

6.77 많은 중요한 생물학적 반응에서 전자 이동이 일어난다. 체액의 pH는 대략 7이므로, 전극의 '생물학적 표준 전위(biological standard potential)'를 pH = 7에서 정의하며 E^*으로 쓴다.

(a) (i) 수소 이온이 수소 기체로 환원되는 반응, (ii) 질산 이온이 NO 기체로 환원되는 반응의 생물학적 표준 전위를 계산하시오.

(b) 수용액에서 생체 분자 NaD^+가 NADH로 환원되는 반응의 생물학적 표준 전위 E^*를 계산하시오. 열역학적 표준 조건에서 환원 반쪽 반응은 $NaD^+(aq) + H^+(aq) + 2e^- \rightarrow NADH(aq)$이고 $E° = -0.099$ V이다.

(c) 포도당이 체내에서 대사되면서 피루브산 이온 $CH_3COCO_2^-$가 형성된다. 이 이온은 탄소 원자 3개로 이루어진 구조인데, 중앙 탄소 원자는 말단 산소 원자 하나와 이중 결합을 하며, 한쪽 끝 탄소 원자는 산소 원자 2개와 결합하여 카복실산 이온기를 이루고 있다. 이 이온의 Lewis 구조를 그리고 각 탄소 원자의 혼성 오비탈을 쓰시오.

(d) 락트산(젖산) 이온 $CH_3CH(OH)CO_2^-$는 피루브산 이온과 구조가 비슷한데, 중앙 탄소에 —OH기가 붙어 있다. 이 이온의 Lewis 구조를 그리고 중앙 탄소 원자의 혼성 오비탈을 쓰시오.

(e) 운동을 하면 체내에서 피루브산 이온이 락트산 이온으로 변환된다. 이 반응은 피루브산 이온의 반쪽 반응이 (b)에서 제시한 NADH의 반쪽 반응과 쌍을 이루어 일어난다. 피루브산 이온의 반쪽 반응은 피루브산 이온 $+ 2\ H^+ + 2\ e^- \rightarrow$ 락트산 이온이고, $E^* = -0.190$ V이다. 자발적으로 반응이 일어나는 방향으로 전지 반응을 쓰고, E^*과 $E°$을 구하시오.

(f) (e)의 전체 반응의 표준 Gibbs 자유 에너지를 계산하시오.

(g) 25 °C에서 (e)의 전체 반응의 평형 상수를 계산하시오.

FOCUS 7

반응 속도론

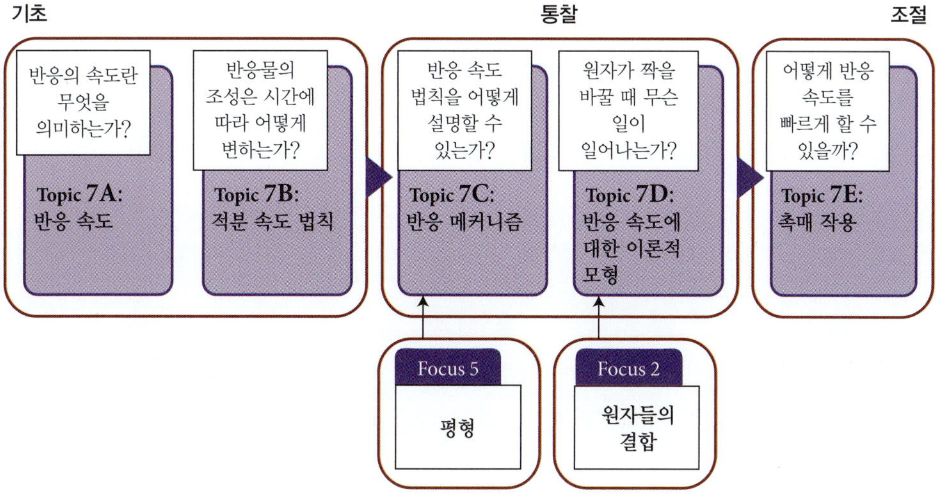

열역학(Focus 4)은 화학 반응의 자발적 진행 방향과 평형 상태에서 반응의 진행 정도를 예측할 수 있다. 하지만 반응이 얼마나 빨리 평형에 도달하는지는 알려 주지 않는다. 예를 들어, 벤젠이 탄소와 수소로 분해되는 반응처럼 자발적으로 일어나야 할 반응은 전혀 일어나지 않는 것처럼 보인다. 반면에, 양성자 이동 반응은 평형에 빨리 도달한다. Focus 7에서는 반응은 어떻게 일어나며, 무엇이 그 속도를 결정하고, 이 속도를 어떻게 조절할 수 있을지 등 반응 속도에 대해 살펴보고자 한다. 화학 반응의 이러한 면을 다루는 분야를 '화학 반응 속도론(chemical kinetics)'이라고 한다.

Topic 7A에서는 반응 속도의 개념과, 반응물 또는 생성물의 농도를 이용해서 반응식을 어떻게 수식으로 나타낼 수 있는지 소개한다. 이러한 수식을 '반응 속도 법칙(rate law)'이라고 하는데, 반응 속도의 유형을 통해 반응을 분류할 수 있다. 반응 속도 법칙은 주어진 반응의 속도를 나타내는 매개변수인 '반응 속도 상수(rate constant)'로 표현된다. **Topic 7B**에서는 반응 속도 상수를 실험적으로 구하는 방법을 다루고, 이 정보를 이용해서 반응물과 생성물의 농도가 시간에 따라 어떻게 변하는지 어떻게 예측할 수 있는지 살펴본다.

반응 속도 법칙은 분자 수준에서 반응이 어떻게 일어나는지 추정하는 단서를 제공한다. 특히,

Topic 7C에서 다루듯이, 어떤 개별 단계를 거쳐 전체 반응이 일어나는지 제안하는 '반응 메커니즘(reaction mechanism)'의 타당성을 판단하는 근거가 된다. **Topic 7D**에서는 반응 속도 상수 값과 온도에 따른 변화를 이용해서 개별 반응을 이해하는 모델을 어떻게 만드는지 다룬다. 이러한 세부 내용을 바탕으로, **Topic 7E**에서는 '촉매(catalyst)'의 원리와, 생체 촉매인 효소가 유기체에서 어떻게 작동하는지 이해하고자 한다.

Topic 7A 반응 속도

7A.1 농도와 반응 속도
7A.2 반응의 순간 속도
7A.3 반응 속도 법칙과 반응 차수

이 Topic을 왜 배우는가? 화학 반응 속도를 설명하는 방법을 알아야 얼마나 빨리 생성물이 만들어지거나 반응물이 없어지는지 예측할 수 있다. 이러한 정보는 분자 수준에서 반응이 어떻게 일어나는지 알아내는 첫 단계이기도 하다.

무엇을 알고 있어야 하는가? 농도 단위(기초 지식 G)와 이상 기체 법칙(Topic 3A)에 대해 알고 있어야 한다. 곡선의 접선에 대한 개념과 직선 그래프를 해석하는 방법을 알고 있어야 한다.

화학 반응에서 분자 수준에서 일어나는 사건은 화학자의 관심사이다. 이러한 과정을 이해하는 방법 가운데 하나는 반응 속도와 온도에 따른 속도의 변화를 살펴보는 연구이다. 흔히, 침전 반응이나 폭발처럼 생성물이 빨리 만들어지면(**그림 7A.1**) 반응이 빠르다고 한다. 부식이나 유기물의 분해처럼 생성물이 오랜 시간에 걸쳐 만들어지면(**그림 7A.2**) 반응이 느리다고 한다. 반응 속도를 정량적으로 표현하고 측정하며, 온도나 농도와 같은 반응 조건에 속도가 의존하는 패턴을 찾는 일이 중요하다. 이러한 패턴을 파악하고 나면, 원자 수준에서 반응이 어떻게 일어나는지 이해할 수 있으며, 산업 생산성이나 생명체의 생존을 위해 반응의 수율을 조절하는 방법을 찾는 데 이용할 수 있다.

그림 7A.1 반응은 다양한 속도로 일어난다. 사진에서 보는 미국 Las Vegas에서 열린 군사 시범의 폭발 장면처럼 어떤 반응은 아주 빠르다. 기체의 급격한 생성으로 폭발의 충격파가 생긴다. (© *TFoxFoto/Shutter Stock*)

그림 7A.2 대서양의 차가운 바닥에 가라앉은 타이타닉 호의 뱃머리가 서서히 부식되는 것처럼 어떤 반응은 아주 느리다. (© *Public Domain/Wikimedia Commons*)

7A.1 농도와 반응 속도

일상생활에서 속도는 어떤 성질의 변화를 그 변화가 일어난 시간으로 나눈 값이다. 예를 들어 자동차의 속도는 위치 변화의 속도이며, 이동한 거리를 시간으로 나눈 값으로 정의한다. 어느 구간에서 **평균 속도**(average speed)는 특정 구간의 거리를 그 구간에서 소요된 시간으로 나눈 값이다. 반면에 **순간 속도**(instantaneous speed)는 특정 순간에 속도계에 나타난 값이다. 화학에서도 비슷한 방법으로 속도를 정의한다. 자동차의 평균 속도처럼, **평균 반응 속도**(**average reaction rate**)는 반응이 일정 구간에서 반응물이나 생성물 가운데 하나의 농도의 변화를 그 변화가 일어난 시간으로 나눈 값이다. 반응물이 소모되는 평균 속도는 다음과 같다.

$$\text{R의 평균 소모 속도} = -\frac{\Delta[\text{R}]}{\Delta t} \qquad \textbf{(1a)}$$

반응에서 반응물은 소모된다. 따라서, R의 농도는 시간이 갈수록 감소하고, Δ[R]은 음의 값이다. 식 1a에서 음(−)의 부호를 붙이는 이유는 화학 반응 속도론의 일반적인 관례를 따라 속도가 양의 값이 되도록 하기 위해서이다.

만일 생성물 P의 농도를 관찰했다면 평균 속도는 다음과 같다.

$$\text{P가 생성되는 평균 속도} = \frac{\Delta[\text{P}]}{\Delta t} \qquad \textbf{(1b)}$$

이 식에서 Δ[P]는 시간 Δt 동안 일어나는 P의 몰농도 변화이다. 시간이 흐르면 생성물이 늘기 때문에 부호는 양(+)이 된다. 속도는 몰농도를 시간으로 나눈 값으로서, $\text{mol·L}^{-1}\text{·s}^{-1}$ 단위로 표현한다.

예제 7A.1 평균 반응 속도 계산하기

제약용 중간체로 고순도 HI가 필요하다고 생각해 보자. $H_2(g) + I_2(g) \rightarrow 2\,HI(g)$ 반응으로 HI를 직접 만들 수 있다. 이 반응이 상업적 공정에서도 쓸 수 있을 만큼 빠른지 확인해 보기 위해 HI의 생성 속도를 측정하는 실험을 했다. 100. s 동안 HI의 농도가 3.50 mmol·L^{-1}에서 4.00 mmol·L^{-1}로 증가했다면, 평균 반응 속도는 얼마인가?

계획 식 1b에 데이터를 넣는다.

풀이

P의 평균 생성 속도 $\text{P} = \Delta[\text{P}]/\Delta t$로부터

$$\begin{aligned}\text{HI의 평균 생성 속도} &= \frac{(4.00-3.50)\,(\text{mmol HI})\cdot\text{L}^{-1}}{100.\ \text{s}}\\ &= 5.0\times10^{-3}\,(\text{mmol HI})\cdot\text{L}^{-1}\cdot\text{s}^{-1}\\ &= 5.0\,(\mu\text{mol HI})\cdot\text{L}^{-1}\cdot\text{s}^{-1}\end{aligned}$$

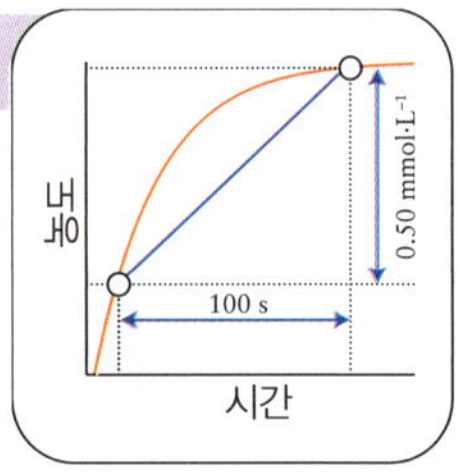

그림에서 주황색 곡선은 시간에 따른 HI 농도 변화를 나타낸다. 파란색 직선의 기울기는 이 시간 동안의 평균 속도이다.

유의 사항

숫자를 명확하게 표현하기 위해, 가능하면 10의 거듭제곱의 사용을 최소화하는 단위를 쓰도록 한다. 이 경우, 10^{-3} mmol = 1 μmol이므로, 속도를 5.0 $(\mu\text{mol HI})\cdot\text{L}^{-1}\cdot\text{s}^{-1}$로 표기했다.

자습 7A.1A $H_2(g) + I_2(g) \rightarrow 2\,HI(g)$ 반응이 높은 온도에서 일어났을 때, HI의 농도가 200. s 동안 4.20 mmol·L^{-1}에서 6.00 mmol·L^{-1}로 증가했다. 평균 반응 속도는 얼마인가?

[**답**: 9.00 $(\mu\text{mol HI})\cdot\text{L}^{-1}\cdot\text{s}^{-1}$]

자습 7A.1B 헤모글로빈(Hb)은 산소와 착물을 만들어 우리 몸 곳곳으로 전달한다. $\text{Hb}(aq) + O_2(aq) \rightarrow \text{HbO}_2(aq)$. 헤모글로빈 용액이 산소에 노출되었을 때, (산소와 결합하지 않은) 헤모글로빈의 농도가 0.10 μs 동안 1.2 nmol·L^{-1}(여기서 1 nmol = 10^{-9} mol)에서 0.80 nmol·L^{-1}로 감소했다. 이 반응의 평균 속도는 $\text{mmol·L}^{-1}\text{·L}^{-1}$ 단위로 얼마인가?

관련 연습 문제 7A.3, 7A.4

예제 7A.1에서는 속도를 $\mu mol\cdot L^{-1}\cdot s^{-1}$ 단위로 표현했지만, 느린 반응의 경우에는 시간 단위로 분 또는 시간을 쓰는 경우도 자주 볼 수 있다. 반응 속도를 나타낼 때는 어떤 화학종에 대한 것인지 명시해야 한다는 점에도 유의하자. 화학종이 소모되거나 생성되는 속도는 반응의 화학량론과 관련되기 때문이다. 예를 들어, 예제 7A.1의 반응에서는 하나의 H_2 분자에서 두 개의 HI 분자가 만들어진다. 따라서 H_2가 소모되는 속도는 HI가 생성되는 속도의 절반이며, 다음의 관계가 성립한다.

$$\frac{\Delta[H_2]}{\Delta t} = -\frac{1}{2}\frac{\Delta[HI]}{\Delta t}$$

반응 속도를 각기 다른 방식으로 표현할 때 생기는 혼란을 피하기 위해, 화학종을 따로 명시하지 않는 하나의 고유한 평균 반응 속도를 쓸 수 있다. 반응 $a\text{A} + b\text{B} \rightarrow c\text{C} + d\text{D}$의 **고유 평균 반응 속도(unique average reaction rate)**는 다음과 같이 네 개의 동일한 값으로 표현되며, 이 가운데 무엇을 쓰더라도 괜찮다.

$$\text{고유 평균 반응 속도} = -\frac{1}{a}\frac{\Delta[A]}{\Delta t} = -\frac{1}{b}\frac{\Delta[B]}{\Delta t} = \frac{1}{c}\frac{\Delta[C]}{\Delta t} = \frac{1}{d}\frac{\Delta[D]}{\Delta t} \quad \textbf{(2)}$$

화학종의 몰농도 변화 속도를 화학량론 계수로 나누어줌으로써 반응물과 생성물 사이의 화학량론적 관계에서 오는 문제가 해결되었다. 반응에서 반응물은 소모되기 때문에 반드시 음의 부호를 붙여야 한다. 고유 평균 반응 속도를 이야기할 때는 화학종을 명시해 줄 필요가 없다. 화학종에 관계 없이 모두 같은 값이기 때문이다. 하지만, 고유 평균 속도는 균형 맞춘 화학 반응식의 화학량론 계수에 따라 달라지기 때문에 화학식은 명시해 주어야 한다.

생각해 보기

만일 화학 반응식의 계수가 두 배가 되면, 고유 평균 반응 속도는 어떻게 달라질까?

자습 7A.2A 일정 기간 동안 $N_2(g) + 3\,H_2(g) \rightarrow 2\,NH_3(g)$ 반응의 평균 반응 속도가 1.15 (mmol NH_3)$\cdot L^{-1}\cdot h^{-1}$이었다. (a) H_2의 소모로 본다면 평균 반응 속도는 얼마인가? (b) 고유 평균 반응 속도는 얼마인가?

[**답:** (a) 1.72 (mmol H_2)$\cdot L^{-1}\cdot h^{-1}$, (b) 0.575 mmol$\cdot L^{-1}\cdot h^{-1}$]

자습 7A.2B 예제 7A.1에서 같은 시간 동안 (a) H_2의 평균 소모 속도는 얼마인가? (b) 고유 평균 반응 속도는 얼마인가?

반응 속도(rate of reaction)를 실험적으로 측정하는 방법은 반응이 얼마나 빠른지에 따라 다르다. 반응이 초 단위 안에 끝날 만큼 빠른 경우에는 특별한 실험 기법이 필요하다. 아주 빠른 반응을 연구하기 위해서는 반응의 시작점과 농도를 측정하는 지점의 시간을 정확히 제어할 수 있어야 한다. 반응물을 섞어야 시작되는 반응은 **흐름 정지법(stopped-flow technique)**으로 연구할 수 있다. 반응물의 용액에 압력을 가해 재빨리 혼합 용기에 주입하는 이 방법은 단백질의 접힘이나 효소 반응과 같이 생물학적으로 중요한 반응을 연구하는 데 자주 쓰인다(그림 7A.3).

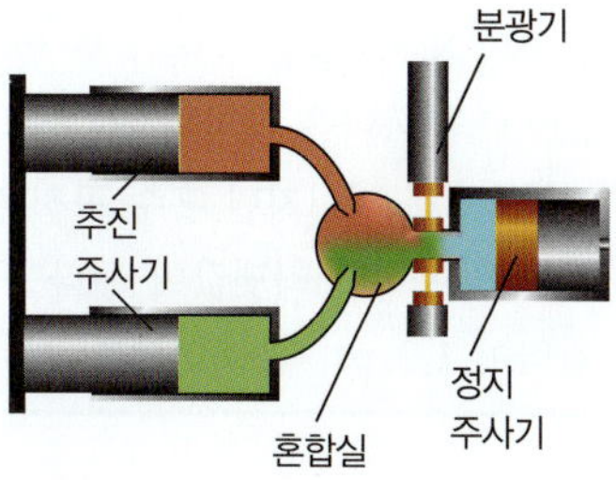

그림 7A.3 흐름 정지 실험에서는 왼쪽의 추진 주사기로 반응물 용액(주황색과 녹색으로 표시)을 혼합실에 밀어 넣고, 오른쪽의 정지 주사기를 이용해서 생성물 용액(파란색)의 흐름을 멈춘다. 반응의 진행 정도는 분광학적 방법으로 시간에 따라 관찰한다.

빛의 섬광으로 유발되는 반응도 있다. 레이저를 이용하면 아주 짧은 펄스의 섬광을 정확한 시점에 생성할 수 있기 때문에, 이러한 반응의 속도를 측정할 수 있다. **분광법(spectrometry)**은 화학종이 흡수하는 빛을 측정해서 농도를 결정하는 방법인데, 농도 변화를 아주 빨리 따라갈 수 있기 때문에 레이저 섬광과 함께 사용해서 속도가 아주 빠른 반응을 연구한다. 예를 들어, 염화 플루오린화 탄소(chlorofluorocarbon)가 파란색 기체인 오존의 농도에 미치는 영향을 연구한다고 생각해 보자. 분광기를 사용해서 오존이 흡수하는 빛을 측정해서 O_3 분자의 몰 농도를 계산할 수 있다. 레이저를 이용하면 피코초(1 ps = 10^{-12} s) 이내에 끝나는 반응도 연구할 수 있다. 보다 진보된 기술로는 수 펨토초(1 fs = 10^{-15} s)에 끝나는 반응도 추적할 수 있으며(화학 이야기 7A.1), 아토초(1 as = 10^{-18} s) 시간대에서 일어나는 현상도 연구하고 있다. 이 시간 영역까지 가면, 원자가 채 움직이지도 못한 상태에서의 반응 순간도 포착할 수 있다.

화학 이야기 7A.1 반응에서 원자에 무슨 일이 일어나는지 어떻게 알 수 있는가?

화학 반응은 1펨토초(1 fs = 10^{-15} s) 정도의 시간 영역에서 원자 수준의 사건이 일어난다. 이 시간 동안 화학 결합은 늘어나거나 구부러지거나 끊어진다. 이 짧은 시간 영역에서 원자를 추적할 수 있다면, 화학 반응 중에 분자에 일어나는 변화를 동영상으로 만들 수 있을 것이다. **펨토화학**(femtochemistry)은 아주 빠른 화학 현상을 연구하는 분야로서, 이러한 꿈을 실현하고 있다. 초고속 분광학에서는 아주 강하지만 짧은 레이저 펄스를 이용해서 매우 짧은 시간 영역에서 일어나는 현상을 연구한다. 최근에는 이러한 관찰 시간대를 1아토초(1 at = 10^{-18} s)까지도 줄이고 있는데, 이 시간 동안에는 전자의 움직임도 거의 없다.

지금까지는 아주 간단한 반응에만 초고속 분광학을 사용했다. 예를 들어, 기체상에서 Na^+I^- 이온쌍이 Na와 I의 원자로 해리되는 현상을 관찰할 수 있다. 처음에는 Na^+ 이온과 I^- 이온이 서로 반대되는 전하 사이의 정전기적 인력으로 결합하고 있지만, 펨토초 레이저 펄스를 맞으면 I^- 이온의 전자 하나가 들떠서 Na^+ 이온 쪽으로 이동하여 두 원자가 공유 결합으로 연결된 NaI 분자가 만들어진다. 이렇게 생성된 NaI 분자는 에너지가 높기 때문에 진동을 하면서 결합 길이가 변한다. 이때 시간 간격을 조절해 가면서 두 번째 펨토초 펄스를 분자에 더한다. 이 두 번째 펄스는 NaI의 두 원자가 특정 거리에 있을 때만 흡수되는 진동수를 갖는다. 따라서, 만일 이 펄스가 흡수된다면, 진동하는 NaI 분자의 Na와 I 원자가 그 시점에서 특정한 거리에 있음을 알 수 있다.

이러한 실험의 전형적인 결과가 다음 그림에 있다. 진동하는 분자의 Na–I 결합 길이가 두 번째 펄스의 진동수에 맞는 특정한 값으로 되돌아올 때마다 흡수 세기가 최댓값이 된다. Na 원자가 I 원자에서 멀어지면 흡수 곡선은 최솟값이 되었다가, 특정 거리에 되돌아오면 최댓값이 된다. 곡선에서 최댓값 봉우리 사이의 간격이 1.3 ps 정도인 것은, Na 원자가 I 원자에서 멀어졌다가 되돌아오는 데 그만한 시간이 걸린다는 뜻이다. 흡수 곡선의 봉우리 높이는 점차 낮아지는데, 그 이유는 NaI 분자 가운데 일부는 Na 원자가 I 원자에서 멀어졌을 때 되돌아오지 않고 떠나 버리기 때문이다. 대략 10번 정도 진동을 하면 거의 모든 Na 원자가 I 원자를 떠난다. NaI 대신 NaBr로 같은 실험을 하면, 한 번만 진동해도 Na 원자는 Br 원자를 떠난다. 이 결과로부터 Na 원자는 I 원자보다 Br 원자에서 더 쉽게 떨어져 나간다는 사실을 알 수 있다.

화학자들은 이러한 시분해(time-resolved) 기법을 다양한 현상에 적용하고 있다. 레이저 광원이 더욱 강력해지고 가격도 저렴해지면서 용액, 고체 물질, 효소의 활성 자리 등에서 펨토초 단위에서 일어나는 과정을 연구할 수 있게 되었다. 이러한 상세한 연구를 통해 분자의 역동적인 세계가 실시간으로 밝혀지고 있다.

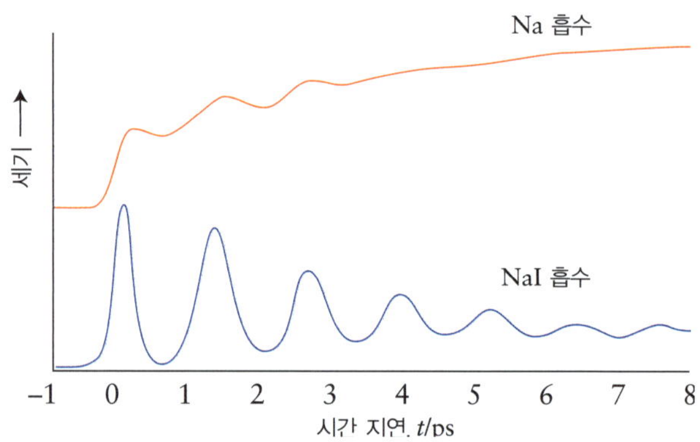

기체 상태의 NaI 분자가 원자로 해리하는 과정을 관찰한 펨토초 스펙트럼. 아래쪽(파란색) 흡수 곡선의 각 봉우리는 NaI의 결합 길이가 특정한 값에 도달할 때마다 관찰된다. 위쪽(주황색) 곡선은 NaI 분자에서 빠져 나온 Na 원자의 생성을 보여준다.

반응의 평균 속도는 한 화학종의 농도 변화를 그 변화가 일어나는 데 걸린 시간으로 나눈 값이다. 고유 평균 속도는 평균 속도를 화학종의 화학량론 계수로 나눈 값이다. 반응의 속도, 특히 빠른 반응의 속도를 연구하는 데 분광학 방법이 널리 쓰인다.

7A.2 반응의 순간 속도

자동차의 속도와 마찬가지로, 긴 시간 동안의 평균 속도보다 반응의 순간 속도가 더 중요할 때가 있다. 반응 중간의 특정 순간에 반응 속도를 결정하려면, 가능한 짧은 시간 간격을 두고 농도 측정을 두 번 해야 한다. 시간에 따른 농도 변화를 그린 곡선 상의 두 점을 점점 가깝게 만들면 두 점을 잇는 직선은 곡선의 접선(tangent)에 가까워지는데, 이 직선은 곡선과 맞닿은 지점에서 기울기에 해당한다(**그림 7A.4**). 이 기울기를 그 시점에서의 **순간 속도(instantaneous rate)**라고 부른다. 반응이 진행됨에 따라 이 기울기는 줄어든다.

지금부터는 반응 속도라고 할 때는 항상 순간 속도를 의미한다(**그림 7A.5**). 식 1과 2의 정의를 조금만 바꾸면 순간 속도가 된다.

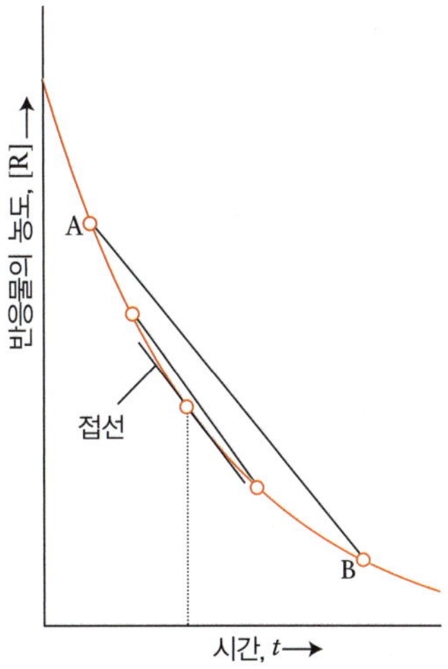

그림 7A.4 반응 속도는 반응물(또는 생성물)의 농도 변화를 그 변화가 일어나는 데 소요된 시간으로 나눈 값이다 (예: 직선 AB의 기울기). 순간 속도는 농도 변화 곡선의 특정 시점에서 접선의 기울기이다.

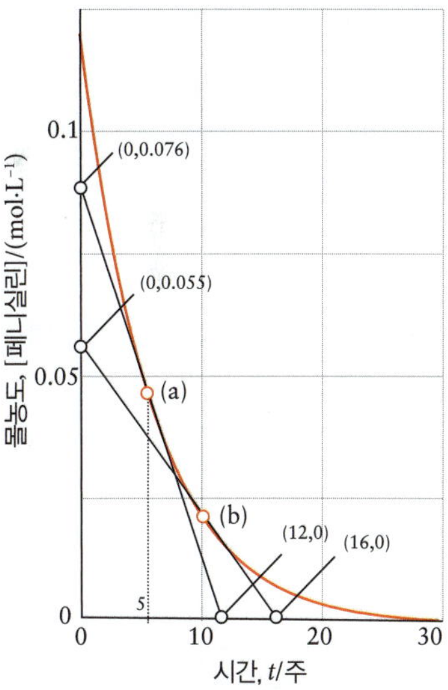

그림 7A.5 보관 중인 페니실린 용액의 변질 속도를 두 시점에서 측정한 결과. 5주차 (a)에서의 순간 속도(= 농도 곡선의 접선의 기울기)가 페니실린의 양이 줄어든 10주차 (b)에서의 기울기보다 크다.

어떻게 다루는가?

반응의 순간 속도를 식으로 표현하기 위해, 두 시점 t와 $t + \Delta t$가 아주 가깝게 되는 짧은 시간 간격 Δt를 생각해 보자. 두 시점에서 각각 구한 반응물이나 생성물의 농도와 식 1을 이용해서 평균 반응 속도를 계산할 수 있다. 시간 간격(Δt)을 계속 줄이면서 이 계산을 반복한다. 이 Δt 값이 무한히 작아지면(dt로 표시), 반응물 R의 몰농도 변화 또한 무한히 작아진다(d[R]로 표시). 이때 순간 속도는 다음과 같다.

$$\text{R의 소모 속도} = -\frac{d[R]}{dt}$$

마찬가지로, P에 대해서도 다음과 같이 쓸 수 있다.

$$\text{P의 생성 속도} = \frac{d[P]}{dt}$$

비슷한 방법으로, 반응의 고유 순간 속도(unique instantaneous rate) 또한 식 2처럼 쓸 수 있다. 다만 $\Delta[R]/\Delta t$와 $\Delta[P]/\Delta t$대신 미분 계수(differential coefficient) $d[A]/dt$를 쓴다.

$$\text{반응 속도} = -\frac{1}{a}\frac{d[A]}{dt} = -\frac{1}{b}\frac{d[B]}{dt} = \frac{1}{c}\frac{d[C]}{dt} = \frac{1}{d}\frac{d[D]}{dt}$$

눈으로만 봐서는 접선을 정확히 그리기 어렵기 때문에, 시간에 따른 농도 변화 곡선은 컴퓨터로 분석하는 편이 좋다. Topic 7B에서 다룰 훨씬 좋은 접근법은 비록 접선의 정의를 이용하기는 하지만 실제로는 접선을 하나도 쓰지 않고 반응 속도를 구한다.

순간 반응 속도는 시간에 대한 농도의 변화 그래프에서 접선의 기울기에 해당한다. 대부분의 경우, 반응이 진행됨에 따라 순간 반응 속도는 감소한다.

7A.3 반응 속도 법칙과 반응 차수

반응 속도 데이터의 유형은 반응이 막 시작되는 시점에서의 순간 반응 속도, 즉 **초기 반응 속도(initial rate)**로 알 수 있는 경우가 많다(**그림 7A.6**). 초기 반응 속도의 분석이 유리한 이유는 반응의 후반부에서는 생성물이 반응 속도에 영향을 미쳐 해석이 복잡해질 수 있기 때문이다.

초기 반응 속도를 어떻게 측정하는지 알아보기 위해, 같은 부피의 플라스크 다섯 개에 각기 다른 분량의 오산화 이질소(dinitrogen pentoxide, N_2O_5) 고체 시료를 넣고, 65 °C의 물중탕에서 고체를 모두 증발시켰다고 생각해 보자. 개별 플라스크에서 분해되지 않고 남아 있는

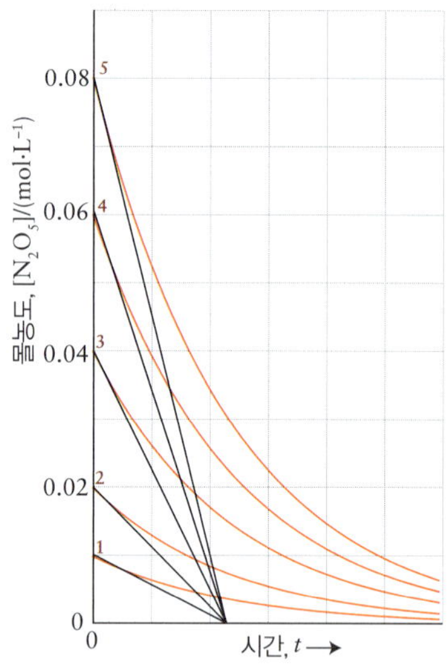

그림 7A.6 주황색 곡선들은 다섯 개의 서로 다른 초기 농도에서 시작한 반응에서 N_2O_5의 농도가 시간에 따라 어떻게 변하는지 보여준다. N_2O_5가 소모되는 초기 반응 속도는 반응의 시작점에서 개별 곡선에 접선(검은 직선)을 그어 구할 수 있다.

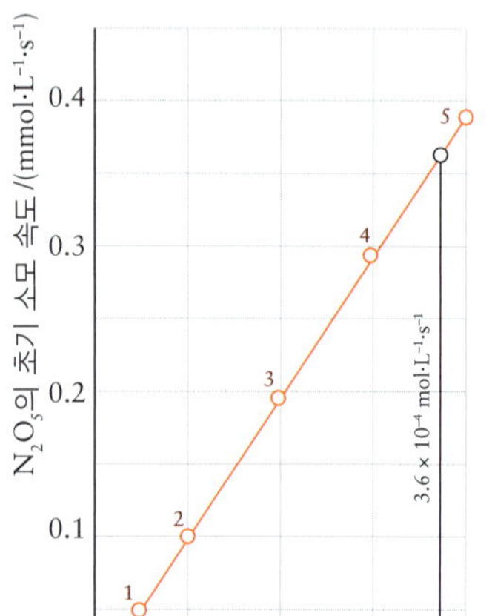

그림 7A.7 그림 7A.6에서 얻은 다섯 개의 초기 반응 속도를 N_2O_5의 초기 농도에 대한 그래프로 그렸다. 초기 반응 속도는 초기 농도에 정비례한다. 속도 상수 k_r의 값은 직선의 두 점을 잇는 기울기로부터 구할 수 있다.

N_2O_5의 농도 변화를 분광법으로 측정한다.

$$2\,N_2O_5(g) \rightarrow 4\,NO_2(g) + O_2(g) \qquad \textbf{(A)}$$

플라스크마다 N_2O_5의 초기 농도가 다르다. 개별 플라스크의 초기 반응 속도는 시간에 따른 농도 변화를 그리고, 개별 곡선에 대해 $t=0$에서 접선을 그려서 구할 수 있다(그림 7A.6의 검은 직선). N_2O_5의 초기 농도가 높은 플라스크일수록 분해 반응의 초기 반응 속도가 빨라서 접선의 기울기도 더 가파르다. 실험 데이터의 경향성을 알아보기 위해, 초기 반응 속도와 N_2O_5의 초기 농도 사이의 관계를 그래프로 그려볼 수 있다. 이 경우, N_2O_5의 다섯 개의 초기 반응 속도 데이터를 다섯 개의 초기 농도의 함수로 그리면 직선이 된다. 초기 반응 속도가 초기 농도에 비례한다는 사실을 의미한다(그림 7A.7).

$$N_2O_5\text{의 초기 소모 속도} \propto [N_2O_5]_{\text{초기}}$$

비례 상수 k_r을 이용해서 이 비례식을 다음과 같이 등식으로 만들 수 있다.

$$N_2O_5\text{의 초기 소모 속도} = k_r \times [N_2O_5]_{\text{초기}}$$

이 비례 상수 k_r을 반응의 **속도 상수(rate constant)**라고 한다. 속도 상수는 반응의 고유한 특성이다. 다시 말해, 서로 다른 화학 반응은 속도 상수도 다르다. 또한, 같은 반응이라도 온도에 따라 속도 상수가 다르다. 65 °C에서 N_2O_5 분해 반응의 k_r 값은 그림 7A.7에서 얻은 직선의 기울기 $5.2 \times 10^{-3}\ s^{-1}$이다.

반응 A의 초기 속도는 N_2O_5의 초기 농도에 비례한다. 플라스크 가운데 하나를 골라 반응을 계속 추적하면, N_2O_5의 농도가 감소할수록 반응 속도 또한 같이 감소한다. 좀 더 구체적으로 말하자면, 어느 시점에서의 반응 속도는 그 시점에서 남아 있던 N_2O_5의 농도에 정확히 비례하며, 이 변하지 않는 비례 상수는 k_r이다. 따라서, 반응의 어느 단계에서든 다음 식이 성립한다.

$$N_2O_5\text{의 소모 속도} = k_r\,[N_2O_5]$$

여기서 $[N_2O_5]$는 속도를 측정하는 시점에서 N_2O_5의 몰농도이다. 이 식은 속도 법칙(rate law)의 한 예이다. 속도 법칙은 주어진 시점에서 순간 반응 속도를 그 시점에서 반응물의 농도로 표현하는 식이다. 모든 반응에는 고유의 속도 법칙과 속도 상수 k_r이 있다(표 7A.1). 속도 법칙의 식에는 반응물뿐 아니라 생성물의 농도가 포함될 수도 있다.

농도에 대한 상관 관계가 다른 속도 법칙으로 일어나는 화학 반응도 있다. 아래 화학 반응 B를 반응 A처럼 측정해서 반응 속도를 NO_2의 농도에 대해 그려보면 직선이 아니다(그림 7A.8a).

$$2\,NO_2(g) \rightarrow 2\,NO(g) + O_2(g) \qquad \textbf{(B)}$$

하지만 NO_2 농도의 제곱에 대해 반응 속도를 그려보면 직선이 된다(그림 7A.8b). 이 결과로 볼 때, 반응 속도는 농도의 제곱에 비례하며, 따라서, 반응의 어느 단계에서든 다음 식이 성립한다.

$$NO_2\text{의 소모 속도} = k_r[NO_2]^2$$

그림 7A.8b의 직선의 기울기로부터 300 °C에서 $k_r = 0.54\ L \cdot mol^{-1} \cdot s^{-1}$이다.

N_2O_5의 분해 반응과 NO_2의 분해 반응은 속도 법칙은 다르지만, 모두 다음 형태를 따른다.

$$\text{반응 속도} = \text{상수} \times [\text{농도}]^a \qquad \textbf{(3)}$$

N_2O_5 분해 반응의 경우에는 $a=1$이고, NO_2 분해 반응의 경우에는 $a=2$이다. 여기서 지수 a는 **반응 차수(reaction order)**로서 속도 법칙에서 반응물 농도의 지수이다. N_2O_5의 분해 반응

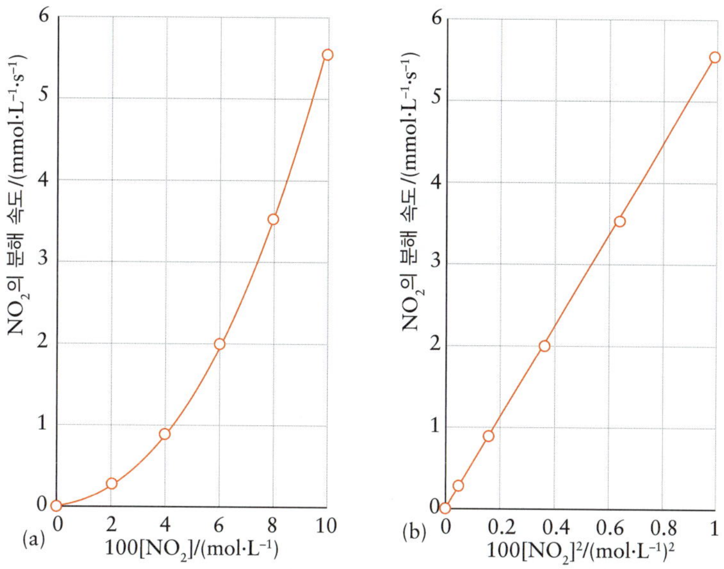

그림 7A.8 (a) NO_2의 분해 속도를 단순히 농도의 함수로 그리면 직선을 얻을 수 없다. (b) 하지만, 분해 속도를 농도의 제곱에 대해 그리면 직선이 된다. 분해 속도가 농도의 제곱에 정비례한다는 사실을 알 수 있다.

표 7A.1 속도 법칙과 속도 상수

반응	속도 법칙*	온도, T/K†	속도 상수	
			값	단위
기체상				
$H_2 + I_2 \rightarrow 2\ HI$	$k_r[H_2][I_2]$	500	4.3×10^{-7}	L·mol^{-1}·s^{-1}
		600	4.4×10^{-4}	
		700	6.3×10^{-2}	
		800	2.6	
$2\ HI \rightarrow H_2 + I_2$	$k_r[HI]^2$	500	6.4×10^{-9}	L·mol^{-1}·s^{-1}
		600	9.7×10^{-6}	
		700	1.8×10^{-3}	
		800	9.7×10^{-2}	
$2\ N_2O_5 \rightarrow 4\ NO_2 + O_2$	$k_r[N_2O_5]$	298	3.7×10^{-5}	s^{-1}
		318	5.1×10^{-4}	
		328	1.7×10^{-3}	
		338	5.2×10^{-3}	
$2\ N_2O \rightarrow 2\ N_2 + O_2$	$k_r[N_2O]$	1000	0.76 s^{-1}	
		1050	3.4	
$2\ NO_2 \rightarrow 2\ NO + O_2$	$k_r[NO_2]^2$	573	0.54	L·mol^{-1}·s^{-1}
$C_2H_6 \rightarrow 2\ CH_3$	$k_r[C_2H_6]$	973	5.5×10^{-4}	s^{-1}
사이클로프로페인(cyclopropane) → 프로펜(propene)	k_r[사이클로프로페인]	773	6.7×10^{-4}	s^{-1}
수용액				
$H_3O^+ + OH^- \rightarrow 2\ H_2O$	$k_r[H_3O^+][OH^-]$	298	1.5×10^{11}	L·mol^{-1}·s^{-1}
$CH_3Br + OH^- \rightarrow CH_3OH + Br^-$	$k_r[CH_3Br][OH^-]$	298	2.8×10^{-4}	L·mol^{-1}·s^{-1}
$C_{12}H_{22}O_{11} + H_2O \rightarrow 2\ C_6H_{12}O_6$	$k_r[C_{12}H_{22}O_{11}][H^+]$	298	1.8×10^{-4}	L·mol^{-1}·s^{-1}

*고유 순간 속도
†유효 숫자 세 자리

은 **일차 반응(first-order reaction)**의 예로, 반응 속도가 농도의 1제곱에 비례한다(즉, $a=1$). NO_2의 분해 반응은 **이차 반응(second-order reaction)**의 예로, 반응 속도가 농도의 2제곱에 비례한다(즉, $a=2$). 일차 반응에서는 반응물의 농도가 두 배가 되면 반응 속도도 두 배가 된다. 이차 반응에서는 반응물의 농도가 두 배가 되면 반응 속도는 네 배($2^2=4$)가 된다.

아주 중요한 사실 하나가 있다. 반응의 속도 법칙은 실험으로 구하며, 일반적으로는 균형 화학 반응식에서 유추할 수 없다. Topic 7C에 나오는 특별한 경우를 제외하고는 균형 화학 반응식을 근거로 속도 법칙을 쓰려고 해서는 절대로 안 된다.

Focus 7에서 다루는 대부분의 반응은 일차 또는 이차 반응이지만, 반응 차수가 다른 반응도 있다(즉, 식 3에서 *a* 값이 다르다). 예를 들어, 고온의 백금선의 촉매 작용으로 암모니아가 질소와 수소로 분해 된다.

$$2NH_3(g) \rightarrow N_2(g) + 3H_2(g) \qquad \textbf{(C)}$$

실험 결과를 보면 이 분해 반응은 암모니아가 모두 소모될 때까지 일정한 속도로 진행된다(그림 7A.9). 따라서 속도 법칙은 다음과 같다.

$$NH_3\text{의 소모 속도} = k_r$$

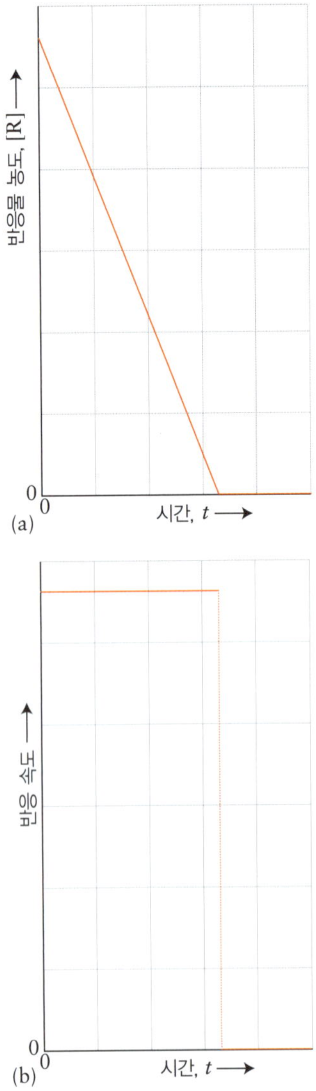

그림 7A.9 (a) 영차 반응에서는 반응물이 모두 소진될 때까지 반응물의 농도가 일정한 속도로 감소한다. (b) 영차 반응의 속도는 반응물의 농도와 무관하게 일정하게 유지되다가, 반응물이 모두 소모되면 갑자기 0으로 떨어진다.

다시 말해, 암모니아가 존재하는 한, 반응 속도는 암모니아의 농도와 무관하다. 이 분해 반응은 **영차 반응(zeroth-order reaction)**의 한 사례이다. 영차 반응의 반응 속도는 (반응물이 남아 있는 한) 반응물의 농도와 무관하다. 영차 반응이라고 부르는 이유는 속도 $= k_r \times (\text{농도})^0 = k_r$로서, 농도에 무관한 상수 값이기 때문이다.

가장 흔한 세 가지 반응 차수에 대해, 반응의 속도 법칙은 다음과 같다.

A의 차수	속도 법칙
0	속도 $= k_r$
1	속도 $= k_r[A]$
2	속도 $= k_r[A]^2$

따로 표시하지 않는 한, 개별 식에서 '속도'는 어떤 시점에서의 순간 속도이며, [A]는 그 시점에서 반응물의 농도이다.

속도 법칙이 하나 이상의 반응물의 농도에 의존하는 화학 반응이 많다. 과황산(persulfate) 이온과 아이오딘화 이온 사이의 산화–환원 반응을 예로 들 수 있다.

$$S_2O_8{}^{2-}(aq) + 3I^-(aq) \rightarrow 2SO_4{}^{2-}(aq) + I_3{}^-(aq) \qquad \textbf{(D)}$$

이 반응의 속도 법칙은 다음과 같다.

$$S_2O_8{}^{2-}\text{의 소모 속도} = k_r[S_2O_8{}^{2-}][I^-]$$

이 반응은 $S_2O_8{}^{2-}$에 대해서(또는 $S_2O_8{}^{2-}$ '에') 일차 반응이며 I^-에 대해서도 일차 반응이다. $S_2O_8{}^{2-}$ 이온 또는 I^- 이온의 농도가 두 배가 되면 반응 속도도 두 배가 된다. 두 농도를 모두 두 배로 하면 반응 속도는 네 배가 된다. 따라서, 이 반응의 **전체** 반응 차수는 두 차수의 합인 2가 된다. 일반적으로 속도 법칙이 다음과 같은 경우,

$$\text{속도} = k_r[A]^a[B]^b \ldots \qquad \textbf{(4)}$$

전체 반응 차수(overall order)는 지수의 합인 $a + b + \cdots$이다.

속도 상수 k_r의 단위 또한 전체 반응 차수에 따라 달라지지만, $k_r \times (\text{농도})^a$ 값은 반응 속도의 단위인 농도/시간이 되어야 한다. 따라서, 농도가 $mol{\cdot}L^{-1}$ 단위이고, 반응 속도가 $mol{\cdot}L^{-1}{\cdot}s^{-1}$ 단위라면 k_r의 단위는 다음과 같다.

전체 반응 차수:	0	1	2	3
k_r의 단위:	$mol^{-1}{\cdot}s^{-1}$	s^{-1}	$L{\cdot}mol^{-1}{\cdot}s^{-1}$	$L^2{\cdot}mol^{-2}{\cdot}s^{-1}$

과학의 분야에 따라서는 농도를 다른 단위로 표현하는 것이 더 편리할 때가 있다. 예를 들어, 대기 화학자들은 혼합 기체의 조성을 나타낼 때 압력을 주로 사용한다. 이상 기체의 경우 $PV = nRT$ 식은 $n/V = P/RT$와 같고, 따라서 n/V는 압력에 비례한다. n/V는 농도($mol{\cdot}L^{-1}$ 단위)이므로, 일정한 온도에서 농도는 압력에 비례한다. 따라서, 농도 대신 압력을 사용할 수

있다. 농도를 kPa 단위의 분압으로 나타내고, 반응 속도의 단위가 $kPa \cdot s^{-1}$이라면, k_r의 단위는 다음과 같다.

전체 반응 차수:	0	1	2	3
k_r의 단위:	$kPa \cdot s^{-1}$	s^{-1}	$kPa^{-1} \cdot s^{-1}$	$kPa^{-2} \cdot s^{-1}$

농도가 매우 낮을 경우, 대기 화학에서는 cm^3 당 분자 수를 단위로 사용한다.

생각해 보기

전체 반응 차수가 $\frac{3}{2}$이고, 농도의 단위가 $\mu mol \cdot mL^{-1}$이라면 k_r의 단위는 무엇인가?

자습 7A.3A $2\,NO(g) + O_2(g) \rightarrow 2\,NO_2(g)$ 반응에서 NO의 농도가 두 배가 되면 반응 속도는 네 배가 된다. O_2와 NO의 농도가 모두 두 배가 되면 반응 속도는 여덟 배가 된다. 이 반응에서 (a) 개별 반응물에 대한 반응 차수, (b) 전체 반응 차수, (c) 반응 속도가 $mol \cdot L^{-1} \cdot s^{-1}$로 표현될 때 k_r의 단위를 구하시오.

[**답**: (a) NO에 대해 이차, O_2에 대해 일차. (b) 전체는 삼차. (c) $L^2 \cdot mol^{-2} \cdot s^{-1}$]

자습 7A.3B $C_4H_9Br(aq) + OH^-(aq) \rightarrow C_4H_9OH(aq) + Br^-(aq)$ 반응에서 2-브로모-2-메틸프로페인(2-bromo-2-methylpropane, C_4H_9Br)의 농도가 두 배가 되면 반응 속도도 두 배가 된다. C_4H_9Br과 OH^-의 농도가 모두 두 배가 되어도, 반응 속도는 두 배만 증가한다. 이 반응에서 (a) 개별 반응물에 대한 반응 차수, (b) 전체 반응 차수, (c) 반응 속도가 $mol \cdot L^{-1} \cdot s^{-1}$로 표현될 경우 k_r의 단위를 구하시오.

반응의 속도 법칙은 실험으로 결정한다. 따라서, 반응 차수는 간단한 양의 정수가 아닐 수도 있다. 또한, 속도 법칙에 하나 또는 그 이상의 생성물의 농도가 들어갈 수도 있다. 예를 들어, $(농도)^{-1}$의 -1차처럼 반응 차수는 음수가 될 수도 있는데, $[A]^{-1} = 1/[A]$이므로 음의 반응 차수는 농도항이 속도 법칙에서 분모항에 있다는 뜻이다. 이렇게 음의 반응 차수를 갖는 화학종은 생성물일 경우가 많으며, 그 농도가 증가하면 역반응에 참여하기 때문에 반응이 느려진다. 성층권에서 일어나는 오존 O_3의 분해가 이러한 반응의 예이다.

$$2\,O_3(g) \rightarrow 3\,O_2(g) \qquad \textbf{(E)}$$

실험으로 구한 이 반응의 속도 법칙은 다음과 같다.

$$반응\ 속도 = k_r \frac{[O_3]^2}{[O_2]} = k_r[O_3]^2[O_2]^{-1}$$

이 속도 법칙에 따르면 대기권에서 O_2 분자가 많은 곳에서 반응이 느려진다. 이 반응이 어떻게 일어나는지 이해하는 데 속도 법칙이 어떤 중요한 실마리를 제공하는지는 Topic 7C에서 다루기로 한다.

어떤 반응의 차수는 분수이다. 예를 들어, 백금 촉매 조건에서 이산화 황이 삼산화 황으로 산화되는 반응이 있다.

$$2\,SO_2(g) + O_2(g) \xrightarrow{Pt} 2\,SO_3(g)$$

이 반응의 속도 법칙은 다음과 같으며, 전체 반응 차수는 $1 - \frac{1}{2} = \frac{1}{2}$이다.

$$반응\ 속도 = k_r \frac{[SO_2]}{[SO_3]^{1/2}} = k_r[SO_2][SO_3]^{-1/2}$$

분모에 $[SO_3]$가 있기 때문에 생성물의 농도가 높아지면 반응이 느려진다. 이 속도 법칙 또한 반응이 어떻게 일어나는지 이해하는 실마리를 제공한다.

그림 7A.10 철제 냄비나 프라이팬은 불꽃으로 가열해도 불이 붙지 않는다. 하지만, 미세한 철가루는 공기 중에서 빠르게 산화해서 Fe_2O_3를 만든다. 철가루의 표면적이 커서 반응이 잘 일어나기 때문이다. (*Copyright Macmillan Learning, photo by Ken Karp.*)

이 Topic에서 다룬 모든 반응은 균일 반응이며, 영차 반응을 제외한 모든 반응에서 속도는 하나 이상의 반응물의 농도에 의존한다. 반응 속도를 증가시키려면 반응물의 농도를 높여야 한다. 마찬가지로, 불균일 반응의 속도는 고체 반응물의 표면적을 넓혀서 증가시킬 수 있다 (그림 7A.10).

예제 7A.2 실험 데이터를 이용해서 반응 차수와 속도 법칙 결정하기

무기화학이나 물리화학과 관련된 일을 한다면, 언젠가는 브로민산 이온(bromate, BrO_3^-)과 브로민화 이온의 반응을 다룰 수도 있다. 이 반응에서 BrO_3^-의 초기 소모 속도가 반응물의 농도에 따라 어떻게 변하는지를 알아보기 위해, 네 개의 다른 조건에서 실험을 수행했다.

$$BrO_3^-(aq) + 5Br^-(aq) + 6H_3O^+(aq) \rightarrow 3Br_2(aq) + 9H_2O(l)$$

(a) 아래 표의 실험 데이터를 이용해서 개별 반응물에 대한 반응 차수와 전체 반응 차수를 구하시오. (b) 반응 속도 법칙을 쓰고, k_r 값을 결정하시오.

실험	초기 농도, [J]/(mol·L^{-1})			초기 속도/
	BrO_3^-	Br^-	H_3O^+	((mmol BrO_3^-)·L^{-1}·s^{-1})
1	0.10	0.10	0.10	1.2
2	0.20	0.10	0.10	2.4
3	0.10	0.30	0.10	3.5
4	0.20	0.10	0.15	5.5

계획 다른 농도는 그대로 두고 물질 A의 농도만 증가시켰다고 하자. 일반적인 속도 법칙, 속도 $= k_r[A]^a[B]^b$에 따르면, A의 농도가 f배 증가하면 속도는 f^a배만큼 증가한다. 따라서, 각 화합물에 대한 반응 차수를 알기 위해서는, 그 화합물의 농도만 바꾸어 수행한 실험 결과를 비교한다.

풀이

(a) **BrO_3^-의 차수**: 실험 1과 2를 비교한다.

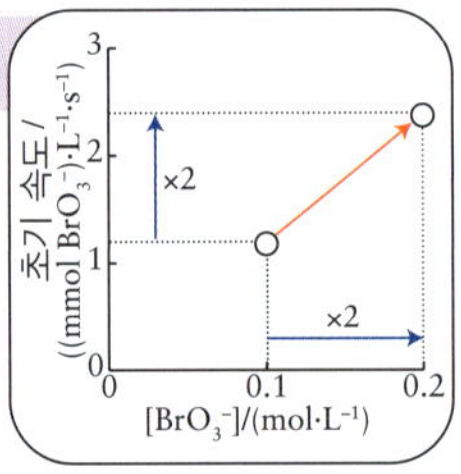

실험 1과 2에서, 다른 화학종의 농도는 변하지 않고, BrO_3^-의 농도만 두 배가 되었다($f=2$). 이때 속도 또한 두 배가 되었으므로, $f^a=(2)^a=2$이다. 따라서, $a=1$이고, BrO_3^-에 대한 반응 차수는 일차이다.

Br^-의 차수: 실험 1과 3을 비교한다.

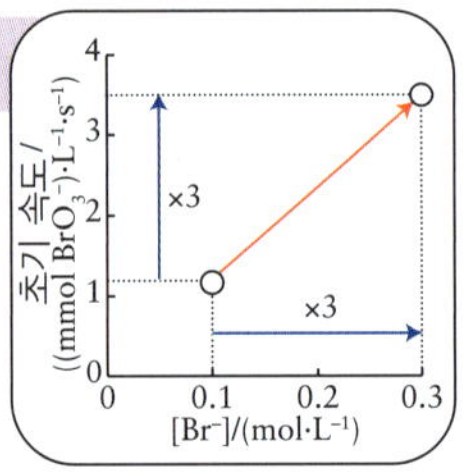

실험 1과 3에서, 다른 화학종의 농도는 변하지 않고 Br^-의 농도만 3.0배가 될 때($f=3.0$) 속도가 $3.5/1.2=2.9$배가 되었다. 실험 오차를 고려하면, $f^b=(3.0)^b=3$이고, 따라서 $b=1$이며, Br^-에 대한 반응 차수는 일차이다.

H_3O^+의 차수: 실험 2와 4를 비교한다.

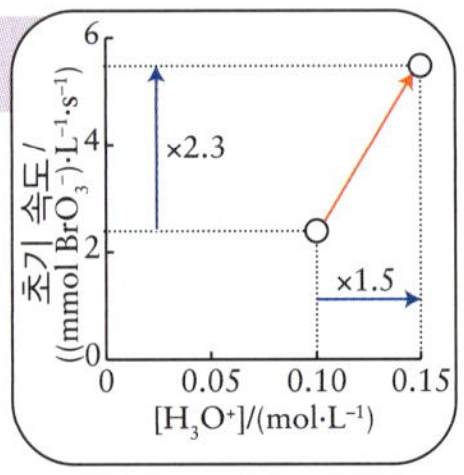

실험 2에서 실험 4로 갈 때 다른 화학종의 농도는 일정하게 유지한 채 하이드로늄 이온의 농도만 1.5배 증가했고($f=1.5$), 속도는 $5.5/2.4=2.3$배 증가했다. 따라서 $f^c=(1.5)^c=2.3$이다. c의 값을 구하기 위해 양변에 로그를 취한다.

$f^c = x$로부터 $\ln f^c = c\ln f = \ln x$, 따라서 $c = (\ln x)/(\ln f)$.

$$c = \frac{\ln 2.3}{\ln 1.5} = 2.0$$

H_3O^+에 대한 반응 차수는 이차이다. 이 결과는 $(1.5)^2 = 2.3$으로 확인할 수 있다. 전체 반응 차수는 $1 + 1 + 2 = 4$이다.

(b) 속도 법칙은 다음과 같다.

$$BrO_3^- \text{의 소모 속도} = k_r[BrO_3^-][Br^-][H_3O^+]^2$$

실험 데이터 가운데 한 세트를 위의 속도 법칙에 대입해서 k_r에 대해서 풀면 속도 상수를 구할 수 있다. 예를 들어, 실험 4에서 반응 속도가 $5.5\ \text{mmol·L}^{-1}\text{·s}^{-1} = 5.5\times10^{-3}\ \text{mol·L}^{-1}\text{·s}^{-1}$이므로, 속도 법칙에 반응물의 농도를 대입해서 k_r에 대해 푼다.

$k_r = (BrO_3^-$의 소모 속도$)/[BrO_3^-][Br^-][H_3O^+]^2$로부터

$$k_r = \frac{5.5\times10^{-3}\ \text{mol·L}^{-1}\text{·s}^{-1}}{(0.20\ \text{mol·L}^{-1})\times(0.10\ \text{mol·L}^{-1})\times(0.15\ \text{mol·L}^{-1})^2} = 12\ \text{L}^3\text{·mol}^{-3}\text{·s}^{-1}$$

평가 네 실험의 결과를 계산해서 구한 k_r의 평균값은 $12\ \text{L}^3\text{·mol}^{-3}\text{·s}^{-1}$이다.

자습 7A.4A 자동차 배기가스로 NO가 대기로 배출되면 $2\ NO(g) + O_2(g) \rightarrow 2\ NO_2(g)$ 반응이 일어난다. NO의 소모에 대해 속도 법칙을 쓰고, 다음 실험 데이터를 이용해서 k_r 값을 구하시오.

실험	초기 농도, [J]/(mol·L^{-1})		초기 속도 /
	NO	O_2	((mmol NO)·L^{-1}·s^{-1})
1	0.012	0.020	0.102
2	0.024	0.020	0.408
3	0.024	0.040	0.816

[**답**: NO의 소모 속도 $= k_r[NO]^2[O_2]$.
실험 1의 데이터를 이용해서 계산하면, $k_r = 3.5\times10^4\ \text{L}^2\text{·mol}^{-2}\text{·s}^{-1}$]

자습 7A.4B 염화 카보닐($COCl_2$, 포스젠 phosgene)은 다양한 유기 화합물의 합성에 사용되지만, 매우 유독한 기체이다. 염화 카보닐을 만드는 $CO(g) + Cl_2(g) \rightarrow COCl_2(g)$ 반응을 어떤 온도에서 수행한 다음 실험 데이터를 이용해서 속도 법칙을 쓰고, k_r의 값을 구하시오.

실험	초기 농도, [J]/(mol·L^{-1})		초기 속도/
	CO	Cl_2	((mmol $COCl_2$)·L^{-1}·s^{-1})
1	0.12	0.20	0.121
2	0.24	0.20	0.241
3	0.24	0.40	0.682

힌트: 반응 차수 가운데 하나는 정수가 아니다.

관련 연습 문제 7A.13~7A.18

반응 차수는 속도 법칙에서 화학종의 농도에 대한 지수이다. 전체 반응 차수는 개별 반응 차수의 합이다.

이 Topic에서 배운 것은 무엇인가?

생성물의 형성 또는 반응물의 소모에 대한 반응 속도를 정량화하고 정의하는 법을 배웠다. 특정 반응에 대한 고유 속도를 정의하는 법도 알아보았다. 실험 데이터를 이용해서 반응 속도를 결정하고, 그 결과를 이용해서 반응의 속도 법칙을 구했다.

개념과 식의 적용

- □ 화학 반응에 대한 고유 반응 속도를 작성한다(7A.1절).
- □ 실험 데이터를 이용해서 평균 반응 속도를 계산한다(예제 7A.1).
- □ 실험 데이터를 이용해서 반응 차수를 결정하고 반응 속도 법칙을 쓴다(예제 7A.2).

Topic 7A 연습 문제

따로 언급하지 않는 한 모든 반응 속도는 고유 반응 속도이다. 반응 속도 상수는 표 7A.1에 나와 있다.

7A.1 Haber 공정에 의한 암모니아의 생산과 관련된 다음 설명을 완성하시오. 전체 반응식은$N_2(g) + 3\ H_2(g) \rightarrow 2\ NH_3(g)$이다.
(a) N_2의 소모 속도는 H_2의 소모 속도의 ________배이다.
(b) NH_3의 생성 속도는 H_2의 소모 속도의 ________배이다.
(c) NH_3의 생성 속도는 H_2의 소모 속도의 ________배이다.

7A.2 반응6 $Li(s) + N_2(g) \rightarrow 2\ Li_3N(s)$과 관련된 다음 설명을 완성하시오.
(a) N_2의 소모 속도는 Li_3N의 생성 속도의 ________배이다.
(b) Li_3N의 생성 속도는 Li의 소모 속도의 ________배이다.
(c) N_2의 소모 속도는 Li의 소모 속도의 ________배이다.

7A.3 천연 가스의 구성 성분인 에텐의 연소 반응은 많이 연구되었다. 어떤 온도와 압력에서, 연소 반응 $C_2H_4(g) + 3\ O_2(g) \rightarrow 2\ CO_2(g) + 2\ H_2O(g)$의 고유 속도는 0.44 $mol \cdot L^{-1} \cdot s^{-1}$이다. (a) 산소의 반응 속도는 얼마인가? (b) 물의 생성 속도는 얼마인가?

7A.4 '아이오딘 시계 반응'은 시범용으로 인기 있는 화학 반응이다. 이 시범 반응의 한 단계로 I_3^- 이온이 다음 반응에서 생성된다. $S_2O_8^{2-}(aq) + 3\ I^-(aq) \rightarrow 2\ SO_4^{2-}(aq) + I_3^-(aq)$. 어떤 조건에서 이 반응의 고유 반응 속도가 4.5 $\mu mol \cdot L^{-1} \cdot s^{-1}$이었다. (a) 아이오딘화 이온의 반응 속도는 얼마인가? (b) 황산 이온의 생성 속도는 얼마인가?

7A.5 아이오딘화 수소 기체의 분해 반응 $2\ HI(g) \rightarrow H_2(g) + I_2(g)$이 700. K에서 일어났을 때 실험 데이터가 다음과 같다.

시간, *t*/s	0.	1000.	2000.	3000.	4000.	5000.
[HI]/(mmol·L^{-1})	10.0	4.4	2.8	2.1	1.6	1.3

(a) 그래프를 그려주는 계산기나 소프트웨어를 사용해서 HI의 농도를 시간의 함수로 그리시오. (b) 각 시간에서 HI의 분해 속도를 구하시오. (c) 이 그래프에 H_2와 I_2의 농도를 시간의 함수로 같이 그리시오.

7A.6 오산화 이질소 기체의 분해 반응 $2\ N_2O_5(g) \rightarrow 4\ NO_2(g) + O_2(g)$이 298 K에서 일어났을 때 실험 데이터가 다음과 같다. (a) 그래프를 그려주는 계산기나 소프트웨어를 사용해서 N_2O_5의 농도를 시간의 함수로 그리시오. (b) 각 시간에서 N_2O_5의 분해 속도를 구하시오. (c) 이 그래프에 NO_2와 O_2의 농도를 시간의 함수로 같이 그리시오.

시간, *t*/s	0.	1.11	2.22	3.33	4.44
[N$_2$O$_5$]/(mmol·L^{-1})	2.15	1.88	1.64	1.43	1.25

7A.7 농도 단위가 $mol \cdot L^{-1}$, 시간 단위가 초일 때, 다음 반응의 속도 상수를 적절한 단위로 표현하시오.
(a) 영차 반응 (b) 일차 반응 (c) 이차 반응

7A.8 기체상 반응의 속도 법칙은 부분 압력으로 표현할 수도 있다. 예를 들어, 기체 J의 일차 반응에 대해 속도$=k_rP_J$로 나타낸다. 부분 압력을 torr로, 시간을 초 단위로 표기할 때, 다음 반응의 속도 상수를 적절한 단위로 표현하시오.
(a) 영차 반응 (b) 일차 반응 (c) 이차 반응

7A.9 오산화 이질소 N_2O_5는 일차 반응으로 분해된다. 3.45 g의 N_2O_5를 0.750 L의 용기에 넣고 65 °C로 가열하면 초기 분해 속도는 얼마인가? 이 반응의 속도 법칙에서 $k_r = 5.2 \times 10^{-3}\ s^{-1}$($N_2O_5$의 분해 속도)이다.

7A.10 에테인 C_2H_6은 700 °C에서 일차 반응으로 메틸 라디칼로 분해된다. 820. mg의 에테인을 2.00 L의 용기에 넣고 700 °C로 가열하면, 에테인 분해 반응의 초기 속도는 얼마인가? 이 반응의 속도 법칙에서 $k_r = 5.5 \times 10^{-4}\ s^{-1}$($C_2H_6$의 분해 속도)이다.

7A.11 0.52 g의 H_2와 0.19 g의 I_2를 750. mL의 용기에 넣고 700. K로 가열하면 이차 반응(개별 반응물에 대해서는 일차 반응)으로 반응한다. 이 반응의 속도 법칙에서 $k_r = 0.063\ L \cdot mol^{-1} \cdot s^{-1}$(HI의 생성 속도)이다. (a) 초기 반응 속도는 얼마인가? (b) 혼합물에 존재하는 H_2의 농도를 두 배로 하면 반응 속도는 몇 배로 증가하는가?

7A.12 510. mg의 NO_2를 180. mL의 용기에 넣고 300 °C로 가열하면 이차 반응으로 분해한다. NO_2의 분해 반응 속도 법칙에서 $k_r = 0.54\ L \cdot mol^{-1} \cdot s^{-1}$이다. (a) 초기 반응 속도는 얼마인가? (b) 반응 용기에 존재하는 NO_2의 질량을 820. mg로 증가시키면 반응 속도는 어떻게 (그리고 몇 배로) 바뀌는가?

7A.13 반응 $CH_3Br(aq) + OH^-(aq) \rightarrow CH_3OH(aq) + Br^-(aq)$에서 OH^-의 농도만 2배로 하면 반응 속도가 2배가 되었다. CH_3Br의 농도만 1.2배 증가시키면 반응 속도가 1.2배 증가했다. 이 반응의 속도 법칙을 쓰시오.

7A.14 반응 $4\ Fe^{2+}(aq) + O_2(g) + 4\ H_3O^+(aq) \rightarrow 4\ Fe^{3+}(aq) + 6\ H_2O(l)$에서 Fe^{2+}의 농도만 2배로 하면 반응 속도가 8배 증가했다. Fe^{2+}와 O_2의 농도를 모두 2배로 하면 반응 속도가 16배 증가했다. 세 반응물 모두 농도를 2배로 하면 반응 속도가 32배 증가했다. 이 반응의 속도 법칙은 무엇인가?

7A.15 반응 $2\ A(g) + 2\ B(g) + C(g) \rightarrow 3\ G(g) + 4\ F(g)$에 대해 다음과 같은 속도 데이터를 얻었다.

실험	초기 농도, $[J]_{초기}/(mmol \cdot L^{-1})$ A	B	C	초기 속도/ $((mmol\ G) \cdot L^{-1} \cdot s^{-1})$
1	10.	100.	700.	2.0
2	20.	100.	300.	4.0
3	20.	200.	200.	16
4	10.	100.	400.	2.0
5	4.62	0.177	12.4	?

(a) 개별 반응물의 반응 차수와 전체 반응 차수는 얼마인가? (b) 이 반응의 속도 법칙을 쓰시오. (c) 반응 속도 상수를 계산하시오. (d) 실험 5의 초기 속도를 예측하시오.

7A.16 반응 $A(g) + 2\ B(g) \rightarrow$ 생성물에 대해서 다음과 같은 속도 데이터를 얻었다.

실험	초기 농도, $[J]_{초기}/(mmol \cdot L^{-1})$ A	B	초기 속도/ $(mmol \cdot L^{-1} \cdot s^{-1})$
1	0.60	0.30	12.6
2	0.20	0.30	1.4
3	0.60	0.10	4.2
4	0.17	0.25	?

(a) 개별 반응물의 반응 차수와 전체 반응 차수는 얼마인가? (b) 이 반응의 속도 법칙을 쓰시오. (c) 반응 속도 상수 값을 계산하시오. (d) 실험 4의 반응 속도를 예측하시오.

7A.17 반응 $A + B + C \rightarrow$ 생생성물에 대해서 다음과 같은 데이터를 얻었다.

실험	초기 농도, $[J]_{초기}/(mmol \cdot L^{-1})$ A	B	C	초기 속도/ $((mmol) \cdot L^{-1} \cdot s^{-1})$
1	1.25	1.25	1.25	8.7
2	2.5	1.25	1.25	17.4
3	1.25	3.02	1.25	50.8
4	1.25	3.02	3.75	457
5	3.01	1.00	1.15	?

(a) 이 반응의 속도 법칙을 쓰시오. (b) 전체 반응 차수는 얼마인가? (c) 속도 상수 값을 계산하시오. (d) 데이터를 이용해서 실험 5의 반응 속도를 예측하시오.

7A.18 반응 $3\ A(g) + B(g) \rightarrow$ 생성물에 대해서 다음의 속도 데이터를 얻었다.

실험	초기 농도, $[J]_{초기}/(mmol \cdot L^{-1})$ A	B	초기 속도/ $(mol \cdot L^{-1} \cdot s^{-1})$
1	1.72	2.44	0.68
2	3.44	2.44	5.44
3	1.72	0.10	2.8×10^{-2}
4	2.91	1.33	?

(a) 개별 반응물의 반응 차수와 전체 반응 차수는 얼마인가? (b) 이 반응의 속도 법칙을 쓰시오. (c) 속도 상수 값을 계산하시오. (d) 실험 4의 반응 속도를 예측하시오.

Topic 7B 적분 속도 법칙

이 Topic을 왜 배우는가? 적분 속도 법칙을 이용하면 반응물과 생성물의 농도가 시간에 따라 어떻게 변하는지 예측할 수 있다. 또한 반응 속도 상수를 정확하게 결정할 수 있다.

무엇을 알고 있어야 하는가? 속도 법칙과 반응 차수의 개념(Topic 7A). Topic 7B에서 사용하는 수학적 기법은 부록 1D, 1E, 1F에 정리되어 있다.

반응물 또는 생성물의 농도가 시간에 따라 어떻게 변하는지 알면 유용할 때가 많다. 예를 들어, 오염 물질이 분해되는 데 얼마나 걸릴 것인가? 대체 연료인 메탄올은 석탄에서 한 시간 동안 얼마나 생산할 수 있을까? 페니실린 샘플의 약효가 6개월 후에는 얼마나 남아 있을까? 이러한 질문에 대한 답은 실험적인 속도 법칙에서 유도된 공식으로 구할 수 있다. **적분 속도 법칙(integrated rate law)**을 쓰면 반응 시작 후 어떤 시점이든 반응물이나 생성물의 농도를 알 수 있다. 속도 법칙으로부터 적분 속도 법칙을 구하는 과정은 자동차 여행에서 매 순간의 속도로부터 이동한 총 거리를 계산하는 방식과 매우 비슷하다.

영차 반응의 적분 속도 법칙은 쉽게 구할 수 있다. 반응 속도가 k_r로 일정하게 유지되기 때문에, 시간 t에서 반응물 A의 농도 $[A]_t$와 초기 농도 $[A]_0$의 차이는 반응 시간에 비례한다. 따라서, 다음의 식이 성립한다.

$$[A]_0 - [A]_t = k_r t \quad \text{또는} \quad [A]_t = [A]_0 - k_r t$$

그림 7A.9a에서 볼 수 있듯이, 영차 반응에서 시간에 따른 농도의 그래프는 기울기가 $-k_r$인 직선이다. 시간 $t = [A]_0/t$에 도달하면 모든 반응물이 소모되기 때문에($[A]_t = 0$) 반응은 종결된다.

보충 설명
반응물의 농도는 절대로 0 이하로 떨어질 수 없으며, 자연에서 일어나는 과정이 순간적으로 멈추는 일은 거의 없다. 반응물의 농도가 매우 낮아지면 영차 반응은 종종 다른 차수의 반응으로 전환된다.

7B.1 일차 적분 속도 법칙

여기서의 목표는 반응물 A의 초기 몰농도가 $[A]_0$일 때, 시간 t에서의 농도 $[A]_t$를 표현하는 일차 반응의 적분 속도 법칙을 찾는 것이다.

어떻게 다루는가?

일차 반응에서 반응 시작 후 임의의 시점에서 반응물 A의 농도를 알기 위해서, 먼저 A의 소모에 대한 속도 법칙을 쓴다.

$$\text{A의 소모 속도} = -\frac{d[A]}{dt} = k_r[A]$$

순간 속도는 농도를 시간으로 미분한 값이다. 따라서 적분을 하면 농도 [A]를 시간의 함수로 얻을 수 있다. 먼저, 위 식의 양변을 [A]로 나누고 $-dt$를 곱하면 다음 식이 된다.

$$\frac{d[A]}{[A]} = -k_r dt$$

이제 양변을 $t = 0$([A] = $[A]_0$에 해당)에서 시간 t([A] = $[A]_t$에 해당)까지 적분한다.

$$\int_{[A]_0}^{[A]_t} \frac{d[A]}{[A]} = -k_r \overbrace{\int_0^t dt}^{t} = -k_r t$$

좌변의 적분을 위해 다음 공식을 쓰면,

$$\int \frac{dx}{x} = \ln x + \text{상수}$$

다음과 같이 전개할 수 있고,

$$\int_{[A]_0}^{[A]_t} \frac{d[A]}{[A]} = (\ln[A]_t + \text{상수}) - (\ln[A]_0 + \text{상수}) \overset{\text{상수항 소거}}{=} \ln[A]_t - \ln[A]_0 \overset{\ln a - \ln b = \ln(a/b)}{=} \ln\frac{[A]_t}{[A]_0}$$

최종적으로 다음의 결과를 얻는다.

$$\ln\frac{[A]_t}{[A]_0} = -k_r t$$

위 식의 양변에 자연로그의 역함수를 취하면 $[A]_t / [A]_0 = e^{-k_r t}$가 되고, 다음과 같이 쓸 수 있다.

$$[A]_t = [A]_0 e^{-k_r t}$$

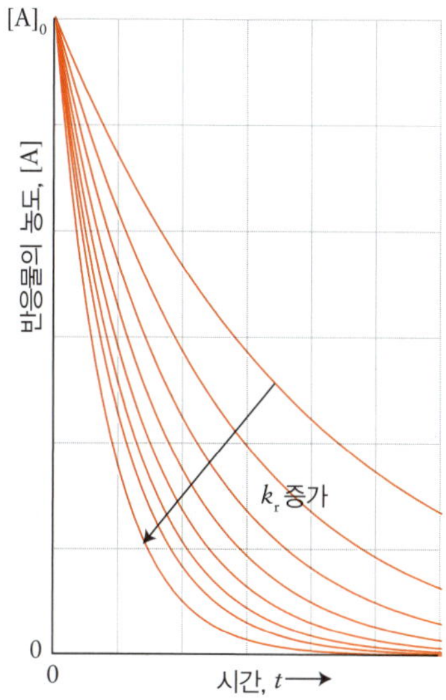

그림 7B.1 일차 반응에서 시간에 따른 농도의 변화는 지수 함수로 감소한다. 같은 초기 농도에서 속도 상수가 클수록 감소의 속도가 빠르다.

위에서 유도한 두 식은 일차 반응에 대한 적분 속도 법칙의 두 가지 형태이다.

$$\ln\frac{[A]_t}{[A]_0} = -k_r t \qquad \textbf{(1a)}$$

$$[A]_t = [A]_0 e^{-k_r t} \qquad \textbf{(1b)}$$

식 1b를 이용해서 시간에 따른 농도의 변화를 예측하면 **그림 7B.1**와 같다. 이러한 변화 형태를 **지수 감소(exponential decay)**라고 부른다. A의 농도가 시간의 지수 함수로 감소하기 때문이다. 반응 초반에는 농도가 급격히 변하지만 시간이 지나고 반응물이 소진됨에 따라 변화의 속도도 느려진다.

예제 7B.1 일차 적분 속도 법칙으로부터 농도 계산하기

극지 성층권 구름에서 질소는 N_2O_5 형태로 존재할 수 있다. N_2O_5는 지구상의 생명을 보호하는 오존 순환계에서 중요한 역할을 하지만, 시간이 지나면 분해된다. 기후 변화에 미치는 대기의 역할을 연구하고 있다면, 일정 기간 후 잔존하는 N_2O_5의 양을 알 필요가 있다. $2\ N_2O_5(g) \rightarrow 4\ NO_2(g) + O_2(g)$ 반응에서, N_2O_5의 초기 농도가 0.040 mol·L^{-1}일 때, 65 °C에서 10.0분(600.초) 후 남아 있는 N_2O_5의 농도는 얼마인가? 속도 법칙과 속도 상수의 값은 표 7A.1을 참조하시오.

예상 시간이 지나며 반응물이 분해된다. 따라서, 초기 농도보다 낮은 농도가 될 것이다. 하지만, 변화한 양을 정확히 알기 위해서는 계산을 해야 한다.

계획 먼저 반응의 차수를 확인한다. 만일 반응이 일차 반응이라면, 지수 함수 형태(식 1b)의 일차 속도 법칙을 이용해서 반응물의 농도를 계산한다.

풀이

65 °C(338 K)에서 반응식, 속도 법칙은 다음과 같으며, $k_r = 5.2 \times 10^{-3}\ s^{-1}$이다(표 7A.1 참조).

$$2\,N_2O_5(g) \rightarrow 4\,NO_2(g) + O_2(g)$$
$$N_2O_5\text{의 분해 속도} = k_r[N_2O_5]$$

따라서, 반응은 N_2O_5에 대해 일차 반응이고, 식 1b를 쓸 수 있다.

$[A]_t = [A]_0 e^{-k_r t}$로부터,

$$[N_2O_5]_t = (0.040\ mol\cdot L^{-1}) \times e^{-(5.2\times10^{-3}\ s^{-1})\times(600.\ s)} = 0.0018\ mol\cdot L^{-1}$$

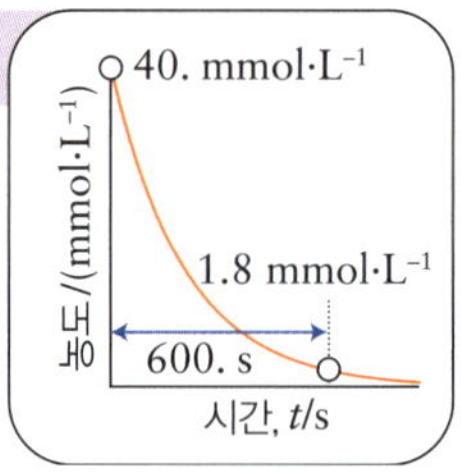

평가 600.초 후에 N_2O_5의 농도는 초깃값 $0.040\ mol\cdot L^{-1}$에서 $0.0018\ mol\cdot L^{-1}$($1.8\ mmol\cdot L^{-1}$)로 감소한다.

자습 7B.1A $2\,N_2O(g) \rightarrow 2\,N_2(g) + O_2(g)$ 반응의 속도 법칙은 N_2O의 분해 속도 $= k_r[N_2O]$이다. N_2O의 초기 농도가 $0.20\ mol\cdot L^{-1}$이고 780 °C에서 $k_r = 3.4\ s^{-1}$일 때, 반응이 100.ms 동안 진행된 후 남아 있는 N_2O의 농도를 계산하시오.

[답: $0.14\ mol\cdot L^{-1}$]

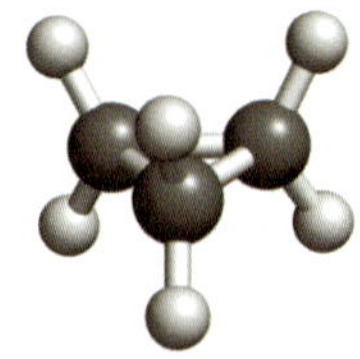

1 사이클로프로페인, C_3H_6

자습 7B.1B 사이클로프로페인(cyclopropane, C_3H_6, **1**)은 773 K에서 이성질체인 프로펜(propene, **2**)으로 전환된다. $C_3H_6(g) \rightarrow CH_3{-}CH{=}CH_2(g)$. 속도 법칙은 C_3H_6의 전환 속도 $= k_r[C_3H_6]$이다. C_3H_6의 초기 농도가 $0.100\ mol\cdot L^{-1}$이고, $k_r = 6.7 \times 10^{-4}\ s^{-1}$일 때, 반응이 200.초 동안 진행된 후 남아 있는 C_3H_6의 농도를 계산하시오.

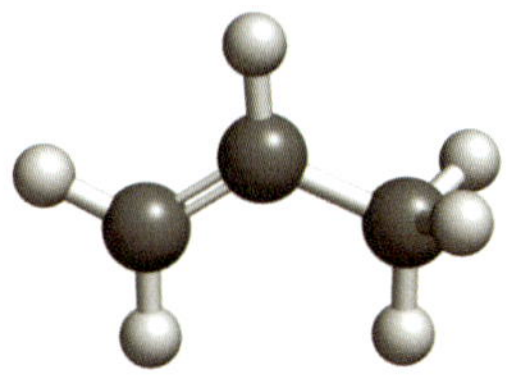

2 프로펜, C_3H_6

관련 연습 문제 7B.1, 7B.2

적분 속도 법칙의 중요한 쓰임새는 반응이 실제로 일차 반응인지 확인하고, 곡선에 접선을 그리는 방법(Topic 7A)을 쓰지 않고도 속도 상수를 구할 수 있게 해 준다는 점이다. 식 1a은 다음과 같이 직선의 방정식 형태로 만들 수도 있다. y = 절편 + 기울기 × x.

$$\overbrace{\ln[A]_t}^{y} = \overbrace{\ln[A]_0}^{\text{절편}} \overbrace{-k_r}^{\text{기울기}}\, \overbrace{t}^{x} \tag{2}$$

따라서, 일차 반응의 경우 $\ln[A]_t$를 t의 함수로 그리면 기울기가 $-k_r$이고 ($t=0$에서) 절편이 $\ln[A]_0$인 직선이 되어야 한다.

예제 7B.2 속도 상수 측정하기

많은 유기 화합물은 가열하면 이성질화(isomerization)한다. 즉, 동일한 분자식을 갖는 다른 화합물로 변한다. 사이클로프로페인(C_3H_6, **1**)을 500. °C (773 K)로 가열하면, 이성질체인 프로펜(**2**)으로 전환된다. 반응 시작 후 간격을 두고 몇몇 시점에서 사이클로프로페인의 농도를 측정한 데이터가 아래에 있다. 이 반응이 C_3H_6에 대해 일차 반응임을 확인하고, 속도 상수를 계산하시오.

시간, t/min	0	5	10.	15
$[C_3H_6]_t/(mol \cdot L^{-1})$	1.50×10^{-3}	1.24×10^{-3}	1.00×10^{-3}	0.83×10^{-3}

계획 반응물 농도의 자연 로그값을 시간 t에 대한 함수로 그린다. 직선이 얻어지면 일차 반응이고, 그 기울기는 $-k_r$이다. 만일 직선 그래프가 아니면, C_3H_6에 대해 일차 반응이 아니다. 선형 회귀법(linear regression method), 스프레드시트 프로그램, 그래프를 그려주는 계산기 등을 이용해서 데이터를 처리하고 기울기를 구한다.

풀이

그래프를 그리는 방법을 쓰기 위해, 다음 표를 준비한다.

시간, t/min	0	5	10.	15
$\ln [C_3H_6]_t/(mol \cdot L^{-1})$	−6.50	−6.69	−6.91	−7.09

데이터를 그래프로 그린다.

위의 데이터로 **그림 7B.2**를 그렸다. 그래프는 직선이며, 사이클로프로페인에 대해 일차 반응이라는 사실을 확인할 수 있다. 그래프 상의 점 A와 B를 이용해서 기울기를 구하면 다음과 같다.

$$기울기 = \frac{(-7.02)-(-6.56)}{(13.3-1.7)\ min} = -0.040\ min^{-1}$$

$k_r = -$기울기, 따라서, $k_r = 0.040\ min^{-1}$이다.

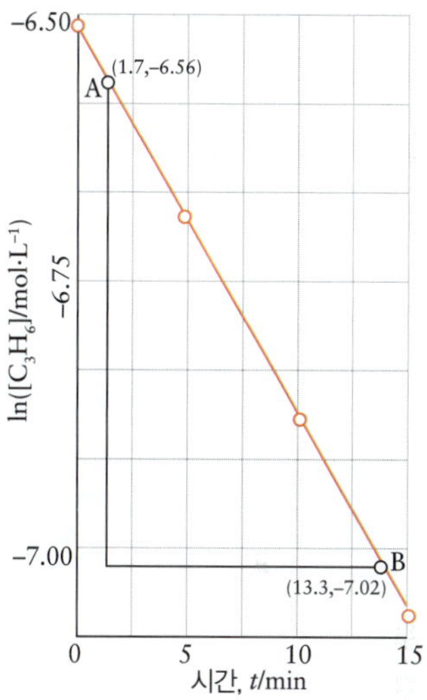

그림 7B.2 반응물 농도의 자연 로그값을 시간에 대한 함수로 그려보면 일차 반응을 판별할 수 있다. 일차 반응이면 그래프는 직선이다. 예제 7B.2의 반응에 대해서 계산한 직선의 기울기는 반응 속도의 음수값과 같다.

평가 위에서 얻은 값인 $k_r = 0.040\ min^{-1}$은 표 7A.1에 나오는 값인 $6.7 \times 10^{-4}\ s^{-1}$와 같다.

자습 7B.2A 25 °C에서 일어나는 N_2O_5의 분해 반응에서 다음과 같은 실험 데이터를 얻었다.

시간, t/min	0	200.	400.	600.	800.	1000.
$[N_2O_5]_t/(mmol \cdot L^{-1})$	15.0	9.6	6.2	4.0	2.5	1.6

$N_2O_5(g) \rightarrow$ 생성물 반응이 일차 반응임을 확인하고, k_r 값을 구하시오.

[**답**: 시간의 함수로 $\ln [N_2O_5]$의 그래프로 그리면 직선이 얻어진다. 따라서, 일차 반응이며 $k_r = 2.2 \times 10^{-3}\ min^{-1}$이다.]

자습 7B.2B 아조메테인(azomethane, $CH_3N_2CH_3$)은 에테인(ethane)과 질소 기체로 분해된다: $CH_3N_2CH_3(g) \rightarrow CH_3CH_3(g) + N_2(g)$. 460. K에서 아조메테인의 분압 변화를 시간에 따라 측정하는 방법으로 이 반응을 추적한 결과가 다음과 같다:

시간, t/s	0	1000.	2000.	3000.	4000.
압력, $P_{CH_3N_2CH_3}$/Torr	8.20×10^{-2}	5.72×10^{-2}	3.99×10^{-2}	2.78×10^{-2}	1.94×10^{-2}

이 반응이 반응 속도 $= k_rP$(여기서 P는 아조메테인의 분압) 형태로 표현되는 일차 반응임을 확인하고, k_r 값을 구하시오.

관련 연습 문제 7B.11, 7B.12

예제 7B.3 농도가 일정량 변하는 데 걸리는 시간 예측하기

예제 7B.1에서와 마찬가지로, N_2O_5의 분해를 연구하고 있다. 하지만, 이번에는 일정량의 N_2O_5가 분해되는 데 걸리는 시간을 알고 싶다. N_2O_5는 $2\ N_2O_5(g) \rightarrow 4\ NO_2(g) + O_2(g)$ 반응으로 분해된다. 65 °C에서 N_2O_5의 농도가 20. mmol·L^{-1}에서 2.0 mmol·L^{-1}로 감소하는 데 걸리는 시간은 얼마인가? 표 7A.1의 데이터를 이용하시오.

계획 먼저, 표 7A.1을 참조해서 N_2O_5의 반응 차수를 확인한다. 일차 반응이라면, 식 1a를 주어진 농도에 대한 t의 함수로 고쳐 쓰고, 속도 상수(표 7A.1 참조)와 농도 데이터를 대입해서 t를 구한다.

풀이 일차 반응이며, 65 °C (338 K)에서 $k_r = 5.2 \times 10^{-3}\ s^{-1}$이다.

$\ln([A]_t/[A]_0) = -k_r t$를 $t = (1/k_r)\ln([A]_0/[A]_t)$로 고쳐 쓰고,

$$t = \frac{1}{5.2\times10^{-3}\,s^{-1}}\ \ln\frac{20.\ mmol\cdot L^{-1}}{2.0\ mmol\cdot L^{-1}} = 4.4\times10^{2}\ s$$

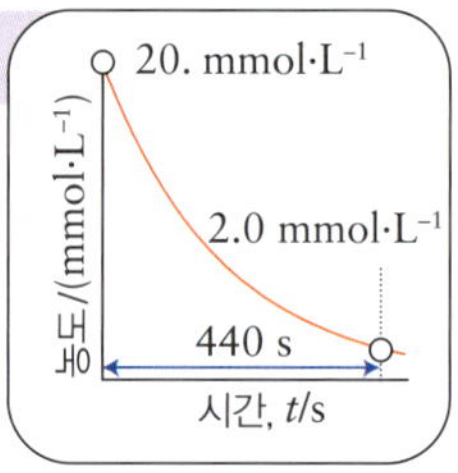

자습 7B.3A A → 생성물 형태의 일차 반응에서 $k_r = 1.0\ s^{-1}$이라면, A의 농도가 초기 농도의 1.0%로 감소하는 데 걸리는 시간은 얼마인가?

[답: 4.6초]

자습 7B.3B 사이클로프로페인이 프로펜으로 이성질화하는 반응은 일차 반응이다. 500. °C에서 사이클로프로페인의 농도가 $1.0\ mol\cdot L^{-1}$에서 $0.0050\ mol\cdot L^{-1}$로 감소하는 데 걸리는 시간은 얼마인가? 표 7A.1의 데이터를 이용하시오.

관련 연습 문제 7B.8, 7B.9, 7B.17

반응 속도 법칙이 다수의 화학종의 농도에 의존하는 경우도 있다. 예를 들어, 아이오딘화 이온이 과황산 이온에 의해 산화되는 반응(Topic 7A의 반응 D)의 속도 법칙은 다음과 같다.

$$S_2O_8^{2-}(aq) + 3I^-(aq) \rightarrow 2SO_4^{2-}(aq) + I_3^-(aq)$$

$$I^-\text{의 소모 속도} = k_r[S_2O_8^{2-}][I^-]$$

이런 경우에, 한 화학종의 농도가 반응 전체 동안 거의 같은 값으로 유지되도록 만들면 상수로 취급할 수 있기 때문에 분석이 쉬워진다. 한 가지 방법으로, 과황산 이온의 농도가 아주 높은 조건에서 반응을 시작하면 반응 중간에 농도가 거의 변하지 않게 할 수 있다. 예를 들어, 과황산 이온이 아이오딘화 이온보다 농도가 100배 크다면, 아이오딘화 이온이 모두 산화되더라도 과황산의 농도는 반응 시작 때의 농도와 거의 같다. $[S_2O_8^{2-}]$ 값이 실질적으로 상수이므로, 속도 법칙은 다음과 같이 고쳐 쓸 수 있다.

$$I^-\text{의 소모 속도} = k_r'[I^-]$$

여기서 $k_r' = k_r[S_2O_8^{2-}]$로 새로운 상수가 된다. 실제로는 이차 반응이지만 겉보기에는 일차 반응인 **유사일차 반응(pseudo-first-order reaction)**이 되었다. 유사일차 반응의 속도 법칙은 한 화합물의 농도에만 의존하기 때문에 실제 속도 법칙보다 분석하기 훨씬 쉽다. 따라서, 시간에 따른 아이오딘화 이온의 변화는 일차 반응과 같은 방식으로 처리하면 된다. 실험에 사용한 $S_2O_8^{2-}$ 이온의 농도를 알면, 전체 반응 속도 상수는 $k_r = k_r'/[S_2O_8^{2-}]$ 관계식에서 구할 수 있다.

일차 반응에서 반응물의 농도는 시간에 따라 지수적으로 감소한다. 어떤 반응이 일차 반응인지 확인하려면, 농도의 자연 로그값을 시간의 함수로 그리고, 직선이 되는지 알아본다. 직선의 기울기는 $-k_r$값에 해당한다.

7B.2 일차 반응의 반감기

반응물의 **반감기(half-life,** $t_{1/2}$)는 농도가 초깃값의 절반으로 줄어드는 데 걸리는 시간이다. 염화 플루오린화 탄소와 같은 오염 물질의 반감기를 알면, 환경에 미치는 영향을 평가할 수 있다. 이 물질은 성층권의 오존을 파괴하는데, 만일 반감기가 짧다면 성층권까지 도달하기가 어려울 것이다. 방사성 원자핵은 일차 반응으로 붕괴하기 때문에(Topic 9B) 반감기는 방사능 물질 보관 시스템의 계획에도 중요하다.

속도 상수 k_r의 값이 크면 반응물이 빨리 소모된다는 사실을 알고 있다. 따라서, 일차 반응에서 속도 상수가 크면 물질의 반감기 또한 짧아진다. 이 관계식을 알아보자.

어떻게 다루는가?

일차 반응에서 속도 상수와 반응물의 반감기 사이의 관계를 알기 위해, 식 1a를 농도에 도달하는 데 걸리는 시간을 구하는 식으로 다시 정리한다.

식 $\ln([A]_t/[A]_0) = -k_r t$와 $\ln(1/x) = -\ln x$로부터,

$$t = \frac{1}{k_r}\ln\frac{[A]_0}{[A]_t}$$

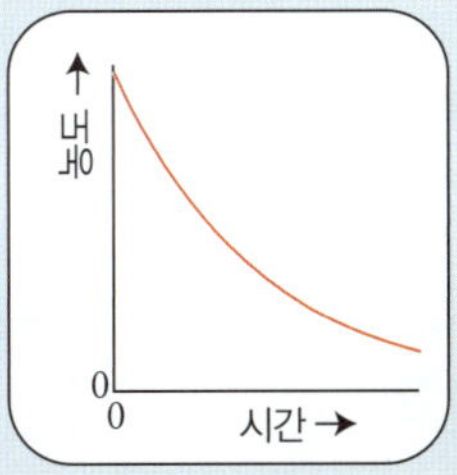

$t = t_{1/2}$일 때 $[A]_t = \frac{1}{2}[A]_0$이므로,

$$t_{1/2} = \frac{1}{k_r}\ln\frac{[A]_0}{\frac{1}{2}[A]_0} = \frac{1}{k_r}\ln 2$$

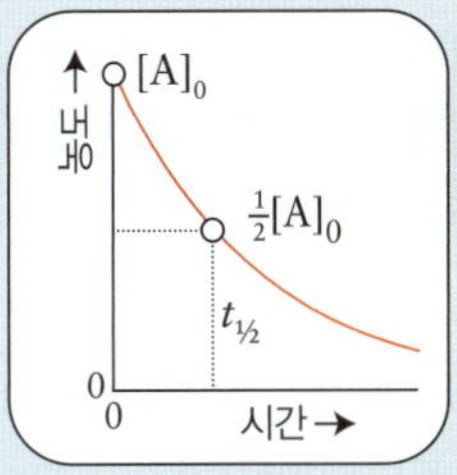

초기 농도는 상쇄되어 최종 식에는 나타나지 않는다.

유도해 보니, 일차 반응에서 반감기는 다음과 같다.

$$t_{1/2} = \frac{\ln 2}{k_r} \qquad (3)$$

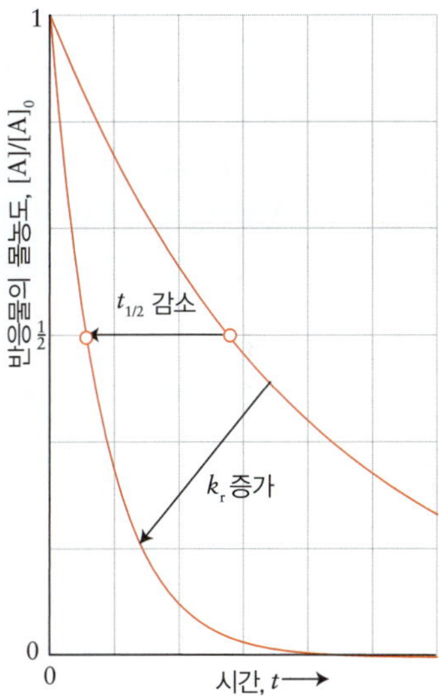

그림 7B.3 두 가지 일차 반응에서 시간에 따른 반응물 농도 변화를 그래프 하나에 같이 그렸다. 일차 반응의 속도 상수가 크면(아래쪽 곡선), 반응물 농도의 지수적 감소가 빨라서 반감기가 짧다.

예상한 대로 속도 상수 k_r의 값이 클수록 반응물의 반감기가 짧다(**그림 7B.3**). 일차 반응의 반감기는 속도 상수에 의해서만 결정되고, 농도에는 무관하다는 사실에 유의하자. 따라서, 일차 반응의 반감기는 상수이다. 반응물의 농도에 관계 없이 그 값은 같다. 일차 반응의 경우, 반응의 어느 단계에 있든 그 농도가 절반으로 줄어드는 데 걸리는 시간($t_{1/2}$)은 동일하다.

예제 7B.4 반감기를 이용해서 잔존 반응물의 양 계산하기

1989년, 미국 Ohio주의 한 십대 소년이 유출된 수은 증기를 흡입해서 중독되었다. 소변의 수은 농도는 체내 수은 농도에 비례하며 1.54 mg·L^{-1}로 밝혀졌다. 독성학 실험실에서 일하고 있다면, 소변 분석을 통해 이 소년이 얼마나 많은 수은을 흡입했는지 파악하고, 이 사례를 표준으로 사용할 수 있는지 결정해야 한다. Hg(II)는 일차 반응으로 체내에서 제거되며, 체내 반감기는 6일(6.0 d)이다. 아무런 치료를 받지 않고 30일(30. d)이 경과했다면, 이 소년의 소변에 포

함된 Hg(II)의 농도는 $mg\cdot L^{-1}$ 단위로 얼마가 될 것인가?

예상 30일은 반감기가 다섯 번 지난 기간이므로, 대부분의 수은은 제거되었을 것이다.

계획 소변 내 Hg(II)의 농도는 일차 적분 속도 법칙 식 1b를 이용해서 예측할 수 있다. 이 식을 사용하려면 속도 상수가 필요하다. 따라서, 식 3을 이용해서 반감기로부터 속도 상수를 먼저 구하고, 그 결과를 식 1b에 대입한다.

풀이

$t_{1/2} = (\ln 2)/k_r$ 식을 $k_r = (\ln 2)/t_{1/2}$ 식의 형태로 바꾸어,

$$k_r = \frac{\ln 2}{6.0\ \mathrm{d}} = \frac{\ln 2}{6.0}\mathrm{d}^{-1} = 0.115\ldots\mathrm{d}^{-1}$$

$[A]_t = [A]_0 e^{-k_r t}$로부터,

$$[A]_t = (1.54\ \mathrm{mg\cdot L^{-1}})e^{-(0.115\ldots\mathrm{d^{-1}})\times(30.\ \mathrm{d})} = 0.048\ \mathrm{mg\cdot L^{-1}}$$

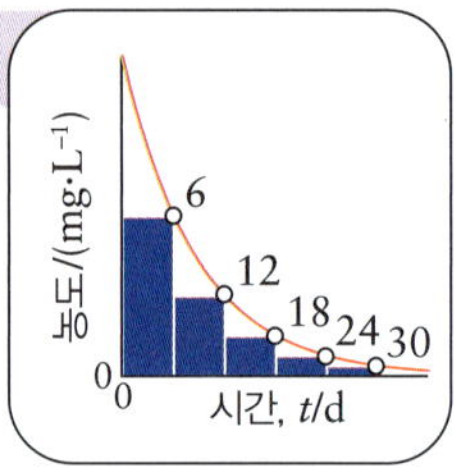

평가 소변 내 수은 농도는 0.048 $mg\cdot L^{-1}$이다. 예상한대로, 아주 작은 값이다.

유의 사항

지수 함수 e^x의 값은 x에 매우 민감하게 변하기 때문에, 반올림 오차를 줄이기 위해 수치 계산은 최종 단계에서 한 번에 한다.

자습 7B.4A 1972년 이라크에서 메틸 수은으로 처리된 곡물이 식용으로 방출되어 459명이 사망했다. 체내에서 메틸 수은의 반감기는 70일(70. D)이다. 섭취 후 메틸 수은의 양이 초깃값의 10.%로 감소하는 데 며칠이 걸리는가?

[**답**: 230일]

자습 7B.4B 미국 Colorado주에 있는Rocky Flats 핵 처리 시설(Rocky Flats Nuclear Processing Facility) 주변의 토양이 반감기가 2.4×10^4 년인 방사성 플루토늄-239에 오염된 것으로 밝혀졌다. 이 토양은 드럼통에 넣어 보관하고 있다. 방사능 붕괴는 일차 반응이다. 방사능이 초깃값의 20.%로 낮아지려면 몇 년이 걸리는가?

관련 연습 문제 7B.15, 7B.16

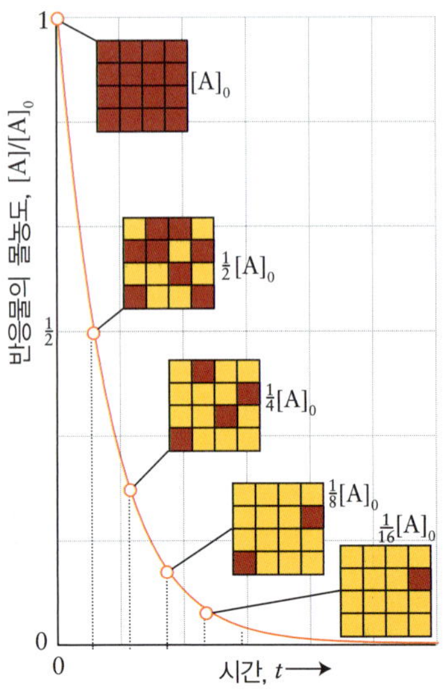

앞서 강조한 것처럼, 일차 반응에서 반응물의 반감기는 초기 농도와 무관하다. 따라서, 반응의 어느 단계에서나 그 시점에서 A의 농도를 '초기' 농도로 사용할 수 있다. 만약 어느 시점에서 A의 농도가 [A]라면, $t_{1/2}$의 시간이 경과한 후 A의 농도는 $\frac{1}{2}$[A]로 감소할 것이다. 거기에 다시 $t_{1/2}$의 시간이 경과하면, $\frac{1}{2}$[A]는 $\frac{1}{4}$[A]로 더 줄어들 것이며, 이 과정은 반복된다(**그림 7B.4**). 일반적으로, 일차 반응의 어느 단계에서든, n번의 반감기 후에 남은 농도는 $(\frac{1}{2})^n$[A]이다. 예를 들어, 예제 7B.4에서 30일은 다섯 번의 반감기에 해당하므로, 30일 후에 $[A]_t = (\frac{1}{2})^5[A]_0$ 또는 $[A]_0/32$가 되는데, 이 값은 초기 농도의 3%에 해당하며, 예제에서 얻은 결과와 같다.

그림 7B.4 일차 반응의 경우, 구간에서 농도의 초깃값에 관계없이 반감기는 동일하다. 따라서, 초기 농도의 절반으로 농도가 감소하는 데 한 번의 반감기가, 초기 농도의 1/4로 감소하는 데 두 번의 반감기가, 초기 농도의 1/8로 감소하는 데 세 번의 반감기가 걸린다. 그림에서 사각형은 반응 혼합물의 조성을 나타낸다. 빨간색 사각형은 반응물 A이고, 노란색 사각형은 생성물이다.

자습 7B.5A N_2O가 1000. K에서 일차 반응으로 분해될 때, (a) N_2O의 농도가 초깃값의 1/8이 되려면 몇 번의 반감기가 필요하고, (b) 시간은 얼마나 걸리는지 계산하시오. 속도 상수는 표 7A.1을 참조하시오.

[답: (a) 3회, (b) 2.7초]

자습 7B.5B C_2H_6가 973 K에서 일차 반응으로 CH_3 라디칼로 분해 될 때, C_2H_6의 농도가 초깃값의 1/16이 되려면, (a) 몇 번의 반감기가 필요하고, (b) 시간은 얼마나 걸리는지 계산하시오. 속도 상수는 표 7A.1을 참조하시오.

일차 반응으로 분해되는 반응물의 반감기는 그 반응의 고유 특성이며 초기 농도와 무관하다. 반감기는 반응 속도 상수에 반비례한다.

7B.3 이차 적분 속도 법칙

일차 반응에서와 마찬가지로, 이차 반응에서도 반응물 또는 생성물의 농도가 시간에 따라 어떻게 변하는지 예측할 수 있다면 쓸모가 있다. 그러려면 다음 속도 법칙의 적분 형태를 구해야 한다.

$$\text{A의 소모 속도} = k_r[\text{A}]^2$$

어떻게 다루는가?

이차 반응의 적분 속도 법칙을 구하기 위해, 속도 법칙을 다음과 같이 쓴다.

$$-\frac{d[\text{A}]}{dt} = k_r[\text{A}]^2$$

양변을 $[\text{A}]^2$으로 나누고, $-dt$를 곱하면 다음이 된다.

$$\frac{d[\text{A}]}{[\text{A}]^2} = -k_r dt$$

일차 반응에서와 같은 위끝과 아래끝을 적용해서 이 식을 적분한다.

$$\int_{[\text{A}]_0}^{[\text{A}]_t} \frac{d[\text{A}]}{[\text{A}]^2} = -k_r \overbrace{\int_0^t dt}^{t} = -kt$$

다음과 같은 적분 공식을 적용해서,

$$\int \frac{dx}{x^2} = -\frac{1}{x} + \text{상수}$$

좌변을 적분하면

$$\int_{[\text{A}]_0}^{[\text{A}]_t} \frac{d[\text{A}]}{[\text{A}]^2} = \left(-\frac{1}{[\text{A}]_t} + \text{상수}\right) - \left(-\frac{1}{[\text{A}]_0} + \text{상수}\right)$$
$$= \frac{1}{[\text{A}]_0} - \frac{1}{[\text{A}]_t}$$

다음 식이 되고,

$$\frac{1}{[\text{A}]_t} - \frac{1}{[\text{A}]_0} = k_r t$$

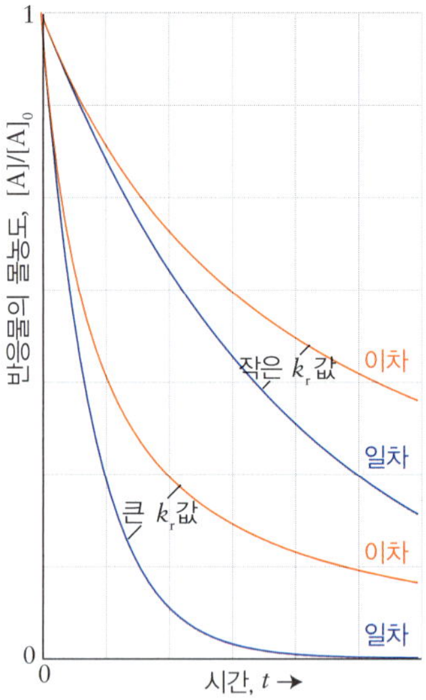

그림 7B.5 상단의 주황색 선은 이차 반응에서 시간에 따른 반응물 농도의 변화를 나타낸다. 반응 속도 상수 k_r이 클수록 반응 속도는 반응물 농도에 따라 더 크게 변한다. 하단의 파란색 선은 이차 반응과 동일한 초기 속도를 가진 일차 반응의 곡선이다. 이차 반응의 경우 일차 반응에 비해 시간이 길어질수록 농도가 훨씬 더 완만하게 감소한다는 점에 유의하자.

이 식을 재정리하면 다음과 같다.

$$[A]_t = \frac{[A]_0}{1 + k_r t[A]_0}$$

이차 적분 속도 법칙을 다음의 두 가지 형태로 유도했다.

$$\frac{1}{[A]_t} - \frac{1}{[A]_0} = k_r t \quad \textbf{(4a)}$$

$$[A]_t = \frac{[A]_0}{1 + k_r t[A]_0} \quad \textbf{(4b)}$$

식 4b를 **그림 7B.5**에 그렸다. 반응 초기에는 반응물의 농도가 급격히 감소하지만 시간이 경과하면 동일한 초기 속도의 일차 반응보다 반응물의 농도는 더 천천히 감소한다. 이차 반응의 이러한 속도 감소는 중요한 환경적 의미가 있다. 많은 오염물질은 이차 반응을 통해서 분해되기 때문에 환경에서 낮은 농도로 오랫동안 남아 있게 된다.

식 4a는 직선 방정식(y = 절편 + 기울기 × x)의 형태로 고쳐 쓸 수 있다.

$$\overbrace{\frac{1}{[A]_t}}^{y} = \overbrace{\frac{1}{[A]_0}}^{\text{절편}} + \overbrace{k_r}^{\text{기울기}}\overbrace{t}^{x} \quad \textbf{(4c)}$$

따라서, 어떤 반응이 반응물에 대해 이차 반응인지 알아보려면, 농도의 역수를 시간에 대해 그렸을 때 직선이 되는지 확인하면 된다. 만일 직선이 나오면 그 반응은 이차 반응이며, 직선의 기울기는 k_r에 해당한다(**그림 7B.6**).

이차 반응에서 반응물의 반감기는 식 4에서 $t = t_{1/2}$로, $[A]_t = \frac{1}{2}[A]_0$로 놓고 $t_{1/2}$에 대해 풀면 구할 수 있다. 결과는 다음과 같은데,

$$t_{1/2} = \frac{1}{k_r[A]_0}$$

이차 반응에서 반응물의 반감기는 반응 구간에서 반응물의 초기 농도에 반비례한다. 반응이 진행됨에 따라 농도가 감소하기 때문에 반감기는 증가한다. 이러한 농도 의존성 때문에 이차

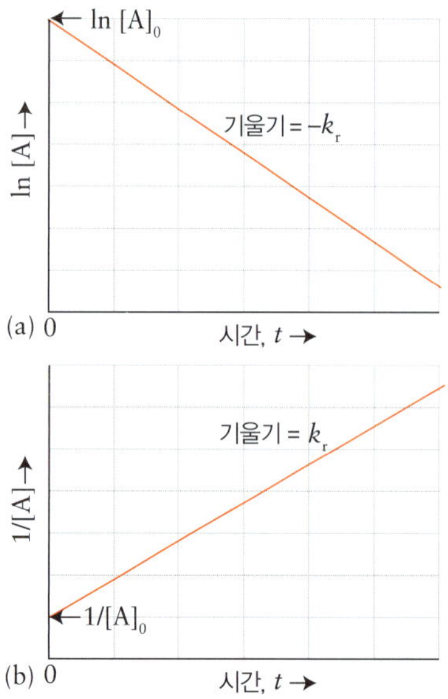

그림 7B.6 반응 차수를 결정하는 그래프. (a) ln [A] 값을 시간에 대해 그렸을 때 직선이면, [A]에 대해 일차 반응이다. (b) 1/[A] 값을 시간에 대해 그렸을 때 직선이면, 반응은 [A]에 대해 이차 반응이다.

표 7B.1 적분 속도 법칙, 속도 법칙을 구하는 그래프, 반감기

	단위		
	0	1	2
속도 법칙	속도 $= k_r$	속도 $= k_r[A]$	속도 $= k_r[A]^2$
적분 속도 법칙	$[A]_t = -k_r t + [A]_0$	$[A]_t = [A]_0 e^{-k_r t}$	$[A]_t = \frac{[A]_0}{1 + k_r t[A]_0}$ $\frac{1}{[A]_t} = \frac{1}{[A]_0} + k_r t$
반응 차수를 결정하는 그래프	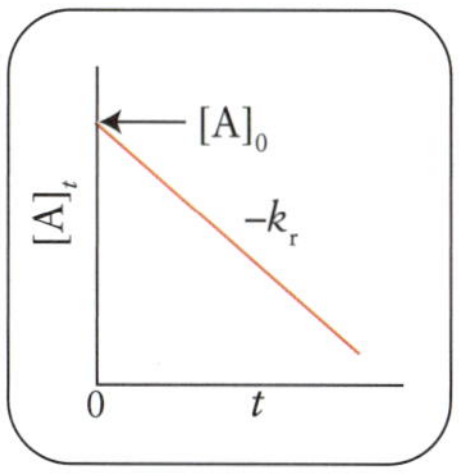	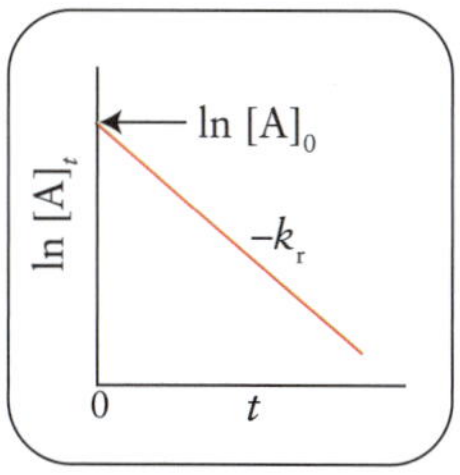	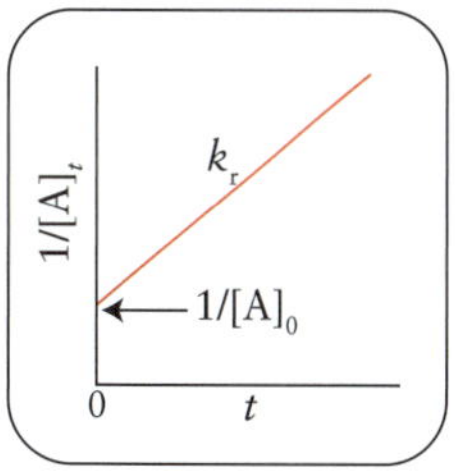
직선의 기울기	$-k_r$	$-k_r$	k_r
반감기	$t_{1/2} = \frac{[A]_0}{2k_r}$ (사용하지 않음)	$t_{1/2} = \frac{\ln 2}{k_r} \approx \frac{0.693}{k_r}$	$t_{1/2} = \frac{1}{k_r[A]_0}$ (사용하지 않음)

반응을 설명할 때 반감기는 그리 쓸모가 없다.

일차 반응과 이차 반응의 속도 법칙에서 보았듯이, 개별 적분 속도 법칙은 그래프로 그렸을 때 직선이 나오는 형태로 바꾸어 쓸 수 있으며, 그래프의 기울기로부터 속도 상수를 구할 수 있다. 표 7B.1에 필요한 관계식을 정리해 두었다. 하지만, 이러한 접근법은 반응이 상당히 진행되었을 경우에만 쓸모가 있다는 점에 유의하자. 반응이 10~15% 정도만 진행된 시점에서는 모든 그래프가 직선처럼 보인다.

이차 반응은 시간이 오래 경과해도 반응물의 농도가 낮게 오랫동안 유지된다. 이차 반응의 반감기는 반응물의 농도에 반비례한다.

이 Topic에서 배운 것은 무엇인가?

속도 법칙의 적분 형태인 적분 속도 법칙을 이용해서 반응물과 생성물의 농도가 시간에 따라 어떻게 변하는지 예측할 수 있다. 실험 데이터를 처리해서, 기울기가 반응 속도 상수에 비례하는 직선 그래프를 만들 수 있다. 일차 반응은 반감기가 반응물의 농도와 무관하다.

개념과 식의 적용

- ☐ 반응이 시작하고 일정 시간 후에 반응물이나 생성물의 농도를 예측한다(예제 7B.1).
- ☐ 실험 데이터로 그래프를 그려서 일차 반응의 속도 상수를 결정한다(예제 7B.2).
- ☐ 반응물이나 생성물의 농도가 일정 양만큼 변하는 데 걸리는 시간을 예측한다(예제 7B.3).
- ☐ 일정 시간 간격 후에 남아 있는 반응물의 양을 반감기로 예측한다(예제 7B.4).
- ☐ 실험 데이터를 그래프로 그려서 이차 반응의 속도 상수를 결정한다(7B.3절).

Topic 7B 연습 문제

$\int_{dx}^{C}$ 표시가 있는 문제는 미적분을 사용해야 한다.

따로 언급하지 않는 한 모든 반응 속도는 고유 반응 속도이다.

7B.1 베타 차단제(beta blocker)는 고혈압 조절에 사용되는 약이다. 의사는 환자의 몸에서 베타 차단제가 얼마나 빨리 없어지는지 알아야 한다. 정상 체온(37 °C)에서 베타 차단제는 속도 상수가 $7.6 \times 10^{-3}\ min^{-1}$인 일차 반응으로 제거된다. 한 환자가 이 약 20. mg을 투여받았다면 5.0시간 후에 체내에 남아 있는 약의 질량은 얼마인가?

7B.2 맥주를 양조하는 공정에서 풋사과 같은 향기를 내는 에탄알(ethanal, CH_3CHO)은 에탄올(CH_3CH_2OH) 생성에 필요한 중간체이다. 에탄알은 다음과 같은 일차 반응으로 분해된다. $CH_3CHO(g) \rightarrow CH_4(g) + CO(g)$. 어떤 온도에서 이 반응의 속도 상수는 $1.5 \times 10^{-3}\ s^{-1}$이다. 에탄알의 초기 농도가 $0.100\ mol{\cdot}L^{-1}$이었다면, 이 온도에서 분해 반응이 시작된 후 40.0분이 지났을 때 남아 있는 에탄알의 농도는 얼마인가?

7B.3 다음은 모두 일차 반응이다. A의 소모에 대해서 속도 상수를 계산하시오.

(a) 1000. 초에 A의 농도가 초기 농도의 절반으로 줄어드는 $A \rightarrow B$ 반응.

(b) 25초에 A의 농도가 $0.67\ mol{\cdot}L^{-1}$에서 $0.53\ mol{\cdot}L^{-1}$로 줄어드는 $A \rightarrow B$ 반응.

(c) $[A]_0 = 0.0421\ mol{\cdot}L^{-1}$이고, 115초 후에 B의 농도가 $0.034\ mol{\cdot}L^{-1}$가 되는 $2A \rightarrow B + C$ 반응.

7B.4 다음 일차 반응의 속도 상수를 계산하시오. 각 경우에 A의 소모 속도에 대한 속도 법칙을 쓰시오.

(a) 125분 만에 A의 농도가 초깃값의 1/4이 되는 $A \rightarrow B + C$ 반응

(b) $[A]_0 = 0.0421\ mol{\cdot}L^{-1}$이고, 63초 후에 D의 농도가 $0.00132\ mol{\cdot}L^{-1}$로 증가하는 $2A \rightarrow D + E$ 반응

(c) $[A]_0 = 0.080\ mol{\cdot}L^{-1}$이고, 11.4분 후에 F의 농도가 $0.015\ mol{\cdot}L^{-1}$로 증가하는 $3A \rightarrow F + G$ 반응.

7B.5 오산화 이질소 N_2O_5는 일차 반응으로 분해되는데, 298 K에서 속도 상수는 $3.7 \times 10^{-5}\ s^{-1}$이다. (a) 298 K에서 N_2O_5의 반감기는 시간(h) 단위로 얼마인가? (b) $[N_2O_5]_0 = 0.0567\ mol{\cdot}L^{-1}$이면 3.5시간 후에 N_2O_5의 농도는 얼마인가? (c) N_2O_5의 농도가 $0.0567\ mol{\cdot}L^{-1}$에서 $0.0135\ mol{\cdot}L^{-1}$로 감소하는 데 걸리는 시간은 분 단위로 얼마인가?

7B.6 오산화 이질소 N_2O_5는 일차 반응으로 분해되는데, 353 K에서 속도 상수는 $0.15\ s^{-1}$이다. (a) 353 K에서 N_2O_5의 반감기는 초 단위로 얼마인가? (b) $[N_2O_5]_0 = 0.0567\ mol{\cdot}L^{-1}$이면 2.0초 후에 N_2O_5의 농도는 얼마인가? (c) N_2O_5의 농도가 $0.0567\ mol{\cdot}L^{-1}$에서 $0.0135\ mol{\cdot}L^{-1}$로 감소하는 데 걸리는 시간은 분 단위로 얼마인가?

7B.7 물질 A는 일차 반응으로 분해하고, 반감기는 355초이다. A의 농도가 (a) 초기 농도의 1/8, (b) 초기 농도의 1/4, (c) 초기 농도의 15%, (d) 초기 농도의 1/9이 될 때까지 걸리는 시간은 각각 얼마인가?

7B.8 A의 광분해 반응의 일차 속도 상수는 $1.24 \times 10^{-3}\ min^{-1}$이다. A의 농도가 (a) 초기 농도의 25%, (b) 초기 농도의 1/6이 될 때까지 걸리는 시간을 계산하시오.

7B.9 일차 반응 $A \rightarrow 3\ B + C$에서 $[A]_0 = 0.015\ mol{\cdot}L^{-1}$일 때 B의 농도가 3.0분 안에 $0.018\ mol{\cdot}L^{-1}$로 증가한다. (a) A의 소모 속도로 나타낸 반응 속도 상수는 얼마인가? (b) B의 농도가 $0.030\ mol{\cdot}L^{-1}$로 증가하는 데 얼마나 시간이 더 필요한가?

7B.10 피루브산(pyruvic acid)은 곡물이 발효될 때 중간체로 생긴다. 발효 과정에서 피루브산 탈카복실화 효소(pyruvate decarboxylase)에 의해 피루브산 이온은 이산화 탄소를 방출한다. 한 실험에서 초기 농도가 $3.23\ mmol{\cdot}L^{-1}$인 피루브산 이온 수용액 200. mL를 500. mL 크기의 견고한 플라스크에 넣고 밀봉한 후 293 K로 온도를 유지했다. 효소의 농도는 일정하므로 반응은 피루브산 이온에 대해 유사일차 반응으로 일어난다. 반응에 따른 CO_2의 방출은 CO_2 기체의 부분 압력을 측정해서 모니터했는데, 522초 만에 0에서 100. Pa로 증가했다. 유사일차 반응의 속도 상수는 얼마인가?

7B.11 반응 $2\ HI(g) \rightarrow H_2(g) + I_2(g)$에 대해서 580 K에서 아래와 같은 데이터를 얻었다. (a) 그래프를 그려주는 계산기나 소프트웨어를 사용해서 실험 데이터를 적절한 방식으로 그리고, 반응 차수를 결정하시오. (b) 그래프로부터 다음의 속도 상수를 구하시오. (i) HI 소모의 속도 법칙, (ii) 고유 속도 법칙.

시간, t/s	0	1000.	2000.	3000.	4000.
$[HI]/(mol{\cdot}L^{-1})$	1.0	0.11	0.061	0.041	0.031

7B.12 반응 $H_2(g) + I_2(g) \rightarrow 2\ HI(g)$에 대해서 780 K에서 아래와 같은 데이터를 얻었다. (a) 그래프를 그려주는 계산기나 소프트웨어를 사용해서 실험 데이터를 적절한 방식으로 그리고, 반응 차수를 결정하시오. (b) 그래프로부터 I_2 소모의 속도 상수를 구하시오.

시간, t/s	0	1.0	2.0	3.0	4.0
$[I_2]/(mmol{\cdot}L^{-1})$	1.00	0.43	0.27	0.20	0.16

7B.13 A의 이차 반응에서 $[A]_0 = 0.84\ mol{\cdot}L^{-1}$일 때 반감기가 50.5초이다. A의 농도가 초깃값에서 (a) 1/16, (b) 1/4, (c) 1/5로 감소하는 데 걸리는 시간을 계산하시오.

7B.14 다음 이차 반응의 속도 상수를 계산하시오. 각 경우에 결과를 A의 소모의 속도 법칙을 기준으로 표현하시오.

(a) A의 농도가 100초에 $2.50\ mmol{\cdot}L^{-1}$에서 $1.25\ mmol{\cdot}L^{-1}$로 감소하는 $2A \rightarrow B + 2C$ 반응

(b) $[A]_0 = 0.300\ mol{\cdot}L^{-1}$일 때, C의 농도가 200. 초에 $0.010\ mol{\cdot}L^{-1}$로 증가하는$A \rightarrow C + 2D$ 반응.

7B.15 염화 설퍼릴(sulfuryl chloride) SO_2Cl_2는 일차 반응으로 분해되는데, 어떤 온도에서 $k_r = 2.81 \times 10^{-3}\ min^{-1}$이다. (a) 이 반응의 반감기를 계산하시오. (b) SO_2Cl_2의 농도가 초기 농도의 10.0%가 되는 데 걸리는 시간을 계산하시오. (c) 14.0 g의 SO_2Cl_2를 2500. L의 용기에 넣고 밀폐한 후 위의 온도까지 가열한다면, 1.5시간 후에 남

아 있는 질량은 얼마인가?

7B.16 에테인 C_2H_6은 700. °C에서 일차 반응으로 $\cdot CH_3$ 라디칼을 만드는데, 속도 상수는 $k_r = 1.98\ h^{-1}$이다. (a) 이 반응의 반감기는 얼마인가? (b) 700. °C에서 500. mL의 반응 용기에 들어 있는 에테인의 양이 2.26×10^{-3} mol에서 1.45×10^{-4} mol로 감소하는 데 걸리는 시간을 계산하시오. (c) 700. °C에서 500. mL 반응 용기에 5.44 mg의 에테인을 넣었을 때, 42분이 지나면 얼마나 남아 있을까?

7B.17 다음 각 이차 반응에 걸리는 시간을 계산하시오.
(a) 반응 $2A \rightarrow B + C$에서 A의 소모를 기준으로 하는 속도 법칙의 속도 상수가 $k_r = 0.015\ L\cdot mol^{-1}\cdot min^{-1}$일 때, A의 농도가 0.10 $mol\cdot L^{-1}$에서 0.080 $mol\cdot L^{-1}$로 감소하는 데 필요한 시간
(b) 반응 $A \rightarrow 2B + C$에서 A의 소모에 대한 속도 법칙의 속도 상수가 $k_r = 0.0035\ L\cdot mol^{-1}\cdot min^{-1}$이고, $[A]_0 = 0.15\ mol\cdot L^{-1}$일 때, B의 농도가 0.19 $mol\cdot L^{-1}$으로 증가하는 데 필요한 시간

7B.18 NO_2가 (NO와 O_2로) 분해되는 이차 반응의 속도 상수는 573 K에서 0.54 $L\cdot mol^{-1}\cdot s^{-1}$이다. NO_2의 농도가 초기 농도 0.20 $mol\cdot L^{-1}$의 (a) 1/2, (b) 1/16, (c) 1/9로 감소하는 데 걸리는 시간을 계산하시오.

7B.19 a A → 생성물 반응이 속도 $= k_r[A]$의 속도 법칙으로 표현된다. 시간 t에서 A의 농도를 나타내는 식을 유도하시오. A의 반감기를 a와 k_r로 표현한 식을 유도하시오.

7B.20 a A → 생성물 반응이 속도 $= k_r[A]^2$의 속도 법칙으로 표현된다. 시간 t에서 A의 농도를 a와 k_r로 표현한 식을 유도하시오.

7B.21 속도 상수 k_r의 삼차 반응으로 분해되는 반응물 A의 반감기를 나타내는 식을 유도하시오.

7B.22 속도 상수 k_r의 n차(여기서 $n > 1$) 반응으로 분해되는 반응물 A의 반감기를 나타내는 식을 유도하시오.

Topic 7C 반응 메커니즘

이 Topic을 왜 배우는가? 반응의 메커니즘을 이해하면 반응에 대한 통찰력이 생기고, 공정을 최적화하는 조건을 제안할 수 있다. 화학자는 화학 반응의 속도를 높이거나, 원하지 않는 생성물의 형성을 최소화하는 방법을 찾는다.

무엇을 알고 있어야 하는가? 속도 법칙(Topic 7A)과 반응의 평형 상수(Topic 5F) 개념을 알고 있어야 한다.

반응이 분자 수준에서 어떻게 일어나는지 알면 많은 중요한 질문에 대한 답을 얻을 수 있다. 예를 들어, DNA 이중 나선이 개별 가닥에서 만들어지는 속도는 무엇이 조절하는가? 분자 수준에서 어떤 일이 일어나서 오존이 산소가 되며, 연료와 공기의 혼합물이 엔진에서 발화해서 이산화탄소와 물로 전환되는가? 이 Topic에서는 이러한 현상을 엿보는 창으로서, 실험적으로 결정된 속도 법칙을 어떻게 이용할 수 있는지 살펴본다.

7C.1 단일 단계 반응

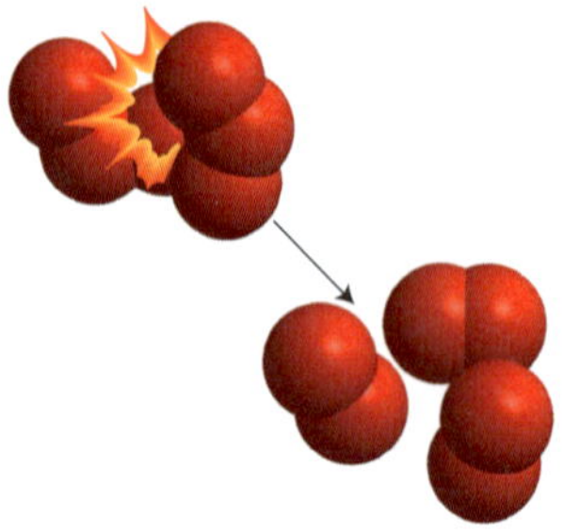

그림 7C.1 대기 중에서 오존이 단일 단계로 분해된다고 제안하는 메커니즘. 이 메커니즘에서는 두 개의 오존 분자가 충돌해서 반응이 단번에 일어난다.

가장 단순한 반응을 제외하고는 모든 반응은 몇 단계, 때로는 많은 과정을 거쳐 일어난다. 이러한 개별 과정을 **단일 단계 반응(elementary reaction)**이라고 한다. 단일 단계 반응은 반응의 진행 과정에서 일어나는 명확한 개별 사건을 묘사한다. 반응이 어떻게 일어나는지 설명하기 위해 화학자들은 **반응 메커니즘(reaction mechanism)**을 제안한다. 반응 메커니즘은 반응물이 생성물로 변환되는 과정에서 일어난다고 생각되는 단일 단계 반응의 연속 조합이다.

하나의 반응에 대해서도 몇 가지 다른 메커니즘을 제안할 수 있다. 예를 들어, 오존의 분해 반응 $2\,O_3(g) \rightarrow 3\,O_2(g)$은 다음 두 가지 경로 가운데 하나로 일어난다고 생각할 수 있다.

한 단계 메커니즘(one-step mechanism): 두 개의 O_3 분자가 충돌해서 세 개의 O_2 분자로 재배열된다(그림 7C.1).

$$O_3 + O_3 \rightarrow O_2 + O_2 + O_2$$

두 단계 메커니즘(two-step mechanism): 첫 번째 단계에서, 자외선 복사선($h\nu$)에 의해 높은 에너지 상태로 들뜬 O_3 분자가 O 원자와 O_2 분자로 해리된다. 두 번째 단계에서는, O 원자가 다른 O_3 분자를 공격해서 두 개의 O_2 분자를 더 만든다(그림 7C.2).

$$\textbf{1단계:}\ O_3 \xrightarrow{h\nu} O_2 + O$$
$$\textbf{2단계:}\ O + O_3 \rightarrow O_2 + O_2$$

두 번째 메커니즘에서 분자에서 떨어져 나온 O 원자는 **반응 중간체(reaction intermediate)**로서, 반응에서 역할은 하지만 전체 반응식에는 나타나지 않는다. 한 단계에서는 생성되지만 다음 단계에서는 소모되기 때문이다. 단일 단계 반응을 기술하는 두 반응식을 더하면 전체 반응의 반응식이 된다. 어느 메커니즘이든, 모든 단일 단계 반응의 정반응을 더하면 전체 반응의 화학 반응식이 되어야 한다. 여러 메커니즘 가운데 어느 것이 맞는지 또는 다른 메커니즘이 있을 수 있는지 결정하기 위해서는 실험을 해야 한다.

유의 사항
단일 단계 반응의 화학 반응식에는 상태를 표시하지 않는다. 단일 단계 반응은 **개별** 원자와 분자가 반응에 어떻게 참여하는지 보여주는 목적이기 때문에, 물질 전체의 거동을 설명하는 전체 화학 반응식과 다르다. 단일 단계 반응에서는 화학량론적 계수 또한 사용하지 않는다. 하지만, 개별 분자가 관여하는 과정을 특별히 강조하기 위해서, 같은 화학종이라도 화학식을 필요한 만큼 반복해서 쓰기도 한다. 예를 들어, 3 O_2가 아니라 $O_2 + O_2 + O_2$로 나누어 쓴다.

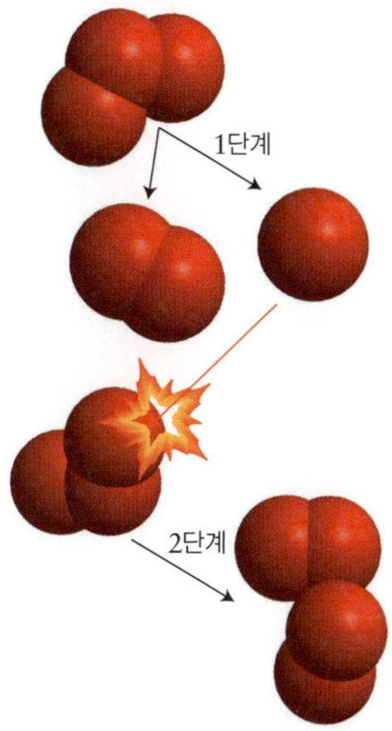

그림 7C.2 오존 분해에 대해 제안된 또 다른 메커니즘. 두 단계로 진행되는 이 반응의 1단계에서는 에너지를 받아 들뜬 오존 분자에서 산소 원자가 하나 떨어져 나간다. 2단계에서는 이 산소 원자가 다른 오존 분자를 공격한다.

단일 단계 반응은 **분자도**(**molecularity**)에 따라 분류한다. 분자도는 특정 단일 단계 반응에 참여하는 반응물 분자, 원자, 또는 이온의 개수를 의미한다. 오존의 분해에 대한 두 단계 메커니즘의 첫 단계 반응식($O_3 \rightarrow O_2 + O$)은 하나의 반응물 분자만 참여하기 때문에 **일분자 반응**(**unimolecular reaction**)이라고 한다. 이 경우에, 오존 분자는 태양광에서 에너지를 얻어 아주 격렬하게 진동하는 과정에서 스스로 분해된다. 두 단계 메커니즘의 두 번째 단계에서는, O_3의 분해로 생성된 O 원자가 다른 O_3 분자를 공격한다($O + O_3 \rightarrow O_2 + O_2$). 이 단일 단계 반응은 두 개의 화학종이 모여서 반응하기 때문에 **이분자 반응**(**bimolecular reaction**)이라고 한다. 일분자 반응의 분자도는 1이며, 이분자 반응의 분자도는 2이다.

정반응이 일어날 수 있다면, 그에 해당하는 역반응도 원칙적으로는 일어난다. 따라서, 두 단계 메커니즘의 1단계인 O_3의 일분자 분해 반응에는 다음과 같은 생성 반응이 함께 일어난다.

$$O_2 + O \rightarrow O_3$$

이 반응은 1단계 반응의 역반응으로서, 이분자 반응이다. 마찬가지로, 두 단계 메커니즘의 2단계에서 O가 O_3를 공격하는 이분자 반응은 다음과 같은 이분자 역반응을 동반한다.

$$O_2 + O_2 \rightarrow O + O_3$$

이들 정반응과 역반응이 함께 참여하는 메커니즘을 통해 전체 과정에서 반응물과 생성물 사이의 동적 평형이 생긴다.

한 단계 메커니즘의 단일 단계 반응의 역반응은 다음과 같다.

$$O_2 + O_2 + O_2 \rightarrow O_3 + O_3$$

이 단계 반응은 세 개의 분자가 동시에 충돌해야 하는 **삼분자 반응**(**termolecular reaction**)이다. 일반적인 조건에서 세 개의 분자가 동시에 충돌하기는 매우 어렵기 때문에 삼분자 반응은 드물다.

자습 7C.1A 다음 단일 단계 반응의 분자도를 쓰시오. (a) $C_2N_2 \rightarrow CN + CN$, (b) $NO_2 + NO_2 \rightarrow NO + NO_3$

[**답**: (a) 일분자, (b) 이분자]

자습 7C.1B 다음 단일 단계 반응의 분자도를 쓰시오. (a) $C_2H_5Br + OH^- \rightarrow C_2H_5OH + Br^-$, (b) $Br_2 \rightarrow Br + Br$

많은 반응은 단일 단계 반응이라고 부르는 일련의 개별 단계를 거쳐 일어난다. 단일 단계 반응의 분자도는 그 단계에 참여하는 반응물 입자의 개수이다.

7C.2 단일 단계 반응의 속도 법칙

제안된 반응 메커니즘이 실험 데이터와 일치하는지 가늠하기 위해서는 메커니즘이 제시하는 전체 속도 법칙을 구하고, 이 법칙이 실험적으로 구한 속도 법칙과 일치하는지 확인해야 한다. 만일 제안된 메커니즘이 실험 결과에 부합하지 않는 속도 법칙이 된다면, 그 메커니즘은 기각된다. 메커니즘을 기반으로 만든 속도 법칙과 실험적으로 구한 속도 법칙이 일치하더라도, 제안된 메커니즘은 여전히 틀릴 수 있다. 반응 속도론적 정보는 제안된 메커니즘을 지지할 수는 있지만, 메커니즘이 맞다고 증명할 수는 없다. 증거를 모아서 설득력 있고 일관성 있는 그림을 그린다는 점에서, 메커니즘을 받아들이는 과정은 수학적 증명이라기보다는 이상적인 법정에서의 입증 과정에 더 가깝다.

메커니즘으로부터 전체 속도 법칙을 구하려면, 개별 단일 단계 반응의 속도 법칙을 찾아서 결합해야 한다. 전체 반응의 속도 법칙과 달리, 단일 단계 반응은 그 단계에서 반응이 어떻게 일어나는지 보여주기 때문에 화학 반응식으로 속도 법칙을 바로 쓸 수 있다. 속도 법칙에서 각 농도의 지수([A], $[A]^2$ 등)는 반응에 참여하는 화학종의 개수와 같다. 예를 들어, 일분자 단일 단계 반응에서는 반응물이 스스로 분해되기 때문에 속도는 반응물 분자의 농도에 비례한다. 이분자 단일 단계 반응의 속도는 두 분자의 충돌 빈도에 따르기 때문에, 같은 유형의 분자가 충돌한다면 농도의 제곱에 비례한다. 충돌하는 두 분자가 다른 유형인 경우, 속도 법칙은 개별 농도의 곱에 의존한다. 따라서, 표 7C.1에 정리했듯이, 일분자 단일 단계 반응은 일차 속도 법칙을, 이분자 단일 단계 반응은 이차 속도 법칙을 따른다.

이 원리가 실제로 어떻게 적용되는지 보기 위해, 기체상에서 NO가 NO_2로 산화되는 메커니즘에서 제안된 단계별 속도 법칙을 살펴보기로 하자. 이 반응의 전체 속도 법칙은 실험으로 다음과 같이 결정했다.

$$2\,\mathrm{NO(g)} + \mathrm{O_2(g)} \rightarrow 2\,\mathrm{NO_2(g)} \quad \mathrm{NO_2}\text{의 생성 속도} = k_r[\mathrm{NO}]^2[\mathrm{O_2}] \qquad \textbf{(A)}$$

만일 이 반응이 다음과 같이 한 단계로 일어난다면,

$$\mathrm{NO} + \mathrm{NO} + \mathrm{O_2} \rightarrow \mathrm{NO_2} + \mathrm{NO_2} \quad \mathrm{NO_2}\text{의 생성 속도} = k_r[\mathrm{NO}]^2[\mathrm{O_2}]$$

삼분자 단일 단계 반응(termolecular elementary reaction)이 되며, 두 개의 NO 분자와 한 개의 O_2 분자가 동시에 충돌해야 한다. 이 메커니즘은 실험적으로 얻은 속도 법칙의 형태에는 부합하지만, 삼중 충돌은 매우 드물기 때문에 그 속도를 설명할 수는 없다. 대신, 일분자 반응과 이분자 반응만 관여하는 다음과 같은 메커니즘이 제안되었다.

1단계 이분자 이합체 형성(dimerization) 반응과 그 역반응:

정반응: $\mathrm{NO} + \mathrm{NO} \rightarrow \mathrm{N_2O_2}$ $\quad\mathrm{N_2O_2}$의 생성 속도 $= k_1[\mathrm{NO}]^2$

역반응: $\mathrm{N_2O_2} \rightarrow \mathrm{NO} + \mathrm{NO}$ $\quad\mathrm{N_2O_2}$의 소모 속도 $= k_1'[\mathrm{N_2O_2}]$

표 7C.1 단일 단계 반응의 속도 법칙

분자도	단일 단계 반응	속도 법칙*
1	A → 생성물	속도 = k_r[A]
2	A + B → 생성물	속도 = k_r[A][B]
	A + A → 생성물	속도 = $k_r[A]^2$
3	A + B + C → 생성물	속도 = k_r[A][B][C]
	A + A + B → 생성물	속도 = $k_r[A]^2[B]$
	A + A + A → 생성물	속도 = $k_r[A]^3$

* 메커니즘에서 개별 단계를 구별해야 할 필요가 있을 경우에는 k_r을 k_1, k_2 등으로 바꿔 쓴다.

2단계 O_2 분자가 이합체와 충돌하는 이분자 반응과 그 역반응:

정반응: $O_2 + N_2O_2 \rightarrow NO_2 + NO_2$ N_2O_2의 소모 속도 $= k_2[N_2O_2][O_2]$

역반응: $NO_2 + NO_2 \rightarrow O_2 + N_2O_2$ N_2O_2의 생성 속도 $= k_2'[NO_2]^2$

단일 단계 반응으로 제안된 이들 반응이 모여서 어떻게 전체 반응에 대한 하나의 속도 법칙이 되는지 알아보자.

유의 사항

정반응에는 k_r(또는 k_1, k_2, ...)을, 상응하는 역반응에는 k_r'(또는 k_1', k_2', ...)을 속도 상수의 기호로 사용한다.

단일 단계 일분자 반응은 일차 속도 법칙을, 단일 단계 이분자 반응은 이차 속도 법칙을 따른다.

7C.3 전체 반응의 속도 법칙

개별 속도 법칙을 결합하기 위해서는 먼저 반응물이나 생성물 가운데 하나를 선택하고, 그 화학종의 생성 또는 소모에 관여하는 모든 단일 단계 반응을 찾아야 한다. NO와 O_2 사이의 반응 A에 대해 제안된 두 단계 메커니즘을 생각해 보자. 이 경우, 전체 반응의 생성물(NO_2)을 택해서, 알짜 생성 속도를 구한다. 어떤 화학종의 **알짜 생성 속도(net rate of formation)**는 그 화학종의 생성에 관여하는 모든 단일 단계 반응의 속도의 합에서 그 화학종의 소모에 관여하는 모든 단일 단계 반응의 속도를 뺀 값이다. 이 경우, NO_2는 2단계의 정반응에서 생성되고, 그 역반응에서 소모된다. 따라서,

$$NO_2\text{의 알짜 생성 속도} = 2k_2[N_2O_2][O_2] - 2k_2'[NO_2]^2$$

속도 법칙에서 계수 2를 쓰는 이유는 N_2O_2 분자 하나가 소모될 때마다 NO_2 분자 두 개가 생성되고, 한 번의 역반응마다 두 개의 NO_2 분자가 제거되기 때문이다. 이 식은 아직 전체 반응의 속도 법칙이라고 할 수 없다. 중간체 N_2O_2의 농도가 식에 포함되어 있는데, 중간체는 전체 반응의 속도 법칙에 나오지 않기 때문이다.

중간체가 생성되거나 제거되는 개별 반응을 고려해서, 중간체를 속도 법칙에서 제거할 수 있다. 위 메커니즘에 따르면, N_2O_2는 1단계의 정반응과 2단계의 역반응에서 생성되며, 1단계의 역반응과 2단계의 정반응에서 제거된다. 따라서, N_2O_2의 알짜 생성 속도는 다음과 같다.

$$N_2O_2\text{의 알짜 생성 속도} = \overbrace{k_1[NO]^2}^{\text{1단계}} + \overbrace{k_2'[NO_2]^2}^{\text{2단계, 역반응}} - \overbrace{k_1'[N_2O_2]}^{\text{1단계, 역반응}} - \overbrace{k_2[N_2O_2][O_2]}^{\text{2단계}}$$

논의를 진행하기 위해, 중간체의 농도는 낮게 유지되며 반응 중에 크게 달라지지 않는다고 가정하자. 이 가정을 **정류 상태 근사법(steady-state approximation)**이라고 한다. 중간체는 반응성이 아주 높아서 생성되자마자 바로 반응해서 출발 물질로 되돌아가거나 생성물로 전환된다. 따라서 이러한 근사법은 타당성이 있다. 중간체의 농도가 일정하기 때문에, 알짜 생성 속도는 0이고, 위의 식은 다음과 같이 된다.

$$k_1[NO]^2 + k_2'[NO_2]^2 - k_1'[N_2O_2] - k_2[N_2O_2][O_2] = 0$$

이 식을 N_2O_2의 농도에 대해 정리하면 다음과 같다.

$$[N_2O_2] = \frac{k_1[NO]^2 + k_2'[NO_2]^2}{k_1' + k_2[O_2]}$$

이 관계식을 NO_2의 생성에 대한 속도 법칙에 대입하면 아래 결과를 얻는다.

$$\begin{aligned} NO_2\text{의 생성 속도} &= 2k_2[N_2O_2][O_2] - 2k_2'[NO_2]^2 \\ &= \frac{2k_2(k_1[NO]^2 + k_2'[NO_2]^2)[O_2]}{k_1' + k_2[O_2]} - 2k_2'[NO_2]^2 \\ &= \frac{2k_1k_2[NO]^2[O_2] - 2k_2k_2'[NO_2]^2[O_2]}{k_1' + k_2[O_2]} \end{aligned} \quad \textbf{(1a)}$$

이 전체 속도 법칙은 실험 결과(NO_2 생성 속도 $= k_r[NO]^2[O_2]$)와 같지 않다. 반응 메커니즘은 그 예측이 실험 결과와 일치할 때만 타당하다고 강조해 왔었다. 그렇다면, 제안된 메커니즘을 폐기해야 하는가? 그러기 전에, 어떤 특정한 조건에서는 예측이 실제로 실험 데이터와 일치할 수도 있는지 확인해 보는 것이 현명한 태도이다.

속도 법칙에서 분자에 있는 마지막 항($[NO_2]^2$에 비례하는 항)을 없애기 위해, 2단계의 역반응이 다른 모든 과정에 비해 매우 느리다고 가정할 수 있다(보다 철저한 분석을 위해, 화학자는 이 가정을 확인할 수 있는 실험을 고안할 것이다). NO_2 기체를 플라스크에 넣어 오랫동안 보관할 수 있다는 사실로 미루어 보면 어느 정도 타당한 가정이다. 이 가정을 적용하면 속도 법칙은 다음과 같이 쓸 수 있다.

$$NO_2\text{의 생성 속도} = \frac{2k_1k_2[NO]^2[O_2]}{k_1' + k_2[O_2]} \quad \textbf{(1b)}$$

분모를 단순화하기 위해, 2단계의 정반응 속도가 1단계의 역반응 속도에 비해 매우 느리다고 가정할 수 있다. 따라서 $k_1'[N_2O_2] \gg k_2[N_2O_2][O_2]$이고, 이 부등식의 양변에서 $[N_2O_2]$를 소거하면, $k_1' \gg k_2[O_2]$가 된다. 이제 식 1b의 분모에서 $k_2[O_2]$ 항을 무시하면, 식 1b는 다음과 같이 더 단순하게 된다.

$$NO_2\text{의 생성 속도} = \frac{2k_1k_2}{k_1'}[NO]^2[O_2] \quad \textbf{(2a)}$$

반응 속도 상수를 다음과 같이 정의하면, 이 식은 실험으로 구한 속도 법칙과 일치한다.

$$k_r = \frac{2k_1k_2}{k_1'} \quad \textbf{(2b)}$$

단일 단계 반응의 상대적인 속도에 대한 가정이 맞다면, 제안한 메커니즘은 실험 결과와 일치한다. 추가 검증이 필요하다면, k_1, k_2, k_1'의 실험 값을 측정하고(만일 가능하다면), 이들의 조합이 실험 값인 k_r과 일치하는지 확인해야 할 것이다. **화학 이야기 7C.1**과 다음 예제에서는 이러한 아이디어를 대기 중 오존의 화학에 적용한다.

화학 이야기 7C.1 이것이 우리가 숨 쉬는 공기와 무슨 관련이 있는가?

우리는 평생을 복잡한 화학 환경인 대기 속에서 살아간다. 대기의 대부분인 78%는 비활성 기체인 질소로 구성되어 있지만, 대기 중 수천 가지 화학종이 다양한 화학 반응에 참여한다. 이러한 반응 중 일부는 지구상의 생명체를 유지하는 데 도움이 되는 반면, 기후, 환경, 심지어 건강에 해로운 영향을 미치는 반응도 있다. 세계보건기구(WHO)에 따르면 매년 약 700만 명이 대기 오염의 부정적인 영향으로 사망하는 것으로 추정된다.

대기에서 일어나는 반응을 이해하기 위해 화학자들은 반응 속도론적 모형을 만든다. 특히 중요한 것은 오존(O_3)을 생성하거나 소모하는 반응이다. 대기 상층의 오존은 태양에서 오는 유해한 자외선을 흡수하기 때문에 지구상의 생명체에 중요하다(화학 이야기 7E.1 참조). 하지만 지상 오존은 위험한 오염 물질이며 광화학 스모그의 중요한 구성 성분이다. 대기 오존 화학의 초기 모델은 세 가지 반응을 기반으로 한다.

팬데믹 이전 중국 홍콩 상공의 스모그. 갈색은 $NO_2(g)$ 때문이다. (Ym1997 / CC BY-SA 3.0 / Wikimedia Commons)

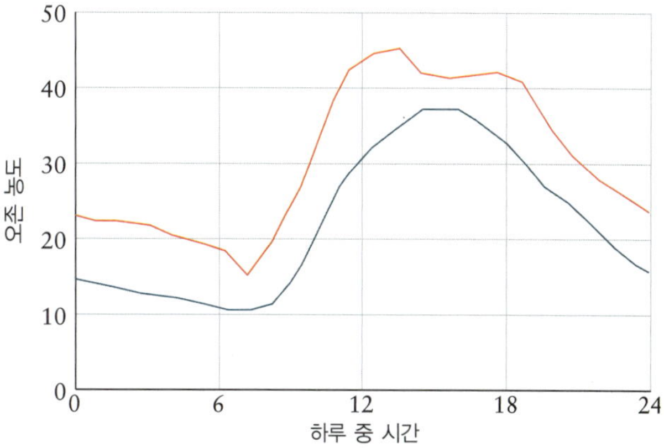

인도 Mumbai의 하루 동안의 오존 수치. 주황색 상단 곡선은 코로나19 봉쇄 기간 동안, 파란색 하단 곡선은 정상 기간 동안의 오존 농도를 나타낸다.

$$NO_2 \xrightarrow{h\nu} NO + O^* \qquad \text{반응 속도 } v_1$$

$$O^* + O_2 \rightarrow O_3 \qquad \text{반응 속도 상수 } k_2$$

$$O_3 + NO \rightarrow NO_2 + O_2 \qquad \text{반응 속도 상수 } k_3$$

여기서 v_1은 NO_2가 생성물로 변환되는 속도이며, 속도 상수가 아니라는 점에 유의하자. 첫 번째 반응에서는 파장이 430 nm 미만인 빛이 NO_2를 광분해해서 NO와 산소 원자를 만든다. 여기서 * 기호는 O 원자가 들뜬 전자 상태로 생긴다는 표시이다. 두 번째 단계에서는 O^*가 O_2와 반응해서 오존을 만든다. 마지막 단계에서는 O_3와 NO가 반응해서 NO_2와 O_2를 형성한다. 이 세 가지 반응을 합치면 모든 화학종이 상쇄된다는 점에 유의하자. 이것은 **널 사이클**(null cycle; 물질이 새롭게 생성되거나 소멸되지 않고 화학종의 상호 변환만 일어나는 촉매 반응–역자 주)의 예이지만, 그렇다고 해서 화학적으로 흥미롭지 않다는 의미는 아니다.

정류 상태 근사법을 O_3와 O^*의 농도에 적용하면 'Leighton 관계(Leighton relationship)'라는 식이 된다.

$$\frac{[O_3][NO]}{[NO_2]} = \frac{v_1}{k_3}$$

이 관계식에 따르면 이 세 화학종의 농도 비율은 첫 번째와 세 번째 단계의 속도 상수의 비율에 의해 결정되며, 이 비율이 동일하게 유지되는 한, 농도는 변할 수 있다. Leighton 관계를 재배열하면 오존의 농도를 구할 수 있다.

$$[O_3] = \frac{v_1[NO_2]}{k_3[NO]}$$

첫 번째 반응의 속도는 NO_2를 광분해할 수 있는 빛의 세기에 따라 달라지므로 태양이 뜨고 지면서 하루 종일 변한다. 통칭해서 NO_x로 알려진 질소 산화물 NO_2와 NO는 연료 연소의 생성물이므로 그 수준도 하루 종일 변할 수 있다. 일반적으로 오존 수치는 아침부터 오후까지 상승했다가 해가 지면 낮아진다.

Leighton 관계는 대기 반응에 대한 많은 연구에서 검증되었고, 대기 모니터링과 모델링에 매우 유용하다. 하지만, 이 관계가 모든 경우에 적용되는 것은 아니다. 모든 모형과 마찬가지로 Leighton 관계 또한 특정한 가정을 기반으로 한다. 이 경우에는, 위에서 제시한 세 가지 반응만이 중요하다는 가정이다. 보다 정교한 모델은 연료의 불완전 연소로 주로 발생하는 휘발성 유기 화합물(VOC)의 역할도 함께 고려한다. 이러한 모델 가운데 일부에 따르면 VOC와 NO_x 농도의 비율이 오존 수준을 제어하는 데 중요하다.

코로나19 팬데믹은 대기를 연구하고 다양한 대기 화학 모델의 타당성을 확인할 수 있는 특별한 기회였다. 전 세계의 경제 침체로 인해 2020년에는 1차 배출량(대기 중으로 바로 배출되는 오염물질–역자 주)이 크게 감소했다. 많은 연구자들은 오존과 같은 2차 오염물질의 수치도 감소할 것으로 예상했다. 하지만, 사람들이 집에 머물러야 했던 봉쇄 기간 동안에도 많은 도시 지역에서 오존 수치는 실제로 크게 증가했다. NO_x 수치는 감소했지만 VOC 수치는 감소하지 않아 VOC/NO_x 농도의 비율이 증가했기 때문이다. 이러한 효과의 규모는 지역의 지형, 기후, 산업에 따라 달랐다. 브라질의 Rio de Janeiro와 인도의 Mumbai 두 해안 열대 도시는 봉쇄 기간 동안 오존 수치가 크게 증가했다. Mumbai에서 가깝지만 내륙의 구릉지대에 위치한 Pune는 같은 기간 동안 오존 수치가 거의 증가하지 않았다. 모든 오염물질이 1차 배출량 감소에 동일한 방식으로 반응하지 않는다는 것을 보여준 이 연구는 대기 오염을 줄이기 위한 앞으로의 노력에 도움이 될 것이다.

전 세계적으로 많은 도시 중심은 해안이나 그 부근에 위치해 있으며, 바다의 존재는 이러한 도시의 대기 화학에 큰 영향을 미친다. 이 분야의 선도적인 연구자 가운데 한 명은 UC Irvine 대학(University of California, Irvine)의 Barbara Finlayson-Pitts이다. 그녀의 연구에 따르면 염화 이온이 더 많은 오존을 형성하게 하지만, 브로민화 이온은 그 반대의 효과가 있다. 이러한 현상은 2020년 봉쇄 기간에도 해안 도시들이 높은 오존 수치를 보인 이유 가운데 일부일 수 있다. Finlayson-Pitts와 공동 연구자들은 또한 해양 환경에서 대기 화학에 매우 중요한 역할을 하는, 바다 물방울 표면에서 일어나는 반응에 대해서도 연구하고 있다. 우리가 숨 쉬는 공기는 우리가 이제 막 이해하기 시작한, 화학적으로 역동적이고 매혹적인 환경이다.

참고 문헌

Pierre Sicard, Alessandra De Marco, Evgenios Agathokleous, Zhaozhong Feng, Xiaobin Xu, Elena Paoletti, José Jaime Dieéguez Rodriguez, and Vicent Calatayud, "Amplified ozone pollution in cities during the COVID-19 lockdown," *Science of the Total Environment*, 735 (2020), p. 139542. Bruno Siciliano, Guilherme Dantas, Cleyton M. da Silva, and Graciela Arbilla, "Increased ozone levels during the COVID-19 lockdown: Analysis for the city of Rio de Janeiro, Brazil," *Science of the Total Environment*, 737 (2020), p. 139765. N. Korhale, V. Anand, and G. Beig, "Disparity in ozone trends under COVID-19 lockdown in a closely located coastal and hillocky metropolis of India," *Air Quality, Atmosphere and Health*, 14 (2021), pp. 533–542, https://doi.org/10.1007/s11869-020-00958-9.

예제 7C.1 제안한 메커니즘으로부터 전체 속도 법칙의 유도

성층권의 오존은 지구의 생명체를 보호하기 때문에 성층권 오존의 분해는 매우 중요한 문제이다. 오존 분해 메커니즘을 연구하고 있다고 생각해 보자. 이 Topic의 도입부에서 언급한 오존의 분해에 대해 다음과 같은 속도 법칙이 확립되어 있다.

$$2O_3(g) \rightarrow 3O_2(g) \qquad O_3\text{의 분해 속도} = k_r \frac{[O_3]^2}{[O_2]}$$

다음과 같은 메커니즘이 제시되었다.

1단계 $O_3 \rightleftarrows O_2 + O$

2단계 $O + O_3 \rightleftarrows O_2 + O_2$

단일 단계 반응에서 정방향의 속도를 측정해 보면, 2단계의 정반응, 즉 O가 O_3를 공격하는 반응은 1단계의 반응보다 훨씬 느리다. 또한 이 반응의 역반응인 $O_2 + O_2 \rightarrow O + O_3$는 너무 느려서 무시할 만하다. 이 메커니즘에 따른 속도 법칙을 유도하고, 실험적으로 관찰된 속도 법칙과 일치하는지 확인하시오.

유의 사항

기호를 구별하자. 이중 화살표($\rightleftarrows$) 기호는 단지 정반응과 역반응이 일어날 수 있다는 의미이다. 이중 작살($\rightleftharpoons$) 기호는 반응이 실제로 평형 상태에 있다는 의미이다.

계획 단일 단계 반응에 대한 속도 법칙을 쓰고, 이들을 결합해서 전체 속도 법칙을 구한다. 필요하다면, 중간체에 대해 정류 상태 근사법을 적용한다.

풀이 단일 단계 반응에 대한 속도 법칙은 다음과 같다.

1단계 정반응: $O_3 \rightarrow O_2 + O$ $\quad$ O_3의 소모 속도 $= k_1[O_3]$ (빠름)

역반응: $O_2 + O \rightarrow O_3$ $\quad$ O_3의 생성 속도 $= k_1'[O_2][O]$ (빠름)

2단계 정반응: $O + O_3 \rightarrow O_2 + O_2$ $\quad$ O_3의 소모 속도 $= k_2[O][O_3]$ (느림)

역반응: $O_2 + O_2 \rightarrow O + O_3$ $\quad$ O_3의 생성 속도 $= k_2'[O_2]^2$ (아주 느림, 무시할 수 있음)

O_3의 알짜 분해 속도에 대한 속도 법칙을 쓴다.

$$O_3\text{의 알짜 분해 속도} = k_1[O_3] - k_1'[O_2][O] + k_2[O][O_3]$$

O는 중간체이므로, 이 식에서 O 원자의 농도항은 없어져야 한다. 따라서, O 원자의 알짜 생성 속도를 쓰고, 정류 상태 근사법을 적용해서 알짜 속도가 0이 되게 한다.

$$O_3\text{의 알짜 생성 속도} = k_1[O_3] - k_1'[O_2][O] - k_2[O][O_3] = 0$$

이 식을 정리하면 다음과 같다.

$$[O] = \frac{k_1[O_3]}{k_1'[O_2] + k_2[O_3]}$$

이 관계식을 오존의 알짜 분해 속도에 대한 속도 법칙에 대입하면 다음과 같다.

$$O_3\text{의 알짜 분해 속도} = k_1[O_3] - \overbrace{\frac{k_1k_1'[O_2][O_3]}{k_1'[O_2]+k_2[O_3]}}^{k_1'[O_2][O]} + \overbrace{\frac{k_1k_2[O_3]^2}{k_1'[O_2]+k_2[O_3]}}^{k_2[O][O_3]}$$

첫 번째 항에 $(k_1'[O_2] + k_2[O_3])/(k_1'[O_2] + k_2[O_3])$을 곱해서 정리하면, 우변은 다음과 같이 된다.

$$\frac{k_1k_1'[O_2][O_3] + k_1k_2[O_3]^2}{k_1'[O_2]+k_2[O_3]} - \frac{k_1k_1'[O_2][O_3]}{k_1'[O_2]+k_2[O_3]} + \frac{k_1k_2[O_3]^2}{k_1'[O_2]+k_2[O_3]}$$
$$= \frac{k_1k_1'[O_2][O_3] + k_1k_2[O_3]^2 - k_1k_1'[O_2][O_3] + k_1k_2[O_3]^2}{k_1'[O_2]+k_2[O_3]}$$

첫 번째 항과 세 번째 항 $k_1k_1'[O_2][O_3]$이 상쇄되면,

$$O_3\text{의 알짜 분해 속도} = \frac{2k_1k_2[O_3]^2}{k_1'[O_2]+k_2[O_3]}$$

2단계 반응이 느리므로 $k_2[O][O_3] \ll k_1'[O_2][O]$이고, 여기서 [O]를 상쇄하면 $k_2[O_3] \ll k_1'[O_2]$이 되어 다음과 같이 식이 더 간단해진다.

$$O_3\text{의 알짜 분해 속도} = \frac{2k_1k_2[O_3]^2}{k_1'[O_2]} = k_r\frac{[O_3]^2}{[O_2]} \quad \text{여기서 } k_r = \frac{2k_1k_2}{k_1'}$$

평가 이 최종 속도 법칙은 관찰된 속도 법칙과 같은 형태이다. 제안된 메커니즘이 균형 맞춘 화학 반응식과 실험으로 측정한 속도 법칙에 모두 부합하기 때문에 타당성이 있다고 볼 수 있다.

자습 7C.2A 단일 사슬 A와 B로부터 DNA 이중 나선이 만들어지는 다음 메커니즘을 생각해 보자.

A + B $\rightleftarrows$ 불안정한 나선 (빠름, k_1과 k_1'이 모두 크다)
불안정한 나선 $\rightarrow$ 안정한 이중 나선 (느림, k_2가 아주 작다)

안정한 이중 나선이 만들어지는 반응 속도식을 유도하고, 전체 반응의 속도 상수를 개별 단계의 속도 상수로 표현하시오.

[**답**: 반응 속도 = k_r[A][B], $k_r = k_1k_2/k_1'$]

자습 7C.2B 어떤 반응에 대해 두 단계로 진행되는 메커니즘이 제안되었다. 첫 번째 단계는 $H_2A + B \rightarrow HB^+ + HA^-$ 반응과 그 역반응이며, 둘 다 빠르다. 두 번째 단계는 $HA^- + B \rightarrow HB^+ + A^{2-}$이며 느린 반응이다. HA^-를 중간체로 간주하는 속도 법칙을 구하고, 전체 반응의 반응 속도식을 쓰시오.

관련 연습 문제 7C.5~7C.8

어떤 경우에는 메커니즘을 구성하는 개별 단일 단계 반응의 속도 법칙을 더 쉽게 결합할 수 있다. 중간체가 형성되는 속도나 반응물로 분해되는 속도에 비해, 중간체가 생성물로 전환되는 속도가 매우 느릴 수 있다. 이 경우에는 반응물과 중간체가 빠르게 평형 농도에 도달하고, 중간체의 느린 손실은 그 농도에 미미한 영향을 준다고 가정할 수 있다. 즉, 반응물과 중간체 사이의 빠른 정반응과 역반응을 통해 중간체가 생성되고 유지되는 **사전 평형(pre-equilibrium)**이 생긴다. 예를 들어, NO의 산화(반응 A)의 첫 번째 단계에서 N_2O_2에 대한 사전 평형이 이루어진다면, 반응물과 중간체의 농도는 평형 상수 K_c에 의해 연관된다.

$$NO + NO \rightleftharpoons N_2O_2 \quad K_c = \frac{[N_2O_2]}{[NO]^2}$$

이 평형은 $[N_2O_2] = K_c[NO]^2$ 관계를 의미한다. 따라서, (7C.3절의 도입부에서 다루었던) NO_2의 생성 속도식은 다음과 같이 표현할 수 있다.

$$NO_2\text{의 생성 속도} = 2k_2[N_2O_2][O_2] = 2k_2K_c[NO]^2[O_2]$$

유의 사항

Topic 5F에서 보았듯이 평형 상수는 단위가 없다. 단위를 일관되게 유지하려면, 평형 관계식을 다음과 같이 엄밀하게 써야 한다. $K_c = ([N_2O_2]/c°)/([NO]/c°)^2$. 여기서 $c° = 1\ mol{\cdot}L^{-1}$이다. 따라서, $[N_2O_2] = K_c[NO]^2/c°$이며, NO_2의 생성 속도는 $2k_2[N_2O_2][O_2] = (2k_2K_c/c°)[NO]^2[O_2]$가 된다. 이렇게 하면 NO_2의 생성 속도는 $mol{\cdot}L^{-1}{\cdot}s^{-1}$ 단위로 일관성 있게 된다. 여기서, 식을 간결하게 만들기 위해 $c°$는 생략했다.

앞에서처럼, 이 메커니즘에서도 실험 결과와 일치하는 삼차 속도 법칙이 얻어지며, 반응 속도 상수는 $k_r = 2k_2K_c$이다. 식을 유도한 과정은 정류 상태 접근법보다 훨씬 간단하지만, 이 방법의 적용성은 제한적이다. 더 복잡한 메커니즘으로 확장하거나, 사전 평형의 가정이 타당한 조건을 맞추기가 어렵기 때문이다.

일련의 반응에서 전체 반응의 속도를 결정하는 단일 단계를 **속도 결정 단계(rate-determining step)**라고 한다. 이 단계는 속도 상수가 가장 작은 단계이다. 반응의 실제 속도는 반응물의 농도에 따라 다르지만, 일반적으로 속도 상수가 작은 반응은 느리고, 큰 반응은 빠르다고 생각한다. 이러한 느림과 빠름의 의미에서, 속도 결정 단계는 '느린' 단계이다. 하지만, 여기서 이해해야 할 중요한 사실이 있다. 모든 단일 단계 반응의 정반응은 같은 알짜 속도(정반응 속도와 역반응 속도의 차이)로 일어나고, 역반응 또한 같은 알짜 속도로 일어난다. 만일 그렇지 않다면, 중간체가 축적된다.

비유를 위해, 두 도시 사이를 고속도로로 여행한다고 생각해 보자. 톨게이트를 두 번 지나가야 하고, 각 톨게이트에는 요금소가 여러 개 있다. 첫 번째 톨게이트는 요금소가 하나만 열려 있지만, 두 번째 톨게이트는 요금소가 모두 열려 있다. 이 경우, 첫 번째 요금소를 차량이 통과하는 속도가 전체 여정의 속도를 결정한다. 차량이 첫 번째 요금소를 통과하고 나면 두 번째 요금소에서 통행에 방해를 받을 일은 없기 때문이다. 따라서, 첫 번째 톨게이트가 전체 여정의 속도 결정 단계에 해당한다.

이 비유를 화학 용어로 표현하기 위해 A → B → C 반응을 생각해 보자. 개별 단계는 일분자 반응이며 따라서 일차 반응이다(그림 7C.3). 개별 단계에서 반응물의 퍼텐셜 에너지가 어떻게 변하는지 보여 주는 그래프를 **반응 프로파일(reaction profile)**이라고 한다. 개별 단계의 반응 속도 상수가 각각 k_{r1}과 k_{r2}이고, $k_{r1} \ll k_{r2}$라고 가정하자(따라서, 첫 번째 단계가 속도 결정 단계이다). A는 계속 공급되지만, k_{r1} 값이 너무 작아서 B를 만드는 속도 k_{r1}[A]는 낮다. B의 농도가 낮기 때문에, k_{r2} 값이 크더라도 C가 생성되는 속도인 k_{r2}[B]도 낮다. B가 C를 만들면서 없어지는 속도는 A에서 B가 만들어지는 알짜 속도와 같다. (반응이 처음 시작될 때를 제외하고는) B는 축적되지 않기 때문이다. 여기서 모든 단계 반응(그리고 보다 일반적으로는 모든 단일 단계 정반응)은 같은 알짜 속도로 일어나며, 가장 작은 속도 상수를 갖는 반응이 속도를 결정한다. 이를 '느린 단계'라고도 부른다.

O_2와 중간체 N_2O_2 사이의 반응에서 속도 결정 단계(RDS)는 두 번째 단계이며(그림 7C.4a), 이 메커니즘에 대한 속도 법칙에서는 RDS보다 앞에 일어나는 단계도 고려한다. 하지만, 다른 단계에서 속도가 결정되는 화학 반응도 있다. 첫 번째 단계가 속도 결정 단계일 경우, 이후 단계는 속도나 속도 법칙에 영향을 주지 않는다(그림 7C.4b). 생성물에 이르는 경로가 둘 이상인 메커니즘도 있으며, 속도 상수가 더 큰 경로가 선호되기 때문에 속도 상수가 낮은 경로가 속도 결정 단계가 아닌 경우도 있다(그림 7C.4c).

간단한 경우에는 실험으로 구한 속도 법칙으로부터 속도 결정 단계를 밝힐 수 있다. 예를 들어, 다음 반응은 유기 용매('sol'로 표시)에서 일어나며, 생성물의 형성 속도 = $k_r[(CH_3)_3CBr]$의 속도 법칙을 따른다.

$$(CH_3)_3CBr\,(sol) + OH^-\,(sol) \rightarrow (CH_3)_3COH\,(sol) + Br^-\,(sol)$$

이 반응은 두 단계 메커니즘으로 일어날 수 있다.

$$(CH_3)_3CBr \rightarrow (CH_3)_3C^+ + Br^-$$
$$(CH_3)_3C^+ + OH^- \rightarrow (CH_3)_3COH$$

이 메커니즘에서 첫 단계의 속도 법칙은 속도 = $k_r[(CH_3)_3CBr]$인데, 실험으로 얻은 속도 법칙과 같다. OH^-에 대해서는 영차 반응이기 때문에 수산화 이온의 농도는 속도에 영향을 미치지 않으며, 첫 번째 단계가 속도 결정 단계라고 생각할 수 있다. $(CH_3)_3C^+$는 생성되자 마자 알코올 $(CH_3)_3COH$로 변환된다.

제안된 메커니즘에 정류 상태 근사법을 적용하거나 사전 평형을 가정해서 속도 법칙을 유도하는 경우가 많다. 메커니즘은 실험으로 구한 속도 법칙 및 전체 화학 반응식에 부합해야만 타당성이 있다. 속도 상수가 가장 작은 단계 반응에 해당하는 속도 결정 단계가 전체 반응의 속도를 결정한다.

7C.4 반응 속도와 평형

평형 상태에서는 전체 반응의 정반응 속도와 역반응 속도가 같다. 또한, 메커니즘을 구성하는 개별 단일 단계 반응의 정반응 속도와 역반응 속도도 같아야 한다. 반응 속도는 속도 상수와 농도에 따라 달라지므로, 단일 단계 반응의 속도 상수와 전체 반응의 평형 상수 사이의 관계를 구할 수 있을 것이다.

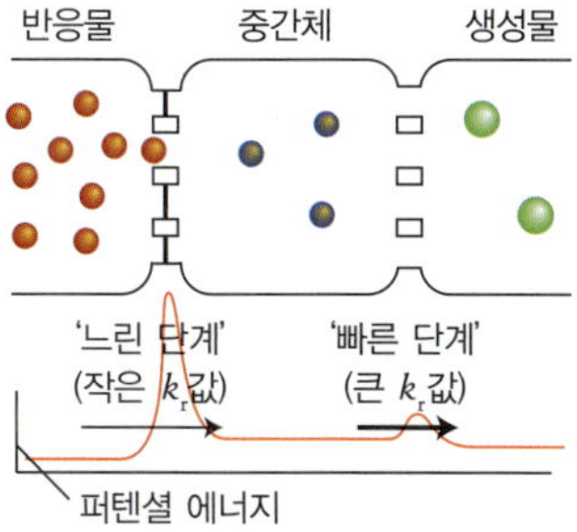

그림 7C.3 반응의 속도 결정 단계는 고속도로의 많은 교통량을 하나의 열린 요금소가 제한하는 것과 같다. 일단 이 장벽을 통과하고 나면 두 번째 요금소는 모두 열려 있어 흐름을 방해하지 않는다. 그림 아래쪽의 반응 프로파일은 각 단계의 에너지 장벽을 나타낸다. 에너지 장벽이 가장 높은 단계는 속도 상수가 가장 작다(Topic 7D).

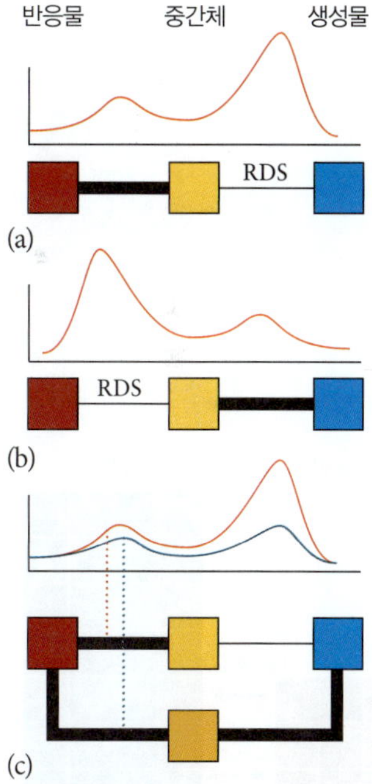

그림 7C.4 (a) 속도 결정 단계(RDS)가 두 번째 단계인 경우, 이 단계의 속도 법칙이 전체 반응의 속도 법칙을 결정한다. 속도가 느린 단계에 많은 에너지가 필요한 이러한 메커니즘의 반응 프로파일을 주황색 곡선으로 나타냈다. (b) 속도 결정 단계가 첫 번째 단계인 경우, 이 단계의 속도 법칙이 전체 반응의 속도 법칙과 일치해야 한다. (c) 생성물에 이르는 두 가지 경로가 가능한 경우, 속도 상수가 더 큰 경로(이 경우 아래쪽 경로)가 반응 속도를 결정한다.

어떻게 다루는가?

속도 상수와 평형 상수 사이의 관계식을 유도하기 위해, 용액 내에서 일어나는 $A+B \rightleftarrows C+D$ 형태의 반응을 고려해 보자. 이 반응의 평형 상수는 다음과 같다.

$$K=\frac{[C][D]}{[A][B]}$$

실험 결과에 따르면 $A+B \rightleftarrows C+D$의 정반응과 역반응이 모두 단일 단계 이차 반응이라고 하자. 그러면, 속도 법칙은 다음과 같다.

$$A+B \rightarrow C+D \quad 속도 = k_r[A][B]$$
$$C+D \rightarrow A+B \quad 속도 = k_r'[C][D]$$

평형 상태에서는 이 두 속도가 같기 때문에, 다음 식이 성립한다.

$$k_r[A][B]=k_r'[C][D]$$

따라서, 평형에서는 다음 관계가 된다.

$$\frac{[C][D]}{[A][B]}=\frac{k_r}{k_r'}$$

이 식을 평형 상수식과 비교해 보면 다음과 같은 관계를 알 수 있다.

$$K=\frac{k_r}{k_r'}$$

반응이 기체 상태의 화학종 사이에 일어나는데 속도 법칙은 농도로 표현되어 있다면, K 대신에 K_c를 사용한다.

계산 결과를 보니, 정반응과 역반응이 이분자 반응으로 일어나는 $A+B \rightleftarrows C+D$ 반응에서 단일 단계 $A+B \rightleftharpoons C+D$ 과정의 평형 상수는 단일 단계 반응의 정반응과 역반응의 속도 상수와 다음과 같은 관계가 있다.

$$K=\frac{k_r}{k_r'} \tag{3}$$

이 결과를 이용하면, (반응 Gibbs 자유 에너지에 근거한 판단과 별개로) 평형 상수가 어떤 조건에서 커질지 판단할 수 있다. 정반응의 k_r 값이 역반응의 k_r' 값보다 훨씬 크면, $K \gg 1$이고, 생성물 쪽이 선호된다. 이 경우, 빠른 속도로 일어나는 정반응을 통해 생성물이 높은 농도로 축적되어 평형에 도달한다(**그림 7C.5**). 반면에, k_r 값이 k_r' 값보다 훨씬 작으면 $K \ll 1$이고, 반응물 쪽이 선호된다. 이때는 생성물이 역반응으로 빠르게 소모되어 농도가 아주 낮아진다.

식 3은 반응이 양방향으로 모두 단일 단계로 일어날 경우에 적용할 수 있다. 만일 반응이 복잡한 메커니즘으로 일어나서, 정방향 단일 단계 반응의 속도 상수는 $k_1, k_2, \ldots$ 등이고, 역반응은 $k_1', k_2', \ldots$ 등일 경우, 앞서 논의한 단일 단계 반응의 경우와 유사한 방법으로, 다음과 같이 전체 평형 상수를 개별 단계 반응의 속도 상수와 연관지을 수 있다:

$$K=\frac{k_1}{k_1'}\times\frac{k_2}{k_2'}\times\ldots \tag{4}$$

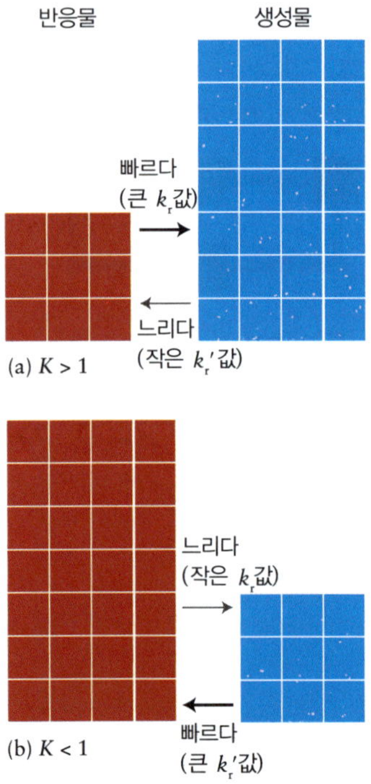

그림 7C.5 반응의 평형 상수는 정반응(k_r)과 역반응(k_r')의 속도 상수의 비와 같다. (a) k_r이 k_r'보다 클 경우, 반응이 거의 완료되어 반응물의 농도가 낮아져야 정반응의 속도가 역반응의 속도와 같아진다. (b) 반면에, k_r'이 k_r보다 클 경우, 반응이 거의 일어나지 않아 생성물의 농도가 낮아야 정반응과 역반응의 속도가 같아진다.

단일 단계 반응의 평형 상수는 정반응 반응 상수를 역반응 반응 상수로 나눈 비와 같다. 여러 단계로 일어나는 반응의 경우, 정반응 반응 상수의 곱을 역반응 반응 상수의 곱으로 나눈 비와 같다.

7C.5 사슬 반응

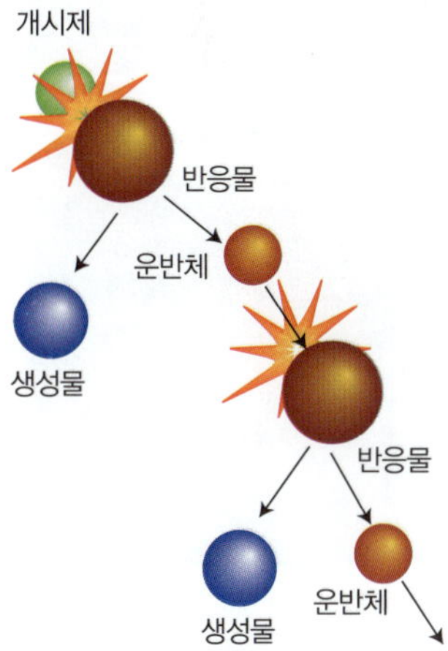

그림 7C.6 연쇄 반응에서 한 단계의 생성물은 반응성이 큰 반응물이 되어 단계 반응에 참여하고, 그 반응에서 생성된 화학종은 다시 다른 반응 단계에 참여한다.

폭발 반응, 또는 그보다는 위험하지 않은 플라스틱 제조용 중합 반응은 사슬 반응으로 일어난다. **사슬 반응(chain reaction)**에서는 반응성이 높은 중간체가 반응해서 반응성이 높은 다른 중간체를 만들고, 이 중간체가 반응해서 또 다른 중간체를 만드는 과정이 반복된다(그림 7C.6). **사슬 운반체(chain carrier)**라고 부르는 반응 중간체는 많은 경우에 라디칼(홑전자가 있는 화학종, Topic 2C)이며, 이러한 반응을 '라디칼 사슬 반응'이라고 한다. **라디칼 사슬 반응(radical chain reaction)**에서는 한 라디칼이 분자와 반응해서 다른 라디칼을 만들고, 이렇게 생성된 라디칼이 다른 분자를 공격해서 또 다른 라디칼을 만드는 과정이 반복된다.

HBr이 만들어지는 다음 반응은 사슬 반응으로 일어난다.

$$H_2(g) + Br_2(g) \rightarrow 2\,HBr(g)$$

여기서 사슬 운반체는 수소 원자(H·)와 브로민 원자(Br·)이다.

모든 사슬 반응의 처음은 반응물에서 사슬 운반체가 생성되는 **개시(initiation)** 단계이다. 주로 열(Δ로 표시)이나 빛, 자외선($h\nu$으로 표시)으로 사슬 운반체를 생성한다.

$$Br_2 \xrightarrow{\Delta \text{ 또는 } h\nu} Br\cdot + Br\cdot$$

사슬 운반체가 생성되면 반응은 **전파(propagation)** 단계로 넘어간다. 사슬 운반체 하나가 반응물 분자와 반응해서 새로운 운반체를 만든다. 사슬의 전파에 관여하는 단일 단계 반응은 다음과 같다.

$$Br\cdot + H_2 \rightarrow HBr + H\cdot$$
$$H\cdot + Br_2 \rightarrow HBr + Br\cdot$$

이들 반응에서 생긴 사슬 운반체(여기서는 라디칼)가 계속해서 다른 반응물 분자(H_2와 Br_2)를 공격해서 사슬 반응이 이어진다. 사슬 반응을 종료하는 단일 단계 반응인 **종결(termination)** 단계에서는 사슬 운반체가 결합해서 생성물을 만든다. 종결 반응의 두 가지 예는 다음과 같다.

$$Br\cdot + Br\cdot \rightarrow Br_2$$
$$H\cdot + Br\cdot \rightarrow HBr$$

하나의 전파 단계에서 여러 개의 사슬 운반체가 생기면 **사슬 가지화(chain branching)**로 폭발이 일어날 수 있다. 수소와 산소의 혼합물을 점화할 때 나는 펑 소리(대규모일 경우 폭발)는 사슬 가지화의 결과이다. 두 기체는 라디칼 사슬 반응으로 결합하는데, 개시 단계는 수소 원자의 생성이다.

$$\text{개시: } H_2 \xrightarrow{\Delta} H\cdot + H\cdot$$

반응이 개시되면, 수소 원자 하나가 산소 분자 하나를 공격할 때마다 새로운 라디칼 두 개가 만들어진다.

$$\text{가지화: } H\cdot + O_2 \rightarrow HO\cdot + \cdot O\cdot$$

생성된 산소 원자가 수소 분자를 공격하면 라디칼 두 개가 만들어진다.

$$\text{가지화: } \cdot O\cdot + H_2 \rightarrow HO\cdot + H\cdot$$

그림 7C.7 내연 기관 내부에서 연료와 공기의 혼합물을 점화 플러그로 점화할 때 마다 일어나는 빠른 연소(거의 소형 폭발) 중에 포착된 불꽃의 전경.(*Copyright Macmillan Learning, photo by Ken Karp.*)

이런 가지화 과정의 결과로 점점 더 많은 수의 라디칼이 생성되고, 이들은 계속해서 더 많은 가지화 반응에 참여한다. 그 결과 반응 속도가 빠르게 증가하고, 많은 연소 반응의 특징인 폭발이 일어날 수 있다(그림 7C.7).

사슬 반응은 반응성이 높은 중간체가 만들어지는 개시 단계에서 시작한다. 중간체는 사슬을 전파하며, 라디칼끼리 결합하면 사슬이 종결된다. 가지화 사슬 반응은 폭발적으로 빨리 일어난다.

이 Topic에서 배운 것은 무엇인가?

화학 반응은 하나 이상의 단일 단계 반응을 거쳐 일어나며, 이러한 단계가 모여 반응 메커니즘이 된다. 제안된 메커니즘의 타당성을 검증하기 위해서는 단일 단계 반응에 근거한 전체 속도 법칙을 구하고, 이 법칙이 실험으로 구한 속도 법칙에 부합하는지 확인해야 한다. 메커니즘에서 제안한 속도 결정 단계를 확인하는 과정이 필요할 수도 있다. 평형 상수는 정반응 속도 상수를 역반응 속도 상수로 나눈 비와 같다. 어떤 반응에서는 반응성이 높은 중간체가 만들어지는데, 이 중간체가 반응해서 반응성이 높은 중간체를 추가로 생성하는 사슬 반응으로 이어진다.

개념과 식의 적용

- ☐ 제안된 메커니즘에서 단일 단계 반응의 분자도를 결정한다(7C.1절).
- ☐ 제안된 메커니즘에서 단일 단계 반응이 주어졌을 때 전체 속도 법칙을 유도한다(예제 7C.1).
- ☐ 정류 상태와 사전 평형 근사법을 이해하고 사용한다(7C.3절).
- ☐ 반응의 속도 결정 단계를 구한다(7C.3절).
- ☐ 평형 상수가 전체 반응에 기여하는 여러 단일 단계 반응의 정반응 속도 상수 및 역반응 속도 상수와 어떤 관계인지 보여준다(7C.4절).
- ☐ 라디칼 사슬 반응 메커니즘에서 개시, 전파, 종결 단계를 구별한다(7C.5절).

Topic 7C 연습 문제

($\int dx$ C) 표시가 있는 연습 문제는 미적분을 사용해야 한다.

7C.1 다음 개별 반응은 단일 단계 반응이다. 속도 법칙을 쓰고, 분자도를 정하시오.

(a) $NO + NO \rightarrow N_2O_2$ (b) $Cl_2 \rightarrow Cl + Cl$

7C.2 다음 개별 반응은 단일 단계 반응이다. 속도 법칙을 쓰고, 분자도를 정하시오.

(a) $OH + NO_2 + N_2 \rightarrow HNO_3 + N_2$ (N_2는 충돌 과정에 관여하지만, 화학적 변화는 없다)

(b) $ClO^- + H_2O \rightarrow HClO + OH^-$

7C.3 아래에 제안한 메커니즘에 부합하는 전체 반응을 쓰고, (만일 있다면) 반응 중간체를 찾으시오.

1단계 $AC + B \rightarrow AB + C$

2단계 $AC + AB \rightarrow A_2B + C$

7C.4 아래에 제안한 메커니즘에 부합하는 전체 반응을 쓰고, (만일 있다면) 반응 중간체를 찾으시오.

1단계 $C_4H_9Br \rightarrow C_4H_9^+ + Br^-$

2단계 $C_4H_9^+ + H_2O \rightarrow C_4H_9OH_2^+$

3단계 $C_4H_9OH_2^+ + H_2O \rightarrow C_4H_9OH + H_3O^+$

7C.5 HBr과 NO_2 사이에 일어나는 기체상 반응에 대해 다음과 같은 메커니즘이 제안되었다.

1단계 $HBr + NO_2 \rightarrow HBrO + NO$ (느림)

2단계 $HBr + HBrO \rightarrow H_2O + Br_2$(빠름)

(a) 전체 반응식을 쓰시오. (b) 개별 단계의 속도 법칙을 쓰고, 분자도를 정하시오. (c) 반응 중간체를 찾으시오.

7C.6 어떤 반응이 다음 메커니즘에 따라 일어난다고 추정된다.

1단계 $A_2 \rightarrow A + A$

2단계 $A + A + B \rightarrow A_2B$

3단계 $A_2B + C \rightarrow A_2 + BC$

(a) 전체 반응식을 쓰시오. (b) 개별 단계의 속도 법칙을 쓰고, 분자도를 정하시오. (c) 반응 중간체를 찾으시오. (d) 촉매는 반응 속도를 가속하고 그 과정에서 다시 재생되는 물질이다. 이 반응에서 촉매로 작용하는 물질을 찾으시오.

7C.7 산화 질소와 브로민 사이의 반응에 대해서 다음과 같은 메커니즘이 제안되었다.

1단계 $NO + Br_2 \rightarrow NOBr_2$ (느림)

2단계 $NOBr_2 + NO \rightarrow NOBr + NOBr$ (빠름)

이 메커니즘에서 예상되는 NOBr의 생성 속도 법칙을 쓰시오.

7C.8 수용액에서 하이포염소산 이온이 아이오딘화 이온을 산화시키는 반응에 대해서 다음과 같은 메커니즘이 제안되었다.

1단계 $ClO^- + H_2O \rightleftarrows HClO + OH^-$ 및 역반응 (둘 다 빠름, 평형)

2단계 $I^- + HClO \rightarrow HIO + Cl^-$ (느림)

3단계 $HIO + OH^- \rightarrow IO^- + H_2O$ (빠름)

이 메커니즘에서 예상되는 HIO의 생성 속도 법칙을 쓰시오.

7C.9 $NO_2(g) + CO(g) \rightarrow CO_2(g) + NO(g)$ 반응에 대해 세 가지 메커니즘이 제안되었다.

(I) **1단계** $NO_2 + CO \rightarrow CO_2 + NO$

(II) **1단계** $NO_2 + NO_2 \rightarrow NO + NO_3$ (느림)

2단계 $NO_3 + CO \rightarrow NO_2 + CO_2$ (빠름)

(III) **1단계** $NO_2 + NO_2 \rightarrow NO + NO_3$ 및 역반응 (둘 다 빠름, 평형)

2단계 $NO_3 + CO \rightarrow NO_2 + CO_2$ (느림)

이 가운데 어느 메커니즘이 다음 속도 법칙에 부합하는가? 속도 $= k_r[NO_2]^2$. 이유를 설명하시오.

7C.10 $2\,NO(g) + O_2(g) \rightarrow 2\,NO_2(g)$ 반응의 속도를 측정해 보니, O_2의 농도만 2배로 하면 속도가 2배가 되고, NO의 농도만 2배로 하면 속도가 4배가 되었다. 다음 중 어느 메커니즘이 이 결과를 설명할 수 있는가? 이유를 설명하시오.

(I) **1단계** $NO + O_2 \rightarrow NO_3$ 및 역반응 (둘 다 빠름, 평형)

2단계 $NO + NO_3 \rightarrow NO_2 + NO_2$ (느림)

(II) **1단계** $NO + NO \rightarrow N_2O_2$ (느림)

2단계 $O_2 + N_2O_2 \rightarrow N_2O_4$ (빠름)

3단계 $N_2O_4 \rightarrow NO_2 + NO_2$ (빠름)

7C.11 다음 설명이 맞는지 틀린지 판단하시오. 틀렸다면 그 이유를 설명하시오.

(a) 평형 상수가 매우 큰 반응에서는 정반응의 속도 상수가 역반응의 속도 상수보다 훨씬 크다.

(b) 평형에서는 정반응과 역반응의 속도 상수가 같다.

(c) 반응물의 농도를 증가시키면 정반응의 속도 상수가 증가하여 반응 속도가 증가한다.

7C.12 다음 설명이 맞는지 틀린지 판단하시오. 틀렸다면 그 이유를 설명하시오.

(a) 반응의 평형 상수는 정반응의 속도 상수를 역반응의 속도 상수로 나눈 것과 같다.

(b) 일련의 평형 단계로 이루어진 반응에서 전체 반응의 평형 상수는 모든 정반응의 속도 상수의 곱을 모든 역반응의 속도 상수의 곱으로 나눈 것과 같다.

(c) 생성물의 농도를 증가시키면 역반응의 속도가 증가하므로, 정반응의 속도 또한 증가해야 한다.

7C.13 정반응과 역반응이 모두 일차 반응이고, 속도 상수가 각각 k_r과 k_r'인 반응 $A \rightleftarrows B$를 생각해 보자. 초기에는 A만 존재한다. 농도가 k_r과 k_r'에 의존해서 평형 값에 접근한다는 것을 보이시오.

7C.14 정반응과 역반응이 모두 이차 반응인 경우에 대해 연습 문제 7C.13과 같은 질문에 답하시오.

Topic 7D 반응 속도에 대한 이론적 모형

이 Topic을 왜 배우는가? 화학자들은 속도 상수의 온도 의존성에 대한 정보를 이용해서 원자 수준에서 반응이 어떻게 일어나는지 이론적 모형을 만든다. 이러한 반응 모형을 통해 속도 상수와 평형 상수의 온도 의존성에 대한 통찰력을 얻을 수 있다.

무엇을 알고 있어야 하는가? 기체 분자 운동론(Topic 3C), 반응 속도 법칙(Topic 7A), 속도 상수와 평형 상수 사이의 관계(Topic 7C)를 알고 있어야 한다.

속도 법칙과 속도 상수는 화학 변화가 분자 수준에서 어떻게 일어나는지 들여다볼 수 있는 창문의 역할을 한다. 반응 메커니즘이 실험을 통해 규명했다고 하더라도(Topic 7C), 개별 단일단계 반응의 속도 상수가 왜 그런 값을 갖는지, 그 값은 온도에 따라 왜 달라지는지 하는 의문은 여전히 남아 있다.

7D.1 온도의 영향

화학 반응 속도는 온도에 따라 다르다. 정성적으로 관찰해 보면, 대부분의 반응은 온도가 높아질수록 더 빠르게 일어난다(그림 7D.1). 일반적으로 실온에서 온도가 10 °C가 상승하면 용액 내 유기 화학종의 반응 속도는 두 배로 빨라진다. 이것이 우리가 음식을 조리하는 이유 가운데 하나이다. 가열하면 식재료의 세포벽을 파괴하고 단백질을 분해하는 반응이 가속화되기 때문이다. 식품을 냉장보관하는 이유는 분해로 이어지는 자연적인 화학 반응을 늦추기 위해서이다.

반응 속도 상수의 온도 의존성은 반응 속도가 온도에 따라 어떻게 변하는지 보여준다. 반응 속도 상수가 온도에 따라 증가하면, 일정한 농도의 반응물은 온도가 높을수록 더 빨리 반응한다. 19세기 후반 스웨덴의 화학자 Svante Arrhenius는 온도가 반응 속도에 미치는 영향을 정량적으로 조사한 결과, 속도 상수의 로그값($\ln k_r$)을 절대 온도의 역수($1/T$)에 대해 그리면 직선 그래프가 된다는 사실을 발견했다. 즉, 다음과 같은 관계를 보였다.

$$\ln k_r = \text{절편} + \text{기울기} \times \frac{1}{T}$$

절편은 $\ln A$로, 기울기는 $-E_a/R$로 나타내면(R은 기체 상수, 그 이유에 대해서는 뒤에서 곧 설명한다), 경험적인 **Arrhenius 식(Arrhenius equation)**이 된다.

$$\ln k_r = \ln A - \frac{E_a}{RT} \quad \textbf{(1a)}$$

이 식의 양변에 역로그를 취하면, 다음과 같이 다른 형태로 바꿔 쓸 수 있다.

$$k_r = Ae^{-E_a/RT} \quad \textbf{(1b)}$$

그림 7D.1 반응 속도는 거의 언제나 온도에 따라 증가한다. 왼쪽 비커에는 차가운 물에, 오른쪽 비커에는 뜨거운 물에 마그네슘이 들어 있다. 마그네슘이 반응해서 수산화 마그네슘과 수소를 만들 때 용액이 알칼리성이 되는 것을 보여주기 위해 페놀프탈레인 지시약을 넣었다.(*Copyright Macmillan Learning, photo by Ken Karp.*)

이 식에서 기체 상수를 사용한다고 해서 Arrhenius 식이 기체에만 적용되는 것은 아니다. Arrhenius 식은 용액에서 일어나는 다양한 반응에도 적용할 수 있다. 상수인 A와 E_a는 반응의 **Arrhenius 매개변수(Arrhenius parameter)**라고 하는데, 실험으로 구한다. A는 **빈도 인자(frequency factor**, 예전에는 **지수 앞자리 인자**(pre-exponential factor)로 불렀다)이며, E_a는 (곧 설명하겠지만) **활성화 에너지(activation energy)**라고 부른다. 이런 이름이 붙은 이유는 뒤에서 설명을 들으면 명확해질 것이다. 이 두 매개변수는 온도와 무관하다고 간주한다(실제로 A는 온도 의존성을 약하게나마 보이지만, 이 교과서에 나오는 계산에서는 온도와 무관하다고 가정해도 된다). 빈도 인자의 단위는 속도 상수의 단위와 같다. 따라서, 식 1a의 로그항은 단위가 없다(이 식은 $\ln(k_r/A) = -E_a/RT$ 형태로 바꿔 쓸 수 있으며, 단위는 상쇄된다).

예제 7D.1 속도 상수 측정하기

유기 화학에서 중요한 반응으로, 유기 할로젠화물과 수산화 이온이 알코올을 만드는 반응이 있다. 이러한 종류의 반응에서 온도가 반응 속도에 미치는 영향을 알고 싶어서, Arrhenius 매개변수를 결정하기로 한다. 물에서 브로모에테인(bromoethane)과 수산화 이온 사이에 일어나는 이차 반응 $C_2H_5Br(aq) + OH^-(aq) \rightarrow C_2H_5OH(aq) + Br^-(aq)$의 속도 상수를 여러 온도에서 측정해서 다음과 같은 결과를 얻었다.

온도/°C	25	30.	35	40.	45	50.
속도 상수, $k_r/(L \cdot mol^{-1} \cdot s^{-1})$	8.8×10^{-5}	1.6×10^{-4}	2.8×10^{-4}	5.0×10^{-4}	8.5×10^{-4}	1.4×10^{-3}

이 반응의 활성화 에너지를 구하시오.

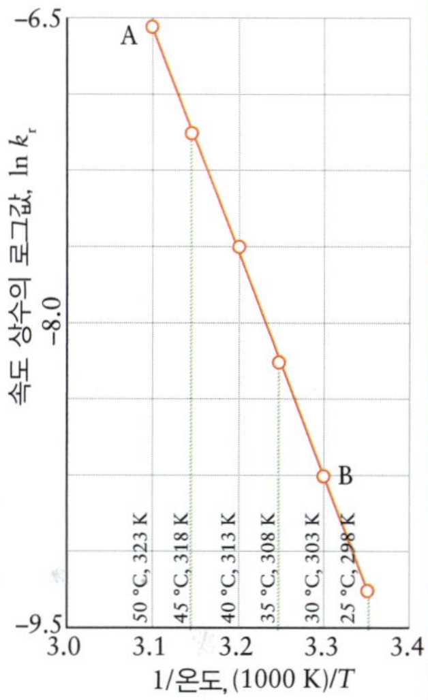

그림 7D.2 Arrhenius 그래프는 ln k_r 값을 $1/T$에 대해서 그린다. 그림과 같이 직선이 얻어지면, 이 반응은 실험 온도 범위에서 Arrhenius 양상을 보인다고 말한다. 이 그래프는 예제 7D.1의 데이터로 그렸다.

예상 유기 반응의 활성화 에너지는 대체로 10∼100 $kJ \cdot mol^{-1}$이므로, 이 범위 내의 값을 기대한다.

계획 활성화 에너지는 Arrhenius 식(식 1a)으로 구한다. ln k_r값을 $1/T$에 대해 그래프로 그린다(T는 절대 온도). 기울기가 $-E_a/R$이므로, $-R$을 곱해서 활성화 에너지를 구한다($R = 8.3145\ J \cdot K^{-1} \cdot mol^{-1}$). 계산에는 스프레드시트, 곡선 피팅 프로그램, 그래프를 그려주는 계산기 등을 사용하면 편리하다.

풀이 그래프(**그림 7D.2**)를 그리기 위해 다음 표를 만든다.

온도/°C	온도, T/K	$1/(T/K)$	속도 상수, $k_r/(L \cdot mol^{-1} \cdot s^{-1})$	ln k_r
25	298	3.35×10^{-3}	8.8×10^{-5}	−9.34
30.	303	3.30×10^{-3}	1.6×10^{-4}	−8.74
35	308	3.25×10^{-3}	2.8×10^{-4}	−8.18
40.	313	3.19×10^{-3}	5.0×10^{-4}	−7.60
45	318	3.14×10^{-3}	8.5×10^{-4}	−7.07
50.	323	3.10×10^{-3}	1.4×10^{-3}	−6.57

그림 7D.2에 그래프로 그린 데이터에서 두 점을 잇는 직선의 기울기를 계산하거나, 적절한 선형 회귀 프로그램을 사용한다.

$$\text{기울기} = -1.1 \times 10^4\ K$$

기울기는 $-E_a/R$이므로, $E_a = -R \times$ 기울기의 관계를 이용해서

$$\begin{aligned} E_a &= -(8.3145\ J \cdot K^{-1} \cdot mol^{-1}) \times (-1.1 \times 10^4\ K) \\ &= 8.9 \times 10^4\ J \cdot mol^{-1} \end{aligned}$$

평가 계산으로 얻은 89 kJ·mol^{-1}은 기대했던 범위 내의 값이다.

자습 7D.1A 기체상에서 일어나는 이차 반응 $HO(g) + H_2(g) \rightarrow H_2O(g) + H(g)$의 속도 상수는 온도에 따라 다음과 같이 변한다.

온도/°C	100.	200.	300.	400.
속도 상수, k/(L·mol^{-1}·s^{-1})	1.1×10^{-9}	1.8×10^{-8}	1.2×10^{-7}	4.4×10^{-7}

이 반응의 활성화 에너지를 구하시오.

[답: 42 kJ·mol^{-1}]

자습 7D.1B 온도를 18 °C에서 30 °C로 올렸더니, 반응 속도가 3.00 mol·L^{-1}·s^{-1}에서 4.35 mol·L^{-1}·s^{-1}로 증가했다. 이 반응의 활성화 에너지를 구하시오.

관련 연습 문제 7D.3, 7D.4

표 7D.1 Arrhenius 매개변수

반응	A	E_a/(kJ·mol^{-1})
일차, 기체상		
사이클로프로페인 → 프로펜	1.6×10^{15} s^{-1}	272
$CH_3NC \rightarrow CH_3CN$	4.0×10^{13} s^{-1}	160
$C_2H_6 \rightarrow 2\ CH_3$	2.5×10^{17} s^{-1}	384
$N_2O \rightarrow N_2 + O$	8.0×10^{11} s^{-1}	250
$2\ N_2O_5 \rightarrow 4\ NO_2 + O_2$	4.0×10^{13} s^{-1}	103
이차, 기체상		
$O + N_2 \rightarrow NO + N$	1×10^{11} L·mol^{-1}·s^{-1}	315
$OH + H_2 \rightarrow H_2O + H$	8×10^{10} L·mol^{-1}·s^{-1}	42
$2\ CH_3 \rightarrow C_2H_6$	2×10^{10} L·mol^{-1}·s^{-1}	0
이차, 수용액상		
$C_2H_5Br + OH^- \rightarrow C_2H_5OH + Br^-$	4.3×10^{11} L·mol^{-1}·s^{-1}	90
$CO_2 + OH^- \rightarrow HCO_3^-$	1.5×10^{10} L·mol^{-1}·s^{-1}	38
$C_{12}H_{22}O_{11} + H_2O \rightarrow 2\ C_6H_{12}O_6$	1.5×10^{15} L·mol^{-1}·s^{-1}	108

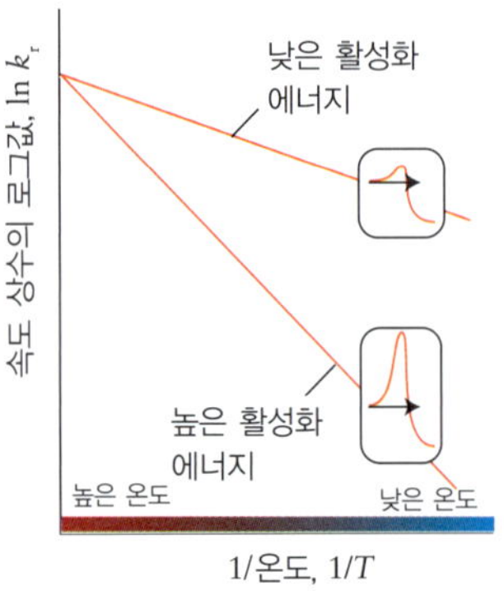

그림 7D.3 활성화 에너지가 다른 두 반응의 속도 상수가 온도에 의존하는 경향. 활성화 에너지가 높을수록 온도에 따라 속도 상수가 더 크게 변한다. 두 반응의 서로 다른 활성화 에너지 장벽을 작게 삽입한 그림 안에 보였다.

ln k_r 값을 $1/T$에 대해 그래프로 그렸을 때 직선이 얻어지는 반응은 **Arrhenius 양상(Arrhenius behavior)**을 보인다고 한다. 다양한 반응이 Arrhenius 양상을 보인다. 반딧불이도 추운 밤보다 더운 밤에 더 빨리 깜박이며, 좁은 온도 범위이기는 하지만 깜박이는 속도를 측정해 보면 Arrhenius 양상과 비슷하다. 점멸의 원인이 되는 생화학 반응이 식 1에 따라 온도에 따라 증가하는 속도 상수를 가지고 있다고 짐작할 수 있다. 몇몇 반응의 Arrhenius 매개변수를 표 7D.1에 정리해 두었다.

Arrhenius 그래프의 기울기는 E_a에 비례한다. 따라서 **활성화 에너지가 높을수록 온도에 따른 속도 상수의 변화가 크다.** 활성화 에너지가 낮은 반응(약 10 kJ·mol^{-1}, Arrhenius 그래프가 가파르지 않은 경우)은 온도 상승에 따라 속도가 조금만 증가한다. 활성화 에너지가 높은 반응(약 60 kJ·mol^{-1} 이상, 가파른 Arrhenius 그래프)의 속도는 온도에 따라 크게 변한다(그림 7D.3).

Arrhenius 식을 이용하면 한 온도에서의 속도 상수로부터 다른 온도에서의 속도 상수를 예측할 수 있다.

어떻게 다루는가?

두 온도 T_1과 T_2에서의 속도 상수를 k_{r1}과 k_{r2}라고 하면, Arrhenius 식은 다음과 같다.

$$\text{온도 } T_1\text{에서: } \ln k_{r1} = \ln A - \frac{E_a}{RT_1}$$

$$\text{온도 } T_2\text{에서: } \ln k_{r2} = \ln A - \frac{E_a}{RT_2}$$

두 번째 식에서 첫 번째 식을 빼면, ln A가 소거된다.

$$\overbrace{\ln k_{r2} - \ln k_{r1}}^{\ln k_{r2}/\ln k_{r1}} = -\frac{E_a}{RT_2} + \frac{E_a}{RT_1}$$

위에서 유도한 식을 다음과 같이 다시 정리할 수 있다.

$$\ln\frac{k_{r2}}{k_{r1}} = \frac{E_a}{R}\left(\frac{1}{T_1} - \frac{1}{T_2}\right) \qquad (2)$$

이 관계식을 해석해 보면,

- $T_2 > T_1$이면, 우변이 양이므로 $\ln(k_{r2}/k_{r1})$도 양의 값이 되어 $k_{r2} > k_{r1}$이 된다. 즉, 온도가 높아지면 속도 상수도 증가한다.
- T_1과 T_2의 값이 고정되었을 때, E_a 값이 크면 $\ln(k_{r2}/k_{r1})$ 값도 크다. 활성화 에너지가 큰 반응은 속도 상수의 변화도 크다.

예제 7D.2 활성화 에너지를 이용해서 속도 상수 예측하기

슈크로스(sucrose, 설탕 혹은 자당이라고도 한다–역자 주)의 가수분해는 소화 과정의 한 부분이다. 체온에 따라 이 반응의 속도가 얼마나 크게 달라지는지 알아보려고 한다. 정상 체온인 37.0 °C에서 $k_r = 1.0\ \text{mL·mol}^{-1}\text{·s}^{-1}$이고, 반응의 활성화 에너지가 108 kJ·mol^{-1}이라면, 35.0 °C에서 슈크로스 가수분해 반응의 속도 상수는 얼마인가?

예상 온도가 낮아져서 속도 상수가 작아질 것이다.

계획 식 2에 온도는 절대 온도 단위(T_1 = 310.0 K, T_2 = 308.0 K), 기체 상수 R은 kJ·K^{-1}·mol^{-1} 단위를 사용해서, E_a의 단위가 상쇄되도록 한다.

풀이

$\ln(k_{r2}/k_{r1}) = (E_a/R)(1/T_1 - 1/T_2)$로부터,

$$\ln\frac{k_{r2}}{k_{r1}} = \frac{108\ \text{kJ·mol}^{-1}}{8.3145\times10^{-3}\ \text{kJ·K}^{-1}\text{·mol}^{-1}} \times \left(\frac{1}{310.0\ \text{K}} - \frac{1}{308.0\ \text{K}}\right)$$
$$= -0.27\ldots$$

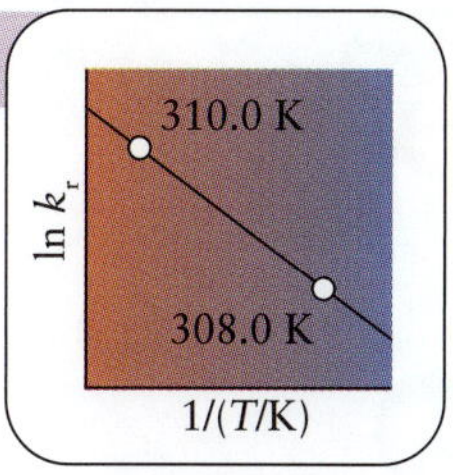

$x = e^{\ln x}$로부터,

$$\frac{k_{r2}}{k_{r1}} = e^{-0.27\ldots}$$

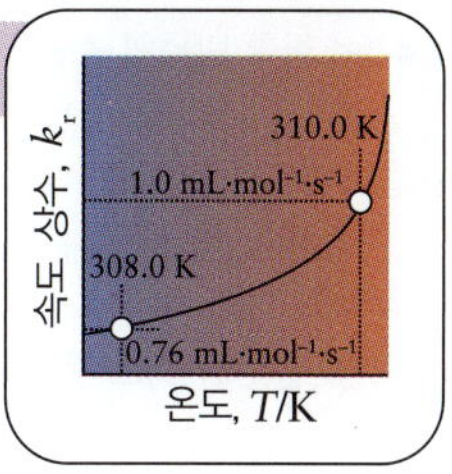

마지막으로, $k_{r1} = 1.0\ mL{\cdot}mol^{-1}{\cdot}s^{-1}$이므로

$$35\ °C에서\ k_{r2} = (1.0\ mL{\cdot}mol^{-1}{\cdot}s^{-1}) \times e^{-0.27\cdots} = 0.76\ mL{\cdot}mol^{-1}{\cdot}s^{-1}$$

평가 예상한 대로, 온도가 낮아져서 속도 상수도 작아졌다. 반응의 활성화 에너지 값이 커서 반응 속도가 온도에 아주 민감하다.

자습 7D.2A 수용액에서 일어나는 CH_3CH_2Br과 OH^- 사이의 이차 반응의 속도 상수는 35.0 °C에서 0.28 $mL{\cdot}mol^{-1}{\cdot}s^{-1}$이다. 표 7D.1의 데이터를 참조해서, 50.0 °C에서의 속도 상수를 예측하시오.

[**답**: 1.4 $mL{\cdot}mol^{-1}{\cdot}s^{-1}$]

자습 7D.2B 사이클로프로페인(C_3H_6)이 프로펜($CH_3CH{=}CH_2$)으로 이성질화하는 일차 반응의 속도 상수는 500. °C에서 $6.7 \times 10^{-4}\ s^{-1}$이다. 표 7D.1의 데이터를 참조해서, 300. °C에서의 속도 상수를 예측하시오.

관련 연습 문제 7D.5, 7D.6

어떤 반응은 Arrhenius 양상을 보이지 않는다. 관찰된 속도 상수를 식 1로 설명할 수 없다는 뜻이다. 이러한 양상은 다단계 메커니즘으로 일어나는 반응에서 보이는 경우가 많은데, 개별 단계는 식 1을 따르지만 이들의 조합은 그렇지 않을 수 있기 때문이다. Arrhenius 양상을 보이지 않는 어떤 반응에서는 온도가 상승할 때 속도 상수는 오히려 감소한다. 아주 낮은 온도에서 더 뚜렷하게 나타나는 양자 효과의 영향으로 Arrhenius 양상이 보이지 않을 수도 있다. 또 다른 원인으로, 효소가 제어하는 생화학 반응에서 온도가 상승하면서 효소의 작동이 억제되고 그에 따라 반응 속도론이 변할 수 있다.

ln k_r 값을 1/T에 대해 그린 Arrhenius 그래프를 이용해서 반응의 Arrhenius 매개변수를 구할 수 있다. 활성화 에너지가 크면, 온도에 따라 반응 속도가 아주 민감하게 변한다.

7D.2 충돌 이론

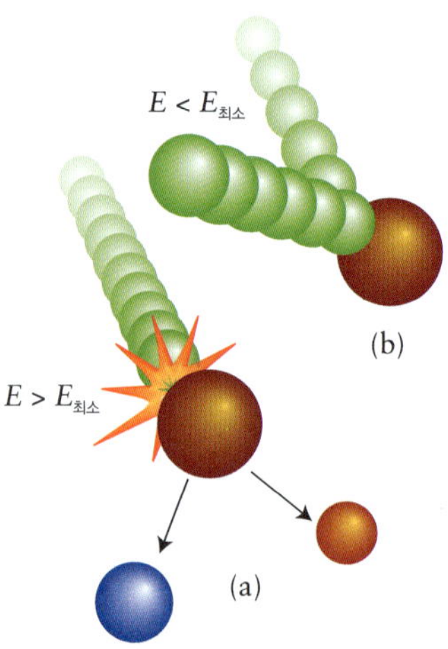

그림 7D.4 (a) 화학 반응의 충돌 이론에서는 반응이 일어나려면 두 분자가 최소한 $E_{최소}$ 이상의 운동 에너지를 갖고 충돌해야 한다($E_{최소}$는 나중에 활성화 에너지로 밝혀진다). (b) 그렇지 않으면, 단순히 서로 튕겨져 나간다.

반응이 분자 수준에서 어떻게 일어나는지 설명하는 어떤 모델이든 Arrhenius 식으로 표현되는 속도 상수의 온도 의존성을 설명할 수 있어야 하고, Arrhenius 매개변수 A와 E_a의 중요성도 밝힐 수 있어야 한다. 기체상 반응이 용액상 반응보다 개념적으로 더 간단하기 때문에 우선 고려하기로 한다.

먼저, 반응물 분자가 만나야만 반응이 일어날 수 있다고 가정하자. 기체상에서 분자가 만나는 것은 충돌이므로, 이러한 관점의 반응 모델을 **충돌 이론**(**collision theory**)이라고 한다. 이 모델에서는 분자를 불량 당구공처럼 생각한다. 낮은 속도로 충돌하면 서로 튕겨 나가지만, 충격이 강하면 산산조각이 날 수 있다. 마찬가지로, 두 분자가 특정 운동 에너지 미만으로 충돌하면 반응하지 않고 서로 튕겨 나간다. 하지만, 그 이상의 운동 에너지를 갖고 만나면 반응물의 결합이 끊어지고, 새로운 결합이 만들어져 생성물이 될 수 있다(그림 7D.4). 반응이 일어나기 위해 필요한 최소 운동 에너지를 $E_{최소}$라고 한다.

이러한 정성적 묘사를 기반으로 정량적 이론을 정립하려면, 분자가 충돌하는 빈도와 함께, 반응에 필요한 최소 에너지 $E_{최소}$ 이상을 갖는 충돌의 분율을 알아야 한다. 일정 시간 동안의 충돌 횟수를 시간으로 나눈 값인 **충돌 빈도**(**collision frequency**)는 보통 초당 충돌 횟수로 표

현한다. 온도 T의 기체상에서 분자 A와 분자 B 사이의 충돌 빈도는 기체 분자 운동론으로 계산할 수 있다(Topic 3C 참조).

$$\text{충돌 빈도} = \sigma \bar{v}_{\mathrm{rel}} N_{\mathrm{A}}^{2}[\mathrm{A}][\mathrm{B}] \tag{3}$$

여기서 N_{A}는 Avogadro 상수이며, σ(시그마)는 **충돌 단면적(collision cross section)**으로서 분자가 충돌의 표적이 될 때 차지하는 면적이다. 큰 분자는 작은 분자보다 표적이 되기 쉽기 때문에 충돌 단면적이 클수록 충돌 빈도도 높다. $\bar{v}_{\mathrm{rel}}$은 **평균 상대 속도(mean relative speed)**로서 기체상에서 분자들이 서로 접근하는 평균 속도이다. 평균 상대 속도는 모든 가능한 상대 속도에 그 속도를 가진 분자의 분율을 곱한 후, 그 곱을 모두 더해서 얻는다. 몰질량이 M_{A}와 M_{B}인 분자가 온도 T에서 서로 충돌할 때 평균 상대 속도는 다음과 같다.

$$\bar{v}_{\mathrm{rel}} = \left(\frac{8RT}{\pi M}\right)^{1/2}, \quad M = \frac{M_{\mathrm{A}} M_{\mathrm{B}}}{M_{\mathrm{A}} + M_{\mathrm{B}}} \tag{4}$$

온도가 높을수록 분자의 상대 속도가 커지고 충돌 빈도가 높아진다.

분자의 평균 상대 속도는 온도에 따라 증가하고, 이에 따라 충돌 빈도도 증가하지만, 식 4에 의하면 평균 상대 속도는 온도의 제곱근에 비례한다. 이 변화량은 Arrhenius 식으로 표현되는, 온도에 대한 지수적 의존성을 설명하기에는 너무 작다. 식 4를 사용해서 반응 속도의 온도 의존성을 예측한다면, 상온에서 온도가 10 °C 상승(273 K에서 283 K로)하면 충돌 빈도는 겨우 1.02배만 증가한다. 하지만, 실험 결과에 따르면 상당수의 반응은 이 온도 범위에서 반응 속도가 두 배가 된다. 따라서, 반응 속도에 영향을 미치는 다른 요인이 반드시 있어야 한다.

이 요인은 최소 에너지 $E_{\text{최소}}$ 이상의 운동 에너지로 충돌하는 분자의 분율이다. 이 정도로 큰 에너지를 갖고 일어나는 충돌만이 반응으로 이어질 수 있기 때문이다. 운동 에너지는 속도의 제곱에 비례하므로 이 분율은 Maxwell의 속도 분포에서 구할 수 있다(Topic 3C). 예상되는 결과의 유형이 그림 7D.5에 있다. 파란색 곡선 아래 색칠한 영역의 상대적 면적에서 볼 수 있듯이, 낮은 온도에서는 반응에 충분한 운동 에너지를 갖는 분자가 거의 없다. 온도가 높으면, 빨간색 곡선 아래 색칠한 영역처럼 훨씬 높은 분율의 분자가 반응할 수 있다. 이러한 분율이 충돌 이론 모델에 포함되어야 한다.

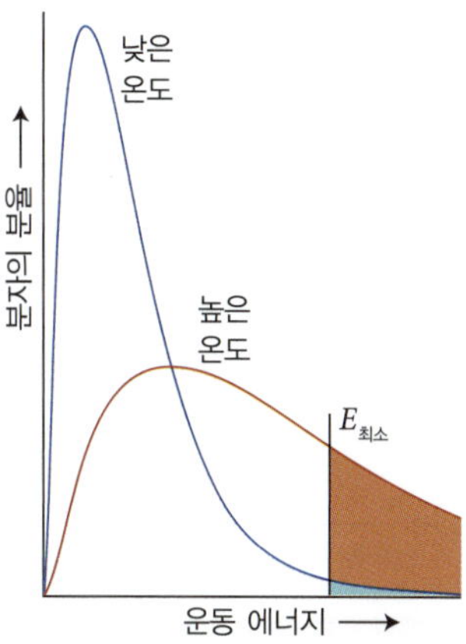

그림 7D.5 일정 최소 에너지 $E_{\text{최소}}$(활성화 에너지 E_{a}와 같다. 나중에 설명한다) 이상의 운동 에너지를 갖고 충돌하는 분자의 분율을 개별 곡선 아래에 색칠한 영역으로 표시했다. 이 분율은 온도가 높아질수록 급격히 증가한다는 점에 유의하자.

어떻게 다루는가?

온도 T에서 최소 에너지 $\varepsilon_{\text{최소}}$ 이상의 에너지로 일어나는 충돌의 분율은 $\mathrm{e}^{-\varepsilon_{\text{최소}}/kT}$이다($k$ = Boltzmann 상수). 이 인자는 몰당 에너지 $E_{\text{최소}} = N_{\mathrm{A}}\varepsilon_{\text{최소}}$와 기체 상수 $R = N_{\mathrm{A}}k$을 써서 $\mathrm{e}^{-E_{\text{최소}}/RT}$로 보통 표현한다. **Boltzmann 분포(Boltzmann distribution)**라는 식에서 온 결과인데, 여기서 유도하지는 않겠다. 반응 속도는 이 인자와 충돌 빈도의 곱이다.

$$\text{반응 속도} = \text{충돌 빈도} \times \text{충분한 에너지를 갖는 충돌 분율}$$

$$= \overbrace{\sigma \bar{v}_{\mathrm{rel}} N_{\mathrm{A}}^{2}[\mathrm{A}][\mathrm{B}]}^{\text{충돌 빈도}} \times \overbrace{\mathrm{e}^{-E_{\text{최소}}/RT}}^{E_{\text{최소}}\text{ 이상의 에너지를 갖는 충돌 분율}}$$

A와 B의 충돌에 의해 일어나는 단일 단계 반응의 속도 법칙은 속도 = $k_{\mathrm{r}}[\mathrm{A}][\mathrm{B}]$이며, 여기서 k_{r}은 속도 상수이다. 따라서 속도 상수에 대한 식은 다음과 같다.

$$k_{\mathrm{r}} = \frac{\text{반응 속도}}{[\mathrm{A}][\mathrm{B}]} = \frac{\sigma \bar{v}_{\mathrm{rel}} N_{\mathrm{A}}^{2}[\mathrm{A}][\mathrm{B}] \times \mathrm{e}^{-E_{\text{최소}}/RT}}{[\mathrm{A}][\mathrm{B}]} = \sigma \bar{v}_{\mathrm{rel}} N_{\mathrm{A}}^{2} \mathrm{e}^{-E_{\text{최소}}/RT}$$

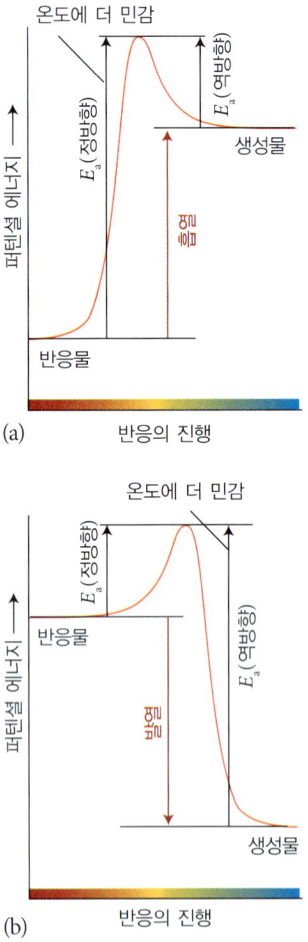

그림 7D.6 (a) 흡열 반응의 활성화 에너지는 정반응이 역반응보다 크다. 따라서, 정반응의 속도가 역반응의 속도보다 온도에 더 민감하게 변해서, 온도를 올리면 평형이 생성물 쪽으로 이동한다. (b) 발열 반응은 반대의 상황이다. 역반응이 정반응보다 온도에 더 민감하기 때문에, 온도를 올리면 평형이 반응물 쪽으로 이동한다.

위에서 계산해 보니, 충돌 이론에 따르면 속도 상수는 다음과 같다.

$$k_r = \sigma \bar{v}_{rel} N_A{}^2 e^{-E_{최소}/RT} \tag{5}$$

여기서 k_r은 온도에 따라 기하급수적으로 변한다. 충돌 빈도가 달라져서 생기는 미미한 변화보다 훨씬 더 큰 온도 의존성이다. 식 5와 식 1b를 비교하면 $\sigma \bar{v}_{rel} N_A{}^2$은 빈도 인자 A에, $E_{최소}$는 활성화 에너지 E_a에 해당한다. 다시 말해서,

- 빈도 인자 A는 분자가 충돌하는 속도를 반영한다.
- 활성화 에너지 E_a는 충돌이 반응으로 이어지기 위해 필요한 최소한의 (몰당) 운동 에너지이다.

열역학적으로는 자발적이어야 할 반응 가운데 왜 어떤 반응은 거의 일어나지 않는지에 대한 이유가 이제 명확해졌다. 활성화 에너지가 너무 높기 때문에 반응물이 충돌하더라도 거의 반응으로 이어지지 않기 때문이다. 분자는 초당 수십억 번씩 충돌하지만, 수소와 산소의 혼합물은 아무 일 없이 몇 년 동안 그대로 있을 수 있다. 라디칼 생성 반응의 활성화 에너지가 너무 높기 때문에, 에너지를 공급하는 스파크나 불꽃이 혼합물에 닿기 전까지는 라디칼이 만들어지지 않는다.

온도에 따른 속도 상수의 변화, 특히 활성화 에너지와 관련된 민감한 변화, 평형 상수가 정반응 속도 상수와 역반응 속도 상수의 비와 같다는 사실(Topic 7C의 식 3, $K = k_r/k_r'$)을 모아서 생각해 보면, 평형 상수가 왜 온도에 따라 변하는지 반응 속도론으로 설명할 수 있다. 어떤 요인들이 관련되어 있는지 알기 위해, **그림 7D.6**의 반응 프로파일을 살펴보자. 활성화 에너지가 높으면 속도 상수가 온도 변화에 더 민감하다는 사실을 상기하면서 이 그림을 보면 다음과 같은 결론을 얻을 수 있다.

- 정반응이 흡열 반응이면, 정반응의 활성화 에너지가 역반응의 활성화 에너지보다 높다.

활성화 에너지가 높다는 말은 정반응의 속도 상수가 역반응의 속도 상수보다 온도에 더 민감하게 변한다는 뜻이다. 따라서 온도가 올라가면 정반응의 속도 상수가 역반응의 속도 상수보다 더 많이 증가한다. 결과적으로 $K = k_r/k_r'$ 값이 커져서 평형이 생성물 쪽에 더 유리해진다.

- 정반응이 발열 반응이면, 정반응의 활성화 에너지가 역반응의 활성화 에너지보다 낮다.

이 경우, 정반응의 활성화 에너지가 낮다는 말은 정반응의 속도 상수가 역반응의 속도 상수보다 온도에 덜 민감하게 변한다는 뜻이다. 따라서, 온도가 올라가면 $K = k_r/k_r'$ 값이 작아져서 평형이 생성물 쪽에 덜 유리해진다. 이 두 결론 모두 Le Chatelier 원리(Topic 5J)에 부합한다.

어떤 이론적 모델이든 실험 결과에 부합하는지 항상 확인해야 한다. 면밀한 실험 결과와 비교해 보면 충돌 이론 모델은 완벽하지 않다는 점을 알 수 있다. 실험으로 구한 속도 상수는 충돌 이론 모델의 예측값보다 대체로 작다. 하지만, 분자가 충돌할 때 서로 접근하는 상대적인 **배향**(orientation)이 반응 속도에 영향을 미칠 수 있다는 점을 고려한다면 이 모델을 개선할 수 있다. **화학 이야기 7D.1**에서 다룬 것과 비슷한 유형의 실험 결과를 보면, 기체상에서 염소 원자와 HI 분자의 반응(HI + Cl → HCl + I)은, Cl 원자가 특정한 방향에서 HI 분자에 접근할 때만 일어난다(**그림 7D.7**). 이렇게 상대적 방향에 의존하는 효과를 반응의 **입체 요건**(**steric**

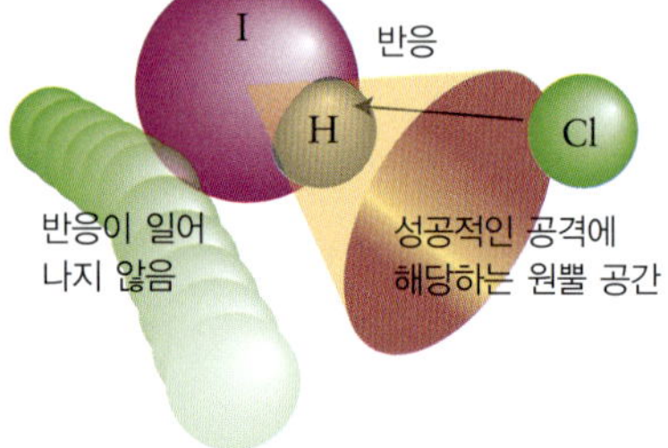

그림 7D.7 기체 상에서 두 화학종이 충돌했을 때 반응이 일어나는지 여부는 상대적인 배향에 좌우된다. 예를 들어, Cl 원자와 HI 분자 사이의 반응에서는 Cl 원자가 그림에 표시한 원뿔 안쪽에 있는 방향에서 HI 분자에 접근해서 충돌해야만 반응으로 이어진다. 다른 방향에서는 활성화 에너지보다 더 큰 충돌 에너지로 접근하더라도 반응이 일어나지 않는다.

화학 이야기 7D.1 분자가 충돌하는 동안 무슨 일이 일어나는지 어떻게 알 수 있는가?

분자가 충분한 에너지를 갖고 충돌하면 원래 있던 결합이 새로운 결합으로 바뀌고 하나의 분자에 있던 원자가 다른 분자의 일부가 된다. 이러한 반응의 절정을 이루는 단계에서 무슨 일이 일어나고 있는지 **실험으로** 알아내는 방법이 있는가?

분자살(molecular beam, 분자빔이라고도 부른다—역자 주) 실험으로 통찰력을 얻을 수 있다. 분자살은 같은 방향으로 거의 같은 속도로 움직이는 분자의 흐름이다. 기체 시료를 향해 분자살을 쏠 수도 있고, 다른 반응물의 분자로 이루어진 두 번째 분자살의 경로로 쏠 수도 있다. 분자살이 충돌할 때 분자가 반응할 수 있는데, 충돌로 만들어지는 생성물과 그 생성물이 나오는 방향을 실험적으로 감지한다. 분광학적 기법을 이용해서 생성물의 진동 들뜸과 회전 들뜸도 측정한다.

속도가 다르고, 회전 또는 진동 준위도 다른 분자를 이용한 실험을 반복해서 충돌 과정 자체에 대해 더 많이 알 수 있게 되었다. 예를 들어, Cl 원자와 HI 분자 사이의 반응에서, H 원자 주변의 반각 30 °C 원뿔 안쪽으로 Cl 원자가 공격해야 반응이 일어난다는 사실을 발견했다(그림 7D.7 참조).

'끈적한(sticky)' 충돌에서는 반응물 분자가 한 번 이상 서로의 주위를 공전한다. 그 결과, 처음에 서로 어떤 방향으로 접근했는지 '기억'하지 못하기 때문에 생성물 분자는 임의의 방향으로 나온다. 하지만, 이 회전은 약 1 ps의 시간이 걸리기 때문에, 그 전에 반응이 끝난다면 생성된 분자는 충돌 방향에 따라 특정한 방향에서 나온다. 예를 들어, K와 I_2의 충돌에서는 대부분의 생성물이 앞쪽에서 튀어나온다. 이러한 사실은 이 반응을 설명하기 위해 제안된 '작살(harpoon)' 메커니즘에 부합한다. 작살 메커니즘에서는 먼 거리의 K 원자에서 I_2 분자로 전자가 하나 옮겨가서 K^+ 이온과 I_2^- 이온이 만들어진다. 그 다음에 K^+ 이온은 I_2^-의 원자 가운데 하나를 I^- 이온으로 떼어낸다. 여기서 전자는 작살과 같은 역할을 한다. 정전기적 인력은 이 작살에 연결된 줄, I_2는 고래로 생각할 수 있다. 결정적인 '작살 던지기'는 먼 거리에서 일어나고 실제로 충돌은 없기 때문에, 생성물은 반응물이 원래 이동하던 방향과 거의 같은 방향으로 날아간다.

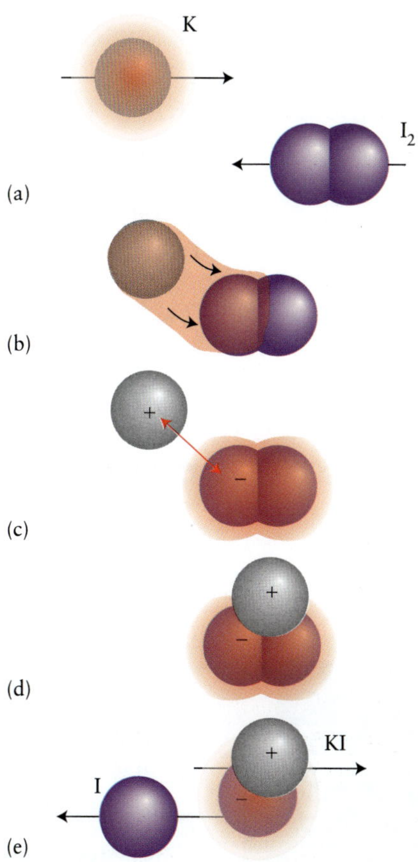

포타슘과 아이오딘이 반응해서 아이오딘화 포타슘을 만드는 '작살' 메커니즘에서는 (a) K 원자가 I_2 분자에 접근하면, (b) 전자 하나가 K 원자에서 I_2 원자로 옮겨간다. (c와 d) 전하가 다른 두 이온은 같이 붙어 있다가, (e) I^- 이온이 떨어져 나와 K^+ 이온과 함께 떠난다.

K 원자와 CH_3I 분자 사이의 반응은 다른 메커니즘으로 일어난다. 두 반응물이 아주 가깝게 접근할 경우에만 충돌이 반응으로 이어진다. 이 메커니즘은 K 원자가 벽돌벽에 부딪치는 것과 같고, KI 생성물은 반대 방향으로 튕겨 나온다.

requirement)이라고 한다. **입체 인자(steric factor)**라고 부르는 실험 인자 *P*를 이용해서 식 5를 다음과 같이 바꾸어 반응 속도식에 반영한다.

$$k_r = \overbrace{P}^{\text{입체 요건}} \times \overbrace{\sigma \bar{v}_{rel} N_A{}^2}^{\text{충돌 인자}} \times \overbrace{e^{-E_{\text{최소}}/RT}}^{\text{에너지 요건}} \quad (6)$$

표 7D.2에 몇몇 반응의 P 값을 정리했다. 입체 요건은 반응이 일어날 확률을 감소시키기 때문에 P 값은 모두 1보다 작다. 복잡한 화학종 사이에서 일어난 충돌에서는 입체 요건이 아주 까다로워서 P 값이 아주 작다. 이런 경우, 반응 속도는 높은 에너지 충돌에서 기대되는 값보다 훨씬 작다.

표 7D.2 입체 인자, P

반응	P
$NOCl + NOCl \rightarrow NO + NO + Cl_2$	0.16
$NO_2 + NO_2 \rightarrow NO + NO + O_2$	5.0×10^{-2}
$ClO + ClO \rightarrow Cl_2 + O_2$	2.5×10^{-3}
$H_2 + C_2H_4 \rightarrow C_2H_6$	1.7×10^{-6}

생각해 보기

화학 이야기 7D.1에서 설명한 작살 메커니즘에서는 왜 P 값이 1보다 클 수 있을까?

기체상 반응의 충돌 이론에 따르면, 반응물 분자가 활성화 에너지 이상의 운동 에너지를 갖고 올바른 배향으로 충돌해야만 반응이 일어난다.

7D.3 전이 상태 이론

충돌 이론은 기체상 반응에만 적용되지만, 이 이론의 몇몇 개념을 확장하면 왜 Arrhenius 식을 용액상 반응에도 적용할 수 있는지 설명할 수 있다. 용액에서는 분자가 공간을 빠르게 이동하며 충돌하는 것이 아니라, 용매를 헤치고 다니면서 다른 분자의 근처에 비교적 오랜 시간 머문다. 이러한 거동(기체에서의 반응도 포함해서)을 설명하는 보다 일반적인 이론을 **전이 상태 이론**(**transition state theory**)—또는 **활성화물 이론**(activated complex theory)—이라고 한다. 입체 요건이 상당한 역할을 하는 경우에 대해서도 속도 상수를 계산할 수 있기 때문에 충돌 이론보다 개선된 이론이다.

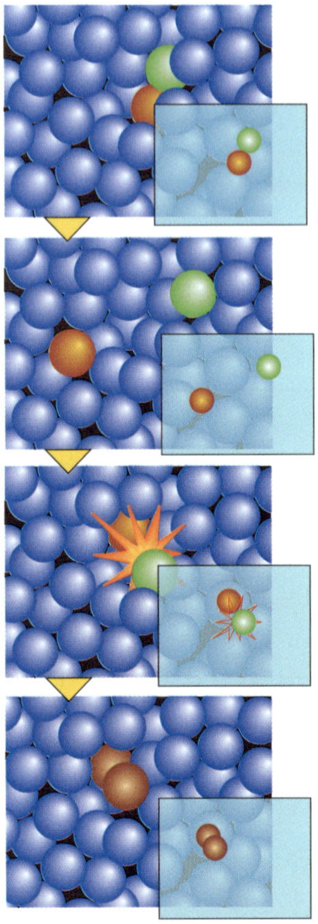

그림 7D.8 용액상 반응물 분자는 서로 만났다가 떨어져 나갈 수도 있고, 용매 분자가 주는 충격에서 충분한 에너지를 얻은 활성화물을 만들고, 더 나아가 생성물이 될 수도 있다.

전이 상태 이론에서는 두 분자가 서로에게 영향을 미칠 만큼 가까워지면서 다소 변형이 일어난다고 생각한다. 기체상에서 이러한 만남과 변형은 충돌 이론에서의 '충돌'에 해당한다. 용액에서 두 분자가 접근하려면 용매 분자 사이를 지그재그로 헤치고 나가야 하기 때문에, 일단 서로 만나서 주변 용매 분자들로부터 특별히 강한 충격을 받은 후에야 변형이 일어난다(그림 7D.8). 어떤 경우든 충돌 또는 (용매 분자에 의한) 충격으로 분자가 즉시 쪼개지지는 않는다. 대신, 두 분자가 만나서 **활성화물**(**activated complex**)을 만든다. 이 활성화물에서 계속 나아가 생성물을 만들 수도 있고, 다시 떨어져 원래의 반응물로 되돌아갈 수도 있다.

활성화물에서 반응물의 원래 결합은 길어지면서 약해지고, 새로운 결합은 부분적으로만 형성된다. 예를 들어, 약산 HCN과 물 사이의 양성자 전달 반응에서 활성화물은 HCN 분자의 수소 원자가 물 분자의 산소 원자와 수소 결합을 만드는 과정에서 두 분자 사이에 위치한 구조로 생각할 수 있다. 이 시점에서, 수소 원자는 HCN을 다시 만들 수도 있고, 양성자가 되어 H_3O^+로 떠날 수도 있다.

전이 상태 이론에서 활성화 에너지는 반응물과 활성화물 사이의 에너지 차이에 해당한다. 그림 7D.9의 반응 프로파일에서는 반응물이 만나 활성화물을 만든 후 생성물을 형성할 때 반응 혼합물의 에너지가 어떻게 변하는지 볼 수 있다. 반응 프로파일은 반응물과 생성물의 퍼텐셜 에너지를 보여주는데, 상대적 속도가 아니라 상대적 위치에서 오는 에너지이다. 반응물이 일정한 운동 에너지를 가지고 서로 접근할 때 어떤 일이 일어나는지 생각해 보자. 반응 분자들은 퍼텐셜 장벽의 왼쪽 비탈을 올라가면서 운동 에너지를 잃는다(즉, 서로 접근하면서 생기는 반발력과 결합의 뒤틀림 때문에 퍼텐셜 에너지가 증가한다). 만일 반응물의 초기 운동 에너지가 E_a보다 작으면, 퍼텐셜 장벽의 꼭대기까지 올라가지 못하고 왼쪽으로 굴러 떨어져 두 분자

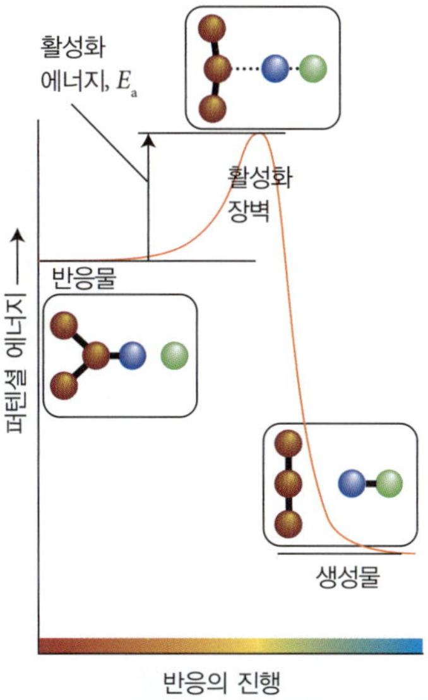

그림 7D.9 발열 반응의 반응 프로파일. 반응 속도에 대한 전이 상태 이론에 따르면, 반응물 분자가 서로 접근해서 활성화물을 만들면서 퍼텐셜 에너지(위치에 따른 에너지)가 증가하면서 전이 상태에서 최댓값이 된다. 원자가 생성물에 해당하는 결합 패턴으로 재배열하면서 퍼텐셜 에너지는 감소하고, 이들 생성물은 분리된다. 충분한 에너지를 갖는 분자만 에너지 장벽을 넘어 반응해서 생성물을 만든다.

로 다시 나뉜다. 만일 초기 운동 에너지가 E_a 이상이면, 활성화물을 형성할 수 있고, 퍼텐셜 장벽의 꼭대기를 지나 반대편으로 굴러 내려가 생성물로 분리된다. **전이 상태(transition state)**는 이 퍼텐셜 장벽의 꼭대기에 해당하는, 원자들의 특정한 배열 상태를 말한다.

퍼텐셜 에너지 표면(potential energy surface)은 반응 과정에서 원자의 위치가 시스템의 에너지에 어떤 영향을 주는지 보여준다. 3차원 그래프에서, z축은 반응물과 생성물의 총 퍼텐셜 에너지를, x-축과 y-축은 원자 사이의 거리를 나타낸다. 예를 들어, 그림 7D.10의 그래프는 수소 원자가 HBr 분자를 공격할 때와, 그 역과정으로 브로민 원자가 H_2 분자를 공격할 때 퍼텐셜 에너지의 변화를 보여준다.

$$H\cdot + HBr \rightleftarrows Br\cdot + H_2$$

반응물과 생성물에 해당하는 낮은 에너지 영역은 장벽으로 분리되어 있다. 이 장벽을 지나는 최소 퍼텐셜 에너지 경로가 있는데, 반응하는 분자들은 충분한 운동 에너지를 갖고 접근해야 이 에너지 장벽을 넘을 수 있다. 입자들이 실제로 만나는 경로는 전체 에너지에 따라 달라지지만, 퍼텐셜 에너지의 변화만 살펴보아도 반응 경로를 직관적으로 이해할 수 있다. 예를 들어, Br 원자가 접근하는 동안 H—H 결합의 길이가 그대로 유지되었다고 가정해 보자. 이 경우에 시스템은 에너지가 매우 높은 A 지점으로 이동해야 한다. 실제로 상온에서는 충돌하는 화학종이 이 지점에 이를 만큼 충분한 운동 에너지를 갖지 못할 수 있다. 퍼텐셜 에너지가 가장 낮은 경로는 계곡의 바닥을 따라 올라가 고갯마루에 해당하는 '안장점'(saddle point, 안장 모양의 영역)을 넘어 반대편 계곡의 바닥을 따라 내려가는 길이다. 반응이 일어나는 온도에서는 이 최소 퍼텐셜 에너지 경로에만 접근할 수 있다. 즉, 새로운 H—Br 결합이 형성되기 시작하면 H—H 결합은 길어져야 한다.

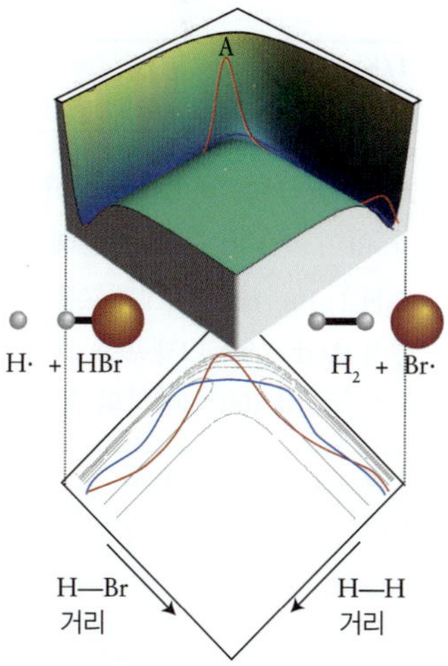

그림 7D.10 수소 원자와 HBr 분자(왼쪽) 사이의 반응에 대한 퍼텐셜 에너지 표면과 등고도. 최소 퍼텐셜 경로(파란색)는 왼쪽의 계곡을 따라 안장 모양의 고갯마루를 지나 반대편 계곡의 바닥을 따라 생성물(오른쪽)로 내려간다. 빨간색으로 표시된 경로로 가려면 에너지가 아주 높은 A 지점을 거쳐야 한다.

충돌 이론에서와 마찬가지로, 반응 속도는 반응물이 활성물을 형성하면서 퍼텐셜 장벽 꼭대기의 전이 상태를 통과하는 속도에 따라 달라진다. 여기서 얻은 속도 상수에 대한 수식은 식 5와 매우 유사하다. 따라서, 이처럼 좀 더 일반적인 이론도 Arrhenius 식의 형태와 더불어 실험적으로 관찰된 반응 속도의 온도 의존성을 설명해 준다.

이 Topic에서 배운 것은 무엇인가?

온도에 따른 반응 속도의 변화는 실험적으로 Arrhenius 식으로 설명한다. 충돌 이론에 기반한 기체상 반응 모델을 이용해서 온도에 따른 반응 속도의 변화를 추론할 수 있으며, 실험적인 입체 인자를 도입해서 속도 상수를 예측할 수 있다. 또한, 충돌 이론의 개념을 확장한 전이 상태 이론은 용액에서 일어나는 반응의 온도 의존성뿐 아니라, 평형 상수의 온도 의존성도 설명할 수 있다.

개념과 식의 적용

- ☐ 반응 속도 상수의 실험 온도 의존성으로부터 활성화 에너지를 구한다(예제 7D.1).
- ☐ 한 온도에서의 활성화 에너지와 반응 속도 상수를 알고 있는 경우, 다른 온도에서의 반응 속도 상수를 예측한다(예제 7D.2).
- ☐ 반응 모델과 관련해서 Arrhenius 매개변수 A와 E_a의 의미를 안다(7D.2절 및 7D.3절).

Topic 7D 연습 문제

7D.1 일차 반응 $2\ N_2O(g) \rightarrow 2\ N_2(g) + O_2(g)$의 속도 상수는 1000. K에서는 0.76 s^{-1}이고, 1030. K에서는 0.87 s^{-1}이다. 이 반응의 활성화 에너지를 계산하시오.

7D.2 이차 반응 $2\ HI(g) \rightarrow H_2(g) + I_2(g)$의 속도 상수는 575 K에서는 2.4×10^{-6} $L{\cdot}mol^{-1}{\cdot}s^{-1}$이고, 630. K에서는 6.0×10^{-5} $L{\cdot}mol^{-1}{\cdot}s^{-1}$이다. 이 반응의 활성화 에너지를 계산하시오.

7D.3 (a) 다음 데이터는 사이클로프로페인(cyclopropane)이 프로펜(propene)으로 전환되는 반응에서 얻었다. 그래프를 그려주는 계산기나 소프트웨어를 이용해서 Arrhenius 그래프를 그리고, 이 반응의 활성화 에너지를 계산하시오. (b) 600 °C에서의 속도 상수 값은 얼마인가?

T/K	750.	800.	850.	900.
k_r/s^{-1}	1.8×10^{-4}	2.7×10^{-3}	3.0×10^{-2}	0.26

7D.4 (a) 다음 데이터는 아이오도에테인(iodoethane)이 에텐(ethene)과 아이오딘화 수소로 분해하는 반응에서 얻었다. $C_2H_5I(g) \rightarrow C_2H_4(g) + HI(g)$. 그래프를 그려주는 계산기나 소프트웨어를 이용해서 Arrhenius 그래프를 그리고, 이 반응의 활성화 에너지를 계산하시오. (b) 400 °C에서의 속도 상수 값은 얼마인가?

T/K	660	680	720	760
k_r/s^{-1}	7.2×10^{-4}	2.2×10^{-3}	1.7×10^{-2}	0.11

7D.5 수용액에서 CO_2와 OH^-가 반응해서 HCO_3^- 이온을 만드는 반응의 속도 상수는 25 °C에서 1.5×10^{10} $L{\cdot}mol^{-1}{\cdot}s^{-1}$이다. 이 반응의 활성화 에너지가 38 $kJ{\cdot}mol^{-1}$일 때, 체온(37 °C)에서의 속도 상수를 계산하시오.

7D.6 700. °C에서 에테인 C_2H_6이 메틸 라디칼로 분해되는 반응의 속도 상수는 $k_r = 5.5 \times 10^{-4}\ s^{-1}$이다. 이 반응의 활성화 에너지가 384 $kJ{\cdot}mol^{-1}$일 때, 870. °C에서의 속도 상수를 결정하시오.

7D.7 가역적으로 일어나는 한 단계 반응 $A + A \rightleftarrows B + C$에서 정반응의 속도 상수는 265 $L{\cdot}mol^{-1}{\cdot}min^{-1}$이고, 역반응의 속도 상수는 392 $L{\cdot}mol^{-1}{\cdot}min^{-1}$이다. 정반응의 활성화 에너지는 39.7 $kJ{\cdot}mol^{-1}$이고, 역반응의 활성화 에너지는 25.4 $kJ{\cdot}mol^{-1}$이다. (a) 이 반응의 평형 상수는 얼마인가? (b) 이 반응은 발열 반응인가, 흡열 반응인가? (c) 온도를 높이면 속도 상수와 평형 상수는 어떻게 되는가?

7D.8 가역적으로 일어나는 한 단계 반응 $A + B \rightleftarrows C + D$에서 정반응의 속도 상수는 52.4 $L{\cdot}mol^{-1}{\cdot}h^{-1}$이고, 역반응의 속도 상수는 32.1 $L{\cdot}mol^{-1}{\cdot}h^{-1}$이다. 정반응의 활성화 에너지는 35.2 $kJ{\cdot}mol^{-1}$이고, 역반응의 활성화 에너지는 44.0 $kJ{\cdot}mol^{-1}$이다. (a) 이 반응의 평형 상수는 얼마인가? (b) 이 반응은 발열 반응인가, 흡열 반응인가? (c) 온도를 높이면 속도 상수와 평형 상수는 어떻게 되는가?

Topic 7E 촉매 작용

이 Topic을 왜 배우는가? 화학 산업의 거의 모든 분야는 촉매에 의존하고 있다. 촉매가 없다면, 식량 생산에 사용되는 비료와 일상용품에 사용되는 고분자 물질을 대규모로 경제적으로 생산하기가 어렵거나 불가능할 것이다. 대부분의 생물학적 반응에는 촉매 역할을 하는 단백질인 효소가 관여한다.

무엇을 알고 있어야 하는가? 반응 속도 법칙(Topic 7A), 반응 메커니즘(Topic 7C), 활성화 에너지의 개념(Topic 7D)을 알고 있어야 한다.

많은 반응에서 반응물의 농도를 높이거나 온도를 올리면 반응 속도가 증가한다(Topic 7A와 7D). 반응 속도를 증가시키는 또 다른 방법은 촉매를 사용하는 것이다. **촉매**(catalyst)는 반응에서 소모되지 않으면서 반응 속도를 높이는 물질이다(**그림 7E.1**). 촉매라는 용어는 그리스어로 '함께 모여 분해하다'라는 뜻에서 유래했다. 촉매는 소모되지 않고 반복해서 작용하기 때문에 소량만 필요할 경우가 많다. 이러한 이유로 소량의 염화 플루오린화 탄소(chlorofluorocarbon)가 성층권의 오존층에 치명적인 영향을 미칠 수 있다. 이들 분자는 라디칼로 분해되어 오존 파괴 반응의 촉매로 작용한다(**화학 이야기 7E.1**).

7E.1 촉매의 원리

촉매는 반응물과 생성물 사이에 새로운 반응 경로, 즉 기존과 다른 반응 메커니즘을 제공해서 반응 속도를 높인다. 이 새로운 경로는 기존 경로보다 낮은 활성화 에너지를 갖는다(**그림 7E.2**). 같은 온도에서도 촉매가 없을 때보다 더 많은 반응물 분자가 촉매가 제공하는 낮은 에너지 장벽을 넘어 생성물로 전환될 수 있다. 반응은 더 빠르게 일어나지만, 촉매는 평형 상태

(a) (b)

그림 7E.1 소량의 촉매(이 경우 아이오딘화 포타슘 수용액)는 과산화 수소가 물과 산소로 분해되는 속도를 빠르게 할 수 있다. (a) 촉매가 없으면 풍선은 매우 천천히 부푼다. (b) 촉매가 있으면 풍선은 빠르게 부푼다. (*Copyright Macmillan Learning, photo by Ken Karp.*)

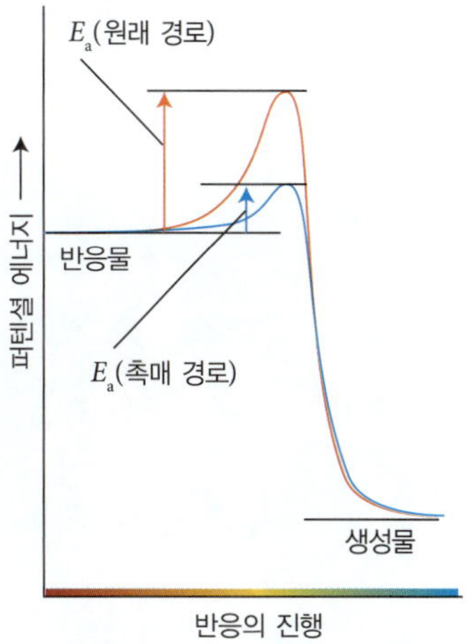

그림 7E.2 촉매는 활성화 에너지가 낮은 새로운 반응 경로를 제공해서 더 많은 반응물 분자가 퍼텐셜 장벽을 넘어 생성물로 전환되도록 한다. 역반응 또한 가속화되므로 평형 상태의 성분비에는 영향을 미치지 않는다.

화학 이야기 7E.1 촉매는 환경과 무슨 관계가 있는가?

오존층 보호하기

매년 지구는 모든 생명이 파괴될 정도의 에너지를 태양에서 받는다. 성층권의 오존만이 이러한 위험에서 우리를 보호하고 있다. 하지만, 인류의 현대 생활 방식은 성층권의 오존을 위협하고 있다. 냉각 장치의 냉매나 스프레이용 압축 가스로 사용되는 화학물질, 예를 들어 염화 플루오린화 탄소(CFC)와 제트기 배기가스의 질소 산화물 등이 지구의 보호막인 오존층에 구멍을 만드는 것으로 밝혀졌는데, 남극 상공에서 그 영향이 더욱 크다. 이들 화합물 중 다수는 오존 파괴에 촉매로 작용하기 때문에, 아주 소량이라도 성층권의 넓은 영역에 큰 변화를 가져올 수 있다.

오존은 성층권에서 두 단계로 생성된다. 먼저, O_2 분자 또는 산소를 포함하는 다른 화합물이 태양광을 받아 원자로 분해되는데, 이 과정을 **광분해**(photodissociation)라고 한다.

$$O_2 \xrightarrow{\text{태양광},\ \lambda<350\,\text{nm}} O + O$$

이렇게 생성된 산소 원자는 홀전자가 두 개 있는 반응성 라디칼로서, 주변에 많이 있는 O_2 분자와 반응해서 오존을 만든다. 오존 분자는 매우 높은 에너지 상태로 생성되기 때문에 O_2나 N_2와 같은 다른 분자가 먼저 충돌하지 않으면 진동 운동 때문에 빠르게 분해된다. 아래 식에서 M으로 표시한 다른 분자가 오존의 여분의 에너지 일부를 가져간다.

$$O + O_2 \rightarrow O_3{}^*$$
$$O_3{}^* + M \rightarrow O_3 + M$$

여기서 * 기호는 높은 에너지 상태를 나타낸다. 이 두 단일 단계 반응을 더하고 2를 곱한 후, 앞에 나왔던 O_2 분해 반응을 더하면, 알짜 반응식 $3\,O_2 \rightarrow 2\,O_3$이 된다. 오존의 일부는 자외선에 의해 분해된다.

$$O_3 \xrightarrow{\text{UV},\ \lambda<340\,\text{nm}} O + O_2$$

이 단계에서 생성된 산소 원자는 산소 분자와 반응해서 더 많은 오존을 만들기 때문에, 성층권의 오존 농도는 계절에 따라 다소 변하기는 하지만 대체로 일정하게 유지된다. 오존은 분해 과정에서 자외선을 흡수하기 때문에 방사선 손상으로부터 지구를 보호하는 데 도움을 준다.

1970년과 1971년에 Paul Crutzen이 NO와 NO_2 분자가 오존 분해의 촉매로 작용한다는 사실을 실험적으로 규명하면서, 인간이 만든 화학 물질이 성층권의 오존을 위협할 수 있다는 경고가 나오기 시작했다. 질소 산화물은 대류권에서 번개에 의해 자연적으로도 생성되지만, 자동차와 비행기 엔진의 연소 부산물이기도 하다. 이 가운데 N_2O만이 반응성이 낮아서 살아남아 성층권까지 이동해서 NO_2로 전환된다.

Crutzen의 연구 결과와 다른 데이터를 이용해서 1974년에 Mario Molina와 Sherwood Rowland는 CFC가 어떻게 오존층을 위협할 수 있는지 보여주는 성층권 모델을 만들었다. 1985년에는 남극 상공의 오존 농도가 실제로 감소하고 있는 것으로 밝혀졌으며, 그 값은 관측 사상 최저치로 떨어졌다. 2000년이 되었을 때 오존 구멍은 칠레 상공까지 확장되었다. 이러한 오존층의 손실은 이제 전 지구적인 문제가 되었으며, 남반구의 지구 온난화에 특히 영향을 미친다는 가설이 제기되고 있다. Crutzen, Molina, Rowland는 '대기 화학, 특히 오존의 형성과 분해에 관한 연구로' 1995년 노벨 화학상을 수상했다.

Susan Solomon과 James Anderson은 오존층의 대기 조건에서 CFC가 염소 원자와 염소 산화물을 생성한다는 사실을 밝혔고, 일상생활에서 쓰이는 헤어 스프레이 캔, 냉장고, 에어컨 등에서 나오는 CFC가 성층권 오존 파괴의 주범임을 확인했다. CFC

Susan Solomon(왼쪽)과 James Anderson(오른쪽)의 연구로 남극 지역의 성층권 오존에 미치는 염화 플루오린화 탄소의 해로운 효과가 발견되었다. (*Credit by Left: Susan Solomons, Right: James Anderson*)

분자는 대류권에서 하이드록시 라디칼 ·OH의 공격도 견딜 수 있을 만큼 반응성이 낮기 때문에, 앞서 언급한 NO_2처럼 성층권으로 올라가 태양 자외선에 노출된다. CFC가 자외선에 분해되면서 염소 원자가 생성되고, 이 염소 원자는 다양한 메커니즘으로 오존을 파괴한다. 메커니즘 가운데 하나는 다음과 같다.

$$Cl\cdot + O_3 \rightarrow ClO\cdot + O_2$$
$$ClO\cdot + O \rightarrow Cl\cdot + O_2$$

앞에서 설명한 대로, 오존이 자외선에 의해 분해되면 O 원자가 생성된다. 알짜 반응 $O_3 + O \rightarrow 2O_2$에는 염소가 포함되지 않는다는 점에 유의하자. 염소 원자는 촉매 역할을 해서 지속적으로 재생되기 때문에, 아주 낮은 농도로도 큰 피해를 줄 수 있다.

대부분의 국가가 1987년 몬트리올 의정서와 1992년 추가된 개정안에 서명했다. 이 의정서에서는 더 위험한 CFC를 1996년까지 단계적으로 퇴출하도록 규정했다. 많은 국가에서는 CFC를 수소 플루오린화 탄소(hydrofluorocarbon)로 대치했는데, 이 또한 오존층 파괴의 원인이 되는 것으로 밝혀졌다. 그 결과 2016년 몬트리올 의정서는 수소 플루오린화 탄소도 포함하도록 개정되었다. 성층권의 오존 농도는 NASA가 보유하고 있는 총 오존 지도 작성 분광기(Total Ozone Mapping Spectrometer, TOMS)로 측정한다. TOMS 데이터에 따르면 오존을 고갈시키는 화합물의 농도가 감소하고 오존 구멍도 줄어들고 있지만, 2008년에 그 추세가 반전되어 다시 증가하기 시작했다. 하지만 몬트리올 의정서가 계속 지켜지고 오존 파괴를 가속화하는 먼지를 방출하는 대규모 화산 폭발이 발생하지 않는다면 성층권의 오존 수치가 회복될 수 있을 것으로 예상된다.

관련 연습 문제 7.29~7.31

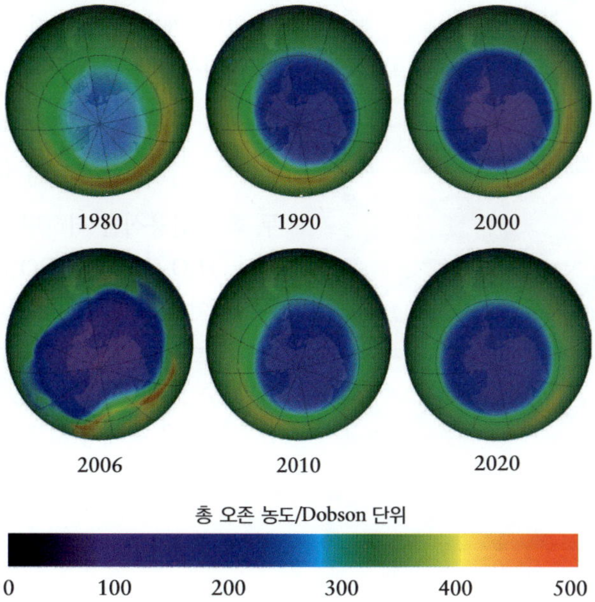

1980년부터 2020년까지 남극의 9월 월평균 성층권 오존 농도. 온대 지역 위도에서 정상적인 오존 농도는 약 350 DU(녹색)이다. 1 dobson 단위(DU)는 0℃, 1기압에서 10 μm의 두께에 해당하는 오존층이므로, 350 DU는 3.50 mm 두께의 오존층에 해당한다. 오존층에서 가장 큰 구멍은 2006년 9월 24일에 관측되었다(추가 지도는 http://ozonewatch.gsfc.nasa.gov 참조)(NASA 오존 감시).

참고 문헌

C. Baird and M. Cann, "Stratospheric chemistry: the ozone layer" and "The ozone holes," *Environmental Chemistry*, 5th ed. (New York: W. H. Freeman and Company, 2012). F. S. Rowland, "Stratospheric ozone depletion," *Philosophical Transactions of the Royal Society B*, vol. 361, 2006, pp. 769–790. J. Shanklin, "Reflections on the ozone hole," *Nature*, vol. 465, 2010, pp. 34–35. NASA, "NASA Ozone Watch," https://ozonewatch.gsfc.nasa.gov.

의 성분비에는 영향을 미치지 않는다. 촉매가 있는 경로에서 정반응과 역반응이 모두 빨라지기 때문에 평형 상수는 변하지 않는다.

보충 설명

촉매(觸媒)의 한자는 '결혼 중개인'으로 번역되는데, 그 의미를 아주 잘 표현한다.

균일 촉매(homogeneous catalyst)는 반응물과 동일한 상(phase)에 있는 촉매이다. 반응물이 기체인 경우 균일 촉매도 기체이다. 반응물이 액체 용액에 녹아 있으면 균일 촉매도 그 용액에 녹아 있다. 수용액에서 과산화 수소가 분해될 때, 브로민은 균일 액체상 촉매로 작용한다.

$$2H_2O_2(aq) \xrightarrow{Br_2} 2H_2O(l) + O_2(g)$$

브로민이나 다른 촉매가 존재하지 않으면 과산화 수소 용액은 실온에서 오랫동안 보관할 수 있다. 하지만, 브로민 한 방울을 넣자마자 산소 기포가 생긴다. 이 반응에서 브로민은 다음과

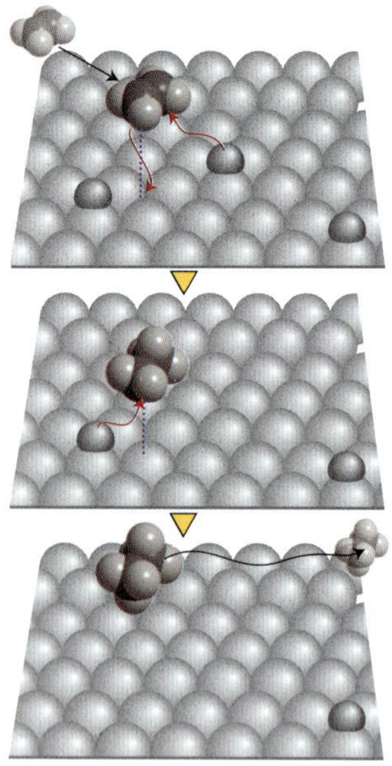

그림 7E.3 금속 촉매 표면에서 에텐($H_2C{=}CH_2$)과 수소의 반응. 촉매 표면에 흡착된 수소 분자는 해리되어 수소 원자 형태로 표면에 붙어 있다. 그림의 순서대로 보면, 에텐 분자가 금속 표면에 접근해서 달라붙은 후에 수소 원자를 만나서 결합을 만든다. 이 단계에서 $\cdot CH_2CH_3$ 라디칼은 탄소 원자 하나로 표면에 붙어 있다가 다른 수소 원자를 만난다. 생성된 에테인은 촉매 표면을 떠난다.

같이 한 단계에서는 Br^-로 환원되었다가, 다음 단계에서는 다시 Br_2로 산화되는 것으로 알려져 있다. 개별 단계의 전체 화학 반응식은 다음과 같다(단일 단계 반응은 각 경우에 너무 많아서 여기서 모두 찾을 수는 없다).

$$Br_2(aq) + H_2O_2(aq) \rightarrow 2Br^-(aq) + 2H^+(aq) + O_2(g)$$
$$2Br^-(aq) + H_2O_2(aq) + 2H^+(aq) \rightarrow Br_2(aq) + 2H_2O(l)$$

두 화학 반응식을 더하면 촉매인 Br_2와 중간체인 Br^-가 모두 상쇄되어 전체 반응식은 다음과 같다. $H_2O_2(aq) \rightarrow 2\,H_2O(l) + O_2(g)$. 따라서, Br_2 분자는 반응에 참여해서 소모되더라도 다시 재생되어 반복해서 작용한다.

촉매는 반응의 균형 화학 반응식에 나타나지는 않지만, 균일 촉매의 농도는 속도 법칙에 나타날 수 있다. 예를 들어, 트라이아이오딘화 이온과 아자이드화 이온 사이의 반응은 이황화 탄소와 같은 촉매가 없으면 매우 느리게 일어난다.

$$I_3^-(aq) + 2N_3^-(aq) \xrightarrow{CS_2} 3I^-(aq) + 3N_2(g)$$

이 반응에서는 반응성이 높은 중간체가 형성되는 첫 단계가 속도 결정 단계이다.

$$CS_2 + N_3^- \rightarrow S_2CN_3^- \qquad (\text{느림})$$

이 중간체는 일련의 단일 단계 반응으로 트라이아이오딘화 이온과 빠르게 반응하는데, 그 결과는 다음과 같이 요약할 수 있다.

$$2S_2CN_3^- + I_3^- \rightarrow 2CS_2 + 3N_2 + 3I^-$$

이 메커니즘에서 유도되는 속도 법칙은 실험으로 구한 속도 법칙과 같다.

$$I_3^-\text{의 소모 속도} = k_r[CS_2][N_3^-]$$

속도 법칙이 촉매인 이황화 탄소에 대해서는 일차이지만, 트라이아이오딘화 이온에 대해서는 영차라는 사실에 유의하자.

불균일 촉매(**heterogeneous catalyst**)는 반응물과 다른 상에 존재하는 촉매이다. 가장 흔한 불균일 촉매는 기체상이나 액체상 반응에 사용하는 미세한 분말 형태 또는 다공성의 고체이다. 이러한 촉매는 분말 형태이거나 다공성이기 때문에 촉매 경로인 단일 단계 반응이 일어날 수 있는 넓은 표면적을 제공한다. 한 가지 예로, 암모니아를 합성하는 Haber 공정(Haber process)에 사용되는 철 촉매를 들 수 있다(Topic 5I). 또 다른 예로, 에텐의 수소화 반응에 사용되는 미세한 분말 형태의 니켈이 있다.

$$H_2C{=}CH_2(g) + H_2(g) \xrightarrow{Ni} H_3C{-}CH_3(g)$$

반응물은 촉매 표면에 흡착된다. 반응물 분자가 촉매의 표면에 붙으면 결합이 약해지는데, 에텐의 이중 결합이 더 쉽게 끊어져서 반응이 더 빨리 진행된다(그림 7E.3).

예제 7E.1 촉매가 반응 속도에 미치는 효과 알아보기

청소용품 제조업체에서 세탁 세제의 얼룩 제거제로 과산화 수소(H_2O_2)를 사용할 수 있을지 알아보려고 한다. 시장 조사 지역의 물에는 산화 철 성분이 들어 있는데, 이 물질이 과산화 수소 사용에 방해가 될지 알고 싶다. 과산화 수소 분해 반응의 활성화 에너지는 75.3 $kJ\cdot mol^{-1}$이지만, 산화철이 있으면 32.8 $kJ\cdot mol^{-1}$로 낮아진다. 다른 모든 조건이 동일하다면, 촉매가 있을 때 25 °C에서 과산화 수소의 분해 속도는 몇 배가 빨라지는가?

예상 촉매 반응은 활성화 에너지가 훨씬 낮기 때문에, 분해 속도가 크게 증가할 것이다.

계획 속도 상수와 활성화 에너지 사이의 관계는 Topic 7D의 식 1b($k_r = Ae^{-E_a/RT}$)에 나와 있다. 두 활성화 에너지 값과 속도 상수의 비 k_{r2}/k_{r1}의 관계식을 쓰고, k_{r2}를 k_{r1}에 대해서 푼다.

무엇을 가정해야 하는가? 촉매의 유무에 관계 없이 분해 반응의 빈도 인자는 같다고 가정한다.

풀이

속도 상수의 비를 Topic 7D의 식 1b ($k_r = Ae^{-E_a/RT}$)를 이용해서 구하면,

$$\frac{k_{r2}}{k_{r1}} = \frac{Ae^{-E_{a2}/RT}}{Ae^{-E_{a1}/RT}} \overset{e^x/e^y = e^{x-y}}{=} e^{-(E_{a2}-E_{a1})/RT}$$

그리고 다음 결과를 이용해서,

$$\frac{E_{a2}-E_{a1}}{RT} = \frac{(32.8-75.3)\times \overbrace{10^3\ \text{J}}^{\text{kJ}}\cdot\text{mol}^{-1}}{(8.3145\ \text{J}\cdot\text{K}^{-1}\cdot\text{mol}^{-1})\times(298\ \text{K})} = -17.15\ldots$$

속도 상수의 비를 구할 수 있다.

$$\frac{k_{r2}}{k_{r1}} = e^{-(-17.15\ldots)} = e^{17.15\ldots} = 2.8\times10^7$$

k_{r2}를 k_{r1}으로 나타내면,

$$k_{r2} = 2.8\times10^7\ k_{r1}$$

평가 예상대로 촉매가 있을 때 과산화 수소의 분해 속도 상수는 거의 3,000만 배만큼 크게 증가했다. 실제로는, 빈도 계수가 촉매가 있을 때 달라질 수 있으므로, 이 추정치는 관찰값과 일치하지 않을 수 있다.

자습 7E.1A 촉매가 있을 때, 25 °C에서 반응 속도가 1000.배 증가했다. 원래 반응 경로의 활성화 에너지는 98 kJ·mol^{-1}이다. 다른 모든 조건이 동일하다면, 새로운 반응 경로의 활성화 에너지는 얼마인가? (실제로는 새로운 반응 경로에서 빈도 인자가 달라진다.)

[**답**: 81 kJ·mol^{-1}]

자습 7E.1B 촉매가 있을 때, 37 °C에서 반응 속도가 500.배 증가했다. 원래 반응 경로의 활성화 에너지는 106 kJ·mol^{-1}이다. 다른 모든 조건이 동일하다면, 새로운 반응 경로의 활성화 에너지는 얼마인가? (실제로는 새로운 반응 경로에서 빈도 인자가 달라진다.)

관련 연습 문제 7E.3, 7E.4

촉매는 반응에 참여하지만 소모되지 않으며, 활성화 에너지가 낮은 반응 경로를 제공한다. 촉매는 균일 촉매와 불균일 촉매로 분류된다.

7E.2 산업용 촉매

자동차의 촉매 변환기는 불완전 연소된 연료를 완전하고 빠르게 연소시키기 위해 불균일 촉매를 사용한다(**그림 7E.4**). 엔진에서 방출되는 기체 혼합물에는 이산화 탄소와 물뿐만 아니라

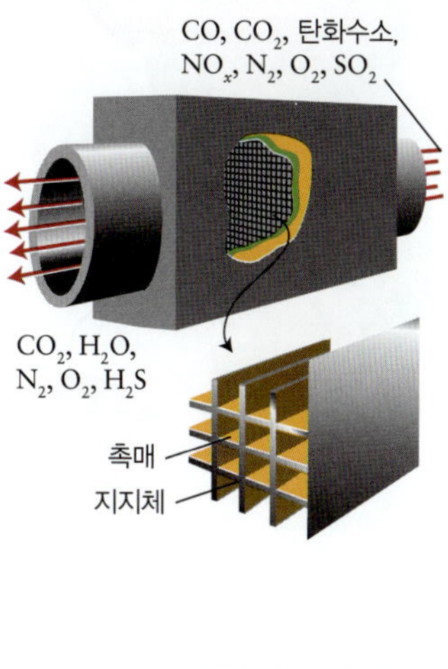

그림 7E.4 자동차의 촉매 변환기는 배기가스가 지나는 벌집 모양의 세라믹 지지체에 촉매 혼합물을 고정시켜 만든다.

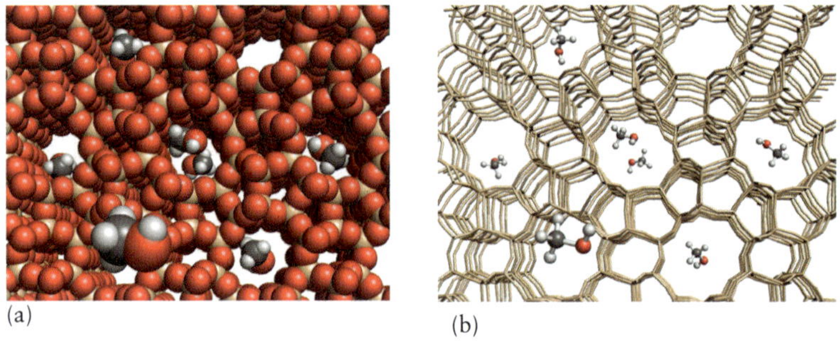

그림 7E.5 (a) ZSM-5 제올라이트 촉매의 구조. 반응물은 통로를 통해 확산되는데, 이 통로는 반응이 잘 일어날 수 있는 위치에 중간체를 잡아 둘 수 있을 정도로 폭이 적당히 좁다. (b) 구조를 잘 알아볼 수 있도록 제올라이트 결합만 그렸다.

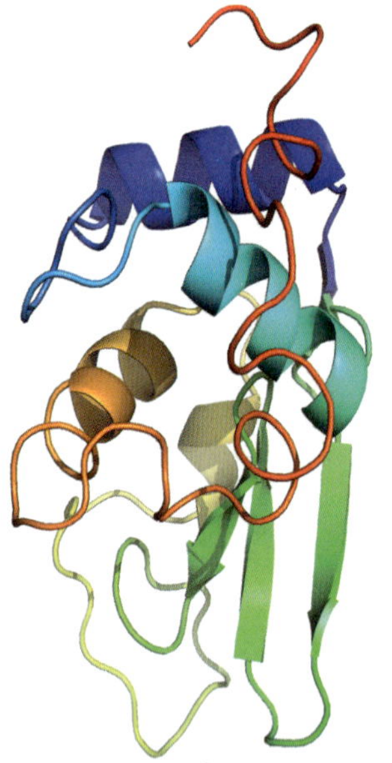

그림 7E.6 라이소자임(lysozyme) 분자는 전형적인 효소 분자로서, 눈물과 코 점액 등 신체의 여러 곳에 있다. 라이소자임의 기능 중 하나는 박테리아의 세포벽을 공격해서 파괴하는 것이다. '리본' 형태의 이 그림은 분자의 전체적인 형태를 강조하기 위해 원자의 일반적인 배열만 그렸다. 실제로 리본은 아미노산이 서로 연결된 구조이다(Topic 10E).

일산화 탄소, 연소되지 않은 탄화수소, NO_x로 총칭되는 질소 산화물 등이 포함되어 있다. 탄소 화합물은 이산화 탄소로 산화시키고, 다른 촉매를 써서 NO_x를 질소로 환원시키면 대기 오염이 감소한다. 문제는 산화 반응과 환원 반응을 모두 빠르게 하고, 자동차 시동을 건 직후에 엔진이 아직 차가울 때도 활성이 있는 촉매(또는 촉매 혼합물)를 찾는 일이다.

미세 다공성 촉매(microporous catalyst)는 표면적이 매우 넓고 반응의 특이성(specificity)이 있기 때문에 자동차 촉매 변환기나 여러 특수 응용 분야에 사용되는 불균일 촉매이다. 예를 들어, **제올라이트(zeolite)**는 육각형 통로가 터널로 연결된 3차원 구조의 미세 다공성 알루미노실리케이트(aluminosilicate, Topic 8F)이다(그림 7E.5). 촉매 변환기는 이러한 구조를 이용해서 질소 산화물을 포집하고 무해한 질소 기체로 환원시킨다. 또 다른 조성의 촉매는 불완전 연소된 탄화수소를 포집해서 이산화 탄소로 산화시킨다. 제올라이트는 활성 부위가 내부에 있기 때문에 다른 불균일 촉매에 비해 특별한 이점이 있는데, 중간체가 생성물이 될 때까지 통로 내부에 머무르기 때문이다. 통로는 생성물이 일정 크기까지만 성장할 수 있도록 한다. ZSM-5는 제올라이트의 성공적 응용 가운데 하나로서, 메탄올을 휘발유로 전환할 때 사용하는 촉매이다. 제올라이트의 기공은 탄소 8개 정도로 이루어진 탄화수소만 통과할 정도의 크기이기 때문에 사슬이 너무 길게 자라지 않게 해준다.

촉매는 **비활성화(poisoning**, '중독'으로 직역하는 곳도 있다–역자 주)될 수 있다. 이러한 비활성화의 일반적인 원인은 분자가 촉매 표면에 너무 강하게 흡착되어 추가 반응을 막아버리기 때문이다. 일부 중금속, 특히 납은 불균일 촉매를 비활성화하는 강력한 물질이다. 다행히도 납 첨가제는 환경에 미치는 부정적인 영향 때문에 오래전부터 휘발유에서 사용이 금지되었다.

미세 다공성 촉매는 제올라이트와 같이 표면적이 큰 불균일 촉매이다.

7E.3 생체 촉매: 효소

살아있는 세포에는 생명에 필수적인 역할을 하는 수천 가지 종류의 균일 촉매가 있다. 이러한 촉매의 상당수는 **효소**(enzyme)라고 부르는 단백질로서, 반응이 일어나는 주머니 모양의 활성 자리(active site)가 있는 거대 분자이다(그림 7E.6). 효소가 작용하는 반응물 분자인 **기질(substrate)**은 열쇠가 자물쇠에 들어맞듯이 활성 자리 주머니 모양에 맞추어 들어간다(그림 7E.7). 하지만, 일반적인 자물쇠와 달리, 단백질 분자는 기질 분자가 접근함에 따라 약

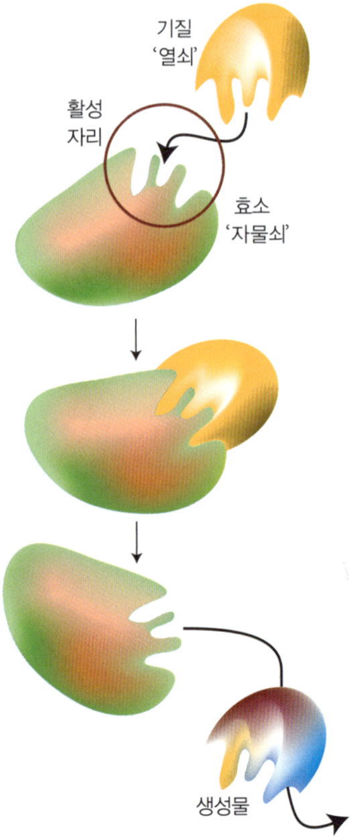

그림 7E.7 효소 작용을 설명하는 자물쇠–열쇠 모델에서는 열쇠가 자물쇠에 들어맞듯이 기질은 활성 자리에 잘 맞아 들어갈 수 있어야 한다. 개선된 모델에서는 열쇠(기질)가 들어갈 때 효소가 모양을 약간 바꾼다.

그림 7E.8 (a) Leonor Michaelis(1875~1949)는 독일의 화학자이자 의사로서, Maud Menten과 함께 생물학적 시스템의 효소 작용을 물리화학적 접근법으로 처음으로 연구한 사람 가운데 한 명이다. (b) Maud Menten(1879~1960)은 캐나다의 의학 연구자이자 생화학자로서, Michaelis와 함께 일하기 위해 독일로 이주했다. 생물학적 시스템에서 효소 작용의 속도론을 연구하는 방법을 개발했다.((a), (b) *Public Domain/Wikimedia Commons*)

간 변형된다. 올바른 구조적 변형을 할 수 있는 능력이 '열쇠'가 얼마나 잘 맞는지 결정한다. 원래의 자물쇠-열쇠 모델을 보완해서 수정한 이러한 모델을 **유도적합 메커니즘(induced-fit mechanism)**이라고 한다.

활성 자리에 들어간 기질은 반응을 한다. 생성물은 효소를 빠져나와서 다른 효소가 조절하는 다음 단계에 사용되며, 원래의 효소 분자는 다음 기질 분자를 받을 준비가 된다. 효소의 한 예로 입안에 있는 아밀레이스(amylase)가 있다. 침 속의 아밀레이스는 음식물 속 전분을 분해해서 더 쉽게 소화되는 글루코스(glucose, 포도당이라고도 한다—역자 주)로 만든다. 밥알을 오래 씹으면 단맛이 더 나는 이유이다.

효소 반응에 대한 속도론적 연구는 20세기 초 Leonor Michaelis(그림 7E.8a)와 Maud Menten(그림 7E.8b)이 처음 시작했다. 이들은 기질의 농도가 낮을 때는 효소 촉매 반응의 속도가 그림 7E.9의 그래프처럼 기질의 농도에 따라 증가한다는 사실을 발견했다. 하지만, 기질의 농도가 높으면 반응 속도는 효소의 농도에만 의존한다. 효소 반응의 **Michaelis-Menten 메커니즘(Michaelis-Menten mechanism)**에서 효소 E는 기질 S와 가역적으로 결합해서 효소-기질 복합체 ES를 만든다.

$$\mathrm{E + S \rightleftarrows ES} \qquad \text{정반응: 이차 반응} \qquad \text{속도} = k_{r,1}[\mathrm{E}][\mathrm{S}]$$
$$\text{역반응: 일차 반응} \qquad \text{속도} = k_{r,1}'[\mathrm{ES}]$$

이 복합체는 일차 반응으로 분해되며, 자유롭게 된 효소는 다시 촉매 작용에 참여한다.

$$\mathrm{ES} \rightarrow \mathrm{E} + \text{생성물} \qquad \text{정반응: 일차 반응} \qquad \text{속도} = k_{r,2}[\mathrm{ES}]$$

전체 속도 법칙을 구해보면(연습문제 7.14 참조), 다음과 같다.

$$\text{생성물의 생성 속도} = \frac{k_{r,2}[\mathrm{E}]_0[\mathrm{S}]}{K_\mathrm{M} + [\mathrm{S}]} \qquad \textbf{(1a)}$$

여기서 $[\mathrm{E}]_0$은 효소의 총 농도(기질과 결합한 상태 및 결합하지 않은 상태의 합)이며, **Michaelis 상수(Michaelis constant)** K_M은 다음과 같다.

$$K_\mathrm{M} = \frac{k_{r,1}' + k_{r,2}}{k_{r,1}} \qquad \textbf{(1b)}$$

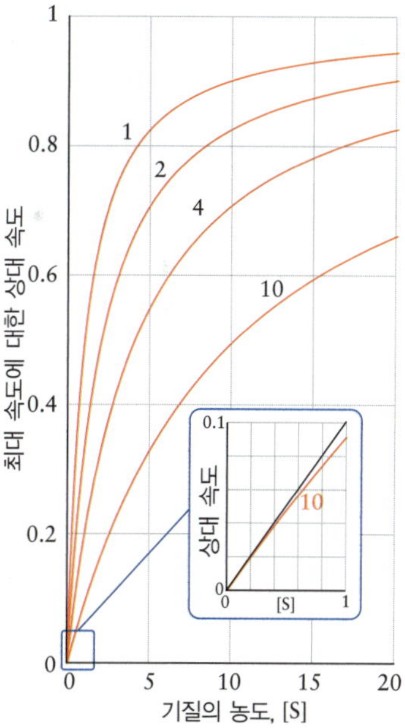

그림 7E.9 효소 촉매 반응 속도를 기질 농도의 함수로 그린 그래프. 개별 곡선은 서로 다른 K_M 값에 해당하며, 반응 속도는 기질의 농도가 아주 높을 때 도달하는 최댓값 $k_{r,2}[\mathrm{E}]_0$에 대한 상댓값이다. 기질의 농도가 낮을 때는 반응 속도가 기질의 농도에 정비례한다($K_\mathrm{M} = 10$의 곡선에 함께 그린 검은색 선 참조). 기질의 농도가 높아서 효소 분자가 기질로 '포화'되면, 속도는 $k_{r,2}[\mathrm{E}]_0$로 일정해진다. 기질 농도 [S]의 단위는 K_M의 단위와 같다.

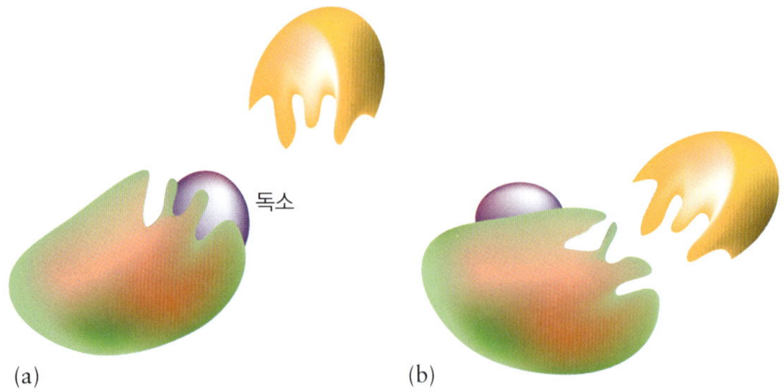

그림 7E.10 (a) 효소의 독소(자주색 공으로 표시)는 아주 강하게 결합해서 활성 자리를 차단함으로써 효소가 더 이상 작용하지 못하게 한다. (b) 이와 달리, 독소 분자가 다른 위치에 결합해서 효소 분자와 활성 자리를 변형시키면, 기질은 더 이상 활성 자리에 들어맞지 않게 된다.

식 1a에 정의된 속도를 기질의 농도에 대해 그리면 실험적으로 관찰되는 곡선과 같은 모양이다.

생물학적 중독(비활성화)의 한 형태는 촉매 변환기에 대한 납의 영향과 비슷하다. 기질이 아닌 물질이 너무 강하게 결합하면 활성 자리가 막혀서 원래 기질이 결합할 수 없게 되어 효소 활동이 중단된다(그림 7E.10). 그 결과, 세포 내에서 일어나야 하는 일련의 생화학 반응이 멈추어 세포는 죽는다. 어떤 신경 가스는 신경을 통한 신호 전달을 조절하는 효소 반응을 차단한다. 소설 속의 독살범들이 즐겨 사용하는 비소 또한 이와 유사하게 작용한다. 비소산 이온(arsenate, AsO_4^{3-}) 형태로 As(V)를 섭취하면, As(III)로 환원된 다음 효소에 결합해서 효소 작용을 방해한다. 하지만, 모든 효소 비활성화가 유해한 것은 아니다. 고리 산소화 효소(cyclooxygenase)는 염증을 유발하는 프로스타글란딘(prostaglandin)과 트롬복세인(thromboxane)의 생성에 관여한다. 만성 관절염 환자의 경우 이 효소가 과도하게 활성화되어 관절에 고통스러운 염증이 생긴다. 아스피린(아세틸 살리실산, acetylsalicylic acid, **1**)은 고리 산소화 효소와 비가역적으로 반응해서 촉매 활동을 중단시켜 염증을 줄인다.

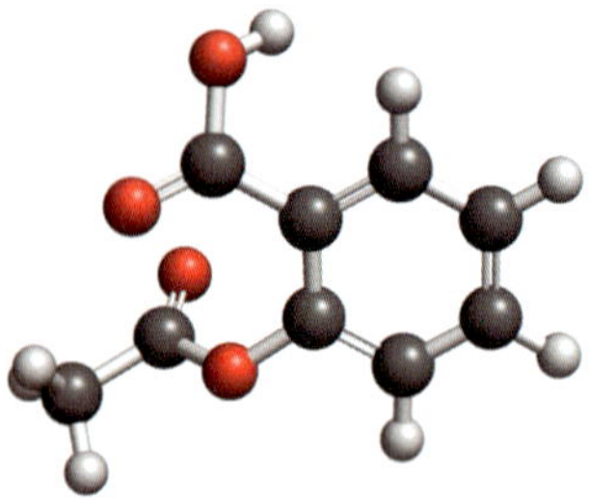

1 아세틸 살리실산(아스피린)

효소는 생체 촉매로서, 기질 분자를 변형시켜 반응을 촉진한다.

이 Topic에서 배운 것은 무엇인가?

촉매는 생성물이 만들어지는 낮은 활성화 에너지 반응 경로를 제공함으로써 반응 속도를 높인다. 촉매는 균형 맞춘 화학 반응식에는 나타나지 않지만 속도 법칙에는 나타난다. 효소는 기질에 활성 자리를 제공함으로써 촉매로 작용한다.

개념과 식의 적용

- □ 촉매가 어떻게 반응 속도를 증가시키는지 설명한다(7E.1절).
- □ 촉매가 있을 때와 없을 때의 활성화 에너지를 이용해서 속도 상수의 증가를 계산한다(예제 7E.1).
- □ 균일 촉매와 불균일 촉매를 구별한다(7E.1절 및 7E.2절).
- □ 촉매 중독(= 비활성화)의 의미를 설명한다(7E.2절 및 7E.3절).
- □ 효소 작용에서 유도적합 메커니즘을 설명한다(7E.3절).

Topic 7E 연습 문제

7E.1 촉매는 (a) 역반응의 속도와 (b) 반응의 $\Delta H_r°$ 값에 어떤 영향을 미치는가?

7E.2 균일 촉매는 (a) 속도 법칙과 (b) 반응의 평형 상수에 어떤 영향을 미치는가?

7E.3 촉매가 새로운 반응 경로를 만들어 활성화 에너지가 125 kJ·mol^{-1}에서 75 kJ·mol^{-1}로 낮아졌다. (a) 다른 조건은 모두 같다

면, 298 K에서 반응 속도는 몇 배나 증가하는가? (b) 반응을 350. K에서 수행한다면 반응 속도는 몇 배로 변하는가?

7E.4 촉매가 새로운 반응 경로를 만들어 활성화 에너지가 75 $kJ{\cdot}mol^{-1}$에서 52 $kJ{\cdot}mol^{-1}$로 낮아졌다. (a) 다른 조건은 모두 같다면, 200. K에서 반응 속도는 몇 배나 증가하는가? (b) 반응을 300. K에서 수행한다면 반응 속도는 몇 배로 변하는가?

7E.5 유기 나이트릴은 $-C{\equiv}N$기가 있는 화합물로서, 염기성 용액에서 다음과 같은 메커니즘으로 가수분해된다고 알려져 있다. 전체 반응에 대해 균형 맞춘 화학 반응식을 쓰고, (있다면) 모든 중간체를 열거하고, 이 반응의 촉매를 찾으시오.

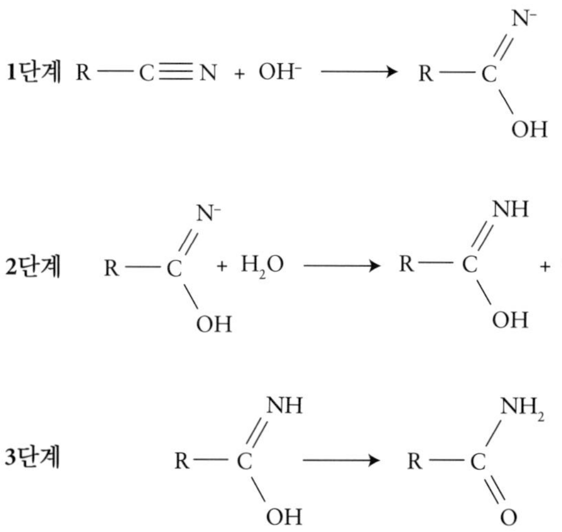

7E.6 아세트산 에틸이 가수분해되는 다음 메커니즘을 고려하자. 전체 반응에 대해 균형 맞춘 화학 반응식을 쓰고, (있다면) 모든 중간체를 열거하고, 이 반응의 촉매를 찾으시오.

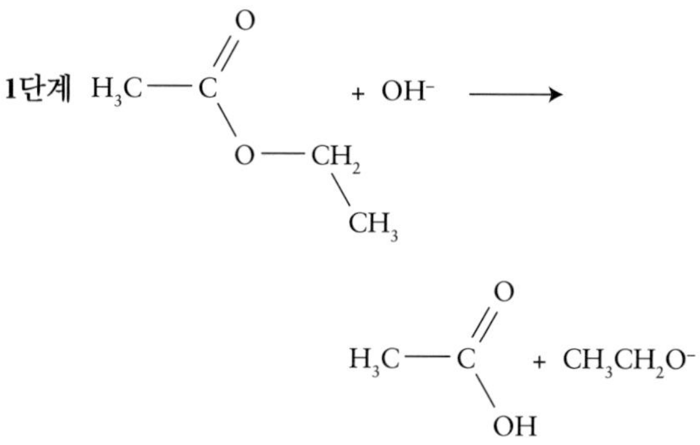

2단계 $CH_3CH_2O^- + H_2O \longrightarrow CH_3CH_2OH + OH^-$

7E.7 촉매에 관한 다음 설명 가운데 어느 것이 참인지 결정하시오. 거짓이면, 그 이유를 설명하시오.

(a) 평형 과정에서 촉매는 정반응의 속도를 증가시키지만 역반응 속도에는 영향을 미치지 않는다.

(b) 촉매는 반응 중에 소비되지 않는다.

(c) 촉매의 존재 유무와 관계없이 반응 경로는 같지만, 정반응과 역반응의 모두 속도 상수는 감소한다.

(d) 평형을 생성물 쪽으로 옮기기 위해 촉매를 신중하게 선택해야 한다.

7E.8 촉매에 관한 다음 설명 가운데 어느 것이 참인지 결정하시오. 거짓이면, 그 이유를 설명하시오.

(a) 불균일 촉매는 반응하는 분자 가운데 하나 이상을 촉매 표면에 결합시켜 작용한다.

(b) 효소는 생물학적 시스템에서 촉매 역할을 하는 자연 단백질이다.

(c) 촉매가 있으면 반응의 평형 상수가 커진다.

(d) 촉매는 반응의 경로를 변화시켜 발열성을 더 높인다.

7E.9 효소 반응의 Michaelis–Menten 속도식은 일반적으로 생성물 형성 속도로 나타낸다(식 1a). 이 식에 따르면 1/속도(여기서 속도는 생성물 형성 속도)가 기질 농도 [S]에 반비례하는데, 이 관계를 이용해서 K_M을 구할 수 있다. Michaelis–Menten 식을 유도하고 1/속도를 1/[S]에 대해 그려보자. 축을 표기하고, y 절편과 기울기를 K_M과 [S]에 대한 식으로 표현해 보자.

7E.10 Michaelis 상수(K_M)는 효소–기질 복합체의 안정성을 나타내는 지표이다. Michaelis 상수가 크면 효소–기질 복합체가 안정한가, 불안정한가? 그 이유를 설명하시오.

다음의 예제와 연습 문제는 Focus 7의 전반적인 내용을 다룬다.

FOCUS 7 통합 예제

정수 시설에서 상수원의 철(II) 이온의 농도를 측정하려고 한다. 철(II) 이온은 1,10-페난트롤린(1,10-phenanthroline; phen, **1**)과 반응해서 진한 빨간색 착이온 페로인(ferroin) $Fe(phen)_3^{2+}$을 만든다. 분광법으로 페로인의 농도를 측정해서 철(II) 이온의 농도를 결정할 수 있다. 하지만 산성 용액에서는 이 착물이 분해되는데, 전체 반응식은 다음과 같다.

$$Fe(phen)_3^{2+}(aq) + 3H_3O^+(aq) \rightarrow Fe^{2+}(aq) + 3Hphen^+(aq) + 3H_2O(l)$$

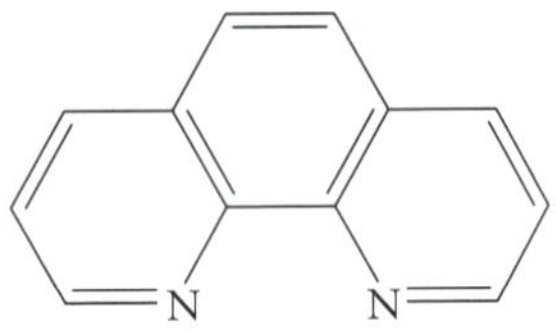

1 1,10-페난트롤린

온도에 따라 착물의 농도가 얼마나 빨리 변하는지 알기 위해서는 반응의 활성화 에너지를 먼저 구해야 한다.

(a) 다음 표의 데이터는 40. °C에서 얻은 값이다. 이 데이터를 이용해서 $Fe(phen)_3^{2+}$와 H_3O^+에 대한 반응 차수를 구하시오. (b) 반응 속도 법칙을 구하고, 40. °C에서의 속도 상수 k_r을 계산하시오.

실험	$[Fe(phen)_3^{2+}]$/ $(mol \cdot L^{-1})$	$[H_3O^+]$/ $(mol \cdot L^{-1})$	초기 속도/ $(mol \cdot L^{-1} \cdot s^{-1})$
1	7.5×10^{-3}	0.5	9.0×10^{-6}
2	7.5×10^{-3}	0.05	9.0×10^{-6}
3	3.75×10^{-2}	0.05	4.5×10^{-5}

(c) 위의 (b)에서 구한 속도 상수와 아래 표의 데이터를 이용해서 이 반응의 활성화 에너지를 구하시오. (d) 25 °C에서 $Fe(phen)_3^{2+}$의 농도가 절반으로 줄어드는 데 걸리는 시간을 구하시오.

온도/°C	50	60	70
속도 상수, k_r/s^{-1}	5.4×10^{-3}	2.2×10^{-2}	8.5×10^{-2}

FOCUS 7 연습 문제

$\int_{dx}^{C}$ 표시가 있는 문제는 미적분을 사용해야 한다.

따로 언급하지 않는 한 모든 반응 속도는 고유 반응 속도이다.

7.1 어떤 반응에서는 둘 이상의 생성물이 만들어진다. 만일 가장 빠른 반응에서 만들어지는 생성물이 주생성물이면, 그 반응은 '속도론적 지배(kinetic control)'를 받는다고 말한다. 만일 열역학적으로 가장 안정한 생성물이 주생성물이면, 그 반응은 '열역학적 지배(thermodynamic control)'를 받는다고 말한다. 반응성이 큰 중간체 $CH_3CH{=}CHCH_2^+$가 HBr과 반응할 때, 낮은 온도에서 주생성물은 $CH_3CHBrCH{=}CH_2$이고, 높은 온도에서 주생성물은 $CH_3CH{=}CHCH_2Br$이다. (a) 두 생성물 가운데 활성화 에너지가 더 높은 반응에서 만들어지는 것은? (b) 속도론적 지배는 낮은 온도에서 우세한가, 높은 온도에서 우세한가? 그 이유를 설명하시오.

7.2 유기 화합물 A는 두 개의 서로 다른 속도론적 지배 반응 경로를 따라 분해되어 B 또는 C를 만든다(연습 문제 7.1참조). C보다 B를 만드는 경로의 활성화 에너지가 더 크다. 온도를 높이면 [B]/[C] 비율이 증가할까, 아니면 감소할까? 그 이유를 설명하시오.

7.3 어떤 기질이 효소의 활성 자리에 결합하는 반응의 평형 상수가 310 K에서 326이다. 같은 온도에서, 결합 반응에 해당하는 이차 반응의 속도 상수는 $7.4 \times 10^7\ L \cdot mol^{-1} \cdot s^{-1}$이다. 활성 자리에서 기질이 반응하지 않고 이탈하는 반응(= 결합 반응의 역반응)의 속도 상수는 얼마인가?

7.4 화합물 A와 B는 둘 다 일차 반응으로 분해된다. 398 K에서 A의 분해 반응의 속도 상수는 $3.6 \times 10^{-5}\ s^{-1}$이다. $0.120\ mol \cdot L^{-1}$의 A가 들어있는 용기와 $0.240\ mol \cdot L^{-1}$의 B가 들어있는 용기를 각각 준비했다. 5.0시간 후에 A의 농도는 B의 농도의 3.0배가 되었다. (a) 이때 A의 농도는 얼마인가? (b) 398 K에서 B의 분해 반응의 속도 상수는 얼마인가?

7.5 기체 화합물 X가 일차 반응으로 분해될 때의 실험 데이터를 아래 그림으로 표현했다. 녹색 공이 화합물이며, 분해 생성물은 따로 그리지 않았다. 개별 플라스크 아래 숫자는 반응 시작점을 기준으로 측정한 시간이다. (a) 이 반응의 반감기를 구하시오. (b) 8.0초가 지났을 때의 상황을 그림으로 그리시오.

0 5.0초 10.0초

7.6 기호로 나타낸 아래 단일 단계 반응의 분자도를 결정하시오.

(a) ○ + ●—● → ○—● + ●

(b) ○—○ → ○ + ○

(c) ○ + ○ + ● → ● + ○—○

7.7 다음 속도 법칙은 단일 단계 반응에서 유도되었다. 각각에 대해 화학 반응식을 쓰고, 분자도를 결정하고, 활성화물의 구조를 제안하시오.

(a) 속도 $= k_r[CH_3CHO]$ (생성물은 CH_3와 CHO이다.)

(b) 속도 $= k_r[I]^2[Ar]$ (생성물은 I_2와 Ar이다. 여기서 Ar은 생성물이 만들어질 때 여분의 에너지를 제거하는 역할을 한다.)
(c) 속도 $= k_r[O_2][NO]$ (생성물은 NO_2와 O이다.)

7.8 하이드라진의 생성 반응 $N_2(g) + 2\ H_2(g) \rightarrow N_2H_4(g)$에 대해 다음과 같은 메커니즘이 제안되었다.

1단계 $N_2 + H_2 \rightarrow N_2H_2$

2단계 $H_2 + N_2H_2 \rightarrow N_2H_4$

전체 반응의 속도 법칙은 속도 $= k_r[N_2][H_2]^2$이다. 어느 단계가 속도 결정 단계인가? 풀이 과정을 보이시오.

7.9 슈크로스(sucrose, $C_{12}H_{22}O_{11}$)의 가수분해 반응으로 과당(fructose)과 포도당(glucose)이 만들어진다. $C_{12}H_{22}O_{11}(aq) + H_2O(l) \rightarrow C_6H_{12}O_6$(포도당, aq) + $C_6H_{12}O_6$ (과당,aq). 이 반응에 대해 두 가지 메커니즘이 제안되었다.

(i) **1단계** $C_{12}H_{22}O_{11} \rightarrow C_6H_{12}O_6 + C_6H_{10}O_5$ (느림)
2단계 $C_6H_{10}O_5 + H_2O \rightarrow C_6H_{12}O_6$ (빠름)

(ii) $C_{12}H_{22}O_{11} + H_2O \rightarrow C_6H_{12}O_6 + C_6H_{12}O_6$ (느림)

어떤 조건에서 실험을 해야 반응 속도론 데이터로 이 두 메커니즘을 구별할 수 있는가?

7.10 C=O기를 포함하는 어떤 유기 화합물은 **알돌 축합 반응**(aldol condensation)이라는 과정을 통해 자기 자신과 반응한다. 산성 용액에서 이 반응의 메커니즘은 다음과 같다. 전체 반응식을 쓰고, 중간체를 찾고, 수소 이온의 역할을 밝히시오.

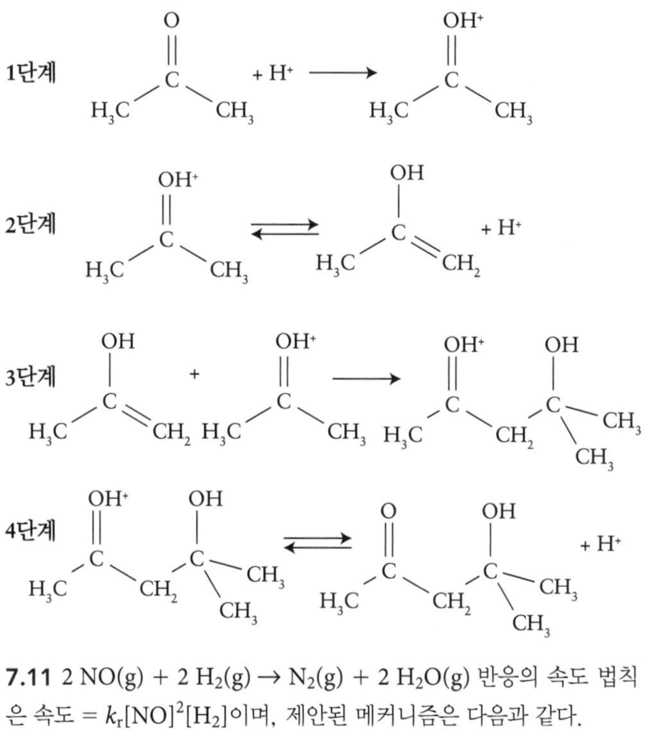

7.11 $2\ NO(g) + 2\ H_2(g) \rightarrow N_2(g) + 2\ H_2O(g)$ 반응의 속도 법칙은 속도 $= k_r[NO]^2[H_2]$이며, 제안된 메커니즘은 다음과 같다.

1단계 $NO + NO \rightarrow N_2O_2$

2단계 $N_2O_2 + H_2 \rightarrow N_2O + H_2O$

3단계 $N_2O + H_2 \rightarrow N_2 + H_2O$

(a) 이 메커니즘에서 어느 단계가 속도 결정 단계가 될 수 있는가? 답을 설명하시오. (b) 이 반응이 발열 반응일 때, 전체 반응에 대한 반응 프로파일을 그리시오. 개별 단계의 활성화 에너지와 전체 반응 엔탈피를 표시하시오.

7.12 (a) 산성 조건에서 슈크로스가 포도당과 과당으로 가수분해되는 반응(연습 문제 7.9)에서 아래와 같은 실험 데이터를 얻었다. 그래프를 그려주는 계산기나 소프트웨어를 이용해서 Arrhenius 그래프로 그리고, 활성화 에너지를 계산하시오. (b) 37 °C(사람의 체온)에서의 속도 상수를 계산하시오. (c) 반응물과 생성물의 용매화 엔탈피는 무시할 수 있다고 가정하고, 부록 2A의 데이터를 이용해서 반응 엔탈피를 계산하시오. 전체 과정에 대한 에너지 프로파일을 그리시오.

온도/°C	**24**	**28**	**32**	**36**	**40.**
k_r/s^{-1}	4.8×10^{-3}	7.8×10^{-3}	13×10^{-3}	$20.\times10^{-3}$	32×10^{-3}

7.13 A가 분해되는 반응의 속도 법칙은 속도 $= k_r[A]^a$이다. 반감기를 $t_{1/2}$, 농도가 초깃값의 3/4이 되는 시간을 $t_{3/4}$이라고 하자. 두 시간의 비, $t_{1/2}/t_{3/4}$는 a만의 함수로 나타낼 수 있으며, 이로부터 A의 반응 차수를 쉽게 구할 수 있음을 보이시오.

7.14 (a) 다음 메커니즘으로부터 Topic 7E의 식 1a를 유도하시오. Michaelis와 Menten은 효소 촉매 반응에서 생성물이 만들어지는 속도가 이 식으로 표현된다고 제안했다. (b) 기질의 농도가 높으면, 속도는 기질의 농도에 무관함을 보이시오.

$$E + S \rightleftarrows ES \quad k_{r,1}, k_{r,1}'$$
$$ES \rightarrow E + P \quad k_{r,2}$$

여기서 E는 기질이 결합하지 않은 효소, S는 기질, ES는 효소–기질 복합체, P는 생성물이다. 정류 상태에서 기질이 결합하지 않은 효소의 농도는 효소의 초기 농도에서 효소–기질 복합체로 존재하는 효소의 농도를 빼 준 값과 같다. $[E] = [E]_0 - [ES]$.

7.15 어떤 기질이 효소 촉매 반응으로 변환될 때, 25 °C에서 $K_M = 0.038\ mol\cdot L^{-1}$이다. 기질의 농도가 $0.156\ mol\cdot L^{-1}$일 때 이 반응의 속도는 $1.21\ mmol\cdot L^{-1}s^{-1}$이다. 기질의 농도가 아주 높을 때, 반응은 최대 속도에 도달한다(연습 문제 7.14 참조). 이 효소 촉매 반응의 최대 속도를 계산하시오.

7.16 지름이 0.50 nm인 분자로 이루어진 기체가 비슷한 크기와 질량의 분자로 이루어진 다른 기체(과량으로 존재)와 300. K, 1.0기압에서 반응해서 기체상 생성물을 만든다. 이 반응의 활성화 에너지는 $25\ kJ\cdot mol^{-1}$이다. 충돌 이론을 이용하여, 320. K에서의 반응 속도와 300. K에서의 반응 속도의 비를 계산하시오.

7.17 A → D 반응에 대해 아래 그림을 참조해서 물음에 답하시오.

(a) 이 반응은 몇 단계 반응인가?
(b) 이 반응에서 속도 결정 단계는?
(c) 어느 단계가 가장 빠른가?
(d) 이 반응에서 중간체는 몇 개가 생겨야 하는가?
(e) 세 번째 단계의 속도만 높이는 촉매를 넣었다. 이 촉매가 전체 반응 속도에 어떤 영향(만일 있다면)을 미칠 수 있는가?

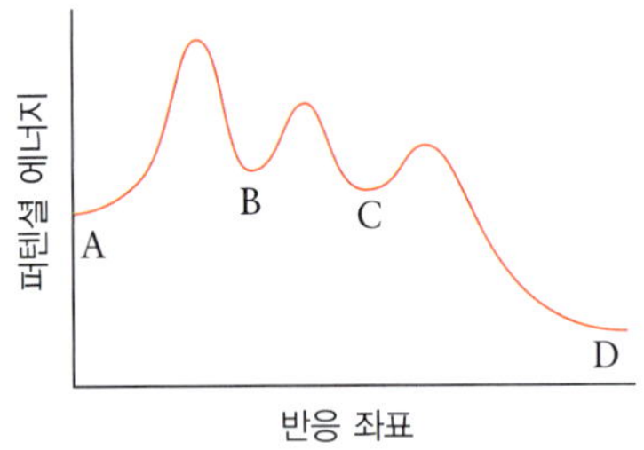

7.18 A → D반응에 대해 아래 그림을 참조해서 물음에 답하시오. (a) 전체 반응은 발열 반응인가, 아니면 흡열 반응인가? 설명하시오. (b) 반응 중간체를 찾으시오. (c) 활성화물를 찾으시오. (d) 어느 단계가 속도 결정 단계인가? 설명하시오.

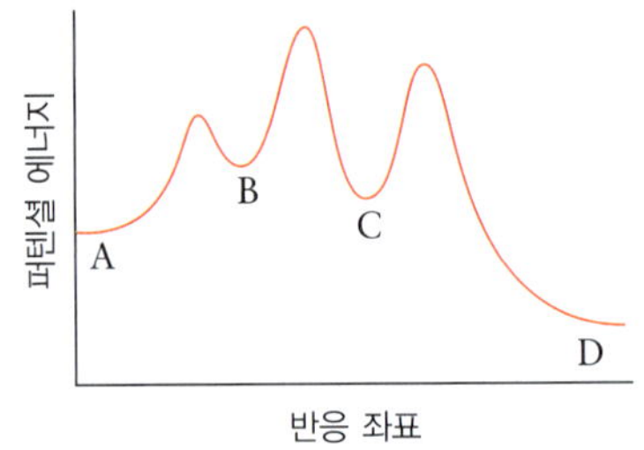

7.19 A → 생성물의 삼차반응에 관여하는 물질의 반감기는 A의 초기 농도의 제곱에 반비례한다. 이 반감기를 이용해서, 농도가 다음과 같이 감소하는 데 걸리는 시간을 어떻게 예측할 수 있는가? 초기 농도의 (a) 1/2, (b) 1/4, (c) 1/16.

7.20 어떤 오염 물질이 일정한 속도 R로 환경에 유입되고, 일단 들어오면 속도 상수가 k_r인 일차 반응으로 농도가 감소한다. 다음에 대한 식을 유도하시오. (a) 평형 상태에서 오염 물질의 농도 (b) $R = 0$일 때, 오염 물질의 반감기

7.21 다음에서 직선인 그래프를 고르시오.
(a) A에 대한 일차 반응에서 [A]를 시간에 대해 그렸다.
(b) A에 대한 영차 반응에서 [A]를 시간에 대해 그렸다.
(c) A에 대한 일차 반응에서 ln [A]를 시간에 대해 그렸다.
(d) A에 대한 이차 반응에서 1/[A]을 시간에 대해 그렸다.
(e) k_r을 온도에 대해 그렸다.
(f) A에 대한 일차 반응에서 초기 속도를 [A]에 대해 그렸다.
(g) A에 대한 영차 반응에서 반감기를 [A]에 대해 그렸다.
(h) A에 대한 이차 반응에서 반감기를 [A]에 대해 그렸다.

7.22 사전평형 근사와 정류 상태 근사는 제안된 메커니즘에 해당하는 속도 법칙을 유도하는 두 가지 다른 접근법이다. 다음 메커니즘에 대해서, (a) 사전평형 근사를 적용해서 속도 법칙을 유도하시오. (b) 정류 상태 근사를 적용해서 속도 법칙을 유도하시오. (c) 이 두 방법에서 같은 결과가 나오는 조건은 무엇인가? (d) Br^-의 농도가 높으면 속도 법칙은 어떻게 되는가?

$CH_3OH + H^+ \rightleftharpoons CH_3OH^+$ (빠른 평형)
$CH_3OH_2^- + Br^- \rightarrow CH_3Br + H_2O$ (느림)

7.23 (a) 다음 메커니즘의 전체 반응은 무엇인가?

$ClO^- + H_2O \rightleftharpoons HClO + OH^-$ (빠른 평형)
$HClO + I^- \rightarrow HIO + Cl^-$ (매우 느림)
$HIO + OH^- \rightleftharpoons IO^- + H_2O$ (빠른 평형)

(b) 이 메커니즘에 해당하는 속도 법칙을 쓰시오. (c) 이 반응의 속도는 용액의 pH에 따라 어떻게 변하는가? (d) 만일 이 반응이 유기 용매에서 일어난다면, 속도 법칙은 어떻게 달라지는가?

7.24 표 7D.1에 수록된 이차 반응의 활성화 에너지는 반응에 따라 아주 다르다. 활성화물에서 생성물의 결합이 만들어지기 시작하면 반응물의 결합은 길어진다. 표에 수록된 개별 반응에서 활성화물이 만들어지려면 어느 결합이 늘어나야 하는지 생각해 보고, 결합 엔탈피(Topic 2D와 Topic 4E 참조)를 이용해서 활성화 에너지의 차이를 설명하시오.

7.25 시각에는 로돕신(rhodopsin) 단백질이 필요하다. 망막에 있는 로돕신 분자가 빛을 흡수하면, 메타로돕신 I(metarhodopsin I)의 형태에서 메타로돕신 II의 형태로 전환되는 반응이 일어난다. 소의 망막에서 이 반응의 반감기는 37 °C에서는 600 μs이지만, 0 °C에서는 1초이다. 반면 개구리 망막에서는 같은 온도 변화에서 이 반응의 반감기가 6배 밖에 차이 나지 않는다. 이러한 차이를 설명하고, 개구리의 생존에 어떤 도움이 되는지 추측해 보시오.

7.26 전유(raw milk)가 상하는 데 28 °C에서는 4시간이 걸리지만, 5 °C 냉장고에서는 48시간이 걸린다. 전유가 상하는 반응의 활성화 에너지를 구하시오.

7.27 몸무게가 1.5 kg인 개를 수술하기 위해, 마취제인 페노바비톨(phenobarbitol) 150 mg을 정맥 주사로 투여했다. 마취제의 대사(=체내에서 분해되는 반응)는 페노바비톨에 대해 일차 반응이고, 반감기는 4.5시간이다. 약 2시간 경과 후 약효가 감소하기 시작했는데, 수술 시간은 예상보다 더 길어지게 되었다. 이 시점에서 이 개를 처음 수준으로 다시 마취시키기 위해서는 페노바비톨을 얼마나 더 주사해야 하는가?

7.28 인구 증가 모델은 화학 반응 속도식과 유사하다. 1798년에 Malthus는 지구의 인구 N의 변화 속도 dN/dt = 출생자 수 − 사망자 수라는 모델을 개발했다. 출생자 수와 사망자 수는 인구에 비례하는데, 그 비례 상수를 각각 b와 d라고 하자. 인구 변화에 대한 적분 속도 법칙을 유도하시오. 시기별 지구상 인구를 어림잡은 아래의 데이터에 이 속도 법칙이 얼마나 잘 들어맞는가?

연도	1750	1825	1922	1960	1974	1987	2000
$N/10^9$	0.5	1	2	3	4	5	6

7.29 염화 플루오린화 탄소가 오존층 파괴에 미치는 영향을 설명하기 위해 다음과 같은 메커니즘이 제안되었다.
1단계 $O_3 + Cl \rightarrow ClO + O_2$
2단계 $ClO + O \rightarrow Cl + O_2$
(a) 반응 중간체는 무엇이고, 촉매는 무엇인가? (b) 이 메커니즘에서 라디칼을 찾으시오. (c) 개별 단계를 개시, 전파, 또는 종결 단계로 구분하시오. (d) 이 반응의 사슬 종결 단계를 쓰시오(화학 이야기

7E.1 참조).

7.30 높은 고도로 비행하는 항공기가 오존층 파괴에 미치는 영향은 다음과 같은 메커니즘으로 설명한다.

1단계 $O_3 + NO \rightarrow NO_2 + O_2$

2단계 $NO_2 + O \rightarrow NO + O_2$

(a) 전체 반응식을 쓰시오. (b) 개별 단계의 속도 법칙을 쓰고, 분자도를 나타내시오. (c) 반응 중간체는 무엇인가? (d) 반응에서 촉매는 무엇인가? (화학 이야기 7E.1 참조)

7.31 성층권에서 일어나는 $O(g) + N_2(g) \rightarrow NO(g) + N(g)$ 반응의 속도 상수는 800 °C에서 9.7×10^{10} L·mol^{-1}·s^{-1}이다. 이 반응의 활성화 에너지는 315 kJ·mol^{-1}이다. 700 °C에서의 속도 상수는 얼마인가? (화학 이야기 7E.1 참조)

FOCUS 7 통합 연습 문제

7.32 흔히 아세토나이트릴(acetonitrile)로 알려진 사이아노메테인(cyanomethane) CH_3CN은 독성이 있는 휘발성 액체로서, 스테로이드를 정제하거나 생선 기름에서 지방산을 추출할 때 용매로 사용된다. 아세토나이트릴은 메틸 아이소나이트릴(methyl isonitrile)의 이성질화 반응 $CH_3NC(g) \rightarrow CH_3CN(g)$으로 합성할 수 있다.

(a) 메틸 아이소나이트릴과 사이아노메테인의 Lewis 구조를 그리시오. 각 탄소 원자의 혼성화 방식을 결정하고, 각 분자가 극성인지 비극성인지 정하시오.

(b) 표 4E.3에 수록된 평균 결합 엔탈피를 이용해서, 이성질화 반응의 $\Delta H°$ 값을 계산하시오. 어떤 이성질체가 더 낮은 생성 엔탈피를 갖는가?

(c) 아르곤 환경에서 이성질화 반응은 일차 속도 법칙 속도 = $k_r[CH_3NC]$를 따른다. 이 반응의 활성화 에너지는 161 kJ·mol^{-1}이고, 500 K에서의 속도 상수는 6.6×10^{-4} s^{-1}이다. 300. K에서의 속도 상수를 계산하고, 300. K에서 CH_3NC의 농도가 초기 농도의 75%로 감소하는 데 걸리는 시간(초)을 계산하시오.

(d) 이성질화 반응의 반응 프로파일을 그리시오.

(e) CH_3NC의 농도가 1.0시간에 초기 농도의 75%로 감소하는 온도를 계산하시오.

(f) 이 반응에서 과량의 아르곤의 역할은 무엇인가?

(g) 아르곤의 농도가 낮을 때는 속도가 더 이상 CH_3NC에 대해 일차가 아니다. 그 이유를 설명하시오.

FOCUS 8

물질

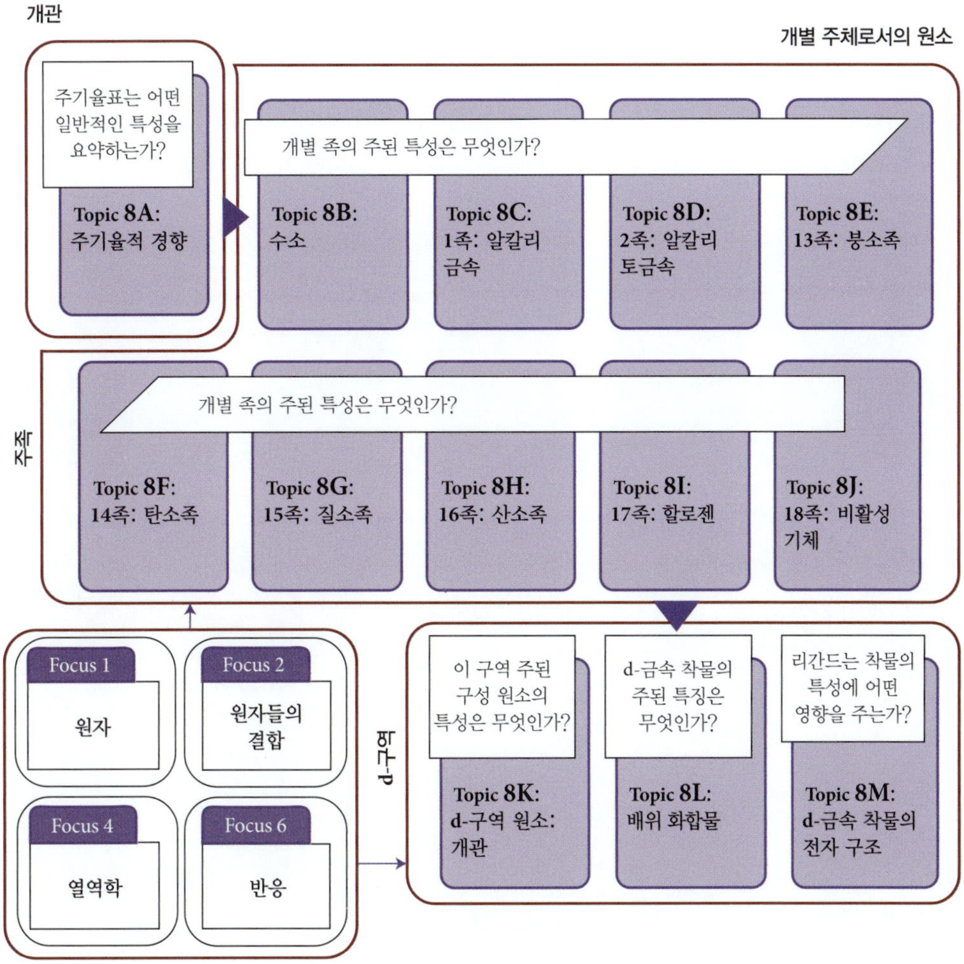

현대 문명은 100년 전에는 상상조차 할 수 없었던 의약, 운송, 통신용 소재를 사용하고 있다. 이러한 물질을 고안하고 개발하기 위해서 과학자와 공학자들은 원소와 화합물에 대해서 제대로 알아야 한다. Focus 8에서는 주족 원소 및 d-구역 원소와 그 화합물의 특성과 중요한 응용 분야를 주기율표에서의 위치와 연관지어 알아본다. 주기율표의 지식을 이용해서 항공우주 산업에 사용되는 타이타늄, 반도체용 실리콘, 석유화학 반응 촉매에 쓰이는 바나듐과 같이 현대 기술에 필요한 신소재를 개발할 수 있었다.

원소의 놀랍도록 다양한 성질–화학적 '개성'–을 알게 될 주기율표 여행을 준비하기 위해, **Topic 8A**에서는 화학의 기초를 다룬 Focus 1과 Focus 2에서 논의했던 원소의 특성과 경향성을 복습하고 이해를 넓힌다. **Topic 8B**는 독특한 성질을 갖는 원소인 수소를 다루고, **Topic 8C**부터 **Topic 8K**는 다른 주족 원소와 d-구역 원소의 중요한 주기율적 경향성을 요약한다. 각 Topic마다 그 족에 속하는 원소를 이용하는 하는 재료 응용 분야도 소개하고자 한다. **Topic 8L**에서는 고유한 모양과 색깔을 갖는 아주 다양한 화합물과 착물을 만드는 d-구역 원소의 두드러진 특성에 대해서 알아본다. 마지막으로, **Topic 8M**에서는 이러한 고유한 색깔의 근원을 알아보고 색과 자성 사이의 연관성을 정립한다.

Focus 8의 많은 Topic은 이 책의 다른 부분에 비해 도입부의 구성이 다르다. 주기율적 경향성은 어떤 물질을 사용해야 하는지, 또는 물질에서 어떤 화학 반응을 기대할 수 있을지에 대한 답을 찾는 열쇠가 되는 경우가 많다. 따라서, 구체적인 내용이 중요하다. 개별 Topic의 목적이 이처럼 비슷하기 때문에(Topic 8A 제외) 시작하는 질문("이 Topic을 왜 배우는가?"와 "무엇을 알고 있어야 하는가?")은 생략했다. 같은 이유로, 대부분의 Topic에서는 마지막 부분의 요약 체크리스트도 생략했다. 이미 앞에서 다룬 내용을 대부분 반복하는 내용이 될 것이기 때문이다.

Topic 8A 주기율적 경향

이 Topic을 왜 배우는가? 원소의 성질이 갖는 주기율적 경향성을 알아야 원소와 화합물이 다양한 물질에서 어떻게 사용되는지 이해할 수 있다.

무엇을 알고 있어야 하는가? 주기율적 성질(Topic 1F)과 화학 결합(Topic 2A부터 2D까지), 앞선 Focus에서 소개한 여러 기본 원리, 특히 전자 배치(Topic 1E)를 알고 있어야 한다. 상자 안의 입자 모델(Topic 1C)과 고체의 분자 오비탈 결합 이론(Topic 2G)에 대한 지식이 필요한 부분도 있다.

화학은 현대의 물질적 기반이 된다. 전자 기기를 작게 만들어 컴퓨터 칩 하나에 수십억 개의 구성 요소를 담을 수 있게 한다. 크기가 작고 에너지 효율이 높은 디바이스에 다양한 정보를 보여주는 발광 재료를 만들기도 한다. 더 큰 규모에서는, 전기 저항없이 전류가 흐르는 소재를 가능하게 함으로써, 전기 생산이 환경에 미치는 영향과 전기를 이송하는 비용을 획기적으로 줄일 수 있는(아직 실현되지는 못한) 가능성 또한 약속한다.

원소의 주기율표는 족(group), 주기(period), 구역(block, 기초 지식 B 참조)으로 나누어 볼 수 있다. 1족–2족, 13족–18족은 각각 s-구역과 p-구역에 해당하며, 같이 묶어서 주족(main-group) 원소라고 부른다. 3족부터 12족까지는 d-구역 원소인데, 여기서 3족에서 11족까지는 **전이 금속**(transition metal, **그림 8A.1**)이라고 부른다. 6주기의 d-구역에서 세 번째 줄의 란타넘부터는 전자가 7개의 4f-오비탈을 채우기 시작한다. 이들 원소는 공식적으로는 란타노이드(lanthanoid, 란타넘과 유사하다는 의미로 란타넘족이라고도 함—역자주)라고 부르지만, 예전부터 부르던 란타나이드(lanthanide)라는 이름이 지금도 널리 쓰인다. '희토류(rare earth)' 원소라고도 한다. 7주기에 있는 원소 계열인 악티노이드(actinoid, 란타나이드처럼 여전히 악티나이드로도 불리며, 악티늄족이라고도 함—역자 주)와 더불어 란타노이드를 **내부 전이 금속**(inner transition metal)이라 부르기도 한다.

d-구역에서 왼쪽에 있는 원소는 오른쪽에 있는 원소보다 광석에서 추출해내기 훨씬 어렵다는 점에서 s-구역 금속과 유사하다. 실제로, 주기율표의 오른쪽에서 왼쪽으로 이동할 때 원소의 순서는 유럽 문명의 등장과 더불어 금속으로 사용된 순서와 비슷하다. 가장 오른쪽에는 청동기 시대에 사용된 구리와 아연이 있다. 금속을 다루는 작업자들이 더 높은 온도를 만드는 방법

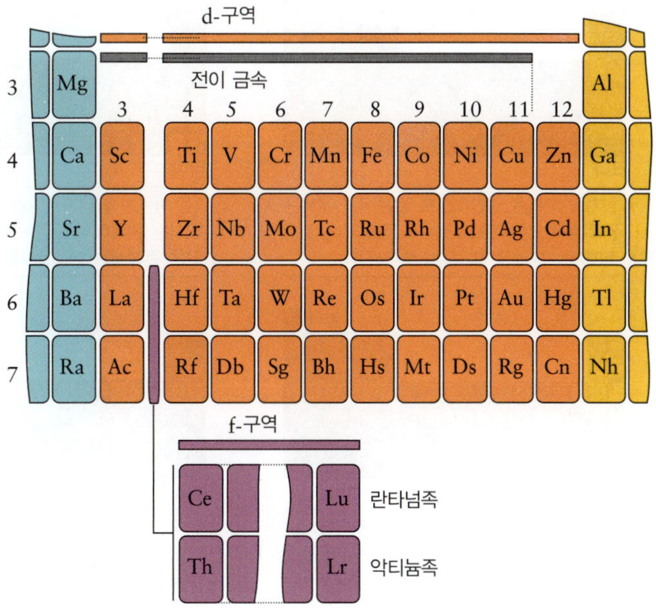

그림 8A.1 주기율표에 오렌지색 직사각형으로 d-구역(3족–12족) 원소를 표시했다. 내부 전이 금속으로 이루어진 f-구역은 6주기와 7주기에 있으며, 보라색으로 표시했다. 전이 금속은 3족–11족의 원소들이다.

을 알게 되면서 철 산화물을 환원하는 방법을 발견했고, 철기 시대가 시작되었다. 타이타늄처럼 d-구역의 왼쪽에 있는 금속을 추출하기 위해서는 반응성이 높은 다른 금속을 쓰거나 전해법(electrolysis)과 같은 극한 조건이 필요했기 때문에 20세기가 되어서야 접근성이 높아졌다.

8A.1 원자 성질의 경향

주기율표에서 볼 수 있는 가장 근본적인 경향성은 원자 고유의 성질이다. 원소의 모든 물리적, 화학적 성질은 원자의 성질에서 유래한다. 원자 반지름, 이온화 에너지, 전자 친화도, 전기 음성도, 편극성 등 다섯 가지 성질이 원자의 중요한 특성이다. 이들 특성은 원자가 전자(valence electron)가 느끼는 유효 핵전하(effective nuclear charge)와 관련해서 설명할 수 있다. 주기율표의 같은 주기에서 왼쪽에서 오른쪽으로 갈수록 유효 핵전하가 커진다(Topic 1E 및 그림 1F.1). 반면에, 같은 족에서는 아래로 내려갈 수록 유효 핵전하가 감소한다. 전자는 핵에서 더 멀리 있는 새로운 껍질에 들어가게 되고, 중심에 있는 원자핵 주변에는 이미 전자가 많이 있어서 핵전하를 가리기 때문이다. 그 결과, 주기율표의 우측 상단 플루오린 주변에서는 원자가 전자가 느끼는 핵전하의 가림(shielding)이 가장 작다. 반면에, 주기율표의 좌측 하단 세슘 주변에서는 가림 효과가 가장 크다(Topic 1E). 그 결과 나타나는 나머지 네 가지 주요 특성의 변화를 **그림 8A.2**에 정리했다.

자습 8A.1A 탄소, 알루미늄, 저마늄 가운데 원자의 편극성이 가장 큰 원소는?

[**답**: 저마늄]

자습 8A.1B 산소, 갈륨, 텔루륨 가운데 전자 친화도가 가장 큰 원소는?

d-구역 원소의 원자 반지름의 경향성은 주족 원소와 다소 다르다. 원자핵을 중심으로 거리와 각도에 따른 d-오비탈의 모양 때문이다. 같은 원자에 있더라도 두 개의 d-오비탈 로브

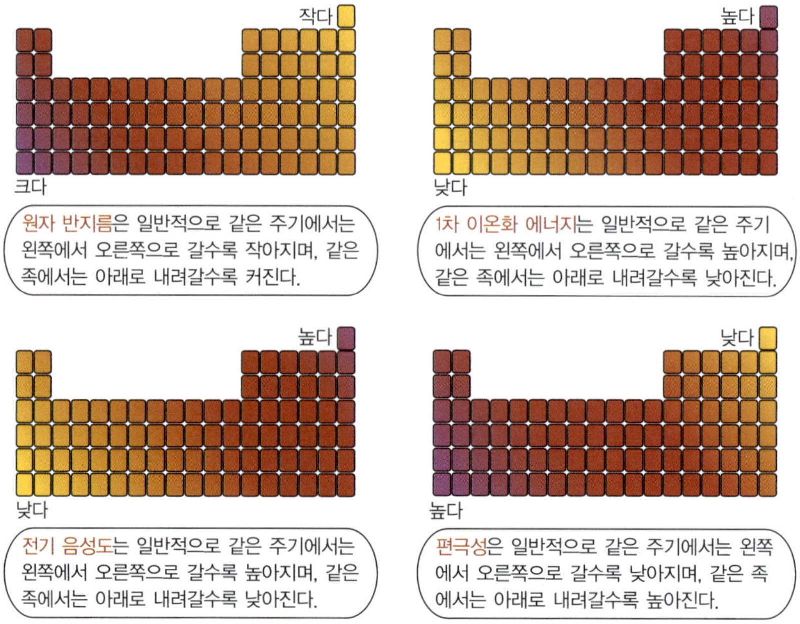

그림 8A.2 원자 반지름, 1차 이온화 에너지, 전기 음성도, 편극성의 주기율적 경향성은 원자의 유효 핵전하에 따른다.

(lobe, 오비탈엽)는 공간에서 아주 다른 영역에 자리잡고 있다. 그 결과, d-오비탈 전자는 서로 멀리 떨어져 있고, 반발력이 작다. 또한, d-전자는 (각운동량이 커서 핵에서 멀리 떨어져 있기 때문에) 핵 부근에서 전자 밀도 또한 낮고, 다른 전자에 비해 핵 전하를 가리는 효과 또한 작다. 주기율표의 개별 주기에서 왼쪽에서 오른쪽으로 갈수록 핵전하와 d-전자 개수가 각각 하나씩 증가하지만, d-전자 사이의 반발력이 약하기 때문에 증가하는 핵전하가 전자를 안쪽으로 끌어당기는 효과가 우세하고, 원자의 크기가 처음에는 작아진다(**그림 8A.3**). 하지만, d-구역 안에서 오른쪽으로 더 이동하면 전자의 개수가 증가함에 따른 전자–전자 사이의 반발력이 핵전하가 전자를 끌어당기는 인력보다 더 커지기 때문에 원자 반지름이 커지기 시작한다. 반발력과 인력이 정교하게 균형을 이루기 때문에 d-금속 원자의 반지름은 아주 좁은 범위에 분포한다. 이러한 성질 때문에 d-금속의 결정 격자를 이루는 원자를 다른 종류의 d-금속으로 쉽게 대체해서 합금을 만들 수 있다(Topic 8K).

그림 8A.3 d-구역 첫 주기 원소의 원자 반지름(pm 단위).

주기율적 경향성에서 예상할 수 있듯이, d-금속 두 번째 행(5주기) 원자의 반지름은 첫 번째 행(4주기)보다 크다. 하지만, 세 번째 행(6주기)의 원자 반지름은 예상보다 작아서 5주기와 비슷하다. 이 효과는 6주기 원소의 f-전자가 핵전하를 가리는 능력이 d-전자보다 더 낮기 때문이다. f-구역 첫 주기를 따라 원자 크기가 줄어들면서 d-구역이 다시 시작되는 하프늄에 왔을 때 원자 반지름이 더 작아지는 현상을 **란타넘족 수축(lanthanide contraction)**이라고 부른다(**그림 8A.4**). 같은 주기에서 핵전하가 증가하고 f-전자의 가림 효과는 줄어들면 원자 반지름은 작아진다.

6주기 원소의 높은 밀도(**그림 8A.5**)는 란타넘족 수축으로 설명할 수 있다. 이들 원소의 원자 반지름은 5주기 원소와 비슷하지만 원자 질량은 거의 두 배나 된다. 같은 부피에 더 많은 질량이 압축되어 있기 때문에 밀도가 크다. 이러한 수축 때문에 금과 백금은 낮은 화학 반응성—

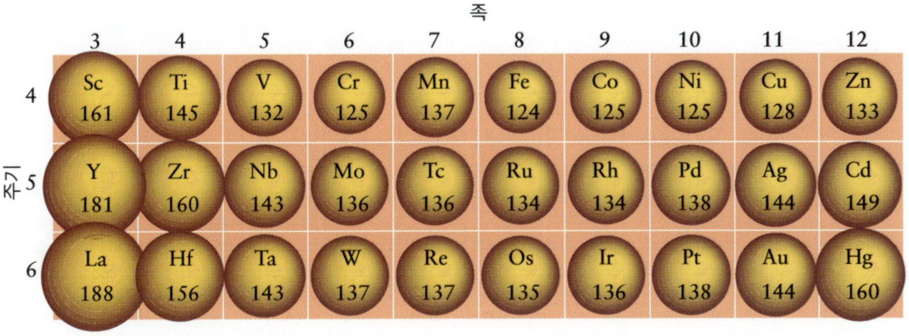

그림 8A.4 d-구역 원소의 원자 반지름(pm 단위). 모든 값이 다 비슷하며, 특히, 란타넘 수축 때문에 두 번째 행과 세 번째 행이 아주 비슷하다는 점에 주목하자.

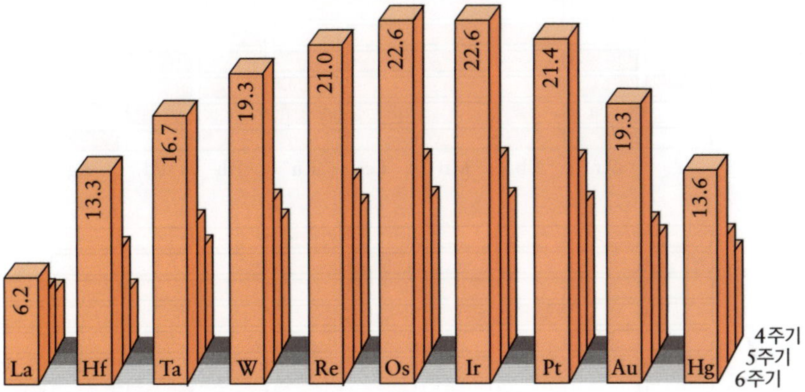

그림 8A.5 d-금속의 밀도($g\cdot cm^{-3}$ 단위, 25°C에서 측정). 란타넘족 수축은 6주기 원소(그림에서 맨 앞 줄)에 두드러진 영향을 끼쳐 모든 원소 가운데 이들의 밀도가 가장 크다.

비활성(nobility)—을 갖는다. d-전자의 가림 효과가 작기 때문에 이들 금속의 원자가 전자는 핵에 상대적으로 가까운 위치에 단단히 붙들려 있어서 화학 반응에 잘 참여하지 못한다.

주기율표에서 원자 성질의 경향성은 안쪽 전자가 핵의 실제 전하를 가리는 능력과 유효 핵 전하에 연관되어 있다.

8A.2 화학 결합의 경향

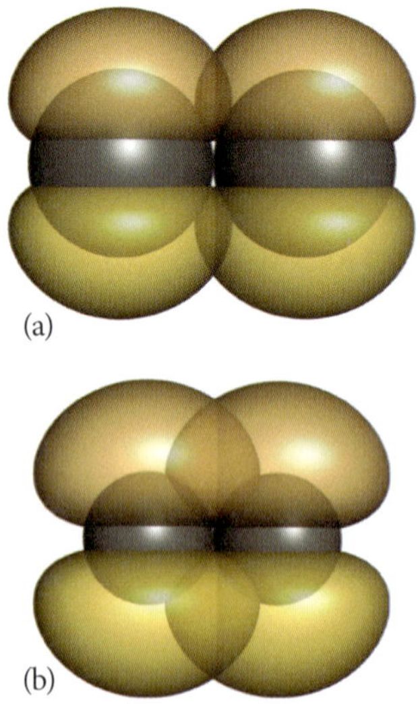

그림 8A.6 (a) 3주기와 그 이후 원소는 원자의 중심(회색으로 표시)이 멀리 떨어져 있기 때문에 p-오비탈이 서로 겹치기 어렵다. (b) 반면에 2주기 원소는 크기가 작기 때문에 같은 2주기 또는 그보다 높은 주기에 있는 원소와 효과적인 p-오비탈 겹침이 가능하다.

한 원자가 만들 수 있는 결합의 수(원자가(valence)—역자 주)는 원자의 반지름과 관계가 있다. 작은 원자 주변에는 다른 원자가 배열하기 어렵다. 2주기 원소가 다른 **동족 원소(congener)**와 구별되는 성질을 갖는 이유이다. 예를 들어, 질소는 오할로젠화물(pentahalide)를 만들지 못하지만, 인의 경우에는 가능하다(Topic 2C). 몇 가지 예외가 있지만, 다중 결합은 2주기 원소들 사이에서만 가능하다. p-오비탈이 π 겹침(π overlap)을 할 수 있을 만큼 원자의 크기가 작기 때문이다(그림 8A.6).

d-구역 원소는 화합물을 형성할 때 원자가 전자에 해당하는 s-전자를 잃는다. 대부분의 경우, d-전자까지도 잃기 때문에 다양한 산화 상태를 가질 수 있다. 산화수의 분포는 처음 보기에는 이해하기 어려울 수 있지만(그림 8A.7) 몇 가지 패턴은 뚜렷이 보인다.

- 각 주기마다 중앙에 가까운 원소들이 가장 넓은 범위의 산화 상태를 갖는다. 예를 들어, 중앙에 위치한 망가니즈는 7개의 산화 상태가 알려져 있다.
- 수은을 제외하면 d-구역의 개별 주기에서 마지막에 오는 원소는 0 말고는 단 하나의 산화 상태만 갖는다.

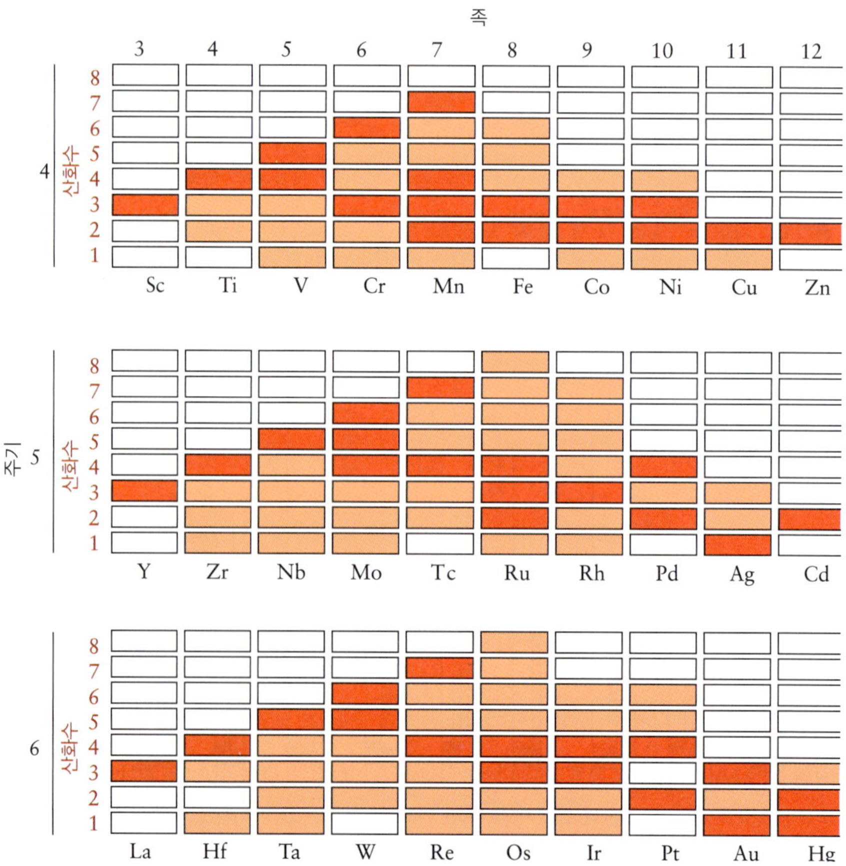

그림 8A.7 d-구역 원소의 산화수. 개별 원소마다 진한 오렌지색은 가장 흔한 산화수를, 옅은 노란색은 그 외에 알려진 산화수를 나타낸다.

- 각 주기의 다른 모든 원소들은 적어도 두 개의 양(+)의 산화 상태가 알려져 있다.
- d-구역의 두 번째와 세 번째 주기에 있는 원소들은 첫 번째 주기 원소에 비해 높은 산화 상태에 도달 할 가능성이 높다. 루테늄과 오스뮴은 가능한 모든 산화 상태가 알려져 있다. d-구역 끝쪽에 있는 금과 수은 조차도 세 가지 산화 상태가 있다.

자습 8A.2A d-구역 금속의 이온화 에너지 경향을 예측하시오.

[**답**: 몇 가지 예외를 제외하면, 이온화 에너지는 주기의 왼쪽에서 오른쪽으로 갈수록 증가하고, 족의 아래쪽으로 내려가면서 감소한다]

자습 8A.2B 4주기 d-구역 금속 가운데 여섯 개가 +1가 이온을 만든다. 이들 이온에서 반지름의 경향성을 예측하시오.

원소의 원자가는 원자 반지름에 따라 다르다. d-구역 원소는 주기율표 구역의 중앙으로 갈수록 산화 상태의 범위가 넓어진다.

8A.3 화학적 성질의 경향

주족 원소의 화학적 성질에서 발견되는 주기율적 경향은 이들이 특정 원소와 만드는 이성분 화합물을 비교해 보면 분명하게 드러난다. 예를 들어, 비활성 기체(그리고 아마도 인듐과 탈륨도)를 제외한 모든 주족 원소는 수소와 이성분 화합물을 만든다. **수소화물(hydride)**이라고 부르는 이들 화합물을 이용해서 화학 결합의 주기율적 성질을 설명할 수 있다.

주족 원소 수소화물의 화학식은 족에 해당하는 숫자와 연관되어 있으며, 원소의 전형적인 원자가를 나타낸다(그림 8A.8).

족	14	15	16	17
원소	C	N	O	F
수소화물	CH_4	NH_3	H_2O	HF
원자가	4	3	2	1

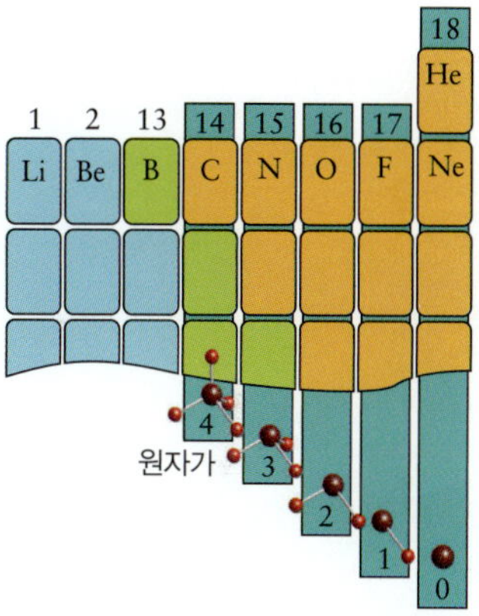

그림 8A.8 주족 원소 수소화물의 화학식을 보면 개별 족에 속하는 원소들의 전형적인 원자가를 알 수 있다.

이성분 수소화물의 성질은 수소와 결합하는 원소의 특성과 관련이 있다(그림 8A.9). 1족과 2족 원소의 대부분은 수소와 이온 결합 화합물을 만드는데, 이때 수소는 수소화 이온(hydride) H^-

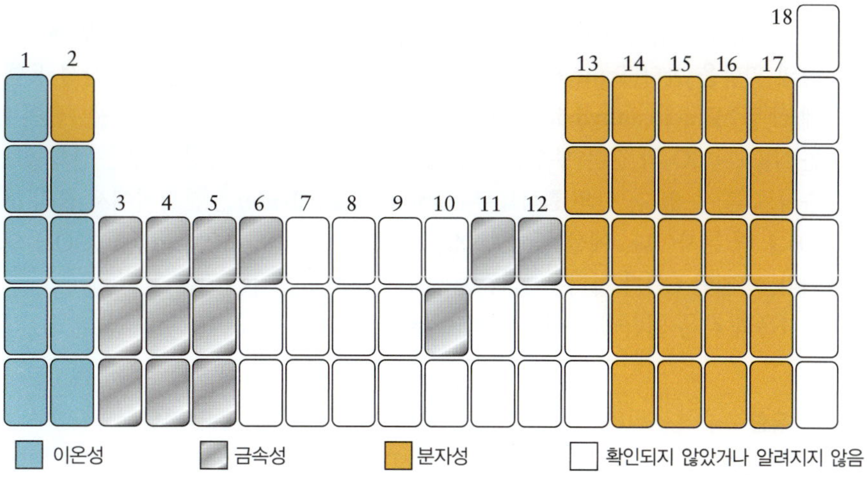

그림 8A.9 이성분 수소 화합물의 다양한 유형과 주기율표 상에서의 분포.

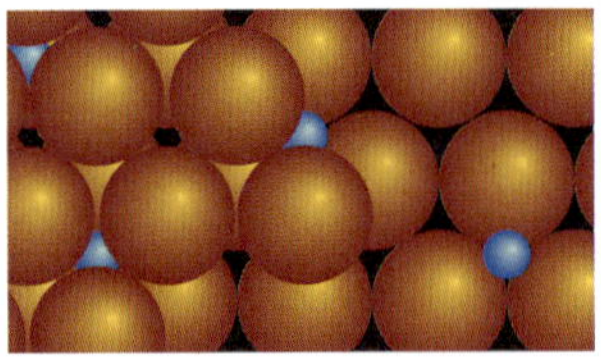

그림 8A.10 금속성 수소화물에서는 큰 금속 원자(큰 공으로 표시) 사이의 틈새(interstice)를 작은 수소 원자(작은 공으로 표시)가 채운다.

형태로 존재한다. 이러한 화합물을 **이온성 수소화물(saline hydride**, 또는 salt-like hydride)이라고 부른다. 베릴륨을 제외한 모든 s-구역 원소가 이온성 수소화물을 형성하는데, 수소 기체 조건에서 금속을 가열해서 만든다.

$$2K(s) + H_2(g) \rightarrow 2KH(s)$$

이온성 수소화물은 녹는점이 높은 흰색 고체인데, 해당하는 원소의 할로젠화물(halide)과 결정 구조가 유사하다. 예를 들어, 알칼리 금속의 수소화물은 암염 구조이다(그림 3G.20).

금속성 수소화물(metallic hydride)은 전기 전도성을 갖는 검은색 분말로서, d-구역 금속을 수소 기체 조건에서 가열해서 만든다(그림 8A.10).

$$2Cu(s) + H_2(g) \rightarrow 2CuH(s)$$

금속성 수소화물을 가열하거나 산으로 처리하면 수소를 H_2 기체 형태로 방출한다. 이를 이용해서 수소를 저장하고 운송하는 방법을 연구하고 있다.

비금속은 개별 분자로 이루어진 공유 결합 성격의 **분자성 수소화물(molecular hydride)**을 만든다. 이들 화합물은 휘발성이 크고, Brønsted 산인 경우가 많다. 암모니아, 할로젠화 수소(HF, HCl, HBr, HI), 메테인이나 에테인과 같이 분자량이 작은 탄화수소처럼 기체로 존재하기도 하고, 옥테인, 벤젠과 같은 탄화수소나 물처럼 액체 상태로 존재하기도 한다.

예외가 있기는 하지만, 수소화물의 형태는 일반적으로 다음과 같이 정리해 볼 수 있다.

	s-구역	d-구역	p-구역
유형	이온성	금속성	분자성

비활성 기체를 제외한 모든 주족 원소는 산소와 반응해서 산화물을 만든다. 수소화물의 경우처럼 산화물에서도 원소의 성질에 따른 주기율성을 볼 수 있다. 주기율표의 왼쪽에는 물에 녹는 이온성 산화물이, p-구역 안에서 왼쪽에는 녹는점이 높은 난용성 산화물이 있다. p-구역 안에서 오른쪽에는 녹는점이 낮은(심지어 기체로도 존재하는) 분자성 산화물이 있다. 이온화 에너지가 낮은 금속 원소는 염기성을 갖는 이온성 산화물을 만든다. 베릴륨, 붕소, 알루미늄, 기타 준금속 원소처럼 중간 정도의 이온화 에너지를 갖는 원소는 **양쪽성**(amphoteric) 산화물을 만든다. 양쪽성 산화물은 물과 반응하거나, 물에 녹지 않더라도 산성이나 염기성 용액에는 녹는다.

보충 설명

비활성 기체인 제논은 산소와 직접 반응하지 않고 간접적인 경로를 통해 산화물을 만든다.

CO_2, NO, SO_3와 같이 많은 비금속 산화물은 기체 형태의 분자성 화합물이다. 전기 음성도가 큰 산소 원자가 중심 원자의 전자를 끌어당기기 때문에 중심 원자는 전자쌍 받개로 작용해서 Lewis 산의 역할을 한다(Topic 6A). 물과 반응하는 비금속 산화물은 주로 산성 용액을 만들기 때문에 **산 무수물(acid anhydride)**이라고 부른다. 실험실에서 흔히 사용하는 산인 HNO_3나 H_2SO_4는 N_2O_5나 SO_3와 같은 무수물에서 각각 얻는다. 물과 반응하지 않는 산화물도 산의 형식적 무수물로 볼 수 있다. 산의 **형식적 무수물(formal ahydride)**은 분자식에서 물의 구성 원소(H, H, O)를 뺀 분자이다. 예를 들어, 일산화 탄소는 폼산(formic acid, HCOOH)의 형식적 무수물이다. 하지만 CO가 차가운 물과 반응해서 산을 만들지는 않는다.

산화물의 다음과 같은 일반적 유형을 기억해 두자.

	s-구역	d-구역	p-구역
유형	이온성	이온성	공유 결합성
산-염기 특성	염기성	염기성-양쪽성	양쪽성-산성

자습 8A.3A 4주기 원소 E는 화학식이 HE인 분자성 수소화물을 만든다. E는 무슨 원소인가?

[**답**: 브로민]

자습 8A.3B 3주기 원소 E는 화학식이 E_2O_3인 양쪽성 산화물을 만든다. E는 무슨 원소인가?

산화수로 d-구역 원소의 화학적 성질의 경향성을 이해할 수 있다. 산화수가 높은 원소는 쉽게 환원되기 때문에 그 화합물은 좋은 산화제가 된다. 예를 들어, 과망가니즈산 이온 MnO_4^-의 망가니즈는 +7의 산화수이다. 따라서 산성 용액에서 과망가니즈산 이온은 우수한 산화제로 작용한다.

$$MnO_4^-(aq)+8H^+(aq)+5e^- \rightarrow Mn^{2+}(aq)+4H_2O(l) \qquad E°=+1.51\text{ V}$$

Cr^{2+}처럼 낮은 산화수의 d-구역 원소를 갖는 화합물은 종종 좋은 환원제로 작용한다.

$$Cr^{3+}(aq)+e^- \rightarrow Cr^{2+}(s) \qquad E°=-0.41\text{ V}$$

산화수는 d-금속 산화물의 산-염기 거동과도 관련된다. d-금속 산화물은 대부분 염기성이지만, 산소산(Topic 6C)처럼 원소의 산화수가 높으면 산성이 커진다. 크로뮴 산화물이 좋은 사례다.

CrO	+2	염기성
Cr_2O_3	+3	양쪽성
CrO_3	+6	산성

산화 크로뮴(VI) CrO_3는 크로뮴산 염을 만드는 크로뮴산 H_2CrO_4의 무수물이다.

이성분 수소화물은 이온성, 금속성, 분자성으로 나눌 수 있다. 금속의 산화물은 이온성을 띠며 물에 녹으면 염기성 용액이 된다. 비금속의 산화물은 분자성이며, 많은 경우 산의 무수물이다.

8A.4 고체의 전기적 특성의 경향

원소와 화합물의 전기적 성질 또한 주기율적 경향성을 보인다. 이 현상을 이해하기 위해서 전기적 성질에 따라 고체를 분류하는 방법과 원자구조와 조성이 전기 전도에 미치는 영향을 알아보도록 하자.

전류는 전하의 흐름이다. 전자 전도에서는 전자가 전하를 운반한다. 전자 전도는 금속과 흑연의 전도 메커니즘이다. **이온 전도(ionic conduction)**에서는 이온이 전하를 운반한다. 이온 전도는 용융염이나 전해질 용액에서의 전기 전도 메커니즘이다. 이온은 대부분의 고체에서는 쉽게 이동할 수 없을 만큼 크기 때문에, 고체를 통한 전하의 흐름은 대부분 전자 전도의 결과이다. 그러나, 이온이 격자를 통해 이동할 수 있는 고체인 **고체 전해질(solid electrolyte)**도 있다. 고체 전해질은 리튬-이온 배터리와 같이 충전 가능한 배터리의 중요한 구성 요소인데, Li^+ 이온이 전하를 전달한다. **절연체(insulator)**는 저항이 매우 높아 전기를 전도하지 않는 물질이다. 대부분의 비금속은 순수한 상태에서는 절연체이다.

전기 저항과 온도에 따른 전기 저항의 변화를 기준으로 고체를 다음과 같이 분류할 수 있다 (**그림 8A.11**).

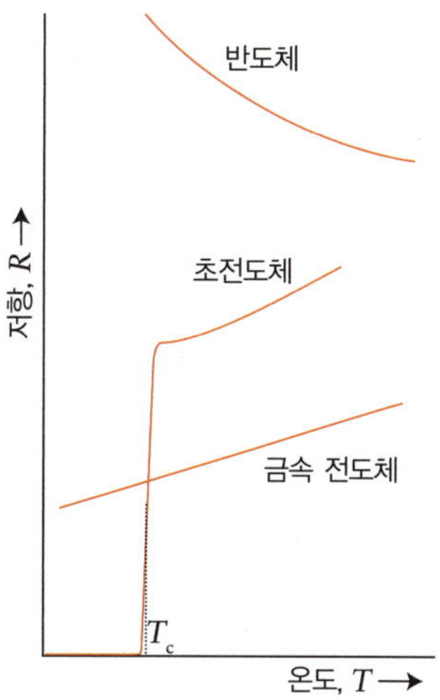

그림 8A.11 금속 전도체의 저항은 온도가 상승함에 따라 증가한다. 반도체의 저항은 온도가 상승함에 따라 감소한다. 초전도체는 특정 온도(T_c) 이하에서 저항이 0이 되는 물질이다. 절연체는 저항이 매우 큰 반도체와 같다.

금속 전도체(metallic conductor)는 온도가 상승함에 따라 저항이 **증가하는** 전자 전도체이다.
반도체(semiconductor)는 온도가 상승함에 따라 저항이 **감소하는** 전자 전도체이다.

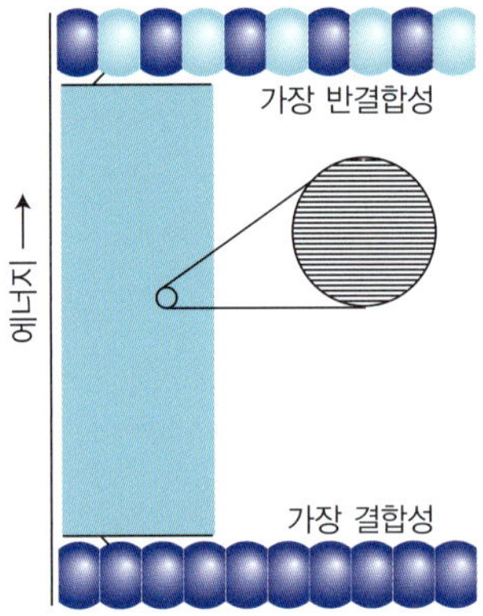

그림 8A.12 고체 내 원자들의 배열은 거의 연속적인 분자 오비탈 에너지 띠를 형성한다. 띠의 맨 하단에서는 분자 오비탈이 가장 결합성이고, 맨 상단에서는 가장 반결합성이다. 허용된 에너지 띠는 연속적으로 보이지만, 확대해 보면 실제로는 촘촘한 간격의 개별 준위로 이루어져 있다.

초전도체(**superconductor**)는 일반적으로 매우 낮은 임계 온도 T_c 이하에서 저항 없이 전기를 전도하는 전자 전도체이다.

대부분의 경우 금속성 전도체는 반도체보다 저항이 훨씬 낮지만, 두 유형의 전도체를 구별하는 기준은 전도도의 크기가 아니라 저항의 온도 의존성이다. 금속성 전도체는 주로 금속이므로 주기율표의 왼쪽과 d-구역에 있다. 반도체는 주기율표의 중간 부근, 규소와 저마늄 근처의 주족에 일반적으로 위치한다. 20세기 중반에 고온 초전도체가 발견될 때까지, 초전도 현상은 상온에서 전기 전도성이 낮은 원소에서 주로 관찰되었다. 복잡한 산화물 계열이 발견되면서 분야에 혁신이 왔고, 이들 신물질은 훨씬 더 높은 (하지만 여전히 상온보다는 매우 낮은) 온도에서 초전도성을 보였다. 절연체로 분류되는 원소는 일반적으로 비금속이며 주기율표의 오른쪽에 있다. 예외도 있는데, 예를 들어 흑연은 탄소의 비금속 동소체이지만 금속성 전도체이다.

분자 오비탈 이론으로 전자 전도체, 반도체, 절연체의 전기적 성질을 설명할 수 있다. 고체가 하나의 거대한 분자라면, 원자가 전자는 고체 전체에 퍼져 있는 비편재화된 오비탈에 채워진다고 볼 수 있다. 하나의 분자 안에서 N개의 원자 오비탈이 합쳐지면 N개의 분자 오비탈이 생긴다(Topic 2G). 고체의 경우도 마찬가지이지만, 이 경우 N은 엄청나게 큰 숫자이다(예를 들어 10 g의 구리에서 N은 10^{23}이다). 작은 분자에서는 에너지 면에서 간격이 큰 몇 개의 분자 오비탈만 고려하면 되지만, 고체를 이루는 엄청난 개수의 분자 오비탈은 에너지가 매우 가깝기 때문에 거의 연속적인 띠를 만든다(**그림 8A.12**). 어느 정도의 에너지 차이가 생기는지 예상해 보기 위해, 길이 L의 1차원 상자에 있는 질량 m인 입자의 인접한 에너지 준위 사이의 간격을 보면 다음과 같다.

$$\overbrace{E_{n+1}}^{(n+1)^2h^2/8mL^2} - \overbrace{E_n}^{n^2h^2/8mL^2} = (2n+1)\frac{h^2}{8mL^2}$$

길이가 1.0 cm인 상자에 있는 질량 m_e의 전자의 경우 $h^2/8m_eL^2$ 값은 7.0×10^{-42} J이다. 따라서, n이 아주 클 경우에도 에너지 간격은 여전히 매우 작다. 각 준위에 두 개의 전자가 들어간다면, 가장 위쪽에 채워진 준위의 양자수 n은 $\frac{1}{2}$N이다.

자습 8A.4A 소듐 원자의 1차원 배열의 길이가 1.0 cm인 경우, 전자가 가장 높이 채워진 준위의 n 값을 추정하시오. **힌트**: Pauli 배타 원리를 기억하자. 소듐 원자의 반지름은 154 pm이다.

[**답**: $n\approx1.6\times10^7$]

자습 8A.4B 칼슘 원자의 1차원 배열의 길이가 1.0 cm인 경우, 전자가 가장 높이 채워진 준위의 n값을 추정하시오. **힌트**: 칼슘 원자의 반지름은 197 pm이다.

비어 있거나 부분적으로 채워진 분자 오비탈 띠를 **전도띠**(**conduction band**)라고 한다. 고체에서 인접한 오비탈은 에너지가 매우 가깝기 때문에 띠의 맨 위쪽에 있는 전자가 채워진 분자 오비탈에서 빈 오비탈로 들뜨는 데 필요한 에너지는 아주 작다. 그 결과, 전자가 고체 안에서 자유롭게 이동하면서 전류가 흐른다. 금속의 저항은 온도가 올라가면 증가한다. 금속을 가열하면 원자의 진동이 활발해져서 전자의 이동을 방해하기 때문이다.

생각해 보기

칼슘 원자를 일직선으로 연결해서 4s-오비탈만으로 띠를 만들면 금속 전도체가 될 수 있을까?

절연체에서는 가능한 모든 분자 오비탈을 원자가 전자가 채워서 **원자가띠**(**valence band**)라

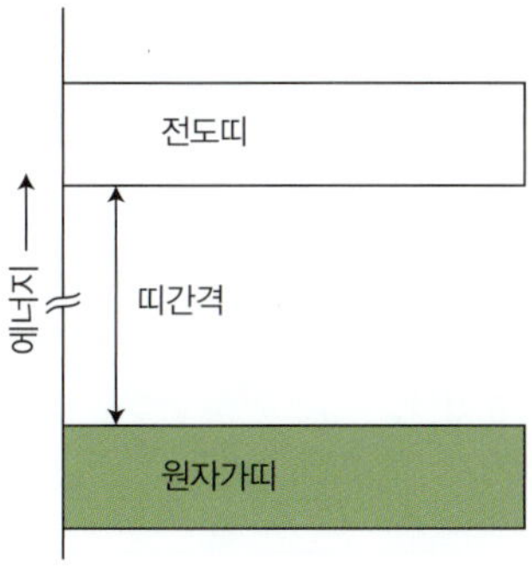

그림 8A.13 일반적인 절연 고체에서 전자로 모두 채워진 원자가띠는 비어 있는 전도띠와 상당한 에너지 차이로 떨어져 있다. 수직 축에서 (에너지 간격의 일부 생략을 표시하는) 물결선에 유의하자.

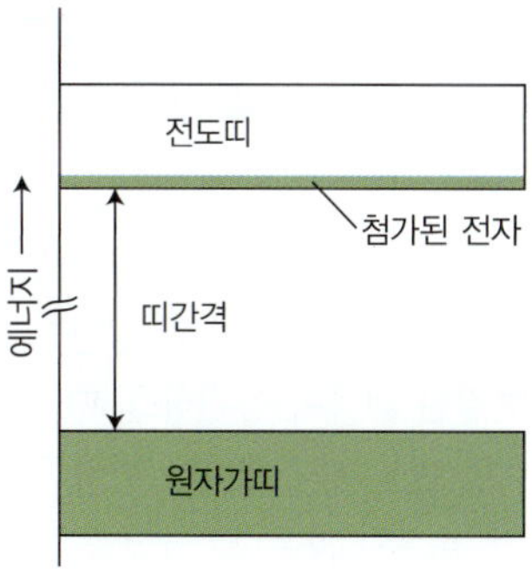

그림 8A.14 n-형 반도체에서는 전자가 풍부한 원소를 도핑해서 첨가한 전자가 전도띠 하단의 녹색 띠에 들어가서 전류를 흐르게 한다.

고 하는 꽉 찬 띠를 만든다. 빈 오비탈이 모인 전도띠가 시작되기 전까지는 오비탈이 없는 에너지 영역인 **띠간격(band gap)**이 상당한 너비로 있다(그림 8A.13). 원자가띠에 있던 전자가 전도띠로 들뜨려면 큰 에너지가 필요하기 때문에 전자는 이동할 수 없고, 이 물질은 절연체가 된다.

진성 반도체(intrinsic semiconductor)에서는 비어 있는 전도띠가 전자로 모두 채워진 원자가띠와 에너지 면에서 가깝다. 가장 널리 사용되는 진성 반도체는 Si이다. 고체 상태의 규소에는 3s와 3p 오비탈로 만들어진 원자가띠를 채울 만한 개수의 전자가 있다. 실온에서는 대부분의 전자가 원자가띠에 있지만, 가열해서 전자를 들뜨게 하면 일부 전자가 가까운 전도띠로 이동해서 움직일 수 있게 된다. 고체의 온도를 올리면 더 많은 전자가 원자가띠에서 전도띠로 들뜬다. 그 결과, 반도체의 저항은 온도의 상승에 따라 감소한다. 원론적으로 말하면, 모든 고체 절연체는 진성 반도체이다. 하지만 절연체는 띠간격이 너무 커서 보통 온도에서는 전기 전도도가 무시할 만큼 작다.

반도체의 전도띠에 전자를 첨가하거나 원자가띠에서 일부 전자를 제거하면 전류가 더 잘 흐른다. 화학적인 방법인 **도핑(doping**, '혼입'이라고 번역하기도 한다—역자 주)은 소량의 불순물을 고체 전체에 분산시키는 방법인데, 이 과정을 통해 **외인성 반도체(extrinsic semiconductor)**를 만든다. 예를 들어, 아주 순수한 규소에 15족 원소인 비소를 아주 작은 양으로 넣는다. 비소는 고체 내 전자수를 늘린다. Si 원자(14족)는 네 개의 원자가 전자가 있지만, As 원자(15족)은 다섯 개의 원자가 전자가 있다. 첨가된 전자는 거의 비어 있었던 규소의 전도띠로 들어가 고체의 전류가 흐르게 한다(그림 8A.14). 이러한 종류의 물질은 음전하를 갖는(*n*egatively charged) 전자가 여분으로 있기 때문에 **n-형 반도체(n-type semincoductor)**라고 한다. 규소(14족)에 인듐(13족)을 도핑하면, 순수한 규소보다 고체의 원자가 전자 개수가 작아지기 때문에 원자가띠가 완전히 채워지지 않는다(그림 8A.15). 원자가띠에 '구멍'(hole, 정공이라고도 부른다—역자 주)이 생긴 셈이다. 전자로 꽉 차지 않은 원자가띠는 이제 전도띠가 되어 전류가 흐른다. 음전하를 갖는 전자가 부족한 상황은 양전하를 갖는(*p*ositively charged) 구멍이 있는 경우와 같기 때문에 이러한 종류의 반도체를 **p-형 반도체(p-type semiconductor)**라고 한다. **화학 이야기 8A.1**에 설명한 것처럼, p-형 반도체와 n-형 반도체 모두 전자 장치에 사용된다.

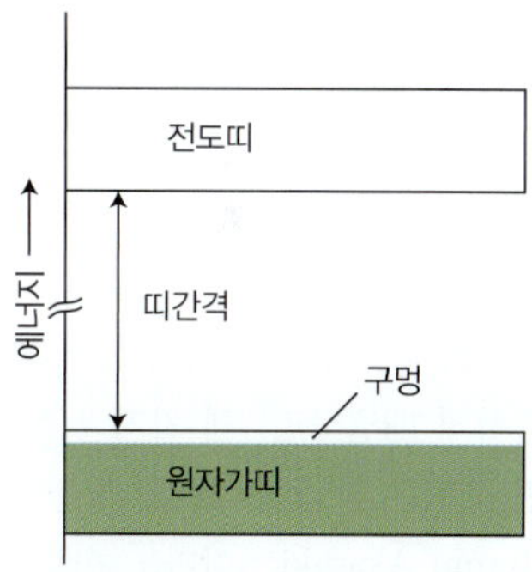

그림 8A.15 p-형 반도체는 전자가 부족한 원자를 도핑해서 원자가띠에서 전자를 효과적으로 제거한다. 그 결과 구멍(hole, 정공, 원자가띠 상단의 색깔이 없는 띠)이 생기면 전자가 이동할 수 있기 때문에 원자가띠를 통해 전류가 흐른다.

자습 8A.5A 비소가 도핑된 저마늄은 어떤 형태의 반도체인가?

[**답**: n-형]

자습 8A.5B 주석이 도핑된 안티모니는 어떤 형태의 반도체인가?

초전도성(superconductivity)은 고체가 특정한 전이 온도(T_c) 이하로 냉각될 때 나타날 수 있다. 전통적인 초전도성은 격자의 진동을 이용해서 전자가 쌍을 이룰 수 있기 때문에 생

화학 이야기 8A.1 반도체는 전자기기와 무슨 관계가 있는가?

p-형 반도체와 n-형 반도체를 맞붙인 **p−n 접합(p−n junction)**을 이용해서 반도체를 기술에 응용할 수 있다. 그림에 나오는 p−n 접합 구조는 전류가 한 방향으로만 흐르게 한다. p-형 반도체에 연결된 전극이 음전하를 띠면 구멍은 음전하 쪽으로 끌려가고, n-형 반도체의 전자는 반대쪽 양극 쪽으로 끌려가기 때문에 전류가 흐르지 않는다. 극성을 반대로 만들어 음극을 n-형 반도체에 연결하면, 전자는 음극에서 n-형 반도체와 p-형 반도체를 거쳐 양극 쪽으로 흐른다.

발광 다이오드(light-emitting diode, LED)는 p−n 접합의 중요한 형태인데, 전위차를 이용해서 빛을 만든다. LED에 회로를 연결하면 전원에서 나오는 전자는 n-형 쪽의 전도띠를 거쳐 p-형 쪽의 전도띠로 밀려간다. 이 높은 에너지의 전도띠에 있던 전자가 낮은 에너지의 원자가띠로 내려오면서 에너지 차이만큼 빛이 나온다. 다양한 색을 만들기 위해 여러 가지 소재를 사용하는데, 일반적으로 빨간색 LED에는 알루미늄 갈륨 비소화물, 초록색 LED에는 인듐 갈륨 질소화물, 파란색 LED에는 아연 셀레늄화물이 쓰인다. 이 세 가지 색상의 작은 LED를 디스플레이 화면에 촘촘하게 배열하면, 세 가지 색상의 상대적인 밝기를 조절해서 어떤 색이든 만들 수 있다. 파란색 LED를 개발한 아카사키 이사무(Isamu Akasaki), 아마노 히로시(Hiroshi Amano), 나카무라 슈지(Shuji Nakamura)는 2014년 노벨 물리학상을 받았다. 백색광은 여러 색상의 LED를 혼합하거나, 노란색 인광 물질(phosphor)을 코팅한 파란색 LED로 만든다. 파란색 빛의 일부를 흡수해서 자연광이나 백열등과 유사한 넓은 스펙트럼의 빛을 내도록 다양한 화합물을 LED 전구에 넣어준다.

유기 발광 다이오드(organic light-emitting diode, OLED)는 전도성 유기 고분자 필름을 이용해서 다양한 색상의 빛을 만든다. LED로 만든 디스플레이는 백라이트(backlight, 후면 발광 장치)가 필요 없기 때문에 LCD(Topic 3F 참조)보다 훨씬 얇게 만들 수 있다. LED 조명은 백열등보다 전력을 훨씬 적게 소모하고 수명도 길기 때문에 많은 분야에 이용된다.

관련 연습 문제 8A.39, 8A.40

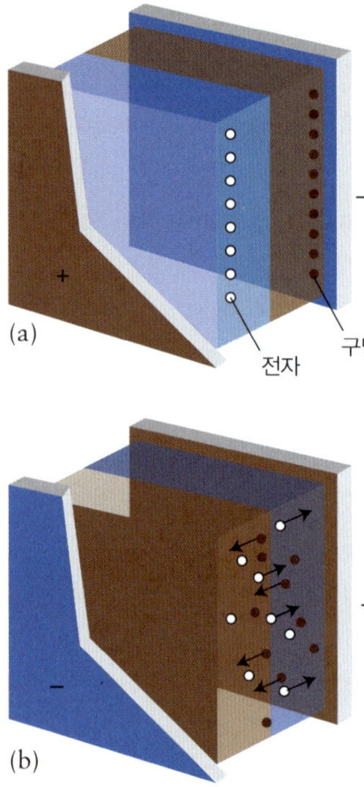

p−n 접합의 구조는 전류가 한 방향으로만 흐르게 한다. (a) 역방향 바이어스: 음극을 p-형 반도체에 연결하면 전류가 흐르지 않는다. (b) 순방향 바이어스: 전극을 반대로 연결하면 전하 운반체가 다시 생성되어 전류가 흐른다.

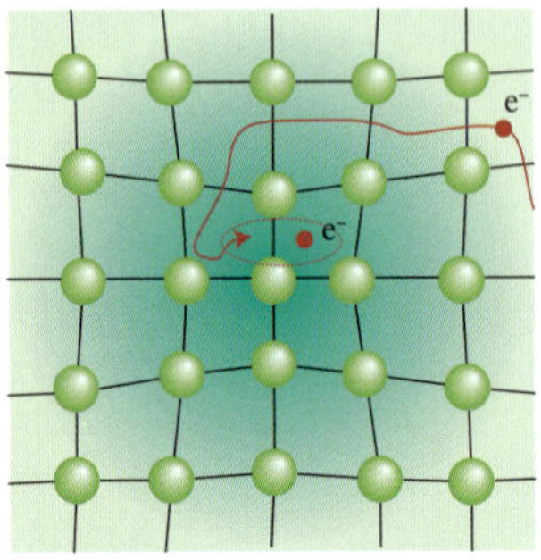

그림 8A.16 Cooper 쌍의 형성. 하나의 전자가 결정 격자를 구부리고 두 번째 전자가 이 영역에 들어가면 에너지가 낮아진다. 이러한 전자−격자 상호 작용이 두 전자를 짝짓는다.

긴다. 메커니즘을 처음 제안한 과학자의 이름을 따서 이러한 전자 쌍을 **Cooper 쌍(Cooper pair)**이라고 부른다. 따로 움직이는 두 마리의 소보다 멍에를 씌운 한 쌍의 소가 장애물의 영향을 덜 받듯이, Cooper 쌍은 격자 내부에서 거의 자유롭게 이동할 수 있다. 하나의 전자가 주변 격자의 구조를 구부리면, 구부러진 영역이 두 번째 전자를 끌어당겨 Cooper 쌍이 생긴다(**그림 8A.16**). 이 두 전자는 서로 약하게 끌어당기며, 격자 진동 때문에 서로 분리되지 않을 만큼 온도가 낮을 때에만 전자쌍과 초전도성이 유지된다. 초전도성은 1911년에 $T_c = 4$ K인 수은에서 처음 관찰되었다. 그 후, 수 년에 걸친 연구를 통해 전이 온도가 최고 23 K까지 이르는 금속성 초전도체를 만들었다. 하지만, 저온 초전도체는 매우 값비싼 액체 헬륨으로 냉각해야 한다.

적어도 원리면에서 볼 때 초전도체는 엄청난 기술적인 잠재력이 있다. 전력을 전송할 때 손실을 크게 줄일 수 있기 때문이다. 또한, 초전도체는 자기장을 가두고 물체를 부양할 수 있기 때문에 에너지 효율이 높은 운송 수단에 이용할 수 있다(**그림 8A.17**).

그림 8A.17 초전도체는 내장된 자석을 이용해서 차량을 부양할 수 있다. 사진에 나오는 일본의 열차는 헬륨으로 냉각한 금속 초전도체를 사용하며 마찰이 없다.(*Hisagi/CC BY-SA 4.0/Wikimedia Commons*)

1986년에 금속이 아닌 초전도 세라믹 재료에서 기록적인 상전이 온도 35 K가 관찰되었다. 이 물질은 바륨을 도핑한 란타넘-구리 산화물이다. 1987년 초에는 이트륨-바륨-구리 산화물과 이와 연관된 일련의 화합물에서 새로운 기록인 $T_c = 93$ K가 달성되었다. 1988년에는 전이 온도가 110 K인 비스무트-스트론튬-칼슘-구리와 125 K인 탈륨-바륨-칼슘-구리 산화물 시리즈가 나왔다. 2015년까지 1기압에서 달성한 최고 T_c는 138 K였다. 이 온도는 액체 헬륨보다 훨씬 값싼 액체 질소로 냉각해서 도달할 수 있었다. 2020년에는 287 K(14 °C)에서 초전도 특성을 가진 물질이 발견되었지만, 아주 높은 압력이 필요하기 때문에 실용적 응용에는 적합하지 않았다. 거의 모든 **고온 초전도체(high-temperature superconductor**, HTSC)는 단단하고 부서지기 쉬운 세라믹 화합물이다. 양이온 또는 양이온과 산화물의 조합으로 이루어진 층 사이에 구리와 산소 원자로 이루어진 판상 구조를 샌드위치 모양으로 끼워 넣은 형태로서, 모체인 절연체에 도핑해서 만든다(그림 8A.18).

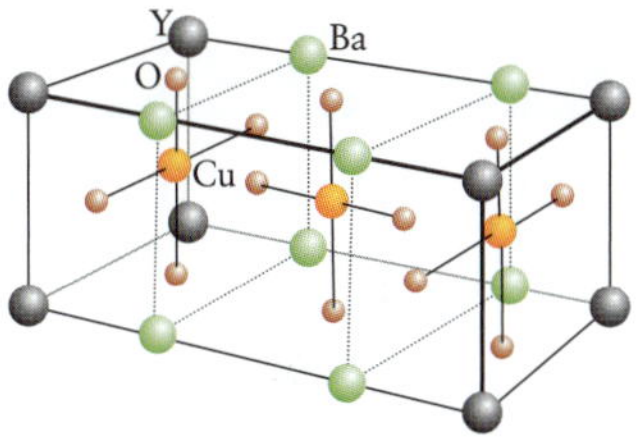

그림 8A.18 '123 초전도체'의 구조. $YBa_2Cu_3O_{6.5-7.0}$의 화학식(산소의 당량은 유동적이다)을 가진 세라믹으로서, 여기서 숫자 1, 2, 3은 화학식에 나오는 처음 세 원소의 아래 첨자를 뜻한다.

고온 초전도체를 전력 전송에 사용하려면, 부서지기 쉬운 세라믹 재료로 전선을 만들기 어려운 문제를 해결해야 한다. 한 가지 해결법은 은과 같은 금속으로 만든 전선이나 테이프 표면에 초전도성 물질을 입히는 것이다. 금속의 표면에 결이 있도록 가공해서 결정 입자가 원하는 방향으로 정렬되도록 한다(그림 8A.19).

그림 8A.19 오른쪽의 실험용 초전도선 25 kg에는 왼쪽의 큰 구리 케이블 1800 kg만큼 전류가 흐른다. (*Courtesy American Superconductor (AMSC).*)

고체의 화학 결합은 분자 오비탈로 이루어진 띠로 설명할 수 있다. 금속은 완전히 채워지지 않은 오비탈이 전도띠를 만들기 때문에 전자가 흐를 수 있다. 반도체는 전자가 채워진 준위와 없는 준위가 에너지 면에서 가깝다. 절연체는 원자가띠가 완전히 채워져 있는데, 띠간격이 크기 때문에 전자가 들떠서 빈 오비탈로 옮겨가기 어렵다. 초전도체는 낮은 온도에서 저항 없이 전기가 흐른다.

이 Topic에서 배운 것은 무엇인가?

원소의 성질은 주기율표에서의 위치와 관련 있다. 원소 성질의 경향성과 형성 가능한 화학 결합의 유형을 주기율표 상 위치로부터 예측할 수 있다. d-구역 원소는 원자의 크기가 비슷하고, 란타넘족 수축 때문에 6주기 원소는 예상보다 작은 원자 반지름과 높은 밀도를 갖는다. d-구역 원소의 산화수는 다양하며, 산화수가 높으면 산화력도 증가한다. 주족 원소의 수소화물과 산화물을 이용해서도 화학적 성질의 주기율성을 설명할 수 있다. 물질 전체로 확장된 분자 오비탈에 전자가 채워지는 방식을 이용해서 전기 전도도를 설명하는 방법을 배웠으며, 저온에서 어떤 물질이 어떻게 초전도성을 띠는지 알게 되었다.

개념과 식의 적용

☐ 주족 원소의 성질 및 산화물과 수소화물의 화학식에서 볼 수 있는 경향성을 예측하고 설명한다.
☐ d-구역 원소의 밀도, 원자 반지름과 같은 물리적 성질의 경향성을 설명한다.
☐ d-구역 원소 산화물의 일반적인 산화수와 산-염기 특성과 같은 화학적 성질의 경향성을 설명한다.
☐ 금속 산화물과 비금속 산화물의 성질의 차이점을 설명한다.
☐ 산 무수물을 찾아서 해당하는 산의 화학식을 쓴다.
☐ 주어진 원소가 만들 수 있는 수소화물의 유형을 구별한다.
☐ 분자 오비탈 이론을 이용해서 금속, 절연체, 반도체의 차이를 설명한다(8A.4절).
☐ 저온 초전도성이 나타나는 이유를 설명한다(8A.4절).

Topic 8A 연습 문제

이 연습 문제는 Topic 1E, 1F, 2D에서 다룬 기본 원리의 복습에도 도움이 된다.

문제를 푸는 데 부록 2가 도움이 될 수도 있다.

8A.1 다음 개별 조합에서 원자 반지름이 더 큰 원소를 고르시오. (a) 플루오린, 질소 (b) 포타슘, 칼슘 (c) 갈륨, 비소 (d) 염소, 아이오딘

8A.2 다음 개별 조합에서 원자 반지름이 더 큰 원소를 고르시오. (a) 텔루륨, 주석 (b) 규소, 납 (c) 칼슘, 루비듐 (d) 저마늄, 산소

8A.3 다음 개별 조합에서 전기 음성도가 더 높은 원소를 고르시오. (a) 황, 인 (b) 셀레늄, 텔루륨 (c) 소듐, 세슘 (d) 규소, 산소

8A.4 다음 개별 조합에서 전기 음성도가 더 낮은 원소를 고르시오. (a) 칼슘, 바륨 (b) 갈륨, 비소 (c) 텔루륨, 황 (d) 주석, 저마늄

8A.5 다음 원소를 1차 이온화 에너지가 커지는 순서로 배열하시오. 산소, 텔루륨, 셀레늄.

8A.6 다음 원소를 1차 이온화 에너지가 커지는 순서로 배열하시오. 붕소, 탈륨, 갈륨.

8A.7 (a) 브로민과 염소 중 어느 원소의 전자 친화도가 더 큰가? (b) 그 이유를 설명하시오.

8A.8 (a) 브로민과 셀레늄 중 어느 원소의 전자 친화도가 더 큰가? (b) 그 이유를 설명하시오.

8A.9 (a) 다음 중 어떤 화학종의 편극성이 가장 큰가? 염화 이온, 브로민 원자, 브로민화 이온. (b) 그 이유를 설명하시오.

8A.10 (a) 다음 중 어떤 화학종의 편극성이 가장 큰가? 소듐 이온, 마그네슘 원자, 알루미늄 이온. (b) 그 이유를 설명하시오.

8A.11 다음 개별 경우에서 어느 결합이 더 긴가? (a) 염화 리튬의 Li−Cl, 염화 포타슘의 K−Cl. (b) 산화 포타슘의 K−O, 산화 칼슘의 Ca−O.

8A.12 다음 개별 경우에서 어느 결합이 더 길다고 예상하는가? (a) BrO^-의 Br−O 결합, BrO_2^-의 Br−O 결합. (b) CH_4의 C−H 결합, SiH_4의 Si−H 결합.

8A.13 포타슘과 수소의 반응에 대해 균형 화학 반응식을 쓰시오.

8A.14 칼슘과 수소의 반응에 대해 균형 화학 반응식을 쓰시오.

8A.15 다음 각 수소화물을 이온성, 분자성, 금속성으로 분류하시오. (a) LiH (b) NH_3 (c) HBr (d) UH_3

8A.16 다음 각 수소화물을 이온성, 분자성, 금속성으로 분류하시오. (a) B_2H_6 (b) SiH_4 (c) CaH_2 (d) PdH_x $x < 1$

8A.17 다음 각 산화물을 산성, 염기성, 양쪽성으로 분류하시오. (a) NO_2 (b) Al_2O_3 (c) $B(OH)_3$ (d) MgO

8A.18 다음 각 산화물을 산성, 염기성, 양쪽성으로 분류하시오. (a) CuO (b) P_2O_3 (c) ClO_2 (d) GeO_2

8A.19 다음 각 산화물에 해당하는 형식적 무수물의 화학식을 쓰시오. (a) H_2CO_3 (b) $B(OH)_3$

8A.20 다음 각 형식적 무수물에 해당하는 산의 화학식을 쓰시오. (a) N_2O_5 (b) P_4O_{10} (c) SeO_3

8A.21 d-구역의 왼쪽과 오른쪽 중 어느 쪽에 있는 원소의 표준 환원 전위가 (절대값이) 더 큰 음의 값을 가질까? 그렇게 예상하는 이유를 설명하시오.

8A.22 양의 표준 전위를 갖는 d-구역 원소 다섯 개를 고르시오.

8A.23 다음 원소가 가장 높은 산화수를 가질 때에 해당하는 옥소음이온(oxoanion)의 화학식을 쓰시오(그림 8A.7 참조). 각 경우마다 옥소음이온의 전체 전하를 괄호 안에 표시했다. (a) Mn (−1), (b) Mo (−2).

8A.24 다음 원소가 가장 높은 산화수를 가질 때에 해당하는 옥소음이온(oxoanion)의 화학식을 쓰시오(그림 8A.7 참조). 각 경우마다 옥소음이온의 전체 전하를 괄호 안에 표시했다. (a) V (−3), (b) Ti (−4).

8A.25 다음 개별 조합에서 1차 이온화 에너지가 더 큰 원소를 고르시오.
(a) 철과 니켈 (b) 니켈과 구리 (c) 오스뮴과 백금 (d) 니켈과 팔라듐 (e) 하프늄과 탄탈럼

8A.26 다음 개별 조합에서 1차 이온화 에너지가 더 큰 원소를 고르

시오.

(a) 망가니즈와 코발트 (b) 망가니즈와 레늄 (c) 크로뮴과 아연 (d) 이트륨과 몰리브데넘 (e) 팔라듐과 백금

8A.27 4주기 d-원소들 사이에서 3d 오비탈의 에너지는 거의 변하지 않는다. 하지만, 아연 원자의 3d 오비탈은 에너지가 아주 낮으며, 갈륨 원자의 3d 오비탈 에너지는 그보다 훨씬 더 낮다. 이러한 차이를 설명하시오.

8A.28 옛날 주기율표에서는 알칼리 토금속은 '2A족'으로, 아연, 카드뮴, 수은은 '2B족'으로 분류했다. (a) 이러한 분류를 전자 구조 측면에서 어떻게 정당화할 수 있을까? (b) '2B족'과 '2A족' 사이의 성질의 차이를 어떻게 설명할 수 있을까?

8A.29 카드뮴(8.65 $g \cdot cm^{-3}$)의 밀도는 아연(7.14 $g \cdot cm^{-3}$)보다 약간 더 높은 반면, 수은의 밀도(13.55 $g \cdot cm^{-3}$)는 카드뮴보다 훨씬 높은 이유를 설명하시오.

8A.30 바나듐의 밀도(6.11 $g \cdot cm^{-3}$)가 크로뮴(7.19 $g \cdot cm^{-3}$)보다 훨씬 낮은 이유를 설명하시오. 바나듐과 크로뮴 둘 다 체심 입방 격자로 결정화된다.

8A.31 (a) d-구역의 같은 족에서 주기율표 아래로 내려갈 때(예: 크로뮴 → 몰리브데넘 → 텅스텐) 산화 상태의 안정화 경향을 설명하시오. (b) 이 경향성을 p-구역에서 마찬가지로 아래로 내려갈 때 나타나는 산화 상태의 안정화 경향과 비교하시오.

8A.32 MnO_4^-와 ReO_4^- 가운데 어느 옥소음이온이 더 강한 산화제인지 선택하고, 그 이유를 설명하시오.

8A.33 바나듐, 크로뮴, 망가니즈 중에서 MO_3 화학식의 산화물을 만들 가능성이 가장 높은 원소를 고르고, 그 이유를 설명하시오.

8A.34 스칸듐, 몰리브데넘, 구리 중에서 MCl_4 화학식의 염화물을 만들 가능성이 가장 높은 원소를 고르고, 그 이유를 설명하시오.

8A.35 온도 상승에 따른 반도체 전기 저항의 변화는 금속 전도체와 어떻게 다른가?

8A.36 일반적으로 전도체에서는 고체를 통해 이동하는 전자가 전류를 흐르게 하는 것으로 생각한다. 반도체에서는 원자가띠에 있는 '구멍'이 전류를 흐르게 한다고 생각한다. (a) 구멍이 어떻게 고체를 통해 이동하는지 설명하시오. (b) p-형 반도체에서 전류가 왼쪽에서 오른쪽으로 흐른다면, 구멍은 어느 쪽으로 이동하는가?

8A.37 소량의 In, P, Sb, Ga 원소가 저마늄에 불순물로 들어 있다면, 이 가운데 어떤 원소가 저마늄을 (a) p-형 반도체로 만들 것인가? (b) n-형 반도체로 만들 것인가?

8A.38 비소화 갈륨에 들어 있는 소량의 비소를 다른 원소로 교체해서 n-형 반도체를 만들려면, Se, P, Si 중 어느 원소를 택할 것인가? 그 이유를 설명하시오.

8A.39 Ga이 도핑된 규소와 Sb가 도핑된 규소로 다이오드를 만들었다. (a) 어느 반도체가 p-형인가? (b) 어느 반도체가 n-형인가? (화학 이야기 8A.1 참조).

8A.40 Sb가 도핑된 주석과 Ga이 도핑된 주석으로 다이오드를 만들었다. 전류를 흐르게 하려면 어느 쪽을 음극에 연결해야 하는가? 극성을 반대로 하면 전류는 어느 방향으로 흐르는가? (화학 이야기 8A.1 참조)

Topic 8B 수소

수소는 주기율표에서 독특한 위치를 차지한다. 수소 원자는 1족 원소와 원자가 전자 배치(ns^1)가 같고 +1가 이온을 만들지만, 그 외에는 알칼리 금속과 유사점이 거의 없다. 오히려 수소는 비금속으로서 할로젠과 닮았다. 원자가 전자 배치를 완성하기 위해서는 한 개의 전자만 더 있으면 되고, −1가 이온을 형성할 수 있고, 이원자 분자(H_2)로 존재한다. 이러한 유사성에도 불구하고 수소의 화학적 성질은 할로젠과 매우 다르다. 수소는 어느 족에도 꼭 들어맞지 않지 않기 때문에 이 책에서는 따로 떼어내어 다루기로 한다.

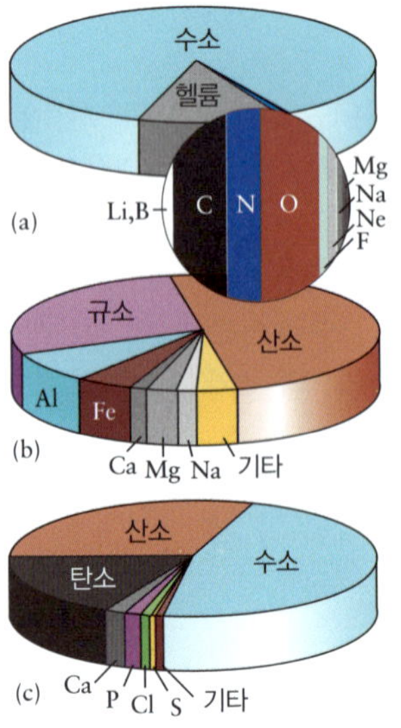

그림 8B.1 주요 원소의 상대적 양을 보여주는 도표. (a) 전체 우주. (b) 지구의 지각. (c) 인체.

보충 설명

수소를 1족 또는 (흔하지는 않지만) 1족과 17족 모두에 넣는 주기율표도 많다.

수소는 깨끗하게 연소되고, 다양한 형태의 화합물로 지구상에 풍부하기 때문에 연료로 쓰인다. 하지만, 수소 자체는 반응성이 아주 높기 때문에 안전한 저장과 운반이 중요한 문제가 된다.

8B.1 수소 원소

수소는 우주에서 가장 많은 원소로서, 존재하는 모든 원자의 89%를 차지한다. 수소 원자는 우주 생성의 기점인 빅뱅(Big Bang) 이후 몇 분 안에 만들어졌다. 하지만, 지구상에서 수소는 분자로는 거의 존재하지 않는다. H_2 분자는 아주 가벼워서 빠른 속도로 운동하기 때문에 지구 중력을 쉽게 벗어나 우주로 날아가 버리기 때문이다. 우주 전체, 지구의 지각, 인체에 존재하는 다양한 원소의 상대적 양을 **그림 8B.1**에 정리했다.

생각해 보기

우주, 지각, 인체에서 여러 원소의 상대적 양이 다른 이유는 무엇인가?

수소는 무색, 무취, 무미의 기체다(**표 8B.1**). 수소 분자는 전자가 두 개만 있으며, 비극성이

표 8B.1 수소의 물리적 성질

원자가 껍질 전자 배치: $1s^1$
정상 상태*: 무색, 무취의 기체

Z	이름	기호	몰질량/ $(g \cdot mol^{-1})$	존재 비율/%	녹는점/°C	끓는점/°C	밀도†/ $(g \cdot L^{-1})$
1	수소(hydrogen)	H	1.008	99.98	−259 (14 K)	−253 (20 K)	0.089
1	중수소(deuterium)	^{2}H 또는 D	2.014	0.02	−254 (19 K)	−249 (24 K)	0.18
1	삼중수소(tritium)	^{3}H 또는 T	3.016	방사성 원소	−252 (21 K)	−248 (25 K)	0.27

* **정상 상태**란 25 °C, 1기압 조건에서 원소의 상태와 형태이다.
† 25 °C, 1기압 조건

기 때문에 London 힘과 같이 매우 약한 분자 간 인력만 있다. 그 결과, 수소는 1기압에서는 아주 낮은 온도(20. K)에서야 액체가 된다. 액체 수소의 놀라운 물리적 성질 가운데 하나는 매우 낮은 밀도($0.070\ g\cdot cm^{-3}$)인데, 물의 1/10보다 작다(그림 8B.2). 밀도가 낮기 때문에 액체 수소는 가벼운 연료 물질이다. 모든 연료 가운데 수소의 비엔탈피(specific enthalpy, 1 g당 연소 엔탈피)가 가장 높기 때문에 액체 산소와 함께 **연료 전지(fuel cell)**나 우주 비행체의 로켓 추진제로 사용된다.

그림 8B.2 두 개의 눈금 실린더에는 같은 질량의 액체가 담겨 있다. 왼쪽 실린더에는 약 10 mL의 물이, 오른쪽 실린더에는 −253 °C의 액체 수소가 들어 있다. 액체 수소는 밀도가 물의 10분의 1 정도이기 때문에 부피는 약 100 mL가 된다.(*Copyright Macmillan Learning, photo by Ken Karp.*)

지구상의 수소는 대부분 바닷물이나, 광석 또는 점토 안에 포함된 물의 형태로 존재한다. 석탄, 석유, 천연가스 등 **화석 연료(fossil fuel)**를 이루는 탄화수소에도 수소가 포함되어 있다. 이러한 화합물에서 수소를 추출하기 위해서는 에너지가 필요하다. 수소를 연료로 사용하기 위해서는 연소할 때 방출되는 에너지보다 더 적은 에너지로 수소를 생산할 수 있어야 한다.

산업에서 연간 소비되는 수소 0.33 Mt(3.3×10^8 kg)의 절반가량은 Haber 공정을 통해 암모니아의 생산에 사용된다(Topic 5I). 암모니아는 하이드라진(hydrazine)이나 소듐 아마이드(sodium amide)와 같이 중요한 질소 화합물의 원료가 된다(Topic 8G).

수소의 연소 생성물은 물밖에 없기 때문에 공해나 온실효과를 크게 일으키지 않는다(화학 이야기 8B.1). 석유, 석탄, 천연가스는 재생 불가능한 자원으로서, 다시 생성될 수 없고 지구상에 한정된 양으로만 존재한다. 반면에, 물은 재생 가능한 자원으로서, 지구상에서 필요한 수소 원료를 생성할 만큼 충분한 양이 바다에 있다. 수소는 물의 전기 분해로 얻을 수 있지만, 전기가 필요하다. 화학자와 공학자들은 태양광을 이용한 **물 분해 반응(water-splitting reaction)**, 즉 물을 개별 원소로 분해하는 광화학적 방법을 개선하는 연구를 하고 있다.

$$\text{물 분해 반응: } 2H_2O(l) \xrightarrow{\text{빛}} 2H_2(g)+O_2(g) \quad \Delta G^\circ = +474\ kJ$$

화학 이야기 8B.1 화석 연료의 사용이 환경에 미치는 영향은 무엇인가?

온실 효과

태양은 흑체로 작용해서(Topic 1B) 스펙트럼의 가시광선 영역인 500 nm 파장에서 가장 세기가 큰 복사선을 방출한다. 지구에 도달하는 태양 복사선의 약 55%는 반사되거나 자연 현상에 이용되며, 나머지 45%는 열로 전환된다. 지구 또한 일종의 흑체이기 때문에 에너지를 발산한다. 지구는 태양보다 온도가 낮기 때문에 대부분의 에너지는 4~50 μm 파장대의 적외선으로 방출된다.

온실 효과(greenhouse effect)는 대기 중의 특정 기체가 이 적외선을 흡수해서 에너지를 붙잡아 두는 현상이다. 이 효과로 마치 지구 전체가 거대한 온실에 둘러싸인 것처럼 온도가 올라간다.* 대기의 약 99%를 차지하는 산소와 질소는 적외선을 흡수하지 않지만, 수증기와 이산화 탄소는 적외선을 흡수한다. 이 두 기체는 대기의 약 1%에 불과하지만, 복사선을 잘 흡수해서 지구의 온도를 33 °C 정도 상승시킨다. 만일 이러한 자연적인 온실 효과가 없다면, 지구 표면의 평균 온도는 물의 어는점보다 훨씬 낮을 것이다.

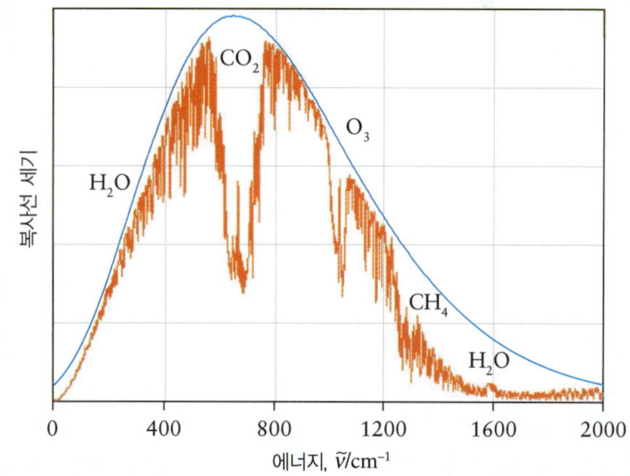

온실 기체가 없을 때 지구에서 손실될 적외선 복사선의 파장에 따른 세기를 파란색 곡선으로 나타냈다. 들쑥날쑥한 빨간색 선은 실제로 방출되는 복사선의 세기이다. 개별 온실 기체가 흡수하는 복사선의 최대 파장도 표시했다.

주요 온실 기체(greenhouse gas)로 수증기, 이산화 탄소, 메테인, 산화 이질소(dinitrogen oxide 또는 nitrous oxide, N_2O로서 아산화 질소라고도 부른다—역자 주), 오존, 몇 가지 염화 플루오

* 온실의 실제 단열 원리는 이와 다르다. 유리는 적외선이 빠져나가지 못하게 할 뿐 아니라 따뜻한 공기를 온실 안에 가둔다.

린화 탄소(chlorofluorocarbon) 등이 있다. 수증기는 가장 중요한 온실 기체로서, 6.3 μm 부근과 12 μm 이상의 파장에서 복사선을 강하게 흡수한다. 대기 중 이산화 탄소는 14~16 μm 파장대에서 적외선 복사의 약 절반을 흡수한다.

대기 중 수증기의 농도는 시간이 지나도 일정하게 유지된다고 생각하지만, 다른 몇몇 온실가스의 농도는 증가하고 있다. 서기 1000년 무렵부터 1750년 정도까지 대기 중 CO_2 농도는 280±10 ppmv(parts per million by volume, 부피당 백만분율) 수준으로 비교적 안정적이었다. 하지만 그 이후로 CO_2 농도는 증가해서 2019년에는 약 410 ppmv가 되었다(그래프 참조). 메테인 CH_4 의 농도는 같은 기간에 두 배 이상 증가했으며, 현재 농도는 최근 16만년 기간 중 최고 수준이다. 남극에서 채취한 빙핵(ice core)의 공기 주머니(air pocket)에 대한 연구 결과를 보면, 지난 16만년 기간 동안 대기 중 이산화 탄소와 메테인의 농도 변화는 지구 표면 온도의 변화와 상관성이 있다. 이산화 탄소와 메테인의 농도 상승이 우려되는 이유다.

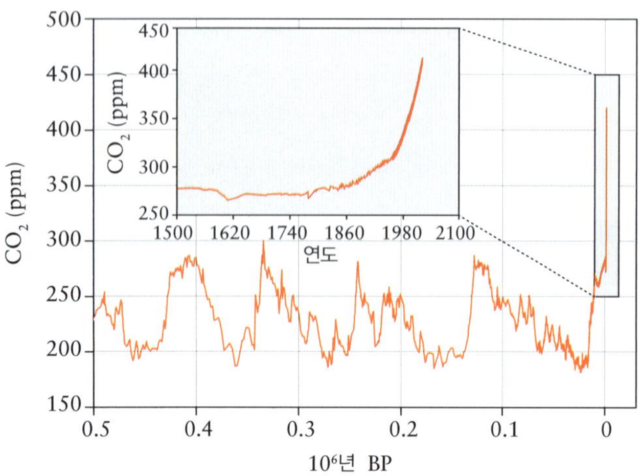

지난 50만 년 동안 대기 중 이산화 탄소 농도(BP는 '현재 이전(before the present)'을 의미한다). 이 추세가 계속된다면, 2100년에는 대기 중 이산화 탄소 농도가 900 ppm에 도달할 것으로 예상된다.

늘어난 CO_2는 도대체 어디에서 온 것일까? 주된 원인은 인간의 활동이다. 이산화 탄소는 시멘트 제조 과정(Topic 8D)에서 석회석($CaCO_3$)을 가열해서 분해할 때 나온다. 대규모로 숲과 나무를 태우는 삼림 벌채에서도 많은 양의 CO_2가 대기로 방출된다. 하지만, 대부분의 CO_2 농도 증가는 1850년 이후 대규모로 시작된 화석 연료의 연소에 기인한다. 화석 원료의 연소는 1970년부터 2014년까지 약 100% 증가했다. 메테인의 농도 증가는 석유 산업과 농업에 기인한다.

1900년부터 2000년까지 지구 표면의 온도는 10년마다 약 0.2 °C씩 상승했다(세 번째 그래프 참조). 인구 증가와 에너지 사용의 현재 추세가 계속된다면, 21세기 중반에는 대기 중 CO_2 농도

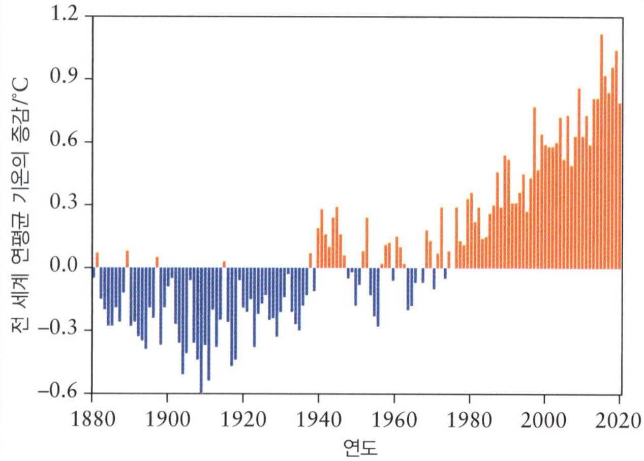

1880년부터 2021년까지의 연간 지구 평균 기온이 19세기의 지구 평균 기온에서 벗어난 정도. 더 자세한 정보는 http://www.ncdc.noaa.gov/cag/time-series/global을 참조하자.

는 산업혁명 이전의 두 배가 될 것이다.

이렇게 CO_2 농도가 두 배가 되면 어떤 일이 일어날까? 기후변화에 관한 정부간 협의체(Intergovernmental Panel on Climate Change, IPCC)의 2021년 예측에 따르면, 2100년까지 지구의 온도는 3.4~5.5 °C 상승할 것이다. CO_2를 중간 정도로 배출한다는 시나리오에서는 약 4.5 °C의 온도 상승과 0.44~0.76 m 정도의 해수면 상승이 예상된다. 4.5 °C 정도의 온도 상승은 큰 문제가 아니라고 생각할 수 있다. 하지만 마지막 빙하기 동안의 온도는 지금보다 불과 6 °C 정도 낮았을 뿐이다. 게다가 온도 변화의 속도는 지난 1만 년 동안의 어느 시기보다 클 가능성이 있다. 급격한 기후 변화는 가뭄과 폭풍우를 일으키고, 지구 생태계에 이미 악영향을 미치고 있다.

화학 이야기 4D.1에서는 수소와 같은 화석 연료의 대안을 살펴보았다. 주로 탄소로 이루어진 석탄은 탄소 함량이 낮은 연료로 변환할 수 있다. 예를 들어, 석탄을 메테인으로 전환하면 단위 에너지당 CO_2 배출량을 줄일 수 있다. 화학자와 기술전문가들은 자연계에서 일어나는 탄소 순환(carbon cycle)의 탄소 포집 과정을 가속시키는 방법을 자연과 협력해서 찾을 수 있다. 예를 들어, 배출된 CO_2를 심해에 주입해서 녹여 탄산이나 탄산수소(bicarbonate) 이온으로 변환할 수 있다. 규산 칼슘(calcium silicate)의 수용액 슬러리에 발전소 배출가스를 통과시켜 이산화 탄소를 무해한 고체물질로 만들어 제거하는 방법도 있다.

$$2CO_2(g)+H_2O(l)+CaSiO_3(s) \rightarrow SiO_2(s)+Ca(HCO_3)_2(s)$$

관련 연습 문제 8.25~8.27

참고 문헌

S. Fawzy, A. I. Doran, and D. W. Rooney, "Strategies for mitigation of climate change: A review," *Environmental Chemistry Letters*, vol. 18, 2020, pp. 2069–2094. Intergovernmental Panel on Climate Change, *Climate Change 2021: The Physical Science Basis*, https://www.ipcc.ch /report/sixth-assessment-report-working-group-i. S. K. Ritter, S. Solomon, G.-K. Plattner, R. Knutti, and P. Friedlingstein, "Irrevers- ible climate change due to carbon dioxide emissions," *Proceedings of the National Academy of Sciences*, vol. 106, 2009, pp. 1704–1709. NOAA, https://www.climate.gov/news-features/understanding-climate.

자습 8B.1A 수력 발전소에서 만든 전기로 물 분해 반응을 한다고 가정해 보자. 1.0 mol의 H_2를 생산하려면 얼마나 많은 물을 10. m 낙차로 흘려보내야 하는가? **힌트:** 질량 *m*이 거리 *h*를 낙하할 때에 해당하는 에너지는 *mgh*이다.

[**답:** 2.4 t]

자습 B.1B (a) 물 분해 반응으로 1 mol의 H_2를 생산하려면 자외선 영역 광자가 (몰 단위로) 얼마나 필요한가? 광자의 파장은 $\lambda = 250$ nm라고 간주하자. (b) 광원이 1초에 1.0×10^{14}개의 광자를 방출한다면, 얼마나 오랫동안 빛을 쪼여야 하는가?

현재 산업용 수소의 대부분은 석유 정제의 부산물로서, 두 단계 촉매 반응으로 얻는다. 첫 단계 반응은 **개질 반응**(**re-forming reaction**)으로, 니켈 촉매를 사용해서 탄화수소와 수증기를 일산화 탄소와 수소로 변환한다.

$$\text{개질 반응: } CH_4(g)+H_2O(g) \xrightarrow{\text{Ni}} CO(g)+3H_2(g)$$

이렇게 만들어진 일산화 탄소와 수소의 혼합물은 **합성가스**(**synthesis gas** 또는 syngas)라고 부른다. 메탄올을 비롯한 다양한 화합물 합성의 출발 물질로 쓰인다. 개질 반응에 이어지는 다음 단계는 **이동 반응**(**shift reaction**)이다. 철이나 구리 촉매를 사용해서 합성 가스의 일산화 탄소를 수증기와 더 반응시킨다.

$$\text{이동 반응: } CO(g)+H_2O(g) \xrightarrow{\text{Fe/Cu}} CO_2(g)+H_2(g)$$

실험실과 같은 작은 규모에서는 염산과 같은 강산의 수소 이온을 아연처럼 표준 환원 전위가 음의 값을 갖는 금속으로 환원시켜 수소를 만든다.

$$Zn(s)+2H^+(aq) \rightarrow Zn^{2+}(aq)+H_2(g)$$

수소는 화석 연료 정제 과정의 부산물로 얻거나 물 전기분해로 생산한다. 수소는 밀도가 낮고 분자간 힘이 약하다.

8B.2 수소의 화합물

Topic 8A에서 설명했듯이, 수소는 다양한 원소와 화합물을 만든다(표 8B.2). 수소는 양이온(H^+)을 형성하기 때문에 알칼리 금속과 유사한 동시에, 음이온(H^-)도 만들기 때문에 할로젠과도 유사한 독특한 원소이다. 게다가, 중간 정도의 전기 음성도(Pauling 척도로 2.2)가 있어서, 비금속이나 준금속과 결합할 때 주로 공유 결합을 한다.

수소화 이온 H^-는 154 pm나 되는 큰 반지름을 갖는데, 플루오린화 이온과 염화 이온 크기의 중간쯤 된다(**1**). +1의 전하를 갖는 수소의 핵은 이렇게 큰 H^- 음이온의 전자 두 개를 제대로 다룰 수 없기 때문에 수소화 이온은 편극성이 크다. 두 개의 전자는 핵에 매우 약하게 결합

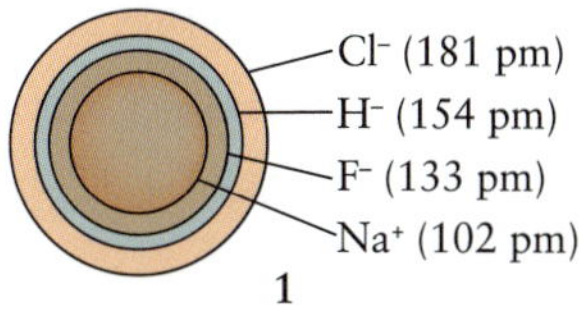

1

표 8B.2 수소의 화학적 성질

반응물	수소와의 반응
1족 금속 (M)	$2\ M(s) + H_2(g) \rightarrow 2\ MH(s)$
2족 금속 (M. Be와 Mg는 제외)	$M(s) + H_2(g) \rightarrow MH_2(s)$
몇몇 d-구역 금속 (M)	$2\ M(s) + x\ H_2(g) \rightarrow 2\ MH_x(s)$
산소	$O_2(g) + 2\ H_2(g) \rightarrow 2\ H_2O(l)$
질소	$N_2(g) + 3\ H_2(g) \rightarrow 2\ NH_3(g)$
할로젠 (X_2)	$X_2(g, l, s) + H_2(g) \rightarrow 2\ HX(g)$

하기 때문에 잃어버리기도 쉽다. 그 결과, 이온성 수소화물은 강한 환원제로 작용한다. 수소화 이온의 표준 환원 전위($E°(H_2/H^-) = -2.25$ V)는 소듐($E°(Na^+/Na) = -2.71$ V)과 비슷하기 때문에, 소듐 금속처럼 수소화 이온도 물과 접촉하면 즉시 반응한다.

$$NaH(s)+H_2O(l) \rightarrow NaOH(aq)+H_2(g)$$

이 반응에서 수소 기체가 발생하기 때문에, 이온성 수소화물은 휴대용 수소 공급원으로 쓸모 있을 수 있다.

화합물에서 N−H, O−H, F−H 등 전기 음성도가 높은 원자에 결합한 H 원자는 **수소 결합**(hydrogen bonding)에 참여할 수 있다(Topic 3D). 수소 결합은 같은 유형의 원자 간 공유 결합보다 세기가 5% 정도에 불과하지만, 일반적인 분자간 상호 작용보다는 10배 정도 강하다. 예를 들어, O−H 결합 엔탈피는 463 kJ·mol^{-1}이지만 O−H···O 수소 결합 엔탈피는 약 20 kJ·mol^{-1}이다. 수소 결합은 몇 가지 모형으로 설명할 수 있다. 가장 간단한 모형은 O−H$^{\delta+\cdots\delta-}$O처럼 수소 원자의 부분 양전하와 (수소 결합을 받는 분자에 속한) 원자의 부분 음전하 사이의 정전기적 상호 작용이다.

생각해 보기

중수소 ^{2}H는 핵의 질량이 ^{1}H와 다르다. 이러한 차이가 중수소와 중수소 화합물의 성질에 어떤 영향을 미칠까?

자습 8B.2A 어떤 성질 때문에 수소를 17족 원소로 분류하기 어려운가?

[**답**: 수소는 p-전자가 없으며 전자 친화도도 매우 작다.]

자습 8B.2B 어떤 성질 때문에 수소를 1족 원소로 분류하기 어려운가?

수소화 이온은 반지름과 편극성이 크다. 이온성 수소화물은 강한 환원제이다. 수소는 전기 음성도가 큰 원소의 비공유 전자쌍과 수소 결합을 만들 수 있다.

Topic 8B 연습 문제

8B.1 수소를 1족 원소로 분류해야 한다는 견해를 지지하는 화학적 증거가 있는가? 그렇다면, 그 증거를 제시하시오.

8B.2 수소를 17족 원소로 분류해야 한다는 견해를 지지하는 화학적 증거가 있는가? 그렇다면, 그 증거를 제시하시오.

8B.3 다음 반응에 대해 균형 맞춘 화학 반응식을 쓰시오.

(a) 에타인(아세틸렌, C_2H_2)에 수소를 첨가하여 에텐(C_2H_4)을 만드는 반응(반응물과 생성물의 탄소 원자에 산화수도 표시하시오.)

(b) 이동 반응(water-gas shift reaction)

(c) 수소화 바륨과 물의 반응

8B.4 다음 반응에 대해 균형 화학 반응식을 쓰시오.

(a) 수소화 소듐과 물의 반응

(b) 합성 가스의 생성 반응

(c) 에텐($H_2C{=}CH_2$)의 수소 첨가 반응(반응물과 생성물의 탄소 원자에 산화수도 표시하시오.)

(d) 마그네슘과 염산의 반응

8B.5 수소가 다음 원소와 반응할 때 생성물을 구하고, 균형 화학 반응식을 쓰시오.

(a) 염소 (b) 소듐 (c) 인 (d) 구리

8B.6 수소가 다음 원소와 반응할 때 생성물을 구하고, 균형 화학 반응식을 쓰시오.

(a) 질소 (b) 플루오린 (c) 세슘 (d) 구리(II) 이온

8B.7 수소 결합의 해리 엔탈피(ΔH_{HBond})는 결합 세기를 나타내는 척도이다. 다음 물질을 기체 상태에서 측정한 데이터에서 보이는 경향을 설명하시오.

물질	NH_3	H_2O	HF
$\Delta H_{HBond}/(kJ \cdot mol^{-1})$	17	25	29

8B.8 폼산(formic acid)이라고도 하는 메탄산(methanoic acid, HCOOH)은 기체 상태에서 이합체(dimer)를 만든다. 그 이유를 설명하시오.

Topic 8C 1족: 알칼리 금속

1족 원소는 **알칼리 금속**(alkali metal)이라고 한다. 알칼리 금속의 원자가 전자 배치는 ns^1인데 여기서 n은 주기 번호이다. 하나 밖에 없는 원자가 전자를 쉽게 내줄 수 있다는 점이 이들 원소의 물리적 성질과 화학적 성질을 결정한다(표 8C.1). 1족 원소의 화학적 성질은 매우 유사하지만 차이점도 있으며, 이러한 차이점은 가장 정교한 물질 현상인 의식(consciousness)의 기반이 된다. 인간의 사고 활동은 신경 세포를 통한 신호 전달의 결과물이다. 이를 위해서는 소듐 이온과 포타슘 이온이 협력해서 작용해야 하며, 세포막을 통한 이온의 이동 또한 정밀하게 조절되어야 한다. 소듐과 포타슘에 대해서 배우기 위해서도 우리의 두뇌는 이들 원소를 실제로 사용한다.

표 8C.1 1족 원소

일반명: 알칼리 금속
원자가 껍질 전자 배치: ns^1
정상 상태*: 무른 은회색 금속

Z	이름	기호	몰질량/ $(g \cdot mol^{-1})$	녹는점/°C	끓는점/°C	밀도/ $(g \cdot cm^{-3})$
3	리튬	Li	6.94	181	1347	0.53
11	소듐	Na	22.99	98	883	0.97
19	포타슘	K	39.10	64	774	0.86
37	루비듐	Rb	85.47	39	688	1.53
55	세슘	Cs	132.91	28	678	1.87
87	프랑슘	Fr	(223)	27	677	—

* **정상 상태**는 25 °C, 1기압 조건에서 원소의 상태와 형태이다.

8C.1 1족 원소

1족 원소는 모두 부드럽고 광택이 있으며 밀도가 낮은 금속이다(그림 8C.1). 모든 금속 가운데 리튬, 소듐, 포타슘만 물보다 밀도가 낮다. Topic 3G에서 설명했듯이, 금속성 고체에서는 양이온 사이사이에 전자의 '바다'가 결합력을 제공한다. 1족 원소는 원자가 껍질에 전자가 하나밖에 없기 때문에 결합력이 약하고 녹는점과 끓는점이 낮다. 주기율표에서 아래로 내려가면서 녹는점과 끓는점도 낮아진다(그림 8C.2). 세슘은 28 °C에서 녹기 때문에 실온에서는 고체로 보기 어렵다. 리튬은 알칼리 금속 가운데서는 가장 단단하지만, 납보다 무르다. 프랑슘은 희귀한 원소이며 방사성까지 있어 물성은 잘 밝혀지지 않았다.

알칼리 금속은 모든 금속 가운데 가장 반응성이 높기 때문에 순수한 상태로 얻기도 가장 어렵다. 자연 상태에서는 너무 쉽게 산화되기 때문에 원소 형태로 존재하지 않으며, 일반적인 화학적 환원제를 써서는 화합물에서 원소를 추출할 수 없다. 알칼리 금속은 Downs 공정(Topic 6O)처럼 용융염의 전기 분해로 얻는다. 포타슘의 경우 용융된 상태의 염화 포타슘을 소듐 증기에 노출시켜 얻는다.

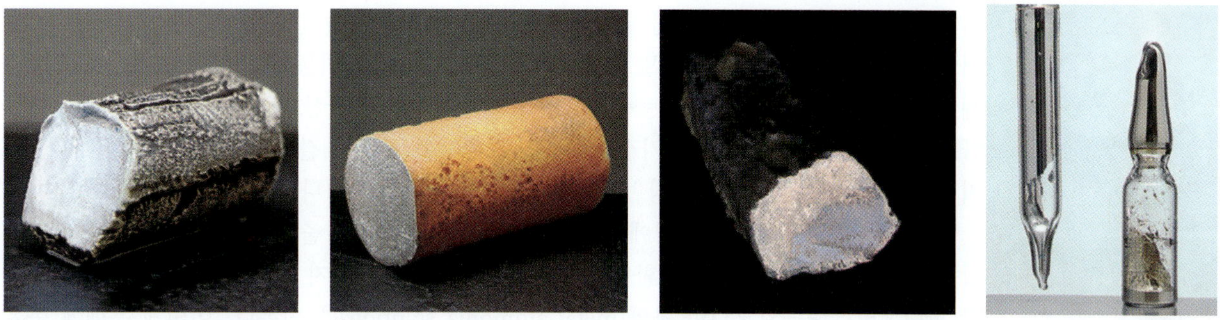

(a) (b) (c) (d)

그림 8C.1 1족 알칼리 금속. (a) 리튬, (b) 소듐, (c) 포타슘, (d) 루비듐과 세슘. 프랑슘은 눈에 보일 만큼 많은 양으로 분리된 적이 없다. 리튬, 소듐, 포타슘 고체를 금방 자른 절단면을 보면, 습한 공기에 노출했을 때 얼마나 빨리 부식되는지 알 수 있다. 루비듐과 세슘은 이보다 반응성이 더 높기 때문에 밀봉한 진공 용기 안에서 보관하고 사진을 찍었다. (*Copyright Macmillan Learning, photo by Ken Karp.*)

$$\mathrm{KCl(l)+Na(g)\xrightarrow{750\,^\circ C}NaCl(s)+K(g)}$$

이 반응의 평형 상수는 작지만, 포타슘이 소듐보다 증기압이 높기 때문에 정반응 쪽으로 일어난다. 열에 의해 날아간 포타슘 증기는 냉각된 포집관에 응축해서 모은다.

제2차 세계대전 후, 열핵 무기(thermonuclear weapon, Topic 9C), 즉 수소 폭탄이 개발되기 전까지는 리튬의 쓰임새가 거의 없었다. 그런데, 리튬이 열핵 무기에 사용되면서 몰질량까지 변하게 되었다. 리튬-6만 무기에 사용할 수 있었기 때문에 리튬-7의 존재비가 상대적으로 높아졌고, 산업적으로 유통되는 리튬의 몰질량도 증가했다. 재충전할 수 있는 리튬-이온 전지의 등장으로 리튬의 응용 분야도 성장하고 있다. 리튬은 가벼울 뿐 아니라 표준 환원 전위가 모든 원소들 가운데 가장 낮기 때문에 갈바니 전지(galvanic cell)로 만들면 높은 전압을 얻을 수 있다.

알칼리 금속의 1차 이온화 에너지는 값이 작고, 주기율표의 아래로 내려가면서 감소한다. 그 결과, 화합물에서 1족 원소는 Na^+와 같이 +1가 양이온으로 존재하며, 대부분의 화합물은 이온성이다. 알칼리 금속의 표준 환원 전위는 모두 음의 값을 갖지만, 개별 원소의 $E°(M^+/M)$ 값 자체는 이온화 에너지처럼 일관되게 변하지는 않는다. 고체의 격자 에너지(lattice energy), 이온의 수화 에너지(hydration energy), 엔트로피 등이 $E°(M^+/M)$ 값에 영향을 미치기 때문이다.

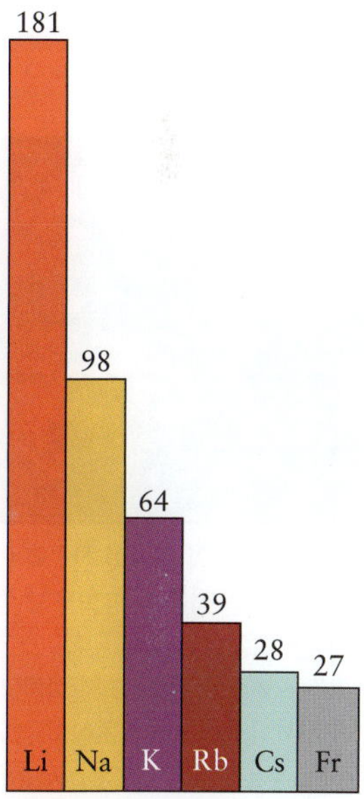

그림 8C.2 알칼리 금속의 녹는점은 주기율표의 아래로 갈수록 낮아진다. 숫자는 섭씨온도이다.

알칼리 금속은 표준 환원 전위가 (절대값이) 매우 큰 음수이기 때문에 강력한 환원제로 작용하며 물과도 반응한다.

$$\mathrm{2\,Na(s)+2\,H_2O(l)\rightarrow 2\,NaOH(aq)+H_2(g)}$$

주기율표의 아래로 내려갈수록 이 반응은 더욱 격렬해진다(**그림 8C.3**). 소듐과 포타슘은 물과

(a) (b) (c)

그림 8C.3 알칼리 금속은 물과 반응해서 수소 기체와 알칼리 금속 수산화물 용액을 만든다. (a) 리튬은 천천히 반응한다. (b) 소듐이 격렬하게 반응하여 방출된 열은 반응하지 않은 금속을 녹이고 생성된 수소에 불을 붙인다. (c) 포타슘은 다른 두 금속보다 더욱 격렬하게 반응한다. (© *sciencophotos/Alamy Stock Photo*)

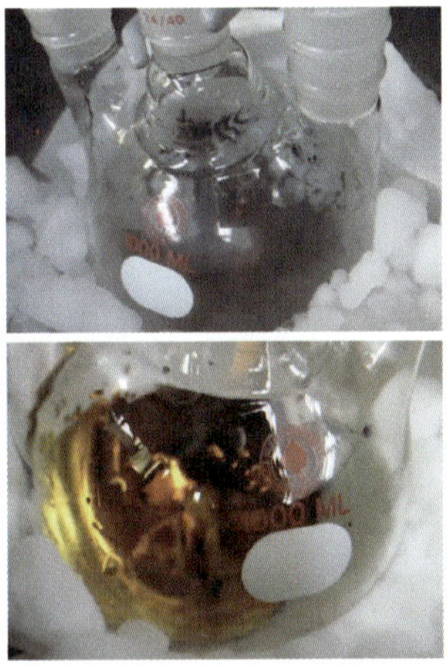

그림 8C.4 액체 암모니아에 작은 소듐 조각을 넣으면 푸른 빛을 띠는 용액이 되었다가, 농도가 진해지면 금속 광택의 청동색 용액이 된다.(*Joshua Judkins/CC BY-SA 4.0/Wikimedia Commons*)

그림 8C.5 알칼리 금속이 산소와 반응하면 여러 생성물의 혼합물이 얻어지지만, 리튬은 산화물(왼쪽), 소듐은 아주 연한 노란색의 과산화물(가운데), 포타슘은 노란색 초산화물(오른쪽)을 주로 만든다.(*Copyright Macmillan Learning, photo by Ken Karp.*)

격렬하게 반응해서 만든 수소를 발화시킨다. 루비듐과 세슘의 경우에는 위험할 정도로 폭발적인 반응이 일어난다. 물보다 밀도가 높기 때문에 가라앉는 이들 금속이 수면 아래에서 반응해서 급격히 생성된 수소 기체는 충격파를 만들어 반응기를 산산조각 낼 수 있다. 리튬은 1족 금속 가운데 물과의 반응성은 가장 낮다. 리튬 원자들 사이의 결합력이 강하기 때문이다. 하지만 용융된 상태의 리튬은 가장 반응성이 높은 금속 가운데 하나이다.

알칼리 금속이 액체 암모니아에 녹을 때도 원자가 전자를 방출하지만 그 결과는 물과 반응할 때와는 다르다. 암모니아를 환원하는 대신, 전자는 NH_3 분자 사이의 빈 공간을 채워서 진한 파란색의 **금속-암모니아 용액**(metal-ammonia solution)을 만든다. 이렇게 용매에 녹은 전자(solvated electron)가 있는 금속 양이온 용액은 유기 화합물의 환원에 자주 사용된다. 용액이 진해지면 파란색이 금속 광택을 보이는 청동색으로 변하고, 액체 금속처럼 전기 전도성을 갖기 시작한다(그림. 8C.4).

생각해 보기

이 청동색 용액을 휘저으면 전기 전도도가 변할까?

모든 알칼리 금속은 비활성 기체를 제외한 거의 모든 비금속과 직접 반응한다. 하지만, 질소는 리튬과만 반응할 수 있으며, 환원 생성물로 질소화 이온(N^{3-})이 된다.

$$6Li(s) + N_2(g) \rightarrow 2Li_3N(s)$$

알칼리 금속과 산소의 반응으로 생기는 주생성물은 주기율표의 아래쪽으로 가면서 체계적으로 달라진다(그림 8C.5). 리튬은 산화물 Li_2O을 주로 만든다. 소듐은 아주 연한 노란색인 과산화 소듐 Na_2O_2를 주로 만드는데, 과산화(peroxide) 이온 O_2^{2-}가 들어있다. 포타슘은 초과산화물(superoxide) KO_2를 주로 만드는데, 초과산화 이온 O_2^-가 들어있다.

자습 8C.1A 리튬과 산소의 반응에 대한 화학식을 쓰시오.

[답: $4Li(s) + O_2(g) \rightarrow 2Li_2O(s)$]

자습 8C.1B 포타슘과 산소의 반응에 대한 화학식을 쓰시오.

알칼리 금속은 매우 반응성이 높은 금속이며, 주로 +1가 양이온으로 존재한다. 주기율표의 아래로 갈수록 물과 더 격렬하게 반응한다.

8C.2 리튬, 소듐, 포타슘의 화합물과 응용

주기율표에서 각 족의 맨 위쪽에 있는 원소는 같은 족에 있는 다른 원소(congener)와 성질이 아주 다른 경우가 많다. 리튬의 경우도 마찬가지다. 리튬 Li^+ 양이온은 크기가 아주 작아서 편극력이 강하기 때문에 공유 결합 성격이 큰 화학 결합을 만든다. Li^+의 작은 크기 때문에 이온-쌍극자 상호 작용 또한 크다. 리튬 염은 H_2O 분자가 Li^+ 이온 주변에 모인 수화물(hydrate)을 잘 만든다.

리튬 화합물은 세라믹, 윤활제, 의약품 등에 쓰인다. 매일 소량의 탄산 리튬을 복용하면 양극성 장애(조울증—역자 주) 치료에 도움이 되지만, 약리작용의 원리는 아직 정확하게 밝혀지지 않았다. 리튬 비누(lithium soap)는 사슬이 긴 카복실산의 리튬염인데 소듐이나 포타슘 비누보다 녹는점이 높아서 고온용 윤활제의 점도 증강 첨가제로 쓰인다.

생각해 보기

리튬 비누는 왜 소듐 비누보다 녹는점이 높을까?

소듐 화합물이 중요한 두 가지 이유는 값이 싸고 물에 잘 녹는다는 점이다. 염화 소듐은 고대에 바다였던 곳이 증발하면서 남은 퇴적물인 암염에서 채굴하거나, 바다 또는 염호(salt lake)의 짠물(brine, 염수)을 증발시켜 얻는다(그림 8C.6). 염수의 대량 전기 분해로 염소와 수산화 소듐을 생산한다.

그림 8C.6 염전의 모습. 물의 증발이 빠르도록 열흡수를 돕는 염료를 넣어서 색깔이 파랗다.(© *Freedom_wanted/Shutterstock*)

수산화 소듐 NaOH는 부드럽고 왁스 같은 흰색의 부식성 고체로서, '가성소다(lye)'나 '양잿물(caustic soda)'이라는 이름으로 유통되기도 한다. 다른 소듐염을 만드는 데 쓰는 값싼 원료이기 때문에 산업적으로 중요한 화학 물질이다. 염수의 전기 분해로 NaOH를 생산하는 **클로르알칼리 공정**(chloralkali process)에 사용되는 전력량은 알루미늄을 광석에서 추출하는 데 소비되는 전력량 다음으로 많은데, 이 과정에서 염소와 수소도 같이 만들어진다(그림 8C.7). 이 과정의 알짜 이온 반응식은 다음과 같다.

$$2Cl^-(aq) + 2H_2O(l) \xrightarrow{\text{전기 분해}} Cl_2(g) + 2OH^-(aq) + H_2(g)$$

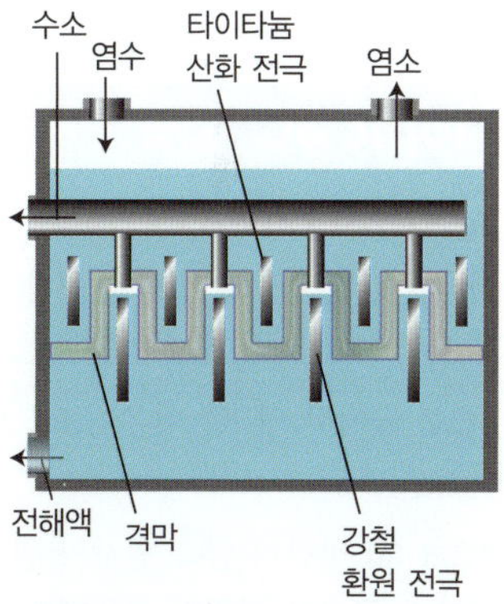

그림 8C.7 염수(염화 소듐의 수용액, 그림에서 파란색으로 표시)의 전기 분해로 수산화 소듐을 생산하는 격막 전해조(diaphragm cell). 격막은 타이타늄 산화 전극(titanium anode)에서 생성된 염소가 강철로 된 환원 전극(steel cathode)에서 만들어진 수소나 수산화 소듐과 섞이지 않게 한다. 전해액(cell liquor)을 빼내서 수분을 일부 증발시키면, 분해되지 않고 남아 있던 염화 소듐은 결정으로 분리되고, 수산화 소듐만 전해액 안에 남는다.

탄산수소 소듐(sodium hydrogen carbonate 혹은 sodium bicarbonate, 중탄산 소듐) $NaHCO_3$는 **중탄산 소다**(bicarbonate soda) 또는 **베이킹소다**(baking soda, 제빵 소다)라고 흔히 부른다. 베이킹소다의 탄산수소 이온이 약산인 HA와 반응해서 기체가 생기고 반죽이 부풀어 오른다.

$$HCO_3^-(aq) + HA(aq) \rightarrow A^-(aq) + H_2O(l) + CO_2(g)$$

여기서 약산 HA는 반죽에 들어가는 신 우유나 버터밀크에 들어 있는 락트산(lactic acid, 젖산), 레몬의 시트르산(citric acid, 구연산), 식초의 아세트산(acetic acid) 등이다. 시판되는 **베이킹파우더**(baking powder)에는 탄산수소 뿐 아니라 고체 형태의 약산(주로 모노칼슘 인산염(monocalcium phosphate)과 황산 알루미늄 소듐(sodium aluminum sulfate)의 혼합물)이 들어있기 때문에 물을 더하면 이산화 탄소가 발생한다.

수화된 탄산 소듐 $Na_2CO_3{\cdot}10H_2O$은 예전에는 **세탁 소다**(washing soda)로 많이 사용했다. 요즘도 물에 넣어서 Mg^{2+}나 Ca^{2+} 이온을 탄산염 형태로 침전시키는 목적으로 가끔씩 쓰인다.

$$Ca^{2+}(aq) + CO_3^{2-}(aq) \rightarrow CaCO_3(s)$$

섬유나 식기에서 기름을 제거하기 쉽게 하는 알칼리성 조건을 만드는 데도 쓰인다. 무수 탄산 소듐은 **소다회**(soda ash)라고도 부른다. 가열하면 산화 소듐으로 분해되기 때문에 유리 제조업에 대량으로 사용한다(Topic 8H).

생각해 보기

왜 탄산 칼슘은 탄산 소듐보다 용해도가 훨씬 낮을까?

포타슘 화합물은 소듐 화합물과 많은 점에서 유사하다. 포타슘은 **광로석**(carnallite) $KCl{\cdot}MgCl_2{\cdot}6H_2O$과 **포타슘암염**(sylvite) KCl에 많이 들어있다. KCl은 비료의 필수요소인 포타슘의 공급원으로서 비료에 직접 넣어서 쓴다. 포타슘 화합물은 일반적으로 해당 소듐 화합물보다 더 비싸지만, 경우에 따라서는 비용을 상쇄하는 장점이 있다. 예를 들어, 질산 포타슘 KNO_3를 가열하면 산소가 생겨서 성냥이 쉽게 점화된다.

$$2KNO_3(s) \xrightarrow{\Delta} 2KNO_2(s) + O_2(g)$$

포타슘 이온은 소듐 이온보다 커서 H_2O 분자에 의한 수화가 적고, 흡습성이 낮다. 질산 소듐은 흡습성이 높기 때문에 이런 목적에 사용하기 어렵다.

자습 8C.2A 표준 상태에서 클로르알칼리 공정에 필요한 최소한의 전위차를 표 6M.1을 이용해서 구하시오.

[답: 2.2 V]

자습 8C.2B KO_2처럼 CsO_2도 이산화 탄소를 제거하고 물에서 산소를 생성할 수 있다. 하지만, 우주선에서는 이 목적을 위해 KO_2가 CsO_2보다 선호된다. 이유를 설명하시오.

리튬 화합물은 공유 결합성이 있으며, 세라믹, 윤활제, 의약품 등에 쓰인다. 소듐 화합물은 물에 잘 녹고, 흔하며, 값이 싸다. 일반적으로 포타슘 화합물은 소듐 화합물보다 흡습성이 낮다.

Topic 8C 연습 문제

8C.1 리튬의 화학적, 물리적 성질이 같은 1족의 다른 원소들과 다른 이유를 설명하시오. 설명을 뒷받침할 수 있는 두 가지 예를 제시하시오.

8C.2 물에서 왜 K^+ 이온이 Li^+ 이온보다 더 빨리 이동하는지 설명하시오.

8C.3 (a) 알칼리 금속 원자의 원자가 껍질 전자 배치를 쓰시오. (b) 알칼리 금속이 강력한 환원제인 이유를 전자 배치, 이온화 에너지, 이온의 수화와 관련해서 설명하시오.

8C.4 LiI와 CsF는 물에 아주 잘 녹지만 왜 LiF와 CsI는 물에 소량만 녹는지 설명하시오.

8C.5 다음 반응의 화학 반응식을 쓰시오.
(a) 소듐과 산소
(b) 리튬과 질소
(c) 소듐과 물
(d) 초과산화 포타슘과 물

8C.6 다음 반응의 화학 반응식을 쓰시오.
(a) 세슘과 산소(세슘은 포타슘과 같은 방식으로 산소와 반응한다.)
(b) 산화 소듐과 물
(c) 리튬과 염산
(d) 세슘과 아이오딘

Topic 8D 2족: 알칼리 토금속

2족 원소(**표 8D.1**)를 **알칼리 토금속**(alkaline earth metal)이라고 한다. 산화물이 염기성(알칼리성)이기 때문이다. 예전에는 산화물을 'earth'(토土—역자 주)라고 불렀다. 2족 원소의 원자가 껍질 전자 배치는 ns^2이다. 두 번째 전자를 제거할 때 필요한 이온화 에너지가 그리 크지 않고(**그림 8D.1**), 생성되는 화합물의 격자 엔탈피로 충분히 보상받을 수 있기 때문에, 2족 원소는 모든 화합물에서 M^{2+} 양이온처럼 +2가의 산화수를 갖는다.

표 8D.1 2족 원소

일반명: 알칼리 토금속 (Ca, Sr, Ba)
원자가 껍질 전자 배치: ns^2
정상 상태*: 무른 은회색 금속

Z	이름	기호	몰질량/ $(g \cdot mol^{-1})$	녹는점/°C	끓는점/°C	밀도/ $(g \cdot cm^{-3})$
4	베릴륨	Be	9.01	1285	2470	1.85
12	마그네슘	Mg	24.31	650	1100	1.74
20	칼슘	Ca	40.08	840	1490	1.53
38	스트론튬	Sr	87.62	770	1380	2.58
56	바륨	Ba	137.33	710	1640	3.59
88	라듐	Ra	(226)	700	1500	5.00

* **정상 상태**는 25 °C, 1기압 조건에서 원소의 상태와 형태이다.

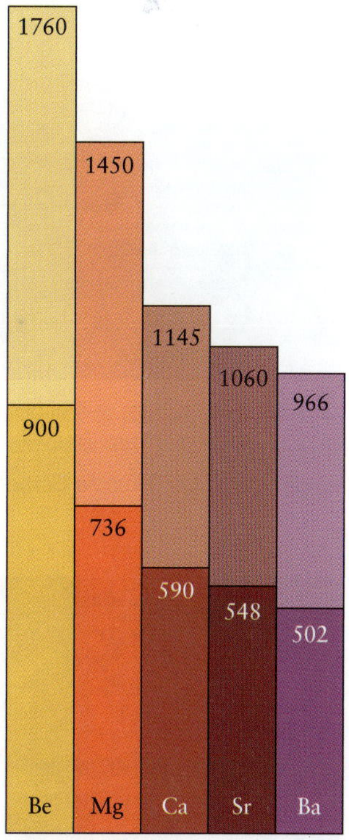

그림 8D.1 2족 원소의 1차(앞줄) 및 2차(뒷줄) 이온화 에너지(단위는 $kJ \cdot mol^{-1}$). 2차 이온화 에너지가 1차 이온화 에너지보다 크지만, 이온성 화합물을 만들 때 두 개의 전자를 잃어도 크게 문제는 없을 정도의 값이다.

8D.1 2족 원소

2족 금속은 1족 금속과 많은 성질이 비슷하지만, 몇 가지 중요한 차이점이 있다. 1족과 마찬가지로, 2족 원소는 반응성이 너무 커서 자연 상태에서는 순수한 원소 상태로 존재하지 않는다(**그림 8D.2**). 1족과는 달리, 2족 원소는 화합물에서 +2가 양이온으로 주로 발견된다. 베릴륨은 광물인 **녹주석**(beryl) $3BeO \cdot Al_2O_3 \cdot 6SiO_2$에서 주로 얻어지는데, 녹주석은 수 톤에 달하는 거대한 결정을 만들기도 한다. 보석 **에메랄드**(emerald)는 녹주석의 일종인데, 불순물로 들어있는 Cr^{3+} 이온 때문에 녹색을 띤다(**그림 8D.3**). 마그네슘은 바닷물 속에 녹아 있으며, **백운석**(dolomite) $CaCO_3 \cdot MgCO_3$와 같은 광물에도 포함되어 있다. 칼슘은 $CaCO_3$ 형태로 **석회석**(limestone), **방해석**(calcite), **백악**(chalk) 등에 존재한다.

(a) 베릴륨 베릴륨(Be) 원소는 용융된 염화 베릴륨을 전기 분해 조건에서 환원시켜 얻는다. 밀도가 낮기 때문에 미사일과 위성의 부품 제작에 사용된다. 베릴륨은 X-선 튜브의 창으로도 쓰인다. 금속을 펴서 얇은 판으로 만들었을 때, 베릴륨 원자는 전자의 개수가 적어서 X-선을 잘 투과하기 때문이다. 구리에 소량의 베릴륨을 넣어 만든 단단하고 전기 전도성이 있는 베릴륨-구리 합금은 스파크를 일으키지 않는 도구나 전자 산업에서 작은 비자성체 부품에 사용된다.

(a) (b) (c) (d) (e)

그림 8D.2 2족 원소. (a) 베릴륨, (b) 마그네슘, (c) 칼슘, (d) 스트론튬, (e) 바륨. 마그네슘부터 바륨까지 네 원소는 1808년 한 해 동안 Humphry Davy가 모두 발견했다. 베릴륨과 스트론튬은 나중에 발견되었다. 베릴륨은 1828년에 Friedrich Wöhler가, (그림에 없는) 라듐은 1898년에 Pierre Curie와 Marie Curie 부부가 발견했다.(*Copyright Macmillan Learning, photo by Ken Karp.*)

그림 8D.3 에머랄드는 녹주석(beryl) 결정인데 소량 포함된 Cr^{3+} 이온 때문에 녹색을 띤다. (*Public Domain/Wikimedia Commons*)

그림 8D.4 칼슘은 찬물과 천천히 반응해서 수소 기체와 수산화 칼슘 $Ca(OH)_2$를 만든다. (*GOKLuLe/CC BY-SA 3.0/Wikimedia Commons*)

(b) 마그네슘 마그네슘(Mg) 금속은 화학적 방법이나 전기 분해 방법으로 마그네슘 화합물을 환원시켜 얻는다. 화학적 환원법에서는 백운석을 산화 마그네슘(MgO)으로 분해하고, 규화철(iron silicide)의 함량이 높은 철과 규소의 혼합물인 규소철(ferrosilicon)을 써서 약 1200 °C에서 마그네슘 금속으로 환원시킨다. 생성된 마그네슘은 이 온도에서 순식간에 기화해서 분리된다. 전기 분해 방법에서는 먼저 바닷물에 소석회(slaked lime) $Ca(OH)_2$를 넣어 수산화 마그네슘을 침전시켜 분리한 다음 염산으로 처리해서 염화 마그네슘 $MgCl_2$를 얻는다. 잘 건조한 염화 마그네슘을 용융 조건에서 전기 분해한다.

마그네슘은 은백색 금속인데, 공기 중에서는 표면에 흰색 산화막이 생겨 흐릿한 회색으로 보인다. 이 산화막은 고체 내부로 산화가 진행되는 것을 막아준다. 마그네슘의 밀도는 알루미늄의 2/3에 불과하고, 순수한 금속 자체는 아주 무르다. 하지만, 마그네슘의 합금은 강도가 높기 때문에 경량성과 내구성이 요구되는 항공기와 연비 효율적인 자동차 등에 사용된다.

마그네슘은 공기 중에서 밝은 흰색 불꽃을 내며 격렬하게 연소한다. 질소, 이산화탄소, 산소 모두와 반응하기 때문이다. 연소 중인 마그네슘에 물을 뿌리거나 이산화탄소로 처리하면 반응이 촉진된다. 따라서, 마그네슘 화재 사고에 물이나 CO_2 소화기는 절대로 쓰면 안된다. 상황을 더욱 악화시킬 뿐이다.

(c) 칼슘, 스트론튬, 바륨 칼슘(Ca), 스트론튬(Sr), 바륨(Ba)은 전기 분해 방법이나 알루미늄을 환원제로 사용하는 테르밋 공정(thermite process, 그림 4A.5 참조)으로 얻는다.

$$3BaO(s) + 2Al(s) \xrightarrow{\Delta} Al_2O_3(s) + 3Ba(s)$$

1족과 마찬가지로, 2족 금속의 산소 또는 물과의 반응성은 주기율표 아래로 내려갈수록 높아진다. 베릴륨, 마그네슘, 칼슘, 스트론튬은 표면의 산화물막 덕분에 내부가 어느 정도 보호된다.

베릴륨을 제외한 모든 2족 원소는 다음과 같이 물과 반응한다.

$$Ca(s) + 2H_2O(l) \rightarrow Ca^{2+}(aq) + 2OH^-(aq) + H_2(g)$$

베릴륨은 뜨겁게 달구어도 물과 반응하지 않는다. 표면을 보호해주는 산화막이 높은 온도에서도 유지되기 때문이다. 반면에 마그네슘은 뜨거운 물과 반응하고(그림 7D.1 참조), 칼슘은 찬물과도 반응한다(**그림 8D.4**).

불꽃의 색깔로 알칼리 토금속을 구별할 수 있다. 칼슘은 적황색, 스트론튬은 진홍색, 바륨은 황록색을 낸다. 불꽃놀이에서는 이들 원소의 염(주로 질산염과 염소산염. 여기서 음이온은 산소의 추가 공급원 역할을 한다)을 마그네슘 분말과 함께 사용한다.

자습 8D.1A 마그네슘 화재를 물로 진압하는 위험한 실수를 할 때 예상되는 반응의 화학식을 쓰시오.

[**답**: $Mg(s) + 2\,H_2O(l) \rightarrow Mg^{2+}(aq) + 2\,OH^-(aq) + H_2(g)$]

자습 8D.1B 바륨과 산소의 반응에 대한 화학식을 쓰시오.

베릴륨은 비금속성을 약간 보이지만, 나머지 2족 원소는 모두 반응성이 높은 금속이다. 물이나 산소와의 반응성은 주기율표 아래로 내려가면서 높아진다.

8D.2 베릴륨, 마그네슘, 칼슘의 화합물

비금속성도 보이는 베릴륨을 제외하면, 2족 원소는 모두 금속성이며 염기성 산화물과 수산화물을 만든다.

(a) 베릴륨 베릴륨은 대각선 방향의 이웃 원소인 알루미늄과 화학적 성질이 유사하다. 2족 원소 가운데 베릴륨의 금속성이 가장 작고, 많은 베릴륨 화합물은 공유 결합의 특성이 있다. 베릴륨은 양쪽성(amphoteric)으로, 산과 염기 모두와 반응한다. 알루미늄처럼, 베릴륨도 수산화소듐 용액에서 물과 반응한다. 생성물은 **베릴륨산 이온**(beryllate ion) $Be(OH)_4{}^{2-}$와 수소 기체이다.

$$Be(s) + 2\,OH^-(aq) + 2\,H_2O(l) \rightarrow Be(OH)_4{}^{2-}(aq) + H_2(g)$$

베릴륨 화합물은 독성이 매우 강하므로 조심해서 다루어야 한다. 베릴륨 화합물의 성질은 Be^{2+} 이온의 강한 편극성과 작은 크기에서 나온다. 강한 편극성 때문에 어느 정도 공유 결합 성격의 화합물을 만드는데, Be^{2+} 이온의 크기가 작아서 네 개 이상의 결합은 만들 수 없다. 이 두 가지 특징 때문에 $Be(OH)_4{}^{2-}$처럼 정사면체 구조의 BeX_4(**1**) 단위체를 주로 볼 수 있다. 고체 상태 염화물(**2**)과 수소화물도 정사면체 구조를 갖는다. 베릴륨 수소화물이 BH_2 단위체의 사슬로 이루어져 있다고 생각하기도 했으나, 그물(network) 구조를 갖는 것으로 밝혀졌다(그림 8D.5). $BeCl_2$의 Be 원자는 Lewis 산으로 작용해서 인접한 $BeCl_2$의 두 Cl 원자로부터 전자쌍을 받아서 정사면체 $BeCl_4$ 단위체의 사슬로 고체를 만든다.

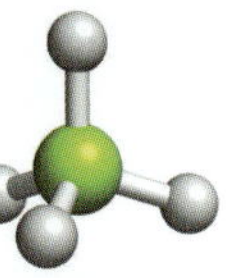

1 BeX_4 단위체

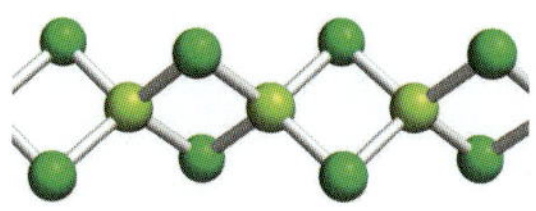

2 염화 베릴륨, $BeCl_2$

(b) 마그네슘 베릴륨에 비해 마그네슘은 금속성이 더 뚜렷하다. 마그네슘 화합물은 공유 결합성도 조금 있지만, 주로 이온 결합성이다. 마그네슘이 공기중에서 연소해서 산화 마그네슘 MgO을 만들 때 질소화 마그네슘도 소량 생긴다. 순수한 MgO는 수산화 마그네슘이나 탄산 마그네슘을 가열해서 얻는다. 산화 마그네슘은 물에 아주 조금만 녹는다. 가장 눈에 띄는 성질은 **내열성**(고온을 견디는 능력)인데, 녹는점이 2800 °C나 된다. 이러한 높은 안정성은 Mg^{2+}와 O^{2-}의 이온 반지름이 작기 때문에 생기는 큰 정전기적 인력으로 설명할 수 있다. 산화 마그네슘은 유용한 물성이 두 개 더 있다. 즉, 열은 아주 잘 전달하지만 전기는 거의 전달하지 않는다. 이러한 세 가지 특성 덕분에 전기 히터의 절연체로 쓸모가 있다.

수산화 마그네슘 $Mg(OH)_2$는 염기이다. 물에 잘 녹지 않는 대신, 작은 입자가 액체에 분산된 흰색 콜로이드 현탁액(Topic 5D)을 만든다. **마그네시아 유제**(milk of magnesia)라고 부르는 이 혼합물은 위산 중화제(= 제산제)로 쓰인다. 잘 녹지 않기 때문에 위에서 흡수되지 않고 남아서 산을 계속 중화시킨다. 탄산수소 마그네슘도 위산

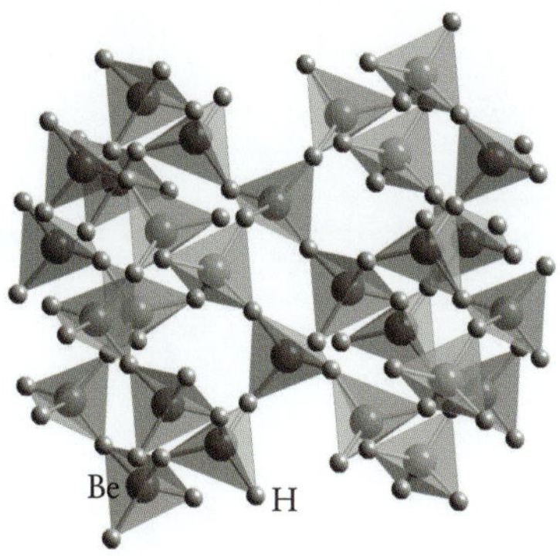

그림 8D.5 정사면체 모양의 BeX_4 단위체가 베릴륨 수소화물의 그물 구조를 만든다.

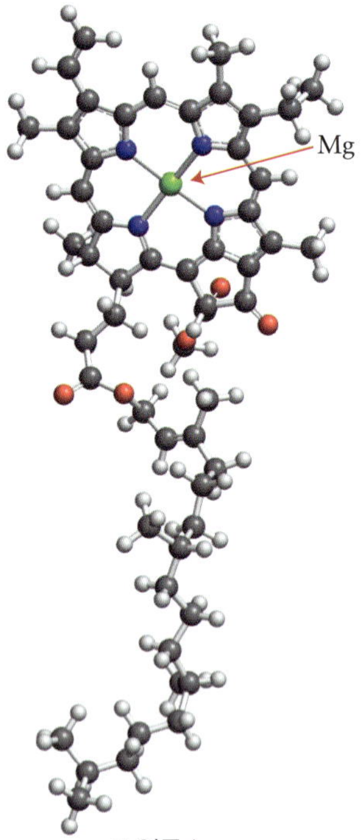

3 엽록소

중화제로 사용되지만, 중화 반응으로 생긴 CO_2 때문에 트림이 나는 단점이 있다. 마그네시아 유제는 이런 문제는 없지만 조금씩 복용해야 한다. 중화 반응 생성물인 염화 마그네슘이 설사를 유발할 수 있기 때문이다. **엡솜염**(Epsom salt) $MgSO_4 \cdot 7H_2O$에 들어있는 황산 마그네슘도 변비약으로 쓰인다. +2가의 마그네슘 이온이 수화해서 장에서 물 흡수를 억제한다. 장을 통한 물의 흐름이 증가하면 배변이 유도된다.

가장 중요한 마그네슘 화합물로 엽록소(chlorophyll)를 꼽을 수 있다. 엽록소는 햇빛을 흡수해서 광합성의 에너지원으로 전달하는 녹색의 유기 화합물이다. 탄소와 질소로 이루어진 고리(**3**) 평면에 놓인 Mg^{2+} 이온은 고리 구조를 단단하게 한다. 이렇게 고리를 견고하게 만들어야 광자에서 얻은 에너지가 화학 반응을 일으키기 전에 열로 손실되지 않는다. 마그네슘은 또한 근육 수축에 관여하는 등 세포에서 일어나는 에너지 생성에 중요한 역할을 한다.

(c) 칼슘 가장 흔한 칼슘 화합물은 탄산 칼슘 $CaCO_3$으로서, 백악, 석회석 등 다양한 형태로 자연계에 존재한다.

탄산 칼슘을 가열하면 **생석회**(quicklime)라고도 부르는 산화 칼슘 CaO으로 분해된다.

$$CaCO_3(s) \xrightarrow{\Delta} CaO(s) + CO_2(g)$$

생석회는 전 세계적으로 엄청난 양으로 생산된다. 생산량의 40% 정도는 야금에 사용된다. 제철 공정(Topic 8K)에서 산화 칼슘은 Lewis 염기로 작용하는데, O^{2-} 음이온이 광석에 포함된 불순물인 실리카 SiO_2와 반응해서 액체 **슬랙**(slag)을 만든다.

$$CaO(s) + SiO_2(s) \xrightarrow{\Delta} CaSi_2O_3(l)$$

산화 칼슘은 물과 빠른 속도로 발열 반응을 하기 때문에 생(quick)석회라고 부른다.

$$CaO(s) + H_2O(l) \rightarrow Ca^{2+}(aq) + 2OH^-(aq)$$

이 반응의 생성물인 수산화 칼슘은 흔히 **소석회**(slaked lime)라고 부른다. 물에 대한 석회의 갈증이 해소(slaked, 꺼진다는 의미의 한자 소消—역자 주)되었다는 뜻이다. 석회는 보통 소석회의 형태로 유통된다. 생석회는 나무나 종이의 수분과 반응해서 불이 날 수 있기 때문이다. 실제로, 생석회를 운반하던 목선에 물이 스며들어 반응열로 불이 붙기도 했다. 소석회는 저가의 염기로 산업에 이용되며, 농업에서는 토양의 pH를 조절하는 데 사용된다. 놀랍게도 소석회는 $Ca(HCO_3)_2$가 들어 있는 센물(hard water, 경수)에서 Ca^{2+} 이온을 **제거**하는 데도 쓰인다. 소석회의 OH^- 이온은 다음 반응을 통해 HCO_3^-를 CO_3^{2-}로 바꾼다.

$$HCO_3^-(aq) + OH^-(aq) \rightarrow CO_3^{2-}(aq) + H_2O(l)$$

그 결과 CO_3^{2-} 이온의 농도가 높아지면 다음 반응을 통해 Ca^{2+} 이온이 침전으로 떨어진다.

$$Ca^{2+}(aq) + CO_3^{2-}(aq) \rightarrow CaCO_3(s)$$

센물에 원래 있던 Ca^{2+} 이온과 석회 때문에 더해진 Ca^{2+} 이온이 함께 제거되기 때문에 Ca^{2+} 이온의 농도가 줄어든다.

생각해 보기

탄산수소 칼슘(중탄산 칼슘)은 왜 탄산칼슘보다 잘 녹을까?

이빨은 뼈보다 밀도가 일반적으로 높고 단단한 법랑질(enamel) 코팅이 보호한다. 치아 법랑질은 **수산화 인회석**(hydroxyapatite) $Ca_5(PO_4)_3OH$인데, 산의 공격을 받으면 이빨이 썩기 시작한다.

$$Ca_5(PO_4)_3OH(s) + 4H_3O^+(aq) \rightarrow 5Ca^{2+}(aq) + 3HPO_4^{2-}(aq) + 5H_2O(l)$$

박테리아가 음식물 찌꺼기에 작용해서 만드는 카복실산이 충치의 주범이다. 수산화 인회석의 OH^- 이온을 F^- 이온으로 대치하면 법랑질 코팅의 내구성이 높아진다. 이렇게 얻어진 광물을 **플루오린화 인회석**(fluorapatite)이라고 부른다.

$$Ca_5(PO_4)_3OH(s) + F^-(aq) \rightarrow Ca_5(PO_4)_3F(s) + OH^-(aq)$$

플루오린화 이온을 (NaF 형태로) 첨가한 수돗물의 공급이 늘면서 충치가 크게 줄었다. 치아 법랑질의 강화를 위해 플루오린화 주석(II)이나 플루오린화인산 소듐(sodium monofluorophosphate, MFP, Na_2FPO_3)을 넣은 불소 치약의 사용이 권장된다.

자습 8D.2A 베릴륨 화합물이 왜 공유 결합 특성이 있는지 설명하시오.

[**답**: 크기가 작고 전하는 크기 때문에 베릴륨 이온은 편극력이 세다.]

자습 8D.2B CaO와 SiO_2의 반응은 산화–환원 반응인가 아니면 Lewis 산–염기 반응인가? 만일 산화–환원 반응이라면 무엇이 산화제이고 무엇이 환원제인가? 만일 Lewis 산–염기 반응이라면 무엇이 산이고 무엇이 염기인가?

베릴륨 화합물은 공유 결합 특성이 뚜렷하며, 주로 정사면체 단위구조체로 이루어져 있다. 마그네슘 양이온은 크기가 작아서, 열에 잘 견디며 물에 잘 녹지 않는 산화물을 만든다. 칼슘 화합물은 구조재로 많이 쓰인다. 크기가 작고 전하가 큰 Ca^{2+} 이온이 단단한 구조를 만들기 때문이다.

8D.3 응용: 석회석, 시멘트, 콘크리트

칼슘의 이온 결합 화합물은 단단해서 생물체, 건물, 토목 공학에서 구조재로 많이 쓰인다. 크기가 작고, 전하가 높은 Ca^{2+} 양이온이 주변과 상호 작용을 강하게 하기 때문이다. 탄산 이온도 +2가의 전하를 갖기 때문에 탄산 칼슘 $CaCO_3$는 격자 에너지가 비교적 크다(Topic 2A). 그래서 불순물이 섞인 탄산 칼슘인 석회석이 초기 건축 자재의 하나로 쓰였다. Fe^{2+} 이온이 불순물로 있으면 연한 갈색을 띤다. 석회석이 압축되어 단단해지면 **대리석**(marble)이고, 덜 압축된 형태가 **백악**(chalk)이다.

탄산 칼슘의 결정형 가운데 **방해석**(calcite)과 **선석**(aragonite)이 가장 흔하다. 선석은 방해석보다 단단하고 밀도가 높지만, 열역학적으로는 상대적으로 불안정해서 방해석으로 천천히 변환된다.

칼슘이 단단한 구조를 만드는 능력은 자연에서 널리 활용된다. 조개껍데기는 탄산 칼슘으로, 뼈는 인산 칼슘으로 이루어져 있다. 거대한 석회암 퇴적물은 수백만 년 전에 해저에 축적된 조개껍데기와 미생물에서 유래했다. 조개껍데기와 뼈는 순수한 형태의 칼슘염보다 훨씬 강하다. 탄산염이나 인산염이 단단한 조직에 결합하고 있기 때문이다.

건축용 블록은 **모르타르**(mortar)라고 부르는 결합제를 이용해서 서로 붙인다. **포틀랜드 시멘트 모르타르**(Portland cement mortar)는 시멘트와 모래(주로 실리카, SiO_2)를 1:3 정도로 섞은 혼합물이다. 포틀랜드 시멘트, 석회(수산화 칼슘), 모래를 섞어 만든 석회 모르타르는 빨리 굳는다. 석회가 공기 중의 이산화 탄소와 반응해서 탄산염을 만들기 때문에 단단한 덩어리가 된다(그림 8D.6). 건물의 바닥이나 벽체로 널리 사용되는 **콘크리트**(concrete)는 결합제와 충전재로 구성된다. 충전재로는 자갈, 결합제로는 포틀랜드 시멘트를 보통 쓴다.

그림 8D.6 모르타르 표면의 전자현미경 사진. 이산화 탄소가 산화 칼슘 및 실리카와 반응해서 서로 연결된 결정체로 성장한다.(*National Institute of Standards and Technology.*)

보충 설명
포틀랜드 시멘트는 영국 해안의 포틀랜드 섬(Isle of Portland)에서 채굴된 석회암과 비슷해서 Joseph Aspdin이 1824년에 붙인 이름이다.

포틀랜드 시멘트는 분쇄한 석회석($CaCO_3$), 점토 또는 셰일(shale), 모래, 철광석과 같은 산화물의 혼합물을 소성로(kiln)에서 가열해서 만든다. 목적에 따라 다양한 형태의 포틀랜드 시멘트가 개발되었다. 점토는 알루미늄, 규소, 산소 이온으로 만들어진 층상 구조 사이사이에 물 분자가 들어간 알루미노규산염(aluminosilicate)으로 주로 이루어져 있다. 점토를 탄산 칼슘과 함께 가열하면 물 분자가 빠져 나오면서 '소괴(clinker, 燒塊, 태운 덩어리라는 뜻—역자주)'라고 부르는 딱딱한 덩어리가 되는데, 산화 칼슘, 규산 칼슘, 알루미노규산 칼슘의 혼합물이다. 여기에 **석고**(gypsum) $CaSO_4 \cdot 2H_2O$를 더해서 고운 가루로 분쇄한다. 물을 넣으면 이 혼합물과 반응해서 수화물과 수산화물이 되는 복잡한 반응을 하면서 단단한 덩어리로 굳는다. 대표적인 반응식은 다음과 같다.

$$(Al_2O_3)\cdot(CaO)_3(s) + 3CaSO_4\cdot 2H_2O(s) + 26H_2O(l) \rightarrow (Al_2O_3)\cdot(CaO)_3\cdot(CaSO_4)_3\cdot 32H_2O(s)$$

포틀랜드 시멘트 입자를 미세하게 분쇄하고 혼합하면 수화물이 염과 결합해서 복잡한 3차원 그물 구조를 만든다. 시멘트가 건조되면서 다음과 같은 반응도 일어나서 단단하고 강한 물질로 변한다.

$$6(SiO_2)\cdot(CaO)_3(s) + 18H_2O(l) \rightarrow (SiO_2)_6\cdot(CaO)_5\cdot 5H_2O(s) + 13Ca(OH)_2(s)$$

자습 8D.3A 1.0 kg의 $(Al_2O_3)\cdot(CaO)_3(s)$와 완전히 반응하기 위해 필요한 물의 질량은 얼마인가?

[답: 1.7 kg]

자습 8D.3B 1.0 kg의 $(SiO_2)\cdot(CaO)_3(s)$와 완전히 반응하기 위해 필요한 물의 질량은 얼마인가?

칼슘 화합물은 구조재로 많이 쓰인다. 크기가 작고 전하량이 높은 Ca^{2+} 이온이 단단한 구조를 만들기 때문이다. 포틀랜드 시멘트는 석회암과 점토로 주로 이루어진 혼합물을 고온에서 가열해서 만든다. 물을 넣으면 수화물 그물 구조가 형성되어 굳는다.

Topic 8D 연습 문제

8D.1 마그네슘 금속과 뜨거운 물 사이에 일어나는 반응에 대한 화학 반응식을 쓰시오.

8D.2 스트론튬 금속과 수소 기체 사이에 일어나는 반응에 대한 화학 반응식을 쓰시오.

8D.3 CaO와 BaO는 피리딘(pyridine, C_5H_5N)과 같은 유기 용매의 건조제로 사용되기도 한다. 이들 건조제 및 건조 반응의 생성물은 모두 유기 용매에 녹지 않는다. (a) 용매를 건조시키는 반응에 해당하는 균형 맞춘 화학 반응식을 쓰시오. (b) 25 °C에서 CaO에 의한 건조 반응의 표준 Gibbs 자유 에너지를 구하시오.

8D.4 알루미늄과 베릴륨은 주기율표에서 대각선에 위치한 원소가 갖는 상관성을 보인다. 알루미늄과 수산화 소듐 수용액의 반응에 대한 화학 반응식을 쓰시오. 베릴륨과 수산화 소듐 수용액의 반응에 대한 화학 반응식을 쓰시오.

8D.5 다음 각 반응의 생성물을 예측하고, 균형 맞춘 화학 반응식으로 완성하시오.

(a) $Mg(OH)_2 + HCl(aq) \rightarrow$
(b) $Ca(s) + H_2O(l) \rightarrow$
(c) $BaCO_3(s) \xrightarrow{\Delta}$

8D.6 다음 각 반응의 생성물을 예측하고, 균형 맞춘 화학 반응식으로 완성하시오.

(a) $Mg(s) + Br_2(l) \rightarrow$
(b) $BaO(s) + Al(s) \rightarrow$
(c) $CaO(s) + SiO_2(s) \rightarrow$

8D.7 (a) $BeCl_2$의 Lewis 구조를 그리시오. (b) Cl−Be−Cl 결합각을 예측하시오. (c) $BeCl_2$의 결합에는 어떤 혼성 오비탈이 사용되는가? (d) 왜 $MgCl_2$는 $BeCl_2$와 같은 구조를 갖지 않을까?

8D.8 기체 상태에서 $BeCl_2$는 $AlCl_3$처럼 두 원자 사이에 염소 원자가 다리 역할을 해서 이합체(dimer)를 만든다. $BeCl_2$ 이합체의 Lewis 구조를 그리고 형식 전하를 표시하시오.

8D.9 2족 금속이 환원제로 작용할 때, 그 세기가 어떤 경향성을 보일지 예측하고 설명하시오.

8D.10 2족 금속 염화물의 격자 에너지가 주기율표 아래로 내려갈수록 작아지는 경향성을 설명하시오.

Topic 8E 13족: 붕소족

13족은 p-구역의 첫 번째 족이다. 주기율표의 중심에 가까운 원소는 전자를 잃는 것도, 얻는 것도 에너지 면에서 선호하지 않기 때문에 미묘한 성질을 갖는다. 13족 원소(**표 8E.1**)의 원자가 전자 배치는 ns^2np^1이므로 최대 산화수는 +3이다. B와 Al의 산화수는 거의 모든 화합물에서 +3이다. 무거운 13족 원소는 s-전자를 유지하는 경향이 있어서(비활성쌍 효과, Topic 2A), 주기율표 아래로 갈수록 +1 산화수가 중요해진다. 예를 들어, 탈륨의 경우 Tl(I) 화합물이 Tl(III) 화합물만큼이나 흔하다.

표 8E.1 13족 원소

원자가 껍질 전자 배치: ns^2np^1

Z	이름	기호	몰질량/ $(g{\cdot}mol^{-1})$	녹는점/°C	끓는점/°C	밀도/ $(g{\cdot}cm^{-3})$	정상 상태*
5	붕소	B	10.81	2300	3931	2.47	분말 형태의 갈색 준금속
13	알루미늄	Al	26.98	660	2467	2.70	은백색 금속
31	갈륨	Ga	69.72	30	2403	5.91	은색 금속
49	인듐	In	114.82	156	2080	7.29	은백색 금속
81	탈륨	Tl	204.38	304	1457	11.87	무른 금속

* **정상 상태**는 25 °C, 1기압 조건에서 원소의 상태와 형태이다.

8E.1 13족 원소

13족 원소 가운데 붕소와 알루미늄이 상업적 중요성이 제일 높지만, 갈륨 또한 중요한 기술적 응용성이 있다.

(a) 붕소 붕소(B) 원소가 만드는 구조는 모든 원소 가운데 가장 특이하다. 붕소는 이온화 에너지가 높고, 주기율표에서 대각선에 위치한 규소처럼 공유 결합을 하는 준금속이다. 하지만 원자가 전자가 세 개밖에 없고, 원자 반지름도 작기 때문에 옥텟 규칙을 따르지 않거나(Topic 2C) 전자가 부족한 화합물을 만든다. 이런 특이한 결합 특성 때문에 붕소는 현대 과학기술, 특히 나노기술에 필수적인 원소가 되었다.

붕소는 화학식이 $Na_2B_4O_7{\cdot}xH_2O$인 **붕사**(borax, $x=10$)나 **커나이트**(kernite, $x=4$)에서 얻는데, 미국 California의 Mojave 사막과 같은 화산 지대에 고대 열수 온천에서 유래한 대규모 광상이 있다. 제련 과정에서는 광석을 산으로 처리해서 산화 붕소로 만들고 마그네슘으로 환원시켜, 불순물이 포함된 갈색의 비결정성 형태로 얻는다.

$$B_2O_3(s)+3Mg(s) \xrightarrow{\Delta} 2B(s)+3MgO(s)$$

고순도의 붕소는 BCl_3나 BBr_3와 같은 휘발성 붕소 화합물을 고온의 탄탈럼 필라멘트 표면에서 수소를 써서 환원시켜 얻는다.

$$2BBr_3(g)+3H_2(g) \xrightarrow{\Delta,\ Ta} 2B(s)+6HBr(g)$$

붕소 원자는 크기가 아주 작고, 결합에 참여할 수 있는 전자는 세 개 밖에 없지만, 개별 원자가 여덟 개의 전자를 다른 원자와 공유할 수 있는 여러 형태의 동소체로 존재한다. 가장 흔한 두 가지 형태는 녹는점이 높은 회색–흑색의 비금속 고체와, 12개의 원자가 뭉쳐서 만드는 정이십면체 구조(1)로 이루어진 짙은 갈색 분말이다. 이러한 결합이 만드는 3차원 그물 구조로 인해 붕소는 경도가 높고 화학 반응성은 낮다. 붕소 섬유를 넣은 플라스틱은 견고한 복합 재료로서 강철보다 단단하지만 알루미늄보다 가볍기 때문에 항공기, 미사일, 방탄복 등에 사용된다(Topic 10E).

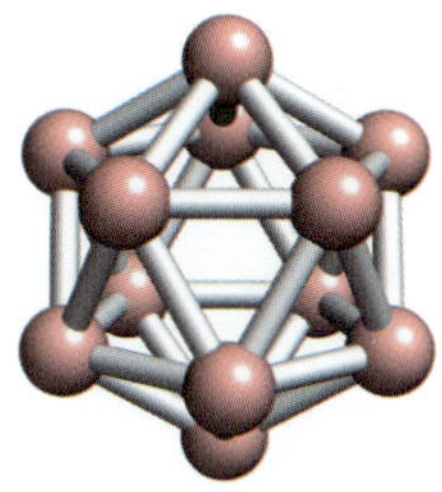

1 B_{12}

(b) 알루미늄 알루미늄(Al)은 지각에서 가장 흔한 금속 원소이다. 지구 전체로 보면 산소와 규소에 이어 세 번째로 많다(그림 8B.1 참조). 하지만 대부분의 광물은 알루미늄 함량이 낮다. 알루미늄의 상용 공급원인 **보크사이트**(bauxite)는 수화된 상태의 순수하지 않은 산화물 $Al_2O_3 \cdot xH_2O(x=1\sim3)$이다. 철 산화물 때문에 빨간색을 띠는 보크사이트(그림 8E.1)는 **Bayer 공정**을 거쳐 알루미나 Al_2O_3가 된다. 이 공정에서는 광석을 수산화 소듐 수용액으로 처리해서 양쪽성인 알루미나를 알루미늄산 이온(aluminate ion) $Al(OH)_4^-$로 녹인다. 용액에 이산화 탄소를 불어넣어 OH^- 이온을 HCO_3^- 형태로 제거하고, 일부 $Al(OH)_4^-$ 이온을 수산화 알루미늄으로 변환시켜 침전으로 분리한다. 수산화 알루미늄을 1200 °C까지 가열하면 탈수된 산화물이 된다.

그림 8E.1 보크사이트는 포함된 철 산화물 때문에 붉은 색을 띤다.(© *Belinda Turner/Shutterstock*)

산화물에서 알루미늄 금속을 추출하는 방법은 처음에는 과학자와 공학자들의 난제였다. 최초로 분리된 알루미늄은 희귀하고 비싼 금속이었기 때문에, 나폴레옹은 특별한 손님에게만 알루미늄 접시를 내놓았다. 나머지 손님은 금 접시를 사용해야 했다. 19세기 동안 알루미늄은 당대 기술의 상징이었기 때문에 워싱턴 기념비(Washington Monument) 꼭대기에도 비싼 알루미늄 구조물을 얹었다. 이러한 희소성과 높은 가격은 전기화학적 방법을 통해 전환을 맞게 된다. 지금은 **Hall 공정**으로 알루미늄을 대량 생산한다. 1886년에 Charles Hall은 빙정석(cryolite) Na_3AlF_6를 섞으면 알루미나가 원래 녹는점인 2050 °C보다 훨씬 경제적인 950 °C에서 녹는다는 사실을 발견했다. 이렇게 용융된 혼합물을 흑연(또는 탄화 석유)으로 만든 산화 전극과 환원 전극 역할을 하는 탄소강 내벽으로 이루어진 전해조에서 전기 분해한다(그림 8E.2). 전기 분해의 반쪽 반응과 전체 반응은 다음과 같다.

환원 전극 반응: $Al^{3+}(\text{용융}) + 3e^- \rightarrow Al(l)$

산화 전극 반응: $2O^{2-}(\text{용융}) + C(s,\text{흑연}) \rightarrow CO_2(g) + 4e^-$

전체 반응: $4Al^{3+}(\text{용융}) + 6O^{2-}(\text{용융}) + 3C(s,\text{흑연}) \rightarrow 4Al(l) + 3CO_2(g)$

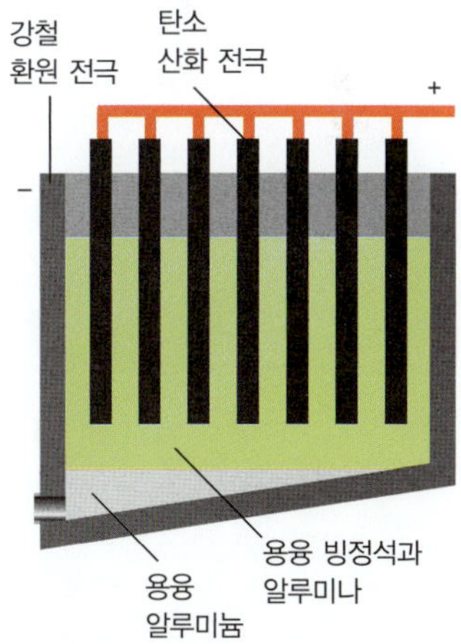

그림 8E.2 Hall 공정은 산화 알루미늄을 용융 상태의 빙정석에 녹여 만든 혼합물을 탄소 산화 전극과 강철 환원 전극으로 이루어진 전해조에서 전기 분해한다. 생성물인 용융 상태의 알루미늄은 전해조 바닥을 통해 흘러나온다.

탄소 전극은 이 반응에서 소모된다는 점에 유의하자. 화학 반응식에 따르면 1 A의 전류를 80 시간 동안 흘려주어야 1몰의 알루미늄(청량음료 캔 두 개 정도를 만들 수 있는 27 g)을 생산할 수 있다. 이러한 막대한 에너지 소비는 알루미늄 캔의 재활용으로 줄일 수 있다. 재활용에는 보크사이트에서 알루미늄을 추출하는 데 필요한 전기의 5% 미만이 사용된다. 일반적인 음료 캔에는 14 g 미만의 알루미늄이 들어가는데, 이런 캔 하나를 버릴 때 낭비되는 에너지는 캔의 절반을 채울 수 있는 휘발유의 연소와 같다.

알루미늄은 밀도가 낮으면서도 강도는 높은 금속이며 우수한 전기 전도체이기도 하다. 환원성이 높아서 쉽게 산화되지만 공기 중에서 표면에 만들어지는 안정한 산화물 막이 내부의 부식을 막아준다(Topic 6N). 이러한 산화물 층은 알루미늄을 전기 분해조의 산화 전극으로 사용해서 더 두껍게 할 수 있는데, **양극산화 알루미늄**(anodized aluminum)을 만드는 가공법이다.

알루미늄은 양쪽성이다. 염산과 같이 산화력이 없는 산과 반응해서 알루미늄 이온이 된다.

$$2\,Al(s)+6\,H^+(aq) \rightarrow 2\,Al^{3+}(aq)+3\,H_2(g)$$

뜨거운 알칼리 수용액과 반응하면 알루미늄산 이온을 만든다.

$$2\,Al(s)+2\,OH^-(aq)+6\,H_2O(l) \rightarrow 2\,Al(OH)_4{}^-(aq)+3\,H_2(g)$$

(c) 갈륨, 인듐, 탈륨 갈륨은 Bayer 공정의 부산물로 생산되는데 전자 산업에 중요하다. 반도체의 도핑제이며, GaAs와 같은 갈륨 화합물은 전기를 빛으로 바꾸는 발광 다이오드(light-emitting diode, LED)에 사용된다. 인듐 또한 반도체 제조에 사용된다. 13족 맨 아래에 있는 탈륨은 위험한 독성 중금속이다.

붕소는 비금속성이 뚜렷한 단단한 준금속이다. 알루미늄은 가볍고, 단단하며, 양쪽성이 있다. 반응성 있는 알루미늄 표면이 공기 중에 노출되면 보호막이 생긴다.

8E.2 13족 원소의 산화물, 할로젠화물, 질소화물

붕소는 비금속성이 강한 준금속으로서, 산성 산화물을 만든다. 주기율표에서 그 아래에 있는 금속성 알루미늄은 대각선 방향에 있는 2족 원소 베릴륨처럼 양쪽성 산화물을 만든다.

(a) 붕소 붕산 $B(OH)_3$는 독성이 있는 흰색 고체인데, 171 °C에서 녹는다. $B(OH)_3$의 붕소 원자는 옥텟을 채우지 못하기 때문에 Lewis 산으로 작용한다. Lewis 염기로 작용하는 H_2O가 비공유 전자쌍을 주면서 결합할 수 있다.

$$(OH)_3B + :OH_2 \rightarrow (OH)_3BOH_2$$

이렇게 만들어진 화합물은 약한 **일**양성자 산(*mono*protic acid)이다.

$$(OH)_3BOH_2(aq)+H_2O(l) \rightleftharpoons H_3O^+(aq)+B(OH)_4{}^-(aq) \quad pK_a = 9.14$$

붕산은 무수물인 산화 붕소(B_2O_3)를 만드는 출발 물질로 주로 쓰인다. 산화 붕소는 450 °C에서 녹아 다양한 금속 산화물을 녹이는 용매의 기능을 한다. 그래서 금속을 땜질하거나 접합하기 전에 표면을 닦아주는 **융제**(flux)로 쓴다.

할로젠화 붕소는 산업용 촉매로 쓸모가 있는데, 고온에서 붕소를 직접 반응하거나 산화 붕소로부터 만든다. 이 가운데 가장 중요한 화합물인 트라이플루오린화 붕소(boron trifluoride, BF_3)는 산화 붕소, 플루오린화 칼슘, 황산의 반응으로 만든다.

$$B_2O_3(s)+3\,CaF_2(s)+3\,H_2SO_4(l) \xrightarrow{\Delta} 2\,BF_3(g)+3\,CaSO_4(s)+3\,H_2O(l)$$

삼염화 붕소(BCl_3) 또한 촉매로 널리 쓰이는데, 산화 붕소와 탄소에 염소 기체를 반응시켜 공업적으로 생산한다.

$$B_2O_3(s)+3\,C(s)+3\,Cl_2(g) \xrightarrow{500\ °C} 2\,BCl_3(g)+3\,CO(g)$$

모든 트라이할로젠화(trihalide) 화합물에서 붕소 원자는 옥텟을 채우지 못하고, 전자가 없는 2p-오비탈이 삼각 평면에 수직으로 서 있다. 이 비어있는 오비탈 때문에 분자는 Lewis 산으로 작용한다. BF_3와 BCl_3의 촉매 반응성도 여기서 나온다.

산화 붕소 B_2O_3를 암모니아와 함께 900 °C로 가열하면 질소화 붕소 BN이 만들어지는데, 푹신하고 매끄러운 분말 형태의 물질이다.

$$B_2O_3(s)+2\,NH_3(g) \xrightarrow{\Delta} 2\,BN(s)+3\,H_2O(g)$$

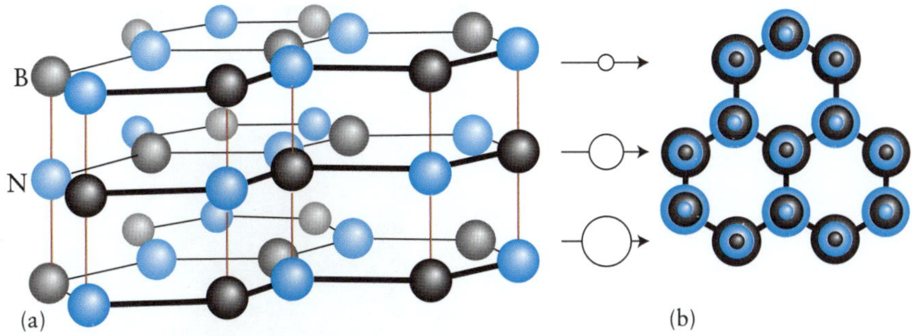

그림 8E.3 (a) 육방정계 질소화 붕소(hexagonal BN, h–BN)는 흑연의 구조와 비슷하다. 탄소 대신에 B와 N원자가 교대로 놓인 육각형 평면이 모인 구조이다. 하지만 (b)에서 볼 수 있듯이 (크기가 다른 공으로 표시한) 평면은 다른 방식으로 쌓여서, B 원자는 N 원자 바로 위에, N 원자는 B 원자 바로 위에 놓인다(그림 3G.7과 비교해 보자).

BN의 구조는 흑연과 유사하다. 흑연은 탄소 육각형이 모여 평면을 만들지만, BN은 B와 N 원자가 번갈아 놓인 육각형이 모여 평면을 이룬다(그림 8E.3).

(b) 알루미늄 산화 알루미늄 Al_2O_3는 **알루미나**(alumina)로 잘 알려져 있다. 다양한 결정 구조를 갖는데, 다수가 중요한 세라믹 재료로 이용된다(Topic 8H). 불순물이 포함된 알루미나 가운데 아름답고 희귀해서 가치가 높은 물질도 있다(그림. 8E.4). γ-알루미나는 밀도가 낮고 반응성이 높은 산화물인데, 흡습성이 있고 크로마토그래피에서 정지상(stationary phase)으로 쓰인다.

γ-알루미나는 수산화 알루미늄을 가열해서 만든다. 중간 정도의 반응성이 있고, 양쪽성이기 때문에 염기에 녹으면 알루미늄산 이온을, 산에 녹으면 수화된 Al^{3+} 이온을 만든다.

$$Al_2O_3(s)+2OH^-(aq)+3H_2O(l) \rightarrow 2Al(OH)_4{}^-(aq)$$
$$Al_2O_3(s)+6H_3O^+(aq)+3H_2O(l) \rightarrow 2Al(H_2O)_6{}^{3+}(aq)$$

알루미나를 산으로 처리해서 만드는 알루미늄염 가운데 황산 알루미늄 $Al_2(SO_4)_3$가 아주 중요하다.

$$Al_2O_3(s)+3H_2SO_4(aq) \rightarrow Al_2(SO_4)_3(aq)+3H_2O(l)$$

황산 알루미늄은 **제지용 명반**(papermaker's alum)이라고 부르는데, 셀룰로스 섬유를 단단한 비흡수성 표면으로 응고시키는 목적으로 제지 산업에서 사용한다. 원래 명반(알루미늄이라는 이름의 어원)은 $M^+M'^{3+}(SO_4)_2 \cdot 12H_2O$ 화학식으로 나타내는 혼합 황산염이다. 예를 들면, 수처리 및 하수처리에 이용하는 포타슘 명반 $KAl(SO_4)_2 \cdot 12H_2O$, 오이 피클을 만들거나 일부 베이킹 파우더에서 Brønsted 산으로 쓰는 암모늄 명반 $NH_4Al(SO_4)_2 \cdot 12H_2O$ 등이 있다.

알루미늄산 소듐 $NaAl(OH)_4$는 황산 알루미늄과 함께 수질 정화에 사용한다. 황산 알루미늄에서 유래한 산성 Al^{3+} 이온이 수화되어 $Al(OH)_4{}^-$ 이온과 섞이면 수산화 알루미늄이 만들어진다.

$$Al^{3+}(aq)+3Al(OH)_4{}^-(aq) \rightarrow 4Al(OH)_3(s)$$

수산화 알루미늄은 솜털 같은 젤라틴 그물 구조를 만드는데, 불순물을 포집해서 가라앉은 침전은 걸러서 제거할 수 있다(그림 8E.5).

염화 알루미늄 $AlCl_3$는 주요 산업용 촉매이다. 염소를 알루미늄과 직접 반응시키거나, 탄소 존재하에서 알루미나와 반응시켜 만든다.

$$2Al(s)+3Cl_2(g) \rightarrow 2AlCl_3(s)$$
$$Al_2O_3(s)+3C(s)+3Cl_2(g) \rightarrow 2AlCl_3(s)+3CO(g)$$

그림 8E.4 불순물이 들어 있는 몇몇 α-알루미나는 보석으로 가치가 있다. (a) 루비는 Al^{3+} 이온 가운데 일부가 Cr^{3+}로 치환되었다. (b) 사파이어는 Fe^{3+}와 Ti^{4+}가 불순물로 들어간 알루미나이다. (c) 토파즈는 Fe^{3+} 불순물이 있는 알루미나이다.((a), (c) *Rob Lavinsky/iRocks.com–CC–BY–SA–3.0*, (b) *Public Domain/Wikimedia Commons*)

그림 8E.5 수산화 알루미늄 $Al(OH)_3$는 솜털같은 흰색 침전물을 만든다. 이 솜털 같은 고체는 불순물을 포집하기 때문에 수질 정화에 사용된다.*(Copyright Macmillan Learning, photo by Ken Karp.)*

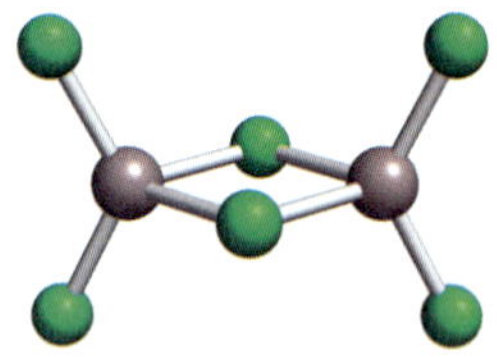

2 염화 알루미늄 이합체, Al_2Cl_6

염화 알루미늄은 각 Al^{3+} 이온이 여섯 개의 Cl^- 이온과 배위된 이온성 고체이지만 192 °C에서 Al_2Cl_6(**2**) 분자로 기화한다. Al_2Cl_6는 $AlCl_3$ 단위체 두 개의 조합이라고 볼 수 있다. 평면 구조의 $AlCl_3$ 단위체 하나가 Lewis 산으로 작용해서, Lewis 염기 역할을 하는 다른 $AlCl_3$ 단위체의 Cl에서 전자쌍을 받아 Al_2Cl_6가 된다.

자습 8E.1A Al^{3+}가 어떻게 산성 용액을 만드는지 설명하시오.

[**답**: 수용액에서 Al^{3+}는 $Al(H_2O)_6{}^{3+}$를 만든다. 전하가 큰 Al^{3+} 이온이 배위된 H_2O 분자의 극성을 높이면 양성자가 떨어져 나간다.]

자습 8E.1B $B(OH)_3$ 분자는 수용액에서 양성자를 하나도 내놓지 않지만, 붕산이라고 부른다. 그 이유는 무엇일까?

산화 붕소는 산무수물이다. 알루미늄은 산화물이 양쪽성이라는 점에서 어느 정도 비금속성이 있다. 붕소와 알루미늄의 할로젠화물은 중심 원자가 옥텟을 채우지 못하고 Lewis 산으로 작용한다. 질소화 붕소는 탄소만으로 이루어진 물질과 구조적 관련성이 있다.

8E.3 보레인, 수소화붕소화물, 붕소화물

붕소는 수소와 함께 여러 이성분 화합물을 만든다. **보레인**(borane)이라고 부르는 이들 놀라운 화합물의 예로 다이보레인(diborane) B_2H_6, 구조적으로 더 복잡한 데카보레인(decaborane) $B_{10}H_{14}$ 등이 있다. 음이온 상태의 보레인도 있는데 **수소화붕소**(borohydride) 이온이라고 한다. 수소화붕소 소듐 $NaBH_4$의 $BH_4{}^-$ 이온이 대표적 사례다.

수소화붕소 소듐은 환원제로 매우 쓸모있나. 강한 염기성 조건인 pH = 14에서 아래 반쪽 반응의 표준 환원 전위는 −1.24 V이다.

$$H_2BO_3{}^-(aq) + 5H_2O(l) + 8e^- \rightarrow BH_4{}^-(aq) + 8OH^-(aq)$$

이 값은 Ni^{2+}/Ni 산화–환원 쌍의 표준 환원 전위(−0.23 V)보다 훨씬 낮기 때문에 수소화붕소 이온은 Ni^{2+} 이온을 금속 상태의 Ni로 환원시킬 수 있다. 이 반응으로 니켈을 '화학 도금(chemical plating)'하는데, 전기 도금과 달리 도금해야 할 물체가 전기 전도체일 필요가 없다는 면에서 장점이 있다.

생각해 보기

이런 방식으로 도금한 소지품을 가지고 있는가?

보레인은 붕소와 수소로 이루어진 이성분 화합물인데, 다양한 조합을 만든다는 면에서 탄화수소와 유사하다. 유기 용매에서 수소화붕소 소듐과 트라이플루오린화 붕소를 반응시켜 보레인을 만든다.

$$4BF_3 + 3BH_4^- \rightarrow 3BF_4^- + 2B_2H_6$$

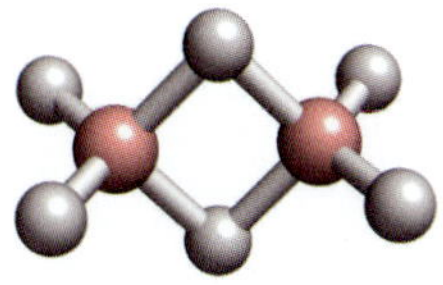

3 다이보레인, B_2H_6

생성물은 다이보레인 B_2H_6(**3**)로서 공기 중에서 자연 발화하는 무색 기체이다. 물과 접촉하면 즉시 반응해서 수소 기체를 만든다.

$$B_2H_6(g) + 6H_2O(l) \rightarrow 2B(OH)_3(aq) + 6H_2(g)$$

다이보레인을 고온으로 가열하면 수소 기체와 붕소 원소로 분해된다.

$$B_2H_6(g) \xrightarrow{\Delta} 2B(s) + 3H_2(g)$$

이러한 일련의 반응은 순수한 원소 형태의 붕소를 만드는 유용한 경로이지만, 온도가 충분히 높지 않으면 복잡한 보레인 화합물이 생긴다. 예를 들어, 다이보레인을 100 °C로 가열하면 데카보레인 $B_{10}H_{14}$이 된다. 데카보레인은 100 °C에서 녹는 고체인데, 공기 중에서 안정하며, 물과 천천히 반응해서 산화된다. 분자량이 큰 보레인은 인화성이 낮다는 일반적인 규칙을 잘 보여준다.

보레인은 전자가 부족한 화합물이다(Topic 2G). 전자의 개수가 너무 적기 때문에 옥텟 규칙을 따르는 Lewis 구조를 그릴 수 없다. 예를 들어, 다이보레인은 8개의 원자로 이루어져 있기 때문에 적어도 7개의 결합이 필요하다. 하지만, 원자가 전자는 12개 밖에 없기 때문에 최대 6개의 전자쌍 결합만 가능하다. 이 문제는 분자 오비탈 이론으로 해결할 수 있다. 6개의 전자쌍은 전체 분자에 비편재화(delocalized)되어 있으며, 다수의 원자가 이들 전자의 결합력을 나눠 갖는다. 예를 들어, 다이보레인의 B—H—B 단위체에는 전자쌍 하나가 비편재화해서 세 원자 사이의 결합을 유지한다. 따라서, 개별 B—H 다리 결합(bridging bond)의 결합 차수는 $\frac{1}{2}$가 된다. 다이보레인 분자에는 이런 **삼중심 결합**(**three-center bond**, **4**)이 두 개 있다.

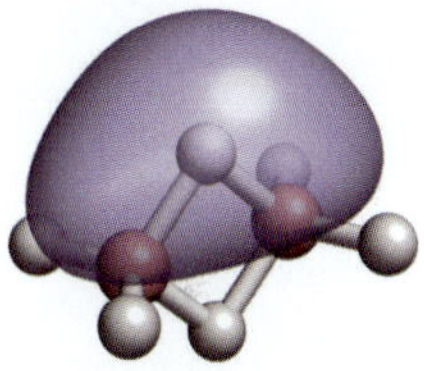

4 삼중심 결합

생각해 보기

삼중심 결합은 왜 붕소에서만 볼 수 있는가?

금속과 비금속의 많은 붕소화물이 알려져 있다. 이들의 화학식은 AlB_2, CaB_6, $B_{13}C_2$, $B_{12}S_2$, Ti_3B_4, TiB, TiB_2처럼 주기율표에서 원소의 위치와 그다지 관련이 없다. 일부 금속 붕소화물의 경우, 금속 원자 뭉치의 가운데 위치에 붕소 원자가 자리잡는다. 하지만, 붕소 원자가 지그재그 형태 사슬, 가지 친 사슬, 육각형 붕소 원자의 고리로 이루어진 그물 모양(예: 39 K 이하에서 초전도체가 되는 MgB_2, Topic 8A) 등 확장된 구조가 더 많다.

자습 8E.2A 다이보레인이 물과 반응할 때 어느 원소가 산화되는가?

[**답**: B_2H_6의 H가 −1의 산화수에서 +1로 산화된다.]

자습 8E.2B 다음 화합물에서 붕소의 산화수는? (a) $NaBH_4$, (b) $H_2BO_3^-$

보레인은 붕소와 수소로 이루어진 다양한 형태의 이성분 화합물로서 전자의 개수가 적고 반

응성이 높다. 수소화붕소화물은 환원제로 쓸모 있다. 붕소화물에서 붕소 원자는 확장된 구조를 만든다.

8E.4 응용: 구조재, 유리, 반도체

알루미늄은 밀도가 낮고, 쉽게 구할 수 있으며, 내식성이 뛰어나 건설이나 항공우주 산업의 재료로 이상적이다. 알루미늄은 무르기 때문에 구리, 규소와 합금을 만들어 강도를 높이는 경우가 많다. 가볍고 전기 전도성이 높아 가공 전력선에 쓰이고, 음의 전극 전위를 이용해서 연료 전지에도 사용된다.

산화 붕소는 유리섬유(Topic 8H)와 붕규산 유리(borosilicate glass)에 많이 쓰인다. 조리기구나 실험실 초자에 많이 쓰는 파이렉스(Pyrex)와 같은 붕규산 유리는 열팽창이 낮다. 어떤 붕소화물은 경도와 열 안정성이 높기 때문에 로켓 노즐이나 터빈 날개에 사용하기에 적합하다.

질소화 붕소(BN)는 전자 산업에 중요하다. BN은 흑연과 전체 전자의 개수는 같지만(isoelectronic, 등전자) 질소 쪽으로 전자가 편재되기 때문에 흑연에 비해 전기 전도성이 낮고 색깔도 흰색이다. 고압 조건에서 BN은 다이아몬드와 유사한 아주 단단한 결정 형태의 보라존(Borazon, 상표명)으로 변환된다. 탄소 나노튜브와 유사한 BN 나노튜브가 최근에 합성되었는데, 반도체 성질을 띠는 것으로 밝혀졌다(Topic 8F).

갈륨과 인듐은 반도체 산업에서 p-형 반도체의 도핑제(dopant)로 널리 쓰인다. 갈륨과 인듐은 15족 원소와 GaN, GaAs, InP와 같은 화합물을 만드는데, 이들 또한 반도체의 재료로 쓰인다. 이러한 유형의 소재를 'III−V 반도체'라고 부르는데, 13족과 15족을 예전에는 III족과 V족으로 불렀기 때문이다. 인듐 금속은 알칼리 금속처럼 아주 무르며, 열 전도성이 우수하다. 모양과 경도가 다른 두 물체를 붙여 열이 전달되도록 하기 위해 인듐으로 만든 포일을 열 접촉 재료로 쓴다. 인듐을 진공 밀봉에 쓰는 응용 분야도 있다.

알루미늄으로 만든 소재는 가볍고 부식에 강해 다양한 분야에 응용하기 좋다. 산화 붕소는 내열 유리에 사용된다. 갈륨과 인듐은 반도체 산업에 중요한 원소이다.

Topic 8E 연습 문제

8E.1 산화 알루미늄으로부터 산업적으로 알루미늄을 생산하는 반응에 대해 균형 화학 반응식을 쓰시오.

8E.2 불순물이 섞인 붕소를 산업적으로 생산하는 반응에 대해 균형 화학 반응식을 쓰시오.

8E.3 다음 화학 반응식을 완성하고 균형을 맞추시오.

(a) $B_2O_3(s)+Mg(l) \rightarrow$

(b) $Al(s)+Cl_2(g) \rightarrow$

(c) $Al(s)+O_2(g) \rightarrow$

8E.4 다음 화학 반응식을 완성하고 균형을 맞추시오.

(a) $Al_2O_3(s)+OH^-(aq) \rightarrow$

(b) $Al_2O_3(s)+H_3O^+(aq)+H_2O(l) \rightarrow$

(c) $B(s)+NH_3(g) \rightarrow$

8E.5 B_4H_{10}의 Lewis 구조를 제안하고, 원자의 형식 전하를 추론하시오. **힌트**: 이 분자는 네 개의 B—H—B 다리 결합이 있다.

8E.6 이원자 분자인 BF는 고온 저압 조건에서 BF_2와 B의 반응으로 얻을 수 있다. (a) 전자가 채워진 분자 오비탈을 이용해서 BF 분자의 전자 배치를 확인하고, 결합 차수를 계산하시오. (b) CO는 BF와 전자 개수가 같다. 두 분자의 분자 오비탈은 어떻게 다른가?

8E.7 갈륨 화합물은 상응하는 알루미늄 및 붕소 화합물과 유사한 구조를 갖는 경우가 많다. $GaBr_4^-$ 이온의 Lewis 구조를 그리고 모양을 설명하시오.

8E.8 갈륨 화합물은 상응하는 알루미늄 및 붕소 화합물과 유사한 구조를 갖는 경우가 많다. Ga_2Cl_6의 Lewis 구조를 그리고 모양을 설명하시오.

Topic 8F 14족: 탄소족

탄소는 생명과 인간 사고에 중요한 역할을 하는 원소이다. 규소와 저마늄은 전자 기술과 인공지능에 핵심적 역할을 하는 원소이다(**그림 8F.1**). 이러한 두 가지 유형의 지능은 14족 원소의 독특한 성질 덕분이다. 14족의 시작 원소인 탄소는 엄청나게 많은 화합물을 만들기 때문에 화학의 한 분야인 유기화학(Organic Chemistry)의 주제가 되었다(Focus 10).

모든 14족 원소는 ns^2np^2 원자가 전자 배치를 갖는다. 원자량이 작은 원소의 경우 네 개의 전자가 거의 동등하게 결합에 참여한다. 탄소와 규소는 네 개의 공유 결합을 만드는 특성이 있다. 하지만, 13족의 경우와 마찬가지로, 원자량이 큰 원소는 비활성쌍 효과(Topic 2A)가 있다. 그 결과 납의 가장 흔한 산화수는 +2이다.

8F.1 14족 원소

14족 원소는 주기율표 아래로 내려갈수록 금속성이 크다(**표 8F.1**). 탄소는 비금속성이 뚜렷하며, 탄소와 규소의 산화물은 산성이다. 저마늄은 화합물에 포함된 다른 원소에 따라 금속성 또는 비금속성을 갖기 때문에 전형적인 준금속이다. 주석과 납은 분명히 금속성이다. 주석은 금속으로 분류되기는 하지만 주기율표에서 위치가 준금속 원소에서 그리 멀지 않으며, 양쪽성이 어느 정도 있다. 예를 들면, 주석은 뜨거운 진한 염산, 뜨거운 염기 모두와 반응한다.

$$Sn(s) + 2H_3O^+(aq) \rightarrow Sn^{2+}(aq) + H_2(g) + 2H_2O(l)$$
$$Sn(s) + 2OH^-(aq) + 2H_2O(l) \rightarrow Sn(OH)_4{}^{2-}(aq) + H_2(g)$$

그림 8F.1 14족 원소. 뒷줄 왼쪽부터 규소, 주석. 앞줄 왼쪽부터 탄소(흑연), 저마늄, 납.(© *sciencophotos/Alamy Stock Photo*)

표 8F.1 14족 원소

원자가 껍질 전자 배치: ns^2np^2

Z	이름	기호	몰질량/ $(g\cdot mol^{-1})$	녹는점/°C	끓는점/°C	밀도/ $(g\cdot cm^{-3})$	정상 상태*
6	탄소	C	12.01	3370s†	—	1.9~2.3	검은색 비금속(흑연)
						3.2~3.5	투명한 비금속(다이아몬드)
							갈색 비금속(풀러라이트)
14	규소	Si	28.09	1410	2620	2.33	회색 준금속
32	저마늄	Ge	72.61	937	2830	5.32	회백색 준금속
50	주석	Sn	118.71	232	2720	7.29	흰색 광택이 나는 금속
82	납	Pb	207.2	328	1760	11.34	청백색 광택이 나는 금속

*__정상 상태__는 25 °C, 1기압 조건에서 원소의 상태와 형태이다.

† 문자 s는 원소가 승화한다는 뜻이다.

(a) 탄소 탄소와 규소의 차이점 가운데 일부는 탄소의 원자 반지름이 작기 때문에 생긴 결과이다. C=C와 C=O 이중 결합은 흔하지만 Si=Si와 Si=O 이중 결합은 드물다. 규소 원자는 크기가 커서, 인접한 원자의 p-오비탈 두 개가 나란히 겹쳐 π-결합을 만들기 어렵다. 두 Si 원자가 가까이 있게 하거나, 약한 Si=Si 결합을 공격하는 반응물로부터 보호하기 위해 접근을 막는, 특별하게 고안된 분자 구조가 필요하다. 그림에 보인 **1**이 좋은 사례다. 이산화 탄소는 숨쉴 때 배출되는 기체인데, O=C=O 형태의 개별 분자이다. 이산화 규소(실리카, silica)는 −O−Si−O− 그룹이 그물 구조를 이루고 있으며, 지각을 구성하는 광물이다.

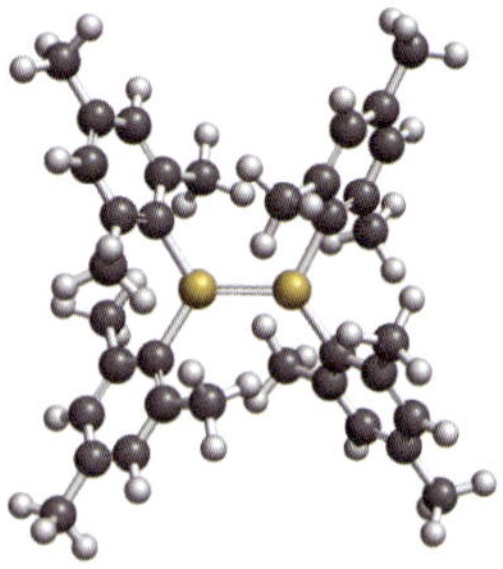

1 테트라메시틸다이실렌 (tetramesityldisilene)

규소 화합물은 Lewis 산으로 작용할 수 있지만, 탄소 화합물은 보통 그렇지 못하다. 규소 원자는 탄소보다 크고 d-오비탈을 이용해서 원자가 껍질을 확장할 수 있기 때문에, 공격하는 Lewis 염기의 고립 전자쌍을 받아들일 수 있다. 반면에, 탄소 원자는 크기가 작고, 접근할 수 있는 d-오비탈이 없기 때문에 Lewis 산으로 작용하기는 보통 어렵다. 예외적인 경우가 탄소 원자에 다중 결합이 있을 때인데, CO_2와 H_2O의 반응에서처럼 π-결합을 열어서 σ-결합을 만들 수 있다.

고체 상태의 탄소는 흑연, 다이아몬드, 풀러렌과 같은 다양한 동소체로 존재한다. 풀러렌의 구조는 흑연과 관련되어 있다. 보통 조건에서는 흑연이 열역학적으로 가장 안정한 탄소 동소체이다.

코크스(cokes)는 석탄의 분해 증류(destructive distillation) 후에 남는 고체 찌꺼기에서 나오는, 불순물이 많은 탄소이다. 가격이 저렴하기 때문에 철강 생산에서 널리 사용된다(Topic 8K). **검댕**(soot)과 **카본 블랙**(carbon black)에는 흑연의 미세한 결정을 포함해서 다른 여러 형태의 탄소가 포함되어 있다. 카본 블랙은 공기가 없는 조건에서 탄화수소 기체를 1000 °C 가까이 가열해서 얻는다. 고무를 강화하는 첨가제, 안료, 인쇄용 잉크 등에 사용된다. **활성탄**(activated charcoal 또는 activated carbon)은 미세한 탄소 결정 알갱이로 이루어져 있다. 공기가 없는 조건에서 폐유기물을 가열한 후 다공성을 높이는 공정을 거쳐 생산한다. 다공성 탄소는 비표면적(specific surface area)이 2000 $m^2 \cdot g^{-1}$이나 될 만큼 크다. 1 g의 물질이 갖는 표면적이 테니스 코트와 그 주변 면적의 2배에 가깝다는 뜻이다. 표면적이 커서 액체와 기체에서 유기 불순물을 흡착해서 제거할 수 있기 때문에 활성탄은 공기청정기, 방독면, 수족관 정수 필터 등에 쓰인다. 더 큰 규모에서는, 식수에서 유기 화합물을 제거하기 위해 정수장에서 사용한다.

2 버크민스터풀러렌, C_{60} (buckminsterfullerene)

다이아몬드의 탄소 원자는 sp^3 혼성 오비탈을 이용해서 네 개의 이웃 원자와 정사면체 구조로 연결된다. 모든 결합 전자가 C−C σ-결합에 참여한다(그림 3G.6). 이와 대조적으로, 흑연은 육각형 그물 구조를 만들기 위해 sp^2 혼성 오비탈을 사용하는 탄소 원자의 평면 층이 쌓인 구조이다(그림 3G.7와 Topic 3G의 흑연에 대한 설명 참조). 자연에서 발견되는 흑연은 고대 생물의 유해가 변한 결과이다. 산업에서는 코크스 막대에 높은 전류를 흘려서 순수한 흑연을 생산한다.

그림 8F.2 버크민스터풀러렌의 조밀 쌓임(close-packed) 격자로 만들어진 풀러라이트 결정. (*Jochen Gschnaller/CC BY-SA 3.0/Wikimedia Commons*)

1985년에 축구공 모양의 탄소 분자가 발견되어 화학자들을 깜짝 놀라게 했다. 이런 공 모양의 탄소가 흑연이나 다이아몬드보다 더 많이 존재할 수도 있기 때문이다. C_{60} 분자(**2**)는 미국 건축가 R. Buckminster Fuller의 이름을 따서 버크민스터풀러렌(buckminsterfullerene)으로 명명하였다. Fuller는 C_{60}의 모양과 비슷한 지오데식 돔(geodesic dome)을 많이 설계했다. 처음 발견으로부터 채 2년이 지나지 않아, 과학자들은 버크민스터풀러렌 결정체를 만드는 데 성공했는데, 이 고체 시료는 **풀러라이트**(fullerite)라고 부른다(**그림 8F.2**). 버크민스터풀러렌와 닮은 모양의 여러 분자들(예: C_{70})의 발견은 새로운 화학 분야의 가능성을 열었다. 예를 들어, C_{60} 분자의 내부는 다른 원소의 원자 하나를 넣을 수 있을 만큼 크다. 이렇게 '압축 포장'한 원자의 새로운 주기율표를 머지않아 볼 수 있을 것이다.

버크민스터풀러렌과 닮은 분자를 **풀러렌**(fullerene)이라고 일반적으로 부른다. 버크민스터풀러렌도 여기에 포함된다. 그을음이 많이 나는 화염이나 적색 거성(표면 온도가 낮고 직경이 큰 별)에서 만들어지기 때문에 우주에는 엄청난 양의 풀러렌이 있을 수 있다. 흑연과 다이아몬드는 그물 구조의 고체이기 때문에 일부 액체 금속을 제외하고는 어떤 액체 용매에도 녹지 않는다. 반면에 풀러렌은 분자 물질이기 때문에 벤젠과 같은 적당한 용매에 녹아서 적갈색 용액을 만든다. 풀러라이트는 현재 쓸모가 많지는 않지만 일부 풀러렌은 잠재적 효용성이 크다. 예를 들어, K_3C_{60}는 18 K 이하에서 초전도성을 보이며, 암이나 HIV–AIDS와 같은 질병에 효과가 있어 보이는 풀러렌 화합물도 있다.

(b) 규소 준금속인 규소(Si)는 지각에 두 번째로 많은 원소이다. 암석에는 SiO_3^{2-} 이온이 들어간 화합물인 **규산염**(silicate) 화합물 형태로, 모래에는 실리카(SiO_2) 형태로 존재한다. 순수한 규소는 전기 아크로(electric arc furnace)에서 **석영암**(quartzite, SiO_2의 또다른 고체상인 **석영**(quartz)의 알갱이 형태)을 고순도 탄소를 이용해서 환원해서 얻는다.

$$SiO_2(s) + 2C(s) \xrightarrow{\Delta} Si(s) + 2CO(g)$$

이 반응의 생성물을 염소 기체에 노출시켜 사염화 규소(silicon tetrachloride)로 만들고, 증류해서 정제한 후에 수소로 환원하면 더 순수한 형태의 규소가 된다.

$$SiCl_4(l) + 2H_2(g) \rightarrow Si(s) + 4HCl(g)$$

반도체를 만드는 규소는 정제가 더 필요하다. 규소로 만든 막대를 용융된 규소에 담근 후 천천히 끌어올리는 방법으로 큰 단결정을 성장시킨다. 그 후 **띠정제법(zone refining)**으로 순도를 더 높이는데, 뜨거운 용융 구역을 규소 막대의 한쪽 끝에서 다른 쪽 끝으로 이동하면서 불순물을 모으는 방법이다(그림 8F.3). 그 결과 '초고순도' 규소가 얻어지는데, 10억 개 규소 원자 당 불순물 원자가 하나 이하로 포함되는 수준이다. 순수한 규소를 얻기 위해 전기 방전으로 실레인(silane) SiH_4를 분해하면 수소 함유량이 높은 비결정성 규소가 만들어진다. **비결정성 규소**(amorphous silicon)는 태양광에서 전기를 생산하는 광전 소자에 사용된다.

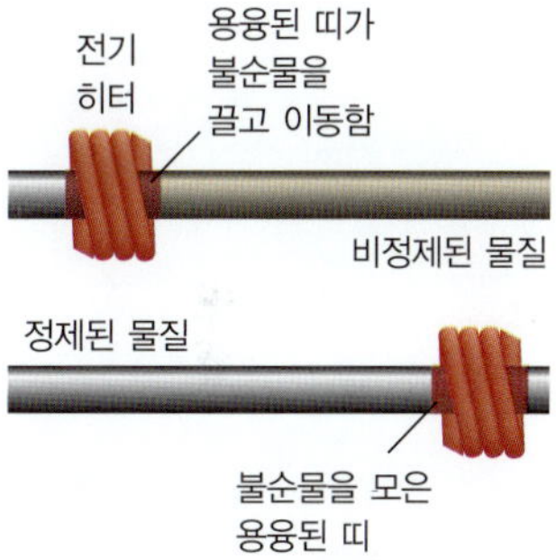

그림 8F.3 띠정제법 기술에서는 뜨거운 용융 구역을 고체 시료의 한쪽 끝에서 다른 쪽 끝으로 반복해서 이동한다. 불순물은 용융 구역에 모여 가열기와 함께 고체 위를 따라 이동하기 때문에 순수한 물질만 남는다.

(c) 저마늄, 주석, 납 저마늄(Ge)은 아연 광석을 처리하는 공장의 굴뚝 먼지의 불순물에서 회수한다. 반도체 산업에서 고속 집적회로를 만드는 데 쓰인다.

주석(Sn)과 납(Pb)는 광석에서 아주 쉽게 얻을 수 있으며, 고대부터 알려진 금속이다. 주석은 **주석석**(cassiterite) SnO_2에 주로 들어 있다. 1200 °C에서 탄소로 환원해서 주석을 얻을 수 있다.

$$SnO_2(s) + C(s) \xrightarrow{1200\ ^\circ C} Sn(l) + CO_2(g)$$

주요 납 광석으로 **방연광**(galena) PbS가 있다. 고온에서 공기와 반응하면 PbO가 되는데, 일산화 탄소를 이용해서 환원시켜 납을 얻는다.

$$2PbS(s) + 3O_2(g) \xrightarrow{\Delta} 2PbO(s) + 2SO_2(g)$$
$$PbO(s) + CO(g) \rightarrow Pb(s) + CO_2(g)$$

주석은 비싸지만 그리 단단하지 않고, 부식에 잘 견딘다. 주된 용도는 주석 도금인데, 생산된 주석의 40% 정도가 이 목적에 쓰인다. 주석은 청동과 백랍(pewter)과 같은 합금에도 사용된다(Topic 8K).

납은 화학 반응성이 낮고 두드리면 잘 펴지기 때문에 건설업에 쓸모가 있다. 일상 조건에서 납의 반응성이 낮은 이유는 표면에 생긴 산화물, 염화물, 황화물 등의 막이 내부를 보호하기 때문이다(Topic 6N). 납의 또다른 중요한 성질은 높은 밀도이다. 전자가 많아서 고에너지 방사선을 흡수할 수 있기 때문에 납은 방사선 차폐재로 유용하다. 한때는 휘발유에 테트라에틸 납 $Pb(CH_2CH_3)_4$를 넣기도 했지만, 독성 중금속인 납에 의한 환경 오염에 대한 우려가 증가함에 따라 대부분의 국가에서는 사용이 금지되었다. 오늘날 납은 충전식 축전지의 전극으로 주로 쓰인다(Topic 6N).

14족에서 주기율표 아래로 갈수록 금속성이 크게 증가한다. 탄소는 14족 원소 가운데 유일하게 자기들끼리 다중 결합을 만든다. 단일 결합을 하는 규소 원자는 원자가 껍질을 확장해서 Lewis 산으로 작용할 수 있다. 탄소는 다이아몬드, 흑연, 풀러렌과 같이 중요한 동소체가 여럿 있다.

8F.2 탄소와 규소의 산화물

탄소와 규소의 산화물은 시멘트와 같은 수많은 중요한 재료의 출발 물질로서 산업에서 매우 중요하다. 하지만, 이들 산화물의 특성은 아주 다르다. 탄소의 산화물은 기체이지만, 규소의 산화물은 고체이다.

(a) 탄소 이산화 탄소 CO_2는 충분한 양의 공기가 공급되는 조건에서 유기물의 연소나 동물의 호흡 과정에서 생성된다. 화석 연료의 연소로 인한 대기 중 이산화 탄소의 증가가 지구 온난화에 기여한다는 타당한 우려가 커지고 있다(화학 이야기 8B.1 참조).

이산화 탄소는 탄산(H_2CO_3)의 산무수물(acid anhydride)이다. 이산화 탄소가 물에 녹으면 탄산을 만든다. 하지만 용해된 이산화 탄소가 모두 탄산을 만들지는 않고, CO_2, H_2CO_3, HCO_3^-와 극소량의 CO_3^{2-} 등 여러 화학종 사이에 평형이 생긴다. 탄산음료는 기체상 CO_2의 분압을 높여 만든 고농도 CO_2 수용액이다. 병마개를 열거나 밀봉을 제거해서 CO_2의 분압을 줄이면 $H_2CO_3(aq) \rightleftharpoons CO_2(g) + H_2O(l)$ 평형이 H_2CO_3 쪽에서 CO_2 쪽으로 이동해서 액체에서 기포가 생긴다.

일산화 탄소(CO)는 담배, 튜닝이 제대로 안된 자동차 엔진, 숯불처럼 공기가 제한된 조건에서 탄소나 유기 화합물이 연소할 때 생긴다. 산업적으로는 개질 반응(re-forming reaction, Topic 8B)으로 만드는 합성 가스(synthesis gas)의 성분으로 생산된다. 일산화 탄소는 폼산(formic acid) HCOOH의 형식적 무수물(formal anhydride)이다. 실험실에서는 고온의 진한 황산으로 폼산을 탈수시켜 일산화 탄소를 만들 수 있다.

$$HCOOH(l) \xrightarrow{150\ ^\circ C,\ H_2SO_4} CO(g) + H_2O(l)$$

이 반응은 역방향으로는 직접 일어나지 않지만, 일산화 탄소는 고온의 알칼리 용액에서 수산화 이온과 반응해서 폼산 이온을 만든다.

$$CO(g) + OH^-(aq) \rightarrow HCO_2^-(aq)$$

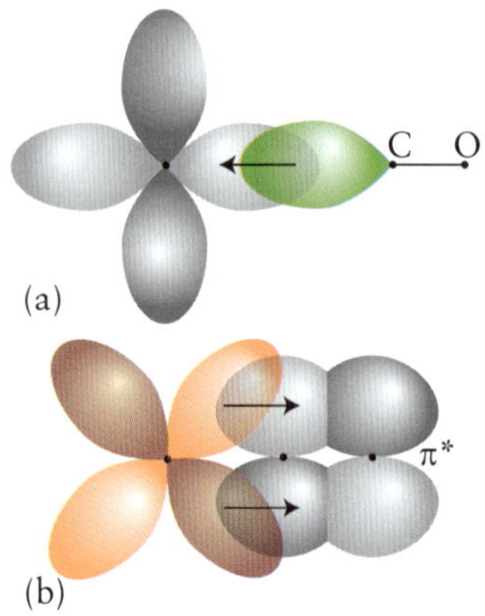

그림 8F.4 일산화 탄소는 두 가지 방식으로 d-금속 원자에 결합한다. (a) 탄소 원자의 비공유 전자쌍을 이용해서 σ-결합을 만드는 Lewis 염기의 역할. (b) 전자가 없는 반결합 π-오비탈을 이용해서 금속 원자의 d-오비탈 전자를 받아들이는 Lewis 산의 역할.

일산화 탄소는 무색, 무취, 가연성 기체로서 용매에 거의 녹지 않으며 독성이 매우 높다. -90 °C에서는 무색의 액체로 응축된다. 결합 엔탈피($1074\ kJ\cdot mol^{-1}$)가 다른 어떤 분자보다 크기 때문에 반응성은 높지 않지만, Lewis 염기로 작용해서 탄소 원자 쪽의 고립 전자쌍으로 d-구역 원자나 이온에 공유 결합을 만든다. 일산화 탄소는 또한 Lewis 산으로 작용하기도 한다. 반결합(anti-bonding) π-오비탈이 비어 있어서 금속으로부터 전자 밀도를 끌어올 수 있기 때문이다(그림 8F.4). 이러한 이중성으로 인해 일산화 탄소는 다양한 착물을 만든다. $Ni(CO)_4$를 비롯해서 많은 금속 카보닐 화합물이 알려져 있다(Topic 8K). 착물을 잘 만드는 성질 때문에 일산화 탄소는 독성이 있다. 헤모글로빈의 철은 산소보다 일산화 탄소에 더 강하게 결합한다. 그 결과 폐에서 공기 중의 산소를 받아들일 수 없으면 질식하게 된다(화학 이야기 8L.1 참조).

그림 8F.5 불순물이 포함된 실리카 준보석. 자수정(amethyst, 왼쪽, Fe^{3+} 불순물의 색깔이다), 마노(agate, 가운데), 얼룩마노(onyx, 오른쪽).(*Copyright Macmillan Learning, photo by Ken Karp.*)

일산화 탄소는 더 산화될 수 있기 때문에 환원제로 작용해서, 납, 철과 같은 여러 금속의 생산에 사용된다(Topic 8K).

(b) 규소 실리카 SiO_2는 견고한 그물 구조의 고체로서 물에 녹지 않는다. 불순물이 포함된 실리카는 보석이나 준보석(semiprecious stone)이 되기도 한다(그림 8F.5). **부싯돌**(flint)은 탄소 불순물 때문에 검은색인 실리카이다.

메타규산(metasilicic acid) H_2SiO_3와 **오쏘규산**(orthosilicic acid) H_4SiO_4는 약산이다. 오쏘규산 소듐 용액에 산을 넣으면, H_4SiO_4 대신 젤라틴 모양의 실리카 침전물이 생긴다.

$$4\,H_3O^+(aq) + SiO_4^{4-}(aq) + x\,H_2O(l) \rightarrow SiO_2(s)\cdot x\,H_2O(gel) + 6\,H_2O(l)$$

이 침전물을 세척하고 건조시킨 후 작은 알갱이로 만든 것이 **실리카 젤**(silica gel)이다. 실리카 젤은 비표면적이 아주 커서(약 700 $m^2\cdot g^{-1}$), 건조제, 촉매 지지체, 크로마토그래피 칼럼 충전재, 단열재 등으로 이용한다. 습기에 민감한 전자 제품을 포장할 때 실리카 젤을 채운 팩을 같이 넣는다.

자습 8F.1A Lewis 구조(:C≡O:)를 이용해서 CO 탄소 원자의 (a) 산화수와 (b) 형식 전하를 구하시오.
[답: (a) +2, (b) −1]

자습 8F.1B 일산화 탄소와 수산화 이온의 반응은 어떤 유형의 반응인가?

탄소의 두 가지 중요한 산화물은 이산화 탄소와 일산화 탄소이다. 이산화 탄소는 탄산의 산 무수물인데, 탄산이 수소 이온을 잃으면 탄산수소염(hydrogen carbonate)이나 탄산염(carbonate)이 된다. 실리카는 그물 구조의 단단한 물질이다. 규산은 약산이다.

8F.3 규산염

실리카 SiO_2는 **석영**(quartz, 결정형이 뚜렷한 무색 석영은 수정(rock crystal)이라고 부른다—역자 주)과 모래의 형태로 자연에 존재한다. 모래는 석영의 작은 부스러기인데 산화철 불순물 때문에 황금빛 갈색을 띤다(그림 8F.6). 사암(sandstone)이나 화강암(granite)처럼 실리카와 규산염으로 이루어진 광물은 강도, 내구성, 내부식성이 좋아 건축재로 쓰인다.

실리카는 공유 결합으로 이루어진 그물 구조 때문에 단단하다. 실리카에서 각 규소 원자는 네 개의 산소 원자가 만드는 정사면체의 중심에 있다. 정사면체의 각 꼭짓점에 해당하는 산소 원자는 두 개의 규소 원자가 공유한다(**3**). 실리카 고체를 구성하는 정사면체 하나마다 1개의

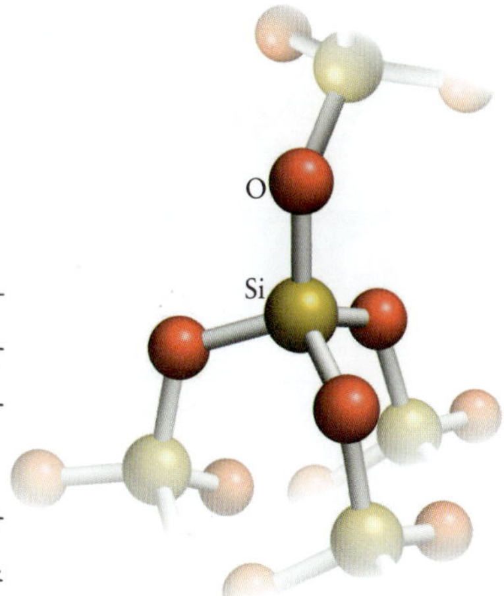

3 SiO_4 단위체

(a) (b) (c)

그림 8F.6 실리카(SiO_2)의 흔한 세 가지 형태. (a) 수정, (b) 석영암, (c) 크리스토발라이트(cristobalite). 크리스토발라이트의 검은 부분은 실리카가 들어간 화산암인 흑요석(obsidian)이다. 모래는 불순물이 들어간 석영의 작은 조각들로 주로 이루어져 있다.((a) © *vvoe/Shutterstock*, (b) © *Yes058 Montree Nanta/Shutterstock*, (c) *Rob Lavinsky/iRock.com–CC–BY–SA–3.0*)

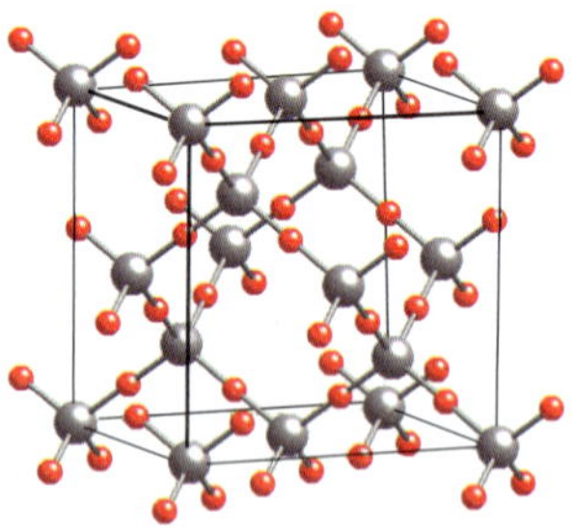

그림 8F.7 크리스토발라이트의 구조는 다이아몬드와 비슷하다. 차이점은 두 Si 원자(회색) 사이에 O 원자(빨간색)가 하나씩 있다는 점이다. 각 Si 원자 주변의 원자 배열은 구조 **1**과 같다.

규소 원자와 $4\times\frac{1}{2}=2$개의 산소 원자가 있기 때문에 실험식으로는 SiO_2가 된다. 석영은 구조가 복잡하다. SiO_4 단위체로 이루어진 나선형 사슬이 서로 휘감고 있는 모양인데, 산소 원자가 두 SiO_4 단위체 사이에 공유된다는 점을 고려하면 알짜 조성은 SiO_2이다. 석영을 1500 ℃ 정도까지 가열하면 **크리스토발라이트**(cristobalite) 구조로 바뀐다(**그림 8F.7**). 이 구조는 설명하기 쉽다. 규소 원자는 다이아몬드의 탄소 원자처럼 배열되어 있고, 인접한 두 규소 원자 사이에는 산소 원자가 하나씩 있다.

규산염은 여러 형태가 있는데, 공유 결합 성격이 강한 Si—O 결합으로 이루어진 정사면체 모양의 규소 산소음이온(oxyanion of silicon)이 공간에 배열된 방식이 서로 다르다. 각 정사면체의 음전하 수, 정사면체가 공유하는 꼭짓점 산소 원자의 개수, 정사면체의 연결로 만드는 사슬과 평면의 배치 등에 따라 규산염의 성질이 결정된다. 대부분의 유리는 규산염과 이온 결합 화합물의 혼합물이다(Topic 8H). 석영은 가시광선과 자외선을 모두 투과하기 때문에 분광학에 사용된다.

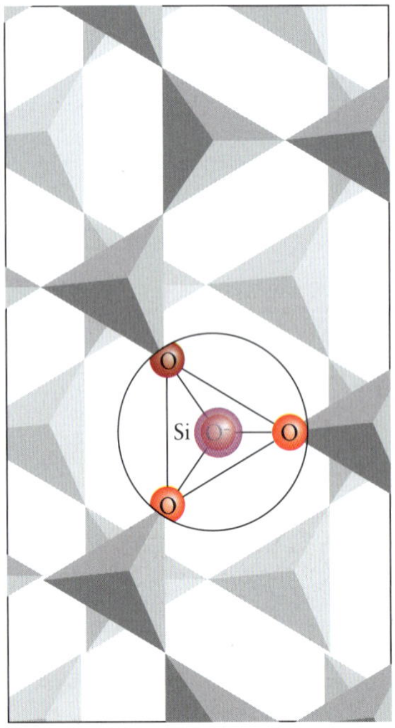

그림 8F.8 휘석의 기본 구조 단위. SiO_4 단위체가 (**3**처럼) 정사면체를 만든다. 단위 구조체가 공유하는 꼭짓점에 산소 원자(확대한 부분에서 빨간색으로 표시. Si 원자 바로 위에도 O 원자가 하나 있다)가 있고, 공유되지 않는 O 원자는 음전하를 갖는다.

가장 간단한 규산염인 **오쏘규산염**(orthosilicate)은 $SiO_4{}^{4-}$ 이온으로 구성되는데, 그리 흔한 광물은 아니다. 장신구에 다이아몬드 대용품으로 쓰는 **지르콘**(zircon) $ZrSiO_4$가 여기에 속한다. **휘석**(pyroxene)은 SiO_4 단위체가 연결된 사슬 구조이다. 메타규산(metasilicate) 이온 $SiO_3{}^{2-}$ 반복 구조가 꼭짓점 산소 원자 두 개를 공유하는 방식으로 사슬을 만들고(**그림 8F.8**), 그 옆에 일정 간격으로 양이온이 자리잡아 전기적으로 중성이 된다. **비취**(jade) $NaAl(SiO_3)_2$는 휘석의 일종이다.

규산염 사슬이 연결되면 사다리 같은 구조가 된다. **투각섬석**(tremolite) $Ca_2Mg_5(Si_4O_{11})_2(OH)_2$가 이런 모양인데, **석면**(asbestos)이라고 부르는 내열성 섬유질 광물 가운데 하나이다(**그림 8F.9**). 투각섬석의 섬유질은 SiO_4 단위체로 만들어진 사다리 구조가 서로 겹쳐져 있지만 쉽게 찢어질 수 있다는 특성에서 나온다. 석면 섬유는 화재에 강하며 한때 건물의 단열재로 널리 쓰였다. 하지만, 폐에 축적되면 섬유성 흉터 조직이 주변에 형성되어 석면폐증(asbestosis)이 생기고 폐암에 걸리기 쉽게 된다. SiO_4 정사면체가 연결된 판 구조로 이루어진 광물도 있다. 수화된 규산 마그네슘 $Mg_3(Si_2O_5)_2(OH)_2$로 이루어진 **활석**(talc)을 예로 들 수 있는데, 규산염 판 구조가 서로 미끄러질 수 있기 때문에 부드럽고 매끈한 감촉을 준다.

규산염을 이루는 Si(IV) 일부가 Al(III)로 치환되면 **알루미노규산염**(aluminosilicate)이 된다. 규산염보다 구조는 더 복잡하지만 더 흔한 물질이다. Si(IV) 자리를 Al(III)이 채우면서 부족해진 양전하는 다른 양이온이 보충한다. 규산염인 활석과 알루미노규산염인 **운모**(mica)의 성질이 다른 이유이다. **금운모**(phlogopite) $KMg_3(Si_3AlO_{10})(OH)_2$는 운모의 일종인데, 정사면체가 연결되어 만든 판 구조를 K^+ 이온이 지탱한다. 판 사이가 떨어

그림 8F.9 일반적으로 석면('타지 않는다'는 뜻의 그리스어에서 유래)이라고 부르는 이 광물은 SiO_4 정사면체가 산소 원자를 공유하며 이어진 긴 사슬로 이루어져 있어 섬유질이다.(© *P. Leveille/Shutter Stock*)

그림 8F.10 알루미노규산염인 운모는 얇고 투명한 판상 구조로 쪼개지며, 녹는점이 아주 높기 때문에 화로의 창으로 사용된다.(© *vvoe/Shutterstock*)

지면 얇고 투명한 판상 구조로 쪼개지기는 하지만 운모는 활석처럼 미끄럽지 않다(그림 8F.10). 운모는 유리보다 열에 더 잘 견디기 때문에 화로의 창으로 사용된다.

장석(feldspar)은 Si(IV)의 절반가량까지 Al(III)로 치환된 알루미노규산염이다. 일반적인 장석의 화학식은 $KAlSi_3O_8$이다. 장석은 지구상에서 가장 풍부한 규산염 물질이며, **화강암**(granite)의 주성분이다. 화강암은 운모, 석영, 장석이 압축된 혼합물로서, 가장 가치 있고 매력적인 건축 자재 중 하나이다(그림 8F.11).

그림 8F.11 화강암은 운모, 석영, 장석이 압축된 혼합물이다.(*James St. John/CC BY 2.0/Wikimedia Commons*)

규산염 구조는 SiO_4 정사면체 단위체로 이루어져 있다. 단위체의 음전하와 공유하는 산소 원자의 개수는 다를 수 있다.

8F.4 그 외의 14족 주요 화합물

탄소는 단원자 음이온과 다원자 음이온을 모두 만드는 유일한 14족 원소이다. 탄화물(carbide)은 이온성 탄화물, 공유 결합성 탄화물, 틈새형(interstitial) 탄화물의 세 유형이 있다.

이온성 탄화물(saline carbide)은 주로 1족과 2족의 금속, 알루미늄, 기타 몇 가지 금속이 만든다. s-구역 금속 산화물을 탄소와 함께 가열하면 이온성 탄화물이 된다. 여기서 음이온은 C_2^{2-} 또는 C^{4-} 형태이다. **메타이드**(methide)는 C^{4-} 상태 탄화물로서 물에 넣으면 메테인과 수산화물을 만든다.

$$Al_4C_3(s) + 12\,H_2O(l) \rightarrow 4\,Al(OH)_3(s) + 3\,CH_4(g)$$

이 반응에서 알 수 있듯이 메타이드 이온은 아주 강한 Brønsted 염기이다. **아세틸렌화 이온**(acetylide ion) C_2^{2-}가 들어간 탄화물은 **아세틸렌화물**(acetylide)이라고 한다. 아세틸화 이온 또한 강한 Brønsted 염기이기 때문에 아세틸렌화물은 물과 반응해서 에타인(ethyne, 아세틸렌(acetylene)이라고도 부른다)과 수산화물을 만든다. 탄화 칼슘(calcium carbide) CaC_2는 가장 흔한 이온성 탄화물이다. 한때는 광부들의 랜턴에 사용했는데, 물통에서 물을 탄화 칼슘 덩어리에 천천히 떨어뜨려 생성한 아세틸렌을 연소시켜 불빛을 만들었다.

공유 결합성 탄화물(covalent carbide)에는 탄화 규소(SiC)가 있는데, 카보런덤(carborundum)이라는 상표명으로 유통된다.

$$SiO_2(s) + 3\,C(s) \xrightarrow{2000\,°C} SiC(s) + 2\,CO(g)$$

그림 8F.12 카보런덤 결정은 날카롭게 부서진 모서리가 있어 연마력이 좋다.(*Public Domain/Wikimedia Commons*)

순수한 탄화 규소는 무색이지만, 철 불순물이 있으면 결정이 검은색으로 보인다. 카보런덤은 매우 단단하며, 날카로운 모서리의 조각으로 부서지는 다이아몬드와 같은 구조이기 때문에 우수한 연마재이다(**그림 8F.12**).

틈새형 탄화물(interstitial carbide)은 d-구역 금속을 탄소와 2000 °C 이상에서 직접 반응해서 만드는 화합물이다. 강철의 경우처럼, 탄소 원자가 금속 원자를 고정시켜 견고한 구조를 만들기 때문에 녹는점이 3000 °C를 훨씬 넘는 매우 단단한 물질이 얻어진다. 탄화 텅스텐(WC)은 드릴의 절삭면 소재로 쓰인다.

모든 14족 원소는 분자성 사염화물(tetrachloride) 액체를 만든다. 이 가운데 가장 불안정한 화합물은 $PbCl_4$인데, 50 °C 이상으로 가열하면 분해되어 $PbCl_2$ 고체가 된다. 사염화 탄소(테트라클로로메테인, tetrachloromethane) CCl_4는 한때 산업용 용매로 널리 쓰였지만, 발암성 물질로 밝혀졌다. 지금은 염화 플루오린화 탄소(chlorofluorocarbon) 화합물의 제조에 출발 물질로 주로 쓰인다. 환경에 미치는 영향을 알게 되면서, 염화 플루오린화 탄소의 사용 또한 크게 줄어들고 있다(화학 이야기 7E.1).

규소가 염소와 직접 반응하면 사염화 규소(silicon tetrachloride) $SiCl_4$가 된다. CCl_4와 달리 $SiCl_4$는 Lewis 산이며, H_2O의 비공유 전자쌍을 받아들이면서 반응한다.

$$SiCl_4(l) + 2\,H_2O(l) \rightarrow SiO_2(s) + 4\,HCl(aq)$$

탄소는 다른 탄소와 결합을 잘하기 때문에 수많은 탄소 화합물이 있다(Focus 10). 반면에 규소가 수소와 함께 만드는 화합물의 수는 훨씬 작은데, 이들을 **실레인**(silane)이라고 한다. 가장 간단한 실레인은 메테인과 유사한 SiH_4이다. 실레인은 물을 잘 흡수하기 때문에 흡수제로 쓰고, 습한 환경에서 접합력을 높이기 위해 접착제에 넣는다. 실레인은 메테인보다 반응성이 훨씬 높기 때문에 공기에 노출되면 불이 붙는다. 순수한 물에서는 안정하지만, 알칼리가 미량이라도 있으면 SiO_2가 된다.

$$SiH_4(g) + 2\,H_2O(l) \xrightarrow{OH^-} SiO_2(s) + 4\,H_2(g)$$

생각해 보기
규소 화합물로 이루어진 외계 생명체가 존재할까?

자습 8F.2A 탄화 이온 C_2^{2-}와 C^{4-} 모두 염기로 작용해서 물과 반응한다. 어느 탄화 이온의 염기성이 더 강한지 예측하고, 그 이유를 설명하시오.

[**답**: C^{4-} 이온. 음전하가 더 크기 때문에]

자습 8F.2B SiH_4는 OH^- 이온이 들어 있는 물과 반응하지만, CH4는 그렇지 않은 이유를 설명하시오.

탄소는 1족 및 2족 금속과 이온성 탄화물을 만든다. 공유 결합성 탄화물과 틈새형 탄화물은 아주 단단하다. 규소 화합물은 탄소 화합물보다 반응성이 높고, Lewis 산으로 작용할 수 있다.

8F.5 응용: 나노소재

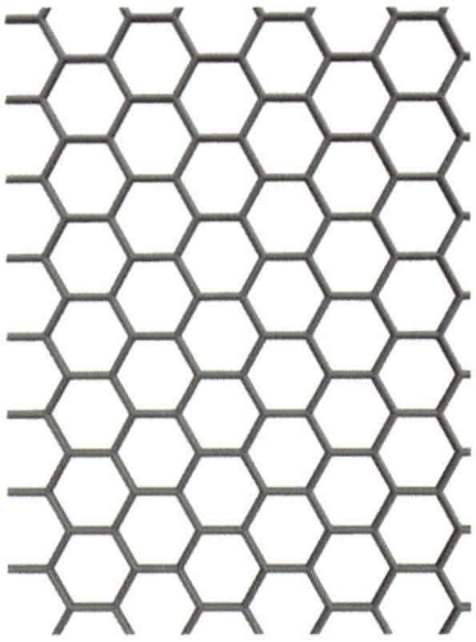

4 그래핀

탄소 원자가 육각형 벌집 모양으로 배열된 단일 평면이 **그래핀**(graphene, **4**)이다. 그래핀을 쌓으면 흑연이 된다. 그래핀의 전기적, 광학적, 기계적 특성은 큰 관심을 받고 있다. 그래핀은 아주 얇은 단층 구조이지만 불투명도가 높고, 다이아몬드보다 열전도율이 높으며, 지금까지 알려진 가장 강한 소재 가운데 하나이다. 그래핀 또는 화학적으로 변형한 그래핀으로 소형 전자 회로를 만들 수 있으며, 보드카의 실온 증류와 같은 다소 사소한 목적부터 항균 작용이나 태양 전지처럼 매우 유용한 영역까지 다양하게 이용할 수 있다.

보충 설명
2010년 노벨 물리학상은 그래핀에 대한 획기적인 연구로 영국 Manchester 대학의 Andre Geim과 Konstantin Novoselov가 공동 수상했다. 1996년 노벨 화학상은 풀러렌을 발견한 Robert Curl, Harold Kroto, Richard Smalley가 공동 수상했다.

특히 의료 진단과 치료에 혁명을 일으킬 잠재력이 있는 연구 분야는 나노물질의 성질을 연구하는 **나노과학**(**nanoscience**)과 나노 크기의 물질을 다루는 **나노기술**(**nanotechnology**)이다(나노는 그리스어 '난쟁이'에서 유래했다). **나노물질**(**nanomaterial**)은 입자 크기가 1~100 nm 범위인 물질로서, 개별 분자보다는 크지만 대부분의 벌크 특성을 나타내기에는 너무 작다(화학 이야기 1C.1). 나노기술을 이용해서 초소형 컴퓨터, 인공 뼈, 신체 과정을 모니터하고 치료하는 바이오센서, 가볍고 강한 재료 등을 만들 수 있다.

1991년에 과학자들은 헬륨 기체가 담긴 용기 안에 두 개의 흑연 막대를 밀봉하고 한 쪽 막대에서 다른 쪽 막대로 전기를 방전시키면 이전에 알려지지 않은 형태의 탄소가 만들어진다는 사실을 발견했다. 한 쪽 막대기는 대부분 증발해 버렸지만, 나노튜브와 같은 놀라운 구조가 얻어졌다. **나노튜브**(**nanotube**)는 수백만 개의 탄소 원자로 이루어진 그래핀 판이 직경 1~3 nm에 불과한 원통으로 말려 있는 형태라고 생각할 수 있다.

탄소 나노튜브는 비편재화된 π-결합이 튜브의 한쪽 끝에서 다른 쪽 끝까지 연결된 네트워크를 통해 전기를 전도한다. 나노튜브의 전도도는 튜브가 말려 있는 방식에 따라 다르다(그림 8F.13). 육각형의 꼭지점들이 튜브의 장축과 수직방향으로 정렬되면('안락의자' 형) 금속만큼이나 전도도가 높다. 육각형의 꼭지점들이 장축 방향으로 정렬되면('지그재그' 형과 '카이랄' 형), 말린 각도와 튜브의 직경에 따라 금속 전도체 또는 반도체처럼 작동한다. 다이아몬드처럼 탄소 나노튜브는 열을 잘 전달한다. 흥미로운 전기 전도성과 높은 열 전도성을 갖는 탄소 나노튜브는 초소형 집적회로 개발에 좋은 후보 물질이다. 탄소 나노튜브는 가시광선 영역의 모든 색을 흡수한다. 가장 검은색의 인공 안료는 탄소 나노튜브로 만든다.

탄소 나노튜브의 축 방향 인장 강도는 지금까지 측정된 소재 가운데 가장 크다. 밀도가 아주 낮기 때문에 단위 질량당 강도는 강철의 40배에 이른다. 나노튜브는 견고하기 때문에, 다른 원소로 나노구조를 만들 때 미세한 금형이나 틀로 쓸 수 있다. 예를 들어, 납을 녹여 나노튜브를 채우면 원자 하나 크기 지름의 나노와이어(nanowire)를 만들 수 있다. 개별 분자를 담아 초소형 '시험관'이나 센서로 쓸 수도 있다. 나노튜브는 표면적이 넓기 때문에 기체 원자가 내벽에 잘 흡착된다. 수소 분자를 넣을 수 있는 나노튜브는 수소 자동차의 연료 저장원으로 연구되고 있다. 화학 이야기 8F.1에서는 탄소나 규소 화합물의 자기조립으로 만들어지는 다른 유형의 나노물질에 대해서 다룬다.

나노튜브는 그래핀과 유사한 원자 배열로 이루어진 평면을 수 나노미터의 직경이 되게 말아서 만든 아주 작은 원통이다.

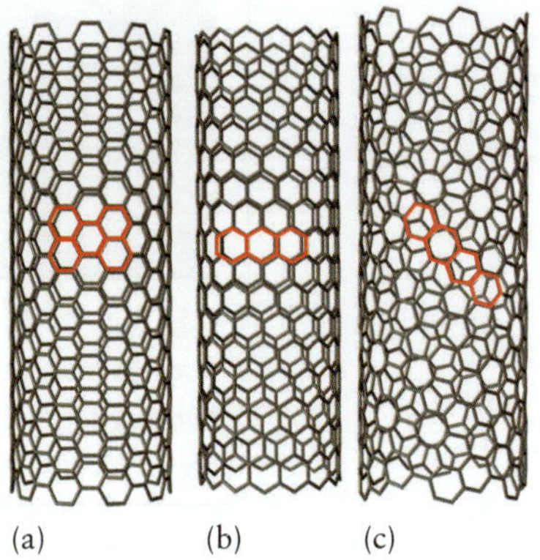

그림 8F.13 단일벽(single-walled) 탄소 나노튜브의 세 가지 유형. (a) 안락의자, (b) 지그재그, (c) 카이랄. 대부분 튜브의 끝은 탄소 원자로 이루어진 반구형 덮개로 막혀 있다. 나노튜브의 구조에 따라 전기 전도 특성이 다르다.

화학 이야기 8F.1 화학의 최전선: 자기조립 물질

나노 소재를 연구하는 과학자들의 주요 관심사는 분자가 원하는 나노 크기의 구조로 저절로 배열되게 만드는 방법이다. 많은 생물학적 과정은 나노 크기 수준에서 일어난다. 예를 들어, 단백질은 기능을 최적화하는 형태로 접히고(Topic 10E), 인지질 분자는 물을 만나면 세포막을 자발적으로 만들며(Topic 5D), 인간의 유전자를 이루는 DNA는 세포 분열이 일어날 때마다 스스로 복제한다. **분자의 자기조립**(molecular self-assembly)은 여러 가지로 정의할 수 있지만, 개별 부분이 모여 조직화된 구조가 자발적으로 만들어지는 현상이다.

거시적 규모에서는 물고기 떼나 철새 무리의 통일된 움직임이 동적 자기조립의 예가 된다. 하지만, 자가조립이 가장 유망한 영역은 분자와 거시적 규모 사이의 중간 영역으로서, 특정 작업을 수행하는 나노 크기 센서와 기계를 설계할 수 있다. 스스로 조립할 수 있는 물질을 설계하는 전략을 통해 자극에 반응하고 지능적으로 행동하는 것처럼 보이는 물질을 성공적으로 만들고 있다.

전기 신호에 반응해서 구조가 변하면서 확장하고 수축하는 자가조립 젤을 이용해서 실제처럼 반응하고 느껴지는 인공 팔다리를 만드는 연구가 이루어지고 있다. 인공 근육 재료 가운데 하나는 실리콘 오일 $-(-O-Si-O-Si-)_n-$ 골격과 탄화수소 곁사슬로 이루어진 고분자)과 염의 혼합물이다. 전기장에 노출되면 부드러운 젤을 이루던 분자가 재배열해서 물질이 수축하고 단단해진다. 수축한 물질은 충격을 받으면 깨질 수 있지만, 젤이 재형성되며 다시 부드러워진다. 따라서 젤과 고체 상태 사이의 전환은 가역적이다.

또다른 최근 성과의 하나는 자기조립으로 만들어진 분자인데, 빛이나 촉매를 이용한 포도당의 산화에서 나오는 에너지를 이용해서 작은 모터처럼 작동한다. 이러한 초소형 모터는 무작위로 시계방향이나 반시계방향으로 돌지 않고, 정해진 방향으로 회전할 수 있다. 염기를 넣어 양성자를 제거하면 역방향으로 돌아가는 분자 모터도 있다.

어떻게 기여할 수 있는가?

자가조립 물질의 특성을 연구하고 분류할 필요가 있다. 예를 들어, 혼합물에서 분자는 어떻게 서로를 인지할까? 또한, 자기조립을 촉진하는 전략의 설계도 필요하다. 간단한 2차원 조립체를 만든 기술이 3차원 영역으로도 확장되어야 한다. 나노기술은 초소형 전자공학(microelectronics)과 로봇 공학에서 응용되고 있으며, 의학 분야에서는 바이오센서 어레이를 이용해서 개별 독소와 병원체를 높은 선택성으로 판별한다.

관련 연습 문제 8.29

참고 문헌

J. S. Moore and M. L. Kraft, "Synchronized self-assembly," Science, vol. 320, May 2, 2008, pp. 620–621. D. V. Talapin, M. Engel, and P. V. Braun, "Functional materials and devices by self-assembly," MRS Bulletin, vol. 45, pp. 799–806, 2020. G. Whitesides and B. Grzybowski, "Self-assembly at all scales," *Science*, vol. 295, March 29, 2002, pp. 2418–2421. "Innovative imaging technique clarifies molecular self-assembly," May 5, 2014, http://phys.org /news/2014-05-imaging-technique-molecular-self-assembly.html.

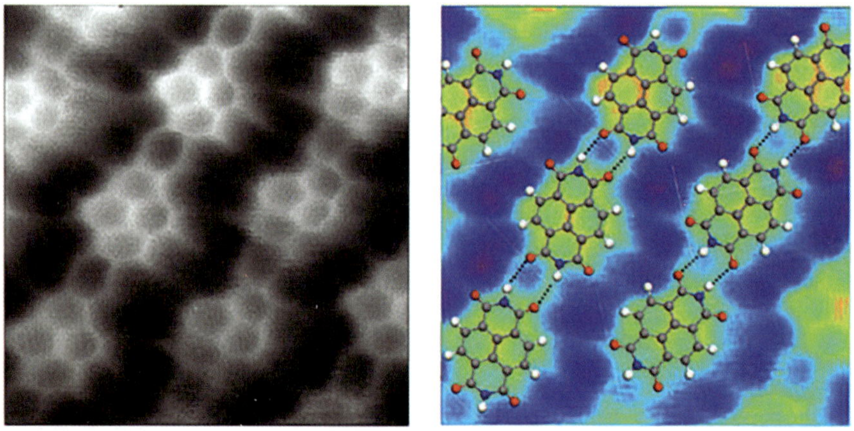

이들 유기 분자는 수소 결합을 만들어 은 표면에 규칙적으로 놓인다. 왼쪽의 원자힘 현미경(atomic force microscope) 실험 이미지를 오른쪽에 그림으로 표현했다(*Sweetman, A., Jarvis, S., Sang, H.* 등. *Mapping the force field of a hydrogen-bonded assembly. Nat Commun 5, 3931 (2014). https://doi.org/10.1038/ncomms4931.*)

Topic 8F 연습 문제

8F.1 규소의 원료를 기술하고, 산업적으로 규소를 생산하는 과정의 세 단계에 대해 균형 화학 반응식을 쓰시오.

8F.2 규소로는 흑연과 같은 구조를 만들 수 없는 이유를 원자 크기로 설명하시오.

8F.3 다음 화합물과 이온에서 저마늄의 산화수를 정하시오.
(a) GeO_4^{4-}, (b) $K_4Ge_4Te_{10}$, (c) Ca_3GeO_5

8F.4 다음 화합물과 이온에서 주석의 산화수를 정하시오.
(a) $Sn(OH)_6^{2-}$, (b) $SnHPO_3$, (c) $NaSn_2F_5$

8F.5 다음 화학 반응식의 균형을 맞추고, 산-염기 반응인지 산화-환원 반응인지 구별하시오.
(a) $MgC_2(s)+H_2O(l) \rightarrow C_2H_2(g)+Mg(OH)_2(s)$
(b) $Pb(NO_3)_2(s) \xrightarrow{\Delta} PbO(s)+NO_2(g)+O_2(g)$

8F.6 다음 화학 반응식의 균형을 맞추고, 산-염기 반응인지 산화-환원 반응인지 구별하시오.
(a) $CH_4(g)+S_8(s) \rightarrow CS_2(l)+H_2S(g)$
(b) $Sn(s)+KOH(aq)+H_2O(l) \rightarrow K_2Sn(OH)_6(aq)+H_2(g)$

8F.7 높은 순도의 규소를 생산하는 $SiO_2(s) + 2\,C(s, 흑연) \rightarrow Si(s) + 2\,CO(g)$ 반응에 대해 25 °C에서 $\Delta H_r°$, $\Delta S_r°$, $\Delta G_r°$ 값을 계산하고, 평형 상수가 1보다 커지는 온도를 구하시오.

8F.8 $2\,CO(g) + O_2(g) \rightarrow 2\,CO_2(g)$ 반응에 대해 25 °C의 $\Delta H_r°$, $\Delta S_r°$, $\Delta G_r°$ 값을 계산하고, 평형 상수가 1보다 커지는 온도를 구하시오.

8F.9 오쏘규산(orthosilicate) 음이온 SiO_4^{4-}의 Lewis 구조를 그리고, 각 원자의 형식 전하와 산화수를 구하시오. VSEPR 모델을 이용해서 이온의 모양을 예측하시오.

8F.10 VSEPR 모델을 이용해서 실리카의 Si—O—Si 결합 각도를 추정하시오.

8F.11 규산염 정사면체가 (a) 한 개의 O 원자를 공유하는 경우와, (b) 두 개의 O 원자를 공유하는 경우 각각에 대해 규산염의 구조를 설명하시오.

8F.12 규산염 정사면체가 (a) 두 개의 O 원자를 공유하는 사슬 모양일 때와, (b) 세 개의 O 원자를 공유하는 판 모양일 때 각각에 대해 규산 포타슘의 실험식은 무엇인가? 두 경우 모두, 공유되지 않는 O 원자에는 음전하가 하나씩 있다.

8F.13 나노 입자 안에 갇힌 전자는 한 변의 길이가 L인 정육면체 상자 안에 있는 질량 m_e인 입자로 생각할 수 있다. 전자의 에너지 준위는 다음과 같다.

$$E=\frac{h^2}{8m_eL^2}(n_x{}^2+n_y{}^2+n_z{}^2)$$

가장 낮은 세 준위의 에너지를 식으로 쓰시오. 이 가운데 겹친(degenerate) 준위는 어느 것인가? 겹친 준위에 대해, 개별 준위의 양자수를 구하시오.

8F.14 버크민스터풀러렌(buckminsterfullerene)은 탄소의 한 형태로서, 60개의 탄소 원자로 이루어진 구형에 가까운 분자이다(Topic 8F). C_{60} 분자의 안쪽은 지름이 약 0.7 nm로서, 다양한 원자와 분자를 담는 용기로 고려할 수 있다. 버크민스터풀러렌으로 수소 분자를 운반한다고 가정해 보자. C_{60} 분자 하나의 내부는 한 변의 길이가 0.7 nm인 빈 정육면체로 생각할 수 있다. 수소 분자를 점 질량으로 간주할 때, C_{60} 분자 안의 수소 분자가 가장 낮은 에너지 준위에서 (a) 두 번째 에너지 준위, (b) 세 번째 에너지 준위로 들뜨는 데 필요한 에너지는 각각 얼마인가? (연습 문제 8F.13 참조)

Topic 8G 15족: 질소족

15족 원소의 원자가 전자 배치는 ns^2np^3이다(**표 8G.1**). 이들 원소의 화학적 성질과 물리적 성질은 제각기 매우 다르다. 질소는 거의 반응성이 없는 기체이지만, 인은 공기 중에서 불이 붙을 만큼 반응성이 높은 무른 비금속이다. 비소와 안티모니는 기술적 응용에 중요한 반도체 물질이며, 비스무트는 금속이다.

표 8G.1 15족 원소

원자가 껍질 전자 배치: ns^2np^3

Z	이름	기호	몰질량/ $(g \cdot mol^{-1})$	녹는점/°C	끓는점/°C	밀도/ $(g \cdot cm^{-3})$	정상 상태*
7	질소	N	14.01	−210	−196	1.04†	무색 기체
15	인	P	30.97	44	280	1.82	흰색 또는 빨간색 비금속
33	비소	As	74.92	613s‡	—	5.78	회색 준금속
51	안티모니	Sb	121.76	631	1750	6.69	청백색 광택의 준금속
83	비스무트	Bi	208.98	271	1650	8.90	엷은 분홍색 금속

* **정상 상태**란 25 °C, 1기압 조건에서 원소의 상태와 형태이다.
† 끓는점에서 액체의 값
‡ 문자 s는 원소가 승화한다는 뜻이다.

8G.1 15족 원소

15족 원소는 주기율표의 아래로 내려갈수록 금속성이 크지만, 금속이라고 할 수 있는 원소는 맨 아래의 비스무트뿐이다(**그림 8G.1**). 15족 원소는 −3에서 +5까지 산화수를 가질 수 있지만, 이 전체 범위를 갖는 원소는 질소와 인뿐이다.

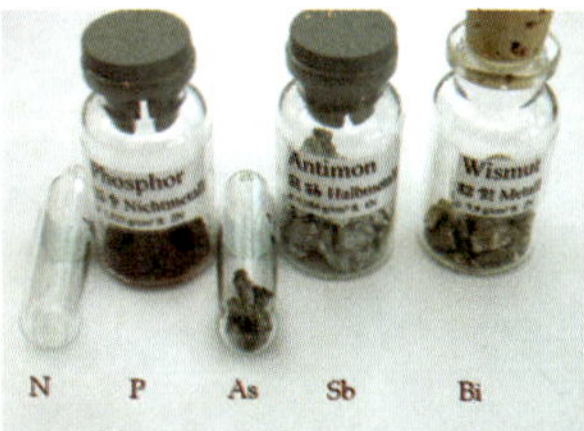

그림 8G.1 15족 원소. (왼쪽에서 오른쪽으로) 질소, 붉은인, 비소, 안티모니, 비스무트.(*Tomihahndorf/CC BY-SA 3.0/Wikimedia Commons*)

(a) 질소 질소(N)는 지각에는 거의 없지만, 지구 대기의 주성분이다(질량 기준 76%). 순수한 질소 기체는 액화 공기를 분별 증류해서 얻는다. Topic 3E에서 설명한 것처럼, 공기를 냉각 장치에 넣고 팽창과 압축을 반복하면 온도가 −196 °C 아래로 내려간다. 액화된 공기 혼합물의 온도를 높이면 질소(b.p. −196 °C)가 끓어오른다. 산업적으로 생산된 질소 기체는 암모니아 합성의 원료로 쓴다. 액체 질소는 냉각제로 사용된다.

식물의 생장에는 질소가 필요하다. 하지만, N≡N 결합이 너무 강하기 때문에(944 $kJ \cdot mol^{-1}$) 질소 기체는 비활성 기체 만큼이나 반응성이 없어서 식물이 바로 이용할 수는 없다. 생물체가 사용하려면 질소를 먼저 '고정(fix)'시켜야 한다. 다른 원소와 결합해서 좀 더 유용한 화합물로 만들어야 한다는 의미이다. 고정된 질소는 의약품, 비료, 폭발물, 플라스틱 등에 사용되는 화합물로 변환된다.

번개는 대기 중의 질소 일부를 산화물로 바꾼다. 이 산화물은 비에 녹아 토양으로 흘러 들어간다. 일부 박테리아도 클로버, 콩, 완두콩, 알팔파 등 콩과 식물 뿌리에 있는 작은 혹에 질소를 고정한다(그림 8G.2). 이러한 박테리아의 기능을 모사해서 상온에서 질소를 고정하는 촉매를 개발하는 연구가 매우 활발하게 이루어지고 있다.

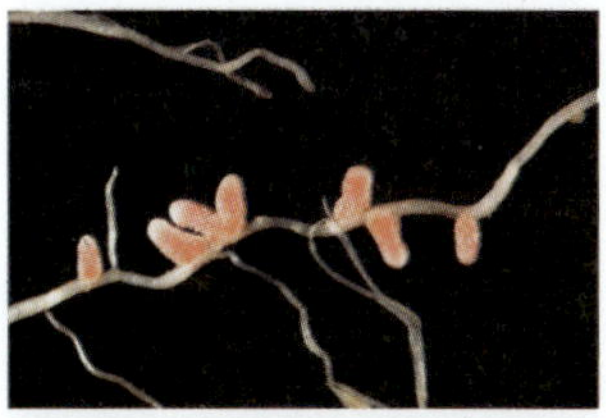

그림 8G.2 콩과 식물의 뿌리혹에 기생하는 박테리아는 대기 중의 질소를 고정해서 식물이 사용할 수 있게 한다.(*Ninjatacoshell/CC BY-SA 3.0/Wikimedia Commons*)

질소는 여러 면에서 동족 원소들과 다르다. 높은 전기 음성도(χ = 3.0, 염소와 거의 같다) 때문에, 15족 원소 가운데 유일하게 수소 결합을 할 수 있는 수소화물을 만든다. 원자 크기가 작기 때문에 p-오비탈을 이용해서 다른 2주기 원소와 다중 결합을 만들 수 있다.

질소의 산화수는 다양하다. −3(예: NH_3)부터 +5(예: HNO_3, NO_3^- 염)까지 모든 정숫값마다 해당하는 산화수의 화합물이 알려져 있다. 아자이드화 이온(azide ion, N_3^-)의 산화수 $-\frac{1}{3}$ 처럼 분수인 경우도 있다.

(b) 인 인은 원자 반지름이 질소의 1.5배 정도로 크기 때문에 두 원자 사이의 3p-오비탈 겹침으로 π-결합을 만들기는 어렵다. 따라서, 질소는 N_2O_3(**1**)와 같은 다중 결합 구조를 만들지만, 인은 P_4O_6(**2**)처럼 단일 결합을 더 많이 만든다. 인은 원자가 크기 때문에 최대 6개의 화학 결합까지 만들 수 있지만(예: PCl_6^-), 질소는 4개만 가능하다(Topic 2C).

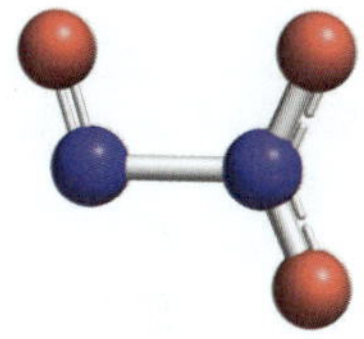

1 삼산화 이질소, N_2O_3

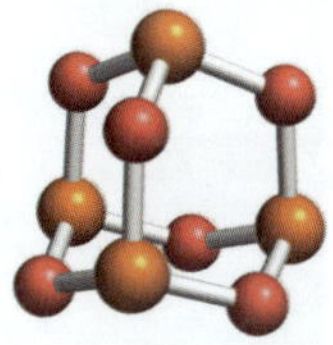

2 산화 인(III), P_4O_6

인은 인산 칼슘 $Ca_3(PO_4)_2$의 광물 형태인 **인회석**(apatites)에서 얻는다. 전기로에서 탄소, 모래와 함께 인회석을 가열하면 다음과 같은 반응이 일어난다.

$$2Ca_3(PO_4)_2(s) + 6SiO_2(s) + 10C(s) \xrightarrow{\Delta} P_4(g) + 6CaSiO_3(l) + 10CO(g)$$

기체 상태의 인을 응축하면 **흰인**(white phosphorus)이 되는데, 정사면체 구조의 P_4(**3**) 분자로 이루어진 흰색의 부드러운 분자성 고체이며 독성이 있다. 작은 결합각(60°)이 구조적인 무리(strain)를 주기 때문에 흰인은 반응성이 매우 높다. 공기와 접촉하면 발화하기 때문에 흰인은 보통 물속에 보관한다. 공기가 없는 조건에서 흰인을 가열하면 **붉은인**(red phosphorus)이 된다. 흰인보다 반응성은 약하지만, 붉은인은 마찰하면 발화할 수 있기 때문에 성냥갑의 마찰면에 사용된다. 이 표면에 성냥을 그으면 인이 점화되어 성냥 머리의 가연성 물질에 불을 붙인다. 붉은인은 P_4 사면체가 사슬 모양으로 연결된 구조이다.

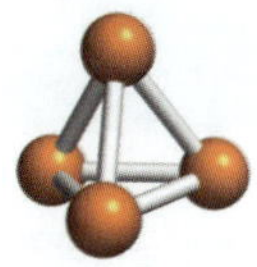

3 흰인, P_4

생각해 보기

마찰은 분자 수준에서 어떻게 설명할 수 있을까?

인이라는 이름은 '빛을 가져오는 자'를 의미한다. 습한 공기 중에서 흰인에서 올라오는 증기가 황록색으로 빛나는 데서 유래했다. 인이 공기 중의 산소와 반응해서 만들어지는 산화물은 전자적으로 들뜬 상태에 있다. 들떠 있던 전자가 바닥 상태로 되돌아갈 때 빛이 나오는데, 이 현상을 **화학발광**(**chemiluminescence**)이라고 한다.

(c) 비소, 안티모니, 비스무트 비소(As)와 안티모니(Sb)는 준금속이다. 이 두 원소는 광석에서 쉽게 얻기 때문에(그림 8G.3), 고대부터 순물질 상태로 알려져 왔다. 원소 상태에서는 주로 반도체 산업이나 축전지의 전극으로 사용되는 납 합금에 주로 사용된다. 비소화 갈륨(GaAs)은 레이저와 고효율 태양전지에 사용된다.

그림 8G.3 15족 원소의 자원이 되는 광물. (왼쪽에서 오른쪽으로) 웅황(雄黃, orpiment, As_2S_3), 휘안광(輝安鑛, stibnite, Sb_2S_3), 계관석(鷄冠石, realgar, As_4S_4).(왼쪽부터 *Rob Lavinsky/iRocks.com–CC–BY–SA–3.0, Ivar Leidus/CC BY-SA 4.0/Wikimedia Commons, Rob Lavinsky/iRocks.com–CC–BY–SA–3.0*)

금속 비스무트(Bi)는 큰 원자 사이의 약한 결합 때문에 녹는점이 낮아서 스프링클러 시스템에서 화재를 감지하는 합금에 사용된다. 근처에서 화재가 발생하면 합금이 녹아 스프링클러 시스템이 작동한다. 비스무트는 얼음처럼 고체가 액체보다 밀도가 낮다. 용융된 비스무트는 주형에서 굳을 때 수축하지 않기 때문에 저온 주조에 사용된다. 비스무트를 천천히 냉각시키면 크고 다채로운 결정체가 생긴다(그림 8G.4).

그림 8G.4 순수한 비스무트 금속을 천천히 냉각하면 결정이 된다. 밝은 색상은 결정 표면에 형성된 얇은 산화물 층 때문이다.(*Philippe Giabbanelli/CC BY-SA 3.0/Wikimedia Commons*)

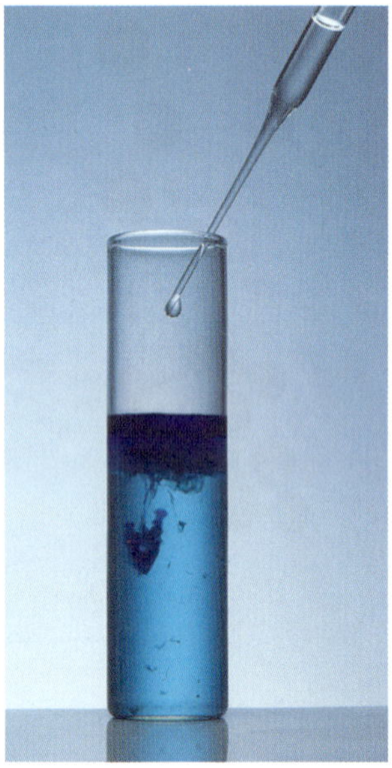

그림 8G.5 암모니아 수용액을 황산구리(II) 용액에 첨가하면 연한 청색 $Cu(OH)_2$ 침전이 먼저 생긴다(위쪽의 흐릿한 부분. 역광으로 어둡게 보인다). 암모니아를 더 넣으면 Lewis 산-염기 반응으로 짙은 청색 $Cu(NH_3)_4^{2+}$ 착물이 생성되면서 침전물이 사라진다.(*Copyright Macmillan Learning, photo by Ken Karp.*)

원소 상태의 질소는 강한 삼중 결합 때문에 반응성이 아주 낮다. 흰인은 반응성이 아주 높다. 비금속인 질소와 인의 성질이 다른 이유는 인의 원자 반지름이 크고 전기 음성도가 낮기 때문이다. 같은 족에서 주기율표 아래로 내려갈수록 금속성이 증가한다.

8G.2 수소 및 할로젠과 만드는 화합물

15족 원소가 수소나 할로젠과 만드는 화합물은 광범위한 용도가 있다. 예를 들어, 암모니아는 농업에 필수적이다. 질소 화합물과 인 화합물의 차이점은 화합물 형성에서 원자 반지름의 중요성을 보여준다.

(a) 질소 암모니아(NH_3)는 15족 원소의 수소 화합물 가운데 가장 중요하다. 2019년 기준 전 세계적으로 2억3천5백만 톤 이상의 암모니아가 Haber 공정으로 생산되었다(Topic 5I). 대기 중에 있는 소량의 암모니아는 박테리아가 공기중에서 유기물을 분해하는 과정에서 만들어진다. 호수, 강 바닥, 습지, 가축 사육장 등에서 주로 일어나는 현상이다.

암모니아는 자극성이 있는 유독 기체로서 −33 °C에서 무색 액체로 응축된다. 액체 암모니아는 물과 비슷한 물성이 있으며, 다양한 물질을 녹일 수 있는 용매이다. NH_3 분자의 쌍극자 모멘트 1.47 D은 H_2O의 1.85 D보다 작기 때문에 이온성이 강한 염(예: KCl)은 액체 암모니아에 녹지 않는다. 반면에 편극성이 큰 음이온의 염은 더 잘 녹는 경향이 있다. 예를 들어, 아이오딘화 염은 염화 염보다 암모니아에 더 잘 녹는다. 액체 암모니아의 자체 양성자 이전(autoprotolysis) 반응은 물에 비해 훨씬 덜 일어난다.

$$2NH_3(am) \rightleftharpoons NH_4^+(am) + NH_2^-(am) \quad K_{am} = [NH_4^+][NH_2^-] = 1\times10^{-33} \ (-35\ ^\circ\text{C에서})$$

물에서는 양성자를 완전히 뺏는 사이클로펜타디엔 음이온(cyclopentadienide anion, $C_5H_5^-$)과 같은 강한 염기도 암모니아에서는 아주 약한 염기로 작용한다.

NH_3 분자가 H_2O 분자와 수소 결합을 할 수 있기 때문에 암모니아는 물에 잘 녹는다. 수용액에서 암모니아는 약한 Brønsted 염기이지만, Lewis 염기성은 어느 정도 강하다. 특히 d-구역 금속의 경우를 보면 잘 알 수 있는데, 예를 들어, 암모니아는 $Cu^{2+}(aq)$ 이온과 반응해서 짙은 파란색 착물을 만든다(그림 8G.5).

$$Cu^{2+}(aq) + 4NH_3(aq) \rightarrow Cu(NH_3)_4^{2+}(aq)$$

암모늄 염은 가열하면 분해된다.

$$(NH_4)_2CO_3(s) \xrightarrow{\Delta} 2NH_3(g) + CO_2(g) + H_2O(g)$$

탄산 암모늄은 분해될 때 자극적인 냄새가 나기 때문에, 기절한 사람을 소생시키는 자극제인 '냄새나는 염(smelling salt)'으로 한때 사용되었다.

> **보충 설명**
> 고대 이집트의 암몬(Ammon)신을 경배하던 암모니아인(Ammonian)들은 염화 암모늄을 가열할 때 나오는 자극적인 냄새를 알고 있었다.

암모늄 염의 양이온(NH_4^+)은 산화력이 있는 음이온(예: 질산 이온, NO_3^-)에 의해 산화될 수 있다. 반응 온도에 따라 생성물은 다르다.

$$NH_4NO_3(s) \xrightarrow{250\ ^\circ\text{C}} N_2O(g) + 2H_2O(g)$$
$$2NH_4NO_3(s) \xrightarrow{>300\ ^\circ\text{C}} 2N_2(g) + O_2(g) + 4H_2O(g)$$

이 두 번째 반응은 폭발적으로 일어나기 때문에, 질산 암모늄을 가열하면 매우 위험하다. 질산 암모늄이 고성능 폭발물에 사용되는 이유이기도 하다. 질산 암모늄은 질소 함량이 높고(질량비로 33.5%) 물에 잘 녹기 때문에 비료로 주로 쓰인다.

하이드라진(hydrazine) NH_2NH_2는 유성의 무색 액체이다. 암모니아를 알칼리성 하이포염소산 이온 용액으로 천천히 산화시켜 만든다.

$$2NH_3(aq) + ClO^-(aq) \xrightarrow{\text{알칼리성 수용액}} N_2H_4(aq) + Cl^-(aq) + H_2O(l)$$

하이드라진의 물리적 성질은 물과 매우 비슷하다. 예를 들어, 녹는점은 1.5 °C이고 끓는점은 113 °C이다. 반면에, 하이드라진의 화학적 성질은 물과 아주 다르다. 위험할 정도로 폭발성이 있기 때문에 보통 수용액 상태로 보관하고 사용한다.

반응성이 높은 할로젠화 질소 화합물에서 질소의 산화수는 +3이다. 트라이플루오린화 질소 NF_3는 가장 안정한 할로젠화 질소 화합물로, 물과 반응하지 않는다. 반면에 NCl_3는 물과 반응해서 암모니아와 하이포염소산을 만든다. 트라이아이오딘화 질소 NI_3는 오직 '암모니아화물(ammoniate, 물과 결합한 상태를 수화물이라고 부르는 것처럼, 암모니아와 결합한 상태를 암모니아화물이라고 부른다)' $NI_3 \cdot NH_3$ 형태로만 알려져 있다. 매우 불안정하기 때문에 살짝 닿기만 해도 격렬하게 분해되는데, 깃털로 살짝 건드리기만 해도 폭발한다.

질소화물(nitride)은 질소화 이온 N^{3-}가 있는 고체 물질인데, 리튬이나 마그네슘과 같이 양이온의 크기가 작을 때만 안정하다. 질소화 붕소 BN은 Topic 8F에서 다루었듯이 중요한 세라믹 소재이다. 질소화 마그네슘 Mg_3N_2는 마그네슘이 공기 중에서 연소될 때 산화물과 함께 생긴다(**그림 8G.6**).

$$3Mg(s) + N_2(g) \xrightarrow{\Delta} Mg_3N_2(s)$$

그림 8G.6 마그네슘을 질소 환경에서 연소해서 얻은 질소화 마그네슘 시료. 마그네슘이 공기 중에서 연소하면 질소화물과 산화물이 같이 얻어진다. *(2x910/CC BY-SA 4.0/Wikimedia Commons)*

다른 질소화물처럼 질소화 마그네슘도 물과 반응해서 암모니아와 수산화물을 만든다.

$$Mg_3N_2(s) + 6H_2O(l) \rightarrow 3Mg(OH)_2(s) + 2NH_3(g)$$

이 반응에서 질소화 이온은 강한 염기로 작용해서 물에서 수소 이온을 받아 암모니아가 된다.

아자이드화 이온(azide) N_3^-는 질소의 다원자 음이온으로서 반응성이 크다. 가장 흔한 소듐염 NaN_3는 산화 이질소와 용융 상태의 아마이드화 소듐(sodium amide)의 반응으로 만든다.

$$N_2O(g) + 2NaNH_2(l) \xrightarrow{175\,°C} NaN_3(s) + NaOH(l) + NH_3(g)$$

대부분의 아자이드화 염처럼, 아자이드화 소듐 또한 충격에 민감하다. 자동차 에어백에 사용되며, 폭발하면 원소 상태의 소듐과 질소로 분해된다.

$$2NaN_3(s) \rightarrow 2Na(s) + 3N_2(g)$$

아자이드화 이온은 약한 염기로서, 양성자를 얻으면 짝산인 하이드라조산(hydrazoic acid, HN_3)이 된다. 하이드라조산은 아세트산과 비슷한 세기의 약산이다.

(b) 인 다른 15족 원소의 수소 화합물은 암모니아보다 안정성이 훨씬 떨어지는데, 주기율표의 아래로 내려갈수록 이러한 경향이 더욱 커진다. 포스핀(phosphine, PH_3)은 마늘 냄새가 약간 나는 독성 기체로서 소량의 불순물이라도 있으면 공기 중에서 발화한다. PH_3는 물에 수소 결합을 할 수 없기 때문에 물에 대한 용해도가 암모니아보다 훨씬 낮다. 포스핀의 수용액은 중성이다. 인의 전기 음성도가 아주 낮기 때문에 PH_3의 비공유 전자쌍은 인과 수소를 포함한 분자 전체에 퍼져 있다. 그 결과, 분자가 양성자를 받아들이는 경향($pK_b = 27.4$)이 매우 낮다. P^{3-}가 강한 Brønsted 염기이기 때문에 짝산인 PH_3는 산성이 아주 낮다. 따라서, Brønsted 산을 이용해서 인화 이온(phosphide)에 양성자를 더하면 포스핀이 된다. 심지어 물까지도 P^{3-}에 양성자를 내줄 수 있다.

$$2P^{3-}(s) + 6H_2O(l) \rightarrow 2PH_3(g) + 6OH^-(aq)$$

삼염화 인 PCl_3와 오염화 인 PCl_5는 인의 할로젠화물 가운데 가장 중요하다. PCl_3는 인을 직접 염화(chlorination)해서 얻는 액체로서 살충제, 오일 첨가제, 난연제 등의 생산에 필요한 주요 중간체이다. PCl_5는 PCl_3를 염소와 더 반응시켜서 만든다(그림 2C.1 참조).

비금속 할로젠화물은 물과 반응해서 산소산(oxoacid)을 만드는데, 전형적인 이 반응에서 산화수의 변화는 없다.

$$PCl_3(l) + 3H_2O(l) \rightarrow H_3PO_3(s) + 3HCl(g)$$

위 반응은 **가수분해 반응(hydrolysis reaction)**으로서, 어떤 원소의 화합물이 물과 반응해서 원소–산소 결합이 새로 만들어진다. 또 다른 예로, PCl_5는 물과 격렬하고 위험하게 반응해서 인산 H_3PO_4를 만든다. 이 반응 전후에 P의 산화수는 +5로 변화가 없다.

$$PCl_5(s) + 4H_2O(l) \rightarrow H_3PO_4(l) + 5HCl(g)$$

흥미롭게도, PCl_5는 정사면체 구조의 PCl_4^+ 양이온과 정팔면체 구조의 PCl_6^- 음이온으로 이루어진 이온성 고체이다. 기화되면 삼각 쌍뿔 구조의 PCl_5 분자를 만든다(Topic 2C).

자습 8G.1A 트라이할로젠화 질소는 할로젠의 몰질량이 커질수록 안정성이 낮아진다. 그 이유를 설명하시오.

[**답**: 할로젠의 몰질량이 증가하고 원자 반지름이 커지면, 중심에 있는 작은 N 원자 주변에 배열하기 어렵기 때문이다.]

자습 8G.1B (a) 아자이드화 이온의 Lewis 구조를 그리고 개별 원자에 형식 전하를 표시하시오. (b) 여러 개의 Lewis 구조가 가능할 것이다. 이 가운데 어느 구조가 공명(resonance)에 가장 많이 기여하는가? (c) 아자이드화 이온의 모양과 극성을 예측하시오.

질소가 수소와 만드는 중요한 화합물로 암모니아, 하이드라진, 하이드라조산 등이 있다. 하이드라조산은 충격에 민감한 아자이드화물의 모체이다. 포스핀의 수용액은 중성이다. 할로젠화 인이 가수 분해되면 산소산이 되는데, 여기서 산화수의 변화는 없다.

8G.3 질소의 산화물과 산소산

질소는 산화수가 +1에서 +5에 이르는 여러 산화물을 만든다. 모든 질소 산화물은 산성 산화물이며, 일부는 질소 산소산의 산무수물이다(**표 8G.2**). 대기 화학에서 질소 산화물은 대기를

표 8G.2 질소의 산화물과 산소산

산화수	산화물 화학식	산화물 이름	산소산 화학식	산소산 이름
5	N_2O_5	오산화 이질소	HNO_3	질산
4	NO_2*	이산화 질소	—	
	N_2O_4	사산화 이질소	—	
3	N_2O_3	삼산화 이질소	HNO_2	아질산
2	NO	일산화 질소, 산화 질소	—	
1	N_2O	일산화 이질소, 아산화 질소	$H_2N_2O_2$	하이포질산

* $2NO_2 \rightleftharpoons N_2O_4$

유지하는 동시에 오염시키는 양면성이 있다. 이러한 질소 산화물을 통틀어 NO_x라고 쓰고, '녹스(nox)'라고 읽는다.

산화 이질소(dinitrogen oxide) N_2O(산화수 +1)는 아산화 질소(nitrous oxide)라고도 부른다. 질산 암모늄을 천천히 가열하면 산화 이질소가 생성된다.

$$NH_4NO_3(s) \xrightarrow{250\ °C} N_2O(g) + 2H_2O(g)$$

산화 이질소는 무미하고 반응성이 없으며, 소량으로는 독성이 없고 지방에 잘 녹는다. 휘핑크림에 거품을 만드는 기포제로서 밀폐용기의 압축가스로 사용한다.

일산화 질소(nitrogen monoxide) NO(산화수 +2)는 산화 질소(nitrogen oxide, nitric oxide)라고도 부른다. 무색 기체로서, 산업적으로는 촉매 조건에서 암모니아를 산화시켜 생산한다.

$$4NH_3(g) + 5O_2(g) \xrightarrow{1000\ °C,\ Pt} 4NO(g) + 6H_2O(g)$$

실험실 규모에서는, I^-와 같은 약한 환원제로 아질산(nitrite) 이온을 환원시켜 일산화 질소를 만들 수 있다.

$$2NO_2^-(aq) + 2I^-(aq) + 4H^+(aq) \rightarrow 2NO(g) + I_2(aq) + 2H_2O(l)$$

생각해 보기

NO를 만들 때 강한 환원제를 사용하면 안되는 이유는 무엇인가?

일산화 질소는 공기에 노출되면 이산화 질소로 빠르게 산화한다. 이 반응은 산성비의 원인이 된다(화학 이야기 6E.1).

$$2NO(g) + O_2(g) \rightarrow 2NO_2(g)$$

일산화 질소는 삶에 해로운 역할과 유익한 역할을 동시에 한다. 공기 중의 질소가 비행기나 자동차의 뜨거운 엔진에서 NO로 전환되면, 산성비 문제, 스모그 형성, 오존층 파괴 등의 원인이 된다(화학 이야기 7E.1). 하지만, 체내에 존재하는 소량의 NO는 신경 전달 물질로서, 혈관 확장 및 면역 반응과 같은 생리학적 과정에 관여한다. NO는 정교한 신경 전달 물질로서, 크기가 작아서 이동이 빠르지만 라디칼이기 때문에 소멸도 빠르다(화학 이야기 2C.1).

이산화 질소(nitrogen dioxide) NO_2(산화수 +4)는 스모그의 색과 냄새의 원인이 되는 질식성, 유독성, 갈색 기체이다. 홀수 개의 전자가 있기 때문에 기체 상에서는 무색의 이합체(dimer)인 N_2O_4와 평형 상태로 존재한다. 고체 상태에서는 이합체만 있기 때문에, 갈색 기체가 무색 고체로 응축된다. 물에 녹은 NO_2는 불균등화 반응(disproportionation)으로 질산(산화수 +5)과 일산화 질소(산화수 +2)가 된다.

$$3NO_2(g) + H_2O(l) \rightarrow 2HNO_3(aq) + NO(g)$$

대기 중의 이산화 질소도 이와 같은 반응을 통해 산성비의 원인이 되며, 스모그를 만드는 복잡한 광화학 반응 경로의 출발점이 된다.

삼산화 이질소(dinitrogen trioxide) N_2O_3(산화수 +3)는 푸른색 기체이다(**그림 8G.7**, 화학 구조 **1** 참조). 아질산 HNO_2의 무수물로서 물에 녹으면 아질산을 만든다.

$$N_2O_3(g) + H_2O(l) \rightarrow 2HNO_2(aq)$$

아질산은 아질산 염의 모체이지만, 순수한 형태로 분리된 적은 없고 수용액 상태로 널리 사용된다. 질산 염을 고온에서 금속으로 환원시켜 아질산 염을 얻는다.

그림 8G.7 삼산화 이질소 N_2O_3를 응축하면 진한 푸른색의 액체가 되며, −100 °C에서 옅은 푸른색의 고체로 얼어붙는다. 방치해 두면, 일부가 황갈색 기체인 NO_2로 분해되기 때문에 초록색을 띤다(확대 이미지).(*Leroy Laverman.*)

$$KNO_3(s) + Pb(s) \xrightarrow{350\ °C} KNO_2(s) + PbO(s)$$

아질산염은 대부분 물에 잘 녹고 약한 독성이 있다. 유독성에도 불구하고 박테리아의 성장을 막기 때문에 육류 제품의 숙성에 사용된다. 숙성 과정에서 아질산염이 산과 반응해서 생성된 NO는 육류에 포함된 마이오글로빈(myoglobin)과 반응해서 분홍빛의 나이트로실(nitrosyl) 착물을 만든다. NO와 결합한 마이오글로빈은 산소와 더이상 반응할 수 없기 때문에 육류의 색깔을 갈색으로 만드는 혈액의 산화가 억제된다. 햄, 소세지, 기타 가공육의 핑크빛은 NO–마이오글로빈 착물의 색깔이다.

질산 HNO_3(산화수 +5)은 비료와 폭발물 생산에 광범위하게 사용된다. 세 단계를 거치는 Ostwald 공정으로 생산된다.

1단계 암모니아의 산화

$$4\overset{-3}{N}H_3(g) + 5O_2(g) \xrightarrow{350\ °C,\ 5기압,\ Pt/Rh} 4\overset{+2}{N}O(g) + 6H_2O(g)$$

2단계 일산화 질소의 산화

$$2\overset{+2}{N}O(g) + O_2(g) \rightarrow 2\overset{+4}{N}O_2(g)$$

3단계 물에서의 불균등화 반응

$$3\overset{+4}{N}O_2(g) + H_2O(l) \rightarrow 2H\overset{+5}{N}O_3(aq) + \overset{+2}{N}O(g)$$

질산은 83 °C에서 끓는 무색 액체로서 수용액 형태로 보통 사용한다. 진한 질산은 일부가 NO_2로 분해되어 옅은 노란색을 띤다. HNO_3의 질소는 최대 산화수인 +5 상태이기 때문에 질산은 산인 동시에 산화제이다.

질소는 +1에서 +5에 이르는 모든 정숫값에 해당하는 산화수에서 산화물을 만든다. 이들 산화물과 산소산의 성질은 화합물을 이루는 질소의 산화수와 관련되어 있다.

8G.4 인의 산화물과 산소산

인의 산소산과 산소산 음이온은 가장 많이 생산되는 화학 물질이다. 미국에서 생산되는 황산의 2/3가 인산 비료 생산에 소비된다.

인 산화물의 화학 구조는 정사면체 PO_4 단위체의 구조에 기반하는데, 주기율표에서 옆에 있는 규소의 산화물 단위체와 비슷하다. 공기의 유입이 제한된 조건에서 흰인이 연소하면 산화 인(III) P_4O_6(**2**)가 된다.

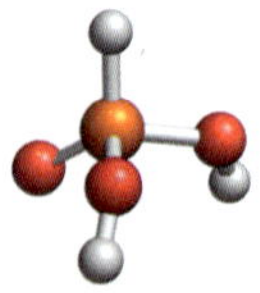

4 아인산, H_3PO_3

$$P_4(s, 흰인) + 3O_2(g) \rightarrow P_4O_6(s)$$

이 분자는 P_4(**3**)처럼 정사면체 구조이지만 인접한 P 원자 사이에 O 원자가 있다. 산화 인(III)은 아인산(phosphorous acid) H_3PO_3(**4**)의 무수물로서, 찬물에 넣으면 산이 된다.

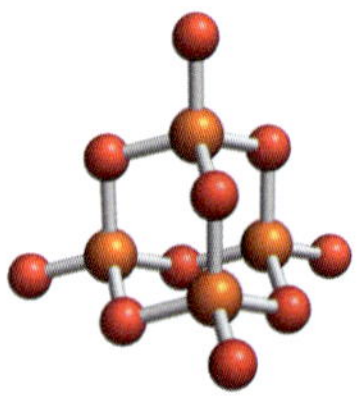

5 산화 인(V), P_4O_{10}

$$P_4O_6(s) + 6H_2O(l) \rightarrow 4H_3PO_3(aq)$$

H_3PO_3의 화학식을 보면 삼양성자 산(triprotic acid)이 되어야 할 것 같지만, 실제로는 이양성자 산(diprotic acid)이다. 세 개의 수소 가운데 하나는 P원자에 직접 결합되어 있고, P–H 결합은 비극성이기 때문이다(Topic 6C).

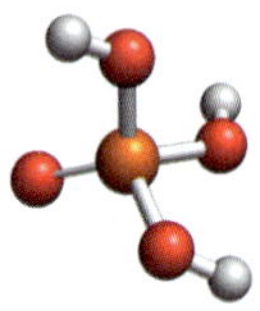

6 인산, H_3PO_4

공기가 충분히 공급되는 조건에서 인이 연소하면 산화 인(V) P_4O_{10}(**5**)이 된다. 이 백색 고체는 물과 격렬하게 반응하기 때문에, 실험실에서는 건조제로 널리 쓰인다. 산화 인(V)은 인산 H_3PO_4(**6**)의 무수물이다.

$$P_4O_{10}(s)+6H_2O(l) \rightarrow 4H_3PO_4(aq)$$

인산은 비료, 가공 식품의 산도를 높이는 첨가제, 세제 등에 사용된다. 많은 청량음료의 새콤한 맛은 낮은 농도로 들어있는 인산 때문이다. 순수한 인산 H_3PO_4는 녹는점이 42 °C인 무색 고체이지만, 실험실에 보관하면 물을 흡수해서 끈적한 액체가 된다. 보통은 85% H_3PO_4 형태로 판매하는데, 수소 결합을 잘하기 때문에 점도가 높다. 인의 산화수가 +5로 높기는 하지만, 인산은 350 °C 이상의 고온에서야 어느 정도 산화력을 보인다. 질산이나 황산이 산화력이 너무 높을 경우에 인산을 대신 쓴다.

인산은 상업적으로 매우 중요한 인산염의 모체이다. 인산염 광석은 미국 Florida와 모로코에서 대량으로 채굴된다. 광석을 분쇄한 후에 황산으로 처리해서 황산염과 인산염의 혼합물인 **과인산염**(superphosphate)을 얻는데, 비료로 많이 쓴다.

$$Ca_3(PO_4)_2(s)+2H_2SO_4(l) \rightarrow 2CaSO_4(s)+Ca(H_2PO_4)_2(s)$$

인산을 가열하면 **축합 반응**(**condensation reaction**)이 일어난다. 축합 반응은 두 분자가 결합하면서 작은 분자(주로 물) 하나가 떨어져 나가는 반응이다.

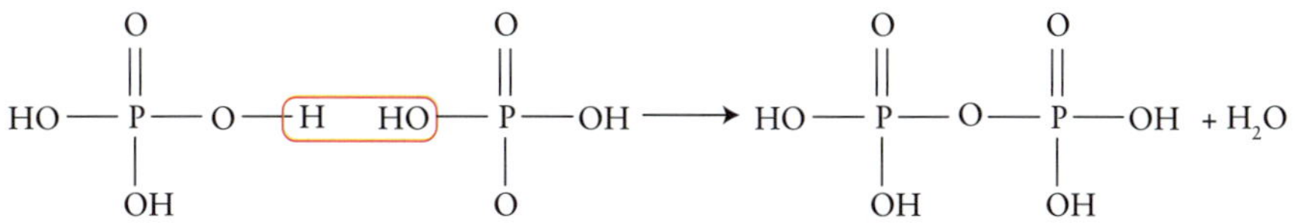

이 반응의 생성물인 $H_4P_2O_7$는 파이로인산(pyrophosphoric acid)인데, 더 가열하면 PO_4기가 사슬과 고리를 만드는 더 복잡한 물질로 변한다. 이러한 물질들을 다중 인산(polyphosphoric acid)이라고 부르는데, 단순한 학문적 관심의 대상에 그치지 않는다. 이 물질 덕분에 우리의 행동과 사고가 가능하다. 가장 중요한 다중 인산염은 아데노신 삼인산(adenosine triphosphate) ATP(**7**)인데, 살아있는 모든 세포에서 발견된다. 이 분자의 삼인산 부분은 세 개의 인산기가 사슬로 연결된 구조인데, 체내에서 다음 반응을 통해 아데노신 이인산(adenosine diphosphate) ADP로 전환된다(여기서 물결선은 분자의 생략된 나머지 부분을 나타낸다).

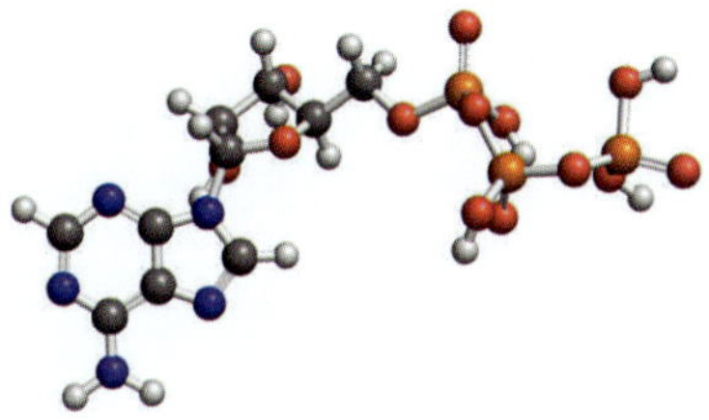

7 아데노신 삼인산, ATP

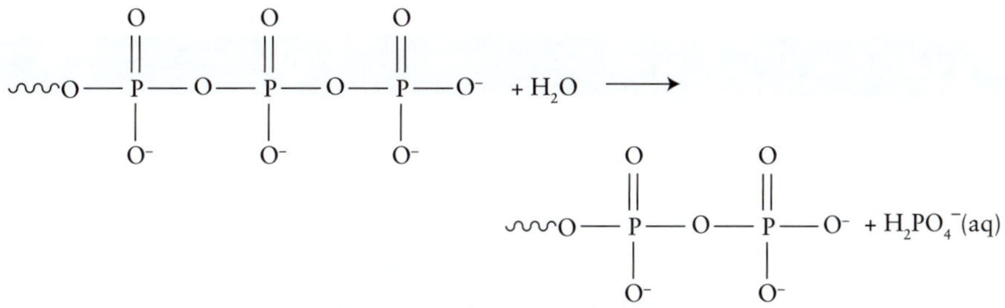

물의 O—H 결합과 ATP의 비교적 약한 O—P 결합을 해리하는 데 약간의 에너지가 필요하지만, 생성물에서 새로운 O—H 결합과 O—P 결합이 형성되면서 더 많은 에너지가 방출된다 (pH = 7에서 $\Delta G° = -30$ kJ). 세포 내 과정의 에너지원으로 쓰이기 때문에 ATP는 생화학의 '에너지 화폐(energy currency)'라고 종종 부른다.

자습 8G.2A 질소의 산화수가 +1에서 +5로 증가할 때 질소 산소산의 (a) 산의 세기와 (b) 산화제로서의 세기는 어떻게 달라지는가?

[**답**: (a) 증가, (b) 증가]

자습 8G.2B 밀도가 1.7 g/mL인 85%(질량비) H_3PO_4 수용액에서 인산의 몰농도는 얼마인가?

인의 산화물 구조는 정사면체 PO_4 단위체에 기반한다. P_4O_6는 아인산의 무수물이며, P_4O_{10}은 인산의 무수물이다. 다중인산염은 단위체가 연결된 구조인데, ATP의 경우 세포에서 에너지의 저장과 전달에 쓰인다.

8G.5 응용: 발광 물질

발광(luminescence)은 빛이 나오는 현상이다. 고온의 물체에서 나오는 백열(incandescence)은 여기에 포함하지 않는다. 발광에는 형광과 인광의 두 가지 유형이 있다. 자외선을 쬐어준 물질이 가시광선을 내듯이, 높은 진동수의 빛에 의해 들뜬 상태가 된 분자가 빛을 내는 현상이다. **형광(fluorescence)**은 빛을 그만 쪼였을 때 수 나노초 동안만 지속된다. **인광(phosphorescence)**은 수 초 또는 더 오래 지속된다. 야광 스티커는 인광의 원리를 이용한다. 형광과 인광의 메커니즘은 다음과 같이 근본적으로 다르다. 형광의 경우 들뜬 전자의 상대적 스핀 방향이 유지되지만, 인광에서는 들뜬 상태의 전자가 스핀 상태를 바꾼다. 스핀이 다시 역전하는 데는 시간이 걸린다. 또 다른 유형의 발광으로 화학발광(chemiluminescence)이 있다. 화학 반응의 생성물이 에너지가 들뜬 상태로 만들어질 경우 빛을 방출한다. 인을 공기 중에 노출하면 산소와 천천히 반응하면서 화학발광으로 빛을 낸다. 반딧불이와 같은 곤충은 유기 분자의 화학발광 반응을 이용해서 어둠 속에서도 빛을 낸다.

형광 소재는 전자 산업에서 매우 중요하다. 노트북 컴퓨터와 텔레비전의 LCD 화면에는 연필 크기 정도로 폭이 좁은 형광 튜브로 백라이트를 제공한다. 튜브에서 만들어진 자외선이 튜브 내벽을 코팅한 형광 물질(예: 망가니즈를 도핑한 질소화 알루미늄)을 들뜬 상태로 만들어 화면을 밝힌다. 형광 물질은 방사선에 의해서도 활성화될 수 있어서 방사선량을 측정하는 섬광 계측기(scintillation counter)에도 사용된다(화학 이야기 9B.2 참조).

발광 물질이 들뜬 상태에서 낮은 에너지 상태로 돌아갈 때 에너지가 빛으로 방출된다.

Topic 8G 연습 문제

8G.1 질소는 화합물에서 −3에서 +5까지의 산화수를 갖는다. 가능한 각 정숫값 산화수마다 질소 화합물이나 이온을 하나씩 예로 들어 보시오.

8G.2 다음 각 화합물에서 인의 산화수를 구하시오.
(a) 흰인 (b) 붉은인 (c) Ca_5P_8 (d) PH_4I (e) 인산이수소 이온 $H_2PO_4^-$ (f) P_5H_5 (g) P_2O_5

8G.3 요소 $CO(NH_2)_2$는 물과 반응해서 탄산 암모늄을 만든다. 화학 반응식을 쓰고, 4.0 kg의 요소에서 얻을 수 있는 탄산 암모늄의 질량을 계산하시오.

8G.4 (a) 아질산은 산성 용액에서 하이드라진과 반응해서 하이드라조산 HN_3를 만든다. 화학 반응식을 쓰고, 15.0 g의 하이드라진에서 얻을 수 있는 하이드라조산의 질량을 계산하시오. (b) 아자이드화 소듐 NaN_3를 만드는 방법을 제안하시오. (c) 하이드라조산의 생성은 하이드라진의 산화인가, 환원인가?

8G.5 아자이드화 납 $Pb(N_3)_2$는 기폭제로 사용된다. (a) 아자이드화 납 1.5 g이 납 금속과 질소 기체로 분해될 때 생성되는 질소의 부피는 STP(1기압, 0 °C)에서 얼마인가? (b) 아자이드화 수은 $Hg(N_3)_2$도 기폭제로 사용되어, 수은 금속과 질소 기체로 분해된다. 아자이드화 수은 1.5 g이 분해될 때 생성되는 질소의 부피는 (a)의 경우보다 더 클까 아니면 작을까? (c) 일반적으로 아자이드화 금속은 강력한 폭발물이다. 그 이유는 무엇인가?

8G.6 아자이드화 소듐은 자동차의 에어백을 부풀게 하는 데 사용된다. 1.2기압, 25 °C 조건에서 65.0 L의 $N_2(g)$를 얻기 위해 필요한 아자이드화 소듐 고체의 질량은 얼마인가?

8G.7 질소의 산 무수물로 N_2O, N_2O_3, N_2O_5 등이 흔하다. 이들 각각에 상응하는 산의 화학식을 쓰고, 무수물이 물과 반응해서 산을 만드는(가상의 반응인 경우도 하나 있다) 화학 반응식을 쓰시오.

8G.8 인의 산무수물로 P_4O_6와 P_4O_{10}이 흔하다. 이들 각각에 상응하는 산의 화학식을 쓰고, 무수물이 물과 반응해서 산을 만드는 화학 반응식을 쓰시오.

8G.9 NH_3의 정상 끓는점은 −33 °C인데, 이보다 몰질량이 큰 NF_3는 −129 °C이다. 이 차이를 설명하시오.

8G.10 물속에서 NH_3는 약한 Brønsted 염기인데, NF_3는 그렇지 않은 이유를 설명하시오.

8G.11 형광과 인광의 차이를 (a) 관찰되는 현상과 (b) 메커니즘 면에서 구별하시오.

8G.12 형광에서 방출된 복사선의 파장과 들뜨는 데 필요한 복사선의 파장을 비교하시오.

Topic 8H 16족: 산소족

8H.1 16속 원소
8H.2 수소와 만드는 화합물
8H.3 황의 산화물과 산소산
8H.4 응용: 세라믹과 유리

주기율표의 오른쪽으로 갈수록 원소의 비금속성이 강해진다. 16족에 이르면, 족의 맨 아래에 위치한 폴로늄까지도 준금속으로 간주된다(**표 8H.1**). 16족 원소의 원자가 껍질 전자 배치는 ns^2np^4로서, 전자 두 개만 더 있으면 닫힌 껍질, 즉 비활성 기체와 같아진다. 유효 핵전하 또한 높다. 그 결과, 16족 원소가 다른 비금속과 화합물을 만들 때는 공유 결합을 통해 전자를 나눠 갖는다. 16족 원소의 전기 음성도는 주기율표에서 아래로 내려가면서 감소하며(**그림 8H.1**), 이에 따라 화합물의 특성도 변한다.

표 8H.1 16족 원소

일반명: 칼코젠(chalcogen)
원자가 껍질 전자 배치: ns^2np^4

Z	이름	기호	몰질량/ (g·mol^{-1})	녹는점/°C	끓는점/°C	밀도/ (g·cm^{-3})	정상 상태*
8	산소	O	16.00	−218	−183	1.14†	무색 상자기성(paramagnetic) 기체 (O_2)
				−192	−112	1.35†	파란색 기체 (오존, O_3)
16	황	S	32.06	115	445	2.09	노란색 비금속 고체 (S_8)
34	셀레늄	Se	78.96	220	685	4.79	회색 비금속 고체
52	텔루륨	Te	127.60	450	990	6.25	은백색 준금속
84	폴로늄‡	Po	(209)	254	960	9.40	회색 준금속

* **정상 상태**는 25 °C, 1기압 조건에서 원소의 상태와 형태이다.
† 끓는점에서 액체의 값
‡ 방사성 원소

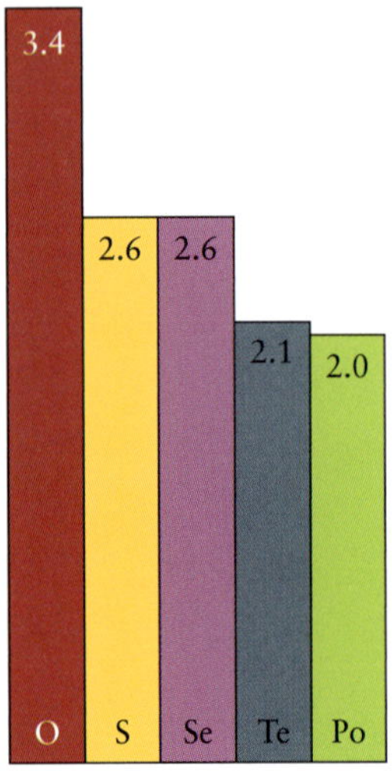

그림 8H.1 16족 원소의 전기 음성도는 주기율표의 아래로 내려가면서 작아진다.

8H.1 16족 원소

16족 원소를 총칭해서 **칼코젠(chalgogen)**이라고 한다. 그리스어 '구리'와 '원천'의 복합어이지만, 보다 넓게 해석하면 '광석 제공자'라는 뜻이다. 이들 원소는 보통 금속과 결합한 형태로 광석에서 발견된다. 원자 반지름과 이온 반지름은 족의 아래로 내려가면서 커지는데, 그 결과 이들 원소가 만드는 화학 결합에 차이가 생긴다(**그림 8H.2**).

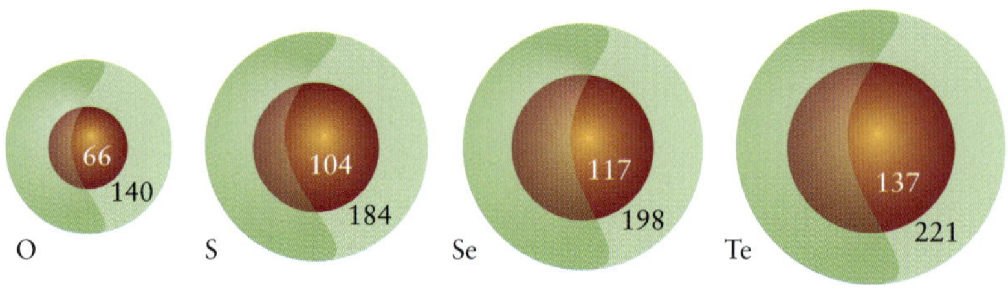

그림 8H.2 16족 원소의 원자 반지름과 이온 반지름은 족의 아래로 내려갈수록 커진다. 표시된 값의 단위는 pm이며, 각 원소의 음이온(초록색으로 표시)은 중성 원자(갈색)보다 훨씬 크다.

(a) 산소 산소는 지각에서 가장 풍부한 원소이다. 원소 상태의 기체는 질량비로 대기의 23%를 차지한다. 산소는 대기의 또 다른 주성분인 질소보다 반응성이 훨씬 크다. 산소 조건에서 모든 생명체의 연소는 열역학적으로는 자발적이지만, 연소에 필요한 활성화 에너지가 크기 때문에 상온에서 식물이나 동물이 자연 발화하는 일은 없다.

산소는 무색, 무미, 무취의 O_2 기체로 보통 존재하는데, −183 °C에서 옅은 푸른색 기체로 응축된다(그림 8H.3). O_2 분자의 짝수개의 전자를 갖지만, 그 가운데 두 개는 짝을 이루지 않는다. 그 결과, O_2 분자는 상자기성을 띠고, 작은 자석처럼 행동해서 자기장에 끌린다(Topic 2G).

미국에서는 매년 2천만 톤이 넘는 액체 산소가 액체 공기의 분별 증류로 생산된다. 미국 국민 1인당 약 80 kg에 해당하는 양이다. 산소의 최대 소비처는 철강 산업인데, 철 1톤을 생산하는 데 약 1톤의 산소가 필요하다. 제강 과정에서 산소를 용융된 철에 불어넣어 불순물, 특히 탄소를 산화시킨다(Topic 8K). 산소 기체는 용접(산소 아세틸렌 용접기의 고온 불꽃)과 의료에서도 사용된다. 심장과 폐의 부담을 덜기 위해서나 자극제로 산소를 투여한다.

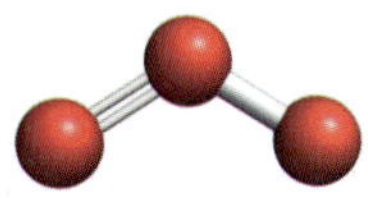

1 오존, O_3

산소의 동소체인 오존 O_3(**1**)은 성층권에서 O_2에 대한 태양 복사로 생성된다. 대기 중 오존의 총량은 25 °C, 1기압의 표준 조건에서 지구를 3 mm 두께로 덮을 수 있는 양에 불과하지만 성층권에 존재하는 오존은 지구상 생명체의 생존에 절대적으로 필요하다(화학 이야기 7E.1). 실험실에서는 산소에 전기를 방전시켜 오존을 만들 수 있다. 오존은 파란색 기체인데, −112 °C에서 잉크처럼 보이는 짙은 파란색의 폭발성 액체로 응축된다(그림 8H.4). 오존의 자극적인 냄새는 전기 장비 근처나 번개가 친 후에 종종 감지된다. 오존은 스모그에도 있는데, 산소 분자와 산소 원자 사이의 반응 생성물이다.

$$O(g) + O_2(g) \rightarrow O_3(g)$$

여기서 산소 원자는 자동차 엔진의 배기 가스로 생성된 NO_2의 광화학적 분해 생성물이다.

$$NO_2(g) \xrightarrow{\text{자외선}} NO(g) + O(g)$$

(b) 황 산소와 황(S)의 차이는 질소와 인의 차이와 유사한데, 그 이유 또한 비슷하다. 황의 원자 반지름은 산소보다 58% 크며, 황의 1차 이온화 에너지와 전기 음성도는 산소보다 낮다. S−H 결합은 O−H 결합보다 극성이 훨씬 작기 때문에 수소 결합에 잘 참여하지 않고, 그 결과 H_2S는 기체이다. 반면에 H_2O는 전자의 개수가 작아 London 힘이 약하지만 수소 결합을

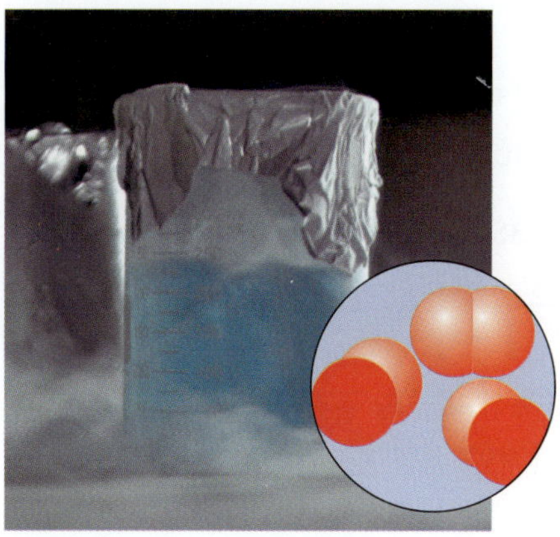

그림 8H.3 액체 산소는 옅은 푸른색이다(기체는 무색이다). 산소 기체는 보다 정확하게는 이산소(dioxygen)라고 불러야 하는 이원자 분자로 이루어져 있다(확대한 그림 참조). (*Public Domain/Wikimedia Commons*)

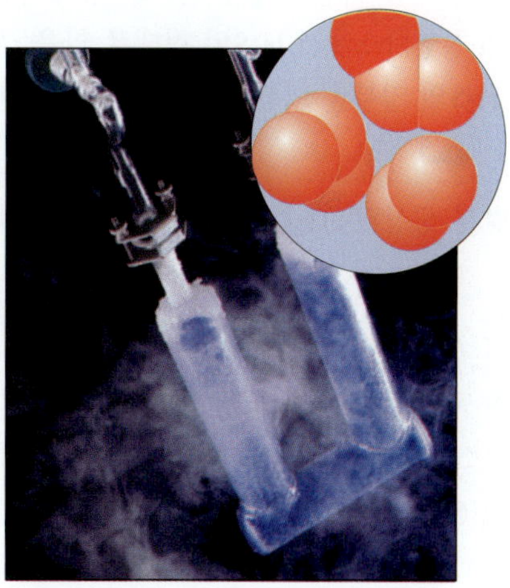

그림 8H.4 오존은 파란색 기체인데, 응축하면 짙은 파란색의 아주 불안정한 액체가 된다. 오존 기체는 삼원자 분자로 이루어져 있다(확대한 그림 참조). (*Ross Chapple.*)

그림 8H.5 다양한 황화물 광석. (왼쪽에서 오른쪽으로) 방연광 PbS, 진사 HgS, 황철광 FeS_2, 섬아연 광 ZnS. 황철광의 반짝이는 황금빛 색깔은 금으로 오인되는 경우가 자주 있다. 그래서 황철광을 '바보의 금(fool's gold)'이라고도 부른다. 금과 바보의 금은 밀도가 달라서 쉽게 구별할 수 있다.(왼쪽부터: © *Colective Arcana/Shutterstock*, © *S_E/Shutterstock*, © *vvoe/Shutterstock*, © *AleksaStanko003/Shutterstock*)

하기 때문에 액체이다. 황은 다중 결합을 만드는 경향이 덜한 대신, 단일 결합을 더 만든다. 최대 6개의 원자와 결합할 수 있다.

황은 **사슬화 반응(catenation)**, 즉 원자를 사슬로 연결하는 능력이 놀랍도록 뛰어나다. 반면에 산소는 사슬을 잘 만들지 않는다. H_2O_2와 O_3 분자, O_2^-, O_2^{2-}, O_3^- 등의 음이온, 그리고 과산화물(peroxide)이 전부이다. 황은 사슬을 만드는 능력은 훨씬 더 두드러진다. 예를 들어, S_8 고리, 고리가 끊어져 생긴 조각, 황을 200 °C까지 가열했다가 갑자기 식히면 만들어지는 길다란 '플라스틱 황(plastic sulfur)'에 이르기까지 다양한 사례를 볼 수 있다. 사슬화 반응의 또 다른 예로 단백질에서 서로 다른 아미노산 사슬 사이를 연결하는 —S—S— 결합이 있다. 이 '이황화 연결(disulfide link)'은 단백질의 모양에 중요한 역할을 한다. 여기에는 머리카락에 있는 케라틴(keratin)도 포함된다. 따라서, 황은 생명 유지와 곱슬머리에 모두 도움을 준다(Topic 10E).

황은 **방연광**(galena) PbS, **진사**(cinnabar) HgS, **황철광**(iron pyrite) FeS_2, **섬아연광**(sphalerite) ZnS 등 다양한 황화 광물의 형태로 존재한다(그림 8H.5). 이들 광석이 아주 흔하기 때문에 황은 금속(특히 구리)을 추출하는 과정에서 부산물로 얻어진다. 황은 원소 자체의 광상으로도 발견된다. **유황**(brimstone)이라고 부르는 원소 상태의 황은 박테리아가 H_2S에 작용해서 만든다. **Frasch 공정(Frasch process)**에서는 황의 낮은 녹는점(115 °C)을 이용해서 채굴한다. 과열된 물을 지하에 주입해서 고체 상태의 황을 녹여 슬러리로 만들고, 압축 공기로 지표면까지 밀어 올린다. 황 화합물은 석유에도 포함되어 있다. 제올라이트(zeolite)와 같은 불균일 촉매를 사용해서 안전하고 경제적인 방법으로 석유에서 황을 화학적으로 추출한다. 석유나 천연가스에서 H_2S의 형태로 황을 추출하는 방법인 **Claus 공정(Claus process)**에서는 먼저 H_2S의 일부를 이산화 황으로 산화시킨다.

$$2H_2S(g) + 3O_2(g) \rightarrow 2SO_2(g) + 2H_2O(l)$$

이렇게 생성된 SO_2는 나머지 황화 수소의 산화에 사용된다.

$$2H_2S(g) + SO_2(g) \xrightarrow{300\ °C,\ Al_2O_3} 3S(s) + 2H_2O(l)$$

황은 산업적으로 매우 중요하다. 생산된 황의 대부분으로 황산을 만들지만, 상당량은 고무의 가황 처리(vulcanization)에도 사용한다(Topic 10E).

원소 상태의 황은 노란색의 무미, 무취에 가까운 불용성 비금속 분자성 고체로서, 왕관 모양의 S_8 고리(**2**)로 이루어져 있다. 황의 두 가지 일반적인 결정 형태는 단사황(monoclinic sulfur)과 사방황(rhombic sulfur)이다(그림 5B.4 참조). 정상 조건에서는 사방황이 더 안정하며, 노란색의 아름다운 결정을 만든다(그림 8H.6). 기화된 황은 낮은 온도에서는 주로 S_8 분자로 이루어져 있다. 720 °C 이상으로 온도를 올리면 S_2 분자가 만들어져 푸른색을 띤다(그림 8H.7). O_2처럼 S_2도 상자기성이다.

(a)

(b)

그림 8H.6 황의 가장 흔한 두 가지 형태 가운데 하나인 사방정계 황은 블록형 결정 (a)를 만든다. 바늘 모양 결정을 만드는 단사정계 황 (b)은 고리 모양 S_8 분자가 쌓이는 방식이 다르다. ((*a*) *Raymon M. Coveney/CC BY-SA 3.0/Wikimedia Commons*, (*b*) *Safa.daneshvar/CC BY-SA 4.0/Wikimedia Commons*)

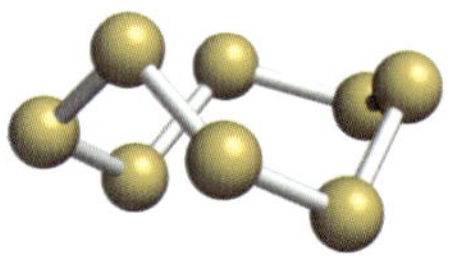

2 황, S_8

그림 8H.7 인도네시아 Java섬의 Kawah Ijen 화산 분화구에서 뜨거운 황 증기가 타고 있다. 푸른빛은 들뜬 전자 상태의 S_2 분자에서 나온다. (© *LightRecords/Shutterstock*)

생각해 보기

정상 조건에서 황은 고체이고 산소는 기체인 이유는 무엇인가?

(c) 셀레늄, 텔루륨, 폴로늄 셀레늄(Se)과 텔루륨(Te)은 황화물 광석에서 발견되며, 구리의 전해 정련 중 생성된 산화 전극 슬러지에서 회수하기도 한다(Topic 8K). 두 원소 모두 여러 동소체가 있는데, 가장 안정한 동소체는 원자가 긴 지그재그 사슬로 연결된 형태이다. 이들 동소체는 은백색 금속처럼 보이지만, 전기 전도도는 매우 낮다(그림 8H.8). 셀레늄은 빛을 쪼여주면 전기 전도도가 높아지기 때문에 태양전지, 광전기 소자, 복사기 등에 사용된다. 셀레늄은 Se_8 분자로 이루어진 진홍색 고체로도 존재한다.

그림 8H.8 16족 원소인 비금속 셀레늄(왼쪽)과 준금속 텔루륨(오른쪽). (*W. Oelen/CC BY-SA 3.0/Wikimedia Commons*)

폴로늄(Po)은 방사성 원소이고, 녹는점이 낮은 준금속이다. 폴로늄은 α 입자(^4He의 원자핵, Topic 8J에서 자세히 다룬다)의 공급원으로서, 방직 공장의 정전기 방지 장치에 사용된다. 빠르게 움직이는 직물에 축적되는 음전하를 α 입자가 상쇄해서 정전기를 줄인다.

16족의 아래로 내려갈수록 금속성은 증가하고, 전기 음성도는 감소한다. 산소와 황은 자연계에 원소 상태로 존재한다. 황은 자체 원자만으로 사슬이나 고리를 만들지만, 산소는 그렇지 않다.

8H.2 수소와 만드는 화합물

수소는 모든 16족 원소와 반응해서 화합물을 만든다. 그 가운데 가장 중요한 화합물은 물(H_2O)이다. 지구상 물의 상당량은 거대한 눈덩이와 같은 혜성의 형태로 외계에서 유입된 것으로 추정된다. 암석은 지표면의 물의 원천 가운데 하나이다. 광물의 수화물 형태로 갇혀 있던 물은 암석이 지구 깊은 곳에서 녹아 화산에서 분출될 때 함께 방출된다.

(a) 산소 정수를 통해 안전한 식수가 공급되어야 도시가 성장한다. 도시 상수도는 여러 단계의 정수 과정을 거친다(그림 8H.9). 먼저 물에 공기를 불어 넣어 H_2S와 같은 악취가 나는 용존 가스를 제거하고, 일부 유기물을 CO_2로 산화하며, 산소를 공급한다. 그런 다음에 소석회

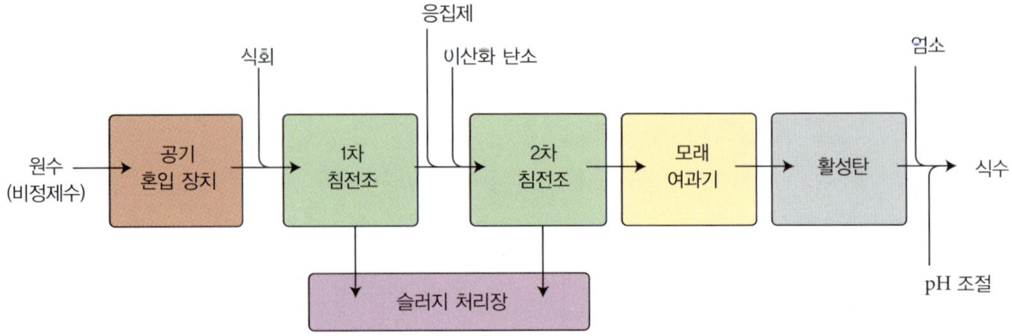

그림 8H.9 식수 정제의 일반적 단계

$Ca(OH)_2$를 넣어 산도를 떨어뜨리고, Mg^{2+}, Fe^{3+}, Cu^{2+}와 같은 금속 이온을 수산화물로 침전시켜 경수를 연화한다(Topic 5D와 Topic 8D). 소석회를 첨가한 후 물은 1차 침전조로 보낸다. 침전물은 콜로이드(물에 분산된 상태로 있는 미세 입자, Topic 5D)를 형성하는 경향이 있기 때문에 응집과 엉김을 통해 여과를 돕기 위해 $Fe_2(SO_4)_3$나 명반(보다 정확하게는, $Al_2(SO_4)_3 \cdot 18H_2O$)을 더한다. **응집(coagulation)**은 작은 입자들이 비가역적으로 뭉쳐 큰 입자가 되는 현상이고, **엉김(flocculation)**은 다소 큰 입자들이 가역적으로 느슨하게 뭉쳐 푹신한 젤을 만드는 현상이다. 이 단계가 되면 물은 염기성이다. 이산화 탄소를 넣어 pH를 낮추면 알루미늄이 $Al(OH)_3$로 침전되는데, 여과해서 제거한다(Topic 8E).

침전물은 2차 침전조에서 천천히 가라앉으면서 물속에 남아 있던 $CaCO_3$ 부유물, 박테리아, 기타 입자(예: 흙 찌꺼기와 조류)를 흡착한다. 1차 침전조와 2차 침전조에서 나오는 침전물은 슬러지 처리장에 모아 폐기한다. 모래 여과기에 물을 통과시켜 남아 있는 부유 입자를 제거한다.

산에 의한 수도관의 부식을 줄이기 위해 물의 pH를 확인하고 약간 염기성으로 만든다. 이 단계에서 염소와 같은 소독제를 넣는다. 미국에서는 물이 소비되는 시점에서 염소 함량이 질량비로 1 ppm 이상(물 1000 kg당 1 g 이상의 Cl_2)이어야 한다. 물에서 염소는 박테리아에 매우 유독한 하이포염소산을 만든다.

$$Cl_2(g) + 2H_2O(l) \rightarrow H_3O^+(aq) + Cl^-(aq) + HClO(aq)$$

물의 공급원과 상태에 따라 역삼투압(reverse osmosis)과 같은 추가적인 정수 과정이 필요할 수도 있다(Topic 5E).

물은 아주 흔한 용매이기 때문에 단순히 화학 반응이 일어나는 수동적인 매질처럼 보인다. 하지만 물은 반응성이 있는 화합물이다. 만일 물이 없는 환경에서 자란 외계인이라면 물이 매우 부식성이 높다고 생각하고, 인류의 생존에 놀랄 것이다. 예를 들어, 물은 산화제로 작용할 수 있다.

$$2H_2O(l) + 2e^- \rightarrow 2OH^-(aq) + H_2(g) \quad \text{pH} = 7\text{에서 } E = -0.42\text{ V}$$

한 예로, 알칼리 금속과 반응해서 산화시킨다.

$$2Na(s) + 2H_2O(l) \rightarrow 2NaOH(aq) + H_2(g)$$

하지만, 반응물이 강한 환원제일 경우를 제외하고는 물은 개질 반응(re-forming reaction)에서처럼 고온에서만 산화제로 작용한다(Topic 8B).

물은 매우 약한 환원제이다.

$$4H^+(aq) + O_2(g) + 4e^- \rightarrow 2H_2O(l) \quad \text{pH} = 7\text{에서 } E = +0.82\text{ V}$$

이 반쪽 반응이 역으로 진행되었을 때 방출되는 전자를 받아들일 만큼 강한 산화제는 플루오린을 제외하고는 거의 없다.

물은 또한 Lewis 염기이다. H_2O 분자는 비공유 전자쌍 가운데 하나를 Lewis 산에 제공해서 $Fe(H_2O)_6^{3+}$와 같은 착물을 만든다. 물은 Lewis 염기로 작용하기 때문에 다른 물질을 가수분해할 수 있다. 물과 오염화 인 사이의 반응(Topic 8G)을 예로 들 수 있다.

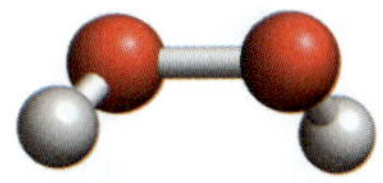

3 과산화 수소, H_2O_2

과산화 수소 H_2O_2(**3**)는 매우 옅은 푸른색 액체로서, 물에 비해 밀도는 아주 크지만(25 °C에서 1.44 g·mL^{-1}), 다른 물리적 성질은 물과 유사하다. 녹는점은 −0.4 °C이고 끓는점은 152 °C이다. 하지만, 화학적 성질에서 과산화 수소와 물은 아주 다르다. 두 번째 산소 원자의 존재 때문에 H_2O_2는 아주 약한 산이다(pK_{a1} = 11.75). 과산화 수소는 물보다 강한 산화제이다. 예를 들어, H_2O_2는 산성과 염기성 용액에서 Fe^{2+}와 Mn^{2+}를 산화시킨다. 하지만, (보통 염기성 용액에서) 과망가니즈산 이온이나 염소와 같이 더 강력한 산화제가 있는 경우에는 환원제로도 작용할 수 있다.

산업적 용도의 과산화 수소는 보통 질량비 30% 수용액 상태로 판매한다. 모발 표백제(6% 용액)로 사용될 때는 모발의 색소를 산화시킨다. 3% H_2O_2 수용액은 약한 살균소독제로 사용된다. 접촉된 혈액이 촉매 역할을 해서 불균등화 반응(disproportionation)이 일어나 물과 산소 기체가 생성되어 상처 부위를 세척한다.

$$2H_2O_2(aq) \rightarrow 2H_2O(l) + O_2(g)$$

과산화 수소는 유해한 부산물의 생성 없이 악취가 나는 폐수를 산화시키기 때문에, 오염을 줄이는 산화제로 점점 더 많이 사용되고 있다.

자습 8H.1A 다음 분자들의 Lewis 구조를 이용해서 어느 분자가 상자기성인지 판단하고 그 이유를 설명하시오. (a) N_2O_3, (b) NO, (c) N_2O (상자기성에 대한 설명은 화학 이야기 2G.2를 참조하시오.)

[**답**: (b) NO는 홑전자가 있어서 상자기성이다.]

자습 8H.1B 산성 용액에서 F_2가 물을 산화할 때, 반쪽 반응식과 전체 반응식을 쓰시오. 전체 반응의 표준 전위와 $\Delta G°$ 값을 구하시오.

(b) 황 물을 제외하면, 16족 원소가 수소와 만드는 모든 삼원자 이성분 화합물 H_2E(여기서 E는 산소를 제외한 16족 원소)는 불쾌한 냄새가 나는 유독성 기체이다. 이 물질들은 치명적인 독극물로서 후각 신경을 마비시키기 때문에, 노출된 후 얼마 있지 않아 희생자는 냄새를 맡을 수 없게 된다. 썩은 계란은 황화 수소 H_2S 냄새가 난다. 계란 단백질에 황이 포함되어 있어서 분해될 때 H_2S 기체를 방출하기 때문이다. 계란에 황화물이 형성되는 또 다른 징후는 너무 오래 삶은 계란의 흰자위와 노른자위의 접촉면에서 FeS 때문에 생기는 연녹색 변색이다. 황화 수소 H_2S는 Brønsted 염기인 황화 이온에 양성자 첨가로 만든다.

$$FeS(s) + 2HCl(aq) \rightarrow FeCl_2(aq) + H_2S(g)$$

황과 수소를 600 °C에서 직접 반응시켜 황화 수소를 합성하기도 한다.

황화 수소가 물에 녹으면 황화 수소산(hydrosulfuric acid) 용액이 된다. 황화 수소산은 약한 이양성자 산으로서, HS^- 이온을 갖는 황화 수소 염(hydrogen sulfide)과 S^{2-} 이온을 갖는 황화 염(sulfide)의 모체(parent acid)이다.

과산화 수소와 유사한 황 화합물로 **폴리설페인**(polysulfane)이 있는데, HS–S_n–SH의 조성을 가진 사슬 구조의 분자성 화합물이다(여기서 n은 0에서 6까지의 정숫값). 폴리설페인이 양성자를 잃으면 다황화(polysulfide) 이온이 된다. 준보석인 청금석(青金石, lapis lazuli)의 색은 두 가지 다황화 이온에서 나온다(**그림 8H.10**).

그림 8H.10 사진에 있는 고대 이집트 장신구의 파란색 돌은 청금석이다. 이 준보석은 S_2^-와 S_3^- 불순물로 색을 띠는 알루미노규산염이다. 파란색은 S_3^-, 약간 녹색으로 보이는 파란색은 S_2^- 불순물 때문이다.(*A. Parrot/CC BY-SA 4.0/Wikimedia Commons*)

물은 Lewis 염기, 산화제, 약한 환원제로 작용할 수 있다. 과산화 수소는 물보다 강한 산화제이다. 황화 수소는 악신이다. 폴리설페인은 황이 사슬 구조를 만드는 능력을 잘 보여 준다.

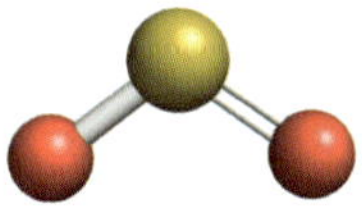

4 이산화 황, SO_2

8H.3 황의 산화물과 산소산

황은 여러 산화물을 만든다. 대기화학에서는 이들 화합물을 SO_x라고 쓰고, 'sox(삭스)'라고 읽는다. 황의 가장 중요한 산화물은 이산화물과 삼산화물인데, 산소산인 아황산(sulfurous acid)과 황산(sulfuric acid)의 무수물에 각각 해당한다. 황은 공기중에서 연소해서 이산화 황 SO_2(**4**)을 만드는데, 무색의 질석성, 유독성 기체이다. 이산화 황은 식물의 분해와 화산 방출로 자연적으로 생성된다. 또한, 자연적으로 발생하는 황화 수소가 대기 중 산소에 의해 이산화 황으로 산화된다.

$$2H_2S(g) + 3O_2(g) \rightarrow 2SO_2(g) + 2H_2O(g)$$

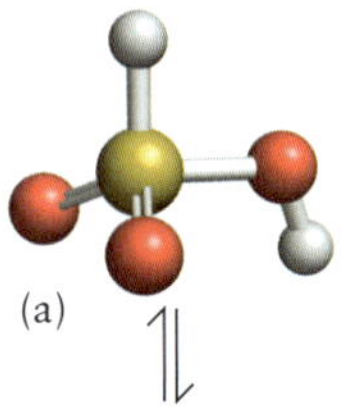

(a)

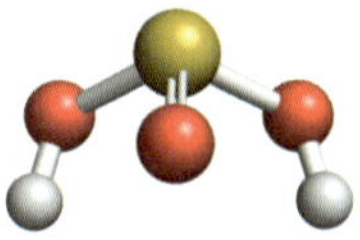

(b)

5 아황산, H_2SO_3

산업과 수송업에서 SO_2가 추가로 발생하는데 이 가운데 약 70%가 주로 발전소에서 석유와 석탄을 연소하는 과정에서 나온다. 미국과 캐나다를 비롯한 여러 나라에서는 황 산화물 배출에 대한 규제를 강화했으며, 북미에서는 1980년에서 2020년 사이에 SO_2의 대기 방출량이 90% 이상 감소했다.

이산화 황은 아황산(H_2SO_3)의 무수물이다. 아황산은 아황산수소 염(hydrogen sulfite 또는 bisulfite)과 아황산 염(sulfite)의 모체이다.

$$SO_2(g) + H_2O(l) \rightarrow H_2SO_3(aq)$$

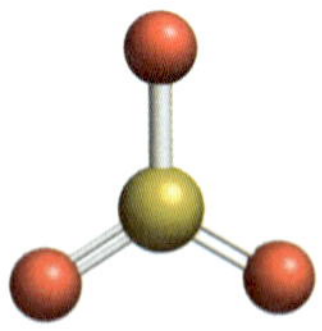

6 삼산화 황, SO_3

아황산은 **5a**와 **5b** 두 분자의 평형 혼합물이다. **5a**는 아인산(phosphorous acid)처럼 H 원자 하나가 S 원자에 직접 결합해 있다. **5a**와 **5b**는 SO_2와도 평형을 이루는데, 여기서 SO_2 분자는 물 분자가 만드는 바구니(cage) 구조에 둘러싸여 있다. 이러한 평형에 대한 증거로, 용액을 냉각시키면 $SO_2 \cdot xH_2O$(여기서 x는 7 정도의 값)의 조성을 갖는 결정이 얻어진다. 이처럼 하나의 분자가 다른 분자들이 에워싸서 만든 바구니 안에 위치한 물질을 **클라트레이트(clathrate)**라고 한다. 메테인, 이산화 탄소, 비활성 기체들도 물과 클라트레이트를 만든다.

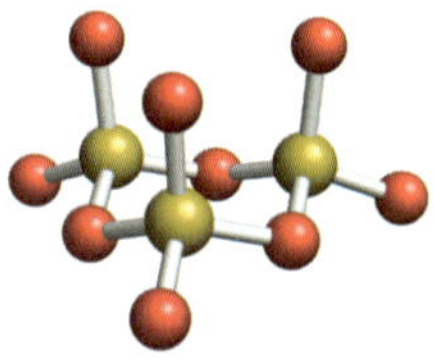

7 삼산화 황 삼합체, S_3O_9

이산화 황은 압력을 가하면 쉽게 액화하기 때문에 냉매로 사용할 수 있다. 또한 건과용 방부제, 직물이나 밀가루의 표백제로도 사용된다. 하지만 이산화 황의 가장 중요한 용도는 황산의 생산이다.

이산화 황과 아황산 염에서 황의 산화수는 +4로서, 황의 산화수 범위인 −2와 +6 사이의 중간값 정도에 해당한다. 따라서 이 화합물들은 산화제나 환원제 어느 쪽으로도 작용한다. 이산화 황의 가장 중요한 반응은 삼산화 황 SO_3(**6**)로 느리게 산화되는 반응이다. 삼산화 황에서 황의 산화수는 +6이다.

$$2SO_2(g) + O_2(g) \rightarrow 2SO_3(g)$$

상온에서 삼산화 황은 휘발성 액체(끓는점 45 °C)로, 삼각 평면 구조의 SO_3 분자로 이루어져 있다. 고체와 (부분적이기는 하나) 액체에서 SO_3 분자는 S_3O_9(**7**) 조성을 갖는 삼합체(trimer, 세 분자의 결합체)와 더불어 더 큰 뭉치(cluster) 화합물도 만든다.

황산 H_2SO_4의 공업적 생산에는 **접촉법**(contact process)이 사용된다. 먼저 황을 산소 조건에서 연소해서 SO_2를 만들고, V_2O_5 촉매를 써서 SO_3로 산화시킨다.

$$S(s) + O_2(g) \xrightarrow{1000\ ^\circ C} SO_2(g)$$
$$2SO_2(g) + O_2(g) \xrightarrow{500\ ^\circ C,\ V_2O_5} 2\,SO_3(g)$$

삼산화 황이 수증기와 만나면 부식성이 높은 산을 안개 형태로 만든다. 이를 막기 위해, 삼산화 황을 98% 농도의 진한 황산에 흡수시켜 밀도가 높은 기름 같은 액체인 **발연황산**(oleum)을 만든다.

$$SO_3(g) + H_2SO_4(l) \rightarrow H_2S_2O_7(l)$$

발연황산을 물과 반응시켜 황산을 만든다.

$$H_2S_2O_7(l) + H_2O(l) \rightarrow 2\,H_2SO_4(l)$$

황산은 전 세계적으로 가장 많이 생산되는 무기 화학제품으로서, 미국에서만 연간 30 Mt 이상 생산된다. 황산은 가격이 싸서 비료 생산을 비롯한 산업의 여러 분야에서 사용된다(Topic 8G).

황산은 무색이며, 부식성이 크고, 기름처럼 보이는 액체로, 약 300 °C에서 끓고 분해된다. 화학적으로 중요한 황산의 성질은 강한Brønsted 산이라는 것과, 탈수제 및 산화제라는 것 세 가지이다(**그림 8H.11**). 황산은 강산으로, 통상적인 농도의 수용액에서는 첫 번째 이온화가 거의 완전히 일어난다. 황산의 짝염기인 HSO_4^-는 $pK_a = 1.92$ 정도의 약산이다(Topic 6E). 황산은 물과 강한 수소 결합을 형성하는데 이 과정에서 방출되는 에너지가 커서 혼합물이 격렬하게 끓어오를 수 있다. 따라서 황산은 항상 천천히 조심스럽게 희석해야 하며, 반드시 물에 산을 넣어야 한다. 만일 반대로 진한 황산에 물을 넣으면 산이 튀어 올라 위험하다.

황산의 강력한 탈수 능력은 소량의 진한 황산을 설탕($C_{12}H_{22}O_{11}$)에 부어 보면 잘 알 수 있다. 물이 빠져나가면서 검은색 거품 같은 탄소 덩어리가 자란다(**그림 8H.12**).

$$C_{12}H_{22}O_{11}(s) \rightarrow 12\,C(s) + 11\,H_2O(l)$$

부반응에서 CO와 CO_2 기체가 나오기 때문에 거품 모양이 만들어진다.

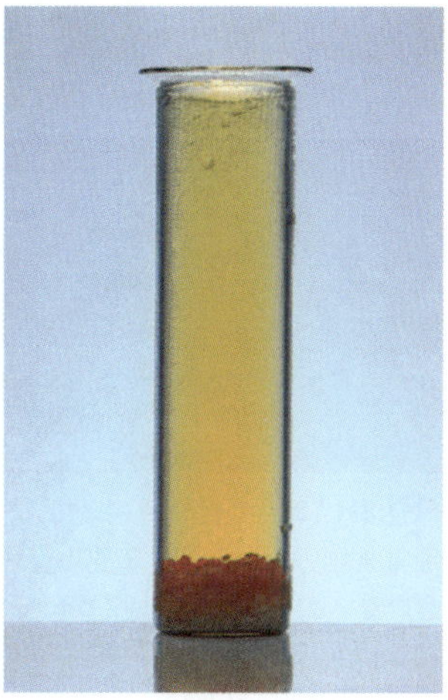

그림 8H.11 황산은 산화제이다. 진한 황산을 고체 상태의 브로민화 소듐 NaBr에 부으면, 브로민화 이온이 원소 상태의 브로민으로 산화되어 혼합물이 적갈색으로 변한다. (*Copyright Macmillan Learning, photo by Ken Karp.*)

자습 8H.2A 다음에서 황의 산화수를 구하시오. (a) 다이싸이온산(dithionate) 이온, $S_2O_6^{2-}$, (b) 싸이오황산(thiosulfate) 이온, $S_2O_3^{2-}$

[**답**: (a) +5, (b) +2]

자습 8H.2B 다음에서 황의 산화수를 구하시오. (a) S_2Cl_2, (b) 발연황산, $H_2S_2O_7$

이산화 황은 아황산의 무수물이고, 삼산화 황은 황산의 무수물이다. 황산은 강산, 탈수제, 산화제로 작용한다.

(a) (b) (c)

그림 8H.12 황산은 탈수제이다. (a) 진한 황산을 설탕 위에 부으면, (b) 탄수화물인 설탕이 탈수되면서, (c) 거품 모양의 검은색 탄소 덩어리가 된다. (*Capaccio/CC BY-SA 3.0/Wikimedia Commons*)

8H.4 응용: 세라믹과 유리

그림 8H.13 현미경으로 본 점토 입자의 박편 구조. 박편의 표면이 같은 전하를 띠고 있어 서로 반발하며 쉽게 미끄러지기 때문에 점토는 부드럽고 유연하다.(*Omer Isik Ece, Minerals, MDPI*)

첨단 기술에 사용되는 많은 소재는 가장 오래된 기술에서 사용한 재료인 모래와 점토를 기반으로 한다. **고령토**(china clay)는 주로 **카올리나이트**(kaolinite)로 이루어져 있는데, $Al_2Si_2O_5(OH)_4$ 조성의 알루미노규산염이다. 점토의 적갈색을 만드는 철 불순물이 거의 없기 때문에 고령토는 흰색이다. 다른 점토는 산화 철이 포함되어 있어서 테라코타 타일이나 화분의 특징적인 주황색이 생긴다.

점토 박편(flake)의 외관을 보면 내부 구조를 짐작할 수 있는데, 종이를 대충대충 쌓은 것 같은 모양이다(그림 8H.13). 정사면체 모양의 규산염 단위체(Topic 3I)나 정팔면체 모양의 알루미늄 또는 마그네슘 산화물 단위체로 이루어진 얇은 판 여러 개가 접착제 역할을 하는 물 분자층으로 분리되어 박편을 만든다. 점토의 박편은 이온 이중층으로 둘러싸여 있는데, 같은 전하 사이의 반발력 때문에 개별 박편은 분리되어 있다. 이러한 반발력 때문에 박편은 서로 미끄러져 지나갈 수 있으며, 외부 압력으로 쉽게 변형되는 점토는 성형하기도 쉽다.

세라믹(**ceramic**)은 고온에서 가열해서 경화시킨 무기 소재이다. 점토를 가마에서 고온으로 구우면 내화벽돌, 타일, 도자기 등에 사용되는 단단하고 견고한 **세라믹** 물질이 된다. 소성 과정 중에 물이 제거되면서, 점토 박편 사이에 강한 화학 결합이 만들어진다. 도자기와 같은 세라믹을 만드는 데 사용되는 고령토는 (교과서 용지처럼) 매끄럽고 흡습성이 없는 종이 표면을 만들기 위한 코팅에도 많이 이용된다. 오늘날에는 특정 성질을 갖는 세라믹을 만들기 위해 다양한 화합물, 특히 산화물을 이용한다. 예를 들어, 얇고 가벼운 도자기를 만드는 본 차이나(bone china)는 고령토를 원료로 하는 세라믹인데, 골회(bone ash)를 접합재로 넣어 강도를 높인다.

세라믹 재료는 일반적으로 매우 단단하고, 물에 녹지 않으며, 고온과 부식에 안정하다. 이러한 특성은 세라믹은 기술적 유용성에 중요한 역할을 한다. 많은 세라믹 소재는 깨지기 쉽지만, 고온에서도 파손되거나 변형되지 않는다. 세라믹은 주로 금속과 비금속의 경계에 있는 원소의 산화물이지만, d-금속의 산화물, 붕소나 규소의 탄소 및 질소 화합물도 세라믹 재료가 된다. 대부분의 세라믹은 전기 절연체이지만, 타이타늄산 바륨($BaTiO_3$)이나 산화 아연(ZnO)과 같은 일부 d-금속 산화물은 반도체이다. 또한, 가장 유망한 고온 초전도체 가운데 일부도 세라믹이다(Topic 8A).

산화 알루미늄(Al_2O_3)은 다양한 고체 형태로 존재하는 세라믹 산화물이다. α-알루미나는 매우 단단하고 안정적인 결정형 물질인 **강옥**(corundum)이다. 불순물이 포함된 강옥의 미세결정은 **금강사**(emery)라고 부르는 흑자색의 연마재이다. 강옥은 첨단 기술 응용 분야에서 사용하는 고급 세라믹의 약 80%를 차지한다. 높은 경도, 강도, 열전도도, 고온 안정성, 전기 절연성, 저렴한 비용 덕분에 마이크로칩 기판과 같은 다양한 응용 분야에 적합하다. 단결정 형태의 알루미늄 산화물도 알려져 있다. 음파 현미경이나 열추적 미사일의 내열 창과 같은 특수한 응용 분야를 위해 산화 알루미늄의 일종인 사파이어를 큰 단결정으로 성장시킨다. 보석으로 잘 알려진 푸른 사파이어는 불순물로 존재하는 철과 타이타늄 불순물 때문에 색깔이 있다.

강옥을 포함한 대부분의 세라믹이 해결해야 할 문제는 깨지기 쉬운 성질을 극복하는 방법을 찾는 것이다. 이산화 규소 세라믹에서 사용하는 한 가지 해결책은 **솔-젤 공정**(sol-gel process)이다. 유기 규소 화합물을 알코올과 같은 용매에 녹인 후 물을 넣으면, 수화 교차 결합(hydrate cross-link)을 통해 화합물이 그물 구조로 중합한다. 이러한 교차 결합으로 견고하고 강한 매트릭스가 만들어지면, 세라믹의 균열을 유발할 수 있는 미세한 결함이 거의 없다. 용매를 고온 저압에서 제거하면 밀도가 거의 공기에 가깝게 작으면서도 절연성이 우수한 포말성 고체인 **에어로젤**(aerogel)이 된다. 에어로젤은 밀도가 낮고 반투명해서 '얼어붙은 연기

(frozen smoke)'라고 부르기도 한다. 채광창 단열에 사용되며, NASA의 화성 탐사선 단열에도 사용되었다. 약해 보이는 외관에도 불구하고, 에어로젤은 매우 강하기 때문에 무거운 하중을 지탱할 수 있다(그림 8H.14).

유리(glass)는 결정이 형성되지 않도록 용융물을 급속 냉각시켜 만든, 액체와 유사한 비결정성 구조를 갖는 이온성 고체이다. 유리는 실리카 SiO_2와 같은 비금속 산화물을 단위체로 하는 그물 구조를 보통 갖는데, '그물 구조 변형제'로 작용하는 금속 산화물을 같이 녹여 만들면 고체 내 결합의 배열이 바뀐다. 유리는 고대부터 사용되었으며, 현대 건축의 발전에 중요한 역할을 했다. 유리는 원자가 복잡한 그물 구조를 만들고 결합이 질서 있게 배열되어 있지 않기 때문에 충분한 힘을 가하면 산산이 부서진다. 하지만, 일부 유리는 휴대폰이나 태블릿 컴퓨터의 터치스크린 장치에 사용할 수 있도록 탁월한 강도, 유연성, 긁힘 저항성을 갖게 설계되었다(그림 8H.15). 항균 기능까지 갖는 제품도 있다. '고릴라 글래스(Gorilla Glass)'로 알려진 제품은 용융 알칼리 염에 담가 강화한 유리이다. 이 과정에서 소듐 이온은 포타슘 이온으로 대체된다. 유리가 냉각되면 포타슘 이온이 압축되어 유리가 단단하고 강해진다.

유리를 만들기 위해서는 모래 형태의 실리카를 약 1600°C로 가열한다. 이때 금속 산화물(MO. 여기서 M은 Na^+, Pb^{2+}, Zn^{2+}와 같은 금속)을 실리카에 섞어 넣는다. 혼합물이 녹으면 많은 Si—O 결합이 끊어지고 개별 결정의 규칙적인 구조가 사라진다. 용융물이 냉각되면 Si—O 결합이 다시 형성되지만, 일부 규소 원자는 금속 산화물의 O^{2-} 이온과 결합한다. 그 결과 순수한 실리카에 있던 —Si—O—Si— 결합의 일부가 $-Si-O-M^{n+}$로 대치되어 결정 격자를 형성할 수 없게 된다. Si—O 결합의 강한 공유 특성으로 인해 짧은 영역의 구조적 질서는 유지되지만 먼 영역에서는 규칙성이 사라진다. 규산염 유리는 일반적으로 투명하고 내구성이 있으며, 평면으로 성형하거나, 불어서 병으로 만들거나, 주형에 넣어 임의의 모양으로 성형할 수 있다.

현재 생산되는 전체 유리의 90% 정도는 소듐 산화물과 칼슘 산화물을 실리카와 함께 녹여 만든 **소다-석회 유리**(soda-lime glass)이다. 창문이나 병을 만들 때 사용하는 이 유리는 질량비로 약 12%가 Na_2O(소다), 12%가 CaO(석회)이다. 소다와 석회의 비율을 줄이고 16%의 B_2O_3를 추가하면, 파이렉스(Pyrex)와 같은 **붕규산염 유리**(borosilicate glass)가 된다. 붕규산염 유리는 가열해도 거의 팽창하지 않기 때문에 급속 가열 및 냉각을 견딜 수 있어서 조리기구와 실험실 비커 등에 사용된다.

그림 8H.14 에어로젤은 포말성 세라믹이다. 낮은 밀도와 열전도도를 갖는 동시에 강도가 뛰어나 이상적인 단열재로 이용된다. 이 사진에서 거의 투명한 에어로젤 조각이 큰 벽돌을 지탱하고 있다. (*NASA/JPL.*)

생각해 보기

붕규산염 유리는 왜 가열해도 잘 팽창하지 않는가?

어떤 광물은 미세 결정이 빛을 산란시켜 불투명하다. 유리에는 결정 영역이 없어서 빛이 산란

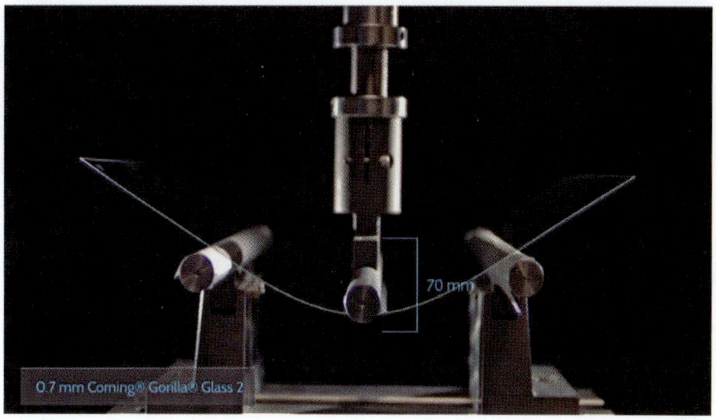

그림 8H.15 터치스크린 장치에 사용되는 0.7 mm 두께 유리판의 유연성을 시험하고 있다. (*Courtesy Corning Incorporated.*)

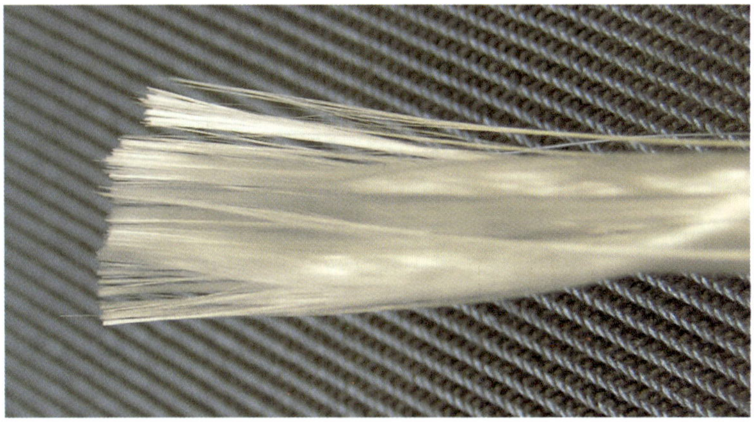

그림 8H.16 머리카락 굵기의 광섬유는 대량의 정보를 짧은 시간에 전송해야 하는 통신 네트워크에 사용된다. (*NoiseD/CC BY-SA 3.0/Wikimedia Commons*)

되지 않고 물을 통과하듯 쉽게 통과할 수 있다. 일반적으로 규산염 계열의 유리는 깨지기 쉽지만, 단단하고 투명하다. 이러한 특성은 광섬유에 사용하기에 바람직하다. 광섬유는 광학적으로 순수한 유리봉을 물러질 때까지 가열한 후 가는 섬유 형태로 뽑아낸 후 플라스틱으로 코팅해서 만든다(**그림 8H.16**). 광섬유는 전선보다 정보를 훨씬 빠르게 전송할 수 있으며, 광대역 통신 네트워크의 중요한 구성 요소이다.

세라믹은 준금속 원소의 산화물로 주로 형성되며, 매우 단단하고, 물에 녹지 않으며, 고온에서 안정하다. 유리는 SiO_2와 같은 비금속 산화물로 이루어진 비결정질 구조이다.

Topic 8H 연습 문제

8H.1 다음에 대한 화학 반응식을 쓰시오.
(a) 산소 안에서 리튬의 연소
(b) 소듐 금속의 물의 반응
(c) 플루오린 기체와 물의 반응
(d) 전해 전지의 산화 전극에서 일어나는 물의 산화

8H.2 다음에 대한 화학 반응식을 쓰시오.
(a) 산화 소듐과 물
(b) 과산화 소듐과 물
(c) 이산화 황과 물
(d) 이산화 황과 산소 (오산화 바나듐 촉매와 함께)

8H.3 다음을 균형 화학 반응식으로 완성하시오.
(a) $H_2S(aq) + O_2(g) \rightarrow$
(b) $CaO(s) + H_2O(l) \rightarrow$
(c) $H_2S(g) + SO_2(g) \rightarrow$

8H.4 다음을 균형 화학 반응식으로 완성하시오.
(a) $FeS(s) + HCl(aq) \rightarrow$
(b) $H_2(g) + S_8(s) \rightarrow$
(c) $Br^-(aq) + Cl_2(g) \rightarrow$

8H.5 NH_3 분자가 H_2O 분자보다 쌍극자 모멘트가 작은 이유를 분자 구조를 고려하여 설명하시오.

8H.6 물과 과산화 수소가 물리적 성질은 비슷한데 화학적 성질은 다른 이유를 분자 구조를 고려하여 설명하시오.

8H.7 (a) H_2O_2의 Lewis 구조를 그리고, H—O—O 결합각을 어림하시오. (b) 다음 이온 중에서 산성 용액에서 과산화 수소에 의해 산화되는 것은 무엇인가? (i) Cu^+, (ii) Mn^{2+}, (iii) Ag^+, (iv) F^-.

8H.8 (a) 황산에 SO_3를 첨가한 발연황산 $(HO)_2OSOSO(OH)_2$의 Lewis 구조를 그리시오. (b) 이 화합물에서 황과 산소 원자의 형식 전하를 구하시오. (c) 이 화합물에서 황의 산화수는 얼마인가?

8H.9 2.00 g의 과산화 소듐을 녹여 200. mL의 수용액을 만들었을 때, 용액의 pH는 얼마인가? $K_{a1} = 1.8 \times 10^{-12}$이며, K_{a2} 값은 무시할 수 있을 만큼 작다.

8H.10 0.010 M NaHS 수용액의 pH는 얼마인가?

8H.11 16족 원소의 이성분 수소 화합물의 산도의 경향성을 기술하고, 결합 세기의 관점에서 경향성을 설명하시오.

8H.12 황화 납(II)을 과산화 수소로 처리하면 황산 납(II)이 되거나, 산화 납(IV)과 이산화 황이 된다. (a) 두 가지 경우에 대해 균형 맞춘 화학 반응식을 쓰시오. (b) 부록 2A의 자료를 이용해서 어느 반응이 더 잘 일어날지 판단하시오.

Topic 8I 17족: 할로겐

17족을 구성하는 원소인 할로겐의 독특한 성질(**표 8I.1**)은 ns^2np^5의 원자가 껍질 전자 배치로 설명할 수 있다. 닫힌 껍질 전자 배치를 이루기 위해서는 단 하나의 전자만 더 필요하다. 원자가 전자의 옥텟을 완성하기 위해, 원소 상태의 모든 할로겐 원자는 F_2나 I_2와 같은 이원자 분자를 만든다. 플루오린을 제외한 할로겐 원소는 원자가 전자를 잃을 수도 있어서, 산화수가 −1에서 +7까지 변한다.

표 8I.1 17족 원소

관용명: 할로겐
원자가 껍질 전자 배치: ns^2np^5

Z	이름	기호	몰질량/($g{\cdot}mol^{-1}$)	녹는점/°C	끓는점/°C	밀도/($g{\cdot}cm^{-3}$)	정상 상태*
9	플루오린	F	19.00	−220	−188	1.51†	무색에 가까운 기체
17	염소	Cl	35.45	−101	−34	1.66†	황록색 기체
35	브로민	Br	79.90	27	59	3.12	적갈색 액체
53	아이오딘	I	126.90	114	184	4.95	흑자색 비금속 고체
85	아스타틴‡	At	(210)	300	350	—	비금속 고체

***정상 상태**는 25 °C, 1기압 조건에서 원소의 상태와 형태이다.
† 끓는점에서 액체의 값
‡ 방사성 원소

8I.1 17족 원소

할로겐 원소의 물리적 성질은 분자 간 London 힘이 지배적인 경우에 예상되는 경향성을 보인다. 전기 음성도는 주기율표에서 족의 아래로 내려갈수록 감소하고(**그림 8I.1**), 원자 반지름과 이온 반지름은 증가하므로(**그림 8I.2**), 화학적 성질도 기대되는 경향성을 보인다. 단, 플루오린의 일부 특성은 예외이다.

(a) 플루오린 17족의 첫 번째 원소인 플루오린(F)은 지각에 가장 풍부한 할로겐 원소이다. 많은 광물에 플루오린이 들어 있는데, **형석**(fluorite, fluorspar) CaF_2, **빙정석**(cryolite) Na_3AlF_6, **인회석**(fluorapatite) $Ca_5(PO_4)_3F$ 등이 대표적인 예이다. 플루오린은 산화력이 가장 큰 원소($E° = +2.87$ V)이기 때문에, 플루오린 화합물을 다른 원소로 산화시켜 플루오린을 얻기는 불가능하다. 플루오린화 포타슘과 플루오린화 수소의 무수 용융 혼합물을 약 75 °C에서 탄소를 산화 전극으로 사용해서 전기 분해하면 플루오린이 만들어진다.

플루오린은 반응성이 매우 큰 F_2 분자로 이루어진 무색에 가까운 기체이다. 산업적으로 생산되는 대부분의 플루오린은 핵연료 제조 과정에 사용되는 휘발성 고체 UF_6를 만드는 데 쓰

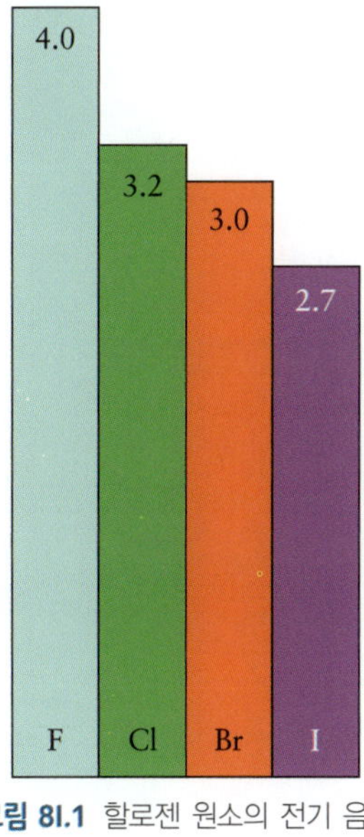

그림 8I.1 할로겐 원소의 전기 음성도는 족의 아래로 내려갈수록 점차 감소한다.

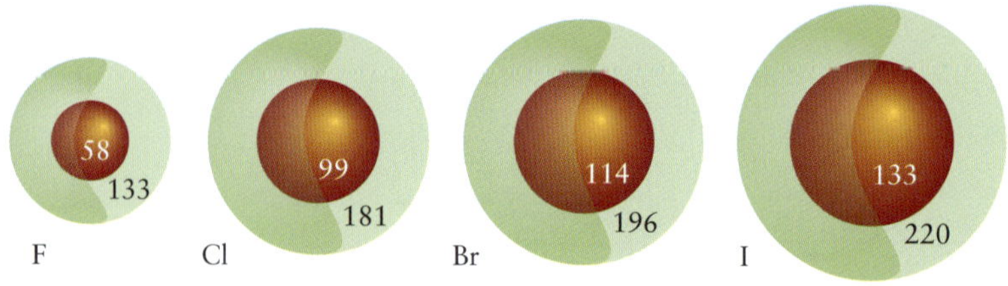

그림 8I.2 할로젠 원소의 원자 반지름과 이온 반지름은 족의 아래로 내려갈수록 점차 증가한다. 전자가 더 바깥쪽 껍질을 채우기 때문이다. 표시된 값은 pm 단위이다. 모든 경우에 음이온의 반지름(초록색 구로 표시)은 원자 반지름보다 크다.

인다(Topic 10C). 그 나머지는 대부분 전기 장비용 SF_6 생산에 사용된다.

플루오린은 여러 가지 특이한 성질이 있으며, 이는 높은 전기 음성도, 작은 크기, 이용 가능한 d-오비탈의 부재 등으로 설명할 수 있다. 플루오린은 전기 음성도가 가장 큰 원소이며, 모든 화합물에서 산화수가 −1이다. 높은 전기 음성도와 작은 크기 때문에 플루오린은 다른 원소를 최고 산화수까지 산화시킬 수 있다. 여기서 플루오린의 작은 크기가 도움이 되는 이유는 IF_7에서처럼 중심 원자 주변에 여러 개의 F 원자가 밀집해서 결합을 만들 수 있기 때문이다.

플루오린화 이온도 크기가 작기 때문에 이온 결합 화합물의 격자 엔탈피가 대체로 높다(표 4E.1 참조). 그 결과 플루오린화 염은 다른 할로젠화 염보다 용해도가 낮다. 이러한 용해도 차이로 플루오린화 염보다 염화 염이 더 쉽게 용해되어 바다로 씻겨 들어간다. 이는 지각에는 플루오린이 염소보다 더 풍부함에도 불구하고 바다가 염화 염으로 짠 이유 가운데 하나이다.

용해도의 이러한 경향에도 예외가 있는데, AgF는 물에 잘 녹지만 다른 할로젠화 은 화합물은 녹지 않는다. 그 이유는 AgCl에서 AgI로 갈수록 음이온의 크기와 편극성이 커져서 할로젠화 은의 공유 결합성이 증가하기 때문이다. 크기가 작고 편극성이 거의 없는 플루오린화 이온을 갖는 AgF는 주로 이온성 결합이기 때문에 물에 잘 녹는다.

(b) 염소 염소(Cl)는 전 세계적으로 가장 많이 생산되는 화학물질 가운데 하나이다. 용융된 암염이나 염수에 들어 있는 NaCl을 전기 분해해서 얻는다(Topic 6O와 Topic 8C 참조). 염소는 Cl_2 분자로 이루어진 옅은 황록색 기체로서 −34 °C에서 응축된다. 염소는 탄소, 질소, 산소, 비활성 기체를 제외한 거의 모든 원소와 직접 반응한다. 강한 산화제로서 금속을 높은 산화수로 산화시킨다. 예를 들어, 염소와 철이 반응하면, 염화 철(II)가 아니라 염화 철(III)가 생성된다. 이 과정은 격렬한 발열 반응이다.

$$2Fe(s) + 3Cl_2(g) \rightarrow 2FeCl_3(s)$$

염소는 플라스틱, 용매, 살충제 제조를 비롯한 여러 산업 공정에 사용된다. 제지 및 섬유 산업에서 표백제로, 수처리에서는 소독제로도 쓴다(Topic 8H).

(c) 브로민 브로민 원소(Br)는 Br_2 분자로 이루어진 적갈색 휘발성 액체로 존재하는데, 자극적인 냄새가 나고 부식성이 있다. 염수정(brine well)에서 염소로 Br^- 이온을 산화시켜 만든다(**기초 지식** 그림 K.2 참조).

$$Cl_2(g) + 2I^-(aq) \rightarrow I_2(aq) + 2Cl^-(aq)$$

공기를 용액 속으로 불어넣어 브로민을 기화시킨 후 냉각 장치에서 모은다.

브로민화 유기 화합물은 난연제로 섬유에 첨가하거나 살충제로 사용된다. 브로민화 무기 화합물, 특히 브로민화 은(AgBr)은 사진 감광유제(photographic emulsion)에 쓰인다.

(d) 아이오딘 아이오딘(I)은 염수에 아이오딘화 이온으로 존재하거나 칠레 초석(Chile saltpeter)에 불순물로 들어 있다. 예전에는 해수에서 축적된 아이오딘을 고농도로 함유한 해초에서 아이오딘을 추출하기도 했다. 2000 kg의 해초에서 약 1 kg의 아이오딘을 얻을 수 있었다. 지금은 유정에서 나오는 염수에서 아이오딘을 얻는다. 원유는 해양 생물의 분해로 생성되었는데, 이 생물들이 살아 있는 동안 아이오딘을 축적한 것이다.

브로민과 마찬가지로, 원소 상태의 아이오딘은 아이오딘화 이온을 염소로 산화시켜 생산한다.

$$Cl_2O_7(aq) + H_2O(l) \rightarrow 2\,HClO_4(aq)$$

광택이 있는 흑청색의 아이오딘 고체는 쉽게 승화해서 보라색 증기가 된다.

아이오딘을 유기 용매에 녹이면, 다양한 색의 용액이 된다. 이들 색은 I_2 분자와 용매 분자 사이의 상호 작용의 결과로서, 용매에 따라 다르다. 예를 들어 대표적인 유기 용매인 테트라클로로페테인에 아이오딘을 녹이면 짙은 보라색의 용액이 된다. 아이오딘은 물에는 거의 녹지 않지만 I^- 이온이 있으면 갈색의 트라이아이오딘화 이온(triiodide ion) I_3^-을 만들며 잘 녹아 들어간다. 이 용액에 녹말을 약간 넣으면 진한 파란색이 나타나기 때문에 녹말은 아이오딘의 존재 여부를 확인하는 시약으로 쓰인다. 아이오딘을 직접 쓰는 용도는 거의 없지만, 알코올에 녹여 순한 산화성 소독제로 많이 사용한다. 아이오딘은 생명체에 필수적인 미량 원소이지만 내륙 지역에서는 희귀하다. 아이오딘 결핍을 예방하기 위해 아이오딘화물을 식염에 첨가해서 '아이오딘화 소금(iodized salt)'으로 판매한다.

자습 8I.1A (a) Cl_2O_7에서 Cl의 산화수를 정하고, (b) 물과의 반응을 표현하는 화학 반응식을 쓰시오.

[**답**: (a) +7, (b) $Cl_2O_7(aq) + H_2O(l) \rightarrow 2HClO_4(aq)$]

자습 8I.1B 할로젠 원소의 녹는점과 끓는점에서 나타나는 경향성을 설명하시오.

할로젠 원소의 화학적 성질은 주기율표에서 족 아래로 내려가면서 기대되는 경향성을 보인다. 다만, 플루오린은 강한 산화력, 대다수 플루오린화 염의 낮은 용해도 등 예외적 특성이 있다.

8I.2 할로젠의 화합물과 응용

할로젠 화합물의 용도는 매우 다양하다. 조리기구에 코팅해서 음식물이 눌어붙지 않게 하는 플루오린화 고분자인 테플론(Teflon), 살충제로 사용되는 염소화 유기 화합물, 로켓 연료로 사용되는 과염소산 암모늄 등이 대표적 예이다.

(a) 할로젠간 화합물 할로젠은 상호 간에 화합물을 만든다. 이러한 **할로젠간 화합물(interhalogen)**은 XX′, XX′$_3$, XX′$_5$, XX′$_7$ 등의 분자식을 갖는다. 여기서 X는 두 할로젠 가운데 더 무거운(따라서 더 큰) 원소이며, X′는 더 가벼운 할로젠으로서 F인 경우가 많다. 가능한 조합 가운데 일부만이 합성되었다(**표 8I.2**). 이들은 모두 두 할로젠을 직접 반응시켜 얻는데, 사용한 반응물의 비율에 따라 생성물의 분자식이 결정된다. 예를 들어,

$$Cl_2(g) + 3F_2(g) \rightarrow 2ClF_3(g)$$
$$Cl_2(g) + 5F_2(g) \rightarrow 2ClF_5(g)$$

할로젠간 화합물의 물리적 성질은 모체가 되는 할로젠의 중간 정도이다. 분자식이 XF_n인 할로젠간 플루오린 화합물(interhalogen fluoride)의 화학적 성질은 중심 할로젠 원자 X가 무거울수록 X−F 결합 해리 에너지가 감소하는 경향성과 관련 있다. X가 무거운 할로젠일 때 XF_n은 모두 반응성이 높다. 트라이플루오린화 브로민(BrF_3) 기체는 반응성이 매우 커서, 심지어 석면도 태운다.

(b) 할로젠화 수소 할로젠화 수소 HX는 원소끼리 직접 반응시켜 만든다.

$$H_2(g) + X_2(g) \rightarrow 2HX(g)$$

표 8I.2 지금까지 알려진 할로젠간 화합물

화학식	정상 상태*
XF_n	
ClF	무색 기체
ClF_3	무색 기체
ClF_5	무색 기체
BrF	옅은 갈색 기체
BrF_3	옅은 노란색 액체
BrF_5	무색 기체
IF	불안정
IF_3	노란색 고체
IF_5	무색 액체
IF_7	무색 기체
XCl_n	
BrCl	적갈색 기체
ICl	빨간색 고체
I_2Cl_6	노란색 고체
XBr_n	
IBr	검은색 고체

*정상 상태는 25 °C, 1기압 조건에서 화합물의 상태와 형태이다.

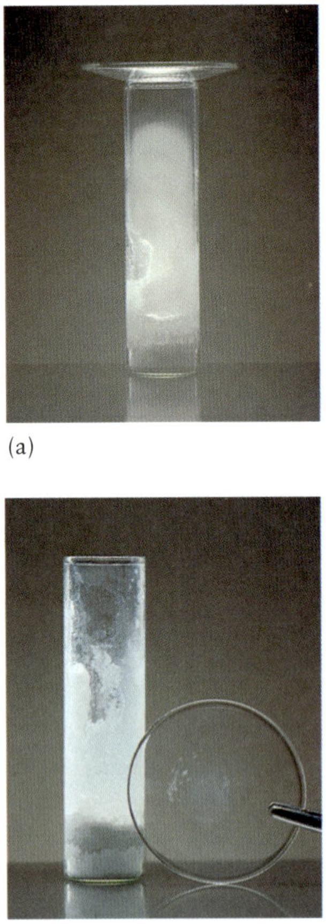

(a)

(b)

그림 8I.3 (a) 플루오린화 수소산과 플루오린화 암모늄의 혼합물을 유리 바이알에 넣고 휘저어 주면, (b) 유리의 실리카와 반응해서 바이알 벽면과 덮개 유리의 표면이 뿌옇게 된다. (*Copyright Macmillan Learning, photo by Ken Karp.*)

기체 반응물을 혼합하자마자 플루오린은 라디칼 사슬 반응으로 폭발적으로 반응한다. 수소와 염소의 혼합물도 빛에 노출되면 폭발한다. 브로민과 아이오딘은 수소와 훨씬 천천히 반응한다. 실험실에서 할로젠화 수소를 만드는 덜 위험한 방법은 비휘발성 산과 할로젠화 금속의 반응이다. 예를 들어,

$$CaF_2(s) + 2H_2SO_4(aq, \text{진한}) \rightarrow Ca(HSO_4)_2(aq) + 2HF(g)$$

Br^-와 I^-는 모두 황산에 의해 산화되기 때문에, HBr과 HI를 만들기 위해서는 인산을 사용한다.

$$KI(s) + H_3PO_4(aq) \xrightarrow{\Delta} KH_2PO_4(aq) + HI(g)$$

모든 할로젠화 수소는 무색의 자극성 기체이며, 플루오린화 수소만 20 °C 이하에서 액체이다. 플루오린화 수소의 낮은 휘발성은 광범위한 수소 결합의 결과이다. 수소 결합으로 엮인 지그재그 사슬이 증기 상태에서도 $(HF)_5$ 정도까지의 길이로 존재한다. 모든 할로젠화 수소는 물에 녹아 산성 용액을 만든다. 플루오린화 수소산(hydrofluoric acid)은 유리와 실리카를 부식시키는 독특한 성질이 있다. 뿌연 유리 전구는 플루오린화 수소산과 플루오린화 암모늄의 수용액에서 발생한 증기로 내부를 부식시켜 만든다(**그림 8I.3**). 플루오린화 수소산을 취급할 때는 극도의 주의가 필요하다. 피부에 쉽게 침투해서 칼슘, 마그네슘 이온과 반응해서 세포와 신경 조직을 손상시키기 때문이다. HF 노출로 인한 장기적인 영향으로 장기 부전 및 골 손실이 있다.

생각해 보기

수용액에서 플루오린화 수소는 약산이지만, 다른 할로젠화 수소는 강산인 이유는 무엇인가?

플루오린화 수소는 테플론(Teflon, polytetrafluoroethylene)이나 냉매 R134a(CF_3CH_2F)와 같은 플루오린화 탄소 화합물을 만드는 데 사용된다. 플루오린으로 치환된 대부분의 탄화수소는 상대적으로 화학 반응성이 낮다. 공기, 뜨거운 질산, 진한 황산, 강한 산화제 등에 의해서도 산화되지 않는다. 따라서, 테플론은 화학 반응기의 내벽이나 음식이 눌어붙지 않는 조리기구의 표면 코팅에 사용된다. 미국에서는 대부분의 에어컨에 냉매로 R134a를 사용한다. 성층권의 오존을 파괴하지 않으며, 비교적 반응성이 없고 무독성이기 때문이다. 하지만, R134a는 지구 온난화에 영향을 미친다.

(c) 할로젠 산소산 및 산소산 음이온 할로젠 산소산의 세기와 산화력은 할로젠의 산화수와 함께 커진다(Topic 6C). 하이포할로젠산 HXO(할로젠의 산화수 +1)은 할로젠을 물과 직접 반응해서 만든다. 예를 들어, 염소 기체는 물속에서 불균등화 반응으로 하이포염소산과 염산을 생성한다.

$$\overset{0}{Cl}_2(g) + H_2O(aq) \rightarrow H\overset{+1}{Cl}O(aq) + H\overset{-1}{Cl}(aq)$$

하이포할로젠산 이온 XO^-는 할로젠을 염기성 수용액에 넣어서 얻는다. 하이포염소산 소듐 NaClO은 전해질을 빠르게 저어 주면서 염수를 전기 분해해서 만드는데, 산화 전극에서 생성된 염소 기체가 환원 전극에서 생성된 수산화 이온과 반응한다. 염소 기체는 불균등화 반응으로 하이포염소산 이온과 염화 이온을 생성한다.

$$\overset{0}{Cl}_2(g) + 2OH^-(aq) \rightarrow \overset{+1}{Cl}O^-(aq) + \overset{-1}{Cl}{}^-(aq) + H_2O(aq)$$

하이포염소산 염은 유기물을 산화시키기 때문에 가정용 액체 표백제나 소독제로 사용된다. 용액에서 하이포염소산이 분해되면서 산화력이 생긴다.

$$2HClO(aq) \rightarrow 2H^+(aq) + 2Cl^-(aq) + O_2(g)$$

산소는 기포를 만들며 용액에서 빠져나가거나 산화될 만한 물질을 공격한다. 하이포염소산

칼슘은 표백제 분말의 주성분이며, 수영장 물을 정화하는 데 사용된다.

염소산 이온 ClO_3^-(염소 산화수 +5)은 염소가 뜨겁고 진한 알칼리 수용액과 반응하면 생긴다.

$$3Cl_2(g) + 6OH^-(aq) \xrightarrow{\Delta} ClO_3^-(aq) + 5Cl^-(aq) + 3H_2O(l)$$

염소산 염은 가열하면 분해되는데, 촉매의 존재 여부에 따라 분해되는 방식이 다르다.

$$4KClO_3(s) \xrightarrow{\Delta} 3KClO_4(s) + KCl(s)$$
$$2KClO_3(s) \xrightarrow{\Delta,\ MnO_2} 2KCl(s) + 3O_2(g)$$

위의 두 번째 반응을 이용해서 실험실에서 산소를 손쉽게 얻을 수 있다.

염소산 염은 유용한 산화제이다. 염소산 포타슘은 불꽃놀이용 화약과 성냥의 산화제로 사용된다. 안전성냥의 머리는 염소산 포타슘, 황화 안티모니, 황의 반죽으로 만드는데, 성냥을 긁을 때 마찰이 잘 일어나도록 유리 분말도 같이 넣는다. Topic 8G에서 언급한 것처럼, 성냥을 긋는 면에 포함된 붉은인이 성냥 머리를 점화한다.

염소산 소듐은 이산화 염소(ClO_2)의 제조에 주로 쓰인다. ClO_2에서 염소의 산화수는 +4이므로, 염소산 염이 환원되어야 한다. 이산화 황은 이 반응에 사용하는 편리한 환원제이다.

$$2NaClO_3(aq) + SO_2(g) + H_2SO_4(aq,\ 묽은) \rightarrow 2NaHSO_4(aq) + 2ClO_2(g)$$

이산화 염소는 홀수 개의 전자가 있어 상자기성을 띠는 노란색 기체이다. 환경에 미치는 악영향에도 불구하고, 목재의 섬유질을 손상하지 않고 펄프에 포함된 여러 색소를 산화시킬 수 있기 때문에 종이 펄프의 표백에 많이 쓰인다.

과염소산 이온 ClO_4^-(염소 산화수 +7)는 염소산 염 수용액의 전해 산화로 만든다.

$$ClO_3^-(aq) + H_2O(l) \rightarrow ClO_4^-(aq) + 2H^+(aq) + 2e^-$$

과염소산 $HClO_4$는 무색의 액체이며, 흔한 산 가운데서는 가장 산성이 세다. 염소가 +7의 가장 높은 산화수를 갖기 때문에 과염소산 염은 강력한 산화제이다. 아주 소량의 유기 물질이라도 과염소산과 접촉하면 위험한 폭발이 일어날 수 있다.

과염소산 염의 산화력을 아주 잘 보여 주는 예는 우주왕복선의 부스터 로켓이다. 고체 추진체는 알루미늄 분말(연료), 과염소산 암모늄(연료인 동시에 산화제), 산화 철(III)(촉매)의 조합이다. 이 반응물을 액체 고분자에 혼합해서 로켓 내부를 채우면 고체로 굳는다. 혼합물을 점화하면 여러 생성물이 나오는데, 다음과 같은 반응도 있다.

$$3NH_4ClO_4(s) + 3Al(s) \xrightarrow{Fe_2O_3} Al_2O_3(s) + AlCl_3(s) + 6H_2O(g) + 3NO(g)$$

로켓이 이륙할 때 생기는 흰색 분말의 짙은 구름은 이 반응의 고체 생성물들이다(**그림 8I.4**).

자습 8I.2A 브로민의 산소산 가운데 (a) 가장 강한 산은 무엇인가? (b) 가장 강한 산화제는 무엇인가? 답을 설명하시오.

[**답**: (a)와 (b) 모두 $HBrO_4$이다. 산소 원자의 개수가 가장 많기 때문이다.]

자습 8I.2B $HClO_3$의 산화력은 pH에 따라 어떻게 달라지는가?

그림 8I.4 우주왕복선 부스터 로켓에서 배출되는 흰색 연기는 산화 알루미늄과 염화 알루미늄의 분말이다. *(NASA/Scott Andrews)*

할로젠간 화합물은 분자를 이루고 있는 여러 할로젠 원소들의 중간 성질을 갖는다. 비금속은 공유 결합성 할로젠화물을 만들고, 금속은 이온성 할로젠화물을 만든다. 염소의 산소산은 모두 산화제이다. 산소산의 산도와 산화력은 할로젠의 산화수가 높아짐에 따라 증가한다.

Topic 8I 연습 문제

8I.1 다음 화합물에서 할로젠의 산화수를 구하시오. (a) 하이포아이오딘산(hypoiodous acid) (b) ClO_2 (c) 칠산화 이염소(dichlorine heptoxide) (d) $NaIO_3$

8I.2 다음 화합물에서 할로젠의 산화수를 구하시오. (a) 헵타플루오린화 아이오딘(iodine heptafluoride) (b) 과아이오딘산 소듐(sodium periodate) (c) 하이포브로민산(hypobromous acid) (d) 아염소산 소듐(sodium chlorite)

8I.3 다음 반응에 대해 균형 맞춘 화학 반응식을 쓰시오. (a) 촉매 없는 조건에서 염소산 포타슘의 열분해 반응, (b) 브로민과 물의 반응, (c) 염화 소듐과 진한 황산의 반응. (d) 이 세 반응은 각각 Brønsted 산–염기, Lewis 산–염기, 산화–환원 반응 가운데 어디에 해당하는지 구별하시오.

8I.4 다음 조건에서 염소와 물이 반응할 때 균형 맞춘 화학 반응식을 쓰시오. (a) 중성 수용액, (b) 묽은 염기성 용액, (c) 진한 염기성 용액, (d) 개별 반응이 불균등화 반응임을 보이시오.

8I.5 (a) 염소의 산소산을 산화력이 커지는 순서로 배열하시오. (b) 산화수를 써서 이 순서를 설명하시오.

8I.6 (a) 하이포할로젠산을 산의 세기가 커지는 순서로 배열하시오. (b) 전기 음성도를 써서 이 순서를 설명하시오.

8I.7 Cl_2O의 Lewis 구조를 그리시오. Cl_2O 분자의 모양을 예측하고, Cl—O—Cl 결합각을 어림하시오.

8I.8 BrF_3의 Lewis 구조를 그리시오. 이 분자에서 브로민 원자는 어떤 혼성화(hybridization)을 하는가?

8I.9 다음 할로젠간 화합물이 안정하지 못한 이유를 설명하시오. (a) ICl_5 (b) IF_2 (c) $ClBr_3$

8I.10 염소의 산소산 음이온 ClO^-, ClO_2^-, ClO_3^-, ClO_4^- 등은 화학 시약 보관실에서 흔히 볼 수 있다. 하지만, 플루오린은 안정한 산소산 음이온을 만들지 못한다. 그 이유를 설명하시오.

8I.11 할로젠간 화합물 IF_x은 간접적인 경로를 통해서만 만들 수 있다. 예를 들어, 다이플루오린화 제논(xenon difluoride)은 아이오딘 기체와 반응해서 IF_x와 제논을 만든다. 어떤 실험에서, 압력이 3.6기압에 도달할 때까지 다이플루오린화 제논을 견고한 용기에 주입했다. 여기에 아이오딘 증기를 더해서 전체 압력이 7.2기압이 되게 만들었다. 일정한 온도에서 끝까지 진행된 반응에서 생성된 IF_x는 고체가 되었다. 이 반응에서 생성된 제논과 과량의 아이오딘 증기로 인해 반응 용기의 최종 압력은 6.0기압이었다. (a) 생성된 할로젠간 화합물의 화학식은 무엇인가? (b) 이 물질의 생성에 대한 화학 반응식을 쓰시오.

8I.12 할로젠간 화합물 ClF_x는 로켓 연료로 사용된다. 이 물질은 하이드라진과 반응해서 플루오린화 수소, 질소, 염소로 이루어진 기체 생성물을 만든다. 이 반응을 연구하기 위해, 압력이 1.2기압이 될 때까지 ClF_x 기체를 견고한 용기에 주입했다. 여기에 하이드라진 기체를 전체 압력이 3.0기압이 될 때까지 더했다. 일정한 온도에서 반응이 끝까지 가도록 했다. 반응기의 최종 압력은 6.0기압이었는데, 여기에는 과량의 하이드라진에서 온 0.9기압도 포함되어 있다. (a) 반응에 사용한 할로젠간 화합물의 화학식은 무엇인가? (b) 이 물질과 하이드라진의 화학 반응식을 쓰시오.

8I.13 산성 용액에서 염소 기체가 Mn^{2+}를 산화시켜 과망가니즈산 이온을 생성할 수 있을지 부록 2B의 자료를 이용해서 판단하시오.

8I.14 (a) 오존과 플루오린 가운데 어느 것이 물에서 더 강한 산화제인지 부록 2B의 자료를 이용해서 판단하시오. (b) 질문 (a)에 대한 답은 반응이 산성 용액에서 일어나는지, 또는 염기성 용액에서 일어나는지에 따라 달라지는가?

8I.15 F^- 이온의 농도는 과량의 염화 납(II) 용액을 더해서 얻어지는 염화플루오린화 납(II) PbClF 침전물의 질량으로부터 구할 수 있다. 25.00 mL의 용액에서 0.765 g의 염화플루오린화 납(II) 침전물을 얻었을 때, F^- 이온의 몰농도를 계산하시오.

8I.16 녹말을 지시약으로 사용해서, 아이오딘 수용액 25.00 mL를 0.0250 M $Na_2S_2O_3$ 수용액으로 적정했다. 싸이오황산 용액 18.33 mL를 넣었을 때, 녹말–아이오딘 복합체(complex)의 푸른 색깔이 사라졌다. 처음 용액에 들어 있던 I_2의 몰농도는 얼마인가? 적정 반응은 다음과 같다. $I_2(aq) + 2\,S_2O_3^{2-}(aq) \rightarrow 2\,I^-(aq) + S_4O_6^{2-}(aq)$

Topic 8J 18족: 비활성 기체

18족 원소를 비활성 기체(noble gas)로 부르는 이유는 매우 낮은 반응성 때문이다(**표 8J.1**). 실험 결과에 더해서, 이들 원소가 닫힌 껍질(closed-shell) 전자 배치 ns^2np^6라는 사실도 알게 되면서부터, 화학적 반응성이 없다고 생각했었다. 실제로 1962년까지도 비활성 기체의 화합물은 발견되지 않았다. 하지만, 그 해에 영국 출신 화학자 Neil Bartlett이 최초의 비활성 기체 화합물인 헥사플루오린화 백금산 제논 $XePtF_6$를 합성했다. 곧 이어 미국 아르곤 국립 연구소(Argonne National Laboratory)의 화학자들이 제논과 플루오린을 고온에서 반응시켜 테트라플루오린화 제논 XeF_4를 만들었다.

표 8J.1 18족 원소

관용명: 비활성 기체
원자가 껍질 전자 배치: ns^2np^6
정상 상태: 무색의 단원자 기체

Z	이름	기호	몰질량/($g \cdot mol^{-1}$)	녹는점/°C	끓는점/°C
2	헬륨	He	4.00	—	−269 (4.2 K)
10	네온	Ne	20.18	−249	−246
18	아르곤	Ar	39.95	−189	−186
36	크립톤	Kr	83.80	−157	−153
54	제논	Xe	131.29	−112	−108
86	라돈*	Rn	(222)	−71	−62

* 방사성 원소

8J.1 18족 원소

모든 18족 원소는 단원자 기체로 대기 중에 존재한다. 이들을 다 모으면 질량비로 대기의 약 1%에 해당한다. 아르곤은 질소, 산소 다음으로 대기 중에 세 번째로 많은 기체이다(여기서 가변적인 수증기의 양을 고려하지 않았다). 헬륨과 라돈을 제외한 나머지 비활성 기체는 액체 공기의 분별 증류로 얻는다.

(a) 헬륨 헬륨(He)은 수소에 이어 우주에서 두 번째로 풍부한 원소이다. 하지만, 지구상에서는 희귀한데, 원자가 매우 가볍기 때문에 대다수가 높은 속도로 대기에서 탈출하기 때문이다. 헬륨은 수소와 달리 화합물 형태로 붙잡아 둘 수도 없다. 헬륨은 (특히 텍사스에서) 암반층 아래에 갇힌 천연가스의 성분으로 발견된다. 방사성 원소의 α 입자 방출의 결과이다. α 입자는 헬륨-4의 원자핵($^4He^{2+}$)인데, 주변에서 전자 두 개를 받아서 헬륨 원자가 된다.

헬륨 기체는 동일한 조건에서 수소보다 밀도가 두 배로 높다. 하지만, 여전히 밀도가 아주 낮고 불연성이기 때문에 비행선을 띄우는 데 사용된다. 병원용이나 심해 잠수용으로 산소를 희석하는 목적, 로켓 연료의 압축, 냉각제, 헬륨–네온 레이저 등에도 헬륨이 쓰인다. 한때는

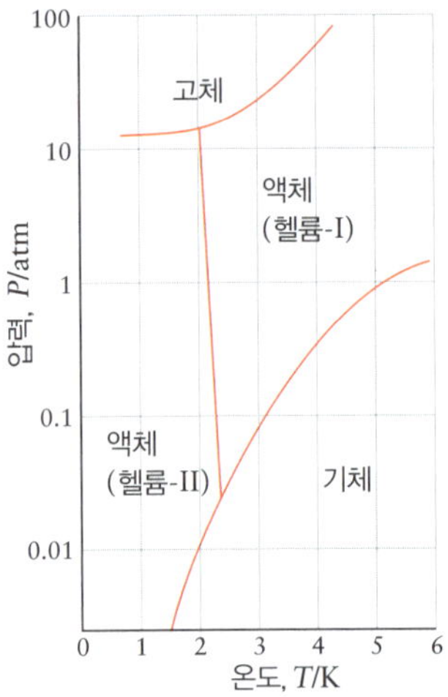

그림 8J.1 헬륨-4의 상평형도에는 두 가지 액체상이 있다. 저온 액체상인 헬륨-II는 초유체(superfluid)이다.

그림 8J.2 사진에서 보는 형광 조명 예술품의 여러 색은 비활성 기체 원자가 내는 빛이다. 네온은 빨간색을 내는데, 약간의 아르곤과 혼합하면 청록색이 된다. 들뜬 상태에서 노란색을 내는 인광을 유리 내벽에 코팅해서 노란색을 얻는다. (*Andrea Heselton/Alamy.*)

파티 풍선에도 쓰였지만, 공급이 제한되어 지금은 권장하지 않는다.

헬륨의 끓는점은 4.2 K로, 모든 물질 가운데 가장 낮다. 가볍고 빨리 움직이는 원자에 압력을 가해서 좁은 공간에 가둬두지 않으면, 아무리 온도를 낮추어도 고체로 얼지 않는다. 이러한 성질과 화학적 비활성 덕분에 헬륨은 매우 낮은 온도에서 물질을 연구하는 **저온물리학(cryogenics)** 분야에 유용하다(예: 초전도성 연구, Topic 8A). 헬륨은 하나 이상의 액체상을 갖는 유일한 물질이다(그림 8J.1). 2 K 이하에서 액체 헬륨-II는 점성에 의한 마찰 없이 흐르는 **초유체성(superfluidity)**이라는 놀라운 성질을 보인다.

(b) 네온, 아르곤, 크립톤, 제논 네온(Ne)에 전기 방전을 하면 주홍색의 선명한 빛을 방출하기 때문에 광고 간판이나 디스플레이에 널리 사용된다(그림 8J.2). 아르곤(Ar)은 용접할 때 산화가 일어나지 않도록 비활성 대기를 만들거나, 전구에 채워 열전도를 높여 필라멘트의 과열을 막는다. 크립톤(Kr)에 전기 방전을 하면 강한 백색광이 나오기 때문에 공항 활주로 조명으로 쓴다. 크립톤은 핵분열에 의해 생성되기 때문에, 대기 중 크립톤 양은 전 세계에서 일어나는 핵과 관련된 활동을 추적하는 지표가 된다. 제논(Xe)은 자동차 헤드라이트용 할로젠 램프와 고속 사진용 플래시 튜브에 사용되며, 마취제로도 연구되고 있다.

모든 비활성 기체는 반응성이 없는 단원자 기체 형태로 자연에 존재한다. 헬륨은 두 가지 액체상을 갖는데, 낮은 온도의 액체상은 초유체성이 있다.

8J.2 비활성 기체의 화합물과 응용

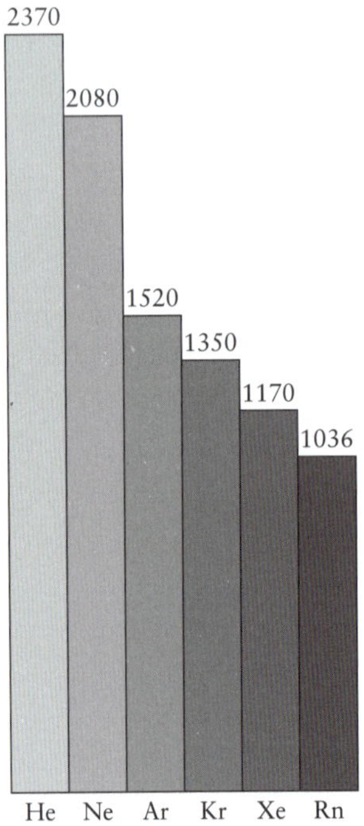

그림 8J.3 비활성 기체의 이온화 에너지는 주기율표에서 족의 아래로 내려갈수록 지속적으로 감소한다. 표시된 값은 kJ mol^{-1} 단위이다.

비활성 기체의 이온화 에너지는 매우 높지만, 주기율표에서 족의 아래로 내려갈수록 감소한다(그림 8J.3). 전기 음성도가 아주 높은 원소에게는 전자를 잃을 만큼, 제논은 이온화 에너지가 작다. 헬륨이나 네온은 아주 특별한 조건(예: 버크민스터풀러렌 내부에 갇힌 He나 Ne 원자)이 아니면 화합물을 만들지 않는다. 플루오린화 아르곤 ArF는 레이저의 활성 매질로 순간적으로 생성될 수 있다. 플루오로수소화 아르곤 HArF는 아르곤과 플루오린화 수소의 반응으로 합성할 수 있지만 27 K 이하에서만 안정하다. 크립톤은 KrF_2 외에는 안정한 중성 분자를 만들지 않는다. Kr−N 결합이 있는 화합물이 1988년에 발표되었지만, −50 °C 이하에서만 안정하다. 결국 제논이 가장 다양한 화학적 성질을 가진 비활성 기체로 남는다. 제논은 플루오린, 산소 등과 여러 화합물을 만들며, Xe−N이나 Xe−C 결합(예: $(C_6F_5)_2Xe$)이 있는 화합물도 알려져 있다.

제논 화합물을 만들기 위해서는 다이플루오린화 제논 XeF_2와 테트라플루오린화 제논 XeF_4

가 필요하다. Xe와 F_2의 혼합물을 6 기압에서 400 °C까지 가열해서 이들 물질을 얻는다. 더 높은 압력에서는 플루오린화 반응이 헥사플루오린화 제논 XeF_6까지 진행된다. 이들 세 화합물 XeF_2, XeF_4, XeF_6는 모두 결정성 고체인데(**그림 8J.4**), 기체상에서는 분자성 화합물이다. 하지만 고체 상태에서 XeF_6는 이온성 화합물로서 XeF_5^+ 양이온이 F^- 음이온으로 연결된 복잡한 구조를 갖는다.

그림 8J.4 테트라플루오린화 제논 XeF_4의 결정. 이 화합물은 6기압, 400 °C에서 제논과 플루오린을 반응시켜 1962년에 처음 합성했다. (*Argonne National Laboratory*)

플루오린화 제논은 강력한 플루오린화제(다른 물질에 플루오린 원자를 결합하는 시약)로 사용된다. 테트라플루오린화 제논은 백금 금속까지지도 플루오린화한다.

$$Pt(s) + XeF_4(s) \rightarrow Xe(g) + PtF_4(s)$$

플루오린화 제논은 제논 산화물과 제논 산소산을 만드는 데 사용된다. 일련의 불균등화(disproportionation) 반응을 거치면서 제논의 산화수는 +8까지도 올라간다. 먼저, 테트라플루오린화 제논은 불균등화 반응에서 삼산화 제논(XeO_3)으로 가수 분해된다.

$$6\,XeF_4(s) + 12\,H_2O(l) \rightarrow 2\,XeO_3(aq) + 4\,Xe(g) + 3\,O_2(g) + 24\,HF(aq)$$

삼산화 제논 XeO_3(**1**)는 제논산(xenic acid) H_2XeO_4(**2**)의 무수물로서, 알칼리 수용액과 반응하면 제논산수소(hydrogenxenate) 이온 $HXeO_4^-$가 된다. $HXeO_4^-$는 천천히 불균등화해서 제논과 정팔면체 구조의 과제논산 이온(perxenate) XeO_6^{4-}(**3**)가 된다. 여기서 제논의 산화수는 +8이다. 과제논산 수용액은 노란색이며 제논의 산화수가 높아서 강력한 산화제로 작용한다. 과제논산 바륨을 황산으로 처리하면 탈수 반응으로 사산화 제논 XeO_4(**4**)가 된다. 사산화 제논은 과제논산(perxenic acid)의 무수물로서 폭발성이 있을 정도로 불안정한 기체이다.

1 삼산화 제논, XeO_3

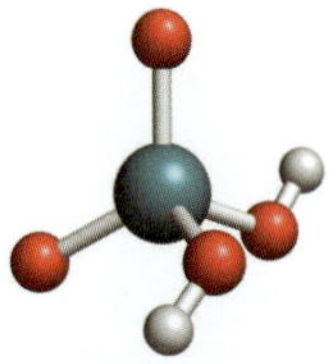

2 제논산, H_2XeO_4

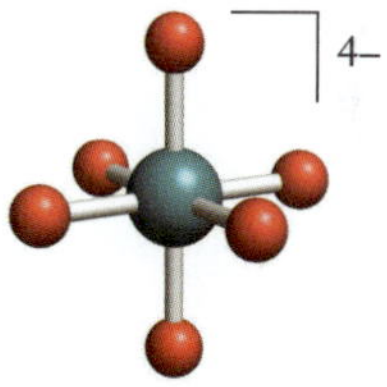

3 과제논산 이온, XeO_6^{4-}

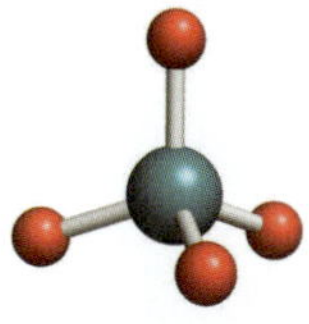

4 사산화 제논, XeO_4

자습 8J.1A 18족에서 주기율표 아래로 내려갈수록 원소가 화합물을 더 잘 만드는 이유를 설명하시오.

[**답**: 족의 아래로 내려갈수록 이온화 에너지가 감소하기 때문에 원자량이 큰 원소가 전자를 공유하기 더 쉬워진다.]

자습 8J.1B $XeOF_4$ 분자의 모양을 예측하시오.

비활성 기체의 화합물은 주로 플루오린화물이나 염화물의 형태로 엑시머(excimer) 레이저에 사용된다. 엑시머 레이저는 압축된 기체 분자를 전기 방전으로 들뜬 상태로 만든다. 들뜬 상태의 분자가 바닥 상태의 분자와 결합하면 들뜬 복합체 또는 엑스플렉스(exciplex)가 된다. 이 복합체가 해리될 때 빛이 나오는데, 파장은 원자의 조합에 따라 다르다. ArF는 193 nm, KrF는 248 nm, XeCl은 308 nm의 빛을 낸다. 엑시머 레이저는 자외선으로 유발되는 화학 반응, 레이저 눈 수술, 기타 의료 시술 등에 다양하게 응용된다(**그림 8J.5**).

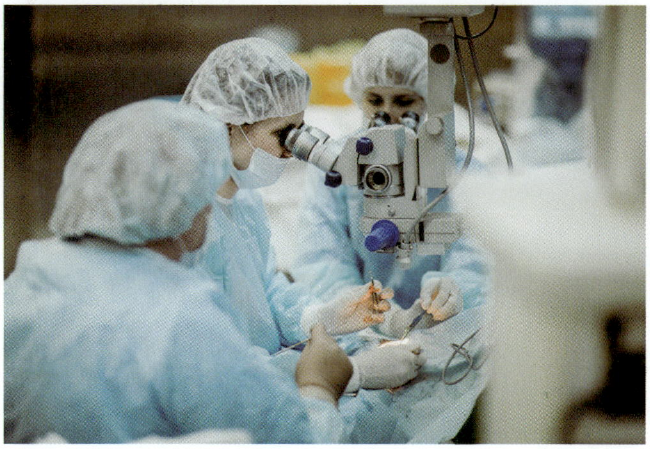

그림 8J.5 의료진이 엑시머 레이저를 사용해서 환자에게 라식(LASIK) 눈 수술을 하고 있다. (© *PRESSLAB/Shutterstock*)

비활성 기체 중 유일하게 제논이 플루오린이나 산소와 다양한 화합물을 만든다. 플루오린화 제논은 강력한 플루오린화제이며, 산화 제논은 강력한 산화제이다.

Topic 8J 연습 문제

8J.1 헬륨 및 아르곤의 생산에 필요한 원료는 무엇인가?

8J.2 크립톤 및 제논의 생산에 필요한 원료는 무엇인가?

8J.3 다음 각 화합물에서 비활성 기체 원소의 산화수를 정하시오.
(a) KrF_2 (b) XeF_6 (c) KrF_4 (d) XeO_4^{2-}

8J.4 다음 각 화합물에서 비활성 기체 원소의 산화수를 정하시오.
(a) XeO_3 (b) XeO_6^{4-} (c) XeF_2 (d) $HXeO_4^-$

8J.5 테트라플루오린화 제논은 강력한 산화제로서, 산성 용액에서 제논으로 환원된다. 이 반쪽 반응의 화학 반응식을 쓰시오.

8J.6 다음을 균형 화학 반응식으로 완성하시오.

(a) $XeF_6(s) + H_2O(l) \rightarrow XeO_3(aq) + HF(aq)$
(b) $Pt(s) + XeF_4(s) \rightarrow$
(c) $Kr(g) + F_2(g) \xrightarrow{\text{전기 방전}}$

8J.7 H_2XeO_4와 H_4XeO_6의 상대적인 산의 세기를 예측하고, 그 이유를 설명하시오.

8J.8 H_2XeO_4와 H_4XeO_6의 상대적인 산화력의 세기를 예측하고, 그 이유를 설명하시오.

8J.9 KrF_4 분자의 모양을 예측하시오.

8J.10 XeF_5^+ 이온의 모양을 예측하시오.

Topic 8K d-구역 원소: 개관

d-구역 원소들의 물리적 성질은 유사하지만(Topic 8A), 화학적 성질은 매우 다양해서 간단하게 요약하기는 거의 불가능하다. 이들 원소는 모두 ns^1 또는 ns^2의 원자가 껍질 전자 배치를 갖지만, d-전자가 있기 때문에 화학적 성질과 물리적 성질은 1족이나 2족 원소와 아주 다르다. 몇 가지 대표적인 원소, 특히 d-구역의 첫 번째 주기에 있는 원소들의 특성을 살펴봄으로써, d-구역 내의 주요 경향성을 알아보고자 한다.

8K.1 스칸듐에서 니켈까지

스칸듐에서 니켈까지 4주기 전이 금속의 물리적 성질을 **표 8K.1**에 정리해 놓았다(역자 주: 스칸듐에서 시작하는 주기율표의 네 번째 줄은 '4주기(Period 4)'이지만, 전이 금속만을 따로 떼어내어 다룰 때는 d-구역의 첫 번째 줄이라는 의미에서 '1주기(first-row)'라는 용어를 쓰기도 한다. 맥락에 따라 이해하기 바란다). 이들 원소는 녹는점과 끓는점은 유사하지만, 밀도는 주기율표의 오른쪽으로 갈수록 점차 커진다는 점에 주목하자.

(a) 스칸듐 1937년에 처음으로 분리되었다. 반응성이 큰 금속으로서, 칼슘과 비슷한 정도로 물과 격렬하게 반응한다. 용도는 그다지 없으며, 생명 현상에 필수적인 원소도 아니다. 크기가 작고 전하는 큰 Sc^{3+} 이온은 물에서 (Al^{3+}처럼) 강하게 수화되며, 생성된 $[Sc(OH_2)_6]^{3+}$ 착물은 아세트산 정도 세기의 Brønsted 산이다.

유의 사항

물이 착물의 일부인 경우, 산소 원자 쪽으로 금속 원자나 이온에 배위한다는 점을 강조하기 위해 화학식을 OH_2로 쓴다. d-금속 착이온을 나타내기 위해 대괄호를 보통 쓴다.

(b) 타이타늄 타이타늄(Ti)은 강하고 가벼운 금속이기 때문에 제트 엔진, 자전거 프레임, 치아 교정용 고정물 등 다양한 분야에 사용된다. 타이타늄은 비교적 반응성이 있지만, 표면에 산화

표 8K.1 스칸듐에서 니켈까지 d-구역 원소의 물리적 성질

Z	이름	기호	원가가 전자 배치	녹는점/°C	끓는점/°C	밀도/ $(g\cdot cm^{-3})$
21	스칸듐	Sc	$3d^14s^2$	1540	2800	2.99
22	타이타늄	Ti	$3d^24s^2$	1660	3300	4.55
23	바나듐	V	$3d^34s^2$	1920	3400	6.11
24	크로뮴	Cr	$3d^54s^1$	1860	2600	7.19
25	망가니즈	Mn	$3d^54s^2$	1250	2120	7.47
26	철	Fe	$3d^64s^2$	1540	2760	7.87
27	코발트	Co	$3d^74s^2$	1494	2900	8.80
28	니켈	Ni	$3d^84s^2$	1455	2150	8.91

물 층이 생겨 부식에 강하다. 타이타늄 산화물 층 위에는 뼈가 성장할 수 있기 때문에 정형외과 분야에서 유용하게 활용된다.

타이타늄은 주로 **타이타늄철석**(ilmenite) $FeTiO_3$와 **루틸**(rutile) TiO_2 광석에서 얻는데, 금속으로 추출하려면 강력한 산화제가 필요하다. 20세기 후반에 항공우주 산업이 성장해서 타이타늄에 대한 수요가 늘기 전까지는 상업적으로 그리 널리 활용되지 않았다. 먼저, 원석을 코크스(공기가 없는 상태에서 석탄을 가열해서 얻은, 불순물이 많은 탄소)와 함께 염소와 반응시켜 염화 타이타늄(IV)을 얻는다. 염화 타이타늄(IV)은 휘발성이 있는데, 액체 마그네슘을 통과하면서 타이타늄 금속으로 환원된다.

$$TiCl_4(g) + 2\,Mg(l) \xrightarrow{700\,°C} Ti(s) + 2\,MgCl_2(s)$$

타이타늄의 가장 흔한 산화 상태는 +4인데, 두 개의 4s-전자와 두 개의 3d-전자를 모두 잃어버린 상태이다. 가장 주요한 화합물은 산화 타이타늄(IV) TiO_2인데, 보통 이산화 타이타늄으로 알려져 있다. 미세한 분말일 때는 눈부신 흰색인데, 독성이 없고 안정한 고체 물질이기 때문에 페인트와 종이에 백색 안료로 쓰인다. 태양광으로 전류를 만드는 태양광 전지에도 사용된다.

타이타늄은 **타이타늄산 염**(titanate)이라고 부르는 다양한 산화 음이온(oxoanion)을 만든다. TiO_2를 다른 금속의 산화물이나 탄산염과 당량으로 섞은 후 가열하면 된다. 타이타늄산 바륨은 고체 상태의 TiO_2와 $BaCO_3$의 반응으로 만드는데, 전압을 가하면 기계적 변형이 일어나는 **압전**(piezoelectric) 소자에 사용된다.

$$TiO_2(s) + BaCO_3(s) \xrightarrow{1100\,°C} BaTiO_3(s) + CO_2(g)$$

생각해 보기

왜 이산화 타이타늄 분말은 흰색인가?

(c) 바나듐 바나듐(V)은 은회색 무른 금속인데, 산화물이나 염화물을 환원해서 만든다. 예를 들어, 산화 바나듐(V)을 용융 칼슘으로 환원하면 바나듐 금속이 된다.

$$V_2O_5(s) + 5\,Ca(l) \xrightarrow{\Delta} 2\,V(s) + 5\,CaO(s)$$

바나듐은 자동차와 트럭의 스프링용 특수강 제조에 쓰인다. 순수한 금속을 철에 첨가하는 방법은 경제적이지 않기 때문에, 다른 금속(이 경우에는 바나듐)이 높은 비율로 들어간 형태인 **철합금**(ferroalloy)을 대신 쓴다.

그림 8K.1 많은 바나듐 화합물은 선명한 색깔의 수용액을 만들며, 도자기 유약에도 쓰인다. 사진에 보이는 파란색은 바나딜 이온 VO^{2+}에서 온다. *(Copyright Macmillan Learning, photo by Ken Karp.)*

그림 8K.2 크로뮴산 이온 CrO_4^{2-}는 노란색이다. 이 용액에 산을 넣으면 주황색 다이크로뮴산 이온 $Cr_2O_7^{2-}$가 만들어진다. (*Copyright Macmillan Learning, photo by Ken Karp.*)

산화 바나듐(V) V_2O_5는 흔히 오산화 바나듐(vanadium pentoxide)으로 알려져 있는데, 바나듐 화합물 가운데 가장 중요하다. 노란 주황색 고체로서, 접촉법을 이용하는 황산 제조(Topic 8H)에서 산화 촉매(산화 반응을 가속하는 촉매)로 쓰인다. 바나딜 이온(VO^{2+})의 파란색을 비롯한 다양한 색깔의 바나듐 화합물(**그림 8K.1**)은 도자기 유약에 사용된다.

(d) 크로뮴 크로뮴(Cr)이라는 원소 이름은 '색'을 뜻하는 그리스어에서 유래했는데, 크로뮴이 만드는 여러 다채로운 화합물에서 영감을 받은 듯하다. 크로뮴은 밝은 광택이 있으며, 부식에 강한 금속으로서, 검은색 광물인 **크로뮴철광**(chromite) $FeCr_2O_4$를 전기 아크로(electric arc furnace)에서 탄소를 이용해서 환원해서 주로 얻는다.

$$FeCr_2O_4(s) + 4C(s) \xrightarrow{\Delta} Fe(l) + 2Cr(l) + 4CO(g)$$

크로뮴철광보다는 흔하지 않지만 녹색 광물인 **크로미아**(chromia) Cr_2O_3를 테르밋 공정(thermite process)에서 알루미늄을 이용해 환원해서 크로뮴을 얻을 수도 있다.

$$Cr_2O_3(s) + 2Al(s) \xrightarrow{\Delta} Al_2O_3(s) + 2Cr(l)$$

크로뮴은 금속 공학에서 중요하다. 스테인리스강 제조나 크로뮴 도금(Topic 6O)에 쓰인다. 흑갈색 고체인 산화 크로뮴(IV) CrO_2는 강자성(ferromagnetic) 물질로서, 핵 스핀의 방향을 이용해서 정보를 저장하는 **스핀트로닉스**(spintronics)에 응용하는 연구가 이루어지고 있다.

크로뮴산 소듐(Na_2CrO_4)은 노란색 고체로 대부분의 크로뮴 화합물(예: 살균제, 안료, 도자기 유약에 사용)을 만드는 출발 물질이다. 산성 조건에서 크로뮴산 이온 CrO_4^{2-}는 주황색 다이크로뮴산 이온 $Cr_2O_7^{2-}$로 변환된다(**그림 8K.2**).

$$2CrO_4^{2-}(aq) + 2H^+(aq) \rightarrow Cr_2O_7^{2-}(aq) + H_2O(l)$$

크로뮴의 산화수가 +6인 다이크로뮴산 이온의 산성 용액은 실험실에서 산화제로 유용하다.

$$Cr_2O_7^{2-}(aq) + 14H^+(aq) + 6e^- \rightarrow 2Cr^{3+}(aq) + 7H_2O(l) \qquad E° = +1.33\ V$$

(e) 망가니즈 망가니즈(Mn)는 철과 비슷한 회색 금속이다. 크로뮴보다 부식에 덜 강하고, 공기 중에 노출되면 갈색의 얇은 산화물 층으로 덮인다. 따라서 망가니즈 단독으로는 거의 사용하지 않고, 합금의 주요 성분으로 쓰인다. 철에 불순물로 들어있는 황은 FeS를 만들어 소재의 내구성을 떨어뜨린다. 망가니즈를 페로망가니즈(ferromanganese) 형태로 철에 넣으면, 황과 먼저 반응해서 황화 망가니즈 MnS를 만든다. FeS와 MnS는 둘 다 강철 입자 사이의 균열에 모이지만, FeS는 낮은 온도에서 녹아 균열이 확산되는 반면, MnS는 그렇지 않다. 망가니즈는 또한 철의 경도, 강도, 내마모성을 높인다. 망가니즈가 사용되는 또 다른 유용한 합금은 **망가**

니즈 청동(manganese bronze)인데, 질량비로 Zn 39%, Mn 1%, 소량의 철과 알루미늄, 나머지는 구리로 이루어져 있다. 부식에 매우 강해서 선박의 프로펠러에 사용된다. 망가니즈와 알루미늄의 합금은 음료수 캔의 강도를 높이기 때문에 더 얇은 두께의 용기를 만들 수 있다.

망가니즈는 이산화 망가니즈(MnO_2)의 광물 형태인 **연망가니즈석**(pyrolusite)을 테르밋 공정으로 처리해서 얻는다.

$$3\,MnO_2(s) + 4\,Al(s) \xrightarrow{\Delta} 3\,Mn(l) + 2\,Al_2O_3(s)$$

망가니즈는 7족 원소이기 때문에 주기율표의 가운데쯤에 위치하며, 다양한 산화수를 갖는다. 가장 안정한 상태는 산화수 +2이지만, +4, +7, 그리고 드물게 +3도 가능하다. 상업적으로 가장 중요한 망가니즈 화합물은 산화 망가니즈(IV) MnO_2인데, 이산화 망가니즈라고도 부른다. 흑갈색 고체로서, 건전지, 유리의 녹색빛을 감추는 탈색제, 다른 망가니즈 화합물 생산의 원료 등으로 사용된다. 과망가니즈산 포타슘은 산성 용액에서 강력한 산화제로 작용해서, 유기 화합물의 산화제나 약한 살균제로 쓰인다. 산화 반응이 열역학적으로 선호될 뿐 아니라, 다양한 메커니즘으로 일어난다는 점에서 쓸모가 있다. 그 결과, 낮은 활성화 에너지 경로를 따라 빠르게 반응한다.

(f) 철 철(Fe)은 모든 d-금속 중에서 가장 널리 사용되며, 지구에서 가장 풍부한 원소이다. 주로 지구 핵에 분포해 있으며, 지각에는 알루미늄에 이어 두 번째로 많은 금속이다. 철이 들어있는 주요 광석으로는 **적철광**(hematite) Fe_2O_3와 **자철광**(magnetite) Fe_3O_4가 있으며, 강철을 만드는 데 사용된다. 황화물 형태인 **황철광**(pyrite) FeS_2(그림 8H.5 참조)는 손쉽게 구할 수 있으나, 황을 제거하기 어렵기 때문에 강철 제조에는 쓰이지 않는다. 강철은 합금(alloy)의 중요한 사례이다. 합금은 용융된 금속을 섞어 만드는데, 강철의 경우 탄소도 함께 넣는다.

14세기 이전까지 철은 탄소 함량이 높은 **주철**(cast iron)로 주로 이용되었다. 주철은 단단하고 녹는점이 높지만, 부서지기 쉽다. 지금도 기계적 충격이나 열 충격을 거의 받지 않는 물건(예: 장식용 난간, 엔진 블록, 조리기구, 변속기 덮개 등)에는 주철을 여전히 사용한다. 아마도 강철은 처음에는 철을 숯불에서 가열해서 만들었을 것이다. 강철은 주철보다 탄소 함량이 낮으며, 경도, 강도, 내부식성 등이 우수해서 오늘날 가장 많이 사용하는 철의 형태다.

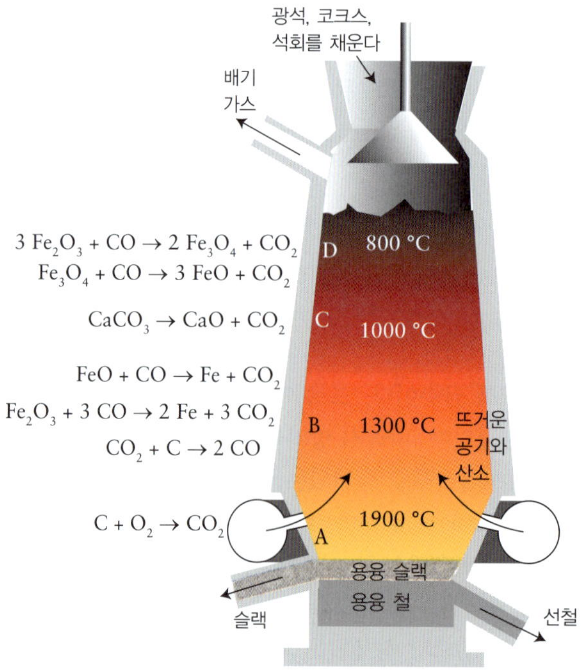

그림 8K.3 철광석은 코크스, 석회석과 혼합물로 만들어 용광로에서 환원시킨다. 공기와 산소를 주입하면 개별 구역(A에서 D까지 표시)마다 각기 다른 반응이 일어난다. 산화물 형태인 광물은 용광로에서 생성된 일산화 탄소에 의해 금속으로 환원된다.

강철을 만드는 공정은 보통 산화철 Fe_2O_3 형태인 철광석의 채굴에서 시작한다. 여러 단계의 산화–환원 반응과 Lewis 산–염기 반응을 통해 산화철을 환원시킨다. 철광석, 코크스, 석회석(Topic 8C)의 혼합물을 약 40 m 높이의 용광로 상부에 계속 채운다(그림 8K.3). 철 1 kg을 생산하려면 약 1.75 k의 철광석, 0.75 kg의 코크스, 0.25 kg의 석회석이 필요하다. 용광로의 열기 속에 석회석은 산화 칼슘(석회)과 이산화 탄소로 분해된다. 산화 칼슘에 포함된 Lewis 염기인 O^{2-} 이온은 철광석에 포함된 불순물인 산성 및 양쪽성 산화물의 제거를 돕는다.

$$CaO(s) + SiO_2(s) \xrightarrow{\Delta} CaSiO_3(l)$$
$$CaO(s) + Al_2O_3(s) \xrightarrow{\Delta} Ca(AlO_2)_2(l)$$
$$6\,CaO(s) + P_4O_{10}(s) \xrightarrow{\Delta} 2\,Ca_3(PO_4)_2(l)$$

반응 생성물의 혼합물은 **슬랙**(slag)이라고 부르는데, 고온의 용광로 안에서는 액체 상태로서, 밀도가 높은 용융철 위에 떠 있다. 슬랙은 걷어내어 가공해서 석재와 유사하게 건축 자재로 쓴다.

용광로의 네 가지 주요 온도 구역에서 일어나는 일련의 반응을 통해 용융철이 만들어진다. 예열된 공기에 압력을 가해서 하단의 구역 A를 통해서 용광로 안으로 불어넣으면 코크스가 산화되면서 용광로를 1900 °C까지 가열하고, 이산화 탄소의 형태로 탄소를 공급한다. 상단에서는 철이 금속 상태로 단계적으로 환원된 후 녹아서 구역 C에서 구역 A로 흘러내린다. 순수한 철의 녹는점은 1540 °C이지만, 탄소가 4% 포함된 철은 약 1015 °C에서 녹는다. 이산화 탄소는 구역 B로 이동하면서 코크스에서 나온 탄소 일부와 반응해서 일산화 탄소를 만든다. 이 반응은 흡열 반응이기 때문에 온도가 1300 °C로 떨어진다. 이 반응에서 생성된 일산화 탄소는 구역 C와 D로 올라가면서 일련의 반응(그림 8K.3)을 통해 철광석을 환원한다. 철은 용융된 선철(pig iron)의 형태로 용광로 바닥을 통해 흘러나온다.

용광로에서 생산된 선철은 추가 공정을 거쳐야 강철이 된다. 첫 번째 단계에서는 철의 탄소 함량을 낮추고 남아있는 불순물을 제거한다. **염기성 산소 공정**(basic oxygen process)에서 산소와 석회석 가루를 용융 금속에 밀어 넣는다. 두 번째 단계에서는 적절한 금속을 **철합금**(ferroalloys, 바나듐과 철의 합금이 바나듐 철(ferrovanadium)과 같은 금속 혼합물)의 형태로 용융철에 넣어 강철을 만든다. 이렇게 만들어진 강철은 철이 탄소를 2% 이하로 함유한 합금이다. 탄소 함량이 높을수록 강철은 더 단단하지만 부러지기 쉽다. 저탄소강(탄소 함량 0.15% 미만)은 무르고 연성이 커서 철사를 만드는 데 쓰인다. 고탄소강(탄소 함량 0.61~1.5%)은 칼과 드릴 비트를 만들 만큼 단단하다. **스테인리스 강**(stainless steel)은 부식에 매우 강하며, 질량비로 약 15%의 크로뮴이 들어 있다(표 8K.2).

철은 반응성이 꽤 커서 습한 공기 중에서 부식된다. HNO_3처럼 금속 표면을 보호하는 산화막을 형성하는 산화성 산과는 반응하지 않는다. 하지만, 비산화성(nonoxidizing) 산과는 반응

표 8K.2 다양한 강철의 조성

철에 혼합하는 원소	통상적인 양(%)	효과
망가니즈	0.5~1.0	강도 및 경도 향상, 연성 감소
	13	내마모성 향상
니켈	<5	강도 및 내충격성 향상
	>5	내식성(스테인리스) 및 경도 향상
크로뮴	변동	경도 및 내마모성 향상
	>12	내식성 향상(스테인리스)
바나듐	변동	경도 향상
텅스텐	<20	경도 향상(특히 고온에서)

해서 수소를 만들고 철(II) 염이 된다. 이들 염의 색은 연한 노란색에서 진한 녹갈색까지 다양하다. 철(II) 염은 철(III) 염으로 쉽게 산화된다. 산화 반응은 산성 용액에서는 느리지만, 염기성 용액에서는 불용성 수산화 철(III) $Fe(OH)_3$가 침전되면서 빠르게 일어난다. $[Fe(OH_2)_6]^{3+}$ 이온은 연한 보라색이고, Fe^{3+} 때문에 자수정(amethyst)은 자주색이지만, 철(III) 염의 수용액의 색은 $[Fe(OH_2)_6]^{3+}$의 짝염기인 노란색 $[FeOH(OH_2)_5]^{2+}$ 이온에 가장 큰 영향을 받는다.

$$[Fe(OH_2)_6]^{3+}(aq) + H_2O(l) \rightleftharpoons H_3O^+(aq) + [FeOH(OH_2)_5]^{2+}(aq)$$

니켈과 같은 다른 d-구역 금속과 마찬가지로, 철은 산화수가 0인 화합물을 만들 수 있다. 예를 들어, 철을 일산화 탄소와 가열하면, 103 °C에서 끓는 노란색 액체인 **펜타카보닐 철**(iron pentacarbonyl) $Fe(CO)_5$가 생성된다.

건강한 성인의 몸에는 약 3~4 g의 철이 있는데, 대부분은 헤모글로빈으로 존재한다. 매일 약 1 mg의 철이 땀, 배설물, 모발 등을 통해 손실되며, 여성은 생리 기간 동안 약 20 mg의 철을 잃는다. 따라서 철을 매일 섭취해서 균형을 유지해야 한다.

생각해 보기

식단에서 어떤 식품이 철분을 공급하는가?

(g) 코발트 코발트(Co)를 함유한 광석은 종종 황화 구리(II)와 함께 발견된다. 코발트는 은회색 금속으로서 철과 합금을 만드는 데 주로 사용된다. 알루미늄, 니켈, 코발트, 철의 합금인 **알니코 강철**(alnico steel)은 스피커의 영구 자석에 쓰인다. 코발트 강철은 매우 단단해서 외과 수술용 기구, 드릴 비트, 선반 공구 등에 이용된다. 코발트 유리의 색깔은 산화 코발트(II)를 실리카, 알루미나와 함께 가열해서 만드는 파란색 안료 때문이다.

(h) 니켈 니켈(Ni) 또한 합금에 사용된다. 니켈은 단단한 은백색의 금속으로서, 주로 스테인리스 강철이나, 구리 합금인 **백동**(cupronickel)에 들어간다. 백동은 미국에서 5센트 동전을 만드는 데 쓰이는데, 니켈 25%와 구리 75%로 이루어져 있다. 소량의 코발트를 넣으면 백동의 노란색 색조를 없앨 수 있다. 니켈은 또한 니켈-카드뮴(NiCad) 배터리나 촉매 반응에도 쓰인다. 식물성 기름의 수소화(hydrogenation) 반응(Topic 10B)처럼 유기 화합물에 수소를 첨가하는 반응의 촉매를 예로 들 수 있다.

서방 세계 니켈 공급량의 약 70%는 캐나다 Ontario주 Sudbury 광산에서 나온다(그림 8K.4). 약 20억년 전에 거대한 운석이 격렬하게 충돌하면서 철과 니켈의 황화물 광석을 지표 가까이

그림 8K.4 캐나다 Ontario주 Sudbury 광산이 서방 세계의 니켈 공급량 대부분을 충당한다. (*P199/CC BY-SA 3.0/Wikimedia Commons*)

로 이동시켰다. 광석을 먼저 공기 중에서 가열해서 산화 니켈(II)로 만든 후, 전기 분해하거나 **Mond 공정**의 첫 단계에서 수소 기체와 반응시켜 니켈 금속으로 환원시킨다.

$$NiO(s)+H_2(g)\xrightarrow{\Delta}Ni(s)+H_2O(g)$$

아직 불순물을 포함하고 있는 니켈은 먼저 일산화 탄소로 처리해서 테트라카보닐 니켈 $Ni(CO)_4$로 만든다.

$$Ni(s)+4CO(g)\rightarrow Ni(CO)_4(g)$$

테트라카보닐 니켈은 독성이 있는 휘발성 액체로서, 43 °C에서 끓기 때문에 불순물에서 쉽게 분리할 수 있다. 순수한 니켈 테트라카보닐을 약 200 °C로 가열해서 분해하면 니켈 금속을 얻을 수 있다.

니켈의 가장 흔한 산화수는 +2이다. 니켈 염의 수용액이 녹색을 띠는 이유는 $[Ni(OH_2)_6]^{2+}$ 이온 때문이다.

자습 8K.1A 산화물 Fe_2O_3와 Fe_3O_4 가운데 어느 것이 더 강한 산성 수용액을 만들 것인가? 그 이유를 설명하시오.

[답: Fe_2O_3. Fe의 산화수가 더 높기 때문이다.]

자습 8K.1B (a) 테트라카보닐 니켈이 만들어지는 반응은 Lewis 산–염기 반응인가, 아니면 산화–환원 반응인가? (b) 만일 Lewis 산–염기 반응이라면, 무엇이 산이고 무엇이 염기인가? 만일 산화–환원 반응이라면, 무엇이 산화제이고 무엇이 환원제인가?

4주기 d-구역 원소인 타이타늄에서 니켈까지는 광석에서 화학적인 방법으로 얻는다. 주기율표에서 오른쪽으로 갈수록 금속을 환원하기 쉽다. 이들 금속은 특히 합금으로서 산업적 용도가 많다.

8K.2 11족과 12족

d-구역의 오른쪽 가장자리에 가까운 원소들은 d-오비탈이 전자로 모두 채워져 있다. 11족에는 구리, 은, 금과 같은 **주화 금속(coinage metal)**이 있으며, 원자가 껍질 전자 배치는 $(n-1)d^{10}ns^1$이다(표 8K.3). 12족에는 아연, 카드뮴, 수은이 있으며, 원자가 껍질 전자 배치는 $(n-1)d^{10}ns^2$이다. d-전자는 가림 효과가 약하기 때문에 바깥 껍질 전자에 대한 핵의 영향력이 크고, 그 결과 주화 금속은 반응성이 낮다. 6주기로 내려가면 란타넘족 수축(lanthanide contraction) 때문에 이 효과가 더욱 강화되고, 금이 비활성을 갖는 이유가 된다.

표 8K.3 11족과 12족 원소의 물리적 성질

Z	이름	기호	원가가 전자 배치	녹는점/°C	끓는점/°C	밀도/($g\cdot cm^{-3}$)
29	구리	Cu	$3d^{10}4s^1$	1083	2567	8.93
47	은	Ag	$4d^{10}5s^1$	962	2212	10.50
79	금	Au	$5d^{10}6s^1$	1064	2807	19.28
30	아연	Zn	$3d^{10}4s^2$	420	907	7.14
48	카드뮴	Cd	$4d^{10}5s^2$	321	765	8.65
80	수은	Hg	$5d^{10}6s^2$	−39	357	13.55

그림 8K.5 중요한 세 가지 구리 광석. (왼쪽에서 오른쪽으로) 황동광 $CuFeS_2$, 공작석(malachite) $CuCO_3 \cdot Cu(OH)_2$, 휘동광(chalcocite) Cu_2S.

그림 8K.6 산업 규모의 구리 제련소에서는 제련으로 얻은, 불순물이 포함된 용융 상태의 구리를 틀에 부어 넣는다. 다음 단계에서 전기 분해로 구리의 정제가 이루어진다. (© *Nordroden/Shutter Stock*)

그림 8K.7 구리가 공기 중에서 부식되면 보기 좋은 연녹색의 염기성 탄산 구리($Cu_2(OH)_2CO_3$) 층이 생긴다. 이 녹청, 즉 외피가 표면을 덮으면 부식이 더 일어나지 않는다. (*Smithr32/CC BY-SA 4.0/Wikimedia Commons*)

(a) 구리 구리(Cu)는 반응성이 낮아 금속 상태 그대로 발견되기도 하지만, 대부분은 황화물, 특히 **황동광**(chalcopyrite) $CuFeS_2$에서 얻는다(그림 8K.5).

광석에서 금속을 추출하는 방법은 고온을 이용하는 **건식제련**(**pyrometallurgical**, 그림 8K.6)과 수용액을 이용하는 **습식제련**(**hydrometallurgical**)으로 분류된다. 구리의 추출에는 두 가지 방법이 모두 사용된다.

어느 공정을 사용하든 여전히 불순물이 포함된 구리가 얻어지기 때문에 전기 분해법으로 정련해야 한다. 정련이 필요한 구리를 산화 전극으로 쓰면 순수한 구리로 만든 환원 전극 표면이 도금된다. 불순물로 들어 있던 금속 가운데, 전극 전위가 큰 양(+)의 값을 갖는 금속 또한 구리와 함께 환원된다. 산화 전극 부근에서 찌꺼기로 떨어지는 백금, 은, 금과 같은 희귀 금속을 판매하면 전기 분해에 들어간 전기 비용의 상당 부분을 회수할 수 있다.

황동이나 청동 같은 구리 합금은 구리 자체보다 단단하고 부식에 강하기 때문에 건설 재료로 중요하다. 구리는 습한 공기 중에서는 산소, 이산화 탄소와 반응해서 부식된다.

$$2Cu(s) + H_2O(l) + O_2(g) + CO_2(g) \xrightarrow{\Delta} Cu_2(OH)_2CO_3(s)$$

이 반응의 연녹색 생성물은 **염기성 탄산 구리**(basic copper carbonate)라고 하는데, 구리나 청동으로 만든 물건에 녹청(=푸른색 녹)이 생기는 원인이다(그림 8K.7). 표면에 달라붙은 녹청은 금속이 더 산화되는 것을 막고, 외관을 보기 좋게 한다.

다른 주화 금속과 마찬가지로, 구리도 산화수 +1의 화합물을 만든다. 하지만, 수용액에서는 구리(I) 염이 불균등화(disproportionation) 반응으로 구리(0) 금속과 구리(II) 이온이 된다. 구리(II) 이온은 물에서 $[Cu(OH_2)_6]^{2+}$ 이온으로 존재한다.

구리는 동물의 대사에 필수적이다. 포유류의 경우, 구리가 들어 있는 효소는 건강한 신경 조직과 결합 조직에 필수적이다. 문어와 일부 절지동물에서는 구리가 산소를 운반하기 때문에 혈액이 파란색이나 녹색이다. 포유류는 철이 그 역할을 하기 때문에 혈액이 빨간색이다.

(b) 은 은(Ag)의 일부는 자연에서 금속 형태로 발견되지만, 대부분은 구리나 납의 제련 과정에서 부산물로 얻는다. 한때는 사진 산업을 통해 상당량이 재활용되었다. 은의 표준 환원 전위는 양(+)의 값이기 때문에 $H^+(aq)$를 수소로 환원하지 못한다. 황이나 황 화합물과는 쉽게 반응하기 때문에, 은 접시와 식기류가 검은색으로 변색되는 일이 흔하다.

거의 대부분의 은 화합물에서 은의 산화수는 +1이며, 은(I)은 수용액에서 불균등화 반응을 하지 않는다. 질산 은($AgNO_3$), 플루오린화 은(AgF) 및 일부를 제외하고는, 은의 염은 일반적으로 물에 거의 녹지 않는다. 질산 은은 가장 중요한 은 화합물로서 할로젠화 은을 만드는 출발 물질이다.

(c) 금 금 귀금속인 금(Au)은 반응성이 낮아서 대부분 금속 형태로 자연에서 발견된다. 순금은 '24캐럿 금'으로 분류된다. 금을 은이나 구리와 합금으로 만들면 경도와 빛깔이 달라지는데, 금의 함유량에 따라 분류한다. 예를 들어 10캐럿 금과 14캐럿 금에는 각각 질량비로 $\frac{10}{24}$ 및 $\frac{14}{24}$의 금이 들어있다. 금은 전성과 연성이 뛰어나 1 g의 금으로 1 m^2의 면적으로 펼쳐지는 모양을 만들 수도 있고, 2 km 이상 길이의 선을 뽑을 수도 있다.

금은 질산과 같은 강한 산화제와도 반응하지 않을 만큼 비활성이다. 금의 산화-환원 반쪽 반응의 표준 환원 전위는 다음과 같은데,

$$Au^+(aq) + e^- \rightarrow Au(s) \quad E° = +1.69\ V$$
$$Au^{3+}(aq) + 3e^- \rightarrow Au(s) \quad E° = +1.40\ V$$

H^+/H_2 및 NO_3^-, H^+/NO, H_2O의 표준 환원 전위보다 높다.

$$NO_3^-(aq) + 4H^+(aq) + 3e^- \rightarrow NO(g) + 2H_2O(l) \quad E° = +0.96\ V$$

하지만 금은 **왕수**(aqua regia, 진한 질산과 염산의 혼합물)와 반응해서 $[AuCl_4]^-$ 착이온을 만든다.

$$Au(s) + 6H^+(aq) + 3NO_3^-(aq) + 4Cl^-(aq) \rightarrow [AuCl_4]^-(aq) + 3NO_2(g) + 3H_2O(l)$$

Au 금속이 Au^{3+} 이온이 되는 화학 반응의 평형 상수는 매우 작지만, 생성물인 Au^{3+}가 즉시 Cl^- 이온과 착물을 형성해서 평형에서 제거되기 때문에 반응은 정방향으로 일어난다. 다른 금속의 제련에도 널리 쓰이는 방법에 따라, 금도 공기를 불어넣은 수용액에서 NaCN과 반응해서 $[Au(CN)_2]^-$ 착이온을 만든다.

$$4Au(s) + 8NaCN(aq) + O_2(aq) + 2H_2O(l) \rightarrow 4Na[Au(CN)_2](aq) + 4NaOH(aq)$$

(d) 아연 아연(Zn)은 주로 황화 아연 ZnS의 형태로 **섬아연광**(sphalerite)에서 발견되는데, 종종 납 광석도 함께 나온다. 가열 후, 코크스로 제련하는 과정을 거쳐 아연을 추출한다.

$$2ZnS(s) + 3O_2(g) \xrightarrow{\Delta} 2ZnO(s) + 2SO_2(g)$$
$$ZnO(s) + C(s) \xrightarrow{\Delta} Zn(l) + CO(g)$$

아연은 주로 철의 전기 도금(Topic 6N)에 사용된다. 구리와 마찬가지로, 공기와 접촉하면 염기성 탄산염 $Zn_2(OH)_2CO_3$의 견고한 막이 생겨 표면이 보호된다.

아연과 카드뮴 모두 은색의 반응성이 높은 금속으로서 서로 유사하지만, 수은과는 아주 다르다. 아연은 이웃한 주족 원소인 알루미늄이나 인듐처럼 양쪽성이어서, 산과 반응하면 Zn^{2+} 이온이 되고, 알칼리와 반응하면 아연산 이온(zincate ion) $[Zn(OH)_4]^{2-}$가 된다.

$$Zn(s) + 2OH^-(aq) + 2H_2O(l) \rightarrow [Zn(OH)_4]^{2-}(aq) + H_2(g)$$

따라서 아연으로 도금한 용기는 알칼리를 운송하는 데 사용해서는 안 된다. 같은 족의 아래쪽에 있는 카드뮴은 금속성이 더 크고, 그 산화물도 염기성이 더 크다.

(e) 카드뮴 아연과 마찬가지로, 카드뮴(Cd)도 모든 화합물에서 +2의 산화수를 갖지만, 두 금속의 생물학적 효과는 매우 다르다. 아연은 사람의 건강에 필수적인 원소이다. 아연은 많은 효소에 들어 있으며, DNA 발현과 성장에 필요하다. 매우 높은 양으로 있을 때만 독성이 있다. 반면에 카드뮴은 치명적인 독성이 있으며, 체내에서 아연이나 칼슘과 같은 필수 금속을 대체해서 물질 대사를 방해하고, 뼈를 무르게 하며, 신장과 폐 질환을 유발한다.

(f) 수은 수은(Hg)은 주로 HgS의 형태로 광물 **진사광**(cinnabar)에 들어 있으며, 공기 중에서 가열해서 금속으로 얻는다.

$$HgS(s) + O_2(g) \xrightarrow{\Delta} Hg(g) + SO_2(g)$$

금속 자체의 휘발성이 있으므로 증류해서 분리하고 응축시킨다. 수은은 상온에서 액체 상태인 유일한 금속 원소로서(참고: 갈륨과 세슘은 날씨가 더워야 액체가 된다), 녹는점 −39 °C에서 끓는점 357 °C까지 넓은 온도 범위에서 액체이므로 온도계, 무소음 전기 스위치, 고진공 펌프에 쓰기 적절하다.

수은은 전기화학적 계열(electrochemical series)에서 수소보다 위에 있어서 수소 이온에 의해 산화되지는 않는다. 하지만, 질산과는 반응한다.

$$3Hg(l) + 8H^+(aq) + 2NO_3^-(aq) \rightarrow 3Hg^{2+}(aq) + 2NO(g) + 4H_2O(l)$$

거의 모든 수은 화합물에서 수은의 산화수는 +1 또는 +2이다. 산화수 +1 상태의 화합물에서 수은(I) 이온은 공유 결합 이원자 이온 $(Hg-Hg)^{2+}$의 특이한 형태로 존재하는데, Hg_2^{2+}라고 표기한다.

수은을 포함한 화합물, 특히 유기수은 화합물은 매우 독성이 강하다. 수은 증기는 그 영향이 누적되기 때문에 서서히 퍼지는 독이다. 낮은 수준의 수은 증기에 자주 노출되면 수은이 체내에 축적되고, 신경 기능 저하, 청력 손실, 기타 질병 등으로 이어진다.

보충 설명

예전에는 모자를 만드는 펠트 제조에 수은 염을 사용했다. 이러한 화합물에 오랫동안 노출되면 수은 중독으로 인한 신경 손상으로 미친 모자장수병(mad hatter's disease)에 걸린다. '모자장수처럼 미친(mad as a hatter)'이라는 관용구가 여기에서 유래했다.

자습 8K.2A 표준 Gibbs 자유 에너지를 이용해서 298 K에서 $CuS(s) + O_2(g) \rightarrow Cu(s) + SO_2(g)$ 반응의 $\Delta G°$를 계산하시오(참고: $\Delta G_f° = -49.0\ kJ{\cdot}mol^{-1}$).

[답: $\Delta G° = -251.2\ kJ$]

자습 8K.2B 수은과 질산이 반응해서 Ag(I)(aq) 이온과 NO 기체를 만드는 반응의 표준 전지 전위 $E_{전지}°$를 구하시오.

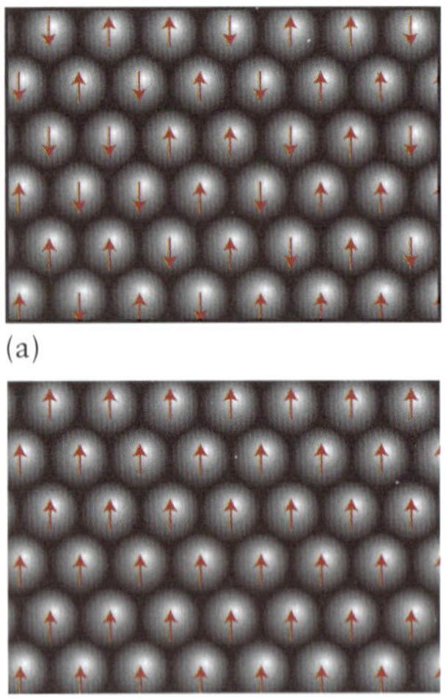

(a)

(b)

그림 8K.8 강자성 물질에는 철, 코발트, 철 산화물 광물인 자철광(magnetite) 등이 있다. 많은 원자들의 전자 스핀이 같은 방향으로 향하기 때문에 강한 자기장을 만드는 결정으로 이루어져 있다. (a) 자기장을 걸어주기 전에는 스핀이 무작위로 배열되어 있다. (b) 자기장을 걸어준 후의 모습. 여기서 화살표는 전자 스핀을 나타낸다.

11족 금속과 12족 금속은 화합물로부터 쉽게 환원될 수 있으며, d-전자가 핵 전하를 잘 가리지 못해서 반응성이 낮다. 구리는 건식제련이나 습식제련을 이용해서 광석에서 추출해 낸다.

8K.3 응용: 합금과 자성 물질

상자기성은 물질이 자기장 안으로 이동하려는 경향이다(화학 이야기 2G.2). 자기장과 정렬할 수 있는 홑전자(스핀)가 하나 이상 있는 원자나 분자에서 나타나는 현상이다. 하지만, 이웃 원자나 분자의 스핀이 거의 무작위로 정렬되기 때문에 상자기성은 매우 약하며, 자기장을 제거하면 전자 스핀의 정렬이 사라진다. 철, 코발트, 니켈과 같은 일부 d-금속에서는 인접한 많은 원자의 홑전자들이 자기장 안에서 서로 정렬할 때 더 강한 효과인 **강자성(ferromagnetism)**이 나타난다. 스핀이 정렬된 부분을 **자화 영역(domain)**이라고 하는데(그림 8K.8), 걸어주었던 자기장을 제거해도 이 영역은 계속 유지된다.

강자성은 상자기성보다 훨씬 강하며, 강자성 물질로 영구 자석이나 컴퓨터 하드 드라이브 코팅을 만든다. 전자기 기록 헤드는 플래터(platter, 데이터가 저장된 원판)가 회전할 때 많은 수의 스핀을 정렬하는데, 자화 영역에 정렬된 스핀은 수년 간 유지된다. 알니코(alnico)와 같은 합금, 철이나 크롬의 산화물과 같은 일부 d-금속 화합물이 강자성이다. **반강자성 물질(antiferromagnetic material)**에서는 인접한 스핀이 **역방향**(antiparallel)으로 정렬해서 고정되기 때문에 자기 모멘트가 상쇄된다. 망가니즈는 반자성이다. **준강자성 물질(ferrimagnetic material)**에서는 인접한 원자의 스핀이 다르기 때문에 역방향으로 고정되더라도 자기 모멘트가 서로 완전히 상쇄되지는 않는다. **자철광**(magnetite, Fe_3O_4)은 Fe^{2+}와 Fe^{3+}가 같은 양으로 들어 있는 준강자성 화합물이다.

그림 8K.9 자석을 점성이 있는 자성 용액에서 들어 올리면, Fe_3O_4 입자가 자기장에 따라 정렬된다. 입자와 기름 속 세제 분자 사이의 강한 인력 때문에 액체 또한 입자와 함께 자기장으로 끌려온다.(*Steve Jurvetson/CC BY 2.0/Wikimedia Commons*)

자성 용액(ferrofluid)은 강자성 액체로서, 자철광 Fe_3O_4의 미세한 분말을 점성이 있는 기름(예: 광유)에 비누나 세제와 함께 넣어 분산시킨 현탁액이다. 세제 분자가 극성 작용기 쪽을 이용해서 철 산화물 입자 주변에 모여서 일종의 **마이셀**(micelle, Topic 5D)과 비슷한 클러스터를 만들어 둘러싸기 때문에 입자는 가라앉지 않는다. 세제 분자의 비극성 부분이 기름 쪽을 향하기 때문에 마이셀은 콜로이드 현탁액을 만든다. 자석을 자성 용액에 가까이 대면, 액체 안의 입자는 자기장에 정렬되려고 하지만 기름은 제자리를 유지하려고 한다(그림 8K.9). 그 결과 자기장을 이용해서 자성 용액의 흐름과 위치를 제어할 수 있다. 자성 용액은 운동 기구

표 8K.4 전형적인 합금의 조성

합금	질량 백분율 조성
황동	아연을 40% 까지 함유한 구리
청동	아연이나 니켈이 아닌 금속을 함유한 구리(주물 청동: 10% Sn과 5% Pb)
백동	니켈을 함유한 구리(동전 백동: 25% Ni)
백랍	6% 안티모니와 1.5% 구리를 함유한 주석
땜납	보통 약 60% 주석과 40% 납
스테인리스 강	크로뮴을 12% 이상 함유한 철

의 제동 시스템에 쓰이는데, 강한 자기장을 가할수록 운동에 대한 저항도 커진다. 또한, 우주에 있는 망원경의 왜곡을 보정하고 초점을 선명하게 조정하는 유연한 변형 거울을 만드는 목적으로도 연구되고 있다.

d-구역 금속은 합금을 잘 만든다. 합금은 두 가지 이상의 용융 금속을 혼합한 후 냉각시켜 얻는 금속 물질이다. 몇 가지 대표적인 합금을 표 8K.4에 정리했다. 합금은 구성 성분, 결정 구조, 개별 입자의 크기와 모양에 따라 특성이 다르다. **균일 합금(homogeneous alloy)**에서는 다른 원소의 원자들이 균일하게 분포한다. 황동, 청동, 동전을 만드는 합금 등을 예로 들 수 있다. **불균일 합금(heterogeneous alloy)**은 다른 조성의 결정상 혼합물로 이루어져 있다(그림 8K.10). 주석-납 땜납과 한때 치아 충전에 사용되었던 수은-은 아말감 등을 예로 들 수 있다.

그림 8K.10 80% 비스무트와 20% 주석으로 이루어진 불균일 합금의 현미경 사진에서 상 분리를 볼 수 있다. 밝은 영역은 비스무트의 농도가 높고, 어두운 영역은 주석의 농도가 높다. 하지만, 개별 영역은 균일하다. (*M. Charles and A. Cockburn/ University of Cambridge.*)

결정 격자 내에서 한 금속의 원자가 다른 금속의 원자로 대체된 합금을 **치환형 합금(substitutional alloy)**이라고 한다(그림 8K.11). 치환형 합금을 만들려면 원소의 원자 반지름이 약 15% 이상 차이 나지 않아야 한다(그림 8K.12). 예를 들어, '구리' 동전을 만드는 구리-아연 합금의 경우 아연 원자(반지름 133 pm)와 구리 원자(반지름 128 pm)가 거의 같은 크기이기 때문에 아연 원자가 결정 내 구리 원자 자리의 일부를 차지할 수 있다. 치환형 합금에서 더 적게 존재하는 원소의 원자는 원래 금속의 격자 모양을 일그러뜨려 전자의 흐름과 열 운동의 확산을 방해한다. 그 결과, 치환형 합금은 순수한 원소보다 전기 및 열 전도성이 낮다. 또한, 치환형 합금에서는 격자가 일그러져 있기 때문에 원자의 한 층이 미끄러지면서 다른 층을 지나가기 어렵다. 그래서 치환형 합금은 순수한 금속보다 경도와 강도가 높다.

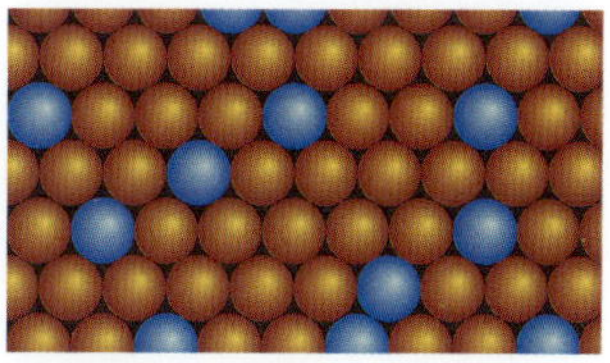

그림 8K.11 치환형 합금에서는 한 금속의 원자 자리 일부가 다른 금속의 원자로 대체된다. 이때 두 원소의 원자 반지름은 비슷해야 한다.

자습 8K.3A 결정 구조의 일그러짐 없이 20.00%의 구리 원자가 아연 원자로 대체된 황동의 상대 밀도(순수한 구리 대비)를 추정하시오.

[**답**: 1.006]

자습 8K.3B 결정 구조의 일그러짐 없이 50.00%의 구리 원자가 아연 원자로 대체된 황동의 상대 밀도(순수한 구리 대비)를 추정하시오.

강철은 질량비로 최대 2%의 탄소를 포함하는 철의 균일 합금이다. 탄소 원자(반지름 77 pm)가 철 원자(반지름 124 pm)보다 훨씬 작기 때문에 결정 격자에서 철을 대체하지 않는다. 대신 철 격자의 틈새(interstice, 구멍)에 들어갈 수 있다. 이렇게 만들어진 물질을 틈새형 합

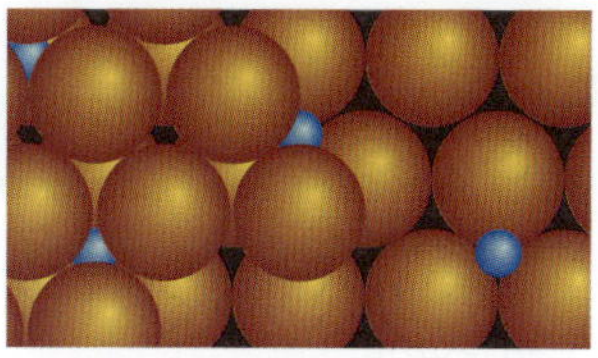

그림 8K.13 틈새형 합금에서는 한 금속의 원자가 다른 금속의 원자 사이의 틈에 놓인다. 여기서 두 원소의 원자 반지름은 크게 달라야 한다.

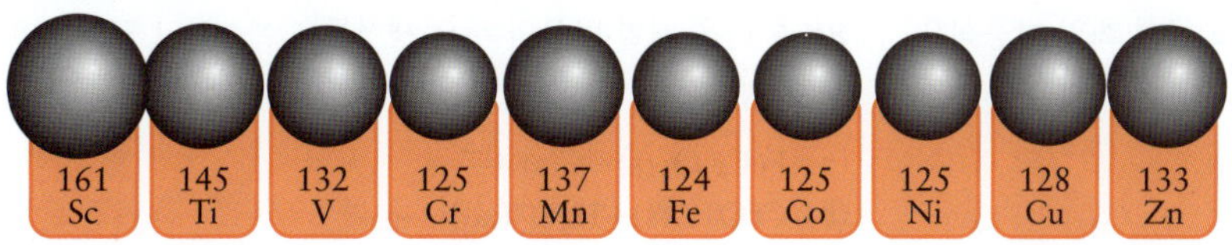

그림 8K.12 1주기 d-구역 금속 원자의 상대적 반지름(pm 단위).

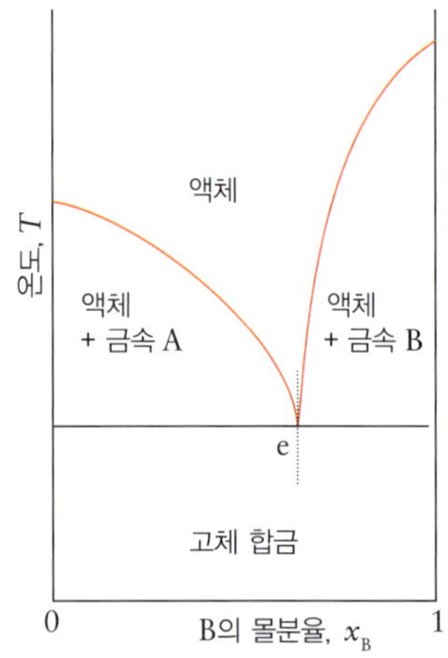

그림 8K.14 온도에 따라 합금의 녹는점이 어떻게 변하는지 보여주는 온도-조성 곡선. 점 'e'를 지나는 수직선이 공융 조성이다. 이 점이 합금이 녹을 수 있는 최저 온도이다.

금(interstitial alloy)이라고 한다(그림 8K.13). 두 원소가 틈새형 합금을 만들려면 용질 원소(틈새를 채우는 원소—역자 주)의 원자 반지름이 주인 금속(틈새를 채우는 원소가 들어가는 원래 금속—역자 주) 원자 반지름의 약 60% 미만이 되어야 한다. 틈새 원자는 전기 전도도를 낮추고, 격자를 구성하는 원자의 운동을 방해한다. 움직임이 제한되기 때문에 합금은 순수한 호스트 금속보다 경도와 강도가 높다.

구리와 주석으로 만든 청동은 가장 오래된 합금 가운데 하나이다. 순수한 구리는 1083 °C에서 녹기 때문에 숯불로 작업하기 어렵다. 주석은 232 °C에서 녹기 때문에 조리기구로 쓸 수 없다. 두 금속 모두 무르기 때문에 도구를 만들기에도 적절하지 않다. 하지만 청동은 구리와 주석의 녹는점 사이의 온도에서 녹으며, 구리의 함량이 높을수록 녹는점이 높아진다. 또한 청동은 구리나 주석보다 훨씬 단단하고 부식에 강하기 때문에 유용한 도구를 만들 수 있다. 그래서 약 5000년 전에 청동기 시대가 열렸다.

황동은 구리와 아연의 치환형 균질 합금으로 부식 저항성이 우수하다. 황동에 포함된 아연의 비율은 다양하지만 보통 30% 부근이다. 주석, 비소, 안티모니 등을 황동에 넣어 부식 저항성을 높이고, 철을 넣어 경도를 높일 수 있다.

비스무트와 카드뮴은 불균일 합금을 만든다. 비스무트와 카드뮴의 용융 혼합물이 응고된 고체는 순수한 비스무트와 순수한 카드뮴의 작은 결정들의 혼합물이다. 비스무트가 많은 용융 혼합물이 냉각되면 비스무트가 석출되고, 남은 액체는 카드뮴이 많은 조성으로 변한다. 카드뮴이 많은 용융 혼합물이 냉각되면 카드뮴이 석출되고, 남은 액체는 비스무트가 많은 조성으로 변한다. 이렇게 조성이 변하기 때문에 비스무트와 카드뮴의 합금은 넓은 온도 범위에서 굳고 녹는다. 하지만, 합금 전체가 하나의 일정한 온도에서 굳고 녹는 조성이 있으며, 이때 그 온도는 순수한 금속의 녹는점보다 더 낮다(그림 8K.14). 이런 성질을 갖는 혼합물을 **공융(eutectic)** 혼합물이라고 부른다. '쉽게 녹는다'는 그리스어에서 유래한 이름이다.

자습 8K.4A 그림 8K.14의 온도-조성 곡선이 납(금속 A)과 주석(금속 B)의 혼합물에 해당한다고 가정했을 때, 공융 혼합물을 이루는 개별 금속의 질량 백분율을 추정하시오.

[답: 51% Pb, 0.49% Sn]

자습 8K.4B 그림 8K.14의 온도-조성 곡선이 은(금속 A)과 니켈(금속 B)의 혼합물에 해당한다고 가정했을 때, 공융 혼합물을 이루는 개별 금속의 질량 백분율을 추정하시오.

자성 물질은 상자기성, 준강자성, 강자성, 반강자성이 될 수 있다. 강자성 물질에서는 전자 스핀의 큰 자화 영역이 동일한 방향으로 고정된다. 합금은 순수한 금속보다 강하고 전기 전도도가 낮은 경향이 있다. 치환형 합금에서는 용질 금속의 원자가 유사한 원자 반지름을 가진 금속의 일부 원자를 대체한다. 틈새형 합금에서는 용질 원소의 원자가 원자 반지름이 더 큰 금속이 만드는 격자의 틈새에 들어간다.

Topic 8K 연습 문제

8K.1 다음 개별 반응의 주요 생성물을 예측하고 균형 화학 반응식으로 완성하시오.

(a) $TiCl_4(s) + Mg(s) \xrightarrow{\Delta}$
(b) $CoCO_3(s) + HNO_3(aq) \longrightarrow$
(c) $V_2O_5(s) + Ca(l) \xrightarrow{\Delta}$

8K.2 다음 개별 반응의 주요 생성물을 예측하고 균형 화학 반응식으로 완성하시오.

(a) $FeCr_2O_4(s) + C(s) \xrightarrow{\Delta}$
(b) $CrO_4^{2-}(s) + H_3O^+(aq) \longrightarrow$
(c) $MnO_2(s) + Al(s) \xrightarrow{\Delta}$

8K.3 (a) 루틸, (b) 적철광, (c) 연망가니즈석, (d) 크로뮴철광의 주성분 물질의 체계적 이름(화합물 명명법에 따른)과 화학식을 쓰시오.

8K.4 (a) 황철광, (b) 황동광, (c) 염기성 탄산 구리, (d) 진사광의 주성분 물질의 체계적 이름과 화학식을 쓰시오.

8K.5 다음 물질에서 해당 원소의 산화수는 무엇인가?
(a) $BaTiO_3$에서 Ti (b) $Zn_2(OH)_2CO_3$에서 Zn

8K.6 다음 물질에서 해당 원소의 산화수는 무엇인가?
(a) VO^{2+}에서 V (b) $[Zn(OH)_4]^{2-}$에서 Zn

8K.7 (a) 철광석에서 철을 생산할 때 쓰는 환원제는 무엇인가? (b) 용광로에서 철이 생산되는 화학 반응식을 쓰시오. (c) 용광로에서 나오는 불순물의 대다수를 차지하는 물질은 무엇인가?

8K.8 (a) 용광로에 석회석을 넣는 이유는 무엇인가? (b) 용광로에서 석회석의 화학 반응식을 쓰시오.

8K.9 다음 개별 과정을 기술하는 화학 반응식을 쓰시오.
(a) 고체 V_2O_5가 산과 반응해서 VO^{2+} 이온을 만든다.
(b) 고체 V_2O_5가 염기와 반응해서 VO_4^{3-} 이온을 만든다.

8K.10 다음 개별 과정에 해당하는 화학 반응식을 쓰시오.
(a) 테르밋 공정을 이용한 크로뮴 생산.
(b) 습한 공기 중의 이산화 탄소에 의한 구리의 부식.
(c) 일산화 탄소를 이용한 니켈의 제련.

8K.11 금과 은이 구리보다 반응성이 낮은 이유를 전자 배치를 고려해서 설명하시오.

8K.12 철(III)는 철(II)로부터 쉽게 얻을 수 있지만, 니켈(II)를 니켈(III)로, 또는 코발트(II)를 코발트(III)로 변환하기는 훨씬 어려운 이유를 전자 배치를 고려해서 설명하시오.

8K.13 부록 2B의 정보를 이용해서, 표준 상태에서 산성 다이크로뮴산 소듐 용액이 (a) 브로민화 이온을 브로민으로, (b) 은(I) 이온을 은(II) 이온으로 산화시킬 수 있을지 판단하시오.

8K.14 부록 2B의 정보를 이용해서, 표준 상태에서 산성 과망가니즈산 포타슘 용액이 (a) 염화 이온을 염소로, (b) 수은 금속을 수은(I) 이온으로 산화시킬 수 있을지 판단하시오.

8K.15 (a) 왜 크로뮴(III) 염이 수용액을 산성으로 만드는지 설명하시오. (b) 왜 크로뮴(III) 이온이 있는 용액에 수산화 이온을 천천히 넣으면 젤 상태의 침전물이 처음에 생겼다가, 수산화 이온이 더 들어가면 녹는지 설명하시오. 이러한 크로뮴(III) 이온의 거동을 설명하는 화학 반응식을 쓰시오.

8K.16 망가니즈는 주변 원자와 다른 성질이 있다. 예를 들어, 일정한 압력에서 Cr(s) 1.0 mol을 원자화하려면 0.40 MJ, Fe(s) 1.0 mol을 원자화하려면 0.42 MJ의 에너지가 필요한 데 비해, Mn(s) 1.0 mol의 원자화에는 0.28 MJ의 에너지만 필요하다. 망가니즈의 이온화 엔탈피가 낮은 이유를 기체 상태 원자의 전자 배치를 이용해서 설명하시오.

8K.17 인터넷 자료를 이용해서, 상온에서 d-구역 원소의 자기적 성질(반자기성, 상자기성, 강자성, 반강자성)을 가능한 많이 조사하시오.

8K.18 연습 문제 8K.17에서 찾아낸 원소들 가운데 상자기성 원소가 공통적으로 갖는 전자 배치의 특징은 무엇인가?

8K.19 Curie 온도 T_C는 강자성이 될 수 있는 물질이 실제로 강자성이 되는 온도이다. 강자성은 Curie 온도보다 높은 온도에서 일어나겠는가, 아니면 낮은 온도에서 일어나겠는가?

8K.20 관찰되는 성질로 볼 때, 반자기성, 상자기성, 강자성, 반강자성의 차이는 무엇이며, 이러한 성질이 나타나는 이유는 무엇인지 설명하시오.

8K.21 마그날륨(magnalium)은 결정 구조의 일그러짐 없이 알루미늄 원자의 30.0%를 마그네슘 원자로 대체한 마그네슘-알루미늄 합금이다. 순수한 알루미늄과 비교했을 때 마그날륨의 상대 밀도를 계산하시오.

8K.22 알루미늄 청동은 질량비로 8.0%의 알루미늄이 들어간 합금이다. 결정 구조의 일그러짐은 없다고 가정하고, 순수한 구리와 비교했을 때 알루미늄 청동의 상대 밀도를 계산하시오.

8K.23 합금은 그 성분을 이루는 순수한 금속과 물리적 성질이 어떻게 다른가?

8K.24 균일 합금과 불균일 합금의 차이는 무엇인가? 개별 유형의 사례를 제시하시오.

8K.25 다음 합금에서 개별 원소의 상대적인 원자 개수를 계산하시오.
(a) 질량비로 25%의 Ni이 구리에 포함된 구리–니켈 주화
(b) 질량비로 7%의 안티모니와 3%의 구리를 주석에 넣은 백랍의 일종

8K.26 다음 합금에서 개별 원소의 상대적인 원자 개수를 계산하시오.
(a) 장식용 철을 땜질하는 데 쓰는 녹는점이 낮은 합금인 Rose 금속은 질량비로 28%의 납과 22%의 주석을 넣은 비스무트이다.
(b) 항공기용 소재로 알루미늄을 경화시킨 두랄루민(duralumin) AA2024는 질량비로 4.4%의 구리, 1.5%의 마그네슘, 0.6%의 망가니즈를 넣은 알루미늄이다.

Topic 8L 배위 화합물

8L.1 배위 착물
8L.2 착물의 모양
8L.3 이성질체

d-구역 원소의 가장 두드러진 특성 가운데 하나는 배위 화합물을 만드는 능력이다. 배위 화합물은 화학, 의학, 산업에서 널리 사용된다. 많은 d-구역 원소들은 물에 녹아 특유의 색을 띠는 배위 화합물을 형성한다. 예를 들어, 고체 상태의 염화 구리(II)는 갈색이고 브로민화 구리(II)는 검은색이지만, 이들의 수용액은 모두 옅은 파란색이다. 이 파란색은 고체가 녹아서 형성하는 수화 구리(II) 이온 $Cu(OH_2)_6{}^{2+}$에서 나온다. 화학식이 암시하듯, 이러한 수화 이온은 특정한 조성을 가진다. 물 분자가 Lewis 염기(전자쌍 주개, Topic 6A 참조)로, Cu^{2+} 이온이 Lewis 산(전자쌍 받개)으로 작용하는 반응의 결과로 볼 수 있다. 이러한 유형의 Lewis 산–염기 반응은 많은 d-구역 원소의 양이온에서 볼 수 있다. 주족 원소들도 유사하게 거동하지만, d-구역 원소들이 이 특성을 더 뚜렷하게 보여준다.

수화 이온 $Cu(OH_2)_6{}^{2+}$는 **배위 착물**(coordination complex)의 예로서, 중심 금속 원자나 이온에 여러 개의 분자나 이온이 배위 공유 결합(coordinate covalent bond)을 하는 화학종이다(Topic 6I). 착이온의 화학식은 보통 대괄호 안에 넣기 때문에, $[Cu(OH_2)_6]^{2+}$로 표기한다. 전기적으로 중성인 착물의 경우 대괄호가 필요 없다. **배위 화합물**(coordination compound)은 배위 착물을 포함하는 전기적으로 중성인 화합물이다. $Ni(CO)_4$와 같이 전기적으로 중성인 화합물과 K4[Fe(CN)$_6$]와 같은 이온 결합 화합물 모두 배위 화합물이다.

Lewis 산으로 작용하는 d-금속 이온과 다양한 Lewis 염기로 만들어지는 착물의 구조, 성질, 이용은 많은 관심을 끌고 있다. 이들 착물은 생물학적으로 중요한 반응에도 참여하기 때문이다. 예를 들어, 헤모글로빈은 철 착물이고, 비타민 B_{12}는 코발트 착물이다(**화학 이야기 8L.1**). d-금속 착물은 많은 경우 밝은 색을 띠고, 자성이 있으며, 화학 분석, 이온 용해, 금속의 전기도금, 촉매 반응 등에 사용된다. 또한 태양 에너지 변환, 대기 중 질소 고정, 의약품 연구의 주요 대상이기도 하다.

8L.1 배위 착물

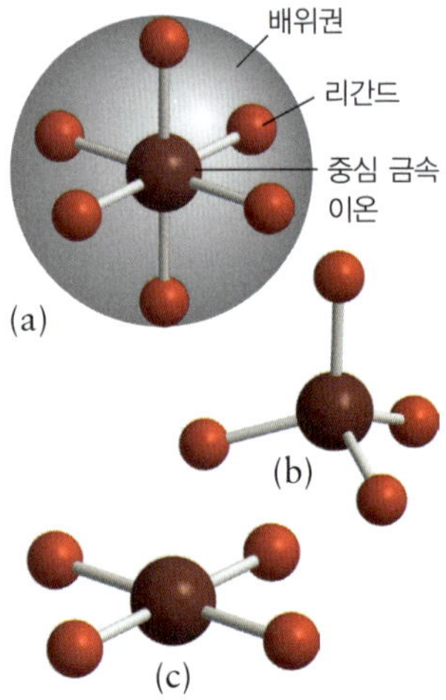

d-금속 착물에서 중심 금속 원자나 이온에 결합한 Lewis 염기를 **리간드(ligand)**라고 한다('결합하다'는 의미의 라틴어에서 유래했다). 리간드는 이온일 수도 있고, 분자일 수도 있다. 이온성 리간드(ionic ligand)의 예로 사이안화 음이온이 있다. 헥사사이아노철(II) 이온 $[Fe(CN)_6]^{4-}$에서 CN^- 이온은 Lewis 산 Fe^{2+}와 결합하는 전자쌍을 제공한다. 중성 착물 $Ni(CO)_4$에서는 Ni 원자가 Lewis 산의 역할을 하고, 리간드는 CO 분자로서 Lewis 염기 역할을 한다.

착물을 이루는 개별 리간드는 적어도 하나의 비공유 전자쌍이 있는데, 이 전자쌍으로 중심 금속 원자나 이온에 배위 공유 결합을 한다. 이런 방식으로 착물을 만들 때, 리간드가 금속에 **배위(coordinate)**한다고 말한다. 이들 리간드는 중심 금속 원자나 이온 주변에 **배위권(coordination sphere)**을 구성한다. 리간드가 중심 금속 원자나 이온에 결합한 자리의 개수를 **배위수(coordination number)**라고 한다(**그림 8L.1**). $Ni(CO)_4$의 배위수는 4이고 $[Fe(CN)_6]^{4-}$의

그림 8L.1 (a) 거의 모든 6배위 착물은 정팔면체 구조이다. 4배위 착물은 (b) 정사면체 또는 (c) 사각평면 구조를 갖는다.

화학 이야기 8L.1 생명 유지를 위해 무엇이 필요한가?

d-금속을 먹어야 하는 이유

우리 세포에 있는 중요한 효소 가운데 일부는 **금속 단백질**(metalloenzyme)로서, 긴 아미노산 사슬과 적어도 하나의 금속 원자로 이루어진 거대한 유기 분자이다. 금속 단백질은 생명을 조절하고 질병에서 보호하기 때문에 생화학자들이 활발하게 연구하고 있다. 금속 단백질에 포함된 d-구역 금속 착물은 산화–환원 반응과 산–염기 반응에 촉매로 작용하고, 에너지와 산소의 흐름을 조절하며, 세포막, 근육, 피부, 골격 등의 구성 요소가 된다.

헤모글로빈과 마이오글로빈은 철(II) 이온이 헴(heme)기의 중심에 놓여 있으며, 가장 잘 알려진 금속 단백질이다. 포유동물의 체내에서 산소 운반과 저장 메커니즘에 관여한다. 평면 헴 구조의 아민/이민(amine/imine)기에서 유래한 네 개의 질소 원자가 리간드로 작용해서 가운데 철 원자에 결합한다. 히스티딘 아미노산(표 10E.3 참조)의 질소 원자가 다섯 번째 리간드로 결합해서 철 원자를 중심으로 변형된 사각 피라미드 구조를 완성한다. 추가로 산소 분자가 리간드로 철 원자에 직접 결합하면 변형된 정팔면체 형태가 된다(그림 참조).

코발트는 악성 빈혈과 일부 정신 질환을 예방하는 데 필요한 d-금속이다. 비타민 B_{12}(코발라민(cobalamin)이라고도 부른다)의 활성에 필요한 보조효소의 필수 부분이며, 비타민이 빨간색인 이유이기도 하다. 여기서 코발트 원자는 정팔면체 착물인데, 리간드 가운데 다섯 개는 유기 아민/이민기에서 온 질소 원자이고 여섯 번째 리간드는 $-CH_2-$기로 결합한다. 코발라민은 금속–탄소 결합이 있는 유일한 생체 분자로 알려져 있다. 코발라민이 생체 촉매로 중요한 이유는 이 금속–탄소 결합이 쉽게 해리되는 동시에, 코발트 이온의 산화 상태가 변할 수 있기 때문이다.

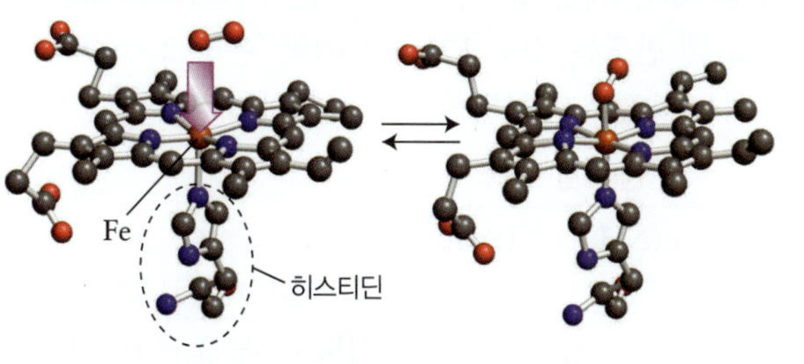

산소 분자는 헤모글로빈 분자의 헴기에 있는 철(II) 원자에 결합해서 신체의 곳곳으로 운반되며, 마이오글로빈의 헴 그룹으로 옮겨 가서 저장된다. 철(II) 원자는 사각 피라미드 구조에서 질소 원자로 이루어진 바닥의 가운데 자리에 위치한다. 왼쪽 그림은 산소 분자가 헴기에 접근하는 모습이고, 오른쪽 그림은 산소 분자가 결합한 후의 헤모글로빈 구조이다.

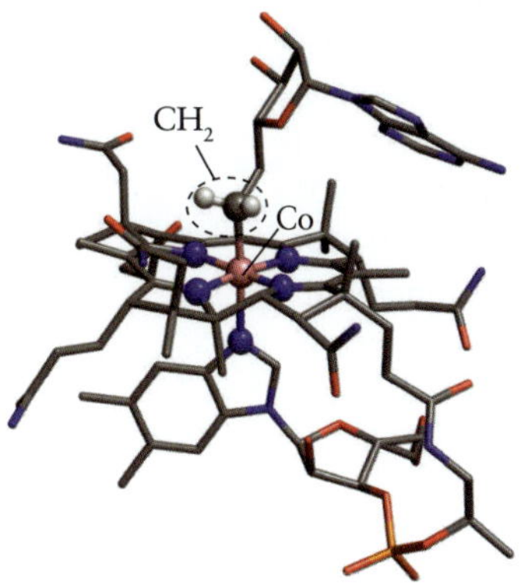

비타민 B_{12}(코발라민)에서 코발트 원자를 중심으로 정팔면체 구조를 만드는 여섯 개의 리간드 가운데 하나는 탄소–코발트 결합으로 연결된 유기 분자이다. 이 결합은 약해서 쉽게 끊어진다.

아연 효소는 유전자 발현, 음식의 소화, 인슐린 저장, 콜라겐(collagen) 형성 등 물질 대사에서 여러 중요한 역할을 한다. 실제로 아연은 '마스터 호르몬(master hormone)'이라고 불릴 정도로 우리 몸에서 많은 기능을 한다. 체내 아연 농도는 철과 비슷한 수준이다.

다른 d-금속도 건강에 중요하다. 예를 들어, 크로뮴(III)은 포도당 대사 조절에 중요한 역할을 하며, 구리(I)는 건강한 세포에 필수적인 영양소이다. 하지만, 아주 소량의 d-금속만 영양에 필요하다는 점에 유의해야 한다. 어느 금속이든 다량 섭취하면 독성이 있을 수 있다.

관련 연습 문제 8.74

참고 문헌

D. C. Crans and K. Kostenkova, "Open questions on the biological roles of first-row transition metals," Communications Chemistry, vol. 3, article 104, 2020, available at https://www.nature.com/articles/s42004-020-00341-w. "Biological inorganic chemistry," Chapter 26 in M. Weller, T. Overton, J. Rourke, and F. Armstrong, Inorganic Chemistry, 7th ed. (Oxford: Oxford University Press, 2014). "Metalloproteins," Nature, vol. 460, no. 7257, pp. 813–862, 2009.

배위수는 6이다.

물은 Lewis 염기이며, d-구역 금속 이온의 수용액은 일반적으로 H_2O 착물의 용액이다. 예를 들어, Fe^{2+}(aq)는 실제로는 $[Fe(OH_2)_6]^{2+}$이다. d-금속 이온 수용액에 적절한 Lewis 염기를 섞기만 해도 다양한 착물을 만들 수 있다(**그림 8L.2**). 예를 들어,

그림 8L.2 사이안화 포타슘을 황산 철(II) 수용액에 첨가하면, 사이안화 이온이 $[Fe(H_2O)_6]^{2+}$ 착물(왼쪽)의 H_2O 리간드를 대체해서 새로운 착물 헥사사이안화 철(II) 이온 $[Fe(CN)_6]^{4-}$를 만든다(오른쪽). 사이안화 철 이온(cyanoferrate ion)이 프러시안 블루(Prussian blue)라는 고분자 화합물을 만들기 때문에 파란색이 생긴다. *(Copyright Macmillan Learning, photo by Ken Karp.)*

$$[Fe(OH_2)_6]^{2+}(aq) + 6\,CN^-(aq) \rightarrow [Fe(CN)_6]^{4-}(aq) + 6\,H_2O(l)$$

이 반응은 **치환 반응(substitution reaction)**의 예로서, 하나의 Lewis 염기가 다른 Lewis 염기를 대체하는 반응이다. 여기서 CN^- 이온은 $[Fe(H_2O)_6]^{2+}$ 착물에서 H_2O 분자를 밀어내고 그 자리를 차지한다. 경우에 따라서는 치환이 완전하지 못할 수도 있다. 예를 들어, Cl^- 이온을 철(II) 용액에 더하면, 하나의 H_2O 분자만 대체된다.

$$[Fe(OH_2)_6]^{2+}(aq) + Cl^-(aq) \rightarrow [FeCl(OH_2)_5]^{+}(aq) + H_2O(l)$$

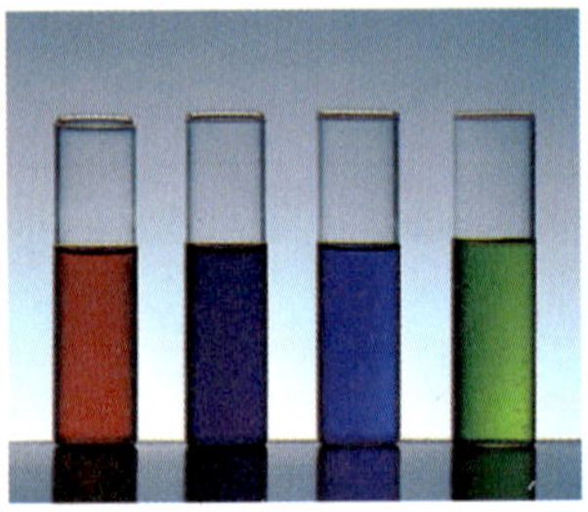

그림 8L.3 색깔이 화려한 d-금속 착물의 몇 가지 사례. 왼쪽에서 오른쪽으로, $[Fe(SCN)(OH_2)_5]^{2+}$, $[Co(SCN)_4(OH_2)_2]^{2-}$, $[Cu(NH_3)_4(OH_2)_2]^{2+}$, $[CuBr_4]^{2-}$ 수용액. *(Copyright Macmillan Learning, photo by Ken Karp.)*

d-금속 착물의 색은 금속뿐 아니라 리간드에 따라서도 달라지기 때문에, 치환 반응에서 뚜렷한 색 변화가 일어나는 경우가 많다(**그림 8L.3**). 많은 착물은 리간드 치환 반응의 속도가 빠르다(labile, short-lived). 수용액에서 리간드 치환 속도가 빠른 $[Cu(OH_2)_6]^{2+}(aq)$ 착물의 경우, 리간드 물 분자와 용매 물 분자가 빠른 속도로 교환되면서 소량의 5-배위 착물이 형성된다.

$$[Cu(OH_2)_6]^{2+}(aq) \underset{\text{빠름}}{\overset{\text{빠름}}{\rightleftharpoons}} [Cu(OH_2)_5]^{2+}(aq) + H_2O(l)$$

이 5-배위 착물은 용액에 존재하는 어떤 Lewis 염기와도 즉시 반응한다. 배위 착물 형성의 평형은 형성 상수 K_f로 표현한다(Topic 6I). 예를 들어, 다음과 같이 $[Cu(OH_2)_6]^{2+}(aq)$와 $NH_3(aq)$가 반응해서 $[Cu(NH_3)_4]^{2+}(aq)$를 만드는 경우 $K_f = 1.2 \times 10^{13}$(온도 25 °C)이다(착물을 표시하는 대괄호와 몰 농도를 표시하는 대괄호를 구별해야 하는 것에 유의하자).

$$\overbrace{[Cu(OH_2)_6]^{2+}(aq)}^{\text{옅은 파란색}} + 4\,NH_3(aq) \rightleftharpoons \overbrace{[Cu(NH_3)_4]^{2+}(aq)}^{\text{진한 파란색}} + 6\,H_2O(l)$$

$$K_f = \frac{[[Cu(NH_3)_4]^{2+}]}{[[Cu(OH_2)_6]^{2+}][NH_3]^4}$$

K_f 값이 크다는 사실은 $[Cu(NH_3)_4]^{2+}$의 Cu—N 결합이 $[Cu(OH_2)_6]^{2+}$의 Cu—O 결합보다 훨씬 강하다는 뜻이다. 수용액 조건에서 여러 배위 착물의 형성 상수를 표 6I.2에 수록했다.

배위 화합물의 이름은 개별 리간드의 이름과 개수를 모두 표시해야 하기 때문에 매우 길어질 수 있다. 이런 문제를 피하기 위해 이름 자체보다는 화학식을 쓰는 경우가 많다. 예를 들어 'pentaaquachloridoiron(II) 이온'이라는 정식 명칭보다는 $[FeCl(OH_2)_5]^+$라고 쓰는 편이 훨씬 쉽다. 하지만, 경우에 따라서는 이름을 써야 할 때가 있다. 적어도 간단한 경우에는 **도구상자 8L.1**에 설명한 규칙을 이용해서 이름을 짓고 해석할 수 있다. 착물의 화학식에 사용되는 일반적인 리간드의 이름과 약어 표현을 **표 8L.1**에 수록했다. 착물과 배위 화합물의 현대식 명명법과 전통적 명명법이 여전히 같이 사용되기 때문에, 이 표에는 두 가지를 모두 실었다.

도구상자 8L.1 d-금속 착물과 배위 화합물의 명명법

기본 개념

개별 리간드의 이름과 개수를 알아야 d-금속 착물을 구별할 수 있다. 어떤 이름은 너무 길어서 해석하는 일이 큰 도넛을 먹는 것과 같다. 한 입씩 천천히 씹어 먹어야지 한꺼번에 삼키려고 하면 안된다. 여기에 사용하는 규칙은 최신(2005년) IUPAC 권고를 따른다. 착물의 명명법에 대한 추가 정보는 https://iupac.org/what-we-do/books/redbook/에 있다('Red Book'이라고 부른다).

과정

다음 규칙은 대부분의 일반적인 착물에 적합하지만, 하나 이상의 금속 원자가 있는 착물의 경우 좀 더 정교한 규칙이 필요하다. 착물(배위체)의 이름으로부터 화학식을 작성하는 규칙을 먼저 다루고, 화학식이 주어졌을 때 명명하는 방법을 그 다음에 설명한다.

A. 화학식 작성

1 중심 원자(보통 금속 원자)의 화학 기호를 먼저 쓰고, 이어서 리간드의 기호를 쓴다. 그런 다음 전체 화학 기호를 대괄호로 묶고 전체 전하를 추가한다.

2 리간드의 화학 기호는 알파벳 순서로 쓴다. 같은 원소가 여러 리간드에 있을 경우, 단일 문자로 표시되는 기호(예: O)가 두 문자 이상의 기호(예: OH)에 우선한다. 특별히 강조해야 할 이유가 있을 때는 이 순서를 따르지 않을 수도 있다. 물은 금속 원자에 산소 쪽으로 결합되는 점을 강조하기 위해 OH_2로 쓴다.

예: $[FeCl(OH_2)_5]^+$, $[Fe(NH_3)_5(OH_2)]^{3+}$

3 모호성을 피하기 위해 금속에 배위하는 원자에 밑줄을 칠 수 있다.

예: $[Fe(\underline{N}CS)(OH_2)_5]^{2+}$, $[Fe(NC\underline{S})(OH_2)_5]^{2+}$

B. 착물 명명

1 리간드 이름을 먼저 쓰고, 그 다음에 금속 원자나 이온의 이름을 쓴다. 중심 금속 이온의 산화수는 로마 숫자로 쓰고 괄호에 넣는다.

2 전하가 없는 중성 리간드, 예를 들어 $H_2NCH_2CH_2NH_2$ (ethylenediamine)은 분자의 이름을 그대로 쓴다. H_2O(aqua), NH_3(ammine), CO(carbonyl), NO(nitrosyl) 등 예외도 있다.

3 음이온성 리간드는 -o로 끝난다. -ide(예: chloride), -ate(예: sulfate), -ite(예: nitrite)로 끝나는 음이온은 끝을 다음과 같이 바꾼다.

-ide → -ido -ate → -ato -ite → -ito

예: chlorido, sulfato, nitrito

4 착물의 개별 리간드 개수는 그리스 접두사로 표시한다.

2	3	4	5	6	...
di-	tri-	tetra-	penta-	hexa-	...

만일 리간드 이름 안에 그리스 접두사가 이미 들어 있거나(예: ethylenediamine의 di-), 여러 자리 리간드(하나 이상의 원자를 동시에 이용해서 금속에 결합하는 리간드)라면 다음 접두사를 대신 사용한다.

2	3	4	...
bis-	tris-	tetrakis-	...

5 리간드 이름은 알파벳 순서로 부른다. 순서를 정할 때 그리스 접두사는 고려할 필요가 없다.

$[FeCl(OH_2)_5]^+$ pentaaquachloridoiron(II) 이온
$[Cr(Cl)_2(NH_3)_4]^+$ tetraamminedichloridochromium(III) 이온

(경우에 따라서는 리간드의 이름이 화학식에 나오는 순서와 같지 않을 수도 있다.)

6 금속에 배위된 원자를 식별하는 데 모호성이 있을 경우, κ*E* 표시를 괄호에 넣어 이름에 넣는다. 여기서 *E*는 금속에 배위한 원자이며, κ는 그리스 문자 카파(kappa)이다.

$[Fe(\underline{N}CS)(OH_2)_5]^{2+}$ pentaaquathiocyanato(κ*N*)iron(III) 이온
$[Fe(NC\underline{S})(OH_2)_5]^{2+}$ pentaaquathiocyanato(κ*S*)iron(III) 이온

7 착물 전체가 음전하를 갖는(음이온성 착물) 경우, 접미사 -ate를 금속 이름의 어간에 추가한다. 만일 금속 기호가 라틴어 이름에서 유래했다면(부록 2D 참조), 라틴어 어간을 사용한다. 예를 들어, 철의 원소 기호 Fe는 라틴어 ferrum에서 왔다. 따라서, 철의 음이온성 착물은 -ferrate로 끝나며, 로마 숫자로 금속의 산화수를 뒤에 표시한다.

$[Fe(CN)_6]^{4-}$ hexacyanidoferrate(II) 이온
$[Ni(CN)_4]^{2-}$ tetracyanidonickelate(II) 이온

8 배위 화합물(양이온이나 음이온 착이온과 구별되는)의 이름은 간단한 화합물의 이름처럼 양이온이 음이온보다 앞에 오는 방식으로 명명한다.

$NH_4[PtCl_3(NH_3)]$
ammonium amminetrichloridoplatinate(II)
$[Cr(NH_3)_4(OH)_2]Br$
tetraamminedihydroxidochromium(III) bromide

이 과정을 예제 8L.1에서 보여 준다.

표 8L.1 흔한 리간드

화학식*	이름
중성 리간드	
OH_2	aqua
NH_3	ammine
NO	nitrosyl
CO	carbonyl
$NH_2CH_2CH_2NH_2$	ethylenediamine (en)†
$NH_2CH_2CH_2NHCH_2CH_2NH_2$	diethylenetriamine (dien)‡
음이온성 리간드	
F^-	fluorido
Cl^-	chlorido
Br^-	bromido
I^-	iodido
OH^-	hydroxido
O^{2-}	oxido
$\underline{C}N^-$	cyanido-κ*C*
$C\underline{N}^-$	isocyano, cyanido-κ*N*
$\underline{N}CS^-$	isothionato, thiocyanato-κ*N*
$NC\underline{S}^-$	thiocyanato-κ*S*
NO_2^- ($\underline{O}NO^-$로)	nitrito-κ*O*
NO_2^- ($\underline{N}O_2^-$로)	nitro, nitrito-κ*N*
CO_3^{2-} ($\underline{O}CO_2^{2-}$로)	carbonato-κ*O*
$C_2O_4^{2-}$ ($^-O_2CCO_2^-$로)	oxalato (ox)†
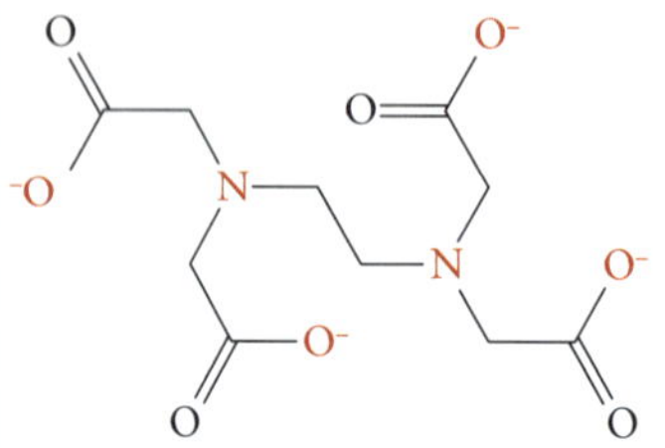	ethylenediaminetetraacetato (edta)§
SO_4^{2-} (OSO_3^{2-}로)	sulfato

* 금속에 결합하는 리간드 원자가 모호한 경우에는 밑줄을 그어 표시한다.
† 두 자리(두 개의 배위 자리 차지)
‡ 세 자리(세 개의 배위 자리 차지)
§ 여섯 자리(여섯 개의 배위 자리 차지)

예제 8L.1 착물과 배위 화합물의 명명

당신이 대학의 시약 보관실에서 일하고 있는데, 조교가 두 가지 무기 시약을 가지러 왔다. 정확한 시약을 내주려면 요청한 화학식과 화합물 이름을 시약병의 라벨과 비교해야 한다. (a) 화학식이 $[Co(NH_3)_3(OH_2)_3]_2(SO_4)_3$인 배위 화합물을 명명하시오. (b) sodium dichloridobis(oxalato)platinate(IV)의 화학식을 쓰시오.

계획 도구상자 8L.1의 규칙을 적용한다.

풀이

(a) 두 개의 착이온마다 세 개의 SO_4^{2-} 이온이 있다.

착물 양이온은 +3의 전하를 가져야 한다. $[Co(NH_3)_3(OH_2)_3]^{3+}$

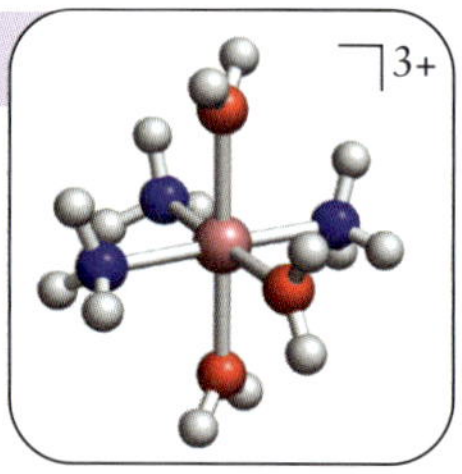

모든 리간드는 중성이다.

Co는 코발트(III)로 존재한다.

착물에는 세 개의 NH_3 분자(ammine)와 세 개의 H_2O 분자(aqua)가 있다. 알파벳 순서에서 ammine이 aqua에 앞선다.

양이온의 이름은 triammineaquacobalt(III)이고, 화합물의 이름은 triammineaquacobalt(III) sulfate이다.

(b) 두 개의 Cl^- 리간드와 두 개의 $C_2O_4^{2-}$ 이온이 Pt^{4+}에 결합하고 있다.

착물의 전하는 −2이다.

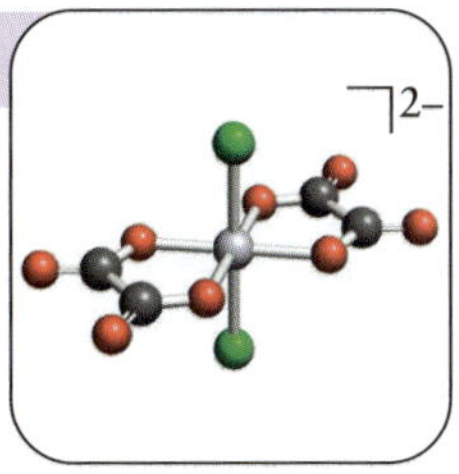

표 8L.1에 따르면 옥살산 이온(oxalate)의 기호는 ox이다. Cl이 알파벳 순서에서 ox에 앞선다. 'bis' 접두사는 옥살산 이온이 두 개 있다는 뜻이다. 'di' 대신 'bis'를 쓴 이유는 옥살산 이온이 여러 자리 리간드(이 경우에는 두 자리로서 금속의 배위 자리 두 개를 채운다)이기 때문이다.

착물 음이온의 화학식은 $[PtCl_2(ox)_2]^{2-}$이다.
화합물의 화학식은 $Na_2[PtCl_2(ox)_2]$이다.

자습 8L.1A (a) 화합물 $[Fe(OH)(OH_2)_5]Cl_2$를 명명하시오. (b) potassium diaquabis(oxalato) chromate(II)의 화학식을 쓰시오.

[답: (a) pentaquahydroxoiron(III) chloride, (b) $K_2[Cr(OH_2)_2(ox)_2]$]

자습 8L.1B (a) 화합물 $[CoBr(NH_3)_5]SO_4$를 명명하시오. (b) tetraamminediaquachromium (III) bromide의 화학식을 쓰시오.

관련 연습 문제 8L.1~8L.4

착물은 Lewis 산(금속 원자 또는 이온)과 여러 Lewis 염기(리간드)의 결합으로 만들어진다.

8L.2 착물의 모양

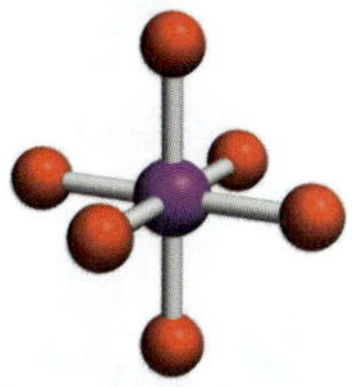

1 정팔면체 착물

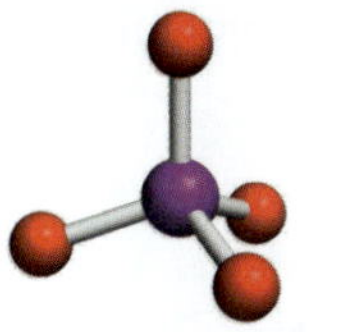

2 정사면체 착물

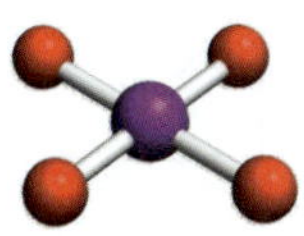

3 사각 평면 착물

착물이 가질 수 있는 다양한 구조 덕분에 배위화학이 더 풍성해진다. 가장 흔한 배위수는 6이다. 6배위 착물의 대부분은 정팔면체의 꼭짓점마다 리간드가 있고, 중심에 금속 이온이 있는 **정팔면체 착물**(**octahedral complex**, **1**)이다. $[Fe(CN)_6]^{4-}$를 예로 들 수 있다.

그 다음으로 흔한 배위수는 4이다. 4배위 착물은 두 가지 모양이 가능하다. **정사면체 착물**(**tetrahedral complex**)은 $[CoCl_4]^{2-}$(**2**)처럼 정사면체의 꼭짓점마다 리간드가 있다. 또 다른 모양은 **사각 평면 착물**(**square planar complex**, **3**)인데, 정사각형의 꼭짓점마다 리간드가 있다. Pt^{2+}나 Au^{3+}처럼 d^8 전자 배치를 갖는 금속 원자나 이온이 선호하는 구조이다.

착물은 이외에도 다양한 모양을 가질 수 있다. 가장 간단한 구조는 2배위 선형 구조이다. 예로 들 수 있는 다이메틸수은(0)(dimethylmercury(0)) $Hg(CH_3)_2$(**4**)은 Hg^{2+}가 있는 수용액에서 박테리아의 작용으로 생성되는 독성 화합물이다. 배위수가 12에 이르는 경우도 f-구역 원소에서는 발견되지만, d-구역에서는 드물다. 리간드와 중심 금속 이온 사이

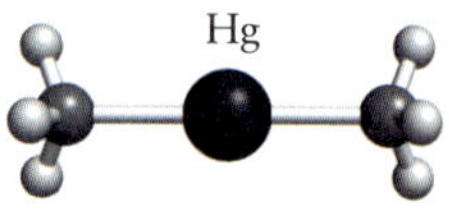

4 다이메틸 수은(0)

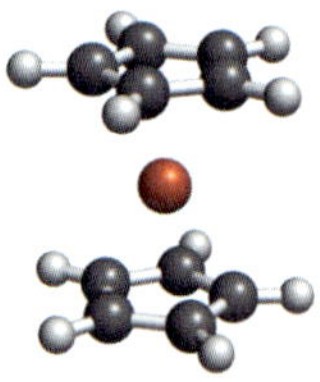

5 페로센 $Fe(C_5H_5)_2$

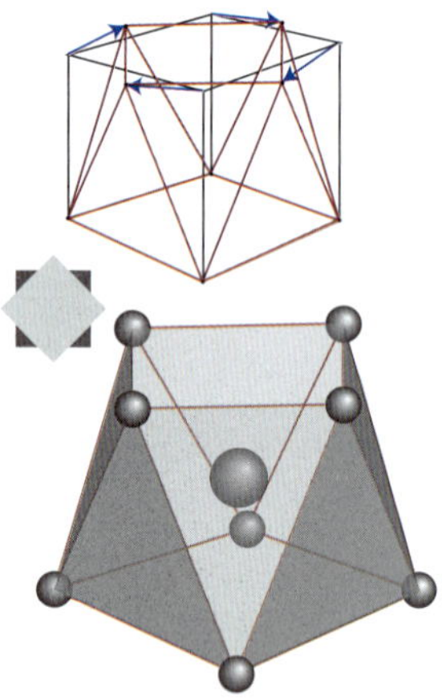

6 엇각기둥

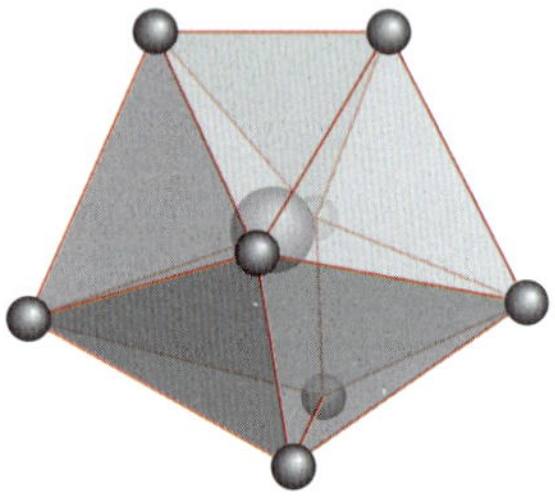

7 정십이면체

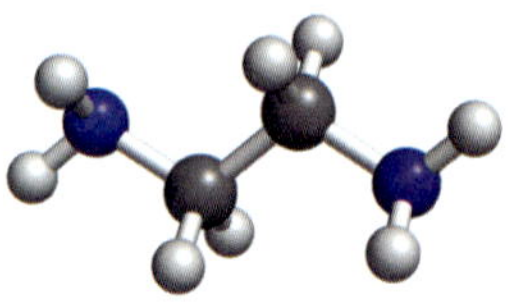

8 에틸렌다이아민, $NH_2CH_2CH_2NH_2$

에 10개의 연결선을 그릴 수 있는 흥미로운 형태의 d-금속 화합물로 페로센(ferrocene, dicyclopentadienyliron(0)) $Fe(C_5H_5)_2$(**5**)가 있다. 페로센은 '샌드위치 화합물'의 한 종류이다. 평면 구조의 사이클로펜타디에닐(cyclopentadienyl) 리간드는 '빵'으로, 금속 원자는 '속재료'로 생각할 수 있다. 샌드위치 화합물은 공식적으로 **메탈로센(metallocene)**이라고 통칭한다.

몰리브데넘과 텅스텐의 경우 8개의 리간드를 갖는 착물도 있다. 이들 착물은 엇각기둥(antiprismatic, **6**) 또는 십이면체(**7**) 모양이다. 하지만, 6개 이상의 리간드를 갖는 착물은 드물다.

여러 자리 리간드(polydentate ligand, 이빨이 여러 개라는 뜻)는 동시에 여러 배위 자리를 차지할 수 있다. 예를 들어 **두 자리**(bidentate, 이빨이 두 개라는 뜻) 리간드인 에틸렌다이아민(ethylenediamine, $NH_2CH_2CH_2NH_2$, **8**) 분자의 양 끝에는 비공유 전자쌍을 갖는 질소 원자가 있다. 배위화학에서 널리 쓰이는 이 리간드는 화학식에서는 en으로 줄여 쓴다. 예를 들어, tris(ethylenediamine)cobalt(III)는 $[Co(en)_3]^{3+}$(**9**)로 표기한다. $[Co(en)_3]^{3+}$는 세 개의 리간드가 마치 세 개의 집게처럼 가운데 놓인 금속을 집고 있다. 이런 구조는 **킬레이트(chelate**, 그리스어 '발톱'에서 유래)인데, 가운데 금속 원자를 포함한 고리 구조를 만드는 리간드가 하나 이상 있는 착물이다.

여섯 자리 리간드는 많이 없지만, 대표적 사례로 에틸렌다이아민테트라아세테이트(ethylenediaminetetraacetate) 이온 edta(**10**은 양성자가 모두 붙은 산의 화학 구조인데, 빨간 화살표 자리가 금속에 배위한다)가 있다. edta 리간드는 Pb^{2+}를 비롯한 많은 금속 이온과 착물을 만든다(**11**). 납 중독의 해독제로 쓰인다.

킬레이트를 만드는 리간드는 자연계에서 아주 흔하다. 이끼류와 지의류는 서식하는 바위에서 필수 금속 이온을 추출하기 위해 킬레이트 리간드를 분비한다. 세균에 감염되었을 때 몸이 열을 내는 이유도 킬레이트의 형성과 연관된다. 체온을 높여, 박테리아가 철에 킬레이트 하는 리간드를 합성하는 능력을 떨어뜨려 죽게 만드는 전략이다.

물질의 생산 과정에서 중금속과 같은 유해 화학 물질이 환경으로 배출된다. 하지만, d-구역 금속을 **격리(sequester)**하고 결합하여 용액에서 제거하는 새로운 형태의 킬레이트가 사회의 가장 까다로운 환경 문제 해결에 도움을 줄 수 있다. 예를 들어, 다섯 자리 리간드인 이미노다이석신산 이온(iminodisuccinate, **12**)이 있는 킬레이트제인 이미노다이석신산 소듐(sodium iminodisuccinate)은 폐수에서 금속 이온을 제거하기 때문에 세제에 무독성 첨가제로 사용된다. 환경에서는 무독성 물질로 빠르게 분해된다. 과산화 수소의 작용을 가속화하는 환경 친화적 킬레이트제도 있는데, 이 조합을 사용해서 제지 산업의 염소 표백제를 대치함으로써 유독성 오염 물질의 배출을 크게 줄이고 있다.

6배위 착물은 정팔면체 구조를 주로 갖는다. 4배위 착물은 정사면체 또는 사각 평면 구조이다. 여러 자리 리간드는 킬레이트를 만든다.

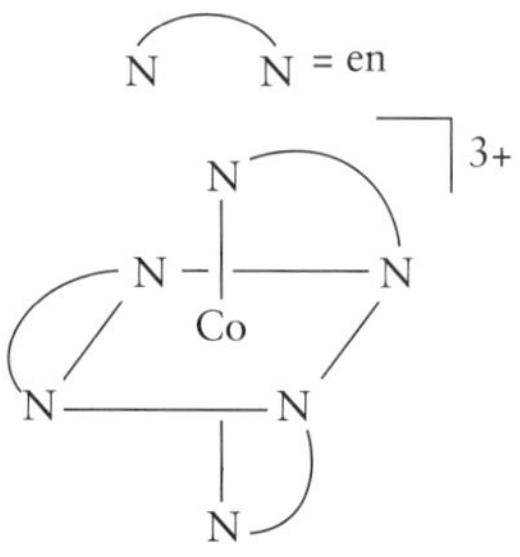

9 $[Co(en)_3]^{3+}$

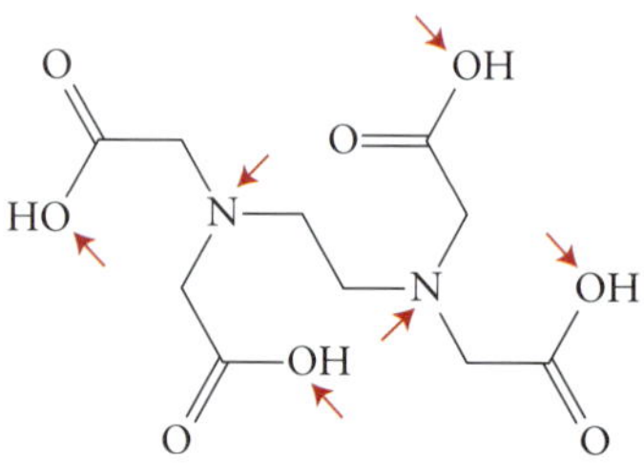

10 에틸렌다이아민테트라아세트산

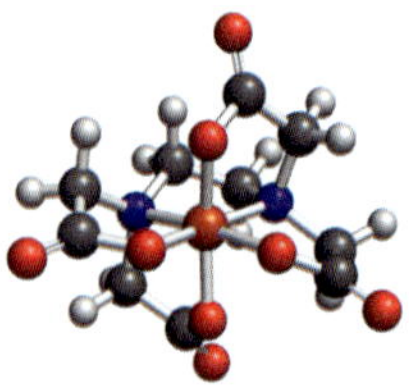

11 EDTA 착물

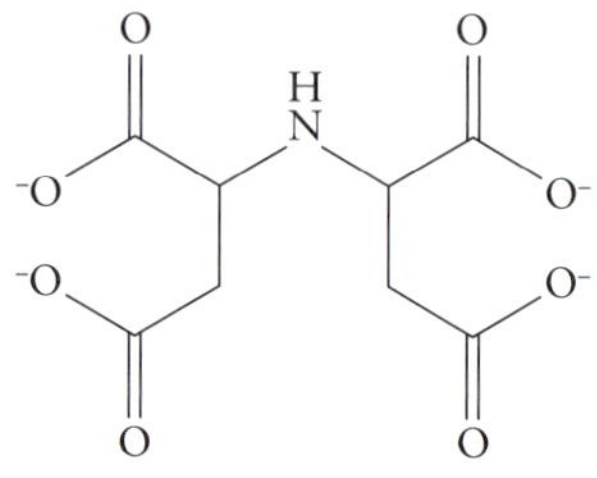

12 이미노다이석신산 이온

8L.3 이성질체

많은 착물과 배위 화합물은 원자의 종류와 개수는 동일하지만 공간에 배열된 형태가 다른 **이성질체**(**isomer**)로 존재한다. 예를 들어, (**13a**)와 (**13b**)는 단지 Cl^- 리간드의 위치만 다르지만, 물리적 성질과 화학적 성질이 다른 별개의 화학종이다. 이성질 현상은 학문적인 흥미를 넘어 중요한 의미가 있다. 예를 들어, 백금 착물에 기반한 항암제는 올바른 이성질체 구조일 때만 활성이 있다. DNA 분자와 상호작용을 하기 위해서는 특정한 모양을 가져야 하기 때문이다.

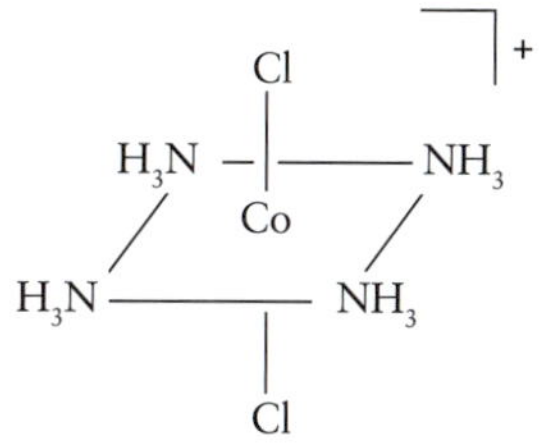

(a) *trans*-$[CoCl_2(NH_3)_4]^+$

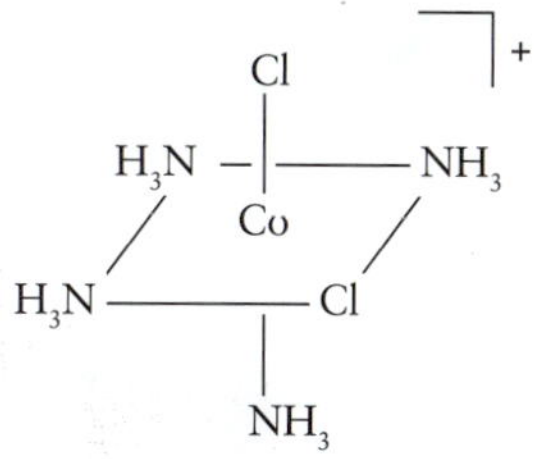

(b) *cis*-$[CoCl_2(NH_3)_4]^+$

13

배위 착물에서 볼 수 있는 이성질체의 유형을 그림 8L.4에 정리했다. 이성질체는 크게 **구조 이성질체**(**structural isomer**)와 **입체 이성질체**(**stereoisomer**)의 두 가지 유형으로 나눌 수 있다. 구조 이성질체는 원자에 연결된 이웃 원자가 다르다. 입체 이성질체는 원자에 연결된 이웃 원자는 같지만 공간에서의 배치가 다르다. 배위 화합물의 구조 이성질체는 이온화 이성질체, 수화 이성질체, 결합 이성실체, 배위 이성질체로 세분할 수 있다.

이온화 이성질체(**ionization isomer**)는 리간드가 배위권 밖에 있는(금속에 직접 결합하지 않은—역자 주) 음이온 또는 중성 분자와 교환되는 경우이다. 예를 들어, $[CoBr(NH_3)_5]SO_4$와 $[Co(NH_3)_5SO_4]Br$은 이온화 이성질체이다. Br^- 이온이 $[CoBr(NH_3)_5]SO_4$에서는 코발트의 리간드이지만, $[Co(NH_3)_5SO_4]Br$에서는 배위하지 않는 음이온이다. 착물 안에 있는 이온은 반응에 참여할 수 없기 때문에, 두 이성질체는 화학적 성질로 구별할 수 있다. 바륨 염을 첨가하면 $[CoBr(NH_3)_5]SO_4$ 용액에서는 황산 바륨 침전이 생기지만, $[Co(NH_3)_5SO_4]Br$ 용액은 그렇지 않다.

수화 이성질체(**hydrate isomer**)는 H_2O 분자가 배위권 안에 있는 리간드와 교환되는 현상이다(그림 8L.5). 예를 들어, 고체상의 염화 크로뮴(III) 육수화물($CrCl_3 \cdot 6H_2O$)은 $[Cr(OH_2)_6]Cl_3$, $[CrCl(OH_2)_5]Cl_2 \cdot H_2O$, $[CrCl_2(OH_2)_4]Cl \cdot 2H_2O$ 가운데 하나일 수 있다. 많은 경우에 수화 이성질체는 이온이 물과 교환되는 반응의 화학량론으로 구별할 수 있다. 예를 들어, 1몰의 $[CrCl_2(OH_2)_4]Cl \cdot 2H_2O$에서는 2몰의 AgCl 침전이 생기지만, 1몰의 $[CrCl_2(OH_2)_4]Cl \cdot 2H_2O$에서는 1몰의 AgCl 침전만 생긴다.

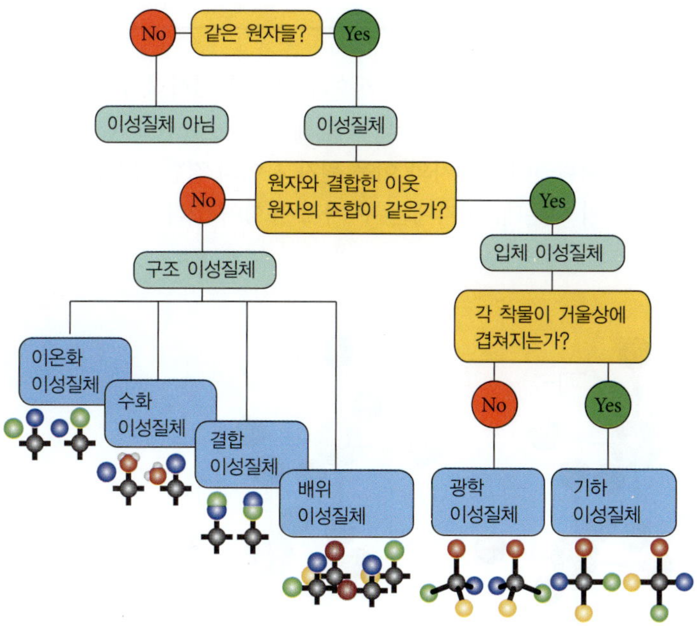

그림 8L.4 배위 화합물 이성질 현상(isomerism)의 다양한 유형

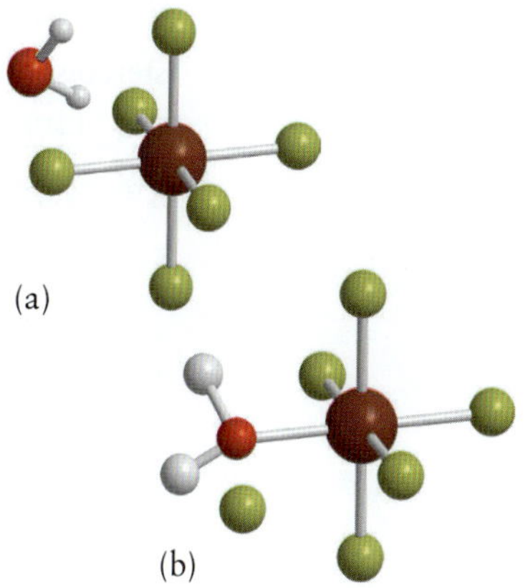

그림 8L.5 수화 이성질체. (a)에서 물 분자는 단순히 주변 용매의 일부로 존재한다. (b)에서 물 분자는 배위권에 있으며, 대체된 리간드(녹색 구)는 용액에 존재한다.

자습 8L.2A 과량의 질산 은을 0.0010몰 $CrCl_3·6H_2O$ 수용액에 넣으면 0.0010몰의 AgCl이 생긴다. 어떤 수화 이성질체가 용액에 있을까?

[**답**: $CrCl_2(OH_2)_4]Cl·2H_2O$]

자습 8L.2B 과량의 질산 은을 0.0010몰 $CrCl_3·6H_2O$ 수용액에 넣으면 0.0030몰의 AgCl이 생긴다. 어떤 수화 이성질체가 용액에 있을까?

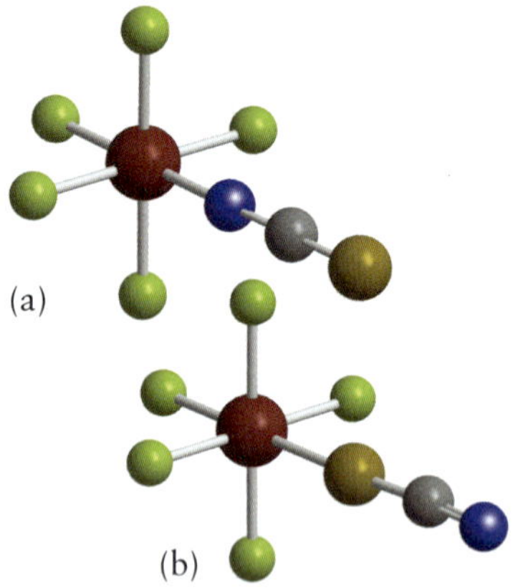

그림 8L.6 결합 이성질체. (a)에서는 리간드(NCS^-)가 N 원자 쪽으로 금속에 결합하지만, (b)에서는 S 원자 쪽으로 금속에 결합한다.

결합 이성질체(linkage isomer)는 같은 리간드가 다른 원자를 이용해서 금속 이온에 결합하는 경우이다(그림 8L.6). SCN^-와 NCS^-, NO_2^-와 ONO^-, CN^-와 NC^- 등이 대표적인 사례인데, 여기서 금속에 배위하는 원자를 화학식의 맨 앞에 표기했다. 예를 들어, NO_2^- 리간드는 $[CoCl(NH_3)_4(NO_2)]^+$와 $[CoCl(NH_3)_4(ONO)]^+$를 만들 수 있다. 현재 쓰는 명명법에서는 리간드에서 금속에 배위하는 원자에 밑줄을 치기 때문에, 이들 두 착물은 $[CoCl(NH_3)_4(\underline{N}O_2)]^+$와 $[CoCl(NH_3)_4(N\underline{O}_2)]^+$로 표시할 수 있다. 각각의 경우에 리간드를 명시하는 이름이 다르다. 예를 들어, 나이트로(nitro, 현대적인 표현은 nitrito-κ*N*)라는 이름은 리간드가 N 원자 쪽으로 결합한다는 점을, 나이트리토(nitrito, 현대적인 표현은 nitrito-κ*O*)라는 이름은 O 원자 쪽으로 결합한다는 점을 강조한다. 이처럼 하나의 리간드가 다른 원자를 이용해서 금속에 결합하는 **양쪽 자리성 리간드(ambidentate ligand)**를 표 8L.1에 정리해 두었다.

배위 이성질체(coordination isomer)는 양이온 착물과 음이온 착물 사이에 하나 이상의 리간드가 교환된 경우이다(그림 8L.7). $[Cr(NH_3)_6][Fe(CN)_6]$와 $[Fe(NH_3)_6][Cr(CN)_6]$는 배위 이성질체이다.

자습 8L.3A 다음 쌍은 어떤 유형의 이성질체인가? (a) $[Cu(NH_3)_4][PtCl_4]$와 $[Pt(NH_3)_4][CuCl_4]$, (b) $[Cr(NH_3)_4(OH)_2]Br$과 $[Cr(NH_3)_4(OH)_2]Br$

[**답**: (a) 배위 이성질체, (b) 이온화 이성질체]

자습 8L.3B 다음 쌍은 어떤 유형의 이성질체인가? (a) $[Co(\underline{N}CS)(NH_3)_5]Cl_2$와 $[Co(NC\underline{S})(NH_3)_5]Cl_2$, (b) $[CrCl(OH_2)_5]Cl_2·H_2O$와 $[CrCl_2(OH_2)_4]Cl·2H_2O$

구조 이성질체(structural isomer)는 원자의 종류와 개수가 같지만 화학식이 다르다. 화학식은 배위권 안팎에서 원자가 어떻게 모여 있는지 나타내기 때문이다. 반면에 **입체 이성질체**(stereoisomer)는 화학식이 같다. 배위권에서 원자와 이웃 원자 사이의 결합 방식은 같기 때문이다. 다만 리간드의 공간적 배열이 다른데, 여기에는 두 가지 유형이 있다. 기하 이성질체와 광학 이성질체이다.

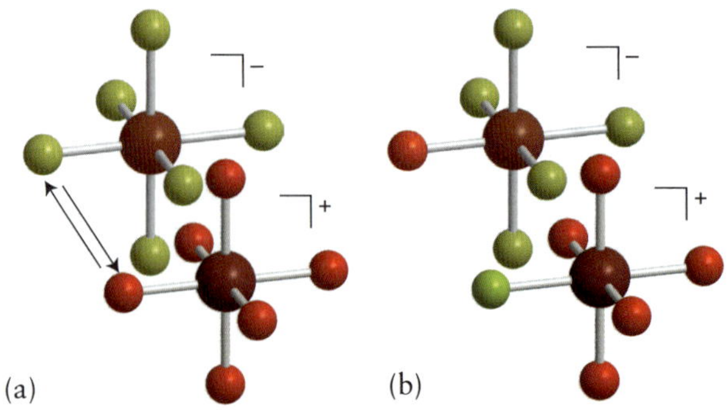

그림 8L.7 화합물 (a)와 (b)는 배위 이성질체이다. 양이온 착물과 음이온 착물이 리간드 하나를 교환해서 두 개의 다른 화합물이 되었다.

기하 이성질체(geometrical isomer)에서는 원자가 결합하는 이웃 원자들의 조합은 같지만 상대적인 위치가 다르다. 예를 들어 (**13a**)와 (**13b**)에서, 중심 원자를 놓고 서로 반대쪽에 Cl^- 리간드가 있는 착물을 **트랜스 이성질체**(trans isomer)라고 하고, 같은 쪽에 Cl^- 리간드가 있는 착물을 **시스 이성질체**(cis isomer)라고 한다. 사각 평면 착물이나 정팔면체 착물은 기하 이성질체가 있다. 하지만, 정사면체 착물은 기하 이성질체를 가질 수 없는데, 그 이유는 어느 꼭짓점 쌍을 택하든 나머지 꼭짓점 쌍과 공간에서 동등하기 때문이다. 기하 이성질체의 화학적, 생리학적 성질은 서로 크게 다를 수 있다. 예를 들어, *cis*-$PtCl_2(NH_3)_2$(**14a**)는 암 환자의 화학요법 치료제인 '시스플라틴(cisplatin)'으로 사용되지만, *trans*-$PtCl_2(NH_3)_2$(**14b**)는 치료 효과가 없다.

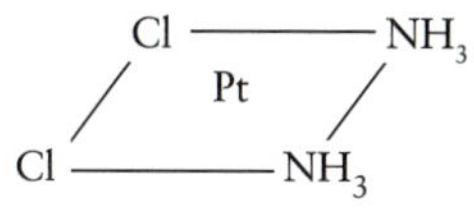

(a) *cis*-$PtCl_2(NH_3)_2$

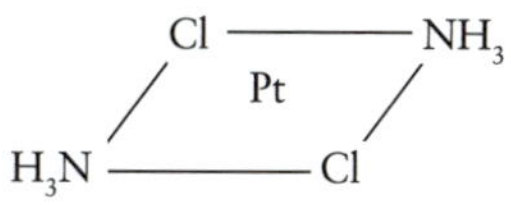

(b) *trans*-$PtCl_2(NH_3)_2$

14

광학 이성질체(optical isomer)는 서로 겹칠 수 없는 거울상이다(그림 8L.8). $[CoCl_2(en)_2]^+$와 같은 정팔면체 착물은 기하 이성질체와 광학 이성질체를 모두 가질 수 있다. 트랜스 이성질체(**15a**)는 녹색이며, 시스 이성질체(**15b**)와 (**15c**)는 광학 이성질체이며 보라색이다. 정사면체 착물에서 네 개의 리간드가 모두 다르면 광학 이성질체가 있다. 하지만, 사각 평면 착물은 네 개의 리간드가 모두 다르더라도 광학 이성질체가 없다.

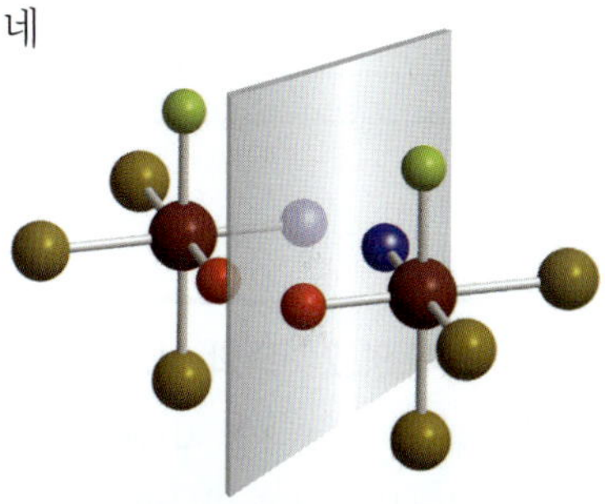

그림 8L.8 광학 이성질체. 두 착물은 서로 거울상이다. 아무리 돌려 보아도 서로 겹치지 않는다.

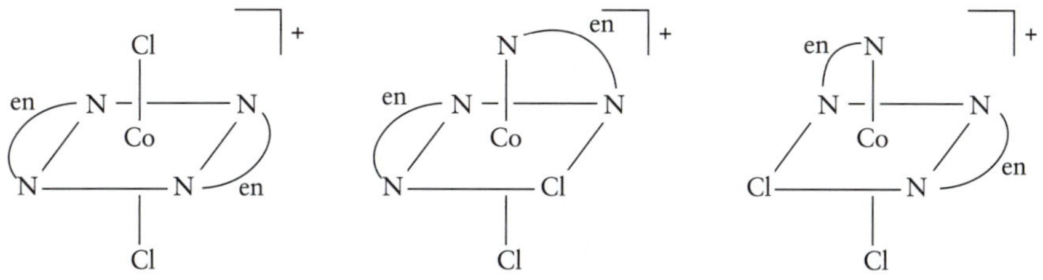

(a) *trans*-$[CoCl_2(en)_2]^+$ (b) *cis*-$[CoCl_2(en)_2]^+$ (c) *cis*-$[CoCl_2(en)_2]^+$

15

카이랄(chiral) 착물은 거울상과 동일하지 않기 때문에 겹칠 수 없다. 따라서, 모든 광학 이성질체는 카이랄이다. $[CoCl_2(en)_2]^+$의 시스 이성질체는 카이랄이며, 카이랄 착물과 그 거울상은 한 쌍의 **거울상 이성질체(enantiomer**, '동등한 부분'을 뜻하는 그리스어에서 유래)이다.

$[CoCl_2(en)_2]^+$의 트랜스 이성질체는 거울상과 겹칠 수 있는데, 이러한 성질을 갖는 착물은 **비카이랄(achiral)**이라고 한다. 거울상 이성질체는 단 하나의 물리적 성질이 다르다. 카이랄 분자는 **광학 활성(optical activity)**이 있어 빛의 편광 평면을 회전시킨다(화학 이야기 8L.2). 보통의 빛에서는 파동 운동의 평면이 빛의 진행 방향을 따라 무작위로 놓인다. 반면에, 평면 편광은 파동이 하나의 평면에 놓인다(그림 8L.9). 편광 선글라스에 사용되는 소재와 같은 특수 필터에 보통의 빛을 통과시키면 평면 편광을 만들 수 있다. 카이랄 착물의 거울상 이성질체 하나가 편광 평면을 시계 방향으로 회전시킨다면, 거울상에 해당하는 착물은 반시계 방향으로 같은 값만큼 회전시킨다. 비카이랄 착물은 광학 활성이 없기 때문에 편광된 빛의 편광 평면을 회전시키지 않는다.

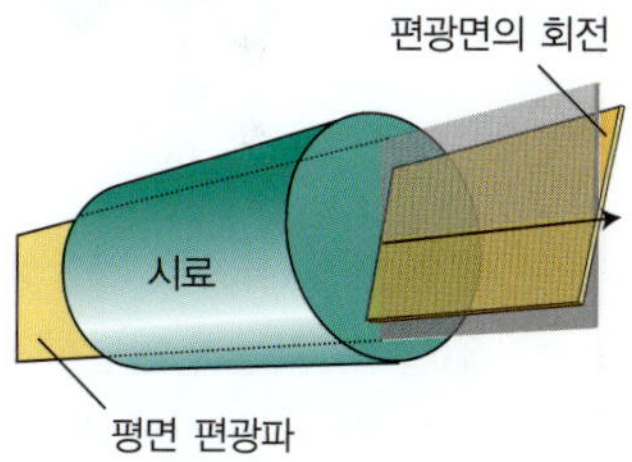

그림 8L.9 평면 편광은 모든 파동 운동이 하나의 평면(왼쪽에 평면으로 표시)에서 일어나는 복사선으로 이루어져 있다. 편광된 빛이 광학 활성을 갖는 물질의 용액을 통과하면, 편광면이 특정한 각도만큼 회전한다(오른쪽). 이 각도는 물질의 종류, 농도, 시료에서 빛이 통과하는 거리 등에 의해 결정된다.

어떤 착물은 거울상 이성질체 두 개가 같은 비율로 섞인 **라셈 혼합물(racemic mixture)**로 합성된다. 두 거울상 이성질체는 편광면을 서로 반대 방향으로 회전시키기 때문에 라셈 시료는 광학 활성이 없다.

화학 이야기 8L.2 물질이 광학 활성을 가지고 있는지 알아내는 방법

평면 편광의 전기장은 한 평면에서 진동한다. 보통의 빛, 즉 편광이 아닌 빛이 편광기를 통과하면 평면 편광이 된다. 편광기는 전기장이 특정 방향으로 정렬된 빛만 통과시킨다. 카이랄 착물처럼 광학 활성이 있는 물질은 빛의 편광면을 회전시킨다. 약 10 cm

정도 길이의 시료 셀에 착물의 용액을 넣고 빛을 통과시켜 카이랄성을 측정한다.

시료 셀을 통과해서 나오는 빛의 편광면은 원래 각도에서 회전

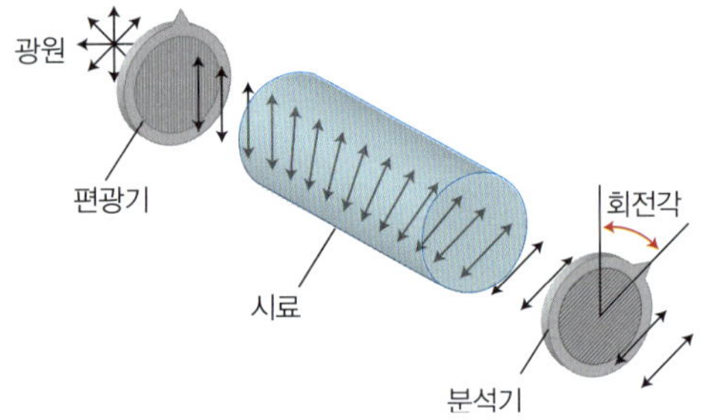

시료가 평면 편광을 회전하는 각도를 편광계(polarimeter)로 측정해서 물질의 광학 활성을 알 수 있다.

했을 수 있다. 이 회전각을 측정하기 위해서 또 다른 편광 필터가 들어 있는 분석기로 빛을 통과시킨다. 편광기, 시료, 필터를 순차적으로 통과해서 감지되는 빛의 세기가 최대가 될 때까지 필터를 회전시킨다. 편광면의 각도는 이 최대값에 도달하기 위해 필터가 회전한 각도이다. 만일 시료에 광학 활성이 없다면 시료가 빛을 회전시키지 않기 때문에 최대 세기가 0°에서 관찰될 것이다. 만일 회전각이 0°가 아니라면 시료에 광학 활성이 있는 것이다. 실제로 측정된 값은 착물의 종류, 농도, 빛의 파장, 시료 셀의 길이에 따라 다르다.

회전각을 측정하는 분석법을 **편광 측정**(polarimetry)이라고 한다. 경우에 따라서는 반응을 모니터하는 데 도움이 되기도 한다. 예를 들어, 화학 반응을 통해 착물의 카이랄성이 사라진다면, 시간에 따라 농도가 감소하면서 광학 회전 각도 또한 줄어든다.

예제 8L.2 광학 이성질체의 판별

새로운 의약품을 사람에게 적용하려면 순수한 하나의 거울상 이성질체여야 한다. 생명공학 회사에서 일하고 있다면, 복잡한 분자에서 카이랄 자리를 알아볼 수 있어야 한다. 다음 중 어느 착물이 카이랄이며, 거울상 이성질체 관계가 있는가?

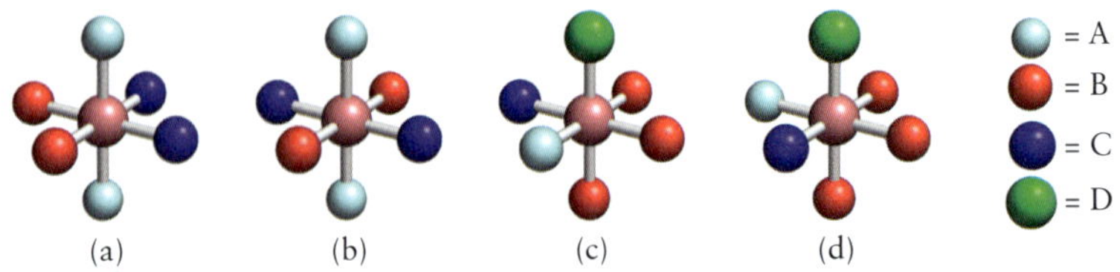

계획 개별 착물의 거울상을 그리고, 머릿속에서 돌려보자. 회전을 통해 거울상이 원래 분자에 겹칠 수 있는지 판단하자. 겹칠 수 없다면 카이랄 착물이다. 서로 겹치지 않는 거울상 관계에 있는 착물 두 개가 거울상 이성질체 쌍이다. 3차원 구조를 상상하기 어렵다면 간단한 종이 모델을 만들어 보자.

풀이 개별 착물마다 거울상이 오른쪽에 있다.

(a) 거울상 구조를 A—A 축으로 회전하면 원래 구조와 동일하기 때문에 겹칠 수 있다.

카이랄 아님

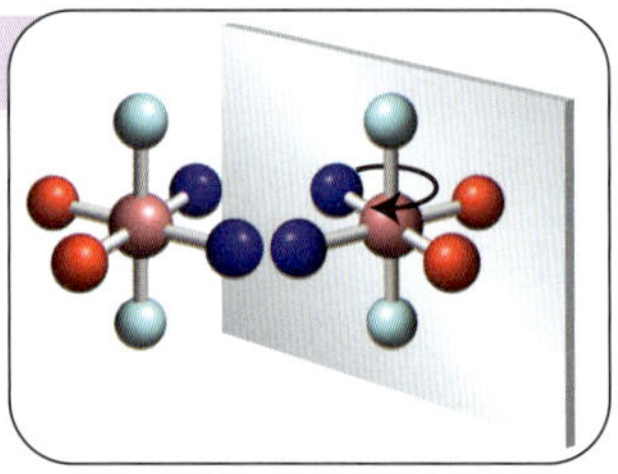

(b) A—A 축으로 거울상을 회전하면 원래 구조와 겹친다.

카이랄 아님

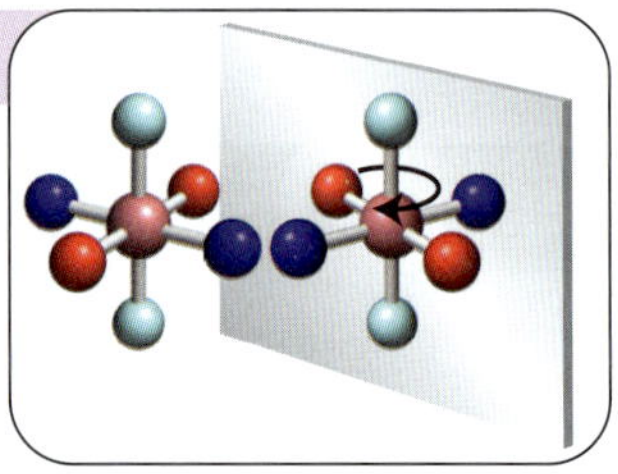

(c) 어떻게 회전하더라도 원래 구조와 거울상은 겹칠 수 없다.

카이랄

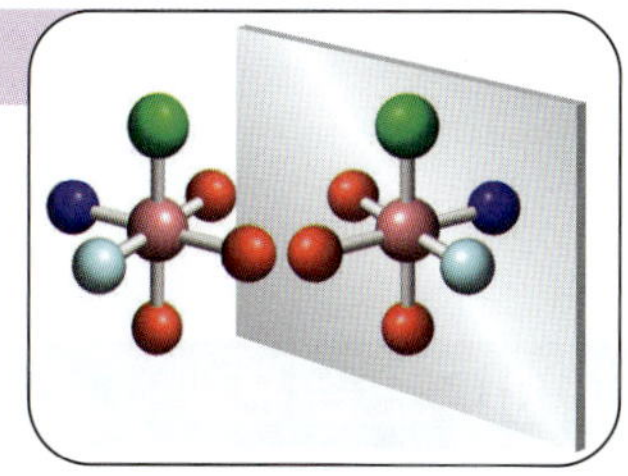

(d) 어떻게 회전하더라도 원래 구조와 거울상은 겹칠 수 없다.

카이랄

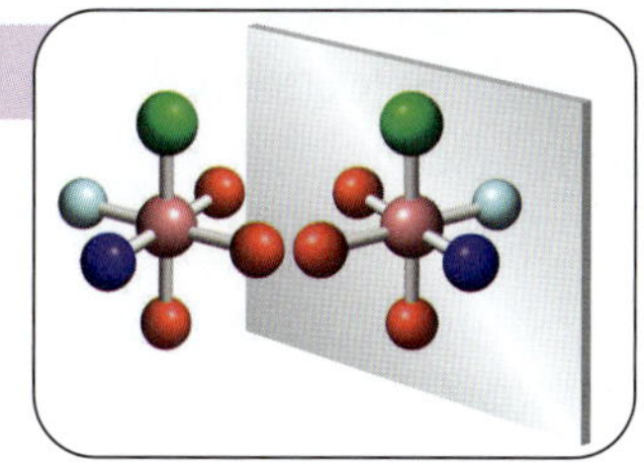

(e) (c)의 거울상을 B—D 수직축으로 180° 회전하면 (d)가 된다.

(c)와 (d)는 서로 거울상 이성질체이다.

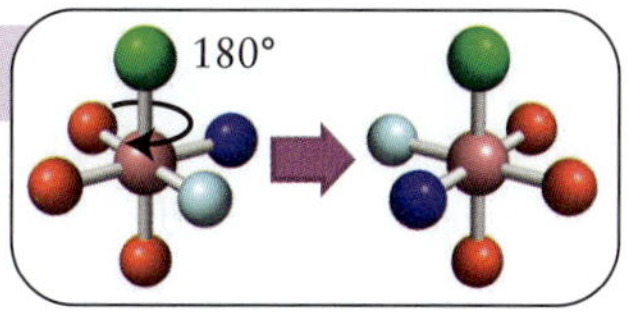

자습 8L.4A 아래 착물에 대해 예제 8L.2와 같은 질문에 답하시오.

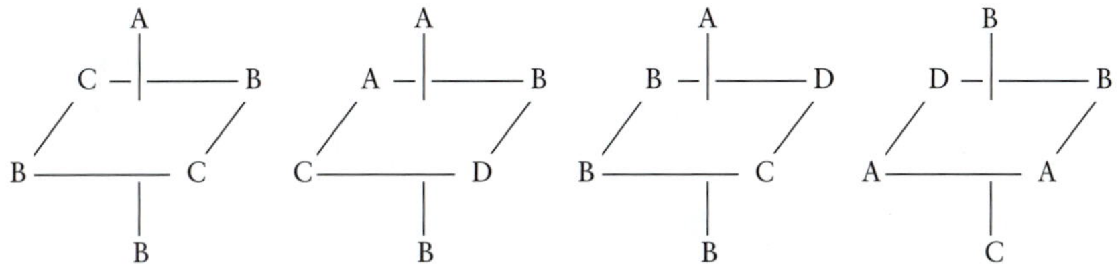

(a) (b) (c) (d)

[답: (a) 카이랄 아님, (c) 카이랄, (b,d) 카이랄이며 거울상 이성질체 관계]

자습 8L.4B 아래 착물에 대해 예제 8L.2와 같은 질문에 답하시오.

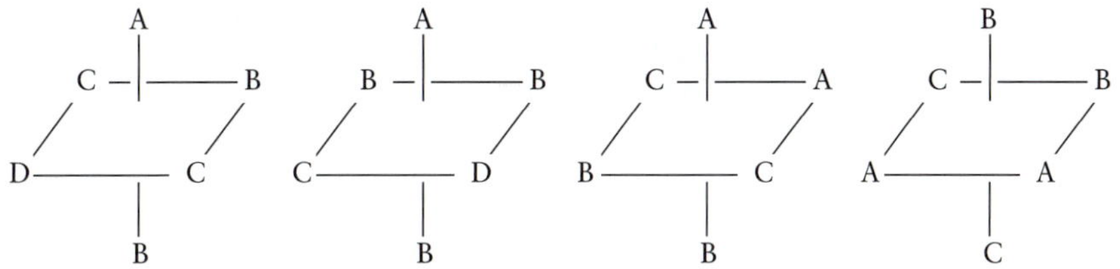

(a) (b) (c) (d)

관련 연습 문제 8L.17, 8L.18

다양한 이성질체의 종류를 그림 8L.4에 요약했다. 광학 이성질체의 거울상 이성질체 쌍은 빛의 편광면을 반대 방향으로 회전시킨다.

이 Topic에서 배운 것은 무엇인가?

d-금속 배위 화합물의 명명법을 알게 되었고, 중심 금속 원자 주변 리간드의 3차원 배열로 어떻게 구조 이성질체와 입체 이성질체가 만들어지는지 배웠다.

개념과 식의 적용

☐ d-금속 착물을 명명하고 화학식 작성하기(도구상자 8L.1 및 예제 8L.1).

□ 이온화 이성질체, 결합 이성질체, 수화 이성질체, 배위 이성질체, 기하 이성질체, 광학 이성질체 쌍을 구별하기(자습 8L.2 및 8L.3, 예제 8L.1).

Topic 8L 연습 문제

8L.1 다음 착이온의 이름을 쓰고, 금속의 산화수를 구하시오.
(a) $[Fe(CN)_6]^{4-}$ (b) $[Co(NH_3)_6]^{3+}$ (c) $[Co(CN)_5(OH_2)]^{2-}$
(d) $[Co(NH_3)_5(SO_4)]^+$

8L.2 다음 착이온의 이름을 쓰고, 금속의 산화수를 구하시오.
(a) $[CrCl_3(NH_3)_2(OH_2)]^+$ (b) $[Rh(en)_3]^{3+}$ (c) $[Fe(Br)_4(ox)]^{3-}$
(d) $[Ni(OH)(OH_2)_5]^{2+}$

8L.3 표 8L.1의 정보를 이용해서 다음 배위 화합물의 화학식을 쓰시오.
(a) potassium hexacyanidochromate(III)
(b) pentaamminesulfatocobalt(III) chloride
(c) tetraamminediaquacobalt(III) bromide
(d) sodium bisoxalato(diaqua)ferrate(III)

8L.4 표 8L.1의 정보를 이용해서 다음 배위 화합물의 화학식을 쓰시오.
(a) triamminediaquabromidocobalt(II) hydroxide
(b) dichloridobisethylenediaminecobalt(III) bromide
(c) sodium triamminetrichloridonickelate(II)
(d) barium tris(oxalato)ferrate(III)
(e) diaquadichloridoplatinum(IV) iodide

8L.5 다음 중 어느 리간드가 여러 자리 리간드가 될 수 있는가? 만일 여러 자리 리간드가 될 수 있다면, 하나의 금속 중심에 동시에 결합할 수 있는 리간드의 최대 자릿수를 구하시오.
(a) $HN(CH_2CH_2NH_2)_2$ (b) CO_3^{2-} (c) H_2O (d) 옥살산 이온

8L.6 다음 중 여러 자리 리간드가 될 수 있는 것은? 만일 여러 자리 리간드가 될 수 있다면, 하나의 금속 중심에 동시에 결합할 수 있는 최대 자릿수를 구하시오.
(a) 염화 이온 (b) 사이안화 이온 (c) 에틸렌다이아민테트라아세트산 이온(ethylenediaminetetraacetate) (d) $N(CH_2CH_2NH_2)_3$

8L.7 다음 다이아미노벤젠 이성질체 중 어느 것이 킬레이트 착물을 만들 수 있는지 찾고, 그 이유를 설명하시오.

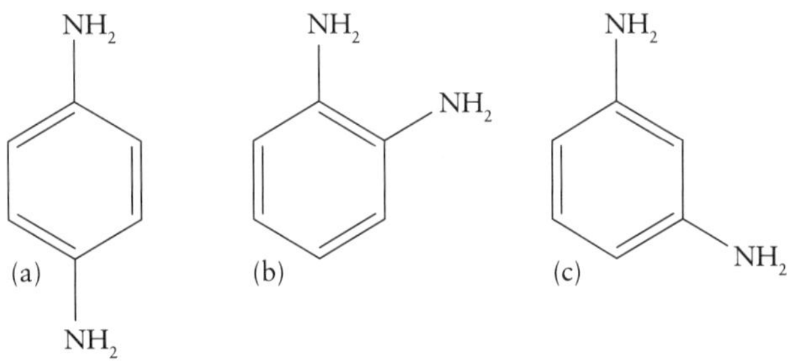

8L.8 다음 리간드 중 어느 것이 킬레이트 착물을 만들 수 있을까? 그 이유를 설명하시오.

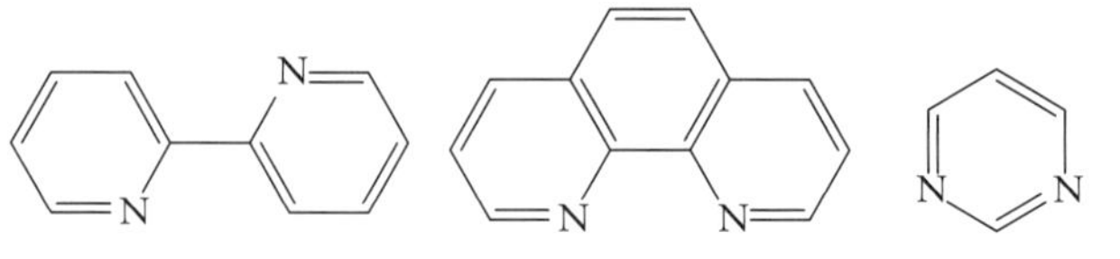

(a) bipyridine (b) 1,10-phenanthroline (c) pyrimidine

8L.9 표 8L.1를 이용해서, 다음 개별 착물에서 금속 이온의 배위수를 구하시오.
(a) $[NiCl_4]^{2-}$ (b) $[Ag(NH_3)_2]^+$ (c) $[PtCl_2(en)_2]^{2+}$ (d) $[Cr(edta)]^-$

8L.10 표 8L.1를 이용해서, 다음 개별 착물에서 금속 이온의 배위수를 구하시오.
(a) $PtBr_2(NH_3)_2$ (b) $[Ni(en)_2I_2]^+$ (c) $[Co(ox)_3]^{3-}$ (d) $[Mn(CO)_5]^-$

8L.11 다음 개별 조합의 화합물이 어떤 구조 이성질체 유형인지 구별하시오.
(a) $[Co(NH_3)_5(\underline{N}O_2)]Br_2$와 $[Co(NH_3)_5(\underline{O}NO)]Br_2$
(b) $[Pt(NH_3)_4(SO_4)](OH)_2$와 $[Pt(NH_3)_4(OH)_2]SO_4$
(c) $[CoCl(NC\underline{S})(NH_3)_4]Cl$과 $[CoCl(\underline{N}CS)(NH_3)_4]Cl$
(d) $[CrCl(NH_3)_5]Br$과 $[CrBr(NH_3)_5]Cl$

8L.12 다음 개별 조합의 화합물이나 이온이 어떤 구조 이성질체 유형인지 구별하시오.
(a) $[Pt(OH_2)_4][PtCl_6]$와 $[PtCl_2(OH_2)_4][PtCl_4]$
(b) $[Cr(en)_3][Co(ox)_3]$와 $[Co(en)_3][Cr(ox)_3]$
(c) $[Fe(C\underline{N})(OH)_5]^{3-}$와 $[Fe(\underline{C}N)(OH)_5]^{3-}$
(d) $[CoBr_2(NH_3)_4]Br\cdot H_2O$와 $[CoBr(NH_3)_4(OH_2)]Br_2$

8L.13 다음에서 시스와 트랜스 이성질체를 가질 수 있는 배위 화합물을 찾으시오. 만일 있다면, 두 구조를 그리고, 화합물의 이름을 쓰시오. (a) $[CoCl_2(NH_3)_4]Cl\cdot H_2O$ (b) $[CoCl(NH_3)_5]Br$ (c) $[PtCl_2(NH_3)_2]$(사각 평면 착물)

8L.14 다음에서 시스와 트랜스 이성질체를 가질 수 있는 착물을 찾으시오. 만일 있다면, 두 구조를 그리고, 각각 시스 또는 트랜스로 표시하시오. (a) $[Fe(OH)_2(OH_2)_4]^+$ (b) $[RuBr_2(NH_3)_4]^{2+}$ (c) $[Co(NH_3)_3(OH_2)_3]^{3+}$

8L.15 $[Cr(NH_3)_5(NO_2)]Cl_2$에서 가능한 이성질체는 모두 몇 개인가? 모든 유형의 이성질 현상을 고려해서, 각 이성질체를 그리시오.

8L.16 $[CoCl(NCS)(OH_2)_4]Cl\cdot H_2O$에서 가능한 이성질체는 모두 몇 개인가? 모든 유형의 이성질 현상을 고려해서, 각 이성질체를 그리시오.

8L.17 다음 중 카이랄 착물이 있는가? 만일 두 착물이 모두 카이랄이라면, 거울상 이성질체 관계인가?

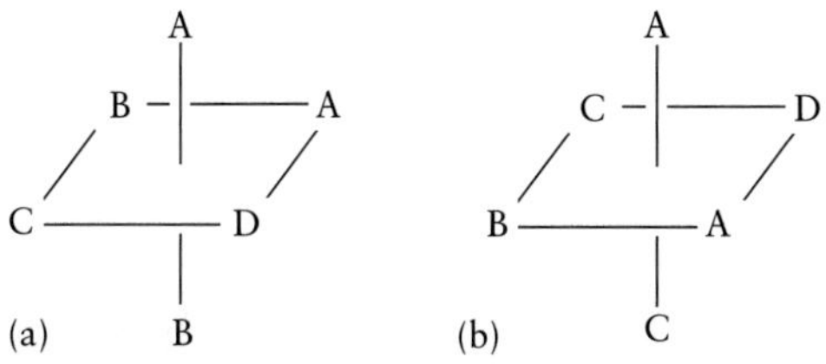

8L.18 다음 중 카이랄 착물이 있는가? 만일 두 착물이 모두 카이랄이라면, 거울상 이성질체 관계인가?

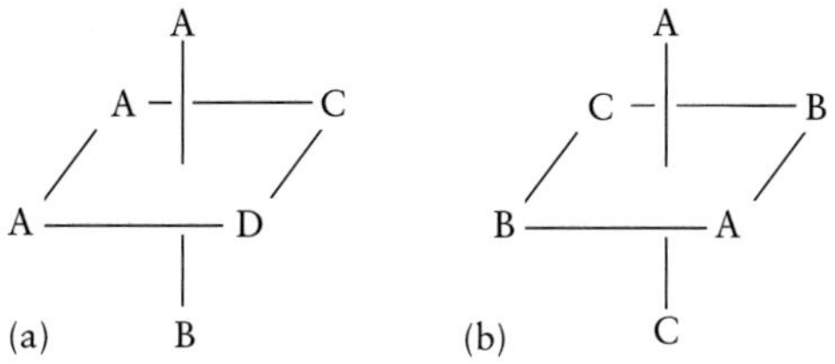

8L.19 에틸렌다이아민(en)은 Co^{3+}와 킬레이트 착물 $[Co(en)_3]^{3+}$를 만든다. 이 착물은 이성질체가 있는가? 만일 그렇다면 어떤 유형의 이성질체인가?

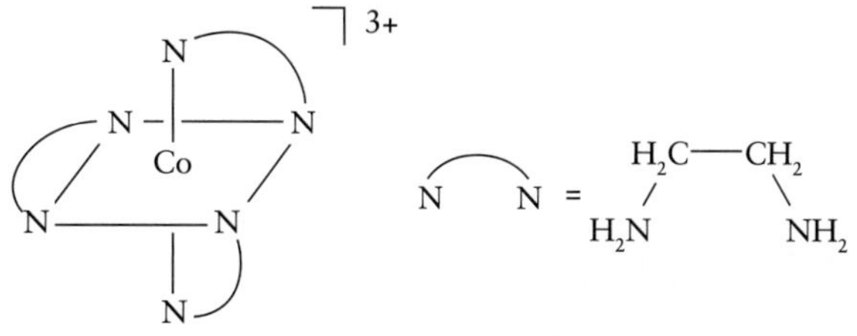

$[Co(en)_3]^{3+}$

8L.20 정팔면체 착물 $FeCl_2(NH_3)_3SCN$의 구조 하나가 아래에 있다. 이 착물이 만들 수 있는 모든 이성질체를 그리시오.

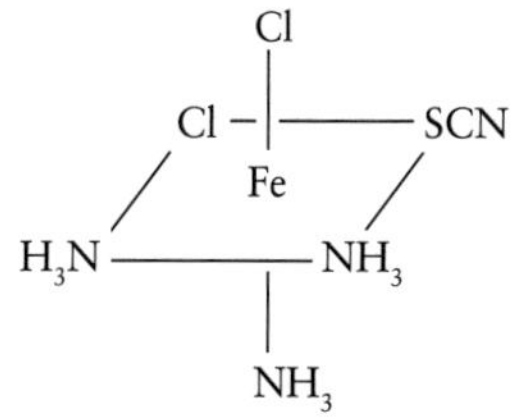

Topic 8M d-금속 착물의 전자 구조

d-구역 원소가 만드는 착물의 두 가지 두드러진 특성은 다양한 색깔과 자기적 성질이다. 이 두 가지 특성과 그 사이의 관계는 전자 구조에 대한 두 가지 이론으로 설명한다. **결정장 이론**(crystal field theory)은 고체, 특히 Cr^{3+} 이온 때문에 색을 띠는 루비의 색을 설명하기 위해 처음 고안된 후, 개별 착물에도 적용되었다. 결정장 이론은 쉽게 적용할 수 있고, 쓸모 있는 예측도 여럿 할 수 있지만, 모든 착물의 특성을 설명하지는 못한다. 보다 정교한 접근법인 **리간드장 이론**(ligand field theory)은 분자 오비탈 이론에 근거해서 더 상세히 설명해 준다.

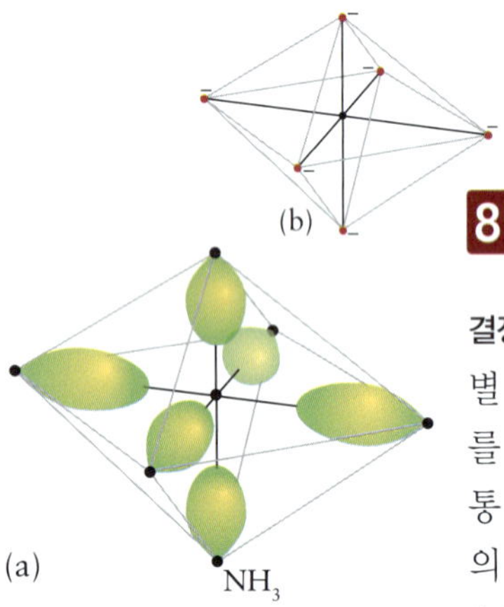

그림 8M.1 착물의 결정장 이론에서 (a) 리간드의 Lewis 염기 자리로 작용하는 고립 전자쌍을 (b) 음의 점전하로 간주한다.

8M.1 결정장 이론

결정장(crystal field) 이론은 중심 금속 원자(또는 이온)의 환경을 매우 단순하게 설정한다. 개별 리간드는 음의 점전하(point negative charge)라고 가정한다. 이 음전하는 중심 금속 원자를 향하는 리간드의 고립 전자쌍에 해당한다(그림 8M.1). 착물의 중심에 있는 금속 원자는 보통 양전하를 갖는 이온이기 때문에 리간드에 해당하는 음전하를 끌어당긴다. 그러나 대부분의 경우 중심 금속 이온에는 여전히 d-전자가 있기 때문에 리간드에 해당하는 점전하는 개별 d-전자와 상호 작용을 한다. 이 상호 작용의 정도는 전자가 채워진 d-오비탈의 방향과 모양에 따라 다르다. 결정장 이론은 이러한 차이가 착물의 광학적 성질과 자기적 성질에 어떻게 영향을 미치는지 설명한다.

한 예로 Ti^{3+} 이온을 포함하는 정팔면체 d^1 착물을 생각해 보자. 기체상에서 자유로운 Ti^{3+} 이온은 5개의 3d-오비탈이 모두 같은 에너지를 가지며, 그 중 어느 하나에 d-전자 하나가 들어갈 가능성은 동일하다. 하지만, Ti^{3+} 이온이 물에 녹으면, 6개의 H_2O 분자가 둘러싸서 $[Ti(OH_2)_6]^{3+}$ 착물을 만든다. 리간드에 해당하는 6개의 점전하는 중심의 금속 이온에 대해 x-, y-, z-축 방향으로 서로 반대 쪽에 놓인다. 그림 8M.2에 보면, 세 개의 오비탈(d_{xy}, d_{yz}, d_{zx})

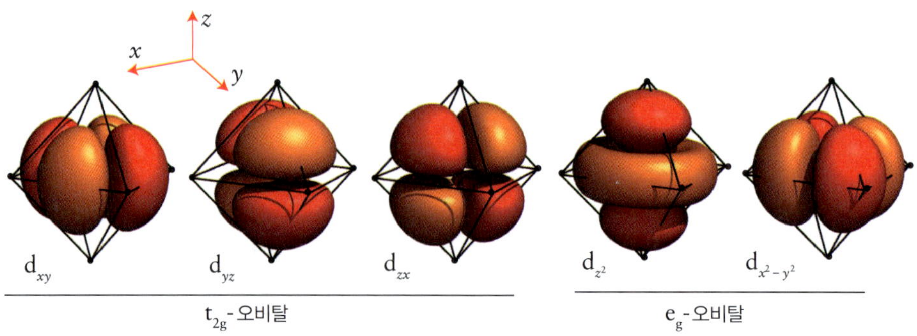

그림 8M.2 중심에 d-금속 원자나 이온이 있는 정팔면체 착물에서 d_{xy}-오비탈의 로브는 리간드와 리간드 사이를 향해 있기 때문에 이 오비탈에 채워진 전자는 상대적으로 에너지가 낮다. d_{yz}-오비탈과 d_{zx}-오비탈의 경우도 마찬가지다. d_{z^2}-오비탈은 두 리간드를 정면으로 향하고 있기 때문에, 이 오비탈에 채워진 전자는 상대적으로 에너지가 높다. $d_{x^2-y^2}$-오비탈에 채워진 전자의 경우도 마찬가지다.

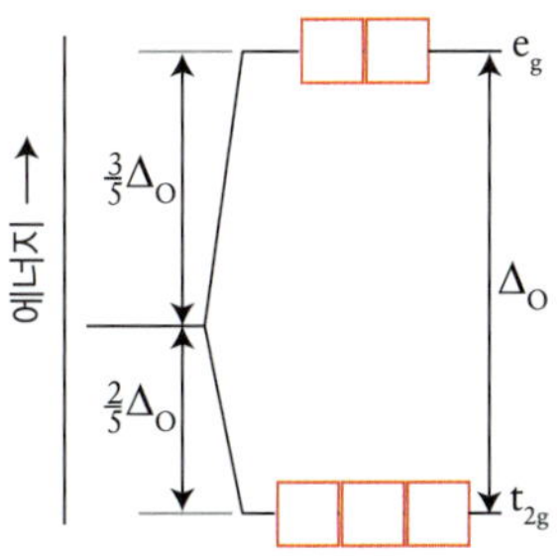

그림 8M.3 Δ_O만큼 리간드장이 갈라진 정팔면체 착물의 d-오비탈 에너지 준위. 왼쪽의 가로선은 착물이 형성되었을 때 d-오비탈 전체의 평균 에너지이다. 오른쪽 선은 개별 d-오비탈이 리간드와 상호 작용을 하면서 에너지가 어떻게 달라지는지 보여준다. 상자로 표현한 개별 오비탈마다 두 개까지 전자를 채울 수 있다.

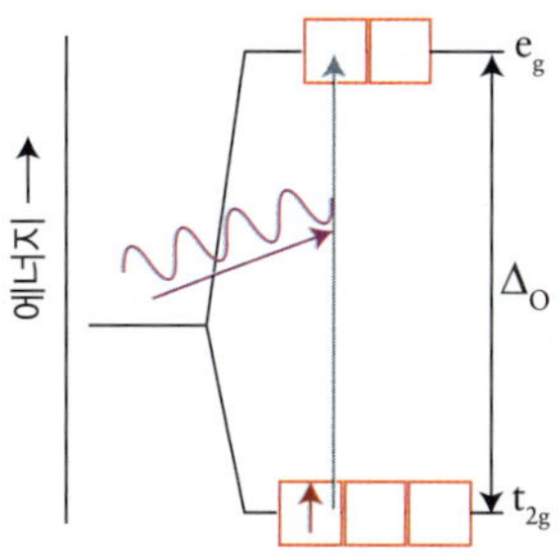

그림 8M.4 착물에 적당한 진동수의 빛을 쪼이면, 전자는 에너지가 높은 오비탈로 들뜰 수 있고, 빛의 광자는 흡수된다.

은 로브(lobe)가 점전하 사이를 향하고 있다. 정팔면체 착물에서 이들 세 d-오비탈은 **t_{2g}-오비탈(t_{2g}-orbital)**이라고 부른다. 나머지 두 개의 d-오비탈(d_{z^2}와 $d_{x^2-y^2}$)은 로브가 점전하를 바로 향해 있으며, **e_g-오비탈(e_g-orbital)**이라고 부른다. 리간드 음전하와의 반발력 때문에 착물이 만들어질 때 d-전자의 에너지는 증가한다. 전자가 e_g-오비탈을 차지하는 경우가 t_{2g}-오비탈을 차지하는 경우보다 에너지는 더 높아진다. 일반적으로, 전자가 t_{2g}-오비탈에 들어가는 경우와 e_g-오비탈에 들어가는 경우의 에너지 차이는 증가한 전체 에너지의 약 10%에 불과하지만, 착물의 광학적 성질과 자기적 성질에 중요한 역할을 한다.

보충 설명

t_{2g}와 e_g 기호는 대칭성(symmetry)에 대한 수학 이론인 군론(group theory)에서 왔다. t-오비탈은 에너지가 같은(degenerate) 세 오비탈의 집합이고, e-오비탈은 에너지가 같은 두 오비탈의 집합이다. g라는 표기는 공간의 한 점에서 원점에 해당하는 핵을 지나 반대편에서 대응하는 점에 도착했을 때 오비탈의 부호(= 위상)가 변하지 않는다는 뜻이다.

이렇게 t_{2g}와 e_g의 두 개로 갈라진 오비탈의 집합 사이의 에너지 차이를 **리간드장 갈라짐(ligand field splitting)** 또는 **결정장 갈라짐(crystal field splitting)**이라고 한다. 정팔면체 착물의 경우 Δ_O 기호로 표시하는데, 여기서 아래 첨자 'O'는 정팔면체 구조(octahedral)를 나타낸다. 착물에서 d-오비탈 전체의 평균 에너지를 기준점으로 했을 때, t_{2g}-오비탈 세 개는 이보다 $\frac{2}{5}\Delta_O$만큼 낮고, e_g-오비탈 두 개는 $\frac{3}{5}\Delta_O$ 만큼 높다(그림 8M.3). 바닥 상태에서 $[Ti(OH_2)_6]^{3+}$ 착물의 전자는 e_g-오비탈보다 에너지가 낮은 t_{2g}-오비탈을 채운다. 따라서, 최저 에너지 전자 배치는 $t_{2g}{}^1$이다. 이러한 바닥 상태의 전자 배치를 (**1**)의 상자 다이어그램으로 표현했다.

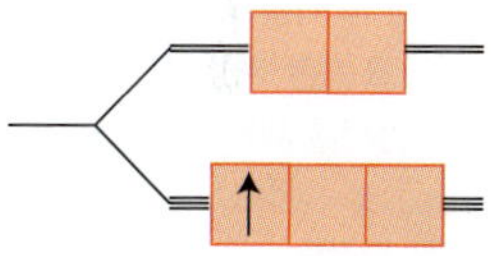

1 $t_{2g}{}^1$

정팔면체 $[Ti(OH_2)_6]^{3+}$ 착물에 있는 한 개의 d-전자가 Δ_O만큼의 에너지를 광자로부터 흡수하면 t_{2g}-오비탈에서 e_g-오비탈로 들뜰 수 있다(그림 8M.4). 리간드장 갈라짐이 클수록 착물이 흡수하는 빛의 파장이 짧아진다. 따라서, 착물이 흡수하는 전자기 복사선의 파장으로부터 리간드장 갈라짐의 값을 결정할 수 있다.

예제 8M.1 리간드장 갈라짐 값 결정하기

자가세정 창문의 광활성 코팅으로 쓰기 위해 타이타늄 착물을 연구하고 있다. 이 코팅이 빛에 노출되면 유기 물질(먼지)이 산화되어 유리 표면이 깨끗해진다. 들뜬 상태 에너지가 커야 이 목적에 유용하기 때문에, 유망한 물질의 들뜬 상태 에너지를 계산할 필요가 있다. $[Ti(OH_2)_6]^{3+}$ 착물은 510 nm 파장의 빛을 흡수한다. 이 착물의 리간드장 갈라짐은 몇 $kJ\cdot mol^{-1}$인가?

계획 광자는 $h\nu$의 에너지를 가지며, 여기서 h는 Planck 상수이고 ν(그리스 문자 nu)는 복사선의 진동수이다. 착물은 $h\nu = \Delta_O$인 경우 광자를 흡수할 수 있다. 빛의 파장 λ(lambda)는 $\lambda = c/\nu$의 관계가 있다. 여기서 c는 빛의 속도이다(Topic 1A의 식 1 참조). 따라서, 흡수된 빛의 파장과 리간드장 갈라짐은 $\Delta_O = hc/\lambda$의 관계가 있다. 리간드장 갈라짐을 몰당 에너지로 변환하려면, 식에 Avogadro 상수를 곱해야 한다. $\Delta_O = N_A hc/\lambda$.

풀이 흡수된 파장은 510 nm(5.10×10^{-7} m에 해당)이므로, 리간드장 갈라짐은 다음과 같다.

$\Delta_O = N_A hc/\lambda$으로부터

$$\Delta_O = \frac{\overbrace{(6.022\times10^{23}\ \text{mol}^{-1})}^{N_A}\times\overbrace{(6.626\times10^{-34}\ \text{J·s})}^{h}\times\overbrace{(2.998\times10^{8}\ \text{m·s}^{-1})}^{c}}{\underbrace{5.10\times10^{-7}\ \text{m}}_{\lambda}}$$

$$= 2.35\times10^{5}\ \text{J·mol}^{-1} = 235\ \text{kJ·mol}^{-1}$$

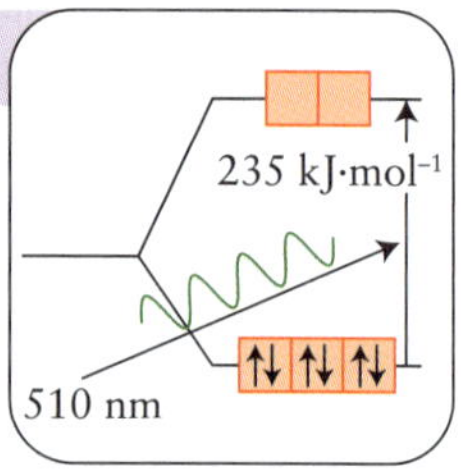

자습 8M.1A $[Fe(OH_2)_6]^{3+}$ 착물은 파장이 700 nm인 빛을 흡수한다. 리간드장 갈라짐을 kJ·mol^{-1} 단위로 나타내시오.

[**답**: 171 kJ·mol^{-1}]

자습 8M.1B $[Fe(CN)_6]^{4-}$ 착물은 파장이 305 nm인 빛을 흡수한다. 리간드장 갈라짐을 kJ·mol^{-1} 단위로 나타내시오.

관련 연습 문제 8M.5, 8M.6

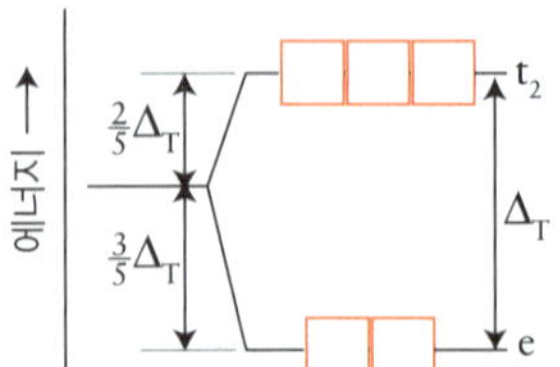

그림 8M.5 Δ_T만큼 리간드장이 갈라진 정사면체 착물의 d-오비탈 준위. 상자로 표현한 개별 오비탈마다 두 개까지 전자를 채울 수 있다.

d-오비탈의 상대적 에너지는 착물의 모양에 따라 다르다. 예를 들어, 정사면체 착물에서는 두 개의 e-오비탈보다 세 개의 t_2-오비탈이 리간드 쪽으로 더 직접적으로 향한다. 그 결과, 정사면체 착물에서는 t_2-오비탈이 e-오비탈보다 에너지가 높다(그림 8M.5). 리간드장 갈라짐 Δ_T(여기서 T는 정사면체 tetrahedral를 나타낸다)는 정팔면체 착물의 Δ_O 값보다 일반적으로 작다. 그 이유 가운데 하나는 d-전자와 반발하는 리간드의 개수가 작다는 점이다. 정사면체 착물에서는 오비탈을 표시할 때 아래 첨자 g 기호를 쓰지 않는다. 대칭 중심(center of symmetry, 반전 중심)이 없기 때문이다.

생각해 보기
사각 평면 구조 착물에서는 d-오비탈이 어떻게 갈라질까?

정팔면체 착물에서는 e_g-오비탈(d_{z^2}, $d_{x^2-y^2}$)이 t_{2g}-오비탈(d_{xy}, d_{yz}, d_{zx})보다 에너지가 높다. 정사면체 착물은 이와 반대이며, 리간드장 갈라짐이 작다.

8M.2 분광학적 계열

리간드에 따라 금속 원자나 이온의 d-오비탈에 비치는 영향이 다르며, 리간드장 갈라짐 값도 다르다. 예를 들어 리간드장 갈라짐은 $[Fe(CN)_6]^{4-}$가 $[Fe(OH_2)_6]^{2+}$보다 훨씬 크다. 개별 리간드에 의한 리간드장 갈라짐의 상대적인 세기는 착물을 이루는 d-금속과 관계없이 거의 같다. 따라서, 리간드장 갈라짐의 상대적 크기에 따라 리간드를 **분광학적 계열(spectrochemical series)**로 줄 세울 수 있다. 그림 8M.6의 가로선 아래에 있는 리간드는 리간드장 갈라짐이 작아

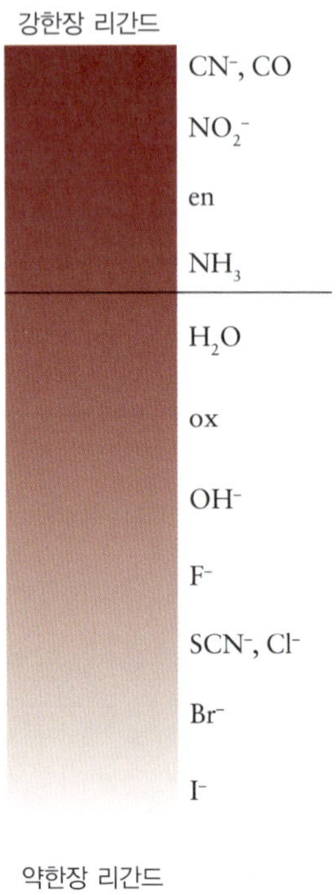

그림 8M.6 분광학적 계열. 강한장 리간드는 t_{2g}-오비탈과 e_g-오비탈 사이의 갈라짐을 크게 하고, 약한장 리간드는 작게 한다. 가로선은 강한장 리간드와 약한장 리간드의 경계이다. 리간드장 세기는 색깔의 세기로 나타냈다.

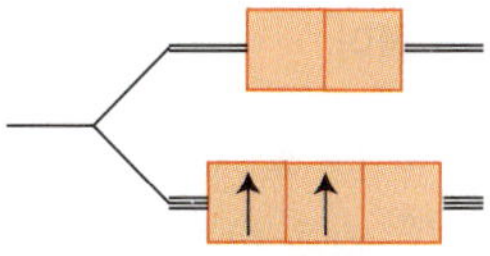

2 t_{2g}^{2}

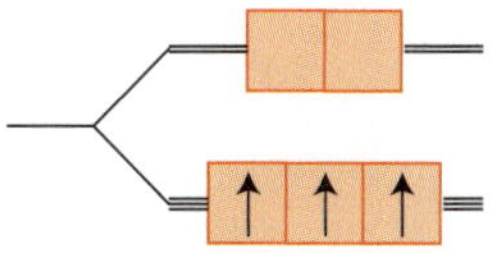

3 t_{2g}^{3}

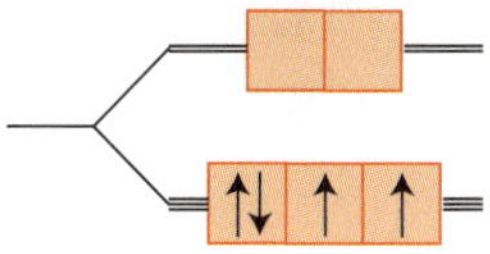

4 t_{2g}^{4}

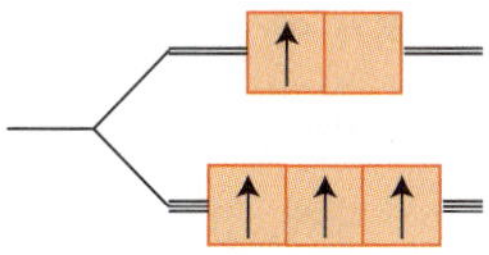

5 $t_{2g}^{3}e_{g}^{1}$

서 **약한장 리간드(weak-field ligand)**라고 부른다. 가로선 위의 리간드는 리간드장 갈라짐이 커서 **강한장 리간드(strong-field ligand)**라고 부른다. 따라서 CN^- 리간드는 강한장 리간드이며, H_2O는 약한장 리간드이다.

리간드의 상대적 세기를 알면, 착이온의 색깔과 자성을 설명할 수 있다. 먼저, 기체상에서 고립된 금속 이온이나 원자의 5개 d-오비탈은 에너지가 같기 때문에, Hund 규칙(Topic 1E)에 따라, 5개의 전자를 채우기 전까지는 개별 전자가 개별 오비탈에 들어간다. 하지만, 금속 원자가 착물의 일부가 되면 t_{2g}-오비탈과 e_g-오비탈의 에너지 차이에 의해 오비탈이 채워지는 순서가 달라진다. 리간드에 따라 t_{2g}-오비탈과 e_g-오비탈의 에너지 차이가 다르기 때문에, 하나의 리간드를 다른 리간드로 교체하는 화학적 제어를 통해 착물의 색깔을 바꿀 수 있다. 약한장 리간드를 강한장 리간드로(또는 강한장 리간드를 약한장 리간드로) 치환하면 상자기성을 켜고 끄는 화학적 스위치 역할을 한다. 리간드장 갈라짐의 값에 따라 어느 d-오비탈이 채워질지, 그리고 몇 개의 전자가 쌍을 이룰지가 결정된다.

정팔면체 착물의 중심에 있는 금속 원자나 이온을 보자. d-오비탈 에너지는 그림 8M.3처럼 리간드에 의해 갈라진다. 세 개의 t_{2g}-오비탈은 에너지가 같고, 두 개의 e_g-오비탈 아래에 놓인다. d^1 착물에 있는 하나의 d-전자는 t_{2g}-오비탈 가운데 하나를 채우기 때문에 바닥 상태의 전자 배치는 t_{2g}^{1}(**1** 참조)이다. d^2 착물에 있는 두 개의 d-전자는 각기 다른 t_{2g}-오비탈을 채우기 때문에 전자 배치는 t_{2g}^{2}(**2**)이다. 비슷한 방식으로, d^3 착물은 t_{2g}^{3}(**3**)의 바닥 상태 전자 배치가 된다. Hund 규칙에 따라, 이 전자들은 모두 같은 방향의 스핀을 갖는다. 에너지 면에서 가장 안정한 배열 방식이기 때문이다.

d^4 정팔면체 착물에 이르면, 네 번째 전자가 고민해야 할 상황이 생긴다. 네 번째 전자는 t_{2g}-오비탈에 들어가 최종 t_{2g}^{4} 전자 배치가 될 수 있다. 하지만, 그러기 위해서는 이미 절반이 채워져 있던 오비탈에 들어가야 하고, 이미 있던 전자의 강한 반발을 감수해야 한다(**4**). 이러한 반발을 피하기 위해, 비어 있는 e_g-오비탈에 들어가서 $t_{2g}^{3}e_{g}^{1}$ 최종 전자 배치가 될 수 있다(**5**). 하지만, 이 경우에는 리간드의 강한 반발을 감수해야 한다. 어느 전자 배치가 에너지 면에서 더 낮을지는 리간드에 달려 있다. 만일 (강한장 리간드처럼) Δ_O 값이 크면, t_{2g}-오비탈과 e_g-오비탈 사이의 에너지 차이도 커서, t_{2g}^{4}가 $t_{2g}^{3}e_{g}^{1}$보다 에너지가 낮다. 만일 (약한장 리간드처럼) Δ_O 값이 작으면, $t_{2g}^{3}e_{g}^{1}$이 에너지가 더 낮기 때문에 선호된다.

유의 사항

오비탈에 전자가 하나 들어 있을 때는 전자 배치에 위 첨자 1로 명기해 주어야 한다. 예를 들어, $t_{2g}^{3}e_{g}$가 아닌 $t_{2g}^{3}e_{g}^{1}$이 되어야 한다.

예제 8M.2 착물의 전자 배치 예측하기

실험실에서 Mn 착물과 Fe 착물을 합성하고 있다고 생각해 보자. 새로운 리간드를 만들었는데, 강한장 리간드와 약한장 리간드가 금속 착물의 특성에 어떤 영향을 미치는지 알고 싶다. (a) 강한장 리간드와 (b) 약한장 리간드가 결합한 경우 각각에 대해, 정팔면체 d^5 착물의 전자 배치와 홀전자의 개수를 예측해 보자.

예상 (a) 강한장 리간드의 경우 d-오비탈 사이의 에너지 간격이 크기 때문에, 주로 낮은 에너지의 d-오비탈을 전자가 쌍으로 채우고, 그 결과 홀전자의 개수는 적을 것이다. (b) 약한장 리간드의 경우, d-오비탈이 모두 비슷한 에너지에 있기 때문에, 홀전자의 개수가 많도록 모든 오비탈에 전자가 고루 분배될 것이다.

계획 가장 에너지가 낮은 전자 배치를 얻기 위해 쌓음 원리에 따라 전자를 오비탈에 채운다.

풀이

(a) Δ_O 값이 크기 때문에 다섯 개의 전자 모두 t_{2g} 오비탈에 들어가고, 그 결과 네 개의 전자는 쌍을 이룬다.

t_{2g}^5, 1개의 홀전자

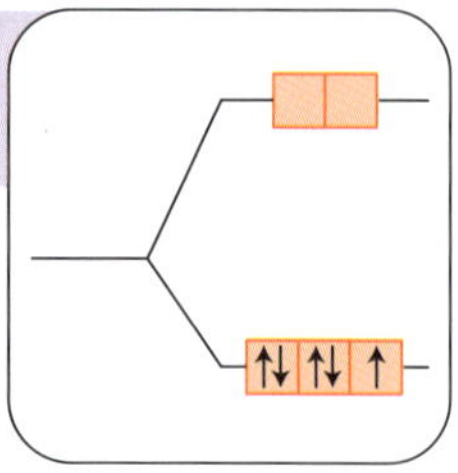

(b) Δ_O 값이 작기 때문에, 다섯 개의 전자가 다섯 개의 d-오비탈에 모두 들어가고, 쌍을 이루지 않는다.

$t_{2g}^3e_g^2$, 5개의 홀전자

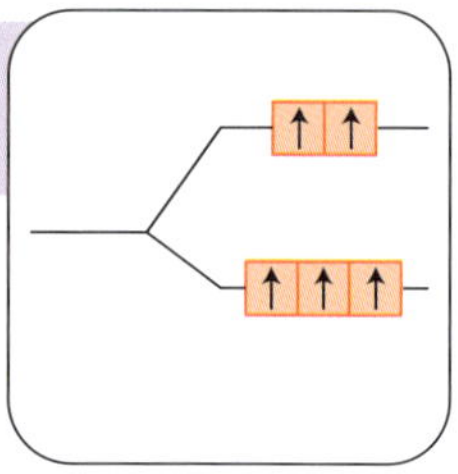

평가 예상한 대로, 홀전자의 개수는 약한장 리간드가 강한장 리간드보다 크다.

자습 8M.2A 정팔면체 d^6 착물이 (a) 강한장 리간드, (b) 약한장 리간드를 가질 경우 각각에 대해, 전자 배치와 홀전자 개수를 예측하시오.

[**답**: (a) t_{2g}^6, 0, (b) $t_{2g}^4e_g^2$, 4]

자습 8M.2B 정팔면체 d^7 착물이 (a) 강한장 리간드, (b) 약한장 리간드를 가질 경우 각각에 대해, 전자 배치와 홀전자 개수를 예측하시오.

관련 연습 문제 8M.7, 8M.8

표 8M.1에 d^1부터 d^{10}까지 정팔면체 착물의 전자 배치를 정리했다. d^N 착물에서 가장 많은 개수의 홀전자가 있는 경우를 **고스핀 착물(high-spin complex)**이라고 한다. 약한장 리간드에서 고스핀 착물이 예상되는데, 전자가 t_{2g}-오비탈과 e_g-오비탈 모두에 쉽게 들어갈 수 있어서 스핀 방향이 같은 전자의 개수도 최대가 될 것이기 때문이다. d^N 착물에서 가장 적은 개수의 홀전자가 있는 경우를 **저스핀 착물(low-spin complex)**이라고 한다. 강한장 리간드가 저스핀 착물을 만드는데, e_g-오비탈에 도달하는 데 필요한 에너지가 크기 때문에, 스핀이 쌍을 이루게 되더라도 우선 t_{2g}-오비탈부터 전자가 모두 채우기 때문이다. 분광학적 계열에서 리간드의 위

표 8M.1 d^N 착물의 전자 배치

d-전자의 수, d^N	배치		
	정팔면체 착물		정사면체 착물
	저스핀	고스핀	
1	t_{2g}^1		e^1
2	t_{2g}^2		e^2
3	t_{2g}^3		$e^2t_2^1$
4	t_{2g}^4	$t_{2g}^3e_g^1$	$e^2t_2^2$
5	t_{2g}^5	$t_{2g}^3e_g^2$	$e^2t_2^3$
6	t_{2g}^6	$t_{2g}^4e_g^2$	$e^3t_2^3$
7	$t_{2g}^6e_g^1$	$t_{2g}^5e_g^2$	$e^4t_2^3$
8	$t_{2g}^6e_g^2$		$e^4t_2^4$
9	$t_{2g}^6e_g^3$		$e^4t_2^5$
10	$t_{2g}^6e_g^4$		$e^4t_2^6$

치를 알면 다음을 예측할 수 있다.

- 강한장 리간드는 저스핀 착물이다.
- 약한장 리간드는 고스핀 착물이다.

정사면체 착물은 거의 모든 경우에 고스핀이다. 정팔면체 착물보다 정사면체 착물의 리간드장 갈라짐이 작기 때문이다. 따라서, 정팔면체 착물에서는 강한장 리간드로 분류되는 리간드도 정사면체 착물을 만들면 리간드장 갈라짐이 작아서 에너지 면에서 t_2-오비탈도 접근할 만하다.

착물에서 d-구역 금속 원자와 이온의 전자 배치는 리간드장 갈라짐의 세기를 고려한 쌓음 원리를 d-오비탈에 적용해서 구한다. 리간드장 갈라짐을 결정하는 리간드의 상대적인 세기는 분광학적 계열로 요약된다.

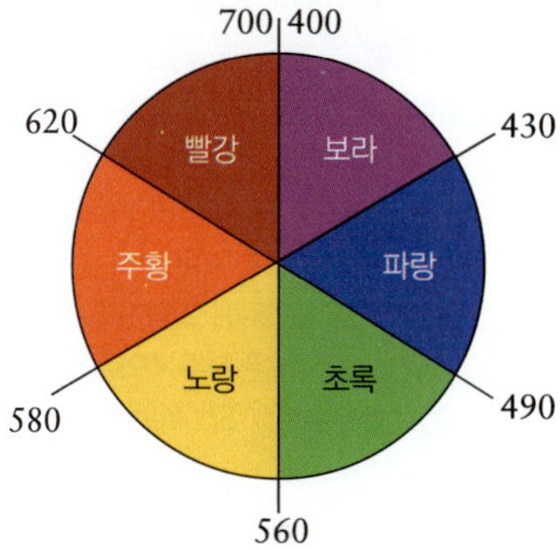

그림 8M.7 색상환에서, 흡수된 색은 인지되는 색의 반대쪽에 위치해 있다. 예를 들어, 주황색을 흡수하는 착물은 눈에는 파란색으로 보인다.

8M.3 착물의 색

백색광은 약 400 nm(보라색)에서 700 nm(빨간색)까지 모든 파장의 전자기 복사광의 혼합물이다. 시료를 통과할 때 이 파장 가운데 일부가 백색광에서 제거되면, 나오는 빛은 더이상 백색이 아니다. 예를 들어, 백색광에서 빨간색 빛이 흡수되면 남아 있는 빛은 녹색으로 보인다. 반대로 녹색이 제거되면 빨간색으로 보인다. 빨간색과 녹색은 서로 **보색(complementary color)**이다. 백색광에서 보색 가운데 한 색깔을 제거하면 다른 한 색깔로 보인다(**그림 8M.7**).

색상환을 이용하여 착물이 빛을 주로 흡수하는 파장대(반드시 최대 흡광 파장일 필요는 없다)를 어림잡을 수 있다. 예를 들어, 어떤 물질이 파란색(예를 들어, 황산 구리(II) 용액)으로 보인다면, 주황색(580~620 nm) 빛을 흡수하는 것이다. 반대로, 물질이 흡수하는 빛의 파장(색깔)으로부터, 색상환의 보색을 참고해서 색깔을 예측할 수 있다. 예를 들어, $[Ti(OH_2)_6]_3^+$는 510 nm의 빛을 흡수하는데, 이 파장은 황록색에 해당하므로 착물은 보라색으로 보인다(**그림 8M.8**).

그림 8M.8 $[Ti(OH_2)_6]_3^+$는 (파장으로는 510 nm에 가까운) 황록색 빛을 흡수하기 때문에 백색광에서는 보라색으로 보인다. (*W. Oelen/CC BY-SA 3.0/Wikemedia Commons*)

생각해 보기

보라색과 파란색 빛을 흡수하는 착물은 어떤 색깔로 보이는가?

약한장 리간드가 만드는 에너지 차이는 작기 때문에 착물은 낮은 에너지, 장파장의 복사선을 흡수한다. 장파장의 빛은 빨란색에 해당하기 때문에 착물은 녹색에 가까운 색으로 보인다. 강한장 리간드는 큰 에너지 차이를 만들기 때문에 착물은 가시광선 영역의 보라색 끝에 해당하는 높은 에너지, 단파장의 복사선을 흡수힌다. 이런 착물은 주황색과 노란색에 가깝게 보일 것이다(**그림 8M.9**).

그림 8M.9 수용액에서 정팔면체 니켈(II) 착물의 리간드를 치환시켜 리간드장 세기를 크게 했을 때 색깔에 미치는 영향. (왼쪽에서 오른쪽으로) $[Ni(NH_3)_6]^{2+}$, $[Ni(en)_3]^{2+}$, $[Ni(Cl)_4]^{2-}$, $[Ni(H_2O)_6]$ (*LHcheM/CC BY-SA 3.0/Wikimedia Commons*)

그림 8M.10 리간드에서 금속으로 일어나는 전하 이동 전이에서는 에너지를 받아 들뜬 전자가 리간드에서 중심 금속 이온으로 이동한다. 이러한 유형의 전이 때문에 과망가니즈산 이온(MnO_4^-)은 짙은 자주색으로 보인다. (© *LasColinus/ Shutterstock*)

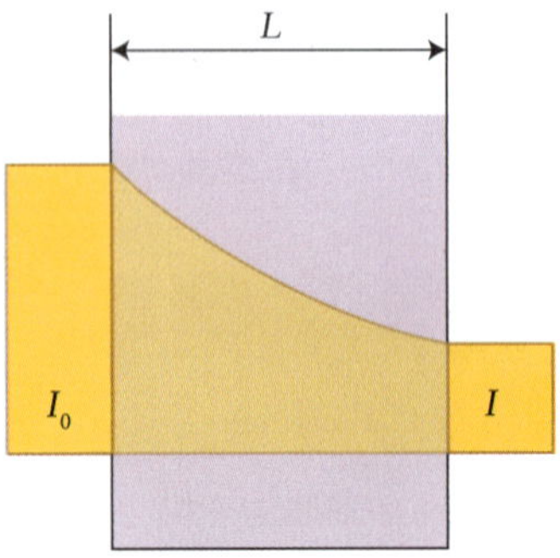

그림 8M.11 빛이 지나는 경로의 길이 L인 시료의 흡광도는 $A = \log(I_0/I)$이다. 여기서 I_0는 입사하는 빛의, I는 투과된 빛의 세기이다.

지금까지 설명한 색은 전자가 들떠서 하나의 d-오비탈에서 다른 d-오비탈로 옮겨가는 **d–d 전이(d–d transition)**에 의해 나타난다. d-금속 착물이 색깔이 있는 또 다른 이유는 **전하 이동 전이(charge-transfer transition)**인데, 전자가 들떠서 리간드에서 금속으로, 또는 금속에서 리간드로 옮겨가는 현상이다. 전하 이동 전이는 색깔이 매우 진한 경우가 많으며, 과망가니즈산 이온(MnO_4^-)의 짙은 자주색과 같이, d-금속 착물의 친숙한 색깔의 가장 흔한 원인이다(그림 8M.10).

d-금속 착물이 가시광선을 흡수하는 성질을 이용해서 분광광도계(spectrophotometer)로 농도를 측정할 수 있다. 특정 파장에서 용액의 **흡광도(absorbance**, 과거에는 **광학 밀도**라고 불렀다) A는 입사하는 빛의 세기 I_0 대비 시료를 투과한 빛의 세기 I의 비율의 상용(밑이 10인) 로그값으로 정의된다(그림 8M.11).

$$A = \log\frac{I_0}{I} \tag{1}$$

용액은 큐벳(cuvette)이라고 부르는 투명한 직사각형 용기에 넣는다. 흡광도는 빛이 시료를 통과하는 거리 L과 착물의 농도 c에 비례한다(즉, $A \propto Lc$). 비례 상수는 ε(입실론)으로 쓰며, **몰 흡광 계수(molar absorption coefficient)**라고 한다(과거에는 **소광 계수**라고 불렀다).

$$A = \varepsilon Lc \tag{2}$$

이 관계식은 종종 빛의 세기로 표현되기도 하는데, 흡광도 A의 정의를 대입하고 양쪽의 역로그(10^x의 형태)를 취하면 다음과 같다.

$$I = I_0 10^{-\varepsilon Lc} \tag{3}$$

이러한 형태의 관계식을 **Beer 법칙(Beer's law)**이라고 한다. 빛이 통과하는 거리에 따라 투과된 빛의 세기는 급격히 감소한다. 거리가 두 배가 되면 투과된 빛의 세기는 100분의 1로 감소한다. 몰 흡광 계수는 화합물의 특성과 입사광의 파장에 따르는 고유한 값이다.

식 2에 따르면, 흡광도 대 몰농도의 그래프는 기울기가 εL인 직선이므로, 특정 파장에서 ε를 구할 수 있다. ε 값을 알면, 실험으로 측정한 용액의 흡광도를 이용해서 시료에 포함된 화학종의 농도를 결정할 수 있다. **분광광도법(spectrophotometry)**이라고 부르는 이 기법은 분석화학에서 널리 쓰인다. 분광광도법은 혈액의 산소 농도를 측정하는 데 사용되는 맥박 산소 측정기(pulse oximeter)의 기본 원리이기도 하다. 손가락을 통해 두 가지 파장에서 흡광도를 측정해서 산소와 결합한 헤모글로빈과 결합하지 않은 헤모글로빈의 상대 농도를 결정한다. 헴(heme)기 중심에 있는 Fe^{2+} 이온의 산소의 배위 여부에 따라 d-오비탈이 갈라지는 형태가 다르기 때문이다.

예제 8M.3 d-금속 착물의 형성 상수 결정하기

지역 하천의 물 시료를 분석하면서, Fe^{3+}의 농도를 측정하기 위해 $Fe(SCN)^{2+}$ 착물의 진한 빨간색을 이용하려고 한다. 이를 위해서는 $Fe(SCN)^{2+}$의 형성 상수(Topic 6I)를 알아야 한다.

$$Fe^{3+}(aq) + SCN^-(aq) \rightleftharpoons Fe(SCN)^{2+}(aq) \qquad K_f = \frac{[Fe(SCN)^{2+}]}{[Fe^{3+}][SCN^-]}$$

457 nm에서 $Fe(SCN)^{2+}$의 몰 흡광 계수 ε는 $4.8\times10^3\ L\cdot mol^{-1}\cdot cm^{-1}$이다. Fe^{3+}의 초기 농도가 $0.30\ mmol\cdot L^{-1}$, SCN^-의 초기 농도가 $10.20\ mmol\cdot L^{-1}$인 용액을 준비했다. 이 빨간색 용액을 빛이 지나는 길이가 1.00 cm인 큐벳에 넣고 측정하니 457 nm에서 흡광도가 0.0474였다.

$Fe(SCN)^{2+}$의 형성 상수 K_f의 값을 구하시오.

계획 도구상자 5H.1에 설명한 평형 표를 만들고, Beer 법칙을 이용해서 $Fe(SCN)^{2+}$의 평형 농도를 결정한다. Fe^{3+}와 SCN^-의 평형 농도를 구하고, 평형식에 넣어 K_f 값을 구한다.

풀이

먼저, $mmol \cdot L^{-1}$ 농도 단위로 평형 표를 만든다.

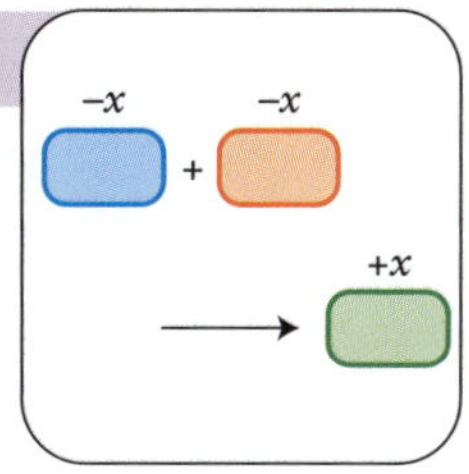

	Fe^{3+}	SCN^-	⇌	$Fe(SCN)^{2+}$
초기 농도	0.30	0.20		0
농도 변화	$-x$	$-x$		$+x$
평형 농도	$0.30-x$	$0.20-x$		x

$Fe(SCN)^{2+}$의 평형 농도를 구하기 위해, $c=A/\varepsilon L$ 형태로 식 2를 적용한다.

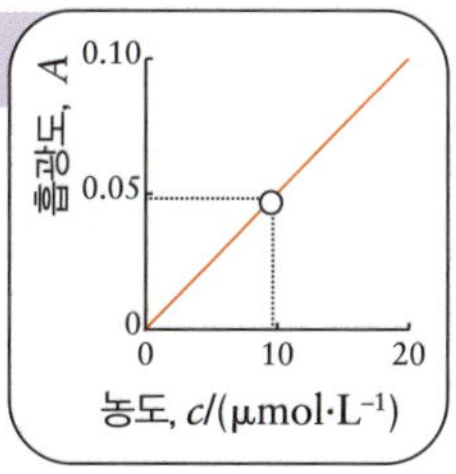

$$c = \frac{0.0474}{(1.00\ cm)\times(4.8\times10^3\ mol^{-1}\cdot L\cdot cm^{-1})}$$
$$= 9.87\ldots\times10^{-6}\ mol\cdot L^{-1} = 0.009\ 87\ldots\ mmol\cdot L^{-1}$$

이 값은 평형 표의 세 번째 열 마지막 행의 x의 값에 해당한다.

평형 표의 마지막 행에 이 값을 대입하면 다음과 같다.

$$[Fe^{3+}] = 0.30 - 0.009\ 87\ldots\ mmol\cdot L^{-1} = 0.29\ mmol\cdot L^{-1}$$
$$= 2.9\times10^{-4}\ mol\cdot L^{-1}$$
$$[SCN^-] = 0.20 - 0.009\ 87\ldots\ mmol\cdot L^{-1} = 0.19\ mmol\cdot L^{-1}$$
$$= 1.9\times10^{-4}\times mol\cdot L^{-}$$
$$[Fe(SCN)^{2+}] = 0.009\ 87\ldots\ mmol\cdot L^{-1} = 9.87\ldots\times10^{-6}\ mol\cdot L^{-1}$$

평형식에 이들 평형 농도 값을 대입해서 K_f를 구한다.

$$K_f = \frac{9.87\ldots\times10^{-6}}{(2.9\times10^{-4})\times(1.9\times10^{-4})} = 180$$

자습 8M.3A 자주색 과망가니즈산 이온의 농도는 주로 분광광도법으로 결정한다. 빛이 통과하는 길이가 1.00 cm인 셀에 넣은 $KMnO_4$ 용액이 525 nm에서 흡광도가 0.398일 때, MnO_4^-의 농도를 구하라. 이 파장에서 몰 흡광 계수는 2455 $L\cdot mol^{-1}\cdot cm^{-1}$이다.

[답: $[MnO_4^-] = 0.162\ mmol\cdot L^{-1}$]

자습 8M.3B 사람의 옥시헤모글로빈(oxyhemoglobin) 시료 4.15 $\mu mol\cdot L^{-1}$ 용액을 1.00 cm 큐벳에 넣고 측정했을 때 415 nm에서 흡광도가 0.531이었다. 몰 흡광 계수를 계산하라.

관련 연습 문제 8M.11, 8M.12

착물에서 d-오비탈 사이의 전자 전이, 또는 리간드와 금속 사이의 전자 전이로 색깔이 나타난다. d–d 전이의 파장은 리간드장 갈라짐의 크기와 관련있다. 용액에서 화합물의 흡광도는 몰농도에 비례한다. Beer 법칙을 이용해서 용질의 농도를 결정할 수 있다.

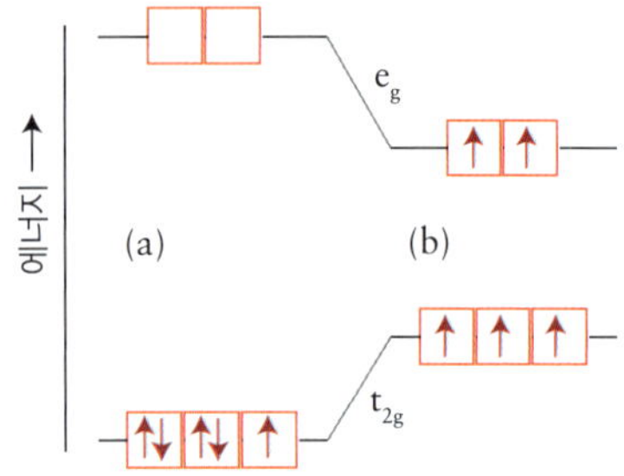

그림 8M.12 (a) 강한장 리간드는 저스핀 착물을 형성할 가능성이 높다(그림은 Fe^{3+}의 전자 배치이다). (b) 약한장 리간드로 치환하면 고스핀 착물이 될 가능성이 높다.

8M.4 착물의 자기적 성질

홀전자가 있는 물질은 상자기성이며 자기장에 끌린다(화학 이야기 2G.2). 홀전자가 없는 물질은 반자기성이며 자기장에서 밀려난다. 많은 d-금속 착물은 홀전자가 있기 때문에 상자기성이다. 고스핀 d^N 착물은 저스핀 d^N 착물보다 홀전자의 개수가 많다. 그 결과, 같은 개수의 d-전자가 있더라도 고스핀 착물은 저스핀 착물보다 상자기성이 크다. 착물이 고스핀일지 저스핀일지는 리간드에 따라 다르다. 강한장 리간드를 가진 d^4에서 d^7까지의 착물은 t_{2g}-오비탈과 e_g-오비탈 사이의 에너지 간격이 커서 저스핀을 선호하고, 그 결과 약한 상자기성이나 반자기성을 띤다(그림 8M.12). 약한장 리간드를 가진 d^4에서 d^7까지의 착물은, t_{2g}-오비탈과 e_g-오비탈 사이의 에너지 간격이 작아서 고스핀을 선호하고, 상자기성이 우세하다.

예제 8M.4 착물의 자기적 성질 예측하기

컴퓨터 하드드라이브를 만드는 재료를 연구하는 엔지니어가 개발 중인 철 착물의 자기적 성질을 예측하려고 한다. (a) $[Fe(OH_2)_6]^{2+}$와 (b) $[Fe(CN)_6]^{4-}$의 자기적 성질을 예측하시오.

예상 H_2O는 약한장 리간드이기 때문에 홀전자의 개수가 최대일 것이다. 따라서, 착물은 고스핀이며 상자기성일 것이다. CN^- 이온은 강한장 리간드이기 때문에 착물은 저스핀일 가능성이 많고, 반자기성일 수도 있다.

계획 착물의 자기적 성질을 예측하려면 중심 원자나 이온의 d-전자 개수를 알아야 한다. 분광학적 계열을 이용해서 리간드가 약한장 리간드인지 강한장 리간드인지 결정한다. 그런 다음 착물이 고스핀인지 저스핀인지 판단한다.

풀이

(a) d-전자의 개수를 파악한다.

Fe^{2+} 이온은 d^6 이온이다.

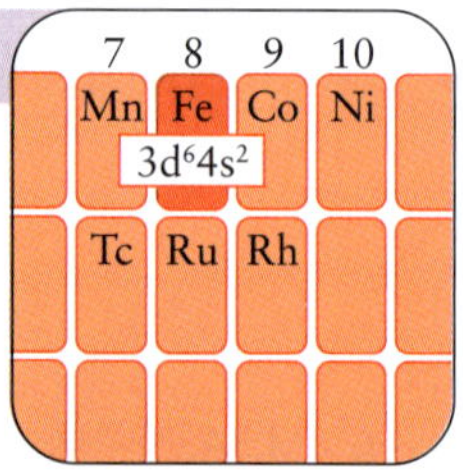

리간드의 세기를 분류한다.

H_2O는 약한장 리간드이다.

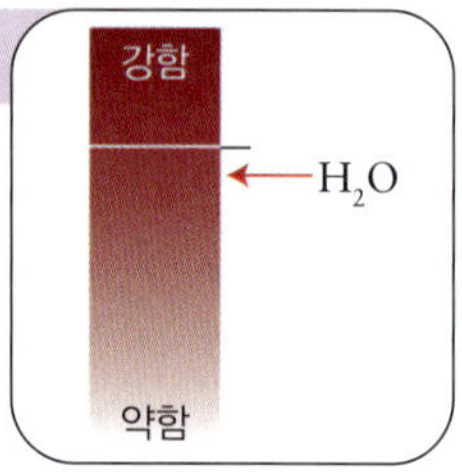

약한장 리간드에서 고스핀 $t_{2g}{}^4e_g{}^2$ 전자 배치를 예측한다.

$[Fe(OH_2)_6]^{2+}$는 4개의 홀전자가 있기 때문에 상자기성이다.

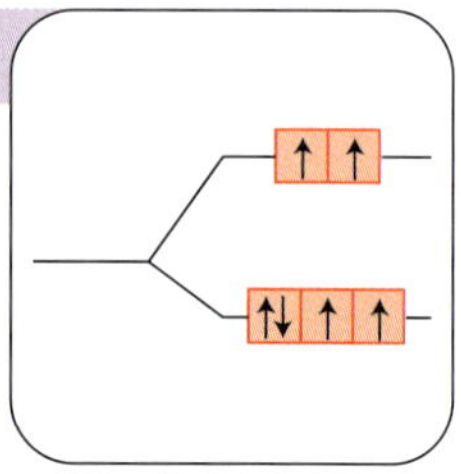

(b) 리간드의 세기를 분류한다.

CN^-는 강한장 리간드이다.

위에서 말했듯이, Fe^{2+} 이온은 d^6 이온이다. 강한장 리간드에서 저스핀 $t_{2g}{}^6$ 전자 배치를 예상한다.

$[Fe(CN)_6]^{4-}$는 홑전자가 없기 때문에 반자기성이다.

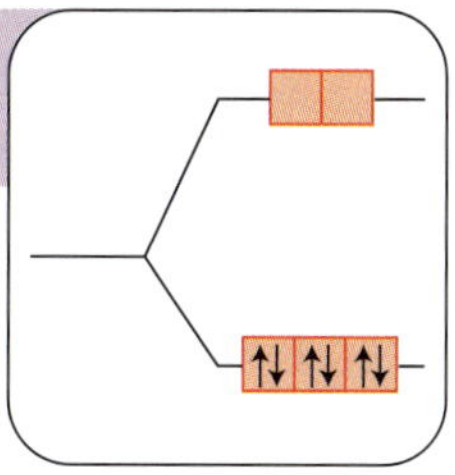

평가 예상한 대로 $[Fe(OH_2)_6]^{2+}$ 착물은 상자기성이며, $[Fe(CN)_6]^{4-}$ 착물은 반자기성이다.

자습 8M.4A 정팔면체 착물의 $NO_2{}^-$ 리간드를 Cl^-로 치환하면, (a) d^6 착물과 (b) d^3 착물의 자기적 성질이 어떻게 달라지는가?

[**답**: (a) 착물이 상자기성이 된다. (b) 자기적 성질에 변화가 없다.]

자습 8M.4B $[Ni(en)_3]^{2+}$와 $[Ni(OH_2)_6]^{2+}$의 자기적 성질을 비교하시오.

관련 연습 문제 8M.13, 8M.14, 8M.21, 8M.22

착물의 자기적 성질은 리간드장 갈라짐의 크기에 따라 달라진다. 강한장 리간드는 저스핀의 약한 상자기성 착물을 주로 만든다. 약한장 리간드는 고스핀의 강한 상자기성 착물을 주로 만든다.

8M.5 리간드장 이론

결정장 이론은 리간드를 실제 분자나 이온이 아닌 점전하로 취급하는 매우 초보적인 결합 모델에 근거한다. 또한 여전히 풀리지 않은 질문이 있다. 예를 들어, 왜 전기적으로 중성인 CO 분자가 강한장 리간드인데, 음전하를 띤 Cl^- 이온은 약한장 리간드일까?

착물의 결합 모델을 개선하기 위해, 화학자들은 분자 오비탈 이론(Topic 2G)을 이용하게 되었다. **리간드장 이론(ligand field theory)**은 금속 원자의 d-오비탈과 리간드의 오비탈로 만들어진 분자 오비탈로 착물의 결합을 설명한다. 착물의 구조를 점전하로 단순화한 결정장 이론과 달리, 리간드장 이론은 리간드가 중심 금속 원자나 이온에 공유 결합으로 연결되어 있다는, 좀 더 현실적인 가정에서 출발한다. 결정장 이론의 대부분의 설명은 리간드장 이론으로도 설명할 수 있다. 근본적인 차이는 리간드장 갈라짐이 어디에서 오며, 금속 오비탈과 리간드 오비탈 사이의 겹침의 형태와 정도에 따라 리간드장 갈라짐이 어떻게 달라지는가 하는 점이다.

착물의 전자 구조를 설명하기 위해서 분자 오비탈이 필요하다. 착물을 분자처럼 생각해서, 사용할 수 있는 원자 오비탈의 조합으로 분자 오비탈을 만든다. 예를 들어, 철, 코발트, 구리 등 4주기 d-금속의 정팔면체 착물을 생각해 보자. 중심 금속 이온의 4s-, 4p-, 3d-오비탈은 에너지가 비슷하기 때문에, 아홉 개 오비탈을 모두 고려해야 한다. 처음에는 논의를 단순화하기 위해, 리간드마다 하나의 원자 오비탈만 고려하자. 예를 들어, Cl^- 리간드의 경우, 금속 원자 쪽으로 향한 Cl 3p-오비탈만 사용한다. NH_3 리간드의 경우, 질소 원자의 sp^3 고립 전자쌍을

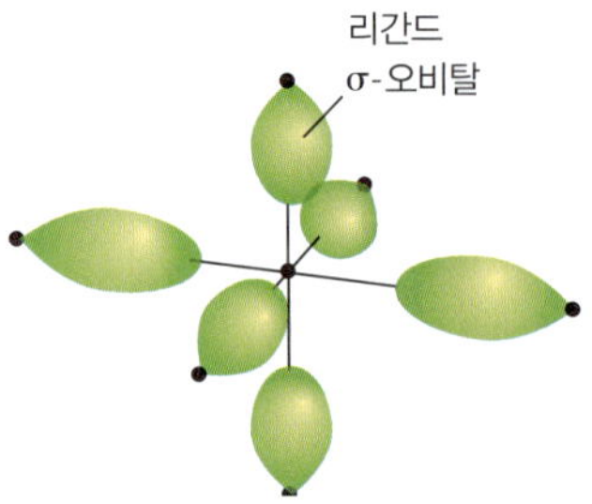

그림 8M.13 눈물 모양은 리간드장 이론에서 정팔면체 착물의 분자 오비탈을 만드는 데 사용한 여섯 개의 리간드 원자 오비탈을 나타낸다. 리간드의 s- 또는 p-오비탈이거나 이들의 혼성 오비탈이다.

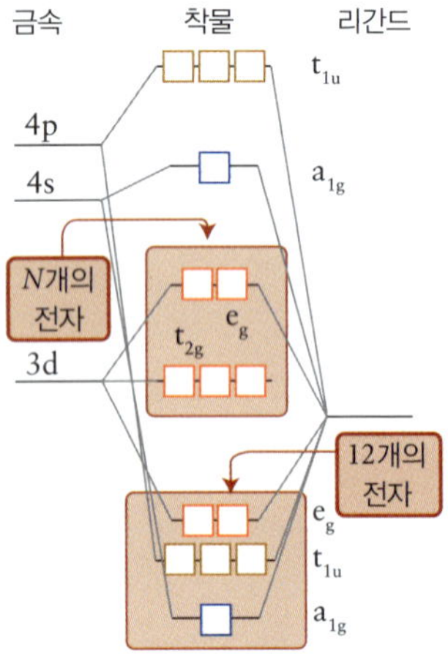

그림 8M.14 정팔면체 착물의 분자 오비탈 에너지 준위 도표. 여섯 개의 리간드가 제공하는 12개의 전자는 에너지가 가장 낮은 6개의 오비탈을 채우는데 모두 결합성 오비탈이다. 중심 금속 원자나 이온이 제공하는 N개의 d-전자는 위쪽 가운데 네모 상자로 표시한 오비탈을 채운다. 리간드장 갈라짐은 네모 상자 안의 비결합성 오비탈(t_{2g})과 반결합성 오비탈(e_g)의 에너지 차이에 해당한다.

사용한다. 정팔면체 착물의 여섯 개 리간드에서 오는 여섯 개의 오비탈을 **그림 8M.13**에서 눈물 모양 로브로 표현했다. 개별 오비탈은 모두 금속–리간드 결합 축을 따라 원통형 대칭성을 갖기 때문에 σ-오비탈을 만들 수 있다.

금속 원자에는 9개, 리간드에는 6개, 모두 합해서 15개의 오비탈을 고려해야 한다. 따라서, 15개의 분자 오비탈을 만들 수 있다. **그림 8M.14**에 이들 15개 오비탈의 에너지와 기호를 표시했다. 가장 에너지가 낮은 오비탈의 집합을 살펴보면, 결합성 오비탈들이다. 이 집합에서 에너지가 가장 낮은 오비탈은 a_{1g}로 표시하는데, 금속 원자의 4s-오비탈과 짝이 맞는 6개 리간드 오비탈 전체 조합 사이의 보강 겹침의 결과로 얻어진다. t_{1u}로 표시한 세 개의 오비탈은 에너지가 겹치는데, 금속의 세 4p-오비탈과 짝이 맞는 리간드 오비탈의 세 가지 조합이다. e_g로 표시한 두 개의 오비탈은 리간드 쪽으로 향한 두 개의 3d-오비탈이 짝이 맞는 리간드 오비탈 두 가지 조합과 보강 겹침을 한 결과이다. 이렇게 6개의 결합성 오비탈이 있기 때문에, 6개의 반결합성 오비탈도 있어야 한다. 이들을 합치면, 총 15개의 분자 오비탈 가운데 12개를 차지한다. 나머지 세 오비탈은 t_{2g}로 표시한 3d-오비탈인데, 짝이 맞는 리간드 오비탈 조합이 없기 때문에, 비결합성 오비탈이다.

이원자 분자를 다룰 때 설명했듯이(Topic 2G), 쌓음 원리를 이용해서 바닥 상태의 전자 배치를 결정할 수 있다. 먼저, 사용할 수 있는 전자의 개수를 세어 보자. d^N 착물에서 금속은 N개의 전자를 제공한다. Lewis 염기로 작용하는 개별 리간드 오비탈마다 2개의 전자가 제공된다. 따라서, 정팔면체 착물의 경우 리간드에서 12개의 전자가 제공되고, 전체 전자 수는 $12+N$이 된다. 이 가운데 첫 12개의 전자는 6개의 결합성 오비탈을 채운다. 남은 N개의 전자는 비결합성 오비탈과 반결합성 오비탈을 채운다. 이들 전자가 들어갈 수 있는 오비탈(그림 8M.14의 중앙 상단의 상자)은 결정장 이론에서 본 것과 같은 형태로 배열되어 있다는 점에 주목하자. 다만 차이라면, 리간드장 이론에서는 세 개의 t_{2g}-오비탈이 비결합성 오비탈이고, 두 개의 e_g-오비탈은 금속–리간드 반결합성 오비탈이라는 사실이다. 다시 말해,

- 리간드장 갈라짐은 d-오비탈로 만든 비결합성 오비탈과 반결합성 오비탈의 에너지 차이와 같다.

나머지 네 오비탈은 전자가 채우기 힘든, 높은 에너지의 반결합성 오비탈이다.

여기서부터 해석은 결정장 이론과 동일하다. t_{2g}-오비탈과 e_g-오비탈을 전자로 채우는 순서는 결정장 이론과 같으며, 광학적 성질과 자기적 성질에 대한 논의도 마찬가지다. 리간드장 갈라짐이 크면 t_{2g}-오비탈이 먼저 채워지고, 저스핀 착물이 예상된다. 리간드장 갈라짐이 작으면, t_{2g}-오비탈에서 스핀 짝지음이 시작되기 전에 e_g-오비탈이 먼저 채워져 고스핀 착물이 된다.

리간드장 이론을 통해 결합에 대한 논의가 더 견고해졌지만, 결정장 이론의 혼란스러운 면을 모두 설명하지는 못했다. 특히, 왜 CO는 강한장 리간드인가? 왜 Cl^-는 음전하를 갖는데도 약한장 리간드인가?

이러한 점을 설명하기 위해, 리간드의 다른 오비탈들이 하는 역할을 고려해서 모델을 더 정교하게 할 수 있다. 지금까지는, 분자 오비탈을 만들 때, 중심 금속 쪽으로 바로 향하고 있어 σ-결합과 σ-반결합의 조합을 만드는 리간드 오비탈만 생각했다. 리간드는 금속–리간드 축에 수직 방향인 오비탈을 써서 π-결합과 π-반결합에도 참여할 수 있다. **그림 8M.15**처럼, 금속–리간드 결합 축에 수직인 리간드 p-오비탈은 금속 원자의 t_{2g}-오비탈 가운데 하나와 겹쳐서, 결합성과 반결합성 이렇게 두 개의 분자 오비탈을 새로 만들 수 있다. 이렇게 만든 결합성 오비탈은 비결합성이었던 원래 t_{2g}-오비탈보다 낮은 에너지에, 반결합성 오비탈은 이보다 높은 에너지에 위치한다.

리간드가 Cl^-라면, 금속–리간드 π-오비탈을 만드는 Cl 3p-오비탈이 이미 전자로 채워져 있

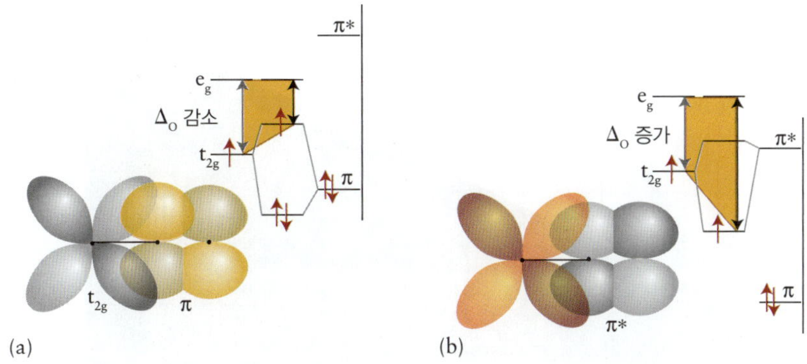

그림 8M.15 π-결합이 리간드장 갈라짐에 미치는 영향. (a)의 경우, 전자가 채워진 리간드 p-오비탈이 금속의 t_{2g}-오비탈과 에너지가 가깝기 때문에, 겹침을 통해 결합성 오비탈과 반결합성 오비탈 조합을 만든다. 그 결과, 리간드장 갈라짐은 줄어든다. (b)의 경우, 리간드의 비어 있는 π*-오비탈이 금속의 t_{2g}-오비탈과 에너지가 가깝기 때문에, 겹침을 통해 결합성 오비탈과 반결합성 오비탈 조합을 만든다. 그 결과 리간드장 갈라짐은 커진다.

다. 리간드가 제공하는 두 개의 전자는 새로운 분자 오비탈을 채우는데, 그림 8M.15에 보인 금속–리간드 결합성 오비탈이다. 따라서, 금속이 제공하는 *N*개의 d-전자는 반결합성 금속–리간드 π-결합에 들어가야 한다. t_{2g}-오비탈에서 유래한 이들 반결합성 오비탈은 원래 비결합성이었던 t_{2g}-오비탈보다 높은 에너지에 위치한다. 결국, π-결합에 의해 리간드장 갈라짐은 줄어든다. 따라서, 음전하를 갖지만 Cl^-는 약한장 리간드가 된다.

이제 리간드가 CO라고 가정해 보자. 이 경우 금속의 t_{2g}-오비탈과 겹칠 수 있는 CO 분자의 오비탈은 전자가 채워진 π-오비탈이거나 전자가 없는 반결합성 π*-오비탈이다. 이 가운데 π*-오비탈이 금속의 오비탈과 에너지가 더 가깝기 때문에 그림 8M.15b에 보인 것처럼 금속과의 결합에 주된 역할을 한다. π*-오비탈은 비어 있기 때문에 리간드에서 오는 전자는 없다. 따라서 *N*개의 d-전자가 금속–리간드 결합성 오비탈을 채운다. 이렇게 새롭게 만들어진 분자 오비탈은 원래 t_{2g}-오비탈보다 낮은 에너지에 있기 때문에, 금속–리간드 π-결합을 통해서 리간드장 갈라짐은 커진다. 그 결과, CO는 전기적으로 중성이지만 강한장 리간드이다.

리간드장 이론에 따르면, 리간드장 갈라짐은 d-오비탈로 주로 만들어진 비결합성 오비탈과 반결합성 오비탈의 에너지 차이에 해당한다. 금속–리간드 π-결합이 가능할 경우, 리간드장 갈라짐은 리간드가 π-전자를 제공하면 감소하고, 제공하지 않으면 증가한다.

8M.6 응용: 염료 감응형 태양전지

흔히 태양전지로 부르는 광전지(photovoltaic cell)는 빛 에너지를 전기로 변환한다. 결정질 물질로 만든 제1세대 태양전지와 박막 형태로 만든 제2세대 태양전지는 대부분 규소 또는 가시광 영역의 대부분을 흡수할 수 있는 반도체로 만든다. 유용하기는 하지만, 가격이 비싸다. 이에 따라 효율이 높고 이산화 타이타늄(titanium(IV) dioxide, TiO_2)과 같은 대체 재료를 사용하는 제3세대 태양전지가 개발되었다. 하지만 TiO_2는 흰색 고체이며 가시광 영역의 복사선을 많이 흡수하지 않는다. 효율을 더 높이기 위해, TiO_2의 표면을 금속 중심 배위 착물(염료)로 덮는 방법이 있다. 이러한 유형의 광전지를 **염료 감응형 태양전지**(dye-sensitized solar cell, DSC 또는 DSSC)라고 한다. 햇빛이 투명한 전극을 통과해서 염료 분자에 흡수되면, 들뜬 전자가 반도체의 전도띠로 옮겨 간다. 이 전자가 외부 회로를 이동하면서 전류가 생긴다. 외부 회로로 흐른 전자는 DSC의 두 번째 전극(상대 전극)을 거쳐 전해질(보통 액체로 만든다)의 산화–환원쌍으로 전달된다. 산화되었던 염료는 전해질의 산화–환원쌍을 통해 전자를 공급받아 원래 상태로 되돌아가

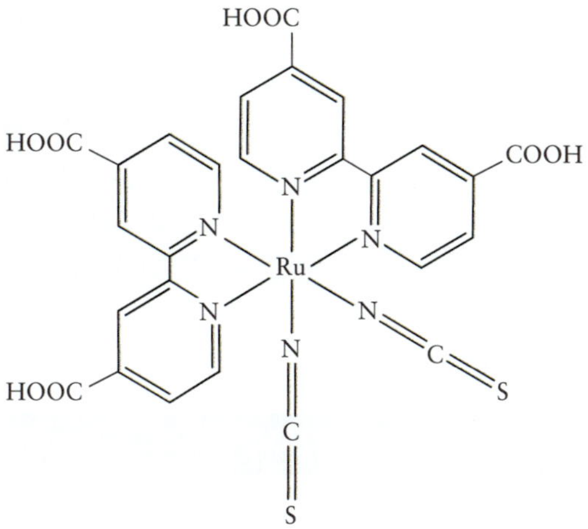

6 N-3 Dye

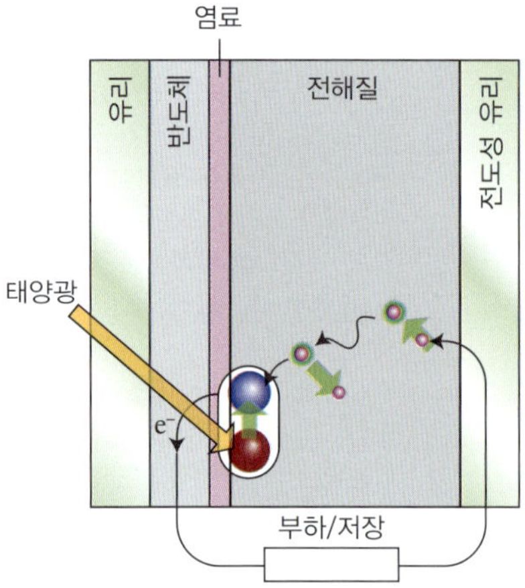

그림 8M.16 염료 감응형 태양전지의 개념도.

그림 8M.17 염료 감응형 태양전지를 창문으로 써서 태양에서 에너지를 직접 얻을 수 있다. (© *Michael Derrer Fuchs/Shutterstock*)

서 빛을 다시 흡수할 수 있다(그림 8M.16).

제3제대 태양전지는 구조가 복잡하며, 전지의 개별 구성요소를 신중하게 최적화해야 한다. 특히 중요한 부분이 염료인데, 분자마다 흡수하는 파장이 다르기 때문이다. 가장 효율적인 염료의 대부분은 루테늄에 기반하고 있는데, Ru^{2+} 중심 이온에 다양한 리간드가 배위한다. 업계에서 N-3 염료로 알려진 착물의 화학 구조는 (**6**)이다. 리간드의 구조를 조절하면 염료가 흡수하는 빛의 파장을 바꿀 수 있다. 또한, 염료의 성질을 반도체의 에너지 구조에도 맞추어야 한다. 빛을 받아 들뜬 상태의 전자의 에너지가 전자를 받아들이는 반도체의 에너지 준위보다 높아야 하기 때문이다. 태양전지 안에서 전하의 생성과 전달이 빠르고 효율적으로 일어나게 만들어야 한다. 전해질 또한 최적화가 필요한데, 고체 전해질에 대한 연구가 활발하다. 소재의 가격과 가공에 소요되는 낮은 비용뿐 아니라, DSC는 반투명이기 때문에 바깥 창문으로 사용할 수 있다는 응용성 면에서 전통적인 실리콘 기반 태양전지보다 우위에 있다(그림 8M.17). 효율적인 DSC는 저조도 조건에서도 작동할 수 있다.

이 Topic에서 배운 것은 무엇인가?

결정장 이론, 그리고 더 정교한 리간드장 이론을 써서 d-금속 착물의 전자 배치, 광학적 성질, 자기적 성질을 설명할 수 있게 되었다. 강한장 리간드는 저스핀 착물을, 약한장 리간드는 고스핀 착물을 만든다는 사실을 알게 되었다. d-금속 착화합물의 형성 상수를 결정하는 방법도 배웠다.

개념과 식의 적용

- ☐ 착물이 흡수하는 빛의 파장으로부터 리간드장 갈라짐을 계산한다(예제 8M.1).
- ☐ 분광학적 계열을 이용해서 리간드가 d-금속 착물의 색깔, 전자 배치, 자기적 성질에 미치는 영향을 예측한다(예제 8M.2 및 8M.4).
- ☐ d-금속 착물의 형성 상수를 결정한다(예제 8M.3).
- ☐ 리간드장 이론으로 d-금속 착물의 결합을 설명하고, 리간드가 강한장 리간드와 약한장 리간드로 분류되는 이유를 설명한다(8M.5절).

Topic 8M 연습 문제

8M.1 다음 금속 이온의 원자가 껍질 전자 수(d-전자 포함)를 구하시오. (a) Ti^{2+} (b) Tc^{2+} (c) Ir^{+} (d) Ag^{+} (e) Y^{3+} (f) Zn^{2+}

8M.2 다음 금속 이온의 원자가 껍질 전자 수(d-전자 포함)를 구하시오. (a) Co^{2+} (b) Mo^{4+} (c) Ru^{4+} (d) Pt^{2+} (e) Os^{3+} (f) V^{3+}

8M.3 다음 각 착물 내 금속 이온의 d-전자 배치를 표현하는 오비탈 에너지 준위 도표를 그리시오(그림 8M.3 및 8M.5 참고). 개별 착물에 대해서 홀전자의 개수를 예측하시오.
(a) $[Co(NH_3)_6]^{3+}$ (b) $[NiCl_4]^{2-}$(정사면체 구조) (c) $[Fe(OH_2)_6]^{3+}$ (d) $[Fe(CN)_6]^{3-}$

8M.4 다음 각 착물 내 금속 이온의 d-전자 배치를 표현하는 오비탈 에너지 준위 도표를 그리시오(그림 8M.3 및 8M.5 참고). 개별 착물에 대해서 홀전자의 개수를 예측하시오.
(a) $[Zn(OH_2)_6]^{2+}$ (b) $[CoCl_4]^{2-}$(정사면체 구조) (c) $[Co(CN)_6]^{3-}$ (d) $[CoF_6]^{3-}$

8M.5 $[V(OH_2)_6]^{3+}$ 이온의 용액은 녹색이며, 560 nm 파장의 빛을 흡수한다. 이 착물의 리간드장 갈라짐은 몇 $kJ{\cdot}mol^{-1}$인가?

8M.6 $[V(OH_2)_6]^{3+}$ 이온의 용액은 연보라색이며, 806 nm 파장의 빛을 흡수한다. 이 착물의 리간드장 갈라짐은 몇 $kJ{\cdot}mol^{-1}$인가?

8M.7 착물 (a) $[Co(en)_3]^{3+}$와 (b) $[Mn(CN)_6]^{3-}$는 저스핀이다. 개별 착물의 전자 배치와 (만일 있다면) 홀전자의 개수를 예측하시오.

8M.8 착물 (a) $[RhF_6]^{3-}$와 (b) $[Ni(ox)_3]^{4-}$는 고스핀이다. 개별 착물의 전자 배치와 (만일 있다면) 홀전자의 개수를 예측하시오.

8M.9 약한장 리간드와 강한장 리간드의 차이점을 설명하시오. 이들을 구별하려면 무엇을 측정해야 하는가?

8M.10 약한장 리간드를 강한장 리간드로 대체했을 때 화합물의 성질이 어떻게 달라지는지 설명하시오.

8M.11 용액에서 *cis*- 및 *trans*-$[CoCl(en)_2SCN]^+$의 전체 농도는 540 nm에서 측정할 수 있다. 이 파장에서 두 이성질체의 흡광 계수는 $\varepsilon = 175\ L{\cdot}mol^{-1}{\cdot}cm^{-1}$로 같다. 실험을 했을 때, 빛이 1.00 cm의 길이를 투과하는 큐벳에 넣은 이성질체 혼합물 용액의 흡광도가 540 nm에서 0.262였다. 용액에서 $[CoCl(en)_2SCN]^+$의 전체 농도는 얼마인가?

8M.12 혈청에 들어 있는 철의 양을 측정하기 위해서 먼저 Fe^{2+} 상태로 환원시키고 ferrozine 리간드와 반응시켜 562 nm에서 최대 흡광이 일어나는 자주색 $[Fe(ferrozine)_3]^{4-}$ 착물을 만든다. 이 착물의 562 nm에서의 몰 흡광 계수는 $2.79 \times 10^4\ L{\cdot}mol^{-1}{\cdot}cm^{-1}$이다. 빛이 2.00 cm의 길이를 투과하는 큐벳에 넣은 착이온 용액의 흡광도가 562 nm에서 0.703이었다. 용액에서 $[Fe(ferrozine)_3]^{4-}$의 몰농도는 얼마인가?

8M.13 상자기성 $[Fe(CN)_6]^{3-}$ 이온을 $[Fe(CN)_6]^{4-}$로 환원하면 반자기성이 된다. 하지만, 상자기성 $[FeCl_4]$ 이온은 $[FeCl_4]^{2-}$로 환원해도 여전히 상자기성으로 남아 있다. 이 현상을 설명하시오.

8M.14 상자기성 이온 $[Co(CN)_6]^{4-}$를 $[Co(CN)_6]^{3-}$로 산화시키면 반자기성이 된다. 하지만, 상자기성 이온 $[Co(ox)_3]^{4-}$는 $[Co(ox)_3]^{3-}$로 산화시켜도 여전히 상자기성으로 남아 있다. 이 현상을 설명하시오.

8M.15 두 착물 (a) $[CoBr_6]^{3-}$와 (b) $[Co(en)_3]^{3+}$ 가운데 하나는 노란색이고 다른 하나는 파란색이다. 색깔을 이용해서 착물을 판별하고, 그 이유를 설명하시오.

8M.16 착물 $[Cu(OH_2)_6]^{2+}$와 $[CuBr_6]^{4-}$ 가운데 어느 것이 더 장파장을 흡수하는가?

8M.17 착물 $[Ni(NH_3)_6]^{2+}$의 리간드장 갈라짐은 209 $kJ{\cdot}mol^{-1}$이며 보라색 용액을 만든다. 흡수된 빛의 파장과 색깔을 결정하시오.

8M.18 착물 $[TiCl_6]^{3-}$의 리간드장 갈라짐은 160 $kJ{\cdot}mol^{-1}$이며 주황색 용액을 만든다. 흡수된 빛의 파장과 색깔을 결정하시오.

8M.19 착물 $[Co(CN)_6]^{3-}$는 연한 노란색이다. (a) 이 착물에 홀전자는 몇 개가 있는가? (b) 암모니아가 사이안화 이온을 치환해서 리간드가 되면, 착물이 흡수하는 복사선의 파장은 길어지는가, 아니면 짧아지는가?

8M.20 수용액에서 Cu^{2+} 이온에 배위하는 데 물 분자는 브로민화 이온과 효과적으로 경쟁한다. 용액에서는 hexaquacopper(II) 이온이 주로 존재하지만, 브로민화 이온이 과량 존재할 경우, 용액은 자주색으로 변한다. 이 자주색은 정사면체 구조의 tetrabromidocuprate(II) 이온의 형성 때문이다. 이 과정은 가역적이기 때문에 용액을 물로 묽히면 옅은 파란색으로 되돌아간다. (a) 용액에서 형성되는 두 가지 구리(II) 착이온의 화학식을 쓰시오. (b) 용액을 묽혔을 때 자주색에서 파란색으로 색깔이 변하는 것은 예상할 수 있는 현상인가? 이유를 설명하시오.

8M.21 $Zn^{2+}(aq)$ 이온이 무색인 이유는 무엇인가? 아연 화합물은 상자기성일 것으로 예상하는가? 답에 대한 이유를 설명하시오.

8M.22 구리(II) 화합물은 색을 띠는 경우가 많지만 구리(I) 화합물은 무색인 이유는 무엇인가? 어느 산화수가 상자기성 화합물을 만드는가?

8M.23 (a) 다음 착물의 리간드장 갈라짐을 계산하시오. 여기서 λ_{max}는 최대 흡수 파장이다.
(i) $[CrCl_6]^{3-}$ ($\lambda_{max} = 740.$ nm) (ii) $[Cr(NH_3)_6]^{3+}$($\lambda_{max} = 460.$ nm) (iii) $[Cr(OH_2)_6]^{3+}$($\lambda_{max} = 575$ nm)
(b) 리간드장 세기가 커지는 순서로 리간드를 배열하시오.

8M.24 (a) 다음 착물의 리간드장 갈라짐을 계산하시오. 여기서 λmax는 최대 흡수 파장이다.
(i) $[CoF_6]^{3-}$($\lambda_{max} = 700.$ nm) (ii) $[Co(NH_3)_6]^{3+}$($\lambda_{max} = 435$ nm) (iii) $[Co(OH_2)_6]^{3+}$ ($\lambda_{max} = 540.$ nm)
(b) 리간드장 세기가 커지는 순서로 리간드를 배열하시오.

8M.25 정팔면체 착물에서, 금속과 리간드 사이의 σ-결합에는 어떤 d-오비탈이 참여하는가?

8M.26 정팔면체 착물에서, 금속과 리간드 사이의 π-결합에는 어떤 d-오비탈이 참여하는가?

8M.27 금속 중심과 π-결합을 만들 수 있는 리간드는 일반적으로 π-산 또는 π-염기라고 부른다. 여기서 π-산과 π-염기의 정의는 Lewis 산–염기의 정의와 유사하다. π-산은 π-오비탈을 사용해서 전자를 받을 수 있는 리간드이고, π-염기는 π-오비탈을 사용해서 전자를 주는 리간드이다. (a) 이러한 정의를 근거로, 다음 개별 리간드를 π-산, π-염기, 또는 해당 없음으로 분류하시오. (i) CN^-, (ii) Cl^-, (iii) H_2O, (iv) 에틸렌다이아민(en). (b) 리간드장 갈라짐이 커지는 순서로 이들

을 배열하시오.

8M.28 (a) 다음 개별 리간드를 π-산, π-염기, 또는 해당 없음으로분류하시오(연습 문제 8M.27 참조). (i) NH_3, (ii) 옥살산 이온(ox), (iii) F^-, (iv) CO. (b) 리간드장 갈라짐이 커지는 순서로 이들을 배열하시오.

8M.29 $[Co(OH_2)_6]^{3+}$의 t_{2g} 오비탈은 결합성, 반결합성, 비결합성 가운데 어디에 가장 잘 해당하는가? 이유를 설명하시오.

8M.30 $[Fe(CN)_6]^{3-}$의 t_{2g} 오비탈은 결합성, 반결합성, 비결합성 가운데 어디에 가장 잘 해당하는가? 이유를 설명하시오.

8M.31 $[Fe(OH_2)_6]^{3+}$의 e_g 오비탈은 결합성, 반결합성, 비결합성 가운데 어디에 가장 잘 해당하는가? 이유를 설명하시오.

8M.32 $[CoF_6]^{3-}$의 t_{2g} 오비탈은 결합성, 반결합성, 비결합성 가운데 어디에 가장 잘 해당하는가? 이유를 설명하시오.

8M.33 리간드장 이론의 개념을 이용해서, 물이 암모니아보다 더 약한장 리간드인 이유를 설명하시오.

8M.34 리간드장 이론의 개념을 이용해서, 에틸렌다이아민이 CO보다 더 약한장 리간드인 이유를 설명하시오.

다음의 예제와 연습 문제는 Focus 8의 전반적인 내용을 다룬다.

FOCUS 8 통합 예제

통합 예제 1 환경 연구소에서 일하고 있는 연구원이 산업 원료 가운데 특히 알루미늄 생산의 에너지 비용과 온실 기체 배출에 관심이 있다. 원광석에서 알루미늄을 생산하는 데 1톤(1 t = 10^3 kg)당 85.6 GJ(1 GJ = 10^9 J)의 에너지가 필요하며, 이 가운데 70%가 빙정석을 섞어 용융한 Al_2O_3의 전기 분해에 소비된다. 이 과정의 전체 화학 반응식은 다음과 같다.

$$4\,Al^{3+}(\text{용융}) + 6\,O^{2-}(\text{용융}) + 3\,C(s, \text{흑연}) \rightarrow 4\,Al(l) + 3\,CO_2(g)$$

(a) 알루미늄 제련소에서 300. kA의 전류 세기로 1.0톤의 알루미늄을 생산하는 데 걸리는 시간은 얼마인가? (b) 전해조에서 이 전기 반응이 정반응으로 일어나게 하기 위해서는 2390 kJ의 Gibbs 자유 에너지가 필요하다. 전해조에서 반응이 일어나도록 하기 위해서 걸어주어야 할 최소 전위차는 얼마인가? (c) 85.6 GJ의 에너지가 전부 석탄의 연소로 공급된다고 가정하자. 에너지 1 kJ을 생산할 때마다 석탄(전부 탄소라고 가정하자)에서 평균 0.265 g의 CO_2가 방출된다. 1톤의 알루미늄을 생산하기 위해 소모되는 석탄의 질량은 얼마인가? (d) 1톤의 알루미늄을 생산하는 데 배출되는 $CO_2(g)$의 부피는 1.0기압 20 °C에서 얼마인가? (e) 알루미늄을 생산하는 다른 방법으로, 알루미나 Al_2O_3를 먼저 탄소와 고온에서 반응시켜 탄화 알루미늄 Al_4C_3와 일산화 탄소를 만든다. 연이은 반응에서는 탄화 알루미늄을 알루미나와 반응시켜 알루미늄 금속과 일산화 탄소를 만든다. 다음의 개략적인 반응식을 균형 맞춘 화학 반응식으로 완성하고, 개별 원소의 산화수를 결정하시오.

$$Al_2O_3(s) + C(s) \rightarrow Al_4C_3(s) + CO(g) \quad ⚠$$
$$Al_4C_3(s) + Al_2O_3(s) \rightarrow Al(l) + CO(g) \quad ⚠$$

통합 예제 2 다양한 리간드가 전이 금속 착물의 특성에 미치는 영향을 연구하는 무기 화학자가 변화를 체계적으로 연구하기 위해, $[Co(NH_3)_5X]^{n+}$ 형태의 다양한 정팔면체 코발트(III) 착물을 합성했다. X = Cl^-, NH_3, H_2O, $\underline{N}O_2^-$, $N\underline{O}_2^-$이며 밑줄 친 원자가 금속에 배위한다. 수용액에서 측정한 개별 화합물의 최대 흡광 파장 λ_{max}은 다음과 같다.

착물	λ_{max}/nm
$[CoCl(NH_3)_5]^{2+}$	530
$[Co(NH_3)_6]^{3+}$	475
$[Co(NH_3)_5OH_2]^{3+}$	495
$[Co(NH_3)_5\underline{O}NO]^{2+}$	485
$[Co(NH_3)_5\underline{N}O_2]^{2+}$	460

(a) $[Co(NH_3)_5\underline{N}O_2]^{2+}$ 이온의 이름을 쓰시오. (b) $[Co(NH_3)_5OH_2]^{2+}$의 리간드장 갈라짐 에너지를 계산하시오. (c) $[Co(NH_3)_5\underline{O}NO]^{2+}$ 수용액의 색깔을 예측하시오. (d) 제공된 정보를 이용해서, 리간드장 갈라짐이 증가하는 순서로 리간드 Cl^-, NH_3, H_2O, $\underline{N}O_2^-$, $N\underline{O}_2^-$를 배열하시오. (e) $[Co(NH_3)_6]^{3+}$의 결정장 갈라짐 도표를 그리고, 이 착물이 저스핀 또는 고스핀인지, 그리고 반자기성 또는 상자기성인지 결정하시오. (f) 이 연구에서 사용한 어떤 이온이 수용액의 pH에 큰 영향을 미칠 수 있는가?

FOCUS 8 연습 문제

8.1 (a) 그래프를 그려주는 소프트웨어를 사용해서 1족과 2족 원소의 표준 전위를 원자 번호의 함수로 그리시오(데이터는 부록 2B 참조). (b) 이 그래프로부터 어떤 일반적 결론을 도출할 수 있는가?

8.2 그래프를 그려주는 소프트웨어와 부록 2B의 데이터를 이용해서, 1족과 2족 원소의 이온화 에너지를 표준 전위의 함수로 그리시오. 이 그래프로부터 어떤 일반적 결론을 도출할 수 있는가?

8.3 14족 원소들에 대한 다음 진술이 참인지 거짓인지 판단하시오.

거짓이라면 무엇이 잘못되었는지 설명하시오. (a) 방사능이 없는 원소 가운데 2개만 금속이다. (b) 모든 원소의 산화물이 양쪽성이다. (c) 족의 아래로 가면서, 바깥 껍질의 s-오비탈과 p-오비탈의 에너지가 가까워진다.

8.4 16족 원소들에 대한 다음 진술이 참인지 거짓인지 판단하시오. 거짓이라면 무엇이 잘못되었는지 설명하시오. (a) 원소 가운데 4개가 비금속이다. (b) H_2SeO_3는 H_2SO_3보다 강산이다. (c) 모든 원소의 산화물은 산성이다.

8.5 수소는 환원제로도 작용할 수 있고, 산화제로도 작용할 수 있다는 진술에 대한 증거를 제시하시오. 이 증거를 뒷받침하는 화학 반응식을 쓰시오.

8.6 암모늄 이온이 1족 금속의 양이온과 유사하다고 할 수 있는 이유는 무엇인가? 용해도, 전하, 반지름 등의 성질을 고려하시오. NH_4^+를 구형으로 간주하면 반지름은 151 pm 정도이다.

8.7 수소는 브로민 환경에서 연소해서 브로민화 수소를 만든다. 273 K 온도와 1.00기압에서 135 mL의 H_2 기체가 화학량론적으로 브로민과 결합해서 생성된 브로민화 수소가 물에 녹아 225 mL의 수용액이 되었다면, HBr의 몰농도는 얼마인가?

8.8 이온성 수소화물은 모두 물과 빠르게 반응한다. 액체 암모니아와도 유사하게 반응한다. (a) CaH_2와 액체 암모니아의 반응에 대해 균형 맞춘 화학 반응식을 쓰시오. (b) 이 반응은 산화–환원, Brønsted 산–염기, Lewis 산–염기 반응 중 어느 유형에 속하는가? 답에 대한 이유를 설명하시오.

8.9 아자이드화 이온은 할로젠화 이온과 유사하게 많은 이온성 및 공유 결합성 화합물을 만든다. (a) 아자이드화 이온의 Lewis 구조를 그리고, N—N—N 결합각을 예측하시오. (b) 하이드라조산 HN_3의 산도를 할로젠화 수소산의 산도와 비교하고, 그 차이를 설명하시오 (HN_3의 $K_a = 1.7 \times 10^{-5}$). (c) 이온성 또는 공유 결합성 아자이드화 화합물 3개를 골라 화학식을 쓰시오.

8.10 $SiCl_4(g)$의 표준 생성 엔탈피는 298 K에서 $-662.75\ kJ \cdot mol^{-1}$이고, 표준 몰당 엔트로피는 $+330.86\ J \cdot K^{-1} \cdot mol^{-1}$이다. $SiCl_4(g)$를 수소 기체로 환원시켜 Si(s)와 HCl(g)을 생성하는 반응이 자발적으로 일어나는 온도를 계산하시오.

8.11 (a) 다이보레인 B_2H_6와 Al_2Cl_6의 구조를 살펴보고, 이 두 화합물의 결합을 비교하시오. 어떤 점에서 유사한가? (b) 형성된 결합의 유형에 차이가 있는가? (c) 13족 원소의 오비탈 혼성화는 어떻게 일어나는가? (d) 두 분자의 모양을 그리고 예상되는 결합각을 설명하시오.

8.12 (a) P_4 분자의 Lewis 구조를 그리고, 원자의 오비탈 혼성화를 설명하시오. (b) 이 분자의 결합에 무리(strain)가 있다고 생각하는 이유가 무엇인지 설명하시오.

8.13 원자와 마찬가지로 분자도 이온화 에너지가 있다. (a) 분자의 이온화 에너지를 정의하시오. (b) $SiCl_4$와 SiI_4 가운데 어느 분자의 이온화 에너지가 더 높은지 예측하고, 그 이유를 설명하시오.

8.14 등전자(isoelectronic) 화학종은 전자의 개수가 같다. (a) 다음을 두 개의 등전자 그룹으로 나누시오. CN^-, N_2, NO_2^-, C_2^{2-}, O_3. (b) 각 그룹에서 (i) 가장 강한 Lewis 염기, (ii) 가장 강한 환원제를 찾으시오.

8.15 등전자(isoelectronic) 화학종은 전자의 개수가 같다. (a) 다음을 세 개의 등전자 그룹으로 나누시오. NH_3, NO, NO_2^+, N_2O, H_3O^+, O_2^+. (b) 각 그룹에서 (i) 가장 강한 Lewis 산, (ii) 가장 강한 산화제를 찾으시오.

8.16 O_2의 바닥 상태는 스핀이 같은 방향인 두 개의 π^* 홀전자가 있다. O_2는 낮은 에너지의 들뜬 상태가 두 개 있다. 상태 A는 두 π^* 홀전자가 서로 다른 오비탈을 채우며, 스핀이 반대 방향이다. 상태 B는 두 π^* 홀전자가 쌍을 이루어 같은 오비탈을 채운다. (a) 이 두 가지 들뜬 상태의 에너지는 바닥 상태를 기준으로 각각 $94.72\ kJ \cdot mol^{-1}$과 $157.85\ kJ \cdot mol^{-1}$이다. 들뜬 상태 A와 B가 각각 어디에 해당하는가? (b) 바닥 상태에서 첫 번째 들뜬 상태로 전이할 때 흡수하는 빛의 파장은 얼마인가?

8.17 싸이오황산 $H_2S_2O_3$는 황산의 산소 원자 하나가 황 원자로 바뀐 구조이다. 싸이오황산과 황산은 물리적 성질과 화학적 성질이 어떻게 다를 것으로 기대하는가?

8.18 Focus 8에서 주족 원소는 개별 족을 기준으로 Topic을 구성했다. 족이 아닌 주기를 기준으로 원소를 정리하는 방식이 도움이 될지 논의하고, 이러한 방식으로 효과적으로 보여줄 수 있는 주기율적 경향의 사례를 제시하시오.

8.19 할로젠화 포타슘과 같이 공유 결합 성격이 약한 이온성 할로젠화 염의 물에 대한 용해도는 일반적으로 염화 염에서 아이오딘화 염으로 갈수록 증가하는 반면, 할로젠화 은과 같이 공유 결합 성격이 아주 강한 이온성 할로젠화 염은 염화 염에서 아이오딘화 염으로 갈수록 용해도가 반대로 감소한다. 그 이유를 설명하시오.

8.20 이온성 할로젠화물에서는 플루오린화물에서 아이오딘화물로 갈수록 녹는점과 끓는점이 일반적으로 낮아지는 반면, 분자성 할로젠화물에서는 반대로 높아진다. 그 이유를 설명하시오.

8.21 나이트로소늄(nitrosonium) 이온 NO^+는 N_2와 등전자 화학종으로서, O_2보다 전자가 두 개 적다. NO^+는 안정하며, 헥사플루오린화인산 이온 PF_6^-나 테트라플루오린화붕소 이온 BF_4^-의 염으로 구입할 수 있다. (a) NO^+의 분자 오비탈 에너지 준위 도표를 그리고, N_2와 O_2의 경우와 비교하시오. (b) NO^+는 반자기성이다. 이 사실로부터 σ_{2p}와 π_{2p} 중에서 어느 오비탈의 에너지가 더 높은지 알 수 있는가?

8.22 (a) O_2의 분자 오비탈 에너지 준위 도표를 그리시오. 이 도표를 이용해서 O_2의 결합 차수를 구하고 자기적 성질을 설명하시오. (b) 산소 분자의 어떤 성질이 분자 오비탈 에너지 준위 도표로는 설명할 수 있지만, Lewis 구조로는 설명할 수 없는가? (c) 산소 분자의 최고 점유 분자 오비탈(highest occupied molecular orbital, HOMO)은 결합성, 반결합성, 비결합성 가운데 어떤 성질을 갖는가? (d) 분자 오비탈 이론을 이용해서 과산화 이온과 초과산화 이온의 결합 차수와 자기적 성질을 예측하시오.

8.23 연료로 사용하는 수소를 생성하는 방법으로 다음과 같은 메탄올의 분해가 있다. $CH_3OH(l) \rightarrow 2\ H_2(g) + CO(g)$ (a) 이 반응의 표준 반응 엔탈피는 얼마인가? (b) 이 반응에서 생성된 수소의 표준 연소 엔탈피는 얼마인가? (c) 1.00 mol의 $CH_3OH(l)$가 연소될 때 엔탈피 변화는 얼마인가? (d) 메탄올의 직접 연소(위의 (c))와 (위의 (a)와 (b)가 결합된) 두 단계 과정 가운데 어느 경로가 일정한 압력에서 1몰의 CH_3OH당 더 많은 열을 생성하는가?

8.24 연료로 사용하는 수소를 생성하는 방법으로 전체 반응이 다음과 같은 두 단계 반응이 있다. $CH_3OH(l) + H_2O(l) \rightarrow 3\ H_2(g) + CO_2(g)$ (a) 이 반응의 표준 반응 엔탈피는 얼마인가? (b) 이 반응에서 생성된 수소의 표준 연소 엔탈피는 얼마인가? (c) 1.00 mol의 $CH_3OH(l)$가 연소될 때 엔탈피 변화는 얼마인가? (d) 메탄올의 직접 연소(위의 (c))와 (위의 (a)와 (b)가 결합된) 두 단계 과정 가운데 어느 경로가 일정한 압력에서 1몰의 CH_3OH당 더 많은 열을 생성하는가?

8.25 분자가 진동할 때 쌍극자 모멘트의 변화가 있는 경우에만 적외선을 흡수한다. 대기에 존재하는 다음 기체 가운데 어느 것이 적외선을 흡수해서 온실 기체 작용을 하는가? 그 이유를 설명하시오(화학 이야기 8B.1 참조). (a) CO, (b) NH_3, (c) CF_4, (d) O_3, (e) Ar

8.26 (Achieve 활용 문제로 생략함)

8.27 메탄올 CH_3OH는 휘발유를 대체하는 청정 연소 액체 연료이다. 밀도가 $0.791\ g \cdot cm^{-3}$인 메탄올 1.00 L를 연소시킬 때 생성되는 CO_2의 이론적 산출량을 kg 단위로 계산하시오. 참고로, 1.00 L의 옥테인을 연소시킬 때 생성되는 CO_2는 2.16 kg이다. 연소 시 리터당 더 많은 CO_2를 대기에 방출하는 연료는 어느 쪽인가? 이 둘 가운데 선택한다면 어떤 요인을 더 고려해야 하는가? 화학 이야기 8B.1을 참조하시오.

8.28 질산 이온의 농도는 몇 단계의 과정을 거쳐 결정할 수 있다. $NO_3^-(aq)$로 오염된 시골 우물에서 물 25.00 mL를 시료로 취한 후 염기와 과량의 아연 금속으로 처리해서 질산 이온을 암모니아로 환원했다. 이렇게 생성된 암모니아 기체를 50.00 mL의 2.50×10^{-3} M HCl 수용액 속으로 통과시켰다. 반응하지 않은 HCl(aq)을 당량점까지 중화하는 데 28.22 mL의 1.50×10^{-3} M NaOH(aq)가 소모되었다. (a) 이 과정에 관여하는 세 가지 반응에 대해 균형 맞춘 화학 반응식을 쓰시오. (b) 우물물에서 질산 이온의 몰농도는 얼마인가?

8.29 다음 분자를 고려해 보자. 분자로 이루어진 단일층의 일부를 그렸는데, z-축을 따라 이 층의 위 아래로 여러 층이 쌓인다. (a) x-축과 y-축 방향으로 일어나는 분자 사이의 상호 작용을 설명하시오. (b) 어느 방향으로 상호 작용이 가장 강하며, 그 이유는 무엇인가? (c) 어느 방향으로 상호 작용이 가장 약하며, 그 이유는 무엇인가? (d) 이 분자층의 위에 한 층을 더 쌓아 올린다면 분자 사이에 어떤 상호 작용이 있는가? 이 상호 작용은 위의 (b)와 (c)에서 설명한 상호 작용과 어떻게 비교할 수 있는가? (화학 이야기 8E.1 참조).

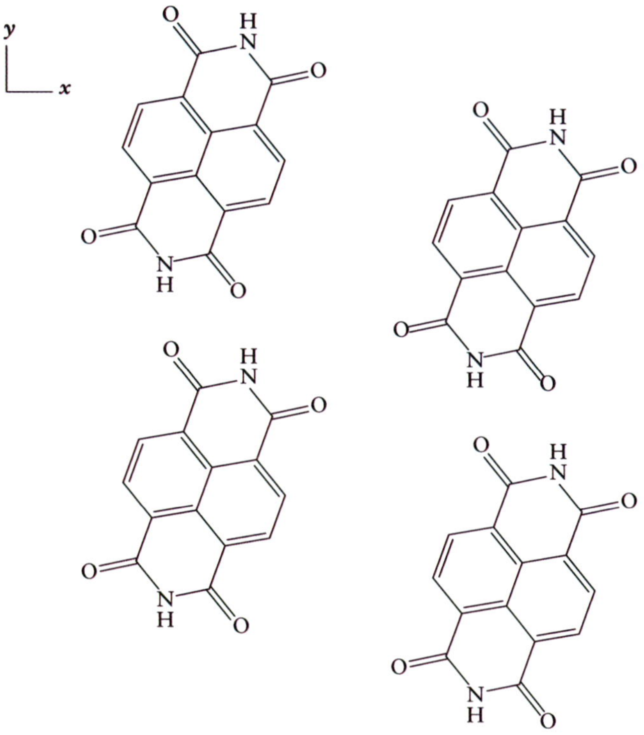

8.30 망가니즈과 함께 11족과 12족 원소의 전기 전도도와 열 전도도를 측정했다(다음 표 참조). 이 데이터를 이용해서 다음 질문에 답하시오. (a) 금속의 전기 전도도는 전자가 격자를 통해 자유롭게 이동할 수 있는 능력과 관련된다. 열 전도도 또한 마찬가지인가? 열 전도도를 전기 전도도의 함수로 그린 그래프로 설명해 보시오(참고로 1 $S = 1\ A \cdot V^{-1}$에 해당한다). (b) 11족 금속은 전기 전도도와 열 전도도가 높은 반면, 12족 금속은 낮다. 그 이유를 설명하시오. (c) 망가니즈의 전기 전도도와 열 전도도가 아주 낮은 이유에 대해서 설명해 보시오.

원소	전기 전도도/ $(MS \cdot m^{-1})$, at 273 K	열 전도도/ $(10^{-8}\ W \cdot K^{-1} \cdot m^{-1})$, at 300 K
Mn	0.694	7.82
Cu	60.7	401
Ag	63.0	429
Au	45.2	317
Zn	0.169	116
Cd	1.47	96.8
Hg	1.06	8.34

8.31 어떤 고온 초전도체의 단위 세포가 다음과 같다. 이 물질의 화학식은 무엇인가?

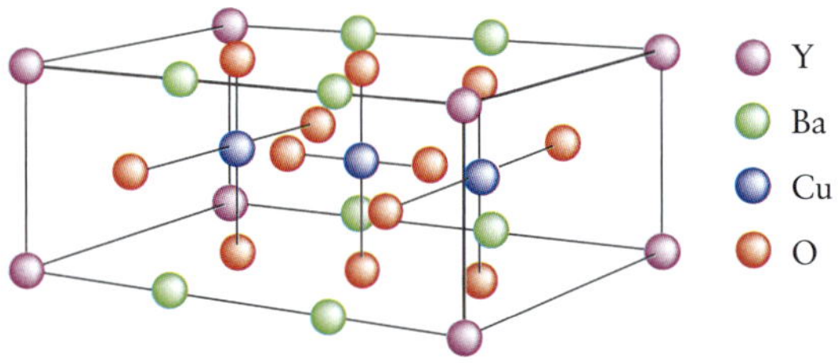

8.32 고온 초전도체와 비슷한 구조를 가진 광물 페로브스카이트(perovskite)의 단위 세포가 다음과 같다. 이 물질의 화학식은 무엇인가?

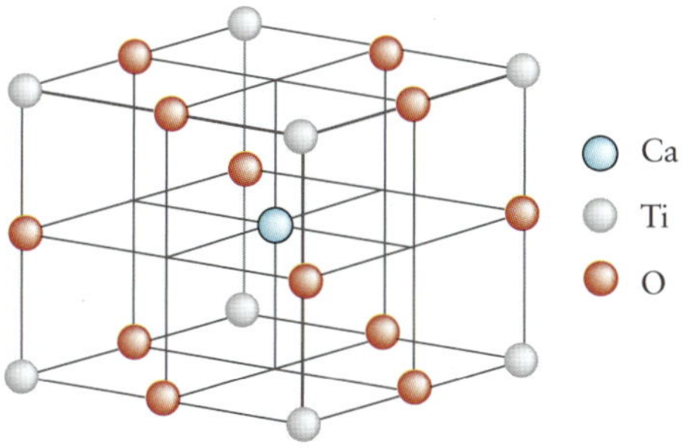

8.33 고체 탄화 규소는 용융 수산화 소듐 및 산소 기체와 고온에서 반응해서 고체 Na_2SiO_3, 기체 상태의 물, 이산화 탄소를 생성한다. 균형 맞춘 화학 반응식을 쓰시오.

8.34 탄화 알루미늄은 공유 결합성 탄화물로 간주되지만, 이온 결합성 탄화물처럼 물과 반응해서 고체 수산화 알루미늄과 메테인 CH_4 기체를 생성한다. 균형 맞춘 화학 반응식을 쓰시오.

8.35 다음에 두 개의 흡광 곡선을 나타내었다. 하나는 유기 염료 용액에서 얻었고, 다른 하나는 양자점 현탁액에서 얻었다(화학 이야기 1C.1 참조). 어느 곡선이 어느 용액에 해당하는지 설명하시오.

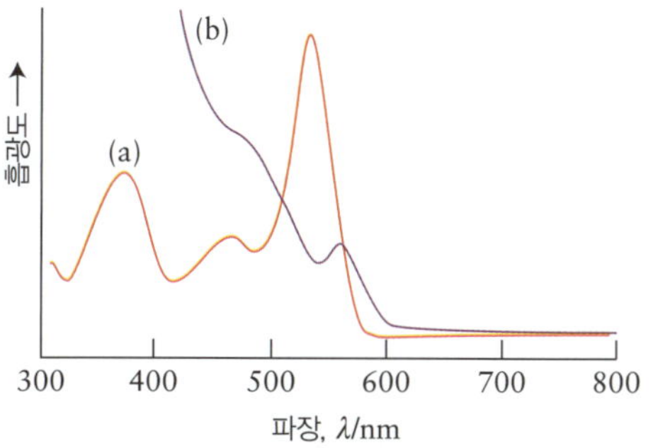

8.36 질량 4.72 kg의 세라믹 $BaTiO_3$ 블록에 들어있는 (a) 전자와 (b) 양성자의 전체 질량은 각각 얼마인가?

8.37 산화 아연은 반도체이다. 진공 상태에서 가열하면 전도도가 증가하지만, 산소 조건에서 가열하면 전도도가 감소한다. 그 이유를 설명하시오.

8.38 알루미노규산염에서 물을 제거하면 왜 단단한 세라믹이 되는지 간단한 그림으로 설명하시오.

8.39 (a) 세라믹 전해질 안에서 만들어지는 $Li_7P_3S_{11}$에서 인의 산화수는 얼마인가? (b) $BaTiO_3$에서 타이타늄의 산화수는 얼마인가?

8.40 알루미늄의 산화수가 +3이라고 가정하고, 다음 물질에서 규소의 산화수를 구하시오.
(a) 점토, $Al_2Si_2O_5(OH)_4$ (b) 운모, $KMg_3(Si_3AlO_{10})(OH)_2$

8.41 물질의 유리상과 결정상에서 서로 다를 것으로 기대되는 물리적 성질을 택하고, 그 이유를 설명하시오.
(a) 결정면을 따라 쪼개지는 정도 (b) 강도 (c) 녹는점의 범위 (d) 투명도

8.42 금속과 세라믹 둘 가운데 다음 성질이 더 우수할 것으로 기대되는 물질을 택하고, 그 이유를 설명하시오.
(a) 연성 (b) 취성(brittleness; 순간적으로 깨지는 성질)
(c) 산화 저항성 (d) 열팽창 계수(가열 시 팽창 정도)

8.43 HF로 유리를 식각했을 때 생성되는 음이온에서 규소의 산화수는 얼마인가?

8.44 유리를 식각하는 일반적인 공정에서는 먼저 유리 표면 전체에 마스크(보호 코팅)를 덮는다. 식각해야 할 부분의 마스크를 제거하고, 형석(fluorite)과 황산의 혼합물 반죽을 표면에 바른다. 참고 자료에서 형석의 화학식을 찾고, 식각 과정에서 일어나는 화학 반응을 설명하시오.

8.45 플루오린화 금속 화합물은 왜 유리병에 보관하면 안되는가?

8.46 유리병에 강한 염기 용액을 보관해 두면 천천히 용기와 반응한다. SiO_2와 OH^- 사이에 일어날 수 있는 네 가지 반응에 대해 균형 맞춘 화학 반응식을 쓰시오.

8.47 화합물 $Cr(OH)_3$는 물에 거의 녹지 않기 때문에 K_{sp} 값을 결정하려면 전기화학적 방법을 써야 한다. $Cr(OH)_3(s)$를 $Cr(s)$과 수산화 이온으로 환원하는 반응의 표준 전위가 −1.34 V일 때, $Cr(OH)_3$의 용해도곱을 계산하시오.

8.48 착이온 $[Ni(NH_3)_6]^{2+}$가 0.16 $mol \cdot L^{-1}$ $NH_3(aq)$와 0.015 $mol \cdot L^{-1}$ $Ni^{2+}(aq)$의 수용액에서 형성된다. $[Ni(NH_3)_6]^{2+}$의 형성 상수가 1.0×10^9일 때 각 화학종의 평형 농도를 구하시오.

8.49 (a) 사각 평면 착물 $PtBrCl(NH_3)_2$가 만들 수 있는 모든 이성질체의 구조를 그리고, 각각 명명하시오. (b) 이러한 이성질체의 존재가 착물이 정사면체가 아닌 사각 평면 구조라는 사실을 어떻게 뒷받침할 수 있는가?

8.50 $CrBrClI(NH_3)_3$가 만들 수 있는 모든 이성질체의 구조를 그리시오. 어느 이성질체가 카이랄인가?

8.51 다음 각 쌍의 이성질체를 구별하는 화학적 방법을 제안하시오.
(a) $[Ni(SO_4)(en)_2]Cl_2$와 $[NiCl_2(en)_2]SO_4$
(b) $[NiI_2(en)_2]Cl_2$와 $[NiCl_2(en)_2]I_2$

8.52 금속 이온이 다섯 개의 리간드로 둘러싸인 삼각 쌍뿔 착물은 정팔면체나 정사면체 착물보다 드물기는 하지만, 제법 알려져 있다. MX_3Y_2의 화학식을 갖는 삼각 쌍뿔 착물에는 이성질체가 있을까? 만일 있다면, 어떤 유형의 이성질체가 가능한가?

8.53 (a) $[MnCl_6]^{4-}$와 $[Mn(CN)_6]^{4-}$의 오비탈 에너지 준위 도표를 그리시오. (b) 개별 착물에서 홀전자는 몇 개인가? (c) 어떤 착물이 더 장파장의 전자기 복사선을 흡수하는가? 그 이유를 설명하시오.

8.54 (a) 강한장 리간드와 약한장 리간드 가운데 어느 리간드가 일반적으로 π-산 리간드인가? (연습 문제 8M.27 참조)

(b) 강한장 리간드와 약한장 리간드 가운데 어느 리간드가 일반적으로 π-염기(π-base) 리간드인가?

8.55 $[CoCl_2(NH_3)_4]$ 착물의 구조로 다음의 삼각 기둥 모양이 한때 제안된 적이 있다. 이 착물은 오직 두 개의 이성질체만 있다는 사실

을 이용해서 실제 구조가 삼각 기둥이 아님을 보이시오.

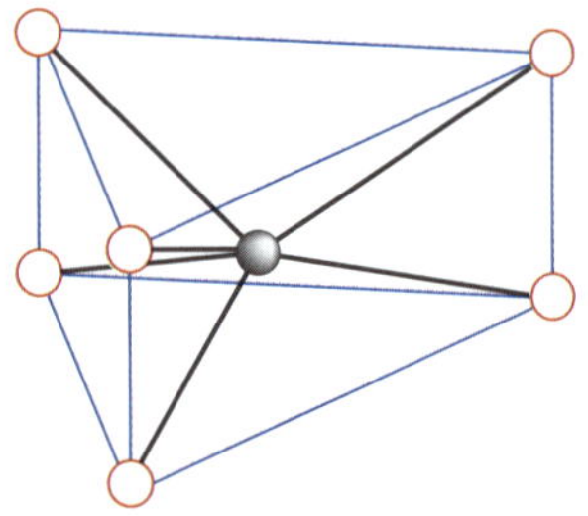

8.56 $[CoCl_3(NH_3)_3]$ 착물의 육각 평면 구조가 한때 제안된 적이 있다. 이 착물은 오직 두 개의 이성질체만 있다는 사실을 이용해서 실제 구조가 육각 평면이 아님을 보이시오.

8.57 정팔면체 착물의 구조가 밝혀지기 전까지는, d-금속 이온의 전하에서 예상할 수 있는 것보다 더 많은 개수의 리간드가 결합한다는 사실을 설명하기 위해 다양한 방법이 이용되었다. 예를 들어, Co^{3+}는 세 개가 아니라 여섯 개의 리간드에 결합한다. 초기 이론에서는 이 현상을 설명하기 위해, +3 전하를 갖는 금속 이온에 세 개의 리간드가 먼저 결합하고 나머지 리간드는 이 세 리간드에 다시 결합해서 리간드의 사슬을 만든다고 가정했다. 그래서 지금은 정팔면체 구조로 밝혀진 $[Co(NH_3)_6]Cl_3$ 화합물을 $Co(NH_3{-}NH_3{-}Cl)_3$ 구조로 설명했다. 이러한 사슬 이론이 배위 화합물의 적어도 두 가지 성질에는 부합하지 않는다는 점을 보이시오.

8.58 다음 화합물에는 몇 개의 킬레이트 고리가 있는가? (tren은 triethylenetetetramine의 줄임말이다.)
(a) $[Ru(ox)_3]^{3-}$ (b) $[Fe(trien)]^{3+}$(trien = triethylenetetramine)
(c) $[Cu(dien)_2]^{2+}$

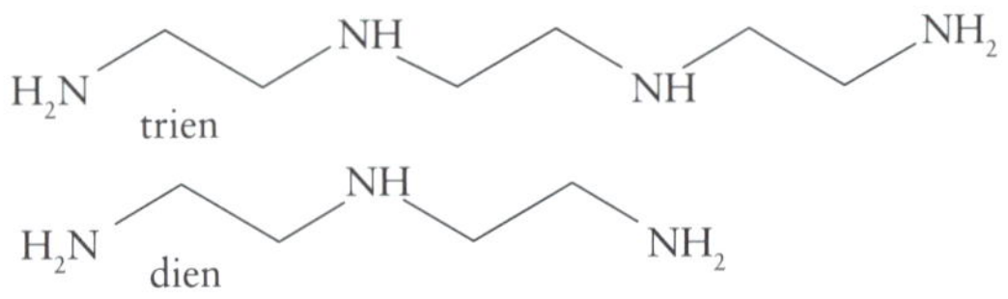

8.59 네 개의 리간드가 *xy*-평면에 있는 사각 평면 착물의 오비탈 에너지 준위 도표를 제안하고, 전자 쌓음 원리가 어떻게 적용되는지 보이시오. **힌트:** *xy*-평면에서, d_{z^2}-오비탈은 d_{xz}-오비탈이나 d_{yz}-오비탈보다는 전자 밀도가 높지만, d_{xy}-오비탈보다는 낮다.

8.60 브로민화 이온처럼 약한장 리간드의 니켈(II) 착물은 정팔면체 구조이지만, 강한장 리간드의 니켈(II) 착물은 사각 평면 구조이다. 연습문제 8.59를 참조해서 그 이유를 설명하시오.

8.61 니켈이 들어 있는 효소에서는 효소의 다양한 원자단(=원자의 모임)이 금속과 착물을 만든다. 이때 금속은 +2의 산화수이고, 홑전자가 없다. 다음 중 이 Ni^{2+} 착물의 가장 유력한 구조는 무엇인가? (a) 정팔면체, (b) 정사면체, (c) 사각 평면(위 연습문제 8.59 참조). 금속 이온의 오비탈 에너지 준위 도표를 그려서 설명하시오.

8.62 할로젠화 이온 F^-, Cl^-, Br^-, I^-의 리간드장 세기와 할로젠의 전기 음성도 사이에 연관성이 있는가? 만일 있다면, 리간드장 이론으로 설명하시오.

8.63 고체 형태의 분홍색 염의 화학식이 $CoCl_3{\cdot}5NH_3{\cdot}H_2O$이다. 0.0010 mol의 염이 들어 있는 분홍색 용액에 $AgNO_3$를 넣으니 0.43 g의 AgCl 침전이 생겼다. 염을 가열하면 화학식 $CoCl_3{\cdot}5NH_3$의 자주색 고체가 된다. (a) 분홍색 염의 정확한 화학식과 이름을 쓰시오. (b) 자주색 $CoCl_3{\cdot}5NH_3$ 염 0.0010 mol이 녹아 있는 용액에 $AgNO_3$를 넣으니, 0.29 g의 AgCl 침전이 생겼다. 자주색 염의 정확한 화학식과 이름을 쓰시오.

8.64 두 화학자가 어떤 착물을 만들고 화학식을 $[CrCl_3NH_3]{\cdot}2\,H_2O$라고 썼다. 하지만, 이 화합물 2.11 g을 물에 녹이고 과량의 질산 은을 넣었더니, 2.87 g의 AgCl 침전이 생겼고, 이 결과로부터 화학식이 잘못되었다는 사실을 깨달았다. 정확한 화학식을 쓰고, 가능한 모든 이성질체를 포함해서 구조를 그리시오.

8.65 이리듐 착물 $IrCl(CO)[P(C_6H_5)_3]_2$(ChemSpider ID 21106488)의 분자 모델은 인터넷에서 찾아볼 수 있다. (a) 3차원 구조를 보고, 이리듐 원자의 배위 구조를 결정하시오. (b) 이리듐 원자의 산화수는 얼마인가? (c) 이 화합물에는 이성질체가 있는가? 만일 있다면, 구조를 그리시오. 광학 이성질체가 있으면 표시하시오.

8.66 항암제 *cis*-platin의 3차원 구조는 ChemSpider ID TP2450000로 인터넷에서 찾아볼 수 있다. (a) *cis*-platin 화합물의 화학식과 계통명(systematic name)은 무엇인가? (b) 이 화합물에서 가능한 모든 이성질체를 그리시오. 광학 이성질체가 있으면 표시하시오. (c) 백금 원자의 배위 구조는 무엇인가?

8.67 산성 용액에 있는 Fe^{2+} 이온의 농도는 $KMnO_4$ 또는 $K_2Cr_2O_7$를 이용한 산화-환원 적정으로 결정할 수 있다. 이들 반응의 환원 생성물은 각각 Mn^{2+}와 Cr^{3+}이고, 철은 Fe^{3+}로 산화된다. 산성으로 만든 Fe^{2+} 용액의 적정에서, 반응이 완결되는 데 0.0210 M $K_2Cr_2O_7(aq)$ 25.20 mL가 소모되었다. 만일 0.0420 M $KMnO_4(aq)$로 적정한다면, 반응이 완결되기 위해서 몇 mL의 $KMnO_4$ 용액이 필요한가?

8.68 리간드장 이론에 따르면 금속 이온마다 안정한 착물을 만드는 리간드의 종류가 다르다. 약한장 리간드와 강한장 리간드 가운데 어떤 리간드가 d-구역의 전반부(early transition metal이라고 부른다—역자 주)에 있으면서 높은 산화수를 갖는 금속과 안정한 착물을 만들지 예측하시오. 마찬가지로, 어떤 리간드가 d-구역의 후반부(late transition metal이라고 부른다—역자 주)에 있으면서 낮은 산화수를 갖는 금속과 안정한 착물을 만들지 예측하시오. 그 이유를 설명하시오.

8.69 분석화학 연구팀이 고대 도자기의 유약에서 발견된 녹색 광물성 염을 분석했다. 물질을 가열하자, 석회수를 뿌옇게 하는 무색의 기체가 발생했다. 물질을 황산에 녹이자, 같은 무색의 기체가 발생하며, 푸른색 용액이 되었다. 이 녹색 금속염의 화학식을 제안하고, 그 이유를 설명하시오.

8.70 분석화학자가 르네상스 시대 예술가가 사용한 안료에서 노란색 광물성 염을 분석했다. 염산을 넣자, 광물은 녹으면서 주황색 용액이 되었다. 원래의 염을 물에 녹이니 노란색 용액이 되었다. 염화 바륨을 이 노란색 용액에 넣으니, 노란색 고체가 생겼다. 이 고체를 거르고, 여과액에서 물을 증발시킨 후 남는 무색의 염화물에 불꽃 검

사를 하니 밝은 노란색이 나왔다. 이 광물성 염의 화학식을 제안하고, 그 이유를 설명하시오.

8.71 바나듐은 강철 제조에 사용된다. 바나듐이 만드는 V_4C_3가 강철의 강도를 높이고 내마모성을 증가시키기 때문이다. 제련 과정에서 철광석이 탄소에 의해 환원되는 단계에서 V_2O_5를 첨가하면 강철 내부에서 V_4C_3가 형성된다. (a) V_4C_3에서 바나듐의 가능한 산화 상태는 무엇인가? (b) V_2O_5가 탄소와 반응해서 V_4C_3와 CO_2가 만들어지는 반응의 균형 맞춘 화학 반응식을 쓰시오.

FOCUS 8 통합 연습 문제

8.72 항공기의 제트 엔진에서 나오는 NO 기체가 성층권으로 방출되어 오존 파괴에 참여할 수 있기 때문에 농도를 면밀히 감시해야 한다. NO를 모니터링하는 방법 가운데 하나는 $NO(g) + O_3(g) \rightarrow NO_2^*(g) + O_2(g)$ 반응에서 나오는 화학 발광(chemiluminescence)의 측정이다. 여기서 * 표시는 NO_2가 들뜬 상태로 만들어진다는 뜻이다. 들뜬 상태의 NO_2 분자가 바닥 상태로 돌아갈 때 적색 가시광선과 적외선을 방출한다. 공기 시료에는 NO와 NO_2가 모두 존재할 수 있기 때문에, 시료의 일부를 환원제로 처리해서 모든 NO_2를 NO로 변환시킨다. 그 다음 두 시료를 분석한다. 환원 처리를 하지 않은 시료의 NO 농도와 환원 처리를 한 시료의 NO 농도의 차이가 공기 중 NO_2의 농도에 해당한다. 한 실험에서 구름 속과 맑은 공기에서 시료를 각각 채취했다. 태평양 상공 9 km 지점에서 다음과 같은 측정 결과를 얻었다(ppt는 분자 1조 개당 하나에 해당하는 농도이다).

	환원하지 않은 시료	환원한 시료
구름	860 ppt	1110 ppt
맑은 공기	480 ppt	740 ppt

(a) 각 시료에서 NO와 NO_2의 농도(ppt 단위)를 계산하시오.

(b) 대기의 어느 부분에서 NO 농도가 더 높은가?

(c) 항공기 이외에도 대기 중에 NO의 출처가 있다는 점을 고려해서 이 차이를 설명하시오.

(d) 제트 엔진에서 방출된 NO 분자의 일부는 하이드록시 라디칼 ·OH과 반응한다. 이 반응에서 가장 가능성 있는 생성물의 Lewis 구조를 그리고, 이름을 쓰시오.

(e) 위의 (d)에서 제안한 반응 생성물이 NO보다 더 안정할 수 있는가? 그 이유를 설명하시오.

(f) 성층권에서 NO는 O_3를 O_2로 변환하는 2단계 반응에 촉매 역할을 하는데, NO_2가 반응 중간체로 관여한다. 전체 반응식과 속도 법칙은 다음과 같다.

$O_3(g) + O(g) \rightarrow 2\,O_2(g)$ 속도 $= k_r[NO][O_3]$

이 결과에 부합하는 2단계 반응 메커니즘을 제안하고, 어느 단계가 느린 단계인지 결정하시오.

(g) 시료를 채취한 공기의 온도가 −30 °일 때, (f)의 반응 속도 상수는 6×10^{-15} $cm^3 \cdot molecule^{-1} \cdot s^{-1}$이다. 만일 맑은 공기 시료를 채취한 대기 내의 오존 농도가 480 ppt이고, 공기의 전체 압력은 220 mbar라면, −30 °C에서 공기 중 오존이 파괴되는 속도는 얼마인가?

8.73 탄소 원자가 만드는 구형이나 튜브 모양의 작은 구조는 나노 기술 영역의 큰 부분을 차지한다. 질소화 붕소도 유사한 구조를 만든다.

(a) 탄소 나노튜브에서 탄소 원자의 오비탈 혼성화는 어떤 형태인가? 질소화 붕소 나노튜브에서 붕소와 질소 원자의 오비탈 혼성화는 어떤 형태인가?

(b) 간단한 탄소 나노튜브는 (닭장 철망 모양과 비슷한) 그래핀 한 층을 둥글게 말아서 붙인 모양이다. '안락의자' 형 정렬로 직경이 약 1.3 nm인 나노튜브를 만들려면 원기둥의 둘레를 몇 개의 육각형(아래 그림에서 빨간색 결합으로 표시)으로 연결해야 하는가? 아래 그림은 대표적인 나노튜브 모양과 나노튜브의 곡률에 대해 육각형이 배열한 방향을 보여준다. 탄소 나노튜브에서 C—C 결합 길이는 142 pm이다.

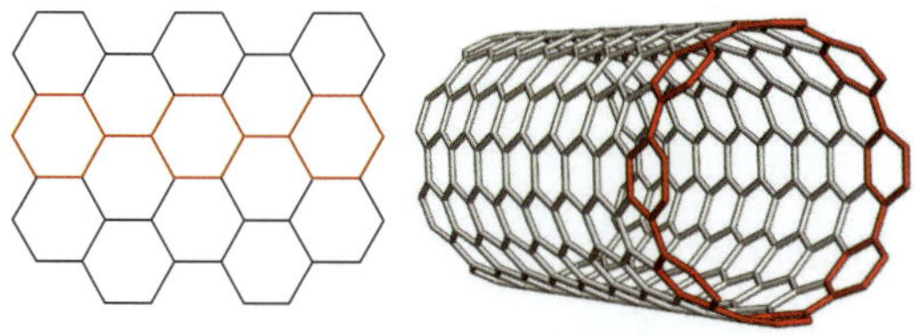

(c) 버크민스터풀러렌 C_{60}에 수소를 첨가할 수 있지만, 화학식이 $C_{60}H_{60}$인 분자는 아직까지 합성되지 않았다. C_{60}에 가장 많은 개수의 수소가 도입된 분자는 $C_{60}H_{36}$이다. 왜 수소 첨가 반응이 이 단계에서 멈추는가?

(d) 질소화 붕소는 나노튜브는 만들 수 있지만, 버크민스터풀러렌과 같은 구형은 만들지 않는다. 버크민스터풀러렌의 구조를 살펴보고, BN이 구형을 만들 수 없는 이유를 설명하시오.

(e) 입방 결정계 구조의 BN에서 N 원자는 면심 입방 구조의 단위 세포를 만들고, B 원자는 정사면체형 틈새 자리의 절반을 채운다(만일 이 구조에서 모든 B와 N 원자가 C 원자로 대체되면 다이아몬드 구조가 된다). 단위 세포의 모서리 길이가 361.5 pm일 때 입방 결정계 구조의 BN의 밀도를 계산하시오.

(f) 육방 결정계 구조 BN의 밀도는 2.29 $g \cdot cm^{-3}$이다. 높은 압력 조건에서 육방 결정계 구조와 입방 결정계 구조 가운데 어느 형태의 BN이 더 안정한가?

8.74 헤모글로빈은 소단위(subunit)마다 헴 그룹이 하나씩 있다. 헴 그룹은 Fe^{2+} 착물인데, 포피린 리간드의 네 개의 N 원자가 사각 평면 구조를 이루며(표 10E.3 참조), 단백질의 히스티딘 곁사슬의 N 원자도 금속에 배위한다. 헤모글로빈 분자는 헴 그룹 중심에 있는 Fe^{2+} 이온과 O_2 분자 사이의 결합을 이용해서 몸 안에서 O_2를 운반한다. Fe^{2+} 이온은 산소가 결합할 수 있도록 한 자리를 비워둔 정팔면체 배위 구조라고 볼 수 있다(화학 이야기 8L.1 참조).

(a) 여섯 번째 자리가 비어 있는 헴 그룹의 구조를 그리시오.

(b) 산소가 결합하지 않은(deoxygenated) 헴은 Fe^{2+} 이온의 고스핀 착물이다. 산소 분자가 여섯 번째 리간드로 Fe^{2+} 이온에 결합해서 생성되는 정팔면체 착물은 저스핀이다. (i) 산소가 결합하지 않은 상태와 (ii) 산소가 결합한(oxygenated) 상태의 헴에 대해서 홀전자의 개수를 각각 예측하시오.

(c) 산소 대신에 다른 화합물이 철 원자에 결합할 수 있다. 다음 중 헴 그룹의 철에 결합할 수 없는 화학종을 고르고, 그 이유를 설명하시오. CO, Cl^-, BF_3, NO_2^-

(d) 산소와 결합한 헤모글로빈(HbO_2)과 산소가 결합하지 않은 헤모글로빈(Hb)은 함께 혈액의 pH가 최적 수준으로 유지되도록 돕는다. 헤모글로빈에는 양성자로 해리될 수 있는 수소가 몇 개 있는데, 그 가운데 첫 번째 탈양성자화 반응이 가장 중요하다. 25 °C에서 산소가 결합하지 않은 헤모글로빈의 $HbH(aq) + H_2O(l) \rightleftharpoons Hb^-(aq) + H_3O^+(aq)$ 평형은 $pK_{a1} = 6.62$이다. 산소와 결합한 형태의 헤모글로빈은 $HbO_2H(aq) + H_2O(l) \rightleftharpoons HbO_2^-(aq) + H_3O^+(aq)$ 평형이 $pK_{a1} = 8.18$이다. 혈액의 pH = 7.4에서 탈양성자화된 헤모글로빈 Hb^-와 HbO_2^-의 백분율을 계산하시오.

(e) 위의 질문 (d)에 대한 답을 이용해서 헤모글로빈의 산소화(oxygenation)가 혈액의 pH에 어떤 영향을 미치는지 설명하시오. 다시 말해서, 더 많은 헤모글로빈에 산소가 결합하면 pH는 증가할 것인가, 감소할 것인가, 아니면 그대로 머무를 것인가? 그 이유를 설명하시오.

FOCUS 9

핵화학

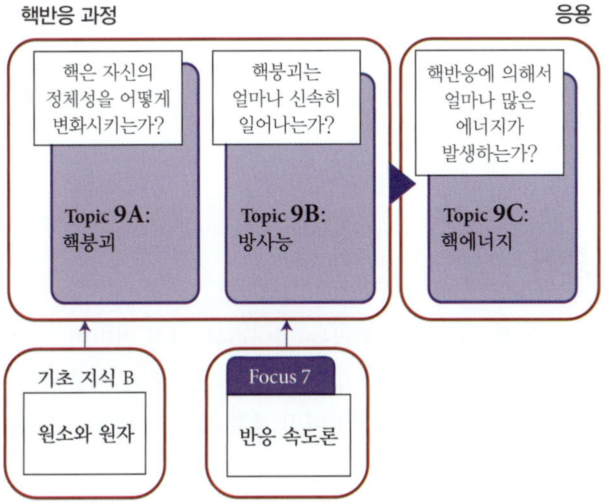

화학의 많은 부분에서, 핵은 물리적, 화학적 변화의 원인이 되는 전자를 운반하는 비활성 승객이다. 그러나 핵은 내부 구조를 가지고 있으며 바뀔 수 있다. 핵자(nucleon)를 함께 묶어 주는 힘은 매우 강력하여, 핵의 변화는 엄청난 양의 에너지를 방출할 수 있다. 화학자는 이러한 변화를 이용할 수 있으며 그 이용 결과로 전력을 생산하는 데 깊이 관여하고 있다.

Topic 9A에서는 핵자들이 핵 안에서 상대적 위치를 조정할 때, 또는 핵이 입자를 방사할 때 나오게 되는 방사선의 종류를 기술한다. 이 방사선이 처음 발견되었을 때에는 수수께끼처럼 놀라운 현상이었으나, 핵의 조성에 관한 중요한 통찰력을 제공해 주었으며 의약과 에너지 생산에 광범위하게 사용되고 있다. **Topic 9B**에서는 방출된 방사선의 강도를 어떻게 측정하는지, 방출된 방사선의 강도가 시간에 따라 어떻게 변화하는지, 그리고 그 정보가 실제 실용적으로 어떻게 사용되고 있는지를 설명한다. **Topic 9C**에서는 더 나아가 핵 내부에 갇힌 에너지와 핵분열이나 핵융합 시 방출하는 에너지를 평가하게 된다. 그 에너지가 어떠한 방식으로 잡혀 있는지, 그리고 화학자가 핵에너지 사용으로 발생하는 환경 문제를 어떻게 풀고 있는지에 대해 간략하게 설명한다.

Topic 9A 핵붕괴

이 Topic을 왜 배우는가? 원자력과 관련된 많은 문제는 화학을 통해 해결할 수 있다. 그 해결을 위해서는 핵이 어떻게 변화하는지 알 필요가 있다.

무엇을 알고 있어야 하는가? 이 Topic을 위해서는 기초 지식 B에 간단하게 설명되어 있는 원자핵과 아원자(subatomic) 입자들에 대한 지식이 필요하다.

원자핵은 아주 특이한 입자이다. 원자핵은 양성자의 양전하에도 불구하고 원자 내 모든 양성자가 아주 작은 부피 내에 비좁게 들어차 있다(**그림 9A.1**). 원자핵 내부의 양성자들 사이에 엄청난 반발력이 있지만, 중성자 또한 단거리에서 작용하는 강한 힘, **강력**(strong force)을 통해 핵자(양성자와 중성자)들을 결합시키므로 대부분의 원자핵은 무한히 생존한다. 하지만, 어떤 종류의 원자핵에서는 양성자 간의 반발력이 강력을 능가하게 된다. 그때 원자핵의 조각이 방출되며, 이 원자핵은 소위 '붕괴'된다고 말한다.

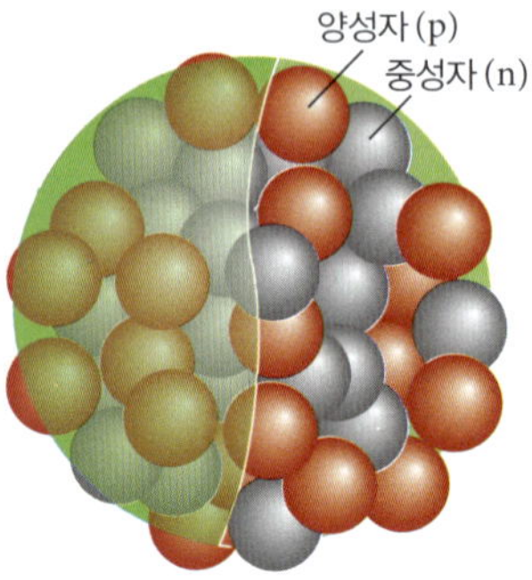

그림 9A.1 원자핵은 강하게 결합된 양성자(붉은색)와 중성자(회색)의 집합체로 나타낼 수 있다. 원자핵의 지름은 약 10 fm이다(1 fm = 10^{-15} m).

9A.1 자발적인 핵붕괴의 증거

1896년에 프랑스 과학자 Henri Becquerel은 우연히 산화 우라늄 덩어리를 사진 건판이 있는 서랍에 함께 보관하였는데(**그림 9A.2**), 불투명한 물건으로 싸여 있는 건판의 일부가 까맣게 변해 버린 것을 보고 깜짝 놀랐다. Becquerel은 우라늄 화합물이 어떤 종류의 빛을 내놓고 있다는 것을 깨달았다. 폴란드 출신의 박사과정 학생이었던 Marie Sklodowska Curie(**그림 9A.3**)는 이 빛은 우라늄 화합물의 종류와 상관없이 우라늄으로부터 나온다는 것을 밝혀내었으며, 이를 **방사능**(**radioactivity**)이라고 명명하였다. 그녀는 방사능의 근원은 우라늄 원자 자체라고 결론을 내렸다. 그녀는 남편 Pierre와 함께, 토륨, 라듐, 폴로늄 역시 방사능을 가진다는 것을 보였다. Marie Curie는 이 방사능에 관한 연구를 통해 그녀의 남편인 Marie Curie 및 Henri Becquerel과 함께 노벨 물리학상을 수상하였다. 그녀는 이후 라듐과 폴로늄의 발견으로 두 번째 노벨상을 화학 분야에서 수상하였다.

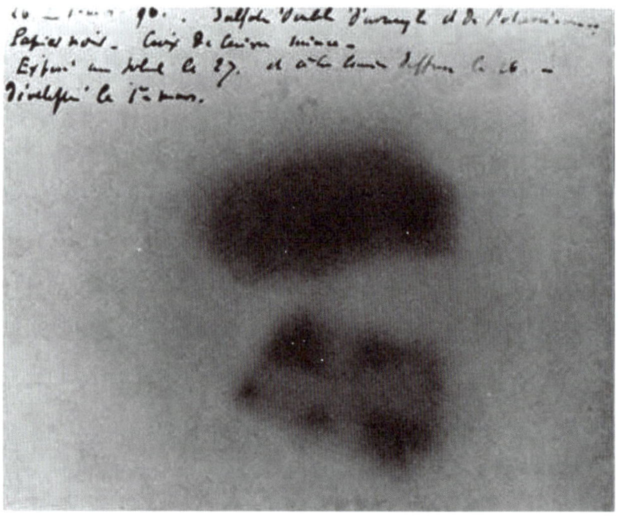

그림 9A.2 Henri Becquerel은 산화 우라늄 근처에 놓아두었던 감광되지 않은 사진 건판이 뿌옇게 변한 것을 알아채고 방사능을 발견하였다. 이 사진은 그가 그 사건을 기록한 당시의 원판을 보여 주고 있다. (*Public Domain/Wikimedia Commons*)

그림 9A.3 Marie Skłodowska Curie(1867–1934) (*Public Domain/Wikimedia Commons*)

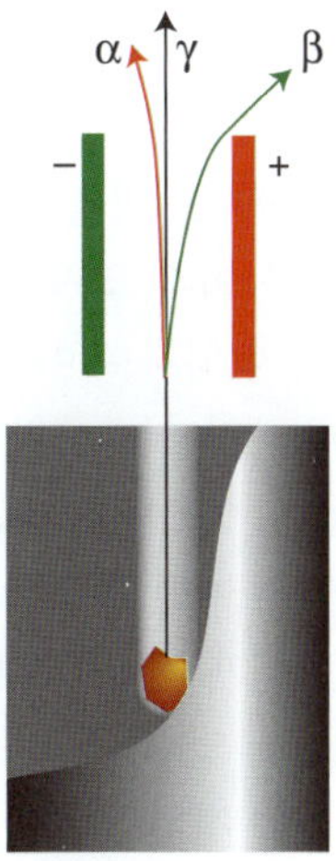

그림 9A.4 원자핵 방사선에 미치는 전기장의 효과. 방사선의 휘는 방향을 통해 α 입자는 양으로 하전되어 있고, β 입자들은 음으로 하전되어 있으며, γ-선은 전기적으로 중성임을 알 수 있다.

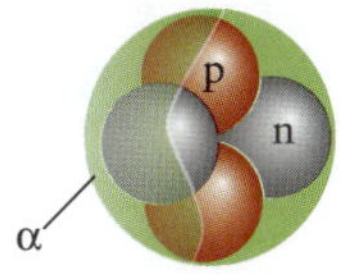

그림 9A.5 α 입자는 양전하 두 개를 가지고 있으며, 질량수가 4이다. 양성자 두 개와 중성자 두 개로 구성되어 있고, 헬륨-4 원자의 원자핵과 동일하다.

당시에는 원자핵의 존재가 알려져 있지 않았으므로 방사선의 근원은 처음에는 미스터리였다. 그러나 Ernest Rutherford가 전기장이 방사능 방출에 미치는 영향을 관찰하고(**그림 9A.4**) 세 가지 상이한 형태의 방사능이 있다는 것을 확인하면서, 방사능의 근원을 밝혀내는 첫걸음을 떼게 되었다. Rutherford는 이 세 가지 형태의 방사선을 α(알파), β(베타), γ(감마)라고 명명하였다.

Rutherford는 전기적으로 하전된 두 전극 사이로 방사선을 통과시켰을 때, 한 종류가 음으로 하전된 전극 쪽으로 끌리는 것을 발견하였다. 그는 음극 쪽으로 끌리는 방사선은 양으로 하전된 입자로 구성되어 있다고 제안하였으며, 이 입자를 **α 입자(α particle)**라 불렀다. Rutherford는 원자핵을 발견(1908년, 기초 지식 B)한 후, α 입자가 헬륨의 원자핵, 즉 He^{2+}임을 깨닫게 되었다. α 입자는 ${}^{4}_{2}\alpha$ 또는 단순히 α라고 표기한다. α 입자는 두 개의 양성자와 두 개의 중성자가 단단하게 결합된 집합체로 생각할 수 있다(**그림 9A.5**).

Rutherford는 두 번째 종류의 방사선이 양으로 하전된 전극에 끌리는 것을 알았다. 그는 이 방사선이 음으로 하전된 입자의 흐름으로 구성되어 있다고 제안하였다. 그는 전하와 질량을 측정하여, 이 입자가 전자임을 밝혔다. 원자핵으로부터 방출되어 빠르게 움직이는 전자를 β 입자라고 하며 β^-로 표기한다. **β 입자(β particle)**는 양성자나 중성자가 없으므로 그 질량수가 0이고, ${}^{0}_{-1}e$로 표기할 수 있다.

유의 사항

원자핵에서 방출되거나 원자핵에 포획되는 전자는 원자 번호가 없으며, 전자의 전하(−1)는 전자를 나타내는 기호 앞에 아래 첨자로 쓴다. 이렇게 쓰는 것이 부기(bookkeeping)에 편리한 것을 나중에 알게 된다.

Rutherford가 발견한 세 번째 방사선은 전기장에 영향을 받지 않는 **γ 방사선(γ radiation)**이다. 가시광선처럼 γ 방사선은 전자기 복사선이지만 진동수가 대략 10^{20} Hz 이상으로 가시광선보다 훨씬 크며, 그에 따라 파장은 약 1 pm 이하이다. γ 방사선은 고에너지의 광자의 흐름으로 생각할 수 있으며, 각각의 광자는 에너지가 감소하는 단일 원자핵에서 방출된다. 감마선의 진동수 ν는 원자핵의 에너지 감소(ΔE)와 $\nu = \Delta E/h$의 관계가 있다(Topic 1A). 원자핵의 들

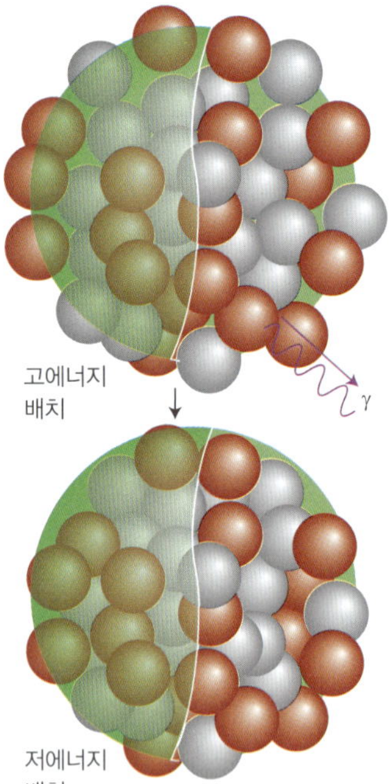

그림 9A.6 원자핵 붕괴가 일어나면, 핵에 남아 있는 핵자들은 상단 그림에서 보여 주듯이 확장된 형태의 배치를 이루어 고에너지 상태로 존재하게 된다. 그 핵자들이 저에너지 상태의 배치(하단)로 재배열되면서 여분의 에너지가 γ-선 광자로 방출된다.

뜬 상태와 바닥 상태의 에너지 차이가 매우 크기 때문에 이 진동수는 매우 높다. α와 β 방사선이 방출되면 γ 방사선도 함께 방출되는 경우가 많다. 이러한 경우 핵자들이 고에너지 배치 상태를 지닌 원자핵이 새롭게 형성될 수 있으며, 고에너지 핵자 배치가 저에너지 배치 상태로 안정화되면서 γ-선 광자를 방출한다(그림 9A.6)

Rutherford의 연구 이후, 과학자들은 다른 종류의 원자핵 방사선을 발견하였다. 중성자와 양성자와 같은 고속의 입자로 이루어져 있는 방사선도 있으며, 고속의 **반입자(antiparticle)**로 구성된 것도 있다. 반입자는 아원자 입자 중 하나와 질량은 동일하나 전하가 반대인 입자를 의미한다. 예를 들어, **양전자(positron)**는 전자와 질량은 같으나 양전하를 가지고 있으며, β^+ 또는 ${}_{+1}^{0}e$로 표기한다. 어떤 반입자가 대응되는 입자와 만나게 되면, 두 입자 모두 소멸되면서 모두 에너지로 전환되게 된다. **전자 포획(electron capture)**에서는, 원자 오비탈에 있는 전자가 핵에 의해 포획되면서 양성자가 중성자로 바뀌게 된다. 표 9A.1은 원자핵 방사선에서 주로 나타나는 입자의 성질을 정리한 것이다.

생각해 보기

반양성자(antiproton)의 기호와 이름은 어떻게 표시할 수 있을까?

방사능을 가진 원자핵에서 방출되는 가장 일반적인 원자핵 방사선은 α 입자(헬륨 원자의 원자핵), β 입자(핵으로부터 방출된 고속 전자), γ 선(고에너지 전자기 복사선)이다.

9A.2 핵반응

Rutherford는 각각의 방사선이 **핵붕괴(nuclear decay)**, 즉 핵의 부분적인 분열로부터 생성된다는 것을 보여 주었다. 핵 조성의 변화를 **핵반응(nuclear reaction)**이라고 한다. 일정한 원자 번호(Z, 핵에 들어 있는 양성자의 수)와 질량수(A, 핵자의 총수)를 가진 특정 원자를 **핵종(nuclide)**이라고 한다. '핵종'은 본래 원자의 핵을 의미하였으나, 지금은 원자 전체를 의미한다. 따라서, ${}^{1}H$, ${}^{2}H$, ${}^{16}O$은 세 가지 상이한 핵종이며, 처음 두 핵종은 동일한 원소의 동위 원

표 9A.1 원자핵 방사선

종류	침투력	속도†	입자‡	질량수	전하	예
α	침투하지 못하지만 피해를 줌	c의 10%	헬륨-4 원자핵, ${}_{2}^{4}He^{2+}$, ${}_{2}^{4}\alpha$, α	4	+2	${}_{88}^{226}Ra \longrightarrow {}_{86}^{222}Rn + \alpha$ (그림 9A.7)
β	중간 정도 침투력	<c의 90%	전자, ${}_{-1}^{0}e$, β^-, β, e^-	0	−1	${}_{1}^{3}H \longrightarrow {}_{2}^{3}He + {}_{-1}^{0}e$ (그림 9A.8)
전자 포획§	—	—	전자, ${}_{-1}^{0}e$, e^-	0	−1	${}_{22}^{44}Ti + {}_{-1}^{0}e \longrightarrow {}_{21}^{44}Sc$ (그림 9A.9)
γ	높은 침투력, 다른 방사선과 함께 방출되는 경우가 많음	c	광자, γ	0	0	${}_{27}^{60}Co^* \longrightarrow {}_{27}^{60}Co + \gamma$‖ (그림 9A.6)
β⁺	중간정도 침투력	<c의 90%	양전자, ${}_{+1}^{0}e$, β^+	0	+1	${}_{11}^{22}Na \longrightarrow {}_{10}^{22}Ne + {}_{+1}^{0}e$ (그림 9A.10)
p	중간 또는 낮은 침투력	c의 10%	양성자, ${}_{1}^{1}H^+$, ${}_{1}^{1}p$, p	1	+1	${}_{27}^{53}Co \longrightarrow {}_{26}^{52}Fe + {}_{1}^{1}p$
n	높은 침투력	<c의 10%	중성자, ${}_{0}^{1}n$, n	1	0	${}_{53}^{137}I \longrightarrow {}_{53}^{136}I + {}_{0}^{1}n$

† c는 광속을 의미함

‡ 입자를 나타내는 다른 기호들: 가장 우측의 가장 간단한 기호를 사용해도 충분하다.

§ 전자 포획은 원자핵 방사선이 아니지만, 완결성을 위해 포함되었다.

‖ 에너지적으로 들뜬 상태의 원자핵은 보통 별표(*)로 나타낸다.

소가 된다. 그 구조를 자발적으로 변화시켜 방사선을 방출하는 핵을 **방사능(radioactive)**을 가진다고 하며, 그 결과로 종종 다른 원소의 원자핵이 형성된다.

유의 사항

캐나다의 물리학자 Harriet Brooks는 Rutherford의 유명한 일원이었다. 그녀는 이후 Curie Institute에서 토륨을 연구하였으며 핵변환(transmutation)의 발견으로 이어졌다.

핵반응은 화학 반응과 여러 면에서 다르다. 첫째, 한 원소의 동위 원소는 본질적으로 동일한 화학 반응을 진행하게 되지만, 매우 다른 핵반응을 진행하게 된다. 둘째, α 또는 β 입자가 원자핵에서 방출되는 것과 같은 어떤 핵반응의 경우, 양성자수가 다른 원자핵이 남게 되며, 이는 원래와 전혀 다른 원소의 원자핵이 된다. 이 생성물을 **딸 원자핵(daughter nucleus**, 그림 9A.7과 그림 9A.8)이라고 한다. 예를 들어, 소듐-24 원자핵이 β 입자를 방출하면, 중성자 하나가 양성자로 변환되고 마그네슘-24 핵이 생성된다. 즉, 한 원소가 다른 원소로 변환되는 **핵변환(nuclear transmutation)**이 일어난다. 핵반응과 화학 반응의 또 다른 중요한 차이는 핵반응에서의 에너지 변화가 화학 반응과 비교할 때 훨씬 더 크다는 점이다. 예를 들어, 메테인 1.0 g은 연소 시 52 kJ의 열을 방출한다. 반면에 우라늄-235 1.0 g은 핵반응 시 8.2×10^7 kJ의 열을 발생시키며, 이는 백만 배 이상 큰 값이다.

딸 원자핵의 정체를 예측하기 위해서는 어미 원자핵으로부터 입자가 방출될 때 원자 번호와 질량수가 어떻게 변환되는지를 주목해야 한다. 예를 들어, $Z=88$인 라듐-226 원자핵이 α 붕괴를 일으키는 경우, 핵전하가 +2이고 질량수가 4인 α 입자를 방출한다. 핵반응에서 전체 핵전하와 질량수는 보존되므로, 남은 조각은 원자 번호 86과 질량수 222를 가진 원자핵이 되고, 이것이 딸 원자핵인 라돈-222이다.

$$^{226}_{88}\text{Ra} \rightarrow {}^{222}_{86}\text{Rn} + {}^{4}_{2}\alpha$$

이러한 변화를 표현하는 식을 **핵반응식(nuclear equation)**이라고 한다. 아래 예제는 핵반응식을 이용하여 딸 원자핵을 확인하는 방법을 보여 준다.

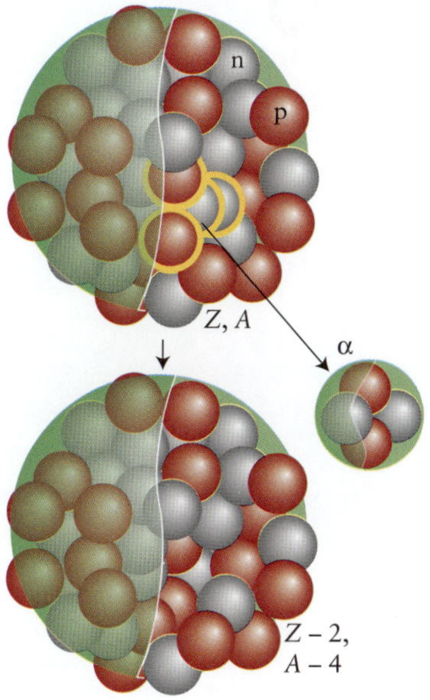

그림 9A.7 원자핵이 α 입자를 방출하면, 핵종의 원자 번호가 2만큼 감소하고, 질량수가 4만큼 감소한다. 상단의 핵에서 방출된 핵자를 노란 테두리로 표시하였다.

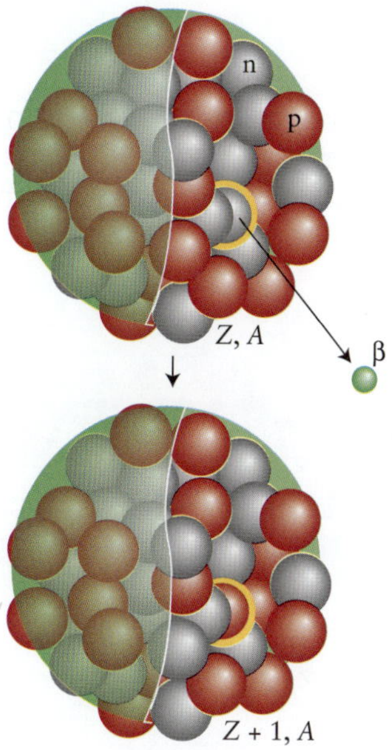

그림 9A.8 원자핵이 β 입자를 방출하면, 핵종의 원자 번호는 1 증가하고, 질량수는 변화가 없다. 전자의 공급원으로 생각할 수 있는 중성자를 상단 핵에서 노란 테두리로 표시하였다.

예제 9A.1 전자 포획과 양전자 방출의 결과 예측하기

의학과 산업에서 방사성 핵종을 사용할 때, 어떠한 딸 원자핵이 예측되는지, 그리고 이 핵종이 또한 방사성을 가지고 있는지를 아는 것이 중요하다. 여러분이 의학 핵연구 실험실에서 일하고 있으며, 칼슘-41과 산소-15를 연구 중이라면, (a) 칼슘-41이 전자를 포획하는 경우, (b) 산소-15가 양전자를 방출하는 경우 생성되는 핵종은 무엇인가?

예상 (a) 전자 포획에서 양성자는 중성자로 바뀐다. 비록 질량수의 변화는 없지만 원자 번호는 1 감소한다(그림 9A.9). (b) 양전자는 전자와 같은 양의 매우 작은 질량을 가지고 있지만 하나의 양전하를 가진다. 양전자 방출은 양성자가 중성자로 변환되면서 양전하를 방출하는 것으로 간주할 수 있다. 결과적으로 원자 번호는 1 감소하지만, 질량수에는 변화가 없다(그림 9A.10).

계획 딸 핵종은 E로, 원자 번호는 Z로, 질량수는 A로 표시하여 각각의 핵반응식을 쓴다. 핵반응에서 원자 번호와 질량수는 보존된다는 조건으로부터 Z와 A를 계산한다.

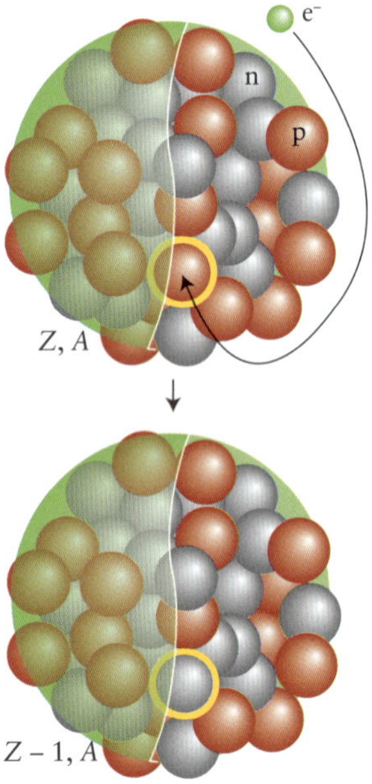

그림 9A.9 전자 포획 과정에서는 원자핵이 주위에 있는 전자 중 하나를 포획하게 된다. 양성자 한 개(노란색 테두리, 위)가 중성자(노란색 테두리, 아래)로 변환되는 효과를 낳는다. 결과적으로 핵종의 원자 번호는 1이 줄지만 질량수는 변하지 않는다.

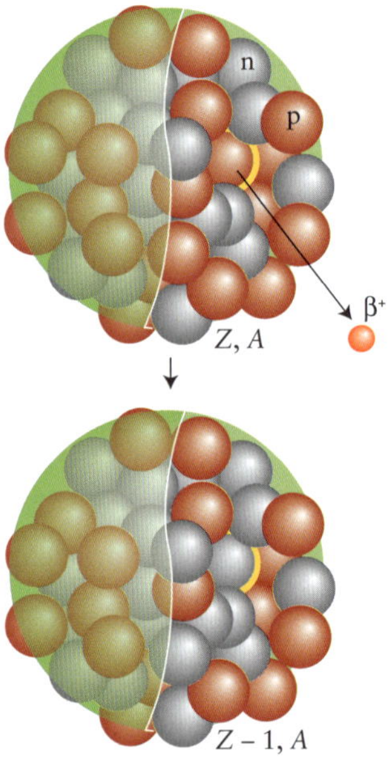

그림 9A.10 양전자(β^+) 방출 과정에서는, 원자핵이 양전자를 방출하면서 양성자가 중성자로 변환된다. 결과적으로 핵종의 원자 번호는 1이 줄지만 질량수는 변하지 않는다.

풀이

(a) 핵반응에 해당하는 식을 쓴다.

$$^{41}_{20}\text{Ca} + ^{0}_{-1}\text{e} \rightarrow ^{A}_{Z}\text{E}$$

질량과 전하 보존을 적용한다.

$$41 + 0 = A, \text{ 또는 } A = 41, \text{ 동일}$$
$$20 - 1 = Z, \text{ 또는 } Z = 19$$

원소를 확인한다.

$Z = 19$는 K에 해당한다.

핵 반응식을 쓴다.

$$^{41}_{20}\text{Ca} + ^{0}_{-1}\text{e} \rightarrow ^{41}_{19}\text{K}$$

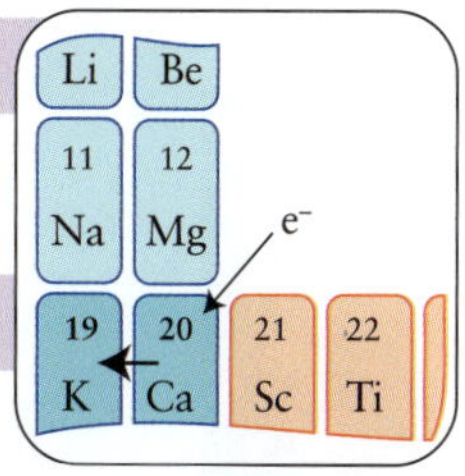

(b) 핵반응에 해당하는 식을 쓴다.

$$^{15}_{8}\text{O} \rightarrow ^{A}_{Z}\text{E} + ^{0}_{+1}\text{e}$$

질량과 전하 보존을 적용한다.

$15 = A + 0$, 또는 $A = 15$, 변화 없음
$8 = Z - 1$, 또는 $Z = 7$

원소를 확인한다.

$Z = 7$은 N에 해당한다.

핵 반응식을 쓴다.

$$^{15}_{8}\text{O} \rightarrow ^{15}_{7}\text{N} + ^{0}_{+1}\text{e}$$

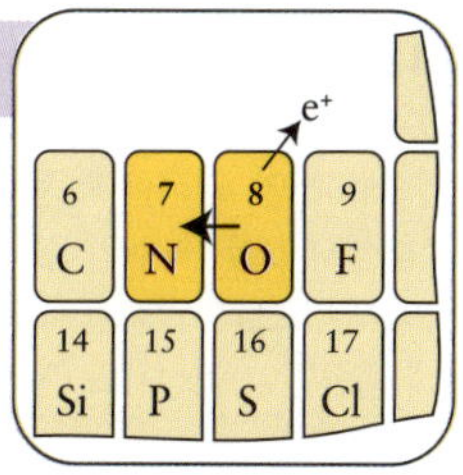

평가 예상한 대로 전자 포획과 양전자 방출에서는 모두 양성자가 중성자로 변환되며, 질량수의 변화 없이 원자 번호만 감소한다.

자습 9A.1A (a) 베릴륨–7이 전자를 포획하는 경우, (b) 소듐–22가 양전자를 방출하는 경우 생성되는 핵종을 결정하고 핵반응식을 작성하시오.

[**답**: (a) $^{7}_{4}\text{Be} + ^{0}_{-1}\text{e} \rightarrow ^{7}_{3}\text{Li}$, (b) $^{22}_{11}\text{Na} \rightarrow ^{22}_{10}\text{Ne} + ^{0}_{+1}\text{e}$]

자습 9A.1B (a) 철-55가 전자를 포획하는 경우, (b) 탄소-11이 양전자를 방출하는 경우 생성되는 핵종을 결정하고 핵반응식을 작성하시오.

관련 연습 문제 9A.5~9A.8

핵반응은 다른 원소의 생성을 초래할 수 있다. 이 과정에 대한 핵반응식에서 원자 번호와 질량수의 변화로부터 원자핵의 변환을 예측할 수 있다.

9A.3 핵안정성 패턴

어떤 원소의 핵은 안정하지만, 어떤 핵은 생성되자마자 붕괴한다. 핵이 안정한가 불안정한가에 대한 패턴이 있는지를 안다면 유용할 것이다. 그렇다면 핵붕괴의 방식에 관해 예측할 수 있을 것이기 때문이다. 이에 대한 하나의 실마리는 원자 번호가 짝수인 원소가 원자 번호가 홀수인 이웃한 원소보다 항상 더 풍부하다는 것이다. 우주에 존재하는 원소의 원자 번호에 따른 상대적 비를 보여 주는 **그림 9A.11**에서 그 차이를 볼 수 있다. 같은 패턴이 지구에서도 발견된다. 지구 질량의 1% 이상을 차지하는 여덟 가지 원소 중에서 알루미늄만이 유일하게 원자 번호가 홀수이다.

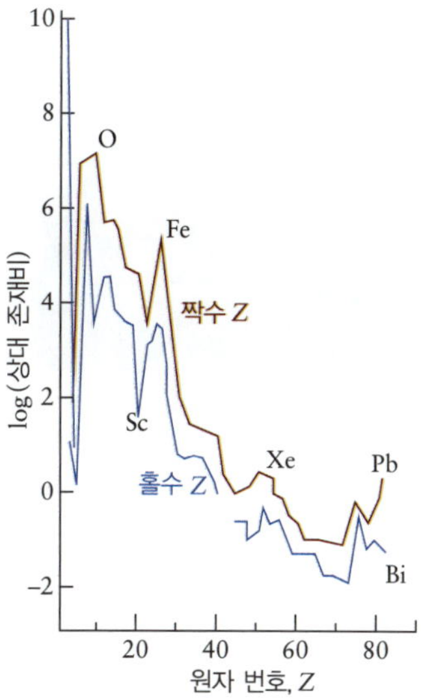

그림 9A.11 우주에서 원자 번호에 따른 핵의 상대적 비율. 원자 번호가 짝수인 원소(위쪽의 붉은색 선)들이 항상 이웃한 원자 번호가 홀수인 이웃한 원소(아래쪽의 푸른색 선)보다 더 많다.

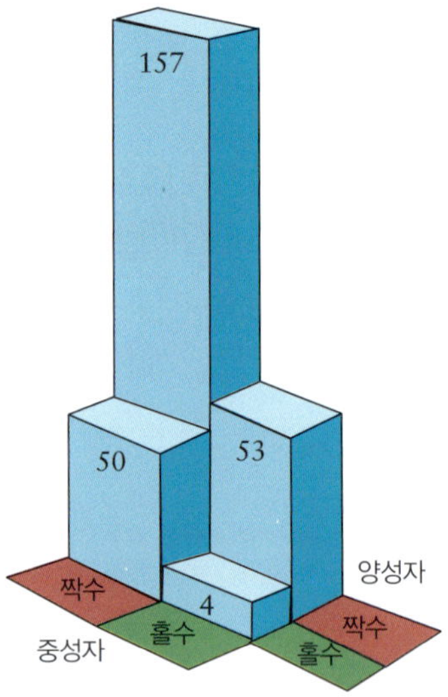

그림 9A.12 양성자와 중성자의 수가 짝수 또는 홀수인 안정한 핵종의 수. 수소를 제외하면, 안정한 핵종은 양성자와 중성자 모두 짝수의 값을 갖는 경향이 매우 크다. 안정한 핵종 중 오직 네 종류만이 양성자와 중성자가 모두 홀수이다.

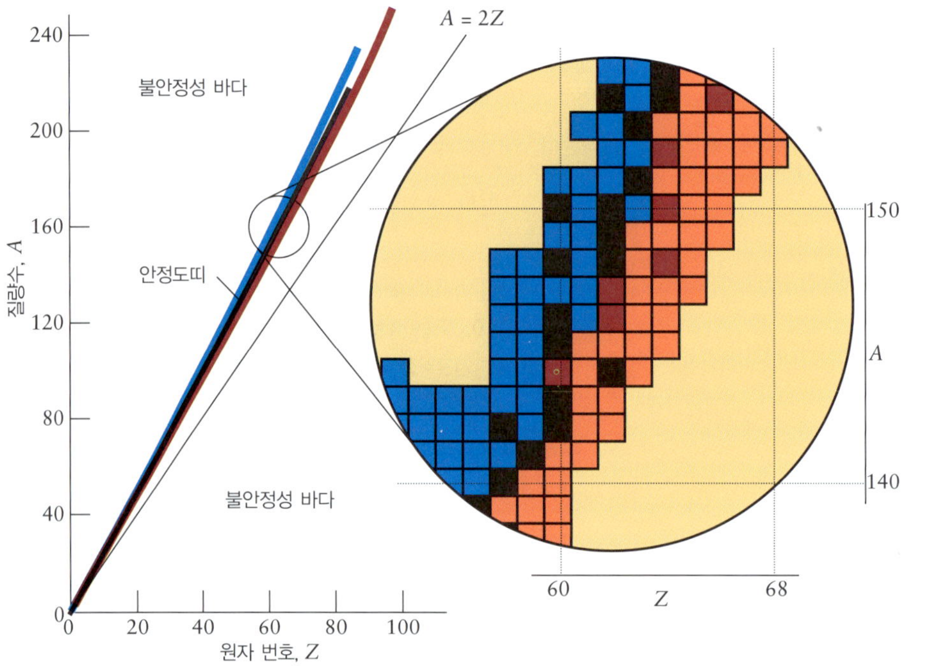

그림 9A.13 원자 번호와 질량수에 따른 핵안정성 변화의 특징. 검은색 좁은 띠(안정도띠) 상의 핵종이 일반적으로 안정하다. 푸른색 영역(왼쪽)의 핵종은 β 입자를 방출하는 경향이 크며, 붉은색 영역의 핵종은 α 입자를 방출하는 경향이 크다. 주황색 영역(오른쪽)은 양전자 방출 또는 전자 포획을 일으키는 경향을 보인다. 직선은 중성자와 양성자의 수가 같은($A=2Z$) 핵종의 위치를 나타낸다. 삽입된 부분은 $Z=60$ 부근을 확대한 도표를 보여 준다.

양성자와 중성자 모두 짝수인 원자핵은 다른 어떤 조합을 가진 원자핵보다 안정하다. 가장 불안정한 핵은 양성자와 중성자가 모두 홀수인 핵이다(**그림 9A.12**). 원자핵은 어떤 특정한 수의 핵자로 이루어졌을 때 좀 더 안정한 경향이 있다. 이러한 수는 **요술수(magic number)**라고 불리는 2, 8, 20, 50, 82, 114, 126, 184이다. 예를 들면, 주석($Z=50$)은 원소 중 가장 많은 10가지의 동위 원소가 안정한 반면, 이웃한 안티모니($Z=51$)는 단지 두 개의 동위 원소만이 안정하다. α 입자는 양성자 두 개, 중성자 두 개로 이루어져 있는 '이중 요술' 원자핵이다. 이러한 핵안정성 패턴은 원자 내의 전자 안정성 패턴과 유사하다. 비활성 기체는 2, 10, 18, 36, 54, 86개의 전자를 가지고 있다.

그림 9A.13은 알려진 핵종에 대하여 질량수와 원자 번호의 관계를 도식화한 그림이다. 방사선을 방출하면서 자발적으로 붕괴되는 불안정한 핵종의 영역에 해당하는 **불안정성 바다(sea of instability)**가 있으며, 안정적인 원자핵은 이에 둘러싸인 **안정도띠(band of stability)** 상에서 발견된다. 원자 번호가 약 20에 이를 때까지 안정된 핵종은 거의 같은 수의 양성자와 중성자를 가지며, 따라서 A는 Z의 두 배가 된다. 이보다 원자 번호가 큰 경우, 불안정한 경우와 안정한 경우를 포함해서 모든 핵종에서 중성자수가 양성자수보다 일반적으로 크며, 따라서 질량수는 원자 번호보다 두 배 이상 크다($A>2Z$).

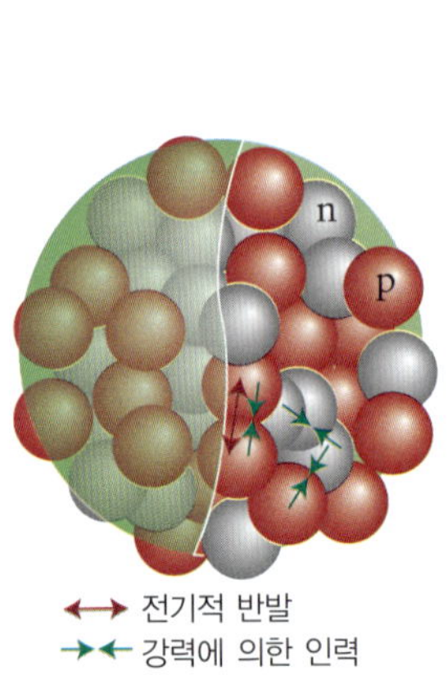

그림 9A.14 원자핵 내부의 양성자는 전기적으로 서로 반발하지만, 모든 핵자 사이에 작용하는 강력이 원자핵들을 묶어 준다.

원자 번호가 증가함에 따라 양성자보다 중성자의 비율이 커지는 이유는 중성자가 양성자 간의 정전기적 반발을 완화하는 데 도움을 주는 것으로 설명할 수 있다. 원자핵에서 양성자와 중성자를 묶는 강력은 양성자 간의 반발을 극복하기에 충분할 정도로 크지만, 핵의 지름 정도의 매우 짧은 거리에서만 작용할 수 있다(**그림 9A.14**). 중성자는 전하를 띠고 있지 않으므로 정전기적 반발을 더하지 않으면서도 강력에 공헌할 수 있다. 큰 원자 번호를 가진 원소의 경우 원자핵 내부 양성자들의 상호 반발을 막기 위해서는 많은 중성자가 필요하며, 이것은 안정도띠가 왜 위쪽으로 휘어지는지를 설명해 준다.

짝수의 양성자와 중성자를 가지는 핵이 가장 안정하다. 원자 번호가 증가하면서, 양성자에 대한 중성자의 비는 양전하를 띤 양성자 사이의 반발력을 극복하기 위해 증가해야만 한다.

9A.4 핵붕괴 형태의 예측

그림 9A.13을 이용해서 특정 방사성 핵종이 어떤 형태로 붕괴하게 될지 예측할 수 있다. 안정도띠보다 위쪽에 있는 원자핵은 중성자가 상대적으로 많다. **중성자가 풍부한 원자핵(neutron-rich nuclei)**은 중성자의 비율이 높은 핵이다. 이러한 원자핵은 중성자/양성자 비율(n/p)이 안정도띠와 유사하게 되도록 붕괴되는 경향이 있다. 예를 들어, $^{14}_{6}C$ 핵은 β 입자를 방출하여 보다 낮은 에너지 상태가 될 수 있으며, 이 경우 중성자가 양성자로 변환되는 결과로 n/p 비율이 감소한다(**그림 9A.15**).

$$^{14}_{6}\mathrm{C} \rightarrow {}^{14}_{7}\mathrm{N} + {}^{0}_{-1}\mathrm{e}$$

양성자가 풍부한 원자핵(proton-rich nuclei)은 중성자의 비율이 낮으며 안정도띠보다 아래쪽에 위치한다. 이러한 동위 원소는 원자 번호를 줄이는 방향으로 붕괴가 일어나는 경향이 있다. 예를 들면, 양성자가 많은 $^{29}_{15}P$는 방사성이고 양전자를 방출하면서 붕괴하며, 이 경우 양성자가 중성자로 변환되는 결과로 최종 n/p 비를 높인다.

$$^{29}_{15}\mathrm{P} \rightarrow {}^{29}_{14}\mathrm{Si} + {}^{0}_{+1}\mathrm{e}$$

전자 포획 및 양성자 방출 역시 양성자가 풍부한 핵종의 양성자 수를 감소시킨다. 양성자 방출은 매우 드문 형태의 붕괴 방식이며, β 및 β^+ 방출의 경우 모두 질량수는 똑같게 유지된다.

$Z < 60$에서는 α 입자를 방출하는 핵종이 매우 드물다. 그러나 $Z > 82$인 모든 핵종은 불안정하고, 주로 α 입자를 방출하며 붕괴된다. 비스무트($Z = 83$)는 오랫동안 안정한 동위 원소로 여겨져 왔지만, 2005년에 이 동위 원소가 매우 느리게 붕괴되는 것이 발견되었다. 매우 무거운 원자핵은 원자 번호를 감소시키기 위해서는 양성자를 방출하여야만 하지만, 일반적으로

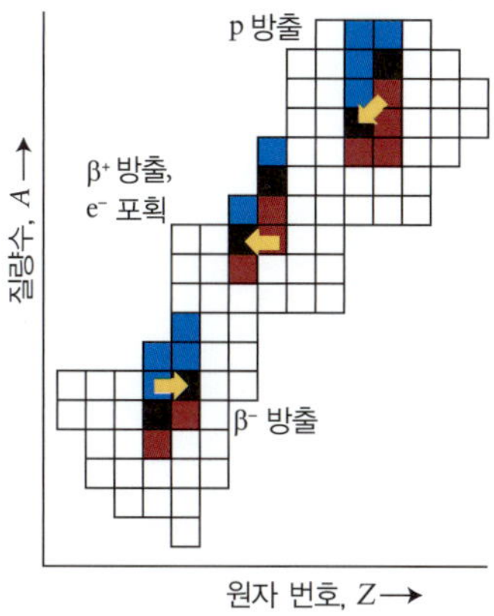

그림 9A.15 안정도띠(중간, 검은색 영역)에 도달하는 세 가지 다른 방법. 중성자가 많은 핵(위쪽, 푸른색 영역)은 β^- 방출에 의해 중성자를 양성자로 변환하려는 경향이 있다. 양성자가 많은 핵(아래쪽, 붉은색 영역)은 양전자 방출, 전자 포획 또는 양성자 방출을 통해 안정도띠(검은색)에 도달하려는 경향이 있다.

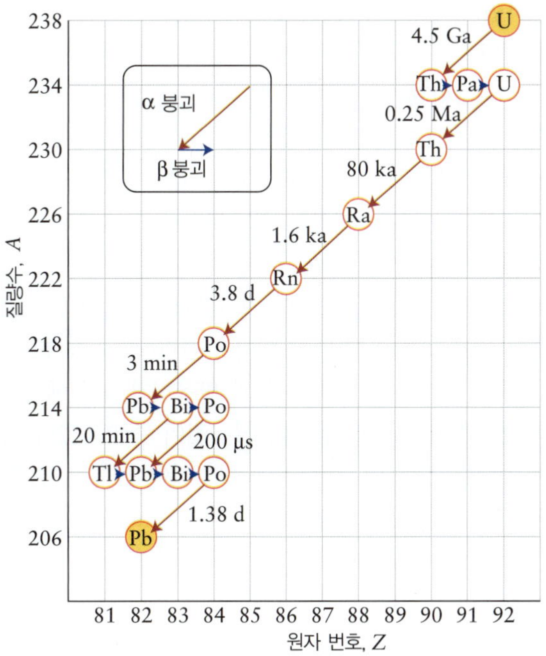

그림 9A.16 우라늄-238 붕괴 계열. 시간은 해당 핵종의 반감기(Topic 9B 참조)이며, 단위 a(annus)는 SI 단위로 년(year)이다.

중성자 역시 잃어버리게 된다. 이들은 단계적으로 붕괴되며, 특정한 핵종의 연속인 **방사성 계열**(**radioactive series**)을 형성한다(그림 9A.16). 먼저 α 입자 하나가 방출되고, 그 후 또 하나의 α 입자 또는 β 입자를 방출하는 등, 납(요술 원자 번호 82에 해당하는 동위 원소)처럼 안정된 원자핵이 생성될 때까지 계속해서 붕괴를 일으킨다. 예를 들면, 우라늄-238 계열은 납-206으로, 우라늄-235 계열은 납-207로, 토륨-232 계열은 납-208로 종결된다.

자습 9A.2A $^{145}_{64}Gd$ 원자핵이 안정한 핵에 이르기 위하여 (a) 전자 포획, (b) 양성자 방출, (c) $β^-$ 방출, (d) $β^+$ 방출 중에서 어떤 과정을 거쳐야 하는가? 그림 9A.13과 그림 9A.15를 참조하시오.

[**답**: a, b, d]

자습 9A.2B $^{148}_{58}Ce$ 원자핵이 안정한 핵종에 이르기 위하여 거쳐야 할 과정은 자습 9A.2A에 열거된 과정 중 어느 과정들이겠는가?

핵안정성 패턴을 이용하여 방사성 붕괴 형태를 예측할 수 있다. 중성자가 풍부한 핵은 중성자 수를 줄이려는 경향이 있으며, 양성자가 풍부한 핵은 양성자 수를 줄이려는 경향이 있다. 일반적으로 무거운 핵종에서만 α 입자를 방출한다.

9A.5 핵합성

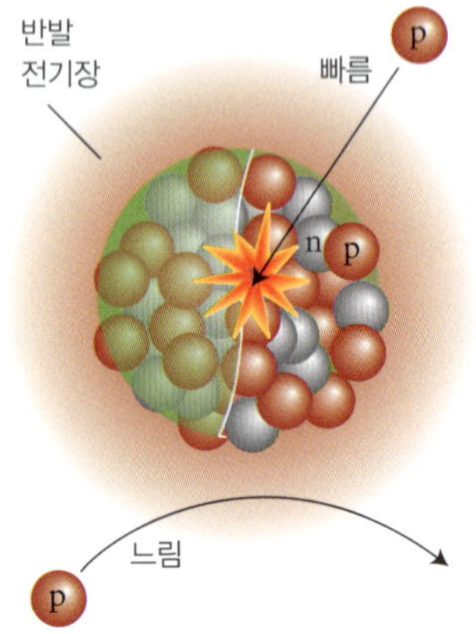

그림 9A.17 양전하를 띤 입자가 원자핵에 접근하면 강력한 반발을 받는다. 그러나 매우 빨리 움직이는 입자는 반발에 의해 옆으로 밀려나기 전에 원자핵에 도달할 수 있다. 이 경우 원자핵 반응이 일어날 수 있다.

원소가 생성되는 과정은 **핵합성**(**nucleosynthesis**)이다. 수소와 헬륨은 빅뱅에 의해서 생성되었으며, 다른 모든 자연적으로 발견되는 원소는 별이나 우주 공간에서 핵반응의 결과로 이 두 원소로부터 유래되었다. 테크네튬, 프로메튬 등의 원소들은 아주 소량만 지구상에서 발견된다. 이 원소들도 별 내부에서 생성되었지만, 이 원소들은 반감기가 너무 짧아 지구의 형성에는 크게 기여하지 못하였기 때문이다. 그러나 매우 불안정해서 지구상에서 발견될 수 없는 핵종을 인위적인 방법으로 합성할 수 있으며, 과학자들은 자연에서 생성된 270여 핵종에 2700개의 다른 핵종을 추가하였다.

핵합성 시의 에너지 장벽을 극복하기 위해서는, 입자들이 매우 뜨거운 별 내부에서처럼 매우 강하게 충돌해야만 한다(그림 9A.17). 따라서 인공적으로 원소를 합성하기 위해서는 별 내부의 조건을 유사하게 모방할 필요가 있다. 양성자, α 입자, 혹은 양전하를 띤 또다른 원자핵은 충분한 속도에 도달했을 경우 목표하는 원자핵으로부터의 정전기적 반발력을 극복할 수 있는 충분한 운동 에너지를 가진다. 입사한 입자는 원자핵으로 침투하여 강력에 의해 포획되게 된다. 이러한 높은 속도는 입자 가속기를 통해 달성할 수 있다.

원소의 변환, 즉 한 원소에서 다른 원소로의 전환(특히 납에서 금으로의 변환)은 연금술사의 꿈이었으며, 연금술은 현대 화학의 기원이 되기도 한다. 연금술사들은 단지 화학적 방법으로 접근하였는데, 이 화학적 에너지는 핵자가 핵과 반응하게 하기에는 너무 약한 에너지이기 때문에 이러한 화학적 접근법이 효과적이지 않다는 것이 증명되었다. 원소 변환은 자연에서도 일어나고 있는 것이 알려져 있으며, 실험실에서도 일어나게 할 수 있지만 이는 초기의 연금술사들이 전혀 꿈꾸지 못했던 방법으로만 일어난다. Rutherford는 1919년에 처음으로 인공 핵변환에 성공하였다. 그는 질소-14 원자핵에 고속의 α 입자를 충돌시켰으며, 이러한 핵변환으로 산소-17과 양성자가 생성되었다.

$$^{14}_{7}N + ^{4}_{2}\alpha \rightarrow ^{17}_{8}O + ^{1}_{1}p$$

많은 종류의 핵종이 지구상에서 합성되어 왔다. 예를 들면, 1937년 몰리브데넘과 중수소 원자핵과의 반응에 의해 테크네튬(Tc-97)이 지구상에서 처음으로 합성되었다.

$$^{97}_{42}\mathrm{Mo} + {}^{2}_{1}\mathrm{H} \rightarrow {}^{97}_{43}\mathrm{Tc} + 2\,{}^{1}_{0}\mathrm{n}$$

이러한 변환 과정을 아래와 같이 간단히 표기한다.

$$^{97}_{42}\mathrm{Mo(d,\,2n)}^{97}_{43}\mathrm{Tc}$$

여기서 d는 중양성자인 $^{2}H^{+}$를 의미한다. 일반적으로

표적(들어오는 입자, 방출되는 입자) 생성물

순으로 쓰며, 입자의 개수도 포함하여 쓴다. 테크네튬은 핵발전소의 붕괴 생성물에 축적되어, 현재는 어느 정도 풍족한 원소가 되었다. 다른 동위 원소 테크네튬-99는 의료용, 특히 뼈 스캔(scan)에 이용된다(**화학 이야기 9A.1**).

화학 이야기 9A.1 생명 유지를 위해 무엇이 필요한가?

핵의학

핵화학은 질병 진단, 치료, 연구 등 의학에 널리 이용되고 있다. 방사성 추적자를 이용하여 장기의 기능을 측정하고 있으며, 소듐-24는 혈류 모니터링하기 위해 쓰이고, 스트론튬-87은 뼈 성장을 연구하는 데 쓰이고 있다. 그러나 방사성 동위 원소를 이용한 진단 중에서 가장 획기적인 것은 영상 의학 분야에서 나타났다. 테크네튬-99m(m은 준안정, 상당히 오랫동안 생존하는 상태를 나타냄)은 의학에서 가장 널리 이용되며, 특히 뼈 스캔에 사용되는 방사성 핵종이다. 이 동위 원소는 매우 활성이 크며, 신체를 통과하는 γ-선을 방출한다. γ-선은 α 입자에 비해 훨씬 적은 손상을 일으키며, 이 동위 원소는 반감기가 짧아서 환자에 대한 위험성을 최소화할 수 있다.

코발트-60은 **감마나이프**(gamma knife)에 사용된다. 이 기술은 실제로 칼을 사용하지 않으며, 외과적 수술이 가능하지 않은 뇌 같은 곳에 있는 암세포를 파괴할 수 있다. 감마나이프 치료에서는 모양과 위치를 알고 있는 종양에 대해 약 200개의 γ-선 발생기를 다양한 각도에 배치시킨다. 각각의 γ-선은 그 강도가 세지 않기 때문에 γ-선이 통과하는 조직에는 거의 손상을 주지 않는다. 그러나 200개의 강력한 에너지선이 교차하는 곳에서는 그 방사선이 매우 강해져 종양 세포를 파괴할 수 있을 정도의 충분한 에너지를 갖게 된다. 이 치료는 고통이 없고 매우 빠르며, 치료하는 동안 환자는 깨어 있게 된다.

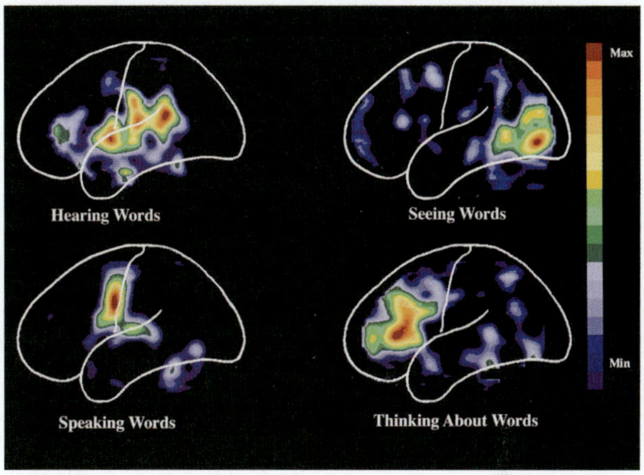

여기에 실린 네 가지 PET 스캔 영상을 보면, 다양한 활동에 의해 뇌의 여러 부분의 혈류가 어떻게 영향을 받는지 알 수 있다. 이 경우, 혈액 속의 헤모글로빈에 붙잡힌 산소 동위 원소를 양전자원으로 이용하였다. (*M. E. Raichle, Mallinckrodt Institute of Radiology, Washington University School of Medicine.*)

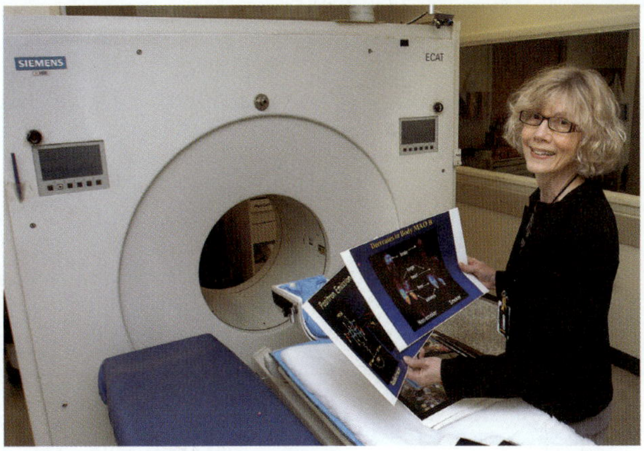

Brookhaven National Laboratory의 Joanna Fowler는 PET 연구에서 뇌의 작용과 포도당 대사를 연구하는 데 가장 많이 사용되고 있는 방사능 추적자인 ^{18}F-플루오로디옥시글루코스(^{18}F-fluorodeoxyglucose)를 포함한 다양한 방사능 추적자를 개발하였다. (*Courtesy of Brookhaven National Laboratory.*)

양전자 방출 단층 촬영술(positron emission tomography, PET)은 반감기가 매우 짧은 플루오린-18과 같은 양전자 방출제를 이용하여 X선 촬영술로는 가능하지 않을 정도의 상세한 수준으로 인체 조직을 촬영하는 기법이다. 이 기법은 뇌 기능 연구(사진 참조)와 의료 진단에 널리 쓰인다(그림 참조). 예를 들어, 플루오

린-18로 표지한 에스트로젠 호르몬을 암 환자에게 주사하면, 플루오린을 함유한 화합물이 종양에 선택적으로 흡수된다. 플루오린 원자에서 방출된 양전자가 주변 원자의 전자를 만나면 순간적으로 소멸되며, 이 과정에서 생성된 γ-선이 종양 환자의 신체 위로 천천히 움직이는 스캔 장치에 의해 검출된다. 이 기법을 이용하면 종양의 성장을 빠르고 정확하게 추정할 수 있다. 양전자 방출제가 생성되자마자 원하는 화합물에 도입하여야 하기 때문에, PET 영상화 기기는 입자가속기 근처에 있어야만 한다. 하지만 이 과정에는 위험성이 있으므로, 한 환자가 1년에 혹은 평생에 걸쳐 받을 수 있는 PET 스캔의 수는 정해져 있다.

유의 사항

γ-선은 원자핵 내에서의 전이에 기원하는 반면, X-선은 원자핵 밖에서 일어나는 전자 전이에 기원한다.

다양한 암 치료법에서 악성 세포를 파괴하기 위해 방사선을 이용한다. **붕소 중성자 포획 치료법**(boron neutron capture therapy)은 주입하는 붕소-10이 방사능을 가지고 있지 않다는 점에서 특이하다. 그러나 붕소-10에 중성자를 충돌시키면 파괴력이 매우 큰 α 입자를 방출하게 된다. 붕소 중성자 포획 치료법에서는 종양에 의해 선택적으로 흡수되는 화합물에 붕소-10을 도입한다. 환자를 단시간 동안 중성자 조사 환경에 노출시키면, 조사가 끝나는 순간 붕소-10 동위 원소는 α 입자 발생을 멈추게 된다.

관련 연습 문제 9.15~9.19.

참고 문헌

R. F. Barth, Z. Zhang, and T. Liu, "A realistic appraisal of boron neutron capture therapy as a cancer treatment modality," Cancer Communications , vol. 38, 2018, p. 36. J. Madhusoodanan, "New PET probes light up bacteria in deep-seated infections," *Chemical and Engineering News*, vol. 98, issue 10, March 12, 2020. G. Miller, "Neuroscience: A better view of brain disorders," *Science* , vol. 313, September 8, 2006, pp. 1376-1379.

생각해 보기

왜 납을 금으로 변환하는 것이 비현실적인가?

중성자는 전하를 가지고 있지 않아 핵전하에 의해 반발되지 않으므로, 양성자에 비해 표적 원자핵에 가까이 접근하기가 더 용이하므로, 높은 속도로 가속할 필요가 없다. **중성자 유발 핵변환(neutron-induced transmutation)**의 한 예로 암 치료에 이용되는 코발트-60의 형성을 들 수 있다. 이 반응은 철-58로부터 시작하는 세 단계를 거친다. 첫 단계에서 철-58로부터 철-59가 생성된다.

$$^{58}_{26}\text{Fe} + ^{1}_{0}\text{n} \rightarrow ^{59}_{26}\text{Fe}$$

두 번째 단계에서는 철-59의 β 붕괴에 의해 코발트-59가 생성된다.

$$^{59}_{26}\text{Fe} \rightarrow ^{59}_{27}\text{Co} + ^{0}_{-1}\text{e}$$

마지막 단계에서는 코발트-59가 입사되는 중성자 빔으로부터 나온 중성자를 흡수하여 코발트-60으로 변환된다.

$$^{59}_{27}\text{Co} + ^{1}_{0}\text{n} \rightarrow ^{60}_{27}\text{Co}$$

전체 반응은 다음과 같다.

$$^{58}_{26}\text{Fe} + 2\,^{1}_{0}\text{n} \rightarrow ^{60}_{27}\text{Co} + ^{0}_{-1}\text{e} \text{ 또는 } ^{58}_{26}\text{Fe}(2\text{n}, \beta^-)^{60}_{27}\text{Co}$$

자습 9A.3A 다음 핵반응을 완결하시오. (a) ? + $^{4}_{2}\alpha \rightarrow ^{243}_{96}\text{Cm} + ^{1}_{0}\text{n}$, (b) $^{242}_{96}\text{Cm} + ^{4}_{2}\alpha \rightarrow ^{245}_{98}\text{Cf}$ + ?

[**답**: (a) $^{240}_{94}\text{Pu}$, (b) $^{1}_{0}\text{n}$]

자습 9A.3B 다음 핵반응을 완결하시오. (a) $^{250}_{98}\text{Cf}$ + ? $\rightarrow ^{257}_{103}\text{Lr} + 4\,^{1}_{0}\text{n}$, (b) ? + $^{12}_{6}\text{C} \rightarrow ^{254}_{102}\text{No} + 4\,^{1}_{0}\text{n}$

초우라늄 원소(transuranium element)는 주기율표상에서 우라늄 다음에 나오는 원소들이다. 러더포듐(Rf, $Z = 104$)으로부터 마이트너륨(Mt, $Z = 109$)까지의 원소는 1997년에 공식적으로 명명되었다. 새로운 원소가 합성되거나 예측되게 되면, 그 원소들이 실제로 확인되고 국제적으로 하나의 영구적인 원소명에 대한 동의가 이루어지기 전까지는 계통적으로 명명되게 된다. 계통명은 표 9A.2에 있는 원자 번호를 나타내는 접두사를 사용하며, -윰(-ium)으로 끝난다. 그래서, 원소 110은 2003년에 다름슈타튬(Ds)이라고 정식으로 명명되기 전까지 운운닐륨(ununnilium)으로 알려졌다. 현시점에서, 원자 번호 118까지의 모든 알려진 원소는 공식적인 이름을 가지고 있다. 하지만 오래된 주기율표에는 몇몇 무거운 원소들이 아직 계통명으로 명명되어 있는 것을 볼 수 있다.

새로운 원소 및 이미 알려진 원소의 새로운 동위 원소는 핵합성에 의해 생성된다. 같은 전하를 띤 입자 간에 작용하는 전기적 반발력을 극복하려면 매우 빠른 입자를 충돌시켜야 한다.

표 9A.2 원소의 계통적 명명법에서 사용하는 표기법

숫자	접두사	약어
0	nil	n
1	un	u
2	bi	b
3	tri	t
4	quad	q
5	pent	p
6	hex	h
7	sep	s
8	oct	o
9	enn	e

* 예를 들면, 원소 123은 unbitriium (Ubt)로 명명될 것이다.

이 Topic에서 배운 것은 무엇인가?

방사성 붕괴의 종류에 따른 성질과 핵의 상대적 안정성에 대해 배웠고, 핵반응을 쓰는 방법을 알게 되었다.

개념과 식의 적용

- □ 전기장에 대한 반응으로 α, β, γ 방사를 구분한다(9A.1절).
- □ 핵반응식을 쓰고, 균형을 맞춰 완성한다(예제 9A.1).
- □ 안정도띠를 이용하여 특정한 방사성 원자핵이 진행할 가능성이 큰 붕괴 형태를 예측한다(자습 9A.2).
- □ 핵변환 과정에 대한 핵반응식을 쓴다(9A.5절).

Topic 9A 연습 문제

9A.1 다음의 딸 원자핵에서 핵자에 재배열이 일어날 때, 나타낸 양만큼 에너지가 변환되면서 γ-선이 방출되었다. 각 경우에 γ-선의 진동수와 파장을 계산하시오.
(a) 들뜬 상태의 니켈-60, 1.33 MeV (b) 비소-80, 1.64 MeV
(c) 철-59, 1.10 MeV($1\ \text{MeV} = 1.602 \times 10^{-13}\ \text{J}$)

9A.2 다음의 딸 원자핵에서 핵자에 재배열이 일어날 때, 나타낸 양만큼 에너지가 변환되면서 γ-선이 방출되었다. 각각의 핵종의 붕괴 시 방출되는 γ-선의 진동수와 파장을 계산하시오.
(a) 철-53, 3.04 MeV (b) 바나듐-52, 1.43 MeV
(c) 스칸듐-44, 0.27 MeV($1\ \text{MeV} = 1.602 \times 10^{-13}\ \text{J}$)

9A.3 **동중성자 원소**(isotone)란 같은 수의 중성자를 가지고 있는 핵종이다. 아르곤과 칼슘의 동위 원소 중에서 어떤 것이 포타슘-40의 동중성자 원소인가?

9A.4 크립톤과 셀레늄의 어떤 동위 원소가 브로민-80의 동중성자 원소(연습 문제 9A.3 참조)인가?

9A.5 다음 각 붕괴에 대하여 균형 핵반응식을 쓰시오. (a) 붕소-12의 β 붕괴, (b) 비스무트-214의 α 붕괴, (c) 테크네튬-98의 β 붕괴, (d) 라듐-226의 α 붕괴

9A.6 다음 과정에 대하여 균형 핵반응식을 쓰시오. (a) 프랑슘-221의 α 붕괴, (b) 라돈-212의 α 붕괴, (c) 악티늄-228의 β-붕괴, (d) 프로트악티늄-230의 전자 포획

9A.7 다음 과정에 대하여 균형 핵반응식을 쓰시오. (a) 인듐-109의 양전자 방출, (b) 마그네슘-23의 양전자 붕괴, (c) 납-202의 전자 포획, (d) 비소-76의 전자 포획

9A.8 다음 과정에 대하여 균형 핵반응식을 쓰시오. (a) 저마늄-66의 β^+ 붕괴, (b) 이리듐-190의 전자 포획, (c) 아이오딘-124의 β^+ 붕괴, (d) 나이오븀-92의 전자 포획

9A.9 다음 각각의 핵변환에 대하여 방출된 입자를 결정하고, 균형 핵반응식을 쓰시오.
(a) 소듐-24에서 마그네슘-24 (b) ^{128}Sn에서 ^{128}Sb
(c) 란타넘-140에서 바륨-140 (d) ^{228}Th에서 ^{224}Ra

9A.10 다음 각각의 핵변환에 대하여 방출된 입자를 결정하고, 균형 핵반응식을 쓰시오.
(a) 가돌리늄-148에서 사마륨-144 (b) 플루오린-17에서 산소-17
(c) 은-112에서 카드뮴-112 (d) 플루토늄-238에서 우라늄-234

9A.11 다음 핵반응식을 완성하시오.
(a) $^{11}B + ? \rightarrow 2\,n + {}^{13}N$ (b) $? + D \rightarrow n + {}^{36}Ar$
(c) $^{96}Mo + D \rightarrow ? + {}^{97}Tc$ (d) $^{45}Sc + n \rightarrow \alpha + ?$

9A.12 핵붕괴 반응에 대한 다음 식을 완성하시오.

(a) $^{12}O \rightarrow 2\,p + ?$ (b) $^{17}C \rightarrow ? + n + \beta^-$

(c) $^{148}Ba \rightarrow {}^{147}La + ? + n$ (d) $^{18}Ne \rightarrow \beta^+ + ?$

9A.13 다음 핵종들은 안정도띠 밖에 위치한다. β 붕괴, β^+ 붕괴 및 α 붕괴 중 이들이 가장 일으키기 쉬운 붕괴를 예측하고, 이때 생성되는 딸 원자핵을 확인하시오. (a) 구리-68, (b) 카드뮴-103

9A.14 다음 핵종들은 안정도띠 밖에 위치한다. β 붕괴, β^+ 붕괴 및 α 붕괴 중 이들이 가장 일으키기 쉬운 붕괴를 예측하고, 이때 생성되는 딸 원자핵을 확인하시오. (a) 구리-60, (b) 제논–140

9A.15 우라늄-235의 방사성 붕괴에 대한 각 단계의 딸 핵종을 확인하시오. 단, 입자 방출 순서는 α, β, α, β, α, α, α, β, α, β, α이다. 단계마다 균형 맞춘 핵반응식을 쓰시오.

9A.16 넵투늄-237은 α, β, α, α, β, α, α, α, β, α, β 순으로 방사성 붕괴를 일으킨다. 단계마다 균형 맞춘 핵반응식을 쓰시오.

9A.17 다음 핵반응식을 완성하시오.

(a) ${}^{14}_{7}N + ? \rightarrow {}^{17}_{8}O + {}^{1}_{1}p$ (b) $? + {}^{1}_{0}n \rightarrow {}^{249}_{97}Bk + {}_{-1}^{0}e$

(c) ${}^{243}_{95}Am + {}^{1}_{0}n \rightarrow {}^{244}_{96}Cm + ? + \gamma$ (d) ${}^{13}_{6}C + {}^{1}_{0}n \rightarrow ? + \gamma$

9A.18 다음 핵반응식을 완성하시오.

(a) $? + {}^{1}_{1}p \rightarrow {}^{21}_{11}Na + \gamma$ (b) ${}^{1}_{1}H + {}^{1}_{1}p \rightarrow {}^{2}_{1}H + ?$

(c) ${}^{15}_{7}N + {}^{1}_{1}p \rightarrow {}^{12}_{6}C + ?$ (d) ${}^{20}_{10}Ne + ? \rightarrow {}^{24}_{12}Mg + \gamma$

9A.19 다음 핵변환 반응에 대하여 핵반응식을 완성하시오.

(a) ${}^{20}_{10}Ne + {}^{4}_{2}\alpha \rightarrow ? + {}^{16}_{8}O$ (b) ${}^{20}_{10}Ne + {}^{20}_{10}Ne \rightarrow ? + {}^{16}_{8}O + \gamma$

(c) ${}^{44}_{20}Ca + ? \rightarrow \gamma + {}^{48}_{22}Ti$ (d) ${}^{27}_{13}Al + {}^{2}_{1}H \rightarrow ? + {}^{28}_{13}Al$

9A.20 다음 핵변환 반응에 대하여 핵반응식을 완성하시오.

(a) $? + \gamma \rightarrow {}_{-1}^{0}e + {}^{20}_{10}Ne$ (b) ${}^{44}_{22}Ti + {}_{-1}^{0}e \rightarrow {}^{0}_{1}e + ?$

(c) ${}^{241}_{95}Am + ? \rightarrow 4\,{}^{1}_{0}n + {}^{248}_{100}Fm$ (d) $? + {}^{1}_{0}n \rightarrow {}_{-1}^{0}e + {}^{244}_{96}Cm$

9A.21 고속 중성자–포획 과정(r-process)은 철보다 무거운 원소가 존재하는 것에 대한 한 가지 설명 방법이다. 초신성에서 일어나는 것으로 제안된 r-process에서는 다수의 고속 중성자들이 하나의 철 원자핵과 충돌하게 된다. 일부 중성자는 포획되어 매우 불안정한 원자핵이 생성되고 곧 붕괴하게 된다. 각 붕괴 단계에서 하나의 중성자가 하나의 양성자로 전환되게 된다. 여섯 개의 중성자가 철-56 원자핵에 흡수되어 핵붕괴가 일어나면서 여섯 개의 양성자로 변환되는 과정에 대한 전체 핵반응식을 쓰시오.

9A.22 유성에 존재하는 네온은 핵반응에 의해 생성되었다고 주장되고 있다. 우주선 양성자가 규소-28 원자에 충돌할 때 그와 같은 반응이 일어난다. 에너지가 매우 높은 양성자 중 하나가 흡수되게 되면, 네온의 동위 원소, 세 개의 양성자, 하나의 중성자 그리고 α 입자가 생성되게 된다. 생성된 네온의 동위 원소를 결정하고, 그 과정에 대한 핵반응식을 쓰시오.

9A.23 다음 과정을 나타내는 핵반응식을 쓰시오.

(a) 질소-14에 α 입자를 충돌시켜 산소-17을 생성시킴

(b) 플루토늄-239에 중성자를 충돌시켜 아메리슘-241을 생성시킴

9A.24 다음 변환을 나타내는 핵반응식을 쓰시오.

(a) 캘리포늄-245에 탄소-12 원자핵을 충돌시켜 ^{257}Rf를 생성시킴

(b) 비스무트-209에 철-58 원자핵을 충돌시켜 만든 ^{266}Mt의 최초 합성. 마이트너륨의 첫 번째 붕괴에서 α 방출이 일어난다면, 이때 생성되는 딸 원자핵은 무엇인가?

9A.25 주어진 원소의 계통명과 원소 기호를 쓰시오.

(a) 원소 126 (b) 원소 136 (c) 원소 200

9A.26 주어진 원소의 계통명과 원소 기호를 쓰시오.

(a) 원소 128 (b) 원소 127 (c) 원소 202

Topic 9B 방사능

이 Topic을 왜 배우는가? 방사능 핵을 다루려면 붕괴의 방식과 붕괴 속도에 대한 이해가 필수적이다.

무엇을 알고 있어야 하는가? 이 Topic을 위해서는 원자핵으로부터 방출되는 방사선의 기원과 분류(Topic 9A)와 일차 붕괴의 반응 속도론(Topic 7B)에 대한 지식이 필요하다.

핵방사선은 원자로부터 전자를 방출시킬 수 있는 충분한 에너지를 가지기 때문에, 종종 **이온화 방사선**(ionizing radiation)이라고도 한다. 병원에서는 암세포와 같은 원하지 않는 조직을 죽이는 데 핵방사선을 이용한다(화학 이야기 9A.1 참조). 하지만 진단이나 질병을 치료하는 것을 돕는 이 같은 강력한 효과는 또한 건강한 조직에도 손상을 줄 수 있다. 손상 정도는 방사선원의 강도, 방사선의 형태 및 노출 시간에 좌우된다. 세 가지 주된 형태의 방사선은 물질에 침투하는 정도와 손상을 일으키는 정도가 서로 다르다(**표 9B.1**)

9B.1 방사선의 생물학적 효과

질량이 크고, 강하게 전하를 띤 α 입자는 물질과 강하게 상호 작용을 일으키며 느려지고, 주위 물질로부터 전자를 포획하여 얼마 지나지 않아 덩치가 큰 헬륨 원자로 변환된다. α 선은 피부의 가장 위쪽 표면까지만 침투할 수 있으며, 유리, 옷, 심지어 종이 한 장으로도 막을 수 있다. 피부의 죽은 표피층이 대부분의 α 방사선을 흡수하므로 거의 해롭지 않다. 하지만 α 입자를 방출하는 물질을 호흡하거나 섭취하면 매우 위험할 수 있다. α 입자가 살아있는 조직과 충돌할 때의 에너지는 분자로부터 원자를 이탈시킬 수 있어 심각한 질병이나 죽음을 초래할 수 있다. 예를 들어, 독성이 가장 큰 방사성 물질 중 하나로 간주되는 플루토늄은 α 입자를 방출하며, 간단한 차폐막으로 안전하게 취급할 수 있다. 하지만 플루토늄은 쉽게 산화되어 Fe^{3+}와 유사한 화학적 성질을 가진 Pu^{4+}가 된다. 결과적으로 체내에서 철의 자리를 대체하고 뼛속으로 흡수되어 신체의 적혈구를 생산 능력을 무너뜨린다. 그 결과는 방사선에 의한 질병, 암 그리고 죽음으로 이어지게 된다.

두 번째로 침투력이 약한 것은 β 방사선이다. 이 빠른 전자들은 분자 내 전자 및 원자핵과의 정전기적 상호 작용에 의해 멈출 때까지 피부를 1 cm 정도 침투한다. 다행스럽게도, β 방사선은 약 3 mm 정도의 알루미늄이나 더 얇은 납판으로 차폐할 수 있다.

가장 침투력이 강한 것은 γ 방사선이다. 고에너지 γ-선 광자는 건물과 신체를 투과할 수 있으며, 그 경로상에서 분자를 이온화하여 손상을 줄 수 있다. 이러한 방식으로 손상을 입은 단

표 9B.1 α, β, γ 방사선의 차폐 조건

방사선	상대 투과력	차폐 조건
α	1	종이, 피부
β	100	3 mm 알루미늄
γ	10 000	콘크리트, 납

백질 분자와 DNA는 더 이상 기능을 하지 못하며, 그 결과 방사선 질병과 암을 일으킬 수 있다. 강력한 γ-선원은 이 침투력이 강한 방사선을 흡수하기 위해 납 벽돌이나 두꺼운 콘크리트로 만든 방어벽으로 차폐해야만 한다.

방사선의 **흡수선량(absorbed dose)**은 시료(특히 인체)를 방사선에 노출시켰을 때 시료에 흡수된 에너지를 의미한다. 흡수선량의 SI 단위로는 **그레이(Gy, gray)**를 사용하며, 이는 1 $J \cdot kg^{-1}$의 에너지가 흡수된 것을 의미한다. 방사선 흡수선량을 나타낼 때 처음 사용되었던 단위는 **라드(rad, radiation absorbed dose)**로, 조직 1 kg당 10^{-2} J의 에너지를 흡수한 양에 해당되며, 1 rad는 10^{-2} Gy이다. 1 rad는 65 kg 체중의 사람이 0.65 J의 에너지를 흡수하는 것에 상응하며, 큰 에너지는 아니며 단지 0.2 mg의 물을 끓일 수 있는 에너지이다. 그러나 핵방사선 입자의 에너지는 원자 크기보다 작은 총알과 부딪히는 것처럼 매우 국소적으로 작용할 수 있다. 결과적으로, 입사된 방사선 입자들은 그 경로상에 있는 분자와 충돌하면서, 각각의 결합을 파괴할 수 있다.

방사선에 의한 생체 조직 손상 정도는 방사선의 종류와 조직의 종류에 좌우된다. 각 종류의 방사선이 흡수선량에 따라 일으키는 손상을 평가할 때, **상대적 생물학적 효능(relative biological effectiveness)**이라고 하는 인자 Q를 고려해야 한다. β 방사선과 γ 방사선에 대해 Q를 임의로 1로 규정하는 경우, α 방사선의 Q 값은 약 20에 이른다. 즉, 1 Gy의 γ 방사선은 1 Gy의 β 방사선과 거의 동등한 수준의 손상을 입히지만, 1 Gy의 α 입자는 (침투는 가장 적게 하지만) 약 20배 정도의 손상을 입히게 된다. 정확한 수치는 총 흡수선량, 축적되는 속도 및 조직의 종류에 좌우되지만, 위의 값들이 일반적이라 할 수 있다.

여러 가지 종류의 조직에 대해 방사선이 미치는 상이한 파괴력을 고려해서 개량된 실제 방사선량은 **등가 방사선량(dose equivalent)**이다. 등가 방사선량은 실제 흡수선량(Gy 단위)에 방사선 종류에 따른 Q 값을 곱하여 구한다. 이 결과는 SI 단위로 **시버트(Sv, sievert)**로 나타낸다.

$$\text{등가 방사선량(Sv)} = Q \times \text{흡수 방사선량(Gy)} \tag{1}$$

기존에 쓰던 등가 방사선량의 비 SI 단위는 **렘(rem, roentgen equivalent man)**이며, 이는 흡수선량을 rad 단위로 하는 것만 다를 뿐 시버트와 동일하게 정의된다. 즉, 1 rem은 10^{-2} Sv가 된다.

γ 방사선의 0.3 Gy(30 rad) 흡수선량은 0.3 Sv (30 rem) 등가선량에 해당되며, 이는 백혈구(감염에 대항하여 싸우는 세포) 수 감소를 유발할 정도이다. 하지만 α 방사선 0.3 Gy는 6 Sv(600 rem)에 해당하며, α 방사선 방출 물질을 섭취하거나 흡입한다면 사망에 이르게 할 만큼 충분한 양이다. **배경 방사선(background radiation)**이라고 불리는 천연 방사선으로부터 우리가 받는 연평균 등가 방사선량은 2 $mSv \cdot a^{-1}$(a는 annus로서 1년을 의미하는 SI 약어)이지만, 이 수치는 사는 장소와 생활양식에 따라 다르다. 이 중 20%는 우리 몸에서 나오는 방사선이다. 인체에서 나오는 방사능의 주요 원인은 포타슘−40이다. 이 문장을 읽는 동안 약 35,000개의 포타슘−40이 인체 내에서 붕괴하고 있다. 배경 방사선의 약 30%는 연속적으로 지구에 조사되는 우주선(외계에서 오는 γ-선과 고에너지 아원자 입자)이며, 40%는 땅속에서 새어 나온 라돈으로부터 나온다. 나머지 10%는 주로 의학 진단 과정에서 피폭되고 있다(전형적인 흉부 X선은 0.07 mSv의 등가 방사선량을 나타낸다). 원자력 발전소나 다른 원자력 시설을 널리 쓰이고 있는 나라에서는 이 시설에서 방출되는 방사선이 약 0.1% 정도이다. 민간 항공의 조종사나 승무원 또한 대기가 옅어 우주선이 덜 차폐되는 고고도에서 보내는 시간이 많으므로 좀 더 높은 수준의 배경 방사선을 경험하게 된다.

사람에게 피폭되는 방사선은 흡수 방사선량과 등가 방사선량을 통하여 측정된다. 등가 방사선량은 상이한 종류의 방사선이 조직에 미치는 영향을 고려한 것이다.

9B.2 핵붕괴 속도의 측정

Geiger 계수기(**Geiger counter**)와 **섬광 계수기**(**scintillation counter**)는 방사성 핵붕괴의 속도를 측정하는 데 흔히 사용되는 기기이다(화학 이야기 9B.1). 가이거 계수기는 기체, 주로 아르곤 기체를 핵 방사선에 노출시켰을 때 일어나는 이온화를 이용한다. 섬광 계수기는 방사선이 인광체라고 불리는 물질과 충돌할 때 발생하는 섬광의 수를 세어 방사선을 측정한다. Geiger 계수기의 측정 소리 및 섬광 계수기 인광체의 불빛 하나하나는 원자핵 붕괴 하나를 나타낸다. 시료의 **방사능**(**activity**)은 일정 시간 동안의 원자핵 붕괴 횟수를 시간으로 나눈 것이다. 초당 1회의 원자핵 붕괴를 SI 단위로 **1베크렐**(**1 Bq, becquerel**)이라고 한다. 통상적으로 이용되는 또 다른 방사선 단위(비 SI 단위)로는 퀴리(Ci)를 들 수 있다. 1퀴리는 1 g의 라듐-226이 내는 방사능으로, 초당 3.7×10^{10}의 원자핵 붕괴와 같다. 퀴리는 너무 큰 단위이기 때문에, 대부분

화학 이야기 9B.1 물질의 방사능은 어떻게 측정하는가?

원자나 이온으로부터 전자를 방출시키는 핵방사선의 능력을 이용하여 방사선의 세기를 측정한다. Henri Becquerel은 사진 건판을 감광시키는 정도를 관찰하여 방사선의 세기를 최초로 측정하였다. 이러한 감광은 보통의 사진 필름 감광에서 일어나는 다음과 같은 동등한 산화 환원 과정을 통해 진행되지만

$$Ag^+ + Br^- \xrightarrow{h\nu} Ag + Br$$

브로민화 이온에 대한 초기 산화 반응이 빛 대신 원자핵 방사선에 의해 일어나는 점이 다르다. Becquerel의 기법은 방사선 작업자의 누적 피폭량을 모니터링하는 필름형 **방사선량계**(dosimeter)에 여전히 이용되고 있다.

열발광 방사선량계(thermoluminescent dosimeter)에는 플루오린화 리튬과 같은 물질이 들어 있다. 방사선이 입사하면 플루오린화 이온으로부터 전자를 방출시킨다. 이 전자는 플루오린 원자에서 떨어져 나오지만, 플루오린화 리튬 결정 안에 갇히게 된다. 그 결정에 열을 가하면 전자는 다시 플루오린 원자로 되돌아가며, 그 에너지 차이를 빛으로 방출한다. 피폭된 방사선의 양은 빛의 세기로 알 수 있다. 들뜬 전자가 지속적인 방사능 노출을 통해 축적되고 이 양을 측정할 수 있으므로, 방사선량계는 하루부터 몇 주까지의 기간 동안 사용할 수 있다. 정보를 읽기 위해 선량계를 가열하면 축적되었던 에너지가 방출되며, 이후 열발광 방사선량계는 재사용이 가능하다.

Geiger 계수기(Geiger counter)는 그림에서와 같이 저압 기체의 이온화를 감지하여 방사선을 모니터링한다. 방사선이 실린더 내의 기체 원자를 이온화하고, 이것이 전극 사이에 짧은 전류를 발생시킨다. 발생된 전류 신호는 바로 기록될 수도 있고, 소리 신호로 전환될 수도 있다. 이 소리 신호의 횟수가 방사선의 세기를 나타낸다. 하지만 Geiger 계수기는 γ-선에 대한 감도가 낮다는 한계가 있다. β 입자 발생은 모두 감지되지만, γ-선 광자는 약 1%만 감지된다. Geiger 계수기의 효율은 튜브의 크기와 관계가 있으므로, 보통 Geiger 계수기에는 넓은 영역의 방사능을 모니터링하기 위해 크기가 다른 두 가지 튜브가 들어 있다.

섬광 계수기(scintillation counter)는 아이오딘화 소듐과 황화 아연과 같은 인광 물질이 방사선에 노출되면 빛(섬광)을 발산하는 성질을 이용한다. 이 계수기에는 빛을 전기 신호로 바꿔 주는 광전증배관(photomultiplier tube)이 들어 있으며, 방사선의 세기는 전자 신호의 세기를 통해 알 수 있다.

(a) (b)

(a) Geiger 계수기와 우라늄 광석. (b) Geiger 계수기의 검출기는 중심 전극과 계수기 벽 사이에 높은 전압(500~1200 V)이 걸려 있는 실린더에 기체(아르곤과 소량의 에탄올 증기의 혼합물 또는 네온과 소량의 브로민 증기 혼합물)를 채워 구성한다. 방사선이 기체를 이온화하면 이온은 짧은 전류를 발생시키고 특징적인 소리가 나게 된다. (©*1989 Chip Clark-Fundamental Photographs.*)

표 9B.2 방사선 단위

성질	단위명	기호	정의
방사능	베크렐	Bq	1초당 붕괴
	퀴리*	Ci	1초당 3.73×10^{10} 붕괴
흡수 방사선량	그레이	Gy	$1\ \mathrm{J{\cdot}kg^{-1}}$
	방사선 흡수선량*	rad	$10^{-2}\ \mathrm{J{\cdot}kg^{-1}}$
등가 방사선량	시버트	Sv	$Q \times$ 흡수선량†
	뢴트겐 당량*	rem	$Q \times$ 흡수선량†

* 비 SI 단위

† Q는 방사선의 상대적 생물학적 효능이다. 보통 γ-선, β-선 및 대부분의 방사선에서는 $Q \approx 1\ \mathrm{Sv{\cdot}Gy^{-1}}$이지만, α-방사선과 고속 중성자의 경우 $Q \approx 20\ \mathrm{Sv{\cdot}Gy^{-1}}$이다. 특정 상황에서 뼈 조직에 대해서는 5배로(5Q) 계산한다.

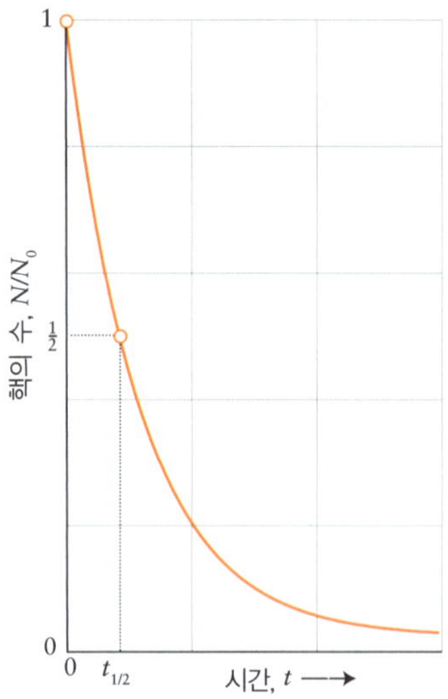

그림 9B.1 방사성 시료의 활성이 지수 함수 형태로 감소하는 것은 그 시료 내 방사성 원자핵의 숫자도 시간에 따라 지수 함수 형태로 감소하는 것을 나타낸다. 이 곡선은 그 반감기 $t_{1/2}$로 특정된다.

의 방사능은 밀리퀴리(mCi)와 마이크로퀴리(μCi) 단위로 나타낸다. 이들 단위를 표 9B.2에 요약하였다.

원자핵 붕괴를 나타내는 반응식(어미 원자핵 → 딸 원자핵 + 방사선)은, 불안정한 원자핵이 반응물 분자를 대신하면 단일분자 단일단계 반응에 대한 화학 반응식과 완전히 동일한 형태이다(Topic 7C). 붕괴 과정이 외부 요인에 영향을 받지 않고 어미 원자핵의 내재적인 불안정성에만 의존하는 경우에 이러한 붕괴 형태를 기대할 수 있다. 원자핵 붕괴 속도는 동위 원소의 종류에 의해 결정되며, 화학적인 형태나 혹은 온도와는 무관하다.

원자핵 붕괴 반응 속도 법칙은 일분자 화학 반응에서처럼 일차이다. 즉, 붕괴 속도와 존재하는 방사성 원자핵의 수 N 사이의 관계는 **방사성 붕괴 법칙(law of radioactive decay)**으로 나타낸다.

$$\text{방사능} = \text{붕괴 속도} = k \times N \tag{2}$$

이 식에서 k는 **붕괴 상수(decay constant)**라고 한다. 이는 화학 반응 속도론에서의 일차 반응 속도 상수와 유사한 값이다. 이 법칙은 방사성 시료의 방사능은 그 시료 속에 있는 원자 수에 비례함을 의미한다. Topic 7B에서 배운 바와 같이 일차 속도 법칙은 지수 함수적인 붕괴를 의미한다. 일정 시간 t 이후에 남아 있는 방사성 핵의 수 N은 다음 관계식을 만족시킨다.

$$N = N_0 e^{-kt} \tag{3}$$

여기에서 N_0는 초기($t = 0$)에 존재하는 방사성 핵의 수이며, 이 식의 그래프를 그리면 그림 9B.1과 같다.

방사성 붕괴에 대해 논의할 때는 보통 붕괴를 통해 초기 원자핵의 수의 절반으로 줄어드는 데 걸리는 시간인 **반감기(half-life)** $t_{1/2}$를 사용한다. Topic 7B에서와 같이, 식 3에 $N = \frac{1}{2}N_0$과 $t = t_{1/2}$을 대입하여 $t_{1/2}$과 k(일차 반응 속도 상수 k_r과 유사한 값) 사이의 관계식을 다음과 같이 구할 수 있다.

$$t_{1/2} = \frac{\ln 2}{k} \tag{4}$$

이 식은 k 값이 클수록 핵종의 반감기는 짧아진다는 것을 의미한다. 반감기가 짧은 핵종은 반감기가 긴 핵종보다 불안정하며, 이는 반감기가 짧은 핵종이 반감기가 긴 핵종보다 일정 기간 내에 더 붕괴하려 하며 더 '뜨거운'(더 강한 방사선을 내는) 핵종임을 의미한다. 몇 가지 동위원소의 반감기를 표 9B.3에 나타내었다.

표 9B.3 방사성 동위 원소의 반감기*

핵종	반감기, $t_{1/2}$
삼중수소	12.3 a
탄소-14	5.73 ka
탄소-15	2.4 s
포타슘-40	1.26 Ga
코발트-60	5.26 a
스트론튬-90	28.1 a
아이오딘-131	8.05 d
세슘-137	30.17 a
라듐-226	1.60 ka
우라늄-235	0.71 Ga
우라늄-238	4.5 Ga
페르뮴-244	3.3 ms

* s = 초, d = 일, a = 년(annus)

생각해 보기

매우 강한 방사능을 내는 방사성 폐기물을 생산하는 원자로에도 어떤 이점이 있을까?

예제 9B.1 방사성 붕괴 법칙의 활용

열핵 병기를 규칙적으로 수리해야 하는 이유 중의 하나는 삼중수소 ^{3}H의 방사성 붕괴와 관련이 있다. 여러분이 삼중수소의 붕괴를 모니터링하고 있다고 생각해 보자. 초기 질량 1.00 g의 삼중수소 시료는 5.0 a(1 a = 1년) 이후 얼마나 남아 있겠는가? 삼중수소의 붕괴 상수는 0.0564 a^{-1}이다.

예상 삼중수소의 반감기는 12.3년이다(표 9B.3). 5년 후에도 절반 이상의 삼중수소는 남아 있을 것으로 예상할 수 있다.

계획 시료 내 동위 원소의 총 질량은 그 시료가 포함하고 있는 그 동위 원소의 원자핵 수에 비례한다. 따라서, 방사성 동위 원소 질량의 시간 의존도는 시료에 들어 있는 핵종의 수와 동일한 방사성 붕괴 법칙을 따른다. 즉, $m \propto N$이기 때문에, 식 3 대신에 $m = m_0 e^{-kt}$로 바꿔쓸 수 있다. 여기서 m은 시간 t일 때의 방사성 동위 원소의 총 질량이고, m_0는 초기 질량이다.

풀이

$m = m_0 e^{-kt}$으로부터,

$$m = (1.00\ \text{g}) \times e^{-(0.0564\ \text{a}^{-1}) \times (5.0\ \text{a})} = 0.75\ \text{g}$$

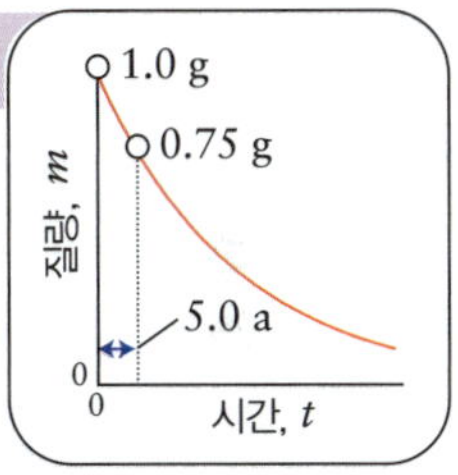

평가 예상한 대로 5.0년 후에는 반 이상인 0.75 g의 동위 원소가 남는다.

자습 9B.1A 페르뮴-254의 붕괴 상수는 210 s^{-1}이다. 질량 1.00 μg의 시료를 10. ms 동안 보관했을 때 남아 있는 해당 동위 원소의 질량은 얼마인가?

[**답**: 0.12 μg]

자습 9B.1B 넵투늄-237에 대한 붕괴 상수는 $3.3 \times 10^{-7}\ a^{-1}$이다. 질량이 5.0 μg인 시료를 1.0 Ma(1.0×10^{6}년) 동안 보존했을 때, 해당 동위 원소가 얼마나 존재하겠는가?

관련 연습 문제 9B.5, 9B.6

방사성 핵종들의 반감기는 매우 넓은 범위에 걸쳐 분포되어 있다(표 9B.3). 반감기가 28.1년인 스트론튬-90을 생각해 보자. 이 핵종은 원자 폭탄 폭발 후 부유 입자로 구성된 구름으로부터 떨어지는 고운 먼지인 **낙진(fallout)**에 존재하며, 또한 방사성 물질 사고에 의한 공기 중 누출에 의해서도 나타날 수 있다. 스트론튬은 화학적인 면에서 칼슘과 매우 유사한 특성을 지니고 있으므로 칼슘과 함께 환경에 존재하다가 뼛속에 침착되며, 일단 침착되면 여러 해 동안 계속해서 방사선을 방출한다. 시료의 방사능이 초기 방사능의 1/1000로 감소되려면 약 10회의 반감기(스트론튬-90의 경우 281년)가 지나야만 한다. 아이오딘-131은 1986년 체르노빌 원자력 발전소의 화재 및 2011년 일본 쓰나미 발생 후 후쿠시마 다이이치 원자력 발전소 폭발사고에서 방출된 방사성 동위 원소이다. 아이오딘-131은 반감기가 8.05일이지만, 갑상샘에 축적된다. 이러한 재앙이 발생한 곳 근처의 주민들에게는 아이오딘 알약을 지급하였는데, 갑상샘을 미리 아이오딘으로 포화시켜 방사성 아이오딘이 흡수되는 양을 줄이려 하였기 때문이다. 이러한 예방책에도 불구하고, 체르노빌 사고의 아이오딘-131 노출과 연관된 갑상샘암 사례가 여러 건 보고되었다. 플루토늄-239의 반감기는 24 ka(24,000년)이다. 따라서 플루토늄 폐기물에 대해서는 매우 긴 시간 동안 보관할 수 있는 저장 시설이 필요하며, 플루토늄으로 오염된 토양은 많은 돈을 들여 복원하려는 노력이 없으면 수천 년 이상 사람이 살 수 없는 곳이 된다.

핵종의 반감기가 일정하다는 것을 고고학적 유물의 연대를 측정하는 데 이용할 수 있다. **동위 원소 연대측정**(**isotopic dating**)에서는 유물이 포함하고 있는 방사성 동위 원소의 방사능을 측정한다. 우라늄-238, 포타슘-40, 삼중수소가 연대측정 목적으로 이용되는 동위 원소이다. 그러나 연대측정 중 고고학에서 가장 중요한 응용 형태는 **방사성탄소 연대측정**(**radiocarbon dating**)이며, 이는 반감기 5,730년인 탄소-14의 β 붕괴를 이용한다.

탄소-12가 탄소의 주 동위 원소이지만, 탄소-14는 매우 적은 비율로 대기 중에 존재한다. (탄소-14와 탄소-12의 비율은 1조분의 1보다 작다.) 대기 중에서 질소 원자핵이 우주선과 다른 핵의 충돌을 통해 생성된 중성자와 충돌하게 되면 탄소-14가 생성된다.

$$^{14}_{7}N + ^{1}_{0}n \rightarrow ^{14}_{6}C + ^{1}_{1}p$$

탄소-14는 대기 중에서 거의 일정한 속도로 생성되며, 따라서 대기 중 탄소-14와 탄소-12의 비율은 상당히 오랫동안 거의 일정하게 유지된다. 탄소-14는 광합성과 소화 작용에 의해 $^{14}CO_2$의 형태로 살아있는 생명체에 흡수되고, 이들은 일상적인 배설과 호흡 과정을 통해, 그리고 또한 일정한 속도의 방사성 붕괴를 통해 생명체 내에서 사라지게 된다. 결과적으로, 모든 살아있는 생명체는 탄소-14와 탄소-12의 비를 거의 일정하게 유지하며(약 $1/10^{12}$), 자연 상태에서 발견되는 탄소는 분당 약 15회의 붕괴를 보이는 방사능을 나타낸다. 핵실험은 대기 중의 탄소-14의 함량을 높였지만, 정밀한 방사성탄소 연대측정법은 이러한 함량 증가도 모두 고려해 진행한다.

생명체가 죽게 되면 더 이상 주변 환경과 탄소 교환을 하지 않게 된다. 그러나 이미 생명체 내에 존재하는 탄소-14는 일정한 반감기를 가지고 지속적으로 붕괴하므로, 탄소-14/탄소-12의 비율은 감소하게 된다. 즉, 죽은 조직 시료에서 측정된 탄소 동위 원소의 비율은 죽은 이후 경과된 시간을 추정하는 데 사용할 수 있다. 방사성탄소 연대측정의 신뢰 구간은 ^{14}C의 붕괴 속도와 측정 장비의 감도로 인해 약 100~50000년 정도로 제한된다.

1940년대 후반 Chicago의 Willard Libby가 개발한 연대측정 기법에서는 시료를 태워 얻은 CO_2로부터 나오는 β 방사선을 모니터링하여 시료 내 탄소−14의 비율을 결정한다. 현대화된 연대측정 기법에서는 시료 수 밀리그램 정도가 필요하며, 시료에 세슘 원자를 충돌하여 탄소 원자를 C^- 이온으로 변환시킨다. 그 후 C^- 이온을 전기장을 이용하여 가속시켜, 탄소 동위 원소를 분리하고 질량 분석기를 이용하여 측정한다(그림 9B.2).

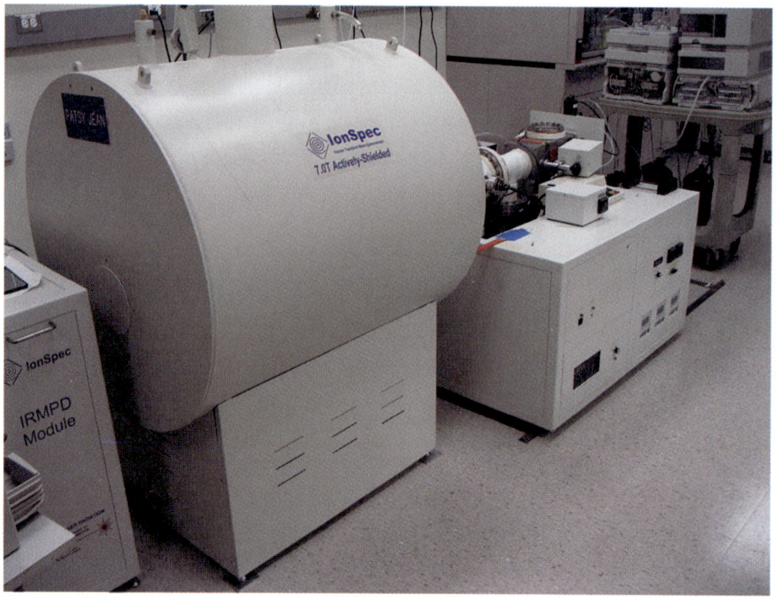

그림 9B.2 탄소-14 연대 측정에서, 질량 분석기는 시료 내에 존재하는 탄소-12 원자핵 수에 대한 탄소-14 원자핵의 상대적 비를 결정하는 데 이용된다. (*Michael Pereckas/CC BY 2.0/Wikimedia Commons*)

예제 9B.2 탄소-14 연대측정 해석

여러분이 탄소 연대측정 실험실에서 일하고 있으며, Arizona주 고고학 유적지에서 발견된 오래된 나무 조각을 조사 중이라고 하자. 나무 조각에서 채취한 질량 1.00 g의 탄소 시료에서 20.0 h 동안에 7.90×10^3회의 탄소-14 붕괴가 진행되었다. 현대의 기준 탄소 시료 1.00 g에서는 동일 시간 동안 1.84×10^4회의 붕괴가 진행되었다. ^{14}C의 반감기가 5.73 ka로 주어질 때, 이 시료의 연대를 계산하시오.

예상 ^{14}C의 반감기가 5.73 ka이고, 시료의 방사능이 현대 시료 방사능의 절반 이하로 떨어졌으므로, 5730년 이상이 된 것으로 기대된다.

계획 우선 식 3을 변환하여 시간에 대해서 표현한 뒤, 식 4를 이용하여 k를 $t_{1/2}$로 표현한다. 현대 시료에서 탄소-14의 방사능은 고대 시료에서의 원래 방사능과 같다고 가정한다. 따라서 N/N_0는 고대와 현대 시료에서의 방사능 붕괴수의 비와 같다.

풀이

$N = N_0e^{-kt}$로부터,

$$t = -\frac{1}{k}\ln\left(\frac{N}{N_0}\right)$$

$t_{1/2} = (\ln 2)/k$로부터,

$$t = -\frac{t_{1/2}}{\ln 2}\ln\left(\frac{N}{N_0}\right)$$

식에 측정한 데이터를 대입한다.

$$t = -\frac{5.73\ \text{ka}}{\ln 2}\times\ln\left(\frac{7900}{18\ 400}\right) = 6.99\ \text{ka}$$

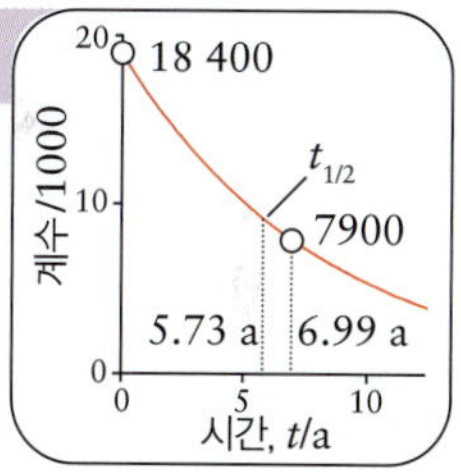

평가 예상한 대로 이 시료는 5730년 이상 되었다. 나무 조각이 살아 있는 나무의 일부분이었을 때로부터 약 7000년이 지났다고 결론지을 수 있다.

자습 9B.2A 이스라엘의 고분에서 발견된 나무로부터 채취한 질량 250. mg의 탄소 시료에서 20. h 동안 2480회의 탄소-14 붕괴가 진행되었다. 현대 시료의 방사능은 예제 9B.2에서와 똑같다고 가정하고, 이 나무가 죽은 이후 경과된 시간을 추정하시오.

[답: 5.1 ka]

자습 9B.2B 사해 부근에서 발견된 두루마리에서 채취한 질량 1.00 g의 탄소 시료에서 20. h 동안 1.4×10^4회의 탄소-14 붕괴가 진행되었다. 현대 시료의 방사능은 예제 9B.2에서와 똑같다고 가정하고, 두루마리의 원료인 양피가 양에서 제거된 후 경과된 대략적인 시간을 추정하시오.

관련 연습 문제 9B.7~9B.10

방사성 붕괴 법칙은 방사성 원자핵의 수가 고유의 반감기에 따라 지수 함수적으로 감소한다는 것을 보여 준다. 방사성 동위 원소를 이용하면 물체의 연대를 결정할 수 있다.

9B.3 방사성 동위 원소의 이용

방사성 동위 원소(radioisotope)는 방사능을 지닌 동위 원소이다. 이들은 질병의 치료(화학 이야기 9A.1)뿐만이 아니라 음식물의 보존, 반응 메커니즘의 추적, 우주선의 동력원 등으로 이용된다.

방사성 **추적자(tracer)**는 물질의 변화와 경로를 추적하는 데 이용하는 동위 원소이다. 예를 들어, 설탕 시료를 탄소-14로 **표지(label)**할 수 있다. 즉, 설탕 분자에 있는 탄소-12 원자 중 일부를 탄소-14 원자로 치환시키면 방사선 계수기나 질량 분석기를 이용하여 이를 검출할 수 있다. 이 방법을 이용하면, 다른 방법으로는 너무 소량이어서 추적할 수 없을 정도로 적은 양의 설탕 분자가 체내에서 움직이는 과정을 추적할 수 있다. 화학자와 생화학자는 반응 메커니즘을 규명하는 데 이 추적자를 이용한다. 예를 들어, 산소-18을 포함하는 물을 광합성에 사용하게 되면 생성된 산소 기체는 산소-18(붉은색 굵은 문자)을 가진다.

$$6\ CO_2(g) + 12\ H_2\mathbf{O}(l) \rightarrow C_6H_{12}O_6(s, \text{포도당}) + 6\ H_2O(l) + 6\ \mathbf{O}_2(g)$$

이 결과는 광합성에서 생성된 산소 기체가 이산화 탄소 분자가 아닌 물 분자로부터 유래된 것임을 보여 준다.

방사성 동위 원소는 상업적으로 중요하게 이용된다. 예를 들면, 아메리슘-241은 화재 감지기에 사용된다. 아메리슘의 역할은 연기 입자를 이온화하여 전류를 유도함으로써 경보기를 작동하게 만드는 것이다. 방사선에 노출하여 식품을 소독하고 감자의 발아를 억제할 수도 있다. 다량의 에너지를 열로 방출하는 방사성 동위 원소를 이용하여 발전기의 연료 재공급이 불가능한 먼 지역에 에너지를 공급할 수 있다. 플루토늄처럼 긴 반감기를 가진 동위 원소로부터의 방사선을 이용하여 태양계를 떠나 지금 성간 우주 공간을 지나고 있는 보이저 2호와 같은 무인 우주선의 동력을 공급할 수 있다.

생각해 보기

왜 어떤 사람들은 음식물에 방사선을 처리하는 것을 반대할까?

동위 원소는 환경 연구에도 사용된다. 유기 물질의 연대측정에 탄소-14를 이용한 것과 같이 지질학자들은 반감기가 훨씬 더 긴 방사성 동위 원소가 얼마나 많이 존재하는지를 측정하여 암석과 같은 오래된 물질의 연대를 결정할 수 있다. 매우 오래된 암석의 연대측정에는 우라늄-238($t_{1/2} = 4.5$ Ga, 1 Ga $= 10^9$년)과 포타슘-40($t_{1/2} = 1.26$ Ga)이 사용된다. 예를 들어, 포타슘-40은 전자 포획에 의해 붕괴되어 아르곤-40을 형성한다. 암석을 진공의 용기에 넣고 분쇄한 후, 질량 분석기를 이용하여 방출되는 아르곤 가스의 양을 측정한다. 달 표면에서 수집한 암석의 연대를 결정하는 데 이 기법을 사용하였다. 달의 암석은 약 35~40억 년 전에 생긴 것으로 지구의 암석과 거의 동일한 연대임이 밝혀졌다.

방사성 동위 원소를 오래 지속되는 동력원으로 사용할 수 있으며, 환경 연구, 이동 추적을 위해 사용한다. 생물학에서는 대사 경로 추적, 화학에서는 반응 메커니즘 규명, 지질학에서는 암석의 연대측정에 사용한다.

이 Topic에서 배운 것은 무엇인가?

방사성의 생물학적인 효과와 방사성을 측정하는 단위에 대해 배웠다. 방사성 붕괴는 일차 반응 속도론을 따르며 각 동위 원소마다 고유한 반감기를 갖는다는 것을 배웠다.

개념과 식의 적용

□ 세 가지 주요 방사선의 상대적 투과력을 기술한다(9B.1절).
□ 시료의 방사성 붕괴 상수 또는 반감기가 제시되었을 때, 일정 경과 시간 이후에 남아 있을 방사성 시료의 양을 예측한다(예제 9B.1).
□ 동위 원소의 반감기를 이용하여 물체의 연대를 결정한다(예제 9B.2).

Topic 9B 연습 문제

$\int_{dx}^{C}$ 표시가 있는 연습 문제는 미적분을 사용해야 한다.

SI 단위로 1년은 1 a이며, 1 ka = 10^3 a, 1 Ga = 10^9 a와 같이 주로 접두사들과 함께 쓰인다.

9B.1 다음 각 경우에 대하여 붕괴 상수를 결정하시오.
(a) 삼중수소, $t_{1/2} = 12.3$ a (b) 리튬-8, $t_{1/2} = 0.84$ s
(c) 질소-13, $t_{1/2} = 10.0$ min

9B.2 다음 각 경우에 대하여 반감기를 결정하시오.
(a) 포타슘-40, $k = 5.3 \times 10^{-10}$ a^{-1} (b) 코발트-60, $k = 0.132$ a^{-1}
(c) 노벨륨-255, $k = 3.85 \times 10^{-3}$ a^{-1}

9B.3 어떤 방사성 동위 원소 시료의 방사능은 분당 2150회 붕괴로 밝혀졌다. 6.0 h 후, 방사능은 분당 1324회 붕괴였다. 이 방사성 동위 원소의 반감기는 얼마인가?

9B.4 순수한 코발트-60 시료의 방사능은 1 μCi이다.
(a) 이 시료에는 코발트-60 원자가 얼마나 들어 있는가?
(b) 시료의 질량은 그램으로 얼마인가?

9B.5 (a) 3.00 ka 후에 남아 있을 탄소-14 시료의 백분율은 얼마인가? (b) 12.0 a 후에 남아 있을 삼중수소 시료의 백분율을 구하시오.

9B.6 (a) 8.5 a 후에 남아 있을 스트론튬-90 시료의 백분율은 얼마인가? (b) 6.0일 후에 남아 있을 아이오딘-131 시료의 백분율을 구하시오.

9B.7 지구 생성 당시부터 존재한 것으로 추정되는 포타슘-40을 이용하여 광물의 연대를 측정한다. 암석층에 원래의 포타슘-40이 3/5 남아 있다면, 암석의 연대는 얼마인가?

9B.8 고고학 발굴 현장에서 발견된 나무 조각의 탄소-14 방사능은 현재 탄소-14 방사능의 62%이었다. 이 나무 조각의 연대는 얼마인가?

9B.9 Nubia의 고대 고분에서 발굴된 천 조각에서 채취한 질량 250. mg의 탄소 시료에서 10.0 h 동안 1.5×10^3회의 붕괴를 진행된다. 질량 1.00 g의 현재 탄소 시료가 시간당 921회의 붕괴를 나타낸다면, 이 천 조각의 연대는 얼마인가?

9B.10 질량 1.00 g의 현재 탄소 시료는 시간당 921 붕괴를 나타낸다. 슬로베니아의 석회석 동굴 내의 고고학 발굴 현장에서 채취한 숯 시료 1.00 g이 24.0 h 동안 5.50×10^3회의 붕괴를 나타낸다면, 이 숯 시료의 연대는 얼마인가? 이 숯이 순수한 탄소라고 가정하자.

9B.11 플루오린-18로 표지된 데옥시글루코스(deoxyglucose)는 종양의 위치를 특정하는 PET 스캔에 일반적으로 사용된다. 플루오린-18의 반감기는 109 min이다. 인체 내에서 플루오린-18의 수준이 초깃값의 10%까지 감소하려면 얼마나 걸리는가?

9B.12 테크네튬-99m(m은 '준안정' 또는 어느 정도 안정한 화학종을 의미함)은 원자로에서 생성되어 의료용 영상에 사용하기 위해 병원으로 수송된다. 이 방사성 동위 원소의 반감기는 6.01 h이다. 만일 질량 165 mg의 테크네튬-99m 시료를 평균 50.0 km·h^{-1}의 트럭에 실어 원자로에서 125 km 떨어진 병원으로 보냈다면, 병원에 도착했을 때 남아 있는 테크네튬-99m의 질량은 얼마인가?

9B.13 방사능 코발트를 포함하는 질량 1.40 g의 시료를 2.50 a 동안 보관하였다. 보관 후 0.266 g의 ^{60}Co가 남아 있는 것이 확인되었다. ^{60}Co의 반감기는 5.27 a이다. 원래 시료에 들어 있던 ^{60}Co의 백분율(질량 %)을 계산하시오.

9B.14 15분에 3.4×10^{13}회의 붕괴 속도를 지닌 핵종 원자 3.25×10^{18}개를 포함하는 방사성 시료가 있다.
(a) 150일 후에 그 핵종의 몇 퍼센트가 붕괴할 것인가?
(b) 그 시료에 남아 있을 핵종 원자는 몇 개인가?
(c) 그 핵종의 반감기는 얼마인가?

$\int_{dx}^{C}$ **9B.15** 어떤 방사성 동위 원소 X는 반감기가 27.4일이고, 다른 방사성 동위 원소 Y로 붕괴된다. Y는 반감기가 18.7일이고, 안정한 동위 원소 Z로 붕괴된다. 이 세 가지 핵종에 대한 속도 법칙을 세워 각 핵종의 양을 시간에 대한 함수로 표현하고 그 결과를 그래프로 그리시오.

$\int_{dx}^{C}$ **9B.16** 연습 문제 9B.15의 핵종 Y가 의학 연구에 필요하며, 핵종 X 2.00 g을 $t = 0$에 제공하였다고 가정하자. 시료 내에서 Y의 양이 가장 많아지는 시간은 언제인가?

9B.17 한 화학자가 유기 에스터 화합물인 아세트산 메틸의 가수분해 반응의 메커니즘을 연구하고 있다.

$$CH_3COOCH_3 + H_2O \rightarrow CH_3COOH + CH_3OH.$$

그 화학자는 생성물인 메탄올에 들어 있는 산소 원자가 아세트산 메틸에서 유래하였는지 또는 물에서 유래하였는지를 결정하고자 한다. 산소 원자가 어디서 유래하였는지 결정할 수 있는 동위 원소 실험을 제안하시오.

9B.18 ^{125}I($t_{1/2} = 59.4$ d)로 표지된 인체 혈청 알부민 수용액 5.0 mL를 주입하여 심장병 환자의 전체 혈장의 부피를 측정하였다. 그 시료의 방사능은 5.1 μCi였다. 20.분 후, 환자의 혈액을 뽑아 원심분

리하여 혈장을 얻었다. 그 혈장 10.0 mL의 방사능을 측정하였더니 11 nCi이었다. 이 환자의 전체 혈장의 부피는 얼마인지 결정하시오.

9B.19 수용액 내의 삼중수소 수준을 측정하여 그 연대를 결정할 수 있다. 포도주 한 병에 들어 있는 삼중수소의 방사능이 그 포도주가 생산된 지역과 동일한 지역에서 채취한 신선한 포도 쥬스 시료 방사능의 8.3%로 측정되었다. 이 포도주는 얼마나 오래된 것인가?

9B.20 반감기가 88일인 황-35가 들어 있는 영양소 용액을 이용하여 황을 사용하는 박테리아 화학 반응을 연구하고 있다. 시료의 활성도가 10.0 Ci라면, 그 영양소 용액에 들어 있는 황-35의 질량은 얼마인가? 황−35의 몰질량은 35.0 $g \cdot mol^{-1}$이다.

9B.21 1920년대 초에는, 야광 시계 표면을 제조하기 위해 라듐이 들어 있는 페인트를 사용하였다. 주로 젊은 여성이었던 노동자들은 입술을 사용해 페인트 붓끝을 뾰족하게 만들었으며, 이로 인해 라듐이 뼈로 흡수되었다. 이러한 노동자 중 많은 사람이 '라듐 턱'이라고 알려지게 되는 질병에 걸렸다. 한 여성이 0.022 ng의 라듐-226을 흡수하였다고 한다면, 흡수 당시 그녀의 신체 내 라듐의 방사능을 계산하시오.

9B.22 2006년, 러시아의 언론인 Alexander Litvinenko가 갑자기 아프게 되어 3주 후에 사망하였다. 미량의 폴로늄-210이 그의 사체에서 발견되었다. 폴로늄-210의 섭취 치사량은 약 50 ng이다. 독성학 테스트를 통해 Litvinenko가 10 μg의 ^{210}Po을 섭취하였다고 예측하였으며, 이는 치사량의 200배이다. 폴로늄-210의 반감기가 138일인 것을 이용하여, 그가 독을 섭취하였을 당시의 폴로늄의 방사능을 계산하시오.

Topic 9C 핵에너지

이 Topic을 왜 배우는가? 이 시대의 가장 시급한 문제 중 하나는 전력 생산이다. 핵에너지는 대체 에너지원 중 하나라 할 수 있지만 다양한 문제를 야기하고 있으며, 이는 화학자들의 도움을 통해 해결할 수 있다.

무엇을 알고 있어야 하는가? 이 Topic을 위해서는 다양한 유형의 핵붕괴(Topic 9A)에 대해 알고 있어야 한다.

원자핵이 붕괴하면 그 내부의 핵자들은 낮은 에너지 상태로 새롭게 배치되게 된다. 핵 산업에서 직면한 기술적 난점은 그 에너지 차이를 어떻게 포획하고 이용하여 전력을 생산하는가이다. 연관된 난점은 연료로 사용된 후 남은 물질의 방사성이 매우 높아 환경으로부터 격리되어야 한다는 것이다. 두 난점 모두 화학을 통해 해결 방안을 모색할 수 있다.

9C.1 질량-에너지 변환

방사성 원자핵 붕괴가 일어날 때 방출되는 에너지는 원자핵 반응물과 원자핵 생성물의 질량을 비교하여 계산할 수 있다. Einstein의 상대성 이론은 물체의 질량은 에너지 함량의 척도로서, 물체의 질량이 무거울수록 에너지는 더 커진다는 것을 함의하고 있다. 구체적으로, 총에너지 E와 질량 m은 유명한 Einstein 방정식에 의해 연관된다.

$$E = mc^2 \tag{1}$$

여기서 c는 빛의 속력($3.00\times10^8\ \text{m}\cdot\text{s}^{-1}$)이다. 이 관계식으로부터 질량의 감소는 항상 에너지의 감소를 동반한다는 것을 알 수 있다.

질량 감소는 항상 에너지의 감소를 수반하지만, 대체로 그 변화가 너무 작아 감지할 수 없다. 10^3 kJ의 에너지를 방출하는 강력한 발열 화학 반응에서도 생성물과 반응물의 질량 차이는 단지 10^{-8} g이다. 그러나 핵반응에서는 그 에너지 변화가 매우 커서 해당하는 질량 감소가 측정 가능하며, 관측된 질량 변화를 이용하여 방출된 에너지를 계산할 수 있다.

원자핵은 핵자들(양성자와 중성자)을 함께 결합시켜 놓은 결과물로 생각할 수 있다. **원자핵 결합 에너지**(**nuclear binding energy**, $E_{\text{결합}}$)은 이 과정에서 방출되는 에너지이다. 모든 결합 에너지는 양의 값을 가지며, 이것은 원자핵은 그 구성 핵자들보다 낮은 에너지를 가졌음을 의미한다. 결합 에너지가 커질수록 원자핵의 에너지는 낮아진다.

원자핵 결합 에너지는 원자핵과 서로 분리되어 있는 핵자 간의 질량 차이 Δm으로부터 Einstein의 식을 통해 계산할 수 있다. 예를 들어, 철-56은 각각의 질량이 m_p인 양성자 26개와 각각의 질량이 m_n인 중성자 30개로 이루어져 있으며, 철-56 원자핵과 서로 분리되어 있는 핵자들의 질량 차이는 다음과 같다.

$$\Delta m = m(\text{핵}) - \sum m(\text{핵자들}) = m({}^{56}_{26}\text{Fe 원자핵}) - (26m_p + 30m_n)$$

전자가 벗겨져 노출된 원자핵의 질량은 쉽게 구할 수 없어서, 대체적으로 전체 핵종의 질량으로 대신하여 계산에 사용한다. 핵종의 질량은 원자 번호 Z의 원자에서는 Z개의 전자 질량을 포함하게 된다. 그러나 그 핵종 내 전자 질량은, 서로 분리되어 있는 핵자의 질량 계산 시 Z개의 양성자를 Z개의 전자를 가지고 있는 수소 원자로 바꾸어 계산할 경우 서로 상쇄될 수 있다. 해당 원자와 수소 원자에서의 전자 에너지의 기여도가 약간 다르므로, 위와 같은 방식으로 결합 에너지를 계산할 때 약간 차이가 생기지만, 이 기여도는 매우 작아 가장 세밀한 계산을 진행할 때만 제외하고는 무시할 수 있을 정도이다. 따라서, 위의 예에서는,

$$\Delta m = m(^{56}_{26}\text{Fe 원자}) - (26m_\text{H} + 30m_\text{n})$$

가 되며, 여기서 m_H는 수소 원자의 질량이다. 핵종의 질량은 주로 **원자 질량 상수(atomic mass constant**, m_u)로 표현하며, 정확히 탄소-12 원자 질량의 1/12가 된다($m_\text{u} = 1.66054 \times 10^{-27}$ kg). 예를 들어, ^{1}H 원자 하나의 질량은 1.0078 m_u이다. 결합 에너지는 위 질량의 차이로부터 계산한다.

$$E_\text{결합} = -\Delta m \times c^2 \qquad \textbf{(2)}$$

결합 에너지는 양의 값을 가지므로, 질량 손실($\Delta m < 0$)을 고려하여 음의 부호가 식 내에 존재한다. 결합 에너지는 주로 전자볼트(eV) 혹은 백만 전자볼트(1 MeV = 10^6 eV) 단위로 나타낸다.

$$1\ \text{eV} = 1.602\,18 \times 10^{-19}\ \text{J}$$

예제 9C.1 원자핵 결합 에너지 계산

여러분이 핵융합 반응을 개발하는 일에 종사하는 과학자라면 원자핵의 결합 에너지를 알아야 한다. 다음 질량을 이용하여 헬륨-4 원자핵에 대한 원자핵 결합 에너지(eV 단위)를 계산하시오. ^{4}He, 4.0026m_u; ^{1}H, 1.0078m_u; n, 1.0087m_u

예상 핵반응은 엄청난 에너지를 방출한다. 결과적으로 원자핵 결합 에너지는 매우 큰 값을 가질 것으로 예상된다.

계획 수소 원자와 중성자로부터 핵종의 형성에 대한 핵반응식을 쓴다. 반응물과 생성물과의 질량 차이를 계산한 후(He 원자에 있는 전자의 질량을 고려하여 양성자 대신에 H 원자를 사용하여 계산한다), 원자 질량 상수 단위의 결과를 킬로그램 단위로 환산한다. Einstein 관계식을 이용하여 이 질량 감소에 해당하는 에너지를 J 단위로 계산한 후 eV 단위로 환산한다. 결합 에너지는 양의 값을 가져야 하므로, 질량 차이의 절댓값을 이용하여 $E_\text{결합}$을 계산한다.

풀이

핵반응식을 쓴다.

$$2\,^1_1\text{H} + 2\,^1_0\text{n} \rightarrow \,^4_2\text{He}$$

질량 변화를 계산한다.

$$\begin{aligned}\Delta m &= m(^4\text{He}) - (2m_\text{H} + 2m_n) \\ &= 4.0026m_\text{u} - \{2(1.0078) + 2(1.0087)\}m_\text{u} \\ &= -0.0304m_\text{u}\end{aligned}$$

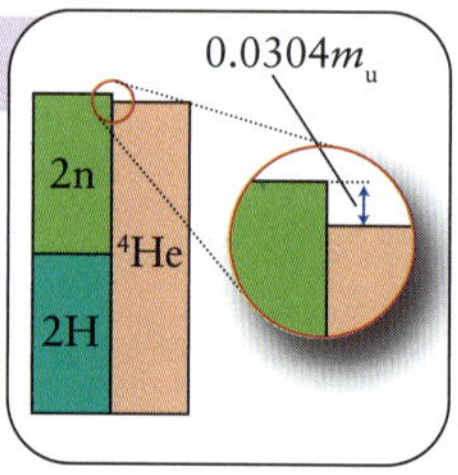

질량 변화를 kg 단위로 환산한다.

$$\Delta m = -0.0304 \times 1.6605 \times 10^{-27}\ \text{kg} = -5.04\ldots \times 10^{-29}\ \text{kg}$$

$E_\text{결합} = -\Delta m \times c^2$의 관계식에서 결합 에너지를 계산한다.

$$\begin{aligned}E_\text{결합} &= -(-5.04\ldots \times 10^{-29}\ \text{kg}) \times (3.00 \times 10^8\ \text{m·s}^{-1})^2 \\ &= 4.54\ldots \times 10^{-12}\ \text{kg·m}^2\text{·s}^{-2} = 4.54\ldots \times 10^{-12}\ \text{J}\end{aligned}$$

결합 에너지를 MeV로 전환한다.

$$E_{결합} = 4.54\ldots \times 10^{-12}\ \text{J} \times \frac{1\ \text{eV}}{1.602 \times 10^{-19}\ \text{J}} \times \frac{1\ \text{MeV}}{10^6\ \text{eV}} = 28.4\ \text{MeV}$$

평가 구성 핵자로부터 하나의 ^{4}He 원자핵이 형성될 때 4.54 pJ (1 pJ = 10^{-12} J) 또는 28.4 MeV의 에너지가 방출된다는 것을 결합 에너지값으로부터 알 수 있다. 이 에너지는 매우 적은 값으로 보이나 하나의 원자에서 계산된 것으로 판단하자면 예상대로 매우 큰 값이다. 헬륨 원자 1 mol의 총 결합 에너지는 2.73×10^{12} J, 즉 2.73 TJ이 된다.

자습 9C.1A 탄소-12 원자핵의 결합 에너지(eV)를 계산하시오.

[답: 92.3 MeV]

자습 9C.1B 우라늄-235 원자핵의 결합 에너지(eV)를 계산하시오. 우라늄-235 원자 한 개의 질량은 235.0439 m_u이다.

관련 연습 문제 9C.3, 9C.4

그림 9C.1에서는 각 원소의 핵자당 결합 에너지 $E_{결합}/A$를 볼 수 있다. 이 그래프에 따르면 철과 니켈의 주위 원소들에서 핵자들이 가장 강력하게 결합되어 있다. 이처럼 큰 결합 에너지가 운석과 지구와 같은 암석질 행성에서 철과 니켈이 풍부하게 존재하는 이유 중 하나이다. 가벼운 원자의 원자핵은 함께 '융합'될 때 더 안정하며, 무거운 원소의 핵은 '분열'되어 더 가벼운 핵으로 갈라질 때 에너지를 방출하게 된다.

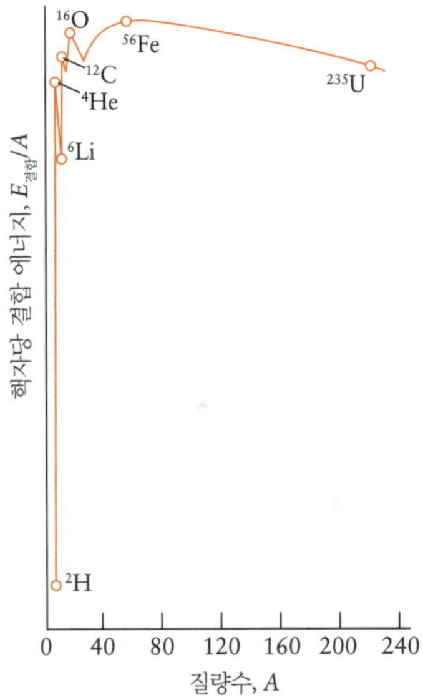

그림 9C.1 핵자당 원자핵 결합 에너지 변화. 핵자당 결합 에너지는 철과 니켈 근처에서 최대이다. 이들의 핵자는 매우 단단하게 잘 결합해 있기 때문에 가장 낮은 원자핵 결합 에너지를 가진다.

원자핵과 그 구성 성분의 질량 차이로부터 Einstein 공식을 이용하여 원자핵 결합 에너지를 결정한다. 철과 니켈이 핵자당 결합 에너지가 가장 크다.

9C.2 핵에너지의 추출

원자핵 **융합(fusion)** 과정에서 작은 원자핵으로부터 더 큰 원자핵이 형성된다. 원자핵 **분열(fission)** 과정에서는 큰 원자핵이 작은 조각으로 쪼개진다. 1938년 Lise Meitner(그림 9C.2),

그림 9C.2 Lise Meitner는 핵분열시 에너지가 방출될 수 있다는 것을 알고 핵에너지를 이용하는 방법을 제안한 과학자 중 한 명이다. (*Churchill Archives Centre*)

Otto Hahn, Fritz Strassmann은 우라늄처럼 무거운 원자에 중성자를 충돌시키면, 그 원자들이 분열 반응에 의해 작은 원자들로 '깨질' 수 있으며, 이 과정에서 엄청난 에너지를 방출한다는 것을 알게 되었다. 방출되는 에너지는 Einstein 식을 이용하여 추정할 수 있다. 특히, 핵융합 또는 핵분열 과정에 수반되는 에너지 변화는 원자핵의 초기 상태와 최종 상태의 결합 에너지 차이, 즉 질량 차이와 관계가 있다.

예제 9C.2 핵분열 시 방출되는 에너지 계산하기

여러분이 원자력 발전소에서 일하는 연구팀의 일원이며, 특정 핵분열 반응으로부터 얼마나 많은 에너지가 발생할지를 예측할 필요가 있다고 가정하자. 우라늄-235의 원자핵에 중성자를 충돌시키면, 유리로 만든 공이 다양한 크기의 조각으로 깨지듯이 우라늄 역시 다양한 방법으로 쪼개질 수 있다. 그중 한 과정에서는 우라늄-235가 바륨-142와 크립톤-92를 생성한다.

$$^{235}_{92}\text{U} + ^{1}_{0}\text{n} \rightarrow ^{142}_{56}\text{Ba} + ^{92}_{36}\text{Kr} + 2\,^{1}_{0}\text{n}$$

우라늄-235 1.0 g이 이러한 핵분열 반응을 일으킬 때 방출되는 에너지(J)를 계산하시오. 각 입자의 질량은 아래와 같다. $^{235}_{92}\text{U}$, $235.04m_u$; $^{142}_{56}\text{Ba}$, $141.92m_u$; $^{92}_{36}\text{Kr}$, $91.92m_u$; n, $1.0087m_u$

예상 핵분열 과정은 에너지를 생산하는 데 쓰인다. 따라서 엄청난 에너지가 방출될 것으로 예상된다.

계획 질량 감소 Δm을 알면 Einstein 식 $\Delta E = \Delta m \times c^2$을 사용하여 우라늄 원자핵 하나의 분열에서 방출되는 에너지를 계산할 수 있다. 따라서, 핵반응식에서 각 변의 입자의 전체 질량을 계산하고, 그 차이를 구하고, 그 질량 차이를 Einstein 관계식에 대입한다. $N = m(\text{시료})/m(\text{원자})$로부터 시료 속에 있는 원자핵의 수를 계산한다. 마지막으로, 하나의 핵분열에서 방출된 에너지와 시료 속에 있는 원자핵의 수를 곱하여, 전체 시료에서 방출된 에너지를 계산한다.

풀이

중성자와 충돌 시 우라늄 원자핵 하나의 핵분열에서 나온 생성물의 총 질량을 계산한다.

$$\begin{aligned} m(\text{생성물}) &= m(\text{Ba}) + m(\text{Kr}) + 2m_n \\ &= \{141.92 + 91.92 + 2(1.0087)\}m_u \\ &= 235.86m_u \end{aligned}$$

반응물의 총 질량을 계산한다.

$$\begin{aligned} m(\text{반응물}) &= m(\text{U}) + m(\text{n}) \\ &= 235.04m_u + 1.0087m_u = 236.05m_u \end{aligned}$$

질량 변화를 계산한다.

$$\Delta m = 235.86m_u - 236.05m_u = -0.19m_u$$

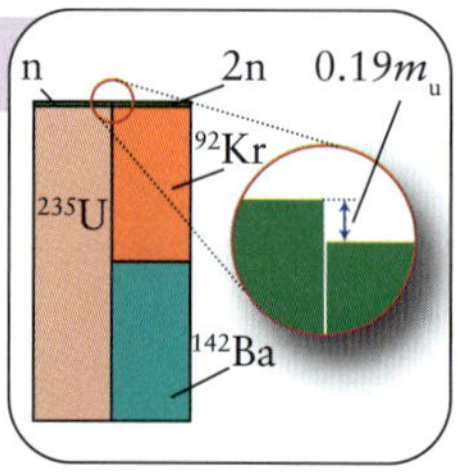

질량 변화를 kg으로 환산한다.

$$\Delta m = -0.19 \times 1.6605 \times 10^{-27}\ \text{kg} = -3.1\ldots \times 10^{-28}\ \text{kg}$$

$\Delta E = \Delta m \times c^2$로부터 원자핵 하나의 분열에 해당하는 에너지를 계산한다.

$$\begin{aligned} \Delta E &= (-3.1\ldots \times 10^{-28}\ \text{kg}) \times (3.00 \times 10^8\ \text{m·s}^{-1})^2 \\ &= (-3.1 \times 10^{-28}) \times (3.00 \times 10^8)^2\ \text{J} = -2.8\ldots \times 10^{-11}\ \text{J} \end{aligned}$$

$N = m$(시료)$/m$(원자)로부터, 시료 내의 원자 수 N을 계산한다.

$$N = \frac{1.0\times10^{-3}\ \text{kg}}{235.04m_u} = \frac{1.0\times10^{-3}\ \text{kg}}{235.04\times(1.6605\times10^{-27}\ \text{kg})} = 2.56\ldots\times10^{21}$$

ΔE(전체)$= N\Delta E$로부터 전체 시료의 총 에너지 변화를 계산한다.

$$\Delta E(\text{전체}) = (2.56\ldots\times10^{21})\times(-2.8\ldots\times10^{-11}\ \text{J}) = -7.3\times10^{10}\ \text{J 또는 73 GJ}$$

평가 예상한 대로 방출되는 에너지가 크다. 73 GJ의 에너지는 천연가스의 주성분인 메테인 1.0 g을 연소할 때 생성되는 에너지의 130만배에 해당한다.

자습 9C.2A 우라늄-235가 핵분열하는 또 다른 반응 형태는 다음과 같다.

$$^{235}_{92}\text{U} + ^{1}_{0}\text{n} \rightarrow ^{135}_{52}\text{Te} + ^{100}_{40}\text{Zr} + ^{1}_{0}\text{n}$$

1.0 g의 우라늄-235가 이 방식으로 분열하는 경우 방출되는 에너지를 계산하시오. 각 질량은 다음과 같다. $^{235}_{92}$U, 235.04m_u; n, 1.0087m_u; $^{135}_{52}$Te, 134.92m_u; $^{100}_{40}$Zr, 99.92m_u

[답: 77 GJ]

자습 9C.2B 우라늄-235의 유발 핵분열 반응은 아래와 같은 형태로 진행된다.

$$^{235}_{92}\text{U} + ^{1}_{0}\text{n} \rightarrow ^{138}_{56}\text{Ba} + ^{86}_{36}\text{Kr} + ^{1}_{0}\text{n}$$

우라늄-235 1.0 g이 이와 같은 형태로 분열하는 경우 방출되는 에너지는 얼마인가? 필요한 질량은 다음과 같다. $^{138}_{56}$Ba, 137.91m_u; $^{86}_{36}$Kr, 85.91m_u

관련 연습 문제 9C.5, 9C.6, 9C.9, 9C.10

무거운 원자핵의 자연 진동에 의해 질량이 유사한 두 개의 원자핵으로 쪼개지는 현상을 **자발적 핵분열(spontaneous nuclear fission)**이라 한다. 자발적 핵분열의 한 예는 아메리슘-244가 아이오딘-134과 몰리브데넘-107으로 자발적으로 붕괴되는 것이다.

$$^{244}_{95}\text{Am} \rightarrow ^{134}_{53}\text{I} + ^{107}_{42}\text{Mo} + 3\,^{1}_{0}\text{n}$$

일어나는 모든 핵분열이 정확히 같은 방식으로 일어나지는 않는다. 예를 들어, 우라늄-235의 핵분열 생성물은 35종 원소의 200가지 이상의 다른 동위 원소가 확인되었으며, 그 대부분은 질량수가 90 또는 130에 가깝다(**그림 9C.3**).

무거운 원자핵에 중성자를 충돌시켜 일으키는 핵분열을 **유도 핵분열(induced nuclear fission)**이라고 한다(**그림 9C.4**). 원자핵은 충돌체에 맞아 두 조각으로 깨지게 된다. 유도 핵분열을 일으킬 수 있는 원자핵을 **핵분열 가능성(fissionable)**을 지녔다고 한다. 대부분의 원자핵에

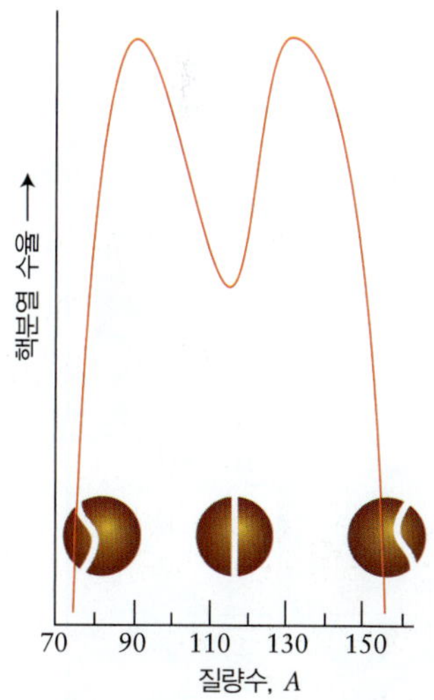

그림 9C.3 우라늄-235의 핵분열 수율. 대부분의 핵분열 생성물들은 질량수가 90과 130 부근에 있으며, 대칭적 분열에 해당하는 핵종(질량수 117)은 상대적으로 적게 형성되는 것에 주목하자.

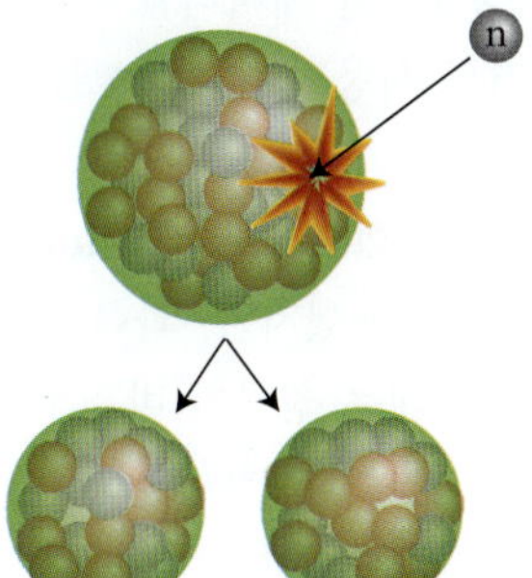

그림 9C.4 유도 핵분열 과정에서 중성자의 충돌은 핵분열을 일으킨다.

서는 입사되는 중성자가 매우 빠르게 원자핵과 충돌하여 그 충격으로 원자핵을 서로 떨어뜨리는 경우에만 핵분열이 일어나게 된다. 우라늄-238에서 이런 형태의 핵분열이 일어난다. 그러나 특정 원자핵의 경우에는 느린 중성자에 의해서도 밀려 떨어져 핵분열이 일어날 수 있다. 이러한 원자핵을 **핵분열성 원자핵(fissile nuclei)**이라 한다. 원자력 발전의 연료로 이용되는 우라늄-235, 우라늄-233, 플루토늄-239가 이러한 예에 해당한다.

일단 핵분열이 유도되면, 외부로부터의 중성자 공급을 중단하더라도 핵분열을 통해 더 많은 중성자가 생성되기만 한다면 핵분열이 끊기지 않고 계속될 수 있다. 우라늄-235는 이와 같은 자기지속형 핵분열을 진행할 수 있으며, 다음 반응을 포함한 여러 가지 형태의 핵분열 반응을 진행한다.

$$^{235}_{92}\text{U} + ^{1}_{0}\text{n} \rightarrow ^{141}_{56}\text{Ba} + ^{92}_{36}\text{Kr} + 3\,^{1}_{0}\text{n}$$

만일 생성된 중성자 세 개가 다른 핵분열성 원자핵 세 개를 때리면, 다음 분열 주기에서는 중성자 아홉 개가 생성될 것이고, 이들이 또 다른 원자핵 아홉 개의 분열을 유도할 것이다. 중성자가 분지형 연쇄 핵반응의 매개체인 셈이다.

연쇄 반응에서 생성된 중성자는 매우 빠르게 움직이며, 그중 대부분이 다른 핵분열 가능 원자핵과 충돌하지 못한 채 주변으로 빠져나간다. 그러나 시료에 우라늄 원자핵이 충분한 수가 존재한다면, 연쇄 반응을 유지시키기에 충분한 정도의 중성자가 포획될 수 있다. 이 경우, **임계 질량(critical mass)**은 아주 적은 수의 중성자만이 시료로부터 이탈하여 핵분열 연쇄 반응을 유지시킬 수 있는 핵분열 가능 물질의 질량을 의미한다. 만일 시료가 임계 질량보다 더 많이 존재하는 **초임계(supercritical)** 상태에 있으면, 해당 반응이 자기지속될 뿐 아니라 조절이 어려워져 폭발을 일으킬 수도 있다. 일반적인 밀도의 순수 플루토늄 고체 구에 대한 임계 질량은 약 15 kg으로, 대략 자몽 열매 크기이다.

원자로 내에서는 핵연료의 밀도가 높지 않기 때문에 폭발적 핵분열이 일어날 수 없다. 대신에 원자로에서는 제한적으로 공급되는 중성자를 효과적으로 이용하고 감속하여 훨씬 더 느리고 제한된 형태의 연쇄 반응을 유지시킨다. 핵연료를 긴 막대기 모양으로 성형하여 **감속제(moderator)** 속에 삽입하게 되는데, 감속제는 중성자가 연료봉 사이를 지나갈 때 중성자의 속도를 느리게 한다. 감속된 중성자는 핵과 충돌할 가능성이 더 크다(**그림 9C.5**). 처음 사용된 감속제는 흑연이었다. 중수(D_2O) 역시 효과적인 중성자 감속제이지만, 미국에서 가장 많이 이용되는 원자로 형태인 경수로(light-water reactior, LWR)에서는 일반 물을 감속제로 사용한다.

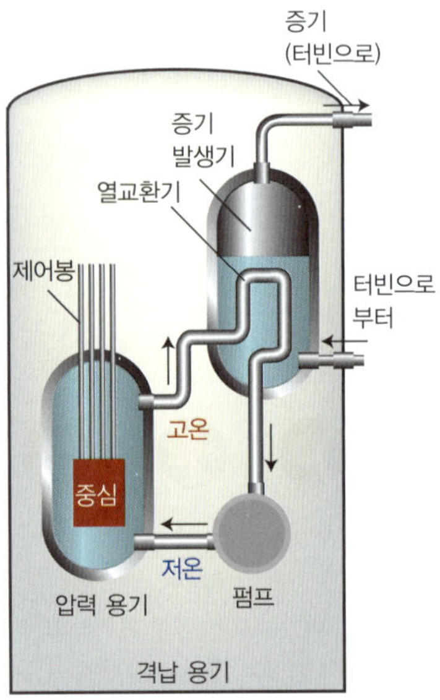

그림 9C.5 물을 핵반응 감속제로 이용하는 특정 형태의 원자로에 대한 개략도. 이런 가압수로(pressurized water reactor, PWR)에서는 가압된 물을 냉각제로 이용한다. 핵분열 반응에서 발생한 열로 증기 발생기에서 물을 끓이고, 이 증기를 이용하여 터빈을 돌려 발전한다.

연쇄 반응의 속도가 특정 수준을 넘게 되면, 원자로가 지나치게 가열되어 핵연료 및 저장 용기가 녹게 된다. 붕소나 카드뮴처럼 중성자를 흡수하는 원소로 제작된 제어봉을 연료봉 사이에 삽입하여 핵반응에 참여하는 중성자 수와 핵반응 속도를 조절한다.

핵분열 원자로는 화학 오염을 유발하지는 않지만, 매우 위험한 방사성 폐기물을 발생시킨다. 용융된 토륨 염에 기반한 새로운 형태의 원자로도 개발되었는데, 이 원자로는 우라늄 기반 원자로에 비해 몇 가지 이점이 있다. 반응 생성물을 재처리할 수 있으며, 이 생성물은 기존의 폐기물보다 덜 위험하다. 또한, 핵무기로 사용할 수 있는 물질이 토륨 기반 원자로에서 나오는 생성물에는 훨씬 적다.

전력 생산을 위해 연구하고 있는 또다른 핵반응은 **핵융합(nuclear fusion)**이다. 아직 전력 생산을 위한 지속 가능한 핵융합 반응에 성공하지는 못했지만, 과학자들은 순수 에너지 수율 1.3 MJ을 넘는 에너지를 한 번에 발생시키는 데는 성공한 바 있다. 핵융합은 반감기가 긴 방사성 폐기물을 전혀 발생시키지 않으며, 풍부한 양의 연료를 해수로부터 쉽게 추출할 수 있다. 이 반응은 수소 원자핵을 헬륨 원자핵으로 융합하는 것이다.

낮은 결합 에너지를 지니는 가벼운 원자핵이 높은 결합 에너지를 지니는 무거운 원소로 융합될 때 에너지가 방출되게 된다. 양성자 간의 강한 전기적 반발은 수소의 원자핵이 서로 가깝게 접근하는 것을 어렵게 하지만, 수소의 더 무거운 동위 원소의 원자핵에서는 부가적으로 존재하는 중성자가 강력에 기여하여 더 쉽게 융합할 수 있다. 성공적인 충돌을 위해서는 높은 운동 에너지를 가져야 하므로, 핵융합로는 10^8 K 이상의 온도에서 작동되어야 한다. 이온화된 기체인 **플라스마(plasma)**에 전류를 통과시켜 가열함으로써 핵에너지의 방출을 통제하기도 한다.

임계 질량의 핵분열 가능 물질에 원자핵 연쇄 반응을 일으켜 원자핵 에너지를 추출할 수 있다. 핵융합은 가벼운 원자핵이 융합하여 무거운 원자핵을 형성할 때 방출되는 에너지를 이용한다.

9C.3 원자력과 관련된 화학

우라늄의 제조, 중요한 핵분열 생성물의 회수, 핵폐기물의 안전한 처리 및 활용 등에 화학이 이용된다. 우라늄의 가장 중요한 광물원은 기존에 피치블렌드로 불렸던 **우라니나이트**(uraninite) UO_2로서, 미국에서는 New Mexico와 Wyoming의 노천광에서 많은 양이 산출된다(그림 9C.6). 그 광석을 환원하여 얻은 우라늄은 **농축(enrich)**된다. 즉 특정 동위 원소(이 경우에는 우라늄-235)의 함량을 증가시키는 것이다. 우라늄-235의 천연 산출도는 약 0.7%이며, 원자로에 사용하기 위해서는 함량을 3%까지 높여야 한다. 핵무기로 사용하기 위해서는 농축을 더욱 진행해야 한다.

그림 9C.6 기존에 피치블렌드로 알려진 우라니나이트는 일반적인 우라늄광의 일종으로, 고농도의 UO_2를 포함하고 있다. (*Chip Clark/Fundamental Photographs, NYC.*)

농축 공정에서는 우라늄-235와 우라늄-238의 헥사플루오린화물 간의 작은 질량 차이를 이용하여 이들을 분리한다. 첫 번째 공정은 우라늄을 쉽게 기화되는 헥사플루오린화 우라늄(UF_6)으로 전환시키는 것이다. 두 가지 동위 원소의 플루오린화물은 분출 속도가 다르기 때문에 이를 이용하여 분리한다. Graham 법칙[분출 속도 $\propto 1/(\text{몰질량})^{1/2}$, Topic 3C]으로부터 $^{235}UF_6$(몰질량 349.0 $g\cdot mol^{-1}$)와 $^{238}UF_6$(몰질량 352.1 $g\cdot mol^{-1}$)의 분출 속도의 비는 아래와 같다.

$$\frac{^{235}UF_6\text{의 분출 속도}}{^{238}UF_6\text{의 분출 속도}} = \sqrt{\frac{352.1}{349.0}} = 1.004$$

이 비율이 1에 너무 가깝기 때문에 미세한 구멍을 많이 가진 스크린으로 구성된 다공성 장벽을 통해 기체를 반복하여 분출시켜야만 한다. 실제로는 이 과정을 수천 회 이상 반복한다.

이 분출 공정이 기술적으로 까다롭고 많은 에너지를 사용하므로, 과학기술자들은 다른 방식의 농축 방법을 계속해서 찾고 있다. 헥사플루오린화 우라늄 증기 시료를 원심분리기를 이용하여 빠른 속도로 돌리는 것도 한 가지 방법이다. 회전에 의해 무거운 $^{238}UF_6$가 더 바깥쪽으로 이동하여 회전자의 바깥쪽 부분에 고체로 모이게 되고 $^{235}UF_6$가 회전자 축 쪽에 더 많은 분율로 남게 되므로, 이를 통해 분리할 수 있다.

사용된 핵연료는 방사성이 남아 있으며, 우라늄과 핵분열 생성물의 혼합물로 구성되어 있다. 원자로 폐기물은 재처리하여 일부는 재사용할 수 있으나, 재처리하는 정도는 우라늄 가격에 의해 결정된다. 21세기 초처럼 우라늄 가격이 비쌀 때에는 핵폐기물의 상당량을 재처리하여 재사용하였다.

핵폐기물의 재처리는 매우 복잡한 과정이다. 잔류 우라늄-235를 회수해야 하며, 생성된 플루토늄을 추출해야 하고, 대체로 쓸모없지만 방사성이 있는 핵분열 생성물은 안전하게 보관

그림 9C.7 세슘-137과 스트론튬-90을 포함하는 고준위 폐기물을 담은 용기가 차단용 물 층 아래에서 밝게 빛나고 있다. 이 용기에서 나오는 방사선은 매우 강력하므로, 용기를 차폐하지 않으면 사람이 접촉할 경우 4초 이내에 사망할 수도 있다. 푸른 불빛을 내는 것은 전하를 띤 입자가 매질(이 경우에는 물) 내에서 빛보다 빠르게 움직일 때 생기는 체렌코프 방사 때문이다.(*nrcgov*/flickr)

해야만 한다(**그림 9C.7**). 사용이 끝난 핵 연료봉에서 나온 고방사성 핵분열(highly radioactive fission, HRF) 생성물은 그 방사능 준위가 더 이상 위험성을 갖지 않을 때까지 (반감기의 약 10배 기간 동안) 보관해야 한다. 이 폐기물은 일반적으로 지하에 매장하지만, 방사성 폐기물의 지하 매장도 문제가 없는 것은 아니다. 보관용 금속통이 부식하여 액체 상태의 방사성 폐기물이 음료수 공급원인 지하수 층에 스며들 수 있다(**그림 9C.8**). HRF를 유리 구조(규소와 산소 원자로 구성된 복잡한 그물 구조상 고체) 속에 포함시키는 **유리질화**(vitrification)라고 불리는 과정을 통해 유출을 최소화할 수 있다. 핵분열 생성물의 대부분은 산화물로써 유리 구조의 구성 성분을 형성한다. 즉, 이들은 원자가 규칙적으로 배열된 결정 형성을 유도하기보다는 비교적 무질서한 Si—O 그물 구조의 형성을 촉진한다. 결정 형성은 위험한데, 그 이유는 결정화된 부분이 쉽게 깨져 함유된 방사성 물질이 습기에 노출될 수 있기 때문이다. 방사성 물질은 물에 용해되어 보관 지역으로부터 멀리 유출될 수 있다. 다른 보관 방법은 방사성 폐기물을 단단한 세라믹 물질 내에 포함시키는 것이다. 예를 들어, 타이타늄 산화물을 기초로 한 파괴 저항성 세라믹인 Synroc은 방사성 폐기 생성물을 격자 구조 내에 수용할 수 있다.

그림 9C.8 35년 된 방사성 폐기물 통이 부식되어 방사성 물질이 토양 속에 유출되었다. 이 통은 미국 Washington주 Hanford에 있는 미 에너지성 핵 제조 및 연구 시설의 핵폐기물 처리장 중 한 곳에 보관하였던 것이다. 이 시설의 저장고 다수가 심하게 오염되었으므로, 깨끗이 정화하고 좀 더 안정한 저장 시설로 재설계해야 했다. (U. S. Department of Energy.)

우라늄은 일련의 반응에 의하여 추출되어 헥사플루오린화 우라늄으로 변환된다. 그 동위원소는 다양한 공정에 의해 분리된다. 최근에는 방사성 폐기물 중 일부를 유리나 세라믹 물질로 변환시켜 지하에 저장한다.

이 Topic에서 배운 것은 무엇인가?

원자핵 내부에 묶여 있는 에너지는 원자핵 결합 에너지로 표현할 수 있으며, 결합 에너지는 원자핵과 그 구성 핵자 사이의 질량 차이로부터 계산할 수 있다는 것을 배웠다(실제로는 양성자 대신에 수소 원자를 사용하면서 그 핵종과 핵자의 질량 차이로부터 계산한다). 또한, 그 결합 에너지가 어떻게 방출되는가에 대해 배웠으며 화학자가 핵폐기물 저장 문제를 해결하기 위해 기여하고 있는 바에 대해 배웠다.

개념과 식의 적용

- ☐ 질량 정보로부터 원자핵 결합 에너지를 계산한다(예제 9C.1).
- ☐ 핵분열에서 방출되는 에너지를 계산한다(예제 9C.2).

Topic 9C 연습 문제

9C.1 태양은 3.9×10^{26} J·s^{-1}의 속도로 복사 에너지를 방출한다. 태양의 질량 감소 속도(kg·s^{-1})는 얼마인가?

9C.2 (a) 다음과 같은 핵융합 반응 $6\,D \rightarrow 2\,^{4}He + 2\,^{1}H + 2\,n$에서 특정 중수소(D = ^{2}H) 시료가 3×10^{8} kJ의 에너지를 방출하였다. 이 반응에 대한 질량 감소(g 단위)은 얼마인가? (b) 핵융합을 진행한 중수소의 질량은 얼마인가? 중수소의 몰질량은 2.014 g·mol^{-1}이다.

9C.3 다음 각 경우에 대해서 핵자당 결합 에너지(J· nucleon^{-1})를 계산하시오.

(a) ^{62}Ni, 61.928 346m_u (b) ^{239}Pu, 239.0522m_u (c) ^{2}H, 2.0141m_u
(d) ^{3}H, 3.016 05m_u (e) 어떤 핵종이 가장 안정한가?

9C.4 다음 각 경우에 대해서 핵자당 결합 에너지(J· nucleon^{-1})를 계산하시오.

(a) ^{98}Mo, 97.9055m_u (b) ^{151}Eu, 150.9196m_u (c) ^{56}Fe, 55.9349m_u
(d) ^{232}Th, 232.0382m_u (e) 어떤 핵종이 가장 안정한가?

9C.5 다음 각 반응식으로 나타낸 핵융합 반응에서 출발 물질 1 g당 방출되는 에너지를 계산하시오. 단, D는 ^{2}H, T는 ^{3}H를 나타낸다.

(a) D + D → ^{3}He + n (D, 2.0141m_u; ^{3}He, 3.0160m_u)
(b) ^{3}He + D → ^{4}He + ^{1}H (^{1}H, 1.0078m_u; ^{4}He, 4.0026m_u)
(c) ^{7}Li + ^{1}H → 2 ^{4}He (^{7}Li, 7.0160m_u)
(d) D + T → ^{4}He + n (T, 3.0160m_u)

9C.6 다음 각 반응식으로 나타낸 핵융합 반응에서 출발 물질 1 g당 방출되는 에너지를 계산하시오.

(a) ^{7}Li + ^{1}H → n + ^{7}Be (^{1}H, 0.0078m_u; ^{7}Li, 7.0160m_u; ^{7}Be, 7.0169m_u)
(b) ^{59}Co + D → ^{1}H + ^{60}Co (^{59}Co, 58.9332m_u; ^{60}Co, 59.9529m_u; D, 2.0141m_u)
(c) ^{40}K + β → ^{40}Ar (^{40}K, 39.9640m_u; ^{40}Ar, 39.9624m_u; β, 0.0005m_u)
(d) ^{10}B + n → ^{4}He + ^{7}Li (^{10}B, 10.0129m_u; ^{4}He, 4.0026m_u)

9C.7 소듐-24(23.99096m_u)는 마그네슘-24(23.98504m_u)으로 붕괴된다. (a) 이 붕괴에 대한 핵반응식을 쓰시오. (b) 이 붕괴에 수반되는 에너지 변화를 계산하시오. (c) 핵자당 결합 에너지의 변화를 계산하시오.

9C.8 (a) 플루토늄-234가 각각의 α 붕괴 시 방출하는 에너지는 얼마인가? (^{234}Pu, 234.0433m_u; ^{230}U, 230.0339m_u). (b) 플루토늄-234의 반감기는 8.8 시간이다. 질량 1.00 μg의 플루토늄-234 시료에서 24시간 동안 α 붕괴가 진행되었을 때 얼마의 에너지를 열로 방출하는가?

9C.9 원자로에서 일어난 어떤 핵분열 반응은 다음과 같다.

$$^{235}_{92}U + ^{1}_{0}n \rightarrow ^{139}_{56}Ba + ^{94}_{36}Kr + 3\,^{1}_{0}n$$

(a) 5.0 g의 우라늄-235가 이 반응을 진행하였을 때 방출되는 에너지(J 단위)를 계산하시오. 동위 원소의 질량은 다음과 같다.
$^{235}_{92}$U, 235.04m_u; $^{139}_{56}$Ba, 138.91m_u; $^{94}_{36}$Kr, 93.93m_u; n, 1.0087m_u
(b) 같은 양의 에너지를 발생시키기 위해서 연소시켜야 할 석탄의 질량을 계산하시오. 석탄은 흑연으로만 이루어졌다고 가정하시오.

9C.10 원자로에서 일어난 어떤 핵분열 반응은 다음과 같다.

$$^{235}_{92}U + ^{1}_{0}n \rightarrow ^{140}_{54}Xe + ^{92}_{38}Sr + 4\,^{1}_{0}n$$

(a) 5.0 g의 우라늄-235가 이 반응을 진행하였을 때 방출되는 에너지(J 단위)를 계산하시오. 동위 원소의 질량은 다음과 같다.
$^{235}_{92}$U, 235.04m_u; $^{140}_{54}$Xe, 139.92m_u; $^{92}_{38}$Sr, 91.91m_u; n, 1.0087m_u
(b) 같은 양의 에너지를 발생시키기 위해서 연소시켜야 할 석탄의 질량을 계산하시오. 석탄은 흑연으로만 이루어졌다고 가정하시오.

다음의 예제와 연습 문제는 Focus 9의 전반적인 내용을 다룬다.

FOCUS 9 통합 예제

표적 알파 치료(targeted alpha therapy, TAT)는 암 치료를 위한 한 방법이다. 이 방법에서는 종양 조직에 선택적으로 흡수되는 생체활성 분자에 α 입자 방사체(emitter) 핵종을 연결한 형태의 약을 투여한다. α 입자는 연조직(soft tissue)에 큰 손상을 일으키기는 하지만 깊이 침투하지는 않기 때문에, 세포 손상이 좁은 부분에만 편중되어 나타나게 된다. 여러분은 새로운 TAT 약을 개발 중이며, 아스타틴-211을 α 입자 공급원으로 고려하고 있어 아스타틴-211의 붕괴 특성을 이해하는 것이 필요하다. (a) ^{211}At이 α 붕괴를 진행할 때 형성되는 딸 핵종을 확인하고, 균형잡힌 핵반응식을 작성하시오. (b) 하나의 ^{211}At 원자핵이 붕괴했을 때 5.97 MeV의 에너지가 방출된다. 딸 핵종의 질량을 예측하시오. 단, ^{211}At의 질량은 210.9875 m_u, ^{4}He의 질량은 4.0026 m_u이다. (c) ^{211}At의 반감기는 7.2 시간이다. ^{211}At가 함유된 약을 투여한 후 95.0%의 핵붕괴가 진행되려면 환자는 얼마나 기다려야 하는가?

FOCUS 9 연습 문제

SI 단위로 1년은 1 a이며, 1 ka = 10^3 a, 1 Ga = 10^9 a와 같이 접두사들과 같이 쓰인다.

9.1 다음 설명이 맞는지 틀린지를 밝히고, 틀렸다면 그 이유를 설명하시오.
(a) 등가 방사선량은 방사선의 종류에 따라 다른 효과를 고려하기 때문에 방사선의 실제 조사량보다 낮다.
(b) 1×10^8 Bq의 방사선에 노출되는 것은 10 Ci에 노출되는 것보다 훨씬 해로울 수 있다.
(c) 자발적 방사성 붕괴는 일차 반응 속도를 따른다.

9.2 다음 설명이 맞는지 틀린지를 밝히고, 틀렸다면 그 이유를 설명하시오.
(a) 핵분열성 원자핵은 저속 중성자와 충돌을 일으켜도 핵분열이 진행될 수 있는 반면, 핵분열 가능 원자핵을 쪼개지게 하려면 고속 중성자가 필요하다.
(b) 핵융합이 일어나기 위해서는 충돌하는 입자들이 높은 상대적 운동 에너지를 가지고 있어야 한다.
(c) 핵자당 결합 에너지가 크면 클수록 원자핵은 더 안정하다.

9.3 (a) 4.0 pCi의 방사능을 나타내기 위해서는 분당 얼마나 많은 라돈-222 원자($t_{1/2}$ = 3.82 d)가 붕괴하여야 하는가? (b) 집 지하에 있는 욕탕의 크기가 2.0 m×3.0 m×2.5 m로 측정되었다. 욕탕 내 라돈-222의 방사능이 4.0 pCi·L^{-1}라면, 5.0분 걸리는 샤워를 하는 동안 몇 개의 원자핵이 붕괴하게 되는가?

9.4 삼중수소는 β 붕괴를 일으키며, 방출된 β 방사선은 0.0186 MeV의 에너지를 가진다(1 MeV = 1.602×10^{-13} J). 질량 1.0 g의 조직 시료가 삼중수소 1.0 mg의 붕괴 생성물의 10%를 흡수한다면, 이 조직이 흡수하는 등가 방사선량은 얼마인가?

9.5 20. μmol의 ^{222}Rn($t_{1/2}$ = 3.82 d)이 2.0×10^3 m^{3}의 부피를 가진 밀폐된 지하실로 스며 나온 것이 발견되었다. (a) 라돈의 초기 방사능 세기는 pCi·L^{-1}로 얼마인가? (b) 24시간 후에는 얼마나 많은 ^{222}Rn 원자가 남아 있겠는가? (c) ^{222}Rn이 붕괴하여 EPA의 기준 준위인 4 pCi·L^{-1} 이하로 떨어지기 위해서는 시간이 얼마나 걸리는가?

9.6 ^{32}P(반감기 14.28 d), ^{33}S(반감기 87.2 d), ^{59}Fe(반감기 44.6 d)를 포함하는 방사성 시료가 있다. 초기 질량이 8.00 g인 시료가 90.0일 이후에 0.0254 g의 ^{32}P, 1.466 g의 ^{33}S, 0.744 g의 ^{59}Fe를 포함하고 있다. 원래 시료의 조성(질량) 백분율을 구하시오.

9.7 우라늄-238은 일련의 α 및 β 방출을 통하여 납-206으로 붕괴되며, 이때 전체 과정에 대한 총 반감기가 4.5 Ga이다. 우라늄을 함유한 광물에서 ^{238}U/^{206}Pb 비가 다음과 같을 때, 이 광물 시료의 연대는 얼마인가? (a) 1.00, (b) 1.25.

9.8 탄소 대신에 규소를 생명의 기반으로 하는 행성이 있었지만 유성 충돌로 인해 행성에 있는 대부분의 생명이 파괴되었다고 생각해 보자. 유성 충돌이 언제 일어났는지를 결정하기 위해서 반감기가 1.6×10^2 a인 규소-32의 방사능을 유성 충돌에 의해 죽은 생명체의 화석 시료와 현재 살아있는 생명체에서 측정하였다. 화석 시료의 방사능은 현재 살아있는 생명체 시료의 0.015%이었다. 얼마나 오래전에 유성 충돌이 일어났는가?

9.9 몰리브데넘-98을 중성자와 충돌시켜 몰리브데넘-99을 만드는 일련의 반응에서 테크네튬-99m이 생성된다. 몰리브데넘-99는 β 붕괴를 통해 테크네튬-99m이 된다. (a) 이 연속 반응에 대한 균형 맞춘 핵반응식을 쓰시오. (b) 몰리브데넘-99와 최종 딸 생성물의 중성자/양성자 비를 비교하시오. 어떤 것이 안정도띠에 더 가까운가?

9.10 악티늄-225는 연속적으로 α 입자를 세 번 방출하며 붕괴한다. (a) 이 세 차례의 붕괴 과정에 대한 핵반응식을 쓰시오. (b) 악티늄-225와 최종 딸 생성물의 중성자/양성자 비를 비교하시오. 어떤 것이 안정도띠에 더 가까운가?

9.11 만일 용기에 보관된 2.5 g의 ^{222}Rn이 23일 동안 일정한 압력이 유지하기 위해 팽창한다고 할 때, 1.0기압, 298 K 상태에서 모을 수 있는 헬륨의 부피는 얼마인가? (^{222}Rn이 ^{218}Po로 붕괴되는 반감기는 3.824 d이다.)

9.12 핵폐기물 저장 시설을 여러분이 사는 지역에 세워야 한다. 여러분은 고방사성인 핵분열 생성물을 어떻게 처리하고 저장할 것인지 의견을 제시해 줄 것을 요청받았다. 핵폐기물 저장에 대한 적어도 세 가지의 방법에 대해서 이점과 단점을 논의하여 제시하시오.

9.13 $Na_2{}^{14}CO_3$ 시료의 방사능을 붕괴 횟수가 8000이 될 때까지 소요되는 시간을 통해 측정하였다. 5회를 측정하였는데, 걸리는 시간

이 21.25, 23.46, 20.97, 22.54, 23.01 min이었다. 배경 방사선은 붕괴 횟수 500에 걸리는 시간을 확인하여 측정하였다. 3회를 측정하였는데 5.26, 5.12, 4.95 min이었다. 배경 방사선을 보정하였을 때 $Na_2{}^{14}CO_3$ 시료 방사능의 평균 준위는 (a) 분당 붕괴 횟수와 (b) μCi로 얼마나 되는가?

9.14 (a) 그래프 프로그램을 이용하여 40.0 ka 된 고고학 시료에 남아 있는 ^{14}C의 분율을 시간에 따라 그래프로 나타내시오. 편의성을 위해, 시간 간격을 1000 a로 진행하시오. (b) ^{14}C의 분율을 자연로그로 변환시켜 시간에 따라 그래프를 그리시오. (c) 시료 내에 ^{14}C가 처음의 1.00% 이하로 남아 있게 되려면 얼마의 기간이 지나야 하는가?

9.15 방사성 의약품은 일반적으로 다음의 두 가지 기능 중 하나를 가지고 있다. (1) 종양과 같은 생물학적 문제점을 **영상화**하거나 **감지**하는 데 사용될 수 있다. (2) 병을 치료하는 데 사용될 수 있다. α, β, γ 방사선 중 (a) 진단 및 (b) **치료**에 적합한 방사선은 무엇인가? 선택한 이유를 논하시오. (c) 기준 문헌이나 온라인 자료로부터 생체 조직을 영상화하는 데 사용하는 방사선 핵종을 적어도 두 개 이상 찾으시오. (d) 이러한 방사선 핵종의 반감기는 얼마인가?

9.16 짧은 반감기를 가진 방사성 금속 이온을 의약품으로 이용하는 방법이 활발하게 연구되고 있다. 그 금속 이온에 리간드를 잘 설계하여 착물을 형성함으로써 특정 신체 조직에만 매우 선택적으로 결합하도록 하는 전략을 사용한다. 효과적인 방사성 의약 치료제를 설계하기 위해서는 리간드의 어떤 성질이 중요한가? (화학 이야기 9A.1 참조)

9.17 혈액 순환을 모니터링하는 데 소듐-24를 이용한다. (a) 2.0 mg의 소듐-24의 방사능이 17.3 Ci라면, 이 동위 원소의 붕괴 상수와 반감기는 얼마인가? (b) 2.0일 후 남아 있을 소듐-24 시료의 질량은 얼마인가? 소듐-24 원자 하나의 질량은 24 m_u이다.

9.18 양전자는 전자와 동일한 질량을 가지고 있으나 전하는 반대이다. PET 스캔에서 방출된 양전자가 전자와 만나게 되면, 체내에서 소멸되고 전자기파 에너지가 생성되며 어떤 물질도 남지 않는다. 두 물질이 만나게 될 때 생성되는 에너지(J)는 얼마인가? (화학 이야기 9A.1 참조)

9.19 양전자를 방출하는 핵은 안정도띠의 위와 아래 중 어느 쪽에 위치하는가? 다음 동위 원소 중 PET 스캔에 적합한 동위 원소는 어느 것인가? 선택한 이유를 설명하고 그 붕괴 반응식을 쓰시오(화학 이야기 9A.1 참조). (a) ^{18}O (b) ^{13}N (c) ^{11}C (d) ^{20}F (e) ^{15}O

9.20 방사성 동위 원소의 생물학적 반감기는 인체가 방사성 동위 원소의 절반을 배출하는 데 필요한 시간이다. **유효 반감기**는 체내 방사성 동위 원소의 양이 방사성 동위 원소의 붕괴 또는 신체 배설에 의해 처음 값의 절반으로 줄어드는 데 필요한 시간이다. 황-35($t_{1/2}$ = 87.4 d)는 암 연구에 쓰이며, 인체에서 황-35의 생물학적 반감기는 90 d이다. 황-35의 유효 반감기는 얼마인가?

9.21 체르노빌 원자력 발전소 화재에서 방출된 바륨-140($t_{1/2}$ = 12.8 d)이 그 지역의 농산물에서 발견된 바 있다. 인체에서 바륨-140의 생물학적 반감기는 65 d이다. 바륨-140의 유효 반감기는 얼마인가? (연습 문제 9.20 참조)

9.22 2011년, 일본 후쿠시마의 핵발전소는 지진과 쓰나미로 비활성화되었다. 추후 그 시설로부터의 누출로 인해 주변 지역이 오염되었다. 2013년, 그 핵발전소 근처에서 계측된 최대 시간당 방사선량 수치는 0.15 $mSv \cdot h^{-1}$였다. 방사선 준위가 20. $mSv \cdot a^{-1}$으로 감소하면 거주 가능한 땅으로 간주한다. 만약 이 방사능이 세슘-137에 의한 것이라면, 그 방사선 준위가 거주 가능한 수준으로 떨어지기 위해 몇 년이 소요될 것인가?

9.23 1961년, Idaho의 Idaho 폭포 근처의 실험용 증식로 SL-1에서 증기 폭발이 발생했다. 근방의 토양이 오염되었고, 그 방사능은 350 $rad \cdot h^{-1}$로 측정되었다. 오염을 한정시키기 위해, 증식로와 근방의 흙을 지하 깊은 곳에 매장하였다. 그 증식로와 흙은 방사선이 경작 가능한 수준인 20. $mSv \cdot a^{-1}$에 도달할 때까지 매장되어 있어야만 한다. 주요 오염 물질이 반감기 24 ka인 플루토늄-238이라고 가정한다면, 오염된 흙이 발굴될 때까지 몇 년이 소요될 것인가?

FOCUS 9 통합 연습 문제

9.24 악성 빈혈을 가진 사람은 '내인자', 즉 비타민 B_{12}를 흡수하여 간에 저장하는 데 필요한 특정 화합물이 부족하다. 이는 Schilling 검사로 진단한다. 이 검사에서는 환자에게 방사성 ^{57}Co 또는 ^{58}Co로 표지된 소량의 B_{12}를 복용하게 한 후, 이어서 표지가 되지 않은 B_{12}를 포화 복용량만큼 복용하게 하여 저장된 B_{12}를 방출하게 한다. 환자가 내인자를 지니고 있다면 24시간 동안 모든 소변 시료에는 표지된 B_{12}의 13~15%가 들어 있게 된다. 만약 환자가 내인자를 지니고 있지 않다면, 6% 이하가 배설된다. 그 후, 환자에게 내인자를 복용하게 한 후 비교 시험을 반복한다. 특정 Schilling 검사에서 환자에게 0.5 μCi의 ^{58}Co B_{12}가 들어 있는 캡슐을 복용하게 하고, 이어서 표지가 되지 않은 B_{12} 1.0 mg을 복용하게 하였다. 복용한 지 24시간 동안 1200 mL의 소변을 받았다. 소변 시료 3.0 mL에서는 83 cpm(분당 계수)을 보였고, 0.4 $nC \cdot mL^{-1}$를 함유하는 표준 시료 3.0 mL에서는 910 cpm이 관찰되었다. 7일 후, 내인자 30 mg을 복용하게 하여 검사를 반복하였다. 두 번째 검사에서는 소변 시료에서 120 cpm이 관찰되었다. ^{58}Co의 반감기는 72일이다.

(a) 내인자를 복용한 경우와 복용하지 않은 경우에 배설되는 ^{58}Co의 %를 계산하시오. 첫 번째 검사가 두 번째 검사를 오염시키지 않는다고 가정하시오.

(b) 본래의 캡슐을 7일 간 저장하였다면 그 캡슐에 들어 있는 ^{58}Co B_{12}의 방사능은 어떻게 되겠는가?

(c) 만일 B_{12}의 생물학적 반감기가 180일이라면, 체내에서 $^{58}CoB_{12}$

의 유효 반감기는 얼마인가? 연습 문제 9.20을 참조하시오.

(d) $^{58}CoB_{12}$의 유효 반감기를 이용하여 두 번째 검사에서 관찰된 분당 계수의 어느 정도 분율이 첫 번째 검사의 복용량 때문인지를 결정하시오.

(e) 방사성 동위 원소인 ^{58}Co는 또 다른 방사성 동위 원소인 ^{59}Fe로 붕괴된다. 환자의 몸에 있는 철의 총질량이 2.5 g이었다. 만일 첫 번째 검사에서 생성된 모든 ^{59}Fe가 헤모글로빈에 붙는다면, 첫 번째 검사 다음 날의 ^{59}Fe는 철의 총량 중 몇 %를 차지하게 되는가? (^{59}Fe의 붕괴는 무시하시오.)

FOCUS 10

유기화학

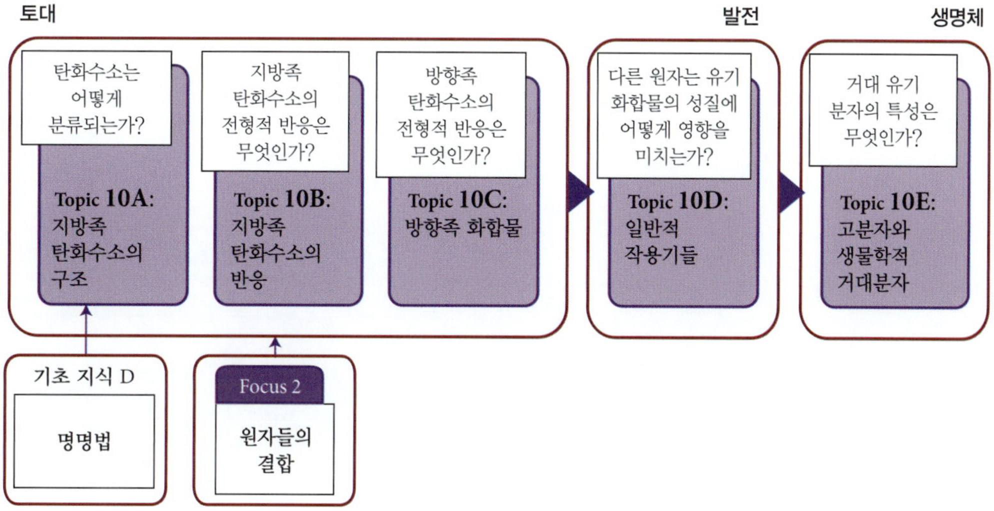

탄소는 현대 기술과 생명 그 자체에 필수적인 여러 가지 재료의 기반이 된다. 그러므로 탄소가 형성하는 화합물과 그 반응을 이해하는 것은 기술과 의학의 진보뿐 아니라 인류의 생존 그 자체에 매우 중요하다. 탄소는 매우 다양한 화합물을 형성하므로 **유기화학**(Organic Chemistry)이라고 하는 화학의 한 분야 전체가 이를 집중적으로 연구하고 있다. 탄소 원자는 서로 연결되어 무한히 다양한 형태의 사슬과 고리를 만들어 낼 수 있다. 이러한 다양성은 탄소가 지구상의 모든 유기체의 구조와 기능에 관여하는 수천 개의 복잡한 생체 물질들을 형성할 수 있게 해 준다.

이 장의 첫 세 Topic에서는 탄화수소를 다루는데, 이들은 탄소와 수소로만 이루어진 화합물이다. **Topic 10A**에서는 '지방족' 화합물의 구조를 다루고, **Topic 10B**에서는 지방족 화합물의 반응을 다룬다. **Topic 10C**에서는 두 번째 계통의 화합물들인 소위 '방향족' 화합물의 구조와 반응에 대해 다룰 것이다.

마지막 두 Topic에서는 탄소와 수소뿐 아니라 다른 원소를 함유한 유기 화합물에 대해 다룰 것이다. **Topic 10D**에서는 이러한 원소를 포함하는 공통적인 작용기의 구조와 성질을 다루고, 탄화수소를 (거의 문자 그대로) 활성화시키는 몇 가지 특징적인 반응 메커니즘을 소개할 것이다. 분자를 서로 연결시켜 긴 사슬을 만들 수 있는 방법을 제공하는 것이 이러한 원자단의 주요한 역할중 하나이며, **Topic 10E**에서는 이를 이용하여 어떻게 현대 세계를 특징짓는 고분자를 만들어낼 수 있는지 살펴볼 것이다. 다른 여러 분야와 마찬가지로 자연은 이미 화학자들의 탐구에 앞서 많은 일을 해 놓았다. 이 장의 마지막 Topic에서는 자연계에서 유기 화합물이 어떻게 우리를 지속시키며, 먹을 것을 제공하고, 번식할 수 있도록 해 주는지에 대해 다룰 것이다.

Topic 10A 지방족 탄화수소의 구조

이 Topic을 왜 배우는가? 탄소 화합물은 연료, 음식, 의복, 그리고 지구의 모든 생명체의 기반이 된다. 탄소 화합물은 또한 석유화학 산업의 기초를 이루며, 현대의 통신 및 수송을 가능하게 하는 유연하고 강한 고분자 및 복합 재료에 사용된다.

무엇을 알고 있어야 하는가? 이 Topic은 기초 지식 C, D에서 다룬 유기 화합물의 분자식 및 명명법, 분자의 구조(Focus 2), 분자간 힘(Topic 3D), 반응 엔탈피(Topic 4D), 반응 메커니즘(Topic 7C), 이성질체의 개념(Topic 8L)에 관한 이해를 필요로 한다.

탄화수소는 탄소와 수소로 구성되는 화합물이다. 탄화수소는 크게 두 가지 종류, 즉 벤젠과 유사한 고리를 분자 구조의 일부로 지니고 있지 않은 **지방족 탄화수소**(**aliphatic hydrocarbon**)와 적어도 한 개 이상 지닌 **방향족 탄화수소**(**aromatic hydrocarbon**)로 나뉜다. 화합물 (**1**)은 지방족이며, 화합물 (**2**)는 방향족이다. 더 복잡한 분자의 경우에도, 벤젠과 유사한 고리를 포함하는 '방향족 영역'과 탄소 원자의 사슬로 구성되어 있는 '지방족 영역'을 포함할 수 있다. 탄화수소는 대부분의 유기 화합물의 기본 골격이 된다.

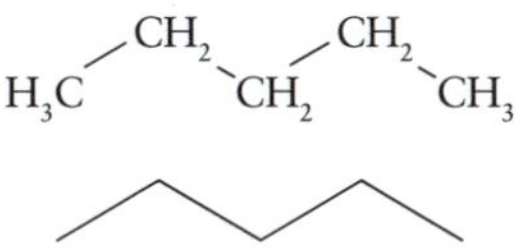

1 펜테인, C_5H_{12}

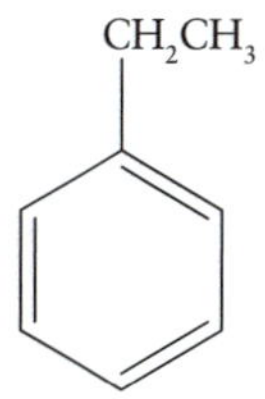

2 에틸벤젠, $C_6H_5CH_2CH_3$

10A.1 지방족 탄화수소의 종류

지방족 탄화수소는 탄소 원자 사이 결합의 형태에 따라 크게 두 가지로 구분된다. **포화 탄화수소**(**saturated hydrocarbon**)는 탄소–탄소 결합에 다중 결합이 없는 지방족 탄화수소이다. **불포화 탄화수소**(**unsaturated hydrocarbon**)는 하나 이상의 이중 혹은 삼중 탄소–탄소 결합을 포함한다. 다중 결합을 지닌 화합물에는 더 많은 수소가 첨가될 수 있지만, 단일 결합만으로 이루어진 화합물들은 수소에 대해 '포화'되어 있다. 화합물 (**3**)은 포화되어 있으며, 화합물 (**4**)와 (**5**)는 불포화되어 있다.

많은 유기 분자가 복잡한 구조를 가지고 있으므로 화학자들은 그 구조를 표현할 간단한 방법을 개발하였다. 그중 하나는 **축약 구조식**(**condensed structural formula**)으로, 여기에서는 원자들이 어떻게 함께 묶여 있는지를 보여 준다(**기초 지식** C 참조). 예를 들어, 뷰테인과 메틸프로페인은 모두 화학식이 C_4H_{10}으로 똑같지만, 축약 구조식으로는 뷰테인은 $CH_3CH_2CH_2CH_3$, 메틸프로페인은 $CH_3CH(CH_3)CH_3$가 된다. 축약 구조식에서는 C 원자 뒤에 오는 H 원자는 그 탄소와 결합하고 있다. CH_3 주위의 괄호는 그것이 하나의 탄소, 이 경우에는 왼쪽 탄소 원자에 붙어 있다는 것을 보여 준다. 여러 개의 원자단이 반복될 때는 그것을 모아서 함께 쓸 수 있다. 즉, 뷰테인은 $CH_3(CH_2)_2CH_3$로, 메틸프로페인을 $(CH_3)_3CH$로 나타낼 수 있다.

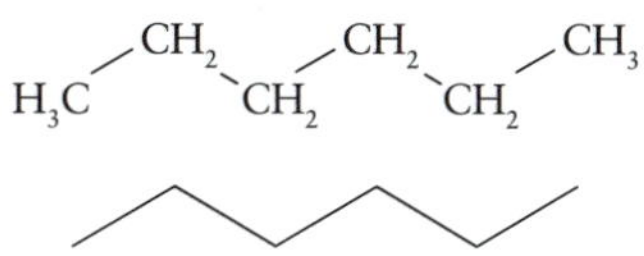

3 헥세인, C_6H_{14}

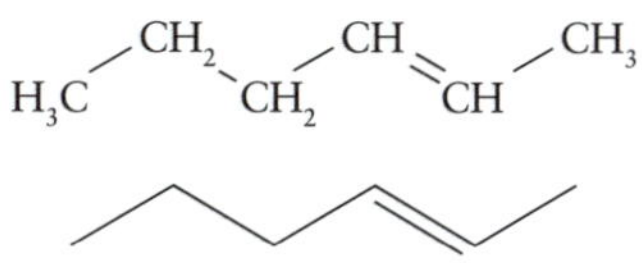

4 2-헥센, C_6H_{12}

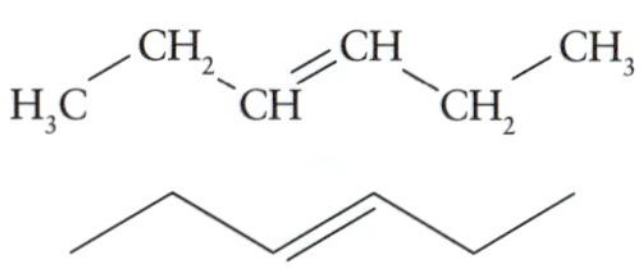

5 3-헥센, C_6H_{12}

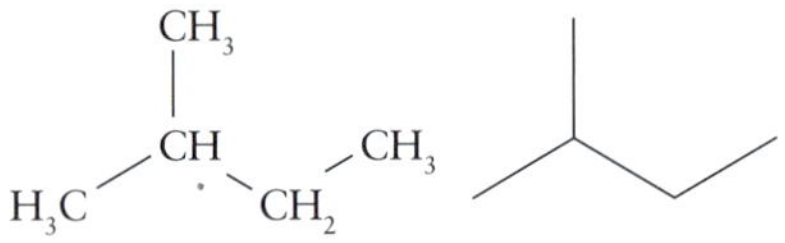

6 메틸뷰테인, $(CH_3)_2CHCH_2CH_3$

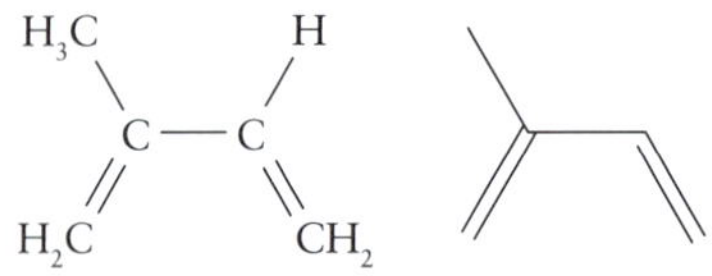

7 아이소프렌, $CH_2{=}C(CH_3)CH{=}CH_2$

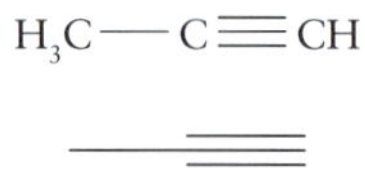

8 프로파인, $CH_3C{\equiv}CH$

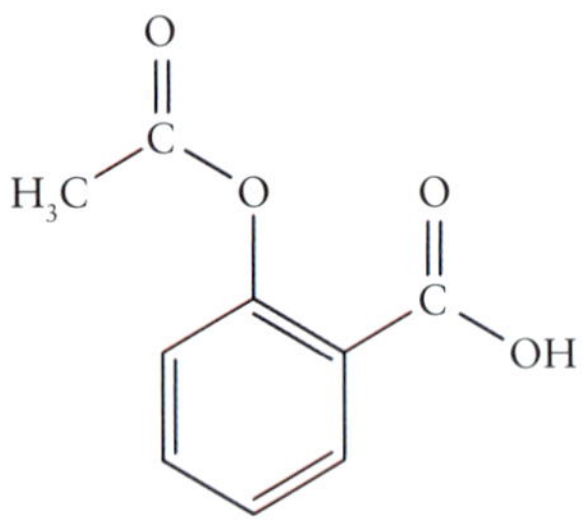

9a 아세틸살리실산(아스피린)

탄화수소를 보다 간단하게 표현하는 '선 구조식(line structure)'은 탄소 원자로 구성된 사슬을 지그재그 선으로 표현한다(**기초 지식** C 참조). 지그재그 구조에서 각각의 짧은 선분의 끝은 탄소 원자를 나타낸다. 탄소는 거의 모든 유기 화합물에서 원자가가 4이므로, 선 구조식에서 H 원자를 표시할 필요는 없다. 메틸뷰테인(**6**), 아이소프렌(**7**), 프로파인(**8**)에서 볼 수 있듯이 단지 정확한 수소 원자의 숫자를 마음속으로 채워 나가면 된다. 벤젠 고리는 단일 결합과 이중 결합이 번갈아 있는 육각형 모양이나 육각형 안에 원을 그려서 표현한다(Topic 2B). 어떤 경우에도, 벤젠의 각 탄소 원자에는 한 개의 수소 원자가 붙어 있다.

자습 10A.1A (a) 아스피린(**9a**)의 선 구조식을 그리고, (b) $CH_3(CH_2)_2C(CH_3)_2CH_2C(CH_3)_3$의 구조식을 그리시오.

[답: (a) (**9b**), (b) (**10**)]

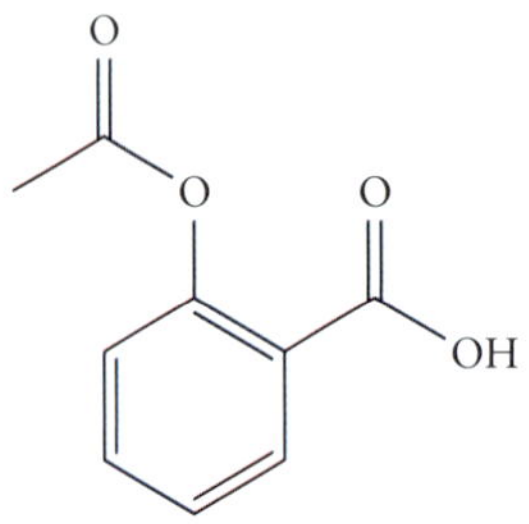

9b 아세틸살리실산(아스피린)

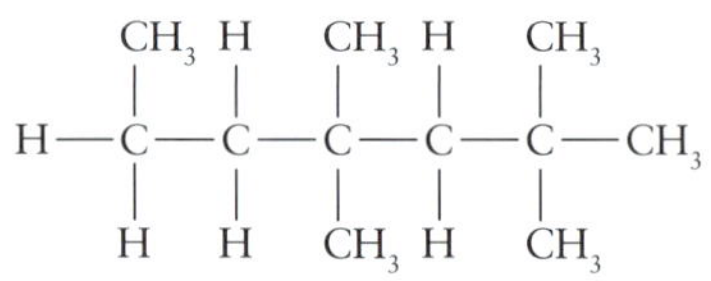

10

자습 10A.1B (a) 카르본(carvone, **11a**)의 구조식을 그리고, (b) 분자(**11b**)의 축약 구조식을 그리시오.

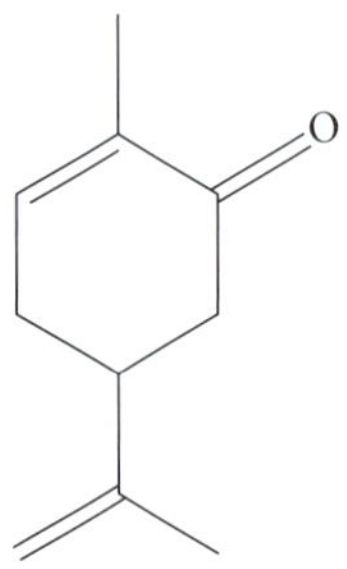

11a 카르본

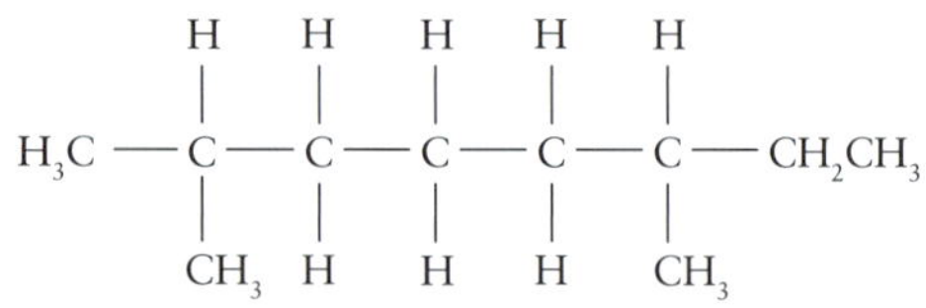

11b

12 메테인, CH_4

포화 탄화수소를 **알케인(alkane)**이라 부른다. 알케인의 각 탄소 원자는 sp^3 혼성을 하며, 정사면체 배향을 가진 네 개의 단일 결합을 형성한다(Topic 2F 참조). 가장 단순한 알케인은 CH_4(**12**), 메테인이다. 다른 알케인의 식은 CH_4 내 원자들의 쌍 사이에 CH_2 원자단을 끼워 넣어서 만드는 것으로 생각할 수 있다. 알케인의 구조를 (**11b**)와 같이 2차원에서는 90° 각도를 지닌 평면 구조처럼 나타내고 있지만, 사실 각 탄소 원자에 붙어 있는 결합들은 정사면체 배열을 한다는 것을 기억해야 한다. 게다가 모든 C—C 결합이 단일 결합이므로 알케인 분자들의 여러 다른 부분들은 서로에 대하여 상대적으로 회전할 수 있다. 액체나 기체상에서 알케인 분자의 사슬은 끊임없이 운동하고 있으며, 순간적으로 (**13**)처럼 뭉쳐져서 공 모양을 이루기도 하고, 다른 순간에는 펼쳐져서 지그재그 형태(**14**)를 이룬다.

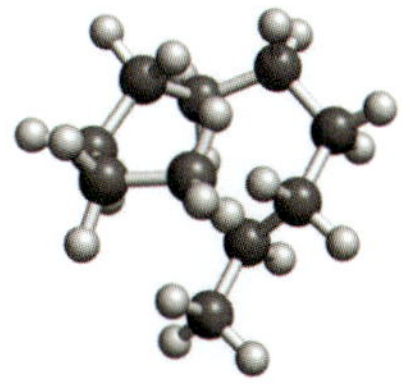

13 데케인, $C_{10}H_{22}$

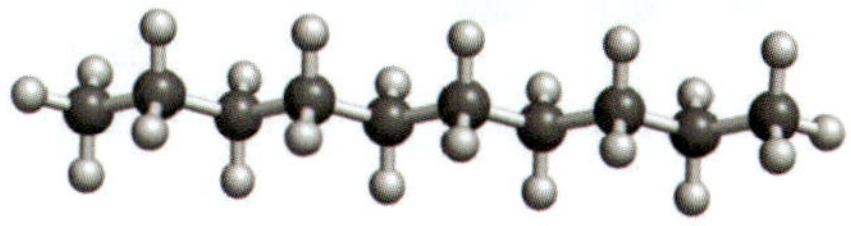

14 데케인, $C_{10}H_{22}$

탄소 원자에 의해 형성된 단일 사슬계 알케인을 명명할 때는, 탄소 원자의 숫자를 나타낼 때 사용하는 접두사와 접미사 **-에인**(-ane)을 조합하여 사용한다(표 10A.1). 예를 들어, CH_3-CH_3(더 간단하게는 CH_3CH_3)는 에테인, $CH_3-CH_2-CH_3$(또는 $CH_3CH_2CH_3$)는 프로페인이다. 사이클로프로페인 C_3H_6(**15**)와 사이클로헥세인 C_6H_{12}(**16**) 등을 **사이클로알케인**(**cycloalkane**)이라고 하며, 이들은 탄소 원자로 구성된 고리를 갖는다. 두 가지 사이클로알케인의 선 구조식을 그 분자 구조 아래에 나타내었다.

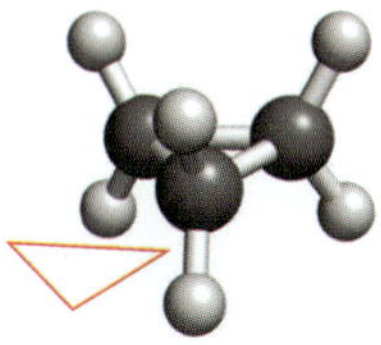

15 사이클로프로페인, C_3H_6

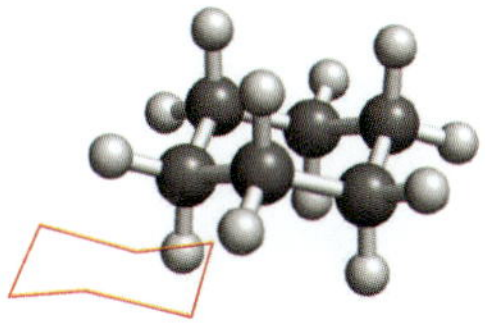

16 사이클로헥세인, C_6H_{12}

탄소가 형성하는 화합물들이 다양성을 가지는 또 다른 이유는 같은 원자들이 서로 다른 배열을 가질 수 있기 때문이다. 즉, 네 개의 탄소 원자들이 서로 사슬 형태로 연결되어 뷰테인(**17**)을 형성할 수도 있으며, Y-형태로 연결되어 메틸프로페인(**18**)이 될 수도 있다. 같은 분자식을 갖는 서로 다른 화합물들을 **이성질체**(**isomer**)라고 한다(Topic 8L). 따라서 뷰테인과 메틸프로페인은 같은 분자식 C_4H_{10}을 갖는 이성질체이다. 이성질체라는 이름은 '동일한 부분'을 뜻하는 그리스어에서 유래하였으며, 이성질체가 동일한 구성 요소로부터 형성되었다는 것을 의미한다.

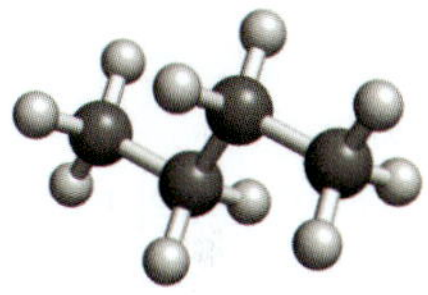

17 뷰테인, C_4H_{10}

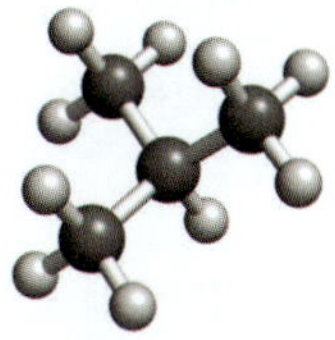

18 메틸프로페인, C_4H_{10}

표 10A.1 선형 알케인의 명명법*

탄소 원자의 개수	분자식	알케인의 명명	알킬기의 명명	구조식
1	CH_4	메테인	메틸	CH_3-
2	CH_3CH_3	에테인	에틸	CH_3CH_2-
3	$CH_3CH_2CH_3$	프로페인	프로필	$CH_3CH_2CH_2-$
4	$CH_3(CH_2)_2CH_3$	뷰테인	뷰틸	$CH_3(CH_2)_2CH_2-$
5	$CH_3(CH_2)_3CH_3$	펜테인	펜틸	$CH_3(CH_2)_3CH_2-$
6	$CH_3(CH_2)_4CH_3$	헥세인	헥실	$CH_3(CH_2)_4CH_2-$
7	$CH_3(CH_2)_5CH_3$	헵테인	헵틸	$CH_3(CH_2)_5CH_2-$
8	$CH_3(CH_2)_6CH_3$	옥테인	옥틸	$CH_3(CH_2)_6CH_2-$
9	$CH_3(CH_2)_7CH_3$	노네인	노닐	$CH_3(CH_2)_7CH_2-$
10	$CH_3(CH_2)_8CH_3$	데케인	데실	$CH_3(CH_2)_8CH_2-$
11	$CH_3(CH_2)_9CH_3$	운데케인	운데실	$CH_3(CH_2)_9CH_2-$
12	$CH_3(CH_2)_{10}CH_3$	도데케인	도데실	$CH_3(CH_2)_{10}CH_2-$

* 탄소 원자 12개를 초과하는 사슬을 가지는 알케인 및 알킬기의 경우 그리스어 접두사를 사용한다.

생각해 보기

접두사 아이소(iso)-가 쓰이는 다른 과학 용어를 얼마나 많이 알고 있는가?

이중 결합 하나를 가지는 가장 간단한 불포화 탄화수소는 에텐(C_2H_4 또는 $H_2C=CH_2$)이며, 통상 에틸렌(**19**)이라고 부른다. 에텐을 모체로 하여 $H_2C=CH_2$에 CH_2기를 끼워 넣어 만

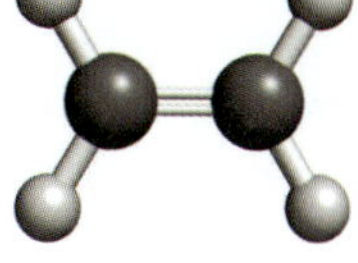

19 에텐, C_2H_4

들어지는 화학식을 가지는 일련의 화합물을 **알켄**(**alkene**)이라고 한다. 예를 들면, 이 알켄계의 다음 구성원은 프로펜($H-CH_2-CH=CH_2$, 더 간단하게는 $CH_3CH=CH_2$)이다. 알켄의 이름은 이에 대응되는 알케인의 이름과 같지만, 끝부분이 **-엔**(-ene)으로 끝난다. 이중 결합의 위치는 사슬 안의 탄소 원자의 번호를 매겨서 특정화할 수 있으며, 이중 결합에 의해 연결되는 탄소 원자들의 번호 중 낮은 번호를 쓴다. 따라서 $CH_3CH_2CH=CH_2$는 1-뷰텐이며, $CH_3CH=CHCH_3$는 2-뷰텐이다(도구상자 10A.1 참조). 알켄이라는 용어는 또한 1,3-뷰타다이엔($CH_2=CH-CH=CH_2$)처럼 여러 개의 이중 결합을 갖는 탄화수소를 포함한다.

20 에타인, C_2H_2

알카인(**alkyne**)은 적어도 하나 이상의 탄소-탄소 삼중 결합을 갖는 탄화수소를 말한다. 가장 간단한 형태는 에타인($HC\equiv CH$)이며, 이는 흔히 아세틸렌(**20**)이라고 부른다. 알카인은 알켄류와 유사하게 명명하되, 끝에 접미사 **-아인**(-yne)을 붙인다.

도구상자 10A.1 지방족 탄화수소를 어떻게 명명하는가?

기본 개념

탄화수소 분자 내의 탄소-탄소 결합의 형태가 대체적으로 그 화합물의 성질을 결정하게 된다. 따라서, 지방족 탄화수소를 우선 알케인, 알켄, 알카인으로 분류한다. 그 후, 탄소 원자로 이루어진 가장 긴 사슬이 이름의 '기본(모체)'이 된다. 가장 긴 사슬에 붙어 있는 다른 탄화수소 원자단을 곁가지(또는 곁사슬)라고 한다.

과정

다음의 규칙은 국제 순수 및 응용 화학회(IUPAC, International Union for Pure and Applied Chemistry)에서 채택된 탄화수소 명명법이다. 탄화수소 명명법에 대한 더 자세한 내용은 IUPAC에서 발간한 'Blue Book'의 *Section A*를 참고한다(https://www.qmul.ac.uk/sbcs/iupac/BlueBook).

알케인

1단계 가장 긴 사슬의 탄소 원자들의 수를 센다.

처음 12개의 선형 사슬 알케인들의 이름은 표 10A.1에 나와 있다. 그 이름은 모두 -ane으로 끝난다.

2단계 치환기를 확인하고 그 수를 센다.

치환기로 붙어 있는 탄화수소 곁가지의 이름을 끝을 -ane에서 **-일**(yl)로 바꾸어 명명한다(표 10A.1의 마지막 두 개의 열 참조).

예: CH_3CH_2-는 에틸기이다.

가지가 달린 탄화수소와 탄화수소 유도체의 이름은 분자 내에서 연속되는 가장 긴 탄소 사슬의 이름을 토대로 한다(이는 수평의 선으로 표현되지 않을 수도 있다).

예: 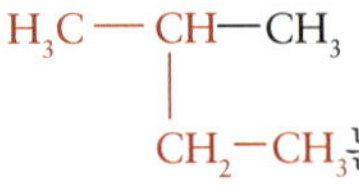는 메틸뷰테인이다.

고리형 탄화수소는 접두사 **사이클로**-(cyclo-)를 붙인다.

예: 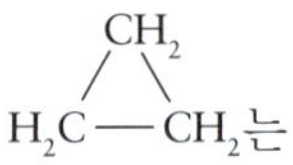는 사이클로프로페인이다.

3단계 가장 긴 사슬에 있는 탄소 원자에 사슬 끝부터 번호를 붙이되, 치환기에 가장 작은 번호가 부여되도록 한다.

곁가지나 치환기의 위치를 나타내기 위해, 가장 긴 사슬의 탄소 원자에 한쪽 끝에서 다른 쪽 끝으로 순차적으로 번호를 붙인다. 이때 치환기에 **더 작은** 번호가 부여되는 쪽 끝에서부터 번호를 붙이기 시작한다.

예:

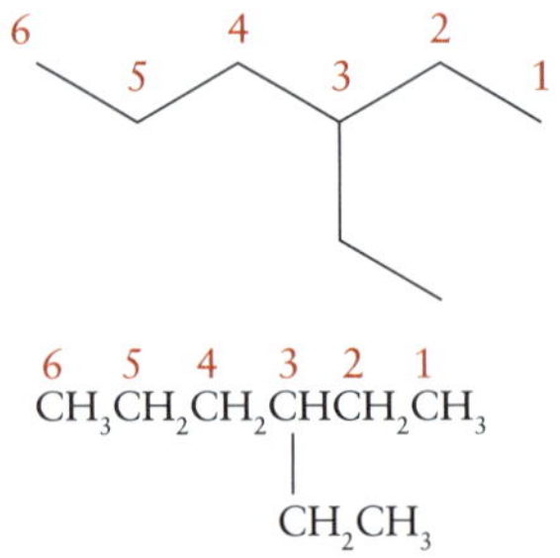

3-에틸헥세인

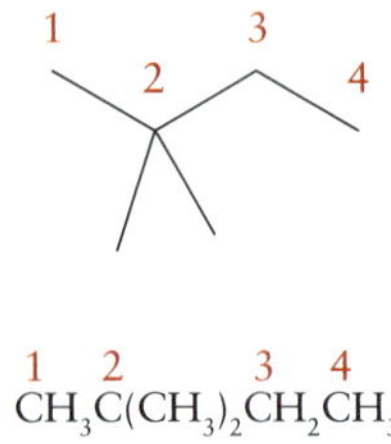

2,2-다이메틸뷰테인

4단계 분자 내에 각 치환기가 몇 개 있는지 적절한 접두사로 표시한다.

접두사 다이-, 트라이-, 테트라-, 펜타-, 헥사- 등은 각 치환기가 분자 내에 얼마나 많이 있는지를 나타낸다. 하이픈으로 붙어 있는 숫자는 치환기가 붙어 있는 탄소 원자를 특정한다.

예:

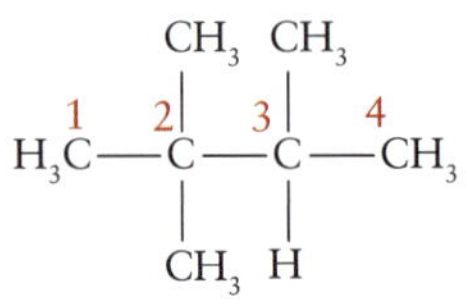

2,2,3-트라이메틸뷰테인

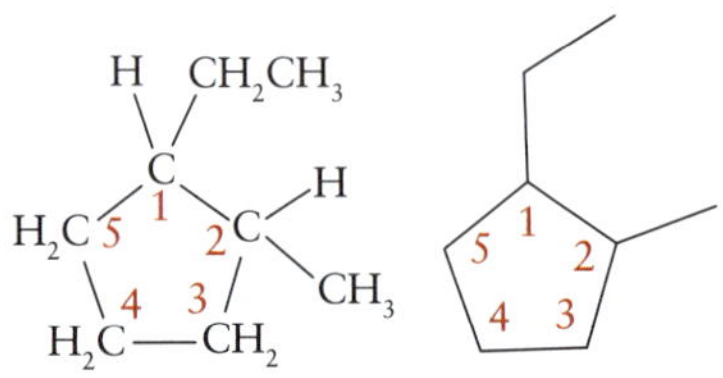

1-에틸-2-메틸사이클로펜테인

5단계 치환기를 알파벳 순서로 나열하고(그리스어 접두사는 고려하지 않는다), 기본 사슬의 이름에 덧붙인다.

동등한 위치에 있는 복수의 치환기를 명명할 때는 1-에틸-2-메틸사이클로펜테인(2-에틸-1-메틸사이클로펜테인이 아님)과 같이 먼저 언급된 치환기에 낮은 번호를 붙인다. 탄화수소기가 아닌 다른 치환기들의 명명법에 대해서는 Topic 10D에서 보다 자세하게 설명할 것이다(도구상자 10D.1참조).

예제 10A.1은 알케인이 어떻게 명명되는지 보여 준다.

알켄과 알카인

탄화수소의 이중 결합은 접미사 −ane를 −ene로 바꿔 표현하고, 삼중 결합은 접미사를 −yne로 바꿔 표현한다. 다중 결합의 위치는 다중 결합을 하고 있는 탄소 원자의 첫 번째(더 낮은 번호의) 탄소의 번호로 정해진다. 동일한 형태의 다중 결합이 하나 이상 존재할 때는 이 결합들의 수를 그리스어 접두사로 표시한다. 그 후 알케인을 명명할 때 사용했던 2단계 및 3단계의 규칙들을 따르되 다음과 같이 변형한다.

2단계 치환기와 다중 결합을 확인하고 숫자를 센다.

3단계 가장 긴 사슬의 사슬 끝부터 탄소 원자에 번호를 붙이되, 다중 결합에 가장 작은 번호가 부여되도록 한다.

예:

$$H_3C-CH_2-C\equiv CH$$

1-펜타인

$$H_3C-CH_2-CH=CH-CH_3$$

2-펜타인

$$H_2C=CH-CH_2-CH=CH_2$$

1,4-펜타다이엔

사슬의 원자에 번호를 붙일 때는 가장 낮은 숫자를 다음 순서에 따라 부여한다. (a) 접미사에 의해 명명된 원자단(도구상자 10D.1 참조), (b) 이중 결합, (c) 삼중 결합, (d) 접두사에 의해 명명된 원자단

예제 10A.2는 알켄이 어떻게 명명되는지 보여 준다.

예제 10A.1 알케인과 사이클로알케인의 명명

여러분은 의약품명 혹은 다른 곳에서 IUPAC 이름으로 표현된 라벨을 보게 될 것이며, 과학적 훈련을 통해 이를 해석할 수 있게 될 것이다. (a) 화합물(**21**)을 명명하고, (b) 2-에틸-1,1-다이메틸사이클로헥세인의 구조식을 그리시오.

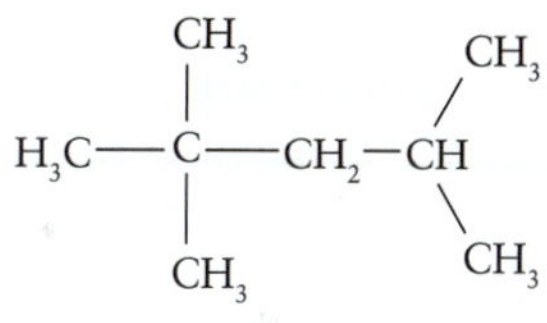

21

계획 도구상자 10A.1의 과정을 사용한다.

풀이

(a) 가장 긴 사슬의 탄소 원자의 수를 센다.

(**21**)의 가장 긴 탄소 사슬(붉은색 표기)은 다섯 개의 탄소 원자를 가지므로, 이 분자는 치환된 펜테인이다.

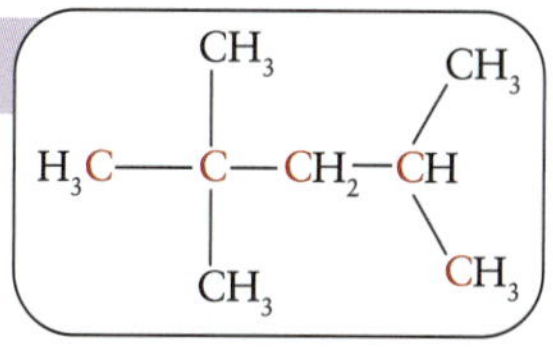

치환기를 확인하고 그 숫자를 센다.

세 개의 메틸기(—CH_3)가 가장 긴 사슬에 붙어 있다. 이 분자는 트라이메틸펜테인이다.

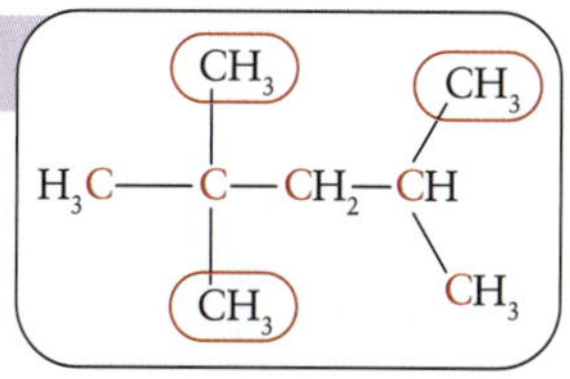

분자의 한쪽 끝부터 가장 긴 사슬의 탄소 원자에 번호를 붙이되, 치환기에 가장 낮은 번호를 부여하도록 한다.

2,2,4-트라이메틸펜테인

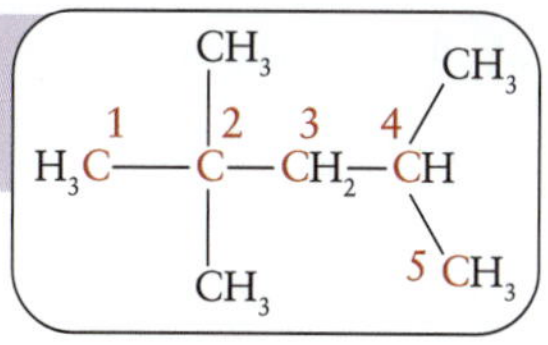

(b) 먼저 가장 긴 탄소의 사슬을 그린다.

'사이클로헥세인'은 이 분자가 여섯 개의 탄소 원자로 된 고리를 가진다는 것을 말해 준다.

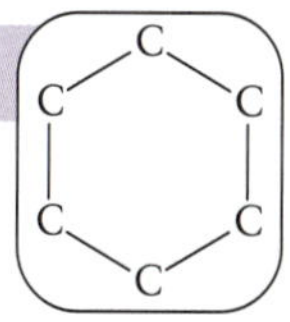

탄소 원자에 숫자를 붙이고, 화합물명에 주어진 숫자에 따라 치환기를 더한다.

한 탄소 원자에 두 개의 메틸기를 더하고, 그 탄소 원자는 1로 번호를 매긴다. 그 후 탄소 원자 2에 에틸기를 붙인다.

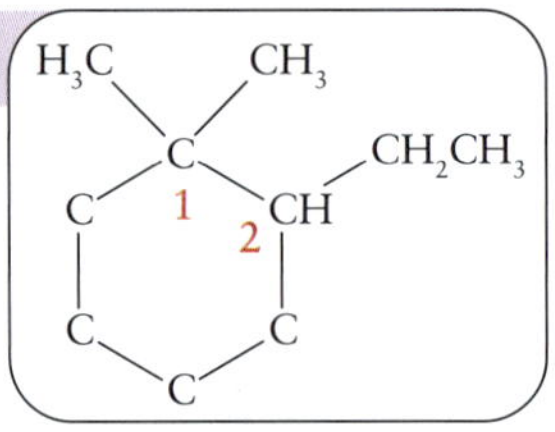

각 탄소 원자의 원자가가 4가 되도록 수소 원자를 더한다.

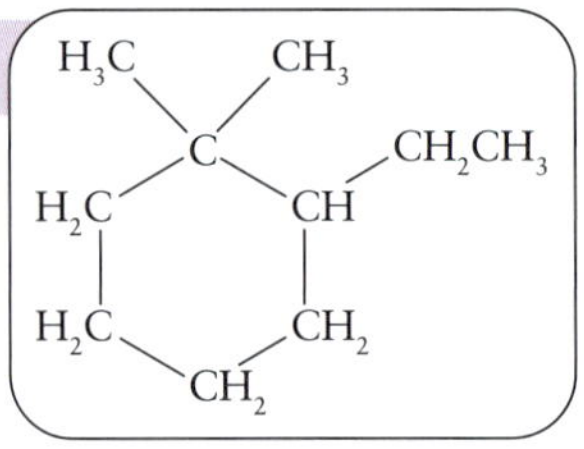

자습 10A.2A (a) 화합물 (**22**)를 명명하고, (b) 5-에틸-2,2-다이메틸옥테인의 구조식을 그리시오.
[**답**: (a) 3-에틸-4-메틸헥세인, (b) (**23**)]

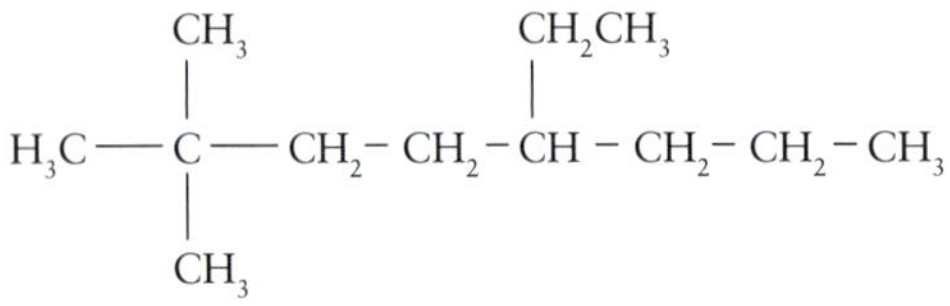

23

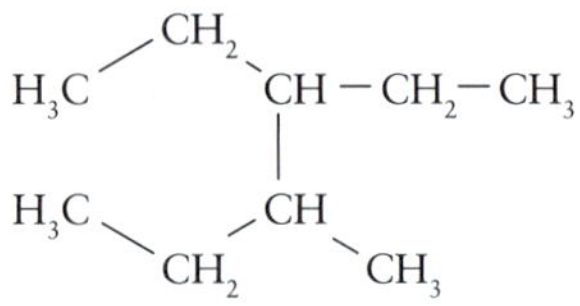

22

자습 10A.2B $(CH_3)_2CHCH_2CH(CH_2CH_3)_2$를 명명하고, 3,3,5-트라이에틸헵테인의 구조식을 그리시오.

관련 연습 문제 10A.3∼10A.8

예제 10A.2 알켄의 명명

유기화학을 배우는 것은 어떤 면에서는 새로운 언어를 배우고 새로운 단어(화합물명)를 해석할 수 있는 능력을 키우는 것과 같다. (a) $CH_3CH_2CH{=}CH_2$를 명명하고, (b) 5-메틸-1,3-헥사다이엔의 축약 구조식을 그리시오.

계획 (a) 도구상자 10A.1의 과정을 사용한다. (b) 이름을 해석하여 기본 사슬을 확인하고, 이중 결합과 치환기의 위치를 확인한다.

풀이

(a) **1단계** 가장 긴 사슬의 탄소 원자의 수를 센다.

가장 긴 사슬(붉은색)은 4개의 C 원자를 가지므로, but-로 시작하게 된다.

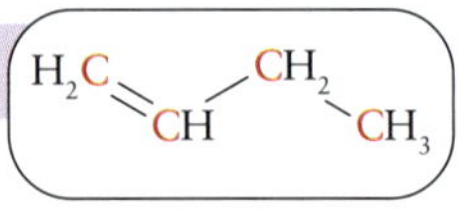

2단계 치환기와 다중 결합들을 확인하고 그 수를 센다.

치환기는 없고, 한 개의 이중 결합이 존재하므로, 접미사는 -ene이 된다.

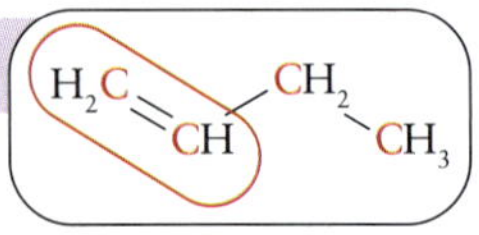

3단계 기본 사슬의 탄소에 사슬 끝부터 번호를 붙이되, 이중 결합 위치에 가장 낮은 번호를 부여하도록 한다.

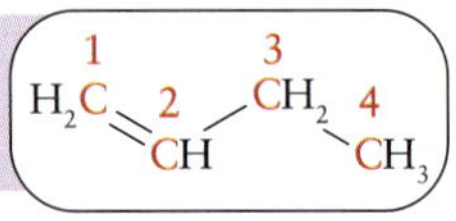

$CH_3CH_2CH{=}CH_2$는 1-뷰텐이다(3-뷰텐이 아님).

(b) 5-메틸-1,3-헥사다이엔은 1번과 3번 C 원자에 두 개의 이중 결합이 있다. 또한 5번 C 원

자에 메틸기가 있다. $CH_2{=}CHCH{=}CHCH(CH_3)CH_3$

자습 10A.3A (a) 알켄 $(CH_3)_2CHCH{=}CH_2$를 명명하고, (b) 2-메틸프로펜의 축약 구조식을 그리시오.

[**답**: (a) 3-메틸-1-뷰텐, (b) $CH_2{=}C(CH_3)_2$]

자습 10A.3B (a)알켄 $(CH_3CH_2)_2CHCH{=}CHCH_3$를 명명하고, (b) 사이클로프로펜의 구조식을 그리시오.

관련 연습 문제 10A.9~10A.14

포화 탄화수소는 오직 단일 결합만을 갖는다. 불포화 탄화수소는 하나 이상의 다중 결합을 갖는다. 알케인은 포화 탄화수소이다. 알켄과 알카인은 불포화 탄화수소이다. 알켄은 탄소-탄소 이중 결합, 알카인은 삼중 결합을 갖는다.

10A.2 이성질체

그림 10A.1은 유기 화합물에서 발견되는 이성질체의 종류를 요약한 것이다. 같은 원자들로 구성되었지만 그 원자들이 서로 다르게 연결된 분자들을 **구조 이성질체(structural isomer)**라고 한다. 즉 이 분자들은 원자들의 **연결성(connectivity)**이 서로 다르다. 예를 들면, C_3H_8 분자에 CH_2기를 끼워 넣을 때 두 가지 다른 방식으로 할 수 있으며, 이를 통해 분자식은 모두 C_4H_{10}이지만 하나는 뷰테인(**24**), 다른 것은 메틸프로페인(**25**)인 두 개의 서로 다른 화합물을 만들 수 있다. CH_2기가 다른 위치에 들어갈 수도 있지만, 탄화수소의 C—C 단일 결합의 자유로운 회전에 의해 생성되는 분자들은 결국 이 두 이성질체 중 하나가 된다. 이 두 화합물은 모두 기체이지만, 뷰테인은 −1 °C에서 액화되고 메틸프로페인은 −12 °C에서 액화된다.

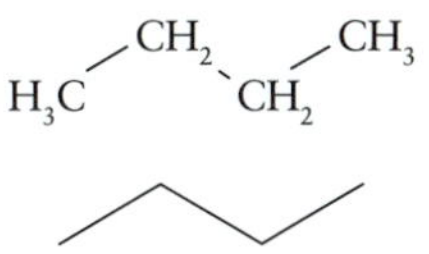

24 뷰테인, C_4H_{10}

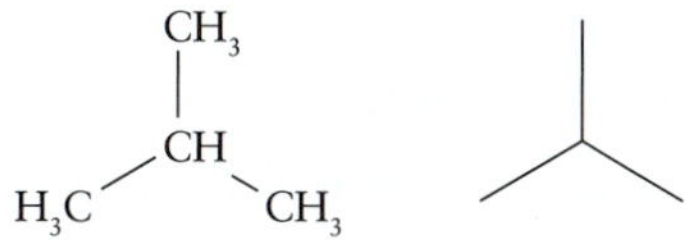

25 메틸프로페인, C_4H_{10}

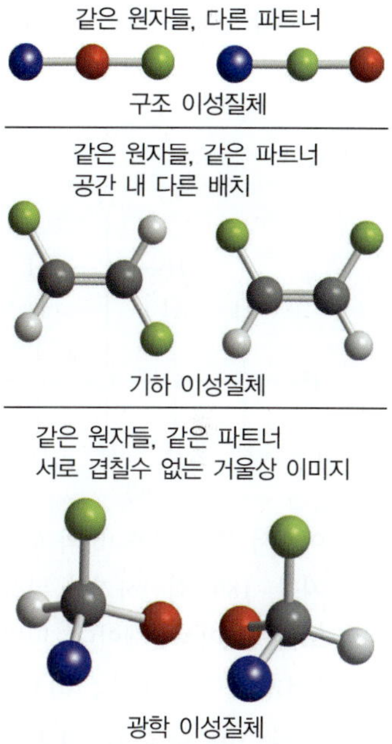

그림 10A.1 유기 화합물에서 나타나는 이성질체 종류의 요약

한 개 또는 그 이상의 결합의 회전에 의해 두 분자가 그림 상으로는 서로 달라 보일지 모르지만, 그들은 서로 이성질체 관계가 아니다. 같은 분자가 결합의 회전에 의해서만 달라지는 것을 뜻하는 용어로 **형태(conformation)**가 있으며, 이들은 형태만 다른 서로 같은 분자이다.

예제 10A.3은 두 개의 분자가 서로 다른 이성질체인지 혹은 같은 이성질체이지만 다른 형태를 나타내는 분자들인지를 구별하는 방법을 나타내고 있다.

예제 10A.3 구조 이성질체의 식 쓰기

여러분이 새로운 화합물을 합성하였다고 가정해 보자. 연소 분석의 결과가 미리 예상했던 실험식과 일치한다고 해도, 실제로는 원하는 화합물의 이성질체를 합성하였을 가능성이 있다. 따라서 가능한 모든 이성질체를 확인할 수 있는 능력이 유용하다. C_5H_{12}의 가능한 모든 알케인 이성질체의 이차원 구조식을 그리시오.

계획 이성질체는 구조 전체나 구조의 일부를 그림 내에서 회전시킨다고 해도 다른 이성질체로 변화할 수 없다. 앞서 나온 두 개의 C_4H_8(**24**와 **25**) 분자의 다른 부분에 CH_2기를 끼워 넣는 것이 한 가지 접근 방법이다. 이후 이미 그린 것과 같은 구조를 가진 것은 버린다. 같은 이성질체의 서로 다른 형태는 단일 결합 주위로 회전이 가능한 분자 모형을 만들면 더 쉽게 확인할 수 있다.

풀이

뷰테인에서는 아래와 같은 이성질체들이 형성될 수 있으며,

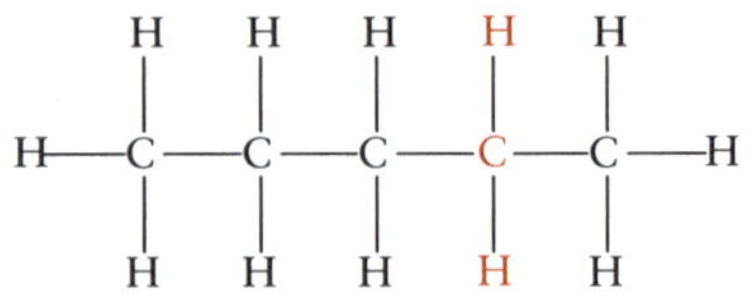

(a)

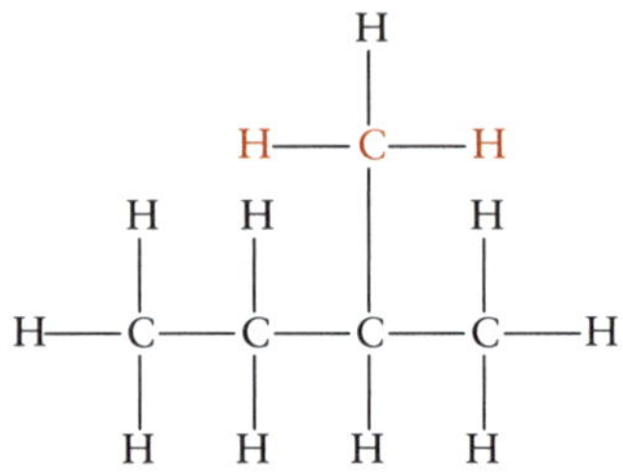

(b)

메틸프로페인에서는 다음과 같은 이성질체들이 가능하다.

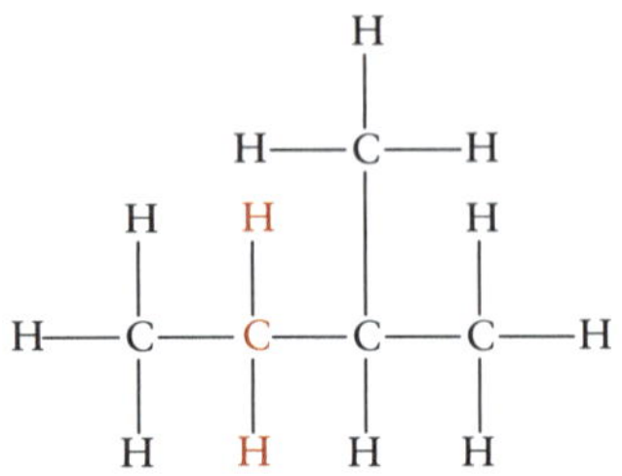

(c)

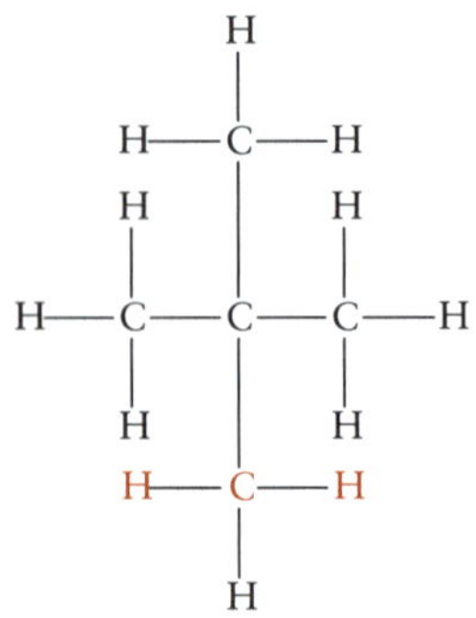

(d)

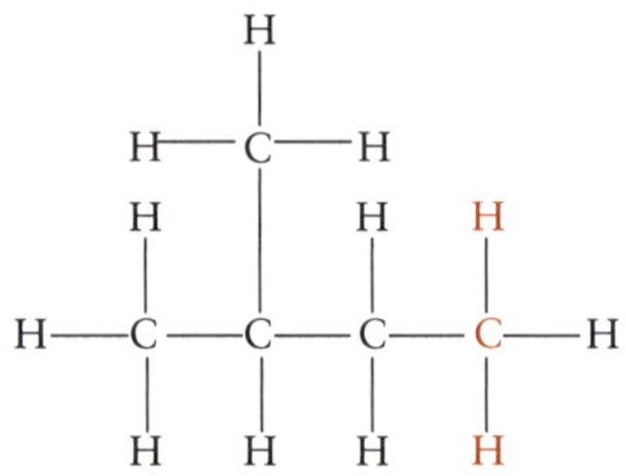

(e)

여기서 분자 구조 (b)와 (c)는 서로 같다. (e) 분자의 원자들은 (b), (c)와 같은 배열을 하고 있지만, 180° 회전하거나 뒤집혀져 있기 때문에 구조가 달라 보인다. 따라서 (b), (c), (e)는 서로 같은 이성질체이다. 따라서 C_5H_{12}의 세 가지 다른 이성질체는 (a) $CCH_3(CH_2)_3CH_3$, (b) $CH_3CH_2CH(CH_3)_2$, (d) $C(CH_3)_4$이다.

자습 10A.4A C_6H_{14}의 분자식을 가진 알케인 분자의 다섯 가지 이성질체의 축약 구조식을 쓰시오.

[**답**: $CH_3(CH_2)_4CH_3$, $CH_3(CH_2)_2CH(CH_3)_2$, $CH_3CH_2CH(CH_3)CH_2CH_3$, $CH_3CH_2C(CH_3)_3$, $(CH_3)_2CHCH(CH_3)_2$]

자습 10A.4B 할로젠 원자들은 탄화수소에서 수소 원자들을 대체할 수 있다. C_4H_9Br의 분자식을 갖는 네 가지 이성질체의 축약 구조식을 그리시오.

관련 연습 문제 10A.21, 10A.22

입체 이성질체(**stereoisomers**)에서 분자들은 동일한 연결성을 지니지만, 구성 원자들이 공간상으로 다르게 배치되어 있다. 입체 이성질체 중 한 종류는 **기하 이성질체**(**geometrical isomer**)이다. 이것은 이중 결합의 양쪽 원자들의 배열이 다르거나, 사이클로알케인 또는 사이클로알켄 고리의 위와 아래의 배열이 서로 다른 것이다(**그림 10A.2**). 이러한 유기 분자의 기하 이성

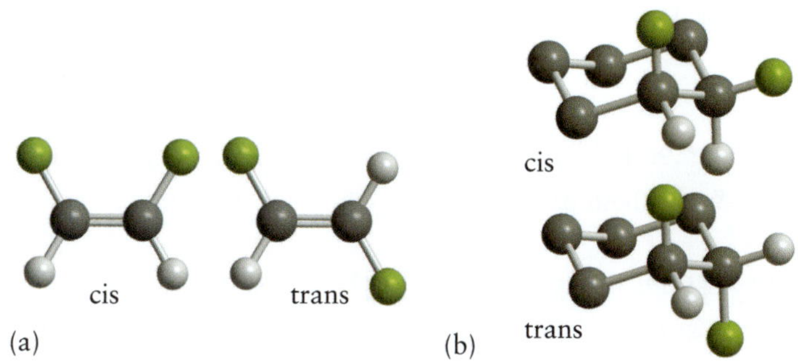

그림 10A.2 두 쌍의 기하 이성질체. 기하 이성질체는 2개의 치환기가 (a) 이중결합을 가로질러 서로 다른 위치를 갖거나 (b) 고리의 위와 아래에서 서로 다른 위치를 갖는다. 한 쌍의 이성질체에서 각 원자의 이웃 원자는 같지만, 그 원자들의 공간적 배치는 서로 다르다는 것을 유의해야 한다 [(a)는 2-뷰텐이며, 그림의 녹색구는 CH_3를 나타내고, 흰색구는 H를 나타낸다].

질체는 접두사 **시스**-(cis-)나 **트랜스**-(trans-)를 붙여 구별한다. 예를 들어, 그림의 (a)에 나타나 있는 것처럼 서로 다른 두 개의 2-뷰텐이 존재한다. 시스 이성질체는 두 메틸기가 이중 결합의 같은 쪽에 있고, 트랜스 이성질체는 메틸기들이 이중 결합을 가로질러 있다. 똑같은 방식이 고리형 화합물에도 적용될 수 있다. 시스 이성질체는 치환기가 고리의 같은 쪽(모두 위이거나 모두 아래거나)에 존재하고, 트랜스 이성질체는 반대 쪽(하나는 위쪽이고 하나는 아래쪽)에 존재한다. 기하 이성질체는 같은 분자식과 구조식을 갖지만, 다른 성질을 나타낸다.

자습 10A.5A (**26a**)와 (**26b**)를 시스 또는 트랜스로 구별하시오.

[**답**: (**26a**)는 trans-2-펜텐이고, (**26b**)는 cis-2-펜텐임]

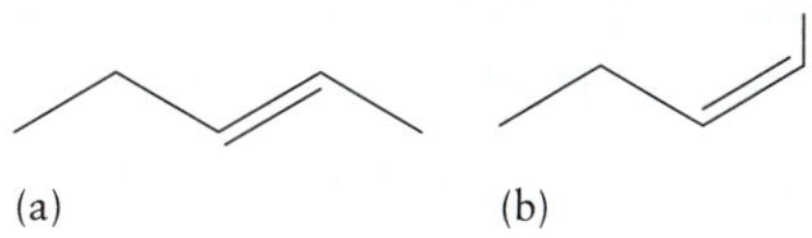

26

자습 10A.5B (**27a**)와 (**27b**)를 시스 또는 트랜스로 구별하시오.

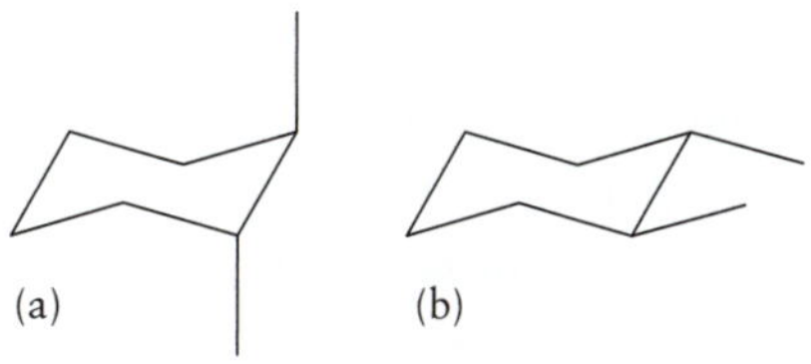

27

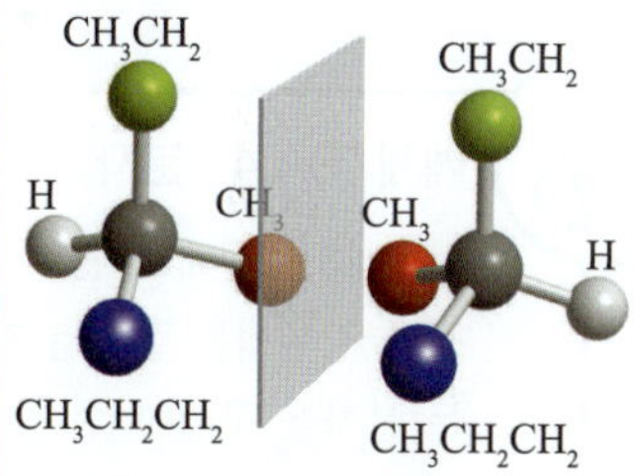

그림 10A.3 오른쪽의 3-메틸헥세인 분자는 왼쪽 분자의 거울상이다. 각 치환기는 다른 색깔의 구로 표현하였다. 왼쪽의 분자는 오른쪽 분자와 겹쳐지지 않는다. 따라서 이 두 분자는 서로 다른 광학 이성질체이며, 서로 거울상 이성질체 관계이다.

또 다른 형태의 입체 이성질 현상은 광학 이성질 현상이다. **광학 이성질체(optical isomers)**는 서로가 겹쳐지지 않는 거울상인 두 분자를 의미한다. 이 개념을 이해하기 위해 3-메틸헥세인, 즉 $CH_3CH_2CH(CH_3)CH_2CH_2CH_3$와 이것의 거울상을 생각해 보자(**그림 10A.3**). 어떻게 비틀거나 회전시키더라도 그 거울상 분자를 원래의 분자와 겹칠 수 없다. 이는 마치 오른손을 왼손과 겹치도록 하려는 것과 같다. 즉, 3-메틸헥세인 같은 **카이랄 분자(chiral molecule**, 비대칭 분자)는 자신의 거울상과 일치하지 않는다. 카이랄 분자와 그 거울상은 거울상 이성질체(enantiomer 또는 mirror-image isomers) 쌍을 형성한다. 거울상 이성질체는 같은 구조식을 갖지만 사실 구별되는 두 개의 화합물이다. 유기 화합물에서는 하나의 같은 탄소 원자에 네 개의 서로 다른 기들이 붙어 있을 때마다 이러한 광학 이성질체가 나타난다. 이때 이 탄소 원자를 '카이랄 탄소 원자'라 한다. 3-메틸펜테인(**28**)은 카이랄 탄소 원자를 가지고 있지 않다. 이 분자는 정육면체를 그 거울상에 겹칠 수 있는 것처럼 자신의 거울상과 서로 겹쳐질 수 있는 분자인 **비카이랄 분자(achiral molecule)**의 예이다. 비카이랄 분자는 대칭면에 의해 이등분

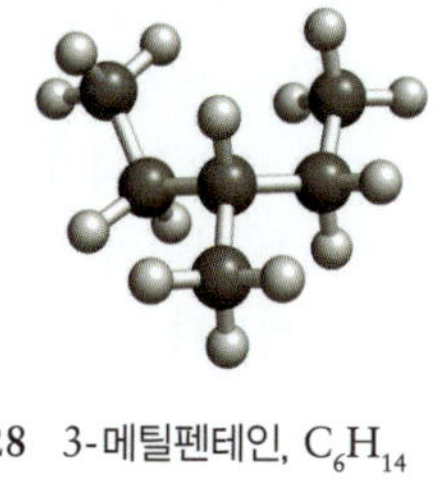

28 3-메틸펜테인, C_6H_{14}

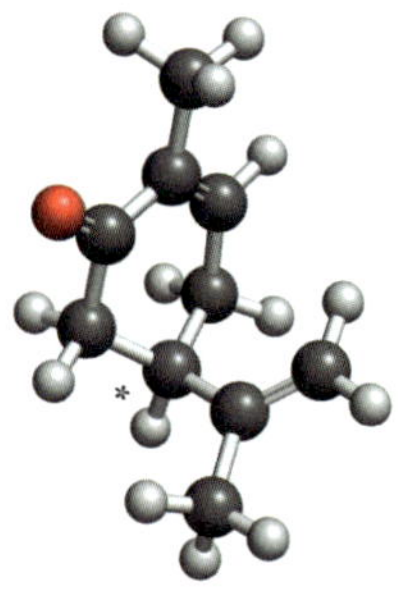

29a R-카르본

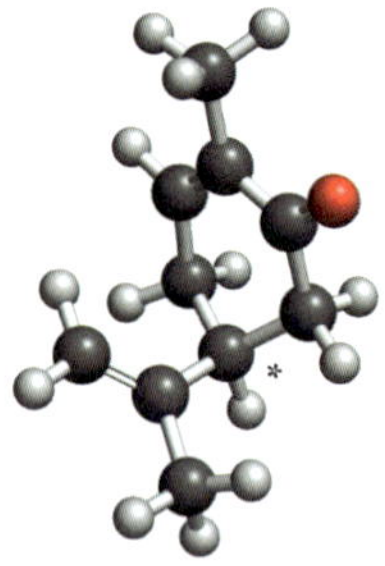

29b S-카르본

될 수 있는데, 이 때문에 분자의 어느 반쪽이 다른 반쪽의 거울상이 된다.

보충 설명
'카이랄'이란 말은 그리스어의 '손'이라는 말에서 유래한다. '거울상 이성질체(enantiomer)'라는 말은 그리스어에서 '양쪽 부분(both parts)'을 의미하는 단어에서 형성되었다.

거울상 이성질체는 다른 카이랄 분자와 반응할 때를 제외하고는 서로 동일한 화학적 성질을 나타낸다. 많은 생화학 물질이 카이랄성을 띠므로, 반응성의 차이에 따른 결과로 거울상 이성질체는 서로 다른 냄새와 약리학적인 활성 등을 나타낼 수도 있다. 분자들은 코의 냄새 수용체나 효소 내에서 특정한 모양을 가진 틈 또는 홈에 잘 끼워져 결합해야지만 효과를 보일 수 있는데, 거울상 이성질체 중 오직 하나만이 그곳에 들어맞기 때문이다. R-카르본(**29a**)은 캐러웨이 씨앗 기름의 주된 향 성분이며, 그 거울상인 S-카르본(**29b**)은 스피아민트 오일의 주된 향 성분이다. 카이랄 탄소 원자는 각 구조에서 별표(*)로 표시한다. 카르본의 선형 구조식(**11a**)은 두 가지 이성질체에서 모두 동일하며, 단지 삼차원 구조로 표현할 때만 구분이 가능하다.

거울상 이성질체들은 물리적 성질 하나가 서로 다르다. 카이랄 분자는 빛의 편광면을 회전시킬 수 있는 능력인 광학 활성을 나타낸다(Topic 8L). 만약 특정 카이랄 분자가 편광면을 시계 방향으로 회전시킨다면, 그 거울상 이성질체는 그와 반대 방향으로 같은 각도만큼 편광면을 회전시킨다.

보통 실험실에서 합성되는 유기 분자는 '라셈 혼합물', 즉 거울상 이성질체들이 똑같은 비율로 섞여 있는 것이다(Topic 8L). 이와는 대조적으로 살아 있는 세포에서 일어나는 반응에서는 흔히 한 종류의 거울상 이성질체만 만들어진다. 동물 내에서 자연적으로 발견되는 아미노산이 거의 모두 한쪽 방향의 광학 이성질체만이 나타난다는 것은 아직 잘 설명되지 못하고 있는 놀랄만한 자연의 특징이다.

예제 10A.4 분자의 카이랄성 결정하기

많은 약은 제대로 된 카이랄성을 가져야만 활성이 있다는 의미에서 높은 특이성을 가진다. 특정한 경우에는 잘못된 카이랄성을 가진 약물은 치명적일 수도 있다. 서로 다른 카이랄성을 갖는 분자를 구별할 수 있는 능력은 매우 중요하다. 브로모알케인은 브로민 원자가 알케인의 수소 원자를 치환하면서 형성된다. 브로모알케인 (a) $CH_3CH_2CHBrCH_3$와 (b) $CH_3CHBrCH_3$가 각각 카이랄성인지 결정하시오.

계획 탄소 원자가 네 개의 서로 다른 치환기를 갖는 카이랄성인지 확인한다.

풀이

화합물을 그리고, 네 개의 치환기가 결합되어 있다면 탄소를 *표시로 카이랄성임을 표시한다.

(a) *로 표시된 탄소 원자가 네 개의 다른 치환기와 결합되어 있으므로 카이랄성이다. 따라서, 이 분자는 그 거울상과 겹칠 수 없다. 이 분자는 카이랄성이다.

(b) 어떤 원자도 카이랄성이 아니다. 이 분자는 거울상과 서로 겹쳐지므로 비카이랄 분자이다. 분자의 반쪽은 다른 반쪽의 거울상이다. 파란색 직사각형은 대칭면을 나타낸다.

(a) $CH_3CH_2CHBrCH_3$

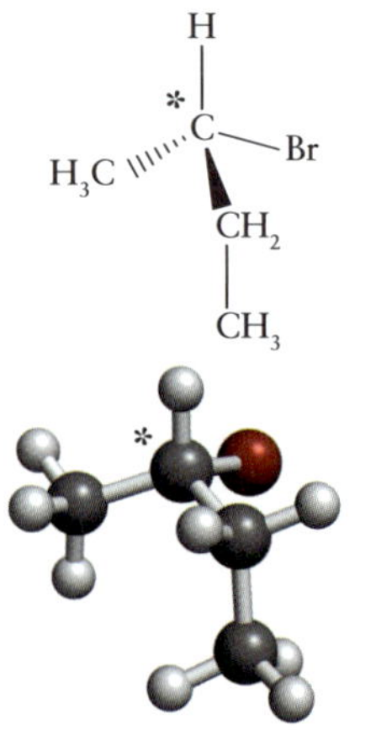

(b) $CH_3CHBrCH_3$

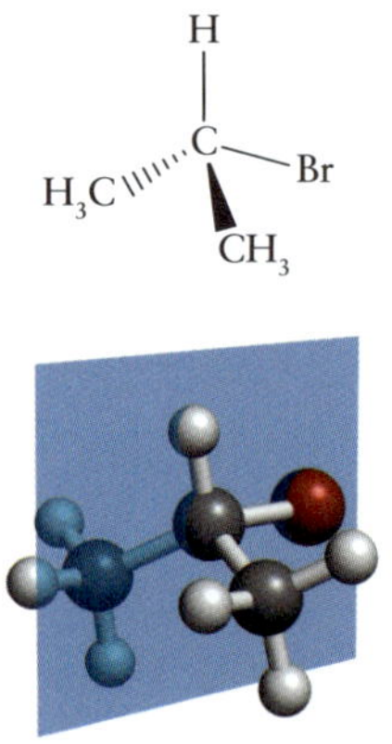

유의 사항

유기 구조의 삼차원 형상을 나타내기 위해 흔히 쐐기 모양의 점선과 실선이 사용된다. 점선 쐐기 모양의 결합은 페이지의 뒤쪽으로 배향되는 것을 나타내며, 실선 쐐기 모양의 결합은 앞쪽으로 튀어나온 것을 나타낸다. 가는 실선은 종이 면과 같은 평면에 존재한다.

자습 10A.6A 클로로플루오로탄소 분자는 C와 H뿐 아니라 Cl과 F 원자도 포함한다. 다음 중 어떤 클로로플루오로탄소가 카이랄성인가? (a) CH_3CF_2Cl, (b) CH_3CHFCl, (c) CH_2FCl.

[답: (b)]

자습 10A.6B 알코올에서 —OH기는 C 원자에 붙어 있다. 다음 중 어느 알코올이 카이랄성인가? (a) $CH_3CH_2CH_2CH_2OH$, (b) $CH_3CH(OH)CH_3$, (c) $CH_3CH(OH)CH_2CH_3$

관련 연습 문제 10A.27, 10A.28

구조 이성질체는 같은 분자식을 갖지만, 그 구성 원자들이 이웃 원자들과 서로 다르게 연결된 것이다. 기하 이성질체란 같은 분자식 및 구조식을 갖지만, 공간에서 서로 다르게 배치되는 것이다. 탄소 원자 하나에 네 개의 서로 다른 치환기들이 붙어 있는 분자는 카이랄성이며, 광학 이성질체를 갖는다.

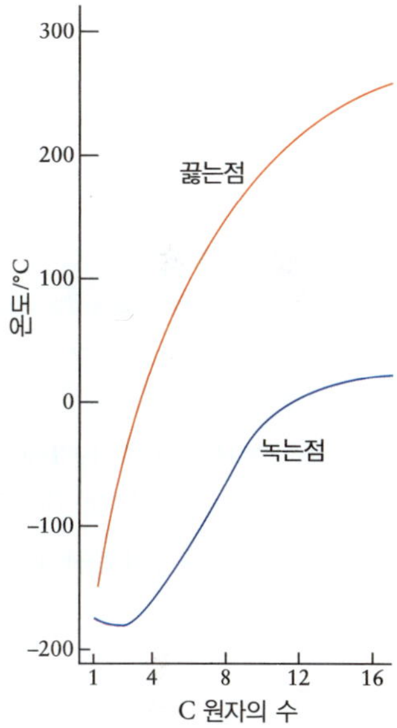

그림 10A.4 CH_4에서 $C_{16}H_{34}$까지 곁가지가 없는 알케인의 녹는점과 끓는점

10A.3 알케인과 알켄의 물리적 성질

탄소와 수소의 전기 음성도(각각 2.55와 2.20)는 매우 비슷하며, 탄화수소 내 결합의 회전이 매우 자유로워서 탄화수소 분자는 비극성 물질로 간주할 수 있다. 그러므로 알케인 분자들 사이의 가장 주요한 상호 작용은 London 힘이다(Topic 3D). 이 힘의 세기는 분자 내의 전자의 수가 증가할수록 커지므로, 석유에서 주로 얻는 알케인들은 몰질량이 커질수록 휘발성이 낮아지게 되어 분별 증류를 통해 분리할 수 있다(그림 10A.4). 가장 가벼운 알케인인 메테인에서 뷰테인까지는 상온에서 기체이다. 펜테인은 휘발성이 큰 액체이며, Topic 10B에서 더 논의되겠지만, 헥세인에서 운데케인($C_{11}H_{24}$)까지는 약간 휘발성이 있는 액체로서 휘발유(gasoline)에 존재한다. 모든 알케인은 물에 녹지 않는다. 또한 밀도가 물보다 작으므로 물 표면에 뜨게 된다. 따라서 아주 작은 기름이라도 바다에서 누출되면 대양의 표면에 유기층을 형성하며, 아주 넓은 지역에 퍼지게 된다.

생각해 보기

1 L의 휘발유가 물 위로 퍼져나간 넓이를 어떻게 가늠할 수 있는가?

이중 결합은 σ-결합 하나와 π-결합 하나로 이루어진다(Topic 2F). 이중 결합 내의 각 탄소 원자는 sp^2 혼성을 하고, 그 세 개의 혼성 오비탈을 이용하여 세 개의 σ-결합을 형성한다. 두 탄소 원자의 혼성이 되지 않은 p-오비탈은 서로 중첩하여 π-결합을 형성한다. C=C 결합과 그것에 결합된 네 개의 원자들은 모두 같은 평면에 놓이게 되며, π-결합이 회전에 저항하므로 그 배치가 고정된다(그림 10A.5). 알켄 분자는 알케인처럼 공과 같이 조밀하게 말리거나 좀 더 유리한 위치로 회전할 수 없으므로 알케인만큼 빽빽하게 쌓일 수가 없다. 결과적으로 알켄은 비슷한 몰질량의 알케인에 비해 녹는점이 낮다.

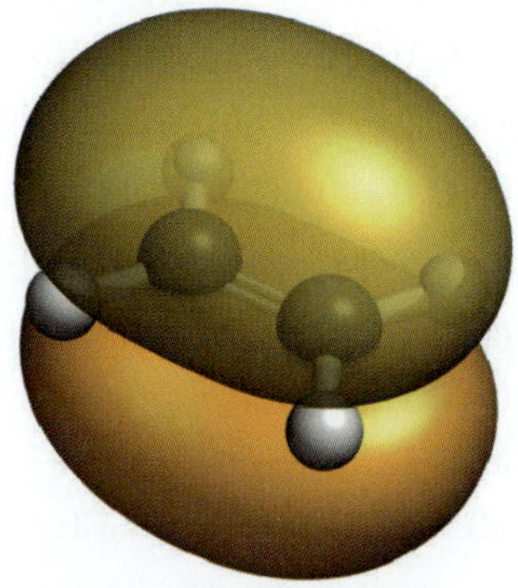

그림 10A.5 노란색 전자 구름으로 표현된 알켄 분자의 π-결합은 분자가 이중 결합 주위로 뒤틀어 회전하는 것에 저항한다. 결과적으로 여섯 개의 원자(이중 결합을 이루는 두 개의 탄소 원자와 그 탄소 원자들에 연결된 네 개의 원자)는 모두 같은 평면 위에 놓이게 된다.

알켄의 탄소–탄소 이중 결합은 탄소–탄소 단일 결합에 비해 반응성이 크며, 따라서 알켄의 특징적인 성질을 나타내게 된다(Topic 10B).

알케인 분자 사이의 London 힘은 분자의 몰질량이 늘어날수록 커진다. 알켄은 σ-결합과 π-결합으로 이루어진 이중 결합을 가진다.

이 Topic에서 배운 것은 무엇인가?

지방족 탄화수소가 알케인, 알켄, 알카인으로 분류되는 것을 배웠다. 탄화수소의 명명법과 구조 이성질체, 기하 이성질체, 광학 이성질체 등 여러 종류의 이성질체를 확인하는 법을 알았다. 탄화수소의 구조가 그 물리적 성질에 어떻게 영향을 끼치는지를 배웠다.

개념과 식의 적용

- ☐ 결합과 구조의 차이로 알케인, 알켄, 알카인을 구별한다(10A.1절).
- ☐ 간단한 탄화수소를 명명한다(도구상자 10A.1 및 예제 10A.1과 10A.2).
- ☐ 구조식을 통해 분자를 구조 이성질체, 기하 이성질체, 또는 광학 이성질체로 구분한다(10A.2절).
- ☐ 이성질체 분자의 식을 쓴다(예제 10A.3).
- ☐ 화합물이 카이랄성인지 판단한다(예제 10A.4).
- ☐ 알케인의 물리적 성질의 일반적인 경향을 기술한다(10A.3절).

Topic 10A 연습 문제

10A.1 다음 분자의 선 구조식을 그리고, 각각 알케인, 알켄, 알카인으로 분류하시오.
(a) CH_3CCCH_3 (b) $CH_3CH_2CH_2CH_3$ (c) $CH_2CHCH_2CH_3$ (d) $CH_3CHCHCH_2CCCH_3$ (e) $CH_2CHCH_2CHCH_2$

10A.2 다음 각 분자의 분자식을 적고, 각각 알케인, 알켄, 알카인으로 분류하시오.

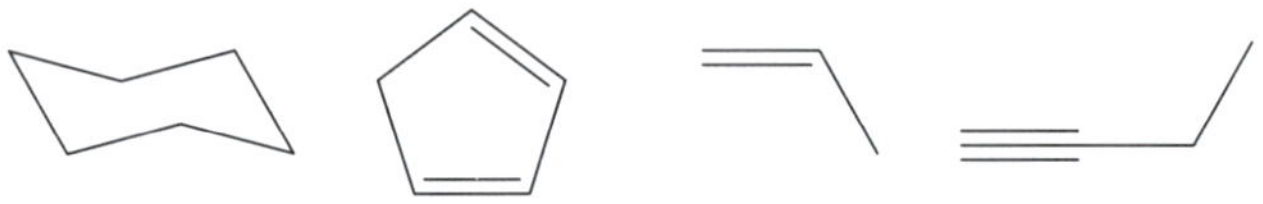

(a) (b) (c) (d)

10A.3 다음 가지가 없는 알케인을 명명하시오.
(a) C_3H_8 (b) C_4H_{10} (c) C_7H_{16} (d) $C_{10}H_{22}$

10A.4 다음 가지가 없는 알케인을 명명하시오.
(a) C_9H_{20} (b) C_6H_{14} (c) $C_{11}H_{24}$ (d) $C_{12}H_{26}$

10A.5 다음 치환기를 명명하시오.
(a) $CH_3—$
(b) $CH_3(CH_2)_3CH_2—$
(c) $CH_3CH_2CH_2—$
(d) $CH_3CH_2CH_2CH_2CH_2CH_2—$

10A.6 다음 치환기를 명명하시오.
(a) $CH_3(CH_2)_7CH_2—$
(b) $CH_3CH_2CH_2CH_2CH_2—$
(c) $CH_3CH_2—$
(d) $CH_3CH_2CH_2CH_2CH_2CH_2CH_2—$

10A.7 다음 분자의 계통명(systematic name)을 쓰시오.
(a) $CH_3CH_2CH_3$ (b) CH_3CH_3 (c) $CH_3(CH_2)_3CH_3$
(d) $(CH_3)_2CHCH(CH_3)_2$

10A.8 다음 분자의 계통명을 쓰시오.
(a) $CH_3CH_2CH(CH_3)CH_2CH_3$ (b) $CH_3CH(CH_2CH_3)CH(CH_3)_2$
(c) $(CH_3)_3C(CH_2)_3CH(CH_3)_2$ (d) $(CH_3)_3CC(CH_3)_3$

10A.9 다음 분자의 계통명을 쓰시오.
(a) $CH_3CH{=}CHCH(CH_3)_2$ (b) $CH_3CH_2CH(CH_3)C(CH_3)_3$

10A.10 다음 분자의 계통명을 쓰시오.
(a) $CH_2{=}CHCH_2CH(C_6H_5)(CH_2)_4CH_3$
(b) $(CH_3)_2CHCH(CH_3)\ CHClC{\equiv}CCH_3$

10A.11 다음 분자를 축약 구조식으로 그리시오.
(a) 3-메틸-1-펜텐 (b) 4-에틸-3,3-다이메틸헵테인
(c) 5,5-다이메틸-1-헥사인 (d) 3-에틸-2,4-다이메틸펜테인

10A.12 다음 분자를 축약 구조식으로 그리시오.
(a) 4-에틸-2,2-다이메틸헥세인 (b) 3-에틸-4-메틸-1-펜텐
(c) cis-4-에틸-3-헵텐 (d) trans-4-메틸-2-헥센

10A.13 다음 분자의 구조식을 그리시오.
(a) 4,4-다이메틸노네인 (b) 4-프로필-5,5-다이에틸-1-데사인
(c) 2,2,4-트라이메틸펜테인 (d) trans-3-헥센

10A.14 다음 분자의 구조식을 그리시오.
(a) 4-에틸-2,3,6-트라이메틸옥테인 (b) cis-4-에틸-2-헥센
(c) 1-에틸-2,3-다이메틸사이클로펜테인 (d) 5-에틸-1-헵텐

10A.15 다음 분자를 각각 선형 구조식으로 그리시오.
(a) 노네인 $CH_3(CH_2)_7CH_3$ (b) 사이클로프로페인 C_3H_6
(c) 사이클로헥센 C_6H_{10}

10A.16 다음 화학종을 각각 선형 구조식으로 그리시오.
(a) 2,2,3,3-테트라메틸헥세인 $CH_3C(CH_3)_2C(CH_3)_2CH_2CH_2CH_3$

(b) 트리틸 양이온 $(C_6H_5)_3C^+$ (c) 뷰타다이엔 $CH_2CHCHCH_2$

10A.17 다음 분자 내 2번 탄소의 결합의 형태와 숫자를 밝히시오.
(a) 펜테인 (b) 2-펜텐 (c) 2-펜타인

10A.18 다음 분자 내 2번 탄소의 결합에 참여하는 오비탈의 기하학적 구조와 혼성을 예측하시오.
(a) 펜테인 (b) 2-펜텐 (c) 2-펜타인

10A.19 cis-1,2-다이클로로프로펜과 trans-1,2-다이클로로프로펜의 구조를 그리시오. 둘 중 어느 것이 더 극성 분자인가?

10A.20 1,3-펜타다이엔의 구조를 그리시오. 원자가 결합과 분자 오비탈 그림을 사용하여 σ-골격과 π-오비탈들의 결합을 각각 설명하시오.

10A.21 (a) C_6H_{12}의 분자식을 가진 알켄 이성질체의 구조식을 적어도 10개 이상 그리고, 각각 명명하시오. (b) C_6H_{12}의 분자식을 가진 사이클로알케인 이성질체의 구조식을 적어도 10개 이상 그리고, 각각 명명하시오.

10A.22 (a) C_4H_8, (b) C_5H_{10}의 분자식을 가진 알켄 화합물에 대한 이성질체(기하 이성질체 포함)의 구조식을 모두 그리고, 각각 명명하시오.

10A.23 다음 각 쌍의 화합물 간 관계를 각각 구조 이성질체, 기하 이성질체, 또는 이성질체가 아님으로 분류하시오.
(a) 뷰테인과 사이클로뷰테인 (b) 사이클로펜테인과 펜텐

(c) 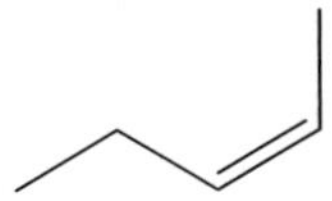 과 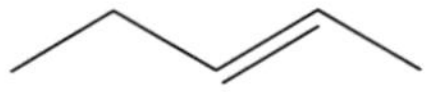

(d) 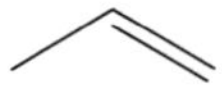 과 

10A.24 다음 각 쌍의 화합물 간 관계를 각각 구조 이성질체, 기하 이성질체, 또는 이성질체가 아님으로 분류하시오.
(a) 1-클로로헥세인과 클로로사이클로헥세인

(b)  과 

(c) 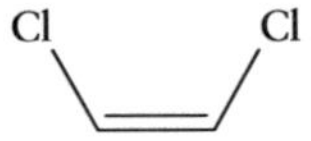

과 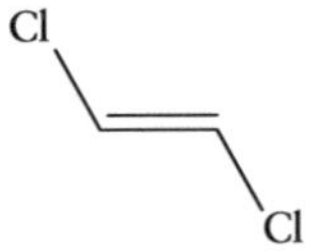

10A.25 가지달린 탄화수소 C_4H_{10}은 빛을 받아 염소 분자와 반응하고 C_4H_9Cl의 분자식을 갖는 가지달린 구조 이성질체 두 종류를 생성한다. (a) 해당 탄화수소 반응물과 (b) 이성질체 생성물의 구조식을 그리시오.

10A.26 가지달린 탄화수소 분자 C_6H_{14}은 빛을 받아 염소 분자와 반응하고 $C_6H_{13}Cl$의 분자식을 갖는 구조 이성질체 두 종류만을 생성한다. (a) 해딩 탄화수소 반응물과 (b) 이성질체 생성물의 구조식을 그리시오.

10A.27 다음 분자 중 광학 이성질체가 존재하는 분자를 알아내고 그 분자 내의 카이랄 탄소 원자를 표시하시오.
(a) $CH_3CHBrCH_2CH_3$ (b) $CH_3CH_2CHCl_2$
(c) 1-브로모-2-클로로프로페인 (d)1,2-다이클로로펜테인

10A.28 다음 분자 중 광학 이성질체가 존재하는 분자를 알아내고 그 분자 내의 카이랄 탄소 원자를 표시하시오.
(a) $CH_3CHBrCH_2Br$ (b) $CH_3CH_2CHClCH_2CH_3$
(c) 2-브로모-2-메틸프로페인 (d) 2,3-다이메틸펜테인

Topic 10B 지방족 탄화수소의 반응

이 Topic을 왜 배우는가? 지방족 탄화수소의 반응은 정유 과정뿐 아니라 새로운 화합물의 합성에도 중요하다.

무엇을 알고 있어야 하는가? 이 Topic은 Topic 10A에서 배운 지방족 화합물에 대한 설명을 토대로 하고, 결합 엔탈피(Topic 4E)와 반응 메커니즘(Topic 7C)의 개념을 필요로 한다.

탄화수소의 화학적 성질은 한 화합물을 다른 화합물로 바꾸는 단계들에 대한 자세한 반응 메커니즘을 통해 이해할 수 있다. 새로운 화합물을 합성하는 경로를 개발하는 데 있어 탄화수소 반응 메커니즘에 대한 지식이 필수적이다. 다중 결합을 가지고 있지 않은 알케인의 반응은 알켄과 알카인의 반응과 상당히 다르다.

10B.1 알케인 치환 반응

알케인은 한때 '낮은 친화력'이라는 의미를 지닌 라틴어에서 유래된 **파라핀**(paraffin)이라는 이름으로 불렸다. 이 이름이 암시하듯 알케인은 반응성이 매우 떨어진다. 이들이 화학적 반응을 거의 일으키지 않는 이유는 열역학적 요인에 기인한다. C—C 결합과 C—H 결합은 강하므로(그들의 평균 결합 엔탈피는 각각 348 $kJ \cdot mol^{-1}$ 및 412 $kJ \cdot mol^{-1}$ 이다), 이 결합을 다른 결합으로 대체한다 해도 에너지 이득이 별로 없다. C=O(743 $kJ \cdot mol^{-1}$), C–O(360 $kJ \cdot mol^{-1}$) 및 C–F(484 $kJ \cdot mol^{-1}$) 결합은 예외적으로 에너지 이득이 있을 수 있다. 알케인을 태워서 이산화탄소와 물을 생성하는 반응은 매우 강한 발열 반응이므로 알케인은 흔히 연료로 사용된다(Topic 4D).

$$CH_4(g) + 2\,O_2(g) \rightarrow CO_2(g) + 2\,H_2O(g) \qquad \Delta H° = -890\ kJ$$

이 반응에서는 강한 탄소–수소 결합이 더 강한 O—H 결합(463 $kJ \cdot mol^{-1}$)로 치환되고, 산소–산소 결합(496 $kJ \cdot mol^{-1}$)은 매우 강한 C=O 결합 2개로 치환된다. 그 에너지 차이는 열로 방출된다.

더 반응성이 높은 많은 화합물의 합성에 있어서 알케인이 시작 물질로 사용된다. 석유의 정제 과정에서 얻은 알케인으로부터 출발하여 유기화학자들은 **작용기화(functionalization)**라는 과정을 거쳐 그 분자 내에 반응성이 큰 원자단을 도입한다. **치환 반응(substitution reaction)**을 통해 알케인의 작용기화를 할 수 있는데, 치환 반응이란 특정 원자나 원자단이 원래 분자의 어떤 원자(알케인의 경우 수소 원자)를 대체하는 반응을 뜻한다(그림 10B.1). 치환 반응의

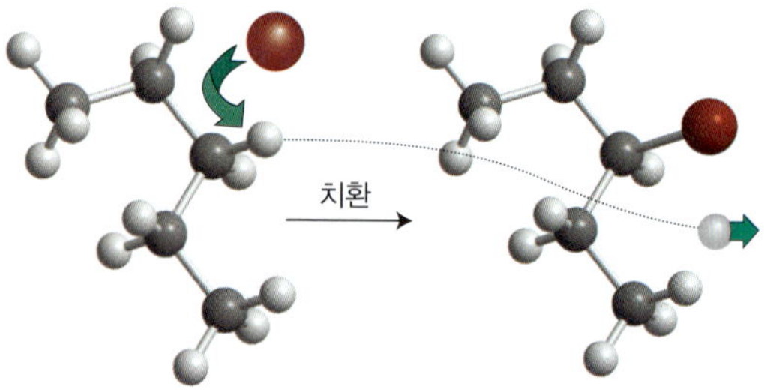

그림 10B.1 알케인 치환 반응에서는 원자나 원자단(붉은색 공으로 표시)이 접근하여 알케인 분자 내의 수소 원자를 대체한다.

한 예는 메테인과 염소 사이의 반응이다. 이 두 기체를 빛이 없는 곳에서 혼합하면 전혀 반응이 일어나지 않지만, 그 혼합물을 자외선에 노출시키거나 300 °C 이상으로 가열하면 폭발적으로 반응한다.

$$CH_4(g)+Cl_2(g) \xrightarrow{\text{빛 또는 열}} CH_3Cl(g)+HCl(g)$$

이 반응은 라디칼 연쇄 반응 메커니즘(Topic 7C)에 의해 진행된다. 이 반응에서는 클로로메테인(CH_3Cl)이 유일한 생성물은 아니다. 염소의 농도가 높은 경우, 다이클로로메테인(CH_2Cl_2), 트라이클로로메테인($CHCl_3$), 테트라클로로메테인(CCl_4)도 생성될 수 있다.

알케인에서는 주로 산화 반응과 치환 반응이 일어난다.

10B.2 알켄과 알카인의 합성

대부분의 산업용 알켄과 알카인은 정유 과정에서 생산된다. 정유 과정의 첫 단계 중 하나는 촉매를 사용하여 주성분 알케인 중 일부를 반응성이 더 큰 알켄으로 전환하는 반응이다.

$$CH_3CH_3(g) \xrightarrow{Cr_2O_3} CH_2{=}CH_2(g)+H_2(g)$$

이 과정은, 인접한 탄소 원자에 붙어 있는 두 개의 원자 혹은 원자단이 분자에서 제거되면서 다중 결합을 형성하는 **제거 반응(elimination reaction)**의 한 예이다(그림 10B.2).

흔히 실험실에서 사용하는 알켄을 제조하는 또 다른 방법은 할로알케인의 **할로젠화수소 이탈 반응(dehydrohalogenation)**으로, 인접한 탄소 원자에서 수소 원자 하나와 할로젠 원자 하나를 제거하는 반응이다.

$$CH_3CH_2CHBrCH_3+CH_3CH_2O^- \xrightarrow{\text{에탄올, 70 °C}} CH_3CH{=}CHCH_3+CH_3CH_2OH+Br^-$$

유기 반응에서는 흔히 반응물과 생성물의 상태가 나타나지 않는 경우가 있는데, 이는 반응이 촉매의 표면에서 일어나기도 하고, 위 반응에서처럼 비수용성 용매에서 일어날 수도 있기 때문이다. 위 반응은 제거 반응의 또다른 예로서, 뜨거운 에탄올 속에서 에톡시화 소듐 $NaCH_3CH_2O$(이온 결합 화합물 $Na^+CH_3CH_2O^-$)을 시약으로 사용하여 진행한다. 이 반응에서 약간의 $CH_3CH_2CH{=}CH_2$도 생성된다.

알켄의 이중 결합은 제거 반응에 의해 생성될 수 있다.

10B.3 친전자성 첨가 반응

탄소–탄소 이중 결합은 탄소–탄소 단일 결합보다 더 강하지만, 탄소–탄소의 π-결합은 σ-결합보다 약하다. π-결합 형성에 관여하는 전자 중첩은 σ-결합 형성에 관여하는 전자 중첩에 비

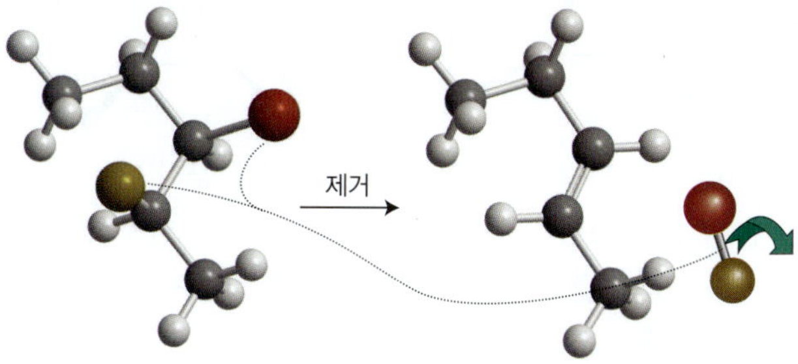

그림 10B.2 제거 반응에서는 인접하는 탄소 원자에 붙어 있는 원자나 원자단(붉은색 및 황금색 구 모양) 두 개가 분자로부터 제거되어 두 탄소 원자 사이에 이중 결합을 형성한다.

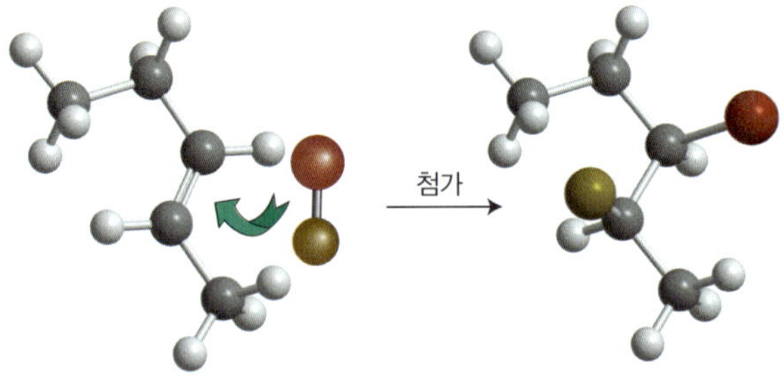

그림 10B.3 첨가 반응에서는 분자(붉은색 및 황금색 구 모양)가 접근하여 다중 결합 결합되어 있었던 탄소 원자들와 결합을 형성한다.

해 덜하고, 증가된 전자 밀도가 직접적으로 두 핵 사이에 위치하지 않는다(Topic 2F). 이러한 상대적으로 약한 결합에 의해 알켄은 **첨가 반응(addition reaction)**이라는 특징적인 화학 반응을 진행하게 된다. 첨가 반응은 반응물로부터 제공되는 원자가 이중 결합으로 묶여 있던 두 원자에 새로운 σ-결합을 형성하는 반응이다(그림 10B.3). 이 과정에서 π-결합은 없어지고 탄소–탄소 σ-결합은 남게 된다. 그 한 예가 1,2-다이클로로에테인의 형성 반응에서 볼 수 있는 것처럼 두 개의 할로젠 원자가 이중 결합에 첨가되는 **할로젠화 반응(halogenation)**이다.

$$CH_2{=}CH_2 + Cl_2 \rightarrow CH_2Cl{-}CH_2Cl$$

염화수소의 첨가에 의해 클로로에테인을 생성하는 반응은 **할로젠화수소 반응(hydrohalogenation)**의 한 예이다.

$$CH_2{=}CH_2 + HCl \rightarrow CH_3{-}CH_2Cl$$

이중 결합 부분의 높은 전자 밀도는 첨가 반응이 알켄에서 쉽게 일어날 수 있도록 한다(그림 10B.4). 전자는 음으로 하전되어 있으므로 이 부분은 축적된 음전하를 나타내며, 양으로 하전된 반응물을 끌어당길 수 있게 한다. 높은 전자 밀도를 지닌 부분에 끌리는 반응물을 **친전자체(electrophile)**라고 한다. 알켄의 첨가 반응 메커니즘은 이중 결합을 형성하는 탄소 원자에 대한 친전자성 공격이다. 친전자체는 양으로 하전된 화학종이거나, 부분적 양전하를 갖거나, 반응 도중에 양전하를 만들 수 있는 화학종일 수 있다.

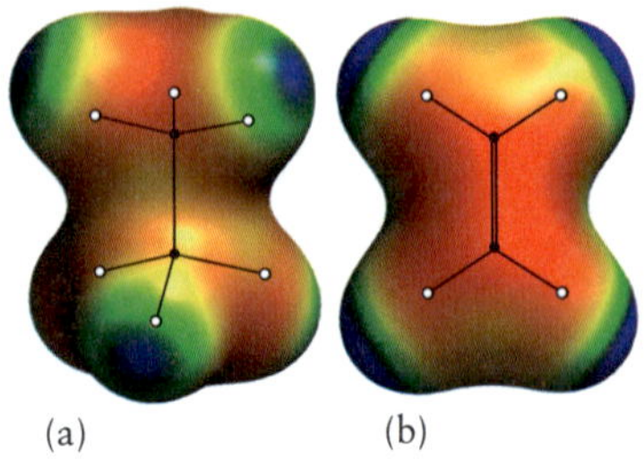

그림 10B.4 (a) 에테인 분자의 정전기적 퍼텐셜 도표. 푸른색 부분은 핵의 양전하가 전자의 음전하보다 우세한 부분이고, 붉은색 부분은 전자의 음전하가 핵의 양전하보다 우세한 부분이다. (b) 에텐 분자의 전자 분포는 음전하 부분이 이중 결합 부분에 전자가 축적되는 것과 관련이 있다는 것을 보여 준다.

에텐의 브로민화 반응은 알켄에 대한 친전자성 첨가 반응의 한 예이다. 에텐(또는 다른 알켄) 기체를 브로민 용액 속에 넣어 주면, 붉은색의 브로민이 반응하여 다이브로모에테인을 형성하면서 용액의 색깔이 없어진다(이 반응은 그림 2B.1에 나타내었다). 브로민 분자는 편극화(polarizable)될 수 있어서 Br_2 분자가 알켄 이중 결합의 높은 전자 밀도를 지닌 부분에 접근하게 되면, 이중 결합에 더 가까운 쪽의 Br 원자에 부분 양전하가 유도된다(그림 10B.5). 이러한 전하의 분리는 Br_2 분자가 친전자체로서 작용할 수 있다는 것을 의미한다. Br_2 분자가 공격을 위해 이동하면서, 부분적으로 양으로 하전되었던 Br 원자는 Br^+와 더욱 유사하게 되고, 다른 Br 원자는 Br^-와 더욱 유사하게 된다. 두 개의 Br 원자 사이의 결합이 끊어지고, Br^+ 이온은 알켄의 두 탄소 원자 사이에 다리를 형성하여 고리 형태의 '브로모늄 이온(bromonium ion)'을 형성한다.

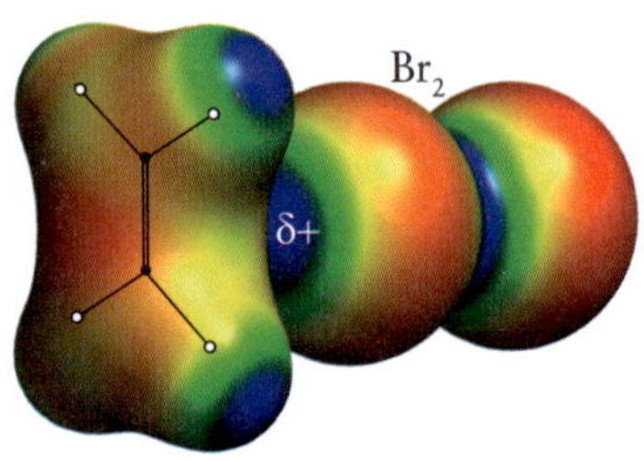

그림 10B.5 브로민 분자가 알켄의 이중 결합에 접근하면서 에텐 분자에 가까운 브로민 원자는 부분적인 양전하를 띠게 된다. 브로민 분자가 이중 결합에 매우 근접하여 탄소–브로민의 결합이 형성되기 시작하는 지점에서의 컴퓨터 계산을 통해 이 그림을 생성하였다.

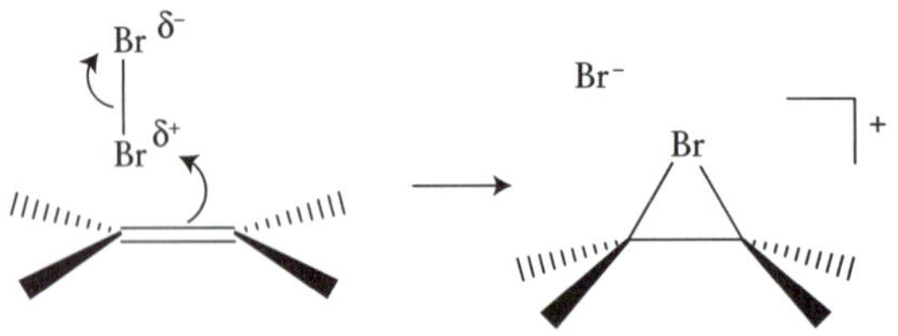

거의 즉시, Br^- 이온은 브로모늄 이온의 양전하에 의해 끌려 탄소 원자에 대한 공격을 하게 된다. Br^- 이온은 한 탄소 원자와 결합을 형성하고, 그 탄소 원자와 이전에 있었던 브로민 원자 간에 형성하였던 결합은 끊어지면서 그 브로민 원자는 두 번째 탄소 원자로 이동하여 1,2-다이브로모에테인을 생성한다.

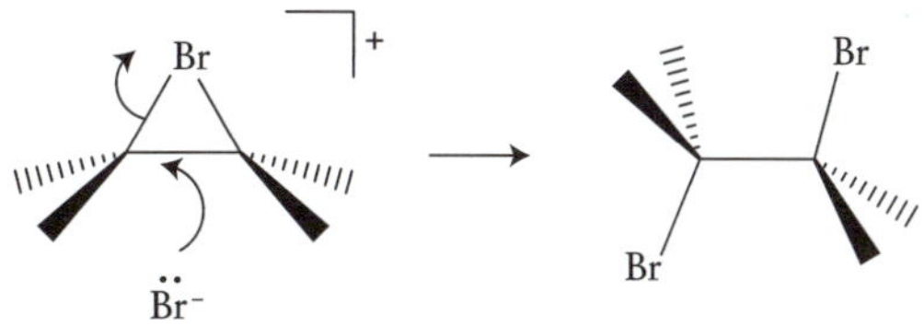

유기 반응 메커니즘을 나타내기 위해 위에서 보는 바와 같이 굽은 화살표를 종종 사용한다. 굽은 화살표는 새로운 결합을 만들 때 전자쌍의 이동 방향을 나타낸다.

수소는 고체상 촉매를 이용하여 탄소–탄소 이중 결합에 첨가될 수 있으며, 이를 **수소화 반응**(**hydrogenation**, 또는 수소첨가 반응)이라고 한다.

$$H_2(g) + \cdots C{=}C \cdots \xrightarrow{\text{촉매}} \cdots CH{-}CH \cdots$$

식품 산업에서 식물성 유지를 쇼트닝(shortening)으로 전환하는 데 이 반응을 이용하며, 땅콩버터가 상온에서 흘러내리지 않도록 해준다(**그림 10B.6**). 기름 분자와 고체 지방 분자 모두 긴 탄화수소 사슬을 갖고 있지만, 기름에는 이중 결합이 더 많다. 이중 결합은 뒤틀어 회전하는 것에 저항성을 가지고 있으므로, 기름 분자는 서로 조밀하지 않게 쌓이게 되고 상온에서 액체 상태를 보인다. 이중 결합 일부가 단일 결합으로 대체되면 사슬은 훨씬 더 유연하게 변하며, 그 분자는 더욱 조밀하게 쌓여 고체를 형성한다. 음식물 성분들 중에서 어떤 것이 이런 반응을 거쳤는지는 포장에 '수소화(hydrogenated)' 또는 '부분 수소화(partially hydrogenated)' 기름이라고 적힌 것을 통해 확인할 수 있다.

알카인 역시 첨가 반응을 할 수 있고, 반응 조건이나 반응물의 비율에 따라 알켄 혹은 알케인으로 전환될 수 있다.

그림 10B.6 액체 유지(위)가 수소화되면 고체 지방(아래)으로 바뀐다. 탄소–탄소 이중 결합에 수소가 첨가되어 단일 결합으로 변환된다. 그 결과로 생성되는 물질은 더 유연하여 조밀하게 쌓일 수 있으므로 고체가 된다. (*Copyright Macmillan Learning, photo by Ken Karp.*)

자습 10B.1A 2-뷰텐에 수소를 첨가하는 반응에서 생성물의 축약 구조식을 그리시오.

[답: $CH_3CH_2CH_2CH_3$]

자습 10B.1B 2-뷰텐에 염화수소를 첨가하는 반응에서, 생성물의 축약 구조식을 그리시오.

알켄과 알카인의 첨가 반응 메커니즘은 친전자성 공격이다.

10B.4 지방족 탄화수소의 활용: 석유

탄화수소는 주로 화석 연료인 석유와 석탄에서 나온다. 지방족 탄화수소는 주로 석유에서 얻을 수 있는데, 석유는 지방족과 방향족 탄화수소가 황과 질소를 포함하는 몇몇 유기 화합물과 함께 섞여 있는 혼합물이다(**그림 10B.7**).

석유 내의 탄화수소는 Topic 5C에서 배운 분별 증류법을 통해 분리한다(**표 10B.1**). 제트 엔

표 10B.1 석유 내의 탄화수소 구성물

탄화수소	끓는점/°C	분별 증류 산물
$C_1 \sim C_4$	−160 ~ 0	천연가스, 프로페인
$C_5 \sim C_{11}$	30 ~ 200	휘발유
$C_{12} \sim C_{16}$	180 ~ 400	등유, 연료유
$C_{17} \sim C_{22}$	350 이상	윤활유
$C_{23} \sim C_{34}$	낮은 녹는점을 지니는 고체	파라핀 왁스
C_{35} 이상	무른 고체	아스팔트

그림 10B.7 화석 연료를 발견할 때마다 그곳에서 시추해야 한다. 이 플랫폼은 대양의 해저면 아래 석유를 시추하는 데 사용된다. 천연가스가 함께 시추되지만 이는 쉽게 운송할 수가 없어서 태워버린다. (© *AzmanMD/Shutterstock*)

진 혹은 디젤 엔진의 연료로 사용하는 등유(kerosene)는 C_{10}에서 C_{16}의 범위에 해당하는 화학식을 가지는 다양한 알케인을 포함한다. 윤활유는 C_{17}에서 C_{22}의 범위에 해당하는 혼합물이다. 좀 더 무거운 탄화수소에는 파라핀 왁스나 아스팔트가 있다. 석유는 휘발유 생산에 주로 사용되지만, 석유 내 휘발유의 분율(C_5에서 C_{11}의 범위에 해당하는 탄화수소)은 그 수요에 비해 턱없이 적다. 또한, 가지 없는 형태의 사슬을 가진 알케인은 질이 떨어지는 휘발유가 된다. 따라서 석유를 정제하여 가솔린의 양과 질 모두를 높이게 된다.

긴 탄화수소 사슬을 잘라 작게 만드는 **크래킹**(cracking)과 작은 분자를 합쳐 큰 분자를 만드는 **알킬화**(alkylation)를 통해 석유로부터 얻을 수 있는 휘발유의 양을 증가시킨다. 크래킹 과정에서는, 휘발성이 낮은 분별 증류 산물을, 변형시킨 제올라이트(Topic 7E 참조)와 같은 촉매 존재하에서 고온에 노출시키게 된다. 예를 들면, 연료유는 옥텐과 옥테인 이성질체의 혼합물로 변환될 수 있다.

$$C_{16}H_{34} \xrightarrow{\Delta,\ \text{촉매}} C_8H_{16} + C_8H_{18}$$

알킬화 반응에서 원하는 사슬 길이를 얻기 위해서는 촉매가 필요하다. 예를 들어, 옥테인은 뷰테인과 뷰텐의 혼합물로부터 합성할 수 있다.

$$C_4H_{10} + C_4H_8 \xrightarrow{\text{촉매}} C_8H_{18}$$

엔진을 부드럽게 움직이게 하는지를 결정하는 휘발유의 품질은 **옥테인값**(octane rating)으로 나타낸다. 옥테인값이 낮은 연료 성분은 엔진 압축 과정에서 쉽게 폭발하게 되고 '엔진 노킹(engine knock)'을 일으킨다. 예를 들어, 가지 없는 형태의 사슬을 지닌 옥테인 분자 $CH_3(CH_2)_6CH_3$는 빠르게 압축할 때 너무 쉽게 점화되어 옥테인값이 −19이지만, 그 이성질체인 아이소옥테인이라고 불리는 2,2,4-트라이메틸펜테인은 옥테인값이 100이다. 옥테인값은 분자의 가지가 증가할수록, 또한 불포화나 고리를 도입할수록 증가한다. **이성질체화 반응**(isomerization)을 통해 가지 없는 형태의 사슬을 지닌 탄화수소가 가지달린 사슬을 지닌 이성질체로 변환한다. 일례로 다음과 같은 반응이 있다.

$$CH_3(CH_2)_6CH_3 \xrightarrow{AlCl_3} (CH_3)_3CCH_2CH(CH_3)_2$$

방향족화 반응(aromatization)은 알케인을 방향족 화합물로 바꾸는 것이다.

$$CH_3(CH_2)_5CH_3 \xrightarrow{AlCl_3,\ Cr_2O_3} CH_3C_6H_5 + 4H_2$$

이 반응의 생성물인 톨루엔(메틸벤젠)은 옥테인값이 120이다.

옥테인값이 120인 에탄올을 섞어 넣어 휘발유의 품질을 높일 수도 있다. 에탄올 사용은 석유에 대한 의존도를 줄이는 데 도움을 줄 수 있다. 지구상에 매장량이 한정되어 있는 석유와 달리 에탄올은 매년 재생될 수 있는 재생가능 연료이다(화학 이야기 4D.1 참조)

석유는 주로 탄화수소로 구성되는데, 분별 증류를 통해 분리할 수 있다. 휘발유의 품질은 가지달린 사슬이나 방향족 부분을 도입하여 향상시킬 수 있다.

이 Topic에서 배운 것은 무엇인가?

알케인은 반응성이 크지 않지만 알켄과 알카인의 다중 결합은 첨가 반응이 일어나는 자리라는 것을 배웠다.

개념과 식의 적용

☐ 반응성의 차이에 따라 알케인을 알켄 및 알카인과 구별한다.
☐ 제거 반응과 첨가 반응 및 치환 반응의 생성물을 예측한다(10B.2절 및 10B.3절).

□ 석유를 정제하는 기본 과정을 기술한다(10B.4절).

Topic 10B 연습 문제

10B.1 부록 2A에 나와 있는 자료를 활용하여, (a) 1.00 mol과 (b) 1.00 g의 프로페인, 뷰테인, 펜테인을 각각 과량의 산소하에서 연소시킬 때의 균형 맞춘 화학 반응식을 적고, 발생한 열을 계산하시오. 분자의 양(몰 또는 그램)과 발생하는 열의 양에 어떤 상관관계가 있는가? 있다면 몰 또는 그램 중 어느 것인가?

10B.2 메테인이 다이플루오로메테인으로 변환되는 플루오린화 반응에 대한 균형 맞춘 화학 반응식을 쓰고, 표 4E.2와 4E.3의 결합 엔탈피를 이용하여 이 반응의 엔탈피를 추정하시오. 똑같은 형태의 염소화 반응(chlorination)의 경우에는 발열성이 훨씬 낮다. 이러한 차이는 무엇 때문에 발생하는가?

10B.3 염소와 에테인 분자의 반응에서 탄소 원자 두 개를 포함하는 생성물 몇 가지가 생성될 수 있는가? 그 중 광학 이성질체로 존재하는 것이 있는가?

10B.4 염소와 사이클로프로페인의 반응에서 삼원자 고리를 보존하는 생성물 몇 가지가 생성될 수 있는가? 그 중 입체 이성질체로 존재하는 것이 있는가?

10B.5 브로민화 수소가 2-펜텐과 반응했을 때 두 가지 구조 이성질체가 생길 수 있다. (a) 각각의 구조식을 그리시오. (b) 이러한 종류의 반응에는 어떤 이름을 붙여야 하는가?

10B.6 (a) 2-헥사인으로부터 2,3-다이클로로헥세인이 생성되는 균형 맞춘 화학 반응식을 쓰시오. (b) 이러한 종류의 반응에는 어떤 이름을 붙여야 하는가?

10B.7 (a) 브로모사이클로헥세인이 에탄올 용매하에서 에톡시화 소듐과 반응할 때의 균형 맞춘 화학 반응식을 쓰시오. (b) 고리형 반응물과 생성물의 구조식을 그리시오. (c) 이러한 종류의 반응에는 어떤 이름을 붙여야 하는가?

10B.8 (a) 1-브로모뷰테인과 (b) 2-브로모뷰테인이 각각 에톡시화 소듐과 반응했을 때, 가능한 생성물의 구조를 선형 구조식으로 그리시오.

10B.9 표 4E.2 및 4E.3의 결합 엔탈피를 이용하여, 에텐이 염소, 브로민, 아이오딘과 할로젠화 반응을 진행할 때의 반응 엔탈피를 추정하시오. 이 값에 어떤 경향이 나타나는지를 설명하시오.

10B.10 표 4E.2 및 4E.3의 결합 엔탈피를 이용하여, 에텐이 HX(여기서 X = Cl, Br, I)와 할로젠화수소 반응을 진행할 때의 반응 엔탈피를 추정하고, 이 값에 어떤 경향이 나타나는지를 설명하시오.

10B.11 $C_{18}H_{38}$ 화합물은 연료유의 구성 성분이며 크래킹 과정을 통해 휘발유로 사용하는 데 적합한 두 화합물로 전환될 수 있다. 전환된 두 화합물의 분자식은 각각 C_nH_{2n+2}와 C_nH_{2n}이다(n은 서로 동일하다). 두 화합물은 모두 가지가 없는 곧게 뻗은 사슬 구조를 가지고 있다. 두 화합물의 가능한 구조식을 그리고 명명하시오.

10B.12 프로펜과 뷰테인은 알킬화 반응이라 불리는 과정을 통해 결합하여 휘발유로 사용할 수 있는 곧게 뻗은 사슬 구조를 지니는 탄화수소를 형성할 수 있다. 이 반응의 화학 반응식을 쓰시오.

10B.13 **이성질화 반응**은 곧게 뻗은 사슬 구조를 가지는 탄화수소를 가지 달린 탄화수소로 변환하는 반응으로, 휘발유의 품질을 높이기 위한 공정에 사용된다. 옥테인이 가지 달린 펜테인으로 이성질화되었다면, 몇 가지 구조 이성질체가 형성될 수 있다. (a) 이 이성질체의 구조를 그리시오. (b) 이 중 어떤 이성질체는 카이랄성 탄소 원자를 갖는다. 그 탄소를 별표로 표시하시오.

10B.14 **방향족화 반응**은 지방족 탄화수소를 방향족 탄화수소로 변환하는 반응으로, 휘발유의 품질을 높이기 위한 공정에 사용된다. (a) 헵테인이 톨루엔(메틸벤젠)으로 변환될 때 부산물이 형성되었다. 이 부산물은 가치 있는 연료를 만들 수 있을까? 아니면 공해 물질일까? (b) 헵테인을 톨루엔으로 변환하는 반응의 균형 화학 반응식을 쓰시오.

Topic 10C 방향족 화합물

이 Topic을 왜 배우는가? 방향족 화합물은 유기화학의 중심적 위치를 차지하므로 그 명명법과 대표적 반응에 친숙해질 필요가 있다.

무엇을 알고 있어야 하는가? 이 Topic은 Topic 10A의 유기 탄화수소들에 대한 소개와 분자 구조(Focus 2)의 개념에 기반한다.

방향족 화합물은 용매와 고분자의 합성 단위체로서 산업적으로 매우 중요하다. 생물학에서 방향족 화합물은 일부 아미노산의 성분으로 사용되고, DNA의 구조 구성에도 기여한다. 방향족이라는 이름은 방향족 탄화수소의 독특한 냄새를 반영한다. 이들은 모두 방향족 고리를 갖는데, 주로 벤젠의 육원자 고리를 갖는다(Topic 2B). 석탄에는 방향족 탄화수소가 풍부하다. 석탄은 방향족 고리로 구성된 광범위한 그물 구조를 지니는 다양한 화합물을 다수 포함하는 매우 복잡한 혼합물이다.

10C.1 방향족 화합물의 명명법

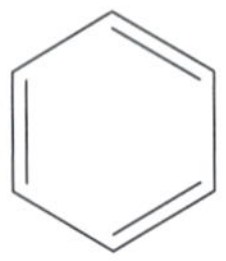

1 벤젠, C_6H_6

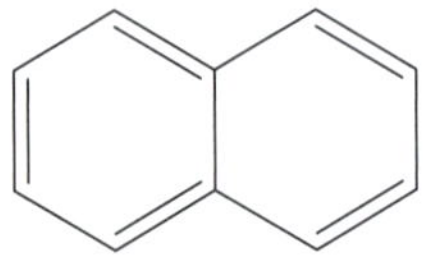

2 나프탈렌, $C_{10}H_8$

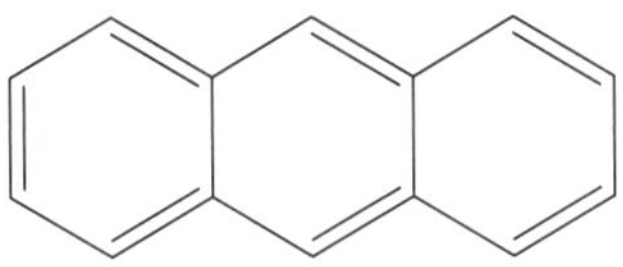

3 안트라센, $C_{14}H_{10}$

방향족 화합물을 공식적으로 **아렌**(**arene**)으로 부른다. 방향족 탄화수소의 모체는 벤젠(C_6H_6(**1**))이다. 벤젠 고리가 치환기로 명명될 때는 2-페닐뷰테인[$CH_3CH(C_6H_5)CH_2CH_3$]에서처럼 **페닐**(phenyl)기라고 부른다. 일반적으로 방향족 탄화수소 그룹은 **아릴**(aryl)기라 부른다. 아렌은 나프탈렌[$C_{10}H_8$(**2**)], 안트라센[$C_{14}H_{10}$(**3**)]과 같은 벤젠의 접합 고리(fused-ring, 두 개 이상의 고리가 결합을 공유하며 결합된 것) 유도체를 포함하는데, 이들은 석탄의 증류를 통해 얻을 수 있다.

오래되었지만 여전히 널리 사용되는 명명법 체계에서는, 벤젠 고리의 치환기가 있는 탄소를 1번이라고 했을 때, 2번, 3번, 4번 위치의 탄소를 각각 **오쏘**-(ortho- 또는 생략해서 o-), **메타**-(meta- 또는 *m*-), **파라**-(para- 또는 *p*-)라고 표시한다. 따라서, 화합물 (**4**)는 오쏘-다이나이트로벤젠이다. 계통적 명명법에서는 방향족 고리의 치환기 위치는 고리의 탄소 원자에 1부터 6까지의 번호를 매겨서 나타내고, 번호를 매기는 방향은 치환기의 번호가 더 낮은 쪽으로 결정한다. 이 체계에 따르면, (**4**)는 1,2-다이나이트로벤젠이다. 하지만 화합물 (**5**)는 2,4,6-트라이나이트로페놀이라 명명하는데, 이는 C_6H_5OH 화합물을 페놀이라 하며, —OH기가 붙어 있는 탄소 원자를 1번이라고 정했기 때문이다.

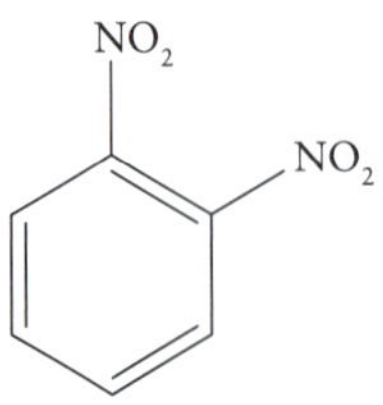

4 1,2-다이나이트로벤젠

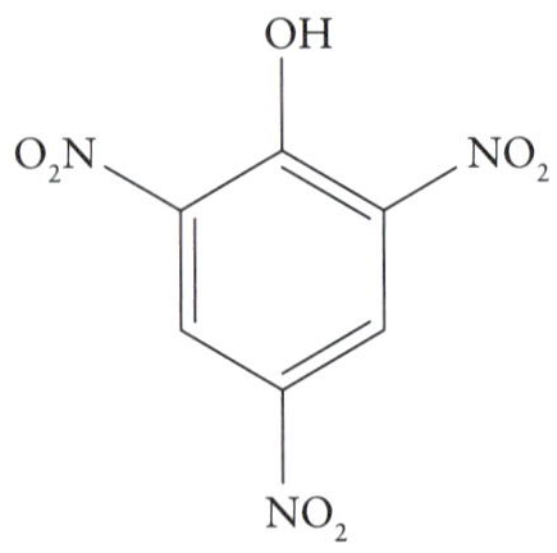

5 2,4,6-트라이나이트로페놀

예제 10C.1 방향족 화합물의 명명

상업적으로 사용되는 많은 화합물은 공식명으로 기재되어 있는데, 이를 구조와 연계하여 해석할 수 있는 능력을 갖추는 것이 필수적이다. 이러한 화합물의 상당수가 방향족이거나 방향족 부분을 포함하고 있다. (a) 화합물 (**6**)을 명명하시오. 세 가지 다이메틸벤젠[또는 자일렌(xylene)]이 존재하는데, 두 번째 메틸기가 각각 (b) 2, (c) 3, (d) 4번 탄소 원자에 있는 화합물을 각각 명명하시오.

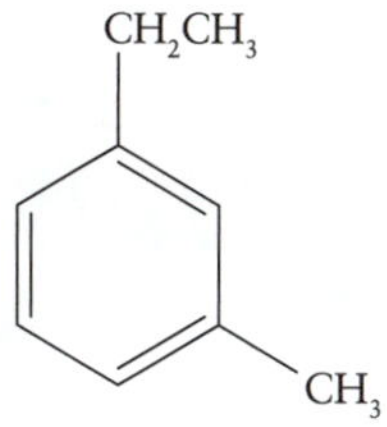

6

계획 치환기들이 가장 낮은 번호를 갖는 방향으로 고리를 돌아가며 번호를 붙여 화합물을 명명한다.

풀이

(a) 1-에틸-3-메틸벤젠
(b) 1,2-다이메틸벤젠(또는 오쏘-자일렌, *o*-xylene),
(c) 1,3-다이메틸벤젠(또는 메타-자일렌, *m*-xylene),
(d) 1,4-다이메틸벤젠(또는 파라-자일렌, *p*-xylene)

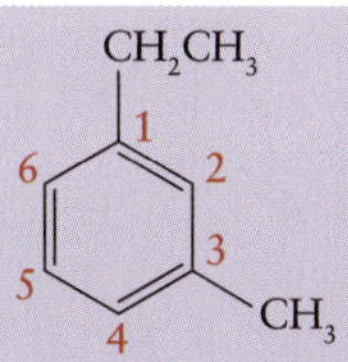

(a)

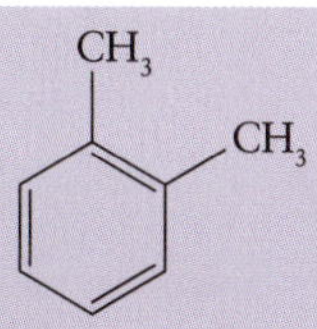

(b)

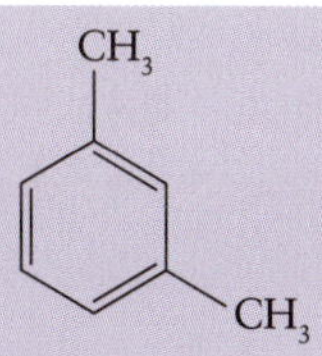

(c)

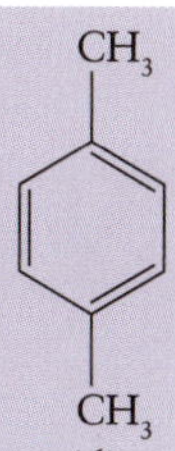

(d)

자습 10C.1A 화합물 (**7**)을 명명하시오.

[**답**: 1-에틸-3-프로필벤젠]

자습 10C.1B 화합물 (**8**)을 명명하시오.

관련 연습 문제 10C.1~10C.4

방향족 화합물은 벤젠 고리에 결합된 치환기의 번호가 가장 낮아지도록 명명한다. 벤젠 고리 그 자체가 치환기로 명명해야 할 때는 페닐기라고 한다.

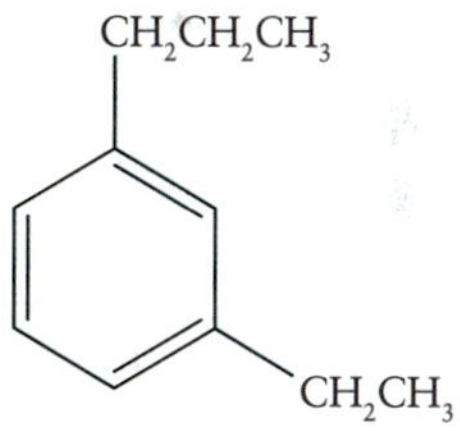

7

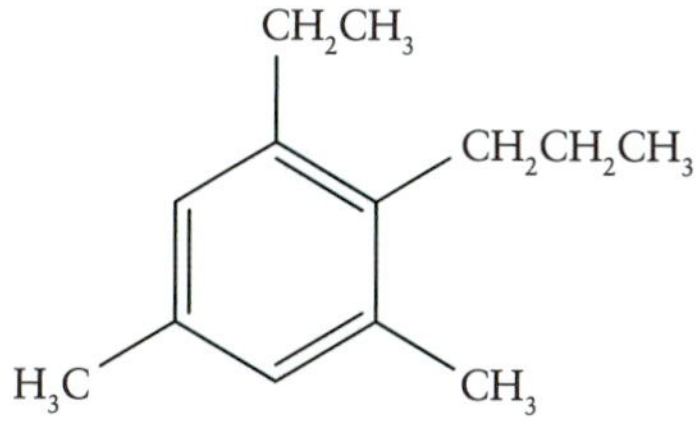

8

10C.2 친전자성 치환 반응

아렌은 불포화되어 있지만, 알켄과 달리 이중 결합들이 있는데도 반응성이 크지 않다. 알켄이 주로 첨가 반응을 하는 반면에, 아렌은 **치환**(substitution) 반응을 주로 진행하고 고리 내의 π-결합은 그대로 남아 있다. 예를 들면, 브로민은 알켄의 이중 결합과 즉시 첨가 반응을 진행하지만, 벤젠과는 브로민화 철(III)[iron(III) bromide]와 같은 촉매의 존재할 때만 반응한다. 또한 이 반응에서도 벤젠 고리의 결합에는 영향을 주지 않는다. 벤젠 고리에 첨가되는 대신, 브로민 원자 중 하나가 벤젠의 수소 원자 하나를 대체하여 브로모벤젠 C_6H_5Br을 생성한다.

$$C_6H_6 + Br_2 \xrightarrow{FeBr_3} C_6H_5Br + HBr$$

전자가 풍부한 벤젠 고리에 대한 치환 반응의 메커니즘은 **친전자성 치환 반응**(**electrophilic substitution**)이다. 이는 원자에 대한 친전자성 공격을 통해 한 원자를 다른 원자 혹은 원자단으로 대체하는 반응이다. 벤젠 고리의 이중 결합에 대해 첨가 반응보다 치환 반응이 일어나는 것은 고리 내 π-전자가 비편재화(delocalization)를 통해 안정화된 것에 기인한다. 비편재화된 전자들은 그 에너지가 낮아(즉, 전자들이 강하게 묶여 있어서) 새로운 σ-결합을 형성하는 데 사용될 수 없다(Topic 2B와 2G 참조).

벤젠의 브로민화 반응은 알켄의 친전자성 첨가 반응과 아렌의 친전자성 치환 반응의 차이를

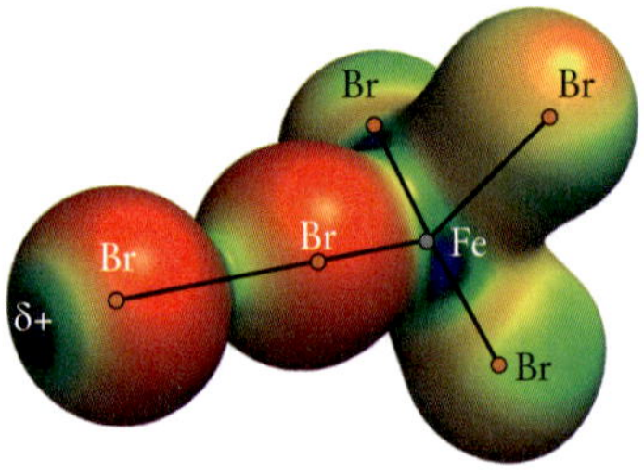

그림 10C.1 $FeBr_3$ 촉매는 브로민 분자와 착물을 형성한다. 철 원자가 전자를 끌어당기므로, 철 원자에 직접 결합되지 않은 브로민 원자는 부분적인 양전하를 갖는다(그림 왼쪽의 푸른색 부분). 이 부분적인 전하가 브로민 분자가 친전자체로서 활동할 수 있는 능력을 향상시킨다.

잘 보여 준다. 우선, 벤젠에 브로민화 반응이 일어나려면 브로민화 철(III)와 같은 촉매가 필요하다. 이 촉매는 Lewis 산으로 작용하여 브로민 분자(Lewis 염기)와 결합하고 바깥쪽의 브로민 원자가 부분적인 양전하를 띠게 한다.

$$:Br—Br: + FeBr_3 \rightarrow {}^{\delta+}:Br—BrFeBr_3{}^{\delta-}$$

(간단히 표현하기 위해, 첫 두 개의 브로민 원자에서 각각 하나의 고립 전자쌍만 표기하였다.) 착물 바깥의 브로민 원자는 부분적 양전하를 띠고 있어 이제 강한 친전자체로 작용한다(**그림 10C.1**).

친전자성 치환 반응은 친전자성 첨가 반응에서와 비슷하게 전자 밀도가 높은 부분으로 공격을 진행하여 양전하를 띤 중간체를 형성하는 것으로 시작한다.

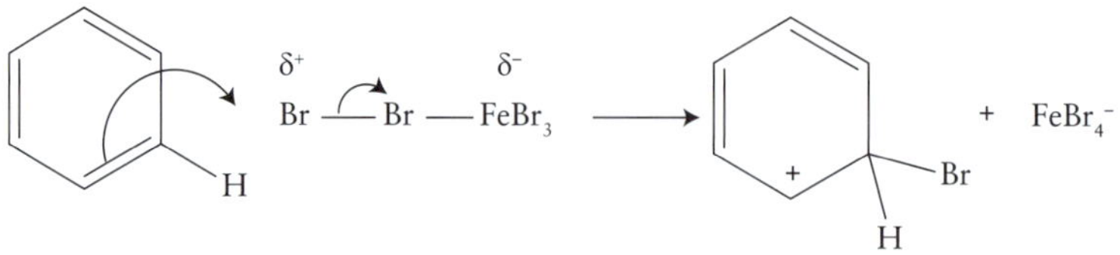

하지만, 비편재화된 π-전자가 안정한 배열을 형성하므로, 그림에 나타난 수소 원자는 $FeBr_4^-$ 착물의 브로민 원자에 의해 H^+ 형태로 벤젠 고리로부터 떨어져 나가게 된다. 이를 통해 벤젠 고리 내 π-전자 비편재화가 다시 회복되며, 그 생성물은 C_6H_5Br과 HBr이다.

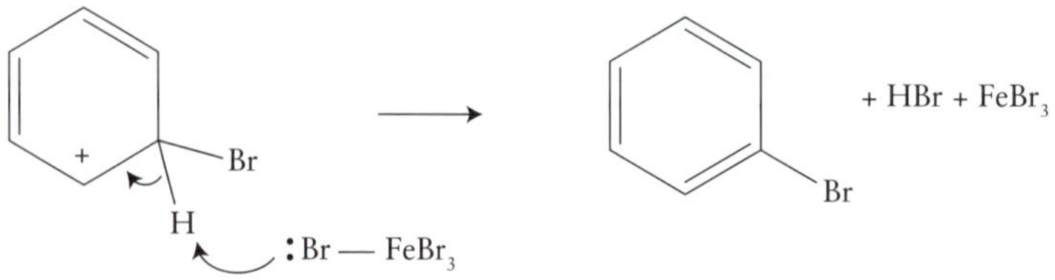

브로민화 철(III) 촉매는 이 과정에서 분리되어 또 다른 브로민 분자를 자유롭게 활성화할 수 있게 된다.

친전자성 치환 반응 중에서 가장 잘 연구된 것 중 하나는 벤젠의 나이트로화 반응이다. 질산과 진한 황산의 혼합물은 벤젠을 천천히 나이트로벤젠으로 변환시킨다. 실제로 나이트로화 반응을 일으키는 물질은 친전자체인 NO_2^+(선형 삼원자 이온인 나이트로늄 이온, ONO^+)이다.

$$HNO_3 + H_2SO_4 \rightarrow NO_2^+ + HSO_4^- + H_2O$$

학계에서 일반적으로 인정되고 있는 이 반응의 메커니즘은 아래와 같다.

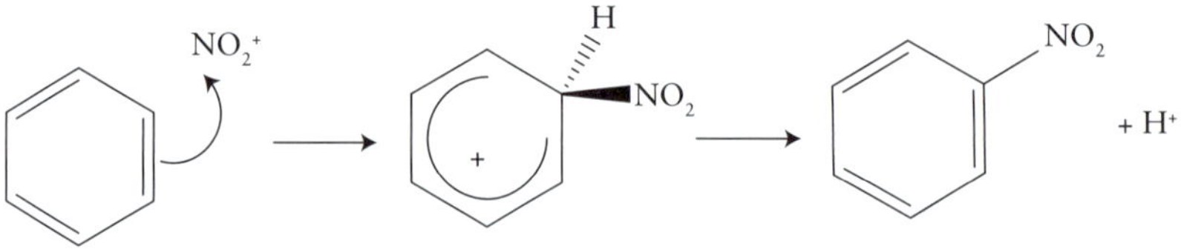

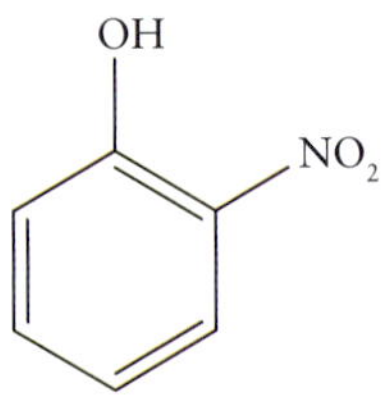

9 오쏘-나이트로페놀

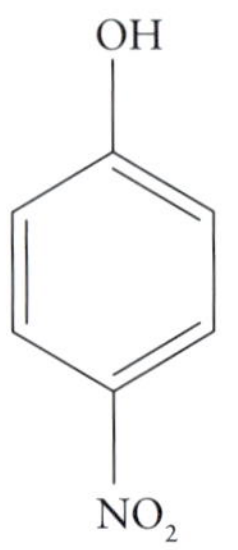

10 파라-나이트로페놀

두 번째 단계에서 수소 이온은 Brønsted 염기로 작용하는 HSO_4^- 이온에 의해 고리 밖으로 떨어져 나간다. 브로민화 반응에서처럼 π-전자의 비편재화 회복을 통해 수소 이온의 제거를 촉진한다.

방향족 고리에 붙어 있는 특정한 치환기는 고리 내의 비편재화된 분자 오비탈에 전자를 제공할 수 있다. 이렇게 전자를 제공하는 치환기의 특징은 한 개 이상의 고립 전자쌍을 가지고 있는 전기 음성도가 높은 원자가 방향족 고리에 직접 붙어 있다는 것이다. 그 예로는 $-NH_2$, $-OH$가 있다. 벤젠의 친전자성 치환 반응은 전자를 주는 치환기가 있을 때 훨씬 빠르게 일어난다. 예를 들어, 페놀(C_6H_5OH)의 나이트로화 반응은 촉매가 필요하지 않을 정도로 매우 빨리 일어난다. 더욱이, 생성물들을 분석해 보면 2-나이트로페놀(오쏘-나이트로페놀, **9**)과 4-나이트로페놀(파라-나이트로페놀, **10**)만이 생성된다.

왜 메타 위치에는 치환이 잘 일어나지 않으며, 왜 페놀은 벤젠보다 훨씬 더 빠르게 반응하는가? 친전자체는 전자 밀도가 높은 위치에 끌린다. 따라서, 페놀이 빨리 반응하는 것을 설명하기 위해서는 전자를 주는 $-OH$ 치환기가 존재할 때 벤젠 고리의 전자 밀도가 더 커야 한다. 오쏘와 파라 생성물이 우세하게 생성되는 것을 설명하기 위해서는 전자 밀도가 오쏘와 파라 위치에서 상대적으로 높아야 한다. 분자 오비탈을 계산해 보면 실제로 벤젠보다 페놀의 고리에 전자 밀도가 높으며, 특히 오쏘와 파라 위치에서 전자 밀도가 높다. O 원자가 벤젠 고리의 탄소 원자와 함께 π-결합에 참여할 수 있는 고립 전자쌍을 가지고 있기 때문이다(**그림 10C.2**).

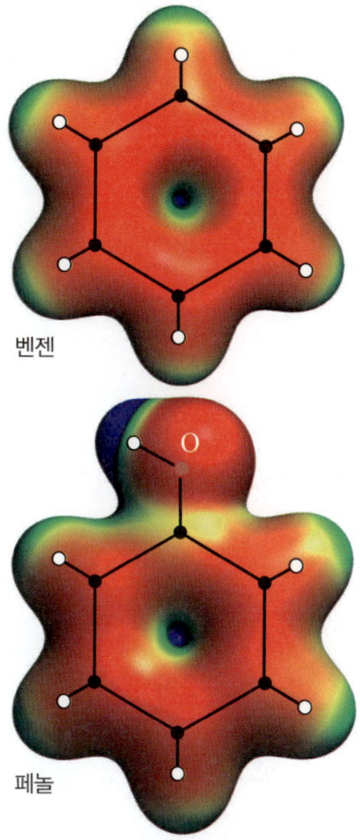

그림 10C.2 페놀의 $-OH$기는 벤젠 고리의 전자 분포를 변화시킨다. 푸른색 부분은 분자 내에 상대적으로 양으로 하전된 부분을 나타내며, 녹색, 노란색, 붉은색 순으로 점차적으로 더 음으로 하전된 부분을 나타낸다. 전자가 풍부한 노란색 부분이 벤젠보다는 페놀에서 탄소와 수소 원자에 더 많이 펼쳐져 있다는 점을 주시하자. 그래서 이 원자들은 친전자성 공격에 더 취약하게 된다. 더 자세히 분석해 보면, 음전하가 오쏘와 파라 위치의 탄소 원자에 가장 많이 축적되어 있다는 것을 알 수 있다.

컴퓨터 계산이 지원되기 훨씬 전부터도 유기화학자들은 공명 구조를 이용하여 친전자성 치환 반응에서의 생성물의 분포 정도를 설명하는 방법을 고안해 냈다. 이 방법에서는, 페놀의 Lewis 구조는 다음과 같은 여러 구조의 공명 혼성(resonance hybrid)으로 생각할 수 있다.

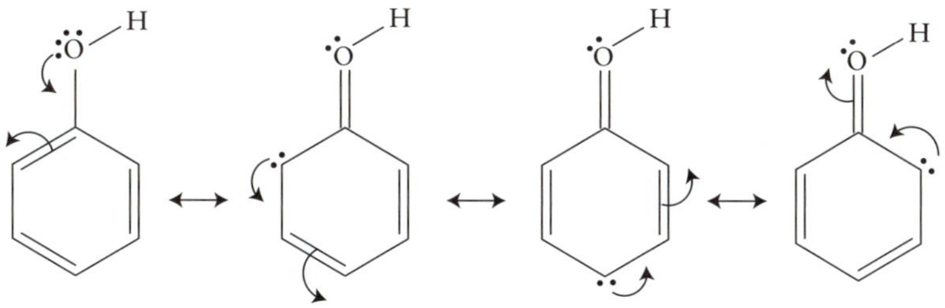

굽은 화살표는 한 공명 구조가 어떻게 다른 구조와 연관되어 있는지 나타낸다. 반응이 가장 빨리 일어나는 오쏘-위치와 파라-위치에 정확하게 음의 형식 전하가 위치하고 있다는 점을 눈여겨보자. 다른 오쏘- 및 파라-지향성을 보이는 치환기에는 $-NH_2$, $-Cl$, $-Br$ 등이 있다. 모든 치환기가 벤젠 고리 바로 옆에 붙어 있는 원자에 전자를 줄 수 있는 고립 전자쌍을 지니고 있고, 모든 치환기가 반응을 빠르게 촉진한다.

생각해 보기

위와 같은 지향성 효과를 분자 오비탈을 사용하여 설명할 수 있는가?

$-OH$ 기는 반응을 촉진시킬 수 있다. 그렇다면 벤젠의 친전자성 치환 반응 속도를 늦추는 치환기도 존재하는가? 벤젠 고리의 전자 밀도를 낮추어 친전자체에 대한 반응성을 떨어뜨리기 위해, 벤젠 고리의 수소 원자 하나를 전기 음성도가 매우 큰 원자나 벤젠 고리의 전자 밀도를 부분적으로 잡아끄는 치환기로 대체할 수 있다. 혹은 공명에 의해 전자를 잡아끄는 치환기도 사용할 수 있다. 여러 가지 치환기, 특히 카복실기($-COOH$)는 이 두 가지 특성을 모두 가지고 있다. 예를 들면, 벤조산 C_6H_5COOH의 나이트로화 반응은 벤젠의 나이트로화 반응보다 훨씬 느리다. 더욱이, 생성물 대부분은 메타 나이트로 화합물이다.

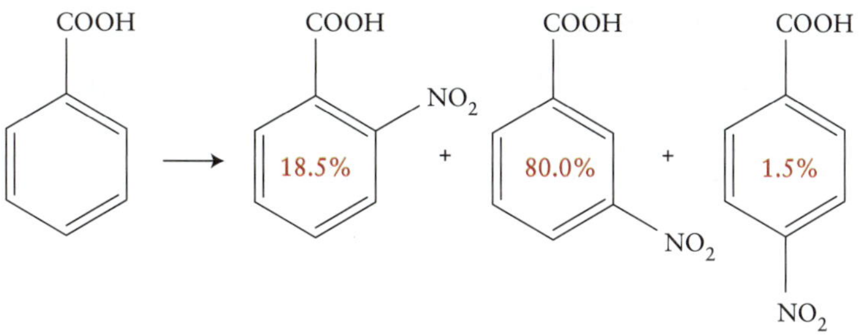

카복실산 잔기의 전기 음성도가 높은 O 원자는 벤젠 고리에서 전자를 끌어당겨 고리 전체의 전자 밀도를 감소시킨다. 더 나아가, 공명 구조는 아래 그림처럼 오쏘와 파라 위치에 있는 전자를 우선적으로 뽑아낸다. 다음 그림에서는 관련된 전자 분포에만 집중하기 위해, 공명 구조에 참여하는 고립 전자쌍만 표시하였다.

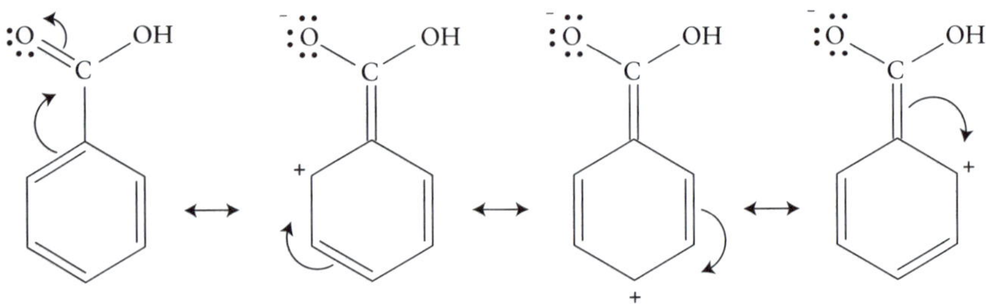

이 두 가지 영향의 결과, 반응 속도는 느려지고 오쏘와 파라 위치에서 특히 느려진다. 따라서 메타 위치가 상대적으로 가장 반응성이 높아서 그곳으로 공격이 일어날 것이다. 메타-지향성을 띠면서 전자를 끄는 다른 치환기로는 $-NO_2$, $-CF_3$, $-C{\equiv}N$ 등이 있다. 이들은 모두 벤젠 고리에 직접 결합된 원자에 고립 전자쌍이 없다는 것을 주목하자.

방향족 고리는 이중 결합을 가지고 있지만 반응성이 높지 않은 편이고 첨가 반응보다는 치환 반응을 주로 진행한다. 전자를 주는 치환기는 벤젠의 친전자성 치환 반응의 속도를 증대시키고 오쏘와 파라 위치에서의 반응을 선호한다. 전자를 끄는 치환기는 벤젠의 친전자성 치환 반응의 속도를 감소시키고 주로 메타 위치에서 반응을 일으킨다.

10C.3 방향족 탄화수소의 활용: 석탄

석탄은 방향족 고리가 많은 화합물을 포함하며(그림 10C.3), **혐기**(anaerobic)성 조건(산소의 농도가 매우 낮은 조건)에서 늪지의 식물들이 부패하여 형성되는 최종 생성물이다. 산소와 수소는 **석탄화**(coalification) 과정을 통해 점차적으로 없어지게 된다. 석탄화 과정이 진행되면서 수소가 배출되고 방향족 구조의 분율이 높아지게 된다. 결과적으로 석탄은 석유에 비해 수소 대 탄소의 비가 훨씬 더 낮다.

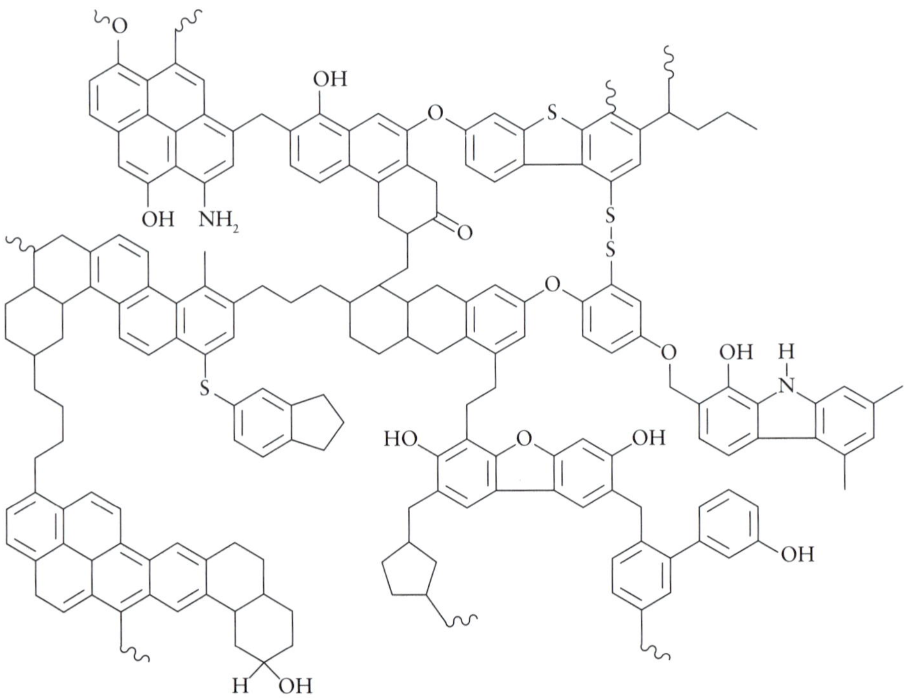

그림 10C.3 석탄 구조 일부의 대략적인 형태. 석탄을 무산소 조건에서 가열하면 그 구조가 깨지면서 방향족 화합물이 많은 복잡한 혼합물이 생성된다.

석탄과 석유를 연소시키면 모두 온실 효과를 일으키게 되지만, 석탄을 사용하는 것은 잠재적으로 더 해롭다고 할 수 있다. 석탄은 석유에 비해 탄소의 비율이 더 높으므로, 연소될 때 입자 형태의 공해 물질(주로 재)과 황 및 질소의 산화물을 대량으로 배출하게 된다. 석탄을 액체 형태의 연료로 바꾸어 좀 더 쉽게 사용할 수 있도록 하는 것에 많은 연구가 집중되고 있다.

석탄이 분해되고 기화될 수 있도록 무산소 조건에서 열을 가하며 증류하면, 석탄 내 평면 형태의 분자들이 방향족 탄화수소와 그 유도체를 함유하는 조각들로 깨어져 나가게 된다. 이 증류 과정에서 가장 먼저 배출되는 **석탄 가스**(coal gas)는 일산화 탄소, 수소, 메테인, 소량의 다른 기체를 포함하고 있다. 남아 있는 복잡한 액체 혼합물을 **콜타르**(coaltar, 석탄 타르)라고 한다. 많은 의약품, 염료, 비료 물질이 이 콜타르에서 유래된다. 벤젠은 플라스틱, 세제, 살충제 등의 원료가 된다. 나프탈렌은 합성 인디고(청바지를 염색하는 염료)를 만드는 데 사용되며, 암모니아는 비료로, 가장 분자량이 큰 타르를 함유한 피치(pitch)는 방수제와 녹 방지제로 사용된다. 석탄 가스는 또한 메테인, 수소 및 메탄올 같은 액체 연료 등의 많은 대체 연료의 출발 물질이 된다. 이러한 대체 연료는 이산화탄소 외에는 대기 오염 물질을 거의 생성하지 않으면서 깨끗하게 연소된다.

석탄은 주로 방향족 탄화수소로 구성된다.

이 Topic에서 배운 것은 무엇인가?

방향족 탄화수소들은 벤젠과 유사한 방향족 고리를 갖고 있어서 매우 안정화되어 있으며 첨가 반응에 잘 참여하지 않는다는 것을 배웠다. 방향족 고리가 반응 후에도 보존되는 친전자성 치환 반응이 방향족 화합물의 일반적인 반응 형태라는 것을 알았다.

개념과 식의 적용

☐ 간단한 방향족 화합물들을 명명한다(예제 10C.1).
☐ 친전자성 치환 반응의 생성물을 예측한다(10C.2절).
☐ 오쏘- 및 파라-지향기가 벤젠 고리에 대한 친전자성 치환 반응의 속도를 높이는 이유를 설명하고, 그러한 치환기가 무엇인지 확인한다(10C.2절).

Topic 10C 연습 문제

10C.1 다음 각 화합물을 명명하시오.

(a)

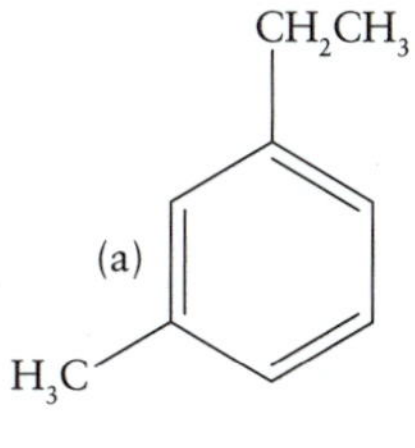

(b)

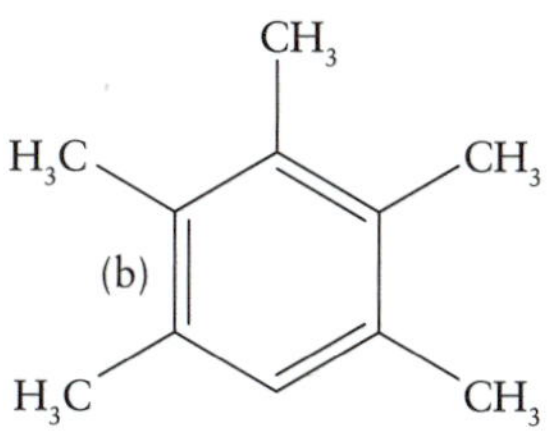

10C.2 다음 각 화합물을 명명하시오.

(a)

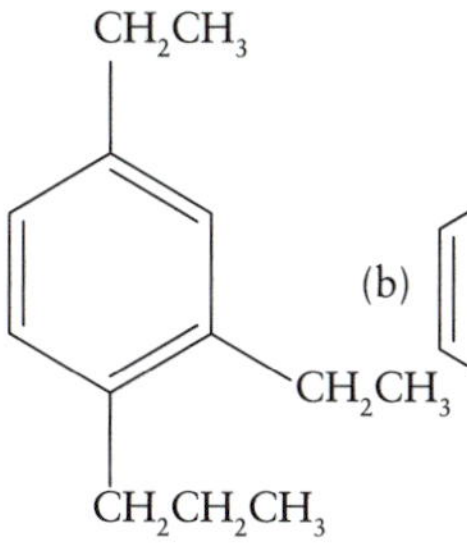

(b)

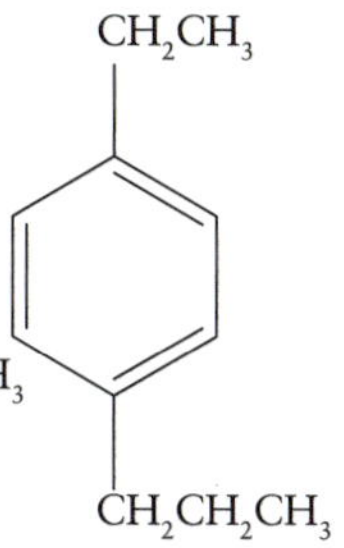

10C.3 다음 화합물의 구조식을 그리시오.
(a) 주로 톨루엔으로 불리는 메틸벤젠 (b) *p*-클로로톨루엔 (c) 1,3-다이메틸벤젠 (d) 4-클로로메틸벤젠

10C.4 다음 화합물의 구조식을 그리시오.
(a) *p*-자일렌(1,4-다이메틸벤젠) (b) 1,2-다이브로모벤젠 (c) 3-페닐프로펜 (d) 2-에틸-1,4-다이메틸벤젠

10C.5 (a) 다이클로로메틸벤젠의 모든 이성질체를 그리시오. (b) 각각을 명명하고, 극성과 무극성으로 분류하시오.

10C.6 (a) 다이아미노다이클로로벤젠의 모든 이성질체를 그리시오. (b) 각각을 명명하고, 극성과 무극성으로 분류하시오.

10C.7 사이아노벤젠(C_6H_5CN)의 공명 구조를 그려서 이것이 왜 메타 지향 치환기로 작용하는지를 설명하시오.

10C.8 브로모나이트로벤젠은 브로모벤젠을 나이트로화하거나 나이트로벤젠을 브로민화하여 얻을 수 있다. 이 두 반응은 같은 생성물

(또는 생성물 비율)을 만드는가? 만약 아니라면 이 생성물들이 어떻게 다를지 설명하시오.

10C.9 나프탈렌 $C_{10}H_8$(**2**)이 친전자체(E로 표시함) 하나와 친전자성 방향족 치환 반응을 진행하게 되면 몇 가지의 서로 다른 화합물이 생성되는가? 그들을 선 구조식으로 그리시오.

10C.10 씁쓸한 아몬드 기름에서 향을 나타내는 주성분인 벤즈알데하이드의 구조는 다음과 같다.

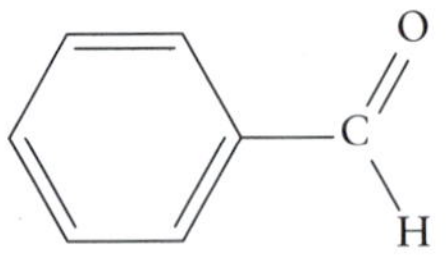

여기서 알데하이드기(CHO)는 메타-지향기인가 아니면 오쏘-, 파라-지향기인가? 그 이유를 설명하시오.

10C.11 다음의 선 구조식에 해당하는 분자식을 쓰고, 그 화합물이 각각 알케인, 알켄, 알카인, 방향족 탄화수소 중 무엇인지 밝히시오.

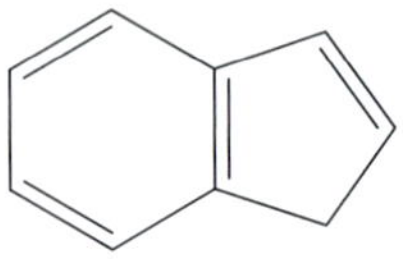
(a)

(b)

(c)

(d)

10C.12 다음의 선 구조식에 해당하는 분자식을 쓰고, 그 화합물이 각각 알케인, 알켄, 알카인, 방향족 탄화수소 중 무엇인지 밝히시오.

(a)

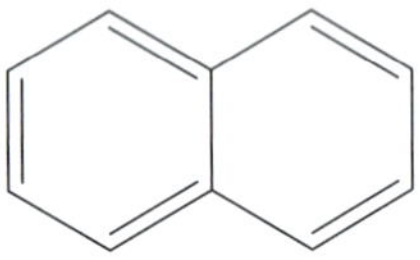
(b)

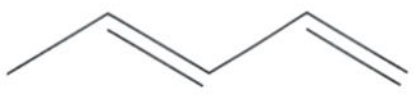
(c)

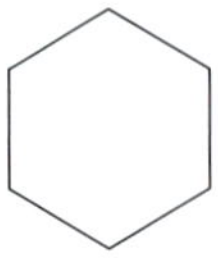
(d)

10C.13 다음의 선 구조식에 해당하는 분자식을 쓰고, 그 화합물이 각각 알케인, 알켄, 알카인, 방향족 탄화수소 중 무엇인지 밝히시오.

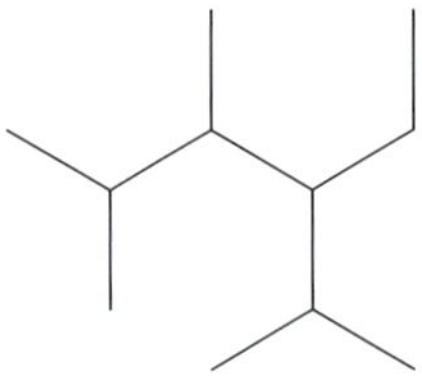
(a)

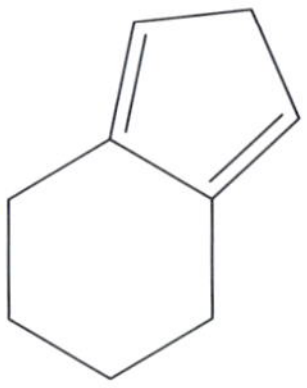
(b)

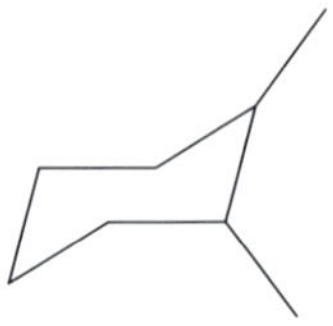
(c)

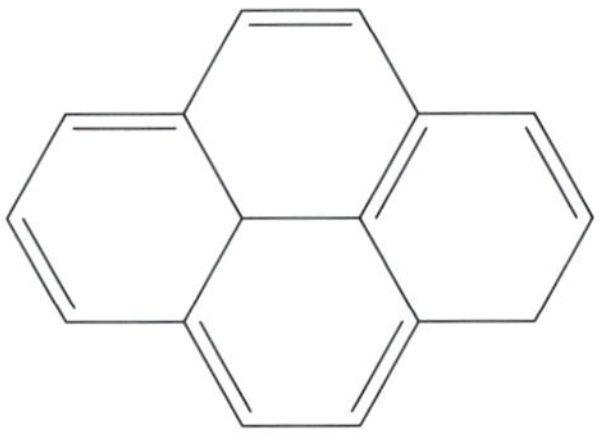
(d)

10C.14 다음의 선 구조식에 해당하는 분자식을 쓰고, 그 화합물이 각각 알케인, 알켄, 알카인, 방향족 탄화수소 중 무엇인지 밝히시오.

(a)

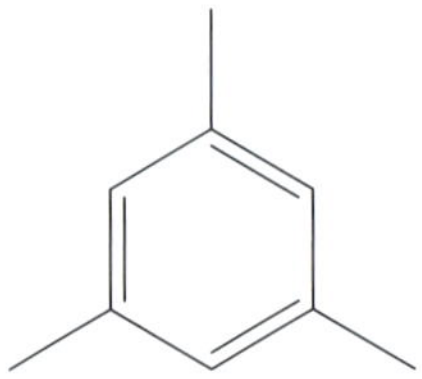
(b)

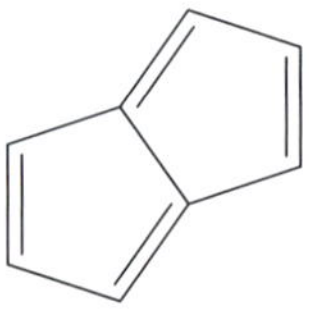
(c)

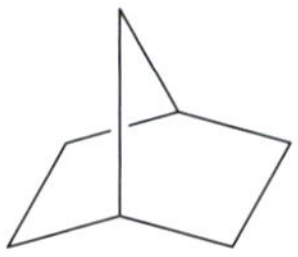
(d)

Topic 10D 일반적 작용기들

이 Topic을 왜 배우는가? 생물계에서 유기 화합물이 매우 다양하게 나타나는 까닭은 독특한 기능을 지닌 원자단이 존재하기 때문이다. 이 원자단의 특성을 이해하게 되면, 다른 유기 분자의 성질, 즉 거대한 생체분자와 합성 고분자 소재의 성질까지도 예측할 수 있다.

무엇을 알고 있어야 하는가? 이 Topic은 Topic 10A–10C를 기초로 하고 있으며 산–염기 및 산화–환원 반응(기초 지식 J와 K)의 개념을 필요로 한다. 또한 이 Topic은 분자의 극성(Topic 2E)과 용해도(Topic 5D)의 개념을 사용하고 있다.

방대한 다양성을 지닌 유기 화합물을 처음 접하면 자신감이 없어지게 된다. 다행스럽게도 유기 화합물은 비교적 적은 수의 **작용기(functional group)**라고 하는 개념으로 이해할 수 있다. 작용기는 특정한 성질을 나타내는 작은 원자단이다. 탄화수소는 탄소와 수소만으로 구성되어 있지만 작용기는 다른 원소를 포함할 수 있다.

작용기는 분자의 탄소 뼈대에 결합하거나 그 사슬의 일부를 형성한다. 그 예로서 클로로에테인(CH_3CH_2Cl)의 염소 원자, 에탄올(CH_3CH_2OH)의 —OH기를 들 수 있다. 2-뷰텐 $CH_3CH{=}CHCH_3$ 내의 이중 결합과 같은 탄소–탄소 다중 결합도 종종 작용기로 간주한다. 가장 자주 접하게 되는 작용기를 **표 10D.1**에 수록하였다. 이중 또는 삼중 탄소–탄소 결합은 Topic 10A와 10B에서 다룬 바 있다.

표 10D.1 일반적 작용기

작용기	화합물류	작용기	화합물류
—X	할로젠화물 (X = F, Cl, Br, I)	—COOH	카복실산
—OH	알코올, 페놀	—COOR	에스터
—O—	에터	—N<	아민
—CHO	알데하이드	—CO—N<	아마이드
—CO—	케톤		

10D.1 할로알케인

할로알케인(haloalkanes, 할로젠화 알킬이라고도 함)은 수소 중에서 적어도 하나 이상이 할로젠으로 치환되어 있는 알케인이다. 이 화합물은 다양한 분야에서 중요하게 이용되고 있지만, 할로알케인 중 많은 수가 독성이 매우 강하고 환경 문제를 유발한다. 할로알케인 화합물인 1,2-다이클로로플루오로에테인($CHClFCH_2Cl$)은 오존층(화학 이야기 7E.1 참조)을 파괴하는 데 관여하는 하이드로클로로플루오로탄소(HCFC) 화합물 중 하나이다. 살충제 중에도 다수의 할로젠 원자를 가진 방향족 화합물이 많다.

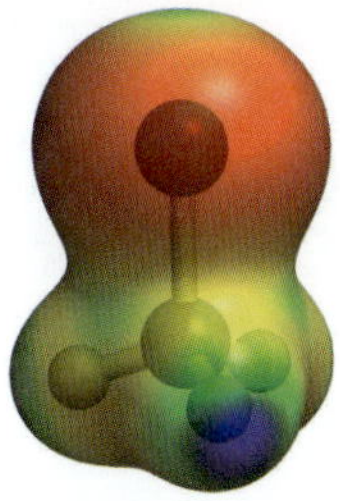

1 클로로메테인, CH_3Cl

탄소–할로젠 결합은 극성을 띠고 있다(**1**). 할로젠 원자가 결합되어 있는 탄소 원자는 부분적으로 양전하를 띠게 되어 **친핵체(nucleophile)**가 할로젠 원자를 대체하는 **친핵성 치환 반응(nucleophilic substitution)**을 가능하게 한다. 친핵체는 분자 내 양전하 중심을 찾아 공격하는 반응물이다. 수산화 이온(OH^-)과 물 분자(H_2O)가 친핵체의 예라 할 수 있다. 두 경우 모두 산소 원자의 고립 전자쌍은 부분적인 양전하를 띤 부분으로 끌리게 된다. 수산화 이온은 자신의 음전하 때문에 더 강한 친핵체로 작용한다. 가수분해 반응은 물이나 수산화 이온에 의해 탄소와 다른 원소의 결합이 탄소–산소 결합으로 대체되는 반응을 의미한다. 이 가수분해 과정에서 물은 친핵체로 작용하게 된다. 예를 들어, 브로모메테인은 에탄올 수용액에서 수산화 이온에 의해 가수분해되어 메탄올과 브로민화 이온으로 변환된다.

$$CH_3Br + OH^- \rightarrow CH_3OH + Br^-$$

할로알케인은 적어도 하나의 수소 원자가 할로젠 원자로 치환되어 있는 알케인이다. 할로알케인은 친핵성 치환 반응을 진행한다.

10D.2 알코올

하이드록실기(hydroxyl group)는 탄소 원자에 공유 결합으로 연결되어 있는 —OH기이다. **알코올(alcohol)**은 벤젠 고리 또는 >C=O기에 직접 결합되지 않은 하이드록실기를 지닌 유기 화합물을 말한다.(하이드록실기가 벤젠 고리에 직접 결합된 화합물을 페놀(phenol)이라 하고, >C=O기에 직접 결합된 화합물은 카복실산(carboxylic acid)이라 한다.) 가장 널리 알려진 알코올은 **에틸 알코올**(ethyl alcohol) 또는 **그레인 알코올**(grain alcohol)이라고도 하는 에탄올(CH_3CH_2OH)이다. 알코올 분자에서 —OH기는 극성이며, 알코올은 특정 용매 내에서는 하이드록실기의 양성자를 내놓을 수 있다(**그림 10D.1**). 그러나 알코올의 짝염기가 너무 강하여, 수용액에서는 알코올이 산으로 작용하지 않는다.

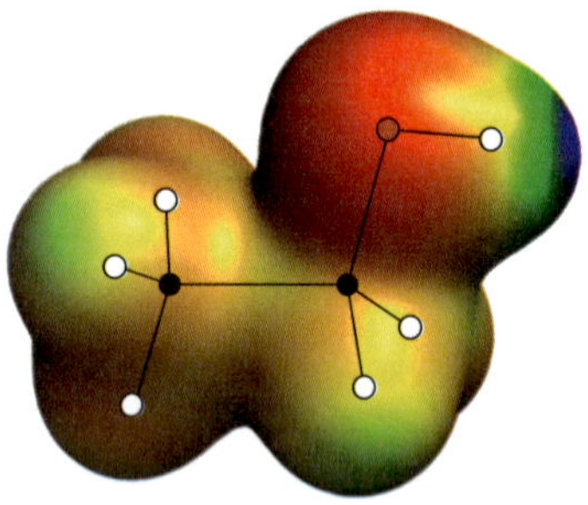

그림 10D.1 에탄올 분자 내의 전하 분산도. 붉은색은 산소 원자 주변의 총 전하가 음전하인 부분을 나타내고, 푸른색은 총 전하가 양전하인 부분을 나타낸다. 에탄올은 극성을 지니고 수소 결합을 형성할 수 있으므로 물에 매우 잘 녹는다.

알코올의 명명법에는 일반적으로 세 가지 방식이 있다.

- 메탄올, 에탄올과 같이 탄화수소 모체의 이름에 접미사인 -**올**(-ol)을 붙여 만든다. —OH기의 위치를 정확하게 나타내야 할 필요성이 있을 경우에는 1-프로판올($CH_3CH_2CH_2OH$), 2-프로판올($CH_3CH(OH)CH_3$)과 같이 하이드록실기가 결합되어 있는 탄소 원자의 번호를 표기한다. (2-프로판올은 관용명인 아이소프로필 알코올로 부르기도 한다.)
- 메틸 알코올(CH_3OH), 에틸 알코올(CH_3CH_2OH)에서와 같이 탄화수소 모체를 하나의 원자단으로 명명하고 알코올을 뒤에 붙여 부르기도 한다.
- 2-하이드록시뷰테인($CH_3CH(OH)CH_2CH_3$])에서와 같이 —OH기를 하나의 치환기 형태인 **하이드록시기**(hydroxy)로 하여 명명하기도 한다.

이 교재에서는 위 세 가지 방식 중 주로 첫 번째 방식을 사용한다.

알코올은 —OH기가 붙어 있는 탄소 원자와 결합된 유기 원자단의 수에 따라 세 종류로 분류한다.

알코올의 종류	구조	예	
일차	RCH_2—OH	에탄올, CH_3CH_2OH	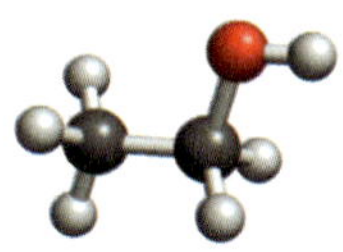
이차	R_2CH—OH	2-뷰탄올, $CH_3CH(OH)CH_2CH_3$	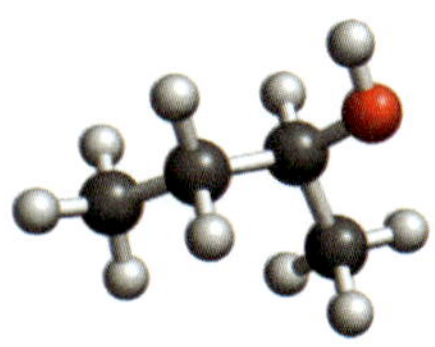

삼차	$R_3C—OH$	2-메틸-2-프로판올, $(CH_3)_3COH$	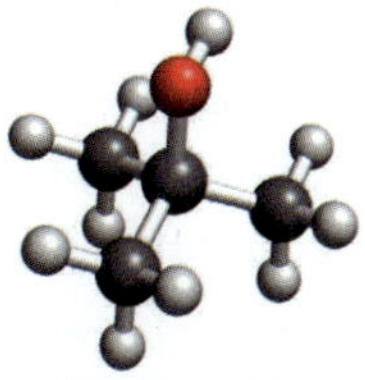

2-메틸-2-프로판올의 관용명은 tertiary-뷰탄올과 tertiary-뷰틸 알코올이며, 일반적으로 tert-뷰탄올, tert-뷰틸 알코올 또는 더 줄여 t-뷰탄올, t-뷰틸 알코올이라고 쓴다. 표에서 R은 메틸 혹은 에틸기와 같은 유기 원자단을 의미하며, 원자단 모두가 같은 구조를 가질 필요는 없다.

메탄올은 보통 석탄으로부터 얻는 합성 가스로부터 공업적으로 생산된다(Topic 8B).

$$CO(g) + 2H_2(g) \xrightarrow[50\text{–}100\ atm]{촉매,\ 250\ °C,} CH_3OH(g)$$

에탄올은 전 세계적으로 탄수화물 발효를 통하여 대량으로 생산된다. 또한 첨가 반응의 일종인 에텐의 수화 반응에 의해 합성되기도 한다.

$$CH_2{=}CH_2(g) + H_2O(g) \xrightarrow{촉매,\ 300\ °C} CH_3CH_2OH(g)$$

실험실에서는 다음과 같이 할로알케인의 친핵성 치환 반응을 통해 알코올을 합성할 수 있다.

$$CH_3CHClCH_3 + OH^- \rightarrow CH_3CH(OH)CH_3 + Cl^-$$

에틸렌 글라이콜, 즉 1,2-에테인다이올($HO(CH_2)_2OH$, **2**)은 두 개의 하이드록실기를 지니고 있는 화합물인 **다이올(diol)**의 일종이다. 에틸렌 글라이콜은 부동액의 성분으로 사용되며, 일부 합성 섬유의 생산 과정에도 사용된다.

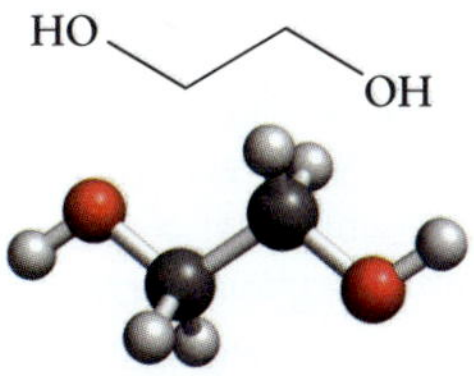

2 1,2-에테인다이올, $HO(CH_2)_2O$

알코올 화합물은 비슷한 몰 질량을 가진 탄화수소에 비해 증기 압력이 매우 낮다. 그 결과, 몰질량이 작은 알코올은 일반적으로 액체 상태이다. 예를 들어, 에탄올은 상온에서 액체지만, 뷰테인은 몰 질량이 더 큰데도 불구하고 기체이다. 알코올이 휘발성이 상대적으로 낮은 것은 수소 결합의 강도를 인지할 수 있는 척도가 된다. 또한 알코올이 수소 결합을 형성하는 능력은 몰 질량이 작은 알코올이 물에 잘 용해되는 성질을 설명할 수 있게 한다. 몰 질량이 큰 알코올은 긴 무극성 지방족 사슬 때문에 물에 잘 녹지 않는 경향이 있다.

알코올은 물 분자의 수소 하나가 유기 원자단으로 치환되어 형성된 것으로 볼 수 있다. 알코올은 물처럼 분자간 수소 결합을 형성한다.

10D.3 에터

에터(ether)는 R—O—R 형태를 지니는 유기 화합물이며, 여기서 R은 알킬기이다(두 R기가 서로 같지 않아도 된다). 에터는 HOH 분자에서 두 H 원자가 모두 알킬기로 치환된 형태로 이해할 수 있다.

$H—O—H$	$CH_3CH_2—O—H$	$CH_3CH_2—O—CH_2CH_3$
물	에탄올(알코올)	다이에틸 에터(에터)

에터 분자 상호 간에는 수소 결합을 형성하지 않기 때문에 에터는 같은 몰 질량을 갖는 알코올보다 휘발성이 더 크다(**그림 10D.2**) 에터는 물 분자와 수소 결합을 형성할 수는 있지만 알코

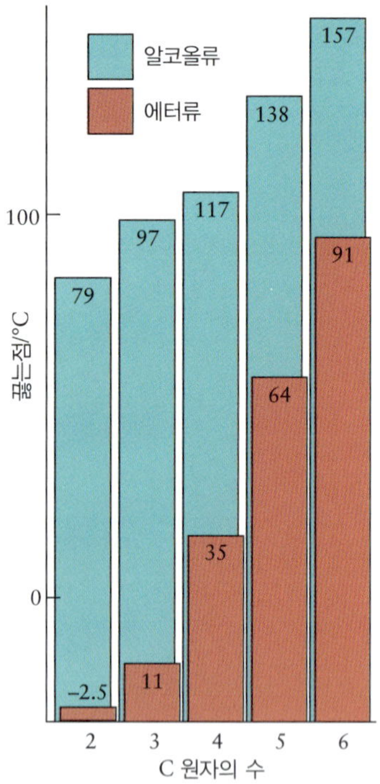

그림 10D.2 에테르의 끓는점은 그 이성질체인 알코올보다 낮다. 에테르에서는 알코올이 형성할 수 있는 수소 결합이 없기 때문이다. 여기에 나타낸 모든 분자는 가지를 지니고 있지 않은 화합물들이다.

올보다 물에 대한 용해성이 낮다. 에테르는 양성자를 주지는 못하고 오직 받기만 할 수 있어서 알코올만큼 물 분자와 수소 결합을 많이 할 수 없기 때문이다. 에테르 화합물은 반응성이 높지 않으며 극성도 아주 높지 않기 때문에, 다른 유기 화합물의 용매로서 유용하게 활용된다. 그러나 에테르는 위험할 정도로 발화하는 성질이 있다. 특히 다이에틸 에테르는 쉽게 발화하므로 매우 조심해서 다루어야 한다.

에테르는 반응성이 크지 않다. 에테르 분자 상호 간에는 수소 결합을 형성할 수 없으므로 에테르는 유사한 몰 질량을 갖는 알코올에 비해 휘발성이 더 높다.

10D.4 페놀

페놀(phenol)에서는 하이드록실기가 방향족 고리에 직접 결합되어 있다. 모체 화합물인 페놀(C_6H_5OH, **3**)은 흰색의 결정질 분자성 고체이다. 치환기를 지닌 다양한 페놀류가 자연계에 존재하며, 그중 일부는 식물성 방향제의 성분이다. 페놀류는 꽃이나 잎을 증류하여 얻는 기름인 **식물성 정유**(essential oil)의 성분인 경우가 많다. 예를 들어, 티몰(thymol, **4**)은 백리향(thyme)의 활성 성분이며, 유제놀(eugenol, **5**)은 정향나무(clove) 기름의 향취를 나타내는 중요한 성분이다.

페놀이 일반적인 알코올과 다른 점은 약산이라는 점이다. 페놀의 공명 구조(Topic 10C)와 유사하게 페놀 음이온(페놀의 짝염기)의 음전하도 공명 구조를 통해 비편재화되어 음이온을 안정화한다.

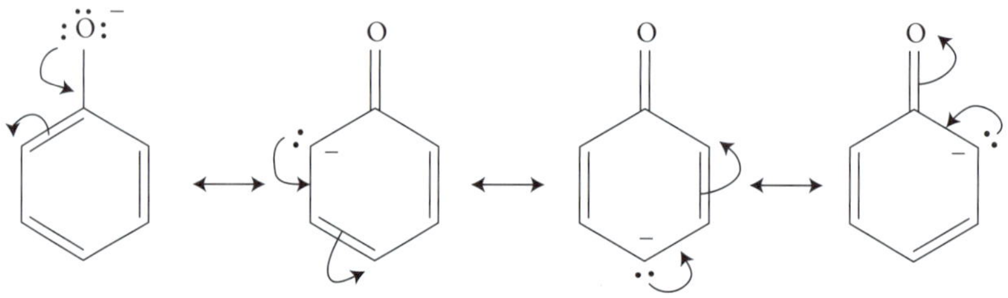

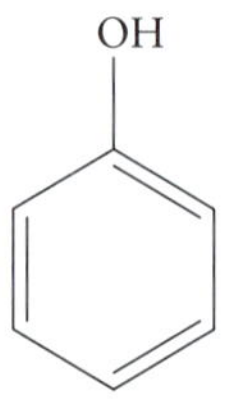

3 페놀, C_6H_5OH

그 결과 에탄올로부터 형성되는 **에톡시화 이온**(ethoxide ion, $CH_3CH_2O^-$)과 같은 알코올류의 짝염기에 비해 $C_6H_5O^-$는 더 약한 짝염기가 된다. 결과적으로, 페놀(C_6H_5OH)는 에탄올(CH_3CH_2OH)보다 더 강한 산이 된다. 그래서 물에는 녹지 않는 페놀류도 염기성 용액에는 녹는 성질을 보여 준다. 그러나 O 원자와 벤젠 고리 사이를 하나의 $-CH_2-$기로 분리한, 예를 들어 페닐메탄올($C_6H_5CH_2OH$, 벤질 알코올, **6**)은 일반 알코올에 속하며, 페놀로 분류되지 않는다.

페놀은 그 짝염기의 전하 비편재화에 의한 안정화의 결과로 약산이다.

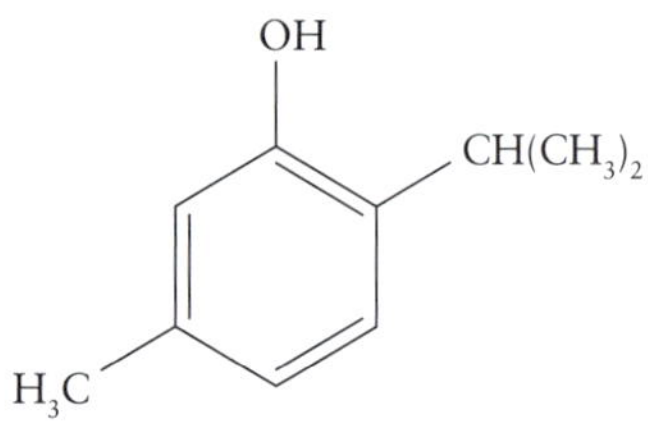

4 티몰

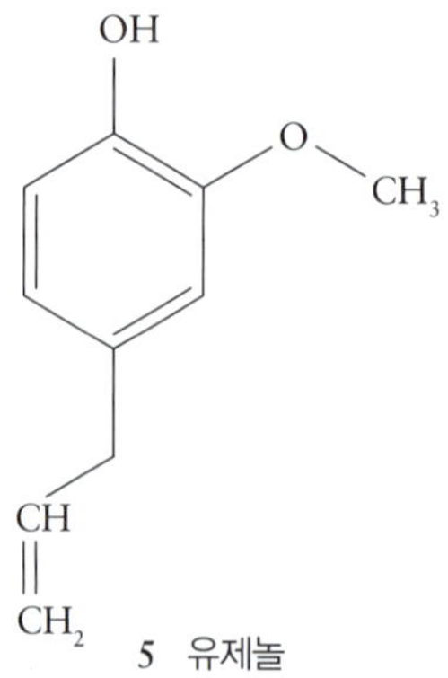

5 유제놀

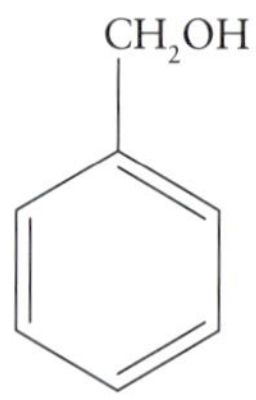

6 벤질 알코올, 페닐 메탄올, $C_6H_5CH_2OH$

10D.5 알데하이드와 케톤

카보닐기(carbonyl group, 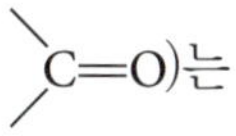)는 서로 매우 유사한 두 종류의 화합물군에서 발견된다.

알데하이드(aldehyde)는 다음과 같은 형태의 화합물이다. 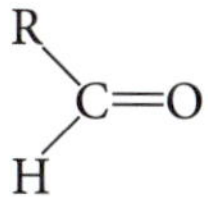

케톤(ketone)은 다음과 같은 형태의 화합물이다. 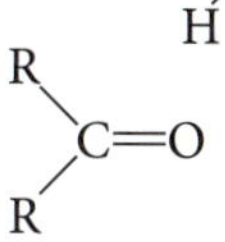

알데하이드에서는 카보닐기가 탄소 사슬의 끝에 위치하지만, 케톤에서는 중간 위치에 놓이게 된다. 여기서 R기는 지방족이거나 방향족일 수 있고, 케톤의 두 R기가 같을 필요는 없다. 일반적으로 실험실에서 용매로 자주 사용하는 프로판온(아세톤) CH_3COCH_3에서와 같이, 축약 구조식에서는 케톤의 카보닐기를 $-CO-$로 표기한다. 알데하이드에서의 카보닐기는 가장 간단한 형태의 알데하이드인 HCHO(폼알데하이드)에서와 같이 $-CHO$로 표기한다. 생체 표본을 보존하는 데 주로 사용되는 **포르말린**(formalin)은 폼알데하이드의 수용액이다. 나무 연기는 폼알데하이드를 포함하고 있으며, 폼알데하이드는 박테리아를 죽이는 효과가 있다. 이는 훈제된 음식을 오랫동안 보관할 수 있는 이유 중 하나이다.

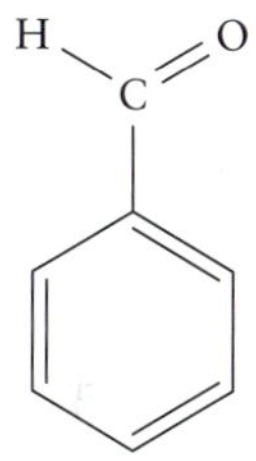

7 벤즈알데하이드, C_6H_5CHO

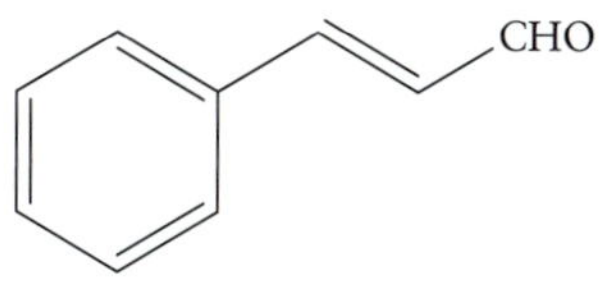

8 신남알데하이드

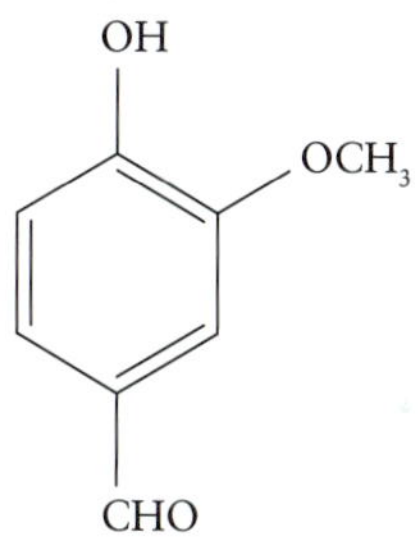

9 바닐린

알데하이드의 계통명은 HCHO를 메탄알, CH_3CHO를 에탄알로 명명하는 것처럼, 모체가 되는 탄화수소명의 끝에 있는 -e를 **-알**(-al)로 치환시키면 된다. 알데하이드를 명명하기 위해 그 모체가 되는 알케인의 전체 탄소 수를 셀 때, 카보닐기의 탄소 원자도 포함하여 세어야 한다는 점에 주의해야 한다. 케톤 화합물은 CH_3COCH_3를 프로판온으로 명명하는 것과 같이 **-온**(-one)이라는 접미사를 가진다. 명확한 표기를 위해, 카보닐기가 된 탄소 원자 위치를 숫자로 명시해 주어야 한다. 즉, $CH_3CH_2CH_2COCH_3$는 2-펜탄온으로, $CH_3CH_2COCH_2CH_3$는 3-펜탄온으로 명명한다.

알데하이드는 자연계에서 식물성 정유 내에 존재하며, 과일향이나 식물의 냄새를 나타내는 데 중요한 역할을 한다. 벤즈알데하이드(C_6H_5CHO, **7**)는 체리와 아몬드의 고유한 향을 나타내는 물질이다. 신남알데하이드(cinnamaldehyde, **8**)는 계피에 존재하며, 바닐라 추출액은 바닐라 기름에 존재하는 바닐린(vanillin, **9**)을 포함하고 있다. 케톤 또한 방향제가 될 수 있다. 예를 들어, 카르본(Topic 10A의 **11a** 구조)은 스피어민트(spearmint)의 정유 성분이다.

폼알데하이드는 메탄올의 촉매 산화 반응을 통하여 공업적으로 생산된다.

$$2\,CH_3OH(g) + O_2(g) \xrightarrow{600\,°C,\ Ag} 2\,HCHO(g) + 2\,H_2O(g)$$

이 반응에서 비교적 온화한 산화제를 선택하여 생성물이 폼산(HCOOH)로 과도하게 산화되는 것을 막을 수 있다. 케톤은 이와 같은 과도한 산화 반응 가능성이 알데하이드에 비해 낮다. 케톤이 카복실산을 형성하기 위해서는 C—C 결합이 끊어져야 하기 때문이다. 이차 알코올을 다이크로뮴산염에 의해 산화시키면 추가적인 산화가 거의 일어나지 않고 높은 수율로 케톤을 얻을 수 있다. 예를 들어, 다이크로뮴산 포타슘을 이용하여 $CH_3CH_2CH(OH)CH_3$를 $CH_3CH_2COCH_3$로 산화시킬 수 있다.

알데하이드와 케톤의 산화 용이성의 차이는 두 물질을 구별하는 데 활용될 수 있다. 암모니아 수용액에 녹아 있는 Ag^+ 이온을 이용하는 Tollens 시험에서, 알데하이드는 은 이온을 환원시켜서 은거울막, 즉 시험관 벽에 은 코팅막을 형성한다(**그림 10D.3**).

- 알데하이드: Tollens 시험에서 $CH_3CH_2CHO + Ag^+$는 CH_3CH_2COOH와 Ag(s)를 생성한다.
- 케톤: Tollens 시험에서 $CH_3COCH_3 + Ag^+$는 반응을 일으키지 않는다.

그림 10D.3 알데하이드(왼쪽)는 Tollens 시약과의 반응을 통해 은거울을 생성하지만, 케톤(오른쪽)은 알데하이드처럼 쉽게 산화되지 못한다. *(Copyright Macmillan Learning, photo by Ken Karp.)*

알데하이드와 케톤은 알코올의 산화에 의하여 얻을 수 있다. 알데하이드는 케톤보다 더 쉽게 산화될 수 있다.

10D.6 카복실산

카복실기(carboxyl group, 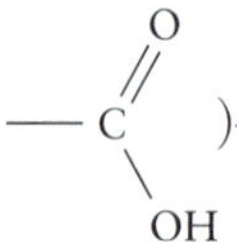)는 일반적으로 $-COOH$의 형태로 간략하게 기술하며, $R-COOH$ 형태의 약산인 **카복실산(carboxylic acid)**에 존재하는 작용기이다. 카복실산의 세기는 Topic 6C에서 설명한 것처럼 그 구조와 관련이 있다. 가장 간단한 카복실산은 폼산($HCOOH$)으로 개미독 속에 들어 있는 산이다. 잘 알려진 또 다른 카복실산으로는 식초에 들어 있는 아세트산(CH_3COOH)이 있다. 아세트산은 포도주 속에 들어있는 에탄올이 공기에 의해 산화될 때 생성된다.

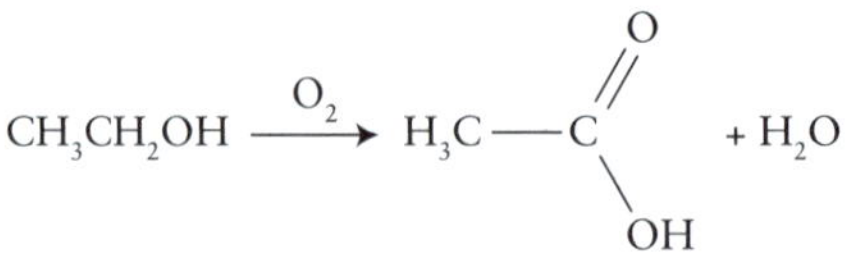

카복실산의 계통명은 모체 탄화수소의 이름 끝(-e)에 **산**(-oic acid)이라는 접미사를 붙여서 명명한다. 카복실산을 명명하기 위해 그 모체 탄화수소의 전체 탄소 수를 셀 때, 카복실기의 탄소 원자도 포함하여 세어야 한다. 따라서 폼산과 아세트산의 계통명은 메탄산과 에탄산이 된다.

카복실산은 일차 알코올이나 알데하이드를 산성 과망가니즈산 포타슘 용액과 같은 강산화제를 써서 산화시켜 얻을 수 있다. 때로는 알킬기를 카복실기로 직접 산화시키게 되는데, 이 과정은 공업적으로 중요성을 가지고 있다.

카복실산은 산성 카복실기를 갖고 있다.

10D.7 에스터

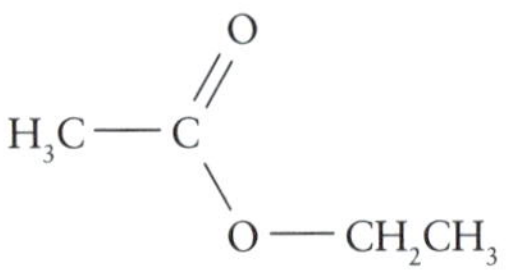

10 아세트산 에틸, $CH_3COOC_2H_5$

카복실산과 알코올 사이의 반응 생성물을 **에스터(ester, 10)**라고 한다. '에스터'라는 이름은 독일어 Essig(식초)와 Aether(에터)를 간단히 축약한 말이다(이 용어가 만들어졌을 때만 해도 유기화학에 대한 이해가 매우 부족했다). 예를 들어, 아세트산과 에탄올을 강산의 존재하에서 약 100 °C로 가열하면 **에스터화 반응(esterification)**이 진행되며, 아세트산 에틸과 물을 생성한다.

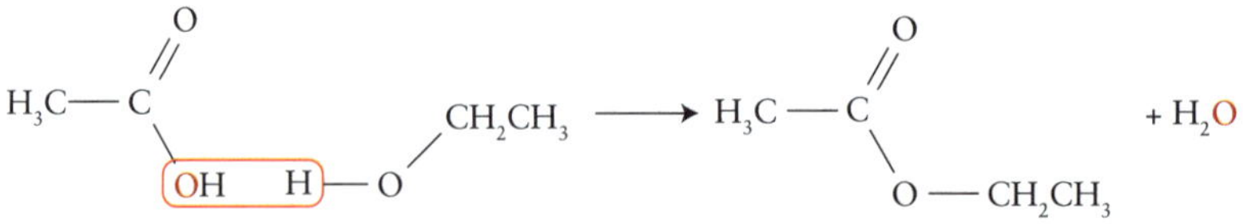

에스터 화합물의 다수는 향취를 내며, 과일향의 중요한 성분이다. 예를 들어, 아세트산 벤질 $CH_3COOCH_2C_6H_5$는 자스민 기름의 활성 성분이다. 지방과 유지는 천연 에스터의 또다른 중요한 예이다. 예를 들어, 트라이스테아린(tristearin, **11**)은 우지(소 지방)의 성분이며, 글리세롤(glycerol)과 스테아르산(stearic acid)으로부터 형성된 에스터이다.

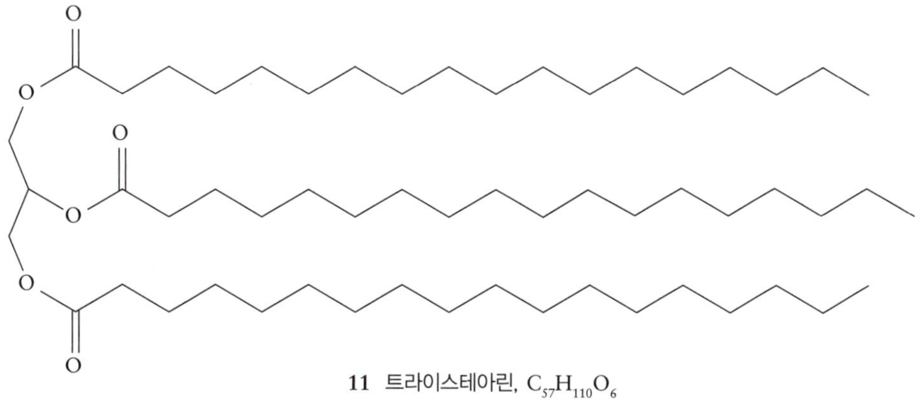

11 트라이스테아린, $C_{57}H_{110}O_6$

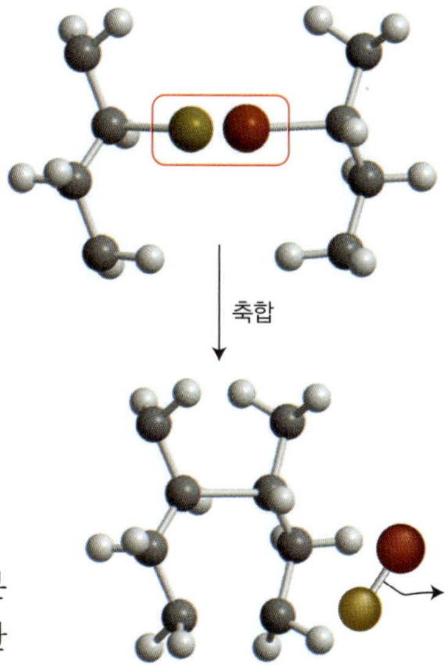

그림 10D.4 축합 반응에서는 두 원자 또는 원자단(빨간색과 노란색 구)이 작은 저분자로 제거되면서 두 분자 사이의 결합이 형성된다.

에스터 형성 반응은 두 개의 분자가 서로 결합하여 더 큰 하나의 분자를 만들면서 작은 분자가 제거되는 **축합 반응(condensation reaction)**의 중요한 예이다(그림 10D.4). 이 반응은 황산과 같은 강산을 촉매로 소량 첨가하면 일어나게 된다. 카복실산과 알코올 사이의 에스터화 반응에서 제거되는 분자는 H_2O이다.

축합 반응을 통해 식물성 유지의 부분 수소화 반응(Topic 10B)에서 생기는 문제를 해결하는 방법을 제시할 수 있다. 수소화 과정 동안, 일부 이중 결합은 본래의 시스 형태에서 트랜스 이성질체로 변환된다. '트랜스 지방(trans fat)'이라 불리는 이 형태의 지방은 동맥경화 등의 건강 문제를 초래할 수 있다. **에스터 교환 반응**(transesterification)은 효소를 이용하여 지방산(긴 탄화수소 사슬의 끝에 카복실산이 있는 화합물)이 붙어있는 위치를 한 알코올에서 다른 알코올로 바꾸는 새로운 기술이다. 이렇게 생성된 지방은 바라는 대로 높은 녹는점을 가지게 되지만 여전히 불포화되어 있고 트랜스 지방은 존재하지 않는다. 이 새로운 공정을 사용하면 냉각수의 필요를 낮출 뿐 아니라, 독성과 인화성이 있는 용매를 사용할 필요도 없게 된다.

자습 10D.1A (a) 프로판산(CH_3CH_2COOH)과 메탄올(CH_3OH)의 반응에서 생성되는 에스터의 축약 구조식을 쓰시오. (b) 바나나 향을 내는 물질인 에탄산 펜틸($CH_3COOC_5H_{11}$)을 생성하는 데 필요한 산과 알코올의 축약 구조식을 쓰시오.

[**답**: (a) $CH_3CH_2COOCH_3$, (b) CH_3COOH와 $CH_3(CH_2)_3CH_2OH$]

자습 10D.1B (a) 폼산(HCOOH)과 에탄올(CH_3CH_2OH)의 반응에서 생성되는 에스터의 축약 구조식을 쓰시오. (b) 사과 향을 내는 물질인 뷰탄산 메틸 $CH_3(CH_2)_2COOCH_3$을 생성하는 데 필요한 산과 알코올의 축약 구조식을 쓰시오.

알코올은 카복실산과 축합 반응을 하여 에스터를 생성한다.

10D.8 아민, 아미노산 및 아마이드

아민(amine)은 NH_3의 H 원자가 지방족이나 방향족의 유기 원자단으로 치환되어 유도된 화합물이다. 알코올과 마찬가지로, 아민은 질소 원자에 결합된 R기의 수에 따라서 일차, 이차, 삼차 아민으로 분류한다.

아민의 종류	구조	예	
일차	RNH_2	메틸아민, CH_3NH_2	
이차	R_2NH	다이메틸아민, $(CH_3)_2NH$	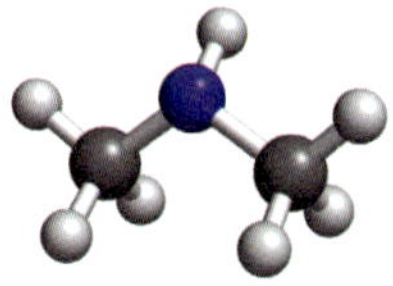
삼차	R_3N	트라이메틸아민, $(CH_3)_3N$	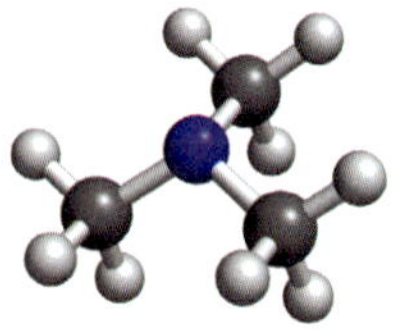

각 R기는 메틸기나 에틸기와 같은 유기 원자단을 나타내며, R기가 같을 필요는 없다. 각 경우에, N 원자는 sp^3 혼성화되어 하나의 고립 전자쌍과 세 개의 σ-결합을 지니게 된다. **사차 암모늄 이온**(quaternary ammonium ion)은 R_4N^+ 형태의 사면체 이온이다. 여기서 R기는 모두 다를 수 있다(그리고 H 원자를 세 개까지 포함할 수도 있다). 예를 들어, 테트라메틸암모늄 이온$(CH_3)_4N^+$과 트라이메틸암모늄 이온 $(CH_3)_3NH^+$은 모두 사차 암모늄 이온이다. 아민의 모체가 되는 작용기인 **아미노기(amino group)**는 $-NH_2$로 표현된다.

아민은 자연계에 널리 분포되어 있다. 다수의 아민이 자극적이면서, 흔히 불쾌한 냄새를 풍긴다. 단백질은 질소를 포함한 유기 고분자이기 때문에, 아민 화합물은 생체 물질이 분해된 후 남는 물질에 존재하며, 황 화합물과 더불어 썩어가는 살에서 풍기는 악취의 원인이기도 하다. 관용명이 푸트레신[putrescine, $NH_2(CH_2)_4NH_2$, putrefaction은 '부패'라는 뜻–역자 주]과 카다베린[cadaverine, $NH_2(CH_2)_5NH_2$, cadaver는 '사체'라는 뜻–역자 주]이라고 하는 두 아민이 그 전형적인 물질이다. 암모니아처럼 아민은 약염기(Topic 6C)에 속하지만, N 원자에 적어도 하나의 H 원자가 결합되어 있는 사차 암모늄 이온은 일반적으로 산성이다.

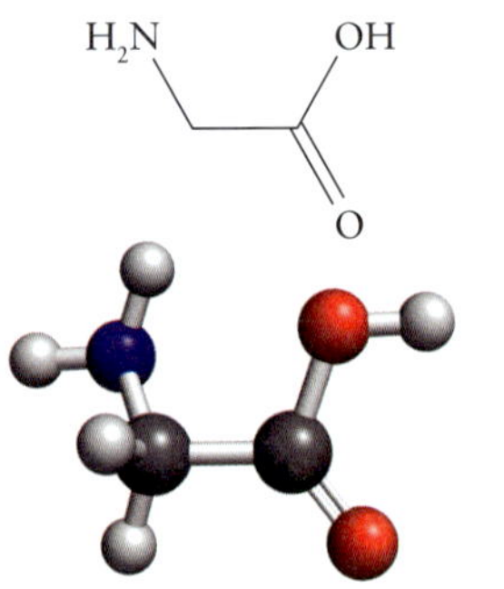

12 글라이신, NH_2CH_2COOH

아미노산(amino acid)은 카복실기뿐 아니라 아미노기도 지니고 있는 카복실산을 말한다. 가장 간단한 형태는 글라이신(NH_2CH_2COOH, **12**)이며, 한 분자 내에 염기성 기($-NH_2$)와 산성 기($-COOH$)를 동시에 지니고 있음을 알 수 있다. 아미노산은 pH가 7에 가까운 수용액에서 아미노기는 양성자화되어 있고 카복실기는 탈양성자화 되어 있는 $^+H_3NCH_2CO_2^-$의 형태인 **쯔비터 이온(zwitterion)**으로 존재한다. '쯔비터(zwitter)'는 혼성(잡종) 또는 자웅동체라는 의미의 독일어이다. 두 작용기의 양성자화 정도에 따라 네 가지 아미노산 형태가 가능하다. 강한 산성 용액에서 알라닌은 $^+H_3NCH(CH_3)COOH$의 형태로 존재한다. 그러나 염기가 첨가되면 N에 결합된 양성자가 먼저 제거되면서 $H_2NCHCH_2CO_2H$(주로 쯔비터 이온의 형태로)를 형성한다. 그 후 카복실산으로부터 양성자가 떨어져 나오면서 $H_2NCHCH_2CO_2^-$를 형성한다. 아미노산 용액 내 여러 가지 화학종의 상대적 농도는 Topic 6E에서 다룬 다양성자산의 경우와 동일한 방식을 사용하여 계산할 수 있다. 그림 10D.5는 각 알라닌 형태의 농도가 용액 내에서 pH에 따라 어떻게 변화하는지를 나타낸다. 여기서 주목해야 할 점은 중성 분자 형태로 존재하는 알라닌은 모든 pH 범위에서 거의 없다는 것이다. 그 농도를 거의 1억 배 정도 확대하였을 때에만 그래프상에 겨우 나타날 정도이다. 가장 중요한 아미노산들은 α-아미노산인데, 글라이신처럼 $-NH_2$기가 카복실기 바로 이웃의 탄소 원자에 결합되어 있다.

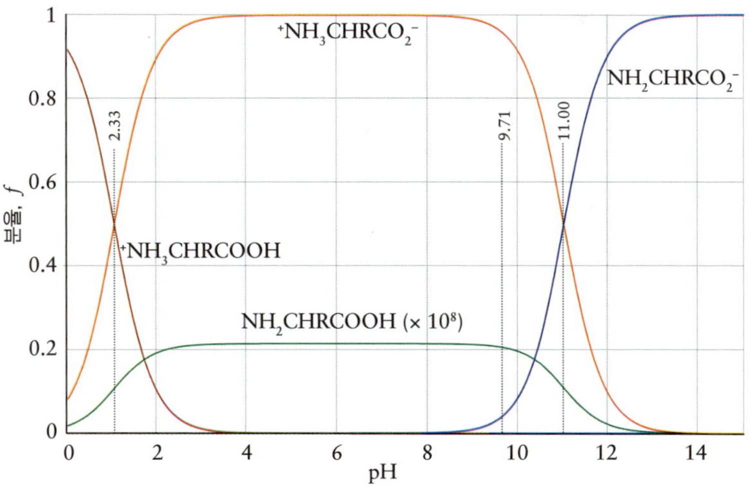

그림 10D.5 전형적인 아미노산 용액의 pH에 따른 조성 분율의 변화(이 그래프의 아미노산은 $R = CH_3$인 알라닌이다). 그림에서 수직 점선은 세 양성자 이동 평형(왼쪽부터 오른쪽으로 $^+H_3NCHRCO_2H$, $^+H_3NCH_2RCO_2^-$, $H_2NCHRCO_2^-$)과 관련된 pK 값을 나타낸다. 중성 분자 형태의 농도는 모든 pH 값에서 매우 낮다는 점에 주목하자. 중성 분자 형태의 농도는 그래프에서 비교할 수 있도록 10^8배로 나타내었다. 아미노산은 수용액 상에서 거의 모두가 이온 형태로 존재한다.

알코올처럼 아민도 카복실산과 축합 반응을 한다.

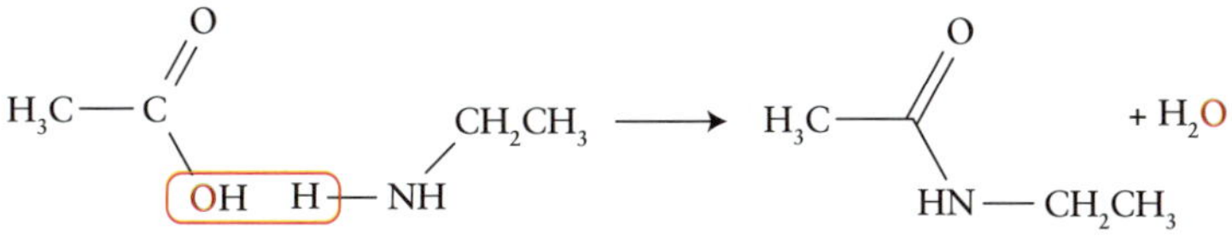

이 반응의 생성물은 **아마이드(amide)**이다. 반응물이 일차 아민(RNH_2)의 경우에는 생성물이 R—(CO)—NHR 형태의 분자가 된다. 아마이드는 N—H 결합을 가지고 있어 수소 결합에 참여할 수 있고, 그 분자간 결합력은 강하다.

아마이드 결합의 형성 메커니즘은 카복실산과 아민의 특성을 통찰할 수 있는 좋은 자료이다. 처음에 우리는 아민이 염기로 작용하여 카복실산으로부터 단순히 양성자를 받아들일 것이라고 예상할 수 있다. 실질적으로도 용매가 없는 상태에서 두 물질을 섞으면 사차 암모늄염이 형성된다.

$$CH_3COOH + CH_3NH_2 \rightarrow CH_3CO_2^- + CH_3NH_3^+$$

그러나 200 °C 가까이 가열하게 되면 열역학적으로 더 안정한 반응이 일어나게 된다. 양성자 이동이 역전되고, 아민은 친핵체로 작용하면서 카복실기의 탄소 원자를 공격하여 축합 반응을 일으킨다.

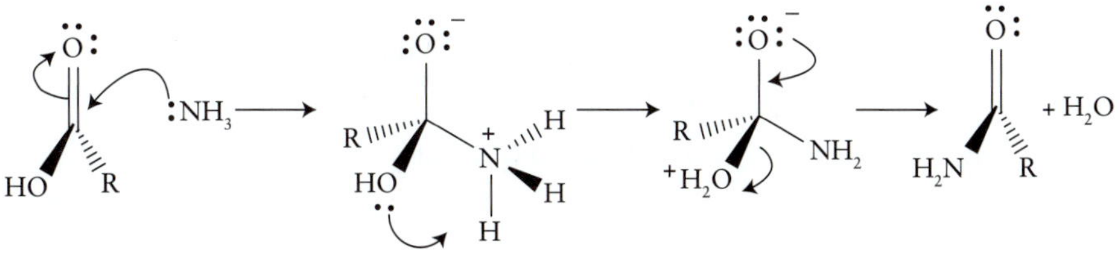

자습 10D.2A 동일한 몰 질량을 지니는 에스터와 일차 아민 중에서 어느 것이 더 높은 끓는점을 가지는지 예측하고, 그 이유를 설명하시오.

[**답**: 아민, 아민은 $-NH_2$의 형태를 지녀 수소 결합을 형성할 수 있는 반면에, 에스터기는 순수한 상태에서는 수소 결합을 형성할 수 없다.]

자습 10D.2B 폼아마이드 $HCONH_2$에서 C와 N 원자의 혼성 오비탈 상태는 무엇인가?

도구상자 10D.1은 작용기를 지니는 간단한 화합물의 명명법을 요약한다.

도구상자 10D.1 작용기를 지닌 간단한 화합물의 명명법

기본 개념

일반적으로 작용기를 지니고 있는 화합물의 이름은 탄화수소의 명명법(도구상자 10A.1)에 준하는 동일한 규칙과 번호 부여 방식을 따르고 화합물명의 끝부분에서 작용기를 표시할 수 있도록 변경한다. 간단명료하면서도 분명한 목표를 가진 명명법이다.

과정

번호를 부여할 때, 작용기는 탄화수소 곁가지에 비해 우선순위를 가진다.

알코올

모체가 되는 탄화수소 화합물을 파악하고, 그 이름의 끝에 위치한 -e를 -**올**(-ol)로 치환하여 계통명을 만든다. 하이드록실기의 위치는 주사슬을 구성하는 C 원자 숫자를 세어 표시하는데, −OH기의 위치에 대하여 가장 낮은 번호를 부여하도록 하는 사슬 끝부터 시작하여 번호를 붙인다. −OH기를 치환기로 명명할 때는 **하이드록시**(-hydroxy)라고 부른다. 예를 들어, $CH_3CH(OH)CH_2CH_2CH_3$의 화합물명은 2-펜탄올 또는 2-하이드록시펜테인이다.

알데하이드와 케톤

알데하이드의 경우에는 −CHO의 C를 포함하여 탄소 원자수를 세어 모체가 되는 탄화수소를 결정한다. 그리고 탄화수소명의 -e를 -**알**(−al)로 변화시킨다. −CHO기의 C는 탄소 사슬 끝에 있어 항상 탄소 번호 1이 되므로, 번호를 표시하지 않는다. 케톤의 경우에는 모체 탄화수소명의 -e를 -**온**(-one)으로 바꾸고, 카보닐기에 가장 낮은 번호를 부여하도록 하는 순서로 번호를 붙인다. 그러므로 $CH_3CH_2CH_2COCH_3$는 2-펜탄온이다.

카복실산

모체 탄화수소명의 -e를 -**산**(oic acid)으로 바꾼다. 이때, −COOH의 C 원자를 포함하여 탄소 원자 수를 세어 모체 탄화수소명을 결정한다. 그러므로 $CH_3CH_2CH_2COOH$는 뷰탄산(butanoic acid)으로 명명한다.

에스터

알코올의 -anol을 -yl로, 모체가 되는 산의 -oic acid를 -oate로 바꾼다. 그러므로 CH_3COOCH_3(메탄올과 에탄산으로부터 형성된 에스터)는 에탄산 메틸(methyl ethanoate)로 명명한다.

아민

아민을 계통적으로 명명할 때는 질소에 결합된 원자단을 알파벳 순서로(접두사는 무시하고) 특정하고 이후 접미사로서 -아민(-amine)을 붙인다. 두 개의 아미노기를 지니는 아민은 다이아민(diamine)이라고 한다. $-NH_2$기가 치환기일 경우에는 아미노-(amino-)라고 한다. 그러므로 $(CH_3CH_2)_2NCH_3$는 다이에틸메틸아민으로, $CH_3CH(NH_2)CH_3$는 2-아미노프로페인으로 명명한다.

할로젠화물

할로젠 원소명의 -**인**(-ine) 부분을 -**오**(-o)로 변경하고, 할로젠 원자를 치환기로 생각하여 명명한다. 예를 들어 $CH_3CHClCH_2CH_3$를 2-클로로뷰테인이라 명명한다.

이러한 규칙을 예제 10D.1에서 설명하였다.

예제 10D.1 작용기를 지닌 화합물 명명하기

여러분이 제약 연구실에서 일하고 있으며 창고에서 시약을 회수해야 한다고 가정해 보자. 화합물은 알파벳 순으로 저장되어 있으므로, 여러분이 현재 테스트하고 있는 합성 과정에서 나타나는 구조식으로부터 그 이름을 알 수 있어야 한다. 다음 화합물을 명명하시오.

(a) $CH_3CH(CH_3)CH(OH)CH_3$, (b) $CH_3CHClCH_2COCH_3$, (c) $(CH_3CH_2)_2NCH_2CH_2CH_3$

계획 도구상자 10D.1의 과정을 따라 진행한다.

풀이

(a) 먼저 가장 긴 사슬을 구성하는 탄소 원자수를 세고, 사슬 이름의 끝부분을 -**올**로 바꾼다. 하이드록실기가 붙어 있는 탄소에 가장 낮은 번호를 부여하도록 방향을 정해 사슬에 번호를 붙인다.

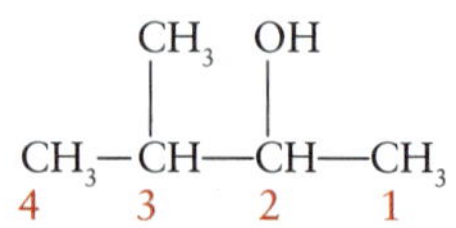

이 알코올은 3-메틸-2-뷰탄올이다.

(b) 이 화합물은 케톤이면서 동시에 할로알케인이다. 케톤기에 가장 낮은 번호를 부여하는 방향으로 탄화수소 사슬에 번호를 붙인다. 사슬은 다섯 개의 탄소 원자로 구성되어 있고, 케톤기는 한쪽 끝으로부터 두 번째, 염소 원자는 네 번째 위치에 있다.

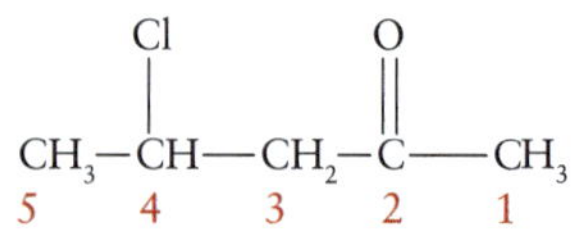

이 화합물은 4-클로로-2-펜탄온이다.

(c) $(CH_3CH_2)_2NCH_2CH_2CH_3$ 화합물은 질소 원자에 두 개의 에틸기와 한 개의 프로필기가 붙어 있다. 에틸기에 대해서는 접두사인 다이-(di-)로 그 수를 나타내고, 알파벳순으로 원자단을 열거한다.

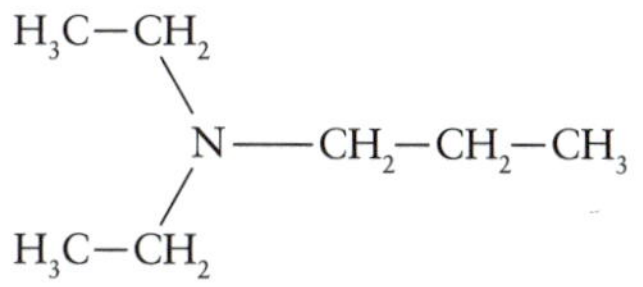

이 화합물의 이름은 다이에틸프로필아민이다.

자습 10D.3A 다음 화합물을 명명하시오.

(a) $CH_3CH(CH_2CH_2OH)CH_3$, (b) $CH_3CH(CHO)CH_2CH_3$, (c) $(C_6H_5)_3N$

[**답**: (a) 3-메틸-1-뷰탄올, (b) 2-메틸뷰탄알, (c) 트라이페닐아민]

자습 10D.3B 다음 화합물을 명명하시오.

(a) $CH_3CH_2CH(OH)CH_2CH_3$, (b) $CH_3CH_2COCH_2CH_3$, (c) $CH_3CH_2NHCH_3$

관련 연습 문제 10D.5, 10D.6, 10D.11, 10D.12

아민은 암모니아의 수소 원자를 유기 원자단으로 치환하여 유도된 것으로 생각할 수 있다. 아마이드는 아민과 카복실산의 축합 반응을 통해 형성된다. 아민과 다수의 아마이드 화합물은 수소 결합을 형성한다.

이 Topic에서 배운 것은 무엇인가?

화합물 내에서 특정한 성질을 나타내도록 하는 약간의 작용기를 인식하여 유기화학 공부를 단순화할 수 있다는 것을 알았다. 몇 가지 작용기를 살펴보았고, 그 작용기를 포함하는 화합물을 어떻게 명명하는지 배웠다.

개념과 식의 적용

- □ 분자 구조식으로부터 간단한 할로알케인, 알코올, 에터, 페놀, 알데하이드, 케톤, 카복실산, 아민, 아마이드, 에스터를 구별한다.
- □ 알데하이드와 케톤의 산화 생성물을 예측한다(10D.5절).
- □ 특정한 카복실산이 특정 알코올 또는 아민과의 축합 반응을 통해 형성하는 에스터 또는 아마이드의 구조식을 쓴다(10D.7 및 10D.8절).
- □ 수소 결합의 영향에 따른 유기 화합물의 물리적 성질을 예측한다(자습 10D.2).
- □ 간단한 작용기를 가진 화합물을 명명한다(도구상자 10D.1 및 예제 10D.1).

Topic 10D 연습 문제

10D.1 다음의 화합물 종류에 대한 일반식을 쓰시오. 이때 유기 원자단에 대해서는 R을 사용하시오.
(a) 아민 (b) 알코올 (c) 카복실산 (d) 알데하이드

10D.2 다음의 화합물 종류에 대한 일반식을 쓰시오. 이때 유기 원자단에 대해서는 R을 사용하시오.
(a) 에터 (b) 케톤 (c) 에스터 (d) 아마이드

10D.3 각 화합물의 종류를 구별하시오.
(a) R—O—R, (b) R—CO—R, (c) $R—NH_2$, (d) R—COOR

10D.4 각 화합물의 종류를 구별하시오.
(a) R—CHO (b) R—COOH (c) R—CONHR (d) R—OH

10D.5 다음 화합물을 명명하시오. (a) $CH_3CHClCH_3$
(b) $CH_3CH_2C(CH_3)ClCH_2CHClCH_3$ (c) CH_3CI_3 (d) CH_2Cl_2

10D.6 다음 화합물을 명명하시오.
(a) $CH_3CCl_2CH_3$ (b) $CH_2CHCH_2CH_2Br$ (c) $CH_3CCCH_2CH(OH)CH_3$ (d) $CH_3OCH_2CH_2CH_2CH_3$

10D.7 다음 화합물의 화학식을 쓰고, 어느 것이 일차, 이차, 삼차 알코올 또는 페놀인지를 설명하시오.
(a) 1-클로로-2-하이드록시벤젠 (b) 2-메틸-3-펜탄올 (c) 2,4-다이메

틸-1-헥산올 (d) 2-메틸-2-뷰탄올

10D.8 다음 화합물의 화학식을 쓰고, 어느 것이 일차, 이차, 삼차 알코올 또는 페놀인지를 설명하시오. (a) 1-헥산올 (b) 1-페닐-1-에탄올 (c) 2,4-다이메틸페놀 (d) 3-에틸-2,2-다이메틸-3-펜탄올

10D.9 다음 화합물의 화학식을 쓰시오.
(a) 메틸 프로필 에터 (b) 에틸 뷰틸 에터 (c) 다이프로필 에터

10D.10 다음 화합물의 화학식을 쓰시오.
(a) 메틸 사이클로프로필 에터 (b) 다이뷰틸 에터 (c) 에틸 펜틸 에터

10D.11 다음 화합물을 명명하시오.
(a) $CH_3CH_2CH_2OCH_2CH_2CH_2CH_3$ (b) $C_6H_5OCH_3$
(c) $CH_3CH_2CH_2OCH_2CH_2CH_2CH_2CH_3$

10D.12 다음 화합물을 명명하시오.
(a) $CH_3(CH_2)_3CH_2OCH_3$ (b) $CH_3CH_2OCH_2CH_2CH_2CH_3$
(c) $CH_3CH_2CH_2OCH_2CH_2CH_3$

10D.13 다음 화합물을 알데하이드와 케톤으로 구별하고, 계통명을 쓰시오. (a) CH_3CHO (b) CH_3COCH_3 (c) $(CH_3CH_2)_2CO$

10D.14 다음 화합물을 알데하이드와 케톤으로 구별하고, 계통명을 쓰시오.
(a) $CH_3CH_2CH(CH_3)CHO$
(b)
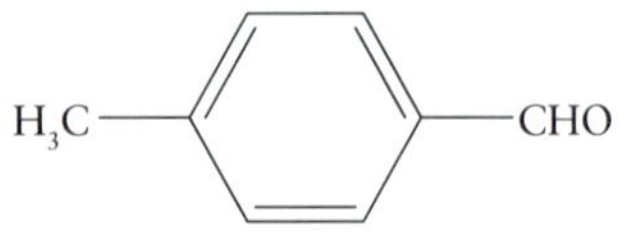
(c) $(CH_3CH_2)_2CHCH_2COCH_2CH_3$

10D.15 다음 화합물의 구조식을 쓰시오. (a) 뷰탄알 (b) 3-헥산온 (c) 2-헵탄온

10D.16 다음 화합물의 구조식을 쓰시오. (a) 2-에틸-2-메틸펜탄알 (b) 3,5-다이하이드록시-4-옥탄온 (c) 4,5-다이메틸-3-헥산온

10D.17 다음 화합물의 계통명을 쓰시오.
(a) CH_3COOH (b) $CH_3CH_2CH_2COOH$ (c) $CH_2(NH_2)COOH$

10D.18 다음 화합물의 계통명을 쓰시오. (a) $CH_3CH(CH_3)CH_2COOH$ (b) CH_2ClCH_2COOH (c) $CH_3(CH_2)_7COOH$

10D.19 다음 화합물의 구조를 그리시오. (a) 벤조산 C_6H_5COOH (b) 2-클로로-3-메틸펜탄산 (c) 헥산산 (d) 프로펜산

10D.20 다음 화합물의 구조를 그리시오. (a) 2-메틸프로판산 (b) 2,2-다이클로로뷰탄산 (c) 2,2,2-트라이플루오로에탄산 (d) 4,4-다이메틸펜탄산

10D.21 다음 아민의 계통명을 쓰시오.
(a) CH_3NH_2 (b) $(CH_3CH_2)_2NH$ (c) o-$CH_3C_6H_4NH_2$

10D.22 다음 아민의 계통명을 쓰시오.
(a) $CH_3CH_2CH_2NH_2$ (b) $(CH_3CH_2)_4N^+$ (c) p-$ClC_6H_4NH_2$

10D.23 다음 아민의 구조식을 쓰시오.
(a) *o*-메틸페닐아민 (b) 트라이에틸아민 (c) 테트라메틸암모늄 이온

10D.24 다음 아민의 구조식을 쓰시오.
(a) 메틸프로필아민 (b) 다이메틸아민 (c) *m*-메틸페닐아민

10D.25 다음 분자와 이온 중에서 어느 것이 친핵성 치환 반응에서 친핵체로 작용하는지 고르시오.
(a) NH_3 (b) CO_2 (c) Br^- (d) SiH_4

10D.26 다음 분자와 이온 중에서 어느 것이 친핵성 치환 반응에서 친핵체로 작용하는지 고르시오.
(a) OH^- (b) NH_4^+ (c) NH_2^- (d) H_2O

10D.27 다음 화합물을 합성하는 데 필요한 알코올을 제안하고, 그 반응이 어떻게 진행되는지를 보이시오.
(a) 에탄알 (b) 2-옥탄온 (c) 5-메틸옥탄알

10D.28 다음 화합물을 합성하는 데 필요한 알코올을 제안하고, 그 반응이 어떻게 진행되는지를 보이시오.
(a) 프로판알 (b) 2-펜탄온 (c) 5-에틸-3-노난온

10D.29 다음 두 시약의 축합 반응에서 형성되는 주요 생성물의 구조를 그리시오.
(a) 뷰탄산과 2-프로판올 (b) 에탄산과 1-펜탄올
(c) 헥산산과 메틸에틸아민 (d) 에탄산과 프로필아민

10D.30 다음 두 시약의 축합 반응에서 형성되는 주요 생성물의 구조를 그리시오.
(a) 프로판산과 2-메틸프로판올 (b) 에탄산과 사이클로헥산올
(c) 뷰탄산과 다이메틸아민 (d) 2-메틸펜탄산과 에틸아민

10D.31 다음 반응을 각각 첨가 반응, 친핵성 치환 반응, 친전자성 치환 반응, 축합 반응으로 분류하시오.
(a) 빛이 없는 조건에서 1-뷰텐과 염소의 반응
(b) 아미노산의 일종인 글라이신의 중합 반응
(c) 1-뷰타인의 수소화 반응
(d) 스타이렌($CH_2CHC_6H_5$)의 중합 반응
(e) 메틸아민과 뷰탄산의 반응(Topic 10E 참조)

10D.32 다음 반응을 각각 첨가 반응, 친핵성 치환 반응, 친전자성 치환 반응, 축합 반응으로 분류하시오.
(a) 테레프탈산과 1,2-에테인다이올과의 반응
(b) 3-클로로헥세인과 진한 수산화 소듐 용액의 반응
(c) 2-아이오도-2-메틸프로페인과 물의 반응
(d) 프로판산과 에탄올의 반응
(e) $FeBr_3$ 존재하에서 톨루엔과 브로민의 반응(Topic 10C 참조)

10D.33 세 종류의 시료 프로판알, 2-프로판온, 에탄산이 있다. 이 세 종류의 화합물을 화학적 테스트를 이용하여(산–염기 지시약 포함) 구별할 수 있는 방법을 기술하시오.

10D.34 세 종류의 시료 1-프로판올, 펜테인, 에탄산이 있다. 이 세 종류의 화합물을 물에 대한 용해도, 산–염기 지시약과 같은 화학적 테스트를 이용하여 구별할 수 있는 방법을 기술하시오.

10D.35 다음 카복실산을 산의 세기가 증가하는 순서로 나열하고, 그 이유를 간략하게 기술하시오. $ClCH_2COOH$, Cl_3CCOOH, CH_3COOH, CH_3CH_2COOH

10D.36 메틸아민, 다이메틸아민, 다이에틸아민을 염기의 세기가 증가하는 순서대로 나열하고, 그 이유를 분자 구조를 바탕으로 설명하시오.

Topic 10E 고분자와 생물학적 거대분자

이 Topic을 왜 배우는가? 고분자 재료의 개발은 사회의 변화를 촉발해 왔다. 현대 사회에서 고분자의 역할을 파악하려면 그 구조와 성질에 대한 이해가 필요하다. 또한 생명체는 유사한 분자를 사용하여 기능하고 있으므로, 그러한 분자의 구조 및 반응에 대해 알지 못하면 생물학을 분자 수준에서 이해하기 어렵다.

무엇을 알고 있어야 하는가? 이 Topic은 작용기(Topic 10D), 분자간 힘(Topic 3F), 반응 메커니즘(Topic 7C) 및 이성질체(Topic 10A)에 대한 이해를 바탕으로 한다.

유기 화합물의 탄소 원자 사슬은 엄청난 길이까지 늘어날 수 있으며, 수백 및 수천 개의 원자로 구성된 **거대분자(macromolecule)**를 형성할 수 있다. **고분자(polymer)**는 폴리프로필렌, 폴리테트라플루우오로에틸렌(상품명 테플론)과 같이, 작은 반복 단위의 사슬이나 그물 구조로 구성된 거대분자 화합물을 말한다. 고분자가 크고 복잡할 수도 있지만, 그 반복 단위가 지니고 있는 작용기를 알면 고분자의 성질을 이해할 수 있다.

고분자는 주로 **첨가 반응**(addition reaction)과 **축합 반응**(condensation reaction)을 통해 형성된다. 출발 물질 내에 존재하는 작용기의 종류에 따라 어떤 형태의 반응이 일어나는가가 결정된다. 고분자를 만들기 위한 출발 물질은 주로 석유에서 유래하지만, 일부 고분자는 옥수수와 대두 같은 농산물로부터 합성된다. 생물학적 거대분자에는 효소로 작용하거나 생명체의 구조를 구성하는 단백질이 있으며, 탄수화물, 그리고 유전에 관여하는 DNA, RNA 같은 분자도 있다.

10E.1 첨가 중합

알켄 분자는 **첨가 중합(addition polymerization)**이라고 하는 반응을 통해 서로 반응하여 긴 사슬을 형성할 수 있다. 예를 들어, 에텐 분자는 다른 에텐 분자와 결합을 형성하고, 이어서 다른 에텐이 다시 첨가되고, 이 과정이 반복되면서 긴 탄화수소 사슬을 형성할 수 있다. 이 반응에서 에텐과 같은 본래의 작은 알켄 화합물을 **단량체(monomer)**라고 한다. 각 단량체 구조는 계속해서 반복되면서 고분자 사슬을 형성하는데, 이를 **반복 단위(repeating unit)**라 한다. 즉, 반복 단위가 공유 결합으로 연결된 사슬형 생성물이 고분자이다. 가장 간단한 형태의 첨가 중합체는 폴리에틸렌 $-(CH_2CH_2)_n-$으로, 에텐이 중합되어 형성되며 수천 개의 $-CH_2CH_2-$ 반복 단위가 연결된 긴 사슬 구조로 구성된다.

플라스틱 산업은 분자 구조가 $CHX{=}CH_2$인 다양한 단량체로부터 고분자를 개발하였다. 이때 X는 한 개의 원자이거나(염화비닐 $CHCl{=}CH_2$에서 Cl처럼) 원자단일 수 있다(프로펜의 CH_3처럼). 이러한 치환기를 지니는 에텐은 폴리염화비닐(PVC) $-(CHClCH_2)_n-$, 폴리프로필렌 $-(CH(CH_3)CH_2)_n-$에서와 같이 $-(CHXCH_2)_n-$ 형태의 화학식을 가지는 고분자를 형성한다(**표 10E.1** 참조). 이러한 고분자는 외형, 강도, 투명도 및 내후성(weather resistance) 등에서 서로 다른 특성을 보여 준다.

첨가 중합에 있어 가장 보편적인 합성 방법은 라디칼 연쇄 반응(Topic 7C)에 의해 중합이 진행되는 **라디칼 중합(radical polymerization)**이다. 전형적인 라디칼 중합 과정에서는,

표 10E.1 일반적인 첨가 중합 고분자

단량체명	단량체 화학식	고분자 화학식	일반명
에텐*	$CH_2{=}CH_2$	$-(CH_2-CH_2)_n-$	폴리에틸렌
염화바이닐	$CHCl{=}CH_2$	$-(CHCl-CH_2)_n-$	폴리염화비닐
스타이렌	$CH(C_6H_5){=}CH_2$	$-(CH(C_6H_5)-CH_2)_n-$	폴리스타이렌
아크릴로나이트릴	$CH(CN){=}CH_2$	$-(CH(CN)-CH_2)_n-$	올론(Orlon), 아크릴(Acrilan)
프로펜*	$CH(CH_3){=}CH_2$	$-(CH(CH_3)-CH_2)_n-$	폴리프로필렌
메틸 메타크릴레이트	$CH_3OOCC(CH_3){=}CH_2$	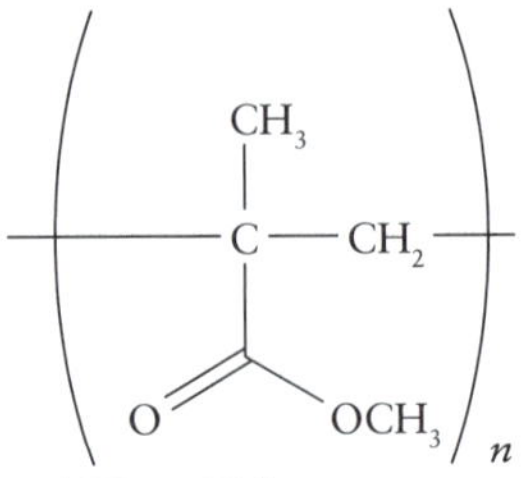	플렉시글라스(Plexiglas), 루사이트(Lucite)
테트라플루오로에텐*	$CF_2{=}CF_2$	$-(CF_2-CF_2)_n-$	테플론, PTFE[†]

* 접미사 -**엔**(-ene)이 일반명에서 -**일렌**(-ylene)으로 대체 가능하므로, 해당하는 고분자의 이름도 똑같이 대체 가능하다.

[†] PTFE, 폴리테트라플루오로에틸렌(polytetrafluoroethylene)

단량체(예를 들어, 에텐)를 약 1000기압 정도로 압축하여 소량의 유기 과산화물(분자식이 R—O—O—R인 화합물, 이때 R기는 유기 원자단) 존재하에서 100 °C로 가열한다. O—O 결합이 해리되어 두 개의 라디칼이 생성되면서 중합 반응이 개시된다.

$$R{-}O{-}O{-}R \rightarrow R{-}O\cdot + \cdot O{-}R$$

일단 반응이 개시되면, 각 라디칼이 단량체 분자($CHX{=}CH_2$, 에텐의 경우에 X=H)를 공격하여 반응성이 매우 높은 라디칼을 새롭게 생성하면서 연쇄 반응이 전파될 수 있다.

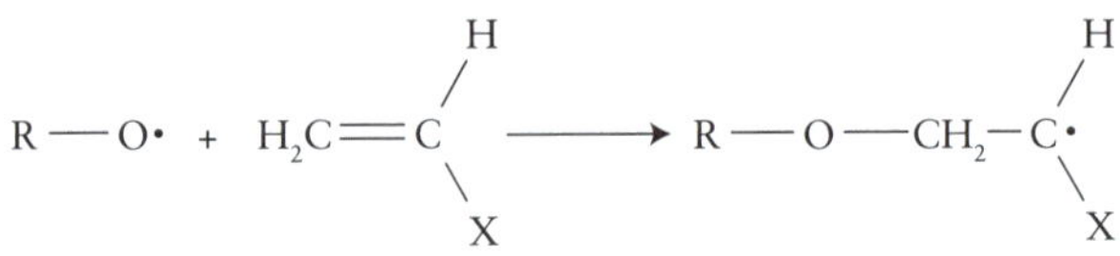

이 라디칼이 다른 단량체 분자를 공격하면서 사슬은 점차 더 길어진다.

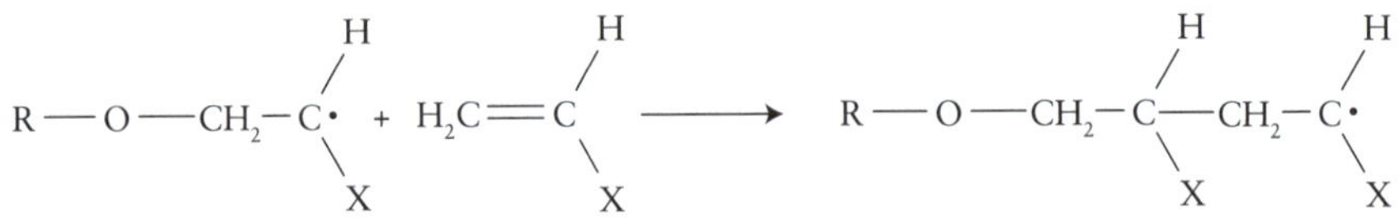

이 반응은 모든 단량체 분자가 소모되거나 또는 두 사슬이 서로 결합하여 비라디칼 화학종을 형성할 때까지 계속된다. 그 생성물은 수많은 반복 단위를 가진 거대한 분자로 구성된다. 예를 들어, 폴리에틸렌(X=H일 때)은 화학식이 $-(CH_2CH_2)_n-$인 긴 사슬들로 구성되며, 이때 n의 값은 수천에 이를 수 있다. 첨가 중합 고분자 다수가 여러 개의 가지를 지닐 수도 있다. 이 가지는 '주사슬(backbone)'상에 있는 중간 지점에서 새롭게 사슬이 자라나면서 만들어지게 된다. 고분자의 물리적 성질은 가지가 달리는 정도에 따라 영향을 받는다. 가지가 많은 고분자는 가지가 적은 고분자에 비해 더 부드럽고 유연한 재료가 된다.

딱딱하고 견고한 고분자는 서로 잘 포개져서 쌓이는 사슬을 지닌다. 폴리프로필렌의 합성 초창기에 있어서, 폴리프로필렌의 각 C 원자에 결합된 —H와 $-CH_3$의 방향이 무작위로 형성되었고, 이러한 구조는 사슬이 잘 포개져서 쌓이는 것을 방해하였다. 그 결과 무결정성의 끈적거리는, 거의 쓸모없는 재료가 만들어졌다. 그러나 지금에 와서는 **Ziegler–Natta 촉매**(**Ziegler–Natta catalyst**)를 사용하여 사슬의 입체 구조를 조절할 수 있게 되었다. 이 촉매는

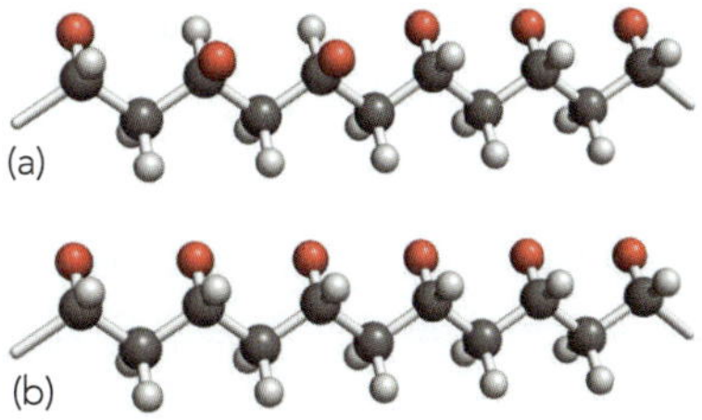

그림 10E.1 (a) 치환기(빨간 색)가 사슬의 측면에 불규칙적으로 위치한 고분자. (b) Ziegler–Natta 촉매를 사용해서 생산되는 입체규칙성 고분자. 이 경우 치환기(빨간색)가 모두 사슬의 동일한 측면에 위치한다.

그림 10E.2 폴리프로필렌 섬유를 확대한 모습. 사슬 구조의 규칙성으로 인해 매우 밀도가 높다. 이러한 폴리프로필렌은 튼튼한 내구성을 요하는 카펫 등의 좋은 원료가 된다. (*Somov Pa/CC BY-SA 4.0/Wikimedia Commons*)

사염화 타이타늄($TiCl_4$)과 트라이에틸알루미늄[$(CH_3CH_2)_3Al$] 화합물로 구성되어 있다. 고분자 내 각각의 반복 단위, 혹은 반복 단위쌍이 동일한 상대적 배향성을 지녔을 때, 이 고분자를 **입체규칙적(stereoregular)**이라고 표현한다. 입체규칙성은 사슬이 촉매 상에서 성장하는 방식에 따라 나타나게 된다(그림 10E.1).

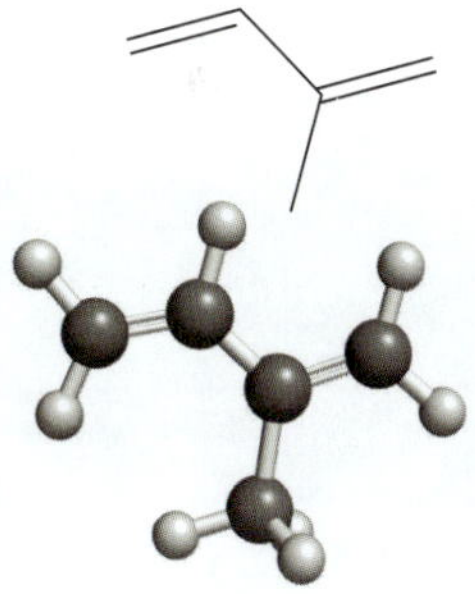

1 아이소프렌

Ziegler–Natta 촉매에 의해 생성되는 입체규칙적 고분자 사슬은 서로 잘 포개져서 조밀하게 쌓이며, 결정성과 밀도가 매우 높은 재료가 된다(그림 10E.2)

고무는 아이소프렌(**1**)의 중합체이다. 천연 고무는 고무나무의 껍질로부터 나오는 라텍스(latex, 그림 10E.3)라고 하는 우유색 액체부터 얻을 수 있다. 이는 고무 입자가 물에 분산된 현탁액으로 되어 있다. 고무 그 자체는 부드러운 흰 고체이며, 열을 가하면 더 부드럽게 된다. 고무는 연필 지우개로 사용되며, 한때 신발 밑창을 위한 크레이프 고무로 사용된 적이 있다.

화학자들은 고무가 아이소프렌으로 된 고분자라는 사실을 알고 있었지만, 오랫동안 고무를 합성할 수 없었다. 고무나무에 있는 효소가 단량체 사이의 모든 결합이 시스 배열 방식(그림 10E.4)으로 된 입체규칙성 고분자를 합성한다. 그러나 단순한 라디칼 중합 방식은 시스와 트랜

그림 10E.3 라텍스의 주요 공급원인 말레이시아의 고무나무로부터 라텍스를 채취하고 있는 모습.(© *Thien Eu/Shutterstock*)

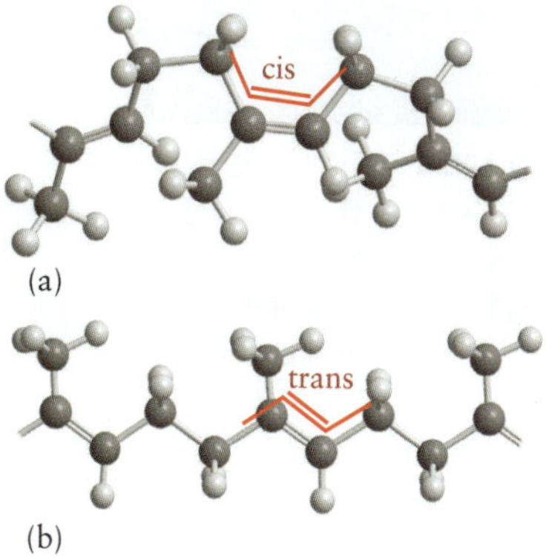

그림 10E.4 (a) 천연 고무에서 아이소프렌 단위체는 모두가 시스형으로 중합된다. (b) 구타페르카(gutta-percha)는 모두가 트랜스형으로 중합된 고분자이며 더 단단한 물질이다.

스 결합이 불규칙하게 혼재되어 끈적거리고 쓸모없는 생성물을 만든다. Ziegler–Natta 촉매를 이용해서 입체규칙성 고분자를 만들 수 있게 되었고, 거의 순수한 고무와 유사한 cis-폴리아이소프렌을 생산할 수 있게 되었다. 모든 결합이 트랜스 형태로 되어 있는 trans-폴리아이소프렌은 단단한 물질이고, 천연에서는 **구타페르카**(gutta-percha)로 발견된다. 이 물질은 한때 골프공의 내부 재료로 사용된 적이 있으며, 아직도 치과에서 치아 뿌리의 빈 공간을 채워 넣는 데 사용되고 있다.

알켄은 첨가 중합 반응을 진행한다. Ziegler–Natta 촉매를 사용하면, 입체규칙성 고분자가 형성되며 이는 높은 밀도를 가지게 된다.

10E.2 축합 중합

축합 고분자(**condensation polymer**)에서는, 단량체들이 에스터 또는 아마이드 결합 형성과 같은 축합 반응을 진행하여 서로 연결된다. 카복실산기를 지니고 있는 단량체와 알코올기를 지니고 있는 단량체가 서로 결합하여 형성된 고분자를 **폴리에스터**(**polyester**)라고 한다. 이러한 형태의 고분자는 합성 섬유를 제조하는 데 폭넓게 사용되고 있다. 전형적인 폴리에스터로는 데이크론(Dacron) 또는 테릴렌(Terylene)이 있는데, 이는 테레프탈산과 에틸렌 글라이콜(1,2-에테인다이올, $HOCH_2CH_2OH$)이 에스터화 반응을 진행하여 만들어지는 고분자이다. 테릴렌을 기술적 용어로는 폴리에틸렌 테레프탈레이트(또는PETE)라고 한다. 이 고분자를 합성하는 축합 중합의 첫 단계 반응은 다음과 같다.

그림 10E.5 합성 섬유는 거미의 방적돌기(spinneret) 처럼 액화된 고분자를 작은 구멍을 통해 사출하여 공업적으로 제조된다. (*Courtesy Sunline Co., Ltd.*)

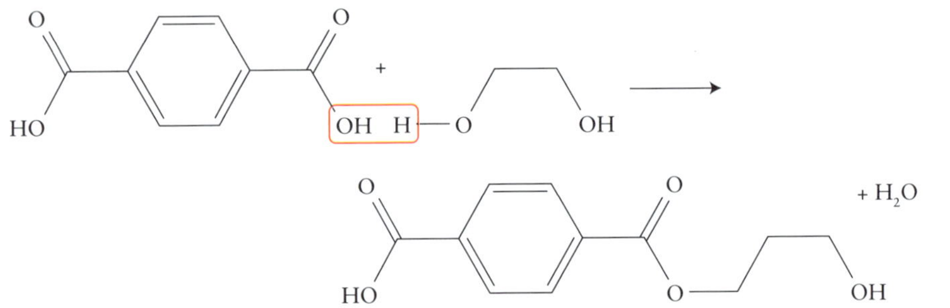

새로운 에틸렌 글라이콜 분자는 위 생성물의 한쪽 끝에 있는 카복실기와 축합 반응을 할 수 있으며, 다른 테레프탈산 분자는 반대쪽 끝에 있는 하이드록실기와 축합 반응을 할 수 있다. 그 결과 양쪽 끝에서 고분자가 성장하며, 아래와 같은 구조가 형성된다.

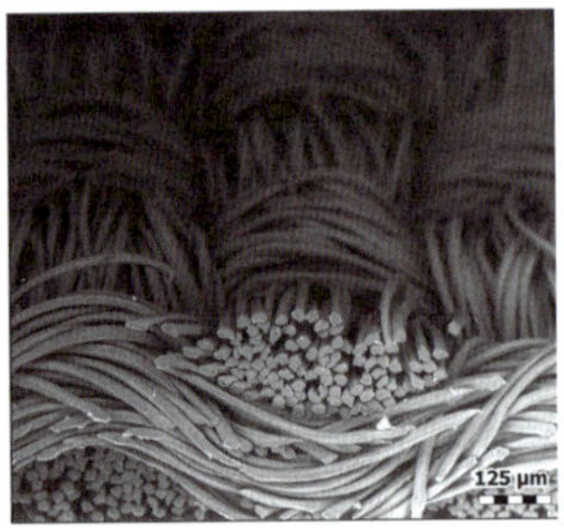

그림 10E.6 직물로 된 수술용 마스크를 구성하는 폴리에스터 섬유의 현미경 사진. 박테리아나 바이러스 입자를 포함하는 에어로졸 비말 입자는 이 직물의 크기보다 작아(오른쪽 아래에 있는 전체 눈금 막대 크기가 머리카락의 굵기 정도 크기임) 마스크는 모든 비말의 침투를 막아내지는 못한다. 하지만 마스크는 비말의 상당 부분을 포획할 수 있으며 질병이 확산되는 속도를 낮춘다. (*E.P. Vicenzi/Smithsonian's Museum Conservation Institute and NIST*)

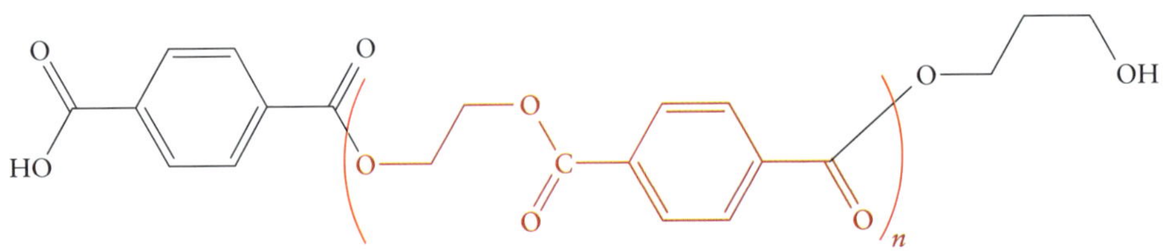

알켄의 라디칼 첨가 중합에서는 곁사슬이 주사슬로부터 자라나올 수 있다. 그러나 축합 중합에서는 사슬의 성장이 작용기가 있는 곳에서만 가능하므로 가지 사슬은 잘 생성되지 않는다. 그 결과, 폴리에스터 분자는 양질의 섬유를 만들 수 있다. 가열하여 녹인 고분자를 작은 구멍을 통해 사출하는 과정에서 가지가 없는 사슬이 옆으로 잘 포개져 배열될 수 있기 때문이다(그림 10E.5).

폴리에스터 섬유는 꼬아서 방적용 실로 만들 수 있다(그림 10E.6). 또한 폴리에스터는 녹여서

그림 10E.7 아민 염을 녹인 수용액과 카복실산을 녹인 헥세인을 이용해 나일론 섬유를 정제되지 않은 형태로 만들 수 있다. 고분자는 물 층과 이 위에 떠 있는 헥세인 층의 계면에서 형성되며, 서서히 잡아당기면서 긴 섬유를 뽑아낼 수 있다. (*Capaccio/CC BY-SA 3.0/Wikimedia Commons*)

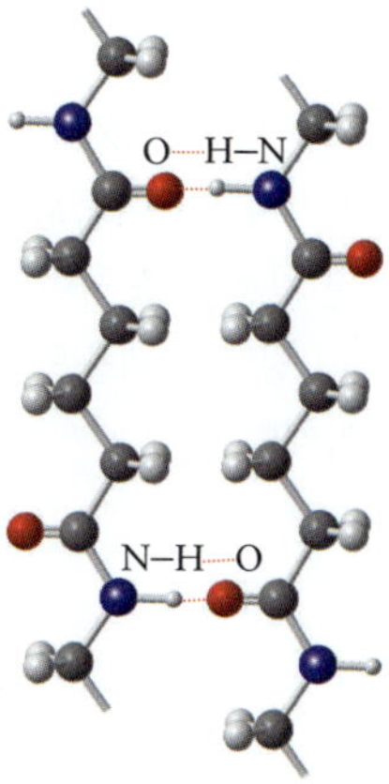

그림 10E.8 이웃하고 있는 폴리아마이드 사슬 사이의 수소 결합을 붉은색 점선으로 표시하였다. 나일론 섬유의 강도는 이 수소 결합에 의해 나타나게 된다.

특정 모양으로 주조되어 인공 심장과 같은 수술용 이식 장기로 사용할 수도 있고, 얇은 필름으로 만들어 포장재나 접착테이프로 사용할 수도 있다.

아민과 카복실산의 축합 중합을 통해 **폴리아마이드(polyamide)**가 생성되며, 이는 **나일론**(nylon)으로 잘 알려져 있다. 널리 쓰이는 폴리아마이드 중 하나는 나일론-66인데, 1,6-다이아미노헥세인[$H_2N(CH_2)_6NH_2$]과 아디프산[$HOOC(CH_2)_4COOH$]의 중합체이다. 이름에서 66은 각 단량체의 탄소 원자수 6개를 나타낸다.

축합 중합을 위해서는 각 단량체에 두 개의 작용기가 있어야 하며, 반응물을 화학량론에 맞추어 섞여야 한다. 폴리아마이드 제조 시, 출발 물질은 우선 양성자 이동을 통해 '나일론 염'을 형성하게 된다.

$$HOOC(CH_2)_4COOH + H_2N(CH_2)_6NH_2 \rightarrow {}^-O_2C(CH_2)_4CO_2{}^- + {}^+H_3N(CH_2)_6NH_3{}^+$$

이때 남아 있는 과량의 카복실산 또는 아민을 제거할 수 있다. 그 후 나일론 염을 가열하면 축합 반응이 시작되는데, 이는 일반적인 단순한 아마이드가 합성되는 형태와 유사하다. 첫 단계 반응은 아래와 같다.

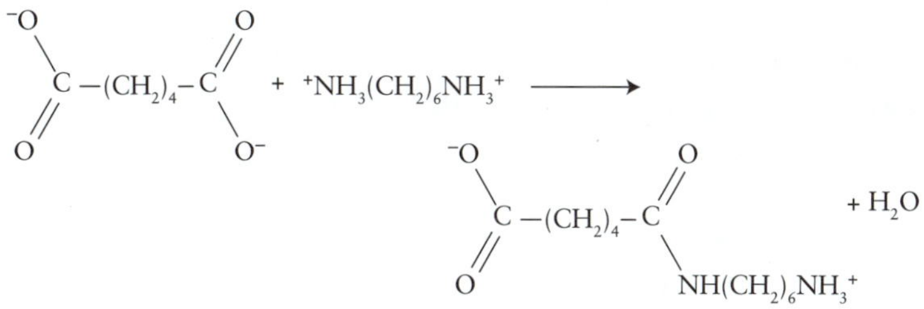

아마이드는 지속적인 축합 반응에 의해 사슬의 양쪽 끝으로부터 성장하게 되며(**그림 10E.7**), 최종 생성물은 아래와 같다.

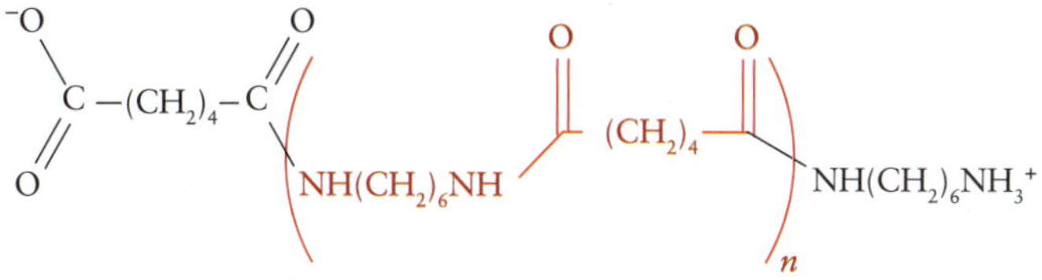

긴 폴리아마이드(나일론) 사슬은 폴리에스터처럼 섬유로 뽑거나 주형으로 찍어서 가공할 수 있다. 이웃하고 있는 폴리아마이드 사슬 사이에서 N—H⋯O=C 수소 결합이 형성되는데, 이 때문에 나일론 섬유는 상당히 질기다(**그림 10E.8**).

예제 10E.1 고분자와 단량체의 구조 알아내기

고분자의 단량체를 알아내는 것은 그 고분자가 어떻게 생성되었는가를 이해하는 데 중요한 단서가 된다. 여러분은 다양한 고분자 재료의 성질을 조사하고 있으며, 그 성질과 합성에서 사용된 기본 구조 사이의 관계를 알아내려 한다. 다음 물질의 분자 구조식을 쓰시오.

(a) 방탄 조끼용으로 사용되는 질긴 섬유인 케블라(Kevlar)의 단량체. 케블라 고분자의 구조는 아래와 같다.

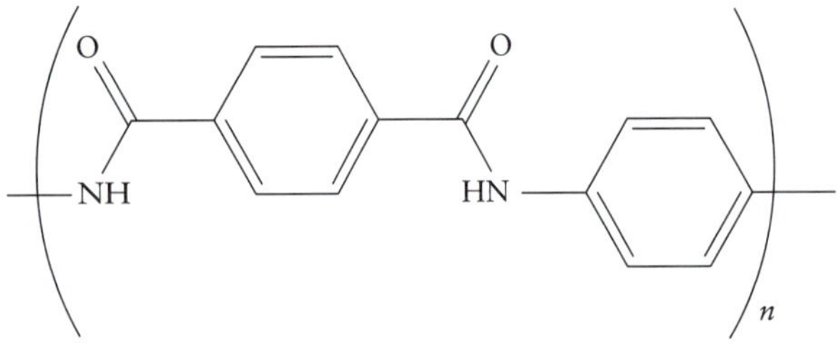

(b) 고온, 고압에서 $CH_3CH_2CH{=}CH_2$에 과산화물을 가할 때 형성되는 고분자의 반복 단위 두 개

계획 (a) 고분자 내에서 주사슬, 즉 다른 잔기들이 붙어 있는 긴 사슬을 살펴본다.

- 원자 모두 탄소 원자로 이루어져 있다면 그 화합물은 첨가 중합체로 분류할 수 있다.
- 주사슬에 에스터기가 존재한다면 그 고분자는 폴리에스터이며, 단량체는 카복실산과 알코올이 된다.
- 주사슬에 아마이드기가 존재한다면 그 고분자는 폴리아마이드이고, 단량체는 카복실산과 아민이 된다.

(b) 단량체가 알켄 또는 알카인 화합물이라면, 단량체는 서로 첨가 반응을 하게 되고, 이 과정에서 π-결합이 단량체 간의 새로운 σ-결합으로 대체된다. 만약 단량체가 카복실산과 알코올 또는 아민이라면, 물 분자가 제거되면서 축합 중합체가 형성된다.

풀이

(a) 아마이드기가 주사슬 내에 존재하므로 이 고분자는 폴리아마이드이다. 두 아마이드기가 서로 반대 방향을 바라보고 있으므로, 이 고분자는 두 종류의 서로 다른 단량체로 구성되어 있다. 두 개의 카복실산기를 가지는 단량체 하나와 두 개의 아민기를 가진 단량체 하나이다. 물 분자 하나를 각 아마이드 결합에 첨가하여 각 결합을 분리시킨다. 이 반응은 고분자를 형성할 때 진행된 축합 반응의 역반응이 된다.

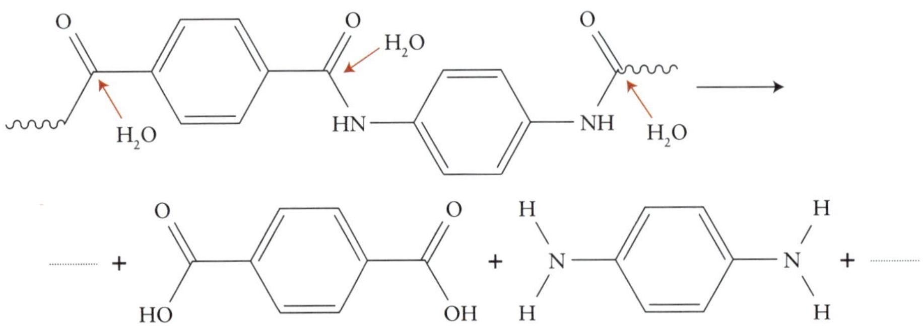

(b) 단량체는 알켄이며, 첨가 중합체를 형성한다. 각 π-결합을 σ-결합으로 대체하여 이웃하는 단량체와 연결한다(여기에서는 반복 단위 4개를 표시하였다).

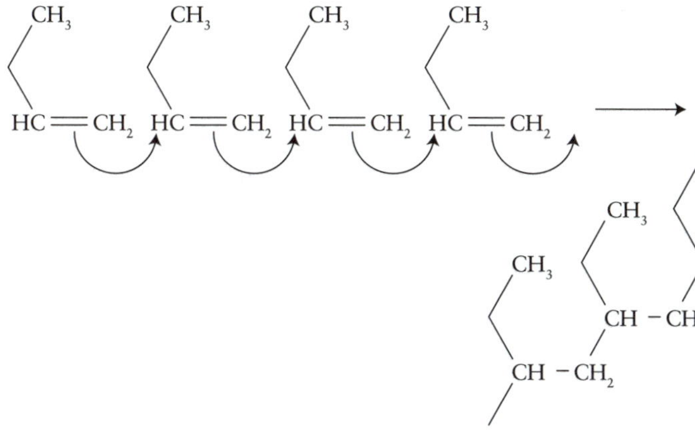

자습 10E.1A (a) 테플론이라는 상품명으로 시판되고 있는 $-(CF_2CF_2)_n-$ 고분자가 있다. 그 단량체의 화학식을 쓰시오. (b) 락트산(젖산, **2**)의 중합체는 재생 가능한 물질로부터 합성되는 생분해성 고분자로, 몸속에서 스스로 녹는 수술용 봉합사로 사용된다. 이 고분자의 반복 단위의 화학식을 쓰시오.

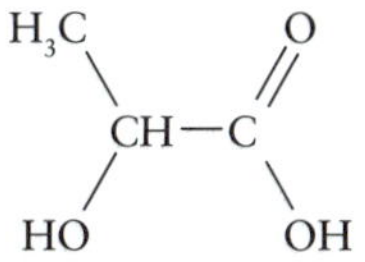

2 락트산, $CH_3CH(OH)COOH$

[**답**: (a) $CF_2{=}CF_2$, (b) $(OCH(CH_3)CO)_n$]

자습 10E.1B (a) 폴리(메틸 메타크릴레이트)(**3**)는 콘택트렌즈에 사용된다. 그 단량체의 화학식을 쓰시오. (b) 아미노산 알라닌[$CH_3CH(NH_2)COOH$]의 중합체는 폴리알라닌 고분자이다. 이 고분자의 반복 단위 두 개의 화학식을 쓰시오.

관련 연습 문제 10E.1~10E.4

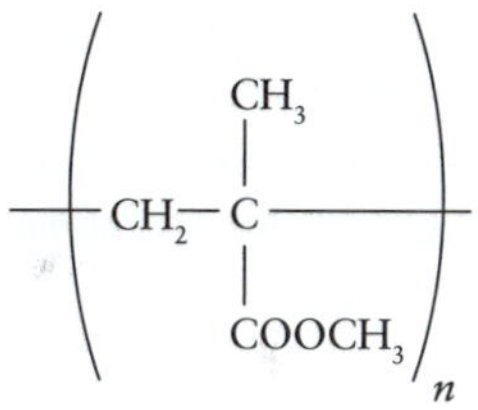

3 폴리(메틸 메타크릴레이트)

축합 중합체는 일반적으로 카복실산이 알코올과 반응하여 폴리에스터를 형성하거나 아민과 반응하여 폴리아마이드를 형성하는 반응을 통해 만들어진다.

10E.3 공중합체와 복합 재료

공중합체(copolymer)는 반복 단위가 한 가지 이상으로 구성된 고분자이다(**그림 10E.9**). 1,6-다이아미노헥세인[$H_2N(CH_2)_6NH_2$]과 아디프산[$HOOC(CH_2)_4COOH$]이 반복 단위가 되는 나일론-66은 공중합체의 하나이다. 카복실산과 아민 단량체가 번갈아 가면서 나타나는 **교대 공중합체(alternating copolymer)**를 형성한다.

블록 공중합체(block copolymer)는 한 종류의 단량체로 구성된 긴 부분과 다른 종류의 단량체로 구성된 부분이 연결된 형태의 고분자이다. 그 한 예로서 스타이렌과 뷰타다이엔으로 구성된 블록 공중합체를 들 수 있다. 순수한 폴리스타이렌은 투명하고 쉽게 깨지는 물질이지만 폴리뷰타다이엔은 부드럽고 불투명하지만 탄력성이 매우 좋은 합성 고무이다. 두 가지 단량체로 구성된 블록 공중합체는 내구성이 좋고 강하지만 투명한 플라스틱 재료인 **내충격성 폴리스타이렌(high-impact polystyrene)**이 된다. 두 고분자의 조성을 조절하면 주로 자동차 타이어와 운동화에 사용되지만 씹는 껌에도 사용되는 **스타이렌-뷰타다이엔**

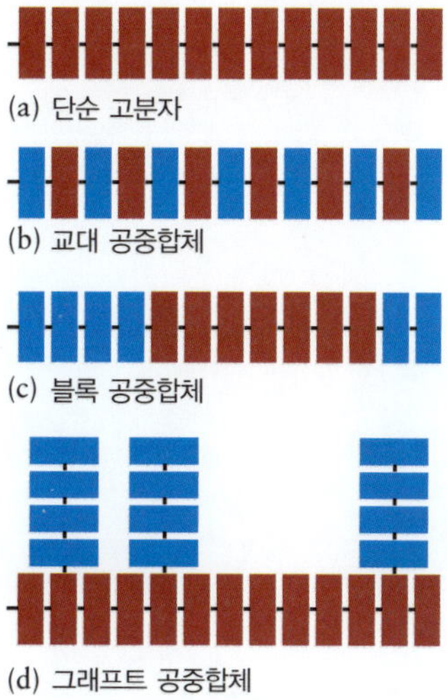

그림 10E.9 공중합체의 분류. (a) 적색 사각형으로 나타낸 한 종류의 단량체로 구성된 단순 고분자. (b) 적색과 청색 사각형으로 나타낸 두 종류의 단량체로 구성된 교대 공중합체. (c) 블록 공중합체. (d) 그래프트 공중합체

그림 10E.10 진주 조개 껍질 안쪽의 절단면 사진. 진주 조개 껍질 안쪽을 이루는 복합 재료는 질기고 신축성 있는 유기물망 속에 들어가 있는 탄산 칼슘의 납작한 결정으로 이루어져 있어서 잘 부서지지 않는다. (*T. L. Tan et al., Iridescence of a shell of mollusk Haliotis Glabra, Optic Express, 12, 20, 2004.*)

그림 10E.11 이 슈퍼카의 차체는 강철보다 강하지만 훨씬 가벼운 탄소 섬유 복합 재료로 구성되어 있어 더 뛰어난 성능을 발휘할 수 있다. (*Ron Frazier/CC BY 2.0/Wikimedia Commons*)

고무(styrene–butadiene rubber, SBR)를 생성할 수 있다.

랜덤 공중합체(random copolymer)는 다른 종류의 단량체가 어떤 특정한 순서가 없이 서로 연결된 상태의 고분자이다. **그래프트 공중합체(graft copolymer)**는 한 종류의 단량체로 구성된 긴 사슬에 또 다른 단량체로 구성된 짧은 사슬이 곁가지로 붙어 있는 형태이다. 예를 들어, 하드 콘택트렌즈를 만드는 데 사용되는 고분자는 물을 밀어내는 무극성 탄화수소이다. 소프트 콘택트렌즈를 만드는 데 사용되는 고분자는, 소수성의 단량체로 구성된 주사슬을 지니고 있지만 물을 흡수할 수 있는 다른 형태의 단량체로 구성된 곁사슬이 존재하는 그래프트 공중합체이다. 그래서 곁사슬에 의해 흡수된 물의 양은 콘택트렌즈 부피의 50% 정도에 이를 정도이며, 이 덕분에 렌즈가 유연하고 부드러워져서 하드 콘택트렌즈보다 착용감이 좋다.

복합 재료(composite material)는 두 가지 이상의 재료가 자신의 고유한 성질을 유지하면서 조합된 불균질한 재료이다. 조개껍데기는 천연의 복합 재료인데, 질긴 유기물망을 통해 구조의 강도(strength)를 얻고 그 유기물망에 들어 있는 탄산 칼슘 결정에 의해 구조의 경도(hardness)를 획득한다(그림 10E.10).

고분자로 구성된 망 속에 탄소 섬유가 들어있는 그래파이트 복합체와 같은 경량 복합체는 강철의 세 배나 되는 밀도 대비 강도(strength-to-density)를 가질 수 있다(그림 10E.11). 폴리락트산 고분자 속에 얇은 세라믹 조각을 함유한 복합 재료는 부러진 뼈를 즉시 접합할 수 있는 재료로 사용된다. 이 복합체를 부러진 뼈 부위에 반죽 형태로 주입하면 체온에서 뼈 조직처럼 작동하는 구조물을 형성하고 뼈 세포가 그 주위로 자라날 수 있도록 하여 치료 효과를 높인다.

> **자습 10E.2A** 단량체 A와 B에 의하여 형성된 —AAAABBBB— 형태의 공중합체의 종류를 결정하시오.
>
> [**답**: 블록 공중합체]
>
> **자습 10E.2B** 단량체 A와 B에 의하여 형성된 —ABABABAB— 형태의 공중합체의 종류를 결정하시오.

공중합체와 복합 재료는 하나 이상의 구성 물질의 장점을 조합할 수 있다.

10E.4 고분자의 물리적 특성

특정한 응용 분야에 적합한 특성을 지닌 고분자 설계가 가능하다. 이러한 설계에서 우선 고려해야 할 사항은 사슬의 길이이다. 합성 고분자는 길이가 서로 다른 분자들로 구성되어 있으므로 정확한 몰 질량을 정의할 수 없고, 고분자의 **평균** 몰 질량과 **평균**적인 사슬 길이에 대한 정보만을 말할 수 있다. 고분자는 사슬 길이가 다양하므로 명확한 녹는점이 없다. 대신, 고분자는 온도가 올라가면서 점차 더 부드러워지는 경향을 지닌다. 고분자의 점도, 즉 녹았을 때 흐르는 정도(Topic 3F)는 사슬 길이에 영향을 받는다. 사슬 길이가 길어질수록 서로 엉키는 정도가 높아지므로, 더 느리게 흐르게 된다.

고분자 사슬 사이에서 상호 작용하는 힘이 증가하게 되면 고분자의 기계적 강도는 더 높아지게 된다. 그러므로 사슬 길이가 길어질수록 고분자의 강도는 더 높아진다. 사슬이 동일한 길이를 갖는다면, 분자간 힘이 클수록 기계적 강도가 높아진다. 고분자의 주사슬에 붙어 있거나 주사슬의 일부를 구성하는 원자단의 특성은 분자간 힘과 고분자의 기계적 강도에 영향을 준다. 예를 들어, 나일론은 폴리아마이드이므로 반복되는 —NH— 및 —CO— 기를 지닌다. 이 작용기는 친수성이며 수소 결합에 참여할 수 있다. 결과적으로 나일론은 강도가 높은 고분자가 된다. 물 분자가 이 극성 작용기와 상호 작용할 수 있으므로, 나일론은 **흡습성**(hygroscopic, 물을 흡수)도 있다. 반면, 폴리에틸렌은 C—C 결합과 C—H 결합밖에 없는 탄

그림 10E.12 서로 다른 공정을 통해 합성한 탄화수소 에텐의 고분자, 폴리에틸렌 시료 두 가지가 시험관 안에 있다. 뜨는 (저밀도) 시료는 고압 중합을 통해 합성되어 그 사슬에 가지가 많이 달려 있다. 바닥에 있는 시료(고밀도)는 특수한 촉매에 의해 합성되어 곁가지를 최소화하여 균일하게 쌓일 수 있다. 삽입된 그림에서 보듯이 후자는 고분자 사슬이 더 촘촘하게 쌓일 수 있기 때문에 고밀도를 갖는다. (*Copyright Macmillan Learning, photo by Ken Karp.*)

화수소이기 때문에 소수성이다. 결과적으로 폴리에틸렌은 물을 밀어내는 반면, 얇은 나일론 직물은 물이 침투하는 것이 가능하다. H_2O 분자가 나일론 분자와 수소 결합 형성/해리를 반복하며 이동할 수 있기 때문이다.

분자 간의 접촉을 최대화할 수 있도록 사슬이 쌓여 배열하게 되면 더 높은 강도와 밀도를 지닐 수 있게 된다. 길고 가지가 없는 사슬은 삶기 전의 국수 가닥처럼 서로 나란히 정렬되어 결정성 부분을 형성하고, 강하고 밀도가 높은 재료가 된다. 가지가 많은 고분자 사슬은 서로 가까이 쌓이는 것이 어렵기 때문에 약하고 밀도가 낮은 재료가 된다(**그림 10E.12**).

긴 폴리에틸렌 사슬을 같은 방향으로 가깝게 늘어놓은 배열을 만들어 매우 강한 분자간 힘을 유도하여 부드럽고 가벼운 방탄복을 개발했다. 이 방탄복은 강철보다 15배나 더 강하지만 밀도가 매우 낮아 물에 뜰 수 있을 정도라고 알려져 있다. 또한 이 방탄복은 부드럽고 신축성이 있어 착용감이 편안하다(**그림 10E.13**).

고분자의 **탄성**(**elasticity**)은 길게 늘였다가 놓으면 본래의 형태로 되돌아가는 능력이다. 긴 탄화수소 사슬을 가진 천연 고무는 탄성이 낮고 온도가 올라가면 쉽게 물러진다. 그러나 '가황(vulcanization)'된 고무는 탄성이 증가한다. 가황 과정에서는 고무에 황을 첨가하여 함께 가열한다. 황 원자는 폴리아이소프렌 사슬 사이에서 가교 결합을 형성하여 원자로 구성된 삼차원 그물망 구조를 생성한다(**그림 10E.14**). 사슬이 공유 결합으로 서로 묶여 있기 때문에, 가황

(a)

(b)

그림 10E.13 (a) 고밀도 폴리에틸렌 방탄복은 부드럽고 신축성이 높기 때문에, 움직임의 제약 없이 경찰관을 보호해 줄 수 있다. (b) 케블라 섬유는 매우 높은 인장강도를 지니며, 개인 방호복으로 사용되는 직물로 제조할 수 있다. ((a) © *Dolores M. Harvey/Shutterstock*, (b) *Paul Hudson/CC BY 2.0/Wikimedia Commons*)

그림 10E.14 삽입된 그림 안의 회색 실린더는 고무 분자의 긴 사슬을 나타내며 구슬처럼 꿰인 황색 공은 고무에 가황 공정을 가할 때 형성된 이황화 결합(–S–S–)을 나타낸다. 이러한 가교 결합은 고무의 탄력성을 증가시켜 가황 고무가 천연 고무보다 더 유용하도록 해 준다. 자동차 타이어는 가황 고무에 탄소와 같은 다양한 첨가제를 넣어 제조한다. (© *Igor Link/Shutterstock*)

표 10E.2 재활용 코드

재활용 코드	고분자	재활용 코드	고분자
1 PETE	폴리에틸렌 테레프탈레이트	5 PP	폴리프로필렌
2 HDPE	고밀도 폴리에틸렌	6 PS	폴리스타이렌
3 PVC	폴리염화바이닐	7 OTHER	기타
4 LDPE	저밀도 폴리에틸렌		

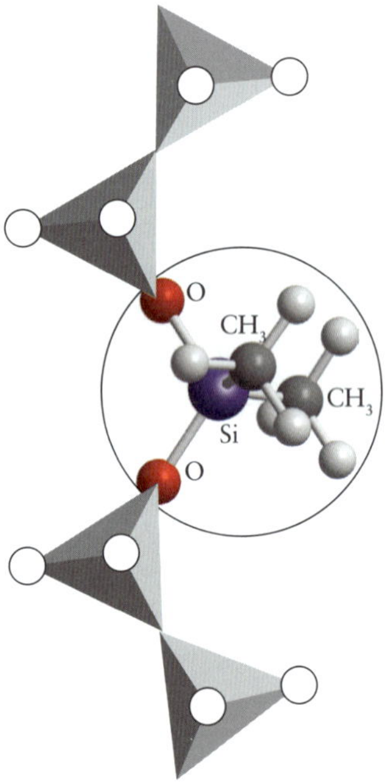

그림 10E.15 실리콘의 전형적인 구조. 탄화수소 잔기는 이 물질에 물을 반발하는 성질을 부여한다. 순수한 무기 물질인 파이록센(그림 3F.8)과 이 구조와의 유사성을 주목할 만하다.

고무는 온도가 올라가도 천연 고무만큼 물러지지 않는다. 또한 가황 고무는 내부의 가교 결합이 늘렸을 때 본래 위치로 되돌리려는 특성을 가지고 있어, 변형에 대하여 매우 높은 저항성을 보인다. 늘렸다가 놓으면 본래 모양으로 회복되는 고분자 재료를 **탄성체**(**elastomer**)라고 한다. 그러나 가교 정도를 더 높이면 인장에 저항하는 견고한 그물 구조를 생성할 수 있다. 예를 들어, 황의 농도를 높여 매우 높은 수준의 가교 결합을 형성함으로써, 만년필이나 볼링공 등의 제조에 쓰이는 단단한 재료인 **에보나이트**(ebonite, 경질고무)를 만들 수 있다.

플라스틱은 열에 대한 반응성을 기준으로 구분될 수 있다. **열가소성 고분자**(**thermoplastic polymer**)는 한 번 녹여 틀을 통해 형태를 만든 후에도 열을 가하면 다시 부드러워질 수 있는 고분자이다. **열경화성 고분자**(**thermosetting polymer**)는 한 번 틀을 통해 모양이 잡히면 영구적인 모양을 유지하고, 다시 가열해도 부드러워지지 않는다. 열가소성 플라스틱 재료 다수를 첨가 고분자로 만들고 있으며, 이는 녹이거나 재처리하여 재활용할 수 있다. 이러한 예로 폴리에틸렌과 폴리에틸렌 테레프탈레이트가 있다(표 10E.2). 열경화성 플라스틱은 열저항성이 중요한 용도에 쓰인다. 예를 들어, 자동차 타이어에 쓰이는 가황 고무와 합판 제조에 이용되는 유레아(요소) 수지폼(urea–formaldehyde foam)은 열경화성 플라스틱이다.

실리콘(silicones)은 탄소 대신 규소(silicon)를 기반으로 하는 합성 고분자 재료이다. 실리콘은 긴 —O—Si—O—Si— 사슬로 구성되며, Si 원자의 남은 두 개의 결합 위치에는 각각 메틸기 $-CH_3$와 같은 유기 원자단이 차지하고 있다(그림 10E.15). 실리콘은 방수 직물에 사용되는데, 실리콘의 산소 원자가 직물에 붙고, 작고 뒤집힌 우산 같은 형태의 소수성 메틸기를 그 직물의 표면 바깥쪽으로 튀어나오게 하기 때문이다. 실리콘 기반의 부드러운 재료는 임플란트, 약물 전달 등과 같이 의학 분야에서 범용적으로 사용된다. 실리콘은 내열성 접착제 및 절연체로 항공우주산업이나 전자 산업에서도 사용된다.

대부분의 고분자는 분자 화합물이므로 전기 절연체이다. 그러나 사슬을 따라서 교대 반복적인 이중 결합을 지니는 고분자는 전기 전도체로 사용될 수 있다(화학 이야기 10E.1).

화학 이야기 10E.1 첨단 화학: 전도성 고분자

1970년대 초반 한 화학자가 에타인(아세틸렌)의 중합 과정에서 천 배 이상의 많은 양의 촉매를 첨가하면서 놀라운 재료를 우연히 발견하게 되었다. 그는 합성 고무 대신에 유연성이 높은 얇은 필름을 만들 수 있었다. 그 필름은 마치 금속 포일처럼 보였고, 실제로도 금속과 매우 비슷하게도 전기 전도성을 나타냈다. 2000년 노벨 화학상은 전도성 고분자를 발견한 공로로 A. J. Heeger, A. G. MacDiarmid와 H. Shirakawa가 공동 수상하였다.

공유 결합으로 형성된 고체 대부분에서는 원자가 전자가 각 결합 내에 붙잡혀 자유롭게 움직일 수 없기 때문에 전기 전도성이 나타나지 않는다. 그러나 흑연이나 탄소 나노튜브와 같은 예외적인 경우에는 전기 전도성이 나타난다. 서로 연결되어 있는 방향족 고리에서, 전자가 채워진 오비탈과 비슷한 에너지를 가진 비어 있는 분자 오비탈이 함께 존재하는 비편재화된 π-결합을 통하여 전자들이 자유롭게 움직일 수 있기 때문이다(Topic 8F). 그러나 상용화된 흑연은 부서지거나 깨지기 쉬운 단점이 있다.

전도성 고분자는 흥미로운 대체 재료가 될 수 있다. 그 고분자는 녹슬지도 않고 밀도가 낮은 유기 화합물이다. 얇은 껍질이나 섬유, 플라스틱 박막 등으로 주형을 찍거나 뽑아낼 수 있으면서도 여전히 금속 전도체처럼 작동할 수 있다. 거의 모든 색깔의 빛을 내게 할 수 있고, 조건에 따라서 전도도를 변화시킬 수도 있다.

모든 전도성 고분자는 sp^2 혼성화된 탄소 원자로 구성된 긴 사슬을 지니고 있고, 때때로 사슬 내에 질소나 황 원자들이 포함되어 있다는 공통적인 특징을 갖는다. 최초의 전도성 고분자이면서도 가장 간단한 형태를 가지는 것은 수천 개의 −CH=CH− 단위체들로 구성된 폴리아세틸렌이다.

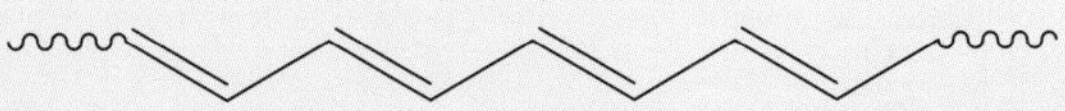

이중 결합과 단일 결합의 교대 반복 구조는 각 탄소 원자가 혼성화되지 않은 p-오비탈을 가지고 있으며 이 오비탈이 양 옆의 p-오비탈과 중첩될 수 있다는 것을 의미한다. 이러한 배열은 흑연이 일차원으로 형성된 것처럼 전자가 전체 사슬을 따라서 비편재적으로 분산될 수 있게 해 준다.

전도성 고분자의 일종인 폴리피롤은 아래와 같은 구조를 가진다.

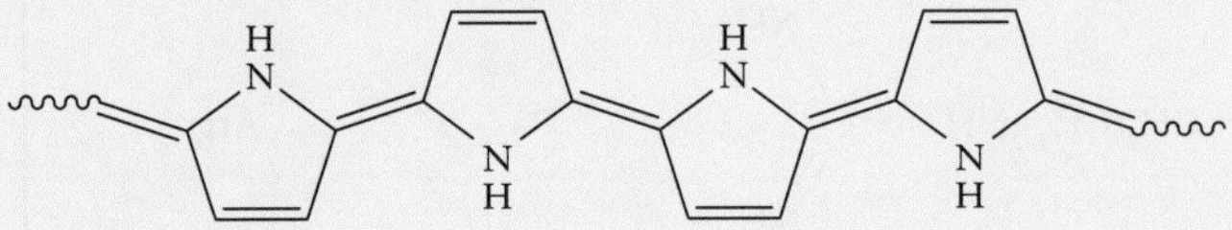

폴리피롤은 투명한 연두색으로 있다가 밝은 햇빛 속에서는 거의 불투명한 암청색으로 변하는 스마트 창문에 사용되었다. 폴리피롤로 된 섬유로 짠 레이더 위장용 천은 마이크로파를 흡수한다. 그 위장용 천은 마이크로파를 송출기 방향으로 반사하지 않기 때문에, 레이더 상에서는 그 위치가 빈 공간으로 인식되게 된다.

폴리아닐린은 아래와 같은 구조를 가진다.

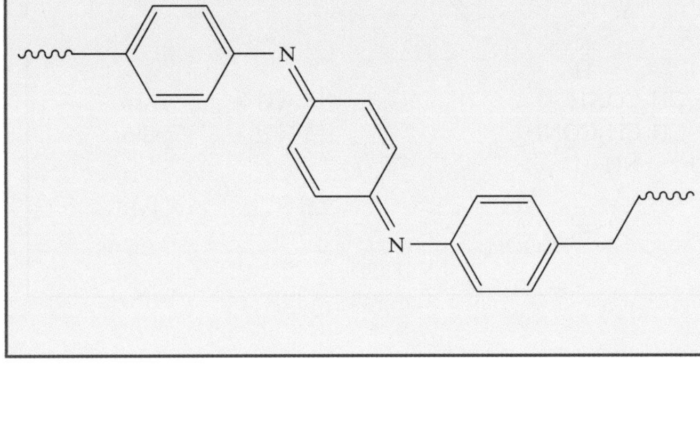

폴리아닐린은 유연성 동축 케이블과 납작한 재충전 가능 단추형 배터리 등에 사용되며, 포개서 압축하여 둥글게 감은 필름 형태의 폴리아닐린 소재는 컴퓨터나 텔레비전의 유연성 디스플레이에 사용된다.

폴리-*p*-페닐렌바이닐렌(PPV)은 아래와 같은 구조를 가진다.

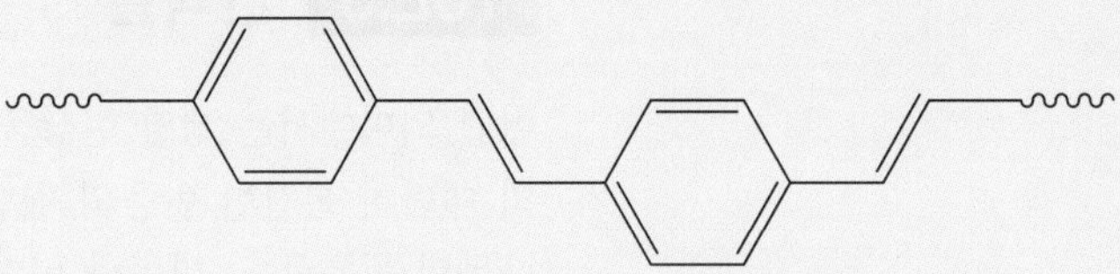

PPV의 박막이 전기장에 노출되면 **전기발광**(electroluminescence)이라는 과정을 통해 빛을 방출한다. 과학자들은 고분자의 조성을 변화시켜가면서 다양한 색상을 지닌 빛을 내도록 조절하였다. 그러한 다색 유기 발광 다이오드(organic light−emitting diode, OLED) 디스플레이는 형광 디스플레이만큼의 선명도를 보일 수 있다.

어떻게 기여할 수 있는가?

전체가 플라스틱으로 구성된 트랜지스터 및 여타의 전기 회로 구성 요소는 놀라운 수준까지 소형화할 수 있다. 이로써 몸속이나 해양연구소와 같이 매우 부식성이 높은 조건에서도 사용할 수 있는 나노미터 크기의 유기 물질 마이크로프로세서나 컴퓨터가 개발될 가능성을 높여 줄 것이다. 또한 전도성 고분자는 전류량에 따라 형태가 변하도록 설계할 수 있기 때문에, 인공 근육, 바이오센서, 신경 탐침자 등으로 사용할 수 있다. 이러한 목표를 달성하기 위해서는 이러한 고분자의 특성을 이해하고, 다양한 조건에 따른 반응 특성을 연구해야 한다.

관련 연습 문제 10.49, 10.50

참고 문헌

T. Nezakati, A. Seifalian, A. Tan, and A. M. Seifalian, "Conductive polymers: Opportunities and challenges in biomedical applications," *Chemical Reviews*, vol. 118, pp. 6766-6843, 2018. F. Scholz, ed., *Conducting Polymers: A New Era in Electrochemistry* (New York: Springer, 2008). Information on the 2000 Nobel Prize, at http://nobelprize.org/nobel_prizes/chemistry/laureates/2000/adv.html.

고분자는 넓은 범위의 온도에 걸쳐 녹게 되며, 긴 사슬을 지닌 고분자는 높은 점도를 나타내는 경향이 있다. 고분자의 강도는 사슬 길이와 결정도가 증가하면서 더 높아진다. 열가소성 플라스틱은 재활용할 수 있다.

10E.5 단백질

어떤 의미에서는 생명 현상을 이상한 모양의 반응기 내에서 일어나고 있는 유기 화합물 사이의 대단히 복잡한 반응의 집합체로 간주할 수 있다. 이러한 유기 화합물 다수는 고분자인데, 나무의 셀룰로스, 면이나 비단 같은 천연 섬유, 음식물 속에 있는 단백질과 탄수화물, 우리 유전자를 구성하는 핵산 등을 포함한다.

단백질 분자는 20종에 이르는 천연 아미노산들의 축합 공중합체이다. 아미노산은 곁사슬에 의해 구별된다(표 10E.3). 우리 몸에서는 11종의 아미노산을 필요에 충분한 양만큼 합성할 수 있다. 그러나 우리 생명을 유지하는 데 필요한 모든 아미노산을 합성할 수는 없으며, 다른 9종의 아미노산은 외부로부터 섭취해야만 한다. 이러한 아미노산을 **필수 아미노산**(**essential amino acid**)이라고 한다.

둘 이상의 아미노산이 축합 반응을 통해 형성한 분자를 **펩타이드**(**peptide**)라고 한다. 예를 들어, Gly-Ala로 표시되는 글라이신과 알라닌의 결합은 다음과 같다.

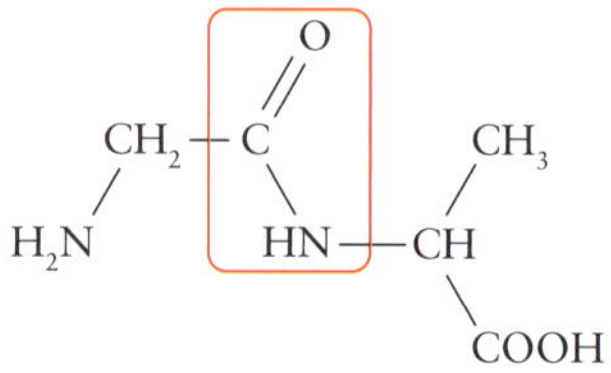

표 10E.3 천연 아미노산, R—CH(NH$_2$)COOH

R	이름	약어
—H	글라이신	Gly
$—CH_3$	알라닌	Ala
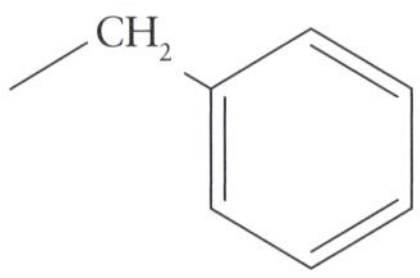	페닐알라닌*	Phe
$—CH(CH_3)_2$	발린*	Val
$—CH_2CH(CH_3)_2$	루신*	Leu
$—CH(CH_3)CH_2CH_3$	아이소루신*	Ile
$—CH_2OH$	세린	Ser
$—CH(OH)CH_3$	트레오닌*	Thr
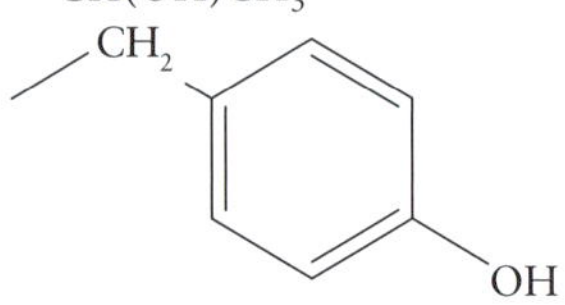	타이로신	Tyr
$—CH_2COOH$	아스파트산	Asp
$—CH_2CH_2COOH$	글루탐산	Glu
$—CH_2SH$	시스테인	Cys
$—CH_2CH_2SCH_3$	메싸이오닌*	Met
$—CH_2(CH_2)_3NH_2$	라이신*	Lys
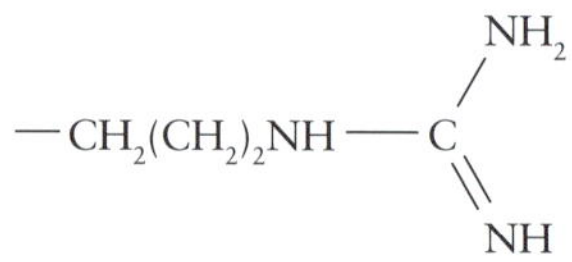	아르지닌	Arg
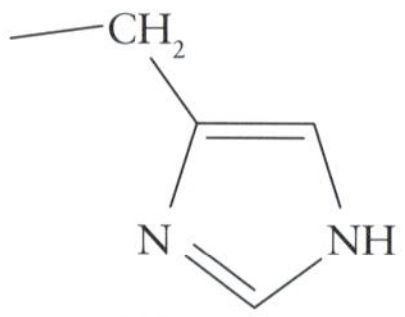	히스티딘*	His
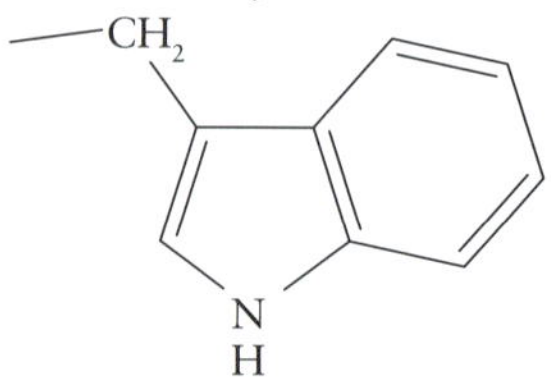	트립토판*	Trp
$—CH_2CONH_2$	아스파라진	Asn
$—CH_2CH_2CONH_2$	글루타민	Gln
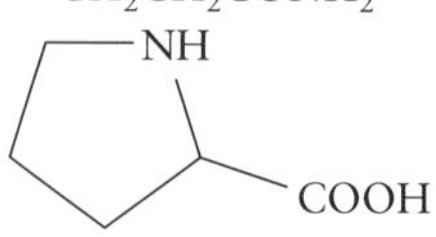	프롤린[†]	Pro

*인간에게 필요한 필수 아미노산

[†]잔기뿐 아니라 아미노산 전체 구조

붉은 사각형으로 표시한 —CO—NH— 결합을 **펩타이드 결합(peptide bond)**이라고 하며, 펩타이드를 형성하는 데 사용된 각각의 단량체를 **잔기(residue)**라고 한다. 일반적으로 단백질은 펩타이드 결합으로 연결된 백 개 이상의 잔기로 구성되는 폴리펩타이드 사슬이며, 정밀한 순서에 따라 배열되어 있다. 한정된 몇 개의 아미노산 잔기로 구성된 분자를 **올리고펩타이드(oligopeptide)**라고 한다. 인공감미료인 아스파탐은 올리고펩타이드의 일종으로 두 개의 잔기로 구성된 **다이펩타이드(dipeptide)**이다.

단백질의 **일차 구조(primary structure)**는 펩타이드 사슬에 잔기가 배열된 순서이다. 아스파탐은 페닐알라닌의 메틸 에스터(PME로 표시)와 아스파트산(Asp)으로 구성되고, 그 일차 구조는 [PME-Asp]이다. 사람의 헤모글로빈의 일차 구조 중에서 세 부분의 서열은 다음과 같다.

Leu-Ser-Pro-Ala-Lys-Thr-Asn-Val-Lys-...
...-Val-Lys-Gly-Trp-Ala-Ala-...
...-Ser-Thr-Val-Leu-Thr-Ser-Lys-Ser-Lys-Try-Arg

단백질의 일차 구조를 결정하기 위해서는 상당히 강도 높은 분석 작업 과정이 필요하다. 그러나 분석 과정에 대한 자동화 덕분에 최근에는 많은 일차 구조가 밝혀졌다. 한 아미노산 잔기가 다른 아미노산으로 바뀌어 나타나는 단백질 일차 구조의 변화가 유전적 질병을 유발할 수 있다. 사슬 내에 단 하나의 잘못된 아미노산이 있더라도 전체 분자의 정상적인 기능을 방해할 수 있다(그림 10E.16).

단백질의 **이차 구조(secondary structure)**는 폴리펩타이드 사슬이 수용하는 형태를 말하며, 특히 그 사슬이 어떻게 꼬이는가 혹은 병풍과 같이 펼쳐지는가 하는 것이다. 사슬 내에 있는 아미노산의 배열 순서가 이차 구조를 조절하게 되는데, 그 이유는 잔기 사이에 존재하는 분자간 힘이 특정 위치에서 사슬을 붙잡기 때문이다. 동물 단백질에서 가장 일반적인 이차 구조는 **알파 나선(α helix)**이며, 이 구조에서는 잔기를 연결하는 펩타이드 결합 사이에 형성된 수소 결합에 의하여 폴리펩타이드 사슬의 나선형 입체구조가 안정화되어 있다(그림 10E.17).

또 다른 형태의 이차 구조는 **베타 병풍(β sheet)**이며, 우리가 비단이라고 알고 있는 단백질의 특징적인 구조이다. 비단에서는 단백질 분자들이 서로 나란히 놓여 거의 평평한 병풍 구조를 형성한다. 다수의 단백질 구조에서 알파 나선이 나타나는 부분과 베타 병풍이 나타나는 부분이 번갈아 나타난다(그림 10E.18).

단백질의 **삼차 구조(tertiary structure)**는 이차 구조가 잔기 사이의 상호 작용의 결과로 접혀서 형성되는 형태이다. 한 예로 헤모글로빈 단백질의 각 사슬이 뭉친 구형 형태를 들 수 있다. 황을 포함하고 있는 잔기 사이에 형성되는 **이황화 결합(disulfide link, —S—S—)**은 삼차 구조

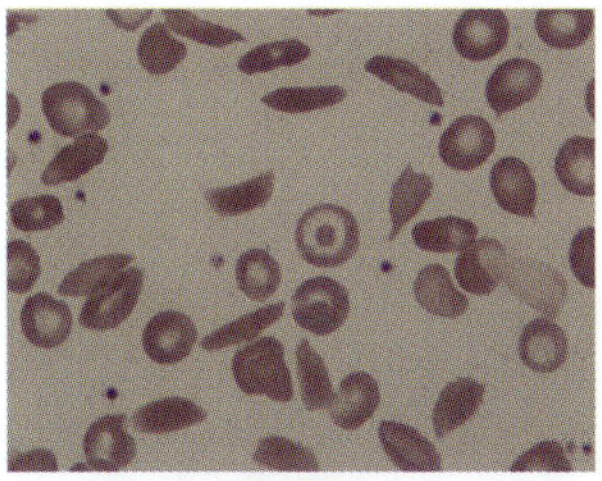

그림 10E.16 폴리펩타이드 사슬 내 단 한 개의 아미노산(글루탐산)이 다른 아미노산(발린)으로 대체되었을 때 낫 모양의 적혈구 세포가 형성된다. 이러한 세포는 정상적인 세포보다 산소를 받아들이는 성질이 열악하다. (© *LindseyRN/Shutterstock*)

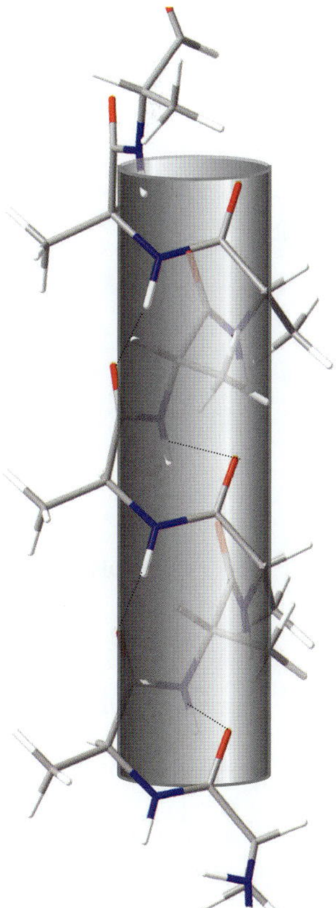

그림 10E.17 폴리펩타이드 사슬이 수용하는 이차 구조의 하나인 알파 나선의 일부를 나타낸 도식. 폴리펩타이드 사슬의 '주사슬'이 실린더 형태로 돌아가고 있으며, 그 곁사슬은 바깥쪽으로 향하고 있다. 점선은 나선 형태를 유지시키고 있는 수소 결합을 나타낸다.

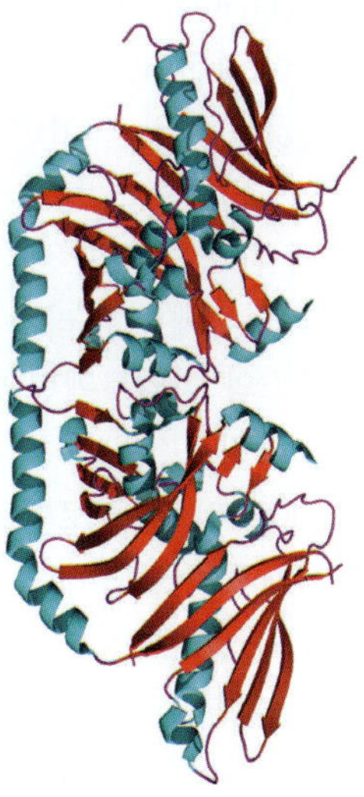

그림 10E.18 폴리케타이드 생성효소의 구조. 단백질 사슬은 알파 사슬과 베타 병풍 구조가 번갈아 나타나는 부분으로 구성된다. 알파 사슬 부분은 청록색 사슬 리본으로, 베타 병풍 부분은 적색의 평평한 리본으로 표시하였다.

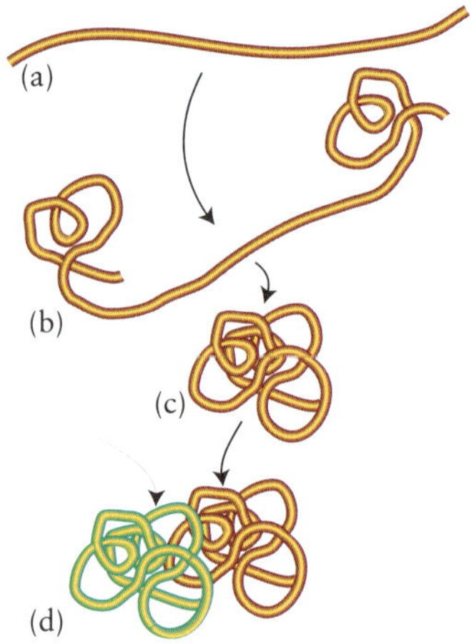

그림 10E.19 위 그림은 단백질이 처음에 알파 나선과 베타 병풍 구조를 어떻게 형성하는지, 그리고 나선과 병풍이 어떻게 함께 접혀 단백질의 모양을 형성하는지를 보여 준다. 최종적으로 만약 이 단백질이 사차 구조를 갖고 있다면 단백질의 소단위체는 서로 쌓이게 된다. (a) 새롭게 형성된 폴리펩타이드, (b) 중간체, (c) 소단위체, (d) 성숙한 단백질(이 경우 이합체).

를 형성하는 데 있어 중요한 역할을 하는 결합이다. 다양한 분자간 힘도 삼차 구조를 형성하는 결합에 중요한 역할을 한다. 대부분의 경우, 특정 단백질은 사슬 상에 있는 소수성과 친수성 작용기의 위치에 의해서 결정되는 정확한 삼차원적 구조로 접히게 된다(그림 10E.19). 그러나 단백질이 때때로 정확하게 접히지 않을 때가 있다. 체내에서 단백질이 이렇게 잘못된 방식으로 접히는 상황이 발생했을 때 알츠하이머병(Alzheimer's disease)과 같은 질병을 유발할 수 있다. 알츠하이머병에서는 잘못된 방식으로 접혀 더 이상 정상적인 기능을 수행할 수 없는 단백질이 축적되어 뇌의 기능을 억제하게 된다. Creutzfeld–Jakob 병(일명 광우병)과 같은 소위 '프리온병(prion disease)' 또한 단백질이 잘못된 방식으로 접히는 것으로부터 유발된다. 과학자들이 단백질이 왜 잘못된 방식으로 접히게 되는지에 대한 수수께끼를 풀어서 이를 바로 잡을 수 있는 방법을 발견할 수 있다면, 현재 불치병으로 분류된 이러한 질병을 치료할 수 있을 것이다.

단백질은 또한 **사차 구조(quaternary structure)**를 지닐 수도 있는데, 이웃하는 폴리펩타이드 단위들이 함께 모여 특별한 배열로 서로 쌓이게 된다. 예를 들어, 헤모글로빈 분자는 네 개의 폴리펩타이드 단위체로 구성된 사차 구조를 지닌다.

단백질의 구조가 파괴되는 것을 **변성(denaturation)**이라고 한다. 이러한 구조적 변화는 사차, 삼차, 이차 구조의 파괴일 수 있다. 또한 펩타이드 결합의 절단에 의한 일차 구조의 분해일 수도 있다. 약간의 가열조차 단백질의 비가역적인 변성을 초래할 수 있다. 달걀을 요리할 때, 알부민이라고 하는 단백질이 흰색의 덩어리로 변성된다. 머리카락은 주로 긴 알파 나선 구조를 지닌 케라틴 단백질로 구성되어 있다. 직모를 '파마(permanent waving)'하는 과정과 곱슬머리를 화학적으로 '풀어내는(relaxing)' 과정은 머리카락을 구성하는 단백질을 부분적으로 변성시키고 새롭게 결합을 형성하여 더 멋진 모습을 나타내게 하는 것이다.

단백질은 아미노산을 단위체로 하여 형성된 고분자이다. 폴리펩타이드의 일차 구조는 아미노산 잔기의 배열 순서이다. 이차 구조는 나선과 병풍 구조가 형성되는 것이다. 삼차 구조는 접힘을 통해 압축된 단위 구조체를 형성하는 것이다. 사차 구조는 각 단백질 단위체들이 서로 모여 쌓이는 것이다.

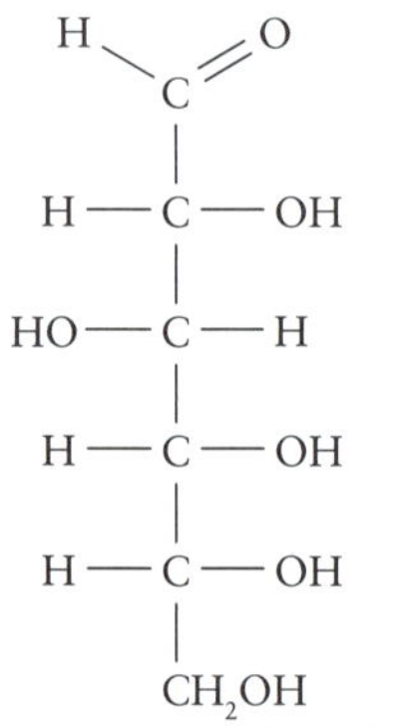

4 D-글루코스, $C_6H_{12}O_6$

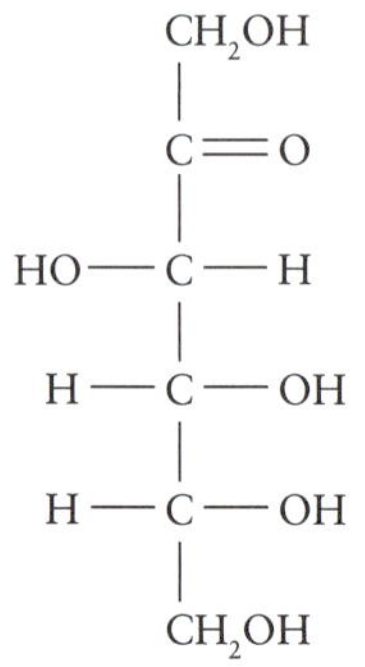

5 프럭토스, $C_6H_{12}O_6$

10E.6 탄수화물

탄수화물(carbohydrate)의 다수가 실험식이 CH_2O로서, 탄소의 수화된 형태를 나타내기 때문에 그렇게 불린다. 녹말, 셀룰로스, 글루코스(포도당, $C_6H_{12}O_6$, **4**) 및 프럭토스(과당)와 같은 당류가 탄수화물에 해당한다. 글루코스는 알데하이드기를 가지며, 프럭토스는 글루코스의 구조 이성질체로서 케톤(**5**)기를 가지고 있다. 탄수화물은 많은 수의 $-OH$기를 지니고 있어, 알코올 화합물의 일종으로 간주될 수 있다. $-OH$기를 통해 탄수화물 분자 사이 또는 탄수화물 분자–물 분자 사이에 다수의 수소 결합 형성이 가능하게 된다.

다당류(polysaccharides)는 글루코스의 중합체이다. 다당류에는 우리가 소화할 수 있는 녹말과 소화하지 못하는 셀룰로스가 있다. 녹말은 아밀로스와 아밀로펙틴의 두 성분으로 나타난다. 대부분의 녹말 성분의 20~25%를 나타내고 있는 아밀로스는 수천 개의 글루코스 단위체가 서로 연결되어 형성한 사슬로 구성되어 있다(그림 10E.20). 아밀로펙틴 또한 글루코스 사슬로 구성되지만(그림 10E.21), 그 사슬은 가지가 있는 형태로 연결되어 있고, 훨씬 더 큰 분자를 형성한다. 각 분자는 약 백만 개의 글루코스 단위체로 구성되어 있다.

셀룰로스(cellulose)는 식물의 구조 재료이며, 녹말과 동일한 단위체(글루코스)로 구성된 고분자이다. 그러나 셀룰로스에 있는 단위체는 서로 다르게 연결되어, 평평한 리본형의 가닥 구

그림 10E.20 녹말의 한 성분인 아밀로스 분자는 글루코스의 중합체인 다당류이다. 아밀로스는 글루코스가 위에서 보이는 것과 같은 구조를 가지면서 적당한 정도의 곁가지를 지니도록 서로 연결되어 구성된다.

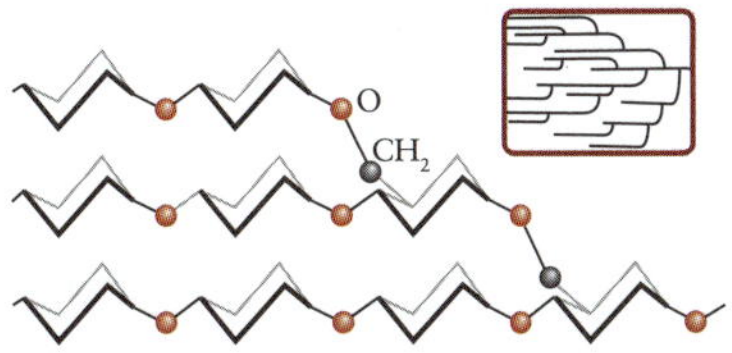

그림 10E.21 아밀로펙틴 분자는 녹말의 또 다른 성분이다. 아밀로펙틴은 강조된 삽입 그림에서 보는 것처럼 아밀로스에 비해 곁가지를 훨씬 더 많이 갖고 있다.

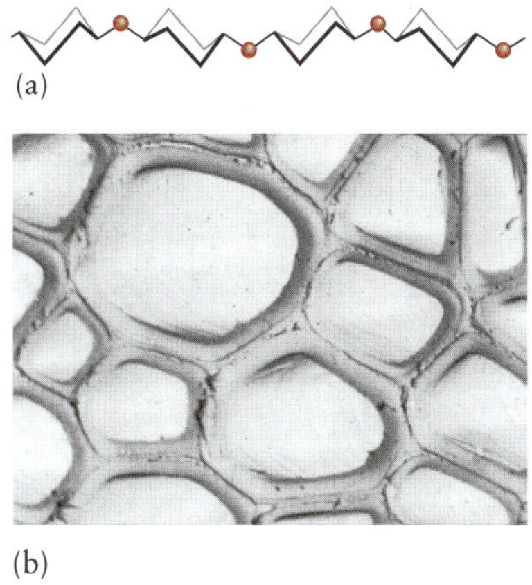

그림 10E.22 (a) 셀룰로스는 글루코스 단위체로 구성된 다당류의 또 다른 형태이다. 셀룰로스에 있는 반복 단위는 서로 연결되어 길고 평평한 리본 모양을 형성하며, 수소 결합을 통해 섬유질을 생성할 수 있다. (b) 이러한 셀룰로스의 긴 튜브(단면 구조로 나타냄)는 사시나무의 구조 재료를 형성한다. (*permission of the Institute of Paper Science and Technology*)

조를 형성한다(**그림 10E.22**). 이 가닥 사이에 수소 결합이 형성되어 서로를 강하게 묶게 되고 견고한 구조체를 형성하기 때문에, 우리는 소화시킬 수 없다(흰개미는 소화시킬 수 있다). 셀룰로스는 지구상에 존재하는 가장 풍부한 유기 화합물이며, 광합성에 통해 매년 수십억 톤에 이르는 셀룰로스를 생성한다. 대체 연료에 관한 연구 분야에서는, 폐기물 바이오매스 내의 셀룰로스를 효소를 사용하여 글루코스로 분해하고, 글루코스를 발효시켜서 연료로 사용할 수 있는 에탄올을 생산하고 있다(화학 이야기 4D.1 참조).

탄수화물은 당, 녹말, 셀룰로스 등을 포함한다. 글루코스는 알코올인 동시에 알데하이드이며, 중합되어 녹말이나 셀룰로스를 형성한다.

10E.7 핵산

단백질 생산을 제어하고 세포의 한 세대로부터 다음 세대로 유전 정보를 전달하기 위해, 살아 있는 모든 세포의 핵은 적어도 하나의 데옥시리보핵산(DNA) 분자를 지니고 있다. 사람의 DNA 분자의 크기는 거대하다. 만약 DNA 분자 하나를 세포핵으로부터 손상 없이 추출하여, 조밀하게 꼬인 본래의 형태로부터 잡아당겨 똑바로 펼치게 된다면, 그 길이는 약 2미터에 달할 것이다(**그림 10E.23**). 리보핵산(RNA) 분자는 DNA와 매우 밀접한 관계를 지닌다. DNA에 저장된 정보를 단백질 합성에 사용하기 위해 세포 내의 다른 부분으로 운반하는 것이 RNA의 기능 중 하나이다.

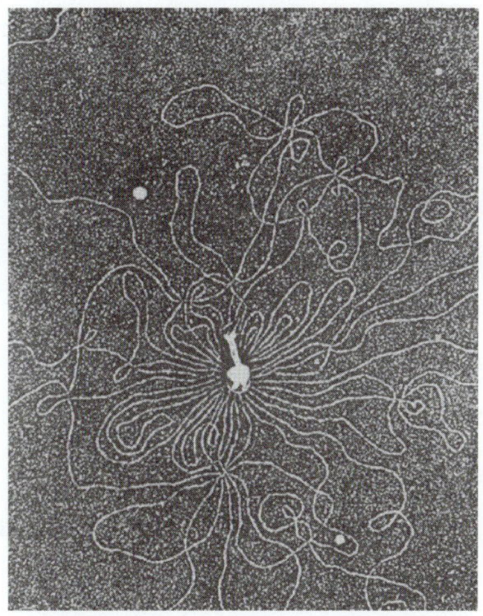

그림 10E.23 DNA 분자는 매우 거대하며, 박테리아의 DNA 역시 그러하다. 이 현미경 사진에서는, 박테리아 세포의 손상된 세포벽을 통해 DNA 분자 하나가 빠져 나와 있다. (*SPL/Science Source*)

DNA는 리보스(ribose, **6**) 당 구조로부터 유도된 반복 단위를 뼈대로 하여 형성된 고분자이다. 리보스 분자의 오원자 고리 내 에터 산소 원자로부터 시계 방향으로 두 번째 탄소, 즉 2번 위치의 탄소에 연결된 산소 원자가 제거된 변형된 구조가 DNA에 들어있다. 그러므로 그 반복 단위 단량체는 데옥시리보스(**7**)로 불린다.

데옥시리보스 고리에서 1번 위치의 탄소는 아민(다시 말하면 염기)과 공유 결합으로 연결된다. 이때 이 아민은 아데닌 A(**8**), 구아닌 G(**9**), 사이토신 C(**10**), 티민 T(**11**)일 수 있다. RNA에서는 유라실 U(**12**)이 티민을 대체한다. 이 염기는 데옥시리보스의 1번 탄

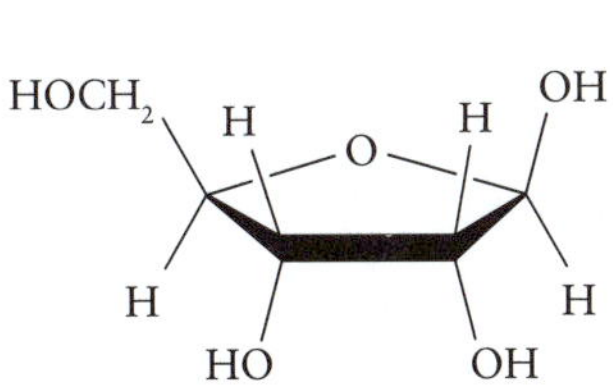

6 리보스, $C_5H_{10}O_5$

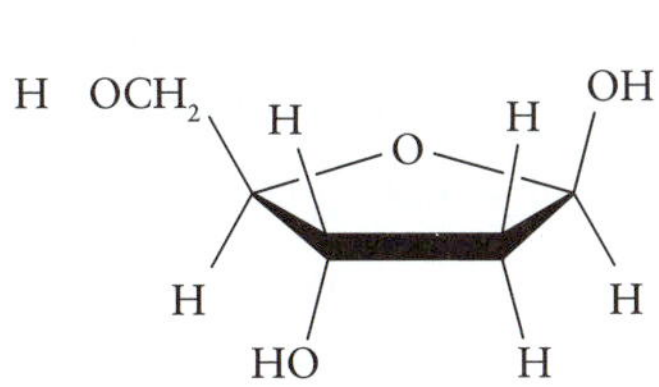

7 데옥시리보스, $C_5H_{10}O_4$

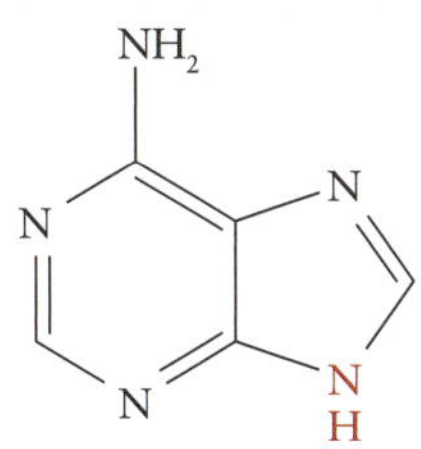

8 아데닌

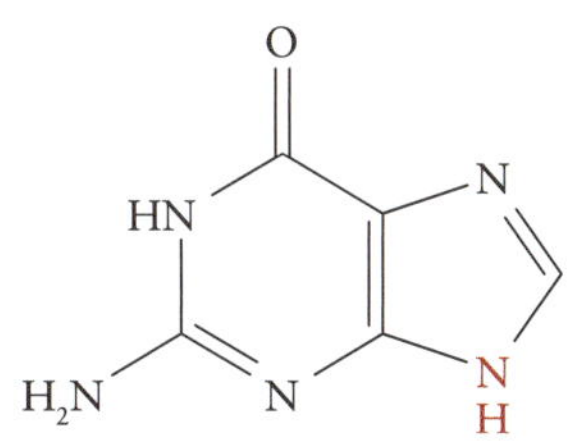

9 구아닌

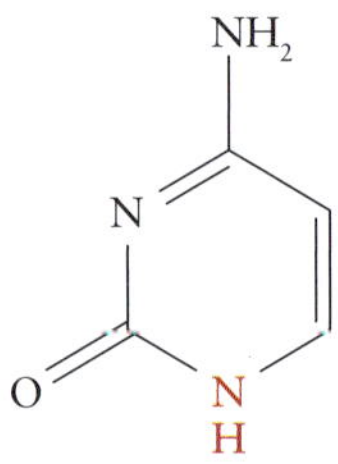

10 사이토신

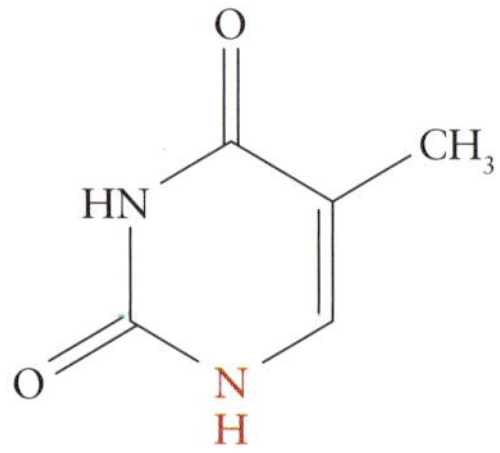

11 티민

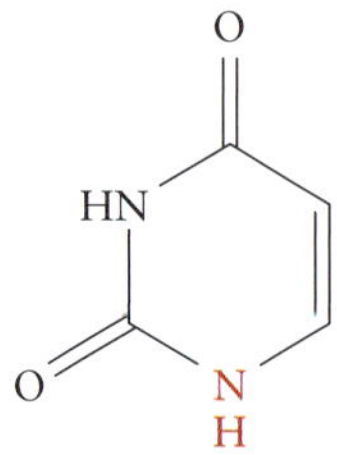

12 유라실

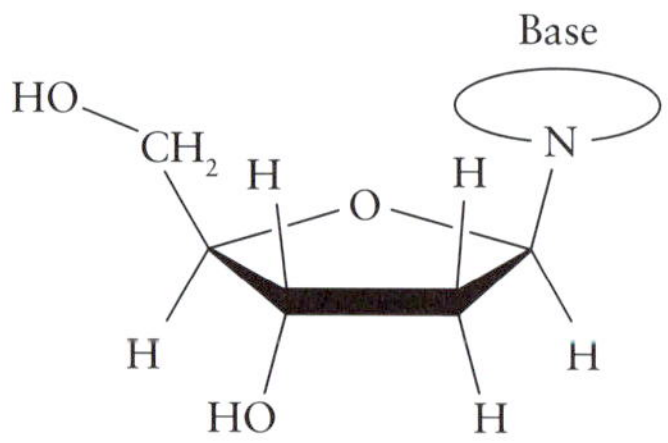

13 뉴클레오사이드

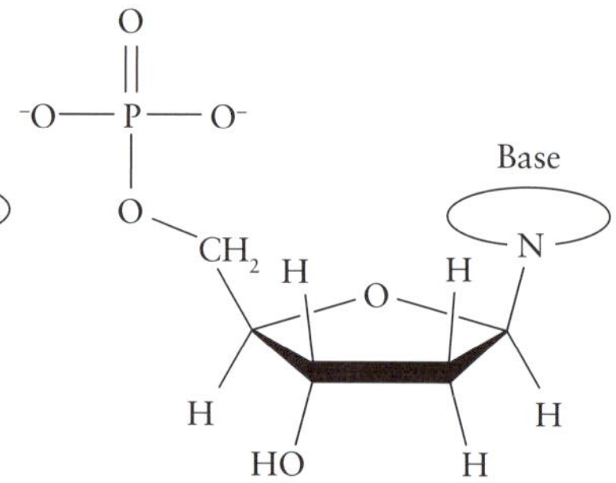

14 뉴클레오타이드

소에 —NH—기의 질소 원자(붉은색 글자)를 통해 결합하며, 그렇게 형성된 화합물을 뉴클레오사이드(nucleoside)라고 한다. 모든 뉴클레오사이드는 (**13**)에서 보여 주는 형태로 대표되는 유사한 구조를 지닌다. 여기에서 렌즈 모양의 구조는 결합하고 있는 아민을 나타낸다.

리보스 단위체의 5번 탄소 원자에 인산기 $-O-PO_3^{2-}$가 공유 결합을 형성하면서 DNA 단량체는 완성된 구조를 지니게 되고, 이러한 화합물을 **뉴클레오타이드**(**nucleotide**, **14**)라고 한다. 네 종류의 뉴클레오사이드 단량체(염기에 대해 각 한 개씩)가 존재하므로 각 핵산에는 네 종류의 뉴클레오타이드가 존재할 수 있다.

DNA나 RNA 분자는 뉴클레오타이드 단위체로부터 형성된 **폴리뉴클레오타이드**(**polynucleotide**) 고분자이다. 뉴클레오타이드에 있는 인산기(유기 인산의 짝염기)가 다른 뉴클레오타이드 분자 내 리보스 단위체의 3번 탄소 원자에 붙어 있는 —OH기와 축합 반응을 하면서 중합이 일어난다. 이때 물 한 분자를 내보내면서 에스터 결합을 형성한다. 이러한 축합 반응이 진행되면 그림 10E.24에서 나타낸 바와 같은 구조가 형성되는데, 이는 **핵산**(**nucleic acid**)이라는 화합물의 긴 사슬 구조를 만드는 첫 단계이다. DNA 분자는 두 개의 긴 핵산 가닥이 서로 꼬여서 형성된 이중 나선 형태이다.

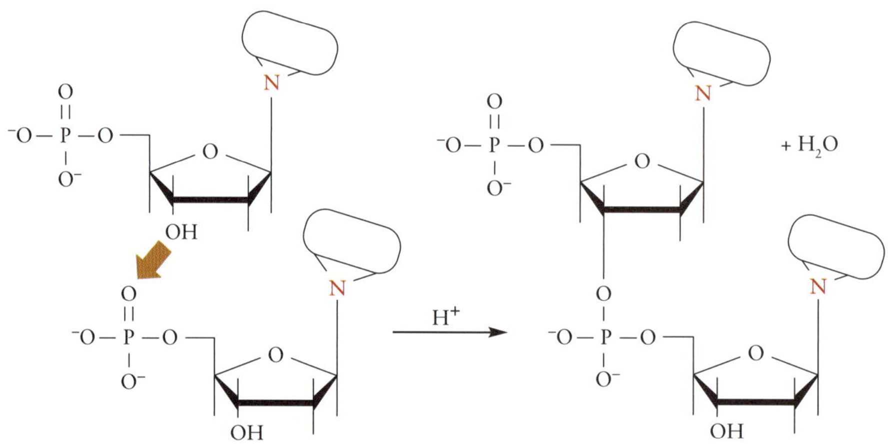

그림 10E.24 핵산, 즉 폴리뉴클레오타이드를 생성하는 뉴클레오타이드의 축합 반응

DNA의 복제 능력이 바로 이 이중 나선 구조에 기반하고 있다. 두 가닥 내에 있는 염기 사이에는 정확한 상보 관계가 존재한다. 한쪽 가닥에 있는 아데닌은 다른 가닥에 있는 티민과 항상 두 개의 수소 결합을 형성하고, 구아닌은 언제나 사이토신과 세 개의 수소 결합을 형성한다. 따라서 나선을 따라서 염기쌍은 항상 AT와 GC(그림 10E.25)이다. 그 외의 다른 조합에서는 서로 잘 결합되어 있지 못하게 된다. DNA의 복제과정 동안, 가닥 그 자체는 안정하게 유지하면서도, 공유 결합에 비하여 상대적으로 약한 수소 결합은 효소에 의해 해리될 수 있다. 그러면 세포액 내에 있는 다른 뉴클레오타이드들이 각 가닥의 적당한 위치에 붙어서 새로

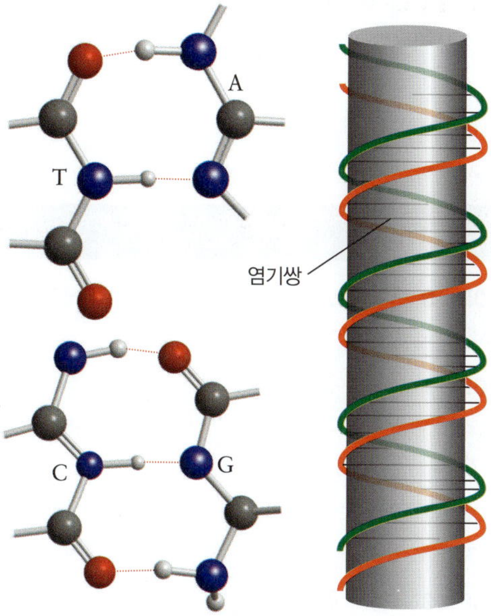

그림 10E.25 DNA 이중 나선에 있는 염기는 왼쪽 그림에서 보는 바와 같이 수소 결합에 의해 서로 들어맞게 된다(붉은 점선으로 표시). 한번 형성된 AT와 GC 쌍은 크기와 모양이 거의 동일하다. 그 결과 오른쪽 그림에서 보이는 것처럼 나선의 회전은 규칙적이고 일정하게 된다.

운 이중 나선형 DNA 두 분자를 생성하게 된다.

생체 내의 DNA 분자는 CRISPR이라는 기술에 의해 변형될 수 있다. CRISPR은 Clustered Regularly Interspaced Short Palindromic Repeat의 머리글자를 모아서 만든 단어인데, 이 기술을 통해 DNA의 특정 부분을 확인하고 제거하거나 편집할 수 있으며, 새로운 DNA 조각을 삽입할 수도 있다. 프랑스 생화학자 Emmanuelle Charpentier와 미국 생화학자 Jennifer Doudna는 DNA의 어떤 원하는 위치도 절단할 수 있도록 유전자 편집이 가능한 CRISPR 도구를 최초로 개발하여 2020년 노벨화학상을 수상하였다(**그림 10E.26**). COVID-19 바이러스에 대항하는 백신 개발에서처럼 백신을 빠르게 개발하는 것에서부터 털매머드(woolly mammoth)와 같이 멸종한 생명체를 재창조하는 것을 가능하게 할 정도로, 이 도구는 유전공학 분야에서 수많은 응용 가능성을 열어 주었다.

그림 10E.26 Jennifer Doudna(오른쪽)과 Emmanuelle Charpentier(왼쪽)는 DNA의 이중 나선 구조 어느 부분이든 변형시킬 수 있는 도구를 개발하였다. (왼쪽: *Duncan Hull and The Royal Society*, 오른쪽: *Bianca Fioretti of Hallbauer and Fioretti*.)

복제(생식과 세포 분열을 목적으로 하는 복제본의 생산)뿐만이 아니라, DNA는 RNA 분자의 합성 과정에서 주형으로 작용하여 단백질의 생산을 주관한다. T 대신에 U를 지닌 RNA 분자는 이렇게 형성된 후 세포핵으로부터 유전 정보의 일부를 단백질 합성이 일어나고 있는 위치로 전달하므로 '전령(messenger)' 분자로 생각할 수 있다. RNA의 염기 서열은 합성해야 하는 단백질의 일차 구조와 직접적으로 대응된다. 이러한 방식으로, 작용기 사이의 화학 반응, 더 넓게 말하자면 화학의 원리가 물질에 생명을 부여한다고 말할 수 있다.

핵산은 네 종류의 뉴클레오타이드가 인산 에스터 결합에 의해 연결되어 이루어진 공중합체이다. 뉴클레오타이드의 배열 순서는 모든 유전 정보를 저장하고 있다.

이 Topic에서 배운 것은 무엇인가?

플라스틱과 같은 고분자를 생성하는 데 사용되는 반응에 대해 배웠다. 작용기의 반응을 통해 단백질, 탄수화물, DNA와 같은 생물학적으로 중요한 고분자의 구조를 어떻게 설명할 수 있는지를 배웠다.

개념과 식의 적용

- ☐ 특정 단량체가 형성할 수 있는 고분자의 종류를 예측해 보고, 주어진 고분자의 반복 단위로부터 단량체를 확인한다(예제 10E.1).
- ☐ 공중합체의 종류를 구별한다(자습 10E.2).

- ☐ 고분자의 물리적 특성이 그 구조와 어떻게 연관되어 있는지 설명한다(10E.4절).
- ☐ 단백질의 조성을 기술하고, 단백질의 일차, 이차, 삼차, 사차 구조를 구별한다(10E.5절).
- ☐ 탄수화물의 조성을 기술한다(10E.6절).
- ☐ 핵산의 구조와 기능을 기술한다(10E.7절).

Topic 10E 연습 문제

10E.1 다음의 단량체로부터 형성되는 고분자의 반복 단위 세 개를 그리시오.
(a) $CH_2{=}C(CH_3)_2$ (b) $CH_2{=}CHCN$ (c) 아이소프렌

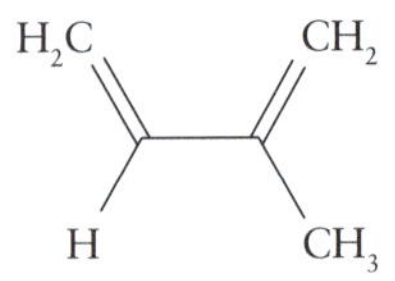

10E.2 다음의 단량체로부터 형성되는 고분자의 반복 단위 세 개를 그리시오.
(a) 1,1-다이클로로에텐 (b) 1-페닐-2-메틸에텐 (c) $CH_3CH{=}CHCF_3$

10E.3 어떤 폴리아마이드의 반복 단위는 $-(COC_6H_{12}CONHC_6H_4NH)_n-$이다. 이 폴리아마이드의 단량체가 무엇인지 확인하시오.

10E.4 어떤 폴리에스터의 반복 단위는 $-(OCH_2C_6H_4COOCH_2C_6H_4CO)_n-$이다. 이 폴리에스터의 단량체가 무엇인지 확인하시오.

10E.5 다음과 같은 반복 단위로 구성된 고분자들을 합성하는 데 필요한 단량체의 분자 구조식을 쓰시오.
(a) 폴리염화비닐(PVC), $-(CHClCH_2)_n-$ (b) Kel-F, $-(CFClCF_2)_n-$

10E.6 다음과 같은 반복 단위로 구성된 고분자들을 합성하는 데 필요한 단량체의 분자 구조식을 쓰시오.
(a) 카펫을 제작하는 데 사용되는 고분자, $-(OC(CH_3)_2CO)_n-$
(b) $-(CH(CH_3)CH_2)_n-$ (c) 폴리펩타이드, $-(NHCH_2CO)_n-$

10E.7 다음 반응으로부터 형성되는 고분자의 반복 단위 두 개의 분자 구조식을 쓰시오.
(a) 옥살산(ethanedioic acid, HOOCCOOH)과 1,4-다이아미노뷰테인($H_2NCH_2CH_2CH_2CH_2NH_2$) 사이의 반응
(b) 아미노산 알라닌(2-아미노프로판산)의 중합 반응

10E.8 다음 반응으로부터 형성되는 고분자의 반복 단위 두 개의 분자 구조식을 쓰시오.
(a) 테레프탈산과 1,2-다이아미노에테인($H_2NCH_2CH_2NH_2$) 사이의 반응
(b) 4-하이드록시벤조산의 중합 반응

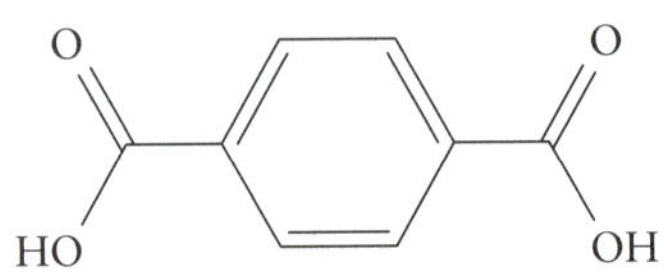

테레프탈산

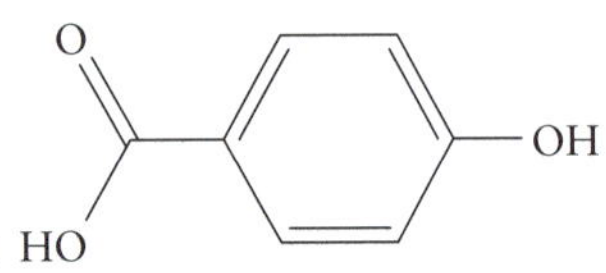

4-하이드록시벤조산

10E.9 단량체 A와 B에 의해서 생성된 —BBBBAA—는 어떤 종류의 공중합체에 속하는지 쓰시오.

10E.10 단량체 A와 B에 의해서 생성된 —AABABBAA—는 어떤 종류의 공중합체에 속하는지 쓰시오.

10E.11 고분자에서 정확한 몰질량이 정의되지 않는 이유는 무엇인지 설명하시오. 그리고 고분자가 평균 몰 질량을 갖는다는 사실이 어떻게 녹는점에 영향을 끼치는지 설명하시오.

10E.12 폴리에스터, 폴리아마이드, 폴리알켄 고분자 중, 섬유로서 가치가 높아지는 순으로 나열하고, 왜 그런지 이유를 설명하시오.

10E.13 고분자 폴리락트산(구조 **2** 참조)이 한동안 폴리에틸렌 테레프탈레이트(PETE, 10E.2절 참조)를 대체하여 특정 과자류의 봉지로 쓰였다. 그러나 PETE보다 강성이 큰 폴리락트산 봉지는 부스럭거리는 소리가 매우 크다는 문제가 있었다. 이 문제는 그 봉지의 층간에 특별한 점착제를 사용하여 해결할 수 있었다. 폴리락트산과 PETE의 구조를 비교하고 왜 폴리락트산 사슬이 PETE 사슬보다 더 견고한지 설명하시오.

10E.14 폴리아크릴아마이드는 나무 바닥을 코팅하는 데 쓰인다. 이 고분자는 단량체 $H_2C{=}CHCONH_2$의 첨가 중합을 통해 합성된다. (a) 폴리아크릴아마이드의 반복 단위 세 개를 그리시오. (b) 폴리아크릴아마이드의 곁사슬이 고분자의 경도와 강도에 어떤 영향을 주는가?

10E.15 (사슬 길이에 비례하는) 고분자의 평균 몰 질량은 다음의 특성에 어떻게 영향을 끼치는지 설명하시오. (a) 연화점(부드러워지는 온도), (b) 점도, (c) 강도.

10E.16 고분자의 곁사슬의 극성이 다음과 같은 고분자의 특성에 어떻게 영향을 끼치는지 설명하시오. (a) 연화점(부드러워지는 온도), (b) 점도, (c) 강도.

10E.17 고분자 사슬의 선형성이 고분자의 강도에 어떻게 영향을 끼치는지 기술하시오.

10E.18 가교 결합이 고분자의 탄성과 강도에 어떻게 영향을 끼치는지 기술하시오.

10E.19 (a) 단백질 내에서 아미노산을 연결하는 펩타이드 결합의 구조를 그리시오. (b) 형성된 작용기를 확인하시오. (c) 형성된 고분자의 종류(첨가 또는 축합)를 확인하시오.

10E.20 (a) 아밀로스를 만들기 위해 글루코스 단위체 사이에 형성된 결합의 구조를 그리시오. (b) 형성된 작용기를 확인하시오. (c) 형성된 고분자의 종류(첨가 또는 축합)를 확인하시오.

10E.21 표 10E.3에서 수소 결합을 형성할 수 있는 곁사슬 원자단을 가지고 있는 아미노산을 고르시오. 이 상호 작용은 단백질의 삼차 구조를 형성하는 데 기여한다.

10E.22 표 10E.3에서 무극성 결사슬 원자단을 가지고 있는 아미노산을 고르시오. 이 원자단은 물과의 접촉을 막아 단백질의 삼차 구조를 형성하는 데 기여한다.

10E.23 타이로신의 카복실산기와 글라이신의 아민기 사이의 반응을 통해 형성된 펩타이드의 구조를 그리시오.

10E.24 아스파트산의 카복실산기와 페닐알라닌의 아민기 사이의 반응을 통해 형성된 펩타이드의 선 구조식을 그리시오. **주의**: 아스파트산의 카복실산 결사슬은 이 반응에 참여하지 않는다. 형성된 펩타이드는 인공감미료인 아스파탐(aspartame)과 관련이 있다.

10E.25 아래 그림의 만노스 분자 내에 있는 (a) 작용기와 (b) 카이랄성 탄소 원자를 확인하시오.

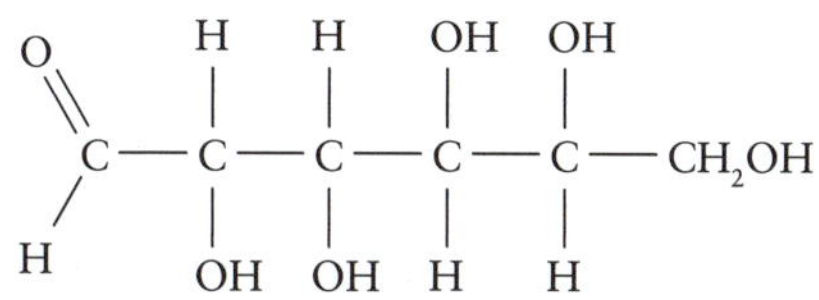

10E.26 아래 그림의 히스티딘 분자 내에 있는 (a) 작용기와 (b) 카이랄성 탄소 원자를 확인하시오.

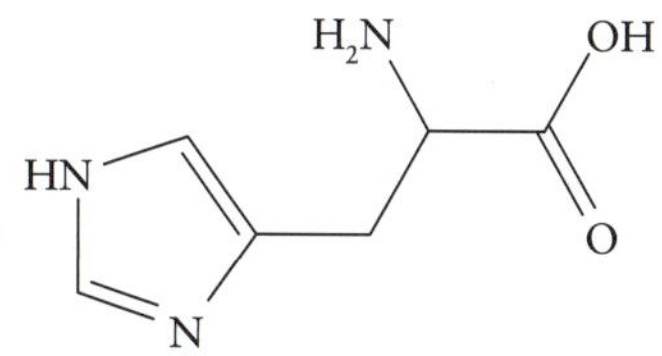

10E.27 다음의 DNA 서열과 짝을 이룰 수 있는 상보적인 핵산 서열을 쓰시오. (a) CATGAGTTA (b) TGAATTGCA

10E.28 다음의 DNA 서열과 짝을 이룰 수 있는 상보적인 핵산 배열 구조를 쓰시오. (a) ATTAGATCAT (b) GACTAGGATCT

다음의 예제와 연습 문제는 Topic 10 전체의 내용에 관한 것이다.

FOCUS 10 통합 예제

포유류의 대사과정은 과산화 수소와 초과산화 이온, 산소를 함유한 라디칼 같은 해로운 부산물을 발생시키며, 이를 총괄적으로 '활성 산소종(reactive oxygen species)'이라 부른다. 글루타티온(Glutathione, GSH)은 강력한 항산화제로 기능하는 중요한 트라이펩타이드이다. GSH의 싸이올(thiol, —SH)기는 산화제의 작용을 받아 수소 원자를 잃고 또다른 GSH 분자와 이황화 결합(—S—S—)을 형성한다. 여러분은 산화 스트레스(oxidative stress)를 방어하는 방법에 대해 연구하고 있으며(화학 이야기 2C.1), 이 필수적인 화합물의 화학 반응에 좀 더 알아보려 하고 있다.

(a) 글루타티온의 선형 구조식(**1**)으로부터 분자 구조식을 표현하시오.

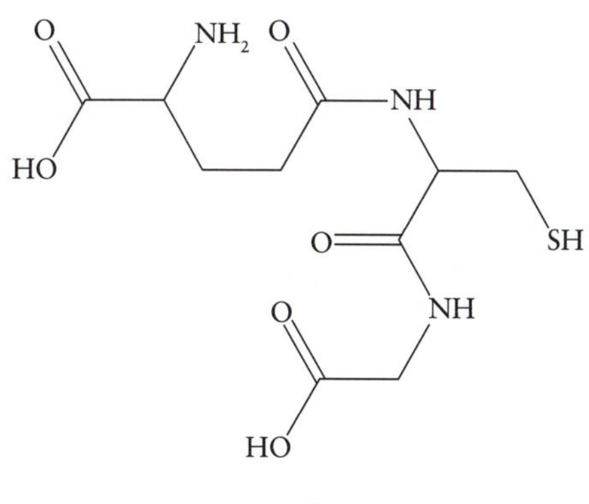

1 글루타티온(GSH)

(b) 글루타티온을 구성하는 세 개의 아미노산을 확인하시오(**힌트**: 펩타이드 결합 중 하나는 아미노산의 결사슬을 이용하여 형성된다).

(c) GSH의 구조에서 카이랄성 탄소 원자가 있으면 표시하시오. 거울상 이성질체 쌍이 몇 개가 가능하겠는가?

(d) 글루타티온의 pK_a 값은 두 개의 COOH기에 대해 순차적으로 $pK_{a1} = 2.12$, $pK_{a2} = 3.59$이며, NH_2기에 대해 $pK_{a3} = 8.75$, 그리고 SH기에 대해 $pK_{a4} = 9.65$이다. 생리적 pH인 7.4에서 글루타티온의 주된 형태는 어떤 것인지 예측하시오.

FOCUS 10 연습 문제

10.1 같은 수의 탄소 원자를 가지고 있더라도 가지 달린 알케인 화합물이 가지가 없는 알케인 화합물에 비해 녹는점과 끓는점이 더 낮은 이유를 설명하시오.

10.2 다음 화합물을 끓는점이 높아지는 순서로 나열하고, 그 이유를 설명하시오. $CH_3CH_2CH_2CH_2CH_3$, $CH_3CH_2CH(CH_3)_2$, $C(CH_3)_4$

10.3 다음 각 반응을 첨가 또는 치환 반응으로 분류하고, 그 화학 반응식을 쓰시오.
(a) 염소가 메테인과 빛에 노출되면서 반응할 때
(b) 브로민이 에텐과 빛이 없는 조건에서 반응할 때

10.4 다음 각 반응을 첨가 또는 치환 반응으로 분류하고, 그 화학 반응식을 쓰시오.
(a) 수소가 니켈 촉매하에서 2-펜텐과 반응할 때
(b) 염화 수소가 프로펜과 반응할 때

10.5 할로알케인이 할로젠화수소 이탈 반응을 하여 알켄을 생성하는 반응은 항상 에탄올과 같은 무수(無水) 용매에서 진행한다. 물이 이 반응의 용매로 사용될 수 없는 두 가지 이유를 설명하시오.

10.6 (Achieve 활용 문제로 생략함)

10.7 다음 각 화합물의 계통명을 쓰시오. 기하 이성질체가 존재한다면, 그 이성질체 각각의 이름도 함께 쓰시오.
(a) $CH_2{=}C(CH_3)_2$ (b) $CH_3CH{=}C(CH_3)CH_2CH_3$
(c) $HC{\equiv}CCH_2CH_2CH_2CH_3$ (d) $CH_3CH_2C{\equiv}CCH_2CH_3$
(e) $CH_3CH_2CH_2C{\equiv}CCH_3$

10.8 다음 각 화합물의 계통명을 쓰시오. 기하 이성질체가 존재한다면, 그 이성질체 각각의 이름도 함께 쓰시오.
(a) $CH_3CH_2CH{=}CHCH_3$ (b) $CH_3C(CH_3){=}CHCH_3$
(c) $(CH_3)_2C{=}CHCH_2CH_3$ (d) $HC{\equiv}CCH_2CH(CH_2CH_2CH_3)CH_3$
(e) $CH_3CH_2C{\equiv}CCH(CH_3)CH_2CH_3$

10.9 데칼린의 구조가 아래에 있다. (a) 데칼린의 화학식을 쓰시오. (b) 어떤 방향족 탄화수소를 완전하게 수소화 반응시키면 데칼린을 얻을 수 있는가? (c) 데칼린의 이성질체가 존재한다면 그 선 구조식을 그리시오.

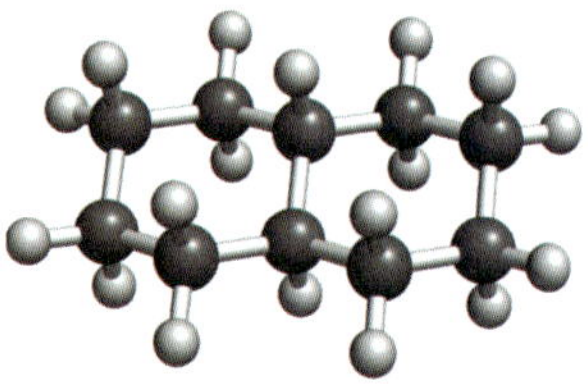

10.10 유기 화합물의 비계통적(관습적) 이름이 아직도 화학 문헌과 시약 판매 카탈로그에 사용되고 있으므로, IUPAC 규칙에 의한 이름과 함께 이러한 비계통적 이름에도 익숙해질 필요가 있다. (a) (i) 아이소뷰테인과 (ii) 아이소펜테인의 계통명을 쓰시오. (b) 접두사 아이소(iso-)에 대한 사용법을 체계화하고, 아이소헥세인의 구조를 예상하시오.

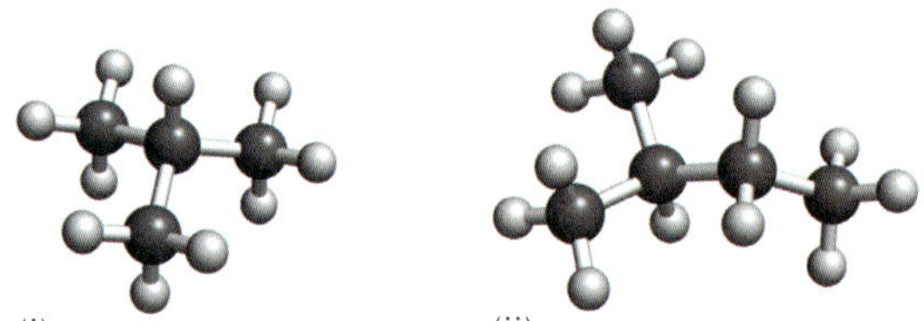

(i) (ii)

10.11 탄소 양이온(carbocation)은 양으로 하전된 유기 이온이다. 2002년 펜타메틸사이클로펜타다이에닐(pentamethylcyclopentadienyl) 양이온은 안정한 형태의 탄소 양이온으로 처음으로 보고되었다. 이 양이온은 +1의 전하를 갖는다. (a) 이 이온의 분자 구조식을 그리시오. (b) 몇 개의 공명 구조가 가능한가? (c) 이 이온에 몇 개의 π-전자가 존재하는가?

10.12 펜타메틸사이클로펜타다이에닐 양이온(연습 문제 10.11 참조)을 합성한 화학자들은 그 양이온의 π-전자가 한 개의 이중 결합에 존재하며 세 개의 다른 탄소에 비편재화된 π-오비탈 하나가 있다는 것을 알았다. (a) 이러한 결합을 가진 이온의 구조를 그리시오. (b) 어떤 탄소 원자에 양전하가 있을 것인지 예측하시오.

10.13 아래 화합물은 잘못된 방식으로 명명되었다. 각각 선 구조식으로 그리고, 체계적인 방법으로 다시 명명하시오.
(a) 4-메틸-3-프로필헵테인 (b) 4,6-다이메틸옥테인
(c) 2,2-다이메틸-4-프로필헥세인 (d) 2,2-다이메틸-3-에틸헥세인

10.14 알케인은 할로젠으로 처리했을 때 수소 원자가 치환되는 반응을 일으킨다. 다음 화합물 중 브로민화 반응에 의해 하나의 수소가 치환되었을 때, 카이랄성 생성물을 만들 수 있는 것은 어느 것인지 밝히고 그 카이랄성 화합물을 명명하시오.
(a) 에테인 (b) 프로페인 (c) 뷰테인 (d) 펜테인

10.15 화학식 C_3H_6를 갖는 탄화수소는 빛이 있을 때만 브로민과 반응하여 C_3H_5Br을 생성한다. 이 탄화수소의 이름은 무엇인가?

10.16 어떤 탄화수소의 질량 90%가 탄소이고 나머지 10%가 수소이며, 40 $g \cdot mol^{-1}$의 몰질량을 갖는다. 또한 이 탄화수소는 브로민수를 탈색시키고, 니켈 촉매하에서 1.46 g의 탄화수소가 1.60 L의 수소(STP 조건)와 반응한다. 이 탄화수소의 분자식을 적고, 두 가지 가능한 이성질체의 구조식을 그리시오.

10.17 1-브로모-4-나이트로벤젠(*p*-브로모나이트로벤젠)은 브로민화 반응을 진행할 수 있다. 이 반응에 의한 주생성물이 무엇인지 그 이유와 함께 밝히시오. 적절한 구조식을 그려 답변을 뒷받침하시오.

10.18 다음 화합물의 나이트로화 반응을 조절하여 NO_2기 하나가 H 원자 하나를 치환한다면, 생성물의 어느 곳에 나이트로기가 있을지 예측하시오.

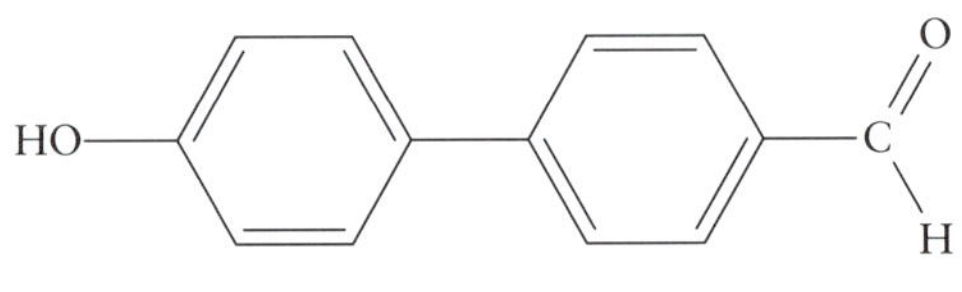

10.19 (a) 3,4,6-트라이메틸-1-헵텐의 구조를 그리시오. (b) 그 구조에서 카이랄성 탄소 원자를 찾아서 별표로 표시하시오. (c) 이 분자

는 시스와 트랜스 이성질체가 가능한지 설명하시오.

10.20 트라이나이트로톨루엔(TNT)은 잘 알려진 폭발물이다. (a) 다음 구조를 이용하여 TNT의 계통명을 쓰시오. (b) TNT는 톨루엔(메틸벤젠)을 진한 질산과 황산 혼합물로 나이트로화 반응시켜 만든다. 세 번의 나이트로화 반응이 일어날 때, 아래와 같은 구조를 지닌 특정한 이성질체만 생성되는 이유를 설명하시오.

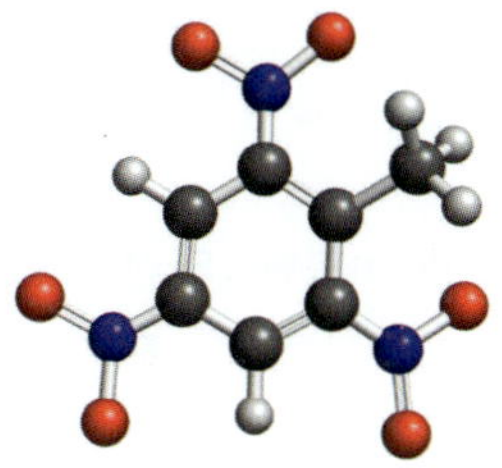

10.21 콘쥬게이션된(conjugated) 폴리엔(polyene)은 단일 결합과 이중 결합이 번갈아 나타나는 탄화수소이다. 이들은 가시광선 영역에서 빛을 흡수하기 때문에 염료로 자주 사용된다. 이 중 두 가지 화합물이 C_6H_8과 C_8H_{10}의 화학식을 가진다면, 그중 어느 것이 최대 흡수 파장이 더 긴 쪽에서 나타나겠는가? 그렇게 판단한 근거는 무엇인지 설명하시오.

10.22 (a) 다음 화합물을 완전하게 수소화시키기 위해 1.00기압, 298 K에서 몇 L의 수소가 필요한가? (i) 1.00 mol의 C_6H_{10}, 사이클로헥센, (ii) 1.00 mol의 C_6H_6, 벤젠. (b) 표 4E.2와 4E.3의 평균 결합 엔탈피를 참조하여, 각각의 수소화 반응의 반응 엔탈피값을 추정하시오. (d) 벤젠의 Kekulé 구조에 기반하면, 벤젠의 수소화 엔탈피가 사이클로헥센의 수소화 엔탈피의 세 배가 되어야 한다. 계산 결과가 이 예측과 일치하는가? 차이가 있다면 그 이유를 설명하시오.

10.23 다음 선형 구조식으로 나타낸 화합물의 화학식을 쓰시오.

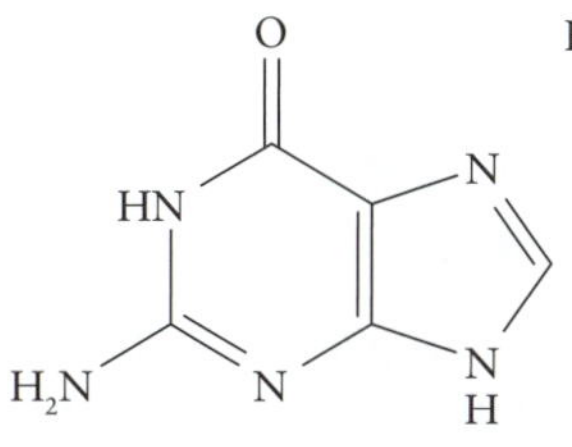

(a) 구아닌

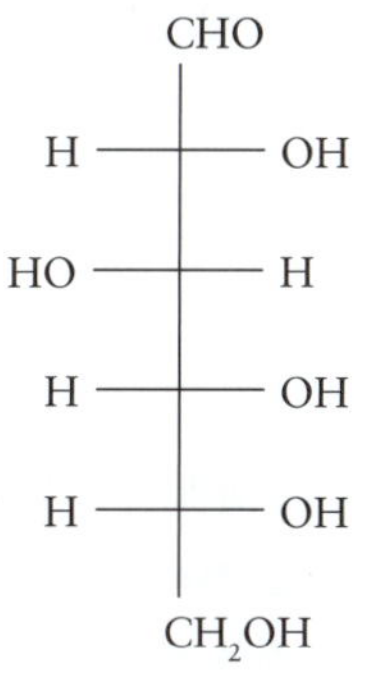

(b) D-글루코스

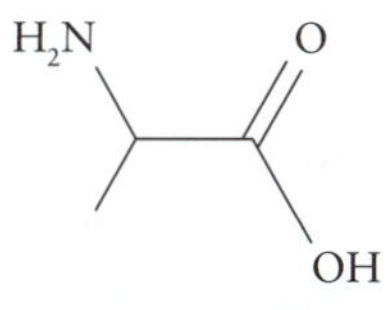

(c) 알라닌

10.24 다음 선형 구조식으로 나타낸 화합물의 화학식을 쓰시오.

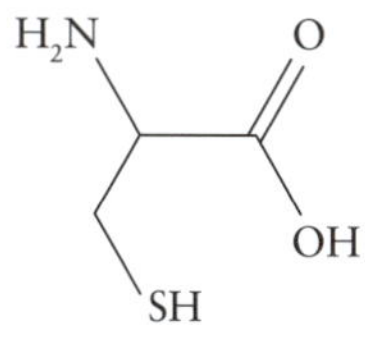

(a) 시스테인

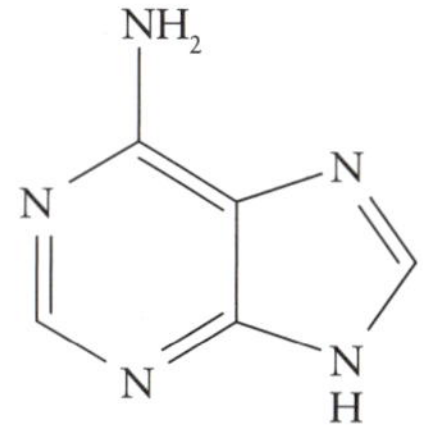

(b) 아데닌

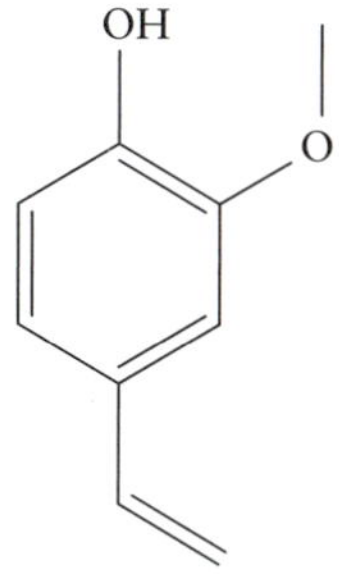

(c) 유제놀

10.25 다음 화합물에 있는 모든 작용기를 찾아내어 확인하시오.

(a) 바닐라향의 원인 물질인 바닐린(vanillin)

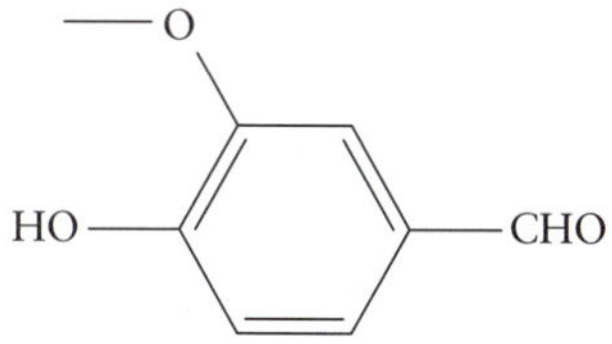

(b) 스피어민트(spearmint)향의 원인 물질인 카르본(carvone)

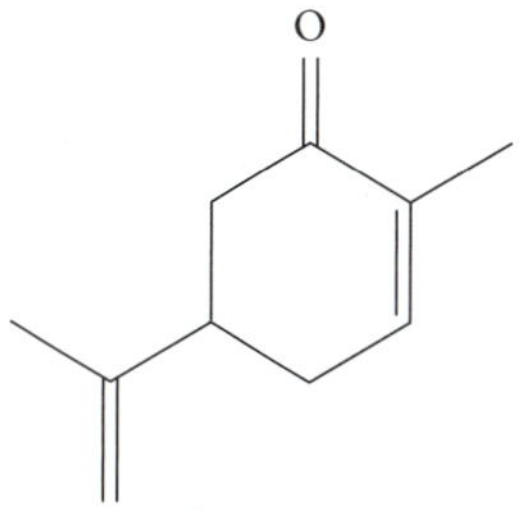

(c) 커피, 차, 콜라 음료에 들어있는 흥분제인 카페인(caffeine)

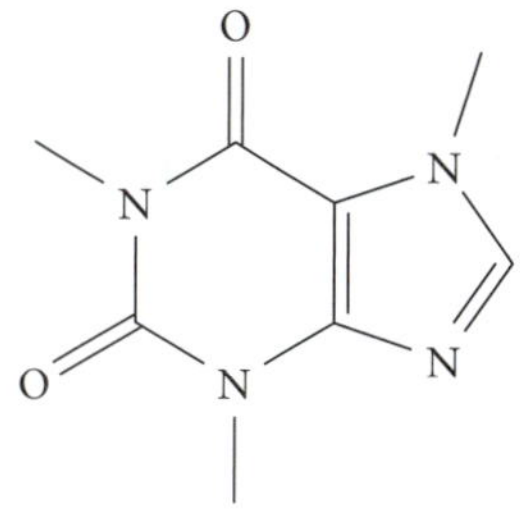

10.26 다음 화합물에 있는 모든 작용기를 찾아내어 확인하시오.

(a) 생강의 자극성이 강하고 매운 성분인 진저론(zingerone)

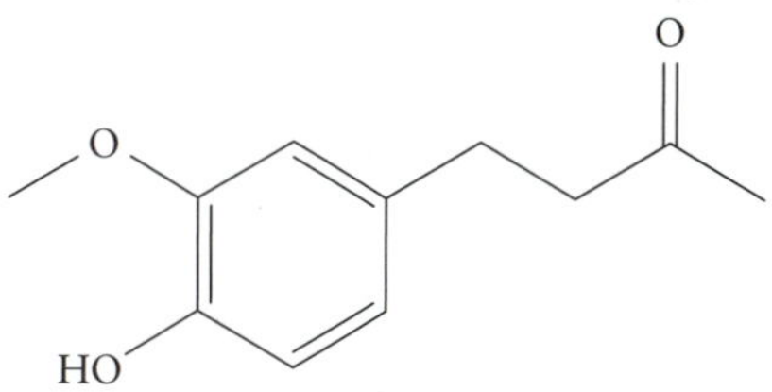

(b) 진통제의 일종인 타이레놀(Tylenol, acetaminophen)

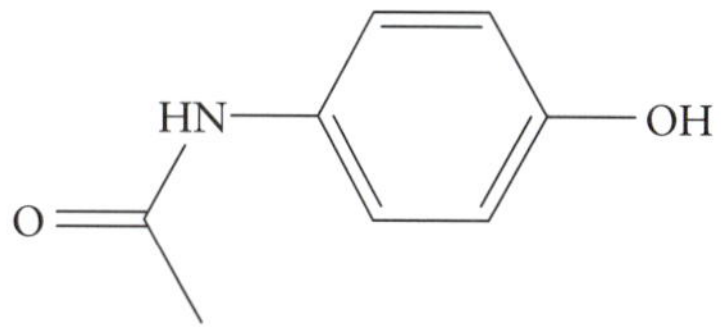

(c) 국부마취제의 일종인 프로카인(procaine)

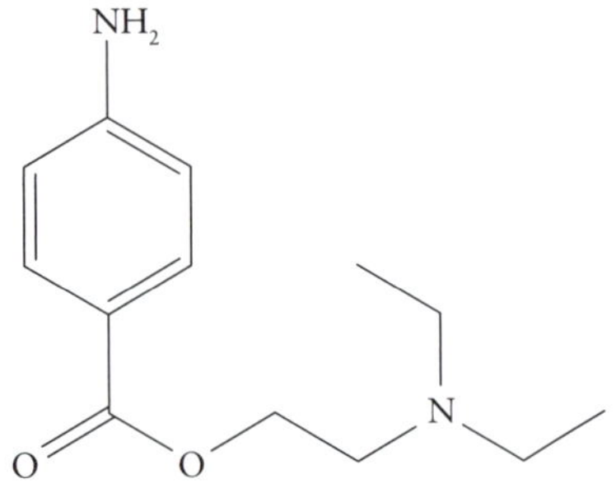

10.27 다음 화합물에서 카이랄성 탄소 원자를 확인하시오.

(a) 청량감을 주는 연고에 사용되는 캠퍼(camphor)

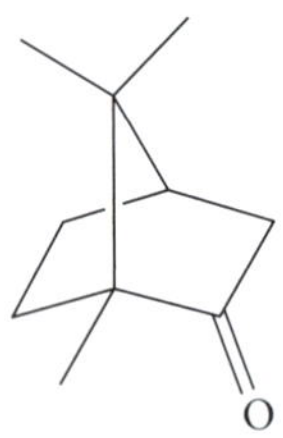

(b) 남성 성호르몬인 테스토스테론(testosterone)

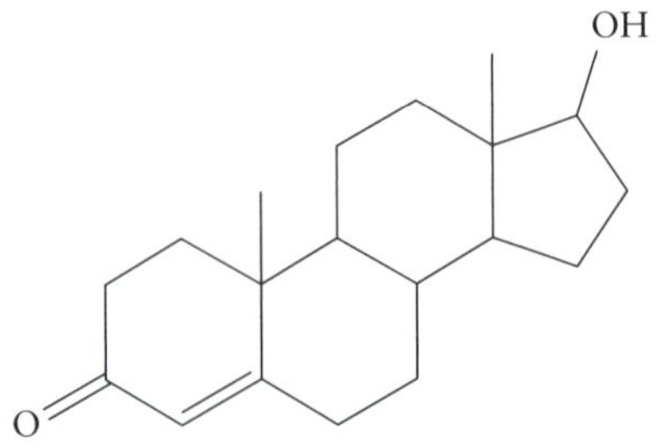

10.28 다음 화합물에서 카이랄성 탄소 원자를 확인하시오.

(a) 페퍼민트 향인 멘톨(menthol)

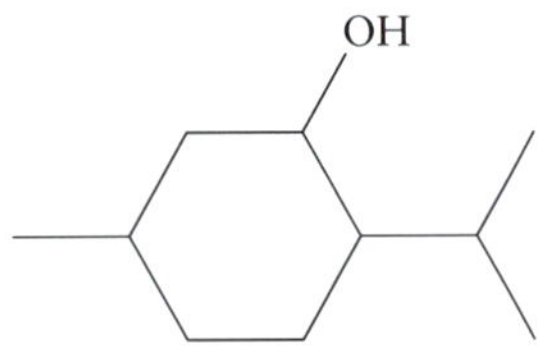

(b) 여성 성호르몬인 에스트라다이올(estradiol)

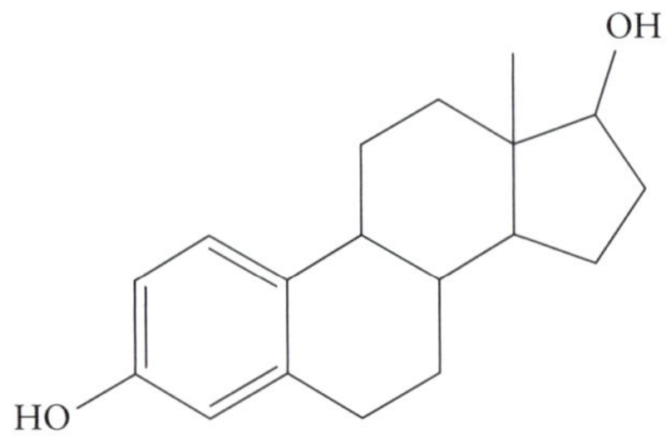

10.29 구아닌에서 각 탄소와 질소 원자의 혼성 상태를 밝히시오(연습 문제 10.23a 참조).

10.30 카페인에서 각 탄소와 질소 원자의 혼성 상태를 밝히시오(연습 문제 10.25c 참조).

10.31 다음 각 분자의 구조를 웹사이트 등에서 찾아 그리고, 카이랄성 탄소 원자를 확인하시오.

(a) 코카인

(b) 땅콩에서 균류 성장의 부산물로 나타나는 독소이자 발암 물질인 아플라톡신 B2(aflatoxin B2)

10.32 다음 각 분자의 구조를 웹사이트 등에서 찾아 그리고, 카이랄성 탄소 원자를 확인하시오.

(a) 페니실린 서항성 포도상구균에 독성을 지닌 세팔로스포린 C (cephalosporin C)

(b) 혈액 응고를 촉진하는 물질인 트롬복세인 A2(thromboxane A2, $C_{20}H_{32}O_5$)

10.33 (a) 다이에틸 에터와 1-뷰탄올의 분자 구조식을 쓰시오(두 화합물은 이성질체이다). (b) 1-뷰탄올의 끓는점은 117 °C로 다이에틸 에터(35 °C)보다 높다. 그러나 물에 대한 두 화합물의 용해도는 100 mL당 약 8 g으로 유사하다. 이러한 현상의 이유를 설명하시오.

10.34 몰질량은 서로 거의 같지만 다른 작용기를 포함하고 있는 다음 유기 분자를 생각해 보자.

$CH_3CH_2CH_2CH_2CH_2CH_3$, $CH_3CH_2CH_2CH_2CHCH_2$, $CH_3CH_2CH_2CH_2CH_2OH$, $CH_3CH_2CH_2CH_2CHO$, $CH_3CH_2CH_2COOH$, $CH_3CH_2COOCH_3$, $CH_3CH_2COCH_2CH_3$, $CH_3CH_2CH_2CH_2OCH_3$

(a) 각 분자의 Lewis 구조를 그리고, 화합물명을 쓰고, 작용기에 기반하여 분류하시오. (b) 서로 이성질체 관계에 있는 분자를 고르시오. 그중에서 카이랄성 화합물이 있다면 무엇인지 쓰시오. (c) 각 분자에 대해 존재하는 분자간 힘의 종류를 기술하시오. (d) (a)와 (b)의 답을 이용하여 끓는점이 가장 낮은 화합물부터 차례대로 예측하시오.

10.35 다음 반응 생성물의 분자 구조식을 쓰시오.

(a) 포화 지방을 생성하기 위한 글리세롤(1,2,3-트라이하이드록시프로페인)과 스테아르산[$CH_3(CH_2)_{16}COOH$]의 반응

(b) 산성 유기 용매 속에서 다이크로뮴산 소듐을 이용하여 진행하는 4-하이드록시벤질 알코올의 산화 반응

10.36 다음 반응에 의해 얻어지는 주 생성물의 축약 구조식을 적으시오.

(a) 에틸렌 글라이콜(1,2-에테인다이올)을 스테아르산[$CH_3(CH_2)_{16}COOH$]과 함께 가열했을 때

(b) 에탄올을 옥살산(HOOCCOOH)과 함께 가열했을 때

(c) 1-뷰탄올을 프로판산과 함께 가열했을 때

10.37 단백질의 한 부분을 분석하여 Glu-Leu-Asp와 같은 아미노산 서열로 구성되어 있다는 것을 알았다. 이 부분의 Lewis 구조를 그려 펩타이드 결합을 나타내시오.

10.38 페놀, *o*-나이트로페놀, *m*-나이트로페놀, *p*-나이트로페놀의 pK_a 값은 각각 9.89, 7.17, 8.28, 7.15이다. 이렇게 pK_a 값의 차이가 나는 원인을 설명하시오.

10.39 아크릴 수지(acrylic resin)는 따뜻하면서도 가벼운 의상을 만드는 데 사용하는 고분자 재료이다. 47.7 g의 아크릴 수지를 물에 녹여 만든 500. mL 용액의 삼투압이 25 °C에서 0.325 atm이다. (a) 이 고분자의 평균 몰 질량은 얼마인가? (b) 얼마나 많은 단량체

가 '평균적인' 분자를 구성하고 있는가? 아크릴 수지의 반복 단위는 $-CH_2CH(CN)-$이다. (c) 순수한 물의 증기압이 25 °C에서 0.0313 atm이라면, 이 용액의 증기압은 얼마인가? (용액의 밀도는 1.00 $g \cdot cm^{-3}$으로 가정한다.) (d) 아크릴 수지에서의 경우와 같이 매우 큰 몰 질량을 결정할 때 어느 방법(삼투압 또는 증기압 내림)을 선호하는가? 이유를 설명하시오.

10.40 폴리프로필렌의 평균 몰 질량을 3.16 g의 폴리프로필렌을 벤젠에 녹여 만든 500. mL 용액의 삼투압을 측정하여 결정하였다. 25 °C에서 삼투압은 0.0112 atm이었다. (a) 이 고분자의 평균 몰 질량은 얼마인가? (b) 각 사슬을 형성하는 데 평균적으로 얼마나 많은 프로펜 단량체 $-CH(CH_3)CH_2-$가 결합되어야 하는가? (c) 이 시료가 선형 사슬로만 이루어져 있고, 고분자 내 탄소–탄소 결합 길이가 탄소 결합의 일반적인 평균값에 가깝다고 한다면, 사슬의 평균적인 길이는 얼마인가?

10.41 (a) 단백질의 일차, 이차, 삼차, 사차 구조의 차이점을 설명하시오. (b) 각 구조를 유지시키고 있는 힘에 대해서 공유 결합 또는 주요하게 작동하는 분자간 힘으로 설명하시오.

10.42 할로알케인은 수산화 이온과 반응하여 할로젠화 이온의 친핵성 이탈을 통해 알코올을 형성한다. 이러한 반응의 문제점은 제거 반응이 치환 반응과 경쟁적으로 나타난다는 데 있다. (a) 2-브로모펜테인과 수산화 소듐과의 반응에서 가능한 생성물을 예측하시오. (b) 제거 반응 경로보다 치환 반응이 더 유리하게 일어나도록 하기 위해서는 어떻게 해야 할까? 그 반대의 경우에는 어떠한가?

10.43 글라이신에 양성자가 첨가된 형태($^{+}H_3NCH_2COOH$)는 $K_{a1} = 4.47 \times 10^{-3}$과 $K_{a2} = 1.66 \times 10^{-10}$을 가진다. (a) 양성자 이동 평형에 대한 화학 반응식을 쓰시오. (b) 용액의 산도가 각각 pH = 2, pH = 5, pH = 12일 때, 글라이신의 주된 형태는 어떤 것인가? (Topic 6E 참조)

10.44 아마이드기에서는 C—N 결합의 회전이 제한되어 그 원자단 내의 C, N, O 원자는 보통 한 평면에 있다. 이 경직성은 단백질의 이차 구조 향성에 도움을 준다. 아미노산 글라이신은 두 개의 글라이신 단량체로 구성된 다이펩타이드를 형성할 수 있다. (a) 글라이신 다이펩타이드의 Lewis 구조를 그리시오. (b) 공명 구조가 어떻게 회전을 제한시킬 수 있는지 설명하고, 다이펩타이드의 두 번째 공명 구조를 그리시오.

10.45 축합 중합 과정에 대하여 설명하시오. 그리고 벤젠-1,2-다이카복실산과 에틸렌 글라이콜로부터 합성된 고분자는 데이크론(Dacron)과 어떻게 다른지를 설명하시오.

10.46 수소 결합을 하고 있는 한 쌍의 뉴클레오타이드가 DNA 분자를 구성하고 있으며, 이들의 평균 몰 질량은 625 $g \cdot mol^{-1}$이다. 각각의 연속적인 쌍은 사슬을 따라서 340 pm의 거리에 있다. 특정 DNA 분자 한 가닥의 전체 길이가 0.299 m라면 이 분자의 몰 질량은 얼마인가?

10.47 프로페인 토치는 간단한 집수리 목적으로는 이용되지만, 용접을 진행할 때에는 반드시 아세틸렌(에타인)을 연소시키는 토치를 사용해야 한다. (a) 프로페인과 에타인의 연소에 대한 화학 반응식을 쓰시오. (b) 각 연료의 그램당 그리고 몰당 연소 엔탈피를 계산하시오. (c) (b)에서 계산한 결과를 통해, 왜 용접에서는 프로페인 토치를 사용하지 않는지 설명하시오.

10.48 폴리포스파젠(polyphosphazenes)은 항공우주산업에서 열저항성 고분자로 이용되며, 뼈의 재생을 위한 유연성 구조체로도 이용되고 있다. 폴리포스파젠은 $(-PR_2{=}N-)_n$의 반복 단위를 가지는 무기 고분자이며, 여기서 R은 $-CH_3$기와 같은 곁사슬을 의미한다. 메틸기 곁사슬을 가진 폴리포스파젠의 성질은 메틸기 곁사슬을 가진 실리콘 고분자(그림 10E.15 참조)와 비교해 볼 때 어떻게 다를 것인지 예측하고, 그 이유를 설명하시오.

10.49 전도성 고분자의 일종인 폴리아닐린의 단량체는 아닐린(아미노벤젠)이다. (a) 아닐린 단량체의 분자 구조식을 그리시오. (b) (i) 아닐린과 (ii) 폴리아닐린에 있는 N 원자의 혼성 상태를 밝히시오. (c) 폴리아닐린에 고립 전자쌍이 있다면 그 위치를 표시하시오. (d) 폴리아닐린의 N 원자가 전류를 전달하는 과정에 도움을 줄 수 있는지에 대해 설명하시오(화학 이야기 10E.1 참조).

10.50 전도성 고분자의 일종인 폴리피롤 섬유는 직물로 만들어 레이더 위장용 천으로 쓰인다. 그 천은 마이크로파를 송출기 방향으로 반사하기보다는 흡수하기 때문에, 레이더상에서 빈 공간 부분으로 나타나게 된다. (a) 폴리피롤에 있는 N 원자의 혼성 상태를 밝히시오. (b) 작은 유기 분자의 경우와 달리 폴리피롤이 마이크로파를 흡수하는 이유를 설명하시오. 폴리피롤의 구조에 대해서는 화학 이야기 10E.1을 참고하시오.

10.51 페로몬(pheromone)은 일반적으로 성 유인물질로 불리지만, 다른 신호전달 기능을 하기도 한다. 여왕벌의 페로몬의 분자식은 trans-$CH_3CO(CH_2)_5CH{=}CHCOOH$이다. (a) 이 페로몬의 분자 구조식을 쓰시오. (b) 분자 내에 있는 작용기들을 찾아내고, 작용기에 이름을 부여하시오.

10.52 탄소 숫자가 한 개에서 네 개 사이인 탄화수소는 왜 휘발유로 적합하지 않은가?

10.53 석탄을 연료로 사용하는 데 있어 주요한 문제점은 무엇인가?

FOCUS 10 통합 연습 문제

10.54 풍선껌과 자동차 타이어를 만드는 데 모두 이용하는 기체상 화합물을 분석하여 특성과 독성을 알아보았다.

(a) 0.108 g의 화합물을 연소 분석을 진행하였더니 0.352 g의 CO_2와 0.109 g의 H_2O가 형성되었다. 이 화합물의 실험식은 무엇인가?

(b) 이 물질의 몰질량은 54.09 $g \cdot mol^{-1}$이다. 이 화합물의 분자식은 무엇인가?

(c) 이 화합물의 가능한 이성질체 중 적어도 여섯 가지의 구조식을 그리시오.

(d) 이 화합물을 촉매하에서 수소에 노출시켰을 때, 수소화된 생성

물의 몰질량은 58.12 $g \cdot mol^{-1}$이었다. 이 정보를 통해 (c)의 가능한 이성질체 중 어떤 것을 제외할 수 있는가?

(e) 25 ℃, 1.0 atm에서 이 물질을 2.45 L 플라스크에 담았다. 플라스크 내의 전체 압력이 5.0 atm이 될 때까지 브로민화 수소 기체를 플라스크 안으로 주입하였다. 이 반응의 단일 생성물은 생성되자마자 제거하여 반응을 끝까지 진행하였다. 반응이 완결된 후 플라스크에 남은 HBr의 압력은 2.0 atm이었다. 이 생성물의 분자식은 무엇인가?

(f) (e) 반응의 생성물은 세 가지 구조 이성질체를 가지고 있고, 이 중 두 가지는 광학 이성질체이다. 본래의 화합물과 생성물 이성질체의 구조식을 그리시오. 각 카이랄성 탄소 원자를 별표로 표시하시오.

(g) 본래 화합물에서 각 C 원자의 혼성화 형태를 기술하시오.

(h) 본래 화합물의 이름을 쓰시오.

10.55 녹색 화학 운동의 중요한 목표는 폐기물 감축이다. 산업에서 사용되는 많은 화학 합성 방법에서, 반응에 참여하는 모든 원자가 생성물에 나타나는 것은 아니다. 어떤 원자는 부산물로 끝나고 버려지게 된다. '원자 경제(atom economy)'는 최종 생성물에 도달하기까지 가능한 한 적은 수의 원자를 사용하는 것이고, (원하는 생성물의 획득 질량/소비된 모든 반응물의 질량)×100%로 계산된다.

(a) 다음과 같은 $CH_3CH{=}CHCH_3$의 합성법을 생각해 보자.

$$CH_3CH_2CHBrCH_3 + CH_3CH_2O^- \xrightarrow{\text{에탄올}} CH_3CH{=}CHCH_3 + CH_3CH_2OH + Br^-$$

이 반응의 종류를 구분하시오(치환, 제거, 첨가).

(b) 각 유기 반응물과 생성물을 명명하시오.

(c) $CH_3CH_2O^-$ 이온이 친핵체 또는 친전자체로 작용하였는가? 아니면 둘 다 아닌가?

(d) 이 반응의 수율을 100%로 가정할 때, 원자 경제를 계산하시오.

(e) $CH_3CH{=}CHCH_3$의 대체 합성법은 다음과 같다.

$$CH_3CH_2CHBrCH_3 + CH_3O^- \xrightarrow{\text{메탄올}} CH_3CH{=}CHCH_3 + CH_3OH + Br^-$$

이 반응의 수율을 100%로 가정할 때, 원자 경제를 계산하시오.

(f) 또다른 $CH_3CH{=}CHCH_3$의 합성법은 다음과 같다.

$$CH_3CH_2CHBrCH_3 + CH_3S^- \xrightarrow{\text{메테인싸이올}} CH_3CH{=}CHCH_3 + CH_3SH + Br^-$$

이 반응의 수율을 100%로 가정할 때, 원자 경제를 계산하시오.

(g) 세 가지 합성 방법 중 어느 것이 가장 적은 양의 폐기물을 배출하는가? 또 가장 많은 폐기물을 배출하는 것은 어느 합성 방법인가?

(h) 50.0 g의 $CH_3CH_2CHBrCH_3$와 과량의 두 번째 시약을 이용하여 위 세 가지 합성 반응을 진행하였다고 가정하자. 각 반응에서 얻은 $CH_3CH{=}CHCH_3$의 양은 다음과 같다. (a) 16.2 g, (e) 15.4, (f) 13.1 g. 각 반응의 퍼센트 수율을 계산하고, 원자 경제를 계산하시오.

(i) 당신은 생산자에게 어느 반응을 추천할 것인가? 그 이유를 설명하시오.

부록 1 Symbols, Units, and Mathematical Techniques

1A Symbols

Each physical quantity is represented by an italic or oblique Greek symbol (thus, *m* for mass, not m; *Π* for osmotic pressure, not Π). **TABLE 1** lists most of the symbols used in this textbook together with their units (see also Appendix 1B). The symbols may be modified by attaching subscripts, as set out in **TABLE 2**. Fundamental constants are not included in the lists but can be found inside the back cover of the book. The symbols for mathematical constants are upright (thus, π, not *π*; e, not *e*). All labels are upright (thus, s-orbital, not *s*-orbital; π-electron, not *π*-electron).

TABLE 1 Common Symbols and Units

Symbol	Physical quantity	SI unit
α (alpha)	polarizability	$C^2 \cdot m^2 \cdot J^{-1}$
γ (gamma)	surface tension	$N \cdot m^{-1}$
δ (delta)	chemical shift	—
ε (epsilon)	molecular energy	J
θ (theta)	colatitude	degree (°), rad
λ (lambda)	wavelength	m
μ (mu)	dipole moment	C·m
ν (nu)	frequency	Hz
Π (pi)	osmotic pressure	Pa
σ (sigma)	cross section	m^2
ϕ (phi)	azimuth	degree (°), rad
ϕ	electric potential	V ($J \cdot C^{-1}$)
χ (chi)	electronegativity	—
ψ (psi)	wavefunction	$m^{-n/2}$ (in *n* dimensions)
a	activity	—
	van der Waals parameter	$L^2 \cdot bar \cdot mol^{-2}$
	unit-cell parameter	m
A	area	m^2
	mass number	—
	Madelung constant	—
b	van der Waals parameter	$L \cdot mol^{-1}$
	molality	$mol \cdot kg^{-1}$, "m"
B	second virial coefficient	$L \cdot mol^{-1}$
C	heat capacity	$J \cdot K^{-1}$
	third virial coefficient	$L^2 \cdot mol^{-2}$
c	molar concentration, molarity	$mol \cdot L^{-1}$, "M"
d	density	$kg \cdot m^{-3}$ ($g \cdot cm^{-3}$)
	length of unit-cell diagonal	m
E	energy	J
	electrode potential	V, ($J \cdot C^{-1}$)
E_a	activation energy	$J \cdot mol^{-1}$ ($kJ \cdot mol^{-1}$)
E_{bind}	nuclear binding energy	J
E_{cell}	cell potential	V, ($J \cdot C^{-1}$)
E_{ea}	electron affinity	$J \cdot mol^{-1}$ ($kJ \cdot mol^{-1}$)
E_k	kinetic energy	J
E_p	potential energy	J

(continued)

TABLE 1 Common Symbols and Units (*continued*)

Symbol	Physical quantity	SI unit
e	elementary charge	C
F	force	N
G	Gibbs free energy	J
H	enthalpy	J
h	height	m
I	ionization energy	$J\cdot mol^{-1}$ ($kJ\cdot mol^{-1}$)
	electric current	A ($C\cdot s^{-1}$)
i	i factor	—
[J]	molarity, molar concentration	$mol\cdot L^{-1}$, "M"
k_r	rate constant	(depends on order)
k	decay constant	s^{-1}
k_b	boiling-point constant	$K\cdot kg\cdot mol^{-1}$
k_f	freezing-point constant	$K\cdot kg\cdot mol^{-1}$
k_H	Henry's law constant	$mol\cdot L^{-1}\cdot atm^{-1}$
K	equilibrium constant	—
K_a	acidity constant	—
K_b	basicity constant	—
K_c	equilibrium constant	—
K_f	formation constant	—
K_M	Michaelis constant	$mol\cdot L^{-1}$
K_P	equilibrium constant	—
K_{sp}	solubility product	—
K_w	water autoprotolysis constant	—
l, L	length	m
m	mass	kg
M	molar mass	$kg\cdot mol^{-1}$ ($g\cdot mol^{-1}$)
N	number of entities	—
n	amount of substance	mol
p	linear momentum	$kg\cdot m\cdot s^{-1}$
P	pressure	Pa
P_J	partial pressure	Pa
q	heat	J
Q	electric charge	C
Q	reaction quotient	—
	relative biological effectiveness	—
r	radius	m
R	radial wavefunction	$m^{-3/2}$
S	entropy	$J\cdot K^{-1}$
s	dimensionless molar solubility	—
t	time	s
$t_{1/2}$	half-life	s
T	absolute temperature*	K
U	internal energy	J
v	velocity	$m\cdot s^{-1}$
V	volume	m^3, L
w	work	J
x_J	mole fraction	—
Y	angular wavefunction	—
Z	compression factor	—
	atomic number	—

*Throughout this text, T denotes an absolute temperature.

TABLE 2 Subscripts for Symbols

Subscript	Meaning	Example (units)
a	acid	acidity constant, K_a
b	base	basicity constant, K_b
	boiling	boiling temperature, T_b (K)
B	bond	bond enthalpy, ΔH_B ($kJ\cdot mol^{-1}$)
bind	binding	binding energy, E_{bind} (eV)

(continued)

TABLE 2 Subscripts for Symbols (*continued*)

Subscript	Meaning	Example (units)
c	concentration	equilibrium constant, K_c
	combustion	enthalpy of combustion, ΔH_c (kJ·mol^{-1})
	critical	critical temperature, T_c (K)
e	nonexpansion (extra) work	electrical work, w_e (J)
f	formation	enthalpy of formation, ΔH_f (kJ·mol^{-1})
		formation constant, K_f
	freezing	freezing temperature, T_f (K)
fus	fusion	enthalpy of fusion, ΔH_{fus} (kJ·mol^{-1})
H	Henry	Henry's law constant, k_H
In	indicator	indicator constant, K_{In}
k	kinetic	kinetic energy, E_k (J)
L	lattice	lattice enthalpy, ΔH_L (kJ·mol^{-1})
m	molar	molar volume, $V_m = V/n$ (L·mol^{-1})
M	Michaelis	Michaelis constant, K_M
mix	mixing	enthalpy of mixing, ΔH_{mix} (kJ·mol^{-1})
p	potential	potential energy, E_p (J)
P	constant pressure	heat capacity at constant pressure, C_P (J·K^{-1})
r	reaction	reaction enthalpy, ΔH_r (kJ·mol^{-1})
s	specific	specific heat capacity, $C_s = C/m$ (J·K^{-1}·g^{-1})
sol	solution	enthalpy of solution, ΔH_{sol} (kJ·mol^{-1})
sp	solubility product	solubility product, K_{sp}
sub	sublimation	enthalpy of sublimation, ΔH_{sub} (kJ·mol^{-1})
surr	surroundings	entropy of surroundings, S_{surr} (J·K^{-1})
tot	total	total entropy, S_{tot} (J·K^{-1})
V	constant volume	heat capacity at constant volume, C_V (J·K^{-1})
vap	vaporization	enthalpy of vaporization, ΔH_{vap} (kJ·mol^{-1})
w	water	water autoprotolysis constant, K_w
0	initial	initial concentration, $[A]_0$
	ground state	ground state wavefunction, ψ_0

1B Units and Unit Conversions

Each physical quantity is reported as a multiple of a defined unit:

$$\text{Physical quantity} = \text{numerical value} \times \text{unit}$$

For instance, a length may be expressed as a multiple of the unit of length: 1 meter, or 1 m, as in $l = 2.0 \times 1\ \text{m} = 2.0\ \text{m}$. All units are denoted by roman letters, such as m for meter and s for second.

Units are treated like algebraic quantities that may be multiplied and divided. Thus, the preceding equation may be expressed as

$$\text{Physical quantity/unit} = \text{numerical value}$$

For instance, to report the value of a length of 2.0 m, you could write $l/\text{m} = 2.0$.

The **Système International** (SI) is the internationally accepted form of the metric system and was last revised in 2019. The current SI is based on fixed values of physical constants, such as the speed of light. From these values, the SI defines seven **base units** in terms of which all physical quantities can be expressed:

second, s The second, the unit of time, is 9 192 631 770 periods of a certain spectroscopic transition in a cesium-133 atom.

meter, m The meter, the unit of length, is the length of the path traveled by light during a time interval of 1/299 792 458 of a second. This unit is based on the fixed value of the speed of light as $c = 299\,792\,458\ \text{m·s}^{-1}$ and the definition of the second.

kilogram, kg The kilogram, the unit of mass, is based on the fixed value of Planck's constant, $h = 6.626\,070\,15 \times 10^{-34}$ J·s, where $\text{J} = \text{kg·m}^2\text{·s}^{-2}$, and the definitions of the meter and second.

ampere, A The ampere, the unit of electric current, is based on the fixed value of the elementary charge, $e = 1.602\,176\,634 \times 10^{-19}$ C, where C = A·s, and the definition of the second.

kelvin, K The kelvin, the unit of temperature, is based on the fixed value of Boltzmann's constant, $k = 1.380\,649 \times 10^{-23}\ \text{J·K}^{-1}$, where $\text{J} = \text{kg·m}^2\text{·s}^{-2}$, and the definitions of the kilogram, meter, and second.

mole, mol The mole, the unit of chemical amount, is defined in terms of the fixed value of Avogadro's constant, $N_A = 6.022\,140\,76 \times 10^{23}\ \text{mol}^{-1}$.

candela, cd The candela, the unit of luminous intensity, is defined in terms of a carefully specified source. The candela is not used in this book.

Any unit may be modified by one of the prefixes given in TABLE 3, which denote multiplication or division by a power of 10 of the unit. Thus, 1 mm = 10^{-3} m and 1 MK = 10^6 K. Note that all the prefixes are upright (Roman), not italic.

TABLE 3 Typical SI Prefixes

Prefix:	deca-	kilo-	mega-	giga-	tera-	peta-			
Abbreviation:	da	k	M	G	T	P			
Factor:	10	10^3	10^6	10^9	10^{12}	10^{15}			
Prefix:	deci-	centi-	milli-	micro-	nano-	pico-	femto-	atto-	zepto-
Abbreviation:	d	c	m	μ (mu)	n	p	f	a	z
Factor:	10^{-1}	10^{-2}	10^{-3}	10^{-6}	10^{-9}	10^{-12}	10^{-15}	10^{-18}	10^{-21}

Derived units are combinations of the base units. **TABLE 4** lists some derived units. The names of units derived from the names of people all begin with a lowercase letter, but the initial letter of their abbreviation is uppercase (thus, joule and its symbol J).

TABLE 4 Derived Units with Special Names

Physical quantity	Name of unit	Abbreviation	Definition
absorbed dose	gray	Gy	$J \cdot kg^{-1}$
dose equivalent	sievert	Sv	$J \cdot kg^{-1}$
electric charge	coulomb	C	$A \cdot s$
electric potential	volt	V	$J \cdot C^{-1}$
energy	joule	J	$N \cdot m$, $kg \cdot m^2 \cdot s^{-2}$
force	newton	N	$kg \cdot m \cdot s^{-2}$
frequency	hertz	Hz	s^{-1}
power	watt	W	$J \cdot s^{-1}$
pressure	pascal	Pa	$N \cdot m^{-2}$, $kg \cdot m^{-1} \cdot s^{-2}$
volume	liter	L	dm^3

It is often necessary to convert units from another system (for instance, calories for energy and inches for length) into SI units. **TABLE 5** lists some common conversions.

TABLE 5 Relations Between Units

Physical quantity	Common unit	Abbreviation	SI equivalent*
mass	pound	lb	**0.453 592 37** kg
	tonne	t	**10^3** kg (**1** Mg)
	ton (short, U.S.)	ton	907.184 74 kg
	ton (long, U.K.)	ton	1016.046 kg
length	inch	in.	**2.54** cm
	foot	ft	**30.48** cm
volume	U.S. quart	qt	**0.946 3525** L
	U.S. gallon	gal	**3.785 41** L
	Imperial quart	qt	**1.136 5225** L
	Imperial gallon	gal	**4.546 09** L
time	minute	min	**60** s
	hour	h	**3600** s
energy	calorie (thermochemical)	cal	**4.184** J
	electronvolt	eV	$1.602\,177 \times 10^{-19}$ J
	kilowatt–hour	kWh	**3.6×10^6** J
	liter–atmosphere	L·atm	**101.325** J
pressure	torr	Torr	133.322 Pa
	atmosphere	atm	**101 325** Pa (**760** Torr)
	bar	bar	**10^5** Pa
	pounds/square inch	psi	6894.76 Pa
power	horsepower	hp	**745.7** W
dipole moment	debye	D	$3.335\,64 \times 10^{-30}$ C·m

*Values in boldface type are exact.

As explained in *Fundamentals* A, to convert between units, use a **conversion factor** of the form

$$\text{Conversion factor} = \frac{\text{units required}}{\text{units given}}$$

When using a conversion factor, the units are treated just like algebraic quantities: they are multiplied or canceled in the normal way.

The conversion of temperatures is carried out slightly differently. Because the Fahrenheit degree (°F) is smaller than a Celsius degree by a factor of $\frac{5}{9}$ (because there are 180 Fahrenheit degrees between the freezing point and boiling point of water but only 100 Celsius degrees between the same two points) and because 0 °C coincides with 32 °F, use

$$\text{Temperature (°F)} = \left\{\tfrac{9}{5} \times \text{temperature (°C)}\right\} + 32$$

(The 32 is exact.) For example, to convert 37 °C (blood temperature) into degrees Fahrenheit, write

$$\text{Temperature (°F)} = \left\{\tfrac{9}{5} \times 37\right\} + 32 = 99$$

and the temperature is reported as 99 °F. A more sophisticated way of expressing the same relation is to write

$$\text{Temperature/°F} = \left\{\tfrac{9}{5} \times \text{temperature/°C}\right\} + 32$$

In this expression, the temperature units are treated like numbers and canceled when it is appropriate. The same conversion then becomes

$$\begin{aligned}\text{Temperature/°F} &= \left\{\tfrac{9}{5} \times (37\text{ °C})/\text{°C}\right\} + 32\\ &= \left\{\tfrac{9}{5} \times 37\right\} + 32 = 99\end{aligned}$$

and multiplication through by °F gives

$$\text{Temperature} = 99\text{ °F}$$

The corresponding expression for conversion between the Celsius and Kelvin scales is

$$\text{Temperature/°C} = \text{temperature/K} - 273.15$$

(The 273.15 is exact.) Note that the size of the degree Celsius is the same as that of the kelvin, so a property with a value reported as $100\text{ J}\cdot(\text{°C})^{-1}$ can be interpreted as $100\text{ J}\cdot\text{K}^{-1}$.

1C Scientific Notation

In **scientific notation,** a number is written as $A \times 10^a$. Here A is a decimal number with one nonzero digit in front of the decimal point and a is a whole number. For example, 333 is written 3.33×10^2 in scientific notation, because $10^2 = 10 \times 10 = 100$:

$$333 = 3.33 \times 100 = 3.33 \times 10^2$$

Numbers between 0 and 1 are expressed in the same way but with a negative power of 10; they have the form $A \times 10^{-a}$, with $10^{-1} = 0.1$, and so on. Thus, 0.0333 in decimal notation is 3.33×10^{-2} because

$$10^{-2} = \frac{1}{10} \times \frac{1}{10} = \frac{1}{100}$$

and therefore

$$0.033 = 3.33 \times \frac{1}{100} = 3.33 \times 10^{-2}$$

In each case the number of zeros following the decimal point is one less than the number (disregarding the sign) to which 10 is raised. Thus, 10^{-5} is written as a decimal point followed by $5 - 1 = 4$ zeros and then a 1:

$$\begin{aligned}10^{-5} &= 10^{-1} \times 10^{-1} \times 10^{-1} \times 10^{-1} \times 10^{-1}\\ &= 0.000\,01\end{aligned}$$

Note the space separating groups of three digits, which is used to make numbers easier to interpret. However, if that grouping results in a single remaining digit, then it joins the preceding group (thus 0.1234, not 0.123 4; 0.123 4567, not 0.123 456 7).

The digits in a reported measurement are called the **significant figures.** There are two significant figures (written 2 sf) in 1.2 cm^3 and 3 sf in 1.78 g. *Fundamentals* A describes how to find the number of significant figures in a measurement.

Some zeros are legitimately measured digits, but other zeros serve only to mark the place of the decimal point. Trailing zeros (the last ones after a decimal point), as in 22.0 mL, are significant, because they were measured. Thus, 22.0 mL has 3 sf. The "captive" zero in 80.1 kg is a measured digit, and so 80.1 kg has 3 sf. However, the leading digits in 0.0025 g are not significant; they are only placeholders used to indicate powers of 10, not measured numbers. That they are only placeholders can be seen by reporting the mass as 2.5×10^{-3} g, which has 2 sf.

The results of measurements, which are always uncertain, are distinguished from the results of *counting,* which are *exact.* For example, the report "12 eggs" means that there are exactly 12 eggs present, not a number somewhere between 11.5 and 12.5.

Some ambiguity arises with whole numbers ending in zero. Does a length reported as 400 m have 3 sf (4.00×10^2), 2 sf (4.0×10^2), or only 1 sf (4×10^2)? In such cases, the use of scientific notation removes any ambiguity. If it is not convenient to use scientific notation, a final decimal point can be used to indicate that every digit to the left of the decimal is significant. Thus, 400 m is ambiguous and cannot be taken to have more than 1 sf unless other information is given. However, 400. m unambiguously has 3 sf. The final decimal point is rarely used in the everyday world (thus, "the speed limit is 50 mph" is ambiguous in science but not in law), but we adopt it throughout this text.

Different rounding-off rules are needed for addition (and its reverse, subtraction) and multiplication (and its reverse, division). In both procedures, the answers need to be rounded off to the correct number of significant figures.

Rounding off In calculations, round *up* if the last digit is above 5 and round *down* if it is below 5. For numbers ending in 5, always round to the nearest even number. For example, 2.35 rounds to 2.4 and 2.65 rounds to 2.6. In a calculation with multiple steps, round off only in the final step; if possible, carry all digits in the memory of the calculator until that stage. In this text intermediate results are reported using . . . (as in 22.0/7.0 = 3.142 . . .) to denote a value that has not yet been rounded.

Addition and subtraction When adding or subtracting, make sure that the number of decimal places in the result is the same as the *smallest number of decimal places* in the data. For example, 0.10 g + 0.024 g = 0.12 g.

Multiplication and division When multiplying or dividing, make sure that the number of significant figures in the result is the same as the *smallest number of significant figures* in the data. For example, (8.62 g)/(2.0 cm^3) = 4.3 $g \cdot cm^{-3}$.

Integers and exact numbers In multiplication or division by an integer or an exact number, the uncertainty of the result is determined by the measured value. Some unit conversion factors are defined exactly, even though they are not whole numbers. For example, 1 in. is defined as *exactly* 2.54 cm and the 273.15 in the conversion between Celsius and Kelvin temperatures is exact; so 100.000 °C converts into 373.150 K.

Logarithms and exponentials The mantissa of a common logarithm (the digits following the decimal point, see Appendix 1D) has the same number of significant figures as the original number. Thus, log 2.45 = 0.389. A common antilogarithm of a number has the same number of significant figures as the mantissa (see below) of the original number. Thus, $10^{0.389} = 2.45$ and $10^{12.389} = 2.45 \times 10^{12}$. There is no simple rule for assessing the correct number of significant figures when natural logarithms are used: one way is to convert natural logarithms into common logarithms and then to use the rules just specified.

1D Exponents and Logarithms

To multiply numbers in scientific notation, multiply the decimal parts of the numbers and add the powers of 10:

$$(A \times 10^a) \times (B \times 10^b) = (A \times B) \times 10^{a+b}$$

An example is

$$\begin{aligned}(1.23 \times 10^2) \times (4.56 \times 10^3) &= 1.23 \times 4.56 \times 10^{2+3} \\ &= 5.61 \times 10^5\end{aligned}$$

(We are supposing that the initial factors here and below are measurements with 3 sf.) This rule also applies if the powers of 10 are negative:

$$\begin{aligned}(1.23 \times 10^{-2}) \times (4.56 \times 10^{-3}) &= 1.23 \times 4.56 \times 10^{-2-3} \\ &= 5.61 \times 10^{-5}\end{aligned}$$

The results of such calculations are then adjusted so that one digit precedes the decimal point:

$$\begin{aligned}(4.56 \times 10^{-3}) \times (7.65 \times 10^6) &= 34.88 \times 10^3 \\ &= 3.488 \times 10^4\end{aligned}$$

When dividing two numbers in scientific notation, divide the decimal parts of the numbers and subtract the powers of 10:

$$\frac{A \times 10^a}{B \times 10^b} = \frac{A}{B} \times 10^{a-b}$$

An example is

$$\begin{aligned}\frac{4.31 \times 10^5}{9.87 \times 10^{-8}} &= \frac{4.31}{9.87} \times 10^{5-(-8)} = 0.437 \times 10^{13} \\ &= 4.37 \times 10^{12}\end{aligned}$$

Before adding and subtracting numbers in scientific notation, rewrite the numbers as decimal numbers multiplied by the same power of 10:

$$\begin{aligned}1.00 \times 10^3 + 2.00 \times 10^2 &= 1.00 \times 10^3 + 0.200 \times 10^3 \\ &= 1.20 \times 10^3\end{aligned}$$

When raising a number in scientific notation to a particular power, raise the decimal part of the number to the power and multiply the power of 10 by the power:

$$(A \times 10^a)^b = A^b \times 10^{a \times b}$$

For example, 2.88×10^4 raised to the third power is

$$\begin{aligned}(2.88 \times 10^4)^3 &= 2.88^3 \times (10^4)^3 = 2.88^3 \times 10^{3\times4} \\ &= 23.9 \times 10^{12} = 2.39 \times 10^{13}\end{aligned}$$

The rule follows from the fact that

$$(10^4)^3 = 10^4 \times 10^4 \times 10^4 = 10^{4+4+4} = 10^{3\times4}$$

The **common logarithm** of a number *x*, denoted log *x*, is the power to which 10 must be raised to equal *x*. Thus, the logarithm of 100 is 2, written log 100 = 2, because $10^2 = 100$. The logarithm of 1.5×10^2 is 2.18 because

$$10^{2.18} = 10^{0.18+2} = 10^{0.18} \times 10^2 = 1.5 \times 10^2$$

The number to the left of the decimal point in the logarithm (the 2 in $\log(1.5 \times 10^2) = 2.18$) is called the **characteristic** of the logarithm: it is the power of 10 in the original number (the power 2 in 1.5×10^2). The decimal fraction (the numbers to the right of the decimal point, such as 0.18 in our example) is called the **mantissa** (from the Latin word for "makeweight"). It is the logarithm of the decimal number written with one nonzero digit to the left of the decimal point (the 1.5 in the example).

The distinction between the characteristic and the mantissa is important when deciding how many significant figures to retain in a calculation that includes logarithms (as in the calculation of pH). Just as the power of 10 in a decimal number indicates only the location of the decimal point and plays no role in the determination of significant figures, so the characteristic of a logarithm is not included in the count of significant figures in a logarithm (see Appendix 1C). The number of significant figures in the mantissa is equal to the number of significant figures in the decimal number.

The **common antilogarithm** of a number *x* is the number that has *x* as its common logarithm. In practice, the common antilogarithm of *x* is simply another name for 10^x, and so the common antilogarithm of 2 is $10^2 = 100$ and that of 2.18 is

$$10^{2.18} = 10^{0.18+2} = 10^{0.18} \times 10^2 = 1.5 \times 10^2$$

The logarithm of a number greater than 1 is positive, and the logarithm of a number less than 1 (but greater than 0) is negative. For any number *x*,

$$\begin{aligned}&\text{If } x > 1, \log x > 0 \\ &\text{If } x = 1, \log x = 0 \\ &\text{If } x < 1, \log x < 0\end{aligned}$$

Logarithms are not defined either for 0 or for negative numbers.

The **natural logarithm** of a number *x*, denoted ln *x*, is the power to which the number e = 2.718 . . . must be raised to equal *x*. Thus, ln 10.0 = 2.303, signifying that $e^{2.303} = 10.0$. The value of e may seem a peculiar choice, but it occurs naturally in a number of mathematical expressions, and its use simplifies many formulas. Common and natural logarithms are related by the expression

$$\ln x = \ln 10 \times \log x$$

In practice, a convenient approximation is

$$\ln x \approx 2.303 \times \log x$$

The **natural antilogarithm** of x is normally called the **exponential** of e; it is the value of e raised to the power x. Thus, the natural antilogarithm of 2.303 is $e^{2.303} = 10.0$.

The following relations between logarithms are useful. Written here mainly for common logarithms, they also apply to natural logarithms.

Relation	Example
$\log 10^x = x$	$\log 10^{-7} = -7$
$\ln e^x = x$	$\ln e^{-kt} = -kt$
$\log x + \log y = \log xy$	$\log [Ag^+] + \log [Cl^-] = \log [Ag^+][Cl^-]$
$\log x - \log y = \log(x/y)$	$\log A_0 - \log A = \log(A_0/A)$
$x \log y = \log y^x$	$2 \log [H^+] = \log([H^+]^2)$
$\log(1/x) = -\log x$	$\log(1/[H^+]) = -\log [H^+]$

Logarithms are useful for solving expressions of the form

$$a^x = b$$

for the unknown x. (This type of calculation can arise in the study of chemical kinetics to determine the order of a reaction.) We take logarithms of both sides,

$$\log a^x = \log b$$

and, from a relation given in the preceding table, write the expression as

$$x \log a = \log b$$

Therefore,

$$x = \frac{\log b}{\log a}$$

1E Equations and Graphs

A **quadratic equation** is an equation of the form

$$ax^2 + bx + c = 0$$

The two **roots** of the equation (the solutions) are given by the expression

$$x = \frac{-b \pm \sqrt{b^2 - 4ac}}{2a}$$

The roots can also be determined graphically (by using a graphing calculator, for instance) by noting where the graph of $y(x) = ax^2 + bx + c$ against x passes through $y = 0$ (Fig. 1). When a quadratic equation arises in connection with a chemical calculation, we accept only the root that leads to a physically plausible result. For example, if x is a concentration, then it must be a positive number, and a negative root can be ignored.

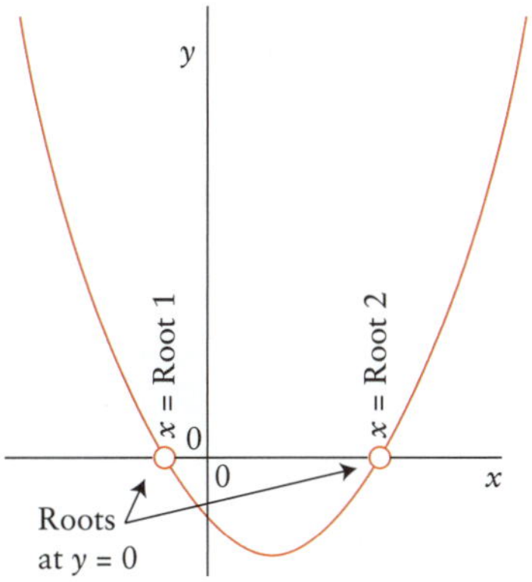

FIGURE 1 A graph of a function of the form $y(x) = ax^2 + bx + c$ passes through $y = 0$ at two points, which are the two roots of the quadratic equation $ax^2 + bx + c = 0$.

A calculation may result in a cubic equation:

$$ax^3 + bx^2 + cx + d = 0$$

Cubic equations are often very tedious to solve exactly, and so it is better to use mathematical software or a graphing calculator, and to identify the locations where the graph of $y(x)$ against x passes through $y = 0$ (Fig. 2).

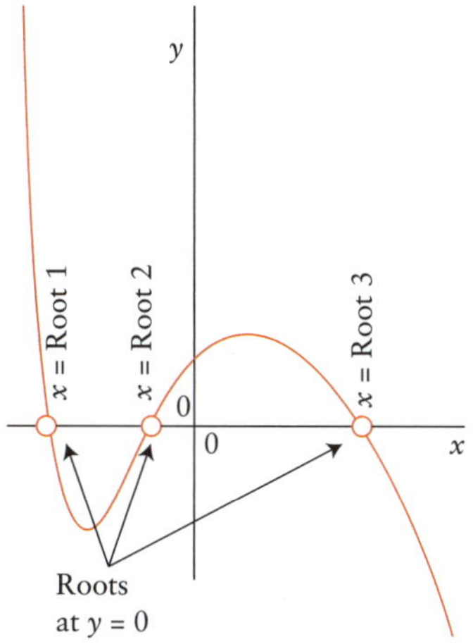

FIGURE 2 A graph of a function of the form $y(x) = ax^3 + bx^2 + cx + d$ passes through $y = 0$ at three points, which are the three roots of the cubic equation $ax^3 + bx^2 + cx + d = 0$.

Experimental data can often be analyzed most effectively from a graph. In many cases, the best procedure is to find a way of plotting the data as a straight line. It is easier to identify deviations of data points from a straight line than deviations from a curve. Moreover, it is also easy to calculate the slope of a straight line, to **extrapolate** (extend) a straight line beyond the range of the data, and to **interpolate** between the data points (that is, find a value between two measured values).

The formula of a straight-line graph of y (the vertical axis) plotted against x (the horizontal axis) is

$$y = mx + b$$

Here b is the **intercept** of the line with the y-axis (Fig. 3), the value of y when $x = 0$. The **slope** of the graph, its gradient, is m. The slope can be calculated by choosing two points, x_1 and x_2, and their corresponding values on the y-axis, y_1 and y_2, and substituting the values into the formula

$$m = \frac{y_2 - y_1}{x_2 - x_1}$$

Because b is the intercept and m is the slope, the equation of the straight line is equivalent to

$$y = (\text{slope} \times x) + \text{intercept}$$

The modern recommended procedure is to plot dimensionless values against dimensionless values. Thus, to plot the volume, V, of a gas (in cubic centimeters, cm^3) against pressure, P (in pascals, Pa), the values of V/cm^3 are plotted against P/Pa. A consequence of this approach is that both the slope and the intercept are pure numbers. However, you will also come

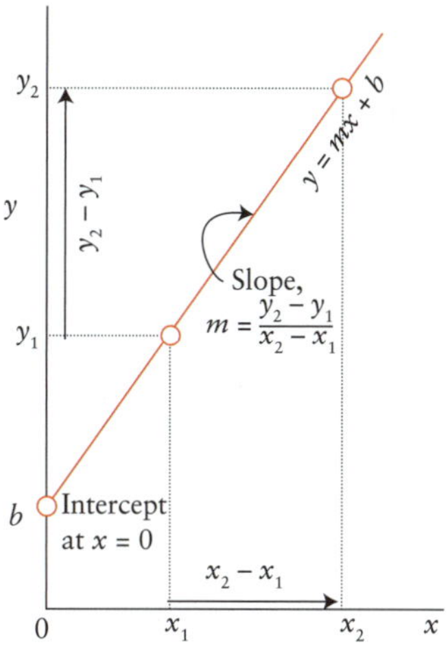

FIGURE 3 The straight line $y(x) = mx + b$; its intercept with the vertical axis at $x = 0$ is b and its slope is m.

across the common practice of labeling the axes of a graph as V (cm^3) and P (Pa).

1F Calculus

Differential calculus is the part of mathematics that deals with the slopes of curves and with infinitesimal quantities. The slope of a curve at a point can be calculated by considering the straight line joining two points x and $x + \delta x$, where δx is small. The slope of this line is

$$\text{Slope} = \frac{y(x + \delta x) - y(x)}{\delta x}$$

In differential calculus, the slope of the curve is found by letting the separation of the points become infinitesimally small. The **first derivative** of the function y with respect to x is then defined as

$$\frac{dy}{dx} = \lim_{\delta x \to 0} \frac{y(x + \delta x) - y(x)}{\delta x}$$

where "lim" means the limit of whatever follows—in this case, the value of the expression as δx is allowed to approach zero. For example, if $y(x) = x^2$,

$$\begin{aligned}\frac{dy}{dx} &= \lim_{\delta x \to 0} \frac{(x + \delta x)^2 - x^2}{\delta x} \\ &= \lim_{\delta x \to 0} \frac{x^2 + 2x\delta x + (\delta x)^2 - x^2}{\delta x} \\ &= \lim_{\delta x \to 0} \frac{2x\delta x + (\delta x)^2}{\delta x} = \lim_{\delta x \to 0} (2x + \delta x) = 2x\end{aligned}$$

Therefore, the slope of the graph of the function $y = x^2$ at any point x is $2x$. The same procedure can be applied to other functions. However, in practice, it is usually more convenient to consult tables of first derivatives that have already been worked out. A selection of common functions and their first derivatives is given here.

Function, $y(x)$	Derivative, dy/dx
x^n	nx^{n-1}
$\ln x$	$1/x$
e^{ax}	ae^{ax}
$\sin ax$	$a \cos ax$
$\cos ax$	$-a \sin ax$

Integral calculus provides a way to determine the original function, given its first derivative. Thus, if we know that the first derivative is $2x$, then the integral calculus establishes that the function itself is $y = x^2 + \text{constant}$. The constant is included because when we differentiate $x^2 + \text{constant}$, we get $2x$ regardless of the value of the constant. Formally:

$$\int (2x)\, dx = x^2 + \text{constant}$$

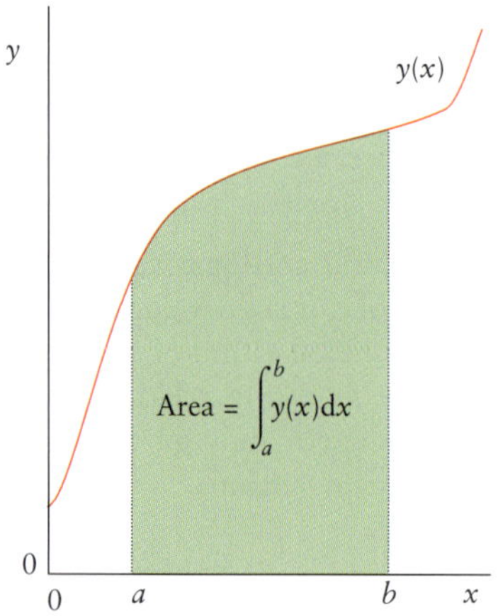

FIGURE 4 The definite integral of the function $y(x)$ between $x = a$ and $x = b$ is equal to the area bounded by the curve, the x-axis, and the two vertical lines through a and b.

It follows that the functions in the left-hand column of the preceding table are the integrals (to within a constant) of the functions in the right-hand column. More formally, they are the **indefinite integrals** of the function ("indefinite" on account of the presence of the unknown constant), in contrast with the "definite" integrals described next. Tables of indefinite integrals may be consulted for more complex examples, and mathematical software or a graphing calculator can be used to evaluate them.

An integral has a further important interpretation: the integral of a function evaluated between two points a and b, which is denoted $\int_a^b \ldots$ is the *area* beneath the graph of the function between the two points (Fig. 4). For example, the area beneath the curve $y(x) = \sin x$ between $x = 0$ and $x = \pi$ is

$$\begin{aligned}\text{Area} &= \int_0^{\pi} \sin x\, dx = \left(\int \sin x\, dx\right)_{\text{at } b} - \left(\int \sin x\, dx\right)_{\text{at } a} \\ &= \Big(\overbrace{-\cos x}^{-1} + \text{constant}\Big)_{\text{at } \pi} - \Big(\overbrace{-\cos x}^{1} + \text{constant}\Big)_{\text{at } 0} \\ &= 1 + 1 = 2\end{aligned}$$

An integral with limits attached, as in this example, is called a **definite integral** (because the unknown constant has canceled).

부록 2 Experimental Data

2A Thermodynamic Data at 25 °C

Inorganic Substances

Substance	Molar mass, $M/(g \cdot mol^{-1})$	Enthalpy of formation, $\Delta H_f°/(kJ \cdot mol^{-1})$	Gibbs free energy of formation, $\Delta G_f°/(kJ \cdot mol^{-1})$	Molar heat capacity, $C_{P,m}/(J \cdot K^{-1} \cdot mol^{-1})$	Molar entropy,* $S_m°/(J \cdot K^{-1} \cdot mol^{-1})$
Aluminum					
$Al(s)$	26.98	0	0	24.35	28.33
$Al^{3+}(aq)$	26.98	−524.7	−481.2	—	−321.7
$Al(OH)_3(s)$	78.00	−1276	—	—	—
$Al_2O_3(s)$	101.96	−1675.7	−1582.35	79.04	50.92
$AlCl_3(s)$	133.33	−704.2	−628.8	91.84	110.67
$AlBr_3(s)$	266.68	−527.2	—	100.6	180.2
Antimony					
$Sb(s)$	121.76	0	0	25.23	45.69
$SbH_3(g)$	124.78	+145.11	+147.75	41.05	232.78
$SbCl_3(g)$	228.11	−313.8	−301.2	76.69	337.80
$SbCl_5(g)$	299.01	−394.34	−334.29	121.13	401.94
Arsenic					
$As(s)$, gray	74.92	0	0	24.64	35.1
$AsO_4^{3-}(aq)$	138.92	−888.14	−648.41	—	−162.8
$As_2S_3(s)$	246.05	−169.0	−168.6	116.3	163.6
Barium					
$Ba(s)$	137.33	0	0	28.07	62.8
$Ba^{2+}(aq)$	137.33	−537.64	−560.77	—	+9.6
$BaO(s)$	153.33	−553.5	−525.1	47.78	70.42
$BaCO_3(s)$	197.34	−1216.3	−1137.6	85.35	112.1
$BaCO_3(aq)$	197.34	−1214.78	−1088.59	—	−47.3
Boron					
$B(s)$	10.81	0	0	11.09	5.86
$BF_3(g)$	67.81	−1137.0	−1120.3	50.46	254.12
$B_2O_3(s)$	69.62	−1272.8	−1193.7	62.93	53.97
Bromine					
$Br_2(l)$	159.80	0	0	75.69	152.23
$Br_2(g)$	159.80	+30.91	+3.11	36.02	245.46
$Br(g)$	79.90	+111.88	+82.40	20.79	175.02
$Br^-(aq)$	79.90	−121.55	−103.96	—	+82.4
$HBr(g)$	80.91	−36.40	−53.45	29.14	198.70
Calcium					
$Ca(s)$	40.08	0	0	25.31	41.42
$Ca(g)$	40.08	+178.2	+144.3	20.79	154.88
$Ca^{2+}(aq)$	40.08	−542.83	−553.58	—	−53.1

(continued)

Inorganic Substances (continued)

Substance	Molar mass, $M/(g\cdot mol^{-1})$	Enthalpy of formation, $\Delta H_f°/(kJ\cdot mol^{-1})$	Gibbs free energy of formation, $\Delta G_f°/(kJ\cdot mol^{-1})$	Molar heat capacity, $C_{P,m}/(J\cdot K^{-1}\cdot mol^{-1})$	Molar entropy,* $S_m°/(J\cdot K^{-1}\cdot mol^{-1})$
$CaO(s)$	56.08	−635.09	−604.03	42.80	39.75
$CaC_2(s)$	64.10	−59.8	−64.9	62.72	69.96
$Ca(OH)_2(s)$	74.10	−986.09	−898.49	87.49	83.39
$Ca(OH)_2(aq)$	74.10	−1002.82	−868.07	—	−74.5
$CaF_2(s)$	78.08	−1219.6	−1167.3	67.03	68.87
$CaF_2(aq)$	78.08	−1208.09	−1111.15	—	−80.8
$CaCO_3(s)$, calcite	100.09	−1206.9	−1128.8	81.88	92.9
$CaCO_3(s)$, aragonite	100.09	−1207.1	−1127.8	81.25	88.7
$CaCO_3(aq)$	100.09	−1219.97	−1081.39	—	−110.0
$CaCl_2(s)$	110.98	−795.8	−748.1	72.59	104.6
$CaCl_2(aq)$	110.98	−877.1	−816.0	—	59.8
$CaSO_4(s)$	136.14	−1434.11	−1321.79	99.66	106.7
$CaSO_4(aq)$	136.14	−1452.10	−1298.10	—	−33.1
$CaBr_2(s)$	199.88	−682.8	−663.6	72.59	130
Carbon (for organic compounds, see the next table)					
$C(s)$, graphite	12.01	0	0	8.53	5.740
$C(s)$, diamond	12.01	+1.895	+2.900	6.11	2.377
$C(g)$	12.01	+716.68	+671.26	20.84	158.10
$HCN(g)$	27.03	+135.1	+124.7	35.86	201.78
$HCN(l)$	27.03	+108.87	+124.97	70.63	112.84
$HCN(aq)$	27.03	+107.1	+119.7	—	124.7
$CO(g)$	28.01	−110.53	−137.17	29.14	197.67
$CO_2(g)$	44.01	−393.51	−394.36	37.11	213.74
$CO_3^{2-}(aq)$	60.01	−677.14	−527.81	—	−56.9
$CS_2(l)$	76.15	+89.70	+65.27	75.7	151.34
$CCl_4(l)$	153.81	−135.44	−65.21	131.75	216.40
Cerium					
$Ce(s)$	140.12	0	0	26.94	72.0
$Ce^{3+}(aq)$	140.12	−696.2	−672.0	—	−205
$Ce^{4+}(aq)$	140.12	−537.2	−503.8	—	−301
Chlorine					
$Cl_2(g)$	70.90	0	0	33.91	223.07
$Cl(g)$	35.45	+121.68	+105.68	21.84	165.20
$Cl^-(aq)$	35.45	−167.16	−131.23	—	+56.5
$HCl(g)$	36.46	−92.31	−95.30	29.12	186.91
$HCl(aq)$	36.46	−167.16	−131.23	—	56.5
Copper					
$Cu(s)$	63.55	0	0	24.44	33.15
$Cu^+(aq)$	63.55	+71.67	+49.98	—	+40.6
$Cu^{2+}(aq)$	63.55	+64.77	+65.49	—	−99.6
$CuO(s)$	79.55	−157.3	−129.7	42.30	42.63
$Cu_2O(s)$	143.10	−168.6	−146.0	63.64	93.14
$CuSO_4(s)$	159.61	−771.36	−661.8	100.0	109
$CuSO_4\cdot 5H_2O(s)$	249.69	−2279.7	−1879.7	280	300.4
Deuterium					
$D_2(g)$	4.028	0	0	29.20	144.96
$D_2O(g)$	20.028	−249.20	−234.54	34.27	198.34
$D_2O(l)$	20.028	−294.60	−243.44	34.27	75.94

Substance	Molar mass, $M/(g\cdot mol^{-1})$	Enthalpy of formation, $\Delta H_f°/(kJ\cdot mol^{-1})$	Gibbs free energy of formation, $\Delta G_f°/(kJ\cdot mol^{-1})$	Molar heat capacity, $C_{P,m}/(J\cdot K^{-1}\cdot mol^{-1})$	Molar entropy,* $S_m°/(J\cdot K^{-1}\cdot mol^{-1})$
Fluorine					
$F_2(g)$	38.00	0	0	31.30	202.78
$F^-(aq)$	19.00	−332.63	−278.79	—	−13.8
HF(g)	20.01	−271.1	−273.2	29.13	173.78
HF(aq)	20.01	−330.08	−296.82	—	88.7
Hydrogen (see also Deuterium)					
$H_2(g)$	2.0160	0	0	28.82	130.68
H(g)	1.0080	+217.97	+203.25	20.78	114.71
$H^+(aq)$	1.0080	0	0	0	0
$H_2O(l)$	18.02	−285.83	−237.13	75.29	69.91
$H_2O(g)$	18.02	−241.82	−228.57	33.58	188.83
$H_3O^+(aq)$	19.02	−285.83	−237.13	75.29	+69.91
$H_2O_2(l)$	34.02	−187.78	−120.35	89.1	109.6
$H_2O_2(aq)$	34.02	−191.17	−134.03	—	143.9
Iodine					
$I_2(s)$	253.80	0	0	54.44	116.14
$I_2(g)$	253.80	+62.44	+19.33	36.90	260.69
$I^-(aq)$	126.90	−55.19	−51.57	—	+111.3
HI(g)	127.91	+26.48	+1.70	29.16	206.59
Iron					
Fe(s)	55.84	0	0	25.10	27.28
$Fe^{2+}(aq)$	55.84	−89.1	−78.90	—	−137.7
$Fe^{3+}(aq)$	55.84	−48.5	−4.7	—	−315.9
FeS(s, α)	87.90	−100.0	−100.4	50.54	60.29
FeS(aq)	87.90	—	+6.9	—	—
$FeS_2(s)$	119.96	−178.2	−166.9	62.17	52.93
$Fe_2O_3(s)$, hematite	159.68	−824.2	−742.2	103.85	87.40
$Fe_3O_4(s)$, magnetite	231.52	−1118.4	−1015.4	143.43	146.4
Lead					
Pb(s)	207.2	0	0	26.44	64.81
$Pb^{2+}(aq)$	207.2	−1.7	−24.43	—	+10.5
$PbO_2(s)$	239.2	−277.4	−217.33	64.64	68.6
$PbSO_4(s)$	303.3	−919.94	−813.14	103.21	148.57
$PbBr_2(s)$	367.0	−278.7	−261.92	80.12	161.5
$PbBr_2(aq)$	367.0	−244.8	−232.34	—	175.3
Magnesium					
Mg(s)	24.31	0	0	24.89	32.68
Mg(g)	24.31	+147.70	−113.10	20.79	148.65
$Mg^{2+}(aq)$	24.31	−466.85	−454.8	—	−138.1
MgO(s)	40.31	−601.70	−569.43	37.15	26.94
$MgCO_3(s)$	84.32	−1095.8	−1012.1	75.52	65.7
$MgCl_2(s)$	95.21	−641.8	—	—	—
$MgBr_2(s)$	184.11	−524.3	−503.8	—	117.2
Manganese					
Mn	54.94	0	0	26.3	32.01
MnO_2	86.94	−520.0	−465.1	54.1	53.05
Mercury					
Hg(l)	200.59	0	0	27.98	76.02
Hg(g)	200.59	+61.32	+31.82	20.79	174.96
HgO(s)	216.59	−90.83	−58.54	44.06	70.29
$Hg_2Cl_2(s)$	472.08	−265.22	−210.75	102	192.5

(continued)

Inorganic Substances (continued)

Substance	Molar mass, $M/(g\cdot mol^{-1})$	Enthalpy of formation, $\Delta H_f°/(kJ\cdot mol^{-1})$	Gibbs free energy of formation, $\Delta G_f°/(kJ\cdot mol^{-1})$	Molar heat capacity, $C_{P,m}/(J\cdot K^{-1}\cdot mol^{-1})$	Molar entropy,* $S_m°/(J\cdot K^{-1}\cdot mol^{-1})$
Nitrogen					
$N_2(g)$	28.02	0	0	29.12	191.61
$NH_3(g)$	17.03	−46.11	−16.45	35.06	192.45
$NH_3(aq)$	17.03	−80.29	−26.50	—	111.3
$NH_4^+(aq)$	18.04	−132.51	−79.31	—	+113.4
$NO(g)$	30.01	+90.25	+86.55	29.84	210.76
$N_2H_4(l)$	32.05	+50.63	+149.34	139.3	121.21
$NH_2OH(s)$	33.03	−114.2	—	—	—
$HN_3(g)$	43.04	+294.1	+328.1	98.87	238.97
$N_2O(g)$	44.02	+82.05	+104.20	38.45	219.85
$NO_2(g)$	46.01	+33.18	+51.31	37.20	240.06
$NH_4Cl(s)$	53.49	−314.43	−202.87	—	94.6
$NO_3^-(aq)$	62.02	−205.0	−108.74	—	+146.4
$HNO_3(l)$	63.02	−174.10	−80.71	109.87	155.60
$HNO_3(aq)$	63.02	−207.36	−111.25	—	146.4
$NH_4NO_3(s)$	80.05	−365.56	−183.87	84.1	151.08
$N_2O_4(g)$	92.02	+9.16	+97.89	77.28	304.29
$NH_4ClO_4(s)$	117.49	−295.31	−88.75	—	186.2
Oxygen					
$O_2(g)$	32.00	0	0	29.36	205.14
$OH^-(aq)$	17.01	−229.99	−157.24	—	−10.75
$O_3(g)$	48.00	+142.7	+163.2	39.29	238.93
Phosphorus					
P(s), white	30.97	0	0	23.84	41.09
$PH_3(g)$	33.99	+5.4	+13.4	37.11	210.23
$H_3PO_3(aq)$	81.99	−964.8	—	—	—
$H_3PO_4(l)$	97.99	−1266.9	—	—	—
$H_3PO_4(aq)$	97.99	−1288.34	−1142.54	—	158.2
$P_4(g)$	123.88	+58.91	+24.44	67.15	279.98
$PCl_3(l)$	137.32	−319.7	−272.3	—	217.18
$PCl_3(g)$	137.32	−287.0	−267.8	71.84	311.78
$PCl_5(g)$	208.22	−374.9	−305.0	112.8	364.6
$PCl_5(s)$	208.22	−443.5	—	—	—
$P_4O_6(s)$	219.88	−1640	—	—	—
$P_4O_{10}(s)$	283.88	−2984.0	−2697.0	—	228.86
Potassium					
K(s)	39.10	0	0	29.58	64.18
K(g)	39.10	+89.24	+60.59	20.79	160.34
$K^+(aq)$	39.10	−252.38	−283.27	—	+102.5
KOH(s)	56.11	−424.76	−379.08	64.9	78.9
KOH(aq)	56.11	−482.37	−440.50	—	91.6
KF(s)	58.10	−567.27	−537.75	49.04	66.57
KCl(s)	74.55	−436.75	−409.14	51.30	82.59
$K_2S(s)$	110.26	−380.7	−364.0	—	105
$K_2S(aq)$	110.26	−471.5	−480.7	—	190.4
KBr(s)	119.00	−393.80	−380.66	52.30	95.90
$KClO_3(s)$	122.55	−397.73	−296.25	100.25	143.1
$KClO_4(s)$	138.55	−432.75	−303.09	112.38	151.0
KI(s)	166.00	−327.90	−324.89	52.93	106.32
Silicon					
Si(s)	28.09	0	0	20.00	18.83
$SiO_2(s, \alpha)$	60.09	−910.94	−856.64	44.43	41.84

Substance	Molar mass, $M/(g \cdot mol^{-1})$	Enthalpy of formation, $\Delta H_f°/(kJ \cdot mol^{-1})$	Gibbs free energy of formation, $\Delta G_f°/(kJ \cdot mol^{-1})$	Molar heat capacity, $C_{P,m}/(J \cdot K^{-1} \cdot mol^{-1})$	Molar entropy,* $S_m°/(J \cdot K^{-1} \cdot mol^{-1})$
Silver					
Ag(s)	107.87	0	0	25.35	42.55
Ag^+(aq)	107.87	+105.58	+77.11	—	+72.68
AgCl(s)	143.32	−127.07	−109.79	50.79	96.2
AgCl(aq)	143.32	−61.58	−54.12	—	129.3
$AgNO_3$(s)	169.88	−124.39	−33.41	93.05	140.92
AgBr(s)	187.77	−100.37	−96.90	52.38	107.1
AgBr(aq)	187.77	−15.98	−26.86	—	155.2
Ag_2O(s)	231.74	−31.05	−11.20	65.86	121.3
AgI(s)	234.77	−61.84	−66.19	56.82	115.5
AgI(aq)	234.77	+50.38	+25.52	—	184.1
Sodium					
Na(s)	22.99	0	0	28.24	51.21
Na(g)	22.99	+107.32	+76.76	20.79	153.71
Na^+(aq)	22.99	−240.12	−261.91	—	+59.0
NaOH(s)	40.00	−425.61	−379.49	59.54	64.46
NaOH(aq)	40.00	−470.11	−419.15	—	48.1
NaCl(s)	58.44	−411.15	−384.14	50.50	72.13
NaBr(s)	102.89	−361.06	−348.98	51.38	86.82
NaI(s)	149.89	−287.78	−286.06	52.09	98.53
Sulfur					
S(s), rhombic	32.06	0	0	22.64	31.80
S(s), monoclinic	32.06	+0.33	+0.1	23.6	32.6
S^{2-}(aq)	32.06	+33.1	+85.8	—	−14.6
H_2S(g)	34.08	−20.63	−33.56	34.23	205.79
H_2S(aq)	34.08	−39.7	−27.83	—	121
SO_2(g)	64.06	−296.83	−300.19	39.87	248.22
SO_3(g)	80.06	−395.72	−371.06	50.67	256.76
SO_4^{2-}(aq)	96.06	−909.27	−744.53	—	+20.1
HSO_4^-(aq)	97.07	−887.34	−755.91	—	+131.8
H_2SO_4(l)	98.08	−813.99	−690.00	138.9	156.90
SF_6(g)	146.06	−1209	−1105.3	97.28	291.82
Tin					
Sn(s), white	118.71	0	0	26.99	51.55
Sn(s), gray	118.71	−2.09	+0.13	25.77	44.14
SnO(s)	134.71	−285.8	−256.9	44.31	56.5
SnO_2(s)	150.71	−580.7	−519.6	52.59	52.3
Zinc					
Zn(s)	65.38	0	0	25.40	41.63
Zn^{2+}(aq)	65.38	−153.89	−147.06	—	−112.1
ZnO(s)	81.38	−348.28	−318.30	40.25	43.64

*The standard entropies of individual ions in solution are determined by setting the standard entropy of H^+ in water equal to 0 and then defining the standard entropies of all other ions relative to this value; hence, a negative standard entropy is one that is lower than the standard entropy of H^+ in water. All *absolute* entropies are positive, and no sign need be given; all entropies of ions are relative to that of H^+ and are listed here with a sign (either + or −).

Organic Compounds

Substance	Molar mass, $M/(g \cdot mol^{-1})$	Enthalpy of combustion, $\Delta H_c°/(kJ \cdot mol^{-1})$	Enthalpy of formation, $\Delta H_f°/(kJ \cdot mol^{-1})$	Gibbs free energy of formation, $\Delta G_f°/(kJ \cdot mol^{-1})$	Molar heat capacity, $C_{P,m}/(J \cdot K^{-1} \cdot mol^{-1})$	Molar entropy, $S_m°/(J \cdot K^{-1} \cdot mol^{-1})$
Hydrocarbons						
$CH_4(g)$, methane	16.04	−890	−74.81	−50.72	35.69	186.26
$C_2H_2(g)$, ethyne (acetylene)	26.04	−1300	+226.73	+209.20	43.93	200.94
$C_2H_4(g)$, ethene (ethylene)	28.05	−1411	+52.26	+68.15	43.56	219.56
$C_2H_6(g)$, ethane	30.07	−1560	−84.68	−32.82	52.63	229.60
$C_3H_6(g)$, propene (propylene)	42.08	−2058	+20.42	+62.78	63.89	266.6
$C_3H_6(g)$, cyclopropane	42.08	−2091	+53.30	+104.45	55.94	237.4
$C_3H_8(g)$, propane	44.09	−2220	−103.85	−23.49	73.5	270.2
$C_4H_{10}(g)$, butane	58.12	−2878	−126.15	−17.03	97.45	310.1
$C_5H_{12}(g)$, pentane	72.14	−3537	−146.44	−8.20	120.2	349
$C_6H_6(l)$, benzene	78.11	−3268	+49.0	+124.3	136.1	173.3
$C_6H_6(g)$	78.11	−3302	+82.9	+129.72	81.67	269.31
$C_6H_{12}(l)$, cyclohexane	84.15	−3920	−156.4	+26.7	156.5	204.4
$C_6H_{12}(g)$	84.15	−3953	—	—	—	—
$C_7H_8(l)$, toluene	92.13	−3910	+12.0	+113.8	—	221.0
$C_7H_8(g)$	92.13	−3953	+50.0	+122.0	103.6	320.7
$C_8H_{18}(l)$, octane	114.22	−5471	−249.9	+6.4	—	358
Alcohols and phenols						
$CH_3OH(l)$, methanol	32.04	−726	−238.86	−166.27	81.6	126.8
$CH_3OH(g)$	32.04	−764	−200.66	−161.96	43.89	239.81
$C_2H_5OH(l)$, ethanol	46.07	−1368	−277.69	−174.78	111.46	160.7
$C_2H_5OH(g)$	46.07	−1409	−235.10	−168.49	65.44	282.70
$C_6H_5OH(s)$, phenol	94.11	−3054	−164.6	−50.42	—	144.0
Carboxylic acids						
$HCOOH(l)$, formic acid	46.02	−255	−424.72	−361.35	99.04	128.95
$CH_3COOH(l)$, acetic acid	60.05	−875	−484.5	−389.9	124.3	159.8
$CH_3COOH(aq)$	60.05	—	−485.76	−396.46	—	178.7
$CH_3CO_2^-(aq)$	59.04	—	−486.0	−396.30	—	+86.6
$(COOH)_2(s)$, oxalic acid	90.04	−254	−827.2	−697.9	117	120
$C_6H_5COOH(s)$, benzoic acid	122.12	−3227	−385.1	−245.3	146.8	167.6
Aldehydes and ketones						
$HCHO(g)$, methanal (formaldehyde)	30.03	−571	−108.57	−102.53	35.40	218.77
$CH_3CHO(l)$, ethanal (acetaldehyde)	44.05	−1166	−192.30	−128.12	—	160.2
$CH_3CHO(g)$	44.05	−1192	−166.19	−128.86	57.3	250.3
$CH_3COCH_3(l)$, propanone (acetone)	58.08	−1790	−248.1	−155.4	124.7	200

Substance	Molar mass, $M/(g \cdot mol^{-1})$	Enthalpy of combustion, $\Delta H_c°/(kJ \cdot mol^{-1})$	Enthalpy of formation, $\Delta H_f°/(kJ \cdot mol^{-1})$	Gibbs free energy of formation, $\Delta G_f°/(kJ \cdot mol^{-1})$	Molar heat capacity, $C_{P,m}/(J \cdot K^{-1} \cdot mol^{-1})$	Molar entropy, $S_m°/(J \cdot K^{-1} \cdot mol^{-1})$
Sugars						
$C_6H_{12}O_6(s)$, glucose	180.15	−2808	−1268	−910	—	212
$C_6H_{12}O_6(aq)$	180.15	—	—	−917	—	—
$C_6H_{12}O_6(s)$, fructose	180.15	−2810	−1266	—	—	—
$C_{12}H_{22}O_{11}(s)$, sucrose	342.29	−5645	−2222	−1545	—	360
Nitrogen compounds						
$CH_3NH_2(g)$, methylamine	31.06	−1085	−22.97	+32.16	53.1	243.41
$CO(NH_2)_2(s)$, urea	60.06	−632	−333.51	−197.33	93.14	104.60
$NH_2CH_2COOH(s)$, glycine	75.07	−969	−532.9	−373.4	99.2	103.51
$C_6H_5NH_2(l)$, aniline	93.13	−3393	+31.6	+149.1	—	191.3

2B Standard Potentials at 25 °C

Potentials in Electrochemical Order

Reduction half-reaction	$E°$/V
Strongly oxidizing	
$H_4XeO_6 + 2H^+ + 2e^- \rightarrow XeO_3 + 3H_2O$	+3.0
$F_2 + 2e^- \rightarrow 2F^-$	+2.87
$O_3 + 2H^+ + 2e^- \rightarrow O_2 + H_2O$	+2.07
$S_2O_8^{2-} + 2e^- \rightarrow 2SO_4^{2-}$	+2.05
$Ag^{2+} + e^- \rightarrow Ag^+$	+1.98
$Co^{3+} + e^- \rightarrow Co^{2+}$	+1.81
$H_2O_2 + 2H^+ + 2e^- \rightarrow 2H_2O$	+1.78
$Au^+ + e^- \rightarrow Au$	+1.69
$Pb^{4+} + 2e^- \rightarrow Pb^{2+}$	+1.67
$2HClO + 2H^+ + 2e^- \rightarrow Cl_2 + 2H_2O$	+1.63
$Ce^{4+} + e^- \rightarrow Ce^{3+}$	+1.61
$2HBrO + 2H^+ + 2e^- \rightarrow Br_2 + 2H_2O$	+1.60
$MnO_4^- + 8H^+ + 5e^- \rightarrow Mn^{2+} + 4H_2O$	+1.51
$Mn^{3+} + e^- \rightarrow Mn^{2+}$	+1.51
$Au^{3+} + 3e^- \rightarrow Au$	+1.40
$Cl_2 + 2e^- \rightarrow 2Cl^-$	+1.36
$Cr_2O_7^{2-} + 14H^+ + 6e^- \rightarrow 2Cr^{3+} + 7H_2O$	+1.33
$O_3 + H_2O + 2e^- \rightarrow O_2 + 2OH^-$	+1.24
$O_2 + 4H^+ + 4e^- \rightarrow 2H_2O$	+1.23
$MnO_2 + 4H^+ + 2e^- \rightarrow Mn^{2+} + 2H_2O$	+1.23
$ClO_4^- + 2H^+ + 2e^- \rightarrow ClO_3^- + H_2O$	+1.23
$Pt^{2+} + 2e^- \rightarrow Pt$	+1.20
$Br_2 + 2e^- \rightarrow 2Br^-$	+1.09
$Pu^{4+} + e^- \rightarrow Pu^{3+}$	+0.97
$NO_3^- + 4H^+ + 3e^- \rightarrow NO + 2H_2O$	+0.96
$2Hg^{2+} + 2e^- \rightarrow Hg_2^{2+}$	+0.92
$ClO^- + H_2O + 2e^- \rightarrow Cl^- + 2OH^-$	+0.89
$Hg^{2+} + 2e^- \rightarrow Hg$	+0.85
$NO_3^- + 2H^+ + e^- \rightarrow NO_2 + H_2O$	+0.80
$Ag^+ + e^- \rightarrow Ag$	+0.80
$Hg_2^{2+} + 2e^- \rightarrow 2Hg$	+0.79
$AgF + e^- \rightarrow Ag + F^-$	+0.78
$Fe^{3+} + e^- \rightarrow Fe^{2+}$	+0.77
$BrO^- + H_2O + 2e^- \rightarrow Br^- + 2OH^-$	+0.76
$MnO_4^{2-} + 2H_2O + 2e^- \rightarrow MnO_2 + 4OH^-$	+0.60
$MnO_4^- + e^- \rightarrow MnO_4^{2-}$	+0.56
$I_2 + 2e^- \rightarrow 2I^-$	+0.54
$I_3^- + 2e^- \rightarrow 3I^-$	+0.53
$Cu^+ + e^- \rightarrow Cu$	+0.52
$Ni(OH)_3 + e^- \rightarrow Ni(OH)_2 + OH^-$	+0.49
$O_2 + 2H_2O + 4e^- \rightarrow 4OH^-$	+0.40
$ClO_4^- + H_2O + 2e^- \rightarrow ClO_3^- + 2OH^-$	+0.36
$Cu^{2+} + 2e^- \rightarrow Cu$	+0.34
$Hg_2Cl_2 + 2e^- \rightarrow 2Hg + 2Cl^-$	+0.27
$AgCl + e^- \rightarrow Ag + Cl^-$	+0.22
$Bi^{3+} + 3e^- \rightarrow Bi$	+0.20
$SO_4^{2-} + 4H^+ + 2e^- \rightarrow H_2SO_3 + H_2O$	+0.17
$Cu^{2+} + e^- \rightarrow Cu^+$	+0.15
$Sn^{4+} + 2e^- \rightarrow Sn^{2+}$	+0.15
$AgBr + e^- \rightarrow Ag + Br^-$	+0.07
$NO_3^- + H_2O + 2e^- \rightarrow NO_2^- + 2OH^-$	+0.01
$Ti^{4+} + e^- \rightarrow Ti^{3+}$	0.00
$2H^+ + 2e^- \rightarrow H_2$	**0**, by definition
$Fe^{3+} + 3e^- \rightarrow Fe$	−0.04
$O_2 + H_2O + 2e^- \rightarrow HO_2^- + OH^-$	−0.08
$Pb^{2+} + 2e^- \rightarrow Pb$	−0.13
$In^+ + e^- \rightarrow In$	−0.14
$Sn^{2+} + 2e^- \rightarrow Sn$	−0.14
$AgI + e^- \rightarrow Ag + I^-$	−0.15
$Ni^{2+} + 2e^- \rightarrow Ni$	−0.23
$V^{3+} + e^- \rightarrow V^{2+}$	−0.26
$Co^{2+} + 2e^- \rightarrow Co$	−0.28
$In^{3+} + 3e^- \rightarrow In$	−0.34
$Tl^+ + e^- \rightarrow Tl$	−0.34
$PbSO_4 + 2e^- \rightarrow Pb + SO_4^{2-}$	−0.36
$Ti^{3+} + e^- \rightarrow Ti^{2+}$	−0.37
$In^{2+} + e^- \rightarrow In^+$	−0.40
$Cd^{2+} + 2e^- \rightarrow Cd$	−0.40
$Cr^{3+} + e^- \rightarrow Cr^{2+}$	−0.41
$Fe^{2+} + 2e^- \rightarrow Fe$	−0.44
$In^{3+} + 2e^- \rightarrow In^+$	−0.44
$S + 2e^- \rightarrow S^{2-}$	−0.48
$In^{3+} + e^- \rightarrow In^{2+}$	−0.49
$Ga^+ + e^- \rightarrow Ga$	−0.53
$O_2 + e^- \rightarrow O_2^-$	−0.56
$U^{4+} + e^- \rightarrow U^{3+}$	−0.61
$Se + 2e^- \rightarrow Se^{2-}$	−0.67
$Cr^{3+} + 3e^- \rightarrow Cr$	−0.74
$Zn^{2+} + 2e^- \rightarrow Zn$	−0.76
$Cd(OH)_2 + 2e^- \rightarrow Cd + 2OH^-$	−0.81
$2H_2O + 2e^- \rightarrow H_2 + 2OH^-$	−0.83
$Te + 2e^- \rightarrow Te^{2-}$	−0.84
$Cr^{2+} + 2e^- \rightarrow Cr$	−0.91
$Mn^{2+} + 2e^- \rightarrow Mn$	−1.18
$V^{2+} + 2e^- \rightarrow V$	−1.19
$Ti^{2+} + 2e^- \rightarrow Ti$	−1.63
$Al^{3+} + 3e^- \rightarrow Al$	−1.66
$U^{3+} + 3e^- \rightarrow U$	−1.79
$Be^{2+} + 2e^- \rightarrow Be$	−1.85
$Mg^{2+} + 2e^- \rightarrow Mg$	−2.36
$Ce^{3+} + 3e^- \rightarrow Ce$	−2.48
$La^{3+} + 3e^- \rightarrow La$	−2.52
$Na^+ + e^- \rightarrow Na$	−2.71
$Ca^{2+} + 2e^- \rightarrow Ca$	−2.87
$Sr^{2+} + 2e^- \rightarrow Sr$	−2.89
$Ba^{2+} + 2e^- \rightarrow Ba$	−2.91
$Ra^{2+} + 2e^- \rightarrow Ra$	−2.92
$Cs^+ + e^- \rightarrow Cs$	−2.92
$Rb^+ + e^- \rightarrow Rb$	−2.93
$K^+ + e^- \rightarrow K$	−2.93
$Li^+ + e^- \rightarrow Li$	−3.05
Strongly reducing	

Potentials in Electrochemical Order

Reduction half-reaction	$E°$/V
$Ag^+ + e^- \rightarrow Ag$	+0.80
$Ag^{2+} + e^- \rightarrow Ag^+$	+1.98
$AgBr + e^- \rightarrow Ag + Br^-$	+0.07
$AgCl + e^- \rightarrow Ag + Cl^-$	+0.22
$AgF + e^- \rightarrow Ag + F^-$	+0.78
$AgI + e^- \rightarrow Ag + I^-$	−0.15
$Al^{3+} + 3e^- \rightarrow Al$	−1.66
$Au^+ + e^- \rightarrow Au$	+1.69
$Au^{3+} + 3e^- \rightarrow Au$	+1.40
$Ba^{2+} + 2e^- \rightarrow Ba$	−2.91
$Be^{2+} + 2e^- \rightarrow Be$	−1.85
$Bi^{3+} + 3e^- \rightarrow Bi$	+0.20
$Br_2 + 2e^- \rightarrow 2Br^-$	+1.09
$BrO^- + H_2O + 2e^- \rightarrow Br^- + 2OH^-$	+0.76
$Ca^{2+} + 2e^- \rightarrow Ca$	−2.87
$Cd^{2+} + 2e^- \rightarrow Cd$	−0.40
$Cd(OH)_2 + 2e^- \rightarrow Cd + 2OH^-$	−0.81
$Ce^{3+} + 3e^- \rightarrow Ce$	−2.48
$Ce^{4+} + e^- \rightarrow Ce^{3+}$	+1.61
$Cl_2 + 2e^- \rightarrow 2Cl^-$	+1.36
$ClO^- + H_2O + 2e^- \rightarrow Cl^- + 2OH^-$	+0.89
$ClO_4^- + 2H^+ + 2e^- \rightarrow ClO_3^- + H_2O$	+1.23
$ClO_4^- + H_2O + 2e^- \rightarrow ClO_3^- + 2OH^-$	+0.36
$Co^{2+} + 2e^- \rightarrow Co$	−0.28
$Co^{3+} + e^- \rightarrow Co^{2+}$	+1.81
$Cr^{2+} + 2e^- \rightarrow Cr$	−0.91
$Cr_2O_7^{2-} + 14H^+ + 6e^- \rightarrow 2Cr^{3+} + 7H_2O$	+1.33
$Cr^{3+} + 3e^- \rightarrow Cr$	−0.74
$Cr^{3+} + e^- \rightarrow Cr^{2+}$	−0.41
$Cs^+ + e^- \rightarrow Cs$	−2.92
$Cu^+ + e^- \rightarrow Cu$	+0.52
$Cu^{2+} + 2e^- \rightarrow Cu$	+0.34
$Cu^{2+} + e^- \rightarrow Cu^+$	+0.15
$F_2 + 2e^- \rightarrow 2F^-$	+2.87
$Fe^{2+} + 2e^- \rightarrow Fe$	−0.44
$Fe^{3+} + 3e^- \rightarrow Fe$	−0.04
$Fe^{3+} + e^- \rightarrow Fe^{2+}$	+0.77
$Ga^+ + e^- \rightarrow Ga$	−0.53
$2H^+ + 2e^- \rightarrow H_2$	**0, by definition**
$2HBrO + 2H^+ + 2e^- \rightarrow Br_2 + 2H_2O$	+1.60
$2HClO + 2H^+ + 2e^- \rightarrow Cl_2 + 2H_2O$	+1.63
$2H_2O + 2e^- \rightarrow H_2 + 2OH^-$	−0.83
$H_2O_2 + 2H^+ + 2e^- \rightarrow 2H_2O$	+1.78
$H_4XeO_6 + 2H^+ + 2e^- \rightarrow XeO_3 + 3H_2O$	+3.0
$Hg_2^{2+} + 2e^- \rightarrow 2Hg$	+0.79
$Hg^{2+} + 2e^- \rightarrow Hg$	+0.85
$2Hg^{2+} + 2e^- \rightarrow Hg_2^{2+}$	+0.92
$Hg_2Cl_2 + 2e^- \rightarrow 2Hg + 2Cl^-$	+0.27
$I_2 + 2e^- \rightarrow 2I^-$	+0.54
$I_3^- + 2e^- \rightarrow 3I^-$	+0.53
$In^+ + e^- \rightarrow In$	−0.14
$In^{2+} + e^- \rightarrow In^+$	−0.40
$In^{3+} + e^- \rightarrow In^{2+}$	−0.49
$In^{3+} + 2e^- \rightarrow In^+$	−0.44
$In^{3+} + 3e^- \rightarrow In$	−0.34
$K^+ + e^- \rightarrow K$	−2.93
$La^{3+} + 3e^- \rightarrow La$	−2.52
$Li^+ + e^- \rightarrow Li$	−3.05
$Mg^{2+} + 2e^- \rightarrow Mg$	−2.36
$Mn^{2+} + 2e^- \rightarrow Mn$	−1.18
$Mn^{3+} + e^- \rightarrow Mn^{2+}$	+1.51
$MnO_2 + 4H^+ + 2e^- \rightarrow Mn^{2+} + 2H_2O$	+1.23
$MnO_4^- + e^- \rightarrow MnO_4^{2-}$	+0.56
$MnO_4^- + 8H^+ + 5e^- \rightarrow Mn^{2+} + 4H_2O$	+1.51
$MnO_4^{2-} + 2H_2O + 2e^- \rightarrow MnO_2 + 4OH^-$	+0.60
$NO_3^- + 2H^+ + e^- \rightarrow NO_2 + H_2O$	+0.80
$NO_3^- + 4H^+ + 3e^- \rightarrow NO + 2H_2O$	+0.96
$NO_3^- + H_2O + 2e^- \rightarrow NO_2^- + 2OH^-$	+0.01
$Na^+ + e^- \rightarrow Na$	−2.71
$Ni^{2+} + 2e^- \rightarrow Ni$	−0.23
$Ni(OH)_3 + e^- \rightarrow Ni(OH)_2 + OH^-$	+0.49
$O_2 + e^- \rightarrow O_2^-$	−0.56
$O_2 + 4H^+ + 4e^- \rightarrow 2H_2O$	+1.23
$O_2 + H_2O + 2e^- \rightarrow HO_2^- + OH^-$	−0.08
$O_2 + 2H_2O + 4e^- \rightarrow 4OH^-$	+0.40
$O_3 + 2H^+ + 2e^- \rightarrow O_2 + H_2O$	+2.07
$O_3 + H_2O + 2e^- \rightarrow O_2 + 2OH^-$	+1.24
$Pb^{2+} + 2e^- \rightarrow Pb$	−0.13
$Pb^{4+} + 2e^- \rightarrow Pb^{2+}$	+1.67
$PbSO_4 + 2e^- \rightarrow Pb + SO_4^{2-}$	−0.36
$Pt^{2+} + 2e^- \rightarrow Pt$	+1.20
$Pu^{4+} + e^- \rightarrow Pu^{3+}$	+0.97
$Ra^{2+} + 2e^- \rightarrow Ra$	−2.92
$Rb^+ + e^- \rightarrow Rb$	−2.93
$S + 2e^- \rightarrow S^{2-}$	−0.48
$SO_4^{2-} + 4H^+ + 2e^- \rightarrow H_2SO_3 + H_2O$	+0.17
$S_2O_8^{2-} + 2e^- \rightarrow 2SO_4^{2-}$	+2.05
$Se + 2e^- \rightarrow Se^{2-}$	−0.67
$Sn^{2+} + 2e^- \rightarrow Sn$	−0.14
$Sn^{4+} + 2e^- \rightarrow Sn^{2+}$	+0.15
$Sr^{2+} + + 2e^- \rightarrow Sr$	−2.89
$Te + 2e^- \rightarrow Te^{2-}$	−0.84
$Ti^{2+} + 2e^- \rightarrow Ti$	−1.63
$Ti^{3+} + e^- \rightarrow Ti^{2+}$	−0.37
$Ti^{4+} + e^- \rightarrow Ti^{3+}$	0.00
$Tl^+ + e^- \rightarrow Tl$	−0.34
$U^{3+} + 3e^- \rightarrow U$	−1.79
$U^{4+} + e^- \rightarrow U^{3+}$	−0.61
$V^{2+} + 2e^- \rightarrow V$	−1.19
$V^{3+} + e^- \rightarrow V^{2+}$	−0.26
$Zn^{2+} + 2e^- \rightarrow Zn$	−0.76

2C Ground-State Electron Configurations*

Z	Symbol	Configuration	Z	Symbol	Configuration
1	H	$1s^{1}$	60	Nd	[Xe]$4f^{4}6s^{2}$
2	He	$1s^{2}$	61	Pm	[Xe]$4f^{5}6s^{2}$
3	Li	[He]$2s^{1}$	62	Sm	[Xe]$4f^{6}6s^{2}$
4	Be	[He]$2s^{2}$	63	Eu	[Xe]$4f^{7}6s^{2}$
5	B	[He]$2s^{2}2p^{1}$	64	Gd	[Xe]$4f^{7}5d^{1}6s^{2}$
6	C	[He]$2s^{2}2p^{2}$	65	Tb	[Xe]$4f^{9}6s^{2}$
7	N	[He]$2s^{2}2p^{3}$	66	Dy	[Xe]$4f^{10}6s^{2}$
8	O	[He]$2s^{2}2p^{4}$	67	Ho	[Xe]$4f^{11}6s^{2}$
9	F	[He]$2s^{2}2p^{5}$	68	Er	[Xe]$4f^{12}6s^{2}$
10	Ne	[He]$2s^{2}2p^{6}$	69	Tm	[Xe]$4f^{13}6s^{2}$
11	Na	[Ne]$3s^{1}$	70	Yb	[Xe]$4f^{14}6s^{2}$
12	Mg	[Ne]$3s^{2}$	71	Lu	[Xe]$4f^{14}5d^{1}6s^{2}$
13	Al	[Ne]$3s^{2}3p^{1}$	72	Hf	[Xe]$4f^{14}5d^{2}6s^{2}$
14	Si	[Ne]$3s^{2}3p^{2}$	73	Ta	[Xe]$4f^{14}5d^{3}6s^{2}$
15	P	[Ne]$3s^{2}3p^{3}$	74	W	[Xe]$4f^{14}5d^{4}6s^{2}$
16	S	[Ne]$3s^{2}3p^{4}$	75	Re	[Xe]$4f^{14}5d^{5}6s^{2}$
17	Cl	[Ne]$3s^{2}3p^{5}$	76	Os	[Xe]$4f^{14}5d^{6}6s^{2}$
18	Ar	[Ne]$3s^{2}3p^{6}$	77	Ir	[Xe]$4f^{14}5d^{7}6s^{2}$
19	K	[Ar]$4s^{1}$	78	Pt	[Xe]$4f^{14}5d^{9}6s^{1}$
20	Ca	[Ar]$4s^{2}$	79	Au	[Xe]$4f^{14}5d^{10}6s^{1}$
21	Sc	[Ar]$3d^{1}4s^{2}$	80	Hg	[Xe]$4f^{14}5d^{10}6s^{2}$
22	Ti	[Ar]$3d^{2}4s^{2}$	81	Tl	[Xe]$4f^{14}5d^{10}6s^{2}6p^{1}$
23	V	[Ar]$3d^{3}4s^{2}$	82	Pb	[Xe]$4f^{14}5d^{10}6s^{2}6p^{2}$
24	Cr	[Ar]$3d^{5}4s^{1}$	83	Bi	[Xe]$4f^{14}5d^{10}6s^{2}6p^{3}$
25	Mn	[Ar]$3d^{5}4s^{2}$	84	Po	[Xe]$4f^{14}5d^{10}6s^{2}6p^{4}$
26	Fe	[Ar]$3d^{6}4s^{2}$	85	At	[Xe]$4f^{14}5d^{10}6s^{2}6p^{5}$
27	Co	[Ar]$3d^{7}4s^{2}$	86	Rn	[Xe]$4f^{14}5d^{10}6s^{2}6p^{6}$
28	Ni	[Ar]$3d^{8}4s^{2}$	87	Fr	[Rn]$7s^{1}$
29	Cu	[Ar]$3d^{10}4s^{1}$	88	Ra	[Rn]$7s^{2}$
30	Zn	[Ar]$3d^{10}4s^{2}$	89	Ac	[Rn]$6d^{1}7s^{2}$
31	Ga	[Ar]$3d^{10}4s^{2}4p^{1}$	90	Th	[Rn]$6d^{2}7s^{2}$
32	Ge	[Ar]$3d^{10}4s^{2}4p^{2}$	91	Pa	[Rn]$5f^{2}6d^{1}7s^{2}$
33	As	[Ar]$3d^{10}4s^{2}4p^{3}$	92	U	[Rn]$5f^{3}6d^{1}7s^{2}$
34	Se	[Ar]$3d^{10}4s^{2}4p^{4}$	93	Np	[Rn]$5f^{4}6d^{1}7s^{2}$
35	Br	[Ar]$3d^{10}4s^{2}4p^{5}$	94	Pu	[Rn]$5f^{6}7s^{2}$
36	Kr	[Ar]$3d^{10}4s^{2}4p^{6}$	95	Am	[Rn]$5f^{7}7s^{2}$
37	Rb	[Kr]$5s^{1}$	96	Cm	[Rn]$5f^{7}6d^{1}7s^{2}$
38	Sr	[Kr]$5s^{2}$	97	Bk	[Rn]$5f^{9}7s^{2}$
39	Y	[Kr]$4d^{1}5s^{2}$	98	Cf	[Rn]$5f^{10}7s^{2}$
40	Zr	[Kr]$4d^{2}5s^{2}$	99	Es	[Rn]$5f^{11}7s^{2}$
41	Nb	[Kr]$4d^{4}5s^{1}$	100	Fm	[Rn]$5f^{12}7s^{2}$
42	Mo	[Kr]$4d^{5}5s^{1}$	101	Md	[Rn]$5f^{13}7s^{2}$
43	Tc	[Kr]$4d^{5}5s^{2}$	102	No	[Rn]$5f^{14}7s^{2}$
44	Ru	[Kr]$4d^{7}5s^{1}$	103	Lr	[Rn]$5f^{14}6d^{1}7s^{2}$
45	Rh	[Kr]$4d^{8}5s^{1}$	104	Rf	[Rn]$5f^{14}6d^{2}7s^{2}$ (?)
46	Pd	[Kr]$4d^{10}$	105	Db	[Rn]$5f^{14}6d^{3}7s^{2}$ (?)
47	Ag	[Kr]$4d^{10}5s^{1}$	106	Sg	[Rn]$5f^{14}6d^{4}7s^{2}$ (?)
48	Cd	[Kr]$4d^{10}5s^{2}$	107	Bh	[Rn]$5f^{14}6d^{5}7s^{2}$ (?)
49	In	[Kr]$4d^{10}5s^{2}5p^{1}$	108	Hs	[Rn]$5f^{14}6d^{6}7s^{2}$ (?)
50	Sn	[Kr]$4d^{10}5s^{2}5p^{2}$	109	Mt	[Rn]$5f^{14}6d^{7}7s^{2}$ (?)
51	Sb	[Kr]$4d^{10}5s^{2}5p^{3}$	110	Ds	[Rn]$5f^{14}6d^{8}7s^{2}$ (?)
52	Te	[Kr]$4d^{10}5s^{2}5p^{4}$	111	Rg	[Rn]$5f^{14}6d^{10}7s^{1}$ (?)
53	I	[Kr]$4d^{10}5s^{2}5p^{5}$	112	Cn	[Rn]$5f^{14}6d^{10}7s^{2}$ (?)
54	Xe	[Kr]$4d^{10}5s^{2}5p^{6}$	113	Nh	[Rn]$5f^{14}6d^{10}7s^{2}7p^{1}$ (?)
55	Cs	[Xe]$6s^{1}$	114	Fl	[Rn]$5f^{14}6d^{10}7s^{2}7p^{2}$ (?)
56	Ba	[Xe]$6s^{2}$	115	Mc	[Rn]$5f^{14}6d^{10}7s^{2}7p^{3}$ (?)
57	La	[Xe]$5d^{1}6s^{2}$	116	Lv	[Rn]$5f^{14}6d^{10}7s^{2}7p^{4}$ (?)
58	Ce	[Xe]$4f^{1}5d^{1}6s^{2}$	117	Ts	[Rn]$5f^{14}6d^{10}7s^{2}7p^{5}$ (?)
59	Pr	[Xe]$4f^{3}6s^{2}$	118	Og	[Rn]$5f^{14}6d^{10}7s^{2}7p^{6}$ (?)

*The electron configurations followed by a question mark are speculative.

2D The Elements

Element	Symbol	Atomic number, Z	Molar mass, $M/(g \cdot mol^{-1})$	Normal[†] state	Density, $d/(g \cdot cm^{-3})$	Melting point/°C	Boiling point/°C	Ionization energies, $I/(kJ \cdot mol^{-1})$	Electron affinity, $E_{ea}/(kJ \cdot mol^{-1})$	Electronegativity, χ	Principal oxidation numbers	Atomic radius, r/pm	Ionic radius, r/pm[‖]
actinium (Greek *aktis*, ray)	Ac	89	(227)	s, m	10.07	1050	3200	499, 1170, 1900	—	1.1	+3	188	118(3+)
aluminum (from alum, salts of the form $KAl(SO_4)_2 \cdot 12H_2O$)	Al	13	26.98	s, m	2.70	660	2467	577, 1817, 2744	+43	1.6	+3	143	54(3+)
americium (the Americas)	Am	95	(243)	s, m	13.67	990	2600	578	—	1.3	+3	173	107(3+)
antimony (from the Greek *anti-monos*, not alone; Latin *stibium*)	Sb	51	121.76	s, md	6.69	631	1750	834, 1794, 2443	+103	2.1	−3, +3, +5	141	89(3+)
argon (Greek *argos*, inactive)	Ar	18	39.95	g, nm	1.66[‡]	−189	−186	1520	< 0	—	0	174	—
arsenic (Greek *arsenikos*, male)	As	33	74.92	s, md	5.78	613[§]	—	947, 1798	+78	2.2	−3, +3, +5	125	222(3−)
astatine (Greek *astatos*, unstable)	At	85	(210)	s, nm	—	300	350	1037, 1600	+270	2.0	−1	—	227(1−)
barium (Greek *barys*, heavy)	Ba	56	137.33	s, m	3.59	710	1640	502, 965	+14	0.89	+2	217	135(2+)
berkelium (Berkeley, California)	Bk	97	(247)	s, m	14.79	986	—	601	—	1.3	+3	—	87(4+)
beryllium (from the mineral beryl, $Be_3Al_2SiO_{18}$)	Be	4	9.01	s, m	1.85	1285	2470	900, 1757	< 0	1.6	+2	113	34(2+)
bismuth (German *weisse masse*, white mass)	Bi	83	208.98	s, m	8.90	271	1650	703, 1610, 2466	+91	2	+3, +5	155	96(3+)
bohrium (Niels Bohr)	Bh	107	(264)	—	—	—	—	660	—	—	+5	128[#]	83(5+)[#]
boron (Arabic *buraq*, borax, $Na_2B_4O_7 \cdot 10H_2O$; *bor*(ax) + (carb)*on*)	B	5	10.81	s, md	2.47	2300	3931	799, 2427, 3660	+27	2	+3	88	23(3+)
bromine (Greek *bromos*, stench)	Br	35	79.90	l, nm	3.12	−7	59	1140, 2104	+325	3	−1, +1, +3, +4, +5, +7	114	196(1−)
cadmium (Greek *Cadmus*, founder of Thebes)	Cd	48	112.41	s, m	8.65	321	765	868, 1631	< 0	1.7	+2	149	103(2+)
calcium (Latin *calx*, lime)	Ca	20	40.08	s, m	1.53	840	1490	590, 1145, 4910	+2	1.3	+2	197	100(2+)
californium (California)	Cf	98	(251)	s, m	—	—	—	608	—	1.3	+3	169	117(2+)
carbon (Latin *carbo*, coal or charcoal)	C	6	12.01	s, nm	2.27	3700[§]	—	1090, 2352, 4620	+122	2.6	−4, −1, +2, +4	77	260(4−)

(continued)

Element	Symbol	Atomic number, Z	Molar mass, $M/(g \cdot mol^{-1})$	Normal† state	Density, $d/(g \cdot cm^{-3})$	Melting point/°C	Boiling point/°C	Ionization energies, $I/(kJ \cdot mol^{-1})$	Electron affinity, $E_{ea}/(kJ \cdot mol^{-1})$	Electronegativity, χ	Principal oxidation numbers	Atomic radius, r/pm	Ionic radius, r/pm‖
cerium (the asteroid Ceres, discovered 2 days earlier)	Ce	58	140.12	s, m	6.71	800	3000	527, 1047, 1949	< 50	1.1	+3, +4	183	107(3+)
cesium (Latin *caesius*, sky blue)	Cs	55	132.91	s, m	1.87	28	678	376, 2420	+46	0.79	+1	265	167(1+)
chlorine (Greek *chloros*, yellowish green)	Cl	17	35.45	g, nm	1.66‡	−101	239	1255, 2297	+349	3.2	−1, +1, +3,+4, +5, +6, +7	99	181(1−)
chromium (Greek *chroma*, color)	Cr	24	52.00	s, m	7.19	1860	2600	653, 1592, 2987	+64	1.7	+2, +3	125	84(2+)
cobalt (German *Kobold*, evil spirit; Greek *kobalos*, goblin)	Co	27	58.93	s, m	8.80	1494	2900	760, 1646, 3232	+64	1.9	+3, +6	125	64(3+)
copernicium (Nicolaus Copernicus)	Cn	112	(285)	—	—	—	—	—	—	—	—	—	—
copper (Latin *cuprum*, from Cyprus)	Cu	29	63.55	s, m	8.93	1083	2567	745, 1958, 3554	+118	1.9	+1, +2	128	72(2+)
curium (Marie Curie)	Cm	96	(247)	s, m	13.30	1340	—	581	—	1.3	+3	174	99(3+)
darmstadtium (Darmstadt, a town in Germany)	Ds	110	—	—	—	—	—	—	—	—	—	—	—
dubnium (Dubna)	Db	105	(262)	s, m	29	—	—	640	—	—	+5	139#	68(5+)#
dysprosium (Greek *dysprositos*, hard to get at)	Dy	66	162.50	s, m	8.53	1410	2600	572, 1126, 2200	—	1.2	+3	177	91(3+)
einsteinium (Albert Einstein)	Es	99	(252)	s, m	—	—	—	619	< 50	1.3	+3	203	98(3+)
erbium (Ytterby, a town in Sweden)	Er	68	167.26	s, m	9.04	1520	2600	589, 1151, 2194	< 50	1.2	+3	176	89(3+)
europium (Europe)	Eu	63	151.96	s, m	5.25	820	1450	547, 1085, 2404	< 50	—	+3	204	98(3+)
fermium (Enrico Fermi, an Italian physicist)	Fm	100	(257)	s, m	—	—	—	627	—	1.3	+3	—	91(3+)
flerovium (Georgy Flyorov, a Russian physicist)	Fl	114	(298)	—	—	—	—	—	—	—	—	—	—
fluorine (Latin *fluere*, to flow)	F	9	19.00	g, nm	1.51‡	−220	−188	1680, 3374	+328	4.0	−1	58	133(1−)
francium (France)	Fr	87	(223)	s, m	—	27	677	400	+44	0.7	+1	270	180(1+)
gadolinium (Johann Gadolin, a Finnish chemist)	Gd	64	157.25	s, m	7.87	1310	3000	592, 1167, 1990	< 50	1.2	+2, +3	180	97(3+)

gallium (Latin *Gallia*, France)	Ga	31	69.72	s, m	5.91	30	2403	577, 1979, 2963	+29	1.6	+1, +3	122	62(3+)
germanium (Latin *Germania*, Germany)	Ge	32	72.63	s, md	5.32	937	2830	784, 1557, 3302	+116	2.0	+2, +4	122	90(2+)
gold (Anglo-Saxon *gold*; Latin *aurum*, gold)	Au	79	196.97	s, m	19.28	1064	2807	890, 1980	+223	2.5	+1, +3	144	91(3+)
hafnium (Latin *Hafnia*, Copenhagen)	Hf	72	178.49	s, m	13.28	2230	5300	659, 1440, 2250	0	1.3	+4	156	84(3+)
hassium (Hesse, the German state)	Hs	108	(277)	—	—	—	—	750	—	—	+3	126#	80(4+)#
helium (Greek *helios*, the sun)	He	2	4.00	g, nm	0.12‡	—	−269	2370, 5250	< 0	—	0	128	—
holmium (Latin *Holmia*, Stockholm)	Ho	67	164.93	s, m	8.8	1470	2300	581, 1139	< 50	1.2	+3	177	89(3+)
hydrogen (Greek *hydro* + *genes*, water-forming)	H	1	1.0080	g, nm	0.070‡	−259	−253	1310	+73	2.2	−1, +1	30	154(1−)
indium (from the bright indigo line in its spectrum)	In	49	114.82	s, m	7.29	156	2080	556, 1821	+29	1.8	+1, +3	163	80(3+)
iodine (Greek *ioeidēs*, violet)	I	53	126.90	s, nm	4.95	114	184	1008, 1846	+295	2.7	−1, +1, +3, +5, +7	133	220(1−)
iridium (Greek and Latin *iris*, rainbow)	Ir	77	192.22	s, m	22.56	2447	4550	865	+151	2.2	+3, +4	136	75(3+)
iron (Anglo-Saxon *iron*; Latin *ferrum*)	Fe	26	55.84	s, m	7.87	1540	2760	764, 1561, 2957	+16	1.8	+2, +3	124	82(2+)
krypton (Greek *kryptos*, hidden)	Kr	36	83.80	g, nm	3.00‡	−157	−153	1350, 2350	< 0	—	+2	189	169(1+)
lanthanum (Greek *lanthanein*, to lie hidden)	La	57	138.91	s, m	6.17	920	3450	538, 1067, 1850	+50	1.1	+3	188	122(3+)
lawrencium (Ernest Lawrence, an American physicist)	Lr	103	(262)	s, m	—	—	—	—	—	1.3	+3	—	88(3+)
lead (Anglo-Saxon *lead*; Latin *plumbum*)	Pb	82	207.2	s, m	11.34	328	1760	716, 1450	+35	2.3	+2, +4	175	132(2+)
lithium (Greek *lithos*, stone)	Li	3	6.94	s, m	0.53	181	1347	519, 7298	+60	1.0	+1	152	76(1+)
livermorium (Lawrence Livermore National Laboratory)	Lv	116	(293)	—	—	—	—	—	—	—	—	—	—
lutetium (*Lutetia*, ancient name of Paris)	Lu	71	174.97	s, m	9.84	1700	3400	524, 1340, 2022	< 50	1.3	+3	173	85(3+)
magnesium (Magnesia, a district in Thessaly, Greece)	Mg	12	24.31	s, m	1.74	650	1100	736, 1451	< 0	1.3	+2	160	72(2+)
manganese (Greek and Latin *magnes*, magnet)	Mn	25	54.94	s, m	7.47	1250	2120	717, 1509	< 0	1.6	+2, +3, +4, +7	137	91(2+)
meitnerium (Lise Meitner)	Mt	109	(268)	—	—	—	—	840	—	—	+2	—	83(2+)
mendelevium (Dmitri Mendeleev)	Md	101	(258)	—	—	—	—	635	—	1.3	+3	—	90(3+)

(continued)

Element	Symbol	Atomic number, Z	Molar mass, $M/(g \cdot mol^{-1})$	Normal† state	Density, $d/(g \cdot cm^{-3})$	Melting point/°C	Boiling point/°C	Ionization energies, $I/(kJ \cdot mol^{-1})$	Electron affinity, $E_{ea}/(kJ \cdot mol^{-1})$	Electronegativity, χ	Principal oxidation numbers	Atomic radius, r/pm	Ionic radius, r/pm‖
mercury (the planet Mercury; Latin *hydrargyrum*, liquid silver)	Hg	80	200.59	l, m	13.55	−39	357	1007, 1810	−18	2	+1, +2	160	112(2+)
molybdenum (Greek *molybdos*, lead)	Mo	42	95.95	s, m	10.22	2620	4830	687, 1558, 2621	+72	2.2	+4, +5, +6	136	92(2+)
Moscovium (Moscow, Russia)	Mc	115	(290)	—	—	—	—	—	—	—	—	—	—
neodymium (Greek *neos* + *didymos*, new twin)	Nd	60	144.24	s, m	7.00	1024	3100	530, 1035	< 0	1.1	+3	182	104(3+)
neon (Greek *neos*, new)	Ne	10	20.18	g, nm	1.44‡	−249	−246	2080, 3952	0	—	0	—	—
neptunium (the planet Neptune)	Np	93	(237)	s, m	20.45	640	—	597	—	1.4	+5	150	88(5+)
nickel (German *Nickel*, Old Nick, Satan)	Ni	28	58.69	s, m	8.91	1455	2732	737, 1753	+156	1.9	+2, +3	125	78(2+)
nihonium (Japanese *Nihon*)	Nh	113	(286)	—	—	—	—	—	—	—	—	—	—
niobium (Niobe, daughter of Tantalus; see tantalum)	Nb	41	92.91	s, m	8.57	2425	5000	652, 1382	+86	1.6	+5	143	69(5+)
nitrogen (Greek *nitron* + *genes*, soda-forming)	N	7	14.01	g, nm	1.04‡	−210	−196	1400, 2856	−7	3.0	−3, +3, +5	75	171(3−)
nobelium (Alfred Nobel, the founder of the Nobel prizes)	No	102	(259)	s, m	—	—	—	642	—	1.3	+2	—	113(2+)
oganesson (Yuri Oganessian, Russian physicist)	Og	118	(294)	—	—	—	—	—	—	—	—	—	—
osmium (Greek *osme*, a smell)	Os	76	190.23	s, m	22.58	3030	5000	814	+106	2.2	+3, +4	135	81(3+)
oxygen (Greek *oxys* + *genes*, acid forming)	O	8	16.00	g, nm	1.14‡	−218	−183	1310, 3388	+141, −844	3.4	−2	66	140(2−)
palladium (the asteroid Pallas, discovered at about the same time)	Pd	46	106.42	s, m	12.00	1554	3000	804, 1875	+54	2.2	+2, +4	138	86(2+)
phosphorus (Greek *phosphoros*, light bearing)	P	15	30.97	s, nm	1.82	44	280	1011, 1903, 2912	+72	2.2	−3, +3, +5	110	212(3−)
platinum (Spanish *plata*, silver)	Pt	78	195.08	s, m	21.45	1772	3720	864, 1791	+205	2.3	+2, +4	138	85(2+)
plutonium (the planetlike Pluto)	Pu	94	(244)	s, m	19.81	640	3200	585	—	1.3	+3, +4	151	108(3+)
polonium (Poland)	Po	84	(209)	s, md	9.40	254	960	812	+174	2.0	+2, +4	167	65(4+)
potassium (from potash; Latin *kalium* and Arabic *qali*, alkali)	K	19	39.10	s, m	0.86	64	774	418, 3051	+48	0.82	+1	227	138(1+)

praseodymium (Greek *prasios* + *didymos*, green twin)	Pr	59	140.91	s, m	6.78	935	3000	523, 1018	< 50	1.1	+3	183	106(3+)
promethium (Prometheus, the Greek god)	Pm	61	(145)	s, m	7.22	1168	3300	536, 1052	< 50	—	+3	181	106(3+)
protactinium (Greek *protos* + *aktis*, first ray)	Pa	91	231.04	s, m	15.37	1200	4000	568	—	1.5	+5	161	89(5+)
radium (Latin *radius*, ray)	Ra	88	(226)	s, m	5.00	700	1500	509, 979	—	0.9	+2	223	152(2+)
radon (from radium)	Rn	86	(222)	g, nm	4.40‡	−71	−62	1036, 1930	< 0	—	+2	—	—
rhenium (Latin *Rhenus*, Rhine)	Re	75	186.21	s, m	21.02	3180	5600	756, 1260	+14	1.9	+4, +7	137	72(4+)
rhodium (Greek *rhodon*, rose; its aqueous solutions are often rose-colored)	Rh	45	102.91	s, m	12.42	1963	3700	720, 1744	+110	2.3	+3	134	75(3+)
roentgenium (W. Roentgen, discoverer of X-rays)	Rg	111	—	—	—	—	—	—	—	—	—	—	—
rubidium (Latin *rubidus*, deep red, "flushed")	Rb	37	85.47	s, m	1.53	39	688	402, 2632	+47	0.82	+1	248	152(1+)
ruthenium (Latin *Ruthenia*, Russia)	Ru	44	101.07	s, m	12.36	2310	4100	710, 1617	+101	2.2	+2, +3, +4	134	77(3+)
rutherfordium (Ernest Rutherford)	Rf	104	(261)	—	—	—	—	490	—	—	+4	150#	67(4+)#
samarium (from samarskite, a mineral)	Sm	62	150.36	s, m	7.54	1060	1600	543, 1068	< 50	1.2	+3	180	100(3+)
scandium (Latin *Scandia*, Scandinavia)	Sc	21	44.96	s, m	2.99	1540	2800	633, 1235	+18	1.4	+3	161	83(3+)
seaborgium (Glenn Seaborg)	Sg	106	(266)	—	—	—	—	730	—	—	+6	132#	86(5+)#
selenium (Greek *sēlēnē*, the moon)	Se	34	78.97	s, nm	4.79	220	685	941, 2044	+195	2.6	−2, +4, +6	117	198(2−)
silicon (Latin *silex*, flint)	Si	14	28.09	s, md	2.33	1410	2620	786, 1577	+134	1.9	+4	117	26(4+)
silver (Anglo-Saxon *seolfor*; Latin *argentum*)	Ag	47	107.87	s, m	10.50	962	2212	731, 2073	+126	1.9	+1	144	113(1+)
sodium (English *soda*; Latin *natrium*)	Na	11	22.99	s, m	0.97	98	883	494, 4562	+53	0.93	+1	154	102(1+)
strontium (Strontian, Scotland)	Sr	38	87.62	s, m	2.58	770	1380	548, 1064	+5	0.95	+2	215	118(2+)
sulfur (Sanskrit *sulvere*)	S	16	32.06	s, nm	2.09	115	445	1000, 2251	+200, −532	2.6	−2, +4, +6	104	184(2−)
tantalum (Tantalos, Greek mythological figure)	Ta	73	180.95	s, m	16.65	3000	5400	728	+14	1.5	+5	143	72(3+)
technetium (Greek *technētos*, artificial)	Tc	43	(98)	s, m	11.50	2200	4600	700, 1472	+96	1.9	+4, +7	136	72(4+)
tellurium (Latin *tellus*, earth)	Te	52	127.60	s, md	6.25	450	990	870, 1775	+190	2.1	−2, +4	137	221(2−)
tennessine (Tennessee)	Ts	117	(294)	—	—	—	—	—	—	—	—	—	—
terbium (Ytterby, a town in Sweden)	Tb	65	158.93	s, m	8.27	1360	2500	565, 1112	< 50	—	+3	178	97(3+)

(continued)

Element	Symbol	Atomic number, Z	Molar mass, $M/(g \cdot mol^{-1})$	Normal[†] state	Density, $d/(g \cdot cm^{-3})$	Melting point/°C	Boiling point/°C	Ionization energies, $I/(kJ \cdot mol^{-1})$	Electron affinity, $E_{ea}/(kJ \cdot mol^{-1})$	Electronegativity, χ	Principal oxidation numbers	Atomic radius, r/pm	Ionic radius, r/pm[‖]
thallium (Greek *thallos*, a green shoot)	Tl	81	204.38	s, m	11.87	304	1457	590, 1971	+19	2.0	+1, +3	170	105(3+)
thorium (Thor, Norse god)	Th	90	232.04	s, m	11.73	1700	4500	587, 1110	—	1.3	+4	180	99(4+)
thulium (Thule, early name for Scandinavia)	Tm	69	168.93	s, m	9.33	1550	2000	597, 1163	< 50	1.2	+3	175	94(3+)
tin (Anglo-Saxon *tin*; Latin *stannum*)	Sn	50	118.71	s, m	7.29	232	2720	707, 1412	+116	2.0	+2, +4	141	93(2+)
titanium (Titans, Greek mythological figures, sons of the Earth)	Ti	22	47.87	s, m	4.55	1660	3300	659, 1310	+7.6	1.5	+4	145	69(4+)
tungsten (Swedish *tung* + *sten*, heavy stone; from wolframite)	W	74	183.84	s, m	19.30	3387	5420	759	+79	2.4	+5, +6	137	62(6+)
uranium (the planet Uranus)	U	92	238.03	s, m	18.95	1135	4000	584, 1420	—	1.4	+6	154	80(6+)
vanadium (Vanadis, Scandinavian mythological figure)	V	23	50.94	s, m	6.11	1920	3400	651, 1414	+51	1.6	+4, +5	132	61(4+)
xenon (Greek *xenos*, stranger)	Xe	54	131.29	g, nm	3.56[‡]	−112	−108	1170, 2046	< 0	2.6	+2, +4, +6	218	190(1+)
ytterbium (Ytterby, a town in Sweden)	Yb	70	173.05	s, m	6.97	824	1500	603, 1176	< 50	—	+3	194	86(3+)
yttrium (Ytterby, a town in Sweden)	Y	39	88.91	s, m	4.48	1510	3300	600, 1181	+30	1.2	+3	181	106(3+)
zinc (Anglo-Saxon *zinc*)	Zn	30	65.38	s, m	7.14	420	907	906, 1733	+9	1.6	+2	133	83(2+)
zirconium (Arabic *zargun*, gold color)	Zr	40	91.22	s, m	6.51	1850	4400	640, 1267	+41	1.3	+4	160	87(4+)

*Parentheses around molar mass indicate the most stable isotope of a radioactive element.

[†]The normal state is the state of the element at normal temperature and pressure (20 °C and 1 atm). s denotes solid, l, liquid, and g, gas; m denotes metal, nm, nonmetal, and md, metalloid.

[‡]The density quoted is for the liquid.

[§]The solid sublimes.

[‖]Charge in parentheses.

[#]Atomic and ionic radii are estimated.

부록 3 Nomenclature

3A The Nomenclature of Polyatomic Ions

Charge number	Chemical formula	Name	Oxidation number of central element
+2	Hg_2^{2+}	mercury(I)	+1
	UO_2^{2+}	uranyl	+6
	VO^{2+}	vanadyl	+4
+1	NH_4^+	ammonium	−3
	PH_4^+	phosphonium	−3
−1	$CH_3CO_2^-$	acetate (ethanoate)	0(C)
	HCO_2^-	formate (methanoate)	+2(C)
	CN^-	cyanide	+2(C), −3(N)
	ClO_4^-	perchlorate*	+7
	ClO_3^-	chlorate*	+5
	ClO_2^-	chlorite*	+3
	ClO^-	hypochlorite*	+1(Cl)
	MnO_4^-	permanganate	+7
	NO_3^-	nitrate	+5
	NO_2^-	nitrite	+3
	N_3^-	azide	$-\frac{1}{3}$

Charge number	Chemical formula	Name	Oxidation number of central element
	O_3^-	ozonide	$-\frac{1}{3}$
	OH^-	hydroxide	−2(O)
	SCN^-	thiocyanate	—
−2	C_2^{2-}	carbide (acetylide)	−1
	CO_3^{2-}	carbonate	+4
	$C_2O_4^{2-}$	oxalate	+3
	CrO_4^{2-}	chromate	+6
	$Cr_2O_7^{2-}$	dichromate	+6
	O_2^{2-}	peroxide	−1
	S_2^{2-}	disulfide	−1
	SiO_3^{2-}	metasilicate	+4
	SO_4^{2-}	sulfate	+6
	SO_3^{2-}	sulfite	+4
	$S_2O_3^{2-}$	thiosulfate	+2
	AsO_4^{3-}	arsenate	+5
−3	BO_3^{3-}	borate	+3
	PO_4^{3-}	phosphate	+5

*These names are representative of the halogen oxoanions.

When a hydrogen ion bonds to a −2 or −3 anion, add "hydrogen" before the name of the anion. For example, HSO_3^- is hydrogen sulfite (or hydrogensulfite). If two hydrogen ions bond to a −3 anion, add "dihydrogen" before the name of the anion. For example, $H_2PO_4^-$ is dihydrogen phosphate (or dihydrogenphosphate).

Oxoacids and Oxoanions

The names of oxoanions and their parent acids can be determined by noting the oxidation number of the central atom and then referring to the table shown here. For example, the nitrogen in $N_2O_2^{2-}$ has an oxidation number of +1; because nitrogen belongs to Group 15, the ion is a hyponitrite ion.

Group number					
14	15	16	17	Oxoanion	Oxoacid
—	—	—	+7	per . . . ate	per . . . ic acid
+4	+5	+6	+5	. . . ate	. . . ic acid
—	+3	+4	+3	. . . ite	. . . ous acid
—	+1	+2	+1	hypo . . . ite	hypo . . . ous acid

3B Common Names of Chemicals

Many chemicals are often referred to by their common names, sometimes as a result of their use over hundreds of years and sometimes because they appear on the labels of consumer products, such as detergents, beverages, and antacids. The following names are just a few that have found their way into the language of everyday life.

Common name	Formula	Chemical name
baking soda	$NaHCO_3$	sodium hydrogen carbonate (sodium bicarbonate)
bleach, laundry	$NaClO$	sodium hypochlorite
borax	$Na_2B_4O_7 \cdot 10H_2O$	sodium tetraborate decahydrate
brimstone	S_8	sulfur
calamine	$ZnCO_3$	zinc carbonate
chalk	$CaCO_3$	calcium carbonate
Epsom salt	$MgSO_4 \cdot 7H_2O$	magnesium sulfate heptahydrate
fool's gold, pyrite	FeS_2	iron(II) disulfide
gypsum	$CaSO_4 \cdot 2H_2O$	calcium sulfate dihydrate
lime (quicklime)	CaO	calcium oxide
lime (slaked lime)	$Ca(OH)_2$	calcium hydroxide
limestone	$CaCO_3$	calcium carbonate
lye, caustic soda	$NaOH$	sodium hydroxide
marble	$CaCO_3$	calcium carbonate
milk of magnesia	$Mg(OH)_2$	magnesium hydroxide
plaster of Paris	$CaSO_4 \cdot \frac{1}{2}H_2O$	calcium sulfate hemihydrate
potash*	K_2CO_3	potassium carbonate
quartz	SiO_2	silicon dioxide
table salt	$NaCl$	sodium chloride
vinegar	CH_3COOH	acetic acid (ethanoic acid)
washing soda	$Na_2CO_3 \cdot 10H_2O$	sodium carbonate decahydrate

*Potash also refers collectively to K_2CO_3, KOH, K_2SO_4, KCl, and KNO_3.

3C Traditional Names of Some Common Cations with Variable Charge Numbers

Modern nomenclature includes the oxidation number of elements with variable oxidation states in the names of their compounds, as in cobalt(II) chloride. However, the traditional nomenclature, in which the suffixes *-ous* and *-ic* are used, is still encountered. The table translates from one system into the other for some common elements.

Element	Cation	Old-style name	Modern name
cobalt	Co^{2+}	cobaltous	cobalt(II)
	Co^{3+}	cobaltic	cobalt(III)
copper	Cu^{+}	cuprous	copper(I)
	Cu^{2+}	cupric	copper(II)
iron	Fe^{2+}	ferrous	iron(II)
	Fe^{3+}	ferric	iron(III)
lead	Pb^{2+}	plumbous	lead(II)
	Pb^{4+}	plumbic	lead(IV)
manganese	Mn^{2+}	manganous	manganese(II)
	Mn^{3+}	manganic	manganese(III)
mercury	Hg_2^{2+}	mercurous	mercury(I)
	Hg^{2+}	mercuric	mercury(II)
tin	Sn^{2+}	stannous	tin(II)
	Sn^{4+}	stannic	tin(IV)

찾아보기

A–Z

ㄱ

역자 소개(가나다 순)

설지웅 서울대학교 학부대학 교수
이동환 서울대학교 화학부 교수
이 연 서울대학교 화학부 교수
정두수 서울대학교 화학부 교수

화학의 원리 제8판

저 자 Peter Atkins · Loretta Jones · Leroy Laverman · James Patterson · Kelley Young
역 자 설지웅 · 이동환 · 이 연 · 정두수
발 행 인 김지영
발 행 처 자유아카데미
주 소 경기도 파주시 회동길 37-42
파주출판도시
전 화 031-955-1321
팩 스 031-955-1322
홈페이지 www.freeaca.com
전자우편 main@freeaca.com (대표)
editor@freeaca.com (편집)
crm@freeaca.com (영업)
등 록 제406-2003-017호, 1980. 7. 12
제8판1쇄 2025년 1월 5일 발행

Printed in Korea
ISBN 979-11-5808-652-7 93430

Chemical Principles: The Quest for Insight 8e
First Published in the United Stated by Macmillan Learning

SI PREFIXES

Symbol	Prefix	Factor
z	zepto-	10^{-21}
a	atto-	10^{-18}
f	femto-	10^{-15}
p	pico-	10^{-12}
n	nano-	10^{-9}
μ	micro-	10^{-6}
m	milli-	10^{-3}
c	centi-	10^{-2}
d	deci-	10^{-1}
da	deka-	10
h	hecto-	10^{2}
k	kilo-	10^{3}
M	mega-	10^{6}
G	giga-	10^{9}
T	tera-	10^{12}
P	peta-	10^{15}

FUNDAMENTAL CONSTANTS

Name	Symbol	Value
Atomic mass constant	m_u	$1.660\,54 \times 10^{-27}$ kg
Avogadro's constant	N_A	$6.022\,14 \times 10^{23}$ mol^{-1}
Boltzmann's constant	k	$1.380\,65 \times 10^{-23}$ J·K^{-1}
Fundamental charge	e	$1.602\,176 \times 10^{-19}$ C
Faraday's constant	$F = N_A e$	$9.648\,533 \times 10^{4}$ C·mol^{-1}
Gas constant	$R = N_A k$	8.314 46 J·K^{-1}·mol^{-1}
		8.314 46 L·kPa·K^{-1}·mol^{-1}
		$8.205\,74 \times 10^{-2}$ L·atm·K^{-1}·mol^{-1}
		62.36 36 L·Torr·K^{-1}·mol^{-1}
		$8.314\,46 \times 10^{-2}$ L·bar·K^{-1}·mol^{-1}
Mass of electron	m_e	$9.109\,38 \times 10^{-31}$ kg
Mass of neutron	m_n	$1.674\,93 \times 10^{-27}$ kg
Mass of proton	m_p	$1.672\,62 \times 10^{-27}$ kg
Planck's constant	h	$6.626\,07 \times 10^{-34}$ J·s
	$\hbar = h/2\pi$	$1.054\,57 \times 10^{-34}$ J·s
Rydberg constant	$\mathcal{R}$	$3.289\,84 \times 10^{15}$ Hz
Speed of light	c	$2.997\,92 \times 10^{8}$ m·s^{-1}
Standard acceleration of free fall	g	9.806 65 m·s^{-2}
Electric constant (formerly, vacuum permittivity)	ε_0	$8.854\,19 \times 10^{-12}$ J^{-1}·C^{2}·m^{-1}

RELATIONS BETWEEN UNITS*

Property	Common unit	SI unit
Mass	2.205 lb (lb = pound)	1.000 kg
	1.000 lb	453.6 g
	1.000 oz (oz = ounce)	28.35 g
	1.000 ton (= 2000 lb)	907.2 kg
	1 t (t = tonne, metric ton)	**10^3 kg**
Length	1.094 yd (yd = yard)	1.000 m
	0.3937 in. (in. = inch)	1.000 cm
	0.6214 mi (mi = mile)	1.000 km
	1 in.	**2.54 cm**
	1 ft (ft = foot)	**30.48 cm**
	1.000 yd	0.9144 m
	1 Å (Å = ångström)	**10^{-10} m**
Volume	**1 L (L = liter)**	**10^3 cm^3, 1 dm^3**
	1.000 gal (gal = gallon)†	3.785 dm^3 (3.785 L)
	1.00 ft^3 (ft^3 = cubic foot)	2.83×10^{-2} m^3 (28.3 L)
	1.00 qt (qt = quart)†	9.46×10^{2} cm^3 (0.946 L)
Time	**1 min (min = minute)**	**60 s**
	1 h (h = hour)	**3600 s**
	1 day	**86 400 s**
Pressure	**1 atm (atm = atmosphere)**	**$1.013\,25 \times 10^5$ Pa**
	1.000 Torr or 1.000 mmHg	133.3 Pa
	1.000 psi (psi 5 pounds per square inch)	6.895 kPa
	1 bar	**10^5 Pa**
Energy	**1 cal**	**4.184 J**
	1 eV	$1.602\,18 \times 10^{-19}$ J; 96.485 kJ·mol^{-1}
	1 C·V	**1 J**
	1 kWh (kWh = kilowatt hour)	**3.600×10^3 kJ**
	1 L·atm	**101.325 J**

Temperature conversions

$$(\text{Fahrenheit temperature})/°\text{F} = \tfrac{9}{5} \times (\text{Celsius temperature})/°\text{C} + \mathbf{32}$$

$$(\text{Celsius temperature})/°\text{C} = \tfrac{5}{9} \times \{(\text{Fahrenheit temperature})/°\text{F} - \mathbf{32}\}$$

$$(\text{Kelvin temperature})/\text{K} = (\text{Celsius temperature})/°\text{C} + \mathbf{273.15}$$

*Entries in boldface type are exact.

†The European and Canadian Imperial quart and gallon are 1.201 times as large as the US versions.